Venetzkij · Erzählungen über Metalle

VEB DEUTSCHER VERLAG
FÜR GRUNDSTOFFINDUSTRIE
LEIPZIG

Erzählungen über Metalle

Von Ing. Sergej Iosifovič Venetzkij

3., durchgesehene Auflage

Mit 121 Bildern

Lizenzausgabe von der 1. Auflage der Originalausgabe mit Genehmigung des Verlages »Metallurgia«, Moskau

Венецкий, Сергей Иосифович
»Рассказы о металлах«
Первое издание

Übersetzung aus dem Russischen und Bearbeitung der deutschsprachigen Ausgabe:
Prof. Dr.-Ing. habil. Dr. h. c. Hans-Joachim Eckstein und Oberlehrer Emil Eckstein

Dem fotomechanischen Nachdruck liegt die 2. Auflage zugrunde.
Aus technischen Gründen ergab sich das Erfordernis, sowohl von gegebenen Textänderungen und Ergänzungen als auch der Korrektur der Maßeinheiten abzusehen.

Der Verlag

ISBN 3-342-00324-3

3., durchgesehene Auflage

VLN 152-915/85/88
Printed in the German Democratic Republic
Fotomechanischer Nachdruck: INTERDRUCK Graphischer Großbetrieb, III/18/97
Bilder und graphische Gestaltung: G. A. Žegin
Redaktionsschluß: 20. 2. 1987
LSV 3309
Bestell-Nr.: 541 097 8
02300

Über dieses Buch

Viele Jahrhunderte schon nutzt der Mensch die Metalle. Sie halfen ihm, die Kräfte der Natur zu beherrschen, ihre Geheimnisse zu ergründen und vortreffliche Maschinen und Mechanismen zu schaffen.
Reich und interessant ist die Welt der Metalle. Unter ihnen findet man viele »alte Bekannte«, wie Kupfer, Eisen, Blei, Quecksilber, Gold, Silber, Zinn. Die »Freundschaft« des Menschen mit diesen Metallen dauert schon Tausende von Jahren. Es gibt aber auch Metalle, die uns erst in den letzten Jahrzehnten bekannt wurden.
Die Eigenschaften der Metalle sind wunderbar und vielfältig. Quecksilber z. B. wird selbst bei Frost nicht fest, Wolfram hingegen behält seine Festigkeit auch bei sehr hohen Temperaturen. Lithium könnte ein ausgesprochener Schwimmer sein. Seine Dichte ist etwa halb so groß wie die des Wassers, und es kann nur mit Mühe untergetaucht werden. Osmium dagegen ist der Champion unter den Schwermetallen. Silber leitet ohne große Hemmungen den elektrischen Strom, Titan scheint das nur mit Widerwillen zu tun. Seine elektrische Leitfähigkeit ist 30mal niedriger als die von Silber. Eisen trifft man auf Schritt und Tritt an, aber Holmium ist in der Erdrinde in solch geringen Mengen vorhanden, daß schon ein Körnchen dieses Metalls sehr teuer ist; reines Holmium kostet mehrere hundertmal soviel wie Gold.
Aber so verschieden die Eigenschaften dieser Elemente auch sind, zählen sie doch auf Grund ihrer Verwandtschaft alle zur großen Familie der Metalle. Über das Schicksal einiger ihrer wichtigsten Vertreter und über ihre »schöpferische Anwendung« wird in diesem Buch erzählt.
Der Autor hat sich nicht zur Aufgabe gestellt, dem Leser systematische Angaben über jedes einzelne der beschriebenen Metalle darzubieten, sondern hat in mühevoller Kleinarbeit überlieferte Geschichten, Historie und teilweise sagenhafte Schilderungen, die mit der Entdeckung der Metalle, ihren Entdeckern und ihrer Zeit in Zusammenhang zu bringen sind, zusammengetragen.
Die Geschichte der Metalle ist reich an interessanten Fakten und unterhaltsamen Episoden, die zum Teil romantisch, zum Teil humoristisch, aber manchmal auch tragisch sind. Den Leser damit bekanntzumachen, das ist das Ziel dieses Buches. Es ist für Wißbegierige bestimmt. Der Autor hofft, daß es nicht nur die Jungen und Mädchen interessiert, sondern auch diejenigen, die nicht mehr die Schulbank drücken, aber jede Gelegenheit nutzen, um ihr Wissen zu vervollkommnen.

Inhalt

Das leichteste der leichten Metalle – Lithium

Li

Exkursion in das vergangene Jahrhundert · Heilendes Wasser aus Karlovy Vary · Aufbewahrung im Vaselinbad · Schwimmwesten für Flieger · In der Bedrängnis geboren · Ein bemerkenswertes Ausstellungsstück · Bessere Akkumulatoren · Trinkt man Glas? · Brennt der Zucker? · Die erste Geige in der Kerntechnik · Der Neutronenschlucker · Lithium gegen Lithium · Hervorragender »Kernkitt« · Kristalle aus Süddakota · Sesam, öffne dich!

Lithium ist in der Reihe der Elemente des periodischen Systems von D. I. Mendelejew das erste der Metalle. 1967 war der 150. Jahrestag seiner Entdekkung. Dieses Jubiläum brachte seine zunehmende Bedeutung zum Ausdruck und zeigte, daß es auf Grund seiner hervorragenden Eigenschaften in der modernen Technik vielseitig verwendet werden kann. Trotzdem nehmen Spezialisten an, daß keineswegs alle Anwendungsmöglichkeiten dieses Elements erkannt sind. Sie sagen ihm noch eine große Zukunft voraus.
Wenden wir uns aber zunächst dem vergangenen Jahrhundert zu, und werfen wir einen Blick in das ruhige Laboratorium des schwedischen Chemikers Arfvedson im Jahre 1817. Der Wissenschaftler hatte zum soundsovielten Male das Mineral Petalit analysiert, welches in einem Bergwerk unweit von Stockholm gefunden worden war. Immer und immer wieder überprüfte er das Ergebnis der Analyse, aber jedes Mal ergab die Summe aller Komponenten nur 96%. Wo waren die vier Prozent verlorengegangen? Oder sollte vielleicht ...? Ja, es gab keinen Zweifel, das Mineral enthielt irgendein unbekanntes Element. Arfvedson führte Versuch um Versuch durch, und schließlich hatte er das Ziel erreicht: die Entdeckung eines neuen Alkalimetalls. Da das neue Element im Unterschied zu seinen »nächsten Verwandten« nicht in organischen Produkten, sondern zum ersten Mal in einem Mineral gefunden wurde, entschloß sich der Wissenschaftler, dieses Metall Lithium zu nennen (»lithos« – im Griechischen: der Stein).
Bald darauf fand Arfvedson das Element auch in anderen Mineralen, und der bekannte schwedische Chemiker Berzelius entdeckte es in den Mineralwässern von Karlovy Vary und Mariánské Lázne. Auch die Quellen des bekannten Kurortes Vichy in Frankreich haben auf Grund ihres Gehaltes an Lithiumsalzen eine hohe balneologische Wirksamkeit.
1855 gelang es dem deutschen Chemiker Bunsen, und unabhängig von ihm dem englischen Physiker Matthiessen, durch Elektrolyse geschmolzenen Lithiumchlorids reines Lithium zu erhalten. Es erwies sich als ein weiches, silbrig-weißes Metall, nur halb so schwer wie Wasser. Lithium ist das leichteste unter den Metallen; Aluminium ist fünfmal, Eisen fünfzehnmal und Osmium vierzigmal schwerer.
Sogar bei Zimmertemperatur reagiert Lithium energisch mit dem Stickstoff und dem Sauerstoff der Luft. Legt man ein Stück Lithium in ein gläsernes Gefäß und verschließt dieses mit einem Korken, so bindet das Metall alle darin enthaltene Luft an sich, und im Gefäß entsteht ein Vakuum. Der atmosphärische Druck preßt dann den Korken so stark in das Gefäß, daß es nur sehr schwer möglich ist, ihn herauszuziehen. Lithium aufzubewahren ist deshalb nicht einfach. Natrium beispielsweise kann leicht in Benzin oder Kerosin aufbewahrt werden, bei Lithium ist dieses Verfahren nicht anwendbar. Das Metall taucht auf und verbrennt. Um Produkte aus Lithium aufzubewahren, umgibt man sie gewöhnlich mit Vaselin oder Paraffin. Der Ablauf von Reaktionen wird auf diese Weise verhindert.
Noch aktiver reagiert Lithium mit Wasserstoff. Kleine Mengen Metalls können ein riesiges Gasvolumen an sich binden: In einem Kilogramm Lithiumhydrid sind 2800 Liter Wasserstoff enthalten.

Im zweiten Weltkrieg wurden Tabletten aus Lithiumhydrid (das ist die Verbindung des Lithiums mit Wasserstoff) von amerikanischen Fliegern als transportable Wasserstoffquellen benutzt, die sie bei Notlandungen auf dem Meer verwendeten. Unter der Einwirkung von Wasser zerfallen diese Tabletten sofort. Mit dem entstehenden Wasserstoff werden Rettungsgeräte, z. B. aufblasbare Boote, Schwimmwesten oder Signalkugelantennen, gefüllt.
Die Eigenschaft der Lithiumverbindungen, außerordentlich viel Feuchtigkeit aufzunehmen, ist der Grund für viele Anwendungsgebiete – z. B. für die Reinigung der Luft in Unterseebooten, in Atmungsfiltern und in Klimaanlagen.
Erste Versuche zur industriellen Anwendung des Lithiums wurden zu Anfang unseres Jahrhunderts durchgeführt. Vorher wurde es im Verlauf von fast 100 Jahren hauptsächlich in der Medizin als Mittel gegen Gicht bzw. Rheumatismus angewendet.
Während des ersten Weltkrieges hatte Deutschland großen Mangel an Zinn, einem für die Industrie dringend notwendigen Metall. Weil das Land nicht über eigene Zinnrohstoffe verfügte, mußten die Wissenschaftler schnell einen Ersatz für dieses Metall suchen. Mit Hilfe des Lithiums wurde dieses Problem erfolgreich gelöst. Eine Legierung von Blei mit Kalzium, Natrium und Lithium erwies sich als ein ausgezeichnetes Antifriktionsmaterial.
Von diesem Zeitpunkt an wurden Lithiumlegierungen immer mehr in der Technik eingesetzt. Bekannt sind Lithiumlegierungen mit Aluminium, Beryllium, Kupfer, Zink, Silber und anderen Elementen. Eine besonders große Perspektive eröffnete sich den Legierungen des Lithiums mit einem

anderen Leichtmetall, dem Magnesium. Diese Legierungen haben wertvolle Konstruktionseigenschaften: Sie sind leichter als Wasser, wenn sie weniger als 50% Magnesium enthalten. Es ist bereits gelungen, einige Legierungen ähnlicher Zusammensetzung zu schmelzen. Leider sind sie nicht beständig, sie oxydieren leicht an Luft. Wissenschaftler arbeiten jetzt daran, eine Zusammensetzung und die dazu notwendige Technologie der Erzeugung zu finden, die eine ausreichende Beständigkeit dieser Legierung gewährleistet. Auf der Ausstellung der Errungenschaften der Volkswirtschaft der Sowjetunion in Moskau wurden bereits Proben einer Lithium-Magnesium-Legierung gezeigt, die über längere Zeit nicht anläuft. Infolge seiner hohen Reaktionsfähigkeit, seiner niedrigen Schmelztemperatur und der geringen Dichte seiner Verbindungen ist Lithium besonders geeignet für die Entgasung, die Desoxydation und die Modifizierung in der Schwarz- und Buntmetallurgie. Bei der Produktion von Aluminium bewährt sich das Lithium erfolgreich als Prozeßbeschleuniger. Der Zusatz von Lithiumverbindungen in den Elektrolyt erhöht die Produktivität der Aluminiumelektrolyse um 22 bis 30 Prozent. Dabei kann die sonst erforderliche Temperatur des Bades um mehr als 30 Grad gesenkt werden; 7 bis 8 Prozent des Energiebedarfs werden dadurch eingespart.

Früher bestand der Elektrolyt von basischen Akkumulatoren nur aus Natronlauge. Nach Zugabe einiger Gramm Lithiumhydroxid erhöhte sich die Lebensdauer des Akkumulators um das Zweifache. Außerdem wurde der Bereich der Betriebstemperaturen erweitert: Er

entlädt sich nicht bei Erhöhung der Temperatur auf plus 40 Grad Celsius und friert auch nicht bei minus 20 Grad Celsius ein. Ein lithiumfreier Elektrolyt gestattet solche Versuche nicht.

Einige organische Verbindungen des Lithiums bewahren ihre physikalischen Eigenschaften auch über ein weites Temperaturintervall. Dadurch ist es möglich, sie als Grundlage für Schmiermaterialien einzusetzen, die vor allem in der Militärtechnik Anwendung finden. Schmiermittel, in denen Lithium enthalten ist, werden für Mehrzweckfahrzeuge in der Antarktis eingesetzt, um Streifzüge in das Innere des Kontinents durchzuführen, wo die Temperaturen bis auf minus 60 Grad Celsius absinken.

Einer der Helden des Films »Limonaden-Joe« – einer lustigen Parodie auf Hollywoodschlager – verspeiste den Whisky mitsamt den Gläsern. Natürlich nicht, wird jeder denken, der diese Zeilen liest. Aber er irrt sich! Es zeigt sich nämlich, daß sich gewöhnliches Glas in Wasser löst. Natürlich

nicht in solchem Maße, wie beispielsweise Zucker, aber es löst sich dennoch. Genaueste analytische Waagen zeigen, daß wir zusammen mit einem Glas Tee ungefähr ein zehntausendstel Gramm Glas mittrinken. Aber wenn beim Schmelzen des Glases eine Prise der Salze des Lanthans, Zirkons oder Lithiums zugesetzt wird, verringert sich seine Löslichkeit auf den hundertsten Teil. Es wird sogar äußerst widerstandsfähig gegenüber Schwefelsäure.

Die Wirkung des Lithiums im Glas beschränkt sich nicht auf die Verringerung seiner Löslichkeit. Lithiumgläser sind durch wertvolle optische Eigenschaften, gute thermische Beständigkeit, hohen spezifischen Widerstand und geringe dielektrische Verluste gekennzeichnet. Lithium ist besonders in Gläsern enthalten, aus denen Fernseh-Kinoskope gefertigt werden. Wenn man gewöhnliches Fensterglas in einer Schmelze von Lithiumsalzen behandelt, bildet sich auf ihm eine dichte Schutzschicht. Dadurch wird das Glas bei erhöhter Temperatur doppelt so fest und widerstandsfähig. Geringe Zusätze des gleichen Elements (0,5 bis 1,5 %) setzen die Erweichungstemperatur der Gläser wesentlich herab.

Schon seit langem ist der Tautropfen Symbol für die Durchsichtigkeit. Aber auch Gläser, die durchsichtig sind wie Tau, genügen der modernen Technik nicht. Für die Optik werden Materialien benötigt, die nicht nur die dem Auge sichtbaren Strahlen des Lichtes, sondern auch unsichtbare, z. B. ultraviolette Strahlen durchlassen. Mit Hilfe gewöhnlicher Teleskope können die Astrophysiker die Strahlen einiger weit entfernter Galaxen nicht auffangen. Von allen bekannten Materialien für optische

Geräte weist Lithiumfluorid die höchste Durchlässigkeit für ultraviolette Strahlen auf. Optische Linsen aus Monokristallen dieses Stoffes erlauben also den Forschern, wesentlich tiefer in die Geheimnisse des Universums einzudringen.
Eine nicht geringe Rolle spielt Lithium bei der Produktion spezieller Glasuren, Emaillen, Farben, hochwertiger Porzellane und Fayencen. In der Textilindustrie wird eine Verbindung dieses Elementes für das Bleichen und Beizen der Gewebe verwendet, eine andere für ihre Färbung. Die Salze des Lithiums sind den Pyrotechnikern gut bekannt. Sie sind es, die den Leuchtkugeln und Leuchtspurengeschossen eine helle, blaugrüne Spur verleihen. Auf den pyrotechnischen Eigenschaften des Lithiums beruht auch folgender Trick: Versuchen Sie, mit einem Streichholz ein Stück Zucker anzuzünden. Es wird Ihnen nicht gelingen. Der Zucker schmilzt, aber er brennt nicht. Wenn Sie vorher den Zucker mit etwas Tabakasche einreiben, wird er leicht mit einer schönen blauen Flamme entflammen oder auflodern. Die Erklärung liegt im folgenden: Im Tabak sind wie in vielen anderen Pflanzen ziemlich »große Mengen« Lithium enthalten. Bei der Verbrennung der Tabakblätter verbleibt ein Teil dieser Verbindungen in der Asche. Diese sind es dann auch, die dieses einfache Kunststückchen ermöglichen.
Alles, was bisher erwähnt wurde, handelt von zweitrangigen Fähigkeiten des Lithiums. Es weist aber eine ganze Reihe noch wichtigerer Eigenschaften auf. Die Atom- und Kerntechnik ist heute Hauptverbraucher für Lithium, und es spielt dort allmählich die »erste Geige«.
Wissenschaftler stellten fest, daß der Kern des Isotops Lithium 6 durch Neutronen leicht zerstört werden kann. Das Lithium wird instabil, wenn der Kern ein Neutron einfängt, und es zerfällt. Es bilden sich zwei neue Atome, das leichte Edelgas Helium und der seltene überschwere Wasserstoff Tritium. Bei sehr hohen Temperaturen vereinigen sich die Atome des Tritiums und des anderen Wasserstoff-Isotops, des Deuteriums. Dieser Prozeß wird von der Abgabe einer riesigen Energiemenge begleitet, die als thermonukleare Energie bezeichnet wird. Eine besonders energische thermonukleare Reaktion vollzieht sich beim Neutronenbeschuß von Lithiumdeuterid, welches das Isotop Lithium 6 enthält. Dieser farblose, feste Stoff wirkt als Kernbrennstoff in Lithiumreaktoren, die eine Reihe von Vorteilen im Vergleich zu den Uranreaktoren aufweisen. Lithium ist leichter zu beschaffen und billiger als Uran. Bei der Reaktion mit Lithium bilden sich keine radioaktiven Spaltprodukte, und der Prozeß ist leichter regulierbar.
Das verhältnismäßig hohe Vermögen von Lithium 6, langsame Neutronen einzufangen, ist die Grundlage seiner Anwendung als Regulator für die Reaktion, die in Uranreaktoren abläuft. Dank dieser Eigenschaft findet das Isotop auch Anwendung in Schutzschirmen gegen radioaktive Strahlung. Es ist nicht ausgeschlossen, daß Lithium 6 sehr bald als Neutronenfänger in atomaren Flugapparaten eingesetzt wird.
Ähnlich wie die anderen Alkalimetalle wird Lithium auch als Wärmeträger in Kernkraftwerken verwendet. Hier kann das leichter verfügbare Lithiumisotop 7 verwendet werden (sein Anteil im natürlichen Lithium beträgt ungefähr 93 %). Dieses Isotop kann im Unterschied zu seinem

leichteren Bruder nicht als Rohstoff für die Produktion von Triterium eingesetzt werden, es ist deshalb für die thermonukleare Technik nicht interessant. Aber in der Rolle des Wärmeträgers ist es sehr nutzbringend. Dabei kommen ihm seine hohe Wärmekapazität und Wärmeleitfähigkeit, das große Temperaturintervall im flüssigen Zustand (von 180 bis 1336 °C), die geringe Zähigkeit und die geringe Dichte zugute.

In neuester Zeit erhebt die Raketentechnik ernste Ansprüche auf das Lithium. Viel Energie ist notwendig, um die Erdanziehung zu überwinden und in den kosmischen Raum zu gelangen.

Die Rakete, die das Raumschiff mit dem ersten Kosmonauten der Welt, Juri Gagarin, auf eine Orbitalbahn brachte, hatte sechs Triebwerke mit einer Gesamtleistung von 20 Millionen Pferdestärken. Diese Leistung entspricht der von etwa 20 Wasserkraftwerken der Größe von Dnjeproges.

Die Auswahl des Raketentreibstoffes stellt dabei ein Problem von außerordentlicher Wichtigkeit dar. Vorerst rechnet man immer noch das Kerosin, das mit flüssigem Sauerstoff oxydiert wird, zu den effektivsten Brennstoffen. Die Explosionswärme dieses Brennstoffs beträgt 2300 kcal/kg (im Vergleich dazu entstehen bei der Explosion von 1 kg Nitroglyzerin, einem der stärksten Explosivstoffe, nur 1480 kcal/kg).

Eine große Zukunft hat der Einsatz metallischer Brennstoffe. Die Theorie und die Verfahren zur Nutzung von Metallen als Brennstoff für Raketentriebwerke wurden erstmalig vor 50 Jahren von den bekannten sowjetischen Wissenschaftlern N. W. Kondratjuk und F. A. Zander ausgearbeitet. Eines der geeignetsten Metalle hierfür ist das Lithium. Bei der Verbrennung von 1 kg dieses Metalls werden 10 270 kcal

erzeugt. Einen größeren Heizwert hat lediglich das Beryllium. In den USA wurden Patente über feste Raketentreibstoffe veröffentlicht, die 51 bis 68 Prozent metallisches Lithium enthalten.
Geradezu paradox erscheint es, daß während der Arbeit eines Raketentriebwerkes Lithium als Schutzmittel gegen Lithium dient. Das Metall wird einerseits als Brennstoff für die Entwicklung sehr hoher Temperaturen genutzt, andererseits haben lithiumhaltige keramische Materialien, z. B. Stupalit, eine hohe thermische und Hitzebeständigkeit. Sie werden auf die Oberfläche der Düsen- und Verbrennungskammer aufgebracht, um sie vor der zerstörenden Wirkung des Lithiumbrennstoffes zu bewahren.
Heute verfügt die Technik über eine große Menge verschiedenartiger synthetischer hochpolymerer Werkstoffe, die mit Erfolg an Stelle von Stahl, Messing, Glas usw. eingesetzt werden. Aber die Technologen haben bisweilen große Schwierigkeiten, wenn bei der Fertigung verschiedener Teile eine Verbindung der Polymere untereinander oder mit anderen Werkstoffen notwendig ist. Das neue fluorhaltige Polymer »Teflon« – ein idealer antikorrosiver Überzug – konnte bis in die jüngste Zeit keine Anwendung finden, weil es sich schlecht mit Metallen verbinden ließ. Kürzlich haben sowjetische Wissenschaftler eine originelle Technologie der Kernschweißung von Polymeren mit verschiedenen Werkstoffen ausgearbeitet. Auf die zu überziehende Oberfläche bringt man eine geringe Menge von Lithium- oder Borverbindungen auf, die gewissermaßen als »Kernkitt« wirksam werden. Bei der Bestrahlung dieser Schichten mit Neutronen werden zahlreiche punktförmige Kernreaktionen ausgelöst, die von einer starken Energieabgabe begleitet sind. Diese Reaktionen laufen im Bruchteil einer milliardstel Sekunde ab. Dank der hohen Energie werden Mikrobereiche des Materials kurzzeitig auf Temperaturen von einigen hundert, teilweise von mehr als tausend Grad Celsius erwärmt. Diese kurze Zeit genügt, um die Moleküle angrenzender Schichten miteinander zu verbinden. Es entsteht also eine Kernschweißung.
In der Regel sind Elemente, die in der linken oberen Ecke des Periodensystems stehen, in der Natur weit verbreitet. Aber zum Unterschied von der Mehrheit seiner Nachbarn – Natrium, Kalium, Magnesium, Kalzium, Aluminium, die auf unserem Planeten sehr häufig vorkommen – ist das Lithium ein vergleichsweise seltenes Element. Sein Anteil in der Erdrinde beträgt lediglich 0,0065 Prozent. In der Natur werden etwa 20 Mineralien gefunden, die dieses wertvolle Element enthalten. Die wichtigste natürliche Verbindung des Lithiums ist Spodumen. Kristalle dieses Minerals, in ihrer Form Holzbalken oder Eisenbahnschwellen ähnlich, erreichen bisweilen gigantische Ausmaße. In Süddakota (USA) wurde ein Kristall gefunden, der länger war als 15 Meter. Seine Masse wurde auf 30 bis 50 Tonnen geschätzt. Schöne smaragdgrüne oder rosaviolette verschiedenartige Spodumene, die halbedelsteinartigen Minerale Hiddenit und Kurzit, fand man in amerikanischen Lagerstätten. Große Bedeutung als Rohstoff für die Produktion von Lithium können granitische Pegmatite haben, deren Vorräte nahezu unerschöpflich sind. Es wird damit gerechnet, daß in einem Kubikkilometer

Granit 112 000 Tonnen Lithium eingeschlossen sind. Das wäre 30mal mehr, als zur Zeit in allen kapitalistischen Ländern gefördert wird. Neben Lithium enthalten die Granitlager Niob, Tantal, Zirkon, Thorium, Uran, Neodym, Praseodym, Zäsium und noch viele andere seltene Elemente. Heute sind Wissenschaftler damit beschäftigt, Methoden zu suchen, die es den Menschen erlauben, die »Vorratskammer Granit« zu öffnen. Eines Tages wird es ihnen gelingen!

Das Metall des kosmischen Zeitalters – Beryllium

Be

Märchen werden Wahrheit · Die Smaragdgruben der Königin Kleopatra · »Er ist grün, rein, heiter und zart« · Die Schätze der mexikanischen Gräber · Das Geheimnis der Inkas · Eine folgenschwere Revision · Ein einmaliger Stein kehrt nach Rußland zurück »Grüner Morgen und blutiger Abend« · Das »verwundete« Ausstellungsstück · Die sensationelle Mitteilung des Chemikers Vauquelin · Der »Ruhestörer« im System · Ein »Urteil« wird revidiert · Helfer der Raumfahrt · Eine ungewöhnliche Bestellung · Die Vereinigung der Leichtesten · Der Bremsstoff für Neutronen · Der Schall bricht Rekorde · Die Atom»nadel«

Beryllium ist eines der bemerkenswertesten Elemente und von erheblicher praktischer Bedeutung.
Der berühmte sowjetische Wissenschaftler A. E. Fersman schrieb vor 50 Jahren: »Die Beherrschung des Luftraumes, die kühnen Flüge der Flugapparate und Raumschiffe wären nicht möglich ohne Einsatz der Leichtmetalle. Es läßt sich jetzt schon absehen, daß zu den gegenwärtig in der Luft- und Raumfahrt verwendeten Metallen Aluminium und Magnesium noch Beryllium hinzukommen wird. Dann werden Flugzeuge mit Geschwindigkeiten von tausenden Kilometern in der Stunde fliegen.
Die Zukunft dem Beryllium!
Geochemiker, sucht neue Lagerstätten!
Chemiker, lernt, dieses leichte Metall von seinem Sputnik, dem Aluminium, zu trennen!
Technologen, stellt die leichtesten Legierungen her, die nicht in Wasser untertauchen, die hart sind wie Stahl, elastisch wie Gummi, beständig wie Platin und dauerhaft wie ein Edelstein!
Es kann sein, daß diese Worte märchenhaft klingen, aber wurden nicht viele Träume vor unseren Augen Wirklichkeit?
Gehören sie heute nicht schon zum Alltag?
Wir vergessen, daß uns noch vor 70 Jahren Radio und Tonfilm wie phantastische Märchen erschienen!
Beryllium ist wirklich ein Metall der Zukunft!
Im Periodensystem findet man wenige Elemente, deren Geschichte so weit in die Vergangenheit zurückgreift, wie die des Berylliums.
Vor etwa zwei Jahrtausenden förderten in der Wüste Nubiens, wo sich die bedeutendsten Smaragdgruben der Königin Kleopatra befanden, Sklaven wunderbare Kristalle dieses grünen Steines. Kamelkarawanen brachten die Smaragde zu den Küsten des Roten Meeres, und von dort gelangten sie an die Höfe der mächtigsten Fürsten Europas, des Nahen und Fernen Ostens, der byzantinischen Imperatoren, der persischen Schahs, der chinesischen Kaiser und der indischen Maharadschas.
Mit prächtigem Glanz, reiner Färbung, wunderschönem Farbenspiel, bald sattgrün, fast dunkel, bald hell funkelnd, bezauberte der Smaragd zu allen Zeiten den Menschen.
Der römische Imperator Nero liebte es, durch einen großen geschliffenen Smaragdkristall die Kämpfe der Gladiatoren zu betrachten.
»Er ist grün, rein, heiter und zart wie das Gras des Frühlings.« So schrieb A. I. Kuprin über den Smaragd.
Mit der Entdeckung Amerikas wurde in der Geschichte des grünen Steines eine neue Seite geschrieben. In den Gräbern und Kirchen Mexikos, Perus und Kolumbiens entdeckten die Spanier ungeheure Mengen großer dunkelgrüner Smaragde. Im Laufe einiger Jahre hatten die Eroberer diese Kunstdenkmäler mit ihren märchenhaften Schätzen ausgeplündert. Lange aber blieb ihnen der Ort verborgen, wo dieser wunderschöne Edelstein zutage gefördert wurde. Erst in der Mitte des 16. Jahrhunderts gelang es den Eroberern Amerikas, das Geheimnis der Inkas zu lüften und zu den Smaragdgruben Kolumbiens vorzudringen. Dieser Smaragd beherrschte wegen seiner Schönheit das Juweliergeschäft bis zum 19. Jahrhundert. Im

Jahre 1831 fand der Pechsieder Maxim Koshewnikow im Uralgebirge, nicht weit von dem kleinen Fluß Tokowaja, beim Holzsammeln den ersten Smaragd in Rußland. Die großen hellgrünen Smaragde des Urals fanden schnell Anerkennung bei den Juwelieren in aller Welt.
1834 wurde an einem der Fundorte im Ural ein riesiger, herrlicher Smaragd mit einer Masse von 2226 g gefunden. Der Direktor der Grube, Kakowin, konnte sich von dem märchenhaften Stein nicht trennen. Er ließ nichts von dem Fund verlauten und bemühte sich, den Smaragd sicher zu verstekken. Trotzdem mußten Gerüchte über den einmaligen Fund nach Petersburg gelangt sein, denn von dort wurde überraschend eine Revision veranlaßt. Der Stein wurde schnell gefunden und in die Hauptstadt gebracht. Der unrechtmäßige Besitzer und Liebhaber des Smaragdes kam ins Gefängnis, wo er Selbstmord verübte.
In Petersburg gelangte der Stein aber noch nicht in den Staatsschatz. Zuerst war er im Besitz des Grafen Perowski, von dort kam er in die Hände des Fürsten Kotschubei. Nach der Zerstörung der Besitzungen Kotschubeis im Jahre 1905 gelangte der Smaragd nach Wien. Von der russischen Regierung mußte er für eine hohe Geldsumme zurückgekauft werden. Heute schmückt der Wunderstein die Kollektion des mineralogischen Museums der Akademie der Wissenschaften in Moskau.
Der Smaragd ist eines der zahlreichen Minerale des Berylliums. Der bläulichgrüne, der Farbe des Meeres gleichende Aquamarin, der kirschrosafarbene Rosaberyll, der weingelbe Heliodor und der gelblichgrüne, schlangenfarbene Beryll,

der reinstem Wasser gleichende Phenakit und der zartblaue Euklas, der durchsichtig grüne Chrysoberyll und seine wunderbare Abart Alexandrit – zartgrün am Tage und Karmesinrot bei künstlicher Beleuchtung (»grüner Morgen und blutiger Abend«, so beschrieb ihn N. S. Leskow bildlich) – dies sind nur einige, aber vielleicht die berühmtesten Vertreter der Familie der berylliumhaltigen Edelsteine.

Industrielle Bedeutung hat von ihnen nur der Beryll, der ungefähr fünf Prozent Beryllium enthält (im Mittel kommen auf eine Tonne Erdreich nur 3,5 g dieses Elements). In der Natur trifft man auf Kristallgiganten des Berylls. Viele wiegen mehr als zehn, einige über hundert, manche sogar über tausend Kilogramm. Die Länge des bisher größten Fundes beträgt etwa 9 Meter. Im Bergbaumuseum von Leningrad gibt es ein interessantes Ausstellungsstück – einen Beryllkristall von 1,5 Meter Länge. In der Winterblockade 1942 durchschlug ein Geschoß das Dach des Gebäudes und explodierte im Hauptsaal. Splitter beschädigten den Kristall erheblich. Er konnte seitdem in der Ausstellung nicht mehr gezeigt werden. Durch jahrelange sorgsame Restaurierungsarbeit gelang es, dem wertvollen Stein seine ursprüngliche Form und Schönheit wiederzugeben. Heute erinnern nur noch zwei verrostete Geschoßsplitter an das Ereignis, die in einer Platte aus durchsichtigem Kunststoff eingefaßt sind. Eine Schrifttafel weist auf das Schicksal dieses Ausstellungsstückes hin.

Es ist nicht verwunderlich, daß nicht nur Liebhaber von Kostbarkeiten, sondern auch Chemiker den berylliumhaltigen Edelsteinen von jeher große Aufmerksamkeit schenkten.

Im 18. Jahrhundert war der Wissenschaft das Element noch nicht bekannt. Viele Forscher versuchten den Beryll zu analysieren. Anfänglich gelang es jedoch keinem, das in ihm enthaltene neue Metall zu entdecken. Es verbarg sich hinter dem »Rükken« des Aluminiums und dessen Verbindungen. Viele Eigenschaften dieser beiden Elemente haben eine erstaunliche Ähnlichkeit. Natürlich gibt es auch Unterschiede. Diese wurden zuerst von dem französischen Chemiker Louis Nicolas Vauquelin bemerkt, der am 15. Februar 1798 in der französischen Akademie die sensationelle Mitteilung machte, daß im Beryll und im Smaragd eine neue »Erde« enthalten sei, die sich in ihren Eigenschaften von Tonerde bzw. Aluminiumoxid unterscheidet.

Vauquelin schlug vor, das entdeckte Element wegen des süßlichen Geschmacks seiner Salze »Gluzinium« zu nennen (im Griechischen: glykeros = süß). Heute hat sich diese Bezeichnung nur in Frankreich erhalten, während in anderen Ländern für das Element der Name Beryllium über-

nommen wurde, der auf einem Vorschlag der bekannten Chemiker M. Klapproth und A. G. Ekeberg beruht.
Die Ähnlichkeit von Beryllium und Aluminium bereitete D. J. Mendelejew bei der Aufstellung des Periodensystems der Elemente große Schwierigkeiten. In der Mitte des 19. Jahrhunderts wurde Beryllium wegen seiner Ähnlichkeit mit Aluminium zu den dreiwertigen Metallen mit einem Atomgewicht von 13,5 gezählt. Folglich hätte es im Periodensystem den Platz zwischen Kohlenstoff und Stickstoff einnehmen müssen. Aus dieser Sachlage resultierte Verwirrung über die gesetzmäßigen Unterschiede der Eigenschaften der Elemente. Die Richtigkeit des Gesetzes der Periodizität wurde in Zweifel gestellt. Mendelejew, der von der Unantastbarkeit seiner Idee überzeugt war, vermutete eine falsche Bestimmung des Atomgewichts des Elementes Beryllium und kam zu der berechtigten Annahme, daß dieses Element mit magnesiumähnlichen Eigenschaften zweiwertig sein müsse. Er setzte deshalb Beryllium in die zweite Gruppe und korrigierte das Atomgewicht auf 9. Bald darauf erfolgte die Bestätigung durch die schwedischen Chemiker L. F. Nilson und O. Pettersson, die anfangs von der Dreiwertigkeit des Berylliums fest überzeugt waren. Ihre sorgfältigen Forschungen zeigten, daß das Atomgewicht dieses Elementes 9,1 ist. So wurde mit Hilfe des »Ruhestörers« Beryllium das Periodensystem als eines der berühmtesten Gesetze der Chemie bestätigt.
Die Bestimmung und die erste Anwendung dieses Elements ähneln in vieler Beziehung denen anderer Metalle. 1828 wurde es von F. Wöhler und A. A. Bussy zum ersten Mal in freier Form erhalten. Aber erst nach sieben Jahrzehnten gelang es dem Franzosen P. Lebeau, reines metallisches Beryllium durch Elektrolyse geschmolzener Salze herzustellen. Kein Wunder, daß noch am Anfang unseres Jahrhunderts in den Nachschlagewerken der Chemie das Beryllium als Element ohne praktische Bedeutung gekennzeichnet wurde.
Die stürmische Entwicklung der Wissenschaft und Technik im 20. Jahrhundert führte dazu, daß die Chemiker dieses offensichtlich ungerechte Urteil überprüften. Die genaue Untersuchung von reinem Beryllium zeigte, daß dieses Metall erstaunliche Eigenschaften aufweist. Als eines der leichtesten Metalle zeichnet es sich durch eine bedeutende Festigkeit aus. Sie kann größer sein als die von Konstruktionsstählen. Beryllium hat auch eine höhere Schmelztemperatur als Magnesium und Aluminium. Die Verknüpfung günstiger Eigenschaften macht Beryllium heute zu einem wichtigen Werkstoff für die Raumfahrt. Teile von Flugzeugen, die aus Beryllium gefertigt werden, sind 1,5mal leichter als Aluminiumteile. Ausgezeichnete Temperaturleitfähigkeit, eine hohe Wärmekapazität und Warmfestigkeit ermöglichen es, Beryllium und seine Verbindungen als Werkstoff in der kosmischen Technik und als Wärmeschutzmaterial zu verwenden. Nach Mitteilung der amerikanischen Presse bestanden Spitze und Boden des kosmischen Raumschiffes Friendship-7, mit welchem John Glenn seinen Orbitalflug ausführte, aus Beryllium.
Berylliumteile, die sich durch eine hohe Genauigkeit und Stabilität ihrer Abmessung auszeichnen, werden in Gyroskopen verwendet. Das sind Geräte, die zum

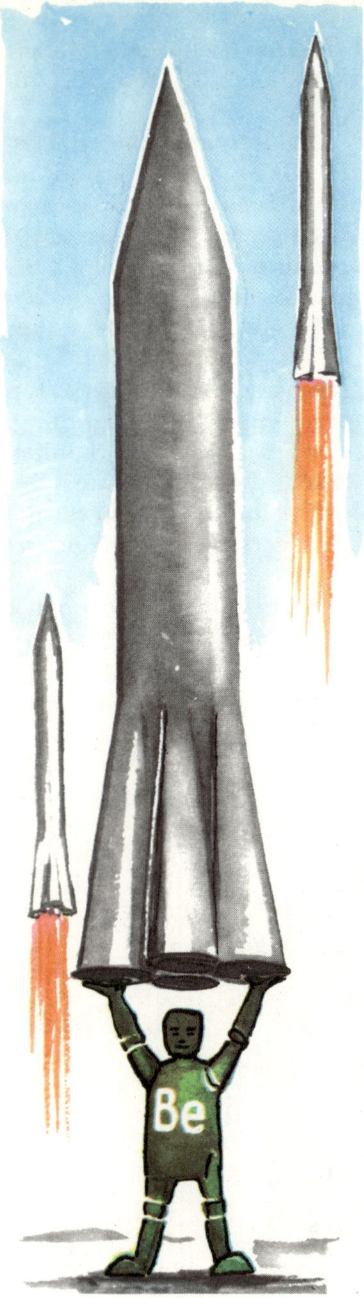

Orientierungs- und Stabilisierungssystem von Raketen, kosmischen Raumschiffen und künstlichen Sputniks gehören.
Für seine Verwendung in der kosmischen Technik hat Beryllium noch eine besondere Eigenschaft: Bei seiner Verbrennung entstehen enorme Wärmemengen, 15 000 kcal/kg. Deshalb kann Beryllium als Komponente von Raketentreibstoff mit hohem Energiegehalt eingesetzt werden. Für den Flug zum Mond mit dem Raumschiff »Surveyor« war ein Brennstoff mit Zusätzen dieses Materials vorgesehen.
Legierungen des Kupfers mit Beryllium, die Berylliumbronzen, werden in der Luftfahrt erfolgreich angewendet. Aus ihnen werden Teile gefertigt, die folgende Eigenschaften aufweisen: hohe Festigkeit, große Ermüdungs- und Korrosionsfestigkeit, Beibehaltung der Elastizität in einem breiten Temperaturintervall, hohe elektrische und Wärmeleitfähigkeit. Mehr als 1000 Teile moderner Großflugzeuge werden aus diesen Legierungen gefertigt. Dank ihrer hohen Elastizität wird Berylliumbronze als ausgezeichnetes Federnmaterial verwendet. Federn aus diesen Bronzen ermüden fast nicht. Sie überstehen bis zu 20 Millionen Lastwechsel.
Mit der Produktion von Federn steht eine interessante Episode aus dem zweiten Weltkrieg in Verbindung. Die Rüstungsindustrie Hitlerdeutschlands verfügte nicht über berylliumhaltige Rohstoffe. Die Weltproduktion dieses strategisch wichtigen Metalls lag fast vollständig in den Händen der Vereinigten Staaten von Amerika. Die Faschisten versuchten, durch eine List in den Besitz von Berylliumbronze zu kommen. Die Einfuhr sollte illegal über Schweden erfolgen. Die schwedischen »Uhrma-

cher« bestellten bei amerikanischen Firmen riesige Mengen der wertvollen Legierung. Diese hätten ausgereicht, den Bedarf an Uhrfedern in der ganzen Welt für mindestens 500 Jahre zu decken. Der Hinterhalt wurde zwar erkannt, aber die neuen Schnellfeuerkanonen der faschistischen Luftwaffe konnten dennoch mit Federn aus Berylliumbronzen ausgestattet werden.

Eine »Berufskrankheit« vieler Metalle und Legierungen ist die Ermüdung, d. h., Teile, die unter wechselnder Belastung stehen, werden im Laufe der Zeit zerstört. Schon geringe Zusätze an Beryllium im Stahl wirken sich gegen Ermüdung günstig aus. Während Automobilfedern aus gewöhnlichem Kohlenstoffstahl schon nach 800 000 bis 850 000 Stößen brechen, ertragen die gleichen Federn aus Stahl mit etwas »Beryllium-Vitamin« 14 Millionen Stöße.

Beim Zusammenschlagen von Stahl mit Stein oder Metall entstehen Funken. Diese treten aber nicht beim Aufschlag von Berylliumbronzen auf. Deshalb verwendet man diese bevorzugt zur Herstellung von Geräten, die bei explosionsgefährdeten Arbeiten eingesetzt werden, wie in Schächten, auf Erdölfeldern oder in Sprengstoffwerken.

Beryllium beeinflußt sehr wesentlich auch die Eigenschaften von Magnesium. So verhindert bereits ein hundertstel Prozent Beryllium die Entflammbarkeit von Magnesiumlegierungen beim Schmelzen und Gießen, d. h. bei etwa 700 Grad Celsius. Außerdem wird die Korrosion der Magnesiumlegierungen sowohl an Luft als auch in Wasser wesentlich verringert. Eine große Zukunft haben offensichtlich Legierungen des Berylliums mit Lithium. Die Vereinigung dieser beiden leichtesten Metalle könnte zu Legierungen führen, die auf dem Wasser schwimmen.

Beryllium ist ein ausgezeichnetes Desoxydationsmittel für Stahl, auf Grund des hohen Preises wird es aber für diesen Zweck noch nicht genutzt. Der Preis für ein Kilogramm Beryllium beträgt in den USA etwa 1 000 Dollar, das übersteigt wesentlich die Kosten von Tantal, Niob, Zirkon oder Silber.

Die Metallurgen fanden für Beryllium noch eine andere wichtige Verwendung. Die Sättigung der Oberfläche von Stahlteilen mit Beryllium, die sogenannte »Beryllisation«, erhöht ihre Härte sowie die Korrosions- und Verschleißfestigkeit bedeutend.

Wichtige Verwendungsmöglichkeiten hat das Beryllium weiterhin in der Röntgentechnik, da seine Durchlässigkeit für Röntgenstrahlen besser ist als bei allen

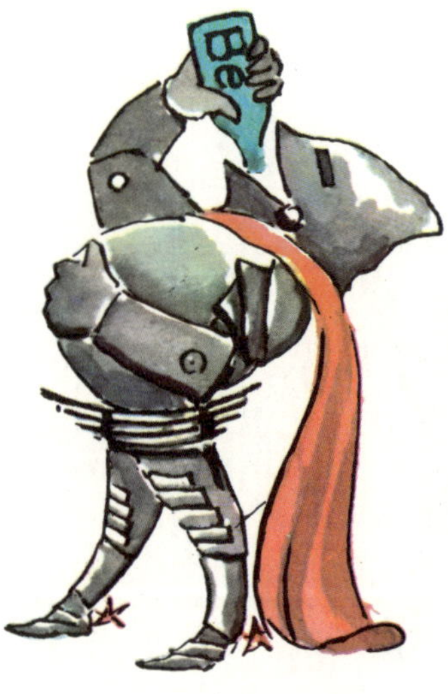

anderen an Luft beständigen Metallen. Die »Fenster« für Röntgenröhren werden heute ausschließlich aus Beryllium hergestellt. Ihre Durchlässigkeit ist 17mal größer als die der früher verwendeten Aluminiumfenster.

Beryllium spielte bei der Erforschung der Natur, des Aufbaues des Atoms und seines Kerns eine wichtige Rolle. Schon zu Beginn der 30er Jahre entdeckten die deutschen Physiker W. Bothe und G. Becker die sogenannte Berylliumstrahlung, indem sie Beryllium mit Alphateilchen bombardierten. Obwohl von geringer Intensität, hat diese Strahlung ein so hohes Durchdringungsvermögen, daß sie von Bleischichten mit einigen Zentimetern Dicke nicht abgeschirmt werden kann. Die Ursache fand 1932 der Engländer Chadwick. Es handelte sich um einen Strom elektrisch neutraler Teilchen, deren Masse etwa gleich der Masse eines Protons ist. Die neuen Teilchen wurden Neutronen genannt. Die Abwesenheit elektrischer Ladungen erlaubt es den Neutronen, leicht in den Kern der Atome anderer Elemente einzudringen. Auf diese Weise ist das Neutron ein effektives Geschoß der »atomaren Artillerie«. Heute werden Neutronenstrahlen in großem Umfang für die Auslösung von Kernreaktionen angewendet.

Die Erforschung der atomaren Struktur des Berylliums zeigte, daß für sie ein geringer Einfangquerschnitt für Neutronen und ein großer Streuungskoeffizient charakteristisch sind. Dank dieser Eigenschaften bremst Beryllium die »schnellen Neutronen« auf die Geschwindigkeit der bei Kernreaktionen nützlich wirksamen »langsamen Neutronen«. Von allen festen Werkstoffen zählt Beryllium zu den besten Bremsstoffen für Neutronen. Reaktormäntel aus Beryllium reflektieren Neutronen wie ein Spiegel das Licht und verhindern ihr Entweichen aus der aktiven Zone des Reaktors. Es hat selbst bei sehr hohen Temperaturen große Beständigkeit gegen Bestrahlung.

Alle diese hervorragenden Eigenschaften machen Beryllium zu einem der wichtigsten Elemente der Kerntechnik. Für die Wissenschaft ist die akustische Leitfähigkeit dieses Metalls von besonderem Interesse. In Luft beträgt die Geschwindigkeit des Schalls 330 m/s, in Wasser 1450 m/s, in Stahl 5000 m/s. Beryllium aber hält den Rekord mit 12 500 m/s.

Viele wertvolle Eigenschaften hat auch das Berylliumoxid. Es ist hochfeuerfest (seine Schmelztemperatur beträgt 2570 °C) und zeichnet sich durch eine außerordentliche chemische Beständigkeit und große Wärmeleitfähigkeit aus. Deshalb wird es als Material für die Auskleidung von Induktionsöfen und für die Anfertigung von Tiegeln zum Schmelzen verschiedener Metalle und Legierungen verwendet. Das Erschmelzen von Beryllium im Vakuum wird z. B. in Tiegeln aus reinem Berylliumoxid durchgeführt, die dabei keinerlei Wechselwirkung mit dem Metall zeigen. Dieses Material wird auch als Grundkomponente für die Hüllen der wärmetauschenden Elemente in Atomreaktoren eingesetzt. Die wärmeisolierenden Eigenschaften des Berylliumoxids können möglicherweise auch bei der Erforschung der tieferen Schichten unseres Planeten genutzt werden. Es existiert bereits ein Projekt für die Gewinnung von Proben des Erdmantels aus einer Tiefe bis zu 32 km mit Hilfe einer sogenannten »Atomnadel«. Diese Einrichtung stellt einen Minia-

turatomreaktor dar, der in ein wärmeisolierendes Futter aus Berylliumoxid eingeschlossen ist.
Verhältnismäßig lange schon wird Berylliumoxid in der Glasindustrie verwendet. Sein Zusatz erhöht die Festigkeit, die Brechungszahl und die chemische Beständigkeit des Glases. Die Einführung von Berylliumoxid oder anderer Berylliumverbindungen erlaubt es, Spezialgläser mit hoher Durchlässigkeit für alle Strahlen des Spektrums – vom ultravioletten bis zum infraroten Bereich – herzustellen.
Die prophetischen Worte des bedeutenden Wissenschaftlers A. E. Fersman haben sich bewahrheitet.
Die Forschung benötigte eine relativ kurze Zeit, um die in das Beryllium gesetzten Erwartungen zu erfüllen. Aus einem relativ unbekannten und seltenen Element ist heute ein wichtiges Metall des 20. Jahrhundert geworden.

Kämpfer gegen die Müdigkeit – Magnesium

Mg

Probleme der Alchimisten · Sie suchten den Stein der Weisen und fanden ... · Die Wahrheit liegt im Wasser · Es endet ohne Feuerwerk · Ein Streichholz genügt · In den unteren Schichten des Erdmantels verborgen · Schätze des Meeres · Neptun kann beruhigt sein Jeder gibt seinen Anteil · Unter schweren Bedingungen · Ein weites Arbeitsfeld für die Metallurgen · Das Bild erscheint sofort · »Nicht erschrecken, ich fotografiere!« · Feste Eierschalen · Es droht der Infarkt · »Wünschen Sie einen Sohn oder eine Tochter?« · Neues Feuerfestmaterial · Große Aufgaben in der Zukunft

Eines der Hauptprobleme, mit denen sich im Mittelalter die Jünger der noch in den Kinderschuhen steckenden Wissenschaft in den alchimistischen Laboratorien herumschlugen, war die Suche nach dem berüchtigten »Stein der Weisen«. Mit seiner Hilfe hofften sie, das Geheimnis des Goldmachens aus unedlen Metallen zu finden. Sie suchten dabei in verschiedenen Richtungen. Die einen schlugen vor, zu diesem Zweck Blei zu verwenden. Es sollte bis zum Erscheinen des »roten Löwen« erhitzt werden (das heißt bis zum Schmelzpunkt). Sodann war es zu kochen in weinsaurem Alkohol. Andere wiederum meinten, als Rohstoff für die Produktion des »Steins der Weisen« eigne sich am besten der Harn von Lebewesen. Eine dritte Gruppe suchte die Wahrheit im Wasser.

Am Ende des 18. Jahrhunderts befaßte sich ein englischer Alchimist, offensichtlich ein Anhänger der letztgenannten Richtung, mit diesem Problem. Bei der Verdampfung von Quellwasser aus der Nähe der Stadt Epsom erhielt er zwar nicht den erstrebten Wunderstein, dafür aber ein Salz, das einen bitteren Geschmack hatte und abführende Wirkung zeigte. Einige Jahre später stellte man fest, daß es bei der Reaktion mit »festem Laugensalz« (so wurden damals Soda und Pottasche genannt) ein leichtes, lockeres, weißes Pulver bildet. Das gleiche Pulver erhielt man beim Glühen eines Minerals, das in der Nähe der griechischen Stadt Magnesia gefunden wurde. Wegen dieser Übereinstimmung wurde das Epsomsalz »weiße Magnesia« genannt.
1808 analysierte der junge englische Wissenschaftler Sir Humphrey Davy die weiße Magnesia, und er entdeckte ein neues Element, das er Magnesium nannte. Eine Feier aus Anlaß der Entdeckung begleitete noch kein Feuerwerk, weil zu dieser Zeit noch nicht bekannt war, daß der Neuling unter den Metallen ausgezeichnete pyrotechnische Eigenschaften aufweist. Magnesium ist ein sehr leichtes silberweißes Metall. Es ist fast 5mal leichter als Kupfer und 4,5mal leichter als Eisen. Sogar Aluminium, das »geflügelte Metall«, ist um 1,5mal schwerer als Magnesium. Die Schmelztemperatur des Magnesiums liegt nicht sehr hoch, etwa bei 650 Grad Celsius. Unter normalen Bedingungen ist das Schmelzen von Magnesium jedoch ziemlich schwierig, da es sich im schmelzflüssigen Zustand leicht entzündet und sofort mit blendendheller Flamme verbrennt. Um Metallpulver zu entflammen, genügt ein brennendes Streichholz.
Bei der Verbrennung des Magnesiums entstehen viel Wärme und ultraviolette

Strahlung. Vier Gramm dieses »Brennstoffes« genügen, um ein Trinkglas voll Eiswasser zum Sieden zu bringen.
An Luft wird Magnesium bald matt, weil es sich mit einer Oxidhaut überzieht. Dieser Überzug dient als zuverlässiger Panzer, der das Metall vor weiterer Oxydation schützt. Magnesium ist sehr aggressiv, es entzieht leicht Sauerstoff und Chlor aus vielen Oxiden und Chloriden und ist beständig gegen die Einwirkung von Soda, Ätznatron, Benzin, Kerosin und Mineralöl. In Meeres- und Mineralwasser löst es sich jedoch auf. Mit kaltem Wasser reagiert es fast nicht, verdrängt aber aus heißem Wasser energisch den Wasserstoff.
Die Erdrinde hat einen reichlichen Anteil an Magnesium, mehr als 2,3 Prozent. Lediglich sechs der Elemente aus dem Periodensystem von Mendelejew finden sich in der Natur in noch größeren Mengen. Die Wissenschaftler meinen, daß besonders in den tieferen Schichten der Erdrinde der Gehalt an diesem Element besonders hoch ist. Magnesium kommt in fast 200 bekannten Mineralen vor. Natürlich können nicht alle von ihnen als Rohstoff für dieses Metall verwendet werden. Die größte industrielle Bedeutung haben Magnesit, Dolomit und Carnallit.
Für die Magnesiumproduktion sind zwei industrielle Verfahren bekannt: das thermische und das elektrolytische. Im ersten Fall wird das Magnesium unmittelbar aus dem Oxid als Folge der Einwirkung eines Reduktionsmittels (Kohlenstoff, Aluminium, Silizium usw.) gewonnen. Dieses Verfahren ist zwar einfach, jedoch ist die Elektrolyse geschmolzener Magnesiumsalze, hauptsächlich die von Magnesiumchlorid, das bedeutendste Verfahren zur industriellen Gewinnung von Magnesium. Auf diesem Wege wird ein sehr reines Metall mit mehr als 99,99 Prozent Magnesium gewonnen.
Nicht nur die Erdrinde ist reich an Magnesium, sondern auch die Ozeane und Meere haben unerschöpfliche und sich ständig ergänzende Vorräte. In einem Kubikmeter Meerwasser sind etwa 4 Kilogramm Magnesium enthalten. In den Gewässern der Ozeane und Meere sind mehr als $6 \cdot 10^{16}$ Tonnen dieses Elementes gelöst.
Um welche gewaltige Menge es sich hier handelt, soll ein Beispiel verdeutlichen. Seit Beginn unserer Zeitrechnung sind etwas mehr als 60 Milliarden ($6 \cdot 10^{10}$) Sekunden vergangen. Wenn in den ersten Tagen unserer Ära die Menschen mit der Förderung von Magnesium aus Meereswasser begonnen hätten, so müßten sie in jeder Sekunde eine Million Tonnen Magnesium gewonnen haben, um die Vorräte des Meeres bis zum heutigen Tage aufgebraucht zu haben.
Bis jetzt braucht Neptun noch nicht um seine Schätze zu bangen! Selbst während des zweiten Weltkrieges, als die Magnesiumproduktion den höchsten Stand erreichte, wurden aus dem Meereswasser nicht mehr als 80 000 Tonnen Magnesium je Jahr (und nicht in der Sekunde!) gewonnen. Die Technologie seiner Gewinnung ist einfach. Das Meereswasser wird in großen Tanks mit Kalkmilch vermischt, die aus Meeresmuscheln hergestellt wird. Als Ergebnis bildet sich sogenannte »Magnesiamilch«. Diese wird dann in Magnesiumchlorid umgewandelt. Die Trennung vom Chlor erfolgt durch Elektrolyse. Unlängst projektierte eine japanische Firma eine Fabrik für die komplexe Ausnutzung

von Meereswasser. Nach den geplanten Werten erhält man bei der Verarbeitung von vier Millionen Liter Wasser 108 Tonnen Kochsalz, 2,2 Tonnen Glaubersalz, 16,7 Tonnen Chlor und 15,9 Tonnen Magnesium. Außerdem kann die Fabrik drei Millionen Liter Trinkwasser und eine große Menge Sole für die Produktion von kaustischer Soda abgeben.

Auch das Wasser von Magnesiumchlorid enthaltenden Salzseen ist eine Quelle für Magnesium. In der UdSSR gibt es derartige Magnesiumvorräte auf der Krim und in anderen Gebieten.

Jetzt wissen wir bereits, was Magnesium ist und wie es gewonnen wird. Wofür aber wird dieses Element, wozu werden seine Verbindungen verwendet?

Seine geringe Dichte könnte dieses Metall zu einem ausgezeichneten Konstruktionswerkstoff machen. Da das reine Magnesium aber sehr weich ist, kann der Konstrukteur nur Legierungen dieses Metalls verwenden. Besonders häufig wird Magnesium mit Aluminium, Zink und Mangan legiert. Alle diese Komponenten leisten einen Beitrag zu den allgemeinen Eigenschaften der Legierung: Aluminium und Zink erhöhen die Festigkeit, Mangan erhöht die Korrosionsbeständigkeit, und Magnesium verleiht der Legierung die geringe Dichte. Teile aus Magnesiumlegierungen sind um 20 bis 30 Prozent leichter als Aluminiumlegierungen und 50 bis 75 Prozent leichter als Gußeisen und Stähle.

Magnesiumlegierungen können noch weitere Zusätze von Elementen, die ihre Warmfestigkeit und Plastizität erhöhen und ihre Oxydationsfähigkeit verringern, enthalten. Dazu gehören zum Beispiel Beryllium, Kalzium, Zer, Lithium, Thorium und Zirkonium.

Magnesium hat aber auch »Feinde«, zu

denen Eisen, Silizium und Nickel zu zählen sind, die seine Korrosionsbeständigkeit verschlechtern.
Breite Anwendung finden Magnesiumlegierungen im Flugzeugbau. 1935 wurde in der UdSSR das Flugzeug »Sergo Ordshonikidse» gebaut, das fast zu 80 Prozent aus Magnesiumlegierungen bestand. Das Flugzeug durchlief erfolgreich alle Erprobungen und war lange Zeit unter schwierigen Betriebsbedingungen im Einsatz.
Raketen, Teile von Kernreaktoren, Teile von PKW-Motoren, Tanks für Benzin und Öl, Waggons, Autobusse, leichte Maschinen, Räder, Ölpumpen, Abbauhämmer, pneumatische Bohrer, Foto- und Kinoapparate, Ferngläser und viele andere Geräte und Geräteteile werden aus Magnesiumlegierungen gefertigt.
Eine große Rolle spielt Magnesium in der Metallurgie. Es wird als Reduktionsmittel bei der Produktion einer Reihe von Metallen verwendet (Vanadium, Chrom, Titan, Zirkon). Die Einführung von Magnesium in flüssiges Gußeisen modifiziert diesen Werkstoff, d. h., es verbessert seine Struktur und erhöht die mechanischen Eigenschaften. Gußstücke aus modifiziertem Gußeisen können mit Erfolg Schmiedeerzeugnisse aus Stahl ersetzen. Außerdem kann Magnesium als Desoxydationsmittel für Stahl und Legierungen verwendet werden (es verringert den Gehalt an Sauerstoff, der in diesen Metallen eine schädliche Auswirkung hat).
Wie allgemein bekannt ist, beginnen die üblichen Radioröhren erst dann normal zu arbeiten, wenn sie bis 800 Grad Celsius erhitzt sind. Wenn wir einen Radioempfänger oder einen Fernsehapparat (der noch mit Röhren bestückt ist) einschalten, dauert es eine gewisse Zeit, bis die Musik ertönt oder der Bildschirm aufleuchtet. Um diesen Nachteil der Röhren zu beseitigen, schlugen polnische Wissenschaftler vor, die Katoden mit Magnesiumoxid zu überziehen. Die neuen Röhren arbeiten sofort nach dem Einschalten. Heute werden vorwiegend Transistoren verwendet.
Die Eigenschaft des Magnesiums, in Form von Pulver, Draht oder Band mit weißer, blendender Flamme zu verbrennen, wird in der Kriegstechnik weitgehend angewendet, z. B. für die Herstellung von Beleuchtungs- oder Signalraketen, für Leuchtkugeln, für Leuchtspurmunition und Brandbomben.
Vor wenigen Jahren noch war dieses Metall auch den Fotografen sehr vertraut. Personen, die durch eine Blitzlichtaufnahme ihr Konterfei der Nachwelt erhalten wollten, wurden auf das grelle Licht des Magnesiums mit den Worten vorbereitet: »Bitte nicht erschrecken, ich fotografiere!«

Magnesium hat auch in der Biologie eine große Bedeutung. Es ist der chemisch-zentrale Bestandteil des Chlorophylls (Blattgrüns). Das Chlorophyll vermag das Kohlendioxid der Luft und des Wassers unter Mitwirkung der Energie des Sonnenlichts in organische Verbindungen (Kohlehydrate) umzuwandeln. Die Kohlehydrate sind die Grundlage für die Ernährung von Mensch und Tier. Diesen Vorgang nennt man Fotosynthese. Er ist mit dem Freiwerden von Sauerstoff aus den Blättern verbunden.

Das Chlorophyll enthält zwei Prozent dieses Elementes. Wieviel ist das? Urteilen Sie selbst! Die gesamte Menge an Magnesium im Chlorophyll der Pflanzen beträgt etwa 100 Milliarden Tonnen! Magnesium ist aber in allen lebenden Organismen enthalten. Ein menschlicher Körper, der 60 Kilogramm wiegt, enthält etwa 25 Gramm Magnesium.

Vor einigen Jahren machten Wissenschaftler der Universität Minnesota (USA) Eierschalen zum Objekt ihrer Forschungsarbeiten. Sie stellten fest, daß die Schalen um so fester sind, je höher ihr Gehalt an Magnesium ist. Wenn die Zusammensetzung des Geflügelfutters geändert wird, kann also die Festigkeit der Eierschalen erhöht werden. Diese Feststellung ist für die Landwirtschaft sehr wichtig, denn allein im Staate Minnesota überschreiten die jährlichen Verluste durch Eibruch eine Million Dollar. Niemand kann sagen, daß diese Arbeit der Wissenschaftler »nicht die Eierschalen wert« war.

Magnesium wird in großem Umfang auch in der Medizin verwendet. Wir erinnerten schon an das »englische Salz«, das Magnesiumsalz der Schwefelsäure (schwefelsaure Magnesia), das als isotonische Lösung ein zuverlässiges und schnellwirkendes Abführmittel ist. Magnesiumperoxidatum mit einem Mindestgehalt von 25 Prozent reinem Magnesiumoxid wird bei erhöhtem Säuregehalt des Magensaftes, bei Sodbrennen und Säurevergiftungen verwendet.

Die Statistik zeigt, daß bei Bewohnern warmer Klimazonen Krämpfe der Blutgefäße seltener anzutreffen sind als bei den Bewohnern kalter Zonen. Es ist bekannt, daß durch intravenöse und intramuskuläre Injektionen mit Magnesiumsulfatlösungen Verkrampfungen und Spasmen gelöst werden können.

Obst- und gemüsereiche Nahrung erhöht den Vorrat an Magnesiumsalzen im Organismus. Besonders reich an Magnesium sind Aprikosen, Pfirsiche und Rotkraut. Arteriosklerose und andere Herzkrankheiten sind dort seltener, wo die Nahrung besonders reich an Magnesium ist. Das ist vor allem in Asien der Fall.

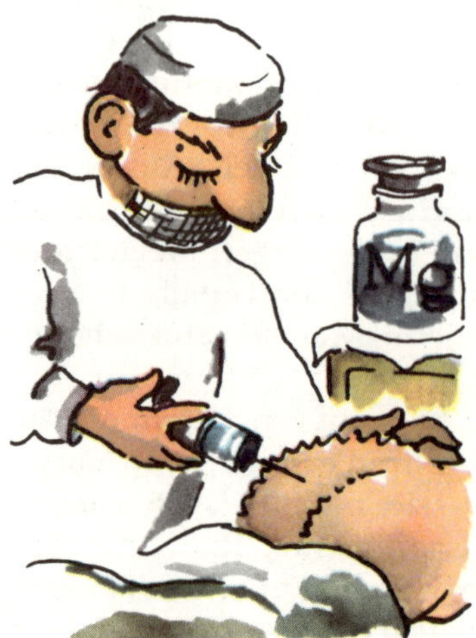

Tierversuche ungarischer Wissenschaftler bestätigen die Tatsache, daß Mangel an Magnesium im Organismus die Neigung zu Infarkten erhöht. Eine Gruppe von Hunden erhielt Nahrung, die reich war an Magnesiumsalzen, eine andere Gruppe bekam magnesiumarmes Futter. Es zeigte sich, daß sich die letzteren einen Herzinfarkt »erarbeiteten«.
Sehr häufig werden Störungen des Herzmuskels bei nervösen, leicht erregbaren Menschen beobachtet. Es wird damit erklärt, daß im Moment der Reizung im Organismus befindliches Magnesium »verbrennt«. Französische Biologen nehmen an, daß Magnesium den Medizinern im Kampf gegen die Übermüdung, eine der ernstesten Krankheiten des 20. Jahrhunderts, helfen wird. Forschungen ergaben, daß im Blut übermüdeter Menschen weniger Magnesium enthalten ist als im Normalzustand. Selbst geringe Abweichungen der Magnesiumkurve von der Norm beeinflussen den Gesundheitszustand.
Vor nicht allzulanger Zeit entdeckten französische Biologen einen interessanten Einfluß einiger chemischer Elemente auf das Geschlecht der Nachkommenschaft. Ein Überschuß an Kalium in der Nahrung der Mutter führte dazu, daß sie bevorzugt männliche Nachkommen gebar. Wenn ein Überschuß an Kalium und Magnesium in der Nahrung vorhanden war, waren die Nachkommen vornehmlich weiblichen Geschlechts. Es ist möglich, daß die Ärzte schon bald für die werdenden Mütter spezielle Speisekarten ausarbeiten, die die Geburt eines Jungen oder eines Mädchens auf Bestellung garantieren. Aber vorerst wird es nötig sein, den besonderen Einfluß bestimmter Elemente auf den Menschen nachzuweisen, denn die beschriebenen Beobachtungen beziehen sich bisher nur auf Kühe.
Das Anwendungsgebiet von Magnesium-

verbindungen ist nicht nur die Medizin. Magnesiumoxid wird auch in der Gummiindustrie, bei der Produktion von Zement und feuerfesten Steinen angewendet. Unlängst erarbeitete eine kanadische Firma eine Technologie für die Erzeugung des neuen feuerfesten Materials »Yukon«, das sehr beständig ist gegen die Einwirkung von Schlacken und hohe Festigkeit sowie geringe Porosität aufweist. Die Hauptkomponente dieses neuen Materials ist Magnesiumoxid hoher Reinheit.

Magnesiumperoxid wird für das Bleichen von Geweben verwendet. Magnesiumsulfat findet in der Textil- und Papierindustrie als Bleichmittel Verwendung. Wäßrige Lösungen von Magnesiumchlorid sind Voraussetzung für die Herstellung von Magnesiazement, Steinholz und anderen synthetischen Materialien. Magnesiumkarbonat dient zur Herstellung wärmeisolierender Materialien.

Zum Schluß sei noch auf das große Anwendungsfeld des Magnesiums in der organischen Chemie hingewiesen. Pulverförmiges Magnesium wird für das Unschädlichmachen wichtiger organischer Stoffe, z. B. Alkohol und Anilin, eingesetzt. Große Bedeutung haben organische Magnesiumverbindungen, in welchen das Magnesiumatom unmittelbar mit dem Kohlenstoff verbunden ist. Ferner werden Magnesiumhalogenide, die Chlor, Brom oder Jod enthalten, in großem Umfang in der synthetischen Chemie verwendet. Ihre bedeutende Rolle läßt sich daran ermessen, daß 1912 der französische Chemiker Victor Grignard für bahnbrechende Arbeiten auf diesem Gebiet den Nobelpreis erhielt.

Der Wirkungsbereich des Magnesiums in der Natur und in der Volkswirtschaft ist also äußerst vielseitig. Es ist aber wahrscheinlich noch zu früh, von diesem Element zu sagen: »Alles, was es kann, hat es schon geleistet.« Es sind die Voraussetzungen geschaffen, um dem Element Magnesium auch für die Zukunft noch ein weites Betätigungsfeld zu erschließen.

Silber aus Ton – Aluminium

Al

Tiberius beseitigt eine Gefahr · Experimente verzögern sich · Das luxuriöse Kamisol des Monarchen · Die Sensation der Pariser Ausstellung · Bankett am Hof des Imperators · Das kühne Projekt Napoleons III. · Die neuen Uniformen der Kürassiere · Aluminium überall · Mendelejew erhält ein Geschenk · Die Klagen der Bewohner von ... · Die Suche von »Kumpanen« · Wilm glaubt seinen Augen nicht · Die fliegenden Holzkisten verschwinden · Ein Exponat ändert den Paß · »Echo I« reflektiert Radiosignale · »Aluminat taucht in den Abgrund« · Die Russische Troika · Auf Mars und Mond

Der Historiker Plinius der Ältere berichtete über ein interessantes Ereignis, das sich vor fast zwei Jahrtausenden zugetragen hat. Vor dem römischen Imperator Tiberius erschien einst ein Unbekannter. Als Geschenk überreichte er dem Herrscher eine von ihm angefertigte Schale aus einem Metall, das wie Silber glänzte, aber außerordentlich leicht war. Der unbekannte Meister erzählte, daß er imstande wäre, dieses bisher unbekannte Metall aus lehmiger Erde herzustellen. Tiberius erwies sich in diesem Augenblick als undankbarer, grausamer und »kurzsichtiger« Herrscher. Aus Furcht, das neue Metall könnte mit seinen vorzüglichen Eigenschaften die in der Staatskasse aufbewahrten Gold- und Silberschätze entwerten, ließ er dem Erfinder den Kopf abschlagen und seine Werkstatt zerstören, damit jedem die Lust vergehe, sich mit der Produktion des »gefährlichen« Metalls zu befassen. Die Gefahr war vorbei – leider für lange Zeit.

Erst im 16. Jahrhundert, also nach etwa 1500 Jahren, wurde eine neue Seite in der Geschichte des Aluminiums geschrieben. Dies tat der berühmte deutsche Arzt und Naturforscher Paracelsus (sein vollständiger Name war Paracelsus Philippus Aureolus Theophrastus Bombastus von Hohenheim). Bei der Untersuchung verschiedener Mineralien und des Alauns stellte Paracelsus fest, daß das Alaun das Oxid eines bisher nicht bekannten Metalls enthält.

Dieses Oxid ist das bekannte Aluminiumoxid und wurde Tonerde genannt. Das Alaun, für welches sich Paracelsus interessierte, war seit alter Zeit bekannt. Nach Überlieferungen des griechischen Historikers Herodot, der im 5. Jahrhundert vor unserer Zeitrechnung lebte, verwendeten es die alten Völker für das Färben ihrer Gewebe und zur Festigung der Farben. Sie nannten es Alumin. Die erste Erwähnung über die Gewinnung von Alaun im alten Rußland geht auf das 8. bis 9. Jahrhundert zurück. Dort verwendete man es auch für das Färben von Geweben und bei der Herstellung von Saffianleder. Im westlichen Europa wurde es ebenfalls schon im Mittelalter gewonnen.

Im Jahre 1754 gelang es dem deutschen Chemiker A. S. Marggraf, die »Alaunerde«, über die 200 Jahre vorher Paracelsus geschrieben hatte, zu extrahieren. Noch einige Jahrzehnte vergingen, bis der englische Chemiker Sir Humphrey Davy versuchte, das Metall zu erhalten, das sich im Alaun verbarg. Im Jahre 1807 gelang es ihm, durch Elektrolyse von Laugen das Natrium und das Kalium zu entdecken. Die Zerlegung von Tonerde mit Hilfe des elektrischen Stroms erreichte er aber nicht. Ähnliche Versuche unternahm einige Jahre danach der Schwede J. J. Berzelius. Seine Arbeiten waren ebenfalls nicht von Erfolg gekrönt. Trotzdem entschieden sich die Wissenschaftler, dem »unerreichbaren Metall« einen Namen zu geben. Berzelius nannte es zuerst Alumin. Davy gab ihm später den Namen Aluminium.

Erst im 19. Jahrhundert fand der unbekannte Meister aus dem alten Rom seinen Nachfolger. Es war der dänische Forscher H. C. Oersted, der metallisches Aluminium erhielt. Im Jahre 1823 veröffentlichte er in einer dänischen Zeitschrift einen Artikel, in dem er mitteilte, daß er bei seinen Versuchen »ein Stück Metall in Farbe und Glanz ähnlich dem Zinn« erhalten habe. Da die chemische Zeitschrift wenig verbreitet war, blieb die Mitteilung von Oersted fast unbemerkt. Selbst Wissenschaftler, die Arbeiten zur Elektrolyse aufnahmen, maßen seiner Entdeckung wenig Bedeutung bei. Als zwei Jahre später der junge, aber schon bekannte deutsche Chemiker Wöhler nach Kopenhagen kam, teilte ihm Oersted mit, daß er nicht beabsichtige, die Versuche zur Herstellung von Aluminium fortzusetzen. Nach Deutschland zurückgekehrt, beschäftigte sich Wöhler sofort mit diesem Problem, für das er sich schon immer interessierte. Bereits am Ende des Jahres 1825 veröffentlichte er seine Methode zur Gewinnung des neuen Metalls. Zunächst erlaubte dieses Verfahren jedoch nur die Herstellung von Aluminium in Form stecknadelgroßer Körner. Aber der Wissenschaftler setzte seine Experimente solange fort, bis er schließlich ein Verfahren ausgearbeitet hatte, mit dem die Erzeugung von Aluminium in kompakter Form möglich war. Dazu benötigte er allerdings 18 Jahre.

Zu dieser Zeit hatte das Metall bereits eine gewisse Popularität erlangt. Da es nur in geringen Mengen hergestellt werden konnte, übertraf sein Preis den von Gold. Aluminium zu beschaffen war damals keine einfache Sache. Es war deshalb kein Wunder, daß ein europäischer Herrscher, der einen Staatsrock mit Aluminiumknöpfen trug, auf die Herrscher geringschätzig herabsah, denen es noch nicht gelungen war, den gleichen Luxus zu treiben. Ihnen blieb nichts anderes übrig, als den glücklichen Besitzer zu beneiden und auf bessere Zeiten zu hoffen. Zu ihrer großen Freude brauchten sie nicht lange zu warten. Schon im Jahre 1855 wurde auf der Weltausstellung in Paris »Silber aus Lehm« als große Sensation vorgestellt. Es waren Platten und

Blöcke aus Aluminium, die der französische Wissenschaftler und Industrielle H. E. Sainte-Claire Deville hergestellt hatte. Folgende Ereignisse waren dem vorausgegangen: Der damalige französische Herrscher war Napoleon III. »Der kleine Neffe des großen Onkels«, wie er genannt wurde, liebte es sehr, den Leuten blauen Dunst vorzumachen. Er gab einst ein Bankett, auf dem die Mitglieder der Herrscherfamilie und einige bevorzugte Gäste die Ehre hatten, mit Aluminiumlöffeln und -gabeln zu essen. Die einfacheren Gäste waren gezwungen, mit gewöhnlichen goldenen oder silbernen Bestecken vorlieb zu nehmen. Natürlich waren sie gekränkt, die Freude am Essen war ihnen verdorben. Aber wie war es zu ändern, wenn es selbst dem Herrscher nicht möglich war, jeden Gast

mit einem Aluminiumbesteck zu versorgen!
Bald aber entwickelte Napoleon III. ein kühnes Projekt, das ihm Ruhm und Ehre versprach, vor allen Dingen aber dazu angetan war, die Herrscher anderer Länder neidisch werden zu lassen. Der Imperator beschloß, seine Soldaten mit Rüstungen aus Aluminium auszustatten. Er gewährte Deville außerordentliche Mittel, um ein Verfahren zur Erzeugung großer Mengen von Aluminium zu finden. Deville gelang es, auf der Basis der Experimente von Wöhler eine entsprechende Technologie auszuarbeiten. Das von ihm hergestellte Metall war jedoch noch immer sehr teuer. Deshalb kamen die französischen Soldaten nicht dazu, die versprochenen Rüstungen auszuprobieren. Nur des Kaisers Kürassiere prunkten in funkelnagelneuen Aluminiumkürassen.

In dieser Zeit wurde auch das Devillesche Silber als Ausstellungsstück in der Weltausstellung gezeigt. Das Aluminium wurde dadurch weltbekannt, aber es wurde davon nicht billiger. Tatsache ist, daß schon damals fortschrittliche Menschen feststellten, daß Knöpfe und Kürasse lediglich unwesentliche Episoden in der Geschichte des Aluminiums sind. Als N. G. Tschernischewski zum ersten Mal Aluminiumteile sah, rief er begeistert aus: »Diesem Metall gehört eine große Zukunft! Vor Ihnen, Freunde, liegt das Metall des Sozialismus«. In seinem Roman »Was tun?«, der im Jahre 1863 erschienen ist, zeichnet er ein Bild von den Möglichkeiten der Aluminiumverwendung beim Bau und bei der Einrichtung eines Hauses. Als er diese vorausschauenden Zeilen schrieb, war Aluminium in erster Linie ein Juweliermetall. Als 1889 D. I. Mendelejew in London weilte, wurde ihm zum Zeichen der Anerkennung seiner Verdienste ein wertvolles Geschenk überreicht – eine Waage aus Gold und Aluminium.
Sainte Claire Deville entwickelte außerordentliche Aktivitäten. In einer kleinen französischen Stadt baute er die erste Aluminiumfabrik der Welt. In diesem Betrieb entwickelten sich jedoch während des Schmelzprozesses viele schädliche Gase, die die Atmosphäre verschmutzten. Die Einwohner, die um ihre Gesundheit fürchteten und sie nicht dem technologischen Fortschritt opfern wollten, wandten sich mit einer Beschwerde an die Regierung. Die Fabrik mußte zuerst in einen Vorort von Paris und später nach Südfrankreich umgesiedelt werden. In dieser Zeit war es für viele Wissenschaftler schon klar, daß das von Deville angewendete Verfahren

trotz größter Bemühungen keine Perspektive haben würde. Chemiker anderer Länder setzten die Suche fort. Im Jahre 1865 schlug der russische Wissenschaftler M. N. Beketow ein interessantes Verfahren vor, das bald in Aluminiumfabriken Frankreichs und Deutschlands angewendet wurde. Übrigens schrieb der Direktor der deutschen Fabrik, R. Graetzel, sich selbst die Entdeckung dieses Verfahrens zu und suchte um Auslandspatente nach. Er erhielt jedoch überall eine Absage. Lediglich in England, wo es zur damaligen Zeit mit der wissenschaftlichen Ethik nicht so genau genommen wurde, erhielt er ein Patent. Deutsche Fachleute bestätigten, daß in Graetzels Fabrik das Aluminium nach dem von Beketow empfohlenen Verfahren hergestellt wurde.

Ein Eckpunkt in der Geschichte des Aluminiums war das Jahr 1886, als unabhängig voneinander der amerikanische Student Ch. M. Hall und der französische Ingenieur P. T. M. Héroult ein elektrolytisches Verfahren zur Erzeugung dieses Metalls ausarbeiteten. Diese Idee war nicht neu. Schon 1854 hatte der deutsche Wissenschaftler R. W. Bunsen den Gedanken ausgesprochen, daß man Aluminium durch Elektrolyse aus seinen Salzen erhalten könne. Aber es vergingen mehr als 30 Jahre, bis diese Idee praktisch verwirklicht wurde. Weil das elektrolytische Verfahren einen großen Energiebedarf hat, wurde die erste Fabrik zur Aluminiumelektrolyse in Europa in Rheinhausen in der Schweiz gebaut. Dieser Ort liegt in der Nähe des Rheinfalles, einer billigen Energiequelle für elektrische Energie.

In diese Periode gehört auch noch ein anderes wichtiges Ereignis. Am Ende der 80er Jahre arbeitete der Chemiker K. J. Bayer in Rußland ein Verfahren zur Produktion von Tonerde, dem wichtigsten industriellen Rohstoff für die Aluminiumerzeugung, aus. Der Bayer-Prozeß fand schnell Anerkennung in der gesamten Welt und behielt große Bedeutung bis in unsere Tage. Die Produktion des Aluminiums stieg sehr schnell, und der Preis des Metalls, das noch kurz vorher Seltenheitswert gehabt hatte, sank beträchtlich. Während 1854 ein Kilogramm noch 1200 Rubel kostete, war der Preis bereits am Ende des 19. Jahrhunderts auf einen Rubel gefallen. Es versteht sich, daß das Metall für die Juweliere nun jegliches Interesse verlor;

dafür fesselte es die Aufmerksamkeit der industriellen Welt, die an der Schwelle großer Ereignisse stand. Es begann eine stürmische Entwicklung des Maschinenbaus, der Automobilindustrie und bald auch der Luftfahrt. Für sie speziell spielte Aluminium eine ganz besondere Rolle.
1893 erschien in Moskau ein Buch des Ingenieurs M. Shukow unter dem Titel »Aluminium und seine Metallurgie«. Darin schrieb der Autor: »Aluminium ist berufen, einen führenden Platz in der Technik einzunehmen und wenn nicht alle, so doch viele der gewöhnlichen Metalle zu ersetzen.« Für eine so kühne Behauptung gab es Gründe. In der Tat waren schon damals außerordentliche Eigenschaften des »Silbers aus Lehm« bekannt. Aluminium ist eines der leichtesten Metalle. Es ist dreimal leichter als Kupfer und 2,9mal leichter als Eisen. In der Leitfähigkeit für den elektrischen Strom und für die Wärme wird es lediglich von Silber, Gold und Kupfer übertroffen. Unter gewöhnlichen Bedingungen weist dieses Metall eine hinreichende chemische Beständigkeit auf. Die hohe Plastizität des Aluminiums erlaubt es, Folien mit einer Dicke bis zu drei Mikrometer zu walzen bzw. es zu spinnwebfeinen Drähten zu ziehen. Eintausend Meter dieser Drähte wiegen nur 27 Gramm und haben in einer Streichholzschachtel Platz. Lediglich seine Festigkeit läßt zu wünschen übrig. Dieser Umstand regte auch die Wissenschaftler an, darüber nachzudenken, wie man Aluminium ohne Verlust seiner wertvollen Eigenschaften fester machen könne.
Es ist schon lange bekannt, daß die Festigkeit vieler Legierungen häufig wesentlich höher ist als die der reinen Metalle, aus denen sie zusammengesetzt sind. Darum suchten die Metallurgen nach solchen Legierungselementen, die sich mit Aluminium vereinigen und ihm zu höherer Festigkeit verhelfen. Bald hatte die Suche Erfolg. Wie so oft in der Wissenschaft, spielte der Zufall eine entscheidende Rolle. Erzählen wir aber der Reihe nach: Am Anfang des 20. Jahrhunderts stellte der deutsche Chemiker Wilm eines Tages eine Legierung her, in welcher außer Aluminium noch Kupfer, Magnesium und Mangan enthalten waren. Die Festigkeit dieser Legierung war höher als die von reinem Aluminium. Wilm meinte, daß die Legierung durch Abschrecken noch fester werden könne. Er erwärmte einige Proben der Legierung auf etwa 600 Grad Celsius und steckte sie dann ins Wasser. Die Abschrekkung erhöhte die Festigkeit der Legierung merklich. Da aber die Resultate sehr stark schwankten, zweifelte Wilm an der Brauchbarkeit der Prüfeinrichtung und an der Genauigkeit der Messung. Mehrere Tage

prüfte der Forscher sorgfältig die Apparatur. Die Proben lagen unberührt auf dem Tisch, bis die Prüfeinrichtung wieder einsatzbereit war. Wilm setzte seine Untersuchung fort, und er traute seinen Augen kaum: Die Messung zeigte, daß die Festigkeit der Proben fast um das Doppelte gestiegen war. Wieder und wieder führte er den Versuch durch, und jedesmal konnte er sich davon überzeugen, daß seine Legierung nach dem Abschrecken im Verlaufe von fünf bis sechs Tagen immer fester wurde. So wurde eine bedeutsame Erscheinung entdeckt: die natürliche Aushärtung von Aluminiumlegierungen nach dem Abschrecken. Wilm wußte damals noch nicht, was im Metall während des Prozesses vorging, aber er suchte und fand auf experimentellem Weg die optimale Zusammensetzung der Legierung und das günstigste Verfahren der Wärmebehandlung. Er erhielt ein Patent und übergab es bald einer deutschen Firma, die 1911 zum erstenmal die Legierung unter dem Namen Duralumin (aus dem Französischen: dur = fest, hart) auf den Markt brachte.

Das erste Flugzeug aus Duralumin wurde im Jahre 1919 gebaut. Von diesem Zeitpunkt an war das Schicksal des Aluminiums mit der Luftfahrt verbunden. Es verdient mit Recht die Bezeichnung »geflügeltes Metall«, entwickelten sich doch mit Hilfe der Aluminiumlegierungen aus den primitiven Holzkisten der Vergangenheit die gigantischen Großflugzeuge der Gegenwart. In jenen Jahren reichte das Aluminiumaufkommen noch nicht für die Produktion vieler Flugzeuge; leichte Typen wurden deshalb weiterhin aus Holz gebaut.

In Rußland befaßte sich anfangs nur die Fabrik für Buntmetalle in Koltschuginsk mit der Herstellung von Aluminiumlegierungen. Sie produzierte in geringen Mengen eine dem Duralumin ähnliche Legierung. Nach der Oktoberrevolution stand vor der Sowjetunion die Aufgabe, eine leistungsfähige Aluminiumindustrie aufzubauen. Zu Beginn des Jahres 1929 wurden in Leningrad im Betrieb »Roter Wähler« Versuche zur Erzeugung von Aluminium durchgeführt. Geleitet wurden sie von P. P. Fedotjew, einem bekannten Wissenschaftler, mit dessen Namen viele Seiten der Geschichte des »geflügelten Metalls« verknüpft sind. Am 27. März 1929 wurden die ersten acht Kilogramm metallischen Aluminiums erzeugt. Die Leningrader Presse bemerkte damals: »Der erste Aluminiumblock muß als Denkmal einer der größten Errungenschaften der sowjetischen Technik erhalten bleiben.«

Einige Aluminiumproben, die danach in dem Betrieb hergestellt wurden, überreichten Werktätige des Betriebes dem 5. Allunionsrätekongreß. Die erfolgreichen Versuche gestatteten es, den Aufbau der Wolchowskier und Dnjeprowskier Aluminium-Werke in Angriff zu nehmen. 1932 erfolgte die Inbetriebnahme des ersten Werkes und ein Jahr später die des zweiten. In diesen Jahren wurden bedeutende Vorkommen von Aluminiummineralen im Ural entdeckt.

Interessant ist die Vorgeschichte der Entdeckung. Im Jahre 1930 besuchte der junge Geologe N. A. Karshawin das Museum eines Bergwerkes im Ural. Seine Aufmerksamkeit wurde auf ein Ausstellungsstück gelenkt, das die Unterschrift trug »Schlechtes Eisenerz – Eisengehalt 21%«. Den Geologen überraschte die Ähnlichkeit dieser Probe mit dem aluminiumreichen Tonerdemineral Bauxit. Er analysierte das unbekannte Mineral und überzeugte sich, daß das »arme Eisenerz« ein ausgezeichneter Aluminiumrohstoff war. Dort, wo die Probe gefunden worden war, begannen geologische Erkundungen, die sehr bald von Erfolg gekrönt waren. Auf der Basis dieser Lagerstätten wurde das Ural-Aluminiumwerk gebaut und einige Jahre danach (schon während des Krieges) das Werk in Bogoslow. Dieser Betrieb nahm an einem historischen Tag seine Produktion auf, am 9. Mai 1945, dem Tag des Sieges über den Hitlerfaschismus. Heute produzieren viele Werke in der UdSSR das »geflügelte Metall«. Der Bedarf wächst ständig. Hauptverbraucher für Aluminium ist heute bei weitem nicht mehr die Luftfahrt, sondern die Elektrotechnik, wo es für die Übertragung elektrischer Energie eingesetzt wird, das Bauwesen, das Verpackungswesen und andere Bereiche der Volkswirtschaft. Trotzdem nimmt das Aluminium unter den Metallen, die für den Flugzeug- und Raketenbau verwendet werden, den ersten Platz ein.

Aus Aluminiumlegierungen bestanden die Hüllen der ersten sowjetischen künstlichen Sputniks der Erde, desgleichen die Außenhaut der amerikanischen Raketen »Vanguard« und »Titan«, die für den Start der amerikanischen Satelliten in den Weltraum verwendet wurden. Das gilt auch für die späteren kosmischen Raumschiffe. Aus Aluminiumlegierungen werden verschiedene Details der kosmischen Apparate, die Konsolen, Chassis, Futterale und Grundkörper für viele Instrumente und Geräte, gefertigt. 1960 starteten die USA die Sonde »Echo 1«, bestimmt für die Reflexion von Radiosignalen. Dieser Apparat stellt eine

Kugel von etwa 30 m Durchmesser dar, auf deren plastischer Hülle eine dünne Aluminiumschicht aufgebracht ist. Trotz der sehr bedeutenden Abmessungen hat dieser Satellit nur eine Masse von etwa 62 Kilogramm. Eine Folie aus reinstem Aluminium dient auch als Fluoreszenzschirm, angebracht an einem Satelliten für die Erforschung der Abstrahlung von geladenen Teilchen aus der Sonne.
Als die amerikanischen Astronauten Armstrong und Oldrin auf dem Mond landeten, breiteten sie auf dessen Oberfläche solche Folien aus und setzten sie zwei Stunden lang der Einwirkung der von der Sonne ausgehenden Teilchenstrahlung aus. Bei ihrer Rückkehr nahmen sie neben diesen Folien auch Mondgestein mit, das sie in spezielle Aluminiumkörbe verpackt hatten.
Das Aluminium »beteiligt« sich nicht nur an den Ausflügen in kosmische Höhen, sondern auch bei der Eroberung der Meerestiefen. Vor einigen Jahren wurde in Amerika das ozeanographische Unterseeboot »Aluminaut« gebaut, das bis in Tiefen von 4600 Meter vordringen kann. Dieses Supertauchboot wurde nicht aus Stahl, wie allgemein angenommen wird, sondern aus Aluminium hergestellt.
In Frankreich wurde ein riesiger Ozeandampfer mit einer Wasserverdrängung von mehr als 50 000 Tonnen und einer Länge von 315 Meter vom Stapel gelassen, der in der Lage ist, 2000 Passagiere zu transportieren. Die Schiffsaufbauten, Beiboote und Möbel dieses Kolosses sind aus Aluminium gefertigt.
Die Anwendungsgebiete von Aluminium erweitern sich ständig. In den Nachkriegsjahren wurden in den USA Listen der Waren angefertigt, die aus Aluminium hergestellt sind. Etwa 2000 Bezeichnungen enthielt diese Aufstellung.
Ein sehr wichtiger Verbraucher dieses Metalles ist die elektrotechnische Industrie. Hochspannungsleitungen, Wicklungen für Motore und Transformatoren, Kabel, Lampensockel, Kondensatoren und viele andere Teile werden aus Aluminium gefertigt.
Ein geschätztes Material ist Aluminium auch im Transportwesen. In der UdSSR wird am Projekt eines Eisenbahnsuperexpreß gearbeitet. Die Form dieses zukünftigen Zuges, der den poetischen Namen »Russische Troika« trägt, erinnert an den Rumpf eines modernen Flugzeuges. Er wird mit der Geschwindigkeit einer startenden TU dahinjagen. Die Konstrukteure haben vorgeschlagen, die Karosserien dieses Expreßzuges aus Aluminium herzustellen. Versuchskarosserien wurden schon der Prüfung unterzogen. Sie wurden mit einer Kraft von $2 \cdot 10^6$ Newton gepreßt,

starken Vibrationen und anderen extremen Prüfungen ausgesetzt. Das Metall hielt allen Belastungen stand. Der Tag ist nicht mehr fern, an dem die »Russische Troika« ungestüm durch das weite russische Land rasen wird.

Aluminium hat eine hohe Korrosionsbeständigkeit. Es verdankt sie einer äußerst dünnen, etwa 1/10 000 mm dicken Oxidhaut, die auf seiner Oberfläche entsteht und wie ein Panzer das Metall vor weiterem Angriff des Sauerstoffs schützt. Wenn diese Schutzschicht nicht wäre, würde sich die Aluminiumfolie an Luft selbst entzünden und mit blendender Flamme verbrennen. Der rettende Panzer ermöglicht es, daß Aluminiumteile jahrzehntelang wertvolle Dienste leisten, sogar in aggressiver Umgebung.

Wissenschaftler unserer Zeit entdeckten noch eine überaus wertvolle Eigenschaft des Aluminiums: Es zerstört keine Vitamine. Deshalb werden Apparate für die Molkerei-, Zucker-, Konditorwaren- und Bierindustrie aus Aluminium gefertigt.

Eine feste Position eroberte sich dieses Metall auch im Bauwesen. Bereits 1890 wurde in einer amerikanischen Stadt zum erstenmal Aluminium für den Bau eines Wohnhauses verwendet. Noch nach einem halben Jahrhundert befanden sich alle Aluminiumteile in einem ausgezeichneten Zustand. Das erste Aluminiumdach, hergestellt im Jahre 1897, steht ohne Reparatur bis zum heutigen Tag.

Auf dem Gelände des Moskauer Kremls wurde aus Aluminium und Kunststoff der herrliche Kongreßpalast erbaut. Allgemeine Bewunderung rief der Pavillon der Sowjetunion auf der Brüsseler Weltausstellung im Jahre 1958 hervor, eine Konstruktion aus Glas und Aluminium. Belgische Zeitungen nannten ihn »Palast des Sozialismus«. Auf der Spitze eines 30 Meter hohen Aluminiummastes wehten die olympische und die französische Flagge während der Winterspiele in Grenoble. Auch beim Bau von Brücken, Gebäuden, hydrotechnischen Objekten, Hangars ... – überall findet das wunderbar leichte Metall Anwendung.

In der Metallurgie wird Aluminium häufig für die Entfernung des Sauerstoffs aus dem Stahl angewandt. Aluminiumkörper sind der Grundbestandteil von Thermitgemischen, die man in aluminothermischen Prozessen zur Erzeugung vieler Legierungen benötigt.

Aluminium ist auch in der Philatelie anzutreffen. 1955 gab die Ungarische Volksrepublik ungewöhnliche Briefmarken heraus. Sie waren aus Aluminiumfolie in einer Dicke von 0,009 mm hergestellt. Später erschienen solche Marken auch in anderen Ländern.

In neuester Zeit stellt man aluminisiertes Gewebe her. Es ist auf einer Seite mit einer Aluminiumschicht bedeckt und hat eine ausgezeichnete Eigenschaft: Es »versteht« sowohl zu erwärmen als auch abzukühlen. In Zimmern mit Vorhängen aus diesem Gewebe bleibt es im Sommer kühl, da sie die Wärmestrahlen reflektieren. Im Winter muß man die Vorhänge wenden, dann strahlen sie die Ofenwärme ins Zimmer zurück. In Kleidern aus solchem Material braucht man weder Hitze noch Kälte zu fürchten. Um sich vor den glühenden Sonnenstrahlen zu schützen, muß die Metallschicht nach außen getragen werden. Wenn es kalt ist, wendet man das Kleidungsstück, dann schickt das Metall die

Körperwärme zurück. Touristen, Geologen, Fischer und alle, die der sengenden Sonne und Wind und Wetter ausgesetzt sind, werden den Wert von Jacken und Zelten aus solchen Geweben schätzen lernen. In heißen Gegenden wird es eine große Nachfrage nach solchen aluminisierten Kappen, Panamahüten, Mänteln oder Schirmen geben. Metallisierte Kleidung wird dem Stahlgießer die Arbeit erleichtern, und den Feuerwehrleuten kann sie in ihrem harten Kampf mit den Flammen beistehen.

Besondere Aufmerksamkeit widmen Wissenschaftler und Ingenieure in jüngster Zeit der Herstellung neuer Materialien, der sogenannten Schaummetalle. Die Technologie des Schaumaluminiums, des Erstlings in dieser bemerkenswerten Familie, ist bereits ausgearbeitet. Das neue Material ist erstaunlich leicht: ein Kubikzentimeter einer bestimmten Art von Schaumaluminium wiegt nur 0,19 Gramm. Kork, das Symbol für Leichtigkeit, ist nicht imstande, mit diesem Material zu konkurrieren. Er ist 25 bis 30 Prozent schwerer. Nach Erzeugung des Schaumaluminiums wird man sich mit der Herstellung von Schaumberyllium, Schaumtitan und vielen anderen erstaunlichen Materialien befassen.

Der bekannte utopische Schriftsteller Herbert Wells beschreibt in seinem Roman »Krieg der Welten« eine Maschine, mit deren Hilfe die Marsbewohner Aluminium produzierten: »Zwischen Sonnenuntergang und dem Erscheinen der Sterne stellte diese geschickte Einrichtung nicht weniger als 100 Platinen Aluminium unmittelbar aus Tonerde her.«

Die Natur hat dafür gesorgt, daß die Menschen an diesem wunderbaren Metall keinen Mangel haben. Als Bestandteil der Erdrinde wird Aluminium an Menge nur von Sauerstoff und Silizium übertroffen. Sein Vorkommen ist bedeutender als das der anderen Metalle. Mit Aluminiumrohstoffen sind wir versorgt. Es ist Aufgabe der Ingenieure und Wissenschaftler, die Verfahren zur Herstellung des »geflügelten Metalls« zu vervollkommnen und neue Anwendungsgebiete zu finden.

Sohn der Erde – Titan

Ti

Eine Rakete wird am Himmel »befestigt« · Hera oder Titania? · Titanische Aufgabe · Fehler über Fehler · Zu Hunter kommt der Erfolg · Ein Tropfen Wermut im Freudenbecher · Ironie ist hier nicht angebracht · Befreiung aus der Gefangenschaft · Keine ernsthafte Korrosion · Monument in Genf · In der Umarmung des Sauerstoffs · Bergwerk im »Meer der Ruhe« · Die Folter lüftet Geheimnisse

Am 18. August 1964 startete vor Tagesanbruch auf dem Friedensprospekt in Moskau eine kosmische Rakete. Sie sollte weder den Mond noch die Venus erreichen. Ihr Auftrag war jedoch nicht weniger ehrenvoll: Für immer am Moskauer Himmel »befestigt«, soll der silberglänzende Obelisk durch die Jahrhunderte daran erinnern, daß ein sowjetischer Mensch als erster den Weg in den kosmischen Raum gefunden hat.

Die Schöpfer dieses Denkmals hatten lange darüber nachgedacht, welches Verkleidungsmaterial sie für das hervorragende Monument verwenden sollten. Glas, Kunststoff und nichtrostender Stahl waren in die Überlegungen einbezogen, aber wieder verworfen worden. Nach sorgfältigen Experimenten entschied man sich dafür, den Obelisk mit polierten Titanblechen zu verkleiden. Warum erhielt Titan diesen »ehrenvollen Auftrag«, unseren Nachkommen von den Heldentaten unserer Zeitgenossen zu berichten?

Titan wird nicht zufällig das »ewige« Material genannt. Bevor aber auf die Eigenschaften dieses Metalles näher eingegangen wird, wollen wir seine Biographie kennenlernen.

Menachine hatte 1791 der englische Chemiker und Mineraloge W. Gregor das neue Element genannt, das er im Mineral Menaccanit gefunden hatte. Als 1795 der deutsche Chemiker Martin H. Klapproth dieses Element zum zweitenmal entdeckte, diesmal im Mineral Rutil, gab er ihm den schöneren, aber auch verpflichtenden Namen »Titan«. Die Herkunft dieser Bezeichnung wird unterschiedlich erklärt. Die einen bringen sie mit der großen Verbreitung des Titans in der Erdrinde (0,6 %) in Verbindung, da in der griechischen Mythologie die Söhne der Erdgöttin Gea als »Titanen« bezeichnet wurden. Andere wiederum meinten, Klapproth habe diesen Namen zu Ehren der Elfenkönigin Titania gewählt. Als sich nach zwei Jahren herausstellte, daß Gregor und Klapproth ein und dasselbe Element entdeckt hatten, bestätigte man dafür den stolzen Namen »Titan«.

Die Entdeckung eines Elements bedeutet jedoch nicht, es in reinem Zustand erhalten zu haben. Sowohl Gregor als auch Klapproth gelang es nur, eine chemische Verbindung des Titans, das Titandioxid, als weißes kristallines Pulver darzustellen. Reines Titan zu gewinnen, erwies sich als eine wahrhaft titanische Aufgabe. Ihrer nahmen sich viele bekannte Chemiker des vergangenen Jahrhunderts an, aber alle erlitten Mißerfolge. Eine Zeitlang schien es, als wären die Versuche des englischen Wissenschaftlers W. H. Wollastone von Erfolg gekrönt. Als er im Jahre 1823 Kristalle untersuchte, die er in metallurgischen Schlacken gefunden hatte, gelangte er zu der Schlußfolgerung, daß sie nichts anderes als reines Titan sein müßten. 33 Jahre später stellte der deutsche Chemiker F. Wöhler fest, daß es sich bei diesen Kristallen um Verbindungen des Titans mit Stickstoff und Kohlenstoff, keineswegs aber um freies Titan gehandelt hat.

Viele Jahre wurde der Standpunkt vertreten, das erste metallische Titan sei 1825 von dem bekannten schwedischen Wissenschaftler J. Berzelius durch Reduktion von Kaliumtitanfluorid mit metallischem Natrium erhalten worden. Heute muß jedoch festgestellt werden, daß sich der damalige Präsident der schwedischen Akademie geirrt hatte. Bei einem Vergleich seines Produktes mit Titan zeigte sich ein wesentlicher Unterschied. Reines Titan löst sich schnell in Flußsäure, das metallische Titan von Berzelius dagegen widerstand dieser Einwirkung. Titan ist auch vielen anderen Säuren gegenüber beständig.

Erst im Jahre 1875 gelang es dem russischen Wissenschaftler D. K. Kirilow, metallisches Titan zu gewinnen. Seine Resultate veröffentlichte Kirilow in der Broschüre »Forschungen über das Titan«. Unter den Bedingungen des zaristischen Rußlands bestand jedoch für diese Untersuchungen kein Interesse, sie blieben deshalb unbemerkt.

1887 erhielten die Schweden L. F. Nilson und O. Pettersson durch Reduktion von $TiCl_4$ mit metallischem Natrium in einer hermetisch abgeschlossenen Stahlbombe ein verhältnismäßig reines Produkt mit etwa 95 Prozent Titan. Der nächste Schritt auf dem Wege zu reinem Titan wurde 1895 von dem französischen Chemiker Henry Moissan getan, der Titandioxid mit Hilfe von Kohlenstoff im Lichtbogenofen reduzierte und das auf diese Weise gewonnene Metall einer mehrmaligen Raffination unterzog. Sein Titan enthielt nur noch zwei Prozent Beimengungen, in der Hauptsache Kohlenstoff.

Schließlich gelang es dem amerikanischen Chemiker M. A. Hunter, der das Verfahren von Nilson und Pettersson vervollkommnete, einige Gramm verhältnismäßig reinen Titans herzustellen. Dieses Ereignis wurde in den verschiedenen Ländern entsprechend gewürdigt. Deshalb schreiben viele auch heute noch Hunter und nicht Kirilow die Priorität zu, zum erstenmal Titan in reiner Form erhalten zu haben.

Die Bezeichnung »reines Titan« stellt allerdings eine gewisse Übertreibung dar, denn es waren stets einige zehntel Prozent Beimengungen darin enthalten. Das Resultat einiger Jahrzehnte Forschungsarbeit enthielt also noch immer einen Wermutstropfen im Freudenbecher. Diese Beimengungen verursachten eine unliebsame Sprödigkeit des Metalls und verhinderten die Möglichkeit seiner mechanischen Bearbeitung. Dadurch kam Titan in den Ruf, ein unbrauchbares Metall zu sein, untauglich für jede praktische Verwendung. Es versteht sich, daß Titan mit einer solchen Charakteristik noch lange nicht entsprechend seinen tatsächlichen Eigenschaften zum Einsatz gelangte.

Im Jahre 1908 schlugen amerikanische und norwegische Chemiker vor, anstelle von Bleiweiß Titandioxid zu verwenden. Das Titanweiß übertrifft die Bleifarbe im Hinblick auf seine Qualität und ist im Gegensatz zum Bleiweiß völlig unschädlich für den menschlichen Organismus. Aus

der Medizin ist ein Fall bekannt, daß eine Person fast 0,5 Kilogramm Titandioxid auf einmal zu sich genommen hat, ohne daß sich nachteilige Folgen ergeben haben sollen.

Titandioxid wird zum Färben von Leder und Geweben sowie bei der Herstellung von Glas, Porzellan und Email verwendet. Es wurden aber auch andere Titanverbindungen dafür eingesetzt. Die Fähigkeit des Titanchlorids, intensive künstliche Nebel zu bilden, wurde im ersten Weltkrieg in großem Umfang genutzt.

Landwirte und Gärtner schützen mit Titanchlorid die Pflanzen vor Frühfrost.

Wie wir jedoch noch hören werden, kann das Titan durchaus »das Recht« für sich in Anspruch nehmen, auch verantwortungsvollere und interessantere Aufgaben zu lösen. 1965 gelang es den holländischen Wissenschaftlern A. E. van Arkel und J. H. de Boer, aus $TiCl_4$ mit Hilfe eines glühenden Wolframdrahtes reines Titan zu erhalten. Die Feststellungen von Hunter über die Sprödigkeit des Titans konnten keiner Kritik mehr standhalten, denn der von van Arkel und de Boer gewonnene Werkstoff wies eine hohe Plastizität auf. Er konnte kaltverformt werden wie Eisen, man konnte ihn zu Blechen, Bändern und Folien walzen und zu feinsten Drähten ziehen. Von nun an erwies sich das Metall seines »stolzen« Namens würdig, und es eröffneten sich ihm viele Wege in die Welt der Technik. Nach der »Befreiung aus der Gefangenschaft« der Beimengungen wurden die Wissenschaftler ob der wunderbaren Eigenschaften des Titans in Erstaunen versetzt. So zeigte sich beispielsweise, daß Titan fester ist als viele Stähle, obwohl es fast zweimal leichter ist als Eisen. Wenn man eine spezifische Festigkeit definiert, das heißt, die Festigkeit auf die Dichte bezieht, so hat Titan keine Konkurrenten mehr unter den industriell genutzten Metallen.

Sogar ein solch leichtes Metall wie Aluminium ist dem Titan in einigen Beziehungen unterlegen. Titan ist zwar 1,5mal schwerer, dafür aber um das 6fache fester. Besonders erwähnenswert ist, daß Titan seine Festigkeit bei Temperaturen bis 500 Grad Celsius, bei Zusatz von Legierungselementen sogar bis 650 Grad Celsius, beibehält. Im Vergleich hierzu fällt die Festigkeit bei den meisten Aluminium- und Magnesiumlegierungen sehr stark ab. Titan hat eine bedeutende Härte; es ist 12mal härter als Aluminium und 4mal härter als Eisen und Kupfer. Je höher die Fließgrenze des Metalls ist, um so besser widerstehen Produkte, die daraus hergestellt sind, den Belastungen im Gebrauch, um so länger halten sie ihre

Form und ihre Abmessungen. Die Fließgrenze des Titans ist 18mal höher als die des Aluminiums, fast 4mal höher als die des Kupfers und 2,5mal höher als die des Eisens.
So ist es nicht verwunderlich, daß die Auswahl auf Titan fiel, als die Flugzeugkonstrukteure vor der Frage standen, welches Metall man für die Überwindung der Schallmauer einsetzen sollte. Pressemitteilungen zufolge besteht die Außenverkleidung des amerikanischen Düsenflugzeuges »Schwarzer Vogel« aus Titan. Diese Maschine ist in der Lage, Geschwindigkeiten von mehr als 3200 km/h zu erreichen. Nicht nur die Verkleidung, sondern auch andere Flugzeugbaugruppen und -teile vom Motor bis zu Bolzen und Muttern werden oft aus Titan gefertigt. Dazu ein Beispiel: Nach Meinung amerikanischer Spezialisten kann durch Austausch der Stahlbolzen gegen Titanbolzen im Motor eines Jagdflugzeuges eine Masse von 100 Kilogramm gespart werden. Infolge der dadurch möglichen leichteren Konstruktion des Rumpfes ist die gesamte Verringerung der Masse des Flugzeuges aber noch wesentlich höher.
Eine westeuropäische Firma stellt Fahrradrahmen aus Titan her. Ein solcher Rahmen wiegt nur etwas mehr als ein Kilogramm, die Gesamtmasse des Fahrrades liegt unter sieben Kilogramm.
Titan zog auch die Aufmerksamkeit der Chemiker auf sich. In einem Betrieb wurde folgendes Experiment durchgeführt. Man fertigte für das Umfüllen einer aggressiven Flüssigkeit Pumpen aus Roheisen, aus nichtrostendem Stahl und aus Titan. Nach dreitägigem Einsatz war die Pumpe aus Roheisen völlig zerfressen, die aus nichtrostendem Stahl hielt zehn Tage stand, und die Titanpumpe hatte nach halbjähriger ununterbrochener Arbeit noch keinen Schaden genommen.
Obwohl Titan zur Zeit noch sehr teuer ist, tauscht man es auch gegen Werkstoffe aus, die viel billiger sind. Trotzdem ergibt sich ein ökonomischer Nutzen. So kostet beispielsweise ein Reaktor eines bestimmten chemischen Apparates aus nichtrostendem Stahl 150 Rubel, aus einer Titanlegierung

600 Rubel. Der Stahlreaktor ist sechs Monate betriebsfähig, der aus Titan aber zehn Jahre. Berücksichtigt man weiterhin den Aufwand für das Auswechseln des Stahlreaktors und für die benötigte einfachere Ausrüstung, so wird offensichtlich, daß das teure Titan, so paradox es auch klingen mag, ökonomischer ist als der billige Stahl.
Auf der Ausstellung zur Anwendung von Titan in der Industrie, die vor einigen Jahren in London organisiert wurde, führte man ein breites Sortiment von Ausrüstungen aus Titan für die chemische Industrie vor. Titandüsen, die in einer schwefeldioxidhaltigen heißen Atmosphäre mehr als zwei Monate gearbeitet hatten, konnten ohne jede Einschränkung weiter verwendet werden, Düsen aus nichtrostendem Stahl hingegen waren nach einigen Stunden zerstört. Weiterhin wird Titan erfolgreich für solche Teile verwendet, die Salzsäure-, Schwefelsäure- oder Salpetersäuredämpfen sowie anderen chemischen »Aggressoren« ausgesetzt sind.
Am Anfang unseres Jahrhunderts waren zahlreiche Metallurgen noch der Meinung, Titan stelle eine äußerst schädliche Beimengung für Eisen dar. Es waren viele Jahre nötig, um zu zeigen, daß dieser Standpunkt unrichtig war. Heute ist die Metallurgie einer der wichtigsten Verbraucher von Titan. Es gibt sehr viele Stahlmarken und Legierungen, die Titan in verschieden großen Mengen enthalten. In nichtrostenden Stählen verhindert Titan die interkristalline Korrosion. In warmfesten, hochchromhaltigen Legierungen wird durch Titan das Korngefüge verfeinert, d. h., die Struktur des Metalls wird gleichmäßiger und feinkörnig. In warmfesten Legierungen erhöht Titan die Festigkeit.
Breite Anwendung hat Titan bei der Produktion von Hartmetallen für Schneidwerkzeuge gewonnen. Titankarbide erhöhen deren Schneideigenschaften und verbessern die Oberflächenqualität der bearbeiteten Teile.
Die hohe Affinität des Titans zu Sauerstoff (wir werden im folgenden noch ausführlicher darüber sprechen) ermöglicht es, Titan als Element für die Desoxydation von Stahl einzusetzen, d. h., für die Entfernung des Sauerstoffes aus dem Stahl. Die Desoxydationsfähigkeit von Titan ist etwa 10mal höher als die des Siliziums. Silizium selbst ist eines der wichtigsten Desoxydationselemente für Stahl. Eine ähnliche Rolle spielt Titan im Verhältnis zu Stickstoff. Die Entfernung dieser Gase, insbesondere des Sauerstoffes, ist in vielen Fällen erwünscht und verbessert die me-

chanischen Eigenschaften des Stahls sowie seine Korrosionsbeständigkeit. Gegenüber der Korrosion, dem ärgsten Feind der Metalle, erweist sich Titan als äußerst unempfindlich. Auf einem Titanplättchen beispielsweise, das 10 Jahre in Meereswasser lag, konnte keine Spur von Oxid festgestellt werden. Von einem Plättchen aus Eisen wäre nach der gleichen Zeit nur noch die Erinnerung geblieben. Es ist deshalb nicht verwunderlich, daß die Schiffsbauer und Hydrotechniker dem Titan die gleiche Sympathie entgegenbringen wie die Flugzeugkonstrukteure und Chemiker. Aus dem gleichen Grund benutzte auch der Schöpfer des eingangs erwähnten Denkmals, das die Eroberung der kosmischen Höhen durch den Menschen verewigen soll, Titan als Verkleidungsmaterial für sein Werk.

Vor nicht all zu langer Zeit wurde Titan noch für einen anderen monumentalen Bau ausgewählt. Zum 100. Jahrestag der Gründung der Internationalen Vereinigung für Nachrichtenwesen wurde von der UNESCO ein Architektenwettbewerb für ein Denkmal ausgeschrieben. Den ersten Preis von 213 eingereichten Projekten erhielt eine Arbeit sowjetischer Architekten. Das für den Platz der Nationen in Genf vorgesehene Monument wird zwei stilisierte Ohrmuscheln darstellen; zwei Scheiben aus Beton von 10,5 Meter Höhe, deren Flächen mit poliertem Titan verkleidet sind. Ein Mensch, der auf einem ganz bestimmten Weg zwischen diesen Scheiben hindurchgeht, wird seine eigene Stimme und seine Schritte vielfältig widerhallend vernehmen, und er wird sein Bild im Zentrum unzähliger Kreise sehen, die sich im Unendlichen verlieren.

Für viele Zweige der Technik ist es von besonderem Interesse, daß Titan nicht magnetisch ist. Es hat auch einen großen elektrischen Widerstand. Wenn die elektrische Leitfähigkeit des Silbers mit 100 angenommen wird, so beträgt die von Kupfer 94, von Aluminium 55, von Eisen 17, von Quecksilber 1,6 und von Titan 3,5. Diese Eigenschaft wird in der Elektrotechnik genutzt.

Ganz offensichtlich ist Titan »im glücklichen Besitz« von vielen wertvollen Eigenschaften. Warum nun wird bis zum heutigen Zeitpunkt Titan nicht in gleichem

Umfang verwendet wie zum Beispiel Stahl oder Aluminium? Es ist der hohe Preis, der die Anwendung des Titans noch immer hemmt. Im Grunde genommen ist dies natürlich kein »angeborener« Fehler, er wird bedingt durch die außerordentlichen Aufwendungen, die notwendig sind, um Titan aus dem Erz zu extrahieren.
Wenn man die Kosten des Titans im Konzentrat gleich 1 setzt, so betragen die Aufwendungen auf dem langen und schwierigen technologischen Weg bis zum fertigen Produkt, zum Beispiel einem dünnen Blech, das 500- bis 600fache.
Bis in die letzte Zeit wurde das Titan völlig unbegründet zu den seltenen Metallen gezählt. Zuweilen wird es sogar heute noch getan. Tatsächlich sind nur sehr wenige Elemente so weit in der Natur verbreitet wie das Titan. Die Menge des Titans in der Erdrinde übertrifft um einige Male die Vorräte solcher Metalle wie Kupfer, Zink, Blei, Gold, Silber, Platin, Chrom, Wolfram, Quecksilber, Molybdän, Arsen, Nickel und Zinn zusammengenommen. Und das soll ein seltenes Metall sein? Auch sonst hat der Terminus »selten« kaum eine Beziehung zum Titan. Tatsächlich gibt es fast kein Gestein, in dem dieses Element nicht enthalten ist. In 784 von 800 erforschten Gesteinen wurde Titan gefunden. Es sind 70 Mineralien des Titans bekannt, in denen es als Titandioxid oder als Salz der Titansäure vorliegt. Größte praktische Bedeutung haben Ilmenit (früher als Menaccanit bezeichnet), Rutil, Perowskit und Sphen. Reiche Lagerstätten an Titan besitzen die UdSSR (Ural, Sibirien, Ukraine, Altai), die USA, Indien, Norwegen, Kanada, Australien u. a. Länder. Insgesamt sind auf der Erde mehr als 150 bedeutende Lagerstätten des Titans bekannt. Aber man muß dieses Titan aus den Erzen extrahieren und in einen Zustand überführen, in welchem es für die moderne Technik verwendbar ist. Diese Aufgabe ist sehr, sehr

schwer, da Titan eine sehr hohe Affinität zum Sauerstoff hat. Daraus resultiert eine der festesten Bindungen in der Chemie. Als Oxid ist deshalb auch das Titan in der Natur am häufigsten anzutreffen. Weder der elektrische Strom noch hohe Temperaturen sind in der Lage, Titan aus der Umarmung des Sauerstoffs zu befreien. Das nötigte die Wissenschaftler dazu, andere Wege zu suchen, um das Titan in freier Form zu erhalten. 1940 gelang es dem Amerikaner W. Kroll, ein Verfahren zur industriellen Gewinnung von Titan mit Magnesium zu entwickeln. Das Wesentliche dieses Prozesses besteht darin, daß zuerst das Titandioxid mit Hilfe von Chlor und Kohlenstoff in $TiCl_4$ überführt wird. Mit dem Chlor fertig zu werden, das nun den Platz von Sauerstoff einnimmt, ist schon wesentlich leichter. Diese Aufgabe löst beispielsweise das Element Magnesium sehr erfolgreich. Das Resultat einer Reaktion von $TiCl_4$ mit Magnesium ist eine schwammartige Masse, die aus Titan, Magnesium und Magnesiumchlorid besteht. Für die Herstellung reinen, kompakten Titans wird diese Masse im Vakuum oder in inerten Gasen umgeschmolzen, damit auf keinen Fall Stickstoff oder Sauerstoff der Luft zum Metall gelangen kann.

In der Industrie wird auch ein Verfahren zur Erzeugung von metallischem Titan mit Natrium angewendet. Es unterscheidet sich im Prinzip nicht von dem vorher genannten. Um besonders reines Titan zu erhalten, wird gegenwärtig ein sogenanntes Jodid-Verfahren angewendet, das von den uns bereits bekannten Forschern van Arkel und de Boer vorgeschlagen wurde. Das aus dem Chlorid erhaltene technisch reine Titan wird in Jodid umgewandelt und im Vakuum erhitzt. Das verdampfende Jodid trifft auf seinem Weg auf glühenden Titandraht von etwa 1400 °C. Dabei zerfällt das Jodid, und auf dem Draht wird eine Schicht reines Titan niedergeschlagen.

Wegen der hohen Kosten wird diese Methode im industriellen Maßstab jedoch nicht angewandt. Solches Titan benutzt man für Laboratoriumsuntersuchungen. Wie wir bereits feststellen konnten, hängen die Eigenschaften des Titans sehr stark von seinem Reinheitsgrad ab. Es ist deshalb eine wichtige Aufgabe der Industrie, Verfahren zur Massenproduktion besonders reinen Titans auszuarbeiten. Vor nicht allzu langer Zeit machte auf der ganzen Welt eine interessante Mitteilung aus dem amerikanischen Raumfahrtzentrum die Runde. Die chemischen Untersuchungen von Mondgestein hatte ergeben, daß darin große Mengen Titanoxid enthalten sind. Bereits vor dem Flug von »Apollo 11« hatten Wissenschaftler solche Ansichten geäußert. Jetzt sind diese früheren Hypothesen experimentell nachgewiesene Tatsachen. Vielleicht teilen die Zeitungen schon in naher Zukunft mit, daß irgendwo im Gebiet des »Meeres der Ruhe« das erste Titanbergwerk seine Arbeit aufgenommen hat!
In unseren Tagen fesselt das Titan die Aufmerksamkeit Tausender Wissenschaftler. In vielen Laboratorien werden Proben dieses Metalls täglich harten »Folterqualen« unterzogen. Sie werden zerrissen, gebogen, in Säuren und Laugen gekocht, geglüht, bis auf extrem niedrige Temperaturen abgeschreckt und ungeheuren Belastungen durch Ströme hoher Frequenz, durch Ultraschall usw. ausgesetzt. Und Titan offenbart dem Menschen seine Geheimnisse!

Vitamin V – Vanadium

V

Der Fund am Ort der Katastrophe · H. Ford verwirklicht seine Idee · Die Göttin antwortet nicht · Der Erfolg des Nils Sefström · Die zweite Geburt des Vanadiums · »Ich war ein wirklicher Esel ...« · Die erfolgreichen Versuche von Henry E. Roscoe · 50 000 Rubel für 1 kg · Erz von der Venus · Eine Kanone im Flugzeug · Angriff und Verteidigung · Die List der Diplomaten · In allen Regenbogenfarben · Die Schweine sind zufrieden · Meeressammler · Plantagen auf dem Boden des Meeres

»Wenn es kein Vanadium gäbe, gäbe es kein Automobil.« Diese Worte sagt man dem Automobilkönig Henry Ford nach. Im Jahre 1905 nahm Ford an einem großen Automobilrennen teil. Wie so oft bei solchen Wettkämpfen endete es mit einem tragischen Unfall, bei dem zwei Wagen kollodierten. Ford besichtigte später den Ort des Unglücks. Einem der beiden Wagen, einem französischen, entnahm er ein Bruchstück. Es war dies ein Teil einer Ventilstange, scheinbar ein Teil wie jedes andere. Aber der in technischen Fragen erfahrene Ford war überrascht von seiner Leichtigkeit und seiner für damalige Verhältnisse hohen Härte. Aus dem Labor, wohin er das Bruchstück zur Durchführung einer chemischen Analyse gegeben hatte, wurde ihm mitgeteilt, daß der ungewöhnliche Stahl Vanadium enthalte. Es war Fords Idee, solchen Stahl in weitem Umfang für die Produktion von Automobilen zu verwenden. Gelänge es ihm, diese Idee zu verwirklichen, würden die Autos wesentlich leichter, es könnte Material eingespart und der Preis für die Kraftwagen gesenkt werden. Dadurch würde die Zahl der Käufer schnell ansteigen und der Gewinn des Unternehmens wachsen. Ford nahm die Verwirklichung seiner Idee in Angriff. Viele Schwierigkeiten mußten überwunden werden, bis er sein Ziel erreichte. Einige Jahre nach dem Rennen, welches in der Geschichte des Automobilbaues eine wesentliche Rolle gespielt hat, stellte das französische Ministerium für Handel und Industrie bei der Analyse verschiedener Teile neuer Ford-Automobile fest, daß der amerikanische Stahl in allen Kennwerten den französischen übertraf.

Was gibt es über dieses Metall zu sagen, das in der Automobilindustrie eine solche Revolution hervorrief?

Poetisch beschrieb der schwedische Chemiker Berzelius die Entdeckung des Vanadiums, das auch als Vanadin bezeichnet wird: »Vor langer Zeit lebte im hohen Norden die schöne und von allen geliebte Göttin Vanadis. Einst klopfte jemand an

ihre Tür. Die Göttin saß bequem in ihrem Sessel und dachte: ›Soll er noch einmal klopfen.‹ Aber das Klopfen wiederholte sich nicht, und der Unbekannte entfernte sich von der Tür. Die Göttin hätte gern erfahren, wer wohl dieser bescheidene und zurückhaltende Besucher war. Sie öffnete das Fenster und schaute auf die Straße. Es war ein gewisser Wöhler, der sich eilig von ihrem Hof entfernte. Nach einigen Jahren hörte sie wieder, wie jemand an ihre Tür klopfte, aber diesmal beharrlich und so lange, bis sie aufstand und die Tür öffnete. Vor ihr stand ein junger, schöner Mann, Nils Sefström mit Namen. Sehr bald verliebten sie sich ineinander, und sie bekam einen Sohn, der den Namen Vanadin erhielt. Das ist auch der Name jenes neuen Metalles, welches 1831 von dem schwedischen Physiker und Chemiker Sefström entdeckt wurde.«

Diese Erzählung enthält eine Ungenauigkeit. Der erste, der an die Tür der Göttin Vanadis klopfte, war nicht der deutsche Chemiker F. Wöhler, sondern der berühmte mexikanische Chemiker und Mineraloge A. M. del Rio. Schon lange vor Wöhler, im Jahre 1801, als del Rio die Braunbleierze Mexikos untersuchte, stellte er fest, daß sie ein bis zu dieser Zeit unbekanntes Metall enthielten. Die Verbindungen des neuen Metalls hatten vielfältige Farben, deshalb nannte der Wissenschaftler das von ihm entdeckte Element Panchrom, d. h. allfarbig. Später gab er ihm den Namen Erythronium, was soviel wie schön bedeutet. Del Rio konnte seine Entdeckung wissenschaftlich nicht bestätigen. Mehr noch, im Jahre 1802 kam er zu der Schlußfolgerung, daß das von ihm gefundene Element identisch sei mit dem kurz vorher in Frankreich entdeckten Element Chrom. Diesen Fehler wiederholte später Wöhler.

Ungefähr 30 Jahre später war die zweite Geburt des Vanadiums. An seiner Wiege stand der junge schwedische Wissenschaftler Nils Sefström. Zu dieser Zeit begann in Schweden die Entwicklung der Metallurgie. In den verschiedenen Teilen des Landes entstanden Hüttenwerke. Folgender interessanter Tatbestand war eingetreten: Metall, das aus dem Eisenerz einer Lagerstätte erschmolzen wurde, war spröde, während zur gleichen Zeit aus einem anderen Erz sehr plastisches Metall erhalten wurde. Wodurch war dieser Unterschied zu erklären?

Sefström suchte eine Antwort auf diese Frage. Er untersuchte die Zusammensetzung des Eisenerzes, aus dem Metall mit guter Qualität erschmolzen worden war. Nach vielen Versuchen konnte er feststellen, daß dieses Erz ein neues Element enthielt. Es war dasselbe, das seinerzeit del Rio entdeckt und für Chrom gehalten hatte. Das neue Metall wurde Vanadium oder auch Vanadin genannt. Nach dem Erfolg Sefströms schrieb Wöhler an einen Freund: »Ich war ein großer Esel, als ich mir das neue Element im Braunbleierz entgehen ließ, und Berzelius hatte recht, als er nicht ohne Ironie darüber lächelte, wie ich erfolglos, schwach und ohne Beharrlichkeit ans Haus der Göttin Vanadis geklopft habe.«

In Rußland wurde Vanadium das erstemal 1834 im Braunbleierz des Beresowskier Reviers im Ural gefunden, im Jahre 1839 auch im Permer Sandstein. Schon zu dieser Zeit vermutete der russische Ingenieur Schubin einen günstigen Einfluß des Vanadiums auf die Eigenschaften von Eisen- und Kupferlegierungen. Er schrieb in einem seiner Artikel: »Kupferhaltiges Roheisen, Schwarzkupfer, Garkupfer und Stückkupfer enthalten Vanadium, und wahrscheinlich verleiht ihnen die Anwesenheit dieses Elements die hohe Härte.« Während vieler Jahre gelang es niemandem, Vanadium in reiner Form herzustellen. Erst im Jahre 1869 erhielt der englische Chemiker Henry E. Roscoe nach langwierigen Untersuchungen reines metallisches Vanadium. Übrigens konnte er von »rein« nur zu jener Zeit sprechen, denn es enthielt mehr als vier Prozent Beimengungen. Unter ihnen waren sogar einige, die die Eigenschaften dieses Metalls sehr stark ändern.

Reines Vanadium ist ein silbrig graues Metall, das eine hohe Plastizität aufweist und sich schmieden läßt. Selbst unbedeutende Mengen fremder Elemente, besonders Stickstoff, Sauerstoff und Wasserstoff, verspröden es, erhöhen seine Härte und erschweren seine Bearbeitung. Reines Vanadium zu erzeugen war lange Zeit sehr schwierig, weil dieses Metall bei hohen Temperaturen eine ungewöhnliche Aktivität entwickelt. Es konnte kein Tiegelmaterial gefunden werden, das beim Schmelzen nicht durch Vanadin aufgelöst worden wäre. Dadurch aber wurde das Metall verunreinigt. Die Wissenschaftler suchten einen anderen Weg. Es wurde eine elektrolytische Methode zur Raffinierung von Vanadium auf eine Reinheit von 99,99 Prozent ausgearbeitet. Das Ergebnis: 0,01 Prozent Verunreinigungen gegenüber vier Prozent – das ist schon ein wesentlicher Unterschied!

Trotzdem fand Vanadium keine nennenswerte Verwendung in der Industrie. Die Weltproduktion betrug im Jahre 1907 nur

drei Tonnen. Der Preis war märchenhaft: 50 000 Rubel in Gold für ein Kilogramm!
Für die geringe Produktion und den horrenden Preis gibt es eine einfache Erklärung. Obwohl das Vanadium in der Erdrinde nicht selten ist – sein Gehalt darin beträgt etwa 0,2 Prozent (das sind 15mal mehr als Blei und 2000mal mehr als Silber) – werden größere Anreicherungen auf der Erde nur sehr selten angetroffen. Aus diesem Grunde rechnet man Vanadium zu den seltenen Metallen. Erze, die ein Prozent Vanadium enthalten, zählt man zu den außerordentlich reichen Erzen. Der industriellen Verwertung werden sogar Erze unterzogen, die nur 0,1 Prozent dieses wertvollen Elements enthalten.
Es ist interessant, daß in den auf die Erde fallenden Meteoriten der Gehalt an Vanadium 2- bis 3mal größer ist als in der Erdrinde. Auch aus dem Sonnenspektrum kann man schließen, daß die Sonnenmaterie reicher an Vanadium ist als unser Planet. Es ist möglich, daß eines Tages die Ankunft eines »Erzzuges« mit reichem Vanadiumerz, beispielsweise vom Mars oder der Venus, in einem metallurgischen Betrieb als durchaus normales Transportunternehmen bewertet wird. Vorläufig jedoch müssen die Erdenbewohner mit ihren eigenen Vorräten zurechtkommen.
Die Schwierigkeit der Extraktion des Vanadiums aus dem Erz war der Grund dafür, daß dieses wunderbare Metall einige Jahrzehnte keine Anwendung finden konnte. Die stürmische Entwicklung der Technik öffnete aber auch ihm die Tür zur Industrie. Die bemerkenswerte Fähigkeit dieses Elements, den Stählen wertvolle Eigenschaften zu verleihen, bestimmte sein Schicksal. Vanadium wurde ein »Vitamin« für Stähle. Unbedeutende Zusätze an Vanadium (Bruchteile eines Prozents) verleihen dem Stahl Feinkörnigkeit und erhöhen seine Festigkeit. Dieser Stahl erträgt leichter schlagartige Belastungen; er hat eine höhere Sicherheit gegen Bruch und ist verschleißfest. Deshalb eignet er sich besonders für den Automobilbau. Kein Wunder, daß entscheidende Teile des Kraftfahrzeuges, der Motor, Ventilfedern, Achsen, Wellen, Stößel, aus dem zuverlässigen Vanadiumstahl gefertigt werden. Eben darum schätzte Henry Ford die Rolle des Vanadiums so hoch ein. Und nicht zufällig sagte A. E. Fersmann über dieses Element: »... ungewöhnlich sind jene Kräfte, die es dem Eisen und Stahl vermittelt; es verleiht dem Stahl Festigkeit und Härte, Zähigkeit, Dehnbarkeit und Dauerfestigkeit, alle notwendigen Eigenschaften für die Achsen der Automobile.«

Eine Sensation war im ersten Weltkrieg ein von französischen Ingenieuren konstruiertes Flugzeug, das nicht mit einem Maschinengewehr, sondern mit einer Kanone ausgerüstet war. Die neue Bewaffnung stiftete Verwirrung unter den deutschen Fliegern ... Auf welche Weise war es gelungen, eine Kanone in das Flugzeug einzubauen? War doch die Belastbarkeit der damaligen »Holzkisten« sehr gering. Wieder hatte Vanadium Hilfestellung geleistet. Die französischen Flugzeugkanonen waren aus Vanadiumstahl hergestellt. Bei verhältnismäßig geringem Gewicht wiesen sie ausgezeichnete Festigkeitseigenschaften auf. Eine wirkungsvollere Waffe konnte nun ihr vernichtendes Feuer auf die deutschen Flugzeuge richten.
Später verwendete man Vanadiumstahl auch für die Helme der Soldaten. Der verhältnismäßig leichte Helm aus dünnem, aber festem Stahl schützte seinen Träger zuverlässig vor Kugeln oder Granatsplittern. Zum Schutz der Artilleriebedienungsmannschaft wurden Schutzschilde gefordert. Für diese Zwecke stellte man in Sheffield Panzerstahl her, der ziemlich viel Silizium und Nickel enthielt. Als aber diese Platten bei Versuchen aus einem Abstand von 70 Metern beschossen wurden, durchschlugen die Kugeln das Metall. Als man Stahl mit etwa 0,2 Prozent Vanadium verwendete, war der Erfolg überraschend, er bestand den Test in 99 von 100 Fällen.
Amerikanische, französische und englische Firmen haben Vanadiumstahl für die verschiedensten Zwecke angewendet. Die deutschen Metallurgen, die immer als große Spezialisten galten, verhielten sich gegenüber einer Verwendung von Vanadium als Legierungselement skeptisch; zunächst verzichteten sie sogar auf die Anwendung von Vanadiumstahl. In einer deutschen Firma wurde kategorisch festgestellt, die Erschmelzung solcher Stähle habe absolut keinen Sinn. Dieser eigenartige Standpunkt fand bald seine Erklärung. Deutschland verfügte nicht über eigene Vanadiumerze. Man war nicht daran interessiert, den Preis durch steigende Nachfrage noch mehr in die Höhe zu treiben. Deshalb wurde auf jede Art und Weise versucht, die Einführung von Vanadiumstahl zu verhindern. Es wurden andere Legierungselemente benutzt, um die gleiche Wirkung zu erzielen. Bald aber stellte sich heraus, daß man ohne Vanadium nicht auskommen konnte. Die Versuche der metallurgischen »Diplomaten«, den Vanadiumstahl zu verbannen, mußten scheitern. Im Gegenteil, die Produktion stieg von Jahr zu Jahr.
Nachdem es in Deutschland gelungen war, Vanadium als Nebenprodukt bei der Erzeugung von Thomasstahl aus vanadiumhaltigem Roheisen bzw. Eisenerz zu gewinnen, stiegen die Vanadium-Produktion und die Erzeugung vanadiumlegierter Stähle sehr schnell. Vanadiumhaltiger Stahl wird in vielen Zweigen der modernen Industrie verwendet: im Flugzeugbau, in der Elektro-, Radio- und Verteidigungstechnik, im Eisenbahnwesen und auf zahlreichen anderen Gebieten.
Vanadium veredelt auch das Gußeisen. Aus Sondergußeisen mit Vanadiumzusatz werden Kolbenringe, Kokillen, Walzen und Matrizen für die Kaltumformung gegossen.
Vanadium wird aber nicht nur als Legierungselement genutzt. Die Salze dieses Elements können grüne, gelbe, rote,

schwarze oder goldene Färbung haben (erinnern wir uns an die Bezeichnung, die del Rio dem Element gab: Panchrom = vielfarbig). Sie werden deshalb schon seit der Entdeckung des Vanadiums durch Sefström in weitem Umfang für die Produktion von Farben und besonderen Tinten in der Glas- und Keramikindustrie verwendet. Porzellan- und Töpferwaren erhielten mit Hilfe von Vanadiumverbindungen goldene Glasuren, dem Glas verleihen sie grüne oder blaue Farbe.

Im Jahre 1842 gelang es dem russischen Chemiker N. N. Sinin, Anilin herzustellen. Die Farbindustrie erhielt dadurch einen mächtigen Auftrieb. Vanadium spielte auch dabei eine große Rolle. Es zeigte sich, daß 1 Gramm V_2O_5 ausreicht, um 200 Kilogramm farbloses Anilinsalz in einen stark gefärbten Stoff – in schwarzes Anilin – umzuwandeln.

Außerdem ist Vanadium auch für die chemische Industrie unserer Tage unentbehrlich geworden. V_2O_5 ist ein ausgezeichneter Katalysator bei der Produktion von Schwefelsäure, die als das »Brot der Chemie« bezeichnet wird. Lange Zeit wurde hierfür Platinasbest benutzt, das heißt Asbest, auf das Platinpulver aufgetragen ist. Dieser Reaktionsbeschleuniger war aber nicht nur sehr teuer, sondern auch ziemlich empfindlich. Er versagte oft infolge »Vergiftung« durch gasförmige Beimengungen.

Die vorzüglichen Eigenschaften des Vanadiumoxides werden auch beim Kracken von Erdöl genutzt, um die verschiedensten komplizierten organischen Verbindungen zu erhalten.

Vanadium ist offensichtlich auch notwendig für die Wirksamkeit vieler Gewebe von Lebewesen: Es wurde in Hühnereiern,

Hühnerfleisch, Kuhmilch, in der Leber von Tieren und sogar im menschlichen Gehirn nachgewiesen.

In England wurden Versuche durchgeführt, geringe Dosen dieses Elementes dem Schweinefutter beizugeben. Was stellte sich heraus? Der Appetit der »Grunzer« stieg bedeutend, und sie nahmen viel schneller an Gewicht zu.

Es ist interessant, daß verschiedene Meerespflanzen und Meereslebewesen, zum Beispiel Algen, Tange und Seeigel, Vanadium auf eine noch unbekannte Weise aus dem umgebenden Medium anreichern. Einige Wissenschaftler nehmen an, daß bei dieser Gruppe lebender Organismen das Vanadium dieselbe Funktion erfüllt wie das Eisen im Blut des Menschen oder der höheren Lebewesen, d. h. die Aufnahme von Sauerstoff oder bildhaft gesprochen die »Atmung« ermöglicht. Andere Wissenschaftler glauben, daß das Vanadium für die Bewohner des Meeresbodens nicht zum Atmen, sondern für die Ernährung notwendig ist. Die Zukunft wird zeigen, welche Meinung die richtige ist. Bisher konnte jedenfalls festgestellt werden, daß im Blut der Ascidiaceen (Seescheiden) 10 Prozent Vanadium enthalten sind und daß die Vanadiumblutkonzentration bei bestimmten Ascidia-Arten den Gehalt des Meereswassers an Vanadium um das Milliardenfache übersteigt. Es wäre interessant, Vanadium mit Hilfe der Meeresbewohner zu gewinnen. In Japan beispielsweise wird kilometerweit das Meeresufer für Ascidia-Plantagen ausgenutzt. Die Ascidien sind sehr fruchtbar: 150 Kilogramm dieser Lebewesen sind der Ertrag je Quadratmeter der Anlage. Nach der »Ernte« werden die lebenden Vanadiumerze in spezielle Laboratorien gebracht, wo man aus ihnen das für die Industrie notwendige Element gewinnt.

Es gibt aber auch »Vanadiumsammler« auf dem Festland. Einer der bekanntesten ist der giftige Fliegenpilz. Auch viele Schimmelarten können sich ohne Vanadium nicht entwickeln. Pflanzen, die die Fähigkeit haben, dieses oder jenes Element in sich anzureichern, nennt man in der Wissenschaft »Biokonzentratoren«. Oftmals sind sie für die Geologen eine wertvolle Hilfe, da sie als spezifische Indikatoren dienen bei der Suche nach Erzen mit wertvollen Metallen.

Wir sprachen über die Vergangenheit und die Gegenwart des Vanadiums. Was wird das Element morgen zu erwarten haben? Wie wird sich das weitere Schicksal dieses bemerkenswerten Metalls gestalten? Es ist schwer, darüber etwas auszusagen. Wenn man sich aber seine wertvollen Eigenschaften vor Augen hält – bedeutende mechanische Festigkeit, große Korrosionsbeständigkeit, hohe Schmelztemperatur, im Vergleich zu Eisen geringeres spezifisches Gewicht – so kann man vermuten, daß Vanadium in Zukunft ein wertvolles Konstruktionsmaterial wird. Zunächst muß jedoch der Mensch Wege finden, größere Mengen Vanadium zu gewinnen; viel größere als heute. Vorerst hütet es die Natur sorgfältig in ihrer unerschöpflichen Vorratskammer, bis es der Mensch eines Tages nutzen kann.

Härter als Glas – Chrom

Cr

Chinesische Hieroglyphen · Graue Nadeln im Tiegel · Freunde geben einen Rat · Eruptionen auf der Sonne · Die französische Akademie registriert Entdeckungen · Fortuna ist ihm zugetan · Kohlenstoff nicht erwünscht · Stahl bedeckt sich mit »Schuppen« · Erstes Patent · Gespräch mit einem deutschen Metallurgen · Die Vorräte sind reichlich · Die Götter vergießen Tränen

Wenn Sie ein metallurgisches Handbuch durchblättern, werden Sie unter der Vielzahl von Stahlbezeichnungen ohne Zweifel auch solche finden, die die Buchstaben Cr enthalten, z. B. 100 Cr 6, 50 CrV 4, X 10 CrNi 18.10, 30 WCr V 17.9, 16 MnCr 5, 240 Cr 46, X 10 Cr 17, 30 CrMoV 9.

Für Menschen, die mit diesem Spezialgebiet nicht vertraut sind, sagen diese »geheimnisvollen Chiffren« soviel aus wie chinesische Hieroglyphen. Der Metallurge jedoch weiß sofort, was die Kombinationen von Zahlen und Buchstaben zu bedeuten haben. Auf den ersten Blick aber ist zu erkennen, daß in allen aufgezählten Stahlmarken Cr enthalten ist, denn das auch in der Chemie verwendete Symbol Cr deutet darauf hin. Zusammen mit seinen ebenfalls für Legierungszwecke gebrauchten »Kollegen« Nickel (Ni), Wolfram (W), Molybdän (Mo), Vanadium (V), Titan (Ti), Niob (Nb) u. a. wird es bei der Erschmelzung von Stählen für die verschiedenartigsten Wirkungen ausgenutzt. Die in der Technik eingesetzten Stähle müssen sehr viel »können«: kolossalen Drücken widerstehen, chemischen »Aggressoren« standhalten, nicht ermüden, langzeitige Belastungen aushalten, gute Bearbeitbarkeit aufweisen, sich nicht vor Hitze und Kälte fürchten. Zu dieser umfangreichen Skala der Fähigkeiten des Stahles trägt Chrom sein Scherflein bei.

In den Jahren 1786 und 1787 untersuchte der bekannte französische Chemiker Louis Nicolas Vauquelin das Mineral Krokoit, das von dem russischen Akademiker P. S. Pallas nach Paris gesandt worden war. Nach dem Auflösen von pulverförmigem Krokoit konnte Vauquelin zunächst Bleikarbonat abtrennen. Er behielt eine gelbe Lösung

zurück, in der das Kalisalz einer bisher nicht bekannten Säure enthalten war. Die Behandlung dieser Lösung mit verschiedenen Reagenzien ergab Niederschläge von unterschiedlicher Färbung. Schließlich gelang es Vauquelin, ein unbekanntes Element in Form grauer, zusammengesinterter metallischer Nadeln aus der Lösung zu gewinnen. Ein Freund Vauquelins schlug vor, das neu entdeckte Metall wegen der verschiedenartigen Farben seiner Verbindungen Chrom zu nennen (nach dem griechischen chroma = Farbe). Die Silbe Chrom, in der Bedeutung »gefärbt«, ging übrigens in viele Termini ein, die mit dem Element Chrom nicht in Verbindung stehen. So bedeutet zum Beispiel das griechische Wort Chromosom in der Übersetzung »eine Sache, die sich leicht färbt«.
Für die Herstellung farbiger Abbildungen verwendet man das Gerät »Chromoskop«. Fotoliebhaber kennen sehr gut die bekannten Filme »Isopanchrom« und »Orthochrom«.
Anfangs gefiel Vauquelin die vorgeschlagene Bezeichnung nicht, weil das von ihm entdeckte Metall eine unscheinbare graue Färbung hatte und diesen Namen nicht rechtfertigte. Seine Freunde konnten ihn aber überzeugen, und nachdem die französische Akademie die Entdeckung vorschriftsmäßig registriert hatte, trugen die Chemiker in aller Welt das Wort »Chrom« in das Verzeichnis der bekannten Elemente ein.
Das Schicksal war dem neuen Metall sehr gewogen. Durch seine hohe Schmelztemperatur, seine außerordentlich hohe Härte und seine Fähigkeit, sich leicht mit anderen Metallen zu legieren, gewann es schnell vornehmlich das Interesse der Metallurgen. Die Metallurgie nimmt von allen Gebieten, in denen Chrom verwendet wird, auch heute noch den führenden Platz ein.
Chrom weist alle charakteristischen Eigenschaften eines Metalls auf. Es leitet die Wärme gut, bietet dem elektrischen Strom nur einen geringen Widerstand und hat den für die meisten Metalle charakteristischen Glanz. Interessant ist eine Besonderheit des Chroms: Bei der Temperatur von etwa 37 Grad Celsius benimmt es sich recht »ungehörig«. Viele seiner physikalischen Eigenschaften ändern sich sprunghaft. Bei dieser Temperatur erreicht die innere Reibung des Chroms ein Maximum, und der Elastizitätsmodul fällt auf einen minimalen Wert. Eine plötzliche Änderung erfahren auch die elektrische Leitfähigkeit, der lineare Ausdehnungskoeffizient und die thermoelektrische Kraft.
Die Metallurgen nutzen vor allem die Le-

gierungsfähigkeit des Chroms aus. Geringe Zusätze zum Stahl erhöhen die Härte und Verschleißfestigkeit. Solche Eigenschaften hat Kugellagerstahl, der neben 1,5 Prozent Chrom ungefähr 1 Prozent Kohlenstoff enthält. Nichtrostender Stahl, der ausgezeichnete Beständigkeit gegen Korrosion und Oxydation aufweist, enthält zwischen 13 und 26 Prozent Chrom und oft noch 8 bis 21 Prozent Nickel. Im Gegensatz zum Kugellagerstahl ist hier der Kohlenstoff nicht erwünscht. Chrom neigt sehr zur Bildung von Karbiden. Wenn sich diese im nichtrostenden Stahl an den Korngrenzen ausscheiden, wird eine große Menge Chrom abgebunden. Dabei verarmt der Stahl in der Umgebung der Ausscheidungen an Chrom und kann dem Angriff aggressiver Medien nicht mehr widerstehen. Deshalb wird der Kohlenstoffgehalt im nichtrostenden Stahl so niedrig wie möglich gehalten, üblicherweise unter 0,1 Prozent. Eine Ausnahme machen allerdings nichtrostende Stähle für Messer oder Rasierklingen, die bis zu 0,7 Prozent Chrom enthalten können. In diesem Fall wird durch eine geeignete Wärmebehandlung dafür gesorgt, daß es nicht zu einer gefährlichen Ausscheidung von Chromkarbiden kommen kann.

Bei hohen Temperaturen bedeckt sich Stahl mit »Schuppen« aus Zunder. Es gibt Maschinen und Apparate, in denen bestimmte Teile bis auf einige 100 Grad Celsius erwärmt werden. Um solche Teile aus Stahl weitgehend vor der Verzunderung zu schützen, werden sie mit Chrom bis zu Gehalten von 25 bis 30 Prozent legiert. Solche Stähle widerstehen Temperaturen bis zu 1000 Grad Celsius.

Legierungen mit hohem Chromgehalt haben eine ausgezeichnete Warmfestigkeit. Leider sind Bauteile aus diesem Material sehr empfindlich bei Verletzungen ihrer Oberfläche. Ein kleiner, fast unmerklicher Kratzer genügt, um das belastete Bauelement rasch zu zerstören.

Als Heizelemente werden Legierungen aus Chrom und Nickel mit Erfolg eingesetzt. Kobalt- und Molybdänzusätze zu Nickel-Chrom-Legierungen befähigen das Metall, größeren Belastungen bei 650 bis 900 Grad

Celsius zu widerstehen. Aus diesen Legierungen werden beispielsweise Turbinenschaufeln hergestellt. Eine Legierung aus Kobalt, Molybdän und Chrom ist für den menschlichen Organismus nicht schädlich und wird deshalb in der Chirurgie und Orthopädie als künstlicher Gelenkersatz verwendet.

Eine amerikanische Firma brachte unlängst ein neues Material heraus, dessen magnetische Eigenschaften sich unter dem Einfluß der Temperatur ändern. Es enthält die Elemente Mangan, Chrom und Antimon und ist nach Meinung der Forscher für den Einbau in verschiedene automatische Einrichtungen geeignet, die gegen Temperaturschwankungen empfindlich sind. Dort kann es die teureren Thermoelemente ersetzen.

Der Hauptteil der heute in der Welt geförderten Chromerze geht in Ferrolegierungswerke, wo aus ihnen verschiedene Sorten Ferrochrom und metallisches Chrom erschmolzen werden.

Das erste Ferrochrom wurde im Jahre 1820 durch Reduktion eines Gemisches aus Eisenoxid, Chromoxid und Holzkohle im Tiegel hergestellt. 1854 gelang es, reines metallisches Chrom durch Elektrolyse einer wäßrigen Lösung von Chromchlorid zu erhalten. In dieseZeit fallen auch die ersten Versuche zur Herstellung von kohlenstoffhaltigem Ferrochrom im Hochofen. 1865 wurde das erste Patent für Chromstahl erteilt. Der Verbrauch an Ferrochrom stieg nun sehr schnell.

Eine wichtige Rolle in der Entwicklung der Produktion von Ferrochrom spielt der elektrische Strom, genauer gesagt, das elektrothermische Verfahren zur Erzeugung von Metallen und Legierungen. 1893 erschmolz der französische Forscher H. Moissan im Elektroofen kohlenstoffhaltiges Ferrochrom, das 60 Prozent Chrom und 6 Prozent Kohlenstoff enthielt.

Im vorrevolutionären Rußland entwickelte sich die Produktion von Ferrolegierungen im Schneckentempo. Nur unbedeutende

Mengen an Ferrosilizium und Ferromangan wurden in den Hochöfen des Südens erschmolzen. 1910 wurde an den Ufern des Flusses Satki im südlichen Ural das kleine elektrometallurgische Werk Porogi erbaut. Es produzierte zunächst Ferrochrom, später auch Ferrosilizium. Von einer Deckung des Bedarfs der Industrie konnte jedoch keine Rede sein. Die in Rußland benötigten Ferrolegierungen wurden fast vollständig aus dem Ausland eingeführt.

Der junge sowjetische Staat konnte es sich nicht erlauben, in solch einem wichtigen Industriezweig, wie ihn die Produktion von Qualitätsstählen darstellt, von kapitalistischen Ländern abhängig zu sein. Um den großen Plan der Industrialisierung der Sowjetunion zu verwirklichen, waren Stähle wie Konstruktionsstahl, Werkzeugstahl, nichtrostender Stahl, Kugellagerstahl, Stahl für Kraftfahrzeuge usw. notwendig. Aber einer der wichtigsten Bestandteile dieser Stähle ist Chrom. Die Versorgung der Edelstahlmetallurgie mit den notwendigen Ausgangsmaterialien war vollständig aus eigenem Aufkommen gewährleistet.

Auf dem XVII. Parteitag der KPdSU sagte der Volkskommissar für Schwerindustrie Sergo Ordshonikidse:

»... wenn es bei uns keine Edelstahlmetallurgie geben würde, gäbe es keine Kraftfahrzeugindustrie. Die Kosten der von uns benötigten Edelstähle belaufen sich zur Zeit auf über 400 Millionen Rubel. Wenn wir sie einführen müßten, kämen wir, weiß der Teufel, unter die Knechtschaft der Kapitalisten!«

1936 wurden in Kasachstan große Lagerstätten an Chromit gefunden. Dies ist einer der wichtigsten Rohstoffe für die Produktion von Ferrochrom. Während der Kriegsjahre wurde auf der Basis dieser Lagerstätte das Akjubinskier Ferrolegierungswerk gebaut. Es wurde in der Folgezeit der größte Betrieb für Ferrochrom und Chrom aller Sorten. Reich an Chromerz ist auch der Ural.

Im Hinblick auf die erkundeten Vorräte an Chromerz steht die Sowjetunion an erster Stelle in der Welt. Chromerz gibt es auch in der Türkei, Indien, Neukaledonien, Kuba, in Griechenland, Jugoslawien und einigen Ländern Afrikas.

Zur Zeit verfügen solche Industrieländer wie England, Frankreich, die BRD, Italien, Schweden und Norwegen lediglich über Rohstoffe mit geringem Chromgehalt. Die USA und Kanada haben nur sehr arme Erze, die für die Produktion von Ferrochrom fast nicht brauchbar sind. Der gesamte Anteil an Chrom in der Erdrinde beträgt 0,02 Prozent.

Chromit wird in weitem Umfang für die Feuerfestindustrie verwendet. Chrommagnesitsteine sind ein ausgezeichnetes feuerfestes Material. Sie werden für die Auskleidung der Siemens-Martin-Öfen und anderer metallurgischer Aggregate verwendet. Dieses Material hat eine hohe Temperaturwechselbeständigkeit, ist also unempfindlich gegen schroffen Temperaturwechsel.

In der chemischen Industrie wird Chromit für die Erzeugung von Kalium- und Natriumkarbonat und von Chromalaun verwendet. Letztere Verbindung wird für das Gerben von Leder benutzt. Es verleiht ihm einen schönen Glanz und gibt ihm Festigkeit. Solches Leder wird als Chromleder bezeichnet.

Als ob Chrom seinen Namen rechtfertigen

wolle, nimmt es lebhaften Anteil an der Produktion von Farben für die Glas-, Keramik- und Textilindustrie.
Jeden Abend flammen über Moskau die rubinfarbigen Sterne des Kreml auf. In der Rangliste der Edelsteine nimmt der Rubin den zweiten Platz hinter dem Diamant ein. Nach einer alten indischen Legende haben sich die Rubine aus Blutstropfen der Götter gebildet. Dort heißt es:
»Es fallen Tropfen geronnenen Blutes in den Schoß der Flüsse, in das tiefe Wasser, in die Spiegelbilder der herrlichen Palmen ...
... Und es erglühen die Tropfen des Blutes. Sie verwandeln sich in Rubine und schimmern mit Einbruch der Dunkelheit in märchenhaftem Glanz, mit ihren Strahlen das Wasser durchdringend.«
In unseren Tagen ist die Herstellungstechnologie des wunderbaren roten Steines wesentlich einfacher. Es ist nicht erforderlich, das geheiligte Blut der Götter zu vergießen. Man verwendet hierfür Aluminiumoxid, welches einen bestimmten Zusatz an Chromoxid erhält. Ihm verdanken die Rubinkristalle ihre herrliche Farbe.
Schon in den Jahren 1927/1928 begann die Projektierung und der Bau von Ferrolegierungswerken. 1931 nahm das Tscheljabinsker Werk für Ferrolegierungen, der Erstling der sowjetischen Ferrolegierungsindustrie, den Betrieb auf. Zu dieser Zeit hielt sich einer der Schöpfer der sowjetischen Edelstahlmetallurgie, das korrespondierende Mitglied der Akademie der Wissenschaften der UdSSR W. C. Jemeljanow, in Deutschland auf, um die Erfahrungen der dortigen Spezialisten zu studieren. In seinen Erinnerungen erzählt er von einem interessanten Gespräch, das er mit einem der Metallurgen geführt hatte:

1933 traf ich in einem kleinen deutschen Werk den Hauptingenieur. Ich fragte ihn:
›An wen verkaufen Sie das im Werk produzierte Ferrochrom?‹ Er begann aufzuzählen:
›Ungefähr 5 Prozent der gesamten Produktion erhält die nahegelegene chemische Fabrik, 2 Prozent verkaufen wir an den Betrieb von Becker, ungefähr 3 Prozent . . .‹
Ihn unterbrechend, fragte ich:
›Nun, und wieviel verkaufen Sie an die Sowjetunion?‹
›17 bis 18 Prozent unserer Produktion ist für Ihre Werke bestimmt. Wir arbeiten ja auch auf der Basis von Chromerz aus dem Ural.‹«
In dieser Zeit wurde das Chromerz aus der Sowjetunion nicht nur nach Deutschland, sondern auch nach Schweden, Italien und in die Vereinigten Staaten von Amerika ausgeführt. Und in diesen Ländern mußte die Sowjetunion ihr Ferrochrom kaufen. Als jedoch 1933 noch zwei weitere Ferrolegierungswerke errichtet wurden, konnte die Sowjetunion nicht nur aufhören, die wichtigsten Ferrolegierungen zu importieren, sondern sie war auch in der Lage, einen Anteil in das Ausland zu verkaufen.
In Fotomaterialien und Arzneien, Katalysatoren für chemische Prozesse und metallischen Überzügen – überall ist Chrom enthalten.
Es ist lange bekannt, daß Chrom nicht nur eine große Härte hat (es ritzt Glas und hat in dieser Beziehung keinen Konkurrenten unter den Metallen), sondern auch eine hohe Beständigkeit gegen Oxydation in der Luft oder Säuren aufweist. Bauteile aus anderen Materialien kann man deshalb vor Korrosion, Kratzern usw. schützen, indem man auf ihre Oberflächen dünne Chromschichten elektrolytisch niederschlägt. Dabei trat jedoch anfangs eine unerwartete Schwierigkeit auf. Die Chromdeckschichten waren porös, lösten sich leicht ab und erfüllten nicht die in sie gesetzten Erwartungen. Fast 75 Jahre arbeiteten die Forscher an dem Problem der Chromierung, und erst in den 20er Jahren unseres Jahrhunderts wurden die Schwierigkeiten überwunden. Die Ursache für diese Unzulänglichkeiten lag im Elektrolyten. Er enthielt dreiwertiges Chrom, mit dem die erforderliche Deckschicht nicht erzielt werden konnte. Dagegen ist das sechswertige Chrom dieser Aufgabe gewachsen. Deshalb verwendet man jetzt Elektrolyte mit Chromsäure; in dieser Verbindung ist das Chrom sechswertig. Die Dicke der dadurch gewonnenen Schutzschicht bei einigen Außenteilen von Autos, Motorrädern oder Fahrrädern beträgt oft bis zu 0,1 Millimeter. Chromschichten werden auch für dekorative Zwecke, z. B. für Türgriffe, Uhrendeckel und Gegenstände, die keiner nennenswerten Beanspruchung ausgesetzt sind, eingesetzt. In diesen Fällen beträgt die Dicke der Chromschicht nur zwei bis fünf Mikrometer.
In einem anderen Verfahren erfolgt die Chromierung durch Diffusion. Dabei wird die Deckschicht nicht in galvanischen Wannen, sondern in Öfen erzeugt. Die Stahlteile werden in Chrompulver eingepackt und in reduzierender Atmosphäre auf hohe Temperaturen erhitzt. Es bilden sich auf der Oberfläche der Metallteile mit Chrom angereicherte Schichten, die an Härte und Korrosionswiderstand den Stahl

wesentlich übertreffen. Bei Temperaturen von ungefähr 1000 Grad Celsius sintert aber das Chrompulver zusammen; außerdem bilden sich auf der Oberfläche des so beschichteten Metalls Karbide, die die Diffusion des Chroms in den Stahl verhindern. Deshalb mußte ein günstigerer Chromträger gefunden werden. Anstelle von Chrompulver verwendet man jetzt leicht flüchtige Halogenverbindungen des Chroms: Chromchlorid und -jodid. Dadurch kann die Temperatur des Prozesses herabgesetzt werden. Das erforderliche Chlorid oder Jodid des Chroms gewinnt man unmittelbar in der Anlage für die Chromierung, indem man den Dampf der entsprechenden Halogenwasserstoffsäure über pulverförmiges Chrom leitet. Das dabei entstehende gasförmige Chlorid oder Jodid umspült die zu chromierenden Teile und sättigt die Oberfläche mit Chrom. Durch dieses Verfahren entstehen Deckschichten, die fest mit dem Grundmaterial verbunden sind – bedeutend fester als nach dem Galvanisieren.

Es ist nicht notwendig, noch mehr Beispiele anzuführen, um zu zeigen, welchen wichtigen Platz Chrom in der modernen Technik einnimmt. Mit Genugtuung erwähnt deshalb auch W. C. Jemeljanow in seinen Erinnerungen eine Zeitungsnotiz aus dem Jahre 1965, in der über den Export von Ferrochrom aus der UdSSR nach England berichtet wird. Die Sowjetunion hat sich durch ihre schnell gewachsene Produktion an Ferrochrom nicht nur vom kapitalistischen Ausland unabhängig gemacht, sondern ist auch in der Lage, dieses wichtige Halbfabrikat als wertvolles Handelsprodukt anzubieten.

Der ewige Begleiter des Eisens – Mangan

Mn

Die Säulen des unterirdischen Palastes · Wunderbares schwarzes Pulver · »Glasseife« · Gahn oder Kaim? · »Das Höllenfeuer« macht seine Sache · Hadfield erhält ein Patent · Probieren Sie, den Safe aufzubrechen · Warum es nicht gelingt, einen Alarm auszulösen · Als Ersatz für Platin und Palladium · Warum sind die roten Ameisen rot? · An den Zähnen des Haifisches · Die »Witjas« durchsucht die Ozeane · Ohne Bakterien keine Knollen · In einer Schlinge des Unterwasserkabels · Der Weg führt in den Martinofen

Wenn Sie einmal mit der Moskauer Metro gefahren sind, haben Sie sicher eine ihrer bemerkenswertesten Stationen, die Majakowskaja, gesehen. Die Säulen dieses unterirdischen Palastes sind mit einem Mosaik aus schmalen rosaroten Steinen ausgelegt. Es handelt sich um Rhodonit, ein Mineral, das Mangan enthält. Seine zartrosa Farbe (im Griechischen: rhodon = rosa) und seine gute Bearbeitbarkeit prädestinieren diesen Stein für solche Verwendungszwecke. Teile aus Rhodonit schmücken die Ermitage, die Pjotrpawlowski-Kirche und viele andere Museen der UdSSR. Große Rhodonitlagerstätten wurden im Ural entdeckt. An keinem anderen Ort unseres Planeten finden sich solche Anreicherungen dieses Minerals wie hier. Auch die Schönheit des Uraler Rhodonits hat nichts ihresgleichen. Das Mangan-Mineral mit der größten industriellen Bedeutung ist jedoch nicht Rhodonit, sondern Pyrolusit. Dieses aus Mangandioxid bestehende schwarze Mineral ist den Menschen seit alten Zeiten bekannt. Schon im ersten Jahrhundert berichtete der bekannte, beim Ausbruch des Vesuvs umgekommene römische Schriftsteller Plinius der Ältere über die wunderbare Fähigkeit eines schwarzen Pulvers (gemahlener Pyrolusit), Glas zu läutern. Im Mittelalter schrieb der italienische Wissenschaftler und Ingenieur V. Biringuccio in seinem enzyklopädischen Werk über den Bergbau und die Metallurgie »Pyrotechnik«, das im Jahre 1540 erschienen war: »... Pyrolusit kommt in dunkelbrauner Farbe vor; ... wenn es mit glasartigen Stoffen zusammenkommt, so gibt es diesen eine wunderschöne violette Farbe.« Die Glasmacher verleihen auf diese Weise ihren Erzeugnissen ein leuchtendes Violett, und die Töpfer verwenden es, um Glasuren gleicher Farbe auf Geschirr zu erzeugen. Außerdem hat es die Fähigkeit, Glas zu läutern. Verschmilzt man es mit flüssigem Glas, erhält dieses anstelle seiner gelben oder grünen eine weiße Färbung.

In früherer Zeit wurde das Material wegen seiner Fähigkeit, Glas zu entfärben, auch »Glasseife« oder »Manganese« genannt. Die Bezeichnung »Pyrolusit« bekam das Mineral erst später. Eine andere Bezeichnung für das Mineral war »Schwarze Magnesia«, da es im Altertum in Kleinasien in der Nähe der Stadt Magnesia gefördert wurde, wo man auch »Weiße Magnesia« oder »Magnesia alba«, das Oxid des Magnesiums, gewonnen hat.

Die Geschichte der Chemie schreibt die Entdeckung des Mangans dem schwedischen Chemiker U. Gahn (1774) zu. Es besteht jedoch Grund zur Annahme, daß

der erste Forscher, der Körnchen metallischen Mangans erhielt, Ignazius Gottfried Kaim war. Er berichtete darüber in seiner Dissertation, die 1770 in Wien herausgegeben wurde. Kaim führte diese Untersuchungen nicht zu Ende. Er blieb deshalb unbekannt bei der Mehrheit der Chemiker dieser Zeit. Nichtsdestoweniger wird in einem der chemischen Handbücher an die Entdeckung Kaims erinnert: »Indem er ein Gemisch aus einem Teil pulverförmigen Pyrolusits und zwei Teilen schwarzen Flußmittels erhitzte, erhielt Kaim ein bläulichweißes, sprödes Metall in Form von Kristallen mit unzähligen, glänzenden Flächen verschiedener Form, dessen Bruch in allen Farben schillerte – von gelb bis blau.

Den nächsten Versuch, das Mangan näher kennenzulernen, unternahm der schwedische Chemiker und Mineraloge T. Bergman. Er schrieb: »Das Mineral, das man schwarze Magnesia nennt, stellt eine neue Erde dar, die man nicht mit Magnesia oder gebranntem Kalk verwechseln kann.« Es gelang ihm jedoch nicht, Mangan daraus zu extrahieren. Ein Freund Bergmans, der bekannte Chemiker C. W. Scheele, setzte die Untersuchung dieses Materials fort. 1774 hielt er vor der Stockholmer Akademie der Wissenschaften einen Vortrag unter dem Titel: »Über Mangan (gemeint ist Pyrolusit) und seine Eigenschaften«. In dieser Arbeit berichtete er über die Entdekkung eines neuen Elements, des gasförmigen Chlors. Zugleich behauptete Scheele, daß im Pyrolusit ein neues Metall enthalten sei, das sich von allen bisher bekannten unterscheide. Auch er konnte das Metall aber nicht extrahieren.

Was Bergman und Scheele nicht gelang, führte 1774 Gahn durch. In einen Tiegel, dessen Innenwand mit einer Schicht feuchten Holzkohlenstaubs bedeckt war, gab der Forscher ein Gemisch aus gemahlenem Pyrolusit und Fett. Das Ganze wurde mit Holzkohlepulver abgedeckt. Nach einstündigem, kräftigem Erhitzen fand er im Tiegel ein Körnchen metallischen Mangans. Diese Entdeckung brachte Gahn Weltruhm, und die Familie der Metalle erhielt ein neues, das 15. Mitglied in der Reihenfolge ihrer Entdeckung. Am 16. Mai 1774 schickte Scheele an Gahn gereinigten Pyrolusit mit folgender Bemerkung: »Ich warte mit Ungeduld auf die Mitteilung darüber, was mit diesem reinen Pyrolusit geschieht, wenn Sie ihn diesem »Höllenfeuer« aussetzen, und hoffe, daß Sie mir sobald wie möglich ein kleines Metallkügelchen schicken.« Das »Höllenfeuer« macht seine Sache, und schon am 27. Juli dankte Scheele Gahn für das erhaltene Kügelchen Mangan. Er schrieb: »... ich nehme an, daß das Kügelchen aus dem Pyrolusit ein Übergangsmaterial darstellt, sich jedoch von allen anderen Übergangsmetallen unterscheidet und enge Beziehungen zum Eisen hat.«

In Rußland wurde zum erstenmal in der ersten Hälfte des 19. Jahrhunderts Mangan in Form von Ferromangan erzeugt. Die Bergzeitung erinnert im Jahre 1825 an die Erschmelzung von Stahl unter Verwendung von Mangan. Seit dieser Zeit ist das Schicksal dieses Elements untrennbar mit der Metallurgie verbunden, die auch heute noch der Hauptverbraucher von Manganerz ist (95 Prozent).

Der bekannte russische Metallurge P. P. Anosow beschrieb 1841 in seinem klassischen Werk über den Damaszener Stahl Untersuchungen von Stählen mit verschiedenen Mangangehalten. Zum Einbringen von Mangan in Stahl verwendete Anosow Ferromangan, das in Tiegeln erzeugt wurde. Im Jahre 1876 begann die industrielle Erschmelzung von Ferromangan in den Hochöfen von Nishni Tagilsk.

Ein Höhepunkt in der Geschichte des Mangans war das Jahr 1882, als der berühmte englische Metallurge R. A. Hadfield einen Stahl mit hohem Mangangehalt (ungefähr 13 Prozent) herstellte. Im Jahre 1878 begann der 19jährige Hadfield mit der Untersuchung von Legierungen des Eisens mit anderen Elementen, insbesondere mit Mangan. Nach vier Jahren veröffentlichte der junge Sheffielder Metallurge in einer wissenschaftlichen Zeitschrift folgende Mitteilung: »Ich begann diese Versuche mit dem Ziel, einen Stahl zu erhalten, der gleichzeitig fest und zäh sein sollte. Die Untersuchungen ergaben einige sehr interessante und wichtige Resultate und können dazu führen, die Ansichten der Metallurgen über die Legierungen des Eisens wesentlich zu ändern.«

1883 erhielt Hadfield das erste englische Patent über manganhaltigen Stahl, hergestellt durch den Zusatz von Ferromangan zum Eisen. Auch in den folgenden Jahren befaßte sich Hadfield mit Problemen, die mit Manganstählen in Zusammenhang standen. 1883 erschienen seine Arbeiten »Über Mangan und seine Verwendung in der Metallurgie«, »Über einige neu entdeckte Eigenschaften des Eisens und Mangans«, »Über Manganstähle«. Die Untersuchungen zeigten, daß diese Stähle durch Abschrecken in Wasser neue hervorragende Eigenschaften erhalten. Hadfield erhielt noch eine Reihe von Patenten, die sich auf die Wärmebehandlung von Manganstählen bezogen. Im Jahre 1901 wurde ihm eine Ofenkonstruktion patentiert, die für die Erwärmung dieser Stähle vor dem Abschrecken vorgesehen war. Der Hadfield-Stahl erhielt schnell die Anerkennung der Metallurgen und Maschinenbauer. Auf Grund seiner hohen Verschleißfestigkeit wurde er bald für die Herstellung solcher Teile verwendet, die im Einsatz Verschleißbeanspruchungen bei hohem spezifischem Druck ausgesetzt sind – Herzstücke von Schienen, Backenbrecher, Kugeln von Kugelmühlen, Raupenketten usw. Der Stahl verblüfft dabei durch seine Eigenschaft, unter der Wirkung einer Belastung immer härter und härter zu werden. Dieses eigentümliche Verhalten erklärt man sich folgendermaßen: Nach dem Gießen scheiden sich im Manganstahl an den Korngrenzen grobe Karbide aus, die seine Eigenschaften verschlechtern. Deshalb ist es notwendig, den Stahl zu erwärmen und nachfolgend abzuschrecken. Dadurch werden die Karbide im Metall aufgelöst. Als Folge der Kaltverformung während der Beanspruchung wird der Stahl in seiner Oberflächenschicht stark verfestigt. Dies erklärt auch seinen hohen Verschleißwiderstand. Wenn bei der Beanspruchung des Stahls keine Kaltverformung auftritt, ist sein Widerstand gegen Verschleiß nicht sehr hoch. Es ist nicht verwunderlich, daß sich für den Hadfield-Stahl besonders diejenigen Firmen interessierten, die Schlösser und Safes herstellten.

In der Metallurgie wird Mangan in weitem Umfang für die Desoxydation und Entschwefelung des Stahls eingesetzt. Als Legierungselement tritt es u. a. in Federstählen, bei Stählen für Erdöl- und Gasrohrlei-

tungen und bei nichtmagnetischen Stählen auf. Es wäre wenig sinnvoll, in diesem Zusammenhang alle Stähle aufzuzählen, in denen Mangan enthalten ist. In größerer oder kleinerer Menge findet sich das von Gahn entdeckte Element in allen Stahl- und Roheisensorten. Nicht zufällig wird es der »ewige« Begleiter des Eisens genannt.

Im periodischen System der Elemente nehmen Mangan und Eisen die beiden Nachbarplätze Nummer 25 und 26 ein.

Nachdem im Jahre 1917 die russischen Wissenschaftler S. F. Shemtschushni und W. K. Petraschewitsch entdeckt hatten, daß schon geringe Zusätze von Kupfer (ungefähr 3,5 Prozent) Mangan plastisch machen, zeigten die Metallurgen auch Interesse an Manganlegierungen. Sie werden in der modernen Technik schon in großer Zahl verwendet. Legierungen aus Mangan, Kupfer und Nickel haben einen hohen elektrischen Widerstand, der von der Temperatur fast unabhängig ist. Auf der Fähigkeit einer dieser Legierungen, des Manganins, seinen Widerstand in Abhängigkeit vom Druck, dem die Legierung ausgesetzt wird, zu ändern, beruht das Wirkprinzip der elektrischen Manometer. Wenn es beispielsweise notwendig ist, Drücke von einigen 10 000 Atmosphären zu messen, versagen die gewöhnlichen Manometer. Die verwendeten Flüssigkeiten beziehungsweise Gase werden bei solch hohem Druck durch die Wände der Manometerrohre gedrückt, so fest diese auch sein mögen. Die Messung des Druckes ist nicht möglich. Elektrische Manometer lösen diese Aufgabe erfolgreich. Indem man den elektrischen Widerstand des Manganins mißt, das unter einem bestimmten Druck steht, kann man aus der gesetzmäßigen Beziehung den Druck genau errechnen.

Das Manganin hat noch eine wertvolle Eigenschaft: seine Dämpfungsfähigkeit, d. h. die Fähigkeit, Schwingungsenergie aufzunehmen. Wenn irgendein Sonderling auf die Idee kommen sollte, aus Manganin eine Glocke zu gießen, würde es ihm schwerlich gelingen, damit einen Alarm auszulösen, denn das »Sturmgeläute« erschöpfte sich in kurzen, dumpfen Lauten. In der Technik aber wird die Dämpfungsfähigkeit von Manganlegierungen vielfältig genutzt.

Es ist interessant, daß sich Manganbronze, eine Legierung aus Mangan und Kupfer, magnetisieren läßt, obwohl weder die eine noch die andere Komponente magnetische Eigenschaften zeigt.

Für die Erzeugung ultrareinen Stickstoffs mußten als Katalysatoren lange Zeit so teure Elemente wie Platin und Palladium verwendet werden. Im Institut für anorganische und Elektrochemie der Grusinischen Akademie der Wissenschaften wurde unlängst ein Verfahren ausgearbeitet, bei dem Mangan als Katalysator erfolgreich eingesetzt wird. Im Rustawskier Werk für synthetische Fasern ist bereits eine industrielle Anlage in Betrieb genommen worden, die reinsten Stickstoff, wie er für die Produktion von Dederon notwendig ist, aus der Luft erzeugt.

Eine Verbindung des Mangans, das Kaliumpermanganat, haben wir bereits während unserer Kindheit kennengelernt. Als Desinfektionsmittel wurde es zum Waschen von Wunden, zum Gurgeln bei Halsentzündungen und zum Auspinseln von Brandverletzungen benutzt. In den chemischen Laboratorien wird Kaliumpermanganat sehr viel für die quantitative Analyse verwendet (Permanganometrie).

Wie viele andere Elemente ist das Mangan unbedingt notwendig für die normale Entwicklung von tierischen und pflanzlichen Organismen. Im allgemeinen beträgt ihr Mangangehalt nur einige tausendstel Prozent. Einige Vertreter der Flora und Fauna haben jedoch ein besonderes Interesse an diesem Element. Im Organismus der roten Ameisen beispielsweise sind 0,05 Prozent Mangan enthalten.

Noch reicher an Mangan sind Getreiderostpilze, Moorgräser und Wassernüsse (bis 1 Prozent). In einigen Bakterienarten beträgt der Mangangehalt sogar mehrere Prozent. Im Blut des Menschen sind 0,002 bis 0,003 Prozent Mangan enthalten. Der menschliche Organismus braucht täglich ungefähr 3 bis 5 Milligramm.

Im Zusammenhang mit Manganvorkommen muß noch auf eine interessante Entdeckung hingewiesen werden. Wissenschaftler untersuchten Zähne von Haifischen, die bereits einige tausend Jahre auf dem Boden des Ozeans lagen. Die noch gut erhaltenen Zähne waren vollständig mit Verbindungen von Eisen und Mangan bewachsen. Auf welchem Wege gelangten diese dorthin? Schon im vorigen Jahrhundert entdeckten Ozeanologen, daß an vielen Stellen des Meeresbodens große Anhäufungen solcher Verbindungen vorhanden sind. Sie werden auch häufig als Manganknollen bezeichnet. In den letzten Jahren wurden sorgfältige Untersuchungen durchgeführt, um Gebiete mit diesen Ansammlungen zu erkunden. Die Resultate waren frappierend. Nach vorläufigen, bescheidenen Abschätzungen lagern allein auf dem Grunde des Stillen Ozeans ungefähr 100 Milliarden Tonnen ausgezeichnetes Eisenmanganerz. Und was für Erz! Der Gehalt an Mangan liegt bei 50, der Eisengehalt bei 27 Prozent. In manchen Manganknollen erreicht die Konzentration von Mangandioxid 98 Prozent. Es kann ohne weitere Verarbeitung für die Herstellung von elektrischen Batterien verwendet werden. Große Reichtümer an Eisenmanganerz birgt auch der Atlantische Ozean. Eine erst unlängst durchgeführte Expedition sowjetischer Wissenschaftler mit dem Forschungsschiff »Witjas« fand heraus, daß auch im Indischen Ozean Eisenmanganknollen vorhanden sind. Berechnungen ergaben, daß dieser Ozean nicht ärmer ist als andere.

Nach Ansicht der Ozeanologen entstehen die Knollen durch eine Anreicherung mineralischer Stoffe aus der wäßrigen Lösung an festen Körpern. Hierfür ist nach Meinung einiger Forscher die Mitwirkung von Meeresbakterien – »Mikrokonzentratoren« – notwendig. Bis jetzt ist das jedoch nur eine Hypothese. In ihrer Form erinnern die Eisenmanganknollen an Kartoffeln. Ihre Farbe ist braun bis schwarz, je nachdem, welches Element überwiegt, Eisen oder Mangan. Bei hohem Mangangehalt sind sie völlig schwarz. Die Abmessungen der Knollen schwanken zwischen Bruchteilen von Millimetern und 15 Zentimeter. Es werden jedoch auch wesentlich größere Exemplare gefunden. Im Museum des amerikanischen Ozeano-

graphischen Instituts gibt es beispielsweise eine Knolle mit einer Masse von 57 Kilogramm. Sie wurde im Gebiet der Hawaii-Inseln gefunden. Noch größer war offensichtlich eine Knolle, die in die Schlinge eines Unterwasser-Telefonkabels geraten war und bei einer Reparatur mit hochgezogen wurde. Sie wog 136 Kilogramm. Nachdem man sie untersucht und gezeichnet hatte, wurde sie infolge eines Mißverständnisses über Bord geworfen. Alle Rekorde schlug jedoch eine 1,5 Meter dicke Eisenmanganknolle, die aus dem Stillen Ozean an Bord der »Witjas« gezogen wurde. Dieser Brocken wog fast 1 Tonne.

Die Zeit ist sicher nahe, in der die industrielle Ausnutzung der mineralischen Rohstoffquellen unter der Oberfläche der Ozeane beginnt. Vorläufig befassen sich aber die Geologen und Fachleute mit der Ausbeute der Vorräte des Festlandes.

In der Rangliste des Gehalts in der Erdrinde nimmt Mangan den 15. Platz ein (0,09 %). Anreicherungen dieses Elements trifft man in Indien, Ghana, Südafrika, Marokko, Brasilien. Jedoch nicht eines dieser Länder verfügt über so große Vorräte an Manganerz wie die Sowjetunion. Dort liegt auch das größte Vorkommen der Welt – Tschiatorsk.

Die Förderung des Tschiatorsker Erzes begann schon 1879. Kurze Zeit später, im Jahre 1886, begann man in Rußland mit der Ausbeute einer weiteren großen Lagerstätte im Gebiet von Nikopol. Von 1245 Tonnen Manganerz, die man 1913 im zaristischen Rußland förderte, wurden 1195 Tonnen exportiert. Während des zweiten Weltkrieges begann die verstärkte Ausbeutung der Lagerstätten im Ural, in Kasachstan und Sibirien. Gegenwärtig nimmt die Sowjetunion in der Förderung dieses wertvollen Erzes den führenden Platz in der Welt ein. Die Hauptverbraucher an Manganerz sind die Ferrolegierungswerke. In verschiedenen technologischen Prozessen erzeugt man Legierungen des Mangans mit Eisen oder Silizium, aber auch das Metall in reiner Form. Der weitere Weg des Mangans führt in die Stahlwerke.

Der große und rastlose »Arbeiter« – Eisen

Fe

Droht Eisenhunger? · Die Liebe fordert Opfer · Eßt Metallstaub · Im goldenen Rahmen · Das Gastmahl König Salomons · »Himmlischer« Stein · Unbequeme Fakten · Trichter in der Wüste Arizona · Das Bronzezeitalter gibt Vollmacht · Die Wünschelrute · Zorn und Gunst Peters I. · Die Prüfung des Kettenpanzers · Demidow schickt Verfolger · Ein Wunderschiff · Eiffel und die Skeptiker · Sonnenpaläste · »Holzartiger Stahl« · Naht der Rücktritt? · Das Atomium in Brüssel

In Stockholm fand 1910 ein Internationaler Geologenkongreß statt. Eines der wichtigsten Probleme der Wissenschaftler war der drohende »Eisenhunger«. Eine besondere Kommission, die beauftragt war, die Weltvorräte an Eisen zu berechnen, gab dem Kongreß eine Einschätzung. Nach Meinung der autorisierten Kommission war mit einer vollständigen Erschöpfung der Eisenlagerstätten nach etwa 60 Jahren, d. h. im Jahre 1970, zu rechnen! Glücklicherweise haben die Männer der Wissenschaft eine schlechte Prognose abgegeben, denn sonst würde die Menschheit heute vor der Notwendigkeit stehen, ein Rationierungssystem für Eisen einzuführen. Aber was wäre gewesen, wenn die Prophezeiung eingetroffen wäre? Was wäre, wenn alles Eisen auf der Erde verschwinden und nicht ein Gramm dieses Elements zurückbleiben würde?

»... über allem würde der Schrecken der Zerstörung liegen, keine Schiene, kein Waggon, keine Lokomotive, kein Automobil! ... sogar die Steine des Straßenpflasters würden in tonigen Mulm zerfallen. Die Pflanzen müßten ohne das lebensspendende Metall langsam verkümmern. Der zerstörende Orkan würde sich über die ganze Erde ausbreiten, und das Verderben der Menschheit wäre unausbleiblich. Der Mensch würde übrigens diesen Augenblick gar nicht erleben, denn entzöge man ihm die etwa 4,5 Gramm Eisen seines Körpers und Blutes, wäre sein Dasein beendet, noch bevor die beschriebenen Ereignisse eingetreten sind.« Dieses »heitere« Bild entwarf der berühmte sowjetische Mineraloge und Geochemiker A. J. Fersman, als er zeigen wollte, welche außerordentlich wichtige Rolle das Eisen in unserem Leben spielt.

Ohne dieses Metall könnte auf Erden kein Lebewesen existieren. In der Tat, Eisen ist im Blut aller Lebewesen unseres Planeten enthalten. Zweiwertiges Eisen ist im Hämoglobin, dem Stoff, der die Versorgung der Gewebe lebender Organismen mit Sauerstoff gewährleistet und dem Blut seine rote Farbe verleiht. Das Blut einiger Würmer, in dem ebenfalls Eisen vorhanden ist, hat eine grüne Färbung. Vor verhältnismäßig kurzer Zeit entdeckte eine sowjetische Arktisexpedition im Indischen Ozean eine seltene Art von Hechten. Ihr Blut war durchsichtig wie Wasser. Wie nachgewiesen werden konnte, ist die Ursache hierfür ein geringer Eisengehalt. Er ist um zehnmal niedriger als bei den Fischen mit rotem Blut. Eisen im Blut des Menschen fand als erster im vorigen Jahrhundert der Franzose Marey. Seine Entdekkung war eine Sensation. Es gibt eine Erzählung von einem verliebten Chemiestudenten, der sich entschloß, der Auserwählten seines Herzens einen Ring zu schenken, den er aus dem Eisen seines eigenen Blutes anfertigen wollte. Er zapfte sich regelmäßig Blut ab und extrahierte auf chemischem Wege das Eisen. Der arme Teufel starb angeblich wegen Blutarmut, weil er seinem Körper zu viel Blut in zu kurzer Zeit entzogen hatte. Er hätte aus seinem Blut auch niemals so viel Eisen sammeln können, wie zu einem Ring notwendig gewesen wäre. Beträgt doch die gesamte Menge dieses Elements im Blut des Menschen nur einige Gramm.

Bei Eisenmangel beginnt der Mensch schnell zu ermüden. Er bekommt Kopfschmerzen und ist in schlechter Stimmung. Schon in alten Zeiten waren Rezepte verschiedener eisenhaltiger Arzneien bekannt. 1783 wurde in der »Ökonomischen Zeitung« geschrieben: »Für einige Fälle stellt Eisen selbst eine überaus gute Arznei dar. Man verwendet mit Nutzen den feinsten Staub, entweder einfach oder gesiebt.« In diesem Artikel werden auch andere Arzneien dieser Zeit empfohlen: Eisenschnee, Eisenwasser, Stahlwein (einen herben Wein, z.B. Rheinwein, versetzt man mit Eisenpulver und läßt ihn ziehen. Das ergibt Eisen- oder Stahlwein und ist eine sehr gute Arznei).«

Es versteht sich, daß man in der zweiten Hälfte des 20. Jahrhunderts kein Eisenpulver mehr schlucken muß, aber eine Vielzahl von Verbindungen des Eisens werden in der modernen Medizin angewendet. Reich an Eisen sind einige Mineralwässer. Eine legendäre Geschichte berichtet darüber, wie in Rußland zum erstenmal eine Quelle mit eisenhaltigem Wasser entdeckt wurde. Zu Beginn des 18. Jahrhunderts litt ein Arbeiter der Olonezkoer Kupferhütte, Iwan Rebojew, drei Jahre unter Herzbeschwerden. Eines Tages sah er an einem eisenhaltigen Sumpf, nicht weit vom Ladogasee, eine Quelle. Er hielt an, um zu trinken. Er »trank« drei Tage lang – und er wurde gesund. Peter I. hörte davon und gab eine Bekanntmachung heraus, die »Erklärung über die Wässer des Mars von Olonze«. Die Bezeichnung wurde gewählt, um Mars, den Gott des Krieges und des Eisens, zu ehren. Der Zar fuhr öfter in dieses Gebiet und trank vom heilkräftigen Wasser. Aber nach seinem Tode wurde diese Quelle bald vergessen.

Heilkräftige Wirkung wurde in alten Zeiten dem Eisen auch wegen seiner bemerkenswerten magnetischen Eigenschaften zugeschrieben. Die alten Ägypter zum Beispiel waren überzeugt, daß man mit Hilfe des Magneten Unsterblichkeit erlangen könne, und empfahlen deshalb Eisen als Arznei. Der Theoretiker der antiken Medizin, Galen, versicherte, daß ein Magnet ein gutes Abführmittel sei, und Avicenna kurierte mit ihm Hypochonder.

Eisen ist nicht nur für Lebewesen notwendig, sondern auch für die Vertreter der Pflanzenwelt. Bereits zu Beginn des 18. Jahrhunderts entdeckte ein französischer Chemiker Eisen in der Asche verbrannter Gräser. Später wurde klar, daß dieses Element in allen Pflanzen vorhanden ist und daß es unbedingt notwendig ist für die Bildung von Chlorophyll. Eisen ist in den Atmungsfermenten enthalten und beeinflußt sehr wesentlich die Intensität der Pflanzenatmung. Es ist interessant, daß allein das Meeresplankton im Jahr 0,5 Milliarden Tonnen Eisen verbraucht, d.h.

ungefähr soviel wie die Jahresproduktion aller metallurgischen Werke unseres Planeten.
Es ist schwierig, im Periodensystem der Elemente ein Metall zu finden, das mit der Geschichte der Zivilisation enger verbunden wäre als das Eisen. Durch die Jahrhunderte und Jahrtausende begegnete der Mensch dem Eisen und denen, die es förderten und bearbeiteten, mit Achtung. Im Altertum wurde das Eisen bei einigen Völkern höher eingeschätzt als Gold. Schmuckstücke aus Eisen waren nicht selten in Gold eingerahmt. Im alten Rom stellte man aus Eisen sogar Trauringe her.

Mit der Entwicklung der Metallurgie wurde dieses Metall zugänglicher und billiger. Trotzdem gab es noch vor nicht allzulanger Zeit Völker, die eine solche Not an Eisen litten, daß sie bereit waren, unglaubliche Preise dafür zu bezahlen. Der berühmte englische Seefahrer des 18. Jahrhunderts, James Cook, erzählte über das Verhältnis der Eingeborenen Polynesiens zum Eisen: »... nichts konnte die Besucher unseres Schiffes mehr anlocken als dieses Metall; Eisen war für sie immer die wünschenswerteste, die kostbarste Ware.« Einst gelang es einem seiner Matrosen, für einen rostigen Nagel ein ganzes Schwein zu erhalten. Einmal gaben die Inselbewohner den Matrosen für einige alte Messer soviel Fleisch, daß die gesamte Besatzung mehrere Tage ausreichend zu essen hatte.
Als einer der ehrenvollsten Berufe galt zu allen Zeiten das Schmiedehandwerk. Eine ungefähr drei Jahrtausende alte Legende legt davon Zeugnis ab. Als der Bau des Tempels von Jerusalem beendet war, gab König Salomon ein Gastmahl, zu dem auch die Meister eingeladen waren. Nachdem sich die Gäste zum Schmaus versammelt hatten, fragte plötzlich der König: »Nun, wer von den Erbauern ist der wichtigste? Wer leistete den größten Beitrag bei der Erbauung dieses Wundertempels?« Der Maurer stand auf: »Dies ist völlig klar! Der Tempel, das ist unserer Hände Arbeit. Eine andere Meinung kann es nicht geben. Wir, die Maurer, legten Stein auf Stein. Schaut euch an, wie fest sie stehen, die Wände, Bögen und Gewölbe. Jahrhunderte werden sie stehen zum Ruhme des Königs Salomon.«
»Es besteht kein Zweifel, das Fundament der Kirche ist aus Stein«, erwiderte der

Zimmermann, »aber urteilt selbst, teure Gäste. Wäre dieser Tempel gut, wenn nicht ich und meine Kollegen im Schweiße unseres Angesichts gearbeitet hätten? Wäre es euch angenehm, auf die nackten Wände zu schauen, wenn wir sie nicht geschmückt hätten mit schönem Holz aus libanesischen Zedern? Und unsere Fußböden aus bestem Buchenholz, wie erfreut es den Blick! Wir, die Zimmerleute, können mit Recht als die echten Schöpfer dieses märchenhaften Palastes gelten.«
»Schaut auf die Wurzel«, unterbrach ihn ein Erdarbeiter. »Ich möchte gern wissen, wie diese Prahlhänse (er nickte nach der Seite der Maurer und Zimmerleute) den Tempel hätten aufbauen wollen, wenn wir nicht die Baugrube gegraben hätten für sein Fundament. Ja, die Wände mit ihrer Ausschmückung würden beim ersten Windstoß umfallen wie ein Kartenhaus!«
Aber König Salomon wurde nicht umsonst der Weise genannt. Den Maurer heranrufend, fragte er:
»Wer gab dir dein Werkzeug?«
»Natürlich der Schmied«, antwortete der erstaunte Maurer.
«Und dir?« wandte sich der König an den Zimmermann.
»Wer sonst als der Schmied«, antwortete dieser, ohne viel nachzudenken.
»Wer gab dir Spaten und Picke?«, fragte Salomon den Erdarbeiter.
»Du weißt schon, König, daß sie nur der Schmied machen kann«, war seine Antwort.
Der König stand auf und trat zu einem bescheidenen, vom Ruß geschwärzten Mann, dem Schmied. Er führte ihn in die Mitte des Saales. »Hier ist der wichtigste Erbauer des Tempels«, rief der weiseste aller Könige. Mit diesen Worten forderte er den Schmied auf, sich neben ihn auf die Brokatkissen zu setzen. Und Salomon

reichte ihm ein Glas mit gutem Wein. Soweit die Legende.
Wir können die Echtheit der beschriebenen Ereignisse nicht verbürgen, aber wie dem auch sei, die Legende spiegelt wider, welche große Bedeutung das Eisen schon von alters her im Leben der Menschen hatte.
Das erste Eisen, das bereits im frühen Altertum in die Hände des Menschen kam, war offensichtlich kosmischer Herkunft. Eisen ist in den Meteoriten, die auf unseren Planeten fallen. Nicht zufällig wird in einigen alten Sprachen das Eisen »Himmelsstein« genannt.
Viele große Wissenschaftler hielten es noch am Ende des 18. Jahrhunderts nicht für möglich, daß das Weltall die Erde mit Eisen »versorgen« kann. 1751 fiel nahe der deutschen Stadt Wagram ein Meteorit auf die Erde. 40 Jahre später schrieb ein Wiener Professor über dieses Ereignis: »Es ist festzustellen, daß im Jahre 1751 sogar die aufgeklärtesten Leute an das Herabfallen eines Stückes Eisen vom Himmel glaubten – so gering waren damals die Kenntnisse von den Naturwissenschaften ... Aber in unserer Zeit wäre es unverzeihlich, anzunehmen, daß ein solches Märchen Wirklichkeit sein könnte.«
Einen ähnlichen Standpunkt vertrat auch der bekannte französische Chemiker Lavoisier, der 1772 in Übereinstimmung mit einer Reihe seiner Kollegen feststellte, daß das »Herabfallen von Steinen vom Himmel physikalisch unmöglich« sei.
Selbst die Pariser Akademie wandte sich 1790 gegen das »unsinnige Geschwätz« über die himmlischen Fremdlinge. Dessen unbeschadet fielen weiter Meteoriten auf unseren Planeten und irritierten die

Leuchten der Wissenschaft. Fakten, die das bestätigten, gab es immer mehr, und wie bekannt, sind Fakten hartnäckige Dinge, so daß sich im Jahre 1803 die Pariser Akademie (allerdings nicht schriftlich!) genötigt sah, die »himmlischen Steine« anzuerkennen. Von nun an war es den Meteoriten erlaubt, auf die Erde zu fallen.
Jährlich gehen ungefähr 1000 Tonnen Meteoritenmaterie, die etwa 90 Prozent Eisen enthalten, auf die Erde nieder. Der größte Eisenmeteorit wurde 1920 im südwestlichen Teil Afrikas gefunden. Dieser wog ungefähr 60 Tonnen. 1896 fand der bekannte amerikanische Polarforscher Robert E. Peary im Eis Grönlands einen Eisenmeteoriten mit einer Masse von 33 Tonnen. Mit kolossalem Aufwand wurde der Fund nach New York gebracht, wo er bis heute erhalten ist. Aber in der Geschichte sind Fälle bekannt, bei denen das Gewicht der kosmischen Wanderer, die

auf ihrem Weg unsere Erde trafen, unermeßlich größer war. 1891 wurde in der Wüste Arizonas ein riesiger Trichter mit einem Durchmesser von 1200 Meter und einer Tiefe von 175 Meter entdeckt. Er wurde durch den Aufprall eines gigantischen Meteoriten gebildet, der in prähistorischen Zeiten auf die Erde fiel. Die Amerikaner brachten diesem Meteoriten großes Interesse entgegen, angeheizt durch Gerüchte, daß in Splittern dieses Meteoriten Platin gefunden worden sei.
Es wurde sogar eine Aktiengesellschaft gegründet mit dem Ziel, diesen Meteoriten für industrielle Zwecke zu nutzen. Das Himmelsgeschenk zu bergen war jedoch nicht einfach. Der Diamantbohrer zerbrach, als er an die Grundmasse des Meteoriten kam, der in einer Tiefe von 420 Meter liegt. Und als die Meteoriten-Aktionäre in Bohrproben kein Platin fanden, ließen sie die Arbeit einstellen. Nach Meinung von Wissenschaftlern wiegt der Arizona-Meteorit einige 10 000 Tonnen. Es ist möglich, daß sich die Metallurgen irgendwann wieder für ihn interessieren.
Meteoriteneisen läßt sich verhältnismäßig leicht bearbeiten. Der Mensch stellte schon frühzeitig daraus einfache Werkzeuge her. Aber leider fallen Meteoriten nicht auf Bestellung vom Himmel, und das Bedürfnis nach Eisen war und ist beständig. Die Menschen lernten schließlich, es aus dem Erz zu gewinnen. Das Bronzezeitalter wurde vom Eisenzeitalter abgelöst.
Eisen ist eines der in der Erdrinde am weitesten verbreiteten Elemente. Sie enthält 4,2 Prozent Eisen, das entspricht 755 000 000 000 000 000 Tonnen. Es ist jedoch ungefähr nur der 40. Teil in Lagerstätten so konzentriert, daß sich ein Abbau lohnt. Die wichtigsten Erzmineralien des Eisens sind Magnetit, Hämatit, Brauneisenstein und Siderit. Magnetit enthält 72 Prozent Eisen und hat, wie sein Name sagt, magnetische Eigenschaften. Hämatit oder Roteisenerz enthält bis zu 70 Prozent Eisen. Die Bezeichnung des Minerals rührt vom griechischen Wort »hema = Blut« her. Das Wort »Eisen« selbst stammt, wie einige Wissenschaftler annehmen, aus dem Sar skrit und bedeutet soviel wie Metall oder Erz. Andere wiederum glauben, daß die russische Bezeichnung des Elements von der Wurzel Shel aus dem Sanskrit herrührt, was soviel wie Glänzen oder Glühen bedeutet.
Interessant ist die Technik der Eisenerzsuche des Altertums. Für diesen Zweck verwendete man sogenannte Wünschelruten – leichte Walnußstöcke mit einer Astgabel am Ende. Die Erzsucher nahmen die Rute bei den Hörnern, schlossen die Hände zur Faust und machten sich auf die Suche.

Dabei mußten sie genau nach einer detaillierten technologischen Anweisung vorgehen. Ein Erfolg war nur dann garantiert, wenn zum Beispiel die Finger des Geologen immer zur Erde zeigten. Augenscheinlich waren alle Mißerfolge der damaligen Erzsucher (und Mißerfolge traten leider bei weitem häufiger ein als Erfolge) auf die Verletzung der Suchtechnologie zurückzuführen. Wenn alle notwendigen Bedingungen beachtet worden waren, so zeigte die Rute dann, wenn der Sucher über eine Erzader kam, nach unten. Schon in damaliger Zeit fanden diese primitiven Verfahren nicht allgemeine Zustimmung. Der Autor des ersten Buches über die Metallurgie, der bekannte deutsche Wissenschaftler des 16. Jahrhunderts Georg Agricola, schrieb: »Ein ehrlicher Bergmann, worunter wir einen ehrlichen und tüchtigen Menschen verstehen, wird die Wünschelrute nicht verwenden, weil ein auch nur einigermaßen in der Natur der Stoffe bewanderter und besonnener Mensch versteht, daß diese Gabel ihm in dieser Sache keinerlei Nutzen bringt, daß er aber natürliche Anzeichen des Erzes zur Verfügung hat, nach welchen er sich richten muß.« Trotzdem wurde im Ural fast noch 200 Jahre lang Erz mit der Wünschelrute gesucht. M. W. Lomonossow spottete sarkastisch über die Liebhaber dieses Verfahrens. »Nach meiner Beurteilung«, schrieb er, »ist es besser, solche Heucheleien überhaupt nicht zu beachten.«

Das russische Reich verspürte schon im 17. Jahrhundert ernsten Mangel an Eisen. Zar Alexej Michailowitsch stattete deshalb Expedition auf Expedition aus, um neue Eisenerzlager zu finden. Aber die Suche blieb erfolglos.

Schon in den ersten Jahren seiner Herrschaft versuchte Peter I., die Eisenerzförderung im Moskauer Reich unter allen Umständen zu unterstützen. In einem strengen Befehl wurde jedem die Todesstrafe angedroht, der aufgefundene Erzlager verheimlichte. Bald kam aus dem Ural eine Nachricht von der Entdeckung reicher Magneteisenerze. Die nach Moskau gebrachten Erzproben erhielten von Spezialisten eine ausgezeichnete Beurteilung. Der Zar befahl, unverzüglich mit dem Bau metallurgischer Betriebe zu beginnen. Die Leitung des größten Betriebes in Newjansk übertrug er dem Tulaer Meister und späteren Hüttenbesitzer Nikita Demidowitsch Antufjew, der später den Familiennamen Demidow annahm. Dieser sollte durch die Steigerung der Eisenproduktion das Zarenreich auf diesem Gebiet vom Ausland unabhängig machen. Das Newjanskier Werk sollte vornehmlich Kanonen, Mörser, Degen, Säbel, Pallasche, Spieße, Harnische, Helme und Drähte herstellen.

Über die erste Begegnung Peters I. mit Nikita Demidow wird folgendes berichtet: Auf seiner Reise nach Asow machte der Zar Station in Tula. Dort gab er Befehl, einen kunstfertigen Waffenmeister herbeizuschaffen, der ihm sein ausländisches Pistolett instand setzen sollte. Diese Aufgabe übernahm Nikita Antufjew. Schon am nächsten Morgen brachte er dem Zaren das intakte Pistolett zurück. Peter I. war erstaunt über die schnelle und gute Ausführung seines Auftrags. Nikita aber sagte: »Wir sind auch nicht schlechter als die Ausländer.« Der Zar hielt diese Worte für Prahlerei – und darüber verärgert, gab er dem Meister eine Ohrfeige. Nikita behielt jedoch einen klaren Kopf und sagte: »Und

du, Zar, nimm erst, dann urteile!« Mit diesen Worten zog er ein zweites Pistolett aus seinem Mantel: das alte des Zaren. Damit war erwiesen, daß der Waffenmeister in einer Nacht ein neues Pistolett angefertigt hatte – und das so kunstvoll, daß es selbst die geübten Augen Peters I. nicht von dem ausländischen unterscheiden konnten. Der Zar war überrascht! Sein Zorn wandelte sich in Gunst, Nikita wurde Waffenmeister am Hofe des Zaren. Wie bereits erwähnt, übergab ihm Peter I. später die Leitung des Newjanskier Werkes, als dieses die Bestellungen an Kriegsgerät nicht termingemäß ausführen konnte. Nikita und später auch sein Sohn Akinfi Demidow taten viel für die Entwicklung der Metallurgie in Rußland.
Das Uraler Eisen war auch auf dem internationalen Markt hochgeschätzt. »Demidowsches Eisen und alter russischer Zobel«, so schrieb in der Mitte des vergangenen Jahrhunderts die englische Morning Post, »spielen eine wichtige Rolle in der Geschichte unserer nationalen Industrie. Das Eisen wurde für die Umarbeitung zu Stahl schon zu Beginn des 18. Jahrhunderts in Großbritannien eingeführt, als die Produktion von Stahlerzeugnissen in unserem Lande sich gerade zu entwickeln begann. Das Demidowsche Eisen trug viel zur Berühmtheit der Sheffielder Eisenwaren bei.«
Der Qualität von Eisen und Eisenteilen wurde von alters her große Bedeutung beigemessen. Es wird erzählt, daß sich ein alter Waffenschmied die von ihm gefertigten stählernen Panzer vor der Übergabe an den Besteller erst selbst anlegen mußte. Der Auftraggeber prüfte dann mit einigen Schlägen und Dolchstößen die Qualität der Rüstung. Wenn dabei der Meister am Leben blieb, wurde sein Produkt als gut anerkannt, und er erhielt einen guten Lohn. Hatte er Ausschuß geliefert, war kein Lohn mehr nötig!
In der Epoche Peters I. erschien die erste Staatliche Verordnung über die Qualität des Eisens. Am 6. April 1722 wurde der Erlaß »Über die Prüfung des Eisens« herausgegeben. Dieses Dokument war der Vorfahr der modernen staatlichen Standards für Stahl in der Sowjetunion.
1737 fand ein gewisser Stepan Tschumpin im Ural ein großes Stück Magneteisen und zeigte es dem Bergtechniker I. Jarzew. Dieser interessierte sich für den Fund, besichtigte die Lagerstätte und eilte mit einer Ausarbeitung nach Jekaterinburg. Davon hörte Demidow, der schon damals der ungekrönte König des Urals war. Er schickte Jarzew sofort einen bewaffneten Verfolger nach, weil er verhindern wollte, daß die neu entdeckte Lagerstätte in das Eigentum des Staates überginge. Jarzew gelang es, dem Verfolger zu entkommen. Die Bergbehörde übergab dem Erstentdekker der Lagerstätte eine Prämie. Bald darauf starb Stepan Tschumpin eines rätselhaften Todes. Der Mörder wurde nicht gefunden. So rächte sich Demidow an jedem, der sich ihm bei der Aneignung der Schätze des Weißen Urals in den Weg stellte.
Am Ende des 18. und zu Beginn des 19. Jahrhunderts erfolgte ein regelrechter Einbruch des Eisens in die Technik. 1778 wurde die erste eiserne Brücke gebaut; 1788 wurde die erste Wasserleitung aus Eisenrohren in Betrieb genommen; 1818 lief das erste Schiff aus Eisen vom Stapel. Im November 1868, ein halbes Jahrhundert danach, schrieb eine englische Zei-

tung: »Zur Zeit wird das erste eiserne Kriegsschiff der Welt, die »Vulkan«, überholt. Es wurde 1818 gebaut. Vor 50 Jahren, zur Zeit des Stapellaufes, lief alles Volk der Umgebung zusammen, um zu sehen, ob ein Schiff aus Eisen tatsächlich imstande ist, sich im Wasser zu halten.« Vier Jahre danach, 1822, begann der Kursverkehr zwischen London und Paris mit einem eisernen Dampfschiff, das in England gebaut worden war. Der Hauptverbraucher an Eisen ist das Verkehrsmittel, das seinen Namen trägt: die Eisenbahn. Die erste wurde 1825 in England in Betrieb genommen.

Aus Eisen ist auch der berühmte Turm von Paris, 1889 geschaffen von dem hervorragenden französischen Ingenieur Gustav Eiffel. Viele Zeitgenossen Eiffels befürchteten, daß der durchbrochene Bau den Belastungen nicht gewachsen wäre. Inzwischen sind 80 Jahre vergangen, und der Eiffelturm, das Wahrzeichen von Paris, fesselt noch heute die Aufmerksamkeit zahlreicher Touristen. 1928 teilten einige amerikanische Zeitungen mit, der Turm sei durch und durch verrostet und könne jeden Moment umstürzen. Aber genaue Untersuchungen des Zustandes der Eisenkonstruktion durch französische Wissenschaftler und Ingenieure zeigten, daß diese Mitteilung eine gewöhnliche Zeitungsente war. Das Metall, bedeckt durch eine feste, dichte Farbschicht, dachte nicht daran zu rosten.

Die Gefahr des Rostens schwebt trotzdem wie ein Damoklesschwert über allen Eisenkonstruktionen und -teilen. Die Korrosion ist der ärgste Feind des Eisens. Nach Angaben einer Reihe von Wissenschaftlern wurde allein in der Zeit von 1820 bis 1923 von der gesamten Weltproduktion an Eisen (1766 Millionen Tonnen) fast die Hälfte, nämlich 718 Millionen Tonnen von der Korrosion »aufgefressen«. Man rechnet damit, daß beispielsweise in England die Korrosion jährlich einen Verlust von 600 Millionen Pfund Sterling verursacht. Es ist darum nicht verwunderlich, daß das Problem, wie man das Eisen vor der Korrosion schützt, schon im Altertum eine Rolle gespielt hat.

In den Arbeiten des griechischen Historikers Herodot (5. Jahrhundert v. u. Z.) können wir Hinweise auf Zinnbeschichtungen finden, die Eisen vor dem Rosten schützen. In Indien gibt es schon seit ungefähr 1600 Jahren eine Gesellschaft zum Kampf gegen die Korrosion. Ungefähr vor 1500 Jahren beteiligte sich diese Gesellschaft am Bau der Sonnenpaläste an der Küste von Kanarak. Und obgleich später das Territorium der Paläste zeitweise vom Meer überschwemmt worden war, befanden sich die Eisenträger in ausgezeichnetem Zustand. Folglich wußten die indischen Meister schon in alter Zeit, wie man der Korrosion Herr wird. Davon zeugt eine berühmte eiserne Säule, eine der vielen Sehenswürdigkeiten der indischen Hauptstadt. Hierüber schreibt Nehru in seinem Buch »Entdeckung Indiens«: »Im alten Indien erreichte man offensichtlich große Meisterschaft bei der Bearbeitung des Eisens. In der Nähe von Delhi ragt eine gewaltige eiserne Säule empor. Sie bringt die modernen Wissenschaftler in Verlegenheit, weil sie weder das Verfahren ihrer Herstellung noch die Methode des Schutzes gegen Oxydation u. a. atmosphärische Einflüsse ergründen konnten.« Die Säule wurde im Jahre 415 zu Ehren des zwei Jahre vorher verschiedenen Königs Tschandragupta II. errichtet. Zunächst stand sie im Osten des Landes vor einem Tempel, wurde aber im Jahre 1050 vom König Anang pal nach Delhi überführt. Nach der Legende werden demjenigen, der sich mit dem Rücken an die Säule stellt und seine Hände an ihr herunterführt, die sehnlichsten Wünsche erfüllt. Von alters her strömen dort Scharen von Pilgern zusammen, um das gewünschte Glück zu finden. Die Säule hat ein Gewicht von ungefähr 6,5 Tonnen, eine Höhe von 10,3 Meter und einen Durchmesser von 42 Zentimeter am Fuß und 30 Zentimeter an der Spitze. Sie ist aus fast reinem Eisen (99,72 %) hergestellt. Daraus erklärt sich auch ihre Langlebigkeit, denn »weniger reines Eisen« hätte sich ohne Zweifel in den vergangenen 15 Jahrhunderten in Rost verwandelt. Wie stellten die alten Metallurgen diese Säule her, an der die Zeit spurlos vorüberging?

Einige Schriftsteller utopischer Romane meinen, daß sie auf einem anderen Planeten geschaffen und von der Besatzung ei-

nes kosmischen Raumschiffes auf die Erde gebracht worden sei als Geschenk für die Bewohner unseres Planeten.
Andere sind der Meinung, die Säule sei aus einem großen Eisenmeteoriten geschmiedet worden. Sicherlich haben die Wissenschaftler recht, die in der hohen Kunstfertigkeit altindischer Metallurgen des Rätsels Lösung sehen. Indien war schon zu jener Zeit in der ganzen Welt durch seine Stahlerzeugnisse berühmt.
Heute ist für uns nichtrostender Stahl etwas Alltägliches. Vor nicht allzulanger Zeit wurde in den Vereinigten Staaten von Amerika ein Patent für durchsichtigen nichtrostenden Stahl erteilt. Das neue Metall wird auf elektrochemischem Wege hergestellt. Dabei bilden sich zwischen den einzelnen Kristallen kleinste Poren, die dem Stahl die Durchsichtigkeit verleihen.
In unseren Tagen kennen die Meister des »glühenden Handwerks« moderne Technologien der Erschmelzung von Stählen für die unterschiedlichsten Verwendungszwecke. Welche Vielfalt von Stählen findet man in den Fertigungsprogrammen moderner Hüttenwerke! Nichtrostende Stähle, Schnelldrehstähle, Kugellagerstähle und Federstähle, magnetische und nichtmagnetische, warmfeste und kaltzähe – um nur einige von all den Stahlmarken zu nennen, deren vollständige Aufzählung eine ganze Seite dieses Buches beanspruchen würde. Viele dieser Stähle sind natürlich bekannt. Aber was stellen wir uns beispielsweise unter »holzähnlichem« Stahl vor. Die ungewöhnliche Bezeichnung erhielt dieser Stahl, weil seine Wärmeleitfähigkeit mit der von Holz genau übereinstimmt. Neben Eisen enthält er 31 Prozent Nickel und Chrom. Dabei führen schon geringste Abweichungen vom Rezept zum Verlust der »holzähnlichen« Eigenschaften. Einen wohlklingenderen, schöneren Namen hat Diamantstahl, der 5 Prozent Wolfram enthält. Er dient zur Bearbeitung von harten Materialien, da er in der Härte nur vom Diamant übertroffen wird.
Vor einigen Jahren haben belgische Hüttenwerke eine Walzstraße in Betrieb genommen, auf der mit Oberflächenmustern versehene Bänder hergestellt werden. Nach diesem Verfahren können Stahlbleche erzeugt werden, die wie Holz, Leder, Gewebe oder andere Materialien aussehen. Solches Blech wird bereits in der Automobilindustrie, in der Lebensmittelindustrie und in der Architektur verwendet.
Überaus vielfältig ist das Sortiment von Teilen aus Stahl und Eisen. In der DDR beispielsweise werden riesige Lager von 25 Tonnen Gewicht hergestellt, in der Schweiz fertigt man hingegen Minilager, deren Durchmesser wenig mehr als 1 Millimeter beträgt. In einer Streichholzschachtel haben 34 000 Stück Platz.
Es gibt aber noch viel kleinere Bauteile aus Stahl, zum Beispiel für Armbanduhren. Von ihnen können bis zu 6 Millionen Stück in der bewußten Streichholzschachtel untergebracht werden.
Die Nachfrage nach Eisen ist groß. Es genügt, darauf hinzuweisen, daß schon am Ende des 19. Jahrhunderts von 100 Kilogramm Metall, die in der Industrie, in der Landwirtschaft und im täglichen Leben gebraucht wurden, 96 Kilogramm Eisen waren. Der Bau von neuen Städten, der Stapellauf von Ozeanriesen, der Ausbau neuer Verkehrswege, die Konstruktion gigantischer Hochöfen, die Schaffung

mächtiger Protonensynchrotone (Kreisbeschleuniger für Protonen), der Start kosmischer Raketen – all das ist undenkbar ohne Eisen. Dieses Metall hat jedoch auch eine finstere und traurige Kehrseite. Mit ihm wurden viele blutige Seiten der Geschichte der Menschheit geschrieben. Milliarden von Geschossen und Bomben trafen in den Jahren des ersten und zweiten Weltkrieges die Menschen und ihre Werke. Durch Eisen wurde zerstört, was der Mensch seit Jahrhunderten mit Eisen geschaffen hatte.
In den letzten Jahrzehnten erwuchsen dem Eisen zahlreiche »Konkurrenten«. Man könnte sagen: »Einige Metalle führen, neben verschiedenen nichtmetallischen Werkstoffen, einen massierten Angriff gegen die Position des Eisens, wie zum Beispiel Aluminium, Titan, Vanadium, Beryllium, Zirkonium und andere mehr. Aber das Eisen ist noch nicht gewillt abzutreten.« Fersman schrieb: »Die Zukunft gehört anderen Metallen, aber dem Eisen wird man ein ehrenvolles Andenken bewahren – dem alten, verdienstvollen Material. Bis dahin ist es jedoch noch weit ...«
Eisen ist noch immer die Grundlage der Metallurgie, des Maschinenbaues, des Verkehrswesens, des Schiffsbaues und des Transports usw.
Auf dem Gelände der Brüsseler Welt-Industrieausstellung im Jahre 1958 erhob sich majestätisch ein außergewöhnliches Bauwerk, das Atomium. Es bestand aus neun großen metallischen Kugeln von 18 Meter Durchmesser. Sie bildeten gleichsam in der Luft hängend einen Würfel, wobei acht Kugeln auf seinen Ecken und eine Kugel in seinem Zentrum angeordnet waren. Es war das Modell einer Elementarzelle des Kristallgitters von Eisen. Das Atomium symbolisierte die Größe des Eisens.

Quelle der friedlichen Strahlen – Kobalt

Co

Das Zauberkunststück von Paracelsus · Blaues Porzellan · Seltsame Erze der sächsischen Berge · Brandt verteidigt die Dissertation · Das Hobby des Tierarztes · Kein Unglück so groß, hat was Gutes im Schoß · Japanischer Stahl · Heimtückische Spielzeuge · Verluste der englischen Flotte · Zusammen mit Platin · Die Entdeckungen des berühmten Ehepaares · Die »Milchkannen« werden geprüft · Die friedliche Aufgabe des Kobalts · Die Maske des Pharao · Wie fängt man den Blitz? · Der Helfer der Ärzte

Es wird erzählt, daß Paracelsus, der berühmte Arzt und Chemiker des 16. Jahrhunderts, sein Publikum gern durch ein Zauberkunststück ergötzte. Der Gelehrte zeigte seinen Zuhörern ein Landschaftsbild mit schneebedeckten Wiesen und Wäldern. Während es die interessierten Beschauer betrachteten, verwandelte Paracelsus die Winterlandschaft in ein schönes Frühlingsbild. Die Bäume belaubten sich, auf den Wiesen sprießte zartgrünes Gras. Was war geschehen? Ein Wunder? Nein, Wunder gibt es nicht! In diesem Fall spielte eine chemische Reaktion die Rolle des Zauberers. Bei gewöhnlicher Temperatur ist eine Lösung von Kobaltchlorid – vermischt mit einer geringen Menge Nickel- oder Eisenchlorids – stets farblos. Benutzt man die Lösung zum Schreiben, so nimmt die Schrift, nachdem sie trocknet und leicht erwärmt wird, eine schöne grüne Farbe an. Paracelsus benutzte solche Lösungen, um seine Wunderlandschaft entstehen zu lassen. Im geeigneten Moment entzündete der Gelehrte eine hinter dem Bild stehende Kerze. Und das staunende Publikum erlebte »wie in einem Märchen die wunderbare« jahreszeitliche Verwandlung des Bildes.

Zu jener Zeit kannte auch Paracelsus die genaue chemische Zusammensetzung seiner Farben noch nicht. Weder Kobalt noch Nickel waren damals der Wissenschaft bekannt, aber die Verbindungen des Kobalts wurden schon lange als Farbstoff verwendet. Bereits 5000 Jahre vorher arbeitete die Keramik- und Glasindustrie mit blauen Kobaltfarben. Beispielsweise diente Kobalt in China zur Herstellung des in der ganzen Welt berühmten blauen Porzellans. Die alten Ägypter verzierten ihre Tontöpfe mit einer blauen Glasur, die Kobalt enthielt.

Im Grabmal des Pharao Tut-anch-amon fanden Archäologen Gläser, deren blaue Farben von den Salzen dieses Elements herrührten. Gegenstände aus solchem Glas fand man auch bei Ausgrabungen in Assyrien und Babylon. Im Laufe der Zeit ging offensichtlich das Geheimnis der Kobaltfarben verloren. Deshalb konnte man kein Kobalt in Gläsern von alexandrinischen,

byzantinischen, römischen oder anderen Meistern nachweisen. Eine blaue, aber dem Kobaltblau nicht ebenbürtige Färbung wurde hier mit Hilfe von Kupfer erreicht. Erst im 14. Jahrhundert gelang es venezianischen Meistern, herrliche blaue Gläser herzustellen, die ihre Farbe dem Kobalt verdankten. Sie wurden schnell in allen Ländern Europas berühmt.

Aus dem 17. Jahrhundert sind Unterlagen erhalten, aus denen hervorgeht, daß in Rußland eine große Nachfrage nach der teueren, aber sehr beständigen und kraftvollen Kobaltfarbe »Bergblau« bestand. Sie wurde in verschiedenen bemerkenswerten Bauwerken dieser Zeit verwendet, zum Beispiel auch im Moskauer Kreml und in Archangelskoje.

Kobaltfarben waren deshalb so teuer, weil von den Erzen dieses Elements nur geringe Mengen gefördert werden konnten. Es gibt in der Natur keine größeren Lagerstätten dieses Metalls. Die Kobalterze treten nur in verhältnismäßig kleinen Mengen als Begleiter von Arsen, Kupfer, Wismut und einigen anderen Elementen auf. Aus diesem Grunde kamen die sächsischen Bergleute des Mittelalters nicht auf die Idee, daß im Inneren ihrer Berge ein ihnen bis dahin nicht bekanntes Metall verborgen war. Von Zeit zu Zeit hielten sie ein solch seltsames Erz in ihren Händen, welches äußerlich einem Silbererz ähnelte. Aber alle Versuche, aus ihm Silber zu gewinnen, schlugen fehl. Außerdem entstanden beim Glühen dieses Erzes giftige Gase, die den sächsischen Bergleuten große Unannehmlichkeiten bereiteten. Sie lernten jedoch das echte Silbererz von seinem heimtückischen Doppelgänger zu unterscheiden. Sie nannten das neue Erz »Kobold«, weil sie der Meinung waren, daß in ihm ein heimtückischer, unberechenbarer Berggeist steckt.

Im Jahre 1735 analysierte der schwedische Chemiker G. Brandt einige sächsische Erze, darunter auch den berüchtigten »Kobold«. In seiner Dissertation wies er nach, daß in diesen Erzen ein bisher noch nicht bekanntes Metall enthalten sein müsse. Wie das Erz, so nannte Brandt auch das neue Metall »Kobold«. In unseren Tagen wäre eine solche Entdeckung sofort vom Telegraphen in alle Welt verbreitet worden. Aber im 18. Jahrhundert verfügte man noch nicht über solche operative Mittel der Information. Die Dissertation des schwedischen Chemikers war deshalb lange Jahre nur wenigen Menschen bekannt. Noch 30 Jahre danach nahm der Gelehrte Lehmann an, daß Kobold ein Gemisch aus Kupfer, Eisen und irgendeiner besonderen »Erde« sei.

Erst am Ende des 18. Jahrhunderts konnte durch die Arbeiten einiger Wissenschaftler die Entdeckung Brandts bestätigt werden. Für das Element wurde der auch heute noch verwendete Name Kobalt festgelegt.

Zu dieser Zeit war der nächste chemische Verwandte des Kobalts, das Nickel, bereits entdeckt. Diese beiden Metalle kommen in der Natur sehr oft gemeinsam vor. Und nicht zufällig stand vor den Wissenschaftlern die Frage, wie sie zu trennen sind und wie sie in reinem Zustand hergestellt werden können. Das Problem wurde überraschend schnell gelöst von einem Tierarzt namens Charles Askin. Der Veterinär widmete seine Freizeit seinem Hobby, der Metallurgie. Im Jahre 1834 interessierte er sich für Nickel und seine Verbindungen. Askin unternahm Versuche, Nickel aus seinem Erz zu extrahieren. Aber zu seinem Unglück (besser gesagt zu seinem Glück) enthielt dieses Erz auch Kobalt. Was war zu tun? Askin wendete sich um Hilfe an Benson, den Besitzer einer chemischen Fabrik. Dieser benötigte Kobalt für die Herstellung von Keramiken. Aber auch Benson kannte kein Verfahren zur Trennung dieser Metalle. Nach einigen Überlegungen entschlossen sie sich, das Problem durch Verwendung von Chlorkalk zu lösen. Sie rechneten genau aus, wieviel sie für den Versuch benötigten, und jeder begann mit der Arbeit. Benson, der genügend Chlorkalk vorrätig hatte, verwendete die berechnete Menge und führte die Versuche mit seinem Erz durch. Sein Ergebnis war jedoch negativ. Aus der Lösung fielen die Oxide beider Metalle aus. Askin stellte bei der Vorbereitung seines Versuches fest, daß er lediglich über die Hälfte der berechneten Menge an Chlorkalk verfügte. »Wer Pech hat, hat Pech«, dachte er. Aber er wollte das Experiment trotzdem nicht aufschieben, denn nicht ohne Grund wird gesagt: »Kein Unglück so groß, hat was Gutes im Schoß«. Zu Askins Überraschung und Freude brachte der so wenig versprechende Versuch das gewünschte Resultat. Kobalt wurde aus der Lösung ausgefällt, und Nickel, für das die verwendete Chlorkalkmenge nicht ausreichte, blieb fast vollständig in der Lösung. Später wurde dieses Verfahren vervollkommnet, und bis auf den heutigen Tag wird es in weitem Umfang industriell für die Trennung der beiden verwandten Metalle benutzt.

Bis zum Beginn des 20. Jahrhunderts war die Wirkungssphäre des Kobalts sehr begrenzt. Die Metallurgen zum Beispiel, die heute dem Kobalt sehr viel Aufmerksamkeit widmen, hatten damals nur unklare Vorstellungen über seine Eigenschaften.

In dem 1912 erschienenen Buch »Metallurgie der Buntmetalle« stellte der Autor fest: »... bis zur gegenwärtigen Zeit beansprucht metallisches Kobalt vom Standpunkt des Verbrauchers kein Interesse. ... Es wurden Versuche durchgeführt, Eisen mit Kobalt zu legieren und Spezialstähle herzustellen, aber letztere fanden keinerlei Anwendung.«

Der geschätzte Autor irrte sich. Schon fünf Jahre vor dem Erscheinen seines Buches hatte eine metallurgische Firma ungewöhnliche Legierungen hergestellt, die eine kolossale Härte aufwiesen und prädestiniert waren für die metallbearbeitende Industrie. Diese neuen Legierungen wurden Stellite genannt (vom lateinischen Wort Stella = Stern). Einer der besten Stellite enthält mehr als 50 Prozent Kobalt. Nun stieg die Produktion von Hartlegie-

rungen stetig, und Kobalt spielte dabei keine geringe Rolle.
Sowjetische Wissenschaftler und Ingenieure entwickelten die superharte Legierung Pobedit, die in ihren Eigenschaften analoge ausländische Legierungen übertraf. Pobedit enthält neben Wolframkarbid metallisches Kobalt.
1917 erhielten die japanischen Wissenschaftler Honda und Takati ein Patent für die von ihnen entwickelten Stähle, die 20 bis 60 Prozent Kobalt enthalten und sich durch besondere magnetische Eigenschaften auszeichnen. Der Bedarf an solchem Stahl war groß. Das Ende des 19. und der Beginn des 20. Jahrhunderts waren buchstäblich durch eine Invasion von »Magneten« in der Industrie gekennzeichnet. Parallel dazu entwickelte sich natürlich ein großer Bedarf an magnetischen Materialien.
Von den drei wichtigsten ferromagnetischen Metallen Eisen, Nickel und Kobalt hat letzteres die höchste Curietemperatur, das heißt jene Temperatur, bei der das Metall seine magnetischen Eigenschaften verliert. Weil Magnete unter den verschiedenartigsten Bedingungen arbeiten müssen, unter anderem auch bei höheren Temperaturen, war Kobalt das beste Basismaterial für magnetische Stähle.
Kaum hatte der Kobaltstahl das Licht der Welt erblickt, zog er die Aufmerksamkeit der Militärs und Industriellen auf sich, die seine Eigenschaften für gefährliche Ziele ausnutzten. Schon in den Jahren des Bürgerkrieges konnten die sowjetischen Matrosen und Rotarmisten ungewöhnliche Minen kennenlernen, die ohne Berührung mit den Schiffen die Minensucher der nördlichen Flottillen in die Luft sprengten.

Als Taucher eines dieser heimtückischen »Spielzeuge« herauszogen und unschädlich machten, stellte man fest, daß es sich um Magnetminen handelte, die nach folgendem Prinzip arbeiteten. Auf Grund einer besonderen Konstruktion breitete sich um die Mine ein magnetisches Feld aus. Wenn ein stählerner Schiffskörper bis zu einer bestimmten Feldliniendichte vordrang, wurde der Zünder ausgelöst und das Schiff zerstört.

Am Vorabend des zweiten Weltkrieges wurde die Produktion von Kobaltstählen im faschistischen Deutschland rapid erhöht. Sie dienten der Herstellung von Magnetminen. Wie die Goebbels-Propaganda behauptete, übertrafen die deutschen Minen an Genauigkeit, Feinfühligkeit und schneller Reaktion »das Nervensystem vieler höherer Wesen, die der Schöpfer geschaffen hat«. Und tatsächlich fügten die Magnetminen der englischen Flotte großen Schaden zu, als es den Deutschen gelang, aus der Luft die Küste Englands, die Mündung der Themse und anderer wichtiger Flüsse zu verminen. Aber für jedes Gift gibt es ein Gegengift. Schon ungefähr zwei Wochen nach dem verräterischen Überfall der Hitlerarmee auf die Sowjetunion gelang es dem Militäringenieur dritten Ranges M. I. Iwanow im Gebiet von Otschakow, die erste deutsche Magnetmine zu entschärfen.

In diese Phase des Krieges gehört auch die folgende Episode, die sich in einem alten Berg- und Hüttenkombinat des Urals ereignete. Viele Jahre lang waren dort Kupfererze verhüttet worden. Plötzlich wurde in den alten Halden des Aufbereitungsbetriebes Kobalt entdeckt. In kürzester Frist wurde eine Technologie zur Extraktion des Kobalts ausgearbeitet, und die Industrie konnte wertvolles Kobalt aus diesem »Abfall« erhalten.

In diesen Jahren begann auch die Produktion von warmfesten Stählen und Legierungen mit Kobalt. Sie wurden für Teile von Flugzeugmotoren, Raketen, Dampfkesseln und als Schaufeln für Turbokompressoren und Gasturbinen dringend benötigt. Zu diesen Legierungen gehört beispielsweise das Vitallium, das 65 Prozent Kobalt enthält. Auf Grund des hohen Preises und der schweren Verfügbarkeit des Kobalts war jedoch die breitere Anwendung dieser Materialien nicht möglich.

Man begann auch Kobalt mit Erfolg als Ersatz für ein noch teueres Metall zu verwenden, nämlich für Platin, dessen Jahresproduktion auf einem Lastwagen Platz hatte.

In der Galvanotechnik benötigt man unlösliche Anoden, die nicht mit dem Bad reagieren dürfen. Dafür ist Platin das geeignetste Material. Aber Platinanoden sind sehr teuer. Das Problem, Platin durch preiswertere Metalle zu ersetzen, beschäftigte lange Zeit die Wissenschaftler. In langwierigen Versuchen wurde eine Legierung gefunden, die die gleichen Eigenschaften hatte wie Platin. Sie enthielt 75 Prozent Kobalt. Beide Metalle, Kobalt und Platin, können auch in Verbindung miteinander sehr nützlich sein. Eine englische Firma entwickelte eine Magnetlegierung dieser Metalle, Platinax 2. Sie hat gute Antikorrosionseigenschaften und läßt sich leicht bearbeiten. Aus ihr werden Miniaturmagnete für elektrische Uhren, Hörapparate sowie »Geber« mit verschiedenem Verwendungszweck hergestellt. Unge-

wöhnliche magnetische Eigenschaften haben auch Legierungen des Kobalts mit seltenen Erden, zum Beispiel mit Samarium.
Bisher sprachen wir vom einfachen Metall Kobalt; es gibt aber auch Kobalt mit einem ungewöhnlichen Charakter. Als im Jahre 1934 die berühmten französischen Wissenschaftler Frédéric und Irene Joliot Curie die künstliche Radioaktivität entdeckten, brachten Wissenschaft und Technik auch den radioaktiven Isotopen verschiedener Elemente, unter anderem dem Kobalt, großes Interesse entgegen. Von den zwölf radioaktiven Isotopen dieses Metalls findet Kobalt 60 die meiste Verwendung. Seine Strahlung hat eine hohe Durchdringungsfähigkeit. 17 Gramm radioaktives Kobalt strahlen mit gleicher Intensität wie ein Kilogramm Radium, die stärkste natürliche Strahlungsquelle. Eben aus diesem Grunde werden bei der Erzeugung, bei der Aufbewahrung und beim Transport dieses Isotops die Sicherheitsvorschriften überall in der Welt sehr sorgfältig beachtet, um die Menschen vor den tödlichen Strahlen zuverlässig zu schützen.
Nachdem im Kernreaktor gewöhnliches metallisches Kobalt in reaktives umgewandelt worden ist, wird es ähnlich dem Flaschengeist aus dem Märchen in spezielle massive Container »eingesperrt«. In der Form erinnern diese Behälter an Milchkannen. Umgeben von einer Bleischicht wird Kobalt 60 in diesen Behältern auf speziellen Wagen zum Ort seiner künftigen Arbeitsstelle gebracht. Wenn nun ein solches Kraftfahrzeug in einen Unfall verwickelt wird und die Container zu Bruch gehen, bedrohen dann die gefährlichen Ko-

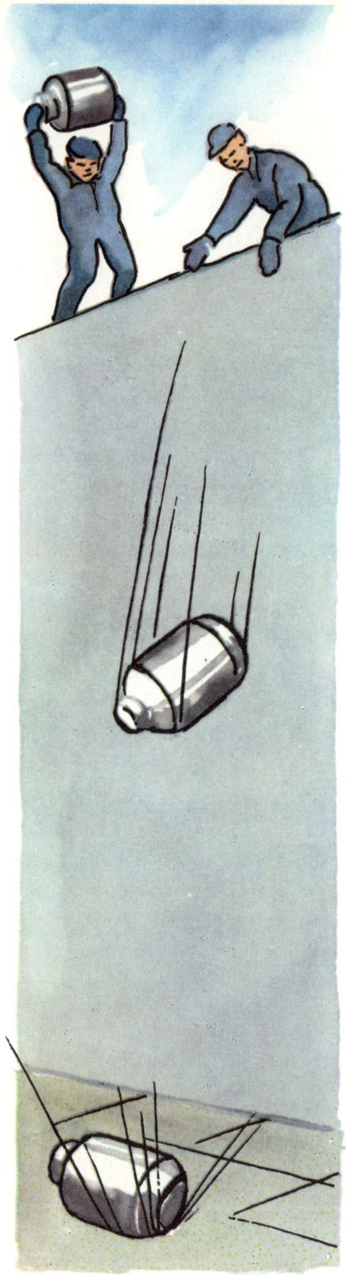

baltstrahlen den Menschen? Nein, das wird nicht passieren. Selbstverständlich ist ein Verkehrsunfall eines solchen Kraftfahrzeugs nicht unmöglich, aber die »Milchkannen« werden dabei vollkommen unversehrt bleiben. Bevor man den Containern die radioaktiven Isotope anvertraut, werden sie einer gründlichen Prüfung unterzogen. So werden sie beispielsweise aus fünf Meter Höhe auf Betonplatten geworfen, in Thermokammern gestellt und weiteren »Foltern« unterzogen, bevor ihnen die kleinen Ampullen mit diesem oder jenem radioaktiven Stoff zur Aufbewahrung anvertraut werden. Alle diese Vorsichtsmaßnahmen machen die Arbeit der Menschen, die sich mit Strahlungsquellen befassen, praktisch ungefährlich. Leider kommt es aber noch durch fahrlässigen Umgang mit radioaktiven Isotopen zu Unfällen mit verheerenden Folgen.

In der modernen Industrie ist eines der wichtigsten Anwendungsgebiete des radioaktiven Kobalts die Gamma-Defektoskopie. Das ist eine Qualitätskontrolle von metallischen Fertigteilen. Diese werden mit Hilfe von Gamma-Strahlen geprüft. Die Strahlungsquelle ist dabei Kobalt 60.

Die Gamma-Defektoskopie erlaubt es, mit verhältnismäßig billigen Apparaten Risse, Poren und andere Defekte in Blöcken, Schweißnähten, Baugruppen und -teilen nachzuweisen, auch wenn sie sich an schwer zugänglichen Orten befinden und äußerlich nicht sichtbar sind. Da sich die Gamma-Strahlen von der Quelle gleichmäßig im Raum ausbreiten, gibt diese Methode die Möglichkeit, gleichzeitig verschiedene Teile des Objekts beziehungsweise bei zylindrischen Teilen den gesamten Umfang auf einmal zu kontrollieren.

Mit Hilfe von Gamma-Strahlen gelang es auch, eine Frage zu entscheiden, die lange Zeit die Ägyptologen interessierte. Es handelt sich dabei um die Maske des Pharao Tut-anch-amon. Einige Wissenschaftler meinten, sie sei aus einem einzigen Stück gefertigt, andere behaupteten, sie bestehe aus Einzelteilen. Die Entscheidung fiel mit Hilfe einer Kobaltkanone – einer speziellen Einrichtung, die mit Kobaltisotop 60 »geladen« ist. Es zeigte sich, daß die Maske tatsächlich aus mehreren Teilen besteht, die so sorgfältig zusammengefügt sind, daß man die Fugen mit bloßem Auge nicht erkennen kann.

Radioaktives Kobalt wird auch für die Kontrolle und Regulierung des Füllungsgrades verwendet, zum Beispiel in Stahlschmelzöfen, in Hochöfen und Bunkern und in den Kristallisatoren von Stranggußanlagen.

Mit einem sogenannten Gamma-Dickenmeßgerät kann man schnell und mit großer Genauigkeit die Wanddicke von Teilen bestimmen, bei denen die innere Oberfläche nicht zugänglich ist, zum Beispiel bei Schiffskörpern, Rohren, Dampfkesseln.

Für die Untersuchung technologischer Prozesse und die Erforschung der Betriebsbedingungen von Ausrüstungen werden in großem Umfang sogenannte »markierte« Atome verwendet, das sind radioaktive Isotope von verschiedenen Elementen, unter anderem auch von Kobalt.

In der Sowjetunion wurde der erste industrielle Kernreaktor geschaffen, der als Strahlungsquelle das Kobaltisotop enthielt.

Radioaktives Kobalt dient auch der Landwirtschaft, zum Beispiel zur Bestimmung der Bodenfeuchtigkeit, der Wasservorräte

und der Höhe der Schneedecke, zur Bestrahlung von Samen vor der Saat und anderem mehr.
Erst kürzlich machten französische Wissenschaftler eine interessante Entdeckung. Sie stellten fest, daß radioaktives Kobalt mit Erfolg als Blitzschutz eingesetzt werden kann. Bei einem Zusatz von wenig Kobaltisotop in das Drahtmaterial der Blitzableiter wird infolge der Gamma-Strahlung die Luft, die den Blitzableiter umgibt, ionisiert. Gewitterspannungen, die in dieser Atmosphäre entstehen, werden wie durch einen Magneten vom radioaktiven Blitzableiter angezogen. Auf diese Art können Blitze im Umkreis von 200 Meter »eingesammelt« werden.
Abschließend muß noch über eine sehr wichtige Aufgabe des radioaktiven Kobalts gesprochen werden. Immer mehr erweist es sich als Helfer der Ärzte in ihrem Kampf um die Gesunderhaltung der Menschen. Mit sogenannten Kobaltkanonen werden Geschwulstleiden bestrahlt, um das fortschreitende Wachstum bösartiger Geschwülste im menschlichen Organismus zu hemmen. In vielen Fällen kann der Herd der Krebskrankheit beseitigt werden.
In den unterirdischen Vorratsräumen der Allunionsvereinigung »Isotop« in Moskau befinden sich viele Container, große und kleine. In ihnen werden radioaktives Kobalt, Strontium, Zäsium u.a. Kernstrahlungsquellen aufbewahrt. Alle warten auf ihre Stunde, um in Krankenhäuser und Kliniken, in wissenschaftliche Einrichtungen und Betriebe und überall dorthin gebracht zu werden, wo die Energie des »friedlichen Atoms« der Menschheit helfen und nutzen kann.

»Kupferteufel« – Nickel

Ni

Der Traum der Großmütter · Eine alte chinesische Legierung · Die Bosheit des Berggeistes · Cronstedt war nicht abergläubisch · Ein energischer Franzose · Fund in Kanada · Eine Goldmedaille für Rsheschotarski · Die Skulptur »Arbeiter und Kolchosbäuerin« · »Epidemie« und ihr »Virus« · »Sabotage in der Flotte« · 3000 Legierungen · Ein Rasierapparat fliegt zum Mond · Wie entrinnt man dem Schnupfen? · Cliquenwirtschaft der Eisentriade · Vernickelung des Planeten · Foxterrier sucht Erz · Mammutexplosion · Nicht »Kupferteufel«, sondern »guter Geist«!

Wahrscheinlich ist nicht allen Frauen bekannt, daß vor langen Zeiten ihre Urgroßmütter, als diese noch jung und anmutig waren, das Nickel zärtlich liebten und daß das Metall ihnen diese Liebe reichlich vergolten hat. Die eine trug es als Schmuck an ihrer Brust, der anderen drückte es heimlich die Hand, und bei der dritten verbarg es sich im Diadem.

Wir brauchen uns darüber nicht zu wundern, denn noch am Anfang des vergangenen Jahrhunderts zählte Nickel zu den Edelmetallen. Die Gewinnung war mit großen Schwierigkeiten verbunden, und die erzeugte Nickelmenge, die infolgedessen sehr gering war, gelangte in die Hände der Juweliere. Die Ingenieure hatten für dieses Metall noch kein Interesse, weil ihnen damals keine Verwendungsmöglichkeiten bekannt waren.

Die Bekanntschaft des Menschen mit Nikkel reicht bis ins alte China zurück. Dort wurde schon im dritten Jahrhundert vor unserer Zeitrechnung eine Legierung des Nickels mit Kupfer und Zink – das »Pakfong« – erschmolzen. Es wurde in vielen Ländern verwendet und gelangte auch nach Baktrien, einem in Mittelasien gelegenen Staat. Dort wurde aus dieser Legierung Geld hergestellt. Eine dieser Münzen, geprägt im Jahre 235 v. u. Z., ist im Britischen Museum in London zu sehen.

Das Element Nickel wurde im Jahre 1751 von dem schwedischen Chemiker A. F. Cronstedt im Mineral Nickelin entdeckt. Zur damaligen Zeit hieß dieses Mineral allerdings Kopparnickel (auf Deutsch: Kupferteufelchen).

Schon im Mittelalter trafen die sächsischen Bergleute oft auf dieses rötliche Mineral. Wegen seiner Färbung wurde fälschlicherweise angenommen, daß es ein Kupfererz sei. Lange versuchten die Metallurgen, daraus Kupfer zu erschmelzen, aber ihre Chancen waren nicht größer als die der Alchimisten, die die Hoffnung hatten, mit Hilfe des »Steines der Weisen« aus dem Urin von Lebewesen Gold zu machen. Worin lagen die Ursachen für den Mißerfolg? Darüber zerbrachen sich die Sachsen den Kopf. Und ihnen ging ein »Licht« auf. Natürlich handelte es sich hier um die Ränke des »Nickel«, dieses boshaft-neckischen Berggeistes, der sich in dem teuflischen Stein versteckt hielt und keine Unze Kupfer abgeben wollte. Es ist möglich, daß ein mittelalterlicher Aspirant für diese kühne Hypothese auch eine wissenschaftliche Begründung fand. Auf jeden Fall wurden keine Versuche mehr unternommen, aus dem rötlichen Mineral Kupfer zu gewinnen. Und damit diese nutzlosen Steine künftig niemand mehr in Versuchung führen konnten, wurden sie »Kupfernickel« genannt.

Cronstedt war aber, wie es scheint, nicht abergläubisch. Er fürchtete den Teufel nicht, und es gelang ihm, aus Kupfernickel ein Metall zu gewinnen, allerdings nicht Kupfer, sondern ein neues Element, das er Nickel nannte. Es verging noch ein halbes Jahrhundert, bis der deutsche Chemiker Richter verhältnismäßig reines Nickel erhalten konnte. Das silberweiße Metall mit einem kaum bemerkbaren Stich ins Bräunliche war gut schmiedbar und zäh. Von einer industriellen Produktion des Nickels war damals jedoch noch nicht die Rede.

1865 wurden gewaltige Nickellagerstätten auf Neukaledonien entdeckt. Kurz vor diesem Ereignis war Jules Garnier zum Leiter des Bergbaudepartments in dieser französischen Kolonie ernannt worden, ein außerordentlich energischer Mensch mit großen Kenntnissen. Er entwickelte sofort eine rege Tätigkeit in der Hoffnung, auf der Insel Bodenschätze zu finden. Seine Suche war bald von Erfolg gekrönt. Auf der Insel fanden sich reiche Nickelvorräte. Zu Ehren des energischen Franzosen wurden die neukaledonischen Nickelmineralien Garnierit genannt.

Fast zwei Jahrzehnte danach stießen in Kanada Arbeiter beim Bau der transatlantischen Eisenbahn auf riesige Kupfer-Nickel-Lagerstätten. Diese beiden Entdekkungen gaben der industriellen Entwicklung von Nickel einen starken Anstoß. Ungefähr in die gleiche Zeit fällt auch die Entdeckung einer wichtigen Fähigkeit dieses Elements: die Verbesserung der Qualität des Stahls.

Schon 1820 hatte der berühmte englische Forscher M. Faraday Erfahrungen mit Stählen gesammelt, die Nickel enthielten. Dies interessierte damals noch nicht.

Am Ende des vergangenen Jahrhunderts erhielt ein Werk in Petersburg von den Marinebehörden eine verantwortungsvolle Aufgabe: die Entwicklung einer eigenen Produktion von hochwertigen Schiffspanzerblechen. Zu dieser Zeit verfügten die Flotten Englands und Frankreichs bereits über eine Panzerung aus Nickelstahl, die von den Spezialisten als sehr gut eingeschätzt wurde.

Mit dem Auftrag der Marine befaßte sich der russische Metallurge und Metallkundler A. A. Rsheschotarski. Seine intensive Arbeit brachte bald Erfolg. Das Obuchowskier Werk stellte ausgezeichnete 10-Zoll-Panzerplatten aus Nickelstahl her. Diese Platten waren nicht schlechter als die ausländischen, doch Rsheschotarski arbeitete weiter. Es gelang ihm, eine neue Technologie auszuarbeiten. Die Oberfläche der Platten wurde einer Zementation, d. h. einer Sättigung mit Kohlenstoff unterzogen. Auf diese Weise gelang es, Panzerplatten mit ausgezeichneter Zähigkeit und Festigkeit und einer bedeutend härteren Oberflächenschicht herzustellen. Mit ihnen konnten selbst die Platten des französischen Konzerns Schneider-Creuzot nicht konkurrieren, die für Rsheschotarski der Prüfstein für die eigenen Arbeiten waren. Die Marinebehörden belohnten den talentierten Ingenieur mit einer Goldmedaille. Seine Technologie wurde bald auch in anderen Betrieben eingeführt.

In unseren Tagen wird Nickelstahl hauptsächlich für friedliche Zwecke verwendet. Man stellt daraus chirurgische Instrumente, Teile für chemische Apparate und Geräte für den Haushalt her. Wer kennt nicht die berühmte Skulptur »Arbeiter und Kolchosbäuerin« von W. I. Muchina?

Das imposante, 24 Meter hohe Monument, das im sowjetischen Pavillon auf der Internationalen Ausstellung in Paris stand, wurde aus nichtrostendem Stahl hergestellt, der 10 Prozent Nickel enthält. Heute schmückt es den Eingang der Ausstellung der Errungenschaften der sowjetischen Volkswirtschaft.

Große Bedeutung hat Nickel in Legierungen mit anderen Metallen. Schon am Anfang des 19. Jahrhunderts suchten Metallurgen und Chemiker nach einer Legierung zur Herstellung von Bestecken, die wie Silber aussehen sollte.

Dem glücklichen Entdecker versprach man eine ansehnliche Prämie. Diese sollte gleichsam der »Virus« sein für die Entwicklung einer Forschungsepidemie. Und fast gleichzeitig gelang es verschiedenen Wissenschaftlern, auf der Basis des chinesischen Pakfongs eine Kupfer-Nickel-Zink-Legierung zu entwickeln, die dem Silber sehr ähnlich ist.

Eine dieser Legierungen wurde Argentan, eine andere Neusilber genannt. Etwas später erschienen Alfenid und andere Ersatzlegierungen für Silber, alle unter Verwendung von Nickel.

Während des ersten Weltkrieges mußten oft Kriegsschiffe, obgleich sie nicht an Gefechten teilgenommen hatten, für lange Zeit ins Dock zur Reparatur. Der Grund für den Ausfall dieser Schiffe war »die Sabotagetätigkeit« des Meerwassers, welches buchstäblich die Rohre der Wärmetauscher der Schiffskessel auffraß. Es war darum dringend notwendig, eine geeignetere Legierung für diese gefährdeten Rohre zu finden. Während sich die Wissenschaftler mit der Lösung dieses Problems beschäftigten, ging der Krieg zu Ende. Die Frage wurde jedoch nicht von der Tagesordnung abgesetzt. Erst 1926 gelang es, eine Kupfer-Nickel-Legierung zu schaffen, die dem Meereswasser standhielt. Jahre danach waren alle französischen Schiffe und später auch die der Flotten anderer Länder mit den neuen Kondensatorrohren ausgerüstet. Jetzt brauchten die Matrosen nicht mehr zu fürchten, daß die Rohre in kritischen Momenten versagen würden.

Die Zahl der Legierungen, die Nickel enthalten und heute breite Anwendung in der Technik, im Haushalt und im Juwelierhandwerk finden, übersteigt 3000! Monelmetall wird erfolgreich im chemischen Maschinenbau und im Schiffsbau verwendet. Nickel-Chrom-Spiralen verwendet man in Heizgeräten und Elektrowiderstandsöfen. Neusilber wird zur Konstruktion verschiedener Geräte und Apparate eingesetzt. In der Feinmechanik wird für die Herstellung von Lehren und Endmaßen »Invar« verwendet, eine Legierung mit sehr geringem Ausdehnungskoeffizienten. Bei der Erwärmung von 0 auf 40 Grad Celsius vergrößert sich sein Volumen im Vergleich zum Ausgangszustand nur um den millionsten Teil. Platinit dient als Ersatz für das teuere Platin, wenn es notwendig ist, Metall in Glas einzuschmelzen (Spritzen, elektrische Lampen usw.).

Die elastische Legierung Elinvar ist ein ausgezeichnetes Mineral für Federn, insbesondere Uhrenfedern. Gute hartmagnetische Eigenschaften haben solche Legierungen wie Alnico, Alni und zahlreiche andere. Permalloy weist nach einer besonderen thermomechanischen Behandlung eine ungewöhnlich hohe magnetische Permeabilität auf und ist leicht ummagnetisierbar, auch in schwachen magnetischen Feldern. Diese Legierung findet in der Telefon- und Radiotechnik Anwendung. Für die Herstellung von Thermoelementen benutzt man das Thermometer Chromel-Alumel. Aus Legierungen, die bis zu 75 Prozent Nickel enthalten, werden Turbinenschaufeln angefertigt, zum Beispiel für die TU 104.

Vor einigen Jahren entwickelten Wissenschaftler eine neue Legierung. Sie wurde nach den Anfangsbuchstaben der drei darin enthaltenen Elemente Nicosi genannt (94 % Nickel, 4 % Kobalt, 2 % Silizium). Versuche zeigten, daß mit ihrer Hilfe leistungsfähige Ultraschallgeber hergestellt werden können.

Aus unserem Leben sind Transistorempfänger nicht mehr wegzudenken. Bequem und handlich sind sie, die ständigen Begleiter der Touristen. Aber welch ein Unglück, wenn aus dem kleinen Plasteschächtelchen anstelle der bezaubernden Musik ein heiseres Röcheln und Pfeifen ertönt. Woran liegt das? Schuld daran sind in diesem Fall die Transistoren. Der Prozeß ihrer industriellen Herstellung ist schwierig und mühselig, besonders wenn es sich um das Herz des Transistors, eine Legierung des Germaniums, handelt. Hier ist äußerste Genauigkeit im Hinblick auf den Zusatz von Spuren anderer Elemente in der Größenordnung von 0,001 Prozent notwendig. Wenn diese »Dotierung« nicht genau gelingt, erhalten wir das obengenannte Resultat. Aber vor nicht allzulanger Zeit stellten die Wissenschaftler fest, daß der Transistor nicht so anfällig ist, wenn man ihm etwas Nickel zusetzt. Auf diesem Wege kann man viele wichtige Eigenschaften von Halbleitergeräten regulieren.

Sehr bekannt wurde Nickel auch durch seine Fähigkeit, andere Metalle vor der Oxydation zu schützen. Das Vernickeln verleiht den Teilen nicht nur Schutz gegen Korrosion, sondern gibt ihnen auch ein angenehmes Aussehen. Den freundlichen Glanz von Kasserollen, Kaffeemaschinen und Samowaren verdanken wir auch dem Nickel, das in dünner Schicht die Oberflächen vieler Gegenstände des Alltags bedeckt. Die ersten Versuche, Nickel als Überzug zu verwenden, wurden 1842 von dem deutschen Forscher R. Böttger durchgeführt. Es gelang ihm jedoch nicht, sein Ziel zu erreichen, weil das Nickel, über das man zur damaligen Zeit verfügte, fremde Beimengungen enthielt, die auf galvanischem Wege mit in die Schicht eingebracht wurden. Heute werden sehr viele Gegenstände aus Eisen oder Stahl durch dünne Nickelschichten zuverlässig vor Korrosion bewahrt.

Von den Verbindungen des Nickels hat auch das Oxid große Bedeutung. Es wird für die Herstellung basischer Eisen-Nickel-Akkumulatoren verwendet. Sie übertreffen die Blei-Akkumulatoren nicht in der Leistung, sind aber vorteilhafter im Hinblick auf ihre Masse, auf ihre längere Haltbarkeit und die einfachere Wartung.

Vor Jahren konstruierte eine amerikanische Firma einen leichten Rasierapparat mit Spezialantrieb. Drei Nickel-Kadmium-Batterien dienen als Energiequelle. Wie die amerikanische Presse versichert, ist die Raumfahrt an der Neuentwicklung interessiert. Es wurde vorgeschlagen, daß die Astronauten diesen Rasierapparat auf ihre Expedition zum Mond mitnehmen sollten!

Lange Zeit konnten die Ärzte nicht hinter die Ursachen allergischer Erkrankungen kommen, deren Zahl in der letzten Zeit überall in der Welt anwächst. Erst kürzlich stellten Moldauer Mediziner fest, daß im Blut von Kranken, die an Asthma und Schnupfen leiden, das Mehrfache an Nikkel und Blei enthalten ist als im Blut gesunder Menschen. Der Gehalt an anderen Mikroelementen ist ungefähr gleich. Diese interessante Entdeckung wird den Ärzten helfen, den Mechanismus der Entstehung allergischer Krankheiten zu erkennen. Darüber hinaus wird sie ihnen die Diagnose erleichtern und die Anwendung neuer Heilverfahren ermöglichen.

Im Periodensystem der Elemente liegt das Nickel in einer Reihe mit Eisen und Kobalt. In vielem einander ähnlich, bilden diese Elemente eine sogenannte Triade. Interessant ist, daß von den 104 derzeitig bekannten Elementen unter normalen Bedingungen nur die Eisentriade ferromagnetische Eigenschaften hat. Diese »Cliquenwirtschaft« bereitet den Metallurgen manche Sorgen. So ist zum Beispiel die Trennung von Nickel und Kobalt eine schwierige Aufgabe. Auch Kupfer, der andere Nachbar des Nickels im Periodischen System, trennt sich nur ungern von ihm. Auch in der Natur treten Kobalt, Kupfer und Nikkel zusammen auf. Die Trennung dieser Elemente ist ein schwieriger, mehrstufiger Prozeß. Nickel ist deshalb eines der teuersten und nur in begrenztem Umfang verfügbaren industriellen Metalle.

In der Erdrinde sind 0,008 Prozent Nickel enthalten. Das ist nicht wenig. Die gesamte Menge wird ungefähr auf 10^{15} Tonnen geschätzt. Nehmen wir an, jemand käme auf die Idee, unseren Planeten zu vernikkeln. Würden unsere Nickelvorräte dafür reichen? Eine einfache Rechnung zeigt,

daß sie nicht nur ausreichen würden, sondern daß damit etwa 20 000 solcher »Kügelchen« vernickelt werden könnten. Die Erdrinde ist aber nur eine dünne Schale, unter der sich eine weitaus größere feste Schicht befindet, deren Nickelgehalt beträchtlich höher ist.
Im Hinblick auf erkundete Nickelvorräte steht die Sowjetunion an erster Stelle in der Welt. In einigen Fällen sind die Geologen bei ihren Erkundungen mit Hilfe von Hunden auf Bodenschätze gestoßen. Schon vor einigen Jahren führten die Forscher des Geologischen Instituts der karelischen Filiale der Akademie der Wissenschaften der UdSSR erfolgreiche Experimente mit vierbeinigen Erzsuchern durch. Zwei Spürhunde, ein Foxterrier und ein Spaniel, reagierten wie feinfühlige Geräte auf Eisen- und Kupfererze, die in der Tiefe von einigen Metern lagen. Heute arbeiten Sews, Irbit, Dik und Pirat bei geologischen Erkundungen mit, um die genauen Plätze für die Bohrungen festzulegen. In letzter Zeit setzten einige Forscher auch Hunde für die Suche von Nickelerz ein. »Sind das nicht recht primitive Verfahren für das 20. Jahrhundert?« werden manche der Leser denken. Urteilen wir nicht zu voreilig. Unter den Bedingungen der nördlichen Sümpfe ist die geologische Erkundung sehr schwierig und aufwendig. Die vierbeinigen Freunde haben einen viel größeren Aktionsradius und können an Orte vordringen, die für den Menschen nicht erreichbar sind.
Unter den kapitalistischen Ländern steht in der Förderung von Nickelerz Kanada an erster Stelle. Vor nicht allzulanger Zeit wurde in der Nähe des Ontariosees, wo sich eine der größten kanadischen Lagerstätten befindet, die vielleicht größte industrielle Sprengung der letzten Jahre durchgeführt. Die Vorbereitung dafür dauerte mehrere Jahre. In den Felsen wurden 17 000 Bohrlöcher mit einer Gesamtlänge von einigen Dutzend Kilometern gebohrt. Die eingesetzte Menge an Explosivstoff erforderte einen Eisenbahnzug mit 30 Waggons! Die »Mammutexplosion«, wie sie die Kanadier nannten, jagte 0,5 Millionen Tonnen Felsgestein und 3,5 Millionen Tonnen Nickelerz in die Luft.

Im Gegensatz zur Erde, wo man das Nickel nur in Verbindung mit anderen Elementen antrifft, verfügen viele Himmelskörper über reines Nickel. Wenn wir einen Stern vom Himmel holen könnten, würden wir in ihm das Nickelisotop Ni 80 finden (auf der Erde existiert dieses Element in Form von fünf leichteren Isotopen). Die Dichte des Erdnickels beträgt 8,9 g/cm^3. In den Sternen, wo die Dichte der Materie sehr hoch ist, wiegt ein Kubikzentimeter Nickel einige Tonnen!

In ziemlich großen Mengen fällt kosmisches Nickel auf unsere Erde. Sowjetische Wissenschaftler schätzen, daß jährlich auf einen Quadratkilometer der Erdoberfläche 250 Gramm Nickel in Form von Meteoriten gelangen. Nach letzten Feststellungen mit Hilfe von Sputniks nimmt die Erdatmosphäre jährlich 100 000 Tonnen interplanetaren Staub auf. Dies geschieht besonders in der Zeit des »Meteoritenregens«.

Unsere Erzählung über Nickel, das den Namen des Berggeistes trägt, geht zu Ende. Es kann sein, daß irgendwann die Gerechtigkeit triumphiert und Nickel »guter Geist« genannt wird. Aber was bedeutet schon der Name, den ein Metall trägt? Hauptsache ist, daß es den Menschen großen Nutzen bringt.

Das älteste und verdienstvollste – Kupfer

Cu

Die Schätze des grauen Ural · Das Erbe der Neandertaler · »Die glorreichen 7« · Die Steinzeit wird abgelöst · Zum Bau der Cheops-pyramide · Das beste Geschenk für Frauen · Die Alchimistenpriester Das Siegesschild des Achill · Das Weltwunder in den Schrott? · Die Bar im Kopf · »Nimm Schafskäse ...« · Grüne Ringe unter den Augen · »Kanonenhütte« · Die Geistlichen trennen sich von den Glocken · »Kupferaufruhr« · Karpfen müssen behütet werden · Zwerge bei der Arbeit

Unzählige Schätze wunderschöner Edelsteine birgt der alte Ural in seinem Inneren. Aber wahrscheinlich sind mit keinem so viele Legenden und Märchen verbunden wie mit Malachit. Unter den goldenen Händen kunstfertiger Steinschleifer haben sich schon unzählige dieser wunderbaren grünen Steine mit ihren unnachahmlichen Ornamenten in herrliche Kunstgegenstände verwandelt. Von alters her waren sie ein begehrter Artikel für russische und ausländische Kaufleute.

Vielleicht weiß nicht jeder, daß Malachit ein Kupfermineral ist, ein Mineral des Metalls, mit dem die Geschichte der Zivilisation untrennbar verbunden ist.

Erinnern wir uns an das schreckliche Bild, das Akademiemitglied A. E. Fersman entwarf, um zu zeigen, was geschehen würde, wenn die Menschheit kein Eisen mehr besäße. Und was würde geschehen, wenn es morgen kein Kupfer mehr gäbe? In der Tat, Kupfer ist neben Eisen eines der wichtigsten Metalle. Es begleitet den Menschen auf Schritt und Tritt. Im Hinblick auf die Weltproduktion und auf den Verbrauch nimmt Kupfer unter den Metallen beständig den dritten Platz ein. Es wird nur von Eisen und Aluminium übertroffen. Dennoch scheint es, daß wir einen Rückgang des Kupfers erleben werden; denn das 20. Jahrhundert verwöhnte die Menschheit mit verschiedenen Metallen, die sich durch die erstaunlichsten und vielfältigsten Eigenschaften auszeichnen. Unseren in Höhlen lebenden Vorfahren wäre es allerdings ohne das Kupfer schlecht ergangen. Für sie war es das einzige erreichbare Metall, woraus sie haltbare Waffen, Arbeitsgeräte und Gebrauchsgegenstände herstellen konnten. Zu ihrer Verfügung standen natürlich noch andere Materialien, wie beispielsweise Stein, aber sie erkannten schon früh, wie sehr Werkzeuge aus Stein denen aus Metall unterlegen waren. Die Verwendung von Steinwerkzeugen und -waffen ist kennzeichnend für die ältesten Zeiten der Menschheitsgeschichte. Solche Gegenstände sind beispielsweise als Hinterlassenschaft der Neandertaler in den ethnographischen Museen zu sehen.

Kupfer gehört zusammen mit Gold, Silber, Eisen, Zinn, Blei und Quecksilber zu den »glorreichen 7«, das heißt zu denjenigen Metallen, die bereits den Menschen im Altertum bekannt waren. Man kann annehmen, daß die Bekanntschaft des Menschen mit dem Kupfer ungefähr 10 Jahrtausende zurückreicht. Freilich war sie am

Anfang nur recht lose, aber nach zwei bis drei Jahrtausenden, einem verhältnismäßig kurzen Zeitraum in der Geschichte, nahm Kupfer einen festen Platz im Leben der Menschen ein und verdrängte den Stein als Werkstoff. Das Steinzeitalter wurde vom Zeitalter des Kupfers abgelöst.
Warum war Kupfer das erste Metall, das in die Hände des Menschen kam? Warum spielt es eine solch wichtige Rolle in der Entwicklung der menschlichen Gesellschaft? Aus der Familie der prähistorischen Metalle kommen auf der Erde nur drei, Gold, Silber und Kupfer, in gediegenem Zustand, das heißt in Form von Metallstükken vor. Diese Metallklumpen sind manchmal sehr groß. Das größte Stück gediegenen Kupfers wog 420 Tonnen. Gold und Silber gelangten viel seltener in die Hände unserer Vorfahren, sie wurden deshalb als Kostbarkeiten gehütet.
Kupfer ist in der Natur weit verbreitet. Es läßt sich gut schmieden und vergleichsweise leicht bearbeiten. Vor allem deshalb bevorzugte der Mensch das Kupfer als Material für seine Waffen und Werkzeuge. Obwohl es im Vergleich zu Stein weniger hart ist, war es für diese Verwendung günstiger, denn ein stumpf gewordenes Werkzeug aus Kupfer konnte man wieder anschleifen und wieder verwenden.
Im dritten Jahrtausend vor unserer Zeitrechnung wurde in Ägypten eines der sieben Weltwunder errichtet, die Cheopspyramide. Dieses berühmte Grabmal des Pharao ist aus 2 300 000 Steinblöcken zusammengesetzt. Jeder dieser Steine wiegt 2,5 Tonnen, und wahrscheinlich wurden alle mit kupfernen Werkzeugen gewonnen und bearbeitet.

Nach und nach lernte der Mensch, Kupfer aus Erzen zu erzeugen. Besonders bekannt waren die Kupfergruben auf der Insel Zypern. »Cuprum« ist deshalb der lateinische Name für Kupfer. Die russische Bezeichnung »Med« geht nach Meinung einiger Forscher auf das Wort »Smita« zurück. Das war bei den alten Völkern, die den europäischen Teil Rußlands besiedelten, die allgemeine Bezeichnung für Metall.
Von besonderer Bedeutung für die gesellschaftliche Entwicklung wurde die Entdekkung der Bronze, einer Legierung aus Kupfer und Zinn. Das »Zeitalter des Kupfers« wurde durch die Bronzezeit abgelöst, die eine entscheidende Epoche in der Entwicklung der Weltkultur auf unserem Planeten darstellt. Lange Zeit fertigte man aus Bronze nur Luxusgegenstände und Schmuck. So wies eine Reklame im alten Ägypten darauf hin, daß ein Bronzespiegel das beste Geschenk für eine Frau sei.

Das Wort Bronze geht auf die italienische Stadt Brindisi am Ufer des adriatischen Meeres zurück. Diese Hafenstadt war berühmt durch ihren Kupferhandel.
Die Ägypter waren wahrscheinlich die ersten Alchimisten in der Geschichte der Wissenschaft. Eine alte, in einem Grabmal gefundene Handschrift enthält das Geheimnis der »Erzeugung von Gold aus Kupfer«. Danach mußte man dem Kupfer lediglich Zink zugeben, um Gold zu machen. Die Legierung dieser beiden Elemente, das Messing, sieht tatsächlich dem Gold ähnlich. Das vermeintliche Gold war aber mit einem Mangel behaftet. Auf seiner Oberfläche erschien ein grüner »Ausschlag« (im Unterschied zum Gold unterliegt Messing der Korrosion). Um diese Krankheit zu beseitigen, war es nach Meinung der Priester notwendig, eifrig zu beten sowie zuverlässige Beschwörungen zu beherrschen.
Kupfer und Bronze waren nicht nur den alten Ägyptern, sondern auch den Indern, Assyrern, Römern und Griechen bekannt. Homer beschrieb in seiner Ilias, wie der antike Gott der Schmiede, Hephaistos, aus Kupfer den Siegesschild des trojanischen Helden Achill schmiedete.
Schon in alter Zeit waren Kupfer und Bronze als Material für die bildende Kunst geschätzt. Bereits im 5. Jahrhundert vor unserer Zeitrechnung hat man Bronzestatuen gegossen. Einige von ihnen hatten gigantische Ausmaße. Am Anfang des 3. Jahrhunderts vor unserer Zeitrechnung wurde beispielsweise der Koloß von Rhodos geschaffen. Er war eine Sehenswürdigkeit der alten Hafenstadt Rhodos an der Küste des Ägäischen Meeres, eine 32 Meter hohe Statue des Sonnengottes Helios, die zu den sieben Weltwundern zählte. Sie erhob sich als gewaltiger Bogen über dem Eingang zum Innenhafen. Auch große Schiffe konnten mit vollen Segeln die Einfahrt passieren. Leider existierte das großartige Werk des antiken Bildhauers Chares nur wenig mehr als ein halbes Jahrhundert. Bei einem Erdbeben wurde die Statue zerstört und später als Metallschrott nach Syrien verkauft. Man sagt, die Behörden von Rhodos hätten die Absicht, dieses Weltwunder in ihrem Hafen als Touristenattraktion wieder aufzubauen. Die Auferstehung des Koloß von Rhodos wird jedoch in Aluminium erfolgen. Im Kopf des Giganten wird sich – wie im Projekt verzeichnet – eine Bar befinden.
Große Meister im Bronzeguß waren die Japaner. Eine riesengroße Buddhafigur im Tempel zu Todaiji, die im 8. Jahrhundert geschaffen wurde, wiegt mehr als 400 Tonnen. Eine solche Statue zu gießen, erforderte wahre Meisterschaft.
Bis in unsere Zeit blieben einmalige Skulpturen aus Bronze erhalten, die vor vielen Jahrhunderten geschaffen wurden: »Mark Aurel«, »der Diskuswerfer«, »der schlafende Satyr« und andere. Alle zeugen davon, daß in der Kunst der alten Welt die Bronze eine wichtige Rolle spielte. Und auch später war diese Legierung ein wichtiges Material der Bildhauer. Erinnern wir uns nur an den berühmten kupfernen Reiter, das unsterbliche Werk des Franzosen E. M. Falconet!
Seit sehr langer Zeit sind neben dem Kupfer und seinen Legierungen auch Verbindungen dieses Elements bekannt. Der englische Chemiker H. Davy fand bei Untersuchungen einer hellgrünen Farbe auf alten Fresken Kupferazetat, bekannt unter der

Bezeichnung »Grünspan«. Ein altes russisches Rezept für seine Herstellung lautete folgendermaßen: Nimm Schafskäse, gesäuerten Met, bringe beides in ein Kupfergefäß und fülle Kupferpulver dazu. Dann verschließe den teigigen Brei mit einem Deckel und stelle das Gemisch zwei Wochen auf den Ofen. Das war alles! Grünspan wurde auch in den Malereien der Thermen des römischen Imperators Titus und in den Wandmalereien von Pompeji gefunden.

Unter den Waren, mit denen in alter Zeit alexandrinische Kaufleute handelten, war das sogenannte »Kupfergrün« sehr populär. Mit Hilfe dieser Farbe malten sich die modischen Damen grüne Ringe unter die Augen. Das war damals ein Zeichen guten Geschmacks! Nun, die Geschichte wiederholt sich, und wer weiß, ob nicht morgen eine solche Schminke aufs neue in Mode kommt.

Auf dem Territorium der Sowjetunion begann der Kupferbergbau etwa zwei Jahrtausende vor unserer Zeitrechnung. Bei Ausgrabungen im Kaukasus, in Sibirien und im Altai wurden Kupfermesser, Schilde, Pfeilspitzen, Bronzehelme und andere Gegenstände gefunden, die dem 8. bis 6. Jahrhundert vor unserer Zeitrechnung angehören. Die ersten Versuche zur industriellen Erschmelzung von Kupfer fallen in den Anfang des 13. Jahrhunderts, als im Norden des Landes, ungefähr im Gebiet des heutigen Archangelsk, Kupferlagerstätten entdeckt wurden.

Zu Beginn des 16. Jahrhunderts wurden in Moskau in sogenannten »Kanonenhütten« und »Kanonenhöfen« bronzene Waffen verschiedener Kaliber gegossen. Im Waffenguß erreichten die russischen Meister große Fertigkeiten. Meisterwerke der Gießkunst jener Tage waren die 40-t-Zarenkanone, die im Jahre 1586 von A. Tschochow aus Bronze gegossen wurde, und die bronzene Zarenglocke mit einem Gewicht von mehr als 200 Tonnen, die beide im Moskauer Kreml zu bewundern sind. Letztere wurde 1735 von den Glockengießern Vater & Sohn Matorin gegossen und war für den Glockenturm Iwans des Großen bestimmt. Dieses hochragende Denkmal der Architektur des 16. Jahrhunderts ist übrigens mit vergoldeten Blechen aus reinem Kupfer bedeckt.

Während der Rekonstruktion der Basilius-Kathedrale in Moskau wurde die Eisenkuppel durch eine völlig gleiche Kuppel aus Kupfer ersetzt. Dieser Wechsel war erforderlich geworden, weil sich das Mikroklima in der Hauptstadt inzwischen geändert hatte, so daß die eiserne Kuppel langsam durchrostete.

Rußland litt unter beständigem Kupfermangel. Besonders deutlich wurde dies im Krieg gegen Schweden. In diesem Zusammenhang ist es interessant festzustellen, daß Rußland im Laufe des gesamten Krieges Kupfer und Eisen aus Schweden erhielt.

In der Schlacht bei Narwa im Jahre 1700 bereiteten die Schweden den russischen Streitkräften eine schwere Niederlage. Peter I. erkannte, daß er vor allem eine starke Artillerie benötigte. Deshalb befahl er, in den Kirchen die Bronzeglocken und andere Kupferteile zu requirieren. Trotz des Widerstands der Geistlichen verwendete der Zar die sämtliche Bronze für den Krieg. Die Schlacht bei Poltawa gab Peter I. recht. Die schwedischen Streitkräfte, die nur über vier Geschütze verfügten, wurden

im Feuer der 72 russischen Bronzekanonen vernichtet. Die Niederlage der Schweden hatte außerordentliche Bedeutung für die weitere Entwicklung der russischen Wirtschaft.

Nach dem Sieg von Poltawa setzte Peter I. seine Reformen fort. Um den Binnenhandel zu beleben, war ein Münzmetall notwendig, das billiger war als Silber, trotzdem aber als Valutametall für den Außenhandel dienen konnte. Und wieder mußten die Glocken herhalten. Diesmal wurden sie nicht zu Kanonen umgegossen, sondern zu Kupfergeld verarbeitet.

In den folgenden Jahren entwickelte sich die Kupferproduktion in Rußland beständig weiter. Es entstanden viele Kupferhütten im Ural und im Altai. Am Ende des 19. Jahrhunderts wurde auch im Kaukasus und in Kasachstan Kupfer erschmolzen, und im hohen Norden (im früheren Gouvernement Jenissei) entstand eine Kupfermetallurgie. Aus der Zeit des Aufbaues dieser Hütten stammt eine interessante Geschichte. Es war schon länger bekannt, daß es auf Taimir Kupfererze gab. Der Bau einer Kupferschmelzhütte war aber wegen der teueren Baumaterialien, insbesondere der Ziegelsteine, sehr schwierig. Aus diesem Grunde dachte sich 1863 der Kaufmann Kiprian Sotnikow einen geschickten Trick aus. Er bat den Gouverneur um die Genehmigung zum Bau einer Holzkirche im Dorf Dudinka. Es war klar, daß der Gouverneur dem »Diener Gottes« diese heilige Bitte nicht abschlagen konnte. Der Kaufmann erhielt die entsprechende Genehmigung. Der Spaß war nun folgender: Die Kanzlei des Gouverneurs wußte nicht, daß in Dudinka bereits eine Kirche aus Stein existierte. Der unternehmungslu-

stige Kaufmann ließ schnell eine Holzkirche bauen und die Kirche aus Stein abreißen. Auf solch schlaue Art beschaffte er sich das Steinmaterial für den Bau eines Kupferschachtofens. Dieser war der »Urgroßvater« des gigantischen buntmetallurgischen Kombinats in Norilsk, das kurz vor dem Großen Vaterländischen Krieg in Betrieb genommen wurde.
Zu Beginn des 20. Jahrhunderts waren fast $^3/_4$ der Kupferproduktion Rußlands in der Hand ausländischer Kapitalisten. 1913 wurden lediglich 17 000 Tonnen Raffinadekupfer erzeugt. Diese deckten in keiner Weise den Bedarf des Landes. Im Bürgerkrieg und während der Intervention der Entente ging die Produktion fast auf Null zurück. Viele Kupferhütten wurden zerstört oder stillgelegt. Es gab keine Arbeitskräfte, kein Material und keinen Brennstoff. In diesen schweren Jahren machte ein englischer Industrieller der Sowjetunion ein großzügiges »Hilfsangebot«: Er wollte das zur damaligen Zeit ergiebigste Kupferbergwerk wieder aufbauen, stellte aber unannehmbare Bedingungen. W. I. Lenin erteilte ihm eine kategorische Absage. Die Gier des Engländers nach dem russischen Kupfer war jedoch groß, und er unterbreitete der sowjetischen Regierung einen neuen Vorschlag. Er wollte die Kirgisische Steppe »erkunden«, da sie ja ohnehin in den nächsten 50 bis 100 Jahren nicht erschlossen würde. Aber die Verantwortlichen der sowjetischen Industrie beschlossen, den Wiederaufbau ihrer Industrie selbst in die Hand zu nehmen. Da für die Verwirklichung des Leninschen Planes GOELRO[1]) sehr viel Kupfer notwendig war, wurden die Wiederherstellung der alten und der Aufbau neuer Kupferhütten vordringlich in Angriff genommen. Bereits 1928 (und nicht nach 50 oder 100 Jahren) begann im Gebiet von Balchasch in Kirgisien die zielgerichtete

[1]) Plan zur Elektrifizierung des Landes

geologische Erkundung. Und gerade in diesem Gebiet, auf das es die Engländer abgesehen hatten, fanden die Geologen Kupfer. 1932 begann der Bau von »Kupfermagnitka«, dem Balchaschkier Berg- und Hüttenkombinat. Der Bau fand unter schwierigen Bedingungen statt. Nicht selten waren die einzigen Transportmittel Kamelkarawanen, die Lasten bis zu 400 Kilometer weit transportierten. Aber der Enthusiasmus der Menschen überwand Schwierigkeiten und Entbehrungen. 1938 wurde das erste Kupfer in Balchasch erzeugt.

In den Jahren des ersten Fünfjahrplans und in der nachfolgenden Zeit wurden viele andere Kupferhütten in Betrieb genommen. Heute ist die Kupferindustrie ein führender Zweig der Buntmetallurgie in der UdSSR.

In welchen Bereichen der modernen Technik verwendet man Kupfer? Die wichtigste Eigenschaft des Kupfers ist seine ausgezeichnete Leitfähigkeit für elektrischen Strom und Wärme. Nur Silber hat bessere Werte aufzuweisen, aber dieses Metall ist teuer und kann deshalb nicht in größerem Umfang angewendet werden. Dagegen übertrifft die elektrische Leitfähigkeit des Kupfers die des Eisens um das 5fache, des Aluminiums um das 1,5fache, des Zinks um das 3fache und des Titans um das 30fache. Deshalb bezeichnet man mit Recht Kupfer als das Metall der Elektrotechnik. Kupfer findet man in Elektro- und Fahrzeugmotoren, in Fernsehapparaten, Radioempfängern, komplizierten elektronischen Anlagen und in Metallverarbeitungsmaschinen. Aus Kupfer fertigt man Teile chemischer Apparate, aus Kupferlegierungen Werkzeuge für die Arbeit mit explosionsgefährdeten und leicht entzündbaren Stoffen, bei der es gefährlich ist, den »funkensprühenden« Stahl anzuwenden.

Die Zahl der Kupferlegierungen, die in verschiedenen Zweigen der Industrie verwendet werden, steigt ständig. Wenn vor ungefähr 30 bis 40 Jahren mit Bronze nur Legierungen von Kupfer und Zinn bezeichnet wurden, so sind heute bereits Aluminium-, Blei-, Silizium-, Mangan-, Beryllium- und Kadmiumbronzen bekannt. Aus Aluminiumbronze, einer Legierung des Kupfers mit ungefähr 5 Prozent Aluminium, stellt man beispielsweise Münzen her.

Kupfermünzen wurden in Rußland erstmalig in der Mitte des 17. Jahrhunderts eingeführt. Dieses Ereignis rief 1663 in Moskau einen Aufstand hervor, der als »Kupferaufruhr« in die Geschichte eingegangen ist. Unmittelbarer Anlaß für den Aufstand war der Austausch des Silbergeldes gegen das Kupfergeld, wodurch die Preise für Brot und andere Lebensmittel anstiegen. Die Unzufriedenheit des Volkes hatte jedoch auch noch andere Ursachen: der aufreibende und lange andauernde Krieg mit Polen und Schweden, der außerordentliche Mangel an Lebensmitteln infolge häufiger Mißernten und die starke Belastung durch Steuern. Es gelang dem Zaren, den »Kupferaufruhr« niederzuschlagen. Er rechnete grausam mit den Aufständischen ab. Einige hundert Menschen wurden erschlagen, erhängt oder ertränkt, einige tausend in Haft genommen und mehr als 1000 nach Sibirien und Astrachan verbannt.

Eine andere große Gruppe von Legierungen auf Kupferbasis sind die Messinge. Wie bereits erwähnt, enthalten sie Zink als

zweite Hauptkomponente. Der Zusatz anderer Elemente gestattet es, Messinge mit verschiedenartigen Eigenschaften herzustellen.
In der letzten Zeit wurde Kupfer aus einigen Anwendungsgebieten durch andere Metalle, vor allem durch Aluminium, verdrängt. In vielen Ländern wurde das Kupfer in den Hochspannungsleitungen durch Aluminium ersetzt. Man erwartet, daß in den nächsten Jahren vor allem die Kunststoffe mit dem Kupfer konkurrieren werden. Die Tendenz, für Kupfer Ersatz zu finden, kann vielfach damit erklärt werden, daß es nicht in genügendem Umfang zur Verfügung steht. Deshalb wird in der Sowjetunion der Erkundung neuer Lagerstätten besondere Aufmerksamkeit gewidmet. In den letzten Jahren waren hervorragende Erfolge zu verzeichnen.
Aus dem Wirkungsbereich des Kupfers verdient noch ein Gebiet besondere Aufmerksamkeit. Kupfer gehört zu den sogenannten Bioelementen, die für die normale Entwicklung pflanzlicher und tierischer Organismen notwendig sind. Es wirkt als Beschleuniger chemischer Prozesse im Inneren der Zelle. Enthalten die pflanzlichen Gewebe kein oder zu wenig Kupfer, verringert sich der Gehalt an Chlorophyll. Das Laub der Pflanze wird welk; sie wird unfruchtbar und verkümmert. Nicht zufällig wird Kupfervitriol in weitem Umfang in der Landwirtschaft verwendet. Von den Vertretern der Tierwelt enthalten Achtfüßler, Tintenfische, Austern und andere Weichtiere die größte Kupfermenge. Auch im Blut der Krebstiere und Kopffüßler ist Kupfer zu finden, und zwar im Atmungspigment, dem Hämocyanin (0,33 bis 0,38 %). Es spielt dort dieselbe Rolle wie Eisen im Blut der anderen Lebewesen. Indem es sich mit dem Sauerstoff der Luft verbindet, wird Hämocyanin blau (deshalb haben Schnecken auch »blaues Blut«). Bei Abgabe des Sauerstoffs an die Gewebe entfärbt es sich wieder. Bei höheren Lebewesen und beim Menschen ist Kupfer hauptsächlich in der Leber enthalten. Der Organismus des Menschen verbraucht täglich etwa 0,005 Gramm dieses Elementes. Befindet sich zu wenig Kupfer in der Nahrung des Menschen, so können sich Anämien entwickeln. Vielleicht schreiben deshalb viele Völker dem Kupfer heilsame Eigenschaften zu. Die Nepalesen zum Beispiel zählen Kupfer zu den Metallen, die die geistige Konzentrationsfähigkeit erhöhen, die Verdauung fördern und Magen-Darm-Krankheiten heilen. Kranken gibt man Wasser aus Gläsern, in denen einige Kupfermünzen liegen. Einer der nepalesischen Haupttempel heißt der »Kupferne«.
Polnische Wissenschaftler stellten fest, daß sich Karpfen in kupferhaltigen Gewässern durch besondere Größe auszeichneten. Sie nehmen an, daß Kupfer den Stoffwechsel fördert. In Teichen oder Seen, in denen kein Kupfer vorhanden ist, entwickeln sich schnell Pilze, die die Karpfen befallen.
Ein Verfahren zur Gewinnung von Kupfer steht in unmittelbarem Zusammenhang mit biologischen Prozessen. Am Anfang unseres Jahrhunderts wurden in den Vereinigten Staaten von Amerika – im Staate Utah – Kupfergruben entdeckt und ausgebeutet. Als die Gruben erschöpft waren, ließ sie der Besitzer unter Wasser setzen. Zwei Jahre später wurden die Gruben wieder leergepumpt. Die Salze des ausgeschöpften Wassers enthielten 12 000 Tonnen Kupfer. Ein

ähnlicher Fall ereignete sich in Mexiko, wo in einer vernachlässigten und aufgegebenen Grube schon nach einem Jahr 10 000 Tonnen Kupfer »ausgeschöpft« werden konnten. Woher kam dieses Kupfer? Die Wissenschaftler fanden die Antwort. Unter der großen Zahl von Bakterien gibt es welche, für die die Schwefelverbindungen des Kupfers einen Leckerbissen darstellen. Da Kupfer in der Natur im allgemeinen mit Schwefel zusammen vorkommt, haben diese Bakterien Interesse für Kupfererze. Die in Wasser unlöslichen Kupfersulfide werden unter Einwirkung der Mikroben oxydiert und in leicht lösliche Verbindungen umgewandelt. Die chemische Oxydation von Chalkopyrit mit nachfolgender Auslaugung von nur 18 Prozent Kupfer dauert 400 Tage. Mit Hilfe von Schwefelbakterien können bereits nach 35 Stunden 80 bis 90 Prozent des Metalls extrahiert werden. Besondere Bedeutung haben die Bakterien für das letzte Stadium der Ausnutzung der Gruben. Die ausgebeuteten Lagerstätten enthalten in der Regel noch 5 bis 20 Prozent Erz. Mit normalen Abbaumethoden aber ist die Gewinnung dieser Reste unökonomisch und manchmal überhaupt nicht möglich. Die Bakterien haben jedoch keine Mühe. Sie sammeln in den Kupferfriedhöfen das restliche Erz und machen es wasserlöslich.

Mikroorganismen können auch für die Aufarbeitung von Halden verwendet werden. Neben einer mexikanischen Lagerstätte erhoben sich gewaltige Abraumhalden von ungefähr 40 Millionen Tonnen. Ihr Kupfergehalt war sehr gering (0,2 Prozent). Sie wurden mit Abwasser des Schachtes berieselt, welches danach in unterirdische Reservoire abfloß. Aus jedem Liter dieses Wassers konnten drei Gramm Kupfer gewonnen werden. Bereits nach einem Monat wurden gewissermaßen »aus dem Nichts« 650 Tonnen Metall erzeugt.

Hydrometallurgische Prozesse haben eine große Perspektive. Schon heute ist die unterirdische Auslaugung ein sehr billiges Verfahren zur Erzeugung von Kupfer. Bergleute brauchen nicht unter Tage zu arbeiten, man braucht keine Fabriken für das Rösten und die Anreicherung der Kupfererze zu bauen. Alle diese schwierigen Arbeiten erfüllen Milliarden kleiner, eifriger »Metallurgen«. Gleichsam wie die Zwerge aus dem Märchen sind sie Tag und Nacht unermüdliche Helfer der Menschen bei der Gewinnung des so notwendigen und wertvollen Metalls.

Längst ist das Kupferzeitalter Geschichte, aber der Mensch wird sich noch lange nicht von seinem ältesten Freund unter den Metallen trennen.

»Die Bekleidung der Uranstäbe« – Zirkonium

Zr

Martin Klapproth teilt eine Entdeckung mit · Der Zwillingsbruder · Verluste in Säure · Keine Angst vor Überhitzung · Auf der Suche nach Anerkennung · Das Schicksal »der Brüder« · Für »Fremde« Zutritt verboten · Der Reaktor des Nautilus · Der Reichtum in den Halden · An den Ufern des Ozeans · Nernstsche Lampe · Was geschieht in Mont Louis? · Kein »Seltenes«

Als im Jahre 1789 der deutsche Chemiker Martin Klapproth, Mitglied der Berliner Akademie der Wissenschaften, eine der Variationen des Minerals Zirkon analysierte, entdeckte er ein neues Element, das er Zirkonium[1]) nannte. Schon in der Epoche Alexanders des Großen von Mazedonien war Zirkon wegen seiner schönen Färbung (golden, orange, rosa) als Edelstein bekannt. Die Bezeichnung des Minerals wird augenscheinlich vom arabischen Wort »Zargun« (golden) abgeleitet. Zirkon (auch Hyazinth genannt) verwendete man im Altertum nicht nur als Schmuck, sondern auch als Amulett, welches »das Herz anregt, Kummer und Sorgen vertreibt, Verstand und Ehre mehrt«.

In freier Form wurde Zirkonium erstmalig von dem schwedischen Chemiker J. J. Berzelius 1824 hergestellt. Zu jener Zeit gelang es aber noch nicht, reines Zirkonium zu erhalten. Die physikalischen Eigenschaften dieses Elements waren deshalb noch nicht bekannt. Wie viele andere wertvolle Metalle konnte auch Zirkonium anfangs keine geeignete »Beschäftigung« finden. Erst zu Beginn unseres Jahrhunderts gelang es den Forschern, von Verunreinigungen weitgehend freies Zirkonium zu erhalten und seine Eigenschaften sorgfältig zu erforschen. Es zeigte sich, daß Zirkonium einen ständigen Begleiter hat, das Hafnium, das sich mehr als 130 Jahre hinter dem Rücken seines »Bruders« vor den Chemikern versteckt hatte. Die Erklärung hierfür liegt in der Ähnlichkeit ihrer wesentlichsten chemischen Eigenschaften.

Reines Zirkonium ist äußerlich dem Eisen ähnlich, hat aber eine größere Festigkeit und hohe Plastizität. Besonders hervorzuheben ist seine außerordentliche Widerstandsfähigkeit gegen viele aggressive Medien. In dieser Hinsicht übertrifft es sogar solch beständige Metalle wie Niob und Titan. Nichtrostender Stahl verliert in 5prozentiger Salzsäure bei 60 Grad Celsius ungefähr 2,6 Millimeter im Jahr, Titan ungefähr einen Millimeter, Zirkonium aber 1000mal weniger. Besonders hoch ist die Beständigkeit von Zirkonium gegen Laugen. In dieser Hinsicht hält nicht einmal Tantal einem Vergleich stand, obwohl dieses Metall mit Recht als der verdienteste Kämpfer gegen die Korrosion bezeichnet werden kann. Dank seiner hohen Korro-

[1]) In der deutschsprachigen metallurgischen Literatur ist für das Metall Zirkonium auch der Kurzname »Zirkon« gebräuchlich. Um Verwechslungen aus dem Wege zu gehen, hält der Übersetzer sich an die amtliche Sprachregelung, wonach der Name Zirkon einem Mineral, Zirkonium dem darin enthaltenen Metall entspricht.

sionsbeständigkeit findet Zirkonium Anwendung in wichtigen Bereichen der Medizin, zum Beispiel der Neurochirurgie. Aus Legierungen des Zirkoniums fertigt man auch chirurgische Instrumente.

Nachdem festgestellt worden war, daß Zusätze von Zirkonium die Eigenschaften des Stahls wesentlich verbessern, erhielt es auch als Legierungselement Bedeutung. Es erhöht die Härte und Festigkeit des Stahls, verbessert gleichzeitig seine Bearbeitbarkeit, die Durchvergütbarkeit und die Schweißbarkeit, es wirkt vorteilhaft auf die Vergießbarkeit des Stahls, vermindert den Gehalt an sulfidischen Einflüssen und verleiht der Struktur Feinkörnigkeit. Baustähle mit Zusatz von Zirkonium weisen eine erhöhte Zunderbeständigkeit auf. So ist beispielsweise bei Stahl der Marke St 55, wenn er 0,16 bis 0,37 Prozent Zirkonium enthält, nach einer dreistündigen Haltedauer bei 820 Grad Celsius der Zunderanfall 6- bis 7mal geringer als bei Stählen, die nicht mit Zirkonium legiert sind.

Zirkonium erhöht auch die Korrosionsbeständigkeit von Baustählen. Wenn zum Beispiel Stahl der Marke 24 Mn 4 nach dreimonatigem Eintauchen in Wasser einen Gewichtsverlust von 16,3 Gramm auf einem Quadratmeter zeigt, so beträgt die »Abmagerung« des gleichen Stahls mit einem Zusatz von 0,19 Prozent Zirkonium nur 7,6 Gramm je Quadratmeter.

Zirkoniumhaltiger Stahl kann ohne Gefahr einer Überhitzung auf hohe Temperaturen erwärmt werden. Dadurch können technologische Prozesse, wie Schmieden, Pressen, die Wärmebehandlung und die Zementation von Stahl, viel intensiver gestaltet werden. Die dichte feinkörnige Struktur und die hohe Festigkeit zirkoniumhaltigen Stahles in Verbindung mit der guten Vergießbarkeit ermöglichen es, Stahlguß mit verringerter Wanddicke herzustellen und zu verwenden. So war es beispielsweise möglich, dünnste Versuchsteile mit einer Wanddicke von zwei Millimetern aus Stahl 40 Cr 4 mit Zirkonium-Zusatz zu gießen. Enthält dieser Stahl kein Zirkonium, sind Wanddicken unter 5 bis 6 Millimetern nicht möglich.

Zirkonium ist ein guter Bundesgenosse für

viele Buntmetalle. Zusätze zu Kupfer erhöhen die Festigkeit, ohne die elektrische Leitfähigkeit wesentlich zu vermindern. Eine hohe Festigkeit und elektrische Leitfähigkeit weisen auch Kupfer-Kadmium-Legierungen mit 0,35 Prozent Zirkonium auf. Der Zusatz von Zirkonium zu Aluminiumlegierungen erhöht merklich deren Festigkeit, Plastizität, Korrosionswiderstand und die Hitzebeständigkeit. Eine Steigerung der Festigkeit um das Doppelte wird durch Zusatz von 0,6 bis 0,7 Prozent Zirkonium bei Magnesium-Zink-Legierungen erreicht. Gegenüber technisch reinem Titan ist der Korrosionswiderstand von Titanlegierungen mit 14 Prozent Zirkonium in 5prozentiger Salzsäure bei 100 Grad Celsius um 70mal höher. 5 Prozent Zirkonium erhöhen die Härte des Molybdäns beträchtlich. Auch manganhaltigem Messing, Aluminium, Nickel und Bleibronzen wird Zirkonium zugesetzt.

Die Rolle, die Zirkonium als Legierungselement spielt, ist wichtig und bedeutungsvoll. Sie entspricht aber keineswegs den besonderen Eigenschaften und Fähigkeiten dieses wertvollen Elements. Seine »höhere Bestimmung« wurde gesucht und gefunden. Doch bevor wir darüber sprechen, besuchen wir noch einmal die Wiege des Zirkoniums, das Laboratorium von Martin Klapproth.

Der deutsche Chemiker Klapproth hatte 1789 nicht nur Zirkonium entdeckt, sondern auch das Element Uran, das in Wissenschaft und Technik des 20. Jahrhunderts eine so wichtige und bedeutende Rolle spielen sollte. Damals konnte weder Klapproth noch sonst jemand vorhersagen, wie sich das Schicksal der beiden »Brüder« gestalten würde. Fast ein halbes Jahrhundert gingen sie verschiedene Wege. Erst in unseren Tagen vereinigten sie sich wieder. Der Zusammenhang von Zirkonium und Uran wurde zunächst nur von Wissenschaftlern und Ingenieuren erkannt, die auf dem Gebiet der Kerntechnik arbeiteten. Dort ist, wie bekannt, »Fremden« der Zutritt verboten. Das Zusammentreffen der beiden Elemente fand in den Atomreaktoren statt, wo das Uran als Kernbrennstoff und Zirkonium als Hülle für die Uranstäbe verwendet wird. Um der Genauigkeit willen sei bemerkt, daß schon einige Jahre vorher amerikanische Forscher versuchten, Zirkonium als Material für die Kernreaktoren des Atomuntersee-

bootes »Nautilus« zu verwenden. Es wurde jedoch bald klar, daß es vorteilhafter ist, nicht die stationären Teile der aktiven Zone des Reaktors, sondern die Hülle der Brennstoffelemente aus Zirkonium anzufertigen. Die Wahl fiel nicht zufällig auf Zirkonium: Die Physiker wußten seit langem, daß es zum Unterschied von anderen Metallen für Neutronen durchlässig ist. Diese Eigenschaft aber muß ein Metall aufweisen, wenn es als Hülle für die Uranstäbe dienen soll. Es muß jedoch ergänzt werden, daß auch einige andere Metalle, zum Beispiel Magnesium, Aluminium und Zinn, ähnliche Eigenschaften aufweisen; im Vergleich zum Zirkonium haben sie aber einen niedrigeren Schmelzpunkt und sind nicht warmfest. Zirkonium schmilzt erst bei 1850 Grad Celsius und ist der thermischen Belastung in der Kerntechnik vollkommen gewachsen.

Zirkonium hat jedoch auch eine Schwäche, die seine Verwendung in der Kerntechnik gefährden könnte. Nur Zirkonium mit hoher Reinheit ist für Neutronen durchlässig. Meistens tritt es aber in Verbindung mit Hafnium auf. Dieses Metall könnte sogar wegen seiner chemischen Eigenschaften als Zwillingsbruder des Zirkoniums bezeichnet werden. Sein Verhalten zu den Neutronen ist aber völlig gegensätzlich. Hafnium verschlingt sie gierig (etwa 500- bis 600mal mehr als Zirkonium). Deshalb können schon homöopathisch kleine Dosen die Neutronendurchlässigkeit des Zirkoniums einschränken oder verhindern. Heute gibt es für die sogenannte »Reaktorreinheit« technische Festlegungen. Zirkonium darf nicht mehr als 0,02 Prozent Hafnium enthalten. Aber auch solche »Krümel« haben noch großen Einfluß auf die Neutronendurchlässigkeit; gegenüber reinem Zirkonium wird sie um das 6,5fache verringert.

Da die beiden Metalle in der Natur im allgemeinen zusammen vorkommen, ist die Erzeugung von hafniumfreiem Zirkonium eine außerordentlich schwierige Aufgabe. Dennoch nahmen sich Chemiker und Metallurgen dieses Problems an, da die Kerntechnik Zirkonium als Konstruktionsmaterial unbedingt benötigt. Als diese Aufgabe gelöst war, stand ein neues Problem auf der Tagesordnung. Es mußte erreicht werden, daß beim Schweißen von Konstruktionen aus reinstem Zirkonium keine Fremdatome in das Metall gelangen, da diese für den Durchgang der Neutronen wiederum Hindernisse darstellen würden.

Außerdem mußte das Schweißen so durchgeführt werden, daß die Gleichmäßigkeit des Metalls nicht gestört wird, das heißt, die Schweißnaht mußte dieselben Eigenschaften haben wie das geschweißte Material. Dies gelang mit Hilfe der Elektronenstrahlen. Reinheit und Genauigkeit des Elektronenstrahlschweißens erlaubten es, die Uranstäbe mit Zirkonium zu »bekleiden«. Mit dieser Entwicklung war ein schnelles Ansteigen der Produktion dieses Metalls verbunden. Im Zeitraum von 1949 bis 1959 stieg die Weltproduktion an Zirkonium um das 1000fache. Für die Gewinnung wurden auch die großen Halden von Zirkonsand genutzt, die früher als Abfallprodukte bei der Gewinnung anderer Bodenschätze anfielen. So wurden beispielsweise in Kalifornien bei der Goldwäsche große Mengen zirkonhaltigen Materials zu Tage gefördert, die aber wegen der mangelnden Nachfrage auf die Halde gefahren wurden. An der Küste des Staates Oregon wurde während des Krieges Chromit abgebaut. Das dabei gleichzeitig anfallende zirkonhaltige Taubgestein war für die Industrie nicht interessant und blieb deshalb vor Ort. Doch bald nach dem Krieg begann der Zirkoniumboom, und diese Halden wurden »fette Bissen«. Heute werden große Lagerstätten dieses wertvollen Elements in den Vereinigten Staaten von Amerika, Australien, Brasilien, Indien und einigen Ländern Südafrikas ausgebeutet. Ausgezeichnete Zirkoniumerze sind oft Ufersande. Über eine Länge von 150 Kilometern erstreckt sich eine solche Lagerstätte an der Küste Australiens. Auch die Sowjetunion verfügt über große Vorkommen an Zirkoniumerz.

Der Bedarf an Zirkonium wächst von Jahr zu Jahr, weil für dieses Metall immer wieder neue Einsatzmöglichkeiten gefunden werden. Seine Eigenschaft, im erwärmten

Zustand begierig Gase aufzunehmen, wird in der Elektrovakuumtechnik und in der Radiotechnik genutzt. Aus Gemischen von metallischem Zirkoniumpulver und brennbaren Verbindungen stellt man Leuchtraketen her, die eine große Lichtausbeute haben.

Zirkoniumfolien ergeben bei der Verbrennung 1,5mal mehr Licht als Aluminiumfolie. Sie verbrauchen dabei dieselbe Sauerstoffmenge. Zirkonium»blitze« sind dann besonders bequem, wenn man nur wenig Platz zur Verfügung hat. Sie lassen sich in einem Fingerhut unterbringen. Regenmäntel erhalten ihre gute Imprägnierung durch Zirkoniumsalze, die in der Imprägnierungsemulsion enthalten sind. Für die Herstellung von typographischen Farben, speziellen Lacken und plastischen Massen werden ebenfalls Zirkoniumsalze verwendet. Verbindungen des Zirkoniums dienen als Katalysatoren bei der Produktion von hochoktanhaltigem Motortreibstoff. Die Verbindungen dieses Elements mit der Schwefelsäure sind bekannt wegen ihrer ausgezeichneten Gerbeigenschaften.

Eine äußerst interessante Anwendung wurde für Zirkoniumtetrachlorid bekannt. Die elektrische Leitfähigkeit von Platten aus diesem Stoff ändert sich in Abhängigkeit von dem auf sie wirkenden Druck. Diese Eigenschaft wird bei der Konstruktion von Universalmanometern, Geräten zur Messung der Druckänderung, ausgenutzt. Bei geringen Druckänderungen ändert sich die Stromstärke im Meßkreis des Instruments, das in Druckeinheiten geeicht ist. Diese Manometer sind universell anwendbar. Mit ihrer Hilfe kann man Drücke von einigen hundertstel bis zu mehreren tausend Atmosphären messen.

Für viele Geräte der Radiotechnik – Ultraschallgeneratoren, Frequenzstabilisatoren und andere – sind Piezokristalle notwendig. In manchen Fällen müssen sie bei erhöhter Temperatur arbeiten. Unter diesem Gesichtspunkt beanspruchen Kristalle von Bleizirkonat ohne Zweifel besonderes Interesse, da sich ihre piezoelektrischen Eigenschaften bei Temperaturen bis 300 Grad Celsius nicht ändern. Wenn man über Zirkonium spricht, darf man Zirkoniumoxid nicht vergessen. Diese Verbindung ist einer der feuerfestesten Stoffe in der Natur. Sein Schmelzpunkt liegt ungefähr bei 2700 Grad Celsius. Zirkoniumdioxid wird in weitem Umfang für hochfeuerbeständige Teile, hitzebeständiges Email und schwerschmelzendes Glas verwendet. Ein noch feuerfesteres Material ist das Zirkoniumborid. Daraus werden Schutzrohre für Thermopaare hergestellt, die 10 bis 15 Stunden ununterbrochen in Roheisen eintauchen können und im flüssigen Stahl 2 bis 3 Stunden lang haltbar sind (Quarzröhrchen überstehen nur eine oder zwei Eintauchungen, die nicht länger als 20 bis 25 Sekunden dauern dürfen).

Das Zirkoniumdioxid hat eine interessante Eigenschaft. Sehr stark erhitzt, strahlt es so intensives Licht aus, daß man es in der Beleuchtungstechnik verwenden kann. Auf diese Eigenschaften wurde schon am Ende des vergangenen Jahrhunderts der bekannte deutsche Physiker Walter Nernst aufmerksam. In der von ihm konstruierten Lampe, die in die Geschichte der Technik als Nernstsche Lampe eingegangen ist, befand sich ein Glühstab aus Zirkoniumdioxid. Dieser Stoff wird auch heute noch

in Laboratoriumsversuchen als Lichtquelle verwendet.

Französische Forscher verwendeten Zirkoniumdioxid als Ausgangsmaterial für die Herstellung des Metalls mit Hilfe von Sonnenenergie. In Mont Louis, einer im 17. Jahrhundert in den östlichen Pyrenäen erbauten Festung, befindet sich in 1500 Meter Höhe ein Sonnenofen. Er wurde von einer französischen Forschergruppe projektiert und aufgebaut. Auf einem Symposium über die Ausnutzung der Sonnenenergie in Mont Louis wurde den Teilnehmern die Wirkung dieses Ofens vorgeführt. Einer der Teilnehmer des Symposiums berichtete über die Herstellung von »Sonnenzirkonium«: »Langsam, fast unmerklich, bewegte sich eine Plattform mit einer Handvoll weißen Pulvers zum Fokus des großen Parabolspiegels. Als die Plattform den Brennpunkt erreicht hatte, entwickelte sich vor den Augen der Forscher und Ingenieure eine blendend weiße Flamme. Das weiße Pulver war Zirkoniumdioxid. Die darauf konzentrierten Sonnenstrahlen erzeugten eine Temperatur von 3000 Grad Celsius, so daß das Pulver schmolz. Das Auflodern konnte man nur durch ein dunkles Glas beobachten, und kleine, auf der Plattform herumliegende glühende Stücke erinnerten an einen feuerspeienden Vulkan einer entfernten geologischen Ära.«

Ein spezieller Sonnenreflektor, der aus 520 einzelnen Spiegeln besteht und einen Durchmesser von 12 Metern hat, wird mit Hilfe von Fotoelementen automatisch entsprechend dem Stand der Sonne bewegt. Die von ihm zurückgeworfenen Strahlen gelangen auf einen großen Parabolspiegel von 10 Meter Durchmesser. Die Wärmeleistung dieses Spiegels, der die Sonnenstrahlen in der Ofenmündung konzentriert, beträgt 75 Kilowatt. Für das hier erzeugte Zirkonium besteht eine konstante Nachfrage. Die Teilnehmer dieses Symposiums wurden mit dem Projekt eines noch größeren Sonnenofens bekannt gemacht, der in der Nähe von Mont Louis aufgebaut werden soll. Die Fläche des Spiegels für den neuen Ofen soll 1750 Quadratmeter betragen. Er nimmt die ganze Wand eines 11stöckigen Gebäudes, des Laboratoriums für Sonnenenergie, ein. Ein Ofen mit einem solchen Spiegel wird 2400 Kilogramm Zirkonium am Tag produzieren können. Die Tagesproduktion des kleinen Ofens beträgt dagegen nur 60 Kilogramm. Der neue Ofen wird eine Wärmeleistung von 1000 Kilowatt haben.

Zum Abschluß muß noch ein Mißverständnis geklärt werden. Die Erdrinde enthält mehr Zirkonium als beispielsweise Kupfer, Nickel, Blei und Zink. Trotzdem zählte man Zirkonium im Unterschied zu diesen Metallen zu den seltenen, da seine Erze weit verstreut vorkommen und seine Gewinnung schwierig ist. Deshalb war das Metall in der Technik ein »seltener Gast«. Inzwischen wächst die Produktion von Zirkonium jedes Jahr. Es werden immer neue Anwendungsgebiete erschlossen. Der Terminus »selten« hat deshalb tatsächlich seinen Sinn verloren.

Das 41. – Niob

Nb

Welche Adresse haben Sie? · Sendung von den Küsten Kolumbiens · Vor 150 Jahren · Zwei Entdeckungen · »Schicke es zum neuen Verhör« · Zu Ehren der Göttin der Trauer · Durch Wasser nicht aufzulösen · Die Sache ist der Mühe wert · Jedes Ding hat seine gute Seite · Die Anerkennung · Wichtige Aufgaben · Frost nicht gefährlich · Der Fehler der Firma Westinghouse · Ohne jeden Widerstand · Zusammen mit Zirkonium · Im Kampf mit dem Gas · »Verantwortlicher medizinischer Mitarbeiter« · »Valutaoperationen« · Die Vorhersage bewahrheitete sich

In der Mitte des vergangenen Jahrhunderts waren schon einige Dutzend chemischer Elemente entdeckt worden. In der Welt der Wissenschaft hatten sie aber alle noch keinen bestimmten Platz, noch keine »feste Adresse«. Erst als 1869 Dimitri Iwanowitsch Mendelejew das großartige Gebäude seines Periodensystems erbaut hatte, bekamen die entdeckten Elemente endlich ihre Heimstatt. Bei der Verteilung der Wohnungen in diesem Gebäude wurden weder die Verdienste der Bewerber noch ihr Dienstalter berücksichtigt. Es zählten lediglich ihre persönlichen Qualitäten, ihr Atomgewicht, ihre Neigungen und die Ähnlichkeit mit ihren nächsten Nachbarn. Eine große Rolle spielten auch die chemischen Verbindungen. Um mögliche Unstimmigkeiten zu vermeiden, erhielten Bewohner mit sehr verschiedenen Charaktereigenschaften und Verhaltensweisen Quartiere, die möglichst weit auseinander lagen.

Im fünften Treppenflur (das heißt in der fünften Gruppe) auf der fünften Etage (genauer in der fünften Periode) lag das Zimmer Nummer 41. Sein Bewohner trug den schönen Namen »Niobium«. Wer war er? Woher stammte er?

In der Mitte des 17. Jahrhunderts wurde in einem Flußbett in Kolumbien (Südamerika) ein schweres Mineral von schwarzer Farbe mit goldenen Glimmeradern gefunden. Das Mineral, das später den Namen Kolumbit erhielt, wurde mit anderen Steinen aus der neuen Welt in das Britische Museum nach England gebracht. Fast 150 Jahre lag der Stein unter dem Glas der Museumsvitrine und war in der Liste als Eisenerz eingetragen. Aber im Jahre 1801 interessierte sich der damals schon

bekannte Chemiker Charles Hatchett für das schöne Mineral. Eine sorgfältige Analyse zeigte, daß es neben Eisen, Mangan und Sauerstoff ein bis dahin unbekanntes Element enthielt – einen Stoff mit den Eigenschaften eines Säureanhydrids. Hatchett nannte das neue Element Kolumbium.

Ein Jahr später, im Jahre 1802, entdeckte der schwedische Forscher A. G. Ekeberg in einigen skandinavischen Mineralen noch ein neues Element. Er nannte es Tantal nach der bekannten Gestalt der griechischen Mythologie. Die Bezeichnung sollte offensichtlich an die Qualen des Tantalus erinnern und jene Schwierigkeiten kennzeichnen, die es dem Chemiker bereitete, als er versuchte, das Oxid dieses neuen Elements in Säuren zu lösen.

Die Eigenschaften von Tantal und Kolumbium erwiesen sich als völlig identisch, und viele Wissenschaftler, unter ihnen der berühmte Chemiker Schwedens, Jens Berzelius, waren der Meinung, es handle sich um ein und dasselbe Element. Später zweifelte Berzelius offenbar an der Richtigkeit seines Standpunktes. In einem Brief an seinen deutschen Kollegen Friedrich Wöhler schrieb er: »Ich schicke dir dein X zurück. Ich habe es, so gut ich konnte, befragt, erhielt aber ausweichende Antworten. ›Bist du Titan‹, fragte ich. Es antwortete: ›Wöhler sagte dir schon, daß ich nicht Titan bin.‹ Ich bestätige das auch. ›Bist du Zirkonium?‹ ›Nein‹, antwortete es, ›ich löse mich in Soda, das tut die Zirkonerde nicht.‹ ›Bist du Zinn?‹ ›Ich enthalte etwas Zinn, aber nicht sehr viel.‹ ›Bist du Tantal?‹ ›Ich bin mit ihm verwandt‹, antwortete es, ›aber ich löse mich allmählich in Ätzkali und bilde einen gelbbraunen Niederschlag.‹ ›Nun, was bist du für ein teuflischer Stoff?›, fragte ich. Danach schien es mir, als ob es antwortete: ›Man gab mir noch keinen Namen.‹ Unter uns, lieber Wöhler, ich bin nicht ganz sicher, ob ich das tatsächlich hörte, weil es rechts von mir war und ich auf dem rechten Ohr wirklich schlecht höre. Da dein Gehör besser ist als meines, schicke ich dir diesen Schlingel zurück, damit du ihn noch einmal verhörst.«

Aber auch Wöhler gelang es nicht, die Beziehungen zwischen den beiden von Hatchett und Ekeberg entdeckten Elementen aufzuhellen. Erst 1844 konnte der deutsche Chemiker Heinrich Rose nachweisen, daß das Mineral Kolumbit zwei verschiedene Elemente enthielt, Tantal und Kolumbium. Rose gab dem letzteren den neuen Namen Niob. Dabei stand Niobe, die Tochter des Tantalus, Pate. In einigen Ländern (USA, England) behielt man noch lange Zeit die alte Bezeichnung Kolumbium bei. Erst 1950 entschied die Internationale Vereinigung für reine und angewandte Chemie (IUPAC), diese Uneinheitlichkeit zu beenden. Sie schlug den Chemikern vor, künftig dieses Element immer und überall nur mit Niob zu bezeichnen.

In der ersten Zeit waren die amerikanischen und englischen Chemiker mit dieser Entscheidung nicht einverstanden, weil sie ihnen unbillig erschien. Aber das Urteil der IUPAC wurde bestätigt. Die »Kolumbisten« mußten sich damit abfinden, auch in der chemischen Literatur der Vereinigten Staaten von Amerika und Englands erschien das neue Symbol Nb.

Das gleichzeitige Auftreten von Niob und Tantal in der Natur, bedingt durch ihre außerordentliche chemische Ähnlichkeit, hemmte lange Zeit die industrielle Entwicklung dieser Metalle. Erst im Jahre 1866 gelang es dem Schweizer Chemiker J. C. Galissard de Marignac, das erste industrielle Verfahren zur Trennung dieser chemischen »Nachbarn« auszuarbeiten. Er nutzte die unterschiedliche Löslichkeit der Verbindungen dieser Metalle aus. Der Fluorkomplex des Tantals löst sich nicht in Wasser. Die analoge Verbindung des Niobs ist jedoch gut löslich. Das Verfahren von de Marignac wurde in vervollkommneter Form bis in die jüngste Zeit verwendet, heute wird es jedoch durch effektivere Methoden ersetzt, zum Beispiel durch selektive Extraktion, Ionenaustausch, Rektifikation der Halogene und andere.

Am Ende des 19. Jahrhunderts stellte der französische Chemiker H. Moissan zum ersten Mal reines Niob auf elektrothermischem Wege her. Er reduzierte Nioboxid mit Kohlenstoff im Elektroofen.

Die Herstellung von metallischem Niob stellt heute einen schwierigen mehrstufigen Prozeß dar. Zunächst wird das Nioberz angereichert. Dieses Konzentrat wird mit Natriumhydrosulfid oder Soda und verschiedenen Zusätzen eingeschmolzen und das Schmelzprodukt ausgelaugt. Das Ergebnis ist ein unlöslicher Niederschlag der Hydroxide des Niobs und Tantals. Die nächste Stufe des Prozesses ist die Trennung beider Elemente. Das Endergebnis dieser Stufe ist entweder Nb_2O_5 oder Niobchlorid. Die Reduktion dieser Verbindungen bei hoher Temperatur führt zu pulverförmigem Niob, das noch in eine kompakte Form gebracht werden muß, um für die Bearbeitung geeignet zu sein. Das wird auf folgende Weise erreicht. Aus dem Pulver werden sogenannte Stäbe (Vorprodukte) mit rechteckigen oder quadratischen Querschnitten gepreßt und in einigen Etappen im Vakuum gesintert. In diesem Stadium sind Temperaturen bis zu 2350 Grad Celsius notwendig. Die letzte Etappe der Umwandlung von Nioberz in Metall ist das Umschmelzen im Vakuumlichtbogenofen.

Seit einigen Jahren wird das Schmelzen mittels Elektronenstrahlen im industriellen Maßstab für die Nioberzeugung angewendet. Dadurch entfallen die schwierigen Zwischenoperationen, das Pressen und Sintern. In diesem Verfahren wird ein kräftiger Elektronenstrahl auf das pulverförmige Niob gerichtet. Das Pulver schmilzt, die Metalltropfen fallen in eine Kokille, und mit fortschreitendem Schmelzvorgang bildet sich ein Niobblock, der allmählich aus der Arbeitskammer herausgezogen wird.

Wie wir sehen, ist ein langer Weg erforderlich, um das Erz in Metall zu verwandeln. Trotzdem lohnt sich die Mühe: Niob ist in der modernen Industrie unentbehrlich. Seine Geschichte begann allerdings auf den Halden. Man zählte dieses Element zu den schädlichen Beimengungen bei der Zinnproduktion, deshalb wurden große Mengen Nioberz auf die Kippe gefahren. Auch als die industrielle Welt sich bereits für Tantal interessierte, änderte sich dieser Zustand nicht. Bei der Verarbeitung von Tantalerz wurde das Nioberz als taubes Gestein auf die Halde gebracht. Aber als Niob begann, technisch interessant zu werden, verwandelten sich diese Abfälle in reiche Lagerstätten eines wertvollen Metalls.

Als es 1907 dem deutschen Chemiker W. von Bolten gelungen war, dieses Metall

in kompakter Form zu erhalten, setzte man es, wie seine schwer schmelzbaren Verwandten, bei der Produktion von elektrischen Lampen als Material für die Glühfäden ein. Sein Einsatz blieb ein Versuch, denn es wurde wie alle anderen durch Wolfram ersetzt. Niob aber fand einen neuen Wirkungsbereich.
Im Jahre 1925 erfolgten die ersten Versuche zur Verwendung von Niob als Legierungselement. In den Vereinigten Staaten von Amerika wurden Untersuchungen durchgeführt, das Wolfram in Schnellstählen durch Niob zu ersetzen. Die Versuche waren nicht erfolgreich, aber dennoch wichtig, denn Niob gelangte nun in den Gesichtskreis der Metallurgen.
1930 betrug der gesamte Weltvorrat an Niob (Bleche, Drähte usw.) nur 10 Kilogramm. Aber die Produktion wuchs mit seinem Gebrauchswert, besonders für die Metallurgen. Heute kann Niob mit vollem Recht als »Vitamin« des Stahls bezeichnet werden. Geringe Niobzusätze in Chromstahl erhöhen dessen Plastizität und verbessern die Korrosionsbeständigkeit. Durch Zusatz von Niob in nichtrostendem Stahl verringert sich die Ausscheidung von Chromkarbiden an den Korngrenzen bis auf 1 Prozent. Auf diese Weise wird die Anfälligkeit für interkristalline Korrosion beseitigt. Niob in Chromstählen erhöht wesentlich deren Zähigkeit bei niedrigen Temperaturen. Sie können deshalb wachsenden Belastungen besser standhalten. Dadurch erhalten sie für den Flugzeugbau besondere Bedeutung.

Eine wichtige Rolle spielt Niob beim Schweißen. Solange man nur gewöhnliche Stähle schweißte, gab es bei diesem Prozeß keine Schwierigkeiten. Seitdem aber legierte Spezialstähle geschweißt werden, zeigte sich, zum Beispiel bei nichtrostendem Stahl, daß die Schweißverbindung viele der wertvollen Eigenschaften des Grundmaterials verliert. Welche Möglichkeiten für eine Verbesserung gab es? Man versuchte, die Schweißvorrichtungen zu ändern. Es half nichts. Man änderte die Zusammensetzung der Elektroden – erfolglos. Man versuchte das Schweißen in inerten Gasen – kein Effekt. Auch hier kam das Niob zu Hilfe. Bei niobhaltigen Stählen bleibt auch in den Schweißverbindungen die Qualität des Grundmaterials erhalten.
Niob ist auch als Legierungselement in der Buntmetallurgie bekannt. So reagiert Aluminium, das gewöhnlich in Basen leicht löslich ist, nicht mit ihnen, wenn es 0,05 Prozent Niob enthält. Kupfer und seine Legierungen erhalten durch Zusätze von Niob höhere Härte, die auch bei Temperaturen erhalten bleibt, bei denen dieselben Legierungen ohne Niob bereits

schmelzen. Titan, Molybdän und Zirkonium erhalten durch Niob höhere Festigkeit und Warmfestigkeit.
Bei sehr niedrigen Temperaturen werden fast alle Stähle spröde, so daß sie schon bei leichten Schlägen zerbrechen können. Niob ist imstande, viele Stähle von diesem ernsten Mangel zu befreien. Das ist besonders wichtig für Materialien, die in strahlgetriebenen Flugzeugen verwendet werden, da diese in großen Höhen operieren.
Niob selbst legiert sich leicht mit anderen Elementen. Die amerikanische Firma Westinghouse bot ihren Kunden ein superreines Niob an, das aber nicht unter 2500 Grad Celsius schmolz, obgleich die Schmelztemperatur von reinem Niob 2468 Grad Celsius beträgt. Eine Analyse im Laboratorium zeigte, daß dieses »superreine« Niob eine gewisse Menge Zirkonium enthielt. So wurde eine ultrawarmfeste Niob-Zirkoniumlegierung entdeckt.
Durch Zusätze anderer Metalle wird Niob mit einer Reihe wertvoller Eigenschaften ausgestattet. Wolfram und Molybdän verleihen metallischem Niob größere Hitzebeständigkeit, Aluminium erhöht seine Festigkeit.
Niob ist ein unersetzlicher Bestandteil der Legierungen für Gasturbinen und Düsenflugzeuge, da die Festigkeit des Metalls auch bei hohen Temperaturen erhalten bleiben muß. Teile von Raketen und Bordarmaturen künstlicher Erdsatelliten werden sowohl aus niobhaltigen Legierungen als auch aus reinem Niob hergestellt.
Noch vor wenigen Jahren interessierte sich nur die Physik für die Erscheinung der Supraleitfähigkeit. Heute ist dieses Problem längst über die Grenzen der Laboratorien hinausgewachsen. Es spielt bereits eine beachtliche Rolle in der Technik. Die praktische Anwendung der Supraleitfähigkeit hat eine große Perspektive. Worin besteht das Wesen dieser Erscheinung? Vor mehr als einem halben Jahrhundert wurde entdeckt, daß bei sehr niedrigen Temperaturen einige Metalle, Legierungen und chemische Verbindungen den elektrischen Strom verlustlos leiten – ihr elektrischer Widerstand verschwindet. Leider ist hierzu eine Abkühlung fast bis zum absoluten Nullpunkt, das sind minus 273 Grad Celsius, notwendig.
Von allen bisher bekannten Materialien hat eine Verbindung des Niobs mit Zinn die höchste sogenannte Übergangstemperatur zum supraleitenden Zustand. Sie liegt bei 18 Kelvin und ist im Vergleich zu anderen supraleitenden Materialien natürlich am leichtesten zu erreichen. Supraleitende Magnetspulen, die aus den Legierungen solcher Elemente gefertigt werden, erzeugen ein überaus starkes magnetisches Feld. Ein Magnet mit einem Durchmesser von 16 Zentimetern und einer Höhe von 11 Zentimetern, dessen Wicklung aus Band einer supraleitenden Legierung besteht, ist in der Lage, ein magnetisches Feld mit einer Feldstärke von 100 000 Oersted zu schaffen. Das Magnetfeld der Erde weist nur eine Feldstärke von einigen wenigen Oersted auf.
In der Technik wird Niob in großem Umfang in reiner Form verwendet. Seine außerordentlich hohe Korrosionsbeständigkeit wird im Chemieanlagenbau ausgenutzt. Interessant ist beispielsweise die Verwendung von Niob für Apparate und Rohrleitungen in der Salzsäureproduktion. Dort dient es nicht nur als Konstruktions-

material, sondern spielt darüber hinaus eine Rolle als Katalysator, wodurch eine höhere Säurekonzentration erreicht werden kann. Die katalytischen Fähigkeiten des Niobs werden auch bei anderen chemischen Prozessen ausgenutzt, zum Beispiel bei der Synthese von Alkohol aus Butadien.

Auch in den Atomreaktoren hat sich Niob sehr verdient gemacht. Es wird dort Seite an Seite mit dem Zirkonium eingesetzt. Manchmal konkurriert es sogar sehr erfolgreich mit ihm. Ähnlich wie Zirkonium hat Niob eine hohe Durchlässigkeit für Neutronen, eine hohe Schmelztemperatur, hohe Warmfestigkeit, enorme Korrosionsbeständigkeit und ausgezeichnete mechanische Eigenschaften. Außerdem zeigt Niob keine Wechselwirkung mit geschmolzenen Alkalimetallen. Flüssiges Natrium und Kalium werden jedoch als Wärmeträger in einigen Reaktortypen verwendet. Sie können in Niobrohren zirkulieren, ohne daß diese irgendwelchen Schaden erleiden. Für Niob ist auch charakteristisch, daß es bei der Bestrahlung im Reaktor nur sehr wenig künstliche Radioaktivität annimmt. Deshalb kann es als Container für die Aufbewahrung radioaktiver Abfälle oder für den Bau von Anlagen, in denen diese Abfälle genutzt werden, dienen.

Eine interessante Eigenschaft dieses Metalls muß noch erwähnt werden: Niob nimmt ausgezeichnet Gase auf. Bei gewöhnlicher Temperatur kann ein Gramm Niob mehr als 100 Kubikzentimeter Wasserstoff lösen, sogar bei 500 Grad Celsius beträgt die Löslichkeit von Wasserstoff in Niob noch etwa 75 Kubikzentimeter je Gramm. Diese Eigenschaft des Metalls wird bei der Herstellung von Höchstvakuumröhren ausgenutzt. Bei ihrer Evakuierung bleibt immer eine minimale Gasmenge zurück, die ihre Funktionsfähigkeit beeinträchtigt. Auf Röhrenteile aufgebrachtes Niob saugt wie ein Schwamm die Gase an und gewährleistet ein Höchstvakuum.

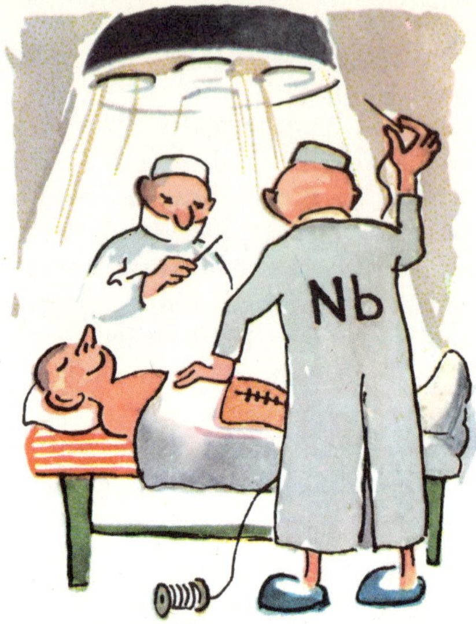

Teile von Elektronenröhren, die aus Niob hergestellt werden, sind wirtschaftlicher als solche aus Tantal oder Wolfram. Ihre Betriebszeit erhöht sich beträchtlich.

Generatorröhren mit Niobkatoden erreichen beispielsweise eine Standzeit bis zu 10 000 Stunden.

Wie Titan übt auch Niob keine Reizwirkung auf organische Gewebe aus. Es zeigt auch über längere Zeit keine Wechselwirkung mit der Gewebeflüssigkeit. Dank dieser Eigenschaft erregte es die Aufmerksamkeit der Chirurgen. Es kann heute mit vollem Recht als »zuverlässiger medizinischer Mitarbeiter« bezeichnet werden.

In der letzten Zeit wurde berichtet, daß

Niob sogar in »Valuta-Operationen« verwickelt ist. In Verbindung mit dem Mangel an Silber haben nämlich amerikanische Finanzleute vorgeschlagen, für die Herstellung von Geld metallisches Niob zu verwenden, weil die Kosten für Niob ungefähr denen des Silbers entsprechen.

Über das Vorkommen von Niob in der Natur gab es in den letzten Jahren verschiedene Anmerkungen. Danach müßte man annehmen, die Niobvorräte der Erde seien ständig gewachsen. Selbstverständlich sind die auf unserem Planeten vorkommenden Niobmengen konstant, nur die Zahl der erkundeten Lagerstätten ist größer geworden. Vor allem in Afrika wurden in den letzten Jahren bedeutende Niobvorkommen entdeckt. Einer der größten Nioblieferanten auf dem Weltmarkt ist Nigeria. In der UdSSR wird die Halbinsel Kola mit Recht als eine Vorratskammer großer Bodenschätze bezeichnet. Jahrhundertelang galt diese Gegend als unfruchtbar und wenig nützlich, obgleich M. W. Lomonossow schon 1763 vorhergesagt hatte: »Aus vielen Anzeichen läßt sich schlußfolgern, daß auch die nördliche Erde reich an Bodenschätzen ist und die Küste des Weißen Meeres vielleicht reiche Schätze an Mineralen birgt.«

In den Jahren der Sowjetmacht wurden hier wichtige Lagerstätten entdeckt, die viele wertvolle Minerale enthalten, darunter auch Loparit mit einem Gehalt von 8 Prozent Niob. Dieses Mineral wurde von A. E. Fersman, dem berühmten Erforscher der Halbinsel Kola, im Chibinski-Massiv entdeckt. Es wurde bisher an keinem anderen Ort der Erde angetroffen.

Der Gefährte des Eisens – Molybdän

Mo

Unter falschem Namen · Der Fehler der alten Griechen · Im Zeichen des Protestes · Ein »Wolkenkratzer« aus 1600 Etagen · Havarie auf ebener Straße · Die Halterung für die Wolframfäden · Glas ändert seine Farbe · Das Geheimnis der Samuraischwerter · Tank wird unverwundbar · »Verwandte Seelen« · »Ersatzteile« für den Menschen · Der Liebhaber der Hülsenfrüchte · »Goldgrube im Ozean« · Wo sind die Schlüssel der »Truhen«?

Um Speisen recht schmackhaft zu machen, würzt sie der Feinschmecker mit verschiedenen Ingredienzien. Wenn der Stahlwerker hochwertige Edelstähle herstellen will, gibt er verschiedene Legierungselemente zum Stahl. Jede Zutat hat ihr Ziel – die eine verbessert den Geschmack der Speisen, die andere gibt ihr appetitliches Aroma, die dritte verleiht ihr Schärfe, die vierte ... Es ist schwierig, alle Bezeichnungen der speziellen Zutaten aufzuzählen, aber noch schwieriger ist es, alle bemerkenswerten Eigenschaften zu nennen, die Stahl durch den Zusatz von Chrom, Nickel, Titan, Wolfram, Molybdän, Vanadium, Zirkonium und anderen Elementen erhält. Einem dieser guten Freunde des Eisens, dem Molybdän, ist die folgende Erzählung gewidmet.

Molybdän wurde 1878 von dem Schweden Carl Wilhelm Scheele entdeckt. Die Bezeichnung rührt von dem griechischen Wort molybdos her. Daß der Neuling einen griechischen Namen erhielt, ist nicht verwunderlich, denn viele Chemiker wählten für ein neuentdecktes Element eine griechische Bezeichnung. Verwunderlich aber ist es, daß Molybdän einen falschen Namen bekam, denn die Übersetzung des Wortes molybdos bedeutet Blei. Wie kann es zu dieser Verwechslung gekommen sein? Des Rätsels Lösung ist nicht schwer. Die alten Griechen kannten das Bleimineral Galenit. Sie nannten es molybdena. In der Natur gibt es aber noch ein Mineral, das dem Galenit sehr ähnlich ist. Wir nennen es heute Molybdänit. Infolge der Ähnlichkeit der beiden Minerale nahmen die alten Griechen an, es handle sich um ein und dasselbe, um molybdena. An dieser Meinung hielten auch Chemiker anderer Länder fest. Da Scheele das Element in eben diesem Mineral entdeckte, gab er dem Neuling den Namen Molybdän.

1783 gelang es dem schwedischen Forscher P. H. Hjelm, das Element in Form eines metallischen Pulvers herzustellen. Es war jedoch noch mit Karbiden verunreinigt. Bis zur Darstellung von reinem Molybdän verging noch ein ganzes Jahrhundert.

Ähnlich wie einige seiner Nachbarn im Periodensystem enthält Molybdän häufig fremde Beimengungen. Gleichsam als Zeichen des Protestes gegen diese Verunreinigungen ändert es viele seiner Eigenschaften. Durch ein zehntausendstel Prozent Sauerstoff oder Stickstoff wird Molybdän bereits stark versprödet. In vielen Lehrbüchern, die am Anfang des 20. Jahrhunderts erschienen sind, wird deshalb behauptet, Molybdän ließe sich mechanisch fast nicht bearbeiten. In Wirklichkeit kann es trotz

seiner hohen Härte weitgehend als plastisches Material bezeichnet werden. Es läßt sich verhältnismäßig leicht walzen oder schmieden.
Die erste Seite im Arbeitsbuch des Molybdäns wurde vor einigen Jahrhunderten geschrieben. Damals verwendete man das Mineral Molybdänit zum Schreiben. Im Griechischen wird auch heute noch der Bleistift als »molybdos« bezeichnet. Ähnlich wie Graphit besteht Molybdän aus vielen feinen Schuppen. Ihre Feinheit verdeutlicht ein bildlicher Vergleich: Wollte man aus ihnen ein Gebäude konstruieren, dessen Etagen jeweils aus einem Plättchen Molybdänit bestünden, so erreichte ein »Wolkenkratzer« mit 1600 Etagen die Höhe von einem Mikrometer. Dank dieser feinen Schuppen eignet sich Molybdänit zum Schreiben oder Zeichnen. Es hinterläßt auf Papier eine grün-graue Spur. Heute gibt es keine Molybdängriffel mehr, die Bleistiftindustrie verwendet ausschließlich Graphit.
Molybdändisulfid (die chemische Bezeichnung für Molybdänit) findet heute anderweitig Verwendung. Bevor wir darüber sprechen, wollen wir eine kleine Geschichte erzählen, die sich vor einigen Jahren ereignete. Auf der Simferopoler Chaussee wurden Versuche mit einigen Kraftfahrzeugen des Typs Saporoshez gemacht. Die Probefahrten verliefen zunächst zur vollen Zufriedenheit. Plötzlich kam jedoch ein Wagen ohne ersichtlichen Grund auf völlig ebener Straße ins Schleudern und überschlug sich. Die Insassen kamen glücklicherweise mit dem Schrecken davon. Die Ursache für diese Havarie blieb solange ein Rätsel, bis man Motor und Getriebe völlig auseinandergenommen hatte. Es zeigte sich, daß ein Zahnrad des Getriebes festgefressen war. Diese »Bremse« hatte natürlich augenblicklich gewirkt. Um in der Zukunft ähnliche Pannen zu vermeiden, mußte man ein geeignetes Schmiermittel finden. Man erinnerte sich an Molybdänit, genauer gesagt, an seine Fähigkeiten, sich in feine Schüppchen aufzuspalten. Dank dieser Eigenschaft dient Molybdändisulfid als zuverlässiges Schmiermittel für die Getriebeteile.
Wenn man Stahl einen Augenblick in eine Flüssigkeit taucht, die ungefähr zwei Prozent Molybdändisulfid enthält, bedeckt sich seine Oberfläche mit einer dünnen Schicht eines ausgezeichneten festen Schmiermittels. Dieser Schmierfilm hat jedoch einen hinterhältigen Gegner – die Temperatur. Bei starker Erwärmung verwandelt sich Molybdändisulfid in Molybdänanhydrid, das auf der Oberfläche des Metalls zwar keinen Schaden anrichtet, aber leider auch keine Schmiereigenschaften mehr aufweist. Wie kann man das vermeiden? Bevor man die Disulfidschicht auf ein Getriebeteil aufträgt, muß man es in einem heißen Phosphatbad behandeln. Danach dringen

die Sulfidteilchen in die feinsten Poren der Phosphatschicht ein und bilden einen dünnen Schmierfilm, der Belastungen von einigen Tonnen je Quadratzentimeter widersteht. Lagerbuchsen, die mit einem solchen Film bedeckt waren, wurden unter schwierigsten Arbeitsbedingungen geprüft: Keine einzige war mehr festgefressen. Von diesem Zeitpunkt an fährt auch der Saporoshez kreuz und quer durch die Sowjetunion, und nicht ein einziges Mal wiederholte sich die kritische Erscheinung im Getriebe.

Mit der Bildung eines Schmierfilms ist der günstige Einfluß von Molybdändisulfid auf Stahloberflächen nicht erschöpft. Wenn man zum Beispiel Schneidinstrumente mit Molybdändisulfid behandelt, haben sie eine höhere Standzeit und längere Lebensdauer. Als die Friseure davon Kenntnis erhielten, bemühten sie sich mit beneidenswertem Eifer, das Mittel in ihrer Praxis anzuwenden. In dem Wunsch, immer scharfe Rasiermesser, Scheren und dergleichen zu besitzen, stürmten sie buchstäblich die Tore der Melitopolskier Motorenfabrik, um wenigstens ein Stückchen von dem Zaubermittel zu erhalten.

Aber wenden wir uns wieder dem metallischen Molybdän zu. Dank seiner Schwerschmelzbarkeit und seines niedrigen Wärmeausdehnungskoeffizienten wird dieses Metall in sehr großem Umfang in der Elektrotechnik, in der Radioelektronik und in der Hochtemperaturtechnik verwendet. Die Aufhängung für die Wolframfäden in normalen elektrischen Glühbirnen besteht aus Molybdän. Auch viele Teile in Radio- und Röntgenröhren werden aus Molybdän hergestellt. Elektrowiderstandsöfen für hohe Temperaturen sind mit Molybdänspiralen als Heizelemente ausgerüstet.

Im Institut für Materialkunde der Akademie der Wissenschaften der UdSSR wurden wertvolle Verbundmaterialien hergestellt. Als Basiskomponente dienen plastische Metalle, wie Aluminium, Kupfer, Nickel, Kobalt, Titan und andere. In diese werden hochfeste Metalle in Form von Fasern eingebettet, zum Beispiel Wolfram oder Molybdän. Durch diese Armierung ist das Verbundmaterial imstande, großen Belastungen standzuhalten. So wird beispielsweise die Festigkeit von Nickel und Kobalt, die mit Wolfram- und Molybdändrähten armiert wurden, fast um das Dreifache erhöht. Durch Molybdänfasern verstärktes Titan hat eine Dauerfestigkeit, die doppelt so hoch ist wie die des Metalls in normalem Zustand.

Vor einigen Jahren wurde in den Vereinigten Staaten von Amerika ein originelles Glas geschaffen, das seine Farbe mit der Tageszeit ändert. Unter Einwirkung von Sonnenstrahlen ist es blau, mit zunehmender Dunkelheit wird es farblos. Dieser Effekt wird durch Molybdänzusätze hervorgerufen, die entweder dem geschmolzenen Glas selbst beigegeben oder in Form eines dünnen Films zwischen die Glasschichten gebracht werden.

Vielfältige Anwendung finden Verbindungen des Molybdäns. Das Element ist in verschiedenen Emaillen enthalten, die eine gute Deckfähigkeit haben. Molybdänhaltige Farbstoffe werden bei der Produktion von keramischen und Kunststoffmassen sowie in der Leder-, Pelz- und Textilindustrie verwendet. Das dreiwertige Oxid des Molybdäns dient als Katalysator beim Cracken von Erdöl und bei anderen chemischen

Prozessen. Ammoniummolybdat ist ein Reagens auf Phosphor in der analytischen Chemie.
Alle bisher genannten Anwendungsmöglichkeiten des Molybdäns könnte man als »Nebenbeschäftigung« bezeichnen, denn seine eigentliche Berufung fand der Gefährte des Eisens in der Stahlproduktion. 90 Prozent des in der Welt produzierten Molybdäns verwendet man zur Erzeugung von Spezialstählen. In Rußland wurde molybdänhaltiger Stahl erstmalig im Jahre 1886 in den Putilow-Werken erschmolzen. Die Anwendung des Elements zur Stahlveredlung erfolgte jedoch schon in älterer Zeit. Davon legen die berühmten Samuraischwerter Zeugnis ab.
Lange Zeit war niemand in der Lage, das Geheimnis der großen Schärfe dieser Waffe zu lüften. Generationen von Metallurgen versuchten, den Stahl, aus dem die blanken Schwerter im Land der aufgehenden Sonne gefertigt wurden, zu erschmelzen. Der erste gelungene Versuch wurde von dem bekannten russischen Metallurgen P. P. Anossow (1797–1851) durchgeführt. Dabei wurde festgestellt, daß der besondere Stahl neben anderen Elementen auch Molybdän enthielt. Dadurch wurde sowohl die Härte als auch die Zähigkeit des Metalls erhöht. Im allgemeinen beobachtet man bei der Verfestigung eines Stahls zugleich einen Anstieg der Sprödigkeit.
Die Verbindung von hoher Härte mit hoher Zähigkeit ist besonders notwendig bei Panzerstahl. Die Panzerung der ersten anglo-französischen Tanks, die 1916 auf den Schlachtfeldern des ersten Weltkrieges erschienen, war aus hartem, aber sprödem Manganstahl hergestellt. Diese massiven Panzerplatten mit einer Dicke von 75 Millimetern wurden jedoch von der deutschen Artillerie wie Butter durchlöchert. Eine Zugabe von lediglich 1,5 bis 2 Prozent Molybdän machte die Tanks unverwundbar, obwohl die Dicke der Panzerung auf die Hälfte verringert wurde.
Wodurch war diese überraschende Wandlung der Panzer zu erklären? Molybdän

bremst das Kornwachstum im Stahl und verleiht diesem eine gleichmäßige feinkörnige Struktur, die die guten Eigenschaften des Metalls hervorruft. Viele legierte Stähle leiden an der sogenannten »Anlaßversprödung«. Stähle, die Molybdän enthalten, brauchen diese »Krankheit« nicht zu fürchten. Man kann sie kritischen Wärmebehandlungen unterziehen, ohne daß diese Versprödungserscheinung auftritt. Molybdän erhöht merklich die Durchvergütbarkeit von Stahl. Mit Molybdän legierter Stahl weist auch bei hohen Temperaturen eine bedeutende Festigkeit und einen großen Kriechwiderstand auf. Ähnlichen Einfluß auf die Eigenschaften des Stahls hat auch Wolfram, aber die Wirkung des Molybdäns auf die Festigkeit ist wesentlich effektiver. 0,3 Prozent Molybdän können 1 Prozent Wolfram ersetzen. Wolfram ist außerdem noch weniger verfügbar als Molybdän.

Molybdänstahl wird nicht nur für Panzerungen verwendet, sondern auch für Gewehr- und Geschützläufe, Flugzeug- und Kraftfahrzeugteile, Dampfkessel, Rohre sowie Schneidinstrumente. Auch auf die Eigenschaften von Gußeisen hat Molybdän einen günstigen Einfluß. Es erhöht sowohl die Festigkeit als auch den Verschleißwiderstand des Metalls.

Die gute Legierungsfähigkeit des Molybdäns liegt darin begründet, daß es das gleiche Kristallgitter hat wie Eisen und einen ähnlichen Atomdurchmesser.

Legierungen des Molybdäns mit Chrom, Kobalt und Nickel weisen eine ausgezeichnete Säurebeständigkeit auf und werden bei der Fertigung chemischer Apparate verwendet. Für einige Legierungen dieser Elemente ist ein großer Verschleißwiderstand charakteristisch. Legierungen des Molybdäns mit Wolfram können Platin ersetzen. Für die Herstellung elektrischer Kontakte verwendet man Legierungen des Molybdäns mit Kupfer und Silber.

Noch vor nicht allzulanger Zeit gelang es den Metallurgen, eine bemerkenswerte Legierung aus Kobalt, Molybdän und Chrom zu schaffen. Diese Legierung erwies sich als ausgezeichnetes Material für Knochenersatzteile des Menschen. Sie ist vollständig unschädlich für den Organismus und wird von den Chirurgen und Orthopäden mit Erfolg als Ersatz geschädigter Gelenke eingesetzt.

Als sehr nützlich erweist sich Molybdän auch in der Landwirtschaft. 1965 wurde eine Gruppe sowjetischer Wissenschaftler für die Erforschung der biologischen Rolle von Mikroelementen und ihrer Anwendung in der Landwirtschaft mit dem Leninpreis ausgezeichnet. Der Zusatz sehr kleiner Mengen einiger Elemente in den Boden oder in die Nahrung von Lebewesen kann buchstäblich Wunder wirken. Einer dieser Zauberer ist Molybdän, denn winzige Dosen dieses »Mikroelements« erhöhen den Ertrag bei vielen Kulturen und verbessern ihre Qualität. Erbsensamen, die mit Ammoniummolybdat behandelt werden, führen auf gewöhnlichem Feld zu Erträgen, die dreimal höher sind als bei Verwendung von gewöhnlichem Saatgut. In den Wurzelknöllchen der Erbsen konzentriert, erleichtert das Molybdän der Pflanze die Aufnahme des atmosphärischen Stickstoffs, der für die Entwicklung der Pflanzen äußerst notwendig ist. Mit Hilfe des Molybdäns steigt der Gehalt an Eiweiß, Chlorophyll und Vitaminen im Pflanzengewebe.

Interessant ist aber auch die Feststellung, daß das Element auf einige Unkräuter einen wachstumshemmenden Einfluß ausübt.
Das Metall Molybdän wird in unserer Zeit leider auch zu Experimenten benutzt, die das Leben in Natur und Gesellschaft bedrohen. Dazu nur ein Beispiel. Sowjetische Wissenschaftler hatten den Auftrag, eine Meeresexpedition durchzuführen. Im Jahre 1966 verließ das Forschungsschiff »Michail Lomonossow« den Kai von Wladiwostok. Die Expedition sollte verschiedene Ozeanlebewesen untersuchen und den Grad der Anreicherung an radioaktiven Stoffen bestimmen. Während der ganzen Zeit, in der das Schiff den Ozean durchpflügte, standen die Geigerzähler Wache, um zu jedem beliebigen Zeitpunkt radioaktive Strahlung sofort nachzuweisen. Eines Tages überquerte das Schiff in einem der ödesten Teile des Stillen Ozeans den Äquator. Ununterbrochen arbeitete auf Deck ein Ventilator, der stündlich Tausende Kubikmeter Meeresluft durch die Filter saugte, in denen Staubteilchen von einigen hundertstel Mikrometer Größe zurückgehalten wurden. In regelmäßigen Abständen wurden die Filter mit dem darin angesammelten Staub verbrannt und die zurückbleibende Asche mit Hilfe empfindlicher Geräte auf ihre Radioaktivität geprüft. Plötzlich geriet der Geigerzähler aus dem Häuschen: Im Staub konnten die radioaktiven Isotope Molybdän 99 und Neodym 147 nachgewiesen werden. Diese Isotope haben nur eine sehr kurze Lebensdauer. Die Halbwertzeit von Molybdän 99 beträgt nur 67 Stunden. Durch Messungen und Berechnungen stellten die Wissenschaftler das genaue Datum der Entstehung dieser »Fremdlinge« fest. Es war der 28. Dezember 1966. Tatsächlich teilte auch die chinesische Nachrichtenagentur mit, daß an diesem Tag in China ein Kernwaffenversuch stattgefunden hatte. Innerhalb weniger Tage hatte der Wind radioaktive »Wolken« über Tausende Meilen getragen. Um der Gerechtigkeit willen muß man sagen, daß bei diesem gefährlichen Spiel mit dem Feuer dem Molybdän nur eine sehr bescheidene Rolle zukam. Wir hoffen, daß es den Friedenskräften schon in den nächsten Jahren gelingen wird, das vollständige Verbot der Kernwaffenversuche durchzusetzen! Dann wird auch das Element Molybdän nur noch nützlichen Zwecken dienen. Daß es dafür in verschiedenster Weise und in großen Mengen verwendet werden kann, wurde schon überzeugend dargestellt.
Wie groß sind aber die Vorräte dieses Metalls auf unserem Planeten?
Der Anteil des Molybdäns in der Erdrinde

beträgt 0,0003 Prozent. In der Rangliste der Elemente in der Natur nimmt es den ziemlich bescheidenen 40. Platz ein. Lagerstätten dieses Metalls trifft man aber an vielen Stellen der Erde.
Wenn die Förderung von Molybdän am Anfang unseres Jahrhunderts nur einige Tonnen betrug, so war sie bereits in den Jahren des ersten Weltkrieges auf das fast 50fache angewachsen. In den Nachkriegsjahren ging die Förderung an Molybdänerz sehr stark zurück, aber ungefähr seit dem Jahre 1925 beobachtete man wieder ein neues Anwachsen der Molybdänerzeugung. Sie erreichte ihr Maximum von etwa 30 000 Tonnen im Jahre 1943, das heißt während des zweiten Weltkrieges. Nicht zufällig wird Molybdän deshalb manchmal als das »Kriegsmetall« bezeichnet.
Molybdänerz wird hauptsächlich zu Ferromolybdän verarbeitet, das dann von der Metallurgie zur Erzeugung von Edelstählen und speziellen Legierungen eingesetzt wird. Die ersten Versuche zur Herstellung von Ferromolybdän in Rußland wurden Ende des vergangenen Jahrhunderts durchgeführt. 1890 arbeitete man ein Verfahren zur Herstellung der Legierung über die Reduktion des Molybdänoxids aus. Auf diese Versuche beschränkte sich auch die Produktion des Ferromolybdäns im zaristischen Rußland. 1929 erschmolzen F. S. Steinberg und P. F. Kusakin auf silikothermischem Wege eine Legierung, die 50 bis 65 Prozent Molybdän enthielt. Erfolgreiche Versuche von W. P. Eljutin in den Jahren 1930 und 1931 ermöglichten es, dieses Verfahren in der metallurgischen Industrie einzuführen.
Zur Herstellung des reinen Metalls wird Mo_2O_3 durch Wasserstoff reduziert. Das dabei gebildete Pulver wird gepreßt, gesintert und nach dem Umformen zu Draht oder Band in der Technik verarbeitet.
Wir sprachen schon darüber, daß die Vorräte an Molybdänerz in der Erdrinde begrenzt sind. Werden sie eines Tages soweit erschöpft sein, daß der Bedarf der Menschen an diesem wertvollen Material nicht mehr gedeckt werden kann? Diese Befürchtung besteht nicht. Wir brauchen um unsere Nachkommen nicht besorgt zu sein, denn außer der Erdrinde enthält das Wasser der Ozeane und Meere eine ungeheure Menge an verschiedenen Elementen. Wenn die Reichtümer des Meeres zu gleichen Teilen unter alle Erdbewohner verteilt würden, könnte jeder Mensch aus Neptuns unübersehbaren Schätzen etwa drei Tonnen Gold erhalten. Was für eine Goldgrube! Und Molybdän? Etwa 100 Tonnen könnte der »Meeresgott« jedem von uns schenken. Aber die passenden Schlüssel für Neptuns Truhen sind noch nicht gefunden. Doch einst werden wir auch die Schätze des Meeres heben! Der forschende Mensch wird sie suchen und finden!

Ein Vertreter der Edlen – Silber

Ag

Alexander von Mazedonien muß sich zurückziehen · Die heiligen Gefäße des Cyrus · Silberne Hufeisen · Die Geburt des Rubels · Monarchen sündigen · Die List der russischen Bojaren · Das Jubiläum der Münze · Das Geheimnis des Turmes · Das Service des Grafen Orlow · Arbeit in der Fotografie · Champion unter den Metallen · Die Königin segnet den Piraten · Schätze auf dem Meeresboden · Der Fehler des Fischers von Florida · Der Fund der Taucher

Einen Sieg nach dem anderen errang die Armee Alexanders des Großen. Unaufhaltsam drang sie nach Osten vor. Die Reiche der Perser und Phönizier, der Ägypter, Babylonier und der Baktrer wurden unterworfen. Im Jahre 327 vor unserer Zeitrechnung überschritten die Mazedonier die Grenzen Indiens. Es schien, als könne keine Macht der Erde die mächtige Armee des großen Feldherrn aufhalten. Aber ganz unerwartet erwuchs dem griechischen Heer ein gefährlicher Gegner. Unter den Soldaten wütete eine böse Magen-Darm-Krankheit. Erschöpft und entkräftet meuterten die Krieger und wollten nach Hause zurückkehren. Wie sehr auch der König nach neuen Eroberungen dürstete, er mußte umkehren. Diese Epidemie führte zu einer interessanten Feststellung. Die Offiziere der Armee erkrankten viel seltener als die Mannschaften, obgleich sie gemeinsam die Last und die Mühsal des Lagerlebens ertrugen. Mehr als zwei Jahrtausende benötigten die Wissenschaftler, um die Ursachen für diese rätselhafte Erscheinung zu finden. Die mazedonischen Soldaten tranken in jenen Zeiten aus Zinnbechern, die Offiziere jedoch aus silbernen Pokalen. Silber aber hat bemerkenswerte Eigenschaften. In Wasser gelöst, vernichtet es darin enthaltene krankheitserregende Bakterien. Es genügen dafür wenige milliardstel Prozent gelöstes Silber. Aus diesem Grund waren die Offiziere bedeutend weniger der Krankheit ausgesetzt als die einfachen Soldaten.

Herodot, der große Historiker der antiken Welt, erzählt, daß schon im 5. Jahrhundert vor unserer Zeitrechnung der persische König Cyrus während der Zeit des Krieges sein Trinkwasser in einem silbernen, einem »heiligen« Gefäß aufbewahrte. In religiösen Büchern Indiens wird die Meinung vertreten, Wasser könne desinfiziert werden, indem man glühendes Silber hineintaucht. In vielen Ländern existiert seit alten Zeiten der Brauch, bei der Einweihung von Brunnen silberne Münzen in das Becken zu werfen.

Die Reinigung des Wassers war sicher eine der ältesten Aufgaben dieses Metalls im Dienste des Menschen. Wenn es aber Laune und Willkür eines »Großen« verlangte, wurde das edle Metall auch zu unsinnigen Zwecken mißbraucht. Der römische Kaiser Nero ließ beispielsweise Tausende seiner Mulis mit Silber beschlagen! Dies ist aber nur eine Episode aus der Biographie des Silbers. Schon im Altertum spielte es eine wichtige Rolle im gesellschaftlichen Leben: Silber wurde das Maß des Wertes für Waren und Leistungen – es wurde Geld. Seit dem Jahre 269 vor unserer Zeitrechnung prägten die alten Römer silberne Münzen; bereits 200 Jahre vor der Verwendung von Gold als Münzmetall. In Rußland wurde Silbergeld erst bedeutend später geprägt. Erhalten blieben silberne Münzen des russischen Zaren Wladimir. Die Vorderseite zeigt den Herrscher auf dem Thron, die Rückseite das Stammeswappen. Die Aufschrift auf den Münzen lautet: »Wladimir auf dem Thron, und dies ist sein Silber.« Im 12. und 13. Jahrhundert verschwanden die russischen Münzen wieder. In dieser Zeit teilten sich die in der Kiewer Rus vereinigten Länder wieder in einzelne Königreiche auf, und die Prägung von Münzen, die für alle Länder gleichermaßen gültig waren, hörte auf. Die Funktion des Geldes übernahm wieder ungepräg-

tes Silber. Die Historiker nennen diese Zeit die »geldlose Periode«.
Im 13. Jahrhundert erblickte der Rubel das Licht der Welt. Es handelte sich dabei um ein langes Stück Silber, das ungefähr 200 Gramm wog. In einigen alten Schriften wird der Rubel auch rubelewaja griwna genannt, was so viel wie »abgehacktes Geldstück« bedeutet. Man nimmt an, daß diese »Griwna« mit Hilfe eines Meißels von einer langen schmalen Silberstange abgehauen wurde. Die Silberstücke nannte man dann kurz Rubel, das heißt »Abgehauene«.
Die Wiederaufnahme der Prägung russischen Geldes wurde auch durch die mongolisch-tatarische Herrschaft aufgehalten. Im Umlauf befand sich die von der Goldenen Horde verwendete Silbermünze Denga (auf Tatarisch: denga = klingend). Allmählich wurde das Wort Denga in der russischen Sprache zu dengi (= Geld).
Erst in der Mitte des 14. Jahrhunderts, als es dem russischen Volk gelang, sich von der mongolisch-tatarischen Herrschaft zu befreien, wurden in Rußland wieder eigene Münzen geprägt. Ein für den ganzen russischen Staat gültiges Geldsystem wurde 1534, in der Zeit der Regierung von Jelena Glinskaja, der Mutter Iwans des Schrecklichen, geschaffen. Auf den kleinen Münzen war ein Reiter mit einem Schwert abgebildet. Die Prägung auf den großen Silbermünzen zeigte einen Reiter mit Lanze. Solche Münzen nannte man Kopeinije (von kopjo = Lanze). Daher stammt das Wort Kopeke.
Es ist heute schwer, das erste Auftreten von Geldfälschern genau zu ergründen. Wahrscheinlich aber erschienen mit den ersten Münzen auch die ersten Falschmünzer. Der Geldfälschung huldigten sogar einige Monarchen. Der französische König Philipp IV., der Schöne, der an der Wende des 13. zum 14. Jahrhundert lebte, wird in einigen historischen Dokumenten Falschmünzer-Philipp genannt. Um sich zu bereichern, verringerte er skrupellos den Gold- oder Silberanteil der Münzen und ersetzte ihn durch unedlere Metalle, wie Kupfer oder Zinn. Dem Falschmünzer-Philipp setzte der große italienische Dichter Dante in seiner »Göttlichen Komödie« ein Denkmal. Er postierte ihn unter die Sünder der Hölle.
Im 17. Jahrhundert wurde die Geldfäl-

schung in staatlichem Maßstab organisiert. Man schrieb das Jahr 1654. Der Krieg, den Rußland mit Polen führte, hatte den Staatsschatz völlig erschöpft, und der Bedarf an Geld stieg ungeheuer. Zar Alexej Michailowitsch hatte die Steuern erhöht, aber das verarmte Volk war nicht imstande, sie zu bezahlen. Der Bojar Fedor Rtistschew glaubte eine Methode gefunden zu haben, der Staatskasse auf die Beine zu helfen. Die Folgen waren jedoch verheerend. Zur damaligen Zeit waren in Rußland silberne Münzen im Umlauf. Da der russische Staat nicht über Silber verfügte, wurden die Münzen aus ausländischem Geld hergestellt. Im allgemeinen verwendete man hierfür die sogenannten Joachimsthaler (Münzen, die in Joachimsthal geprägt waren). In Rußland wurden sie Jefimki genannt. Die lateinische Aufschrift wurde durch eine russische ersetzt. Der Jefimok kostete die Staatskasse 50 Kopeken, aber der Zar befahl, auf ihm den Rubelstempel anzubringen. Außerdem wurde entschieden, Münzen aus Kupfer für $^1/_2$, $^1/_4$ Rubel und 1, 3 und 10 Kopeken auszugeben. Ihr Wert sollte dem der silbernen entsprechen. Nach Berechnung der Finanzberater des Zaren versprach diese Reform eine Einnahme von vier Millionen Rubel für die Staatskasse, 10mal mehr als das jährliche Steueraufkommen. Die Aussicht auf die gewaltige Summe »billigen« Reichtums raubte dem Zaren fast den Verstand. Er befahl, das neue Geld sofort anzufertigen, »... in aller Eile, Tag und Nacht mit großem Eifer ...« Ganz Rußland wurde von dem billigen Geld geradezu überschwemmt. Aber der Geldumlauf unterliegt eigenen Gesetzen, die auch ein Zar nicht aufheben kann. Je mehr Geld vorhanden ist, um so geringer ist seine Kaufkraft, und um so höher steigen die Preise. Dies geschah auch damals im russischen Staat. Das einfache Volk spürte sehr bald die Folgen der Zarenreform. Die Preise für Brot und andere Lebensmittel stiegen schnell, und die Kaufleute forderten für ihre Ware nur Silber. Aber woher nehmen, wenn es in großen Mengen in den Schatzkammern des Zaren verschwand? Im Lande begann eine Hungersnot. Die Geduld des Volkes ging zu Ende, und im Jahre 1662 fand in Moskau ein Aufstand statt, der sogenannte »Kupferaufruhr«. Der Aufstand wurde grausam niedergeschlagen, aber das Volk erreichte sein Ziel.

Das Kupfergeld wurde aus dem Verkehr gezogen und durch Silbermünzen ersetzt.
In der Regierungszeit Peters I. erfolgte die Herstellung von Geld vornehmlich in der Moskauer Münze. Sie lag im Gebiet der sogenannten Chinesenstadt. Im Jahre 1711 verfügte der Senat, Silbergeld nur in diesem Münzhof herzustellen. 1724 ließ der Zar in Petersburg einen Münzhof einrichten. Die Leningrader Münze arbeitet noch heute und feierte 1971 ihr 250. Jubiläum.
Peter I. traf energische Maßnahmen, um die Förderung von Gold und Silber zu erhöhen. Trotzdem war das zaristische Rußland noch lange auf die Einfuhr dieser wertvollen Metalle angewiesen. Es gibt interessante Dokumente, die diesen Tatbestand bezeugen. So beauftragte 1734 die Regierung den Gouverneur von Irkutsk, große Silbermengen von China zu kaufen. Ungefähr um diese Zeit entdeckte der Erzkenner Akinfi Demidow, Angehöriger der mächtigen Dynastie der Uraler Bergwerksbesitzer, eine Silberlagerstätte. Nach den damals geltenden Bestimmungen gehörte Silbererz in jedem Falle dem Zaren – ganz gleich, von wem und wo es gefunden wurde. Demidow hatte jedoch nicht die Absicht, sich von seinen neuen Reichtümern zu trennen. Er prägte eigene Münzen, die sich äußerlich nicht von denen der Zarenmünzen unterschieden. Es gab nur einen Unterschied: Das Geld von Demidow enthielt mehr Silber als das staatliche. Dies ist vielleicht der einzige Fall in der Geschichte, bei dem Falschgeld wertvoller war als das echte.
Der illegale Münzhof befand sich in Newjansk, dem Stammgut der Demidows. Im Keller eines hohen Turmes prägten hier

angekettete Knechte Tag und Nacht das Falschgeld. Es war ein furchtbarer Kerker, den niemand betreten durfte, damit das Geheimnis des Newjansker Turmes der Regierung nicht bekannt wurde. Trotzdem gelangten Gerüchte darüber in die Hauptstadt. Doch selbst die Zarin Anna Iwanowna riskierte es nicht, ihre guten Beziehungen zu dem ungekrönten König des Ural zu gefährden. Man erzählt aber, daß sie eines Tages, nachdem Demidow beim Kartenspiel verloren hatte und mit neuen Silbermünzen bezahlte, überraschend gefragt haben soll: »Deine oder meine Arbeit, Nikititsch?« Jener stand vom Tisch auf, schlug verwundert die Hände zusammen, neigte sein Haupt und antwortete lächelnd: »Wir sind alle Dein, Mütterchen Zarin. Auch ich und alles was ich habe, ist Dein!«

Bald darauf trat jedoch ein Ereignis ein, das zur Vernichtung des geheimnisvollen Münzhofes führte. Einem Meister Demidows war es gelungen, aus Newjansk nach Petersburg zu fliehen. Als Demidow davon erfuhr, befahl er, den Flüchtling zu beseitigen oder, falls das nicht gelänge, so schnell wie möglich der Zarin die freudige Kunde von der Entdeckung der Silberlagerstätte zu überbringen. Da der Flüchtling nicht eingefangen werden konnte, mußte man ihr die »erfreuliche Mitteilung« machen. Die Zarin schickte eine Kommission zur Aufnahme der Silberreichtümer nach Newjansk. Zwei Tage vor ihrer Ankunft befahl Demidow, die Schleusen zu öffnen, die den Keller des Turmes mit einem See verbanden. Alle Arbeiter, die Hauptzeugen der Verbrechen Demidows, verschwanden für ewig unter dem Wasser.

Silber wurde von jeher für Luxusgegenstände verwendet. Man stellte daraus unter anderem Puderdosen, Zigarrenetuis, Tabakdosen, Service, Becher, Pokale und Schmuckstücke her. Große Vorliebe für Gegenstände aus diesem Metall hegte die russische und französische Aristokratie. Für sie stellte das »Familiensilber« die Visitenkarte dar, die von ihrer adligen Abstammung und dem Reichtum der Besitzer zeugte. In dieser Hinsicht konnten nur wenige mit dem Grafen Orlow konkurrieren, der ein Silberservice aus 3275 Teilen besaß, für dessen Fertigung ungefähr zwei Tonnen reinen Silbers verwendet wurden.

Auch in der heutigen Zeit wird Silber für Schmuckgegenstände, aber auch für bestimmte technische Zwecke verwendet. Von dem Zeitpunkt an, als 1839 der französische Künstler und Erfinder Daguerre ein Verfahren zur Erzeugung von Abbildungen auf lichtempfindlichen Materialien ausarbeitete, war das Schicksal des Silbers untrennbar mit der Fotografie verbunden. In der dünnen Bromsilberschicht auf Fotoplatten und Fotopapier ist Silberbromid der Hauptakteur. Unter der Einwirkung von Lichtstrahlen, die auf die Platte fallen, zerfällt Silberbromid. Brom verbindet sich dabei mit der in der Schicht befindlichen Gelatine, und Silber wird in Form feinster Kriställchen ausgeschieden, die unter einem gewöhnlichen Mikroskop nicht einmal zu erkennen sind. Der Grad des Silberbromidzerfalls hängt von der Stärke der Beleuchtung ab. Je stärker sie ist, desto mehr Silber wird ausgeschieden.

Die weitere Bearbeitung (Entwicklung und Fixierung) führt zu einer negativen Abbildung auf der Platte, von der man das echte Bild durch Kopieren auf Fotopapier erhält.

So sehr auch die Fotografie in mehr als 100 Jahren vervollkommnet wurde, sie kann nicht auf Silber und seine Verbindungen verzichten.
Seit der Mitte des vergangenen Jahrhunderts wird Silber zur Erzeugung von Spiegeln verwendet. Glas, mit einer dünnen Silberschicht bedeckt, weist im Vergleich zu allen Metallen das beste Reflexionsvermögen auf. Es dient nicht nur als Gegenstand in unserem Haushalt, sondern auch als Instrument der Ärzte, als notwendiges Teil in Teleskopen, Mikroskopen und anderen optischen Geräten.
Kein anderes Metall kann mit dem Silber im Hinblick auf die Leitfähigkeit für Wärme und elektrischen Strom konkurrieren. Silberdrähte finden wir in physikalischen Präzisionsgeräten. Es wird für wichtige elektrische Verbindungen, in Relais und als Silberlot in Radioapparaten verwendet.
In vielen automatischen Einrichtungen, kosmischen Raketen und Unterseebooten, in Rechenmaschinen, Kernkraftanlagen, Nachrichten- und Signaleinrichtungen sind unbedingt elektrische Kontakte notwendig. Sie müssen während ihrer Betriebszeit millionenfach Ein- und Ausschaltvorgänge tätigen. Um dieser kolossalen Belastung standzuhalten, ist es notwendig, daß die Kontakte verschleißfest, zuverlässig im Gebrauch und elektrisch jederzeit funktionsfähig sind. Als Material hierfür wird meist Silber eingesetzt, das mit diesen schwierigen Bedingungen ausgezeichnet fertig wird. Besonders gut geeignet ist Silber mit einem Zusatz an seltenen Erden; die Betriebsdauer solcher Kontakte ist erheblich höher. Nach ausländischen Pressemeldungen werden Teile der Düsen für einige Düsenflugzeuge aus porösem Wolfram, dessen Poren mit Silber ausgefüllt sind, hergestellt. Weniger bekannt ist, daß sich im Wrack des Unterseebootes »Treasure« auf dem Grund des Ozeans einige Tonnen

Silber befinden, das für die Akkumulatoren verwendet worden war. Silber hat eine außerordentliche Plastizität: Aus einem Gramm Silber kann man etwa 2 Kilometer Draht herstellen.
Die lateinische Bezeichnung für Silber, Argentum, die von den Chemikern aller Länder verstanden wird, stammt aus dem Sanskrit. Dort bedeutet das Wort »argenta« soviel wie hell oder Licht.
Mit der Namensgebung der Metalle sind viele interessante Fakten und Episoden verbunden. Die Landkarte hat oft als »Wegweiser« gedient, wenn es galt, die Bezeichnung für ein neuentdecktes Element zu finden. Bei der Durchsicht des Periodensystems finden wir beispielsweise Germanium, Francium, Europium, Americium, Scandium oder Californium. Es gibt also viele solcher Beispiele. Sehr selten aber tragen geographische Erscheinungen (Flüsse, Länder, Gebirge usw.) Namen von Metallen. Für das Edelmetall Silber trifft dies jedoch zu. Einige Beispiele aus der Geschichte der Geographie bestätigen es. Im 16. Jahrhundert entdeckte der spanische Lotse de Solis an der Küste Südamerikas die Mündung eines großen Flusses. Er gab ihr ohne falsche Bescheidenheit seinen eigenen Namen. Zwei Jahre später fuhr der Kapitän Sebastian Kabot die Flußmündung aufwärts. Als das Schiff anlegte, beraubten seine Matrosen die Einwohner an den Ufern des Stromes. Kabot war erstaunt über die Mengen Silber, die seine Leute herbeischleppten. Der Kapitän gab deshalb der Flußmündung den Namen la Plata, das heißt die Silberne (vom Spanischen: plata = Silber). Die umliegenden Gebiete erhielten später die Bezeichnung La-Plata-Staaten. Als die spanische Herrschaft zu Ende war, erhielt eines dieser Länder von seinen Bewohnern einen anderen Namen. Um nicht an die traurige Periode ihrer Geschichte erinnert zu werden, wählten sie lateinische Bezeichnung für Silber (Argentum) und nannten ihr Land Argentinien.
Es gibt noch eine andere Legende, in der Silber die Rolle des Taufpaten bei einer geographischen Namensgebung spielt. 1577 stach eine englische Flottille in See, die von dem neuernannten Admiral Drake, einem berüchtigten Seeräuber, befehligt wurde. Den hohen militärischen Rang hatte ihm die Königin Elisabeth für seine langjährige und schreckenerregende Piratentätigkeit im Dienste der englischen Krone verliehen. Das Ziel der neuen Fahrt mit dem geheimen Segen der Königin war die Plünderung der spanischen Städte an der Küste Südamerikas zum Stillen Ozean. Elisabeth und ihre ehrenwerten Würdenträger waren »Teilhaber des Unternehmens Drake & Co.«.
Im Verlaufe einiger Monate durchkreuzte das Geschwader Drakes Meere und Ozeane. In einer Vielzahl von Gefechten verlor Drake vier von seinen fünf Schiffen, aber sein Flaggschiff »Goldener Hirsch« versetzte mit seinen tollkühnen und unerwarteten Überfällen nach wie vor die Bewohner der Küstenstädte in Schrecken. Eines Abends erschien der Pirat in der Nähe von Callao. Dort lagen ungefähr dreißig spanische Schiffe. Die Kühnheit Drakes war bewundernswert. Der »Goldene Hirsch« lief in den Hafen ein und lag die ganze Nacht Seite an Seite mit den Schiffen des Gegners. Die spanischen Seeleute, die ziemlich viel Rum konsumiert hatten und sich bis weit in die Nacht hinein auf dem Deck vergnügten, unterhielten

sich laut über Schiffe, die vor noch nicht allzulanger Zeit den Hafen mit wertvoller Fracht verlassen hatten. Eines von ihnen, die königliche Galione »Kakafuego«, war nach den Worten der Matrosen buchstäblich mit Schätzen vollgestopft. Als Drake das hörte, lichtete er unverzüglich die Anker und nahm die Verfolgung auf. Das Schiff des Piratenadmirals hatte nicht zufällig den Namen »Goldener Hirsch«. Nur wenige Schiffe konnten sich mit ihm in der Geschwindigkeit messen. Es war deshalb kein Wunder, daß bald darauf die Kakafuego an den Küsten Ecuadors geentert wurde. Und so beschrieb einer der Kumpanen Drakes die weiteren Ereignisse: »Am folgenden Morgen begann das Zählen und Sortieren. Es dauerte sechs Tage. Wir fanden Edelsteine, 30 Kisten Silbergeld, 80 Pfund Gold, 26 Fässer ungeprägtes Silber ... Am Ende des sechsten Tages verabschiedeten wir uns von dem Besitzer des Schiffes. Er, um einiges erleichtert, wandte sich nach Panama und wir zum offenen Meer.«

Der umsichtige Drake wußte, daß dem »Goldenen Hirsch« eine sehr lange Fahrt bevorstand. Es war nicht ausgeschlossen, daß die Spanier versuchen würden, wieder in den Besitz ihrer Schätze zu kommen, die sie selbst den Bewohnern Südamerikas geraubt hatten. Durch die Überlastung des Piratenschiffes mit den wertvollen Metallen wurde aber die Fahrt sehr verlangsamt. Sollte Vernunft oder Habgier dominieren? Drake fällte die richtige Entscheidung: 45 Tonnen ungeprägtes Silber flogen über Bord. In Erinnerung an die Silberschätze, von denen er sich trennen mußte, nannte der Piratenadmiral eine in der Nähe liegende Insel La Plata.

Dies ist natürlich nicht der einzige Fall, in

dem Gold, Silber oder andere Kostbarkeiten auf den Boden des Meeres gelangten. Bei unzähligen Schiffbrüchen in der jahrhundertealten Geschichte der Seefahrt verschlangen die Fluten beträchtliche Reichtümer. Das hat von jeher viele Menschen veranlaßt, nach diesen Schätzen zu suchen. Aber es gelingt nur selten, sie der Gewalt des Ozeans zu entreißen. Dennoch gab es immer wieder Menschen, die versuchten, in den Besitz der versunkenen Kostbarkeiten zu kommen. Dabei gab es oft interessante Begebenheiten und Ereignisse. Über einige – soweit sie mit Silber in Verbindung stehen – soll noch kurz berichtet werden.

Im Jahre 1939 holte an der Küste von Florida ein Fischer aus geringer Tiefe einige schwere, längliche Steine. Eine Zeitlang verwendete er sie als Ballast in seinem Boot, dann warf er sie ins Meer. Zufällig blieb ein Stein zurück, den der Alte als »Amboß« für das Geraderichten von Nägeln verwendete. Es vergingen zwei Jahre. Von den häufigen Schlägen wurde der Stein an einer Stelle weich und glänzend. Dem Fischer ging ein »Licht« auf! Er merkte, daß sein »Amboß« aus reinem Silber bestand. Doch anstatt sich zu freuen, weinte der Fischer fast vor Kummer. Was war er doch für ein alter Narr! Wie konnte er mit eigenen Händen die von Gott gesandten Reichtümer über Bord werfen? Was für ein Unglück! Aber noch schien nicht alles verloren. Der Alte eilte zu dem Platz, an dem viele dieser Steine gelegen hatten. Er durchsuchte kreuz und quer die Bucht. Aber es gelang ihm nicht, in der Kette von einförmigen Riffen die Stelle zu finden, an welcher er die Ballaststeine herausgezogen hatte.

Erfolgreicher war der amerikanische Taucher McKee. Im Mai 1949 beschäftigte er sich mit Unterwasseraufnahmen an der Küste Floridas. Eines Tages bemerkte McKee in 20 Meter Tiefe die Trümmer eines Schiffes. Bei der näheren Untersuchung des Wrackes entdeckte der Schwimmer einige Kanonen, den Anker und drei schwere, mit einem Belag überzogene längliche Blöcke. Es kostete McKee viel Kraft und Mühe, diese schweren Blöcke an die Oberfläche zu holen. Er wurde dafür reich belohnt, denn die mit NATA bezeichneten Blöcke waren aus reinem Silber. Als er den Fund ins Washingtoner historische Museum gebracht hatte, stellten Spezialisten fest, daß das Zeichen von einer alten Silbergrube in Panama verwendet wurde. Das vom Taucher entdeckte Schiff war eine der 14 spanischen Galionen, die während eines furchtbaren Orkans versunken sind, der an diesem Platz im Frühjahr des Jahres 1715 gewütet hat.

Sowohl der Fischer von Florida als auch McKee wurden zu Schatzsuchern, ohne es von vornherein gewollt zu haben. Wesentlich häufiger wird die Suche nach verschwundenen Schätzen an Hand vorher gefaßter Pläne durchgeführt. Aber auch die Teilnehmer speziell ausgerüsteter Unterwasserexpeditionen kehrten häufig mit leeren Händen an das Ufer zurück. Manchmal kam der Erfolg auch erst nach fast aussichtslos erscheinendem Einsatz. In dieser Weise war Fortuna beispielsweise einem gewissen William Phipps hold, als er am Ende des 17. Jahrhunderts im Auftrag des englischen Königs James II. versuchte, die Schätze der spanischen Galione zu heben, die bei den Bahama-Inseln versunken waren. Tage, Wochen, Monate vergin-

gen, aber es gelang nicht, die Reste des untergegangenen Schiffes zu finden. Nachdem ein Jahr vergangen war, gab sich Phipps geschlagen. Er rief seine Hauptleute zu einer Versammlung und erklärte ihnen, daß er die Suche abbrechen wolle. Dabei stampfte er voller Zorn mit dem Fuße auf. Durch die Erschütterung fiel unter dem Tisch ein sonderbarer Gegenstand um. Er ähnelte dem Bruchstück eines Korallenriffes, war aber von ungewöhnlich regelmäßiger Gestalt. Phipps zerschlug das Gebilde mit einem Beil. In der Korallenhülle verbarg sich eine Kiste aus Silber, die mit Gold- und Silbermünzen gefüllt war. Das »Korallenstück« hatte ein eingeborener Taucher gefunden. Am gleichen Ort gingen nun Phipps Taucher auf die Suche. Sie brachten noch einige Dutzend solch kostbarer Funde an Deck. Phipps selbst tauchte mehrmals mit einer von ihm gebauten Taucherglocke. Während dreier Monate gelang es der Expedition, 30 Tonnen Silber, fast ebensoviel Gold und eine große Menge Kisten mit Münzen an die Oberfläche zu bringen. Der Wert der zu Tage geförderten Schätze betrug 300 000 Pfund Sterling (nach heutiger Währung mehr als eine Million Pfund).

Obwohl solche Glücksfälle äußerst selten sind, wächst die Armee der »Unterwasser-Glückssucher« ständig. Allerdings haben die modernen Taucher größere Erfolgschancen als die Taucher von Phipps, die sich nur auf ihre Lungen verlassen konnten.

»Fest«, aber ... weich – Zinn

Sn

Das Scheitern der Expedition · Eine ansteckende Krankheit, Zinnpest · Das Verschwinden der Knöpfe · An allem sind die Hexen schuld · Atome verändern ihre Lage · »Vakzin« gegen die Pest · Zinngeschrei · Das Schicksal des Zinnsoldaten · Der Fund im Grab · Hephaistos rüstet Achill aus · Das Gold der Azteken · Julius Cäsar kann es bestätigen · Gewichtiges Exponat · »Delphin« auf Suche · Der mißlungene Bankraub

Im Jahre 1910 rüstete der englische Polarforscher Kapitän Robert Scott eine Expedition aus, deren Ziel es war, den Südpol zu erreichen, den bis zu dieser Zeit noch keines Menschen Fuß betreten hatte. Viele Monate kämpften sich die mutigen Reisenden durch die Schneewüsten des antarktischen Festlandes. Auf ihrem Weg errichteten sie kleine Lager mit Lebensmitteln und Benzin als Vorräte für den Rückweg. Zu Beginn des Jahres 1912 erreichte die Expedition endlich den Südpol. Zu seiner großen Enttäuschung entdeckte Scott dort ein Zeichen, aus dem er entnahm, daß einen Monat früher der norwegische Polarforscher Amundsen den Pol bereits erreicht hatte.

Viel größere Sorgen erwarteten Scott aber auf dem Heimweg. Im ersten Lager war kein Benzin. Die Blechbüchsen, in denen man es aufbewahrt hatte, waren leer. Die müden, durchfrorenen und hungrigen Menschen konnten sich nicht erwärmen und waren nicht imstande, sich das Essen zu bereiten. Mit Mühe gelang es ihnen, bis zum nächsten Lager zu kommen. Aber auch dort fanden sie leere Kanister. Das Benzin war ausgelaufen. Scott und seine Freunde hatten nun nicht mehr die Kraft, dem Polarfrost und dem starken Sturm, der sich in dieser Zeit in der Antarktis entlud, zu widerstehen. Wie erklärt sich das rätselhafte Verschwinden des Benzins? Warum endete die sorgfältig vorbereitete Expedition so tragisch? Welcher Fehler war Kapitän Scott unterlaufen? Die Antwort auf diese Frage war denkbar einfach. Die Blechkanister waren mit Zinn verlötet. Vielleicht wußten die Reisenden nicht, daß das Zinn bei Frost »erkrankt«. Das glänzende weiße Metall wird mattgrau und zerfällt zu Pulver. Diese Erscheinung, bekannt unter dem Namen »Zinnpest«, spielte die verhängnisvolle Rolle für das Schicksal der Expedition. Die Neigung des Zinns zum Zerfallen in der Kälte war lange vor diesem Ereignis bekannt. Schon im Mittelalter bemerkten Besitzer von Zinngefäßen, daß diese bei starkem Frost rasch Beulen bekamen, die sich ständig ausbreiteten, bis schließlich die Gefäße ganz zerfielen. Außerdem wußte man, daß sich sogar bei milder Kälte der einmal eingeleitete Zerfall des Zinns langsam fortsetzt und die Zinnpest von den erkrankten Gegenständen durch Berührung auf gesunde übertragen wird.

Am Ende des vergangenen Jahrhunderts wurden Eisenbahnwaggons, die mit Zinnblöcken beladen waren, von Holland nach Rußland transportiert. Als in Moskau die Waggons geöffnet wurden, entdeckte man darin nur ein graues, unbrauchbares Pulver. Der russische Winter hatte den Empfängern des Zinns einen bösen Streich gespielt.

Zur gleichen Zeit schickte man eine gut ausgerüstete Expedition nach Sibirien. Es schien, als sei sie für die Arbeit im sibirischen Frost mit allem versorgt. Aber an eines hatten die Teilnehmer nicht gedacht. Ihr Geschirr war aus Zinn, das unterwegs seine Gestalt verlor. Man mußte sich Löffel und Schüsseln aus Holz anfertigen; erst dann konnte die Expedition ihren Weg fortsetzen.

In den ersten Jahren des 20. Jahrhunderts ereignete sich in einem Militärmagazin von Petersburg eine skandalöse Geschichte: Während einer Revision entdeckte man zum Entsetzen des Intendanten, daß die Zinnknöpfe für die Uniformen der Solda-

ten verschwunden waren. In der Kiste, in der man sie aufbewahrt hatte, befand sich nur grauer Staub. Obwohl es im Magazin grimmig kalt war, wurde dem Intendanten siedend heiß. Sicher würde man ihn des Diebstahls bezichtigen, und dies bedeutete nichts anderes als Zwangsarbeit! Den Ärmsten rettete aber das Gutachten des chemischen Laboratoriums, in dem es heißt: »Bei dem von Ihnen übergebenen Stoff handelt es sich ohne Zweifel um Zinn. Augenscheinlich liegt hier eine Erscheinung vor, die in der Chemie unter der Bezeichnung »Zinnpest« bekannt ist.«
Welche Prozesse liegen dieser Umwandlung des Zinns zugrunde? Unwissende Geistliche des Mittelalters glaubten, die »Zinnpest« würde durch Hexerei hervorgerufen. Deshalb wurden viele völlig unschuldige Frauen auf dem »reinigenden« Feuer verbrannt. Mit der Entwicklung der Wissenschaft wurde der Unsinn solcher Behauptungen offenbar, aber die wahren Ursachen der Zinnpest konnten die Wissenschaftler noch lange nicht finden. Erst nachdem die Metallkundler die Röntgenanalyse zur Verfügung hatten, die es ihnen erlaubt, in das Innere des Metalls zu schauen und seinen kristallinen Aufbau zu bestimmen, konnten sie sich diese rätselhafte Erscheinung erklären. Zinn hat, wie im übrigen auch andere Metalle, verschiedene kristallographische Strukturen. Bei Zimmertemperatur und höheren Temperaturen ist die stabile Modifikation das weiße Zinn, ein weiches, plastisches Metall. Bei Temperaturen unter 13 Grad Celsius ordnet sich das Kristallgitter des Zinns um, so daß die Atome eine weniger dichte Pakkung im Raum annehmen. Die neue Modifikation, das graue Zinn, verliert die Metalleigenschaften und wird ein Halbleiter. Die dabei entstehenden inneren Spannungen führen dazu, daß das Material reißt und zu Pulver zerfällt. Die Umwandlung in die neue Modifikation erfolgt um so schneller, je niedriger die Umgebungstemperatur ist. Bei minus 33 Grad Celsius erreicht die Umwandlungsgeschwindigkeit ein Maximum. Aus diesem Grund zerstört starker Frost schnell und erbarmungslos alle Geräte aus Zinn.
Trotzdem wird Zinn in großem Umfang zum Löten und Verzinnen von Apparaten, Leitungen und Geräteteilen benutzt. Die Fertigprodukte werden auch in den kalten Zonen unseres Planeten gebraucht. Werden sie dort nicht auch durch die Zinnpest zerstört? Das ist selbstverständlich nicht der Fall, denn unsere Wissenschaftler haben erkannt, daß Zinn »geimpft« werden muß, um es vor der Pest zu schützen. Als »Vakzin« dienen zum Beispiel Blei, Antimon

und Wismut. Deren Atome bringen zusätzliche Elektronen in das Kristallgitter des Zinns und stabilisieren seinen metallischen Zustand. Dadurch wird die Möglichkeit einer Erkrankung völlig ausgeschaltet.
Reines Zinn hat eine interessante Eigenschaft. Beim Biegen von Stangen oder Platten aus diesem Metall hört man ein leises Knistern – das »Zinngeschrei«. Dieses charakteristische Geräusch entsteht als Folge der inneren Reibung der Zinnkristalle bei ihrer Verschiebung und Deformation. Bei Legierungen von Zinn mit anderen Metallen tritt dieser akustische Effekt nicht auf.
Fast die Hälfte der Zinnproduktion der Welt wird heute für die Erzeugung von Weißblech verbraucht. Dieses wird hauptsächlich zur Herstellung von Konservendosen verwendet, denn dafür hat es besonders wertvolle Eigenschaften: chemische

Beständigkeit gegenüber Sauerstoff, Wasser, organischen Säuren und die vollständige Unschädlichkeit seiner Salze für den menschlichen Organismus. Zinn löst diese Aufgabe meisterhaft und hat praktisch keine Konkurrenten. Nicht zufällig nennt man es das Metall der Konserven. Dank der dünnen Zinnschicht, die das Blech bedeckt, haben wir die Möglichkeit, Millionen Tonnen Fleisch, Fisch, Früchte, Obst- und Milchprodukte längere Zeit aufzubewahren. Für das Auftragen der Zinnschicht verwendet man vor allem ein Schmelztauchverfahren. Dabei wird das gereinigte und entfettete Eisenblech in geschmolzenes Zinn eingetaucht. Ein anderes modernes Verfahren, auch für einseitige Verzinnung geeignet, verwendet galvanische Bäder.
Verhältnismäßig einfach ist es, Zinn und Stahlblech wieder zu trennen. Zinn löst sich leicht in Basen. Aus der basischen Lösung wird es mit Hilfe des elektrischen Stromes extrahiert. Auf diese Weise kann man z. B. die wertvolle Zinnschicht auf Konservendosen (je Dose ungefähr 0,5 Gramm) für die Wiederverwendung zurückgewinnen. Ein anderes Verfahren zur Trennung von Blech und Zinn beruht auf einer besonderen Eigenschaft des Elements: Zinn reagiert leicht mit Chlor. Wenn man über alte, verzinnte Konservendosen einen Strom trockenen Chlorgases leitet, bildet sich das leichtflüchtige Zinnchlorid. Daraus kann auf einfache Art und Weise reines Zinn gewonnen werden.
Zinn ist eines der am leichtesten schmelzenden Metalle. Erinnern Sie sich, wie im Märchen von Hans Christian Andersen der standhafte Zinnsoldat im Feuer zerschmolz, als ihn der böse Junge in den Ofen warf? Die leichte Schmelzbarkeit des Zinns

ist die Ursache für seine breite Anwendung als Grundkomponente von Loten. Eine Legierung mit 16 Prozent Zinn, 52 Prozent Wismut und 32 Prozent Blei kann man schon durch siedendes Wasser zum Schmelzen bringen. Die Schmelztemperatur dieser Legierung beträgt 96 Grad Celsius, obwohl die darin enthaltenen Elemente einzeln erst bei sehr viel höherer Temperatur schmelzen: Zinn bei 232, Wismut bei 271 und Blei bei 327 Grad Celsius. Legierungen dieses Typs werden in der Elektrotechnik als Sicherungen verwendet. Auch verschiedene Bronzen, typographische Legierungen und Lagermetalle, die besonders gute Verschleißfestigkeit haben, enthalten Zinn. Chemische Verbindungen des Zinns sind in der Technik weit verbreitet. Zinnchlorid und Zinnchlorür beispielsweise dienen zum Beizen und Färben von Wolle und Seide. Naturseide ist sehr leicht und läßt sich schlecht färben. Bei seiner Bearbeitung mit Lösungen von Zinnverbindungen entsteht an der Oberfläche des Seidenfadens ein Hydrat des Zinn-(II)-oxids. Das Gewebe wird dadurch zwar um das Doppelte schwerer, erhält aber die Fähigkeit, das Färbungsmittel an seine Oberfläche zu binden.

Zur Rotfärbung von Porzellan und Glas verwendet man einen Purpur, der sich bei der Einwirkung von Zinnchlorid auf eine Lösung mit Goldchlorid bildet. Als Goldfarbe kann Zinn-(II)-sulfat, das sogenannte »Flittergold«, verwendet werden.

Im Krieg wurde Zinnchlorid zur Erzeugung von künstlichem Nebel verwendet. Dieser Stoff reagiert leicht mit Wasser und bildet einen dichten Nebel aus Zinn-(II)-oxid. Das Metall Zinn war den Menschen schon in grauer Vorzeit bekannt. Am Anfang wurde es lediglich in Verbindung mit Kupfer verwendet. Die Legierungen dieser Metalle, Bronzen genannt, waren bereits lange vor unserer Zeitrechnung bekannt. Bronzewaffen sind wesentlich härter als solche aus Kupfer. Offensichtlich wird dadurch auch die lateinische Bezeichnung für Zinn, stannum, erklärt. Im Sanskrit hat das Wort »stan« die Bedeutung von fest. Das Zinn selbst ist in reiner Form ein weiches Metall und recht-

fertigt in keiner Weise diese Bezeichnung.
Geräte aus Bronze wurden in Gräbern gefunden, die fast 60 Jahrhunderte alt sind. Plinius der Ältere versicherte, daß die »besten Spiegel, die bereits unseren Urvätern bekannt waren, in Brundisium aus Gemischen von Kupfer und Zinn hergestellt wurden«.
Seit wann die Menschen Zinn in reiner Form verwenden, ist schwer festzustellen. In einem ägyptischen Grabmal, das aus der Epoche der 18. Dynastie (von 1580 bis 1350 v. u. Z.) stammt, wurden ein Ring und eine Flasche aus Zinn gefunden. Man zählt sie zu den ältesten Zinngeräten. Homer erzählt in der Ilias, wie der Gott des Feuers und des Schmiedehandwerks, Hephaistos, für den Helden Achill einen Schild schmiedete:

»Drauf auch ein Rebengefilde, von schwellendem Weine belastet,
Bildet' er schön aus Gold, doch schwärzlich glänzten die Trauben;
Und es standen die Pfähle gereiht aus lauterem Silber.
Rings dann zog er den Graben von dunkeler Bläue des Stahles,
Samt dem Gehege von Zinn.
Eine Herd' auch schuf er darauf hochhauptiger Rinder;
Einige waren aus Golde geformt, aus Zinne die andern.«

In einer alten Begräbnisstätte der peruanischen Indianer entdeckten Wissenschaftler reines unbearbeitetes Zinn, das augenscheinlich für die Herstellung von Bronze bestimmt war. Die hier Bestatteten waren wahrscheinlich ausgezeichnete Metallurgen und kunstfertige Meister bei der Herstellung von Bronzeteilen. Man vermutet, daß die Inkas Zinn in reiner Form nicht verwendeten, denn irgendwelche zinnerne Gebrauchsgegenstände waren nicht zu finden.
Der spanische Konquistador Fernando Cortez, der zu Beginn des 16. Jahrhunderts Mexiko eroberte, schrieb: »Einige kleine Zinnstücken in Form sehr feiner Münzen wurden in der Provinz Taksko gefunden. Die Suche fortsetzend, entdeckte ich, daß in dieser Provinz und auch in vielen anderen Zinn als Geld verwendet wurde.«
1925 führte man in England Ausgrabungen in der Nähe eines alten Schlosses durch, das im 3. Jahrhundert vor unserer Zeitrechnung gebaut wurde. Die Archäologen fanden kleine Schmelzöfen mit zinnhaltigen Schlacken. Das bedeutet, daß hier vor 2000 Jahren eine Zinnmanufaktur bestand. Auch Julius Cäsar erwähnt in seinem Buch »Kommentare zum Gallischen Krieg« die Produktion von Zinn in einigen Gebieten Britanniens. Die wichtigste Zinnquelle war schon in alter Zeit das Mineral Kassiterit oder Zinnstein. Die größten Lagerstätten dieses wertvollen Minerals befinden sich auf dem Malaiischen Archipel. In der Sowjetunion findet man Zinnerze im Fernen Osten, am Baikal und in Kasachstan. In einem Kombinatsmuseum am Ussuri wird ein seltenes Stück Zinnstein aufbewahrt. Seine Abmessung ist nicht groß, 30 × 20 Zentimeter bei einer Dicke von 8 Zentimetern. Er wiegt aber fast 25 Kilogramm.
Vor einigen Jahren wurde ein transportables Gerät geschaffen, der Gamma-Resonanz-Zinnsucher. Um den Gehalt von Zinn im Erz mit einer Genauigkeit bis zu einem hundertstel Prozent zu bestimmen, benötigen die mit einem solchen Gerät

ausgerüsteten Geologen nur einige Minuten. Der besondere Wert dieses Geräts besteht darin, daß es nur auf Kassiterit anspricht und nicht auf Stannin, ein anderes zinnhaltiges Mineral, das aber als Rohstoff für die Zinnerzeugung nicht geeignet ist. Geologen suchten jedoch Kassiterit nicht nur auf dem Festland, sondern auch unter Wasser. Vor nicht allzulanger Zeit wurde eine Zinnlagerstätte im Japanischen Meer in der Bucht von Tichangoi gefunden. Mit Hilfe von Tauchern des Clubs »Delphin« überprüften die Geologen sorgfältig den Meeresboden dieser Bucht. Wie es scheint, wird der alte Poseidon bald gezwungen werden, sich von einem Teil seiner Schätze zu trennen.

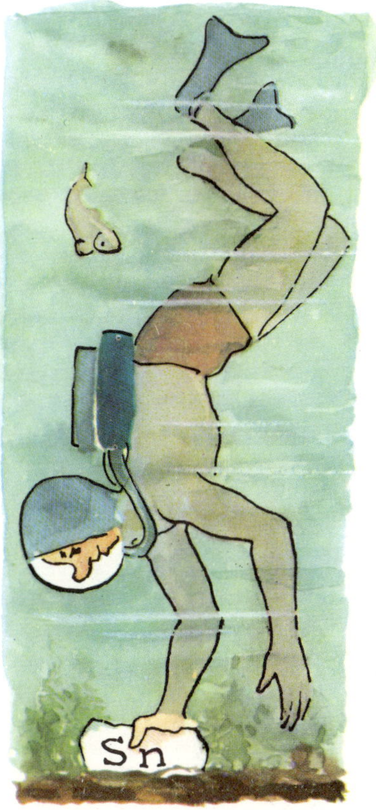

Der Mangel an Zinn veranlaßte die Forscher und Ingenieure, ständig nach einem Ersatz für dieses Metall zu suchen, zumal Zinn immer neue Anwendungsgebiete findet. Die amerikanische Firma Ford Motor baute unlängst eine Fabrik, in der eine interessante Methode für die kontinuierliche Herstellung von Fensterglas mit einer Breite von 2,5 Metern angewendet wird. Das geschmolzene Glas gelangt aus den Öfen in eine 53 Meter lange Wanne und fließt hier auf eine Schicht flüssigen Zinns. Weil die metallische Schmelze eine ideal glatte Oberfläche hat, wird auch das Glas, das darauf abkühlt und erstarrt, vollständig eben, so daß Schleifen und Polieren nicht mehr notwendig sind. Dadurch werden die Produktionskosten wesentlich gesenkt.

Die Biographie des Zinns wäre nicht vollständig, wenn nicht eine Geschichte erwähnt würde, die beinahe einer Kriminalkomödie gleichkommt. Der zweite Weltkrieg ging seinem Ende entgegen. Die Regierenden des »Unabhängigen Slowakischen Staates«, den Hitler 1939 auf dem Territorium der Tschechoslowakei zusammengezimmert hatte, wußten sehr wohl, daß ihnen in naher Zukunft Macht und Reichtum verlorengingen. Deshalb wollten sie rechtzeitig Vorsorge treffen. Sie planten den Raub des staatlichen Goldfonds, der durch die Arbeit des slowakischen Volkes geschaffen worden war. Die Patrioten unter den Angestellten der Bank beschlossen, dies zu vereiteln. Ein Teil des Goldes wurde von ihnen im geheimen in eine Schweizer Bank überführt und dort zum Nutzen der Tschechoslowakischen Republik bis zum Ende des Krieges blockiert. Ein weiterer Teil konnte durch die Partisanen in Sicherheit gebracht werden. Der Rest des Goldes verblieb in den Safes der Bratislavaer Bank, wo es ohne Zustimmung des Leiters der Bank nicht entnommen werden konnte. Der Direktor der Bank verweigerte dagegen den Kollaborateuren entschieden die Herausgabe des Goldes. Diesen blieb nur ein gangbarer Weg – die Besetzung der Bank mit Gewalt. Einer der Rädelsführer der Marionettenregierung berichtete insgeheim dem deutschen Gesandten in Bratislava über die Werte, die im gepanzerten Keller der Bank lagerten, und bat um deutsche Soldaten für die »Bankoperation« zur Konfiszierung des Goldes. Zwar mußte man als dritten Kompagnon noch einen General der Waffen-SS zu Hilfe nehmen, aber es gab keinen Zweifel, daß der Raub erfolgreich durchgeführt werden würde. Die SS-Leute umstellten die Bank, und ein Offizier befahl den Angestellten unter Androhung der Erschießung die Herausgabe der Goldvorräte. Die Kumpane rieben sich froh die Hände, denn sie ahnten nicht, daß in den Kisten anstelle von Gold Zinnblöcke verwahrt waren, die der Direktor der Münze in weiser Voraussicht dafür vorbereitet hatte. Die Angestellten der Bank aber überprüften noch einmal die Verschlüsse zu den Verstecken, in denen sie das richtige Gold verborgen hatten. Voller Zuversicht erwarteten sie die Befreiung ihres Landes von der Hitlerarmee.

Das »in Qualen« Geborene – Tantal

Ta

Die Qualen des Tantalus · Die Ähnlichkeit irritiert · Heinrich Rose schafft Klarheit · Hand in Hand · Vorahnungen trügen nicht · »Stellen Sie sich vor« · Von der Größe eines Streichholzkopfes · Das Interesse für Tantal wächst · Königswasser ist machtlos · Humane Mission · Ungewöhnliche Temperaturen sind nicht gefürchtet · Beneidenswerte Beständigkeit · In den Händen der Juweliere · Der Aufwand lohnt sich

»Einst hatte König Tantalus, der geliebte Sohn des Zeus, die Götter der Griechen zu Gast geladen. Zum üppigen Festmahl reichte er ihnen das Fleisch seines Sohnes Pelops. Über diese Grausamkeit erzürnt, verdammten die Götter Tantalus zur ewigen Qual des Durstes, des Hungers und der Furcht in die Unterwelt. Seit dieser Zeit steht er dort in einem Fluß, dessen Wasser ihm bis zum Halse reicht. Von den Ufern neigen sich ihm unter der Last reifer Früchte die Zweige der Bäume zu, und über ihm erheben sich drohend mächtige Felsen. Wenn der vom Durst Gequälte den Mund öffnet, um zu trinken, weicht das Wasser zurück. Streckt er die Hand nach den saftigen Früchten aus, erhebt der Wind die Zweige, damit sie der vom Hunger geschwächte Sünder nicht erreichen kann.« So berichtet eine alte griechische Sage von den »Qualen des Tantalus«.

Es ist möglich, daß der schwedische Chemiker A. G. Ekeberg an die Qualen des Tantalus denken mußte, als er versuchte, das Oxid des von ihm im Jahre 1802 entdeckten Elements in Säuren zu lösen. Oft wähnte er sich am Ziel seiner Wünsche, aber es gelang ihm nicht, das reine Metall auf diesem Wege zu erhalten. Da alles Mühen und Plagen umsonst war, nannte er den Neuling der Elemente Tantal.

Im Laufe der Zeit stellte man fest, daß Tantal einen nahen Verwandten hat, das Kolumbium. Dieses Element hatte der Engländer Charles Hatchett im Jahre 1801 entdeckt. Die Ähnlichkeit zwischen Tantal und Kolumbium ist so verblüffend, daß viele Chemiker irregeführt wurden und annahmen, es handle sich um ein und dasselbe Element, um Tantal. Diese falsche Einschätzung galt mehr als 40 Jahre. Erst 1844 gelang es dem deutschen Chemiker Rose, diese verworrene Frage zu klären und nachzuweisen, daß sowohl Kolumbium als auch Tantal ihren eigenen Platz im Periodensystem der Elemente haben. Rose gab dem Kolumbium einen neuen Namen. Er nannte es Niob. Damit unterstrich er die verwandtschaftlichen Beziehungen zwischen beiden Metallen, denn in der griechischen Mythologie ist Niobe die Tochter des Tantalus.

Die Verwendung der beiden Metalle im Dienste des Menschen war aber noch eine

Frage der Zeit. Jahrzehntelang nahm die industrielle Welt von Tantal keinerlei Notiz. Die Erzeugung des Metalls in reiner, kompakter Form gelang erst ein Jahrhundert nach seiner Entdeckung im Jahre 1903. Die Forscher erkannten dabei seine Schwerschmelzbarkeit und empfahlen es für die Herstellung von Glühfäden in elektrischen Lampen. Dort wurde es aber durch Wolfram, das noch schwerer schmilzt, bald wieder verdrängt.

Und wieder vergingen Jahre, bis man für Tantal neue Verwendungsmöglichkeiten fand, denn noch immer wurden die Elemente bevorzugt, deren ausgezeichnete Kennwerte bereits durch die Wissenschaftler bestätigt waren. Aber auch für Tantal mußte seine Zeit kommen. Im Jahre 1922 wurde es für Gleichrichter und ein Jahr später auch für Radioröhren mit Erfolg verwendet. Für die Gewinnung des Metalls wurden industrielle Methoden ausgearbeitet. Das erste industrielle Halbfabrikat aus dem Jahre 1922 war nicht größer als ein Streichholzkopf.

Die Erdrinde enthält lediglich 0,0002 Prozent Tantal. Die Natur ist aber verhältnismäßig reich an Tantalmineralen. Man kennt mehr als 130, in denen auch gleichzeitig Niob enthalten ist. Der wichtigste Rohstoff für die Tantalgewinnung ist Kolumbit. Große Lagerstätten dieses Minerals befinden sich in Afrika und Südamerika.

Bis zum zweiten Weltkrieg betrug die jährliche Förderung an Tantal-Nioberz ungefähr 600 bis 900 Tonnen, im Jahre 1944 war sie bereits auf das Mehrfache gestiegen. Allein in den Vereinigten Staaten von Amerika erhöhte sich die Tantalproduktion von 1940 bis 1944 um das 12fache. Das gewachsene Interesse für Tantal erklärt sich sehr einfach. Damals erkannte die Wissenschaft viele wertvolle Eigenschaften dieses Elements, für die sich die Vertreter der Technik bald lebhaft interessierten.

Tantal ist ein hellgraues Metall mit leicht bläulicher Tönung. Im Hinblick auf seine Schmelzbarkeit (Schmelztemperatur ungefähr 3000 Grad Celsius) wird es lediglich von Wolfram und Rhenium übertroffen. Hohe Festigkeit und Härte verbinden sich mit hervorragenden plastischen Eigenschaften. Reines Tantal läßt sich gut mechanisch bearbeiten und leicht schmieden. Es kann zu dünnsten Blechen (Dicke ungefähr 0,04 Millimeter) und Drähten verarbeitet werden.

Die wichtigste Eigenschaft des Tantals ist zweifellos seine ausgezeichnete chemische Beständigkeit. In dieser Hinsicht wird es nur von den Edelmetallen übertroffen und auch da nicht in jedem Falle. Tantal löst sich nicht einmal in solch bekannten »Aggressoren« wie Königswasser und konzentrierte Salpetersäure. Bei 200 Grad Celsius unterliegt Tantal in 70prozentiger Sal-

petersäure keinerlei Korrosion. Auch in Schwefelsäure wird bei 150 Grad Celsius kein Angriff beobachtet, und bei 200 Grad Celsius beträgt der Abtrag lediglich 0,006 Millimeter im Jahr. Tantal ist deshalb ein ausgezeichnetes Konstruktionsmaterial für die chemische Industrie.

Tantalapparaturen verwendet man zur Erzeugung von Säuren (Salzsäure, Schwefelsäure, Salpetersäure, Phosphorsäure, Essigsäure), Wasserstoffperoxid, Brom und Chlor. In einem Betrieb, der gasförmigen Chlorwasserstoff verarbeitete, hielten Teile aus nichtrostendem Stahl etwa zwei Monate, dagegen haben dünnste Teile aus Tantal (0,3 bis 0,5 Millimeter) fast unbegrenzte Haltbarkeit. Die Betriebsdauer wurde bis auf 20 Jahre erhöht. Nur vor Flußsäure muß Tantal kapitulieren.

Tantalkatoden verwendet man bei der elektrolytischen Gewinnung von Gold und Silber. Dafür sind sie besonders geeignet, da man den Niederschlag von Gold und Silber lösen kann, ohne die Katoden zu beschädigen. Eine weitere wertvolle Eigenschaft des Tantals ist seine gute biologische Verträglichkeit mit dem Gewebe von Lebewesen. Auch wenn Tantalteile längere Zeit mit Geweben in Berührung sind, tritt keine Reizung auf. Auf dieser Eigenschaft beruht die breite Anwendung in der Medizin. Platten aus diesem Metall verwendete man bei Verletzungen des knöchernen Schädels. In der Literatur wird über einen Fall berichtet, bei dem aus einer Tantalplatte ein künstliches Ohr angefertigt und mit verpflanzter Oberschenkelhaut überzogen wurde. Tantalgarn dient als Ersatz für

Muskelgewebe. Mit Hilfe von Tantal verstärkten Chirurgen nach der Operation die Wände der Bauchhöhle. Tantaldrahtklammern werden erfolgreich für das Zusammenfügen von Blutgefäßen eingesetzt. Netze aus Tantal verwendet man zur Herstellung von Augenprothesen.

Für medizinische Zwecke werden lediglich fünf Prozent der Weltproduktion von Tantal verwendet. Etwa 20 Prozent verbraucht die chemische Industrie. Hauptabnehmer dieses Metalls und seiner Verbindungen (mehr als 45%) sind die Metallurgen. In den letzten Jahren wird Tantal immer häufiger als Legierungselement in Spezialstählen verwendet, und zwar in ultrafesten, korrosionsbeständigen und warmfesten Stählen. Tantal wirkt auf Stahl ähnlich wie Niob. Zusätze dieser Elemente zu gewöhnlichem korrosionsbeständigem Chromstahl erhöhen seine Festigkeit und erniedrigen die Sprödigkeit nach dem Härten und Anlassen.

Ein sehr wichtiges Einsatzgebiet des Tantals ist die Produktion warmfester Legierungen, die mehr und mehr für Raketen und die kosmische Technik benötigt werden. Ausgezeichnete Eigenschaften weist eine Legierung auf, die 90 Prozent Tantal und 10 Prozent Wolfram enthält. Bleche aus dieser Legierung kann man noch bei einer Temperatur von 2500 Grad Celsius verwenden. Im Ausland zählt man diese Legierung zu den zuverlässigsten für die Herstellung der entscheidenden Teile kosmischer Raumschiffe, zum Beispiel für Düsen, Auspuffrohre, Teile des Gaskontroll- und des Reguliersystems. Die Düsen der Raketen, die mit flüssigen Metallen wie Lithium oder Natrium gekühlt werden, müssen aus Tantallegierungen hergestellt sein, denn die bei anderen Metallen auftretende Korrosion würde den Raketenbetrieb unmöglich machen.

Noch erstaunlichere Warmfestigkeit zeigen Teile aus der Tantal-Wolfram-Legierung, wenn sie mit einer Schicht Tantalkarbid überzogen sind, dessen Schmelztemperatur 4000 Grad Celsius beträgt. In Raketen widerstanden solche Düsen Temperaturen, bei denen die Legierung ohne diese Schutzschicht schnell korrodiert und zerstört worden wäre.

Seine große Wertschätzung genießt Tantalkarbid nicht nur durch seine Warmfestigkeit, sondern auch durch seine Härte, die der von Diamant nahe kommt. Tantalkarbid wird deshalb in großem Umfang bei der Produktion von Hartlegierungen verwendet. Wenn zum Beispiel beim Zerspanen die Schnittgeschwindigkeiten so hoch sind, daß sich das Metall stark erwärmt, schweißen die Späne am Schneidwerkzeug an, und seine Kanten brechen aus. Schneidwerkzeuge, die aus Hartmetallen auf der Basis von Tantalkarbid bestehen, zeigen diesen Fehler nicht und haben eine lange Lebensdauer.

Viele Seiten im »Arbeitsbuch des Tantals« zeugen von seinen engen Beziehungen zum elektrischen Strom. Ungefähr der vierte Teil der Weltproduktion dieses Metalls wird in der Elektrotechnik oder in der Elektrovakuumindustrie verwendet. Tantalgleichrichter findet man im Signaldienst der Eisenbahn, in Telefonkommutatoren und im Feuerwarnsignalsystem. Tantal-Miniaturkondensatoren bewähren sich in transportablen Radiostationen, Radareinrichtungen und anderen elektronischen Systemen. Tantal dient als Material für verschiedene Teile in Elektrovakuumgeräten. Wie Niob hat es eine ausgezeichnete Getterwirkung, das heißt, es saugt Gase an. Tantal ist bei 800 Grad Celsius in der Lage, 740 Volumenteile Gase aufzunehmen. Nach dem Vakuumieren von Radioröhren wird die Getterwirkung von Tantal ausgenutzt, um die restlichen Gase aufzunehmen und dadurch ein hohes Vakuum zu garantieren. Aus Tantal werden die heißen Armaturen von Röhren – Anodengitter, Glühkatoden und andere zu erwärmende Teile – hergestellt. Tantal ist besonders dann in Röhren unentbehrlich, wenn sie bei hohen Temperaturen und Spannungen arbeiten und lange eine genaue Charakteristik behalten müssen. Es leistet auch gute Dienste, wenn in Vakuumröhren ein bestimmter Gasdruck konstant gehalten werden soll.

In der letzten Zeit spielt Tantal auch im Juweliergeschäft eine große Rolle. In vielen Fällen ersetzt es erfolgreich Platin. Dieser Austausch erfolgt in erster Linie aus ökonomischen Gründen, denn Platin ist 75mal teurer als Tantal; er wird aber auch durch eine besondere Eigenschaft des Metalls gerechtfertigt. Es bedeckt sich mit einer feinen Oxidhaut und widerspiegelt die schönsten Farben des Regenbogens. Tantal wird zur Herstellung von Uhren, Armbändern und verschiedenen Schmuckgegenständen verwendet.

Das internationale Büro für Maße und Gewichte in Frankreich und das Büro für Standardisierung in den Vereinigten Staaten von Amerika setzten Tantal und Platin für die Herstellung von Standardanalysengewichten ein. Für die Spitzen von Füllfederhaltern ersetzt Tantal mit Erfolg das sehr viel teuerere Iridium.

Die Kosten für den großen Materialverbrauch und für die schwierige Technologie bei seiner Herstellung bedingen den hohen Preis. Es genügt der Hinweis, daß für die Erzeugung von einer Tonne Tantalkonzentrat 3000 Tonnen Erz verarbeitet werden müssen. Aber die Aufwendungen machen sich vollauf bezahlt.

Die Zeit, in der Tantal für die Menschheit nur eine legendäre Rolle gespielt hat, ist vorbei. Das unter »Qualen« gewonnene Element hat heute schon einen großen Wirkungsbereich im gesellschaftlichen Leben. Seine künftigen Aufgaben werden sicher noch größer sein!

Lichtspendendes Wolfram

W

Kommentare notwendig? · »Wolfskrätze« · Die Entdeckung des ehemaligen Apothekers · »Pfirsichfarbe« · Versuche in der Putilowskier Fabrik · Erfolg der deutschen Ingenieure · Not macht erfinderisch · Unzählige Schwierigkeiten · Betretenes Schweigen · »Zu des Teufels Großmutter« · In Kälte und Sonnenglut · An der Oberfläche der Sonne · Milliarden Blitze · Minuten und Jahrhunderte · »Uran I« in Montreal · An den heißen Fronten

Die Namen vieler Elemente sprechen für sich selbst: Wasserstoff – aus dem Wasser kommend; Kohlenstoff – aus der Kohle kommend; Mendelevium, Einsteinium, Fermium, Curium, Kurtschatowium – Bezeichnungen zu Ehren großer Wissenschaftler; Europium, Americium, Frankium, Germanium – abgeleitet von geographischen Begriffen. Daneben gibt es Elemente, deren Namen kommentiert werden müssen. Zu diesen Elementen gehört Wolfram.

Der Name Wolfram ist nicht der Tierfabel entlehnt, denn was sollte das Raubtier des Waldes mit dem Element der sechsten Gruppe des Periodensystems zu tun haben! Die Bezeichnung steht in engem Zusammenhang mit der Geschichte des Metalls. Schon in alten Zeiten stießen die Metallurgen auf eine seltsame Erscheinung: Von Zeit zu Zeit fiel beim Erschmelzen von Zinn aus Erz der Ertrag an Metall aus völlig unerklärlichen Gründen stark ab. Diese Abweichungen von den technisch-ökonomischen Kennziffern erregten auch damals schon die Metallurgen. Deshalb studierten sie sorgfältig das Zinnerz. Bald stellten sie fest, daß die Unzulänglichkeiten stets dann auftraten, wenn im Erz schwere Steine von brauner oder gelbgrauer Farbe anzutreffen waren. Ihre Schlußfolgerung war: Dieser Stein verschlingt das Zinn wie der Wolf das Schaf. Deshalb wurde er gemieden und Wolfram genannt. In einigen anderen Ländern erhielt das Mineral die Bezeichnung Tungsten, das bedeutet schwerer Stein.

Wolfram wurde von dem berühmten schwedischen Chemiker C. W. Scheele entdeckt. Apotheker von Beruf, führte Scheele in seinem kleinen Laboratorium viele bedeutende Untersuchungen durch. Er entdeckte Wasserstoff, Chlor, Barium und Mangan. Kurz vor seinem Tod im Jahre 1781 – Scheele war zu dieser Zeit bereits Mitglied der Stockholmer Akademie der Wissenschaften – entdeckte er, daß das Mineral Tungsten, das später Scheelit genannt wurde, das Salz einer bislang nicht bekannten Säure darstellt. Zwei Jahre später gelang es zwei spanischen Chemikern, den Brüdern Delhujar, die unter der Leitung Scheeles arbeiteten, das neue Element durch Reduktion aus Mineralen herzustellen. Aber erst ein ganzes Jahrhundert später erregte Wolfram Aufsehen in der Industrie.

1864 wurde Wolfram erstmalig in England als Legierungszusatz (ungefähr 5 Prozent) zu Stahl verwendet. Es war dies der erste Stahl in der Metallurgie, der nicht nur in der Rotglut seine Eigenschaften beibehielt, sondern sogar seine Härte noch erhöhte, das heißt, er war sozusagen selbstverfestigend. Schneidwerkzeuge, die aus diesem

Stahl hergestellt wurden, gestatteten es, die Schnittgeschwindigkeit von 5 auf 7,5 Meter je Minute zu erhöhen.
Ungefähr 40 Jahre danach wurde Schnellarbeitsstahl eingesetzt, der bis zu 8 Prozent Wolfram enthielt. Jetzt konnten Schnittgeschwindigkeiten von 18 Metern je Minute angewendet werden. Einige Jahre später erhöhte man die Schnittgeschwindigkeit auf 35 Meter je Minute, das heißt, mit Hilfe von Wolfram gelang es, innerhalb eines halben Jahrhunderts die Produktivität der Zerspanungsmaschinen um das Siebenfache zu steigern.
Waren damit bereits alle Möglichkeiten für die Erhöhung der Schnittgeschwindigkeit erschöpft? Wissenschaft und Technik gaben sich damit noch nicht zufrieden. 1907 wurde die Legierung Stellit geschaffen, die aus Wolfram, Chrom und Kobalt besteht – ein noch heute geschätzter Schneidwerkstoff, mit dessen Hilfe die Geschwindigkeit bei der spanabhebenden Bearbeitung noch weiter gesteigert werden konnte.
Heute erreicht man Schnittgeschwindigkeiten von 2000 Metern je Minute. Von 5 bis 2000! Welch ein großartiger Weg in der Technik der Metallbearbeitung! Die Wegbereiter waren immer wieder neue Verbindungen des Wolframs.
Die modernen superharten Schneidwerkstoffe stellen gesinterte Gemische von Karbiden des Wolframs und einigen anderen Elementen (Titan, Niob oder Tantal) dar. Die Karbidkörner sind in Kobalt eingebettet. Diese sogenannten metallkeramischen Erzeugnisse verlieren ihre Härte auch bei 1000 Grad Celsius noch nicht und lassen deshalb die kolossalen Bearbeitungsgeschwindigkeiten zu.
Die Metallbearbeitung war ein wichtiges, aber nicht das einzige Gebiet der Technik, in das Wolfram eindrang. Schon im vergangenen Jahrhundert erkannte man, daß Gewebe größere Festigkeit erlangen, wenn man sie mit dem Natriumsalz der Wolframsäure imprägniert. Weit verbreitet sind auch wolframhaltige Farben, zum Beispiel

Gelb, Weiß, Violett, Grün und Blau. Sie werden in der Malerei sowie in der Keramik- und Porzellanindustrie verwendet. Nebenbei sei bemerkt, daß bis heute chinesisches Porzellangeschirr aus dem XVII. Jahrhundert erhalten ist, das eine ungewöhnlich schöne Farbe hat, die sogenannte Pfirsichfarbe. In neuerer Zeit durchgeführte chemische Analysen zeigten, daß das Porzellan seine zarte Färbung dem Wolfram verdankt.

1860 wurde durch Erwärmen von Roheisen mit Wolframsäure eine Legierung aus Eisen und Wolfram hergestellt. Die Festigkeit dieser Legierung interessierte viele Chemiker und Metallurgen. Es gelang bald, ein industrielles Verfahren für die Erzeugung von Ferrowolfram auszuarbeiten. Diese Technologie gab einen mächtigen Anstoß für die Verwendung des Wolframs in der Metallurgie.

1882 wurden die ersten Versuche zur Verwendung des Wolframs für Waffenstähle gemacht. Prof. W. N. Lipin führte 1896 im Putilow-Werk in Petersburg erstmals die Erschmelzung von wolframhaltigem Stahl ein. Sogar geringe Wolframmengen erhöhen den Widerstand von Gewehr- und Geschützläufen gegen den Angriff der Pulvergase. Früher als anderen war dies den deutschen Ingenieuren bekannt. In den Jahren des ersten Weltkrieges konnten die deutschen Maschinengewehre bis zu 15 000 Schüsse ohne Hemmungen abgeben, während russische und französische Waffen bereits nach 6000 bis 8000 Schuß ausfielen. Demzufolge stieg in diesen Jahren die Förderung von Wolframerz schnell an. Während beispielsweise in den 90er Jahren des vergangenen Jahrhunderts die gesamte Weltproduktion lediglich 200 bis 300 Tonnen Wolframerz betrug, war sie 1910 bereits auf 8000 Tonnen und 1918 auf 35 000 Tonnen angestiegen. Und dennoch konnte der Bedarf an Wolfram nicht gedeckt werden. Besonders deutlich spürte man das in Deutschland, weil hier nur bescheidene Vorräte des Metalls vorhanden waren. Zwar hatte man in Vorbereitung des Krieges vorsorglich Vorräte zurückgelegt, aber der Bedarf der Kriegsindustrie war so hoch, daß sie bald erschöpft waren. Die Not zwang die deutschen Metallurgen, sich den Kopf zu zerbrechen. Aber nicht umsonst sagt man, »Not macht erfinderisch«. Der Ausweg aus der schwierigen Lage wurde gefunden: Erinnern wir uns an den Wolf, der auf die Halden kam, weil er das Zinn verschlang. In Deutschland wurde vom 12. Jahrhundert an Zinn erschmolzen. Deshalb waren große Halden von Zinnschlacken vorhanden. Bald gelang es den Metallurgen, aus ihnen Wolfram zu gewinnen. Es versteht sich, daß man mit Hilfe dieser Schlacken nicht den gesamten Bedarf decken konnte. Aber es war ein Notbehelf!

Im zaristischen Rußland war die Wolframgewinnung selbst in der Periode des allgemeinen industriellen Aufschwungs unbedeutend. 1915 wurden in einer Lagerstätte in der Nähe des Baikals ungefähr 1,4 Tonnen Wolframerz und 1916 in der Motowilichinskier Fabrik ungefähr 8,7 Tonnen gefördert. Die Lagerstätte am Baikal hätten viele ausländische Firmen, besonders schwedische und japanische, gern in Besitz genommen. Im Sommer 1916 führten japanische Firmen geologische Erkundungen im Gebiet der Antan-Berge durch. Die Resultate waren anscheinend vielversprechend, denn die Leitung der Firma

versuchte sich die Lagerstätte anzueignen. Die Pacht wurde ihr aber nicht bewilligt.
Aus dieser Zeit sind auch Beispiele dafür bekannt, daß gewinnsüchtige Geschäftemacher versuchten, ausländischen Firmen Rechte an Wolframlagerstätten zu gewähren. In Erinnerung an diese Zeit schrieb E. A. Fersman: »Bis zur Oktoberrevolution konnte sich die Arbeit der Kommission der Akademie der Wissenschaften nicht entfalten. Die Initiative der Wissenschaftler stieß unter den damaligen schwierigen Verhältnissen auf unzählige Hindernisse. Sogar bei der Bearbeitung eines solch wichtigen Problems wie der Ausbeutung der Wolframlagerstätten erhielt die Akademie der Wissenschaften im Verlaufe zweier Jahre nicht den geringsten Kredit.«
Die Wissenschaftler standen in ihrer Arbeit oft vor kaum lösbaren Problemen: vor finanziellen und politischen. Kennzeichnend dafür ist eine Episode, an die der berühmte Wissenschaftler und Raumschiffkonstrukteur A. N. Krylow in einem seiner Bücher erinnert. Im Januar 1917, das heißt in den letzten Wochen der Herrschaft des Zaren Nikolai II., erörterte die Kommission der Akademie der Wissenschaften die Frage der Wolframlagerstätten, da in Rußland ein sehr großer Bedarf für Wolfram vorlag. Der Vortragende, ein einflußreicher Würdenträger des Zaren, teilte mit, daß Lagerstätten dieses Metalls auf dem Territorium Turkestans vorkommen. Für die Ausrüstung einer Expedition dorthin würden 500 Rubel benötigt. Nach seinem Vortrag herrschte Schweigen. Fast alle Anwesenden wußten, daß es auch im Altai reiche Wolframvorkommen gab, daß es aber auch beschlossene Sache war, darüber nicht zu sprechen. Das gesamte Altaier Gebiet, eines der reichsten der russischen Erde, gehörte nämlich einem nahen Verwandten des Zaren, dem Großfürsten Wladimir. Nur an die Durchführung einer geologischen Erkundung in diesem Gebiet zu denken war bereits strafbar. Das drük-

kende Schweigen unterbrach A. N. Krylow: »Hinsichtlich der turkestanischen Gruben verhält sich die Sache sehr einfach, hier sind 500 Rubel«, und er übergab die Geldscheine mit dem Porträt Peters I. dem Vorsitzenden der Versammlung, A. E. Fersman, »schwieriger ist die Sache mit dem Altai. Der Vortragende hat nicht erwähnt, daß sich Gruben auf dem Boden des Großfürsten Wladimir befinden. Wolfram, das heißt Schnelldrehstahl, das heißt Verdopplung der Bearbeitung von Schrapnellen. Wenn irgendwo Requisition oder Enteignung angebracht ist, so hier. Denn wenn es keine Schrapnells geben wird, werden wir im Krieg unterliegen, und dann wird nicht nur Wladimirowitsch, dann werden alle Dynastien zu des Teufels Großmutter fliegen.«
Wie recht hatte der mutige Wissenschaftler. Bereits einen Monat später war die gesamte Dynastie der Romanows dorthin unterwegs.
Ein Hindernis bei der Entwicklung der Wolframindustrie in der Sowjetunion war die »Hilfe« ausländischer Spezialisten. Als im Jahre 1931 im Moskauer Museum alte mineralogische Sammlungen durchgemustert wurden, entdeckten Wissenschaftler Scheelitproben aus einer bis zu dieser Zeit unbekannten Lagerstätte in Mogol-Tau in Tadshikistan. Es stellte sich heraus, daß diese Proben bereits 1912 gefunden und nach Moskau zur Untersuchung geschickt worden waren. Ein damals zur Konsultation herangezogener ausländischer Geologe hatte die Lagerstätte für untauglich und nicht rentabel erklärt, und die zaristische Regierung hatte sein Urteil respektiert. Eine sowjetische Kommission, die nach dem Fund in der Moskauer Universität nach Tadshikistan geschickt wurde, stellte fest, daß Mogol-Tau eine der reichsten Wolframlagerstätten war.
Ungefähr um die gleiche Zeit führte der sowjetische Geologe S. S. Smirnow mit seinen Fachkollegen eine umfangreiche Erkundung von Wolframlagerstätten auf dem Territorium der Sowjetunion durch. Tausende Kilometer in Kälte und Sonnenglut mußten die Geologen überwinden. Zu Fuß, mit Hunden, auf dem Rentierschlitten durchstreiften sie kreuz und quer viele Bezirke des Landes. Dort, wo die mutigen Erkunder erfolgreich waren, in der Nähe des Baikal, in Jakutien, an der Küste von Ochotsk, entstanden neue Gruben, baute man neue Fabriken, wurde die sowjetische Wolframindustrie geschaffen.
Heute werden ungefähr 80 Prozent des gesamten in der Welt erzeugten Wolframs für die Legierung von Stählen, ungefähr 15 Prozent für die Erzeugung von Hartmetallen und die restlichen 5 Prozent als reines Wolfram verwendet. Das reine Wolfram weist ausgezeichnete Eigenschaften auf. Seine Schmelztemperatur liegt fast bei 3400 Grad Celsius, einer Temperatur, bei der die meisten Metalle bereits verdampfen. Wolfram könnte selbst auf der Oberfläche der Sonne noch im flüssigen Zustand existieren. Seine Siedetemperatur liegt über 5500 Grad Celsius. Infolge seiner Schwerschmelzbarkeit findet es in einem der wichtigsten Zweige der Industrie, der Elektrotechnik, Anwendung. Seit dem Jahre 1906 haben Wolframdrähte in elektrischen Lampen alle früheren Materialien, wie Kohlenstoff, Osmium und Tantal, verdrängt. Jeden Abend flammen in unseren Wohnungen winzige Wolframblitze auf.

Jährlich werden in der Welt einige Milliarden elektrischer Lampen produziert. Milliarden Feuer! Eine fast unermeßliche Zahl! Seit Beginn unserer Zeitrechnung lebt die Menschheit etwas länger als eine Milliarde Minuten (am 29. 4. 1902, 10.40 Uhr begann die zweite Milliarde).

Das Sortiment von Glühlampen, das die Industrie fertigt, ist äußerst vielfältig. Von winzigen »Glasperlchen«, die die Medizin benötigt, bis zum mächtigen Projektor »Sonne«.

Auf der Weltausstellung in Montreal wurde im Pavillon der UdSSR eine Anlage zur Strahlungserwärmung »Uran I« vorgeführt. Als Hauptelement dient eine Lampe spezieller Konstruktion, ausgerüstet mit Wasser- und Luftkühlung. In einem verhältnismäßig kleinen Kolben aus hitzebeständigem Quarz, gefüllt mit dem Edelgas Xenon, befinden sich zwei Wolframelektroden. Beim Einschalten der Lampe entsteht zwischen den Wolframelektroden ein Gasplasma, das mit einer Temperatur von 8000 Grad Celsius glüht. Spezielle Spiegelreflektoren lenken die infraroten Strahlen der »künstlichen Sonne« (die Lampe erzeugt ein Sonnenspektrum) in das optische System der Anlage, wo sie zu einem Lichtstrahl von weniger als einem Zentimeter Durchmesser fokussiert werden. Die Temperatur im Brennfleck des Lichtbündels erreicht 3000 Grad Celsius. »Uran I« kann so mehrere hundert Stunden ununterbrochen arbeiten. Weite Anwendung in der Technik finden die sogenannten Katodenstrahlen. Sie stellen einen Elektronenstrom dar, der im Vakuum von einer metallischen Katode ausgeschleudert wird (Elektronenemission). In der Praxis hat sich erwiesen, daß eines der besten Materialien für solche Katoden Wolfram ist.

Wolfram ist nicht nur ein schwerschmelzendes Metall, in reiner Form hat es auch eine kolossale Festigkeit. Die Zeitstandfestigkeit von Wolframdrähten erreicht bei 800 Grad Celsius 400 Kilopond je Quadratmillimeter und übertrifft damit die Festigkeit der besten Stähle. Die hohe Festigkeit des metallischen Wolframs ist mit einer guten Plastizität verbunden. Man kann aus reinem Wolfram dünnste Drähte ziehen, 100 Kilometer davon wiegen nur 250 Gramm!

Reines Wolfram wird in Form von Pulver durch Reduktion von WO_3 in Wasserstoff erzeugt. Das entstandene feine Pulver wird gepreßt und durch Erwärmen mit elektrischem Strom auf 3000 Grad Celsius gesintert. Aus diesem Wolfram werden die Fäden für Glühlampen gezogen, Teile für Radioröhren und Röntgenröhren gepreßt oder Kontakte für Schalter und Elektroden angefertigt.

Die Einführung von Wolfram in die Technik wird durch den ökonomischen Nutzen gerechtfertigt. Das wurde schon im Jahre 1929 in den Vereinigten Staaten von Amerika durch eine interessante Berechnung bestätigt. Dazu einige Beispiele. Die Verwendung von Wolfram-Glühfäden in elektrischen Lampen führte zu einer Einsparung von Elektroenergie im Werte von 400 Millionen Rubel. Die Kosten für ein Kraftfahrzeug konnten um 40 Rubel gesenkt werden, wenn bei ihrer Herstellung Werkzeuge aus Wolframstahl anstelle von Kohlenstoffstahl benutzt wurden. Die allgemeine Einsparung im Maschinenbau wurde auf 500 bis 600 Millionen Rubel je Jahr geschätzt.

Die Metalle werden seit Jahrhunderten vom Menschen genutzt. Mit ihnen wurde die wunderbare Welt der Technik geschaffen. Der Neuling Wolfram steht dabei mit an erster Stelle!

Hinter drei Schlössern – Platin

Pt

Der Fund der Konquistadoren · Die Verfügung des spanischen Königs · Nahe Verwandte · Das erste in Rußland · Berzelius zweifelt · Die Anordnung des Finanzministers · Schatz in den Rückständen · Eine Prämie von 1000 Rubel · Für die Förderung eines Grammes · Guter Gedanke · Durch das Netz · Woher Salpetersäure · Durchsichtige Spiegel · Das Geschenk Montezumas · Zur Messung der Temperatur · Drei Schlüssel · Maß aus Platin · »Für alle Zeiten – für alle Völker« · Orangefarbige Strahlen · Kein Schmerz bei vollem Bewußtsein · Große Ehre

Im 16. und 17. Jahrhundert raubten die spanischen Konquistadoren die Reichtümer der alten Azteken- und Inkastaaten. Tonnen von Gold, Silber und Smaragden verschwanden in den Lagerräumen der Galionen, die beständig zwischen Spanien und Südamerika unterwegs waren. Als einst einige dieser Eroberer und Räuber das Land am Fluß Platino-del-Pinto in Kolumbien durchstreiften, entdeckten sie an seinen Ufern Gold und ein unbekanntes, schweres, silberweißes Metall. Da es außerordentlich schwer schmelzbar war und die Reinigung des Goldes erschwerte, hielten sie es für wenig nützlich. Die Spanier nannten das neue Metall Platin, das heißt schlechtes Silber. Damit brachten sie ihre Wertschätzung des Metalls deutlich zum Ausdruck.

Trotzdem wurden ziemlich große Mengen von Platin nach Spanien transportiert, wo man es zu einem Preis verkaufte, der wesentlich niedriger war als der des Silbers. Bald erkannten spanische Juweliere, daß man Platin mit Gold zusammenschmelzen konnte. Die gerissensten Geschäftemacher unter ihnen verwendeten diese Mischung als Material für ihre Schmuckstücke und für die Herstellung von Falschgeld. Diese Machenschaften der Juweliere wurden von der Regierung bald erkannt, und der König wußte nichts Besseres, als durch einen Befehl die Einfuhr von Platin nach Spanien zu verbieten. Zugleich wurde angeordnet, alle Vorräte im Lande zu beseitigen, um den betrügerischen Juwelieren das Handwerk zu legen. Das im Lande vorhandene Platin wurde gesammelt und unter Zeugen im Meer versenkt. Diese unrühmliche Episode beendete die erste Etappe der Biographie des Platins.

Es vergingen viele Jahre, bis wieder von diesem Metall gesprochen wurde. Zuerst interessierte es die Wissenschaftler. Einen großen Beitrag zur Erforschung des Platins leistete Ende des 18. Jahrhunderts der russische Chemiker und Vizepräsident des Berg-Kollegiums von Petersburg, A. A. Musin-Puschkin.

Die Erforschung des Platins führte zur Entdeckung der sogenannten Platinmetalle, die dieses Metall in der Natur begleiten. Im Jahre 1803 wurden Palladium und Rhodium entdeckt, 1804 Osmium und Iridium, und nach 40 Jahren fanden die Chemiker auch das letzte Element dieser Gruppe, Ruthenium. Es ist das seltenste Metall dieser Gruppe und wurde deshalb auch sehr spät entdeckt.

Die Arbeiten auf diesem Gebiet erfuhren starken Auftrieb, als 1819 im Ural in der Nähe von Jekatharinenburg (jetzt Swerdlowsk) eine reiche Platinlagerstätte von Geologen entdeckt wurde. Etwa fünf Jahre danach wurde an den Ufern des Flusses Barantscha das erste russische Platinbergwerk in Betrieb genommen.
1828 kam Professor G. W. Osann nach Lösungsversuchen mit »Königswasser« zu der Auffassung, daß in einigen Platinerzen des Urals drei bislang nicht bekannte Elemente enthalten sind, die ihren Eigenschaften nach zur Gruppe der Platinmetalle gehören mußten. Der Wissenschaftler nannte sie Poluran, Polinium und Ruthenium. Diese Entdeckung wurde von dem schwedischen Chemiker Berzelius angezweifelt. Osann wiederholte seine Versuche. Da die Ergebnisse seine erste Behauptung nicht bestätigten, sah er sich gezwungen, sie zu widerrufen.
In dieser Zeit interessierten sich neben den Wissenschaftlern auch die Finanziers der zaristischen Regierung für Platin. 1828 verfügte der Finanzminister Graf Kankrin, Platingeld im Werte von drei, sechs und zwölf Rubel zu prägen. Diese Anordnung in die Tat umzusetzen, war jedoch nicht einfach. Kein in dieser Zeit existierender Ofen war in der Lage, Platin auf seine Schmelztemperatur von 1773 Grad Celsius zu erhitzen. Was war zu tun? Die Lösung dieses Problems übernahm der Petersburger Ingenieur P. G. Sobolewski: »Wenn die Festung nicht im Sturm zu nehmen ist, muß man nach einem anderen Weg suchen.« So ging auch P. G. Sobolewski vor. Er preßte Platinschwamm (dieses Produkt erhielt man bei der chemischen Behandlung von Erz) in einer Prägeform unter Erhitzung auf ungefähr 1000 Grad Celsius. Überraschenderweise »gab das Metall nach«. Ohne zu schmelzen, verwandelte sich der Platinschwamm in Münzen, die sich vom Aussehen her nicht von gegossenen unterschieden. Auf diese Weise wurde von einem russischen Ingenieur zum erstenmal in der Welt ein pulvermetallurgisches Verfahren in die Praxis eingeführt, das bis zum heutigen Tage von Bedeutung ist. Drei Jahre später wurde eine analoge Methode von dem englischen Wissenschaftler Wollaston entwickelt. Dank der Arbeit von P. G. Sobolewski war der Münzhof in der Lage, die Produktion von Platingeld in vollem Umfang aufzunehmen. In verhältnismäßig kurzer Zeit wurden 1 400 000 Platinmünzen hergestellt, für die 899 Pud und 30 Pfund (ungefähr 15 Tonnen Platin) verwendet wurden. Weil der Wert dieses Metalls aber von Stunde zu Stunde und von Tag zu Tag stieg, mußte die Regierung bald erkennen, daß ihre Entscheidung ein Fehler war. Das Platingeld wurde immer teuerer, der tatsächliche Wert der Münzen überstieg bald den Nominalwert, und sie verschwanden praktisch aus dem Umlauf. Dazu trug einerseits das Bemühen des Finanzministers bei, das Platin möglichst schnell in die Staatskasse zurückkehren zu lassen, andererseits gab es natürlich Spekulanten, die das Platingeld aufkauften, und Liebhaber, die es zur »angenehmen Erinnerung« behielten. Heute sind diese Münzen eine große Seltenheit. Sie sind lediglich in einigen wenigen numismatischen Sammlungen zu sehen. Die Ausgabe von Platingeld hatte jedoch überraschenderweise sehr nützliche Folgen für die Wissenschaft. Im Laboratorium des Petersburger Münzhofes hatten sich ziemlich große Mengen

von Rückständen des Platinerzes – Abfälle der Münzproduktion – angesammelt. 1844 erbat sich der Professor für Chemie an der Kasaner Universität, Karl Karlowitsch Claus, der sich sehr für die Arbeit Osanns interessierte, vom Münzhof zwei Pfund dieser Rückstände für seine Untersuchungen. Zu seiner Überraschung fand er darin bis zu 10 Prozent Platin und eine nicht geringe Menge an Osmium, Iridium, Palladium und Rhodium. Niemand hatte diese Rückstände bisher beachtet, die nun einen reichen Schatz darstellten. Claus informierte die Bergbaubehörde von seinen Ergebnissen. Einige Zeit danach kam er nach Petersburg, wo ihn Graf Kankrin empfing, der die Ausgabe von Platingeld veranlaßt hatte. Kankrin hörte sich die Darlegungen des Chemikers sehr aufmerksam an und unterstützte ihn mit 20 Pfund Platinrückständen für weitere Untersuchungen. Die beharrliche Arbeit von Claus hatte Erfolg. Es gelang ihm nachzuweisen,

daß sich in den Platinrückständen neben den bereits bekannten Elementen noch ein neues Metall befand, das Ruthenium. Die Argumentation des Wissenschaftlers war so überzeugend, daß sogar Berzelius, der wiederum an der Entdeckung eines neuen Metalls der Platingruppe gezweifelt hatte, schließlich doch gezwungen war, seinen Irrtum öffentlich zu bekennen. Für seine Entdeckung erhielt Claus eine Prämie in Höhe von 1000 Rubel.

Die Förderung von Platin im Ural nahm rasch zu. Im Jahre 1915 wurden 95 Prozent der in der Welt erzeugten Platinmenge in Rußland gefördert. Die restlichen 5 Prozent entfielen auf Kolumbien. In den letzten Jahrzehnten erschien auf dem Weltmarkt auch Platin aus Südafrika, Kanada und den Vereinigten Staaten, aber die Sowjetunion spielt nach wie vor eine wichtige Rolle bei der Förderung dieses äußerst wertvollen Metalls.

Als die jährliche Weltproduktion von Gold schon lange 1000 Tonnen überschritten hatte, betrug die Förderung von Platin nur einige Tonnen. Die kapitalistischen Länder förderten 1960 zusammen nicht einmal 16 Tonnen. Dieser Tatbestand ist nicht weiter verwunderlich, muß man doch für die Gewinnung von einem Gramm des Metalls einen ganzen Eisenbahnwaggon voll Erz verarbeiten. Platinerze sind sehr arm, und es gibt nur wenige große Lagerstätten. Im elementaren Zustand trifft man das Metall sehr selten an. Das größte bisher aufgefundene Stück gediegenen Platins wog weniger als 10 Kilogramm.

Praktische Anwendung fand Platin schon zu Beginn des vergangenen Jahrhunderts, als man daraus Retorten für die Aufbewahrung konzentrierter Schwefelsäure herstellte. Die außerordentlich hohe Beständigkeit des Platins gegenüber Säuren gewährleistete seine »freundliche« Aufnahme in den chemischen Laboratorien, wo es als Material für Tiegel, Schalen, Netze, Rohre und andere Laboratoriumsgeräte dient. Große Platinmengen werden auch für die Fertigung von säure- und warmfesten Apparaten der chemischen Betriebe verbraucht. Die Chemiker fanden für das Metall noch eine andere interessante Verwendung. Platin bewährt sich auch als aktiver Katalysator für viele chemische Prozesse. Ein Beispiel dafür ist die Oxydation des Ammoniaks bei der Produktion von Salpetersäure. Ein Gemisch von Ammoniak und Luft bewegt sich mit großer Geschwindigkeit durch ein feines Platinnetz (dieses Netz hat bis 5000 Maschen je Quadratzentimeter) und wandelt sich dabei in Stickstoffdioxid und Wasserdampf um. Bei der Lösung von NO_2 in Wasser bildet sich Salpetersäure.

In der Betriebspraxis zur Herstellung von Salpetersäure wurde Platin dank der Pionierarbeit von I. I. Andrejew eingeführt. Er untersuchte den Einfluß verschiedener Katalysatoren auf die Oxydation von Ammoniak. Dies war nötig, weil in den Jahren des ersten Weltkrieges der Verbrauch von Salpetersäure für die Produktion von Sprengstoffen schnell anstieg. Für jedes Kilogramm Sprengstoff wurden mehr als zwei Kilogramm Salpetersäure verbraucht. Am Ende des Jahres 1916 betrug der monatliche Verbrauch der russischen Armee an Sprengstoffen ungefähr 6400 Tonnen. Natürliche Rohstoffe für die Herstellung von Salpetersäure gab es lediglich in Chile. Alle am Krieg beteiligten Länder, die einen sehr großen Bedarf an Salpetersäure hatten, suchten deshalb fieberhaft nach neuen Wegen für deren Herstellung.

Damals schlug I. I. Andrejew vor, als Ausgangsstoff Ammoniak zu verwenden, das als Nebenprodukt bei der Kokserzeugung anfiel. Dazu bewegten ihn Versuche, aus denen sich ergeben hatte, daß Luft bei Anwesenheit von Platin als Katalysator das Ammoniak sehr energisch oxydiert. Sein Projekt wurde bald verwirklicht. Da es im Donbass viele Kokereien gab und infolgedessen genügend Ammoniak zur Verfügung stand, wurde dort eine Fabrik für die Erzeugung von Salpetersäure gebaut, die im Sommer 1917 ihre Produktion aufnahm. Das Salpetersäureproblem war auf diese Weise erfolgreich gelöst worden.

Auch im zaristischen Rußland erkannte man die stets wachsende Bedeutung des Elements Platin. 1918 entstand in Rußland ein Spezialinstitut zur Untersuchung dieses Metalls, das später in das Institut für anorganische Chemie der Akademie der Wissenschaften der UdSSR überging. Hier werden gegenwärtig noch wichtige wissenschaftliche Forschungsarbeiten über die Chemie und die Technologie der Elemente der Platingruppe durchgeführt.

Platin wird heute nicht nur in der Chemie benötigt. Seine Fähigkeit, gut mit Glas zu verschmelzen, macht es unersetzlich für die Fertigung vieler Glasgeräte. Durch Auftragen dünnster Schichten dieses Metalls auf Glas erhält man Platinspiegel. Sie haben eine erstaunliche Eigenschaft – die sogenannte einseitige Durchsichtigkeit. Von der lichtauffallenden Seite sind die Spiegel undurchsichtig und widerspiegeln einen davorstehenden Gegenstand wie ein gewöhnlicher Spiegel. Von der anderen Seite

sind sie durchsichtig wie Glas, so daß man alles beobachten kann, was sich auf der Gegenseite abspielt. Platinspiegel waren in den Vereinigten Staaten von Amerika eine Zeit weit verbreitet. Sie wurden anstelle von Glas für Fenster der unteren Etagen in Kontoren, Geschäftsräumen und in Wohnungen verwendet, wo sie die Vorhänge ersetzten.

Die ersten Platinspiegel wurden von den alten Azteken hergestellt. Sie waren nicht aus Glas, sondern aus gut bearbeitetem und hochglanzpoliertem Platinblech. Der berühmte Führer der Azteken, Montezuma, schickte einige dieser Spiegel dem König von Spanien als Geschenk. Der spanische Monarch »blieb ihm nichts schuldig«. 1520 wurde Montezuma von den Konquistadoren gefangengenommen und später ermordet.

Sehr nützlich erweist sich Platin auch für die Messung hoher Temperaturen. In der Technik sind Platinwiderstandsthermometer weit verbreitet, die auf folgendem Prinzip beruhen: Der elektrische Widerstand von Platin wächst sehr stark und in konstanter Abhängigkeit von der Temperatur. Durch Einbringen eines Platindrahtes in ein Gerät, dessen Temperatur registriert werden soll, kann man ohne Verzögerung auch unbedeutende Schwankungen der Temperatur messen.

Noch größere Verwendung finden sogenannte Thermoelemente – einfache, aber sehr feinfühlige Temperaturmeßgeräte. Wenn man zwei Drähte verschiedener Metalle verschweißt und die Schweißstelle erwärmt, entsteht eine sogenannte Thermospannung. Je höher die Erwärmungstemperatur wird, um so größer ist die thermoelektrische Kraft, die in dem Thermopaar entsteht. Sehr oft verwendet man zur Fertigung dieser Geräte Platin und seine Legierungen mit Rhodium oder Iridium.

Iridium und Platin erfüllen gemeinsam schon seit langem einen verantwortungsvollen »gesellschaftlichen« Auftrag. Auf dem Moskauer Prospekt in Leningrad steht ein äußerlich unauffälliges, aber berühmtes Gebäude. An seinem Eingang befindet sich eine schwarze Tafel, auf der in russischer und französischer Sprache geschrieben steht: »Staatliche Eichmaße der UdSSR«. Das Gebäude ist ein Teil des Allunionsinstitutes für Metrologie »D. I. Mendelejew«. Hinter den dicken Türen eines Safes wird hier das Eichmaß für das Kilogramm aufbewahrt, das bereits 1833 aus einer Legierung von Platin (90 Prozent) und Iridium (10 Prozent) hergestellt wurde. In diesem Safe werden Temperatur und Feuchtigkeit sorgfältig konstant gehalten. Nur drei Menschen können den Raum betreten: der Direktor des Institutes und zwei weitere Wissenschaftler. Jeder von ihnen hat nur einen Schlüssel für eines der drei Schlösser des Safes. Die massive Tür öffnet sich nur dann, wenn mit allen drei Schlüsseln gleichzeitig geschlossen wird. Das Eichmaß ist ein Zylinder mit einer Höhe und einem Durchmesser von 39 mm und ruht auf einer Unterlage aus Bergkristall unter zwei gläsernen Glocken.

Mittels einer metrologischen Waage, die sogar auf den Atem des Menschen reagiert, »prüft« das staatliche Eichgewicht weitere Eichmaße. Um auch kleinste Stöße zu vermeiden, die durch Bewegungen auf der Straße oder durch die Arbeit irgendwelcher Mechanismen im Gebäude selbst hervorgerufen werden, ist die Waage auf einem Fundament von sieben Meter Tiefe postiert. Damit im Raum eine konstante Temperatur und Feuchtigkeit erhalten bleiben, wird die Waage aus dem Nachbarraum fernbedient. Während seiner fast hundertjährigen Existenz hat das Staatliche Eichmaß für das Kilogramm trotz sorgfältigster Behandlung sein Gewicht um 0,017 Milligramm vermindert. Diese Änderung ist allerdings unbedeutend, so daß im April 1968 der Platin-Iridium-Zylinder wieder als Staatliches Kilogramm-Eichmaß der UdSSR bestätigt wurde.
In dem gleichen Safe wird in einem speziellen Futteral ein Platin-Iridium-Stab aufbewahrt, der als Staatliches Eichmaß für das Meter dient. Diese Längeneinheit wurde in Frankreich im Jahre 1793 festgelegt und ist der 40 000 000ste Teil der Länge des Pariser Meridians. Sechs Jahre danach wurde der erste Eich-Meterstab, das Urmeter, das sich auch heute noch in Paris befindet, im Internationalen Büro für Maße und Gewichte hergestellt. Auf ihm stehen die Worte: »Für alle Zeiten, für alle Völker«.
Das Meter wurde tatsächlich das am weitesten verbreitete Längenmaß auf unserem Planeten. Seit 1889 ist eine genaue Kopie des Pariser Eichmaßes das »Hauptmeter« Rußlands.

Die Wissenschaftler suchen beständig nach neuen Wegen zur Erhöhung der Genauigkeit der Eichmaße. Im Jahre 1960 wurde der Platin-Iridium-Stab abgeschafft und durch den Strahl einer Kryptonlampe ersetzt. Seit dieser Zeit ist das Eichmaß für das Meter diejenige Länge, die der 1 650 763,73fachen Wellenlänge der Orange-Strahlung von Krypton 86 entspricht. Aber wie wird ein solches Eichmaß benutzt? Diese Aufgabe löst ein spezielles Gerät, der Interferenzkomparator.

Es existiert auch ein Eichmaß für die Leuchtkraft. Seine Größe wird ebenfalls unter Mithilfe von Platin bestimmt. Für seine Messung benutzt man die Strahlung, die aus der Höhlung eines Thoriumoxid-Rohres austritt. Das Rohr ist mit geschmolzenem Platin gefüllt. Die Messung wird während der Erstarrung des Platins durchgeführt. Da sich während dieser Zeit die Temperatur nicht ändert, kann die Einheit der Lichtstärke (Candela) mit großer Genauigkeit nachgebildet werden.

Eine interessante und wichtige Verwendung für Platin fanden unlängst amerikanische Ärzte aus dem Staate Ohio. Sie erarbeiteten eine prinzipiell neue Methode der Anästhesie aus: Durch einen Platindraht von ein paar Zentimeter Länge wird das Rückenmark mit einem elektrischen Stimulator verbunden. Bei der kleinsten Bewegung des Patienten sendet der Apparat elektrische Signale ins Gehirn und blockiert auf diese Weise Schmerzempfindungen.

Die Hälfte des auf der Erde geförderten Platins gelangt heute in die Hände der Juweliere. Sie verwandeln es in Schmuck und Luxusgegenstände. Aber auch Orden und Ehrenzeichen werden aus Platin gefertigt. Das Antlitz Lenins auf dem höchsten Orden der UdSSR, der den Namen des großen Führers der Arbeiterklasse trägt, wird aus Platin hergestellt.

König der Metalle – Metall der Könige – Gold

Au

»Bescheidener Wunsch« · Im »Tal der Könige« · Die Sorgen der Semiramis · Die Vergehen des »Blaubart« · Die Schätze der Templer · Wo sind die Pferde? · Das Lösegeld des Atahualpa · Sonnentempel · Der Ozean nimmt Rache · »Goldfieber« · Die Kollektion der Zarin · Die Ablösung der Schurren · Rekord aus Australien · Aufregung am alten Tor · Das steinerne Kostüm des Buddha · Goldsammelnde Bakterien · »Alchimisten« des 20. Jahrhunderts · Archimedes überführt Betrüger · Wertvolles Dach · Die Findigkeit des Kassierers · Die Medaille von Nils Bor · Aus ewiger Gefangenschaft

Gold!! ... Kein anderes Metall spielte eine solche unheilvolle Rolle in der Geschichte der Menschheit. Um es zu besitzen, wurden blutige Kriege geführt, ganze Staaten und Völker ausgerottet und schwere Verbrechen begangen.
Einer der ersten, dem das Gold Kummer und Sorgen bereitete, war der phrygische König Midas. Davon erzählt eine alte Legende: Einst wanderte der Sohn des Zeus, Dionysos, Gott des Weines und der Heiterkeit, mit einem großen Gefolge über die schöne Erde Phrygiens. Auch Silen, sein bester Freund und Lehrer, begleitete ihn. Bald aber blieb der Alte hinter den lärmenden Kumpanen zurück und kam vom Weg ab. Phrygische Bauern fanden ihn, schmückten ihn mit Blumen und Girlanden und brachten ihn zu ihrem König Midas. Dieser erkannte den gutmütigen, trunkenen Alten und bat ihn, sein Gast zu sein. Zehn Tage währte ein Fest zu Ehren des hochgeschätzten Gastes. Am zehnten Tag brachte ihn König Midas selbst zu Dionysos zurück. Darüber hocherfreut, gewährte er dem phrygischen Herrscher einen Wunsch. »Oh, großer Dionysos«, rief glücklich der König Phrygiens, »verwandle alles, was ich berühre, in reines glänzendes Gold.« Der »bescheidene« Wunsch wurde erfüllt, und Midas eilte an seinen Hof zurück. Auf dem Wege brach er einen grünen Eichenzweig – sofort wurde er zu Gold. Seine Hand berührte eine Ähre auf dem Feld – augenblicklich trug sie goldene Körner. Er pflückte einen Apfel – schon strahlte er wie pures Gold. Er wusch sich die Hände – Goldtropfen perlten auf seinen Handflächen. Die Freude des Midas war grenzenlos. Aber als sich der König zur Tafel begab, wurde ihm plötzlich klar, welch schreckliches Geschenk er sich von Dionysos erbeten hatte. Alles, was er berührte, verwandelte sich in Gold: Brot und Wein und jede andere Speise. Dem verzweifelten König drohte der Tod durch Hunger und Durst. Er erhob die Hände zum Himmel und rief: »Erbarmen, Erbarmen, Dionysos, ich flehe dich an um Gnade! Ich bitte dich, nimm dieses Ge-

schenk zurück!« Dionysos erhörte sein Flehen und schickte ihn zu den Quellen des Flusses Paktolos. Das reine Wasser befreite ihn aus der Macht des unheilvollen Geschenks.

Im Altertum zählte Ägypten zu den goldreichsten Ländern. In den Grabmälern des ägyptischen Adels fanden Archäologen Schmuck und Gebrauchsgegenstände aus Gold. Als 1907 das Grabmal eines unbekannten Pharaos im »Tal der Könige« am Westufer des Nils entdeckt wurde, schrieb einer der Augenzeugen: »Jeder Lichtstrahl fiel auf glänzendes Gold! Gold auf dem Boden, an den Wänden, auch am Sarg neben der Wand – glitzerndes, blankes Gold, als ob es gerade erst aus der Werkstatt des Goldschmieds gekommen wäre.«

Aber in die Grabmäler gelangte nur ein Teil der Reichtümer, die die Mächtigen der Alten Welt besaßen. Um die Gunst der Götter zu erringen, ließ die legendäre Königin Assyriens, Semiramis, ihre Abbilder aus Gold anfertigen. Jede dieser zwölf Meter hohen Statuen wog 1000 babylonische Talanten, das heißt etwa 30 Tonnen. Noch großartiger war die Statue der Göttin Rhea. Für sie wurden 250 Tonnen reines Gold verwendet.

Ungefähr 2500 Jahre später erschienen die ersten goldenen Münzen. Ihre Heimat war Lydien, ein mächtiger Sklavenhalterstaat im südlichen Teil von Kleinasien. Lydien stand in engen Handelsbeziehungen mit Griechenland und seinen östlichen Nachbarn. Zur bequemeren Verrechnung bei ihren Handelsverträgen brachten die Lyder eine geprägte Goldmünze in Umlauf, auf der ein laufender Fuchs abgebildet war, das Symbol eines lydischen Gottes. Nach der Eroberung Lydiens durch den persi-

schen König Kyros (Cyros) wurden Goldmünzen auch in anderen Ländern des Nahen und Mittleren Ostens geprägt. Weite Verbreitung hatte beispielsweise der Dareikos, eine Münze mit dem Bild des persischen Königs Dareios I.

Schon in alten Zeiten versuchte man, andere Metalle in Gold zu verwandeln. Diese Art des Goldsuchens trug damals noch keinen Massencharakter. Erst im Mittelalter erlebte die Alchimie ihre Blütezeit. Alt und jung gaben sich mit Leidenschaft der schwarzen Kunst hin. Tag und Nacht leuchteten in den dunklen Kellern und Gewölben die Flammen in den Öfen der Alchimisten, brodelte und schillerte es in allen Farben des Regenbogens, verdampften auf dem Feuer geheimnisvolle Flüssigkeiten in Retorten und stiegen erstickende Dämpfe aus den Kolben und Tiegeln. Man suchte den »Stein der Weisen«, das Zaubermittel zur Herstellung von Gold. Dabei versuchten die Alchimisten und ihre Gönner, sich den Rang abzulaufen. Aus diesem unlauteren Wettstreit resultierte gegenseitiges Mißtrauen, er gab Anlaß zu unsinnigen Beschuldigungen. Mancher Konkurrent wurde schwerer Verbrechen bezichtigt.

So wurde beispielsweise im Jahre 1440 der französische Marschall Graf de Resenar, Gilles de Laval, Baron de Retz, der unter dem unheilvollen Namen »Blaubart« in die Geschichte eingegangen ist, des Mordes an 800 Mädchen angeklagt, aus deren Blut er und sein Freund, der Alchimist Fransula Prelatti, Gold hergestellt hätten. Auf Befehl des Bischofs von Nancy wurden der Baron und Prelatti der Inquisition übergeben und bald danach auf dem Scheiterhaufen verbrannt. Fast fünf Jahrhunderte später, 1925, fand man unter den Ruinen des Schlosses, das damals der Herrensitz des Barons de Retz war, eine goldhaltige Quarzader, aus welcher der Alchimist Prelatti das Gold für »Blaubart« gefördert hat.

Dem Mittelalter war es vorbehalten, in der Geschichte des Goldes noch andere grausame Seiten zu schreiben.

Eines Tages, im Jahre 1306, strömten Tausende Pariser auf die Straße, um Zeuge zu sein, wie der Großmeister des mächtigen Ordens der Templer, Jacques Bernard de Molay, in feierlichem Zug durch die Stadt zu seiner neuen Residenz zog. Hunderte Ritter und Tausende bewaffnete Lakaien und Diener, die den Großmeister begleiteten, schützten nicht nur seine Person, sondern auch die vom Orden geraubten sagenhaften Reichtümer, die von nun an in seinem Schloß aufbewahrt und sicher bewacht wurden.

Der Großmeister ahnte zu dieser Zeit noch nicht, daß er und hohe Würdenträger seines Ordens bereits ein Jahr später verhaftet sein würden. Dies geschah durch Guillaume de Nogaret, den späteren Großinquisitor Frankreichs, auf Befehl des französischen Königs Philipp des Schönen, der von einer wahren Gier nach dem Gold der Templer erfaßt wurde. Die Gefangenen wurden zum Tode durch Verbrennen verurteilt und bald darauf auf einer Insel hingerichtet. Das Hauptziel des Königs war die Konfiszierung der unermeßlichen Reichtümer des Ordens. Philipp sorgte persönlich dafür, daß auch nicht eine Goldmünze im Besitz der Inquisitoren blieb. Alles Gold der Templer mußte sein Eigentum werden. Groß aber war die Enttäuschung des habsüchtigen Königs, denn die erbeuteten Reichtümer des Ordens entsprachen nicht seinen Erwartungen. Augenscheinlich war es den Ordensbrüdern gelungen, den Hauptteil ihrer Schätze zu verbergen.

Es vergingen einige Jahrhunderte. 1745 entdeckte man in einem alten Archiv einen Brief von Jacques de Molay an den Neffen seines Vorgängers. Es war ihm offenbar gelungen, ihm diese Nachricht noch vor seinem Tode zu übermitteln. Im Brief war zu lesen: »Im Grab Deines Onkels, des Großmeisters der Templer, liegt kein Leichnam, dort befinden sich die geheimen Schriften des Ordens. Außerdem werden dort Reliquien aufbewahrt: Die Krone des Königs von Jerusalem und vier goldene Statuen der Evangelisten, die das Grabmal Christi in Jerusalem schmückten, aber nicht in die Hände der Muselmanen fielen. Die restlichen Kostbarkeiten befinden sich im Inneren zweier Säulen gegenüber dem Eingang der Krypta. Die Kapitäle dieser Säulen drehen sich um ihre Achse und öffnen den Zugang zum Versteck.«

Der junge Graf bat nach dem Tode von Jacques de Molay Philipp den Schönen um Erlaubnis, den Staub seines Verwandten aus der Begräbniskapelle des Templer-Schlosses entnehmen zu dürfen. Es ist möglich, daß er auch das in den Säulen verwahrte Gold und die übrigen Kostbarkeiten in ein neues Versteck gebracht hat. Aber wohin wurden die Schätze des Ordens gebracht? Diese Frage wurde im Laufe von 200 Jahren nicht geklärt, sie bewegt noch heute eine Vielzahl von Schatzsuchern. Bisher ist es jedoch noch niemandem gelungen, den Schleier des Geheimnisses zu lüften.

Dies ist bei weitem nicht das einzige »goldene« Geheimnis des Mittelalters, das die folgenden Generationen nicht enträtseln konnten. Volkssagen erzählen zum Beispiel auch die Legende von den goldenen Pferden des Chans Batu. Er hatte auf seinen Feldzügen soviel Gold an sich gebracht, daß er den Befehl gab, zwei Pferde in natürlicher Größe in Gold gießen zu lassen. Das Gewicht eines jeden Pferdes betrug nicht weniger als 1,5 Tonnen. Der Befehl wurde ausgeführt, und die goldenen Pferde schmückten als Symbol der Macht Batus die Tore der Hauptstadt der Goldenen Horde.

Es vergingen Jahre, und der Nachfolger Batus, sein Bruder Berke, entschloß sich, eine neue, schönere und größere Hauptstadt zu bauen. Die goldenen Pferde wurden in die neue Residenz gebracht und in

den folgenden Jahrzehnten von einem Chan auf den anderen vererbt. Nach dem Tode von Chan Berke wurde eines der goldenen Pferde in dessen Grabmal versenkt. Das »Zwillingspferd« wurde bald darauf von einer Anzahl russischer Krieger geraubt, die in die Hauptstadt Sarai Berke eindrangen. Von der Horde wurde die Verfolgung organisiert, so daß die russischen Krieger sich entschlossen, ihre wertvolle Beute auf dem Grunde eines Steppenflusses zu verbergen. Sie selbst stellten sich den Verfolgern zum Kampf und fielen bis auf einen. Mit ihm starb das Geheimnis des goldenen Pferdes.

Am Ende des 14. Jahrhunderts zerstörten die Armeen Timurs die Stadt Sarai. Spurlos verschwand auch das goldene Pferd aus der Grabstätte des Chans Berke.

Zu Beginn des 16. Jahrhunderts, als in Europa noch die Alchimistenleidenschaften tobten, fanden spanische und portugiesische Eroberer ein einträgliches Verfahren zur Erlangung von Gold: Nachdem 1492 Christoph Kolumbus Amerika entdeckt hatte, unterwarfen sie in barbarischen Raubzügen die alten Staaten Amerikas. Das im Laufe von Jahrhunderten angesammelte Gold der Azteken, Inkas, Mayas und anderer Völker der Neuen Welt floß in breitem Strom nach Europa. Die Konquistadoren hatten es sich nicht träumen lassen, in den Ländern Amerikas solch märchenhafte Reichtümer vorzufinden. Als im Jahre 1519 Fernando Cortez in Veracruz landete, überreichten ihm die Indianer, die nicht ahnten, welch grauenvolles Schicksal ihnen der weißhäutige Fremde bereiten würde, unzählige Schmuckstücke und zwei wagenradgroße Scheiben aus Gold und Silber, die Symbole von Sonne und Mond. Im Reich der Inkas zählte das Gold zu den heiligen Metallen. Es war das Metall des Sonnengottes. Große Goldmengen waren vor allem in den Tempeln angesammelt. Man erzählt, daß die Decke eines Tempels völlig ausgefüllt war mit feinen goldenen Sternen, Libellen, Schmetterlingen und Vögeln. Sie schwebten gleichsam schwerelos über den Menschen und waren so prächtig, daß sie bei allen, die den Tempel betraten, ein wahres Entzücken hervorriefen. Einer der Anführer des spanischen Überfalls war Franzisco Pizarro. Zu Beginn der dreißiger Jahre des 16. Jahrhunderts betrat er das Land der Inkas. Zu dieser Zeit waren die Einwohner des Landes gerade in innerstaatliche Kriege verwickelt. Das Auftreten der Ausländer empfanden die Inkas zunächst nicht als nationales Unglück. Im Gegenteil, ihr Führer, der große Inka Atahualpa, erklärte ihnen, daß sie zu seiner Hilfe erschienen seien, um den Krieg siegreich zu beenden. Pizarro lud den großen Inka zum Festmahl. Atahualpa kam zur Feier in einer goldenen Sänfte, mit bunten Federn geschmückt. Führer und Gefolge trugen keine Waffen. Damit hatte der heimtückische Eroberer gerechnet. Auf sein Signal überfielen die Spanier die Gäste, überwältigten das Gefolge und machten ihre Anführer zu Gefangenen. Nachdem er Atahualpa einige Tage in Gefangenschaft gehalten hatte, versprach ihm Pizarro die Freiheit, wenn er im Verlauf von zwei Monaten das Zimmer, in dem er gefangen gehalten wurde, mit Gold gefüllt hätte, und zwar bis zu einer Höhe, die er mit seiner Hand erreichen könne. Der Inka war mit diesem phantasti-

schen Lösegeld einverstanden, das heißt mit nahezu 50 Kubikmeter Gold. Die Untertanen Atahualpas brachten bald darauf aus dem ganzen Land goldene Gefäße, Statuen und allerlei Schmuck. Nach zwei Monaten war jedoch der Raum noch nicht ganz bis zur angegebenen Höhe gefüllt. Umsonst bat der Inkakönig um eine Verlängerung der Frist. Pizarro ließ ihn hinrichten, da er die Rache des freigelassenen Häuptlings fürchtete. Indessen waren noch viele Inkas mit 11 000 goldbeladenen Lamas unterwegs, um ihren Führer zu befreien. Als jedoch bekannt wurde, daß ihn die Spanier getötet hatten, zogen sie sich mit ihrer wertvollen Last schnell in die Berge zurück. Unter den Schätzen, die auf diese Weise nicht in die Hände der Spanier gelangten, befand sich eine riesige Kette. 200 Menschen sollen notwendig gewesen sein, um diesen Goldschatz hochzuheben.

Alle Reichtümer zu verbergen gelang den Inkas jedoch nicht. Die Spanier eroberten ihre Hauptstadt Cuzco, eine der reichsten Städte des heutigen Peru. Der Inkapalast und der Tempel Korikancha (Goldhaus) gehörten zu den kunstvollsten und kostbarsten Gebäuden, die es damals auf der Erde gab. Wände und Decken des zentralen Saales im Sonnentempel waren mit Goldblech bedeckt. An der Ostseite des Tempels erstrahlte als goldene Scheibe das Antlitz des Sonnengottes. Geheimnisvoll leuchteten die Augen, die kunstvoll aus kostbaren Edelsteinen geformt waren. Im Scheine der aufgehenden Sonne funkelten sie in vielfarbigem Feuer. An den Tempel schloß sich ein goldener Garten an. Bäume, Sträucher und Blumen – alles war aus purem Gold. Inmitten der Pracht standen goldene Throne. Auf ihnen saßen die Mumien der »Söhne der Sonne«, der Großen der Inkas. Wenige Wochen nach dem Einzug der Spanier war die Hauptstadt Cuzco vollkommen verwüstet. Die spanischen Konquistadoren vernichteten barbarisch die in Jahrhunderten geschaffenen Kulturgüter der Inkas. Wertvolle Schöpfungen alter Meister wurden eingeschmolzen, da Goldblöcke sich bequemer über den Ozean transportieren ließen. Mehr als zwei Jahrhunderte lang legten Flottillen goldbeladener Galionen von den Ufern der Neuen Welt ab und nahmen Kurs auf die Pyrenäen-Halbinsel. Oft aber entrissen die Fluten des Ozeans den Eroberern einen Teil der geraubten Schätze und verwahrten sie sicher auf seinem Grund. Das Meer übte gleichsam Rache für das unterdrückte und gequälte Volk. Im Sommer 1595 versank unweit von Florida die spanische Galione Santa Margarita mit Gold und anderen Kostbarkeiten im Werte von mehr als sieben Millionen Dollar. 1643 fielen sechzehn Galionen der »goldenen« Flotte einem rasenden Orkan zum Opfer. Historische Dokumente bezeugen, daß der Wert der Ladung dieser Schiffe (er bestand in der Hauptsache aus Gold) 65 Millionen Dollar betrug. Weitere vierzehn Galionen versanken im Meer, als im Frühling 1715 an den Küsten Amerikas ein ungeheurer Orkan wütete. Nach Meinung der Historiker ruhen insgesamt ungefähr hundert Galionen auf dem Grund des Karibischen Meeres. Etwa ebenso viele Schiffe strandeten an der südöstlichen Küste Floridas. Die Bahama-Inseln und die Bermudas sind der Friedhof für mehr als sechzig spanische Schiffe. Und ungefähr siebzig Galionen liegen auf dem Grund des Golfes von

Mexiko. Ohne Übertreibung kann man all diese Schiffe als »goldene« bezeichnen, denn jedes hatte goldene Reichtümer an Bord. Allein mit der Galione Santa Rosa versanken Goldschätze vom Hofe des berühmten Montezuma im Werte von 35 Millionen Dollar.

Diese phantastischen Summen bewegen schon jahrhundertelang die Gemüter der Schatzsucher. Weil jedoch die Goldsuche auf dem Grund des Ozeans mit vielen Schwierigkeiten verbunden ist, wurden große Anstrengungen unternommen, das gelbe Metall auf dem Festland zu entdekken. Wenn irgendwo auf der Erdkugel ein goldhaltiges Stückchen Erde gefunden wurde, strömten sofort Tausende von Glückssuchern dorthin, die das »Goldfieber« gepackt hatte. Diese Krankheit ist in keinem medizinischen Wörterbuch verzeichnet, sie wird aber ausgezeichnet in den Erzählungen von Jack London beschrieben. Wegen einiger Gramm Goldstaub verloren solche Glücksritter ihre menschliche Würde, Männer wurden zu Verbrechern, Söhne erschlugen ihre Väter. So war es, als am Anfang des 18. Jahrhunderts die Goldlagerstätten in Brasilien entdeckt wurden. So war es auch in der Mitte des vergangenen Jahrhunderts, als Scharen von Goldsuchern in das heiße Kalifornien strömten oder in die Wüste von Australien. Das gleiche geschah in den achtziger Jahren des 19. Jahrhunderts, als das Wort »Transvaal« bei all jenen eine fieberhafte Erregung hervorrief, die glaubten, dort auf leichte Weise große Reichtümer erwerben zu können. Und das gleiche geschah etwa zehn Jahre später, als sich das Zentrum des »Goldfiebers« nach dem eisigen Norden verschoben hatte, nach Klondike im verschneiten Alaska, das die zaristische Regierung Rußlands kurz vorher buchstäblich für einige Groschen an die Vereinigten Staaten von Amerika verkauft hatte.

Es sind noch Fotografien erhalten, auf denen die schwarzen Schlangen zu sehen sind; Menschen, die sich ihren Weg über die verschneiten Gipfel der Polar-Berge bahnten, die auf den Schultern oder auf kleinen Schlitten ihre letzte Habe mitschleppten und davon träumten, mit Säkken voll Gold zurückzukehren. Für die meisten von ihnen gingen diese Träume niemals in Erfüllung.

Im vergangenen Jahrhundert wurden auch in Sibirien, an den Ufern der Lena, große Goldlagerstätten entdeckt. Die Geschichte des russischen Goldes beginnt aber schon früher. Von Wassili Schuiski wurden die Griwenniki (Zehnkopekenstücke) und Pjataki (Fünfkopekenstücke) in Umlauf gebracht. 1730 erließ die Zarin Anna Iwanowna einen Befehl über »die Herstellung russischer Dukaten«. Um in den Ruf einer Wohltäterin zu kommen, machte sie ihren Favoriten kostspielige Geschenke. Zu diesem Zweck ließ sie beispielsweise vom Hofjuwelier sechzehn goldene Tabatieren anfertigen und einige große Edelsteine in Gold fassen. Unter der Herrschaft der Zarin Jelisaweta Petrowna erschien eine neue Goldmünze im Wert von zehn Rubel. Sie wurde gemäß dem Titel der Herrscherin Rußlands »Imperial« genannt. Augenscheinlich war Jelisaweta Petrowna dem Gold sehr zugetan. Nach ihrem Tode fand man am Hofe eine Menge großer und kleiner Truhen, die mit Golddukaten gefüllt waren.

Die Förderung von Gold begann in Rußland in der Mitte des 18. Jahrhunderts,

nachdem 1745 der Bauer Jerofei Markow im Ural am Fluß Beresowka die erste Goldlagerstätte entdeckt hatte. Der Ural wurde die Wiege der russischen Goldindustrie. Hier wurde auch der größte Fund an gediegenem Gold mit einem Gewicht von 36 Kilogramm gemacht, der 1842 am Flusse Mias von Nikofor Sjutkin entdeckt wurde. In Petersburg, wohin der Fund bald gebracht wurde, erregte er großes Aufsehen.

Die Arbeitsbedingungen in den Goldgruben des zaristischen Rußlands waren unbeschreiblich schwer. Im Sommer betrug die Arbeitszeit nicht selten sechzehn Stunden. Vom frühen Morgen bis zum späten Abend, gequält von Stechmücken und Fliegen, wuschen die Goldsucher mit ihren primitiven Schurren Tonnen von Sand. Nicht von ungefähr kam es häufig zu Streiks. Einer der bekanntesten brach im Jahre 1912 auf den Goldfeldern der Lena aus. Er ist in die Geschichte der russischen Revolution eingegangen.

In den ersten Jahren der Sowjetmacht schenkte die sowjetische Regierung der Entwicklung der Goldindustrie große Aufmerksamkeit. Gold war unbedingt notwendig für den jungen Staat der Arbeiter und Bauern. Um die grandiosen Pläne der Elektrifizierung des Landes, der Schaffung einer eigenen Schwerindustrie, der Ausrüstung der Landwirtschaft mit Traktoren und anderen Maschinen zu verwirklichen, war Geld notwendig, viel Geld. Große Mengen an Metallen und Ausrüstungen mußten auf dem Weltmarkt gekauft werden, wo als Geld nur Gold anerkannt wurde, das nach Worten von Karl Marx als allgemeines Maß des Wertes auftritt.

Auf den Goldfeldern hielten nach der Revolution die neue Technik und eine neue Ordnung Einzug. Aus dem recht primitiven Gewerbe der Goldgewinnung wurde ein moderner, hochtechnisierter Industriezweig.

Goldgräberschurren kann man heute nur noch im Museum finden. Jetzt wird der goldhaltige Sand mit mächtigen Baggern gefördert, die die Höhe eines vierstöckigen Hauses erreichen. Für die Einzelteile eines Baggers, die ungefähr 1400 Tonnen wiegen, benötigt man mehr als hundert Eisenbahnwaggons. Der größte von sowjetischen

Ingenieuren konstruierte Bagger ist voll automatisiert sowie mit speziellen Geräten für die Fernsteuerung unter Verwendung des industriellen Fernsehens ausgerüstet. Nach Berechnungen der Ökonomen ersetzt dieser Bagger, der von neun Arbeitskräften bedient wird, die Handarbeit von 12 000 Goldsuchern.

In der weiteren Bearbeitung werden die feinen Goldkörnchen vom tauben Gestein getrennt und schließlich in die Form kleiner Goldblöcke gebracht.

Das gelbe Metall wird auf der Erde auch in größeren Mengen gediegen angetroffen. Über einen solchen Fund haben wir bereits gesprochen. Der größte Goldbrocken in der Welt wurde in Australien gefunden. Sein Gewicht betrug 112 Kilogramm. Mitunter findet sich Gold an Orten, wo man es nicht vermuten würde. Eine Moskauer Familie pflegte jedes Jahr ein Faß Kraut einzusalzen. Als Preßgewicht diente ein schweres Metallstück, das irgendwann ein Mitglied der Familie von der Straße mitgebracht hatte. Es vergingen viele Jahre, bis eines Tages ganz zufällig offenbar wurde, daß dieses Preßgewicht ein Block aus reinem Gold war.

Ein anderer, nicht minder interessanter Fall spielte sich in einem alten Moskauer Bezirk ab. In einem Hof, der sich durch nichts von seinen Nachbarn unterschied, wurde schon seit undenklichen Zeiten das Hoftor mit einem staubbedeckten und mit Farbe gestrichenen Metallbalken verriegelt. Niemand interessierte sich für dieses unscheinbare Stück Metall. Allerdings nur solange, bis ein Junge des Hauses seine auf der Straße gefundene verrostete Feile daran ausprobierte, denn nun zeigte sich eine gelb glänzende Oberfläche: Gold. Auf welche Weise sich der goldene Balken in einen Türriegel verwandelt hatte, konnte allerdings niemand erklären.

Diese Funde werden jedoch bei weitem noch übertroffen von jenem, der in Bangkok, der Hauptstadt Thailands, gemacht wurde. Hier stand am Ufer des Menam eine gewaltige steinerne Buddha-Statue, von der niemand wußte, durch wen und wann sie dorthin gekommen war. Vor vierzig Jahren wurde der Bau eines Sägewerkes geplant, weshalb es notwendig wurde, die Statue an einen anderen Platz zu versetzen. Trotz aller Vorsichtsmaßnahmen ließ es sich nicht vermeiden, daß beim Herunternehmen vom Fundament einige Risse in der Plastik entstanden. Da im Rißgrund metallischer Glanz zu erkennen war, entschied sich der Leiter des Unternehmens, die äußere Steinschicht zu entfernen. Zum Vorschein kam eine Buddha-Figur aus reinem Gold mit einem Gewicht von 5,5 Tonnen. Spezialisten ermittelten, daß dieses Denkmal mindestens sieben Jahrhunderte alt ist. Augenscheinlich haben die früheren Besitzer die goldene Statue in den Jahren innerstaatlicher Machtkämpfe mit einem steinernen »Kostüm« versehen. Sie waren offenbar verhindert, sie wieder zu entkleiden. Jetzt steht die Statue, deren Wert ungefähr fünf Millionen Dollar beträgt, in dem berühmten goldenen Tempel von Bangkok.

In der Geschichte der Menschheit wurden bisher nicht mehr als 50 000 Tonnen Gold gefördert. Das ist relativ wenig, denn allein in der Erdrinde befinden sich nach Meinung der Geologen ungefähr 100 Milliarden Tonnen dieses Metalls. Und 10 Milliarden Tonnen sind gelöst in den Ozeanen und Meeren unseres Planeten. Die Gold-

vorräte des Ozeans wachsen ständig: Flüsse, die durch goldhaltige Gebiete strömen, spülen das Metall aus den Steinen und tragen es ins Meer. Spezialisten nehmen an, daß allein der Amur jährlich nicht weniger als 8,5 Tonnen des wertvollen Metalls in den Stillen Ozean befördert. Versuche, das Gold aus dem Meereswasser zu gewinnen, wurden nicht nur einmal unternommen. Nach dem ersten Weltkrieg versuchte es als einer der ersten der deutsche Chemiker Fritz Haber. Er hatte die Idee, auf diese Weise Deutschland die Kontributionszahlungen zu erleichtern. 1920 wurde in Dahlem mit Unterstützung offizieller Stellen ein geheimes Komitee geschaffen, das ein Verfahren zur Gewinnung von Gold aus Meereswasser ausarbeiten sollte. Nach achtjähriger, ununterbrochener Suche gelang es Haber, eine genaue Analysenmethode auszuarbeiten, mit der es möglich war, Goldgehalte im Wasser von einem zehnmilliardstel Gramm je Liter nachzuweisen. Des weiteren entwickelte er Aufbereitungsverfahren, womit man das Gold des Meereswassers auf das 10 000fache konzentrieren kann. Der Erfolg schien greifbar nahe! Es zeigte sich aber, daß der tatsächliche Goldgehalt im Meerwasser zu niedrig ist, um das Verfahren wirtschaftlich anwenden zu können.
Beim heutigen Stand der Technik erscheint die Aufgabe nicht mehr unlösbar. Viele ausländische Firmen führen auf diesem Gebiet bereits Untersuchungen durch. Wer weiß, vielleicht wird schon in absehbarer Zeit der Ozean zu einer unerschöpflichen Goldquelle?
Äußerst interessant ist noch ein anderer Weg, mit dem sich Wissenschaftler aus Frankreich und der UdSSR befassen. Es handelt sich dabei um biometallurgische Prozesse. Unlängst wurden Bakterien gefunden, die Gold »verschlingen«. Einige Abarten des Schimmelpilzes sind in der Lage, Gold aus Lösungen zu extrahieren und sich dabei mit einem Goldhäutchen zu bedecken. Getrocknet und geglüht, ergeben die Schimmelpilze dann Gold, allerdings nur in winzigen Mengen. Vorläufig werden diese Versuche noch im Laboratorium durchgeführt. Die Wissenschaftler rechnen aber damit, daß die biochemische Wirksamkeit einiger Lebewesen in der Praxis zur Auslaugung von Gold aus verschiedenen Gesteinen verwendet werden kann.
In unserer Zeit ist es auch möglich, Gold aus anderen Metallen zu gewinnen. Sie werden fragen: »Hat sich etwa der tausendjährige Traum der Alchimisten erfüllt? Hat man den Stein der Weisen am Ende doch gefunden?« Selbstverständlich geht es hier nicht um den »Stein der Weisen«, sondern um einen kernphysikalischen Prozeß. Wenn man Indium, Platin, Quecksilber oder Thallium im Atomreaktor mit Neutronen bombardiert, kann man radioaktive Isotope des Goldes erhalten. Zu diesem Zweck kann man auch Ring- oder Linearbeschleuniger verwenden, in denen mit elektrischen und magnetischen Feldern geladene Teilchen beschleunigt werden.
Es sei bemerkt, daß in unseren Tagen englische Physiker schon einige Male ein Gesetz übertreten haben, das im 14. Jahrhundert von König Heinrich VIII. erlassen worden ist und besagt: »Niemand ist gestattet, gewöhnliche Metalle in Gold umzuwandeln!« In den vergangenen Jahrhunderten war niemand in der Lage, dieses Gesetz zu brechen, obwohl viele sich das gewünscht

haben. Erst dem 20. Jahrhundert war es vorbehalten, die Übertretung der königlichen Verfügung zu erleben.
Mit der Geschichte des Goldes und seiner Gewinnung haben wir uns näher beschäftigt. Was aber stellt dieses Metall eigentlich dar? Welche Verwendung findet es heute?
Gold ist eines der schwersten Metalle. Gerade diese Eigenschaft erlaubte es Archimedes, hinter die Betrügereien der Goldschmiede des Königs Hieron von Syrakus zu kommen. Sie hatten im Auftrag des Königs eine Krone angefertigt. Der König bat den Gelehrten, festzustellen, ob die Krone aus reinem Gold sei oder ob ein Teil des Goldes durch ein anderes Metall ersetzt worden wäre. In unseren Tagen ist es einem Schüler möglich, eine solche Aufgabe zu lösen. Aber im dritten Jahrhundert vor unserer Zeitrechnung mußte sich sogar der große Archimedes den Kopf zerbrechen, um den Auftrag des Königs zu erfüllen. Der Gelehrte ging folgendermaßen vor: Er wog die Krone, und dann bestimmte er das von ihr verdrängte Wasser. Indem er das Gewicht der Krone durch das Volumen teilte, erhielt er nicht 19,3 (das entspricht der Dichte von Gold), sondern eine geringere Zahl. Dies bedeutete, daß sich die Juweliere einen Teil des Goldes angeeignet und es durch ein anderes, leichteres Metall ersetzt hatten.
Reines Gold ist ein sehr weiches und plastisches Metall. Ein Stückchen Gold von der Größe eines Streichholzkopfes kann man zu einem Draht von mehr als drei Kilometer Länge ausziehen oder es zu 50 Quadratmeter grün durchscheinender Folie ausbreiten. Reines Gold nutzt sich leicht ab. Deshalb enthält Gold, das für Schmuck und andere Zwecke bestimmt ist, Legierungszusätze an Kupfer, Silber, Nickel, Kadmium, Palladium oder anderen Metallen, die ihm mehr Festigkeit verleihen. Trotzdem erleidet Gold bei seiner Bearbeitung einen gewissen Abrieb, wobei Goldstaub entsteht.
In Amerika lieferte am Ende des vorigen Jahrhunderts der »goldene Staub« den Stoff für eine interessante Episode. In Philadelphia stand nicht weit von der Münze eine alte Kirche. Als sie eines Tages renoviert wurde, bot ein Bewohner der Stadt für das alte Dach eine ziemlich große Summe, 3000 Dollar. Die Kirchenverwaltung glaubte zwar, der Käufer habe den Verstand verloren, hielt es aber für eine Sünde, das angebotene Geld nicht anzunehmen. Der Kauf kam zustande – und die Kirchenväter waren die Genarrten. Der schlaue Käufer schmolz die Dachbleche ein und gewann dabei ungefähr acht Kilo-

gramm Gold, dessen Wert die bezahlte Summe gewaltig überstieg. Wie war das Gold auf das Dach gekommen? Im Verlauf vieler Jahre hatte sich in der Umgebung der Münze und insbesondere auf dem Kirchendach Goldstaub abgesetzt, der mit dem Rauch aus dem Schornstein der Schmelze des Münzhofes herausgetragen wurde.
Nicht weniger schlau war der Kassierer einer großen europäischen Bank. Die Ereignisse, um die es hier geht, fanden am Vorabend des ersten Weltkrieges statt, als bei der Mehrheit der Länder goldene Münzen im Umlauf waren. Täglich gingen Tausende von Münzen in der Bank ein, wo sie sortiert, gezählt und in Papier verpackt wurden. Gewöhnlich wurden alle diese Operationen auf speziellen Holztischen durchgeführt. Aber eines Tages legte einer der Kassierer, bevor er zu arbeiten begann, ein von zu Hause mitgebrachtes Stück Tuch auf den Tisch und sortierte darauf das Gold. Am Anfang war man begeistert von der Ordnungsliebe des Kassierers, und er galt als Beispiel für die anderen. Jeden Morgen holte er behutsam sein Tuch hervor, und wenn der Arbeitstag beendet war, faltete er es sorgfältig zusammen und verbarg es im Tischkasten. Sonnabends nahm er es mit nach Hause, und montags brachte er ein neues Tuch mit zur Arbeit. So verfuhr er einige Zeit, bis sein Dienstmädchen eines Tages ausplauderte, daß er jeden Sonnabend das Tuch in einer Bratpfanne verbrannte. Goldteilchen, die an den Fasern hängengeblieben waren, schmolzen ein und verwandelten sich in kleine Kügelchen des wertvollen Metalls.

Eine der wichtigsten Eigenschaften des Goldes ist seine außerordentlich hohe chemische Beständigkeit. Weder Säuren noch Basen wirken auf dieses Metall ein. Lediglich Königswasser (ein Gemisch aus Salpetersäure und Salzsäure) ist in der Lage, Gold zu lösen. Diesen Umstand nutzte einst der berühmte dänische Wissenschaftler, Nobelpreisträger Niels Bohr, als er 1943 genötigt war, Kopenhagen zu verlassen, um sich vor den faschistischen Okkupanten zu retten. Da es ihm zu riskant erschien, seine goldene Nobelpreis-Medaille mitzunehmen, löste er sie in Königswasser und versteckte die Flasche mit der wertvollen Lösung in seinem Laboratorium. Als er nach der Befreiung Dänemarks nach Hause zurückkehrte, gewann er auf chemischem Wege das Gold aus der Lösung zurück und ließ sich die Medaille erneut prägen.
Gold wird oft König der Metalle genannt, es ist umgeben von einer Aureole des

Ruhmes, wird geschätzt und verehrt. Dennoch ist sein Schicksal alles andere als beneidenswert, ist es doch ewig gefangen. Sobald es aus dem Inneren der Erde gefördert ist und in die Hände des Menschen gelangt, wird es wieder verbannt in die Gefangenschaft der Safes, der Panzerschränke, der betonierten Keller. Der Hauptteil der Goldvorräte der Vereinigten Staaten von Amerika wird im Fort Knox aufbewahrt, hinter einigen Reihen Stacheldraht, die unter einer Spannung von 5000 Volt stehen. Dieses Fort ist mit allen erdenklichen Sicherheitsmaßnahmen ausgerüstet, und kein Gefangener der Welt wird so gut bewacht wie das Gold Amerikas.

Nur ein unbedeutender Teil des geförderten Goldes wird in der Zahntechnik und in der Schmuckindustrie verwendet. In der letzten Zeit ist das Interesse in der Industrie für Gold gestiegen. Mehr und mehr wird das gelbe Metall auch als Material für Transistoren und Dioden in der Elektronik Verwendung finden. Aus Legierungen des Goldes mit Platin fertigt man Teile der Ausrüstung für die Herstellung synthetischer Fasern an. Gold leistet auch seinen Beitrag bei der Eroberung des kosmischen Raumes.

Der Bedarf der Industrie an Gold wächst von Jahr zu Jahr. Es besteht kein Zweifel, daß dieses wertvolle Metall früher oder später aus den stählernen Safes befreit wird, um in Fabriken und Laboratorien neue Arbeitsbereiche zu finden.

»Silbernes Wasser« – Quecksilber

Hg

Die Ausnahme von der Regel · Entfernter Verwandter · Hammer aus Quecksilber · Alexejew würde sich wundern · »Ungewöhnliche Heilkundige« · Die Tragödie auf der Triumph« · Durch Gesetz verboten · Rom kauft Quecksilber · Handschrift aus dem alten Persien · Kipling wählt aus · Begeisterung für die Alchimie · Fürsten bauen Laboratorien · Die Kunststückchen mittelalterlicher Scharlatane · Illegale Experimente · Die Schöpfung des Monferana · Zu frühe Freude · Grüner Lippenstift · Ferdinand II. empfiehlt Alkohol · Harte Prüfungen · Fahrkarte ins Leben

Vor mehr als 200 Jahren gab M. W. Lomonossow eine einfache und klare Definition für den Begriff Metall. Er schrieb: »Metalle, das sind feste Körper, schmiedbar und glänzend.« Tatsächlich entsprechen Eisen, Aluminium, Kupfer, Gold, Silber, Blei, Zinn und andere Metalle, mit denen wir in Berührung kommen, völlig der angegebenen Begriffsbestimmung. Aber nicht umsonst sagt man, »keine Regel ohne Ausnahme«. In der Natur kommen ungefähr 80 Metalle vor, aber nur eines von ihnen befindet sich unter gewöhnlichen Bedingungen im flüssigen Zustand. Selbstverständlich merken Sie schon, worum es geht; wir sprechen vom Quecksilber.

Die Skala der Eigenschaften der Metalle ist sehr breit. Das wird besonders deutlich bei einem Vergleich zwischen Quecksilber und seinem Antipoden Wolfram. Während Quecksilber selbst bei strengem Frost noch flüssig bleibt und erst bei minus 38,9 Grad Celsius fest wird, liegt der Schmelzpunkt von Wolfram bei fast 3400 Grad Celsius. Obwohl beide zur großen Familie der Metalle gehören, kann man sie unter diesem Aspekt doch wohl nur als »entfernte Verwandte« bezeichnen.

1759 erhielt man das erste kristalline Quecksilber. In festem Zustand ist das Metall silbrig-grau und ähnelt äußerlich dem Element Blei. In fester Form läßt sich Quecksilber aber schwer »handhaben«. Würde man es beispielsweise in der Form eines Hammers ausgießen und in flüssiger Luft erstarren lassen, so könnte man mit diesem Quecksilberhammer durchaus einen Nagel in ein Brett schlagen; aber man müßte sich beeilen, weil das Werkzeug sehr schnell unter den Händen schmilzt.

Quecksilber ist eine der schwersten unter den bekannten Flüssigkeiten. Seine Dichte beträgt 13,6 Gramm je Kubikzentimeter. Eine Literflasche voll Quecksilber wiegt also mehr als ein Eimer Wasser. Wenn der Gewichtheber Wassili Alexejew nach der Aufstellung seines Weltrekordes die Hantel nicht auf dem Boden, sondern in einem Behälter mit Quecksilber abgelegt hätte, so wäre dieses schwere Gerät nicht in die Flüssigkeit eingetaucht, sondern ganz ruhig auf seiner Oberfläche liegen geblieben wie ein Kork auf dem Wasser, denn Eisen ist wesentlich leichter als Quecksilber.

Der Mensch kannte Quecksilber schon in prähistorischer Zeit. In den Werken von Aristoteles, Plinius des Älteren und anderen Schriftstellern der Antike wird dieses Metall erwähnt. Die griechisch-lateinische Bezeichnung »hydrargyrum«, die das

Quecksilber von dem griechischen Arzt Dioskor im ersten Jahrhundert nach unserer Zeitrechnung erhielt, bedeutet in der Übersetzung »silbernes Wasser«. Daß in jener Zeit ein Arzt mit Quecksilber zu tun hatte, ist nicht verwunderlich. Schon im Altertum spielte das Quecksilber eine Rolle in der Heilkunde. Als Arzneimittel wurde es allerdings in recht merkwürdiger Weise angewendet. In der Literatur wird beispielsweise ein Fall beschrieben, wobei dem Kranken bei Darmverschlingung 200 bis 250 Gramm Quecksilber in den Magen gefüllt wurden. Nach Meinung der »hervorragenden« Heilkundigen, die dieses ungewöhnliche Heilverfahren vorschlugen, mußte das Quecksilber auf Grund seines großen Gewichtes und seiner Beweglichkeit seinen Weg zum Darm finden und die Verschlingung lösen. Man kann sich vorstellen, zu welchen Resultaten solche Experimente führten.

In unseren Tagen wird eine Darmverschlingung mit zuverlässigeren und wissenschaftlich fundierten Verfahren behandelt. Aber verschiedene Verbindungen des Quecksilbers werden auch heute noch in der medizinischen Praxis angewendet. So hat Sublimat desinfizierende Eigenschaften, Kalomel dient unter anderem als Abführmittel, und einige Quecksilbersalben verwendet man bei bestimmten Hauterkrankungen. Man darf jedoch nicht vergessen, daß Verbindungen des Quecksilbers und Quecksilberdampf ernste Folgen für den menschlichen Organismus haben können. So vergifteten sich im Jahre 1810 auf dem englischen Schiff »Triumph« mehr als 200 Menschen mit Quecksilber, das aus einem Faß ausgelaufen war. Aus diesem Grund sind in der UdSSR und in vielen anderen Ländern verschiedene Produktionsverfahren verboten, die auf der Anwendung von Quecksilber und seinen Verbindungen beruhen, zum Beispiel die Herstellung von Quecksilberfarben. In den Fällen, bei denen man ohne Quecksilber nicht auskommt, wendet man prophylaktische Maßnahmen an, um die Gesundheit der Arbeiter vor den schädlichen Auswirkungen zu schützen.

Die Natur ist nicht reich an Quecksilber. Das wichtigste Mineral ist Zinnober, ein Gestein von schöner roter Farbe. Manchmal trifft man Quecksilber auch im elementaren Zustand in Form von feinen Tröpfchen an. Die größte Quecksilberlagerstätte (Almaden) befindet sich in Spanien, auf das bereits seit alten Zeiten 80 Prozent der Weltförderung an Quecksilber entfallen. Plinius der Ältere berichtet, daß Rom aus Spanien jährlich 4,5 Tonnen Quecksilber kaufte.

Eine schon frühzeitig ausgebeutete Lagerstätte in Rußland ist Nikitowskoje im Donbass. Hier entdeckte man in verschiedenen Tiefen bis zu 20 Meter die Spuren alten Bergbaues, zum Beispiel Hämmer aus Stein und andere Arbeitsgeräte. Eine noch ältere Grube befindet sich in Kirgisien. Die Archäologen ermittelten, daß dort einige Jahrhunderte lang Quecksilber gefördert wurde. Erst im 13. und 14. Jahrhundert, als Dschingis-Khan und seine Horden dieses Gewerbe- und Handelszentrum zerstörten und die Bevölkerung zu nomadisierender Lebensweise zwangen, wurde die Quecksilberförderung eingestellt.

In Mittelasien wurden ebenfalls Quecksilberlagerstätten ausgebeutet. Alte persische Handschriften zeugen davon, daß Zinnober, der in der damaligen Zeit besonders als Farbe verwendet wurde, aus der Gegend der heutigen Republik Tadshikistan und Usbekistan stammte. Augenscheinlich wurde hier schon in der Mitte des ersten Jahrtausends vor unserer Zeitrechnung Quecksilber gefördert.

Die Arbeit in Zinnober-Gruben war immer schwer und gesundheitsschädigend. Bei Kipling findet sich folgende Zeile: »Lieber den schlimmsten Tod, als arbeiten in den Quecksilberbergwerken, wo die Zähne zerbröckeln...« Bis heute kann man in den Gängen alter Bergwerke, in denen Quecksilber gefördert wurde, viele Skelette finden. Die Berge forderten große Opfer – Tausende von Menschenleben – für den roten Stein, gleichsam das Blut derer, die versuchten, zu den Quecksilberschätzen vorzudringen.

Die Produktion von Quecksilber stieg wesentlich im Mittelalter, in der Zeit der allgemeinen Begeisterung für die Alchimie. Das Interesse, das die Alchimisten dem Quecksilber entgegenbrachten, findet seine Erklärung in einer ihrer Theorien, wonach Quecksilber, Schwefel und Kochsalz zu den »erstgeborenen Elementen« zählten. Quecksilber galt als Ursubstanz. »... mit Hilfe von Wärme löst sich Eis in Wasser, das heißt, es ist aus Wasser; Metalle lösen sich in Quecksilber, das heißt, Quecksilber ist das Ausgangsmaterial für diese Metalle.«

Bewaffnet mit einer solchen »soliden wissenschaftlichen Theorie«, mußten die Alchimisten bloß noch den »Stein der Weisen« finden, um mit dessen Hilfe Quecksilber in Gold umzuwandeln. Man mußte lediglich die Ärmel hochkrempeln und mit der Arbeit beginnen! Es zeigte sich aber eine Schwierigkeit: Der »Stein der Weisen« ließ sich trotz langen Suchens nicht finden. Trotzdem waren so einflußreiche Personen, wie Heinrich IV., Rudolf II. und andere europäische Monarchen, sehr am erfolgreichen Ausgang des Unternehmens interessiert. Sie richteten deshalb an ihren Höfen große alchimistische Laboratorien ein.

Immer wieder erschienen in dem einen oder anderen Land Personen, die angeblich das Geheimnis des »Steins der Weisen« kannten. Manchmal waren es Gelehrte, die einem Irrglauben zum Opfer gefallen waren, aber oft waren es Scharlatane, die einige spezielle »Verfahren« der künstlichen Goldherstellung zu kennen vorgaben. Eines davon bestand in folgendem: Vor den Augen der Anwesenden verrührte der Alchimist geschmolzenes Blei oder Quecksilber in einem Tiegel. Dazu benutzte er ein Holzstäbchen, in dem er vorher kleine Goldstücke verborgen hatte. Dieses Gold löste sich teilweise im flüssigen Metall. Nach dem Experiment entdeckte man natürlich Spuren von Gold im Tiegel, wodurch die wunderbare Umwandlung bezeugt oder genauer gesagt »vorgetäuscht« wurde. Natürlich gelangten Gerüchte über diese »Zauberer« früher oder später zum Regenten des Landes, und dann mußten sie entweder ihren Betrug eingestehen oder am Hofe die Massenproduktion von Gold organisieren. Das Holzstäbchen war natürlich dafür ein untaugliches Hilfsmittel. Alchimisten, die des Betruges überführt werden konnten, wurden wie die Falschmünzer aufgehängt, aber an einem »vergoldeten« Galgen und in Kleidern, die mit Metallflitter verziert waren. Es gab auch andere Varianten der Hinrich-

tung. Im Jahre 1575 ließ der Herzog von Luxemburg die Alchimistin Maria Zieglerin in einem eisernen Käfig bei lebendigem Leibe verbrennen, weil sie es abgelehnt hatte, ihm die Zusammensetzung des »Steins der Weisen« zu nennen, obwohl sie vorgab, ihn zu kennen.
Einige Jahre später wurde die Alchimie von der katholischen Kirche in Acht und Bann getan und offiziell in England, Frankreich und anderen Ländern verboten. Die alchimistischen Experimente hörten jedoch nicht auf, demzufolge auch nicht die Hinrichtungen. Dem Feuertod fiel auch der französische Chemiker Jean Brillo zum Opfer, der nur deshalb verurteilt wurde, weil er in seinem Laboratorium die chemischen Eigenschaften von Elementen untersuchte. Die »verdächtigen« Versuche besiegelten das tragische Schicksal des Wissenschaftlers.
In überlieferten alchimistischen Rezepten wird Quecksilber oft als Merkurium bezeichnet. Diesen Namen trug das Metall schon im alten Rom. Er wird auf das Verhalten von Quecksilbertröpfchen zurückgeführt. Wenn sie flink und perlend über eine glatte Fläche rollten, erinnerten sich die alten Römer angeblich an ihren wendigen, flinken und geriebenen Götterboten Merkur, den Schutzpatron des Handels.
Die Alchimisten benutzten Namen von Göttern und Himmelskörpern als Decknamen für viele Elemente. Das symbolische Zeichen für Gold war die Sonne, für Eisen der Mars, für Kupfer die Venus. Auf diese Weise sollten die Kenntnisse der Alchimisten allen verborgen bleiben, die nicht mit ihren Symbolen vertraut waren.
Die Fähigkeit des Quecksilbers, Metalle zu lösen und sogenannte Amalgame zu bilden, wird schon seit langer Zeit ausgenutzt. Mit ihrer Hilfe kann man zum Beispiel feinste Goldschichten auf Kirchenkuppeln auftragen. Ein solches Vergoldungsverfahren wurde in der Isaak-Kathedrale, einem berühmten Denkmal russischer Architektur in Leningrad, angewendet. Die Kuppel der Kathedrale, die in den Jahren 1818 bis 1858 nach den Plänen von August Monferana erbaut wurde, hat den gigantischen Durchmesser von 26 Metern. Für die Vergoldung des Kupferbleches waren mehr als 100 Kilogramm Dukatengold erforderlich. Die Oberfläche des Kupferbleches wurde zunächst sorgfältig vom Fett gereinigt, geschliffen und poliert und dann mit Amalgam, einer festen Lösung von Gold in Quecksilber, bedeckt. Danach wurden die Bleche mit einer speziellen Vorrichtung erwärmt, bis das Quecksilber verdampfte und auf der Oberfläche eine feine Goldhaut von einigen Mikrometer Dicke zurückblieb. Aber der leicht graugrüne Nebel des Quecksilberdampfes verschwand nicht ohne Folgen; er vergiftete auf seinem Wege die Arbeiter, die die Vergoldung durchführten. Nach den Gepflogenheiten des damaligen »Arbeitsschutzes« wurden zwar bestimmte Vorsichtsmaßnahmen getroffen, aber sie reichten nicht aus, um die Arbeiter vor der Vergiftung zu schützen. Augenzeugen berichteten, daß die Vergoldung der Kuppel 60 Menschen das Leben gekostet hat. Sie starben unter schrecklichen Qualen.
Nicht immer hatten Versuche mit Amalgam so tragische Folgen. Man erzählt, daß im vergangenen Jahrhundert ein Forscher, der offensichtlich alchimistische Ambitionen hatte, aus Quecksilber Gold herstellen wollte. Bei seinen Versuchen ließ er auf

Quecksilberdampf starke elektrische Spannungen wirken. Die Experimente kosteten ihn viel Zeit und Mühe. Doch eines Tages hatte er scheinbar Erfolg. Im Quecksilber waren geringe Goldspuren zu finden. Die Freude des Experimentators war groß. Nach genauer Untersuchung mußte er aber zu seinem Leidwesen erkennen, daß das Gold im Quecksilber aus der Einfassung seiner eigenen Brille stammte. Bei seiner Arbeit hatte er hin und wieder mit den Händen seine Brille zurechtgerückt. Dabei waren feinste Quecksilbertröpfchen mit dem Goldrand der Brille in Berührung gekommen. Das dabei gebildete Amalgam war in das Quecksilber gelangt.

Amalgame verwendet man heute in einer Reihe von Fällen für die Vergoldung metallischer Teile. Dies geschieht selbstverständlich unter Anwendung ausreichender Sicherheitsvorschriften, so daß die Gesundheit der Werktätigen nicht gefährdet werden kann. Auch für die Produktion von Spiegeln, in der Zahntechnik und in der Laboratoriumspraxis werden Amalgame eingesetzt. Das Quecksilbersalz der Knallsäure (Fulminsäure) – Knallquecksilber – wird für die Zündung von Explosivstoffen verwendet.

In reinem Zustand findet Quecksilber vielfältige Verwendung in der Technik. Die chemische Industrie benötigt Quecksilber bei der Produktion von Chlor, Ätznatrium und synthetischer Essigsäure. Äußerst zuverlässig und robust sind Quecksilberdampfgleichrichter. In der Meß- und Regeltechnik verwendet man Quecksilberschalter für elektrische Stromkreise mit großer Schalthäufigkeit. Quecksilberquarzlampen verwendet man zur Erzeugung intensiver ultravioletter Strahlung. Sie dienen in der Medizin zur Desinfektion der Luft in Operationssälen und zur Bestrahlung des menschlichen Körpers zu Heilzwecken.

1922 entwickelte der tschechische Chemiker Jaroslaw Heyrowsky die polarographische Methode in der chemischen Analytik. Dabei spielt Quecksilber eine wesentliche Rolle. Für diese Entdeckung wurde der Wissenschaftler mit dem Nobelpreis ausgezeichnet.

Mit Quecksilberdampf-Argon-Gemischen sind die Glasröhren der Lumineszenzlampen gefüllt. Schon 1937 wurden Versuche unternommen, Quecksilberlampen für die

Beleuchtung der Gorkistraße in Moskau zu verwenden. Man mußte sie aber bald wieder abnehmen, weil ihr fahles Licht dem Teint der Menschen eine unangenehme Tönung verlieh. Die rote Farbe des Lippenstiftes wurde grün. Inzwischen wurde die Oberflächenschicht auf den Innenseiten der Lampen durch einen Zusatz verbessert. Jetzt erstrahlt ihr Licht in verschiedenen Farben. Das weiße Lampenlicht wirkt fast wie Tageslicht.

Quecksilber ist in vielen physikalischen Geräten enthalten: in Manometern, Barometern, Vakuumpumpen. Seine größte Verbreitung fand es durch das Thermometer.

Im 17. Jahrhundert, als die ersten Geräte zur Messung der Temperatur, die mit Flüssigkeiten arbeiteten, geschaffen wurden, verwendete man Wasser. Bei Frost erstarrte es natürlich und zerstörte das Thermometer. Der toskanische Herzog Ferdinand II., offensichtlich ein guter Kenner des Alkohols, schlug vor, diesen anstelle von Wasser zu verwenden. Die Thermometer wurden zuverlässiger, aber auf Grund der ungleichmäßigen Qualität des Alkohols beobachtete man unterschiedliche Meßwerte. Der erste, der Quecksilber zur Messung der Temperatur verwendete, war der französische Physiker Ammonton. Einige Jahre später entwickelte der deutsche Physiker Fahrenheit sein Quecksilberthermometer mit der Skala, die bis heute noch in England und den Vereinigten Staaten von Amerika verwendet wird. Der Aufbau des Thermometers, insbesondere die Dicke der Kapillare, in der sich das Quecksilber bewegt, hängt von seiner Bestimmung ab. Die dünnsten Kapillaren bei Fieberthermometern sind ungefähr 0,04 Millimeter im Durchmesser. Um die feine Quecksilbersäule mit bloßem Auge erkennen zu können, wird die Kapillare in Form eines vergrößernden Prismas ausgebildet und an seiner Hinterwand, gewissermaßen als Schirm, ein Streifen aus weißer Emaille aufgetragen.

Das für Thermometer verwendete Quecksilber muß sich durch besondere

Reinheit auszeichnen. Bereits geringste Verunreinigungen können die Anzeige wesentlich verfälschen. Aus diesem Grund wird das Quecksilber einer speziellen Bearbeitung unterzogen. Es wird gereinigt und destilliert, nur dann darf es in die gläsernen Kapillaren gefüllt werden. Trotz seiner Sprödigkeit ist Glas für diese Zwecke noch unersetzlich. Es ist beispielsweise nicht möglich, an seiner Stelle durchsichtigen Kunststoff zu verwenden. Wie ein Sieb würde es den für das Quecksilber schädlichen Sauerstoff durchlassen. Das Füllen der Kapillare mit Quecksilber ist eine sehr verantwortungsvolle Tätigkeit. In das Röhrchen darf keine Luft gelangen. Früher, als dieser Arbeitsgang von Hand durchgeführt wurde, mußten die Meister einige Wochen lang die mit Quecksilber gefüllten Röhrchen abwechselnd erst von der einen und dann von der anderen Seite erwärmen, um eingeschlossene Luftbläschen auszutreiben. Heute erfolgt das Füllen schnell und fehlerlos mit Hilfe von Maschinen.

Bevor die Thermometer an den Ort ihrer zukünftigen Verwendung gelangen, müssen sie sich noch einigen Kontrollen und Prüfungen unterziehen. Wer die Prüfung nicht besteht, landet im Ausschußkorb. Die anderen erhalten das Warenzeichen der Fabrik, das für ihre Qualität bürgt. Das in der Glaskapillare eingeschlossene, unbestechliche Quecksilbertröpfchen wird sich in der Wissenschaft, in der Industrie, in der Landwirtschaft und in der Medizin bewähren.

Für die Herstellung von Quecksilber wurden im Laufe der Jahrhunderte immer effektivere Verfahren entwickelt. Einst wurde das Quecksilbererz in Tontöpfen erwärmt, und das dabei verdampfende Quecksilber kondensierte an den Blättern von Bäumen, die jeweils frisch geschlagen und in den Schmelzkammern zwischen den Töpfen aufgestellt wurden. Heute erfolgt die kontinuierliche Gewinnung von Quecksilber in Fabriken mit automatischen Anlagen. Der Druck eines Arbeiters auf den Knopf der Fernsteuerung genügt, um Tonnen von Quecksilberkonzentrat in die Bunker großer elektrischer Öfen zu befördern. Dort wird das Konzentrat erwärmt, wobei Quecksilber verdampft. Das durch Abkühlung niedergeschlagene Quecksilber gelangt in spezielle Behälter. Nach einer abschließenden Reinigung wird das Metall in Stahlballons gefüllt, die etwa 35 Kilogramm fassen. Besonders reines, raffiniertes Quecksilber von hoher Qualität wird in Keramikbehältern aufbewahrt, die nur fünf Kilogramm fassen.

Das Verderben Roms – Blei

Pb

Wachsame Gänse · Das traurige Schicksal der Aristokraten · Die Foltern der Jesuiten · Geheimnisse der Brahmanen · Auf der »Seufzerbrücke« · Gewichtiges Argument · Unzulässige Selbstzündungen · »Bleigraue Wolken« · Brand im Athener Hafen · Giftiger »Zucker« · Fund unter der Asche · In der Bibliothek des Königs Asurbanipal · Wie alt sind die Steine? · Grünes Licht den Erzkennern

Rom wurde einmal von Gänsen gerettet. Das ist allgemein bekannt. Die wachsamen Vögel bemerkten seinerzeit das Herannahen feindlicher Truppen und signalisierten sofort durch ihr Geschnatter die Gefahr. Der Feind wurde besiegt, der Untergang Roms noch einmal verhindert. Trotzdem war der Verfall des römischen Imperiums nicht aufzuhalten. Welche Ursachen führten zur Vernichtung des einst so mächtigen Staates? »Schuld am Untergang Roms sind Bleivergiftungen.« Das schrieben einige amerikanische Toxikologen. Nach ihrer Meinung vergifteten sich die Römer durch die Verwendung bleihaltiger kosmetischer Farben und durch die Benutzung von Gefäßen, die in Blei eingefaßt waren. Dadurch kam es zu der hohen Sterblichkeit der römischen Aristokratie. Ihr Durchschnittsalter betrug höchstens 25 Jahre. Die Angehörigen der niederen Stände waren solchen Vergiftungen in geringerem Maße ausgesetzt, weil sie sich keine teueren Gläser und keine kostspieligen kosmetischen Mittel leisten konnten. Aber sie tranken auch das Wasser aus jener berühmten Leitung, die von Sklaven erbaut worden war und deren Rohre aus Blei bestanden. Sicherlich haben die Bleivergiftungen zur Senkung der durchschnittlichen Lebenserwartung der Römer beigetragen, denn bei Ausgrabungen wurden in Skeletten römischer Aristokraten relativ große Bleimengen entdeckt. Der Untergang des Römischen Reiches aber hatte tiefere Ursachen: ökonomische, soziale und politische.

Alle löslichen Verbindungen dieses Elements sind giftig. Man hat festgestellt, daß im Trinkwasser der alten Römer viel Kohlensäure enthalten ist. In solchem Wasser bildet sich bei Berührung mit Blei das leicht wasserlösliche Bleikarbonat. Auch wenn es nur in kleinen Mengen in den Organismus gelangt, reichert sich Blei in der Knochensubstanz an und zersetzt allmählich das darin enthaltene Kalzium. Auf diese Weise werden chronische Erkrankungen hervorgerufen.

Im alten Rom hat Blei vielen Aristokraten Krankheit und Tod gebracht. Aber das Element wurde von den Großen der Welt auch zu ungeheuren Verbrechen mißbraucht. Als die Inquisition wütete, verwendeten die Jesuiten geschmolzenes Blei als Folterwerkzeug und als Mittel zur Hinrichtung. Noch am Anfang unseres Jahrhunderts wurde in Indien Angehörigen der niederen Klasse Blei in die Ohren gegossen, wenn sie bewußt oder unbewußt die Brahmanen beim Lesen der heiligen Bücher belauscht hatten. (Um ihre Macht zu erhalten, hielten von alters her die

Priester Babyloniens, Ägyptens und Indiens ihr Wissen geheim.)
In Venedig ist ein mittelalterliches Gefängnis für Staatsgefangene erhalten geblieben, das durch die »Seufzerbrücke« mit dem berühmten Dogenpalast verbunden ist. Im Dachboden des Gefängnisses befand sich eine spezielle Kammer mit einem Bleidach für Gefangene, die sich besonders schwer vergangen hatten. Im Sommer quälte sie die Hitze, im Winter die Kälte. Und auf der »Seufzerbrücke« hörte man die Schreie des Entsetzens ...
Seit dieser Zeit wurden auch Feuerwaffen hergestellt. Die tückischen Kugeln für Flinten und Pistolen wurden aus Blei gegossen. Blei wurde eines der »gewichtigsten Argumente« bei gewaltsamen Auseinandersetzungen. Es entschied sowohl den Ausgang großer Schlachten als auch den Kleinkrieg unter den Gangstern.
Die bisherigen Ausführungen könnten den Eindruck erwecken, Blei habe der Menschheit nur Schaden und Unheil gebracht, und man müsse sie vor diesem gefährlichen Element bewahren. Die Produktion von Blei nimmt aber ständig zu. Von allen Buntmetallen werden nur Aluminium, Kupfer und Zink in größerer Menge erzeugt als Blei. Diese Tatsache läßt den berechtigten Schluß zu, daß dieses Metall auch nützlichen und friedlichen Zwecken dient.
Wir kennen in der Geschichte viele Beispiele von gerechten und ungerechten Kriegen, heroischen Kämpfen für Freiheit und Unabhängigkeit. Auch in diesen Kriegen wurde mit Kugeln aus Blei gekämpft. Und zum Schutz unserer Grenzen genügt nicht nur das Pulver im Faß. Die militärische Bedeutung des Metalls Blei ist immer noch groß. Mit der stürmischen Entwicklung der Technik nach der Jahrhundertwende – in der Zeit der Erfindung von Kraftfahrzeugen, Unterseebooten, Flugzeugen – in der Zeit des Aufbaues der chemischen und elektrotechnischen Industrie – stieg die Erzeugung von Blei beträchtlich.
Ungefähr ein Drittel der Weltproduktion dieses Metalls verbraucht man heute für die Herstellung von Akkumulatoren. Ihre Gitter bestehen aus einer Legierung des Bleis mit Antimon (Hartblei). Die Gitterwaben sind mit einer Paste aus Bleiglätte (Bleioxid) ausgefüllt. Ein weiterer Hauptverbraucher dieses Metalls ist die Treibstoffindustrie. Bevor das Treibstoffgemisch in einem Benzinmotor verbrennt, wird es komprimiert, denn je höher die Kompression, um so ökonomischer die Arbeit des Motors. Von einem bestimmten Druck an explodiert allerdings das Brennstoffgemisch, ohne daß es gezündet wird. Der Motor »klopft« oder »klingelt«. Natürlich ist ein solch eigenmächtiges Verhalten nicht erwünscht. Hier kommt uns das Blei-Tetraäthyl zu Hilfe. Geringe Zusätze zum Benzin (weniger als ein Gramm je Liter) verhüten die Selbstzündung und veranlassen, daß der Brennstoff gleichmäßig und im richtigen Moment verbrennt. Weil Blei-Tetraäthyl sehr giftig ist, wird solches Benzin rosa gefärbt, um es von dem gewöhnlichen zu unterscheiden. Leider gelangen wesentliche Mengen des Giftes durch die Auspuffgase in die Atmosphäre. Interessant sind die Berechnungen einiger Wissenschaftler eines kalifornischen technologischen Institutes. Sie zeigen, daß sich über großen Städten riesige Bleiwolken bilden. (Wie man sieht, kann der poetische Aus-

druck »bleigraue Wolken« auch einen realen Sinn erhalten.) In einem Jahr fallen allein auf die Ozeane der südlichen Halbkugel ungefähr 50 000 Tonnen dieses Metalles. Sie stammen vorwiegend aus den Zusätzen zum Benzin. Daraus kann man ersehen, was ein Gramm je Liter bedeutet! Offensichtlich muß man sich so schnell wie möglich nach einem Ersatz für das Tetraäthyl umsehen.
In der elektronischen Industrie wird Blei für die Umhüllung von Kabeln verwendet, da es biegsam und zuverlässig ist. Auch Lote werden aus diesem Material hergestellt.
Mit Blei sind Kammern und Türme für die Herstellung von Schwefelsäure, Rohre und Wannen für das Beizen und für elektrolytische Zwecke ausgekleidet. In vielen Maschinen und Mechanismen befinden sich Lager aus Legierungen von Blei mit anderen Metallen. Mit Antimon und Zinn legiertes Hartblei wird in der Typographie für die Herstellung von Schriftsätzen verwendet. In der Glas- und Keramikindustrie benötigt man Blei zur Herstellung von Kristallglas und von speziellen Glasuren. Bleioxid und Bleisalze werden in der Lackfarbenindustrie eingesetzt. Bleihaltige Farben waren schon im Altertum bekannt. Schon vor drei Jahrtausenden gelang die Herstellung von Bleiweiß. Das Herstellungsverfahren war zwar noch primitiv, aber ausreichend und zuverlässig. In ein Faß wurde Essig gegossen und mit Reisig abgedeckt. Darauf legte man ein Stück Blei. Dann wurde das Faß dicht verspundet. Wenn man es nach einiger Zeit öffnete, hatte sich das Blei mit einem weißen Überzug bedeckt. Dieses »Bleiweiß« wurde abgekratzt, verpackt und in verschiedene Länder ausgeführt. Ein Hauptlieferant war zu jener Zeit die Insel Rhodos.
Einst brach im Hafen von Piräus auf einem Schiff, das mit Bleiweiß beladen war, ein Brand aus. Zur selben Zeit befand sich in

der Nähe ein Kunstmaler, der wußte, daß sich auf dem brennenden Schiff Farben befanden. Er bestieg das Schiff in der Hoffnung, wenigstens eines der Fässer in Sicherheit bringen zu können. Farben waren damals teuer, und er war gerade nicht gut bei Kasse. Zu seiner Überraschung konnte der Maler in den verkohlten Fässern kein Bleiweiß entdecken, sondern nur die dicke Masse einer hellroten Farbe. Der Künstler nahm ein Faß und eilte damit in seine Werkstatt. Das Faß enthielt eine ausgezeichnete Farbe. Man nannte sie Mennige und stellte sie in der Folge durch Erhitzen von Bleiweiß her.

Bilder und Ikonen, die mit Bleifarben gemalt wurden, werden im Laufe der Zeit dunkel. Man braucht sie jedoch nur mit einer schwachen Lösung von Wasserstoffsuperoxid oder Essigsäure abzuwischen, und die Farben werden wieder hell und leuchtend. Diese Erfahrung benutzten die Priester zu einem wirkungsvollen Trick. Sie demonstrierten vor den Augen der erstaunten, unwissenden Gläubigen ein Wunder: Die Ikonen »belebten« sich.

In der Medizin finden Bleiazetatlösung, auch Bleizucker genannt, und Bleiwasser in der Wundbehandlung und bei Hauterkrankungen als desinfizierende und hervorragend entzündungshemmende Mittel Beachtung. Diese Bleiverbindungen sind aber mit Vorsicht zu verwenden, weil sie ernste Vergiftungen des Organismus hervorrufen können.

Nicht umsonst werden in Betrieben und Laboratorien, wo die Menschen mit Blei oder Bleiverbindungen zu tun haben, spezielle Vorsichtsmaßnahmen getroffen. Ärzte und Ingenieure für Arbeitsschutz sorgen ständig dafür, daß der Gehalt an Blei in der Luft die zulässige Norm von 0,000 01 Milligramm je Liter nicht übersteigt. Bis in die jüngsten Tage galten Bleivergiftungen in Bleifabriken und polygraphischen Betrieben als Berufskrankheit. Durch die Anwendung moderner Produktionstechnologien mit Ventilation und Entstaubung konnte diese Krankheit praktisch überwunden werden.

Der Mensch muß sich vor dem Blei schützen, aber das Blei schützt auch den Menschen. Metallisches Blei ist eines der undurchlässigsten Materialien für alle Arten radioaktiver und Röntgenstrahlen. Wenn wir die Schürze oder die Handschuhe eines Röntgenologen in die Hand nehmen, so sind wir überrascht von ihrem Gewicht. In dem Gummi, aus dem sie gefertigt werden, ist Blei enthalten. Es schützt den Organismus vor der schädlichen Wirkung der Röntgenstrahlen. Aus dem gleichen Grund wird das radioaktive Kobaltpräparat in den Kobaltkanonen, die man zur Heilung bösartiger Geschwüre verwendet, von einer schützenden Bleihülle umgeben.

Bleischirme verwendet man in der Atomenergetik, in der Kerntechnik und in der Röntgentechnik. Vor radioaktiven Strahlen schützt auch Glas, das Bleioxid enthält. Es ermöglicht bei der Bearbeitung radioaktiver Materialien mit Hilfe eines Manipulators die direkte Beobachtung. Das Atomzentrum in Bukarest besitzt einen Illuminator aus Bleiglas mit einer Dicke von einem Meter. Sein Gewicht beträgt mehr als 1,5 Tonnen.

Die Erdrinde enthält verhältnismäßig wenig Blei, vieltausendmal weniger als Aluminium oder Eisen. Trotzdem ist es dem Menschen schon seit ungefähr 7000 Jahren bekannt. Im Unterschied zu vielen anderen

Metallen hat Blei einen sehr niedrigen Schmelzpunkt (327 Grad Celsius). In der Natur kommt es in verhältnismäßig instabilen chemischen Verbindungen vor, aus denen es sich sehr leicht gewinnen läßt. Dadurch wurde es oft zufällig gefunden und hergestellt. So wurde beispielsweise in Amerika eine reiche Bleilagerstätte bei einem Waldbrand entdeckt. An der Brandstätte wurden unter einer Ascheschicht große Bleibrocken gefunden. Aus dem Erz, das unter den Wurzeln der Bäume lag, war es durch den Brand erschmolzen worden. Wahrscheinlich gelangte das Metall auf ähnliche Weise auch in den Besitz der Urbewohner unseres Planeten. Für den ältesten Bleifund hält man eine noch gut erhaltene ägyptische Figur, die im Britischen Museum aufbewahrt wird. Sie wurde etwa im Jahre 3800 vor unserer Zeitrechnung hergestellt. In Spanien sind alte Halden von bleihaltigen Schlacken erhalten. Hier beuteten schon im dritten Jahrtausend vor unserer Zeitrechnung die Phönizier blei- und silberhaltige Erze der Lagerstätte Rio Tinto aus. In der Bibliothek des assyrischen Königs Asurbanipal (7. Jahrhundert vor unserer Zeitrechnung) waren babylonische Handschriften aufbewahrt, die etwa aus der Zeit 2000 vor unserer Zeitrechnung stammten. Eine dieser Handschriften enthält eine Hymne an den Gott des Feuers, in der es heißt: »Oh Feuergott, du erschmelzest Kupfer und Blei, du reinigst Gold und Silber.« Bei Ausgrabungen der Stadt Assur wurde ein Bleibrocken von 400 Kilogramm Gewicht entdeckt. Archäologen nehmen an, daß er etwa aus dem Jahre 1300 vor unserer Zeitrechnung stammt.

Blei spielt übrigens auch eine Rolle in einem Verfahren zur Bestimmung des Alters von Gesteinen und archäologischen Funden. Die Mehrzahl der Gesteine und Mineralien enthält in winzigen Mengen radioaktive Elemente. In der Natur zerfallen ständig einige Elemente, und andere werden dabei gebildet. Im Ergebnis einer langwährenden Umwandlung, die einige Metalle erfahren, bildet sich Radium, das seinerseits wieder zerfällt und schließlich Blei zurückläßt. Wenn man bei einem bestimmten Gestein die in ihm enthaltenen Blei- und Radiummengen kennt und weiß, wieviel Blei sich jährlich bildet, kann man sein Alter errechnen. So hat man beispielsweise berechnet, daß die Steinkohlenlager des Donbass vor ungefähr 3000 Millionen Jahren entstanden sind.

Auf dem Territorium Rußlands wurden die ersten Spuren der Bleiverarbeitung im Altai, am Baikal und im Fernen Osten

gefunden. An diesen Stellen wurden auch in unserer Zeit neue Erzlagerstätten dieses Metalls entdeckt.
Die ersten Versuche zur Gewinnung von Blei in Rußland wurden am Ende des 17. Jahrhunderts durchgeführt. Das Erz hierzu wurde an den Ufern des Tobol gefunden. Es ist bekannt, daß sibirische Erzproben im Jahre 1695 nach Deutschland zur Untersuchung geschickt wurden.
Einen mächtigen Aufschwung nahm die Entwicklung des Bergbaues und der Metallurgie in der Epoche Peters I., der die Tätigkeit von Erzkundigen und Erzsuchern auf jede Art und Weise förderte. In der ersten Hälfte des 18. Jahrhunderts wurden in Rußland viele Bleilagerstätten entdeckt und Fabriken zur Bleigewinnung gebaut. Vor dem ersten Weltkrieg befand sich im zaristischen Rußland die Mehrzahl der buntmetallurgischen Betriebe in den Händen ausländischer Kapitalisten. Deutsche, englische und belgische Firmen erhielten die Genehmigung zum Abbau der Lagerstätten. Die räuberische Ausbeutung führte zu einem völligen Niedergang der Produktion. Im Jahre 1913 konnten die Bleifabriken Rußlands lediglich 1,5 Prozent des eigenen Bedarfs abdecken.
In den Jahren der Sowjetmacht wurde eine mächtige Bleiindustrie geschaffen, die nicht nur die vollständige Befriedigung der Volkswirtschaft gewährleistet, sondern auch in der Lage ist, Blei in andere Länder zu exportieren. Das Firmenzeichen »UKSZK« des Ust Kamenigorskier Blei-Zink-Kombinates »W. I. Lenin« ist heute in- und ausländischen Metallurgen gut bekannt.
Unsere Erzählung über das Blei soll mit einigen Bemerkungen zum Namen des Elementes abgeschlossen werden. Im Russischen wird Blei »Swinez« genannt. Offensichtlich stammt diese Bezeichnung von dem Wort »Swinka«, das bedeutet Schweinchen. So wurden früher dort die Blöcke dieses Metalles genannt. Das ist jedoch nicht immer die russische Bezeichnung für Blei gewesen. Im Altertum

nannte man es in Rußland »Olowo«, das ist die heutige Bezeichnung für Zinn. Offenbar wurden anfangs Blei und Zinn, die sich in einigen Eigenschaften ja ähnlich sind, verwechselt. Sie erhielten deshalb den gleichen Namen. Als man später die beiden Metalle genau zu unterscheiden verstand, wurde die alte Bezeichnung für das Zinn verwendet, und Blei erhielt den Namen »Swinez«.

Auch die alten Römer hatten offensichtlich mit diesen Metallen Schwierigkeiten. Blei nannten sie Plumbum (schwarzes Blei) und Zinn Plumbum candium (Blei aus Candium). Zinn erhielt man im alten Rom von der Insel Cypern, die damals Candium genannt wurde.

Auf die »verwandtschaftlichen« Beziehungen zwischen Blei und Molybdän wurde bereits an anderer Stelle hingewiesen. Beide trugen einmal den gleichen Namen »molybdena«. Es ist wissenschaftlich längst erwiesen, daß Molybdän und Plumbum zwei verschiedene Metalle sind. Jedes steht auf seine Weise im Dienste des Menschen.

Der Brennstoff des 20. Jahrhunderts – Uran

U

Sein Name zu Ehren des 7. Planeten · Das Mosaik der alten Römer · Becquerel wartet auf die Sonne · Entdeckungen in einem baufälligen Schuppen · Irrtum in der Enzyklopädie! · Sensationelle Mitteilung · Die Idee der »Jungen« · Woher kommt das Lanthan? · Aufregung beim Friseur · Woher die Neutronen nehmen? · Das »Streichholz« für den Atombrand existiert · Versuch in der Metrostation »Dynamo« · Wie ein Tropfen im Meer · Im Stadion von Chikago · »Gehen Sie erst mal frühstücken« · Die Flucht von Niels Bohr · Ein schwarzer Tag in der Geschichte der Zivilisation · Atomeisbrecher »Lenin« · Märchenhafte Perspektiven

Es ist schwer zu sagen, welchen Namen der deutsche Gelehrte Martin H. Klaproth für das von ihm 1789 entdeckte Element gewählt hätte, wenn dieser Entdekkung nicht ein Ereignis vorausgegangen wäre, das alle Kreise der Gesellschaft bewegte: Im Jahre 1781 bemerkte der Astronom F. W. Herschel, als er mit einem selbstgebauten Teleskop den Himmel beobachtete, eine leuchtende Wolke, die er anfangs für einen Kometen hielt. Nach wiederholten Beobachtungen erkannte er, daß er einen neuen, den bisher unbekannten siebenten Planeten des Sonnensystems entdeckt hatte. Zu Ehren des griechischen Himmelsgottes nannte er ihn Uranus. Unter dem Eindruck dieser aufsehenerregenden Entdeckung gab Klaproth dem neuentdeckten Element den Namen des neuen Planeten.

Ungefähr 50 Jahre später, im Jahre 1841, gelang es dem französischen Chemiker E. M. Peligot, metallisches Uran herzustellen. Die industrielle Welt stand dem schweren, verhältnismäßig weichen Metall gleichgültig gegenüber. Seine mechanischen und chemischen Eigenschaften fanden kein Interesse bei Metallurgen und Maschinenbauern. Lediglich die böhmischen Glasbläser und die sächsischen Meister der Porzellanmanufakturen verwendeten das Oxid dieses Metalls, um vielen ihrer kunstvollen Erzeugnisse eine schöne gelbgrüne Farbe zu verleihen oder sie mit samtschwarzen Ornamenten zu verzieren.

Die »künstlerischen Fähigkeiten« der Uranverbindungen waren schon den alten Römern bekannt. Bei Ausgrabungen in der Nähe von Neapel fand man ein Glasmosaikfresko von außerordentlicher Schönheit. Die Archäologen waren überrascht, denn das Glas hatte im Verlauf von zwei Jahrtausenden fast nichts von seinem Glanz verloren. Als Proben des wertvollen Fundes einer chemischen Analyse unterzogen wurden, konnte man Uranoxid nachweisen. Auf diese Verbindung ist der gute Zustand des Mosaiks zurückzuführen. Obzwar das Oxid und die Salze des Urans vielfach und erfolgreich von vielen Menschen genutzt wurden, fand das reine Metall keine Interessenten. Auch die Wissenschaft war äußerst oberflächlich über dieses Element informiert; teilweise waren die spärlichen Informationen sogar falsch. Man nahm zum Beispiel an, das Atomgewicht sei ungefähr 120.

Als D. I. Mendelejew sein Periodensystem der Elemente aufstellte, brachte dieser Wert sein Konzept in Gefahr: Uran mit seinen spezifischen Eigenschaften paßte durchaus nicht auf den Platz der Tabelle, der für ein Element mit dem Atomgewicht 120 »reserviert« war. Mendelejew entschied sich entgegen der Meinung vieler Kollegen für das Atomgewicht 240 und setzte Uran an das Ende der Tabelle. Später bestätigte sich die Vorhersage des großen Chemikers: Das Atomgewicht des Urans beträgt 238,03. Die geniale Voraussicht Mendelejews im Hinblick auf das Uran erschöpfte sich jedoch nicht in dieser Feststellung. Schon 1872, als die Mehrheit der Wissenschaftler das Uran im Vergleich mit den anderen, wertvollen Elementen noch als »Ballast« ansah, prophezeite er ihm eine glänzende Zukunft. Sinngemäß schrieb Mendelejew: »Unter den bisher bekannten Elementen ragt das Uran hervor, da es die höchste Dichte und die höchste relative Atommasse hat. Es muß sich deshalb durch

besondere Eigenschaften auszeichnen. Überzeugt davon, daß die Erforschung des Urans noch zu vielen Entdeckungen führen wird, empfehle ich jenen, die nach Gegenständen für neue Forschungen suchen, sich besonders sorgfältig mit dem Uran und seinen Verbindungen zu befassen.«
Nach etwa einem Vierteljahrhundert erfüllte sich die Vorhersage des großen Gelehrten. Im Jahre 1896 machte der französische Physiker Henry Becquerel bei Versuchen mit Uransalzen eine Entdeckung, die mit Recht zu den bedeutendsten wissenschaftlichen Erkenntnissen der Menschheit gehört. Wie hatte sich dieses Ereignis zugetragen? Becquerel hatte sich schon lange für die Erscheinung der Phosphoreszenz interessiert. Eines Tages entschied sich der Gelehrte, für seine Versuche ein Uransalz zu verwenden. Auf eine in schwarzes Papier verpackte Fotoplatte legte er eine Blechfigur, bedeckte das Ganze mit einer Schicht Uransalz und postierte es in helles Sonnenlicht, damit die Phosphoreszenz so intensiv wie möglich erfolgen sollte. Nach vier Stunden entwikkelte er die Platte und bemerkte auf ihr die klaren Umrisse der metallischen Figur. Wiederholte Versuche ergaben das gleiche Resultat. Am 24.2.1896 berichtete der Wissenschaftler vor der Akademie der Wissenschaften, daß bei solchen phosphoreszierenden Stoffen unter der Einwirkung von Licht eine unsichtbare Strahlung auftritt, die durch schwarzes, undurchsichtiges Papier hindurchgeht und die Silbersalze der Fotoplatten reduziert.
Nach zwei Tagen beschloß Becquerel, die Versuche fortzusetzen, aber zu seinem Leidwesen war trübes Wetter, und ohne Sonne gab es keine Phosphoreszenz. Über das ungünstige Wetter verärgert, legte der Gelehrte die bereits vorbereiteten, aber noch nicht belichteten Platten zusammen mit den Uransalzproben in seinen Schreibtisch, wo sie einige Tage liegen blieben. In der Nacht zum 1. März fegte der Wind den Pariser Himmel sauber, und am frühen Morgen strahlte die Sonne über der Stadt. Becquerel, der ungeduldig darauf gewartet hatte, eilte in sein Laboratorium und nahm die Platten aus dem Schreibtisch, um sie der Sonne auszusetzen. Da er ein sehr pedantischer Experimentator war, entschloß er sich, die Platten sofort zu entwickeln, obwohl eigentlich kein Grund zu der Annahme vorlag, es habe sich in den letzten Tagen etwas daran verändert. Hatten sie doch in dem dunklen Schubfach gelegen, und ohne Licht phosphoresziert kein Stoff. In diesem Augenblick ahnte der Gelehrte nicht, daß schon nach wenigen Stunden seine gewöhnlichen Fotoplatten, die er für wenige Francs erworben hatte, einen un-

schätzbaren Wert darstellen könnten, daß der 1. März 1896 für immer in die Geschichte der Weltwissenschaft eingehen würde.

Als Becquerel die »unbelichteten« Platten entwickelte, stellte er verblüfft fest, daß die Silhouette der Uransalzprobe scharf und klar in der lichtempfindlichen Schicht abgebildet war. Das aber bedeutete, daß hier etwas anderes als die Phosphoreszenz im Spiel war! Was für Strahlen aber hat das Uransalz ausgesendet? Der Wissenschaftler führte analoge Versuche mit anderen Uranverbindungen durch. Er verwendete solche, die die Fähigkeit der Phosphoreszenz haben, und solche, die sie nicht haben. Er benutzte auch Uranpräparate, die jahrelang an einem dunklen Platz gelegen hatten, doch jedesmal erschien auf der Platte eine Abbildung von der Gestalt des Präparats.

Becquerel suchte nach einer wissenschaftlichen Erklärung für diese rätselhafte Erscheinung. Nach seiner Vorstellung, die allerdings noch unvollständig und kausal nicht faßbar war, sei Uran das erste Beispiel eines Metalls, bei dem eine bisher unbekannte Eigenschaft, eine Art »unsichtbare« Phosphoreszenz zutage tritt.

Zur selben Zeit gelang es dem französischen Chemiker Henry Moissan, ein Verfahren zur Erzeugung reinen metallischen Urans auszuarbeiten. Becquerel bat Moissan um etwas Uranpulver und stellte fest, daß die Strahlung des reinen Urans noch wesentlich intensiver war als die seiner Verbindungen, wobei sich diese Eigenschaft des Urans als stabil und unabhängig von verschiedenen Versuchsbedingungen, insbesondere von der Temperatur, erwies.

Mit der Veröffentlichung seiner Ergebnisse beeilte sich Becquerel nicht. Er wartete, bis Moissan seine äußerst interessanten Forschungsergebnisse mitteilte. Hierzu verpflichtete ihn die wissenschaftliche Ethik. Am 23. November 1896 hielt Moissan in der Akademie der Wissenschaften einen Vortrag über die Arbeiten zur Erzeugung reinen Urans. Sodann berichtete Becquerel über die neuentdeckte Strahlung, die diesem Element eigen war und auf den spontanen Zerfall seiner Atomkerne zurückgeführt werden konnte. Diese Eigenschaft wurde Radioaktivität genannt.

Die Entdeckung Becquerels kennzeichnete den Beginn einer neuen Ära in der Physik, die Ära der Umwandlung der Elemente. Von nun an konnte man das Atom nicht mehr als unteilbar bezeichnen. Seit diesem Zeitpunkt lenkte das Uran die Aufmerksamkeit der Wissenschaftler auf sich. Außerdem interessierte die Frage, ob in der Natur noch andere radioaktive Elemente vorkommen. Darauf konnte das bekannte Physikerehepaar Pierre Curie und Marie Sklodowska-Curie Antwort geben. Mit Hilfe eines Gerätes, das ihr Ehemann konstruiert hatte, untersuchte Marie Curie eine große Menge Metalle, Mineralien und Salze. Die Arbeit wurde unter äußerst schweren Bedingungen durchgeführt. Als Laboratorium diente ein baufälliger Holzschuppen, den Curie auf einem der französischen Hinterhöfe ausfindig gemacht hatte. »Es war ein Schuppen aus Brettern, mit asphaltiertem Boden und einem Glasdach, das schlecht vor Regen schützte, ohne jegliche Einrichtung«, erinnerte sich später Marie Curie, »es standen dort nur alte Holzstühle, ein gußeiserner Ofen, der nicht genügend Wärme spendete, und eine Schultafel, die Pierre gern verwendete. Es gab keine Abzugsvorrichtungen für die schädlichen Gase, die sich bei den Versuchen entwickelten. Sie wurden deshalb bei schönem Wetter auf dem Hof durchgeführt, sonst im Raum bei geöffneten Fenstern.« Im Tagebuch von Pierre Curie ist eine Notiz darüber vorhanden, daß die Arbeiten manchmal bei Temperaturen von sechs Grad Celsius durchgeführt wurden. Viele Probleme entstanden auch bei der Beschaffung von notwendigen Materialien. Uranerz war beispielsweise sehr teuer, und es war Pierre Curie mit seinen bescheidenen Mitteln nicht möglich, genügende Mengen zu kaufen. Sie wandten sich deshalb mit der Bitte an die österreichische Regierung, ihnen für einen möglichst geringen Preis Abfälle des Erzes zu überlassen, aus welchen in Österreich Uran gewonnen wurde. Das Ehepaar wurde von der Wiener Akademie der Wissenschaften unterstützt. Einige Tonnen des Abfallmaterials wurden ins Pariser Laboratorium übersandt.

Marie Curie arbeitete mit ungewöhnlicher Hartnäckigkeit. Die Untersuchung einer Vielzahl von Materialien bestätigte die Feststellung Becquerels, daß reines Uran über stärkere Radioaktivität verfügt als alle seine Verbindungen. Aber Marie Curie unterzog immer neue Stoffe einer eingehenden Untersuchung. Und schließlich kam die Überraschung! Zwei Uranmineralien, Chalkolit und Pechblende aus Böhmen, wirkten stärker auf das Meßgerät als das reine Uran. Die Schlußfolgerung war einfach. In ihnen mußte ein bisher nicht bekanntes Element enthalten sein, das durch noch stärkeren radioaktiven Zerfall gekennzeichnet war als Uran. Zu Ehren Polens, der Heimat von Marie Curie, nannte sie es Polonium.

Und wieder folgte eine Zeit hartnäckiger Arbeit. Der Lohn dafür war ein neuer Sieg: die Entdeckung eines Elementes, das 100mal stärkere Radioaktivität zeigte als das Uran. Dieses Element nannten die Wissenschaftler Radium, was im Lateinischen so viel wie Strahlung bedeutet. Die Entdeckung des Radiums lenkte gewissermaßen die Aufmerksamkeit der Wissenschaftler vom Uran ab. Im Verlaufe von etwa 40 Jahren erregte es kaum noch das Interesse der Wissenschaftler, und auch die Ingenieure befaßten sich nicht mit diesem Metall. Noch 1934 wird es in einem technischen Nachschlagewerk als Element ohne Bedeutung bezeichnet.

Zu Beginn des Jahres 1939 aber erschienen zwei wissenschaftliche Mitteilungen. Die erste, an die Französische Akademie der Wissenschaften gerichtet, war von Frederic Joliot-Curie und trug den Titel: »Experimenteller Beweis der Kernzertrümmerung des Urans und Thoriums unter der Wirkung von Neutronen.« Die zweite Mitteilung von den Physikern Otto Frisch und Lise Meitner, veröffentlicht in der englischen Zeitschrift »Natur«, trug die Überschrift: »Der Zerfall des Urans unter der Wirkung von Neutronen: Eine neue Art der Kernreaktion.« In beiden Arbeiten war die Rede von einer neuen, unbekannten Erscheinung im Kern des schwersten Elementes.

Schon einige Jahre vor diesem Ereignis interessierte sich eine Gruppe junger talentierter Physiker, die unter Leitung von Enrico Fermi an der Universität in Rom arbeitete, ernsthaft für Uran. Die Begeiste-

rung dieser Wissenschaftler galt der Neutronenphysik, die noch viel Unerforschtes und Neues bereithielt. Es konnte nachgewiesen werden, daß bei der Bestrahlung mit Neutronen in der Regel der Kern eines Elementes sich in den Kern desjenigen Elementes umwandelt, das im Periodensystem den nächsthöheren Platz einnimmt. Was aber würde geschehen, wenn man Uran, das letzte, das 92. Element mit Neutronen beschießt? Dann müßte sich ein Element bilden, das auf den 93. Platz gehört, ein Element also, das in der Natur nicht existiert. Die Idee faszinierte die jungen Physiker, die sich zu Ehren ihres Leiters die »Gruppe um Fermi« nannten. War es nicht verlockend zu wissen, was das künstliche Element darstellt? Wie es auszumachen war, wie es sich kenntlich machen würde? Selbstverständlich wurde Uran bestrahlt. Und was ereignete sich? Im Uran erschien nicht ein radioaktives Element, wie erwartet, sondern mindestens zehn traten in Erscheinung!

Im Verhalten des Urans verbarg sich ein Rätsel. Enrico Fermi gab eine Mitteilung an eine wissenschaftliche Zeitschrift. Es sei möglich, schrieb er, daß sich das 93. Element gebildet habe, aber genaue Beweise gäbe es nicht. Andererseits gäbe es Anzeichen, daß im bestrahlten Uran irgendwelche anderen Elemente entstanden seien. Aber welche?

Den Versuch, eine Antwort auf diese Frage zu finden, unternahm die Tochter Marie Curies, Irene Joliot-Curie. Sie wiederholte die Versuche Fermis und analysierte sorgfältig die chemische Zusammensetzung des Urans nach der Bestrahlung mit Neutronen. Das Resultat war mehr als überraschend: Im Uran fand sich das Element Lanthan, das im Periodensystem etwa in der Mitte steht, also viel leichter ist als Uran. Dann führten die deutschen Wissenschaftler Otto Hahn und Friedrich Straßmann die gleichen Experimente durch. Sie fanden im Uran nicht nur Lanthan, sondern auch Barium. Rätsel über Rätsel! Hahn und

Straßmann berichteten der bekannten Physikerin Lise Meitner von ihren Versuchen. Nun befaßten sich mit der Lösung des Uranproblems mehrere berühmte Wissenschaftler. Frederic Joliot-Curie und Lise Meitner kamen fast gleichzeitig zu ein und derselben Schlußfolgerung: Beim Auftreffen des Neutrons auf den Kern des Urans scheint dieser in Teile auseinanderzubrechen. Dies erklärt auch das überraschende Auftreten von Lanthan und Barium, von Elementen, deren Atomgewichte nur etwa halb so groß sind wie das des Urans.

Diese Nachricht erreichte den amerikanischen Physiker Luis Alvarez an einem Januarmorgen 1939 im Sessel eines Friseurs. Erst zur Hälfte frisiert und mit der Serviette um den Hals, rannte er zur Überraschung des Barbiers und aller Kunden aus dem Salon, um seinen Kollegen im Laboratorium der Kalifornischen Universität von dieser sensationellen Entdeckung zu berichten. Ja, dies war tatsächlich eine echte Sensation in der Wissenschaft.

Joliot-Curie erkannte aber noch eine andere, wichtigere Tatsache. Der Zerfall des Urankerns trägt den Charakter einer Explosion, wobei die Bruchstücke des Kerns mit großer Geschwindigkeit nach allen Seiten weggeschleudert werden. Bis zu diesem Zeitpunkt gelang nur die Zertrümmerung einzelner Kerne. Durch die Energie der Bruchstücke wurde lediglich die kleine Uranprobe etwas erwärmt. Wenn jedoch viele Urankerne zugleich zertrümmert würden, müßte sich eine gewaltige Energiemenge entwickeln. Aber woher eine solch große Menge von Neutronen nehmen, um mit ihnen gleichzeitig eine große Zahl von Urankernen zu bombardieren? Die den Wissenschaftlern bekannten

Neutronenquellen lieferten nur einen Bruchteil dessen, was benötigt wurde. Die Natur selbst kam ihnen zur Hilfe. Joliot-Curie erkannte, daß von jedem zerfallenden Urankern ebenfalls Neutronen ausgesandt werden. Wenn sie auf Kerne benachbarter Atome treffen, führen sie dort zu neuem Zerfall und lösen eine sogenannte Kettenreaktion aus. Weil diese Prozesse aber in ungeheuer kurzer Zeit ablaufen, entwickelt sich eine kolossale Energie, eine Explosion ist unvermeidlich. Soweit schien alles klar. Aber oft wurden kleine Uranstücke mit Neutronen bestrahlt, die dabei nicht explodieren, die Kettenreaktion fand nicht statt. Offensichtlich war dazu noch eine andere Bedingung notwendig. Aber welche?

Auf diese Frage konnte Frederic Joliot-Curie damals noch keine Antwort geben. Doch sie wurde gefunden, und zwar durch die jungen sowjetischen Wissenschaftler Ja. B. Seldowitsch und Ju. B. Chariton im Jahre 1939. In ihren Arbeiten wiesen sie zwei Wege zur Entwicklung einer Kettenreaktion nach. Der eine besteht darin, die Masse des Uranstückes zu erhöhen. Bei der Bestrahlung kleiner Stücke können viele der herausgeschleuderten Neutronen auf ihrem Weg keinen Urankern mehr treffen. Durch Erhöhung der Uranmasse wächst die Wahrscheinlichkeit für die Trefferzahl und damit für das Eintreten der Kettenreaktion. Der andere Weg führt über die Anreicherung des Urans mit seinem Isotop 235. Natürliches Uran hat zwei Isotope, deren Atomgewichte 238 und 235 betragen. Der Kern des ersten, dessen Anteil 99,3 Prozent ausmacht, enthält drei Neutronen mehr. Das an Neutronen ärmere Uran 235 nimmt viel begieriger als sein reicher Bruder Neutronen auf. Unter bestimmten Bedingungen zerfällt bei der Neutronenaufnahme Uran 238 nicht einmal in Teile, sondern wandelt sich in ein anderes Element um. Diese Eigenschaft des schwereren Isotopes wurde dann auch für die Herstellung künstlicher Elemente der Transurangruppe ausgenutzt. Auf die Kettenreaktion wirkt sich Uran 238 nachteilig aus. Der Prozeß verläuft deshalb um so energischer, je mehr das Isotop 235 im Uran angereichert ist.

Um den Prozeß aber in Gang zu bringen, war ein erstes Neutron notwendig, das »Streichholz«, das den »Atombrand« auslöst. Es ist klar, daß für diesen Zweck die gewöhnlichen Neutronenquellen ausgenutzt werden können, die die Wissenschaftler auch früher schon bei ihren Forschungen verwendeten – nicht sehr einfach, aber möglich. Gibt es kein »einfacheres« Streichholz? Es gibt eins! Für seine Entdeckung waren die von den sowjetischen Wissenschaftlern K. A. Petrshak und G. N. Flerow durchgeführten Versuche von großer Bedeutung. In den Jahren 1939 bis 1940 untersuchten sie die Kernreaktion des Urans. Es entstand die Frage, ob das Uran tatsächlich spontan zerfällt oder durch eine Einwirkung von außen, zum Beispiel durch kosmische Strahlung. Um dies zu entscheiden, führten sie auf Anregung von I. W. Kurtschatow in der Moskauer Metrostation »Dynamo« Versuche durch. Sie erhielten völlig analoge Ergebnisse wie in ihrem Laboratorium in Leningrad. Auf diese Weise bestand kein Zweifel mehr: Die Kerne des Urans zerfielen spontan. Um dieses Ergebnis zu erhalten, waren außergewöhnlich genaue Experimente notwendig. In einer Stunde zerfällt

von 60 000 000 000 000 Uranatomen jeweils nur eins. Wahrlich ein Tropfen im Meer!
K. A. Petrshak und G. N. Flerow schrieben eine bedeutende Seite im Kapitel der Biographie des Urans, das der Durchführung der ersten Kettenreaktion in der Welt voranging. Sie wurde am 2. Dezember 1942 von Enrico Fermi verwirklicht.
Ende der dreißiger Jahre mußte Fermi wie viele andere große Wissenschaftler nach Amerika emigrieren, um der Gefahr des Hitlerfaschismus aus dem Weg zu gehen. Er beabsichtigte, seine wichtigen Experimente im Gastland fortzusetzen. Hierzu wurde viel Geld benötigt. Es war erforderlich, die amerikanische Regierung davon zu überzeugen, daß es auf Grund der Versuche Fermis möglich sei, eine mächtige Atomwaffe herzustellen, die für den Kampf gegen den Hitlerfaschismus wirkungsvoll eingesetzt werden könnte. Die Mission unternahm ein Wissenschaftler mit einem weltbekannten Namen, Albert Einstein. Er schrieb einen Brief an den Präsidenten der Vereinigten Staaten von Amerika, Franklin Roosevelt, der mit folgenden Worten begann: »Sir! Die letzte Arbeit E. Fermis und L. Szilards, deren Manuskript mir bekannt ist, veranlaßt mich zu der Annahme, daß möglicherweise das Element Uran in naher Zukunft zu einer neuen wichtigen Energiequelle gemacht werden kann.« Der Wissenschaftler forderte im Brief dazu auf, mit der Finanzierung der Arbeiten zur Erforschung des Urans zu beginnen.
In Anbetracht der großen Autorität Einsteins und der ernsten internationalen Lage gab Roosevelt seine Zustimmung. Am Ende des Jahres 1941 konnten die Einwoh-

ner Chikagos auf dem Gelände des Sportstadions ungewöhnliche Betriebsamkeit bemerken, die mit Sport in keinerlei Beziehung stand. Sicherheitskräfte riegelten das Gelände hermetisch ab. In diesem Stadion, auf dem Tennisplatz unter der westlichen Tribüne, bereitete Enrico Fermi sein gefährliches Experiment vor: die Verwirklichung einer kontrollierten Kettenreaktion des Urans. Am ersten Kernreaktor der Welt wurde Tag und Nacht gearbeitet.

Es kam der Morgen des 2. Dezember 1942. Die ganze Nacht hatten die Wissenschaftler kein Auge zugetan, sondern immer wieder die Berechnungen überprüft, denn das Risiko war groß. Das Stadion befand sich direkt im Zentrum einer Millionenstadt, und obgleich die Berechnungen überzeugend nachwiesen, daß die Reaktion verzögert sein würde, das heißt keinen explosionsartigen Charakter tragen würde, hatte niemand das Recht, das Leben von Hunderttausenden Menschen zu gefährden. Der Tag hatte längst begonnen, und es war an der Zeit zu frühstücken. Aber niemand dachte daran. Alle brannten darauf, so schnell wie möglich »zum Sturm auf das Atom« überzugehen. Fermi hatte jedoch keine Eile. Die ermüdeten Mitarbeiter sollten sich erst ausruhen und entspannen, um alles sorgfältig abzuwägen und zu überdenken. Das dringende Gebot war: Vorsicht und noch einmal Vorsicht! Alles wartete gespannt auf das Kommando zum Beginn des Experiments, aber Fermi sprach die in der Geschichte der Eroberung des Atoms berühmt gewordenen Worte: »Gehen Sie erst mal frühstücken!«

Die Erholungspause war vorbei, jeder stand wieder auf seinem Platz – der Versuch begann. Die Blicke der Wissenschaftler hingen gebannt an den Instrumenten. Minuten voller Erwartung vergingen. Und endlich, die Neutronenzähler knackten wie die Maschinengewehre. Sie »verschluckten« sich förmlich bei der ungeheuren Neutronenmenge und konnten sie nicht mehr registrieren. Die Kettenreaktion hatte begonnen! Dies geschah um 15.25 Uhr Chikagoer Zeit. Das Atomfeuer brannte 28 Minuten, dann gab Fermi das Kommando zum Abbruch der Kettenreaktion.

Einer der Teilnehmer ging zum Telefon und gab die vorher verabredete Meldung an die zentrale Leitung: »Italienische Seefahrer erreichten die neue Welt!« Dies bedeutete, daß der hervorragende italienische Wissenschaftler Enrico Fermi die Energie des Atomkerns freigesetzt und gezeigt hatte, daß der Mensch sie kontrollieren und nach seinem Willen verwenden kann.

In jenen Jahren, als das beschriebene Ereignis stattfand, wurde die Kettenreaktion vor allem als eine Etappe auf dem Weg zur Entwicklung der Atombombe betrachtet. In dieser Richtung wurden auch die Arbeiten in Amerika von einem Atomphysikerkollektiv fortgesetzt.

In den Kreisen der Wissenschaftler, die sich mit diesen Arbeiten befaßten, herrschte äußerste Spannung. Im Herbst 1943 wurde beschlossen, den berühmten Physiker Niels Bohr aus dem von Deutschland okkupierten Dänemark nach Amerika zu holen. Sein erstaunliches Wissen und seine hervorragenden Fähigkeiten boten die Gewähr für eine erfolgreiche Mitarbeit auf dem Gebiet der Kernspaltung. Ein englisches Unterseeboot brachte den Wis-

senschaftler nach Schweden. Von dort gelangte er in einem Flugzeug über England nach Amerika. Das gesamte Gepäck Bohrs bestand aus einer Flasche. Diese gewöhnliche dänische Bierflasche hütete der Physiker wie seinen Augapfel. Sie enthielt sogenanntes »schweres Wasser«, das nach Meinung vieler Atomphysiker zur Bremsung von Neutronen bei Kernreaktionen geeignet war. Obwohl Bohr vom Flug sehr ermüdet war, galt seine erste Sorge der Flasche mit dem schweren Wasser. Zu seinem großen Verdruß mußte er entdecken, daß er ein Opfer seiner Zerstreutheit geworden war: In der Flasche befand sich einfaches dänisches Bier. Das Gefäß mit dem schweren Wasser hatte er zu Hause im Kühlschrank stehenlassen.

In den gigantischen Fabriken von Oak Ridge im Staate Tennessee wurde das für die Atomforschung bestimmte Uran 235 produziert. Von da brachte man es an einen geheimen Ort in den Canons von Neumexiko, nach Los Alamos, wo die tödliche Waffe hergestellt wurde. Als die erste Sendung Uran 235 dorthin transportiert wurde, wußte der Fahrer des Wagens nicht, was sich im Spezialbehälter hinter ihm befand. Er hatte mehr als einmal die Gruselgeschichten von den geheimen »Todesstrahlen« aus Oak Ridge gehört. Je weiter er fuhr, um so mehr erfaßte ihn die Unruhe. Schließlich nahm er sich vor, beim ersten verdächtigen Anzeichen den Wagen so schnell wie möglich zu verlassen. Als er über eine lange Brücke fuhr, hörte er plötzlich hinter sich einen scharfen Knall. Wie von einem Katapult geschossen, sprang er aus dem Wagen und rannte davon. Nachdem er eine größere Strecke zurückgelegt hatte, mußte er vor Erschöpfung stehen bleiben. Da er heil und unversehrt war, traute er sich sogar zurückzuschauen. Nichts weiter war geschehen, als daß sich hinter seinem Wagen eine lange Schlange ungeduldig hupender Kraftfahrer angesammelt hatte. Er mußte umkehren und seinen Weg fortsetzen. Er saß jedoch nicht lange am Steuer, als wieder ein lauter Knall ertönte. Der Instinkt der Selbsterhaltung warf den armen Teufel buchstäblich aus dem Wagen und veranlaßte ihn, sich wiederum so schnell wie möglich von der unheilbringenden Last zu entfernen. Erst nachdem ihn ein wütender Polizist mit dem Motorrad eingeholt und ihm erklärt hatte, daß die Schüsse von einem benachbarten Schießplatz kamen, auf dem gerade neue Geschütze ausprobiert wurden, ließ sich der erschreckte Chauffeur davon überzeugen, daß ihm keine Gefahr drohe.

Die Arbeiten in Los Alamos verliefen unter strengster Geheimhaltung. Alle hier tätigen Wissenschaftler mußten Decknamen verwenden. So wurde beispielsweise Niels Bohr in Los Alamos Nicholas Baker genannt. Enrico Fermi hieß Henry Farmer, und Paul Wigners Name war Eugen Wagner.

Eines Tages wurden Fermi und Wigner beim Verlassen des Betriebsgeländes von einem Posten kontrolliert. Fermi zeigte seinen Ausweis auf den Namen Farmer vor, aber Wigner konnte sein Dokument nicht finden. Der Posten hatte eine Liste, auf der alle Personen verzeichnet waren, die die Genehmigung zum Betreten der Fabrik hatten. »Wie ist Ihr Familienname?« Der zerstreute Professor murmelte zunächst in alter Gewohnheit Wigner. Aber dann erinnerte er sich und sagte Wagner. Dies weckte den Argwohn des Postens. Wagner stand in der Liste, aber Wigner nicht. Er wandte sich an Fermi, der ihm schon bekannt war, und fragte: »Heißt dieser Mann Wagner?« »Sein Name ist Wagner, das ist so klar, wie mein Name Farmer ist«, versicherte Fermi, ein Lächeln mit Mühe unterdrückend. Der Posten ließ die Wissenschaftler passieren.

Ungefähr in der Mitte des Jahres 1945 wurden die Arbeiten zur Herstellung der Atombombe, die zwei Milliarden Dollar gekostet hatte, abgeschlossen.

Am 6. August entwickelte sich über der japanischen Stadt Hiroshima der gigantische Atompilz, der Zehntausenden Menschen das Leben kostete. Dieser Tag wurde ein schwarzer Tag in der Geschichte der Zivilisation. Die größte Errungenschaft der Wissenschaft hatte zur größten Tragödie der Menschheit geführt.

Vor den Wissenschaftlern, vor der ganzen Welt stand die Frage: Wie geht es weiter? Sollte weitergearbeitet werden an der Vervollkommnung der Kernwaffen? Sollten noch schrecklichere Mittel zur Vernichtung der Menschheit entstehen? Nein! Von nun an mußte die kolossale Energie der Atomkerne den Menschen dienen. Den ersten Schritt auf diesem Wege machten sowjetische Wissenschaftler unter der Leitung von Akademiemitglied I. W. Kurtschatow. Am 27. Juni 1954 verkündete Radio Moskau folgende bedeutende Mitteilung: »Soeben wurden in der Sowjetunion durch die Anstrengung sowjetischer Wissenschaftler und Ingenieure die Arbeiten an der Projektierung und dem Aufbau des ersten industriellen Atomkraftwerkes mit einer Leistung von 5000 Kilowatt erfolgreich abgeschlossen.« Zum erstenmal floß elektrischer Strom durch die Leitungen, dessen Energie in den Kernen der Atome des Urans geboren war.

»Dies ist ein historisches Ereignis«, schrieb in diesen Tagen die Zeitung Daily Worker, »es hat unermeßlich größere internationale Bedeutung als der Abwurf der Atombombe in Hiroshima.«

Die Inbetriebnahme des ersten Atomkraftwerkes war der Beginn eines neuen Industriezweiges, der Kernenergetik. Uran wurde der friedliche Brennstoff des 20. Jahrhunderts.

Fünf Jahre später lief der erste Atomeis-

brecher, die »Lenin«, auf einer sowjetischen Werft vom Stapel. Seine Motoren haben eine Leistung von 44 000 PS! Als »Brennstoff« werden nur wenige Dutzend Gramm Uran verbraucht. Ein kleines Stück dieses Kernbrennstoffes ersetzt Tausende Tonnen Erdöl oder Steinkohle, die beispielsweise notwendig sind, um gewöhnliche Tankschiffe über die Meere zu schleppen. Das Atomschiff »Lenin« kann mit weniger als 100 Kilogramm Uranbrennstoff drei Jahre lang das Eis der Arktis zertrümmern, ohne einen Hafen zum Auftanken anlaufen zu müssen.
Man muß nicht unbedingt eine blühende Phantasie haben, um die große Zukunft des Urans vorherzusagen. Uran morgen – das sind kosmische Raketen, das Streben in die Tiefe des Universums, gigantische Unterwasserstädte, die mit Energie für viele Jahre versorgt sind, das ist die Schaffung künstlicher Inseln und die Bewässerung von Wüsten. Das bedeutet Eindringen in die tieferen Schichten der Erde und Beeinflussung des Klimas auf unserem Planeten.
Märchenhafte Perspektiven eröffnet Uran der Menschheit.
Vielleicht ist es das wundervollste Metall der Natur!

U
ABFAHRT

Im gleichen Verlag sind erschienen:

Lebender Kristall

Von Prof. *Ja. E. Geguzin*

Übersetzung aus dem Russischen

Bearbeitung und Herausgabe: Prof. Dr. sc. techn. *Eckhart Friedrich*

2., unveränderte Auflage

220 Seiten mit 79 Bildern

12,5 × 20,0 cm · Engl. Broschur, DDR 12,– M · Ausland 16,– DM
Bestell-Nr. 541 841 9

Vertriebsrechte für die BRD, Berlin (West) und die Schweiz bei Verlag Harri Deutsch, Thun · Frankfurt/M.

Kristalle besitzen interessante Eigenschaften: sie können wachsen, altern, ermüden, sich erholen, schreien und vermögen, sich zu erinnern.
Das Buch enthält in populärwissenschaftlicher Darstellung die gegenwärtigen Kenntnisse von den vielfältigen physikalischen Erscheinungen und Vorgängen, die sich in Realkristallen vollziehen und deren Eigenschaften und Nutzungsmöglichkeiten bestimmen. Komplizierte Zusammenhänge werden anhand einfacher Modelle erläutert. Da lediglich elementare Algebrakenntnisse beim Leser vorausgesetzt werden, ermöglicht die zum Mitdenken zwingende Darstellungsweise die Herleitung der verwendeten Gleichungen und gibt eine Anleitung zur Lösung wissenschaftlicher Probleme.

Ungewöhnliche Eigenschaften gewöhnlicher Metalle

Von Prof. Dr. sc. techn. *V. A. Zajmovskij*†

und Dr.-Ing. *T. L. Kolupaeva*

Übersetzung aus dem Russischen
202 Seiten mit 110 Bildern und 3 Tabellen
12,5 × 20,0 cm · Engl. Broschur, DDR 15,– M · Ausland 15,– DM
ISBN 3-342-00235-2
Bestell-Nr. 541 994 8

Das Buch führt den Leser anschaulich in die Grundlagen der Metallphysik und Metallkunde ein und behandelt, darauf aufbauend, zahlreiche weniger bekannte aber außerordentlich wichtige Eigenschaften von Metallen und Legierungen. So wird z. B. erläutert, weshalb sich aus bestimmten Legierungen Federn herstellen lassen, aus anderen hingegen nicht, warum eine Legierung beim Anschlag einen schönen Ton erklingen läßt, hingegen eine andere stumm bleibt u. a. Ferner werden Eigenschaften von Metallen und Legierungen erklärt, die allgemein nicht erwartet werden, aber zunehmend in der metallverarbeitenden Industrie genutzt werden. Ein Beispiel hierfür ist der „Formgedächtniseffekt" von bestimmten Legierungen.

VEB Deutscher Verlag für Grundstoffindustrie · Leipzig

Bryan B. Laird

CHIMICA GENERALE

Edizione italiana a cura di

Claudia Graiff
Università degli Studi di Parma

Leonardo Mattiello
Sapienza Università di Roma

Mc Graw Hill

Titolo originale: *UNIVERSITY CHEMISTRY*

Corso Vercelli, 40 – 20145 Milano (MI)
Tel. 02535718.1 – www.mheducation.it

Traduzione: Claudia Graiff (Capitoli 1-4, 7, 8, 14, 15),
Leonardo Mattiello (Capitoli 0, 5, 6, 9-13)
Realizzazione editoriale: Fotocompos S.r.l., Gussago (BS)
Grafica di copertina: Feel Italia, Milano; Immagine: Edicomma, Milano
Stampa: Rodona Industria Gráfica, S.L., Pamplona

ISBN: 978-88-386-0128-6
0412356789 - 2625242322

Indice breve

Indice generale

Indice degli approfondimenti

Prefazione

La chimica è una disciplina il cui principale obiettivo è la conoscenza, anche da un punto di vista microscopico, della natura che ci circonda, molto varia e differenziata. Per questo motivo è considerata una materia fondamentale per la formazione culturale dei futuri dottori in scienze matematiche, fisiche e naturali, in medicina e in ingegneria.

Uno degli obiettivi più importanti di un corso universitario di chimica è rendere assimilabili agli studenti i concetti fondamentali della reattività chimica: questo non può prescindere dalla conoscenza della struttura atomica e del legame chimico, dallo studio della termodinamica, degli equilibri (acido-base e redox) e della cinetica di reazione. La ristrutturazione dei corsi di laurea e l'introduzione della laurea triennale, con conseguente diminuzione delle ore assegnate agli insegnamenti di chimica generale, ha posto la maggior parte dei docenti nella necessità non solo di ridurre il programma ma anche di semplificare al massimo la trattazione. Tale impostazione, se pure inevitabile, non è auspicabile per gli studenti iscritti ai corsi di laurea in ingegneria, che non possono fare a meno di approccio alla materia matematicamente rigoroso. Proprio a questi è quindi rivolto *Chimica generale* che, seppur organizzando la struttura in modo tale da permettere una piena comprensione dei fenomeni e dei concetti anche senza soffermarsi sui dettagli matematici, non cede a facili semplificazioni.

Caratteristiche fondamentali del testo

Organizzazione L'organizzazione del testo, che vede la teoria quantistica della struttura atomica e molecolare descritta nei Capitoli 1-4, rispecchia l'approccio "dal molecolare al macroscopico" scelto dall'Autore. Basandosi sulla conoscenza della materia a livello molecolare, il testo prosegue prendendo in esame concetti macroscopici come gli stati di aggregazione della materia, la termodinamica, l'equilibrio fisico, l'equilibrio chimico e la cinetica chimica. Questo tipo di struttura implica che la comprensione di un argomento prevede la conoscenza degli argomenti trattati in precedenza. Per esempio, la conoscenza della termodinamica o dell'equilibrio chimico non è necessaria per comprendere la struttura e le interazioni tra gli atomi e le molecole; d'altro canto, per comprendere completamente le applicazioni della termodinamica ai sistemi chimici o delle proprietà dei liquidi e dei solidi, è di fondamentale importanza sapere in che modo l'energia viene immagazzinata nei legami chimici e come le strutture molecolari e i loro legami influenzano le forze intermolecolari.

Conoscenze di matematica Nel corso della trattazione i calcoli matematici non sono relegati in riquadri secondari, come spesso avviene, ma integrati nella discussione principale, in modo da non disturbare il flusso lineare della presentazione. È quindi prevista, da parte dello studente, una buona conoscenza dell'algebra, della trigonometria e della geometria analitica a livello della scuola media superiore. La padronanza del calcolo infinitesimale, sebbene proficua, non è strettamente necessaria per la piena comprensione degli argomenti descritti. Il calcolo integrale e differenziale vengono utilizzati, quando è necessario, nei passaggi intermedi dello sviluppo di concetti nella teoria quantistica, nella termodinamica e nella cinetica. Tuttavia, i concetti primari e le equazioni più importanti (contrassegnati da un riquadro blu) non dipendono dalla comprensione del calcolo infinitesimale, così come la maggioranza dei problemi di fine capitolo. Per studenti di corsi avanzati però, sono stati previsti alcuni problemi la cui risoluzione richiede un impiego più esteso di calcoli matematici.

Modello di risoluzione dei problemi Numerosi esempi sono inclusi in ogni capitolo, per permettere agli studenti di usarli come modello per applicare le proprie capacità di risoluzione dei problemi ai concetti discussi. Tali *Esempi* sono basati su un problema progettato per stimolare lo studente ad affrontarlo in maniera logica, con un approccio alla risoluzione che viene utilizzato in tutto il testo.

Organizzazione e presentazione

Riepilogo Gli studenti con una solida preparazione chimica di base sono già in possesso dei concetti di classificazione e struttura della materia, nomenclatura chimica e stechiometria. Partendo da questo presupposto il Capitolo 0, in cui si sono riassunti i capitoli introduttivi tipici di un corso di chimica generale, si propone di fornire un ripasso di tali concetti di base.

Fondamenti di teoria quantistica Per fornire una base teorica a livello molecolare dei capitoli riguardanti gli stati di aggregazione della materia, la termodinamica e l'equilibrio, la teoria quantistica atomica e molecolare è presentata come primo argomento. Nei Capitoli 1 e 2 la teoria quantistica elementare è usata per discutere la struttura elettronica degli atomi e la costruzione della tavola periodica. I Capitoli 3 e 4 riguardano invece il legame chimico, la struttura, le interazioni e la teoria degli orbitali molecolari. Le forze intermolecolari vengono discusse alla fine del Capitolo 4, dopo la struttura delle molecole, invece che in un capitolo a parte riguardante i liquidi e i solidi. Questa in effetti è la posizione più logica e naturale, che permette una discussione a livello molecolare delle forze che influenzano il comportamento dei gas reali, discusso nel Capitolo 5.

Stati di aggregazione della materia I diagrammi di fase, le equazioni di stato e gli stati di aggregazione della materia (gas, liquidi e solidi) sono trattati insieme nei Capitoli 5 e 6, con un accento particolare sul ruolo delle interazioni intermolecolari per la determinazione delle proprietà della materia in esame.

Termochimica, entropia ed energia libera I principi fondamentali della termodinamica sono trattati nei Capitoli 7 e 8. Questo permette una discussione più approfondita dell'equilibrio fisico e chimico da un punto di vista termodinamico. In particolare, è analizzato in dettaglio il ruolo centrale dell'entropia e dell'energia libera di mescolamento nelle proprietà colligative e nell'equilibrio chimico.

Equilibrio chimico e fisico I principi dell'equilibrio fisico sono discussi nel Capitolo 9, seguiti da una discussione dell'equilibrio chimico nel Capitolo 10. I Capitoli 11, 12 e 13 presentano le applicazioni dell'equilibrio chimico alla chimica degli acidi e delle basi, degli equilibri acquosi e dell'elettrochimica.

Cinetica chimica Diversamente da molti testi didattici di chimica, la discussione della cinetica chimica (Capitolo 14) segue quella dell'equilibrio chimico, permettendo una discussione della teoria dello stato di transizione e dell'equilibrio.

Metalli di transizione Chiude il testo il Capitolo 15, dedicato alla chimica dei metalli di transizione.

Ringraziamenti dell'Editore

L'Editore ringrazia i docenti che hanno partecipato alla review del testo e che, con le loro preziose indicazioni, hanno contribuito alla realizzazione di *Chimica Generale*:

Efrem Curcio, *Università della Calabria*
Giovanna Di Pasquale, *Università degli Studi di Catania*
Clelia Dispenza, *Università degli Studi di Palermo*
Cristina Leonelli, *Università degli Studi di Modena e Reggio Emilia*
Giuliano Longoni, *Università degli Studi di Bologna*
Lorenzo Pellerito, *Università degli Studi di Palermo*
Giuseppe Spadaro, *Università degli Studi di Palermo*
Pierluigi Stipa, *Università Politecnica delle Marche*

Guida alla lettura

Ben 200 box ***Esempio*** aiutano lo studente a sviluppare le capacità di *problem solving*. Ognuno è costituito da un problema, un'impostazione, una soluzione, una verifica e da un *Problema di autovalutazione*.

Le ***Soluzioni dei problemi di autovalutazione*** sono proposte in fondo a ciascun capitolo.

Oltre 1500 ***Problemi*** permettono allo studente di consolidare le conoscenze acquisite e sviluppare ulteriormente le capacità di *problem solving*.

Le ***Soluzioni dei problemi pari*** sono riportate in fondo al volume, le altre sono disponibili sul sito internet **www.mheducation.it**.

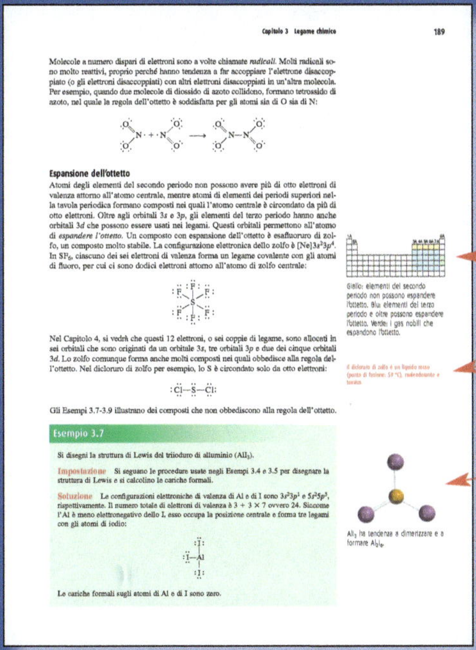

Le icone della ***tavola periodica*** illustrano quali elementi mostrano le proprietà discusse nel testo.

Le note a margine forniscono informazioni aggiuntive sui concetti spiegati o riferimenti alle parti del testo in cui il concetto viene maggiormente approfondito.

Il gran numero di ***modelli molecolari*** mostrati aiutano lo studente a visualizzare le strutture chimiche dalle più semplici alle più complesse.

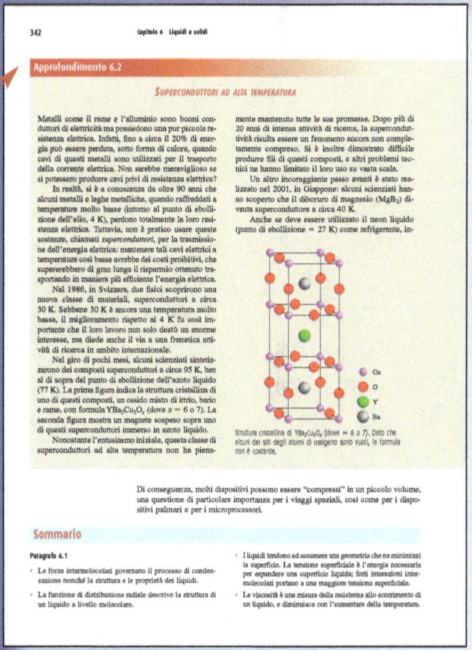

I box ***Approfondimento*** aiutano gli studenti nella comprensione dei concetti e forniscono i collegamenti con esperienze del mondo reale. Gli argomenti presentati spaziano dai principali prodotti chimici industriali, ai farmaci e ai progressi tecnologici nel campo della chimica.

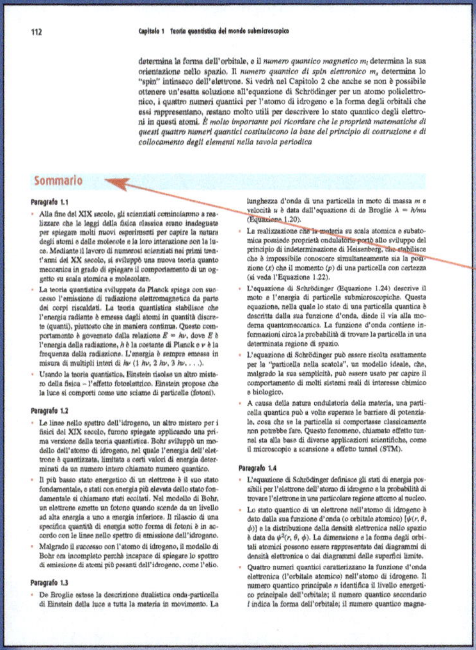

Al termine di ogni capitolo un ***Sommario*** presenta una sintesi dei principali argomenti trattati.

CAPITOLO

0

Lessico della chimica

Sin dai tempi antichi gli esseri umani hanno meditato sulla natura della materia. Le moderne idee sulla struttura della materia hanno cominciato a prendere forma agli inizi del diciannovesimo secolo, con la teoria atomica di Dalton. Ora è noto che tutta la materia ordinaria è costituita da atomi, molecole e ioni. La chimica riguarda la natura di queste specie e le loro trasformazioni. Negli ultimi due secoli, i chimici hanno definito un lessico di termini che permette loro, in modo efficiente e accurato, di discutere concetti e idee, e di comunicarli agli altri. Questo lessico ci fornisce un modo per visualizzare e quantificare le trasformazioni chimiche a livello molecolare, e, contemporaneamente, ci permette di comprendere le conseguenze di queste trasformazioni nel mondo macroscopico in cui viviamo.

0.1 La chimica

La ***chimica*** *è lo studio della materia e delle trasformazioni che essa subisce.* Dato che una conoscenza di base della chimica è essenziale per gli studenti dei corsi di biologia, fisica, ingegneria, farmacia, astronomia, geologia, scienza dell'alimentazione, scienze ambientali e molti altri, spesso ci si riferisce alla chimica come alla scienza "centrale". Infatti, i prodotti chimici sono di primaria importanza per il nostro modo di vivere; senza di loro, avremmo una vita più breve e in quelle che considereremmo condizioni primitive, senza elettricità, medicinali, automobili, computer e numerosi altri oggetti di uso quotidiano. Anche se la chimica è una scienza antica, i suoi moderni fondamenti furono posti nel XIX e nel XX secolo, quando il progresso intellettuale e tecnologico consentì agli scienziati di scomporre le sostanze in particelle sempre più piccole e, di conseguenza, a spiegare molte delle loro caratteristiche fisiche e chimiche. Il rapido sviluppo di tecnologie sempre più sofisticate per tutto il ventesimo secolo ha fornito sempre più mezzi per studiare cose non visibili a occhio nudo. Tramite l'uso di computer e microscopi speciali, per esempio, i chimici hanno potuto analizzare la struttura di atomi e molecole, le unità fondamentali su cui si basa la chimica, e progettare razionalmente nuove sostanze con proprietà specifiche, come prodotti farmaceutici e prodotti di consumo eco-compatibili. Nel XXI secolo, la chimica rimarrà un elemento importante nel campo della scienza e della tecnologia. Ciò è particolarmente vero in settori emergenti come le nanotecnologie e la biologia molecolare, in cui la natura quantomeccanica della materia non può essere ignorata a livello molecolare, e nelle scienze ambientali, nelle quali una conoscenza approfondita della complessa cinetica delle reazioni chimiche è di cruciale importanza per la comprensione e la risoluzione dei problemi relativi all'inquinamento. Qualunque siano le vostre ragioni per studiare la chimica a livello universitario, la conoscenza della stessa vi consentirà di apprezzare meglio il suo impatto sulla società e sugli esseri umani.

Gli ideogrammi cinesi usati per indicare il termine Chimica significano "lo studio delle trasformazioni".

La chimica è comunemente percepita come una materia più difficile di altre, almeno a livello introduttivo. Questa percezione ha delle giustificazioni: la chimica ha un vocabolario a parte, che per uno studente, all'inizio, può sembrare un po' astratto. La chimica, tuttavia, è così profondamente radicata nell'esperienza quotidiana che tutti abbiamo familiarità con gli effetti dei processi chimici, anche se ci manca un preciso lessico chimico per descriverli. Per esempio, cucinare, è un po' come realizzare delle sintesi chimiche in laboratorio. Dall'esperienza acquisita in cucina, sappiamo che l'olio e l'acqua non si mescolano, e che l'acqua bollente lasciata sul fuoco evaporerà completamente. Si applicano principi chimici e fisici, quando si utilizza del bicarbonato di sodio per far lievitare i dolci, o quando si usa una pentola a pressione per ridurre i tempi di cottura, oppure quando si spreme del succo di limone sulla frutta fresca per impedire che si annerisca o, ancora, quando si aggiunge aceto all'acqua di cottura delle uova in camicia. Ogni giorno osserviamo queste trasformazioni senza pensare alla loro natura chimica. Lo scopo di questo corso è aiutarvi a imparare a pensare come un chimico, a guardare il *mondo macroscopico*, le cose che possiamo vedere, toccare e misurare direttamente, e visualizzare le particelle e gli eventi del *mondo molecolare* che non siamo in grado di percepire senza la moderna tecnologia e senza la nostra immaginazione. Inizialmente, alcuni studenti potranno provare confusione quando i libri di testo e i docenti sembrano continuamente passare avanti e indietro tra il mondo macroscopico e quello molecolare. Bisogna tenere a mente che i risultati delle ricerche in chimica, molto spesso derivano da osservazioni di fenomeni che avvengono su larga scala, ma che le spiegazioni, di frequente, si trovano nell'invisibile mondo degli atomi e delle molecole. In altre parole, i chimici spesso *vedono* una cosa (nel mondo macroscopico) e ne *pensano* un'altra (nel mondo submicroscopico). Osservare i chiodi arrugginiti in Figura 0.1, per esempio, porta un chimico a pensare alle proprietà degli atomi di ferro e al modo con cui queste particelle interagiscono con altri atomi e molecole per produrre il fenomeno osservato.

0.1.1 Classificazioni della materia

Abbiamo definito la chimica come lo studio della materia e delle trasformazioni che essa subisce. La ***materia*** è *tutto ciò che occupa spazio e ha massa* e comprende le cose che possiamo vedere. Tutto, nell'universo, ha una correlazione chimica. I chimici

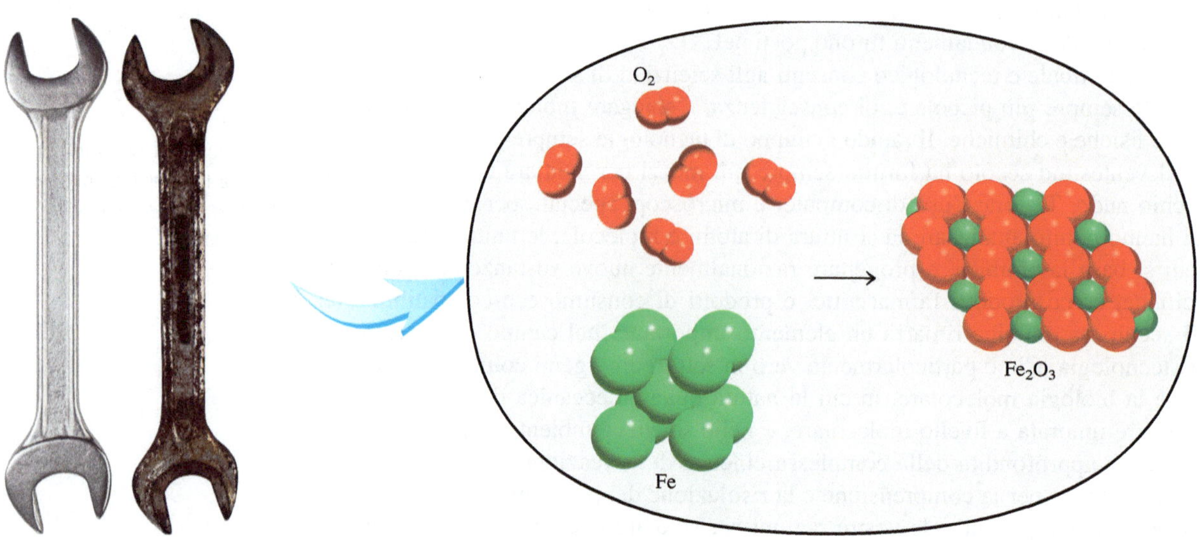

Figura 0.1 Vista semplificata a livello molecolare della formazione di ruggine (Fe_2O_3) da atomi di ferro (Fe) e molecole di ossigeno (O_2). In realtà, il processo richiede la presenza di acqua e la ruggine stessa contiene molecole d'acqua.

distinguono diverse sottocategorie della materia basate sulla composizione e sulle proprietà. Le classificazioni della materia includono sostanze, miscele, elementi e composti, così come atomi e molecole, che saranno presi in considerazione nel Paragrafo 0.2.

Sostanze e miscele

Una ***sostanza*** è *una forma della materia che ha una composizione definita (e costante) e definite proprietà*. Esempi includono acqua, ammoniaca, sale, oro e ossigeno. Le sostanze differiscono l'una dall'altra nella composizione e possono essere identificate dal loro aspetto, odore, gusto e altre proprietà. Una ***miscela*** è *una combinazione di due o più sostanze nella quale le sostanze conservano le loro distinte identità*. Alcuni esempi familiari sono l'aria, il vino, il latte e il cemento. Le miscele non hanno composizione costante. Campioni di aria raccolti in varie città differiscono per composizione a causa delle differenze di altitudine, dell'inquinamento, delle condizioni atmosferiche e così via. Le miscele possono essere omogenee o eterogenee. Quando un cucchiaio di zucchero si scioglie in acqua si ottiene una ***miscela omogenea*** nella quale *la composizione della miscela è la stessa in tutto il campione*. Una miscela omogenea è anche detta ***soluzione***. Se una sostanza in una soluzione è presente in quantità notevolmente maggiore rispetto agli altri componenti della miscela, si fa riferimento a tale sostanza come al ***solvente***. Gli altri componenti della soluzione, presenti in quantità minori, sono indicati come ***soluti***. Una soluzione può essere gassosa (come l'aria), solida (come una lega) o liquida (l'acqua di mare, per esempio). Se della sabbia è mescolata con limatura di ferro, tuttavia, i granelli di sabbia e la limatura di ferro rimangono separati [Figura 0.2(a)]. Questo tipo di miscela è chiamata ***miscela eterogenea*** perché *la composizione non è uniforme*.

Ogni miscela, omogenea o eterogenea, può essere creata e poi separata, mediante processi fisici, nei suoi componenti, senza modificare l'identità degli stessi. Infatti, lo zucchero può essere recuperato da una soluzione acquosa, scaldandola e facendo evaporare tutta l'acqua.

Una volta condensato il vapore, avremo riottenuto la componente acquosa della soluzione. Per separare la miscela di ferro e sabbia, possiamo usare un magnete per rimuovere la limatura di ferro dalla sabbia, perché quest'ultima non è attratta dal magnete [vedi Figura 0.2(b)]. Dopo la separazione, i componenti della miscela avranno la stessa composizione e le proprietà iniziali.

Elementi e composti

Le sostanze possono essere elementi o composti. Un ***elemento*** è *una sostanza che non può essere separata in sostanze più semplici tramite mezzi chimici*. A tutt'oggi sono stati identificati 117 elementi. La maggior parte di essi è presente natural-

(a)

(b)

Figura 0.2 (a) La miscela contiene limatura di ferro e sabbia. (b) Un magnete separa la limatura di ferro dalla miscela. La stessa tecnica è usata su scala più ampia per separare il ferro e l'acciaio da sostanze non magnetiche come alluminio, vetro e plastica.

Tabella 0.1 Alcuni elementi comuni e i loro simboli

Nome	Simbolo	Nome	Simbolo	Nome	Simbolo
Alluminio	Al	Fluoro	F	Ossigeno	O
Arsenico	As	Oro	Au	Fosforo	P
Bario	Ba	Idrogeno	H	Platino	Pt
Bromo	Br	Iodio	I	Potassio	K
Calcio	Ca	Ferro	Fe	Silicio	Si
Carbonio	C	Piombo	Pb	Argento	Ag
Cloro	Cl	Magnesio	Mg	Sodio	Na
Cromo	Cr	Mercurio	Hg	Zolfo	S
Cobalto	Co	Nichel	Ni	Stagno	Sn
Rame	Cu	Azoto	N	Zinco	Zn

mente sulla Terra, ma gli scienziati ne hanno creati artificialmente degli altri attraverso processi nucleari. Per comodità, in chimica si usano simboli di una o due lettere per rappresentare gli elementi. La prima lettera del simbolo è *sempre* maiuscola, l'eventuale seconda lettera è *sempre* minuscola. Per esempio, Co è il simbolo del cobalto, mentre CO è la formula che rappresenta la molecola di monossido di carbonio.

La Tabella 0.1 elenca i nomi e simboli di alcuni tra i più comuni elementi; per un elenco completo degli elementi e dei loro simboli vedi la tabella in fondo al volume.

Sebbene la maggior parte dei simboli siano coerenti con i loro nomi in italiano, diversi elementi hanno simboli derivati dal latino, per esempio, Au da *aurum* (oro), Na da *natrium* (sodio) e Cu da *cuprum* (rame). Altra eccezione è il simbolo del tungsteno, W, derivato dal suo nome tedesco *Wolfram*

Gli elementi possono combinarsi l'uno con l'altro per formare composti. L'idrogeno gassoso, per esempio, brucia in ossigeno gassoso per formare acqua, che ha proprietà nettamente diverse dagli elementi idrogeno e ossigeno. L'acqua è composta da due parti di idrogeno e una parte di ossigeno. Questa composizione non cambia, indipendentemente dal fatto che essa provenga da un rubinetto in Italia, da un lago della Mongolia o dalle calotte polari di Marte. Pertanto, l'acqua è un ***composto****, una sostanza composta di atomi di due o più elementi chimicamente legati in proporzioni definite e costanti.* A differenza delle miscele, i composti possono essere separati solo da mezzi chimici nei loro componenti elementari. Le relazioni tra elementi, composti e altre categorie della materia sono riassunte in Figura 0.3.

Stati della materia

Oltre alla composizione, la materia può anche essere classificata in base al suo stato fisico. Tutta la materia può esistere, in linea di principio, in tre stati fisici: solido, liquido e gassoso (o vapore). Un ***solido*** è un materiale che oppone resistenza alle variazioni di volume *e* di forma; la forza necessaria a deformare un blocco di acciaio è notevole. I solidi possono essere *cristallini*, in possesso di una disposizione periodica altamente ordinata di molecole molto vicine tra loro (per esempio, lo zucchero da tavola), o *amorfi*, con una fitta, ma disordinata, rete di molecole (per esempio, il vetro). Anche un ***liquido*** resiste a variazioni di volume, ma non di forma. Quando un liquido viene versato da un contenitore a un altro, il volume del liquido non cambia, ma la forma del liquido cambia per adattarsi al nuovo contenitore. Sia nei solidi sia nei liquidi, lo spazio tra le molecole è paragonabile alle dimensioni delle molecole stesse. In un ***gas***, invece, le distanze tra le molecole (o tra gli atomi) sono grandi rispetto alle dimensioni molecolari. Come risultato, un gas non oppone resistenza né

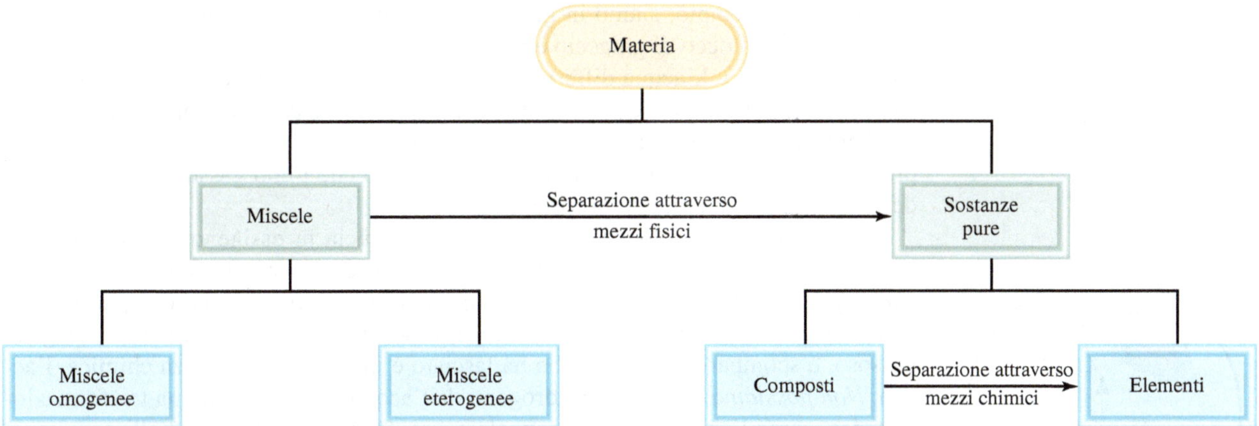

Figura 0.3 Classificazione della materia.

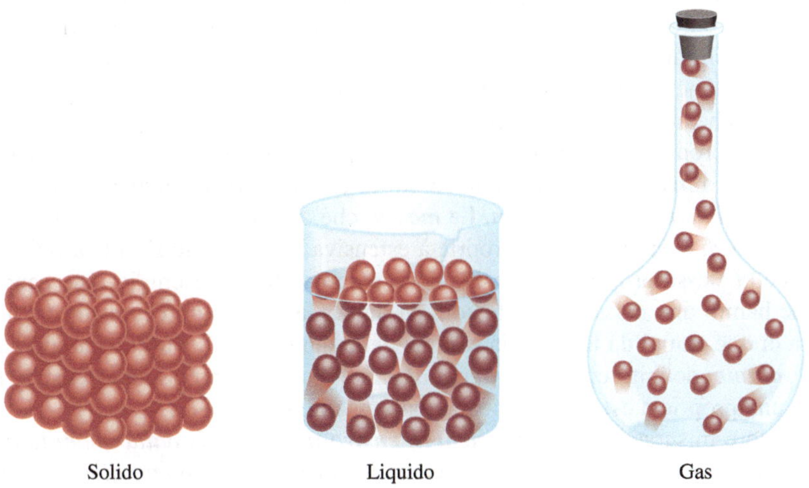

Figura 0.4 Vista a livello microscopico di un solido, un liquido, un gas.

a variazioni di volume, né a cambiamenti di forma. I gas e i liquidi sono noti collettivamente come *fluidi*. Le differenze strutturali tra i solidi cristallini, i liquidi e i gas sono illustrati in Figura 0.4.

Le sostanze possono passare da uno a un altro dei tre stati della materia senza che ne risulti variata la composizione. In seguito a riscaldamento, un solido, per esempio il ghiaccio, fonde per formare un liquido.

La temperatura alla quale avviene questa transizione è chiamata *temperatura di fusione*. Un ulteriore riscaldamento converte il liquido in un gas. La conversione di un liquido in un gas avviene al *punto di ebollizione* del liquido. D'altro canto, il raffreddamento di gas al di sotto del punto di ebollizione lo fa condensare in un liquido. Se il liquido è ulteriormente raffreddato, al di sotto del punto di fusione, ha luogo il congelamento per arrivare allo stato solido. In opportune condizioni, alcuni solidi possono essere convertiti direttamente in gas: questo processo è chiamato *sublimazione*. Per esempio, l'anidride carbonica solida, comunemente nota come ghiaccio secco, sublima ad anidride carbonica gassosa a meno che sia mantenuta al di sotto di –78,5 °C.

0.1.2 Proprietà fisiche e chimiche della materia

Le sostanze sono identificate per le loro proprietà nonché per la loro composizione. Colore, punto di fusione e di ebollizione sono proprietà fisiche. Una ***proprietà fisica*** *può essere misurata e osservata senza cambiare la composizione o l'identità di una* *sostanza*. Per esempio, siamo in grado di misurare il punto di fusione del ghiaccio, riscaldando un blocco di ghiaccio e registrando la temperatura a cui il ghiaccio è trasformato in acqua. L'acqua differisce dal ghiaccio solo per il suo aspetto, non per la sua composizione, perciò questa è una trasformazione fisica: ricongelando l'acqua otterremmo di nuovo il ghiaccio. Pertanto, il punto di fusione di una sostanza è una proprietà fisica. Allo stesso modo, quando diciamo che l'elio gassoso è meno denso dell'aria, ci riferiamo a una proprietà fisica.

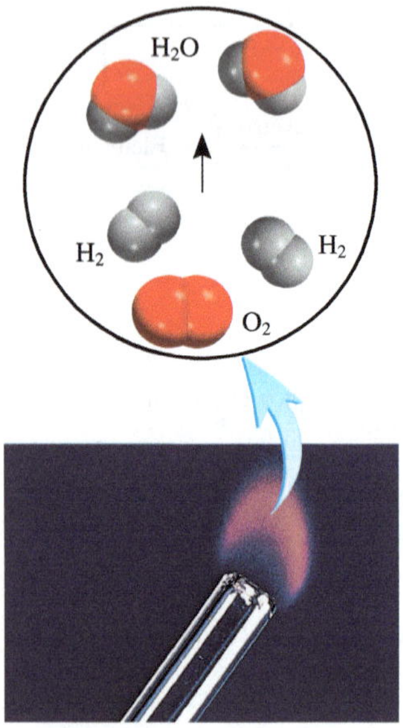

Idrogeno che brucia all'aria per formare acqua.

D'altra parte, la frase "l'idrogeno gassoso brucia in ossigeno gassoso per formare acqua" descrive una ***proprietà chimica*** dell'idrogeno, perché *per osservare questa proprietà abbiamo dovuto operare una trasformazione chimica* (in questo caso, una combustione). Dopo la trasformazione, la sostanza chimica originale, l'idrogeno gassoso, è scomparso, e quello che ha lasciato è una diversa sostanza chimica, l'acqua. *Non possiamo* recuperare l'idrogeno dall'acqua per mezzo di una trasformazione fisica, come l'ebollizione o il congelamento. Ogni volta che si fa bollire un uovo, si opera una trasformazione chimica. Sottoposti a una temperatura di circa 100 °C, il tuorlo e l'albume dell'uovo subiscono modifiche che alterano non solo il loro aspetto fisico, ma anche la loro composizione chimica. Una volta mangiate le uova, alcune sostanze contenute nei nostri organismi chiamate *enzimi*, facilitano ulteriori trasformazioni chimiche delle uova stesse. Questa azione digestiva è un altro esempio di trasformazione chimica. Quello che accade durante la digestione dipende dalle proprietà chimiche sia degli enzimi sia del cibo.

Tutte le proprietà misurabili della materia possono inoltre essere classificate come *estensiva* o *intensiva*. Il valore misurato di una ***proprietà estensiva*** *dipende dalla quantità di materia considerata*. La ***massa***, che è *la quantità di materia in un dato campione di sostanza*, è una proprietà estensiva. Più materia significa più massa. Valori della stessa proprietà estensiva sono sommabili. Per esempio, due centesimi di rame hanno una massa che è la somma della massa di ogni centesimo, e la lunghezza di due campi da tennis è la somma delle lunghezze di ciascun campo da tennis. Il ***volume***, definito come *lunghezza al cubo*, è un'altra proprietà estensiva. Il valore di una proprietà estensiva dipende dalla quantità di materia.

Il valore misurato di una ***proprietà intensiva*** *non dipende dalla quantità di materia considerata*. La ***densità***, definita come *la massa di un oggetto divisa per il suo volume*, è una proprietà intensiva. Così la temperatura. Supponiamo di avere due bicchieri contenenti acqua alla stessa temperatura. Se ne versiamo il contenuto in un bicchiere più grande, la temperatura dell'acqua in quest'ultimo recipiente sarà la stessa che si aveva nei singoli bicchieri. A differenza di massa, lunghezza, volume ed energia, la temperatura e altre proprietà intensive non sono additive.

0.1.3 Forza ed energia

Abbiamo discusso le proprietà della materia, ma la chimica studia anche le trasformazioni che subisce la materia. Queste trasformazioni sono apportate da forze e dai cambiamenti energetici che ne derivano, e che saranno esaminati ora.

Forza

Tutto quello che accade nell'universo è il risultato dell'azione di una forza. La ***forza*** è la grandezza che causa una variazione nel moto di un oggetto (in direzione o in velocità). Isaac Newton[1] per primo quantificò la relazione esistente tra la forza e il moto di un oggetto nella sua seconda legge sul moto:

$$\text{forza} = \text{massa} \times \text{accelerazione} \quad \textbf{(0.1)}$$

---

[1] Sir Isaac Newton (1643-1727). Fisico e matematico inglese. Uno dei più brillanti scienziati della storia, ha fondato i campi della meccanica classica e del calcolo differenziale e integrale. Inoltre ha apportato importanti contributi al campo dell'ottica.

dove l'*accelerazione* di un oggetto è la variazione nell'unità di tempo (derivata) della velocità dell'oggetto. Conoscendo le forze agenti su una particella e la sua posizione iniziale e velocità, l'Equazione 0.1 può essere utilizzata per prevedere il moto del sistema. Le unità SI[2] per la massa e l'accelerazione sono, rispettivamente, kg e m s^{-2}, per cui l'unità SI della forza è il kg m s^{-2}, o Newton (N): 1 N = 1 kg m s^{-2}.

I fisici hanno identificato le seguenti quattro forze fondamentali nell'universo:

- La ***forza elettromagnetica*** è la forza agente tra oggetti carichi elettricamente o tra materiali magnetici.
- La ***forza gravitazionale*** è la forza attrattiva tra oggetti causata dalle loro masse.
- La ***forza debole*** è la forza responsabile per alcune forme di decadimento radioattivo.
- La ***forza forte*** è la forza che tiene insieme i protoni e i neutroni nel nucleo atomico, superando la potente repulsione elettromagnetica tra i protoni, carichi positivamente.

In chimica, la più importante di queste forze è di gran lunga la forza elettromagnetica. Con l'eccezione della chimica nucleare, che comporta forze forti e deboli, tutta la chimica è una diretta conseguenza dell'azione delle forze elettromagnetiche tra elettroni e protoni, e tra materia e luce (radiazione elettromagnetica). La forza gravitazionale è troppo debole perché abbia un impatto su scala atomica e molecolare.

Energia

Tutte le trasformazioni chimiche o fisiche in natura sono guidate dalla cessione, dall'acquisto o dalla ridistribuzione di energia. Una descrizione dettagliata di una qualsiasi trasformazione non è possibile senza la comprensione del ruolo dell'energia. Da un punto di vista meccanico, *l'**energia*** è *la capacità di compiere un lavoro*. Del ***lavoro*** viene compiuto ogni volta che un oggetto viene spostato da un luogo a un altro in seguito all'applicazione di una forza esterna. Per esempio, il processo di sollevamento di una palla dal pavimento per metterla su un tavolo richiede del lavoro contro la forza di attrazione gravitazionale esistente tra la Terra e la palla. Per un sistema meccanico, il lavoro è il prodotto dello spostamento d dell'oggetto in seguito all'applicazione della forza F (misurata lungo la direzione del moto dell'oggetto)[3]:

$$\text{lavoro} = \text{forza} \times \text{spostamento} = F \times d \qquad \textbf{(0.2)}$$

L'unità SI dell'energia è il *joule* (J), che è il lavoro compiuto per spostare un oggetto della distanza di 1 m contro una forza di 1 N. Così, 1 J ≡ 1 N m = 1 kg m^2 s^{-2}.

L'energia posseduta da un oggetto materiale è composta da due forme elementari: cinetica e potenziale. L'energia che un oggetto possiede come risultato del suo movimento è la sua ***energia cinetica***. Per un oggetto con massa m e la velocità u, l'energia cinetica sarà data da

$$\text{energia cinetica} = \frac{1}{2}mu^2 \qquad \textbf{(0.3)}$$

---

[2] Il ***Sistema Internazionale delle Unità di Misura*** (abbreviato in ***SI***, dal francese *S*ystème *I*nternational d'Unités), basato sul sistema metrico decimale, fu adottato nel 1960 dalla Conférence Générale des Poids et Mesures, l'autorità internazionale sulle unità di misura. Con poche eccezioni, in questo libro verranno utilizzate unità SI.

[3] Sia la forza che lo spostamento sono vettori, quindi una definizione più generale sarebbe *lavoro* = $\mathbf{F} \cdot \mathbf{d}$, dove il simbolo "•" indica il prodotto scalare.

Esempio 0.1

Calcolare l'energia cinetica di una palla da baseball da 150 g che viaggia a una velocità di 50 m s^{-1}.

Soluzione Sostituire la massa e la velocità della palla da baseball nell'Equazione 0.3, facendo attenzione a convertire i grammi in kg, in modo tale che il valore finale sia in joule.

$$\text{energia cinetica} = \frac{1}{2}mu^2 = \frac{1}{2}\left[(150\text{ g})\frac{1\text{ kg}}{1000\text{ g}}\right](50\text{ m s}^{-1})^2$$

$$= 1{,}9 \times 10^2\text{ kg m}^2\text{ s}^{-2}$$

$$= 1{,}9 \times 10^2\text{ J}$$

Problema di autovalutazione Calcolare l'energia cinetica (in joule) di un'automobile di massa 1000 kg che viaggia a una velocità di 130 km all'ora.

Gli oggetti possono inoltre possedere energia a causa della loro posizione nello spazio. Questo tipo di energia è detta ***energia potenziale*** (*V*). L'equazione per l'energia potenziale dipende dal tipo di materiale e dal suo ambiente specifico. Ecco alcuni esempi:

1. L'energia potenziale gravitazionale di un oggetto con massa m a un'altezza h al di sopra della superficie della Terra:

$$\text{energia potenziale} = V = mgh \tag{0.4}$$

   dove $g = 9{,}80665$ m s^{-1} è la costante di accelerazione gravitazionale terrestre standard.

2. L'energia potenziale elettrostatica derivante dall'interazione tra due particelle con cariche elettriche q_1 e q_2 separate da una distanza r, data dalla *legge di Coulomb*:

$$V = \frac{q_1 q_2}{4\pi\varepsilon_0 r} \tag{0.5}$$

   dove $\varepsilon_0 = 8{,}8541878 \times 10^{-12}$ C^2 J^{-1} m^{-1} è una costante fisica fondamentale chiamata *costante dielettrica del vuoto* (o, più correttamente, *permittività elettrica del vuoto*) e q_1 e q_2 sono misurate in unità SI della carica, il *coulomb* (C). (La presenza del fattore $4\pi\varepsilon_0$ è dovuto all'uso del sistema di unità SI).

3. L'energia potenziale di una molla che obbedisce alla legge di Hooke

$$V = \frac{1}{2}k(x - x_0)^2 \tag{0.6}$$

   dove x è la lunghezza della molla, x_0 è il valore della posizione d'equilibrio e k è chiamata costante elastica della molla ed è una misura della rigidità della molla stessa. Questa funzione d'energia potenziale rappresenta anche una buona approssimazione per l'energia potenziale delle vibrazioni dei legami molecolari.

L'energia potenziale è importante per determinare il moto futuro di un oggetto, perché è direttamente collegata alla forza agente sull'oggetto. Per una funzione di energia potenziale monodimensionale $V(x)$, la forza è data dalla derivata dell'energia potenziale presa col segno negativo:

$$F(x) = -\frac{dV(x)}{dx} \tag{0.7}$$

Da questa equazione, la forza agente su un oggetto procede nella direzione che fa diminuire l'energia potenziale. Così, un oggetto posto alla sommità di una collina rotolerà verso il basso per diminuire la sua energia potenziale gravitazionale (Equazione 0.4). L'Equazione 0.7 può essere utilizzata per dimostrare che la diminuzione di energia potenziale in un processo è pari al lavoro svolto in questo processo:

$$\text{lavoro svolto nel processo} = -[V_{\text{finale}} - V_{\text{iniziale}}] = -\Delta V \qquad \textbf{(0.8)}$$

(Il simbolo Δ viene utilizzato per indicare la variazione di una grandezza).

L'energia totale di un oggetto è la somma delle sue energie cinetica e potenziale. Quando un oggetto viene accelerato (o fatto decelerare) sotto l'influenza di forze esterne, la sua energia cinetica varierà nel tempo. Allo stesso modo, al variare della posizione dell'oggetto lungo la sua traiettoria, varierà anche la sua l'energia potenziale. L'energia totale, tuttavia, resterà costante. Se l'energia cinetica di un oggetto aumenta, l'energia potenziale deve diminuire esattamente della stessa quantità per mantenere costante l'energia totale. La ***legge di conservazione dell'energia*** sintetizza questo principio: *la quantità totale di energia nell'universo è costante.*

Quando l'acqua scende da una diga, la sua energia potenziale è trasformata in energia cinetica. L'energia generata in questo modo è detta energia idroelettrica.

Esempio 0.2

Una palla di massa 0,295 kg, inizialmente ferma, viene rilasciata da un'altezza di 29,3 metri dal suolo. Qual è la velocità della palla nel momento in cui colpisce il terreno? (Ignorare qualsiasi resistenza da parte dell'aria).

Impostazione La velocità della palla è legata all'energia cinetica attraverso l'Equazione 0.3. Dal principio di conservazione dell'energia, l'aumento in energia cinetica deve essere esattamente uguale alla diminuzione di energia potenziale, che può essere calcolata a partire dalla variazione in altezza utilizzando l'Equazione 0.4.

Soluzione Utilizzare l'Equazione 0.4 per calcolare la variazione di energia potenziale:

$$\begin{aligned}\Delta(\text{energia potenziale}) &= mgh_{\text{finale}} - mgh_{\text{iniziale}}\\ &= mg(h_{\text{finale}} - h_{\text{iniziale}})\\ &= (0{,}295\ \text{kg})(9{,}807\ \text{m s}^{-2})(0\ \text{m} - 29{,}3\ \text{m})\\ &= -84{,}8\ \text{kg m}^2\ \text{s}^{-2} = -84{,}8\ \text{J}\end{aligned}$$

Dalla conservazione dell'energia, Δ(energia cinetica) = –Δ(energia potenziale), così

$$\frac{1}{2}mu_{\text{finale}}^2 - \frac{1}{2}mu_{\text{iniziale}}^2 = -\Delta(\text{energia potenziale})$$

$$\frac{1}{2}m(0{,}295\ \text{kg})u_{\text{finale}}^2 - \frac{1}{2}(0{,}295\ \text{kg})(0)^2 = -(-84{,}8\ \text{kg m}^2\ \text{s}^{-2})$$

$$u_{\text{finale}}^2 = \frac{2(84{,}8\ \text{kg m}^2\ \text{s}^{-2})}{0{,}295\ \text{kg}} = 575\ \text{m}^2\ \text{s}^{-2}$$

$$u_{\text{finale}} = 24{,}0\ \text{m s}^{-1}$$

Problema di autovalutazione Da che altezza sopra la superficie terrestre si deve far cadere una palla di massa 10,0 kg per farle raggiungere una velocità di 20 m s^{-1} prima di toccare il suolo?

Anche se tutta l'energia può essere, in ultima analisi, identificata come energia cinetica o potenziale o una combinazione delle due, è conveniente in chimica definire ulteriori classificazioni di energia dipendenti dal tipo di sistema. Importanti esempi sono i seguenti:

- L'***energia radiante*** è l'energia contenuta nella radiazione elettromagnetica, come i raggi X, le onde radio e la luce visibile. Sulla Terra, la principale fonte di energia è l'energia radiante proveniente dal sole, detta *energia solare*. L'energia solare riscalda l'atmosfera e la superficie della Terra, stimola la crescita della vegetazione attraverso il processo della fotosintesi e influenza il clima globale. L'energia radiante è una combinazione di energia cinetica e potenziale dei campi elettromagnetici che compongono la luce.

- L'***energia termica*** è *l'energia associata al moto casuale di atomi e molecole*. In genere, l'energia termica può essere calcolata a partire da misure di temperatura. Più è veloce il movimento di atomi e molecole in un campione di sostanza e più caldo sarà il campione, e maggiore la sua energia termica. Bisogna tener presente, tuttavia, che l'energia termica e la temperatura sono concetti diversi. Una tazza di caffè a 70 °C ha una temperatura più elevata di una vasca riempita con acqua a 40 °C, ma la vasca da bagno possiede molta più energia termica perché ha un volume molto più grande e una maggiore massa del caffè. La vasca di acqua contiene più molecole d'acqua e, quindi, più moto molecolare. In altre parole, la temperatura è una proprietà intensiva (non dipende dalla quantità di materia), mentre l'energia termica è una proprietà estensiva (che dipende, proporzionalmente, dalla quantità di materia).
- L'***energia chimica*** è una forma di energia potenziale *immagazzinata all'interno delle unità strutturali delle sostanze chimiche*, la sua quantità è determinata dal tipo e dalla disposizione degli atomi che la costituiscono. Quando le sostanze partecipano a reazioni chimiche, l'energia chimica viene rilasciata, immagazzinata o convertita in altre forme di energia.

Tutte le forme di energia possono essere convertite (almeno in linea di principio) da una forma a un'altra. Quando siamo sotto la luce del sole sentiamo caldo, perché l'energia radiante è convertita in energia termica sulla nostra pelle. Quando corriamo, l'energia chimica immagazzinata nelle molecole all'interno del nostro corpo è usata per produrre energia cinetica. Quando una palla inizia a rotolare in discesa, la sua energia potenziale è convertita in energia cinetica.

0.2 Atomi e molecole

0.2.1 Teoria atomica

Nel quinto secolo a.C. il filosofo greco Democrito propose che tutta la materia fosse costituita da particelle piccolissime e indivisibili, che chiamò *àtomos* (indivisibile). Nonostante l'idea di Democrito non fosse accettata da molti dei suoi contemporanei (in particolare da Platone e Aristotele), essa persistette nel tempo. Le evidenze sperimentali ottenute dalle prime indagini scientifiche fornirono un sostegno alla nozione di "atomismo" e, a poco a poco, diedero luogo alle moderne definizioni di elementi e composti. Nel 1808 uno scienziato e insegnante inglese, John Dalton,[4] formulò una definizione più precisa degli indivisibili *"mattoncini da costruzione"* della materia che ora chiamiamo atomi. Gli studi di Dalton segnarono l'inizio dell'era moderna per la chimica. Le ipotesi circa la natura della materia su cui si basa la teoria atomica di Dalton possono essere riassunte nel seguente modo:

1. Gli elementi sono costituiti da particelle estremamente piccole chiamate atomi. Tutti gli atomi di un dato elemento sono identici, avendo stesse dimensioni, mas-

[4] John Dalton (1766-1844). Chimico, matematico e filosofo inglese. Oltre alla teoria atomica, ha anche formulato diverse leggi sui gas e ha dato la prima descrizione dettagliata sulla cecità al colore, di cui egli stesso soffrì. Dalton è stato descritto come uno sperimentatore mediocre, particolarmente carente nel linguaggio e nella capacità di divulgazione. Il suo solo svago era giocare a bocce tutti i giovedì pomeriggio. Forse fu proprio la vista di quelle sfere di legno che gli fornì l'idea della teoria atomica.

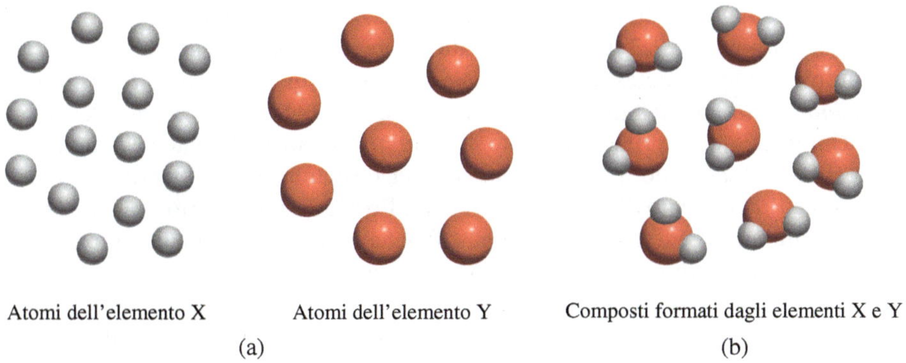

Figura 0.5 (a) Secondo la teoria atomica di Dalton, gli atomi dello stesso elemento sono identici, ma gli atomi di un elemento sono diversi dagli atomi degli altri elementi. (b) Composti formati da atomi degli elementi X e Y. In questo caso, il rapporto tra gli atomi dell'elemento X e gli atomi dell'elemento Y è pari a 2:1. Si noti che una reazione chimica comporta solo la ridistribuzione degli atomi, non la loro distruzione o la loro creazione.

sa e proprietà chimiche. Gli atomi di un elemento sono diversi dagli atomi di tutti gli altri elementi.

2. I composti sono formati da atomi di due o più elementi diversi. In ogni composto, il rapporto tra il numero di atomi di due qualsiasi degli elementi presenti è un numero intero o una frazione semplice.
3. Una reazione chimica comporta solo la separazione, la combinazione o il riarrangiamento di atomi; essa non determina la creazione o la distruzione di atomi.

La Figura 0.5 mostra una rappresentazione schematica delle prime due ipotesi.

Dalton ipotizzò che gli atomi di un elemento fossero diversi dagli atomi di tutti gli altri elementi (la prima ipotesi), ma non fece alcun tentativo di descrivere la struttura o la composizione degli atomi perché non aveva idea di come realmente fosse fatto un atomo. Egli realizzò, tuttavia, che le diverse proprietà dimostrate da elementi come l'idrogeno e l'ossigeno si sarebbero potute spiegare col presupposto che gli atomi di idrogeno e gli atomi di ossigeno fossero stati diversi.

La seconda ipotesi suggerisce che, per formare un determinato composto, abbiamo bisogno non solo di atomi degli elementi in questione, ma anche dell'esatto rapporto numerico tra questi.

Quest'idea è un'estensione della ***legge delle proporzioni definite***, pubblicata per la prima volta nel 1799 da Joseph Proust.[5] Secondo la legge delle proporzioni definite, *diversi campioni dello stesso composto contengono sempre gli stessi elementi che lo costituiscono e nelle stesse proporzioni in massa.* Quindi, se dovessimo analizzare campioni di diossido di carbonio gassoso di diversa provenienza, troveremmo in ogni campione lo stesso rapporto in massa tra carbonio e ossigeno. È ragionevole quindi presumere che, se il rapporto tra le masse dei diversi elementi in un determinato composto è fisso, anche il rapporto tra gli atomi di questi elementi, nel composto, dovrà essere costante.

La seconda ipotesi di Dalton supporta, inoltre, la ***legge delle proporzioni multiple***. In base a questa legge, *se due elementi possono combinarsi per formare più di un composto, le masse di un elemento che si combinano con una determinata massa di un altro elemento, sono in rapporti di numeri interi e piccoli.* La teoria di Dalton spiega la legge delle proporzioni multiple in maniera molto semplice: composti diversi costituiti da stessi elementi, differiscono tra loro per il numero di atomi di ogni tipo combinati tra loro. Il carbonio, per esempio, forma due composti stabili con l'ossigeno: il monossido di carbonio e l'anidride carbonica. Le moderne tecniche analitiche indicano che un atomo di carbonio si combina con un atomo di ossigeno nel monossido di carbonio e con due atomi di ossigeno nell'anidride carbo-

---

[5] Joseph Louis Proust (1754-1826). Chimico francese. Proust è stato il primo a isolare lo zucchero dall'uva.

nica. Così, il rapporto tra l'ossigeno nel monossido di carbonio e l'ossigeno nell'anidride carbonica è 1:2. Questo risultato è coerente con la legge delle proporzioni multiple. La terza ipotesi di Dalton è un altro modo di enunciare la ***legge di conservazione della massa***,[6] *la materia non può essere creata, né distrutta*. Per le reazioni chimiche questo principio è stato dimostrato sperimentalmente da Antoine Lavoisier[7] che, riscaldando il mercurio in aria per formare ossido di mercurio (II), dimostrò che l'incremento di massa registrato tra l'ossido e il mercurio era esattamente pari alla diminuzione della massa del gas. Poiché la materia è fatta di atomi, che rimangono immutati durante una reazione chimica, ne consegue che anche la massa dovrà essere conservata. La brillante intuizione di Dalton sulla natura della materia è stato il principale stimolo per i rapidi progressi della chimica durante il diciannovesimo secolo.

0.2.2 Particelle che costituiscono l'atomo

Secondo la teoria atomica di Dalton, un ***atomo*** è *l'unità base di un elemento che può entrare in combinazione chimica*. Dalton immaginò l'atomo estremamente piccolo e indivisibile. Tuttavia, una serie di ricerche che ebbe inizio intorno alla metà del XIX secolo, e che proseguì nel ventesimo secolo, dimostrò chiaramente che gli atomi effettivamente sono in possesso di una struttura interna, essi sono costituiti, cioè, di *particelle subatomiche*. I fisici delle particelle hanno scoperto una complessa gerarchia (o "zoo") di tali particelle, ma solo gli elettroni, i protoni e i neutroni sono di primaria importanza per le reazioni chimiche.

L'***elettrone***, scoperto da J.J. Thomson[8] nel 1897, è una piccola particella carica negativamente con una carica di $-1{,}602177 \times 10^{-19}$ C, dove C sta per *coulomb*, l'unità SI della carica elettrica, e una massa di $m_e = 9{,}109383 \times 10^{-31}$ kg (la quantità di carica elettrica dell'elettrone, $1{,}602177 \times 10^{-19}$ C, è una costante fisica fondamentale a cui è stato assegnato il simbolo e, mentre la sua carica è indicata come $-e$). La scoperta fu fatta utilizzando un dispositivo noto come tubo a raggi catodici (Figura 0.6), che consiste di due piastre di metallo all'interno di un tubo di vetro nel quale è stato fatto il vuoto. Quando alle due piastre metalliche viene collegato un generatore elettrico ad alta tensione, la piastra carica negativamente, detta *catodo*, emette un raggio invisibile. Questo *raggio catodico* viaggia verso la piastra carica positivamente, detta *anodo*, dove passa attraverso un foro, e continua a viaggiare verso l'altra estremità del tubo. Quando il raggio colpisce la superficie appositamente rivestita, produce una forte fluorescenza, una intensa luce verde. Thomson dimostrò che il raggio catodico era costituito da un fascio di particelle cariche negativamente (elettroni). Osservando l'entità della deviazione del fascio di particelle sottoposte a un campo magnetico (vedi Figura 0.6), Thomson riuscì a determinare l'entità del rapporto carica/massa (e/m_e) per l'elettrone. Un decennio più tardi, R.A. Millikan[9] riuscì a misurare direttamente e con grande precisione la quantità e, esaminando il moto di piccolissime gocce di olio che si caricano elettrostaticamente

---

[6] Secondo Albert Einstein, massa ed energia sono aspetti diversi di un'unica entità detta *massa-energia*. Le reazioni chimiche in genere comportano un guadagno o una perdita di calore e altre forme di energia. Per cui, quando dell'energia viene persa in una reazione, anche la massa diminuirà. Questo fenomeno, comunque, assume significato solo per le reazioni nucleari. Nelle reazioni chimiche le variazioni di massa sono troppo piccole per poter essere rilevate. Per tutti i fini pratici, quindi, la massa viene conservata.

[7] Antoine Laurent Lavoisier (1743-1794). Chimico francese, a volte indicato come il "padre della chimica moderna". Oltre al suo ruolo nella verifica del principio di conservazione della massa, ha dato importanti contributi alla nomenclatura chimica e alla comprensione del ruolo dell'ossigeno nella combustione, nella respirazione e nell'acidità. A causa della sua figura di esattore delle tasse per conto del re, Lavoisier fu ghigliottinato durante la Rivoluzione Francese.

[8] Joseph John Thomson (1856-1940). Fisico inglese che ricevette il Premio Nobel per la Fisica nel 1906 per la scoperta dell'elettrone.

[9] Robert Andrews Millikan (1868-1953). Fisico statunitense. Premio Nobel per la Fisica nel 1923 per la determinazione della carica dell'elettrone.

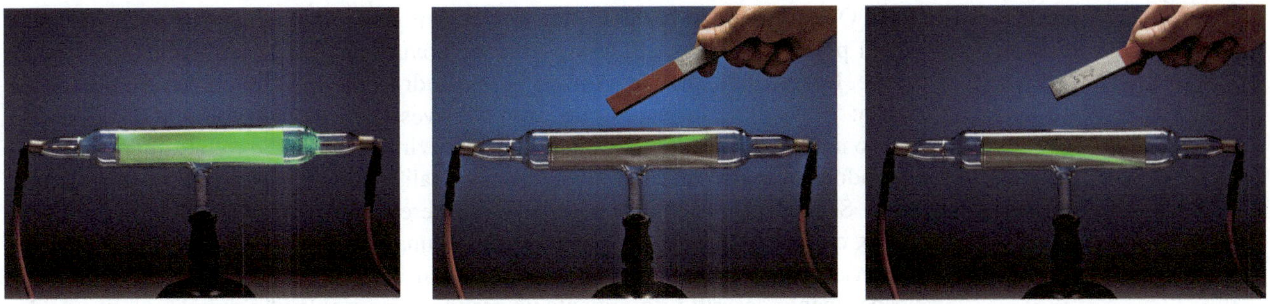

(a) (b) (c)

Figura 0.6 (a) Un raggio catodico prodotto in un tubo di scarica viaggia da sinistra a destra. Il raggio di per sé è invisibile, ma la fluorescenza del rivestimento di solfuro di zinco sul vetro fa sì che sia visualizzato in verde. (b) Il raggio catodico viene deviato verso il basso quando il polo sud della barretta magnetica è avvicinato ad esso. (c) Quando la polarità del magnete è invertita, il raggio viene deviato nella direzione opposta.

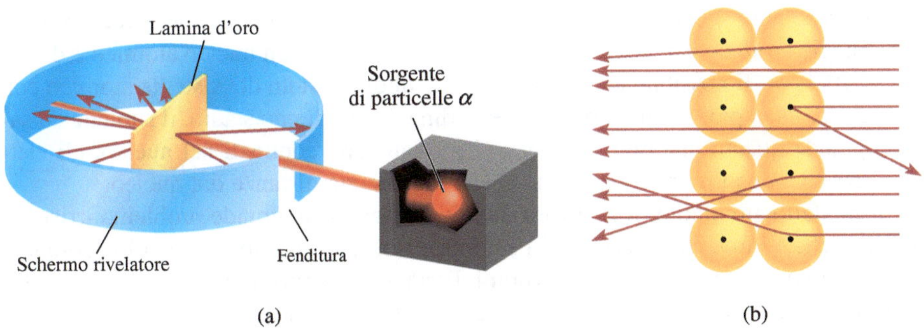

Figura 0.7 (a) Strumentazione di Rutherford per la misura sperimentale della diffusione (o *scattering*) di particelle da parte di una lamina d'oro. La stragrande maggioranza delle particelle attraversa la lamina d'oro con deflessione nulla o molto piccola, alcune vengono deviate sensibilmente e qualcuna rimbalza indietro. (b) Ingrandimento a livello atomico: alcune particelle passano attraverso e solo poche vengono deviate dai nuclei.

in contatto con l'aria. Utilizzando il rapporto carica/massa determinato in precedenza da parte di Thomson, Millikan fu anche in grado di calcolare la massa dell'elettrone, m_e.

Poiché gli atomi sono elettricamente neutri, dovranno anche contenere componenti a carica positiva oltre agli elettroni. Thomson propose che l'atomo fosse costituito da una sfera di materia carica positivamente, diffusa in maniera uniforme e contenente elettroni, proprio come l'uvetta in un budino di prugne (un dolce tradizionale inglese).

Il modello di struttura atomica a "budino di prugne" di Thomson fu smentito in seguito a una serie di esperimenti eseguiti nel 1910 dal fisico Ernest Rutherford.[10] Insieme con il suo collega Hans Geiger[11] e allo studente Ernest Marsden,[12] Rutherford bombardò una lamina d'oro molto sottile con *particelle alfa* (α), una forma di radiazione allora recentemente scoperta, costituita da nuclei di elio carichi positivamente (Figura 0.7). Essi osservarono che la stragrande maggioranza delle particelle α passava attraverso la lamina con deflessione nulla o molto piccola. Solo un piccolo numero di particelle veniva deviato sensibilmente, e qualche particella anche di

---

[10] Ernest Rutherford (1871-1937). Fisico neozelandese, fu allievo di J.J. Thomson. Rutherford compì la maggior parte delle sue ricerche in Inghilterra (Università di Manchester e di Cambridge). Ricevette il Premio Nobel per la Chimica nel 1908 per le sue ricerche sulla struttura del nucleo atomico. Una sua frase, spesso citata, fu: "Nella scienza esiste solo la fisica; tutto il resto è collezione di francobolli".

[11] Johannes Hans Wilhelm Geiger (1882-1945). Fisico tedesco. Gli studi di Geiger furono incentrati sulla struttura del nucleo atomico e sulla radioattività. Inventò un dispositivo per la misura di radiazioni, ora comunemente detto "contatore Geiger".

[12] Ernest Marsden (1889-1970). Fisico inglese. Come studente, realizzò molti degli esperimenti che portarono Rutherford a ricevere il Premio Nobel. Marsden contribuì in maniera significativa allo sviluppo della scienza in Nuova Zelanda.

180°. Questo risultato era in contrasto con il modello atomico di Thomson perché la carica positiva diffusa dell'atomo avrebbe dovuto deviare le particelle solo leggermente. La reazione iniziale a questa scoperta di Rutherford fu, come riportata da lui stesso: "Il risultato fu incredibile, come se avessi sparato un proiettile da 15 pollici contro un foglio di carta velina e questo fosse rimbalzato indietro". Rutherford fu poi in grado di spiegare questi risultati sperimentali in termini di un nuovo modello atomico. Secondo Rutherford, l'atomo deve essere costituito principalmente da spazio vuoto, con le cariche positive concentrate in una zona centrale molto piccola e molto densa, detta ***nucleo***. Ogni volta che una particella alfa si avvicina al nucleo, nell'esperimento descritto, sperimenta un grande forza repulsiva e quindi una grande deflessione. Inoltre, una particella che viaggia su una traiettoria diretta esattamente verso il centro del nucleo viene fatta rimbalzare indietro.

Le particelle di carica positiva nel nucleo sono dette ***protoni***. Come risultato di altri esperimenti, è stato trovato che il protone possiede carica $+e$ e ha una massa $m_p = 1{,}672622 \times 10^{-27}$ kg, corrispondente a circa 1840 volte la massa dell'elettrone, che ha carica opposta. A questo stato della ricerca, gli scienziati percepivano il sistema atomico nel seguente modo: la massa di un nucleo costituisce la maggior parte della massa dell'intero atomo, ma il nucleo occupa solo circa $1/10^{13}$ del volume dell'atomo; un tipico raggio atomico è di circa 100 pm, mentre il raggio di un nucleo atomico è di circa 5×10^{-3} pm. È possibile apprezzare la scala di dimensioni del sistema atomico con un semplice esempio: se un atomo avesse le dimensioni di uno stadio, il suo nucleo sarebbe grande quanto una biglia di vetro. I protoni sono confinati nel nucleo, gli elettroni, invece, vanno immaginati come sparsi a una certa distanza dal nucleo.

Un *picometro* (*pm*) è pari a 10^{-12} m ed è un'utile unità di misura per le distanze atomiche e molecolari. Un'altra unità comunemente utilizzata su scala molecolare è l'*angstrom* (Å), pari a 100 pm o 10^{-10} m.

Il modello atomico di Rutherford, tuttavia, lasciava un grande problema irrisolto. Era noto che l'idrogeno, l'atomo più semplice, fosse costituito da un solo protone e che l'atomo di elio contenesse due protoni. Pertanto, il rapporto tra la massa di un atomo di elio e quella di un atomo di idrogeno avrebbe dovuto essere 2:1 (dato che gli elettroni sono molto più leggeri dei protoni, il loro contributo alla massa atomica può essere ignorato). In realtà il rapporto è di 4:1. Rutherford e altri postularono l'esistenza di un altro tipo di particelle subatomiche nel nucleo atomico, particelle con massa simile a quella di un protone, ma elettricamente neutre. Nel 1932, James Chadwick[13] fornì prove sperimentali per l'esistenza di queste particelle. Quando Chadwick bombardò un sottile foglio di berillio con particelle alfa, dal metallo furono emesse radiazioni ad alta energia. Ulteriori esperimenti dimostrarono che le "radiazioni" consistevano di un terzo tipo di particelle subatomiche, che Chadwick chiamò ***neutroni***, *particelle elettricamente neutre, leggermente più pesanti dei protoni*. Il mistero del rapporto tra le masse di idrogeno ed elio poteva quindi essere risolto. Nel nucleo di elio ci sono due protoni e due neutroni, ma nel nucleo dell'atomo di idrogeno vi è un solo protone (e nessun neutrone), da qui, il rapporto di 4:1. La Figura 0.8 mostra la posizione dei protoni, neutroni ed elettroni in un atomo. La Tabella 0.2 elenca le masse e le cariche di queste tre particelle elementari. Il numero di protoni nel nucleo di un atomo è chiamato ***numero atomico*** (Z), che, in un atomo neutro, è pari al numero di elettroni. Il numero atomico determina le proprietà chimiche di un atomo e l'identità di un elemento; cioè, *tutti gli atomi di un dato elemento hanno lo stesso numero atomico*. Per esempio, il numero atomico dell'azoto è 7; pertanto, ogni atomo di azoto ha sette protoni (e sette elettroni dato che è neutro). È ovviamente vero anche il contrario: ogni atomo nell'universo che contiene sette protoni viene chiamato "azoto".

Con l'eccezione della più comune forma di idrogeno, che contiene un protone e nessun neutrone, tutti i nuclei atomici contengono sia protoni sia neutroni. Anche se ogni elemento è specificato dal numero di protoni (numero atomico), la massa di un atomo può essere determinato, solo se conosciamo anche il numero di neutroni. Il

---

[13] James Chadwick (1891-1972). Fisico inglese. Nel 1935 ricevette il Premio Nobel per la Fisica per aver provato l'esistenza del neutrone.

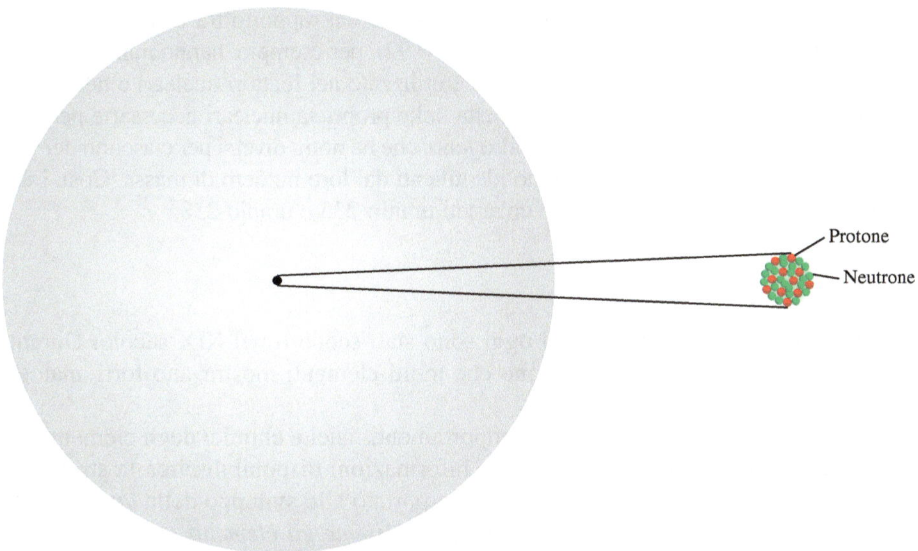

Figura 0.8 I protoni e i neutroni di un atomo si trovano nel nucleo, una zona estremamente piccola dell'atomo. Gli elettroni sono mostrati come facenti parte di una "nuvola" attorno al nucleo.

Tabella 0.2 Masse e cariche delle particelle subatomiche

Particella	Massa	Carica
Elettrone	$m_e = 9{,}109383 \times 10^{-31}$ kg	$-1{,}602177 \times 10^{-19}$ C $= -e$
Protone	$m_p = 1{,}672622 \times 10^{-27}$ kg	$+1{,}602177 \times 10^{-19}$ C $= +e$
Neutrone	$m_n = 1{,}674927 \times 10^{-27}$ kg	0

numero di massa (A) è il *numero totale di neutroni e protoni presenti nel nucleo di un atomo*. Così, il numero di neutroni in un atomo è pari alla differenza tra il numero di massa e il numero atomico. Per esempio, il numero di massa del fluoro è 19 e il numero atomico è 9 (9 protoni nel nucleo). Il numero di neutroni in un atomo di fluoro è di 19 – 9 = 10. Si noti che il numero atomico e il numero di massa devono essere numeri interi positivi. Tranne nel caso della forma più comune di idrogeno, in cui sono uguali, il numero di massa è sempre più grande del numero atomico.

Gli atomi di un dato elemento non hanno tutti la stessa massa. La maggior parte degli elementi hanno due o più ***isotopi***, *atomi che hanno lo stesso numero atomico ma diverso numero di massa*. Esistono, per esempio, tre isotopi dell'idrogeno. Uno, conosciuto semplicemente come idrogeno [o, meno comunemente, come *protio* (pron. pròzio)], ha un protone e zero neutroni. L'isotopo *deuterio* contiene un protone e un neutrone, e il *trizio* ha un protone e due neutroni. Il modo accettato per indicare il numero atomico e il numero di massa di un atomo di un elemento (X) è il seguente:

$$^{A}_{Z}\mathrm{X}$$

Così, per gli isotopi dell'idrogeno, si scriverà

$^{1}_{1}\mathrm{H}$	$^{2}_{1}\mathrm{H}$	$^{3}_{1}\mathrm{H}$
Idrogeno	Deuterio	Trizio

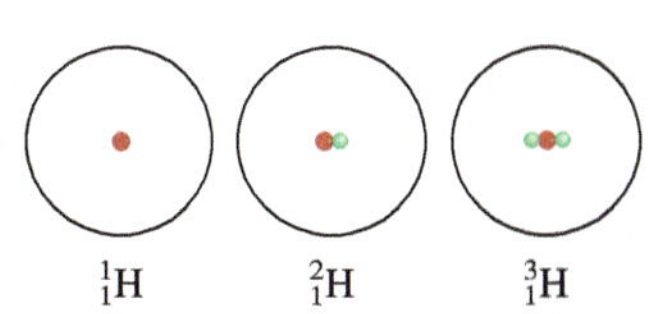

In buona approssimazione, i diversi isotopi di uno stesso elemento hanno identiche proprietà chimiche,[14] ma possono variare in alcune proprietà fisiche, come la densità, che

[14] L'esistenza di isotopi (atomi dello stesso elemento che differiscono per la massa atomica) implica che la legge di Proust delle proporzioni definite, in cui si afferma che diversi campioni della stessa sostanza contengono sempre elementi nella stessa proporzione in massa, sia in realtà solo un'approssimazione. Due campioni di diossido di carbonio (CO_2) non hanno esattamente lo stesso rapporto di massa tra carbonio e ossigeno, se uno dei due campioni è più ricco in carbonio-13.

dipende dalla massa, e la radioattività, che dipende dal rapporto tra neutroni e protoni nel nucleo. Due comuni isotopi dell'uranio ($Z = 92$), per esempio, hanno numeri di massa 235 e 238. L'isotopo più leggero ($^{235}_{92}U$) è utilizzato nei reattori nucleari e nelle bombe atomiche, mentre l'isotopo ($^{238}_{92}U$) difetta nelle proprietà nucleari necessarie per queste applicazioni. Con l'eccezione dell'idrogeno, che ha nomi diversi per ciascuno dei suoi isotopi, gli isotopi degli elementi sono identificati dal loro numero di massa. Così, i due isotopi più comuni dell'uranio sono chiamati uranio-235 e uranio-238.

0.2.3 Tavola periodica

Più della metà degli elementi noti oggi sono stati scoperti nel XIX secolo. Durante questo periodo, i chimici osservarono che molti elementi mostravano forti analogie l'uno con l'altro.

Il riconoscere la periodicità di comportamenti fisici e chimici degli elementi e la necessità di organizzare il volume delle informazioni disponibili circa la struttura e le proprietà delle sostanze elementari hanno portato allo sviluppo della ***tavola periodica***, *uno schema nel quale sono raggruppati insieme gli elementi che hanno simili proprietà chimiche e fisiche*. La Figura 0.9 mostra la moderna tavola periodica, in cui gli elementi sono ordinati per numero atomico (indicato sopra il simbolo dell'elemento) in *righe orizzontali* chiamate ***periodi*** e in *colonne verticali* note come ***gruppi*** (o *famiglie*), in base alle analogie delle loro proprietà chimiche.

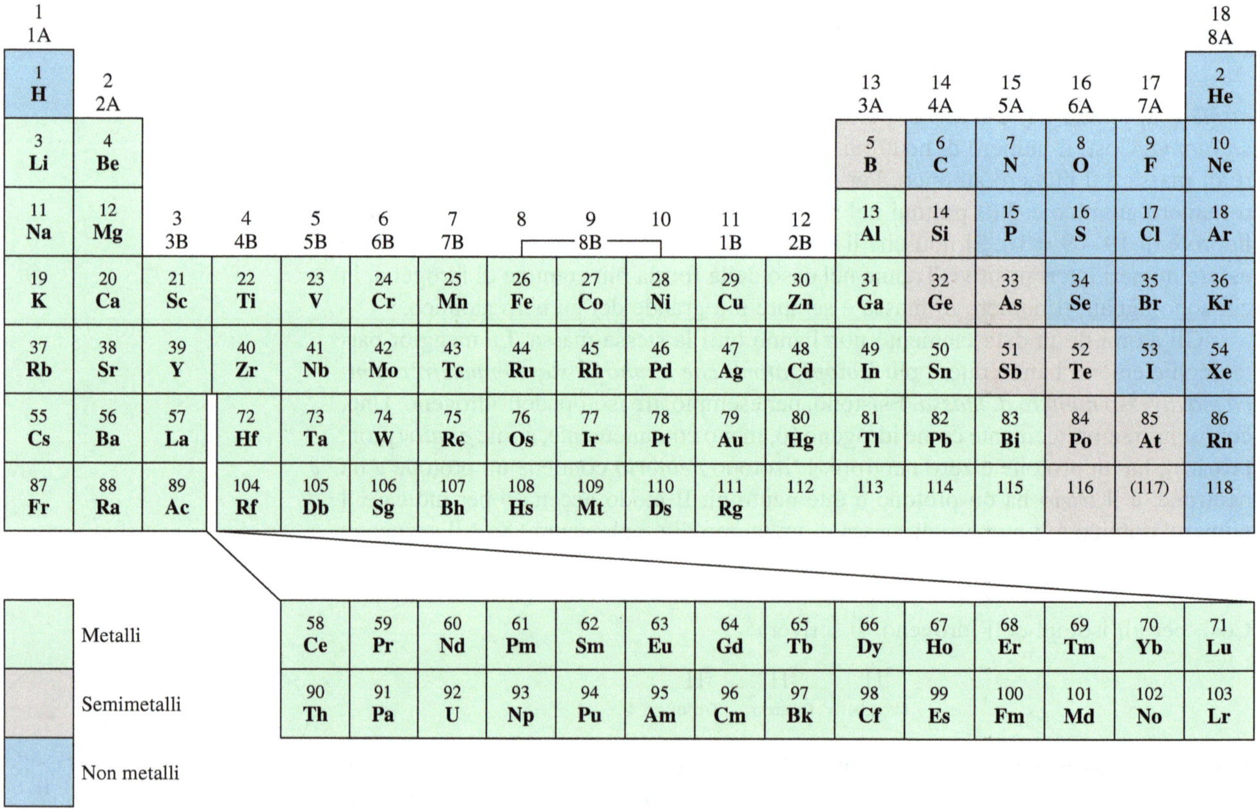

Figura 0.9 La moderna tavola periodica. Gli elementi sono organizzati in base al numero atomico (indicato sopra ciascun simbolo). Con l'eccezione dell'idrogeno (H), i non metalli appaiono all'estrema destra nella tabella. Le due righe di metalli sotto il corpo principale della tavola sono convenzionalmente distaccati per mantenere la tabella non troppo ampia. In realtà, il cerio (Ce), dovrebbe seguire il lantanio (La), e il torio (Th) dovrebbe venire subito dopo l'attinio (Ac). La numerazione da 1 a 18 è quella consigliata dall'Unione Internazionale di Chimica Pura e Applicata (IUPAC). In questo testo si usa la notazione standard statunitense, ancora di uso comune (1A–8A e 1B–8B). L'elemento 117 non è stato ancora sintetizzato.

Approfondimento 0.1

LA DISTRIBUZIONE DEGLI ELEMENTI SULLA TERRA E NEI SISTEMI VIVENTI

La maggior parte degli elementi sono presenti in natura. Come sono distribuiti sulla Terra, e quali sono essenziali per i sistemi viventi?

La crosta terrestre si estende dalla superficie fino a una profondità di circa 40 km. A causa di difficoltà tecniche, gli scienziati non sono stati in grado di studiare l'interno della Terra così come hanno fatto con la crosta. Tuttavia, si ritiene che vi sia un nucleo solido costituito in gran parte di ferro al centro della Terra. Uno strato, detto *mantello*, circonda il nucleo ed è costituito da una massa fusa contenente ferro, carbonio, silicio e zolfo.

Degli 83 elementi che si trovano in natura, 12 costituiscono il 99,7% in massa della crosta terrestre. Essi sono, in ordine decrescente di abbondanza naturale: ossigeno (O), silicio (Si), alluminio (Al), ferro (Fe), calcio (Ca), magnesio (Mg), sodio (Na), potassio (K), titanio (Ti), idrogeno (H), fosforo (P) e manganese (Mn) (vedi la figura seguente). Nel discutere l'abbondanza naturale degli elementi, dobbiamo tenere in mente che: (1) gli elementi non sono distribuiti uniformemente in tutta la crosta terrestre; (2) la maggior parte degli elementi è presente in forma combinata. Queste osservazioni costituiscono la base per la maggior parte dei metodi per ottenere gli elementi allo stato puro a partire dai loro composti, come vedremo nei capitoli successivi.

La tabella qui sotto elenca gli elementi essenziali nel corpo umano. Di particolare interesse sono gli *oligoelementi* (elementi in tracce) come il ferro (Fe), il rame (Cu), lo zinco (Zn), lo iodio (I) e il cobalto (Co), che insieme rappresentano circa lo 0,1% della massa del corpo umano. Questi elementi sono necessari per funzioni biologiche quali la crescita, il trasporto di ossigeno per il metabolismo e la difesa contro le malattie. Vi è un delicato equilibrio tra le quantità di questi elementi nel nostro organismo. Quantità troppo grandi o troppo piccole, per un periodo prolungato, possono condurre a malattie gravi o addirittura alla morte.

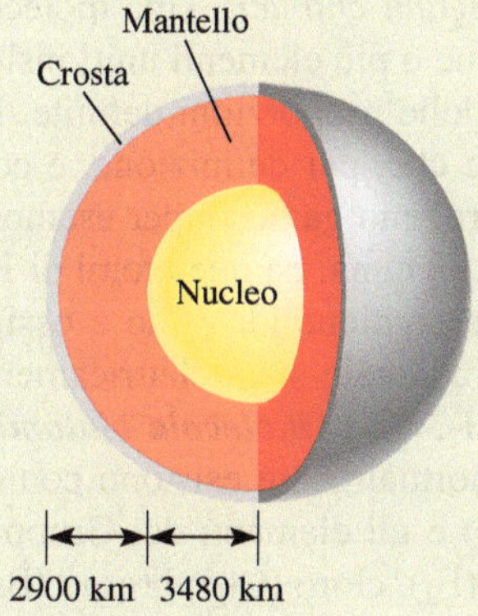

Struttura interna della Terra

Elementi essenziali nel corpo umano

Elemento	Percentuale in massa*	Elemento	Percentuale in massa*
Ossigeno	65	Sodio	0,1
Carbonio	18	Magnesio	0,05
Idrogeno	10	Ferro	<0,05
Azoto	3	Cobalto	<0,05
Calcio	1,6	Rame	<0,05
Fosforo	1,2	Zinco	<0,05
Potassio	0,2	Iodio	<0,05
Zolfo	0,2	Selenio	<0,01
Cloro	0,2	Fluoro	<0,01

* La percentuale in massa esprime *la massa dell'elemento, in grammi, presente in un campione di 100 grammi.*

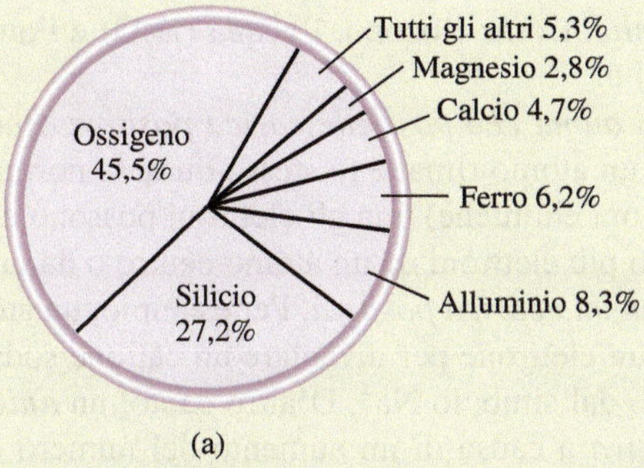

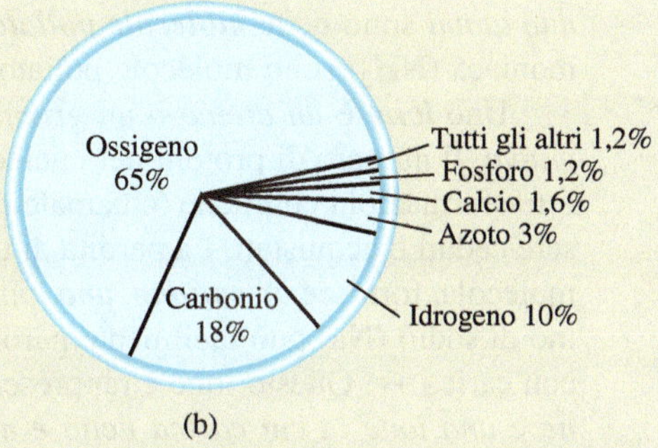

(a) Abbondanza naturale degli elementi in percentuale in massa. Per esempio, l'abbondanza dell'ossigeno è del 45,5%. Ciò significa che in un campione di 100 g di crosta terrestre ci sono, in media, 45,5 g di ossigeno. (b) Abbondanza degli elementi del corpo umano in percentuale in massa.

Gli elementi possono essere classificati come metalli, non metalli e semimetalli. Un ***metallo*** è *un buon conduttore di elettricità e di calore*, mentre un ***non metallo*** di solito è un *cattivo conduttore di calore e di elettricità*. Un ***semimetallo*** (o ***metalloide***) ha proprietà che sono intermedie tra quelle dei metalli e dei non metalli. La Figura 0.9 mostra che la maggior parte degli elementi noti sono metalli; solo 17 elementi sono non metalli e 8 sono semimetalli. Da sinistra a destra in ogni periodo, le proprietà fisiche e chimiche degli elementi variano gradualmente da proprietà metalliche a non metalliche. Gli elementi sono spesso classificati secondo il loro gruppo di appartenenza nella tabella periodica: Gruppo 1A, Gruppo 2A e così via. Alcuni gruppi, tuttavia, hanno dei nomi particolari. *Gli elementi del Gruppo 1A (Li, Na, K, Rb, Cs, Fr)* sono detti ***metalli alcalini*** e *gli elementi del Gruppo 2A (Be, Mg, Ca, Sr, Ba, Ra)* sono i cosiddetti ***metalli alcalino-terrosi***. *Gli elementi del Gruppo 7A (F, Cl, Br, I, At)* sono conosciuti come ***alogeni*** e *gli elementi del Gruppo 8A (He, Ne, Ar, Kr, Xe, Rn)* sono chiamati ***gas nobili*** o *gas rari*.

La tavola periodica è un pratico strumento che correla le proprietà degli elementi in modo sistematico e ci aiuta a prevederne il comportamento chimico. Nel Capitolo 2 verrà rivolto uno sguardo approfondito a questo strumento fondamentale della chimica.

0.2.4 Molecole e ioni

Di tutti gli elementi, solo i sei gas nobili del Gruppo 8A della tavola periodica (He, Ne, Ar, Kr, Xe e Rn) esistono in natura come singoli atomi. Per questo motivo, essi sono chiamati gas *monoatomici*. La maggior parte della materia è composta di molecole o ioni formate da atomi.

La natura dei legami chimici sarà trattata nei Capitoli 3 e 4.

Una ***molecola*** è *un aggregato di due o più atomi in una disposizione definita, tenuti insieme da forze chimiche* (chiamate anche *legami chimici*). Una molecola può contenere atomi dello stesso elemento o atomi di due o più elementi uniti insieme secondo un rapporto fisso, in accordo con la legge delle proporzioni definite. Per cui, una molecola non è necessariamente un composto che, per definizione, è costituito da due o più elementi (vedi il Paragrafo 0.1). L'idrogeno gassoso, per esempio, è un elemento puro, ma consiste di molecole costituite, ognuna, da due atomi di H. L'acqua, d'altro canto, è un composto molecolare che contiene idrogeno e ossigeno in rapporto di due atomi a uno. Come gli atomi, le molecole sono elettricamente neutre. La molecola di idrogeno, simboleggiata con H_2, è una ***molecola biatomica*** perché *contiene solo due atomi*. Altri elementi che normalmente esistono come molecole biatomiche sono l'azoto (N_2), l'ossigeno (O_2) e gli elementi del Gruppo 7A, a eccezione dell'astato (At), cioè gli *alogeni*: fluoro (F_2), cloro (Cl_2), bromo (Br_2) e iodio (I_2). Una molecola biatomica può anche contenere atomi di elementi diversi, come l'acido cloridrico (HCl) e il monossido di carbonio (CO). La stragrande maggioranza delle molecole contiene più di due atomi. Essi possono essere atomi dello stesso elemento, come l'ozono (O_3) che consiste di tre atomi di ossigeno, o possono essere una combinazione di due o più elementi diversi. Le *molecole contenenti più di due atomi* sono dette ***molecole poliatomiche***. Come l'ozono, l'acqua (H_2O) e l'ammoniaca (NH_3) sono molecole poliatomiche.

Gli elementi che possono esistere come molecole biatomiche.

Uno ***ione*** è *un atomo o un gruppo di atomi che possiede carica positiva o negativa*. Il numero di protoni nel nucleo di un atomo rimane lo stesso durante normali trasformazioni chimiche (chiamate reazioni chimiche), ma gli elettroni possono essere ceduti o acquistati. La perdita di uno o più elettroni da un atomo neutro o da una molecola, fornisce un ***catione***, *uno ione con una carica positiva*. Per esempio, un atomo di sodio (Na) può facilmente perdere un elettrone per diventare un catione sodio con carica $+e$. Questo ione è rappresentato dal simbolo Na^+. D'altro canto, un ***anione*** è *uno ione la cui carica netta è negativa* a causa di un aumento del numero di elettroni. Un atomo di cloro (Cl) può acquistare un elettrone e diventare ione cloruro, Cl^-, che è un anione con carica $-e$. Per semplicità, si è soliti indicare la carica de-

Nel Capitolo 2 si comprenderà perché atomi di elementi diversi acquistano (o perdono) un certo numero di elettroni.

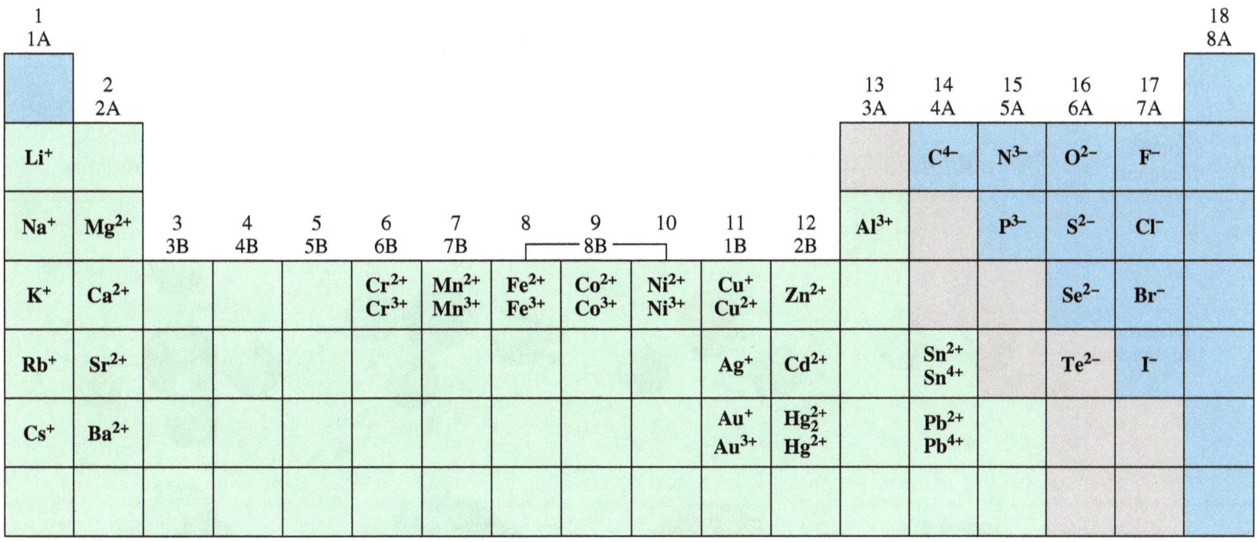

Figura 0.10 Ioni monoatomici comuni disposti in base alla loro posizione nella tavola periodica. Si noti che lo ione Hg_2^{2+} è biatomico.

gli ioni in termini dell'unità fondamentale di carica dell'elettrone *e*, per cui si dice che il catione sodio ha una carica di +1 e l'anione cloruro ha una carica di –1.

Un atomo può perdere o acquistare più di un elettrone per formare uno ione. Alcuni esempi sono gli ioni Mg^{2+}, Fe^{3+}, S^{2-}, N^{3-}. Questi ioni, così come Na^+ e Cl^-, sono ***ioni monoatomici*** poiché *contengono un solo atomo*. La Figura 0.10 mostra le cariche di alcuni ioni monoatomici. Con pochissime eccezioni, i metalli tendono a formare cationi e i non metalli tendono a formare anioni. Inoltre, due o più atomi possono formare uno ione con carica positiva o negativa. Gli ioni ***poliatomici*** come gli ioni OH^- (ioni idrossido), CN^- (ioni cianuro) e NH_4^+ (ioni ammonio) sono *ioni contenenti più di un atomo*.

0.3 Formule chimiche

0.3.1 Formule chimiche

I chimici utilizzano le ***formule chimiche*** per *esprimere la composizione delle molecole e dei composti ionici in termini di simboli chimici*. Con composizione si intende non solo gli elementi presenti, ma anche i rapporti nei quali gli atomi sono combinati. Si hanno tre tipi di formule: formule molecolari, formule strutturali e formule empiriche.

La ***formula molecolare*** *indica il numero esatto di atomi di ogni elemento nella più piccola unità di sostanza* (la formula molecolare è anche detta *formula bruta*). Nella nostra discussione sulle molecole, ogni esempio è stato dato con la sua formula molecolare tra parentesi. Così, H_2 è la formula molecolare per l'idrogeno, O_2 per l'ossigeno, O_3 per l'ozono e H_2O per l'acqua. Il pedice indica il numero di atomi presenti dell'elemento. Non vi è alcun pedice per O in H_2O, perché c'è un solo atomo di ossigeno in una molecola di acqua, e il numero "1" è omesso dalla formula. Alcuni elementi possono esistere in più forme molecolari chiamate allotropi. Un ***allotropo*** è *una delle due o più forme differenti nelle quali può esistere un elemento*. Per esempio, l'ossigeno (O_2) e l'ozono (O_3) sono le due forme allotropiche dell'elemento ossigeno. Due allotropi dello stesso elemento possono avere, nonostante la loro composizione simile, proprietà fisiche e chimiche nettamente diverse. Diamante e grafite, per esempio, sono le forme allotropiche dell'elemento carbonio. Il diamante è uno dei materiali più duri conosciuti, è trasparente, non conduce l'elettricità ed è

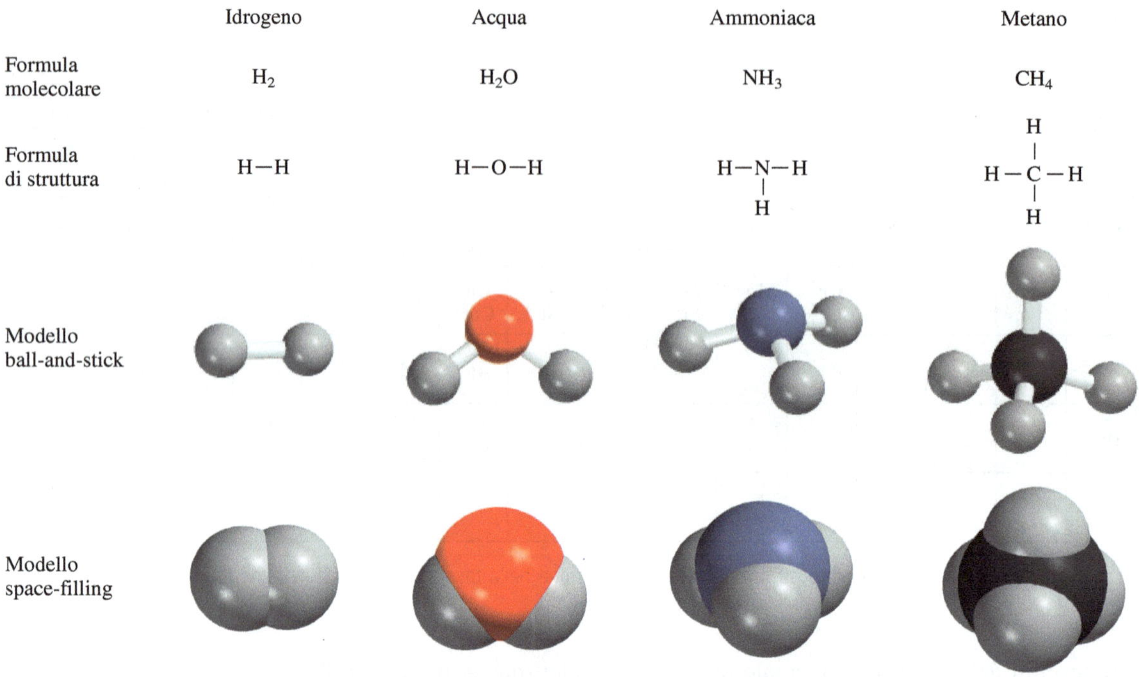

Figura 0.11 Formule molecolari e di struttura e modelli molecolari di quattro molecole comuni.

relativamente costoso. La grafite, al contrario, è un materiale grigio-nero, fragile, buon conduttore elettrico e a buon mercato.

La formula molecolare indica il numero di atomi di ogni elemento in una molecola, ma non indica come gli atomi sono collegati gli uni agli altri, cioè, la loro disposizione nello spazio. La ***formula di struttura*** mostra *come gli atomi in una molecola sono legati gli uni agli altri*. Per esempio, ciascuno dei due atomi di H è legato a un atomo di O nella molecola d'acqua, in modo che la formula di struttura dell'acqua sia H—O—H. Le linee che collegano H e O (o, in genere, qualsiasi altro simbolo atomico) rappresentano legami chimici. Alcuni esempi di formule molecolari e di struttura sono mostrati in Figura 0.11. Nella Figura 0.11 sono inoltre mostrati due tipi di ***modelli molecolari*** tridimensionali. Nei *modelli "ball and stick"*, le molecole sono rappresentate da sfere, che rappresentano gli atomi, collegate tra di loro con dei bastoncini, che rappresentano il legame chimico. I vari elementi sono rappresentati da sfere di diversi colori e dimensioni. Nei *modelli "space filling"*, gli atomi sono rappresentati da sfere sovrapposte, ognuna delle quali è di dimensioni proporzionali al corrispondente atomo. Entrambi i tipi di modelli verranno ampiamente utilizzati in questo testo.

H_2O_2

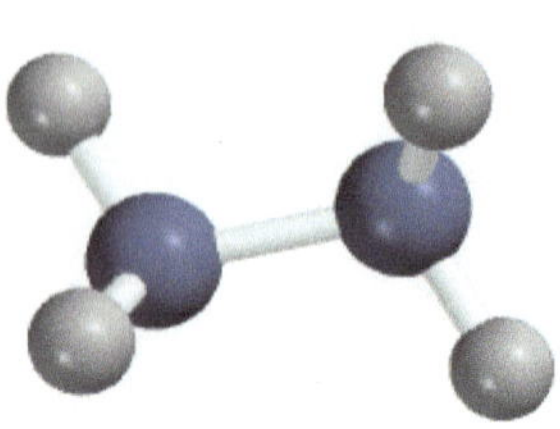

N_2H_4

Molti esperimenti volti a determinare la composizione molecolare possono solo determinare il rapporto tra i numeri degli atomi in ogni elemento. Per esempio, l'analisi chimica elementare del perossido di idrogeno (formula molecolare H_2O_2), una sostanza usata come antisettico e come agente sbiancante per prodotti tessili e per capelli, indica solo che c'è un rapporto 1:1 tra atomi di idrogeno e atomi di ossigeno. Un esperimento di questo tipo fornisce solo la ***formula empirica***, *che ci dice quali elementi sono presenti e il più semplice rapporto in numeri interi tra i loro atomi*, e non necessariamente il numero effettivo di ciascun tipo di atomi nella molecola (la formula empirica è anche detta *formula minima*). La formula empirica per il perossido di idrogeno è HO. L'idrazina (N_2H_4), che è stata usata anche come combustibile per razzi, ha la formula empirica NH_2. Anche se il rapporto tra azoto e idrogeno è 1:2 sia nella formula molecolare (N_2H_4) sia nella formula empirica (NH_2), solo la formula molecolare rappresenta il numero effettivo di atomi N (due) e H (quattro) presenti. Le formule empiriche sono le formule chimiche *più semplici*, sono scritte in modo da ridurre i pedici nelle formule molecolari ai numeri interi più bassi possibili. Le formule molecolari sono le *vere* formule delle molecole. Per alcuni composti, come l'acqua (H_2O) e il metano (CH_4), le formule empiriche e molecolari sono identiche. La determinazione della formula molecolare dalla formula empirica richiede ulteriori dati da esperimenti o ragionamenti logici basati sulla conoscenza delle regole del legame chimico (che verranno trattate nei Capitoli 3 e 4).

0.3.2 Formule di composti ionici

I ***composti ionici*** sono *composti formati da cationi e anioni.* Tali composti sono tenuti insieme dall'attrazione elettrostatica tra cariche opposte. Un esempio di composto ionico è il cloruro di sodio (NaCl), il comune sale da tavola. Le formule dei composti ionici, generalmente, coincidono con le loro stesse formule empiriche, poiché non si tratta di singole unità molecolari. Per esempio, un campione solido di cloruro di sodio (NaCl) è composto da un ugual numero di ioni Na^+ e Cl^- disposti in una rete tridimensionale (Figura 0.12).

Il rapporto tra i cationi sodio e gli anioni cloruro è di 1:1, in modo tale che il composto sia elettricamente neutro. Secondo la Figura 0.12, nel cloruro di sodio, nessuno ione Na^+ è associato ad un particolare ione Cl^-. In realtà, ogni ione Na^+ interagisce allo stesso modo con sei ioni Cl^- circostanti, e viceversa. Pertanto, NaCl è la formula empirica per il cloruro di sodio (si noti che le cariche dei cationi e degli anioni non vengono visualizzate nella formula di un composto ionico). In altri composti ionici, la struttura può essere diversa, ma la disposizione dei cationi e degli anioni è tale che i composti sono tutti elettricamente neutri. Affinché la formula di un composto ionico sia elettricamente neutra, la somma delle cariche sul catione e sull'anione in ogni formula deve essere pari a zero. Se l'entità delle cariche sul catione e anione fossero diverse, utilizzare la seguente regola per rendere la formula elettricamente neutra: *il pedice del catione è numericamente pari alla carica sull'anione, e il pedice dell'anione è numericamente pari alla carica sul catione.* Se le cariche sono numericamente uguali, non sono necessari pedici. Questa regola è possibile in quanto le formule dei composti ionici sono formule empiriche, e quindi i pedici devono sempre essere ridotti al più piccolo rapporto. Alcuni esempi:

- **Bromuro di potassio.** Il catione potassio K^+ e l'anione bromuro Br^- si combinano per formare il bromuro di potassio, composto ionico. La somma delle cariche, misurata secondo l'unità di carica dell'elettrone, è $+1 + (-1) = 0$. La formula è KBr.
- **Ioduro di zinco.** Il catione zinco Zn^{2+} e l'anione ioduro I^- si combinano per formare ioduro di zinco. Per rendere la somma delle cariche nulla, devono es-

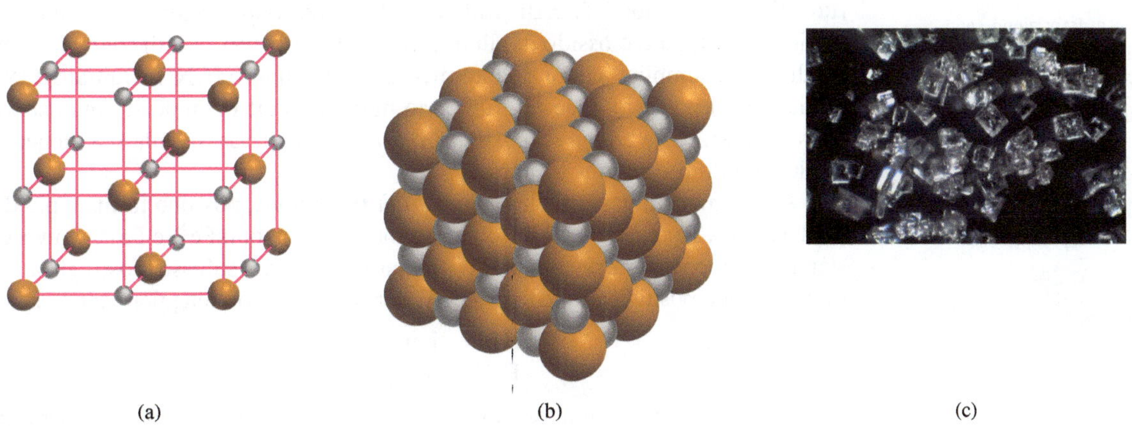

(a) (b) (c)

Figura 0.12 (a) Struttura del NaCl solido. (b) In realtà, i cationi sono in contatto con gli anioni. Sia in (a) che in (b), le sfere più piccole rappresentano gli ioni Na^+ e le più grandi, gli ioni Cl^-. (c) Cristalli di NaCl.

serci due volte ioni I^- rispetto agli ioni Zn^{2+}. Pertanto, la formula dello ioduro di zinco è ZnI_2.

- **Ossido di alluminio.** Il catione è Al^{3+} e l'anione è O^{2-}. Per avere un composto neutro, il rapporto tra Al^{3+} e O^{2-} deve essere 2:3, dando la formula Al_2O_3 per l'ossido di alluminio.

0.3.3 Nomenclatura dei composti

Il numero di composti noti è attualmente ben oltre i 20 milioni. Fortunatamente, non è necessario memorizzare i loro nomi. Nel corso degli anni, i chimici hanno messo a punto un sistema per assegnare un nome alle sostanze chimiche. Le regole, accettate in tutto il mondo, facilitano la comunicazione tra chimici e forniscono un utile strumento per dare un nome a una enorme varietà di sostanze. Apprendere queste regole ora, si rivelerà immediatamente vantaggioso per procedere con lo studio della chimica.

Per iniziare la discussione sulla *nomenclatura* chimica, la denominazione dei composti chimici, bisogna prima distinguere tra composti organici e inorganici. I ***composti organici*** *contengono carbonio legato all'idrogeno, a volte in combinazione con altri elementi come l'ossigeno, l'azoto o lo zolfo*. Tutti gli altri composti sono classificati come ***composti inorganici***. Per iniziare, si possono classificare i composti inorganici come composti ionici, composti molecolari, acidi e basi, idrati.

Nomenclatura dei composti ionici

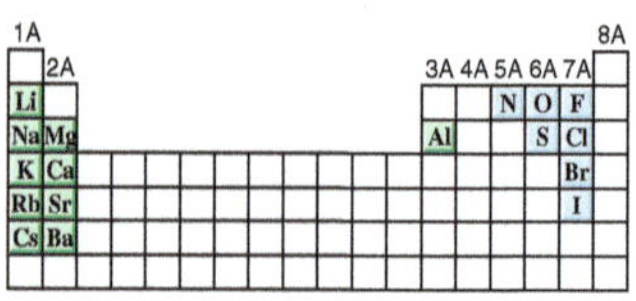

I metalli più reattivi (in verde) e i non metalli più reattivi (in blu) si combinano tra loro per formare composti ionici.

Come discusso in precedenza, i composti ionici sono costituiti da cationi (ioni positivi) e anioni (ioni negativi). Con poche eccezioni (come lo ione ammonio), tutti i cationi più comuni sono derivati da atomi dei metalli. I cationi metallici prendono il nome dai loro rispettivi elementi. Per esempio:

Elemento	Nome del catione
Na (sodio)	Na^+ (ione sodio o catione sodio)
K (potassio)	K^+ (ione potassio o catione potassio)
Mg (magnesio)	Mg^{2+} (ione magnesio o catione magnesio)
Al (alluminio)	Al^{3+} (ione alluminio o catione alluminio)

Molti composti ionici, come NaCl, KBr, ZnI_2 e Al_2O_3, sono ***composti binari***, cioè *composti formati da due soli elementi*. Per i composti binari, il primo elemento da nominare è il catione metallico, seguito dall'anione non metallico. Pertanto, NaCl, è detto sodio cloruro. Il nome dell'anione si ottiene prendendo la prima parte del nome dell'elemento ("clor-" da cloro) aggiungendo "-uro". In lingua italiana, si possono usare indifferentemente due modi; per NaCl, per esempio, "sodio cloruro" o "cloruro di sodio". I nomi di KBr, ZnI_2 e Al_2O_3 sono, rispettivamente, bromuro di potassio, zinco ioduro e ossido di alluminio. Il suffisso "-uro" è utilizzato anche nei nomi di alcuni semplici anioni poliatomici, come il cianuro (CN^-). Quindi KCN è detto cianuro di potassio. Questo e un certo numero di altri composti ionici sono ***composti ternari***, ossia *composti costituiti da tre elementi*. La Tabella 0.3 elenca i nomi di alcuni anioni e cationi comuni.

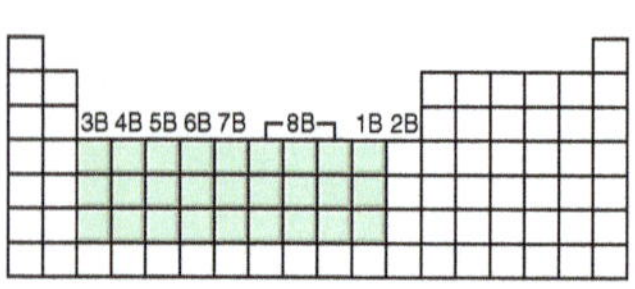

I metalli di transizione sono gli elementi nel Gruppo 1B e nei gruppi che vanno dal Gruppo 3B al Gruppo 8B.

Alcuni metalli, in particolare i *metalli di transizione*, possono formare più di un tipo di catione. Per esempio, il ferro può formare due cationi: Fe^{2+} e Fe^{3+}. Un vecchio sistema di nomenclatura, ancora in uso (limitato), assegna il suffisso "-oso" al catione con minore carica positiva e il suffisso "-ico" per il catione con maggiore carica positiva:

Fe^{2+} ione ferroso
Fe^{3+} ione ferrico

I nomi dei composti che questi ioni di ferro formano con il cloro sarebbero quindi

$FeCl_2$ cloruro ferroso
$FeCl_3$ cloruro ferrico

$FeCl_2$ (a sinistra) e $FeCl_3$ (a destra).

Tabella 0.3 Nomi e formule di alcuni cationi e anioni inorganici

Catione	Anione
Alluminio (Al^{3+})	Bromuro (Br^-)
Ammonio (NH_4^+)	Carbonato (CO_3^-)
Bario (Ba^{2+})	Clorato (ClO_3^-)
Cadmio (Cd^{2+})	Cloruro (Cl^-)
Calcio (Ca^{2+})	Cromato (CrO_4^{2-})
Cesio (Cs^+)	Cianuro (CN^-)
Cromo (III) o cromico (Cr^{3+})	Dicromato ($Cr_2O_7^{2-}$)
Cobalto (II) o cobaltoso (Co^{2+})	Diidrogeno fosfato ($H_2PO_4^-$)
Rame (I) o rameoso (Cu^+)	Fluoruro (F^-)
Rame (II) o rameico (Cu^{2+})	Idruro (H^-)
Idrogeno (H^+)	Idrogeno carbonato o bicarbonato (HCO_3^-)
Ferro (II) o ferroso (Fe^{2+})	Idrogeno fosfato (HPO_4^{2-})
Ferro (III) o ferrico (Fe^{3+})	Idrogeno solfato o bisolfato (HSO_4^-)
Piombo (II) o piomboso (Pb^{2+})	Idrossido (OH^-)
Litio (Li^+)	Ioduro (I^-)
Magnesio (Mg^{2+})	Nitrato (NO_3^-)
Manganese (II) o manganoso (Mn^{2+})	Nitruro (N_3^-)
Mercurio (I) o mercuroso (Hg_2^{2+})*	Nitrito (NO_2^-)
Mercurio (II) o mercurico (Hg^{2+})	Ossido (O^{2-})
Potassio (K^+)	Permanganato (MnO_4^-)
Rubidio (Rb^+)	Perossido (O_2^{2-})
Argento (Ag^+)	Fosfato (PO_4^{3-})
Sodio (Na^+)	Solfato (SO_4^{3-})
Stronzio (Sr^{2+})	Solfuro (S^{2-})
Stagno (II) o stannoso (Sn^{2+})	Solfito (SO_3^{2-})
Zinco (Zn^{2+})	Tiocianato (SCN^-)

* Il mercurio (I) esiste soltanto come ione biatomico, come mostrato.

Questo tipo di nomenclatura presenta diverse limitazioni. In primo luogo, i suffissi "-oso" e "-ico" non forniscono informazioni riguardanti l'effettiva carica dei due cationi coinvolti. Infatti, lo ione ferrico è Fe^{3+}, ma il catione del rame detto rameico ha formula Cu^{2+}. Inoltre, i suffissi "-oso" e "-ico" assegnano dei nomi solo per due diversi cationi. Alcuni elementi metallici possono formare tre o più diversi cationi, ed è quindi diventato sempre più comune designare diversi cationi con numeri romani. Questo modo è chiamato il ***sistema di Stock*** da Alfred Stock,[15] un chimico inorganico tedesco. Secondo questo sistema, un numero romano indica il numero di cariche positive, per esempio, II significa due cariche positive. Per il manganese (Mn):

Mn^{2+}	MnO	ossido di manganese (II)
Mn^{3+}	Mn_2O_3	ossido di manganese (III)
Mn^{4+}	MnO_2	ossido di manganese (IV)

[15] Alfred E. Stock (1876-1946). Chimico tedesco. La maggior parte delle ricerche di Stock furono sulla sintesi e la caratterizzazione di composti del boro, del berillio e del silicio. Egli fu il primo scienziato a esplorare i pericoli di avvelenamento da mercurio.

Utilizzando il sistema di Stock, gli ioni ferroso e ferrico sono, rispettivamente, lo ione ferro (II) e ferro (III); il cloruro ferroso diventa cloruro di ferro (II) e il cloruro ferrico è chiamato cloruro di ferro (III). In linea con la prassi moderna, in questo libro, verrà usato il sistema di nomenclatura di Stock. Gli Esempi 0.3 e 0.4 illustrano come assegnare i nomi e come scrivere le formule dei composti ionici sulla base delle informazioni fornite nella Tabella 0.3.

Esempio 0.3

Assegnare un nome ai seguenti composti: (a) $Cu(NO_3)_2$, (b) KH_2PO_4, (c) NH_4ClO_3.

Impostazione Il riferimento per la nomenclatura degli anioni e dei cationi è la Tabella 0.3. Se un metallo può formare cationi con cariche diverse (vedi Figura 0.10), abbiamo bisogno di utilizzare il sistema di Stock.

Soluzione (a) Ciascuno dei due ioni nitrato (NO_3^-) presenta una carica negativa, quindi lo ione rame dovrà avere carica pari a 2. Poiché il rame può presentarsi in due forme, ioni Cu^+ e Cu^{2+}, abbiamo bisogno di utilizzare il sistema di Stock. Il nome del composto è nitrato di rame (II). (b) Il catione è K^+ e l'anione è $H_2PO_4^-$ (diidrogeno fosfato). Poiché il potassio forma solo un tipo di ione (K^+), non vi è alcuna necessità di utilizzare il sistema di Stock. Il nome del composto è diidrogeno fosfato di potassio. (c) Il catione è NH_4^+ (ione ammonio) e l'anione è ClO^- (clorato). Il nome del composto è clorato d'ammonio.

Problema di autovalutazione Assegnare un nome ai seguenti composti: (a) PbO, (b) Li_2SO_3, (c) Fe_2O_3.

Esempio 0.4

Scrivere le formule chimiche dei seguenti composti: (a) nitrito di mercurio (I), (b) solfuro di cesio, (c) fosfato di calcio.

Impostazione Fare riferimento alla Tabella 0.3 per le formule di cationi e anioni. I numeri romani indicano le cariche sui cationi.

Soluzione (a) Il numero romano indica che lo ione mercurio ha carica +1. In base alla Tabella 0.3, tuttavia, lo ione mercurio (I) è biatomico, con carica +2 (Hg_2^{2+}) e lo ione nitrito è NO_2^-. Pertanto, la formula è $Hg_2(NO_2)_2$. (b) Ogni ione solfuro ha carica –2, mentre ogni ione cesio ha carica +1. Pertanto, la formula è Cs_2S. (c) Ogni ione calcio (Ca^{2+}) ha carica +2, e ciascuno ione fosfato (PO_4^{3-}) porta una carica –3. Per rendere il composto elettricamente neutro (cioè, porre a zero la somma delle cariche), si deve considerare il numero opportuno di anioni e cationi $3(+2) + 2(-3) = 0$, quindi la formula è $Ca_3(PO_4)_2$.

Problema di autovalutazione Scrivere le formule per i seguenti composti ionici: (a) solfato di rubidio, (b) ossido di cromo (VI), (c) idruro di bario.

Nomenclatura dei composti molecolari

A differenza dei composti ionici, i composti molecolari contengono singole unità molecolari. Esse sono di solito composte da elementi non metallici (vedi Figura 0.9). Molti composti molecolari sono composti binari. La nomenclatura dei composti molecolari binari è simile a quella dei composti ionici binari. Si pronuncia il nome del secondo elemento presente nella formula, aggiungendo il suffisso "-uro" alla radice del nome (fanno eccezione gli ossidi), quindi si pronuncia il primo elemento:

HCl	cloruro di idrogeno
HBr	bromuro di idrogeno
SiC	carburo di silicio

È abbastanza comune, per due elementi, formare composti diversi (per esempio, CO e CO_2). In questi casi, la confusione nella nomenclatura è evitata tramite l'uso di prefissi greci (cfr. Tabella 0.4), essi servono a indicare il numero di atomi di ogni elemento presente. Alcuni esempi:

CO	monossido di carbonio
CO_2	diossido di carbonio
SO_2	diossido di zolfo
SO_3	triossido di zolfo
CCl_4	tetracloruro di carbonio
N_2O_4	tetrossido di diazoto
P_2O_5	pentossido di difosforo

Tabella 0.4
Prefissi greci utilizzati nella denominazione dei composti molecolari

Prefisso	Significato
Mono-	1
Di-	2
Tri-	3
Tetra-	4
Penta-	5
Esa-	6
Epta-	7
Otta-	8
Nona-	9
Deca-	10

Per la nomenclatura di composti con prefissi, utilizzare le seguenti linee guida:

- Il prefisso "mono-" può essere omesso per il primo elemento nella formula, poiché la mancanza di un prefisso indica che un solo atomo di tale elemento è presente. Per esempio, PCl_3 è chiamato tricloruro di fosforo, non tricloruro di monofosforo. Può anche essere omesso per il secondo elemento, se quest'ultimo può formare solo un tipo di composto. Per esempio, HCl è il cloruro di idrogeno e non il monocloruro di idrogeno, perché HCl è l'unico cloruro di idrogeno possibile. D'altronde, il carbonio può formare due ossidi, CO e CO_2, per cui il CO deve essere chiamato "monossido di carbonio" per distinguerlo da CO_2.
- Per gli ossidi, la terminazione "a" nel prefisso viene talvolta omessa. Per esempio, N_2O_4 è chiamato tetrossido di diazoto, piuttosto che tetraossido di diazoto.

Per i composti molecolari contenenti idrogeno non sono utilizzati i prefissi greci. Tradizionalmente, molti di questi composti sono chiamati con il loro nome comune, non sistematico, o con nomi che non indicano specificatamente il numero di atomi di H presenti:

B_2H_6	diborano
CH_4	metano
SiH_4	silano
NH_3	ammoniaca
PH_3	fosfina
H_2O	acqua
H_2S	solfuro di idrogeno

Anche l'ordine di scrittura degli elementi nelle formule per i composti dell'idrogeno è irregolare. Nell'acqua e nel solfuro di idrogeno, per esempio, H è scritto per primo, a differenza che negli altri composti.

Scrivere le formule chimiche per la maggior parte dei composti molecolari di solito è semplice. Pertanto, il nome trifluoruro di arsenico significa che c'è un atomo di As e tre atomi di F in ogni molecola, e la formula molecolare è AsF_3.

Esempio 0.5

Assegnare un nome ai seguenti composti molecolari: (a) $SiCl_4$, (b) P_4O_{10}.

Impostazione Fare riferimento alla Tabella 0.4 per i prefissi. In (a) vi è un solo atomo di Si per cui, non utilizzare il prefisso "mono".

Soluzione (a) Dato che ci sono quattro atomi di cloro presenti, il composto è il tetracloruro di silicio. (b) Ci sono quattro atomi di fosforo e dieci atomi di ossigeno: il composto è il decaossido di tetrafosforo.

Problema di autovalutazione Assegnare un nome ai seguenti composti molecolari: (a) NF_3 e (b) Cl_2O_7.

Esempio 0.6

Scrivere le formule chimiche per i seguenti composti molecolari: (a) disolfuro di carbonio e (b) esabromuro di disilicio.

Impostazione Qui abbiamo bisogno di convertire i prefissi in numeri di atomi (vedi Tabella 0.4). Poiché non vi è alcun prefisso per il carbonio in (a), ciò significa che c'è un solo atomo di carbonio presente.

Soluzione (a) Poiché ci sono due atomi di zolfo (dal prefisso *di-*) e un atomo di carbonio (il prefisso *mono-* è omesso) la formula è CS_2. (b) Ci sono due (*di-*) atomi di silicio e sei (*esa-*) atomi di bromo presenti, la formula è Si_2Br_6.

Problema di autovalutazione Scrivere le formule chimiche per i seguenti composti molecolari: (a) tetrafluoruro di zolfo e (b) pentossido di diazoto.

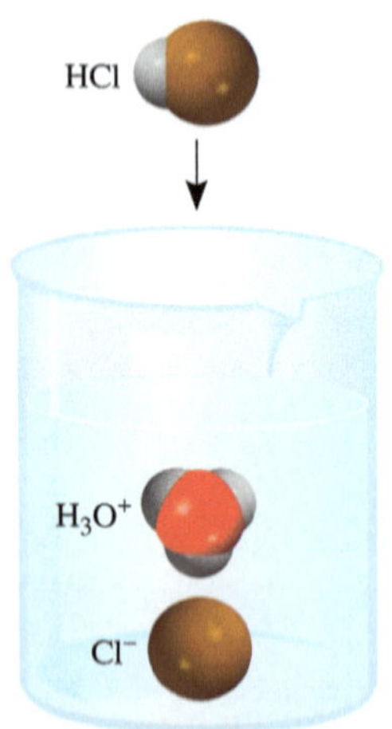

La molecola HCl, disciolta in acqua, si scinde per dare ioni H^+ e Cl^-. Lo ione H^+ è associato a una o più molecole d'acqua e, normalmente, viene rappresentato come H_3O^+.

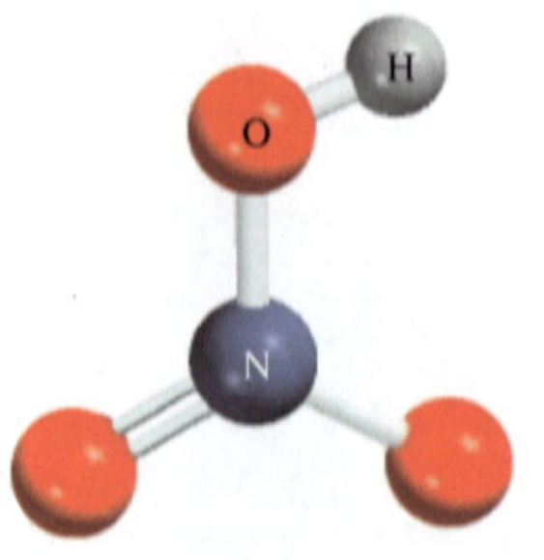

HNO_3

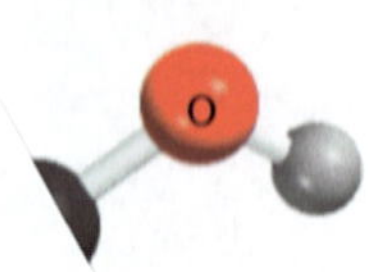

La Figura 0.13 riassume i passaggi da seguire per la denominazione dei composti ionici e dei composti molecolari binari.

Nomenclatura di acidi e basi

Un ***acido*** può essere descritto come *una sostanza che produce ioni idrogeno* (H^+) *quando è disciolta in acqua* (l'argomento sarà trattato in maniera più approfondita nei Capitoli 10 e 11). Le formule degli acidi contengono uno o più atomi di idrogeno e un gruppo anionico. Gli anioni il cui nome termina in "-uro" formano acidi con il suffisso "-idrico" preceduto dal termine "acido", come mostrato nella Tabella 0.5.

In alcuni casi, due nomi diversi sembrano essere assegnati alla stessa formula chimica, per esempio:

HCl	cloruro di idrogeno
HCl	acido cloridrico

Il nome assegnato al composto dipende dal suo stato fisico. Allo stato gassoso o come liquido puro, HCl è un composto molecolare chiamato cloruro di idrogeno. Quando HCl è disciolto in acqua, le molecole si scindono in ioni H^+ e Cl^-, in questo stato, la sostanza viene chiamata acido cloridrico.

Gli ***ossiacidi*** (o *ossoacidi*) sono *acidi che contengono idrogeno, ossigeno e un altro elemento (l'elemento centrale).* Le formule degli ossoacidi di solito contengono prima H, seguito dall'elemento centrale e poi da O, come illustrato dai seguenti esempi, aventi tutti il suffisso "-ico":

HNO_3	acido nitrico
H_2CO_3	acido carbonico
H_2SO_4	acido solforico
$HClO_3$	acido clorico

Spesso due o più ossiacidi hanno lo stesso atomo centrale, ma un diverso numero di atomi di O. Considerando anche gli ossiacidi appena citati come esempio, il cui no-

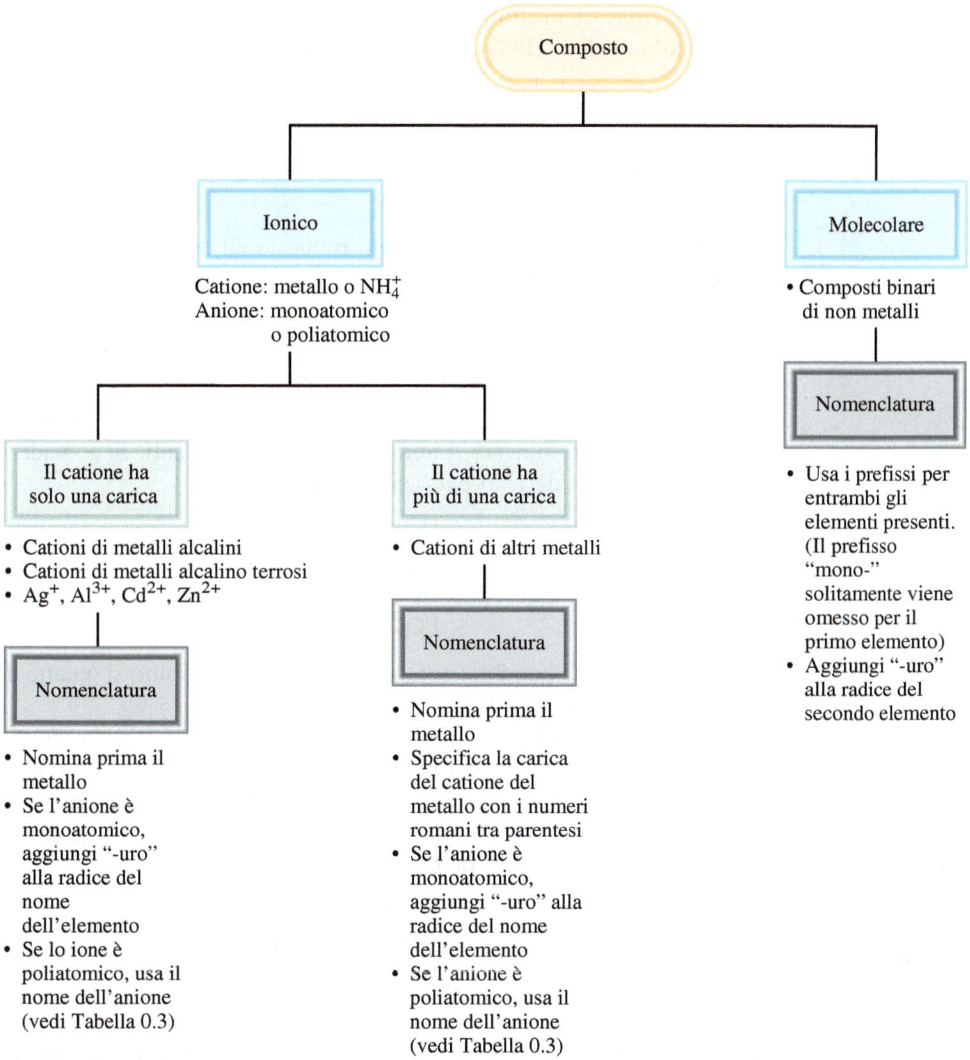

Figura 0.13 Passaggi da seguire per la denominazione dei composti ionici e dei composti molecolari binari.

me termina per tutti con "-ico", usiamo le seguenti regole per assegnare un nome a questo tipo di composti.

1. Aggiunta di un atomo O all'acido "-ico": l'acido viene chiamato acido "per- … -ico". Pertanto, l'aggiunta di un atomo O a $HClO_3$ cambia l'acido clorico ad acido perclorico, $HClO_4$.

Tabella 0.5 Alcuni acidi semplici

Anion	Acido corrispondente
Fluoruro (F^-)	HF (acido fluoridrico)
Cloruro (Cl^-)	HCl (acido cloridrico)
Bromuro (Br^-)	HBr (acido bromidrico)
Ioduro (I^-)	HI (acido iodidrico)
Cianuro (CN^-)	HCN (acido cianidrico)
Solfuro (S^{2-})	H_2S (acido solfidrico)

2. Rimozione di un atomo O dall'acido "-ico": l'acido viene chiamato acido "-oso". L'acido nitrico (HNO_3) diventa acido nitroso (HNO_2).
3. Eliminazione di due atomi O dall'acido "-ico": l'acido viene chiamato acido "ipo- ... -oso". L'acido bromico ($HBrO_3$) diventa acido ipobromoso (HBrO).

Le regole della nomenclatura degli ***ossoanioni***, gli ***anioni degli ossiacidi***, sono le seguenti:

1. Quando tutti gli ioni H^+ vengono rimossi dall'acido "-ico", il nome dell'anione termina con "-ato". Per esempio, CO_3^{2-} (l'anione derivante da H_2CO_3) è chiamato carbonato.
2. Quando tutti gli ioni H^+ vengono rimossi dall'acido "-oso", l'anione del nome termina con "-ito". Così, ClO_2^-, l'anione derivante da $HClO_2$, è chiamato clorito.
3. I nomi degli anioni in cui uno o più, ma non tutti, ioni di idrogeno sono stati rimossi, devono indicare il numero di ioni H^+ presenti. Si considerino, per esempio, gli anioni derivati dall'acido fosforico:

H_3PO_4	acido fosforico
$H_2PO_4^-$	diidrogenofosfato
HPO_4^{2-}	idrogenofosfato
PO_4^{3-}	fosfato

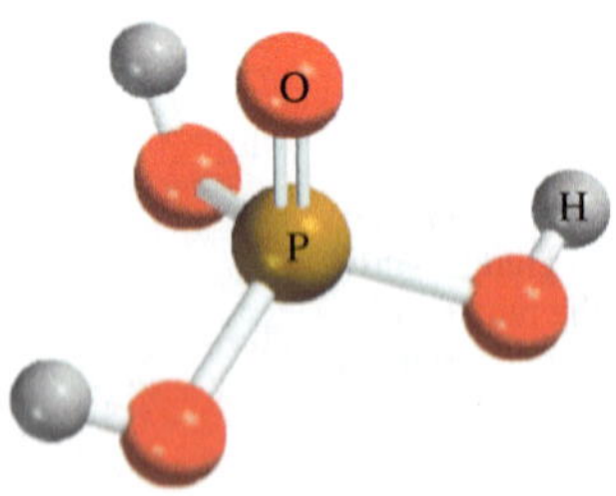

H_3PO_4

In modo analogo ai nomi dei composti molecolari, di solito si omette il prefisso "mono-" quando c'è un solo H nell'anione.

Una ***base*** può essere descritta come *una sostanza che produce ioni idrossido (OH^-) quando viene disciolta in acqua* (l'argomento sarà trattato in maniera più approfondita nei Capitoli 10 e 11). In genere, le basi sono composti ionici formati da cationi metallici con l'anione idrossido e i loro nomi sono assegnati secondo le consuete regole dei composti ionici:

NaOH	idrossido di sodio
KOH	idrossido di potassio
$Ba(OH)_2$	idrossido di bario

L'ammoniaca (NH_3), un composto molecolare allo stato gassoso o liquido puro, è anch'essa classificata come una base comune. Questa, a prima vista, può sembrare un'eccezione alla definizione di base appena data, ma non è necessario che la sostanza contenga ioni idrossido nella sua struttura; essa viene considerata base quando, disciolta in acqua, produce ioni OH^-. Infatti, quando si scioglie l'ammoniaca in acqua, alcune molecole di NH_3 reagiscono con molecole di H_2O per dare ioni NH_4^+ e OH^-. Pertanto, l'ammoniaca è correttamente classificata come base.

Nomenclatura degli idrati

Molti composti ionici solidi hanno un certo numero di molecole d'acqua all'interno della loro struttura cristallina. Tali composti sono chiamati ***idrati***. Per esempio, nel suo stato normale, ogni unità di solfato di rame (II) ha associate cinque molecole d'acqua. Nella denominazione degli idrati, usiamo uno dei prefissi greci (vedi Tabella 0.4) per indicare il numero di molecole d'acqua associate a ciascuna formula del composto ionico, seguito dal suffisso "-idrato".

Pertanto, il nome sistematico di questo composto è solfato di rame (II) pentaidrato, e la sua formula è scritta come $CuSO_4 \cdot 5H_2O$. Le molecole d'acqua possono essere allontanate per riscaldamento. Quando ciò si verifica, il composto risultante è $CuSO_4$, talvolta chiamato solfato di rame (II) *anidro*; dove il termine "anidro" significa che il composto non ha più molecole d'acqua associate ad esso (Figura 0.14).

Alcuni altri idrati sono

$BaCl_2 \cdot 2H_2O$ cloruro di bario diidrato
$LiCl \cdot H_2O$ cloruro di litio monoidrato

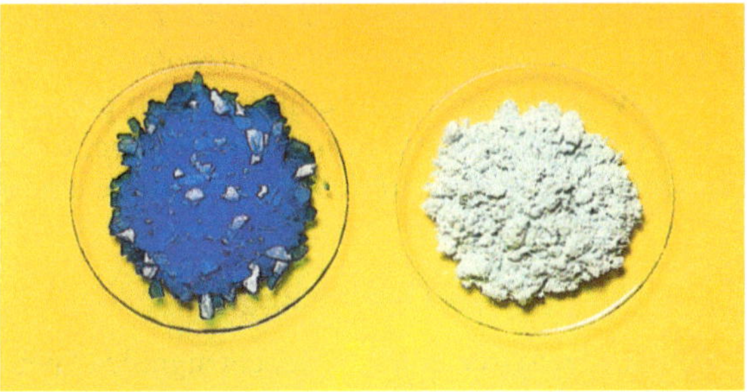

Figura 0.14 $CuSO_4 \cdot 5H_2O$ (a sinistra) è di colore blu; $CuSO_4$ (a destra) è di colore bianco.

Tabella 0.6 Nomi comuni e sistematici di alcuni tra i composti più familiari

Formula	Nome comune	Nome sistematico
H_2O	Acqua	Ossido di diidrogeno
NH_3	Ammoniaca	Nitruro di triidrogeno
CO_2	Ghiaccio secco (allo stato solido)	Diossido di carbonio
NaCl	Sale da tavola	Cloruro di sodio
$CaCO_3$	Marmo, calcare	Carbonato di calcio
N_2O	Gas esilarante	Ossido di diazoto
CaO	Calce viva	Ossido di calcio
$Ca(OH)_2$	Calce spenta	Idrossido di calcio
$NaHCO_3$	Bicarbonato	Idrogenocarbonato di sodio
$Na_2CO_3 \cdot 10H_2O$	Soda Solvay	Carbonato di sodio decaidrato
$MgSO_4 \cdot 7H_2O$	Sale inglese	Solfato di magnesio eptaidrato
$Mg(OH)_2$	Magnesia	Idrossido di magnesio
$CaSO_4 \cdot 2H_2O$	Gesso	Solfato di calcio diidrato
NaOH	Soda caustica	Idrossido di sodio

$MgSO_4 \cdot 7H_2O$ solfato di magnesio eptaidrato
$Sr(NO_3)_2 \cdot 4H_2O$ nitrato di stronzio tetraidrato

Composti inorganici familiari

Alcuni composti sono più conosciuti con il loro nome comune che con il loro nome chimico sistematico. Esempi familiari sono riportati nella Tabella 0.6.

0.4 Reazioni chimiche

0.4.1 Scrivere le reazioni chimiche

Secondo la teoria atomica della materia, atomi e molecole reagiscono chimicamente l'uno con l'altro come singole unità e il numero di ciascun tipo di atomi non cambia in una reazione. Pertanto, il numero di atomi di un dato elemento deve essere lo stesso, sia nei prodotti sia nei reagenti. Si consideri, per esempio, la reazione di idrogeno (H_2) e ossigeno (O_2) per formare acqua (H_2O). Poiché una molecola d'acqua contiene due volte il numero di atomi di H rispetto agli atomi di O, il rapporto tra le molecole di idrogeno e le molecole di ossigeno che partecipano alla reazione deve essere di 2:1, per preservare il bilanciamento atomico. Pertanto, si potrebbe descrivere questa reazione dicendo *"due molecole di idrogeno reagiscono con una molecola di ossigeno per produrre due molecole di acqua"*. Tuttavia, questo tipo di descrizioni diventano decisamente ingombranti per reazioni più complicate e una notazione più compatta, detta ***equazione chimica***, è stata sviluppata per descrivere accuratamente le reazioni chimiche. L'equazione chimica per la reazione descritta è

$$2H_2 + O_2 \longrightarrow 2H_2O$$

dove il segno "+" significa "reagisce con", la freccia significa "per dare" ed è implicito che la reazione proceda da sinistra a destra, cioè che le molecole sulla sinistra siano i ***reagenti*** e che quelle a destra siano i ***prodotti***.

$$\text{reagenti} \longrightarrow \text{prodotti}$$

I numeri davanti a ogni specie molecolare in un'equazione chimica sono chiamati ***coefficienti stechiometrici***, e lo studio quantitativo delle quantità dei singoli reagenti e dei singoli prodotti nelle reazioni chimiche è detto *stechiometria.*

Le equazioni chimiche spesso includono lo stato fisico dei reagenti e dei prodotti. Per esempio, possiamo scrivere

$$2H_2(g) + O_2(g) \longrightarrow 2H_2O(l)$$

per indicare che in questa reazione l'idrogeno e l'ossigeno allo stato gassoso (indicato con *g*) reagiscono per formare acqua liquida (*l*). Altre abbreviazioni comunemente usate sono (*s*) per i solidi e (*aq*) per indicare ***specie acquose***, cioè *sostanze disciolte in soluzioni acquose* (una ***soluzione acquosa*** è una soluzione in cui l'acqua è il solvente).

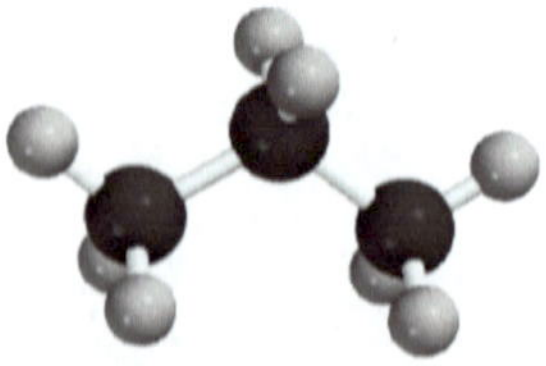

C_3H_8

Si consideri la combustione del propano (C_3H_8). Comunemente utilizzato come combustibile per i fornelli da campeggio, il propano (un gas) si combina con l'ossigeno (O_2, un gas) per formare diossido di carbonio (CO_2, un gas) e acqua (H_2O, un liquido). Poiché ogni molecola di propano contiene tre atomi di carbonio e dato che il diossido di carbonio (con un atomo di carbonio) è l'unico prodotto che contiene carbonio, ogni molecola di propano che reagisce dovrà produrre tre molecole di CO_2. Allo stesso modo, gli otto atomi di idrogeno contenuti in ogni molecola di propano dovranno produrre quattro molecole d'acqua. Si avranno quindi dieci atomi di ossigeno nei prodotti (da tre molecole di CO_2 e da quattro molecole di H_2O), per cui dovranno esserci cinque molecole di O_2 nei reagenti. Perciò, l'equazione chimica di questa reazione sarà

$$C_3H_8(g) + 5O_2(g) \longrightarrow 3CO_2(g) + 4H_2O(l)$$

In questa equazione ci sono tre atomi di C, otto atomi di H e dieci atomi di O su *entrambi* i lati. Questa equazione chimica è *bilanciata*, ovverosia, c'è un numero uguale di ogni tipo di atomi, sia sul lato reagenti sia sul lato prodotti. Prima che un'equazione chimica possa essere utilizzata in una qualsiasi analisi stechiometrica, deve essere bilanciata; perciò, imparare a bilanciare un'equazione chimica è una delle conoscenze fondamentali per un chimico.

0.4.2 Bilanciare le reazioni chimiche

Si supponga di voler scrivere un'equazione per descrivere una reazione chimica che si è appena svolta in laboratorio. Da che parte iniziare? Poiché si conoscono le identità dei reagenti, si possono scrivere le loro formule chimiche. Le identità dei prodotti sono più difficili da stabilire. Per reazioni semplici, è spesso possibile predire i prodotti. Per le reazioni più complicate, che coinvolgono tre o più prodotti, può essere necessario eseguire delle analisi per stabilire la presenza di composti specifici. Una volta individuati tutti i reagenti e i prodotti e scritte le corrette formule per ciascuno di essi, questi ultimi si possono assemblare secondo la sequenza convenzionale, reagenti sulla sinistra separati da una freccia dai prodotti, posti a destra. L'equazione scritta a questo punto è probabile che sia *sbilanciata*, cioè che il numero di ciascun tipo di atomo su un lato della freccia differisca dal numero nell'altro lato.

In genere, si può bilanciare un'equazione chimica utilizzando la seguente procedura:

1. Identificare tutti i reagenti e i prodotti e scrivere le loro corrette formule, rispettivamente, sul lato sinistro e sul lato destro dell'equazione.
2. Iniziare a bilanciare l'equazione provando diversi coefficienti in modo di avere lo stesso numero di atomi di ogni elemento su entrambi i lati dell'equazione. Si possono cambiare i coefficienti stechiometrici (i numeri che precedono le formule), ma non i pedici (i numeri nelle formule). Cambiare i coefficienti stechiometrici cambia solo la quantità delle sostanze, mentre cambiare i pedici significa modificare l'identità della sostanza. Per esempio, $2NO_2$ significa "due molecole di diossido di azoto", ma se si raddoppiano i pedici si ha N_2O_4, che è la formula del tetrossido di diazoto, un composto completamente diverso.

   Per fare questo, prima bisogna esaminare gli elementi che appaiono una sola volta su ciascun lato dell'equazione con lo stesso numero di atomi su ogni lato. Le formule contenenti tali elementi devono avere lo stesso coefficiente. Pertanto, non c'è alcuna necessità di variare i coefficienti di questi elementi, a questo punto. Quindi, cercare gli elementi che appaiono una sola volta su ciascun lato dell'equazione, ma in numero diseguale di atomi. Bilanciare questi elementi. Infine, bilanciare gli elementi che compaiono in due o più formule nello stesso lato dell'equazione.
3. Controllare l'equazione bilanciata per essere sicuri di avere lo stesso numero totale di ciascun tipo di atomo su entrambi i lati dell'equazione.

Consideriamo ora un esempio specifico. In laboratorio, piccole quantità di ossigeno gassoso possono essere preparate mediante decomposizione termica del clorato di potassio ($KClO_3$). I prodotti sono ossigeno gassoso (O_2) e cloruro di potassio (KCl). Da queste informazioni, si può scrivere

$$KClO_3 \longrightarrow KCl + O_2$$

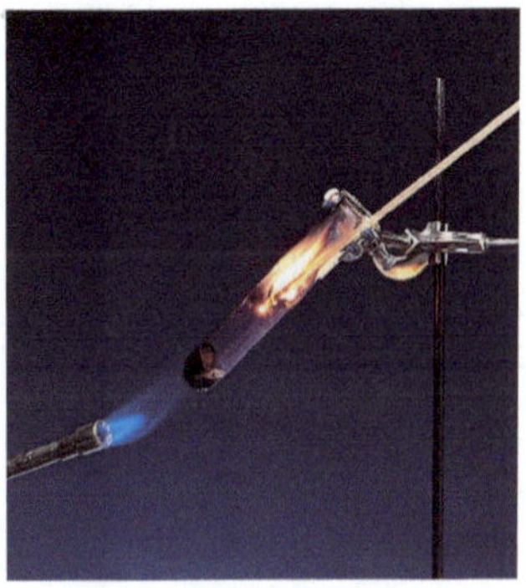

Il riscaldamento del clorato di potassio produce ossigeno, che alimenta la combustione del bastoncino di legno.

Per semplicità, si possono omettere, ora, gli stati fisici dei reagenti e dei prodotti. Tutti e tre gli elementi (K, Cl e O) appaiono una sola volta su ciascun lato dell'equazione, ma solo per K e Cl abbiamo un uguale numero di atomi su entrambi i lati. Per cui, $KClO_3$ e KCl devono avere lo stesso coefficiente. Il passo successivo è quello di rendere il numero di atomi di O lo stesso su entrambi i lati dell'equazione. Dato che ci sono tre atomi di O a sinistra e due atomi di O a destra, siamo in grado di bilanciare gli atomi O mettendo un 2 davanti a $KClO_3$ e un 3 davanti a O_2.

$$2KClO_3 \longrightarrow KCl + 3O_2$$

Infine, bilanciamo gli atomi K e Cl mettendo un 2 davanti a KCl:

$$2KClO_3 \longrightarrow 2KCl + 3O_2$$

Come verifica finale, controlliamo che il numero di atomi di ogni elemento presente sia lo stesso su entrambi i lati dell'equazione chimica. Per la decomposizione termica del $KClO_3$, abbiamo due atomi di K, due atomi di Cl e sei atomi di O sul lato reagenti e due atomi di K, due atomi di Cl e sei atomi di O sul lato prodotti, quindi l'equazione è bilanciata. Questa equazione può anche essere bilanciata moltiplicando tutti i coefficienti per una costante. Per esempio, si potrebbero moltiplicare tutti i coefficienti stechiometrici per 2 per ottenere un'equazione chimica bilanciata:

$$4KClO_3 \longrightarrow 4KCl + 6O_2$$

È pratica comune, tuttavia, utilizzare l'insieme dei coefficienti stechiometrici (numeri interi) *più basso* possibile.

Consideriamo ora la combustione dell'etano (C_2H_6), componente del gas naturale, in ossigeno o aria, che produce anidride carbonica (CO_2) e acqua. L'equazione non bilanciata è

$$C_2H_6 + O_2 \longrightarrow CO_2 + H_2O$$

Il numero di atomi non è lo stesso su entrambi i lati dell'equazione, per nessuno degli elementi (C, H, O). Inoltre, C e H appaiono solo una volta su ciascun lato dell'equazione, mentre O appare in due composti sul lato destro (CO_2 e H_2O). Per bilanciare gli atomi C, porre un 2 davanti a CO_2:

$$C_2H_6 + O_2 \longrightarrow 2CO_2 + H_2O$$

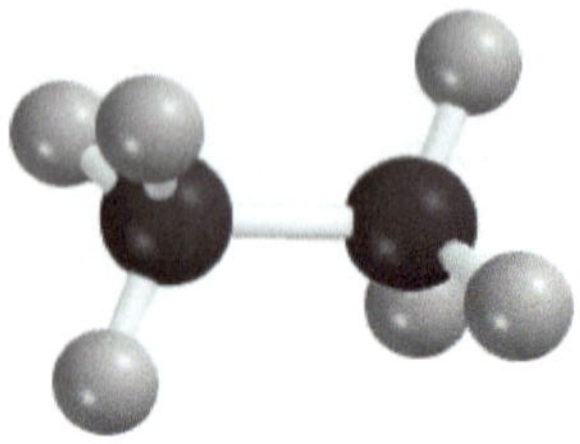

C_2H_6

Per bilanciare gli atomi H, porre un 3 di fronte a H_2O:

$$C_2H_6 + O_2 \longrightarrow 2CO_2 + 3H_2O$$

A questo punto, gli atomi C e H sono bilanciati, ma gli atomi O non lo sono perché ci sono sette atomi O a destra (prodotto) e solo due atomi O a sinistra (reagente). La disuguaglianza degli atomi di ossigeno è eliminata mettendo un coefficiente stechiometrico 7/2 di fronte al reagente O_2:

$$C_2H_6 + \tfrac{7}{2}O_2 \longrightarrow 2CO_2 + 3H_2O$$

Le molecole, tuttavia, esistono come singole unità, per cui è generalmente preferibile esprimere i coefficienti stechiometrici in numeri interi piuttosto che come frazioni; pertanto, si moltiplica l'intera equazione per 2 per cancellare la frazione:

$$2C_2H_6 + 7O_2 \longrightarrow 4CO_2 + 6H_2O$$

Una rapida ispezione mostra che vi sono 4 atomi C, 14 atomi O e 12 atomi H su entrambi i lati dell'equazione, quindi essa è correttamente bilanciata. L'Esempio 0.7 permette di fare ulteriore pratica sul bilanciamento delle equazioni chimiche.

Esempio 0.7

Quando l'alluminio metallico è esposto all'aria, uno strato protettivo di ossido di alluminio (Al_2O_3) si forma sulla sua superficie. Questo strato impedisce l'ulteriore reazione tra alluminio e ossigeno, ed è il motivo per cui le lattine in alluminio per bevande e gli aerei non si corrodono. Quando è invece il ferro a essere esposto all'aria, la ruggine [ossido di ferro (III)] che si forma, è troppo porosa per poter proteggere il ferro metallico sottostante, quindi la corrosione procede. Scrivere un'equazione bilanciata per la formazione di Al_2O_3.

Impostazione La formula di un elemento o di un composto non può essere modificata nel bilanciamento di un'equazione chimica. L'equazione si bilancia ponendo gli opportuni coefficienti davanti alle formule.

Soluzione L'equazione non bilanciata è

$$Al + O_2 \longrightarrow Al_2O_3$$

In un'equazione bilanciata, il numero e il tipo di atomi su ciascun lato dell'equazione devono essere gli stessi. C'è un atomo di Al sul lato reagenti, ma due sul lato prodotti, quindi gli atomi di Al possono essere bilanciati ponendo un coefficiente 2 di fronte al reagente Al:

$$2Al + O_2 \longrightarrow Al_2O_3$$

Ci sono due atomi di O sul lato reagenti e tre atomi di O sul lato prodotti. Siamo in grado di bilanciare gli atomi di O ponendo un coefficiente 3/2 di fronte a O_2 sul lato reagenti. A questo punto l'equazione è bilanciata. Per eliminare la frazione (3/2), moltiplichiamo entrambi i lati dell'equazione per 2 per ottenere coefficienti interi:

$$4Al + 3O_2 \longrightarrow 2Al_2O_3$$

Verifica Una volta bilanciata un'equazione, controllare il risultato assicurandosi che il numero di ciascun tipo di atomo sia lo stesso su entrambi i lati dell'equazione. Per la formazione dell'ossido di alluminio, ci sono quattro atomi di Al e sei atomi di O su entrambi i lati, quindi l'equazione è bilanciata.

Problema di autovalutazione Bilanciare l'equazione che rappresenta la reazione tra l'ossido di ferro (III) (Fe_2O_3) e il monossido di carbonio (CO) per dare ferro (Fe) e diossido di carbonio (CO_2).

0.5 Descrizione delle quantità di atomi o di molecole

Una volta bilanciata un'equazione chimica, possiamo iniziare a prevedere il numero di ogni tipo di molecola che reagisce o che viene prodotta in una reazione chimica. Per esempio, dall'equazione

$$2C_2H_6 + 7O_2 \longrightarrow 4CO_2 + 6H_2O$$

possiamo dedurre che, se otto molecole di etano (C_2H_6) reagiranno, le molecole d'acqua prodotte saranno $3 \times 8 = 24$, dato che per ogni molecola di etano che reagisce vengono prodotte tre molecole d'acqua; il moltiplicatore $3 = 6/2$ è semplicemente il rapporto tra i coefficienti stechiometrici. Tuttavia, tale modalità di previsione ha una praticità limitata, per due motivi:

- Primo, i chimici in genere misurano la massa dei campioni coinvolti in una reazione e non il numero di molecole che essi contengono; sarà quindi necessario trovare, per maggiore praticità di calcolo, un modo per convertire la massa nel numero di atomi.
- Secondo, il numero di molecole contenute in un campione di laboratorio è enormemente grande. Per esempio, 1 g di acqua contiene più di 5×10^{22} molecole di acqua cioè, 5 seguito da 22 zeri! Pertanto, è necessario trovare un metodo semplice per trattare numeri così grandi in modo efficace.

Questi limiti sono stati superati nella chimica moderna attraverso l'introduzione di due concetti estremamente importanti: la *massa atomica* e la *mole*.

0.5.1 Massa atomica

La massa di un atomo dipende dal numero di elettroni, protoni e neutroni che contiene, e tutti gli atomi di un dato isotopo sono identici in massa. L'unità SI della massa (il kg) è troppo grande per essere una conveniente unità per la massa di un atomo, quindi è auspicabile un'unità di massa più piccola. Nel 1961, l'Unione Internazionale di Chimica Pura e Applicata (IUPAC) definì l'***unità di massa atomica*** (u)[16] essere *esattamente uguale a un dodicesimo della massa di un atomo di carbonio-12.*[17] Il carbonio-12 (^{12}C) è l'isotopo del carbonio che ha sei protoni, sei neu-

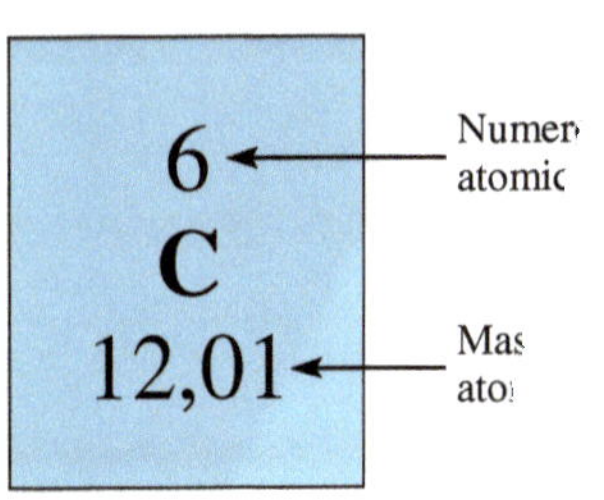

[16] Una precedente abbreviazione per l'unità di massa atomica (*uma*) è ancora in uso comune. In biochimica e in biologia molecolare, l'unità di massa atomica è spesso chiamata *Dalton* (Da), soprattutto in riferimento alla massa atomica delle proteine.

troni e sei elettroni. Usando questa definizione, abbiamo che 1 u = 1,660539 × 10^{-27} kg. La ***massa atomica*** (talvolta chiamata anche *peso atomico*) di un atomo è quindi definita, rispetto a questo standard, come *la massa di un atomo in unità di massa atomica (u)*. Per esempio, i due isotopi naturali dell'elio, ^{3}He e ^{4}He, hanno masse atomiche, rispettivamente, 3,01602931 u e 4,00260324 u. Ciò significa che un atomo di elio-4 (^{4}He) è 4,00260324/12 = 0,33355027 volte la massa di un atomo di carbonio-12.[18]

Se si considera la massa atomica del carbonio presente in una tavola periodica, si trova che il suo valore non è 12,00 u ma 12,01 u. La ragione per questa differenza è che la maggior parte degli elementi che si trovano in natura (compreso il carbonio) hanno più di un isotopo. Quando si misura la massa di un insieme di atomi di carbonio, si ottengono non le masse di ciascun atomo, ma una media delle masse dei vari isotopi, pesata secondo la loro abbondanza naturale. La media pesata è nota come ***massa atomica media*** ed è la massa più frequentemente utilizzata dai chimici. Per esempio, le abbondanze naturali del carbonio-12 e del carbonio-13 sono, rispettivamente, pari al 98,90% e al 1,10%. La massa atomica del ^{13}C è 13,00335 u e quella del ^{12}C è definita esattamente pari a 12. Siamo in grado di calcolare la massa atomica media del carbonio sommando i prodotti ottenuti moltiplicando la massa atomica di ciascun isotopo per la relativa abbondanza naturale (espressa come frazione decimale):

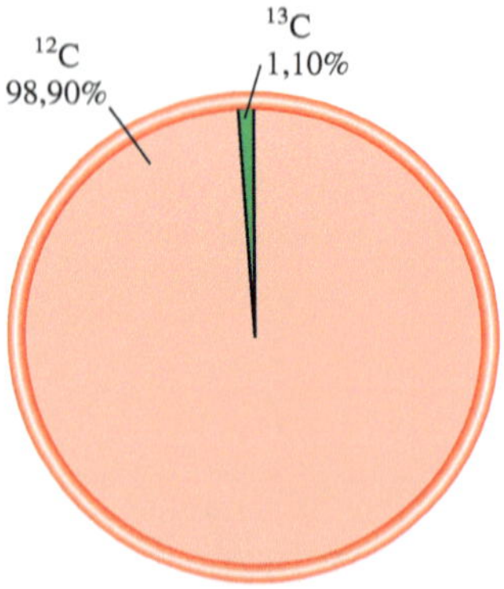

Abbondanza naturale degli isotopi ^{12}C e ^{13}C.

$$\text{massa atomica media di C} = (0{,}9890)(12{,}00000\ \text{u}) + (0{,}0110)(13{,}00335\ \text{u})$$

$$= 12{,}01\ \text{u}$$

Dato che ci sono molti più atomi di carbonio-12 che di carbonio-13 in natura, la massa atomica media è molto più vicina a 12 u che a 13 u. Per semplicità, si utilizza in genere il termine *massa atomica* per indicare la *massa atomica media*. È importante comprendere che, quando si dice che la massa atomica del carbonio è 12,01 u, ci si riferisce al valore *medio*. Se gli atomi di carbonio potessero essere esaminati individualmente, troveremmo atomi di massa atomica 12,00000 u o di massa atomica 13,00335 u, ma mai uno di massa atomica 12,01 u. Gli Esempi 0.8 e 0.9 illustrano alcuni calcoli che riguardano la massa atomica media.

Esempio 0.8

Il rame, un metallo noto fin dai tempi antichi, è utilizzato, per nominare solo qualche uso, nei cavi elettrici e nella fabbricazione di monete. Le masse atomiche dei suoi due isotopi stabili, ^{63}Cu (69,09%) e ^{65}Cu (30,91%), sono, rispettivamente, 62,93 e 64,9278 u. Calcolare la massa atomica media del rame. Le abbondanze relative sono indicate tra parentesi.

Impostazione Ogni isotopo contribuisce alla massa atomica media sulla base della sua relativa abbondanza. Moltiplicando la massa di un isotopo per la sua abbondanza relativa (espressa come frazione decimale e non come percentuale) si avrà il contributo alla massa atomica media di quel particolare isotopo.

---

[17] Prima del 1961, venivano utilizzate due definizioni di unità di massa atomica. In fisica, l'unità di massa atomica era definita come un sedicesimo della massa di un atomo ^{16}O. In chimica, l'unità di massa atomica era definita come un sedicesimo della massa atomica media dell'ossigeno. Queste unità erano leggermente inferiori a quella attuale basata sul carbonio-12.

[18] L'elio-4 (^{4}He) contiene due protoni, due neutroni e due elettroni; il ^{12}C contiene sei protoni, sei neutroni e sei elettroni. Di conseguenza, ci si potrebbe aspettare un valore della massa di ^{4}He esattamente pari a 1/3 della massa del ^{12}C, tuttavia, tre atomi di ^{4}He hanno una massa di 3 × 4,00260324 u = 12,00780972 u, poco più di un singolo atomo di ^{12}C. Questa maggiore massa viene convertita in energia necessaria per tenere insieme il nucleo del ^{12}C, più grande di quello di ^{4}He (secondo la teoria della relatività di Einstein, la massa può essere convertita in energia e viceversa). Questa *energia di legame nucleare* è l'energia prodotta nelle centrali nucleari (e rilasciata nelle esplosioni nucleari).

Soluzione In primo luogo, convertire le percentuali in frazioni decimali:

$$\frac{69{,}09\%}{100\%} = 0{,}6909 \quad \text{e} \quad \frac{30{,}91\%}{100\%} = 0{,}3091$$

Quindi, moltiplicare ciascun valore ottenuto per la relativa massa atomica e poi sommare per ottenere la massa atomica media.

$$(0{,}6909)(62{,}93 \text{ u}) + (0{,}3091)(64{,}9278 \text{ u}) = 63{,}55 \text{ u}$$

Verifica La massa atomica media deve essere compresa tra le due masse atomiche e più vicina alla massa dell'isotopo più abbondante, il rame-63. Pertanto, la risposta è ragionevole.

Problema di autovalutazione Le masse atomiche dei due isotopi stabili del boro, ^{10}B (19,78%) e ^{11}B (80,22%) sono, rispettivamente, 10,0129 u e 11,0093 u. Calcolare la massa atomica media del boro.

Esempio 0.9

Il cloro ha due isotopi naturali, ^{35}Cl e ^{37}Cl, con masse atomiche pari a, rispettivamente, 34,968852721 u e 36,96590262 u. La massa atomica media del cloro è pari a 35,453 u. Calcolare l'abbondanza naturale dei due isotopi del Cl.

Impostazione Ci sono due quantità incognite in questo problema: le abbondanze relative del ^{35}Cl e del ^{37}Cl. Una regola generale in algebra è che c'è bisogno di tante equazioni quante sono le incognite per risolvere un problema come questo. Per due incognite, quindi, abbiamo bisogno di due equazioni relative a queste variabili. È utile, inoltre, assegnare alle incognite algebriche, dei semplici simboli (come x o y) per semplificare la manipolazione algebrica.

Soluzione Indichiamo le abbondanze relative di ^{35}Cl e ^{37}Cl, rispettivamente, con x e y. La massa atomica media (35,453 u) e le masse atomiche dei due isotopi sono indicate nel testo del problema, quindi, un'equazione è data dalla definizione di massa atomica media:

$$35{,}453 \text{ u} = x(34{,}968852721 \text{ u}) + y(36{,}96590262 \text{ u}) \qquad (1)$$

Ora abbiamo bisogno di un'ulteriore equazione per risolvere questo problema. Questa può essere ottenuta osservando che tutti gli atomi di cloro sono cloro-35 o cloro-37, per cui la somma delle loro abbondanze relative (espresse come frazioni decimali) dovrà essere pari a 1:

$$x + y = 1 \qquad (2)$$

Risolvere l'Equazione (2) per y, dà $y = 1 - x$. Sostituendo il valore di y nell'Equazione (1) dà

$$35{,}453 \text{ u} = x(34{,}968852721 \text{ u}) + (1 - x)(36{,}96590262 \text{ u})$$

Raccogliendo i termini simili e riarrangiando

$$(36{,}96590262 \text{ u} - 34{,}968852721 \text{ u})x = 36{,}96590262 \text{ u} - 35{,}453 \text{ u}$$

$$1{,}997049899x = 1{,}513 \text{ u}$$

da cui $x = 0{,}7576$. Nelle ultime due equazioni, abbiamo utilizzato le regole standard per le cifre significative per determinare il numero di cifre significative nel risultato finale. Sostituendo la x nell'Equazione (2), avremo

$$y = 1 - x = 1 - 0{,}7576 = 0{,}2424$$

La conversione delle frazioni in percentuali fornisce le abbondanze relative di ^{37}Cl (75,76%) e di ^{35}Cl (24,24%).

Problema di autovalutazione Il gallio ha due isotopi naturali (^{69}Ga e ^{71}Ga) con pesi atomici rispettivamente pari a 68,925581 u e 70,924701 u. Dato che la massa atomica media del gallio è 69,72 u, determinare le abbondanze relative di ^{69}Ga e ^{71}Ga.

0.5.2 Concetto di mole, numero di Avogadro e massa molare di un elemento

L'aggettivo relativo al termine "mole" è "molare".

Le unità di massa atomica forniscono una scala relativa per le masse degli elementi. Dato che gli atomi hanno massa così piccola, le unità di misura di massa convenzionali (come il kg) sono troppo grandi per essere impiegate efficacemente su scala atomica. In ogni situazione reale, abbiamo a che fare con campioni macroscopici contenenti un enorme numero di atomi. È conveniente, quindi, avere un'unità specifica per descrivere un grande numero di atomi. L'idea di un'unità per indicare un determinato numero di oggetti non è nuova. Per esempio, la coppia e la dozzina sono "unità" comunemente utilizzate. I chimici misurano gli atomi e le molecole in moli. Nel sistema SI la ***mole*** (mol) è *la quantità di una sostanza che contiene tante entità elementari (atomi, molecole o altre particelle) quanti sono gli atomi in esattamente* 12 *g (o* 0,012 *kg) dell'isotopo* 12 *del carbonio.* Il numero effettivo di atomi in 12 g di carbonio-12 è determinato sperimentalmente. Questo numero è chiamato ***numero di Avogadro*** (N_A), in onore dello scienziato italiano Amedeo Avogadro.[19] Il valore attualmente accettato è

$$N_A = 6.0221415 \times 10^{23}$$

Nella maggior parte dei casi, possiamo approssimare il numero di Avogadro a $6{,}022 \times 10^{23}$. Quindi, proprio come una dozzina di arance contiene 12 arance, 1 mole di atomi di idrogeno contiene $6{,}022 \times 10^{23}$ atomi H. La Figura 0.15 mostra campioni contenenti ciascuno una mole di diversi elementi comuni. Per definizione, 1 mole di atomi di carbonio-12 ha una massa di esattamente 12 g e contiene $6{,}022 \times 10^{23}$ atomi. Questa massa di carbonio-12 è la sua ***massa molare*** ($\mathcal{M}$), definita come *la massa (di solito in grammi o chilogrammi) di* 1 *mole di unità* (come atomi o molecole) di sostanza. La massa molare del carbonio-12 (in grammi) è pari alla sua massa atomica in u. Allo stesso modo, la massa atomica del sodio (Na) è 22,99 u e la sua massa molare è 22,99 g, la massa atomica del fosforo (P) è 30,97 u e la sua massa molare è 30,97 g, e così via. Se conosciamo la massa atomica di un elemento, conosciamo anche la sua massa molare.

Dato che un numero di Avogadro (N_A) di atomi di carbonio-12 hanno una massa di esattamente 12 g, la massa di un atomo di carbonio-12 può essere calcolata dividendo 12 g per il valore numerico di N_A:

$$\text{massa di un atomo di } ^{12}C = 12 \text{ g}/(6{,}0221367 \times 10^{23}) = 1{,}9926467 \times 10^{-23} \text{ g}$$

Per definizione, la massa di un atomo di ^{12}C ha una massa esattamente di 12 u, per cui un u corrisponde a $1{,}9926482 \times 10^{-27}$ kg/12 = $1{,}6605369 \times 10^{-27}$ kg.

[19] Lorenzo Romano Amedeo Carlo Avogadro, Conte di Quaregna e Cerreto (1776-1856). Fisico e chimico italiano. Studiò e lavorò nel campo del diritto canonico per diversi anni prima di interessarsi alle scienze. Il suo studio più famoso, ora noto come legge di Avogadro (vedi Capitolo 5), fu ampiamente ignorato durante la sua vita, sebbene diventò la base per la determinazione delle masse atomiche alla fine del diciannovesimo secolo.

Figura 0.15 Una mole di alcuni elementi comuni: carbonio (polvere di carbone), zolfo (polvere gialla), ferro (chiodi), rame (filo), mercurio (metallo liquido lucente).

I concetti di numero di Avogadro e di massa molare ci permettono di effettuare conversioni tra massa e mole di atomi, tra numero di atomi e massa e per calcolare la massa di un singolo atomo, come illustrato negli Esempi 0.10, 0.11 e 0.12.

Esempio 0.10

L'elio (He) è un gas importante e molto usato nell'industria, nelle ricerche effettuate a basse temperature, nei batiscafi e negli aerostati. Quante moli di atomi di He sono contenute in 6,46 g di He?

Impostazione Abbiamo i grammi di elio e dobbiamo trasformarli in moli. Per fare questo abbiamo bisogno di sapere il numero di grammi contenuti in una mole di elio; abbiamo quindi bisogno di conoscere la massa molare di He, un dato ottenibile dalla tavola periodica (ricordare che sia la massa atomica in u sia la massa molare in grammi, hanno lo stesso valore numerico).

Soluzione La massa molare dell'elio è pari a 4,003 g. Poiché 1 mole di He e 4,003 g di He rappresentano la stessa quantità, il loro rapporto è 1, cioè

$$\frac{1 \text{ mol He}}{4{,}003 \text{ g He}} = 1 \quad \text{e} \quad \frac{4{,}003 \text{ g He}}{1 \text{ mol He}} = 1$$

Per la conversione da grammi a moli, si moltiplica il numero di grammi dati per il rapporto

$$\frac{1 \text{ mol He}}{4{,}003 \text{ g He}}$$

in modo tale che i grammi vengano eliminati e rimangano solo le moli.

$$\text{mol He} = 6{,}46 \text{ g He} \times \frac{1 \text{ mol He}}{4{,}003 \text{ g He}} = 1{,}61 \text{ mol He}$$

Da cui si vede che ci sono 1,61 mol di atomi di He in 6,46 g di He. In questo problema il rapporto

$$\frac{1 \text{ mol He}}{4{,}003 \text{ g He}}$$

è un *fattore di conversione* per ottenere le moli di He dai grammi di He.

Verifica Dato che la massa data (6,46 g) è più grande della massa molare di He, ci aspettiamo di avere (e abbiamo, in effetti) più di 1 mole di He.

Problema di autovalutazione Quante moli di magnesio (Mg) ci sono in 87,3 g di Mg?

Esempio 0.11

Zinco.

Lo zinco (Zn) è un metallo argenteo che viene utilizzato per la produzione di ottone (insieme al rame) e come rivestimento di superfici di materiali ferrosi (zincatura) per prevenire la corrosione. Quanti grammi di Zn ci sono in 0,356 moli di Zn?

Impostazione È indicato il numero di moli di zinco e si vuole il numero di grammi. Moltiplicare il numero di moli per il numero di grammi in una mole (massa molare) darà come risultato la massa del campione in grammi. Per fare questo, quindi, abbiamo bisogno della massa molare dello zinco.

Soluzione Dal dato presente sulla tavola periodica, la massa molare di Zn è 65,39 g. Moltiplichiamo il numero di moli del campione per il seguente fattore di conversione

$$\frac{65{,}39 \text{ g Zn}}{1 \text{ mol Zn}}$$

per ottenere la massa in grammi:

$$0{,}356 \text{ mol Zn} \times \frac{65{,}39 \text{ g Zn}}{1 \text{ mol Zn}} = 23{,}3 \text{ g Zn}$$

Da notare come il fattore di conversione venga scritto in modo che le unità mol si annullino, per lasciare solo le unità in grammi. Di conseguenza, ci sono 23,3 g di Zn in 0,356 moli di Zn.

Verifica La massa di una mole di Zn è 65,39 g. Il dato (0,356 mol) è circa un terzo di una mole, così come 23,3 g è circa un terzo di 65,39, quindi il risultato è ragionevole.

Problema di autovalutazione Calcolare il numero di grammi di piombo (Pb) in 12,4 moli di piombo.

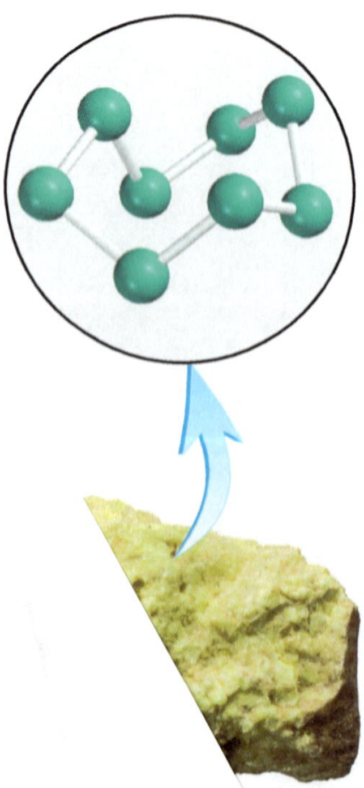

Esempio 0.12

Lo zolfo (S) è un elemento non metallico che è presente nel carbone. Quando il carbone è bruciato, lo zolfo è convertito in diossido di zolfo e, dopo una serie di trasformazioni, in acido solforico che dà luogo al fenomeno delle piogge acide. Quanti sono gli atomi, in 16,3 g di S?

Impostazione Possiamo calcolare il numero di atomi di zolfo se si conosce il numero di moli: basterà moltiplicare per il numero di Avogadro. Sono indicati i grammi, tuttavia, per cui dobbiamo prima convertire i 16,3 g di S in moli di S e poi convertire le moli in atomi, utilizzando il numero di Avogadro:

$$\text{grammi di S} \longrightarrow \text{moli di S} \longrightarrow \text{atomi di S}$$

Soluzione La massa molare di S è 32,07 g. Per la conversione da grammi di S a moli di S, si moltiplica per il fattore di conversione

$$\frac{1 \text{ mol S}}{32{,}07 \text{ g S}} = 1$$

Questo ci darà il numero di moli. Moltiplicando il numero delle moli per il numero di Avogadro (che fornisce il fattore di conversione tra atomi e moli),

$$N_A = \frac{6{,}022 \times 10^{23} \text{ atomi di S}}{1 \text{ mol S}}$$

avremo il risultato desiderato in numero di atomi di S. Possiamo combinare queste conversioni in un passaggio solo:

$$\text{atomi di S} = 16{,}3 \text{ g S} \times \frac{1 \text{ mol S}}{32{,}07 \text{ g S}} \times \frac{6{,}022 \times 10^{23} \text{ atomi di S}}{1 \text{ mol S}} = 3{,}06 \times 10^{23} \text{ atomi di S}$$

Sia le unità "g" sia quelle "mol" si annullano, lasciando solo l'unità desiderata "atomi" nel risultato finale. Ci sono quindi $3{,}06 \times 10^{23}$ atomi in 16,3 g di S.

Verifica La massa di zolfo data (16,3 g) è circa la metà della massa di una mole di zolfo (32,07 g), che dovrebbe contenere un numero di Avogadro di atomi, quindi dobbiamo aspettarci che il numero di atomi nel nostro campione sia pari a circa la metà del numero di Avogadro, che è in accordo con i nostri calcoli. Il nostro risultato è ragionevole.

Problema di autovalutazione Calcolare il numero di atomi in 0,551 g di potassio (K).

0.5.3 Massa molecolare

Se conosciamo le masse atomiche degli atomi che la compongono, possiamo calcolare la massa di una molecola. La ***massa molecolare*** (talvolta detta *peso molecolare*) è *la somma delle masse atomiche (in u) nella molecola*. Per esempio, la massa molecolare di H_2O è

$$2(\text{massa atomica di H}) + \text{massa atomica di O}$$

oppure

$$2(1{,}008 \text{ u}) + 16{,}00 \text{ u} = 18{,}02 \text{ u}$$

In generale, abbiamo bisogno di moltiplicare la massa atomica di ogni elemento per il numero di atomi di quell'elemento presenti nella molecola e sommare tutti gli elementi. L'Esempio 0.13 illustra questo approccio.

Esempio 0.13

Calcolare la massa molecolare (in u), dei seguenti composti: (a) diossido di zolfo (SO_2) e (b) caffeina ($C_8H_{10}N_4O_2$).

Impostazione Sommare i pesi atomici degli elementi che compongono ogni composto, moltiplicando ognuno per il numero di atomi dell'elemento stesso nel composto (come indicato nel pedice).

Soluzione Troviamo le masse atomiche nella tavola periodica. (a) Vi sono due atomi O (massa atomica 16,00 u) e un atomo S (massa atomica 32,07 u) in SO_2, quindi si ha

$$\text{massa molecolare di } SO_2 = 32{,}07 \text{ u} + 2(16{,}00 \text{ u}) = 64{,}07 \text{ u}$$

SO_2

(b) Ci sono otto atomi C, dieci atomi H, quattro atomi N e due atomi O nella caffeina, per cui la massa molecolare di $C_8H_{10}N_4O_2$ è data da

$$8(12{,}01\ u) + 10(1{,}008\ u) + 4(14{,}01\ u) + 2(16{,}00\ u) = 194{,}20\ u$$

Problema di autovalutazione Calcolare la massa molecolare di (a) metanolo (CH_3OH) e (b) acido acetilsalicilico ($C_9H_8O_4$) (comunemente noto come aspirina).

Dalla massa molecolare (o peso molecolare) possiamo determinare la massa molare di una molecola o di un composto. La massa molare di un composto (in grammi) è numericamente pari al suo peso molecolare (in u). Per esempio, la massa molecolare dell'acqua è 18,02 u, pertanto la sua massa molare è 18,02 g. Si noti che 1 mole di acqua ha una massa di 18,02 g e contiene $6{,}022 \times 10^{23}$ *molecole* di H_2O, così come 1 mole (12,01 g) di carbonio elementare contiene $6{,}022 \times 10^{23}$ *atomi* di carbonio. Come dimostra l'Esempio 0.14, conoscere la massa molare ci permette di calcolare il numero di moli e il numero dei singoli atomi in una determinata quantità di sostanza.

Esempio 0.14

C_2H_4

Il metano (CH_4) è il principale componente del gas naturale. (a) Quante moli di CH_4 sono presenti in 6,07 g di CH_4? (b) A quante molecole corrispondono?

Impostazione Per calcolare le moli di CH_4 dai grammi di CH_4 dobbiamo determinare il fattore di conversione tra grammi e moli. Per fare questo, abbiamo bisogno prima di calcolare la massa molecolare (e quindi la massa molare) del metano sommando appropriatamente le masse atomiche.

Soluzione (a) La massa molare di CH_4 è determinata secondo la procedura utilizzata nell'Esempio 0.11. In questo caso, sommiamo la massa molare del carbonio a quattro volte la massa molare dell'idrogeno:

$$\text{massa molare di } CH_4 = 12{,}01\ g + 4(1{,}008\ g) = 16{,}04\ g$$

Per cui, 1 mol CH_4 = 16,04 g CH_4. Dato che dobbiamo convertire i grammi in moli, il fattore di conversione di cui abbiamo bisogno deve avere grammi al denominatore in modo che i grammi si annullino, per dare le moli al numeratore:

$$\text{mol } CH_4 = 6{,}07\ g\ CH_4 \times \frac{1\ \text{mol } CH_4}{16{,}04\ g\ CH_4}$$

$$= 0{,}378\ \text{mol } CH_4$$

Quindi ci sono 0,378 moli di CH_4 in 6,07 g di CH_4. (b) Moltiplicare il numero di moli calcolato in (a) per il numero di Avogadro per avere il numero di molecole:

$$\text{numero di molecole di } CH_4 = 0{,}378\ \text{mol } CH_4 \times \frac{6{,}022 \times 10^{23}\ \text{molecole di } CH_4}{1\ \text{mol } CH_4}$$

$$= 2{,}28 \times 10^{23}\ \text{molecole}$$

Problema di autovalutazione (a) Calcolare il numero di moli di cloroformio ($CHCl_3$) in 198 g di cloroformio. (b) A quante molecole corrispondono?

Infine, si noti che per i composti ionici come NaCl e MgO, che non contengono singole unità molecolari, usiamo il termine *massa formula* (o *peso formula*). Il peso formula di NaCl è la massa di un'unità di formula in u:

$$\text{massa formula di NaCl} = 22{,}99 \text{ u} + 35{,}45 \text{ u} = 58{,}44 \text{ u}$$

e la sua massa molare è 58,44 g.

0.5.4 Composizione percentuale

Conoscere la formula chimica e la massa molecolare di un composto ci permette di calcolare la ***composizione percentuale in massa***, cioè *la percentuale in massa di ogni elemento in un composto.* È utile conoscere la composizione percentuale in massa se, per esempio, abbiamo bisogno di verificare la purezza di un composto per l'impiego in un esperimento di laboratorio. Dalla formula si può calcolare quale percentuale della massa totale del composto è fornita da ciascun elemento. Quindi, confrontando il risultato con la composizione percentuale ottenuta sperimentalmente per il nostro campione, si può determinare la purezza del campione. Matematicamente, la composizione percentuale si ottiene dividendo la massa di ogni elemento in 1 mole di composto per la massa molare del composto e moltiplicando per 100:

$$\begin{array}{c}\text{composizione percentuale}\\ \text{di un elemento}\end{array} = \frac{n \times \text{massa molare dell'elemento}}{\text{massa molare del composto}} \times 100\% \qquad \textbf{(0.9)}$$

dove n è il numero di moli dell'elemento in 1 mole del composto. Per esempio, in 1 mole di perossido di idrogeno (H_2O_2) ci sono 2 moli di atomi di H e 2 moli di atomi di O. Le masse molari di H_2O_2, H e O sono, rispettivamente, 34,02 g, 1,008 g e 16,00 g. Pertanto, la composizione percentuale di H_2O_2 è calcolata come segue:

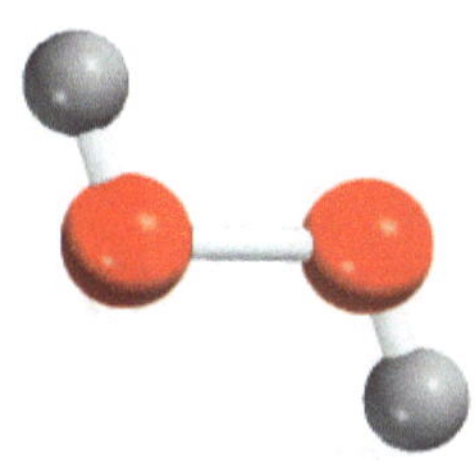

H_2O_2

$$\%\text{H} = \frac{2 \times 1{,}008 \text{ g H}}{34{,}02 \text{ g } H_2O_2} \times 100\% = 5{,}926\%$$

$$\%\text{O} = \frac{2 \times 16{,}00 \text{ g H}}{34{,}02 \text{ g } H_2O_2} \times 100\% = 94{,}06\%$$

La somma delle percentuali è 5,926% + 94,06% = 99,99%. La piccola discrepanza dal 100% è dovuta a errori di arrotondamento. Notare che, se avessimo usato la formula empirica per il perossido di idrogeno (HO), avremmo avuto lo stesso risultato, perché sia la formula molecolare sia quella empirica rivelano la composizione percentuale di un composto.

Esempio 0.15

L'acido fosforico (H_3PO_4) è un liquido sciropposo e incolore usato nei detergenti, nei fertilizzanti, nei dentifrici, e nelle bevande gassate per dare un sapore "pungente". Calcolare la composizione percentuale in massa di H, P e O in H_3PO_4.

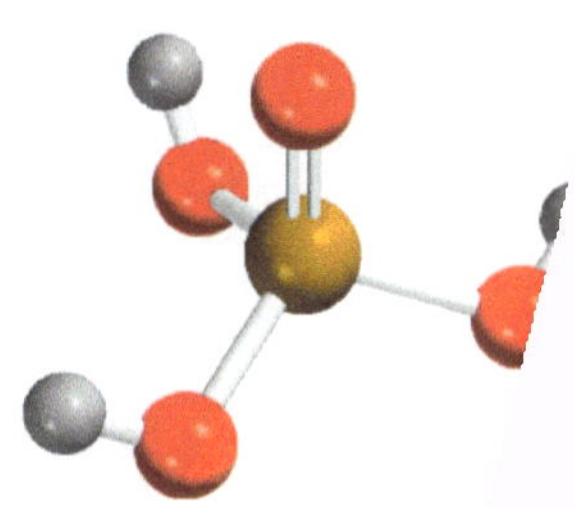

H_3PO_4

Impostazione Usare l'Equazione 0.9 per calcolare la percentuale e assumere di avere 1 mole di H_3PO_4. La percentuale in massa di ciascun elemento (H, P e O) è data dalla somma delle masse molari degli atomi dell'elemento in 1 mole di H_3PO_4 divisa per la massa molare di H_3PO_4, poi moltiplicata per 100.

Soluzione La massa molare di H_3PO_4 è 97,99 g. La percentuale in massa di ciascuno degli elementi in H_3PO_4 è calcolata nel modo seguente:

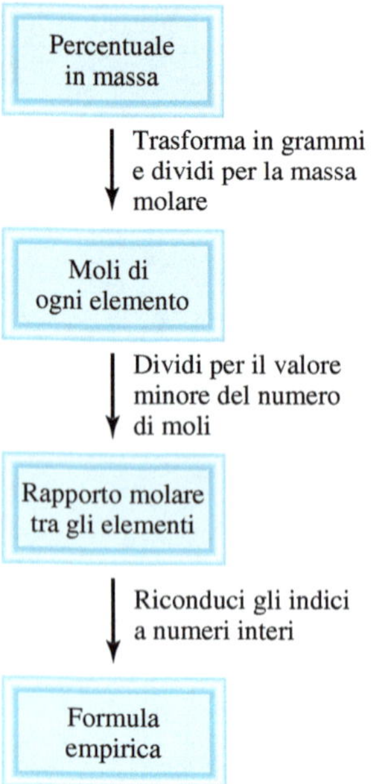

Figura 0.16 Procedura da seguire per il calcolo della formula empirica di un composto partendo dalla sua composizione percentuale (in massa).

$$\%H = \frac{3 \times 1{,}008 \text{ g H}}{97{,}99 \text{ g } H_3PO_4} \times 100\% = 3{,}086\%$$

$$\%P = \frac{30{,}97 \text{ g P}}{97{,}99 \text{ g } H_3PO_4} \times 100\% = 31{,}61\%$$

$$\%O = \frac{4 \times 16{,}00 \text{ g O}}{97{,}99 \text{ g } H_3PO_4} \times 100\% = 65{,}31\%$$

Verifica I risultati sono ragionevoli perché la loro somma dà 100%: (3,086% + 31,61% + 65,31%) = 100,01%. La piccola discrepanza è dovuta al modo in cui abbiamo arrotondato i calcoli.

Problema di autovalutazione Calcolare la composizione percentuale in massa di ciascuno degli elementi nell'acido solforico (H_2SO_4).

La procedura utilizzata nell'Esempio 0.15 può essere invertita, se necessario, per calcolare la formula empirica di un composto dalla sua composizione percentuale in massa (Figura 0.16). Poiché si tratta di percentuali e la somma di tutte le percentuali deve essere pari a 100, è conveniente assumere di avere 100 g di composto, come mostrato nell'Esempio 0.16.

Esempio 0.16

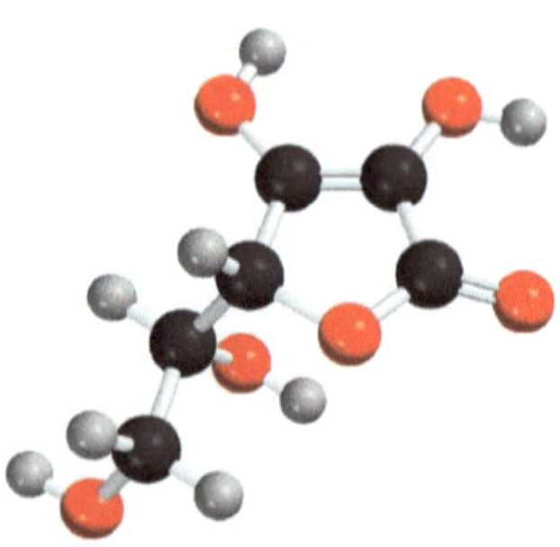

La formula molecolare dell'acido ascorbico è $C_6H_8O_6$.

L'acido ascorbico (vitamina C) cura lo scorbuto. Esso è composto dal 40,92% di carbonio (C), dal 4,58% di idrogeno (H) e dal 54,50% di ossigeno (O), in massa. Determinare la sua formula empirica.

Impostazione In una formula chimica, i pedici rappresentano il rapporto tra il numero di moli di ogni elemento che si combinano per formare una mole del composto. Se si suppone di avere esattamente 100 g di un campione del composto, possiamo usare la composizione percentuale per determinare il numero di moli di ogni elemento nel campione. Esaminando i rapporti di queste quantità molari otterremo la formula empirica.

Soluzione Se abbiamo 100 g di acido ascorbico, allora ogni percentuale può essere convertita direttamente in grammi. Nel campione ci saranno quindi 40,92 g di C, 4,58 g di H e 54,50 g di O. Poiché i pedici nella formula rappresentano i rapporti molari, abbiamo bisogno di convertire i grammi di ciascun elemento nelle moli. Il fattore di conversione necessario è la massa molare di ogni elemento. Indicando con n il numero di moli di ogni elemento:

$$n_C = 40{,}92 \text{ g C} \times \frac{1 \text{ mol C}}{12{,}01 \text{ g C}} = 3{,}407 \text{ mol C}$$

$$n_H = 4{,}58 \text{ g H} \times \frac{1 \text{ mol H}}{1{,}0079 \text{ g H}} = 4{,}54 \text{ mol H}$$

$$n_O = 54{,}50 \text{ g O} \times \frac{1 \text{ mol O}}{16{,}00 \text{ g O}} = 3{,}406 \text{ mol O}$$

In questo modo si arriva alla formula $C_{3,407}H_{4,54}O_{3,406}$ che dà l'identità e i rapporti molari degli atomi presenti. Tuttavia, le formule chimiche sono scritte con numeri interi. Proviamo a convertire in numeri interi, dividendo tutti i pedici per il pedice minore (3,406):

$$C: \frac{3{,}407}{3{,}406} \approx 1 \quad H: \frac{4{,}54}{3{,}406} = 1{,}33 \quad O: \frac{3{,}406}{3{,}406} = 1$$

dove il segno ≈ significa "pari a circa". Abbiamo ora $CH_{1,33}O$ come formula per l'acido ascorbico. A questo punto, convertiamo 1,33, il pedice di H, in un numero intero. Notare che 1,33 è vicino a 4/3, per cui, moltiplicare per 3 darà $C_3H_4O_3$ come formula empirica per l'acido ascorbico.

Verifica In $C_3H_4O_3$ i pedici sono ragionevoli, perché sono stati ridotti ai più piccoli numeri interi.

Problema di autovalutazione Determinare la formula empirica di un composto avente la seguente composizione percentuale in massa: K: 24,75%; Mn: 34,77% e O: 40,51%.

Dato che la composizione percentuale in massa può essere ottenuta sperimentalmente in diversi modi, la procedura utilizzata nell'Esempio 0.16 ci permette di determinare la formula empirica di un composto sconosciuto. Il termine "empirico" letteralmente significa "basato solo su osservazione e misura".

Dato che due qualsiasi composti con la stessa formula empirica hanno la stessa composizione percentuale, è impossibile determinare univocamente la formula molecolare esclusivamente dalle composizioni percentuali in massa. Per esempio, sia l'acetilene (C_2H_2) sia il benzene (C_6H_6) hanno la stessa formula empirica (CH), e quindi qualsiasi esperimento che dia solo la composizione percentuale non è in grado di distinguere tra i due composti. Di conseguenza, abbiamo bisogno di determinare indipendentemente sia la composizione percentuale in massa (e quindi la formula empirica) *sia* la massa molare. Dato che la massa molare di un composto è un multiplo della massa molare della sua formula empirica, si può utilizzare la massa molare, insieme con la formula empirica, per trovare la formula molecolare, come mostrato nell'Esempio 0.17.

Esempio 0.17

Un campione di un composto contiene 1,52 g di azoto (N) e 3,47 g di ossigeno (O). La massa molare di questo composto è compresa tra i 90 g e i 95 g. Determinare la formula molecolare e la massa molare accurata del composto.

Impostazione Per determinare la formula molecolare, abbiamo bisogno prima di determinare la formula empirica. Confrontare la massa molare empirica con quella determinata sperimentalmente fornirà il rapporto tra formula empirica e formula molecolare.

Soluzione Utilizzare la massa molare per convertire i grammi di N e O nelle moli di ogni elemento. Indicare con *n* il numero di moli di ogni elemento.

$$n_N = 1{,}52 \text{ g N} \times \frac{1 \text{ mol N}}{14{,}01 \text{ g N}} = 0{,}108 \text{ mol N}$$

$$n_O = 3{,}47 \text{ g O} \times \frac{1 \text{ mol O}}{16{,}00 \text{ g O}} = 0{,}217 \text{ mol O}$$

Il rapporto molare tra O e N è 0,217/0,108 = 2,01 o 2, da cui la formula empirica NO_2. La massa molare basata sulla formula empirica è 14,01 g + 2(16,00 g) = 46,01 g. Questo valore è inferiore al reale peso molecolare (tra i 90 g e i 95 g) di circa un fattore 2, per cui la formula molecolare è due volte la formula empirica (N_2O_4).

Problema di autovalutazione Un campione di un composto contenente boro (B) e idrogeno (H) contiene 6,444 g di B e 1,803 g di H. La massa molare del composto, in un altro esperimento, è stata determinata pari a circa 30 g. Qual è la formula molecolare del composto incognito?

Approfondimento 0.2

La spettrometria di massa

Il metodo più diretto e accurato per determinare le masse atomiche e molecolari è la spettrometria di massa. In uno ***spettrometro di massa***, come quello rappresentato schematicamente nella figura qui sotto, un fascio di elettroni ad alta energia bombarda un campione allo stato gassoso. Le collisioni tra gli elettroni e gli atomi (o molecole) producono ioni positivi (cationi) per rimozione di un elettrone da ogni atomo o molecola neutra. Questi cationi (di massa m e carica $+e$) vengono accelerati non appena passano tra due lastre aventi cariche di segno opposto. Queste lastre generano una tensione V dell'ordine di diverse migliaia di volt. L'energia potenziale acquisita da ciascun catione è data dal prodotto della carica dello ione (e) per la tensione (V), cioè, eV. Dato che questi ioni vengono accelerati, la loro energia potenziale è convertita in energia cinetica. Per cui possiamo scrivere

$$eV = \frac{1}{2}mu^2 \qquad \textbf{(1)}$$

dove u è la velocità del catione. Riarrangiando l'Equazione 1, avremo

$$u = \sqrt{\frac{2eV}{m}} \qquad \textbf{(2)}$$

nella quale si afferma che la velocità dello ione è proporzionale alla radice quadrata della tensione applicata. Una particella carica in movimento genera un campo magnetico, cioè in qualche modo si comporta come un magnete. Pertanto, posizionando un magnete esterno, come indicato nello schema, si possono forzare i cationi a muoversi lungo un percorso circolare di raggio r. La forza magnetica che agisce su ogni ione è data da H e u, dove H è l'intensità del campo magnetico. Per la seconda legge di Newton sul moto (Equazione 0.1),

$$\text{forza} = \text{massa} \times \text{accelerazione}$$

L'accelerazione per una particella che si muove su una traiettoria circolare di raggio r e velocità u è pari a u^2/r, per cui

$$Heu = \frac{mu^2}{r} \qquad \textbf{(3)}$$

Sostituendo l'Equazione 2 nell'Equazione 3 ed elevando al quadrato entrambi i lati, si ottiene

Schema di uno spettrometro di massa.

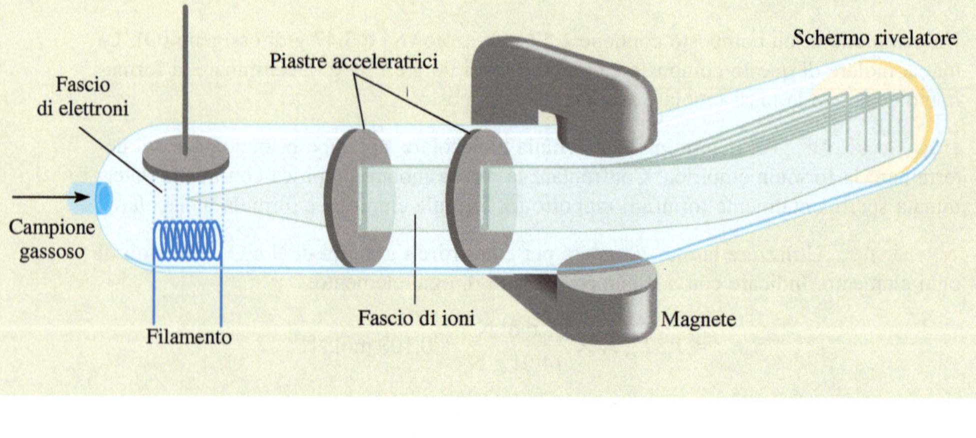

0.5.5 Unità di concentrazione

Una soluzione è costituita da uno o più soluti disciolti in un solvente (vedi il Paragrafo 0.1).

Al fine di applicare le relazioni quantitative tra massa e mole a una soluzione, dobbiamo specificare la sua ***concentrazione***, definita come *la quantità di soluto presente in una determinata quantità di soluzione*. I chimici usano diverse unità di concentrazione, ciascuna delle quali presenta vantaggi e limitazioni. Esaminiamo le quattro più comuni unità di concentrazione: percentuale in massa, frazione molare, molarità e molalità.

$$\frac{e}{m} = \frac{2V}{H^2}\left(\frac{1}{r^2}\right) \qquad \textbf{(4)}$$

L'Equazione 4, quindi, prevede che, se fissiamo la tensione V e il campo magnetico H, ioni aventi un rapporto di carica su massa (e/m) più piccolo, dovranno seguire una curva di raggio più ampio rispetto a quelli che hanno un valore più grande di e/m. Dato che il raggio del tubo analizzatore è, in genere fisso, ioni diversi tra loro possono essere concentrati nel collettore in base alla loro massa variando V o H. La corrente misurata al collettore è direttamente proporzionale al numero di ioni, permettendoci di determinare le quantità relative di particelle di diversa massa nel flusso di ioni. Se la sostanza analizzata è un campione di atomi di un unico elemento, lo spettrometro di massa è in grado di misurare l'abbondanza relativa di ciascun isotopo presente.

Il primo spettrometro di massa, sviluppato nel 1920 dal fisico inglese F.W. Aston, era uno strumento grossolano rispetto al presente standard. Tuttavia, esso fornì la prova dell'esistenza di isotopi del neon: neon-20 (massa atomica = 19,9924 u, abbondanza naturale = 90,92%) e neon-22 (massa atomica = 21,9914 u, abbondanza naturale = 8,82%). Quando spettrometri di massa più sofisticati e sensibili si sono resi disponibili, gli scienziati sono rimasti sorpresi di scoprire che il neon ha un terzo isotopo stabile con una massa atomica di 20,9940 u e abbondanza naturale pari al 0,257% (cfr. figura). Questo esempio illustra quanto sia importante l'accuratezza sperimentale per una scienza quantitativa come la chimica. I primi esperimenti non riuscivano a rilevare il neon-21 perché la sua abbondanza naturale è solo dello 0,257%. In altre parole, nel neon, solo 26 atomi su 10.000 sono atomi di neon-21. Con lo spettrometro di massa possono essere determinate in modo analogo le masse delle molecole.

Oggi, la *spettrometria di massa* è uno dei più importanti strumenti di analisi in chimica e biochimica. Le tecniche più avanzate di spettrometria di massa hanno applicazioni che spaziano dal rilevamento di tracce di sostanze chimiche nei moderni laboratori forensi alla determinazione della struttura e della funzione delle proteine nel settore in rapida crescita della *proteomica*.

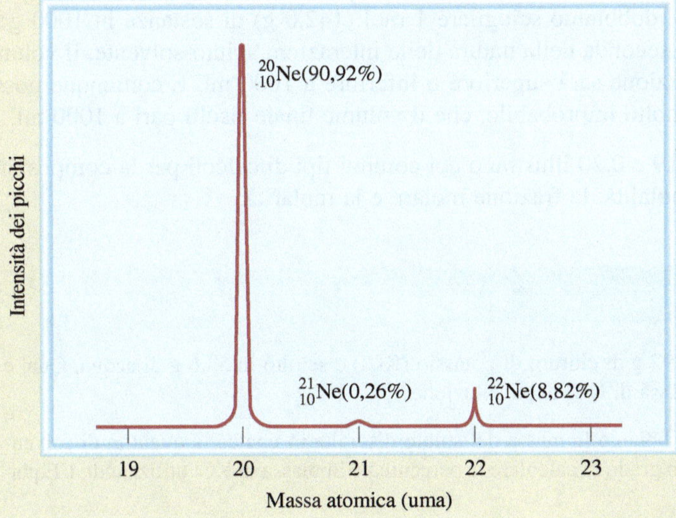

Lo spettro di massa del neon mostra i tre isotopi naturali.

Tipi di unità di concentrazione

- **Percentuale in massa** La ***percentuale in massa*** (anche detta *percento in peso*) è *il rapporto tra la massa di un soluto e la massa della soluzione, moltiplicato per 100:*

$$\text{percentuale in massa del soluto} = \frac{\text{massa del soluto}}{\text{massa del soluto} + \text{massa del solvente}} \times 100\%$$

$$\text{percentuale in massa del soluto} = \frac{\text{massa del soluto}}{\text{massa della soluzione}} \times 100\% \qquad \textbf{(0.10)}$$

La percentuale in massa non ha alcuna unità perché si tratta di un rapporto di due quantità con la stessa unità.

- **Frazione molare** (x) La ***frazione molare*** di un componente di una soluzione, per esempio il componente A, è scritto x_A ed è definito come il rapporto tra il numero di moli di A e il numero totale delle moli di tutti i componenti della soluzione, cioè

$$\text{frazione molare del componente A} = x_A = \frac{\text{moli di A}}{\text{somma delle moli di tutti i componenti}} \quad \textbf{(0.11)}$$

La frazione molare non ha unità, perché è un rapporto di due quantità con unità identiche (mol).

- **Molarità** (M) La ***molarità*** è definita come *il numero di moli di soluto in 1 l di soluzione*

$$\text{molarità} = M = \frac{\text{moli di soluto}}{\text{litri di soluzione}} \quad \textbf{(0.12)}$$

Pertanto l'unità della molarità è mol l^{-1}.

- **Molalità** (m) La ***molalità*** è *il numero di moli di soluto disciolte in 1 kg (1000 g) di solvente*

$$\text{molalità} = m = \frac{\text{moli di soluto}}{\text{massa di solvente (kg)}} \quad \textbf{(0.13)}$$

Per esempio, per preparare una soluzione acquosa 1 molale, o 1 m, di solfato di sodio (Na_2SO_4), dobbiamo sciogliere 1 mol (142,0 g) di sostanza in 1000 g (1 kg) di acqua. A seconda della natura delle interazioni soluto-solvente, il volume finale della soluzione sarà superiore o inferiore a 1000 ml. È comunque possibile, anche se molto improbabile, che il volume finale risulti pari a 1000 ml.

Gli Esempi 0.18, 0.19 e 0.20 illustrano dei comuni tipi di calcoli per la composizione percentuale, la molalità, la frazione molare e la molarità.

Esempio 0.18

Un campione di 0,892 g di cloruro di potassio (KCl) è sciolto in 54,6 g di acqua. Qual è la percentuale in massa di KCl nella soluzione?

Impostazione Abbiamo la massa del soluto disciolta in una certa quantità di solvente. Pertanto, siamo in grado di calcolare la percentuale in massa di KCl utilizzando l'Equazione 0.10.

Soluzione

$$\text{percentuale in massa di soluto} = \frac{\text{massa di soluto}}{\text{massa di soluzione}} \times 100\%$$

$$= \frac{0{,}892\ g}{0{,}892\ g + 54{,}6\ g} \times 100\%$$

$$= 1{,}61\%$$

Problema di autovalutazione Un campione di 6,44 g di naftalene ($C_{10}H_8$) viene sciolto in 80,1 g di benzene (C_6H_6). Calcolare la percentuale in massa del naftalene in questa soluzione.

Esempio 0.19

(a) Calcolare la molalità di una soluzione di acido solforico contenente 24,4 g di acido solforico in 198 g di acqua. (b) Calcolare la frazione molare di acido solforico nella soluzione in (a). La massa molare dell'acido solforico è 98,08 g.

Impostazione (a) Per calcolare la molalità di una soluzione, abbiamo bisogno di sapere il numero di moli di soluto (acido solforico) e la massa di solvente (acqua) in chilogrammi. (b) Per calcolare la frazione molare abbiamo bisogno di sapere il numero di moli sia del soluto sia del solvente.

Soluzione (a) La definizione di molalità (m) è

$$\text{molalità} = m = \frac{\text{moli di soluto}}{\text{massa di solvente (kg)}}$$

Siamo in grado di trovare il numero di moli di acido solforico in 24,4 g di acido, utilizzando la sua massa molare come fattore di conversione.

$$n_{H_2SO_4} = \frac{24{,}2\ \text{g}\ H_2SO_4}{98{,}08\ \text{g}\ H_2SO_4\ \text{mol}^{-1}} = 0{,}247\ \text{mol}$$

La massa di acqua è 198 g, o 0,198 kg. Pertanto,

$$m = \frac{0{,}247\ \text{mol}\ H_2SO_4}{0{,}198\ \text{kg}\ H_2O} = 1{,}26\ \text{mol kg}^{-1}\ (\text{o } 1{,}26\ m)$$

(b) Per trovare la frazione molare di H_2SO_4 nella soluzione usando l'Equazione 0.11, abbiamo bisogno del numero di moli di soluto (H_2SO_4) e del solvente (H_2O). Il numero di moli di H_2SO_4 è stato determinato nella parte (a). La massa molare dell'acqua è 18,02 g mol^{-1}, per cui il numero di moli di acqua in 198 g di acqua è

$$n_{H_2O} = \frac{198\ \text{g}}{18{,}02\ \text{g mol}^{-1}} = 11{,}0\ \text{mol}$$

Utilizzando l'Equazione 0.11, la frazione molare di H_2SO_4 è data da

$$\text{frazione molare di } H_2SO_4 = x_{H_2SO_4} = \frac{n_{H_2SO_4}}{n_{H_2SO_4} + n_{H_2O_2}} = \frac{0{,}247\ \text{mol}}{11{,}0\ \text{mol} + 0{,}247\ \text{mol}} = 0{,}0220$$

Problema di autovalutazione (a) Qual è la molalità di una soluzione contenente 7,78 g di urea [$(NH_2)_2CO$] in 203 g di acqua? (b) Qual è la frazione molare di urea nella soluzione in (a)?

Esempio 0.20

Quanti grammi di dicromato di potassio ($K_2Cr_2O_7$) sono necessari per preparare 250 ml di una soluzione a concentrazione 2,16 M?

Impostazione Usare la molarità per determinare il numero di moli di $K_2Cr_2O_7$ necessarie per preparare 250 ml di una soluzione 2,16 M. Da questo numero di moli, la massa di $K_2Cr_2O_7$ necessaria può essere determinata utilizzando la massa molare di $K_2Cr_2O_7$ come fattore di conversione.

Soluzione Il primo passo è quello di determinare il numero di moli di $K_2Cr_2O_7$ in 250 ml (o 0,250 l) di una soluzione 2,16 M

$$\text{moli di } K_2Cr_2O_7 = 0{,}250\ \text{l soluzione} \times \frac{2{,}16\ \text{mol}\ K_2Cr_2O_7}{1\ \text{l soluzione}} = 0{,}540\ \text{mol}\ K_2Cr_2O_7$$

Una soluzione di $K_2Cr_2O_7$.

La massa molare di $K_2Cr_2O_7$ è 294,2 g, per cui possiamo scrivere

$$\text{g di } K_2Cr_2O_7 \text{ necessari} = 0{,}540 \text{ mol } K_2Cr_2O_7 \times \frac{294{,}2 \text{ g } K_2Cr_2O_7}{1 \text{ mol } K_2Cr_2O_7} = 159 \text{ g } K_2Cr_2O_7$$

Verifica In una stima approssimativa, la massa dovrebbe essere data da [molarità (mol l^{-1}) = volume (l) × massa molare (g mol^{-1})] o [2 mol l^{-1} × 0,25 l × 300 g mol^{-1}] = 150 g. Quindi il risultato è ragionevole.

Problema di autovalutazione Qual è la molarità di 85,0 ml di una soluzione acquosa di etanolo (C_2H_5OH) contenente 1,77 g di etanolo?

Confronto tra le unità di concentrazione

La scelta dell'unità di concentrazione da usare dipende dallo scopo dell'esperimento. Per esempio, non sarà opportuno usare la frazione molare per esprimere le concentrazioni delle soluzioni ai fini della determinazione delle quantità dei reagenti consumati e dei prodotti ottenuti in una reazione, ma sarà un'unità di misura appropriata per il calcolo delle pressioni parziali dei gas (vedi il Paragrafo 5.3) e per trattare la pressione di vapore delle soluzioni (Paragrafo 9.2).

Il vantaggio della molarità è che, in genere, è più facile misurare il volume di una soluzione, utilizzando recipienti in vetro tarati, che pesare il solvente. Per questo motivo, viene spesso preferita la molarità alla molalità. D'altro canto, la molalità è indipendente della temperatura, perché la concentrazione è espressa in numero di moli di soluto e massa di solvente. Il volume di una soluzione in genere aumenta con l'aumentare della temperatura, per cui una soluzione che è 1,0 *M* a 25 °C può diventare 0,97 *M* a 45 °C a causa dell'aumento del volume. Questa dipendenza della concentrazione dalla temperatura può influire in maniera significativa sull'accuratezza di un esperimento. In tali casi, è preferibile utilizzare la molalità invece della molarità.

La percentuale in massa è simile alla molalità, nel senso che è indipendente dalla temperatura. Inoltre, poiché essa è definita in termini di rapporto tra la massa del soluto e la massa della soluzione, non abbiamo bisogno di conoscere la massa molare del soluto al fine di calcolare la percentuale in massa.

A volte è utile convertire un'unità di concentrazione di una soluzione in un'altra; per esempio, la stessa soluzione può essere utilizzata per diversi esperimenti, che richiedono diverse unità di concentrazione per i calcoli. Supponiamo di voler esprimere la concentrazione di una soluzione di glucosio 0,396 *m* ($C_6H_{12}O_6$) in molarità. Sappiamo che vi sono 0,396 mol di glucosio in 1000 g di solvente, e abbiamo quindi bisogno di determinare il volume di questa soluzione per il calcolo della molarità. In primo luogo, dobbiamo calcolare la massa della soluzione dalla massa molare del glucosio:

$$\left(0{,}396 \text{ mol } C_6H_{12}O_6 \times \frac{180{,}2 \text{ g}}{1 \text{ mol } C_6H_{12}O_6}\right) + 1000 \text{ g } H_2O = 1071 \text{ g}$$

Il passo successivo è quello di determinare sperimentalmente la densità della soluzione, che risulta essere 1,16 g ml^{-1}. Ora possiamo calcolare il volume della soluzione in litri

$$\text{volume} = \frac{\text{massa}}{\text{densità}} = \frac{1071 \text{ g}}{1{,}16 \text{ g ml}^{-1}} \times \frac{1 \text{ l}}{1000 \text{ ml}} = 0{,}923 \text{ l}$$

E infine, la molarità della soluzione è data da

$$\text{molarità} = \frac{\text{moli soluto}}{\text{litri di soluzione}} = \frac{0{,}396 \text{ mol}}{0{,}923 \text{ l}} = 0{,}429 \text{ mol l}^{-1} = 0{,}429\ M$$

Come si può vedere, la densità della soluzione serve come fattore di conversione tra molalità e molarità.

Gli Esempi 0.21 e 0.22 illustrano le conversioni tra le unità di concentrazione.

Esempio 0.21

La densità di una soluzione acquosa 2,45 *M* di metanolo (CH_3OH) è 0,976 g ml^{-1}. Qual è la molalità della soluzione? La massa molare del metanolo è 32,04 g.

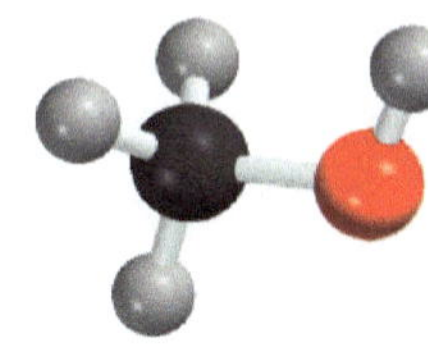

CH_3OH

Impostazione Per calcolare la molalità, abbiamo bisogno di conoscere il numero di moli del metanolo e la massa del solvente in chilogrammi. Consideriamo 1 l di soluzione, in modo che il numero di moli di metanolo sia 2,45 mol. Per calcolare la massa del solvente, si usa la densità per calcolare la massa della soluzione, dalla quale si sottrae la massa del soluto per dare la massa d'acqua nella soluzione.

Soluzione Il primo passo è quello di calcolare la massa di acqua in 1 l di soluzione, utilizzando la densità come fattore di conversione. La massa totale di 1 l di una soluzione 2,45 *M* di metanolo è

$$1 \text{ l soluzione} \times \frac{1000 \text{ ml soluzione}}{1 \text{ l soluzione}} \times \frac{0{,}976 \text{ g}}{1 \text{ ml soluzione}} = 976 \text{ g}$$

Dato che questa soluzione contiene 2,45 mol di metanolo, la massa di acqua (solvente) nella soluzione è

$$\text{massa di } H_2O = \text{massa di soluzione} - \text{massa di soluto}$$

$$= 976 \text{ g} - \left(2{,}45 \text{ mol } CH_3OH \times \frac{32{,}04 \text{ g } CH_3OH}{1 \text{ mol } CH_3OH}\right) = 898 \text{ g}$$

La molalità della soluzione può essere calcolata dalla conversione di 898 g a 0,898 kg:

$$\text{molalità} = \frac{2{,}45 \text{ mol } CH_3OH}{0{,}898 \text{ kg } H_2O} = 2{,}73\, m$$

Problema di autovalutazione Calcolare la molalità di una soluzione 5,86 *M* in metanolo (C_2H_5OH) la cui densità è 0,927 g ml^{-1}.

Esempio 0.22

Calcolare la molalità di una soluzione acquosa di acido fosforico (H_3PO_4) al 35,4% (in massa). La massa molare dell'acido fosforico è 97,99 g.

Impostazione Per risolvere questo tipo di problemi è opportuno considerare 100,0 g di soluzione. Se la percentuale in massa di acido fosforico è del 35,4%, cioè 35,4 g, la percentuale in massa e la massa dell'acqua dovranno essere, rispettivamente, 100,0% – 35,4% = 64,6% e 64,6 g.

Soluzione Dalla massa molare dell'acido fosforico (97,99 g mol^{-1}) e dalla massa dell'acqua in kg (64,6 g = 0,0646 kg), possiamo calcolare la molalità come mostrato nell'Esempio 0,19:

$$m = \frac{\left(35{,}4 \text{ g } H_3PO_4 \times \dfrac{1 \text{ mol } H_3PO_4}{97{,}99 \text{ g } H_3PO_4}\right)}{0{,}0646 \text{ kg } H_2O} = 5{,}59\, m$$

Problema di autovalutazione Calcolare la molalità di una soluzione acquosa al 44,6% (in massa) di cloruro di sodio.

0.6 Stechiometria

0.6.1 Stechiometria

La ***stechiometria*** è *lo studio quantitativo dei reagenti e dei prodotti in una reazione chimica.* Anche se le quantità nelle reazioni chimiche possono essere misurate in diverse unità, come grammi, litri o moli, un'equazione chimica può solo dirci il numero relativo di atomi (o di moli) che vengono prodotti o consumati in una reazione. Pertanto, non importa in quali unità le quantità iniziali siano indicate, devono essere convertite in moli prima che le equazioni chimiche possano essere utilizzate per determinare i rapporti quantitativi tra reagenti e prodotti. Per esempio, la combustione di monossido di carbonio in aria produce anidride carbonica, secondo la reazione

$$2CO(g) + O_2(g) \longrightarrow 2CO_2(g)$$

Il monossido di carbonio brucia in aria per formare diossido di carbonio.

I coefficienti stechiometrici indicano che due molecole di CO reagiscono con una molecola di O_2 per formare due molecole di CO_2. Dato che il numero di moli è proporzionale al numero di atomi, possiamo dire che due *moli* di CO reagiscono con una *mole* di O_2 per formare due *moli* di CO_2. Di conseguenza, 1 mol di O_2 è *stechiometricamente equivalente* a 2 mol di CO_2. Come abbreviazione, si usa il simbolo "$\simeq$" a rappresentare questa equivalenza stechiometrica. Per l'attuale esempio, avremo

$$1 \text{ mol } O_2 \simeq 2 \text{ mol } CO_2$$

Tuttavia, questa stessa equivalenza *non* vale per le masse. Dato che CO, O_2 e CO_2 hanno diverse masse molari, *non* è vero che 2 g di CO reagiranno con 1 g di O_2 per formare 2 g di CO_2. Se vengono date le masse dei reagenti o dei prodotti, esse vanno convertite in moli (numero di atomi) prima di utilizzare l'equazione.

Per illustrare ciò, prendiamo in considerazione due semplici esempi. In primo luogo, supponiamo di far reagire completamente 4,8 mol di CO con O_2 per formare CO_2 e vogliamo stabilire quante moli di CO_2 saranno prodotte. Abbiamo il dato in moli, cosicché possiamo usare direttamente l'equazione chimica per questo calcolo. L'equazione chimica afferma che 2 mol di CO_2 si sono formate per ogni 2 mol di CO che hanno reagito (cioè, 2 mol di CO $\simeq$ 2 mol di CO_2), con un *rapporto stechiometrico* pari a 2/2 = 1. Il numero di moli di CO_2 prodotta è determinato moltiplicando il numero di moli di CO reagito per il rapporto stechiometrico nel modo seguente

$$\text{mol } CO_2 = \text{mol CO} \times \frac{\text{numero di moli di } CO_2}{\text{numero di moli di CO}}$$

$$= 4{,}8 \text{ mol CO} \times \frac{2 \text{ mol } CO_2}{2 \text{ mol CO}}$$

$$= 4{,}8 \text{ mol } CO_2$$

Ora supponiamo di far reagire completamente 10,7 g di CO con un eccesso di O_2 per formare CO_2 e vogliamo sapere quanti grammi di CO_2 si saranno formati. Per calcolare i grammi di CO_2, abbiamo bisogno di utilizzare il rapporto tra le moli di CO e CO_2 nell'equazione bilanciata. Quindi, abbiamo prima bisogno di convertire i grammi di CO in moli di CO, poi in moli di CO_2 e, infine, in grammi di CO_2. Per convertire i grammi di CO in moli di CO, dividere i grammi di CO per la massa molare di CO:

$$\text{moli di CO} = 10{,}7 \text{ g CO} \times \frac{1 \text{ mol CO}}{28{,}01 \text{ g CO}} = 0{,}382 \text{ mol CO}$$

Per determinare il numero di moli di CO_2 prodotte dal numero di moli di CO consumate, utilizzare il rapporto stechiometrico determinato dall'equazione chimica bilanciata:

$$\text{moli di } CO_2 = 0{,}382 \text{ mol CO} \times \frac{2 \text{ mol } CO_2}{2 \text{ mol CO}} = 0{,}382 \text{ mol } CO_2$$

Infine, moltiplicare il numero di moli di CO_2 per la massa molare di CO_2 per determinare il numero di grammi prodotti:

$$\text{grammi di } CO_2 = 0{,}382 \text{ mol } CO_2 \times \frac{44{,}01 \text{ g } CO_2}{1 \text{ mol } CO_2} = 16{,}8 \text{ g } CO_2$$

Perciò, 10,7 g di CO reagiscono con un eccesso di ossigeno per produrre 16,8 g di CO_2.

I tre distinti calcoli in questa procedura possono essere combinati in un unico passaggio:

$$\text{grammi di } CO_2 = 10{,}7 \text{ g CO} \times \frac{1 \text{ mol CO}}{28{,}01 \text{ g CO}} \times \frac{2 \text{ mol } CO_2}{2 \text{ mol CO}} \times \frac{44{,}01 \text{ g } CO_2}{1 \text{ mol } CO_2}$$
$$= 16{,}8 \text{ g } CO_2$$

Allo stesso modo, siamo in grado di calcolare la massa in grammi di O_2 consumata in questa reazione. Utilizzando la relazione 2 mol CO $\simeq$ 1 mol O_2, scriviamo

$$\text{grammi di } O_2 = 10{,}7 \text{ g CO} \times \frac{1 \text{ mol CO}}{28{,}01 \text{ g CO}} \times \frac{1 \text{ mol } O_2}{2 \text{ mol CO}} \times \frac{18{,}02 \text{ g } O_2}{1 \text{ mol } O_2}$$
$$= 3{,}44 \text{ g } O_2$$

L'L'approccio generale per la risoluzione di problemi di stechiometria si può riassumere in 4 fasi:

1. Scrivere un'equazione bilanciata per la reazione.
2. Convertire le quantità date dei reagenti (in grammi o altre unità) in numero di moli.
3. Usare il rapporto molare dall'equazione bilanciata per calcolare il numero di moli di prodotti formati.
4. Convertire le moli dei prodotti in grammi (o altre unità).

La Figura 0.17 mostra questi passaggi. A volte ci può essere chiesto di calcolare la quantità di un reagente necessario per formare una specifica quantità di prodotto. In questi casi, dobbiamo invertire la procedura illustrata in Figura 0.17.

L'Esempio 0.23 illustra l'applicazione di questa procedura.

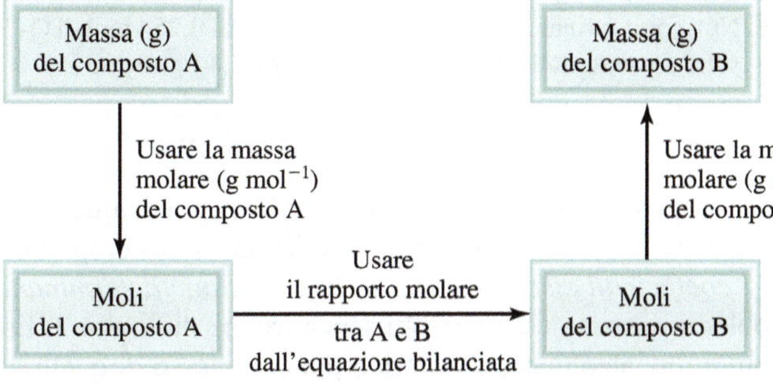

Figura 0.17 Procedura per il calcolo delle quantità dei reagenti o dei prodotti in una reazione.

Esempio 0.23

Il litio metallico reagisce con l'acqua per produrre idrogeno gassoso.

Tutti i metalli alcalini reagiscono con l'acqua per produrre idrogeno gassoso e il corrispondente idrossido del metallo alcalino. Una reazione tipica è quella tra litio e acqua:

$$2Li(s) + 2H_2O(l) \longrightarrow 2LiOH(aq) + H_2(g)$$

(a) Quante moli di H_2 si formeranno dalla reazione completa di 6,23 mol di Li con acqua?
(b) Quanti grammi di H_2 si formeranno dalla reazione completa di 80,57 g di Li con acqua?

(a) Impostazione Possiamo confrontare la quantità di Li e H_2 sulla base del loro rapporto molare determinato dall'equazione bilanciata.

Soluzione Poiché l'equazione bilanciata è data nel problema, il rapporto tra le moli di Li e H_2 è noto: 2 mol Li $\simeq$ 1 mol H_2. Si calcolano quindi le moli di H_2 prodotto come segue:

$$\text{mol } H_2 = 6{,}23 \text{ mol Li} \times \frac{1 \text{ mol } H_2}{2 \text{ mol Li}} = 3{,}12 \text{ mol } H_2$$

Il fattore di conversione stechiometrico è stato scritto con le moli di Li nel denominatore in modo che l'unità "moli di Li" si annulli, lasciando solo "moli di H_2".

Verifica Le moli di H_2 prodotte sono la metà delle moli di Li che hanno reagito perché 2 mol Li $\simeq$ 1 mol H_2.

(b) Impostazione Confrontare Li e H sulla base del rapporto molare determinato dall'equazione bilanciata. Prima di poter determinare le moli di H_2 prodotto, tuttavia, abbiamo bisogno di convertire i grammi di Li in moli di Li utilizzando la massa molare di Li. Una volta determinate le moli di H_2, siamo in grado di convertirle in grammi di H_2 mediante la massa molare di H_2.

Soluzione La massa molare di Li è 6,941 g. Siamo perciò in grado di convertire i grammi di Li in moli di Li dividendo gli 80,57 g di Li per 6,941 g mol^{-1}. Come nella parte (a), l'equazione bilanciata è data, per cui il rapporto tra le mole di Li e H_2 è noto: 2 mol Li $\simeq$ 1 mol H_2. Infine, convertiamo le moli di H_2 in grammi di H_2 mediante la massa molare di H_2. Questa sequenza può essere sintetizzata come segue:

$$\text{massa di } H_2 = 80{,}57 \text{ g Li} \times \frac{1 \text{ mol Li}}{6{,}941 \text{ g Li}} \times \frac{1 \text{ mol } H_2}{2 \text{ mol Li}} \times \frac{2{,}016 \text{ g } H_2}{1 \text{ mol } H_2} = 11{,}7 \text{ g } H_2$$

Quindi, 80,57 g di Li reagiranno in base a questa equazione chimica per dare 11,7 g di H_2.

Verifica La massa di H_2 prodotta sembra ragionevole. Essa dovrebbe essere inferiore alla massa di Li reagito perché la massa molare di H_2 è inferiore a un terzo di quella di Li, e perché, in questa reazione, il rapporto tra moli di H_2 e Li è di 2:1.

Problema di autovalutazione La reazione tra monossido di azoto (NO) e ossigeno per formare diossido di azoto (NO_2), è un passaggio chiave nella formazione dello smog fotochimico:

$$2NO(g) + O_2(g) \longrightarrow 2NO_2(g)$$

(a) Quante moli di NO_2 sono formate dalla reazione completa di 0,254 mol di O_2? (b) Quanti grammi di NO_2 sono formati dalla reazione completa di 1,44 g di NO?

I calcoli stechiometrici possono diventare molto complessi, specialmente se più di una reazione indipendente si svolge in un dato campione. Tuttavia, se comprendiamo il principio di base che *i coefficienti stechiometrici in una reazione determinano i rapporti molari*, questi problemi possono essere risolti senza troppe difficoltà. L'Esempio 0.24 mostra come eseguire un calcolo stechiometrico più complesso di quelli visti finora.

Esempio 0.24

Se riscaldati, sia il carbonato di bario ($BaCO_3$) sia il carbonato di calcio ($CaCO_3$) rilasciano diossido di carbonio (CO_2), lasciando un deposito, rispettivamente, di ossido di bario (BaO) e di ossido di calcio (CaO). In un esperimento, una miscela di $BaCO_3$ e $CaCO_3$ con una massa totale di 63,67 g, produce 19,67 g di CO_2. Calcolare le moli e le frazioni di massa del carbonato di bario e del carbonato di calcio nella miscela originale, assumendo una completa decomposizione dei composti.

Impostazione In questo caso, avvengono due reazioni *indipendenti* tra loro. Si può essere tentati di scrivere una sola equazione chimica per rappresentare il problema, vale a dire,

$$BaCO_3(s) + CaCO_3(s) \longrightarrow 2CO_2(g) + BaO(s) + CaO(s)$$

tuttavia, questo approccio non è corretto, perché in questo modo si presuppone che vi siano uguali quantità di $BaCO_3$ e $CaCO_3$ nella miscela. Il modo corretto è scrivere due equazioni separate:

$$BaCO_3(s) \longrightarrow CO_2(g) + BaO(s)$$
$$CaCO_3(s) \longrightarrow CO_2(g) + CaO(s)$$

Ci sono due incognite in questo problema, la quantità di $BaCO_3$ e la quantità di $CaCO_3$ nella miscela originale. Per risolvere le due incognite si richiedono due equazioni che mettano in relazione le due variabili.

Soluzione Abbiamo due quantità, il numero di grammi di CO_2 prodotti e la massa totale del campione ($BaCO_3$ + $CaCO_3$). Possiamo calcolare il numero di moli di CO_2 dal numero di grammi di CO_2, e la massa totale del campione deve essere pari alla somma del numero di moli di $BaCO_3$ e $CaCO_3$, ciascuno moltiplicato per le rispettive masse molari. Indichiamo, rispettivamente, con n_{BaCO_3} e n_{CaCO_3}, il numero di moli di $BaCO_3$ e $CaCO_3$. Un'equazione può essere generata osservando che il numero di moli di CO_2 prodotto deve essere pari, secondo la stechiometria, alla somma del numero di moli di $BaCO_3$ e $CaCO_3$:

$$n_{CaCO_3} + n_{BaCO_3} = n_{CO_2} = 19{,}67 \text{ g } CO_2 \times \frac{1 \text{ mol } CO_2}{44{,}01 \text{ g } CO_2} = 0{,}447 \text{ mol} \qquad (1)$$

La massa totale del campione ci dà l'altra equazione:

$$\frac{100{,}09 \text{ g } CaCO_3}{1 \text{ mol } CaCO_3} \times n_{CaCO_3} + \frac{197{,}31 \text{ g } BaCO_3}{1 \text{ mol } BaCO_3} \times n_{BaCO_3} = \text{massa del campione} = 63{,}67 \text{ g} \qquad (2)$$

Dall'Equazione (1) abbiamo $n_{CaCO_3} = 0{,}447 \text{ mol} - n_{BaCO_3}$. Sostituendo questa nell'equazione (2), avremo

$$(0{,}447 \text{ mol} - n_{BaCO_3}) \times 100{,}09 \frac{\text{g}}{\text{mol}} + 197{,}31 \frac{\text{g}}{\text{mol}} \times n_{BaCO_3} = 63{,}67 \text{ g}$$

Riunendo i termini simili

$$97{,}22 \frac{\text{g}}{\text{mol}} \times n_{BaCO_3} = 18{,}93 \text{ g}$$

e si ottiene $n_{BaCO_3} = 0{,}195$ mol. Poiché il numero totale di moli di $BaCO_3$ e $CaCO_3$ nel campione originale era 0,447 mol, il numero di moli di carbonato di calcio sarà quindi 0,447 mol − 0,195 mol = 0,252 mol. Le frazioni molari saranno quindi

$$\text{frazione molare di } BaCO_3 = \frac{0{,}195 \text{ mol } BaCO_3}{0{,}447 \text{ mol totali}} = 0{,}436$$

$$\text{frazione molare di } CaCO_3 = \frac{0{,}252 \text{ mol } CaCO_3}{0{,}447 \text{ mol totali}} = 0{,}564$$

Le frazioni di massa possono quindi essere determinate come segue:

$$\text{frazione di massa di BaCO}_3 = \frac{0{,}195 \text{ mol BaCO}_3 \times 197{,}31 \text{ g mol}^{-1}}{63{,}67 \text{ g totali}} = 0{,}604$$

$$\text{frazione di massa di CaCO}_3 = \frac{0{,}252 \text{ mol CaCO}_3 \times 100{,}09 \text{ g mol}^{-1}}{63{,}67 \text{ g totali}} = 0{,}396$$

Verifica I risultati ottenuti per le frazioni di massa e per le frazioni di mole sono plausibili, perché in entrambi i casi la loro somma dà 1.

Problema di autovalutazione Una miscela liquida di benzene (C_6H_6) ed esano (C_6H_{14}), con una massa di 80,57 g, è bruciata in un eccesso di ossigeno per formare CO_2 e H_2O. Se 82,1 g di acqua sono formati in questa reazione, calcolare le frazioni molari e le frazioni di massa di benzene ed esano nella miscela originale.

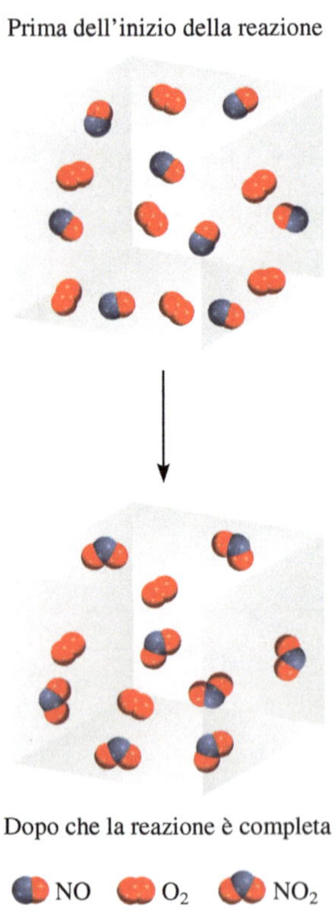

Figura 0.18 All'inizio della reazione, c'erano otto molecole NO e sette molecole O_2. Alla fine tutte le molecole NO sono scomparse e tre molecole di O_2 sono rimaste. Pertanto, NO è il reagente limitante e O_2 è il reagente in eccesso. Ogni molecola può anche essere trattata come 1 mol di sostanza in questa reazione.

0.6.2 Reagenti limitanti

Quando viene effettuata una reazione, i reagenti di solito non sono presenti nelle esatte *quantità stechiometriche*, cioè nelle proporzioni indicate dall'equazione bilanciata. Poiché l'obiettivo di una reazione è quello di ottenere la quantità massima di prodotto dai materiali di partenza, per garantire che un reagente costoso sia completamente convertito al prodotto desiderato, si può utilizzare un eccesso di un reagente poco costoso. Di conseguenza, alcuni reagenti rimarranno inalterati alla fine della reazione. *Il reagente che viene consumato completamente durante la reazione è detto* ***reagente limitante*** poiché la quantità massima di prodotto che si può formare dipende dalla quantità originariamente presente di questo reagente. Quando questo reagente è esaurito, non possono essere formate quantità ulteriori di prodotto. I ***reagenti in eccesso*** sono *i reagenti presenti in quantità maggiore rispetto a quella necessaria per reagire con il reagente limitante a disposizione.* Il concetto di *reagente limitante* è analogo al rapporto tra uomini e donne in un concorso di danza. Se ci sono 14 uomini e solo 9 donne, solamente 9 coppie potranno partecipare al concorso e 5 uomini rimarranno senza partner. Il numero di donne quindi *limita* il numero degli uomini che possono partecipare al concorso, e c'è un *eccesso* di uomini.

Consideriamo la formazione di diossido di azoto (NO_2) da ossido nitrico (NO) e ossigeno:

$$2NO(g) + O_2(g) \longrightarrow 2NO_2(g)$$

Supponiamo di avere inizialmente 8 mol di NO e 7 mol di O_2 (Figura 0.18). Un modo per determinare quale dei due reagenti è il reagente limitante è di calcolare il numero di moli di NO_2 ottenuto sulla base dei quantitativi iniziali di NO e O_2. Il reagente limitante fornirà quantità minori di prodotto. A partire da 8 mol di NO, il numero di moli di NO_2 prodotto è

$$8 \text{ mol NO} \times \frac{2 \text{ mol NO}_2}{2 \text{ mol NO}} = 8 \text{ mol NO}_2$$

invece, partendo con 7 mol di O_2, il numero di moli di NO_2 formate sarà

$$7 \text{ mol NO}_2 \times \frac{2 \text{ mol NO}_2}{1 \text{ mol O}_2} = 14 \text{ mol NO}_2$$

Poiché a partire da NO si ottengono minori quantità di NO_2, NO è il reagente limitante, e O_2 è il reagente in eccesso.

Nei calcoli stechiometrici che includono reagenti limitanti, il primo passo è quello di stabilire qual è il reagente limitante. Dopo avere identificato il reagente limitante, il resto del problema può essere risolto utilizzando i rapporti molari calcolati a partire dai coefficienti stechiometrici, come nell'Esempio 0.23. L'Esempio 0.25 illustra questo approccio.

Esempio 0.25

L'urea, $(NH_2)_2CO$, viene preparata facendo reagire l'ammoniaca con il biossido di carbonio.

$$2NH_3(g) + CO_2(g) \longrightarrow (NH_2)_2CO(aq) + H_2O(l)$$

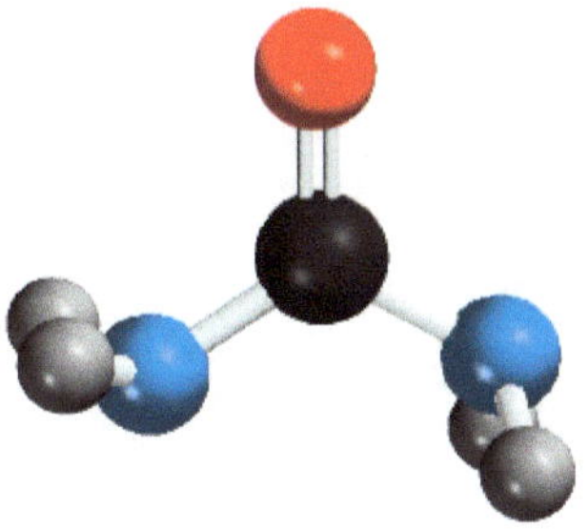

$(NH_2)_2CO$

In una reazione, 637,2 g di NH_3 vengono trattati con 1142 g di CO_2.

(a) Quale dei due reagenti è il reagente limitante?

(b) Calcola la massa di $(NH_2)_2CO$ che si forma.

(c) Quanto reagente in eccesso (in grammi) rimane al termine della reazione?

(a) Impostazione Il reagente che produce la minore quantità di prodotto è il reagente limitante, poiché limita la quantità di prodotto che si può formare. Come possiamo risalire dalla quantità di reagente alla quantità di prodotto? Effettuiamo questo calcolo per ciascun reagente, poi confrontiamo le moli di prodotto $(NH_2)_2CO$, formate dalle quantità fornite di NH_3 e di CO_2 per determinare quale dei due è il reagente limitante.

Soluzione Eseguiamo due diversi calcoli. Da una parte, partendo da 637,2 g di NH_3, calcoliamo il numero di moli di $(NH_2)_2CO$ che possono essere prodotte se tutta l'ammoniaca reagisce, secondo la seguente conversione:

$$\text{grammi di } NH_3 \longrightarrow \text{moli di } NH_3 \longrightarrow \text{moli di } (NH_2)_2CO$$

Combinando queste conversioni in un unico passaggio, possiamo scrivere

$$\text{moli di } (NH_2)_2CO = 637{,}2 \text{ g } NH_3 \times \frac{1 \text{ mol } NH_3}{17{,}03 \text{ g } NH_3} \times \frac{1 \text{ mol } (NH_2)_2CO}{2 \text{ mol } NH_3}$$

$$= 18{,}71 \text{ mol } (NH_2)_2CO$$

Dall'altra parte, calcoliamo il numero di moli di urea prodotte, per 1142 g di CO_2. Le conversioni sono le seguenti

$$\text{grammi di } CO_2 \longrightarrow \text{moli di } CO_2 \longrightarrow \text{moli di } (NH_2)_2CO$$

Il numero di moli di $(NH_2)_2CO$ che possono essere prodotte se tutta la CO_2 reagisse sono:

$$\text{moli di } (NH_2)_2CO = 1142 \text{ g } CO_2 \times \frac{1 \text{ mol } CO_2}{44{,}01 \text{ g } CO_2} \times \frac{1 \text{ mol } (NH_2)_2CO}{1 \text{ mol } CO_2}$$

$$= 25{,}95 \text{ mol } (NH_2)_2CO$$

Ne segue perciò che NH_3 deve essere il reagente limitante poiché produce una minore quantità di $(NH_2)_2CO$.

(b) Impostazione Determiniamo il numero di moli di $(NH_2)_2CO$ prodotte nella parte (a), usando NH_3 come reagente limitante. Come possiamo convertire da moli a grammi?

Soluzione La massa molare di $(NH_2)_2CO$ è 60,06 g. Usiamo questo come fattore di conversione per convertire le moli di $(NH_2)_2CO$ in grammi di $(NH_2)_2CO$.

$$\text{massa di } (NH_2)_2CO = 18{,}71 \text{ mol } (NH_2)_2CO \times \frac{60{,}06 \text{ g } (NH_2)_2CO}{1 \text{ mol } (NH_2)_2CO}$$

$$= 1124 \text{ g } (NH_2)_2CO$$

Verifica Le risposte sembrano ragionevoli? Si formano 18,71 moli di prodotto. Qual è la massa di una mole di $(NH_2)_2CO$?

(c) Impostazione Lavorando a ritroso possiamo determinare la quantità di CO_2 che reagisce per formare 18,71 moli di $(NH_2)_2CO$. La quantità di CO_2 che rimane sarà la differenza tra la quantità iniziale e quella che ha reagito.

Soluzione Partendo con 18,71 moli di $(NH_2)_2CO$ possiamo determinare la massa di CO_2 che reagisce usando la frazione molare ricavata dall'equazione bilanciata e la massa molare di CO_2. I passaggi per la conversione sono:

$$\text{massa di } CO_2 \text{ che reagisce} = 18{,}71 \text{ mol } (NH_2)_2CO \times \frac{1 \text{ mol } CO_2}{1 \text{ mol } (NH_2)_2CO} \times \frac{44{,}01 \text{ g } CO_2}{1 \text{ mol } CO_2}$$
$$= 823{,}4 \text{ g } CO_2$$

La quantità di CO_2 che rimane (cioè in eccesso) è la differenza tra la quantità iniziale (1142 g) e la quantità che ha reagito (823,4 g):

$$\text{massa di } CO_2 \text{ rimanente} = 1142 \text{ g} - 823{,}4 \text{ g} = 319 \text{ g}$$

Problema di autovalutazione La reazione tra alluminio e ossido di ferro (III), che può sviluppare temperature che raggiungono i 3000 °C, viene impiegata per la saldatura dei metalli:

$$2Al + Fe_2O_3 \longrightarrow Al_2O_3 + 2Fe$$

Nella reazione descritta, 124 g di Al reagiscono con 601 g di Fe_2O_3. (a) calcola la massa (in grammi) di Al_2O_3 che si forma. (b) Quanto reagente in eccesso rimane alla fine della reazione?

In pratica, i chimici di solito scelgono il reattivo chimico più costoso come reagente limitante in modo tale che tutto o la maggior parte di esso sarà consumato nella reazione. Nella sintesi dell'urea (Esempio 0.25), NH_3 è sempre il reattivo limitante perché è molto più costoso della CO_2.

0.6.3 Resa di reazione

La quantità di reagente limitante presente all'inizio di una reazione determina la ***resa teorica*** della reazione, cioè *la quantità di prodotto che si formerebbe nel caso in cui tutto il reagente limitante reagisse*. La resa teorica (o *rendimento teorico*), quindi, è la *massima* resa ottenibile prevista in base all'equazione bilanciata. In pratica, la ***resa effettiva***, o *la quantità effettivamente ottenuta da una reazione*, è quasi sempre inferiore al rendimento teorico. Ci sono molte ragioni per la differenza tra i rendimenti effettivi e quelli teorici. Per esempio, molte reazioni sono reversibili e quindi non procedono completamente da sinistra a destra. Anche quando una reazione è completa al 100%, può essere difficile recuperare tutti i prodotti dal mezzo di reazione (per esempio, da una soluzione acquosa). Alcune reazioni sono complesse, nel senso che i prodotti che si formano possono reagire ulteriormente tra di loro o con i reagenti per formare ulteriori prodotti. Tali reazioni successive ridurranno il rendimento della prima reazione. Per determinare quanto sia efficiente una determinata reazione, i chimici spesso calcolano la ***resa percentuale***, che descrive il rapporto tra rendimento effettivo e rendimento teorico. Si calcola nel modo seguente:

$$\%\ \text{resa} = \frac{\text{resa effettiva}}{\text{resa teorica}} \times 100\% \qquad \textbf{(0.14)}$$

Le rese percentuali possono variare da una frazione di 1% al 100%. I chimici cercano sempre di massimizzare la resa percentuale di una reazione. I fattori che possono influenzare la resa percentuale comprendono la temperatura e la pressione. Studieremo l'influenza di questi fattori più avanti. L' Esempio 0.26 mostra come calcolare il rendimento di un processo industriale.

Esempio 0.26

Il titanio è un metallo leggero, fortemente resistente alla corrosione, che viene usato, per esempio, nei razzi, aeroplani, motori per jet e telai di biciclette. Può essere ottenuto dalla reazione tra cloruro di titanio (IV) e magnesio fuso a temperature tra 950 e 1150 °C.

$$TiCl_4(g) + 2Mg(l) \longrightarrow Ti(s) + 2MgCl_2(l)$$

In una determinato processo industriale vengono fatti reagire 3,54 × 10^7 g di $TiCl_4$ con 1,13 × 10^7 g di Mg. (a) Calcola la resa teorica del Ti in grammi. (b) Calcola la resa percentuale se si ottengono realmente 7,91 × 10^6 g di titanio.

(a) Impostazione Poiché ci sono due reagenti, questo è probabilmente un problema che coinvolge un reagente limitante. Come possiamo convertire le quantità di reagente in quantità di prodotto? Effettuiamo questo calcolo per ciascun reagente, poi confrontiamo le moli di prodotto (Ti) che si formano.

Soluzione Eseguiamo i due calcoli separatamente (per ogni reagente) per determinare quale dei due reagenti è il reagente limitante. Partendo da 3,54 × 10^7 g di $TiCl_4$ calcoliamo il numero di moli di Ti che possono essere prodotte nel caso in cui tutto il $TiCl_4$ reagisca. Le conversioni da applicare sono:

$$\text{grammi di } TiCl_4 \longrightarrow \text{moli di } TiCl_4 \longrightarrow \text{moli di Ti}$$

e così

$$\text{moli di Ti} = 3{,}54 \times 10^7 \text{ g } TiCl_4 \times \frac{1 \text{ mol } TiCl_4}{189{,}7 \text{ g } TiCl_4} \times \frac{1 \text{ mol Ti}}{1 \text{ mol } TiCl_4}$$

$$= 1{,}87 \times 10^5 \text{ mol Ti}$$

Calcoliamo poi il numero di moli di Ti formate nel caso che tutto il Mg (1,13 × 10^7 g) reagisca. I passaggi per ottenere la conversione sono:

$$\text{grammi di Mg} \longrightarrow \text{moli di Mg} \longrightarrow \text{moli di Ti}$$

e

$$\text{moli di Ti} = 1{,}13 \times 10^7 \text{ g Mg} \times \frac{1 \text{ mol Mg}}{24{,}31 \text{ g Mg}} \times \frac{1 \text{ mol Ti}}{2 \text{ mol Mg}}$$

$$= 2{,}32 \times 10^5 \text{ mol Ti}$$

Quindi il reagente limitante è $TiCl_4$ poiché, in base alla massa fornita dall'esercizio, risulta che esso produce una minore quantità di Ti. La massa di Ti formata è quindi:

$$1{,}87 \times 10^5 \text{ mol Ti} \times \frac{47{,}88 \text{ g Ti}}{1 \text{ mol Ti}} = 8{,}95 \times 10^6 \text{ g Ti}$$

(b) Impostazione La massa di Ti determinata nella parte (a) dell'esercizio è la resa teorica. La quantità che verrà calcolata nella parte (b) è la resa effettiva della reazione.

Soluzione La resa percentuale è data da:

$$\text{resa percentuale} = \frac{\text{resa effettiva}}{\text{resa teorica}} \times 100\%$$

$$= \frac{7{,}91 \times 10^6 \text{ g}}{8{,}95 \times 10^6 \text{ g}} \times 100\%$$

$$= 88{,}4\%$$

Verifica La resa percentuale dovrebbe essere minore del 100%.

Problema di autovalutazione Il vanadio metallico, che viene usato nelle leghe d'acciaio, può essere ottenuto industrialmente facendo reagire l'ossido di vanadio (V) con calcio, ad alte temperature.

$$5Ca + V_2O_5 \longrightarrow 5CaO + 2V$$

In un processo industriale $1{,}54 \times 10^3$ g di V_2O_5 reagiscono con $1{,}96 \times 10^3$ g di Ca. (a) Calcola la resa teorica del V. (b) Calcola la resa percentuale se si ottengono 803 g di V.

I processi industriali di solito coinvolgono enormi quantità (da migliaia a milioni di tonnellate) di prodotti. Per questo motivo, anche un leggero miglioramento nelle rese di reazione può ridurre in modo significativo i costi di produzione.

Sommario

Paragrafo 0.1

- I chimici studiano la materia e le trasformazioni che essa subisce. Le sostanze che compongono la materia hanno proprietà fisiche uniche che possono essere osservate senza modificarne l'identità e proprietà chimiche uniche, che, quando sono dimostrate, cambiano l'identità delle sostanze.
- Le miscele, sia omogenee sia eterogenee, possono essere separate in componenti puri con mezzi fisici. Una miscela omogenea è detta anche soluzione.
- Le più semplici sostanze in chimica sono gli elementi. I composti sono formati da combinazioni chimiche di atomi di diversi elementi in determinate proporzioni.
- Tutte le sostanze, in linea di principio, possono esistere in tre stati: solido, liquido e gassoso. L'interconversione tra questi stati può essere effettuata variando le condizioni esterne, per esempio la temperatura.
- La forza è la grandezza che provoca variazioni nel moto di un oggetto. Il lavoro viene compiuto ogni volta che un oggetto viene spostato da un luogo a un altro in presenza di una forza. La quantità di lavoro svolto è data dal prodotto della forza per la distanza dello spostamento effettuato (Equazione 0.2).
- L'energia è la capacità di svolgere un lavoro. Ci sono molte forme di energia, e sono interconvertibili tra loro. La legge di conservazione dell'energia stabilisce che la quantità totale di energia dell'universo è costante. L'unità SI per l'energia è il joule.

Paragrafo 0.2

- La chimica moderna ha avuto inizio con la teoria atomica di Dalton, in cui si afferma che: tutta la materia è composta di piccole, indivisibili particelle chiamate atomi; tutti gli atomi dello stesso elemento sono identici; i composti contengono atomi di diversi elementi combinati secondo rapporti di numeri interi; gli atomi non sono né creati né distrutti nelle reazioni chimiche (legge di conservazione di massa).
- Gli atomi di elementi che costituiscono un particolare composto sono sempre combinati nelle stesse proporzioni in massa (legge delle proporzioni definite). Quando due elementi si combinano per formare più di un tipo di composto, le masse di un elemento che si combinano con determinate masse di altri elementi lo fanno in rapporti di numeri piccoli interi (legge delle proporzioni multiple).
- Un atomo è costituito da un nucleo centrale molto denso contenente protoni e neutroni, con gli elettroni che si muovono intorno al nucleo a un grande distanza da esso.
- I protoni sono carichi positivamente, i neutroni non hanno carica e gli elettroni hanno carica negativa. I protoni e i neutroni hanno approssimativamente la stessa massa, che è di circa 1840 volte superiore alla massa dell'elettrone.
- Il numero atomico (Z) di un elemento è il numero di protoni nel nucleo dell'atomo di un elemento, e determina l'identità di un elemento. Il numero di massa (A) è la somma del numero di protoni e del numero di neutroni nel nucleo.
- Gli isotopi sono atomi dello stesso elemento con lo stesso numero di protoni ma diverso numero di neutroni.
- La tavola periodica è un diagramma degli elementi secondo l'ordine crescente di numero atomico e nel quale gli elementi che hanno simili proprietà chimiche e fisiche sono raccolti in gruppi.
- Una molecola è un aggregato di due o più atomi secondo una precisa disposizione e tenuti insieme da forze chimiche, che può contenere atomi dello stesso elemento o di due o più elementi uniti secondo un rapporto determinato e costante. Uno ione è un atomo o un gruppo di atomi che possiede carica positiva o negativa.

Paragrafo 0.3

- Le formule chimiche combinano i simboli degli elementi che costituiscono un composto con numeri interi come pedici, per mostrare il tipo e il numero di atomi contenuti nella più piccola unità del composto stesso.
- La formula molecolare esprime il numero esatto e il tipo di atomi combinati in ogni molecola di un composto. La formula empirica mostra il più semplice rapporto esistente tra gli atomi costituenti una molecola.
- I composti chimici sono composti molecolari (in cui le unità più piccole sono le singole molecole) o composti ionici (in cui gli ioni positivi e negativi sono tenuti insieme dalla reciproca attrazione). I composti ionici sono costituiti da cationi e anioni, che si formano, rispettivamente, quando gli atomi perdono e acquistano elettroni.
- I nomi di molti composti inorganici possono essere dedotti da una serie di semplici regole. Le formule possono essere scritte in base ai nomi dei composti.

Paragrafo 0.4

- Le trasformazioni chimiche, dette reazioni chimiche, sono rappresentate da equazioni chimiche. Le sostanze che si trasformano, i reagenti, sono scritti a sinistra della freccia, e le sostanze che si formano, i prodotti, appaiono a destra della freccia.
- Le equazioni chimiche devono essere bilanciate, in accordo con la legge di conservazione di massa. Il numero di atomi di ogni elemento nei reagenti deve essere pari al rispettivo numero nei prodotti.

Paragrafo 0.5

- Le masse atomiche sono misurate in unità di massa atomica (u), un'unità relativa basata sul valore pari esattamente a 12 dell'isotopo 12 del carbonio. Le masse atomiche degli atomi di un dato elemento sono il valore medio della distribuzione in natura degli isotopi di tale elemento. La massa molecolare di una molecola è la somma delle masse atomiche degli atomi nella molecola. Sia la massa atomica sia la massa molecolare possono essere accuratamente determinate con uno spettrometro di massa.
- Una mole è pari a un numero di Avogadro ($6{,}022 \times 10^{23}$) di atomi, molecole o di altre particelle.
- La massa molare (in grammi) di un elemento o di un composto è numericamente pari alla sua massa in unità di massa atomica (u), e contiene un numero di Avogadro di atomi (nel caso di elementi), di molecole (nel caso di sostanze molecolari) o delle più semplici unità di formula (nel caso di composti ionici).
- La composizione percentuale in massa di un composto è la percentuale in massa di ogni elemento presente. Se conosciamo la composizione percentuale in massa di un composto, possiamo dedurre la formula empirica del composto e anche la formula molecolare del composto, se è nota la sua massa molare approssimata.
- La concentrazione di una soluzione può essere espressa come percentuale in massa, frazione molare, molarità e molalità. La scelta dell'unità di concentrazione dipende dalle circostanze.

Paragrafo 0.6

- La stechiometria è lo studio quantitativo dei prodotti e dei reagenti nelle reazioni chimiche. I calcoli stechiometrici sono correttamente eseguiti quando si esprimono sia le quantità note sia quelle incognite in termini di moli e poi, se necessario, convertite ad altre unità.
- Il reagente limitante è il reagente che è presente in quantità stechiometrica più piccola. Esso limita la quantità di prodotto che può essere formato. La quantità di prodotto ottenuto in una reazione (la resa effettiva), può essere inferiore a quella massima possibile (la resa teorica). Il rapporto tra le due, moltiplicato per 100, è indicato come resa percentuale.

Problemi

Soluzioni dei problemi dispari sul sito www.mheducation.it

0.1 La chimica

0.1 Le seguenti affermazioni descrivono proprietà chimiche o fisiche? (a) L'ossigeno gassoso alimenta la combustione. (b) I fertilizzanti contribuiscono ad aumentare la produzione agricola. (c) L'acqua bolle al di sotto di 100 °C sulla cima di una montagna. (d) Il piombo è più denso dell'alluminio. (e) L'uranio è un elemento radioattivo.

0.2 Ciascuna delle seguenti affermazioni descrive un cambiamento fisico o chimico? (a) L'elio gassoso all'interno di un palloncino tende a fuoriuscire dopo poche ore. (b) Il fascio di luce di una torcia lentamente si affievolisce e infine si spegne. (c) Il succo d'arancia congelato è ricostituito mediante l'aggiunta di acqua. (d) La crescita delle piante dipende dall'energia del sole in un processo chiamato fotosintesi. (e) Se riscaldata, una molecola di proteina "si svolge" (adotta una struttura tridimensionale meno compatta).

0.3 Gli antichi credevano che tutte le sostanze fossero fatte dagli "elementi" *terra*, *aria*, *fuoco* e *acqua*. Come potrebbe essere descritto ognuno di questi elementi in base a uno schema di classificazione secondo la chimica moderna?

0.4 Classificare come elemento, composto, miscela omogenea o miscela eterogenea ciascuno dei seguenti: (a) acqua di mare, (b) gas elio, (c) cloruro di sodio (sale da tavola), (d) una bibita, (e) un frullato, (f) l'aria in una bottiglia, (g) calcestruzzo.

0.5 Descrivere le interconversioni tra le forme di energia che si verificano nei seguenti processi: (a) lanciare una palla in aria e riprenderla; (b) accendere una torcia; (c) salire fino in cima alla sciovia e poi sciare fino a valle; (d) accendere un fiammifero e lasciarlo bruciare.

0.6 Calcolare il lavoro svolto contro il campo gravitazionale della Terra quando una persona di 75 kg sale su una scala da terra fino a un'altezza di 11 m.

0.7 Calcolare l'energia cinetica di un elettrone che viaggia al 5,00 % della velocità della luce. Quale dovrà essere la velocità di un protone (espressa come percentuale della velocità della luce) per avere la stessa energia cinetica?

0.8 Se una cassaforte del peso di circa 453 kg è spinta fuori da una finestra del decimo piano (circa 30 m sopra il livello del suolo), qual è la sua velocità quando colpisce il terreno?

0.2 Atomi e molecole

0.9 (a) Descrivere l'esperimento di Rutherford e di come esso abbia portato all'ipotesi sulla struttura dell'atomo. Come fu in grado di stimare il numero di protoni in un nucleo dalla dispersione delle particelle? (b) Si consideri l'atomo ${}^{23}Na$. Dato che il raggio e la massa del nucleo sono, rispettivamente, $3{,}04 \times 10^{-15}$ m e $3{,}82 \times 10^{-23}$ g, calcolare la densità del nucleo in g cm^{-3}. Il raggio di un atomo ${}^{23}Na$ è pari a 186 pm. Calcolare la densità dello spazio occupato dagli elettroni nell'atomo di sodio. Il risultato supporta il modello atomico di Rutherford? (Il volume di una sfera è $\frac{4}{3}\pi r^3$, dove r è il raggio).

0.10 Per i gas nobili (gli elementi del Gruppo 8A), ${}^{4}_{2}He$, ${}^{20}_{10}Ne$, ${}^{40}_{18}Ar$, ${}^{84}_{36}Kr$, ${}^{132}_{54}Xe$, ${}^{222}_{86}Rn$, (a) determinare il numero di protoni e neutroni nel nucleo di ogni atomo, (b) determinare il rapporto tra neutroni e protoni nel nucleo di ogni atomo. Descrivere qualsiasi eventuale comportamento generale nel modo in cui questo rapporto cambia all'aumentare del numero atomico. (c) È lecito attendersi un comportamento simile, per gli altri elementi?

0.11 Il fluoro reagisce con l'idrogeno (H) e il deuterio (D) per formare acido fluoridrico (HF) e fluoruro di deuterio (DF) [il deuterio (${}^{2}_{1}H$) è un isotopo dell'idrogeno]. Un determinato quantitativo di fluoro reagirà con masse diverse dei due isotopi di idrogeno? Questo viola la legge delle proporzioni definite? Spiegare.

0.12 In prima approssimazione, il raggio di un atomo è circa 10 000 volte superiore al raggio del suo nucleo. Se un atomo fosse ingrandito in modo che il raggio del suo nucleo diventasse 2,0 cm, circa le dimensioni di una biglia, quale sarebbe il raggio atomico in km?

0.13 Qual è il numero di massa di un atomo di ferro che ha 28 neutroni?

0.14 Calcolare il numero di neutroni nel ${}^{239}Pu$.

0.15 Per ciascuna delle seguenti specie, determinare il numero di protoni e il numero di neutroni nel nucleo:

$${}^{3}_{2}He,\ {}^{4}_{2}He,\ {}^{24}_{12}Mg,\ {}^{25}_{12}Mg,\ {}^{48}_{22}Ti,\ {}^{79}_{35}Br,\ {}^{195}_{78}Pt$$

0.16 Indicare il numero di protoni, neutroni ed elettroni in ciascuna delle seguenti specie:

$${}^{15}_{7}N,\ {}^{33}_{16}S,\ {}^{63}_{29}Cu,\ {}^{84}_{38}Sr,\ {}^{130}_{56}Ba,\ {}^{186}_{74}W,\ {}^{202}_{80}Hg$$

0.17 Scrivere il simbolo appropriato per ciascuno dei seguenti isotopi: (a) $Z = 11, A = 23$; (b) $Z = 28, A = 64$.

0.18 Scrivere il simbolo appropriato per ciascuno dei seguenti isotopi: (a) $Z = 74, A = 186$; (b) $Z = 80, A = 201$.

0.19 Uno degli isotopi di un elemento metallico ha numero di massa 65 e 35 neutroni nel nucleo. Il catione che deriva dall'isotopo ha 28 elettroni. Scrivere il simbolo di questo catione.

0.20 Fornire due esempi di ciascuno dei seguenti: (a) una molecola diatomica contenente atomi di uno stesso elemento, (b) una molecola diatomica contenente atomi di diversi elementi, (c) una molecola poliatomica contenente atomi di uno stesso elemento, (d) una molecola poliatomica contenente atomi di elementi diversi.

0.21 Indicare il numero di protoni ed elettroni in ciascuno dei seguenti ioni: Na^+, Ca^{2+}, Al^{3+}, Fe^{2+}, I^-, F^-, S^{2-}, O^{2-}, N^{3-}.

0.22 Indicare il numero di protoni ed elettroni in ciascuno dei seguenti ioni: K^+, Mg^{2+}, Fe^{3+}, Br^-, Mn^{2+}, C^{4-}, Cu^{2+}.

0.3 Formule chimiche

0.23 Scrivere la formula molecolare della glicina, un amminoacido presente nelle proteine. I colori assegnati sono: nero (carbonio), blu (azoto), rosso (ossigeno), grigio (idrogeno).

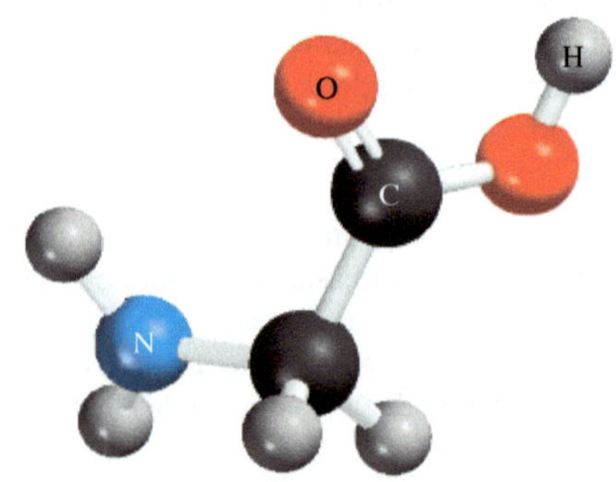

0.24 Scrivere la formula molecolare dell'etanolo. I colori assegnati sono: nero (carbonio), rosso (ossigeno), grigio (idrogeno).

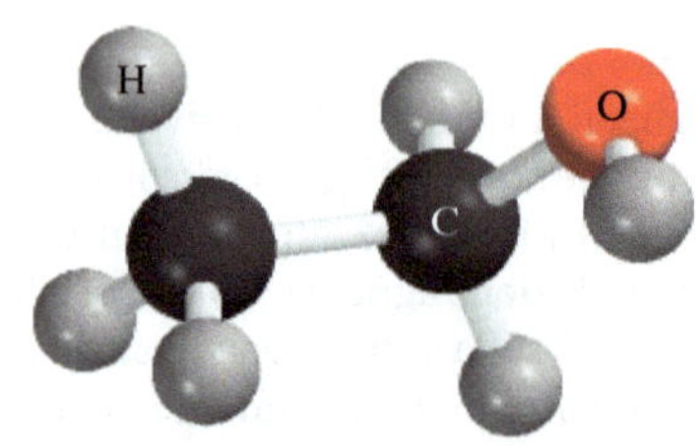

0.25 Quali sono le formule empiriche dei seguenti composti? (a) C_2N_2, (b) P_4O_{10}, (c) $Na_2S_2O_4$, (d) N_2O_5, (e) B_2H_6, (f) C_4H_8, (g) $C_6H_{12}O_8$.

0.26 Assegnare un nome ai seguenti composti: (a) KH_2PO_4, (b) K_2HPO_4, (c) HBr, (d) Li_2CO_3, (e) $Na_2Cr_2O_7$, (f) $(NH_4)_2SO_4$, (g) HIO_3, (h) PF_5, (i) P_4O_6, (j) CdI_2, (k) $SrSO_4$, (l) $Al(OH)_3$.

0.27 Assegnare un nome ai seguenti composti: (a) $KClO$, (b) Ag_2CO_3, (c) HNO_2, (d) $KMnO_4$, (e) $CsClO_3$, (f) FeO, (g) Fe_2O_3, (h) $TiCl_4$, (i) NaH, (j) Li_3N, (k) Na_2O, (l) Na_2O_2.

0.28 Assegnare un nome ai seguenti composti: (a) $Co(NO_3)_2 \cdot 6H_2O$, (b) $NiBr_2 \cdot 3H_2O$, (c) $ZnSO_4 \cdot 7H_2O$, (d) $Na_2SO_4 \cdot H_2O$.

0.29 Scrivere le formule per i seguenti composti: (a) nitrito di rubidio, (b) solfuro di potassio, (c) sodio idrogenosolfuro, (d) fosfato di magnesio, (e) calcio idrogenofosfato, (f) potassio diidrogeno fosfato, (g) eptafluoruro di iodio, (h) solfato d'ammonio, (i) perclorato d'argento, (j) tricloruro di boro, (k) carbonato di rame (I).

0.30 Scrivere le formule per i seguenti composti: (a) solfato di sodio decaidrato, (b) monoidrato solfato di calcio, (c) cloruro di magnesio esaidrato, (d) zinco (II) nitrato esaidrato.

0.31 Scrivere le formule per i seguenti composti: (a) cianuro di rame (I), (b) clorito di stronzio, (c) acido perbromico, (d) acido iodidrico, (e) ammonio disodio fosfato, (f) carbonato di piombo (II), (g) fluoruro di stagno (II), (h) decasolfuro di tetrafosforo, (i) ossido di mercurio (II), (j) ioduro di mercurio (I), (k) esafluoruro di selenio.

0.4 Reazioni chimiche

0.32 Bilanciare le seguenti equazioni chimiche:

(a) $C + O_2 \longrightarrow CO$

(b) $CO + O_2 \longrightarrow CO_2$

(c) $H_2 + Br_2 \longrightarrow HBr$

(d) $H_2O_2 \longrightarrow H_2O + O_2$

(e) $C_4H_{10} + O_2 \longrightarrow CO_2 + H_2O$

(f) $KOH + H_3PO_4 \longrightarrow K_3PO_4 + H_2O$

(g) $N_2 + H_2 \longrightarrow NH_3$

(h) $(NH_4)\,NO_3 \longrightarrow N_2O + H_2O$

(i) $C_6H_6 + O_2 \longrightarrow CO_2 + H_2O$

(j) $Na_2O + Al \longrightarrow Al_2O_3 + Na$

0.33 Bilanciare le seguenti equazioni chimiche:

(a) $N_2O_5 \longrightarrow N_2O_4 + O_2$

(b) $P_4O_{10} + H_2O \longrightarrow H_3PO_4$

(c) $NaHCO_3 \longrightarrow Na_2CO_3 + H_2O + CO_2$

(d) $HCl + CaCO_3 \longrightarrow CaCl_2 + H_2O + CO_2$

(e) $Al + H_2SO_4 \longrightarrow Al_2(SO_4)_3 + H_2$

(f) $Be_2C + H_2O \longrightarrow Be(OH)_2 + CH_4$

(g) $C_2H_5OH + O_2 \longrightarrow CO_2 + H_2O$

(h) $S + HNO_3 \longrightarrow H_2SO_4 + NO_2 + H_2O$

(i) $C_3H_5N_3O_9 \longrightarrow N_2 + CO_2 + H_2O + O_2$

(j) $Ca_3(PO_4)_2 + SiO_2 + C \longrightarrow CaSiO_3 + P_4 + CO$

0.5 Descrizione delle quantità di atomi o di molecole

0.34 I pesi atomici di $^{35}_{17}Cl$ (75,53%) e $^{37}_{17}Cl$ (24,47%) sono, rispettivamente, 34,968 u e 36,956 u. Calcolare il valore medio della massa atomica del cloro, assumendo l'esistenza di questi due soli isotopi. Le percentuali fra parentesi indicano le abbondanze relative.

0.35 La massa atomica media del Li è 6,941 u. Calcolare le abbondanze relative del $^{6}_{3}Li$ (6,0151 u) e del $^{7}_{3}Li$ (7,0160 u), assumendo che siano presenti solo questi due isotopi. Le masse atomiche degli isotopi sono riportate in parentesi.

0.36 Calcolare la massa molecolare o la massa formula (in u) di ciascuna delle seguenti sostanze: (a) CH_4, (b) NO_2, (c) SO_3, (d) C_6H_6, (e) NaI, (f) K_2SO_4, (g) $Ca_3(PO_4)_2$.

0.37 Quanti atomi ci sono in 5,10 mol di zolfo (S)?

0.38 A quante moli di atomi di cobalto (Co) corrispondono $6{,}00 \times 10^9$ (6 miliardi) di atomi di Co?

0.39 Qual è la massa media in grammi di un singolo atomo di ciascuno dei seguenti elementi: (a) Hg, (b) Ne, (c) As, (d) Ni?

0.40 Qual è la massa in grammi di $1{,}00 \times 10^{12}$ atomi di Pb?

0.41 Quanti atomi sono presenti in 3,14 g di rame (Cu)?

0.42 Calcolare la massa molare delle seguenti sostanze: (a) Li_2CO_3, (b) CS_2, (c) $CHCl_3$ (cloroformio), (d) $C_6H_8O_6$ (acido ascorbico, o vitamina C), (e) KNO_3, (f) UF_6, (g) $NaHCO_3$ (bicarbonato).

0.43 Quante molecole di etano (C_2H_6) sono presenti in 0,334 g di C_2H_6?

0.44 Calcolare il numero di atomi di C, H e O in 1,50 g di glucosio ($C_6H_{12}O_6$), uno zucchero.

0.45 L'urea $[(NH_2)_2CO]$ è usata, tra le altre cose, come fertilizzante. Calcolare il numero degli atomi N, C, O, H in $1{,}68 \times 10^4$ g di urea.

0.46 La densità dell'acqua è 1,00 g ml^{-1} a 4 °C. Quante molecole di acqua sono presenti in 2,56 ml di acqua a questa temperatura?

0.47 Lo stagno (Sn) esiste nella crosta terrestre come SnO_2. Calcolare la composizione percentuale in massa di Sn e O in SnO_2.

0.48 Quali sono le formule empiriche dei composti con le seguenti composizioni: (a) 40,1% C, 6,6% H, 53,3% O; (b) 18,4% C, 21,5% N, 60,1% K?

0.49 Il glutammato monosodico (MSG), un esaltatore di sapore, è stata accusato della "sindrome da ristorante cinese", i cui sintomi sono mal di testa e dolori al petto. Il MSG ha la seguente composizione in massa: 35,51% C, 4,77% H, 37,85% O, 8,29% N, 13,60% Na. Qual è la sua formula molecolare se la sua massa molare è di circa 169 g?

0.50 L'allicina è il composto responsabile del caratteristico odore dell'aglio. L'analisi elementare del composto ha fornito la seguente composizione percentuale in massa: C, 44,4%; H, 6,21%; S, 39,5%; O, 9,86%. Calcolare la sua formula empirica. Qual è la sua formula molecolare, dato che la sua massa molare è di circa 162 g?

0.51 L'alcol cinnamico è usato in profumeria, in particolare nei saponi e nei cosmetici. La sua formula molecolare è $C_9H_{10}O$. (a) Calcolare la composizione percentuale in massa di C, H e O nell'alcol cinnamico. (b) Quante molecole di alcol cinnamico sono contenute in un campione di 0,469 g di massa?

0.52 L'idrogeno ha due isotopi stabili, ^1_1H e ^2_1H, e lo zolfo ha quattro isotopi stabili, $^{32}_{16}S$, $^{33}_{16}S$, $^{34}_{16}S$, $^{36}_{16}S$. Quanti picchi si osserveranno nello spettro di massa dello ione positivo dell'acido solfidrico (H_2S)? Assumere che non avvenga alcuna decomposizione degli ioni in frammenti più piccoli.

0.6 Stechiometria

0.53 Quanti grammi di zolfo (S) sono necessari per reagire completamente con 246 g di mercurio (Hg) per formare HgS?

0.54 Calcolare la massa in grammi di iodio (I_2) che reagisce completamente con 20,4 g di alluminio (Al) per formare ioduro di alluminio (AlI_3).

0.55 Ogni unità di solfato di rame (II) è associata a cinque molecole di acqua nel solfato di rame (II) pentaidrato ($CuSO_4 \cdot 5H_2O$) cristallino. Quando questo composto è riscaldato in aria al di sopra di 100 °C, perde le molecole d'acqua e anche il suo colore blu:

$$CuSO_4 \cdot 5H_2O(s) \longrightarrow CuSO_4(s) + 5H_2O(l)$$

Se 9,60 g di $CuSO_4$ rimangono dopo il riscaldamento di 15,01 g del composto blu, calcolare il numero di moli di H_2O originariamente presenti nel composto.

0.56 L'ossido di diazoto (N_2O) è chiamato anche "gas esilarante". Esso può essere preparato dalla decomposizione termica del nitrato di ammonio (NH_4NO_3). L'altro prodotto è H_2O. (a) Scrivere un'equazione bilanciata per questa reazione. (b) Quanti grammi di N_2O si formano a partire da 0,46 mol di NH_4NO_3?

0.57 Il fertilizzante solfato d'ammonio [$(NH_4)_2SO_4$] è preparato dalla reazione tra l'ammoniaca (NH_3) e l'acido solforico:

$$2NH_3(g) + H_2SO_4(aq) \longrightarrow (NH_4)_2SO_4(aq)$$

Quanti chilogrammi di NH_3 sono necessari per produrre $1,00 \times 10^5$ kg di $(NH_4)_2SO_4$?

0.58 La diminuzione dell'ozono (O_3) nella stratosfera è stata una questione di grande preoccupazione tra gli scienziati nel corso degli ultimi anni. Sebbene i clorofluorocarburi abbiano attirato su di loro la maggior parte dell'attenzione riguardante questo problema, l'ozono reagisce anche con l'ossido di azoto (NO) scaricato ad alta quota dagli aerei supersonici. La reazione è

$$O_3 + NO \longrightarrow O_2 + NO_2$$

Se 0,740 g di O_3 reagiscono con 0,670 g di NO, quanti grammi di NO_2 saranno prodotti? Qual è il reagente limitante? Calcolare il numero di moli del reagente in eccesso che rimane alla fine della reazione.

0.59 Si consideri la reazione

$$MnO_2 + 4HCl \longrightarrow MnCl_2 + Cl_2 + 2H_2O$$

Se 0,86 mol di MnO_2 e 48,2 g di HCl reagiscono, quale reagente sarà quello in difetto? Quanti grammi di Cl_2 saranno prodotti?

0.60 Il fluoruro di idrogeno è impiegato nella fabbricazione dei freon (o CFC) (sostanze refrigeranti note per distruggere l'ozono nella stratosfera) e nella produzione di alluminio metallico a partire dai minerali di alluminio. Il fluoruro di idrogeno è preparato dalla reazione

$$CaF_2 + H_2SO_4 \longrightarrow CaSO_4 + 2HF$$

In una reazione, 6,00 kg di CaF_2 sono trattati con un eccesso di H_2SO_4 per dare 2,86 kg di HF. Calcolare la resa percentuale di HF.

0.61 La nitroglicerina ($C_3H_5N_3O_9$) è un potente esplosivo. La sua decomposizione può essere rappresentata dalla seguente equazione chimica

$$4C_3H_5N_3O_9 \longrightarrow 6N_2 + 12CO_2 + 10H_2O + O_2$$

Questa reazione genera una grande quantità di energia sotto forma di calore e di molti prodotti gassosi. È l'istantanea formazione di questi gas, insieme con la loro rapida espansione, che produce l'esplosione. (a) Qual è la quantità massima di O_2 in grammi che può essere ottenuta da $2,00 \times 10^2$ g di nitroglicerina? (b) Calcolare la resa percentuale di questa reazione, se la quantità di O_2 generata risulta essere 6,55 g.

0.62 Lo zolfo, quando bruciato in presenza di ossigeno, produce una miscela di SO_2 e SO_3 gassosi. La massa molare media della miscela dei gas prodotti in un particolare esperimento è risultata essere 68,07 g. Qual è la frazione (percentuale) di SO_2 nel prodotto in questo esperimento?

0.63 Una preparazione comunemente usata in laboratorio di ossigeno gassoso è la decomposizione termica del clorato di potassio ($KClO_3$). Supponendo la decomposizione completa del $KClO_3$, calcolare il numero di grammi di O_2 che possono essere ottenuti da 46,0 g di $KClO_3$. (I prodotti sono KCl e O_2).

Problemi supplementari

0.64 Secondo Newton, l'energia potenziale gravitazionale di attrazione tra due corpi di massa m_1 e m_2 separati da una distanza r è data da

$$V(r) = -\frac{Gm_1m_2}{r}$$

dove $G = 6,67300 \times 10^{-11}$ m^3 kg^{-1} s^{-2} è la costante gravitazionale universale. (a) Calcolare il rapporto tra l'energia potenziale gravitazionale e l'energia potenziale elettrostatica (legge di Coulomb) tra un protone e un elettrone separati da una distanza di 100 pm. Che cosa indica questo rapporto circa l'importanza relativa tra le interazioni elettrostatiche e gravitazionali in chimica? (b) Calcolare il lavoro svolto nell'allontanare un elettrone e un protone da 50 pm a distanza infinita.

0.65 Un campione di un composto contenente Cl e O reagisce con un eccesso di H_2 per dare 0,233 g di HCl e 0,403 g di H_2O. Determinare la formula empirica del composto.

0.66 La seguente figura rappresenta i prodotti (CO_2 e H_2O) formati dopo la combustione di un idrocarburo (un composto contenente solo atomi di C e H). Scrivere un'equazione per la reazione. (*Suggerimento*: la massa molare dell'idrocarburo è di circa 30 g.)

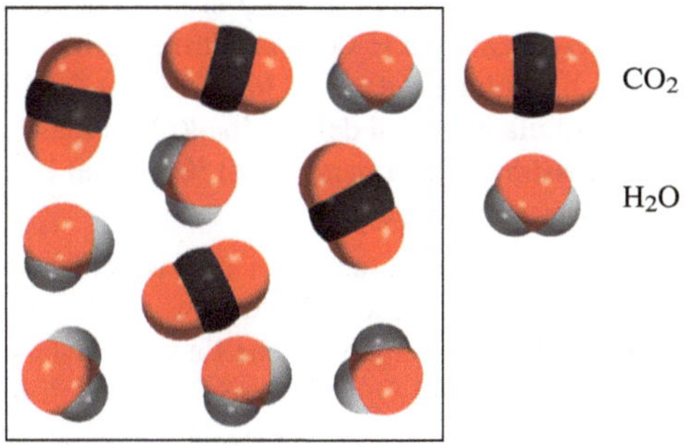

0.67 Si consideri la reazione dell'idrogeno gassoso con l'ossigeno gassoso:

$$2H_2(g) + O_2(g) \longrightarrow 2H_2O(g)$$

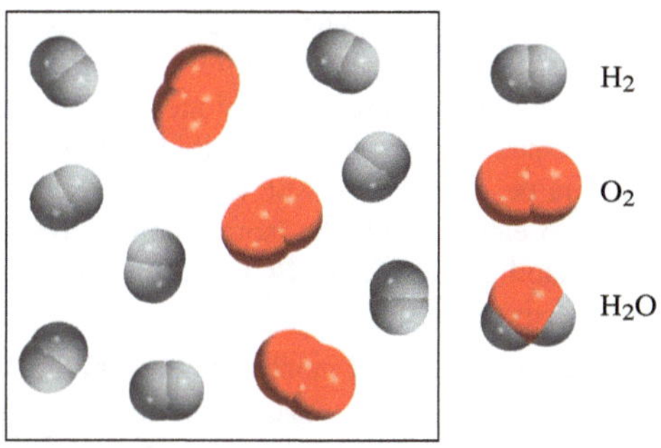

Assumendo la reazione completa, quale degli schemi indicati rappresenta la quantità di reagenti e di prodotti rimasti dopo la reazione?

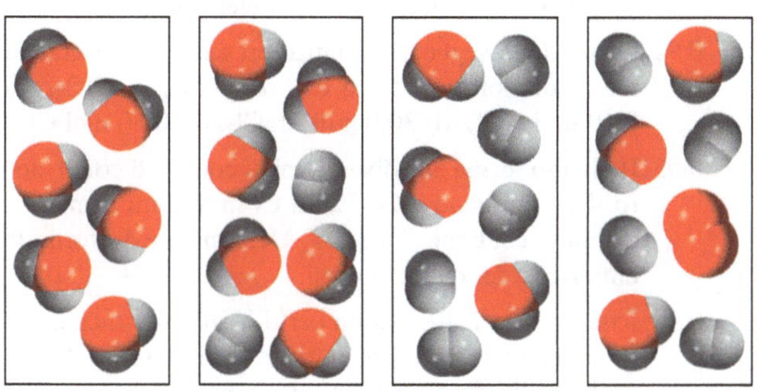

(a) (b) (c) (d)

0.68 Industrialmente, l'acido nitrico è prodotto tramite il processo di Ostwald, rappresentato dalle seguenti equazioni:

$$4NH_3(g) + 5O_2(g) \longrightarrow 4NO(g) + 6H_2O(l)$$
$$2NO(g) + O_2(g) \longrightarrow 2NO_2(g)$$
$$2NO_2(g) + H_2O(l) \longrightarrow HNO_3(aq) + HNO_2(aq)$$

Che massa di NH_3 (in g) deve essere utilizzata per produrre 1,00 tonnellate di HNO_3 secondo il suddetto processo, nell'ipotesi di un 80% di rendimento di ciascun passaggio?

0.69 Cosa c'è di sbagliato nel nome (tra parentesi) di ciascuno dei seguenti composti: (a) $BaCl_2$ (dicloruro di bario), (b) Fe_2O_3 [ossido di ferro (II)], (c) $CsNO_2$ (nitrato di cesio), (d) $Mg(HCO_3)_2$ [bicarbonato di magnesio (II)]?

0.70 Cosa c'è di sbagliato nella formula chimica di ciascuno dei seguenti composti: (a) $(NH_3)_2CO_3$ (carbonato di ammonio), (b) CaOH (idrossido di calcio), (c) $CdSO_3$ (solfuro di cadmio), (d) $ZnCrO_4$ (zinco dicromato)?

0.71 La barite, o solfato di bario ($BaSO_4$), è un comune minerale del bario. Dato che gli elementi nello stesso gruppo della tavola periodica hanno simili proprietà chimiche simili, potremmo aspettarci di trovare un po' di solfato di radio ($RaSO_4$) miscelato con la barite, poiché è l'ultimo membro del Gruppo 2A. Tuttavia, le uniche fonti di composti di radio in natura sono i minerali di uranio. Perché?

0.72 La massa atomica dell'elemento X è 33,42 u. Un campione di 27,22 g di X reagisce con 84,10 g di un altro elemento Y per formare un composto XY. Calcolare la massa atomica di Y.

0.73 Il solfato di alluminio idrato [$Al_2(SO_4)_3 \cdot xH_2O$] contiene l'8,20% in massa di Al. Calcolare il numero di molecole d'acqua x associato a ciascuna unità $Al_2(SO_4)_3$.

0.74 L'iprite (o gas mostarda) ($C_4H_8Cl_2S$) è un gas velenoso utilizzato durante la prima guerra mondiale e in seguito vietato. Essa provoca la distruzione generale dei tessuti del corpo, con la conseguente formazione di grandi vesciche. Non vi è alcun antidoto efficace. Calcolare la composizione percentuale in massa degli elementi nel gas mostarda.

0.75 Il carato è l'unità di massa utilizzata in gioielleria. Un carato è esattamente pari a 200 mg. Quanti atomi di carbonio sono presenti in un diamante a 24 carati?

0.76 Una barra di ferro pesa 664 g. Dopo che la barra è stata lasciata in contatto con aria umida per un mese, esattamente un ottavo del ferro si è trasformato in ruggine (Fe_2O_3). Calcolare la massa finale della barra di ferro e ruggine.

0.77 Nella reazione della termìte (cfr. Problema di autovalutazione dell'Esempio 0.25), la polvere di alluminio reagisce con l'ossido di ferro (III) per formare ferro elementare e ossido di alluminio. La reazione produce una grande quantità di energia sotto forma di calore, il che la rende utile sia nelle dimostrazioni durante le lezioni di chimica che nella saldatura di rotaie. Se 20,0 g di polvere di alluminio vengono fatti reagire con 50,0 g di ossido di ferro (III) quale sarà la massa (in grammi) di Fe prodotta, supponendo che almeno uno dei reagenti abbia completamente reagito.

0.78 Un campione impuro di zinco (Zn) è trattato con un eccesso di acido solforico per formare solfato di zinco e idrogeno molecolare. (a) Scrivere un'equazione bilanciata per la reazione. (b) Se 0,0764 g di H_2 sono ottenuti da 3,86 g del campione, calcolare la percentuale di purezza del campione. (c) Quali assunzioni è necessario fare in (b)?

0.79 Un certo ossido di un metallo ha formula MO dove M indica il metallo. Un campione di 39,46 g del composto è fortemente riscaldato in atmosfera di idrogeno per rimuovere l'ossigeno sotto forma di molecole d'acqua. Alla fine, rimangono 31,70 g di metallo. Calcolare la massa atomica di M e individuare l'elemento.

0.80 Una delle reazioni che si verifica in un altoforno, dove il minerale di ferro viene convertito in ghisa, è

$$Fe_2O_3 + 3CO \longrightarrow 2Fe + 3CO_2$$

Supponiamo di ottenere $1,64 \times 10^3$ kg di Fe da un campione di $2,62 \times 10^3$ kg di Fe_2O_3. Assumendo che la reazione sia completa, qual è la percentuale di purezza di Fe_2O_3 nel campione originale?

0.81 L'anidride carbonica (CO_2) è il gas che è il principale responsabile del riscaldamento globale. La combustione dei combustibili fossili è una delle principali cause di aumento della concentrazione di CO_2 nell'atmosfera. L'anidride carbonica è anche il prodotto finale del metabolismo degli alimenti. Utilizzando il glucosio ($C_6H_{12}O_6$) come esempio di alimento, calcolare la produzione annuale umana di CO_2 in grammi, partendo dal presupposto che ogni persona consumi $5,0 \times 10^2$ g di glucosio al giorno. La popolazione mondiale è di 6,5 miliardi. Nel metabolismo del glucosio, quest'ultimo reagisce con l'ossigeno per produrre anidride carbonica e acqua.

0.82 L'emoglobina ($C_{2952}H_{4664}N_{812}O_{832}S_8Fe_4$) è il vettore di ossigeno nel sangue. (a) Calcolare la sua massa molare. (b) Un adulto medio ha circa 5,0 l di sangue. Ogni millilitro di sangue contiene circa $5,0 \times 10^9$ eritrociti (o globuli rossi), e ogni globulo rosso contiene circa $2,8 \times 10^8$ molecole di emoglobina. Calcolare la massa delle molecole di emoglobina in grammi in un adulto medio.

0.83 La mioglobina immagazzina ossigeno per i processi metabolici nei muscoli. L'analisi elementare mostra che essa contiene lo 0,34% in massa di Fe. Qual è la massa molare della mioglobina? (La mioglobina contiene un atomo di Fe per ogni molecola.)

0.84 Un campione contenente NaCl, Na_2SO_4 e $NaNO_3$ presenta la seguente analisi elementare: Na: 32,08%, O: 36,01%, Cl: 19,51%. Calcolare la percentuale in massa dei singoli composti nel campione.

0.85 Calcolare la composizione percentuale in massa di tutti gli elementi nel fosfato di calcio [$Ca_3(PO_4)_2$], un importante componente del tessuto osseo.

0.86 Per molecole aventi piccole masse molecolari, la spettrometria di massa può essere utilizzata per identificare le loro formule. (a) Per illustrare questo punto, individuare la molecola che possa corrispondere ai picchi rilevati in uno spettro di massa a 16 u, 17 u, 18 u, 64 u. (b) Due molecole che possono dar luogo a un picco a 44 sono C_3H_8 e CO_2. In questi casi, un chimico potrebbe provare a cercare altri picchi originati dalle frammentazioni delle molecole nello spettrometro. Per esempio, se un chimico vede un picco a 44 u e anche uno a 15 u, qual è la molecola che produce il picco a 44 u? Perché? (c) Usando i seguenti pesi atomici precisi: ^1H (1,00797 u), ^{12}C (12,00000 u) e ^{16}O (15,99491 u), quanto precise devono essere le masse di C_3H_8 e di CO_2 per poterle distinguerle tra di loro?

0.87 La lisina, un amminoacido essenziale nel corpo umano, contiene C, H, O e N. In un esperimento, la combustione completa di 2,175 g di lisina ha dato 3,94 g di CO_2 e 1,89 g di H_2O. In un altro esperimento, 1,873 g di lisina hanno dato 0,436 g di NH_3. (a) Calcolare la formula empirica della lisina. (b) La massa molare approssimata della lisina è di 150 g. Qual è la formula molecolare del composto?

0.88 Le abbondanze naturali dei due isotopi stabili dell'idrogeno (idrogeno e deuterio) sono ^1_1H: 99,985% e ^2_1H: 0,015%. Si supponga che l'acqua esista sia come H_2O sia come D_2O. Calcolare il numero di molecole di D_2O presenti in esattamente 400 ml di acqua. (Densità = 1,00 g ml^{-1}).

0.89 Un composto contenente solo C, H e Cl è stato esaminato in uno spettrometro di massa. Il picco a massa più alta corrisponde a uno ione di massa 52 u. Il picco di massa più abbondante corrisponde a uno ione di massa 50 u ed è circa tre volte più intenso del picco a 52 u. Dedurre una ragionevole formula molecolare per il composto e spiegare le posizioni e le intensità dei picchi osservati. (*Suggerimento*: il cloro è l'unico elemento che ha isotopi con abbondanze paragonabili: $^{35}_{17}Cl$: 75,5%; $^{37}_{17}Cl$: 24,5%. Per H, usare ^1_1H; per C, usare $^{12}_6C$.)

0.90 Nella formazione del monossido di carbonio, CO, si è trovato che 2,445 g di ossido di carbonio si combinano con 3,257 g di ossigeno. Qual è la massa atomica dell'ossigeno se la massa atomica del carbonio è 12,01 u?

0.91 Che rapporto molare tra cloro molecolare (Cl_2) e ossigeno molecolare (O_2) risulterebbe dalla decomposizione del composto Cl_2O_7 nei suoi elementi costitutivi?

0.92 Quale delle seguenti sostanze presenta la più grande massa di cloro: (a) 5,0 g Cl_2, (b) 60,0 g $NaClO_3$, (c) 0,10 mol KCl, (d) 30,0 g di $MgCl_2$, (e) 0,50 mol Cl_2?

0.93 Il platino forma due diversi tipi di composti con il cloro. Uno contiene il 26,7% in Cl in termini di massa, e l'altro contiene il 42,1%. Determinare le formule empiriche dei due composti.

0.94 Riscaldando 2,40 g di un certo ossido del metallo X (massa molare di X = 55,9 g mol^{-1}) in presenza di monossido di carbonio (CO) si ottengono il metallo e diossido di carbonio. La massa del prodotto metallico è di 1,68 g. Dai dati riportati, mostrare che la formula più semplice per l'ossido è X_2O_3 e scrivere un'equazione bilanciata per la reazione.

0.95 Quando 0,273 g di Mg sono riscaldati ad alta temperatura in atmosfera d'azoto (N_2), si verifica una reazione chimica. Il prodotto della reazione pesa 0,378 g. Determinare la formula empirica del composto contenente Mg e N. Assegnare un nome al composto.

0.96 Una miscela di metano (CH_4) ed etano (C_2H_6) di massa 13,43 g è completamente bruciata in atmosfera d'ossigeno. Se la massa totale di CO_2 e H_2O prodotti è di 64,84 g, calcolare la frazione di metano nella miscela.

0.97 Col termine "potassa" viene indicato non solo il carbonato di potassio ma anche, più genericamente, un qualsiasi minerale utilizzato per il suo contenuto di potassio. La maggior parte del cloruro di potassio prodotto in Europa viene usato nei fertilizzanti. Le principali fonti di potassa sono cloruro di potassio (KCl) e solfato di potassio (K_2SO_4). La produzione di potassa è spesso riferita come la quantità equivalente di ossido di potassio (K_2O) che può essere ricavata da un dato minerale. (a) Se il prezzo del KCl è di 0,39 € al kg, a quale prezzo (in euro per kg) deve essere venduto il K_2SO_4 per fornire la stessa quantità di potassio allo stesso prezzo? (b) Che massa (in kg) di K_2O contiene lo stesso numero di moli di atomi di K di 1,00 kg di KCl?

0.98 Un composto X contiene il 63,3% di manganese (Mn) e il 36,7% di O in massa. Quando X è riscaldato, viene rilasciato dell'ossigeno gassoso e si forma un nuovo composto Y contenente il 72,0% di Mn e il 28,0% di O. (a) Determinare la formula empirica di X e Y. (b) Scrivere un'equazione bilanciata per la conversione di X a Y.

0.99 La formula di un idrato di cloruro di bario è $BaCl_2 \cdot xH_2O$. Se 1,936 g di questo composto danno, in seguito a trattamento con acido solforico, 1,864 g di composto anidro $BaSO_4$, calcolare il valore di x.

0.100 Si stima che il giorno dell'eruzione del Monte St. Helens (18 maggio 1980), circa $4{,}0 \times 10^5$ tonnellate di SO_2 furono rilasciate nell'atmosfera. Se tutta l'anidride solforosa fosse stata convertita in acido solforico, quante tonnellate di H_2SO_4 sarebbero state prodotte?

0.101 Una miscela di $CuSO_4 \cdot 5H_2O$ e $MgSO_4 \cdot 7H_2O$ è scaldata finchè tutta l'acqua viene persa. Se 5,020 g di miscela danno 2,988 g di sali anidri, qual è la percentuale in massa di $CuSO_4 \cdot 5H_2O$ nella miscela?

0.102 La benzina con piombo (disponibile negli Stati Uniti fino alla metà degli anni '80), contiene un additivo per evitare il "battito in testa" del motore. In base ad analisi chimiche, si scopre che l'additivo contiene carbonio, idrogeno e piombo. Quando 51,36 g di questo composto vengono bruciati, sono prodotti 55,90 g di CO_2 e 28,61 g di H_2O. Determinare la formula empirica di questo additivo della benzina.

0.103 A causa dei sui effetti nocivi per l'ambiente, il composto descritto nel Problema 0.102 è stato sostituito negli ultimi anni dal metil *tert*-butil etere (un composto contenente C, H e O) per migliorare le prestazioni della benzina. A partire dal 1999, anche questo composto è stato abbandonato a causa della sua contaminazione di acque potabili. Quando 12,1 g di questo composto vengono bruciati, si formano 30,2 g di CO_2 e 14,8 g di H_2O. Qual è la formula empirica del composto?

0.104 Un campione di carbone contiene l'1,6% di zolfo in massa. Quando il carbone è bruciato, lo zolfo è convertito in anidride solforosa. Per prevenire l'inquinamento atmosferico, il diossido di zolfo viene trattato con ossido di calcio (CaO) per formare solfito di calcio ($CaSO_3$). Calcolare la massa giornaliera (in kg) di CaO necessaria per una centrale elettrica che utilizza $6{,}60 \times 10^6$ kg di carbone al giorno.

0.105 L'aria è una miscela di molti gas. Tuttavia, nel calcolo della sua "massa molare" abbiamo bisogno di prendere in considerazione solo i tre principali componenti: azoto, ossigeno e argon. Assumendo che 1 mol di aria a livello del mare sia composta per il 78,08% di azoto, 20,95% di ossigeno e 0,97% di argon, qual è la massa molare dell'aria?

0.106 Un dado ha lo spigolo di lunghezza 1,5 cm. (a) Qual è il volume di 1 mol di tali dadi? (b) Supponendo che la mole di dadi possa essere ordinata in modo che i dadi stessi siano in contatto l'uno con l'altro a formare degli strati che ricoprano completamente la superficie terrestre, calcolare l'altezza, in metri, di questi strati sovrapposti. Il raggio (r) della Terra è di 6371 km e la superficie di una sfera è $4\pi r^3/3$.

0.107 Il seguente è un metodo approssimativo ma efficace per stimare *l'ordine di grandezza* del numero di Avogadro utilizzando l'acido stearico ($C_{18}H_{36}O_2$). Quando l'acido stearico è aggiunto all'acqua, le sue molecole si raccolgono in superficie e formano un monostrato, cioè lo strato ha lo spessore di una sola molecola. La sezione trasversale di ogni molecola di acido stearico è risultata essere 0,21 nm^2. In un esperimento, si è constatato che $1{,}4 \times 10^4$ g di acido stearico sono necessari per formare sull'acqua un monostrato di forma circolare del diametro di 20 cm. Sulla base di queste misurazioni, qual è il numero di Avogadro? L'area di un cerchio di raggio r è πr^2.

0.108 Supporre di avere un cubo di magnesio (Mg) metallico con spigolo di lunghezza 1,0 cm. (a) Calcolare il numero di atomi di Mg nel cubo. (b) Gli atomi sono sferici e quindi gli atomi di Mg nel cubo non possono riempire tutto lo spazio disponibile. Se solo il 74% dello spazio interno del cubo fosse occupato da atomi di Mg, calcolare il raggio in picometri di un atomo di Mg. La densità del Mg è pari a 1,74 g ml^{-1} e il volume di una sfera di raggio r è $4\pi r^3/3$.

0.109 L'ottano (C_8H_{18}) è un componente della benzina. La combustione completa di ottano dà CO_2 e H_2O. La combustione incompleta produce H_2O e CO; quest'ultimo non solo riduce l'efficienza del motore, ma è anche tossico. In un dato esperimento, 3,7854 l di ottano sono bruciati in un motore. La massa totale di CO, CO_2 e H_2O prodotta è 11,53 kg. Calcolare l'efficienza del processo, cioè calcolare la frazione di ottano convertito a CO_2. La densità dell'ottano è 0,7001 kg l^{-1}.

0.110 L'idrogeno gassoso, su scala industriale, può essere preparato facendo reagire gas propano (C_3H_8) con vapor d'acqua a circa 400 °C. I prodotti sono: monossido di carbonio (CO) e idrogeno gassoso (H_2). (a) Scrivere un'equazione bilanciata per la reazione. (b) Quanti kg di H_2 possono essere ottenuti da $2{,}84 \times 10^3$ kg di propano?

0.111 Una reazione con un 90% di rendimento può essere considerata un esperimento riuscito. Tuttavia, durante la sintesi di molecole complesse come la clorofilla e molti farmaci antitumorali, un chimico spesso si trova a svolgere sintesi a diversi passaggi. Qual è il rendimento percentuale globale di una sintesi a 30 passaggi, ognuno con una resa del 90%?

0.112 Si ha un campione liquido da esaminare. Descrivere brevemente i passaggi che si potrebbero effettuare per indicare se si tratta di una sostanza pura o di una miscela omogenea.

0.113 Etano e acetilene sono due idrocarburi gassosi. Analisi chimiche mostrano che, in un campione di etano, 2,65 g di carbonio sono combinati con 0,334 g di idrogeno e, in un campione di acetilene, 4,56 g di carbonio sono combinati con 0,191 g di idrogeno. (a) Questi risultati sono coerenti con la legge delle proporzioni multiple? (b) Scrivere delle formule molecolari ragionevoli per questi composti.

0.114 Nel Paragrafo 0.2.1 è stato sottolineato che massa ed energia sono aspetti diversi di un unico soggetto chiamato *massa-energia*. Il rapporto tra queste due grandezze fisiche è la famosa equazione di Einstein, $E = mc^2$, dove E è l'energia, m è la massa e c è la velocità della luce. In un esperimento di combustione, si è constatato che 12,096 g di molecole di idrogeno reagiscono con 96,000 g di molecole di ossigeno per formare acqua e rilasciare $1{,}715 \times 10^3$ kJ di energia sotto forma di calore. Calcolare la corrispondente variazione di massa in questo processo e commentare se la legge di conservazione della massa vale per i processi chimici ordinari. (*Suggerimento*: l'equazione di Einstein può essere usata per calcolare la variazione di massa come risultato di una variazione di energia. $1\ J = 1\ kg\ m^2\ s^{-2}$ e $c = 2{,}9979 \times 10^8\ m\ s^{-1}$.)

0.115 Uno ione monatomico ha carica +2. Il nucleo dell'atomo da cui proviene ha numero di massa 55. Se il numero dei neutroni nel nucleo è 1,2 volte superiore a quello del numero dei protoni, quali sono il nome e il simbolo dell'elemento?

0.116 Assegna un nome ai seguenti acidi:

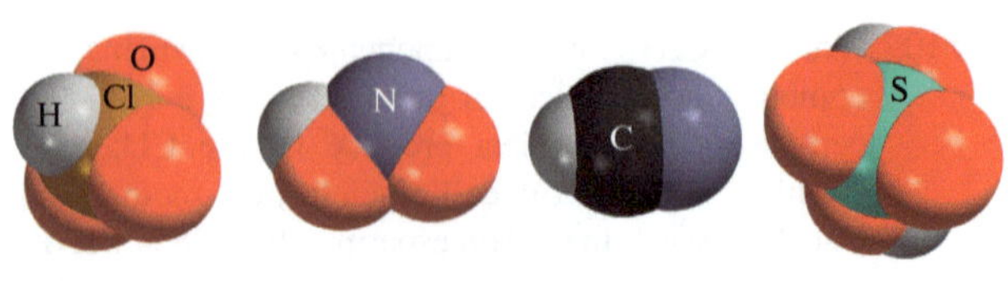

0.117 Una miscela di NaBr e Na_2SO_4 contiene il 29,96% in massa di sodio. Calcolare la percentuale in massa di ciascuno dei composti nella miscela.

0.118 L'aspirina, o acido acetilsalicilico, è sintetizzata facendo reagire l'acido salicilico con l'anidride acetica:

$$\underset{\text{acido salicilico}}{C_7H_6O_3} + \underset{\text{anidride acetica}}{C_4H_6O_3} \longrightarrow \underset{\text{aspirina}}{C_9H_8O_4} + \underset{\text{acido acetico}}{C_2H_4O_2}$$

(a) Quanto acido salicilico è necessario per produrre 0,400 g di aspirina (circa il contenuto di una compressa), assumendo che l'anidride acetica sia presente in eccesso? (b) Calcolare la quantità di acido salicilico necessario, se solo il 74,9% di acido salicilico fosse convertito in aspirina. (c) In un esperimento, 9,26 g di acido salicilico hanno reagito con 8,54 g di anidride acetica. Calcolare la resa teorica di aspirina e la resa percentuale nel caso in cui si ottengano solo 10,9 g di aspirina.

0.119 Un composto costituito da C, H e Cl contiene il 55,0% in massa di Cl. Se 9,00 g di composto contengono $4{,}19 \times 10^{23}$ atomi di H, qual è la formula empirica del composto?

0.120 Un campione di 21,496 g di magnesio è bruciato in aria per formare ossido di magnesio e nitruro di magnesio. Quando i prodotti sono trattati con acqua, sono generati 2,813 g di ammoniaca gassosa. Calcolare la quantità di ossido di magnesio e nitruro di magnesio formati.

0.121 Un certo metallo M forma un bromuro contenente il 53,79% in massa di Br. Qual è la formula chimica del composto?

0.122 Un campione di ferro del peso di 15,0 g è stato riscaldato con clorato di potassio ($KClO_3$) in un contenitore nel quale, precedentemente, era stato fatto il vuoto. L'ossigeno generato dalla decomposizione di $KClO_3$ converte una certa quantità di Fe in Fe_2O_3. Se la massa totale di Fe e Fe_2O_3 era di 17,9 g, calcolare la massa di Fe_2O_3 formato e la massa di $KClO_3$ decomposto.

0.123 Un campione di 15,0 ml di una soluzione di acido ossalico ($H_2C_2O_4$) richiede 25,2 ml di una soluzione 0,149 M di NaOH per la neutralizzazione, secondo la reazione

$$H_2C_2O_4 + 2NaOH \longrightarrow 2H_2O + Na_2C_2O_4$$

Calcolare il volume di una soluzione 0,122 M di $KMnO_4$ necessario a reagire con un secondo campione di 15,0 ml di questa soluzione di acido ossalico. L'equazione bilanciata per questa reazione è

$$2MnO_4^- + 16H^+ + 5C_2O_4^{2-} \longrightarrow 2Mn^{2+} + 10CO_2 + 8H_2O$$

Soluzioni dei problemi di autovalutazione

0.1 $6{,}5 \times 10^5$ J **0.2** 20,4 m **0.3** (a) ossido di piombo, (b) solfito di litio, (c) ossido di ferro (III) **0.4** (a) Rb_2SO_4, (b) CrO_3, (c) BaH_2 **0.5** (a) trifluoruro d'azoto, (b) eptossido di dicloro **0.6** (a) SF_4, (b) N_2O_5 **0.7** $Fe_2O_3 + 3CO \longrightarrow 2Fe + 3CO_2$ **0.8** 10,81 u **0.9** Le abbondanze relative di ^{69}Ga e ^{71}Ga sono, rispettivamente, 60,26% e 39,74% **0.10** 3,59 mol **0.11** $2{,}57 \times 10^3$ g **0.12** $8{,}49 \times 10^{21}$ atomi **0.13** (a) 32,04 u, (b) 180,15 u **0.14** (a) 1,66 mol, (b) $2{,}16 \times 10^{24}$ molecole **0.15** H: 2,055%; S: 32,69%; O: 65,25% **0.16** $KMnO_4$ (permanganato di potassio) **0.17** B_2H_6 **0.18** 7,44% **0.19** 0,638 m, 0,0113 **0.20** 0,452 M **0.21** 8,92 m **0.22** 13,8 m **0.23** (a) 0,508 mol, (b) 2,21 g **0.24** Le frazioni molari di C_6H_6 e C_6H_{14} sono, rispettivamente, 0,599 e 0,401. Le corrispondenti frazioni di massa sono, rispettivamente, 0,576 e 0,424. **0.25** (a) 234 g, (b) 234 g **0.26** (a) 863 g, (b) 93,0%

CAPITOLO 1

Teoria quantistica del mondo submicroscopico

I primi tentativi dei fisici del XIX secolo per capire come fossero costituiti gli atomi e le molecole ottennero solo successi limitati. Pensando che le molecole e gli atomi si comportassero come corpi elastici, i fisici furono in grado di predire e spiegare alcuni fenomeni familiari, come la pressione esercitata da un gas. Tuttavia questo modello non era in grado di spiegare alcuni nuovi fenomeni come l'effetto fotoelettrico o gli spettri atomici in emissione. Gli inizi del XX secolo portarono allo sviluppo della meccanica quantistica e alla convinzione che il comportamento di atomi e di molecole non può essere spiegato mediante le leggi della fisica classica, che invece riesce a spiegare esaurientemente il comportamento degli oggetti macroscopici.

1.1 Fisica classica e suoi limiti

Il moto di un corpo macroscopico può essere descritto mediante le leggi della *fisica classica* – una descrizione del mondo fisico che comincia con lo sviluppo delle leggi sul moto di Isaac Newton.

Queste leggi furono di enorme importanza come principio unificatore della fisica fino alla fine del XIX secolo.

1.1.1 Modello classico

I fondamenti della fisica classica possono essere riassunti come segue:

1. Lo stato fisico di un qualsiasi sistema può essere descritto da un set di quantità chiamate variabili dinamiche che assumono valori ben precisi in ogni istante.
2. Lo stato futuro di un qualsiasi sistema può essere perfettamente determinato se è noto lo stato iniziale.
3. L'energia di un qualsiasi sistema può variare in modo continuo su un intervallo di valori permessi.

Se queste assunzioni ci sembrano abbastanza ragionevoli, se non ovvie, è perché sono in relazione al mondo macroscopico in cui viviamo. Fino al 1900 il modello classico era sufficiente per descrivere accuratamente il moto di un oggetto fin su scala planetaria, per cui si pensava che tale modello potesse adattarsi perfettamente al mondo appena scoperto submicroscopico di atomi e di molecole. Tuttavia, come vedremo, il modello classico era incapace di spiegare alcuni risultati sperimentali ottenuti allo scopo di spiegare la natura degli atomi e delle molecole, e la loro interazione con la radiazione elettromagnetica. Questo portò alla nascita della *meccanica quan-*

tistica,[1] che rappresentò un passo fondamentale nella comprensione dei fenomeni su scala atomica.

La fisica classica prima del 1900 si sviluppava in due ambiti principali. Il primo è la *meccanica classica*, che spiega il moto dei corpi, e il secondo è la *teoria ondulatoria* della *radiazione elettromagnetica*.

Meccanica classica

La meccanica classica è un fondamento della fisica che nasce e si sviluppa con le leggi del moto di Newton. Come discusso nel Paragrafo 0.1, la legge di Newton

$$\mathbf{F} = m\mathbf{a} \tag{1.1}$$

mette in relazione la forza (**F**) di un corpo con il prodotto della sua massa (m) per l'accelerazione[2] (**a**). Usando l'Equazione 1.1 si può determinare il moto di un corpo se è nota la sua velocità iniziale $\mathbf{u}_0 = \mathbf{u}(t = 0)$ e la sua posizione iniziale $x_0 = x(t = 0)$.

Si consideri per esempio il moto di un proiettile di massa m, lanciato in aria e soggetto alla forza gravitazionale della Terra. Le variabili che descrivono il moto del proiettile sono la posizione e la velocità (o momento) del suo centro di massa. Usando la seconda legge del moto di Newton (Equazione 1.1), si può calcolare la precisa traiettoria del proiettile (trascurando l'attrito con l'aria) se se ne conosce la posizione iniziale e la velocità (momento) iniziale. La posizione del proiettile è definita specificando l'altezza rispetto a terra, h, e lo spostamento, x, (si veda la Figura 1.1), che sono entrambe funzioni del tempo t. La velocità del proiettile è data dalle componenti orizzontali e verticali della velocità u_h e u_x. La forza gravitazionale sul proiettile è data da mg, dove g è l'accelerazione gravitazionale, che a livello della superficie terrestre ha valore g = 9,80665 m s^{-2}. Per questo sistema, l'Equazione 1.1 può essere risolta come segue, per ottenere la traiettoria del proiettile, che è una parabola:

$$h(t) = h_0 + u_{h,0}t - \frac{1}{2}gt^2$$

$$x(t) = x_0 + u_{x,0}t$$

Si possono pure determinare le velocità che corrispondono ad $h(t)$ e $x(t)$:

$$u_h(t) = u_{h,0} - gt$$

$$u_x(t) = u_{x,0}$$

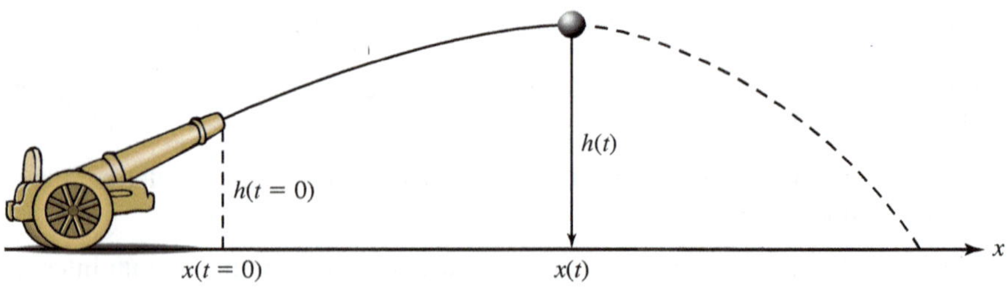

Figura 1.1 La traiettoria di un proiettile in termini di altezza *h* e di spostamento *x*.

---

[1] La nascita della quantomeccanica rivoluzionò il mondo della fisica all'inizio del XX secolo, così come la *teoria della relatività*, sviluppata da Albert Einstein, che cambiò il modo con cui gli scienziati studiavano il comportamento di oggetti estremamente veloci o estremamente grandi. A differenza della quantomeccanica, la relatività è in accordo con la fisica classica. Cercare di conciliare la teoria della relatività con quella della quantomeccanica rimane oggi una delle più importanti sfide per gli studiosi e scienziati fisici e chimici.

[2] In questo capitolo e in quelli seguenti, il grassetto è usato per indicare le grandezze vettoriali, come la forza (***F***) e l'accelerazione (***a***).

Quindi in ogni istante possono essere calcolate la posizione e la velocità del proiettile in termini di velocità iniziale, il che è in accordo con le prime due assunzioni della fisica classica. L'energia del proiettile si conserva durante il moto e si può indicare come somma dell'energia cinetica e potenziale iniziali:

$$E = \left[\frac{1}{2}mu_{x,0}^2 + \frac{1}{2}mu_{h,0}^2\right] + mgh_0$$

(Il termine tra parentesi è l'energia cinetica totale iniziale, che è la somma dell'energia cinetica nelle due direzioni del moto x e h.) Siccome si può scegliere indipendentemente la posizione iniziale (muovendo il cannone) e il momento iniziale (cambiando la quantità di polvere da sparo), l'energia può essere variata con continuità su un intervallo abbastanza vasto, in accordo con la teoria classica.

Anche se molte generalizzazioni delle leggi del moto di Newton furono sviluppate nei secoli XVIII e XIX, i concetti fondamentali della meccanica classica rimasero invariati fino al 1900.

Teoria ondulatoria della luce

Parallelamente allo sviluppo della meccanica classica i secoli dal XVII al XX videro importanti progressi anche nella conoscenza dei fenomeni legati alla luce. Nel XVII secolo, Isaac Newton fece il primo studio quantitativo sulle proprietà della luce. Dimostrò che essa può essere scomposta mediante un prisma in una serie di colori e che questi colori possono essere ricombinati facendo passare il fascio attraverso un secondo prisma, girato in modo opposto rispetto al primo, per riprodurre la luce bianca. Anche se Newton spiegò questo comportamento pensando che la luce fosse composta di particelle discrete che si muovevano in linea retta, ulteriori esperimenti compiuti nei secoli XVIII e XIX stabilirono che la luce è un fenomeno ondulatorio.

Le onde sono caratterizzate da *lunghezza d'onda*, *ampiezza* e *frequenza* (si veda la Figura 1.2). La ***lunghezza d'onda*** (λ) è la *distanza fra due punti identici su onde successive*. L'***ampiezza*** di un'onda è la *distanza tra la cresta e la linea di base dell'onda*. La ***frequenza*** (ν) è il *numero di onde che passano in un punto nell'unità di tempo*. La velocità di un'onda (u) è il prodotto della sua lunghezza d'onda per la frequenza:

$$u = \lambda\nu \qquad \textbf{(1.2)}$$

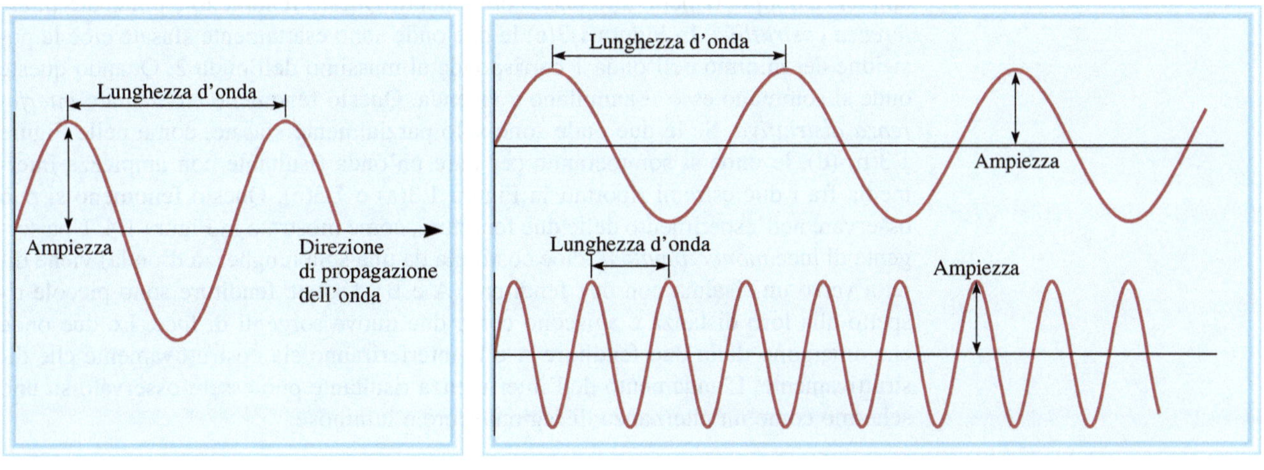

Figura 1.2 (a) Lunghezza d'onda e ampiezza. (b) Due onde con diversa lunghezza d'onda e frequenza. La lunghezza d'onda dell'onda in alto è tre volte quella dell'onda in basso, ma se entrambe le onde hanno la stessa velocità, la frequenza dell'onda in alto è solo un terzo di quella dell'onda in basso. Entrambe le onde hanno la stessa ampiezza.

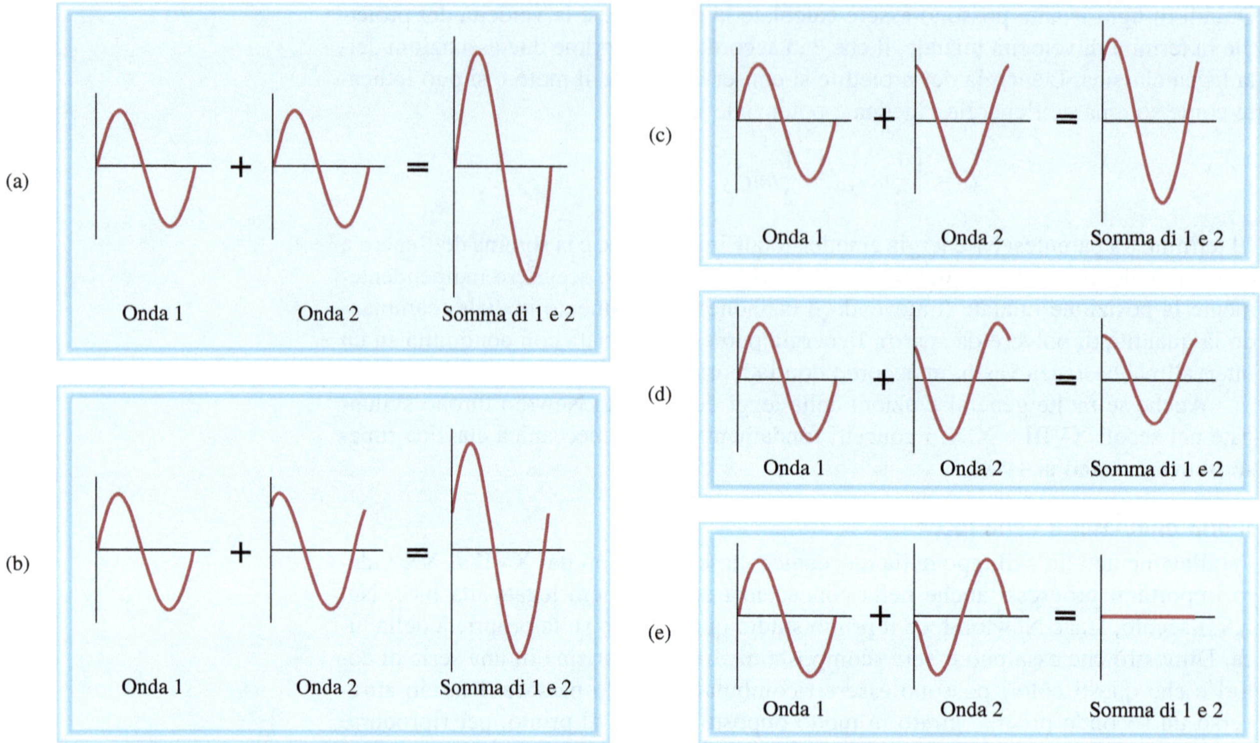

Figura 1.3 Interferenza costruttiva e interferenza distruttiva fra due onde con uguale lunghezza d'onda e ampiezza: (a) due onde perfettamente in fase; (b)-(d) due onde parzialmente in fase; (e) due onde completamente sfasate.

La lunghezza d'onda si esprime normalmente in unità di metri, centimetri, nanometri e la frequenza è misurata in *hertz* (Hz) (dal fisico tedesco Heinrich Rudolf Hertz[3]), dove 1 Hz = 1 s^{-1}.

Quando due o più onde interagiscono avviene il fenomeno dell'interferenza. Per capire questo fenomeno, si consideri l'interazione di due onde con uguale lunghezza d'onda, come mostrato in Figura 1.3. Se le onde sono *in fase*, cioè se le posizioni del massimo e del minimo dell'onda 1 coincidono con quelle dell'onda 2, come in Figura 1.3(a), allora le due onde si sommeranno dando origine a un'onda che ha ampiezza doppia rispetto alle onde componenti. Questo fenomeno è chiamato *interferenza costruttiva*. In Figura 1.3(e) le due onde sono esattamente sfasate cioè la posizione del minimo dell'onda 1 corrisponde al massimo dell'onda 2. Quando queste onde si sommano esse si annullano a vicenda. Questo fenomeno è chiamato *interferenza distruttiva*. Se le due onde sono solo parzialmente sfasate, come nelle Figure 1.3(b)-(d), le onde si sommeranno per dare un'onda risultante con ampiezza intermedia fra i due estremi riportati in Figura 1.3(a) e 1.3(e). Questo fenomeno si può osservare nell'esperimento delle due fenditure, come mostrato in Figura 1.4. Una sorgente di luce *monocromatica* (cioè costituita da una sola lunghezza d'onda) viene diretta verso un sistema con due fenditure (A e B). Queste fenditure sono piccole rispetto alla loro distanza e agiscono come due nuove sorgenti di luce. Le due onde che emergono dalle due fenditure A e B interferiranno sia costruttivamente che distruttivamente. L'andamento dell'interferenza risultante può essere osservato su uno schermo come un'alternanza di regioni scure e luminose.

---

[3] Heinrich Rudolf Hertz (1857-1894). Fisico tedesco. Fece una serie di esperimenti che confermarono la teoria di Maxwell sulla radiazione elettromagnetica. Le sue scoperte sulle onde radio portarono allo sviluppo del telegrafo e della radio.

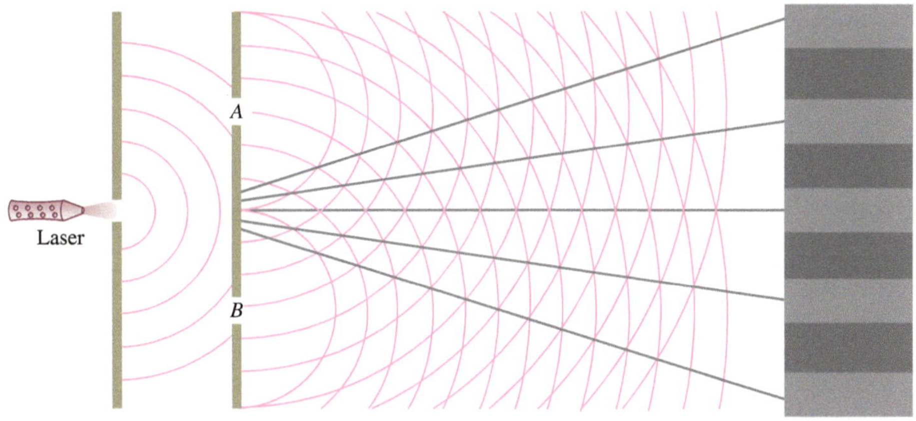

Figura 1.4 L'esperimento delle due fenditure che dimostra Il fenomeno dell'interferenza. L'immagine sullo schermo è costituita da zone in luce e zone in ombra alternate.

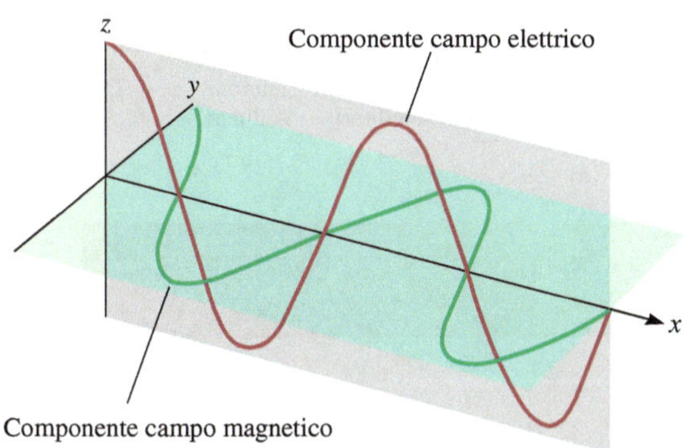

Figura 1.5 Campo elettrico e campo magnetico per onde elettromagnetiche. Queste due componenti (campo elettrico e campo magnetico) hanno la stessa lunghezza d'onda, frequenza e ampiezza, ma oscillano in due piani mutuamente perpendicolari. L'onda si propaga lungo la direzione *x*.

Un ulteriore passo avanti nella comprensione della natura ondulatoria della luce fu fatto a metà del XIX secolo quando James Clerk Maxwell[4] sviluppò e unificò la teoria del campo elettromagnetico. Questa teoria, descritta dalle equazioni di Maxwell, predisse l'esistenza di onde elettromagnetiche che sono costituite da un campo magnetico e un campo elettrico che oscillano in piani mutuamente perpendicolari, ed entrambi perpendicolari alla direzione di propagazione dell'onda (si veda la Figura 1.5). La velocità calcolata di queste onde coincide esattamente con la velocità della luce nel vuoto (c) (circa $3{,}00 \times 10^8$ m s^{-1}). Maxwell fu il primo a prevedere che la luce è solo una delle radiazioni elettromagnetiche.

James Clerk Maxwell

La teoria di Maxwell sulle radiazioni elettromagnetiche è in accordo con le dottrine della fisica classica in quanto il campo elettrico e il campo magnetico (e il loro oscillare nel tempo) hanno valori definiti nel tempo e i valori assunti possono essere previsti con precisione in base al loro stato iniziale usando le equazioni di Maxwell. Nella teoria di Maxwell l'energia dell'onda elettromagnetica dipende dall'ampiezza dell'onda, ma non dalla sua frequenza, e può essere variata con continuità.

La luce visibile non è l'unico tipo di radiazione descritto come onda elettromagnetica mediante la teoria di Maxwell. La Figura 1.6 mostra vari tipi di radiazioni elettromagnetiche che differiscono una dall'altra per lunghezza d'onda e frequenza. Le onde radio sono quelle emesse da grandi antenne, come quelle usate nelle stazioni radio televisive. Il moto degli elettroni in atomi e molecole può generare onde elettromagnetiche di lunghezza d'onda nel campo del visibile. Le onde elettromagnetiche con la minor lunghezza d'onda, e quindi elevata frequenza, sono i raggi γ, che si producono quando si hanno cambiamenti nel nucleo atomico. Come si discuterà

[4] James Clerk Maxwell (1831-1879). Fisico scozzese. Maxwell fu uno dei più grandi fisici teorici del XX secolo; la sua ricerca riguardò molte aree della fisica, incluso la teoria cinetica dei gas, la termodinamica, l'elettricità e il magnetismo.

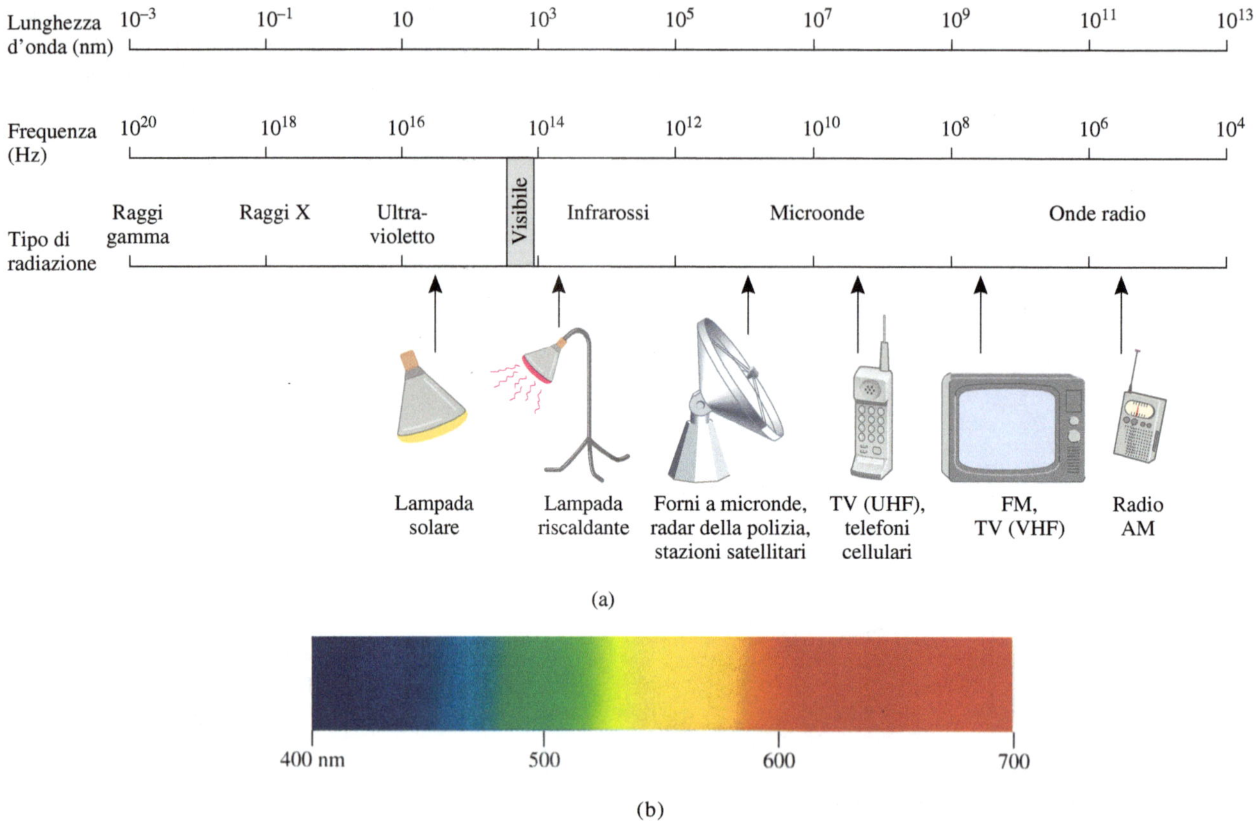

Figura 1.6 (a) Tipi di radiazione elettromagnetica. I raggi gamma hanno la più piccola lunghezza d'onda e la più alta frequenza; le onde radio hanno la più grande lunghezza d'onda e la più piccola frequenza. Ogni tipo di radiazione si distribuisce su un intervallo di lunghezze d'onda (e di frequenze). (b) La luce visibile si estende da lunghezze d'onda di 400 nm (violetto) a 700 nm (rosso).

fra breve, maggiore è la frequenza, maggiore è l'energia della radiazione, in opposizione alla teoria classica di Maxwell. Quindi la radiazione ultravioletta, i raggi X e i raggi γ sono onde molto energetiche.

Esempio 1.1

La lunghezza d'onda della luce verde di un semaforo è centrata a 522 nm. Qual è la frequenza di questa radiazione?

Impostazione È data la lunghezza d'onda di una radiazione elettromagnetica e viene chiesto di calcolarne la frequanza (ν). Riarrangiando l'Equazione 1.2 e sostituendo u con c (la velocità della luce) si ha

$$\nu = \frac{c}{\lambda}$$

Soluzione Siccome la velocità della luce è misurata in metri al secondo, è conveniente convertire la lunghezza d'onda in metri. Si ricordi che 1 nm = 1×10^{-9} m. Si scrive

$$\nu = \frac{c}{\lambda} = \frac{3{,}00 \times 10^{8}\ \text{m s}^{-1}}{522\ \text{nm}} \times \frac{1\ \text{nm}}{1 \times 10^{-9}\ \text{m}} = 5{,}75 \times 10^{14}\ \text{s}^{-1} = 5{,}75 \times 10^{14}\ \text{Hz}$$

Problema di autovalutazione La frequenza di una stazione radio emittente è 91,5 MHz. Quale è la lunghezza d'onda di queste onde radio?

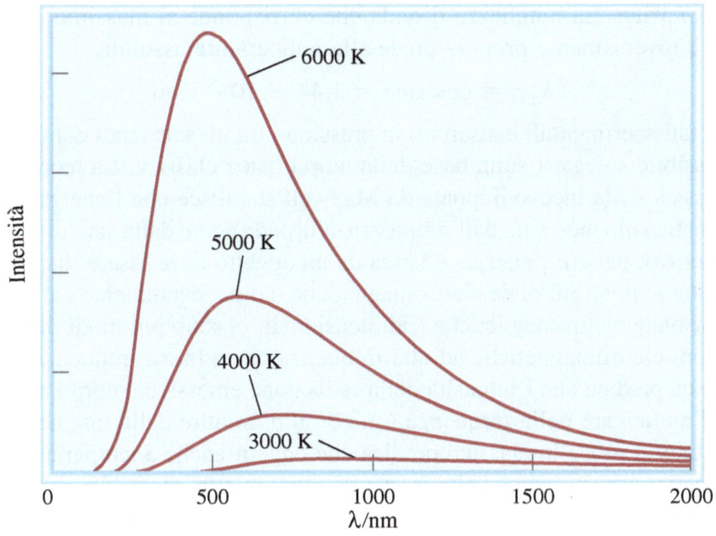

Figura 1.7 L'intensità della radiazione di un corpo nero come funzione della lunghezza d'onda a diverse temperature.

1.1.2 Radiazione del corpo nero

Qualsiasi oggetto emette energia sotto forma di radiazione elettromagnetica esclusivamente in funzione della sua temperatura. Esempi comuni sono il bagliore rosso della resistenza di una stufa elettrica e il filamento bianco incandescente di tungsteno di una lampadina accesa. Questa radiazione è detta ***radiazione del corpo nero***.[5] Le proprietà fisiche della radiazione del corpo nero dipendono solo dalla temperatura del corpo e non dalla sua natura.

Il bagliore rosso di una stufa elettrica è un esempio di radiazione del corpo nero.

Se si misura l'intensità della radiazione del corpo nero in funzione della lunghezza d'onda della radiazione emessa a diverse temperature, si ottiene una serie di curve simili a quelle mostrate in Figura 1.7. Esperimenti fatti alla fine del XIX secolo da Josef Stefan[6] e Wilhelm Wien[7] portarono a due importanti leggi empiriche sulla radiazione del corpo nero, dette legge di Stefan-Boltzmann e legge di Wien. (Una *legge empirica* è una legge basata puramente su dati sperimentali.)

- *Legge di Stefan-Boltzmann.* L'intensità totale della radiazione emessa dal corpo nero (ottenuta integrando le curve in Figura 1.7 su tutte le lunghezze d'onda) è proporzionale alla quarta potenza della temperatura assoluta (cioè la temperatura in kelvin):

$$\frac{\text{potenza emessa}}{\text{superficie del corpo}} = \sigma T^4$$

dove $\sigma = 5{,}670 \times 10^{-8}\ \text{W m}^{-2}\ \text{K}^{-4}$ è la costante di Stefan-Boltzmann e T la temperatura assoluta. La legge è stata utilizzata da Stefan per stimare la temperatura della superficie del sole. (Ludwig Boltzmann[8] è associato a questa legge in quanto fu capace di derivare questa legge su base termodinamica cinque anni dopo gli esperimenti di Stefan.)

---

[5] Il *corpo nero* è un oggetto ideale che assorbe il 100 percento della radiazione che incide su di esso. Nessun oggetto è un perfetto corpo nero.

[6] Josef Stefan (1835-1893). Fisico austriaco. Oltre agli esperimenti quantitativi sulla radiazione del corpo nero, diede importanti contributi alla teoria cinetica del calore e alla teoria della conduzione del calore nei fluidi.

[7] Wilhelm Wien (1864-1928). Fisico tedesco. Ricevette il Premio Nobel in fisica nel 1911 per i suoi studi sulla radiazione del corpo nero e diede importanti contributi nel campo della idrodinamica e della teoria della radiazione.

[8] Ludwig Boltzmann (1844-1906). Fisico austriaco. Anche se Boltzmann fu uno dei più importanti fisici teorici di tutti i tempi, la sua ricerca non fu riconosciuta dalla comunità scientifica durante la sua vita. Soffrendo di scarsa salute e grandi depressioni, si suicidò nel 1906.

- *Legge di Wien.* La lunghezza d'onda che corrisponde al massimo dell'intensità (λ_{max}) è inversamente proporzionale alla temperatura assoluta:

$$T\lambda_{max} = \text{costante} = 1{,}44 \times 10^{-2}\ \text{K m}$$

Questi risultati sperimentali causarono impressione fra gli scienziati del tempo poiché non era possibile spiegarli sulla base della teoria fisica classica. La teoria elettromagnetica classica della luce sviluppata da Maxwell stabilisce che l'energia di un'onda elettromagnetica dipende solo dall'ampiezza dell'onda e non dalla sua lunghezza d'onda (o frequenza); per cui l'energia emessa da un oggetto deve essere distribuita equamente su tutte le possibili onde elettromagnetiche indipendentemente dalla frequenza. Tuttavia per onde elettromagnetiche tridimensionali, ci sono più modi di oscillazione per radiazioni elettromagnetiche ad alta frequenza che a bassa frequenza;[9] per cui la teoria classica predice che l'intensità della radiazione emessa dal corpo nero deve aumentare all'aumentare della frequenza (quindi al diminuire della lunghezza d'onda). Come risultato, il modello classico predice che oggetti anche a temperatura ambiente possono emettere radiazione ad alta intensità, ultravioletta, raggi X e persino raggi γ, quindi tutti gli oggetti dell'universo dovrebbero brillare infinitamente! (Questa erronea conclusione è nota come *catastrofe dell'ultravioletto*.) Confrontando la previsione classica per l'intensità (Figura 1.8) con quella osservata sperimentalmente si osserva che il modello classico funziona abbastanza bene per elevate lunghezze d'onda (cioè basse frequenze), ma porta a un errore notevole di sovrastimaggio dell'intensità per le onde elettromagnetiche ad alta frequenza nello spettro della radiazione emessa dal corpo nero. C'era un anello mancante nelle leggi della fisica classica!

1.1.3 Teoria dei quanti di Planck

Nel 1900 Max Planck[10] risolse il problema della radiazione del corpo nero partendo da un'assunzione che rivoluzionò il mondo scientifico di allora. La fisica classica parte dal presupposto che gli atomi e le molecole possono emettere (o assorbire) quantità arbitrarie di energia radiante. Planck ipotizzò che gli atomi e le molecole possono emettere (o assorbire) solo quantità discrete di energia, come pacchetti o *quanti*. Planck chiamò ***quanto*** *la più piccola quantità di energia che può essere emessa o assorbita in forma di radiazione elettromagnetica.* L'energia E di un singolo quanto di energia elettromagnetica è data da:

$$E = h\nu \tag{1.3}$$

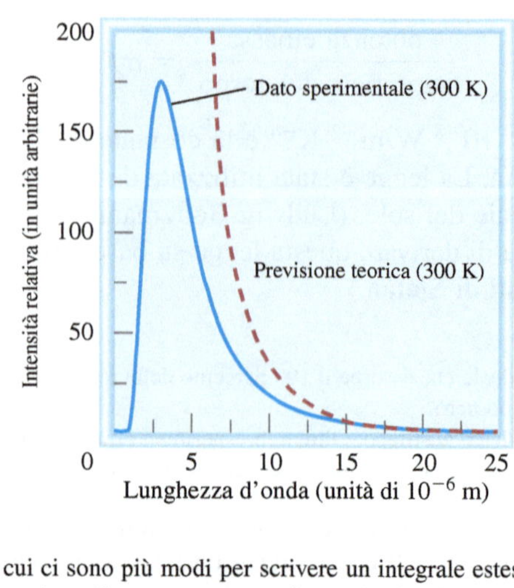

Figura 1.8 Dati sperimentali (linea piena) a confronto con la previsione classica (linea tratteggiata) per l'intensità come funzione della frequenza della radiazione del corpo nero per un oggetto a temperatura di 300 K.

[9] Per lo stesso motivo per cui ci sono più modi per scrivere un integrale esteso come somma di due integrali positivi di quanti ce ne siano di rappresentare un integrale più piccolo nello stesso modo.

[10] Max Karl Ernest Ludwig Planck (1858-1947). Fisico tedesco. Planck ricevette il Premio Nobel in fisica nel 1918 per la sua teoria quantistica. Diede inoltre importanti contributi alla termodinamica e ad altre aree della fisica.

dove h è chiamata *costante di Planck* e ν è la frequenza della radiazione elettromagnetica. Il valore della costante di Planck è stato determinato sperimentalmente e vale $6{,}62608 \times 10^{-34}$ J s.

In accordo con la teoria quantistica, l'energia di una radiazione elettromagnetica di frequenza ν viene sempre emessa secondo multipli di $h\nu$; per esempio $h\nu$, $2\,h\nu$, $3\,h\nu$,... ma mai per esempio $1{,}67\,h\nu$ o $4{,}98\,h\nu$. Nel momento in cui Planck propose la sua teoria non era in grado di spiegare perché le energie dovessero essere fissate o quantizzate in tal modo. Tuttavia, partendo da questa ipotesi non ebbe problema a giustificare i dati sperimentali per l'emissione elettromagnetica dei corpi nell'intervallo di *tutte* le lunghezze d'onda; motivo per cui la comunità scientifica accettò la teoria quantistica.

L'idea che l'energia sia quantizzata può sembrare strana, ma il concetto di quantizzazione ha diverse analogie. Per esempio una carica elettrica è quantizzata; può avere solo valori multipli interi di e, la carica di un elettrone. Anche la materia in sé è quantizzata perché il numero di protoni, di neutroni, di elettroni, di atomi in un campione di materia deve essere un numero intero.

Come fa il modello di Planck a spiegare la diminuzione in intensità della radiazione del corpo nero ad alte frequenze (basse lunghezze d'onda)? A ogni temperatura, c'è solo una certa quantità fissata di energia termica disponibile per promuovere una data oscillazione elettromagnetica (onda luminosa). Secondo il modello classico quando si trasferisce una quantità di energia per promuovere un'oscillazione, l'energia si può distribuire praticamente su tutte le oscillazioni indipendentemente dalla frequenza. Secondo il modello di Planck invece esiste un valore minimo di energia che può essere trasferito dall'oggetto in radiazione elettromagnetica e questo minimo di energia (il quanto) cresce al crescere della frequenza. Per onde elettromagnetiche a bassa frequenza il quanto di energia è molto più piccolo della quantità media di energia termica disponibile per la promozione di questa radiazione elettromagnetica; quindi l'energia può essere distribuita uniformemente tra questi modi di oscillazione, come nel modello classico. Invece per alte frequenze, il quanto di energia ha valore maggiore di quello dell'energia termica media e quindi la promozione di radiazione ad alta frequenza non è possibile.

Esempio 1.2

La clorofilla-a è verde in quanto assorbe la luce blu a circa 435 nm e quella rossa a circa 680 nm, e quindi la maggior parte della luce verde è trasmessa. Si calcoli l'energia molare dei fotoni a queste lunghezza d'onda.

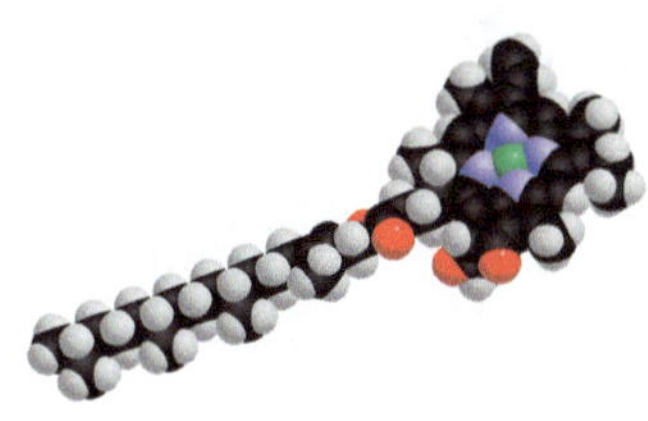

Clorofilla-a

Impostazione L'equazione di Planck (Equazione 1.3) stabilisce la relazione tra l'energia e la *frequenza* (ν). Siccome è data la lunghezza d'onda (λ), si deve usare l'Equazione 1.2, nella quale u è sostituito con c (la velocità della luce), per convertire la lunghezza d'onda in frequenza. Infine, il problema chiede l'energia per mole, quindi bisogna moltiplicare il risultato ottenuto mediante l'Equazione 1.3 per il numero di Avogadro.

Soluzione L'energia di un fotone con lunghezza d'onda di 435 nm è

$$E = h\nu = h\left(\frac{c}{\lambda}\right) = (6{,}626 \times 10^{-34}\ \text{J s})\frac{3{,}00 \times 10^{8}\ \text{m s}^{-1}}{435\ \text{nm}\ (1 \times 10^{-9}\ \text{m nm}^{-1})}$$

$$= 4{,}57 \times 10^{-19}\ \text{J}$$

Per una mole di fotoni si ha

$$E = (4{,}57 \times 10^{-19}\ \text{J})(6{,}022 \times 10^{23}\ \text{mol}^{-1})$$
$$= 2{,}75 \times 10^{5}\ \text{J mol}^{-1}$$
$$= 275\ \text{kJ mol}^{-1}$$

Usando un metodo identico per i fotoni a 680 nm, si ha $E = 176$ kJ mol^{-1}.

Problema di autovalutazione I raggi X sono usati per studiare la struttura dei cristalli in quanto la loro lunghezza d'onda è confrontabile con le distanze tra atomi vicini (dell'ordine di pochi Ångstrom, dove 1Å = 1×10^{-10} m). Si calcoli l'energia di un fotone di raggi X con lunghezza d'onda di 2,00 Å.

1.1.4 Effetto fotoelettrico

Nel 1905, solo cinque anni dopo la presentazione della teoria di Planck, Albert Einstein[11] usò questa teoria per spiegare l'***effetto fotoelettrico*** – fenomeno per cui *elettroni vengono emessi dalla superficie di alcuni metalli quando sono investiti da radiazione elettromagnetica* (Figura 1.9).

Sperimentalmente, l'effetto fotoelettrico è caratterizzato da tre principali osservazioni:

1. Il numero di elettroni emessi è proporzionale all'intensità della luce.
2. Nessun elettrone viene emesso se la frequenza della radiazione incidente è inferiore a un *valore di soglia*, che dipende dal tipo di metallo.
3. L'energia cinetica degli elettroni emessi è proporzionale alla differenza fra la frequenza della radiazione incidente e la frequenza di soglia.

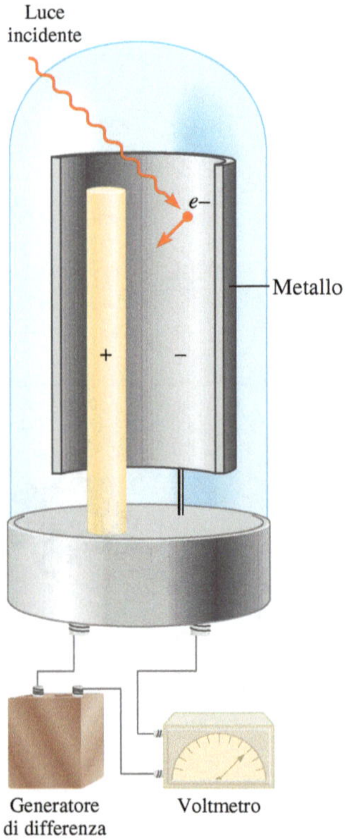

Figura 1.9 Un congegno per studiare l'effetto fotoelettrico. La luce a certe frequenze incide su una superficie metallica e gli elettroni emessi sono attratti da un elettrodo positivo. Un rivelatore opportuno registra il flusso di elettroni.

L'effetto fotoelettrico non può essere spiegato mediante la teoria elettromagnetica classica. Infatti nella teoria delle onde l'energia è direttamente proporzionale al quadrato dell'ampiezza (intensità) della radiazione elettromagnetica, non alla sua frequenza. Questo è in contraddizione al punto 2 sopra indicato. Basandosi sulle ipotesi di Planck, Einstein fu in grado di spiegare l'effetto fotoelettrico pensando che la luce fosse costituita da particelle (quanti di luce) di energia $h\nu$, dove ν è la frequenza della luce. Queste particelle di luce sono chiamate ***fotoni***. In un metallo gli elettroni sono legati al nucleo da forze attrattive e, quindi, allontanare elettroni da un metallo richiede radiazione elettromagnetica di opportuna frequenza (che corrisponde a un'opportuna energia). Si può pensare alla radiazione elettromagnetica (luce) che incide sul metallo come a una collisione tra fotoni e elettroni. In accordo con la legge di conservazione dell'energia, si ha equivalenza tra energia in entrata e energia in uscita. Se ν supera il valore della frequenza di soglia, la teoria di Einstein dice che:

$$h\nu = \Phi + \frac{1}{2} m_e u^2 \qquad \textbf{(1.4)}$$

dove Φ (chiamato lavoro di estrazione) è l'energia necessaria per allontanare l'elettrone dalla superficie del metallo e $\frac{1}{2} m_e u^2$ è l'energia cinetica dell'elettrone emesso. Il lavoro di estrazione misura quanto fortemente un elettrone è legato all'atomo. Il valore della frequenza di soglia è il più piccolo valore di frequenza per il quale l'Equazione 1.4 ha soluzione. Questo avviene quando l'energia cinetica dell'elettrone è zero, nel qual caso l'Equazione 1.4 dà:

[11] Albert Einstein (1879-1955). Fisico tedesco. È considerato come uno dei due più grandi fisici che il mondo abbia conosciuto (l'altro è Isaac Newton). I tre lavori che pubblicò nel 1905 (sulla relatività, sul moto Browniano e sull'effetto fotoelettrico) mentre era assistente tecnico presso l'ufficio brevetti di Berna in Svizzera ebbero notevole influenza sullo sviluppo della fisica. Ricevette il Premio Nobel in fisica nel 1921 per la sua spiegazione dell'effetto fotoelettrico.

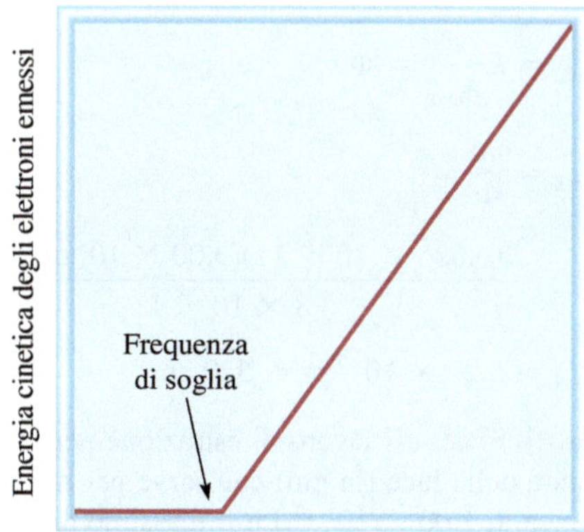

Figura 1.10 Diagramma dell'energia cinetica degli elettroni emessi in funzione della frequenza della radiazione incidente.

$$\nu_{\text{soglia}} = \frac{\Phi}{h}$$

Sostituendo questa espressione nell'Equazione 1.4 si ha:

$$\text{energia cinetica} = \frac{1}{2} m_e u^2 = h(\nu - \nu_{\text{soglia}})$$

Quindi la teoria di Einstein predice che l'energia cinetica degli elettroni emessi è proporzionale alla differenza fra la frequenza della radiazione incidente e quella di soglia, come richiesto. La Figura 1.10 mostra l'andamento dell'energia cinetica degli elettroni emessi in funzione della frequenza della radiazione elettromagnetica incidente.

Esempio 1.3

Quando una radiazione di lunghezza d'onda di 430 nm viene mandata su una superficie di sodio metallico, vengono emessi degli elettroni con una energia cinetica di $0{,}83 \times 10^{-19}$ J. Si calcoli il lavoro di estrazione per il sodio metallico e la lunghezza d'onda massima di radiazione che può essere usata per estrarre elettroni dal sodio.

Impostazione Si può usare l'Equazione 1.4 per trovare la funzione lavoro se si conosce l'eccesso di energia cinetica e la frequenza della radiazione incidente. Essendo data la lunghezza d'onda, si deve usare la velocità della luce (c) invece di u nell'Equazione 1.2 per convertire la lunghezza d'onda in frequenza (si ricordi anche di convertire i nanometri in metri). Il massimo di lunghezza d'onda (il minimo di frequenza) della radiazione che può essere utilizzata per estrarre elettroni è quella che dà zero come energia cinetica – cioè tutta l'energia serve per estrarre elettroni dall'atomo.

Soluzione Dall'Equazione 1.4

$$\Phi = h\nu - (\text{energia cinetica})$$

$$= \frac{hc}{\lambda} - (\text{energia cinetica})$$

$$= \frac{(6{,}626 \times 10^{-34}\ \text{J s})(3{,}00 \times 10^{8}\ \text{m s}^{-1})}{(430\ \text{nm})(10^{-9}\ \text{m nm}^{-1})} - 8{,}3 \times 10^{-20}\ \text{J}$$

$$= 3{,}8 \times 10^{-19}\ \text{J}$$

Per trovare il massimo di lunghezza d'onda, si combina l'Equazione 1.2 con l'Equazione 1.4 e si pone uguale a zero il termine di energia cinetica nel secondo membro dell'Equazione 1.4.

$$h\nu_{min} = h\frac{c}{\lambda_{max}} = \Phi$$

$$\lambda_{max} = \frac{hc}{\Phi}$$

$$= \frac{(6{,}626 \times 10^{-34}\ \text{J s})(3{,}00 \times 10^{8}\ \text{m s}^{-1})}{3{,}8 \times 10^{-19}\ \text{J}}$$

$$\lambda_{max} = 5{,}20 \times 10^{-7}\ \text{m} = 520\ \text{nm}$$

Problema di autovalutazione Il lavoro di estrazione per l'Al è $6{,}54 \times 10^{-19}$ J. Si calcoli la lunghezza d'onda della luce (in nm) che serve per allontanare elettroni con un massimo di energia cinetica di $1{,}00 \times 10^{-19}$ J e il massimo di lunghezza d'onda di luce (in nm) che può essere usata per estrarre elettroni dall'Al.

La teoria di Einstein pose un dilemma agli scienziati dell'epoca. Da un parte spiegava soddisfacentemente il fenomeno dell'effetto fotoelettrico. Dall'altra, la teoria corpuscolare della luce era inconsistente con il comportamento ondulatorio della luce. Il solo modo per risolvere il dilemma era di accettare l'idea che la luce possedesse sia proprietà ondulatorie che proprietà corpuscolari. A seconda del tipo di esperimento, la luce si comporta e può essere considerata come radiazione elettromagnetica o come insieme di particelle. Questo concetto era assolutamente nuovo per gli scienziati abituati al comportamento elettromagnetico della luce e alla sua interazione con la materia, e richiese parecchio tempo prima che la comunità scientifica accettasse questa duplicità di visione. Vedremo nel Paragrafo 1.3 che la natura dualistica (particelle e onde) non è peculiarità della luce, ma è caratteristica di tutta la materia, inclusi gli elettroni.

1.2 Modello di Bohr

Il lavoro di Planck e di Einstein mostrava che l'energia di una radiazione elettromagnetica di data frequenza (ν) è quantizzata in unità di $h\nu$. L'estensione di questa ipotesi quantistica alla materia aprì la strada per la comprensione di un altro mistero della fisica del XIX secolo: gli spettri di emissione degli atomi.

1.2.1 Spettri di emissione degli atomi

A partire dal XVII secolo, i chimici avevano studiato le caratteristiche degli ***spettri di emissione***, che possono essere *continui o a righe*. Lo spettro di emissione di una sostanza può essere ottenuto fornendo energia a un corpo o tramite energia termica (calore) o tramite altre forme di energia (per esempio, scarica elettrica mediante elevata differenza di potenziale). Un pezzo di ferro incandescente produce un caratteristico bagliore. Questo bagliore corrisponde a un'emissione elettromagnetica nel campo del visibile percepibile dall'occhio umano, il calore che il pezzo di ferro diffonde rappresenta l'emissione elettromagnetica nel campo dell'infrarosso.

Lo spettro di emissione di un solido scaldato e portato all'incandescenza è uno spettro continuo, cioè sono presenti tutte le lunghezze d'onda del campo del visibile (si veda la Figura 1.6). Gli spettri di emissione degli atomi gassosi portati all'eccitazione, invece, non sono continui ma mostrano una serie di righe caratteristiche e tipiche della specie atomica in esame. Questi ***spettri a righe*** sono *emissioni di radiazione a specifiche lunghezze d'onda*. La Figura 1.11 è un diagramma schematico di

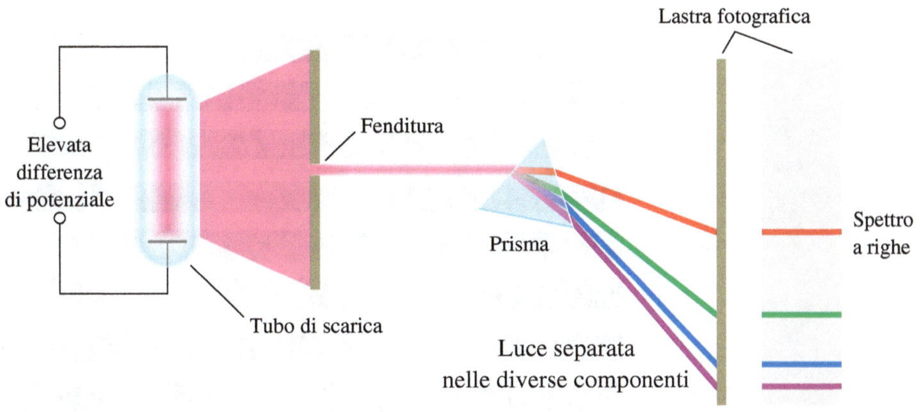

Figura 1.11 Un esperimento per studiare lo spettro di emissione di atomi e di molecole. Il gas in esame viene introdotto in un tubo catodico. Quando gli elettroni vengono emessi per effetto fotovoltaico dal catodo verso l'anodo collidono contro il gas. Questo processo di collisione porta all'emissione di radiazione (luce) da parte degli atomi (o molecole). La luce emessa viene separata nei suoi componenti mediante un prisma. Ciascun colore componente si trova in una definita posizione in accordo con la sua lunghezza d'onda e forma un'immagine colorata sullo schermo. L'immagine colorata è chiamata spettro a righe.

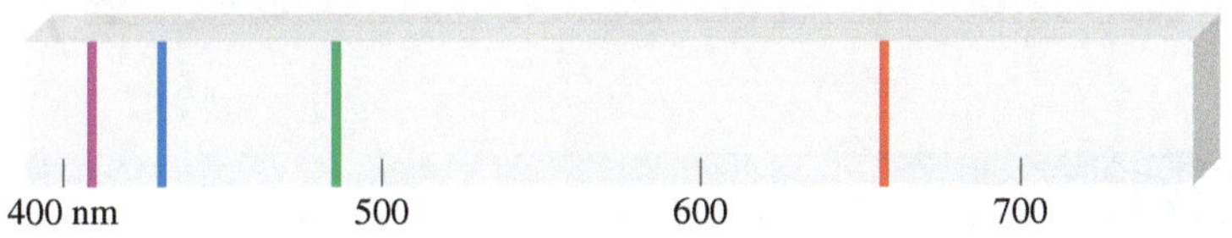

Figura 1.12 Lo spettro di emissione dell'atomo di idrogeno nella regione visibile.

un tubo catodico usato per studiare gli spettri in emissione, e la Figura 1.12 mostra le lunghezze d'onda del campo del visibile emesse dall'atomo di idrogeno. Ogni elemento ha un suo caratteristico spettro di emissione.

Le linee caratteristiche in uno spettro atomico possono essere usate in analisi chimica per identificare specie chimiche, un po' come le impronte digitali sono usate per identificare le persone. Quando le linee di uno spettro di emissione di un campione incognito si sovrappongono esattamente alle linee di uno spettro di emissione di un elemento noto, l'identità del campione è inequivocabilmente stabilita. Anche se l'utilità di questo metodo è stata sfruttata nell'analisi chimica, le motivazioni scientifiche di queste righe sono rimaste un'incognita fino ai primi del '900. La Figura 1.13 mostra gli spettri in emissione di diversi elementi.

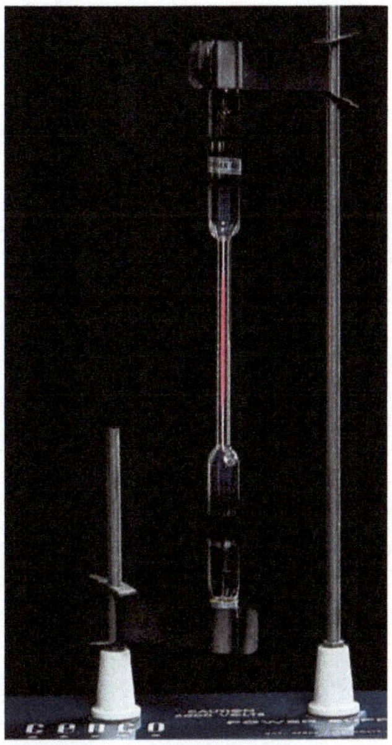

Colore emesso da atomi di idrogeno in un tubo di scarico. Il colore deriva dalla combinazione delle radiazioni elettromagnetiche emesse nella regione visibile dello spettro.

1.2.2 Spettro di emissione dell'idrogeno

Alla fine del XX secolo, i fisici cominciarono a studiare gli spettri di emissione degli atomi in maniera dettagliata. Di particolare interesse, vista l'apparente semplicità del primo elemento, fu lo studio dello spettro di emissione dell'idrogeno (Figura 1.13). Il fisico svedese Johannes Rydberg[12] analizzò i dati sperimentali e formulò la seguente equazione empirica per le frequenze delle linee nello spettro dell'idrogeno:

$$\nu = R_{\mathrm{H}}\left(\frac{1}{n_1^2} - \frac{1}{n_2^2}\right) \qquad \textbf{(1.5)}$$

[12] Johannes Robert Rydberg (1854-1919). Matematico e fisico svedese. Il più importante contributo di Rydberg alla fisica fu lo studio delle linee spettrali di molti elementi.

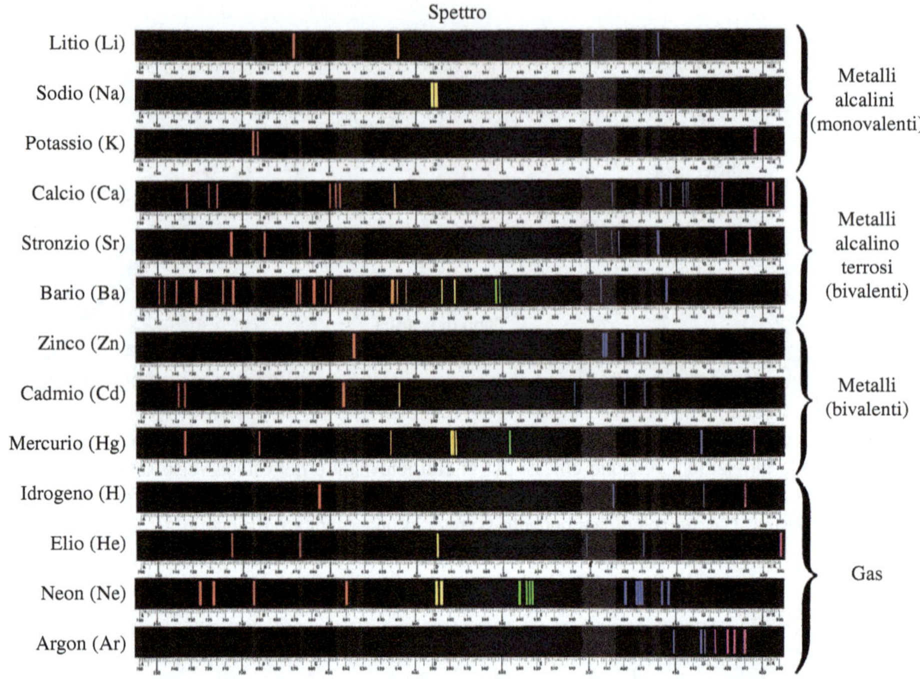

Figura 1.13 Gli spettri di emissione di diversi elementi.

Tabella 1.1 Le prime cinque serie nello spettro di emissione dell'idrogeno

Serie	n_1	n_2	Regione spettrale
Lyman	1	2, 3, 4, . . .	UV
Balmer	2	3, 4, 5, . . .	Visible, UV
Paschen	3	4, 5, 6, . . .	IR
Brackett	4	5, 6, 7, . . .	IR
Pfund	5	6, 7, 8, . . .	IR

dove n_1 e n_2 sono numeri interi positivi, con $n_2 > n_1$, e R_H è la costante di Rydberg, che ha il valore sperimentale di 3,290 × 10^{15} s^{-1}.

L'Equazione 1.5 predice con accuratezza tutte le linee dello spettro di emissione dell'idrogeno. Le linee di emissione sono spesso classificate in termini di valori di n_1. Nella Tabella 1.1 sono elencate le prime cinque serie di linee di emissione dell'idrogeno, che sono chiamate in base al nome dei loro scopritori.

Il lavoro di Planck e di Einstein mostrò che l'energia di un fotone era proporzionale alla sua frequenza, per cui la natura discontinua degli spettri di emissione degli atomi suggeriva il fatto che potessero essere trasferiti sotto forma di radiazione elettromagnetica solo alcuni valori di energie, che dipendevano dal tipo di elemento. Inoltre la semplicità della formula di Rydberg (Equazione 1.5) suggeriva che ci potesse essere un teorema matematico alla base degli spettri di emissione, almeno per l'idrogeno.

1.2.3 Modello di Bohr dell'atomo di idrogeno

Agli inizi del XX secolo gli scienziati sapevano che gli atomi erano costituiti da cariche negative chiamate elettroni in movimento attorno a un nucleo molto più denso e pesante. Il nucleo invece era costituito da particelle di cariche elettriche positive chiamate protoni e particelle neutre dette neutroni (si veda il Paragrafo 0.2). In un atomo il numero di elettroni e di protoni deve essere uguale. Gli scienziati pensavano all'atomo come a un sistema planetario in cui gli elettroni si muovono attorno al nucleo analogamente a come fanno i pianeti attorno al sole. In questo modello la forza di attrazione elettrostatica tra nucleo carico positivamente ed elettroni carichi negativamente è controbilanciata dalla forza centrifuga degli elettroni in moto attorno al nucleo.

Questo modello dell'atomo aveva due punti inconsistenti con la fisica classica. Prima di tutto la teoria elettromagnetica di Maxwell prevedeva che una particella carica in movimento dovesse emettere radiazione elettromagnetica. A causa della forza di attrazione tra gli elettroni e i protoni del nucleo, un elettrone orbitante intorno al nucleo è accelerato in quanto continua a cambiare direzione nella sua orbita. (Si ricordi che l'accelerazione è un cambio nel tempo in intensità o direzione della velocità.) Quindi l'elettrone dovrebbe emettere radiazione elettromagnetica con continuità e questo porterebbe l'elettrone a collassare velocemente sul nucleo. Quindi l'atomo classico dovrebbe essere instabile e con vita brevissima, contrariamente alla realtà. In secondo luogo, la meccanica classica non mette restrizioni sull'energia delle orbite degli elettroni. Diminuire leggermente l'energia significa che l'elettrone si muove su un'orbita leggermente più piccola. Quindi lo spettro di emissione di un atomo classico dovrebbe essere continuo non a righe, come osservato.

Estendendo l'ipotesi quantistica di Planck alle energie degli atomi, il fisico danese Niels Bohr[13] presentò un nuovo modello atomico che era in grado di spiegare esaurientemente lo spettro di emissione dell'idrogeno. Bohr utilizzò il modello atomico planetario ma corretto con la quantizzazione delle energie secondo le ipotesi di Planck. Per un singolo elettrone orbitante intorno al nucleo con Z protoni, il ***modello di Bohr*** si costruisce sulle seguenti considerazioni:

1. L'elettrone si muove su orbite sferiche intorno al nucleo.
2. L'energia dell'elettrone può assumere solo alcuni valori, cioè è quantizzata.
3. Le sole orbite permesse sono quelle nelle quali il modulo del momento angolare dell'elettrone è uguale a un multiplo intero di $\hbar$, dove $\hbar$ (detta h tagliata) è $\frac{h}{2\pi}$. Il momento angolare di una particella ($\mathbf{L}$) è una grandezza vettoriale di formula $\mathbf{L} = \mathbf{r} \times \mathbf{p}$, dove $\mathbf{r}$ è il vettore posizione della particella misurato rispetto all'origine, $\mathbf{p} = m\mathbf{u}$ è il momento della particella (di massa m e velocità $\mathbf{u}$) e "$\times$" è il prodotto vettoriale.
4. L'elettrone può assorbire o cedere energia solo quando si muove da un'orbita permessa a un'altra permessa. La radiazione emessa ha energia $h\nu$ uguale alla differenza in energia fra le due orbite.

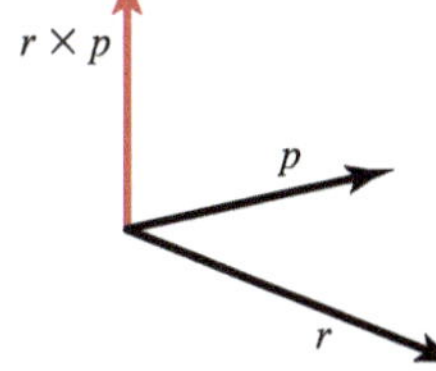

Il prodotto vettoriale di due vettori è un vettore perpendicolare a entrambi.

La prima condizione del modello di Bohr è in accordo con il modello classico dell'atomo ma il resto è completamente nuovo. Considerando un elettrone che si muove attorno a un nucleo con Z protoni, il modello di Bohr non è limitato all'atomo di idrogeno (Z = 1), ma può anche descrivere uno ione monoelettronico, detto ione idrogenoide, come He^+ (Z = 2), Li^{2+} (Z = 3) ecc.

Stabilite queste condizioni, si possono calcolare le energie permesse dell'elettrone. La legge di Coulomb (Paragrafo 0.5) dà l'energia potenziale, V, dovuta all'interazione di due particelle cariche q_1 e q_2, a distanza r:

$$V(r) = \frac{q_1 q_2}{4\pi\varepsilon_0 r} \quad \textbf{(1.6)}$$

dove ε_0 è chiamata *permittività del vuoto* ($\varepsilon_0 = 8{,}854188 \times 10^{-12}\ \mathrm{C^2\ J^{-1}\ m^{-1}}$). L'attrazione fra nucleo di carica $+Ze$ e un elettrone di carica $-e$ a distanza r è quindi

---

[13] Niels Henrik David Bohr (1885-1962). Fisico danese. Uno dei fondatori della fisica moderna, ricevette il Premio Nobel in fisica nel 1922 per la sua teoria che riuscì a spiegare lo spettro di emissione dell'atomo di idrogeno.

$$V(r) = -\frac{Ze^2}{4\pi\varepsilon_0 r} \quad (1.7)$$

Data la funzione di energia potenziale, la forza di un oggetto è calcolata come la derivata negativa del potenziale. Per un elettrone nell'atomo, questa forza è

$$F(r) = -\frac{dV(r)}{dr} = -\frac{Ze^2}{4\pi\varepsilon_0 r^2}$$

In accordo con la seconda legge di Newton (Equazione 1.1), questa forza è uguale alla massa dell'elettrone (m_e) moltiplicata per la sua accelerazione. Per un elettrone in un'orbita sferica, l'accelerazione può essere calcolata come $-u^2/r$, dove u è il modulo della velocità dell'elettrone e il segno negativo indica che l'accelerazione è diretta verso il nucleo. La seconda legge di Newton stabilisce che:

$$F = ma$$

$$-\frac{Ze^2}{4\pi\varepsilon_0 r^2} = -\frac{m_e u^2}{r}$$

$$\frac{Ze^2}{4\pi\varepsilon_0 r} = m_e u^2 \quad (1.8)$$

L'energia totale dell'elettrone è la somma dell'energia cinetica (Equazione 0.3) e dell'energia potenziale (Equazione 1.7).

$$E = \frac{1}{2} m_e u^2 - \frac{Ze^2}{4\pi\varepsilon_0 r} \quad (1.9)$$

Sostituendo la condizione orbitalica (Equazione 1.8) nell'Equazione 1.9 si ha:

$$E = \frac{1}{2} m_e u^2 - m_e u^2 = -\frac{1}{2} m_e u^2 \quad (1.10)$$

A questo punto Bohr postula la restrizione quantistica che il momento angolare dell'elettrone può solo assumere valori multipli interi positivi di $\hbar$ o $h/2\pi$. Per un elettrone in un'orbita sferica, il momento angolare è $m_e ru$, quindi:

$$m_e ru = n\hbar, \qquad n = 1, 2, 3, \ldots \quad (1.11)$$

dove n è chiamato ***numero quantico***. Combinando l'Equazione 1.11 e l'Equazione 1.8 si ha:

$$u = \frac{Ze^2}{2h\varepsilon_0 n} \quad (1.12)$$

Se si sostituisce l'Equazione 1.12 per u nell'equazione dell'energia (Equazione 1.10), si ha l'espressione delle energie quantizzate, o ***livelli energetici***, dell'atomo di idrogeno.

$$E_n = -\frac{Z^2 e^4 m_e}{8h^2\varepsilon_0^2}\frac{1}{n^2} \qquad n = 1, 2, 3, \ldots \quad (1.13)$$

Siccome lo zero dell'energia è stato definito (arbitrariamente) nell'Equazione 1.7 come il valore assunto dall'elettrone a infinita distanza dal nucleo (cioè per $n = \infty$), il segno negativo nell'Equazione 1.13 implica che tutti gli stati siano a energia inferiore rispetto a questo. Questi stati si chiamano *stati legati* dell'atomo. Lo stato più stabile dell'elettrone è quello corrispondente al più basso valore di energia, detto ***stato fondamentale*** (o *livello fondamentale*), che per il modello di Bohr corrisponde a $n = 1$. I livelli energetici a più alta energia sono detti *livelli* o ***stati eccitati***. Per l'atomo di idrogeno ($Z = 1$) l'energia dello stato fondamentale è:

$$E_1 = -\frac{m_e e^4}{8h^2\varepsilon_0^2} = -2{,}185 \times 10^{-18}\ \text{J}$$

In valore assoluto questa energia è l'energia richiesta per allontanare completamente un elettrone dallo stato fondamentale dell'idrogeno e portarlo a distanza infinita dal nucleo. Questo processo è chiamato ***ionizzazione*** e l'energia richiesta per la ionizzazione è detta ***energia di ionizzazione***.

Le Equazioni 1.11 e 1.12 possono anche essere utilizzate per ottenere l'espressione del raggio delle orbite di Bohr:

$$r_n = \frac{\varepsilon_0 h^2 n^2}{Z\pi m_e e^2} \qquad n = 1, 2, 3, \ldots \qquad \textbf{(1.14)}$$

Quindi, come l'energia, anche il raggio dell'orbita è quantizzata e può assumere solo certi valori, che aumentano al crescere di n^2. Il valore del raggio dell'orbita dello stato fondamentale ($n = 1$) calcolato nell'Esempio 1.4 è chiamato ***raggio di Bohr*** (a_0).

Esempio 1.4

Si calcoli il raggio di Bohr per lo stato fondamentale ($n = 1$) dell'atomo di idrogeno.

Impostazione Si usi l'Equazione 1.14 con $Z = 1$ (per l'idrogeno) e $n = 1$ (per lo stato fondamentale). Le altre costanti nell'equazione si possono trovare in fondo al volume.

Soluzione Si comincia con l'Equazione 1.14 con $n = Z = 1$:

$$a_0 = \frac{\varepsilon_0 h^2}{\pi m_e e^2}$$

Ora si sostituiscono i valori ε_0, h, m_e *ed* e:

$$a_0 = \frac{(8{,}8542 \times 10^{-12}\ \text{C}^2\ \text{J}^{-1}\ \text{m}^{-1})(6{,}626 \times 10^{-34}\ \text{J s})^2}{\pi(9{,}109 \times 10^{-31}\ \text{kg})(1{,}602 \times 10^{-19}\ \text{C})^2}$$

$$= 5{,}29 \times 10^{-11}\ \text{m}$$

$$= 52{,}9\ \text{pm}$$

dove si sono usati i fattori di conversione $1\ \text{J} = 1\ \text{kg m}^2\ \text{s}^{-2}$ e $1\ \text{pm} = 10^{-12}\ \text{m}$. Più convenientemente il raggio di Bohr è espresso come 0,529 Å. Il raggio di Bohr è generalmente indicato con il simbolo a_0.

Problema di autovalutazione Si calcoli il raggio per il primo stato eccitato ($n = 2$) dello ione He^+.

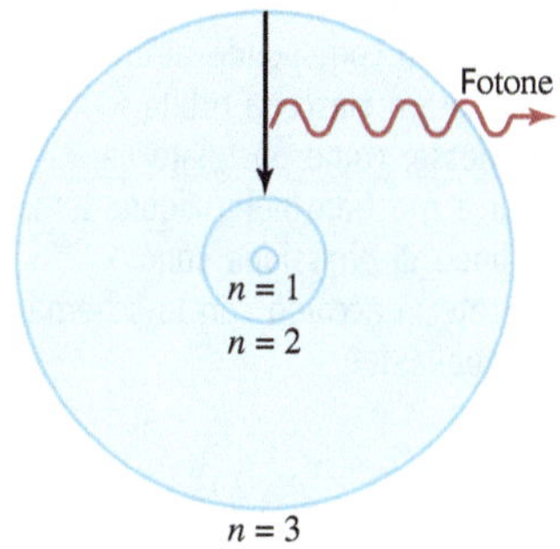

Figura 1.14 Processo di emissione che si osserva in un atomo di idrogeno eccitato, in accordo con la teoria di Bohr. Un elettrone in un livello ad alta energia ($n_2 = 3$) ricade su un livello a più bassa energia ($n_1 = 2$). Come risultato viene emesso un fotone con energia $h\nu$. Il valore di $h\nu$ è uguale alla differenza in energia fra i livelli di energia iniziale e finale. Per semplicità vengono mostrati solo tre livelli.

Qual è la relazione tra l'Equazione 1.13 e le linee degli spettri di emissione dell'idrogeno? L'energia radiante assorbita dall'atomo permette all'elettrone di muoversi da uno stato quantico a minore energia (n minore) a uno a maggiore energia (n maggiore). Poi, quando l'elettrone torna allo stato fondamentale, viene emessa energia radiante (sotto forma di un fotone) (si veda la Figura 1.14). La conservazione dell'energia richiede che l'energia del fotone emesso o assorbito sia uguale alla differenza di energia (ΔE) fra i livelli implicati nella transizione dell'elettrone. Si consideri il caso di emissione di energia e sia n_2 il valore del numero quantico n nello stato iniziale e n_1 quello dello stato finale, con $n_2 > n_1$. L'energia del fotone emesso è data da:

$$E_{\text{fotone}} = h\nu = \Delta E = E_{n_2} - E_{n_1}$$

Usando l'Equazione 1.13 si ha:

$$E_{\text{fotone}} = h\nu = \frac{Z^2 e^4 m_e}{8h^2 \varepsilon_0^2}\left[\frac{1}{n_1^2} - \frac{1}{n_2^2}\right] \tag{1.15}$$

oppure

$$\nu = \frac{Z^2 e^4 m_e}{8h^3 \varepsilon_0^2}\left[\frac{1}{n_1^2} - \frac{1}{n_2^2}\right] = Z^2 R_H \left[\frac{1}{n_1^2} - \frac{1}{n_2^2}\right] \tag{1.16}$$

Assumendo $Z = 1$, si osserva che l'Equazione 1.16 è identica all'equazione empirica di Rydberg, per lo spettro di emissione dell'idrogeno (Equazione 1.5) e dà un'espressione per la costante di Rydberg in termini di costante fisica fondamentale:

$$R_H = \frac{e^4 m_e}{8h^3 \varepsilon_0^2} = 3{,}289832496 \times 10^{15}\ \text{s}^{-1} \tag{1.17}$$

Il valore di R_H calcolato dall'Equazione 1.17 è praticamente[14] identico al valore determinato sperimentalmente! L'Equazione 1.16 è stata derivata per il caso di emissione di un fotone. Per l'assorbimento, si ha $n_1 > n_2$, quindi il segno della frequenza deve essere negativo (si veda l'Equazione 1.15), che non è fisicamente accettabile. Quindi bisogna considerare il valore assoluto di $[(1/n_1^2) - (1/n_2^2)]$ nell'Equazione 1.15.

La Figura 1.15 mostra i diversi livelli energetici per l'atomo di idrogeno e le transizioni elettroniche che corrispondono alle linee nello spettro di emissione dell'idrogeno (si ricordi la Tabella 1.1).

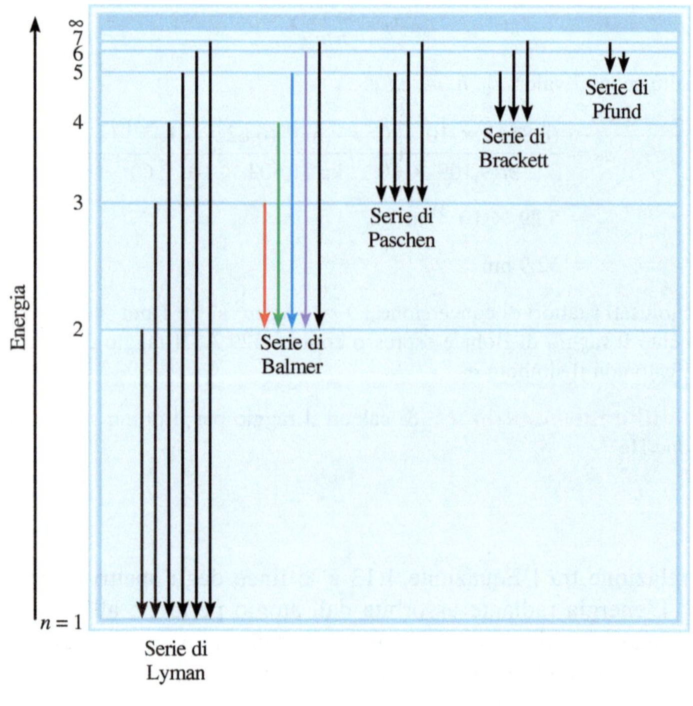

Figura 1.15 I livelli energetici nell'atomo di idrogeno e le varie serie di emissione. Ciascun livello energetico corrisponde all'energia associata a ciascuna orbita permessa, come postulato da Bohr e mostrato nella Figura 1.14. Le linee di emissione sono indicate in accordo con lo schema in Tabella 1.1.

---

[14] Vedi il Problema 1.60.

Esempio 1.5

Qual è la lunghezza d'onda di un fotone (in nanometri) emesso durante una transizione dallo stato $n_2 = 5$ allo stato $n_1 = 2$ nell'atomo di idrogeno? A quale regione dello spettro elettromagnetico corrisponde questa lunghezza d'onda?

Impostazione Viene dato lo stato iniziale e lo stato finale coinvolti nel processo di emissione. Si può calcolare la frequenza del fotone emesso usando l'Equazione 1.16. Dall'Equazione 1.2 (usando la velocità della luce c come velocità dell'onda) si può calcolare la funzione d'onda dalla frequenza. La regione dello spettro elettromagnetico al quale la lunghezza d'onda calcolata appartiene si può trovare consultando la Figura 1.6.

Soluzione Dall'Equazione 1.16 si scrive

$$\nu = R_H Z^2 \left| \frac{1}{n_1^2} - \frac{1}{n_2^2} \right|$$

dove le linee verticali indicano che si è usato il valore assoluto per assicurare alle frequenze dei valori positivi. La costante di Rydberg è $3{,}28983 \times 10^{15}\ \text{s}^{-1}$ e per l'idrogeno $Z = 1$, quindi

$$\nu = 3{,}28983 \times 10^{15}\ \text{s}^{-1}\ (1)^2 \left| \frac{1}{2^2} - \frac{1}{5^2} \right|$$

$$\nu = 6{,}90864 \times 10^{14}\ \text{s}^{-1}$$

Dall'Equazione 1.2, si ha

$$\lambda = \frac{c}{\nu} = \frac{2{,}99879 \times 10^8\ \text{m s}^{-1}}{6{,}90864 \times 10^{14}\ \text{s}^{-1}}$$

$$= 4{,}34064 \times 10^{-7}\ \text{m} \times \left(\frac{1 \times 10^9\ \text{nm}}{1\ \text{m}} \right)$$

$$= 434{,}064\ \text{nm}$$

In accordo con la Figura 1.6, questa lunghezza d'onda si trova nella regione del *visibile* nello spettro elettromagnetico, più precisamente nell'intervallo violetto/indaco.

Problema di autovalutazione Per He^+ ($Z = 2$), si calcoli la lunghezza d'onda della luce (in nm) assorbita quando un elettrone nello stato $n = 3$ viene eccitato al livello $n = 6$. A quale regione dello spettro elettromagnetico corrisponde questa lunghezza d'onda?

L'idea di Bohr che l'energia degli stati della materia, come la luce, sia quantizzata fu avvalorata in seguito da una serie di esperimenti condotti da James Franck[15] e Gustav Hertz[16]. Franck e Hertz fecero collidere elettroni accelerati con atomi. (La Figura 1.16(a) riporta uno schema del loro apparato.) Per basse energie di collisione, gli elettroni venivano dispersi dalle collisioni con gli atomi, ma non si osservava perdita di energia cinetica. Tuttavia quando l'energia cinetica degli elettroni incidenti veniva aumentata a un valore critico, gli elettroni mostravano una perdita ingente di energia cinetica nella collisione con l'atomo [si veda la Figura 1.16(b)]. Questi esperimenti mostrarono che era necessario un certo valore minimo di energia per trasferire energia dall'elettrone all'atomo. Secondo l'ipotesi di Bohr questi risultati possono essere spiegati come segue: se

---

[15] James Franck (1882-1964). Fisico e chimico tedesco. Oltre al suo lavoro con Gustav Hertz che confermava l'esistenza di livelli di energia negli atomi, diede molti contributi nel campo della fotochimica. Condivise il Premio Nobel nel 1925 in fisica con Gustav Hertz.

[16] Gustav Hertz (1887-1975). Fisico tedesco. Diede numerosi contributi nel campo della spettroscopia in fase gas e nella separazione degli isotopi. Condivise il Premio Nobel in fisica nel 1925 con Franck per il suo lavoro in supporto all'ipotesi di Bohr della quantizzazione dell'energia nella materia.

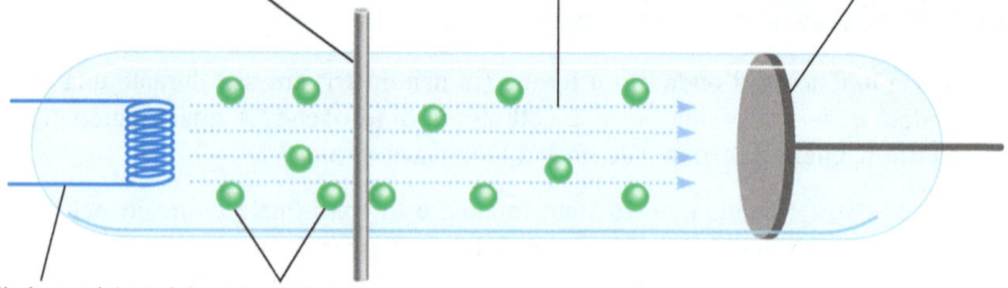

(a)

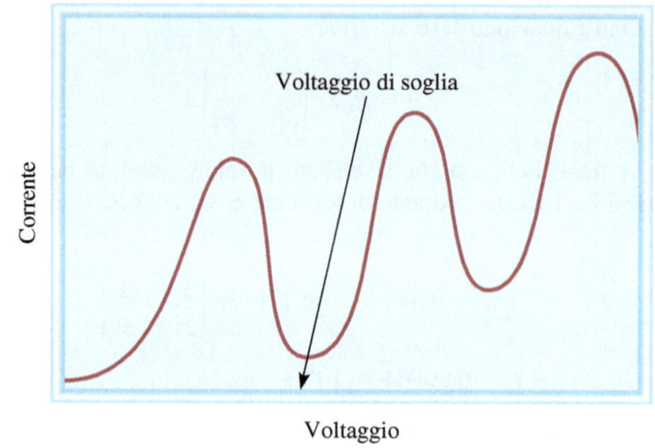

(b)

Figura 1.16 L'esperimento di Frank-Hertz: (a) La strumentazione. (b) Diagramma della corrente lungo il tubo come funzione del voltaggio.

l'energia cinetica dell'elettrone è minore della differenza in energia, ΔE, fra lo stato fondamentale e il primo livello eccitato, l'atomo non può assorbire energia. Tuttavia se l'energia cinetica dell'elettrone incidente supera questo valore, il trasferimento di energia è possibile e l'energia cinetica dell'elettrone viene ridotta di ΔE. Al crescere ulteriore dell'energia cinetica dell'elettrone incidente, si osservano ulteriori riduzioni di energia cinetica poiché vengono promosse transizioni elettroniche a livelli eccitati superiori al primo – e questo è esattamente quello che si è visto con gli esperimenti di Franck e Hertz.

Nonostante il successo iniziale nella spiegazione dello spettro di emissione dell'atomo di idrogeno e degli ioni idrogenoidi, il modello di Bohr aveva alcuni difetti. Innanzi tutto, a una più accurata registrazione degli spettri di emissione si possono osservare più righe nello spettro, in particolare alcune righe risultano "sdoppiate" (chiamate *doppietti*). Il modello di Bohr, con il suo unico numero quantico n, non era in grado di spiegare né la *struttura fine* dello spettro atomico né i cambiamenti osservati quando veniva applicato un campo magnetico. Nel 1916 il fisico tedesco Arnold Sommerfeld[17] risolse in parte questi problemi tenendo conto della speciale teoria di Einstein sulla relatività e includendo nel modello di Bohr orbite ellittiche, introducendo ulteriori quantizzazioni e ulteriori numeri quantici. Questa più completa teoria è nota come modello Bohr-Sommerfeld dell'atomo o semplicemente "Vecchia Teoria Quantistica". Secondo, e più serio problema, la teoria di Bohr-Sommerfeld non era assolutamente in grado di predire le linee spettrali in atomi con più di un elettrone. Era chiaro che era necessaria una teoria più vasta e generale per spiegare il comportamento di atomi diversi da quelli dell'idrogeno. Come si vedrà non è che il modello di Bohr-Sommerfeld fosse "sbagliato". In realtà il fallimento di questo modello era dovuto al fatto che non si era andati abbastanza oltre i precetti della fisica classica. Nel modello di Bohr-Sommerfeld gli elettroni venivano visti ancora come

---

[17] Arnold Johannes Wilhelm Sommerfeld (1868-1951). Fisico tedesco. Oltre al suo lavoro pionieristico sulla relazione fra la struttura atomica e le linee spettrali, diede importanti contributi per capire le proprietà elettriche dei metalli.

particelle cariche orbitanti attorno al nucleo, con una ben definita posizione e un ben definito momento nel tempo. Come si vedrà nel Paragrafo 1.3 gli elettroni sono più accuratamente descritti come oggetti la cui posizione e il cui momento non possono essere contemporaneamente definiti con precisione e accuratezza.

Tuttavia nonostante le sue insufficienze il modello di Bohr-Sommerfeld fu di enorme importanza nello sviluppo della teoria quantistica e, in senso lato, nell'evoluzione delle idee scientifiche.

1.3 Proprietà ondulatorie della materia

I fisici dell'epoca di Bohr non erano in grado di spiegare il *perché* le energie dei livelli fossero quantizzate. Cioè: perché l'elettrone nell'atomo di Bohr era costretto a orbitare attorno al nucleo solo a certe distanze da questo? Per circa un decennio nessuno, neppure lo stesso Bohr, fu in grado di dare una spiegazione logica. Nel 1924 Louis de Broglie[18] diede una risposta a questo quesito.

1.3.1 Ipotesi di de Broglie sul dualismo onda particella

De Broglie ragionò pensando che se le onde luminose si possono comportare come insieme di particelle (fotoni), forse anche particelle come gli elettroni possono avere proprietà ondulatorie. Per quantificare questa connessione, de Broglie prese in considerazione l'espressione (dalla teoria di Einstein sulla relatività) del momento (p) di un fotone:

$$p = E/c \tag{1.18}$$

dove E è l'energia del fotone e c è la velocità della luce. Combinando questa equazione con l'espressione di Einstein-Planck per l'energia del fotone in termini della sua frequenza (Equazione 1.3), e la relazione (dall'Equazione 1.2) fra frequenza e lunghezza d'onda, ($\nu = c/\lambda$), si ottiene dopo riarrangiamento,

$$p = \frac{h\nu}{c} = \frac{h}{\lambda}$$

o

$$\lambda = \frac{h}{p} \tag{1.19}$$

L'Equazione 1.19 è stata ottenuta usando delle equazioni applicabili al fotone, che è senza massa e ha velocità fissa c. De Broglie postulò che questa equazione si sarebbe potuta applicare a particelle di massa m e velocità u. Sostituendo l'espressione del momento di una particella ($p = mu$) nell'Equazione 1.19 si ottiene la relazione di de Broglie per la lunghezza d'onda di una particella:

$$\lambda = \frac{h}{mu} \tag{1.20}$$

La lunghezza d'onda definita nell'Equazione 1.20 è chiamata ***lunghezza d'onda di de Broglie*** di una particella. L'Equazione 1.20 implica che una particella in moto possa essere trattata come onda e che un'onda possa esibire proprietà tipiche di una particella (cioè abbia un momento). Quindi il primo membro dell'Equazione 1.20 si ri-

---

[18] Louis Victor Pierre Raymond duca de Broglie (1892-1987). Fisico francese. Membro di un'antica e nobile famiglia in Francia, ebbe il titolo di principe. Nella sua tesi di dottorato, propose che la materia e la radiazione avessero le proprietà sia di onde che di particelle. Per questo lavoro, de Broglie fu insignito del Premio Nobel in fisica nel 1929.

Approfondimento 1.1

LASER – LA LUCE SPLENDIDA

Laser è un termine inglese, acronimo di ***a****mplifica*zione di ***l****uce per* ***e****missione* ***s****timolata di* ***r****adiazione* (***l****ight* ***a****mplification by* ***s****timulated* ***e****mission of* ***r****adiation*). È uno speciale tipo di emissione che coinvolge sia atomi che molecole. Fin dalla sua scoperta nel 1960, il laser è stato usato in diversi sistemi ideati per operare sullo stato gassoso, liquido e solido. Questi sistemi emettono radiazione con lunghezza d'onda che varia dalla regione infrarossa fino al visibile e all'ultravioletto. L'utilizzo del laser ha rivoluzionato la scienza, la medicina e la tecnologia.

Il laser al rubino è stato il primo laser conosciuto. Il rubino è un minerale di colore rosso intenso che contiene il corindone, Al_2O_3, nel quale alcuni ioni Al^{3+}

L'emissione di luce laser da un laser al rubino.

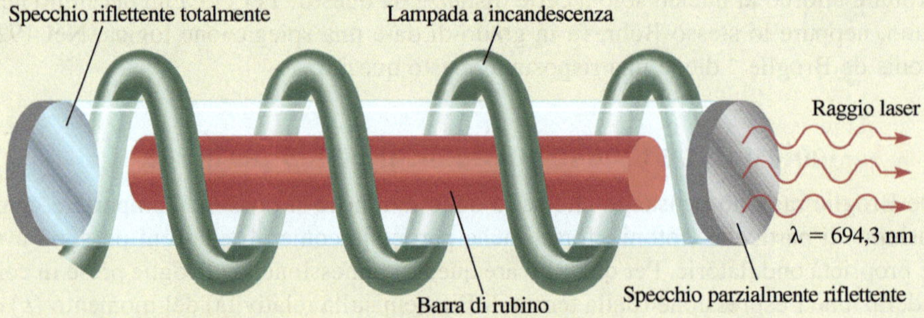

L'emissione di un fotone in un evento a cascata che porta all'emissione di luce laser. La sincronizzazione dell'onda luminosa produce un raggio laser molto penetrante.

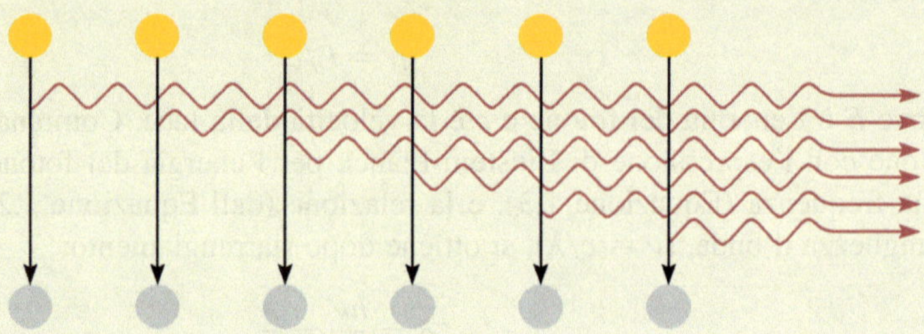

ferisce alla natura ondulatoria della materia (lunghezza d'onda), mentre il secondo membro si riferisce alla natura corpuscolare della materia (massa).

Esempio 1.6

Si calcoli la lunghezza d'onda della particella nei seguenti due casi: (a) Una palla da tennis di massa $6,0 \times 10^{-2}$ kg lanciata a 140 miglia orarie (63 m s^{-1}). (b) Un elettrone ($m_e = 9,1094 \times 10^{-31}$ kg) che si muove a 63 m s^{-1}.

Impostazione Viene data la massa (m) e la velocità (u) della particella in (a) e in (b) e viene chiesto di calcolare la lunghezza d'onda (λ). Si può usare l'Equazione 1.20. Si noti, tuttavia, che la costante di Planck è in unità di J s, quindi m e u devono essere in unità di kg e di m s^{-1}, rispettivamente (1 J = 1 kg m^2 s^{-2}).

(a) Soluzione Usando l'Equazione 1.20 per la palla da tennis si scrive

$$\lambda = \frac{h}{mu}$$
$$= \frac{6,626 \times 10^{-34}\ \text{J s}}{(6,0 \times 10^{-2}\ \text{kg})(63\ \text{m s}^{-1})}$$
$$= 1,8 \times 10^{-34}\ \text{m}$$

sono sostituiti da ioni Cr^{3+}. Un lampada a incandescenza è usata per eccitare gli ioni cromo a livelli energetici più alti. Essi sono instabili, in ciascun istante qualcuno di loro torna allo stato fondamentale emettendo un fotone nella regione del rosso nello spettro. Il fotone rimbalza avanti e indietro molte volte fra specchi disposti agli estremi del tubo laser. Questo fotone può stimolare l'emissione di fotoni della stessa lunghezza d'onda da altri ioni cromo eccitati; questi fotoni a loro volta possono stimolare l'emissione di altri fotoni e così via. Siccome le onde di luce sono *in fase* – cioè i loro massimi e minimi coincidono – i fotoni si rinforzano reciprocamente, aumentando la loro potenza a ciascun passaggio fra gli specchi. Uno degli specchi riflette solo parzialmente, così che, quando la luce raggiunge una certa intensità, emerge dallo specchio come raggio laser. A seconda del modo di operare, la luce laser può essere emessa pulsante (come nel caso del laser al rubino) o in modo continuo.

La luce laser è caratterizzata da tre proprietà: è intensa, ha una definita lunghezza d'onda e quindi una definita energia ed è coerente. Per *coerente* si intende che le onde sono tutte in fase. Le applicazioni dei laser sono molteplici. La loro elevata intensità e facilità di focalizzazione li rende adatti nella chirurgia oculare, nella saldatura e perforazione dei metalli, e nella fusione nucleare. Siccome sono altamente direzionabili e hanno ben precise lunghezze d'onda, sono molto utili nelle telecomunicazioni. I laser inoltre sono utilizzati nella separazione degli isotopi, in olografia (fotografia tridimensionale), nei lettori di compact disc e negli impianti di sorveglianza nei supermercati. I laser hanno avuto un ruolo molto importante nella ricerca spettroscopica delle proprietà molecolari e di molti processi chimici e biologici. Le luci laser vengono sempre più utilizzate per studiare i dettagli delle reazioni chimiche (si veda il Capitolo 13).

Verifica Questa è una piccolissima lunghezza d'onda considerando che la dimensione di un atomo è dell'ordine di 1×10^{-10} m. Per questo motivo le proprietà ondulatorie di una palla da tennis non possono essere rilevate da nessun congegno misuratore esistente.

(b) Soluzione Per l'elettrone,

$$\lambda = \frac{h}{mu}$$

$$= \frac{6{,}626 \times 10^{-34}\ \text{J s}}{(9{,}1094 \times 10^{-31}\ \text{kg})(63\ \text{m s}^{-1})}$$

$$= 1{,}2 \times 10^{-5}\ \text{m}$$

Verifica Questa lunghezza d'onda ($1{,}2 \times 10^{-5}$ m o $1{,}2 \times 10^{4}$ nm) ricade nella regione infrarossa ed è molto più grande della dimensione di un atomo. Questo calcolo mostra che solo particelle submicroscopiche (come gli elettroni) hanno lunghezza d'onda misurabile.

Problema di autovalutazione Si calcoli la lunghezza d'onda (in nanometri) dell'atomo di idrogeno (massa = $1{,}674 \times 10^{-27}$ kg) che si muove a $7{,}00 \times 10^{2}$ cm s^{-1}.

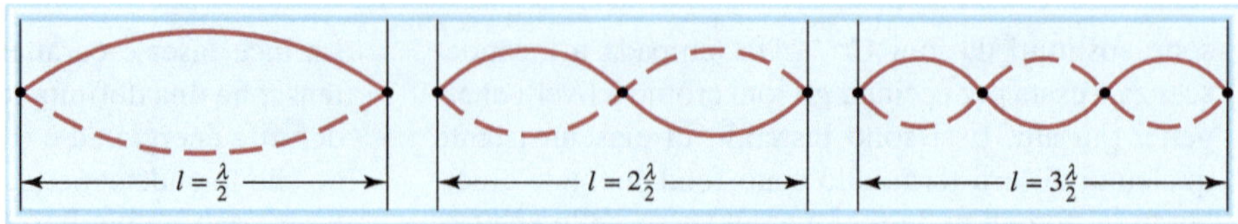

Figura 1.17 Le onde stazionarie generate pizzicando una corda di chitarra. Ogni punto rappresenta un nodo. La lunghezza della corda, *l*, deve essere uguale a un numero intero di semi-lunghezza d'onda ($\lambda/2$).

L'Esempio 1.6 mostra che anche se l'Equazione di de Broglie può essere applicata a diversi sistemi, le proprietà ondulatorie diventano significative solo per oggetti submicroscopici. Questa distinzione si ha poiché la costante di Planck, h, che appare al denominatore della Equazione 1.20 è molto piccola.

In accordo con de Broglie, un elettrone legato al nucleo si comporta come un'***onda stazionaria***. Le onde stazionarie possono essere generate, per esempio, mettendo in oscillazione una corda da chitarra (si veda la Figura 1.17). Le onde sono dette stazionarie in quanto non si muovono lungo la corda. Alcuni punti sulla corda detti ***nodi***, non si muovono affatto; ciò significa che *l'ampiezza dell'onda in quei punti è nulla.* C'è un nodo in ogni estremità, e ci possono essere dei nodi fra gli estremi. Maggiore è la frequenza della vibrazione, minore è la lunghezza d'onda dell'onda stazionaria e maggiore è il numero dei nodi. Come mostra la Figura 1.17, ci possono essere solo certe lunghezze d'onda in ciascuno dei moti permessi della corda. *L'esistenza di stati discreti di energia è la naturale conseguenza di confinare un oggetto con natura ondulatoria in una regione finita di spazio.*

De Broglie asserì che se un elettrone si comporta come un'onda stazionaria nell'atomo di idrogeno, la lunghezza d'onda deve stare perfettamente nella circonferenza dell'orbita (si veda la Figura 1.18) – altrimenti l'onda interferirebbe parzialmente e distruttivamente con se stessa. La relazione fra la circonferenza di un'orbita permessa ($2\pi r$) e la lunghezza d'onda di de Broglie (λ) dell'elettrone è data da:

$$2\pi r = n\,\lambda \qquad n = 1, 2, 3, \ldots \tag{1.21}$$

dove r è il raggio dell'orbita e λ è la lunghezza d'onda dell'elettrone. Usando l'Equazione 1.21 insieme all'espressione per λ nell'Equazione 1.20 si ottiene

$$2\pi r = n\,\frac{h}{m_e u}$$

e dopo riarrangiamento,

$$m_e u r = \frac{nh}{2\pi} = n\hbar \qquad n = 1, 2, 3, \ldots$$

che è identico alla condizione del momento angolare di Bohr espresso nell'Equazione 1.11. Quindi il postulato di de Broglie porta alla quantizzazione del momento angolare e alla quantizzazione dei livelli energetici dell'atomo di idrogeno.

Poco tempo dopo l'introduzione da parte di de Broglie della sua equazione, Clinton Davisson[19] e Lester Germer[20] negli Stati Uniti e G.P. Thomson[21] in Inghilterra dimostrarono che in effetti gli elettroni possiedono proprietà ondulatorie. Mandando un fascio di elettroni verso un foglio sottile di oro, Thomson ottenne un insieme di anelli concentrici su uno schermo rivelatore, del tutto simile al pattern osservato quando venivano usati raggi X (che sono onde). La natura ondulatoria di un fascio di elettroni ha innumerevoli applicazioni in molte tecniche sperimentali, come la *microsco-*

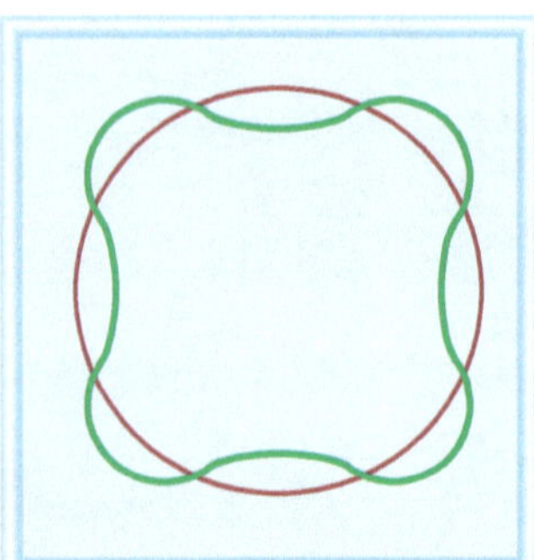

(a)

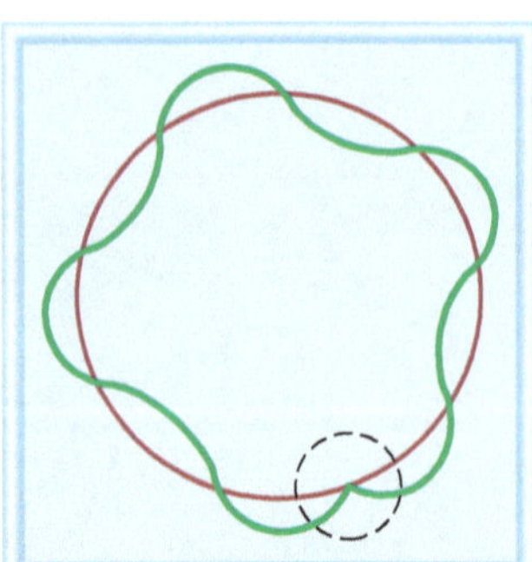

(b)

Figura 1.18 (a) La circonferenza di un'orbita è uguale a un numero intero di lunghezze d'onda. Questa è un'orbita permessa. (b) La circonferenza di un'orbita non è uguale a un numero intero di lunghezze d'onda. Come risultato, la funzione d'onda non si chiude su se stessa. Questa è un'orbita non permessa.

---

[19] Clinton Joseph Davisson (1881-1958). Fisico americano. Insieme a G.P. Thomson condivise il Premio Nobel in fisica nel 1937 per aver dimostrato le proprietà ondulatorie degli elettroni.

[20] Lester Halbert Germer (1896-1972). Fisico americano. Scopritore (con Davisson) delle proprietà ondulatorie degli elettroni.

[21] George Paget Thomson (1892-1975). Fisico inglese. Figlio di J.J. Thomson, ricevette il Premio Nobel in fisica nel 1937, insieme a Clinton Davisson, per aver dimostrato le proprietà ondulatorie degli elettroni.

pia elettronica (discussa nell'Approfondimento 1.2) e la *diffrazione elettronica a bassa energia* (LEED), che è usata per lo studio di superfici di solidi cristallini. Un'altra tecnica, la *diffrazione neutronica*, che usa le proprietà ondulatorie dei neutroni per studiare la struttura e la dinamica di materiali ad alta densità come i liquidi.

1.3.2 Principio di indeterminazione di Heisenberg

Uno dei capisaldi della fisica classica è che le variabili dinamiche di una particella (la posizione e il momento) hanno valori definiti e precisi. Tuttavia il concetto di precisione e accuratezza nella posizione diventa indefinito quando si cerca di descrivere una particella che mostra caratteristiche ondulatorie. Un'onda si estende su una regione di spazio. Per descrivere il problema di cercare di localizzare una particella subatomica che si comporta come un'onda, Werner Heisenberg[22] formulò quello che è conosciuto come il ***principio di indeterminazione di Heisenberg***: *è impossibile conoscere simultaneamente e accuratamente il momento p* (definito come il prodotto tra massa e velocità) *e la posizione di una particella.* In forma matematica:

$$\Delta x \, \Delta p \geq \frac{\hbar}{2} \tag{1.22}$$

dove Δx e Δp sono le incertezze nelle misurazioni della posizione e momento rispettivamente. Quindi se si misura il momento di una particella accuratamente (cioè se si hanno piccoli valori di Δp), la conoscenza sulla posizione diventa meno accurata (cioè Δx diventa più grande). Similmente, se la posizione di una particella è conosciuta accuratamente, allora il suo momento deve essere indeterminato. La relazione inversa esiste perché la posizione di una particella con caratteristiche ondulatorie è determinata dalla porzione di spazio occupata dall'onda, mentre il momento, mediante la relazione di de Broglie, è in relazione alla lunghezza d'onda dell'onda. La Figura 1.19 illustra due casi limite. Nella Figura 1.19(a) un'onda è estesa su un'ampia porzione di spazio; tuttavia la lunghezza d'onda è ben definita. Una tal particella con carattere ondulatorio possiede una piccola incertezza sul momento (lunghezza d'onda) ma un'ampia incertezza sulla posizione. Nella Figura 1.19(b), d'altra parte, è ampiamente localizzata nella posizione (avendo un piccolo valore di Δx), ma la lunghezza d'onda è difficile da definire; cioè si ha una grande incertezza sulla lun-

[22] Werner Karl Heisenberg (1901-1976). Fisico tedesco. Uno dei fondatori della moderna teoria quantistica. Heisenberg ricevette il Premio Nobel in fisica nel 1932.

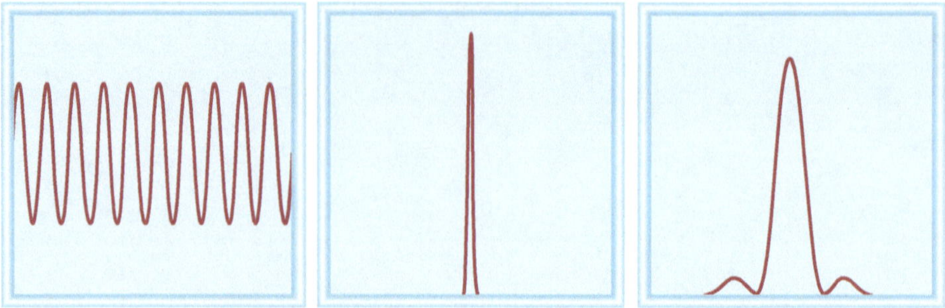

Figura 1.19 Tre immagini del principio di indeterminazione di Heisenberg. (a) Una onda-particella con una grande incertezza nella posizione, ma con una ben definita lunghezza d'onda (momento). (b) Una onda-particella con una ben definita posizione, ma con una notevole incertezza nella lunghezza d'onda (momento). (c) Una onda-particella con incertezza sia sulla posizione che sul momento.

ghezza d'onda. La Figura 1.19(c) mostra un'onda che ha caratteristiche intermedie tra quelle mostrate in Figura 1.19(a) e 1.19(b).

Quando il principio di indeterminazione di Heisenberg è applicato all'atomo di idrogeno, si trova che è impossibile attribuire all'elettrone un moto orbitalico ben definito intorno al nucleo, come pensava Bohr. Se fosse possibile questo si potrebbe determinare precisamente, accuratamente e contemporaneamente sia la posizione dell'elettrone (dal raggio dell'orbita) che il momento (dall'energia cinetica), in contraddizione con quanto affermato dal principio di indeterminazione.

Il principio di indeterminazione è trascurabile nel mondo macroscopico (a causa del piccolo valore della costante di Planck), ma è molto importante per oggetti con massa piccola, come elettroni e protoni.

Esempio 1.7

Si ricordi dall'Esempio 1.4 che il raggio di Bohr per l'atomo di idrogeno è 52,9 pm (o 0,529 Å). Assumendo che si conosca la posizione di un elettrone nella sua orbita con una accuratezza dell'1% del raggio, si calcoli l'incertezza sulla velocità dell'elettrone.

Impostazione È data l'incertezza, Δx, nella posizione dell'elettrone. Dal principio di indeterminazione di Heisenberg (Equazione 1.22), si può calcolare il minimo di incertezza sul momento, Δp, dal quale si può calcolare l'incertezza sulla velocità.

Soluzione L'incertezza sulla posizione dell'elettrone, Δx, è

$$\Delta x = \frac{1\%}{100\%} \times 52{,}9 \text{ pm} \times \frac{1 \times 10^{-12} \text{ m}}{1 \text{ pm}} = 5{,}29 \times 10^{-13} \text{ m}$$

Dal principio di indeterminazione di Heisenberg (Equazione 1.22), si ha

$$\Delta p \geq \frac{\hbar}{2\Delta x} = \frac{1{,}054 \times 10^{-34} \text{ J s}}{2(5{,}29 \times 10^{-13} \text{ m})}$$

$$\geq 9{,}96 \times 10^{-23} \text{ kg m s}^{-1}$$

Siccome $\Delta p = m\,\Delta u$, l'incertezza sulla velocità è data da

$$\Delta u = \frac{\Delta p}{m} \geq \frac{9{,}96 \times 10^{-23} \text{ kg m s}^{-1}}{9{,}1095 \times 10^{-31} \text{ kg}}$$

$$\geq 1{,}1 \times 10^{8} \text{ m s}^{-1}$$

L'incertezza sulla velocità dell'elettrone è dello stesso ordine di grandezza della velocità della luce (3×10^8 m s^{-1}). A questo livello di incertezza, non si può avere idea di quale sia la velocità dell'elettrone.

Problema di autovalutazione Si ripeta il calcolo nell'Esempio 1.7 usando un fotone invece di un elettrone.

1.3.3 Funzione d'onda di Schrödinger

Nel modello di Bohr-Sommerfeld sia il momento sia la posizione dell'elettrone hanno valori ben definiti nel tempo, contro il principio di indeterminazione di Heisenberg. De Broglie aveva postulato che una particella possiede proprietà ondulatorie, ma la sua teoria era incompleta, in quanto non forniva una determinazione quantitativa delle proprietà di un tale sistema. Era necessario avere un'equazione generale per sistemi quantizzati, paragonabile alla seconda legge del moto di Newton per sistemi classici. Nel 1926, il fisico austriaco Erwin Schrödinger[23] fornì tale equazione.[24]

Nella meccanica classica, lo stato di una particella è definito unicamente dalla sua posizione e dal suo momento. Se si conoscono entrambe queste proprietà, si può predire il moto futuro della particella causato da forze agenti su di essa. In accordo al principio di indeterminazione di Heisenberg, questo tipo di previsione è impossibile per un oggetto che obbedisce alla fisica quantistica, in quanto la posizione e il momento non possono essere simultaneamente e accuratamente determinati. Schrödinger postulò che *l'informazione completa riguardo lo stato di una particella quantica era contenuta in una funzione* $\psi(x)$ chiamata ***funzione d'onda***, che è funzione della posizione della particella (data da x per un sistema monodimensionale). Una delle più importanti proprietà di un oggetto con proprietà ondulatorie è la capacità di dare interferenza costruttiva o distruttiva. Perché questo sia possibile, la funzione d'onda deve poter assumere valori positivi *o* negativi.

Si sa dall'esperienza quotidiana che cosa si intende per stato classico di una particella, cioè posizione e momento. Ma cosa si intende per ψ? L'interpretazione fisica comunemente accettata di ψ, data nel 1926 dal fisico tedesco Max Born,[25] è che la funzione d'onda è in relazione alla *probabilità* di trovare una particella in una particolare porzione di spazio. Siccome ψ può assumere valori negativi, e la probabilità per definizione, è una quantità positiva, Born postulò che la probabilità di trovare una particella in una regione dello spazio fosse proporzionale al *quadrato* della funzione d'onda. Specificamente, per un sistema monodimensionale, la probabilità di trovare una particella fra le posizioni x e $x + dx$ è data da $\psi^2(x)\,dx$.[26] Come mostrato in Figura 1.20, la probabilità, P, di trovare una particella in una specifica regione $a < x < b$ è data dall'area sotto la curva, $\psi^2(x)$, fra $x = a$ e $x = b$ (che può essere calcolato dall'integrale di $\psi^2(x)$ su questo intervallo):

$$P = \text{area sottesa alla curva } \psi^2(x) \text{ da } a \text{ a } b$$

$$= \int_a^b \psi^2(x)dx \tag{1.23}$$

[23] Erwin Schrödinger (1887-1961). Fisico austriaco. Schrödinger formulò la meccanica ondulatoria, che portò alla fondazione della moderna quantomeccanica. Ricevette il Premio Nobel in fisica nel 1933.

[24] Un modo alternativo di formulare la quantomeccanica, basato su matrici, è stato sviluppato indipendentemente da Heisenberg circa nello stesso periodo. È stato poi dimostrato che questa "meccanica matriciale" è equivalente alla teoria di Schrödinger.

[25] Max Born (1882-1970). Fisico tedesco. Oltre a essere uno dei pionieri nella moderna meccanica quantistica, diede notevoli contributi all'elettrodinamica e alla teoria dei cristalli. Ricevette il Premio Nobel in fisica nel 1953.

[26] Matematicamente, la funzione d'onda può essere un numero complesso, come $A + i\,B$ dove $i = \sqrt{-1}$. Per avere significato fisico, questa probabilità deve essere data da $\psi^*(x)\psi(x)$, dove $\psi^*(x)$ è il *complesso coniugato* di $\psi(x)$. Se $\psi(x)$ è scritto come $A + i\,B$, dove A e B sono reali, allora $\psi^*(x)$ è definito come $A - i\,B$ e $\psi^*(x)\psi(x) = (A + i\,B)(A - i\,B) = A^2 + B^2$. Questo è necessario per assicurare che la densità di probabilità $\psi^*(x)\psi(x)$ sia sempre positiva. Se $\psi(x)$ è un numero reale, allora $\psi^*(x) = \psi(x)$ e $\psi^*(x)\psi(x) = \psi^2(x)$, il quadratol

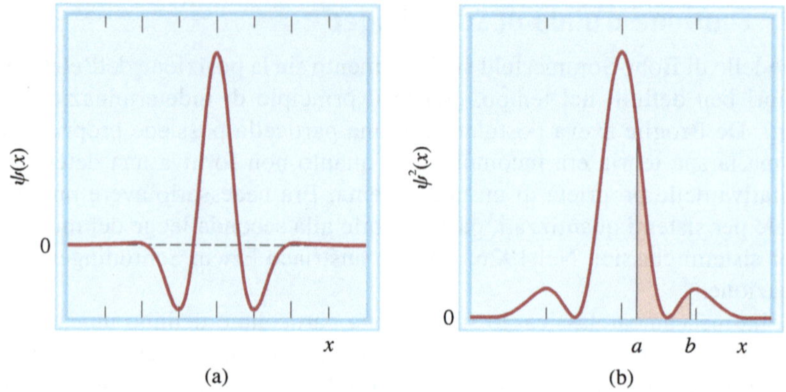

Figura 1.20 (a) Un esempio di funzione d'onda [$\psi(x)$] per una particella in una scatola come funzione della posizione (x). (b) La densità di probabilità [$\psi^2(x)$] definita dalla funzione d'onda in (a). La probabilità che la particella sia nell'intervallo ($a < x < b$) è data dall'area sottesa dalla curva sul dato intervallo (ombreggiato).

(Siccome la probabilità di trovare una particella in una specifica porzione di spazio non è data direttamente da $\psi^2(x)$, ma dall'integrale di $\psi^2(x)$ sull'intera regione, la funzione $\psi^2(x)$ non è la probabilità tal quale ma la *densità di probabilità*.)

Nella meccanica quantistica, *non si può* specificare l'esatta posizione della particella, ma solo la probabilità che possa essere trovata in alcune zone di interesse. Questo non ha niente a che vedere con l'inadeguatezza dei sistemi di misura, ma è una proprietà fondamentale intrinseca della materia!

Per analogia con le leggi dell'ottica, Schrödinger propose che la funzione d'onda per una particella di massa m in una dimensione fosse la soluzione dell'equazione

$$-\frac{\hbar^2}{2m}\frac{d^2\psi(x)}{dx^2} + V(x)\psi(x) = E\psi(x) \tag{1.24}$$

dove $V(x)$ è l'energia potenziale della funzione ed E è l'energia totale. Come la seconda legge di Newton della meccanica classica, l'equazione di Schrödinger (Equazione 1.24) è un *postulato* e non può essere derivata. L'equazione di Schrödinger indica l'inizio di una nuova era nella fisica – quella della meccanica ondulatoria o ***meccanica quantistica***.

L'Equazione 1.24 non è funzione del tempo e infatti è detta ***equazione di Schrödinger indipendente dal tempo***. Le funzioni d'onda che sono soluzioni dell'Equazione 1.24 non cambiano con il tempo e sono dette funzioni d'onda *stazionarie*.[27] Per un particolare sistema, l'equazione di Schrödinger può essere risolta solo per certi valori di E; cioè l'energia del sistema è quantizzata.

Per descrivere un sistema fisico, la funzione d'onda (ψ) deve soddisfare le seguenti condizioni:

1. ψ deve essere a un solo valore.
2. Deve essere normalizzabile cioè $\int_{-\infty}^{\infty}\psi^2(x)\,dx = 1$;.
3. ψ e la sua derivata prima devono essere continue in tutti i punti.

La prima condizione assicura la probabilità di trovare la particella in una regione dello spazio con un unico valore. La seconda condizione stabilisce che la probabilità di trovare la particella è uguale a uno; cioè la particella esiste. La terza condizione è necessaria per assicurare significato fisico a ψ.

Per un sistema arbitrario, la soluzione dell'equazione di Schrödinger può essere alquanto complicata. Tuttavia è possibile dedurre alcuni aspetti qualitativi della fun-

---

[27] Un'equazione più generale che contiene il tempo come variabile fu pure formulata da Schrödinger e fu utile nella descrizione delle tecniche spettroscopiche. Tuttavia, molti problemi di interesse chimico possono essere adeguatamente descritti utilizzando solo le funzioni d'onda stazionarie.

zione d'onda esaminando l'equazione di Schrödinger. Il primo membro dell'Equazione 1.24 contiene due termini. Il primo termine,

$$-\frac{\hbar^2}{2m}\frac{d^2\psi(x)}{dx^2}$$

rappresenta l'*energia cinetica*. Questo termine è proporzionale alla derivata seconda della funzione d'onda ($d^2\psi/dx^2$) che descrive la *curvatura* della funzione d'onda. Quindi funzioni d'onda con elevata curvatura hanno grande energia cinetica e quelle che sono relativamente piatte (bassa curvatura) hanno bassa energia cinetica. Il secondo termine del primo membro dell'Equazione 1.24,

$$V(x)\psi(x)$$

descrive l'energia potenziale del sistema. Si consideri la funzione d'onda per lo stato fondamentale (stato a più bassa energia) di un dato sistema (si veda la Figura 1.21). La funzione d'onda per il minimo di energia potenziale dovrebbe essere quella nella quale la densità di probabilità (e quindi la funzione d'onda) per la particella si appuntisce nelle vicinanze del minimo di energia potenziale [si veda la Figura 1.21(b)]. Una tale funzione d'onda tuttavia ha un'elevata curvatura e quindi un'elevata energia cinetica. Abbassare l'energia cinetica significa diminuire la curvatura della funzione d'onda (cioè distribuirla sullo spazio), il che permette alla particella di esistere in regioni di spazio che hanno elevati valori di energia potenziale [si veda la Figura 1.21(c)]. La funzione d'onda dello stato fondamentale di una particella rappresenta un *compromesso* fra i due estremi [si veda la Figura 1.21(d)].

1.3.4 Particella in una scatola, un modello semplice

Per la maggior parte dei sistemi in natura, l'equazione di Schrödinger non può essere risolta esattamente, e si devono utilizzare sofisticati algoritmi anche per ottenere soluzioni approssimate. Tuttavia esistono alcuni sistemi modello per i quali è possibile una soluzione esatta. Uno di questi è il caso della ***particella in una scatola***. Anche se questo sistema rappresenta una situazione molto ideale, il modello della particella nella scatola possiede alcune caratteristiche tipiche di un reale sistema quan-

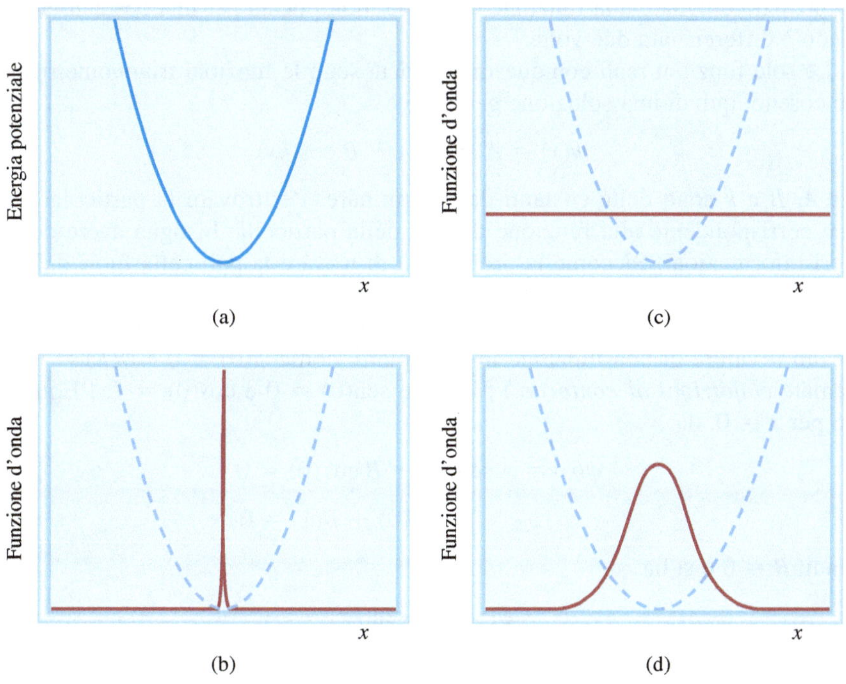

Figura 1.21 (a) Una funzione energia potenziale $V(x)$. (b) Un esempio di funzione d'onda dello stato fondamentale che minimizza l'energia potenziale ma ha un alto valore di energia cinetica (elevata curvatura). (c) Una funzione d'onda dello stato fondamentale che minimizza l'energia cinetica (bassa curvatura) ma ha alta energia potenziale (non è zero nelle zone in cui l'energia potenziale è grande). (d) La funzione d'onda nello stato fondamentale.

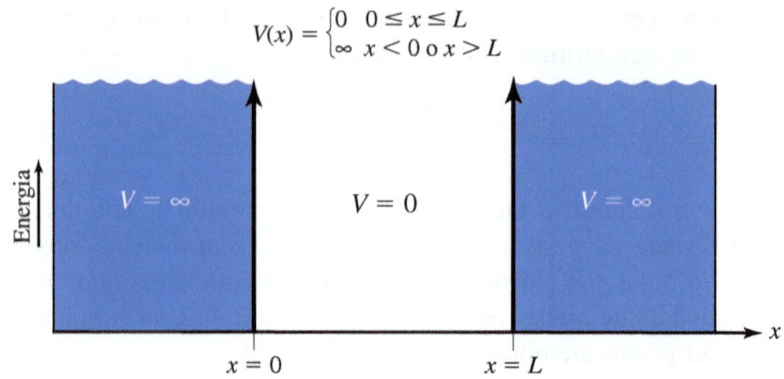

Figura 1.22 L'energia potenziale per una particella in una scatola con barriere di potenziale infinite per $x = 0$ e $x = L$.

tomeccanico, e la sua soluzione può essere applicata a problemi reali di interesse chimico e biologico.

Si consideri una particella di massa m, confinata in una regione monodimensionale (o linea) di lunghezza L. L'energia potenziale dentro la scatola è zero ($V = 0$) e fuori è infinita ($V = \infty$). Se si indica la posizione della particella sulla linea con x, questa energia potenziale può essere scritta come

$$V(x) = \begin{cases} 0 & 0 \le x \le L \\ \infty & x < 0 \quad \text{o} \quad x > L \end{cases}$$

Questa funzione energia potenziale è mostrata in Figura 1.22.

Siccome l'energia potenziale è zero dentro la scatola, l'energia della particella è tutta cinetica. Per la regione $0 \le x \le L$ l'equazione di Schrödinger (Equazione 1.24) diventa

$$-\frac{\hbar^2}{2m}\frac{d^2\psi(x)}{dx^2} = E\psi(x)$$

o

$$\frac{d^2\psi(x)}{dx^2} = -\frac{2mE}{\hbar^2}\psi(x) \qquad \textbf{(1.25)}$$

La soluzione di questa equazione può essere ottenuta in quanto la funzione che stiamo cercando è uguale alla funzione originale moltiplicata per una costante negativa quando è differenziata due volte.

Le sole funzioni reali con questa proprietà sono le funzioni trigonometriche seno e coseno, quindi una soluzione *generale* è

$$\psi(x) = A\ \text{sen}(kx) + B\cos(kx) \qquad \textbf{(1.26)}$$

dove A, B e k sono delle costanti da determinare. Per trovare la particolare soluzione corrispondente alla funzione d'onda della particella, bisogna avere delle ulteriori informazioni. Siccome la probabilità di trovare la particella fuori dalla scatola è zero, la funzione d'onda deve annullarsi all'estremità (cioè $\psi(x) = 0$ per $x = 0$ e $x = L$) per far sì che la funzione d'onda sia continua. (Le condizioni che specificano il valore di una funzione in certi punti, come $\psi(0) = 0$ e $\psi(L) = 0$, sono chiamate *condizioni al contorno.*) Siccome sen(0) = 0 e cos(0) = 1, l'Equazione 1.26 per $x = 0$, dà

$$\psi(0) = A\ \text{sen}(0) + B\cos(0) = 0$$
$$A(0) + B(1) = 0$$

Quindi, $B = 0$ e si ha

$$\psi(x) = A\ \text{sen}(kx)$$

Sostituendo questa espressione nell'Equazione 1.25 si ha

$$\frac{d^2}{dx^2}[A\,\mathrm{sen}(kx)] = -\frac{2mE}{\hbar^2}A\,\mathrm{sen}(kx)$$

$$-Ak^2\,\mathrm{sen}(kx) = -\frac{2mE}{\hbar^2}A\,\mathrm{sen}(kx)$$

Risolvendo per k

$$k = \left(\frac{2mE}{\hbar^2}\right)^{1/2}$$

Infine, si ha

$$\psi(x) = A\,\mathrm{sen}\left[\left(\frac{2mE}{\hbar^2}\right)^{1/2} x\right] \tag{1.27}$$

Si devono usare le condizioni al contorno per $x = L$. Essendo $\psi(L) = 0$ nell'Equazione 1.27 si ha

$$\psi(L) = A\,\mathrm{sen}\left[\left(\frac{2mE}{\hbar^2}\right)^{1/2} L\right] = 0 \tag{1.28}$$

Una soluzione all'Equazione 1.28 si ottiene quando A è zero; tuttavia questo porta a una funzione che vale zero ovunque (cioè descrive un sistema nel quale nessuna particella è presente) che, ovviamente, è senza significato fisico e per nulla interessante. Soluzioni reali e fisiche si ottengono notando che sen(x) è zero solo quando x è un multiplo di π (cioè quando $x = n\pi$, dove n è un numero intero). Quindi, la seconda condizione al contorno verrà soddisfatta se l'energia E è ristretta ad assumere valori dati da[28]

$$\left(\frac{2mE}{\hbar^2}\right)^{1/2} L = n\pi \qquad n = 1, 2, 3, \ldots \tag{1.29}$$

Se si definisce che E_n sia il valore di E che soddisfa l'Equazione 1.29 per un dato valore di n, si ha

$$E_n = \frac{n^2\pi^2\hbar^2}{2mL^2}$$

Usando $\hbar = \dfrac{h}{2\pi}$, si ha

$$E_n = \frac{n^2h^2}{8mL^2} \qquad n = 1, 2, 3, \ldots \tag{1.30}$$

Siccome i valori permessi dell'energia sono discreti (non continui), si dice che l'energia del sistema è *quantizzata*. La quantizzazione è un diretto risultato di aver imposto le condizioni al contorno. In assenza dei limiti ai bordi (che generano le condizioni al contorno), il sistema descrive una *particella libera*. L'energia di una particella libera non è quantizzata, ma può assumere qualsiasi valore positivo. Quindi si vede di nuovo che la quantizzazione dell'energia si ha quando una particella (o una onda) è confinata in una regione discreta di spazio.

La differenza fra due successivi livelli di energia può essere calcolato dall'Equazione 1.30. Per esempio, la differenza di energia fra i livelli n e $(n + 1)$ è

$$\Delta E = E_{n+1} - E_n = \frac{h^2}{8mL^2}[(n + 1)^2 - n^2]$$

---

[28] Il valore $n = 0$ è stato escluso poichè dà la soluzione ovvia e senza significato fisico che ψ è zero ovunque.

$$= \frac{h^2}{8mL^2}[n^2 + 2n + 1 - n^2]$$

che, dopo semplificazione, dà

$$\Delta E_{n \to n+1} = \frac{h^2}{8mL^2}(2n + 1) \quad \textbf{(1.31)}$$

La distanza tra due livelli successivi è inversamente proporzionale sia alla massa della particella (m) che al valore di L^2, cioè il quadrato della dimensione della regione in cui è confinata la particella. La separazione energetica fra due livelli successivi aumenta all'aumentare di n.

Le funzioni d'onda che corrispondono al valore energetico del livello E_n sono

$$\psi_n(x) = A \operatorname{sen}\left(\frac{n\pi x}{L}\right) \quad \textbf{(1.32)}$$

Siccome $\psi_n^2(x)dx$ rappresenta la probabilità di trovare la particella in una zona definita da x a $x + dx$, l'integrale esteso a tutti i valori di x deve essere uguale a 1. Quindi è richiesto che

$$\int_0^L \psi_n^2(x)dx = 1 \quad \textbf{(1.33)}$$

Richiedere che la funzione d'onda data dall'Equazione 1.32 soddisfi l'Equazione 1.33 rende possibile specificare il valore di A. Sostituendo l'Equazione 1.32 nell'Equazione 1.33 si ha

$$\int_0^L A^2 \operatorname{sen}^2\left(\frac{n\pi x}{L} x\right) dx = 1 \quad \textbf{(1.34)}$$

L'integrale nell'Equazione 1.34 può essere determinato facilmente usando le tavole degli integrali. È uguale a $L/2$, per cui $A^2\ (L/2) = 1$ oppure $A = (2/L)^{1/2}$. Una funzione d'onda che soddisfi l'Equazione 1.33 si dice che è *normalizzata* e il processo utilizzato per ottenere A (la *costante di normalizzazione*) si chiama *normalizzazione*. Quindi la funzione d'onda normalizzata per la particella nella scatola è

$$\psi_n(x) = \left(\frac{2}{L}\right)^{1/2} \operatorname{sen}\left(\frac{n\pi x}{L}\right) \qquad n = 1, 2, 3, \ldots \quad \textbf{(1.35)}$$

Le funzioni d'onda, le densità di probabilità [date da $\psi^2(x)$] e le energie dei primi quattro livelli per una particella nella scatola sono mostrate in Figura 1.23.

Si noti che le funzioni d'onda per la particella in una scatola sono molto simili alle onde stazionarie per una corda vibrante (Figura 1.17). Questa somiglianza non è una coincidenza – le leggi matematiche che descrivono il comportamento ondulatorio di questi due sistemi fisici apparentemente diversi sono molto simili.

La particella in una scatola mette in evidenza le seguenti caratteristiche che sono vere in generale per sistemi quantizzati.

- La quantizzazione dei livelli energetici di un sistema è un risultato diretto della localizzazione della particella in una regione definita di spazio dall'energia potenziale. Nella particella in una scatola, le barriere di energia potenziale infinita forza la localizzazione. In un atomo gli elettroni carichi negativamente sono confinati in una piccola regione attorno al nucleo carico positivamente dalla forte attrazione colombiana fra particelle cariche con segno opposto. Come risultato anche le loro energie risultano quantizzate. Per la particella in una scatola, c'è un numero quantico n che indicizza gli stati quantici permessi. *In generale il numero di numeri quantici necessari per descrivere lo stato quantico di una particella è uguale al numero di dimensioni.* Per esempio gli stati quantici di una

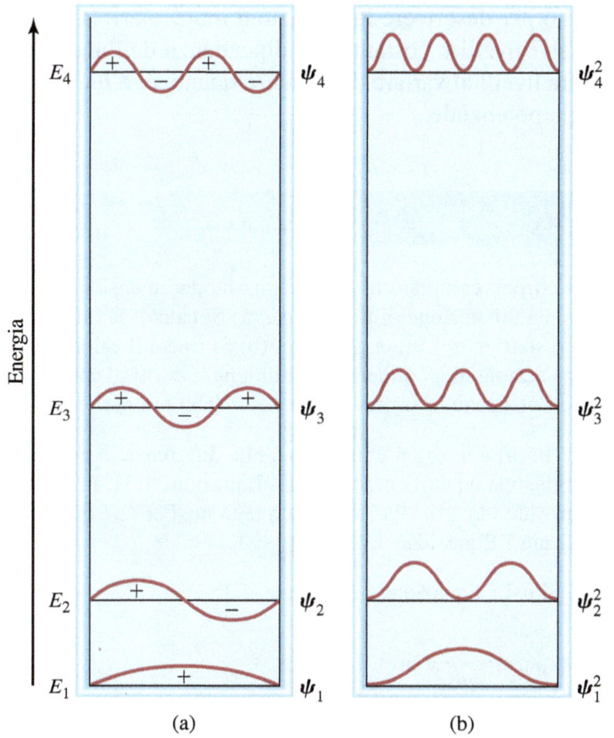

Figura 1.23 Diagramma di (a) ψ e (b) ψ^2 per i primi quattro livelli (insieme alle loro relative energie) per una particella in una scatola. I simboli "+" e "−" indicano rispettivamente le regioni positive e negative della funzione d'onda.

particella in una scatola bidimensionale richiedono due numeri quantici. Si vedrà nel paragrafo 1.4 che l'elettrone nell'atomo di idrogeno, che è un oggetto che si muove in tre dimensioni richiede tre numeri quantici per specificare la funzione d'onda.

- La distanza fra due livelli energetici successivi è inversamente proporzionale sia alla massa (m) che a L^2. Per oggetti macroscopici, sia m che L sono grandi e la separazione energetica fra i livelli è molto piccola, così che lo spettro appare continuo, in accordo con quanto osservato dal comportamento meccanico classico di oggetti macroscopici.
- Il più basso livello energetico non è zero. Nella particella in una scatola l'energia dello stato fondamentale è $h^2/8mL^2$. Questa ***energia del livello zero***, può essere risolta dal principio di indeterminazione di Heisenberg. Se il livello più basso di energia fosse zero, allora l'energia cinetica (cioè la velocità) sarebbe anche zero. Non ci sarebbe incertezza nel momento della particella, e di conseguenza l'incertezza nella posizione risulterebbe infinita (in accordo con Heisenberg). Tuttavia si sa che la particella è nella scatola, per cui il massimo valore dell'incertezza nella posizione è L. Come risultato il valore zero dell'energia violerebbe il principio di indeterminazione di Heisenberg. L'energia del livello zero, inoltre, significa che la particella non può mai essere a riposo poiché il più basso valore di energia non è zero.
- Per un dato valore di n, l'Equazione 1.35 descrive il comportamento ondulatorio della particella, ma la densità di probabilità è data da $\psi_n^2(x)$, che è sempre un valore positivo. Per $n = 1$, il massimo di densità di probabilità si ha per $x = L/2$ (si veda la Figura 1.23); per $n = 2$, ci sono due massimi per $x = L/4$ e $x = 3L/4$. Generalmente il numero di nodi (punti in cui ψ e quindi anche ψ^2 è zero) aumenta all'aumentare dell'energia.

Una proprietà della particella in una scatola, che non è generale, è l'aumento della distanza fra due successivi livelli energetici all'aumentare del numero quantico n. Per esempio, come si vedrà nel Paragrafo 1.4, i livelli energetici per l'atomo di idrogeno *si avvicinano* all'aumentare di n. In un altro importante modello, l'*oscillatore ar-*

monico, che è usato per descrivere le vibrazioni molecolari, la separazione energetica fra due successivi livelli è costante. La dipendenza dell'andamento della separazione energetica fra livelli al variare del numero quantico, è funzione della *forma* della funzione energia potenziale.

Esempio 1.8

Si consideri un elettrone confinato in una scatola monodimensionale di lunghezza 0,10 nm (che è simile alla dimensione di un atomo). (a) Si calcoli la differenza in energia fra lo stato $n = 2$ e lo stato $n = 1$ di un elettrone. (b) Si ripeta il calcolo in (a) per una molecola di N_2 in una scatola monodimensionale di lunghezza 10,0 cm. (c) Si calcoli la probabilità di trovare l'elettrone in (a) fra $x = 0$ e $x = 0{,}05$ nm per lo stato $n = 1$.

Impostazione In (a) e in (b) si è interessati alla differenza in energia fra due successivi livelli di energia, una quantità descritta dall'Equazione 1.31. In (c), si è interessati alla probabilità di trovare la particella in una data regione. Per fare questo è necessario trovare $\psi^2(x)$ e applicare l'Equazione 1.23.

Soluzione (a) Si usi l'Equazione 1.31 con $n = 1$:

$$\Delta E_{n\rightarrow n+1} = \frac{h^2}{8mL^2}(2n + 1)$$

$$= \frac{(6{,}626 \times 10^{-34}\ \text{J/s})^2[2(1) + 1]}{8(9{,}109 \times 10^{-31}\ \text{kg})[(0{,}10\ \text{nm})(1 \times 10^{-9}\ \text{m/nm})]^2}$$

$$= 1{,}8 \times 10^{-17}\ \text{J}$$

Questa differenza in energia è simile in valore alla differenza tra gli stati $n = 1$ e $n = 2$ dell'atomo di idrogeno (si veda l'Equazione 1.16).

(b) La massa di una molecola di N_2 (m nell'Equazione 1.31) si calcola dividendo la massa molare dell'azoto per il numero di Avogadro (si veda il Paragrafo 0.5), poi si converte in kg:

$$m(\text{N}_2) = \frac{28{,}02\ \text{g mol}^{-1}}{6{,}0221 \times 10^{23}\ \text{mol}^{-1}} \times \frac{1\ \text{kg}}{1000\ \text{g}} = 4{,}65 \times 10^{-26}\ \text{kg}$$

Sostituendo questo valore nell'Equazione 1.31 e usando $L = 10{,}0$ cm si ha

$$\Delta E_{n\rightarrow n+1} = \frac{h^2}{8mL^2}(2n + 1)$$

$$= \frac{(6{,}626 \times 10^{-34}\ \text{J/s})^2[2(1) + 1]}{8(4{,}65 \times 10^{-26}\ \text{kg})[(10{,}0\ \text{cm})(1 \times 10^{-2}\ \text{m cm}^{-1})]^2}$$

$$= 3{,}5 \times 10^{-40}\ \text{J}$$

Questo risultato è di 23 ordini di grandezza più piccolo della differenza in energia calcolata in (a). Confrontando i livelli di energia della molecola di azoto nella scatola con quelli dell'elettrone essi sono così poco distanziati che appaiono praticamente continui, e si possono descrivere mediante la meccanica classica. Questo è un esempio della regola generale che gli effetti quantomeccanici divengono sempre più piccoli all'aumentare della dimensione della regione confinante.

(c) La probabilità (P) che l'elettrone venga trovato nella regione $0 \leq x \leq L/2$ è data dall'Equazione 1.23 (con $a = 0$ e $b = L/2$):

$$P = \int_0^{L/2} \psi^2(x)dx$$

Usando la funzione d'onda normalizzata nell'Equazione 1.35 e considerando $n = 1$,

$$P = \frac{2}{L}\int_0^{L/2} \text{sen}^2\left(\frac{\pi x}{L}\right) dx$$

$$= \frac{2}{L}\left[\frac{x}{2} - \frac{\text{sen}\,(2\pi x/L)}{4\pi/L}\right]_0^{L/2}$$

$$= \frac{1}{2}$$

che non è un risultato inatteso, né da un punto di vista classico, né da un punto di vista quantomeccanico. Si sarebbe potuto risolvere questo problema anche senza risolvere l'integrale, notando che la densità di probabilità $n = 1$ è simmetrica intorno a $x = L/2$.

Problema di autovalutazione Gli elettroni a più alta energia nella molecola di butadiene ($H_2C{=}CH{-}CH{=}CH_2$) possono essere approssimati a una particella in una scatola monodimensionale con un valore di L di circa 580 pm. Si calcoli la lunghezza d'onda della luce nella transizione dal livello $n = 2$ a quello con $n = 3$ in questa molecola usando il modello della particella in una scatola. Come si può confrontare questo risultato con il valore sperimentale di 217 nm?

1.3.5 Effetto tunnel quantomeccanico

Che cosa succede se le barriere di energia potenziale del modello della particella in una scatola non sono infinitamente alte (Figura 1.24)? La particella potrebbe "scappare" dalla scatola se l'energia cinetica supera la barriera di energia potenziale. Ciò che è ancora più sorprendente, tuttavia, è che possiamo trovare la particella fuori dalla scatola anche se la sua energia cinetica è insufficiente per raggiungere la parte più alta delle barriere! Questo fenomeno, chiamato ***effetto tunnel quantomeccanico***, non ha un suo analogo nella fisica classica. Deriva dal carattere ondulatorio delle particelle. L'effetto tunnel quantomeccanico ha profonde conseguenze in chimica, fisica e biologia. Questo fenomeno è stato introdotto nel 1928 dal fisico russo-americano George Gamow,[29] e altri, per spiegare il decadimento α, un processo nel quale il nucleo spontaneamente decade emettendo una particella α (un nucleo di elio, He^{2+}); per esempio

$$^{238}_{92}\text{U} \longrightarrow {}^{234}_{90}\text{Th} + \alpha$$

I fisici si trovavano di fronte a un dilemma: per il decadimento di U-238 l'energia cinetica misurata di una particella α emessa è circa 6×10^{-13} J, mentre la barriera di potenziale per poter scappare dal nucleo è dell'ordine di 4×10^{-11} J, circa 70

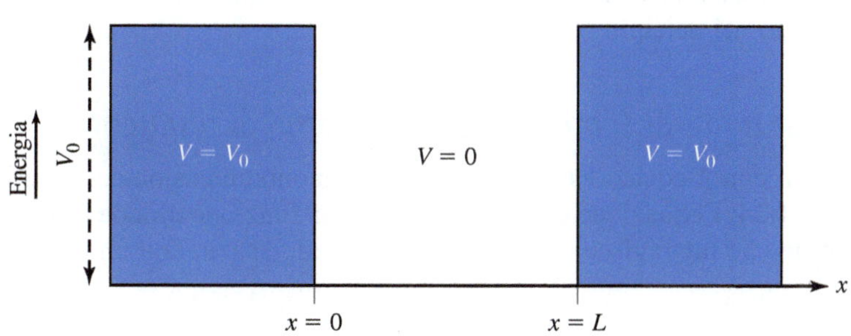

Figura 1.24 L'energia potenziale per una particella in una scatola con barriere di potenziale finite di altezza V_0.

[29] Georgy ("George") Antonovich Gamow (1904-1968). Fisico russo-americano. Oltre al suo lavoro sulla fisica teorica nucleare diede importanti contributi in cosmologia e biochimica.

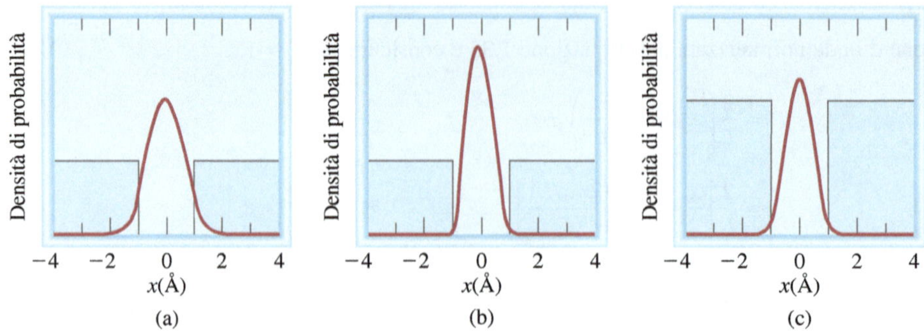

Figura 1.25 Le densità di probabilità per lo stato fondamentale di una particella nella scatola di lunghezza 2 Å con barriere di potenziale finite (come mostrato nella Figura 1.24). (a) La particella ha la massa di un elettrone e la barriera di potenziale V è uguale all'energia di ionizzazione per l'atomo di idrogeno. (b) Il valore di V è lo stesso che in (a), ma la massa è quella di una ipotetica particella con una massa 10 volte quella dell'elettrone. (c) La particella è un elettrone, ma la barriera di potenziale è due volte l'energia di ionizzazione dell'idrogeno (uguale all'energia di ionizzazione di He^+). Si noti che, la probabilità totale fuori dalla scatola è significativamente minore in (b) e (c) che in (a), il che indica che l'effetto tunnel diminuisce all'aumentare della massa della particella e delle barriere di potenziale.

volte maggiore dell'energia cinetica. Come fa la particella α a superare la barriera potenziale e lasciare il nucleo? Gamow suggerì che la particella α, essendo un oggetto quantomeccanico, ha proprietà ondulatorie che gli permettono di penetrare la barriera di potenziale. Questa spiegazione si dimostrò corretta. In generale per barriere di potenziale finite, c'è una probabilità non nulla di trovare la particella fuori dalla scatola.

La Figura 1.25 illustra questo fenomeno per una particella in una scatola con barriere di potenziale finite. In effetti sono mostrate le densità di probabilità per lo stato fondamentale per tre sistemi con particelle con massa diversa e alte barriere di potenziale. In generale l'effetto tunnel aumenta al diminuire della massa della particella e al diminuire della barriera di energia potenziale.

Un'importante applicazione dell'effetto tunnel quantomeccanico è la tecnica della microscopia elettronica descritta nell'Approfondimento 1.2.

1.4 Risoluzione dell'equazione di Schrödinger per l'atomo di idrogeno

Il sistema atomico più semplice è l'atomo di idrogeno, con il suo unico elettrone interagente con il nucleo carico positivamente, contenente un solo protone. L'equazione di Schrödinger per l'atomo di idrogeno può essere risolta esattamente. Siccome le funzioni d'onda di atomi polielettronici (atomi con più di un elettrone) condividono molte proprietà qualitative con quelle dell'idrogeno, è utile studiare per primo l'atomo di idrogeno nei dettagli.

1.4.1 Equazione di Schrödinger per l'atomo di idrogeno

Per analogia con l'equazione di Schrödinger monodimensionale descritta nell'Equazione 1.24, l'equazione di Schrödinger per la funzione d'onda $\psi(x, y, z)$ di un solo elettrone che interagisce nelle tre direzioni dello spazio con un nucleo di carica $+Ze$ è[30]

---

[30] In realtà, siccome il nucleo non ha una massa infinita e non è fermo, la massa dell'elettrone m_e nell'Equazione 1.36 deve essere sostituita con la *massa ridotta* $\mu = m_e m_N/(m_e + m_N)$, dove m_e e m_N sono le masse eletroniche e nucleari rispettivamente. Tuttavia, siccome $m_e << m_N$, la differenza fra la massa ridotta e la massa dell'elettrone è molto piccola (si veda il Problema 1.60).

Approfondimento 1.2

La microscopia elettronica

Il microscopio elettronico è un'applicazione notevole delle proprietà ondulatorie degli elettroni, in quanto produce immagini di oggetti che non possono essere visti a occhio nudo o con microscopi convenzionali. In accordo con le leggi dell'ottica è impossibile formare un'immagine di un oggetto che sia più piccolo della metà della lunghezza d'onda della luce usata per l'osservazione. Siccome l'intervallo della luce visibile comincia da circa 400 nm, o 4×10^{-7} m, non si può "vedere" nessun oggetto che sia più piccolo di 2×10^{-7} m. In linea di principio, si possono "vedere" oggetti su scala atomica e molecolare usando i raggi X, la cui lunghezza d'onda va da circa 0,01 nm a 10 nm. I raggi X non possono però essere focalizzati facilmente, per cui non producono immagini nitide. Invece gli elettroni sono particelle cariche, che possono essere focalizzate nello stesso modo con cui si possono focalizzare le immagini su uno schermo TV (cioè applicando un campo elettrico o magnetico). In accordo con l'Equazione 1.20, la lunghezza d'onda di un elettrone è inversamente proporzionale alla sua velocità. Accelerando elettroni, si possono ottenere lunghezze d'onda piccole fino a 0,004 nm.

Un diverso tipo di microscopio elettronico, chiamato microscopio a scansione a effetto tunnel (***scanning tunneling microscope*, STM**), utilizza l'effetto tunnel per produrre un'immagine di atomi sulla superficie di un campione. A causa della loro massa estremamente ridotta, gli elettroni sono capaci di "passare al di sotto" di una barriera energetica (piuttosto che superarla). La tecnica STM utilizza un ago metallico con una punta molto sottile (la sorgente di elettroni a effetto tunnel). Un alto voltaggio è mantenuto tra la punta e la superficie del campione per indurre gli elettroni a passare nello spazio (tunnel) tra la punta e la superficie del campione. Al muoversi della punta sul campione a distanza di pochi diametri atomici dalla superficie, viene misurata la corrente di passaggio. Questa corrente diminuisce all'aumentare della distanza dal campione. Usando un opportuno congegno, la posizione della punta può essere continuamente mantenuta a distanza costante dalla superficie. L'ampiezza di questi spostamenti, che seguono il profilo della superficie del campione, vengono registrati e mostrati come un'immagine tridimensionale. Sia il microscopio elettronico che l'STM sono tra i più potenti metodi di indagine di superficie usati nella ricerca chimica e biologica.

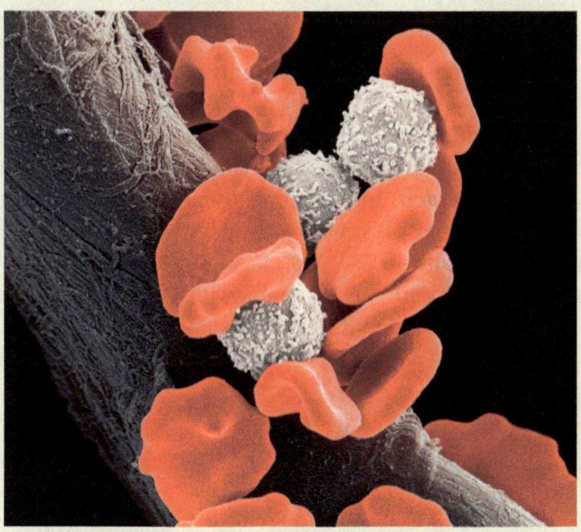

Una micrografia elettronica che mostra le cellule sanguigne in un malato di leucemia.

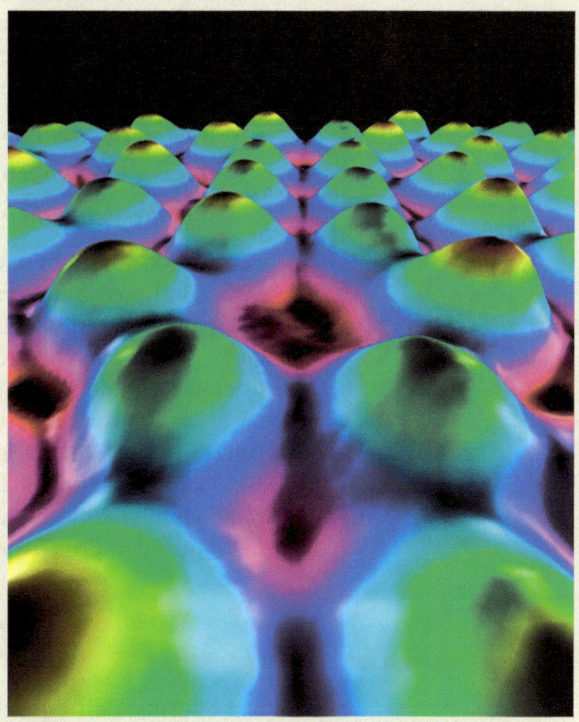

Immagine STM di atomi di silicio sulla superficie di un microchip.

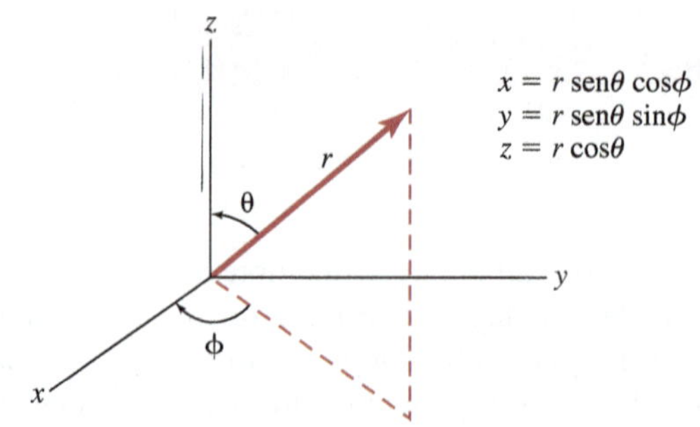

Figura 1.26 La relazione tra le coordinate cartesiane e le coordinate sferiche polari. Per l'atomo di idrogeno, il nucleo è sull'origine ($r = 0$), e l'elettrone sta sulla superficie di una sfera di raggio r.

$$-\frac{\hbar^2}{2m_e}\left[\frac{\partial^2\psi}{\partial x^2}+\frac{\partial^2\psi}{\partial y^2}+\frac{\partial^2\psi}{\partial z^2}\right]+V(x, y, z)\psi = E\psi \qquad \textbf{(1.36)}$$

dove $V(x, y, z)$ è stato precedentemente definito nell'Equazione 1.7,

$$V(r) = -\frac{Ze^2}{4\pi\varepsilon_0 r}$$

e dove $r = \sqrt{x^2 + y^2 + z^2}$ è la distanza fra l'elettrone e il nucleo. (Il simbolo ∂ nell'Equazione 1.36 denota la *derivata parziale*.)

Siccome l'energia potenziale dipende solo dalla distanza tra il nucleo e l'elettrone (cioè ha *simmetria sferica*), l'Equazione 1.36 viene risolta più convenientemente in *coordinate sferiche polari*. La relazione fra le coordinate cartesiane (x, y, z) e le coordinate sferiche polari (r, θ, ϕ) è mostrata in Figura 1.26. In questo sistema di coordinate, la funzione d'onda è separabile, cioè può essere scritta come prodotto di singole funzioni monodimensionali di r, θ e ϕ: $\psi(r, \theta, \phi) = R(r)\Theta(\theta)\Phi(\phi)$. La soluzione esatta dell'Equazione 1.36 in coordinate sferiche polari dà origine a tre numeri quantici che indicizzano gli stati quantici permessi. (Si ricordi che il numero di numeri quantici è generalmente uguale alla dimensionalità del sistema. Per esempio, nella particella in una scatola esiste un solo numero quantico.) Questi numeri quantici e i loro valori permessi sono

- Il ***numero quantico principale***: $n = 1, 2, 3, \ldots$
- Il ***numero quantico secondario***: $l = 0, 1, \ldots, n - 1$.
- Il ***numero quantico magnetico***: $m_l = -l, \ldots, -1, 0, 1, \ldots, l$.

Per ciascun valore di n, ci sono n valori possibili di l, per ogni valore di l, ci sono $2l + 1$ valori possibili di m_l.

Ogni set di questi tre numeri quantici (n, l, m_l) rappresenta una possibile funzione d'onda per l'elettrone in un atomo di idrogeno. La funzione d'onda per un elettrone nell'atomo è chiamato ***orbitale atomico***. In meccanica quantistica, la posizione di un elettrone è descritta non in termini di orbite come definito dal modello di Bohr-Sommerfeld, ma in termini di orbitali.

Come risultato della simmetria sferica dell'energia potenziale, l'energia degli orbitali atomici dell'idrogeno e degli ioni idrogenoidi dipende solo dal valore del numero quantico principale (n) ed è dato da

$$E_n = -\frac{Z^2e^4m_e}{8h^2\varepsilon_0^2}\frac{1}{n^2} \qquad n = 1, 2, 3, \ldots \qquad \textbf{(1.37)}$$

che è identica all'Equazione 1.13, derivata usando il modello di Bohr. Si noti tuttavia che anche se l'equazione di Schrödinger per l'atomo di idrogeno è un po' più complicata di quella di una particella nella scatola, l'origine fisica di base della quantizzazione è la stessa: *la quantizzazione dell'energia nasce quando una particella è confinata ("localizzata") in una regione finita dello spazio*. Nell'atomo di idrogeno la localizzazione dell'elettrone è dovuta all'interazione attrattiva tra elettroni carichi negativamente e nucleo positivo.

Per $n > 1$ ci sono più orbitali per ciascun valore di n, che corrispondono a diversi valori di l e m_l. Anche se queste combinazioni di l e m_l rappresentano diversi stati quantici dell'elettrone, essi hanno la stessa energia e vengono chiamati ***orbitali degeneri***. (L'Equazione 1.37 mostra che l'energia dipende solo dal numero quantico principale n.) Il set di orbitali degeneri è chiamato ***livello energetico***. Per esempio, gli orbitali che corrispondono a ($n = 2$, $l = 0$, $m_l = 0$) e ($n = 2$, $l = 1$, $m_l = -1$) sono degeneri e sono entrambi membri del secondo ($n = 2$) livello energetico dell'atomo di idrogeno. In un dato livello energetico, un set di orbitali diversi che hanno lo stesso valore di l forma un ***sottolivello***. I sottolivelli sono generalmente indicati con delle lettere *s, p, d* come segue:

l	**0**	**1**	**2**	**3**	**4**	**5**
Nome del sottolivello	*s*	*p*	*d*	*f*	*g*	*h*

Il set di orbitali con $n = 2$ e $l = 1$ è detto sottolivello 2*p* e i suoi tre orbitali (che corrispondono a $m_1 = -1, 0, +1$ rispettivamente) sono chiamati orbitali 2*p*. La sequenza di lettere (*s*, *p* e *d*) ha un'origine storica. I fisici che studiarono gli spettri in emissione degli atomi cercarono di correlare le linee spettrali osservate con i particolari stati quantici coinvolti nelle transizioni. Notarono che alcune linee erano definite (**s***harp* in inglese); altre più diffuse (**d***iffuse* in inglese); e alcune erano molto intense e sembravano le linee principali (**p***rincipal* in inglese). Conseguentemente le lettere iniziali di ciascun aggettivo erano assegnate agli stati quantici. Tuttavia dopo la lettera *d* e iniziando con la lettera *f* (**f***undamental*), la designazione degli orbitali segue l'ordine alfabetico.

1.4.2 Orbitali atomici idrogenoidi

La funzione d'onda elettronica (orbitali atomici) per l'atomo di idrogeno (e ioni idrogenoidi, come He^+, Li^{2+} e così via) sono date da

$$\psi_{nlm}(r, \theta, \phi) = R_{nl}(r)\, Y_{lm_l}(\theta, \phi) \qquad \textbf{(1.38)}$$

dove $R_{nl}(r)$ è la parte radiale (dipendente dal raggio) della funzione d'onda e le funzioni angolari $Y_{lm_l}(\theta, \phi)$ sono chiamate *armoniche sferiche*.[31] Queste funzioni radiali e angolari per i primi tre livelli di energia sono mostrate nelle Tabelle 1.2 e 1.3 rispettivamente. Uno specifico orbitale (n, l, m_l) viene costruito moltiplicando il fattore radiale $R_{nl}(r)$ in Tabella 1.2 per la funzione angolare $Y_{lm_l}(\theta, \phi)$ in Tabella 1.3.

Gli orbitali con $m_l \geq 1$ sono complessi, il che rende la loro visualizzazione alquanto complicata. Tuttavia, siccome sono degeneri, gli orbitali con $+m_l$ e $-m_l$ in un dato sottolivello possono essere combinati per formare altri due orbitali che sono invece interamente reali. Sono gli orbitali reali che sono riportati in Tabella 1.3. Per $n = 2$, per esempio, i due orbitali complessi con $l = 1$ e $m_l = \pm 1$, sono

$$\psi_{2,1,1}(r, \theta, \phi) = \left(\frac{3}{8\pi}\right)^{1/2} R_{21}(r)\cos(\theta)e^{+i\phi}$$

$$\psi_{2,1,-1}(r, \theta, \phi) = \left(\frac{3}{8\pi}\right)^{1/2} R_{21}(r)\cos(\theta)e^{-i\phi}$$

dove $i = \sqrt{-1}$ e gli esponenziali complessi sono dati da $e^{i\phi} = \cos(\phi) + i \operatorname{sen}(\phi)$ e $e^{i\phi} = \cos(\phi) - i \operatorname{sen}(\phi)$. Sommando e sottraendo questi due orbitali complessi si ottengono gli orbitali reali $2p_x$ e $2p_y$:

[31] Le aromiche sferiche possono essere scritte come il prodotto di una funzione di θ e una funzione di ϕ: $Y_{lm_l}(\theta,\phi) = S_{lm_l}(\theta)\Phi_m(\phi)$, quindi la funzione d'onda nell'Equazione 1.38 è separabile.

Tabella 1.2 Parte radiale degli orbitali atomici idrogenoidi*

n	l	Nome dell'orbitale	$R_{nl}(\bar{r})$; $\bar{r} \equiv Zr/a_0$
1	0	1s	$2\left(\frac{Z}{a_0}\right)^{\frac{3}{2}} e^{-\bar{r}}$
2	0	2s	$\frac{\sqrt{2}}{4}\left(\frac{Z}{a_0}\right)^{\frac{3}{2}}(2 - \bar{r})e^{-\bar{r}/2}$
	1	2p	$\frac{\sqrt{6}}{12}\left(\frac{Z}{a_0}\right)^{\frac{3}{2}}\bar{r}e^{-\bar{r}/2}$
3	0	3s	$\frac{2\sqrt{3}}{243}\left(\frac{Z}{a_0}\right)^{\frac{3}{2}}(27 - 18\bar{r} + 2\bar{r}^2)e^{-\bar{r}/3}$
	1	3p	$\frac{2\sqrt{6}}{243}\left(\frac{Z}{a_0}\right)^{\frac{3}{2}}(6\bar{r} - \bar{r}^2)e^{-\bar{r}/3}$
	2	3d	$\frac{4\sqrt{30}}{2430}\left(\frac{Z}{a_0}\right)^{\frac{3}{2}}\bar{r}^2e^{-\bar{r}/3}$

* a_0 è il raggio di Bohr (vedi il Paragrafo 1.2).

Tabella 1.3 Parte angolare degli orbitali atomici idrogenoidi

l	m_l	Nome	$Y_{lm_l}(\theta, \phi)$*
0	0	s	$\left(\frac{1}{4\pi}\right)^{\frac{1}{2}}$
1	0	p_z	$\left(\frac{3}{4\pi}\right)^{\frac{1}{2}}\cos\theta$
	±1	p_x	$\left(\frac{3}{4\pi}\right)^{\frac{1}{2}}\operatorname{sen}\theta\cos\phi$
	±1	p_y	$\left(\frac{3}{4\pi}\right)^{\frac{1}{2}}\operatorname{sen}\theta\operatorname{sen}\phi$
2	0	d_{z^2}	$\left(\frac{15}{16\pi}\right)^{\frac{1}{2}}[3\cos^2\theta - 1]$
	±1	d_{xz}	$\left(\frac{15}{16\pi}\right)^{\frac{1}{2}}\operatorname{sen}\theta\cos\theta\cos\phi$
	±1	d_{yz}	$\left(\frac{15}{16\pi}\right)^{\frac{1}{2}}\operatorname{sen}\theta\cos\theta\operatorname{sen}\phi$
	±2	d_{xy}	$\left(\frac{15}{16\pi}\right)^{\frac{1}{2}}\operatorname{sen}^2\theta\operatorname{sen}2\phi$
	±2	$d_{x^2-y^2}$	$\left(\frac{15}{16\pi}\right)^{\frac{1}{2}}\operatorname{sen}^2\theta\cos2\phi$

* Per $m_l > 0$, gli orbitali mostrati qui sono gli orbitali reali costruiti combinando gli orbitali complessi che corrispondono a $+m_l$ e $-m_l$

$$\psi(2p_x) = \frac{1}{\sqrt{2}}[\psi_{2,1,1} + \psi_{2,1,-1}] = \left(\frac{1}{\sqrt{2}}\right)\left(\frac{3}{8\pi}\right)^{1/2} R_{21}(r)\cos(\theta)[e^{i\phi} + e^{-i\phi}]$$

$$= \left(\frac{3}{4\pi}\right)^{1/2} R_{21}(r)\cos(\theta)\cos(\phi) \qquad \textbf{(1.39)}$$

Tabella 1.4 Relazione tra i numeri quantici e gli orbitali atomici

n	l	m_l	Numero di orbitali	Designazione degli orbitali atomici
1	0	0	1	$1s$
2	0	0	1	$2s$
	1	−1, 0, 1	3	$2p_x$, $2p_y$, $2p_z$
3	0	0	1	$3s$
	1	−1, 0, 1	3	$3p_x$, $3p_y$, $3p_z$
	2	−2, −1, 0, 1, 2	5	$3d_{xy}$, $3d_{yz}$, $3d_{xz}$, $3d_{x^2-y^2}$, $3d_{z^2}$

$$\psi(2p_y) = \frac{1}{\sqrt{2}}[\psi_{2,1,1} - \psi_{2,1,-1}] = \left(\frac{1}{\sqrt{2}}\right)\left(\frac{3}{8\pi}\right)^{1/2} R_{21}(r)\cos(\theta)[e^{i\phi} - e^{-i\phi}]$$
$$= \left(\frac{3}{4\pi}\right)^{1/2} R_{21}(r)\cos(\theta)\,\text{sen}(\phi) \qquad \textbf{(1.40)}$$

(Il fattore $1/\sqrt{2}$ viene introdotto per assicurare la condizione di normalizzazione.) L'orbitale $2p_z$ corrisponde direttamente all'orbitale con ($n = 2$, $l = 1$, $m_l = 0$), che è reale.

La Tabella 1.4 riassume la relazione tra i numeri quantici e gli orbitali atomici idrogenoidi. Quando $l = 0$, $(2l + 1) = 1$ e c'è solo un valore di m_l, si ha quindi il solo orbitale s. Quando $l = 1$, $(2l + 1) = 3$, quindi ci sono tre valori di m_l, e si hanno quindi i tre orbitali p, p_x, p_y e p_z. Quando $l = 2$, $(2l + 1) = 5$, ci sono cinque valori di m_l, e quindi si hanno i cinque orbitali d. Nei prossimi paragrafi si discuteranno separatamente gli orbitali s, p, d.

Orbitali *s*

Quali sono le forme degli orbitali? In realtà gli orbitali non hanno una forma definita in quanto la funzione d'onda che caratterizza l'orbitale si estende dal nucleo all'infinito. In questo senso, è difficile dire come è fatto un orbitale. D'altra parte è conveniente pensare a orbitali aventi forma propria, specialmente quando si discuterà la formazione di legami chimici tra atomi, come si vedrà nei Capitoli 3 e 4.

In accordo con la Tabella 1.3 un orbitale s, definito come qualsiasi orbitale con $l = 0$, è indipendente da θ o ϕ, dipende solo da r. Una funzione siffatta è detta *a simmetria sferica* ed è definita dalla funzione radiale $R_{n0}(r)$. Per dare un senso a dove gli elettroni possono essere distribuiti in questi orbitali, si disegna la probabilità di trovare l'elettrone in un guscio sferico di spessore dr a una distanza r dal nucleo (si veda la Figura 1.26). Questa probabilità, indicata da $P(r)$ è data dall'espressione

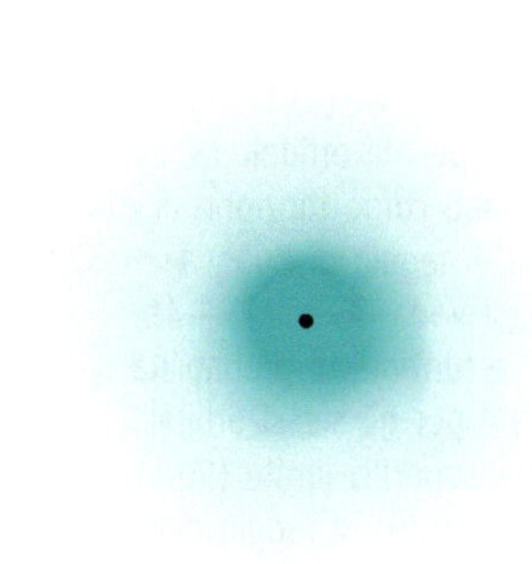

Una rappresentazione della distribuzione di densità elettronica intorno al nucleo dell'atomo di idrogeno. Essa mostra una elevata probabilità di trovare l'elettrone vicino al nucleo.

$$P(r) = r^2\,[R(r)]^2 \qquad \textbf{(1.41)}$$

che è chiamata ***funzione di probabilità radiale***. (Il fattore r^2 nell'Equazione 1.41 deriva dal fatto che l'area della superficie della sfera[32] di raggio r aumenta come r^2.) La Figura 1.27 illustra la funzione di probabilità radiale per l'orbitale $1s$.

Le funzioni d'onda e le funzioni di distribuzione radiale per gli orbitali atomici idrogenoidi $1s$, $2s$, $3s$ sono mostrate nella Figura 1.28 come funzioni di r. Si noti che le funzioni d'onda per gli orbitali $1s$, $2s$, $3s$ hanno 0, 1, 2 *nodi* rispettivamente (punti nei quali la funzione è zero). Per un generico orbitale s con numero quantico principale n, il numero di nodi è $n - 1$. Questo aumentare del numero dei nodi all'aumentare dell'energia della particella è stato osservato anche nel caso della particella in una scatola come caratteristica generale dei sistemi quantizzati.

[32] La superficie di una sfera di raggio r è $4\pi r^2$.

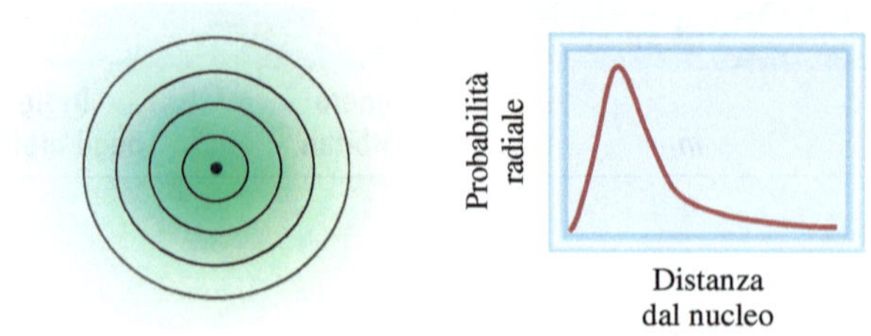

Figura 1.27 (a) Un'utile misurazione della densità elettronica nell'orbitale 1*s* si ottiene dividendo l'orbitale in sottili gusci sferici di spessore *dr*. (b) Diagramma della probabilità di trovare un elettrone 1*s* in ciascun guscio, chiamato funzione di probabilità radiale, in funzione della distanza dal nucleo, che mostra un massimo a 52,9 pm dal nucleo. Questo valore è uguale al raggio di Bohr.

Inoltre nella Figura 1.28(c) per gli orbitali 1*s*, 2*s*, 3*s* sono mostrate le ***superfici limite***, definite come la superficie che delimita il 90 percento della densità elettronica totale (definita come ψ^2) nell'orbitale. La superficie limite è un'utile rappresentazione della forma dell'orbitale. Tutti gli orbitali *s* sono sferici ma differiscono per dimensione, che aumenta all'aumentare del numero quantico principale *n*.

Orbitali *p*

Gli orbitali *p* si introducono quando il numero quantico principale *n* vale 2. Se $n = 1$ il numero quantico secondario può solo assumere il valore zero; quindi non ci sono orbitali 1*p*, ma solo l'1*s*. Come si è detto precedentemente, il numero quantico magnetico *ml* può assumere i valori -1, 0, $+1$ quando $l = 1$. Cominciando con $n = 2$ e $l = 1$, i tre valori di *ml* corrispondono ai tre orbitali 2*p*: $2p_x$, $2p_y$ e $2p_z$. La forma degli orbitali è determinata dalla parte angolare delle funzioni d'onda riportate in Tabella 1.3 e dalle Equazioni 1.39 e 1.40. Per gli orbitali *p*, la parte angolare dipende da θ e ϕ, quindi gli orbitali *p* non hanno simmetria sferica. Le lettere *x*, *y* e *z* nel nome dell'orbitale indicano l'asse lungo il quale gli orbitali sono orientati. La forma bilobata dei tre orbitali *p* è rappresentata nella Figura 1.29, dove il segno + e − denota il segno della funzione d'onda.

Per fare in modo che la funzione d'onda cambi di segno occorre passare attraverso lo zero. Ciascun orbitale *p* ha un *piano nodale*, definito come *il piano in cui la*

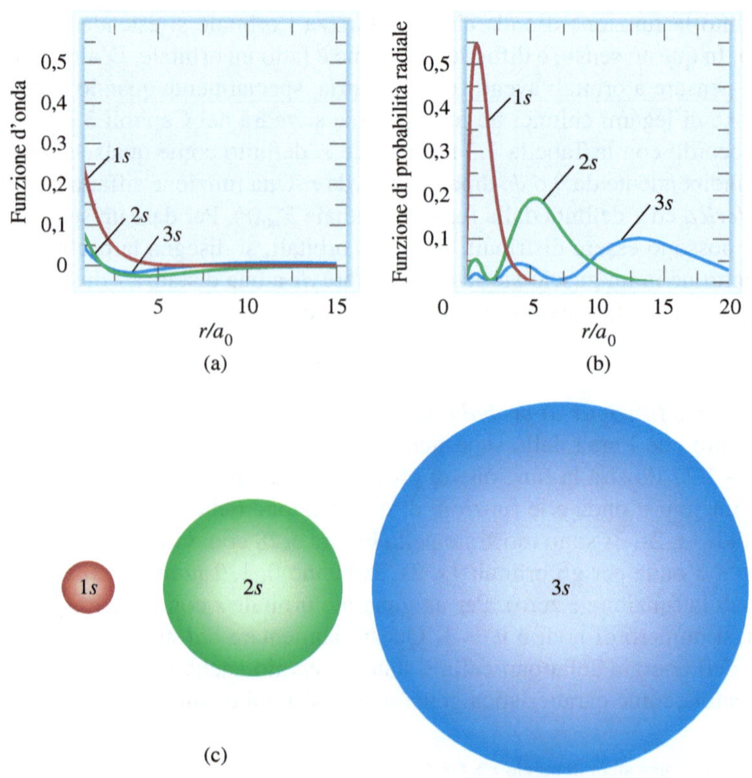

Figura 1.28 (a) Le funzioni d'onda per gli orbitali 1*s*, 2*s*, e 3*s* disegnati come funzione di *r* in unità di raggio di Bohr, $a_0 = 52{,}9$ pm (si veda l'Esempio 1.4). (b) Le funzioni di probabilità radiale per gli stessi orbitali. (c) Le superfici limite (90%) per gli orbitali in (a). Il raggio delle superfici limite è 2,65 a_0, 9,20 a_0, e 19,5 a_0, per gli orbitali 1*s*, 2*s* e 3*s*, rispettivamente. A grandi linee, la dimensione di un orbitale è proporzionale a n^2, dove *n* è il numero quantico principale.

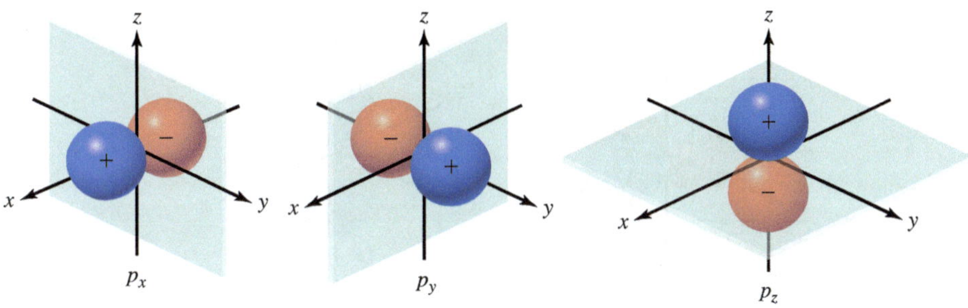

Figura 1.29 Le forme dei tre orbitali *p*, con il segno della funzione d'onda e i piani nodali.

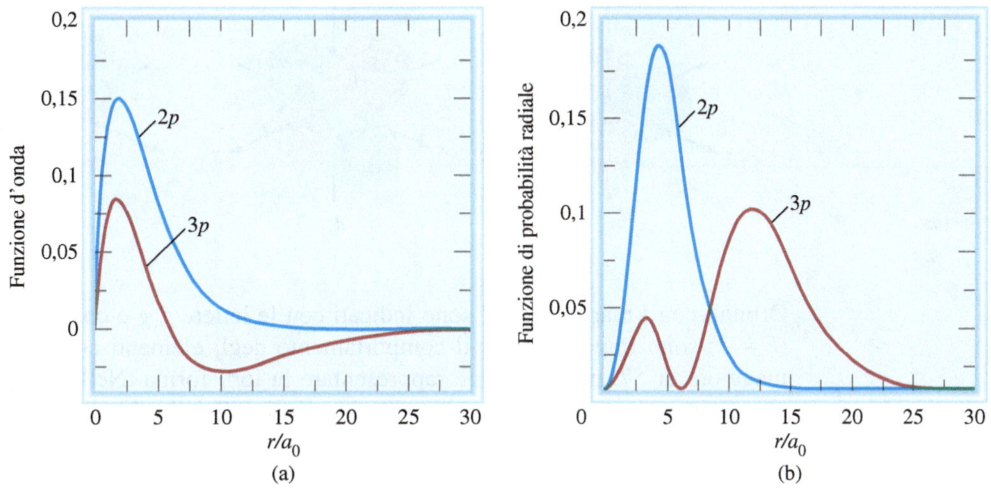

Figura 1.30 (a) La parte radiale della funzione d'onda degli orbitali atomici 2*p* e 3*p* dell'idrogeno. (b) La funzione di probabilità radiale per gli orbitali mostrati in (a).

funzione d'onda si annulla, ed è perpendicolare all'asse di orientazione dell'orbitale. Per esempio, il piano *y-z* (dove $x = 0$) è il piano nodale per l'orbitale p_x. I tre orbitali *p* sono identici in dimensione, forma ed energia; differiscono fra loro solo per l'orientazione. La parte radiale delle funzioni d'onda per gli orbitali 2*p* e 3*p* sono mostrate nella Figura 1.30, insieme alla funzione di probabilità radiale corrispondente.[33] Come gli orbitali *s*, gli orbitali *p* aumentano in dimensione all'aumentare del numero quantico principale *n*.

Orbitali *d*

Quando $l = 2$, ci sono cinque valori di m_l (-2, -1, 0, $+1$ e $+2$), che corrispondono ai cinque orbitali *d*. Il più basso valore di *n* per un orbitale *d* è 3. Quando $n = 3$ e $l = 2$, si hanno cinque orbitali 3*d*, che nella loro reale rappresentazione sono denotati $3d_{xy}$, $3d_{xz}$, $3d_{yz}$, $3d_{x^2-y^2}$ e $3d_{z^2}$ (i pedici contengono informazioni circa la loro forma e l'orientazione). Rappresentazioni degli orbitali 3*d* che indicano la forma, il segno e i piani nodali sono riportati in Figura 1.31. Ciascun orbitale *d* ha due piani nodali.

Tutti gli orbitali 3*d* nell'atomo di idrogeno hanno uguale energia. Gli orbitali *d* che hanno *n* maggiore di 3 (4*d*, 5*d*, . . .) hanno forme simili ma hanno diversa estensione nello spazio (cioè sono più grandi).

---

[33] Dalla Figura 1.30 si può osservare che la parte radiale dell'orbitale 3*p* possiede un nodo, mentre quella dell'orbitale 2*p* non ha nodi. I nodi nella parte radiale della funzione d'onda sono chiamati *nodi radiali*. Per l'atomo di idrogeno, il numero di nodi radiali è uguale a $(n - l - 1)$. I piani nodali (un orbitale *p* ne ha uno e un orbitale *s* non ne ha neanche uno) sono chiamati *nodi angolari*. Il numero di nodi angolari è uguale a *l*. Il numero totale di nodi in un orbitale dell'atomo di idrogeno (angolare + radiale) è dato da $(n - l - 1) + l = n - 1$.

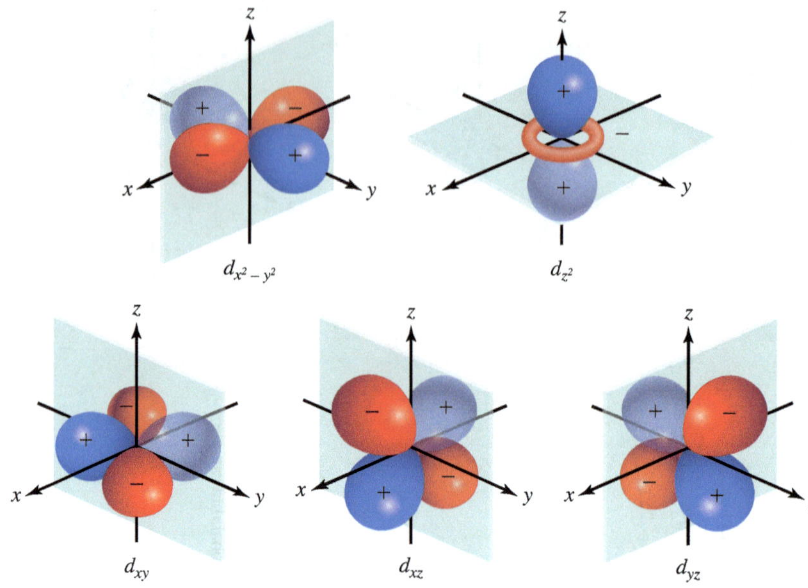

Figura 1.31 Le forme dei cinque orbitali *d*, sono indicati i segni della funzione d'onda e le superfici nodali.

Orbitali con l maggiore di 2 sono indicati con le lettere *f*, *g* e così via. Gli orbitali *f* ($l = 3$) sono importanti per il comportamento degli elementi con numero atomico maggiore di 57, ma è difficile rappresentare la loro forma. Nella chimica generale non interessano orbitali con valori di l maggiori di 3 (gli orbitali *g* e oltre).

Esempio 1.9

Si elenchino i valori di n, l e m_l per gli orbitali nel sottolivello 4*d*.

Impostazione Si usi la relazione fra n, l e m_l per risolvere questo problema. Per esempio, cosa rappresentano i simboli "4" e "*d*" nella dicitura 4*d*?

Soluzione Il numero nella designazione del sottolivello è il numero quantico principale, quindi in questo caso $n = 4$. La lettera designa il tipo di orbitale.

Siccome si ha a che fare con orbitali *d*, $l = 2$. I valori di m_l possono variare da $-l$ a $+l$ (cioè, da -2 a 2). Quindi, m_l può essere $-2, -1, 0, 1$ o 2.

Verifica I valori di n e l sono fissati per 4*d*, ma m_l può avere qualsiasi dei cinque valori che corrispondono ai cinque orbitali *d*.

Problema di autovalutazione Si scrivano i valori dei numeri quantici associati agli orbitali nel sottolivello 5*f*.

1.4.3 Spin elettronico e numero quantico di spin (m_s)

Gli esperimenti sugli spettri di emissione degli atomi di idrogeno e di sodio indicavano che le righe negli spettri di emissione venivano sdoppiate applicando al campione atomico un campo magnetico esterno. Nel 1925 Samuel Goudsmit[34] e George

[34] Samuel Abraham Goudsmit (1902-1978). Fisico olandese-americano. Mentre era studente di Paul Ehrenfest all'università di Leiden nel 1925, insieme allo studente George Uhlenbeck postulò l'esistenza intrinseca dello spin dell'elettrone. Goudsmit fu il coordinatore scientifico dell'operazione Alsos alla fine della Seconda Guerra Mondiale, la cui missione era di determinare il progresso degli sforzi tedeschi per costruire la bomba atomica.

Uhlenbeck[35] suggerirono che queste proprietà magnetiche potevano essere spiegate considerando che gli elettroni avessero un momento angolare cioè ruotassero attorno al proprio asse, come fa la Terra. In accordo con la teoria elettromagnetica, una particella carica che ruota genera un campo magnetico, ed è questo moto che fa sì che l'elettrone si comporti come un magnete. Questi magneti elettronici sono sistemi quantomeccanici, quindi sono quantizzati e sono possibili solo due modi di spin per ogni elettrone, moto di rotazione in senso orario e moto di rotazione in senso antiorario (si veda la Figura 1.32). Per prendere in considerazione questo ***spin elettronico***, è necessario introdurre un quarto numero quantico, il ***numero quantico di spin elettronico*** (m_s), che ha un valore di $+\frac{1}{2}$ o $-\frac{1}{2}$. Si usa chiamare il valore $m_s = +\frac{1}{2}$ come "spin up" e il valore $m_s = -\frac{1}{2}$ come "spin down".

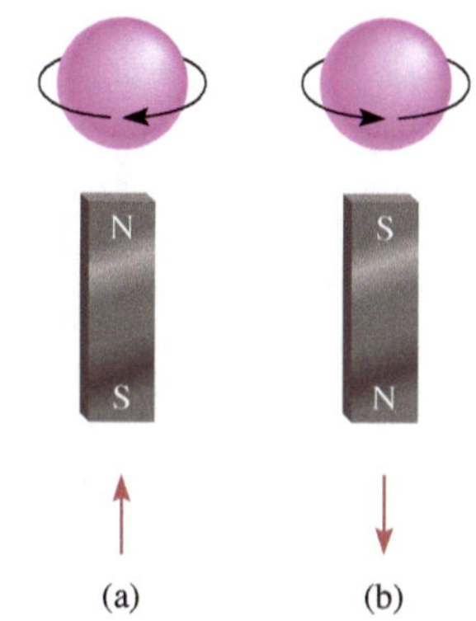

Figura 1.32 Lo spin in senso orario (a) e antiorario (b) di un elettrone. I campi magnetici generati da questi due modi di spin sono analoghi a quelli generati da due magneti. Le frecce con la punta verso l'alto e verso il basso sono usate per denotare la direzione dello "spin".

Un'altra importante evidenza che indusse Goudsmit e Uhlenbeck a postulare l'esistenza della rotazione elettronica, fu un esperimento fatto da Otto Stern[36] e Walther Gerlach[37] nel 1922. La Figura 1.33 mostra lo schema dell'esperimento. Un raggio di atomi gassosi di idrogeno generati in una fornace viene fatto passare attraverso un campo magnetico non omogeneo. L'interazione fra l'elettrone in ogni atomo e il campo magnetico causa una deflessione dalla traiettroia rettilinea del raggio atomico. Siccome lo spin di ogni elettrone può essere "up" o "down," con uguale probabilità, la metà degli atomi vengono deviati da una parte e la metà dalla parte opposta. Ne consegue che si osservano sul rivelatore due segnali con uguale intensità.

Si noti che l'"immagine" dell'elettrone come piccola particella carica che ruota e quindi piccolo magnete, anche se utile dal punto di vista concettuale e didattico, non deve essere presa letteralmente. Da un punto di vista fondamentale lo spin elettronico può essere capito solo andando oltre l'equazione di Schrödinger, includendo gli effetti della teoria di Einstein sulla relatività speciale.

Per riassumere, lo stato quantico di un elettrone nell'idrogeno (o in uno ione idrogenoide) è *completamente* specificato da una quaterna di numeri quantici n, l, m_l, e m_s. L'energia di questo elettrone è determinata solo dal valore del *numero quantico principale n* (in accordo con l'Equazione 1.37). Il *numero quantico secondario l*

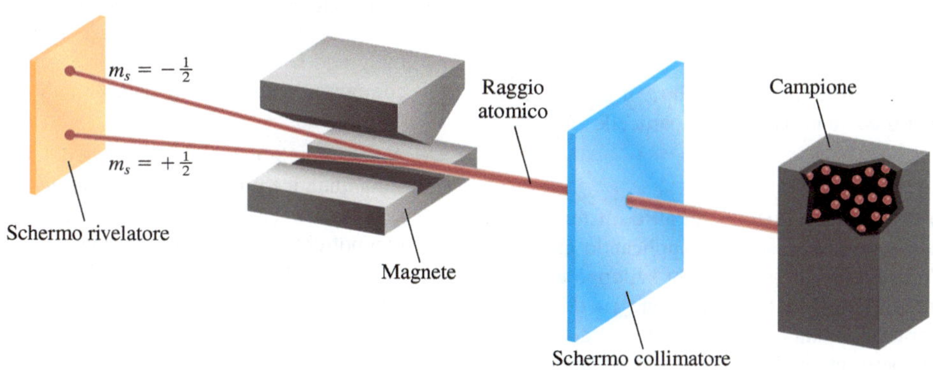

Figura 1.33 Apparato sperimentale per dimostrare lo spin dell'elettrone. Un fascio di atomi viene diretto attraverso un campo magnetico. Quando un atomo di idrogeno con il solo elettrone passa attraverso il campo, viene deviato verso una direzione o un'altra, a seconda del tipo di spin dell'elettrone. In un fascio che consiste di tanti atomi, ci sarà un'uguale distribuzione dei due tipi di spin, in modo tale che i due segnali appaiono sullo schermo con uguale intensità.

---

[35] George Eugène Uhlenbeck (1900-1988). Fisico olandese-americano. Nato in Indonesia (quindi una colonia olandese), Uhlenbeck studiò presso l'università di Leiden con Paul Ehrenfest, dove, insieme allo studente Samuel Goudsmit, postulò l'esistenza intrinseca dello spin dell'elettrone. Oltre al suo lavoro sulla meccanica quantistica, Uhlenbeck diede notevoli contributi alla meccanica statistica e alla teoria dei processi casuali.

[36] Otto Stern (1888-1969). Fisico tedesco. Diede importanti contributi nello studio delle proprietà magnetiche degli atomi e nella teoria cinetica dai gas. Stern è stato insignito del Premio Nobel in fisica nel 1943.

[37] Walther Gerlach (1889-1979). Fisico tedesco. La più importante area di ricerca di Gerlach fu la teoria quantistica.

determina la forma dell'orbitale, e il *numero quantico magnetico* m_l determina la sua orientazione nello spazio. Il *numero quantico di spin elettronico* m_s determina lo "spin" intinseco dell'elettrone. Si vedrà nel Capitolo 2 che anche se non è possibile ottenere un'esatta soluzione all'equazione di Schrödinger per un atomo polielettronico, i quattro numeri quantici per l'atomo di idrogeno e la forma degli orbitali che essi rappresentano, restano molto utili per descrivere lo stato quantico degli elettroni in questi atomi. *È molto importante poi ricordare che le proprietà matematiche di questi quattro numeri quantici costituiscono la base del principio di costruzione e di collocamento degli elementi nella tavola periodica*

Sommario

Paragrafo 1.1

- Alla fine del XIX secolo, gli scienziati cominciarono a realizzare che le leggi della fisica classica erano inadeguate per spiegare molti nuovi esperimenti per capire la natura degli atomi e delle molecole e la loro interazione con la luce. Mediante il lavoro di numerosi scienziati nei primi trent'anni del XX secolo, si sviluppò una nuova teoria quanto meccanica in grado di spiegare il comportamento di un oggetto su scala atomica e molecolare.
- La teoria quantistica sviluppata da Planck spiega con successo l'emissione di radiazione elettromagnetica da parte dei corpi riscaldati. La teoria quantistica stabilisce che l'energia radiante è emessa dagli atomi in quantità discrete (quanti), piuttosto che in maniera continua. Questo comportamento è governato dalla relazione $E = h\nu$, dove E è l'energia della radiazione, h è la costante di Planck e ν è la frequenza della radiazione. L'energia è sempre emessa in misura di multipli interi di $h\nu$ ($1\ h\nu$, $2\ h\nu$, $3\ h\nu$, . . .).
- Usando la teoria quantistica, Einstein risolse un altro mistero della fisica – l'effetto fotoelettrico. Einstein propose che la luce si comporti come uno sciame di particelle (fotoni).

Paragrafo 1.2

- Le linee nello spettro dell'idrogeno, un altro mistero per i fisici del XIX secolo, furono spiegate applicando una prima versione della teoria quantistica. Bohr sviluppò un modello dell'atomo di idrogeno, nel quale l'energia dell'elettrone è quantizzata, limitata a certi valori di energia determinati da un numero intero chiamato numero quantico.
- Il più basso stato energetico di un elettrone è il suo stato fondamentale, e stati con energia più elevata dello stato fondamentale si chiamano stati eccitati. Nel modello di Bohr, un elettrone emette un fotone quando scende da un livello ad alta energia a uno a energia inferiore. Il rilascio di una specifica quantità di energia sotto forma di fotoni è in accordo con le linee nello spettro di emissione dell'idrogeno.
- Malgrado il successo con l'atomo di idrogeno, il modello di Bohr era incompleto perchè incapace di spiegare lo spettro di emissione di atomi più pesanti dell'idrogeno, come l'elio.

Paragrafo 1.3

- De Broglie estese la descrizione dualistica onda-particella di Einstein della luce a tutta la materia in movimento. La lunghezza d'onda di una particella in moto di massa m e velocità u è data dall'equazione di de Broglie $\lambda = h/mu$ (Equazione 1.20).
- La realizzazione che la materia su scala atomica e subatomica possiede proprietà ondulatorie portò allo sviluppo del principio di indeterminazione di Heisenberg, che stabilisce che è impossibile conoscere simultaneamente sia la posizione (x) che il momento (p) di una particella con certezza (si veda l'Equazione 1.22).
- L'equazione di Schrödinger (Equazione 1.24) descrive il moto e l'energia di particelle submicroscopiche. Questa equazione, nella quale lo stato di una particella quantica è descritta dalla sua funzione d'onda, diede il via alla moderna quantomeccanica. La funzione d'onda contiene informazioni circa la probabilità di trovare la particella in una determinata regione di spazio.
- L'equazione di Schrödinger può essere risolta esattamente per la "particella nella scatola", un modello ideale, che, malgrado la sua semplicità, può essere usato per capire il comportamento di molti sistemi reali di interesse chimico e biologico.
- A causa della natura ondulatoria della materia, una particella quantica può a volte superare le barriere di potenziale, cosa che se la particella si comportasse classicamente non potrebbe fare. Questo fenomeno, chiamato effetto tunnel sta alla base di diverse applicazioni scientifiche, come il microscopio a scansione a effetto tunnel (STM).

Paragrafo 1.4

- L'equazione di Schrödinger definisce gli stati di energia possibili per l'elettrone dell'atomo di idrogeno e la probabilità di trovare l'elettrone in una particolare regione attorno al nucleo.
- Lo stato quantico di un elettrone nell'atomo di idrogeno è dato dalla sua funzione d'onda (o orbitale atomico) [$\psi(r, \theta, \phi)$] e la distribuzione della densità elettronica nello spazio è data da $\psi^2(r, \theta, \phi)$. La dimensione e la forma degli orbitali atomici possono essere rappresentate dai diagrammi di densità elettronica o dai diagrammi delle superfici limite.
- Quattro numeri quantici caratterizzano la funzione d'onda elettronica (l'orbitale atomico) nell'atomo di idrogeno. Il numero quantico principale n identifica il livello energetico principale dell'orbitale; il numero quantico secondario l indica la forma dell'orbitale; il numero quantico magne-

tico m_l specifica l'orientazione dell'orbitale nello spazio; il numero quantico di spin elettronico m_s indica la direzione della rotazione dell'elettrone attorno al proprio asse.

- L'orbitale *s* per ogni livello di energia è sferico ed è centrato sul nucleo. Ci sono tre orbitali *p* presenti a $n = 2$ e oltre; ognuno ha due lobi, e i tre orbitali sono perpendicolari tra loro. A partire da $n = 3$, ci sono cinque orbitali *d*, con forme e orientazioni più complesse.
- L'energia dell'elettrone nell'atomo di idrogeno è determinata solo dal numero quantico principale.

Problemi

Soluzioni dei problemi dispari sul sito www.mheducation.it

1.1 Fisica classica e suoi limiti

1.1 (a) Qual è la lunghezza d'onda (in nanometri) della luce che ha una frequenza di $8{,}6 \times 10^{13}$ Hz? (b) Qual è la frequenza (in Hz) della luce che ha una lunghezza d'onda di 566 nm?

1.2 (a) Qual è la frequenza della luce che ha una lunghezza d'onda di 456 nm? (b) Qual è la lunghezza d'onda (in nanometri) di una radiazione che ha frequenza di $2{,}45 \times 10^9$ Hz? (Questo è il tipo di radiazione elettromagnetica utilizzata nei forni a microonde.)

1.3 L'unità di misura nel SI del tempo è il secondo, che è definito come 9 192 631 770 cicli di radiazioni associati a certi processi di emissione nell'atomo di cesio. Si calcoli la lunghezza d'onda di questa radiazione. In quale regione dello spettro elettromagnetico si trova questa lunghezza d'onda?

1.4 L'unità di misura nel SI della lunghezza è il metro, che è definito come la lunghezza uguale a 1 650 763,73 lunghezze d'onda della luce emessa durante una particolare transizione elettronica negli atomi di cripton. Si calcoli la frequenza di tale luce.

1.5 Un fotone ha una lunghezza d'onda di 624 nm. Calcolare l'energia del fotone in joules.

1.6 Il colore blu del cielo è il risultato della diffusione della luce del sole sulle molecole dell'aria. La luce blu ha una frequenza di circa $7{,}5 \times 10^{14}$ Hz. (a) Calcolare la lunghezza d'onda, in nm, associata a questa radiazione, e (b) calcolare l'energia, in joules, di un singolo fotone associato a questa frequenza.

1.7 Un fotone ha una frequenza di $6{,}0 \times 10^4$ Hz. (a) Convertire questa frequenza in lunghezza d'onda (nm). In quale regione dello spettro elettromagnetico si trova? (b) Si calcoli l'energia (in joules) di questo fotone. (c) Si calcoli l'energia (in joules) di 1 mol di fotoni con questa frequenza.

1.8 Qual è la lunghezza d'onda, in nm, di una radiazione che ha un contenuto di energia di $1{,}0 \times 10^3$ kJ mol^{-1}? In quale regione dello spettro elettromagnetico si trova?

1.9 Quando il rame viene bombardato da elettorni ad alta energia, vengono emessi raggi X. Si calcoli l'energia (in joules) associata con i fotoni se la lunghezza d'onda dei raggi X è di 0,154 nm.

1.10 Una forma particolare di radiazione elettromagnetica ha una frequenza di $8{,}11 \times 10^{14}$ Hz. (a) Qual è la sua lunghezza d'onda in nanometri? In metri? (b) A quale regione dello spettro elettromagnetico corrisponde? (c) Qual è l'energia (in joules) di un quanto di questa radiazione?

1.11 La retina dell'occhio umano può rilevare la luce quando l'energia radiante incidente su di essa supera il valore minimo di $4{,}0 \times 10^{-17}$ J. A quanti fotoni corrisponde questa energia se la luce ha una lunghezza d'onda di 600 nm?

1.12 Un forno a microonde che opera a lunghezza d'onda di $1{,}22 \times 10^8$ nm è usato per scaldare 150 ml di acqua (più o meno il volume di una tazza di tè) da 20 °C a 100 °C. Considerando che sono necessari 4,186 J di energia per scaldare di 1 °C 1 ml di acqua, si calcoli il numero di fotoni necessari se il 92 percento dell'energia del forno a microonde è convertito in energia termica dell'acqua.

1.13 Un'attenta analisi dello spettro mostra che la luce gialla delle lampade a vapore di sodio (usate in alcuni lampioni stradali) è fatta di fotoni di due lunghezze d'onda, 589,0 nm e 589,6 nm. Qual è la differenza in energia (in joules) fra fotoni con queste lunghezze d'onda?

1.14 Si spieghi come gli scienziati furono in grado di misurare la temperatura della superficie delle stelle. (*Suggerimento:* Si tratti la radiazione stellare come la radiazione emessa dal corpo nero.)

1.15 Usando la legge di Wien, si calcoli la temperatura per la quale i valori di λ_{max} per la radiazione del corpo nero sono 100 nm, 300 nm, 500 nm e 800 nm. A quale regione dello spettro elettromagnetico corrisponde ciascuna di queste lunghezze d'onda? Usando i risultati ottenuti si pensi a come funzionano gli occhiali per la visione notturna.

1.16 Un esperimento fotoelettrico è stato compiuto dirigendo una luce laser a 450 nm (luce blu) e a 560 nm (luce gialla) su una superficie metallica e misurando il numero e l'energia cinetica degli elettroni emessi. Quale luce genera più elettroni? Quale luce genera elettroni con maggior energia cinetica? Si assuma che lo stesso numero di fotoni venga rilasciato dalla superficie metallica, e che la frequenza delle luci laser superi il valore della frequenza di soglia del metallo.

1.17 In un esperimento fotoelettrico uno studente utilizza una sorgente di luce la cui frequenza è maggiore di quella necessaria per espellere elettroni da un certo metallo. Tuttavia, dopo aver continuato a dirigere la radiazione sulla stessa porzione di superficie per un lungo periodo, lo studente nota che l'energia cinetica massima degli elettroni emessi comincia a diminuire, anche se la frequenza della luce viene mantenuta costante. Come si può spiegare questo comportamento?

1.18 La massima lunghezza d'onda della luce che può essere utilizzata per espellere elettroni da una superficie di sodio metallico è 520 nm. (a) Si calcoli il lavoro fotoelettrico (in joules) per il sodio. (b) Se viene usata una luce di 450 nm, Qual è l'energia cinetica degli elettroni emessi?

1.19 La frequenza di soglia per allontanare un elettrone da una superficie di zinco metallico è $8{,}54 \times 10^{14}$ Hz. Si calcoli la minima quantità di energia (in joules) richiesta per allontanare un elettrone dalla superficie di zinco (cioè si calcoli il lavoro di estrazione per lo zinco).

1.2 Modello di Bohr

1.20 Alcuni composti di rame emettono luce verde quando sono scaldati sulla fiamma. Come si potrebbe capire se tale luce è costituita da una sola lunghezza d'onda o da un insieme di due o più lunghezze d'onda?

1.21 Come è possibile per un materiale fluorescente emettere radiazione nella regione dell'ultravioletto dopo aver assorbito la luce nel visibile? Motivare la risposta.

1.22 Spiegare come gli astronomi sono in grado di dire quali elementi sono presenti nelle stelle analizzando la radiazione elettromagnetica emessa dalle stelle.

1.23 Si considerino i seguenti livelli energetici per un ipotetico atomo:

E_4: $-1{,}0 \times 10^{-19}$ J

E_3: $-5{,}0 \times 10^{-19}$ J

E_2: -10×10^{-19} J

E_1: -15×10^{-19} J

(a) Qual è la lunghezza d'onda del fotone necessario per eccitare un elettrone dal livello E_1 al livello E_4? (b) Qual è l'energia (in joules) che deve avere un fotone per eccitare un elettrone dal livello E_2 a quello E_3? (c) Quando un elettrone ritorna dal livello E_3 al livello E_1, si dice che l'atomo dà emissione. Si calcoli la lunghezza d'onda del fotone emesso in questo processo.

1.24 La prima riga della serie di Balmer ha una lunghezza d'onda di 656,3 nm. Qual è la differenza di energia fra i due livelli coinvolti nella transizione?

1.25 Si calcoli la lunghezza d'onda (in nm) di un fotone che deve essere assorbito da un elettrone nell'atomo di idrogeno per eccitarlo dal livello $n = 3$ a quello $n = 5$.

1.26 Si calcoli la frequenza (in Hz) e la lunghezza d'onda (in nm) del fotone emesso quando un elettrone ricade dal livello energetico $n = 4$ a quello $n = 2$ nell'atomo di idrogeno.

1.27 Lo ione He^+ contiene un solo elettrone ed è quindi uno ione idrogenoide che può essere descritto con il modello di Bohr. Si calcolino le lunghezze d'onda, in ordine crescente, delle prime quattro transizioni nella serie di Balmer per lo ione He^+. Si confrontino queste lunghezze d'onda con le analoghe transizioni nell'atomo di idrogeno. Si commentino le differenze.

1.28 Si calcolino i raggi delle orbite di Bohr dell'atomo di idrogeno con $n = 2$ e $n = 3$.

1.29 Gli scienziati hanno trovato idrogeno interstellare con numero quantico n con valore di centinaia. Si calcoli la lunghezza d'onda della luce emessa quando un atomo di idrogeno è coinvolto in una transizione dal livello $n = 236$ a quello $n = 235$. In quale regione dello spettro elettromagnetico si trova?

1.30 Si calcoli la frequenza della radiazione necessaria per espellere un elettrone dallo stato fondamentale dell'atomo di idrogeno.

1.3 Proprietà ondulatorie della materia

1.31 Quali sono le lunghezze d'onda associate con (a) un elettrone che si muove a $1{,}50 \times 10^8$ cm s^{-1} e (b) una palla da tennis di massa 60,0 g che si muove e a 1500 cm s^{-1}?

1.32 I neutroni termici sono neutroni che si muovono a velocità confrontabili con quelle delle molecole dell'aria a temperatura ambiente. Questi neutroni sono molto efficaci per innescare le reazioni nucleari a catena usando l'isotopo ^{235}U. Si calcoli la lunghezza d'onda (in nm) associata con un raggio di neutroni che si muovono a $7{,}00 \times 10^2$ m s^{-1}. (La massa di un neutrone è $1{,}675 \times 10^{-27}$ kg.)

1.33 I protoni possono essere accelerati a velocità vicine a quella della luce. Si stimi la lunghezza d'onda (in nm) di tali protoni che si muovono a $2{,}90 \times 10^8$ m s^{-1}. (La massa di un protone è $1{,}673 \times 10^{-27}$ kg.)

1.34 Qual è la lunghezza d'onda di de Broglie, in cm, di un volatile di massa 12,4 g che vola a $1{,}20 \times 10^2$ mph? (1 mile = 1,61 km.)

1.35 Qual è la lunghezza d'onda di de Broglie (in nm) associata a una pallina da ping pong di 2,5 g che si muove a 35 mph?

1.36 Si supponga che l'incertezza nella determinazione della posizione di un elettrone che si muove attorno a un atomo su un'orbita, sia di 0,4 Å. qual è l'incertezza sulla velocità?

1.37 Si disegni la densità di probabilità dei primi tre livelli energetici di una particella in una scatola. Senza fare nessun calcolo, si determini il valore medio della posizione della particella $\langle x \rangle$ che corrisponde a ciascuna distribuzione.

1.38 Si calcoli la frequenza della luce richiesta per promuovere una particella dal livello $n = 2$ a quello $n = 3$ nel modello della particella in una scatola, assumendo che $L = 5{,}00$ Å e che la massa sia uguale a quella di un elettrone.

1.39 Si supponga di usare la particella in una scatola come modello per l'elettrone nell'atomo di idrogeno. Quale valore di L si dovrebbe usare per fare in modo che le transizioni energetiche dal livello $n = 1$ a quello $n = 2$ siano uguali in entrambi i modelli? È questo un valore ragionevole per la dimensione dell'atomo di idrogeno?

1.40 Si consideri un elettrone in una scatola soggetto a un campo elettrico E. L'energia potenziale di questo sistema è ora

$$V(x) = \begin{cases} \infty & x \leq 0; x \geq L \\ -eEx & 0 < x < L \end{cases}$$

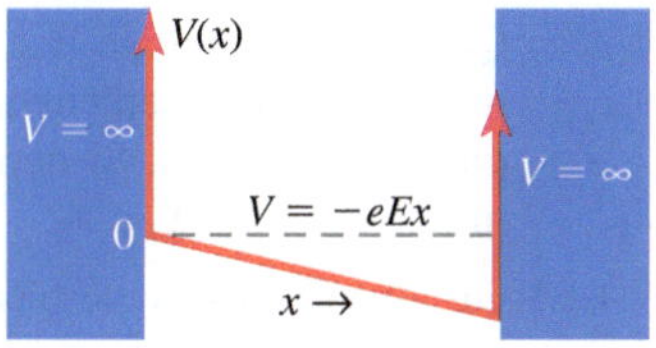

Usando le conoscenze acquisite circa l'equazione di Schrödinger, si disegni la funzione d'onda per i primi tre livelli di energia di questo sistema. Cosa si può prevedere circa il valore medio della posizione x della particella?

1.4 Risoluzione dell'equazione di Schrödinger per l'atomo di idrogeno

1.41 Si scrivano i valori dei numeri quantici associati ai seguenti orbitali: (a) 3*s*, (b) 4*p*, (c) 3*d*.

1.42 Si scrivano i valori dei numeri quantici associati ai seguenti orbitali: (a) 2*p*, (b) 6*s*, (c) 5*d*.

1.43 Si elenchino tutti i possibili sottolivelli e gli orbitali associati con il numero quantico principale $n = 5$.

1.44 Si elenchino tutti i possibili sottolivelli e gli orbitali associati al numero quantico principale $n = 6$.

1.45 Si calcoli il numero totale di elettroni che possono occupare (a) un orbitale *s*, (b) tre orbitali *p*, (c) cinque orbitali *d*, (d) sette orbitali *f*.

1.46 Si discutino le somiglianze e le differenze fra gli orbitali idrogenoidi 1*s* e 2*s*.

1.47 Quali sono le somiglianze e le differenze fra gli orbitali idrogenoidi $2p_x$ e $3p_y$?

1.48 L'energia di ionizzazione è l'energia richiesta per allontanare completamente un elettrone dallo stato fondamentale di un atomo o di uno ione. Si calcolino le energie di ionizzazione (in kJ mol^{-1}) degli ioni He^+ e Li^{2+}.

1.49 Un elettrone in un atomo di idrogeno compie una transizione fra un livello energetico con numero quantico principale n_1 al livello $n = 2$. Se il fotone emesso ha una lunghezza d'onda di 434 nm, qual è il valore di n_1?

1.50 Un elettrone in un atomo di idrogeno è eccitato dal livello fondamentale a quello con $n = 4$. Quali delle seguenti affermazioni sono corrette e quali sono false?

(a) Lo stato $n = 4$ è il primo stato eccitato.

(b) È necessaria più energia per allontanare un elettrone dal livello $n = 4$ che dal livello fondamentale.

(c) L'elettrone è più lontano dal nucleo (in media) nello stato $n = 4$ che nello stato fondamentale.

(d) La lunghezza d'onda della luce emessa quando un elettrone ricade dal livello $n = 4$ a quello $n = 1$ è più grande di quella nella transizione dal livello $n = 4$ a quello $n = 2$.

(e) La lunghezza d'onda della radiazione che l'atomo assorbe quando si ha una transizione dal livello $n = 1$ a quello $n = 4$ è la stessa che si ha quando viene emessa radiazione nel ritorno dell'elettrone dal livello $n = 4$ a quello $n = 1$.

Problemi supplementari

1.51 L'isotopo radioattivo Co-60 è usato in medicina nucleare per trattare certi tipi di tumore. Si calcoli la lunghezza d'onda e la frequenza dei fotoni di radiazione gamma aventi energia di $1{,}29 \times 10^{11}$ J mol^{-1}.

1.52 Quando un composto contenente ioni cesio viene scaldato su fiamma Bunsen, vengono emessi fotoni di energia $4{,}30 \times 10^{-19}$ J. Di che colore è la fiamma (del cesio)?

1.53 Un laser al rubino produce radiazione di lunghezza d'onda 633 nm in pulsazioni di durata di $1{,}00 \times 10^{-9}$ s. (a) Se il laser produce 0,376 J di energia per impulso, quanti fotoni vengono prodotti in ciascun impulso? (b) Si calcoli la potenza (in watt) liberata dal laser per ogni impulso. (1 W = 1 J s^{-1}.)

1.54 Un campione d'acqua di massa 368 g assorbe radiazione infrarossa a $1{,}06 \times 10^4$ nm da un laser a diossido di carbonio. Si supponga che tutta la radiazione assorbita sia convertita in energia sotto forma di calore. Si calcoli il numero di fotoni a questa lunghezza d'onda richiesti per aumentare la temperatura dell'acqua di 5,00 °C. (Sono necessari 4,184 J di energia per aumentare di 1,00 °C la temperatura di 1,00 g d'acqua.)

1.55 La reazione di fotodecomposizione dell'acqua

$$H_2O(l) + h\nu \longrightarrow H_2(g) + \frac{1}{2}O_2(g)$$

è stata suggerita come modo per ottenere idrogeno. L'energia della reazione è 285,8 kJ per mole di acqua decomposta. Si calcoli la lunghezza d'onda (in nm) che fornisca la necessaria energia. In linea di principio, è possibile utilizzare la luce del sole come sorgente di energia per questo processo?

1.56 Le righe spettrali delle serie di Lyman e di Balmer non si sovrappongono. Si verifichi questa assunzione calcolando la più grande lunghezza d'onda associata con la serie di Lyman e la più corta lunghezza d'onda associata con la serie di Balmer (in nm).

1.57 Solo una frazione dell'energia data da una lampadina a incandescenza di tungsteno è convertita in luce. Il resto dell'energia si converte in calore. Una lampadina da 75 W converte il 15,0 percento dell'energia in luce visibile (si assuma che la lunghezza d'onda sia 550 nm). Quanti fotoni vengono emessi dalla lampadina al secondo? (1 W = 1 J s^{-1}.)

1.58 Alcuni occhiali da sole hanno piccoli cristalli di cloruro di argento (AgCl) incorporati nelle lenti. Quando le lenti vengono esposte alla luce di opportuna lunghezza d'onda, avviene la seguente reazione:

$$AgCl \longrightarrow Ag + Cl$$

Gli atomi di Ag che si formano producono un colore uniforme grigio che riduce la luce abbagliante. L'energia richiesta per la reazione è 248 kJ mol^{-1}, si calcoli la lunghezza d'onda massima della luce che può indurre questo processo.

1.59 Uno studente compie un esperimento fotoelettrico mandando luce visibile su una superficie metallica di cesio. Si determini l'energia cinetica degli elettroni emessi applicando un voltaggio ritardante in modo tale che la corrente dovuta agli elettroni sia esattamente zero. Tale condizione è raggiunta quando $eV = (1/2)m_e u^2$, dove e è la carica dell'elettrone, V è il voltaggio ritardante e u è la velocità dell'elettrone. I risultati sono i seguenti:

λ (nm)	405,0	435,5	480,0	520,0	577,7	650,0
V (volt)	1,475	1,268	1,027	0,886	0,667	0,381

Si riarrangi l'Equazione 1.4 in modo da leggere

$$\nu = \frac{\Phi}{h} + \frac{e}{h}V$$

quindi si determinino i valori di h e Φ graficamente.

1.60 Le Equazioni 1.13 e 1.16 sono state derivate assumendo che l'elettrone orbiti in modo stazionario attorno al nucleo; tuttavia questo sarebbe vero solo se il nucleo fosse di massa infinita. Anche se il nucleo è molto più grande rispetto all'elettrone non è di massa infinita, e sia il nucleo che l'elettrone orbitano attorno a un punto che quasi coincide con il centro del nucleo. Per correggere questo fatto occorre sostituire la massa dell'elettrone nelle Equazioni 1.13 e 1.16 con la quantità

$$\mu = \frac{m_e m_N}{m_e + m_N}$$

chiamata la *massa ridotta,* dove m_N è la massa del nucleo. Si calcoli il cambiamento percentuale nella costante di Rydberg (R_H) per H e He^+ usando questa correzione.

1.61 Dall'esatta soluzione dell'equazione di Schrödinger, il quadrato del momento angolare orbitalico dell'elettrone nell'atomo di idrogeno è uguale a $l(l + 1)\hbar^2$. (a) Qual è il momento angolare orbitalico per un elettrone in un orbitale s? (b) Come si paragona questo valore con quello previsto nel modello di Bohr?

1.62 Il sole è circondato da una nube di materiale gassoso chiamato corona, che diviene visibile durante un'eclisse totale di sole. La temperatura della corona è di milioni di gradi Celsius, che è sufficientemente alta per rompere le molecole e rimuovere tutti o alcuni elettroni dagli atomi. Un metodo con il quale gli astronomi possono stimare la temperatura della corona è quello di studiare le linee di emissione degli ioni di certi elementi. Per esempio, è stato registrato e analizzato lo spettro di emissione dello ione Fe^{14+}. Sapendo che sono necessari $3{,}5 \times 10^4$ kJ mol^{-1} per convertire Fe^{13+} in Fe^{14+}, si stimi la temperatura della corona solare. (*Suggerimento:* L'energia cinetica media di una mole di gas è 3/2 RT, dove la costante dei gas R = 8,314 J mol^{-1} K^{-1} e T è la temperatura assoluta in kelvin.)

1.63 Un elettrone nello stato eccitato nell'atomo di idrogeno può tornare allo stato fondamentale in due modi diversi: (a) mediante una transizione diretta nella quale viene emesso un fotone di lunghezza d'onda λ_1 e (b) mediante uno stato eccitato intermedio raggiunto per emissione di un fotone di lunghezza d'onda λ_2. Questo stato eccitato intermedio poi decade allo stato fondamentale emettendo un altro fotone di lunghezza d'onda λ_3. Si derivi un'equazione che metta in relazione λ_1, λ_2 e λ_3.

1.64 Gli alveoli sono delle piccole sacche di aria nei polmoni il cui diametro medio è $5{,}0 \times 10^{-5}$ m. Si consideri una molecola di ossigeno (di massa = $5{,}3 \times 10^{-26}$ kg) intrappolata nella sacca. Si calcoli l'incertezza nella velocità della molecola di ossigeno. (*Suggerimento:* Il massimo dell'incertezza nella posizione della molecola è data dal diametro della sacca.)

1.65 Quanti fotoni a 660 nm devono essere assorbiti per far fondere $5{,}0 \times 10^2$ g di ghiaccio? In media, quante molecole di acqua vengono convertite da solido a liquido con un fotone? (*Suggerimento:* Sono necessari 334 J per far fondere 1 g di ghiaccio a 0 °C.)

1.66 La luce UV responsabile dell'abbronzatura della pelle umana ha lunghezza d'onda di circa 320-400 nm. Si calcoli l'energia totale (in joules) assorbita da una persona esposta a questa radiazione per 2,0 h, considerando che ci sono $2{,}0 \times 10^{16}$ fotoni che colpiscono la superficie terrestre per centimetro al secondo su un intervallo di 80 nm (da 320 nm a 400 nm) e che la superficie umana esposta è 0,45 m^2. Si assuma che solo la metà della radiazione venga assorbita e il resto venga riflesso dal corpo. (*Suggerimento:* Si usi una lunghezza d'onda media di 360 nm quando si calcola l'energia di un fotone.)

1.67 Nel 1996 i fisici crearono un antiatomo di idrogeno. In un tale atomo, che è l'equivalente in antimateria di un atomo ordinario, le cariche elettriche di tutte le particelle componenti sono invertite. Quindi il nucleo di un antiatomo è fatto di antiprotoni, i quali hanno la stessa massa dei protoni ma carica negativa, e l'elettrone è sostituito da un antielettrone (detto anche positrone), che ha la stessa massa di un elettrone ma porta carica positiva. Ci si aspetta che i livelli di energia, gli spettri di emissione e gli orbitali atomici di un antiatomo di idrogeno siano diversi da quelli di un atomo di idrogeno? Cosa dovrebbe succedere se un antiatomo di idrogeno collide con un atomo di idrogeno?

1.68 Nel Capitolo 5 si vedrà che la velocità media di una molecola di gas è data da $\sqrt{3RT/\mathcal{M}}$ dove T è la temperatura assoluta, $\mathcal{M}$ è la massa molare e R è la costante dei gas (R = 8,314 J mol^{-1} K^{-1}). Usando questa informazione, si calcoli la lunghezza d'onda di de Broglie della molecola di azoto (N_2) a 300 K.

1.69 Quando un elettrone compie una transizione fra livelli energetici dell'atomo di idrogeno assorbendo o emettendo un fotone, non ci sono restrizioni sul valore iniziale e finale del numero quantico n. Tuttavia, c'è una regola quantomeccanica che pone delle restrizioni sui valori iniziali e finali del numero quantico secondario l. Questa è detta *regola di selezione,* che stabilisce che $\Delta l = \pm 1$, cioè, durante una transizione, il valore di l può solo aumentare o diminuire di una unità. In accordo con questa regola, quale delle seguenti transizioni sono permesse: (a) $1s \longrightarrow 2s$, (b) $2p \longrightarrow 1s$, (c) $1s \longrightarrow 3d$, (d) $3d \longrightarrow 4f$, (e) $4d \longrightarrow 3s$?

1.70 In un microscopio elettronico gli elettroni sono accelerati facendoli passare attraverso un'elevata differenza di potenziale. L'energia cinetica acquistata dagli elettroni è uguale al voltaggio moltiplicato per la carica dell'elettrone. Quindi un voltaggio di 1 volt (V) impartisce un'energia cinetica di $1{,}602 \times 10^{-19}$ volt-coulomb o $1{,}602 \times 10^{-19}$ J. Si calcoli la lunghezza d'onda degli elettroni accelerati da $5{,}00 \times 10^3$ V.

1.71 (a) Un elettrone nello stato fondamentale dell'atomo di idrogeno si muove a una velocità media di 5×10^6 m s^{-1}. Se la velocità dell'elettrone è nota con una incertezza dell'1 percento, qual è l'incertezza nella posizione? Dato che il raggio dell'atomo di idrogeno nello stato fondamentale è $5{,}29 \times 10^{-11}$ m, si commenti il risultato. (b) Il lancio di una palla da baseball di massa di 0,15 kg di 100 mph ha un momento di 6,7 kg m s^{-1}. Se l'incertezza nella misura del momento è $1{,}0 \times 10^{-7}$ volte quella del momento, si calcoli l'incertezza nella posizione della palla da baseball.

1.72 Quando due atomi collidono parte della loro energia cinetica si può convertire in energia elettronica in uno o in entrambi gli atomi. Se l'energia cinetica è circa uguale all'energia richiesta per alcune transizioni, un numero apprezzabile di atomi può assorbire abbastanza energia durante una collisione anelastica ed eccitarsi. (a) Si calcoli l'energia cinetica media per atomo in un campione gassoso a 298 K. (b) Si calcoli la differenza in energia fra i livelli $n = 1$ e $n = 2$ nell'idrogeno. (c) A quale temperatura è possibile eccitare un atomo di idrogeno dal livello $n = 1$ a quello $n = 2$ per collisione? (L'energia cinetica media di una mole di gas a bassa pressione è $3/2\,RT$, dove la costante dei gas $R = 8{,}314$ J mol^{-1} K^{-1} e T è la temperatura assoluta in kelvin.)

1.73 Si calcoli l'energia necessaria per allontanare un elettrone dal livello $n = 1$ e dal livello $n = 5$ nello ione Li^{2+}. Qual è la lunghezza d'onda (in nm) del fotone emesso durante una transizione dal livello $n = 5$ a quello $n = 1$?

1.74 All'inizio del XX secolo, alcuni scienziati pensarono che il nucleo contenesse sia elettroni che protoni. Si usi il principio di indeterminazione di Heisenberg per mostrare che un elettrone non può essere confinato sul nucleo. Si ripeta il calcolo per il protone. Si commentino i risultati. Si consideri che il raggio del nucleo sia $1{,}0 \times 10^{-15}$ m. La massa di un elettrone e di un protone sono $9{,}109 \times 10^{-31}$ kg e $1{,}673 \times 10^{-27}$ kg, rispettivamente. (*Suggerimento:* Si tratti il raggio del nucleo come l'incertezza nella posizione.)

1.75 Data la densità di probabilità monodimensionale $p(x)$, il valor medio, $\bar{f}$, di una funzione di $x, f(x)$, è dato da

$$\bar{f} = \int_a^b f(x)p(x)\,dx$$

Per la particella in una scatola, a e b sono 0 e L, rispettivamente, e $p(x) = |\psi(x)|^2$. Per i primi tre livelli energetici della particella in una scatola, si calcoli il valor medio di x e x^2. (*Suggerimento:* È necessario consultare una tabella degli integrali per risolvere questo problema.)

1.76 Usando la funzione di probabilità radiale, si calcoli il valor medio di r per gli orbitali $1s$ e $2s$ dell'atomo di idrogeno. Come si possono confrontare questi valori con i valori più probabili? (*Suggerimento:* È necessario consultare una tabella degli integrali per risolvere questo problema.)

1.77 Una importante proprietà delle funzioni d'onda della particella in una scatola è che sono *ortogonali;* cioè

$$\int_0^L \psi_n(x)\,\psi_m(x)\,dx = 0 \qquad \text{per } n \neq m$$

Si mostri che le funzioni d'onda definite nell'Equazione 1.35 hanno questa proprietà.

1.78 Nella particella in una scatola bidimensionale, la particella è confinata in una regione rettangolare con dimensioni L_x e L_y. I livelli di energia per questo sistema sono dati da

$$E(n_x, n_y, n_z) = \frac{h^2}{8m}\left[\frac{n_x^2}{L_x^2} + \frac{n_y^2}{L_y^2}\right]$$

dove i numeri quantici (n_x e n_y) possono essere qualsiasi set di due interi positivi. La funzione d'onda corrispondente allo stato (n_x, n_y) è

$$\psi(x, y, z) = \left(\frac{4}{L_xL_y}\right)^{\frac{1}{2}} \operatorname{sen}\left(\frac{n_x\pi x}{L_x}\right) \operatorname{sen}\left(\frac{n_y\pi y}{L_y}\right)$$

Se la scatola è un quadrato ($L_x = L_y$), si determini il set di due numeri quantici per i cinque livelli energetici a più bassa energia. (Alcuni livelli energetici consistono di numerosi stati quantici degeneri.) Si cerchi di rappresentare graficamente le corrispondenti funzioni d'onda.

Soluzioni dei problemi di autovalutazione

1.1 3,28 m **1.2** $9{,}94 \times 10^{-16}$ J **1.3** 264 nm, 304 nm **1.4** 105,9 pm **1.5** 273 nm, UV **1.6** 56,54 nm **1.7** $5{,}95 \times 10^4$ m s^{-1} **1.8** 222 nm **1.9** $n = 5$, $l = 3$, $m_l = -3, -2, -1, 0, +1, +2, +3$

CAPITOLO 2

Atomi polielettronici e tavola periodica

Ben prima che la teoria quantistica entrasse nello scenario scientifico internazionale, i chimici del diciannovesimo secolo avevano osservato andamenti periodici nelle proprietà chimiche e fisiche degli elementi. Pur essendo tali scienziati a conoscenza dell'esistenza di elettroni e protoni, i loro sforzi per capire questi andamenti furono notevoli. Le loro principali fonti di informazioni erano la massa atomica degli elementi e altre proprietà chimiche e fisiche. La moderna teoria quantistica ci permette oggi di capire questi andamenti periodici in termini di come gli elettroni sono distribuiti negli orbitali atomici degli atomi.

2.1 Funzioni d'onda di atomi polielettronici e orbitali atomici

L'equazione di Schrödinger funziona bene per il semplice atomo di idrogeno (Equazione 1.36), ma non può essere risolta esattamente per atomi che contengono più di un elettrone! Fortunatamente, i concetti di orbitale atomico possono essere utilizzati per costruire delle soluzioni approssimate (ma del tutto attendibili) dell'equazione di Schrödinger per ***atomi polielettronici*** (*cioè atomi che contengono due o più elettroni*).

2.1.1 Funzioni d'onda per atomi polielettronici

Per l'atomo di idrogeno con il suo unico elettrone, la funzione d'onda elettronica è funzione di tre variabili, cioè le coordinate x, y e z dell'elettrone. Per un atomo polielettronico, la funzione d'onda è funzione della posizione di tutti gli elettroni. La funzione d'onda per l'elio (He), per esempio, è funzione di sei variabili: x_1, y_1, e z_1 per l'elettrone 1 e x_2, y_2, e z_2 per l'elettrone 2,

$$\psi(\text{He}) = \psi(x_1, y_1, z_1, x_2, y_2, z_2)$$

In generale, per un atomo con N elettroni, si ha:

$$\psi(\text{atomo con } N\text{-elettroni}) = \psi(x_1, y_1, z_1, x_2, y_2, z_2, \ldots, x_N, y_N, z_N) \qquad \textbf{(2.1)}$$

(dove x_i, y_i e z_i sono le coordinate cartesiane dell'iesimo elettrone rispetto alla posizione del nucleo atomico). È chiaro quindi che la complessità della funzione d'onda aumenta sensibilmente all'aumentare del numero di elettroni. Per esempio, la funzione d'onda per il neon (Ne), atomo a 10 elettroni è funzione di $10 \times 3 = 30$ variabili e quella dell'uranio (U) con 92 elettroni dovrebbe essere funzione di $92 \times 3 = 276$ variabili! Malgrado questa complessità, il significato fisico della funzione d'onda di un atomo polielettronico è lo stesso di quella dell'atomo di idro-

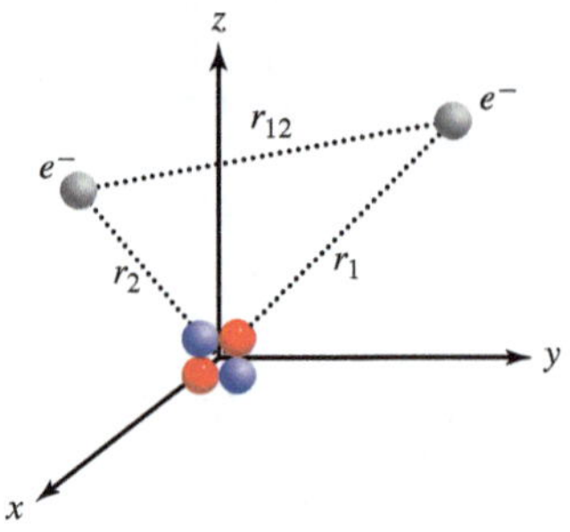

Figura 2.1 La geometria dell'atomo di elio.

geno, cioè il quadrato della funzione d'onda, ψ^2 rappresenta la densità di probabilità di trovare l'elettrone 1 in posizione x_1, y_1, z_1) l'elettrone 2 in posizione (x_2, y_2, z_2) e così via. Al crescere del numero di elettroni (e quindi di variabili), l'equazione di Schrödinger che determina le funzioni d'onda diventa sempre più complicata. Per esempio, l'equazione di Schrödinger per l'elio (He) atomo con i suoi due elettroni è:

$$\underbrace{-\frac{\hbar^2}{2m_e}\left[\frac{\partial^2\psi}{\partial x_1^2}+\frac{\partial^2\psi}{\partial y_1^2}+\frac{\partial^2\psi}{\partial z_1^2}+\frac{\partial^2\psi}{\partial x_2^2}+\frac{\partial^2\psi}{\partial y_2^2}+\frac{\partial^2\psi}{\partial z_2^2}\right]}_{\text{Termine riferito all'energia cinetica}}+\underbrace{V(x_1,y_1,z_1,x_2,y_2,z_2)\psi}_{\text{Termine riferito all'energia potenziale}}=E\psi \quad \textbf{(2.2)}$$

L'energia potenziale, V, nell'equazione 2.2 è data da

$$V(x_1, y_1, z_1, x_2, y_2, z_2) = \underbrace{-\frac{2e^2}{4\pi\varepsilon_0 r_1}-\frac{2e^2}{4\pi\varepsilon_0 r_2}}_{\text{Attrazione nucleo-elettrone}}+\underbrace{\frac{e^2}{4\pi\varepsilon_0 r_{12}}}_{\text{Repulsione elettrone-elettrone}} \quad \textbf{(2.3)}$$

dove r_1 e r_2 sono le distanze fra nucleo ed elettrone 1 e nucleo ed elettrone 2, rispettivamente, e r_{12} è la distanza fra i due elettroni (si veda Figura 2.1).

Così come per l'atomo di idrogeno, l'equazione di Schrödinger per l'atomo di elio (Equazione 2.2) contiene un termine riferito all'energia cinetica e dei termini riferiti all'energia potenziale che derivano dall'attrazione elettrone-nucleo. Tuttavia il termine riferito all'energia potenziale nell'Equazione 2.3 che rappresenta la repulsione elettrone-elettrone (*e-e*) non è presente nell'atomo di idrogeno. L'esistenza della repulsione *e-e* rende impossibile ottenere un'esatta soluzione per l'equazione di Schrödinger dell'elio (o di qualsiasi altro atomo polielettronico), motivo per cui è indispensabile fare delle approssimazioni.

Per iniziare, si consideri l'equazione di Schrödinger per l'elio senza il termine riferito alla repulsione *e-e*. Questa equazione rappresenta un ipotetico sistema di due elettroni che interagiscono con un nucleo con carica $+2e$ ma non tra di loro. Perciò ogni elettrone è identico all'elettrone in atomo idrogenoide con $Z = 2$. Questo è un problema che è già stato risolto. Per ogni singolo elettrone la soluzione dell'equazione di Schrödinger per lo stato fondamentale è l'orbitale 1*s* di un atomo idrogenoide, quindi si può costruire la funzione d'onda a due elettroni per l'atomo di elio come prodotto di due orbitali atomici 1*s* idrogenoidi (con $Z = 2$), uno per ogni elettrone:

$$\psi = \phi_{1s}(r_1)\,\phi_{1s}(r_2) \quad \textbf{(2.4)}$$

(Si usa il simbolo ϕ per indicare un orbitale per un singolo elettrone, per distinguerlo da ψ, che rappresenta la funzione d'onda complessiva polielettronica.)

Questa funzione rappresenta adeguatamente l'atomo di elio? Siccome gli orbitali nell'Equazione 2.4 sono orbitali 1*s* idrogenoidi, si può usare l'Equazione 1.40 per calcolare la loro energia. Usando $Z = 2$ (per He) e $n = 1$ (per l'orbitale 1*s*), l'energia del livello fondamentale è -8.740×10^{-18} J o circa -5260 kJ mol^{-1}. Ciò significa che l'energia di ionizzazione (cioè l'energia necessaria per allontanare l'elettrone dal campo di attrazione del nucleo) è 5260 kJ mol^{-1} mentre il valore sperimentale è 2370 kJ mol^{-1}. La grande differenza in valore numerico è dovuta all'aver trascurato il termine di repulsione *e-e*. Siccome l'energia di repulsione *e-e* è un termine positivo, ignorarlo significa ottenere un'energia di orbitale che è troppo bassa (più negativa) e quindi un'energia di ionizzazione che è troppo elevata – qui addirittura più del doppio! In conclusione, ignorare il termine di repulsione *e-e* porta a un modello non corretto. La domanda ora è: come fare a considerare il termine di repulsione *e-e* senza distruggere l'immagine concettualmente utile di orbitale atomico?

Una soluzione pratica a questo problema è stata data dal fisico inglese Douglas Hartree[1] a metà degli anni '30. Utilizzando un ragionamento fisico, Hartree pensò che la funzione d'onda polielettronica si può approssimare al prodotto di orbitali monoelettronci, uno per ciascun elettrone nell'atomo. Per l'elio, con due elettroni, questa approssimazione è simile all'Equazione 2.4, a eccezione del fatto che gli orbitali coinvolti non possono essere idrogenoidi.

$$\psi \approx \phi_1(r_1)\,\phi_2(r_2) \tag{2.5}$$

I singoli orbitali atomici per i due elettroni, $\phi_1(r_1)$ e $\phi_2(r_2)$, sono scelti in modo da avere la migliore approssimazione alla funzione d'onda polielettronica.

L'approccio che Hartree sviluppò per determinare tali orbitali atomici è noto come metodo ***auto-consistente (la sigla inglese è SCF da self-consistent field)***. L'idea è la seguente: si consideri inizialmente $\phi_2(r_2)$, come orbitale che descrive l'elettrone 2. Il quadrato di questa funzione rappresenta la probabilità che l'elettrone 2 si trovi in posizione r_2. Si può quindi risolvere l'equazione di Schrödinger per l'elettrone 1, che si muove nel campo generato dal nucleo e dall'elettrone 2 nell'orbitale $\phi_2(r_2)$. La soluzione dell'equazione di Schrödinger per l'elettrone 1 genera una nuova approssimazione per l'orbitale atomico dell'elettrone 1, che chiamiamo $\tilde{\phi}_1(r_1)$, dove il simbolo "~" indica che questo orbitale ora differisce dall'originale ϕ_1. Successivamente, si compie un analogo calcolo per l'elettrone 2, che si muove nel campo elettrico dell'elettrone 1 nell'orbitale $\tilde{\phi}_1(r_1)$. Questa procedura porta a una nuova approssimazione, $\tilde{\phi}_2(r_2)$, per l'orbitale atomico dell'elettrone 2. Si usa quindi $\tilde{\phi}_2(r_2)$ per ottenere un nuovo orbitale dell'elettrone 1. Il processo viene ripetuto tante volte fino a quando le energie degli orbitali approssimati per l'elettrone 1 e 2 non cambiano più, da qui il nome di metodo auto-consistente. Questo tipo di processo iterattivo è possibile grazie agli attuali calcolatori ad alta velocità e il metodo SCF viene usato per calcolare con elevata precisione le funzioni d'onda per atomi polielettronici.

La Figura 2.2 mostra l'orbitale atomico del livello fondamentale ottimizzato per l'He che si ottiene mediante il metodo SCF, a confronto con l'orbitale 1s idrogenoide con $Z = 2$. La maggiore differenza tra i due è che l'orbitale SCF è più grande dell'orbitale 1s idrogenoide (cioè il valore dell'orbitale SCF supera quello dell'orbitale 1s idrogenoide a grandi distanze). Questo fatto è logicamente atteso in quanto la re-

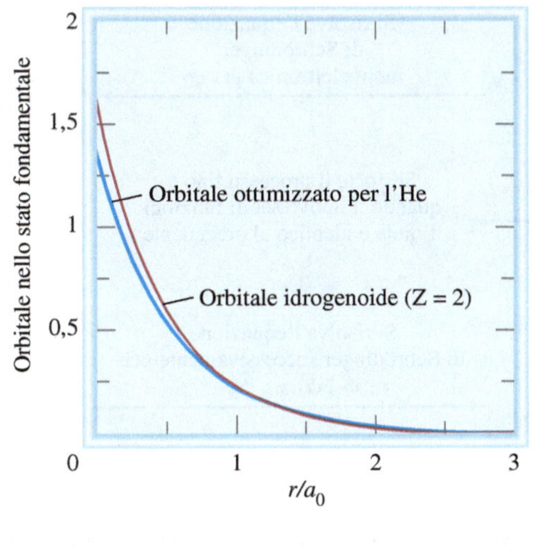

Figura 2.2 L'orbitale 1s ottimizzato mediante il metodo del campo auto-consistente per lo stato fondamentale dell'elio a confronto con l'orbitale idrogenoide con $Z = 2$.

---

[1] Douglas Rayner Hartree (1897-1958). Fisico inglese. Oltre che per il lavoro svolto per il calcolo delle approssimazioni delle soluzioni dell'equazione di Schrödinger per atomi polielettronici e per molecole, è famoso per essere stato un pioniere nell'utilizzo di calcolatori analogici e digitali nell'analisi numerica. Una unità energetica porta il suo nome: 1 Hartree = 4,35975 × 10^{-18} J. L'energia elettronica dello stato fondamentale dell'idrogeno è 0,5 Hartree.

pulsione *e-e* (ignorata nell'orbitale idrogenoide dell'He) agisce nel senso di allontanare i due elettroni e quindi espandere l'orbitale ottimizzato.

L'energia dell'orbitale SCF dell'atomo di He indicata in Figura 2.2 è -2410 kJ mol^{-1}, e corrisponde a un'energia di ionizzazione per l'He di 2410 kJ mol^{-1} (che è molto simile al valore sperimentale di 2370 kJ mol^{-1}). L'orbitale SCF per l'He è stato ottenuto assumendo che ci fossero due elettroni nell'atomo. Quando un elettrone viene allontanato e si forma lo ione He^+, l'orbitale atomico per il restante elettrone viene alterato; diventa identico all'orbitale $1s$ idrogenoide per $Z = 2$ mostrato in Figura 2.2. L'energia per allontanare questo elettrone (chiamata *energia di seconda ionizzazione* dell'He) è identica a quella dell'orbitale idrogenoide con $Z = 2$ (calcolato precedentemente): 5260 kJ mol^{-1}. È più difficile allontanare il secondo elettrone in quanto non c'è il termine di repulsione *e-e* che si oppone all'interazione attrattiva nucleo-elettrone. Per atomi più pesanti dell'He, il metodo auto-consistente di Hartree è praticamente lo stesso che per l'He. Per un atomo con N elettroni, la funzione d'onda di Hartree è:

$$\psi \approx \phi_1(r_1)\,\phi_2(r_2)\,\phi_3(r_3)\,\ldots\,\phi_N(r_N) \qquad \textbf{(2.6)}$$

dove $\phi_1(r_1), \phi_2(r_2), \ldots \phi_N(r_N)$ sono gli orbitali atomici per gli elettroni $1, 2, \ldots, N$, rispettivamente. Il metodo SCF per determinare gli orbitali atomici ottimizzati[2] dell'Equazione 2.6 è mostrato in Figura 2.3.

La procedura indicata nella Figura 2.3 è, da un punto di vista di calcolo, piuttosto pesante e richiede l'utilizzo di programmi di elaborazione sofisticati. Tuttavia, fortunatamente per i chimici, è possibile capire molto circa le funzioni d'onda di atomi polielettronici senza dover per forza risolvere gli orbitali SCF. Inoltre, gli orbitali SCF possono essere descritti utilizzando lo stesso set di numeri quantici (n, l, m_l) utilizzati per l'atomo di idrogeno. Le restrizioni su questi tre numeri quantici sono le stesse che per l'atomo di idrogeno (cioè $n = 1, 2, 3, \ldots$; $l = 0, 1, \ldots, n - 1$; e $m_l = -l, \ldots, l$). Inoltre questi numeri quantici hanno lo stesso significato relativamente alla forma e orientazione orbitalica. Per esempio, l'orbitale SCF ottimizzato per l'He mostrato in Figura 2.2 ha simmetria sferica (cioè dipende solo da r) ed è quindi classificato come orbitale di tipo s, con $l = 0$ e $m_l = 0$. Inoltre, non ha nodi cioè $n = 1$. (Si ricordi, nell'atomo di idrogeno, il numero di nodi in un orbitale s è $n - 1$).

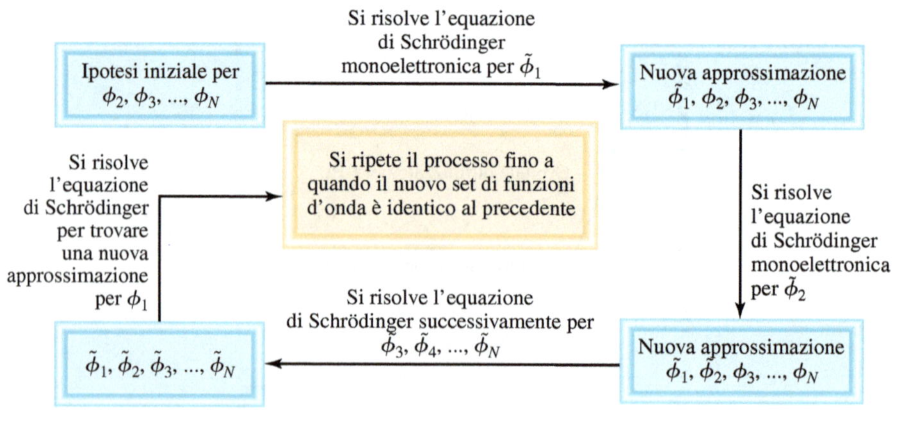

Figura 2.3 Una rappresentazione schematica del metodo SFC per ottenere la funzione d'onda di un atomo polielettronico.

---

[2] Per atomi molto pesanti con alto Z, come Hg, Au e Pb, gli elettroni degli orbitali più interni hanno velocità medie che sono comparabili alla velocità della luce. Per questi elettroni le correzioni dell'equazione di Schrödinger devono tener conto del relativismo. Per esempio, siccome la massa di un oggetto relativistico aumenta all'avvicinarsi della sua velocità a quella della luce, gli elettroni più interni divengono più pesanti e si muovono più vicini al nucleo. Questa contrazione degli orbitali più interni è chiamata *contrazione relativistica*. Questi effetti relativistici sono responsabili di un elevato numero di inusuali proprietà di materiali di atomi pesanti, come il colore giallo dell'oro o il fatto che il mercurio sia un liquido a condizioni normali.

Quindi l'orbitale dello stato fondamentale dell'atomo di He è l'orbitale 1s con $n = 1$, $l = 0$ e $m_l = 0$.

2.1.2 Configurazioni elettroniche

Con l'approssimazione SCF di Hartree i quattro numeri quantici n, l, m_l e m_s ci permettono di identificare ogni elettrone in ogni orbitale in ogni atomo. In un certo senso si può pensare al set di numeri quantici come a un "indirizzo" di un elettrone in un atomo, in maniera analoga all'indirizzo di strada e codice di avviamento postale che specificano il domicilio di un individuo. Per esempio i quattro numeri quantici per l'elettrone nell'orbitale 2s sono $n = 2$, $l = 0$, $m_l = 0$ e $m_s = +\frac{1}{2}$ o $-\frac{1}{2}$ e si indicano in maniera contratta come quaterna di numeri del tipo (n, l, m_l, m_s); quindi, per esempio, nel caso sopraindicato la notazione diventa $(2, 0, 0, +\frac{1}{2})$ oppure $(2, 0, 0, -\frac{1}{2})$. Il valore del quarto numero quantico non ha significato in termini di energia, dimensione o forma di un orbitale, ma descrive come l'elettrone è distribuito nell'orbitale.

L'Esempio 2.1 mostra come vengono assegnati i numeri quantici a un elettrone in un orbitale.

Esempio 2.1

Scrivere i possibili valori per i quattro numeri quantici per un elettrone descritto da un orbitale 3p.

Impostazione La classificazione di orbitali atomici per atomi polielettronici segue le stesse regole delle funzioni d'onda idrogenoidi, che sono descritte nel Paragrafo 1.4. La designazione "3p" fissa i valori di n e l per questo orbitale, ma non specifica univocamente i valori di m_l e m_s. Si seguano le procedure descritte nel Paragrafo 1.4 per determinare i possibili valori di di m_l e m_s in accordo con i valori di n e l per questo orbitale.

Soluzione Si sa che il numero quantico principale n è 3 e il numero quantico secondario l deve essere 1 (in quanto si è detto orbitale p). Per $l = 1$, ci sono tre valori di m_l, cioè -1, 0, +1. Siccome il numero quantico di spin m_s può essere $+\frac{1}{2}$ o $-\frac{1}{2}$, ci sono 6 possibili modi di designare l'elettrone usando la notazione (n, l, m_l, m_s):

$$\left(3, 1, -1, +\frac{1}{2}\right) \quad \left(3, 1, -1, -\frac{1}{2}\right)$$

$$\left(3, 1, 0, +\frac{1}{2}\right) \quad \left(3, 1, 0, -\frac{1}{2}\right)$$

$$\left(3, 1, +1, +\frac{1}{2}\right) \quad \left(3, 1, +1, -\frac{1}{2}\right)$$

Verifica In queste sei designazioni i valori di n e l sono costanti ma i valori di m_l e m_s possono variare.

Problema di autovalutazione Scrivere i quattro numeri quantici per un elettrone descritto da un orbitale 5p.

L'atomo di idrogeno è un sistema particolarmente semplice perché contiene un solo elettrone. L'elettrone può stare nell'orbitale 1s (stato fondamentale), oppure può stare in un altro orbitale a più alta energia (stato eccitato). In ogni caso per atomi polielettronici è necessario conoscere la ***configurazione elettronica*** dell'atomo (cioè la descrizione di come gli elettroni sono distribuiti nei possibili orbitali atomici) per capirne il comportamento. In questo paragrafo e nel Paragrafo 2.2 si useranno i primi 10 elementi (dall'idrogeno al neon) per illustrare le regole e per scrivere le configurazioni elettroniche per atomi nello stato fondamentale. Per questa discussione, si ricordi che il numero di elettroni in un atomo è uguale al suo numero atomico Z.

La configurazione elettronica di un atomo può essere rappresentata mediante sia simboli sia diagrammi. Per esempio, lo stato fondamentale dell'atomo di idrogeno è costituito da un solo elettrone nell'orbitale 1*s*; la configurazione elettronica di questo atomo è rappresentata dal simbolo $1s^1$:

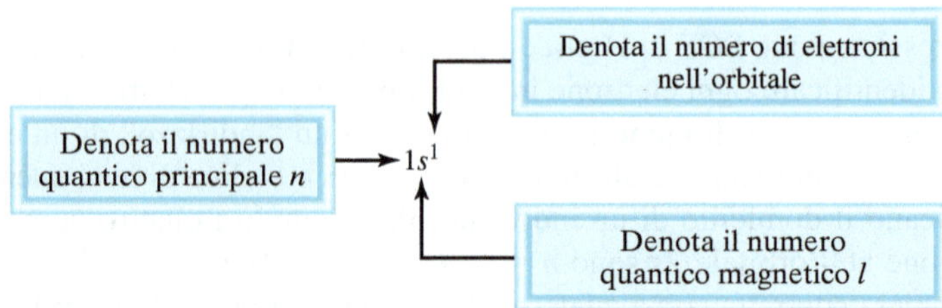

La configurazione elettronica dell'atomo di idrogeno si può anche rappresentare utilizzando un ***diagramma orbitalico***, che è una particolare rappresentazione grafica indicante anche lo spin dell'elettrone (si veda Figura 1.30):

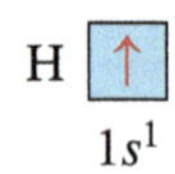

La freccia con la punta rivolta verso l'alto indica una delle due possibili orientazioni dello spin dell'elettrone ("spin-up"). (Nell'altro caso si rappresenta l'elettrone con una freccia con la punta rivolta verso il basso: "spin-down"). Il quadratino rappresenta l'orbitale atomico.

2.1.3 Principio di esclusione di Pauli

La configurazione elettronica dello stato fondamentale di un atomo polielettronico è costruita introducendo gli elettroni negli orbitali atomici SCF in modo tale da minimizzare l'energia totale del sistema. La meccanica quantistica richiede che la procedura usata per introdurre gli elettroni negli orbitali atomici obbedisca al ***principio di esclusione di Pauli***.[3] In accordo a questo principio, due elettroni in un atomo non possono avere la stessa quaterna di numeri quantici (n, l, m_l, m_s). Se due elettroni in un atomo hanno gli stessi valori di n, l e m_l (cioè i due elettroni sono nello stesso orbitale atomico) allora essi devono avere diversi valori di m_s. Siccome ci sono solo due possibili valori di m_s ($+\frac{1}{2}$ e $-\frac{1}{2}$), solo due elettroni possono occupare lo stesso orbitale atomico, e questi due elettroni devono avere spin opposto.

Si consideri l'atomo di elio (He, $Z = 2$), che ha due elettroni. I tre diversi modi di introdurre i due elettroni nell'orbitale 1*s* sono:

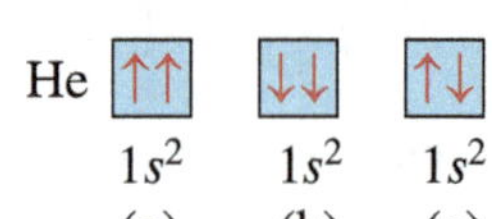

I diagrammi (a) e (b) non seguono il principio di esclusione di Pauli. In (a) entrambi gli elettroni hanno lo stesso spin e avranno la stessa quaterna (1, 0, 0, $+\frac{1}{2}$); in (b) entrambi gli elettroni hanno lo stesso spin opposto rispetto al caso (a) ed avranno la quaterna (1, 0, 0, $-\frac{1}{2}$). Solo la configurazione elettronica in (c) è fisicamente accettabile in quanto un elettrone è descritto dalla quaterna (1, 0, 0, $+\frac{1}{2}$) e l'altro dalla quaterna (1, 0, 0, $-\frac{1}{2}$). Perciò l'elio ha la seguente configurazione elettronica:

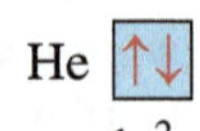

---

[3] Wolfgang Pauli (1900-1958). Fisico austriaco. Uno dei fondatori della meccanica quantistica, Pauli ricevette il premio Nobel in Fisica nel 1945.

Si ricordi che "$1s^2$" si legge "1 *s* 2" e non "1 *s* al quadrato". Nell'elio l'orbitale 1*s* è pieno in quanto ci sono due soli possibili stati di spin. Se viene aggiunto un ulteriore elettrone non può essere descritto dall'orbitale 1*s*, ma da un orbitale a più alta energia, come il 2*s*.

Il principio di esclusione di Pauli ha un effetto fondamentale nella funzione d'onda di un atomo polielettronico. Se non ci fosse restrizione e ogni orbitale atomico potesse descrivere qualsiasi numero di elettroni, lo stato fondamentale di un atomo potrebbe essere costruito semplicemente introducendo tutti gli elettroni nell'orbitale a più bassa energia (cioè l'1*s*). Invece gli elettroni devono entrare progressivamente in orbitali a sempre maggiore energia a mano a mano che quelli inferiori risultano riempiti. L'argon per esempio ha 18 elettroni. L'orbitale 1*s* può contenere solo due elettroni, e i quattro orbitali a numero quantico principale $n = 2$ (l'orbitale 2*s* e i tre orbitali 2*p*) ne possono contenere al massimo otto. I restanti elettroni devono entrare in orbitali con $n = 3$. L'effetto di questo progressivo riempimento sulla densità elettronica dell'argon si può vedere nella Figura 2.4, che mostra l'andamento della funzione di probabilità elettronica radiale (si veda il Paragrafo 1.4) per l'argon calcolata usando la procedura SCF.[4] I tre picchi nella funzione corrispondono alle regioni di spazio occupate dagli elettroni con $n = 1$, 2 e 3 rispettivamente. Quindi la densità elettronica dell'argon può essere decritta come costituita da due gusci elettronici nettamente definiti 1*s* e 2*s* circondati da un ulteriore livello elettronico diffuso con $n = 3$.

2.1.4 Diamagnetismo e paramagnetismo

Il principio di esclusione di Pauli è uno dei più importanti principi della meccanica quantistica. Si può capire dalla seguente semplice osservazione. Se i due elettroni nell'orbitale 1*s* dell'atomo di elio avessero lo stesso spin (↑↑ o ↓↓) il loro campo magnetico complessivo dovrebbe rinforzarsi [si veda Figura 2.5(a)]. Questa situazione causerebbe al gas elio di essere *paramagnetico*. Sostanze ***paramagnetiche*** sono quelle che presentano elettroni a spin disaccoppiati e che *sono attratte da un magnete*. Invece se gli spin elettronici sono accoppiati o antiparalleli (↑↓ o ↓↑), gli effetti magnetici si annullano a vicenda [si veda Figura 2.5(b)]. Le sostanze ***diamagnetiche*** *non contengono elettroni disaccoppiati e sono poco attratti (o respinti) da un magnete.*

Le misure di proprietà magnetiche forniscono la più diretta evidenza sulle configurazioni elettroniche degli elementi. Le moderne strumentazioni soprattutto degli ultimi 30 anni ci permettono di determinare il numero di elettroni disaccoppiati in un atomo (Figura 2.6). Dall'esperimento si osserva che l'atomo di elio nel livello fon-

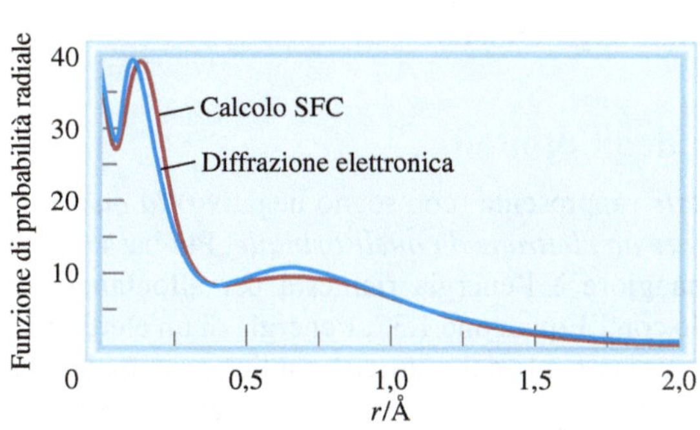

Figura 2.4 La funzione di probabilità radiale per l'argon come funzione di *r* ottenuta dal calcolo SFC (linea rossa) e dai valori sperimentali (linea blu)

[4] Incorporare il principio di esclusione di Pauli nella procedura SFC richiede una piccola modifica al metodo originale di Hartree. Questo metodo, detto metodo di Hartree-Fock, sta alla base della moderna chimica computazionale.

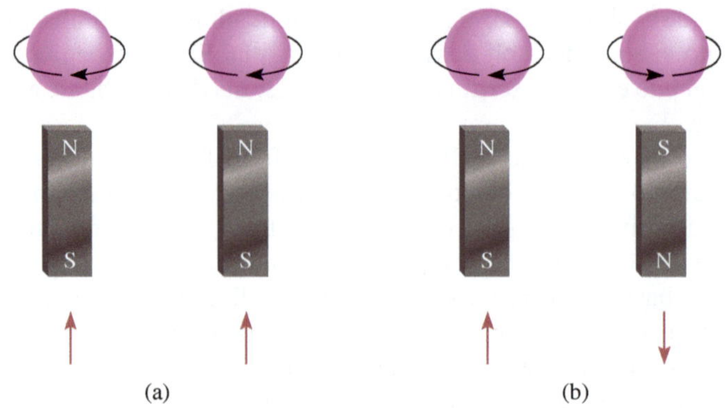

Figura 2.5 Spin di due elettroni (a) paralleli (b) antiparalleli. In (a) i due campi magnetici si rinforzano a vicenda. In (b) i due campi magnetici si elidono a vicenda.

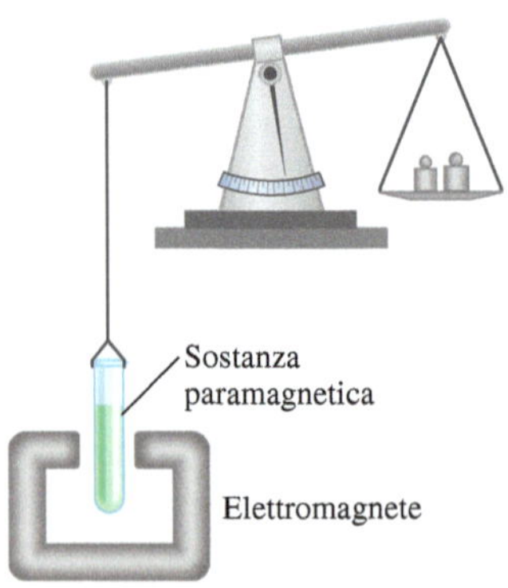

Figura 2.6 Inizialmente si pesa la sostanza paramagnetica sulla bilancia. Quando si accende l'elettromagnete la bilancia si disequilibria in quanto il campione si introduce nel campo magnetico e interagisce con esso. Conoscendo la concentrazione e la massa addizionale necessaria per riequilibrare la bilancia, è possibile conoscere il numero di elettroni disaccoppiati nel campione.

damentale non possiede momento magnetico. Quindi i due elettroni nell'orbitale 1*s* devono essere accoppiati in accordo con il principio di esclusione di Pauli e il gas elio è diamagnetico. Un'utile regola da ricordare è che ogni atomo con numero dispari di elettroni conterrà sempre uno o più spin disaccoppiati in quanto è necessario avere un numero pari di elettroni perché essi siano tutti accoppiati. D'altro canto, atomi con numero pari di elettroni possono avere e non, spin disaccoppiati. Si vedrà la ragione di questo comportamento fra non molto.

Come altro esempio, si consideri l'atomo di litio (Li, $Z = 3$), che ha tre elettroni. Il terzo elettrone non può entrare nell'orbitale 1*s* in quanto avrebbe altrimenti la stessa quaterna di numeri quantici di uno degli altri due elettroni. Invece questo elettrone entra nel successivo orbitale disponibile a maggiore energia ed è disaccoppiato. Quindi l'atomo di litio contiene un elettrone disaccoppiato e il litio metallico è paramagnetico.

Si noti che il comportamento diamagnetico o paramagnetico degli atomi è una conseguenza della quantizzazione dello spin elettronico e del principio di esclusione di Pauli. Quindi l'osservazione sperimentale del comportamento magnetico degli atomi (diamagnetici o paramagnetici) rappresenta un'ulteriore conferma della natura quantomeccanica di atomi e molecole.

2.2 Configurazioni elettroniche di atomi polielettronici e principio di Aufbau

Per costruire la configurazione elettronica di un atomo con numero atomico *Z*, si introducono gli *Z* elettroni negli orbitali atomici in accordo al principio di esclusione di Pauli, in modo tale che l'energia totale che deriva dal riempimento orbitalico sia minore possibile. Per fare questo occorre capire gli effetti delle repulsioni elettrone-elettrone sulle energie degli orbitali.

2.2.1 Energie degli orbitali

L'***energia di orbitale*** rappresenta (con segno negativo) *la quantità di energia necessaria per allontanare un elettrone da quell'orbitale*. Più bassa (più negativa) è l'energia di orbitale, maggiore è l'energia richiesta per allontanare quell'elettrone dall'atomo. In accordo con l'Equazione 1.37, l'energia di un elettrone nell'atomo di idrogeno è determinata unicamente dal numero quantico principale. Quindi le energie degli orbitali atomici dell'idrogeno crescono come segue (Figura 2.7):

$$1s < 2s = 2p < 3s = 3p = 3d < 4s = 4p = 4d = 4f$$

Anche se le distribuzioni di densità elettronica sono diverse negli orbitali 2*s* e 2*p*, l'elettrone nell'atomo di idrogeno possiede la stessa energia se è descritto tanto dall'orbitale 2*s* quanto da quello 2*p*.

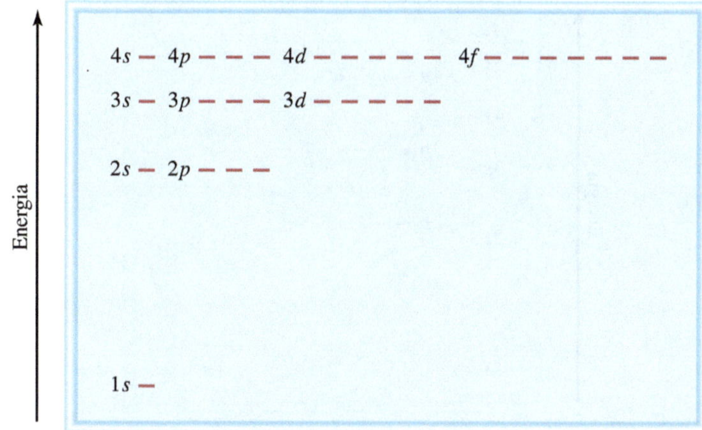

Figura 2.7 Livelli energetici degli orbitali nell'atomo di idrogeno. Ciascuna linea orizzontale rappresenta un orbitale. Orbitali con lo stesso numero quantico principale n hanno la stessa energia.

A causa della repulsione elettrone-elettrone l'andamento delle energie orbitaliche è più complessa per un atomo polielettronico che per l'atomo di idrogeno. Per il litio (tre elettroni) i primi due elettroni sono descritti dall'orbitale a più bassa energia 1*s* e riempiono il livello $n = 1$. Il terzo elettrone deve entrare nel successivo livello a più alta energia. Nell'atomo di idrogeno questo potrebbe essere sia il 2*s* sia il 2*p* visto che questi hanno la stessa energia, ma nel caso del litio i due tipi di orbitali con $n = 2$ differiscono in energia a causa della repulsione elettrone-elettrone con i due elettroni nell'orbitale 1*s*. Sperimentalmente[5] in un atomo polielettronico l'energia dell'orbitale 2*s* è più bassa di quella dei 2*p*. Per cui la configurazione elettronica del litio è $1s^2\ 2s^1$, e il suo diagramma orbitalico è:

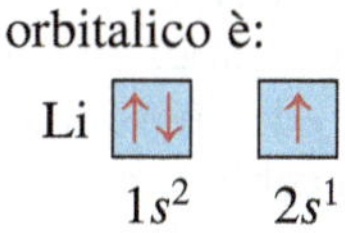

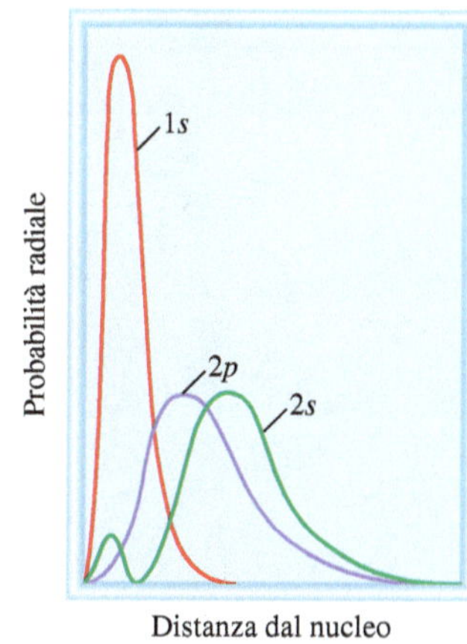

Figura 2.8 Diagramma della probabilità radiale per gli orbitali 1*s*, 2*s* e 2*p*. Gli elettroni 1*s* schermano sia gli elettroni 2*s* che i 2*p* dalla carica del nucleo. L'orbitale 2*s* ha carattere più penetrante dell'orbitale 2*p*.

La differenza in energia fra gli orbitali 2*s* e 2*p* può essere spiegata considerando la densità elettronica di ciascun orbitale. Siccome entrambi gli orbitali 2*s* e 2*p* sono più estesi dell'1*s*, un elettrone in ognuno di questi due orbitali passa più tempo lontano dal nucleo di quanto non faccia un elettrone nell'orbitale 1*s*. Quindi un elettrone descritto da un orbitale 2*s* o 2*p* è parzialmente schermato dalla forza attrattiva del nucleo dagli elettroni descritti dall'orbitale 1*s*. Cioè l'effetto di schermo diminuisce l'attrazione elettrostatica fra i protoni nel nucleo e gli elettroni in orbitali 2*s* o 2*p*.

Il modo in cui la densità elettronica varia allontanandosi dal nucleo verso l'esterno dipende dal tipo di orbitale. Questo può essere capito meglio considerando il diagramma della distribuzione della probabilità radiale per gli orbitali 1*s*, 2*s* e 2*p* riportato nella Figura 2.8. Anche se un elettrone 2*s* passa la maggior parte del suo tempo (mediamente) leggermente più lontano dal nucleo rispetto a un elettrone 2*p* (il massimo è spostato verso destra), la densità elettronica vicino al nucleo è in realtà maggiore per l'elettrone 2*s* (si noti il piccolo massimo per l'orbitale 2*s* in Figura 2.8). Per questa ragione si dice che l'orbitale 2*s* ha maggiore carattere penetrante rispetto al 2*p*. Quindi un elettrone nell'orbitale 2*s* è meno schermato dagli elettroni nell'orbitale 1*s* ed è più fortemente attratto dal nucleo di quelli descritti dagli orbitali 2*p*. Per ogni numero quantico principale *n*, il carattere penetrante diminuisce al crescere del numero quantico secondario *l*, cioè:

$$s > p > d > f > \ldots$$

---

[5] Le energie orbitaliche possono essere misurate direttamente con una tecnica chiamata ***spettroscopia fotoelettronica***. In questa tecnica, atomi in fase gas vengono bombardati da una radiazione elettromagnetica ad alta frequenza (raggi UV, raggi X), causando emissione di elettroni dagli atomi. Misurando la differenza in energia fra i fotoni assorbiti e l'energia cinetica degli elettroni emessi, si può determinare l'energia necessaria per allontanare un elettrone dall'atomo. Questa energia corrisponde all'energia dell'orbitale atomico da cui è stato allontanato l'elettrone.

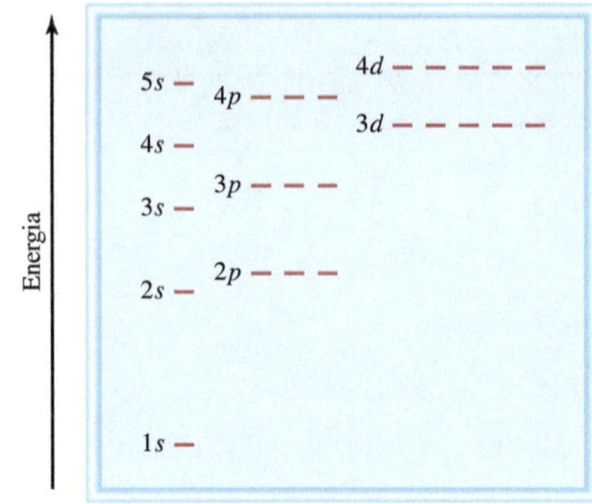

Figura 2.9 Livelli energetici degli orbitali di atomi polielettronici. L'energia del livello dipende sia dal valore di *n* che di *l*.

Siccome la stabilità di un elettrone è determinata dalla forza della sua attrazione al nucleo, l'elettrone 2*s* sarà più stabile (minore energia) di un elettrone 2*p*. Per dirlo in altro modo, è richiesta meno energia per allontanare un elettrone 2*p* che un elettrone 2*s* in quanto un elettrone 2*p* non è così fortemente attratto dal nucleo. In generale l'energia degli orbitali con lo stesso numero quantico *n* cresce al crescere di *l* a causa dell'effetto di schermo. L'atomo di idrogeno ha un solo elettrone e quindi è privo di tale effetto di schermo. La Figura 2.9 mostra l'andamento delle energie degli orbitali dei primi tre livelli (n = 1, 2 e 3). Per un fissato valore di *n* e *l* l'energia degli orbitali non dipende da m_l. Quindi gli orbitali $2p_x$, $2p_y$, e $2p_z$ hanno la stessa energia si dice, cioè, che sono degeneri. Questi tre orbitali hanno esattamente la stessa forma ed estensione e differiscono solo nell'orientazione. Siccome l'orientazione degli orbitali non influisce sulle distanze relative fra elettroni o fra elettroni e nucleo, le energie di questi orbitali devono essere identiche.

L'andamento delle energie degli orbitali con identici valori di *n* è relativamente lineare (l'energia aumenta all'aumentare di *l*) e può essere compreso in termini di effetto di schermo. I confronti nell'andamento delle energie per orbitali con diversi valori di *n* è un po' più complicato, specialmente per $n \geq 3$. Per esempio le energie per gli orbitali 3*d* e 4*s* sono molto simili e stabilire quale delle due è più bassa dipende dal numero di elettroni nel sistema. Per *Z* compreso tra 6 e 20, l'orbitale 4*s* ha energia più bassa di quello 3*d*, ma per $Z > 20$, i calcoli degli orbitali SCF e le evidenze spettroscopiche indicano che l'andamento è capovolto. In generale l'ordine con il quale gli orbitali di un atomo polielettronico vengono riempiti da elettroni può essere determinato utilizzando la procedura nota come *regola di Madelung,* che è illustrata graficamente nella Figura 2.10.

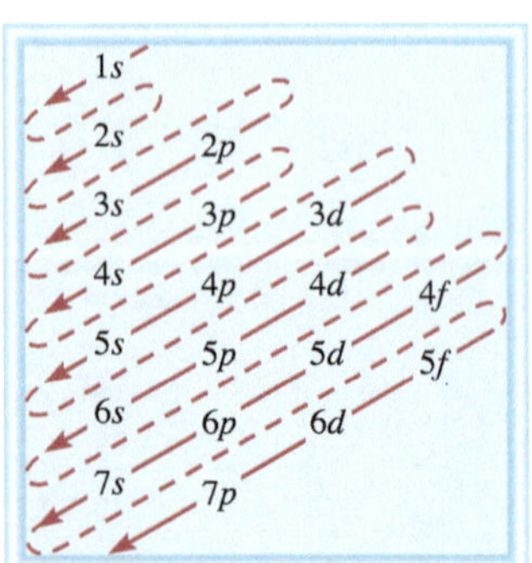

Figura 2.10 Rappresentazione grafica della regola di Madelung, che mostra l'ordine di riempimento degli orbitali atomici in un atomo polielettronico. Si parte dall'orbitale 1*s* e ci si muove come indicato dalle frecce. Quindi l'ordine è: 1*s* < 2*s* < 2*p* < 3*s* < 3*p* < 4*s* < 3*d* < ...

Ora si possono usare queste conoscenze per predire le configurazioni elettroniche dei successivi due elementi, berillio (Be, $Z = 4$) e boro (B, $Z = 5$). La configurazione elettronica per lo stato fondamentale del berillio è $1s^22s^2$, oppure

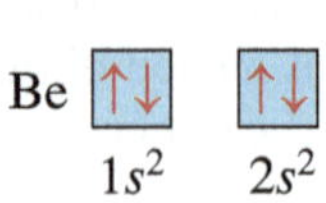

Il berillio è diamagnetico in quanto tutti gli elettroni sono accoppiati.

Il livello 2*s* è pieno per cui quando si aggiunge un ulteriore elettrone per il boro (B, $Z = 5$) esso deve entrare in un orbitale 2*p*. La configurazione elettronica per il boro è $1s^22s^22p^1$, oppure

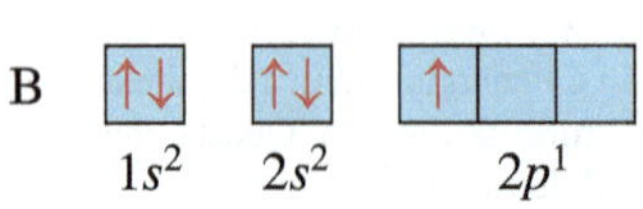

L'elettrone disaccoppiato può essere descritto dall'orbitale $2p_x$, $2p_y$ o $2p_z$. La scelta è completamente arbitraria in quanto i tre orbitali $2p$ sono degeneri. Inoltre si è indicato lo spin dell'elettrone disaccoppiato nel boro come "spin-up", ma anche questa scelta è del tutto arbitraria in quanto l'energia sarebbe la stessa se si fosse assegnato lo "spin-down" all'elettrone. Come mostra il diagramma il boro è paramagnetico.

2.2.2 Regola di Hund

La configurazione elettronica del carbonio (C, $Z = 6$) è $1s^2 2s^2 2p^2$. I due elettroni nell'orbitale $2p$ possono essere distribuiti nei tre modi seguenti:

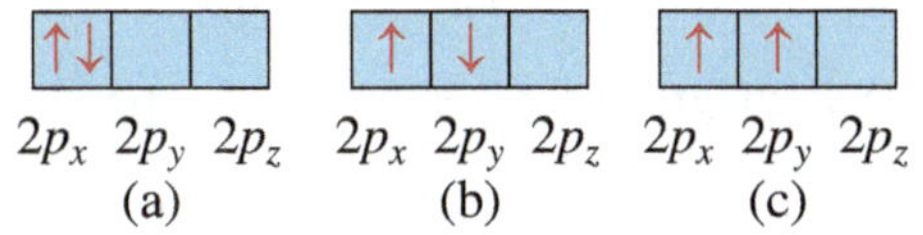

Nessuna delle tre distribuzioni vìola il principio di esclusione di Pauli, per cui si deve stabilire quale delle tre determina la maggiore stabilità (cioè la più bassa energia totale). La risposta è data dalla ***regola di Hund***,[6] che stabilisce che *la distribuzione elettronica più stabile è quella che permette il maggior numero di spin paralleli*. La distribuzione mostrata in (c) è quella che soddisfa questa condizione. Sia in (a) sia in (b) i due spin si annullano a vicenda. Per cui il diagramma elettronico per il carbonio è:

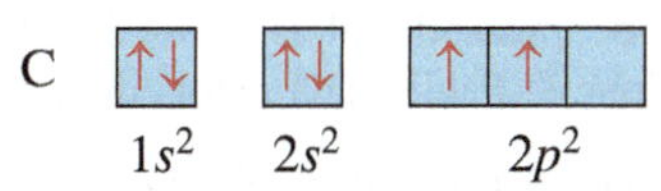

Qualitativamente (c) è più stabile di (a) in quanto i due elettroni in (a) sono nello stesso orbitale $2p_x$, e la loro vicinanza causa una maggiore mutua repulsione di quando essi occupano due diversi orbitali (per esempio $2p_x$ e $2p_y$). La preferenza di (c) su (b) è più sottile ma può essere giustificata su base teorica. Gli atomi di carbonio nel loro stato fondamentale hanno due elettroni disaccoppiati e a spin paralleli in accordo con la regola di Hund. (Si noti che la regola di Hund si applica solo alle configurazioni dello stato fondamentale – quelle a più bassa energia. Configurazioni elettroniche che violano la regola di Hund ma che obbediscono al principio di esclusione di Pauli come (a) e (b) per il carbonio, generalmente corrispondono a configurazioni elettroniche di stati eccitati.)

La configurazione elettronica dell'azoto (N, $Z = 7$) è $1s^2 2s^2 2p^3$:

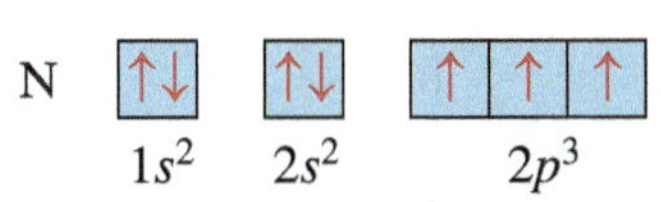

Ancora una volta la regola di Hund stabilisce che i tre elettroni $2p$ hanno spin paralleli tra loro; l'atomo di azoto possiede tre elettroni disaccoppiati.

La configurazione elettronica dell'ossigeno (O, $Z = 8$) è $1s^2 2s^2 2p^4$. Un atomo di ossigeno ha due elettroni disaccoppiati:

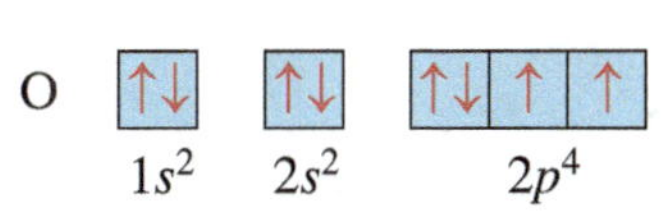

---

[6] Frederick Hund (1896-1997). Fisico tedesco. Il lavoro di Hund ha riguardato principalmente la quantomeccanica. Ha anche permesso di sviluppare la teoria dell'orbitale molecolare nel legame chimico.

La configurazione elettronica del fluoro (F, $Z = 9$) è $1s^2 2s^2 2p^5$. I nove elettroni sono distribuiti nel modo seguente:

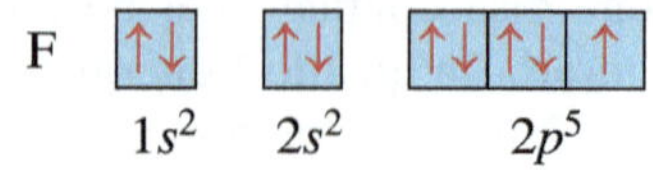

Il fluoro ha un solo elettrone disaccoppiato.

Nel neon (Ne, $Z = 10$), gli orbitali $2p$ sono completamente pieni. La configurazione elettronica del neon è $1s^2 2s^2 2p^6$, e gli elettroni sono tutti accoppiati, come di seguito indicato:

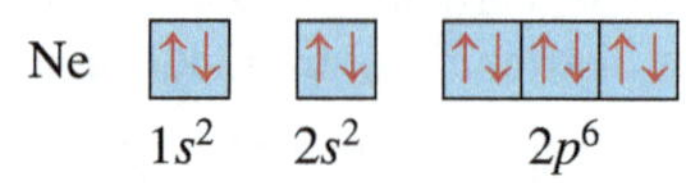

Il gas neon deve essere diamagnetico e l'osservazione sperimentale conferma questa previsione.

Esempio 2.2

Un atomo di ossigeno ha 8 elettroni. Scrivere i quattro numeri quantici per ciascuno degli otto elettroni nello stato fondamentale.

Impostazione Si consideri $n = 1$ e si proceda riempiendo gli orbitali nell'ordine mostrato in Figura 2.10. Per ciascun valore di n, si determinino i possibili valori di l. Per ciascun valore di l, si assegnino i possibili valori di m_l. Si introducano gli elettroni in accordo al principio di esclusione di Pauli e alla regola di Hund.

Soluzione Si comincia con $n = 1$, quindi $l = 0$ e l'orbitale corrispondente è l'$1s$. Questo orbitale può descrivere al massimo due elettroni. Poi $n = 2$, e l può essere 0 o 1. Il livello con $l = 0$ corrisponde all'orbitale $2s$ che può descrivere 2 elettroni. I rimanenti quattro elettroni entrano nel livello con $l = 1$ che corrisponde ai tre orbitali $2p$. Il diagramma orbitalico è riportato nel Paragrafo 2.1. I risultati sono riassunti nella tabella che segue. L'allocazione dell'ottavo elettrone nell'orbitale con $m_l = 1$ è completamente arbitraria. È corretto sia assegnare il valore $m_l = 0$ sia $m_l = -1$.

Elettrone	n	l	m_l	m_s	**Orbitale**
1	1	0	0	$+\frac{1}{2}$	$1s$
2	1	0	0	$-\frac{1}{2}$	
3	2	0	0	$+\frac{1}{2}$	$2s$
4	2	0	0	$-\frac{1}{2}$	
5	2	1	−1	$+\frac{1}{2}$	$2p_x$
6	2	1	0	$+\frac{1}{2}$	$2p_y$
7	2	1	1	$+\frac{1}{2}$	$2p_z$
8	2	1	1	$-\frac{1}{2}$	

Problema di autovalutazione Scrivere i set di numeri quantici per ciascun elettrone dell'atomo di boro.

2.2.3 Principio di Aufbau o principio di costruzione

Ora si cerca di estendere le regole viste per scrivere la configurazione elettronica dei primi dieci elementi ai rimanenti della tavola periodica. Questo processo è basato sul principio di *Aufbau*. (*Aufbau* è un termine tedesco che significa "costruzione".) *Il **principio di Aufbau** stabilisce che così come i protoni sono aggiunti uno a uno al nucleo per costruire gli elementi, anche gli elettroni vengono aggiunti in maniera analoga negli orbitali atomici in accordo con il principio di esclusione di Pauli e la regola di Hund.* Mediante questo procedimento si ottengono informazioni importanti circa le configurazioni elettroniche dello stato fondamentale degli elementi. Come si vedrà più avanti, la conoscenza delle configurazioni elettroniche serve per capire e prevedere le proprietà degli elementi; inoltre spiega perché la tavola periodica è così importante.

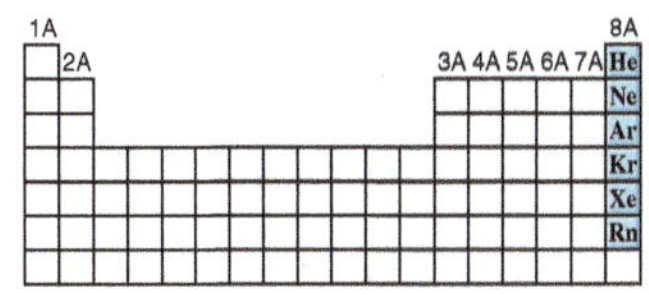

I gas nobili

La Tabella 2.1 riporta le configurazioni elettroniche dello stato fondamentale degli elementi dall'idrogeno (H, $Z = 1$) al roentgenio (Rg, $Z = 111$). Le configurazioni elettroniche di tutti gli elementi a eccezione dell'idrogeno e dell'elio sono rappresentate da un ***core gas nobile***, mostrato tra parentesi quadre, seguito dai simboli dei successivi orbitali riempiti. Le configurazioni elettroniche negli ultimi orbitali riempiti per gli elementi dal sodio ($Z = 11$) all'argon ($Z = 18$) rispecchiano l'andamento di quelli dal litio ($Z = 3$) al neon ($Z = 10$). Come ricordato precedentemente in questo paragrafo, l'orbitale 4*s* viene riempito prima del 3*d* in un atomo polielettronico (si veda la Figura 2.10). Quindi la configurazione elettronica del potassio ($Z = 19$) è $1s^22s^22p^63s^23p^64s^1$. Siccome $1s^22s^22p^63s^23p^6$ è la configurazione elettronica dell'argon, si può semplificare la rappresentazione elettronica del potassio scrivendo $[Ar]4s^1$, dove [Ar] denota il "core argon". In maniera analoga si può scrivere la configurazione elettronica del calcio ($Z = 20$) come $[Ar]4s^2$. L'allocazione dell'ultimo elettrone nell'orbitale 4*s* (piuttosto che nel 3*d*) del potassio è fortemente supportato da evidenze sperimentali. Per esempio, il comportamento chimico del potassio è molto simile a quella del litio e del sodio, i primi due metalli alcalini. L'elettrone più esterno sia di litio che di sodio è in un orbitale *s* (non c'è ambiguità nell'assegnare la loro configurazione elettronica); per cui ci si può attendere che l'ultimo elettrone del potassio occupi l'orbitale 4*s* piuttosto che il 3*d*.

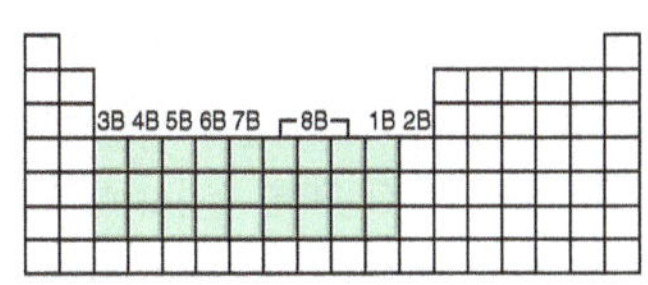

I metalli di transizione

Gli elementi dallo scandio (Sc, $Z = 21$) al rame (Cu, $Z = 29$) sono elementi di transizione. Gli ***elementi di transizione*** (o ***metalli di transizione***) sono quelli che *hanno orbitali d parzialmente occupati o comunque danno origine a cationi che hanno orbitali d parzialmente occupati.*[7] Anche se l'energia degli orbitali 3*d* è inferiore a quella dei 4*s* per $Z > 20$, la configurazione elettronica dello scandio ($Z = 21$) è $[Ar]4s^23d^1$. Questo sembra un controsenso – se l'energia dell'orbitale 3*d* è minore di quella del 4*s*, la configurazione elettronica a *più bassa* energia non dovrebbe essere $[Ar]3d^3$? Invece a causa della repulsione elettrone-elettrone le energie degli orbitali di atomi polielettronici dipendono anche da quali orbitali vengono occupati. Inserire tre elettroni negli orbitali 3*d* aumenta l'energia degli orbitali sia 4*s* sia 3*d*. Quindi, anche se l'orbitale 4*s* ha un'energia maggiore del 3*d*, l'energia totale del sistema a configurazione $4s^23d^1$ è minore di quello a configurazione sia $4s^13d^2$ sia $3d^3$. Il più alto valore dell'energia dell'orbitale 4*s* può essere visto quando un elettrone viene rimosso dallo scandio per formare il catione Sc^+. Questo elettrone viene allontanato da un orbitale 4*s* (in quanto ha un'energia più alta del 3*d*), perciò la configurazione di Sc^+ è $[Ar]4s^13d^1$.

Nel resto dei metalli della prima serie di transizione, gli elettroni successivi vengono introdotti negli orbitali 3*d* in accordo con la regola di Hund. Tuttavia ci sono due eccezioni. La configurazione elettronica del cromo (Cr, $Z = 24$) è $[Ar]4s^13d^5$ e

---

[7] Molti libri di testo di chimica includono gli elementi del Gruppo 2B (12) Zn, Cd, Hg, tra gli elementi di transizione, in base alla posizione nella tavola periodica, e non alla loro configurazione elettronica. La definizione usata in questo testo è quella adottata dalla IUPAC.

Tabella 2.1 Configurazioni elettroniche degli elementi nello stato fondamentale*

Numero atomico	Simbolo	Configurazione elettronica	Numero atomico	Simbolo	Configurazione elettronico	Numero atomico	Simbolo	Configurazione elettronica
1	H	$1s^1$	38	Sr	$[Kr]5s^2$	75	Re	$[Xe]6s^24f^{14}5d^5$
2	He	$1s^2$	39	Y	$[Kr]5s^24d^1$	76	Os	$[Xe]6s^24f^{14}5d^6$
3	Li	$[He]2s^1$	40	Zr	$[Kr]5s^24d^2$	77	Ir	$[Xe]6s^24f^{14}5d^7$
4	Be	$[He]2s^2$	41	Nb	$[Kr]5s^14d^4$	78	Pt	$[Xe]6s^14f^{14}5d^9$
5	B	$[He]2s^22p^1$	42	Mo	$[Kr]5s^14d^5$	79	Au	$[Xe]6s^14f^{14}5d^{10}$
6	C	$[He]2s^22p^2$	43	Tc	$[Kr]5s^24d^5$	80	Hg	$[Xe]6s^24f^{14}5d^{10}$
7	N	$[He]2s^22p^3$	44	Ru	$[Kr]5s^14d^7$	81	Tl	$[Xe]6s^24f^{14}5d^{10}6p^1$
8	O	$[He]2s^22p^4$	45	Rh	$[Kr]5s^14d^8$	82	Pb	$[Xe]6s^24f^{14}5d^{10}6p^2$
9	F	$[He]2s^22p^5$	46	Pd	$[Kr]4d^{10}$	83	Bi	$[Xe]6s^24f^{14}5d^{10}6p^3$
10	Ne	$[He]2s^22p^6$	47	Ag	$[Kr]5s^14d^{10}$	84	Po	$[Xe]6s^24f^{14}5d^{10}6p^4$
11	Na	$[Ne]3s^1$	48	Cd	$[Kr]5s^24d^{10}$	85	At	$[Xe]6s^24f^{14}5d^{10}6p^5$
12	Mg	$[Ne]3s^2$	49	In	$[Kr]5s^24d^{10}5p^1$	86	Rn	$[Xe]6s^24f^{14}5d^{10}6p^6$
13	Al	$[Ne]3s^23p^1$	50	Sn	$[Kr]5s^24d^{10}5p^2$	87	Fr	$[Rn]7s^1$
14	Si	$[Ne]3s^23p^2$	51	Sb	$[Kr]5s^24d^{10}5p^3$	88	Ra	$[Rn]7s^2$
15	P	$[Ne]3s^23p^3$	52	Te	$[Kr]5s^24d^{10}5p^4$	89	Ac	$[Rn]7s^26d^1$
16	S	$[Ne]3s^23p^4$	53	I	$[Kr]5s^24d^{10}5p^5$	90	Th	$[Rn]7s^26d^2$
17	Cl	$[Ne]3s^23p^5$	54	Xe	$[Kr]5s^24d^{10}5p^6$	91	Pa	$[Rn]7s^25f^26d^1$
18	Ar	$[Ne]3s^23p^6$	55	Cs	$[Xe]6s^1$	92	U	$[Rn]7s^25f^36d^1$
19	K	$[Ar]4s^1$	56	Ba	$[Xe]6s^2$	93	Np	$[Rn]7s^25f^46d^1$
20	Ca	$[Ar]4s^2$	57	La	$[Xe]6s^25d^1$	94	Pu	$[Rn]7s^25f^6$
21	Sc	$[Ar]4s^23d^1$	58	Ce	$[Xe]6s^24f^15d^1$	95	Am	$[Rn]7s^25f^7$
22	Ti	$[Ar]4s^23d^2$	59	Pr	$[Xe]6s^24f^3$	96	Cm	$[Rn]7s^25f^76d^1$
23	V	$[Ar]4s^23d^3$	60	Nd	$[Xe]6s^24f^4$	97	Bk	$[Rn]7s^25f^9$
24	Cr	$[Ar]4s^13d^5$	61	Pm	$[Xe]6s^24f^5$	98	Cf	$[Rn]7s^25f^{10}$
25	Mn	$[Ar]4s^23d^5$	62	Sm	$[Xe]6s^24f^6$	99	Es	$[Rn]7s^25f^{11}$
26	Fe	$[Ar]4s^23d^6$	63	Eu	$[Xe]6s^24f^7$	100	Fm	$[Rn]7s^25f^{12}$
27	Co	$[Ar]4s^23d^7$	64	Gd	$[Xe]6s^24f^75d^1$	101	Md	$[Rn]7s^25f^{13}$
28	Ni	$[Ar]4s^23d^8$	65	Tb	$[Xe]6s^24f^9$	102	No	$[Rn]7s^25f^{14}$
29	Cu	$[Ar]4s^13d^{10}$	66	Dy	$[Xe]6s^24f^{10}$	103	Lr	$[Rn]7s^25f^{14}6d^1$
30	Zn	$[Ar]4s^23d^{10}$	67	Ho	$[Xe]6s^24f^{11}$	104	Rf	$[Rn]7s^25f^{14}6d^2$
31	Ga	$[Ar]4s^23d^{10}4p^1$	68	Er	$[Xe]6s^24f^{12}$	105	Db	$[Rn]7s^25f^{14}6d^3$
32	Ge	$[Ar]4s^23d^{10}4p^2$	69	Tm	$[Xe]6s^24f^{13}$	106	Sg	$[Rn]7s^25f^{14}6d^4$
33	As	$[Ar]4s^23d^{10}4p^3$	70	Yb	$[Xe]6s^24f^{14}$	107	Bh	$[Rn]7s^25f^{14}6d^5$
34	Se	$[Ar]4s^23d^{10}4p^4$	71	Lu	$[Xe]6s^24f^{14}5d^1$	108	Hs	$[Rn]7s^25f^{14}6d^6$
35	Br	$[Ar]4s^23d^{10}4p^5$	72	Hf	$[Xe]6s^24f^{14}5d^2$	109	Mt	$[Rn]7s^25f^{14}6d^7$
36	Kr	$[Ar]4s^23d^{10}4p^6$	73	Ta	$[Xe]6s^24f^{14}5d^3$	110	Ds	$[Rn]7s^25f^{14}6d^8$
37	Rb	$[Kr]5s^1$	74	W	$[Xe]6s^24f^{14}5d^4$	111	Rg	$[Rn]7s^25f^{14}6d^9$

*Il simbolo [He] è chiamato core dell'elio e rappresenta la configurazione $1s^2$. [Ne] è chiamato core del neon e rappresenta la configurazione $1s^22s^22p^6$. [Ar] è chiamato core dell'argon e rappresenta la configurazione $[Ne]3s^23p^6$. [Kr] è chiamato core del cripton e rappresenta la configurazione $[Ar]4s^23d^{10}4p^6$. [Xe] è chiamato core dello xenon e rappresenta la configurazione $[Kr]5s^24d^{10}5p^6$. [Rn] è chiamato core del radon e rappresenta la configurazione $[Xe]6s^24f^{14}5d^{10}6p^6$.

non [Ar]$4s^2 3d^4$ come ci si dovrebbe aspettare. Lo stesso tipo di eccezione si osserva nel rame (Cu, Z = 29), la cui configurazione elettronica è [Ar]$4s^1 3d^{10}$ invece di [Ar]$4s^2 3d^9$. La ragione di queste irregolarità è che il sistema possiede un contenuto energetico minore se si hanno orbitali parzialmente riempiti ($3d^5$) o completamente riempiti ($3d^{10}$). Elettroni nello stesso sottolivello (in questo caso gli orbitali *d*) sono degeneri, ma hanno diversa orientazione nello spazio. Di conseguenza la loro mutua schermatura è relativamente piccola e gli elettroni sono più fortemente attratti dal nucleo quando presentano una configurazione $3d^5$. In accordo con la regola di Hund, il diagramma orbitalico per il cromo è

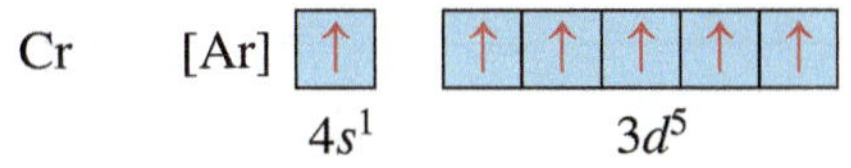

Quindi il cromo ha un totale di sei elettroni disaccoppiati. Il diagramma orbitalico per il rame è:

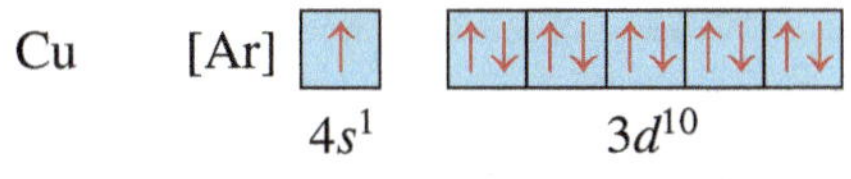

Si raggiunge maggiore stabilità in questo caso se si hanno gli orbitali $3d$ completamente riempiti. Dallo zinco (Zn, Z = 30) fino al cripton (Kr, Z = 36) i livelli $4p$ si riempiono senza eccezioni alle regole viste finora.

A partire dal rubidio (Rb, Z = 37, [Kr]$5s^1$) e dallo stronzio (Sr, Z = 38, [Kr]$5s^2$), gli elettroni cominciano a occupare orbitali con numero quantico principale uguale a 5. Le configurazioni elettroniche nella seconda serie dei metalli di transizione [dall'ittrio (Y, Z = 39) all'argento (Ag, Z = 47)] sono pure irregolari ma un'analisi dettagliata di questo fatto esula dagli scopi del presente libro di testo. Dal cadmio (Cd, Z = 48) fino allo xenon (Xe, Z = 54) il riempimento degli orbitali $5p$ segue la regola di Hund.

Il sesto periodo della tavola periodica inizia con il cesio (Cs, Z = 55) e il bario (Ba, Z = 56) che hanno configurazione elettronica [Xe]$6s^1$ e [Xe]$6s^2$ rispettivamente. Si arriva poi al lantanio (La, Z = 57). Dalla Figura 2.10 si può osservare che dopo aver riempito gli orbitali $6s$ si introducono gli elettroni negli orbitali $4f$. In realtà le energie degli orbitali $5d$ e $4f$ sono molto simili ma, agli effetti, per il lantanio l'orbitale $4f$ ha un'energia leggermente maggiore del $5d$; per cui la configurazione elettronica del lantanio è [Xe]$6s^2 5d^1$ e non [Xe]$6s^2 4f^1$.

A seguire il lantanio ci sono i 14 elementi conosciuti come ***serie dei lantanidi*** o ***terre rare*** [dal cerio (Ce, Z = 58) al lutezio (Lu, Z = 71)]. *Gli elementi terre rare possiedono orbitali 4f incompleti o danno facilmente origine a cationi che hanno orbitali 4f parzialmente riempiti.* In questa serie gli elettroni aggiunti vengono descritti da orbitali $4f$. Dopo che tali orbitali sono stati completamente riempiti gli elettroni successivi entrano negli orbitali $5d$ del lutezio. La configurazione elettronica del gadolinio (Gd, Z = 64) è [Xe]$6s^2 4f^7 5d^1$ piuttosto [Xe]$6s^2 4f^8$. Esattamente come nel caso del cromo il gadolinio raggiunge un contenuto energetico minore se possiede gli orbitali $4f$ semiriempiti ($4f^7$).

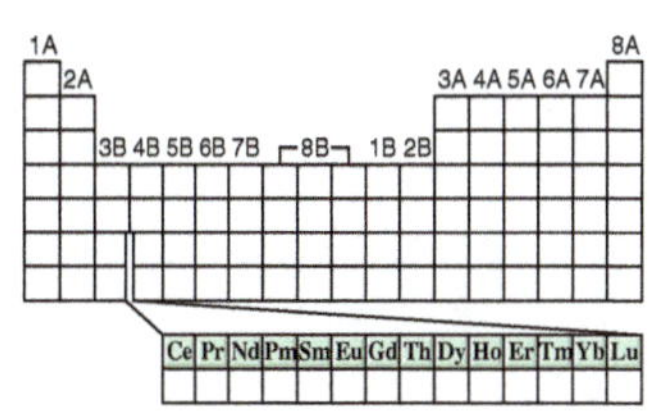

I lantanidi

La terza serie dei metalli di transizione che va dal lantanio all'afnio (Hf, Z = 72) e si estende fino all'oro (Au, Z = 79) è caratterizzata dal riempimento degli orbitali $5d$. Gli orbitali $6s$ e $6p$ vengono riempiti successivamente, e si arriva al radon (Rn, Z = 86). L'ultima riga di elementi è la ***serie degli attinidi***, che inizia con il torio (Th, Z = 90). La maggior parte degli elementi attinidi non si trovano in natura ma sono stati sintetizzati. Con poche eccezioni si dovrebbe essere in grado di scrivere la configurazione elettronica di qualsiasi elemento usando la Figura 2.10 come guida. Elementi che richiedono una particolare attenzione sono i metalli di transizione, la serie dei lantanidi e quella degli attinidi. Come si è osservato in precedenza al crescere del numero quantico principale n, l'ordine di riempimento degli orbitali atomici si può

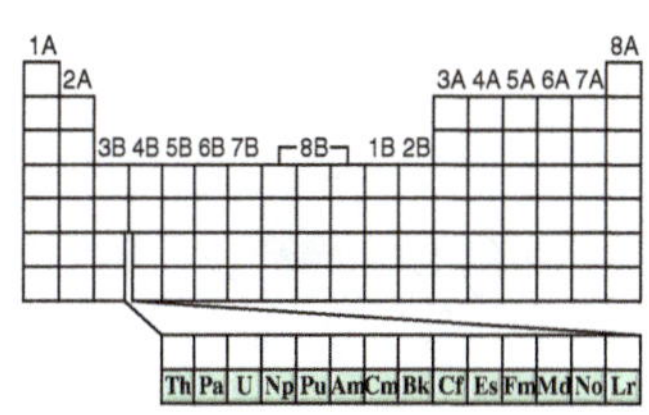

Gli attinidi

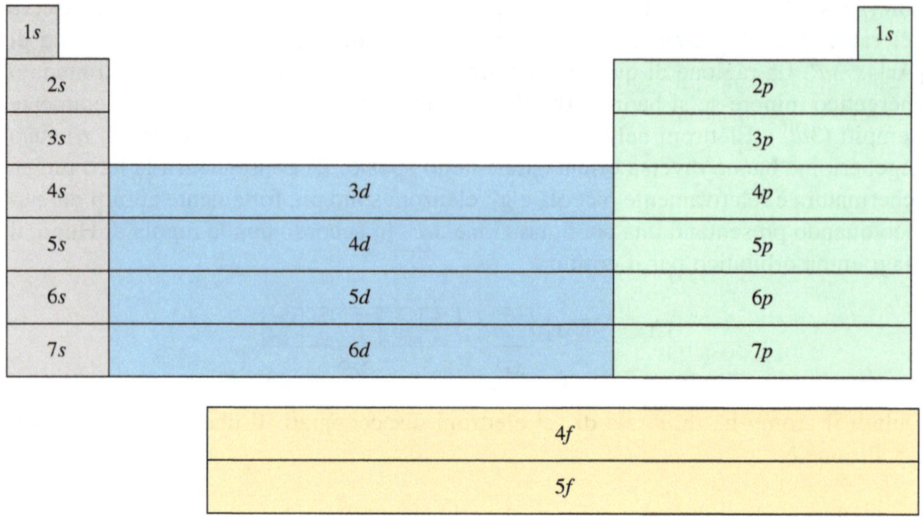

Figura 2.11 Classificazione di gruppi di elementi nella tavola periodica in accordo al tipo di livello riempito dagli elettroni di valenza.

invertire da un elemento al successivo. La Figura 2.11 raggruppa gli elementi in accordo con il tipo di orbitale nel quale vengono inseriti gli elettroni più esterni.

Esempio 2.3

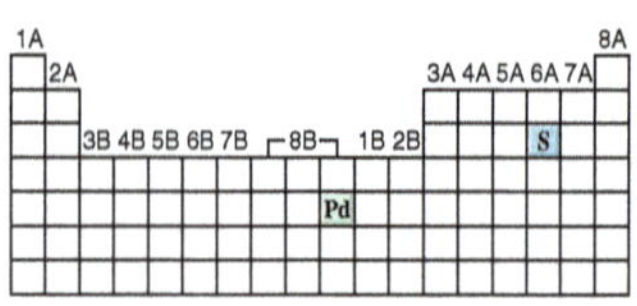

Scrivere le configurazioni elettroniche dello stato fondamentale di (a) zolfo e (b) palladio, sapendo che quest'ultimo è diamagnetico.

Impostazione Siccome gli atomi sono neutri, il numero di elettroni eguaglia il numero atomico. Si comincia con $n = 1$ e si procede riempiendo gli orbitali nell'ordine mostrato in Figura 2.10. Per ciascun valore di l, si assegnano i possibili valori di m_l. Si introducono gli elettroni seguendo il principio di esclusione di Pauli e la regola di Hund. La notazione della configurazione elettronica si può semplificare utilizzando la notazione tra parentesi quadre per la disposizione degli elettroni più interni come elettroni del "core" tipo gas nobile.

Soluzione (a) Lo zolfo (S, Z = 16) ha 16 elettroni quindi il "core" tipo gas nobile in questo caso è [Ne]. (Ne è il gas nobile che precede lo zolfo nella tavola periodica.) La notazione [Ne] rappresenta la configurazione elettronica $1s^2 2s^2 2p^6$. I sei elettroni rimanenti sono descritti dagli orbitali $3s$ e $3p$. Quindi la configurazione elettronica dello S è $1s^2 2s^2 2p^6 3s^2 3p^4$ o [Ne]$3s^2 3p^4$. (b) Il palladio (Pd, Z = 46) ha 46 elettroni. Il "core" tipo gas nobile in questo caso è [Kr] (Kr è il gas nobile che precede il palladio nella tavola periodica.) La notazione [Kr] rappresenta la configurazione elettronica $1s^2 2s^2 2p^6 3s^2 3p^6 4s^2 3d^{10} 4p^6$. I rimanenti 10 elettroni si introducono negli orbitali $4d$ e $5s$. Le tre scelte possibili sono (1) $4d^{10}$, (2) $4d^9 5s^1$ e (3) $4d^8 5s^2$. Siccome il palladio è diamagnetico tutti gli elettroni sono accoppiati e la configurazione elettronica deve essere la (1), [Kr]$4d^{10}$. Infatti le configurazioni (2) e (3) rappresentano entrambe elementi paramagnetici.

Verifica Per confermare la risposta scrivere il diagramma orbitalico per (1), (2) e (3).

Problema di autovalutazione Scrivere le configurazioni elettroniche dello stato fondamentale per (a) il fosforo e (b) il cobalto.

2.2.4 Configurazioni elettroniche per cationi e anioni

Le configurazioni elettroniche dello stato fondamentale dei cationi e anioni monoatomici possono essere scritte esattamente come per gli atomi, usando il principio di esclusione di Pauli e la regola di Hund.

Per i metalli non di transizione i cationi si formano generalmente per perdita di uno o più elettroni dagli orbitali a più alta energia in modo tale da raggiungere la configurazione elettronica tipo gas nobile. Di seguito sono riportate le configurazioni elettroniche di alcuni atomi e dei loro corrispondenti cationi:

Na: $[Ne]3s^1$	Na^+: [Ne]
Ca: $[Ar]4s^2$	Ca^{2+}: [Ar]
Al: $[Ne]3s^23p^1$	Al^{3+}: [Ne]

Si noti che ciascun catione possiede una configurazione elettronica tipo gas nobile. In alcuni metalli pesanti non di transizione, come l'indio (In, $Z = 49$) o il piombo (Pb, Z = 82), è possibile avere due diversi tipi di catione, a causa della stabilità del livello s pieno. L'indio ha configurazione elettronica $[Kr]4d^{10}5s^25p^1$ e può perdere tutti e tre gli elettroni con $n = 5$ ($5s^2$ e $5p^1$) per formare il catione In^{3+} con configurazione [Kr], ma può anche formare il catione In^+ con configurazione $[Kr]5s^2$. In maniera analoga il piombo può formare sia il catione Pb^{4+}($[Xe]5d^{10}$) sia il catione Pb^{2+} ($[Xe]5d^{10}6s^2$). La stabilità della coppia di elettroni interni nell'ultimo orbitale s (chiamata *coppia inerte*) in In^+ e Pb^{2+} è il risultato di effetti relativistici (si veda la nota 2 in questo capitolo) che si osserva solo negli atomi più pesanti dei Gruppi 3A e 4A. Gli atomi più leggeri di questi gruppi non hanno questo comportamento; l'alluminio per esempio forma soltanto il catione 3+. La tendenza dei metalli più pesanti del Gruppo 3A a formare cationi sia 1+ sia 3+ e quella degli elementi del Gruppo 4A a formare cationi sia 2+ sia 4+ è chiamata ***effetto coppia inerte***.

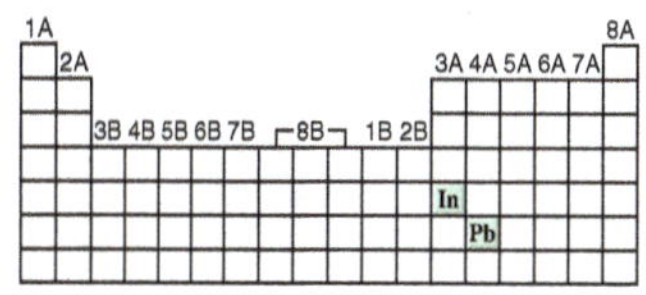

Un anione si forma quando uno o più elettroni vengono aggiunti negli orbitali non completamente riempiti dell'atomo, e la configurazione elettronica che ne deriva è ancora di tipo gas nobile. Si considerino i seguenti esempi:

H: $1s^1$	H^-: $1s^2$ o [He]
F: $1s^22s^22p^5$	F^-: $1s^22s^22p^6$ o [Ne]
O: $1s^22s^22p^4$	O^{2-}: $1s^22s^22p^6$ o [Ne]
N: $1s^22s^22p^3$	N^{3-}: $1s^22s^22p^6$ o [Ne]

Ciascuno di questi anioni possiede una configurazione elettronica stabile di tipo gas nobile.[8] In effetti F^-, Na^+ e Ne (così come Al^{3+}, O^{2-} e N^{3-}) hanno la stessa configurazione elettronica. Si dice che sono ***isoelettronici*** in quanto hanno lo stesso numero di elettroni e quindi la stessa configurazione elettronica dello stato fondamentale. Anche H^- e He sono isoelettronici.

Per i metalli di transizione la formazione di ioni è più complicata. Nella prima serie di metalli di transizione (dallo scandio al rame) si ricordi che le considerazioni circa l'energia totale del sistema suggeriscono che gli orbitali $4s$ si riempiano sempre prima dei $3d$, anche se l'energia dei $3d$ è più bassa. Ciò non di meno, quando gli elettroni vengono allontanati per formare ioni, gli elettroni nel livello $4s$ a più alta energia vengono rimossi per primi. Si consideri il manganese la cui configurazione elettronica è $[Ar]4s^23d^5$. Quando si forma il catione Mn^{2+} i due elettroni vengono allontanati dall'orbitale $4s$ e la configurazione elettronica di Mn^{2+} è $[Ar]3d^5$. Quando si forma un catione da un metallo di transizione i primi elettroni vengono rimossi sempre dall'orbitale s e successivamente dai d. Inoltre la maggior parte dei metalli di transizione può dare origine a più di un catione e solitamente questi *non* sono isoelettronici con il gas nobile precedente.

Si ricordi che l'ordine di riempimento degli orbitali non determina o predice l'ordine di allontanamento elettronico per i metalli di transizione.

[8] Come verrà discusso nel Paragrafo 2.5, l'aggiunta di due elettroni in un atomo isolato di O per formare lo ione ossido O^{2-} è energeticamente sfavorevole. L'anione ossido è instabile da solo ma diventa stabile se circondato da ioni positivi in un composto ionico. Quindi nella formazione degli anioni, la configurazione elettronica dei gas nobili è dovuta più all'interazione con altri ioni che all'intrinseca stabilità della configurazione elettronica tipo gas nobile.

2.3 Tavola periodica e quantomeccanica

Nel Paragrafo 2.2 si è osservato come la struttura della tavola periodica derivi da una trattazione quantomeccanica della struttura degli elementi in termini di orbitali atomici. Ciò non di meno, la stesura della tavola periodica è precedente allo sviluppo della teoria quantomeccanica di diverse decine d'anni. Nel XIX secolo, quando gli scienziati avevano solo una vaga idea degli atomi e delle molecole e non sapevano ancora nulla dell'esistenza degli elettroni e dei protoni, impostarono la struttura della tavola periodica usando solo le loro conoscenze sulla massa atomica, che a quei tempi poteva essere determinata abbastanza accuratamente. Disporre in una tabella gli elementi in ordine secondo la loro massa atomica sembrava logico a questi scienziati, che pensarono che il comportamento chimico doveva in qualche modo essere in relazione alla massa degli elementi. Nel 1864 il chimico inglese John Newlands[9] notò che quando gli elementi sono disposti in ordine di massa atomica, ogni otto elementi le proprietà chimiche si ripetono. Newlands chiamò questa particolare relazione la *legge delle ottave*. Questa "legge" tuttavia si dimostrò inadeguata per gli elementi oltre il calcio e quindi la comunità scientifica non accettò il lavoro di Newlands.

Nel 1869 il chimico russo Dmitri Mendeleev[10] e il chimico tedesco Lothar Meyer[11] proposero, indipendentemente uno dall'altro, una tabulazione molto più estesa degli elementi sulla base della periodica ripetizione delle loro proprietà chimiche. Il sistema di classificazione di Mendeleev fu ben più importante rispetto a quello di Newlands per due motivi. Primo, gli elementi vengono raggruppati molto più accuratamente, in accordo alle loro proprietà; secondo, non meno importante, è possibile prevedere sia l'esistenza sia le proprietà di molti elementi prima che questi vengano scoperti. Per esempio, Mendeleev propose l'esistenza di un elemento sconosciuto che chiamò eka-alluminio e predisse alcune delle sue proprietà. (Eka è un termine in sanscrito che significa "primo"; per cui eka-alluminio significa il primo elemento dopo l'alluminio nello stesso gruppo.) Quando il gallio fu scoperto quattro anni più tardi, le proprietà osservate sperimentalmente erano del tutto in accordo con quelle previste.

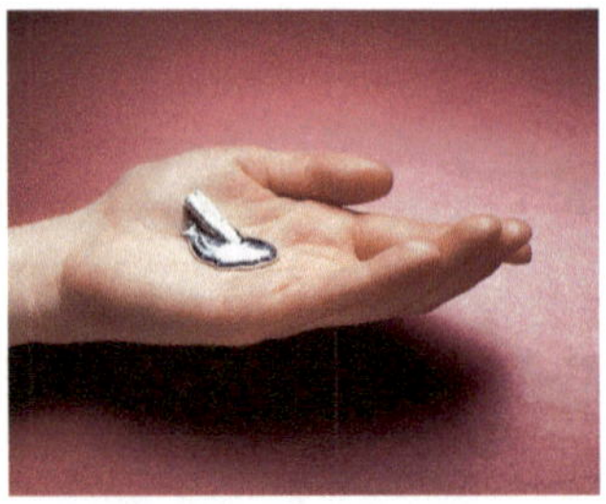

Il gallio fonde se tenuto sulla mano. La temperatura corporea è circa 37° C.

	Eka-Allumino (Ea)	**Gallio (Ga)**
Massa atomica	68 u	69,9 u
Punto di fusione	Basso	30,15 °C
Densità	5,9 g cm^{-3}	5,94 g cm^{-3}
Formula dell'ossido	Ea_2O_3	Ga_2O_3

La tavola periodica di Mendeleev includeva 66 elementi. A partire dal 1900, circa 30 elementi sono stati aggiunti alla lista, alcuni riempiendo gli spazi vuoti. In Figura 2.12 è riportata la distribuzione degli elementi nella tavola periodica secondo l'ordine cronologico di scoprimento.

Anche se questa tavola periodica ebbe un notevole successo le prime versioni contenevano lampanti incongruenze. Per esempio, la massa atomica dell'argon (39,95 u; $Z = 18$) è *maggiore* di quella del potassio (39,10 u; $Z = 19$). Se gli elementi fossero di-

---

[9] John Alexander Reina Newlands (1838-1898). Chimico inglese. La ricerca di Newlands ha aperto la giusta direzione per capire la classificazione degli elementi. Sfortunatamente, a causa delle sue imperfezioni è stato molto criticato e addirittura messo in ridicolo. In un convegno gli fu chiesto se avesse mai pensato di classificare gli elementi in base alla lettera alfabetica! Nonostante ciò nel 1887 la Royal Society diede un premio a Newlands per la sua ricerca.

[10] Dmitri Ivanovich Mendeleev (1836-1907). Chimico russo. Il suo principale lavoro di ricerca ha riguardato lo studio della classificazione degli elementi.

[11] Julius Lothar Meyer (1830-1895). Chimico tedesco. Oltre ad alcuni contributi riguardo la classificazione degli elementi nella tavola periodica, Meyer scoprì l'affinità chimica dell'emoglobina per l'ossigeno.

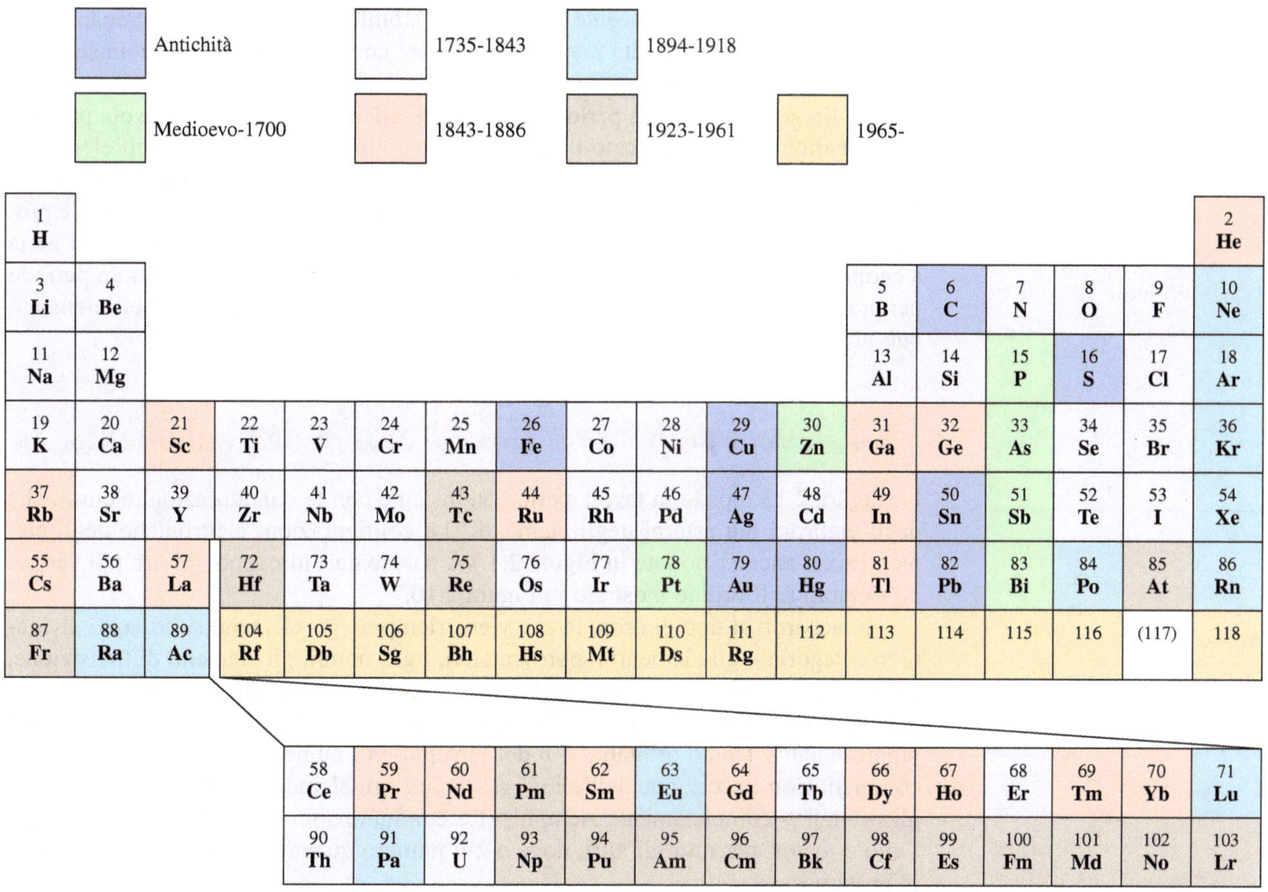

Figura 2.12 La distribuzione degli elementi nella tavola periodica secondo l'ordine cronologico di scoprimento. Finora sono stati identificati 117 elementi.

sposti semplicemente in ordine di massa atomica l'argon e il potassio dovrebbero scambiarsi di posto nella moderna tavola periodica, ma nessun chimico cambierebbe mai la posizione di un gas inerte con quella di un metallo alcalino! Questa e altre discrepanze suggerirono che altre proprietà fondamentali oltre alla massa atomica dovevano causare la periodicità delle proprietà degli elementi. Queste proprietà finirono per essere associate al numero atomico, un concetto sconosciuto a Mendeleev e ai suoi contemporanei.

Usando i dati provenienti da esperimenti di diffrazione (si veda il Paragrafo 0.2) Rutherford ottenne il numero di cariche positive contenute nel nucleo di alcuni elementi, ma il significato di questi numeri fu ignorato per lungo tempo. Nel 1913 un giovane fisico inglese, Henry Moseley,[12] scoprì una relazione tra ciò che lui chiamò *numero atomico* e la frequenza della radiazione X che veniva generata da un elemento quando questo veniva bombardato con elettroni ad alta energia. Moseley osservò che le frequenze delle radiazioni X emesse dagli elementi sono correlate dalla seguente equazione

$$\sqrt{\nu} = a(Z - b)$$

dove ν è la frequenza dei raggi X emessi e a e b sono delle costanti per tutti gli elementi. Per cui, dalla radice quadrata della frequenza misurata dei raggi X emessi, si può determinare il numero atomico dell'elemento.

Con poche eccezioni Moseley trovò che il numero atomico aumenta nello stesso senso della massa atomica. Per esempio, il calcio è il ventesimo elemento in or-

[12] Henry Gwyn-Jeffreys Moseley (1887-1915). Fisico inglese. Scoprì la relazione fra i raggi X emessi da un metallo bombardato da elettroni e il numero atomico. Luogotenente della Royal Engineers, fu ucciso in battaglia a 28 anni durante la campagna inglese a Gallipoli, in Turchia.

dine di massa atomica crescente e ha numero atomico pari a 20. Le discrepanze che avevano suscitato perplessità negli scienziati ora cominciavano ad avere un senso. Il numero atomico dell'argon è 18 e quello del potassio è 19, per cui il potassio deve seguire l'argon nella tavola periodica e non precederlo. Una moderna tavola periodica normalmente porta indicato il numero atomico insieme al simbolo dell'elemento. Inoltre il numero atomico indica il numero di elettroni nell'atomo di quell'elemento. Le configurazioni elettroniche degli elementi aiutano a capire il susseguirsi delle proprietà fisiche e chimiche. La tavola periodica è importante e utile in quanto ci aiuta a capire le proprietà generali e l'andamento all'interno di un gruppo o di un periodo per predire con buona precisione le proprietà di un elemento, anche se quell'elemento può non esserci famigliare.

La suddivisione strutturale della tavola periodica in gruppi (colonne) e periodi (righe) è stata discussa nel Paragrafo 0.2.

2.4 Tavola periodica e classificazione degli elementi

La Figura 2.13 mostra la tavola periodica insieme con le configurazioni elettroniche degli elettroni più esterni degli elementi. (Le configurazioni elettroniche degli elementi sono anche riportate in Figura 2.1.) A partire dall'idrogeno, gli orbitali vengono riempiti nell'ordine mostrato in Figura 2.10.

In accordo al tipo di orbitale che viene riempito, gli elementi si possono dividere in categorie – gli elementi rappresentativi, i gas nobili, gli elementi di transizione, i lantanidi, gli attinidi. Gli ***elementi rappresentativi*** (detti anche *elementi dei gruppi principali*) sono gli elementi dei Gruppi da 1A fino a 7A. Gli atomi degli elementi rappresentativi hanno orbitali *s* o *p* del loro più alto numero quantico principale incompleti. Con l'eccezione dell'elio, i *gas nobili* (gli elementi del Gruppo 8A) hanno gli orbitali *p* completamente riempiti. (Le configurazioni elettroniche sono $1s^2$ per l'elio e ns^2np^6 per tutti gli altri, dove *n* è il numero quantico principale dell'orbitale più esterno.)

	1 1A	2 2A	3 3B	4 4B	5 5B	6 6B	7 7B	8	9 8B	10	11 1B	12 2B	13 3A	14 4A	15 5A	16 6A	17 7A	18 8A
1	1 **H** $1s^1$																	2 **He** $1s^2$
2	3 **Li** $2s^1$	4 **Be** $2s^2$											5 **B** $2s^22p^1$	6 **C** $2s^22p^2$	7 **N** $2s^22p^3$	8 **O** $2s^22p^4$	9 **F** $2s^22p^5$	10 **Ne** $2s^22p^6$
3	11 **Na** $3s^1$	12 **Mg** $3s^2$											13 **Al** $3s^23p^1$	14 **Si** $3s^23p^2$	15 **P** $3s^23p^3$	16 **S** $3s^23p^4$	17 **Cl** $3s^23p^5$	18 **Ar** $3s^23p^6$
4	19 **K** $4s^1$	20 **Ca** $4s^2$	21 **Sc** $4s^23d^1$	22 **Ti** $4s^23d^2$	23 **V** $4s^23d^3$	24 **Cr** $4s^13d^5$	25 **Mn** $4s^23d^5$	26 **Fe** $4s^23d^6$	27 **Co** $4s^23d^7$	28 **Ni** $4s^23d^8$	29 **Cu** $4s^13d^{10}$	30 **Zn** $4s^23d^{10}$	31 **Ga** $4s^24p^1$	32 **Ge** $4s^24p^2$	33 **As** $4s^24p^3$	34 **Se** $4s^24p^4$	35 **Br** $4s^24p^5$	36 **Kr** $4s^24p^6$
5	37 **Rb** $5s^1$	38 **Sr** $5s^2$	39 **Y** $5s^24d^1$	40 **Zr** $5s^24d^2$	41 **Nb** $5s^14d^4$	42 **Mo** $5s^14d^5$	43 **Tc** $5s^24d^5$	44 **Ru** $5s^14d^7$	45 **Rh** $5s^14d^8$	46 **Pd** $4d^{10}$	47 **Ag** $5s^14d^{10}$	48 **Cd** $5s^24d^{10}$	49 **In** $5s^25p^1$	50 **Sn** $5s^25p^2$	51 **Sb** $5s^25p^3$	52 **Te** $5s^25p^4$	53 **I** $5s^25p^5$	54 **Xe** $5s^25p^6$
6	55 **Cs** $6s^1$	56 **Ba** $6s^2$	57 **La** $6s^25d^1$	72 **Hf** $6s^25d^2$	73 **Ta** $6s^25d^3$	74 **W** $6s^25d^4$	75 **Re** $6s^25d^5$	76 **Os** $6s^25d^6$	77 **Ir** $6s^25d^7$	78 **Pt** $6s^15d^9$	79 **Au** $6s^15d^{10}$	80 **Hg** $6s^25d^{10}$	81 **Tl** $6s^26p^1$	82 **Pb** $6s^26p^2$	83 **Bi** $6s^26p^3$	84 **Po** $6s^26p^4$	85 **At** $6s^26p^5$	86 **Rn** $6s^26p^6$
7	87 **Fr** $7s^1$	88 **Ra** $7s^2$	89 **Ac** $7s^26d^1$	104 **Rf** $7s^26d^2$	105 **Db** $7s^26d^3$	106 **Sg** $7s^26d^4$	107 **Bh** $7s^26d^5$	108 **Hs** $7s^26d^6$	109 **Mt** $7s^26d^7$	110 **Ds** $7s^26d^8$	111 **Rg** $7s^26d^9$	112 $7s^26d^{10}$	113 $7s^27p^1$	114 $7s^27p^2$	115 $7s^27p^3$	116 $7s^27p^4$	(117)	118 $7s^27p^6$

58 **Ce** $6s^24f^15d^1$	59 **Pr** $6s^24f^3$	60 **Nd** $6s^24f^4$	61 **Pm** $6s^24f^5$	62 **Sm** $6s^24f^6$	63 **Eu** $6s^24f^7$	64 **Gd** $6s^24f^75d^1$	65 **Tb** $6s^24f^9$	66 **Dy** $6s^24f^{10}$	67 **Ho** $6s^24f^{11}$	68 **Er** $6s^24f^{12}$	69 **Tm** $6s^24f^{13}$	70 **Yb** $6s^24f^{14}$	71 **Lu** $6s^24f^{14}5d^1$
90 **Th** $7s^26d^2$	91 **Pa** $7s^25f^26d^1$	92 **U** $7s^25f^36d^1$	93 **Np** $7s^25f^46d^1$	94 **Pu** $7s^25f^6$	95 **Am** $7s^25f^7$	96 **Cm** $7s^25f^76d^1$	97 **Bk** $7s^25f^9$	98 **Cf** $7s^25f^{10}$	99 **Es** $7s^25f^{11}$	100 **Fm** $7s^25f^{12}$	101 **Md** $7s^25f^{13}$	102 **No** $7s^25f^{14}$	103 **Lr** $7s^25f^{14}6d^1$

Figura 2.13 Le configurazioni elettroniche degli elementi nello stato fondamentale. Per semplicità sono riportate solo le configurazioni degli elettroni più esterni.

Gli elementi di transizione (o metalli di transizione) sono gli elementi nei Gruppi da 1B e 3B fino a 8B (si veda il Paragrafo 2.2). (Questi metalli sono anche chiamati elementi di transizione del blocco *d*.) La non consequenziale numerazione dei metalli di transizione nella tabella periodica (cioè 3B-8B seguita da 1B) si richiama a una corrispondenza fra le configurazioni elettroniche esterne di questi elementi e quelle degli elementi rappresentativi. Per esempio, lo scandio e il gallio hanno entrambi tre elettroni. Però, siccome gli elettroni sono distribuiti in diversi tipi di orbitali, gli elementi sono catalogati in gruppi differenti (3B e 3A rispettivamente). I metalli ferro (Fe), cobalto (Co) e nichel (Ni) non obbediscono a questo schema e sono tutti collocati nel Gruppo 8B. Gli elementi del Gruppo 2B, zinco (Zn), cadmio (Cd) e mercurio (Hg) non sono né elementi rappresentativi né metalli di transizione. Non c'è uno speciale nome per questo gruppo di metalli. La designazione di Gruppo A e Gruppo B non è universale. In Europa la pratica comune è quella di chiamare B gli elementi rappresentativi e A i metalli di transizione, che è esattamente l'opposto della convenzione americana. La IUPAC ha stabilito di numerare progressivamente le colonne della tavola periodica da 1 a 18 con numeri arabi (si veda la Figura 2.13). Tale proposta ha suscitato molte controversie nella comunità chimica internazionale. In questo testo si utilizzerà la convenzione americana.

I lantanidi e gli attinidi sono detti elementi di transizione del blocco *f*, in quanto essi hanno tali orbitali parzialmente riempiti. La Figura 2.14 riporta con diverse colorazioni la distribuzione degli elementi discussi sino a ora.

Una chiara regolarità emerge quando si considerano le configurazioni elettroniche di tutti gli elementi che appartengono allo stesso gruppo (si veda la Tabella 2.1 e la Figura 2.13). Tutti gli elementi del Gruppo 1A (metalli alcalini) hanno configurazioni elettroniche simili degli elettroni più esterni; ognuno possiede un core gas nobile e un elettrone nell'orbitale *ns*. In maniera analoga i metalli alcalino terrosi del Gruppo 2A hanno un core gas nobile e una configurazione elettronica esterna di tipo ns^2. *Gli elettroni più esterni di un atomo che sono quelli coinvolti nei legami chi-*

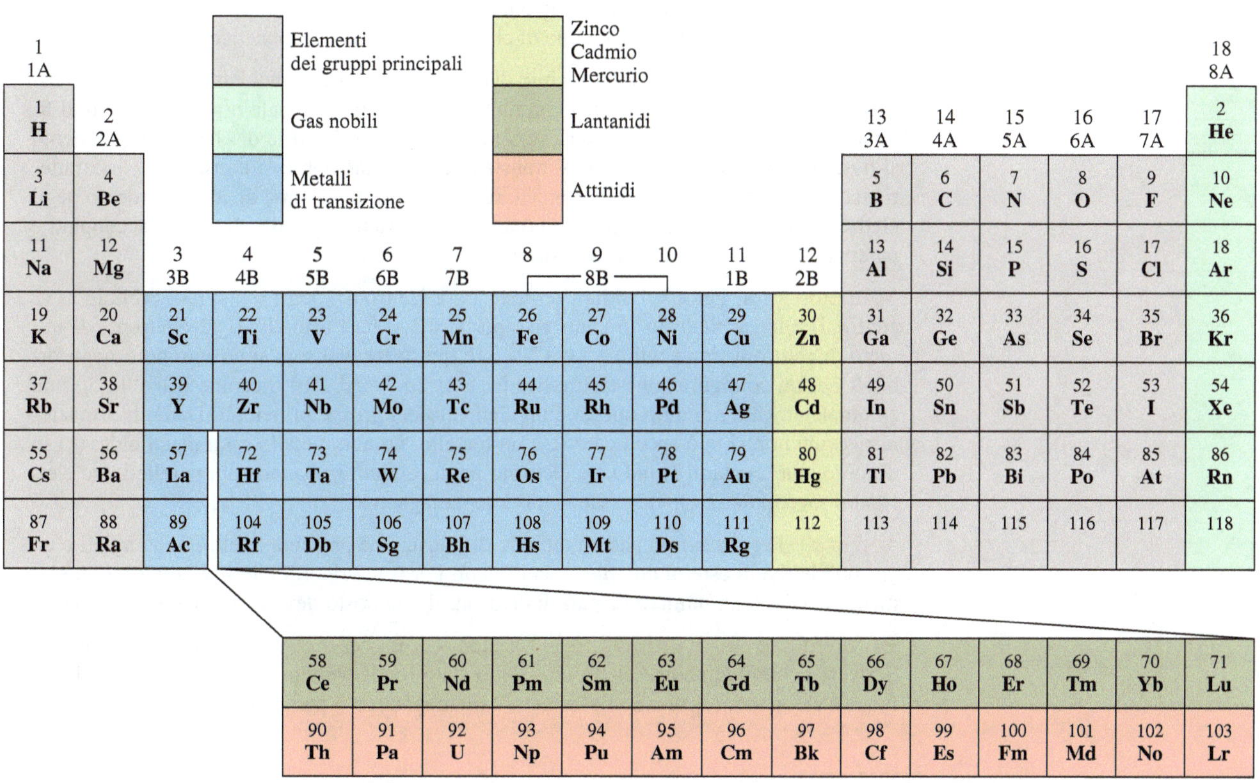

Figura 2.14 Classificazione degli elementi. Gli elementi del Gruppo 2B sono spesso classificati come metalli di transizione anche se non sempre esibiscono caratteristiche tipiche dei metalli di transizione.

mici, sono chiamati ***elettroni di valenza***. (Gli elettroni più interni di un atomo sono chiamati ***elettroni del core***.) La somiglianza delle configurazioni elettroniche degli elettroni più esterni (vale a dire lo stesso numero e tipo di elettroni di valenza) è ciò che rende ragione del raggruppamento di tali atomi in gruppi e del loro simile comportamento chimico. Questa osservazione si ripete anche per altri elementi dei gruppi principali. Gli alogeni per esempio (gli elementi dei Gruppo 7A) hanno configurazione elettronica esterna del tipo ns^2np^5 e hanno proprietà chimiche molto simili. Bisogna invece stare attenti quando si vogliono predire le proprietà di elementi dei Gruppi 3A fino al 6A. Gli elementi del Gruppo 4A, per esempio, hanno tutti la stessa configurazione elettronica esterna di tipo ns^2np^2 ma le proprietà chimiche e fisiche cambiano da un elemento all'altro: il carbonio è un non metallo, il silicio e il germanio sono metalloidi e lo stagno e il piombo sono metalli.

I gas nobili hanno comportamento simile. Anche se, recentemente,[13] sono stati sintetizzati alcuni composti di cripton, xenon e argon, i gas nobili sono praticamente inerti a reazione chimica. Sono così poco reattivi in quanto hanno gli orbitali *s* e *p* completamente riempiti, una situazione che rappresenta una notevole stabilità. Anche se la configurazione elettronica esterna dei metalli di transizione differisce all'interno di un gruppo, e non c'è uno schema nel cambiamento della configurazione elettronica da un elemento al successivo nello stesso periodo, tutti i metalli di transizione possiedono delle caratteristiche comuni che li differenziano dagli altri elementi metallici. Queste somiglianze provengono dal fatto di avere gli orbitali *d* parzialmente riempiti. In maniera analoga i lantanidi (e gli attinidi) si assomigliano in quanto presentano gli orbitali *f* parzialmente riempiti.

Esempio 2.4

Un atomo di un certo elemento ha 15 elettroni. Senza guardare la tavola periodica, rispondere alle seguenti domande: (a) Quale è la configurazione elettronica dello stato fondamentale di questo elemento? (b) Che tipo di elemento è? (c) È diamagnetico o paramagnetico?

Impostazione (a) Si usi il principio di costruzione discusso nel Paragrafo 2.2 per scrivere la configurazione elettronica con numero quantico principale $n = 1$ e si continui fino a quando tutti gli elettroni sono stati inseriti; (b) per stabilire di che tipo di elemento si tratti, se dei gruppi principali, di transizione o dei gas nobili si considerino le caratteristiche della configurazione elettronica; (c) si esamini lo schema di accoppiamento degli elettroni più esterni. L'elemento sarà diamagnetico se tutti gli elettroni sono accoppiati e paramagnetico se ci sono elettroni disaccoppiati.

Soluzione (a) Per $n = 1$ si ha l'orbitale 1*s* (2 elettroni); per $n = 2$ si ha l'orbitale 2*s* (2 elettroni) e tre orbitali 2*p* (6 elettroni); per $n = 3$ si ha l'orbitale 3*s* (2 elettroni). Il numero di elettroni rimanenti è 15 – 12 = 3, e questi tre elettroni sono introdotti negli orbitali 3*p*. La configurazione elettronica è $1s^22s^22p^63s^23p^3$. (b) Siccome il livello 3*p* non è completamente riempito questo è un elemento dei gruppi principali. Dalle informazioni ricevute non si può specificare se è un metallo, un non metallo o un metalloide. (c) In accordo alla regola di Hund i tre elettroni negli orbitali 3*p* hanno spin paralleli (tre elettroni disaccoppiati). Quindi l'elemento è paramagnetico.

Verifica Per (b) si noti che un metallo di transizione presenta livelli *d* incompleti e un gas nobile livelli esterni completamenti pieni. Per (c) si ricordi che se l'atomo di un elemento contiene un numero dispari di elettroni il composto deve essere paramagnetico.

Problema di autovalutazione Un atomo di un certo elemento ha 20 elettroni. (a) Scrivere la configurazione elettronica dello stato fondamentale dell'elemento, (b) classificare l'elemento, (c) dire se l'elemento è diamagnetico o paramagnetico.

---

[13] Nel 2000 i ricercatori dell'università di Helsinki, Finlandia riportarono la sintesi del composto fluoro idruro di argon (HArF). Questo composto è stabile a 40 K.

2.5 Periodicità delle proprietà degli elementi

Come si è visto le configurazioni elettroniche degli elementi si ripetono con periodicità al crescere del numero atomico. Di conseguenza ci sono anche delle variazioni periodiche nel comportamento chimico e fisico degli elementi. In questo paragrafo si esaminano alcune proprietà fisiche degli elementi che sono nello stesso gruppo o periodo, e nel Paragrafo 2.6 si discute il comportamento chimico degli elementi. Innanzitutto si consideri il concetto di carica nucleare effettiva che ha una stretta relazione con la dimensione atomica e con la stabilità degli elettroni.

2.5.1 Carica nucleare effettiva

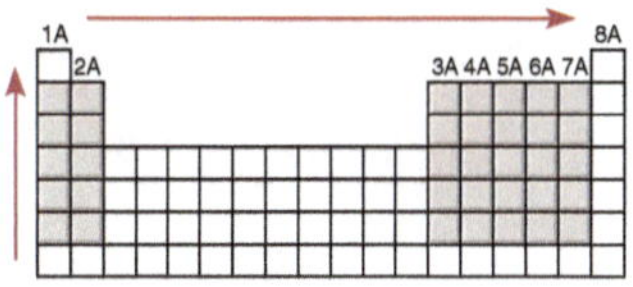

Negli elementi rappresentativi la carica nucleare effettiva aumenta da sinistra a destra attraverso un periodo e dall'alto in basso lungo un gruppo.

Nel Paragrafo 2.2 si è discusso l'effetto di schermo degli elettroni vicini al nucleo sugli elettroni più esterni in atomi polielettronici. Gli elettroni di schermo riducono l'attrazione elettrostatica fra i protoni carichi positivamente nel nucleo e gli elettroni più esterni. Inoltre le forze repulsive fra gli elettroni in atomi polielettronici diminuiscono ulteriormente la forza attrattiva esercitata dal nucleo sugli elettroni più esterni. Il concetto di carica nucleare effettiva permette di spiegare e razionalizzare gli effetti di schermo sull'andamento delle proprietà periodiche. Si consideri per esempio l'atomo di elio, che ha nello stato fondamentale una configurazione elettronica $1s^2$. I due protoni dell'elio conferiscono una carica +2 al nucleo, ma la reale forza attrattiva di questa carica sui due elettroni $1s$ è parzialmente diminuita dalla repulsione elettrone-elettrone. Di conseguenza gli elettroni $1s$ si schermano a vicenda dal nucleo. La ***carica nucleare effettiva*** (Z_{eff}), che è la carica sentita da un elettrone, è data da

$$Z_{eff} = Z - \sigma$$

dove Z è la carica reale del nucleo (cioè il numero atomico dell'elemento) e σ è detta *costante di schermo*. La costante di schermo è maggiore di zero ma minore di Z.

Un modo per illustrare l'effetto di schermo è quello di considerare l'energia richiesta per allontanare i due elettroni dall'atomo di elio. Le misure sperimentali mostrano che sono richiesti 2373 kJ per allontanare il primo elettrone da una mole di atomi di elio e 5251 kJ per allontanare il secondo elettrone da una mole di ioni He^+. È necessaria molta più energia per allontanare il secondo elettrone in quanto non c'è effetto di schermo con un solo elettrone, quindi l'elettrone risente completamente della carica nucleare.

Per atomi con tre o più elettroni, gli elettroni in un dato livello sono schermati dagli elettroni nei livelli sottostanti (cioè i livelli più vicini al nucleo) ma non dagli elettroni più esterni. Per cui nell'atomo di litio, la cui configurazione elettronica è $1s^22s^1$ l'elettrone nell'orbitale $2s$ è schermato dagli elettroni $1s$, ma l'elettrone nell'orbitale $2s$ non ha effetto di schermo sugli elettroni più interni $1s$. Inoltre livelli elettronici interni pieni schermano gli elettroni più esterni in maniera più efficace di quanto gli elettroni nello stesso sottolivello si schermino a vicenda.

2.5.2 Raggio atomico

Molte proprietà fisiche come la densità, il punto di fusione e il punto di ebollizione sono in relazione alla dimensione degli atomi, ma la dimensione atomica è una proprietà difficile da definire. Come si è visto nel Paragrafo 2.2 la densità elettronica in un atomo decresce gradualmente allontanandosi dal nucleo, ma usualmente si considera la dimensione atomica come il volume dove è racchiuso il 90% della densità elettronica totale. Dovendo essere più precisi, si definisce la dimensione atomica in termini di ***raggio atomico***. La definizione rigorosa di raggio atomico dipende dall'intorno dell'atomo in questione:

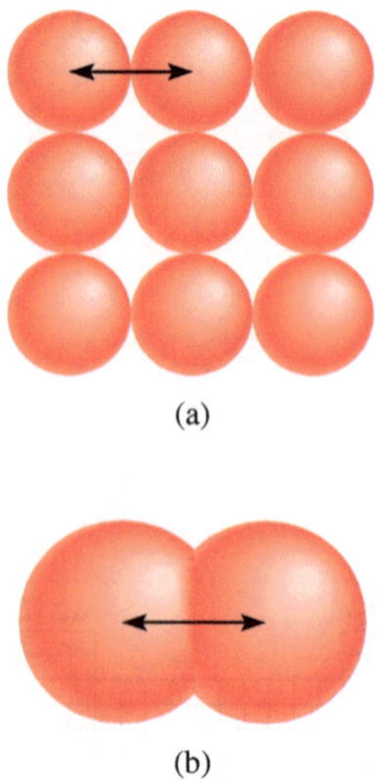

Figura 2.15 (a) Nei metalli, come il berillio, il raggio atomico è definito come la metà della distanza fra i nuclei di due atomi adiacenti. (b) Per gli elementi che esistono sotto forma di molecole biatomiche, come lo iodio, il raggio atomico è definito come la metà della distanza fra i due nuclei degli atomi legati.

- per metalli e atomi legati insieme per formare un reticolo esteso tridimensionale, il raggio è semplicemente la metà della distanza fra i nuclei di due atomi vicini [Figura 2.15(*a*)].
- per elementi che esistono come molecole biatomiche il raggio atomico è la metà della distanza fra i nuclei dei due atomi legati [Figura 2.15(*b*)].

La Figura 2.16 mostra il raggio atomico di alcuni elementi in relazione alla loro posizione nella tavola periodica e la Figura 2.17 mostra come variano i raggi atomici al variare del numero atomico.

Dalle Figure 2.16 e 2.17 emergono due andamenti periodici per il raggio atomico: (1) il raggio atomico tende a *diminuire* spostandosi lungo un periodo e (2) ad *aumentare* scendendo lungo un gruppo. Per capire questi andamenti si ricordi che il raggio atomico è determinato in gran parte dalla forza attrattiva esercitata dal nucleo atomico sugli elettroni. Maggiore è la carica nucleare effettiva, maggiore la forza del nucleo sugli elettroni esterni e minore è il raggio atomico. Per esempio spostandosi da sinistra (Li) a destra (F) nel secondo periodo, il numero di elettroni nel livello interno ($1s^2$) rimane costante mentre la carica nucleare aumenta. Gli elettroni che vengono aggiunti per controbilanciare l'aumentata carica nucleare sono tutti descritti dagli orbitali con $n = 2$, per cui essi non si schermano a vicenda dalla carica nucleare. Di conseguenza la carica nucleare effettiva aumenta mentre il numero quantico principale rimane costante ($n = 2$). Per esempio, l'elettrone più esterno del litio nell'orbitale $2s$ è schermato dal nucleo (che ha tre protoni) dai due elettroni negli orbitali $1s$. Come approssimazione si consideri che l'effetto di schermo dei due elettroni negli orbitali $1s$ cancelli due cariche positive del nucleo. Al-

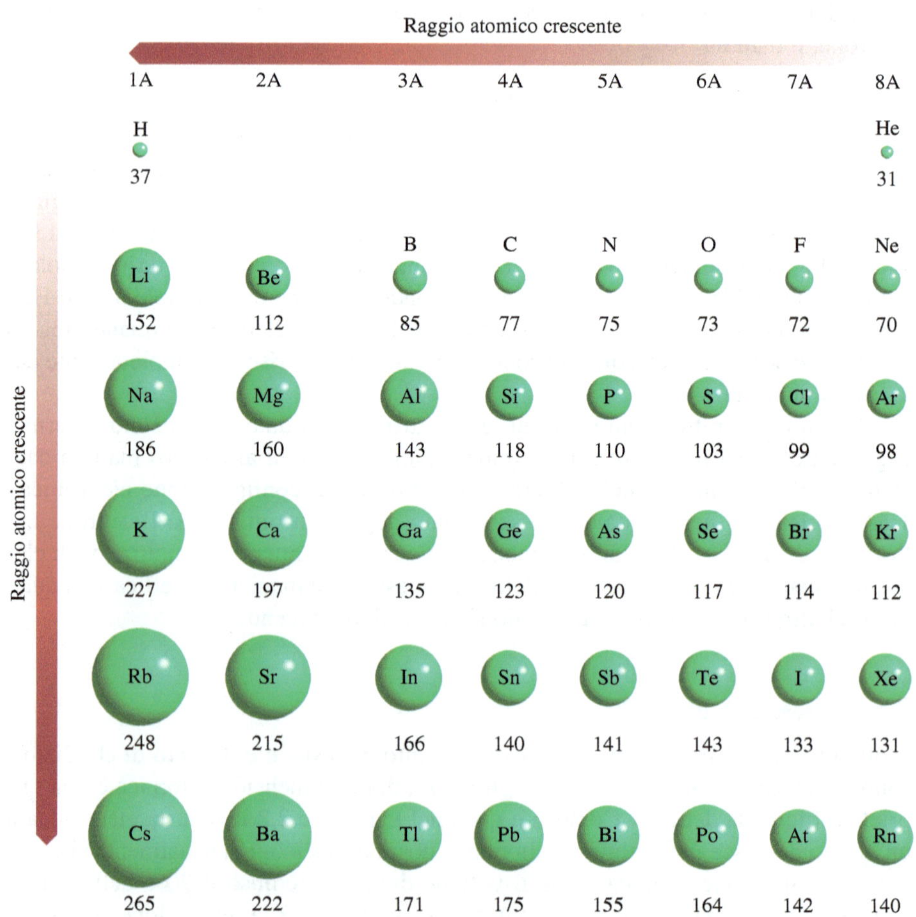

Figura 2.16 Raggio atomico (in picometri) degli elementi dei gruppi principali e dei gas nobili distribuiti in accordo alla loro posizione nella tavola periodica.

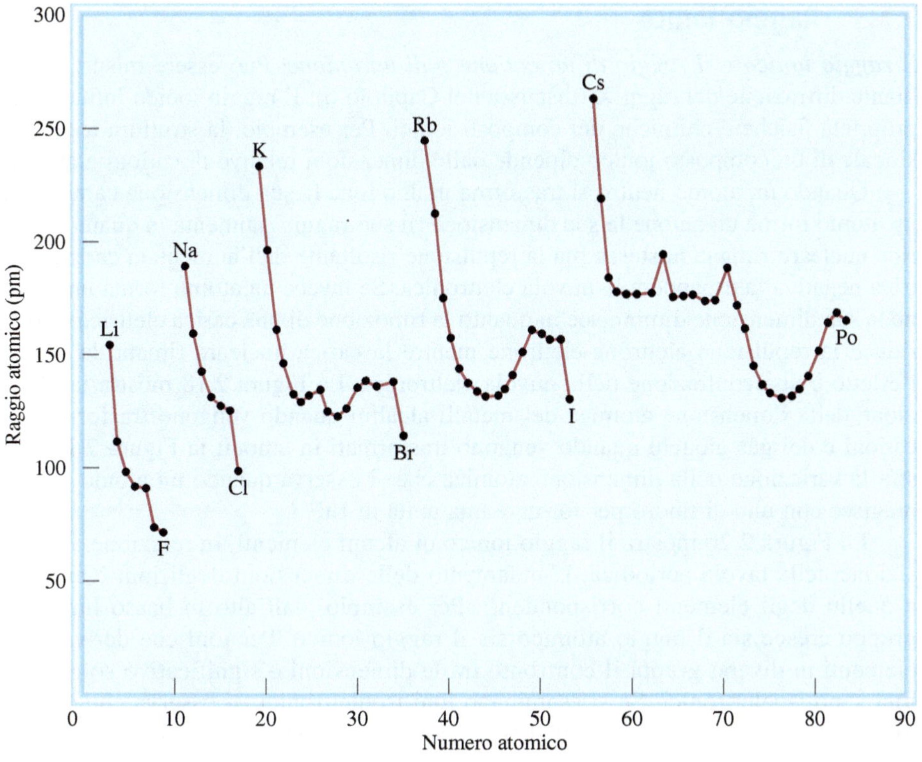

Figura 2.17 Diagramma del raggio atomico degli elementi (in picometri) in funzione del numero atomico.

lora l'elettrone nell'orbitale $2s$ risente solo dell'attrazione di un protone nel nucleo; la carica nucleare effettiva è 1. Nel berillio ($1s^2 2s^2$) ciascuno dei due elettroni nell'orbitale $2s$ è schermato dagli elettroni più interni nell'orbitale $1s$ che cancellano due delle quattro cariche positive nel nucleo. Siccome gli elettroni $2s$ si schermano molto poco a vicenda, la carica nucleare effettiva per ciascun elettrone $2s$ è maggiore di 1. Per cui all'aumentare della carica nucleare effettiva il raggio atomico diminuisce spostandosi dal litio al fuoro.

Per capire l'aumento del raggio atomico muovendosi lungo un gruppo, si consideri il gruppo dei metalli alcalini nel Gruppo 1A. Per gli elementi in questo gruppo gli elettroni più esterni sono descritti dall'orbitale *ns*. Siccome le dimensioni orbitaliche aumentano al crescere del numero quantico principale *n* le dimensioni degli atomi aumentano spostandosi dal litio al cesio. Si può applicare lo stesso ragionamento agli elementi di qualsiasi altro gruppo.

Esempio 2.5

Con l'aiuto della tavola periodica, si elenchino i seguenti atomi in ordine di raggio atomico crescente: P, Si, N.

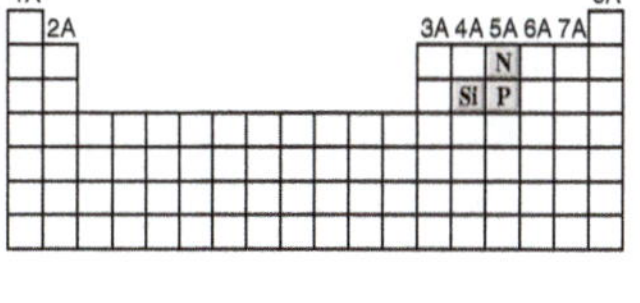

Impostazione Si usi l'andamento periodico del raggio atomico, cioè si ricordi che il raggio atomico decresce da sinistra a destra attraverso un periodo e aumenta dall'alto in basso lungo un gruppo.

Soluzione Dalla Figura 2.13 si vede che N è sopra P nel Gruppo 5A. Quindi il raggio di N è minore di quello di P (in quanto il raggio atomico aumenta dall'alto in basso lungo un gruppo). Sia Si sia P appartengono al terzo periodo e il Si è alla sinistra del P. Quindi il raggio del P è minore di quello del Si (in quanto il raggio atomico diminuisce da sinistra a destra lungo un periodo). Per cui l'ordine crescente di raggio atomico è N, P, Si.

Problema di autovalutazione Si scrivano i seguenti atomi in ordine di raggio atomico decrescente: C, Li, Be.

2.5.3 Raggio ionico

Il ***raggio ionico*** è *il raggio di un catione o di un anione*. Può essere misurato mediante diffrazione dei raggi X (discussa nel Capitolo 6). Il raggio ionico influenza le proprietà fisiche e chimiche dei composti ionici. Per esempio, la struttura tridimensionale di un composto ionico dipende dalle dimensioni relative di cationi e anioni.

Quando un atomo neutro si trasforma in uno ione la sua dimensione cambia. Se un atomo forma un anione la sua dimensione (il suo raggio) aumenta in quanto la carica nucleare rimane la stessa ma la repulsione risultante dall'aumentata carica elettrica negativa fa espandere la nuvola elettronica. Se invece un atomo forma un catione la sua dimensione diminuisce in quanto la rimozione di una carica elettrica (o più) riduce la repulsione elettrone-elettrone mentre la carica nucleare rimane la stessa; l'effetto è una contrazione della nuvola elettronica. La Figura 2.18 mostra la variazione della dimensione atomica dei metalli alcalini quando vengono trasformati in cationi e dei gas alogeni quando vengono trasformati in anioni; la Figura 2.19 mostra la variazione della dimensione atomica che si osserva quando un atomo di litio reagisce con uno di fluoro per formare una unità di LiF.

La Figura 2.20 mostra il raggio ionico di alcuni elementi, in relazione alla posizione nella tavola periodica. L'andamento delle dimensioni degli ioni è analogo a quello degli elementi corrispondenti. Per esempio, dall'alto in basso lungo un gruppo cresce sia il raggio atomico sia il raggio ionico. Per ioni che derivano da elementi in diversi gruppi il confronto tra le dimensioni è significativo solo se gli ioni sono isoelettronici. Se si esaminano ioni isoelettronici, si osserva che i cationi sono più piccoli degli anioni. Per esempio, il catione Na^+ è più piccolo del-

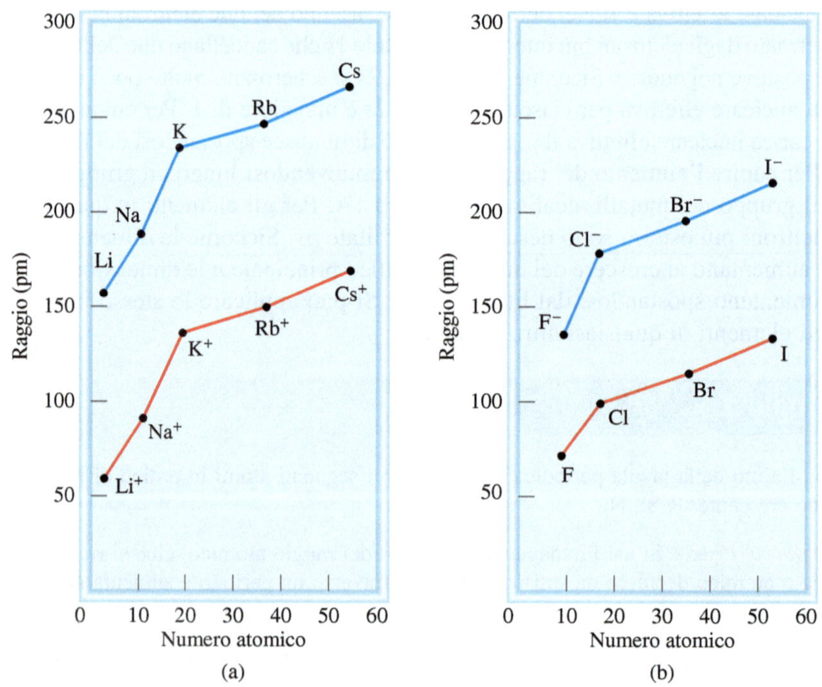

Figura 2.18 Confronto del raggio atomico con raggio ionico. (a) Metalli alcalini e cationi dei metalli alcalini. (b) Alogeni e anioni alogenuro.

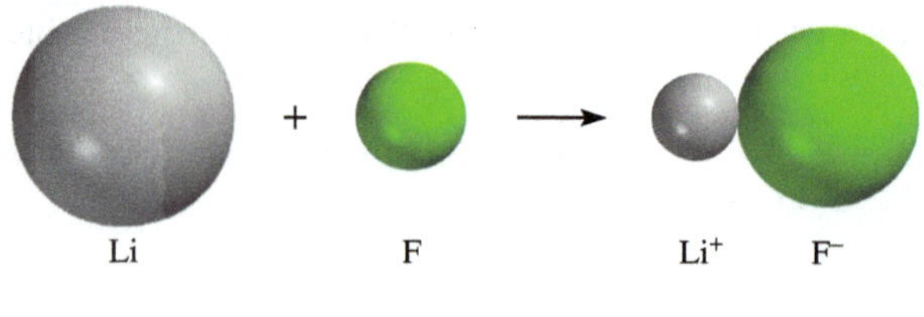

Figura 2.19 Cambiamento della dimensione degli atomi di litio e di fluoro quando reagiscono per formare LiF.

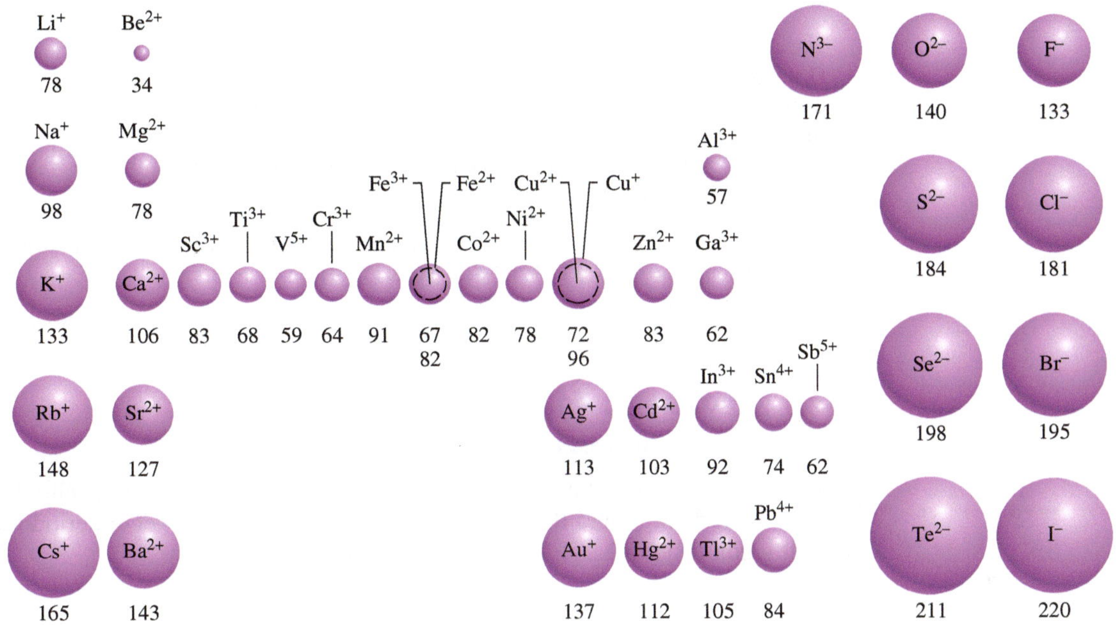

Figura 2.20 Raggi ionici (in picometri) di alcuni elementi distribuiti secondo la loro posizione nella tavola periodica.

l'anione F^-. Entrambi gli ioni hanno lo stesso numero di elettroni, ma Na^+ (Z = 11) ha più protoni di F^- ($Z = 9$). La maggiore carica nucleare effettiva di Na^+ causa un raggio minore.

In relazione ai cationi isoelettronici, i raggi di *ioni trivalenti* (ioni che hanno tre cariche positive) sono più piccoli di quelli di *ioni bivalenti* (ioni che hanno due cariche positive), che sono a loro volta più piccoli di quelli di *ioni monovalenti* (ioni che hanno solo una carica positiva). Questo andamento è mostrato efficacemente se si considerano le dimensioni di tre ioni isoelettronici del terzo periodo: Al^{3+}, Mg^{2+} e Na^+ (si veda la Figura 2.20). Lo ione Al^{3+} ha lo stesso numero di elettroni di Mg^{2+} ma ha un protone in più. Per cui la nuvola elettronica in Al^{3+} viene contratta più che in Mg^{2+}. Il raggio di Mg^{2+} è minore di quello di Na^+ per la stessa ragione. Relativamente a ioni isoelettronici il raggio aumenta andando da anioni monovalenti (1−) a quelli bivalenti (2−), e così via. Quindi lo ione ossido (O^{2-}) è più grande dello ione fluoruro in quanto l'ossigeno ha un protone in meno rispetto al fluoro; la nuvola elettronica si espande di più in O^{2-}.

Esempio 2.6

Per ciascuna delle coppie degli ioni seguenti indicare qual è più grande:
(a) N^{3-} o F^-; (b) Mg^{2+} o Ca^{2+}; (c) Fe^{2+} o Fe^{3+}.

Impostazione Quando si mettono a confronto i raggi ionici, è utile classificare gli ioni nelle seguenti tre categorie: (1) ioni isoelettronici; (2) ioni che hanno la stessa carica e sono generati da atomi dello stesso gruppo; (3) ioni che hanno cariche diverse ma derivano dallo stesso atomo. Nel caso (1) gli ioni che portano una carica negativa maggiore sono più grandi; nel caso (2) gli ioni che provengono da atomi che hanno maggiore numero atomico sono sempre più grandi; nel caso (3) ioni che hanno carica positiva maggiore sono più grandi.

Soluzione (a) N^{3-} e F^- sono anioni isoelettronici che contengono entrambi 10 elettroni. Siccome N^{3-} ha solo sette protoni e F^- ne ha nove, l'attrazione più debole esercitata dal nucleo di N^{3-} lo rende uno ione più grande. (b) Sia Mg sia Ca appartengono al Gruppo 2A (metalli alcalino terrosi). Quindi Ca^{2+} è più grande di Mg^{2+} in quanto gli elettroni più esterni in Ca^{2+} sono descritti da orbitali più estesi ($n = 3$) di quelli in Mg^{2+} ($n = 2$). (c) Entrambi gli ioni hanno la stessa carica nucleare ma Fe^{2+} ha un elettrone in più di Fe^{3+} (24 elettroni contro 23) e quindi una maggiore repulsione elettrone-elettrone. Il raggio di Fe^{2+} è maggiore.

Problema di autovalutazione Indicare lo ione più piccolo fra quelli indicati nelle seguenti coppie: (a) K^+ o Li^+; (b) Au^+ o Au^{3+}; (c) P^{3-} o N^{3-}.

2.5.4 Andamento delle proprietà degli elementi lungo i periodi e lungo i gruppi

Spostandosi da sinistra a destra lungo un periodo si va dai metalli ai metalloidi ai non metalli (si veda la Figura 0.9). Si considerino gli elementi del terzo periodo dal sodio all'argon (Figura 2.21).

Figura 2.21 Elementi del terzo periodo. La fotografia dell'argon, che è un gas incolore e inodore, mostra il colore emesso dal gas quando è bombardato all'interno di un tubo catodico.

Sodio (Na)

Magnesio (Mg)

Alluminio (Al)

Silicio (Si)

Fosforo (P_4)

Cloro (Cl_2)

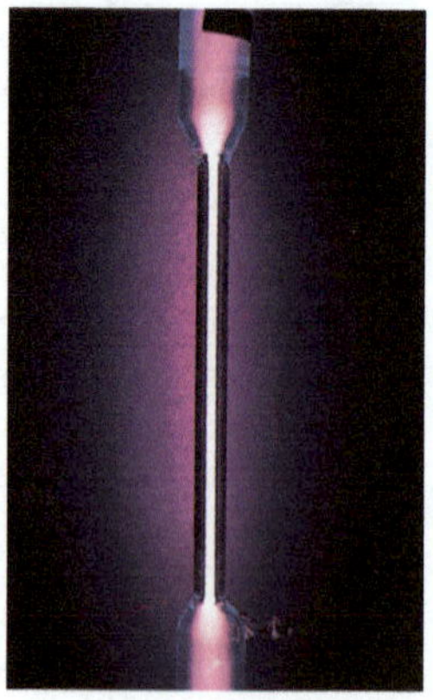

Argon (Ar)

Il sodio, il primo elemento nel terzo periodo, è un metallo molto reattivo mentre il cloro, il penultimo elemento del periodo, è un non metallo molto reattivo. Gli elementi intermedi mostrano un graduale passaggio da proprietà metalliche a proprietà non metalliche. Sodio, magnesio e alluminio hanno tutti dei reticoli atomici tridimensionali tenuti insieme da forze caratteristiche dello stato metallico. Il silicio è un metalloide, possiede una struttura tridimensionale estesa nella quale atomi di silicio sono legati insieme molto fortemente. A partire dal fosforo gli elementi si trovano sotto forma di unità discrete molecolari (P_4, S_8, Cl_2, Ar) che possiedono bassi punti di fusione e di ebollizione. All'interno di un gruppo le proprietà fisiche variano più prevedibilmente, specialmente se gli elementi sono nello stesso stato fisico. Per esempio, i punti di fusione dell'argon e dello xenon sono $-189{,}2$ °C e $-111{,}9$ °C rispettivamente. Si può prevedere il valore dei punti di fusione dell'elemento intermedio, cripton, calcolando la media dei due valori come indicato di seguito:

$$\text{punto di fusione di Kr} \approx \frac{[(-189{,}2\ ^\circ\text{C}) + (-111{,}9\ ^\circ\text{C})]}{2} = -150{,}6\ ^\circ\text{C}$$

Il punto di fusione sperimentale del cripton è –156,6 °C.

Nell'Approfondimento 2.1 è illustrata un'interessante applicazione delle proprietà periodiche lungo un gruppo.

Approfondimento 2.1

Il terzo elemento liquido?

Dei 117 elementi conosciuti, 11 sono gas in condizioni normali. Sei di questi sono gli elementi del Gruppo 8A (i gas nobili) e gli altri cinque sono l'idrogeno, l'azoto, l'ossigeno, il fluoro e il cloro. Solo due elementi sono liquidi a 25 °C: il mercurio e il bromo.

Non si conoscono le proprietà di tutti gli elementi noti in quanto di alcuni di loro non sono mai state preparate quantità sufficienti per studiarne le proprietà. Quali sono quindi le speranze di scoprire un terzo elemento liquido?

Può il francio, l'ultimo elemento del Gruppo 1A, essere liquido a 25 °C? Tutti gli isotopi del francio sono radioattivi. L'isotopo più stabile è il francio-223 che ha un tempo di dimezzamento di 21 min. (Per tempo di dimezzamento si intende il tempo necessario per dimezzare la concentrazione iniziale di sostanza radioattiva per decadimento.) Questo valore basso di tempo di dimezzamento significa che solo piccole quantità di francio possono esistere sulla Terra. E anche se è fattibile preparare il francio in laboratorio, finora non è stata preparata e isolata una quantità pesabile di questo elemento. Quindi si conosce molto poco delle proprietà chimiche e fisiche del francio. Tuttavia si possono usare gli andamenti periodici delle proprietà degli elementi di un gruppo per prevedere alcune delle proprietà del francio. Si consideri il punto di fusione del francio come esempio. Il diagramma a lato mostra come varia il punto di fusione dei metalli alcalini al variare del numero atomico. Dal litio al sodio, il punto di fusione scende di 81,4 °C; dal sodio al potassio di 34,6 °C; dal potassio al rubidio di 24 °C; e dal rubidio al cesio di 11 °C. Sulla base di questo andamento, l'abbassamento dal cesio al francio dovrebbe essere di 5 °C. Se questo è vero, il punto di fusione del francio dovrebbe essere di 25 °C, che significa che il francio è un liquido in condizioni normali.

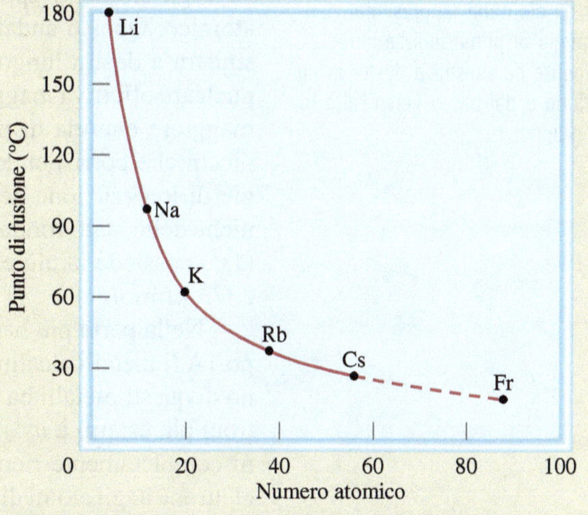

Diagramma dei punti di fusione dei metalli alcalini in funzione del numero atomico. Per estrapolazione il punto di fusione del francio dovrebbe essere di circa 25 °C.

2.5.5 Energia di ionizzazione

Le proprietà chimiche di un qualsiasi atomo sono determinate dalla configurazione degli elettroni di valenza. La stabilità di questi elettroni più esterni si riflette direttamente sull'energia di ionizzazione dell'atomo. *L'energia di ionizzazione* (Paragrafo 1.2) è l'energia minima richiesta (in kJ mol^{-1}) per allontanare un elettrone da un atomo nello stato gassoso e nel suo stato fondamentale. In altre parole l'energia di ionizzazione è la quantità di energia necessaria per allontanare una mole di elettroni da una mole di atomi in fase gassosa. Si specifica atomi in fase gassosa in quanto un atomo in fase gas non è influenzato virtualmente da atomi vicini, e quindi non ci sono forze intermolecolari (cioè forze fra le particelle) da prendere in considerazione.

L'entità dell'energia di ionizzazione è una misura di quanto fortemente un atomo attira a sé i propri elettroni. Maggiore è l'energia di ionizzazione più difficile è allontanare un elettrone. Per un atomo polielettronico la quantità di energia richiesta per allontanare il primo elettrone dall'atomo nel suo stato fondamentale,

$$\text{energia} + X(g) \longrightarrow X^{+}(g) + e^{-} \qquad \textbf{(2.7)}$$

è chiamata *energia di prima ionizzazione* (I_1). Nell'Equazione 2.7, X rappresenta un atomo di un qualsiasi elemento e e^- è un elettrone. L'energia di seconda ionizzazione (I_2) e l'energia di terza ionizzazione (I_3) sono rappresentate dalle seguenti equazioni:

$$\text{energia} + X^{+}(g) \longrightarrow X^{2+}(g) + e^{-} \quad \text{seconda ionizzazione}$$
$$\text{energia} + X^{2+}(g) \longrightarrow X^{3+}(g) + e^{-} \quad \text{terza ionizzazione}$$

E così via.

Quando un elettrone è allontanato da un atomo la repulsione tra i rimanenti elettroni diminuisce. Siccome la carica nucleare rimane costante, è richiesta più energia per allontanare un altro elettrone da uno ione carico positivamente. Quindi l'energia di ionizzazione cresce sempre nell'ordine seguente:

$$I_1 < I_2 < I_3 < \ldots$$

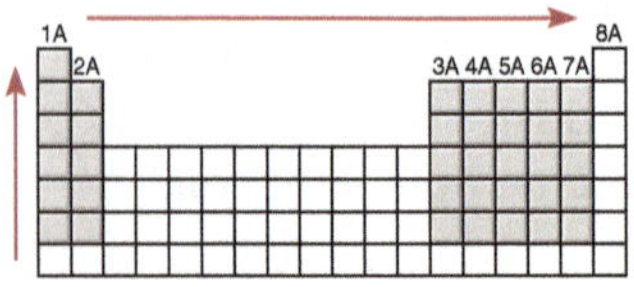

Per gli elementi rappresentativi, l'energia di prima ionizzazione aumenta da sinistra a destra in un periodo e dal basso verso l'alto in un gruppo.

La Tabella 2.2 riporta le energie di ionizzazione per i primi 20 elementi. Siccome l'allontanamento di un elettrone da un atomo o da uno ione stabile richiede energia, le energie di ionizzazione sono quantità sempre positive.

La Figura 2.22 mostra come varia l'energia di prima ionizzazione al crescere del numero atomico. A parte qualche piccola irregolarità le energie di prima ionizzazione degli elementi appartenenti a un periodo aumentano all'aumentare del numero atomico. Questo andamento è dovuto all'aumento della carica nucleare effettiva da sinistra a destra lungo un periodo (come nel caso del raggio atomico). Una carica nucleare effettiva maggiore significa una nuvola elettronica più contratta e quindi una maggiore energia di prima ionizzazione. Si noti in Figura 2.22 la successione dei picchi che corrispondo alle energie di ionizzazione dei gas nobili. Le elevate energie di ionizzazione dei gas nobili derivano dalle loro stabili configurazioni elettroniche dello stato fondamentale, in accordo con la loro inerzia chimica. In effetti l'elio ($1s^2$) possiede la più elevata energia di prima ionizzazione di tutti gli elementi (I_1 = 2373 kJ mol^{-1}).

Nella parte più bassa del grafico nella Figura 2.22 ci sono gli elementi del Gruppo 1A (i metalli alcalini), che hanno le più basse energie di prima ionizzazione. Ognuno di questi metalli ha un elettrone di valenza (la configurazione elettronica degli elettroni più esterni è ns^1), che è agli effetti schermata dagli elettroni dei livelli più interni completamente riempiti. Di conseguenza è energeticamente facile allontanare un elettrone dagli atomi di metalli alcalini e formare cationi monovalenti (Li^+, Na^+, K^+...) che sono isoelettronici con i gas nobili che li precedono nella tavola periodica.

Gli elementi del Gruppo 2A (i metalli alcalino terrosi) hanno energie di prima ionizzazione più alte di quelle dei metalli alcalini (Gruppo 1A). I metalli alcalino terrosi hanno due elettroni di valenza (la configurazione elettronica è del tipo ns^2). Sic-

Tabella 2.2 Energie di ionizzazione (kJ mol^{-1}) dei primi venti elementi

Z	Elemento	Prima	Seconda	Terza	Quarta	Quinta	Sesta
1	H	1312					
2	He	2373	5251				
3	Li	520	7300	11 815			
4	Be	899	1757	14 850	21 005		
5	B	801	2430	3660	25 000	32 820	
6	C	1086	2350	4620	6220	38 000	47 261
7	N	1400	2860	4580	7500	9400	53 000
8	O	1314	3390	5300	7470	11 000	13 000
9	F	1680	3370	6050	8400	11 000	15 200
10	Ne	2080	3950	6120	9370	12 200	15 000
11	Na	495,9	4560	6900	9540	13 400	16 600
12	Mg	738,1	1450	7730	10 500	13 600	18 000
13	Al	577,9	1820	2750	11 600	14 800	18 400
14	Si	786,3	1580	3230	4360	16 000	20 000
15	P	1012	1904	2910	4960	6240	21 000
16	S	999,5	2250	3360	4660	6990	8500
17	Cl	1251	2297	3820	5160	6540	9300
18	Ar	1521	2666	3900	5770	7240	8800
19	K	418,7	3052	4410	5900	8000	9600
20	Ca	589,5	1145	4900	6500	8100	11 000

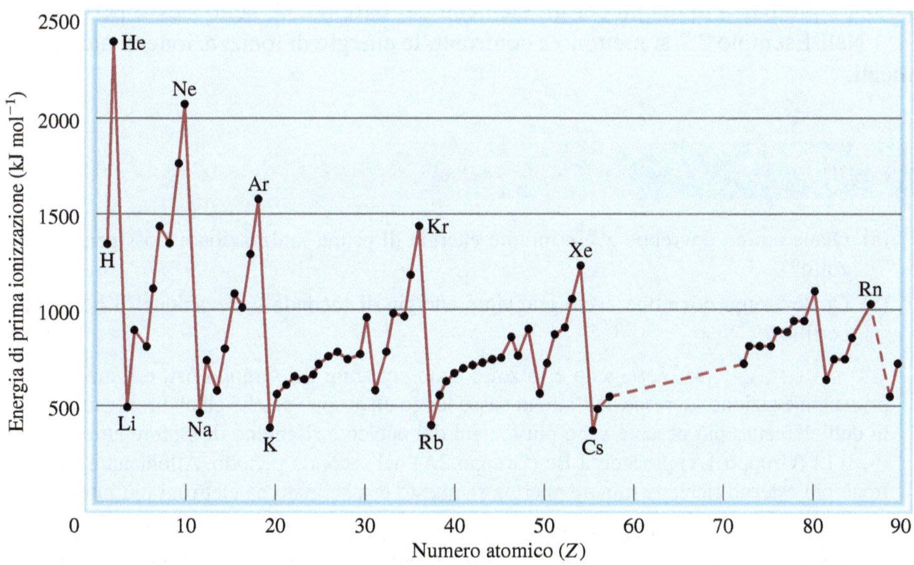

Figura 2.22 Variazione dell'energia di prima ionizzazione al variare del numero atomico. I gas nobili hanno alte energie di ionizzazione, mentre i metalli alcalini e alcalino terrosi hanno basse energie di ionizzazione.

come questi due elettroni non si schermano molto a vicenda, la carica nucleare effettiva per un atomo dei metalli alcalino terrosi è maggiore di quella dei metalli alcalini. Molti composti di metalli alcalino terrosi contengono ioni bivalenti (Mg^{2+}, Ca^{2+}, Sr^{2+} e Ba^{2+}). Lo ione Be^{2+} è isoelettronico con il Li^+ e con He, Mg^{2+} è isoelettronico con Na^+ e con Ne e così via.

Come mostra la Figura 2.22 i metalli hanno in genere basse energie di ionizzazione in confronto ai non metalli. La differenza nelle energie di ionizzazione suggerisce perché i metalli formano sempre cationi mentre i non metalli generalmente formano anioni in composti ionici. (Una eccezione importante è lo ione ammonio, NH_4^+.)

Entro un gruppo l'energia di ionizzazione diminuisce al crescere del numero atomico (cioè dall'alto in basso). Elementi dello stesso gruppo hanno simili configurazioni elettroniche per gli elettroni esterni. Tuttavia al crescere del numero quantico principale n, cresce anche la distanza media degli elettroni di valenza dal nucleo. Una maggiore distanza degli elettroni dal nucleo significa una più debole attrazione, per cui diventa più facile allontanare l'elettrone da un elemento. Come conseguenza il carattere metallico degli elementi cresce dall'alto al basso lungo i gruppi. Questo andamento è particolarmente evidente per gli elementi dei Gruppi dal 3A al 6A. Nel Gruppo 4A per esempio il carbonio è un non metallo, il silicio e il germanio sono metalloidi e lo stagno e il piombo sono metalli.

Anche se il generale andamento delle energie di prima ionizzazione è quello di aumentare da sinistra a destra lungo un periodo e di diminuire dall'alto in basso lungo un gruppo, esistono delle irregolarità. La prima eccezione si osserva fra gli elementi dei Gruppi 2A e 3A nello stesso periodo (per esempio fra il Be e il B e fra il Mg e l'Al). Gli elementi del Gruppo 3A hanno energie di prima ionizzazione più basse degli elementi del Gruppo 2A in quanto hanno un solo elettrone nell'orbitale più esterno p (ns^2np^1), che è ben schermato dagli elettroni più interni e dagli elettroni nell'orbitale ns. Per questo è necessaria minore energia per allontanare un elettrone nell'orbitale np, che per allontanare uno dei due elettroni nell'orbitale ns. La seconda irregolarità si nota fra gli elementi dei Gruppi 5A e 6A (per esempio, fra N e O e fra P e S). Negli elementi del Gruppo 5A (ns^2np^3) gli elettroni p sono descritti da tre orbitali degeneri secondo la regola di Hund. Negli elementi del Gruppo 6A (ns^2np^4) l'elettrone in più deve essere accoppiato in uno dei tre orbitali p. La vicinanza di due elettroni nello stesso orbitale si traduce in una maggiore repulsione elettrostatica che rende più facile ionizzare un atomo del Gruppo 6A, anche se la carica nucleare è aumentata di una unità. Quindi l'energia di prima ionizzazione per gli elementi del Gruppo 6A è più bassa di quella per gli elementi del Gruppo 5A nello stesso periodo.

Nell'Esempio 2.7 si mettono a confronto le energie di ionizzazione di alcuni elementi.

Esempio 2.7

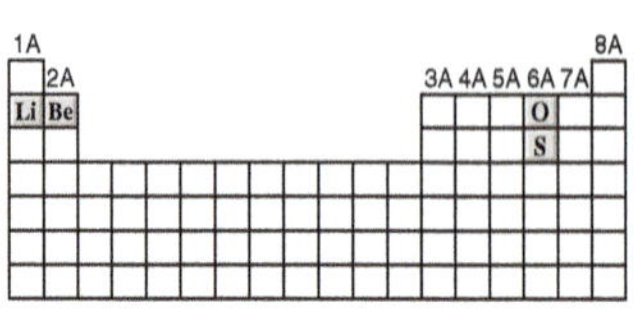

(a) Quale atomo dovrebbe avere minore energia di prima ionizzazione: l'ossigeno o lo zolfo?

(b) Quale atomo dovrebbe avere maggiore energia di seconda ionizzazione: il litio o il berillio?

Impostazione (a) L'ossigeno e lo zolfo sono entrambi del Gruppo 6A, e l'energia di prima ionizzazione decresce dall'alto in basso lungo un gruppo poiché gli elettroni più esterni dell'elemento più pesante sono più lontani dal nucleo e risentono di minore attrazione. (b) Il Li (Gruppo 1A) precede il Be (Gruppo 2A) nel secondo periodo. Allontanare l'elettrone più esterno richiede minore energia se questo è schermato da elettroni più interni.

Soluzione (a) Sia l'ossigeno sia lo zolfo hanno la stessa configurazione elettronica degli elettroni di valenza (ns^2np^4) ma l'elettrone nell'orbitale $3p$ nello zolfo è più lontano dal nucleo e risente di minore attrazione del nucleo rispetto all'elettrone nell'orbitale $2p$ dell'ossigeno. Quindi lo zolfo dovrebbe avere una minore energia di prima ionizzazione dell'ossigeno. (b) Le configurazioni elettroniche del Li e del Be sono $1s^22s^1$ e $1s^22s^2$ rispettivamente. L'energia di seconda ionizzazione è l'energia minima richiesta per allontanare un elettrone da uno ione positivo in fase gassosa e nello stato fondamentale. Per il processo di seconda ionizzazione si scrive:

$$\underset{1s^2}{Li^+(g)} \longrightarrow \underset{1s^1}{Li^{2+}(g)} + e^-$$

e

$$\underset{1s^22s^1}{Be^+(g)} \longrightarrow \underset{1s^2}{Be^{2+}(g)} + e^-$$

Siccome gli elettroni nell'orbitale 1*s* schermano più efficacemente gli elettroni nell'orbitale 2*s* di quanto non si schermino a vicenda, sarà più facile allontanare un elettrone 2*s* dal berillio che rimuovere un elettrone 1*s* dal litio.

Verifica Si confrontino questi dati con quelli riportati in Tabella 2.2. In (a) la previsione è in accordo con il fatto che il carattere metallico degli elementi aumenta lungo un gruppo. In (b) la previsione è in accordo con il fatto che i metalli alcalini formano ioni 1+ mentre i metalli alcalino terrosi formano ioni 2+.

Problema di autovalutazione (a) Quale dei seguenti atomi dovrebbe avere maggiore energia di prima ionizzazione: N o P? (b) Quale dei seguenti atomi dovrebbe avere minore energia di prima ionizzazione: Na o Mg?

2.5.6 Affinità elettronica

Un'altra proprietà che influenza notevolmente il comportamento chimico degli atomi è la capacità di accettare uno o più elettroni. Questa proprietà, detta ***affinità elettronica***, è *l'energia che viene emessa quando un atomo in fase gassosa riceve un elettrone e forma un anione*:

$$X(g) + e^- \longrightarrow X^-(g) \qquad \textbf{(2.8)}$$

Se un atomo ha affinità per un elettrone, l'atomo emette energia quando questo si converte in anione. Per esempio, quando una mole di atomi di fluoro riceve una mole di elettroni, vengono rilasciate 328 kJ di energia sotto forma di calore. In *termochimica* (discussa nel Capitolo 7) un processo che libera energia sotto forma di calore è detto *esotermico* e il bilancio energetico ha segno negativo, cioè −328 kJ. Tuttavia si definisce l'affinità elettronica (E_{ae}) del fluoro come il bilancio energetico con segno cambiato, per cui E_{ae} diventa una quantità positiva:

L'affinità elettronica è positiva se la reazione è esotermica e negativa se la reazione è endotermica.

$$F(g) + e^- \longrightarrow F^-(g) \qquad E_{ae} = 328 \text{ kJ mol}^{-1}$$

Maggiore è l'affinità elettronica di un elemento, maggiore è la capacità dell'atomo di acquistare elettroni. Un altro modo di vedere l'affinità elettronica è di pensare a essa come all'energia che deve essere data a un anione per allontanare un elettrone. Quindi un'affinità elettronica grande e positiva significa che l'anione è molto stabile (cioè l'atomo ha notevole tendenza ad accettare un elettrone), esattamente come un'elevata energia di ionizzazione per un atomo significa che l'elettrone nell'atomo è molto stabile.

Sperimentalmente l'affinità elettronica è misurata allontanando un elettrone da un anione. In contrario alle energie di ionizzazione, tuttavia, le affinità elettroniche sono difficili da misurare in quanto gli anioni di molti elementi sono instabili. La Tabella 2.3 mostra le affinità elettroniche di alcuni elementi dei gruppi principali e dei gas nobili e la Figura 2.23 mostra l'andamento delle energie di affinità elettronica per i primi 56 elementi al variare del numero atomico. L'andamento complessivo è un aumento nella tendenza ad accettare elettroni (il valore dell'affinità elettronica diventa più positiva) da sinistra verso destra lungo un periodo. L'affinità elettronica dei metalli è generalmente più bassa di quella dei non metalli. I valori variano poco lungo un gruppo. Gli alogeni (Gruppo 7A) hanno i più alti valori di affinità elettronica, in quanto accettare un elettrone significa che ciascun alogenuro diventa isoelettronico con il gas nobile immediatamente successivo. Per esempio, la configurazione elettronica di F^-

Tabella 2.3 Affinità elettroniche ($kJ\ mol^{-1}$) di alcuni elementi dei gruppi principali e dei gas nobili*

1A	2A	3A	4A	5A	6A	7A	8A
H							He
73							<0
Li	Be	B	C	N	O	F	Ne
60	≤ 0	27	122	0	141	328	<0
Na	Mg	Al	Si	P	S	Cl	Ar
53	≤ 0	44	134	72	200	349	<0
K	Ca	Ga	Ge	As	Se	Br	Kr
48	2,4	29	118	77	195	325	<0
Rb	Sr	In	Sa	Sb	Te	I	Xe
47	4,7	29	121	101	190	295	<0
Cs	Ba	Tl	Pb	Bi	Po	At	Rn
45	14	30	110	110	?	?	<0

* Le affinità elettroniche dei gas nobili, del Be e del Mg non sono state determinate sperimentalmente, ma si considera che abbiano un valore pari a zero o negativo.

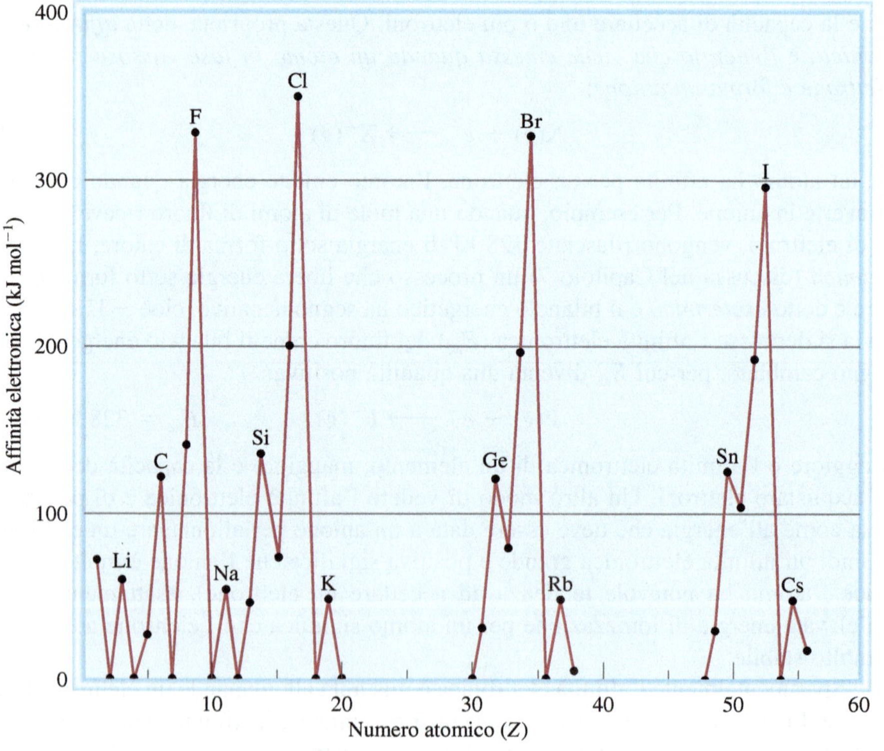

Figura 2.23 Diagramma dell'affinità elettronica in funzione del numero atomico dall'idrogeno al bario.

è $1s^2 2s^2 2p^6$ o [Ne], per Cl^- è $[Ne]3s^2 3p^6$ o [Ar] e così via. I calcoli mostrano che i gas nobili hanno tutti affinità elettroniche minori di zero. Ciò significa che gli anioni di questi gas, se si formassero, sarebbero instabili. L'affinità elettronica dell'ossigeno ha un valore positivo (141 $kJ\ mol^{-1}$), questo significa che il processo

$$O(g) + e^- \longrightarrow O^-(g) \qquad E_{ae} = 141\ kJ\ mol^{-1}$$

è energeticamente favorevole. D'altra parte l'affinità elettronica dell'anione O^- è altamente negativo ($-780\ kJ\ mol^{-1}$), che significa che il processo

$$O^-(g) + e^- \longrightarrow O^{2-}(g) \qquad E_{ae} = -780 \text{ kJ mol}^{-1}$$

è energeticamente sfavorevole anche se lo ione O^{2-} è isoelettronico con il gas nobile Ne. Questo processo non è favorevole in fase gas poiché la risultante repulsione elettrone-elettrone prevale sulla stabilità guadagnata dall'avere raggiunto la configurazione elettronica tipo gas nobile. Tuttavia nello stato solido lo ione O^{2-} così comune nei composti ionici (per esempio Li_2O e MgO) è stabilizzato dalle forti attrazioni elettrostatiche con i cationi vicini. La stabilità dei composti ionici verrà discussa nel Capitolo 3.

L'Esempio 2.8 mostra perché i metalli alcalino terrosi non hanno elevata tendenza ad accettare elettroni.

Esempio 2.8

Perché l'affinità elettronica dei metalli alcalino terrosi, riportate in Tabella 2.3, presentano valori piccoli, positivi o negativi che siano?

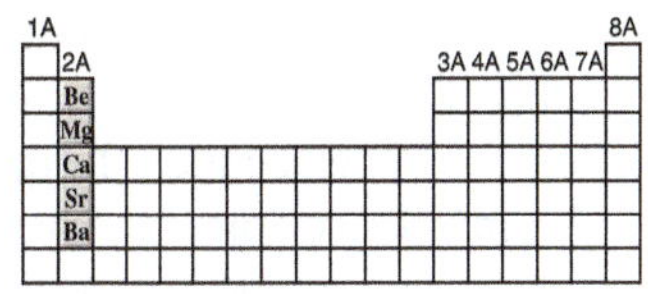

Impostazione Si scriva la configurazione elettronica dei metalli alcalino terrosi e si consideri se un elettrone aggiunto a tale atomo risulta fortemente attratto dal nucleo.

Soluzione La configurazione elettronica degli elettroni di valenza dei metalli alcalino terrosi è ns^2. Per il processo

$$\underset{ns^2}{M(g)} + e^- \longrightarrow \underset{ns^2np^1}{M^-(g)}$$

dove M indica il metallo del Gruppo 2A, l'elettrone in più deve entrare in uno degli orbitali *np* ed esso sarà schermato dai due elettroni *ns* (gli elettroni *ns* hanno carattere penetrante maggiore di quelli *np*) e dagli elettroni più interni. Di conseguenza i metalli alcalino terrosi hanno scarsa tendenza ad acquistare elettroni in più.

Problema di autovalutazione Può l'atomo di Ar formare facilmente l'anione Ar^-?

2.5.7 Generale andamento delle proprietà chimiche degli elementi

L'energia di ionizzazione e l'affinità elettronica aiutano i chimici a capire i tipi di reazioni che gli elementi possono subire e la natura dei composti che si possono formare. A livello di concetto queste due proprietà sono correlate in modo molto semplice: l'energia di ionizzazione indica la capacità di un atomo di attrarre i propri elettroni mentre l'affinità elettronica indica la capacità di un atomo di attrarre elettroni non suoi. Entrambe indicano la capacità di attrarre elettroni. Con l'aiuto di questi concetti si può osservare il comportamento chimico degli elementi in maniera sistematica, facendo particolare attenzione alla relazione tra le proprietà chimiche e le configurazioni elettroniche.

Si è detto che il carattere metallico degli elementi diminuisce da sinistra verso destra lungo un periodo e aumenta dall'alto in basso lungo un gruppo. Sulla base di questi andamenti e ricordando che i metalli solitamente hanno basse energie di ionizzazione e i non metalli solitamente hanno alte affinità elettroniche, si può prevedere il tipo di reazione che può avvenire fra elementi di questo tipo.

Si è detto che elementi dello stesso gruppo hanno simili proprietà chimiche in quanto hanno simili configurazioni elettroniche degli elettroni di valenza. Questo fatto, seppur corretto in senso generale, deve essere applicato con prudenza. I chimici sanno che il primo elemento di ogni gruppo (gli elementi del secondo periodo dal litio al fluoro) differisce, in termini di proprietà chimiche, dagli altri. Il litio, per esempio, esibisce molte ma non tutte le proprietà caratteristiche dei metalli alcalini. In maniera analoga il berillio è un elemento atipico del Gruppo 2A e così via. La diffe-

Approfondimento 2.2

La scoperta dei gas nobili

Alla fine del 1800, John William Strutt, Terzo Barone di Rayleigh, che fu professore di fisica presso i laboratori di Cavendish a Cambridge, Inghilterra, determinò le masse atomiche di numerosi elementi, ma ottenne un risultato incomprensibile per l'azoto. Uno dei metodi di sintesi dell'azoto era per decomposizione dell'ammoniaca.

$$2NH_3(g) \longrightarrow N_2(g) + 3H_2(g)$$

Un altro metodo di ottenimento di azoto era partendo dall'aria togliendo l'ossigeno, l'anidride carbonica e il vapor acqueo. In questo modo l'azoto risultava più denso (circa 0,5%) di quello ottenuto per decomposizione dell'ammoniaca.

La ricerca di Lord Rayleigh catturò l'attenzione di Sir William Ramsay, professore di chimica presso l'University College di Londra. Nel 1898 Ramsay fece passare l'azoto, ottenuto dall'aria, su magnesio incandescente per convertirlo in nitruro di magnesio:

$$3Mg(s) + N_2(g) \longrightarrow Mg_3N_2(s)$$

Dopo che tutto l'azoto ebbe reagito con il magnesio, Ramsay si trovò con un gas sconosciuto che non reagiva con nulla.

Con l'aiuto di Sir William Crookes, l'inventore del tubo di scarica che da lui prese il nome (tubo di Crookes), Ramsay e Lord Rayleigh trovarono che lo spettro di emissione di questo gas non combaciava con nessuno dei gas noti. Questo gas era un nuovo elemento! Determinarono la massa atomica (39,95 u) e lo chiamarono argon, che in greco significa "pigro".

Dopo la scoperta dell'argon altri gas nobili furono velocemente identificati. Ramsay per esempio isolò l'elio dalle rocce di uranio (1898). Dalle masse atomiche dell'elio e dell'argon, dalla loro mancanza di reattività chimica, e dalle conoscenze circa la tavola periodica, Ramsay si convinse che esistevano altri gas non reattivi e che erano membri dello stesso gruppo periodico. Lui e il suo studente Morris Travers si imposero di cercare gli altri gas sconosciuti. Prima di tutto usarono un sistema refrigerante per preparare aria liquida. Applicando una tecnica detta di *distillazione frazionata*, fecero in modo di scaldare gradatamente l'aria liquida e raccolsero le porzioni che bollivano a temperature diverse. In questa maniera analizzarono e identificarono tre nuovi elementi – neon, cripton, xenon – in soli tre mesi. Tre nuovi elementi in soli tre mesi è un record che probabilmente non verrà mai eguagliato!

La scoperta dei gas nobili aiutò a completare la tavola periodica. Le loro masse atomiche suggeriscono che devono essere collocati alla destra degli elementi alogeni. L'apparente discrepanza che si osservava per l'argon fu risolta da Moseley, come discusso nel Paragrafo 2.3.

Infine, l'ultimo elemento gas nobile, radon, fu scoperto dal chimico tedesco Frederick Dorn nel 1900. Elemento radioattivo e gas nobile più pesante, la scoperta del radon non solo completò il Gruppo 8A ma aiutò anche nella comprensione circa la natura del decadimento radioattivo e la trasmutazione degli elementi.

Lord Rayleigh e Ramsay vinsero entrambi il Premio Nobel nel 1904 per la scoperta dell'argon. Lord Rayleigh ricevette il premio per la fisica e Ramsay per la chimica.

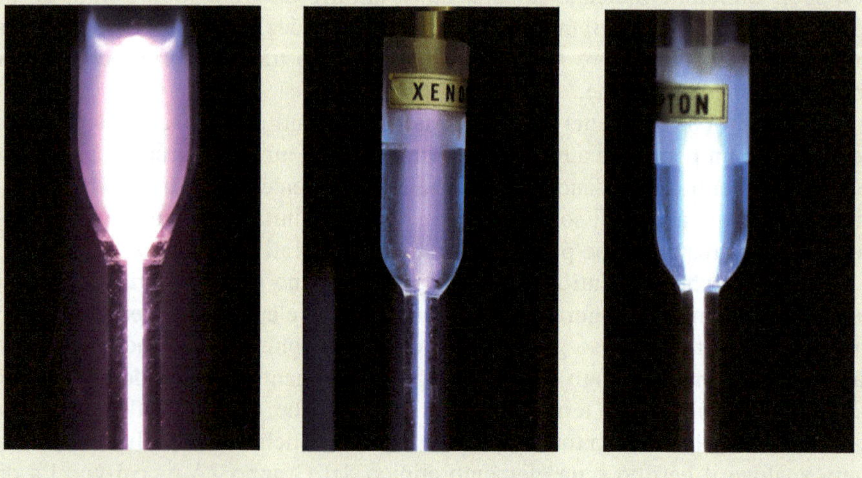

Lampade a scarica contenenti i gas elio, xenon e cripton.

renza è principalmente dovuta alla piccola dimensione degli elementi del secondo periodo (si veda la Figura 2.16).

Un altro andamento tipico del comportamento chimico degli elementi dei gruppi principali si riscontra nelle così dette ***relazioni diagonali***. Le relazioni diagonali sono delle somiglianze nel comportamento chimico di elementi di gruppi e periodi diversi della tavola periodica. Nello specifico i primi tre elementi del secondo periodo (Li, Be e B) mostrano alcune somiglianze con Mg, Al e Si rispettivamente, elementi che sono disposti diagonalmente sotto i primi nella tavola periodica (Figura 2.24). La ragione di questo fenomeno è la somiglianza delle densità di carica dei loro cationi. (La *densità di carica* è la carica di uno ione diviso per il volume.) Cationi con densità di carica simile reagiscono similmente con anioni e quindi formano lo stesso tipo di composti. Quindi la chimica del litio assomiglia a quella del magnesio; la stessa somiglianza si riscontra tra berillio e alluminio e tra boro e silicio. Si dice che ciascuna di queste coppie di elementi esibisce relazione diagonale.

Mettere a confronto le proprietà degli elementi nello stesso gruppo è valido se gli elementi sono tutti dello stesso tipo (cioè tutti metalli o tutti non metalli). Queste linee guida si applicano agli elementi dei Gruppi 1A e 2A, che sono tutti metalli, e agli elementi dei Gruppi 7A e 8A che sono tutti non metalli. Nei Gruppi dal 3A al 6A dove gli elementi cambiano comportamento da non metallico a metallico o da non metallico a metalloide, c'è maggiore variazione delle proprietà chimiche, anche se gli elementi dello stesso gruppo hanno simili configurazioni elettroniche degli elettroni più esterni.

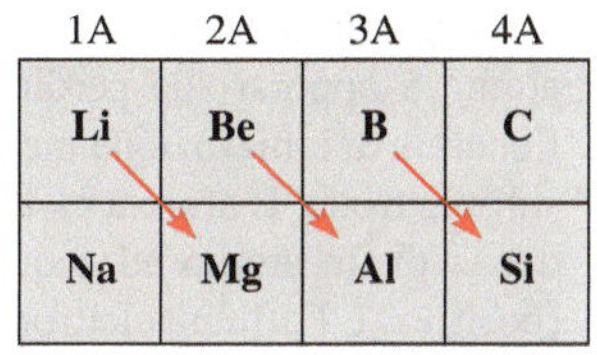

Figura 2.24 Relazioni diagonali nella tavola periodica.

Sommario

Paragrafo 2.1

- L'equazione di Schrödinger per atomi polielettronici non può essere risolta esattamente. Tuttavia, scrivendo la funzione d'onda come prodotto di orbitali monoelettronici, si può ottenere una buona approssimazione dei valori dei livelli energetici e delle funzioni d'onda elettroniche per atomi polielettronici usando la procedura del campo auto-consistente (SCF). Gli orbitali atomici che si ottengono in tal modo possono essere descritti in termini dello stesso set di tre numeri quantici, usati per l'atomo di idrogeno (n, l, m_l) ma le loro energie differiscono da quelle degli orbitali dell'idrogeno.
- Due elettroni non possono essere descritti dallo stesso set di quattro numeri quantici (principio di esclusione di Pauli).
- Il numero di elettroni disaccoppiati determina il comportamento di un atomo in un campo magnetico. Atomi con tutti gli elettroni accoppiati sono detti diamagnetici, atomi con elettroni disaccoppiati sono detti paramagnetici.

Paragrafo 2.2

- Il principio di costruzione dell'Aufbau fornisce le linee guida per determinare le configurazioni elettroniche degli elementi.
- La configurazione elettronica più stabile è quella che prevede il massimo numero di elettroni non accoppiati in orbitali degeneri (regola di Hund).
- La configurazione elettronica dello stato fondamentale di cationi e di anioni monoatomici può essere scritta come per gli atomi seguendo il principio di esclusione di Pauli e la regola di Hund.

Paragrafo 2.3

- I chimici del XX secolo idearono la tavola periodica il cui riempimento seguiva l'andamento della massa atomica crescente. Le discrepanze osservate nelle prime versioni della tavola periodica furono superate introducendo gli elementi in base all'aumento del loro numero atomico.

Paragrafo 2.4

- La configurazione elettronica determina le proprietà di un elemento. L'odierna tavola periodica classifica gli elementi in accordo al loro numero atomico e alla loro configurazione elettronica. La configurazione degli elettroni di valenza causa l'esistenza e l'andamento delle proprietà degli elementi, in particolare quelli dei blocchi principali.

Paragrafo 2.5

- Le variazioni periodiche delle proprietà fisiche degli elementi riflettono le variazioni nella struttura atomica. Il carattere metallico degli elementi diminuisce da sinistra a destra lungo un periodo dai metalli, ai metalloidi, ai non metalli, e aumenta dall'alto in basso lungo un gruppo degli elementi dei gruppi principali.
- Il raggio atomico varia periodicamente lungo le righe e le colonne della tavola periodica. Diminuisce spostandosi da sinistra a destra e aumenta scendendo dall'alto in basso.

- L'energia di ionizzazione è una misura della tendenza di un atomo a opporsi alla perdita di un elettrone. Maggiore è l'energia di ionizzazione maggiore è l'attrazione del nucleo sull'elettrone. L'affinità elettronica è una misura della tendenza di un atomo ad acquistare un elettrone. Maggiore (positiva) è l'affinità elettronica, maggiore è la tendenza di un atomo ad acquistare un elettrone. I metalli tipicamente hanno basse energie di ionizzazione e i non metalli tipicamente hanno alte affinità elettroniche.
- I gas nobili sono molto stabili in quanto il loro livello elettronico più esterno (livelli *ns* e *np*) è completamente riempito. I metalli dei gruppi principali (nei Gruppi 1A, 2A e 3A) tendono a perdere elettroni fino a quando i loro cationi diventano isoelettronici con i gas nobili che li precedono nella tavola periodica. I non metalli nei Gruppi 5A, 6A e 7A tendono ad acquistare elettroni fino a quando i loro anioni diventano isoelettronici con i gas nobili che li seguono nella tavola periodica.

Problemi

Soluzioni dei problemi dispari sul sito www.mheducation.it

2.1 Funzioni d'onda di atomi polielettronici e orbitali atomici

2.1 Indicare quale dei seguenti set di numeri quantici in un atomo sono inaccettabili e spiegarne il motivo: (a) $(1, 0, 1/2, 1/2)$, (b) $(3, 0, 0, +1/2)$, (c) $(2, 2, 1, +1/2)$, (d) $(4, 3, -2, -1/2)$, (e) $(3, 2, 1, 1)$.

2.2 Quante variabili sono necessarie per descrivere la funzione d'onda polielettronica per il sodio? E per lo ione Na^+?

2.3 Quali sono le maggiori differenze fra l'orbitale 2*s* del litio e quello del berillio ottenuti con il metodo SCF di Hartree? Qual è la differenza con l'orbitale 2*s* del litio ottenuto con il metodo SCF e l'orbitale 2*s* idrogenoide con $Z = 3$?

2.4 La formula per calcolare le energie di un elettrone in uno ione idrogenoide è data dall'Equazione 1.37. Questa equazione non può essere applicata ad atomi polielettronici. Un modo per modificarla è quello di sostituire il numero atomico *Z* con la carica nucleare effettiva $Z_{eff} = (Z - \sigma)$, dove σ è la costante di schermo discussa nel Paragrafo 2.5. Nell'atomo di elio, per esempio, il significato fisico di σ è che rappresenta l'entità della schermatura che i due elettroni 1*s* esercitano uno sull'altro. Calcolare il valore di σ considerando che l'energia di prima ionizzazione dell'elio è $3{,}94 \times 10^{-18}$ J atom^{-1}.

2.5 Il numero atomico di un elemento è 73. È un elemento paramagnetico o diamagnetico?

2.6 Perché gli orbitali 3*s*, 3*p* e 3*d* hanno la stessa energia nell'atomo di idrogeno ma non in un atomo polielettronico?

2.2 Configurazioni elettroniche di atomi polielettronici e principio di Aufbau

2.7 Indicare il numero totale di (a) elettroni *p* nel N ($Z = 7$); (b) elettroni *s* nel Si ($Z = 14$); (c) elettroni 3*d* nello S ($Z = 16$).

2.8 Le configurazioni elettroniche dello stato fondamentale riportate sono errate. Spiegare quali errori sono stati fatti e scrivere le configurazioni elettroniche corrette.
Al: $1s^22s^22p^43s^23p^3$
B: $1s^22s^22p^5$
F: $1s^22s^22p^6$

2.9 Si usi il principio di Aufbau per ottenere la configurazione elettronica dello stato fondamentale del selenio.

2.10 Si usi il principio di Aufbau per ottenere la configurazione elettronica dello stato fondamentale del tecnezio.

2.11 Scrivere la configurazione elettronica dello stato fondamentale dei seguenti elementi: B, V, Ni, As, I, Au.

2.12 Scrivere la configurazione elettronica dello stato fondamentale dei seguenti elementi: Ge, Fe, Zn, Ni, W, Tl.

2.13 La configurazione elettronica di un atomo neutro è $1s^22s^22p^63s^2$. Scrivere la quaterna di numeri quantici per ciascun elettrone. Dire di che atomo si tratta.

2.14 Quale delle seguenti specie possiede il maggior numero di elettroni disaccoppiati: S^+, S o S^-? Motivare la risposta.

2.15 Considerando solo la configurazione elettronica dello stato fondamentale, ci sono più elementi diamagnetici o paramagnetici? Spiegare.

2.16 L'atomo di un elemento ha 17 elettroni. Senza consultare la tavola periodica, (a) scrivere la configurazione elettronica dello stato fondamentale dell'elemento e (b) dire se questo elemento è paramagnetico o diamagnetico.

2.17 Senza consultare la tavola periodica scrivere la configurazione elettronica dello stato fondamentale degli elementi con i seguenti numeri atomici: (a) 9, (b) 20, (c) 26, (d) 33.

2.18 Uno ione M^{2+} che deriva da un metallo nella prima serie di transizione ha quattro elettroni nel livello 3*d*. Quale può essere il metallo M?

2.19 Uno ione con carica 3+ nella prima serie di transizione ha cinque elettroni nel livello 3*d*. Identificare il metallo.

2.20 Scrivere la configurazione elettronica dello stato fondamentale dei seguenti ioni che sono molto importanti nei processi biochimici nei nostri organismi: Na^+, Mg^{2+}, Cl^-, K^+, Ca^{2+}, Cu^{2+} e Zn^{2+}.

2.21 Scrivere la configurazione elettronica dello stato fondamentale dei seguenti cationi metallici di elementi di transizione: Sc^{3+}, Ti^{4+}, V^{5+}, Cr^{3+}, Mn^{2+}, Cu^+, Ag^+, Au^+, Au^{3+} e Pt^{2+}.

2.22 Quale delle seguenti specie sono isoelettroniche tra loro: C, Cl^-, Mn^{2+}, B^-, Ar, Zn, Fe^{3+} e Ge^{2+}?

2.23 Raggruppare le specie isoelettroniche: Be^{2+}, F^-, Fe^{2+}, N^{3-}, He, S^{2-}, Co^{3+} e Ar.

2.24 Indicare il numero di elettoni disaccoppiati presenti in ciascuno dei seguenti atomi: B, Ne, P, Sc, Mn, Se, Kr, Fe, Cd, I e Pb.

2.25 Un atomo di titanio e uno ione V^+ hanno lo stesso numero di elettroni ma diversa configurazione elettronica. (a) Scrivere le configurazioni elettroniche per Ti e V^+ e (b) dare una spiegazione fisica del perché le due specie non sono isoelettroniche.

2.26 Quanti elettroni disaccoppiati ci sono nei seguenti ioni: Fe^{2+}, Fe^{3+}, Cr^{+3}, Cr^{4+}, Cu^+ e Cu^{2+}?

2.27 Perché gli elementi Zn, Cd, Hg non sono considerati metalli di transizione?

2.28 La configurazione elettronica del Pd è $[Kr]4d^{10}$. Perché il palladio è considerato un metallo di transizione anche se ha il livello $4d$ pieno?

2.4 Tavola periodica e classificazione degli elementi

2.29 Classificare i seguenti elementi come metalli, non metalli, semimetalli (o metalloidi): As, Xe, Fe, Li, B, Cl, Ba, P, I e Si.

2.30 Indicare se i seguenti elementi, in condizioni normali, esistono come specie atomiche, molecolari o strutture estese tridimensionali e scriverne la formula molecolare o empirica: fosforo, iodio, magnesio, neon, carbonio, zolfo, cesio, ossigeno.

2.31 Viene consegnato un solido scuro brillante e viene chiesto di stabilire se si tratta di iodio o di un elemento metallico. Proporre un metodo non distruttivo per dare la risposta corretta.

2.32 Spiegare perché lo zinco non risponde alla definizione di metallo di transizione.

2.5 Periodicità delle proprietà degli elementi

2.33 In generale il raggio atomico e l'energia di ionizzazione hanno andamenti opposti. Perché?

2.34 Spiegare perché l'affinità elettronica dell'azoto è circa zero, anche se gli elementi a fianco, carbonio e ossigeno, hanno affinità elettroniche positive.

2.35 Anche se il boro sta alla destra del berillio nella tavola periodica, la sua energia di ionizzazione è inferiore a quella del berillio, contrariamente all'andamento periodico generale. Come si può spiegare sulla base delle rispettive configurazioni elettroniche?

2.36 In base alla posizione nella tavola periodica indicare l'elemento che ha il maggior valore di raggio atomico in ciascuna delle seguenti coppie di atomi: (a) Na o Cs; (b) Be o Ba; (c) N o Sb; (d) F o Br; (e) Ne o Xe.

2.37 Elencare i seguenti atomi in ordine di raggio atomico decrescente: Na, Al, P, Cl e Mg.

2.38 Elencare i seguenti ioni in ordine di raggio ionico crescente: N^{3-}, Na^+, F^-, Mg^{2+} e O^{2-}.

2.39 Dire quale dei seguenti cationi è più grande e spiegarne il motivo: Cu^+ o Cu^{2+}.

2.40 Dire quale dei seguenti anioni è più grande e spiegarne il motivo: Se^{2-} o Te^{2-}.

2.41 I punti di ebollizione di neon e cripton sono −245,9 °C e −152,9 °C rispettivamente. Usando questi valori prevedere il punto di ebollizione dell'argon.

2.42 Elencare i seguenti elementi in ordine di energia di prima ionizzazione crescente: Na, Cl, Al, S e Cs.

2.43 Elencare i seguenti elementi in ordine di energia di prima ionizzazione crescente: F, K, P, Ca e Ne.

2.44 Usare il terzo periodo della tavola periodica come esempio per illustrare l'andamento delle energie di prima ionizzazione degli elementi lungo un periodo da sinistra a destra. Motivare l'andamento.

2.45 In generale l'energia di ionizzazione cresce da sinistra a destra lungo un periodo. L'alluminio tuttavia ha un'energia di ionizzazione inferiore a quella del magnesio. Spiegare.

2.46 Le energie di prima e di seconda ionizzazione del potassio sono 419 kJ mol^{-1} e 3052 kJ mol^{-1} rispettivamente, e quelle del calcio sono 590 kJ mol^{-1} e 1145 kJ mol^{-1} rispettivamente. Confrontare i valori e commentarne le differenze.

2.47 Due atomi hanno configurazioni elettroniche $1s^22s^22p^6$ e $1s^22s^22p^63s^1$. L'energia di prima ionizzazione di uno è 2080 kJ mol^{-1}, e quella dell'altro è 496 kJ mol^{-1}. Attribuire le energie di ionizzazione a uno o all'altro elemento e giustificare la risposta.

2.48 Uno ione idrogenoide è uno ione che contiene un solo elettrone. Usando la formula per l'energia data in Paragrafo 1.4, si calcoli (a) l'energia di seconda ionizzazione (in kJ mol^{-1}) dell'elio e (b) l'energia di terza ionizzazione del litio.

2.49 Il plasma è lo stato della materia che consiste di ioni gassosi positivi ed elettroni. Nel plasma un atomo di mercurio può essere privato dei suoi 80 elettroni ed esistere come Hg^{80+}. Si usi l'equazione per il calcolo dell'energia degli elettroni di un atomo idrogenoide per calcolare l'energia richiesta per l'allontanamento dell'ultimo elettrone, cioè: $Hg^{79+}(g) \longrightarrow Hg^{80+}(g) + e^-$.

2.50 Elencare gli elementi in ciascuno dei seguenti gruppi in ordine di affinità elettronica crescente: (a) Li, Na e K; (b) F, Cl, Br e I.

2.51 Dire quale dei seguenti elementi dovrebbe avere il maggior valore di affinità elettronica: He, K, Co, S o Cl.

2.52 Considerando il valore delle affinità elettroniche dei metalli alcalini è possibile che questi formino un anione del tipo M^-?

2.53 Spiegare perché i metalli alcalini hanno affinità elettroniche maggiori dei metalli alcalino terrosi.

2.54 I gas nobili sono chimicamente molto stabili. Perché?

2.55 Perché gli elementi del Gruppo 1B sono più stabili chimicamente di quelli del Gruppo 1A anche se sembrano avere la stessa configurazione elettronica ns^1? (n = numero quantico principale del livello più esterno)

Problemi supplementari

2.56 Le configurazioni elettroniche descritte nel Capitolo 2 si riferiscono ad atomi in fase gas e nello stato fondamentale. Un atomo può assorbire energia e promuovere un elettrone in un orbitale a maggior energia. Quando succede questo si dice che l'atomo si trova in uno stato eccitato. Di seguito sono date le configurazioni elettroniche di alcuni atomi eccitati. Identificare questi atomi e scrivere le loro configurazioni elettroniche dello stato fondamentale.

(a) $1s^1 2s^1$

(b) $1s^2 2s^2 2p^2 3d^1$

(c) $1s^2 2s^2 2p^6 4s^1$

(d) $[Ar]4s^1 3d^{10} 4p^4$

(e) $[Ne]3s^2 3p^4 3d^1$

2.57 Scrivere il simbolo atomico e scrivere il diagramma orbitalico per gli atomi aventi le seguenti configurazioni elettroniche:

(a) $1s^2 2s^2 2p^5$

(b) $1s^2 2s^2 2p^6 3s^2 3p^3$

(c) $1s^2 2s^2 2p^6 3s^2 3p^6 4s^2 3d^7$

2.58 Calcolare la massima lunghezza d'onda di una radiazione elettromagnetica (in nanometri) capace di ionizzare un atomo di sodio.

2.59 Scrivere le equazioni che rappresentano i seguenti processi:

(a) Affinità elettronica dello zolfo

(b) Energia di terza ionizzazione del titanio

(c) Affinità elettronica di Mg^{2+}

(d) Energia di ionizzazione di O^{2-}

2.60 Elencare le seguenti specie isoelettroniche in ordine di (a) raggio ionico crescente, (b) energia di ionizzazione crescente: O^{2-}, F^-, Na^+, Mg^{2+}.

2.61 Un elemento M è un metallo brillante e reattivo (punto di fusione 63 °C), e un elemento X è un non metallo molto reattivo (punto di fusione –7,2 °C). Essi reagiscono per dare un composto di formula empirica MX, incolore, solido, che fonde a 734 °C. Quando sciolto in acqua o fatto fondere la sostanza conduce elettricità. Quando del gas cloro viene fatto gorgogliare nella soluzione acquosa contenente MX, si forma un liquido rosso bruno e si formano ioni Cl^-. Da queste osservazioni si identifichino M e X.

2.62 Vengono consegnate quattro sostanze: un liquido rosso fumante, un solido metallico scuro, un gas giallo chiaro, un gas giallo verde che attacca il vetro. Queste sostanze appartengono al Gruppo 7A, identificarle.

2.63 Per ciascuna coppia di elementi indicare tre proprietà che mostrano la loro somiglianza chimica (a) sodio e potassio, (b) cloro e bromo.

2.64 Dire qual è l'elemento che forma composti, in opportune condizioni, con tutti gli elementi della tavola periodica a eccezione di He e Ne.

2.65 Spiegare perché la prima affinità elettronica dello zolfo è 200 kJ mol^{-1}, ma la seconda è -649 kJ mol^{-1}.

2.66 Perché i gas nobili hanno affinità elettroniche negative?

2.67 Il raggio atomico del potassio è 216 pm e quello del catione K^+ è 133 pm. Calcolare la diminuzione percentuale del volume che si ha quando $K(g)$ è convertito in $K^+(g)$. (Il volume di una sfera è $\frac{4}{3}\pi r^3$, dove r è il raggio della sfera).

2.68 Il raggio atomico del F è 72 pm e quella del F^- è 136 pm. Calcolare l'aumento percentuale del volume quando $F(g)$ è convertito in $F^-(g)$. (Si veda il problema 2.67 per il volume della sfera.)

2.69 Lo ione H^- e He sono isoelettronici, avendo entrambi due elettroni $1s$. Perché uno dei due ha un volume maggiore?

2.70 Elencare le specie chimiche seguenti in coppie isoelettroniche: O^+, Ar, S^{2-}, Ne, Zn, Cs^+, N^{3-}, As^{3+}, N e Xe.

2.71 Sperimentalmente l'affinità elettronica di un elemento può essere determinata usando un laser per allontanare un elettrone dall'anione dell'elemento in fase gas:

$$X^-(g) + h\nu \longrightarrow X(g) + e^-$$

Facendo riferimento alla Tabella 2.3, calcolare la lunghezza d'onda (in nanometri) del fotone che corrisponde all'affinità elettronica del cloro. In che regione dello spettro elettromagnetico si trova?

2.72 Scrivere le formule e dare un nome agli idruri degli elementi del secondo periodo: Li, C, N, O, F. Prevedere la loro reazione con acqua.

2.73 Anche se è possibile calcolare le energie di seconda, terza, quarta ionizzazione di un elemento, non è possibile fare lo stesso con le affinità elettroniche. Spiegarne il motivo.

2.74 L'unico composto di radon è il fluoruro di radon. È difficile studiare la chimica del radon a causa dell'esistenza di molti isotopi di questo elemento, che sono radioattivi e pericolosi da maneggiare. Si può suggerire qualche altro motivo per cui ci sono così pochi elementi di radon? (I processi di decadimento radioattivo sono esotermici cioè sviluppano calore.)

2.75 Si conosce poco della chimica dell'astato, l'ultimo elemento del Gruppo 7A. Descrivere le caratteristiche fisiche che si presume possa avere.

2.76 Come discusso nel Paragrafo 2.3 la massa atomica dell'argon è maggiore di quella del potassio. Questo fatto creò dei problemi agli inizi dello sviluppo della tavola periodica perché significava che l'argon doveva essere collocato dopo il potassio. (a) Come fu risolto questo problema? (b) Dai dati seguenti, calcolare le masse atomiche medie di argon e di potassio: : Ar-36 (35,9675 u; 0,337%), Ar-38 (37,9627 u; 0,063%), Ar-40 (39,9624 u; 99,60%); K-39 (38,9637 u; 93,258%), K-40 (39,9640 u; 0,0117%), K-41 (40,9618 u, 6,730%).

2.77 Predire il numero atomico e la configurazione elettronica dello stato fondamentale del metallo alcalino che seguirebbe il francio nella tavola periodica.

2.78 Perché gli elementi che hanno alte energie di ionizzazione hanno anche alte affinità elettroniche? Quale gruppo di elementi dovrebbe essere un'eccezione a questa generalizzazione?

2.79 Le prime quattro energie di ionizzazione di un elemento sono all'incirca: 738 kJ mol^{-1}, 1450 kJ mol^{-1}, 7,7 $\times$ 10^3 kJ mol^{-1} e 1,1 $\times$ 10^4 kJ mol^{-1}. A quale gruppo periodico dovrebbe appartenere tale elemento? Perché?

2.80 Alcuni chimici sostengono che l'elio dovrebbe chiamarsi "elon". Perché? Che cosa suggerisce la desinenza "-io"?

2.81 (a) La formula del più semplice idrocarburo è CH_4 (metano). Predire la più semplice formula dei composti formati da idrogeno e ciascuno degli elementi seguenti: silicio, germanio, stagno, piombo. (b) L'idruro di sodio è un composto ionico. Ci si deve aspettare che l'idruro di rubidio abbia carattere più o meno ionico dell'idruro di sodio? (c) Predire la reazione tra radio e acqua. (d) Quando esposto all'aria l'alluminio forma un ossido ricoprente (Al_2O_3) che protegge il metallo da corrosione. Quale metallo del Gruppo 2A si presume abbia una proprietà simile? Perché?

2.82 Sullo stesso grafico disegnare l'andamento della carica nucleare effettiva (in unità di elettroni) e il raggio atomico (si veda la Figura 2.16) in funzione del numero atomico per gli elementi del secondo periodo: Li(1,30), Be(1,95), B(2,60), C(3,25), N(3,90), O(4,55), F(5,20) e Ne(5,85). Commentare il risultato.

2.83 Una tecnica chiamata spettroscopia fotoelettronica è usata per misurare l'energia di ionizzazione (E_I) degli atomi. Un campione viene bombardato con radiazione UV, e elettroni vengono allontanati dagli orbitali di valenza. Si misura l'energia cinetica degli elettroni emessi. Siccome si conosce sia l'energia del fotone incidente sia l'energia cinetica dell'elettrone emesso si può scrivere:

$$h\nu = E_I + \frac{1}{2}mu^2$$

dove ν è la frequenza della radiazione UV, e m e u sono la massa e la velocità dell'elettrone rispettivamente. In un esperimento l'energia cinetica di un elettrone emesso dal potassio è 5,34 $\times$ 10^{-19} J usando una radiazione elettromagnetica con lunghezza d'onda di 162 nm. Calcolare l'energia di ionizzazione del potassio. Come si può essere sicuri che l'energia di ionizzazione corrisponde a quella dell'elettrone di valenza (cioè l'elettrone più esterno)?

2.84 L'energia richiesta per il seguente processo è 1,96 $\times$ 10^4 kJ mol^{-1}:

$$Li(g) \longrightarrow Li^{3+}(g) + 3e^-$$

Se l'energia di prima ionizzazione del litio è 520 kJ mol^{-1}, calcolare l'energia di seconda ionizzazione del litio, cioè l'energia richiesta per il processo:

$$Li^+(g) \longrightarrow Li^{2+}(g) + e^-.$$

2.85 Che cosa è l'affinità elettronica dello ione Na^+?

2.86 Le energie di ionizzazione del sodio (in kJ mol^{-1}), dalla prima alla undicesima, sono: 495,9, 4560, 6900, 9540, 13 400, 16 600, 20 120, 25 490, 28 930, 141 360 e 170 000. Disegnare in un diagramma l'andamento dell'energia di ionizzazione in funzione del numero di ionizzazione. (a) Indicare l'energia di ionizzazione specificando l'orbitale dal quale viene allontanato l'elettrone. (b) Che cosa si può dedurre circa i livelli elettronici dall'andamento delle curve?

2.87 Si spieghi in termini di configurazioni elettroniche perché il catione Fe^{2+} può essere più facilmente ossidato a Fe^{3+} che il catione Mn^{2+} a Mn^{3+}.

2.88 L'energia di ionizzazione di un elemento è 412 kJ mol^{-1}. Quando gli atomi di questo elemento sono nel primo stato eccitato, tuttavia, l'energia di ionizzazione è di soli 126 kJ mol^{-1}. Sulla base di questa informazione, si calcoli la lunghezza d'onda della radiazione emessa durante la transizione dal primo stato eccitato allo stato fondamentale.

2.89 Un modo di stimare la carica effettiva (Z_{eff}) di un atomo polielettronico è quello di usare un'equazione empirica $I_1 = (1312 \text{ kJ mol}^{-1}) (Z^2_{eff}/n^2)$, dove I_1 è l'energia di prima ionizzazione e n è il numero quantico principale del livello nel quale si trova l'elettrone. Si usi questa equazione per calcolare la carica effettiva di Li, Na, K. Inoltre si calcoli Z_{eff}/n per ciascun metallo. Si commentino i risultati.

2.90 Facendo riferimento alla Tabella 2.2, si spieghi perché l'energia di prima ionizzazione dell'elio è meno di due volte l'energia di ionizzazione dell'idrogeno, ma l'energia di seconda ionizzazione dell'elio è più di due volte l'energia di ionizzazione dell'idrogeno.

2.91 Un atomo di boro ha una configurazione elettronica $1s^22s^22p^1$, con un elettrone disaccoppiato nell'orbitale $2p$. Tuttavia la probabilità elettronica dell'atomo di boro ha simmetria sferica. Come si può spiegare questo fatto?

2.92 Si consideri che un elettrone nell'orbitale $1s$ del mercurio può essere approssimativamente descritto dal modello di Bohr con $Z = 80$ e $n = 1$.

(a) Facendo riferimento alla discussione del modello di Bohr fatta nel Capitolo 1, calcolare la velocità di questo elettrone. Che frazione della velocità della luce rappresenta?

(b) In accordo alla teoria di Einstein sulla relatività, la massa di un oggetto aumenta all'approssimarsi della sua velocità a quella della luce secondo la formula:

$$m = \frac{m_0}{\sqrt{1 - \left(\frac{u}{c}\right)^2}}$$

dove m_0 è la massa dell'oggetto a riposo, u è la velocità, e c è la velocità della luce nel vuoto. Usando la velocità calcolata in (a), determinare la massa dell'elettrone nell'orbitale $1s$ del mercurio. Quale implicazione ha questa variazione di massa sulla natura degli orbitali atomici del mercurio?

Soluzioni dei problemi di autovalutazione

2.1 $n = 5$, $l = 1$, $m_l = -1, 0, +1$, $m_s = -1/2, +1/2$

2.2

Elettrone	n	l	m_l	m_s	Orbitale
1	1	0	0	$+\frac{1}{2}$	1s
2	1	0	0	$-\frac{1}{2}$	
3	2	0	0	$+\frac{1}{2}$	2s
4	2	0	0	$-\frac{1}{2}$	
5*	2	1	−1	$+\frac{1}{2}$	$2p_x$

* Il quinto elettrone può esistere con qualsiasi dei sei possibili set di numeri quantici in accordo con un orbitale 2p. Quello indicato è solo un esempio.

2.3 (a) $1s^22s^22p^63s^23p^3$ or $[Ne]3s^23p^3$, (b) $1s^22s^22p^63s^23p^64s^23d^7$ or $[Ar]4s^23d^7$

2.4 (a) $1s^22s^22p^63s^23p^64s^2$ or $[Ar]4s^2$; (b) Ca, un metallo alcalino terroso; (c) diamagnetico.

2.5 Li > Be > C

2.6 (a) Li^+, (b) Au^{3+}, (c) N^{3-}

2.7 (a) N, (b) Mg

2.8 No

CAPITOLO

3

Legame chimico

Perché atomi di elementi diversi reagiscono fra di loro? Quali sono le forze che tengono uniti gli atomi nelle molecole e nei composti ionici? Quali forme assumono queste entità? Queste sono alcune delle domande alle quali si vuole dare risposta nei Capitoli 3 e 4. Si comincerà definendo il legame chimico in termini di energia e poi si esamineranno i due più rappresentativi tipi di legame – ionico e covalente – e le forze che li stabilizzano. Anche se si possono prevedere i legami in molte molecole usando un semplice metodo qualitativo detto "di Lewis", la comprensione completa del legame chimico e la stabilità delle molecole si ottiene dall'applicazione delle conoscenze quantomeccaniche viste nei Capitoli 1 e 2.

3.1 Molecole e legame chimico

I Capitoli 1 e 2 hanno riguardato principalmente lo studio della struttura elettronica di atomi isolati dei diversi elementi. Tuttavia, a eccezione dei gas nobili, è la molecola e non l'atomo singolo che costituisce l'unità della materia in natura. Anche gli elementi che esistono in natura nel loro stato puro si trovano generalmente sotto forma di molecole. Per esempio, l'ossigeno e l'azoto nell'atmosfera sono costituiti da molecole biatomiche O_2 e N_2, non da atomi singoli O e N. Nel Capitolo 3, si comincerà lo studio di molecole e di legami chimici che tengono uniti gli atomi.

Per capire la natura di un legame chimico si consideri il legame nella molecola più semplice che esiste, H_2. Se si potessero introdurre molti atomi di H in un contenitore, essi si accoppierebbero velocemente per formare molecole di H_2. Questo processo libera una grande quantità di energia poichè l'energia di due atomi di idrogeno separati è più alta di quella che si ha quando essi sono legati insieme nella molecola.

La Figura 3.1 mostra cosa succede all'energia di due atomi di idrogeno all'avvicinarsi dei due nuclei. Quando sono lontani, i due atomi di idrogeno non interagiscono e l'elettrone di ciascun atomo è nello stato fondamentale, nell'orbitale 1*s*.

L'energia potenziale iniziale di questo sistema (cioè i due atomi di H) è zero. All'avvicinarsi dei due atomi, ciascun elettrone è attratto dal nucleo dell'altro atomo; allo stesso tempo, gli elettroni si respingono tra loro, così come i due nuclei. Per controbilanciare queste forze, la distribuzione elettronica su ciascun atomo cambia al diminuire della distanza internucleare. Mentre gli atomi sono ancora separati, l'attrazione prevale sulla repulsione, per cui l'energia potenziale del sistema *diminuisce* (cioè diventa più negativa) all'avvicinarsi degli atomi. Questo andamento continua fino a che l'energia potenziale raggiunge un valore minimo. A questo punto, quando il sistema ha la più bassa energia cinetica, è più stabile e, in termini quantomeccanici, le distribuzioni elettroniche si mescolano per formare una nuvola elettronica che circonda entrambi i nuclei. Questa condizione corrisponde alla formazione di una molecola stabile di H_2. Se la distanza fra i nuclei diminuisce ulteriormente, l'energia potenziale aumenta rapidamente e diventa addirittura positiva a causa dell'aumentata repulsione

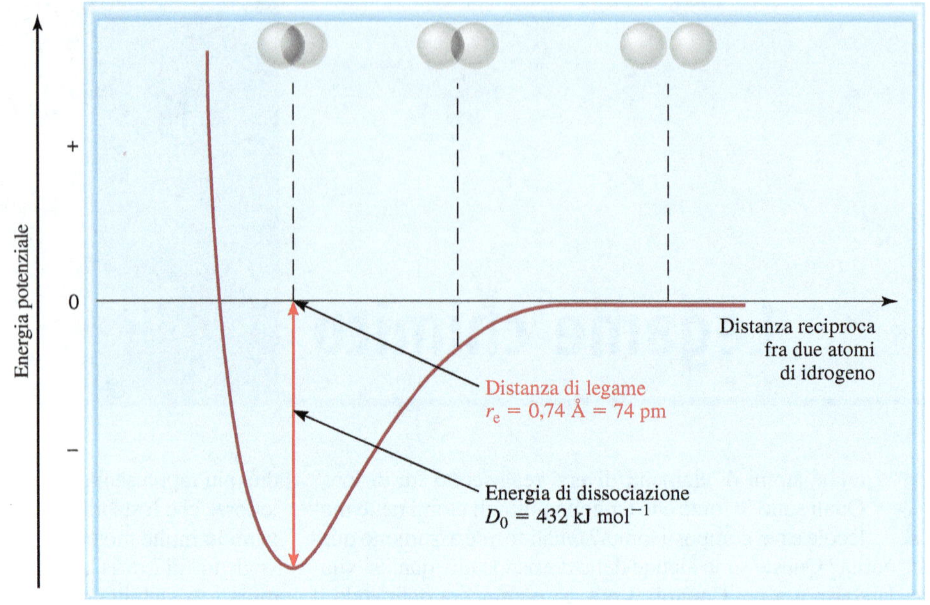

Figura 3.1 Variazione dell'energia potenziale di due atomi di idrogeno al variare della loro reciproca distanza. Nel punto di minimo di energia potenziale (432 kJ mol^{-1}), la molecola H_2 si trova nel suo stato più stabile e la lunghezza di legame è 74 pm. Le sfere rappresentano gli orbitali 1*s*.

elettrone-elettrone e nucleo-nucleo. La Figura 3.2 mostra le variazioni che si osservano nella distribuzione elettronica durante la formazione di una molecola di H_2.

La curva dell'energia[1] nella Figura 3.1 descrive la creazione di un ***legame chimico*** fra due atomi di idrogeno per formare una molecola di idrogeno. *Si forma un legame fra atomi ogni volta che le forze di attrazione fra di essi sono sufficientemente forti che gli atomi non si muovono più uno rispetto all'altro*. Per rompere il legame nella molecola di H_2, bisogna fornire un'energia uguale alla differenza tra il minimo energetico della Figura 3.1 e zero.[2] Questa energia richiesta per rompere il legame è detta ***energia di dissociazione***, D_0. L'energia di dissociazione per la molecola di idrogeno è 432 kJ mol^{-1}, significa che 432 kJ di energia sono richiesti per rompere i legami di 1 mole di molecole di idrogeno. *Normalmente si dice che due atomi sono legati se l'energia di dissociazione è maggiore di 40 kJ mol^{-1}*. L'interazione attrattiva fra due atomi di elio è solo 0,09 kJ mol^{-1}. Questa interazione non è sufficientemente forte perché la molecola di He_2 possa avere vita, se si fa eccezione per certi sistemi estremamente controllati e a bassa temperatura, per cui si dice che questa interazione attrattiva non rappresenta un legame chimico.

Un'altra importante misura quantitativa del legame chimico è la ***lunghezza di legame***, r_e, che è *la distanza fra i due nuclei all'equilibrio in un legame, definita come la distanza alla quale l'energia potenziale raggiunge il valore minimo* (si veda la Figura 3.1). Per la molecola di H_2 la lunghezza di legame è 74 pm (0,74 Å).
I legami fra gli atomi si possono formare in diversi modi. Per esempio, il legame in H_2 si forma per compartecipazione di elettroni da parte dei due atomi di idrogeno. Cioè, gli elettroni che formano il legame non "appartengono più" a un par-

---

[1] La costruzione della curva di energia potenziale nella Figura 3.1 richiede il calcolo dell'energia di un sistema di due atomi di idrogeno quando i nuclei sono bloccati a distanza *R*, trascurando qualsiasi moto dei nuclei. In una calcolo di questo tipo si assume che il movimento dei nuclei sia molto minore rispetto al movimento elettronico attorno ai nuclei stessi. Questa assunzione, chiamata *approssimazione di Born-Oppenheimer,* è valida poiché il nucleo ha una massa molto maggiore rispetto agli elettroni (protoni e neutroni hanno massa circa 2000 volte maggiore rispetto all'elettrone).

[2] In realtà, l'energia più bassa possibile per la molecola di H_2 non è il minimo della curva di energia potenziale, ma è leggermente maggiore a causa del moto di vibrazione dei nuclei. In maniera analoga a quello che succede nel sistema della particella in una scatola, il principio di indeterminazione di Heisenberg impedisce all'energia cinetica di vibrazione di essere esattamente zero, quindi, l'energia vibrazionale della molecola è sempre poco maggiore di zero (è detta energia di punto zero). Per cui, l'energia di dissociazione del legame è sempre un po' più piccola del minimo del diagramma di energia potenziale.

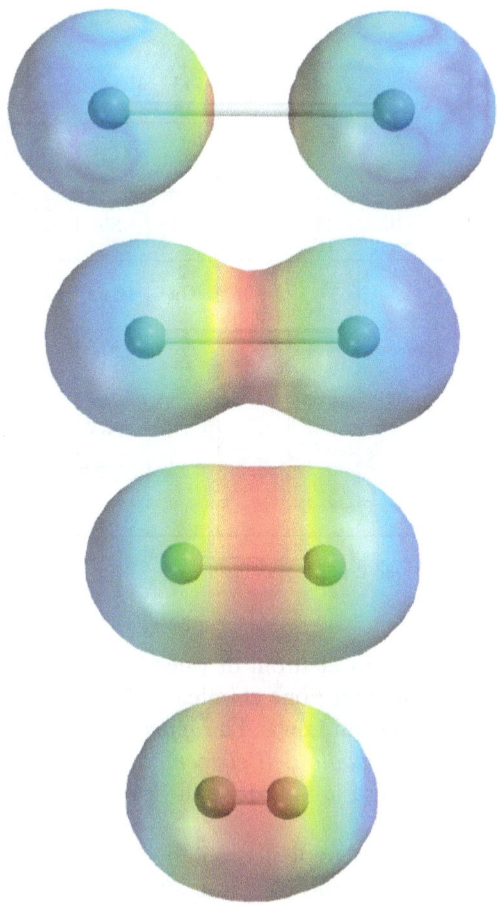

Figura 3.2 Dall'alto in basso. All'avvicinarsi dei due atomi di H, i loro orbitali 1*s* cominciano a interagire e ciascun elettrone comincia a sentire l'attrazione dell'altro protone. Gradualmente, la densità elettronica cresce nella regione fra i due nuclei (rosso). La molecola stabile di H_2 si forma quando la distanza internucleare è 74 pm (0,74 Å).

ticolare atomo, come nel caso di atomi separati di H, ma interagiscono equamente con entrambi i nuclei di idrogeno. Un tale tipo di legame è detto *legame covalente*. Invece, il legame fra gli ioni Na^+ e Cl^- nel comune sale da cucina (NaCl) non deriva da una compartecipazione di elettroni, ma da una forte attrazione elettrostatica coulombiana fra ioni carichi con segno opposto, ed è detto *legame ionico*. Nel Capitolo 3 si studierà in dettaglio la natura del legame chimico e la formazione delle molecole.

3.2 Legame covalente

Lo sviluppo della tavola periodica e il concetto di configurazione elettronica diedero un contributo notevole per la comprensione della formazione di molecole e composti. Gilbert Lewis[3] fu il primo a capire che gli atomi si combinano se, così facendo, raggiungono una configurazione elettronica più stabile. Il massimo di stabilità si ha quando un atomo raggiunge la configurazione elettronica tipo gas nobile.

3.2.1 Rappresentazione di Lewis

Quando gli atomi interagiscono per formare un legame chimico, solo le loro regioni più esterne sono in contatto. Per questo motivo, quando si studia il legame chimico,

---

[3] Gilbert Newton Lewis (1875–1946). Chimico americano. Lewis diede molti significativi contributi nell'area del legame chimico, della termodinamica, degli acidi e delle basi, e della spettroscopia. Pur con un lavoro così vasto e significativo, Lewis non è mai stato insignito del premio Nobel.

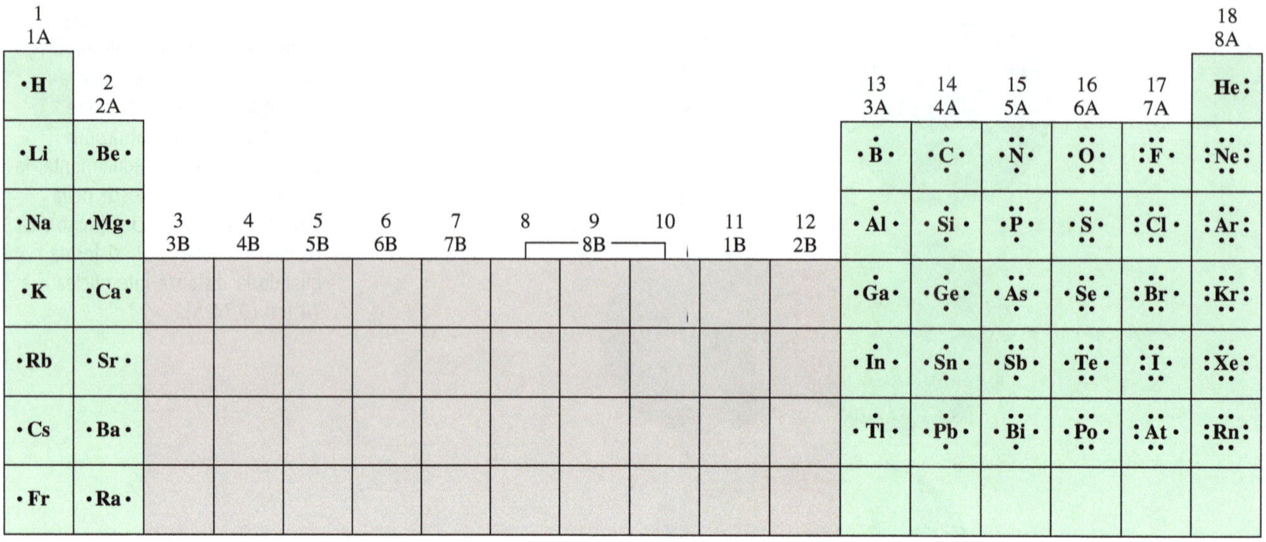

Figura 3.3 Rappresentazione di Lewis per gli elementi dei gruppi principali e per i gas nobili.

ci si riferisce principalmente agli elettroni di valenza degli atomi. Per tener traccia degli elettroni di valenza in una reazione chimica, i chimici utilizzano un sistema di notazione detto rappresentazione di Lewis. La ***rappresentazione (o notazione) di Lewis*** *consiste nello scrivere il simbolo dell'elemento e un puntino per ogni elettrone di valenza.* La Figura 3.3 mostra la notazione di Lewis per gli elementi dei gruppi principali e per i gas nobili.

A eccezione dell'elio, il numero di elettroni di valenza in un atomo coincide con il numero del gruppo al quale questo elemento appartiene. Per esempio, il Li è un elemento del Gruppo 1A e ha un solo elettrone di valenza quindi un solo puntino; il Be, un elemento del Gruppo 2A, ha due elettroni di valenza (due puntini) e così via. Elementi che appartengono allo stesso gruppo hanno simili configurazioni per gli elettroni di valenza e quindi hanno uguale rappresentazione di Lewis. I metalli di transizione, i lantanidi e gli attinidi hanno livelli interni parzialmente riempiti quindi in genere non si scrivono le rappresentazioni di Lewis per questi elementi.

3.2.2 Legame covalente

Anche se il concetto di molecola risale al XVII secolo, è solo dal XX secolo che i chimici cominciarono a capire come e perché si formano le molecole. Il primo contributo fu dato da Gilbert Lewis, che suggerì che un legame chimico in una molecola si forma per condivisione di elettroni da parte degli atomi coinvolti. Descrisse la formazione del legame chimico in H_2 nel modo seguente

$$\mathrm{H}\cdot + \cdot\mathrm{H} \longrightarrow \mathrm{H}:\mathrm{H}$$

Questo tipo di accoppiamento elettronico è un esempio di ***legame covalente,*** *un legame in cui una coppia di elettroni è condivisa tra due atomi.* ***Composti covalenti*** *sono composti che contengono solo legami covalenti.* Per semplicità la coppia di elettroni condivisa è spesso rappresentata con una linea. Quindi il legame covalente nella molecola di idrogeno può essere scritto come H—H. In ogni legame covalente, ciascun elettrone di una coppia condivisa interagisce con entrambi i nuclei degli atomi legati, instaurando una forza che tiene uniti i due atomi coinvolti nel legame.

Il legame covalente fra atomi polielettronici coinvolge solo gli elettroni di valenza. Si consideri la molecola di fluoro, F_2. La configurazione elettronica del F è $1s^22s^22p^5$. Gli elettroni nell'orbitale $1s$ hanno bassa energia e sono vicini al nucleo per la maggior parte del tempo. Per questo motivo, non partecipano alla formazione del legame. Quindi, ciascun atomo di F ha sette elettroni di valenza (gli elettroni negli orbitali 2*s* e 2*p*), e c'è un solo elettrone disaccoppiato sul F. Usando la notazione di Lewis la formazione della molecola di F_2 può essere rappresentata come segue:

Solo due elettroni di valenza partecipano alla formazione del legame covalente in F_2. Ci sono poi degli elettroni di non legame, che sono chiamati ***coppie solitarie*** – coppie di elettroni di valenza *che non sono coinvolte nella formazione del legame covalente.* Ciascun atomo di F nella molecola di F_2 possiede tre coppie solitarie (mostrate in rosso):

3.2.3 Strutture di Lewis

Si utilizzano le *strutture di Lewis* per rappresentare composti covalenti come H_2 e F_2. Una ***struttura di Lewis*** è una rappresentazione del legame covalente nel quale *coppie elettroniche condivise sono rappresentate come linee o coppie di puntini fra atomi.* Solo gli elettroni di valenza sono mostrati in una struttura di Lewis.

Si consideri la struttura di Lewis della molecola di acqua. La Figura 3.3 mostra la notazione di Lewis per l'ossigeno, con due puntini "solitari" (due elettroni disaccoppiati), ci si può quindi aspettare che O possa formare due legami covalenti. Siccome l'idrogeno ha solo un elettrone, può formare un solo legame. Quindi la struttura di Lewis per l'acqua è

In questo caso, l'atomo di O ha due coppie solitarie. L'atomo di idrogeno non ha coppie solitarie perché il suo unico elettrone è usato per formare un legame covalente.

Nelle molecole di F_2 e di H_2O, gli atomi di F e di O raggiungono la configurazione di tipo gas nobile condividendo elettroni:

La formazione di queste molecole illustra la ***regola dell'ottetto,*** formulata da Lewis: *un atomo, a eccezione dell'idrogeno, tende a formare legami fino a essere circondato da otto elettroni di valenza.* In altre parole, un legame covalente si forma quando non ci sono abbastanza elettroni per ciascun atomo per raggiungere la completezza dell'ottetto. Condividendo elettroni in un legame covalente, ciascun atomo può completare il suo ottetto. Per quanto riguarda l'idrogeno, esso reagisce per raggiungere la configurazione elettronica dell'elio, cioè un totale di due elettroni.

La regola dell'ottetto funziona principalmente per gli elementi del secondo periodo della tavola periodica. Questi elementi hanno solo i livelli 2*s* e 2*p*, che possono allocare un totale di otto elettroni. Quando un atomo di questi elementi forma un composto covalente, può raggiungere la configurazione elettronica tipo gas nobile [Ne] condividendo elettroni con altri atomi nello stesso composto. Importanti eccezioni alla regola dell'ottetto, discusse nel Paragrafo 3.4, forniscono ulteriori approfondimenti sulla natura del legame chimico.

Gli atomi possono formare diversi tipi di legame covalente. In un ***legame semplice***, *due atomi sono tenuti insieme da una coppia elettronica condivisa.* Molti composti sono tenuti insieme da ***legami multipli*** – cioè legami che si formano quando *due atomi condividono due o più coppie di elettroni. Se due atomi condividono due* *coppie di elettroni si dice che c'è un* ***legame covalente doppio.*** Legami doppi carbonio-ossigeno sono presenti nelle molecole di diossido di carbonio (CO_2), e legami doppi carbonio-carbonio si trovano nelle molecole di etilene o etene (C_2H_4):

$$:\ddot{O}::C::\ddot{O}: \quad \text{o} \quad :\ddot{O}{=}C{=}\ddot{O}:$$

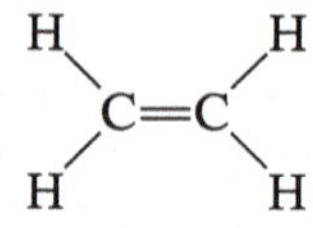

etilene

Si noti che in ciascuna di queste strutture la regola dell'ottetto è soddisfatta. Un ***legame triplo*** si forma quando *due atomi condividono tre coppie di elettroni*, come nella molecola di azoto (N_2):

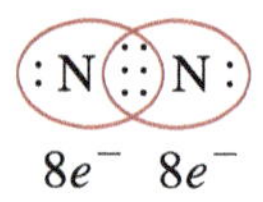

o $:N{\equiv}N:$

La molecola di acetilene o etino (C_2H_2) contiene un legame triplo carbonio-carbonio:

$$H:C\,\vdots\vdots\,C:H \quad \text{o} \quad H{-}C{\equiv}C{-}H$$

Tutti gli elettroni di valenza nell'etene e nell'etino sono usati nel legame; non ci sono coppie solitarie sugli atomi di carbonio. Infatti, a eccezione del monossido di carbonio, molecole stabili contenenti carbonio non hanno coppie solitarie sugli atomi di carbonio.

Il numero di legami fra due atomi in una molecola è detto ***ordine di legame***. Un legame semplice ha un ordine di legame uguale a uno; un legame doppio e un legame triplo ha ordine di legame uguale a due e a tre rispettivamente.

3.2.4 Teoria del legame di valenza

La teoria di Lewis diede un significativo contributo nella comprensione della formazione del legame chimico. Un tale semplice approccio tuttavia ha i suoi svantaggi. Per esempio, la teoria di Lewis non spiega chiaramente perché il legame chimico esiste, anche se il fatto di associare il legame chimico con il concetto di accoppiamento di elettroni fu un passo decisivo nella direzione giusta. La teoria di Lewis però descrive il legame semplice fra gli atomi di H nella molecola di H_2 e fra gli atomi di F nella molecola di F_2 essenzialmente nello stesso modo come accoppiamento di elettroni disaccoppiati. Queste due molecole tuttavia hanno energie di dissociazione e lunghezze di legame abbastanza diverse (436,4 kJ mol^{-1} e 74 pm per H_2 e 150,6 kJ mol^{-1} e 142 pm per F_2). Per una comprensione più completa della formazione del legame chimico, bisogna chiamare in causa ancora la meccanica quantistica.

Allo stato attuale delle conoscenze sono disponibili due teorie quantomeccaniche per descrivere il legame e la struttura elettronica delle molecole, la teoria del legame di valenza e la teoria dell'orbitale molecolare. *La teoria del legame di valenza* si basa sul fatto che gli elettroni in una molecola occupano gli orbitali atomici dei singoli atomi. Questa teoria permette di mantenere l'idea dei singoli atomi che sono coinvolti nel legame chimico. Invece la *teoria dell'orbitale molecolare*, si basa sul fatto che si formano degli orbitali molecolari a partire dagli orbitali atomici. Nessuna delle due teorie spiega perfettamente tutti gli aspetti del legame, ma entrambe hanno contribuito a capire meglio le proprietà delle molecole.

La ***teoria del legame di valenza (VB da Valence Bond in inglese)*** è un'estensione del concetto di Lewis della condivisione di elettroni, ed è stata originata dal la-

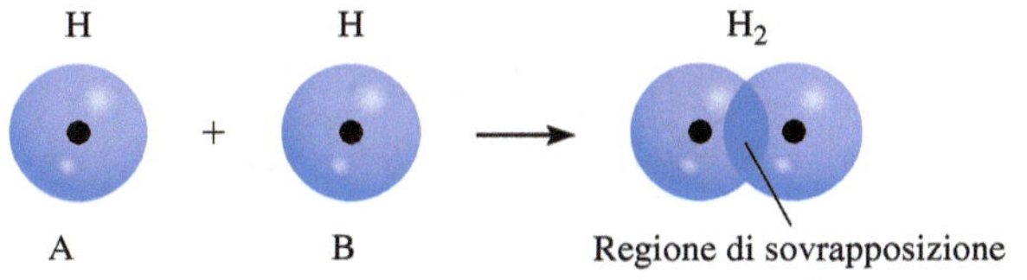

Figura 3.4 Formazione di un legame covalente in H_2, che si forma per sovrapposizione di due orbitali 1*s*.

voro di Walter Heitler[4] e Fritz London[5] nel 1927. Per iniziare la discussione della teoria VB, si consideri la formazione di una molecola di H_2 da due atomi di H, come discusso nel Paragrafo 3.2.2. La teoria di Lewis descrive il legame H—H in termini di accoppiamento dei due elettroni sui due atomi di H. Nella teoria VB, il legame covalente H—H si forma per *sovrapposizione* dei due orbitali 1*s* parzialmente riempiti negli atomi di H. Per sovrapposizione, si intende che i due orbitali condividono una stessa regione di spazio (si veda la Figura 3.4).

L'approssimazione VB della funzione d'onda dello stato fondamentale della molecola H_2 è data dal prodotto dei due orbitali 1*s* dei due atomi separati (A e B):

$$\psi_{VB} = N[\phi_{A,1s}(1)\,\phi_{B,1s}(2) + \phi_{B,1s}(1)\,\phi_{A,1s}(2)] \qquad \textbf{(3.1)}$$

dove "1" e "2" stanno per "elettrone 1" ed "elettrone 2," rispettivamente, $\phi_{A,1s}$ e $\phi_{B,1s}$ sono gli orbitali 1*s* centrati sugli atomi A e B, rispettivamente, e *N* è la costante di normalizzazione. La funzione d'onda VB nell'Equazione 3.1 descrive un sistema nel quale i due elettroni (con spin opposto) occupano gli orbitali atomici centrati su ciascun atomo. Il secondo termine nel secondo membro dell'Equazione 3.1 è necessario in quanto gli elettroni sono indistinguibili[6] in quantomeccanica ed è assolutamente la stessa cosa dire che l'elettrone 1 è descritto dall'equazione d'onda dell'atomo B e l'elettrone 2 da quella dell'atomo A, oppure che l'elettrone 2 è descritto dall'equazione d'onda dell'atomo B e l'elettrone 1 da quella dell'atomo A. Quando gli atomi sono vicini, la sovrapposizione degli orbitali atomici causa una significativa densità elettronica fra i due nuclei, il che porta ad un abbassamento dell'energia della molecola e alla formazione del legame, come descritto qualitativamente nel Paragrafo 3.1. Anche se la parte riguardante lo spin elettronico non è esplicitamente mostrata nell'Equazione 3.1, la costruzione della funzione d'onda VB dello stato fondamentale e quindi la formazione del legame H—H dipende dai due elettroni nell'Equazione 3.1 che devono avere spin opposto, come conseguenza del principio di esclusione di Pauli. Se i due atomi avessero spin paralleli, non si potrebbe formare una molecola stabile di H_2 e gli atomi si respingerebbero a vicenda.

Per il legame covalente nella molecola di H_2, la distribuzione elettronica (data dal quadrato della funzione d'onda nell'Equazione 3.1) è simmetrica rispetto all'asse internucleare di rotazione H—H (si veda la Figura 3.4). Oggetti che hanno questa simmetria si dice che sono *a simmetria cilindrica,* in quanto hanno la stessa simmetria di un cilindro – infatti se un cilindro viene fatto ruotare attorno al proprio asse principale un osservatore che lo guarda non nota differenze. Legami che hanno questa proprietà sono detti ***legami sigma*** ($\boldsymbol{\sigma}$). Gli orbitali atomici a simmetria sferica *s* hanno momento angolare orbitalico uguale a zero ($l = 0$), per analogia gli orbitali sigma VB a simmetria cilindrica hanno momento angolare orbitalico uguale a zero attorno all'asse di legame.

---

[4] Walter Heitler (1904-1981). Fisico tedesco. Heitler lasciò la Germania nel 1933 per scappare dal regime nazista e passò gli anni della guerra presso l'Università di Bristol. Si trasferì all'Università di Zurigo nel 1949. Oltre al lavoro sulla teoria del legame di valenza, diede notevoli contributi all'elettrodinamica quantica e alla teoria del campo quantico.

[5] Fritz London (1900-1954). Fisico tedesco-americano. London fu un fisico teorico la cui ricerca fu nel campo della superconduttività.

[6] Siccome gli orbitali in atomi e in molecole si sovrappongono, è impossibile conoscere in ogni istante quale elettrone sia in quale orbitale, cioè, gli elettroni sono *indistinguibili.* A causa di questo, la densità di probabilità (cioè la funzione d'onda al quadrato) deve rimanere la stessa se si invertono i due elettroni.

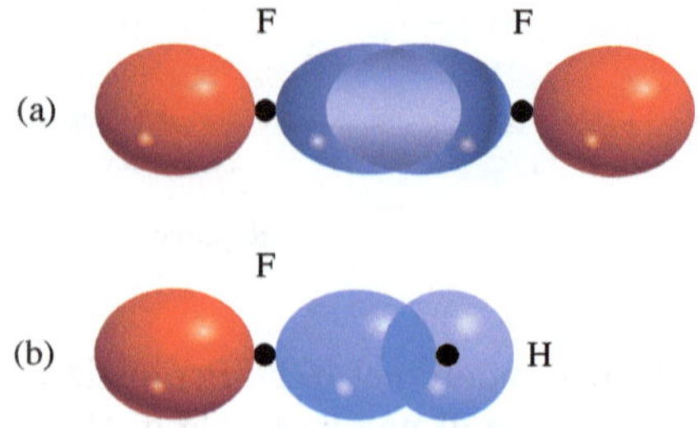

Figura 3.5 (a) Formazione di un legame sigma F—F nella molecola di F_2 per sovrapposizione dei due orbitali $2p_x$ centrati su ciascun atomo. (b) Formazione di un legame sigma H—F nella molecola HF per sovrapposizione di un orbitale 1*s* di H e un orbitale $2p_x$ di F. Il colore sottolinea il segno della funzione d'onda in ciascuna regione (blu = +, rosso = −).

Il concetto VB di sovrapposizione di orbitali atomici si applica ugualmente bene a molecole biatomiche diverse dall'H_2. Quindi una molecola stabile di F_2 si forma quando si forma un legame per sovrapposizione di due orbitali 2*p* (che contengono ciascuno un elettrone disaccoppiato) di due atomi di F [si veda la Figura 3.5(a)]. In maniera analoga la formazione della molecola HF si può spiegare con la sovrapposizione dell'orbitale 1*s* di H e l'orbitale 2*p* di F [si veda la Figura 3.5(b)]. In ogni caso la teoria VB spiega i cambiamenti di energia potenziale al variare della distanza fra gli atomi coinvolti. Sia il legame F—F [si veda la Figura 3.5(a)] sia il legame H—F [si veda la Figura 3.5(b)] sono a simmetria cilindrica rispetto all'asse internucleare, e sono quindi entrambi esempi di legami sigma. Siccome gli orbitali coinvolti non sono gli stessi nei casi visti sinora, le energie di legame e le distanze di legame di H_2, di F_2 e di HF devono essere diverse. Come si è detto precedentemente la teoria di Lewis tratta *tutti* i legami covalenti nello stesso modo e non dà spiegazione per le differenze tra legami.

Il metodo VB si può applicare anche allo studio di molecole con legami multipli come nell'ossigeno, O_2. La struttura di Lewis per l'O_2 contiene un legame doppio:

$$:\underset{..}{O}::\underset{..}{O}:$$

Un atomo di ossigeno ha due elettroni disaccoppiati nel livello di valenza, ciascuno in un orbitale 2*p*. Se si avvicinano entrambi gli atomi lungo l'asse *x*, gli orbitali $2p_x$ si possono sovrapporre per formare un legame sigma, come mostrato in Figura 3.6(a). Il secondo legame si forma per sovrapposizione laterale dell'altro orbitale 2*p*, che è perpendicolare al primo e all'asse internucleare di legame [si veda la Figura 3.6(b)].

Siccome gli orbitali 2*p* hanno un nodo sul nucleo, la distribuzione elettronica nella funzione d'onda VB formata per sovrapposizione laterale non ha simmetria cilindrica, ma cambia di segno a ogni rotazione di 180° attorno all'asse internucleare. Legami che hanno questa proprietà sono detti ***legami pi greco* (*π*)**. Quindi il legame

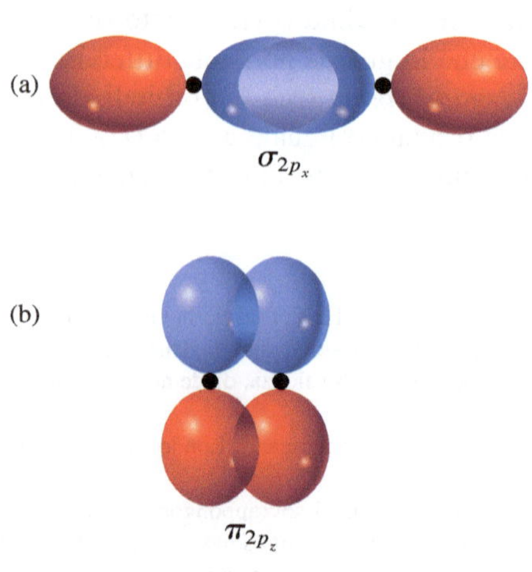

Figura 3.6 (a) Formazione di un legame sigma nella molecola di O_2 per sovrapposizione di due orbitali $2p_x$. (b) Formazione di un legame pi greco nella molecola di O_2 per sovrapposizione laterale di due orbitali 2*p* orientati in maniera perpendicolare rispetto all'asse di legame.

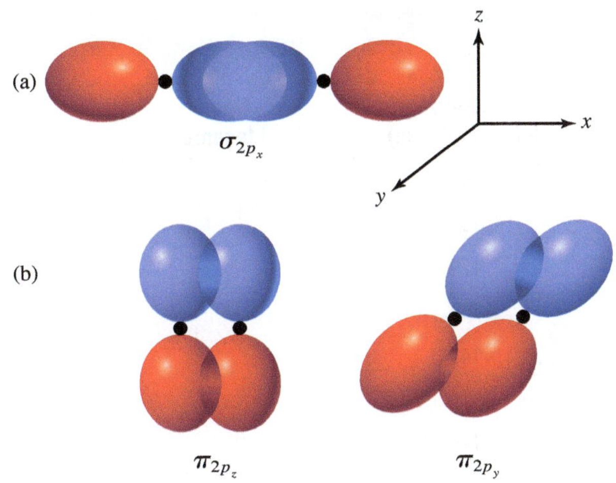

Figura 3.7 Triplo legame nella molecola di N_2. (a) Un legame σ e (b) due legami π formati per sovrapposizione di orbitali $2p_z$ e $2p_y$ su ciascun atomo di azoto.

doppio nella molecola di ossigeno consiste di un legame sigma e un legame pi greco che non sono equivalenti. L'esistenza dei due diversi tipi di legame nella formazione del legame doppio è qualcosa che non è previsto dalla semplice teoria di Lewis. Un triplo legame come quello nella molecola di N_2 è descritto nell'approccio VB come formato da un legame sigma, per sovrapposizione degli orbitali $2p_x$ orientati secondo l'asse internucleare, e due legami pi greco formati per sovrapposizione laterale di orbitali $2p_y$ e $2p_z$ sui due atomi di N (si veda la Figura 3.7).

3.2.5 Lunghezza ed energia di legame

Come è stato definito nel Paragrafo 3.1, la *lunghezza di legame* è la distanza di equilibrio fra due atomi legati (si veda la Figura 3.8). In un legame covalente, la lunghezza di legame dipende primariamente dal tipo di atomi e dal numero di legami fra di essi. Legami tripli sono generalmente più corti dei legami doppi, che sono più corti di quelli semplici. Per esempio, la lunghezza del triplo legame C≡C nell'etino (C_2H_2) è 1,21 Å, mentre la lunghezza del doppio legame C=C nell'etene (C_2H_4) è 1,34 Å e la lunghezza del legame semplice C—C nell'etano (C_2H_6) è 1,54 Å.

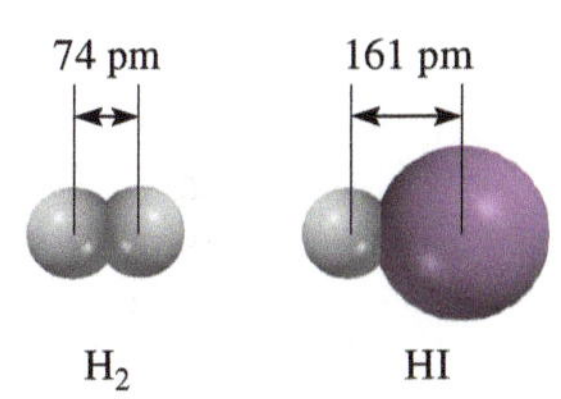

Figura 3.8 Lunghezza di legame (in pm) in H_2 e HI.

Nella Tabella 3.1 sono riportate alcune tipiche lunghezze di legame. Per alcuni legami che esistono solamente in una molecola, come per esempio il legame H—H nell'H_2 o il legame H—Cl nell'HCl, è riportato l'esatto valore sperimentale. Per legami che possono instaurarsi in diversi composti covalenti, è riportato il valor medio, in quanto la specifica distanza di legame differisce leggermente da un composto all'altro. Per esempio, la distanza di legame media C—H è riportata nella Tabella 3.1 con il valore 109 pm, ma l'esatto valore sperimentale nella molecola di etino (C_2H_2) è 106,1 pm e nell'etano (C_2H_6) è leggermente più lunga essendo 110,2 pm.

Si noti nella Tabella 3.1 che le lunghezze di legame per le molecole biatomiche eteronucleari alogene (BrCl, ICl, IBr) si possono con buona approssimazione considerare uguali alla media delle distanze di legame delle rispettive molecole biatomiche omonucleari. Per esempio, la distanza di legame per IBr è 247 pm. Se si calcola la media delle distanze di legame in Br_2 e I_2, si ottiene

$$(228 \text{ pm} + 268 \text{ pm})/2 = 248 \text{ pm}$$

che è un valore molto simile a quello esatto. Per applicare questo utile concetto come metodo per stimare le lunghezze di legame in una molecola, si definisce il ***raggio covalente.*** La lunghezza di un legame fra atomi A e B in una molecola, si può approssimare al valore della somma $r_A + r_B$, dove r_A e r_B sono i *raggi covalenti* degli atomi A e B, rispettivamente. Per esempio, la distanza di legame media C—C in un composto covalente è 154 pm, per cui il raggio covalente per il carbonio coinvolto

Tabella 3.1 Lunghezza di legame media e esatta per alcuni comuni legami covalenti

Tipo di legame	Lunghezza di legame* (pm)	Tipo di legame	Lunghezza di legame* (pm)
C—C	154	H_2	74
C═C	133	N_2	110
C≡C	120	O_2	121
C—H	109	F_2	142
C—O	143	Cl_2	199
C═O	121	Br_2	228
C—N	143	I_2	268
C═N	138	BrCl	214
C≡N	116	ICl	232
O—H	96	IBr	247
N—O	136	HCl	127
N═O	122	HF	92

* Lunghezza di legame media (nero). Lunghezza di legame esatta (rosso).

in un legame semplice ha il valore di 154/2 = 77 pm. La distanza C—Cl in molti composti è circa uguale a 176 pm, per cui il raggio covalente di Cl deve essere (176 − 77) pm = 99 pm. Usando questa procedura, si può ottenere il raggio covalente di molti atomi. I raggi covalenti di diversi atomi sono riportati in Tabella 3.2. Il raggio covalente è più specifico del generico raggio atomico definito nel Paragrafo 2.5 in

Tabella 3.2 Raggio covalente di atomi (in pm) in diversi tipi di legame

	Legame semplice	Legame doppio	Legame triplo
H	37		
C	77,2	66,7	60,3
N	70	62	55
O	66	62	
F	64		
Si	117	107	100
P	110	100	93
S	104	94	87
Cl	99	89	
Ge	122	112	
As	121	111	
Se	117	107	
Br	114	104	
Sn	140	130	
Sb	141	131	
Te	137	127	
I	133	123	

quanto tiene in considerazione l'ordine di legame (semplice, doppio o triplo) oltre alla specie chimica dell'elemento.

L'*energia di legame* (o *energia di dissociazione del legame*), D_0, dà una misura della stabilità del legame in una molecola. Come discusso nel Paragrafo 3.1, l'energia di legame è l'energia richiesta per rompere il legame in una molecola isolata. Si misura generalmente in kJ mol^{-1}, ed è l'energia richiesta per rompere un legame in 1 mole di molecole. Il valore sperimentale nel caso della molecola biatomica di idrogeno, per esempio, è

$$H_2(g) \longrightarrow H(g) + H(g) \qquad D_0 = 432{,}0 \text{ kJ mol}^{-1}$$

Questa equazione afferma che rompere il legame covalente in 1 mole di molecole gassose di H_2 richiede 432,0 kJ di energia. Per la molecola di cloro (meno stabile),

$$Cl_2(g) \longrightarrow Cl(g) + Cl(g) \qquad D_0 = 240{,}9 \text{ kJ mol}^{-1}$$

Le energie di legame possono essere anche misurate per molecole biatomiche eteronucleari, come HCl,

$$HCl(g) \longrightarrow H(g) + Cl(g) \qquad D_0 = 427{,}6 \text{ kJ mol}^{-1}$$

o per molecole che contengono doppi o tripli legami:

$$O_2(g) \longrightarrow O(g) + O(g) \qquad D_0 = 495{,}8 \text{ kJ mol}^{-1}$$
$$N_2(g) \longrightarrow N(g) + N(g) \qquad D_0 = 942{,}9 \text{ kJ mol}^{-1}$$

Quantificare l'energia di legame in molecole poliatomiche è più complicato. Per esempio, i dati sperimentali mostrano che l'energia richiesta per rompere il primo legame O—H nell'H_2O è diversa da quella necessaria per rompere il secondo legame O—H:

$$H_2O(g) \longrightarrow H(g) + OH(g) \qquad D_0 = 494 \text{ kJ mol}^{-1}$$
$$OH(g) \longrightarrow H(g) + O(g) \qquad D_0 = 424 \text{ kJ mol}^{-1}$$

In ciascuno dei due casi si rompe un legame O—H, ma il primo passaggio richiede più energia del secondo. La differenza fra i due valori di D_0 suggerisce che il secondo legame O—H subisce un cambiamento, a causa del modificato intorno chimico. Spesso l'energia di dissociazione dei legami è riportata come media. Per esempio, l'*energia di dissociazione media* del legame O—H è circa 460 kJ mol^{-1}, che è più o meno la media di due rotture successive di legame O—H nell'acqua. Più comunemente, le forze di legame sono riportate come *entalpie di legame,* che differiscono da D_0 di soli pochi kJ mol^{-1}. Le entalpie di legame verranno discusse in dettaglio nel Capitolo 7.

La Tabella 3.3 riporta le energie di dissociazione di un certo numero di molecole biatomiche.

I dati nella Tabella 3.3 mostrano un importante andamento generale nelle energie di dissociazione. Confrontando composti simili, l'energia di legame generalmen-

Tabella 3.3 Energie di dissociazione per alcune molecole biatomiche

Legame	D_0 kJ mol^{-1}	Legame	D_0 kJ mol^{-1}
H—H	432,0	O═O	495,8
H—F	565,7	F—F	154,4
H—Cl	427,6	Cl—Cl	240,2
H—Br	363,6	Br—Br	190,0
H—I	295,8	I—I	148,5
N≡N	942,9		

te decresce all'aumentare della lunghezza di legame. Per esempio, l'energia di legame nella serie degli acidi alogenidrici HF, HCl, HBr e HI è 565,7, 427,6, 363,6 e 295,8 kJ mol^{-1}, rispettivamente. Siccome il raggio covalente di un atomo di alogeno aumenta con il suo numero atomico (I > Br > Cl > F), la lunghezza di legame aumenta dall'alto in basso nel gruppo, il che è in correlazione con la diminuzione dell'energia di dissociazione. Inoltre, l'energia di legame dei composti riportati nella Tabella 3.3 aumenta con l'ordine di legame. Cioè i legami tripli sono più forti dei legami doppi, e quelli doppi sono più forti di quelli semplici.

3.3 Elettronegatività e polarità del legame

Si è detto che il legame covalente è la condivisione di una coppia di elettroni da parte di due atomi. In molecole biatomiche *omonucleari* come H_2, nelle quali gli atomi sono identici, gli elettroni sono ugualmente condivisi, cioè, passano lo stesso tempo in prossimità di ciascun atomo. Invece, in una molecola biatomica *eteronucleare* come HF, gli atomi di H e di F *non* condividono ugualmente gli elettroni di legame in quanto H e F sono atomi diversi

$$\text{H—}\ddot{\underset{\cdot\cdot}{\text{F}}}\text{:}$$

Il legame in HF è detto ***legame covalente polare***, o semplicemente *legame polare,* in quanto gli *elettroni passano più tempo in prossimità di un atomo che dell'altro.* L'evidenza sperimentale indica che gli elettroni che partecipano al legame H—F si trovano più vicini all'atomo di F. Si può pensare a questa diversa compartecipazione di elettroni come a un parziale trasferimento elettronico, o "spostamento" di densità elettronica, come viene più comunemente descritto, dall'atomo di H a quello di F (si veda la Figura 3.9). Questa "diversa compartecipazione" della coppia di elettroni di legame si traduce in una relativamente maggiore densità elettronica vicino all'atomo di fluoro e minore densità elettronica vicino all'idrogeno.

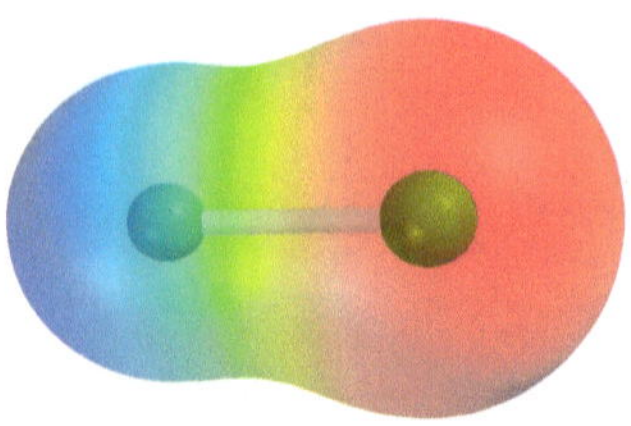

Figura 3.9 Mappa del potenziale elettrostatico della molecola HF. La distribuzione elettronica varia in accordo con i colori dell'arcobaleno. La regione più ricca in elettroni è in rosso; la più povera è in blu.

3.3.1 Elettronegatività

Una proprietà che aiuta a distinguere un legame covalente apolare da uno polare è l'***elettronegatività***, *cioè la capacità di un atomo di attrarre a se elettroni in un legame chimico.* Elementi con alta elettronegatività (come F, O e N) hanno una maggiore tendenza ad attrarre elettroni rispetto a quelli con minore elettronegatività (come Li, Be e B).

L'elettronegatività è un concetto relativo, nel senso che l'elettronegatività di un elemento può essere misurata solo in relazione all'elettronegatività di un altro elemento. Nel 1932, Linus Pauling[7] ricavò un metodo per calcolare le elettronegatività *relative* di molti elementi. Osservò che l'energia di legame, $D_0(AB)$, per un legame fra due diversi elementi A e B è sempre maggiore rispetto alla media aritmetica delle energie di legame [$D_0(AA)$ e $D_0(BB)$] per le molecole biatomiche omonucleari A—A e B—B, quindi la differenza, Δ, fra queste due quantità è sempre positiva:

$$\Delta = D_0(AB) - \frac{1}{2}[D_0(AA) + D_0(BB)] > 0$$

[7] Linus Carl Pauling (1901-1994). Chimico americano. Considerato fra i più importanti chimici del XX secolo, Pauling fece ricerche in un campo molto ampio di argomenti, dalla chimica fisica alla biologia molecolare. Pauling ricevette il Premio Nobel in chimica nel 1954 per il suo lavoro sulla struttura delle proteine, e il Premio Nobel per la pace nel 1962. È la sola persona ad aver ricevuto due Premi Nobel senza condividerli.

Elettronegatività crescente

1A	2A	3B	4B	5B	6B	7B	8B			1B	2B	3A	4A	5A	6A	7A	8A
H 2,1																	
Li 1,0	**Be** 1,5											**B** 2,0	**C** 2,5	**N** 3,0	**O** 3,5	**F** 4,0	
Na 0,9	**Mg** 1,2											**Al** 1,5	**Si** 1,8	**P** 2,1	**S** 2,5	**Cl** 3,0	
K 0,8	**Ca** 1,0	**Sc** 1,3	**Ti** 1,5	**V** 1,6	**Cr** 1,6	**Mn** 1,5	**Fe** 1,8	**Co** 1,9	**Ni** 1,9	**Cu** 1,9	**Zn** 1,6	**Ga** 1,6	**Ge** 1,8	**As** 2,0	**Se** 2,4	**Br** 2,8	**Kr** 3,0
Rb 0,8	**Sr** 1,0	**Y** 1,2	**Zr** 1,4	**Nb** 1,6	**Mo** 1,8	**Tc** 1,9	**Ru** 2,2	**Rh** 2,2	**Pd** 2,2	**Ag** 1,9	**Cd** 1,7	**In** 1,7	**Sn** 1,8	**Sb** 1,9	**Te** 2,1	**I** 2,5	**Xe** 2,6
Cs 0,7	**Ba** 0,9	**La-Lu** 1,0-1,2	**Hf** 1,3	**Ta** 1,5	**W** 1,7	**Re** 1,9	**Os** 2,2	**Ir** 2,2	**Pt** 2,2	**Au** 2,4	**Hg** 1,9	**Tl** 1,8	**Pb** 1,9	**Bi** 1,9	**Po** 2,0	**At** 2,2	
Fr 0,7	**Ra** 0,9																

Elettronegatività crescente

Figura 3.10 L'elettronegatività del Pauling di elementi comuni. Il codice per i colori è: verde (metalli), blu (non metalli) e grigio (semi metalli). Le elettronegatività per i gas nobili, per i quali non esistono composti (ne sono noti solo pochissimi), (He, Ar, Ne, Rd) non sono generalmente assegnate.

Pauling pensò che se gli elettroni fossero ugualmente condivisi dai due atomi, queste due quantità dovrebbero essere uguali e quindi il grande valore osservato di Δ dovrebbe essere dovuto all'extra attrazione elettrostatica delle cariche parzialmente separate. Pauling postulò quindi che Δ fosse in relazione con la differenza di elettronegatività e definì la differenza di elettronegatività fra due elementi A e B come

$$\chi_A - \chi_B = \sqrt{\Delta} \tag{3.2}$$

dove χ_A e χ_B sono le elettronegatività dell'elemento A e dell'elemento B e le energie di legame sono date in unità di elettronvolt (1 elettronvolt = 1 eV = 96,48 kJ mol^{-1}). L'Equazione 3.2 dà solo valori relativi di elettronegatività. Per specificare un valore per un dato elemento bisogna assegnare l'elettronegatività a un elemento preso come riferimento. Assegnando all'idrogeno un'elettronegatività di 2,10 si ottengono le elettronegatività per gli altri elementi, come mostrato in Figura 3.10. Questi valori vanno da 4,0 per il fluoro, l'elemento più elettronegativo, a 0,7 per il francio.

A un attento esame della Figura 3.10 si osservano degli andamenti e delle relazioni fra i valori di elettronegatività dei diversi elementi. In generale, l'elettronegatività aumenta da sinistra verso destra lungo un periodo nella tavola periodica, al diminuire del carattere metallico degli elementi. Entro ciascun gruppo, l'elettronegatività diminuisce all'aumentare del numero atomico (e del carattere metallico). I metalli di transizione, non seguono questo andamento. Gli elementi più elettronegativi (gli alogeni, l'ossigeno, l'azoto e lo zolfo) si trovano nella parte in alto a destra della tavola periodica, e gli elementi meno elettronegativi (i metalli alcalini e alcalino terrosi) si trovano in basso a sinistra. (Elementi con bassa elettronegatività sono spesso detti elementi *elettropositivi*.) Questi andamenti sono riportati in grafico nella Figura 3.11.

L'elettronegatività di un elemento è in relazione all'affinità elettronica e all'energia di ionizzazione. Il fluoro, per esempio, che ha alta affinità elettronica (tende ad acquistare facilmente elettroni) e alta energia di ionizzazione (non perde facilmente elettroni), ha anche alta elettronegatività. Il sodio invece, ha bassa affinità elettronica (non strappa elettroni), ha bassa energia di ionizzazione (perde facilmente elettroni) e bassa elettronegatività.

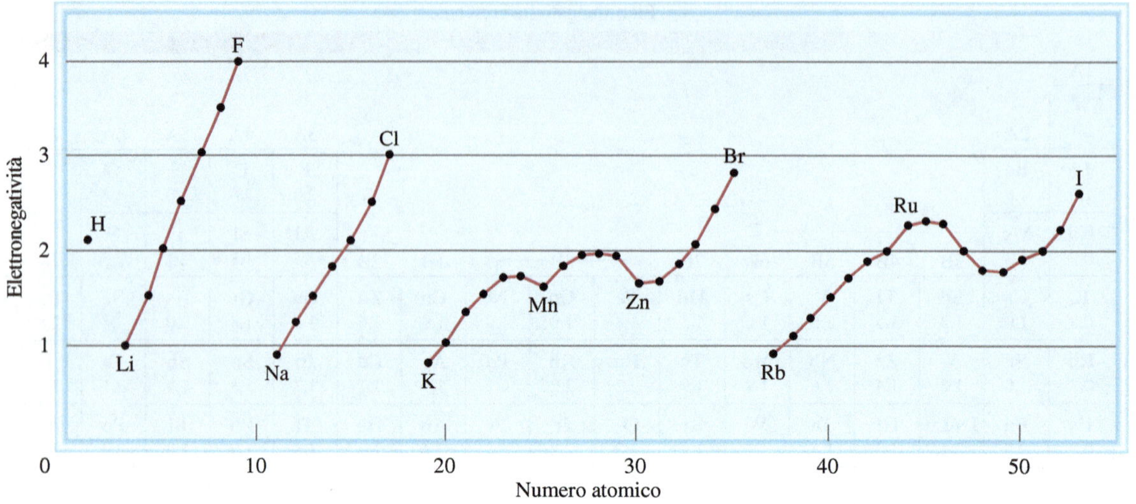

Figura 3.11 Variazione dell'elettronegatività al variare del numero atomico. Gli alogeni hanno elettronegatività più elevate, i metalli alcalini più basse.

Due anni dopo che Pauling ebbe dato la sua definizione di elettronegatività, il chimico americano Robert Mulliken[8] propose una definizione alternativa, secondo la quale l'elettronegatività per un elemento A è proporzionale alla media fra l'energia di prima ionizzazione, I_1, e l'affinità elettronica, E_{ae}:

$$\chi_A(\text{Mulliken}) = C\left(\frac{E_{ae} + I_1}{2}\right) \qquad \textbf{(3.3)}$$

dove C è una costante di proporzionalità. L'elettronegatività secondo Mulliken dà più o meno gli stessi andamenti della definizione di Pauling, riguardo alla natura polare dei legami covalenti, anche se ci sono alcune differenze. Sono state proposte altre definizioni di elettronegatività, ma quella del Pauling è la più comunemente usata.

L'elettronegatività e l'affinità elettronica sono in relazione ma sono concettualmente diverse. Entrambe indicano la tendenza di un atomo ad attrarre elettroni. Tuttavia, l'affinità elettronica si riferisce alla capacità di un atomo isolato di attrarre un elettrone di un altro atomo, mentre l'elettronegatività significa la capacità di un atomo coinvolto in un legame chimico di attrarre gli elettroni in compartecipazione. Inoltre, l'affinità elettronica è una grandezza sperimentalmente misurabile, mentre l'elettronegatività è un numero stimato che non può essere misurato.

3.3.2 Legame ionico

Atomi di elementi con elettronegatività molto diversa tendono a formare legami nei quali l'elettrone viene completamente trasferito dall'atomo elettropositivo (che forma un catione) all'atomo elettronegativo (che forma un anione). Queste interazioni sono chiamate ***legami ionici*** poichè non provengono dalla compartecipazione di elettroni, ma risultano *dall'attrazione elettrostatica coulombiana fra ioni di carica opposta.* Un composto tenuto insieme da legami ionici è chiamato *composto ionico.* Come regola, gli elementi che tendono a formare cationi in composti ionici sono i metalli alcalini e alcalino terrosi e l'alluminio, e gli elementi che tendono a formare anioni sono gli alogeni, l'ossigeno e l'azoto. Di conseguenza, composti ionici si formano tra elementi dei Gruppi 1A o 2A (o l'alluminio) con un alogeno, l'ossigeno, o l'azoto.

---

[8] Robert Sanderson Mulliken (1896-1986). Chimico americano. Mulliken fu un pioniere nella chimica quantistica e diede importanti contributi alla teoria della struttura molecolare e al legame. Fu insignito del Premio Nobel in chimica nel 1966.

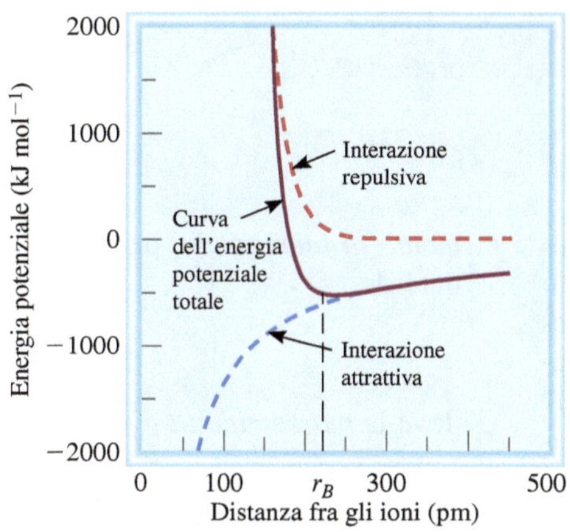

Figura 3.12 Energia potenziale per la coppia ionica NaCl in funzione della distanza tra gli ioni in unità di kJ mol^{-1}. La curva dell'energia potenziale totale è la somma dell'interazione attrattiva e repulsiva coulombiana fra le cariche. La distanza di legame (r_B = 236 pm) corrisponde al minimo della curva di potenziale. L'energia potenziale nel punto di minimo vale approssimativamente −560 kJ mol^{-1}.

Ad alte temperature, i composti ionici come NaCl (il comune sale da cucina) vaporizzano per formare coppie ioniche in fase gas. L'energia potenziale di attrazione tra il catione sodio (Na^+) con carica $+e$ e l'anione cloruro (Cl^-) con carica $-e$ è data dalla legge di Coulomb (Equazione 0.5)

$$V_{\text{attrazione}} = -\frac{e^2}{4\pi\varepsilon_0 r} \qquad \textbf{(0.5)}$$

dove r è la distanza tra gli ioni. Tuttavia, se la distanza tra gli ioni diventa piccola, la repulsione nucleo-nucleo ed elettrone-elettrone diventa forte. L'energia potenziale totale, che è la somma dell'attrazione coulombiana e della repulsione elettrostatica, è mostrata in Figura 3.12 in unità di kJ mol^{-1}. Nel momento in cui le forze attrattive e repulsive si bilanciano, l'energia potenziale totale raggiunge un minimo a r_e, che è la lunghezza di equilibrio di legame per questa coppia di ioni. Per NaCl, la lunghezza di legame è 236 pm (2,36 Å).

Nella Figura 3.12, il valore dell'energia potenziale a r_B (−560 kJ mol^{-1}) è l'energia rilasciata quando si forma 1 mole di coppie ioniche NaCl da ioni isolati Na^+ e Cl^- allo stato gassoso:

$$Na^+(g) + Cl^-(g) \longrightarrow NaCl(g)$$

Nella costruzione della Figura 3.12, si è considerato che il sodio e il cloro rimangano nel loro stato di ioni. Tuttavia, lo stato fondamentale del sistema dissociato consiste di atomi separati, non ioni. Anche se si è esaminata la stabilità della coppia ionica legata NaCl in relazione agli *ioni* separati, non si è detto se la coppia ionica può essere stabile in relazione alla dissociazione in *atomi* separati:

$$NaCl(g) \longrightarrow Na(g) + Cl(g)$$

Si può dividere questo processo in due passaggi:

$$NaCl(g) \longrightarrow Na^+(g) + Cl^-(g) \longrightarrow Na(g) + Cl(g) \qquad \textbf{(3.4)}$$

L'energia del primo passaggio (560 kJ mol^{-1}) è determinata nella Figura 3.12. L'energia del secondo passaggio coinvolge l'energia richiesta per aggiungere un elettrone allo ione sodio, ed è data dall'energia di ionizzazione con segno negativo, I_1, del sodio (495,9 kJ mol^{-1} dalla Tabella 2.2), e dall'energia richiesta per allontanare un elettrone dallo ione cloruro, data dall'affinità elettronica, E_{ae}, del cloro (349 kJ mol^{-1} dalla Tabella 2.3). Sommando insieme questi contributi si ottiene l'energia del processo dell'Equazione 3.4:

$$\begin{aligned} E_{\text{dissociazione}} &= 560 \text{ kJ mol}^{-1} - 495{,}9 \text{ kJ mol}^{-1} + 349 \text{ kJ mol}^{-1} \\ &= 413 \text{ kJ mol}^{-1} \end{aligned}$$

Approfondimento 3.1

LA SPETTROSCOPIA ROTAZIONALE

Nella Tabella 3.1 si sono illustrate le distanze di legame per alcuni composti. Dato che le molecole sono molto più piccole di quanto può essere visto con metodi ottici convenzionali, come è possibile determinare la lunghezza di legame in maniera così accurata? Nel secolo scorso, i chimici e i fisici hanno sviluppato un certo numero di tecniche che si basano sull'interazione della materia con le radiazioni elettromagnetiche di opportuna lunghezza d'onda. Per molecole semplici in fase gas, un metodo molto accurato per determinare le distanze di legame (e gli angoli di legame) è la ***spettroscopia rotazionale***, che è lo studio delle *frequenze di radiazione nel campo delle microonde che vengono assorbite da un particolare materiale.* Dalla Figura 1.6 si vede che la regione delle microonde dello spettro elettromagnetico corrisponde alle frequenze nell'intervallo tra 10^8 e 10^{12} Hz. Moltiplicando queste frequenze per la costante di Planck, si trova che un fotone di microonde ha un'energia tra 10^{-25} e 10^{-21} J. Queste energie, anche se troppo basse per promuovere transizioni elettroniche, corrispondono alle energie necessarie per promuovere i moti rotazionali delle molecole.

Si consideri una molecola biatomica come HCl o CO. Il moto rotazionale di molecole come queste può essere descritto con un semplice modello chiamato *rotore rigido*. Un rotore rigido è costituito da due corpi di massa m_1 e m_2 che sono connessi da una barra rigida senza massa di lunghezza R. In questo modello le masse corrispondono ai due atomi della molecola biatomica e la barra (R) rappresenta il legame di lunghezza R:

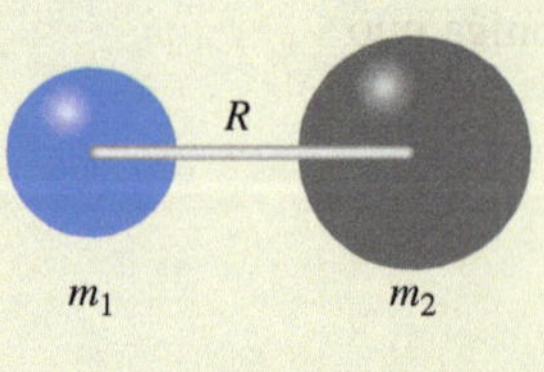

L'equazione di Schrödinger che corrisponde alla rotazione del rotore rigido può essere risolta esattamente per ottenere le seguenti energie rotazionali quantizzate:

$$E_{rot} = \frac{J(J+1)h^2}{8\pi^2 I} \qquad J = 0, 1, 2, \ldots \qquad \textbf{(1)}$$

dove il numero intero J è detto numero quantico rotazionale. Nell'Equazione 1, la quantità I è il *momento di inerzia,* che per una molecola biatomica è dato da

$$I = \mu R^2 \qquad \textbf{(2)}$$

dove la *massa ridotta* μ è data da

$$\mu = \frac{m_1 m_2}{m_1 + m_2} \qquad \textbf{(3)}$$

L'Equazione 1 è scritta a volte nel modo seguente

$$E_J = hBJ(J+1) \qquad J = 0, 1, 2, \ldots \qquad \textbf{(4)}$$

dove

$$B = \frac{h}{8\pi^2 I} \qquad \textbf{(5)}$$

è detta *costante rotazionale.* A causa della natura dell'interazione tra la molecola biatomica e la radiazione elettromagnetica, l'assorbimento di radiazione di microonde è possibile solo se $\Delta J = +1$. La frequenza della radiazione elettromagnetica richiesta per eccitare una molecola da uno stato rotazionale (J) a quello a più alta energia ($J + 1$) può essere determinata usando l'Equazione 1

$$\begin{aligned} h\nu_{J\to J-1} &= \Delta E = E_{J+1} - E_J \\ &= hB(J+1)(J+2) - hBJ(J+1) \\ &= 2hB(J+1) \\ \nu_{J\to J+1} &= 2B(J+1) \end{aligned} \qquad \textbf{(6)}$$

Per cui, se le linee dello spettro delle microonde sono note, allora si può determinare il valore di B, dal quale si può calcolare il momento di inerzia e, quindi, la distanza di legame R.

Come esempio, la linea $J = 0 \longrightarrow J = 1$ nello spettro di microonde di $^{12}C^{16}O$ si trova sperimentalmente a una frequenza di $1,153 \times 10^{11}$ H. Dall'Equazione 6, $\nu_{0\to 1} = 2B(0+1) = 2B$, così $B = 5,765 \times 10^{10}$ Hz. Il momento di inerzia può essere quindi calcolato dall'Equazione 5.

$$I = \frac{h}{8\pi^2 B} = \frac{6,62608 \times 10^{-34}\ \text{J s}}{8\pi^2(5,765 \times 10^{10}\ \text{s}^{-1})} = 1,456 \times 10^{-46}\ \text{kg m}^2$$

dove si è usata la notazione che $1\ \text{J} = 1\ \text{kg m}^2\ \text{s}^{-2}$.

Le masse di ^{12}C e ^{16}O sono 12.00000 u e 15.99491 u, rispettivamente, dando una massa ridotta di

$$\mu = \frac{m_1 m_2}{m_1 + m_2}$$

$$= \frac{(12{,}00000\ \text{u})(15{,}99491\ \text{u})}{(12{,}00000\ \text{u}) + (15{,}99491\ \text{u})} = 6{,}85621\ \text{u}$$

$$= 6{,}85621\ \text{u} \times \frac{1{,}66054 \times 10^{-27}\ \text{kg}}{1\ \text{u}}$$

$$= 1{,}13850 \times 10^{-27}\ \text{kg}$$

per cui usando l'Equazione 2, si ha

$$R^2 = \frac{I}{\mu} = \frac{1{,}456 \times 10^{-46}\ \text{kg m}^2}{1{,}13850 \times 10^{-27}\ \text{kg}}$$

$$= 1.279 \times 10^{-20}\ \text{m}^2$$

che dà per la lunghezza di legame $^{12}C^{16}O$ un valore di

$$R = 1{,}131 \times 10^{-10}\ \text{m} = 113{,}1\ \text{pm}$$

È importante notare che siccome il momento di inerzia dipende dalla massa degli atomi nella molecola, lo spettro rotazionale di una molecola biatomica varia al variare della composizione isotopica della molecola. La struttura di molecole poliatomiche può pure essere studiata usando la spettroscopia rotazionale, ma la procedura è più complicata di quella considerata qui per molecole biatomiche.

La radiazione elettromagnetica può promuovere moti rotazionali di una molecola biatomica solo se le due estremità della molecola recano carica parziale diversa (si veda la figura). Quindi, solo molecole biatomiche con legami polari (come HCl, CO, HF) assorbono radiazione nel campo delle microonde. Molecole con legami non polari (N_2, O_2) non possono essere studiate con questa tecnica.

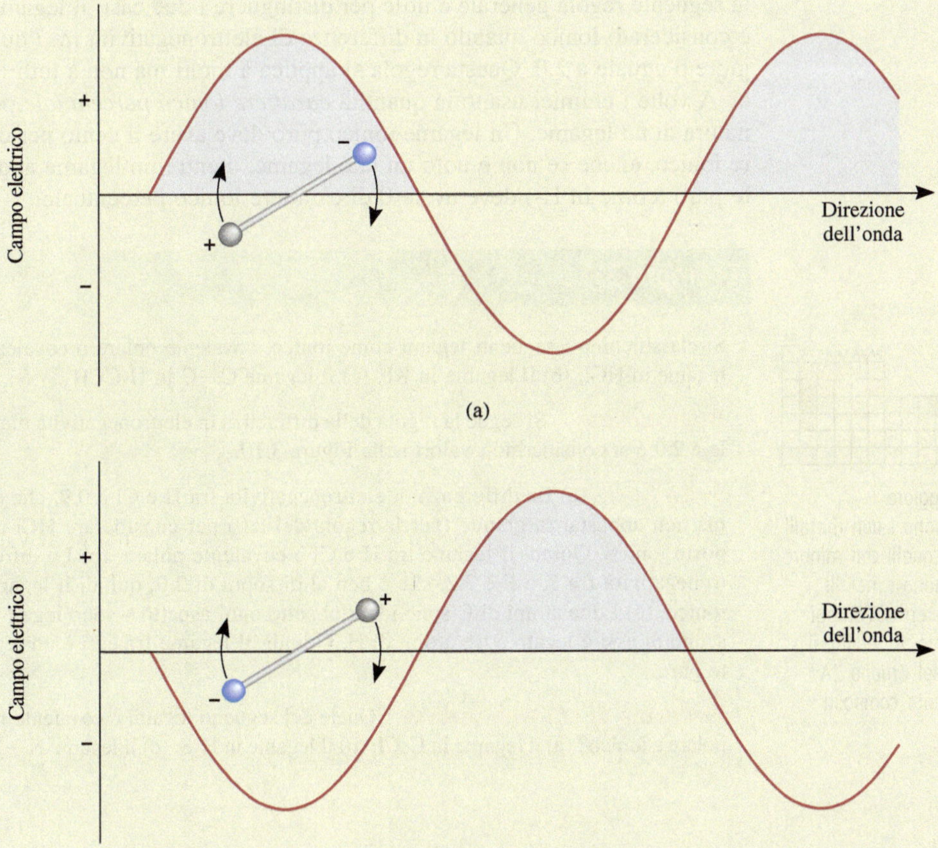

Interazione fra il campo elettrico della radiazione del campo delle microonde e una molecola biatomica polare. **Alto.** La parte negativa della molecola segue la propagazione dell'onda (la regione positiva) e ruota in senso orario. **Basso.** Se, dopo che la molecola ha ruotato nella nuova posizione, la radiazione si è di nuovo mossa, la parte positiva della molecola si muove verso la parte negativa dell'onda, e la parte negativa della molecola viene portata in alto. Quindi la molecola ruoterà. In molecole apolari questo tipo di interazione non può esistere.

Quindi, 413 kJ mol^{-1} dovrebbero essere richiesti per rompere NaCl(*g*) come coppia ionica negli atomi separati.

La situazione è alquanto diversa in HBr, una molecola nella quale la differenza di elettronegatività non è grande come nel caso di NaCl. La lunghezza di legame in HBr è 1,41 Å (141 pm). Usando un ragionevole modello per l'interazione repulsiva, il valore dell'energia di dissociazione di una ipotetica coppia ionica di HBr in ioni separati si trova essere 885 kJ mol^{-1}. Quindi, la coppia ionica HBr è significativamente più stabile alla dissociazione in ioni rispetto a NaCl. Tuttavia, non si è presa in considerazione l'energia di ionizzazione di H (1312 kJ mol^{-1}) e l'affinità elettronica di Br (325 kJ mol^{-1}) per studiare la stabilità nei confronti della dissociazione in atomi di H e di Br. Un calcolo simile a quello fatto per NaCl dà

$$\begin{aligned} E_{\text{dissociazione}} &= 885\ \text{kJ mol}^{-1} - 1312\ \text{kJ mol}^{-1} + 325\ \text{kJ mol}^{-1} \\ &= -102\ \text{kJ mol}^{-1} \end{aligned}$$

Questa energia di dissociazione è negativa, il che indica che gli atomi separati sono *più* stabili della coppia ionica. Quindi, il legame in HBr deve prevedere il contributo di compartecipazione elettronica, cioè di legame covalente, poichè l'energia coulombiana di attrazione ionica è insufficiente a superare l'energia richiesta per la separazione di carica nella molecola. Si classifica HBr come molecola covalente, anche se con carattere polare.

In realtà, non c'è una netta separazione tra legame polare e legame ionico, ma la seguente regola generale è utile per distinguere i due casi: il legame fra due atomi è considerato ionico quando la differenza di elettronegatività fra i due atomi è maggiore o uguale a 2,0. Questa regola si applica a molti ma non a tutti i composti ionici. A volte i chimici usano la quantità *carattere ionico percentuale* per descrivere la natura di un legame. Un legame ionico puro deve avere il cento per cento di carattere ionico, anche se non è noto un tale legame, mentre un legame apolare o covalente puro (come in H_2) deve avere 0 di carattere ionico percentuale.

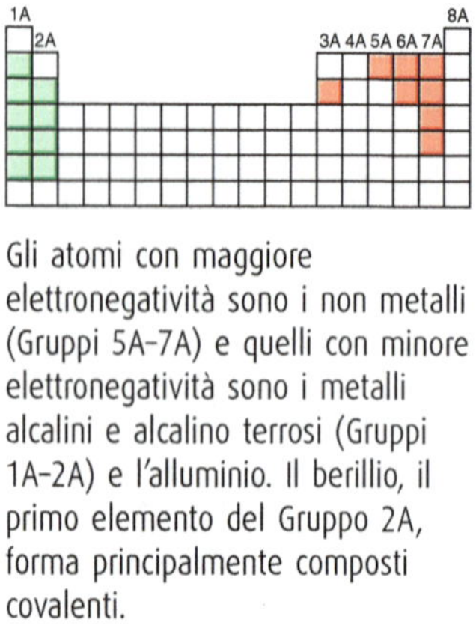

Gli atomi con maggiore elettronegatività sono i non metalli (Gruppi 5A-7A) e quelli con minore elettronegatività sono i metalli alcalini e alcalino terrosi (Gruppi 1A-2A) e l'alluminio. Il berillio, il primo elemento del Gruppo 2A, forma principalmente composti covalenti.

Esempio 3.1

Si classifichino i seguenti legami come ionico, covalente polare o covalente puro: (a) il legame in HCl, (b) il legame in KF, (c) il legame C—C in H_3CCH_3.

Impostazione Si segue la regola della differenza in elettronegatività maggiore o uguale a 2,0 e si considerino i valori nella Figura 3.10.

Soluzione (a) La differenza di elettronegatività fra H e Cl è 0,9, che è apprezzabile ma non abbastanza grande (per la regola del 2,0) per considerare HCl come un composto ionico. Quindi il legame tra H e Cl è covalente polare. (b) La differenza di elettronegatività fra K e F è 3,2, che è ben al di sopra di 2,0; quindi il legame tra K e F è ionico. (c) I due atomi di C sono identici sotto ogni aspetto – sono legati tra loro, e ciascuno di essi è legato a tre atomi di H. Quindi, il legame fra essi è un legame covalente puro.

Problema di autovalutazione Quale dei seguenti legami è covalente puro, covalente polare e ionico? (a) il legame in CsCl, (b) il legame in H_2S, (c) il legame N—N in H_2NNH_2?

3.4 Strutture di Lewis e schema di legame

Benché la regola dell'ottetto e le strutture di Lewis non rappresentino una spiegazione completa del legame covalente, esse aiutano a spiegare lo schema di legame in molti composti e le proprietà e reattività delle molecole. Per questa ragione, bisogna fare esercizio nella scrittura delle strutture di Lewis di composti.

3.4.1 Come disegnare le strutture di Lewis

I passaggi fondamentali per disegnare le strutture di Lewis sono i seguenti:

1. Disegnare lo scheletro della molecola, usando i simboli chimici e scrivendo gli atomi legati uno vicino all'altro. Per composti semplici, questo punto è molto facile. Per composti più complessi, bisogna che vengano fornite ulteriori informazioni, o fare delle supposizioni sensate. In generale, l'atomo meno elettronegativo occupa la posizione centrale. L'idrogeno e il fluoro usualmente occupano le posizioni terminali nella struttura di Lewis.
2. Si conti il numero totale di elettroni di valenza presenti, facendo riferimento, se necessario, alla Figura 2.14. Per anioni poliatomici, si aggiunga il numero di cariche negative. (Per CO_3^{2-}, per esempio, bisogna aggiungere due elettroni in quanto la carica -2 indica che ci sono due elettroni in più rispetto a quelli forniti dagli atomi.) Per cationi poliatomici, si deve sottrarre il numero di cariche positive dal numero totale di elettroni. (Quindi, per NH_4^+ bisogna sottrarre un elettrone in quanto la carica $+1$ indica la perdita di un elettrone dal gruppo di atomi.)
3. Si disegni un legame covalente semplice fra l'atomo centrale e ciascun atomo intorno. Si usino i rimanenti elettroni di valenza per completare l'ottetto di ciascun atomo legato all'atomo centrale. (Si ricordi che l'idrogeno è completo con due elettroni.) Gli elettroni che appartengono all'atomo centrale o che circondano gli atomi devono essere indicati come coppie di non legame se non sono coinvolti in legame. Il numero totale di elettroni usati deve essere quello determinato nel punto 2.
4. Se l'atomo centrale ha meno di otto elettroni, dopo aver completato i punti 1-3, si cerchino di usare le coppie solitarie degli atomi adiacenti per formare legami doppi o tripli fra l'atomo centrale e gli atomi intorno, completando così l'ottetto per l'atomo centrale.

Gli Esempi 3.2 e 3.3 illustrano la procedura a quattro passaggi per disegnare la struttura di Lewis di composti e di ioni poliatomici.

Esempio 3.2

Si disegni la struttura di Lewis per l'acido nitrico (HNO_3), nel quale i tre atomi di O sono legati all'atomo centrale N e l'atomo di H è legato a uno degli atomi di O.

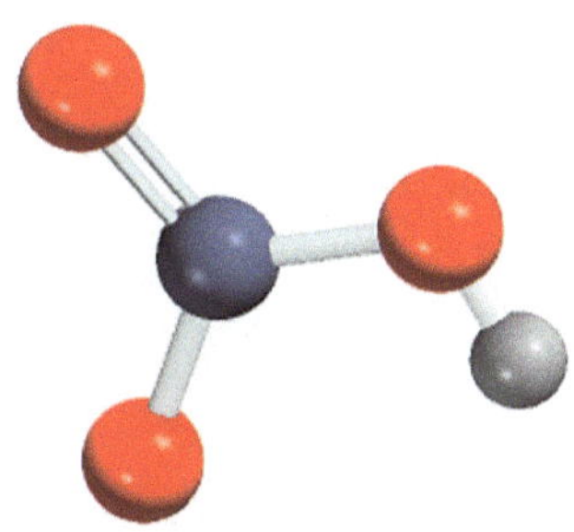

HNO_3 è un elettrolita forte.

Impostazione Si segua la procedura indicata per disegnare la corretta struttura di Lewis.

Soluzione

Punto 1 Lo scheletro della struttura di HNO_3 è

O N O H
O

Punto 2 Le configurazioni elettroniche degli elettroni di valenza di N, O e H sono $2s^22p^3$, $2s^22p^4$ e $1s^1$, rispettivamente. Quindi ci sono $5 + (3 \times 6) + 1$, o 24, elettroni di valenza da tenere in considerazione in HNO_3.

Punto 3 Si disegni un legame covalente semplice fra N e ciascuno dei tre atomi di O e fra un atomo di O e l'atomo di H. Questo utilizza quattro coppie di elettroni (otto elettroni in totale), lasciando 16 elettroni di valenza (otto coppie) per soddisfare la regola dell'ottetto sugli atomi di O:

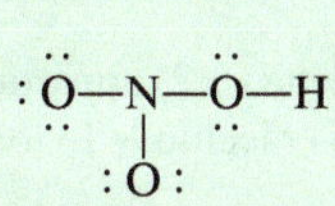

Punto 4 La struttura risultante soddisfa la regola dell'ottetto per tutti gli atomi di O ma non per l'atomo di N. L'atomo di N ha solo sei elettroni. Quindi, si muova una coppia solitaria da uno degli ossigeni terminali per formare un altro legame con N. Adesso la regola dell'ottetto è soddisfatta anche per l'atomo di N:

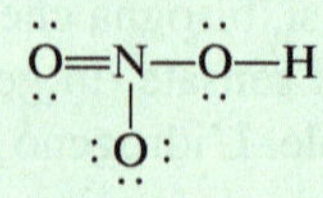

Verifica Si verifichi che tutti gli atomi (eccetto H) soddisfano la regola dell'ottetto. Si contino gli elettroni di valenza in HNO_3 (nei legami e nelle coppie solitarie). Il risultato è 24, lo stesso del numero totale di elettroni di valenza sui tre atomi di O ($3 \times 6 = 18$), uno di N (5) e uno di H (1).

Problema di autovalutazione Si scriva la formula di Lewis per l'acido formico (HCOOH).

Esempio 3.3

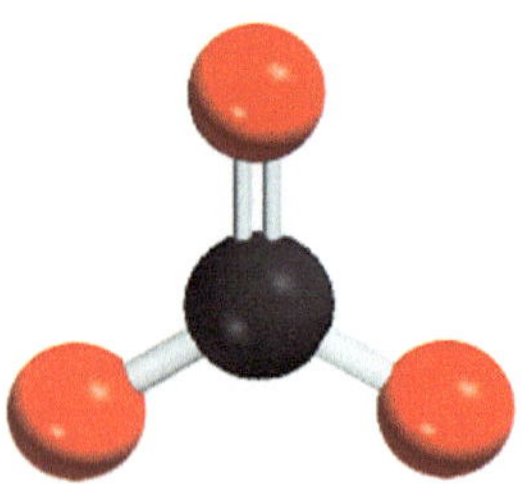

CO_3^{2-}

Si scriva la formula di Lewis per lo ione carbonato, CO_3^{2-}.

Impostazione Si segua la procedura a quattro passaggi per scrivere la struttura di Lewis e si noti che questo è un anione con due cariche negative.

Soluzione

Punto 1 Si può dedurre lo scheletro della struttura dello ione carbonato sapendo che C è meno elettronegativo di O. Quindi è facile che il C occupi la posizione centrale:

O
O C O

Punto 2 Le configurazioni elettroniche degli elettroni di valenza di C e O sono $2s^22p^2$ e $2s^22p^4$, rispettivamente, e lo ione ha due cariche negative. Quindi il numero totale di elettroni di valenza è $4 + (3 \times 6) + 2$, o 24.

Punto 3 Si scrivano dei legami covalenti semplici tra il C e ciascun atomo di O e si usino i rimanenti elettroni di valenza per soddisfare la regola dell'ottetto per gli atomi di O:

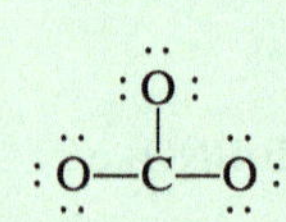

Questa struttura mostra tutti i 24 elettroni.

Punto 4 Anche se la regola dell'ottetto è soddisfatta per tutti gli atomi di O, non lo è per il C. Quindi, si muova una coppia solitaria da uno degli atomi di O per formare un altro legame con C. Ora la regola dell'ottetto è verificata anche per l'atomo di C:

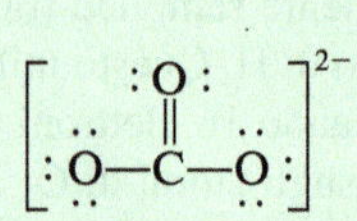

Per indicare che la carica netta (−2) appartiene all'intero ione poliatomico e non a un atomo in particolare, si racchiude lo ione tra parentesi, e si mette come apice la carica complessiva.

Verifica Verificare che tutti gli atomi soddisfano la regola dell'ottetto. Si contino gli elettroni di valenza in CO_3^{2-} (nei legami e nelle coppie solitarie). Il risultato è 24, lo stesso della somma del numero di elettroni di valenza di tre atomi di O ($3 \times 6 = 18$), uno di C (4) e due cariche negative (2).

Problema di autovalutazione Si disegni la struttura di Lewis per lo ione nitrito, NO_2^-.

3.4.2 Carica formale

In molti composti, la procedura a quattro passaggi per disegnare le formule di Lewis dà origine a più di una struttura accettabile. Per esempio, si possono scrivere due strutture di Lewis per CO_2:

$$\underset{(1)}{\overset{\cdot\cdot}{\underset{\cdot\cdot}{O}}=C=\overset{\cdot\cdot}{\underset{\cdot\cdot}{O}}} \qquad \underset{(2)}{:\overset{\cdot\cdot}{\underset{\cdot\cdot}{O}}-C\equiv O:}$$

Entrambe queste strutture hanno l'ottetto completo su ogni atomo. Quale delle due strutture rappresenta meglio il legame in CO_2? Per determinare quale delle due strutture rappresenta meglio la distribuzione di elettroni nella molecola, bisogna confrontare il numero di elettroni di valenza in ciascun atomo isolato con il numero di elettroni che sono associati con lo stesso atomo nella struttura di Lewis per determinare la ***carica formale*** per ciascun atomo, che è *la differenza di carica elettrica fra gli elettroni di valenza in un atomo isolato e il numero di elettroni assegnati a quell'atomo nella struttura di Lewis.* Il numero di elettroni assegnati a un atomo in una struttura di Lewis è determinato con la seguente procedura:

- Si assegnino tutti gli elettroni di non legame (coppie solitarie) all'atomo.
- Si assegni la metà degli elettroni di legame all'atomo, in quanto gli elettroni di legame sono in compartecipazione.

Per illustrare questa procedura, si calcoli la carica formale per le due strutture di Lewis per CO_2 viste precedentemente. Dalla loro posizione sulla tavola periodica, si trova che un atomo di carbonio ha quattro elettroni di valenza e un atomo di ossigeno ha sei elettroni di valenza. Per la struttura (1)

$$\underset{(1)}{\overset{\cdot\cdot}{\underset{\cdot\cdot}{O}}=C=\overset{\cdot\cdot}{\underset{\cdot\cdot}{O}}}$$

ciascun atomo di O è circondato da quattro elettroni di non legame e quattro elettroni di legame (un legame doppio), quindi la carica formale per ciascun atomo di O è

$$e^{-}\text{di valenza} - \left[e^{-}\text{di non legame} + \frac{1}{2}(e^{-}\text{di legame})\right] = 6 - \left(4 + \frac{1}{2} \times 4\right) = 0$$

Per l'atomo di carbonio, non ci sono coppie solitarie, quindi il numero di elettroni di non legame è zero e ci sono otto elettroni (due doppi legami), per cui la carica formale è

$$e^{-}\text{di valenza} - \left[e^{-}\text{di non legame} + \frac{1}{2}(e^{-}\text{di legame})\right] = 4 - \left(0 + \frac{1}{2} \times 8\right) = 0$$

Quindi nella struttura (1), la carica formale è zero su tutti gli atomi nella struttura di Lewis. Per la struttura (2)

$$:\underset{\cdot\cdot}{\overset{\cdot\cdot}{\mathrm{O}}}-\mathrm{C}\equiv\mathrm{O}:$$
(2)

l'atomo di ossigeno a sinistra ha sei elettroni di non legame e due elettroni di legame (un legame semplice), quindi la carica formale è 6 − (6 + 2/2) = −1. L'atomo di ossigeno a destra ha due elettroni di non legame e sei elettroni di legame (un legame triplo) e la sua carica formale è 6 − (2 + 6/2) = +1. L'atomo di carbonio nella struttura (2) non ha elettroni di non legame e otto elettroni di legame, come nella struttura (1), l'atomo di carbonio ha carica formale zero. Si indica la carica formale nella struttura (2) con degli apici

$$\overset{-1}{:}\underset{\cdot\cdot}{\overset{\cdot\cdot}{\mathrm{O}}}-\mathrm{C}\equiv\mathrm{O}\overset{+1}{:}$$

(cariche formali uguali a zero sono di solito omesse). Quando si scrivono le cariche formali, *la somma delle cariche formali su una molecola o ione deve essere uguale alla carica totale della molecola o ione.* Per una molecola, che è neutra, la somma delle cariche formali deve dare zero. Per la struttura (2) di CO_2, la somma delle cariche formali è (−1) + (0) + (+1) = 0, come richiesto. Per gli ioni, la somma delle cariche formali deve dare la carica dello ione.

Quando sono accettabili più di una struttura di Lewis, quella che ha le più piccole cariche formali è generalmente quella che rappresenta meglio la distribuzione degli elettroni. Quindi si può concludere che la struttura di Lewis che rappresenta meglio la molecola di CO_2 è la (1)

$$\underset{\cdot\cdot}{\overset{\cdot\cdot}{\mathrm{O}}}=\mathrm{C}=\underset{\cdot\cdot}{\overset{\cdot\cdot}{\mathrm{O}}}$$

in quanto le cariche formali sono tutte zero, a differenza della struttura (2) nella quale un atomo di ossigeno ha una carica formale di −1 e l'altro atomo di ossigeno ha una carica formale di +1. Usando le cariche formali per scegliere la struttura di Lewis più plausibile, bisogna seguire le seguenti linee guida:

- Per le molecole, una struttura di Lewis nella quale tutte le cariche formali sono zero è preferibile a una con cariche formali diverse da zero.
- Strutture di Lewis con cariche formali elevate (+2, +3, e/o −2, −3 ecc.) sono meno plausibili di quelle con cariche formali piccole.
- Tra formule di Lewis che hanno simile distribuzione di carica formale, la più plausibile è quella in cui la carica formale negativa è situata sull'atomo più elettronegativo.

L'Esempio 3.4 illustra l'uso delle cariche formali per scegliere la struttura di Lewis corretta per la formaldeide.

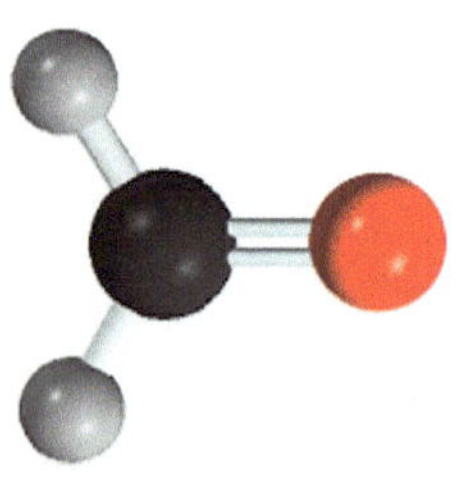

CH_2O

Esempio 3.4

La formaldeide (CH_2O), un liquido dal caratteristico odore sgradevole, è stata tradizionalmente utilizzata per conservare campioni di laboratorio. Si disegni la struttura di Lewis più plausibile per la formaldeide.

Impostazione Una struttura di Lewis plausibile deve soddisfare la regola dell'ottetto per tutti gli elementi (eccetto l'H), e avere le cariche formali distribuite in accordo con l'elettronegatività.

Soluzione I due possibili "scheletri" di struttura sono

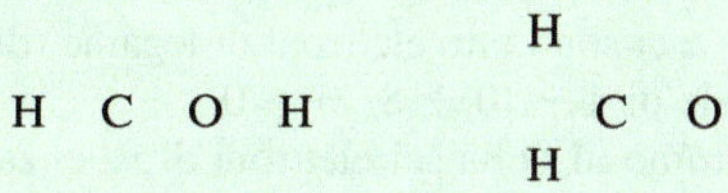

(a) (b)

Per prima cosa, si disegnino le strutture di Lewis per ciascuna di queste due possibilità:

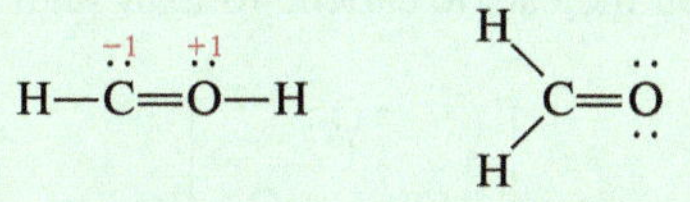

(a) (b)

Per determinare le cariche formali, si segua la procedura data nell'Esempio 3.4. In (a) l'atomo di C ha un numero totale di cinque elettroni (una coppia solitaria più tre elettroni dai legami semplice e doppio). Siccome il C ha quattro elettroni di valenza, la carica formale sull'atomo è $4 - 5 = -1$. L'atomo di O ha un totale di cinque elettroni (una coppia solitaria e tre elettroni dai legami semplice e doppio). Siccome l'ossigeno ha sei elettroni di valenza, la carica formale sull'atomo è $6 - 5 = +1$. In (b) l'atomo di C ha un totale di quattro elettroni dai due legami semplici e quello doppio, per cui la sua carica formale è $4 - 4 = 0$. L'atomo di O ha un totale di sei elettroni (due coppie solitarie e due elettroni dal doppio legame). Quindi la carica formale sull'atomo è $6 - 6 = 0$. Anche se entrambe le strutture soddisfano la regola dell'ottetto, (b) è la struttura più plausibile perché le cariche formali sono tutte zero.

Verifica In ciascun caso verificare che il numero totale di elettroni di valenza è 12. Suggerire due altri motivi per i quali (a) è meno plausibile?

Problema di autovalutazione Si scriva la struttura di Lewis più plausibile della molecola che contiene un atomo di N, uno di C e uno di H.

Si noti che le cariche formali non rappresentano la separazione di carica nella molecola. Assegnare queste cariche agli atomi nella struttura di Lewis semplicemente aiuta a tener nota degli elettroni di valenza nella molecola.

Esempio 3.5 illustra la procedura per determinare le cariche formali per uno ione poliatomico.

Esempio 3.5

Si assegnino le cariche formali agli atomi dello ione carbonato, CO_3^{2-}.

Impostazione Per prima cosa si disegni la struttura di Lewis e si determini il numero di elettroni assegnati a ciascun atomo. Quindi si sottragga il numero ottenuto considerando il numero di elettroni di valenza per ciascun atomo per avere la carica formale di ciascun atomo nella molecola.

Soluzione La struttura di Lewis per lo ione carbonato è stata determinata nell'Esempio 3.3:

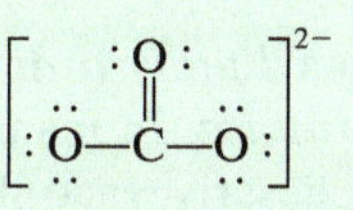

Le cariche formali sugli atomi possono essere calcolate usando la procedura vista.
Atomo C. L'atomo di C ha quattro elettroni di valenza. Nella struttura di Lewis non ci sono elettroni di non legame e ci sono otto elettroni di legame (due semplici e uno doppio), il che dà una carica formale di $4 - (0 + 8/2) = 0$.
Atomo di O in C═O. L'atomo di O ha sei elettroni di valenza. Ci sono quattro elettroni di non legame e quattro elettroni di legame (un legame doppio) sull'atomo. Qui la carica formale è $6 - (4 + 4/2) = 0$.
Atomo di O in C—O. Questo atomo ha sei elettroni di non legame e due elettroni di legame (un legame semplice) e la carica formale è $6 - (6 + 2/2) = -1$. Quindi la struttura di Lewis per CO_3^{2-} con indicate le cariche formali sugli atomi è

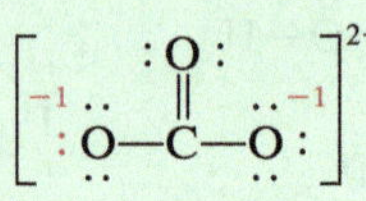

Verifica La somma delle cariche formali è −2, la stessa della carica sullo ione carbonato, per cui le cariche formali sono plausibili.

Problema di autovalutazione Si scrivano le cariche formali per lo ione nitrito (NO_2^-).

Il potenziale elettrostatico di O_3. La densità elettronica è simmetricamente distribuita fra i due atomi di O terminali.

3.4.3 Strutture di risonanza

Nella struttura di Lewis dell'ozono (O_3), la regola dell'ottetto per tutti gli atomi può essere soddisfatta indicando un legame doppio e uno semplice fra gli atomi di ossigeno:

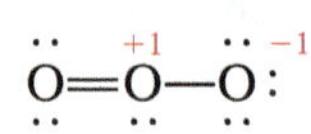

In effetti, si può mettere il doppio legame in una o nell'altra estremità della molecola, come mostrato dalle seguenti due equivalenti strutture di Lewis:

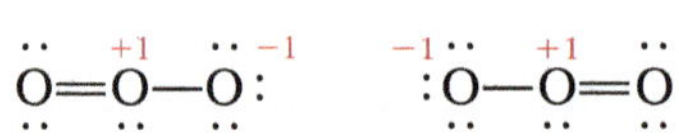

Tuttavia, né una né l'altra delle due formule di struttura di Lewis riescono a spiegare la lunghezza di legame in O_3.

Sulla base di queste strutture di Lewis, il legame O—O in O_3 deve essere più lungo del legame O═O in quanto i doppi legami sono più corti dei legami semplici. L'evidenza sperimentale mostra che le due distanze ossigeno-ossigeno sono uguali (128 pm). Si può risolvere questa discrepanza usando *entrambe* le strutture di Lewis per rappresentare la molecola di ozono:

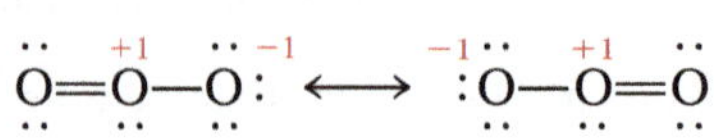

Ognuna di queste strutture è chiamata struttura di risonanza. La ***struttura di risonanza*** è *una delle due o più strutture di Lewis che si possono scrivere per una molecola, che non può essere rappresentata accuratamente da una sola struttura di Lewis.* La freccia a doppia punta indica che le strutture mostrate sono strutture di risonanza.

Il termine ***risonanza*** significa *l'utilizzo di due o più strutture di Lewis per rappresentare una particolare struttura.* In maniera analoga a come gli esploratori medievali Europei dell'Africa, descrivevano il rinoceronte come un incrocio tra un grifone e un unicorno, due animali immaginari ma familiari, si può ora descrivere l'ozono, una molecola reale, in termine di due strutture familiari ma non esistenti.

Un comune errore parlando di risonanza è l'idea che una molecola come l'ozono in un qualche modo "passi" velocemente da una forma all'altra. Si tenga ben presente che *nessuna delle strutture di risonanza* rappresenta adeguatamente la molecola reale. "Risonanza" è una pura invenzione umana. Per rifarsi all'analogia animale, un rinoceronte è un essere reale e ben definito, non è un essere che si trasforma da grifone (immaginario!) a unicorno (immaginario!) e viceversa!

Anche lo ione carbonato può essere rappresentato da strutture di risonanza:

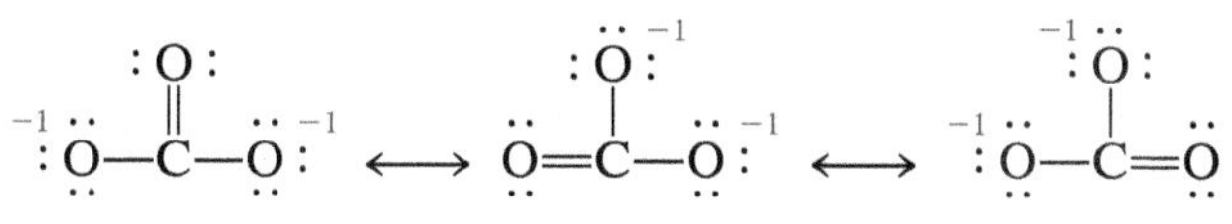

In accordo con i dati sperimentali, tutti i legami carbonio-ossigeno in CO_3^{2-} sono equivalenti. Quindi, le proprietà dello ione carbonato sono meglio spiegate considerando insieme tutte le strutture di risonanza.

Il concetto di risonanza si applica bene anche a sistemi organici, come la molecola di benzene (C_6H_6):

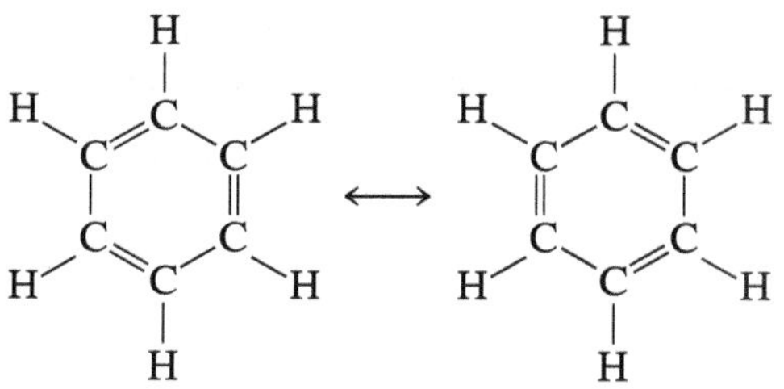

Se una sola di queste strutture di risonanza corrispondesse alla struttura reale del benzene, ci dovrebbero essere due diverse lunghezze di legame fra due atomi adiacenti di carbonio, una, tipica di un legame semplice (ordine di legame = 1) e, l'altra, tipica di un legame doppio (ordine di legame = 2). Invece, la distanza fra atomi di carbonio adiacenti nel benzene è 139 pm, che è più corta di un legame semplice C—C (154 pm) e più lunga di un legame doppio C═C (133 pm). Per rispecchiare correttamente la risonanza, si assegna un ordine di legame di 3/2 a ciascun legame carbonio-carbonio nel benzene.

Un modo più semplice per disegnare la struttura della molecola di benzene e altri composti che contengono "l'anello benzenico" è quello di mostrare solo lo scheletro e non gli atomi di carbonio e di idrogeno. Con questa convenzione, le strutture di risonanza sono rappresentate da

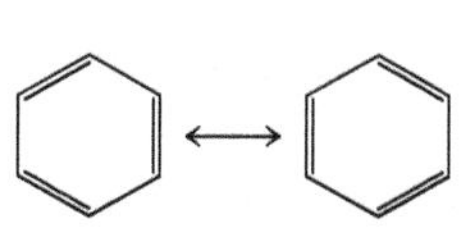

Gli atomi di C ai vertici dell'esagono e gli atomi di H sono tutti omessi. (Questa è una comune convenzione in chimica organica.) Solo i legami tra gli atomi di C sono mostrati.

Si ricordi questa importante regola nel disegnare le strutture di risonanza: la posizione degli elettroni, ma non quella degli atomi, può essere rappresentata da diverse strutture di risonanza. In altre parole, gli stessi atomi devono essere legati uno all'altro in tutte le strutture di risonanza della data specie chimica.

L'Esempio 3.6 illustra la procedura per disegnare le strutture di risonanza di una molecola o di uno ione poliatomico.

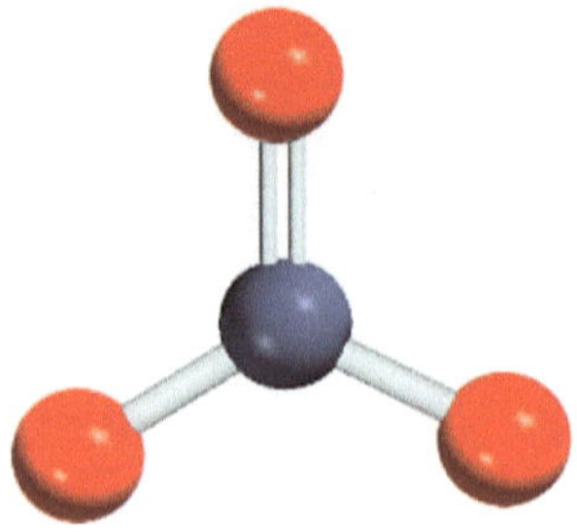

NO_3^-

Esempio 3.6

Si disegnino tutte le strutture valide di risonanza (incluso le cariche formali) per lo ione nitrato (NO_3^-), che ha il seguente scheletro molecolare:

O

O N O

Impostazione Si segua la procedura usata per disegnare le strutture di Lewis e calcolare le cariche formali indicate negli Esempi 3.4 e 3.5.

Soluzione Come nel caso dello ione carbonato, si possono disegnare tre strutture di risonanza equivalenti per lo ione nitrato:

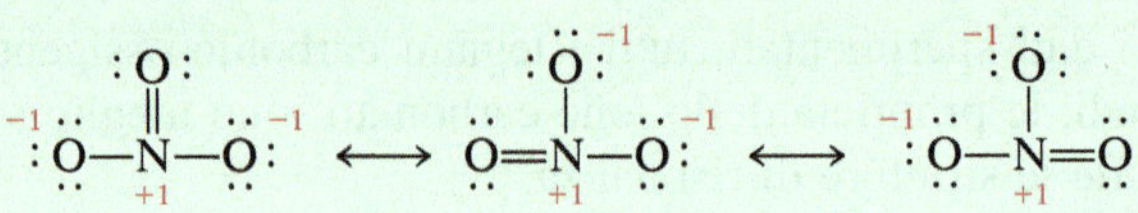

Verifica Le strutture di risonanza sono ragionevoli in quanto lo scheletro molecolare è lo stesso in ciascuna di esse (solo la disposizione degli elettroni è diversa). Inoltre, la sommatoria delle cariche formali è -1 e il numero totale di elettroni è 24 in tutte le strutture (5 da N, 6 da ciascuno dei tre atomi di O e 1 dalla carica negativa).

Problema di autovalutazione Disegnare tutte le strutture di risonanza valide per lo ione nitrito (NO_2^-).

3.4.4 Eccezioni alla regola dell'ottetto

Come ricordato nel Paragrafo 3.2, la regola dell'ottetto si applica principalmente agli elementi del secondo periodo.

Le eccezioni alla regola dell'ottetto sono di tre tipi e caratterizzati da: ottetti incompleti (cioè meno di otto elettroni di valenza attorno all'atomo centrale) numero dispari di elettroni oppure più di otto elettroni di valenza sull'atomo centrale (ottetto espanso).

Ottetto incompleto

Il berillio, a differenza degli altri elementi del Gruppo 2, forma prevalentemente composti covalenti fra i quali BeH_2.

In alcuni composti, il numero di elettroni che circondano l'atomo centrale in una molecola stabile è minore di otto. L'idruro di berillio (BeH_2), per esempio, che in fase gas esiste sotto forma di molecole, ha la seguente struttura di Lewis:

H—Be—H

Solo quattro elettroni circondano l'atomo di berillio, in quanto il berillio (elemento del Gruppo 2A) ha solo due elettroni di valenza (la sua configurazione elettronica è $1s^22s^2$) e ciascuno dei due atomi di idrogeno contribuisce con un solo elettrone. Non c'è modo di soddisfare la regola dell'ottetto per il berillio in BeH_2.

Anche alcuni elementi nel Gruppo 3A, in particolare il boro e l'alluminio, tendono a formare composti nei quali sono circondati da meno di otto elettroni. Siccome ha configurazione elettronica $1s^22s^22p^1$, il boro possiede in tutto tre elettroni di valenza.

Il boro reagisce con gli alogeni per formare un tipo di composto di formula BX_3, dove X è un atomo alogeno. Quindi, nel trifluoruro di boro ci sono solo sei elettroni attorno all'atomo di boro:

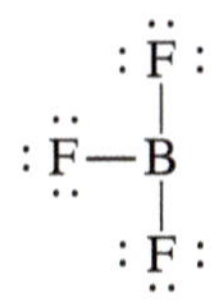

Le seguenti strutture di risonanza contengono tutte un legame doppio e due legami semplici tra B e F e soddisfano l'ottetto per il boro:

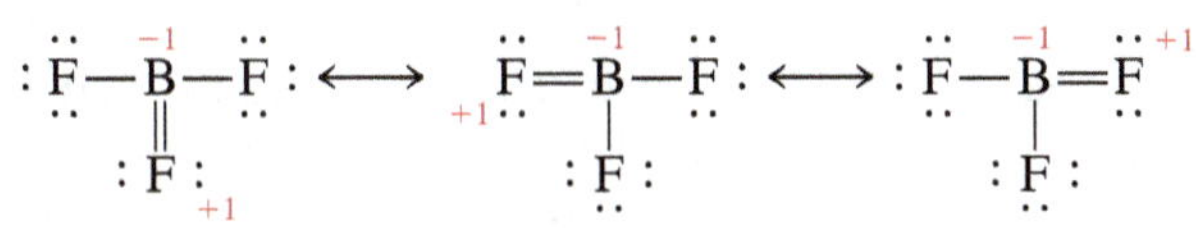

Il legame B—F in BF_3 (130,9 pm) è più corto di un legame semplice (137,3 pm), il che indica che queste strutture di risonanza hanno significato nel legame, anche se in tutti i casi la carica formale negativa è situata sull'atomo di boro e quella positiva sul fluoro, più elettronegativo.

Anche se il trifluoruro di boro è stabile, esso reagisce rapidamente con l'ammoniaca. Questa reazione è meglio rappresentata usando la struttura di Lewis nella quale il boro ha solo sei elettroni di valenza intorno:

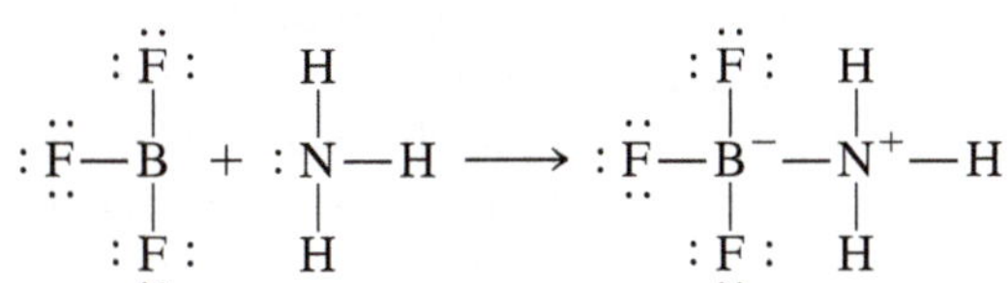

Sembra a questo punto che le proprietà di BF_3 siano spiegate al meglio utilizzando tutte e quattro le strutture di risonanza.

Il legame B—N in $F_3B—NH_3$ è diverso dal legame covalente discusso fino ad ora in quanto entrambi gli elettroni del legame provengono dall'atomo di N. Questo tipo di legame è chiamato ***legame covalente coordinativo*** (detto anche *legame dativo*), ed è definito come *un legame covalente nel quale uno degli atomi dona entrambi gli elettroni.* Anche se le proprietà di un legame coordinativo non sono diverse da quello di un legame covalente nel quale ciascuno degli atomi coinvolti nel legame contribuisce con un elettrone, la distinzione è utile per ricordare gli elettroni di valenza e assegnare le cariche formali. In queste reazioni, la specie chimica che dona la coppia di elettroni è chiamata *base di Lewis* e quella che la riceve per formare un legame covalente coordinativo è chiamata *acido di Lewis.* Nella reazione fra NH_3 e BF_3, NH_3 agisce come base di Lewis e BF_3 come acido di Lewis. Gli acidi e le basi di Lewis sono discusse in maggior dettaglio nel Capitolo 10.

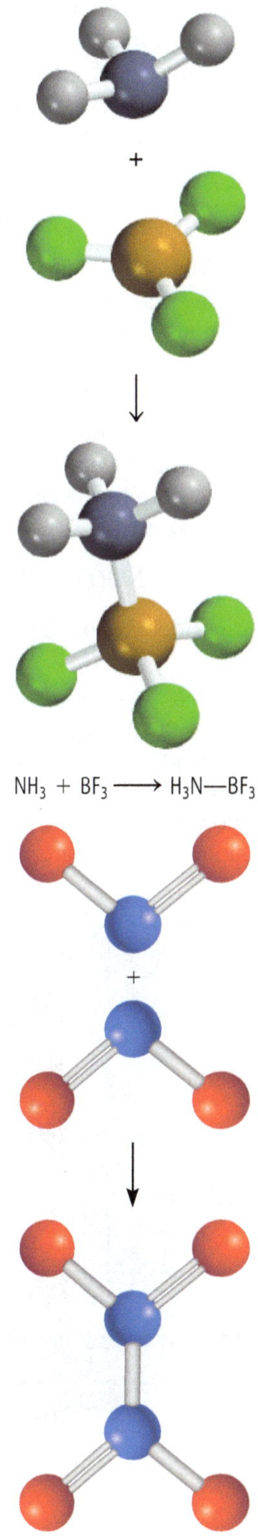

Molecole a numero dispari di elettroni

Alcune molecole, come l'ossido di azoto (NO) e il diossido di azoto (NO_2), contengono un numero *dispari* di elettroni:

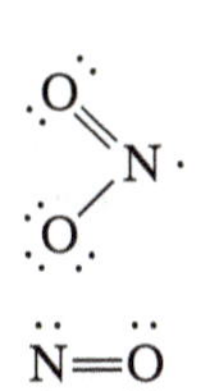

Siccome è necessario un numero pari di elettroni per raggiungere l'ottetto, la regola dell'ottetto non può essere soddisfatta da tutti gli atomi in queste molecole.

Approfondimento 3.2

L'ossido di azoto: NO

L'ossido di azoto (NO), il più semplice fra gli ossidi d'azoto, è una molecola a numero dispari di elettroni (quindi paramagnetica). È un gas incolore (punto di ebollizione: −152 °C), può essere preparato in laboratorio facendo reagire il nitrito di sodio ($NaNO_2$) con un agente riducente come Fe^{2+} in ambiente acido:

$$NO_2^-(aq) + Fe^{2+}(aq) + 2H^+(aq) \longrightarrow NO(g) + Fe^{3+}(aq) + H_2O(l)$$

Si può inoltre ottenere dai combustibili fossili o per reazione fra azoto e ossigeno nei motori delle automobili ad alta temperatura:

$$N_2(g) + O_2(g) \longrightarrow 2NO(g)$$

Anche la luce contribuisce all'aumento della concentrazione di NO nell'atmosfera. Esposto all'aria, l'ossido di azoto forma rapidamente un gas scuro di diossido di azoto:

$$2NO(g) + O_2(g) \longrightarrow 2NO_2(g)$$

Il diossido di azoto è il principale componente dello smog.

Circa venti anni fa gli scienziati che studiavano il rilassamento muscolare scoprirono che i nostri organismi producono ossido d'azoto che viene usato come neurotrasmettitore. (Un *neurotrasmettitore* è una piccola molecola che serve per facilitare la comunicazione intercellulare.) Da allora, l'ossido d'azoto è stato trovato in almeno dodici tipi diversi di cellule in varie parti del corpo. Cellule del cervello, del fegato, del pancreas, del tratto gastrointestinale, del sangue possono sintetizzare ossido d'azoto. NO funziona anche da tossina cellulare per distruggere batteri. E non è tutto: nel 1996 è stato riportato che NO si lega all'emoglobina, il trasportatore di ossigeno nel sangue, aiutando a regolare la pressione sanguigna.

La scoperta del ruolo biologico dell'ossido di azoto ha suggerito come la nitroglicerina ($C_3H_5N_3O_9$) funzioni come farmaco. Le tavolette di nitroglicerina sono comunemente prescritte a pazienti cardiopatici per ridurre il dolore (*angina pectoris*) causato da una breve interruzione di flusso di sangue al cuore. Si crede che la nitroglicerina produca ossido di azoto, che causa rilassamento muscolare e che permette alle arterie di dilatarsi, facilitando il flusso sanguigno.

Il fatto poi che NO sia considerato un "messaggero" molecolare è un'osservazione del tutto appropriata. L'ossido di azoto è una molecola piccola e quindi può diffondere rapidamente da cellula a cellula. È una molecola stabile ma in alcune circostanze è molto reattiva, il che spiega la sua funzione protettiva. L'enzima che porta al rilassamento muscolare contiene ferro per il quale NO ha alta affinità. È il legame di NO con il ferro che attiva l'enzima. Tuttavia, nella cellula, dove le molecole biologiche sono solitamente molto grandi, la capacità di diffusione di una delle più piccole molecole conosciute sono notevoli.

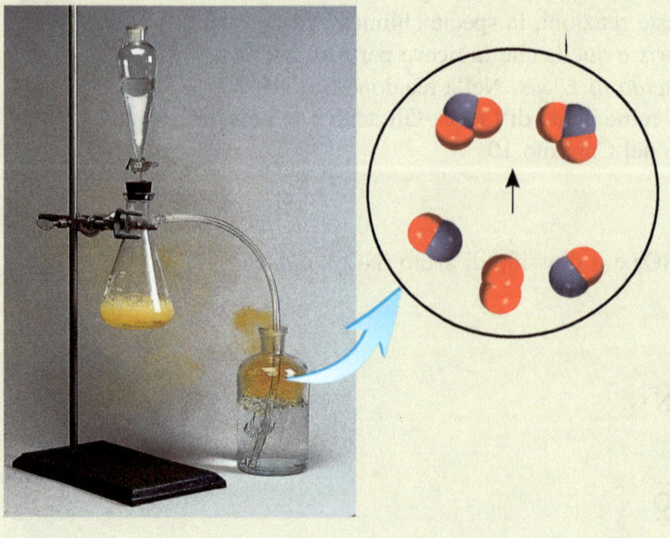

L'ossido di azoto, gas incolore è prodotto per azione di Fe^{2+} su nitrito di sodio in ambiente acido. Il gas è gorgogliato in acqua e reagisce immediatamente con ossigeno per formare un gas bruno di formula NO_2.

Molecole a numero dispari di elettroni sono a volte chiamate *radicali*. Molti radicali sono molto reattivi, proprio perché hanno tendenza a far accoppiare l'elettrone disaccoppiato (o gli elettroni disaccoppiati) con altri elettroni disaccoppiati in un'altra molecola. Per esempio, quando due molecole di diossido di azoto collidono, formano tetrossido di azoto, nel quale la regola dell'ottetto è soddisfatta per gli atomi sia di O sia di N:

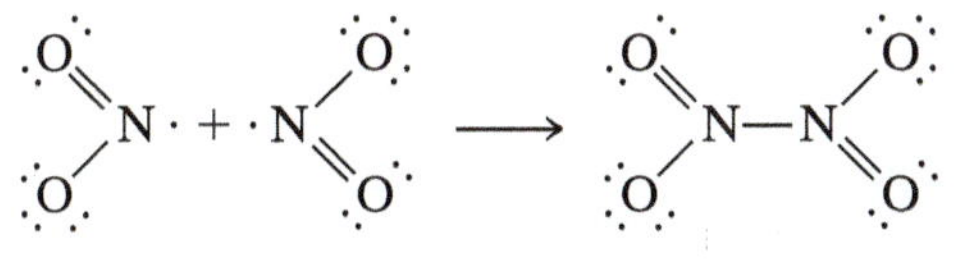

Espansione dell'ottetto

Atomi degli elementi del secondo periodo non possono avere più di otto elettroni di valenza attorno all'atomo centrale, mentre atomi di elementi dei periodi superiori nella tavola periodica formano composti nei quali l'atomo centrale è circondato da più di otto elettroni. Oltre agli orbitali 3*s* e 3*p*, gli elementi del terzo periodo hanno anche orbitali 3*d* che possono essere usati nei legami. Questi orbitali permettono all'atomo di *espandere l'ottetto.* Un composto con espansione dell'ottetto è esafluoruro di zolfo, un composto molto stabile. La configurazione elettronica dello zolfo è $[Ne]3s^23p^4$. In SF_6, ciascuno dei sei elettroni di valenza forma un legame covalente con gli atomi di fluoro, per cui ci sono dodici elettroni attorno all'atomo di zolfo centrale:

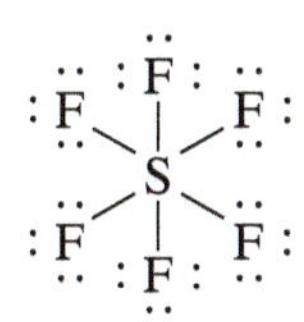

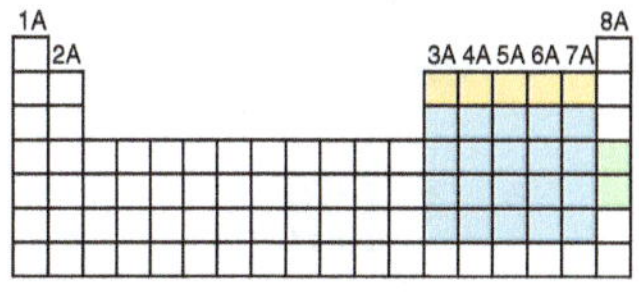

Giallo: elementi del secondo periodo non possono espandere l'ottetto. Blu: elementi del terzo periodo e oltre possono espandere l'ottetto. Verde: i gas nobili che espandono l'ottetto.

Nel Capitolo 4, si vedrà che questi 12 elettroni, o sei coppie di legame, sono allocati in sei orbitali che sono originati da un orbitale 3*s*, tre orbitali 3*p* e due dei cinque orbitali 3*d*. Lo zolfo comunque forma anche molti composti nei quali obbedisce alla regola dell'ottetto. Nel dicloruro di zolfo per esempio, lo S è circondato solo da otto elettroni:

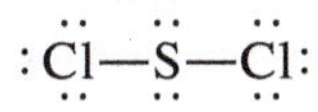

Il dicloruro di zolfo è un liquido rosso (punto di fusione: 59 °C), maleodorante e tossico.

Gli Esempi 3.7-3.9 illustrano dei composti che non obbediscono alla regola dell'ottetto.

Esempio 3.7

Si disegni la struttura di Lewis del triioduro di alluminio (AlI_3).

Impostazione Si seguano le procedure usate negli Esempi 3.4 e 3.5 per disegnare la struttura di Lewis e si calcolino le cariche formali.

Soluzione Le configurazioni elettroniche di valenza di Al e di I sono $3s^23p^1$ e $5s^25p^5$, rispettivamente. Il numero totale di elettroni di valenza è $3 + 3 \times 7$ ovvero 24. Siccome l'Al è meno elettronegativo dello I, esso occupa la posizione centrale e forma tre legami con gli atomi di iodio:

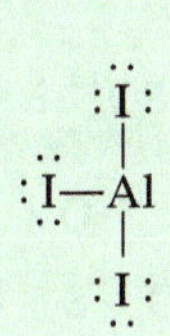

Le cariche formali sugli atomi di Al e di I sono zero.

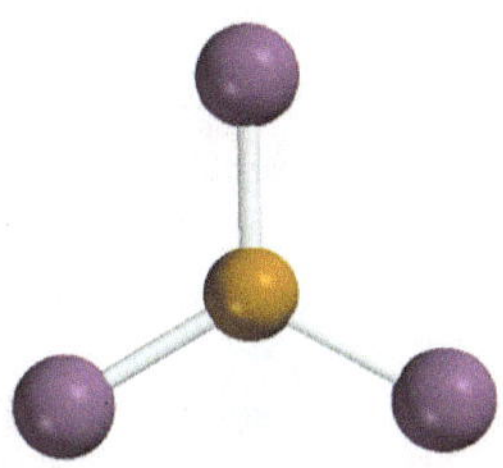

AlI_3 ha tendenza a dimerizzare e a formare Al_2I_6.

Verifica Anche se la regola dell'ottetto è soddisfatta per gli atomi di I, ci sono solo sei elettroni di valenza attorno all'atomo di Al. Quindi, l'atomo di Al in AlI_3 ha un ottetto incompleto.

Problema di autovalutazione Si disegni la struttura di Lewis per BeF_2.

Esempio 3.8

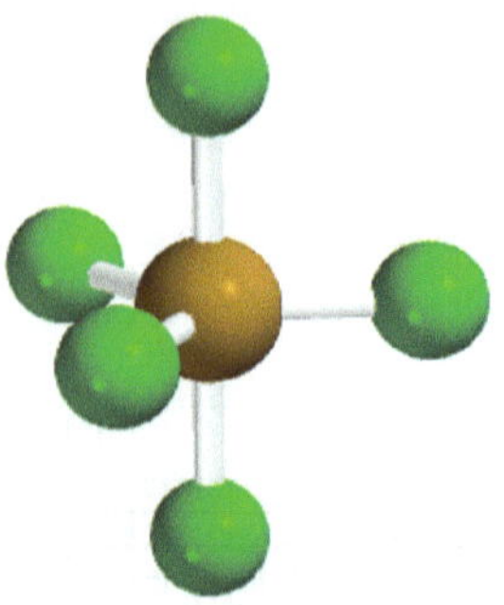

PF_5 è un composto gassoso reattivo.

Si disegni la struttura di Lewis per il pentafluoruro di fosforo (PF_5), nel quale tutti i cinque atomi di F sono legati all'atomo di P centrale.

Impostazione P è un elemento del terzo periodo, per cui può espandere l'ottetto, se necessario. Si seguano le procedure viste negli Esempi 3.4 e 3.5 per disegnare la struttura di Lewis e si calcolino le cariche formali.

Soluzione Le configurazioni elettroniche di valenza di P e di F sono $3s^23p^3$ e $2s^22p^5$, rispettivamente, e quindi il numero totale di elettroni di valenza è $5 + (5 \times 7)$, ovvero 40. I cinque atomi di F usano 30 di questi elettroni per le coppie di non legame, lasciando 10 elettroni per i legami P—F. Il fosforo quindi deve espandere il suo ottetto per formare cinque legami con F. La struttura di Lewis di PF_5 è

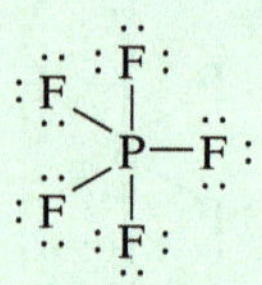

P e F hanno cariche formali uguali a zero.

Verifica Anche se la regola dell'ottetto è soddisfatta per tutti i cinque atomi di F, ci sono 10 elettroni di valenza attorno all'atomo di P, che quindi espande l'ottetto.

Problema di autovalutazione Si disegni la struttura di Lewis per il trifluoruro di cloro (ClF_3). (Tutti gli atomi di fluoro sono legati all'atomo centrale di cloro.)

Esempio 3.9

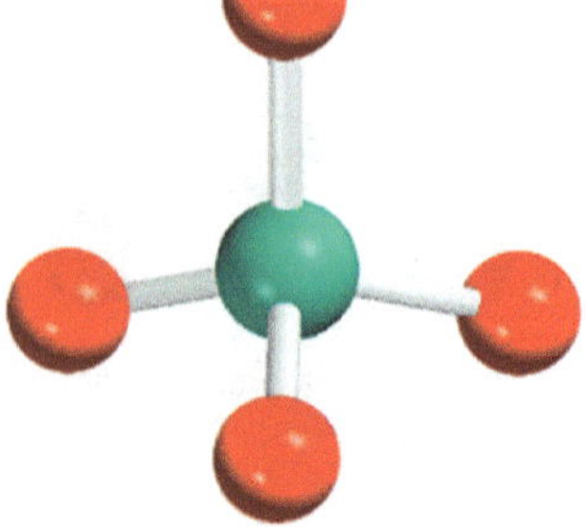

SO_4^{2-}

Si disegni la struttura di Lewis per lo ione solfato SO_4^{2-} nel quale i quattro atomi di O sono legati all'atomo di S centrale.

Impostazione Si seguano le procedure viste nell'Esempio 3.4 e 3.5 per disegnare la struttura di Lewis e calcolare le cariche formali. S è un elemento del terzo periodo, per cui può espandere l'ottetto per allocare tutti gli elettroni di valenza.

Soluzione Le configurazioni elettroniche di valenza di S e di O sono $3s^23p^4$ e $2s^22p^4$, rispettivamente.

Punto 1 Lo scheletro della struttura di SO_4^{2-} è

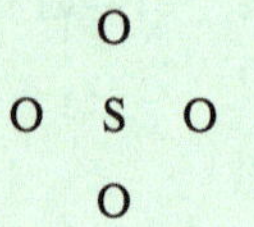

Punto 2 Sia O sia S sono elementi del Gruppo 6A e quindi hanno sei elettroni di valenza. Considerando le due cariche negative, si ha un numero totale di elettroni di valenza di 6 + (4 × 6) + 2, ovvero 32, in SO_4^{2-}.

Punto 3 Si disegni un legame covalente fra ogni atomo di O e lo S e si aggiungano le coppie solitarie sugli atomi di O:

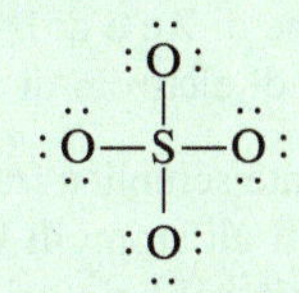

Si mostrino le cariche formali sull'atomo di S e su quelli di O:

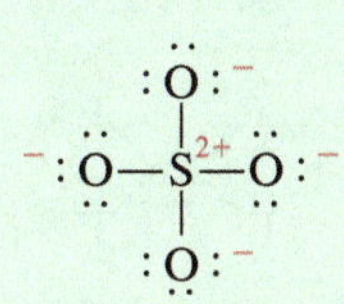

Verifica Una delle sei strutture equivalenti di SO_4^{2-} è:

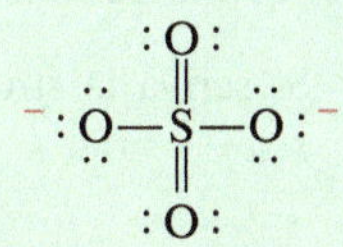

Questa struttura prevede un ottetto espanso sullo S ma può essere considerata più plausibile perché ha cariche formali più basse. Tuttavia, calcoli teorici dettagliati mostrano che la struttura dominante è quella che soddisfa la regola dell'ottetto, anche se ha cariche formali più alte. La regola generale per gli elementi del terzo periodo e oltre è che una struttura di risonanza che obbedisce alla regola dell'ottetto è preferibile rispetto a quella che prevede un ottetto espanso ma che porta cariche formali inferiori.

Problema di autovalutazione Si disegni la struttura di Lewis dell'acido solforico (H_2SO_4).

Un'ultima considerazione circa l'espansione dell'ottetto: quando si disegnano le strutture di Lewis di composti che contengono un atomo centrale che appartiene al terzo periodo e oltre, a volte si trova che la regola dell'ottetto è soddisfatta per tutti gli atomi ma ci sono ancora degli elettroni di valenza da allocare. In questi casi, i rimanenti elettroni devono essere situati sull'atomo centrale come coppie solitarie. L'Esempio 3.10 mostra questa considerazione.

Esempio 3.10

Si disegni la struttura di Lewis di un composto di un metallo nobile, il tetrafluoruro di xenon (XeF_4), nel quale tutti gli atomi di F sono legati all'atomo di Xe.

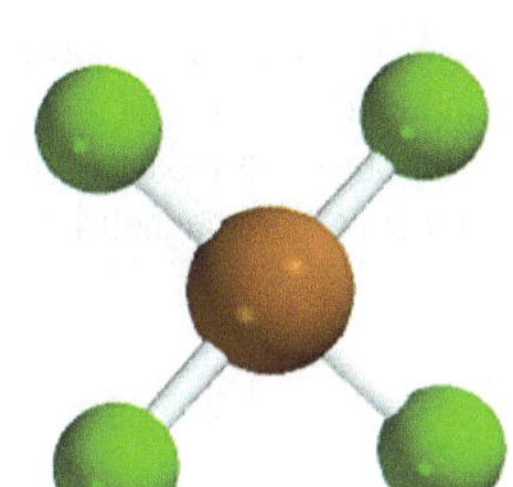

XeF_4

Impostazione Si seguano le procedure viste negli Esempi 3.4 e 3.5 per disegnare le strutture di Lewis e per calcolare le cariche formali. Lo Xe è un elemento del quinto periodo, quindi può espandere l'ottetto per accomodare tutti gli elettroni di valenza.

Soluzione

Punto 1 Lo scheletro della struttura di XeF_4 è

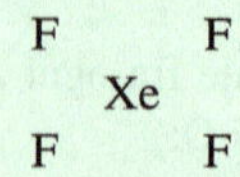

Punto 2 Le configurazioni elettroniche di Xe e di F sono $5s^2 5p^6$ e $2s^2 2p^5$, rispettivamente, e quindi il numero totale di elettroni di valenza è $8 + (4 \times 7)$ ovvero 36.

Punto 3 Si disegni un legame covalente semplice fra tutti gli atomi legati. La regola dell'ottetto è soddisfatta per tutti gli atomi di F, ognuno dei quali ha tre coppie solitarie. La somma delle coppie solitarie sui quattro atomi di fluoro (4×6) e le quattro coppie di legame (4×2) è 32. I rimanenti quattro elettroni sono mostrati come due coppie solitarie sull'atomo di xenon:

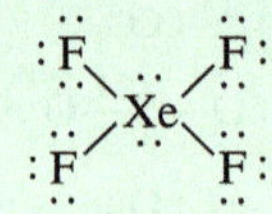

Verifica La struttura di Lewis è ragionevole in quanto le cariche formali sullo Xe e sugli atomi di F sono tutte zero. Inoltre, tutti i 36 elettroni di valenza trovano posto negli orbitali in quanto lo Xe, elemento del quinto periodo, può espandere l'ottetto.

Problema di autovalutazione Si scriva la struttura di Lewis del tetrafluoruro di zolfo (SF_4).

3.5 Teoria dell'orbitale molecolare

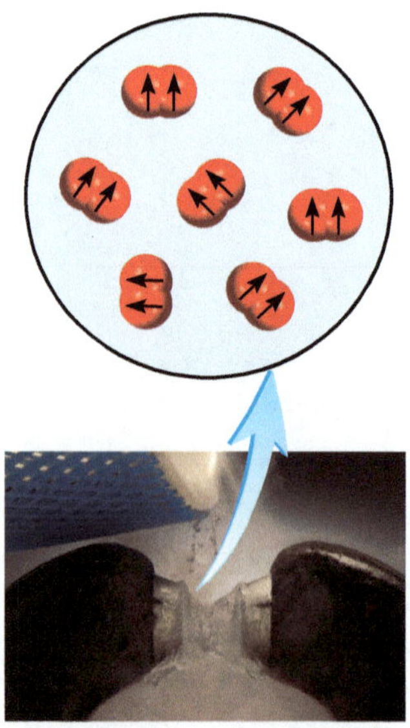

Figura 3.13 L'ossigeno liquido resta intrappolato fra i poli di un magnete, poiché le molecole di ossigeno sono paramagnetiche.

Il metodo del legame di valenza e la scrittura della corretta struttura di Lewis forniscono ai chimici degli utilissimi strumenti per la previsione qualitativa del legame chimico e della struttura molecolare. Entrambi gli approcci si basano sull'utile concetto intuitivo dell'accoppiamento di elettroni per formare legami covalenti. Come conseguenza, è ovvio che questi metodi non siano in grado di spiegare correttamente la vera natura del legame in molte molecole paramagnetiche (molecole con elettroni disaccoppiati). Per esempio, dati sperimentali dimostrano che la molecola di ossigeno è paramagnetica (si veda la Figura 3.13), il che suggerisce che deve avere almeno due elettroni disaccoppiati. (Siccome l'O_2 ha numero pari di elettroni, il numero di elettroni disaccoppiati deve essere pari.) Per studiare il legame in un sistema come questo è più appropriato utilizzare un metodo più sofisticato e meno intuitivo, noto come *teoria dell'orbitale molecolare*. Inoltre, anche per sistemi diamagnetici, la costruzione di funzioni d'onda con il metodo del legame di valenza è piuttosto complicata per molecole grandi e l'approccio dell'orbitale molecolare è generalmente più comodo.

Nella ***teoria dell'orbitale molecolare (MO)***, gli elettroni di una molecola non sono descritti da orbitali atomici localizzati, ma da *orbitali molecolari,* così chiamati perché "associati" all'intera molecola, mentre un orbitale atomico è "associato" solo a un atomo.

3.5.1 Molecola di idrogeno ionizzata

Nel Capitolo 2, lo sviluppo degli orbitali atomici per atomi polielettronici è stato costruito sul concetto degli orbitali ottenuti dalla soluzione esatta per l'atomo di idrogeno. Analogamente, è utile esaminare la struttura elettronica della specie molecolare più semplice che ci sia, lo ione (H_2^+) per cominciare la discussione circa la costruzione di orbitali molecolari. Come l'atomo di H, lo ione H_2^+ contiene solo un elettrone. La differenza è la presenza di due nuclei invece che uno. L'energia potenziale del sistema è data dalla somma dell'attrazione coulombiana dell'elettrone con ciascuno dei due nuclei e la repulsione coulombiana tra i nuclei carichi positivamente,

$$V(r_A, r_B; R) = \underbrace{-\frac{e^2}{4\pi\varepsilon_0 r_A} - \frac{e^2}{4\pi\varepsilon_0 r_B}}_{\text{attrazione elettrone-nucleo}} + \underbrace{\frac{e^2}{4\pi\varepsilon_0 R}}_{\text{repulsione internucleare}} \quad (3.5)$$

dove r_A e r_B sono le distanze fra l'elettrone e ciascuno dei due nuclei (A e B) e R è la distanza fra i nuclei (si veda la Figura 3.14).

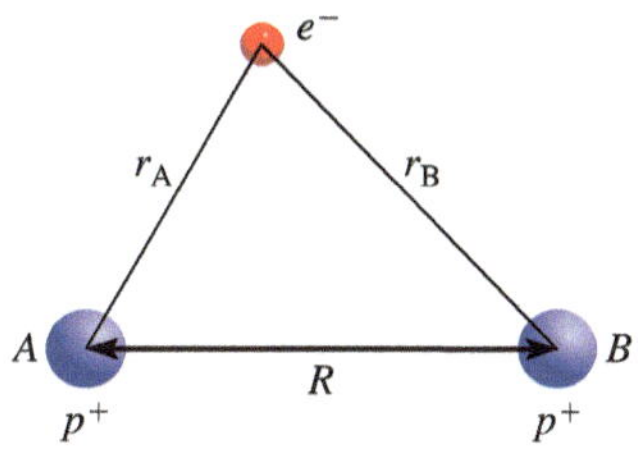

Figura 3.14 Geometria della molecola ionizzata, H_2^+, che è costituita da due protoni (p^+) e un elettrone (e^-).

Usando l'approssimazione di Born-Oppenheimer (si veda il Paragrafo 3.1) per trascurare il moto dei nuclei, l'equazione di Schrödinger per il singolo elettrone in H_2^+ può essere risolta esattamente per avere un set di funzioni d'onda $\psi(x, y, z; R)$ che descrivono lo stato quantico dell'elettrone, dove x, y e z sono le coordinate cartesiane dell'elettrone (si veda la Figura 3.14). Per analogia con gli orbitali atomici dell'atomo di H, queste funzioni d'onda sono chiamate ***orbitali molecolari*** in quanto *non sono associate con i singoli nuclei, ma sono estese sull'intera molecola o ione.* A ciascun orbitale molecolare è associata un'energia di orbitale $E(R)$. Come indicato, sia gli orbitali molecolari sia le energie degli orbitali dipendono dal parametro R, la distanza fra i nuclei.

Anche se l'equazione di Schrödinger può essere risolta esattamente per H_2^+, la forma matematica della funzione d'onda (gli orbitali molecolari) è molto complicata e difficile da usare e interpretare qualitativamente. Fortunatamente, è possibile approssimare gli orbitali molecolari in sistemi come questo in modo tale da ottenere un significato fisico soddisfacente e dare una risposta esaustiva al come e al perché si formano i legami. In questa approssimazione, gli orbitali della molecola sono costruiti a partire da ***combinazioni lineari di orbitali atomici (LCAO, dall'inglese Linear Combination of Atomic Orbitals)*** e infatti li denominiamo *LCAO-MO, ovvero orbitali molecolari ottenuti per combinazione lineare di orbitali atomici.*[9] Per costruirli, si parte dagli orbitali atomici dei singoli elettroni e se ne fa una combinazione lineare. Una regola generale è che solo gli orbitali atomici con energia simile e che hanno una buona sovrapposizione si possono mescolare per formare orbitali molecolari.

La costruzione degli orbitali molecolari dello stato fondamentale per H_2^+ fornisce un'immagine utile per capire il metodo LCAO. L'orbitale a più bassa energia per l'atomo di H è l'orbitale 1*s*. L'orbitale 1*s* centrato sul nucleo A, $\phi_{A,1s}$, è identico in energia a quello centrato sul nucleo B, $\phi_{B,1s}$, e, quando i nuclei sono vicini, questi due orbitali atomici si sovrappongono significativamente; quindi, si devono effettivamente mescolare per formare l'orbitale molecolare a più bassa energia. Quindi si costruisce l'orbitale molecolare come combinazione lineare di questi due orbitali atomici,

$$\psi_{MO}(A, B) = c_A\phi_{A,1s} + c_B\phi_{B,1s} \quad (3.6)$$

dove c_A e c_B sono delle costanti. Normalmente la determinazione dei valori esatti dei coefficienti lineari, c_A e c_B, non è banale. In questo caso, tuttavia, si può usare la simmetria per determinare i valori permessi. I due nuclei della molecola di idrogeno ionizzata sono identici, per cui la distribuzione elettronica dovrebbe risultare invariata se i due nuclei si scambiassero di posto. Siccome la distribuzione elettronica è data dal quadrato della funzione d'onda, si ha

$$\psi^2_{MO}(A, B) = \psi^2_{MO}(B, A) \quad (3.7)$$

---

9 Una *combinazione lineare* di due funzioni $f(x)$ e $g(x)$ è una funzione che ha forma generale $a\,f(x) + b\,g(x)$, dove a e b sono costanti. Il termine "lineare" in questo contesto è usato per dire che $f(x)$ e $g(x)$ sono elevati a potenza 1 nella combinazione matematica.

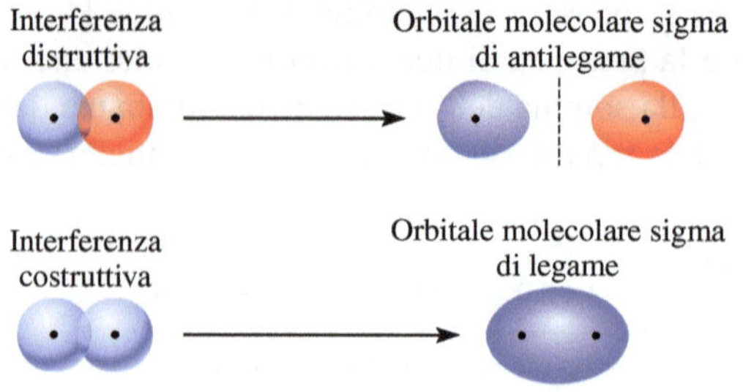

Figura 3.15 Gli orbitali molecolari ottenuti per (a) interferenza costruttiva e (b) interferenza distruttiva di orbitali atomici 1*s* centrati sui due nuclei di idrogeno nella molecola ionizzata. Il segno della funzione d'onda è indicato dal colore (blu = +, rosso = −).

Il che implica che ψ_{MO} deve soddisfare alle condizioni

$$\psi_{MO}(A, B) = \pm\psi_{MO}(B, A) \tag{3.8}$$

Ci sono solo due modi possibili per l'orbitale molecolare LCAO nell'Equazione 3.6 di soddisfare la condizione specificata dall'Equazione 3.8 – cioè $c_A = c_B$ o $c_A = -c_B$. Quindi, due orbitali molecolari si possono formare per combinazione lineare di due orbitali atomici 1*s*:

$$\begin{aligned} \psi_+ &= \frac{1}{\sqrt{2}}[\phi_{A,1s} + \phi_{B,1s}] \\ \psi_- &= \frac{1}{\sqrt{2}}[\phi_{A,1s} - \phi_{B,1s}] \end{aligned} \tag{3.9}$$

(Il fattore $1/\sqrt{2}$ è incluso in modo tale che gli orbitali molecolari siano normalizzati.) Questi due orbitali sono illustrati nella Figura 3.15. Si è partiti da due orbitali atomici e si sono costruiti due orbitali molecolari. Il numero di orbitali molecolari ottenuti mediante questa procedura è uguale al numero di orbitali atomici che vengono combinati. Entrambi gli orbitali molecolari nell'Equazione 3.9 sono classificati come orbitali *sigma* (σ) in quanto hanno simmetria cilindrica. L'orbitale ψ_+ è formato per *interferenza costruttiva* (si veda la Figura 1.3) dei due orbitali 1*s* e l'orbitale ψ_- è formato per *interferenza distruttiva* dei due orbitali 1*s*. L'interferenza costruttiva degli orbitali 1*s* in ψ_+ porta a un significativo aumento della densità elettronica nella zona di sovrapposizione tra i due nuclei, abbassando quindi l'energia di questo stato rispetto a quella dei due singoli orbitali 1*s*. Questo orbitale è detto ***orbitale molecolare di legame*** in quanto ha *bassa energia ed elevata stabilità rispetto agli orbitali dai quali è formato.* L'orbitale ψ_-, invece, ha un piano nodale nella zona tra i due nuclei. Un orbitale di questo tipo è chiamato ***orbitale molecolare di antilegame*** *in quanto ha più alta energia e quindi minore stabilità rispetto agli orbitali atomici dai quali è formato.* Come suggerisce il nome, elettroni descritti da orbitali di legame contribuiscono alla stabilità del legame covalente, mentre elettroni descritti da orbitali di antilegame portano a un legame instabile. I due orbitali molecolari in H_2^+ formati dagli orbitali atomici 1*s* si indicano nel modo seguente:

Un orbitale molecolare di legame di tipo sigma	Un orbitale molecolare di antilegame di tipo sigma
σ_{1s}	$\sigma^\star_{1s}$
Formato da orbitali atomici 1*s*	Formato da orbitali atomici 1*s*

Dove l'asterisco indica l'orbitale di antilegame. La formazione degli orbitali σ_{1s} e $\sigma^\star_{1s}$ dall'interferenza costruttiva e distruttiva di due orbitali 1*s*, è mostrata in Figura 3.15.

La Figura 3.16 mostra l'energia dello ione H_2^+ come funzione della distanza internucleare per l'elettrone nell'orbitale di legame nello stato fondamentale σ_{1s} e nell'orbitale di antilegame $\sigma^\star_{1s}$ nello stato eccitato. La Figura 3.16 mostra che la curva

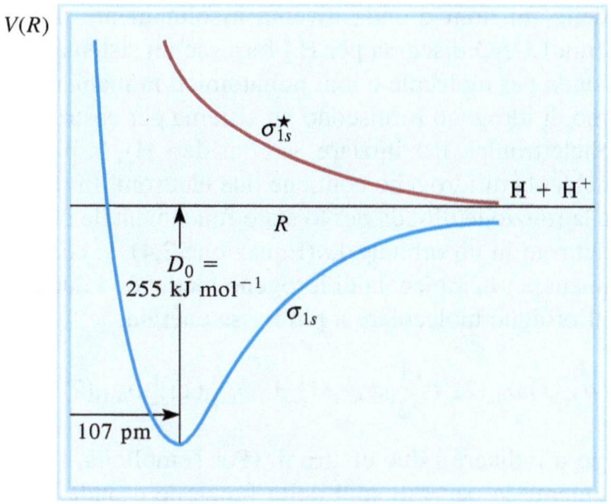

Figura 3.16 L'energia della molecola di idrogeno ionizzata in funzione della distanza internucleare per un elettrone nell'orbitale molecolare di legame σ_{1s} (curva blu) e un elettrone nell'orbitale $\sigma^{\star}_{1s}$ di antilegame (curva rossa). Lo zero di energia corrisponde a una separazione infinita dei nùclei.

dell'energia dell'orbitale di legame ha un minimo ben definito, che indica un legame stabile, mentre non c'è un minimo nell'orbitale di antilegame, che indica che la formazione del legame non è possibile in questo stato. Se si usasse la luce per eccitare la molecola di idrogeno ionizzata dallo stato fondamentale allo stato eccitato di antilegame, lo ione decomporrebbe rapidamente (si dissocerebbe) in un atomo di idrogeno (H) e in un protone (H^+) in un processo chiamato di *fotodissociazione.*

Un'utile rappresentazione della configurazione elettronica di una molecola sulla base degli orbitali molecolari è costituita dal ***diagramma dei livelli di energia degli orbitali molecolari (diagramma MO)***, che mostra l'andamento delle energie degli orbitali molecolari e il loro riempimento mediante gli elettroni della molecola nello stato fondamentale. Il diagramma MO per H_2^+ mostrato in Figura 3.17 indica che lo stato fondamentale H_2^+ ha un elettrone nell'orbitale di legame σ_{1s}. In modo analogo a come si scriverebbe la configurazione elettronica dello stato fondamentale dell'atomo di idrogeno come $1s^1$, si designa la configurazione elettronica dello stato fondamentale per lo ione H_2^+ come $(\sigma_{1s})^1$.

Si noti che il diagramma MO mostra anche gli orbitali atomici dai quali si derivano gli orbitali molecolari.

Prima di vedere molecole più complicate, occorre fare due commenti. Primo, secondo la teoria MO, non è sufficiente dire che un legame è formato per compartecipazione di elettroni. Un elettrone in un orbitale di antilegame è ugualmente condiviso tra due nuclei; tuttavia, la natura dell'orbitale impedisce un'interazione di tipo legame. È la compartecipazione di elettroni in orbitali di legame che origina il legame covalente nelle molecole. Inoltre non è necessario che gli elettroni siano accoppiati per originare un'interazione di legame. Nel caso di H_2^+ il legame è generato dalla condivisione di un solo elettrone in un orbitale di legame.

3.5.2 Orbitali molecolari in molecole e ioni

Come negli atomi polielettronici, la presenza di due o più elettroni in una molecola impedisce l'esatta soluzione dell'equazione di Schrödinger. In tali sistemi, un'ap-

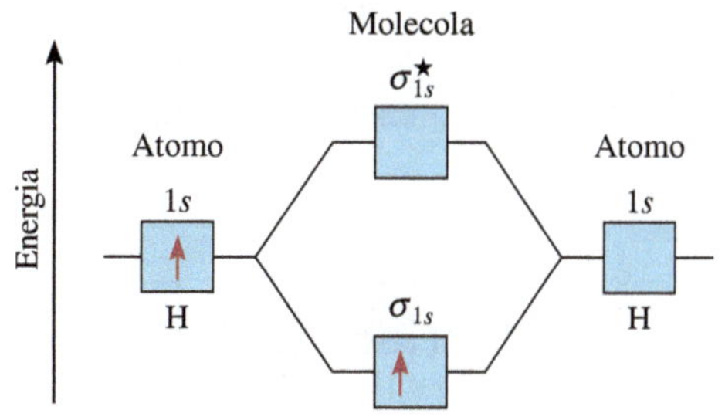

Figura 3.17 Diagramma MO per la molecola ionizzata H_2^+.

prossimazione delle funzioni d'onda diventa assolutamente necessaria. Fortunatamente, la procedura LCAO discussa per H_2^+ fornisce un sistema con il quale costruire le funzioni d'onda per molecole e ioni poliatomici, in maniera analoga a come gli orbitali dell'atomo di idrogeno forniscono un sistema per costruire la funzione d'onda per atomi polielettronici. Per iniziare, si consideri H_2, la più semplice molecola biatomica. La molecola di idrogeno contiene due elettroni. In maniera analoga a come si è costruita la funzione d'onda per lo stato fondamentale dell'elio mettendo ciascuno dei due elettroni in un orbitale 1*s* (Equazione 2.4), si costruisce una funzione d'onda approssimata per la molecola di idrogeno mettendo i due elettroni (1 e 2) con spin opposto nell'orbitale molecolare a più bassa energia,

$$\psi_{H_2} \approx \sigma_{1s}(1)\,\sigma_{1s}(2) = \frac{1}{2}[\phi_{A,1s}(1) + \phi_{B,1s}(1)][\phi_{A,1s}(2) + \phi_{B,1s}(2)] \quad \textbf{(3.10)}$$

dove 1 e 2 stanno a indicare i due elettroni. (Per semplicità, l'Equazione 3.10 non include esplicitamente la parte di spin della funzione d'onda.) Quindi, la configurazione elettronica dello stato fondamentale della molecola di H_2 è (σ_{1s}) e il diagramma MO per la molecola di idrogeno (Figura 3.18) è identico a quella di H_2^+ (Figura 3.17) a eccezione del fatto che l'orbitale di legame σ_{1s} contiene due elettroni con spin antiparallelo.

Come nel caso di atomi polielettronici, la forma matematica esatta degli orbitali molecolari nell'Equazione 3.9 può essere ottimizzata per includere la repulsione elettrone-elettrone usando la procedura Hartree-Fock descritta nel Paragrafo 2.1; tuttavia, la forma complessiva e la simmetria degli orbitali rimangono le stesse, per cui l'immagine qualitativa rimane invariata. Con l'aggiunta del secondo elettrone in H_2 l'orbitale molecolare dello stato fondamentale, σ_{1s}, è ora pieno, in accordo con il principio di esclusione di Pauli. Se si aggiunge un altro elettrone per formare la molecola di elio ionizzata He_2^+ è necessario allocare l'elettrone in più nell'orbitale $\sigma_{1s}^\star$ di antilegame, ottenendo una configurazione elettronica $(\sigma_{1s})^2(\sigma_{1s}^\star)^1$. In maniera analoga, si può scrivere la configurazione elettronica di He_2 come $(\sigma_{1s})^2(\sigma_{1s}^\star)^2$. I diagrammi MO per tutte queste specie sono riportati in Figura 3.19.

Si può valutare la stabilità relativa di queste specie usando il loro *ordine di legame*. Come si è visto, l'ordine di legame dice il numero di coppie di elettroni che formano il legame fra due atomi. Nella teoria dell'orbitale molecolare, questo concetto ha la seguente più generale definizione:

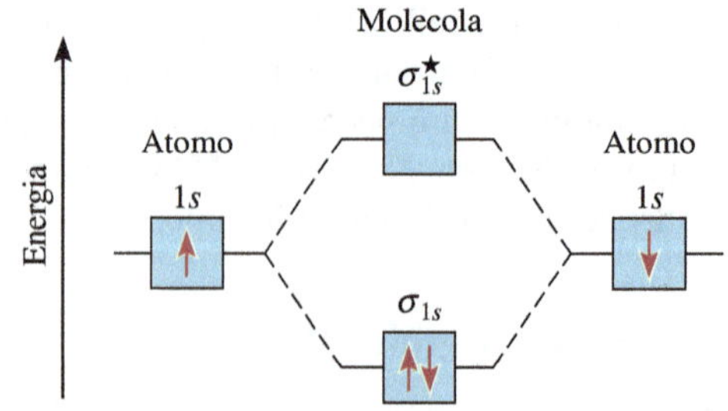

Figura 3.18 Diagramma MO per H_2. Si noti che i due elettroni nell'orbitale di legame σ_{1s} devono avere spin opposto in accordo con il principio di esclusione di Pauli.

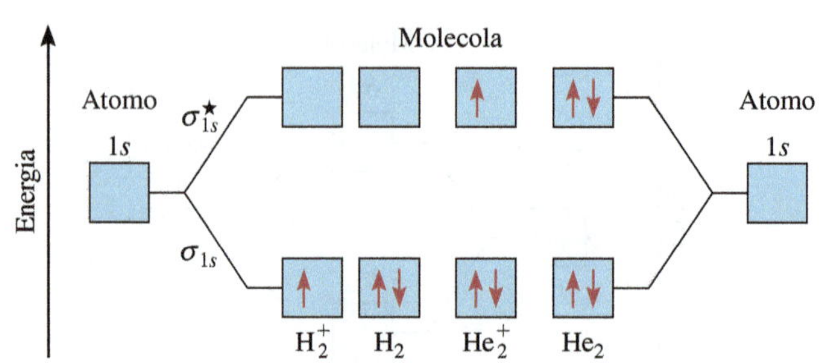

Figura 3.19 Diagramma MO per H_2^+, H_2, He_2^+, e He_2. In tutte queste specie, gli orbitali molecolari sono formati per mescolamento di due orbitali 1*s*.

$$\text{ordine di legame} = \frac{1}{3}\left(\begin{array}{c}\text{numero di elettroni}\\ \text{in orbitali molecolari}\\ \text{di legame}\end{array} - \begin{array}{c}\text{numero di elettroni}\\ \text{in orbitali molecolari}\\ \text{di antilegame}\end{array}\right) \qquad \textbf{(3.11)}$$

Qualitativamente, l'ordine di legame dà un'indicazione della forza di legame. Per esempio, se ci sono due elettroni nell'orbitale molecolare di legame e nessuno in quello di antilegame, l'ordine di legame è uno, ovvero c'è un legame covalente e la molecola è stabile. L'ordine di legame può essere un numero frazionario, ma un ordine di legame uguale a zero (o un numero negativo) significa che il legame non ha stabilità e la molecola non può esistere. H_2 ha ordine di legame uguale a uno e sia H_2^+ sia He_2^+ hanno ordine di legame di 1/2. La molecola di elio biatomica ha un ordine di legame uguale a zero in quanto ha due elettroni in un orbitale di legame e due elettroni in un orbitale di antilegame. Per queste specie l'ordine di legame si correla abbastanza bene con le energie di legame e le lunghezze di legame. Le energie di legame delle due specie con ordine di legame 1/2 sono abbastanza simili: 268 kJ mol^{-1} e 241 kJ mol^{-1} per H_2^+ e He_2^+ rispettivamente. In maniera analoga, le lunghezze di legame di H_2^+ e di He_2^+ sono all'incirca le stesse: 106 e 108 pm, rispettivamente. L'energia di legame di H_2, con ordine di legame uno, è 457 kJ mol^{-1}, circa due volte quella di H_2^+ e He_2^+. La lunghezza di legame di H_2 è 74 pm, molto più corta di quella in H_2^+ e He_2^+. La molecola di elio non è stabile perché ha un ordine di legame uguale a zero. Anche se è stato dimostrato che esiste in particolari condizioni, la molecola di He_2 ha un'energia di legame minore di 1 kJ mol^{-1}, il che significa che è estremamente instabile, come previsto.[10]

Se si usano dei modelli approssimati come questo è importante capire che tutti i modelli hanno dei limiti. Per esempio, sulla base del precedente ragionamento, si dovrebbe prevedere che l'anione molecolare di idrogeno (H_2^-) dovrebbe avere un ordine di legame di 1/2 e dovrebbe essere isoelettronico con He_2^+; quindi, ci si dovrebbe attendere che le due specie abbiano stabilità analoga. Tuttavia, l'anione molecolare di idrogeno non è mai stato osservato e si crede sia instabile. Se si tiene in considerazione questo e altri fatti, ci si accorge che è necessario un trattamento più accurato e sofisticato che tenga conto della repulsione elettrone-elettrone in maniera più approfondita di quella vista nella semplice trattazione MO, come è stata affrontata finora.

3.5.3 Regole generali per la costruzione delle configurazioni elettroniche di orbitali molecolari

Dato un set di orbitali molecolari, la procedura per determinare la configurazione elettronica di una molecola è analoga al processo di Aufbau usato per determinare le configurazioni elettroniche di atomi polielettronici (Paragrafo 2.2). Per scrivere la configurazione elettronica di una molecola, si devono prima ordinare gli orbitali molecolari in ordine di energia crescente. Poi si usano le seguenti linee guida per riempire gli orbitali molecolari con gli elettroni. Le regole aiutano anche a capire la stabilità degli orbitali molecolari.

1. Il numero di orbitali molecolari formati è sempre uguale al numero degli orbitali atomici che si combinano linearmente.
2. Il riempimento degli orbitali molecolari avviene a partire dagli orbitali a più bassa energia a quelli a energia maggiore. In una molecola stabile, il numero di elettroni negli orbitali molecolari di legame è sempre maggiore di quelli negli orbi-

---

[10] A temperatura ambiente, la collisione casuale con altri atomi e molecole fornisce al legame un'energia di circa 2,5 kJ mol^{-1}, che è molto maggiore dell'energia richiesta per rompere la molecola He_2, per cui He_2 è instabile in queste condizioni.

tali di antilegame perchè si introducono per prima gli elettroni negli orbitali a più bassa energia.

3. In maniera analoga a un orbitale atomico, ciascun orbitale molecolare può descrivere due elettroni a spin antiparallelo in accordo con il principio di esclusione di Pauli.
4. Quando gli elettroni sono aggiunti negli orbitali molecolari aventi uguale energia, la disposizione elettronica più stabile è quella che prevede la disposizione a spin paralleli in orbitali degeneri, in accordo alla regola di Hund.
5. Il numero di elettroni negli orbitali molecolari è uguale alla somma di tutti gli elettroni degli atomi legati.

3.5.4 Orbitali molecolari di molecole biatomiche degli elementi del secondo periodo

Nelle molecole (e nelle molecole ionizzate) di H_2 e di He_2 si è considerata solo la combinazione lineare tra gli orbitali $1s$, e questi orbitali molecolari possono descrivere quattro elettroni. Per esaminare il legame in molecole biatomiche più complesse, è necessario considerare la formazione di ulteriori orbitali molecolari. Per atomi polielettronici, il successivo orbitale atomico dopo l'$1s$ è l'orbitale $2s$ e poi i tre orbitali degeneri $2p$. Gli orbitali $2s$ sono abbastanza diversi in energia rispetto ai $2p$, per cui non si mescolano quando si formano i successivi orbitali molecolari. Quindi, per molecole biatomiche omonucleari i successivi orbitali molecolari si ottengono per interferenza costruttiva e distruttiva di orbitali $2s$ dei due atomi legati (A e B), e sono l'orbitale di legame σ_{2s} e l'orbitale di antilegame $\sigma^{\star}_{2s}$. Per analogia con gli orbitali σ_{1s} e $\sigma^{\star}_{1s}$ dagli orbitali 1s si ha

$$\sigma_{2s} = \frac{1}{\sqrt{2}}[\phi_{A,2s} + \phi_{B,2s}] \qquad \text{interferenza costruttiva}$$

$$\sigma^{\star}_{2s} = \frac{1}{\sqrt{2}}[\phi_{A,2s} - \phi_{B,2s}] \qquad \text{interferenza distruttiva}$$

La formazione del set di orbitali molecolari per combinazione di orbitali atomici $2p$ è più complessa. Gli orbitali p sono ortogonali tra loro quindi ci può essere sovrapposizione solo fra orbitali p con simile orientazione e ciascuna coppia di orbitali $2p$ interferirà in maniera costruttiva e distruttiva per formare coppie di orbitali molecolari di legame e antilegame rispettivamente. Se consideriamo la direzione x coincidente con l'asse di legame, la sovrapposizione longitudinale degli orbitali $2p_x$ centrati sui due nuclei produce un orbitale sigma di legame σ_{2p_x} e un orbitale sigma di antilegame $\sigma^{\star}_{2p_x}$. Gli altri due orbitali $2p$ possono solo sovrapporsi lateralmente per produrre una coppia di orbitali pi greco di legame (π_{2p_y} e π_{2p_z}) e una coppia di orbitali pi greco di antilegame ($\pi^{\star}_{2p_y}$ e $\pi^{\star}_{2p_z}$). Questi sei orbitali molecolari ottenuti da un totale di sei orbitali atomici $2p$ centrati sui due nuclei sono mostrati in Figura 3.20.

Per usare questi orbitali molecolari per costruire le configurazioni elettroniche e i diagrammi MO per molecole biatomiche omonucleari di atomi del secondo periodo, è necessario conoscere la successione della loro energia. In maniera analoga agli atomi polielettronici in cui l'ordine di riempimento degli orbitali atomici $4s$ e $3d$ dipendeva dal numero di elettroni presenti, l'ordine energetico degli orbitali molecolari ottenuti per combinazione lineare di orbitali atomici a numero quantico principale uguale a due, non è costante lungo il periodo. Geometricamente, la sovrapposizione longitudinale degli orbitali $2p_x$ per formare l'orbitale σ_{2p} deve essere maggiore di quella laterale per gli altri orbitali π_{2p}, il che risulta in una maggiore stabilità (minore energia) per gli orbitali sigma. Tuttavia, per le molecole dal Li_2 all'N_2, gli orbitali π_{2p} si trovano a più bassa energia rispetto all'orbitale σ_{2p} [si veda la Figura 3.21(a)]. Per questi elementi, la differenza in energia fra l'orbitale $2s$ su un atomo e gli orbitali $2p$ sull'altro è sufficientemente piccola da permettere un certo mescola-

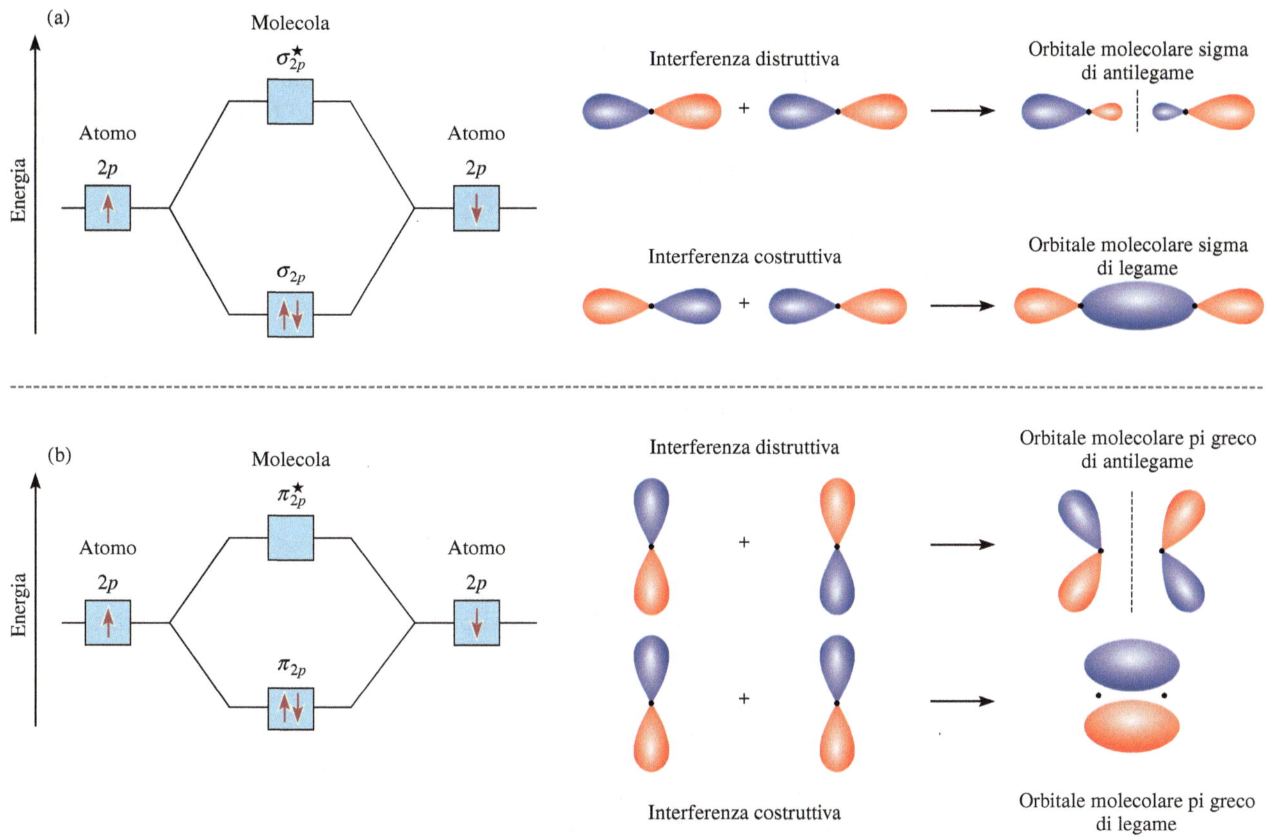

Figura 3.20 Due possibili interazioni fra due orbitali p e i corrispondenti orbitali molecolari. (a) Quando gli orbitali p si sovrappongono longitudinalmente, si formano un orbitale molecolare sigma di legame e un orbitale sigma di antilegame. (b) Quando gli orbitali p si sovrappongono lateralmente, si formano un orbitale molecolare pi greco di legame e un orbitale pi greco di antilegame. Normalmente, un orbitale sigma di legame è più stabile di un legame pi greco di legame, in quanto l'interazione laterale porta a minor sovrapposizione degli orbitali p rispetto alla sovrapposizione longitudinale. Si assume che gli orbitali $2p_x$ contribuiscano alla formazione dell'orbitale sigma di legame. Gli orbitali $2p_y$ e $2p_z$ possono interagire per formare solo orbitali molecolari pi greco. Il comportamento in (b) rappresenta l'interazione fra gli orbitali $2p_y$ o $2p_z$. In entrambi i casi, la linea tratteggiata rappresenta un piano nodale fra i nuclei, dove la densità elettronica è zero, e il segno dell'orbitale è rappresentato dal colore: blu (+) e rosso (-).

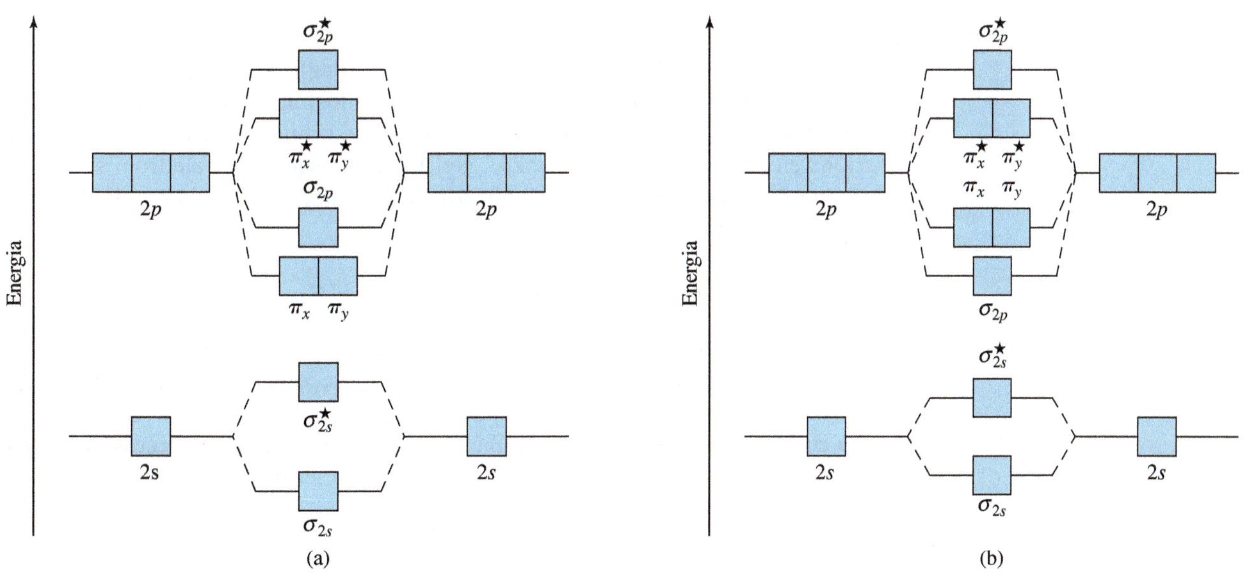

Figura 3.21 Diagramma MO per molecole biatomiche omonucleari di elementi del secondo periodo. (a) Diagramma per Li_2 fino a N_2. (b) Diagramma per O_2 e F_2. Per semplicità si sono omessi gli orbitali σ_{1s} e $\sigma^{\star}_{1s}$.

mento di questi orbitali atomici per formare orbitali molecolari, mescolamento che è stato trascurato nella trattazione semplificata presentata qui. È questo mescolamento che spiega la più bassa energia degli orbitali π_{2p} rispetto all'orbitale σ_{2p_x}. Per le molecole di O_2 e di F_2, in cui la differenza in energia fra gli orbitali $2s$ e $2p$ è maggiore (quindi la possibilità di mescolamento è inferiore), questa successione è invertita e l'orbitale σ_{2p_x} si trova a energia più bassa rispetto all'orbitale π_{2p}. Il diagramma MO generale per O_2 e F_2 è mostrato in Figura 3.21(b).

Fatta questa considerazione, si può ora esaminare la configurazione elettronica delle molecole biatomiche omonucleari del secondo periodo.

Li_2

La configurazione elettronica del Li è $1s^2 2s^1$ per cui la molecola Li_2 contiene sei elettroni. Quattro di questi elettroni entrano negli orbitali σ_{1s} e $\sigma^{\star}_{1s}$ e due entrano nell'orbitale σ_{2s}, il successivo orbitale a più bassa energia. La configurazione elettronica di Li_2 è data da

$$(\sigma_{1s})^2(\sigma^{\star}_{1s})^2(\sigma_{2s})^2$$

Ci sono quattro elettroni in orbitali di legame e due in orbitali di antilegame, per cui l'ordine di legame è $(4 - 2)/2 = 1$, e si può predire che la molecola sarà stabile e diamagnetica.

Be_2

La configurazione elettronica di Be è $1s^2 2s^2$ per cui la molecola Be_2 contiene otto elettroni (due in più rispetto a Li_2). In Be_2, questi due elettroni in più vanno nell'orbitale di antilegame $\sigma^{\star}_{2s}$, dando una configurazione elettronica

$$(\sigma_{1s})^2(\sigma^{\star}_{1s})^2(\sigma_{2s})^2(\sigma^{\star}_{2s})^2$$

Avendo la molecola un uguale numero di elettroni in orbitali di legame e di antilegame, l'ordine di legame della molecola di berillio è zero, che significa che è una molecola instabile. In effetti la molecola di Be_2 non esiste, la sua energia di dissociazione è estremamente piccola ($\sim$10 kJ mol^{-1}) ed è stabile solo in particolari condizioni, in accordo con queste argomentazioni.

B_2, C_2 e N_2

Con la molecola Be_2, gli orbitali molecolari formati dagli orbitali atomici $1s$ e $2s$ sono pieni. Usando lo schema orbitalico molecolare illustrato in Figura 3.21(a), i successivi orbitali molecolari a bassa energia sono i due orbitali degeneri π_{2p}. La configurazione elettronica del B è $1s^2 2s^2 2p^1$. Nel B_2, i due successivi elettroni sono allocati nei due orbitali degeneri π_{2p} a spin paralleli, in accordo con la regola di Hund. Quindi, la configurazione di B_2 è

$$(\sigma_{1s})^2(\sigma^{\star}_{1s})^2(\sigma_{2s})^2(\sigma^{\star}_{2s})^2(\pi_{2p_y})^1(\pi_{2p_z})^1$$

con ordine di legame uguale a uno, che indica che la molecola di B_2 dovrebbe essere stabile in fase gas. La presenza di due elettroni disaccoppiati suggerisce che B_2 sia paramagnetica, in accordo con i dati sperimentali.

La configurazione elettronica di C è $1s^2 2s^2 2p^3$. Per C_2, i due successivi elettroni riempiranno i due orbitali π_{2p} e la configurazione elettronica è

$$(\sigma_{1s})^2(\sigma^{\star}_{1s})^2(\sigma_{2s})^2(\sigma^{\star}_{2s})^2(\pi_{2p_y})^2(\pi_{2p_z})^2$$

con ordine di legame uguale a due (legame doppio). La molecola dovrebbe essere diamagnetica. Molecole di C_2 sono state osservate in fase gas e hanno un'energia di dissociazione di (630,1 kJ mol^{-1}) che è leggermente maggiore del doppio di quella del B_2 (291,2 kJ mol^{-1}), come atteso dalla differenza nell'ordine di legame.

La configurazione elettronica di N è $1s^2 2s^2 2p^3$. Per N_2, i successivi due elettroni vanno nell'orbitale (σ_{2p}) e la configurazione elettronica è

$$(\sigma_{1s})^2(\sigma^\star_{1s})^2(\sigma_{2s})^2(\sigma^\star_{2s})^2(\pi_{2p_y})^2(\pi_{2p_z})^2(\sigma_{2p_x})^2$$

Quindi, N_2 deve essere stabile e diamagnetico, con un ordine di legame uguale a tre, che è in accordo con la previsione di Lewis di un triplo legame.

O_2

Come si è visto nel Paragrafo 3.5, le strutture di Lewis e la teoria del legame di valenza non riescono a spiegare le proprietà magnetiche della molecola di ossigeno, che è noto essere paramagnetico (possiede due elettroni disaccoppiati). La seguente struttura di Lewis può essere disegnata con due elettroni disaccoppiati:

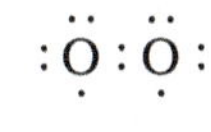

Tuttavia, questa struttura non è soddisfacente per almeno due motivi. Primo, implica la presenza di un legame covalente semplice, mentre l'evidenza sperimentale suggerisce la presenza di un legame doppio (ordine di legame = 2). Secondo, vìola la regola dell'ottetto in quanto ci sono sette elettroni su ogni atomo di ossigeno.

La configurazione elettronica dello stato fondamentale dell'O è $1s^2 2s^2 2p^4$; quindi, ci sono 16 elettroni in O_2. Usando la successione degli orbitali molecolari mostrata in Figura 3.21(b), la configurazione elettronica dello stato fondamentale di O_2 è

$$(\sigma_{1s})^2(\sigma^\star_{1s})^2(\sigma_{2s})^2(\sigma^\star_{2s})^2(\sigma_{2p_x})^2(\pi_{2p_y})^2(\pi_{2p_z})^2(\pi^\star_{2py})^1(\pi^\star_{2p_z})^1$$

In accordo con la regola di Hund, gli ultimi due elettroni entrano negli orbitali di antilegame $\pi^\star_{2p_y}$ e $\pi^\star_{2p_z}$ con spin paralleli. L'ordine di legame della molecola di O_2 è uguale a 2 e gli spin disaccoppiati indicano che è paramagnetico, una previsione che è in accordo con i dati sperimentali. La spiegazione del paramagnetismo dell'ossigeno fu uno dei primi successi della teoria MO.

La Tabella 3.4 riassume le proprietà generali delle molecole biatomiche di elementi del secondo periodo.

L'Esempio 3.11 mostra come la teoria MO può essere usata per prevedere le proprietà di ioni.

Esempio 3.11

Lo ione N_2^+ può essere preparato bombardando la molecola di N_2 con elettroni accelerati. Si predicano le seguenti proprietà di N_2^+: (a) la configurazione elettronica, (b) l'ordine di legame, (c) le proprietà magnetiche, (d) la lunghezza di legame rispetto a quella di N_2 (è più lunga o più corta?).

Impostazione Si usino i diagrammi MO in Tabella 3.4 per dedurre le proprietà degli ioni generati da molecole omonucleari.

Soluzione

(a) Siccome N_2^+ ha un elettrone in meno di N_2, la sua configurazione elettronica è

$$(\sigma_{1s})^2(\sigma^\star_{1s})^2(\sigma_{2s})^2(\sigma^\star_{2s})^2(\pi_{2p_y})^2(\pi_{2p_z})^2(\sigma_{2p_x})^1$$

(b) L'ordine di legame di N_2^+ si ottiene usando l'Equazione 3.11:

$$\text{ordine di legame} = (9 - 4)/2 = 2{,}5$$

Tabella 3.4 Proprietà di molecole biatomiche omonucleari stabili di elementi del secondo periodo*

	Li_2	B_2	C_2	N_2	O_2	F_2	
$\sigma^{\star}_{2p_x}$	□	□	□	□	□	□	$\sigma^{\star}_{2p_x}$
$\pi^{\star}_{2p_y}, \pi^{\star}_{2p_z}$	□□	□□	□□	□□	↑ ↑	↑↓ ↑↓	$\pi^{\star}_{2p_y}, \pi^{\star}_{2p_z}$
σ_{2p_x}	□	□	□	↑↓	↑↓ ↑↓	↑↓ ↑↓	π_{2p_y}, π_{2p_z}
π_{2p_y}, π_{2p_z}	□□	↑ ↑	↑↓ ↑↓	↑↓ ↑↓	↑↓	↑↓	σ_{2p_x}
$\sigma^{\star}_{2s}$	□	↑↓	↑↓	↑↓	↑↓	↑↓	$\sigma^{\star}_{2s}$
σ_{2s}	↑↓	↑↓	↑↓	↑↓	↑↓	↑↓	σ_{2s}
Ordine di legame	1	1	2	3	2	1	
Distanza di legame (pm)	267	159	131	110	121	142	
Entalpia di legame (kJ/mol)	104,6	288,7	627,6	941,4	498,7	156,9	
Proprietà magnetiche	Diamagnetico	Paramagnetico	Diamagnetico	Diamagnetico	Paramagnetico	Diamagnetico	

* Per semplicità gli orbitali σ_{1s} $\sigma^{\star}_{1s}$ sono stati omessi. Questi due orbitali ospitano un totale di quattro elettroni. Si ricordi che per O_2 e F_2, σ_{2p_x} è più basso in energia rispetto a σ_{2p_y} e σ_{2p_z}.

(c) N_2^+ ha un elettrone disaccoppiato, per cui è uno ione paramagnetico.

(d) Siccome gli elettroni negli orbitali molecolari di legame sono responsabili della stabilità della molecola, N_2^+ deve avere un legame più debole e quindi più lungo di N_2. (Infatti, la lunghezza di legame di N_2^+ è 112 pm, in confronto con 110 pm per N_2.)

Verifica Siccome un elettrone è rimosso da un orbitale di legame, l'ordine di legame deve diminuire. Lo ione N_2^+ ha un numero dispari di elettroni (13), quindi deve essere paramagnetico. L'ordine di legame in N_2^+ è minore di quello in N_2, per cui la lunghezza di legame in N_2^+ deve essere maggiore di quella in N_2.

Problema di autovalutazione Quale delle seguenti specie ha lunghezza di legame maggiore: F_2 o F_2^-?

3.5.5 Molecole biatomiche eteronucleari con elementi del primo e del secondo periodo

Per molecole biatomiche eteronucleari contenenti elementi del primo e del secondo periodo, l'approccio è essenzialmente lo stesso che per molecole biatomiche omonucleari, a eccezione del fatto che gli orbitali molecolari non sono ora più posizionati simmetricamente rispetto agli orbitali atomici in quanto gli atomi sono diversi. In particolare, gli orbitali molecolari di legame hanno un maggiore contributo proveniente dagli orbitali atomici dell'elemento più elettronegativo. Il contrario è vero per gli orbitali molecolari di antilegame che hanno un maggiore contributo dagli orbitali atomici dell'elemento più elettropositivo.

La struttura di Lewis per l'acido fluoridrico (HF), per esempio, contiene un legame semplice e ci sono coppie solitarie sull'atomo di fluoro:

$$H—\ddot{\underset{..}{F}}:$$

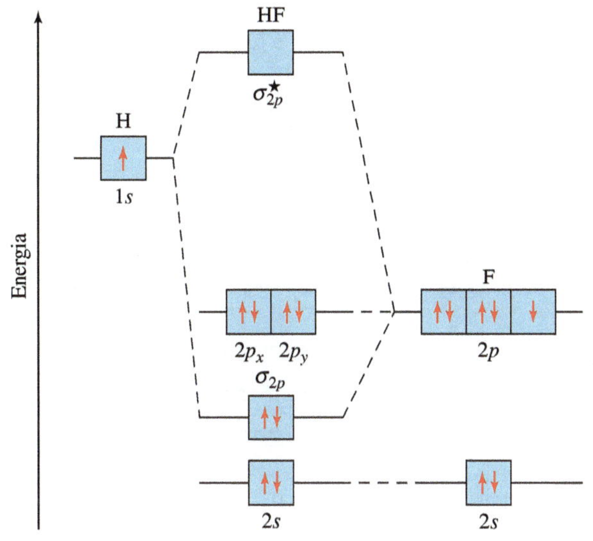

Figura 3.22 Diagramma MO per la molecola HF. Il livello degli orbitali $1s$ dell'idrogeno e $2p$ del fluoro è scelto in base ai valori delle energie di prima ionizzazione (si veda la Tabella 2.2). Per semplicità, l'orbitale $1s$ del fluoro è stato omesso.

La Figura 3.22 mostra le energie relative degli orbitali atomici e molecolari in HF. È bene sottolineare alcuni punti. Primo, l'orbitale $1s$ di H si sovrappone con l'orbitale $2p_x$ di F per formare un orbitale molecolare σ che presenta una grande componente dell'orbitale $2p_x$ del F. Questo fatto è ragionevole in quanto il legame H—F è polare, e la maggiore densità elettronica è vicina al fluoro. L'orbitale molecolare $\sigma^{\star}$ sta (in energia) vicino all'orbitale $1s$ dell'idrogeno e assomiglia molto a questo orbitale. L'orbitale $1s$ non ha una netta interazione con gli orbitali $2p_y$ e $2p_z$ del fluoro. Di conseguenza, questi due orbitali p sono *di non legame,* cioè due delle tre coppie solitarie si trovano in essi. L'energia dell'orbitale $2s$ del fluoro è molto bassa per potersi mescolare con l'orbitale $1s$ dell'idrogeno. Per questo motivo, è anch'esso un orbitale di non legame e descrive la rimanente coppia solitaria sull'atomo di F.

Matematicamente, le funzioni d'onda per gli orbitali sigma di legame e di antilegame sono rispettivamente

$$\psi_{\sigma} = c_1\phi_{1s,\mathrm{H}} + c_2\phi_{2p_x,\mathrm{F}}$$

e

$$\psi_{\sigma}^{\star} = c_3\phi_{1s,\mathrm{H}} - c_4\phi_{2p_x,\mathrm{F}}$$

dove i coefficienti c_1 e c_2 danno il contributo dell'orbitale atomico $1s$ dell'idrogeno e $2p_x$ del fluoro, rispettivamente, nell'orbitale molecolare σ, e c_3 e c_4 sono i contributi degli stessi orbitali atomici, rispettivamente, per l'orbitale molecolare $\sigma^{\star}$ di antilegame. La grande differenza di elettronegatività fra H e F significa che $c_2 \gg c_1$, e quindi la densità elettronica è molto più grande vicino a F nella molecola di HF. Il contrario è vero per l'orbitale molecolare $\sigma^{\star}$ di antilegame, che è vuoto, ma può esser occupato in alcuni stati elettronici eccitati. Questo orbitale presenta uno spiccato carattere $1s$ dell'idrogeno, cioè, $c_3 \gg c_4$.

Nell'ossido di carbonio (CO), che è isoelettronico con la molecola di N_2, le energie degli orbitali $2s$ e $2p$ di C e di O sono abbastanza simili da permettere il loro mescolamento in modo analogo a quello che succede nella molecola di N_2. La Figura 3.23 mostra il diagramma molecolare orbitalico di CO. La disposizione degli orbitali atomici di C e di O è determinata dai valori dell'energia di prima ionizzazione. Come per la molecola di HF, i coefficienti degli orbitali dell'atomo più elettronegativo (O) sono maggiori negli orbitali molecolari di legame. L'atomo meno elettronegativo (C) avrà coefficienti maggiori negli orbitali molecolari di antilegame. La configurazione elettronica di CO è analoga a quella di N_2 (si veda la Tabella 3.4).

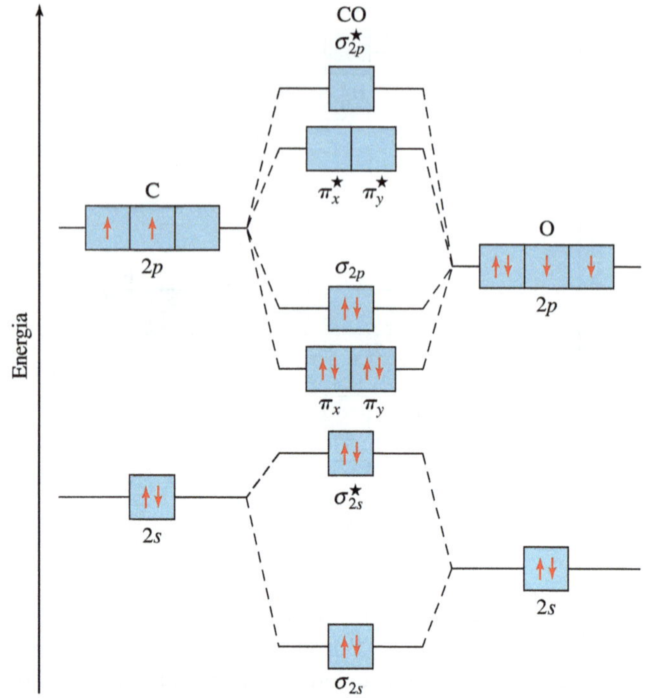

Figura 3.23 Diagramma MO per la molecola di CO. Il livello degli orbitali $2p$ del carbonio e dell'ossigeno è scelto in base ai valori delle energie di prima ionizzazione (si veda la Tabella 2.2). Per semplicità, l'orbitale $1s$ è stato omesso

Esempio 3.12

La molecola NO è importante nella chimica dell'atmosfera e in biologia (si veda l'Approfondimento 3.2). (a) Si scriva la configurazione elettronica di NO, (b) si calcoli l'ordine di legame, (c) si predicano le proprietà magnetiche.

Impostazione L'elettronegatività di N è simile a quella di O, per cui il diagramma orbitalico molecolare deve essere simile a quello di N_2 e di CO. Si usi l'Equazione 3.11 per calcolare l'ordine di legame, e per determinare se ha elettroni disaccoppiati (quindi se è paramagnetico) o se ha tutti gli elettroni accoppiati (e quindi se è diamagnetico).

Soluzione

(a) L'ossido di azoto ha un elettrone in più rispetto a N_2, per cui la sua configurazione elettronica è

$$(\sigma_{1s})^2(\sigma^{\star}_{1s})^2(\sigma_{2s})^2(\sigma^{\star}_{2s})^2(\pi_{2p_y})^2(\pi_{2p_z})^2(\sigma_{2p_x})^2(\pi^{\star}_{2p_y})^1$$

(b) L'ordine di legame è dato da

$$\text{ordine di legame} = (10 - 5)/2 = 2{,}5$$

(c) La molecola di NO è paramagnetica perché ha un elettrone disaccoppiato.

Verifica NO è una molecola a numero dispari di elettroni, per cui deve essere paramagnetica.

Problema di autovalutazione Si disegni il diagramma MO e si scriva la configurazione elettronica dello ione cianuro (CN^-).

Con i calcolatori odierni ad alta velocità per calcolare i coefficienti delle soluzioni dell'equazione di Schrödinger, i chimici possono calcolare la struttura elettronica degli atomi e delle molecole con esattezza. Avendo a disposizione queste metodologie computazionali ci si può chiedere perché ormai non si abbandoni la rappresentazione intuitiva di Lewis, il metodo VB e MO discussi nei Capitoli 3 e 4. In realtà anche se questi metodi sono piuttosto approssimati nella rappresentazione della struttura elettronica delle molecole, i semplici metodi VB e MO hanno un vantaggio notevole sugli accurati approcci computazionali odierni nel senso che danno ancora un'immagine fisica chiara del legame nella molecola, facile da visualizzare e interpretare. Queste semplici teorie danno ai chimici degli strumenti sorprendentemente accurati per prevedere il comportamento qualitativo di atomi e di molecole durante le reazioni chimiche.

Sommario

Paragrafo 3.1

- Un legame chimico si forma fra due atomi quando le forze di attrazione fra di essi sono sufficientemente forti che gli atomi non si spostano più uno rispetto all'altro.
- L'energia di dissociazione (energia di legame) è l'energia richiesta per rompere un legame. Essa è una misura della forza del legame. La distanza fra due atomi legati all'equilibrio è la lunghezza di legame.

Paragrafo 3.2

- In un legame covalente, due elettroni (una coppia elettronica) sono condivisi fra due atomi. In legami covalenti multipli, due o tre coppie di elettroni sono condivise fra due atomi. Alcuni atomi legati covalentemente hanno anche delle coppie solitarie, cioè coppie di elettroni di valenza che non sono coinvolte in legami. La disposizione degli elettroni di legame e delle coppie solitarie attorno agli atomi in una molecola è rappresentata dalla struttura di Lewis.
- La regola dell'ottetto predice che gli atomi formano legami covalenti in modo da essere circondati da otto elettroni.
- Nella teoria del legame di valenza, un legame chimico è descritto in termini di sovrapposizione fra gli orbitali atomici degli atomi coinvolti.
- Legami nei quali la funzione d'onda elettronica ha simmetria cilindrica rispetto all'asse di legame sono chiamati legami sigma, e legami nei quali la funzione d'onda cambia di segno quando la molecola ruota di 180° attorno all'asse internucleare di legame sono chiamati legami pi greco.
- I legami tripli sono più forti dei legami doppi, e i legami doppi sono più forti di quelli semplici. La lunghezza di un legame diminuisce al crescere del numero di legami tra gli atomi coinvolti.

Paragrafo 3.3

- Un legame covalente polare si ha quando gli elettroni di legame non sono ugualmente condivisi fra i due atomi coinvolti nel legame.
- L'elettronegatività di un atomo è la misura della sua capacità di attrarre elettroni in un legame. Un legame fra due atomi aventi diversa elettronegatività è polare.
- In un legame ionico gli elettroni non sono condivisi e il legame è formato per attrazione elettrostatica coulombiana fra ioni di carica opposta in un reticolo tridimensionale ordinato. Un composto ionico si forma quando la differenza di elettronegatività fra i due atomi è grande (>2).

Paragrafo 3.4

- Quando un atomo dona entrambi gli elettroni nella formazione di un legame semplice, la struttura di Lewis deve riportare la carica formale su ciascun atomo per tenere traccia degli elettroni di valenza.
- Per alcune molecole o ioni poliatomici, due o più strutture di Lewis aventi lo stesso scheletro molecolare soddisfano la regola dell'ottetto e sembrano essere chimicamente accettabili. Prese insieme, queste strutture di risonanza rappresentano la molecola o lo ione in maniera più accurata di quanto non faccia una sola di queste strutture di Lewis.
- Ci sono delle eccezioni alla regola dell'ottetto, in particolare i composti covalenti del berillio, degli elementi del Gruppo 3A e degli elementi nel terzo periodo e oltre nella tavola periodica.

Paragrafo 3.5

- La teoria dell'orbitale molecolare descrive il legame in termini di combinazione di orbitali atomici per formare degli orbitali che sono associati all'intera molecola.
- Gli orbitali molecolari di legame aumentano la densità elettronica fra i nuclei e hanno energia minore rispetto agli orbitali atomici dei singoli atomi. Gli orbitali molecolari di antilegame hanno densità elettronica uguale a zero nella zona fra i due atomi coinvolti nel legame e l'energia è maggiore rispetto agli orbitali atomici dei singoli atomi coinvolti nel legame.
- Le configurazioni elettroniche per gli orbitali molecolari si scrivono in maniera analoga a quello che si fa con gli orbitali atomici, riempiendo con elettroni gli orbitali in ordine di energia crescente. Il numero di orbitali molecolari è uguale al numero di orbitali atomici che sono combinati. Per il riempimento degli orbitali molecolari si usa il principio di esclusione di Pauli e la regola di Hund
- Le molecole sono stabili se il numero di elettroni negli orbitali molecolari di legame è maggiore di quello negli orbitali di antilegame.

Problemi

Soluzioni dei problemi dispari sul sito www.mheducation.it

3.2 Legame covalente

3.1 Si scriva la rappresentazione di Lewis per i seguenti elementi: Na, Ca, N, B, F, I, Te e S.

3.2 Si scriva la rappresentazione di Lewis per i seguenti elementi: Sr, Si, O, Br, Be, K, Se e Al.

3.3 Si scriva la struttura di Lewis per la molecola di HCN mostrando specificatamente come la regola dell'ottetto viene soddisfatta.

3.4 Si scriva la struttura di Lewis per la molecola di OCS mostrando specificatamente come la regola dell'ottetto viene soddisfatta.

3.5 Si spieghi la differenza fra il concetto della struttura di Lewis e la teoria VB.

3.6 Si descriva il legame in CN^- usando il modello VB.

3.7 Una struttura di Lewis ragionevole per l'ossido di carbonio (CO) è

$$:C\equiv O:$$

Si schematizzi la sovrapposizione orbitalica nella descrizione VB che corrisponde a questa struttura di Lewis. In questa descrizione, dove sono le coppie solitarie?

3.8 Si discuta come lo spin elettronico influenzi il numero di legami covalenti che un atomo può formare.

3.3 Elettronegatività e polarità dei legami

3.9 Si ordinino i seguenti legami in ordine di carattere ionico crescente: il legame litio-fluoro in LiF, il legame potassio-ossigeno in K_2O, il legame azoto-azoto in N_2, il legame zolfo-ossigeno SO_2, il legame cloro-fluoro in ClF_3.

3.10 Si dispongano i seguenti legami in ordine di carattere ionico crescente: carbonio-idrogeno, fluoro-idrogeno, bromo-idrogeno, sodio-cloro, potassio-fluoro, litio-cloro.

3.11 Siano quattro atomi D, E, F e G. Le loro elettronegatività siano: D = 3,8, E = 3,3, F = 2,8 e G = 1,3. Se gli atomi di questi elementi formano le molecole DE, DG, EG e DF, come si possono ordinare queste molecole in ordine crescente di carattere covalente?

3.12 Si ordinino i seguenti legami in ordine crescente di carattere ionico: cesio-fluoro, cloro-cloro, bromo-cloro, silicio-carbonio.

3.13 Si classifichino i seguenti legami come ionico, covalente polare o covalente puro e se ne dia la spiegazione: (a) il legame CC in H_3CCH_3, (b) il legame KI in KI, (c) il legame NB in H_3NBCl_3, (d) il legame CF in CF_4.

3.14 Si classifichino i seguenti legami come ionico, covalente polare o covalente puro, e se ne dia la spiegazione: (a) il legame SiSi in $Cl_3SiSiCl_3$, (b) il legame SiCl in $Cl_3SiSiCl_3$, (c) il legame CaF in CaF_2, (d) il legame NH in NH_3.

3.15 Usando le energie di legame per le molecole di H_2, Cl_2 e HCl date in Tabella 3.3, si calcoli la differenza di elettronegatività fra H e Cl usando la formula di Pauling. Come si confronta questo valore con quello ottenuto dalla Figura 3.10? Si spieghino le differenze.

3.16 Usando le energie di legame di H_2 e di Br_2 dalla Tabella 3.3, insieme alla differenza di elettronegatività fra H e Br date in Figura 3.10, si stimi l'energia di legame di HBr. Si confronti la risposta con il valore dell'energia di legame per HBr riportata in Tabella 3.3.

3.17 Quali dei seguenti composti sono ionici e quali covalenti: RbCl, PF_5, BrF_3, KO_2 e CI_4?

3.18 Un legame ionico è formato fra un catione A^+ e un anione B^-. Come viene variata l'energia del legame ionico considerando i seguenti fattori: (a) raddoppiare il raggio di A^+, (b) triplicare la carica su A^+, (c) raddoppiare la carica di A^+ e di B^-, (d) diminuire il raggio di A^+ e di B^- a metà del loro valore originale?

3.19 Per ciascuna delle seguenti coppie di elementi, si stabilisca quale dei composti binari che si possono formare ha carattere ionico o covalente. Si scriva la formula empirica e il nome del composto: (a) I e Cl, (b) Mg e F, (c) B e F, e (d) K e Br.

3.20 Si usino i valori di energia di ionizzazione e di affinità elettronica per calcolare la variazione di energia (in kJ mol^{-1}) che accompagna le seguenti reazioni:

(a) $Li(g) + I(g) \longrightarrow Li^+(g) + I^-(g)$

(b) $Na(g) + F(g) \longrightarrow Na^+(g) + F^-(g)$

(c) $K(g) + Cl(g) \longrightarrow K^+(g) + Cl^-(g)$

3.4 Strutture di Lewis e schema di legame

3.21 Scrivere le strutture di Lewis delle seguenti molecole e ioni: (a) NCl_3, (b) OCS, (c) H_2O_2, (d) CH_3COO^-, (e) CN^-, (f) $CH_3CH_2NH_3^+$.

3.22 Scrivere le strutture di Lewis delle seguenti molecole e ioni: (a) OF_2, (b) N_2F_2, (c) Si_2H_6, (d) OH^-, (e) CH_2ClCOO^-, (f) $CH_3NH_3^+$.

3.23 Scrivere le strutture di Lewis delle seguenti molecole: (a) ICl, (b) PH_3, (c) P_4 (ogni atomo di P è legato ad altri tre atomi di P), (d) H_2S, (e) N_2H_4, (f) $HClO_3$, (g) $COBr_2$ (C è legato a O e a Br).

3.24 Scrivere le strutture di Lewis per i seguenti ioni: (a) O_2^{2-}, (b) C_2^{2-}, (c) NO^+, e (d) NH_4^+. Mostrare le cariche formali.

3.25 Scrivere le strutture di Lewis per le seguenti specie, includendo tutte le forme di risonanza e mostrare le cariche formali: (a) HCO_2^-, (b) $CH_2NO_2^-$. La posizione relativa degli atomi è come segue:

O H O

C H CN

O H O

3.26 Scrivere tre strutture di risonanza per lo ione, ClO_3^-. Mostrare le cariche formali.

3.27 Scrivere tre strutture di risonanza per l'acido idrazoico, HN_3. La successione degli atomi è HNNN. Mostrare le cariche formali.

3.28 Scrivere due strutture di risonanza per il diazometano, CH_2N_2. Mostrare le cariche formali. Lo scheletro della molecola è

H

C N N

H

3.29 Disegnare tre strutture di risonanza per lo ione OCN^-. Mostrare le cariche formali.

3.30 Disegnare tre strutture di risonanza per la molecola N_2O nella quale gli atomi sono nell'ordine NNO. Indicare le cariche formali.

3.31 Disegnare le strutture di risonanza per i seguenti ioni: (a) HSO_4^-, (b) PO_4^{3-}, (c) HSO_3^-, (d) $SO_3{}^{2-}$.

3.32 Disegnare quattro strutture di risonanza plausibili per lo ione PO_3F^{2-}. L'atomo centrale P è legato a tre atomi di O e all'atomo di F. Indicare le cariche formali.

3.33 Lo ione triioduro (I_3^-) nel quale gli atomi di I sono disposti in linea è stabile, invece lo ione F_3^- non esiste. Perché?

3.5 Teoria dell'orbitale molecolare

3.34 Spiegare, in termini di orbitali molecolari le variazioni della distanza internucleare H—H che si osservano nella molecola di H_2 quando questa viene ionizzata prima a H_2^+ e poi a H_2^{2+}.

3.35 Si disegni il diagramma degli orbitali molecolari per ciascuna delle seguenti spiecie: He_2, HHe e He_2^+. Si confrontino le loro stabilità relative in termini di ordine di legame. (Si tratti HHe come molecola biatomica con tre elettroni.)

3.36 Si arrangino le seguenti specie in ordine di stabilità crescente: Li_2, Li_2^+ e Li_2^-. Si giustifichino le scelte con il diagramma MO.

3.37 Quale di queste specie ha il legame più lungo, B_2 o B_2^+? Si spieghi in base alla teoria degli orbitali molecolari.

3.38 L'etino (C_2H_2) ha tendenza a perdere due protoni (H) e a formare lo ione carburo C_2^{2-}, che è presente in diversi composti ionici, come CaC_2 e MgC_2. Si descriva lo schema del legame nello ione C_2^{2-} in base alla teoria dell'orbitale molecolare. Si confronti l'ordine di legame in C_2^{2-} con quello in C_2.

3.39 Si confronti il metodo di Lewis e il metodo dell'orbitale molecolare per spiegare la molecola di ossigeno.

3.40 Si spieghi perché l'ordine di legame di N_2 è maggiore di quello di N_2^+, mentre l'ordine di legame di O_2 è minore di quello di O_2^+.

3.41 Si confronti la stabilità relativa delle seguenti specie e si indichino le loro proprietà magnetiche (dire se sono specie diamagnetiche o paramagnetiche): O_2, O_2^+, O_2^- (ione superossido) e O_2^{2-} (ione perossido).

3.42 Si usi la teoria MO per confrontare le stabilità relative di F_2 e F_2^+. Quale di queste specie avrà minore distanza di legame?

3.43 Un legame semplice è quasi sempre un legame sigma e un legame doppio è quasi sempre formato da un legame sigma e uno pi greco. Ci sono poche eccezioni a questa regola. Si mostri che le molecole B_2 e C_2 sono esempi di queste eccezioni.

Problemi supplementari

3.44 La distanza C—H in C_2H_6, C_2H_4 e C_2H_2 vale 1,102 Å, 1,085 Å e 1,061 Å, rispettivamente. Si può dare una spiegazione a questo andamento?

3.45 Scrivere le strutture di Lewis di BrF_3, ClF_5 e IF_7. Si identifichino quelle nelle quali la regola dell'ottetto non è seguita.

3.46 Scrivere tre strutture di risonanza per lo ione azoturo, N_3^-, nel quale gli atomi sono disposti nel modo indicato NNN. Si mostrino le cariche formali.

3.47 Il gruppo amidico è fondamentale nella struttura delle proteine:

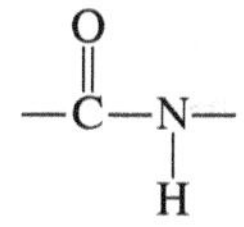

Si disegni un'altra struttura di risonanza per questo gruppo. Si mostrino le cariche formali.

3.48 Si dia un esempio di uno ione e di una molecola che contiene Al e che (a) obbedisca alla regola dell'ottetto, (b) abbia l'ottetto espanso, (c) abbia l'ottetto incompleto.

3.49 I composti CF_2, LiO_2, $CsCl_2$ e PI_5 non sono stabili in condizioni normali. Spiegarne il motivo.

3.50 Una regola per disegnare strutture di Lewis plausibili è che l'atomo centrale deve essere meno elettronegativo degli atomi che sono intorno. Spiegare perché è così.

3.51 Quale delle seguenti molecole ha la più piccola distanza di legame azoto-azoto: N_2H_4, N_2O, N_2 e N_2O_4. Motivare la risposta.

3.52 La maggior parte degli acidi organici possono essere rappresentati come RCOOH, dove COOH è il gruppo carbossilico e R è il resto della molecola. (Per esempio, R è CH_3 nell'acido acetico, CH_3COOH.) (a) Si disegni la struttura di Lewis per il gruppo carbossilico. (b) Per ionizzazione, il gruppo carbossilico si converte in gruppo carbossilato, COO^-. Si disegnino le strutture di risonanza per il gruppo carbossilato.

3.53 Quale delle seguenti specie sono isoelettroniche: NH_4^+, C_6H_6, CO, CH_4, N_2 e $B_3N_3H_6$?

3.54 Le seguenti specie sono state trovate nello spazio interstellare: (a) CH, (b) OH, (c) C_2, (d) HNC, (e) HCO. Si disegnino le strutture di Lewis per queste specie e si indichi se sono diamagnetiche o paramagnetiche.

3.55 Si disegnino le strutture di Lewis per le seguenti molecole organiche: (a) tetrafluoroetilene (C_2F_4), (b) propano (C_3H_8), (c) butadiene ($CH_2CHCHCH_2$), (d) propino (CH_3CCH), (e) acido benzoico (C_6H_5COOH). (Per scrivere C_6H_5COOH, si sostituisca un atomo di H nel benzene con un gruppo COOH.)

3.56 Si confronti l'energia di legame di F_2 con la variazione di energia per i seguenti processi:

$$F_2(g) \longrightarrow F^+(g) + F^-(g)$$

Qual è la dissociazione di F_2 più plausibile, da un punto di vista energetico?

3.57 L'isocianato di metile (CH_3NCO) è usato per sintetizzare alcuni pesticidi. Nel dicembre del 1984, una perdita di acqua che conteneva questa sostanza presso un impianto industriale, produsse una nube tossica che uccise migliaia di persone a Bhopal, in India. Scrivere le strutture di Lewis per CH_3NCO, mostrando le cariche formali.

3.58 La molecola di cloronitrato ($ClONO_2$) si pensa sia responsabile della distruzione dello strato d'ozono nella stratosfera Antartica. Si disegni una struttura di Lewis plausibile per questa molecola.

3.59 Sono mostrate alcune strutture di risonanza per la molecola di CO_2. Si spieghi perché alcune di esse sono di scarsa importanza per descrivere il legame in questa molecola.

$$\text{(a)}\ \ \underset{\cdot\cdot}{\overset{\cdot\cdot}{O}}{=}C{=}\underset{\cdot\cdot}{\overset{\cdot\cdot}{O}} \qquad \text{(b)}\ \ :\overset{+}{O}{\equiv}\overset{\cdot\cdot\,-}{C}{-}\underset{\cdot\cdot}{\overset{\cdot\cdot}{O}}:$$

$$\text{(c)}\ \ :\overset{+}{O}{\equiv}C{-}\underset{\cdot\cdot}{\overset{\cdot\cdot\,-}{O}}: \qquad \text{(d)}\ \ :\underset{\cdot\cdot}{\overset{\cdot\cdot\,-}{O}}{-}\overset{2+}{C}{-}\underset{\cdot\cdot}{\overset{\cdot\cdot\,-}{O}}:$$

3.60 Per ciascuna delle seguenti molecole organiche si scriva una struttura di Lewis nella quale gli atomi di carbonio sono legati uno all'altro da legami semplici: (a) C_2H_6, (b) C_4H_{10}, (c) C_5H_{12}. Per (b) e (c), mostrare solo le strutture nelle quali ciascun atomo di C è legato a non più di altri due atomi di C.

3.61 Si disegnino le strutture di Lewis per i seguenti clorofluorocarburi (CFCs), che sono anche responsabili della distruzione dell'ozono nella stratosfera: (a) $CFCl_3$, (b) CF_2Cl_2, (c) CHF_2Cl, (d) CF_3CHF_2.

3.62 Si disegnino le strutture di Lewis per le seguenti molecole organiche: C_2H_3F, C_3H_6 e C_4H_8. In ciascuna di esse c'è un legame C=C, e il resto degli atomi di carbonio sono legati da legami C—C.

3.63 Si disegnino le strutture di Lewis per le seguenti molecole organiche: (a) metanolo (CH_3OH); (b) etanolo (CH_3CH_2OH); (c) piombotetraetile [$Pb(CH_2CH_3)_4$], che è (era) usato nelle benzine; (d) metilammina (CH_3NH_2), che è usato nella concia delle pelli; (e) iprite ($ClCH_2CH_2SCH_2CH_2Cl$), un gas velenoso usato nella I guerra mondiale; (f) urea [$(NH_2)_2CO$], un fertilizzante; (g) glicina (NH_2CH_2COOH), un aminoacido.

3.64 Scrivere le strutture di Lewis per le seguenti quattro specie isoelettroniche: (a) CO, (b) NO^+, (c) CN^-, (d) N_2. Si mostrino le cariche formali.

3.65 L'ossigeno forma tre tipi di composti ionici, nei quali gli anioni sono lo ione ossido (O^{2-}), lo ione perossido (O_2^{2-}), e lo ione superossido (O_2^-). Si disegnino le strutture di Lewis di questi ioni.

3.66 Si commenti la seguente affermazione: "tutti i composti che contengono un gas nobile violano la regola dell'ottetto".

3.67 Scrivere tre strutture di risonanza per (a) lo ione cianato (NCO^-) e (b) lo ione isocianato (CNO^-). In ciascun caso, si indichino le strutture di risonanza in ordine di importanza.

3.68 Il concetto di risonanza è a volte descritto in analogia animale al mulo, che è un incrocio tra un cavallo e un asino. Si confronti questa analogia con quella usata nel Capitolo 3, cioè la descrizione di un rinoceronte come incrocio tra un grifone e un unicorno. Quale descrizione è più appropriata? Perché?

3.69 La distanza di legame N—O nell'ossido di azoto è 115 pm, che è intermedia tra la distanza di un legame triplo (106 pm) e doppio (120 pm). (a) Si disegnino due strutture di risonanza per NO e si commentino le loro importanze relative. (b) È possibile disegnare una struttura di risonanza che ha un triplo legame tra gli atomi?

3.70 Anche se il diossido d'azoto (NO_2) è un composto stabile, tende a dimerizzare e a formare il tetrossido di diazoto (N_2O_4). Perché? Si disegnino quattro strutture di risonanza di N_2O_4, mostrando le cariche formali.

3.71 Una possibile struttura di scheletro dello ione carbonato CO_3^{2-} oltre a quella presentata nell'Esempio 3.3 è O C O O. Perché non si usa questa struttura per rappresentare lo ione CO_3^{2-}?

3.72 Si disegni la struttura di Lewis per il pentossido di diazoto (N_2O_5) nella quale ciascun atomo di N è legato a tre atomi di O.

3.73 In fase gas, il cloruro di alluminio esiste come dimero con formula Al_2Cl_6. La sua struttura di scheletro è

	Cl	Cl	
Cl	Al	Al	Cl
	Cl	Cl	

Si completi la struttura di Lewis e si indichino i legami coordinativi.

3.74 Il radicale idrossilico (OH) gioca un ruolo importante nella chimica dell'atmosfera. È molto reattivo e tende a reagire con atomi di H di altri composti, rompendoli. Quindi, OH è a volte chiamato "detergente" radicale in quanto aiuta a pulire l'atmosfera. (a) Si scriva la struttura di Lewis del radicale. (b) In base alla discussione vista nel Paragrafo 3.2.5 si spieghi perchè il radicale ha un'alta affinità per gli atomi di H. (c) Il radicale viene formato quando la radiazione solare incide sul vapor acqueo. Si calcoli la massima lunghezza d'onda (in nanometri) richiesta per rompere un legame O—H nell'H_2O per formare il radicale OH.

3.75 Come discusso nel Paragrafo 3.3, l'energia potenziale totale di interazione, V_{totale}, fra due ioni di carica $+e$ e $-e$ è la somma della interazione coulombiana di tipo attrattivo tra le cariche

$$V_{\text{attrazione}} = -\frac{e^2}{4\pi\varepsilon_0 r}$$

e l'interazione repulsiva, $V_{\text{repulsione}}(r)$, dove r è la distanza tra gli ioni. Spesso l'interazione repulsiva è modellata da un termine di forma b/r^n, dove b è una costante specifica per una data coppia di ioni e n è un numero intero compreso tra 8 e 12. Per questo modello si ha

$$V_{\text{totale}} = V_{\text{attrazione}} + V_{\text{repulsione}} = -\frac{e^2}{4\pi\varepsilon_0 r} + \frac{b}{r^n}$$

(a) Si riporti in grafico questa funzione e si identifichi la distanza di legame.

(b) Se è data la distanza di equilibrio (r_B), si mostri che il valore minimo dell'energia potenziale, che dà l'energia che viene rilasciata quando si forma una coppia ionica a partire dagli ioni separati, è data da

$$V_B = -\frac{e^2}{4\pi\varepsilon_0 r_B}\left(1 - \frac{1}{n}\right)$$

(c) Usando il risultato ottenuto in (b) e i dati che si ottengono dalla Figura 2.20, si stimi l'energia richiesta per separare 1 mole di NaBr in fase gas in atomi separati di sodio e di bromo.

3.76 Si disegnino tre strutture di risonanza del diossido di zolfo (SO_2). Si indichi la struttura più plausibile (o le strutture se sono più di una ugualmente plausibili).

3.77 Il cloruro di vinile (C_2H_3Cl) è diverso dall'etene (C_2H_4) nel senso che un atomo di H è sostituito da un atomo di Cl. Il cloruro di vinile è usato per preparare il PVC (polivinilcloruro) che è un importante polimero di interesse industriale. (a) Si disegni la struttura di Lewis del cloruro di vinile. (b) L'unità che si ripete nel PVC è —CH_2—CHCl—. Si disegni una porzione della molecola che mostra tre di queste unità che si ripetono.

3.78 Nel 1998 gli scienziati usando uno speciale tipo di microscopio elettronico furono in grado di misurare la forza necessaria per rompere un legame *semplice*. Se sono necessari $2{,}0 \times 10^{-9}$ N per rompere un legame C—Si, si stimi l'energia di dissociazione in kJ mol^{-1}. Si assuma che il legame debba essere stirato a una distanza di 2 Å (2×10^{-10} m) prima di essere rotto.

3.79 Tra i comuni anestetici ci sono:
alotano: $CF_3CHClBr$
enflurano: $CHFClCF_2OCHF_2$
isoflurano: $CF_3CHClOCHF_2$
metossiflurano: $CHCl_2CF_2OCH_3$.
Si disegnino le strutture di Lewis di queste molecole.

3.80 Uno studente afferma che l'ossido di magnesio consiste di ioni Mg^+ e O^-, e non Mg^{2+} e O^{2-}. Si suggeriscano degli esperimenti che si possono fare per dimostrare che lo studente è in errore.

3.81 Si usi il diagramma MO per O_2 per dimostrare che la seguente struttura di Lewis corrisponde a uno stato eccitato:

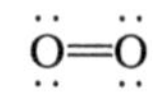

3.82 Si assuma che il fosforo formi una molecola biatomica, P_2, in modo analogo a quello che fa l'azoto in N_2. (a) Si scriva la configurazione elettronica per P_2. Si usi la simbologia [Ne_2] per rappresentare la configurazione elettronica per i primi due periodi. (b) Si calcoli l'ordine di legame. (c) È paramagnetico o diamagnetico?

3.83 Si usi la teoria dell'orbitale molecolare per spiegare le differenze fra le energie di legame e le lunghezze di legame di F_2 e di F_2^-.

3.84 Si predìca quale delle seguenti specie ha la più lunga distanza di legame: CN^+, CN o CN^-.

3.85 Si descriva il legame in NO^+, NO e NO^- usando la teoria MO. Come si confrontano le loro energie di dissociazione e le loro lunghezze di legame?

3.86 Si confronti la descrizione della molecola H_2 mediante la teoria MO data dall'Equazione 3.10 con la teoria VB data nell'Equazione 3.1. In quale condizione diventano identiche?

3.87 Si disegnino i diagrammi MO e si dia l'ordine di legame per le molecole biatomiche BN, CO, OF e LiO. Quali sono paramagnetiche?

3.88 Si disegnino i diagrammi MO e si diano gli ordini di legame per le molecole ionizzate BN^-, CO^- e OF^+.

3.89 Ricordando la discussione della particella in una scatola vista nel Capitolo 1, si spieghi perchè l'energia della funzione d'onda nel metodo VB per H_2 mostrato nell'Equazione 3.1 è minore dell'energia che si otterrebbe se si trascurasse il secondo termine nel secondo membro dell'Equazione 3.1.

3.90 La riga $J = 0 \rightarrow J = 1$ nello spettro rotazionale di $^{35}Cl^{19}F$ si trova sperimentalmente che ha frequenza pari a $3{,}06 \times 10^{10}$ Hz. Seguendo la procedura indicata nell'Approfondimento 3.1, si calcoli la lunghezza di legame di ClF a partire da questi dati.

3.91 L'acido solforico (H_2SO_4), il composto chimico più importante al mondo da un punto di vista industriale, è preparato per ossidazione dello zolfo a diossido di zolfo e poi a triossido di zolfo. Anche se il triossido di zolfo reagisce con acqua per formare acido solforico, forma una dispersione di goccioline di H_2SO_4 in vapore acqueo che è difficile far condensare. Invece, il triossido di zolfo è prima dissolto in acido solforico al 98 percento per formare oleum ($H_2S_2O_7$). Successivamente per trattamento con acqua, si ottiene acido solforico in soluzione concentrata. Scrivere le equazioni di tutti i passaggi indicati e le strutture di Lewis dell'oleum in base alla discussione vista nell'Esempio 3.9.

3.92 La specie H_3^+ è il più semplice ione poliatomico. La forma dello ione è un triangolo equilatero. Si disegnino tre strutture di risonanza per rappresentare lo ione.

3.93 L'energia del legame C—N nel gruppo amidico delle proteine (si veda il Problema 3.48) può essere trattato come media tra i legami C—N e C═N. Calcolare la lunghezza d'onda massima della radiazione necessaria per rompere il legame.

3.94 Nel 1999 è stato preparato uno strano catione contenente solo atomi di azoto (N_5^+). Si disegnino tre strutture di risonanza dello ione, si mostrino le cariche formali. (*Suggerimento:* Gli atomi di N sono disposti in linea.)

3.95 L'elettronegatività di Mulliken è stata definita nell'Equazione 3.3. Si calcolino le elettronegatività di O, F e Cl usando la definizione di Mulliken. Si confrontino le elettronegatività di questi elementi sulla base della scala di Mulliken e di Pauling. (Per convertire la scala del Pauling, si divida ogni valore di elettronegatività di Mulliken per 230 kJ mol^{-1}.)

3.96 Per ciascuna coppia, si stabilisca quale specie ha energia di prima ionizzazione più alta e si spieghi il motivo: (a) H o H_2, (b) N o N_2, (c) O o O_2, (d) F o F_2.

3.97 Il benzino (C_6H_4) è una molecola molto reattiva. È simile al benzene nel senso che è un anello a sei termini di atomi di carbonio. Si disegni la struttura di Lewis della molecola.

3.98 Si consideri una molecola di N_2 nel suo primo stato elettronico eccitato, cioè quando un elettrone nell'ultimo orbitale molecolare occupato a più alta energia passa al successivo orbitale molecolare vuoto. (a) Si identifichino gli orbitali molecolari coinvolti e si disegni un diagramma che illustri la transizione. (b) Si confronti l'ordine di legame e la distanza di legame di $N_2^\star$ con quella di N_2, dove l'asterisco indica lo stato eccitato della molecola. (c) $N_2^\star$ è diamagnetica o paramagnetica? (d) Quando $N_2^\star$ perde il suo eccesso di energia e torna allo stato fondamentale, emette un fotone di lunghezza d'onda di 470 nm, che è una delle cause dei bagliori delle aurore boreali. Si calcoli la differenza in energia fra questi livelli.

3.99 Matematicamente, la teoria del legame di valenza e dell'orbitale molecolare per la molecola di H_2 è descritta con le Equazioni 3.1 e 3.10, rispettivamente. L'espressione MO contiene dei termini che non sono contemplati nella descrizione VB. Quali sono questi termini? Fisicamente che cosa rappresentano?

Soluzioni dei problemi di autovalutazione

3.1 (a) ionico, (b) covalente polare, (c) covalente

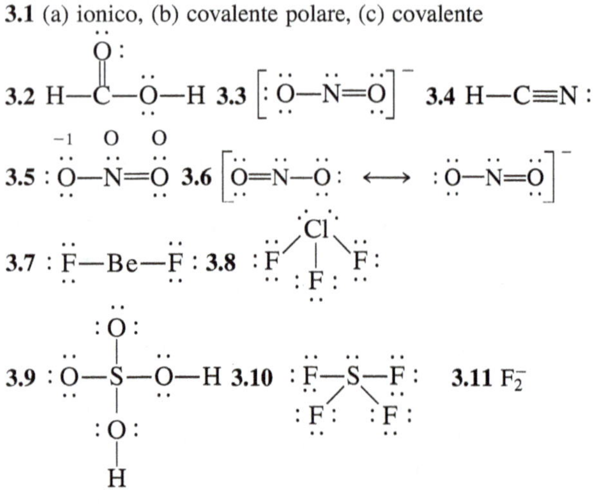

3.12

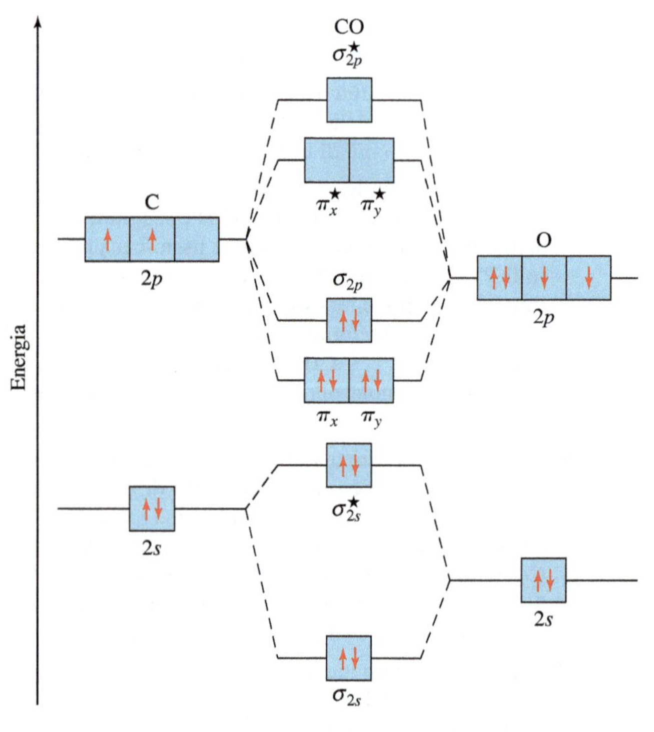

CAPITOLO

4

Strutture molecolari

Nel Capitolo 3 si è introdotta la notazione di Lewis come strumento con cui prevedere la struttura dei legami in una molecola. Nel Capitolo 4 si studierà la forma, cioè la geometria, delle molecole. La geometria ha un'influenza notevole sulle proprietà fisiche e chimiche, come il punto di fusione, il punto di ebollizione e la reattività. Si vedrà che si può predire la forma delle molecole con ottima approssimazione usando un metodo semplice basato sulle strutture di Lewis. Inoltre, nel Capitolo 3 si è introdotta la teoria dell'orbitale molecolare per spiegare il legame in molecole biatomiche. Nel Capitolo 4 si estenderà questo utile metodo quantomeccanico a molecole poliatomiche. Infine, nell'ultima parte del Capitolo 4, si esaminerà in che modo la forma delle molecole può influenzare le forze d'interazione fra le molecole.

4.1 Teoria VSEPR e struttura molecolare

La ***geometria molecolare*** *è la disposizione degli atomi di una molecola nelle tre direzioni dello spazio*. La geometria di una molecola ha un notevole effetto sulle sue proprietà chimiche e fisiche, come il punto di fusione, il punto di ebollizione, la densità e la reattività.

In generale, l'esatta geometria di un composto (lunghezze di legame, angoli di legame ecc.) deve essere determinata sperimentalmente. Tuttavia, esiste un semplice metodo che permette di prevedere con buona approssimazione la geometria complessiva di una molecola o di uno ione poliatomico; questo metodo si basa sulla conoscenza del numero totale di elettroni di valenza che circondano l'atomo centrale nella struttura di Lewis. ***Lo strato di valenza*** *è il livello elettronico più esterno di un atomo; contiene gli elettroni che sono normalmente coinvolti nei legami chimici*. La base di questo approccio è l'idea che la geometria di una molecola corrisponde alla disposizione degli atomi che rende minima l'energia della molecola. In una molecola poliatomica, ci sono due o più legami covalenti fra l'atomo centrale e gli atomi intorno.

Siccome queste coppie di elettroni di legame si respingono fortemente a causa della stessa carica negativa, minimizzare l'energia totale significa ottenere una geometria nella quale queste coppie di elettroni sono disposte il più lontano possibile una dall'altra.

Questo approccio puramente qualitativo allo studio della geometria molecolare è chiamato teoria ***della repulsione delle coppie di elettroni della sfera di valenza (VSEPR, Valence Shell Electron Pair Repulsion)***; *essa spiega la geometria delle molecole in base alla repulsione elettrostatica tra le coppie di elettroni sull'atomo centrale della molecola*.

In base al modello VSEPR, la geometria molecolare di base attorno all'atomo centrale è unicamente determinata da due numeri:

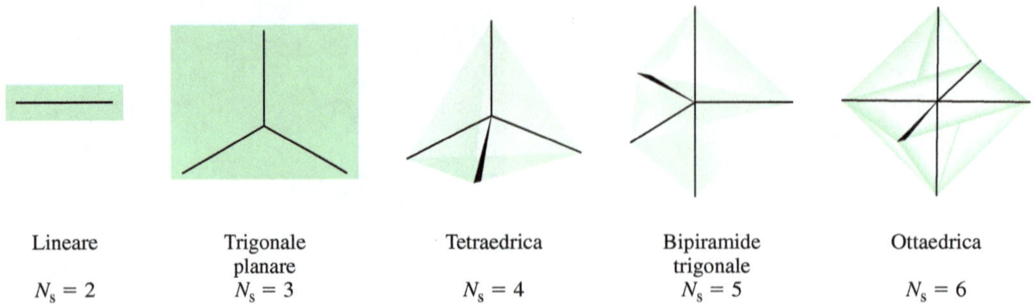

Figura 4.1 Le cinque disposizioni tridimensionali delle coppie di elettroni attorno a un atomo centrale in accordo con la teoria VSEPR.

- Il ***numero sterico***[1] ***(N_S)***, che dà il numero di coppie di elettroni che circondano l'atomo centrale. Ciascuna coppia solitaria di elettroni conta come una coppia di non legame. Riguardo al metodo VSEPR, le coppie elettroniche di legami doppi e tripli contano come un legame semplice, per cui il numero delle coppie di elettroni di legame è uguale al numero di atomi legati all'atomo centrale. Quindi il numero sterico è la somma del numero di coppie solitarie e del numero di atomi legati all'atomo centrale:

$$N_S = (\# \text{ di coppie solitarie}) + (\# \text{ di atomi legati all'atomo centrale})$$

- Il numero di coppie solitarie (coppie di elettroni di valenza di non legame) sull'atomo centrale.

Come si possono disporre N_S oggetti attorno a un punto centrale in modo da rendere massime le distanze fra gli oggetti? Le geometrie che minimizzano l'energia (rendono massime le distanze) per valori di N_S da due a sei sono mostrate in Figura 4.1.

4.1.1 Modello VSEPR per molecole con nessuna coppia solitaria sull'atomo centrale

Per semplicità si considereranno molecole che contengono atomi solo di due elementi, A e B, dei quali A è l'atomo centrale. Queste molecole hanno formula generale AB_x, dove x è un numero intero 2, 3, ... (Se $x = 1$, si ha la molecola biatomica AB, che è lineare per definizione.) Nella maggior parte dei casi, x è un numero compreso tra due e sei. Se non ci sono coppie solitarie, la *geometria molecolare* (cioè la disposizione degli atomi attorno all'atomo centrale) è uguale alla *geometria delle coppie di elettroni* (cioè la disposizione delle coppie di elettroni attorno all'atomo centrale) mostrata nella Figura 4.1, e x è uguale al numero sterico N_s. Usando la Figura 4.1 come riferimento, si studi la geometria di molecole aventi formula AB_2, AB_3, AB_4, AB_5 e AB_6:

- **AB_2, $N_S = 2$**: *cloruro di berillio* ($BeCl_2$). La struttura di Lewis della molecola di cloruro di berillio è

  :C̤̈l—Be—C̤̈l:

  Rendere massima la distanza fra gli elettroni nei legami Be—Cl significa disporli da parte opposta rispetto all'atomo centrale di berillio. Quindi, l'angolo di legame Cl—Be—Cl è 180° e la molecola è lineare come si vede in Figura 4.1.

---

[1] La parola *sterico* è un aggettivo che significa "in relazione alla disposizione tridimensionale degli atomi in una molecola."

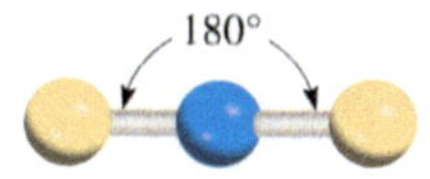

Un altro esempio di molecola lineare senza coppie solitarie sull'atomo centrale è il biossido di carbonio (CO_2).

- **AB_3, N_S = 3**: *trifluoruro di boro* (BF_3). La struttura di Lewis di BF_3 è

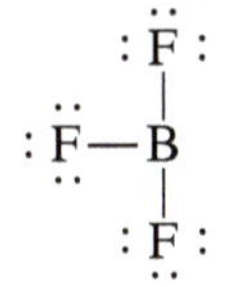

La molecola ha tre legami semplici B—F e nessuna coppia solitaria per cui N_S = 3, che, in base alla Figura 4.1 corrisponde a una geometria *trigonale planare* come disposizione più stabile. I tre legami B—F puntano ai vertici di un triangolo equilatero con il boro nel centro.

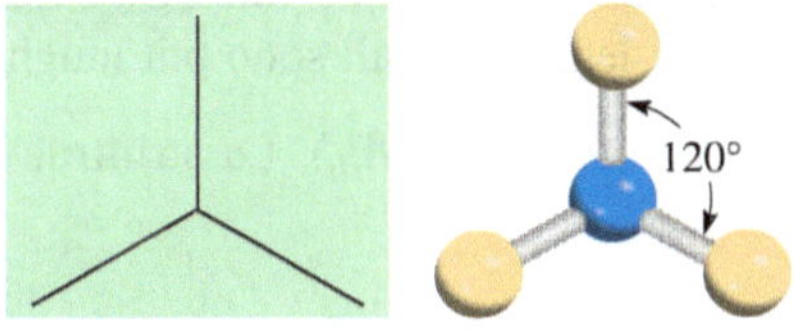

Trigonale planare

Ciascuno dei tre angoli F—B—F vale 120° e tutti e quattro gli atomi sono complanari.

- **AB_4, N_S = 4**: *metano* (CH_4). La struttura di Lewis del metano è

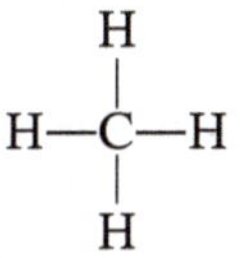

Siccome ci sono quattro coppie di legame, la geometria del metano è tetraedrica. Un *tetraedro* è un poliedro che possiede quattro facce (il prefisso *tetra* significa "quattro") che sono tutte triangoli equilateri. In una geometria di legame tetraedrica, l'atomo centrale (il carbonio in questo caso) si trova al centro del tetraedro e gli altri quattro atomi si trovano ai *vertici*. Tutti e sei gli angoli di legame H—C—H sono 109,5°.

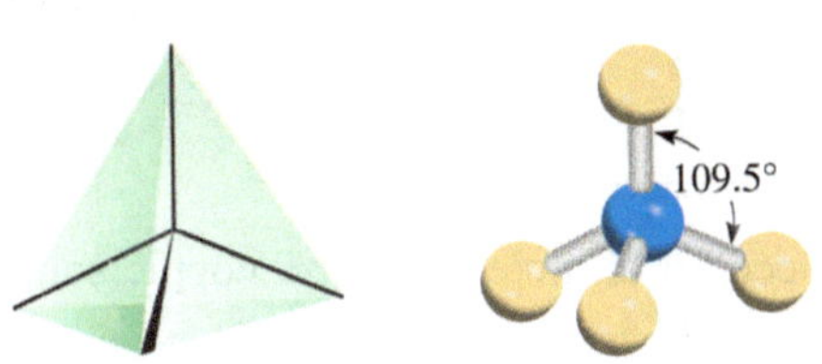

Tetraedrica

- **AB_5, N_S = 5**: *pentacloruro di fosforo* (PCl_5). La struttura di Lewis di PCl_5 è

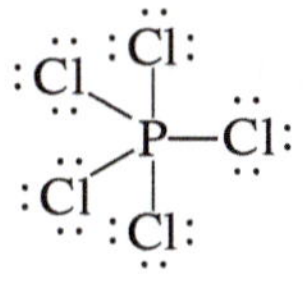

Dalla Figura 4.1, la geometria che minimizza l'energia di un sistema costituito da un atomo circondato da cinque coppie di elettroni è quella di una *bipiramide*

trigonale, che può essere costruita unendo due tetraedri mettendone in compartecipazione una faccia:

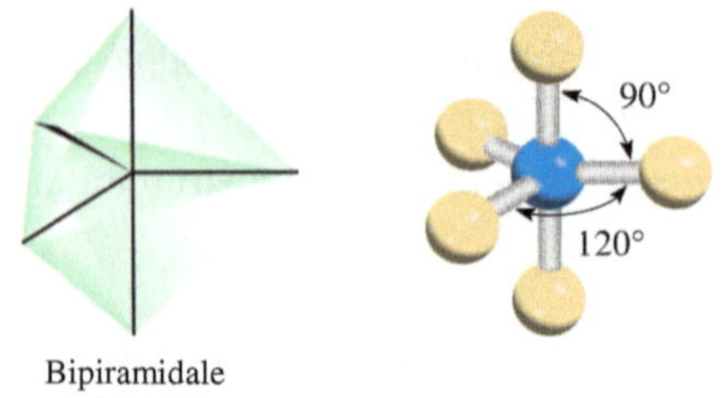

Bipiramidale trigonale

L'atomo centrale (il fosforo in questo caso) si trova al centro della faccia in comune e gli atomi attorno si trovano ai vertici della bipiramide trigonale. Gli atomi che si trovano sotto e sopra la faccia triangolare sono detti occupare le posizioni *assiali*, e quelli che stanno sul piano della faccia triangolare sono detti occupare le posizioni *equatoriali*. L'angolo fra due legami equatoriali vale 120°, quello fra un legame assiale e uno equatoriale vale 90°, e quello fra due legami assiali vale 180°. In generale, i legami assiali sono più lunghi di quelli equatoriali.

- **AB_6, N_S = 6**: *esafluoruro di zolfo* (SF_6). La struttrua di Lewis dell'esafluoruro di zolfo è

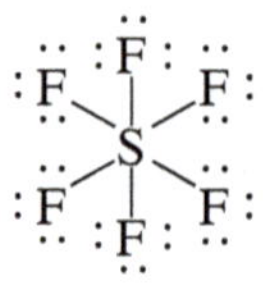

La disposizione più stabile delle sei coppie di elettroni di legame S—F è quella ottaedrica mostrata in Figura 4.1. Un ottaedro ha otto facce triangolari e si può ottenere unendo due piramidi a base quadrata mediante la base delle piramidi. L'atomo centrale (lo zolfo in questo caso) si trova nel centro della base quadrata e gli atomi attorno si trovano ai vertici delle piramidi. Tutti gli angoli di legame valgono 90°. I sei legami in una molecola ottaedrica sono equivalenti, quindi gli aggettivi "assiale" ed "equatoriale" in questo caso non hanno ragione di essere usati.

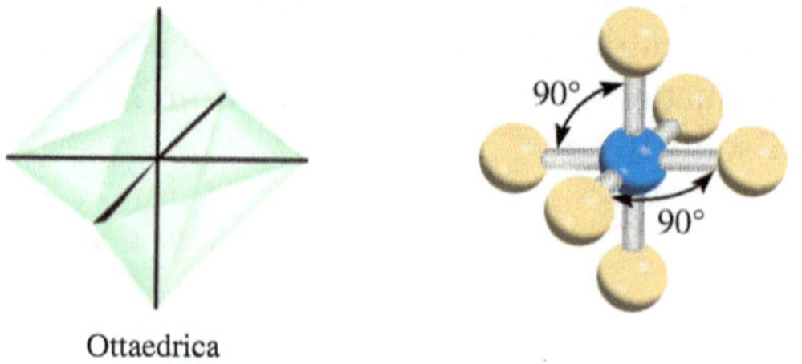

Ottaedrica

Le geometrie molecolari di molecole senza coppie solitarie sull'atomo centrale sono riassunte in Tabella 4.1.

4.1.2 Modello VSEPR per molecole con coppie solitarie sull'atomo centrale

Determinare la geometria di una molecola è più complicato se l'atomo centrale possiede delle coppie solitarie. Per tali molecole la geometria delle coppie di elettroni (si veda la Figura 4.1), che descrive la disposizione sia dei legami sia delle coppie solitarie, differisce dalla geometria della molecola, che descrive la disposizione degli atomi legati. Un'ulteriore complicazione è che le coppie solitarie occupano una maggiore regione di spazio di quanto non facciano le coppie di elettroni di legame, per

Tabella 4.1 Coppie elettroniche e geometrie molecolari di molecole semplici e di ioni nei quali l'atomo centrale non ha coppie solitarie

Numero di coppie di elettroni	Disposizione delle coppie di elettroni*	Geometria molecolare*	Esempi
2	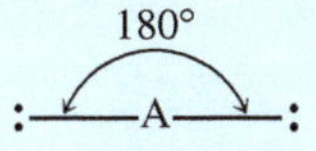 Lineare	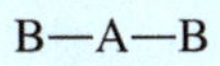 Lineare	$BeCl_2$, $HgCl_2$
3	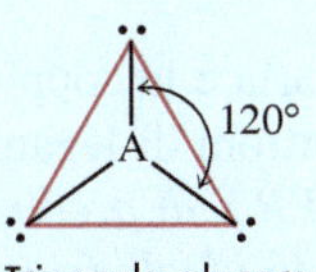 Trigonale planare	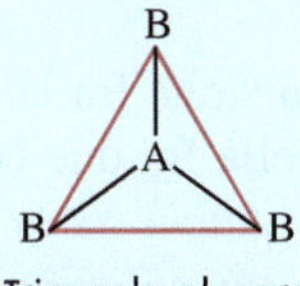 Trigonale planare	BF_3
4	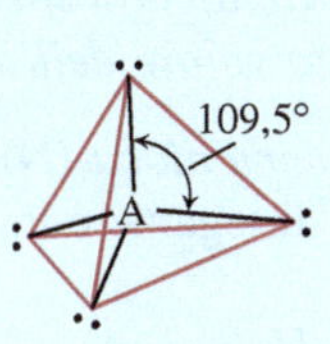 Tetraedrica	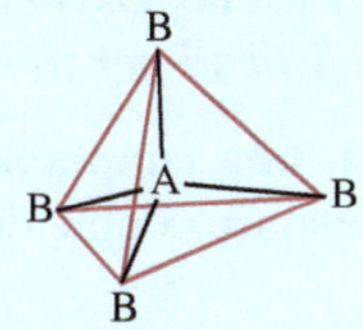 Tetraedrica	CH_4, NH_4^+
5	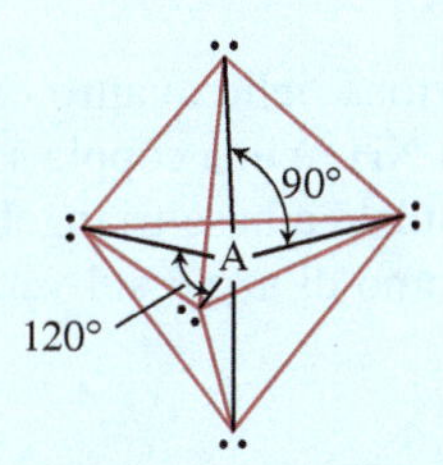 Bipiramide trigonale	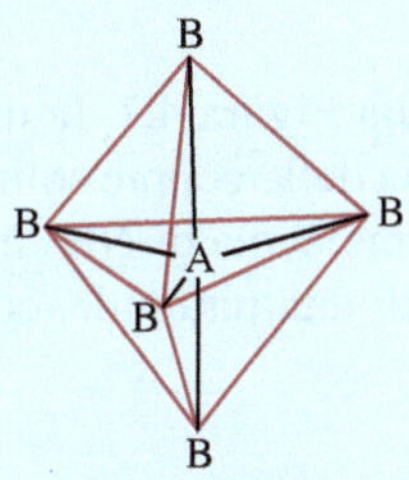 Bipiramide trigonale	PCl_5
6	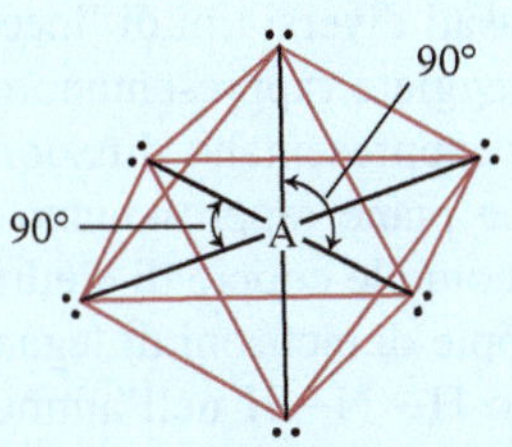 Ottaedrica	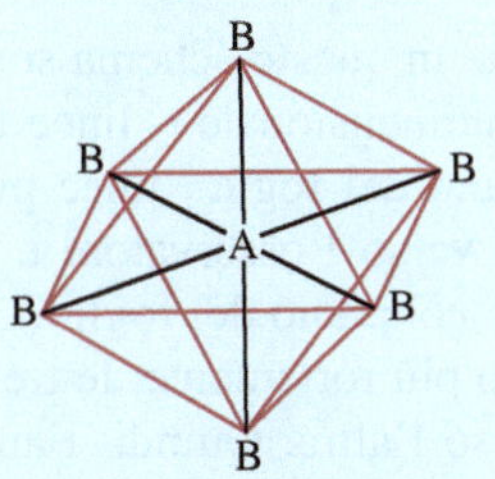 Ottaedrica	SF_6

* Le linee colorate sono usate solo per mostrare le forme complessive; non rappresentano i legami.

cui esercitano maggiore repulsione sulle coppie elettroniche vicine. Per mantenere traccia del numero totale di coppie di elettroni si designano le molecole con coppie solitarie come AB_xE_y, dove A è l'atomo centrale, B sono gli atomi legati ed E è una coppia solitaria su A. Sia x che y sono numeri interi; $x = 2, 3, \ldots$, e $y = 1, 2, \ldots$. Quindi, i valori di x e y indicano il numero di atomi legati e il numero di coppie solitarie sull'atomo centrale rispettivamente. La più semplice molecola di questo tipo è una molecola triatomica con una coppia solitaria sull'atomo centrale e di formula AB_2E.

Per $x = 1$, si ha una molecola biatomica, che è lineare per definizione.

Come si vede dagli esempi seguenti, nella maggior parte dei casi, la presenza di coppie solitarie sull'atomo centrale rende difficile predire esattamente gli angoli di legame.

- **AB_2E, $N_S = 3$, una coppia solitaria**: *biossido di zolfo* (SO_2). La struttura di Lewis del biossido di zolfo è

$$\ddot{\underset{..}{O}}=\ddot{S}-\ddot{\underset{..}{O}}: \longleftrightarrow :\ddot{\underset{..}{O}}-\ddot{S}=\ddot{\underset{..}{O}}$$

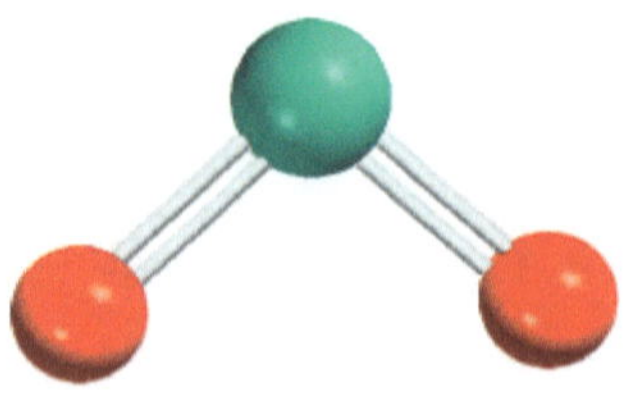

SO_2

Siccome la teoria VSEPR tratta i legami doppi come una sola coppia di elettroni, il numero sterico di SO_2 è tre (due coppie di elettroni di legame e una coppia solitaria). Dalla Figura 4.1 la geometria delle coppie di elettroni è trigonale planare. Siccome una delle coppie di elettroni è una coppia solitaria, tuttavia, che invece non conta nella geometria della molecola, la molecola di SO_2 ha una geometria "piegata" attorno all'atomo di S.

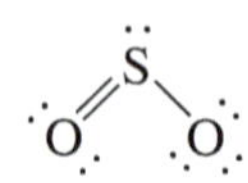

Siccome la repulsione fra la coppia solitaria e le coppie di elettroni di legame è maggiore di quella fra due coppie di elettroni di legame, il legame O—S—O è minore di 120°. *Anche se la teoria VSEPR può predire che l'angolo di legame in SO_2 sia leggermente minore dell'angolo ideale trigonale di 120°, non ne può predire il valore esatto. Devono essere utilizzati dati sperimentali o calcoli quantomeccanici sofisticati per trovare l'esatto valore dell'angolo di legame.*

- **AB_3E, N_S = 4, una coppia solitaria**: *ammoniaca* (NH_3). La molecola di ammoniaca contiene tre coppie di elettroni di legame e una coppia solitaria:

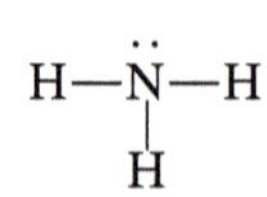

In accordo alla Figura 4.1, la disposizione delle quattro coppie di elettroni è tetraedrica. Una delle coppie solitarie in NH_3 è una coppia solitaria, per cui la geometria della molecola di NH_3 è piramidale a base triangolare (cosiddetta perché ha la forma di una piramide, con l'atomo di azoto sul vertice).

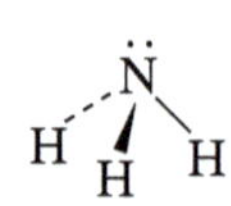

(Si noti che in questo schema sono usati diversi tipi di linee per indicare la prospettiva tridimensionale – linee tratteggiate rappresentano direzione dei legami oltre il piano del foglio, linee piene rappresentano direzione dei legami che si estendono verso l'osservatore e linee piane rappresentano direzione di legami che stanno nel piano del foglio.) Siccome le coppie di elettroni di non legame si respingono più fortemente, le tre coppie di elettroni di legame N—H sono spinte una verso l'altra. Quindi, l'angolo H—N—H nell'ammoniaca è più piccolo dell'angolo ideale tetraedrico di 109,5° (si veda la Figura 4.2).

- **AB_2E_2, N_S = 4, due coppie solitarie**: *acqua* (H_2O). Una molecola d'acqua contiene due coppie di elettroni di legame e due coppie solitarie:

Acqua, H_2O, H—O—H

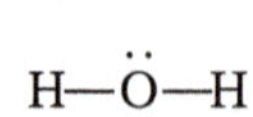

La disposizione complessiva delle quattro coppie di elettroni nell'acqua è tetraedrica, la stessa dell'ammoniaca. Tuttavia diversamente dall'ammoniaca, l'acqua ha due coppie solitarie sull'atomo centrale di ossigeno. Queste coppie solitarie tendono a stare il più lontano possibile tra loro. Di conseguenza, le due coppie di elettroni di legame O—H sono spinte una verso l'altra e si può predire addirittura una deviazione maggiore, rispetto all'ammoniaca, del valore dell'angolo tetraedrico ideale. Come si vede nella Figura 4.2, l'angolo H—O—H vale 104,5°, e la geometria della molecola di H_2O è piegata:

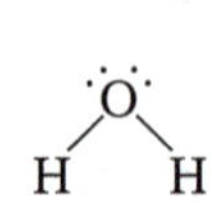

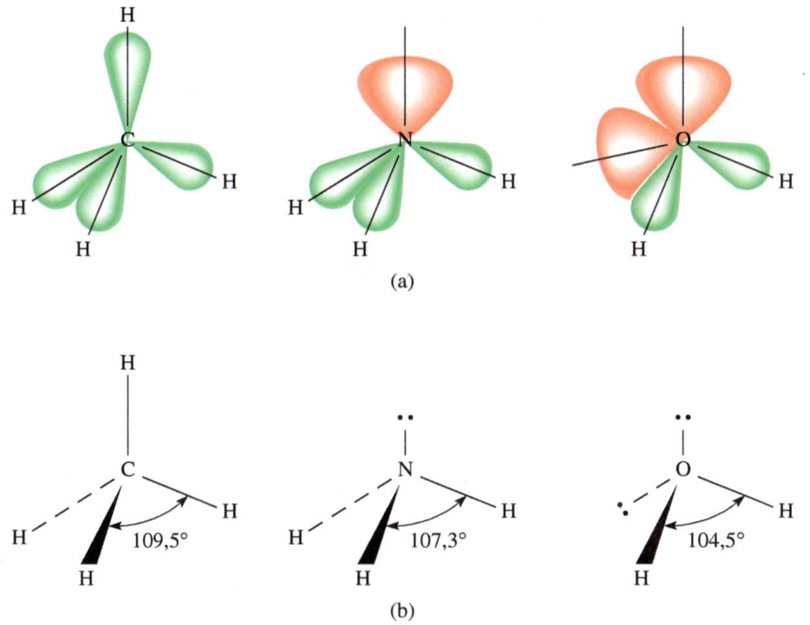

Figura 4.2 (a) Le dimensioni relative di coppie di elettroni e di coppie solitarie in CH_4, NH_3 e H_2O. (b) Gli angoli di legame in CH_4, NH_3 e H_2O.

- **AB_4E, $N_S = 5$, una coppia solitaria**: *tetrafluoruro di zolfo* (SF_4). La struttura di Lewis di SF_4 è

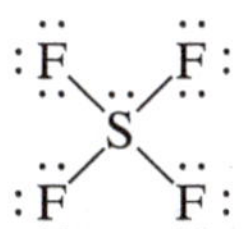

SF_4

L'atomo di zolfo centrale ha cinque coppie di elettroni la cui disposizione nello spazio, in accordo alla Figura 4.1, è di tipo bipiramide trigonale. Nella molecola di SF_4, tuttavia, una delle coppie di elettroni è una coppia solitaria, per cui la molecola deve avere una delle seguenti geometrie:

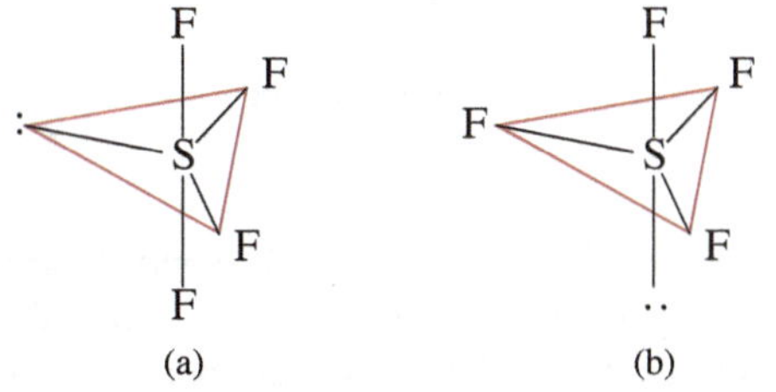

In (a) la coppia solitaria occupa una posizione equatoriale e in (b) occupa una posizione assiale. La posizione assiale ha tre coppie di elettroni vicine a 90° e una a 180°, mentre la posizione equatoriale ha due coppie di elettroni vicine a 90° e due a 120°. La repulsione tra le coppie di elettroni è minore se la coppia solitaria è in posizione equatoriale (a) e infatti (a) è la struttura che si osserva sperimentalmente. L'angolo fra gli atomi di fluoro assiali è 173° e quello fra gli atomi di fluoro equatoriali è 102°.

Simili argomentazioni possono essere usate per prevedere altre geometrie:

- **AB_3E_2, $N_S = 5$, due coppie solitarie**: trifluoruro di cloro (ClF_3).

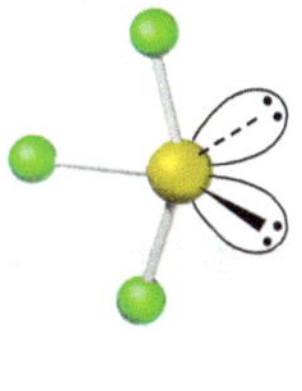

ClF_3 *(forma a T)*

- **AB_2E_3, N_S = 5, tre coppie solitarie**: lo ione triioduro (I_3^-)

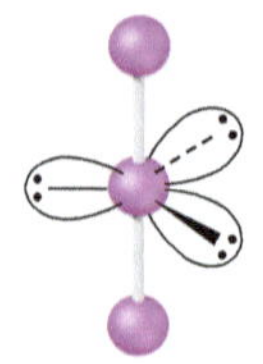

I_3 (*lineare*)

- **AB_5E, N_S = 6, una coppia solitaria**: *pentafluoruro di bromo* (BrF_5).

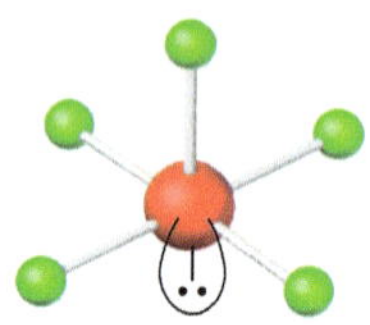

BrF_5 (*piramide a base quadrata*)

- **AB_4E_2, N_S = 6, due coppie solitarie**: *tetrafluoruro di xenon* (XeF_4).

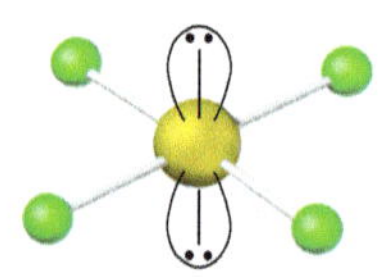

XeF_4 (*planare quadrata*)

Le geometrie delle molecole previste con il modello VSEPR con coppie solitarie attorno all'atomo centrale sono riassunte in Tabella 4.2.

4.1.3 Geometrie di molecole con più di un atomo centrale

Finora si è discussa la geometria di molecole che hanno un solo atomo centrale. La geometria complessiva di molecole con più di un atomo centrale è difficile da definire nella maggior parte dei casi. Spesso si può solo descrivere la forma attorno a ciascuno degli atomi in questione. Il metanolo (CH_3OH), per esempio, ha la seguente struttura di Lewis:

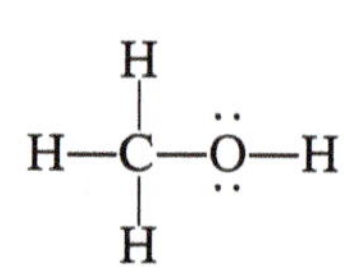

I due atomi centrali (non terminali) nel metanolo sono il carbonio e l'ossigeno. Le tre coppie di elettroni di legame C—H e quella C—O sono disposte in modo tetraedrico attorno all'atomo di carbonio. Gli angoli di legame H—C—H e O—C—H sono circa 109,5°. L'atomo di ossigeno qui è come quello nell'acqua in cui ha due coppie solitarie e due coppie di elettroni di legame. Quindi, la parte di molecola H—O—C è piegata e l'angolo di legame H—O—C è circa uguale a 105° (si veda la Figura 4.3).

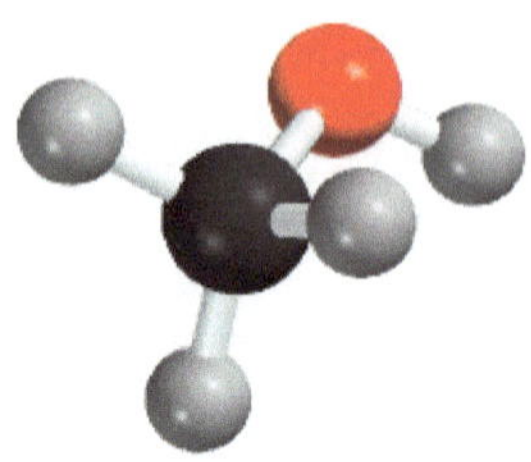

Figura 4.3 La geometria di CH_3OH (metanolo).

4.1.4. Linee guida per applicare il modello VSEPR

Avendo suddiviso le geometrie delle molecole in due categorie (atomi centrali con e senza coppie solitarie), è ora il momento di considerare le seguenti regole per applicare il modello VSEPR a tutti i tipi di molecole.

1. Scrivere la struttura di Lewis della molecola, considerando solo le coppie di elettroni attorno all'atomo centrale (cioè, l'atomo che è legato a più di un altro atomo).
2. Determinare il numero sterico (N_S) contando il numero di coppie di elettroni attorno all'atomo centrale (coppie di elettroni di legame e coppie solitarie). Le coppie elettroniche nei legami doppi e tripli sono trattate come coppie di elettroni

Tabella 4.2 Geometrie di molecole semplici e di ioni nei quali l'atomo centrale ha una o più coppie solitarie

Tipo di molecola	Numero totale di coppie di elettroni	Numero di coppie di elettroni di legame	Numero di coppie solitarie	Disposizione delle coppie di elettroni*	Geometria della molecola o dello ione	Esempi
AB_2E	3	2	1	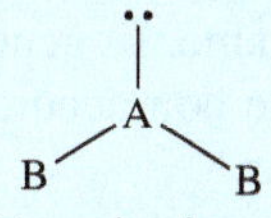 Trigonale planare	Piegata	 SO_2
AB_3E	4	3	1	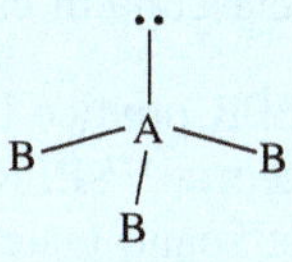 Tetraedrica	Piramidale a base triangolare	 NH_3
AB_2E_2	4	2	2	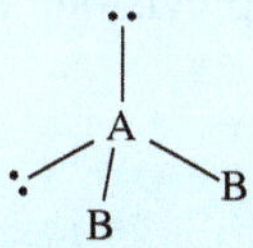 Tetraedrica	Piegata	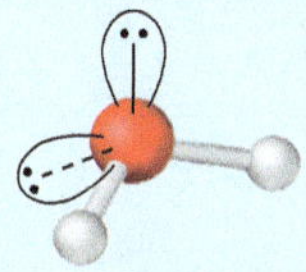 H_2O
AB_4E	5	4	1	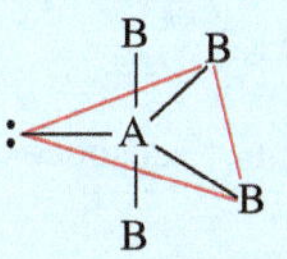 Bipiramide trigonale	Tetraedrica distorta	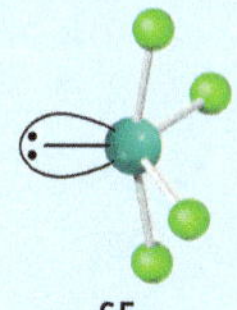 SF_4
AB_3E_2	5	3	2	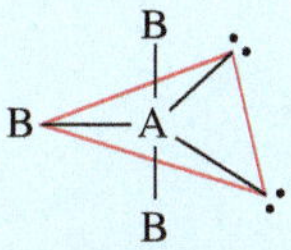 Bipiramide trigonale	Forma a T	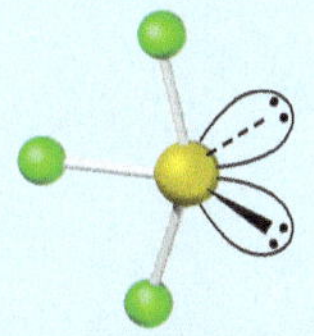 ClF_3
AB_2E_3	5	2	3	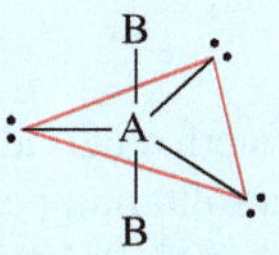 Bipiramide trigonale	Lineare	 I_3^-
AB_5E	6	5	1	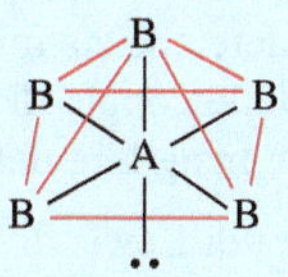 Ottaedrica	Piramidale a base quadrata	 BrF_5
AB_4E_2	6	4	2	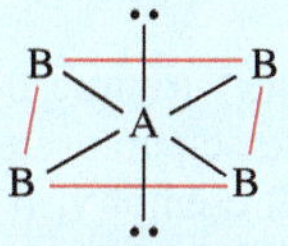 Ottaedrica	Planare quadrata	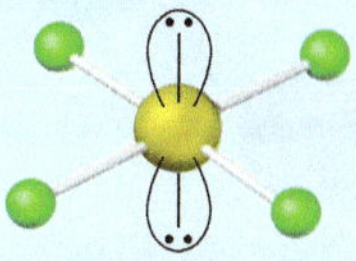 XeF_4

* Le linee colorate sono usate per mostrare le forme complessive, non rappresentano i legami.

in legami semplici. Ci si riferisce alla Figura 4.1 per prevedere la disposizione complessiva delle coppie elettroniche.

3. Usare le Tabelle 4.1 e 4.2 per prevedere la geometria della molecola.
4. Quando si prevedono gli angoli di legame, si ricordi che una coppia solitaria si respinge con un'altra o con una coppia di elettroni di legame più fortemente di quanto una coppia di elettroni di legame si respinge con un'altra coppia di elettroni di legame. In generale, non c'è un modo semplice per prevedere gli angoli di legame con accuratezza quando l'atomo centrale possiede una o più coppie solitarie.
5. Se una molecola ha due o più strutture di risonanza, si può applicare il modello VSEPR a ciascuna di esse per determinare la geometria molecolare.

Il modello VSEPR predice la geometria di molte molecole e ioni poliatomici. I chimici usano la teoria VSEPR per la sua semplicità. Anche se ci sono alcuni calcoli teorici che giustificano matematicamente come la "repulsione delle coppie elettroniche" causa la forma molecolare, l'utilizzo della teoria VSEPR porta a utili (e in generale corrette) previsioni. L'Esempio 4.1 illustra l'applicazione del metodo VSEPR.

Esempio 4.1

Usare il metodo VSEPR per prevedere la geometria di (a) AsH_3, (b) NO_2, (c) SF_5^-, (d) CCl_3F, (e) C_2H_4.

Impostazione La successione dei passaggi per determinare la geometria è la seguente:

disegnare la struttura di Lewis ⟶ determinare N_S ⟶ trovare la disposizione delle coppie di elettroni ⟶

trovare la disposizione degli elettroni di legame ⟶ determinare la geometria in base alle coppie di elettroni di legame

Soluzione (a) La struttura di Lewis di AsH_3 è

H—As—H (con una coppia solitaria su As e un terzo H legato sotto)

AsH_3

Il numero sterico dell'idruro di arsenico è quattro (tre coppie di elettroni di legame e una coppia solitaria), per cui la disposizione delle coppie di elettroni è tetraedrica (si veda la Figura 4.2). La geometria della molecola non include la coppia solitaria, che ha quindi una geometria piramidale a base triangolare, come NH_3 (si veda la Tabella 4.1). Non si può prevedere accuratamente l'angolo di legame H—As—H, ma si può prevedere che sia minore dell'angolo tetraedrico ideale di 109,5° in quanto la repulsione delle coppie di elettroni dei legami As—H con la coppia solitaria sull'atomo di As è maggiore della repulsione fra le coppie di elettroni di legame.

(b) La struttura di Lewis di NO_2 (diossido di azoto) è

:Ö=Ṅ—Ö:

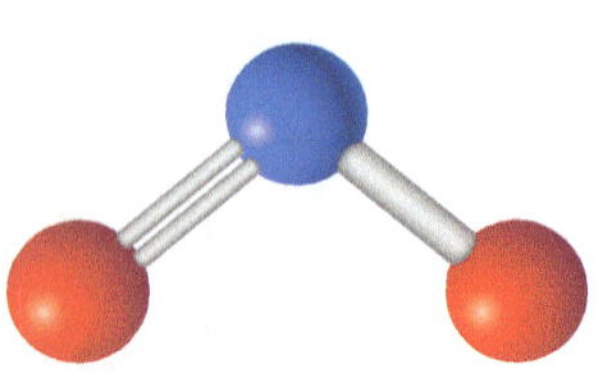

NO_2

Ci sono due strutture di risonanza equivalenti per NO_2; per gli scopi della teoria VSEPR, se ne può usare una delle due indifferentemente. La molecola di NO_2 è diversa dagli esempi visti finora nel senso che ha un numero dispari di elettroni e la struttura di Lewis ha un elettrone disaccoppiato sull'atomo di azoto. Per determinare la geometria della molecola in base alla teoria VSEPR, si considera l'elettrone disaccoppiato come se fosse una coppia solitaria. Quindi, $N_S = 3$ e la disposizione delle "coppie" di elettroni è trigonale planare. La geometria della molecola è piegata, simile a SO_2.

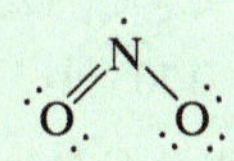

L'esatto valore dell'angolo di legame non può essere previsto con la teoria VSEPR. Sperimentalmente, l'angolo O—N—O misura 134°, che è maggiore dell'angolo ideale di una geometria trigonale planare di 120°. Questo suggerisce che, diversamente da quanto succede con le coppie solitarie, la repulsione fra un solo elettrone disaccoppiato e le coppie di elettroni di legame è *minore* di quella fra coppie di elettroni di legame. A causa della risonanza, le due distanze di legame N—O in NO_2 sono uguali.

(c) La struttura di Lewis dello ione pentafluoruro di zolfo, SF_5^-, è

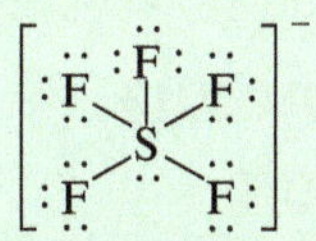

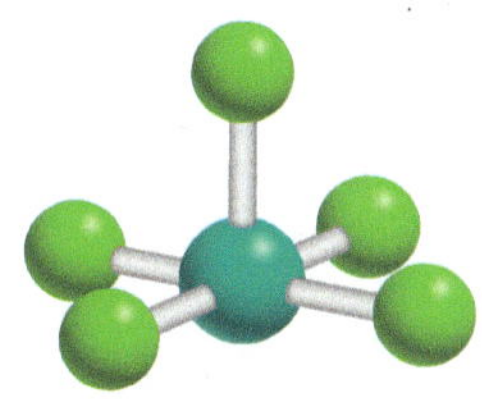

SF_5^-

Ci sono cinque coppie di elettroni di legame S—F e una coppia solitaria attorno all'atomo di zolfo centrale, per cui $N_S = 6$. La disposizione delle coppie di elettroni è ottaedrica in base alla Figura 4.1. Ignorando la coppia solitaria, la geometria della molecola in base alla Tabella 4.2 è piramidale a base quadrata (come in BrF_5). A causa della repulsione della coppia solitaria, gli angoli di legame F—S—F sono leggermente minori del valore angolare ideale di 90°.

(d) La struttura di Lewis di CCl_3F (triclorofluorometano) è

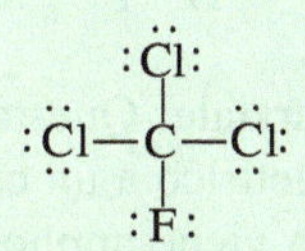

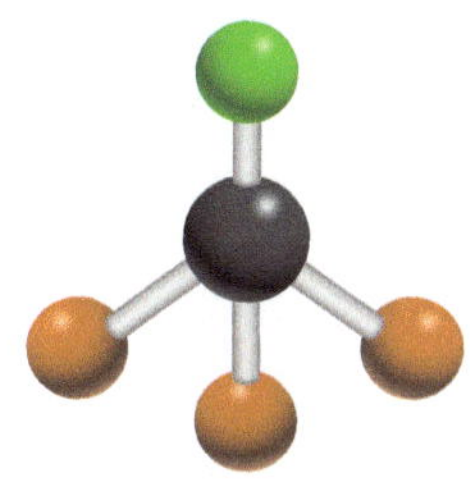

CCl_3F

Ci sono quattro coppie di elettroni di legame attorno all'atomo centrale di carbonio e nessuna coppia solitaria, per cui la geometria delle coppie di elettroni e la geometria della molecola sono uguali, di tipo tetraedrico:

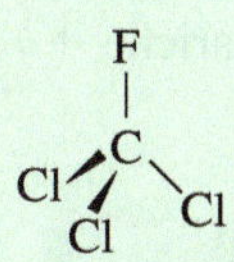

Siccome i quattro legami al carbonio non sono tutti uguali ma ci sono tre legami C—Cl e un legame C—F, gli angoli di legame non sono tutti esattamente 109,5°, l'angolo ideale tetraedrico. Il cloro è più grande del fluoro, per cui gli angoli di legame Cl—C—Cl sono leggermente maggiori di 109,5° e quelli F—C—Cl sono leggermente minori.

(e) La struttura di Lewis di C_2H_2 è

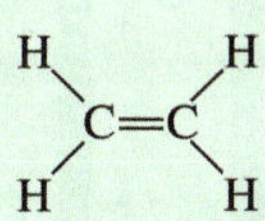

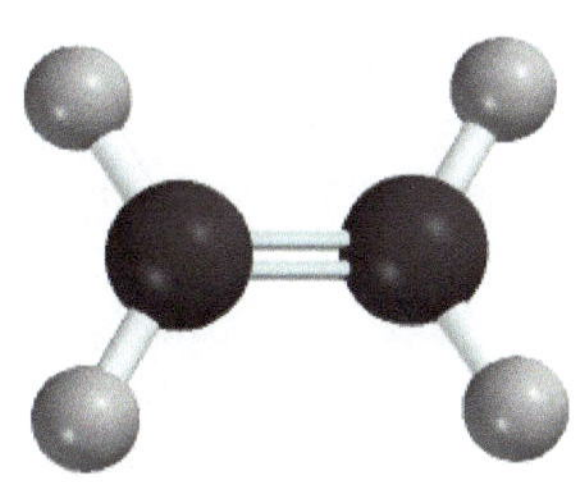

C_2H_4

Nella teoria VSEPR il legame C=C è trattato come se fosse un legame semplice. Siccome ci sono tre coppie di elettroni attorno a ogni atomo di carbonio e non ci sono coppie solitarie, la disposizione delle coppie di elettroni attorno ad ogni atomo di carbonio è trigonale planare come in BF_3 (si veda la Tabella 4.1).

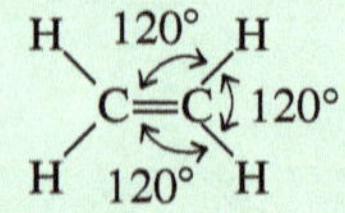

Quindi, gli angoli di legame previsti in C_2H_4 sono simili a 120° ma non esattamente uguali in quanto i legami non sono tutti equivalenti. Inoltre, tutti e sei gli atomi della molecola di C_2H_4 si trovano sullo stesso piano. La geometria planare complessiva della molecola non è prevista dalla teoria VSEPR, ma si vedrà nel Paragrafo 4.3 perché la molecola "preferisce" essere planare.

Problema di autovalutazione Usare la teoria VSEPR per predire la geometria di (a) $SiBr_4$, (b) OCS e (c) NO_3^-.

4.2 Polarità di una molecola e momento di dipolo

Si è visto nel Paragrafo 3.4 che l'acido fluoridrico è un composto covalente con un legame polare. C'è uno spostamento di densità elettronica dall'idrogeno al fluoro poiché l'atomo di fluoro è più elettronegativo dell'atomo di idrogeno (si veda la Figura 3.9). La separazione di carica che ne consegue può essere rappresentata nel modo seguente

$$\overset{\delta^+}{H}—\overset{\delta^-}{F}$$

dove δ (delta) indica una carica parziale. Questa separazione di carica può essere confermata applicando un campo elettrico a un campione di molecole di HF in fase gas (si veda la Figura 4.4). Quando viene applicato il campo elettrico, le molecole di HF orientano la loro parte negativa verso l'elettrodo positivo e la parte positiva verso l'elettrodo negativo. Questo allineamento delle molecole può essere rilevato sperimentalmente.

Una misura quantitativa della polarità di un legame è il suo ***momento di dipolo*** *(μ)*. Si consideri un sistema di due cariche $+q$ e $-q$ a una distanza r, dove q è po-

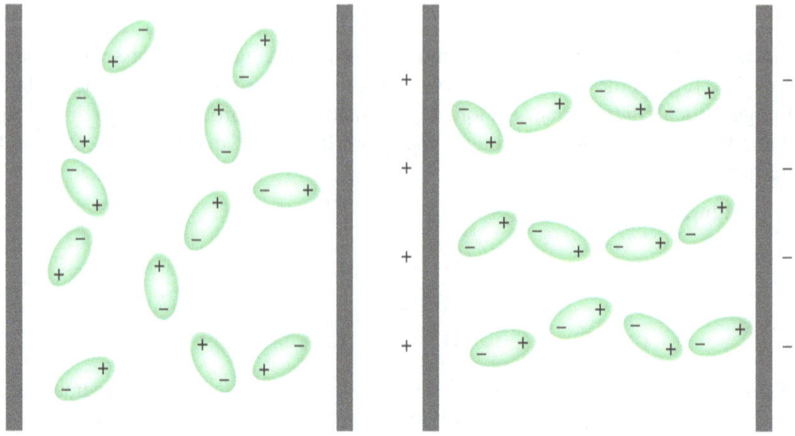

(a) (b)

Figura 4.4 Comportamento di molecole polari (a) in assenza di campo elettrico e (b) in presenza di campo elettrico. Molecole apolari non sono influenzate dal campo elettrico.

sitivo.[2] Siccome le cariche positive e negative sono identiche in intensità, il sistema è elettricamente neutro. Il momento di dipolo di questo sistema è una *grandezza vettoriale*, quindi ha modulo e direzione. Il modulo del momento di dipolo è uguale al *prodotto della carica q per la distanza r fra le cariche*:

$$\mu = q \times r \tag{4.1}$$

In una molecola biatomica, q è uguale a δ^+ e δ^-.

La direzione del vettore momento di dipolo punta verso la carica positiva.[3]

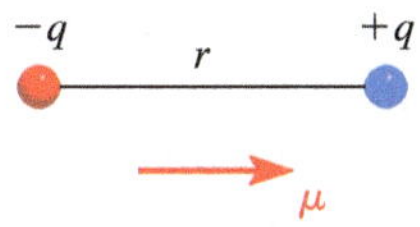

L'unità di misura del momento di dipolo nel SI è il coulomb per metro (C m), ma i momenti di dipolo delle molecole sono spesso espresse in debye (D), da Peter Debye.[4] Il fattore di conversione è

$$1\ \text{D} = 3{,}336 \times 10^{-30}\ \text{C m}$$

Molecole biatomiche contenenti atomi di *diversi* elementi (per esempio, HF, HCl, CO e NO) *hanno momenti di dipolo diversi da zero* e sono dette ***molecole polari***. Molecole biatomiche contenenti atomi dello *stesso* elemento (per esempio, H_2, O_2 e F_2) sono ***molecole apolari*** in quanto hanno *momenti di dipolo uguali a zero.* Per una molecola con due o più atomi, il momento di dipolo complessivo è determinato sia dalla polarità dei singoli legami sia dalla geometria della molecola stessa. Anche se ci sono legami polari all'interno di una molecola, non è detto che la molecola abbia momento di dipolo diverso da zero. Il biossido di carbonio (CO_2), per esempio, è una molecola triatomica, per cui la sua geometria può essere linare o piegata:

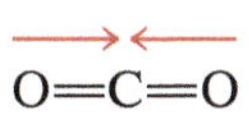

Molecola lineare
(momento di dipolo nullo, $\mu = 0$)

Molecola piegata
(momento di dipolo non nullo, $\mu \neq 0$)

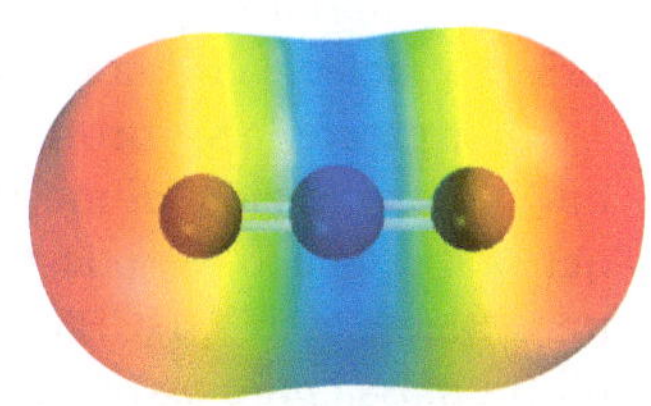

Ciascun legame carbonio-ossigeno è polare, con la densità elettronica spostata verso l'atomo di ossigeno più elettronegativo. Tuttavia, la geometria lineare della molecola causa un annullamento dei due momenti di dipolo.

Il momento di dipolo complessivo della molecola è dato dalla somma vettoriale dei due momenti di dipolo corrispondenti ai legami polari C=O. I due momenti di dipolo corrispondenti ai legami polari sono uguali in modulo, ma puntano in due direzioni opposte nella molecola di CO_2 che è lineare, per cui la somma vettoriale complessiva è zero. D'altra parte, se la molecola di CO_2 fosse piegata, i due momenti di

---

[2] In una molecola reale, le cariche non sono cariche puntiformi poichè la densità elettronica è distribuita sullo spazio. In un tale sistema non si parla di cariche puntiformi, ma di densità di carica $\rho(\mathbf{r})$, che dà appunto la densità di carica in ciascun punto dello spazio. Il momento di dipolo è quindi definito in termini di un integrale di questa densità di carica. Tuttavia, per l'analisi qualitativa della polarità della molecola, l'approssimazione della carica puntiforme è spesso sufficiente.

[3] La convenzione per la direzione di un momento di dipolo è basata sull'espressione matematica del momento di dipolo stesso ed è in accordo con la definizione raccomandata dalla IUPAC e usata in molti testi chimici e fisici. Molti testi di chimica però usano anche una convenzione alternativa secondo la quale i momenti di dipolo puntano dalla parte positiva a quella negativa di un legame, convenzione che è contraria a quella usata qui. Quando si consultano altri testi, è importante sapere quale convenzione è usata.

[4] Peter Joseph William Debye (1884-1966). Chimico e fisico americano di origine olandese. Debye diede molti importanti contributi nello studio delle strutture molecolari, della chimica dei polimeri, dell'analisi a raggi X e delle soluzioni elettrolitiche. È stato insignito del Premio Nobel in Chimica nel 1936.

Approfondimento 4.1

LA SPETTROSCOPIA INFRAROSSA

Tutte le molecole vibrano, anche a temperatura di 0 K. Come tutte le energie degli atomi e delle molecole, l'energia della vibrazione è quantizzata. Per vibrare più energeticamente una molecola deve assorbire un fotone di radiazione elettromagnetica di energia ($h\nu$) che corrisponde alla separazione energetica fra due livelli vibrazionali. Le frequenze della radiazione elettromagnetica richieste per promuovere le vibrazioni molecolari sono molto più basse di quelle richieste per promuovere le eccitazioni elettroniche e si trovano normalmente nella regione IR dello spettro (si veda la Figura 1.6). La specifica frequenza IR necessaria per eccitare una particolare vibrazione molecolare dipende fortemente dai tipi di legame coinvolti e dall'intorno molecolare. Per esempio, l'eccitazione della vibrazione del legame C≡O nel monossido di carbonio gassoso richiede una frequenza di vibrazione di 2170 cm^{-1}, ma una frequenza di 2990 cm^{-1} è richiesta per eccitare la vibrazione del legame H—Cl nell'acido cloridrico gassoso.[5] Come risultato, la ***spettroscopia infrarossa***, cioè *lo studio delle frequenze dell'infrarosso che sono assorbite da un particolare materiale,* può fornire informazioni circa la sua struttura molecolare e la sua identità.

Per capire la spettroscopia IR, è necessario esaminare le vibrazioni di molecole da un punto di vista quantomeccanico. Si consideri una molecola biatomica (per esempio, HCl) che è costituita da due atomi (di massa m_1 e m_2) a distanza r.

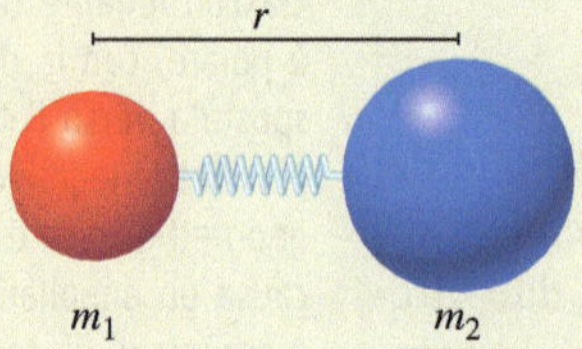

Con buona approssimazione, si può trattare il moto vibrazionale di tale molecola come quello di due corpi collegati da una molla; questo sistema obbedisce alla legge di Hooke (si veda il Paragrafo 0.1), che stabilisce che la forza (F) fra due masse è proporzionale allo spostamento ($x = r - r_e$) dalla distanza di equilibrio (r_e):

$$F = -k(r - r_e) = -kx$$

La costante di proporzionalità (k) è chiamata ***costante di forza*** ed è una misura della rigidità della molla. Il segno negativo in questa equazione indica che la forza agisce in direzione opposta allo spostamento, cioè è una forza di richiamo. Quando il legame fra i due atomi è stirato oltre il valore di R_0 ($x > 0$), la forza agisce in modo da accorciare il legame, e quando il legame è compresso ($x < 0$), la forza agisce in modo da allungarlo.

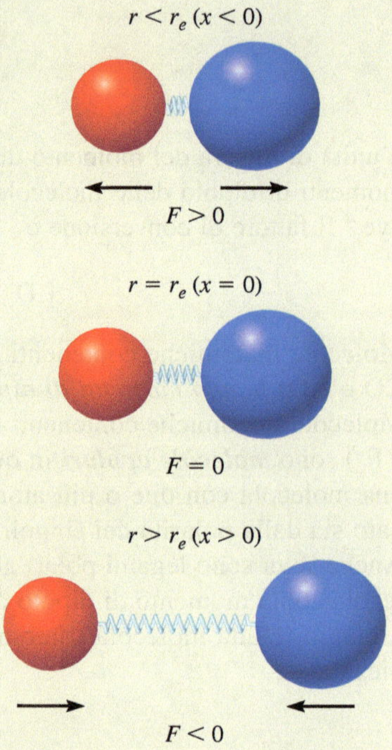

La funzione dell'energia potenziale corrisponde alla legge di Hooke ed è:

$$V(x) = \frac{1}{2}kx^2$$

Questo modello della vibrazione molecolare è detto modello *dell'oscillatore armonico.* L'equazione di Schrödinger (Equazione 1.24) per questo potenziale può essere risolta esattamente per dare un set di livelli quantizzati di energia vibrazionale:

$$E_{vib} = \left(n + \frac{1}{2}\right)h\nu \qquad n = 0, 1, 2, \ldots$$

dove n è il *numero quantico vibrazionale* e ν è la frequenza di vibrazione fondamentale data da

$$\nu = \frac{1}{2\pi}\sqrt{\frac{k}{\mu}}$$

La *massa ridotta* (μ) è definita come $\mu = m_1m_2/(m_1 + m_2)$. Questi livelli di energia sono mostrati nella figura.

---

[5] Per convenienza, i chimici generalmente riportano le frequenze come *numeri d'onda*. Per una data frequenza di vibrazione (ν) il numero d'onda ($\tilde{\nu}$) è dato da $\tilde{\nu} = \nu/c$, dove c è la velocità della luce in cm s^{-1}. Siccome le frequenze sono in unità di s^{-1} (o Hz), il numero d'onda corrispondente a questa frequenza avrà unità di misura pari a cm^{-1}. Per vedere l'utilità di questa trasformazione, si consideri la frequenza vibrazionale del CO, che è $6{,}503 \times 10^{13}$ s^{-1} se in Hz, ma solo 2170 cm^{-1} se in numeri d'onda.

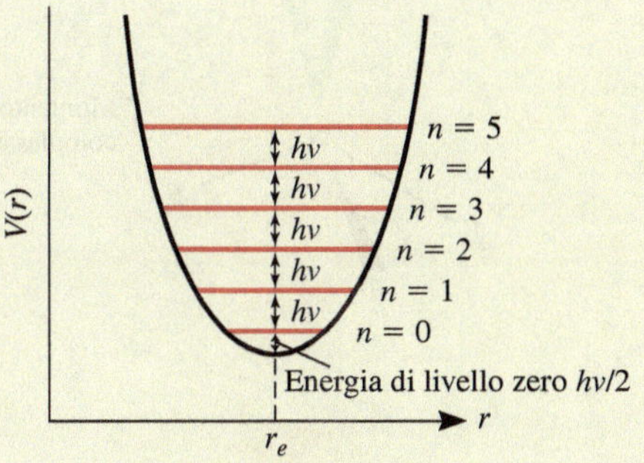

Quando una molecola in uno stato vibrazionale n assorbe un fotone di radiazione IR con opportuna energia $h\nu$, viene eccitata a un livello vibrazionale più elevato $n + 1$. Il più basso stato energetico di un oscillatore armonico è sopra lo zero di una quantità $h\nu/2$. Come nel caso della particella in una scatola, questa *energia di livello zero, che non è zero,* è una conseguenza del principio di indeterminazione di Heisenberg. Se l'energia (potenziale e cinetica) fosse esattamente zero, allora i due atomi starebbero esattamente a una distanza r_e e avrebbero zero velocità, permettendo di stabilirne con esattezza simultaneamente la posizione e il momento, in contrasto con il principio di indeterminazione.

Come ricordato sopra, tipi diversi di legame assorbono radiazione infrarossa di diversa frequenza in relazione anche all'intorno molecolare chimico, permettendoci di usare la spettroscopia IR per l'identificazione dei composti. A causa della complessità delle vibrazioni molecolari, due composti diversi non avranno mai esattamente lo stesso spettro IR. Infatti per identificare un composto incognito si può confrontare il suo spettro IR con quello di composti noti e registrati in una banca dati e vedere se le bande coincidono come le impronte digitali (esiste proprio una zona degli spettri infrarossi che viene comunemente chiamata zona delle impronte digitali e viene usata per l'identificazione di composti incogniti per confronto con composti noti). La figura mostra lo spettro IR di una molecola relativamente semplice (CH_2=CHC≡N o cianuro di vinile) e l'assegnazione dei picchi principali alle diverse vibrazioni molecolari.

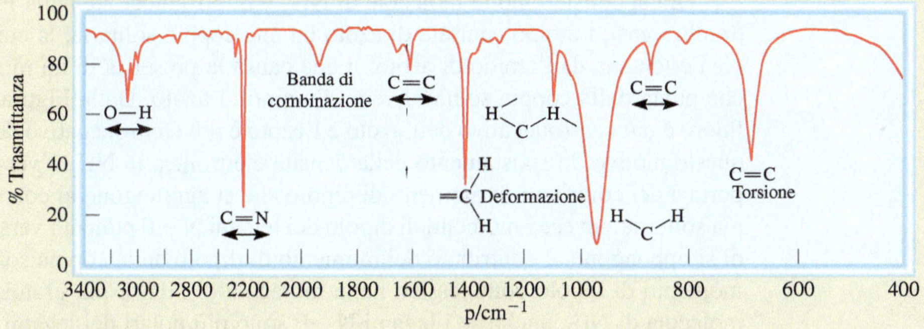

Per fare in modo che una molecola interagisca con un campo elettromagnetico (cioè la radiazione IR) e assorba un fotone, il moto di vibrazione deve causare una variazione del momento di dipolo durante la vibrazione stessa. La radiazione elettromagnetica interagisce con le cariche elettriche parziali. Per cui, il sistema molecolare contenente un dipolo elettrico può interagire con il campo elettromagnetico oscillante. Se la frequenza di radiazione coincide con la frequenza della vibrazione molecolare, la molecola può assorbire un fotone IR ed essere promossa a un livello energetico superiore. A causa della loro simmetria, molecole come N_2 e O_2 non possono assorbire fotoni IR e sono dette IR inattive. Molecole con momenti di dipolo permanenti come HCl e H_2O sono forti assorbitori IR. Molecole apolari comunque possono assorbire radiazione IR se la vibrazione causa variazione del momento di dipolo. Per esempio, ci sono tre possibili modi di vibrazione molecolare per il biossido di carbonio: uno stiramento simmetrico, uno stiramento asimmetrico e un piegamento.

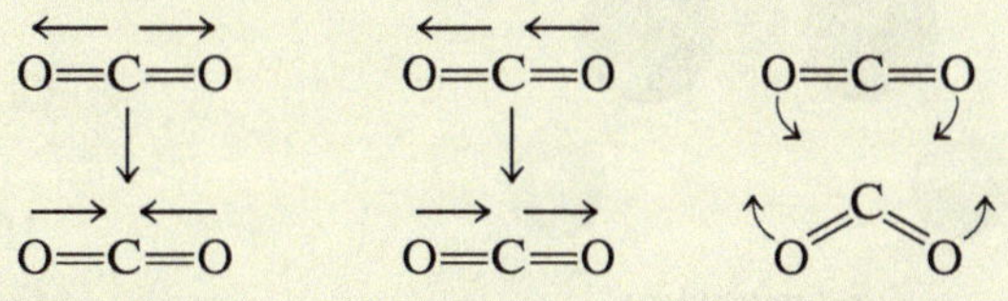

Stiramento simmetrico (a) — Stiramento asimmetrico (b) — Piegamento (c)

Gli stiramenti simmetrici non causano variazioni di momenti di dipolo e quindi sono IR inattivi. Gli stiramenti asimmetrici e i piegamenti invece producono variazione di momento di dipolo e sono IR attivi. Sono queste vibrazioni IR attive che rendono CO_2 un forte assorbitore IR e quindi un gas di effetto serra (si veda il Capitolo 13).

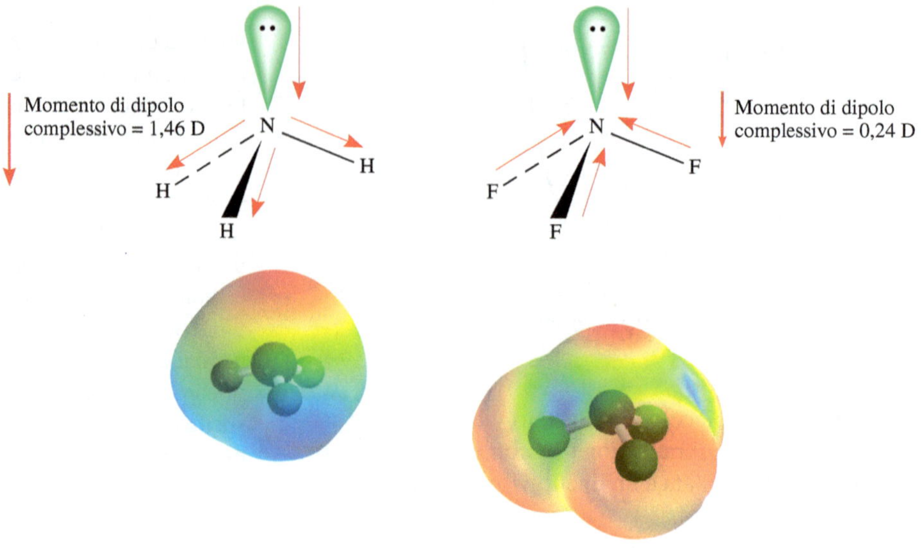

Figura 4.5 Momenti di dipolo sui legami e momento di dipolo complessivo nelle molecole di NH_3 e NF_3. La mappa del potenziale elettrostatico mostra la distribuzione della densità elettronica in queste molecole.

dipolo si sommerebbero, per cui la molecola avrebbe un momento di dipolo diverso da zero. Sperimentalmente si trova che la molecola è apolare. Quindi, si conclude che la molecola di biossido di carbonio è lineare, come previsto dalla teoria VSEPR. La geometria lineare del biossido di carbonio è stata confermata anche mediante altre tecniche sperimentali.

Ora si considerino le molecole di NH_3 e di NF_3 mostrate nella Figura 4.5. In entrambi i casi, l'atomo centrale di azoto ha una coppia solitaria, la cui densità elettronica è lontana dall'atomo di azoto, il che causa la presenza di un momento di dipolo che punta dalla coppia solitaria verso l'atomo di azoto. Dalla Figura 3.9, si sa che il fluoro è più elettronegativo dell'azoto e l'azoto è più elettronegativo dell'idrogeno. Per questo motivo, lo spostamento della densità elettronica in NH_3 è verso l'azoto, il che porta a dei contributi di momenti di dipolo che si aggiungono al contributo della coppia solitaria, invece i momenti di dipolo dei legami N—F puntano verso l'azoto e quindi si oppongono al contributo del momento di dipolo della coppia solitaria. Quindi, il momento di dipolo complessivo nella molecola di NH_3 è più grande di quello nella molecola di NF_3, anche se i legami N—F sono più polari dei legami N—H.

I momenti di dipolo possono essere usati per distinguere molecole che hanno la stessa formula molecolare ma diversa struttura. Per esempio, esistono entrambe le molecole seguenti; hanno la stessa formula molecolare ($C_2H_2Cl_2$), e lo stesso numero e tipo di legami, ma diverse strutture molecolari:

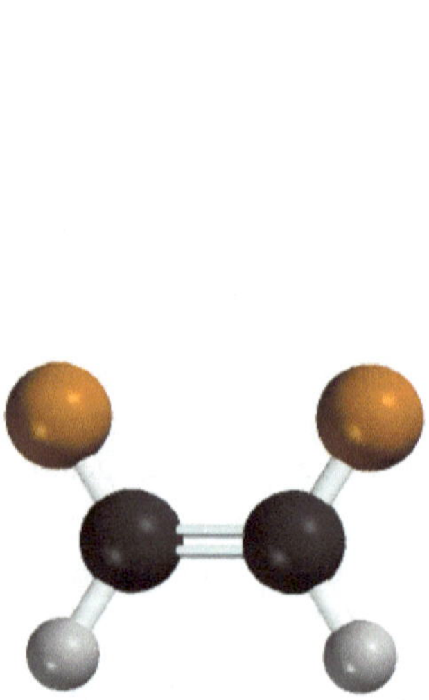

cis-dicloroetilene

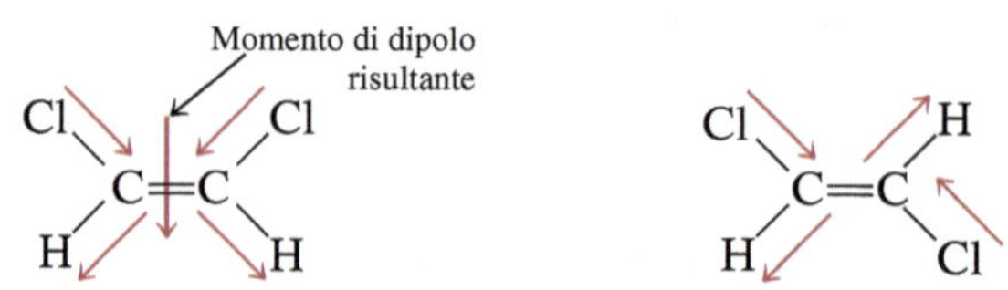

cis-dicloroetilene
μ = 1,89 D

trans-dicloroetilene
μ = 0

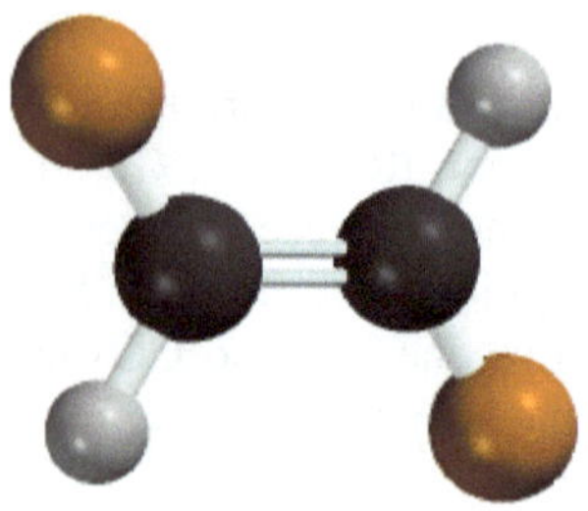

trans-dicloroetilene

Nel *cis*-dicloroetilene, i momenti di dipolo non si annullano e il *cis*-dicloroetilene è una molecola polare. Invece, nel *trans*-dicloroetilene, i momenti di dipolo si annullano, dando un momento di dipolo complessivo uguale a zero per la molecola. Quindi, queste due molecole possono essere distinte facilmente mediante misure di momento di dipolo. Inoltre, si vedrà nel Paragrafo 4.6, l'entità delle forze intermolecolari è condizionata dal fatto che la molecola possieda un momento di dipolo. La Tabella 4.3 riporta i valori dei momenti di dipolo di alcune molecole polari.

L'Esempio 4.2 mostra come si può stabilire se una molecola possiede un momento di dipolo conoscendo la sua geometria.

Tabella 4.3 Momenti di dipolo di alcune molecole polari

Molecola	Geometria	Momento di dipolo (D)
HF	Lineare	1,92
HCl	Lineare	1,08
HBr	Lineare	0,78
HI	Lineare	0,38
H_2O	Piegata	1,87
H_2S	Piegata	1,10
NH_3	Piramidale a base triangolare	1,46
SO_2	Piegata	1,60

Esempio 4.2

Prevedere se il momento di dipolo delle seguenti molecole è diverso da zero: (a) IBr, (b) BF_3, (c) CH_2Cl_2.

Impostazione Il momento di dipolo di una molecola dipende sia dall'elettronegatività degli elementi presenti sia dalla geometria della molecola stessa. Una molecola può avere momenti di dipolo associati ai legami diversi da zero (se gli atomi legati hanno diverse elettronegatività), ma il momento di dipolo risultante può essere nullo se si tratta di una molecola altamente simmetrica.

Soluzione

(a) Siccome la molecola di IBr (bromuro di iodio) è biatomica, essa ha una geometria lineare. Il bromo è più elettronegativo dello iodio (si veda la Figura 3.9), per cui IBr è una molecola polare.

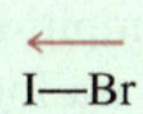

Quindi, IBr ha un momento di dipolo diverso da zero, che punta dall'atomo di Br a quello di I.

(b) Siccome il fluoro è più elettronegativo del boro, ciascun legame B—F in BF_3 (trifluoruro di boro) è polare, e i tre momenti di dipolo sono uguali. In accordo con il modello VSEPR, tuttavia, BF_3 deve essere trigonale planare e questo significa che i tre momenti di dipolo si annullano a vicenda:

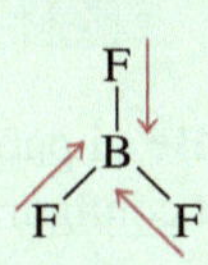

(c) La struttura di Lewis di CH_2Cl_2 (diclorometano) è

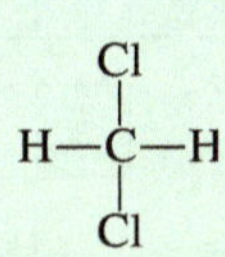

CH_2Cl_2 è simile al CH_4 nel senso che ha una disposizione delle coppie di elettroni tetraedrica, come previsto dalla teoria VSEPR. Ma non tutti i legami sono identici, quindi ci sono tre diversi angoli di legame: H—C—H, H—C—Cl e Cl—C—Cl. Questi legami hanno un valore simile ma non identico a 109,5°. Siccome il cloro è più elettronegativo del carbonio, che è più elettronegativo dell'idrogeno, i momenti di dipolo non si annullano, e la molecola possiede un momento di dipolo complessivo diverso da zero:

Mappa del potenziale elettrostatico di CH_2Cl_2. La densità elettronica è spostata verso gli atomi elettronegativi di Cl.

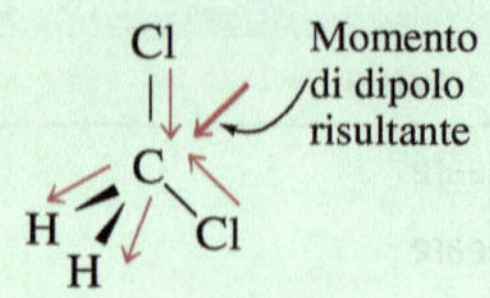

Quindi, CH_2Cl_2 è una molecola polare.

Problema di autovalutazione La molecola di $AlCl_3$ è polare?

4.3 Teoria del legame di valenza e orbitali ibridi

Il concetto di formazione del legame, secondo il metodo del legame di valenza, come sovrapposizione di orbitali atomici, discusso nel Capitolo 3, si applica anche a molecole poliatomiche. Uno schema di formazione di legami soddisfacente, tuttavia, deve tenere in considerazione la geometria molecolare. Si discuteranno tre esempi di utilizzo del metodo VB per spiegare il legame in molecole poliatomiche in termini di ibridizzazione.

4.3.1 Ibridizzazione *sp*

Si consideri la molecola triatomica di cloruro di berillio ($BeCl_2$). L'evidenza sperimentale mostra che la molecola di $BeCl_2$ in fase gas è lineare con due legami Be—Cl equivalenti, in accordo con la teoria VSEPR. La costruzione di uno schema del legame con il metodo VB nella molecola lineare di $BeCl_2$, richiede l'esistenza di elettroni disaccoppiati negli orbitali atomici del Be che si sovrappongono con gli orbitali $3p$ parzialmente riempiti su ciascun atomo di cloro per formare due legami equivalenti disposti a 180° tra loro. Tuttavia, la configurazione elettronica dello stato fondamentale del Be è $1s^22s^2$, che non contiene elettroni disaccoppiati.

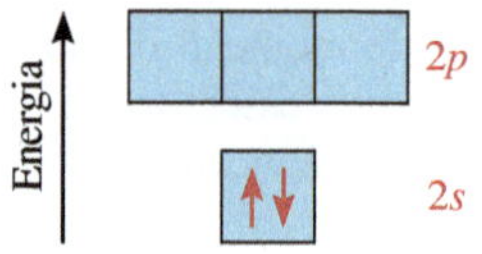

Per ottenere due orbitali di legame sul Be, si può pensare di promuovere uno degli elettroni $2s$ in un orbitale $2p$, ottenendo la configurazione dello stato eccitato $[He]2s^12p^1$.

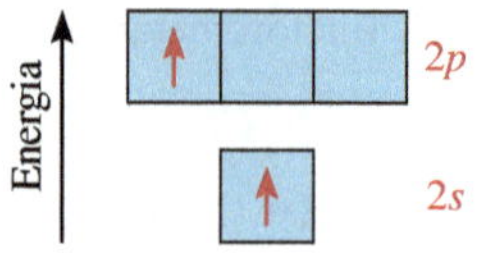

Ci sono due orbitali del Be disponibili per il legame: il $2s$ e il $2p$. Tuttavia, se i due atomi di Cl si combinassero con il Be in questo stato eccitato, un atomo di cloro condividerebbe un elettrone $2s$ e l'altro atomo di Cl condividerebbe un elettrone $2p$, formando così due legami Be—Cl non equivalenti e quindi una diversa geometria. Questo schema è in contrasto con l'evidenza sperimentale. In realtà, i due legami Be—Cl sono identici sotto ogni aspetto. Per costruire orbitali equivalenti partendo da questi orbitali atomici diversi si usa un processo chiamato ***ibridizzazione,*** che consiste nel *mescolamento di orbitali atomici di un atomo (solitamente l'atomo centrale) per ge-*

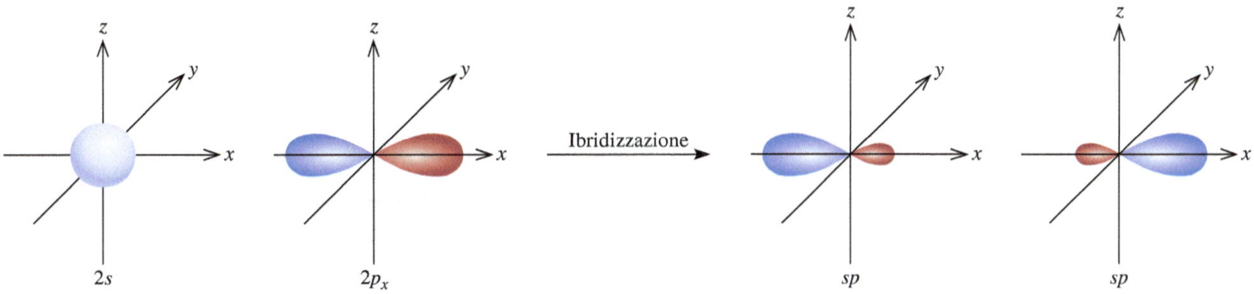

Figura 4.6 Formazione di orbitali ibridi *sp*. I colori indicano i segni della funzione d'onda: blu (+), rosso (−).

nerare una serie di orbitali chiamati ***orbitali ibridi,*** che hanno la giusta geometria per formare legami equivalenti.[6]

Gli orbitali del Be nella molecola di $BeCl_2$ possono essere costruiti nel modo seguente mescolando (o *ibridizzando*) l'orbitale 2*s* e uno degli orbitali 2*p* per formare due orbitali ibridi equivalenti di tipo *sp*:

$$\text{Primo orbitale } sp = \frac{1}{\sqrt{2}}[\phi_{2s} + \phi_{2p_x}]$$

$$\text{Secondo orbitale } sp = \frac{1}{\sqrt{2}}[\phi_{2s} - \phi_{2p_x}]$$

dove *x* è la direzione dell'asse internucleare di legame. Questi orbitali sono detti orbitali *sp* poiché sono formati da un orbitale *s* e un orbitale *p*. La forma e l'orientazione di questi orbitali ibridi sono mostrate in Figura 4.6. Questi due orbitali ibridi si trovano sulla stessa direzione, l'asse *x*, per cui l'angolo tra essi è di 180°.

Il diagramma orbitalico per Be ora consiste di un elettrone in ciascuno dei due orbitali ibridi *sp* mentre i due rimanenti orbitali 2*p* rimangono vuoti.

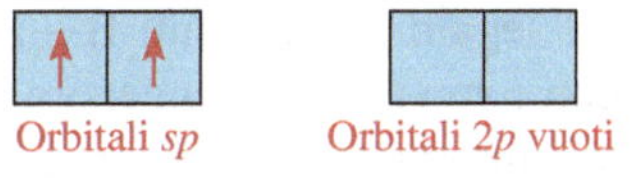

Ciascuno dei legami Be—Cl è quindi formato dalla sovrapposizione di orbitali ibridi *sp* del Be con l'orbitale 3*p* del cloro, e la molecola $BeCl_2$ che ne deriva ha una geometria lineare (si veda la Figura 4.7).

È richiesta energia per promuovere un elettrone dallo stato fondamentale $[He]2s^2$ del Be per formare lo stato eccitato e la successiva ibridizzazione degli orbitali 2*s* e 2*p* per formare i due orbitali ibridi *sp*; tuttavia, questa energia iniziale è più che compensata dal rilascio energetico che accompagna la formazione dei legami Be—Cl.

Figura 4.7 La geometria lineare di $BeCl_2$ può essere spiegata assumendo che Be sia ibridizzato *sp*. Nella teoria del legame di valenza, i due orbitali ibridi *sp* si sovrappongono con i due orbitali 3*p* del cloro per formare due legami covalenti.

4.3.2 Ibridizzazione sp^2

Si consideri la molecola BF_3 (trifluoruro di boro), che ha una geometria trigonale planare in base alla teoria VSEPR e all'evidenza sperimentale. La configurazione elettronica dello stato fondamentale del B è $[He]2s^22p^1$, per cui ha solo un elettrone di valenza disaccoppiato.

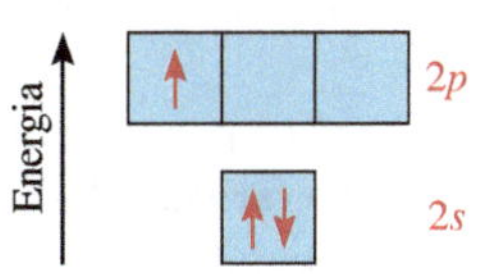

[6] Sia l'ibridizzazione che la teoria dell'orbitale molecolare (discussa nel Paragrafo 3.5) riguardano il mescolamento di orbitali atomici; tuttavia, la costruzione di orbitali ibridi coinvolge il mescolamento di orbitali atomici dello stesso atomo, mentre la costruzione di orbitali molecolari coinvolge orbitali atomici di atomi diversi.

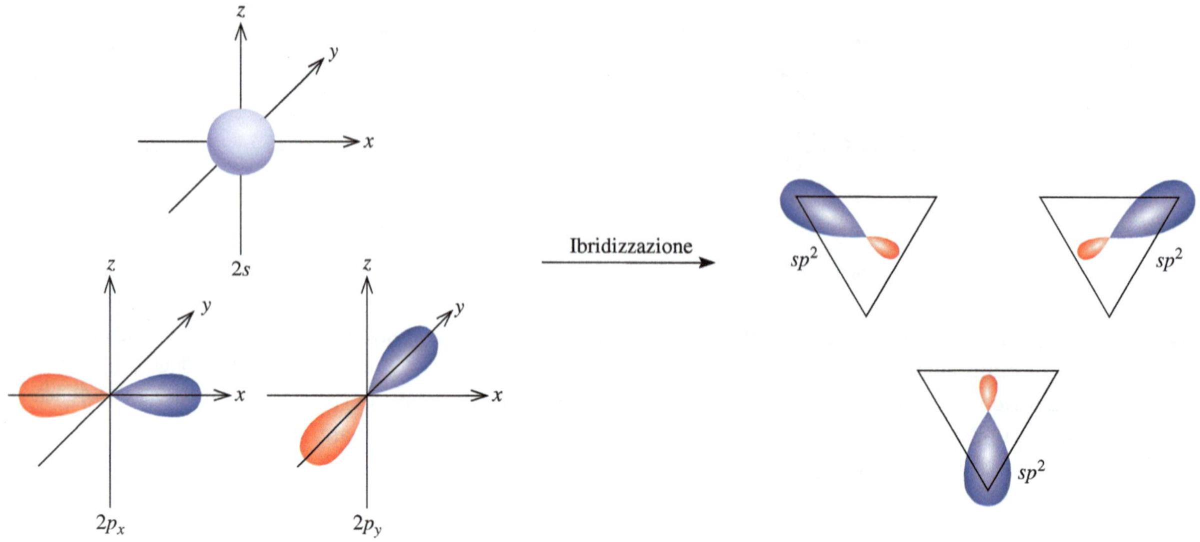

Figura 4.8 Formazione di orbitali ibridi sp^2. I colori indicano i segni della funzione d'onda: blu (+), rosso (−).

Per generare i tre elettroni disaccoppiati necessari per formare legami con gli orbitali $2p$ degli atomi di F, bisogna promuovere un elettrone dall'orbitale $2s$ a un orbitale vuoto $2p$ e avere la configurazione dello stato eccitato $[He]2s^12p^2$.

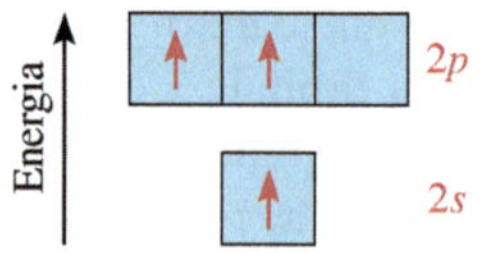

Ci sono ora tre elettroni disaccoppiati, uno nell'orbitale $2s$ e due in due diversi orbitali $2p$. Siccome questi elettroni sono in orbitali diversi non possono essere usati in questa forma per generare i tre legami equivalenti B—F, ma devono essere ibridizzati. Mescolare l'orbitale $2s$ con i due orbitali $2p$ genera tre orbitali ibridi. Questi orbitali sono chiamati orbitali sp^2 in quanto sono formati per mescolamento di un orbitale s e due orbitali p.

sp^2 si pronuncia "sp due".

Matematicamente, gli orbitali ibridi sono

$$\text{Primo orbitale } sp^2 = \frac{1}{\sqrt{3}}[\phi_{2s} + \sqrt{2}\phi_{2p_x}]$$

$$\text{Secondo orbitale } sp^2 = \frac{1}{\sqrt{3}}\left[\phi_{2s} - \frac{1}{\sqrt{2}}\phi_{2p_x} + \sqrt{\frac{3}{2}}\phi_{2p_y}\right]$$

$$\text{Terzo orbitale } sp^2 = \frac{1}{\sqrt{3}}\left[\phi_{2s} - \frac{1}{\sqrt{2}}\phi_{2p_x} - \sqrt{\frac{3}{2}}\phi_{2p_y}\right]$$

Questi tre orbitali sp^2 sono complanari (nel piano xy) e l'angolo fra essi è 120° (si veda la Figura 4.8).

Ciascuno dei legami B—F è formato per sovrapposizione fra un orbitale ibrido sp^2 del boro e un orbitale $2p$ del fluoro (si veda la Figura 4.9). Questo risultato matematico è in accordo con i dati sperimentali e con le previsioni della teoria VSEPR.

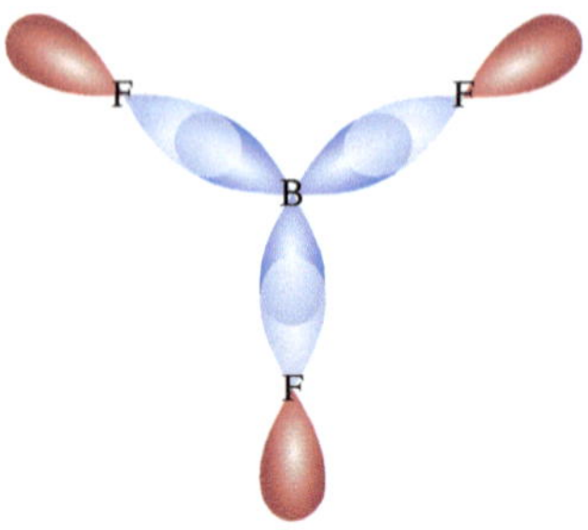

Figura 4.9 Gli orbitali ibridi sp^2 sul boro si sovrappongono con gli orbitali $2p$ del fluoro per formare i legami covalenti in BF_3. La molecola di BF_3 è planare e tutti gli angoli di legame F—B—F sono di 120°.

4.3.3 Ibridizzazione sp^3

Il metano è l'idracarburo più semplice. Studi chimici e fisici mostrano che tutti e quattro i legami C—H sono identici in lunghezza e in energia e la molecola ha una forma tetraedrica con angoli di 109,5°. In accordo con la teoria VSEPR. Come si può spiegare la tetravalenza del carbonio con la teoria VB? Nel suo stato fondamentale, la configurazione elettronica del carbonio è $[He]2s^22p^2$. Siccome l'atomo di carbonio ha due elettroni disaccoppiati (uno in ciascun orbitale $2p$), può formare solo due legami con l'idrogeno nel suo stato fondamentale. Anche se la specie CH_2 è conosciuta, essa è molto instabile. Per spiegare i quattro legami equivalenti C—H nel metano, si può pensare di promuovere un elettrone dall'orbitale $2s$ all'orbitale $2p$ per avere la configurazione elettronica eccitata $[He]2s^12p^3$. In questa situazione il C ha quattro elettroni disaccoppiati che possono formare quattro legami C—H.

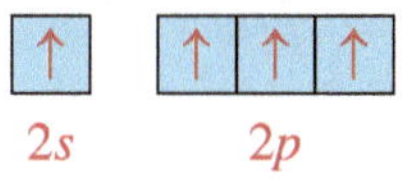

Tuttavia, se fosse questo il caso, il metano dovrebbe contenere tre legami C—H di un tipo (che coinvolgono tre orbitali $2p$) e uno di un altro (che coinvolge l'orbitale s). Questo è in contrasto con l'evidenza sperimentale che dimostra che tutti i legami C—H sono identici, suggerendo che gli orbitali dei legami sono tutti equivalenti e che sono necessari degli orbitali ibridi. Si possono generare quattro orbitali ibridi equivalenti sp^3 per il carbonio mescolando l'orbitale $2s$ e i tre orbitali $2p$.

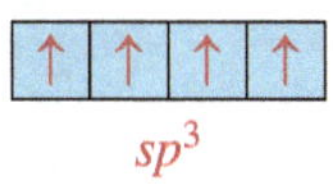

Matematicamente, questi orbitali sono dati da

$$\text{Primo orbitale } sp^3 = \frac{1}{2}[\phi_{2s} + \phi_{2p_x} + \phi_{2p_y} + \phi_{2p_z}]$$

$$\text{Secondo orbitale } sp^3 = \frac{1}{2}[\phi_{2s} + \phi_{2p_x} - \phi_{2p_y} - \phi_{2p_z}]$$

$$\text{Terzo orbitale } sp^3 = \frac{1}{2}[\phi_{2s} - \phi_{2p_x} + \phi_{2p_y} - \phi_{2p_z}]$$

$$\text{Quarto orbitale } sp^3 = \frac{1}{2}[\phi_{2s} - \phi_{2p_x} - \phi_{2p_y} + \phi_{2p_z}]$$

La Figura 4.10 mostra la forma e l'orientazione degli orbitali sp^3.

Questi quattro orbitali ibridi puntano verso i vertici di un tetraedro regolare. La Figura 4.11 mostra la formazione di quattro legami covalenti fra gli orbitali ibridi sp^3 del carbonio e l'orbitale $1s$ degli atomi di idrogeno nel CH_4. Quindi CH_4 ha una forma tetraedrica e tutti gli angoli H—C—H sono di 109,5°.

Un altro esempio di ibridizzazione sp^3 è l'ammoniaca (NH_3). La Tabella 4.1 mostra che la disposizione delle quattro coppie di elettroni è tetraedrica, per cui il legame nell'NH_3 può essere spiegato assumendo che N, come C nel CH_4, sia ibridizzato sp^3. L'azoto ($[He]2s^22p^3$) ha cinque elettroni di valenza, per cui tre dei quattro orbitali ibridi sp^3 sono semiriempiti e formano legami covalenti N—H. Il quarto orbitale ibrido non partecipa al legame ma ospita le coppia solitaria di elettroni (Figura 4.12). La repulsione fra la coppia solitaria e gli elettroni di legame fa diminuire gli angoli di legame H—N—H da 109,5° a 107,3°.

È importante capire la relazione fra l'ibridizzazione e la teoria VSEPR. Si usa l'ibridizzazione per descrivere lo schema di legame solo quando la disposizione delle coppie elettroniche è stata prevista usando il modello VSEPR. Se la teoria VSEPR predice una disposizione tetraedrica delle coppie di elettroni, si assume che un orbitale s e tre orbitali p si ibridizzino per formare quattro orbitali ibridi sp^3.

C'è una relazione tra l'ibridizzazione e la regola dell'ottetto. Senza considerare il tipo di ibridizzazione, un atomo con un orbitale s e tre orbitali p avrà quattro orbitali, sufficienti per allocare otto elettroni in un composto. Per elementi del secondo periodo della tavola periodica, otto è il numero massimo di elettroni che un ato-

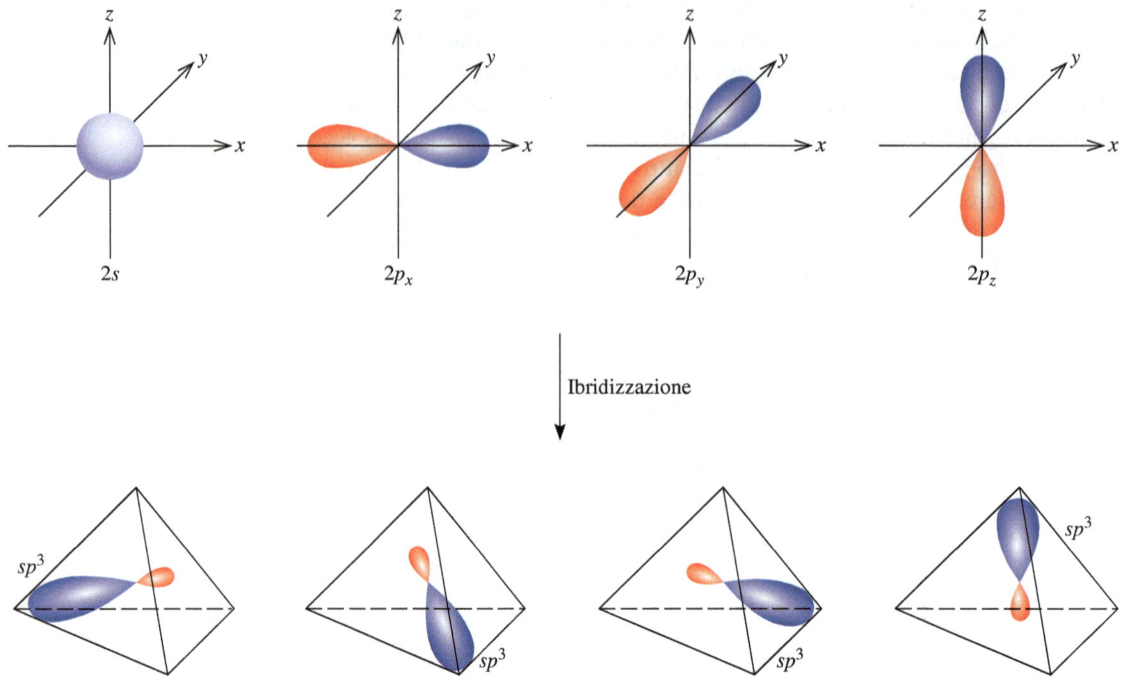

Figura 4.10 Formazione di orbitali ibridi sp^3. I colori indicano i segni della funzione d'onda: blu (+), rossa (−).

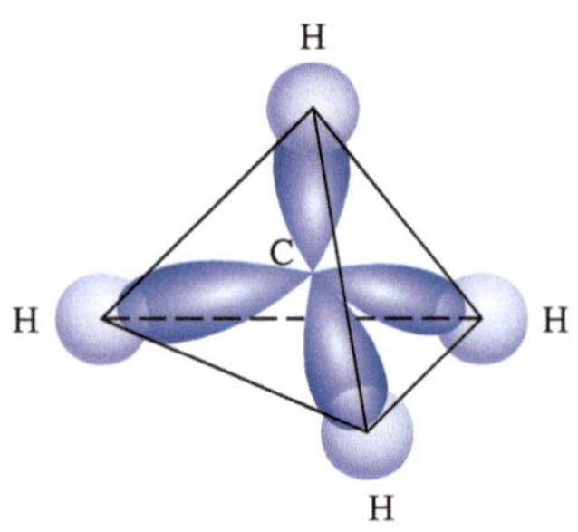

Figura 4.11 Formazione di quattro legami covalenti fra gli orbitali ibridi sp^3 del carbonio e gli orbitali 1*s* dell'idrogeno nella molecola di CH_4.

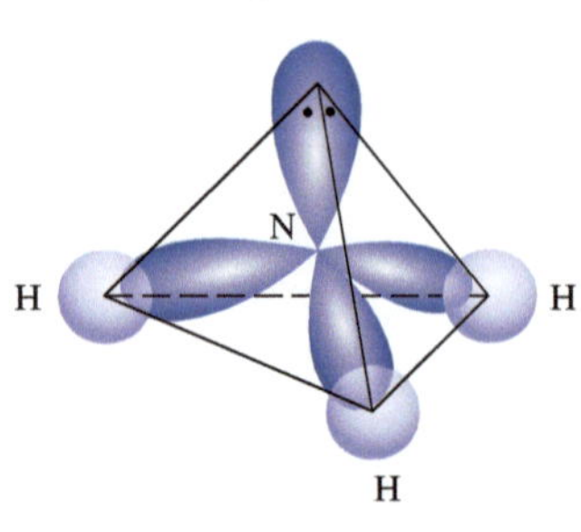

Figura 4.12 L'atomo di N nella molecola di NH_3 è ibridizzato sp^3. Questi tre orbitali sp^3 formano legami con gli atomi di H. Il quarto è occupato dalla coppia solitaria dell'azoto.

mo di questi elementi può allocare nella sfera di valenza. È per questa ragione che la regola dell'ottetto è seguita strettamente dagli elementi del secondo periodo.

La situazione è diversa per un elemento del terzo periodo. Se si usano solo gli orbitali 3*s* e 3*p* degli atomi per formare orbitali ibridi in una molecola, allora si applica strettamente la regola dell'ottetto. Tuttavia, in alcune molecole lo stesso atomo può usare uno o più orbitali 3*d*, oltre agli orbitali 3*s* e 3*p*, per formare orbitali ibridi. In questi casi la regola dell'ottetto non è più seguita. Si vedranno alcuni esempi specifici della partecipazione di orbitali 3*d* nel processo di ibridizzazione.

Anche se la discussione è stata incentrata sul ruolo dell'ibridizzazione nel legame in molecole poliatomiche, l'ibridizzazione può essere impiegata anche per discutere il legame in molecole biatomiche. Per esempio, nel Capitolo 3 si è spiegato il legame nella molecola di F_2 in termini di legame sigma formato dalla sovrapposizione degli orbitali $2p_z$ dei due atomi di F. Le coppie di elettroni di non legame possono essere descritte dai rimanenti orbitali 2*s*, $2p_x$ e $2p_y$. Come descrizione alternativa, si può considerare il legame sigma formato per sovrapposizione di due orbitali ibridi sp^3 di ciascun atomo di F. Le coppie solitarie occuperanno i rimanenti orbitali ibridi sp^3 di ciascun atomo. Il vantaggio di questa descrizione è che le coppie solitarie di elettroni occupano orbitali equivalenti. Tuttavia, per gli scopi del presente testo didattico, entrambe queste descrizioni sono accettabili nel senso che entrambe forniscono la stessa descrizione di base del legame di valenza nella molecola F_2 cioè due atomi di F circondati da coppie solitarie di elettroni e legati da un legame sigma. A differenza di molecole poliatomiche, la molecola biatomica di F_2 non ha angoli di legame per cui la struttura molecolare che si prevede non cambia se si usano orbitali ibridizzati o non ibridizzati per la formazione del legame.

La discussione dell'ibridizzazione può essere riassunta come segue:

- Il concetto di ibridizzazione è impiegato principalmente come modello teorico per giustificare la geometria del legame covalente in molecole poliatomiche.
- L'ibridizzazione è il mescolamento di almeno due orbitali atomici non equivalenti (per esempio, gli orbitali *s* e *p*) sullo stesso atomo. Quindi un orbitale ibri-

do non è un orbitale atomico puro. Gli orbitali atomici puri e gli orbitali ibridi hanno forme molto diverse.

- Il numero di orbitali ibridi che si formano è uguale al numero di orbitali atomici puri che si mescolano nel processo di ibridizzazione.
- Il processo di ibridizzazione richiede un'energia iniziale; tuttavia il sistema recupera tale energia durante la formazione del legame.
- I legami covalenti σ in molecole e ioni poliatomici sono formati per sovrapposizione di orbitali ibridi, o per sovrapposizione di orbitali ibridi con orbitali puri non ibridizzati. Quindi lo schema di formazione del legame che impiega orbitali ibridi fa sempre parte della teoria del legame di valenza.

La Tabella 4.4 riassume l'ibridizzazione *sp*, *sp*^{2} e *sp*^{3} (e altri tipi che si discuteranno tra poco).

Tabella 4.4 Importanti orbitali ibridi e loro forme e disposizioni tridimensionali

Orbitali atomici puri dell'atomo centrale	Ibridizzazione dell'atomo centrale	Numero di orbitali ibridi	Disposizione relativa degli orbitali ibridi	Esempi
s, p	*sp*	2	 Lineare	BeCl2
s, p, p	*sp*^{2}	3	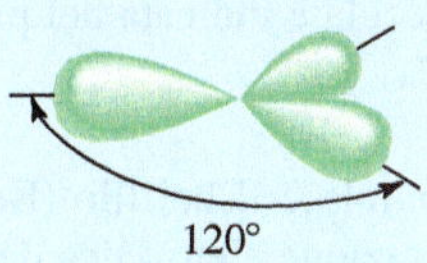 Trigonale planare	BF_3
s, p, p, p	*sp*^{3}	4	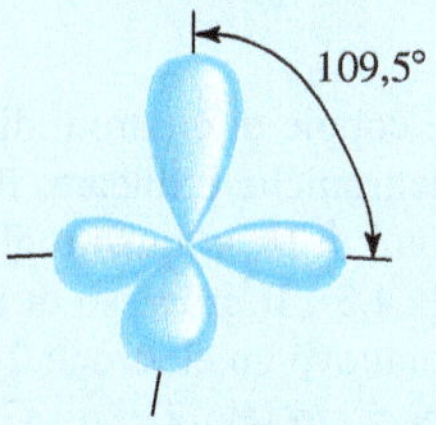 Tetraedrica	CH_4, NH_4^+
s, p, p, p, d	*sp*^{3}*d*	5	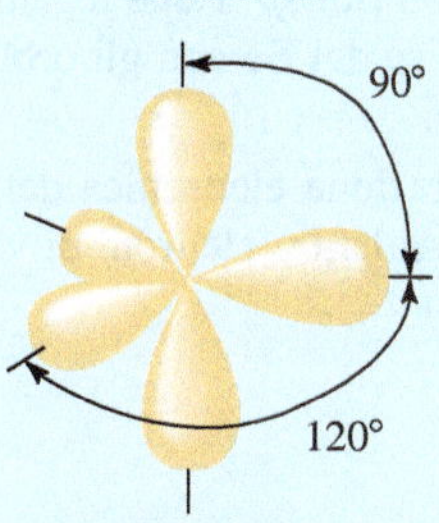 Bipiramide trigonale	PCl_5
s, p, p, p, d, d	*sp*^{3}*d*^{2}	6	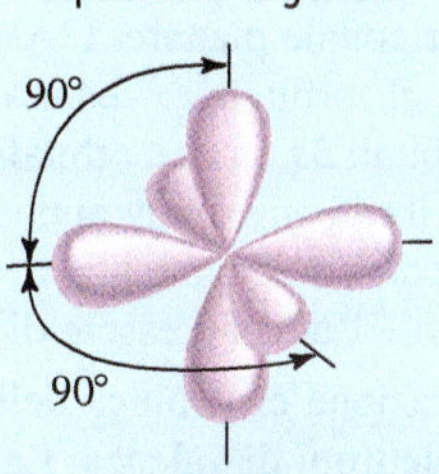 Ottaedrica	SF_6

4.3.4 Procedura per l'ibridizzazione di orbitali atomici

Prima di vedere l'ibridizzazione che coinvolge gli orbitali *d*, vediamo cosa bisogna sapere per applicare lo schema dell'ibridizzazione per spiegare la geometria di una molecola poliatomica in generale. In pratica l'ibridizzazione è una estensione della teoria di Lewis e del modello VSEPR. Per assegnare uno stato di ibridizzazione all'atomo centrale in una molecola, bisogna prima avere un'idea della geometria della molecola stessa. Si procede come segue:

1. Si disegna la struttura di Lewis della molecola.
2. Si predice la disposizione delle coppie di elettroni (sia di legame sia solitarie) usando la teoria VSEPR (si veda la Tabella 4.1 e 4.2).
3. Si deduce l'ibridizzazione dell'atomo centrale associando la disposizione delle coppie di elettroni con quella degli orbitali ibridi come visto nella Tabella 4.4.

L'Esempio 4.3 illustra questa procedura.

Esempio 4.3

Determinare lo stato di ibridizzazione dell'atomo centrale in ciascuna delle seguenti molecole: (a) BeH_2, (b) AlI_3, (c) PF_3. Descrivere il processo di ibridizzazione e determinare la geometria molecolare.

Impostazione La procedura per determinare lo stato di ibridizzazione dell'atomo centrale in una molecola è indicata nel precedente paragrafo.

Soluzione

(a) L'atomo centrale è il berillio (Be). L'atomo di Be ha due elettroni di valenza con una configurazione elettronica dello stato fondamentale $[He]2s^2$. La struttura di Lewis di BeH_2è

H—Be—H

BeH_2

Ci sono due coppie di elettroni di legame intorno al Be; quindi, la disposizione delle coppie elettroniche è lineare. Il Be deve usare orbitali ibridi di tipo *sp* quando si lega agli atomi di H, in quanto gli orbitali *sp* hanno una disposizione lineare (si veda la Tabella 4.3). Il processo di ibridizzazione può essere immaginato come segue. Prima si promuove un elettrone 2*s* in uno degli orbitali 2*p* per avere la configurazione di stato eccitato $[He]2s^12p^1$. Gli orbitali 2*s* e 2*p* quindi si mescolano per formare due orbitali ibridi *sp*. I due legami Be—H si formano per sovrapposizione degli orbitali ibridi *sp* del Be con gli orbitali 1*s* degli atomi di H. Quindi BeH_2 è una molecola lineare.

(b) La configurazione elettronica dello stato fondamentale di Al è $[Ne]3s^23p^1$, per cui l'atomo di Al ha tre elettroni di valenza. La struttura di Lewis di AlI_3 è

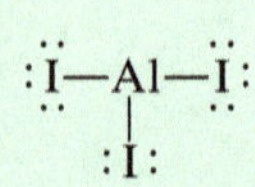

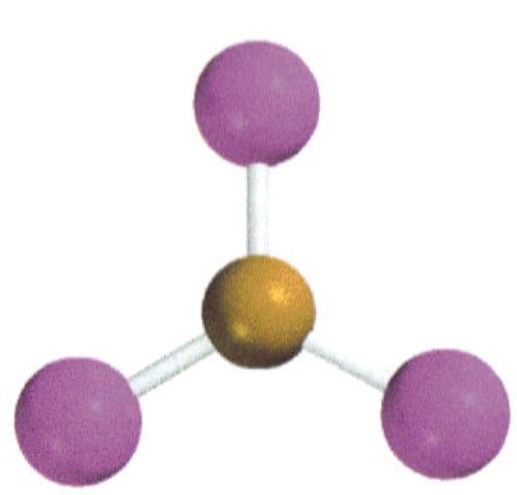

AlI_3

Ci sono tre coppie di elettroni attorno all'Al; quindi la disposizione delle coppie elettroniche è trigonale planare. L'Al deve usare orbitali ibridi sp^2 quando si lega con lo I in quanto gli orbitali sp^2 hanno disposizione trigonale planare (si veda la Tabella 4.4). Gli orbitali 3*s* e i due orbitali 3*p* si mescolano per formare tre orbitali ibridi sp^2. Gli orbitali ibridi sp^2 si sovrappongono con gli orbitali 5*p* dello I per formare tre legami covalenti ed equivalenti Al—I. La molecola AlI_3 è trigonale planare e tutti gli angoli I—Al—I devono essere di 120°.

(c) La configurazione elettronica dello stato fondamentale di P è $[Ne]3s^23p^3$, per cui P ha cinque elettroni di valenza. La struttura di Lewis di PF_3 è

PF_3

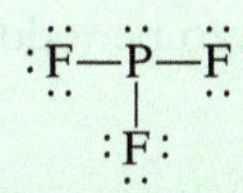

Ci sono quattro coppie di elettroni attorno al P; quindi, la disposizione delle coppie elettroniche deve essere tetraedrica. P deve usare orbitali ibridi sp^3 quando si lega con F, in quanto gli orbitali sp^3 hanno disposizione tetraedrica (si veda la Tabella 4.4). Mescolando gli orbitali 3*s* e 3*p*, si ottengono quattro orbitali ibridi sp^3. Come nel caso dell'NH_3, uno degli orbitali ibridi sp^3 è usato per descrivere la coppia solitaria sul P. Gli altri tre orbitali ibridi sp^3 formano i legami covalenti P—F con gli orbitali 2*p* del F. La geometria della molecola deve essere piramidale a base triangolare, e i legami F—P—F devono essere leggermente inferiori a 109,5° a causa della maggiore repulsione fra la coppia solitaria sul P e le coppie di elettroni di legame.

Problema di autovalutazione Determinare lo stato di ibridizzazione dell'atomo centrale in (a) $SiBr_4$ e (b) BCl_3.

4.3.5 Ibridizzazione che coinvolge gli orbitali *d*

L'ibridizzazione spiega in maniera chiara i legami che coinvolgono gli orbitali *s* e *p*. Tuttavia per elementi del terzo periodo e oltre non si può spiegare sempre la geometria molecolare considerando che solo gli orbitali *s* e *p* si ibridizzino. Per capire la formazione di molecole con geometria a bipiramide trigonale o ottaedrica per esempio, bisogna includere anche gli orbitali *d* nel processo di ibridizzazione.

Si ricordi dal Paragrafo 4.1, per esempio, che la molecola di SF_6 ha una geometria ottaedrica, che è anche la disposizione di sei coppie di elettroni. La Tabella 4.4 mostra che l'atomo di S nella molecola di SF_6 è ibridizzato sp^3d^2. La configurazione elettronica dello stato fondamentale di S è $[Ne]3s^23p^4$.

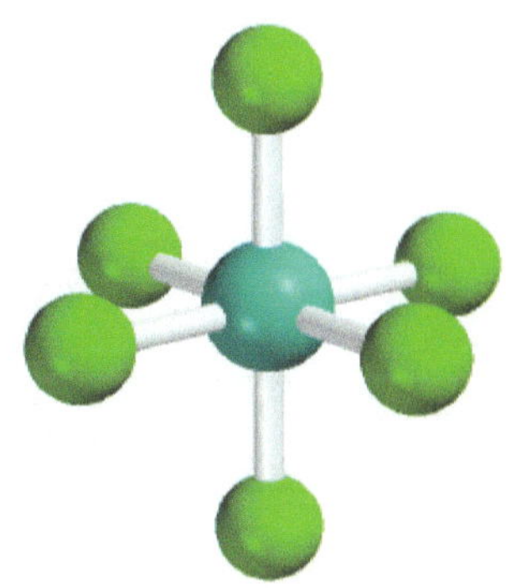

SF₆

Siccome il livello 3*d* è molto vicino in energia ai livelli 3*s* e 3*p*, si possono promuovere gli elettroni 3*s* e 3*p* in due degli orbitali 3*d* ottenendo lo stato eccitato $[Ne]3s^13p^33d^2$.

Mescolando gli orbitali 3*s*, i tre orbitali 3*p* e i due orbitali 3*d* si ottengono sei orbitali ibridi sp^3d^2 che sono orientati a 90° uno con l'altro e puntano verso i vertici di un ottaedro (si veda la Tabella 4.4).

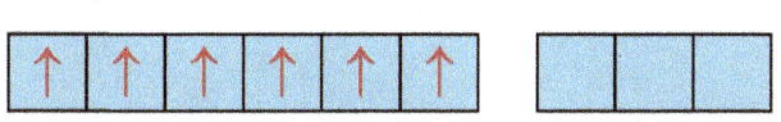

I sei legami S—F si formano per sovrapposizione degli orbitali ibridi di S con gli orbitali 2*p* degli atomi di F. Siccome ci sono 12 elettroni attorno all'atomo di S, la regola dell'ottetto non è verificata. L'utilizzo di orbitali *d* oltre agli orbitali *s* e *p* per formare un ottetto espanso (si veda il Paragrafo 3.4) è un esempio di *espansione della sfera di valenza.* Gli elementi del secondo periodo, a differenza degli elementi del terzo periodo, non hanno orbitali 2*d*, per cui non possono mai espandere la loro sfera di valenza. (Si ricordi, dal Paragrafo 1.4, che quando $n = 2$, $l = 0$ e 1. Perciò, si possono avere solo orbitali 2*s* e 2*p*.) Quindi, atomi del secondo periodo non possono mai essere circondati da un numero di elettroni superiore a otto.

L'Esempio 4.4 mostra come usare l'espansione della sfera di valenza per descrivere l'ibridizzazione di un elemento del terzo periodo.

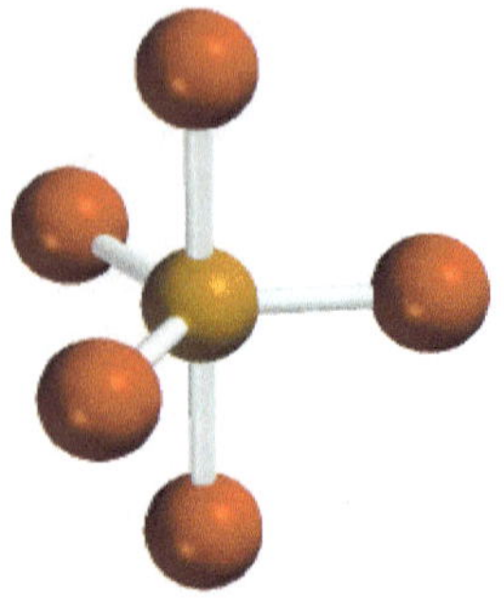

PBr$_5$

Esempio 4.4

Descrivere lo stato di ibridizzazione del fosforo nel pentabromuro di fosforo (PBr_5).

Impostazione Si segua la procedura dell'Esempio 4.3.

Soluzione La configurazione elettronica dello stato fondamentale del P è [Ne]$3s^2 3p^3$, per cui l'atomo di P ha cinque elettroni di valenza. La struttura di Lewis di PBr_5 è

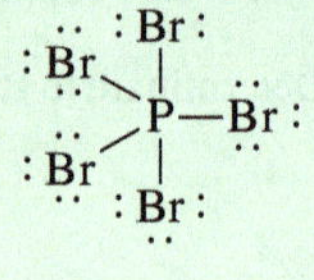

Ci sono cinque coppie di elettroni attorno all'atomo di P; quindi, la disposizione elettronica è di tipo bipiramide trigonale. P deve usare orbitali ibridi sp^3d quando si lega con il Br, in quanto gli orbitali ibridi sp^3d hanno disposizione a bipiramide trigonale (si veda la Tabella 4.3). Il processo di ibridizzazione può esere immaginato come segue.

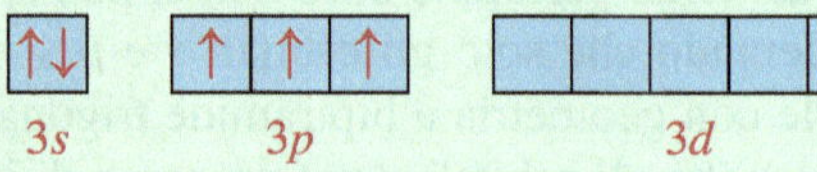

Promuovendo un elettrone 3*s* in un orbitale 3*d* si ottiene lo stato eccitato [Ne]$3s^1 3p^3 3d^1$, che ha cinque elettroni disaccoppiati in orbitali non equivalenti.

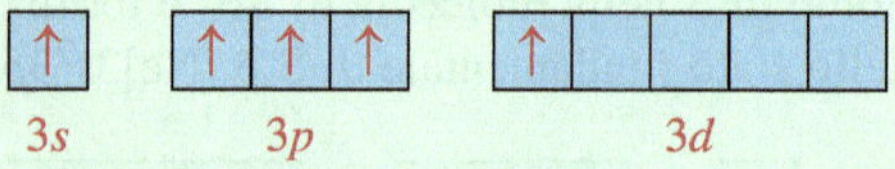

Mescolando l'orbitale 3*s*, i tre orbitali 3*p* e un orbitale 3*d* si ottengono cinque orbitali ibridi sp^3d che puntano ai vertici di una bipiramide trigonale come richiesto.

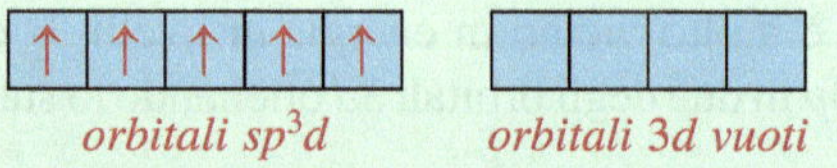

Questi orbitali ibridi si sovrappongono con gli orbitali 4*p* del Br per formare cinque legami P—Br covalenti ed equivalenti. Siccome non ci sono coppie solitarie sull'atomo di P, la geometria di PBr_5 è una bipiramide trigonale.

Problema di autovalutazione Descrivere lo stato di ibridizzazione di Xe nella molecola di XeF_4.

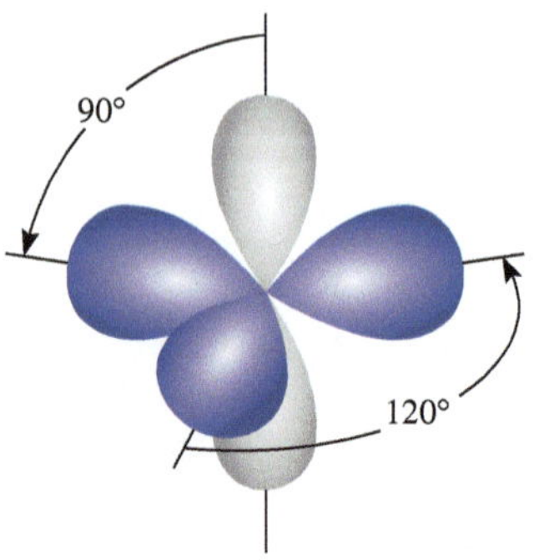

Figura 4.13 Ciascun atomo di carbonio nella molecola di C_2H_4 ha tre orbitali ibridi sp^2 (blu) e un orbitale puro $2p_z$ (grigio), che è perpendicolare al piano degli orbitali ibridi.

4.3.6 Ibridizzazione in molecole che contengono legami doppi e tripli

Il concetto di ibridizzazione è utile anche per descrivere il legame in molecole con legami doppi e tripli. Si ricordi dall'Esempio 4.1, per esempio, che la molecola di etilene (C_2H_4) contiene un legame doppio carbonio-carbonio e ha una geometria planare. Sia la geometria sia il legame possono essere compresi se si assume che ciascun atomo di carbonio sia ibridizzato sp^2. Si considera che solo gli orbitali $2p_x$ e $2p_y$ si combinino con l'orbitale 2*s* e che l'orbitale $2p_z$ rimanga puro (*non ibridizzato*). La Figura 4.13 mostra che l'orbitale $2p_z$ è perpendicolare al piano che contiene gli orbitali ibridi.

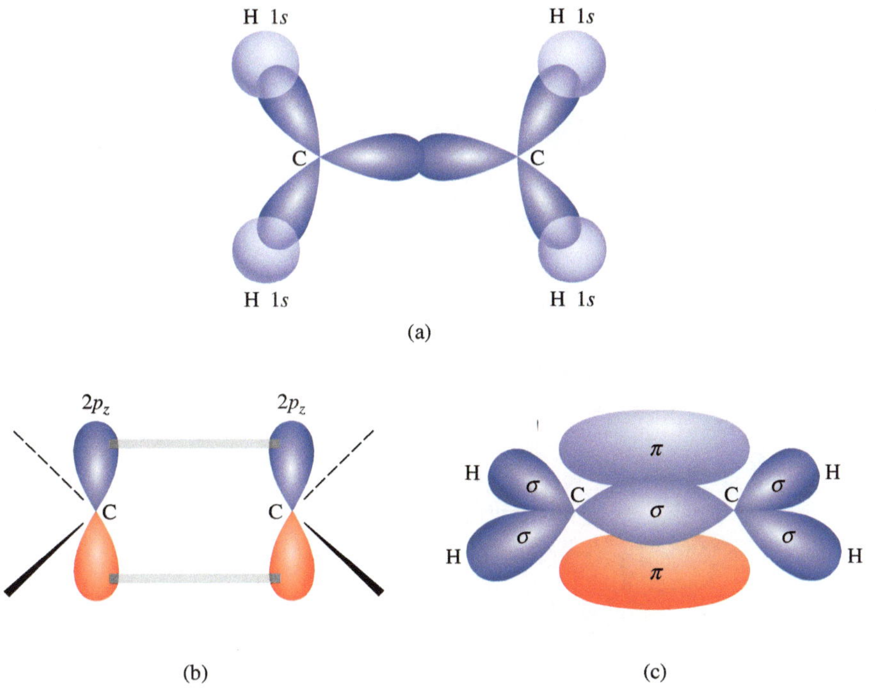

Figura 4.14 Legame nell'etilene, C_2H_4. (a) Vista dall'alto dei legami sigma fra gli atomi di carbonio e fra gli atomi di carbonio e quelli di idrogeno. Tutti gli atomi giacciono sullo stesso piano, per cui la molecola di C_2H_4 è planare. (b) Vista di lato che mostra la sovrapposizione laterale dei due orbitali $2p_z$ del carbonio, che porta alla formazione del legame pi greco. I colori blu e rosso denotano le regioni + e − degli orbitali. (c) Le interazioni in (a) e (b) portano alla formazione dei legami sigma e pi greco nell'etilene. Si noti che il legame pi greco sta sopra e sotto il piano della molecola.

Come si spiega il legame fra gli atomi di C? Come mostra la Figura 4.14(a), ciascun atomo di carbonio usa i tre orbitali ibridi sp^2 per formare due legami *sigma* (σ) con i due orbitali 1*s* degli atomi di idrogeno e un legame σ con l'orbitale ibrido sp^2 dell'atomo di carbonio adiacente. Inoltre, i due orbitali puri $2p_z$ degli atomi di carbonio formano un legame pi greco (π) per sovrapposizione laterale [si veda la Figura 4.14(b)].

È la formazione di questo legame π che dà all'etilene la sua geometria planare in quanto la rotazione del gruppo CH_2 non è permessa, a meno che non si rompa il legame π C—C. La Figura 4.14(c) mostra l'orientazione dei legami σ e π. La Figura 4.15 è un'altra vista della molecola planare di C_2H_4 e della formazione del le-

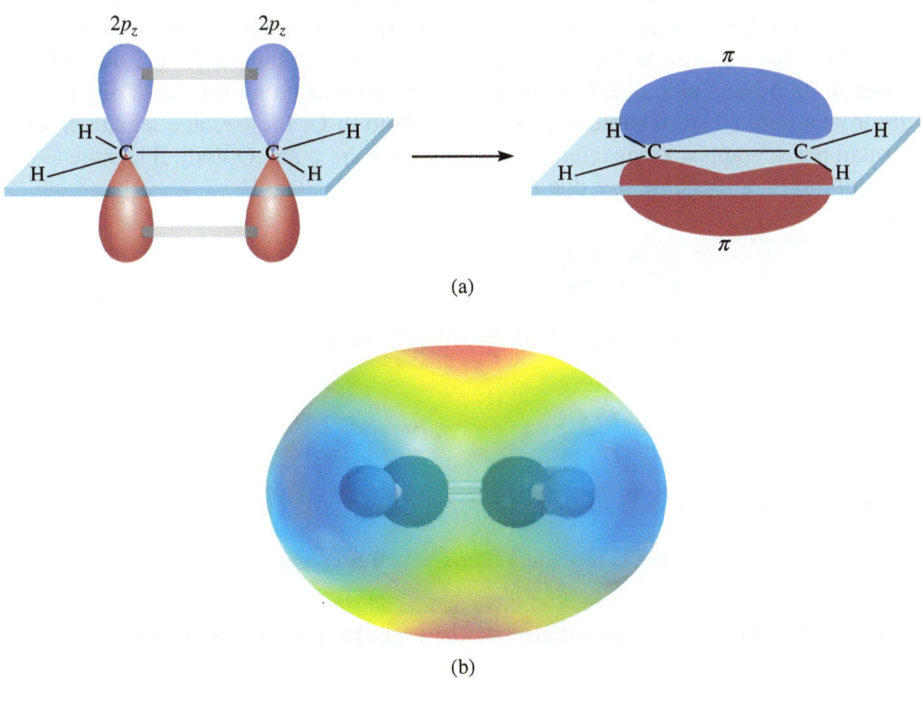

Figura 4.15 (a) Un'altra vista della formazione del legame pi greco nella molecola di C_2H_4. Si noti che tutti i sei atomi giacciono sullo stesso piano. È la sovrapposizione degli orbitali $2p_z$ che fa sì che la molecola assuma una struttura planare. (b) Mappa del potenziale elettrostatico di C_2H_4.

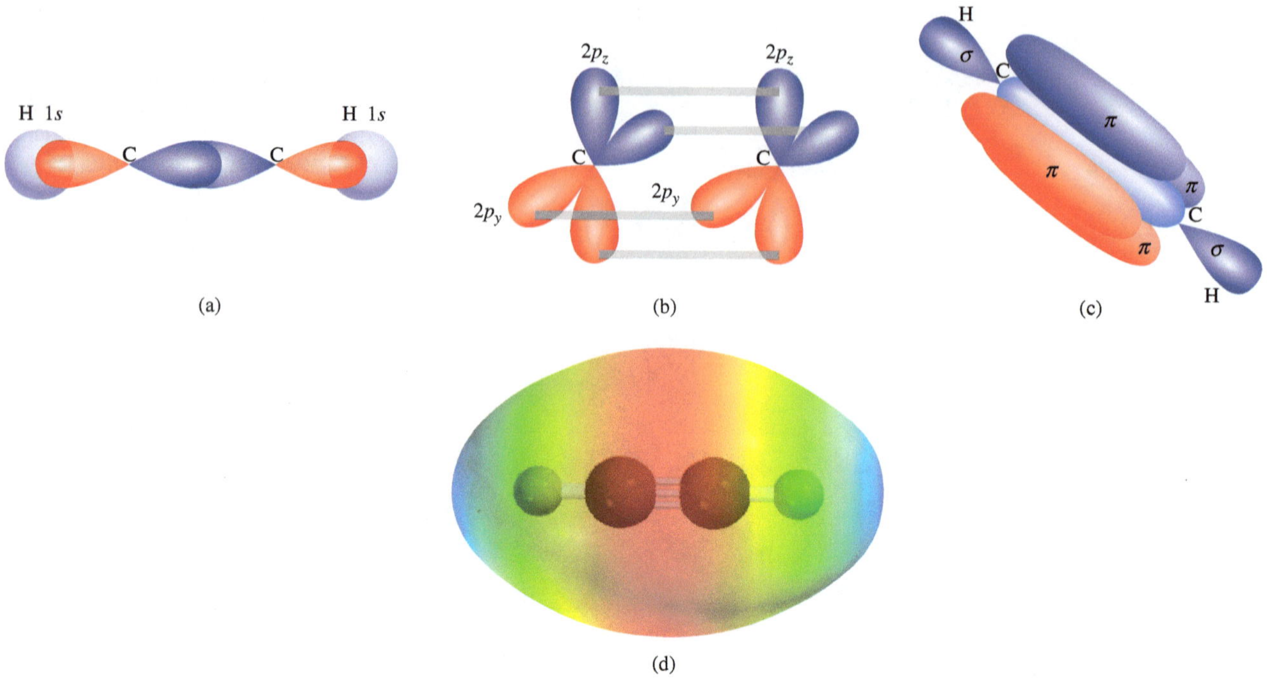

Figura 4.16 Legame nell'etino, C_2H_2. (a) Vista dall'alto che mostra la sovrapposizione degli orbitali ibridi *sp* dei due atomi di C e la sovrapposizione tra gli orbitali ibridi di C e gli orbitali 1*s* di H; tutti gli orbitali si trovano su una linea; per cui l'etino è una molecola lineare. (b) Vista di lato che mostra la sovrapposizione laterale dei due orbitali $2p_y$ e $2p_z$ degli atomi di carbonio, che porta alla formazione dei legami pi greco. I colori blu e rosso denotano le regioni + e − degli orbitali. (c) Formazione del legame sigma e pi greco come risultato delle interazioni in (a) e (b). (d) Mappa del potenziale elettrostatico della molecola di C_2H_2.

game π. Anche se normalmente si rappresenta il doppio legame carbonio-carbonio come C═C (come nella struttura di Lewis), i due legami sono di tipo diverso: uno è un legame σ e l'altro è un legame π. Infatti, le energie dei legami carbonio-carbonio π e σ sono circa 270 kJ mol^{-1} e 350 kJ mol^{-1}, rispettivamente.

La molecola di etino (C_2H_2) contiene un legame triplo carbonio-carbonio. Siccome la molecola è lineare, si può spiegare la sua geometria e lo schema di legame considerando che ciascun atomo di C sia ibridizzato *sp* per mescolamento degli orbitali 2*s* e $2p_x$ (si veda la Figura 4.16). Come mostra la Figura 4.16, i due orbitali ibridi *sp* di ciascun atomo di C formano un legame σ con un orbitale 1*s* degli atomi di idrogeno e un altro legame σ con l'altro atomo di C. Inoltre, due legami π sono formati per sovrapposizione laterale di orbitali puri $2p_y$ e $2p_z$. Quindi, il legame C≡C è costituito da un legame σ e due legami π.

Esempio 4.5

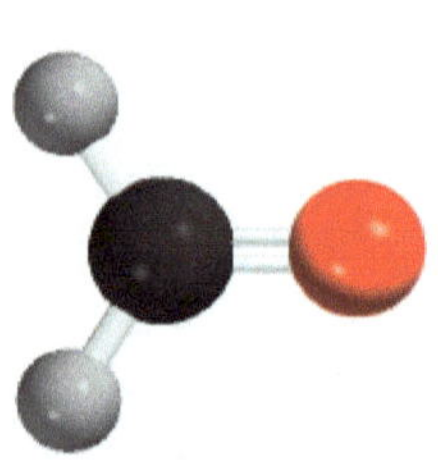

CH_2O

Si descriva il legame nella molecola di formaldeide, la cui struttura di Lewis è

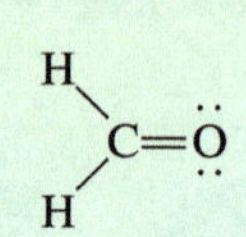

Ipotizzare che l'atomo di O sia ibridizzato sp^2.

Impostazione Seguire la procedura illustrata nell'Esempio 4.3.

Soluzione Ci sono tre coppie di elettroni attorno all'atomo di C, per cui la disposizione delle coppie elettroniche è trigonale planare. (Si ricordi che un doppio legame è trattato come una singola coppia di elettroni nella teoria VSEPR.) C deve usare orbitali ibridi sp^2 quando si lega, in quanto gli orbitali ibridi sp^2 hanno una disposizione trigonale planare (si veda la Tabella 4.4). Si può immaginare che il processo di ibridizzazione per C e O sia come segue

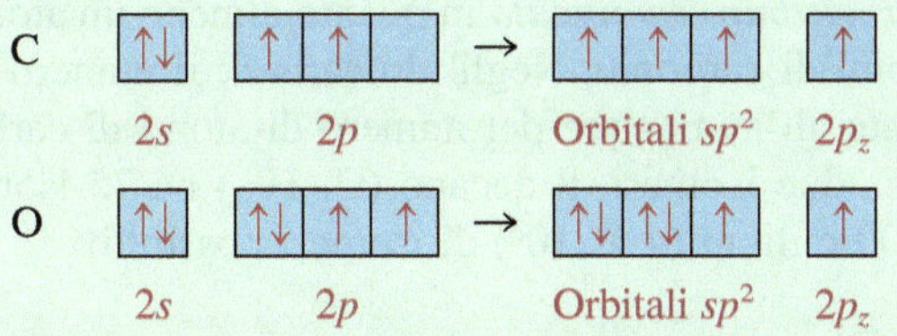

L'atomo di carbonio ha un elettrone in ciascuno dei tre orbitali ibridi sp^2 che sono usati per formare i legami σ con gli atomi di H e di O. C'è anche un elettrone nell'orbitale $2p_z$. L'ossigeno ha quattro elettroni in due dei suoi orbitali ibridi sp^2. Queste sono le coppie solitarie dell'ossigeno. Il suo terzo orbitale ibrido sp^2 con un elettrone è usato per formare un legame σ con il carbonio. L'orbitale $2p_z$ (con un solo elettrone) si sovrappone con l'orbitale puro $2p_z$ del C per formare un legame π (si veda la Figura 4.17).

Problema di autovalutazione Descrivere il legame nella molecola di acido cianidrico, HCN. Ipotizzare che N sia ibridizzato *sp*.

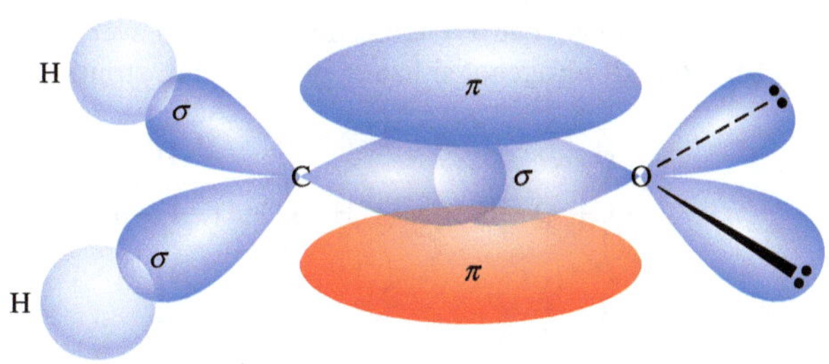

Figura 4.17 Legame nella molecola di formaldeide. Un legame sigma si forma per sovrapposizione di orbitali ibridi sp^2 del carbonio e orbitali ibridi sp^2 dell'ossigeno; un legame pi greco si forma per sovrapposizione di orbitali puri $2p_z$ degli atomi di carbonio e di ossigeno. Le due coppie solitarie sono descritte dagli altri due orbitali ibridi sp^2 dell'ossigeno. I colori blu e rosso denotano, rispettivamente, le regioni + e − dell'orbitale pi greco.

4.4 Isomeria

Conoscere soltanto la formula molecolare di un composto è spesso insufficiente per conoscere esattamente la sua struttura tridimensionale. È possibile che due o più composti diversi abbiano la stessa formula molecolare. Questi composti sono detti ***isomeri***. Gli isomeri possono essere distinti uno dall'altro dalla loro *connettività di legame* – cioè dal modo in cui gli atomi della molecola sono legati fra di loro – oppure dalla loro struttura tridimensionale.

4.4.1 Isomeri strutturali

Gli ***isomeri strutturali*** sono molecole con la stessa formula molecolare ma diversa connettività di legame. Per esempio, l'idrocarburo C_4H_{10} ha due isomeri strutturali:

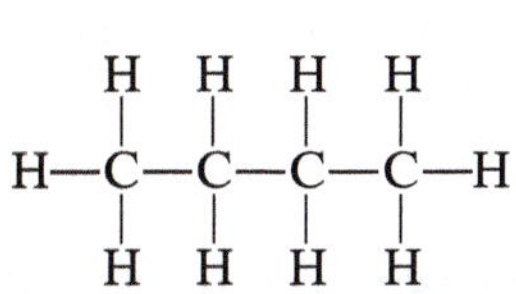

1

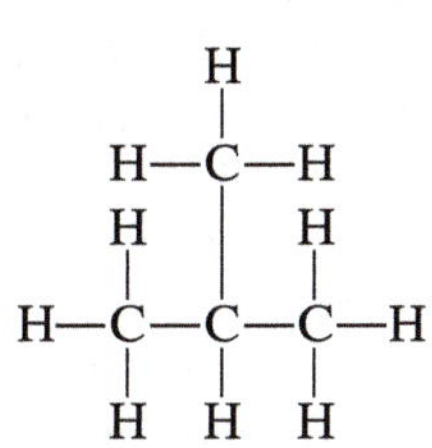

2

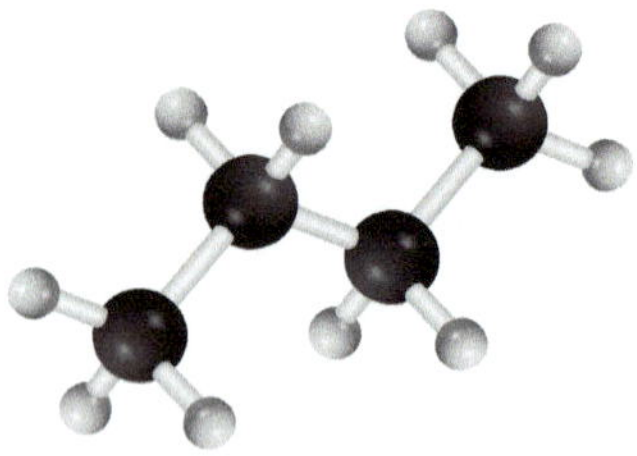

n-butano

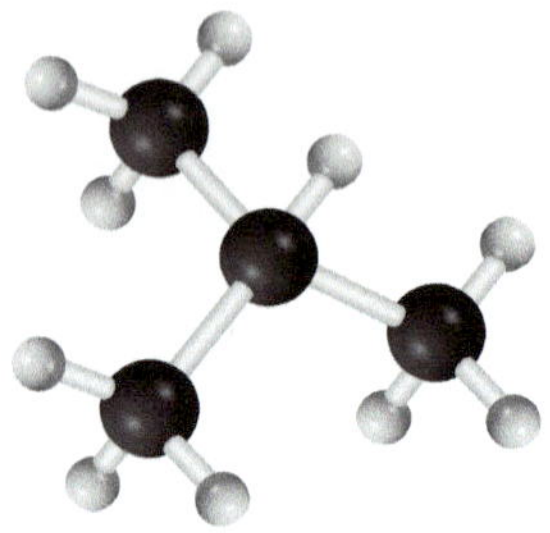

2-metilpropano (o isobutano)

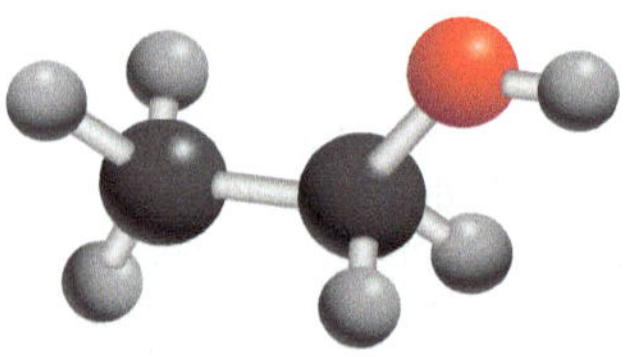

etanolo

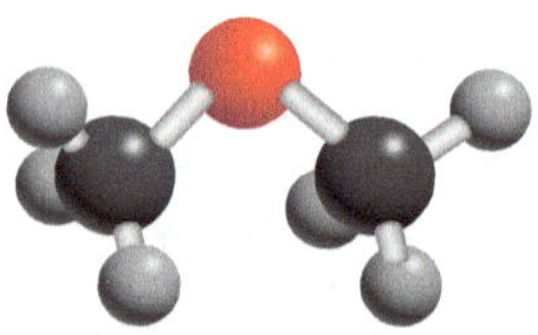

etere dimetilico

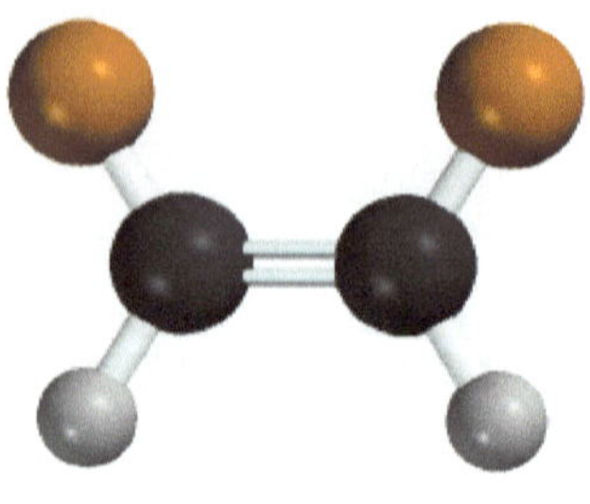

cis-dicloroetilene

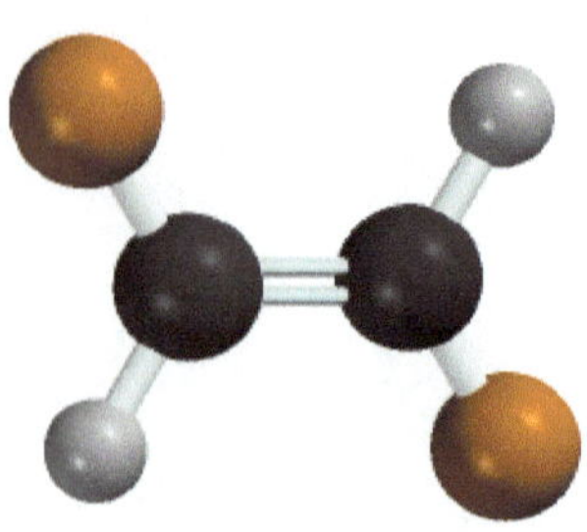

trans-dicloroetilene

Entrambe le molecole hanno 4 atomi di carbonio e 10 atomi di idrogeno, ma è diverso il modo con cui questi atomi sono legati tra loro. Il composto **1** è detto *n*-butano (o semplicemente butano) ed è un *idrocarburo a catena lineare* (tutti gli atomi di carbonio sono legati uno dopo l'altro). Il composto **2** è detto 2-metilpropano (o isobutano). È un *idrocarburo ramificato* in quanto almeno un atomo di carbonio è legato ad altri tre atomi di carbonio. Negli idrocarburi, il numero di possibili isomeri aumenta rapidamente all'aumentare del numero di atomi di carbonio. Per esempio, il butano (C_4H_{10}) ha due isomeri, il decano ($C_{10}H_{22}$) ha 75 isomeri e l'idrocarburo $C_{30}H_{62}$ ha più di 400 milioni (4×10^8) di isomeri possibili!

Esempio 4.6

Disegnare tutti i possibili isomeri strutturali di C_2H_6O.

Impostazione Il carbonio e l'ossigeno formano rispettivamente con gli atomi vicini quattro e due legami covalenti, ma l'idrogeno può formare un solo legame. Si devono usare queste regole di legame per costruire logicamente tutte le possibili strutture.

Soluzione Siccome l'idrogeno può formare un solo legame covalente con gli atomi vicini, esso si trova sempre in posizione terminale. Quindi, gli atomi centrali della molecola devono essere i due atomi di carbonio e l'atomo di ossigeno. Se si dispongono in catena, si può inserire l'ossigeno al centro o agli estremi, e, dopo aver riempito le posizioni rimanenti con i sei atomi di idrogeno, si hanno due possibili strutture:

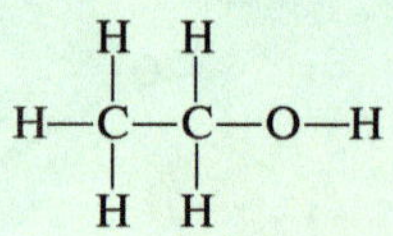

1

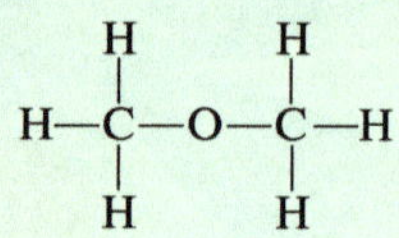

2

La struttura **1** è quella dell'etanolo e la struttura **2** è quella dell'etere dimetilico. Le proprietà delle due sostanze sono molto diverse. Per esempio, l'etanolo è un liquido a temperatura ambiente con un punto di ebollizione pari a 352 K, mentre l'etere dimetilico è un gas a temperatura ambiente e il suo punto di ebollizione è 249 K.

Problema di autovalutazione Disegnare tutti i possibili isomeri strutturali del pentano, C_5H_{12}.

4.4.2 Stereoisomeri

Per alcuni composti conoscere la formula molecolare e la connettività di legame non è ancora sufficiente per specificare inequivocabilmente l'identità di un isomero. Gli ***stereoisomeri*** sono *composti che hanno la stessa formula molecolare e la stessa connettività dei legami ma hanno diversa disposizione degli atomi nello spazio.* Ci sono due tipi di stereoisomeri: gli isomeri geometrici e gli isomeri ottici.

Gli ***isomeri geometrici*** *sono stereoisomeri che differiscono per la disposizione degli atomi uno rispetto all'altro.* Questi isomeri non possono essere convertiti uno nell'altro senza rompere i legami chimici. Gli isomeri geometrici si trovano a coppie. Si utilizzano i termini *cis* e *trans* per distinguerli uno dall'altro: *cis* significa che due particolari atomi (o gruppi di atomi) si trovano dalla stessa parte nella struttura rispetto al doppio legame, e *trans* significa che gli atomi (o gruppi di atomi) sono dalla parte opposta rispetto al doppio legame. Per esempio, il dicloroetilene (ClHC=CHCl) può esistere come uno dei due isomeri geometrici detti *cis*-dicloroetilene e *trans*-dicloroetilene:

Approfondimento 4.2

ISOMERIZZAZIONE CIS-TRANS NEL PROCESSO DI VISIONE OCULARE

La conversione di un isomero *cis* nell'isomero *trans* (o viceversa) è un processo chiamato *isomerizzazione cis-trans*. Questi processi sono molto importanti nel fenomeno di visione. La molecola nella retina che viene raggiunta dalla radiazione luminosa è la radopsina, che ha due componenti l'11-*cis*-retinale e l'opsina. Il retinale è la componente sensibile alla luce e l'opsina è una proteina. Quando riceve un fotone di radiazione elettromagnetica del visibile, l'11-*cis*-retinale isomerizza nella forma tutta *trans* rompendo il legame π carbonio-carbonio. Con il legame π rotto, gli atomi di carbonio legati σ possono ruotare rispetto all'asse di legame e la molecola di retinale si trasforma nella forma tutta *trans* quando il doppio legame si riforma. A questo punto, si genera un impulso elettrico che viene trasmesso al cervello e che forma un'immagine visiva. Il *trans* retinale non riesce a legarsi al sito attivo e l'opsina e si separa dalla proteina. Successivamente l'isomero *trans* si riconverte in 11-*cis*-retinale mediante un enzima (in assenza di luce), e la radopsina viene generata mediante il legame tra l'isomero *cis* dell'opsina e il ciclo può ricominciare.

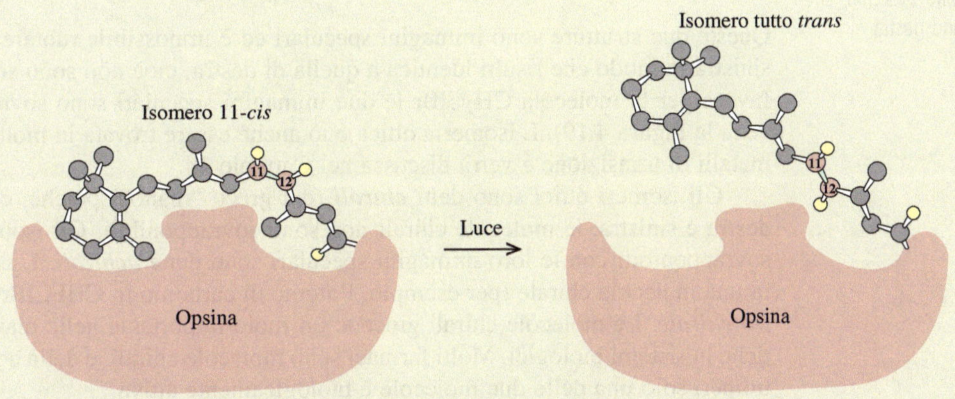

Il primo evento nel processo di visione è la conversione dell'11-*cis*-retinale nella forma tutta *trans* della rodopsina. Il doppio legame coinvolto nel processo di isomerizzazione è fra il carbonio 11 e il carbonio 12. Per semplicità, la maggior parte degli atomi di H vengono omessi. In assenza di luce, questa trasformazione avviene in circa 1000 anni!

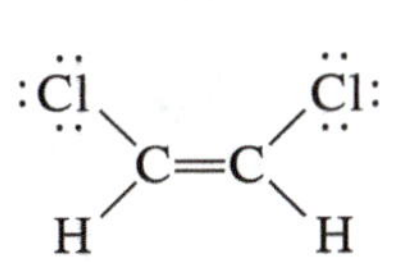

cis-dicloroetilene

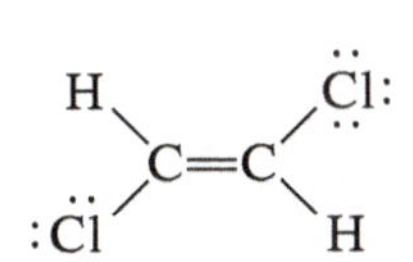

trans-dicloroetilene

Queste due strutture possono essere interconvertite mediante rotazione di uno dei gruppi —CHCl di 180° attorno all'asse di legame C═C. Questo necessita della rottura del legame π fra i due atomi di carbonio. Le proprietà delle due molecole sono molto diverse. Come discusso nel Paragrafo 4.2, l'isomero *cis* ha un momento di dipolo relativamente grande (1,89 D), mentre l'isomero più simmetrico, il *trans*, ha un momento di dipolo uguale a zero. Questa differenza si riflette sui punti di ebollizione, che sono, 333,5 K e 320,7 K per gli isomeri *cis* e *trans*, rispettivamente.

Altri tipi di stereoisomeri sono gli ***isomeri ottici***, o ***enantiomeri***, che sono immagini speculari *non sovrapponibili.* ("Sovrapponibile" significa che se una struttura è portata sopra l'altra, la posizione di tutti gli atomi coincide.) Come gli isomeri geometrici, gli isomeri ottici si trovano a coppie. Tuttavia, gli isomeri ottici di un composto hanno identiche proprietà fisiche e chimiche, come il punto di ebollizione, il momento di dipolo e la reattività chimica nei confronti di molecole che non siano

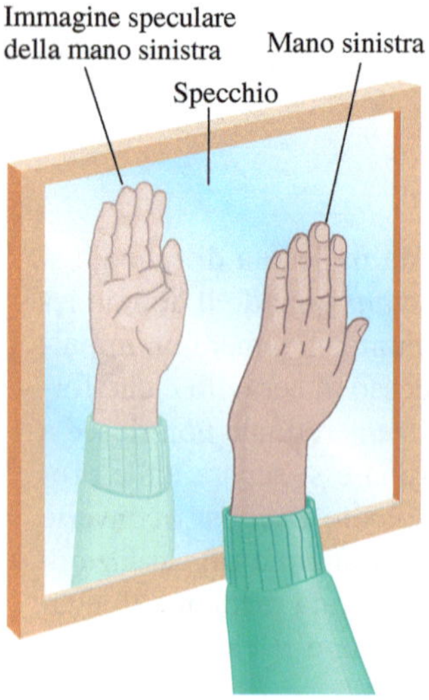

Figure 4.18 Una mano sinistra e la sua imagine allo specchio, che è identica alla mano destra.

esse stesse degli enantiomeri. Gli enantiomeri differiscono fra loro per l'interazione con la radiazione polarizzata, come si vedrà fra poco.

La relazione strutturale fra due enantiomeri è analoga alla relazione fra le nostre mani, destra e sinistra. Se si pone la mano sinistra di fronte a uno specchio, l'immagine che se ne ricava nello specchio è identica alla mano destra (si veda la Figura 4.18). Si dice che la mano sinistra e la mano destra sono immagini speculari una dell'altra. Esse non sono sovrapponibili tuttavia, poiché quando si pone la mano sinistra sulla mano destra (con entrambi i palmi rivolti verso il basso) non coincidono.

Gli isomeri ottici sono molto frequenti in composti che contengono atomi di carbonio legati a quattro altri atomi anche di diversa natura o frammenti molecolari. Nel composto CHFClBr, per esempio, la geometria attorno all'atomo di carbonio è tetraedrica ($N_S = 4$, nessuna coppia solitria). Sono possibili due enantiomeri:

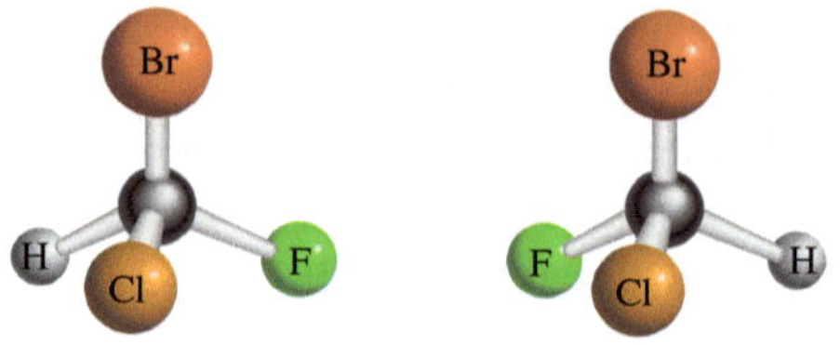

Queste due strutture sono immagini speculari ed è impossibile ruotare la struttura a sinistra in modo che risulti identica a quella di destra, cioè non sono sovrapponibili. Invece per la molecola CH_2ClBr le due immagini speculari sono sovrapponibili (si veda la Figura 4.19). L'isomeria ottica può anche essere trovata in molti composti di metalli di transizione e verrà discussa nel Capitolo 14.

Gli isomeri ottici sono detti ***chirali*** (dal greco "mano") poichè, come la mano destra e sinistra, le molecole chirali non sono sovrapponibili. Gli isomeri che sono sovrapponibili con le loro immagini speculari sono dette *achirali.* L'atomo centrale in una molecola chirale (per esempio, l'atomo di carbonio in CHFClBr) è detto *centro chirale.* Le molecole chirali giocano un ruolo importante nelle reazioni enzimatiche in sistemi biologici. Molti farmaci sono molecole chirali, e della coppia di enantiomeri solo una delle due molecole è biologicamente attiva.

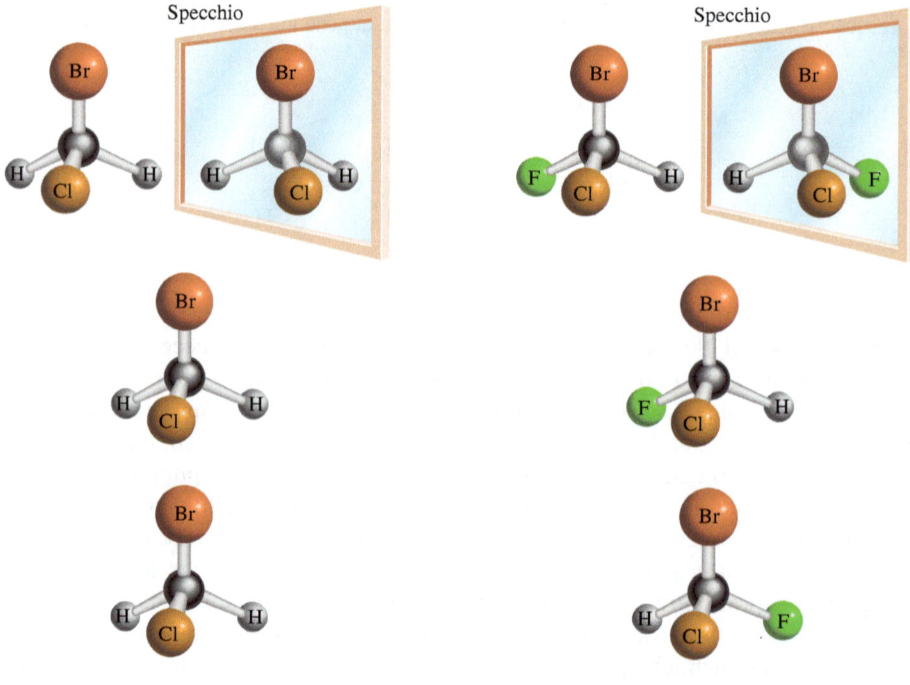

Figura 4.19 (a) La molecola di CH_2ClBr e la sua imagine speculare. Siccome la molecola e la sua imagine speculare sono sovrapponibili, la molecola è detta achirale. (b) La molecola di CHFClBr e la sua immagine speculare. Siccome la molecola e la sua immagine speculare non sono sovrapponibili, comunque vengano ruotate una rispetto all'altra, la molecola è detta chirale.

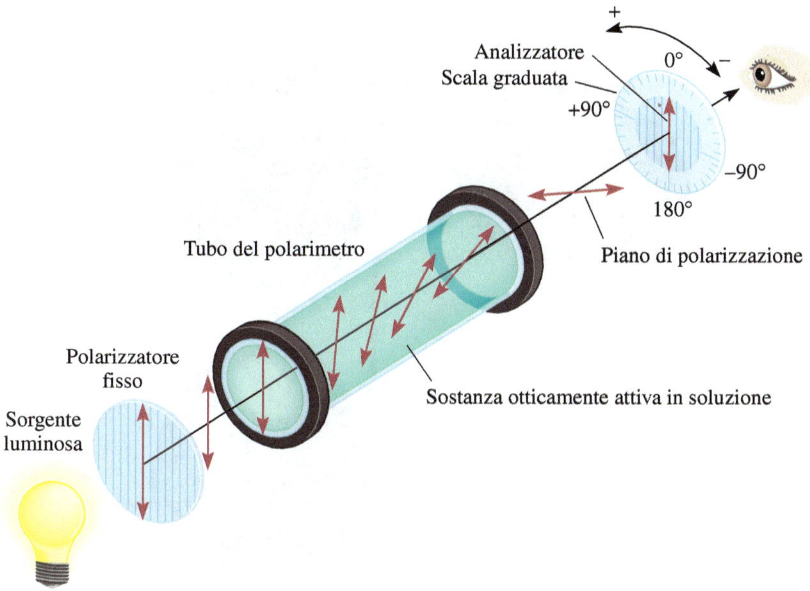

Figura 4.20 Come agisce un polarimetro. Inizialmente, il tubo è riempito con una soluzione di un composto achirale. L'analizzatore è ruotato in modo che il suo piano di polarizzazione sia perpendicolare a quello del polarimetro. In queste condizioni, la luce non arriva al rivelatore (osservatore). Successivamente, nel tubo viene introdotto un composto chirale. Il piano di polarizzazione della luce polarizzata è ruotato a mano a mano che la luce passa attraverso il tubo in modo tale che un po' di luce raggiunge il rivelatore (osservatore). Ruotando l'analizzatore (a sinistra o a destra) finché non arriva luce all'osservatore è possible misurare l'angolo di rotazione ottica del campione.

Le molecole chirali si dice che sono otticalmente attive poiché ruotano il piano della luce polarizzata quando la radiazione passa attraverso una soluzione contenente uno degli enantiomeri. Diversamente dalla luce ordinaria, la cui radiazione vibra in tutte le direzioni, la *luce polarizzata* vibra solo in un piano. Si usa un ***polarimetro*** per *misurare la rotazione del piano della luce polarizzata* (si veda la Figura 4.20).

Un raggio di luce non polarizzata viene fatta passare prima attraverso una pellicola, detta polarizzatore, che polarizza la luce, e poi attraverso un tubo che contiene una soluzione di un composto chirale, otticamente attivo. Quando la luce polarizzata passa attraverso il campione, il suo piano di polarizzazione viene ruotato o in senso antiorario (rispetto a un osservatore nella Figura 4.20) o in senso orario. Questa rotazione può essere misurata direttamente ruotando l'analizzatore nella direzione appropriata finché si ottiene una minima trasmissione di luce (si veda la Figura 4.21). Se il piano della polarizzazione viene ruotato verso destra, l'isomero è detto *destrogiro (d);* si dice isomero *levogiro (l)* se la rotazione è verso sinistra. *Gli isomeri d e l di una sostanza chirale,* detti *enantiomeri,* ruotano sempre la luce della stessa quantità ma in direzioni opposte. Quindi, in *una miscela equimolare di due enantiomeri,* chiamata ***miscela racemica,*** la rotazione complessiva è nulla.

4.5 Legame nelle molecole poliatomiche e orbitali molecolari

Finora si è discusso il legame chimico in molecole poliatomiche in termini del modello VB, o più semplicemente in termini di struttura di Lewis. Questi due modelli sono in relazione nel senso che studiano il legame chimico come condivisione di coppie elettroniche di atomi adiacenti. In molti casi, tuttavia, è richiesto un approccio più sofisticato basato sul concetto di *orbitale molecolare* per rappresentare più accuratamente la struttura elettronica di molecole poliatomiche anche a livello qualitativo.

4.5.1 Molecola di ozono, O_3

La molecola di ozono ha formula O_3. I due legami O—O sono identici (uguali in lunghezza ed energia). Tuttavia, la struttura di Lewis di O_3 è

Figura 4.21 Con un filtro polarizzatore su un'immagine, la luce passa. Con un secondo filtro polarizzatore sopra il primo in modo tale che gli assi di polarizzazione dei due filtri siano perpendicolari, passa poca luce o per niente. Se gli assi di polarizzazione dei due filtri fossero paralleli, la luce passerebbe.

$$\mathrm{\ddot{\underset{..}{O}}{=}\ddot{O}{-}\ddot{\underset{..}{O}}:}$$

il che implica che un legame O—O deve essere più corto dell'altro, contrariamente ai dati sperimentali. Nel Paragrafo 3.4 si è superato questo dilemma introducendo il concetto di risonanza. Le due strutture di risonanza di O_3 sono

$$\mathrm{\ddot{\underset{..}{O}}{=}\ddot{O}{-}\ddot{\underset{..}{O}}:} \longleftrightarrow \mathrm{:\ddot{\underset{..}{O}}{-}\ddot{O}{=}\ddot{\underset{..}{O}}}$$

Nel Paragrafo 4.5, si considererà il problema in un altro modo utilizzando l'approccio dell'orbitale molecolare.

I due legami σ nell'ozono possono essere descritti con l'approccio VB per sovrapposizione fra gli orbitali ibridi sp^2 dell'atomo di ossigeno centrale e un orbitale ibrido sp^2 su ciascuno degli atomi di ossigeno. I rimanenti cinque orbitali sp^2 (uno sull'atomo centrale e due su ciascun ossigeno terminale) contengono le coppie solitarie. Questa distribuzione lascia quattro elettroni [18 elettroni di valenza $-$ 4 elettroni di legame σ $-$ $(5 \times 2)sp^2$ coppie solitarie] per formare i legami π. Descrivere il legame π senza usare la risonanza richiede la costruzione di orbitali molecolari. Per fare questo si userà il metodo LCAO (combinazione lineare di orbitali atomici) che è stato illustrato nel Paragrafo 3.5. Se si designa la direzione z perpendicolare al piano della molecola, gli orbitali coinvolti in legami π sono gli orbitali $2p_z$ su ciascuno dei tre atomi di ossigeno: $\phi_{A,2p_z}$, $\phi_{B,2p_z}$ e $\phi_{C,2p_z}$ dove l'indice "B" indica l'atomo di ossigeno centrale, "A" e "C" denotano i due atomi di ossigeno terminali. Usando questi orbitali atomici, si possono costruire gli orbitali molecolari come combinazione lineare di orbitali atomici:

$$\psi_{MO} = c_A\phi_{A,2p_z} + c_B\phi_{B,2p_z} + c_C\phi_{C,2p_z}$$

Siccome si parte da tre orbitali atomici, si possono costruire tre orbitali molecolari. La procedura generale per determinare i valori dei coefficienti c_A, c_B e c_C per questi tre orbitali molecolari è matematicamente complessa; in questo caso tuttavia, per ottenere un buon schema qualitativo degli orbitali molecolari si può sfruttare quello che si conosce circa la simmetria del problema e il comportamento generale delle funzioni d'onda elettroniche. Prima di tutto, la molecola di ozono è simmetrica, con un piano di simmetria che biseca l'angolo di legame O—O—O. La riflessione dell'orbitale molecolare su questo piano di simmetria non può far cambiare la densità elettronica (data da ψ^2). Per fare in modo che questo sia vero, c_A e c_C devono essere uguali in valore ma devono avere stesso segno o segno opposto. La simmetria non mette restrizioni su c_B. Inoltre, in analogia con la particella in una scatola, il numero di nodi aumenta all'aumentare dell'energia dell'orbitale molecolare. (Siccome tutti gli orbitali atomici considerati qui sono orbitali p, ci sarà, almeno, un piano nodale nel piano della molecola per qualsiasi combinazione di coefficienti.) Lo stato a più bassa energia è la combinazione lineare che è in accordo con la simmetria e ha il minor numero di nodi. Questo si può ottenere considerando che tutti i coefficienti siano positivi e $c_A = c_C$, ottenendo quindi

$$\psi_1 = c_A\phi_{A,2p_z} + c_B\phi_{B,2p_z} + c_A\phi_{C,2p_z}$$

Questa combinazione non ha nodi, a eccezione di quello sul piano della molecola. Il successivo orbitale molecolare deve avere un piano nodale in più. Per simmetria, questo nodo deve passare attraverso l'atomo di ossigeno centrale, per cui c_B deve essere zero e $c_A = -c_C$:

$$\psi_2 = c_A(\phi_{A,2p_z} - \phi_{C,2p_z})$$

Infine, il successivo orbitale molecolare deve avere altri due piani nodali, e per simmetria questi devono bisecare il legame O—O, il che implica che c_B abbia segno opposto rispetto a c_A e c_C, e che questi siano uguali:

$$\psi_3 = c_A\phi_{A,2p_z} - c_B\phi_{B,2p_z} + c_A\phi_{C,2p_z}$$

La Figura 4.22 mostra la rappresentazione tridimensionale di ciascuno di questi orbitali molecolari. Questi orbitali molecolari sono *orbitali molecolari delocalizzati* poiché si estendono sull'intera molecola. L'orbitale a più bassa energia, ψ_1, è un orbitale molecolare di legame (π_z) nel senso che esiste notevole densità elettronica fra gli atomi di ossigeno. L'orbitale a più alta energia, ψ_3, è di antilegame (π_z^*) poiché ci sono dei piani nodali che bisecano ciascuno dei due legami O—O. L'orbitale a energia intermedia (ψ_2) non ha né carattere di orbitale di legame né ha piani nodali fra gli atomi di ossigeno nei legami O—O, e descrive una significativa densità elettronica nella zona di legame. Un tale orbitale è detto orbitale di *non legame* ($\pi_z^{\text{nonlegame}}$).

Introdurre i quattro elettroni π in questi orbitali molecolari dà il seguente diagramma MO:

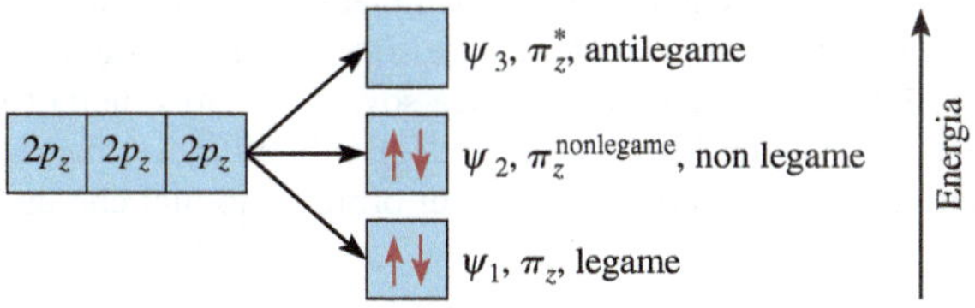

l'orbitale di non legame $\pi_z^{\text{nonlegame}}$ è ***l'orbitale molecolare occupato a più alta energia*** (o HOMO, dall'inglese *Highest Occupied Molecular Orbital*) e l'orbitale di antilega-

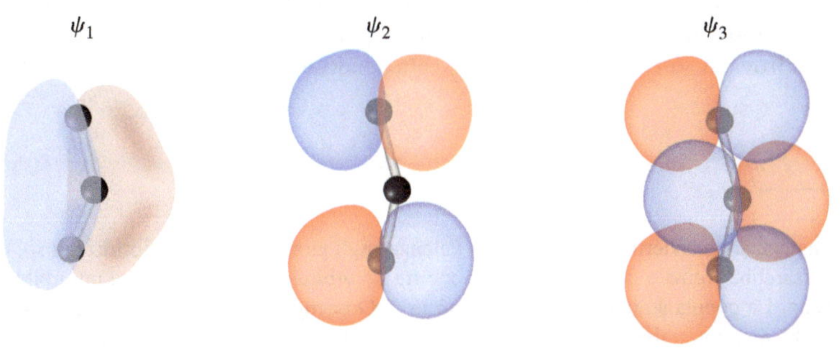

Figura 4.22 Superfici limite dei tre orbitali molecolari π nell'ozono discusso nel testo. Da sinistra a destra: ψ_1, ψ_2 e ψ_3. ψ_1 è un orbitale di legame occupato, ψ_2 è un orbitale di non legame occupato e ψ_3 è un orbitale di antilegame non occupato. I colori blu e rosso denotano le regioni + e − dell'orbitale, rispettivamente.

me π_z^* è ***l'orbitale molecolare non occupato a più bassa energia*** (o LUMO, dall'inglese *Lowest Unoccupied Molecular Orbital*). Ci sono due elettroni in orbitali di legame e nessuno negli orbitali di antilegame, per cui l'ordine di legame totale è 1. Questo è in accordo con l'idea della risonanza in cui una coppia di elettroni π è distribuita su due legami. Infatti, l'orbitale molecolare di legame dello stato fondamentale rappresenta quello che si intende realmente quando si parla di "risonanza" fra due strutture di Lewis (o VB); solo nella rappresentazione dell'orbitale molecolare nasce spontaneamente, senza dover invocare specificatamente il concetto di risonanza. Nella rappresentazione VB, l'orbitale molecolare di non legame rappresenta una "risonanza" fra una coppia solitaria di elettroni localizzati negli orbitali $2p_z$ dell'ossigeno A e una coppia di elettroni localizzati nell'orbitale $2p_z$ dell'ossigeno C. (Si ricordi che le altre coppie solitarie sono localizzate in orbitali sp^2 degli atomi di ossigeno.)

Questa semplice rappresentazione MO dell'ozono può essere impiegata per descrivere il legame in altre molecole triatomiche piegate di elementi del secondo periodo, come NO_2. L'Esempio 4.7 applica la teoria dell'orbitale molecolare alla molecola di CO_2, una molecola triatomica *lineare* di elementi del secondo periodo.

Esempio 4.7

Usare la teoria dell'orbitale molecolare per descrivere il legame π nella molecola di CO_2.

Impostazione Identificare gli orbitali atomici coinvolti nel legame π nel biossido di carbonio e usarli per costruire orbitali molecolari che sono in accordo con la simmetria della molecola.

Soluzione Siccome CO_2 è una molecola lineare, l'atomo di carbonio è ibridizzato *sp* e il legame σ può essere descritto come formato dalla sovrapposizione degli orbitali ibridi *sp* del C con gli orbitali $2p_x$ degli atomi di ossigeno. Gli orbitali 2*s* di ciascun ossigeno sono riempiti con una coppia di elettroni di non legame.[7] Il numero totale di elettroni di valenza nella CO_2 è $4 + 2(6) = 16$. Finora si sono considerati otto elettroni (quattro nei legami σ e quattro come coppie solitarie dell'ossigeno), rimangono otto elettroni da introdurre in orbitali molecolari π.

I sei orbitali atomici disponibili per i legami π sono gli orbitali $2p_z$ e $2p_y$ del carbonio e dei due atomi di ossigeno. Siccome si usano sei orbitali atomici si ottengono sei orbitali molecolari. La molecola di CO_2 è simmetrica rispetto all'atomo centrale, per cui anche gli orbitali molecolari devono essere simmetrici. Inoltre siccome gli orbitali $2p_z$ e $2p_y$ sono fra loro ortogonali, ci sarà poca sovrapposizione nella formazione degli orbitali molecolari. La costruzione qualitativa degli orbitali molecolari a più bassa energia si può ottenere trovando la combinazione di orbitali atomici che dà il minor numero di nodi:

$$\pi_z = c_1\phi_{O_1,2p_z} + c_2\phi_{C,2p_z} + c_1\phi_{O_2,2p_z}$$
$$\pi_y = c_1\phi_{O_1,2p_y} + c_2\phi_{C,2p_y} + c_1\phi_{O_2,2p_y}$$

Questi due orbitali molecolari sono degeneri e sono di legame.

I successivi orbitali molecolari si ottengono scegliendo la combinazione di orbitali atomici che dà un nodo in più rispetto all'orbitale precedente. Per simmetria questo nodo deve trovarsi sull'atomo di carbonio, ottenendo due orbitali molecolari degeneri:

---

[7] In alternativa, si considerino gli elettroni di valenza sugli atomi di ossigeno ibridizzati *sp*. Ciascun legame sigma sarebbe formato dalla sovrapposizione fra un orbitale ibrido *sp* del C e un orbitale ibrido *sp* di un ossigeno. La coppia solitaria su ciascun atomo di O occupa il rimanente orbitale *sp*. Per gli scopi di questo problema, entrambe le descrizioni sono accettabili poiché la descrizione dell'orbitale molecolare del legame pi greco non è influenzato dalla scelta.

$$\pi_z^{\text{nonlegame}} = c_1\phi_{O_1,2p_z} - c_1\phi_{O_2,2p_z}$$
$$\pi_y^{\text{nonlegame}} = c_1\phi_{O_1,2p_y} - c_1\phi_{O_2,2p_y}$$

Questi due orbitali sono di non legame poichè la densità elettronica è localizzata sugli atomi di ossigeno.

I due rimanenti orbitali a energia più elevata hanno dei nodi che bisecano il legame C—O e sono quindi di antilegame:

$$\pi_z^* = c_1\phi_{O_1,2p_z} - c_2\phi_{C,2p_z} + c_1\phi_{O_1,2p_z}$$
$$\pi_y^* = c_1\phi_{O_1,2p_y} - c_2\phi_{C,2p_y} + c_1\phi_{O_1,2p_y}$$

Se si introducono i rimanenti otto elettroni di valenza in questi orbitali si ottiene il seguente diagramma MO:

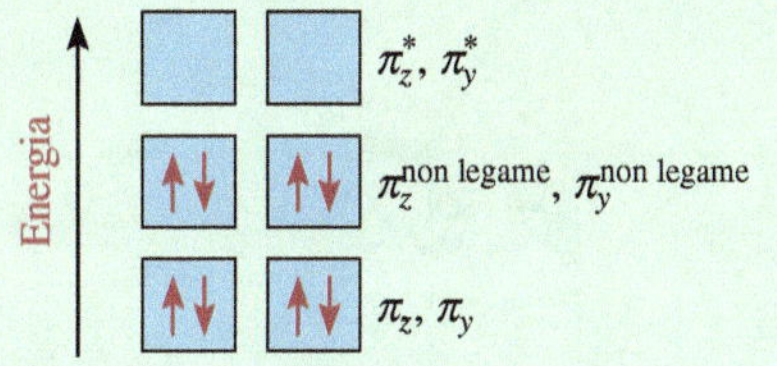

Problema di autovalutazione Usare la teoria dell'orbitale molecolare per descrivere il legame π nella molecola di NO_2.

4.5.2 Molecola di benzene

Il benzene (C_6H_6) è una molecola planare con gli atomi di carbonio situati ai vertici di un esagono regolare. Tutti i legami carbonio-carbonio sono identici in lunghezza ed energia, così come tutti i legami carbonio-idrogeno, e gli angoli di legame C—C—C e H—C—C sono tutti di 120°. Ciascun atomo di carbonio, quindi, è ibridizzato sp^2, e ciascuno forma legami σ con due atomi adiacenti di carbonio e un atomo di idrogeno (si veda la Figura 4.23).

Questa disposizione lascia su ciascun atomo di carbonio un orbitale non ibridizzato $2p_z$ che è perpendicolare al piano della molecola di benzene, detta anche *anello benzenico*. Finora la descrizione assomiglia alla configurazione dell'etilene (C_2H_4), discussa nel Paragrafo 4.3, a eccezione del fatto che in questo caso ci sono sei orbitali non ibridizzati $2p_z$ in una disposizione chiusa ad anello (si veda la Figura 4.24). A causa della loro simile forma e orientazione, ciascun orbitale $2p_z$ si sovrappone con gli altri adiacenti.

Si può spiegare il legame π nel benzene mediante la costruzione di orbitali molecolari dalla combinazione lineare di questi orbitali atomici puri $2p_z$. Siccome si parte da sei orbitali atomici, si ottengono sei orbitali molecolari, che sono mostrati nella Figura 4.25.

L'orbitale a più bassa energia (π_1) ha identici contributi da parte di ciascuno dei sei orbitali atomici di base e non ha nodi (se non si considera quello che coincide con il piano dell'anello benzenico che deve esistere trattandosi della discussione di orbitali p). Per simmetria, i successivi due orbitali molecolari (π_2 e π_3) sono degeneri (come π_4 e π_5) e hanno un piano nodale perpendicolare al piano dell'anello. I primi tre orbitali molecolari sono orbitali di legame. I successivi orbitali molecolari (π_4, π_5 e π_6) hanno altri piani nodali perpendicolari al piano dell'anello benzenico. Siccome questi piani nodali bisecano anche i legami C—C, sono classificati come orbitali di antilegame. L'orbitale π_6 ha il più alto numero di piani nodali, quindi è l'orbitale molecolare a più alta energia.

Introdurre i sei elettroni π in questi orbitali molecolari dà il seguente diagramma MO:

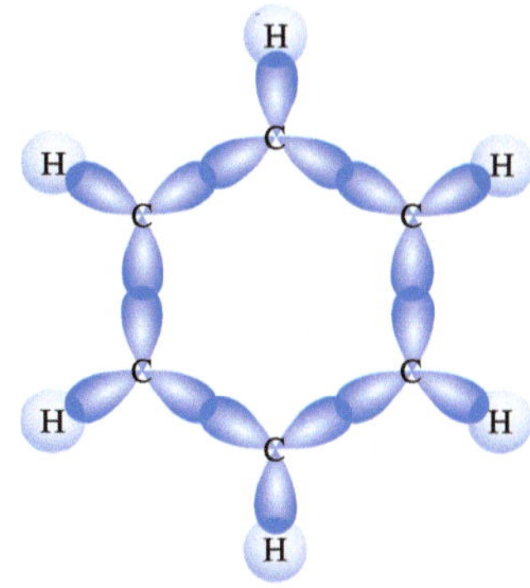

Figura 4.23 Il legame sigma nella struttura del benzene. Ciascun atomo di carbonio è ibridizzato sp^2 e forma un legame sigma con altri due atomi di carbonio adiacenti e un legame sigma con l'orbitale $1s$ degli atomi di idrogeno.

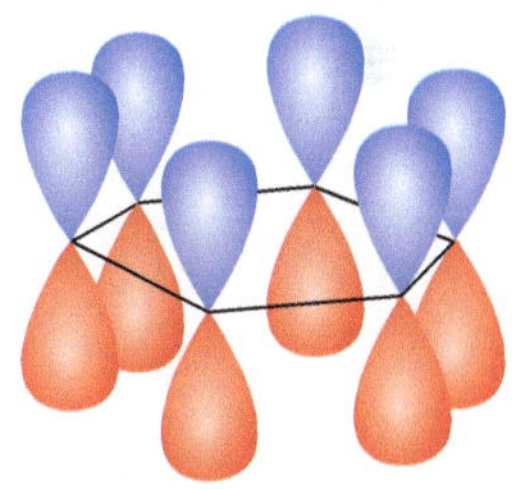

Figura 4.24 I sei orbitali $2p_z$ sull'atomo di carbonio nel benzene. I colori blu e rosso denotano le regioni in cui gli orbitali sono di segno positivo o negativo.

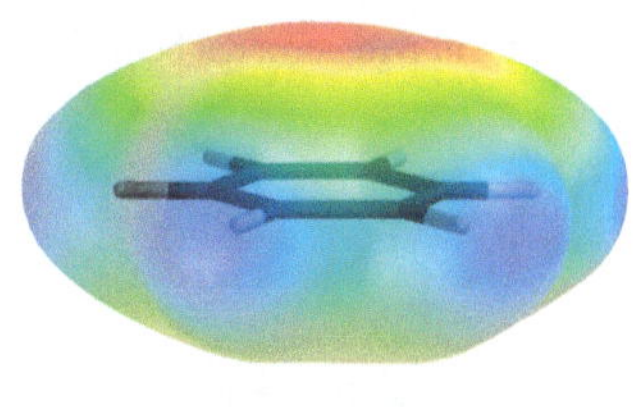

La mappa del potenziale elettrostatico del benzene mostra la densità elettronica (in rosso) sopra e sotto il piano della molecola. Per semplicità è mostrata solo la struttura della molecola.

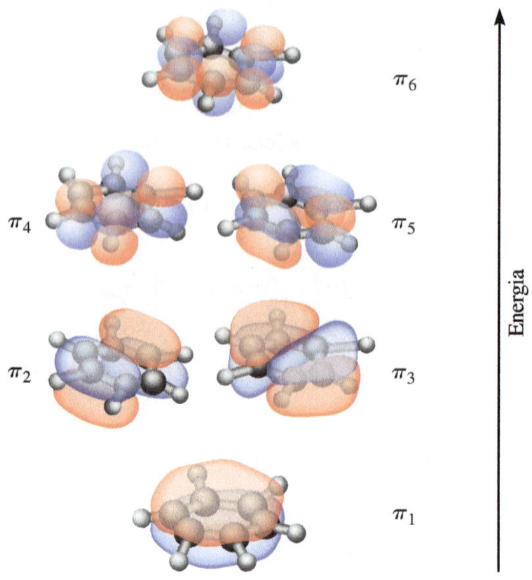

Figura 4.25 Orbitali molecolari che descrivono il legame pi greco nel benzene. I tre orbitali molecolari a più bassa energia sono orbitali molecolari di legame e sono occupati nello stato fondamentale. I tre orbitali a più alta energia non occupati nello stato fondamentale sono orbitali di antilegame.

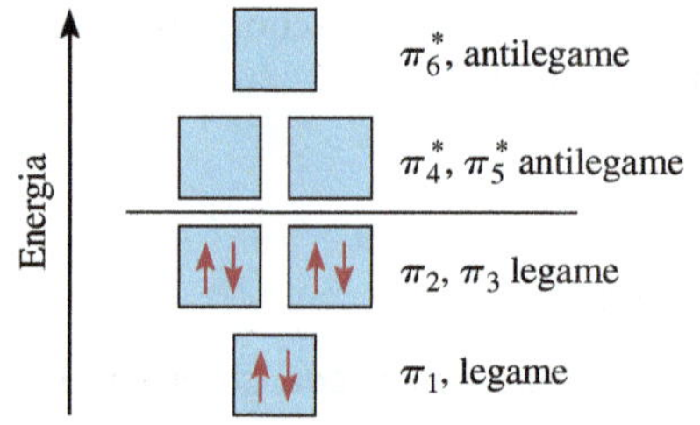

Nello stato fondamentale, tutti i sei elettroni pi greco vanno in orbitali di legame, lasciando vuoti gli orbitali di antilegame. Questo dà un ordine di legame complessivo per gli elettroni pi greco di 3, che quando "suddiviso" sui sei legami dà un ordine di legame medio per ogni legame pi greco di 1/2. (Ciascun legame sigma ha un ordine di legame 1, per cui l'ordine totale di legame per ogni legame è $1 + 1/2 = 3/2$.) Gli orbitali molecolari delocalizzati danno un'immagine più dettagliata e accurata del legame nelle molecole come il benzene di quanto non faccia il semplice (ma sempre utile) concetto di strutture di Lewis di risonanza, che si basa sulla teoria del legame di valenza.

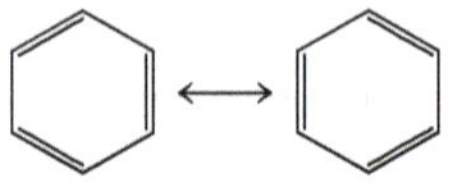

Strutture di risonanza del benzene

Molecole con orbitali molecolari delocalizzati sono generalmente più stabili di quelli che contengono orbitali molecolari localizzati solo su due atomi. La molecola di benzene, per esempio, che contiene orbitali molecolari delocalizzati, è chimicamente meno reattiva (e quindi più stabile) di molecole che contengono orbitali localizzati C=C, come l'etilene. Il benzene è così stabile poichè l'energia degli elettroni pi greco è più bassa quando gli elettroni sono delocalizzati sull'intera molecola piuttosto che localizzati solo su due atomi, un po' come succede all'energia della particella in una scatola quando si aumenta la dimensione della scatola (si veda il Paragrafo 1.3).

4.6 Interazioni fra molecole e proprietà dei materiali

Le interazioni intermolecolari sono *forze tra le molecole*, mentre ***le forze intramolecolari*** *sono forze che tengono uniti gli atomi in una molecola* (cioè sono responsabili dei legami chimici). Le interazioni intramolecolari stabilizzano le molecole in sè stesse, mentre le interazioni intermolecolari sono le principali responsabili di molte proprietà della materia (per esempio, il punto di fusione e di ebollizione). Le interazioni intermolecolari sono in genere molto più deboli delle interazioni intramolecolari. Mediamente si richiede meno energia per far evaporare un liquido che per rompere un legame nelle molecole di un liquido. Per esempio, ci vogliono circa 41 kJ di energia per fare evaporare 1 mol di acqua al suo punto di ebollizione, ma circa 930 kJ di energia per rompere i due legami O—H in 1 mol di molecole di acqua.

Al punto di ebollizione, deve essere fornita una quantità di energia per superare le forze attrattive fra le molecole per fare in modo che esse possano passare in fase vapore. Se è necessaria più energia per separare le molecole della sostanza A di quelle della sostanza B poiché le molecole di A sono tenute insieme da forze intermolecolari più alte, allora il punto di ebollizione di A è più alto del punto di ebollizione di B. Lo stesso principio si applica al punto di fusione delle sostanze. In generale, i punti di fusione delle sostanze aumentano all'aumentare delle forze intermolecolari.

4.6.1 Tipi di interazioni intermolecolari

Per discutere le proprietà della materia non in fase gas, bisogna capire i diversi tipi di interazioni intermolecolari. Le cosiddette *interazioni di van der Waals* (dal fisico olandese Johannes van der Waals[8]) sono le forze *dipolo-dipolo, dipolo-dipolo indotto* e *di dispersione.* Ioni e dipoli si attraggono mediante interazioni elettrostatiche dette *interazioni ione-dipolo,* che non sono interazioni di van der Waals. *Il legame a idrogeno* è un'interazione dipolo-dipolo particolarmente forte. Siccome solo pochi elementi possono partecipare alla formazione di legami a idrogeno, verrà trattato separatamente. Per quanto riguarda la fase di una sostanza, la natura del legame chimico, i tipi di elementi presenti e diversi tipi di interazioni intermolecolari possono contribuire all'attrazione totale fra molecole. Si presenteranno i vari tipi d'interazione intermolecolare in ordine di forza decrescente.

Interazioni ione-ione e ione-dipolo

Le interazioni intermolecolari più forti sono quelle fra ioni e fra ioni e dipoli. Questa ***interazione ione-ione*** non è altro che il legame chimico nei composti ionici, ma è anche una forte forza intermolecolare dei composti ionici in soluzione, come il cloruro di sodio in soluzione acquosa. Come discusso nel Paragrafo 0.1, l'interazione fra due ioni di carica q_A e q_B a una distanza r è dato dal potenziale di Coulomb:

$$V = \frac{q_A q_B}{4\pi\varepsilon_0 r} \tag{4.2}$$

L'interazione è attrattiva se le cariche sono di segno opposto e repulsiva se le cariche sono uguali.

Le interazioni ione-dipolo sono *le interazioni principali fra ioni e molecole polari* e sono molto importanti nella solvatazione di composti ionici in solventi polari. Per esempio, è l'interazione attrattiva ione-dipolo di ioni Na^+ e Cl^- con le molecole polari di acqua che stabilizza una soluzione acquosa di NaCl e ne evita la precipitazione. L'energia potenziale d'interazione fra uno ione di carica q a distanza r da un dipolo di grandezza μ è dato da

$$V = -\frac{q\mu\cos\theta}{4\pi\varepsilon_0 r^2} \tag{4.3}$$

dove θ è l'angolo fra la direzione del momento di dipolo e l'asse che collega il dipolo e la carica ionica (si veda la Figura 4.26).

---

[8] Johannes Diderck van der Waals (1837-1923). Fisico olandese. Van der Waals ricevette il Premio Nobel in fisica nel 1910 per il suo lavoro sulle proprietà dei gas e dei liquidi.

Approfondimento 4.3

Fullerene, e poi?

Nel 1985 i chimici all'Università di Rice in Texas usarono un laser ad alta potenza per vaporizzare la grafite per cercare di creare nuove molecole che si pensava esistessero nello spazio interstellare. La spettrometria di massa rivelò che uno dei prodotti era una specie non conosciuta di formula C_{60}. A causa della sua dimensione e del fatto che è fatta puramente di carbonio, questa molecola ha una forma particolare, che i ricercatori costruirono con carta, forbici e nastro adesivo. Successivamente misure spettroscopiche e analisi ai raggi X confermarono che il C_{60} ha una forma sferica come un pallone da calcio con atomi di carbonio nei 60 vertici delle forme esagonali e pentagonali. La molecola è stata chiamata "buckminsterfullerene" (o "buckyball" o fullerene in italiano) dal nome dell'architetto britannico futurista Buckminster Fuller. Geometricamente, il buckminsterfullerene è la molecola più simmetrica che si conosca. Nonostante la sua forma tanto particolare lo schema di legame è semplice. Ciascun atomo di carbonio è ibridizzato sp^2, e ci sono orbitali molecolari molto estesi sull'intera struttura. La scoperta del fullerene causò notevole interesse nella comunità scientifica. Si trattava di una nuova forma allotropica del carbonio con una geometria particolare e con nuove proprietà da studiare. Dal 1985 i chimici hanno creato un'intera classe di *fullereni,* con 70, 76 e anche più atomi di carbonio. Inoltre, è stato scoperto che il buckyball è un componente naturale della fuliggine, e che i C_{60} e i C_{70} sono stati trovati nelle rocce provenienti dalla Russia nordoccidentale.

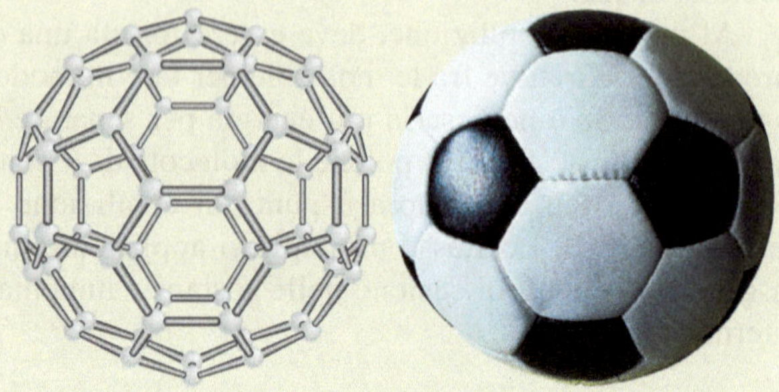

La geometria del buckyball (C_{60}) (sinistra) assomiglia a un pallone da calcio (destra). Gli scienziati arrivarono a questa struttura mettendo insieme dei pezzi di carta tagliati a esagono e pentagono in numero sufficiente da avere 60 atomi di carbonio nei punti di incontro.

Studi sulle proprietà dei fullereni hanno mostrato che essi agiscono da superconduttori ad alta temperatura, come lubrificanti e come catalizzatori. Una scoperta affascinante fatta nel 1991 da scienziati giapponesi, è stata l'identificazione di "parenti strutturali" del buckyball. Queste molecole sono lunghe centinaia di nanometri e hanno forma tubolare e una cavità centrale di circa 15 nm di diametro. Questi "buckytubi" o "nanotubi" (così detti per le loro dimensioni) hanno due diversi tipi di struttura. Una è un singolo foglio di grafite arrotolato che è "chiuso" nei due estremi da una sorta di mezzo buckyball. L'altra è come un tubo avvolto che possiede da 2 a 30 strati di tipo grafite. I buckytubi sono molto più forti di tubi di acciaio di analoghe dimensioni, e un giorno potranno essere usati per costruire biciclette ultraleggere, gli involucri per motori jet e racchette da tennis. Possono anche servire come stampi per fili metallici molto sottili che possono essere usati in circuiti integrati microscopici o come "contenitori" per intrappolare molecole. Recentemente, la scoperta che i fluidi possono essere fatti passare in un nanotubo ha aperto la via per la ricerca dei "nanofluidi."

Per uno ione carico positivamente (catione), l'interazione è attrattiva se il dipolo punta dalla parte opposta rispetto allo ione (cioè se la parte negativa della molecola po-

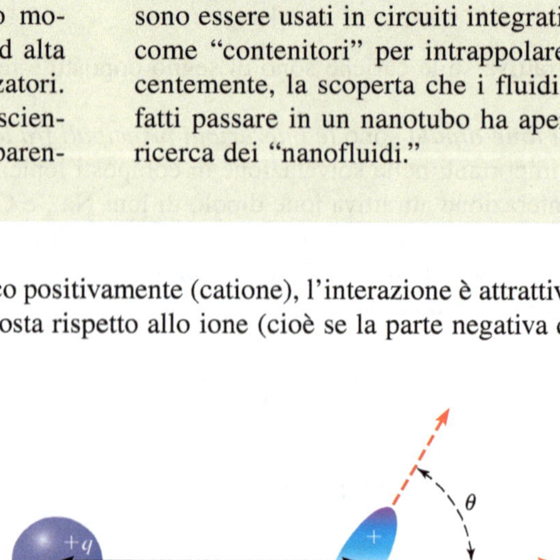

Figura 4.26 Diagramma schematico dell'interazione fra uno ione e una molecola polare (dipolo) che mostra l'angolo θ fra l'orientazione del vettore del dipolo e l'asse di separazione ione-dipolo.

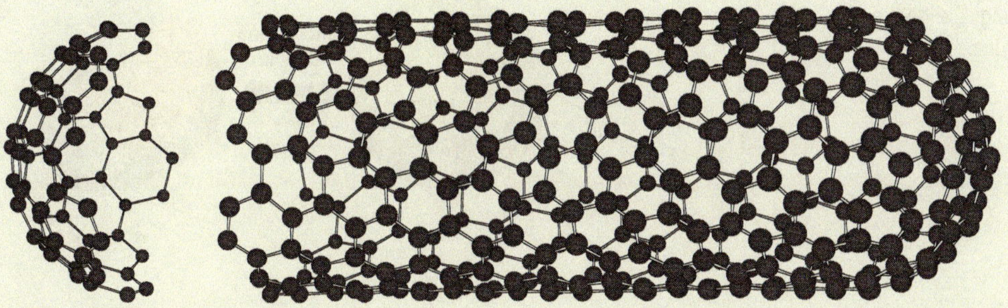

La struttura di un buckytubo che consiste di un solo strato di atomi di carbonio. Si noti l'estremità che chiude il nanotubo e che è stata separata dal resto del nanotubo in questa immagine, ha una diversa struttura rispetto allo strato grafitico della parte cilindrica del tubo. I chimici hanno diversi metodi per aprire l'estremità per inserire nel tubo altre molecole.

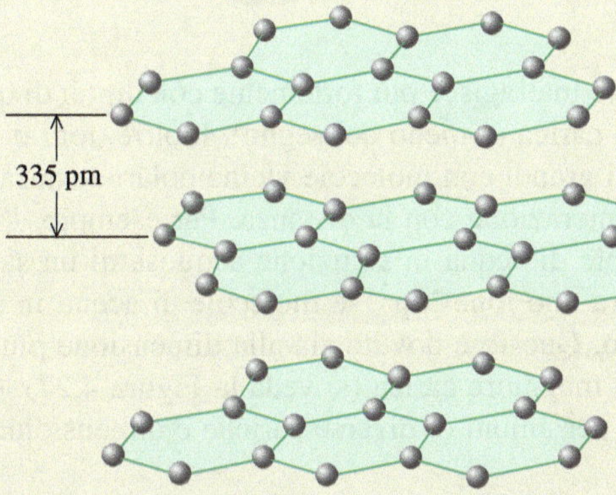

La grafite è costituita da esagoni di carbonio condensati.

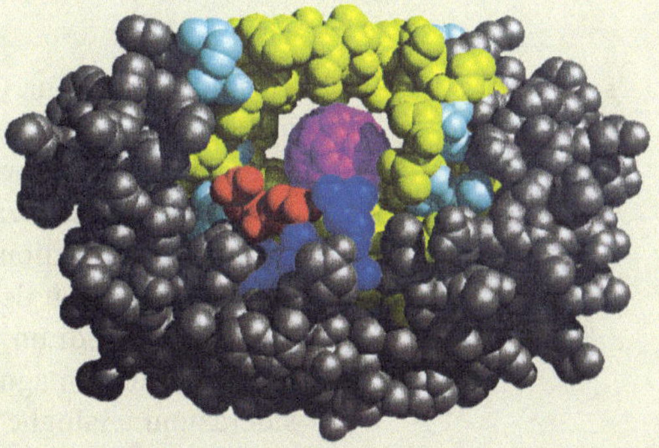

Modello generato al computer del legame nel derivato del buckyball nel sito dell'HIV-proteasi che normalmente si attacca alla proteina necessaria per la riproduzione di HIV. La struttura del bucykball (viola) sta perfettamente nel sito attivo, impedendo all'enzima di svolgere la sua funzione.

Nella prima applicazione biologica dei fullereni, i chimici dell'Università della California, a San Francisco e Santa Barbara fecero una scoperta nel 1993 che potrebbe dare un aiuto nella sintesi di farmaci per il trattamento dell'AIDS. Il virus HIV che causa l'AIDS si riproduce sintetizzando una lunga catena proteica, che viene scissa in piccoli frammenti da un enzima chiamato HIV-proteasi.

Un modo di fermare l'AIDS, quindi, potrebbe essere quello di rendere inattivo l'enzima. Quando i chimici fecero reagire un derivato solubile in acqua del buckyball con HIV-proteasi, scoprirono che un derivato del buckyball si legava all'enzima che avrebbe dovuto scindere la proteina, impedendone quindi la riproduzione. Di conseguenza, il virus non può ulteriormente infettare le cellule umane. Il buckyball stesso non è un farmaco contro l'AIDS a causa dei possibili effetti collaterali, ma può essere usato come modello per la sintesi di farmaci attivi contro l'AIDS.

lare è vicina al catione). Se il dipolo punta verso il catione, l'energia potenziale è repulsiva. Se il dipolo è orientato perpendicolarmente all'asse ione-dipolo, l'interazione è nulla.

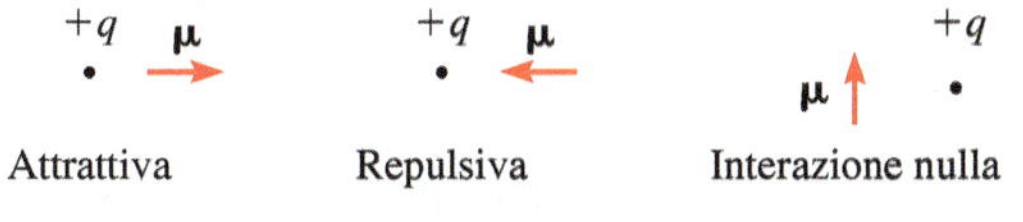

La forza di questa interazione dipende dalla carica, dalla dimensione dello ione, dalla grandezza del momento di dipolo e dalla dimensione della molecola. Le cariche dei cationi sono generalmente più concentrate in quanto i cationi sono di solito più

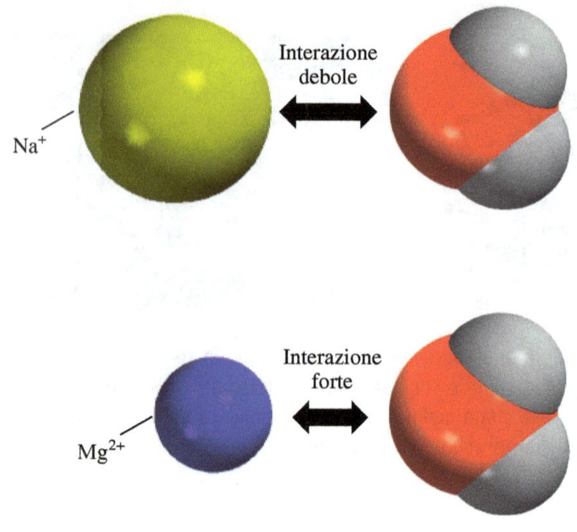

Figura 4.27 Interazioni ione-dipolo fra cationi Mg^{2+} e Na^+ e una molecola d'acqua.

piccoli degli anioni. Quindi, un catione interagisce più fortemente con dipoli di quanto non faccia un anione con la stessa carica (a meno del segno). Inoltre, ioni piccoli interagiscono più fortemente di quelli grandi con molecole vicine polari a causa della inversa dipendenza della forza d'interazione con la distanza. Per esempio, l'interazione fra un catione Na^+ e molecole di acqua in soluzione acquosa di un sale di sodio è molto più debole di quella fra uno ione Mg^{2+} e molecole di acqua in soluzione acquosa di un sale di magnesio. Questo è dovuto sia alla dimensione più piccola dello ione magnesio sia alla sua maggiore carica (si veda la Figura 4.27). Considerazioni analoghe si possono fare per anioni di diverse cariche e dimensioni.

Esempio 4.8

Uno ione sodio (Na^+) è situato in aria a distanza di 4,0 Å (400 pm) da una molecola di H_2O con un momento di dipolo di 1,87 D. Calcolare l'energia potenziale d'interazione in kJ mol^{-1} per l'orientazione del dipolo con la più bassa energia potenziale.

Impostazione Usare l'Equazione 4.3. La più bassa energia si ha quando il dipolo punta dalla parte opposta rispetto al catione ($\theta = 0$, per cui $\cos\theta = 1$). Il fattore di conversione è 1 D = $3,336 \times 10^{-30}$ C m.

Soluzione Dall'Equazione 4.3 si ha

$$V = -\frac{q\mu\cos\theta}{4\pi\varepsilon_0 r^2}$$

$$= -\frac{(1,602 \times 10^{-19}\ \text{C})\left(\dfrac{3,336 \times 10^{-30}\ \text{C m}}{1\ \text{D}}\right)(1,87\ \text{D})}{4\pi(8,854 \times 10^{-12}\ \text{C}^2\ \text{N}^{-1}\ \text{m}^{-2})(4,0 \times 10^{-10}\ \text{m})^2}$$

$$= -5,6 \times 10^{-20}\ \text{J}$$

Convertendo in kJ mol^{-1} si ha

$$V = (-5,6 \times 10^{-20}\ \text{J})(6,022 \times 10^{23}\ \text{mol}^{-1})\frac{1\ \text{kJ}}{1000\ \text{J}}$$

$$= -33,8\ \text{kJ mol}^{-1}$$

Problema di autovalutazione Uno ione potassio (K^+) è situato in aria a distanza di 4,8 Å da una molecola di HCl ($\mu = 1,08$ D). Calcolare l'energia potenziale d'interazione in kJ mol^{-1} per l'orientazione del dipolo con la più alta energia potenziale.

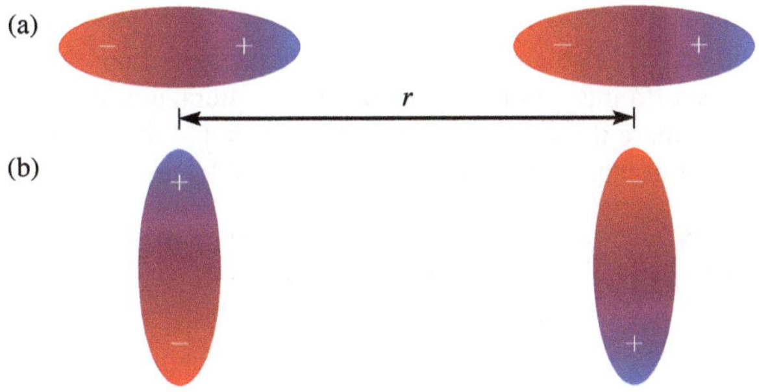

Figura 4.28 Diagramma schematico di due orientazioni estreme per interazioni attrattive di due molecule polari. (a) Dipoli allineati testa coda. (b) Dipoli antiallineati.

Interazioni dipolo-dipolo

Le interazioni dipolo-dipolo si instaurano tra molecole polari (cioè molecole che hanno un momento di dipolo permanente). Esse tengono in considerazione l'interazione elettrostatica fra due molecole con dipoli μ_A e μ_B a distanza r. In casi estremi, questi due dipoli si possono allineare come mostrato in Figura 4.28.

Per esempio nel caso in alto, l'energia potenziale dell'interazione è data da

$$V = -\frac{2\mu_A\mu_B}{4\pi\varepsilon_0 r^3} \quad (4.4)$$

E nell'esempio in basso,

$$V = -\frac{\mu_A\mu_B}{4\pi\varepsilon_0 r^3} \quad (4.5)$$

dove il segno negativo indica che si tratta di un'interazione di tipo attrattivo, cioè viene liberata energia quando due molecole interagiscono. Se si cambia la direzione di uno dei due dipoli allora V diventa positiva, che indica un'interazione di tipo repulsivo. In generale, l'energia potenziale fra due dipoli fissati è direttamente proporzionale al prodotto dei momenti di dipolo e inversamente proporzionale a r^3, cioè $V \propto \mu_A\mu_B/r^3$. La costante di proporzionalità (che può essere positiva o negativa) è determinata dalla posizione e dall'orientazione relativa dei dipoli.

Esempio 4.9

Due molecole di HCl (μ = 1,08 D) sono a distanza di 4,5 Å (450 pm) in aria. Calcolare l'energia d'interazione dipolo-dipolo in kJ mol^{-1} se sono orientate testa-coda, cioè H—Cl H—Cl.

Impostazione Usare l'Equazione 4.4 e il fattore di conversione 1 D = $3{,}336 \times 10^{-30}$ C m.

Soluzione Usare l'Equazione 4.4

$$V = -\frac{2\mu_A\mu_B}{4\pi\varepsilon_0 r^3}$$

$$V = -\frac{2\left[(1{,}08\ \text{D})\left(\dfrac{3{,}336 \times 10^{-30}\ \text{C m}}{1\ \text{D}}\right)\right]^2}{4\pi(8{,}854 \times 10^{-12}\ \text{C}^2\ \text{N}^{-1}\ \text{m}^{-2})(4{,}5 \times 10^{-10}\ \text{m})^3} = -2{,}6 \times 10^{-21}\ \text{N m}$$

$$= -2{,}6 \times 10^{-21}\ \text{J}$$

Per esprimere l'energia potenziale per una mole si scrive

$$V = (-2{,}6 \times 10^{-21}\ \text{J})(6{,}022 \times 10^{23}\ \text{mol}^{-1})\frac{1\ \text{kJ}}{1000\ \text{J}}$$

$$= -1{,}6\ \text{kJ mol}^{-1}$$

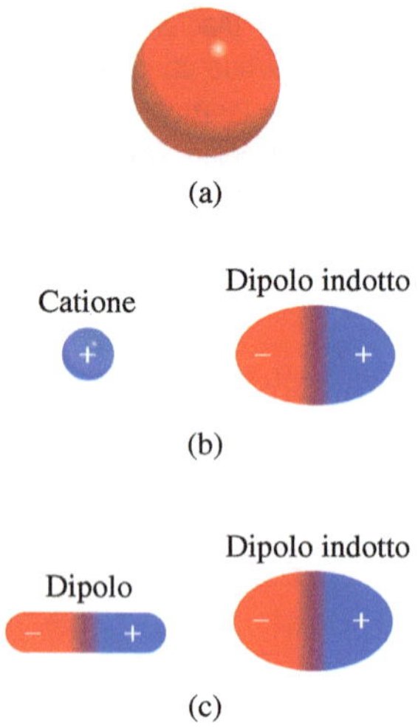

Figura 4.29 (a) Un atomo isolato di elio ha una densità elettronica simmetricamente sferica. (b) Momento di dipolo indotto nell'elio causato dall'interazione elettrostatica con un catione. (c) Momento di dipolo indotto nell'elio causato dall'interazione elettrostatica con una molecola avente momento di dipolo permanente. Per i dipoli il blu indica regioni deficienti di elettroni (carichi positivamente) e il rosso denota regioni ricche di elettroni (cariche negativamente).

Commento Il valore calcolato per l'energia d'interazione dipolo-dipolo illustra la differenza in grandezza fra interazioni intermolecolari e interazioni intramolecolari. L'energia richiesta per rompere il legame H—Cl è 439,9 kJ mol^{-1} (dalla Tabella 3.3), che è significativamente più grande dell'interazione dipolo-dipolo considerata qui.

Problema di autovalutazione Due molecole di H_2O (μ = 1,87 D) sono a distanza di 4,0 Å (400 pm) in aria. Calcolare l'energia d'interazione dipolo-dipolo in kJ mol^{-1} se i momenti di dipolo sono disposti come in Figura 4.28(b).

Le Equazioni 4.4 e 4.5 considerano che i dipoli siano fissati nell'orientazione, che in genere è una peculiarità dello stato solido. Nei liquidi e nei gas, tuttavia, le molecole sono libere di ruotare, per cui ci si può attendere un valore medio di V uguale a zero in quanto ci sono mediamente tante interazioni attrattive quante repulsive. A causa della minore energia potenziale, tuttavia, le orientazioni che danno origine a interazioni di tipo attrattivo prevalgono su quelle di tipo repulsivo. Un tipo di calcolo che utilizza la *meccanica statistica* (discussa nel Capitolo 8) mostra che l'energia d'interazione media di dipoli liberi di ruotare è data da

$$V = -\frac{2}{3\,k_B T}\frac{\mu_A^2 \mu_B^2}{(4\pi\varepsilon_0)^2 r^6} \tag{4.6}$$

dove T è la temperatura assoluta (in Kelvin) e k_B è la costante di Boltzmann. L'energia potenziale V è inversamente proporzionale alla sesta potenza di r, per cui l'energia d'interazione si abbassa rapidamente al diminuire della distanza tra i dipoli. Le interazioni di tipo attrattivo che variano come r^{-6} sono in genere definite come ***interazioni di van der Waals***. Inoltre, V è inversamente proporzionale alla temperatura, T, poiché ad alte temperature l'energia cinetica delle molecole è maggiore, una condizione che è sfavorevole all'allineamento dei dipoli per instaurare interazioni. In altre parole, l'interazione dipolo-dipolo si approssima gradatamente al valore medio di zero al crescere della temperatura.

Interazioni ione-dipolo indotto e interazioni dipolo-dipolo indotto

Per semplicità, si usa il termine "forze intermolecolari" sia per gli atomi che per le molecole.

Finora, tutte le specie chimiche considerate erano o cariche (ioni) o polari. Che tipi di interazioni si instaurano quando una o entrambe le specie sono atomi neutri o molecole apolari? Come esempio, si consideri l'interazione di uno ione o di una molecola polare con un atomo (come l'elio) o una molecola apolare. Se si ha uno ione o una molecola polare vicino a un atomo (o una molecola apolare), la distribuzione elettronica dell'atomo verrà distorta dalla forza elettrostatica esercitata dalla carica dello ione o del momento di dipolo della molecola polare, provocando la comparsa di un dipolo sull'atomo (o sulla molecola apolare) (si veda la Figura 4.29).

Il dipolo generato nell'atomo o nella molecola apolare è detto ***dipolo indotto*** poiché *la separazione di cariche positive e negative nell'atomo (o nella molecola apolare) è dovuta alla vicinanza di uno ione o di una molecola polare.* L'intensità del momento di dipolo indotto, μ_{ind}, è proporzionale alla forza del campo elettrico, E, generato dallo ione o dalla molecola polare

$$\begin{aligned}\mu_{ind} &\propto E \\ &= \alpha E\end{aligned} \tag{4.7}$$

dove la costante di proporzionalità, α, è detta ***polarizzabilità*** ed è una misura della facilità con cui la distribuzione elettronica nell'atomo, nella molecola o nello ione può essere distorta da un campo elettrico esterno. Siccome μ_{ind} è in coulomb per metro (C m) e un campo elettrico è in J m^{-1} C^{-1}, la polarizzabilità è definita dall'Equazione 4.7 e nel SI è espressa in $C^2\ m^2\ J^{-1}$. In generale, maggiore è il numero di elettroni in un atomo o in una molecola (cioè più è diffusa la nuvola elettronica), maggiore è la sua polarizzabilità. Per *diffusione della nuvola elettronica,* si intende una nuvola elettronica che è estesa su un volume piuttosto grande. Per esempio, lo Xe è più polarizzabile del Kr, che è più polarizzabile dell'He. Anche le molecole con orbitali molecolari fortemente delocalizzati, come il benzene o l'ozono, sono in genere molto polarizzabili.

L'interazione attrattiva tra uno ione e un dipolo indotto in una specie neutra e apolare avente polarizzabilità (α) è detta ***interazione ione-dipolo indotto*** ed è data matematicamente da

$$V = -\frac{1}{2}\frac{\alpha q^2}{(4\pi\varepsilon_0)^2 r^4} \tag{4.8}$$

In maniera analoga, l'interazione fra il momento di dipolo di una molecola polare e il dipolo indotto di una specie neutra e apolare è detta ***interazione dipolo-dipolo indotto*** (si veda la Figura 4.29). Se il momento di dipolo di una molecola polare è di grandezza μ, l'energia potenziale per l'interazione dipolo-dipolo indotto è data da

$$V = -\frac{\alpha\mu^2}{(4\pi\varepsilon_0)^2 r^6} \tag{4.9}$$

dove α è la polarizzabilità della specie apolare. L'interazione dipolo-dipolo indotto è un altro esempio d'interazione di van der Waals poiché decresce con la sesta potenza della distanza. Sia le interazioni ione-dipolo indotto che dipolo-dipolo indotto (Equazioni 4.8 e 4.9) sono indipendenti dalla temperatura poiché il momento di dipolo indotto si forma istantaneamente e il valore dell'energia potenziale (V) non è influenzato dal moto termico delle molecole. In Tabella 4.5 sono riportate le polarizzabilità di alcuni atomi e di alcune semplici molecole.

In generale, le interazioni sia ione-dipolo indotto sia dipolo-dipolo indotto sono più deboli di quelle ione-dipolo o dipolo-dipolo. Per questo motivo, i composti ionici come NaCl e le molecole polari come SO_2 e HCl non sono solubili in solventi apolari come il benzene, l'esano o il tetracloruro di carbonio le interazioni fra il solvente e il soluto in questi casi non sono sufficientemente forti da vincere le interazioni ioniche o dipolo-dipolo dei soluti.

Forze di dispersione (o di London)

I casi considerati finora riguardano almeno una carica ionica o un dipolo permanente (molecola polare) come specie che interagisce. Bisogna però anche considerare il caso in cui entrambe le specie interagenti sono molecole apolari. Se non ci

Tabella 4.5 Polarizzabilità di alcuni atomi e molecole

Atomo	$\frac{\alpha}{4\pi\varepsilon_0}/10^{-30}\ m^3$	Molecola	$\frac{\alpha}{4\pi\varepsilon_0}/10^{-30}\ m^3$
He	0,22	H_2	0,89
Ne	0,44	N_2	1,93
Ar	1,85	CO_2	2,93
Kr	2,82	NH_3	2,51
Xe	5,11	CH_4	2,90
I	5,51	C_6H_6	11,6
Cs	46,6	CCl_4	11,7

fossero interazioni attrattive fra molecole apolari, allora sostanze apolari come elio, azoto (N_2), tetracloruro di carbonio o benzene dovrebbero esistere solo allo stato gassoso, come invece non è. Ci si aspetta che queste interazioni siano deboli; infatti, il basso valore del punto di ebollizione (4 K) dell'elio suggerisce che solo deboli interazioni tengano uniti gli atomi in fase liquida. Per molecole aventi polarizzabilità maggiore, tuttavia, questa interazione può essere significativa e può essere anche più forte di certe interazioni dipolo-dipolo e dipolo-dipolo indotto. Per esempio, la molecola apolare di tetracloruro di carbonio (CCl_4) è un liquido a temperatura ambiente (punto di ebollizione 76,5 °C) in quanto ha elevata polarizzabilità (si veda la Tabella 4.5) e quindi forti forze attrattive di dispersione. Il punto di ebollizione di CCl_4 è significativamente più alto di quello della molecola polare fluorometano (CH_3F, μ = 1,86 D) (punto di ebollizione −141,8 °C), il che indica che le forze di dispersione nel tetracloruro di carbonio sono più forti delle forze dipolo-dipolo nel fluorometano.

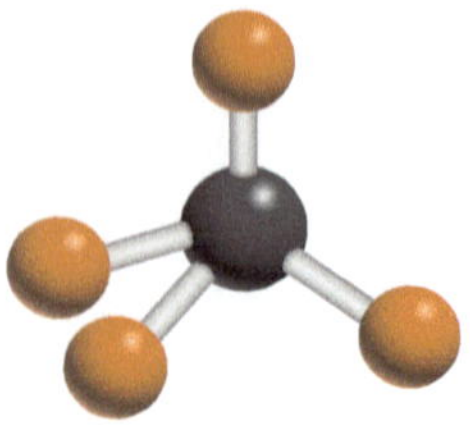

CCl_4

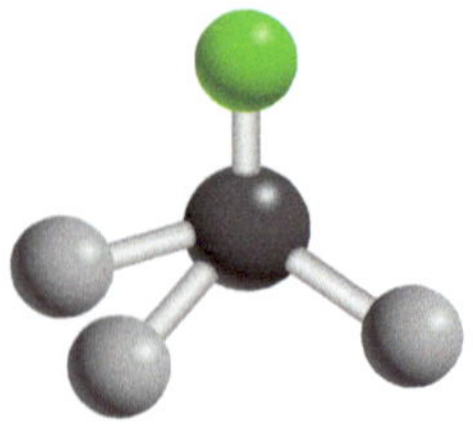

CH_3F

Nel 1930 Fritz London usando la quantomeccanica mostrò che l'energia potenziale che deriva dall'interazione di due identici atomi o molecole apolari è data da

$$V = -\frac{3}{4}\frac{\alpha^2 I_1}{(4\pi\varepsilon_0)^2 r^6} \tag{4.10}$$

dove α è la polarizzabilità dell'atomo o della molecola (Equazione 4.7) e I_1 è la sua energia di prima ionizzazione. Per atomi o molecole diverse, A e B, l'Equazione 4.10 diventa

$$V = -\frac{3}{2}\frac{I_{1,A}I_{1,B}}{I_{1,A} + I_{1,B}}\frac{\alpha_A\alpha_B}{(4\pi\varepsilon_0)^2 r^6} \tag{4.11}$$

Le forze che derivano da questo tipo d'interazione sono chiamate ***forze di dispersione*** (o di ***London***). Siccome le forze decrescono come r^{-6}, sono classificate come forze di van der Waals.

L'interazione di London è un fenomeno quantomeccanico; tuttavia, la sua origine fisica può essere capita come segue: si considerino due atomi a pochi Ångstrom uno dall'altro. Le nuvole elettroniche di ciascun atomo non sono degli oggetti statici ma fluttuano continuamente a causa del moto elettronico. In ogni istante, è possibile che ci sia una densità leggermente maggiore su una parte di un atomo, il che genera un momento di dipolo, detto *momento di dipolo istantaneo*. Mediato nel tempo (cioè il tempo richiesto per misurare il momento di dipolo), tuttavia, il momento di dipolo dell'atomo è zero poiché i dipoli istantanei si annullano a vicenda. Quando si forma un dipolo istantaneo in un atomo, la nuvola elettronica dell'atomo vicino ne risente e forma un dipolo indotto, dando origine a un'interazione istantanea di tipo attrattivo fra gli atomi (si veda la Figura 4.30). Quando il dipolo istantaneo sul primo atomo cambia, cambia anche il dipolo indotto mantenendo l'interazione di tipo attrattivo.

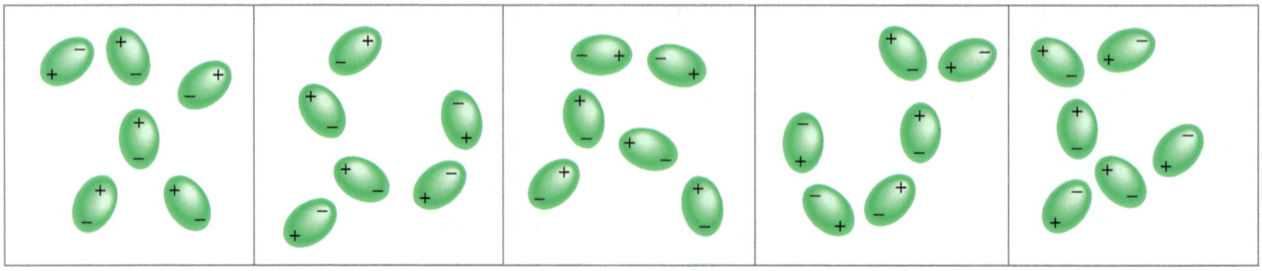

Figura 4.30 Dipoli indotti che interagiscono fra loro. Questa situazione esiste solo momentaneamente; nuove disposizioni e interazioni si formano all'attimo seguente. Questo tipo d'interazione è responsabile della condensazione dei gas apolari.

Le forze di dispersione solitamente aumentano all'aumentare della massa. Molecole con massa grande hanno più elettroni, e le forze di dispersione aumentano all'aumentare del numero di elettroni, poiché aumenta la polarizzabilità atomica o molecolare. Inoltre, masse molari grandi spesso significano atomi più grandi le cui nuvole elettroniche vengono più facilmente perturbate poiché gli elettroni più esterni risentono meno dell'attrazione del nucleo. La Tabella 4.6 mette a confronto i punti di fusione di sostanze simili con molecole apolari. Come atteso, il punto di fusione aumenta all'aumentare del numero di elettroni nella molecola. Siccome sono tutte molecole apolari, le sole forze attrattive intermolecolari presenti sono le forze di dispersione.

L'Esempio 4.10 mostra che se si conosce il tipo di specie presente, si possono determinare rapidamente i tipi di interazioni intermolecolari esistenti fra le specie.

Tabella 4.6 Punti di fusione di composti apolari simili

Composto	Punto di fusione (°C)
CH_4	−182,5
CF_4	−150,0
CCl_4	−23,0
CBr_4	90,0
CI_4	171,0

Esempio 4.10

Quale tipo(i) d'interazione intermolecolare esiste fra le seguenti coppie di molecole: (a) HBr e H_2S, (b) Cl_2 e CBr_4, (c) I_2 e NO_3^-, (d) NH_3 e C_6H_6?

Impostazione Classificare le specie in tre categorie: ioniche, polari (con momento di dipolo permanente) e apolari. Ricordare che le forze di dispersione esistono sempre fra *tutte* le specie.

Soluzione

(a) Sia HBr che H_2S sono molecole polari; quindi, le interazioni intermolecolari presenti sono forze dipolo-dipolo e di dispersione.

(b) Sia Cl_2 che CBr_4 sono molecole apolari, per cui ci sono solo forze di dispersione fra queste molecole.

(c) I_2 è una molecola biatomica omonucleare e quindi apolare, per cui le forze fra essa e lo ione NO_3^- sono di tipo ione-dipolo indotto e di dispersione.

(d) NH_3 è polare e C_6H_6 è apolare. Le forze sono di tipo dipolo-dipolo indotto e di dispersione.

Problema di autovalutazione Dire il tipo d'interazione(i) intermolecolare che esiste fra le molecole (o le unità) di ciascuna delle seguenti specie: (a) LiF, (b) CH_4, (c) SO_2.

Legame a idrogeno

Normalmente, i punti di ebollizione di una serie di composti analoghi che contengono elementi dello stesso gruppo della tavola periodica aumenta all'aumentare della massa atomica. Questo aumento del punto di ebollizione è dovuto all'aumento delle forze di dispersione per le molecole con molti elettroni. Gli idruri degli elementi del Gruppo 4A seguono questo andamento, come mostrato dalla Figura 4.31.

Il composto più leggero, CH_4, ha il più basso punto di ebollizione, e il composto più pesante, SnH_4, ha il più alto punto di ebollizione. Tuttavia, gli idruri dei composti degli elementi dei Gruppi 5A, 6A e 7A non seguono questo andamento. In ciascuna di queste serie, il composto più leggero (NH_3, H_2O e HF) ha il punto di ebollizione più alto, contrariamente alla previsione basata sulla massa molare. Questa osservazione deve significare che ci sono attrazioni intermolecolari più forti in NH_3, H_2O e HF, in confronto con le altre molecole negli stessi gruppi. In effetti, questo tipo d'interazione particolarmente forte è chiamata ***legame a idrogeno***, che è *uno speciale tipo d'interazione dipolo-dipolo fra l'idrogeno in un legame polare, come N—H, O—H o F—H, e un atomo di N, O o F.* Un legame a idrogeno è più forte di un'interazione dipolo-dipolo poiché un atomo di idrogeno è pic-

Figura 4.31 Punti di ebollizione degli idruri dei composti degli elementi dei Gruppi 4A, 5A, 6A e 7A. Anche se normalmente ci si aspetta che i punti di ebollizione aumentino spostandosi dall'alto in basso lungo un gruppo, si osserva che tre composti (NH_3, H_2O e HF) si comportano differentemente. L'anomalia può essere spiegata in termini di legame a idrogeno intermolecolare.

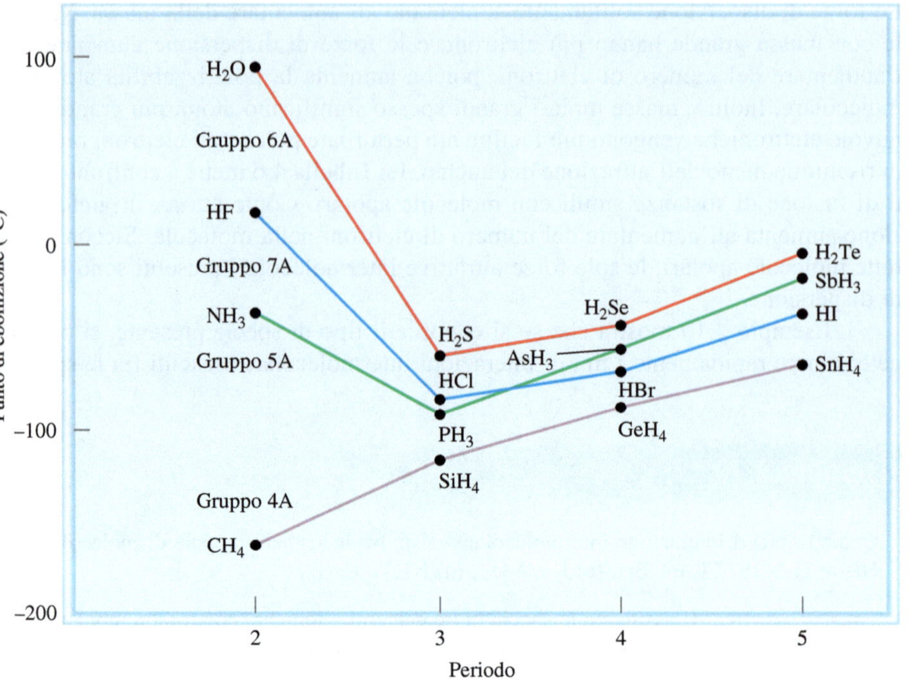

colo e, quando è legato a un atomo molto elettronegativo come N, O o F, è molto elettrone deficiente (cioè carico parzialmente positivo). Quindi, l'atomo di idrogeno carico positivamente è in grado di avvicinarsi molto alla coppia solitaria di atomi piccoli ed elettronegativi come N, O o F, il che provoca un'interazione elettrostatica particolarmente forte.

L'interazione del legame a idrogeno è indicata come segue

$$A—H\cdots B \text{ o } A—H\cdots A$$

dove A e B rappresentano O, N o F; A—H è una molecola o parte di una molecola; B è una parte di un'altra molecola; la linea tratteggiata rappresenta il legame a idrogeno. I tre atomi di solito si trovano sulla stessa linea, ma l'angolo A—H—B (o A—H—A) può deviare anche di 30° dalla linearità. Si noti che gli atomi O, N e F possiedono tutti almeno una coppia solitaria che interagisce con l'atomo di idrogeno nel legame a idrogeno.

L'energia media di un legame a idrogeno è maggiore di quella delle interazioni dipolo-dipolo (fino a 40 kJ mol^{-1}). Quindi, i legami a idrogeno hanno molta importanza nella stabilità delle strutture e nelle proprietà di molti composti. La Figura 4.32 mostra diversi esempi di legame a idrogeno.

Figura 4.32 Legame a idrogeno nell'acqua, nell'ammoniaca e nell'acido fluoridrico. Le linee piene rappresentano legami covalenti, le linee tratteggiate rappresentano legami a idrogeno.

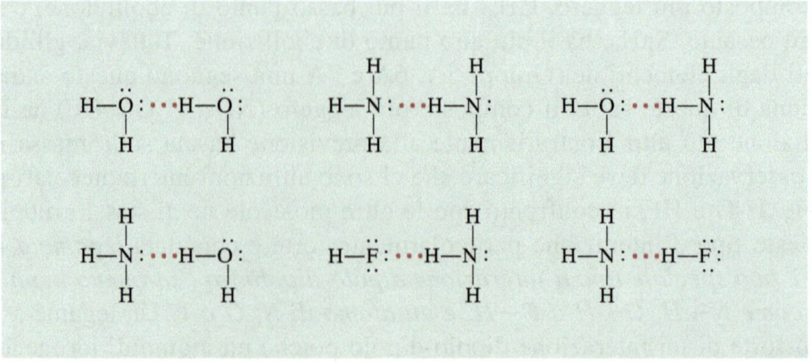

La forza di un legame a idrogeno è determinata dall'interazione coulombiana fra gli elettroni della coppia solitaria dell'atomo elettronegativo e il nucleo di idrogeno. Per esempio, il fluoro è più elettronegativo dell'ossigeno, e quindi ci si può attendere un legame a idrogeno più forte in HF che in H_2O. In fase liquida, le molecole di HF formano catene a zigzag:

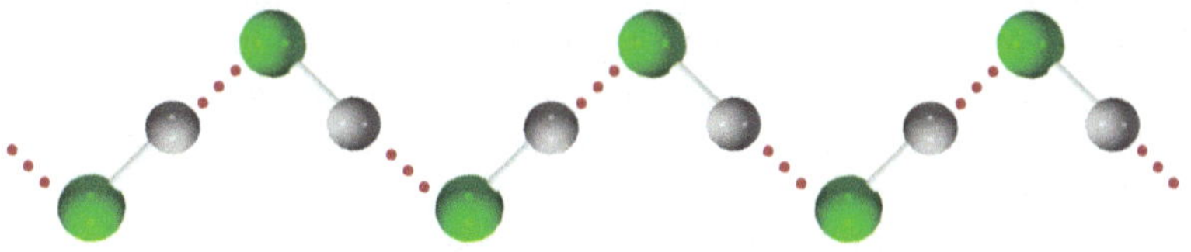

Il punto di ebollizione di HF però è più basso di quello dell'acqua poiché ciascuna molecola di H_2O prende parte a *quattro* legami a idrogeno. Quindi, le forze che tengono unite le molecole sono più forti nell'acqua che nell'acido fluoridrico.

Il legame a idrogeno è molto importante nei sistemi biologici. La struttura tridimensionale delle proteine è molto influenzata dai legami a idrogeno. Per esempio, i due nastri che costituiscono la doppia elica del DNA sono tenuti insieme da legami a idrogeno (si veda il Capitolo 16)

L'Esempio 4.11 mostra le specie chimiche che possono formare legami a idrogeno con l'acqua.

Esempio 4.11

Quale delle seguenti specie può formare legami a idrogeno con l'acqua: CH_3OCH_3, CH_4, F^-, HCOOH, o Na^+?

Impostazione Una specie può formare legami a idrogeno con l'acqua se contiene uno dei tre elementi elettronegativi (F, O o N) e ha un atomo di H legato a uno di questi elementi.

Soluzione Non ci sono elementi elettronegativi (F, O o N) né in CH_4 né in Na^+. Quindi solo CH_3OCH_3, F^- e HCOOH possono formare legami a idrogeno con l'acqua.

Verifica Si noti che HCOOH (acido formico) può formare legami a idrogeno con l'acqua in due modi diversi.

Problema di autovalutazione Quale delle seguenti specie sono in grado di formare legami a idrogeno fra loro: (a) H_2S, (b) C_6H_6, o (c) CH_3OH?

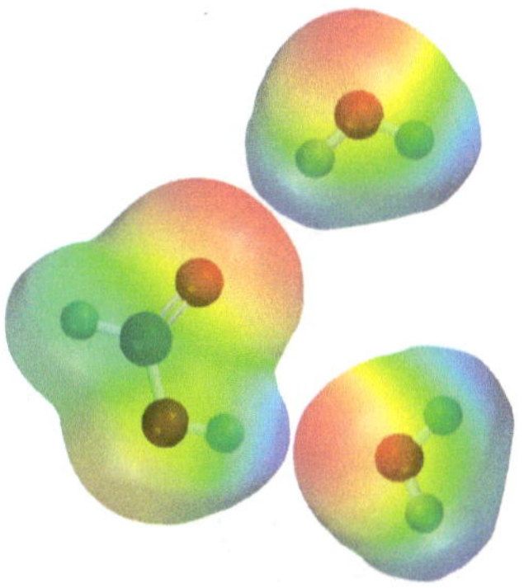

HCOOH forma legami a idrogeno con due molecole di H_2O.

4.6.2 Interazioni repulsive

Finora, si sono considerate soltanto le forze intermolecolari di tipo attrattivo; tuttavia, atomi e molecole si devono anche respingere uno con l'altro quando sono a piccole distanze sennò potrebbero collassare e compenetrarsi uno con l'altro. Un tale collasso è evitato dalla forte forza repulsiva delle nuvole elettroniche e dei nuclei e dal principio di esclusione di Pauli, che non permette agli elettroni di occupare la stessa regione di spazio. La forza repulsiva fra atomi domina le interazioni di atomi e di molecole a piccole distanze. Il fisico inglese Lennard-Jones[9] propose la seguen-

[9] Sir John Edward Lennard-Jones (1894–1954). Fisico inglese. Benchè istruito come matematico, il lavoro di Lennard-Jones sulla struttura molecolare e sulle forze intermolecolari pose le basi per la moderna chimica teoretica e computazionale.

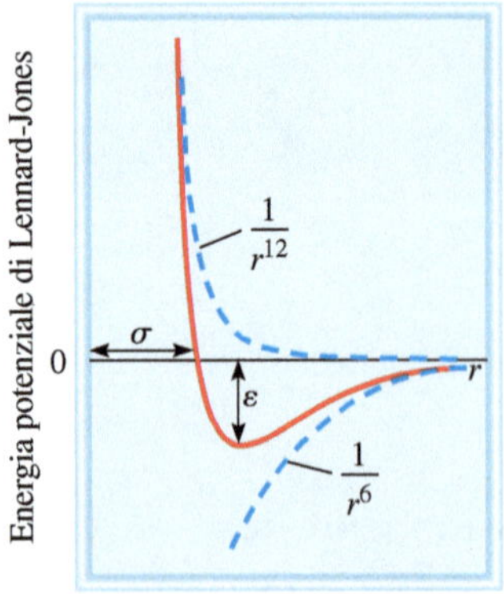

Figura 4.33 Curva dell'energia potenziale di Lennard-Jones (rosso) fra due molecole apolari a distanza r. Le curve in alto e in basso (blu) mostrano i contributi repulsivi $1/r^{12}$ e attrattivi $1/r^6$, rispettivamente.

te espressione per descrivere le interazioni di tipo sia attrattivo sia repulsivo in sistemi non ionici:

$$V = 4\varepsilon\left[\left(\frac{\sigma}{r}\right)^{12} - \left(\frac{\sigma}{r}\right)^{6}\right] \tag{4.12}$$

L'Equazione 4.12 è detta ***potenziale di Lennard-Jones***. Il primo termine tra parentesi che domina a piccolissime distanze, rappresenta la repulsione fra le particelle. Il termine relativo all'attrazione è il secondo tra parentesi ed è nella forma di van der Waals e applicabile nel caso di interazioni di tipo dipolo-dipolo, dipolo-dipolo indotto e di dispersione.

La Figura 4.33 mostra un diagramma del potenziale di Lennard-Jones fra due atomi o molecole. La quantità ε nell'Equazione 4.12 è uguale alla profondità della buca di potenziale ed è una misura della forza intermolecolare. La quantità σ è una misura della dimensione delle molecole ed è definita come la separazione alla quale $V = 0$. La Tabella 4.7 riporta i parametri di Lennard-Jones, ε e σ, per alcuni atomi e molecole. Il potenziale di Lennard-Jones costituisce una buona rappresentazione di generiche interazioni intermolecolari in sistemi non ionici ed è usato nella modellazione e nella simulazione di sistemi chimici.

Tabella 4.7 Parametri di Lennard-Jones per atomi e molecole

Atomo o molecola	ε (kJ mol^{-1})	σ (Å)
Ar	0,0997	3,40
Xe	1,77	4,10
H_2	0,307	2,93
N_2	0,765	3,92
O_2	0,943	3,65
CO_2	1,65	4,33
CH_4	1,23	3,82
C_6H_6	2,02	8,60

Sommario

Paragrafo 4.1

- La teoria VSEPR per prevedere la geometria molecolare è basata sul fatto che le coppie di elettroni dello strato di valenza si respingono e tendono a mettersi il più lontano possibile per minimizzare tale repulsione.
- In accordo con il modello VSEPR, la geometria molecolare può essere prevista dal numero di coppie di elettroni di legame e coppie solitarie sull'atomo centrale. Le coppie solitarie si respingono più fortemente delle coppie di elettroni di legame e quindi distorcono gli angoli di legame dai valori ideali della geometria.

Paragrafo 4.2

- Il momento di dipolo è una misura della separazione di carica in molecole che contengono atomi di diversa elettronegatività. Il momento di dipolo di una molecola è la somma vettoriale dei diversi momenti di dipolo associati ai legami presenti. Informazioni circa la geometria molecolare possono essere ottenute da misure di momenti di dipolo.

Paragrafo 4.3

- Nella teoria del legame di valenza per molecole poliatomiche, orbitali atomici ibridizzati sono formati per combinazione e riarrangiamento di orbitali atomici dello stesso atomo. Gli orbitali ibridi sono degeneri, e il numero di orbitali ibridi è uguale al numero di orbitali atomici puri che si combinano.
- L'espansione della sfera di valenza si può spiegare considerando l'ibridizzazione degli orbitali *s*, *p* e *d*.
- Nell'ibridizzazione *sp*, i due orbitali ibridi giacciono sulla stessa linea; nell'ibridizzazione sp^2, i tre orbitali ibridi puntano verso i vertici di un triangolo equilatero; nell'ibridizzazione sp^3, i quattro orbitali ibridi puntano verso i vertici

di un tetraedro; nell'ibridizzazione sp^3d, i cinque orbitali ibridi puntano verso i vertici di una bipiramide trigonale; e nell'ibridizzazione sp^3d^2, i sei orbitali ibridi puntano verso i vertici di un ottaedro.

- In un atomo ibridizzato sp^2 (per esempio, il carbonio), l'orbitale puro p può formare un legame pi greco con l'orbitale p di un altro atomo con adeguata orientazione. Un doppio legame carbonio-carbonio è costituito da un legame sigma e da un legame pi greco. In un atomo di carbonio ibridizzato sp, i due orbitali p puri possono formare due legami pi greco con due orbitali p di un altro atomo. Un legame triplo carbonio-carbonio è costituito da un legame sigma e due legami pi greco.

Paragrafo 4.4

- Composti diversi che hanno la stessa formula molecolare sono detti isomeri. Gli isomeri strutturali sono isomeri che hanno diversa connettività di legame.
- Gli stereoisomeri sono isomeri che hanno identica connettività di legame ma diversa struttura tridimensionale. Ci sono due tipi di stereoisomeri: gli isomeri geometrici e gli isomeri ottici.

Paragrafo 4.5

- Il legame in molte molecole poliatomiche, come l'ozono o il benzene, può spesso essere descritto in maniera più accurata in termini di orbitali molecolari delocalizzati.

Paragrafo 4.6

- Le forze intermolecolari si instaurano fra molecole o fra molecole e ioni. Generalmente, queste forze attrattive sono molto più deboli delle forze di legame.
- Le forze dipolo-dipolo e ione-dipolo attraggono molecole con momenti di dipolo permanenti con altre molecole polari o ioni.
- Le forze di dispersione sono il risultato di momenti di dipolo momentanei creati in molecole apolari a causa dei moti elettronici. Una misura di quanto un momento di dipolo può essere indotto in una molecola è detta polarizzabilità. Il termine "forze di van der Waals" si riferisce alle forze dipolo-dipolo, dipolo-dipolo indotto e di dispersione.
- Il legame a idrogeno è una forte interazione di tipo dipolo-dipolo fra un legame polare contenente un atomo di idrogeno e un atomo elettronegativo tipo O, N o F. Legami a idrogeno fra molecole di acqua sono particolarmente forti.

Problemi

Soluzioni dei problemi dispari sul sito www.mheducation.it

4.1 Teoria VSEPR e struttura molecolare

4.1 Prevedere la geometria delle seguenti specie usando la teoria VSEPR: (a) PCl_3, (b) $CHCl_3$, (c) SiH_4, (d) $TeCl_4$.

4.2 Prevedere la geometria delle seguenti specie: (a) $AlCl_3$, (b) $ZnCl_2$, (c) $ZnCl_4^{2-}$.

4.3 Prevedere la geometria delle seguenti molecole e ioni usando la teoria VSEPR: (a) CBr_4, (b) BCl_3, (c) NF_3, (d) H_2Se, (e) NO_2^-.

4.4 Prevedere la geometria delle seguenti molecole e ioni usando la teoria VSEPR: (a) CH_3I, (b) ClF_3, (c) H_2S, (d) SO_3, (e) SO_4^{2-}.

4.5 Prevedere la geometria delle seguenti molecole usando la teoria VSEPR: (a) $HgBr_2$, (b) N_2O (la successione degli atomi è NNO), (c) SCN (la successione degli atomi è SCN).

4.6 Prevedere la geometria dei seguenti ioni: (a) NH_4^+, (b) NH_2^-, (c) CO_3^{2-}, (d) ICl_2^-, (e) ICl_4^-, (f) AlH_4^-, (g) $SnCl_5^-$, (h) H_3O^+, (i) BeF_4^{2-}.

4.7 Prevedere la geometria di XeO_2 e XeO_4.

4.8 Descrivere la geometria attorno a ciascuno dei tre atomi centrali nella molecola di CH_3COOH (acido acetico).

4.9 Quali delle seguenti specie sono tetraedriche? $SiCl_4$, SeF_4, XeF_4, CI_4, o $CdCl_4^{2-}$.

4.10 Prevedere gli angoli di legame delle seguenti molecole: (a) $BeCl_2$, (b) BCl_3, (c) CCl_4, (d) Hg_2Cl_2 (disposizione degli atomi: ClHgHgCl), (e) $SnCl_2$, (f) H_2O_2, (g) SnH_4.

4.11 Quale delle seguenti molecole è lineare ICl_2^-, IF_2^+, OF_2, SnI_2, o $CdBr_2$.

4.12 Quale delle seguenti specie non ha forma tetraedrica? (a) $SiBr_4$, (b) NF_4^+, (c) SF_4, (d) $BeCl_4^{2-}$, (e) BF_4^-, (f) $AlCl_4^-$.

4.13 Prevedere la geometria del dicloruro di zolfo (SCl_2) e l'ibridizzazione dell'atomo di zolfo.

4.2 Polarità di una molecola e momento di dipolo

4.14 Ordinare le seguenti molecole in ordine di momento di dipolo crescente: H_2O, H_2S, H_2Te e H_2Se.

4.15 I momenti di dipolo degli acidi alogenidrici diminuiscono nell'ordine da HF a HI. Spiegare questo andamento.

4.16 Quali delle seguenti molecole hanno momento di dipolo diverso da zero? OCS, $BeCl_2$, OCl_2, BCl_3, PCl_3, SF_6 o SF_4. Motivare le risposte usando le strutture molecolari tridimensionali.

4.17 Ordinare le molecole seguenti in ordine di momento di dipolo crescente: H_2O, CBr_4, H_2S, HF, NH_3 e CO_2.

4.18 La molecola di OCS ha momento di dipolo maggiore o minore del CS_2?

4.19 Rappresentare il momento di dipolo associato ai legami e il momento di dipolo risultante delle seguenti molecole: H_2O, PCl_3, XeF_4, PCl_5 e SF_6.

4.20 Si consideri la molecola di CF_2Cl_2. Il momento di dipolo è diverso da zero? Se sì, disegnare la molecola e indicare la direzione del vettore momento di dipolo.

4.21 Il momento di dipolo del monossido di carbonio, CO, è molto piccolo (0,12 D) anche se la differenza di elettronegatività fra ossigeno e carbonio è abbastanza grande. Si può dare una risposta dall'analisi della struttura di Lewis? (*Suggerimento*: pensare alle possibili strutture di risonanza.)

4.22 Il momento di dipolo di HF è 1,92 D. Dato che la distanza di legame H—F è 91,7 pm, calcolare la carica parziale q, basandosi sul modello di carica puntiforme.

4.23 Quale delle seguenti molecole ha momento di dipolo maggiore?

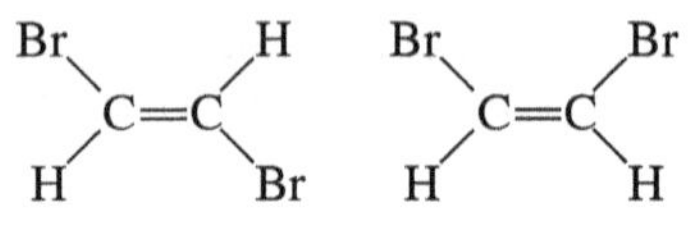

(a) (b)

4.24 Si ordinino i seguenti composti secondo momenti di dipolo crescenti.

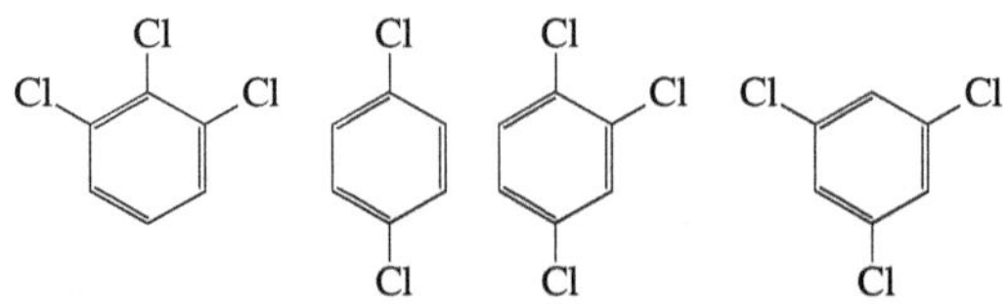

(a) (b) (c) (d)

4.3 Teoria del legame di valenza e orbitali ibridi

4.25 Descrivere il legame della molecola di AsH_3 considerando l'ibridizzazione.

4.26 Qual'è lo stato di ibridizzazione del Si nella molecola di SiH_4 e in quella di $H_3Si—SiH_3$?

4.27 Descrivere il cambiamento di ibridizzazione (se c'è) dell'atomo di Al nella seguente reazione:

$$AlCl_3 + Cl^- \longrightarrow AlCl_4^-$$

4.28 Si consideri la seguente reazione:

$$BF_3 + NH_3 \longrightarrow F_3B—NH_3$$

Descrivere il cambiamento dell'ibridizzazione (se c'è) degli atomi di B e di N.

4.29 Descrivere il legame in XeF_4 in termini di ibridizzazione.

4.30 Quali orbitali ibridi sono usati dall'atomo di azoto nelle seguenti specie? (a) NH_3, (b) $H_2N—NH_2$, (c) NO_3^-.

4.31 Quali orbitali ibridi sono usati dall'atomo di carbonio nelle seguenti molecole?

(a) $H_3C—CH_3$

(b) $H_3C—CH{=}CH_2$

(c) $H_3C—C{\equiv}C—CH_2OH$

(d) $CH_3CH{=}O$

(e) CH_3COOH

4.32 Specificare quali orbitali ibridi sono usati dall'atomo di carbonio nelle seguenti specie: (a) CO, (b) CO_2, (c) CN^-.

4.33 Qual è l'ibridizzazione dell'atomo di azoto nello ione azoturo N_3^-? (Disposizione degli atomi: NNN.)

4.34 La molecola di allene $H_2C{=}C{=}CH_2$ è lineare (i tre atomi di carbonio giacciono su una retta). Qual è lo stato di ibridizzazione degli atomi di carbonio? Disegnare i diagrammi per mostrare la formazione dei legami σ e π.

4.35 Descrivere l'ibridizzazione del fosforo nella molecola di PF_5.

4.36 Quanti legami sigma e pi greco ci sono in ciascuna delle seguenti strutture:

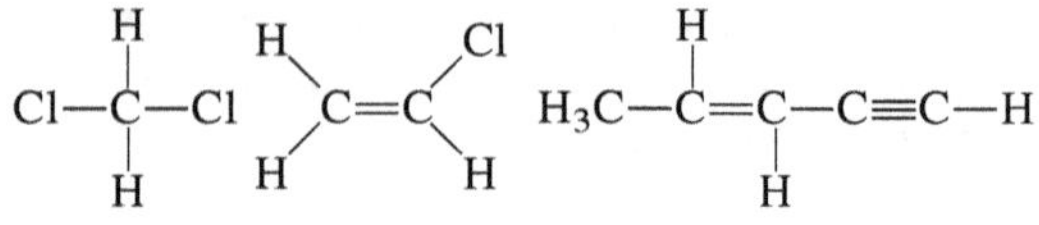

(a) (b) (c)

4.37 Quanti legami sigma e pi greco ci sono nella molecola di tetracianoetilene?

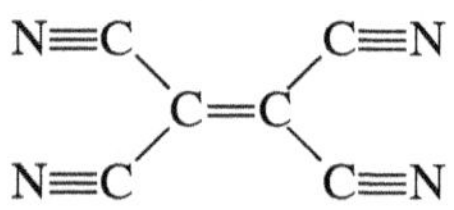

4.4 Isomeria

4.38 Disegnare tutti i possibili isomeri dell'esano (C_6H_{14}).

4.39 Disegnare tutti i possibili isomeri strutturali del pentanolo ($C_5H_{11}OH$).

4.40 Il ciclopropano (C_3H_6) ha una forma di un triangolo nel quale ogni atomo di C è legato a due atomi di H e altri due atomi di C. Se si sostituiscono due atomi di H con atomi di Cl si ottiene il diclorociclopropano. Disegnare tutti i possibili isomeri del diclorociclopropano e indicare se si tratta di isomeri geometrici, strutturali oppure ottici.

4.41 Disegnare i tre possibili isomeri strutturali del C_3H_8O.

4.5 Legame nelle molecole poliatomiche e orbitali molecolari

4.42 Descrivere l'orbitale molecolare a più bassa energia per i legami π dello ione nitrato, NO_3^-.

4.43 Usando la molecola di ozono come modello, descrivere il legame π nella molecola di NO_2 usando lo schema dell'orbitale molecolare.

4.44 Descrivere il legame π in NO_2^+ e in NO_2^- usando gli orbitali molecolari.

4.45 Determinare quale delle seguenti molecole ha un orbitale molecolare più delocalizzato e giustificare la scelta.

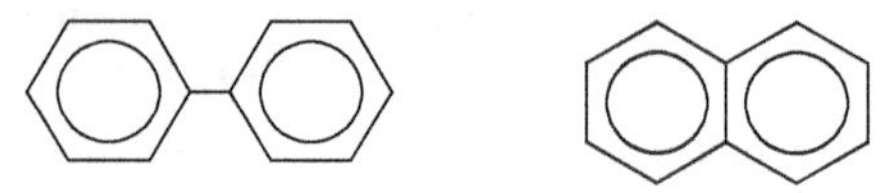

bifenile *naftalene*

(*Suggerimento*: Entrambe le molecole contengono anelli benzenici. Nel naftalene i due anelli sono condensati. Nel bifenile gli anelli sono uniti mediante un legame semplice attorno al quale i due anelli possono ruotare.)

4.46 Descrivere il legame nello ione nitrato NO_3^- in termini di orbitali molecolari delocalizzati.

4.47 Un legame semplice è di solito un legame σ e un legame doppio è di solito formato da un legame σ e da un legame π. Si possono individuare delle eccezioni nelle molecole biatomiche omonucleari del secondo periodo?

4.6 Interazioni fra molecole e proprietà dei materiali

4.48 I composti Br_2 e ICl hanno lo stesso numero di elettroni, Br_2 fonde a −7,2 °C, mentre ICl fonde a 27,2 °C. Spiegare.

4.49 Dire i tipi di forze intermolecolari che esistono fra le molecole (o unità) di: (a) benzene (C_6H_6), (b) CH_3Cl, (c) PF_3, (d) NaCl, (e) CS_2.

4.50 Ordinare per punto di ebollizione crescente: RbF, CO_2, CH_3OH e CH_3Br. Motivare le risposte.

4.51 Quale sostanza delle seguenti coppie ci si attende che abbia il punto di ebollizione più alto? (a) O_2 e Cl_2, (b) SO_2 e CO_2, (c) HF e HI.

4.52 Quale sostanza delle seguenti coppie ci si attende che abbia il punto di ebollizione più basso? (a) Ne e Xe, (b) CO_2 e CS_2, (c) CH_4 e Cl_2, (d) F_2 e LiF, e (e) NH_3 e PH_3.

4.53 Dire il tipo di interazioni intermolecolari che devono essere vinte per: (a) far bollire ammoniaca liquida, (b) far fondere fosforo solido (P_4), (c) dissolvere CsI in HF liquido.

4.54 I fluoruri degli elementi del secondo periodo e i loro punti di fusione sono: (a) LiF, 845 °C; BeF_2, 800 °C; BF_3, −127,7 °C; CF_4, −184 °C; NF_3, −206,6 °C; OF_2, −223,8 °C; e F_2, −219,6 °C. Classificare il tipo (o i tipi) di interazioni intermolecolari presenti in ciascun composto.

4.55 Usando i dati delle Tabelle 4.3 e 4.5, calcolare l'energia dell'interazione dipolo-dipolo indotto fra una molecola di acqua e un atomo di argon a una distanza di 6,0 Å in fase gas.

4.56 Usando i dati della Tabella 4.3, calcolare l'energia d'interazione fra due molecole di NH_3 a distanza di 4,0 Å in fase gas, ipotizzando che i momenti di dipolo di NH_3 siano antiallineati come mostrato in Figura 4.27.

4.57 Usando l'Equazione 4.10 e i dati dalle Tabelle 2.2 e 4.5 calcolare l'energia di dispersione fra due atomi di argon a distanza di 5,00 Å (500 pm).

4.58 Usando il modello di Lennard-Jones (Equazione 4.12), disegnare sullo stesso grafico l'energia potenziale d'interazione fra (a) due atomi di Ar e (b) due atomi di Xe. Se non si sapesse nulla di questi due gas, che cosa si potrebbe dire circa le loro proprietà fisiche sulla base di questo diagramma?

Problemi supplementari

4.59 Disegnare la struttura di Lewis del bromuro di mercurio (II). Questa molecola è lineare o piegata? Come se ne stabilisce la geometria?

4.60 Disegnare le strutture di Lewis e dare le ulteriori informazioni richieste per le seguenti molecole o ioni: (a) BF_3. Forma: planare o non planare? (b) ClO_3^-. Forma: planare o non planare? (c) H_2O. Mostrare la direzione del momento di dipolo risultante. (d) OF_2. Molecola polare o apolare? (e) NO_2. Stimare l'angolo di legame O—N—O.

4.61 Prevedere gli angoli di legame delle seguenti molecole: (a) $BeCl_2$, (b) BCl_3, (c) CCl_4, (d) CH_3Cl, (e) Hg_2Cl_2 (disposizione degli atomi: ClHgHgCl), (f) $SnCl_2$, (g) H_2O_2, (h) SnH_4.

4.62 Descrivere lo stato di ibridizzazione dell'arsenico nel pentafluoruro di arsenico (AsF_5).

4.63 Il composto 1,2-dicloroetano ($C_2H_4Cl_2$) è apolare, mentre il *cis*-dicloroetilene ($C_2H_2Cl_2$) ha un momento di dipolo:

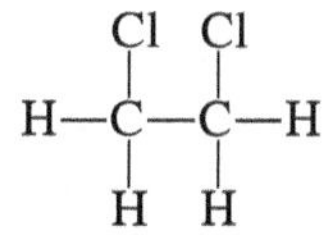

1,2-dicloroetano

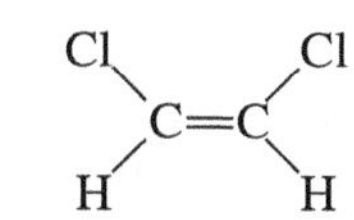

cis-dicloroetilene

La ragione di questa differenza è che i gruppi legati mediante un singolo legame possono ruotare uno rispetto all'altro, mentre non ci può essere rotazione quando la connessione è mediante un legame doppio. Sulla base delle considerazioni di legame, spiegare perché la rotazione è possibile nell'1,2-dicloroetano ma non nel *cis*-dicloroetilene.

4.64 La seguente molecola ha un momento di dipolo?

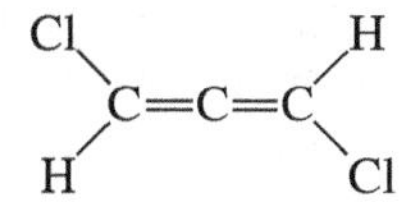

4.65 I gas detti di effetto serra, che contribuiscono al riscaldameto globale, hanno un momento di dipolo permanente oppure sono soggette a una variazione del momento di dipolo durante le vibrazioni. Quale delle seguenti molecole gassose possono essere gas da effetto serra? N_2, O_2, O_3, CO, CO_2, NO_2, N_2O, CH_4 o $CFCl_3$.

4.66 Disegnare le strutture di Lewis e fornire le altre informazioni richieste: (a) SO_3. Polare o apolare? (b) PF_3. Polare o apolare? (c) F_3SiH. Mostrare la direzione del momento di dipolo risultante. (d) SiH_3^-. Planare o piramidale? (e) Br_2CH_2. Polare o apolare?

4.67 Disegnare la struttura di Lewis dello ione $BeCl_4^{2-}$. Prevedere la sua geometria e descrivere lo stato di ibridizzazione dell'atomo di berillio.

4.68 La molecola $ClONO_2$ è considerata una delle responsabili della distruzione dell'ozono nella stratosfera antartica. Disegnare una plausibile struttura di Lewis della molecola e prevedere la sua forma.

4.69 Il momento di dipolo del *cis*-dicloroetilene ($C_2H_2Cl_2$) è 1,81 D a 25 °C. Per riscaldamento, il suo momento di dipolo diminuisce. Dare una ragionevole spiegazione di questo comportamento.

4.70 Il pentafluoruro di antimonio, SbF_5, reagisce con XeF_4 e XeF_6 per formare i composti ionici XeF_3^+ SbF_6^- e XeF_5^+ SbF_6^-, rispettivamente. Descrivere la geometria dei cationi e degli anioni in questi due composti.

4.71 L'angolo di legame di SO_2 è molto simile a 120°, anche se c'è una coppia solitaria sullo zolfo. Spiegare.

4.72 Quale delle seguenti molecole o ioni è lineare? ICl_2^-, IF_2^+, OF_2, SnI_2 o $CdBr_2$.

4.73 Confrontare brevemente l'approccio della teoria VSEPR e quello dell'ibridizzazione per lo studio della geometria molecolare.

4.74 Usare la teoria dell'orbitale molecolare per spiegare la formazione del legame nello ione azoturo (N_3^-). La disposizione degli atomi è NNN.

4.75 Il carattere ionico del legame in una molecola biatomica può essere stimato mediante la formula

$$\frac{\mu}{ed} \times 100\%$$

dove μ è il momento di dipolo misurato sperimentalmente (in C m), e è la carica dell'elettrone e d è la distanza di legame in metri. (La quantità ed è l'ipotetico momento di dipolo nel caso di un completo trasferimento di elettroni dall'atomo meno elettronegativo a quello più elettronegativo.) Dato che il momento di dipolo e la lunghezza di legame di HF sono 1,92 D e 91,7 pm, rispettivamente, si calcoli la percentuale di carattere ionico della molecola.

4.76 Disegnare tre strutture di Lewis per i composti di formula $C_2H_2F_2$. Indicare quali composti sono polari.

4.77 Il tricloruro di alluminio ($AlCl_3$) è una molecola deficiente di elettroni. Tende a formare un dimero (una molecola formata da due unità $AlCl_3$).

$$AlCl_3 + AlCl_3 \longrightarrow Al_2Cl_6$$

(a) Disegnare la struttura di Lewis del dimero.

(b) Descrivere lo stato di ibridizzazione dell'Al in $AlCl_3$ e Al_2Cl_6.

(c) Disegnare la geometria del dimero.

(d) Dire quale delle due molecole (monomero o dimero) possiede un momento di dipolo?

4.78 La forma allotropica stabile del fosforo è il P_4, in cui ciascun atomo di P è legato a tre altri atomi di P. Disegnare la struttura di Lewis di questa molecola e descriverne la geometria. Ad alte temperature, P_4 si dissocia per formare molecole di P_2 che contengono un legame P=P. Spiegare perchè P_4 è più stabile di P_2.

4.79 Anche se sia il carbonio sia il silicio sono elementi del Gruppo 4A, si conoscono pochi composti con legame Si=Si. Si spieghi l'instabilità del doppio legame silicio-silicio. (*Suggerimento:* Si confronti il raggio covalente di C e quello di Si.)

4.80 Usando le Equazioni 4.10 e 4.11 e i dati nelle Tabelle 2.2 e 4.5, si calcoli l'energia dell'interazione di dispersione fra (a) due atomi di Ar a distanza di 5,00 Å e (b) un atomo di Ar e uno di Ne alla stessa distanza.

4.81 Il 3-azido-3-deossitimimmina, comunemente conosciuto come AZT, è uno dei farmaci usati contro l'AIDS. Quali sono gli stati di ibridizzazione degli atomi di C e di N in questa molecola?

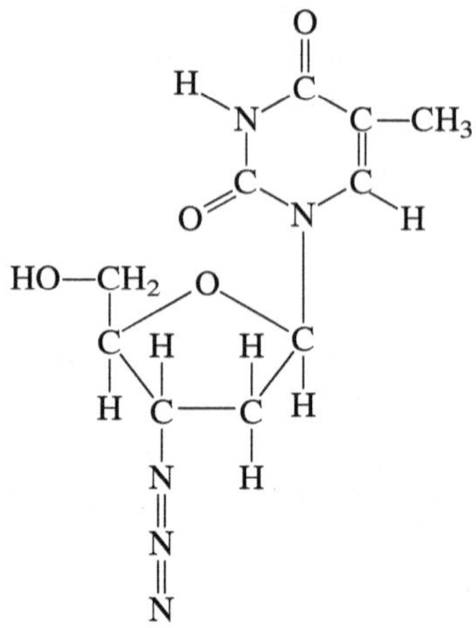

4.82 Quali sono gli stati di ibridizzazione degli atomi di C e di N in questa molecola?

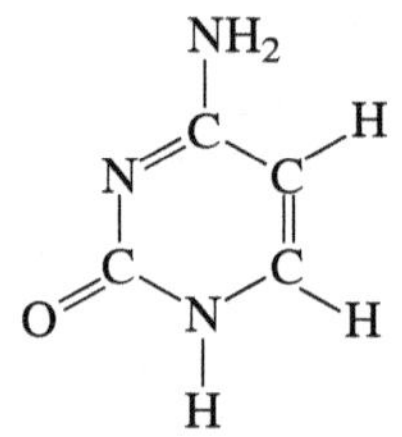

4.83 Il tetracloruro di carbonio (CCl_4) e il tetracloruro di silicio ($SiCl_4$) hanno simile geometria e ibridizzazione. Tuttavia, CCl_4 non reagisce con acqua mentre $SiCl_4$ sì. Spiegare la differenza della loro reattività chimica. (*Suggerimento:* Il primo passaggio della reazione si pensa sia l'addizione di una molecola di acqua a un atomo di Si nel $SiCl_4$.)

4.84 Quale dei due isomeri di C_4H_{10} discussi nel Paragrafo 4.4 ci si dovrebbe attendere abbia il più alto punto di ebollizione? Spiegare.

4.85 Si consideri la molecola di CCl_4, che ha geometria tetraedrica ed è apolare. Eguagliando il momento di dipolo di un legame C—Cl al momento di dipolo risultante degli atri tre legami C—Cl, dimostrare che gli angoli di legame sono tutti uguali a 109,5°.

4.86 Il carbonio e il silicio appartengono al Gruppo 4A e hanno la stessa configurazione elettronica degli elettroni di valenza (ns^2 np^2). Perché il diossido di silicio (SiO_2) ha un punto di fusione più alto del diossido di carbonio (CO_2)?

4.87 La molecola FNO_2 è una molecola molto reattiva. Gli atomi di fluoro e di ossigeno sono legati all'atomo di azoto. (a) Scrivere la struttura di Lewis di FNO_2. (b) Indicare lo stato di ibridizzazione dell'atomo di azoto. (c) Descrivere il legame secondo la teoria dell'orbitale molecolare. Dove si forma l'orbitale molecolare delocalizzato?

4.88 La molecola di N_2F_2 può esistere nelle seguenti due forme:

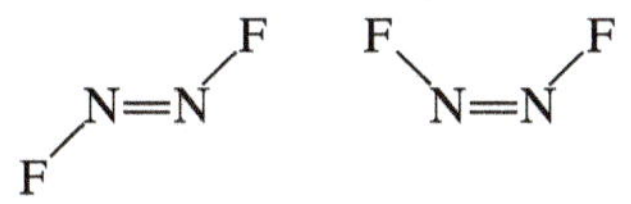

(a) Qual è l'ibridizzazione di N nella molecola?

(b) Quale struttura ha un momento di dipolo?

4.89 Sia l'etilene (C_2H_4) sia il benzene (C_6H_6) contengono legami C═C. La reattività dell'etilene è maggiore di quella del benzene. Per esempio, l'etilene reagisce rapidamente con il bromo molecolare, mentre il benzene è normalmente inerte nei confronti del bromo e di altri composti. Spiegare questa differenza di reattività.

4.90 Nel Capitolo 3, si è descritto il legame nell'O_2 con la teoria del legame di valenza in termini di sovrapposizione di orbitali puri 2*s* e 2*p*. Dare una descrizione del legame di valenza nell'O_2 che utilizzi gli orbitali ibridi. Quali sono le differenze in questi due approcci?

4.91 TCDD, o 2,3,7,8-tetraclorodibenzo-p-diossina, è un composto molto tossico.

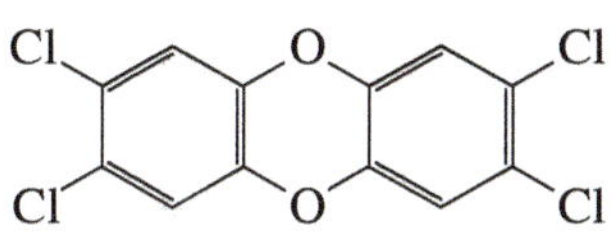

Fu usato nell'assassinio di un politico ucraino nel 2004. (a) Descrivere la sua geometria e dire se ha o no un momento di dipolo. (b) Quanti legami pi greco e quanti legami sigma ci sono in questa molecola?

4.92 A che distanza devono essere gli ioni Na^+ e Cl^- per fare in modo che la loro energia d'interazione ione-ione sia uguale all'interazione dipolo-dipolo fra due molecole di acqua a distanza di 3,0 Å e disposte come mostrato in Figura 4.27?

4.93 Descrivere la struttura di Lewis del chetene (C_2H_2O) e l'ibridizzazione degli atomi di C. La molecola non contiene legami O—H. In un altro diagramma, disegnare la formazione dei legami sigma e pi greco.

4.94 Il progesterone è un ormone responsabile dei caratteri sessuali femminili. Nella rappresentazione sottostante, ciascun punto d'intersecazione delle linee rappresenta un atomo di C e gli atomi di H sono quasi tutti omessi. Disegnare la completa struttura della molecola, con gli atomi di C e di H. Indicare quali atomi di C sono ibridizzati sp^2 e sp^3.

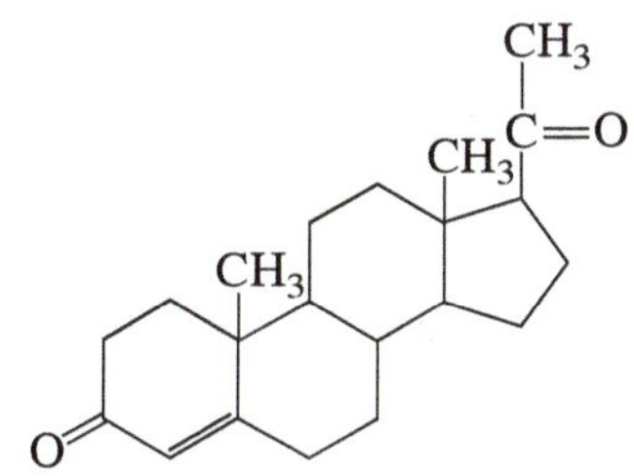

4.95 L'ossido di carbonio (CO) è un composto velenoso poiché si può legare fortemente al Fe^{2+} della molecola di emoglobina. Gli orbitali molecolari di CO hanno la stessa successione di quelli di N_2. (a) Disegnare la struttura di Lewis del CO e assegnare le cariche formali. Spiegare perché CO ha un momento di dipolo piuttosto piccolo di 0,12 D. (b) Confrontare l'ordine di legame di CO previsto dalla struttura di Lewis con quello previsto dalla teoria dell'orbitale molecolare. (c) Quale atomo (C o O) forma il legame con lo ione Fe^{2+} dell'emoglobina?

Soluzioni dei problemi di autovalutazione

4.1 (a) tetraedrica, (b) lineare, (c) trigonale planare **4.2** No. **4.3** (a) sp^3, (b) sp^2 **4.4** sp^3d^2 **4.5** Gli atomi di C e di N sono ibridizzati *sp*. L'orbitale *sp* sull'atomo di C forma un legame sigma con l'atomo di H e un altro legame sigma con un orbitale *sp* dell'atomo di N. I due orbitali puri *p* sull'atomo di C sono usati per formare due legami pi greco con l'atomo di N. La coppia solitaria sull'atomo di N è descritta dall'orbitale *sp* dell'atomo di N.

4.6

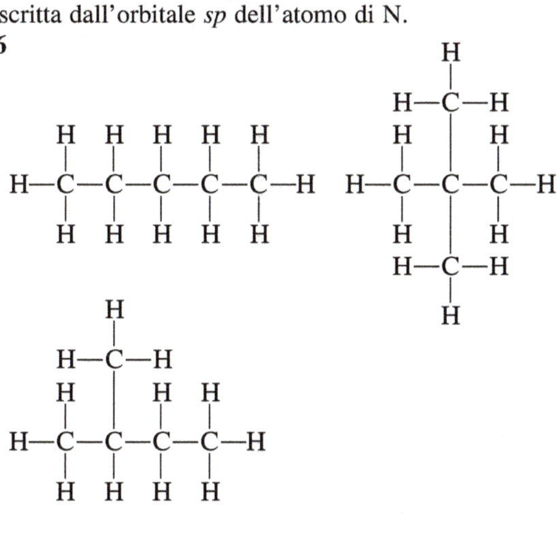

4.7 Siccome è una molecola piegata, il diagramma MO per gli orbitali molecolari pi greco di NO_2 sarà uguale a quello di O_3 (si veda il Paragrafo 4.5.1); tuttavia, NO_2 ha un elettrone in meno di O_3 e quindi avrà un solo elettrone nell'orbitale di non legame. **4.8** 13,6 kJ mol^{-1} **4.9** −3,3 kJ mol^{-1} **4.10** (a) ione-ione, dispersione, (b) dispersione, (c) dipolo-dipolo, dispersione **4.11** solo (c)

CAPITOLO

5

Diagrammi di stato e gas

In certe condizioni di pressione e temperatura, la maggior parte delle sostanze può esistere in uno qualsiasi degli stati della materia: solido, liquido o gassoso. L'acqua, per esempio, può essere ghiaccio solido, acqua liquida o vapore acqueo. Le proprietà fisiche e la reattività chimica di una sostanza spesso dipendono dal suo stato. Nella prima parte del Capitolo 5, sarà introdotto il concetto di diagramma di stato; esso ci permetterà di conoscere le condizioni di pressione e temperatura che determinano lo stato di aggregazione di una data sostanza (fase gassosa, liquida o solida), e ci permetterà, inoltre, di determinare le variazioni di pressione e/o temperatura necessarie per trasformare la sostanza da uno stato in un altro. Il resto del Capitolo 5 sarà dedicato allo stato gassoso, mentre le proprietà dei solidi e dei liquidi saranno trattate nel Capitolo 6.

I gas sono più semplici da studiare dei liquidi e dei solidi sotto molti punti di vista. Il movimento delle particelle nei gas è completamente casuale e le forze attrattive tra le molecole di un gas sono così piccole che ogni molecola si muove liberamente e in maniera essenzialmente indipendente dalle altre. È più facile prevedere il comportamento dei gas, quando sottoposti a variazioni di pressione o temperatura, piuttosto che dei liquidi e dei solidi. Le leggi che governano il comportamento dei gas hanno avuto un ruolo importante nello sviluppo della teoria atomica della materia e nella teoria cinetica dei gas.

5.1 Pressione e temperatura

Nei Capitoli da 1 a 4, la materia è stata descritta a livello molecolare e atomico. Secondo tale approccio, lo stato di un sistema è descritto quantomeccanicamente in termini della funzione d'onda, che è funzione delle posizioni di tutte le particelle. Tuttavia, senza sofisticate apparecchiature, il dominio molecolare non è percepibile: il mondo visibile ne è lontanissimo, sia in termini di numero di atomi o molecole (10^{23} invece di alcuni) sia di distanze (centimetri e metri invece di Ångstrom e nanometri). Oggetti molto grandi rispetto alla scala molecolare si dicono ***macroscopici***.[1] Descrivere un sistema macroscopico in termini di variabili, dettagliate su scala atomica, delle molecole che lo costituiscono è sia inappropriato che impossibile: sono semplicemente troppe. Si preferisce invece caratterizzare lo stato di sistemi macroscopici usando un numero relativamente piccolo di quantità chiamate *proprietà macroscopiche* (o *proprietà termodinamiche*). Due importanti esempi di queste proprietà sono pressione e temperatura.

5.1.1 Pressione

La pressione è una delle proprietà più facilmente misurabili della materia. Per poter comprendere come si misura la pressione è di aiuto sapere come sono definite le unità di misura. La ***pressione*** *(P)* è definita come

---

[1] Per gli scopi di questa discussione, si consideri un sistema come macroscopico quando più grande (approssimativamente) di 1 μm. Un tale sistema conterrà circa 10^{11} particelle.

$$P = \frac{\text{forza}}{\text{area}} \quad (5.1)$$

Un newton è approssimativamente pari alla forza esercitata dalla gravità terrestre su una mela.

L'unità di pressione nel SI è il ***pascal*** (***Pa***), dal fisico e matematico francese Blaise Pascal,[2] definito come *la forza di un newton applicata su un metro quadrato*:

$$1 \text{ Pa} = 1 \text{ N m}^{-2}$$

(dato che 1 J = 1 N m, il pascal può essere espresso anche come $1 \text{ Pa} = 1 \text{ J m}^{-3}$). Un'altra unità, basata sul pascal, è il ***bar*** definito come

$$1 \text{ bar} = 10^5 \text{ Pa} = 0{,}1 \text{ MPa}$$

L'esempio più familiare di pressione nella vita di tutti i giorni è la *pressione atmosferica*, risultante dalla forza sperimentata da qualsiasi area esposta all'atmosfera terrestre derivante dal peso dell'aria sopra di essa. Sulla superficie terrestre, la pressione atmosferica mediamente misura circa un bar, ma il suo valore esatto varierà in funzione del luogo, della temperatura e delle condizioni atmosferiche. La pressione atmosferica è la base per due comuni unità di pressione: la ***pressione atmosferica standard*** (***atm***), definita come

$$1 \text{ atm} = 1{,}01325 \text{ bar, esattamente}$$

e il ***torr***, da Evangelista Torricelli[3]

$$1 \text{ torr} = 1/760 \text{ atm, esattamente}$$

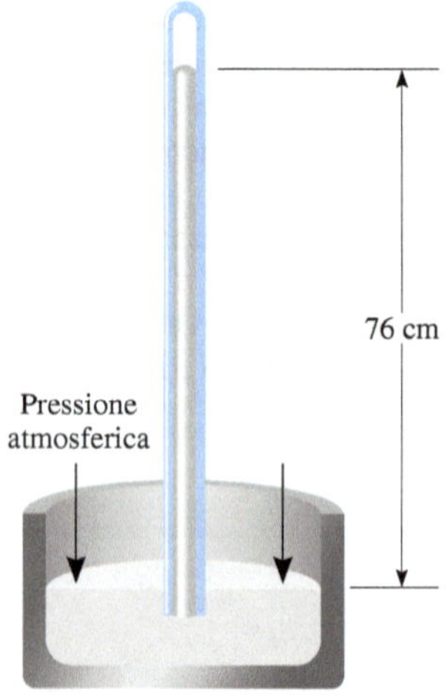

Figura 5.1 Un barometro per misurare la pressione atmosferica. Sopra il mercurio nel tubo c'è il vuoto. La colonna di mercurio è sorretta dalla pressione atmosferica.

Uno strumento che misura la pressione atmosferica è il ***barometro***, inventato da Evangelista Torricelli. Un semplice barometro può essere costruito riempiendo un lungo tubo di vetro, chiuso a un'estremità, con mercurio, che viene capovolto in un recipiente pieno di mercurio, facendo attenzione a non far entrare aria nel tubo. Un certa quantità di mercurio uscirà dal tubo creando un vuoto (Figura 5.1).

Il peso della colonna di mercurio rimasta nel tubo sarà controbilanciata dalla pressione atmosferica esercitata sulla superficie del mercurio nel recipiente. In questo modo la pressione atmosferica può essere misurata mediante l'altezza della colonna di mercurio ed espressa in millimetri di mercurio (torr): 1 mmHg è la pressione esercitata da una colonna di mercurio di 1 mm di densità 13,5951 g cm^{-3}. La relazione tra mmHg e torr è:

$$1 \text{ mmHg} = 1{,}000000142 \text{ torr}$$

Tranne nei casi in cui sia richiesta più accuratezza, tratteremo queste due diverse unità come una sola:

$$1 \text{ mmHg} \approx 1 \text{ torr} = 1/760 \text{ atm}$$

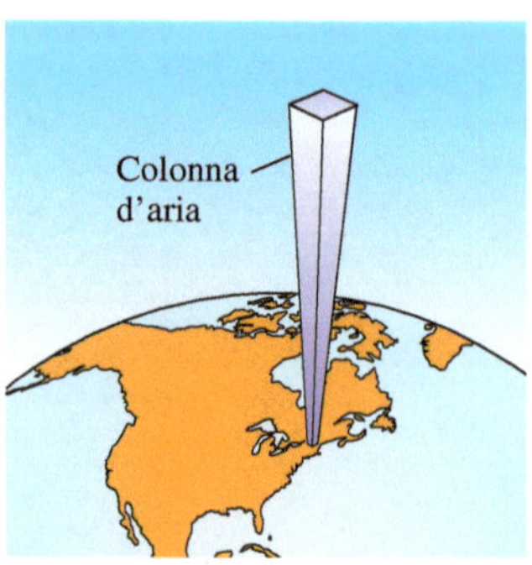

Una colonna di aria che si estende dal livello del mare all'atmosfera superiore.

Un ***manometro*** è uno *strumento usato per misurare la pressione dei gas* (eccetto la pressione atmosferica). Il principio di funzionamento del manometro è simile a quello del barometro. Esistono due tipi di manometri, mostrati in Figura 5.2. Il *manometro a tubo chiuso* è normalmente usato per misurare pressioni inferiori a quella atmosferica [Figura 5.2(a)], mentre il *manometro a tubo aperto* è più adatto per la misurazione di pressioni uguali o superiori a quella atmosferica [Figura 5.2(b)].

Praticamente tutti i barometri e la maggior parte dei manometri utilizzano mercurio come liquido nonostante sia una sostanza tossica con vapori nocivi. Il motivo è legato alla densità molto elevata del mercurio (13,6 g ml^{-1}) rispetto alla maggior

[2] Blaise Pascal (1623-1662). Matematico e fisico francese. Gli studi di Pascal occuparono diversi campi della matematica e della fisica ma specialmente nell'area dell'idrodinamica (lo studio del movimento dei fluidi). Inventò inoltre una macchina calcolatrice.

[3] Evangelista Torricelli (1608-1674). Matematico italiano. Si suppone che Torricelli sia stato il primo a riconoscere l'esistenza della pressione atmosferica.

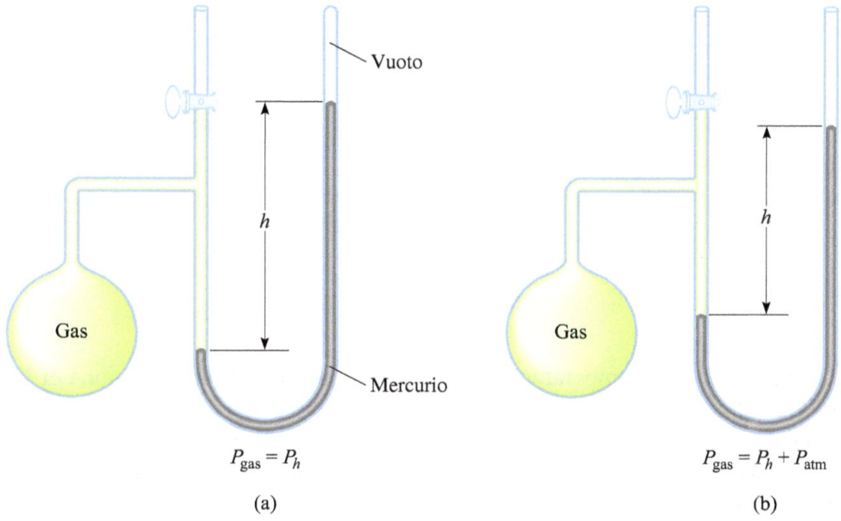

Figura 5.2 Due tipi di manometri usati per misurare la pressione dei gas. (a) A tubo chiuso: la pressione del gas è inferiore a quella atmosferica. (b) A tubo aperto: la pressione del gas è superiore a quella atmosferica.

parte degli altri liquidi. Dato che l'altezza del liquido nella colonna è inversamente proporzionale alla sua densità, questa proprietà permette la costruzione di barometri e manometri piccoli e maneggevoli.

Quando la superficie di un solido o di un liquido è in contatto con un gas, la pressione del solido o del liquido è uguale a quella del gas che lo circonda. Se così non fosse le forze su entrambi i lati della superficie non sarebbero bilanciate, e il solido o il liquido si espanderebbero (se la pressione del gas fosse minore di quella del solido o del liquido) o si contrarrebbero (se la pressione del gas fosse maggiore di quella del solido o del liquido). In questo modo si può misurare la pressione di un solido o di un liquido misurando la pressione del gas con cui è in contatto.

A livello molecolare, la pressione di un gas risulta dalle collisioni delle molecole del gas stesso con qualsiasi superficie con le quali sono in contatto (come sarà discusso nel Paragrafo 5.4). La grandezza della pressione dipenderà dalla frequenza e dalla intensità delle collisioni.

5.1.2 Temperatura

La temperatura è una grandezza molto importante e familiare nella scienza e nella vita di tutti i giorni, ma può essere difficile da definire. Nell'esperienza quotidiana usiamo la temperatura per misurare il "caldo" o il "freddo", ma per i nostri scopi occorre una definizione operativa più precisa.

Consideriamo due sistemi A e B posti in contatto in modo tale che sia possibile uno scambio di energia tra i due. I contenitori che racchiudono i sistemi A e B sono *rigidi*, quindi senza variazioni di volume, e *impermeabili*, quindi senza scambio di materia. In queste condizioni, la ***temperatura*** (T) è *la grandezza che controlla la direzione del flusso di energia tra i due sistemi*. Se la temperatura del sistema A (T_A) sarà minore di quella del sistema B (T_B) allora l'energia passerà dal sistema B al sistema A, come mostrato in Figura 5.3(a). Al contrario, se $T_A > T_B$, l'energia passerà dal sistema A al sistema B [Figura 5.3(b)]. Quando le due temperature saranno uguali, $T_B = T_A$, allora non ci sarà nessuno scambio netto di energia tra i due sistemi [Figura 5.3(c)], e diremo che i sistemi A e B saranno in ***equilibrio termico***. Un'importante proprietà dell'equilibrio termico (e della temperatura) è che, *se due sistemi sono in equilibrio termico con un terzo sistema, allora essi sono in equilibrio termico tra di loro.* Questa affermazione è generalmente nota come ***principio zero della termodinamica***.

Variazioni di temperatura possono influire in maniera significativa sulle proprietà della materia. Queste variazioni possono essere usate per definire scale di temperatura. Per esempio, la scala di temperatura Celsius, chiamata così in onore di Anders Cel-

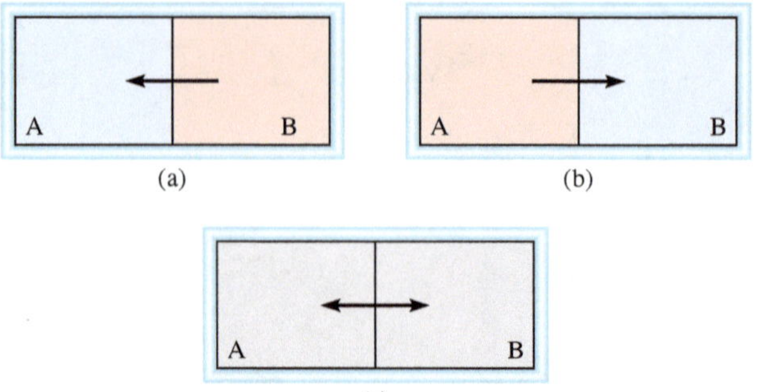

Figura 5.3 Due sistemi A e B contenuti in due recipienti rigidi e impermeabili ma che, se posti in contatto, permettono lo scambio di energia (calore). (a) Se $T_B > T_A$ ci sarà un passaggio di energia dal sistema B al sistema A. (b) Se $T_B < T_A$ ci sarà un passaggio di energia dal sistema A al sistema B. (c) Se $T_B = T_A$ non ci sarà nessuno scambio netto di energia tra i due sistemi ed essi saranno in equilibrio termico.

sius,[4] definisce 0 °C la temperatura alla quale l'acqua congela (alla pressione di 1 atm) e 100 °C la temperatura di ebollizione dell'acqua (sempre a pressione atmosferica). La precedente scala Fahrenheit, introdotta da Daniel Fahrenheit[5] e tutt'ora in uso quotidiano (ma non in ambito scientifico) negli USA, pone il punto di fusione dell'acqua (a 1 atm) a 32 °F e il punto di ebollizione a 212 °F. All'inizio del XIX secolo, Lord Kelvin[6] postulò l'esistenza di una temperatura limite, chiamata ***zero assoluto di temperatura***, al di sotto della quale nessun materiale può essere raffreddato. Basandosi sugli studi sui gas (Paragrafo 5.3), Kelvin determinò −273,15 °C come lo zero assoluto di temperatura. Questa temperatura rappresenta una temperatura di riferimento naturale che è indipendente dalle proprietà del materiale. La scala Kelvin è l'unità standard di temperatura nel sistema SI ed è definita rispetto alla scala Celsius dalla relazione

$$T\,(\text{Kelvin}) = 273{,}15 + T\,(\text{Celsius}) \qquad \textbf{(5.2)}$$

in modo tale che lo zero assoluto corrisponda a 0 K e che il punto di fusione dell'acqua sia a 273,15 K. Si noti che il simbolo del grado (°) non viene usato per i kelvin. Si osservi la Figura 5.4 per un confronto tra le tre scale di temperatura.

In particolari condizioni sperimentali, alcuni scienziati sono riusciti a giungere a un nanokelvin (un miliardesimo di kelvin) dallo zero assoluto.

Un ***termometro*** è un *dispositivo per misurare la temperatura*. I termometri funzionano misurando le variazioni dipendenti dalla temperatura nelle proprietà delle sostanze calibrandole rispetto a una predefinita scala di temperatura. Per esempio, il mercurio liquido si espande all'aumento della temperatura, per cui si può costruire un termometro a mercurio ponendo del mercurio in un tubo di vetro sigillato. L'altezza raggiunta dalla colonna di mercurio quando il termometro è immerso in una miscela acqua-ghiaccio sarà marcata come 0 °C e quella raggiunta quando il termometro è immerso in acqua all'ebollizione come 100 °C. La scala tra le due temperature di riferimento sarà ottenuta dividendo la distanza tra i due segni in 100 parti uguali, ammettendo che l'espansione del mercurio sia funzione lineare dell'aumento della temperatura nei limiti di utilizzo del termometro.

5.2 Fasi e diagrammi di stato

Come discusso nel Paragrafo 0.1, la maggior parte delle sostanze e delle miscele può esistere in tre stati: solido, liquido e gassoso. Le proprietà fisiche degli stati della materia sono molto diverse tra loro. Nei gas, le distanze tra le molecole sono talmente

---

[4] Anders Celsius (1701-1744). Astronomo e meteorologo svedese. La scala delle temperature di Celsius, in origine, prevedeva 100° per il punto di fusione dell'acqua e 0° per il suo punto di ebollizione, tale ordine fu invertito dopo la morte di Celsius.

[5] Daniel Gabriel Fahrenheit (1686-1736). Costruttore tedesco di apparecchiature scientifiche. Fahrenheit inventò il primo termometro a mercurio di uso comune. Nello sviluppo della sua scala di temperatura, Fahrenheit assegnò lo zero della sua scala alla temperatura più bassa ottenibile nel suo laboratorio, precisamente, quella ottenuta per una miscela di neve, acqua e cloruro d'ammonio. Come limite superiore della scala, attribuì 96° alla temperatura corporea (misurazioni moderne, più accurate, assegnano una temperatura di 98,6 °F).

[6] William Thompson, Lord Kelvin (1824-1907). Matematico e fisico scozzese. Kelvin compì studi in numerosi campi della fisica.

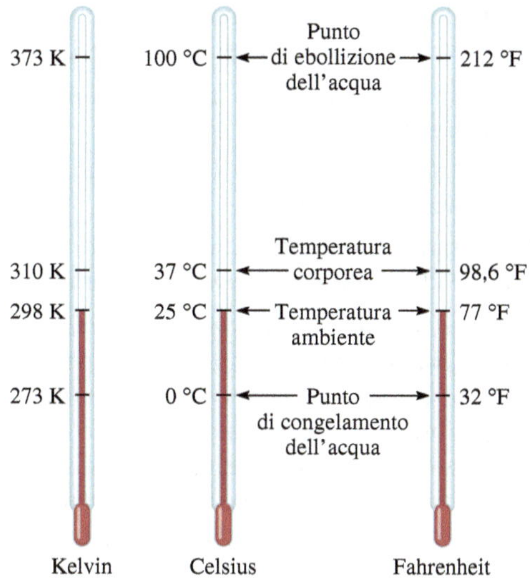

Figura 5.4 Confronto tra le tre scale di temperatura: Celsius, Fahrenheit e assoluta (Kelvin). La scala Celsius veniva anche chiamata scala centigrada.

grandi rispetto alle loro dimensioni che l'effetto delle interazioni molecolari è trascurabile in condizioni di temperatura e pressione ordinarie. Data la grande quantità di spazio vuoto in fase gassosa (lo spazio non occupato dalle molecole), i gas sono facilmente compressibili e le loro densità sono molto basse in condizioni ordinarie. L'assenza di forti interazioni tra le molecole, inoltre, permette l'espansione del gas in tutto il volume a disposizione.

La situazione per i liquidi e i solidi è completamente diversa. La principale differenza tra gli stati condensati (solido e liquido) e lo stato gassoso è la distanza tra le particelle. Nel liquido, le molecole sono così vicine tra di loro da lasciare poco spazio vuoto. Per questo motivo i liquidi sono molto più difficili da comprimere dei gas e le loro densità sono più alte in condizioni ordinarie. Le molecole in un liquido sono tenute insieme da uno o più tipi di forze attrattive, le quali sono state discusse nel Paragrafo 4.6. Un liquido ha inoltre un volume definito, in quanto le molecole, nel liquido, non possono vincere le forze attrattive che le tengono insieme. Le molecole, comunque, possono muoversi una rispetto all'altra liberamente e quindi un liquido può scorrere, può essere versato e assumerà la forma del recipiente che lo contiene.

Nei solidi le molecole si trovano in posizioni fisse e hanno poca libertà di movimento. Molti solidi sono caratterizzati da un ordine a lungo termine, ossia, le molecole sono disposte secondo configurazioni regolari nelle tre dimensioni. Come i liquidi, i solidi presentano una maggiore densità rispetto ai gas e risultano pressoché incompressibili ma, a differenza dei liquidi, essi possiedono una forma e un volume propri. Tranne pochissime eccezioni (l'acqua è la più importante) tutte le sostanze presentano una maggiore densità nella loro forma solida rispetto a quella liquida.

5.2.1 Fase e transizioni di fase

Lo specifico stato della materia (solido, liquido o gassoso) che si osserva per una particolare sostanza dipende dalla pressione, dalla temperatura e, nel caso di miscele, dalla loro composizione. Per esempio, alla pressione di 1 bar e a 25 °C, l'acqua è un liquido, ma se si abbassa la temperatura sotto 0 °C, a 1 bar, l'acqua liquida diventa ghiaccio, un solido. In certe condizioni è anche possibile la coesistenza di due differenti stati della stessa sostanza. Un esempio familiare è rappresentato da un cubetto di ghiaccio (solido) che galleggia in un bicchiere d'acqua (liquido) a 0 °C. Ci si riferisce ai differenti stati di una sostanza presenti in un sistema con il termine fasi. Una ***fase*** *è una parte omogenea di un sistema in contatto con altre parti del sistema ma separata dalle altre da confini ben definiti*. Di conseguenza, un bicchiere di acqua con cubetti di ghiaccio, contiene sia la fase solida che quella liquida dell'acqua. La con-

Acqua liquida e ghiaccio in coesistenza.

Acqua liquida in equilibrio con il suo vapore in un sistema chiuso a temperatura ambiente.

versione di una fase in un'altra, dovuta a variazioni delle condizioni, è chiamata ***transizione di fase*** (o *trasformazione di fase*). Esempi di transizioni di fase sono:

- ***Evaporazione***. *La trasformazione di un liquido in un gas.* Il processo inverso viene detto ***condensazione***.
- ***Solidificazione***. *La trasformazione di un liquido in un solido.* La trasformazione inversa viene indicata come ***fusione***.
- ***Sublimazione***. *La trasformazione diretta di un solido in un gas (o vapore).* Il processo inverso viene chiamato ***brinamento*** (più raramente *deposizione*).

Un sistema nel quale la quantità di materia presente in ciascuna fase non varia col tempo si dice in ***equilibrio fisico***. Come esempio si consideri l'evaporazione dell'acqua in un recipiente chiuso a una data temperatura. Tale sistema rapidamente raggiungerà uno stato di equilibrio fisico nel quale il numero delle moli di acqua in fase gassosa e liquida rimarranno costanti nel tempo. Sebbene non ci sia una variazione netta nelle quantità di acqua in ciascuna fase, questo stato di equilibrio non è statico, e molecole d'acqua continuamente passano da una fase a un'altra. La quantità di materia in ognuna delle due fasi è costante nel tempo perché il numero di molecole di acqua che lasciano la fase liquida e quelle che vi tornano è uguale in un dato intervallo di tempo. La coesistenza di liquido e vapore è un esempio di ***equilibrio dinamico***, nel quale *la velocità di un processo è esattamente bilanciata dalla velocità del processo inverso*. Come esempio di equilibrio dinamico si consideri un'affollata stazione sciistica, nella quale il numero di sciatori che scendono a valle è eguagliato dal numero di quelli che utilizzano gli impianti di risalita. Nonostante il continuo movimento di sciatori, il numero di essi in cima e a valle dell'impianto non cambia.

5.2.2 Diagrammi di stato

In chimica, nelle applicazioni pratiche, è importante conoscere le fasi in cui si trovano reagenti e prodotti nelle condizioni sperimentali adottate. Questo tipo di informazioni possono essere ottenute per mezzo del ***diagramma di stato*** (più raramente *diagramma di fase*), *un grafico che riassume le condizioni nelle quali le diverse fasi di una sostanza possono esistere*. Le regioni nelle quali esistono le diverse fasi sono separate dai *confini di fase*, curve che rappresentano *le condizioni nelle quali due (o più) fasi possono coesistere all'equilibrio*.

Per una sostanza pura, il diagramma di stato è semplicemente un grafico pressione/temperatura. Per le miscele il diagramma di stato include anche le variabili che esprimono la composizione della miscela. Per illustrare le informazioni contenute nei diagrammi di fase esamineremo quelli relativi a due sostanze pure: acqua e diossido di carbonio.

Acqua

La Figura 5.5(a) mostra il diagramma di stato dell'acqua (a basse pressioni). Il grafico è diviso in regioni (o campi), ognuno dei quali rappresenta una fase. La curva (o

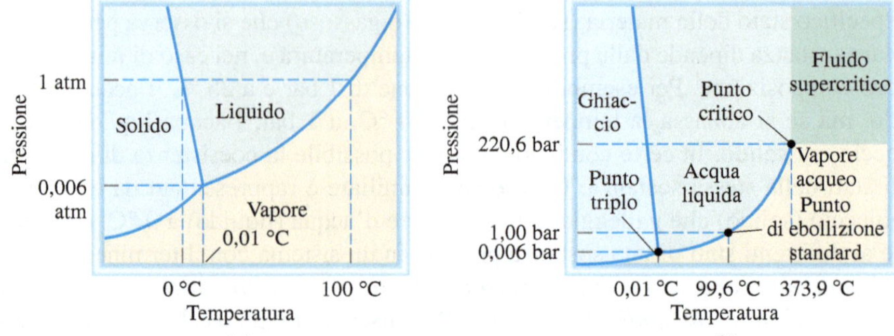

Figura 5.5 Diagrammi di stato dell'acqua. (a) Diagramma di stato a basse pressioni che evidenzia i punti di fusione ed ebollizione normali. Il punto nel quale coesistono all'equilibrio tutte e tre le fasi è detto punto triplo (0,006 bar e 0,01 °C). (b) Diagramma di stato a pressioni intermedie dove sono indicati il punto critico, il punto triplo e il punto di ebollizione standard. [Nota: la scala di pressione non è uniforme in (a) e in (b).]

linea) che separa due regioni qualsiasi indica le condizioni nelle quali queste due fasi possono coesistere. Per esempio, la curva che divide le fasi liquido e vapore, chiamata per l'appunto *curva liquido-vapore*, mostra in che modo la pressione del vapore sovrastante il liquido, detta ***pressione di vapore all'equilibrio*** (o *pressione di vapor saturo* o *tensione di vapore all'equilibrio* o, più semplicemente, *pressione di vapore*), dipende dalla temperatura. Alla pressione di vapore all'equilibrio, la velocità di evaporazione eguaglia quella di condensazione.

Ogni liquido possiede una temperatura alla quale inizia a bollire. Il ***punto di ebollizione*** è *la temperatura alla quale la pressione di vapore del liquido eguaglia quella esterna.*

Il ***punto di ebollizione normale*** viene definito come la temperatura di ebollizione quando la pressione esterna è uguale a 1 atm. Il punto di ebollizione normale per l'acqua è 100 °C. Dalla Figura 5.5(a) possiamo notare come il punto di ebollizione normale per l'acqua sia 100 °C, ma che, se la pressione viene ridotta a 0,5 atm, diventa di soli 82 °C, dato che la pressione di vapore dell'acqua scende a 0,5 atm a questa temperatura. Il ***punto di ebollizione standard*** [Figura 5.5(b)] è definito come il punto di ebollizione quando la pressione esterna è uguale alla pressione standard di 1 bar (0,987 atm). Il punto di ebollizione standard dell'acqua è pari a 99,6 °C.

Le altre due curve in Figura 5.5(a), allo stesso modo, indicano le condizioni per la coesistenza del ghiaccio con l'acqua liquida e del ghiaccio con il vapore acqueo. Il ***punto di fusione*** di un solido (o il ***punto di solidificazione*** di un liquido) è la temperatura alla quale il solido e il liquido coesistono a una data pressione. Il ***punto di fusione normale*** si riferisce alla temperatura alla quale una sostanza fonde a pressione atmosferica. Quando la pressione è uguale a 1 bar, il punto di fusione viene definito come ***punto di fusione standard***. Dato che i punti di fusione variano molto poco con la pressione, i punti di fusione standard e normale per la maggior parte delle sostanze sono identici. Da notare come la curva solido-liquido abbia pendenza negativa. L'acqua ha un comportamento inusuale dato che il punto di fusione diminuisce all'aumentare della pressione, ed è quindi possibile fondere il ghiaccio aumentando la pressione. Il punto nel quale si incontrano le tre curve è detto ***punto triplo***, che rappresenta *le sole condizioni in cui le tre fasi coesistono all'equilibrio*. Per l'acqua, questo punto si trova a 0,01 °C e 0,006 bar.

La relazione tra la pendenza della curva di separazione tra fasi e le proprietà della sostanza sarà discussa nel Paragrafo 9.2.

La Figura 5.5(b) illustra il diagramma di stato dell'acqua a pressioni intermedie. Osservando questo grafico si vede che la linea liquido-vapore non continua indefinitamente, ma si interrompe bruscamente alla pressione di 220,6 bar e 373,9 °C. Questo punto è detto ***punto critico***, e rappresenta i più alti valori di pressione (detta ***pressione critica***, P_c) e temperatura (detta ***temperatura critica***, T_c) alla quale l'acqua può esistere come un liquido. Al di sopra di questo punto, non c'è più nessuna distinzione fondamentale tra liquido e gas, abbiamo semplicemente un fluido, indicato come ***fluido supercritico (SCF)***.

I fluidi supercritici sono impiegati in numerosi applicazioni pratiche. A causa della sua importanza industriale, il diossido di carbonio supercritico è il più studiato tra questi fluidi. A seconda delle condizioni di pressione e temperatura, l'anidride carbonica supercritica (*sc*-CO_2) è usata come solvente in diversi processi industriali, come nella decaffeinizzazione del caffè e nell'estrazione degli olii essenziali da prodotti naturali per l'industria dei profumi, come sostituto di solventi organici volatili nella pulitura a secco e nella rimozione di idrocarburi clorurati da terreni contaminati. Studi recenti, principalmente nell'industria farmaceutica, sono rivolti all'uso del *sc*-CO_2 nella produzione di materiali nanoparticolati. Al momento, l'uso generalizzato di anidride carbonica supercritica in processi industriali su larga scala è di fatto limitato, comunque, a causa dei problemi di sicurezza implicati nelle operazioni in reattori industriali relative alla pressione critica della CO_2 (~70 bar).

La Figura 5.6 mostra cosa succede quando l'esafluoruro di zolfo è riscaldato al di sopra della sua temperatura critica (45,5 °C) e poi raffreddato fino a 45 °C. L'esistenza di un punto critico è una caratteristica della coesistenza liquido-vapore in co-

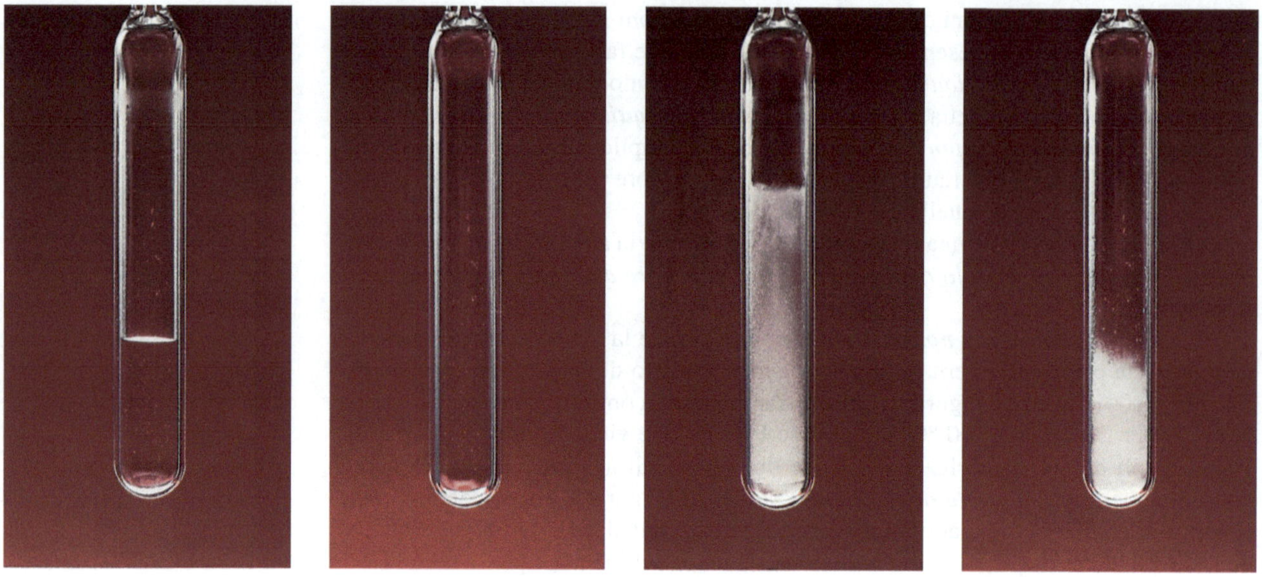

(a) (b) (c) (d)

Figura 5.6 Il comportamento critico dell'esafluoruro di zolfo. (a) Al di sotto della temperatura critica è visibile la fase liquida limpida. (b) Al di sopra della temperatura critica la fase liquida scompare. (c) Non appena la sostanza viene raffreddata al di sotto della temperatura critica si ha formazione di una nebbiolina: tale fenomeno è detto *opalescenza critica* ed è dovuto alla dispersione della luce a causa di grandi fluttuazioni di densità nel fluido critico. (d) Alla fine, riappare la fase liquida.

mune tra tutte le sostanze, ma gli specifici valori di P_c e T_c variano notevolmente da sostanza a sostanza. La Tabella 5.1 mostra le temperature critiche e le pressioni critiche per varie sostanze.

La temperatura critica riflette l'intensità delle forze intermolecolari. Benzene, etanolo, mercurio e acqua, che hanno forti interazioni intermolecolari, hanno alte temperature critiche in confronto ad altre sostanze elencate nella tabella. Il punto critico sarà discusso in maggiore dettaglio nel Paragrafo 5.5.

Tabella 5.1 Temperature critiche e pressioni critiche di alcune sostanze

Sostanza	T_c (°C)	P_c (bar)
Ammoniaca (NH_3)	132,4	112,9
Argon (Ar)	−186	6,4
Benzene (C_6H_6)	288,9	48,5
Anidride carbonica (CO_2)	31,0	74,0
Alcol etilico (C_2H_5OH)	243	63,8
Etere etilico ($C_2H_5OC_2H_5$)	192,6	36,1
Mercurio (Hg)	1462	1050
Metano (CH_4)	−83,0	46,2
Idrogeno molecolare (H_2)	−239,9	13,0
Azoto molecolare (N_2)	−147,1	33,9
Ossigeno molecolare (O_2)	−118,8	50,4
Esafluoruro di zolfo (SF_6)	45,5	38,1
Acqua (H_2O)	374,4	222,4

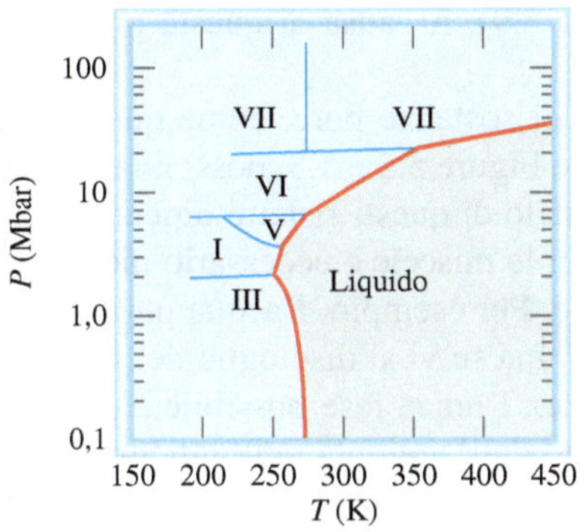

Figura 5.7 Diagramma di stato dell'acqua ad alte pressioni nel quale sono indicate diverse forme cristalline del ghiaccio. Ulteriori forme cristalline del ghiaccio (Ic, IV, VII-XIII) esistono a pressioni superiori (o temperature più basse di quelle mostrate in figura). [Nota: solo la curva liquido-ghiaccio Ih ha pendenza negativa. Le curve di separazione dalla fase liquida con il ghiaccio III, il ghiaccio V, il ghiaccio VI e il ghiaccio VII hanno tutte pendenza positiva.]

Dato che i gas non hanno confini ben definiti oltre a quelli del recipiente che li contiene, per ogni sostanza può esserci solamente una fase gassosa. Per i liquidi e i solidi, invece, è possibile avere più di una fase presente. Per esempio, quando olio e acqua sono posti insieme nello stesso recipiente, si separano in due distinte fasi liquide, una oleosa e l'altra acquosa. Inoltre, una data sostanza allo stato solido, a seconda della pressione e della temperatura, può esistere in diverse forme, ognuna con una distinta struttura cristallina. Questo fenomeno è conosciuto come ***polimorfismo***, *l'esistenza di un solido in più di una forma cristallina*. Un ottimo esempio di polimorfismo è illustrato nel diagramma di stato dell'acqua a pressioni molto alte (Figura 5.7). Allo stato attuale si conoscono 14 differenti forme di ghiaccio. La forma più familiare, nota come ghiaccio Ih, è la forma stabile fino a 2000 bar. Un altro esempio di polimorfismo è rappresentato dal carbonio, che può esistere in due forme cristalline, diamante e grafite.

Diossido di carbonio

Il diagramma di stato del diossido di carbonio (Figura 5.8) è simile a quello dell'acqua con un'importante eccezione: la pendenza della curva solido-liquido è positiva. In effetti, lo stesso avviene per quasi tutte le altre sostanze. L'acqua si comporta in maniera differente dato che il ghiaccio è meno denso dell'acqua liquida. Il punto triplo del diossido di carbonio è a 5,16 bar e –56,6 °C. La pressione critica del diossido di carbonio vale 73,6 bar e la temperatura critica è di 31,0 °C, appena sopra la temperatura ambiente standard.

Un'interessante osservazione può essere fatta osservando il diagramma di stato in Figura 5.8. Come si può vedere, la fase liquida è situata ben al di sopra della pressione di 1 bar; per questo è impossibile per il diossido di carbonio solido fondere a 1 bar. Infatti, quando la CO_2 solida arriva a –78 °C a 1 bar, essa sublima. Per questo motivo il diossido di carbonio solido è chiamato ghiaccio secco: assomiglia al ghiac-

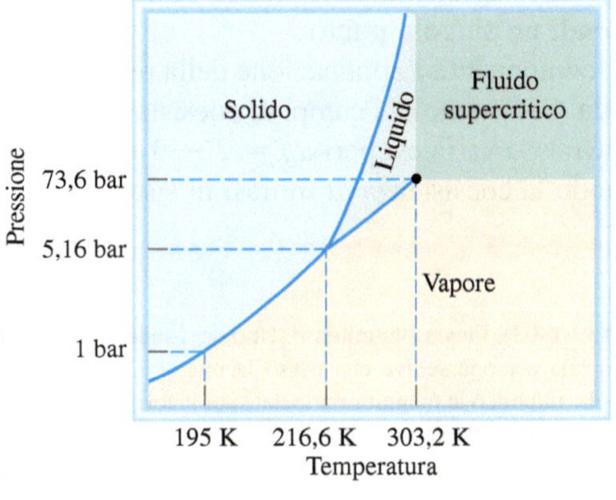

Figura 5.8 Diagramma di stato del diossido di carbonio. Notare come la curva solido-liquido abbia pendenza positiva, comportamento in comune con la maggior parte delle sostanze. La fase liquida non è stabile al di sotto del punto triplo che si trova a 5,16 bar a 216,6 K e quindi, nelle normali condizioni atmosferiche, possono esistere solo le fasi solida e vapore. L'asse delle pressioni è in scala logaritmica in modo da poter osservare facilmente il punto triplo e il punto critico nello stesso grafico.

Figura 5.9 In condizioni atmosferiche, il diossido di carbonio solido non fonde; può soltanto sublimare. Il diossido di carbonio gassoso freddo fa sì che il vapore d'acqua circostante condensi formando una nebbiolina.

cio ma *non fonde* (Figura 5.9). A causa di questa proprietà, il ghiaccio secco viene usato come refrigerante.

I diagrammi di fase di sostanze pure, come quelli dell'acqua e della CO_2 mostrati rispettivamente nelle Figure 5.5 e 5.8, possono essere rappresentati su di un singolo grafico dato che lo stato di questi sistemi dipende esclusivamente dalla pressione e dalla temperatura. Per le miscele è necessario mostrare anche la dipendenza delle fasi dalla composizione. Per esempio, l'acqua pura a 1 bar e 0 °C può trovarsi sia in fase liquida che solida, ma se vi si discioglie del glicol propilenico (un composto usato come anticongelante), l'unica fase possibile è quella liquida, dato che il punto di fusione viene abbassato dall'aggiunta dell'anticongelante. In generale, per specificare la fase abbiamo bisogno di sapere come la concentrazione del glicol propilenico influisce sul diagramma di stato. Per specificare le fasi presenti in un sistema a due componenti, dobbiamo conoscere la pressione, la temperatura e la concentrazione di uno dei componenti. Un diagramma di stato completo richiederebbe un grafico tridimensionale. Per semplicità, il diagramma di stato si rappresenta normalmente per mezzo di una serie di grafici bidimensionali nei quali una delle variabili (P, T o la concentrazione) è tenuta costante. Vedremo esempi di tali diagrammi di fase multicomponenti quando prenderemo in esame le fasi delle soluzioni nel Capitolo 9.

A dispetto della complessità dei diagrammi di fase di sistemi multicomponenti, è possibile ottenere informazioni sulla natura della coesistenza tra fasi in tali sistemi senza conoscere in dettaglio il diagramma di stato. Per dimostrare questo, consideriamo il diagramma di stato dell'acqua presentato in Figura 5.5(a). Le regioni nelle quali esiste solo una fase (solida, liquida o gassosa) sono bidimensionali (cioè sono delle superfici nel piano P-T). Invece, la coesistenza di due fasi è possibile solamente lungo una delle curve di coesistenza bifasiche (liquido-solido, liquido-vapore o solido-vapore), le quali sono oggetti geometrici monodimensionali. Le condizioni nelle quali la coesistenza di tre fasi (solido-liquido-vapore) è possibile, è limitata a un unico punto (il punto triplo), che ha zero dimensioni. Questo comportamento è generalmente applicabile agli equilibri a più componenti. Per un sistema con c componenti e r fasi in equilibrio, la varianza (numero dei gradi di libertà) del campo di coesistenza delle fasi, f, è data da

$$f = c - r + 2 \tag{5.3}$$

L'Equazione 5.3 è stata introdotta per la prima volta dal fisico statunitense J. W. Gibbs[7] ed è conosciuta come la ***regola delle fasi di Gibbs***. A titolo di esempio, si consideri la coesistenza di due fasi ($r = 2$) in un sistema a componente singolo ($c = 1$). La regola delle fasi di Gibbs prevede che la varianza di questo campo di coesistenza sia

$$f = 1 - 2 + 2 = 1$$

Quindi, il campo di coesistenza delle due fasi in questo sistema sarà una linea: questo conferma le nostre osservazioni fatte sul diagramma di stato dell'acqua (Figura 5.5). Allo stesso modo, la regione di coesistenza di tre fasi avrà varianza nulla ($f = 1 - 3 + 2 = 0$), quindi un singolo punto.

Per sistemi multicomponenti, l'applicazione della regola delle fasi di Gibbs (Equazione 5.3) è immediata. Per esempio, i campi di coesistenza di tre fasi nei sistemi a due componenti ($c = 2$) avranno varianza pari a $f = 2 - 3 + 2 = 1$ e saranno quindi delle linee. In questo modo la coesistenza di tre fasi in sistemi a due componenti avverrà

[7] Josiah Willard Gibbs (1839-1903). Fisico statunitense. Uno dei fondatori della termodinamica e della meccanica statistica, Gibbs fu una persona schiva che passò la maggior parte della sua vita professionale all'Università di Yale. Dato che pubblicò la maggior parte dei suoi lavori su riviste di minore importanza, Gibbs non raggiunse mai la fama ottenuta dal suo contemporaneo (e ammiratore) James Clerk Maxwell. Persino oggi pochissime persone al di fuori dei campi della chimica e della fisica hanno mai sentito parlare di Gibbs.

lungo *linee triple.* La regola delle fasi di Gibbs ci indica inoltre il numero massimo di fasi che possono coesistere in un particolare sistema. Questo massimo viene raggiunto quando $f = 0$. L'Equazione 5.3 diventa $f = c - r_{max} + 2 = 0$, da cui si ottiene

$$r_{max} = c + 2 \tag{5.4}$$

Il valore di r non può superare quello di r_{max} per un dato sistema, altrimenti f sarebbe negativo (valore non fisico). Per esempio, per un sistema monocomponente, il massimo numero di fasi che possono coesistere sarà $r_{max} = 1 + 2 = 3$. Perciò, la coesistenza di quattro fasi in un sistema monocomponente sarà impossibile, sebbene questo possa accadere in un sistema a due componenti, dove r_{max} è uguale a 4.

5.3 Leggi dei gas

Date pressione, temperatura e composizione di una sostanza, possiamo usare il diagramma di stato per sapere se questa si trovi allo stato solido, liquido o gassoso. Il diagramma di stato, tuttavia, non rappresenta una completa descrizione dello stato fisico della sostanza. Consideriamo, per esempio, due campioni di diossido di carbonio a 300 K, uno alla pressione di 1 bar e uno alla pressione di 5 bar. Il campione a 1 bar presenta una densità di 1,76 g l^{-1} mentre quello a 5 bar ha una densità decisamente maggiore (8,82 g l^{-1}). Dal diagramma di stato del diossido di carbonio (Figura 5.8), possiamo dedurre solamente che entrambi i campioni sono allo stato gassoso: il diagramma di stato non ci dà informazioni, per esempio, su quanto differiscano in densità due campioni gassosi. Per avere queste informazioni, il diagramma di stato deve essere implementato da un'***equazione di stato,*** un'*equazione che mette in relazione la pressione di una sostanza con la sua temperatura, volume e numero di moli.*

5.3.1 Equazioni di stato

Per un sistema a componente singolo con temperatura T, volume V e numero di moli n, l'equazione di stato presenta la forma

$$\text{Pressione} = P(T, V, n) \tag{5.5}$$

Una volta conosciuta l'equazione di stato per un sistema, si può calcolare una qualsiasi delle quattro quantità P, V, T e n, conoscendo le altre tre. Per esempio, conoscendo la temperatura, il numero delle moli e la pressione, l'equazione di stato permette di determinare il volume occupato dal sistema.

In generale, l'equazione di stato di una sostanza dipende in maniera specifica dalla sua composizione. Per esempio, l'equazione di stato dell'acqua liquida differisce da quella dell'etanolo liquido. Comunque, come vedremo, nei limiti di basse densità, le proprietà dei gas possono essere descritte da un'equazione di stato che è indipendente dalla natura e dalla composizione del gas.

5.3.2 Equazione di stato del gas ideale

Per gas a bassa densità la distanza media tra le particelle è grande rispetto alle loro dimensioni. Dato che le interazioni intermolecolari decrescono rapidamente con la distanza, l'intensità di tali interazioni in un gas a bassa densità sarà molto piccola, praticamente trascurabile.

Di conseguenza, il comportamento di tutti i gas nei limiti di densità molto basse (o basse pressioni) è assimilabile a quello di un ipotetico gas modello che consiste di particelle puntiformi che non interagiscono tra di loro, detto ***gas ideale***. L'equazione di stato di un gas ideale sarà indipendente dalla natura delle particelle e avrà la forma

$$PV = nRT \tag{5.6}$$

dove R è una costante detta ***costante universale dei gas*** e T è la temperatura assoluta. La costante dei gas può essere determinata sperimentalmente e assume diversi valori a seconda delle unità di misura usate

$$R = 0{,}0831447 \frac{1\ \text{bar}}{\text{mol K}} = 0{,}0820574 \frac{1\ \text{atm}}{\text{mol K}} = 62{,}3636 \frac{1\ \text{torr}}{\text{mol K}} = 8{,}31447 \frac{\text{J}}{\text{mol K}}$$

L'Equazione 5.6 è detta ***equazione di stato del gas ideale***.

L'equazione del gas ideale è un esempio di ***legge limite***, cioè una *legge scientifica che diventa esatta solo in alcuni limiti ben definiti* (nel caso dell'Equazione 5.6, il limite è quando $P \to 0$). Ogni gas reale presenterà delle deviazioni dall'equazione del gas ideale, ma queste deviazioni diventeranno sempre più piccole al diminuire della pressione. Un modo per vedere questo comportamento è quello di esaminare il ***fattore di compressione***[8] (Z), definito come

$$Z = \frac{PV}{nRT} \tag{5.7}$$

Dall'Equazione 5.6, il fattore di compressione sarà uguale a 1 per un gas ideale, indipendentemente dalla pressione. La Figura 5.10 mostra l'andamento del fattore di compressione in funzione della pressione per diversi gas a 273 K. Si noti come la deviazione dal comportamento ideale sia piccola per pressioni di circa 1 bar o inferiori. *Per i gas a pressioni non superiori a qualche bar, la legge del gas ideale è in genere di sufficiente accuratezza per tutti quei casi nei quali non siano richiesti calcoli molto precisi.*

Una grandezza utile da calcolare per un gas è il volume molare $\overline{V} = V/n$,, che è il volume occupato da una mole di gas. Per un gas ideale il volume molare sarà dato dalla

$$\overline{V} = \frac{V}{n} = \frac{RT}{P} \tag{5.8}$$

Alla temperatura di 25 °C (273,15 K) e alla pressione di 1 bar, il volume molare di un gas ideale può essere calcolato dall'Equazione 5.7

$$\overline{V} = \frac{RT}{P} = \frac{(0{,}0831447\ \text{l bar mol}^{-1}\ \text{K}^{-1})(298{,}15\ \text{K})}{1\ \text{bar}}$$
$$= 24{,}790\ \text{l}$$

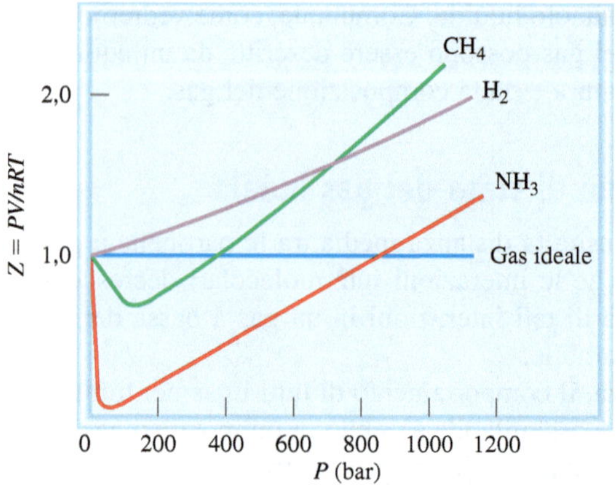

Figura 5.10 Grafico del fattore di compressibilità Z in funzione della pressione P per alcuni gas a 0 °C. Per un gas ideale, Z = 1, per qualsiasi valore della pressione. Per i gas reali, si osservano diverse deviazioni dall'idealità ad alte pressioni. A pressioni molto basse, tutti i gas si comportano idealmente, cioè Z tende a 1 quando P tende a zero.

[8] Talvolta Z viene indicato come *fattore di compressibilità*.

Figura 5.11 Confronto del volume molare in condizioni STP (o c.n., condizioni normali, circa 22,4 l) con un pallone da basket.

Le condizioni di 25 °C e 1 bar sono dette ***temperatura e pressione ambiente standard (SATP)***. Quindi, il volume molare di un gas ideale in condizioni SATP è di 24,790 l. Le condizioni SATP sono usate come stati standard nella compilazione di dati termodinamici. Un vecchio standard, tutt'ora di uso comune, è quello di ***temperatura e pressione standard (STP)*** (o ***c.n.***, ***condizioni normali***), nel quale la temperatura è pari a 0 °C e la pressione è di 1 atm. In c.n., il volume molare di un gas ideale è pari a 22,414 l. La Figura 5.11 confronta il volume molare di un gas in condizioni STP con un pallone da pallacanestro.

1 atm è esattamente pari a 1,01325 bar.

L'Esempio 5.1 mostra come calcolare la pressione di un gas, conoscendone la quantità, il volume e la temperatura, per mezzo dell'equazione del gas ideale.

Esempio 5.1

L'esafluoruro di zolfo (SF_6) è un gas incolore, inodore e molto poco reattivo. Calcolare la pressione (in bar) esercitata da 0,374 moli del gas in un recipiente di acciaio del volume di 5,43 l a 69,5 °C, assumendo un comportamento ideale.

SF_6

Impostazione Il problema fornisce n, V e T per il campione del gas. Da queste informazioni l'equazione del gas ideale (Equazione 5.5) può essere usata per calcolare la pressione. Nel problema la temperatura è fornita in gradi Celsius, è quindi necessario convertirla in temperatura assoluta (kelvin) prima di usare la legge del gas ideale.

Soluzione Riarrangiando l'Equazione 5.6, si può scrivere

$$P = \frac{nRT}{V}$$

$$= \frac{(0{,}374 \text{ mol})(0{,}08314 \text{ l bar mol}^{-1}\text{ K}^{-1})(69{,}5 + 273{,}15 \text{ K})}{5{,}43 \text{ l}}$$

$$= 1{,}96 \text{ bar}$$

Verifica I valori forniti di n e V presentano solo tre cifre significative, è quindi superfluo usare tutte le cifre significative disponibili di R. Per cui, va usato $R = 0{,}08314$ l bar mol^{-1} K^{-1}, invece del più preciso $R = 0{,}0831447$ l bar mol^{-1} K^{-1}.

Problema di autovalutazione Calcolare il volume (in litri) occupato da 2,12 moli di monossido di azoto (NO) a 6,63 bar e 76 °C.

La densità, d, di un gas può essere ottenuta dall'equazione del gas ideale considerando che il numero di moli, n, di un gas è dato da

$$n = \frac{m}{\mathcal{M}}$$

dove m è la massa del gas (in grammi) e $\mathcal{M}$ la sua massa molare. Sostituendo questa relazione nell'equazione del gas ideale (Equazione 5.6) e riarrangiando, si ha

$$d = \frac{m}{V} = \frac{P\mathcal{M}}{RT} \tag{5.9}$$

dove la densità è definita come massa per unità di volume. Diversamente dalle molecole negli stati condensati (cioè nei liquidi e nei solidi), le molecole allo stato gassoso sono separate da distanze molto grandi rispetto alle loro dimensioni. Di conseguenza la densità dei gas è molto bassa a pressione atmosferica. È per questo motivo che le densità dei gas sono usualmente espresse in grammi per litro (g l^{-1}) piuttosto che in grammi per millilitro (g ml^{-1}), come mostrato nell'Esempio 5.2.

Esempio 5.2

CO_2

Calcolare la densità del diossido di carbonio (CO_2) in grammi per litro (g l^{-1}) a 0,990 bar e 55,0 °C. Si assuma un comportamento ideale.

Impostazione Ci serviremo dell'Equazione 5.9 per calcolare la densità del gas, facendo attenzione all'unità di misura della temperatura.

Soluzione Per poter usare l'Equazione 5.9 convertiamo prima la temperatura in kelvin (T = 273,15 + 55 = 328,15 K) e usiamo 44,01 g mol^{-1} per la massa molare di CO_2

$$\begin{aligned} d &= \frac{\mathcal{M}P}{RT} \\ &= \frac{(44{,}01\ \text{g mol}^{-1})(0{,}990\ \text{bar})}{(0{,}08314\ \text{l bar mol}^{-1}\ \text{K}^{-1})(55{,}0 + 273{,}15\ \text{K})} \\ &= 1{,}60\ \text{g l}^{-1} \end{aligned}$$

Altrimenti, avremmo potuto usare direttamente l'equazione del gas ideale (Equazione 5.6) considerando di avere 1 mol di CO_2 ($\mathcal{M}$ = 44,01 g mol^{-1}), ottenendo il volume del gas V

$$\begin{aligned} V &= \frac{nRT}{P} \\ &= \frac{(1\ \text{mol})(0{,}08314\ \text{l bar mol}^{-1}\ \text{K}^{-1})(328{,}15\ \text{K})}{0{,}990\ \text{bar}} \\ &= 27{,}5\ \text{l} \end{aligned}$$

Perciò, la densità del diossido di carbonio sarà data da

$$d = \frac{44{,}01\ \text{g}}{27{,}5\ \text{l}} = 1{,}60\ \text{g l}^{-1}$$

Verifica In grammi per millilitro, la densità del gas diventa $1{,}60 \times 10^{-3}$ g ml^{-1}, un numero molto piccolo. In confronto, la densità dell'acqua è 1,0 g ml^{-1} e quella dell'oro è 19,3 g ml^{-1}.

Problema di autovalutazione Quanto vale la densità (in g ml^{-1}) dell'esafluoruro di uranio (UF_6) a 779 torr e 62 °C?

L'Equazione 5.9 può inoltre essere usata per determinare la massa molare di un gas sconosciuto. Il solo dato di cui si ha bisogno è il valore della densità del gas determinato sperimentalmente a pressione e temperatura note (oppure dei valori di massa e volume). Riarrangiando l'Equazione 5.9, avremo

$$\mathcal{M} = \frac{dRT}{P} \qquad \textbf{(5.10)}$$

In un tipico esperimento, un pallone di volume noto viene riempito con la sostanza gassosa da studiare. La temperatura e la pressione del gas vengono misurate (e registrate) e la massa totale del pallone pieno di gas viene determinata (Figura 5.12). Il pallone viene quindi svuotato e pesato ancora. La differenza corrisponde alla massa del gas. La densità del gas è uguale alla sua massa divisa per il volume del pallone. Una volta nota la densità di un gas, se ne può calcolare la sua massa molare usando l'Equazione 5.10. L'Esempio 5.3 mostra il calcolo della massa molare di un gas conoscendone la densità.

Figura 5.12 Apparato per misurare la densità di un gas. Un pallone a volume noto è riempito con il gas in esame a una certa temperatura e pressione. Il pallone è prima pesato e poi è svuotato e pesato ulteriormente. La differenza tra le masse fornisce la massa del gas. Conoscendo il volume del pallone, possiamo calcolare la densità del gas. In condizioni ambiente, 100 ml di aria pesano circa 0,12 g, una quantità facilmente misurabile.

Esempio 5.3

Un chimico ha sintetizzato un composto gassoso a base di cloro e ossigeno di colore giallo verdastro e trova che la sua densità è pari a 7,71 g l^{-1} a 36 °C e 2,92 bar. Calcolare la massa molare del composto e determinarne la formula molecolare.

Impostazione Dall'Equazione 5.10 possiamo calcolare la massa molecolare di un gas conoscendone densità, temperatura e pressione. La formula molecolare del composto dovrà corrispondere alla sua massa molare. Fare attenzione all'uso delle appropriate unità di misura della temperatura.

Soluzione Dall'Equazione 5.10

$$\mathcal{M} = \frac{dRT}{P}$$

$$= \frac{(7{,}71\ \text{g l}^{-1})(0{,}08314\ \text{l bar mol}^{-1}\ \text{K}^{-1})(36 + 273{,}15\ \text{K})}{2{,}92\ \text{bar}}$$

$$= 67{,}8\ \text{g mol}^{-1}$$

avremmo anche potuto ottenere la massa molare direttamente dalla legge del gas ideale. Consideriamo, per comodità, 1,00 l del gas in modo tale da avere una massa di gas pari a 7,71 g. Il numero di moli del gas sarà ottenuto dall'equazione del gas ideale

$$n = \frac{PV}{RT}$$

$$= \frac{(2{,}92\ \text{bar})(1{,}00\ \text{l})}{(0{,}08314\ \text{l atm mol}^{-1}\ \text{K}^{-1})(36 + 273{,}15\ \text{K})}$$

$$= 0{,}114\ \text{mol}$$

perciò, la massa molare sarà data da

$$\mathcal{M} = \frac{7{,}71\ \text{g}}{0{,}114\ \text{mol}} = 67{,}6\ \text{g mol}^{-1}$$

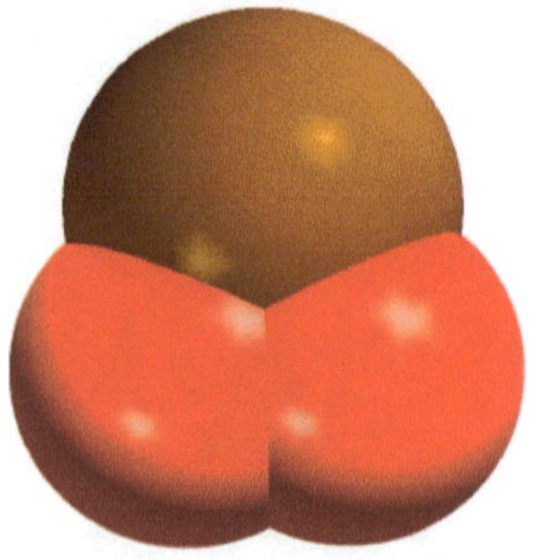

ClO_2

Possiamo determinare la formula molecolare del composto per tentativi, conoscendo esclusivamente i valori delle masse molari del cloro (35,45 g) e dell'ossigeno (16,00 g). In questo modo, vediamo come un composto di formula ClO avrà massa molare pari a 51,45 g, troppo piccola. Un composto di formula Cl_2O avrà massa molare 86,90 g, troppo grande. Il composto in questione avrà formula ClO_2, con massa molare pari a 67,45 g, valore molto vicino a quello ottenuto sperimentalmente.

Problema di autovalutazione La densità di un composto organico gassoso è di 3,38 g l^{-1} a 40 °C e 2,00 bar. Qual è la sua massa molare?

Dato che l'Equazione 5.10 è derivata dall'equazione del gas ideale, possiamo anche calcolare la massa molare di una sostanza gassosa mediante l'equazione del gas ideale, come mostrato nell'Esempio 5.4.

Esempio 5.4

L'analisi chimica di un composto gassoso dimostra che esso contiene il 33,0% in peso di silicio (Si) e il 67,0% in peso di fluoro (F). A 35 °C, 0,210 l del composto esercitano una pressione di 1,72 bar. Se la massa del composto è di 2,38 g, calcolarne la formula molecolare.

Impostazione Questo problema può essere diviso in due parti. Primo, si ricava la formula empirica del composto dai dati percentuali. Secondo, i dati forniti ci permettono di calcolare la massa molare del composto e quindi di determinare la sua formula molecolare.

Soluzione Seguiamo la procedura usata nell'Esempio 0.16 per calcolare la formula empirica assumendo di avere 100 g di composto, in modo tale da convertire le percentuali in grammi. Il numero delle moli di silicio e di fluoro saranno dati da

$$n_{Si} = 33{,}0 \text{ g Si} \times \frac{1 \text{ mol Si}}{28{,}09 \text{ g Si}} = 1{,}17 \text{ mol Si}$$

$$n_F = 67{,}0 \text{ g Si} \times \frac{1 \text{ mol F}}{19{,}0 \text{ g F}} = 3{,}53 \text{ mol F}$$

da cui la formula empirica è $Si_{1,17}F_{3,53}$, quindi SiF_3. Per calcolare la massa molare del composto, abbiamo bisogno, prima, di calcolare il numero di moli contenute in 2,38 g del composto. Dall'equazione del gas ideale (Equazione 5.6)

$$n = \frac{PV}{RT} = \frac{(1{,}72 \text{ bar})(0{,}210 \text{ l})}{(0{,}08314 \text{ l bar mol}^{-1} \text{ K}^{-1})(308 \text{ K})} = 0{,}0141 \text{ mol}$$

Dato che ci sono 2,38 g in 0,0141 moli di composto, la massa in 1 mol, cioè la massa molare, sarà data da

$$\mathcal{M} = \frac{2{,}38 \text{ g}}{0{,}0141 \text{ mol}} = 169 \text{ g mol}^{-1}$$

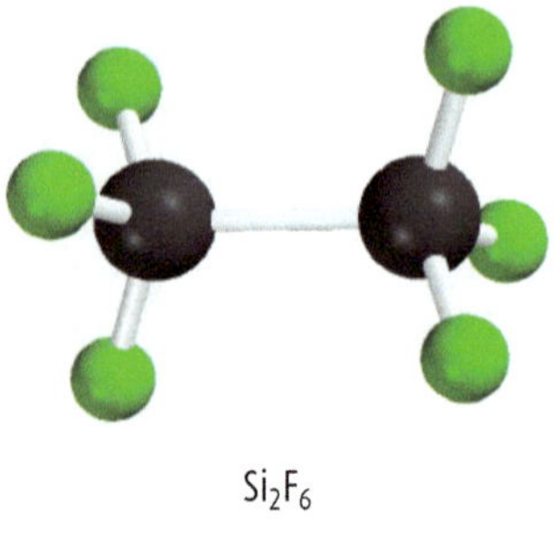

Si_2F_6

La massa molare della formula empirica SiF_3 è 85,09 g. Ricordiamo, però, che il rapporto tra massa molare e massa molare empirica è sempre un numero intero (169/85,09 $\approx$2). Per cui, la formula molecolare del composto deve essere Si_2F_6.

Problema di autovalutazione Un composto gassoso è costituito per il 78,14% da boro e per il 21,86% da idrogeno. A 27 °C, 74,3 ml del gas esercitano una pressione di 1,13 bar. Se la massa del gas è pari a 0,934 g, calcolare la formula molecolare del composto.

5.3.3 Evoluzione storica dell'equazione del gas ideale

L'equazione del gas ideale non è la conquista scientifica di una singola persona, ma rappresenta piuttosto la combinazione di un numero di leggi riguardanti il comportamento dei gas, scaturite da osservazioni sperimentali fatte su un periodo di due secoli, dal 1650 al 1850. Queste leggi, che sono completamente contenute nell'equazione del gas ideale, sono di enorme importanza nella storia della scienza oltre a fornire un punto di vista pratico nell'applicazione dell'equazione del gas ideale ai problemi reali.

Legge di Boyle

Se la temperatura e le moli di un gas sono tenute costanti, allora il prodotto *nRT* contenuto nell'equazione del gas ideale (Equazione 5.6) sarà anch'esso costante.

$$PV = \text{costante} \tag{5.11}$$

L'Equazione 5.11, sviluppata da Robert Boyle[9] nel XVII secolo sulla base di studi sistematici e quantitativi sul comportamento dei gas, è conosciuta come ***legge di Boyle*** la quale afferma che *la pressione di una data quantità di gas a temperatura costante è inversamente proporzionale al volume del gas.* La Figura 5.13 mostra due convenzionali modi grafici di esprimere la legge di Boyle. Ponendo in un grafico P in funzione di V a una fissata temperatura si ottiene l'iperbole mostrata in Figura 5.13(a). Una relazione lineare si ottiene, invece, quando P è in funzione di $1/V$ [Figura 5.13(b)].

La legge di Boyle è utile per calcolare le variazioni isoterme della pressione o del volume di un gas ideale. Se un gas ideale, inizialmente a pressione P_1 e volume V_1, subisce una trasformazione a temperatura costante fino a uno stato finale con P_2 e V_2, l'Equazione 5.11 dà

$$P_1V_1 = P_2V_2 \tag{5.12}$$

Per cui, se almeno tre delle variabili P_1, V_1, P_2 e V_2 sono conosciute, allora la rimanente variabile può essere determinata dall'Equazione 5.12.

Legge di Charles e Gay-Lussac

La legge di Boyle richiede che la temperatura del sistema rimanga costante. Ma cosa accade se la temperatura varia e la pressione viene mantenuta costante? Riarrangiando l'equazione del gas ideale (Equazione 5.6) si ha

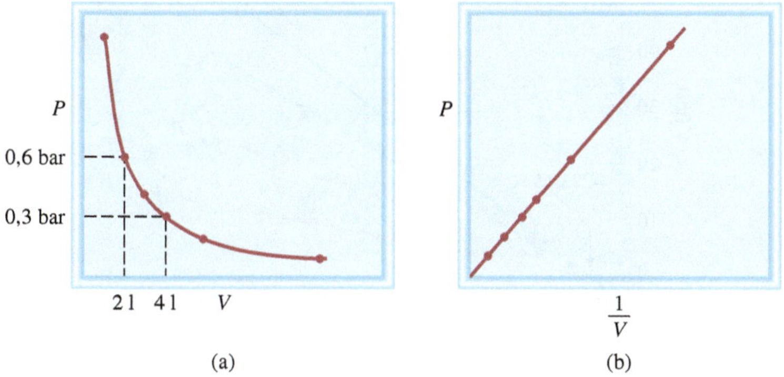

Figura 5.13 Grafici che mostrano la variazione del volume di un gas in funzione della pressione esercitata sul gas, a temperatura costante. (a) P in funzione di V. Notare che il volume di un gas raddoppia se la pressione è dimezzata. (b) P in funzione di $1/V$.

[9] Robert Boyle (1627-1691). Filosofo naturale e chimico irlandese. Sebbene Boyle sia comunemente associato alla legge che porta il suo nome, i suoi studi apportarono molti contributi significativi in chimica e in fisica. A dispetto del fatto che Boyle fu spesso in contrasto con scienziati suoi contemporanei, il suo libro *The Skeptical Chymist* (1661) influenzò generazioni di chimici.

$$\frac{V}{T} = \frac{nR}{P}$$

mantenendo costanti n e P, otteniamo

$$\frac{V}{T} = \text{costante} \tag{5.13}$$

questa relazione fu il risultato degli studi degli scienziati francesi Jacques Charles[10] e Joseph Gay-Lussac.[11] L'Equazione 5.13 è nota come ***legge di Charles e Gay-Lussac*** (o semplicemente *legge di Charles*), e afferma che *il volume di una data quantità di un gas mantenuta a pressione costante è direttamente proporzionale alla temperatura assoluta del gas.*

Il lavoro di Charles e Gay-Lussac ebbe un ruolo fondamentale nello sviluppo nella scala assoluta di temperatura. Per ogni valore di pressione sufficientemente basso tale da poter considerare il gas come ideale, un grafico del volume in funzione della temperatura in gradi Celsius darà una linea retta. Se estrapoliamo la retta a volume zero, troviamo che l'intercetta sull'asse delle temperature sarà –273,15 °C (Figura 5.14).

La pendenza delle rette varia al variare della pressione, ma l'intercetta a volume zero rimane costante. Nel 1848, Kelvin comprese il significato di questo fenomeno. Egli individuò –273,15 °C come lo *zero assoluto*, il più basso valore teorico della temperatura. Quindi introdusse la *scala assoluta di temperatura*, ora conosciuta come *scala Kelvin*, che presenta lo zero assoluto come punto iniziale.

In pratica, si possono misurare i volumi dei gas solo entro un certo campo di temperature, dato che tutti i gas, a basse temperature, condensano per passare allo stato liquido.

Così come per le relazioni pressione-volume a temperatura costante, possiamo confrontare due coppie di condizioni volume-temperatura per una data quantità di gas a pressione costante. Dall'Equazione 5.13 possiamo scrivere

$$\frac{V_1}{T_1} = \frac{V_2}{T_2} \tag{5.14}$$

dove V_1 e V_2 sono i volumi dei gas, rispettivamente, alle temperature T_1 e T_2 (entrambe in kelvin).

La legge del gas ideale può inoltre essere riarrangiata in modo tale da mostrare che *per una data quantità di gas a volume costante, la pressione di questo è proporzionale alla temperatura*

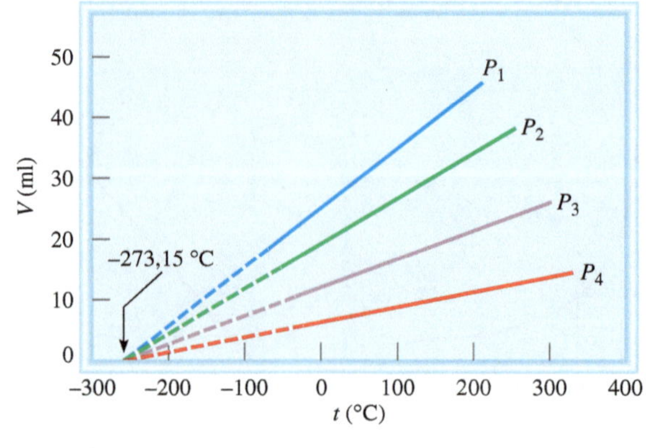

Figura 5.14 Variazione del volume di un campione di gas con la temperatura, a pressione costante. Ogni linea rappresenta la variazione a una certa pressione. Le pressioni aumentano da P_1 a P_4. In definitiva tutti i gas condensano (diventano liquidi) se sono raffreddati a temperature sufficientemente basse; le porzioni continue delle linee rappresentano la regione di temperature al di sopra del punto di condensazione. Quando queste linee sono estrapolate o estese (i pezzi tratteggiati) si intersecano tutte nel punto che rappresenta il volume zero e la temperatura di − 273,15 °C.

[10] Jacques Alexandre Cesar Charles (1746-1823). Fisico francese. Egli fu un brillante docente e inventore di apparecchiature scientifiche e fu la prima persona a usare idrogeno come gas per mongolfiere.

[11] Joseph Louis Gay-Lussac (1778-1850). Chimico e fisico francese. Come Charles, anche Gay-Lussac fu un appassionato di mongolfiere. Riuscì a raggiungere un'altitudine di 6000 metri per raccogliere campioni di aria da analizzare.

$$\frac{P}{T} = \text{costante} \tag{5.15}$$

L'Equazione 5.15 è conosciuta come ***legge di Gay-Lussac***. Dall'equazione del gas ideale (Equazione 5.6) possiamo vedere che la costante nell'Equazione 5.15, è uguale a nR/V. Dall'Equazione 5.15 abbiamo

$$\frac{P_1}{T_1} = \frac{P_2}{T_2} \tag{5.16}$$

dove P_1 e P_2 sono le pressioni del gas rispettivamente alle temperature T_1 e T_2.

Legge di Avogadro

Il lavoro dello scienziato italiano Amedeo Avogadro completò gli studi di Boyle, Charles e Gay-Lussac. Nel 1811 egli pubblicò un'ipotesi secondo la quale nelle stesse condizioni di temperatura e pressione, uguali volumi di gas diversi contengono lo stesso numero di molecole. Ne consegue che il volume di un qualsiasi gas deve essere proporzionale al numero di moli di molecole presenti, cioè,

$$V = \text{costante} \times n \tag{5.17}$$

dove n rappresenta il numero di moli. L'Equazione 5.17 è l'espressione matematica della ***legge di Avogadro***, la quale afferma che *a pressione e temperatura costanti, il volume di un gas è direttamente proporzionale al numero di moli del gas*. Dall'equazione del gas ideale (Equazione 5.6), possiamo individuare la costante nell'Equazione 5.17 come RT/P. Come la stessa equazione del gas ideale, l'Equazione 5.17 è valida rigorosamente solo entro i limiti di basse pressioni.

Secondo la legge di Avogadro, vediamo che quando due gas reagiscono uno con l'altro, i loro volumi di reazione si trovano in rapporti semplici. Se il prodotto è un gas, il suo volume è legato ai volumi dei reagenti da un semplice rapporto (un fatto dimostrato in precedenza da Gay-Lussac). Per esempio, consideriamo la sintesi dell'ammoniaca da idrogeno molecolare e azoto molecolare:

$$3H_2(g) + N_2(g) \longrightarrow 2NH_3(g)$$

Dato che alla stessa temperatura e pressione i volumi dei gas sono direttamente proporzionali al numero di moli dei gas presenti, possiamo scrivere che il rapporto volumetrico tra idrogeno molecolare e azoto molecolare è 3:1, e che il rapporto volumetrico tra ammoniaca (il prodotto) e idrogeno molecolare e azoto molecolare (i reagenti), combinati, è 2:4, o 1:2.

La legge di Boyle (Equazione 5.11), la legge di Charles (Equazione 5.13) e la legge di Avogadro (Equazione 5.17) si combinano per dare l'equazione del gas ideale (Equazione 5.6), dove R è definita come la costante di proporzionalità. Così come le leggi di Boyle e Charles possono essere scritte in una forma utile per prevedere i cambiamenti di P, T, V o n (Equazioni 5.12, 5.14 e 5.16), l'equazione del gas ideale può essere modificata per tenere conto delle condizioni iniziali e finali. Si consideri un gas il cui stato iniziale abbia pressione P_1, volume V_1, temperatura assoluta T_1 e numero di moli n_1. Se il gas subisce una trasformazione in un nuovo stato con P_2, V_2, T_2 e n_2, l'Equazione 5.6 dà

$$\frac{P_1V_1}{n_1T_1} = R = \frac{P_2V_2}{n_2T_2} \tag{5.18}$$

Se $n_1 = n_2$, come di solito accade, poiché la quantità di gas generalmente non cambia, allora l'equazione diventa

$$\frac{P_1V_1}{T_1} = \frac{P_2V_2}{T_2} \tag{5.19}$$

Negli Esempi 5.5 e 5.6 troveremo applicazioni dell'Equazione 5.19

Esempio 5.5

Un palloncino riempito di elio di volume 0,55 l a livello del mare (1,0 atm) viene lasciato raggiungere un'altitudine di 6,5 km, dove la pressione è di circa 0,40 atm. Supponendo che la temperatura rimanga costante, quale sarà il volume finale del palloncino?

Impostazione La quantità di gas all'interno del palloncino e la sua temperatura rimarranno costanti, ma la pressione e il volume varieranno, quindi useremo l'Equazione 5.19 con $T_1 = T_2$.

Soluzione Se $T_1 = T_2$, l'Equazione 5.19 diventa

$$P_1V_1 = P_2V_2$$

che è la legge di Boyle. Dai dati forniti, $P_1 = 1{,}0$ atm, $V_1 = 0{,}55$ l, $P_2 = 0{,}40$ atm e V_2 è da determinare. Riarrangiando la legge di Boyle per mettere in evidenza V_2 si ha

$$\begin{aligned} V_2 &= \frac{P_1V_1}{P_2} \\ &= \frac{(1{,}0 \text{ atm})(0{,}55 \text{ l})}{0{,}40 \text{ atm}} \\ &= 1{,}4 \text{ l} \end{aligned}$$

Verifica Quando la pressione applicata sul palloncino si riduce (a temperatura costante), l'elio si espande e il volume del palloncino aumenta. Il volume finale è superiore al volume iniziale, quindi la risposta è ragionevole.

Problema di autovalutazione Un campione di ossigeno gassoso inizialmente a 0,98 bar è raffreddato da 21 °C a –68 °C (a volume costante). Qual è la pressione finale del gas?

Esempio 5.6

Una piccola bolla d'aria sale dal fondo di un lago, dove la temperatura e la pressione sono di 8 °C e di 6,4 bar, fino alla superficie, dove la temperatura è di 25 °C e la pressione è di 1,0 bar. Calcolare il volume (in ml) della bolla se il suo volume iniziale era di 2,1 ml.

Impostazione Si conoscono le condizioni iniziali P_1, V_1, T_1, così come la temperatura finale T_2 e la pressione finale, P_2. Per trovare il volume finale riarrangiare l'Equazione 5.19 per isolare V_2. Assicurarsi di utilizzare la corretta unità di misura della temperatura.

Soluzione Supponendo che la quantità di aria nella bolla rimanga costante, si può usare l'Equazione 5.19:

$$\frac{P_1V_1}{T_1} = \frac{P_2V_2}{T_2}$$

Riarrangiando per mettere in evidenza la quantità incognita V_2

$$V_2 = \frac{P_1}{P_2} \times \frac{T_2}{T_1} \times V_1$$

Sostituendo i valori dati

$$\begin{aligned} V_2 &= \frac{6{,}4 \text{ bar}}{1{,}0 \text{ bar}} \times \frac{25 + 273{,}15 \text{ K}}{8 + 273{,}15 \text{ K}} \times 2{,}1 \text{ ml} \\ &= 14 \text{ ml} \end{aligned}$$

Verifica Si vede che per ricavare il volume finale bisogna moltiplicare il volume iniziale per un rapporto di pressioni (P_1/P_2) e un rapporto di temperature (T_2/T_1). Si ricordi che il volume è inversamente proporzionale alla pressione e direttamente proporzionale alla temperatura. Dato che nella salita della bolla la pressione diminuisce e la temperatura aumenta, c'è da aspettarsi che il volume della bolla aumenti. In effetti, qui, la pressione assume un ruolo più importante della temperatura nella variazione del volume.

Problema di autovalutazione Un gas, inizialmente a 4,0 l, 1,2 bar e 66 °C, subisce una trasformazione in modo che il suo volume finale e la sua temperatura siano pari a 1,7 l e 42 °C. Quale sarà la pressione finale? Si supponga che il numero di moli rimanga lo stesso.

5.3.4 Stechiometria dei gas

Nel Capitolo 0 abbiamo utilizzato i rapporti tra le quantità (in moli) e le masse (in grammi) di reagenti e prodotti per risolvere i problemi di stechiometria. Quando i reagenti e/o i prodotti sono in fase gassosa, si può anche usare la legge del gas ideale per mettere in relazione il numero di moli n con il volume V o la pressione P, per risolvere tali problemi. Gli Esempi 5.7 e 5.8 mostrano come usare l'equazione del gas ideale in questi calcoli.

Esempio 5.7

La sodioazide (NaN_3) è usata negli airbag di alcune automobili. L'urto durante un incidente innesca la decomposizione di NaN_3 in questo modo:

$$2NaN_3(s) \longrightarrow 2Na(s) + 3N_2(g)$$

L'azoto gassoso prodotto, rapidamente gonfia il sacchetto tra il guidatore e il parabrezza e il cruscotto. Calcolare il volume di azoto generato a 80 °C e 823 torr dalla decomposizione di 60,0 g di NaN_3.

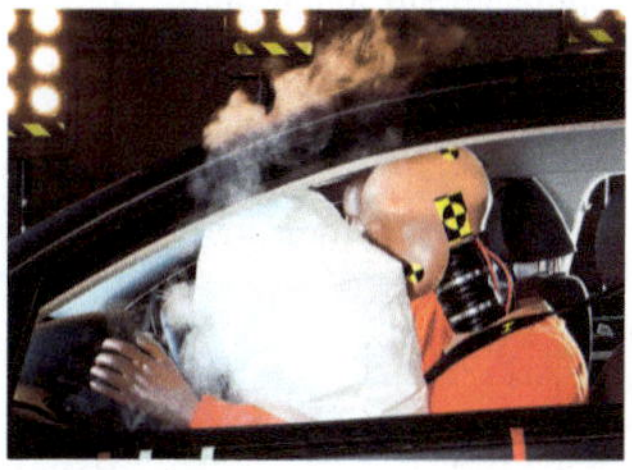

Un airbag può proteggere il guidatore in caso di incidente.

Il simbolo $\hat{=}$, che significa "stechiometricamente equivalente a", è stato definito nella Sezione 0.6.

Impostazione Dall'equazione bilanciata si vede che 2 mol NaN_3 $\hat{=}$ 3 mol N_2. Poiché la massa di NaN_3 è data dal problema, possiamo calcolare il numero di moli di NaN_3 e, di conseguenza, il numero di moli di N_2 prodotto. Infine, si può calcolare il volume di N_2 utilizzando l'equazione del gas ideale. Dato che la pressione è data in mmHg (torr), assicurarsi di usare il valore corretto per R.

Soluzione Prima di tutto calcoliamo il numero di moli di N_2 prodotto da 60,0 g NaN_3

$$\text{moli di } N_2 = 60{,}0 \text{ g } NaN_3 \times \frac{1 \text{ mol } NaN_3}{65{,}02 \text{ g } NaN_3} \times \frac{3 \text{ mol } N_2}{2 \text{ mol } NaN_3}$$
$$= 1{,}38 \text{ mol } N_2$$

Il volume occupato da 1,38 moli di N_2 può essere ottenuto utilizzando l'equazione del gas ideale (Equazione 5.6):

$$V = \frac{nRT}{P} = \frac{(1{,}38 \text{ mol})(62{,}36 \text{ l torr mol}^{-1} \text{ K}^{-1})(353 \text{ K})}{(832 \text{ torr})}$$
$$= 36{,}5 \text{ l}$$

nella quale abbiamo usato il valore di R che si ottiene usando i torr (mmHg) come unità di misura della pressione. In alternativa, avremmo potuto usare il valore di R per le unità di pressione bar o atm, ma, prima, avremmo dovuto convertire la pressione in tali unità.

Problema di autovalutazione L'equazione per la degradazione metabolica del glucosio ($C_6H_{12}O_6$) è la stessa della combustione del glucosio:

$$C_6H_{12}O_6(s) + 6O_2(g) \longrightarrow 6CO_2(g) + 6H_2O(l)$$

Calcolare il volume della CO_2 prodotta a 37 °C e 1,00 bar a partire da 5,60 g di glucosio.

Esempio 5.8

L'aria contenuta nei veicoli spaziali e nei sottomarini deve essere continuamente purificata.

Una soluzione acquosa di idrossido di litio è usata per purificare l'aria nelle navicelle spaziali e nei sottomarini in quanto assorbe l'anidride carbonica, che è un prodotto finale del metabolismo, secondo l'equazione

$$2LiOH(aq) + CO_2(g) \longrightarrow Li_2CO_3(aq) + H_2O(l)$$

La pressione del diossido di carbonio all'interno della cabina di un sommergibile avente un volume di $2,4 \times 10^5$ l è di $8,0 \times 10^{-3}$ bar a 312 K. Una soluzione di idrossido di litio (LiOH) (di volume trascurabile) è introdotta nella cabina. Dopo un po' di tempo la pressione di CO_2 scende a $1,2 \times 10^{-4}$ bar. Quanti grammi di carbonato di litio si saranno formati in questo processo?

Impostazione Usando le pressioni iniziale e finale, calcoliamo il numero di moli di CO_2 che hanno reagito, utilizzando l'equazione del gas ideale: dalla stechiometria della reazione risaliamo al numero di moli di carbonato di litio prodotte dalle moli di diossido di carbonio consumate.

Soluzione Prima di tutto calcoliamo il numero di moli di CO_2 consumate nella reazione. La diminuzione di pressione di CO_2, che è ($8,0 \times 10^{-3}$ bar) − ($1,2 \times 10^{-4}$ bar), quindi $7,9 \times 10^{-3}$ bar, corrisponde al consumo di CO_2. Usando l'equazione del gas ideale, scriviamo

$$n = \frac{PV}{RT} = \frac{(7,9 \times 10^{-3}\ \text{bar})(2,4 \times 10^5\ \text{l})}{(0,08314\ \text{l bar mol}^{-1}\ \text{K}^{-1})(312\ \text{K})} = 73\ \text{mol}$$

Dalla stechiometria della reazione vediamo che 1 mol $CO_2 \simeq$ 1 mol Li_2CO_3, quindi anche la quantità di Li_2CO_3 formata sarà di 73 moli. Perciò, mediante la massa molare di Li_2CO_3 (73,89 g), calcoleremo la sua massa in grammi

$$\text{massa di } Li_2CO_3 \text{ formata} = 73\ \text{mol } Li_2CO_3 \times \frac{73,89\ \text{g } Li_2CO_3}{1\ \text{mol } Li_2CO_3}$$
$$= 5,4 \times 10^3\ \text{g } Li_2CO_3$$

Problema di autovalutazione Un campione di 5,0 g di benzene (C_6H_6), di volume trascurabile, viene bruciato in un recipiente chiuso del volume di 10,0 l, inizialmente contenente una miscela 50:50 di O_2 e N_2 gassosi a 1,00 bar di pressione e 298 K. La reazione è

$$C_6H_6(l) + 15O_2(g) \longrightarrow 6H_2O(l) + 12CO_2(g)$$

Tutto il benzene verrà bruciato in questo processo? In caso contrario, quanti grammi di benzene rimarranno dopo che tutto l'ossigeno sarà stato consumato?

5.3.5 Miscele di gas ideali e legge di Dalton delle pressioni parziali

Finora ci si è concentrati sul comportamento di sostanze gassose allo stato puro, ma gli studi sperimentali molto spesso riguardano miscele di gas. Per esempio, per uno studio sull'inquinamento atmosferico, si potrebbe essere interessati all'equazione di stato per un campione di aria che contiene diversi gas. Si consideri una miscela di gas in un volume V, a temperatura T. Il numero totale di moli di gas n_T nel campione è pari alla somma del numero delle moli di ciascun componente della miscela gassosa:

$$n_T = n_1 + n_2 + n_3 + \cdots \quad \textbf{(5.20)}$$

Nell'approssimazione del gas ideale, le dimensioni delle molecole e le interazioni molecolari si devono poter considerare trascurabili, quindi il contributo di ciascuna molecola all'equazione di stato sarà lo stesso, indipendentemente dal tipo di molecola. Pertanto, la pressione totale di una miscela di gas ideali P_T a temperatura T e volume V fissati, dipenderà solo da n_T e non dalla sua composizione specifica, cioè

$$P_T = \frac{n_T RT}{V} \quad \textbf{(5.21)}$$

Sostituendo l'Equazione 5.20 nell'Equazione 5.21 si ha

$$P_T = \frac{n_1 RT}{V} + \frac{n_2 RT}{V} + \frac{n_3 RT}{V} + \cdots \quad \textbf{(5.22)}$$

Ogni singolo termine nel lato destro dell'Equazione 5.22 rappresenta la ***pressione parziale*** di ciascun componente della miscela gassosa, ovvero, la *pressione che ciascun gas eserciterebbe se fosse presente da solo nel contenitore*. La pressione parziale del componente i nella miscela è

$$P_i = \frac{n_i RT}{V} \quad \textbf{(5.23)}$$

quindi, la pressione totale di una miscela di gas ideali è data da

$$P_T = P_1 + P_2 + P_3 + \cdots \quad \textbf{(5.24)}$$

L'Equazione 5.24, formulata nel 1801 da Dalton, è conosciuta come ***legge di Dalton delle pressioni parziali***, in cui si afferma che la *pressione totale di una miscela di gas è data dalla somma delle pressioni parziali dei singoli componenti* (Figura 5.15). Come la legge del gas ideale, la legge di Dalton è rigorosamente valida solo nel limite di pressione zero.

Le pressioni parziali (Equazione 5.23) possono anche essere espresse in funzione della pressione totale, moltiplicando il numeratore e il denominatore dell'Equazione 5.23 per n_T:

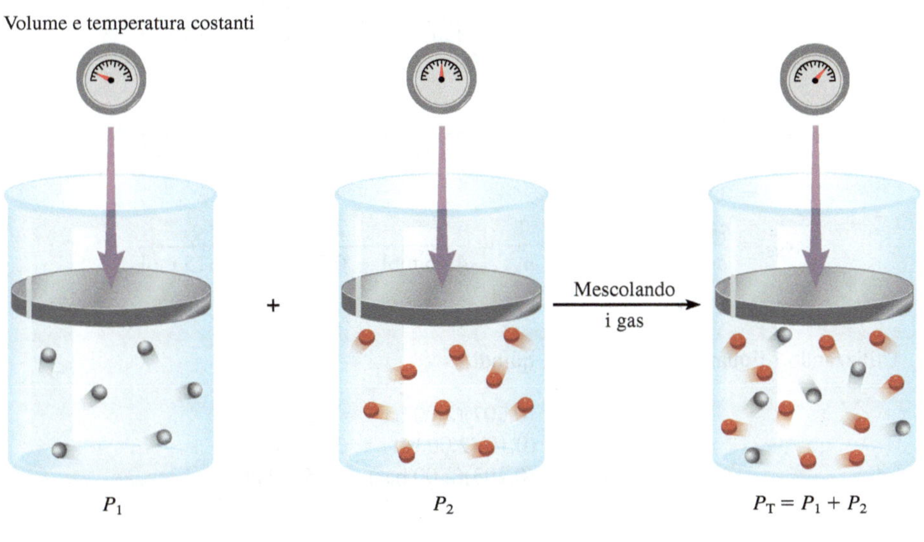

Figura 5.15 Illustrazione schematica della legge delle pressioni parziali di Dalton.

$$P_i = \frac{n_T}{n_T}\frac{n_i RT}{V} = \frac{n_i}{n_T}\frac{n_T RT}{V}$$

Usando l'Equazione 5.21, si ottiene

$$P_i = x_i P \tag{5.25}$$

dove x_i è la *frazione molare* del componente *i*, definito in precedenza nell'Equazione 0.11,

$$x_i = \frac{n_i}{n_T} \tag{5.26}$$

La frazione molare di ogni componente è un numero puro, sempre minore di 1, e la somma delle frazioni molari di tutti i componenti è pari a 1. Per esempio, se sono presenti tre componenti, allora $x_1 + x_2 + x_3 = 1$. Pertanto, la pressione parziale di una miscela gassosa può essere determinata misurando la pressione totale e le frazioni molari di ogni componente. Un modo sperimentale per determinare le frazioni molari di una miscela gassosa è mediante l'uso di uno spettrometro di massa (vedi Approfondimento 0.2). L'intensità relativa dei picchi in un spettro di massa è direttamente proporzionale alla quantità e, di conseguenza, alle frazioni molari di ciascuno dei gas costituenti la miscela gassosa.

Dalle frazioni molari e dalla pressione totale, si può calcolare la pressione parziale dei singoli componenti, come illustrato nell'Esempio 5.9.

Esempio 5.9

Una miscela di gas contiene 4,46 moli di neon (Ne), 0,74 moli di argon (Ar) e 2,15 moli di xeno (Xe). Calcolare le pressioni parziali dei gas se la pressione totale è 2,00 bar a una certa temperatura.

Impostazione Determinare le frazioni molari di ciascun gas utilizzando l'Equazione 5.26, quindi utilizzare l'Equazione 5.25 per calcolare le pressioni parziali.

Soluzione In base all'Equazione 5.25, la pressione parziale del neon (P_{Ne}) è pari al prodotto della sua frazione molare (x_{Ne}) per la pressione totale (P_T). Utilizzando l'Equazione 5.26, si calcola la frazione molare di ciascuno dei componenti, come segue:

$$x_{Ne} = \frac{n_{Ne}}{n_T} = \frac{n_{Ne}}{n_{Ne} + n_{Ar} + n_{Xe}} = \frac{4{,}46 \text{ mol}}{4{,}46 \text{ mol} + 0{,}74 \text{ mol} + 2{,}15 \text{ mol}}$$
$$= 0{,}607$$

$$x_{Ar} = \frac{n_{Ar}}{n_T} = \frac{n_{Ar}}{n_{Ne} + n_{Ar} + n_{Xe}} = \frac{0{,}74 \text{ mol}}{4{,}46 \text{ mol} + 0{,}74 \text{ mol} + 2{,}15 \text{ mol}}$$
$$= 0{,}10$$

$$x_{Xe} = \frac{n_{Xe}}{n_T} = \frac{n_{Xe}}{n_{Ne} + n_{Ar} + n_{Xe}} = \frac{2{,}15 \text{ mol}}{4{,}46 \text{ mol} + 0{,}74 \text{ mol} + 2{,}15 \text{ mol}}$$
$$= 0{,}293$$

Utilizzando l'Equazione 5.25 si avrà quindi

$$P_{Ne} = x_{Ne}P_T = (0{,}607)(2{,}00 \text{ bar}) = 1{,}21 \text{ bar}$$
$$P_{Ar} = x_{Ar}P_T = (0{,}10)(2{,}00 \text{ bar}) = 0{,}20 \text{ bar}$$
$$P_{Xe} = x_{Xe}P_T = (0{,}293)(2{,}00 \text{ bar}) = 0{,}586 \text{ bar}$$

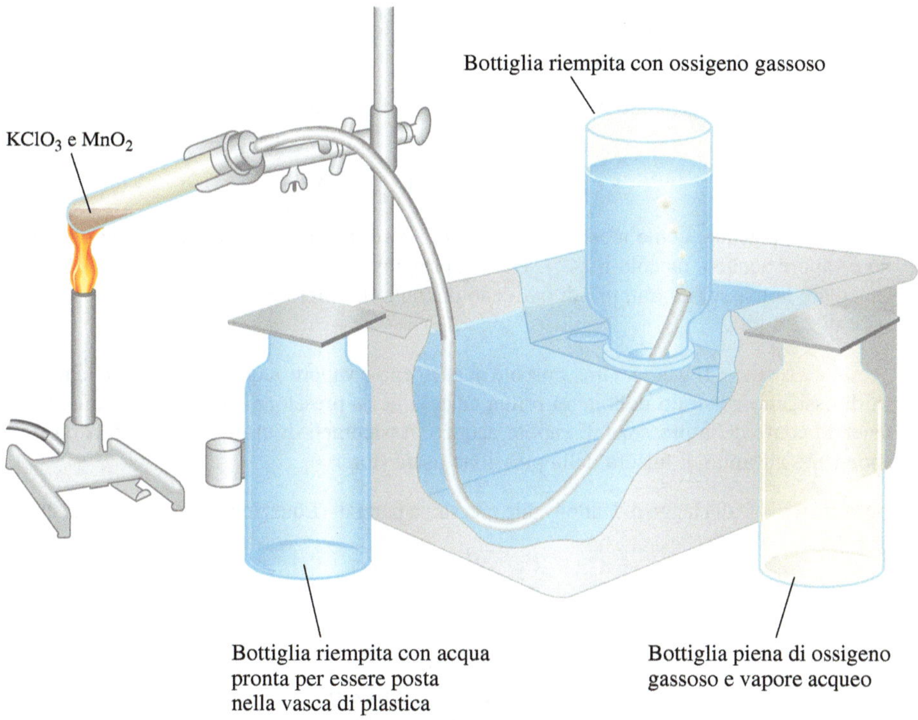

Figura 5.16 Apparato per raccogliere gas sull'acqua. L'ossigeno generato riscaldando il clorato di potassio ($KClO_3$) in presenza di una piccola quantità di diossido di manganese (MnO_2), che accelera la reazione, è gorgogliato attraverso l'acqua e raccolto in una bottiglia come mostrato. L'acqua inizialmente presente nella bottiglia è spinta nella vasca dall'ossigeno gassoso.

Verifica Assicurarsi che la somma delle pressioni parziali sia pari alla pressione totale fornita, ossia (1,21 + 0,20 + 0,586) bar = 2,00 bar.

Problema di autovalutazione Un campione di gas naturale contiene 8,24 moli di metano (CH_4), 0,421 moli di etano (C_2H_6) e 0,116 moli di propano (C_3H_8). Se la pressione totale della miscela gassosa è 1,37 bar, quali sono le pressioni parziali dei gas?

La legge di Dalton delle pressioni parziali è utile per il calcolo dei volumi di gas raccolti su acqua. Per esempio, quando il clorato di potassio ($KClO_3$) viene riscaldato, si decompone per dare cloruro di potassio e ossigeno:

$$2KClO_3(s) \longrightarrow 2KCl(s) + 3O_2(g)$$

L'ossigeno gassoso può essere raccolto su acqua, come illustrato nella Figura 5.16. Inizialmente la bottiglia rovesciata è completamente riempita con acqua. Non appena viene generato dell'ossigeno gassoso, le bolle di gas salgono nella parte superiore e determinano la fuoriuscita di acqua dalla bottiglia. Questo metodo di raccolta dei gas si basa sull'ipotesi che i gas non reagiscano con l'acqua e che siano pochissimo solubili in essa. Questa ipotesi è valida per l'ossigeno gassoso, ma non per i gas come l'ammoniaca (NH_3), che si scioglie facilmente in acqua. L'ossigeno raccolto in questo modo, tuttavia, non è puro, perché nella bottiglia è presente anche del vapore acqueo. La pressione totale della miscela gassosa è pari alla somma delle pressioni esercitate dall'ossigeno gassoso e dal vapore acqueo:

$$P_T = P_{O_2} + P_{H_2O}$$

Di conseguenza, si deve considerare la pressione causata dalla presenza di vapore acqueo quando si calcola la quantità di ossigeno generato. La Tabella 5.2 mostra la pressione del vapore acqueo (in mmHg) a varie temperature.

L'Esempio 5.10 mostra una tipica applicazione della legge di Dalton per calcolare le quantità di gas raccolti su acqua.

Tabella 5.2 Pressione del vapore acqueo alle varie temperature

Temperatura (°C)	Pressione del vapore acqueo (mmHg)
0	4,58
5	6,54
10	9,21
15	12,79
20	17,54
25	23,76
30	31,82
35	42,18
40	55,32
45	71,88
50	92,51
55	118,04
60	149,38
65	187,54
70	233,7
75	289,1
80	355,1
85	433,6
90	525,76
95	633,90
100	760,00

Esempio 5.10

L'ossigeno gassoso generato dalla decomposizione del clorato di potassio, secondo la reazione

$$2KClO_3(s) \longrightarrow 2KCl(s) + 3O_2(g)$$

è raccolto su acqua, come mostrato nella Figura 5.16. Il volume della miscela di ossigeno e vapore acqueo, raccolti a 24 °C e a una pressione ambiente di 762 torr, è di 128 ml. Calcolare la massa (in grammi) di ossigeno ottenuto. La pressione di vapore acqueo a 24 °C è di 22,4 torr.

Impostazione Il gas sarà una miscela di ossigeno e vapore acqueo. Per trovare la massa di ossigeno generato dobbiamo prima calcolarne la pressione parziale nella miscela, tenendo conto della presenza di vapore acqueo. Assicurarsi di usare il valore di R corrispondente all'unità di misura della pressione usata (torr).

Soluzione Dalla legge di Dalton sulle pressione parziali (Equazione 5.24), sappiamo che

$$P_T = P_{O_2} + P_{H_2O}$$

Pertanto,

$$\begin{aligned} P_{O_2} &= P_T - P_{H_2O} \\ &= 762 \text{ torr} - 22{,}4 \text{ torr} \\ &= 740 \text{ torr} \end{aligned}$$

Dall'equazione del gas ideale (Equazione 5.6), scriviamo

$$PV = nRT = \frac{m}{\mathcal{M}}RT$$

dove m e $\mathcal{M}$ sono, rispettivamente, la massa di O_2 raccolta e la sua massa molare.

Riarrangiando l'equazione, si ottiene

$$\begin{aligned} m = \frac{PV\mathcal{M}}{RT} &= \frac{(740 \text{ torr})(0{,}128 \text{ l})(32{,}00 \text{ g mol}^{-1})}{(62{,}36 \text{ l torr mol}^{-1} \text{ K}^{-1})(273{,}15 \text{ K} + 24 \text{ K})} \\ &= 0{,}164 \text{ g} \end{aligned}$$

Problema di autovalutazione L'idrogeno gassoso, generato quando il calcio metallico reagisce con l'acqua, viene raccolto come mostrato in Figura 5.16. Il volume di gas raccolto a 30 °C e 988 torr è di 641 ml. Qual è la massa (in grammi) dell'idrogeno gassoso ottenuto?

La pressione di vapore all'equilibrio dell'acqua a 30 °C è pari a 31,82 torr.

5.4 Teoria cinetica dei gas

Le leggi dei gas ci aiutano a prevedere il comportamento degli stessi, ma non spiegano, a livello molecolare, quale sia la causa dei cambiamenti che osserviamo su scala macroscopica. Per esempio, le leggi dei gas non ci dicono come la pressione di un gas derivi dal moto e dalle collisioni delle singole molecole, né possono spiegare il motivo per cui un gas si espande quando riscaldato. Nel diciannovesimo secolo, un certo numero di fisici, in particolare Ludwig Boltzmann e James Clerk Maxwell, notarono che le proprietà fisiche dei gas possono essere spiegate in termini di moto delle singole molecole. Questi risultati hanno portato a una serie di generalizzazioni riguardanti il comportamento dei gas nota come *teoria cinetica molecolare dei gas* o, semplicemente, ***teoria cinetica dei gas***. I seguenti presupposti sono fondamentali per la teoria cinetica dei gas.

1. Un gas è composto da un numero molto elevato di molecole (o atomi), separate tra di loro da distanze molto grandi rispetto alle loro dimensioni. Le molecole (o atomi) possono essere considerati puntiformi, cioè possiedono una massa ma hanno volume trascurabile.
2. Le particelle costituenti i gas (molecole o atomi) sono in costante movimento in direzioni casuali e spesso si scontrano tra di loro. Gli urti tra le molecole e tra le molecole e le pareti del contenitore, devono potersi considerare perfettamente *elastici*, cioè l'energia cinetica può essere trasferita da una molecola a un'altra, ma l'energia cinetica totale del gas rimane costante.
3. Le molecole nel gas sono sufficientemente distanti tra di loro in modo tale da non esercitare le une sulle altre né forze attrattive né forze repulsive.

Le ipotesi 1 e 3 sono già state introdotte in precedenza, nella discussione sui gas ideali. Nella teoria cinetica dei gas, queste tre ipotesi sono utilizzate in modo esplicito per ricavare le espressioni per le proprietà macroscopiche, quali la pressione e la temperatura, in base al moto medio delle singole molecole.

5.4.1 Pressione di un gas

Utilizzando la teoria cinetica dei gas, è possibile ricavare un'espressione per la pressione di un gas sulla base del suo moto molecolare casuale. Si consideri un gas ideale costituito da N particelle di massa m che occupano un contenitore cubico di lato L (Figura 5.17). La pressione sulle pareti deriva dalla collisione delle singole molecole sulla parete. Poiché ciascuna delle sei pareti del cubo sperimenta la stessa pressione, sarà sufficiente calcolare la pressione su una sola di esse. Si consideri la parete del cubo (ombreggiata nella Figura 5.17) perpendicolare alla direzione positiva dell'asse delle x. Si assuma per semplicità che la componente x della velocità, u_x, sia la stessa per ogni molecola urtante la parete.

La Figura 5.18 mostra l'effetto dell'urto elastico di una molecola su questa parete. La componente x della velocità varia da $+u_x$ a $-u_x$, mentre le componenti lungo gli assi y e z rimangono invariate.

La variazione della componente x della velocità della molecola urtante sarà quindi

$$\Delta u_x = u_{x,\text{finale}} - u_{x,\text{iniziale}} = (-u_x) - u_x = -2u_x \tag{5.27}$$

Dalla seconda legge di Newton sul moto (Equazione 1.1), la forza che agisce su un oggetto è pari all'accelerazione moltiplicata per la massa dell'oggetto. Per la componente x della forza si avrà

$$F_x = m\frac{\Delta u_x}{\Delta t} \tag{5.28}$$

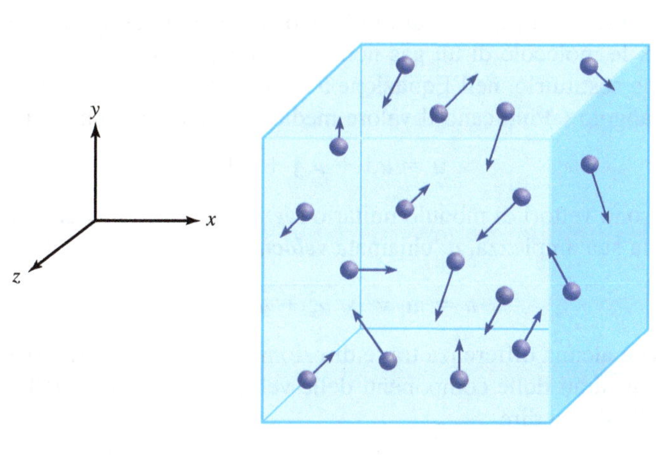

Figura 5.17 Vista a livello molecolare di un gas ideale che occupa un contenitore cubico di lato L. La pressione sulla parete ombreggiata è calcolata esplicitamente in questa sezione.

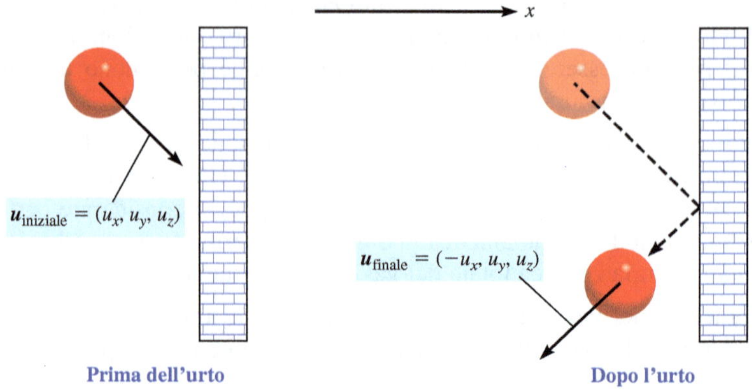

Figura 5.18 Effetto di un urto elastico di una molecola su una parete perpendicolare all'asse delle x. Le componenti y e z della velocità rimangono invariate ma la componente x viene invertita ($u_x \to -u_x$).

Combinando le Equazioni 5.27 e 5.28 si ricava la forza agente sulla molecola, nel tempo Δt, a causa dell'urto con la parete: $-2m\, u_x/\Delta t$. Le forze che la molecola e la parete sperimentano durante la collisione sono uguali in modulo, ma hanno direzioni opposte, per cui la forza agente sulla parete durante la collisione con una singola molecola è

$$F_{\text{parete}} = +\frac{2mu_x}{\Delta t} \tag{5.29}$$

La pressione è forza su unità di superficie, quindi, per calcolare la pressione sulla parete, bisogna moltiplicare la forza ricavata nell'Equazione 5.29 per il numero di particelle che urtano la parete nel tempo Δt per unità di superficie. La distanza nella direzione delle x che una molecola con velocità u_x può percorrere nel tempo Δt sarà $u_x\Delta t$, per cui solo le molecole che si trovano a distanza minore di $u_x\Delta t$ dalla parete urteranno la stessa nell'intervallo di tempo Δt. Il numero di molecole urtanti sarà dato da

$$N_{\text{urto}} = \frac{1}{2}\left(\frac{N}{L^3}\right)(u_x\Delta t L^2) = \frac{Nu_x\Delta t}{2L} \tag{5.30}$$

dove N/L^3 è il numero di molecole per unità di volume e $u_x\Delta t\, L^2$ è il volume della regione contenente le particelle che urtano la parete. Il fattore $1/2$ nell'Equazione 5.30 tiene conto del fatto che solo la metà delle particelle si muovono *verso* la parete, in qualsiasi momento, l'altra metà si muoverà in *direzione opposta* rispetto alla parete e quindi non la urterà. La definizione di pressione (Equazione 5.1) insieme alle Equazioni 5.29 e 5.30 dà

$$P = \frac{F_{\text{totale}}}{area} = \frac{N_{\text{urto}}F_{\text{urto}}}{L^2} = \frac{Nmu_x^2}{V} \tag{5.31}$$

dove i piccoli, ma arbitrari, intervalli di tempo Δt vengono eliminati e dove $V = L^3$. Naturalmente, le molecole di un gas non hanno tutte lo stesso valore di u_x^2, per cui sarà opportuno sostituirlo, nell'Equazione 5.31, con il suo valore medio $\langle u_x^2 \rangle$, dove le parentesi ad angolo $\langle\ \rangle$ indicano il valore medio. La velocità è un vettore

$$\mathbf{u} = u_x\mathbf{i} + u_y\mathbf{j} + u_z\mathbf{k}$$

dove **i**, **j** e **k** sono vettori di modulo unitario (*versori*), rispettivamente, nelle direzioni x, y e z, e la sua ampiezza, u, chiamata ***velocità molecolare***, è data da

$$u = |\mathbf{u}| = \sqrt{u_x^2 + u_y^2 + u_z^2}$$

Poiché non vi è alcuna differenza tra le direzioni x, y e z, sarà corretto assumere che la media dei quadrati delle componenti delle velocità in ciascuna delle tre direzioni saranno uguali. Vale a dire

$$\langle u_x^2 \rangle = \langle u_y^2 \rangle = \langle u_z^2 \rangle = \frac{\langle u^2 \rangle}{3}$$

La quantità $\langle u^2 \rangle$ è chiamata *velocità quadratica media*. Usando questa definizione l'Equazione 5.29 può essere riscritta come

$$P = \frac{N m \langle u^2 \rangle}{3V} \tag{5.32}$$

L'Equazione 5.32 indica che la pressione esercitata da N molecole di gas su una parete è direttamente proporzionale alla *velocità quadratica media* delle singole particelle. Il significato fisico di questa dipendenza è che maggiore è la velocità media, più frequenti e più intensi saranno gli urti. Questi due termini (indipendenti tra loro) forniscono la quantità $\langle u^2 \rangle$ nell'espressione della pressione nella teoria cinetica.

5.4.2 Temperatura ed energia cinetica

Usando la definizione di energia cinetica (Equazione 0.3), possiamo riscrivere l'Equazione 5.32 in termini di energia cinetica media traslazionale di una molecola, $\langle E_{trans} \rangle = m\langle u^2 \rangle/2$, per dare

$$P = \frac{2N}{3V}\left(\frac{1}{2}m \langle u^2 \rangle\right) = \frac{2N}{3V}\langle E_{trans} \rangle \tag{5.33}$$

Dall'espressione della pressione nella teoria cinetica (Equazione 5.33), abbiamo

$$PV = \frac{2N}{3}\langle E_{trans} \rangle$$

Confrontando questa equazione con l'equazione del gas ideale (Equazione 5.6):

$$PV = nRT$$

Le parti a sinistra di queste due equazioni sono identiche, così si ha

$$\frac{2N}{3}\langle E_{trans} \rangle = nRT$$

Ricordando che il rapporto tra il numero di molecole e il numero di moli, N/n, è pari al numero di Avogadro, N_A, si avrà

$$\langle E_{trans} \rangle = \frac{3}{2}\frac{R}{N_A}T = \frac{3}{2}k_B T \tag{5.34}$$

dove $R = k_B N_A$ e k_B è la *costante di Boltzmann*, pari a $1{,}380650 \times 10^{-23}$ J K^{-1}. Si vede che l'energia cinetica media di una molecola è proporzionale alla temperatura. Come conseguenza, due campioni di gas ideali alla stessa temperatura T possiederanno identiche energie cinetiche medie, indipendentemente dalla loro composizione.

L'Equazione 5.34 ci dà modo di determinare $\langle u^2 \rangle$, una quantità altrimenti difficile da misurare direttamente, semplicemente conoscendo la temperatura e la massa molecolare del gas:

$$\langle u^2 \rangle = \frac{3RT}{mN_A} = \frac{3k_B T}{m}$$

Dato che la massa molare $\mathcal{M}$ è pari a $m\ N_A$, dove m è la massa di una molecola, si può ottenere una stima della ***radice (quadrata) della velocità quadratica media***[12]

---

[12] Poiché la velocità è una grandezza vettoriale, la velocità molecolare media $\langle \mathbf{u} \rangle$ deve essere pari a zero; ci sono semplicemente tante molecole che si muovono in direzione positiva, quante in direzione negativa. D'altro canto, $\langle u_{rms} \rangle$ è una grandezza scalare, cioè possiede un modulo ma non una direzione!

($\langle u \rangle_{rms}$) di una molecola (il pedice "rms" deriva dal termine anglosassone *root-mean-square*, letteralmente, *radice della media dei quadrati*)

$$\langle u \rangle_{rms} = \sqrt{\langle u^2 \rangle} = \sqrt{\frac{3k_BT}{m}} = \sqrt{\frac{3RT}{\mathcal{M}}} \quad \textbf{(5.35)}$$

La quantità $\langle u \rangle_{rms}$ è direttamente proporzionale alla radice quadrata della temperatura, in modo che le molecole di un gas ad alta temperatura, in media, sono più veloci rispetto a quelle di un gas a temperatura più bassa. Inoltre, l'Equazione 5.35 mostra che $\langle u \rangle_{rms}$ è inversamente proporzionale alla radice quadrata della massa molare, quindi, a una data temperatura, molecole con massa molare maggiore (più *pesanti*) si muoveranno più lentamente, in media, delle molecole con massa molare minore (più *leggere*).

Anche se le Equazioni 5.34 e 5.35 sono state derivate dalla teoria cinetica dei gas, queste si applicano anche ai liquidi e ai solidi, purché la temperatura sia sufficientemente elevata da rendere trascurabili gli effetti della meccanica quantistica (per la maggior parte delle sostanze è sufficiente una temperatura superiore a ~20 K). La teoria cinetica qui presentata si basa sulla meccanica classica (equazioni di Newton). A temperature molto basse, vicine allo zero assoluto, gli effetti quantistici rendono non più valida l'Equazione 5.34, in particolare per sostanze a bassa massa molecolare, per esempio, l'idrogeno e l'elio. Un classico esempio è l'elio, che rimane allo stato liquido a 1 bar di pressione, persino in prossimità di 0 K. Per tale sistema, le molecole rimangono in movimento persino a una temperatura arbitrariamente vicina allo zero assoluto, per cui la temperatura non diventa più una misura diretta dell'energia cinetica media. Questo fenomeno può essere compreso evidenziando come il moto delle molecole non possa mai cessare senza che venga violato di conseguenza il principio di indeterminazione di Heisenberg: se l'energia cinetica dovesse annullarsi, si potrebbe allora determinare esattamente la quantità di moto di una particella, il che significa che la sua posizione diventerebbe completamente sconosciuta.

5.4.3 Distribuzione di Maxwell-Boltzmann delle velocità molecolari

La radice della velocità quadratica media ($\langle u \rangle_{rms}$) è una misura della velocità media delle molecole in un gas e non rappresenta la velocità di una particolare molecola, che può differire significativamente (più veloce o più lenta) dalla velocità media. Poiché il numero di molecole in un campione di gas macroscopico è enormemente grande, è impossibile conoscere l'esatta velocità di una particolare molecola in un dato momento. Si può, tuttavia, prevedere, in un dato istante, la frazione di molecole di gas che si muovono con una certa velocità, cioè, si può predire la distribuzione delle velocità molecolari.

La distribuzione delle velocità molecolari in un gas è stata inizialmente studiata da Maxwell nel 1860 e successivamente perfezionata da Boltzmann. Per un campione di gas contenente N molecole di massa m a temperatura T, dimostrarono che il numero di molecole (N_u) nel campione con velocità molecolari comprese tra u e $u + du$ è dato da

$$N_u = N f(u) du$$

La funzione $f(u)$ è chiamata di ***distribuzione delle velocità molecolari di Maxwell-Boltzmann***

$$f(u) = 4\pi u^2 \left(\frac{m}{2\pi k_B T} \right)^{3/2} e^{-mu^2/2k_BT} \quad \textbf{(5.36)}$$

La distribuzione delle velocità data nell'Equazione 5.36 vale per tutta la materia (allo stato solido, liquido o gassoso) in equilibrio termico, a eccezione di atomi e mo-

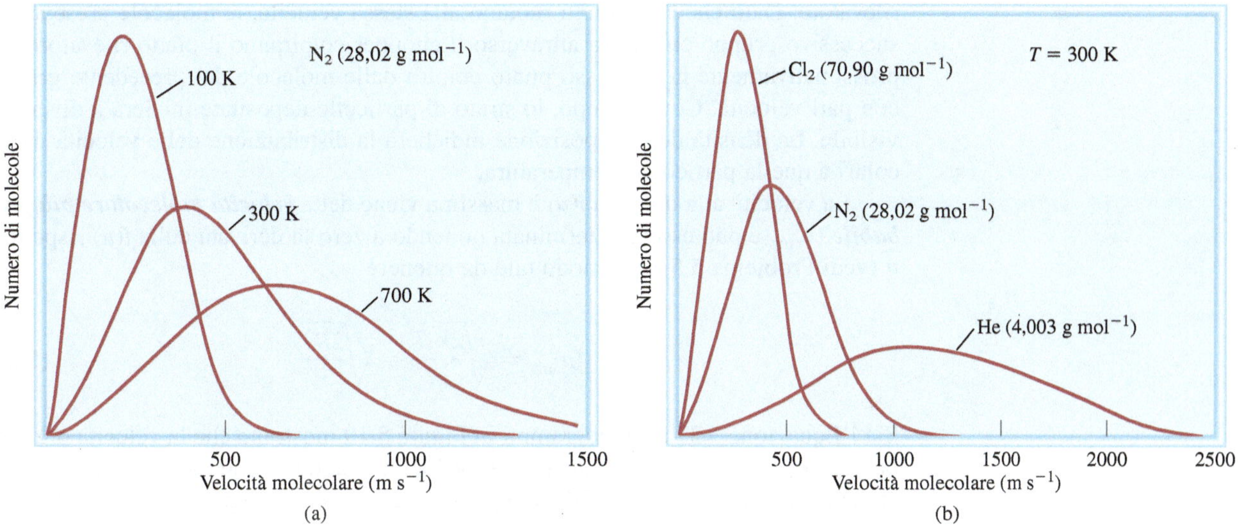

Figura 5.19 (a) La distribuzione delle velocità $f(u)$ per l'azoto gassoso a tre diverse temperature. A temperature più elevate, un maggiore numero di molecole si muove a velocità più elevate. (b) Le distribuzioni delle velocità per tre differenti gas a 300 K. A una data temperatura, le molecole più leggere si muovono, in media, più velocemente.

lecole a basso peso molecolare e a temperature molto basse, per le quali gli effetti quantistici non sono trascurabili e la precisa determinazione della velocità di una particella è limitata dal principio di indeterminazione di Heisenberg.

La Figura 5.19(a) mostra la distribuzione delle velocità molecolari $f(u)$ (Equazione 5.36) per l'azoto (N_2) a tre differenti temperature. Da questa distribuzione si vede che il numero di particelle con velocità molto elevata o molto bassa è piccola. La Figura 5.19(b) mostra, invece, le distribuzioni di velocità di tre gas diversi alla stessa temperatura. La differenza tra le curve può essere spiegata semplicemente in base al fatto che molecole più leggere si muovono più velocemente, in media, di quelle pesanti.

La distribuzione delle velocità molecolari può essere dimostrata mediante l'apparecchiatura indicata in Figura 5.20. Un fascio di atomi (o molecole) fuoriesce da una sorgente a una temperatura nota e passa attraverso una piccola fenditura (per collimare il fascio). Due piatti circolari montati sullo stesso albero sono fatti ruotare da un motore. Il primo piatto è denominato "chopper" e il secondo è il rilevatore. Lo scopo del chopper è quello di permettere il passaggio di piccoli gruppi di atomi (o molecole) attraverso di esso ogni volta che la fenditura risulta allineata con il fascio. All'interno di ciascun gruppo, le molecole più veloci saranno quelle che raggiungeranno prima il rilevatore. Con il tempo, un deposito di particelle si accumulerà sul

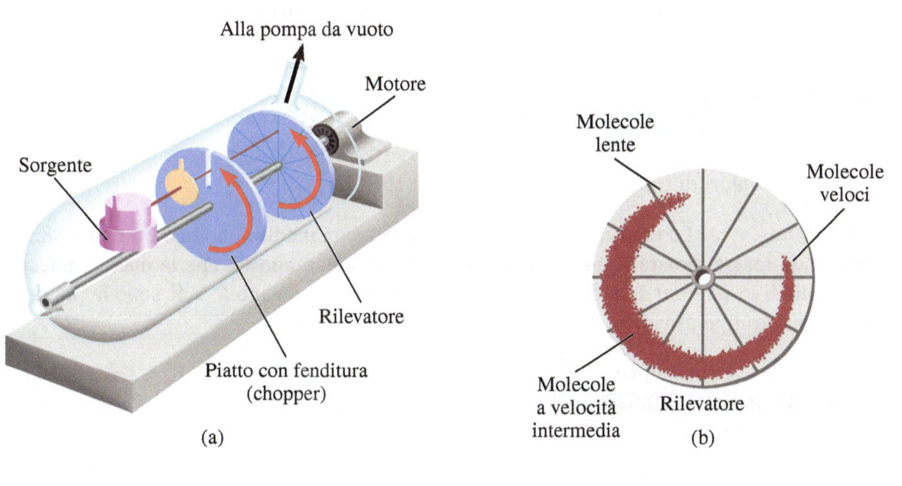

Figura 5.20 (a) Apparecchiatura per lo studio della distribuzione delle velocità molecolari, a una data temperatura. La pompa da vuoto fa sì che le molecole si muovano da sinistra verso destra, come indicato. (b) La dispersione delle particelle sul rilevatore indica l'intervallo delle velocità molecolari, e la densità del deposito di particelle è proporzionale alla frazione di molecole.

rilevatore. Dato che i due piatti ruotano alla stessa velocità, le molecole presenti nel successivo gruppo che passa attraverso il chopper colpiranno il piatto rilevatore approssimativamente nello stesso punto colpito dalle molecole del precedente gruppo con pari velocità. Con il tempo, lo strato di particelle depositate inizierà a diventare visibile. La densità della deposizione indicherà la distribuzione delle velocità molecolari a quella particolare temperatura.

La velocità alla quale la $f(u)$ è massima viene detta ***velocità molecolare più probabile*** $\langle u \rangle_{mp}$ e può essere determinata ponendo a zero la derivata della $f(u)$ rispetto a u (vedi Problema 5.53), in modo tale da ottenere

$$\langle u \rangle_{mp} = \sqrt{\frac{2k_BT}{m}} = \sqrt{\frac{2RT}{\mathcal{M}}} \tag{5.37}$$

Sia l'Equazione 5.37 sia i diagrammi in Figura 5.19 mostrano che la velocità più probabile $\langle u \rangle_{mp}$ [così come la radice della velocità quadratica media ($\langle u \rangle_{rms}$)] è proporzionale alla radice quadrata della temperatura e inversamente proporzionale alla massa molecolare (o molare). Poiché la distribuzione delle velocità è simmetrica intorno al valore più probabile, i valori della velocità più probabile ($\langle u \rangle_{mp}$.) e della radice della velocità quadratica media ($\langle u \rangle_{rms}$) saranno simili, ma non identici. La forma della distribuzione delle velocità è tale che $\langle u \rangle_{mp}$ risulti minore di $\langle u \rangle_{rms}$.

La dipendenza della temperatura della distribuzione delle velocità (Equazione 5.36) ha importanti implicazioni nella velocità delle reazioni chimiche. Come si vedrà nel Capitolo 14, affinché una reazione possa avvenire, una molecola dovrà possedere una minima quantità di energia, chiamata *energia di attivazione*. A basse temperature, il numero di molecole in rapido movimento è piccolo, quindi, la maggior parte delle reazioni procedono a una velocità relativamente lenta. All'aumentare della temperatura aumenta il numero di molecole a maggiore energia e ciò causa un aumento della velocità di reazione.

La distribuzione di Maxwell-Boltzmann può essere utilizzata per determinare la frazione di molecole che posseggono velocità comprese in un dato intervallo. La frazione di molecole con velocità compresa tra a e b è data da

$$\text{frazione } (a < x < b) = \int_a^b f(u)\, du = 4\pi \left(\frac{m}{2\pi k_BT} \right)^{3/2} \int_a^b u^2 e^{-mu^2/2k_BT} du \tag{5.38}$$

Con le moderne calcolatrici grafiche, questo integrale può essere risolto numericamente per casi specifici, con poche difficoltà. Se l'intervallo è abbastanza piccolo in modo tale che $f(u)$ rimanga approssimativamente costante nell'intervallo stesso, l'integrale può essere approssimato come

$$\text{frazione } (a < x < b) = \int_a^b f(u)\, du \approx f(a) \times (b - a) \tag{5.39}$$

Esempio 5.11

Calcolare i valori di $\langle u \rangle_{rms}$ e $\langle u \rangle_{mp}$ per N_2 a 298,15 K.

Impostazione Le equazioni relative alle due velocità medie sono la 5.35 e la 5.38. In genere, la massa molare è più facile da ottenere, per un composto, che la massa molecolare, quindi le versioni delle Equazioni 5.35 e 5.38 che impiegano R e $\mathcal{M}$ sono le più usate per questo tipo di calcoli.

Soluzione Le costanti e i parametri necessari sono R = 8,314 J mol^{-1} K^{-1}, T = 298,15 K, $\mathcal{M}$ = 28,02 g mol^{-1} = 0,02802 kg mol^{-1}.

La velocità più probabile ($\langle u \rangle_{mp}$) sarà data da (Equazione 5.38)

$$\langle u \rangle_{mp} = \sqrt{\frac{2RT}{\mathcal{M}}} = \sqrt{\frac{2 \times 8{,}314 \text{ J K}^{-1} \text{ mol}^{-1} \times 298{,}15 \text{ K}}{0{,}02802 \text{ kg mol}^{-1}}}$$

$$= 420{,}6 \text{ m s}^{-1}$$

Per la radice della velocità quadratica media ($\langle u \rangle_{rms}$), si avrà (Equazione 5.35)

$$\langle u \rangle_{rms} = \sqrt{\frac{3RT}{\mathcal{M}}} = \sqrt{\frac{3 \times 8{,}314 \text{ J K}^{-1} \text{ mol}^{-1} \times 298{,}15 \text{ K}}{0{,}02802 \text{ kg mol}^{-1}}}$$

$$= 515 \text{ m s}^{-1}$$

Verifica Come previsto, $\langle u \rangle_{mp}$ risulta inferiore a $\langle u \rangle_{rms}$.

Problema di autovalutazione Calcolare i valori di $\langle u \rangle_{mp}$ e $\langle u \rangle_{rms}$ per H_2 a 500 K.

È importante notare che, anche se la radice della velocità quadratica media ($\langle u \rangle_{rms}$) è di 515 m s^{-1} a 298,15 K (Esempio 5.11), il tempo necessario a una singola molecola di N_2 per attraversare una stanza è molto più grande di quello indicato da questo valore di velocità. La ragione di ciò è che, sebbene le velocità molecolari dei gas siano molto grandi, le molecole non si muovono in linea retta, ma continuamente cambiano direzione a causa degli urti con le altre molecole.

Il cammino percorso da una singola molecola di gas. Ogni cambio di direzione rappresenta una collisione con un'altra molecola.

I calcoli sulle velocità molecolari dei gas come quello mostrato nell'Esempio 5.11 sono importanti in relazione alla composizione dell'atmosfera terrestre. A differenza di Giove, la Terra non presenta apprezzabili quantità di idrogeno o di elio nella sua atmosfera. Qual è il motivo? La Terra, un pianeta molto più piccolo di Giove, ha una debole attrazione gravitazionale su queste molecole leggere. Un semplice calcolo mostra che, per sfuggire al campo gravitazionale della Terra, una molecola deve avere una velocità di fuga pari o superiore a $1{,}1 \times 10^4$ m s^{-1}. Dato che la velocità media dell'elio è notevolmente superiore a quella dell'azoto molecolare o dell'ossigeno molecolare, un numero più grande di atomi di elio riesce a sfuggire nello spazio. Di conseguenza, l'elio è presente nella nostra atmosfera solo in tracce. D'altro canto, Giove, con una massa circa 320 volte superiore a quella della Terra, riesce a mantenere nella sua atmosfera gas sia pesanti sia leggeri.

La teoria cinetica dei gas può essere utilizzata per comprendere un certo numero di fenomeni rilevanti per la chimica. Nel Capitolo 14, la teoria cinetica sarà utilizzata per determinare la frequenza degli urti di molecole reagenti in fase gassosa, necessaria per calcolare la velocità delle reazioni in fase gassosa. I Problemi 5.57 e 5.58 illustrano l'uso della teoria cinetica nella ***diffusione*** dei gas (*il graduale mescolamento tra le molecole di gas diversi a causa del loro moto*) e nella ***effusione*** dei gas (*fuoriuscita di un gas da un contenitore attraverso un piccolo foro*).

5.5 Gas reali

Nel Paragrafo 5.3, abbiamo visto che l'equazione del gas ideale è una legge limite, rigorosamente valida solo per il limite di pressione zero. A pressioni più elevate, i gas reali presenteranno deviazioni dal comportamento ideale indicate dal valore del fattore di compressione Z (Equazione 5.7) che si discosta dall'unità (vedi Figura 5.10). In contrasto con la validità generale dell'equazione di stato dei gas ideali, le deviazioni dall'idealità ad alta pressione sono fortemente dipendenti dall'identità del gas

Approfondimento 5.1

ATOMI ULTRA FREDDI

Cosa succede a un gas quando viene raffreddato quasi allo zero assoluto? Più di 70 anni fa, Albert Einstein, basandosi su studi antecedenti del fisico indiano Satyendra Nath Bose, previde che a temperature estremamente basse gli atomi di alcuni elementi allo stato gassoso avrebbero potuto "fondere" o "condensare" per formare una sola entità e una nuova forma di materia. A differenza dei normali gas, liquidi e solidi, questa materia super-raffreddata, alla quale fu dato il nome di *condensato di Bose-Einstein* (*BEC*), non avrebbe dovuto contenere singoli atomi perché le funzioni d'onda degli atomi di origine avrebbero dovuto sovrapporsi l'un l'altra, senza lasciare spazio tra loro.

L'ipotesi di Einstein ispirò molte ricerche a livello internazionale per produrre il BEC. Ma, come talvolta accade nella scienza, la tecnologia necessaria fu disponibile non prima di tempi abbastanza recenti, così le indagini iniziali rimasero infruttuose. I laser, che utilizzano un processo basato su un'altra delle idee di Einstein, non sono stati progettati specificamente per la ricerca sul BEC, ma sono diventati uno strumento fondamentale per lo studio di questo fenomeno.

Nel 1995, finalmente, i fisici trovarono le prove che avevano cercato per tanto tempo. Un gruppo di ricerca dell'Università del Colorado fu il primo a riportare un successo. Crearono un BEC raffreddando un campione di rubidio gassoso (Rb) a circa $1{,}7 \times 10^{-7}$ K utilizzando una tecnica chiamata "raffreddamento laser", un processo in cui un raggio laser colpisce un fascio di atomi, rallentandone drasticamente la velocità. Gli atomi di Rb furono ulteriormente raffreddati in una "melassa ottica" prodotta dalla intersezione di sei laser. Gli atomi più freddi, quindi più lenti, furono intrappolati in un campo magnetico, mentre gli atomi più "caldi", più veloci, riuscivano a sfuggire, sottraendo così ancora più energia dal gas. In queste condizioni, l'energia cinetica degli atomi intrappolati scese praticamente a zero, da cui la bassissima temperatura raggiunta del gas. A questo punto, gli atomi di Rb condensarono, come Einstein aveva predetto. Nonostante il condensato fosse invisibile a occhio nudo (dimensioni di circa 5×10^{-3} cm), gli scienziati furono comunque in grado di catturarne l'immagine sullo schermo di un computer concentrando su di esso un altro raggio laser. Il laser causò la distruzione del condensato dopo circa 15 secondi, abbastanza a lungo, comunque, per registrare la sua esistenza.

La figura mostra la distribuzione di Maxwell delle velocità degli atomi di Rb a questa temperatura. I colori indicano il numero di atomi aventi velocità specificata sui due assi orizzontali. Le parti in bianco e blu rappresentano le porzioni di atomi che si sono fuse per formare il condensato di Bose-Einstein.

Dopo poche settimane dalla scoperta del gruppo di ricerca nel Colorado, un gruppo di scienziati della Rice University, utilizzando tecniche simili, riuscirono a produrre un BEC con atomi di litio, e nel 1998 presso il Massachusetts Institute of Technology si riuscì a produrre un BEC utilizzando atomi di idrogeno. Da allora, molti progressi sono stati compiuti nella comprensione delle proprietà del BEC in generale, ed esperimenti sono stati estesi a sistemi molecolari. Si prevede che gli studi sul BEC porteranno a fare nuova luce su proprietà atomiche non ancora pienamente comprese e sul meccanismo della superconduttività. Un altro vantaggio potrebbe essere un ulteriore sviluppo nel campo dei laser. Altre nuove applicazioni nasceranno da ulteriori studi sul BEC stesso. Con ogni probabilità, comunque, la scoperta di una nuova forma di materia rimarrà una delle principali scoperte scientifiche del ventesimo secolo.

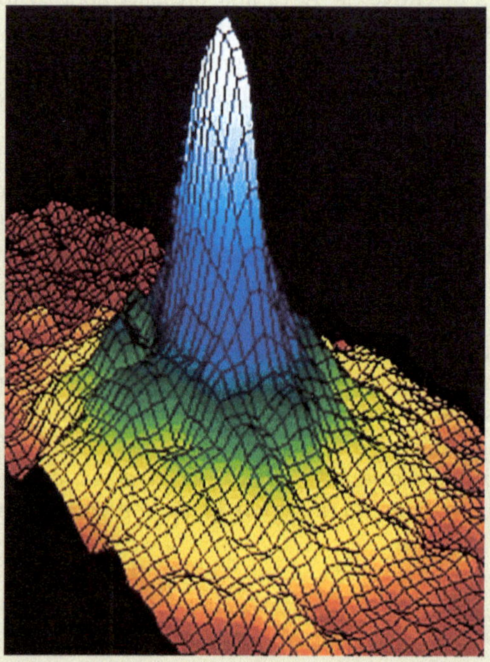

Distribuzione di Maxwell delle velocità degli atomi di Rb a circa $1{,}7 \times 10^{-7}$ K. La velocità aumenta dal centro (zero) verso l'esterno, lungo i due assi. Il colore rosso rappresenta il più basso numero di atomi di Rb e il colore bianco il più alto. La velocità media nella parte colorata in bianco è di circa 0,5 mm s^{-1}.

in questione. Si può comprendere il comportamento non ideale dei gas reali illustrato nella Figura 5.10 in termini di forze intermolecolari.

Come discusso nel Paragrafo 4.6, le forze intermolecolari attrattive sono le interazioni dominanti a distanze intermolecolari intermedie, mentre le forze repulsive prevalgono quando le molecole sono molto vicine. Quando le molecole sono molto distanti, come è il caso a pressioni molto basse, le forze attrattive sono trascurabili e l'approssimazione del gas ideale funziona bene. Quando la pressione aumenta, la distanza media intermolecolare diminuisce e le forze attrattive iniziano a diventare significative, questo comporta una minore pressione del gas rispetto a quella prevista dalla legge del gas ideale, cioè $Z < 1$, come si è visto per CH_4 e NH_3 nella Figura 5.10. La misura in cui le forze attrattive influenzano la pressione è proporzionale alla forza delle attrazioni intermolecolari. Per esempio, le forze di attrazione dipolo indotto-dipolo indotto nel metano (CH_4), non polare, sono più deboli rispetto alle forze attrattive dipolo-dipolo tra le molecole polari dell'ammoniaca (NH_3), il che è coerente con la Figura 5.10, che mostra minori deviazioni dall'idealità di CH_4 rispetto a NH_3 a pressioni moderate. A pressioni molto alte, la distanza media intermolecolare diventa sufficientemente piccola da rendere le interazioni repulsive dominanti, e la pressione sarà più alta rispetto alla previsione del gas ideale, cioè $Z > 1$.

Un altro modo di evidenziare il comportamento non ideale dei gas è di abbassare la temperatura. Raffreddando un gas diminuisce l'energia cinetica media delle molecole, in un certo senso, quindi, le priva dell'energia di cui hanno bisogno per vincere le loro attrazioni reciproche.

A causa delle interazioni intermolecolari, quindi, l'equazione di stato del gas ideale non descrive adeguatamente il comportamento dei gas ad alte pressioni, e dovranno essere sviluppate equazioni di stato alternative per i gas reali. In questo paragrafo, discuteremo due importanti equazioni di stato per i gas reali: l'equazione di van der Waals e l'equazione di stato viriale.

5.5.1 Equazione di stato di van der Waals

Nel 1873, il fisico olandese Johannes van der Waals[13] sviluppò un'equazione di stato per i gas reali che esplicitamente prese in considerazione l'effetto delle dimensioni molecolari e delle attrazioni intermolecolari. Oltre a essere matematicamente semplice, la trattazione di van der Waals ci fornisce un'interpretazione del comportamento dei gas reali a livello molecolare.

Si consideri l'avvicinamento di una particolare molecola verso la parete di un contenitore (Figura 5.21). La pressione esercitata dalle singole molecole sulle pareti del contenitore dipende sia dalla frequenza degli urti molecolari sulle pareti che dalla loro forza. Entrambi i contributi sono diminuiti dalle forze attrattive intermolecolari. L'effetto complessivo è una minore pressione del gas di quella che ci si aspetterebbe per un gas ideale. Van der Waals suggerì che la pressione esercitata da un gas ideale, $P_{\text{ideale}} = nRT/\text{V}$, fosse legata alla pressione misurata sperimentalmente, P_{reale}, dall'equazione

$$P_{\text{reale}} = P_{\text{ideale}} - a\left(\frac{n}{V}\right)^2 \tag{5.40}$$

dove a è una costante e n e V sono, rispettivamente, il numero di moli e il volume del gas. Il termine correttivo della pressione, $-a\,(n/V)^2$, può essere interpretato come segue: le interazioni intermolecolari che danno luogo al comportamento non ideale dipendono dalla frequenza con la quale due molecole arrivano a interagire tra di loro. Il numero di tali "incontri" aumenta con il quadrato del numero di molecole per

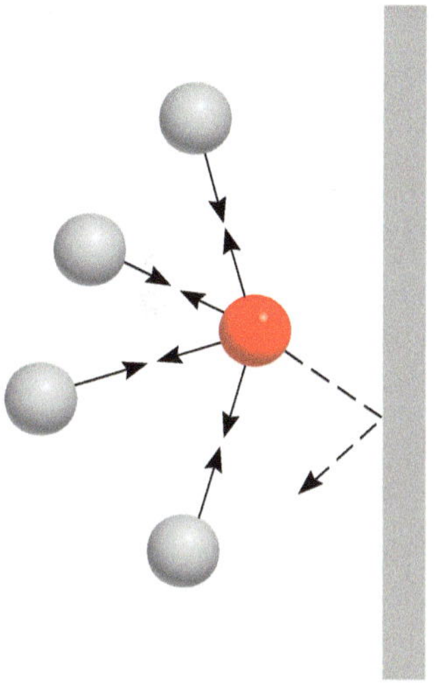

Figura 5.21 L'effetto delle forze intermolecolari sulla pressione esercitata da un gas. La velocità di una molecola (sfera rossa) che si muove verso la parete del contenitore è ridotta dalle forze attrattive esercitate dalle sfere che la circondano (sfere di colore grigio). Di conseguenza, l'impatto di questa molecola con la parete è inferiore a quello che si sarebbe avuto in assenza di forze attrattive intermolecolari. In generale, la pressione del gas misurata è inferiore a quella esercitata dal gas nel caso in cui quest'ultimo avesse avuto comportamento ideale.

---

[13] Johannes Diderck van der Waals (1837-1923). Fisico olandese. Van der Waals ricevette il Premio Nobel per la Fisica nel 1910 per i suoi studi sulle proprietà dei gas e dei liquidi.

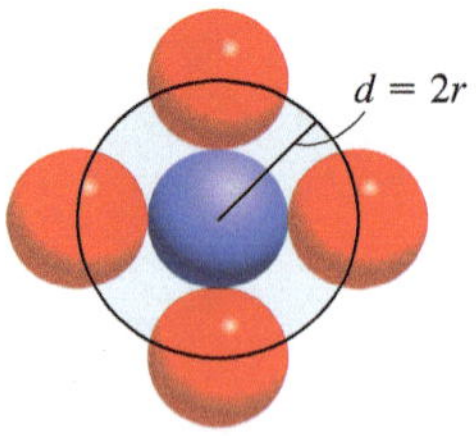

Figura 5.22 Il volume escluso da una particella sferica di diametro d è una sfera più grande di raggio d. Il volume della regione di spazio esclusa è $4\pi d^3/3$.

unità di volume, $(n/V)^2$, dato che la presenza di ciascuna delle due molecole in una particolare regione è proporzionale a n/V. La quantità P_{ideale} è la pressione che si misura in assenza di attrazioni intermolecolari, quindi a è una costante di proporzionalità, misura della forza delle attrazioni intermolecolari.

Un'altra correzione riguarda il volume occupato dalle molecole del gas. Nell'equazione del gas ideale, V rappresenta il volume del contenitore. Tuttavia, se le dimensioni delle molecole non sono trascurabili, il volume effettivo a disposizione di ogni singola molecola viene ridotto del volume occupato dalle altre molecole. La Figura 5.22 indica che il volume escluso da una particella sferica è

$$V_{escluso} = \frac{4\pi d^3}{3}$$

dove d è il diametro delle particelle. Quindi, il volume totale escluso da N particelle è

$$V_{escluso} = \left(\frac{1}{2}\right)\frac{4\pi d^3}{3}N = BN \qquad \textbf{(5.41)}$$

dove $B = 2\pi d^3/3$ è il volume escluso per particella, e il fattore $(1/2)$ nell'Equazione 5.41 è incluso per tenere conto del fatto che il volume escluso mostrato nella Figura 5.22 è condiviso da due particelle. Per una mole, si ha

$$V_{escluso} = bn$$

dove $b = BN_A$ è il volume escluso per mole (*covolume*).

In questo modo, si può correggere l'Equazione 5.40 per prendere in considerazione le dimensioni delle molecole, sostituendo V con $V - nb$

$$P = \frac{nRT}{V - nb} - a\left(\frac{n}{V}\right)^2 \qquad \textbf{(5.42)}$$

L'Equazione 5.42, *che mette in relazione P, V, T e n per un gas non ideale*, è nota come ***equazione di stato di van der Waals*** ed è valida in un campo più ampio di valori di pressione e di temperatura rispetto all'equazione del gas ideale. L'equazione di van der Waals è anche comunemente espressa in funzione del volume molare $\overline{V} = V/n$:

$$P = \frac{RT}{\overline{V} - b} - a\overline{V}^{-2} \qquad \textbf{(5.43)}$$

Le costanti di van der Waals a e b sono scelte in modo che ci sia la migliore corrispondenza possibile tra l'Equazione 5.42 e il comportamento sperimentale di un particolare gas. La Tabella 5.3 elenca i valori di a e b per un certo numero di gas. Il valore di a indica quanto fortemente le molecole di un dato tipo di gas siano attratte l'un l'altra. Per esempio, delle sostanze elencate nella Tabella 5.3, è prevedibile che l'elio presenti le più deboli interazioni interatomiche, dato che è non polare e ha una bassa polarizzabilità (Paragrafo 4.6); di conseguenza, possiede il più piccolo valore di a.

Vi è anche una correlazione approssimativa tra le dimensioni molecolari (o atomiche) e b. In genere, più grande è la molecola (o atomo) e maggiore risulta essere b, ma il rapporto tra il valore di b e le dimensioni molecolari (o atomiche) non è così semplice. Eccezioni a questo comportamento sono rappresentate da He e Ne. Il raggio atomico di Ne è superiore a quello di He, ma il valore di b per Ne (0,0174 l mol^{-1}) è inferiore a quello di He (0,0237 l mol^{-1}). La ragione di tale eccezione è che l'elio è molto leggero e presenta una natura molto legata alla meccanica quantistica, per cui la grande incertezza nella sua posizione a causa del principio di indeterminazione di Heisenberg lo fa apparire più grande di quello che effettivamente è. I valori di a e b possono essere determinati con metodi diversi, ma il più comune è quello di utilizzare le proprietà critiche della sostanza (P_c, T_c e V_c) per la stima di a e b, come sarà discusso nel Paragrafo 6.1.

Tabella 5.3 Costanti di van der Waals di alcuni gas comuni

Gas	*a* (bar l^2 mol^{-2})	*b* (l mol^{-1})
He	0,034	0,0237
Ne	0,0213	0,0171
Ar	1,35	0,0322
Kr	2,34	0,0398
Xe	4,23	0,0266
H_2	0,246	0,0266
N_2	1,40	0,0391
O_2	1,37	0,0318
Cl_2	6,55	0,0562
CO_2	3,63	0,0427
CH_4	2,27	0,0428
CCl_4	20,6	0,138
NH_3	4,91	0,0371
H_2O	5,32	0,0305

L'Esempio 5.12 confronta la pressione di un gas calcolata utilizzando l'equazione di stato del gas ideale e l'equazione di stato di van der Waals.

Esempio 5.12

Sapendo che 3,50 moli di NH_3 occupano 5,20 l a 47 °C, calcolare la pressione del gas (in bar) usando (a) l'equazione del gas ideale e (b) l'equazione di van der Waals.

NH_3

Impostazione Per calcolare la pressione di NH_3 utilizzando l'equazione del gas ideale, si procede come nell'Esempio 5.1. Quali sono le correzioni apportate ai termini di volume e pressione nell'equazione di van der Waals?

Soluzione

(a) abbiamo i seguenti dati:

$$V = 5{,}20\ \text{l}$$
$$T = (47 + 273)\ \text{K} = 320\ \text{K}$$
$$n = 3{,}50\ \text{mol}$$
$$R = 0{,}08314\ \text{l bar K}^{-1}\ \text{mol}^{-1}$$

Sostituendo questi valori nell'equazione del gas ideale (Equazione 5.6), scriviamo

$$P = \frac{nRT}{V} = \frac{(3{,}50\ \text{mol})(0{,}8314\ \text{l bar mol}^{-1}\ \text{K}^{-1})(320\ \text{K})}{5{,}20\ \text{l}}$$
$$= 17{,}9\ \text{bar}$$

(b) Abbiamo bisogno dell'Equazione 5.42. Dalla Tabella 5.3, abbiamo

$$a = 4.21\ \text{bar l}^2\ \text{mol}^{-2}$$
$$b = 0{,}0371\ \text{l mol}^{-1}$$

Sostituendo questi valori nell'equazione di van der Waals avremo

$$P = \frac{nRT}{V - nb} - a\left(\frac{n}{V}\right)^2$$

$$= \frac{(3{,}50 \text{ mol})(0{,}08314 \text{ l bar mol}^{-1} \text{ K}^{-1})(320 \text{ K})}{5{,}20 \text{ l} - (3{,}50 \text{ mol})(0{,}0371 \text{ l mol}^{-1})} - (4{,}21 \text{ bar l}^2 \text{ mol}^{-2})\left(\frac{3{,}50 \text{ mol}}{5{,}20 \text{ l}}\right)^2$$

$$= 16{,}4 \text{ bar}$$

Verifica Basandosi sulla conoscenza del comportamento del gas non ideale, è ragionevole che la pressione calcolata utilizzando l'equazione di van der Waals sia inferiore a quella ottenuta utilizzando l'equazione del gas ideale? Perché?

Problema di autovalutazione Utilizzando i dati riportati nella Tabella 5.3, calcolare la pressione (in bar) esercitata da 4,37 moli di cloro molecolare, contenuti in un volume di 2,45 l a 38 °C. Confrontare la pressione con quella calcolata usando l'equazione del gas ideale.

5.5.2 Equazione di stato viriale

Un modo alternativo di rappresentare la non idealità dei gas reali è quella di espandere il fattore di compressione (Equazione 5.7) come una serie di potenze contenenti il volume molare $\overline{V}$:

$$Z = \frac{P\overline{V}}{nRT} = 1 + \frac{B}{\overline{V}} + \frac{C}{\overline{V}^2} + \frac{D}{\overline{V}^3} + \cdots \tag{5.44}$$

Questa espressione viene detta ***equazione di stato viriale*** *(o equazione di stato del viriale)* e i coefficienti *B*, *C*, *D*, ... sono rispettivamente il secondo, terzo, quarto, ... coefficienti viriali. Fatta eccezione per il primo coefficiente viriale, che è 1, i coefficiente viriali dipendono dalla temperatura.

I coefficienti viriali possono essere determinati teoricamente, se sono noti con accuratezza, per un determinato gas, i potenziali intermolecolari; più spesso, però, sono calcolati in modo tale da essere in accordo con i dati sperimentali. Per un gas ideale, tutti i coefficienti viriali diversi dal primo sono pari a zero, e l'Equazione 5.47 si riduce all'equazione del gas ideale (Equazione 5.6).

La Figura 5.23 mostra il secondo coefficiente viriale *B* per vari gas in funzione della temperatura. Il segno di *B* dipende da quale tipo di forze intermolecolari pre-

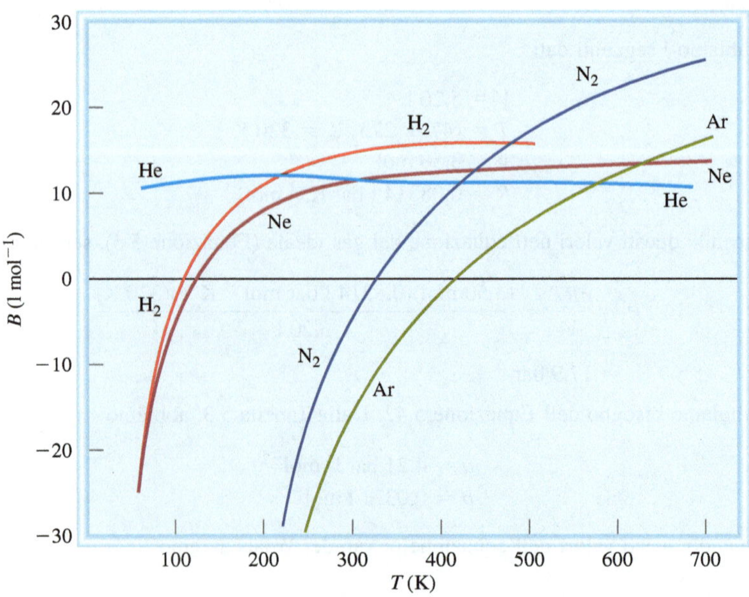

Figura 5.23 Grafico del secondo coefficiente viriale (*B*) in funzione della temperatura per alcuni gas.

valgono alla temperatura di interesse: B è negativo quando le forze prevalenti sono attrattive e positivo quando a prevalere sono le forze repulsive. Questo può essere visto dal confronto con l'equazione di van der Waals. Poiché l'equazione di van der Waals e l'equazione viriale sono entrambe descrizioni dell'equazione di stato per un gas reale, i loro coefficienti dovranno essere correlati. Se si esprime l'equazione di van der Waals nella stessa forma dell'equazione viriale (Problema 5.118), si può dimostrare che il secondo coefficiente viriale B è legato ad a e b tramite la relazione $B = b - a/RT$. A basse temperature, a/RT è grande e le forze attrattive prevalgono nel secondo coefficiente viriale, ma ad alte temperature a/RT perde di importanza e B è determinato in prevalenza dal fattore b, legato alle dimensioni molecolari (interazioni repulsive). Per un dato gas, la temperatura alla quale il secondo coefficiente viriale B diventa pari a zero è di particolare importanza. A questa temperatura, detta ***temperatura di Boyle***, il gas si comporta quasi idealmente entro un ampio campo di densità, a differenza di quanto accade a temperature superiori o inferiori.

Esempio 5.13

Calcolare il volume molare del diossido di carbonio (CO_2) a 300 K e 20 bar e confrontare i risultati con quelli ottenuti utilizzando l'equazione del gas ideale. Il secondo coefficiente viriale B per CO_2 a questa temperatura è pari a $-0{,}123\ \text{l mol}^{-1}$.

Impostazione Poiché viene fornito solamente il valore del secondo coefficiente viriale B, bisognerà troncare l'equazione viriale al secondo termine, assumendo come trascurabili gli effetti derivanti dai successivi termini C, D, ...

Soluzione Una volta trascurati i termini contenenti i coefficienti viriali successivi a B, l'equazione viriale (Equazione 5.44) diventa

$$Z = \frac{P\overline{V}}{RT} = 1 + \frac{B}{\overline{V}}$$

Moltiplicando per $\overline{V}RT/P$ e riarrangiando, si avrà un'equazione quadratica per $\overline{V}$:

$$\overline{V}^2 - \frac{RT}{P}\overline{V} - \frac{BRT}{P} = 0$$

Inserendo i valori dati (T = 300 K, P = 100 bar, R = 0,08314 l bar mol^{-1} K^{-1}):

$$\overline{V}^2 - 1{,}247\overline{V} + 0{,}1534 = 0$$

dove $\overline{V}$ è in l mol^{-1}. Utilizzando l'equazione quadratica si avrà

$$\overline{V} = \frac{1{,}247 \pm \sqrt{1{,}247^2 - 4(1)(0{,}1534)}}{2}$$

$$\overline{V} = 1{,}11\ \text{l mol}^{-1} \quad \text{o} \quad 0{,}138\ \text{l mol}^{-1}$$

Dato che si ottengono due soluzioni, si deve scegliere quella avente significato fisico. L'equazione del gas ideale ($\overline{V} = RT/P$) dà un valore di 1,247 mol l^{-1}, che si ottiene dal coefficiente di $\overline{V}$ nell'equazione quadratica. Affinché sia valida l'equazione viriale troncata, il valore del volume molare non potrà essere troppo piccolo, si può quindi scartare il valore minore e concludere che $\overline{V}$ = 1,11 l mol^{-1}.

Verifica Il secondo coefficiente viriale per CO_2 a 300 K è negativo, questo indica che le forze attrattive sono prevalenti e quindi ci si aspetta che il volume molare a una data pressione sia inferiore a quello previsto per un gas ideale.

Problema di autovalutazione Calcolare il volume molare di N_2 a 50,0 bar e 600 K, sapendo che il secondo coefficiente viriale a tale temperatura è pari a 0,0217 mol l^{-1}.

Sommario

Paragrafo 5.1

- Pressione e temperatura sono grandezze macroscopiche che caratterizzano lo stato di una sostanza.
- La pressione esterna è la forza esercitata su una sostanza per unità di superficie.
- La temperatura è la grandezza che controlla il flusso di energia tra due sistemi. Se due oggetti a diverse temperature sono messi in contatto, l'energia fluirà dall'oggetto a temperatura più alta all'oggetto a temperatura più bassa.

Paragrafo 5.2

- Una fase è una parte omogenea del sistema in contatto con altre parti del sistema, ma separata da esse da confini ben definiti. Se le condizioni esterne (temperatura, pressione ecc.) variano, il sistema può subire un passaggio di stato. Esempi sono i passaggi di stato evaporazione/condensazione, solidificazione/fusione, sublimazione/brinamento.
- Un diagramma di stato è un grafico che riassume le condizioni nelle quali una sostanza può esistere in diverse fasi.

Paragrafo 5.3

- L'equazione di stato è un'equazione che mette in relazione la pressione di una sostanza con la sua temperatura, il volume e il numero di moli.
- L'equazione del gas ideale ($PV = nRT$) è un'equazione di stato valida per i gas a basse pressioni e temperature elevate.
- Lo zero assoluto (−273,15 °C) è la più bassa temperatura teoricamente raggiungibile. La scala di temperatura Kelvin pone 0 K come zero assoluto. In tutti i calcoli sulle leggi dei gas, la temperatura deve essere espressa in kelvin.
- Un certo numero di leggi precedenti sono state combinate per ottenere la legge del gas ideale:
  - la legge di Boyle [il volume è inversamente proporzionale alla pressione (a T e n costanti)]
  - la legge di Charles e Gay-Lussac [il volume è direttamente proporzionale alla temperatura (a P e n costanti)]
  - la legge di Avogadro [volumi uguali di gas diversi contengono lo stesso numero di molecole (alla stessa T e P)]
  - la legge di Dalton delle pressioni parziali stabilisce che ogni singolo gas in una miscela esercita la stessa pressione che avrebbe esercitato se avesse occupato da solo lo stesso volume.

Paragrafo 5.4

- La teoria cinetica molecolare, un modo matematico di descrivere il comportamento delle molecole dei gas, si basa sulle seguenti assunzioni: le molecole dei gas sono separate da distanze di gran lunga superiori alle loro dimensioni, sono in possesso di massa (ma di volume trascurabile), sono in costante movimento e spesso si urtano tra di loro. Le molecole, tra di loro, non si attraggono né si respingono.
- La curva di distribuzione di Maxwell-Boltzmann delle velocità molecolari mostra il numero di molecole di gas che si muovono a varie velocità a una data temperatura. All'aumentare della temperatura, aumenta il numero di molecole che si muovono a velocità più grandi.

Paragrafo 5.5

- L'equazione di van der Waals è una modifica dell'equazione del gas ideale che tiene conto del comportamento non ideale dei gas reali. Tiene conto del fatto che le molecole dei gas reali esercitano delle forze tra di loro e che possiedono un volume non trascurabile. Le costanti di van der Waals sono determinate sperimentalmente per ogni gas.
- Un'altra utile equazione di stato per i gas reali è l'equazione di stato viriale.

Problemi

Soluzioni dei problemi dispari sul sito www.mheducation.it

5.1 Pressione e temperatura

5.1 La pressione atmosferica in cima al vulcano Kilimanjaro è 606 torr in un determinato giorno. Qual è la pressione in atm, bar e kPa?

5.2 Calcolare la pressione sotto il pneumatico di un'automobile supponendo che quest'ultima abbia una massa di 1000 kg e che la superficie di contatto del pneumatico con il suolo sia di $2{,}0 \times 10^{-3}$ m^2.

5.2 Fasi e diagrammi di stato

5.3 I seguenti composti, indicati con i loro punti di ebollizione, sono liquidi a −10 °C: butano, −0,5 °C; etanolo, 78,3 °C; toluene, 110,6 °C. A −10 °C, quale di questi liquidi avrà la più alta pressione di vapore? Quale la più bassa? Spiegare?

5.4 Il caffè liofilizzato viene preparato congelando del caffè e rimuovendo poi il ghiaccio con una pompa da vuoto. Descrivere i cambiamenti di fase che hanno luogo nel corso di questi processi.

5.5 Uno studente mette ad asciugare dei vestiti bagnati all'aperto in una giornata invernale, in cui la temperatura è di −15 °C. Dopo qualche ora, i vestiti sono pressoché asciutti. Descrivere i cambiamenti di fase che avvengono.

5.6 Un filo è posto sulla cima di un blocco di ghiaccio. Le estremità del filo si estendono oltre i bordi del ghiaccio e un peso è legato a ciascuna estremità. Si osserva che il ghiaccio sotto il filo gradualmente si scioglie, e il filo lentamente si muove attraverso il blocco di ghiaccio. Nello stesso tempo, l'acqua al di sopra del filo ricongela. Descrivere i cambiamenti di fase che accompagnano tale fenomeno.

5.7 Il punto di ebollizione e il punto di fusione del diossido di zolfo a 1 bar sono, rispettivamente, -10 °C e $-72{,}7$ °C. Il punto triplo è a $-75{,}5$ °C e $1{,}67 \times 10^3$ bar. Sulla base di queste informazioni, tracciare un disegno approssimativo del diagramma di stato del SO_2.

5.8 Il diagramma di stato dell'acqua è riportato qui sotto. Assegnare le regioni. Prevedere cosa accade in seguito alle seguenti variazioni: (a) a partire dal punto A, alziamo la temperatura a pressione costante; (b) a partire dal punto C, abbassiamo la temperatura a pressione costante; (c) a partire dal punto B, abbassiamo la pressione a temperatura costante.

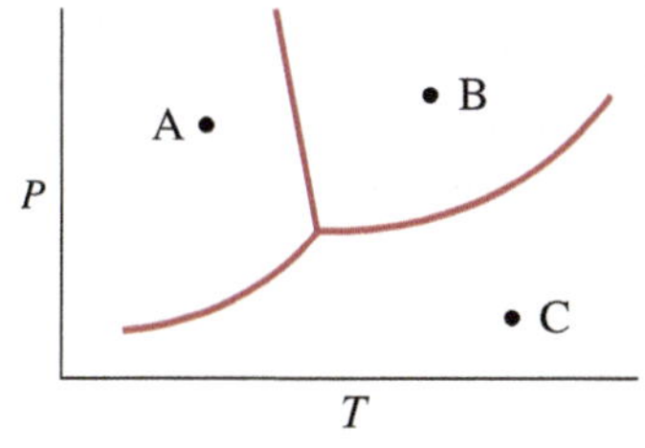

5.9 Qual è il numero massimo di fasi che possono coesistere in un sistema con cinque componenti presenti?

5.10 Qual è il numero dei gradi di libertà (o varianza) nella regione di coesistenza di tre fasi in una miscela di Al, Ni e Cu? Che tipo di regione geometrica viene così definita?

5.11 La coesistenza liquido-liquido in sostanze pure (cioè sistema monocomponente) è estremamente rara. Usando testi reperibili in biblioteca e risorse su Internet, trovare due esempi di coesistenza liquido-liquido in una sostanza pura.

5.3 Leggi dei gas

5.12 Il volume di un gas è 5,80 l, misurato a 1,00 bar. Qual è la pressione del gas in torr se il volume viene portato a 9,65 l a temperatura costante?

5.13 Un campione di aria occupa 3,8 l a pressione di 1,2 atm. (a) Quale volume occuperà a 6,6 atm? (b) Che pressione sarà richiesta per comprimerlo a 0,075 l? (La temperatura viene mantenuta costante).

5.14 (a) Un volume di metano di 36,4 l è riscaldato a pressione costante da 25 °C a 88 °C. Quale sarà il volume finale del gas? (b) In condizioni di pressione costante, un campione di idrogeno inizialmente a 88 °C e 9,6 l viene raffreddato finché il suo volume non è pari a 3,4 l. Quale sarà la sua temperatura finale?

5.15 Un campione di azoto gassoso in un contenitore di volume 2,3 l e a una temperatura di 32 °C esercita una pressione di 4,7 bar. Calcolare il numero di moli di gas presente.

5.16 Una quantità di 6,9 moli di monossido di carbonio sono presenti in un contenitore del volume di 30,4 l: quale sarà la pressione del gas (in bar) se la temperatura è di 62 °C?

5.17 Che volume occuperanno 5,6 moli di esafluoruro di zolfo (SF_6) gassoso a 128 °C e 9,4 atm?

5.18 Una certa quantità di gas a 25 °C, a una pressione di 0,800 bar, è contenuta in un recipiente di vetro. Supponiamo che tale recipiente sia in grado di sopportare una pressione di 2,00 bar. Fino a che temperatura possiamo riscaldare il gas senza far esplodere il recipiente?

5.19 Si consideri un campione di gas contenuto in un cilindro munito di un pistone mobile. Inizialmente, ci sono n moli di gas a temperatura T, pressione P e volume V.

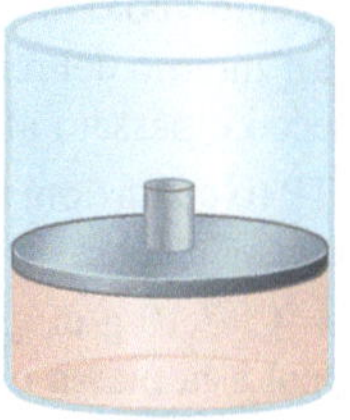

Scegliere il cilindro che rappresenta correttamente il gas dopo ciascuna delle seguenti modifiche. (1) La pressione sul pistone è triplicata a n e T costanti. (2) La temperatura è raddoppiata a n e P costanti. (3) n moli di un altro gas sono aggiunte, a T e P costanti. (4) La temperatura è dimezzata e la pressione sul pistone è ridotta a un quarto del suo valore originale.

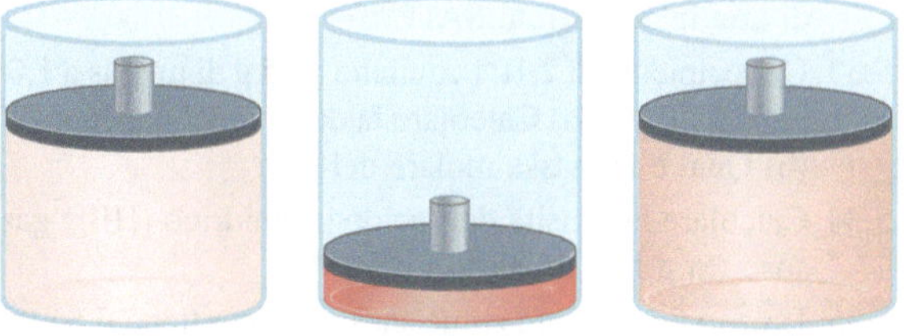

(a) (b) (c)

5.20 Un gas che occupa un volume di 725 ml alla pressione di 0,970 bar viene fatto espandere a temperatura costante fino a quando la sua pressione raggiunge 0,541 bar. Qual è il suo volume finale?

5.21 A 46 °C un campione di ammoniaca gassosa esercita una pressione di 5,3 bar. Qual è il volume molare?

5.22 A un pallone riempito di gas di volume 2,50 l a 1,2 bar e 25 °C viene lasciata raggiungere la stratosfera (circa 30 km al di sopra della superficie terrestre), dove la temperatura raggiunge -23 °C e la pressione vale $3{,}00 \times 10^{-3}$ bar. Calcolare il volume finale del pallone.

5.23 La temperatura di 2,5 l di un gas inizialmente in condizioni SATP è portata a 250 °C a volume costante. Calcolare la pressione finale del gas in bar.

5.24 La pressione di 6,0 l di un gas ideale in un contenitore flessibile è scesa a un terzo del suo valore iniziale e la sua temperatura assoluta è diminuita della metà. Qual è il volume finale del gas?

5.25 Un gas sviluppatosi durante la fermentazione del glucosio (vinificazione) ha un volume di 0,78 l a 20,1 °C e 1,00 atm. Qual era il volume di questo gas alla temperatura di fermentazione di 36,5 °C e 1,00 atm di pressione?

5.26 Un gas ideale inizialmente a 0,85 bar e 66 °C viene fatto espandere fino a quando i suoi valori finali di volume, pressione e temperatura sono rispettivamente 94 ml, 0,60 bar e 45 °C. Qual era il suo volume iniziale?

5.27 Calcolare il volume (in litri) di 88,4 g di CO_2 in condizioni SATP.

5.28 Il ghiaccio secco è anidride carbonica allo stato solido. Un campione di 0,050 g di ghiaccio secco è situato in un recipiente vuoto di 4,6 l a 30 °C. Calcolare la pressione all'interno del recipiente dopo che tutto il ghiaccio secco è passato allo stato gassoso.

5.29 In condizioni STP (o condizioni normali), 0,280 l di un gas pesano 0,400 g. Calcolare la massa molare del gas.

5.30 A 741 torr e 44 °C, 7,10 g di gas occupano un volume di 5,40 l. Qual è la massa molare del gas?

5.31 Le molecole di ozono (O_3) presenti nella stratosfera assorbono gran parte delle radiazioni nocive provenienti dal sole. In genere, la temperatura e la pressione dell'ozono nella stratosfera sono rispettivamente 250 K e $1{,}0 \times 10^{-3}$ bar. Quante sono le molecole di ozono presenti in 1,0 l d'aria in queste condizioni?

5.32 Supponendo che l'aria contenga il 78% di N_2, il 21% di O_2 e l'1,0% di Ar (percentuali in volume), quante molecole di ciascun tipo di gas sono presenti in 1,0 l di aria in condizioni SATP?

5.33 Un recipiente di 2,10 l contiene 4,65 g di un gas a 1,00 bar e 27,0 °C. (a) Calcolare la densità del gas in g l^{-1}. (b) Qual è la massa molare del gas?

5.34 Calcolare la densità dell'acido bromidrico (HBr) gassoso (in g l^{-1}) a 733 torr e 46 °C.

5.35 Un composto usato come anestetico contiene il 64,9% di C, il 13,5% di H e il 21,6% di O (percentuali in massa). A 120 °C e 750 torr, 1,00 l del composto allo stato gassoso ha una massa di 2,30 g. Qual è la formula molecolare del composto?

5.36 Un composto ha formula empirica SF_4. A 20 °C, 0,100 g del composto gassoso occupano un volume di 22,1 ml ed esercitano una pressione di 1,02 bar. Qual è la formula molecolare del gas?

5.37 Considerare la formazione di diossido di azoto da ossido di azoto e ossigeno:

$$2NO(g) + O_2(g) \longrightarrow 2NO_2(g)$$

Se 9,0 l di NO vengono fatti reagire con un eccesso di O_2 in condizioni SATP, qual è il volume in litri di NO_2 prodotto?

5.38 Il metano, il principale componente del gas naturale, è utilizzato per il riscaldamento e la cottura. Il processo di combustione è

$$CH_4(g) + 2O_2(g) \longrightarrow CO_2(g) + 2H_2O(l)$$

Se reagiscono 15,0 moli di CH_4, qual è il volume di CO_2 (in litri) prodotto a 23,0 °C e 0,985 bar?

5.39 Quando il carbone brucia, lo zolfo presente nel carbone viene convertito in diossido di zolfo (SO_2), uno dei gas responsabili del fenomeno delle piogge acide.

$$S(s) + O_2(g) \longrightarrow SO_2(g)$$

Se 2,54 kg di S reagiscono con l'ossigeno, calcolare il volume di gas SO_2 (in ml) formato a 30,5 °C e 1,12 bar.

5.40 Nella fermentazione alcolica, il lievito converte il glucosio in etanolo e anidride carbonica:

$$C_6H_{12}O_6(s) \longrightarrow 2C_2H_5OH(l) + 2CO_2(g)$$

Se 5,97 g di glucosio hanno reagito e 1,44 l di CO_2 gas sono raccolti a 293 K e 0,984 bar, quale sarà la resa percentuale della reazione?

5.41 Un composto contenente fosforo e fluoro viene analizzato come segue: riscaldando 0,2324 g del composto in un contenitore di 378 cm^3, lo si trasforma completamente in un gas, che presenta una pressione di 97,3 torr a 77 °C. Quindi, al gas si aggiunge una soluzione di cloruro di calcio, che trasforma tutto il fluoro in 0,2631 g di CaF_2. Determinare la formula molecolare del composto.

5.42 Una quantità di 0,225 g di un metallo M (massa molare = 27,0 g mol^{-1}) producono 0,303 l di idrogeno molecolare (misurati a 17 °C e 741 torr) in seguito a trattamento con acido cloridrico in eccesso. In base a questi dati scrivere la reazione che avviene e le formule del solfato e dell'ossido del metallo M.

5.43 Qual è la massa di NH_4Cl (solido) prodotto quando 73,0 g di NH_3 vengono messi a reagire con una pari massa di HCl? Qual è il volume del gas rimasto, misurato a 14,0 °C e 752 torr? Di quale gas si tratta?

5.44 Solubilizzando 3,00 g di un campione impuro di carbonato di calcio in acido cloridrico si producono 0,656 l di diossido di carbonio (misurati a 20,0 °C e 792 torr). Calcolare la percentuale in peso del carbonato di calcio nel campione. Spiegare le ipotesi fatte.

5.45 Calcolare la massa in grammi di cloruro di idrogeno prodotto quando 5,6 l di idrogeno molecolare misurato in condizioni SATP reagisce con un eccesso di cloro molecolare gassoso.

5.46 L'etanolo (C_2H_5OH) brucia in aria:

$$C_2H_5OH(l) + O_2(g) \longrightarrow CO_2(g) + H_2O(l)$$

Bilanciare l'equazione e determinare il volume di aria in litri a 35,0 °C e 790 torr necessari per bruciare 227 g di etanolo. Assumere che la percentuale di O_2 nell'aria sia del 21%.

5.47 Una miscela di gas contiene 0,31 mol CH_4, 0,25 mol di C_2H_6 e 0,29 mol di C_3H_8. Calcolare la pressione parziale dei gas sapendo che la pressione totale vale 1,50 bar.

5.4 Teoria cinetica dei gas

5.48 La temperatura è un concetto microscopico o macroscopico? Spiegare.

5.49 Confrontare il valore della radice della velocità quadratica media di O_2 e UF_6 a 65 °C.

5.50 La temperatura nella stratosfera è −23 °C. Calcolare le velocità $\langle u \rangle_{rms}$ delle molecole di azoto, ossigeno e ozono in questa regione.

5.51 Se $2,0 \times 10^{23}$ atomi di argon (Ar) urtano, al secondo, una superficie di 4,0 cm^2 di una parete con un angolo di 90° con una velocità di 45 000 cm s^{-1}, che pressione (in bar) esercitano sulla parete?

5.52 Una scatola cubica contiene He a 25 °C. Se gli atomi si scontrano con le pareti perpendicolarmente (a 90°) con una frequenza di $4,0 \times 10^{22}$ volte al secondo, calcolare la forza e la pressione esercitata su una parete sapendo che è di 100 cm^2 e che la velocità degli atomi è pari a 600 m s^{-1}.

5.53 Derivare l'Equazione 5.37 per la velocità più probabile $\langle u \rangle_{mp}$ dalla distribuzione delle velocità molecolari di Maxwell-Boltzmann (Equazione 5.36). [*Suggerimento*: La derivata di una funzione è pari a zero al suo massimo (o minimo).]

5.54 A che temperatura devono essere raffreddati gli atomi di He in modo da avere la stessa velocità $\langle u \rangle_{rms}$ di quella degli atomi di O_2 a 25 °C? (*Suggerimento*: Non è necessario calcolare il valore di $\langle u \rangle_{rms}$ per risolvere il problema.)

5.55 La velocità $\langle u \rangle_{rms}$ di CH_4 è 846 m s^{-1}. Qual è la temperatura del gas?

5.56 Calcolare l'energia cinetica media traslazionale per una molecola di N_2 e per 1 mole di N_2 a 20 °C.

5.57 Le velocità relative di diffusione delle diverse molecole in un gas possono essere espresse in termini della legge di diffusione di Graham

$$\frac{r_1}{r_2} = \sqrt{\frac{\mathcal{M}_2}{\mathcal{M}_1}}$$

dove r_1 e r_2 sono le velocità di diffusione delle molecole con, rispettivamente, masse molari $\mathcal{M}_1$ e $\mathcal{M}_2$. Utilizzando la teoria cinetica dei gas, ricavare la legge di Graham.

5.58 L'effusione è il processo mediante il quale un gas sotto pressione diffonde da un compartimento di un contenitore a un altro attraverso un piccolo foro, come illustrato qui sotto.

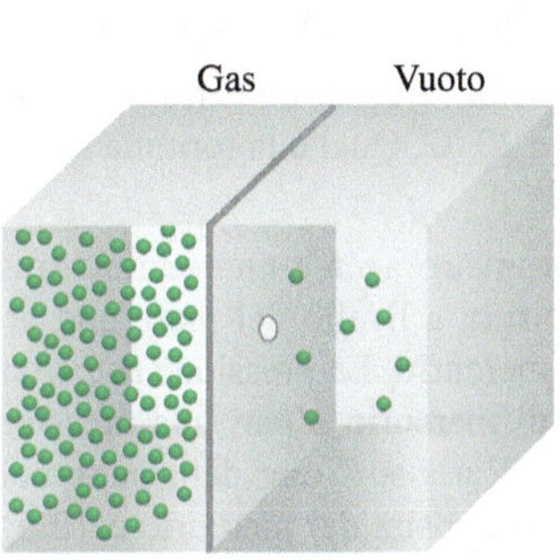

Le relative velocità di effusione dei gas obbediscono alla legge di Graham (vedi Problema 5.57). L'isotopo ^{235}U subisce fissione quando bombardato con neutroni. Tuttavia, la sua abbondanza naturale è solo dello 0,72%. Per separare l'isotopo ^{235}U dal più abbondante isotopo ^{238}U, l'uranio è prima convertito in UF_6, che è facilmente evaporabile al di sopra della temperatura ambiente. La miscela dei due gas $^{235}UF_6$ e $^{238}UF_6$ viene quindi sottoposta a ripetuti stadi di effusione. Calcolare il fattore di separazione, cioè l'arricchimento di ^{235}U rispetto a ^{238}U, dopo uno stadio di effusione.

5.5 Gas reali

5.59 Quali delle seguenti combinazioni di condizioni portano un gas a comportarsi idealmente: (a) bassa pressione e bassa temperatura, (b) bassa pressione e alta temperatura, (c) alta pressione e alta temperatura, (d) alta pressione e bassa temperatura?

5.60 Usare i dati della Tabella 5.3 per calcolare la pressione esercitata da 2,50 moli di CO_2 contenute in un volume di 5,00 l a 450 K. Confrontare la pressione (in bar) con quella prevista dall'equazione del gas ideale.

5.61 A 27 °C, 10,0 moli di un gas in un contenitore di 1,50 l esercitano una pressione di 130 bar. Si tratta di un gas ideale?

5.62 Nelle stesse condizioni di temperatura e di pressione, quale dei seguenti gas ci si aspetta che si comporti meno idealmente: CH_4 o SO_2? Spiegare.

5.63 Senza riferirsi a una tabella, indicare quale sarà il gas con il massimo valore di b nell'equazione di van der Waals: CH_4, O_2, H_2O, CCl_4 o Ne.

5.64 Calcolare il volume molare di anidride carbonica a 400 K e 30 bar, sapendo che il secondo coefficiente viriale (B) di CO_2 è –0,0605 l mol^{-1}. Confrontare il risultato con quello ottenuto utilizzando l'equazione del gas ideale.

5.65 Calcolare il volume molare di diossido di carbonio a 400 K e 30 bar, partendo dal presupposto che CO_2 è efficacemente descritto come un gas di van der Waals in queste condizioni. Confrontare il risultato, confrontandolo con quello ottenuto utilizzando l'equazione del gas ideale.

Problemi supplementari

5.66 Nelle stesse condizioni di temperatura e pressione quale dei seguenti gas presenterà un comportamento maggiormente ideale: Ne, N_2 o CH_4? Spiegare.

5.67 La nitroglicerina, un composto esplosivo, si decompone secondo l'equazione

$$4C_3H_5(NO_3)_3(s) \longrightarrow 12CO_2(g) + 10H_2O(g) + 6N_2(g) + O_2(g)$$

Calcolare il volume totale dei gas raccolti a 1,2 bar e 25 °C da $2,6 \times 10^2$ g di nitroglicerina. Quali sono le pressioni parziali dei gas in queste condizioni?

5.68 La formula empirica di un composto è CH. A 200 °C, 0,145 g di questo composto occupano 97,2 ml a una pressione di 0,74 atm. Qual è la formula molecolare del composto?

5.69 Quando il nitrito d'ammonio (NH_4NO_2) viene riscaldato, si decompone per dare azoto gassoso. Questa proprietà viene utilizzata per gonfiare le palle da tennis. (a) Scrivere un'equazione bilanciata per la reazione. (b) Calcolare la quantità (in grammi) di NH_4NO_2 necessaria per gonfiare una palla da tennis a un volume di 86,2 ml a 1,20 bar e 22 °C.

5.70 Un pallone di vetro da 2,5 l a 15 °C contiene una miscela di N_2, He e Ne con pressioni parziali (in bar), rispettivamente, pari a 0,32, 0,15 e 0,42. (a) Calcolare la pressione totale della miscela. (b) Calcolare il volume in litri in condizioni SATP occupato da He e Ne se viene rimosso selettivamente N_2.

5.71 L'aria secca al livello del mare ha la seguente composizione in volume: N_2, 78,08%; O_2, 20,94%; Ar, 0,93%; CO_2, 0,05%. La pressione atmosferica è 1,00 atm. Calcolare (a) la pressione parziale di ogni gas in atm e (b) la concentrazione di ciascun gas in mol l^{-1} a 0 °C.

5.72 Una miscela di elio e neon viene raccolta su acqua a 28,0 °C e 745 torr. Se la pressione parziale dell'elio è 368 torr, qual è la pressione parziale del neon? (La pressione di vapore acqueo a 28 °C è 28,3 torr).

5.73 Un pezzo di sodio metallico reagisce con l'acqua completamente:

$$2Na(s) + 2H_2O(l) \longrightarrow 2NaOH(aq) + H_2(g)$$

L'idrogeno gassoso prodotto viene raccolto su acqua a 25,0 °C. Il volume del gas è 246 ml a 1,00 bar. Calcolare la quantità di sodio (in grammi) utilizzata nella reazione. (La pressione di vapore acqueo a 25 °C è 0,0310 bar.)

5.74 L'elio è miscelato con l'ossigeno nelle bombole dei sommozzatori. Calcolare la percentuale in volume di ossigeno nella miscela se il sommozzatore si deve immergere a una profondità alla quale la pressione totale è di 4,2 bar. La pressione parziale dell'ossigeno è mantenuta a 0,20 bar a questa profondità.

5.75 Un campione di zinco metallico reagisce completamente con un eccesso di acido cloridrico:

$$Zn(s) + 2HCl(aq) \longrightarrow ZnCl_2(aq) + H_2(g)$$

L'idrogeno gassoso generato è raccolto su acqua a 25,0 °C. Il volume del gas è 7,80 l e la pressione è 0,980 bar. Calcolare la quantità di zinco metallico (in grammi) consumato nella reazione. (La pressione di vapore acqueo a 25 °C è 23,8 torr.)

5.76 La percentuale in peso di idrogenocarbonato (o bicarbonato) (HCO_3^-) in un prodotto medicinale è del 32,5%. Calcolare il volume di CO_2 generato (in ml) a 37 °C e 1,00 bar quando viene ingerita una compressa da 3,29 g. (*Suggerimento*: la reazione è tra HCO_3^- e HCl nello stomaco.)

5.77 Nel processo metallurgico di raffinazione del nichel, il metallo viene prima fatto reagire con monossido di carbonio per formare il nichel tetracarbonile, che è un gas a 43 °C:

$$Ni(s) + 4CO(g) \longrightarrow Ni(CO)_4(g)$$

Questa reazione separa il nichel da altre impurità solide. (a) A partire da 86,4 g di Ni, calcolare la pressione di $Ni(CO)_4$ in un recipiente del volume di 4,00 l. (Si supponga che la reazione sia completa.) (b) A temperature superiori a 43 °C, si è osservato che la pressione del gas aumenta molto più rapidamente di quanto previsto dall'equazione del gas ideale. Spiegare.

5.78 La pressione parziale dell'anidride carbonica presente nell'aria varia con le stagioni. Nell'emisfero settentrionale ci si aspetta che la pressione parziale sia più alta in estate o in inverno? Spiegare.

5.79 Le pressioni misurate di NO_2 o di NF_2 gassosi sono significativamente inferiori a quanto previsto dall'equazione di stato del gas ideale per questi sistemi a *tutte* le pressioni. L'equazione di stato del gas ideale non è valida per questi sistemi, o c'è un'altra spiegazione?

5.80 Una persona adulta espira circa $5{,}0 \times 10^2$ ml di miscela gassosa a ogni respiro. Calcolare il numero di molecole presenti in questo volume a 37 °C e 1,1 bar. Elencare i principali componenti di questa miscela gassosa.

5.81 Il bicarbonato di sodio ($NaHCO_3$) è utilizzato nell'industria alimentare come agente lievitante, perché, quando riscaldato, libera diossido di carbonio, il responsabile dell'aumento di volume del pane e di alcuni prodotti di pasticceria. (a) Calcolare il volume (in litri) di CO_2 prodotto dal riscaldamento di 5,0 g di $NaHCO_3$ a 180 °C e 1,3 bar. (b) Anche il bicarbonato d'ammonio (NH_4HCO_3) è stato utilizzato per lo stesso scopo. Suggerire un vantaggio e uno svantaggio nell'uso di NH_4HCO_3 invece di $NaHCO_3$.

5.82 Una miscela di metano (CH_4) ed etano (C_2H_6) è immagazzinata in un contenitore a 294 mmHg. La miscela viene bruciata in aria, generando CO_2 e H_2O. Se la pressione di CO_2 è pari a 356 mmHg misurata alla stessa temperatura e volume della miscela originale, calcolare le frazioni molari dei gas.

5.83 Usare la teoria cinetica dei gas per spiegare il motivo per cui l'aria calda tende a salire.

5.84 Un campione di 5 moli di ammoniaca gassosa è conservato in un contenitore del volume di 1,92 l a 300 K. Se si assume che il valore corretto della pressione sia quello determinato in base all'equazione di stato di van der Waals, calcolare la percentuale di errore che si avrebbe utilizzando l'equazione del gas ideale.

5.85 La velocità $\langle u \rangle_{rms}$ di un certo ossido gassoso è di 493 m s^{-1} a 20 °C. Qual è la formula molecolare del composto?

5.86 Un barometro avente una sezione trasversale di 1,00 cm^2 misura a livello del mare una pressione di 76,0 cm di mercurio. La pressione esercitata da questa colonna di mercurio è pari alla pressione esercitata da parte dell'aria su 1 cm^2 della superficie terrestre. Dato che la densità del mercurio è 13,6 g ml^{-1} e che il raggio medio della Terra è di 6371 km, calcolare la massa totale dell'atmosfera terrestre (in kg). (*Suggerimento*: La superficie di una sfera è $4\pi r^2$, dove r è il raggio della sfera.)

5.87 In commercio, si trovano alcuni disotturanti per scarichi che contengono una miscela di idrossido di sodio e di alluminio in polvere. Quando la miscela viene versata in un tubo di scarico intasato, si verifica la seguente reazione:

$$2NaOH(aq) + 2Al(s) + 6H_2O(l) \longrightarrow 2NaAl(OH)_4(aq) + 3H_2(g)$$

Il calore generato in questa reazione aiuta a disciogliere le ostruzioni, per esempio le sostanze organiche, e l'idrogeno gassoso generato rimuove i blocchi solidi che ostruiscono lo scarico. Calcolare il volume di H_2 formato a 23 °C e 1,00 bar se 3,12 g di Al vengono trattati con un eccesso di NaOH.

5.88 Il volume di un campione puro di HCl gassoso di gas è di 189 ml a 25 °C e 108 mmHg. Il campione viene completamente disciolto in circa 60 ml di acqua e neutralizzato con 15,7 ml di una soluzione di NaOH. Calcolare la molarità della soluzione di NaOH.

5.89 Il propano (C_3H_8) brucia in ossigeno per produrre anidride carbonica e vapore acqueo. (a) Scrivere l'equazione bilanciata per questa reazione. (b) Calcolare i litri di diossido di carbonio misurati in condizioni SATP che potrebbero essere prodotti a partire da 7,45 g di propano.

5.90 Si consideri la seguente apparecchiatura.

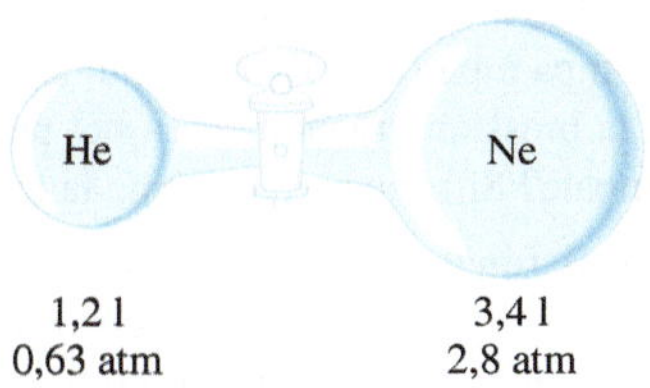

Calcolare le pressioni parziali di elio e neon dopo che il rubinetto viene aperto. La temperatura rimane costante a 16 °C.

5.91 Il monossido d'azoto (NO) reagisce con l'ossigeno molecolare come segue:

$$2NO(g) + O_2(g) \longrightarrow 2NO_2(g)$$

Inizialmente NO e O_2 sono separati come mostrato in figura.

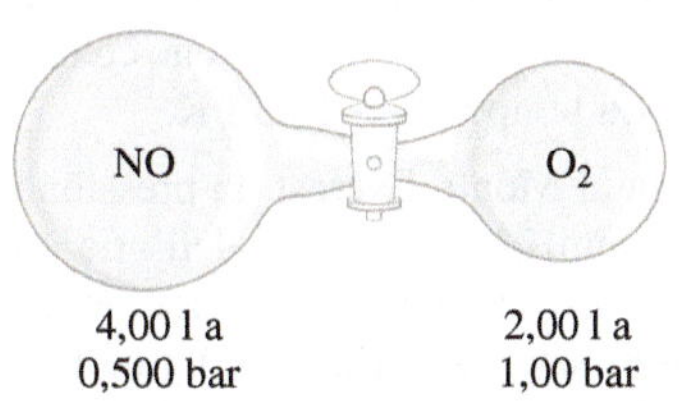

Quando la valvola viene aperta, la reazione va rapidamente a compimento. Determinare quali gas restano alla fine e calcolare le loro pressioni parziali. Supporre che la temperatura rimanga costante a 25 °C.

5.92 Si consideri la seguente apparecchiatura. Quando una piccola quantità di acqua viene introdotta nel pallone tramite il contagocce, dell'acqua risale nel lungo tubo di vetro. Spiegare questa osservazione. (*Suggerimento*: HCl è solubile in acqua.)

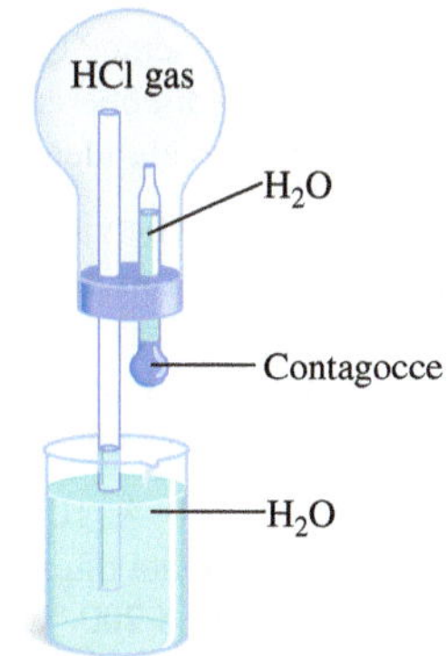

5.93 Descrivere come si potrebbero misurare, con mezzi chimici o fisici, le pressioni parziali di una miscela di gas di composizione seguente: (a) CO_2 e H_2; (b) He e N_2.

5.94 Un certo idrato ha formula $MgSO_4 \cdot xH_2O$. Un campione di 54,2 g del composto è riscaldato in un forno per allontanare l'acqua. Se il vapore generato esercita una pressione di 25,1 bar in un contenitore di 2,00 l a 120 °C, calcolare x.

5.95 Una miscela di Na_2CO_3 e di $MgCO_3$ di massa 7,63 g viene fatta reagire con un eccesso di acido cloridrico. Il CO_2 gassoso generato occupa un volume di 1,67 l a 1,26 bar e 26 °C. Da questi dati, calcolare la composizione percentuale in peso di Na_2CO_3 nella miscela.

5.96 La seguente apparecchiatura può essere utilizzata per misurare la velocità molecolare (o atomica). Supponiamo che un fascio di atomi di un metallo sia diretto verso un cilindro rotante (nel vuoto). Una piccola fenditura nel cilindro consente agli atomi di colpire un'area bersaglio. Dato che il cilindro è rotante, atomi che viaggiano a velocità diverse colpiranno il bersaglio in diverse posizioni. Nel tempo, si depositerà uno strato di metallo sulla superficie bersaglio, e la variazione del suo spessore sarà corrispondente alla distribuzione delle velocità di Maxwell. In un esperimento, si è trovato che a 850 °C alcuni atomi di bismuto (Bi) hanno colpito il bersaglio in un punto a 2,80 cm dal punto posto direttamente di fronte alla fenditura. Il diametro del cilindro è di 15,0 centimetri e ruota a 130 giri al secondo. (a) Calcolare la velocità (m/s) alla quale si muove il bersaglio. (*Suggerimento*: La circonferenza di un cerchio è data da $2\pi r$, dove r è il raggio.) (b) Calcolare il tempo (in secondi) che impiega il bersaglio per spostarsi di 2,80 cm. (c) Determinare la velocità degli atomi di bismuto. Confrontare il risultato in (c) con la $\langle u \rangle_{rms}$ di Bi a 850 °C. Commentare la differenza.

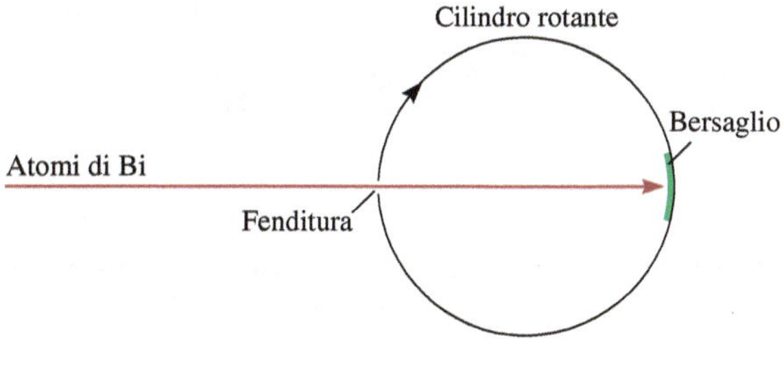

5.97 L'ossigeno compresso viene messo in commercio in bombole di metallo. Se una bombola da 120 l è riempita con ossigeno a una pressione di 134 bar a 22 °C, qual è la massa di O_2 presente? Quanti litri di ossigeno a 1,00 bar e 22 °C potrebbe erogare? (Si supponga che il comportamento sia ideale.)

5.98 L'etilene (C_2H_4) gassoso che viene emesso dalla frutta è noto per essere il responsabile della maturazione. Sulla base di questa informazione, spiegare il motivo per cui un casco di banane matura più rapidamente in un sacchetto di carta chiuso che in un piatto.

5.99 Una quantità di circa $8{,}0 \times 10^6$ tonnellate di urea [$(NH_2)_2CO$] viene utilizzata ogni anno come fertilizzante. L'urea è preparata a 200 °C e in condizioni di alta pressione da anidride carbonica e ammoniaca (i prodotti sono urea e vapore acqueo). Calcolare il volume di ammoniaca (in litri) misurato a 150 bar, necessario per preparare una tonnellata di urea.

5.100 Alcune penne a sfera hanno un piccolo foro nel corpo della penna. Qual è lo scopo di questo foro?

5.101 L'ossido nitroso (N_2O) può essere ottenuto per decomposizione termica del nitrato d'ammonio (NH_4NO_3). (a) Scrivere un'equazione bilanciata per la reazione. (b) In un esperimento, uno studente ottiene 0,340 l di gas a 718 mmHg e 24 °C. Se il gas pesa 0,580 g, calcolare il valore della costante dei gas.

5.102 Due contenitori sono etichettati come A e B. Il contenitore A contiene NH_3 gassosa a 70 °C, il contenitore B contiene Ne alla stessa temperatura. Se l'energia cinetica media di NH_3 è $7{,}1 \times 10^{-21}$ J molecola^{-1}, calcolare la velocità quadratica media ($\langle u^2 \rangle$) degli atomi di Ne in $m^2\ s^{-2}$.

5.103 Quale delle seguenti molecole ha il più grande valore di *a*: CH_4, F_2, C_6H_6 o Ne? Spiegare la risposta in termini di interazioni intermolecolari.

5.104 La procedura riportata di seguito è un modo semplice anche se approssimativo per misurare la massa molare di un gas. Un liquido di massa 0,0184 g è introdotto in una siringa, come quella mostrata di seguito, per iniezione attraverso la punta di gomma usando un ago ipodermico. La siringa è poi trasferita in un bagno alla temperatura di 45 °C, e il liquido evapora. Il volume finale del vapore (misurato per mezzo del movimento verso l'esterno del pistone) è di 5,58 ml e la pressione atmosferica è di 760 mmHg. Dato che la formula empirica del composto è CH_2, determinarne la massa molare.

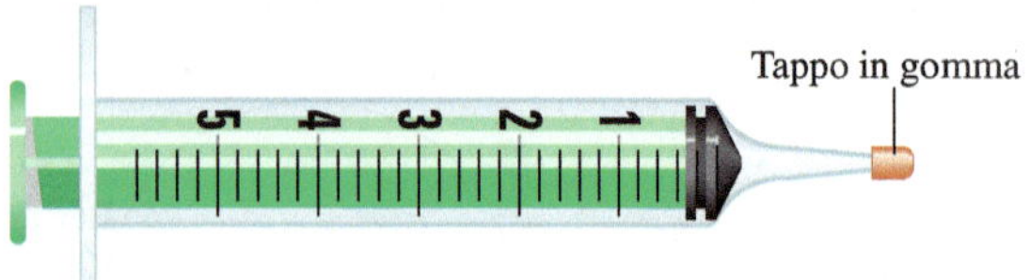

5.105 Nel 1995 un uomo morì per asfissia mentre si trovava in una miniera abbandonata in Inghilterra. In quel momento ci fu un brusco calo della pressione atmosferica a causa di un cambiamento delle condizioni meteorologiche. Ipotizzare cosa potrebbe aver causato la morte dell'uomo.

5.106 Gli ossidi acidi, come l'ossido di carbonio, reagiscono con gli ossidi basici, come l'ossido di calcio (CaO) e l'ossido di bario (BaO), per formare sali (carbonati dei metalli). (a) Scrivere le equazioni che rappresentano queste due reazioni. (b) Uno studente pone una miscela di BaO e CaO del peso di 4,88 g in un pallone del volume di 1,46 l contenente diossido di carbonio a 35 °C e 746 mmHg. Dopo il completamento delle reazioni, trova che la pressione di CO_2 è scesa a 252 mmHg. Calcolare la composizione percentuale in peso della miscela. Si supponga che i volumi dei solidi siano trascurabili.

5.107 (a) Che volume di aria a 1,0 bar e 22 °C è necessario per gonfiare la gomma di una bicicletta del volume di 0,98 l a una pressione di 5,0 bar alla stessa temperatura? (Si noti che 5,0 bar è il valore indicato dal manometro, che è la differenza tra la pressione della gomma e la pressione atmosferica.) Prima del gonfiaggio, la pressione della gomma era di 1,0 bar. (b) Qual è la pressione totale nel pneumatico quando la pressione manometrica recita 5,0 bar? (c) Il pneumatico è gonfiato mediante il riempimento del cilindro di una pompa manuale con aria a 1,0 bar e poi, mediante compressione del gas nel cilindro, aggiungendo tutta l'aria contenuta nella pompa all'aria contenuta nel pneumatico. Se il volume della pompa è pari al 33% del volume del pneumatico, qual è la pressione manometrica nel pneumatico dopo tre pompate? Si supponga costante la temperatura.

5.108 Durante il funzionamento di un motore di un'automobile viene prodotto monossido di carbonio (CO), un gas tossico, alla velocità di circa 188 g di CO all'ora. Un'automobile viene lasciata con il motore acceso al minimo in un garage poco ventilato, che misura 6,0 m in lunghezza, 4,0 m in larghezza e 2,2 m in altezza, a 20 °C. (a) Calcolare la velocità di produzione di CO in moli per minuto. (b) Quanto tempo si impiega per arrivare alla concentrazione letale di CO di 1000 ppmv (parti per milione in volume)?

5.109 Lo spazio interstellare contiene principalmente idrogeno atomico a una concentrazione di circa 1 atomo/cm^3. (a) Calcolare la pressione degli atomi H. (b) Calcolare il volume (in litri), che contiene 1,0 g di atomi H. La temperatura è di 3 K.

5.110 In cima al Monte Everest, la pressione atmosferica è di 210 mmHg e la densità dell'aria è 0,426 kg m^{-3}. (a) Calcolare la temperatura dell'aria, sapendo che la massa molare dell'aria è 29,0 g mol^{-1}. (b) In assenza di cambiamenti nella composizione dell'aria, calcolare la percentuale di diminuzione di ossigeno dal livello del mare alla cima del Monte Everest.

5.111 Nelle stesse condizioni di temperatura e pressione, perché un litro di aria umida pesa meno di un litro di aria secca? Nelle previsioni del tempo, un fronte di bassa pressione in arrivo, di solito, significa pioggia imminente. Spiegare.

5.112 L'aria che entra nei polmoni finisce in piccole sacche chiamate alveoli. È dagli alveoli che l'ossigeno diffonde nel sangue. Il raggio medio degli alveoli è 0,0050 cm e l'aria all'interno contiene il 14% di ossigeno. Supponendo che la pressione negli alveoli sia 1,0 atm e la temperatura 37 °C, calcolare il numero di molecole di ossigeno in uno degli alveoli. (*Suggerimento*: Il volume di una sfera di raggio r è di $4/3\ \pi r^3$.)

5.113 Uno studente rompe un termometro e la maggior parte del mercurio (Hg) si sparge sul pavimento di un laboratorio che misura 15,2 m in lunghezza, 6,6 m in larghezza e 2,4 m in altezza. (a) Calcolare la massa del vapore di mercurio (in grammi) nel laboratorio a 20 °C. La pressione di vapore del mercurio a 20 °C è $1{,}7 \times 10^{-6}$ bar. (b) La concentrazione del vapore di mercurio supera la quantità massima consentita di 0,050 mg di Hg per m^3 di aria? (c) Un rimedio per trattare piccole quantità di mercurio è quello di disperdervi sopra dello zolfo in polvere. Segnalare un motivo fisico e uno chimico per questo trattamento.

5.114 L'azoto forma diversi ossidi gassosi. Uno di questi ha una densità di 1,33 g l^{-1} misurata a 764 mmHg e 150 °C. Scrivere la formula del composto.

5.115 Il diossido di azoto (NO_2) non può essere ottenuto allo stato puro in fase gassosa in quanto esiste come miscela di NO_2 e N_2O_4. A 25 °C e 0,99 bar, la densità di questa miscela vale 2,7 g l^{-1}. Qual è la pressione parziale di ciascun gas?

5.116 L'Approfondimento 5.1 descrive il raffreddamento del vapore di rubidio a $1{,}7 \times 10^{-7}$ K. Calcolare $\langle u \rangle_{rms}$ e l'energia cinetica media di un atomo di Rb a questa temperatura.

5.117 Un contenitore del volume di 2,00 l è riempito con un gas sconosciuto a una pressione di 5,00 bar a 298 K. Quando il sistema viene riscaldato a 400 K, la pressione aumenta. Quando una quantità sufficiente di gas è lasciata uscire fuori dal contenitore in modo che la pressione ritorni al suo valore originario, il contenitore con il gas è diminuito di 4,53 g. Calcolare il peso molecolare del gas, assumendo un comportamento ideale.

5.118 (a) Esprimere l'equazione di van der Waals nella forma dell'Equazione 5.44 (l'equazione viriale). Determinare le relazioni tra le costanti di van der Waals (a e b) e i coefficienti viriali (B, C e D), sapendo che

$$\frac{1}{1-x} = 1 + x + x^2 + x^3 + \cdots \quad \text{per} \quad |x| < 1$$

(b) Utilizzando i risultati, determinare la temperatura di Boyle per un gas di van der Waals in termini di a e b. (c) Utilizzando i risultati della parte (b) e i dati nella Tabella 5.3, calcolare la temperatura di Boyle per l'ammoniaca (NH_3).

5.119 A 250 °C, la velocità molecolare media di un dato composto gassoso è 500 m s^{-1}. A che temperatura la velocità molecolare media di questo composto sarà pari a 800 m s^{-1}?

5.120 Una docente di chimica effettuò la seguente dimostrazione a effetto. Poco prima dell'entrata in classe degli studenti, portò all'ebollizione dell'acqua in un pallone di vetro. Quindi chiuse il pallone con un tappo di gomma. Appena iniziata la lezione, tenendo il pallone bene in vista, annunciò che avrebbe portato l'acqua a ebollizione semplicemente sfregando le pareti esterne del recipiente con un cubetto di ghiaccio. Tra lo stupore di tutti, l'esperimento funzionò. Fornire una spiegazione per questo fenomeno.

5.121 In 2,00 min, 29,7 ml di He effondono attraverso un piccolo foro. Nelle stesse condizioni di pressione e temperatura, 10,0 ml di una miscela di CO e CO_2 effondono attraverso lo stesso foro nello stesso lasso di tempo. Calcolare la composizione percentuale in volume della miscela. Vedi i Problemi 5.57 e 5.58 per informazioni sull'effusione dei gas.

5.122 L'idruro di litio reagisce con l'acqua come segue:

$$LiH(s) + H_2O(l) \longrightarrow LiOH(aq) + H_2(g)$$

Durante la Seconda Guerra Mondiale, i piloti statunitensi avevano in dotazione compresse di LiH. In caso di ammaraggio, l'idruro di litio avrebbe reagito con l'acqua di mare e riempito il loro salvagente con idrogeno gassoso. Quanti grammi di LiH sono necessari per riempire un salvagente di 4,1 l a 0,97 bar e 12 °C?

5.123 Sul pianeta Marte, l'atmosfera è composta principalmente da anidride carbonica. La temperatura della superficie è di 220 K e la pressione atmosferica è di circa 6,0 mmHg. Prendendo questi valori come "condizioni marziane SATP", calcolare il volume molare in litri di un gas ideale su Marte.

5.124 L'atmosfera del pianeta Venere è composta dal 96,5% di CO_2, dal 3,5% di N_2 e dal 0,015% di SO_2. La sua pressione atmosferica media è di $9{,}0 \times 10^6$ Pa. Calcolare le pressioni parziali dei gas in Pa.

5.125 Una studentessa cerca di determinare il volume di un pallone come quello illustrato in Figura 5.12. Questi sono i suoi risultati: il peso del pallone riempito con aria secca a 23 °C e 744 mmHg vale 91,6843 g; il peso del pallone vuoto vale 91,4715 g. Si supponga che la composizione dell'aria sia del 78% di N_2, del 21% di O_2 e dell'1% di Ar. Qual è il volume (in ml) del pallone? (*Suggerimento*: In primo luogo calcolare la massa molare media dell'aria.)

5.126 Applicare le conoscenze acquisite dalla teoria cinetica dei gas alle seguenti situazioni. (a) Due palloni di volumi V_1 e V_2 ($V_2 > V_1$), contengono lo stesso numero di atomi di elio alla stessa temperatura. (i) Confrontare le $\langle u \rangle_{rms}$ e le energie cinetiche medie degli atomi di He nei due palloni. (ii) Confrontare la frequenza e la forza con cui gli atomi di He urtano le pareti dei contenitori. (b) Numeri uguali di atomi di He sono posti in due palloni di pari volume alle temperature T_1 e T_2 ($T_2 > T_1$). (i) Confrontare le $\langle u \rangle_{rms}$ degli atomi nei due palloni. (ii) Confrontare la frequenza e la forza con cui gli atomi di He urtano le pareti dei contenitori. (c) Numeri uguali di atomi di He e Ne sono posti in due palloni dello stesso volume e la temperatura di entrambi i gas è di 74 °C. Commentare la validità delle seguenti assunzioni: (i) la $\langle u \rangle_{rms}$ di He è pari a quella di Ne; (ii) le energie cinetiche medie dei due gas sono uguali; (iii) la $\langle u \rangle_{rms}$ di ogni atomo di He è pari a $1,47 \times 10^3$ m s^{-1}.

5.127 È stato detto che ogni respiro che facciamo, in media, contiene molecole che sono state, una volta, espirate da Mozart (1756-1791). I seguenti calcoli dimostrano la validità di una tale asserzione. (a) Calcolare il numero totale di molecole nell'atmosfera. (*Suggerimento*: Usare il risultato nel Problema 5.86 e 29,0 g mol^{-1} come massa molare dell'aria.) (b) Assumendo che il volume di ogni respiro (inspirazione o espirazione) sia di 500 ml, calcolare il numero di molecole espirate in ogni respiro a 37 °C, che è la temperatura corporea. (c) Dato che la durata di vita di Mozart fu esattamente 35 anni, qual è il numero di molecole che espirò in quel lasso di tempo? (Considerare che, in media, una persona respira 12 volte al minuto.) (d) Calcolare la frazione di molecole nell'atmosfera che furono espirate da Mozart. Quante delle molecole di Mozart si inspirano a ogni respiro? Arrotondare la risposta a una cifra significativa. (e) Elencare tre assunzioni utilizzate in questi calcoli.

5.128 Facendo riferimento alla Figura 5.10, spiegare: (a) perché le curve scendono rapidamente sotto la linea orizzontale del gas ideale a basse pressioni e, inoltre, perché le curve salgono sopra la linea orizzontale ad alte pressioni? (b) Perché tutte le curve convergono a 1 a pressioni molto basse? (c) Ogni curva intercetta la linea orizzontale del gas ideale. Questo significa che in quel punto il gas si comporta idealmente?

5.129 Una relazione nota come *formula barometrica* è utile per stimare la variazione della pressione atmosferica con l'altitudine. La formula è data da

$$P = P_0 e^{-\mathcal{M}gh/RT}$$

dove P e P_0 sono, rispettivamente, le pressioni all'altezza h e al livello del mare ($h = 0$), g è l'accelerazione di gravità (9,8 m s^{-2}), $\mathcal{M}$ è la massa molare media dell'aria (29,0 g mol^{-1}) e R è la costante dei gas. Calcolare la pressione atmosferica in bar, a un'altezza di 5,0 km, assumendo che la temperatura sia costante a 5 °C e $P_0 = 1,0$ bar.

5.130 Un campione di grafite di 5,72 g è stato riscaldato insieme a 68,4 g di O_2 in un pallone da 8,00 l. La reazione che ha avuto luogo è stata la seguente

$$\text{C(grafite)} + O_2(g) \longrightarrow CO_2(g)$$

Al termine della reazione (completa), la temperatura nel pallone era di 182 °C. Qual era la pressione totale nel pallone?

5.131 Un campione di una lega Cu-Zn reagisce con HCl per produrre idrogeno gassoso. Se quest'ultimo ha un volume di 1,26 l, temperatura di 22 °C e pressione di 728 mmHg, qual è la percentuale di Zn nella lega? (*Suggerimento*: Cu non reagisce con HCl.)

5.132 Dato il diagramma di stato del carbonio, rispondere alle seguenti domande: (a) quanti punti tripli ci sono e quali sono le fasi che possono coesistere in ciascun punto triplo? (b) Chi ha maggiore densità, grafite o diamante? (c) I diamanti sintetici possono essere prodotti a partire dalla grafite. Osservando il diagramma di stato, in che modo è possibile?

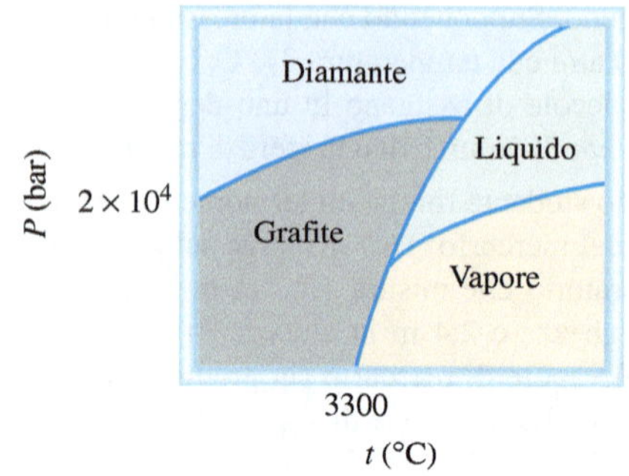

5.133 Un recipiente chiuso di volume 9,6 l contiene 2,0 g di acqua. Calcolare la temperatura (in °C) alla quale solo la metà dell'acqua rimane in fase liquida. (Vedi la Tabella 5.2 per le pressioni di vapore dell'acqua alle diverse temperature.)

5.134 La $\langle u \rangle_{rms}$ di un ossido gassoso è pari a 493 m s^{-1} a 0 °C. Qual è la formula molecolare del composto?

5.135 Un'altra misura della velocità media di una molecola è la velocità molecolare media definita come

$$\langle u \rangle = \int_{-\infty}^{+\infty} u f(u) du$$

dove $f(u)$ è la distribuzione delle velocità molecolari di Maxwell-Boltzmann (Equazione 5.36). Analizzare l'integrale in modo da mostrare che

$$\langle u \rangle = \sqrt{\frac{8RT}{\pi \mathcal{M}}}$$

(Sarà necessario consultare una tabella di integrali per risolvere questo problema). La velocità molecolare media $\langle u \rangle$ sarà maggiore o minore della radice della velocità quadratica media $\langle u \rangle_{rms}$?

5.136 Il seguente grafico mostra le distribuzioni delle velocità molecolari di Maxwell-Boltzmann di un gas a due diverse temperature T_1 e T_2. Calcolare il valore di T_2.

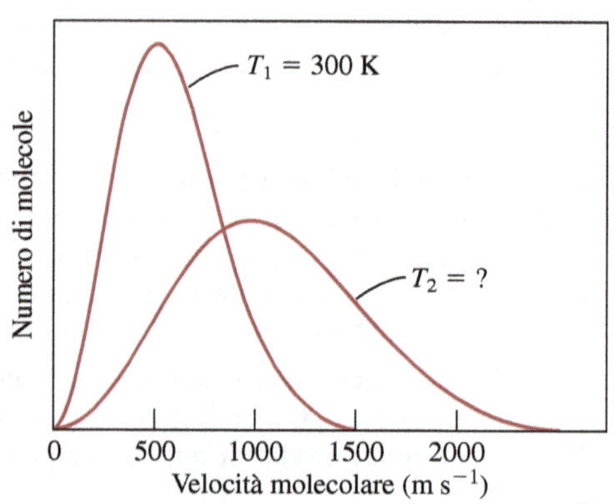

5.137 Una reazione in fase gassosa avviene a pressione e volume costanti in un cilindro, come indicato di seguito. Quale delle seguenti equazioni descrive meglio la reazione? La temperatura iniziale (T_1) è il doppio della temperatura finale (T_2).

(a) $A + B \longrightarrow C$

(b) $AB \longrightarrow C + D$

(c) $A + B \longrightarrow C + D$

(d) $A + B \longrightarrow 2C + D$

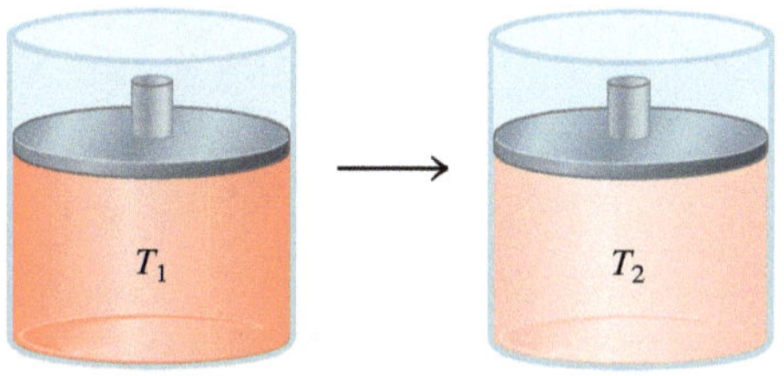

Soluzioni dei problemi di autovalutazione

5.1 9,38 l **5.2** 13,1 g l^{-1} **5.3** 44,1 g mol^{-1} **5.4** B_2H_6 **5.5** 0,69 bar **5.6** 2,6 bar **5.7** 4,81 l **5.8** No, rimarranno 0,8 g **5.9** CH_4: 1,29 bar; C_2H_6: 0,0657 bar; C_3H_8: 0,0181 bar **5.10** 0,0653 g **5.11** $2{,}031 \times 10^3$ m s^{-1}, $2{,}49 \times 10^3$ m s^{-1} **5.12** 30,4 bar, 46,1 bar usando l'equazione del gas ideale **5.13** 1,02 l mol^{-1}

CAPITOLO 6

Liquidi e solidi

Anche se viviamo immersi in una miscela di gas che compongono l'atmosfera terrestre, abbiamo più familiarità con il comportamento dei liquidi e dei solidi, perché più visibili. Ogni giorno usiamo l'acqua e altri liquidi per bere, per lavare, per pulire e per cucinare e maneggiamo, utilizziamo e indossiamo dei solidi.

Il movimento delle molecole è più limitato nei liquidi rispetto ai gas; nei solidi, gli atomi e le molecole sono impacchettati insieme ancora più strettamente. Infatti, in un solido, le particelle sono bloccate in posizioni ben definite e hanno poca libertà di movimento le une rispetto alle altre. In questo capitolo, verrà esaminata la struttura dei liquidi e dei solidi e saranno discusse alcune delle proprietà fondamentali di questi due stati della materia.

6.1 Liquidi

Quando la temperatura di un gas viene abbassata fino a giungere a condensazione si ha la formazione del liquido. Sia la natura della condensazione che le proprietà del liquido risultante sono disciplinate da forze intermolecolari. In questa sezione verranno presi in esame il processo di condensazione e i fattori che determinano la struttura e le proprietà dei liquidi.

6.1.1 Condensazione dei liquidi dalla fase gassosa

La maggior parte dei gas, se compressi o raffreddati a sufficienza, condensano in fase liquida. Questo processo può essere illustrato diagrammando la pressione del gas in funzione del volume molare a temperatura costante. Le curve a temperatura costante risultanti sono chiamate *isoterme*. La Figura 6.1 mostra una serie di isoterme tipiche per una sostanza gassosa.

Ad alte temperature (T_6 e superiori) il sistema è ben rappresentato dalla legge del gas ideale e le isoterme seguono la legge di Boyle (PV = costante). Al diminuire della temperatura, il sistema comincia a mostrare notevoli deviazioni dal comportamento del gas ideale. A valori al di sotto della temperatura T_4 le deviazioni diventano estreme. Se ci muoviamo lungo l'isoterma T_3 da alti a bassi volumi, la pressione inizialmente aumenta al diminuire del volume, come previsto per un gas, ma quando l'isoterma T_3 interseca la regione ombreggiata al punto A in Figura 6.1, inizia una regione del grafico nella quale la pressione rimane costante al diminuire del volume. La pressione cessa di variare con la compressione, a questo punto, perché il gas comincia a condensare in un liquido. Diminuire il volume nella regione a pressione costante non risulta in una compressione del gas o del liquido, ma causa invece maggiore condensazione del gas in fase liquida. Il sistema descritto dal tratto di isoterma T_3 nella regione ombreggiata è la coesistenza di una miscela del liquido e del vapore a una pres-

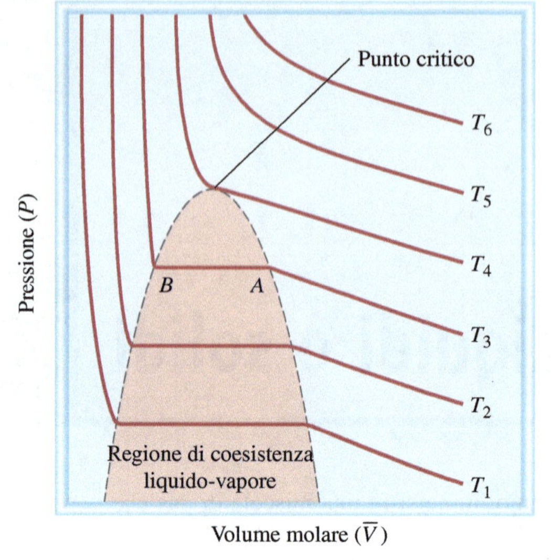

Figura 6.1 Isoterme pressione/volume molare di un gas a varie temperature (crescenti da T_1 a T_6). Nel grafico, T_4 corrisponde alla temperatura critica T_c definita nel Paragrafo 5.2. Sopra questa temperatura il gas non può essere liquefatto per compressioni isotermiche.

sione pari alla pressione di vapore all'equilibrio (Paragrafo 5.2) del liquido a temperatura T_3. La Figura 6.2 illustra questo processo di condensazione. Al punto B dell'isoterma T_3, la pressione comincia ad aumentare di nuovo al diminuire del volume. A questo punto, tutto il gas è condensato in fase liquida e la curva riflette la compressione di un liquido. Si noti che la pendenza della curva P-V nella regione del liquido è piuttosto ripida. Questo è dovuto al fatto che i liquidi sono molto meno compressibili dei gas, e piccole variazioni di volume corrispondono a grandi variazioni di pressione.

Per temperature superiori a T_4 non esiste più una regione di coesistenza liquido-vapore a pressione costante. Così vediamo dal grafico P-V che T_4 corrisponde alla temperatura critica T_c, definita nel Paragrafo 5.1 come la temperatura al di sopra della quale non vi è più alcuna distinzione tra liquido e vapore. La pressione e il volume ai quali l'isoterma T_4 interseca la regione ombreggiata corrispondono quindi alla pressione critica P_c e al volume critico V_c. L'isoterma T_4 viene detta *isoterma critica.*

Nel Paragrafo 5.5 si è discussa l'equazione di van der Waals (Equazione 5.42). In aggiunta al suo ruolo di equazione di stato per i gas reali, questa equazione è stata anche la prima equazione di stato con la quale poter descrivere sia i fenomeni di condensazione sia i fenomeni critici. Per esempio, si può dimostrare (Problema 6.59) che le condizioni critiche di un gas che segue l'equazione di van der Waals, possono essere determinate dai parametri di van der Waals a e b nel modo seguente:

$$\overline{V}_c = 3b \qquad \textbf{(6.1)}$$

$$P_c = \frac{a}{27\,b^2} \qquad \textbf{(6.2)}$$

$$T_c = \frac{8a}{27\,Rb} \qquad \textbf{(6.3)}$$

Pertanto, conoscendo le costanti di van der Waals, si possono ricavare i parametri critici per un dato sistema. Al contrario, conoscendo una qualsiasi coppia di valori delle

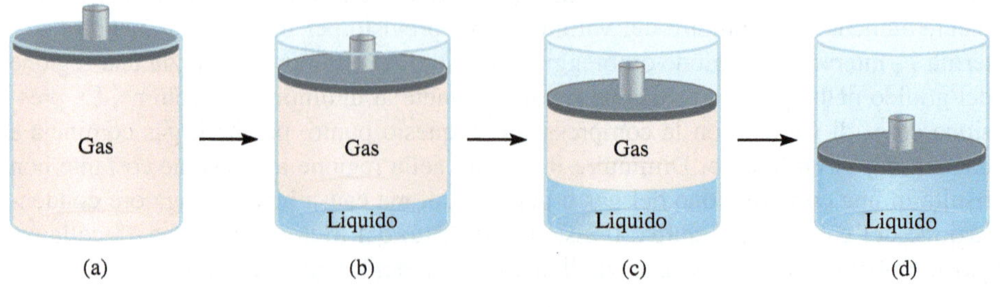

Figura 6.2 La condensazione di un gas lungo l'isoterma T_3 mostrata in Figura 6.1. Nella figura (a), il sistema è interamente in fase gassosa. Nelle figure (b) e (c) il gas è gradualmente trasformato in liquido a pressione costante fino a quando, nella figura (d), e oltre, il sistema è interamente allo stato liquido.

tre costanti critiche P_c, T_c e $\overline{V}_c$, si è in grado di stimare i parametri di van der Waals del sistema. Se l'equazione di van der Waals fosse stata un'esatta equazione di stato per un sistema reale, non importa quale coppia di costanti critiche sarebbe stata scelta per determinare a e b: tutte avrebbero fornito lo stesso risultato. Tuttavia, l'equazione di van der Waals è un'equazione approssimata e i valori di a e b dipendono in maniera significativa dalla coppia di costanti critiche usata. In pratica, si scelgono quasi sempre P_c e T_c in quanto $\overline{V}_c$ è difficile da misurare con precisione.

6.1.2 Proprietà dei liquidi

Le forze intermolecolari danno luogo a una serie di caratteristiche strutturali e di proprietà dei liquidi. In questo paragrafo verrà esaminata la struttura dei liquidi, in generale, e due importanti proprietà dello stato liquido: la tensione superficiale e la viscosità. Saranno discusse, inoltre, la struttura e le proprietà del liquido più importante: l'acqua.

Struttura molecolare dei liquidi

Anche se utilizzare il termine *struttura* può sembrare strano quando si parla di liquidi, a causa della mancanza di un ordine a lungo raggio, tutti i liquidi sono in possesso di un certo grado di ordine a corto raggio.

Una conveniente misura della struttura dei liquidi è la ***funzione di distribuzione radiale***,[1] $g(r)$. Questa funzione è definita in modo che, per un liquido con densità $\rho = N/V$, il numero medio di particelle che si trovano in un guscio sferico di raggio r (e spessore dr) centrato intorno a una qualsiasi particella del sistema è dato da $4\pi\rho r^2 g(r)\, dr$. Se non ci fosse un ordine a corto raggio nel liquido, le molecole sarebbero distribuite in modo completamente casuale e il numero di molecole previsto sarebbe pari alla densità della molecola moltiplicato per il volume del guscio sferico, che è uguale a $4\pi\rho r^2 dr$, con $g(r)$ pari a 1 ovunque. In tal modo, $g(r)$ misura la deviazione da una distribuzione completamente casuale di molecole. Sperimentalmente, $g(r)$ può essere determinata per mezzo della diffrazione a raggi X o della diffrazione neutronica.

La Figura 6.3 mostra la funzione di distribuzione radiale, $g(r)$, per l'argon liquido. Per comprendere i dettagli di questo diagramma di $g(r)$, bisogna esaminare l'ambiente circostante un atomo di Ar in fase liquida, come illustrato in Figura 6.4.

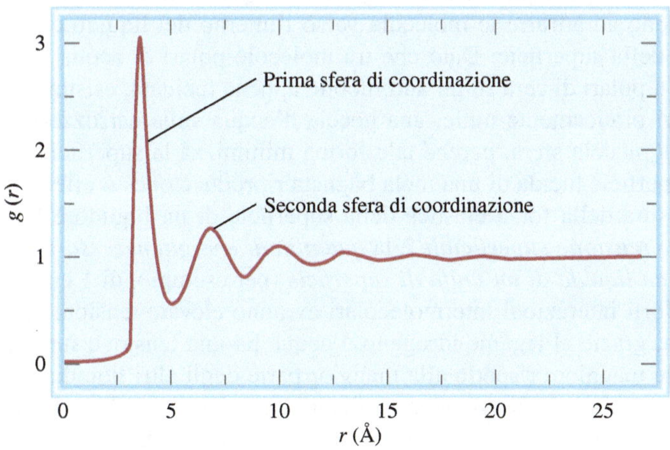

Figura 6.3 Funzione di distribuzione radiale, $g(r)$, dove r è la separazione interatomica, per l'argon liquido a 85 K.

---

[1] Questa funzione di distribuzione radiale è simile a quella applicata all'atomo di idrogeno nel Paragrafo 1.4, tranne il fatto che la funzione nel Paragrafo 1.4 si occupa della distribuzione degli elettroni attorno al nucleo, mentre la funzione qui definita riguarda la distribuzione delle molecole intorno a una molecola scelta come centro in un liquido.

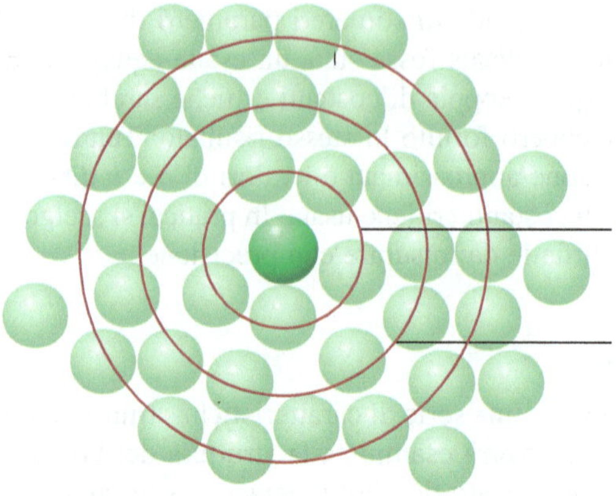

Figura 6.4 Rappresentazione bidimensionale dell'ambiente circostante un atomo di argon in fase liquida. Le sfere di coordinazione corrispondono ai picchi nella distribuzione radiale mostrata in Figura 6.3.

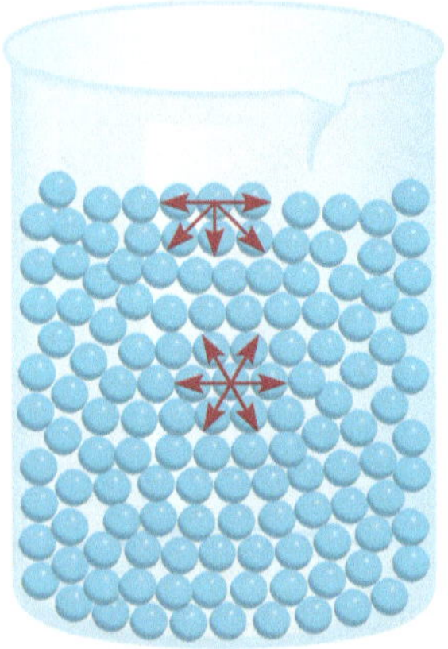

Figura 6.5 Forze intermolecolari che agiscono su una molecola nella superficie del liquido e su una molecola all'interno del liquido.

Figura 6.6 Gocce d'acqua sulla superficie cerosa di una mela.

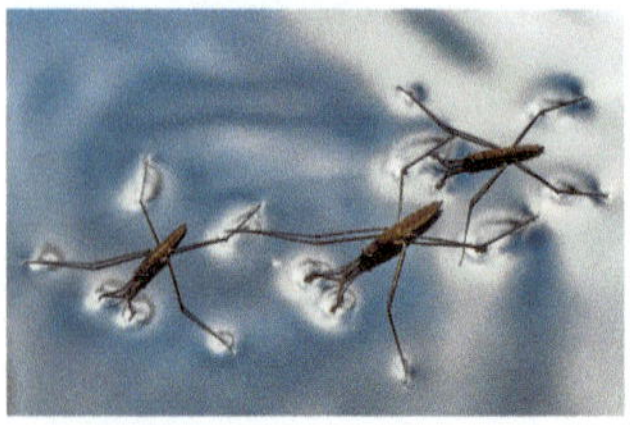

La tensione superficiale consente agli insetti pattinatori di "camminare" sull'acqua.

A causa delle dimensioni atomiche, il numero di particelle che si trova a distanza r intorno all'atomo centrale di argon non è casuale. Per esempio, il numero di particelle più vicine del diametro molecolare è pari a zero, dato che le forze repulsive evitano il sovrapporsi di molecole: questo porta a un valore di $g(r)$ pari a zero per distanze inferiori al diametro dell'atomo di Ar (circa 3,3 Å).

Appena al di là di questa distanza di separazione minima, l'alta densità del liquido fa sì che un gran numero di particelle siano impacchettate intorno all'atomo centrale di Ar, il che porta a un aumento di $g(r)$ a distanze comprese tra 3,3 e 3,8 Å. Questo gruppo di atomi viene detto *prima sfera di coordinazione*. Appena oltre questo guscio sferico, $g(r)$ scende al di sotto di 1, quindi si ha una diminuzione di densità in questa regione. Tale deficit è dovuto alle dimensioni non nulle degli atomi nella prima sfera di coordinazione, che impediscono ad altri atomi di avvicinarsi troppo. Dopo questa diminuzione, in $g(r)$ vi è un altro picco che indica una *seconda sfera di coordinazione* stretta attorno alla prima. Per valori maggiori di r, $g(r)$ tende a 1 indicando che non vi è più alcuna correlazione tra la posizione della particella centrale e la posizione delle particelle lontane da essa.

Tensione superficiale

Le molecole in un liquido sono attratte in tutte le direzioni da forze intermolecolari; non c'è alcuna tendenza a essere attratte in una direzione preferenziale rispetto ad altre. Tuttavia, le molecole in superficie sono attratte verso il basso e lateralmente da altre molecole, ma non verso l'alto (Figura 6.5). Queste interazioni intermolecolari, quindi, tendono ad attrarre le molecole verso l'interno del liquido causando così la contrazione della superficie. Dato che tra molecole polari di acqua e, per esempio, molecole non polari di cera su un'automobile appena lucidata, esistono attrazioni intermolecolari praticamente nulle, una goccia d'acqua sulla carrozzeria assumerà la forma di una piccola sfera, perché tale forma minimizza la superficie di un liquido. Anche la superficie lucida di una mela bagnata riproduce questo effetto (Figura 6.6).

Una misura della forza elastica della superficie di un liquido è la tensione superficiale. La ***tensione superficiale*** è la *quantità di energia necessaria per aumentare l'area di un liquido di un'unità di superficie* (per esempio, di 1 cm^2). Liquidi che presentano forti interazioni intermolecolari avranno elevate tensioni superficiali. Di conseguenza, grazie al legame idrogeno, l'acqua ha una tensione superficiale considerevolmente maggiore rispetto alla maggior parte degli altri liquidi.

Un altro esempio di tensione superficiale è l'*azione capillare*. La Figura 6.7(a) mostra come l'acqua risalga spontaneamente in un tubo capillare. Un sottile strato di acqua aderisce alle pareti del tubicino di vetro. La tensione superficiale dell'acqua provoca la contrazione di questo film che, contraendosi, fa risalire l'acqua lungo le pareti del tubo. Due forze sono coinvolte nell'azione capillare. Una è la ***coesione***, che è *l'attrazione intermolecolare tra molecole simili* (in questo caso, le molecole d'acqua). La seconda, chiamata ***adesione***, è un'*attrazione tra molecole di-*

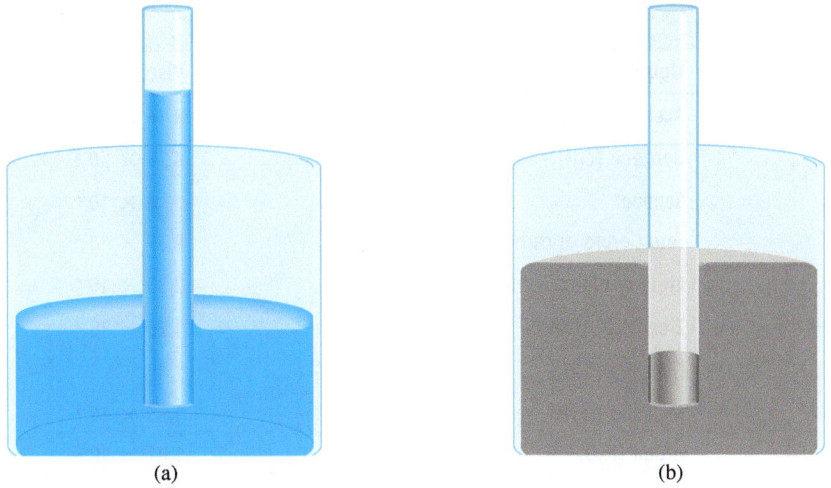

Figura 6.7 (a) Quando l'adesione è maggiore della coesione, il liquido (per esempio, l'acqua) risale nel tubo capillare. (b) Quando la coesione è maggiore dell'adesione, come per il mercurio, il risultato è una depressione del liquido contenuto nel tubo capillare. Si noti che il menisco nel tubo contenente acqua è concavo (arrotondato verso il basso), mentre quello nel tubo di mercurio è convesso (arrotondato verso l'alto).

verse, come nell'esempio dell'acqua contenuta nel tubicino di vetro, tra l'acqua e le pareti. Se l'adesione è più forte della coesione, come accade nella Figura 6.7(a), il contenuto del tubo risale verso l'alto. Questo processo continua fino a quando la forza adesiva è equilibrata dal peso dell'acqua nel tubo. Questo non è un comportamento generale tra i liquidi. Come mostrato in Figura 6.7(b), nel mercurio la coesione è maggiore dell'adesione tra il mercurio e il vetro, per cui, quando un tubo capillare è immerso nel mercurio, il risultato è un abbassamento del livello di mercurio, cioè l'altezza del liquido contenuto nel tubo capillare è sotto la superficie del mercurio.

Viscosità

L'espressione "lento come la melassa a gennaio" deve la sua veridicità a un'altra proprietà fisica dei liquidi, chiamata viscosità. La ***viscosità*** (η) è *una misura della resistenza di un fluido allo scorrimento*. Maggiore è la viscosità, più lentamente un liquido scorre. La viscosità di un liquido in genere diminuisce all'aumentare della temperatura; a caldo, quindi, la melassa scorre più velocemente che a freddo. L'unità SI della viscosità è il *pascal-secondo* (Pa s):

$$1 \text{ Pa s} = 1 \text{ kg s}^{-1} \text{ m}^{-1}$$

Un'altra unità comune è il *poise* (P), pari a 1 g $\text{cm}^{-1} \text{ s}^{-1}$. Le unità sono perciò collegate da

$$1 \text{ Pa s} = 10 \text{ P}$$

Un'interpretazione fisica di queste unità può essere la seguente: se un liquido con viscosità di 1 Pa s è collocato tra due lastre piane separate da una distanza *d* e uno dei piatti è sottoposto a una forza laterale pari a 1 N per ogni m^2 di superficie della piastra, la piastra si sposterà a una velocità corrispondente alla distanza *d* al secondo.

Liquidi che hanno forti interazioni intermolecolari avranno viscosità più elevata rispetto a quelli che hanno deboli interazioni intermolecolari (Tabella 6.1). L'acqua ha una viscosità più alta rispetto a molti altri liquidi a causa della sua capacità di formare legami idrogeno. È interessante notare come la viscosità della glicerina (o glicerolo) sia significativamente superiore a quella di tutti gli altri liquidi presenti nella Tabella 6.1. La glicerina ha struttura

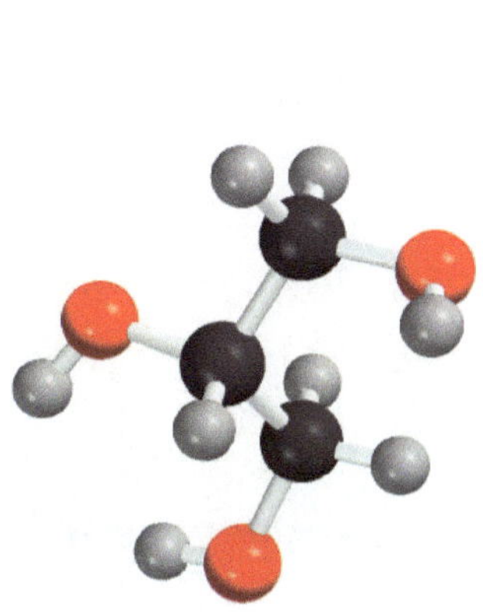

Il glicerolo è un liquido sciropposo limpido e inodore, utilizzato per fabbricare esplosivi, inchiostri e lubrificanti.

Tabella 6.1 Viscosità di alcuni tra i liquidi più comuni a 20 °C

Liquido	Viscosità (N s/m²)*
Acetone (C_3H_6O)	$3{,}16 \times 10^{-4}$
Benzene (C_6H_6)	$6{,}25 \times 10^{-4}$
Sangue	4×10^{-3}
Tetracloruro di carbonio (CCl_4)	$9{,}69 \times 10^{-4}$
Etere di etilico ($C_2H_5OC_2H_5$)	$2{,}33 \times 10^{-4}$
Etanolo (C_2H_5OH)	$1{,}20 \times 10^{-3}$
Glicerolo ($C_3H_8O_3$)	1,49
Mercurio (Hg)	$1{,}55 \times 10^{-3}$
Acqua (H_2O)	$1{,}01 \times 10^{-3}$

* L'unità di misura SI per la viscosità è newton-secondo per metro quadro.

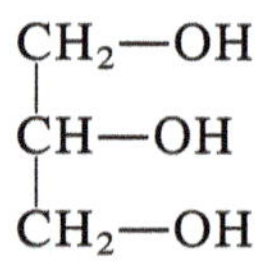

Come l'acqua, la glicerina può formare legami idrogeno. Ogni molecola di glicerina ha tre gruppi —OH, chiamati gruppi *idrossile*, che possono formare legami idrogeno con altre molecole di glicerina. Inoltre, a causa della loro forma, le molecole hanno una grande tendenza ad aggrovigliarsi tra loro anziché scivolare l'una sull'altra come le molecole dei liquidi meno viscosi. Queste interazioni contribuiscono alla sua elevata viscosità.

Struttura e proprietà dell'acqua

L'acqua è una sostanza così comune sulla Terra, che spesso ci si dimentica della sua natura singolare. Tutti i processi vitali coinvolgono acqua. L'acqua è un ottimo solvente per molti composti ionici, così come per altre sostanze in grado di formare con essa legami idrogeno.

Se l'acqua non avesse la capacità di formare legami idrogeno, sarebbe un gas, a temperatura ambiente.

La proprietà dell'acqua che colpisce di più è che la sua forma solida è meno densa rispetto alla sua forma liquida: il ghiaccio galleggia sulla superficie dell'acqua liquida (Figura 6.8). Con poche eccezioni (per esempio: silicio, gallio, germanio, bismuto e acido acetico allo stato puro), la densità di quasi tutte le altre sostanze è maggiore allo stato solido che allo stato liquido. Per capire il motivo per cui l'acqua si comporta diversamente, bisogna esaminare la struttura elettronica della molecola di H_2O. Come abbiamo visto nei Capitoli 2 e 3, vi sono due doppietti elettronici (lone pairs) sull'atomo di ossigeno:

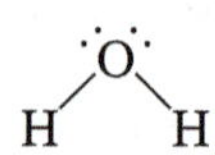

Mappa del potenziale elettrostatico dell'acqua.

Anche se molti composti possono formare legami idrogeno intermolecolari, la differenza tra H_2O e altre molecole polari, come per esempio NH_3 e HF, è che ogni atomo di ossigeno può formare *due* legami idrogeno, lo stesso numero dei lone pairs che possiede. Pertanto, le molecole d'acqua sono unite tra loro in una vasta rete tridimensionale in cui ogni atomo di ossigeno è legato a quattro atomi di idrogeno, due con legami covalenti e due tramite legami idrogeno, per dare una geometria approssimativamente tetraedrica. Questa uguaglianza tra il numero di atomi di idrogeno e le coppie solitarie non avviene né in NH_3 né in HF e nemmeno in qualsiasi altra mo-

Approfondimento 6.1

PERCHÉ I LAGHI CONGELANO DALL'ALTO VERSO IL BASSO?

Il fatto che il ghiaccio sia meno denso dell'acqua ha un profondo significato ecologico. Prendiamo in considerazione, per esempio, le variazioni di temperatura dell'acqua dolce dei laghi in zone climatiche fredde. Al diminuire della temperatura dell'acqua in superficie, la densità di questa aumenta. L'acqua più fredda, quindi, tende a scendere verso il fondo, mentre l'acqua più calda, meno densa, sale verso la superficie. Questo naturale movimento di convezione continua finché la temperatura di tutta l'acqua raggiunge i 4 °C. Al di sotto di questa temperatura, la densità dell'acqua inizia a diminuire al diminuire della temperatura (vedi Figura 6.10), quindi l'acqua in superficie non ha più tendenza a scendere verso il fondo. Un ulteriore raffreddamento provoca l'inizio del congelamento dell'acqua in superficie. Lo strato di ghiaccio formato non affonda perché è meno denso del liquido, e agisce anche come un isolante termico per l'acqua al di sotto di esso. Se il ghiaccio fosse stato più pesante dell'acqua, sarebbe affondato nel fondo del lago e, col tempo, l'acqua sarebbe congelata dal basso verso l'alto. La maggior parte degli organismi viventi acquatici non potrebbe sopravvivere nel ghiaccio. Questa singolare proprietà dell'acqua rende possibile la pesca sul ghiaccio.

Pesca sul ghiaccio. Lo strato di ghiaccio che si forma sulla superficie di un lago isola l'acqua sottostante e mantiene una temperatura sufficientemente elevata, tale da permettere la vita acquatica.

Figura 6.8 A sinistra: i cubetti di ghiaccio galleggiano in acqua. A destra: il benzene solido affonda nel benzene liquido.

lecola in grado di formare legami idrogeno. Di conseguenza, queste altre molecole possono formare anelli o catene, ma non strutture tridimensionali.

La struttura tridimensionale altamente ordinata del ghiaccio (Figura 6.9) impedisce che le molecole siano troppo vicine le une alle altre. Si consideri cosa succede quando il ghiaccio si scioglie. Al punto di fusione, un certo numero di molecole d'ac-

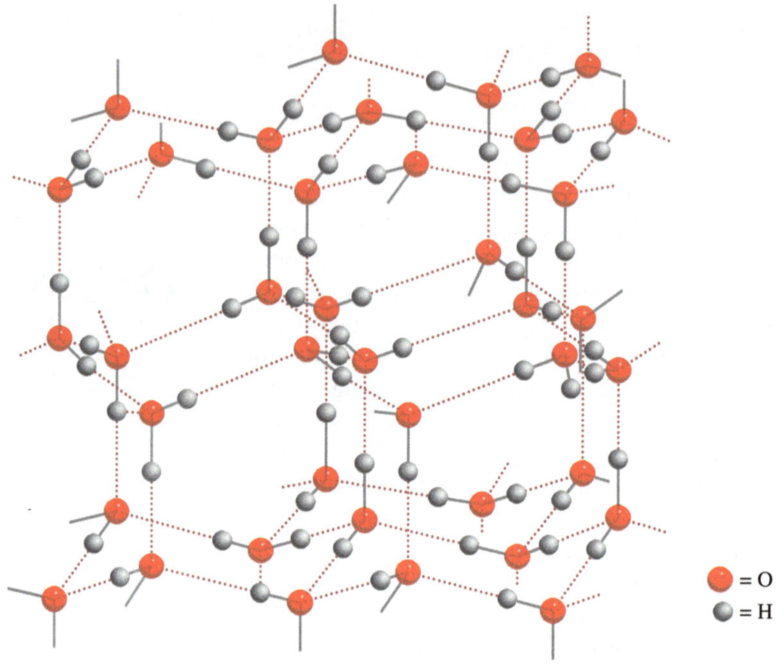

Figura 6.9 Struttura tridimensionale del ghiaccio. Ogni atomo di O è legato a quattro atomi di H. I legami covalenti sono mostrati da piccole linee intere e i legami idrogeno più deboli tra O e H da linee tratteggiate. Lo spazio vuoto nella struttura spiega la bassa densità del ghiaccio.

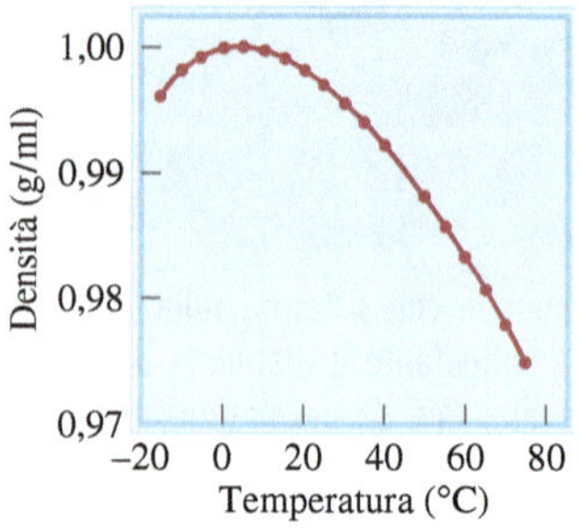

Figura 6.10 Grafico della densità in funzione della temperatura per l'acqua liquida. La densità massima dell'acqua è raggiunta a 4 °C. La densità del ghiaccio a 0 °C è circa 0,92 g/cm^3.

qua avranno sufficiente energia cinetica per liberarsi dai legami idrogeno intermolecolari. Tali molecole rimarranno intrappolate nella cavità della struttura tridimensionale, che si romperà in aggregati più piccoli. Come risultato, ci sono più molecole per unità di volume nell'acqua allo stato liquido che nel ghiaccio. Perciò, dato che la densità è pari al rapporto tra massa e volume, la densità dell'acqua è superiore a quella del ghiaccio. In seguito a ulteriore riscaldamento, più molecole d'acqua si libereranno dai legami idrogeno intermolecolari, perciò la densità dell'acqua tende ad aumentare all'aumento della temperatura appena al di sopra del punto di fusione. Ovviamente, allo stesso tempo, l'acqua si espande mentre viene riscaldata, e la sua densità diminuisce. Questi due processi, l'intrappolamento di molecole di acqua libere nelle cavità e l'espansione termica, agiscono in direzioni opposte. Da 0 °C a 4 °C, prevale l'intrappolamento e l'acqua diventa progressivamente più densa. Da 4 °C in poi, tuttavia, predomina l'espansione termica e la densità dell'acqua diminuisce all'aumentare della temperatura (Figura 6.10).

6.2 Solidi cristallini

I solidi possono essere suddivisi in due categorie: cristallini e amorfi. Un ***solido cristallino*** è quello che *possiede un ordine a lungo raggio; i suoi atomi, molecole o ioni occupano posizioni fisse e specifiche*. L'organizzazione spaziale di tali particelle in un solido cristallino è tale che l'energia potenziale del sistema sia al minimo. Questa sistemazione è la responsabile della rigidità del solido, in quanto eventuali deformazioni del cristallo allontanerebbero il sistema dal minimo di energia potenziale e quindi sono energeticamente sfavorite. Le interazioni responsabili della stabilità di un cristallo possono essere interazioni ioniche, legami covalenti, interazioni di van der Waals, legami idrogeno o combinazioni di questi. Al contrario, i *solidi amorfi*, come il vetro, mancano di un ordine molecolare a lungo raggio e hanno organizzazioni, a livello molecolare, che assomigliano a quelle dei liquidi.

6.2.1 Struttura cristallina

Una ***cella elementare*** è *l'unità strutturale di base ripetitiva nel solido cristallino*. La Figura 6.11 indica una cella elementare e la sua estensione nelle tre dimensioni. Ogni

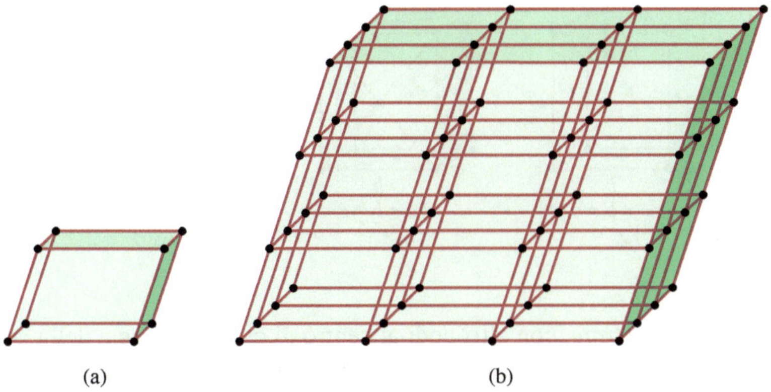

Figura 6.11 (a) Una cella elementare e (b) la sua estensione tridimensionale. Le sfere nere possono rappresentare sia atomi che molecole.

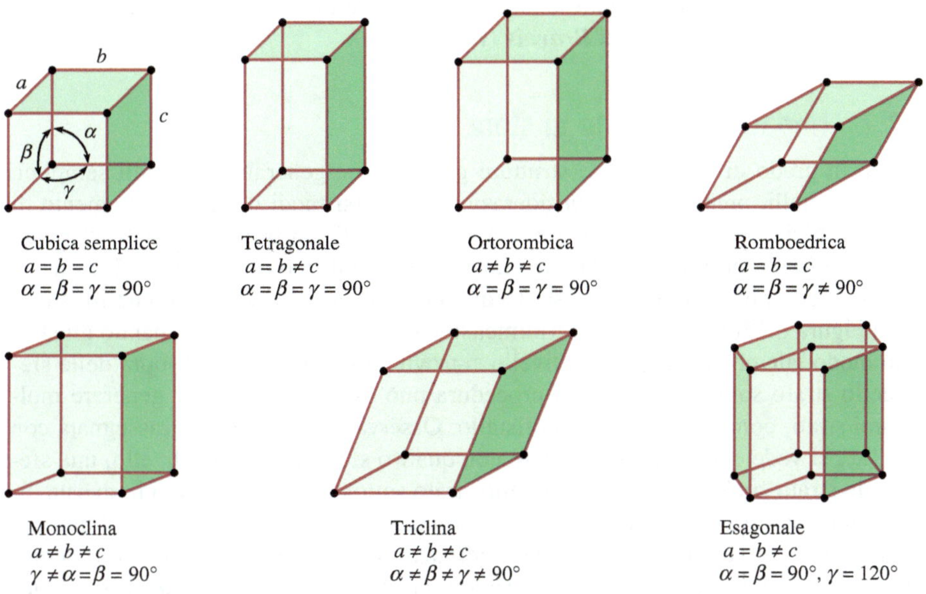

Figura 6.12 I sette tipi di celle elementari. L'angolo α è definito dagli spigoli b e c, l'angolo β dagli spigoli a e c, l'angolo γ dagli spigoli a e b.

vertice in Figura 6.11 rappresenta un *nodo reticolare* (o *punto reticolare*). In un reticolo cristallino, ogni nodo ha un intorno identico. Nei cristalli semplici, come i metalli, il nodo è occupato da un atomo. Per i cristalli più complessi, tuttavia, ci possono essere più atomi, molecole o ioni disposti attorno a ogni nodo del reticolo. Ci sono solo sette forme di celle elementari di base (*sistemi cristallini*) che possono essere utilizzate per formare un solido cristallino (Figura 6.12).

Questi sistemi cristallini[2] sono caratterizzati dalle lunghezze dei tre spigoli, o ***costanti reticolari***, a, b e c e dagli angoli tra gli spigoli, α, β e γ. Per il caso specifico della cella elementare cubica, la geometria è particolarmente semplice, perché tutte i lati sono uguali e tutti gli angoli di 90°. Una cella elementare che contiene un solo nodo reticolare è chiamata *cella elementare primitiva*. Spesso, tuttavia, la simmetria complessiva del cristallo è meglio rappresentata da *celle elementari non primitive* contenenti più di un nodo reticolare. Tali celle non primitive (Figura 6.13) possono essere a *corpo centrato*, con un ulteriore nodo al centro della cella ele-

[2] La condizione che le celle elementari debbano essere impilate per riempire lo spazio in uno schema regolare pone severe restrizioni sul tipo di poliedri che possono rappresentare una cella elementare. Per esempio, non è possibile impilare poliedri a base pentagonale e generare un reticolo cristallino con un ordine a lungo raggio.

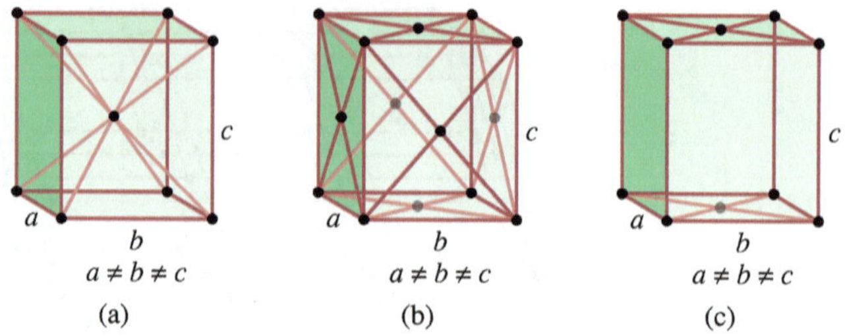

Figura 6.13 Tre classi di celle non primitive: (a) a corpo centrato, (b) a facce centrate, (c) a basi centrate.

mentare; *a facce centrate*, con altri nodi al centro di ciascuna faccia della cella elementare; *a basi centrate*, con altri nodi reticolari al centro di due facce della cella elementare.

Tenendo conto di tali celle elementari non primitive, la struttura di qualsiasi solido cristallino può essere rappresentata per mezzo di uno dei 14 possibili tipi di reticoli base chiamati ***reticoli di Bravais*** (Figura 6.14).

6.2.2 Impacchettamento di sfere

Siamo in grado di conoscere le strutture geometriche generali di cristalli semplici, come i metalli, prendendo in considerazione i diversi modi d'impacchettamento di sfere identiche in modo da formare una struttura ordinata tridimensionale. Il modo in cui le sfere sono impacchettate in strati determina il tipo di reticolo di Bravais.

Nel caso più semplice, uno strato di sfere può essere disposto come illustrato nella Figura 6.15(a). La struttura tridimensionale viene generata sistemando gli strati in modo tale che le sfere in un livello si trovino esattamente al di sopra delle sfere dello strato sottostante. Questa procedura può essere ripetuta per generare moltissimi strati, come nel caso di un cristallo. Osservando la sfera contrassegnata con una "*x*", si vede che essa è in contatto con quattro sfere nel proprio livello, una sfera nello strato superiore e una sfera nello strato sottostante. A una sfera in questa disposizione si attribuisce un *numero di coordinazione* pari a 6, perché 6 è il numero degli immediati vicini. Il ***numero di coordinazione*** è definito come *il numero di atomi (o ioni) che circondano un atomo (o ione) in un reticolo cristallino.* Il suo valore ci dà una misura di quanto le sfere siano strettamente impacchettate insieme: maggiore è il numero di coordinazione, più vicine le sfere saranno le une con le altre. La cella di base che si ripete con questa disposizione delle sfere viene detta ***cella cubica semplice*** (**sc**) [Figura 6.15(b)]. Gli altri tipi di celle cubiche sono la ***cella cubica a corpo centrato*** (**bcc**) e la ***cella cubica a facce centrate*** (**fcc**) (Figura 6.16). Una disposizione cubica a corpo centrato differisce dalla cubica semplice in quanto il secondo strato di sfere si inserisce nelle cavità del primo strato, e il terzo strato nelle cavità del secondo strato (Figura 6.17). Il numero di coordinazione di ogni sfera in questa struttura è 8 (ciascuna sfera è in contatto con quattro sfere nello strato superiore e quattro sfere nello strato inferiore). Nella cella cubica a facce centrate, ci sono sfere al centro di ciascuna delle sei facce del cubo, in aggiunta alle otto sfere d'angolo.

Poiché ogni cella elementare in un solido cristallino è adiacente ad altre celle elementari, la maggior parte degli atomi in una cella sono condivisi da celle vicine. Per esempio, in tutti i tipi di celle cubiche, ogni atomo su un vertice appartiene a otto celle elementari [Figura 6.18(a)], ogni atomo sugli spigoli è condiviso da quattro celle elementari [Figura 6.18(b)] e ogni atomo sul centro di una faccia è condiviso da due celle elementari [Figura 6.18(c)]. Poiché ogni sfera su un vertice è condivisa da otto celle elementari e in un cubo vi sono otto vertici, in una cella elementare cubica semplice sarà contenuta solamente l'equivalente di una sfera completa [vedi Figura 6.16]. Una cella elementare cubica a corpo centrato contiene l'equivalente di due sfere complete: una al centro e una corrispon-

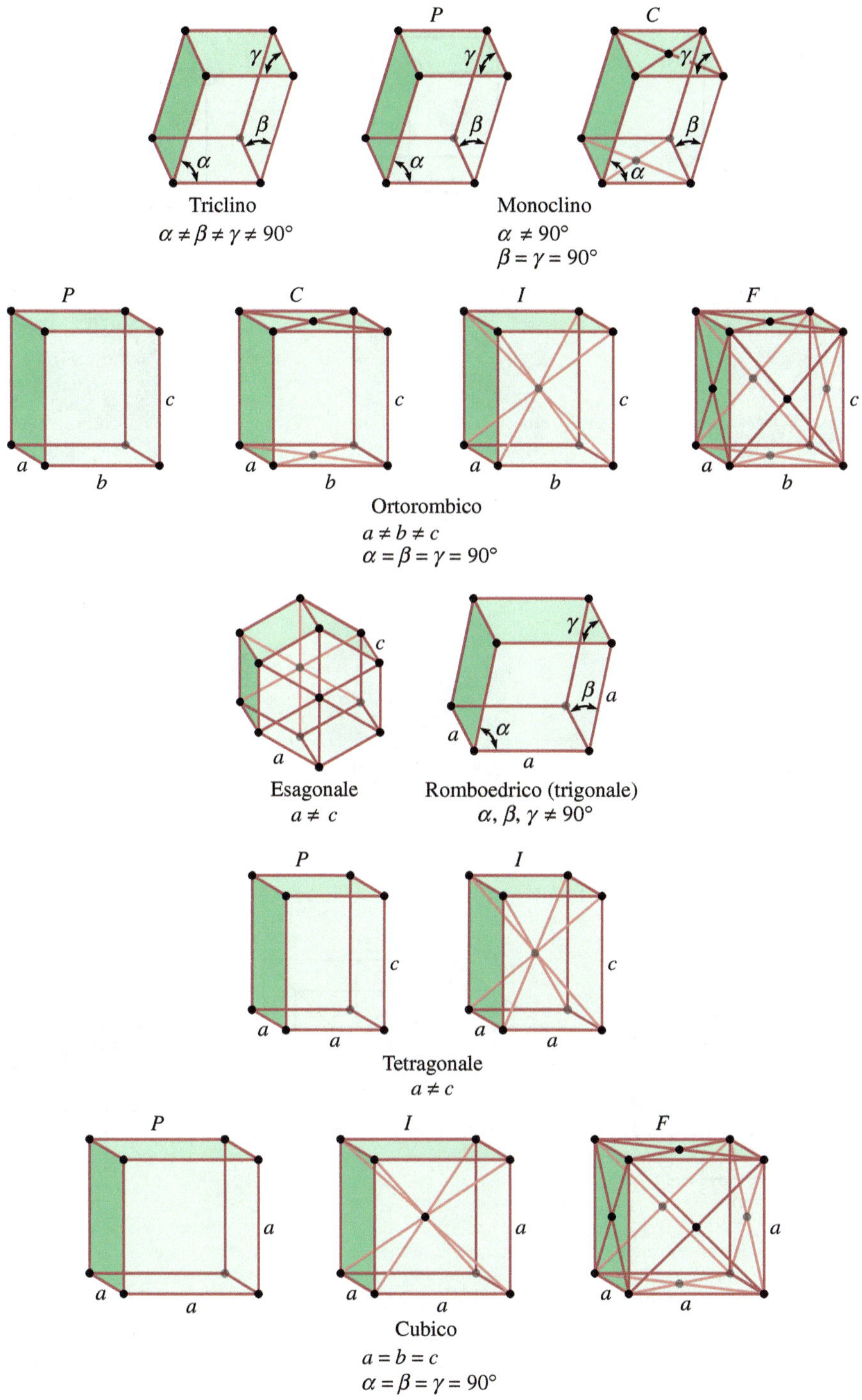

Figura 6.14 I 14 reticoli di Bravais. I simboli sono definiti come segue: primitiva (P), a facce centrate (F), a corpo centrato (I), a basi centrate (C).

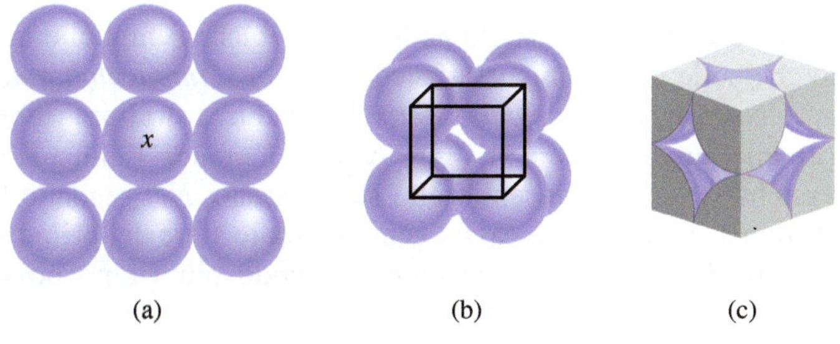

Figura 6.15 Disposizione di sfere identiche in una cella cubica semplice. (a) Vista dall'alto di uno strato di sfere. (b) Definizione di una cella cubica semplice. (c) Poiché ogni sfera è condivisa da otto celle elementari e vi sono otto vertici in un cubo, in una cella elementare cubica semplice vi è l'equivalente di una sfera completa.

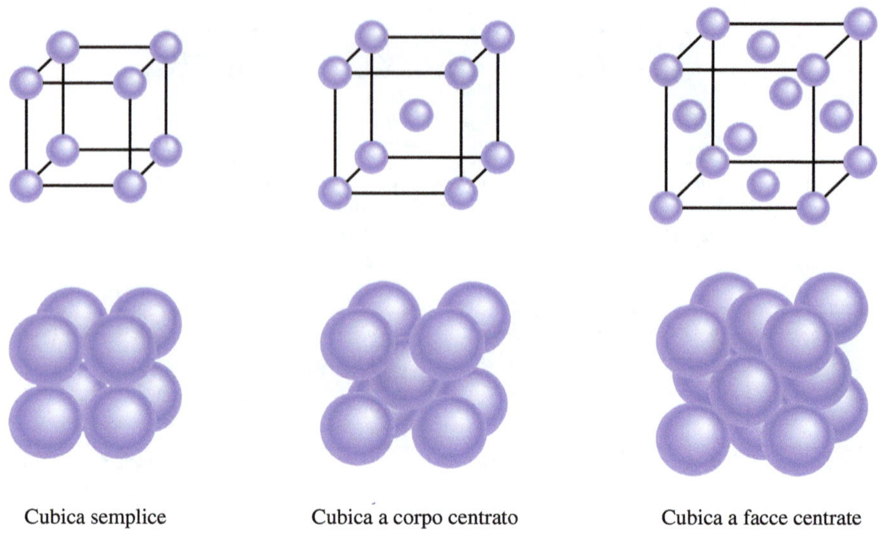

Figura 6.16 Tre tipi di celle cubiche. In realtà, in queste celle cubiche, le sfere che rappresentano atomi, molecole o ioni sono in contatto l'una con l'altra.

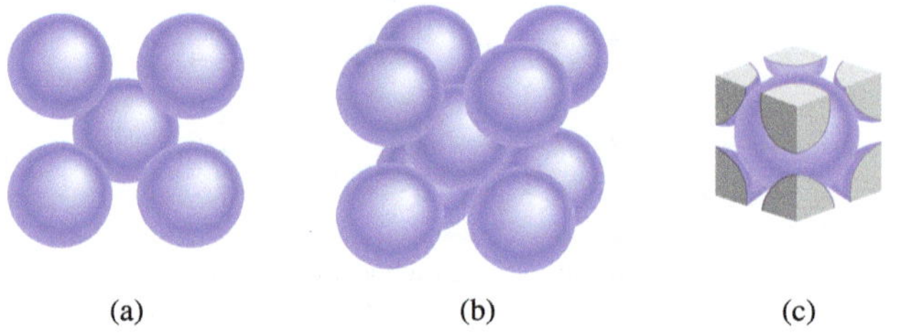

Figura 6.17 Disposizione di sfere identiche in una cella cubica a corpo centrato. (a) Vista dall'alto. (b) Definizione di cella elementare cubica a corpo centrato. (c) Una cella elementare cubica a corpo centrato contiene l'equivalente di due sfere complete.

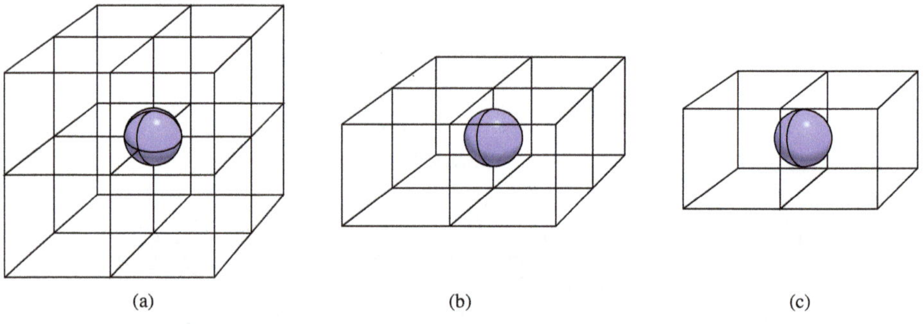

Figura 6.18 (a) In ogni cella, un atomo al vertice è condiviso da 8 celle elementari. (b) Un atomo su uno spigolo è condiviso da 4 celle elementari. (c) Un atomo al centro di una faccia è condiviso da 2 celle elementari.

dente alle otto sfere condivise ai vertici. Una cella elementare cubica a facce centrate contiene l'equivalente di quattro sfere complete: tre corrispondenti ai sei atomi presenti al centro delle facce e una corrispondente alle otto sfere condivise ai vertici.

Impacchettamento compatto

Evidentemente, c'è più spazio vuoto nelle celle cubiche semplici e in quelle a corpo centrato che nelle celle cubiche a facce centrate. L'***impacchettamento compatto***, *la più efficiente disposizione delle sfere*, inizia con la struttura riportata nella Figura 6.19(a), che indicheremo con strato A. Considerando l'unica sfera interna, si vede che essa ha sei sfere adiacenti nello stesso strato. Nel secondo livello (strato B), le sfere sono sistemate nelle cavità generate tra le sfere del primo strato, in modo tale che tutte le sfere stiano insieme nel modo più vicino possibile [Figura 6.19(b)].

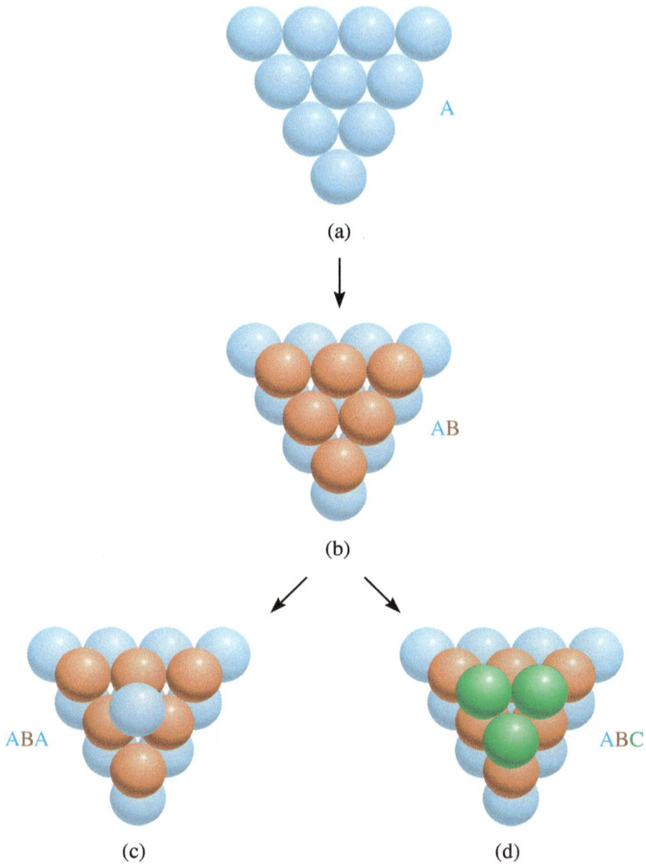

Figura 6.19 (a) In uno strato con impacchettamento compatto, ogni sfera è in contatto con altre sei. (b) Le sfere nel secondo strato si dispongono nelle cavità esistenti tra le sfere del primo strato. (c) Nella struttura esagonale compatta, ogni sfera del terzo strato è direttamente sopra a ogni sfera del primo strato. (d) Nella struttura cubica compatta, ogni sfera del terzo strato è direttamente sopra a ogni cavità esistente nel primo strato.

Ci sono due modi affinché un terzo strato di sfere possa coprire il secondo strato per raggiungere l'impacchettamento compatto. Le sfere possono inserirsi tra le sfere in modo che ogni sfera del terzo strato si trovi direttamente sopra una sfera del primo strato [Figura 6.19(c)]. Poiché non vi è alcuna differenza tra la disposizione del primo e del terzo strato, anche il terzo strato sarà chiamato strato A. In alternativa, le sfere del terzo strato possono inserirsi nelle cavità che si trovano direttamente sulle cavità del primo strato [Figura 6.19(d)]. In questo caso, il terzo strato è chiamato C. La Figura 6.20 mostra le "viste esplose" e le strutture risultanti da queste due disposizioni. La disposizione ABA è conosciuta come *struttura esagonale compatta* (*hcp*) e la sistemazione ABC come *struttura cubica compatta* (*ccp*), che corrisponde alla struttura cubica a facce centrate già descritta. Si noti che nella struttura hcp, le sfere in strati alternati si trovano a occupare la stessa posizione verticale (ABABAB...), mentre nella struttura ccp, le sfere occupano la stessa posizione verticale ogni quattro strati (ABCABCA...). In entrambe le strutture, ogni sfera ha un numero di coordinazione pari a 12 (ogni sfera è in contatto con sei sfere nel proprio livello, tre sfere nello strato superiore e tre sfere nello strato inferiore). Sia le strutture hcp che ccp rappresentano il modo più efficiente d'impacchettamento di sfere identiche in una cella elementare, e non c'è modo di aumentare il numero di coordinazione al di sopra di 12.

Molti metalli e i gas nobili, che sono monoatomici, formano cristalli con strutture hcp o ccp. Per esempio, il magnesio, lo zinco e il titanio cristallizzano con struttura hcp, mentre l'alluminio, il nichel e l'argento cristallizzano con struttura ccp. Tutti i gas nobili allo stato solido hanno struttura ccp, a eccezione dell'elio, che cristallizza con struttura hcp. Viene naturale chiedersi perché una serie di sostanze simili, come i metalli di transizione o i gas nobili, formino diverse strutture cristalline. La risposta è nella stabilità relativa di una particolare struttura cristallina, che è gover-

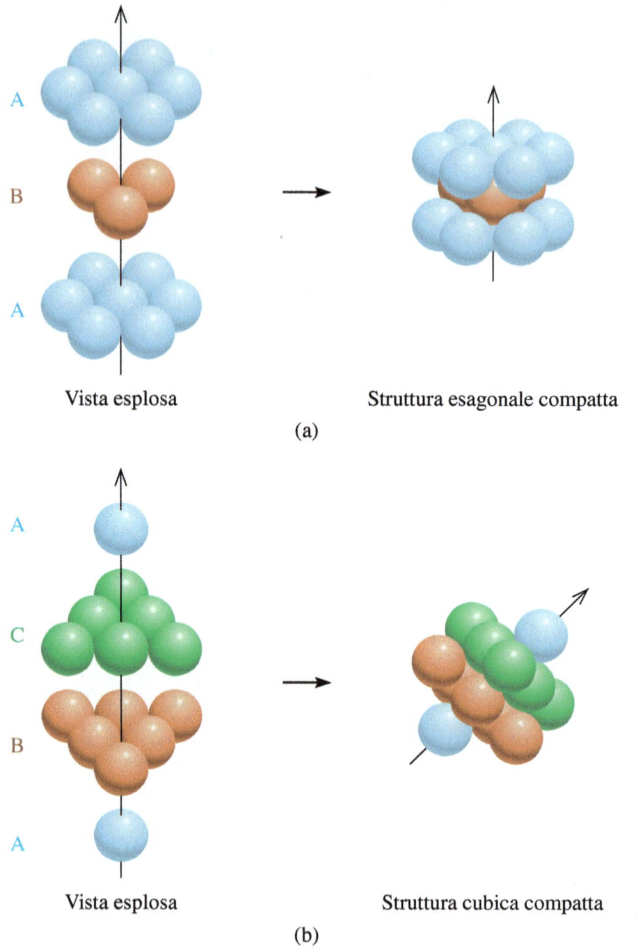

Figura 6.20 Viste esplose di: (a) una struttura esagonale compatta, (b) una struttura cubica compatta. La freccia è inclinata per mostrare più chiaramente la cella elementare cubica compatta. Si noti che questa disposizione è la stessa della cella elementare cubica a facce centrate.

nata da forze intermolecolari. Perciò, il magnesio metallico ha struttura hcp perché questa disposizione di atomi fornisce la maggiore stabilità del solido.

La Figura 6.21 riassume la relazione tra il raggio atomico r e la lunghezza dello spigolo a di una cella cubica semplice, di una cubica a corpo centrato e di

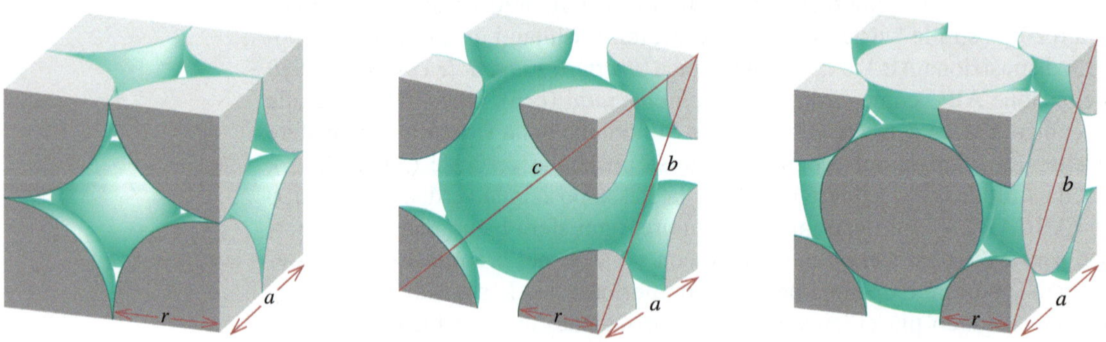

scc

$a = 2r$

bcc

$$b^2 = a^2 + a^2$$
$$c^2 = a^2 + b^2$$
$$= 3a^2$$
$$c = \sqrt{3}a = 4r$$
$$a = \frac{4r}{\sqrt{3}}$$

fcc

$$b = 4r$$
$$b^2 = a^2 + a^2$$
$$16r^2 = 2a^2$$
$$a = \sqrt{8}r$$

Figura 6.21 Le relazioni esistenti tra la lunghezza dello spigolo (a) e il raggio (r) degli atomi nella cella cubica semplice, a corpo centrato e a facce centrate.

una cubica a facce centrate. Questa relazione può essere utilizzata per determinare il raggio di un atomo, se la densità del cristallo è nota, come mostrato nell'Esempio 6.1.

Esempio 6.1

L'oro (Au) cristallizza in una struttura cubica densamente impacchettata (cella elementare cubica a facce centrate) e ha una densità di 19,3 g cm^{-3}. Calcolare il raggio atomico dell'oro in picometri.

Impostazione Si vuole calcolare il raggio di un atomo di oro. Per una cella elementare cubica a facce centrate, la relazione tra il raggio (r) e la lunghezza dello spigolo (a), in base alla Figura 6.21, è $a = \sqrt{8}r$. Pertanto, per determinare il raggio atomico dell'oro, bisogna trovare a. Il volume di un cubo è $V = a^3$. Quindi, se si può calcolare il volume di una cella elementare, si può calcolare a. Conoscendo la densità dai dati del problema

$$\text{densità} = \frac{\text{massa}}{\text{volume}}$$

La sequenza dei passaggi si può schematizzare in questo modo:

$$\begin{matrix}\text{densità} \\ \text{cella elementare}\end{matrix} \longrightarrow \begin{matrix}\text{volume} \\ \text{cella elementare}\end{matrix} \longrightarrow \begin{matrix}\text{spigolo} \\ \text{cella elementare}\end{matrix} \longrightarrow \begin{matrix}\text{raggio} \\ \text{atomico Au}\end{matrix}$$

Soluzione

1) Si conosce la densità, quindi, per determinare il volume, si trova la massa della cella elementare. Ogni cella ha otto vertici e sei facce. Il numero totale degli atomi all'interno di tale cella, in base alle Figure 6.16 e 6.18, è

$$\left(8 \times \frac{1}{8}\right) + \left(6 \times \frac{1}{2}\right) = 4$$

La massa di una cella elementare, in grammi, è

$$m = \frac{4 \text{ atomi}}{1 \text{ cella elementare}} \times \frac{1 \text{ mol}}{6{,}022 \times 10^{23} \text{ atomi}} \times \frac{197{,}0 \text{ g Au}}{1 \text{ mol Au}}$$
$$= 1{,}31 \times 10^{-21} \text{ g per cella elementare}$$

Dalla definizione di densità ($d = m/V$), si calcola il volume della cella elementare:

$$V = \frac{m}{d} = \frac{1{,}31 \times 10^{-21} \text{ g}}{19{,}3 \text{ g cm}^{-3}} = 6{,}79 \times 10^{-23} \text{ cm}^3$$

La densità è una grandezza intensiva, è quindi la stessa sia per una cella elementare sia per 1 cm^3 di sostanza.

2) Dato che il volume è la lunghezza dello spigolo elevata al cubo, si prende la radice cubica del volume della cella elementare per ottenere la lunghezza dello spigolo (a)

$$a = \sqrt[3]{V} = \sqrt[3]{6{,}79 \times 10^{-23} \text{ cm}^3}$$
$$= 4{,}08 \times 10^{-8} \text{ cm}$$

3) Dalla Figura 6.21 si vede che il raggio di una sfera di Au (r) è legato alla lunghezza dello spigolo da

$$a = \sqrt{8}r$$

Pertanto,

$$r = \frac{a}{\sqrt{8}} = \frac{4{,}08 \times 10^{-8} \text{ cm}}{\sqrt{8}}$$
$$= 1{,}44 \times 10^{-8} \text{ cm} = 144 \text{ pm}$$

Problema di autovalutazione L'argento cristallizza in celle cubiche a facce centrate. Lo spigolo è pari a 408,7 pm. Calcolare la densità dell'argento.

In questa sezione sono stati presi in considerazione principalmente cristalli con semplici unità sferiche (come i metalli, per esempio), per i quali l'impacchettamento è decisivo ai fini della struttura cristallina. Per composti molecolari, come l'acqua, che ha una struttura esagonale (vedi Figura 6.9) le complesse interazioni elettrostatiche tra le molecole portano a strutture cristalline più complicate di quelle previste in base al semplice impacchettamento di sfere.

6.2.3 Diffrazione di raggi X da parte di cristalli

Praticamente tutto quello che conosciamo sulla struttura cristallina è stato appreso da studi sulla diffrazione dei raggi X. La ***diffrazione dei raggi X*** si riferisce alla *diffusione (o scattering) dei raggi X da parte di un solido cristallino.* I modelli di diffrazione prodotti sono utilizzati per dedurre la disposizione delle particelle nel reticolo. Nel Paragrafo 1.1 si è discusso dei fenomeni di interferenza associati alle onde (vedi Figura 1.4). Poiché i raggi X sono una forma di radiazione elettromagnetica, e quindi onde, ci si aspetta che, in condizioni opportune, essi manifestino la loro natura ondulatoria. Nel 1912 il fisico tedesco Max von Laue[3] suggerì che, poiché la lunghezza d'onda dei raggi X è paragonabile alle distanze tra i nodi in un reticolo cristallino, il reticolo stesso avrebbe dovuto essere in grado di interferire con i raggi X. Un modello di diffrazione di raggi X è il risultato di interferenze nelle onde associate ai raggi X.

La Figura 6.22 mostra una tipica apparecchiatura per la diffrazione dei raggi X. Un fascio di raggi X è diretto su un cristallo montato su un supporto. Gli atomi nel cristallo assorbono alcune delle radiazioni incidenti e poi le riemettono; il processo è detto *diffrazione dei raggi X.*

Per comprendere com'è generato un modello di diffrazione, si consideri la diffrazione dei raggi X da parte degli atomi contenuti in due piani paralleli (Figura 6.23). Inizialmente, i due raggi incidenti sono *in fase* tra di loro (i loro massimi e minimi

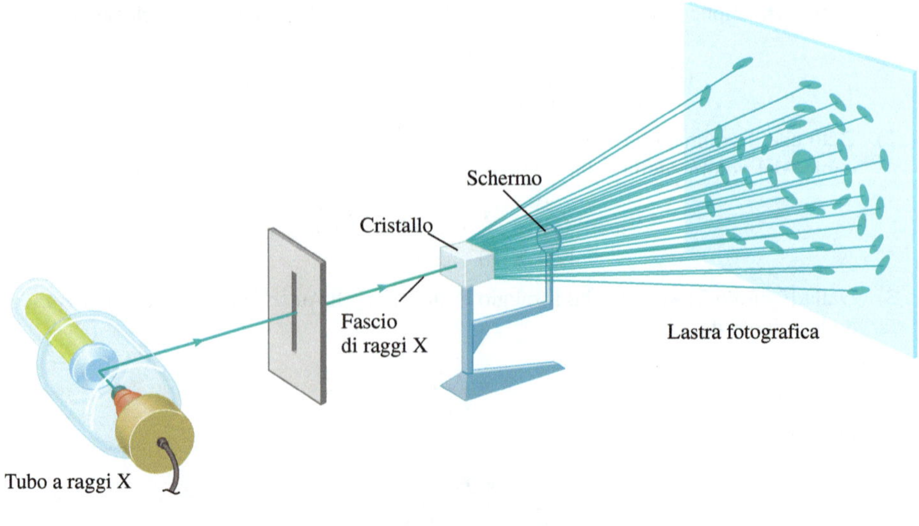

Figura 6.22 Dispositivo per lo studio della diffrazione dei raggi X. Lo schermo previene il danneggiamento della lastra fotografica da parte dei raggi X non diffratti.

[3] Max Theodor Felix von Laue (1879-1960). Fisico tedesco. Von Laue ricevette il Premio Nobel per la Fisica nel 1914 per la sua scoperta della diffrazione dei raggi X.

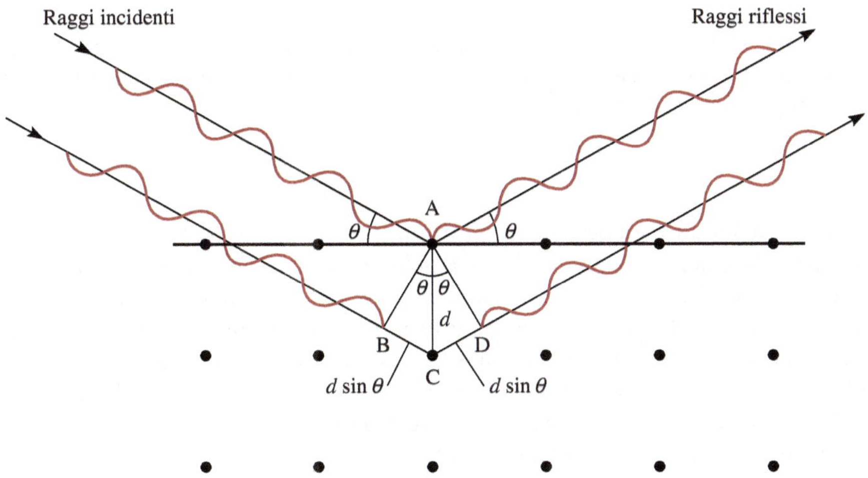

Figura 6.23 Riflessione dei raggi X da parte di due strati di atomi. L'onda inferiore deve percorrere una distanza $2d \sin \theta$ più lunga dell'onda superiore. Affinché le due onde siano ancora in fase dopo la riflessione, deve essere $2d \sin \theta = n\lambda$, dove λ è la lunghezza d'onda del raggio X e $n = 1, 2, 3, \ldots$ Macchie molto nitide nella Figura 6.22 si osservano solo se il cristallo è abbastanza grande da consistere di centinaia di strati paralleli.

si verificano nelle stesse posizioni). L'onda superiore è riflessa da un atomo nel primo strato, mentre l'onda inferiore è riflessa da un atomo nel secondo. Affinché queste due onde possano essere di nuovo in fase, la distanza aggiuntiva percorsa dall'onda inferiore deve essere un multiplo della lunghezza d'onda (λ) del raggio X

$$BC + CD = 2d\sin\theta = n\lambda \qquad \textbf{(6.4)}$$

dove θ è l'angolo tra i raggi X e il piano del cristallo e d è la distanza tra piani adiacenti. L'Equazione 6.4 è conosciuta come *equazione di Bragg*, da William H. Bragg[4] e Sir William L. Bragg.[5]

Le onde in fase producono una macchia scura su una pellicola fotografica per ogni valore di θ che soddisfi l'equazione di Bragg. L'Esempio 6.2 illustra l'uso dell'Equazione 6.6.

Esempio 6.2

Raggi X di lunghezza d'onda 0,154 nm colpiscono un cristallo di alluminio e vengono riflessi di un angolo di 19,3°. Supponendo che $n = 1$, calcolare la distanza tra i piani di atomi di alluminio (in pm) responsabile di questo angolo di riflessione. Il fattore di conversione è 1 nm = 1000 pm.

Impostazione Si tratta di un'applicazione dell'Equazione 6.4.

Soluzione Convertendo la lunghezza d'onda in picometri e utilizzando l'angolo di riflessione (19,3°), avremo

$$d = \frac{n\lambda}{2\sin\theta} = \frac{\lambda}{2\sin\theta}$$

$$= \frac{0{,}154\ \text{nm} \times \dfrac{1000\ \text{pm}}{1\ \text{nm}}}{2\sin 19{,}3°}$$

$$= 223\ \text{pm}$$

---

[4] William Henry Bragg (1862-1942). Fisico inglese. La maggior parte dei suoi studi riguardarono la cristallografia a raggi X. Condivise il Premio Nobel per la Fisica con suo figlio Sir William Bragg nel 1915.

[5] Sir William Lawrence Bragg (1890-1972). Fisico inglese. Bragg formulò l'equazione fondamentale per la diffrazione dei raggi X e condivise il Premio Nobel per la Fisica con suo padre nel 1915.

Problema di autovalutazione Raggi X di lunghezza d'onda 0,154 nm sono diffratti da un cristallo con un angolo di 14,17°. Supponendo che $n = 1$, calcolare la distanza (in pm) tra gli strati nel cristallo.

La tecnica della diffrazione a raggi X offre il metodo più preciso per la determinazione delle lunghezze e angoli di legame nelle molecole allo stato solido. Dato che i raggi X sono diffratti da elettroni, i chimici possono costruire delle mappe delle densità elettroniche delle molecole in base ai modelli di diffrazione utilizzando complesse procedure matematiche. Fondamentalmente, una mappa di densità elettronica indica le relative densità degli elettroni nei diversi siti di una molecola. La densità raggiunge un massimo in prossimità del centro di ogni atomo. In questo modo, si possono determinare le posizioni dei nuclei e, di conseguenza, i parametri geometrici della molecola.

6.3 Classificazione dei solidi

Le strutture e le proprietà dei cristalli, come il punto di fusione, la densità e la durezza sono determinate dal tipo di forze che tengono insieme le particelle. Possiamo classificare qualsiasi cristallo come uno dei quattro tipi: ionico, covalente, molecolare o metallico.

6.3.1 Cristalli ionici

I cristalli ionici presentano due importanti caratteristiche: (1) sono composti da specie cariche e (2) anioni e cationi sono generalmente di dimensioni molto diverse. Conoscere i raggi degli ioni è utile per conoscere la struttura e la stabilità di questi composti.

Non c'è alcun modo per misurare il raggio di un singolo ione, ma a volte è possibile arrivare a una stima ragionevole. Per esempio, se sappiamo che il raggio di I^- in KI è di circa 216 pm, siamo in grado di determinare il raggio dello ione K^+ in KI, e anche quanto misura il raggio di Cl^- in KCl, e così via. I raggi ionici in Figura 2.20 sono valori medi ottenuti da diversi composti. Consideriamo il cristallo di NaCl, che ha un reticolo cubico a facce centrate (vedi Figura 0.12). La Figura 6.24 mostra che la lunghezza dello spigolo della cella elementare di NaCl è il doppio della somma dei raggi ionici di Na^+ e Cl^-. Utilizzando i valori riportati nella Figura 2.20, la lunghezza dello spigolo risulta 2(95 + 181) pm, cioè 552 pm. La lunghezza dello spigolo indicata in Figura 6.24, determinata per mezzo della diffrazione a raggi X, vale invece 564 pm. La differenza tra questi due valori indica che, in realtà, il raggio di uno ione varia leggermente da un composto a un altro.

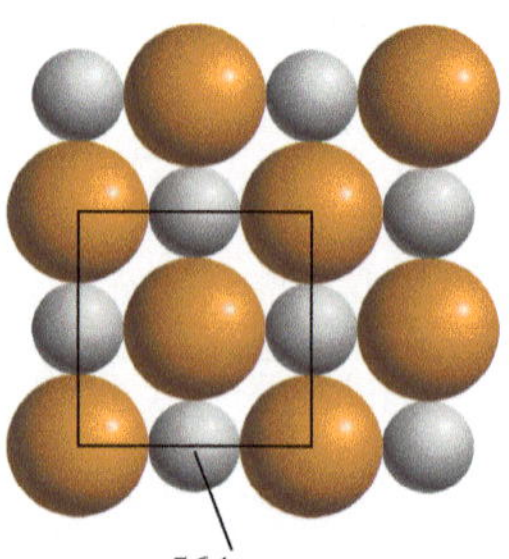

Figura 6.24 Relazione tra i raggi degli ioni Na^+ e Cl^- e le dimensioni della cella elementare. La lunghezza dello spigolo della cella è pari al doppio della somma dei due raggi ionici.

La Figura 6.25 mostra le strutture cristalline di tre composti ionici: CsCl, ZnS e CaF_2. Poiché Cs^+ è notevolmente più grande di Na^+, CsCl ha il reticolo cubico semplice. ZnS ha la struttura *zincoblenda*, basata sul reticolo cubico a facce centrate. Se gli ioni S^{2-} occupano i nodi del reticolo, gli ioni Zn^{2+} si trovano a un quarto della distanza lungo ciascuna diagonale della cella. Altri composti ionici che hanno la struttura zincoblenda sono CuCl, BeS, CdS e HgS. CaF_2 ha la struttura denominata *fluorite*. Gli ioni Ca^{2+} occupano i nodi del reticolo, e ogni ione F^- è circondato da quattro ioni Ca^{2+} in una disposizione tetraedrica. Anche i composti SrF_2, BaF_2, $BaCl_2$ e PbF_2 hanno struttura fluoritica.

Gli Esempi 6.3 e 6.4 mostrano come calcolare la densità e il numero di ioni contenuti in una cella elementare.

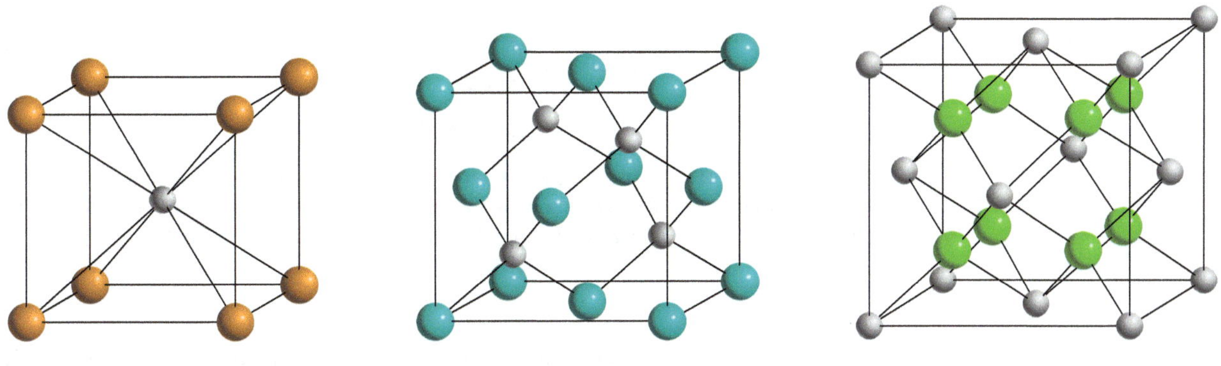

Figura 6.25 Strutture cristalline di (a) CsCl, (b) ZnS, (c) CaF_2. In tutti i casi, la sfera più piccola rappresenta il catione.

Esempio 6.3

Quanti ioni Na^+ e Cl^- sono contenuti in una cella elementare di NaCl?

Soluzione NaCl ha una struttura basata sul reticolo cubico a facce centrate. Come mostrato in Figura 0.12, un intero ione Na^+ si trova al centro della cella elementare e ci sono 12 ioni Na^+ lungo gli spigoli. Dato che ogni ione Na^+ che si trova sugli spigoli è condiviso tra quattro celle, il numero totale di ioni sodio è pari a 4, da $1 + (12 \times 1/4) = 4$. Analogamente, ci sono sei ioni Cl^- ai centri delle facce e otto ai vertici. Ogni ione presente al centro di ogni faccia è condiviso tra due celle elementari e ogni ione al vertice è condiviso tra otto celle (vedi Figura 6.16), per cui il numero totale di ioni cloruro è $(6 \times 1/2) + (8 \times 1/8) = 4$. In ogni cella elementare di NaCl ci sono quindi 4 ioni sodio e 4 ioni cloruro. La Figura 6.26 mostra le porzioni degli ioni Na^+ e Cl^- comprese in una singola cella elementare.

Problema di autovalutazione Quanti sono gli atomi in un cubo a corpo centrato, supponendo che tutti gli atomi occupino i nodi del reticolo?

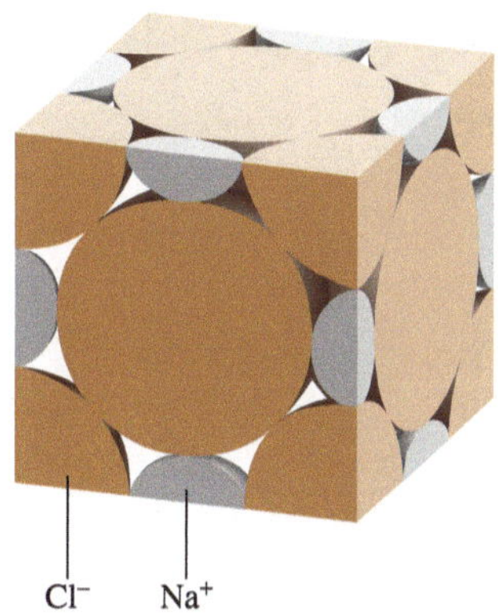

Figura 6.26 Porzioni di ioni Na^+ e Cl^- dentro una cella elementare cubica a facce centrate.

Esempio 6.4

Lo spigolo della cella elementare di NaCl misura 564 pm. Qual è la densità di NaCl in g cm^{-3}?

Impostazione Per calcolare la densità abbiamo bisogno di conoscere la massa della cella. Il volume può essere calcolato dalla lunghezza dello spigolo, perché $V = a^3$. Quanti ioni Na^+ e Cl^- si trovano in una cella elementare? Qual è la massa totale in unità di massa atomica (u)? Quali sono i fattori di conversione tra u e g e tra pm e cm?

Soluzione Dall'Esempio 6,3 vediamo che ci sono quattro ioni Na^+ e quattro ioni Cl^- in ogni cella elementare. Quindi, la massa totale (in u) di una cella elementare è

$$\text{massa} = 4(22{,}99\ \text{u} + 35{,}45\ \text{u}) = 233{,}8\ \text{u}$$

Per passare da u a grammi, scriviamo

$$233{,}8\ \text{u} \times \frac{1\ \text{g}}{6{,}022 \times 10^{23}\ \text{u}} = 3{,}882 \times 10^{-22}\ \text{g}$$

Il volume della cella elementare è

$$V = a^3 = (564\ \text{pm})^3 = (564 \times 10^{-10}\ \text{cm})^3 = 1{,}794 \times 10^{-22}\ \text{cm}^3$$

e, infine, dalla definizione di densità

$$\text{densità} = \frac{\text{massa}}{\text{volume}} = \frac{3{,}882 \times 10^{-22}\ \text{g}}{1{,}794 \times 10^{-22}\ \text{cm}^3}$$

$$= 2{,}16\ \text{g cm}^{-3}$$

Problema di autovalutazione Il rame cristallizza in un reticolo cubico a facce centrate (gli atomi di Cu si trovano solo ai nodi del reticolo). Se la densità del metallo è 8,96 g cm^{-3}, qual è la lunghezza dello spigolo della cella elementare in pm?

La maggior parte dei cristalli ionici ha un alto punto di fusione, indicazione dell'intensità delle forze di coesione che tengono uniti gli ioni. Questi solidi non conducono elettricità perché gli ioni si trovano in posizioni fisse. Tuttavia, allo stato fuso (cioè al di sopra della temperatura di fusione) o disciolti in acqua, gli ioni sono liberi di muoversi e il liquido risultante conduce elettricità.

6.3.2 Cristalli covalenti

Nei ***cristalli covalenti*** gli atomi sono tenuti insieme, in enormi reti tridimensionali, interamente da legami covalenti. Esempi comuni sono le due forme allotropiche del carbonio: il diamante e la grafite. Nel diamante, ogni atomo di carbonio è ibridizzato sp^3 e legato ad altri quattro atomi [Figura 6.27(a)]. I forti legami covalenti estesi nelle tre dimensioni contribuiscono all'insolita durezza del diamante (è il più duro materiale conosciuto) e al suo punto di fusione molto alto (3550 °C). Nella grafite [Figura 6.27(b)], gli atomi di carbonio sono disposti in anelli esagonali. Gli atomi sono tutti ibridizzati sp^2 e ogni atomo è legato ad altri tre atomi di carbonio con legami covalenti. Il restante orbitale $2p$ non ibridizzato è utilizzato in legami π. Ogni strato di grafite presenta lo stesso tipo di orbitali molecolari delocalizzati presenti nel benzene (vedi Paragrafo 4.5). Poiché gli elettroni sono liberi di muoversi in questo orbitale molecolare ampiamente delocalizzato, la grafite è un buon conduttore di elettricità nella direzione lungo i piani di atomi di carbonio. Gli strati sono tenuti insieme da deboli forze di van der Waals. I legami covalenti nella grafite rendono conto della sua durezza; tuttavia, poiché gli strati possono facilmente scorrere l'uno sull'altro, la grafite è scivolosa al tatto ed è utilizzata come lubrificante solido. È usata anche nelle matite e nei nastri per stampanti e per macchine da scrivere.

Quarzo

Un altro esempio di cristallo covalente è il quarzo (SiO_2). La disposizione degli atomi di silicio nel quarzo è simile a quella del carbonio nel diamante, ma nel quarzo vi è un atomo di ossigeno tra ogni coppia di atomi di Si. A causa della differente elettronegatività tra silicio e ossigeno, il legame Si—O è polare. Tuttavia, SiO_2 è simile al diamante per molti aspetti, come la durezza e l'alto punto di fusione (1610 °C).

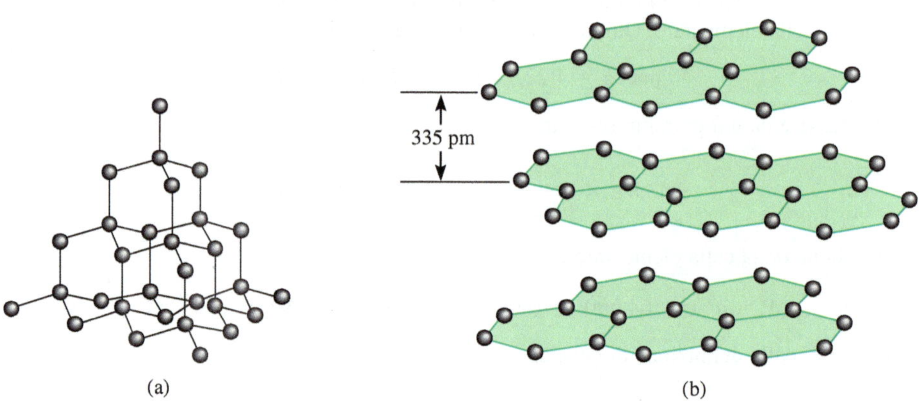

Figura 6.27 (a) La struttura del diamante. Ogni atomo di carbonio è legato con simmetria tetraedrica ad altri quattro atomi di carbonio. (b) La struttura della grafite. La distanza tra strati successivi è 335 pm.

6.3.3 Cristalli molecolari

In un ***cristallo molecolare*** i nodi del reticolo sono occupati da molecole. Le forze attrattive che contribuiscono a stabilizzare il reticolo sono tipicamente forze di van der Waals e/o legami idrogeno. Un esempio di cristallo molecolare è il diossido di zolfo solido (SO_2) in cui le interazioni predominanti sono del tipo dipolo-dipolo. Il legame idrogeno intermolecolare è principalmente responsabile della struttura tridimensionale del reticolo del ghiaccio (vedi Figura 6.9). Altri esempi di cristalli molecolari sono I_2, P_4, S_8.

Zolfo

Nella maggior parte dei cristalli molecolari, le molecole si trovano in posizioni fisse e con orientazioni ben determinate rispetto alle molecole vicine, e la libera rotazione è molto ristretta. In alcuni cristalli, tuttavia, chiamati *cristalli plastici*, le molecole possono ruotare liberamente e presentano orientazioni disordinate. Esempi di cristalli plastici sono la fase *beta* dell'azoto molecolare solido, stabile tra 3 K e 64 K, e la fase solida del succinonitrile ($N{\equiv}C{-}C_2H_4{-}C{\equiv}N$) stabile tra 238 K e la sua temperatura di fusione, 335 K. I cristalli plastici, in genere, subiscono una transizione di fase solido-solido a una struttura cristallina ordinata a una temperatura di transizione significativamente minore del loro punto di fusione.

In generale, tranne che nel ghiaccio, le molecole nei cristalli molecolari sono impacchettate il più densamente possibile, compatibilmente con le loro dimensioni e la loro forma. Dato che le forze di van der Waals e i legami idrogeno sono in genere piuttosto deboli rispetto ai legami covalenti e ionici, i cristalli molecolari sono molto più facili da rompere in confronto ai cristalli ionici e a quelli covalenti. La maggior parte dei cristalli molecolari, infatti, fonde a temperature inferiori a 100 °C.

6.3.4 Cristalli metallici

Da un certo punto di vista, la struttura dei ***cristalli metallici*** è la più semplice, perché ogni nodo del reticolo cristallino è occupato da un atomo dello stesso metallo. I cristalli metallici sono generalmente cubico a corpo centrato, cubico a facce centrata o esagonale compatto (Figura 6.28). Di conseguenza, gli elementi metallici, in genere, presentano una densità elevata.

Il legame, nei metalli, è molto diverso da quelli visti in altri tipi di cristalli. In un metallo, gli elettroni di legame sono delocalizzati su tutto il cristallo. Infatti, gli

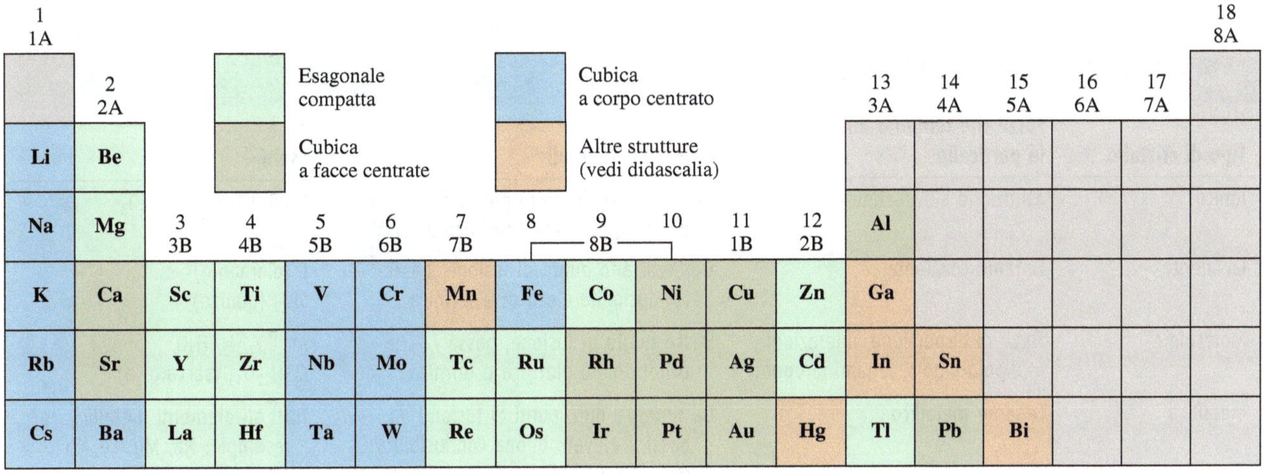

Figura 6.28 Strutture cristalline dei metalli. I metalli sono mostrati nelle loro posizioni nella tavola periodica. Mn ha struttura cubica, Ga ha struttura ortorombica, In e Sn hanno struttura tetragonale, Hg e Bi hanno struttura romboedrica (vedi Figura 6.12).

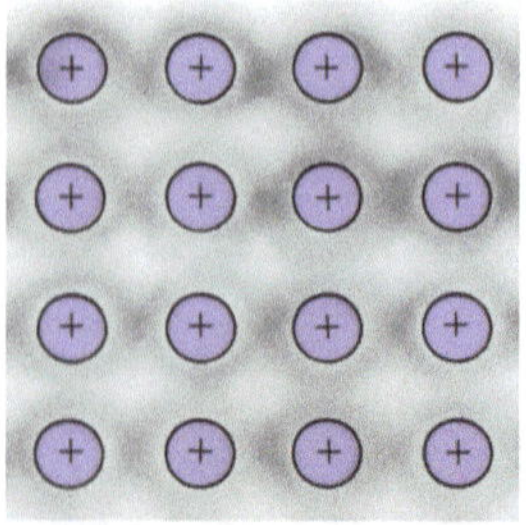

Figura 6.29 Sezione trasversale di un cristallo metallico. Ogni carica positiva cerchiata rappresenta il nucleo e gli elettroni interni di un atomo metallico. L'area grigia che circonda i cationi metallici indica il mare mobile di elettroni.

atomi di metallo in un cristallo possono essere immaginati come una serie di ioni positivi immersi in un mare di elettroni di valenza delocalizzati (Figura 6.29). La grande forza coesiva derivante dalla delocalizzazione è responsabile della solidità dei metalli. La mobilità degli elettroni delocalizzati rende i metalli ottimi conduttori di calore e di elettricità. Il ruolo della delocalizzazione elettronica nelle proprietà dei metalli (e dei semiconduttori) sarà discusso in modo più approfondito nel Paragrafo 6.4. La Tabella 6.2 riassume le caratteristiche dei quattro diversi tipi di cristalli.

6.3.5 Solidi amorfi

La forma cristallina è quella più stabile per i solidi. Tuttavia, se un solido è formato rapidamente (per esempio, quando un liquido viene raffreddato rapidamente), i suoi atomi o molecole non hanno il tempo di riorganizzarsi e possono rimanere bloccati in posizioni diverse da quelle di un normale cristallo. Il risultato è un solido detto *amorfo*. I ***solidi amorfi*** sono *solidi che non dispongono di una disposizione tridimensionale regolare degli atomi*. Studi di diffrazione a raggi X mostrano che i solidi amorfi non possiedono un ordine a lungo raggio. Da questo punto di vista, i solidi amorfi sono più simili ai liquidi che ai solidi cristallini. Il termine ***vetro*** è riservato ai *solidi amorfi prodotti dal rapido raffreddamento di un liquido*, anche se comunemente il termine vetro è utilizzato per indicare quei tipi di vetri il cui componente principale è il diossido di silicio, chiamati *vetri di silice*. In questo paragrafo, verranno discusse brevemente le proprietà del vetro di silice, uno dei materiali più preziosi e versatili della storia della civiltà. È anche uno dei materiali più antichi usati dall'uomo: reperti archeologici in vetro sono stati datati come risalenti al 1000 a.C. Il vetro di silice viene prodotto mescolando diossido di silicio fuso (SiO_2), il suo principale componente, con diversi composti come ossido di sodio (Na_2O), ossido di boro (B_2O) e ossidi di metalli di transizione (per il colore e altre proprietà). Al giorno d'oggi esistono circa 800 diversi tipi di vetro di uso comune. La Figura 6.30 mostra una rappresentazione schematica bidimensionale del diossido di silicio cristallino (quarzo) e del vetro di silice amorfo.

Il colore del vetro è principalmente dovuto alla presenza di ioni metallici (sotto forma di ossidi). Per esempio, il vetro verde contiene ossido di ferro (III), Fe_2O_3, o ossido di rame (II), CuO; il vetro giallo contiene ossido di uranio (IV), UO_2; il vetro blu contiene ossidi di cobalto (II) e rame (II) e il vetro rosso contiene piccole particelle di oro e di rame. Da notare che la maggior parte degli ioni menzionati derivano da metalli di transizione.

Tabella 6.2 Tipi di cristalli e proprietà generali

Tipo di cristallo	Forze che tengono unite le particelle	Proprietà generali	Esempi
Ionico	Attrazione elettrostatica	Durezza, fragilità, alto punto di fusione, bassa conducibilità elettrica e termica	NaCl, LiF, MgO, $CaCO_3$
Covalente	Legame covalente	Durezza, alto punto di fusione, bassa conducibilità elettrica e termica	C (diamante)† SiO_2 (quarzo)
Molecolare*	Forze di dispersione, interazioni dipolo-dipolo, legami idrogeno	Basso punto di fusione, bassa conducibilità elettrica e termica	Ar, CO_2, I_2, H_2O, $C_{12}H_{22}O_{11}$ (saccarosio)
Metallico	Legame metallico	Da teneri a duri, punti di fusione da bassi a elevati, buona conducibilità elettrica e termica	Tutti gli elementi metallici, per esempio: Na, Mg, Fe, Cu

* In questa categoria sono inclusi anche i cristalli monoatomici.
† Il diamante è un buon conduttore termico.

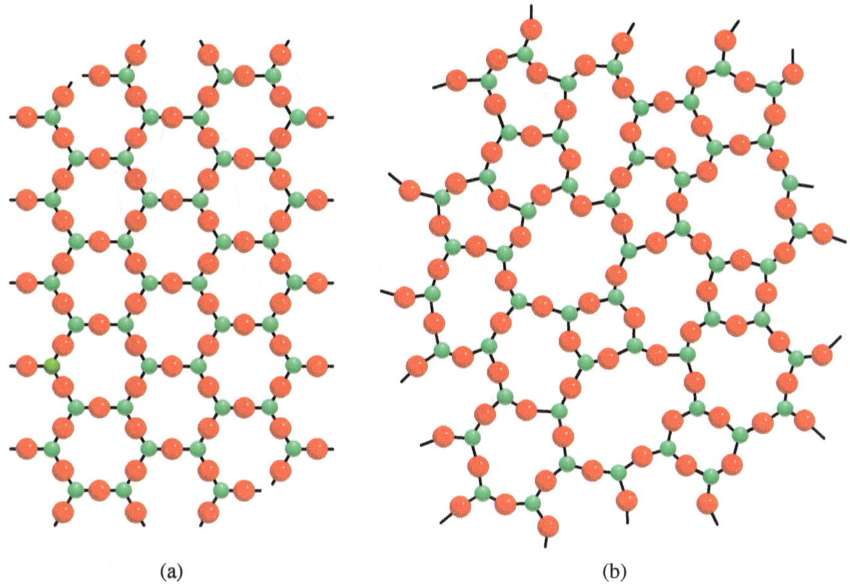

Figura 6.30 Rappresentazioni bidimensionali di (a) quarzo cristallino e (b) vetro di silice non cristallino. Le sfere piccole rappresentano il silicio. In realtà, la struttura del quarzo è tridimensionale. Ogni atomo di Si è legato a quattro atomi di O con simmetria tetraedrica.

6.4 Conduttori e semiconduttori

Nel Paragrafo 6.3 si è visto che la capacità dei metalli di condurre elettricità e calore può essere spiegata considerando il metallo come un insieme di ioni positivi immersi in un mare di elettroni di valenza delocalizzati e molto mobili. In questo Paragrafo, usando le conoscenze sulla meccanica quantistica e sulla teoria degli orbitali molecolari, verrà sviluppato un modello più dettagliato per lo studio della conducibilità dei metalli. Il modello utilizzato per studiare il legame metallico è la ***teoria delle bande di conducibilità***, così chiamata perché afferma che *elettroni delocalizzati possono muoversi liberamente attraverso le bande formate dalla sovrapposizione di orbitali molecolari*. La teoria delle bande verrà anche utilizzata per comprendere le proprietà di semiconduttori e isolanti.

6.4.1 Conduttori

I metalli sono caratterizzati da una elevata conducibilità elettrica. Si consideri, per esempio, il magnesio. La configurazione elettronica di un singolo atomo di magnesio è $1s^2 2s^2 2p^6 3s^2$, per cui ogni atomo ha due elettroni di valenza nell'orbitale $3s$. In un cristallo metallico, gli atomi sono impacchettati in maniera molto compatta e i livelli energetici di ogni atomo di magnesio risentono degli atomi immediatamente vicini. Nel Paragrafo 3.5, abbiamo visto che, in base alla teoria degli orbitali molecolari, l'interazione tra due orbitali atomici porta alla formazione di un orbitale molecolare legante e di un orbitale molecolare antilegante. Poiché il numero di atomi, anche in un piccolo frammento di magnesio, è enormemente grande (dell'ordine di 10^{20} atomi), il numero di orbitali molecolari che si formeranno sarà anch'esso molto grande. Questi orbitali molecolari sono così ravvicinati sulla scala di energia che sono più appropriatamente descritti come una "banda" (Figura 6.31). I livelli energetici ravvicinati *pieni* costituiscono la ***banda di valenza***. La metà superiore dei livelli energetici, corrisponde agli orbitali molecolari delocalizzati vuoti, derivanti dalla sovrapposizione degli orbitali $3p$. Questo insieme di livelli ravvicinati *vuoti* è detto ***banda di conduzione***.

Possiamo immaginare un cristallo metallico come una serie di ioni positivi immersi in un mare di elettroni di valenza delocalizzati (vedi Figura 6.29). La grande forza di coesione derivante dalla delocalizzazione è in parte responsabile della robustezza osservata nella maggior parte dei metalli.

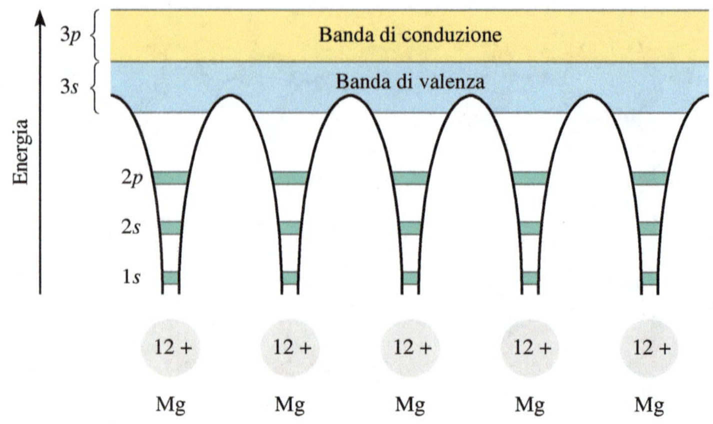

Figura 6.31 Formazione delle bande di conduzione nel magnesio. Gli elettroni negli orbitali 1*s*, 2*s* e 2*p* sono localizzati su ogni atomo di magnesio. Gli orbitali 3*s* e 3*p* si sovrappongono per formare orbitali molecolari delocalizzati. Gli elettroni in questi orbitali possono muoversi in tutto il metallo, e questo ne spiega la conducibilità elettrica.

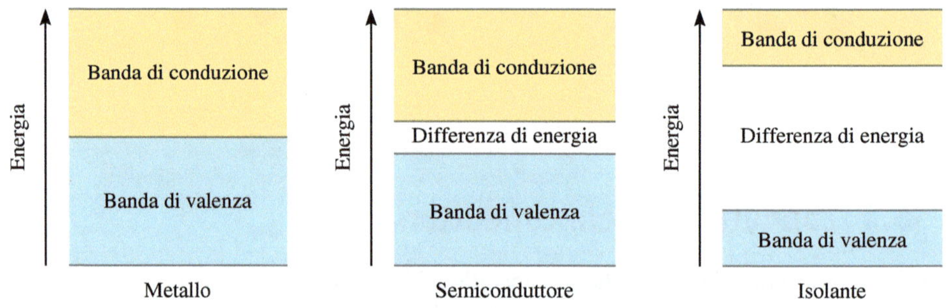

Figura 6.32 Confronto della differenza di energia tra la banda di valenza e la banda di conduzione in un metallo, un semiconduttore e un isolante. In un metallo tale differenza è praticamente inesistente, in un semiconduttore è piccola, e in un isolante è molto grande, rendendo difficile la promozione di un elettrone dalla banda di valenza alla banda di conduzione.

Dato che la banda di valenza e la banda di conduzione sono adiacenti, la quantità di energia necessaria per promuovere un elettrone di valenza alla banda di conduzione è trascurabile. L'elettrone può viaggiare liberamente attraverso il metallo perché la banda di conduzione è priva di elettroni. Questa libertà di movimento è il motivo per cui i metalli sono buoni ***conduttori***, cioè essi *sono in grado di condurre la corrente elettrica.*

Perché altre sostanze, come il vetro, non conducono l'elettricità come i metalli? La Figura 6.32 fornisce una risposta a questa domanda. Fondamentalmente, la conducibilità elettrica di un solido dipende dalla distanza e dallo stato di occupazione delle bande di energia. Nel magnesio e in altri metalli, le bande di valenza sono adiacenti alle bande di conduzione e, pertanto, questi metalli agiscono come conduttori. Nel vetro, al contrario, la distanza tra la banda di valenza e la banda di conduzione è notevolmente superiore a quella di un metallo. Di conseguenza, molta più energia è necessaria per promuovere un elettrone nella banda di conduzione. In mancanza di questa energia, gli elettroni non possono muoversi liberamente. Pertanto, il vetro è un ***isolante***, cioè *un pessimo conduttore di elettricità.*

6.4.2 Semiconduttori

Un certo numero di elementi e composti sono ***semiconduttori***, vale a dire che *normalmente non sono conduttori ma possono condurre elettricità a temperature elevate o se addizionati con piccole quantità di certi altri elementi.* Il silicio e il germanio, elementi del Gruppo 4A, sono particolarmente adatti per questo scopo. L'uso dei semiconduttori in transistor e celle solari, per citare solo due applicazioni, ha rivoluzionato l'industria elettronica negli ultimi decenni, portando a un aumento della miniaturizzazione dei dispositivi elettronici.

Il divario di energia tra le bande piene e vuote, nei semiconduttori, è molto inferiore a quello degli isolanti (vedi Figura 6.32). Se la temperatura è sufficientemente elevata, l'energia termica è in grado di fornire energia sufficiente per promuovere

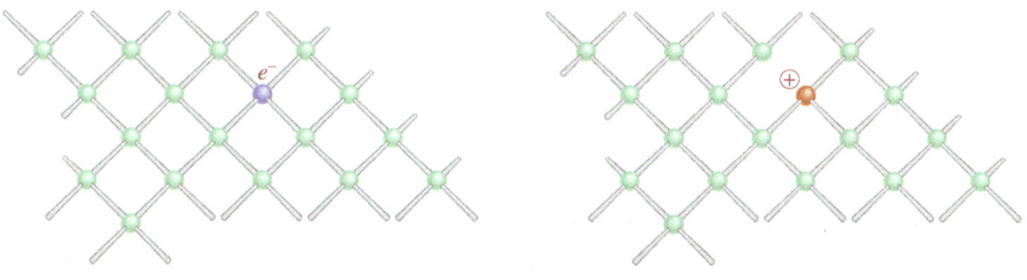

(a) (b)

Figura 6.33 (a) Silicio cristallino drogato con fosforo. (b) Silicio cristallino drogato con boro. Da notare la formazione di un centro negativo in (a) e di un centro positivo in (b).

elettroni dalla banda di valenza nella banda di conduzione, e il solido può condurre elettricità. Un ulteriore aumento della temperatura farà aumentare il numero di elettroni promossi nella banda di conduzione, per cui la conducibilità di un semiconduttore *aumenta* con l'aumentare della temperatura. Questo comportamento è opposto a quello dei metalli. La capacità di un metallo di condurre elettricità *diminuisce* all'aumentare della temperatura perché le maggiori vibrazioni degli atomi a temperature più alte ostacolano il movimento degli elettroni.

L'abilità di un semiconduttore a condurre elettricità può anche essere migliorata con l'aggiunta di piccole quantità di alcuni elementi, secondo un processo detto di *drogaggio* (o *doping*). Si consideri ciò che accade quando quantità di boro o fosforo in tracce sono aggiunte al silicio solido. Per ogni milione (circa) di atomi di Si, solo cinque di questi vengono sostituiti da atomi di B o P. La struttura del silicio allo stato solido è simile a quella del diamante: ogni atomo di Si è legato con legami covalenti ad altri quattro atomi di Si. Il fosforo ([Ne] $3s^2 3p^3$) ha un elettrone di valenza in più del silicio ([Ne] $3s^2 3p^2$), quindi, dopo aver usato quattro dei suoi elettroni di valenza per legarsi con altrettanti atomi di silicio, rimane un elettrone di valenza in più (Figura 6.33).

Questo elettrone in eccesso può essere rimosso dall'atomo di fosforo, applicando una tensione al solido. L'elettrone libero può muoversi attraverso la struttura e comportarsi come un elettrone di conduzione. Impurezze di questo tipo sono note come ***donatori*** (o *donori*) in quanto *forniscono gli elettroni di conduzione*. I *semiconduttori contenenti tracce di donatori* sono chiamati ***semiconduttori di tipo n***, dove *n* sta per negativo (la carica dell'elettrone "in eccesso"). L'effetto opposto si verifica se il silicio è drogato con tracce di boro. Un atomo di boro ha tre elettroni di valenza ($1s^2 2s^2 2p^1$). Così, per ogni atomo di boro nel silicio cristallino c'è una singola *lacuna* nell'orbitale di legame. È possibile promuovere un elettrone di valenza da un atomo di Si vicino in questo orbitale vuoto. La lacuna creata nell'atomo di Si può successivamente essere riempita da un elettrone di un atomo di Si adiacente, e così via. In questo modo, gli elettroni possono muoversi attraverso il cristallo in una direzione, mentre le lacune, o "buche", si muovono in direzione opposta, e il solido diventa un conduttore elettrico.

Impurezze che provocano carenza di elettroni sono dette ***accettori***. I *semiconduttori contenenti tracce di accettori* sono chiamati ***semiconduttori di tipo p***, dove *p* sta per positivo. Sia nei semiconduttori di tipo *p* che di tipo *n*, il divario di energia tra la banda di valenza e la banda di conduzione viene effettivamente ridotto, in modo che è necessaria solo una piccola quantità di energia per eccitare gli elettroni. Normalmente, la conducibilità di un semiconduttore viene aumentata di circa 100 000 volte, in presenza di donatori o accettori.

La crescita dell'industria dei semiconduttori sin dai primi anni '60 è stata davvero notevole. Oggi i semiconduttori sono componenti essenziali di quasi tutte le apparecchiature elettroniche, dalle radio ai televisori, ai computer alle calcolatrici tascabili. Uno dei vantaggi principali dei dispositivi a stato solido rispetto all'elettronica "valvolare" è che i primi possono essere fabbricati su un unico "chip" (letteralmente, *frammento*) di silicio, non più grande della sezione trasversale di una matita.

Approfondimento 6.2

Superconduttori ad alta temperatura

Metalli come il rame e l'alluminio sono buoni conduttori di elettricità ma possiedono una pur piccola resistenza elettrica. Infatti, fino a circa il 20% di energia può essere perduta, sotto forma di calore, quando cavi di questi metalli sono utilizzati per il trasporto della corrente elettrica. Non sarebbe meraviglioso se si potessero produrre cavi privi di resistenza elettrica?

In realtà, si è a conoscenza da oltre 90 anni che alcuni metalli e leghe metalliche, quando raffreddati a temperature molto basse (intorno al punto di ebollizione dell'elio, 4 K), perdono totalmente la loro resistenza elettrica. Tuttavia, non è pratico usare queste sostanze, chiamati *superconduttori*, per la trasmissione dell'energia elettrica: mantenere tali cavi elettrici a temperature così basse avrebbe dei costi proibitivi, che supererebbero di gran lunga il risparmio ottenuto trasportando in maniera più efficiente l'energia elettrica.

Nel 1986, in Svizzera, due fisici scoprirono una nuova classe di materiali, superconduttori a circa 30 K. Sebbene 30 K è ancora una temperatura molto bassa, il miglioramento rispetto ai 4 K fu così importante che il loro lavoro non solo destò un enorme interesse, ma diede anche il via a una frenetica attività di ricerca in ambito internazionale.

Nel giro di pochi mesi, alcuni scienziati sintetizzarono dei composti superconduttori a circa 95 K, ben al di sopra del punto di ebollizione dell'azoto liquido (77 K). La prima figura indica la struttura cristallina di uno di questi composti, un ossido misto di ittrio, bario e rame, con formula $YBa_2Cu_3O_x$ (dove $x = 6$ o 7). La seconda figura mostra un magnete sospeso sopra uno di questi superconduttori immerso in azoto liquido.

Nonostante l'entusiasmo iniziale, questa classe di superconduttori ad alta temperatura non ha pienamente mantenuto tutte le sue promesse. Dopo più di 20 anni di intensa attività di ricerca, la superconduttività risulta essere un fenomeno ancora non completamente compreso. Si è inoltre dimostrato difficile produrre fili di questi composti, e altri problemi tecnici ne hanno limitato il loro uso su vasta scala.

Un altro incoraggiante passo avanti è stato realizzato nel 2001, in Giappone: alcuni scienziati hanno scoperto che il diboruro di magnesio (MgB_2) diventa superconduttore a circa 40 K.

Anche se deve essere utilizzato il neon liquido (punto di ebollizione = 27 K) come refrigerante, in-

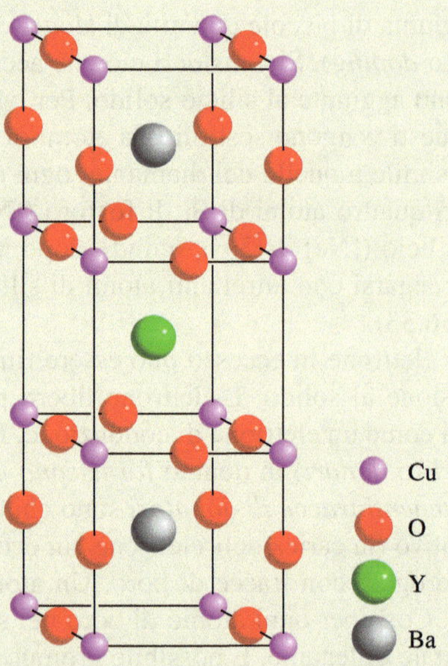

Struttura cristallina di $YBa_2Cu_3O_x$ (dove = 6 o 7). Dato che alcuni dei siti degli atomi di ossigeno sono vuoti, la formula non è costante.

Di conseguenza, molti dispositivi possono essere "compressi" in un piccolo volume, una questione di particolare importanza per i viaggi spaziali, così come per i dispositivi palmari e per i microprocessori.

Sommario

Paragrafo 6.1

- Le forze intermolecolari governano il processo di condensazione nonché la struttura e le proprietà dei liquidi.
- La funzione di distribuzione radiale descrive la struttura di un liquido a livello molecolare.
- I liquidi tendono ad assumere una geometria che ne minimizzi la superficie. La tensione superficiale è l'energia necessaria per espandere una superficie liquida; forti interazioni intermolecolari portano a una maggiore tensione superficiale.
- La viscosità è una misura della resistenza allo scorrimento di un liquido, e diminuisce con l'aumentare della temperatura.

La levitazione di un magnete sopra un superconduttore ad alta temperatura immerso in azoto liquido.

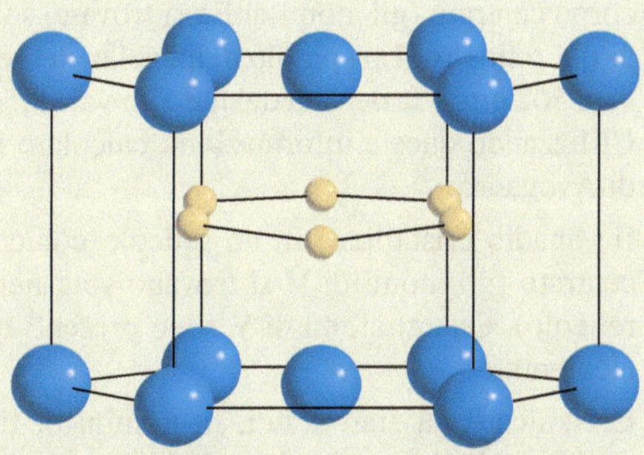

Struttura cristallina di MgB_2. Gli atomi di magnesio (blu) formano uno strato esagonale, mentre gli atomi di boro (giallo) costituiscono uno strato a nido d'ape analogo a quello della grafite.

Un treno a levitazione che viaggia su materiali superconduttori alla temperatura dell'elio liquido.

vece dell'azoto liquido, è comunque più conveniente che utilizzare elio liquido. Il magnesio diboruro ha diversi vantaggi come superconduttore ad alta temperatura. In primo luogo, si tratta di un composto poco costoso (circa € 2 al grammo). In secondo luogo, il meccanismo della superconduttività nel MgB_2 è simile a quello, conosciuto, delle leghe metalliche superconduttrici a 4 K. In terzo luogo, rispetto ai composti precedentemente studiati, è un composto più facile da ridurre in fili e film sottili. Per mezzo di ulteriori ricerche, si spera che, in un prossimo futuro, vari tipi di superconduttori ad alta temperatura possano essere utilizzati per costruire supercomputer (la cui velocità è limitata anche da quanto velocemente viaggia la corrente elettrica); acceleratori di particelle più potenti; dispositivi per la fusione nucleare più efficienti e apparati per la risonanza magnetica di uso medicale più precisi. I progressi nella superconduttività ad alta temperatura, dopotutto, sono ancora solo in fase iniziale.

Paragrafo 6.2

- I solidi possono essere cristallini (con una struttura regolare di atomi, ioni o molecole) o amorfi (senza una struttura regolare). Il vetro è un esempio di solido amorfo.
- L'unità strutturale di base di un solido cristallino è la cella elementare, che si ripete per formare un reticolo cristallino tridimensionale. La diffrazione a raggi X ha fornito gran parte della nostra conoscenza sulla struttura cristallina.

Paragrafo 6.3

- I quattro tipi di cristalli e le forze che tengono unite le loro particelle sono: cristalli ionici, tenuti insieme dal legame ionico; cristalli covalenti, legame covalente; cristalli molecolari, forze di van der Waals e/o legame idrogeno; cristalli metallici, legame metallico.

Paragrafo 6.4

- Il legame metallico può essere pensato come l'attrazione esistente tra ioni positivi immersi in un mare di elettroni. In termini della teoria delle bande, gli orbitali atomici si fondono per formare bande di energia. Una sostanza è un conduttore quando gli elettroni possono essere facilmente promossi nella banda di conduzione, dove essi sono liberi di muoversi attraverso la sostanza.
- Negli isolanti, il divario di energia tra la banda di valenza e la banda di conduzione è talmente grande che gli elettro-

ni non possono essere promossi nella banda di conduzione. Nei semiconduttori, gli elettroni possono superare il divario energetico se portati a temperature più alte; la conduttività aumenta con l'aumentare della temperatura e più elettroni sono in grado di raggiungere la banda di conduzione.

- I semiconduttori di tipo *n* contengono tracce di donatori ed elettroni in eccesso. I semiconduttori di tipo *p* contengono tracce di accettori e lacune (o "buche").

Problemi

Soluzioni dei problemi dispari sul sito www.mheducation.it

6.1 Liquidi

6.1 Etanolo (C_2H_5OH) e dimetil etere (CH_3OCH_3) hanno stessa formula empirica ma diverse strutture molecolari. Prevedere quale dei due avrà la più alta tensione superficiale.

6.2 Qual è il significato del punto critico nella liquefazione di gas?

6.3 Prevedere la viscosità del glicole etilenico rispetto a quella dell'etanolo e del glicerolo (vedi Tabella 6.1).

CH_2—OH
|
CH_2—OH *glicole etilenico*

6.4 L'acqua ha una tensione superficiale insolitamente grande. Spiegare.

6.5 Fornire un'interpretazione molecolare della diminuzione della tensione superficiale di un liquido con l'aumentare della temperatura.

6.6 All'aumentare della temperatura, come varia la viscosità di un liquido? Spiegare.

6.7 Il composto diclorodifluorometano (CCl_2F_2), ha il punto di ebollizione normale a –30 °C, temperatura critica a 112 °C e una pressione critica corrispondente di 40,5 bar. Se viene compresso a 18 bar a 20 °C, il gas condensa? La risposta dovrebbe essere basata su un'interpretazione grafica.

6.8 La funzione di distribuzione radiale $g(r)$ per l'argon liquido è stata mostrata in Figura 6.4. Come ci si aspetta che differisca la $g(r)$ per il krypton liquido da quella per l'argon?

6.9 Spiegare la differenza tra i punti di fusione dei seguenti composti.
(*Suggerimento*: Solo uno di essi può formare legami idrogeno intramolecolari.)

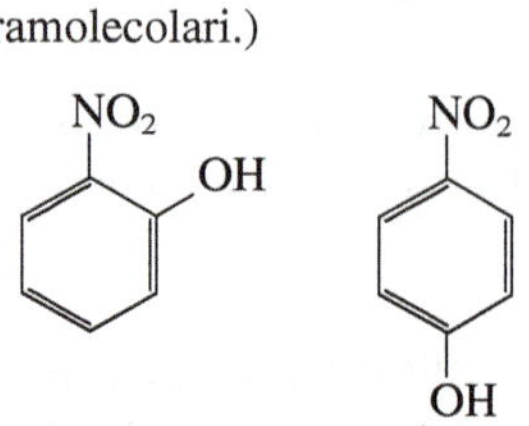

p.f. 45 °C p.f. 115 °C

6.2 Solidi cristallini

6.10 Qual è il numero di coordinazione di ciascuna sfera in: (a) una cella cubica semplice, (b) una cella cubica a corpo centrato, (c) una cella cubica a facce centrate? Si assuma che le sfere siano tutte uguali.

6.11 Calcolare il numero di sfere che si trovano all'interno di una cella cubica semplice, una cella cubica a corpo centrato e una cella cubica a facce centrate. Si assuma che le sfere siano tutte uguali.

6.12 Il ferro metallico cristallizza in un reticolo cubico a corpo centrato. Lo spigolo della cella elementare misura 287 pm. La densità del ferro è 7,87 g cm^{-3}. Quanti sono gli atomi di ferro all'interno della cella elementare?

6.13 Il bario metallico cristallizza in un reticolo cubico a corpo centrato (gli atomi di Ba si trovano solo nei nodi del reticolo). Lo spigolo della cella elementare misura 502 pm, e la densità del metallo vale 3,50 g cm^{-3}. Utilizzando queste informazioni, calcolare il numero di Avogadro.

6.14 Il vanadio cristallizza in un reticolo cubico a corpo centrato (gli atomi di V si trovano solo nei nodi del reticolo). Quanti atomi di V sono presenti nella cella elementare?

6.15 Classificare gli stati solidi, in termini di tipi di cristallo, degli elementi del secondo periodo della tavola periodica. Predire l'andamento dei loro punti di fusione e di ebollizione.

6.16 Il silicio cristallino ha una struttura cubica. Lo spigolo della cella elementare misura 543 pm. La densità del solido è 2,33 g cm^{-3}. Quanti sono gli atomi di silicio all'interno di una cella elementare?

6.17 Descrivere il significato dei seguenti termini: cella elementare, nodo reticolare, solido covalente, numero di coordinazione.

6.18 Un reticolo cubico a facce centrate contiene 8 X atomi ai vertici della cella e 6 Y atomi sulle facce. Qual è la formula empirica del solido?

6.19 Quando i raggi X di lunghezza d'onda 0,85 Å sono diffratti da un cristallo metallico, l'angolo di diffrazione del primo ordine ($n = 1$) è pari a 14,8°. Qual è la distanza (in pm) tra gli strati di atomi responsabili per la diffrazione?

6.20 Il ferro metallico cristallizza in un reticolo cubico a corpo centrato. Lo spigolo della cella elementare, come determinato da diffrazione dei raggi X, misura 286,8 pm. Dato che la densità del ferro è 7,874 g cm^{-3}, calcolare il numero di Avogadro.

6.3 Classificazione dei solidi

6.21 Un solido è duro, fragile e non conduce la corrente elettrica. Il suo stato fuso (la sostanza stessa in fase liquida) e una soluzione acquosa del solido stesso, invece, presentano conducibilità elettrica. Classificare il solido.

6.22 Un solido è facilmente sgretolabile e ha un basso punto di fusione (al di sotto dei 100 °C). Il solido stesso, il suo stato fuso (la sostanza stessa in fase liquida) e una sua soluzione acquosa, non presentano conducibilità elettrica. Classificare il solido.

6.23 Un solido è molto duro e ha un alto punto di fusione. Né allo stato solido e né allo stato fuso conduce elettricità. Classificare il solido.

6.24 Quale dei seguenti solidi sono molecolari e quali covalenti? Se_8, HBr, Si, CO_2, C, P_4O_6, SiH_4.

6.25 Classificare lo stato solido delle seguenti sostanze come cristalli ionici, cristalli covalenti, cristalli molecolari o cristalli metallici: (a) CO_2, (b) B_{12}, (c) S_8, (d) KBr, (e) Mg, (f) SiO_2, (g) LiCl, (h) Cr.

6.26 Classificare gli stati solidi, in termini di tipi di cristallo, degli elementi del terzo periodo della tavola periodica. Predire l'andamento dei loro punti di fusione e di ebollizione.

6.27 I punti di fusione degli ossidi degli elementi del terzo periodo sono indicati tra parentesi: Na_2O (1275 °C), MgO (2800 °C), Al_2O_3 (2045 °C), SiO_2 (1610 °C), P_4O_{10} (580 °C), SO_3 (16,8 °C), Cl_2O_7 (–91,5 °C). Classificare questi solidi in termini di tipo di cristallo.

6.28 Spiegare perché il diamante è più duro della grafite. Perché la grafite è un conduttore elettrico ma il diamante non lo è?

6.29 Senza fare riferimento a tabelle di dati chimici, decidere quale dei seguenti solidi è più denso: diamante o grafite.

6.4 Conduttori e semiconduttori

6.30 La conducibilità dei metalli generalmente diminuisce con l'aumentare della temperatura. Fornire una spiegazione sulla base della teoria delle bande.

6.31 La conducibilità di un semiconduttore aumenta con l'aumentare della temperatura. Fornire una spiegazione sulla base della teoria delle bande.

6.32 Indicare che tipo di semiconduttore diventerebbe (tipo *n* o tipo *p*) il silicio, in seguito ad aggiunta di tracce dei seguenti elementi: Ga, Sb, Al, As.

6.33 La differenza di energia tra le bande (o *banda proibita*, o *band gap*) nel silicio è di 1,14 eV. Calcolare la frequenza delle radiazioni elettromagnetiche necessaria a promuovere un elettrone dalla banda di valenza alla banda di conduzione.

6.34 Perché i metalli sono lucidi?

Problemi supplementari

6.35 Quale delle seguenti proprietà, in un liquido, indicano interazioni molecolari molto forti: (a) tensione superficiale molto bassa; (b) temperatura critica molto bassa; (c) punto di ebollizione molto basso; (d) pressione di vapore molto bassa.

6.36 Basandosi sulle proprietà del boro elementare, classificarlo come uno dei solidi cristallini discussi nel Paragrafo 6.1: alto punto di fusione (2300 °C), bassa conducibilità termica ed elettrica, insolubilità in acqua, alta durezza.

6.37 Chi avrà una maggiore densità, SiO_2 cristallino o SiO_2 amorfo? Perché?

6.38 Una piccola goccia di olio in acqua assume una forma sferica. Spiegare.

6.39 Quale liquido ci si aspetta che abbia maggiore viscosità: l'acqua o l'etere etilico ($CH_3—CH_2—O—CH_2CH_3$)?

6.40 I chip di silicio utilizzati nei computer devono avere un livello di impurezza inferiore a 10^{-9} (cioè meno di un atomo di impurezza per ogni 10^9 atomi di Si). Il silicio è preparato per riduzione del quarzo (SiO_2) con coke (un residuo solido carbonioso ottenuto mediante distillazione distruttiva del carbone) a circa 2000 °C:

$$SiO_2(s) + 2C(s) \longrightarrow Si(l) + 2CO(g)$$

Successivamente, il silicio solido viene separato dalle altre impurezze solide per trattamento con acido cloridrico a 350°C, per dare triclorosilano gassoso ($SiCl_3H$):

$$Si(s) + 3HCl(g) \longrightarrow SiCl_3H(g) + H_2(g)$$

Infine, il Si ultrapuro si ottiene facendo avvenire la reazione inversa della precedente, a 1000 °C:

$$SiCl_3H(g) + H_2(g) \longrightarrow Si(s) + 3HCl(g)$$

(a) Quali tipi di cristalli formano Si e SiO_2?

(b) Il silicio ha una struttura cristallina simile al diamante (vedi Figura 6.27). Ogni cella elementare cubica (lunghezza dello spigolo a = 543 pm) contiene otto atomi di silicio. Se vi sono $1{,}0 \times 10^{13}$ atomi di boro per centimetro cubico in un campione di silicio puro, quanti atomi di Si ci sono per ogni atomo di B nel campione? Questo campione soddisfa i requisiti di purezza che deve avere il silicio impiegato in componenti elettroniche (impurezze $<10^{-9}$)?

6.41 Il carbonio e il silicio appartengono al Gruppo 4A della tavola periodica e hanno la stessa configurazione degli elettroni di valenza (ns^2np^2). Perché il diossido di silicio (SiO_2) ha un punto di fusione molto più elevato del diossido di carbonio (CO_2)?

6.42 Uno dei primi modelli ipotizzati per il legame metallico prevedeva la condivisione (non delocalizzata) di coppie di elettroni tra gli atomi di metallo. Quale evidenza aiuta a confutare questo punto di vista?

6.43 L'argento cristallizza in un reticolo cubico a facce centrate; la lunghezza dello spigolo è 4,08 Å e la densità del metallo è 10,5 g cm^{-3}. Da questi dati, calcolare il numero di Avogadro.

6.44 Quando raggi X di lunghezza d'onda di 0,090 nm sono diffratti da un cristallo metallico, l'angolo di diffrazione del primo ordine (n = 1) è pari a 15,2°. Qual è la distanza (in pm) tra gli strati di atomi responsabili della diffrazione?

6.45 La distanza tra gli strati in un cristallo di NaCl è pari a 282 pm. Dei raggi X sono diffratti da questi strati di un angolo di 23,0°. Supponendo che $n = 1$, calcolare la lunghezza d'onda dei raggi X (in nm).

6.46 L'europio cristallizza in un reticolo cubico a corpo centrato (gli atomi di Eu si trovano solo nei nodi del reticolo). La densità dell'europio è 5,26 g cm^{-3}. Calcolare la lunghezza dello spigolo della cella elementare (in pm).

6.47 Una misura di quanto efficientemente siano impacchettate le sfere in una cella elementare è l'*efficienza di impacchettamento*, che è la percentuale di spazio della cella occupato dalle sfere. Calcolare l'efficienza di impacchettamento di una cella cubica semplice, a corpo centrato e a facce centrate. (*Suggerimento*: Fare riferimento alla Figura 6.21, ricordando che il volume di una sfera è $4\pi r^3/3$.)

6.48 L'argon cristallizza nella disposizione cubica a facce centrate a 40 K. Dato che il raggio atomico dell'argon è 191 pm, calcolare la densità dell'argon allo stato solido.

6.49 Quando si sceglie un olio motore, ci si trova di fronte a codici riguardanti la sua viscosità del tipo SAE 30 o 10W-40. Che cosa significano queste denominazioni in termini di viscosità dell'olio motore? In che modo le differenze a livello molecolare tra gli olii motore a grado singolo e multigrado danno luogo a differenze in termini di prestazioni? (Per rispondere a questo problema, consultare materiali di studio addizionali).

6.50 Stimare la distanza (in Å) tra le molecole di vapore acqueo a 100 °C e 1,0 bar. Si supponga che il comportamento del gas sia ideale. Ripetere il calcolo per l'acqua liquida a 100 °C, sapendo che la densità dell'acqua a 100 °C e 1,0 bar è 0,96 g cm^{-3}. Commentare i risultati. (Il diametro di una molecola di H_2O è di circa 3 Å.)

6.51 Sapendo che la densità del CsCl solido è 3,97 g cm^{-3}, calcolare la distanza tra gli ioni adiacenti Cs^+ e Cl^-.

6.52 La distanza tra Li^+ e Cl^- è 257 pm nel sale solido e 203 pm nell'unità LiCl in fase gassosa. Spiegare la differenza delle lunghezze di legame.

6.53 Il ferro metallico può esistere in forma β (bcc, dimensione cella = 2,90 Å) e in forma γ (fcc, dimensione cella = 3,68 Å). La forma β può essere convertita nella forma γ mediante l'applicazione di alte pressioni. Calcolare il rapporto tra la densità della forma β e la densità della forma γ.

6.54 Un metallo alcalino sotto forma di un cubo di spigolo 0,171 cm è vaporizzato in un contenitore di volume 0,843 l a 1235 K. La pressione di vapore è 19,2 mmHg. Identificare il metallo calcolandone il raggio atomico (in pm) e la densità. (Consultare un manuale di proprietà chimiche e fisiche.)

6.55 La conducibilità elettrica del rame metallico diminuisce con la temperatura, ma quella di una soluzione acquosa di $CuSO_4$ aumenta con la temperatura. Spiegare.

6.56 Il polonio forma un reticolo cubico semplice. Se la densità del polonio è 9,196 g cm^{-3}, calcolare la lunghezza dello spigolo del reticolo.

6.57 Il diamante presenta un'ottima conducibilità termica. Spiegare. (Consultare materiali di studio addizionali.)

6.58 Perché esistono i punti critici per le transizioni liquido-gas, ma non per le transizioni solido-liquido?

6.59 Al punto critico, la pendenza $[(\frac{\partial P}{\partial V})_T]$ e la curvatura $[(\frac{\partial^2 P}{\partial V^2})_T]$ lungo l'isoterma critica sono pari a zero. Utilizzare queste condizioni per derivare le Equazioni 6.1, 6.2 e 6.3 per il volume critico, la pressione e la temperatura di un sistema che segue l'equazione di stato di van der Waals (Equazione 5.42).

Soluzioni dei problemi di autovalutazione

6.1 10,50 g cm^{-3} **6.2** 315 pm **6.3** due **6.4** 361 pm

CAPITOLO 7

Termochimica

Tutte le reazioni chimiche obbediscono a due leggi fondamentali: la legge della conservazione della massa e la legge della conservazione dell'energia. Si è discussa la relazione di massa fra reagenti e prodotti nel Capitolo 0; in questo capitolo si studieranno le variazioni di energia che accompagnano una trasformazione fisica o chimica.

7.1 Termodinamica

Qualsiasi processo che avvenga in natura è accompagnato da una ridistribuzione di energia, sia tra sistema e ambiente circostante, sia all'interno del sistema stesso. Quando una palla rotola lungo una discesa, per esempio, l'energia potenziale gravitazionale è convertita in energia cinetica del moto della palla e, inoltre, una parte di energia è ceduta all'ambiente (il piano inclinato della discesa) sotto forma di attrito. Anche se l'energia viene ridistribuita, la quantità totale non cambia. Anche durante una reazione chimica si osserva variazione di energia poiché è necessaria una certa quantità di energia per rompere i legami nelle molecole dei reagenti e poi, quando si formano i nuovi legami nelle molecole dei prodotti, un'altra quantità di energia viene rilasciata.

La ridistribuzione delle energie nelle reazioni chimiche è esemplificata nella reazione tra idrogeno e cloro per formare acido cloridrico:

$$H_2(g) + Cl_2(g) \longrightarrow 2HCl(g)$$

In questa reazione, l'energia emessa durante la formazione di due legami H—Cl nel prodotto è maggiore della quantità richiesta per rompere i legami H—H e Cl—Cl nei reagenti. Si può stimare questa energia usando l'energia di dissociazione di legame (si veda la Tabella 3.3.) L'energia emessa quando si formano due moli di H—Cl è data da:

$$\begin{aligned} \text{energia emessa} &= 2\,D_0(\text{H—Cl}) \\ &= 2\,(427{,}6 \text{ kJ mol}^{-1}) \\ &= 855{,}2 \text{ kJ mol}^{-1} \end{aligned}$$

L'energia necessaria per rompere i legami nei reagenti è

$$\begin{aligned} \text{energia in entrata} &= D_0(\text{H—H}) + D_0(\text{Cl—Cl}) \\ &= 432{,}0 \text{ kJ mol}^{-1} + 240{,}2 \text{ J mol}^{-1} \\ &= 672{,}2 \text{ kJ mol}^{-1} \end{aligned}$$

L'energia totale emessa è

$$\text{energia emessa} = 855{,}2 \text{ kJ mol}^{-1} - 672{,}2 \text{ kJ mol}^{-1} = 183{,}0 \text{ kJ mol}^{-1}$$

Questa energia può essere o assorbita dall'ambiente o usata per far aumentare la temperatura (l'energia cinetica media) del sistema di reazione.

La ridistribuzione dell'energia nelle reazioni chimiche è governata dalla ***termodinamica***, che è *lo studio dell'energia e delle sue trasformazioni da una forma a un'altra nei sistemi macroscopici*. La termodinamica non solo descrive le variazioni di energia che si hanno nei processi macroscopici, ma dà anche informazioni circa il fatto che un processo chimico sia possibile in determinate condizioni. In questo capitolo si studierà prima di tutto la ***termochimica*** che è una branca della termodinamica ed è *lo studio della variazione di energia che accompagna una reazione chimica*.

7.1.1 Energia, lavoro e calore

Quando si studia la termodinamica, non si è interessati alla quantità assoluta di energia posseduta da un oggetto in virtù della sua situazione di moto complessivo – una tazzina di caffè a 60 °C e 1 bar di pressione all'interno di un'auto è esattamente la stessa, in senso termodinamico, sia che la macchina stia viaggiando a 100 km h^{-1} sia che stia ferma a un incrocio. *L'energia di un sistema che rimane quando si sottrae l'energia cinetica del moto complessivo è chiamata* ***energia interna***, *U*:

$$U = E_{\text{totale}} - E_{\text{moto}}$$

A livello molecolare, l'energia interna di un sistema è la somma dell'energia cinetica e potenziale. I contributi di energia cinetica sono di diverso tipo e comprendono i moti molecolari di traslazione, rotazione e vibrazione e anche i moti elettronici. I contributi di energia potenziale derivano dall'interazione attrattiva fra elettroni e nucleo e dall'interazione repulsiva fra nuclei e fra elettroni in ciascuna molecola, oltre che dalle interazioni intermolecolari.

Si ricordi dal Paragrafo 0.1 che si può cambiare l'energia di un oggetto compiendo lavoro su di esso; la quantità di lavoro compiuto sull'oggetto è il prodotto della forza applicata F per lo spostamento relativo d dell'oggetto (Equazione 0.2):

$$w = F \times d$$

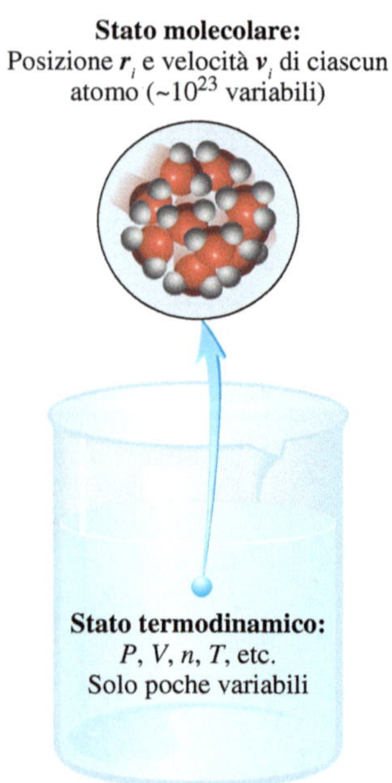

Figura 7.1 Descrizione a livello molecolare e a livello termodinamico (macroscopico) di un bicchiere d'acqua.

Si può immaginare di usare questa equazione per determinare la variazione di energia interna di un sistema macroscopico in termini di lavoro compiuto durante il processo su ogni atomo o molecola. Questo è ovviamente impossibile, poiché lo ***stato molecolare*** (o ***microstato***) di un sistema macroscopico è dato in termini di posizione e velocità di *tutti* gli atomi e le molecole del sistema. Determinare il lavoro richiede la conoscenza di tutte le forze che agiscono su tutti i 10^{23} o più atomi e molecole coinvolte nel processo, e di tutti i rispettivi spostamenti. Questa descrizione non solo sarebbe impossibile da formulare a causa dell'elevato numero di atomi e di molecole coinvolti in un sistema macroscopico, ma non sarebbe neanche interessante poiché non si descrivono sistemi macroscopici in termini dei loro stati molecolari.

Da un punto di vista termodinamico, conoscere la pressione P, il volume V e la temperatura T di un bicchiere d'acqua è sufficiente per descrivere in maniera completa le sue proprietà macroscopiche. Due campioni d'acqua esattamente alla stessa pressione, volume e temperatura sono termodinamicamente identici, e si dice che sono nello stesso ***stato termodinamico*** (o ***macrostato***). (Le quantità P, V e T sono dette *variabili termodinamiche*.) Come notato in precedenza, sarebbero necessarie circa 10^{23} variabili per descrivere con esattezza lo stato molecolare di un bicchiere d'acqua, ma un numero molto minore (tre in questo caso) per determinare il suo stato termodinamico. Questa riduzione di variabili (si veda la Figura 7.1) è una notevole semplificazione; tuttavia, essa ha conseguenze importanti sulle variazioni di energia del

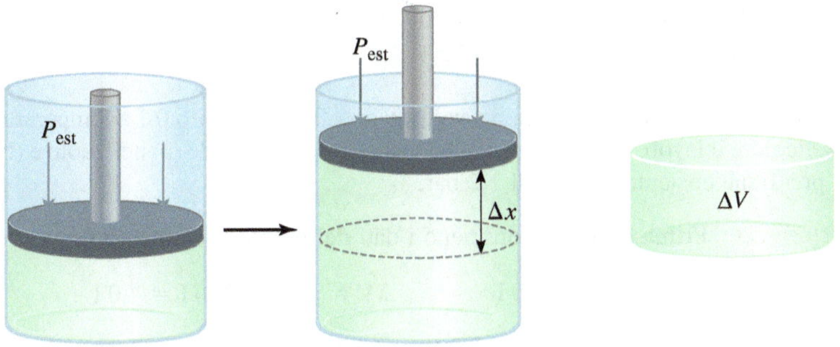

Figura 7.2 Espansione di un gas contro una pressione esterna costante (come la pressione atmosferica). Il gas è spinto in un cilindro con un pistone mobile senza peso. Il lavoro compiuto è dato da $-P_{est}\Delta V$.

sistema. Per sistemi termodinamici, si deve distinguere fra l'energia trasferita al sistema sotto forma di *lavoro* e quella sotto forma di *calore.*

Il ***lavoro***, in senso termodinamico, è *l'energia che è trasferita al sistema mediante il cambiamento di una variabile macroscopica, per esempio il volume, contro una forza che si oppone, per esempio la pressione*. Ha un vasto significato che include: il lavoro meccanico (per esempio la compressione o espansione di un gas), il lavoro elettrico (una batteria che fornisce elettroni per accendere una lampadina) e il lavoro di superficie (la formazione di bolle di sapone). In questo paragrafo ci si concentrerà sul lavoro meccanico; nel Capitolo 13, si discuterà il lavoro elettrico.

La Figura 7.2 illustra il lavoro meccanico di espansione (o compressione) di un gas. Si supponga che un gas sia inserito in un cilindro fornito di un pistone mobile senza peso e senza attrito a una certa temperatura, pressione e volume. Mentre esso si espande, il gas spinge il pistone in alto a una distanza Δx opponendosi alla pressione atmosferica esterna P_{est}, che è definita dalla forza F_{est} per unità di area A (Equazione 5.1). Usando l'Equazione 0.2, il lavoro compiuto sul gas dal pistone è

$$w = -F_{est} \times \Delta x = -(F_{est}/A) \times (A \times \Delta x)$$

che dà

$$w = -P_{est}\Delta V \qquad \textbf{(7.1)}$$

dove ΔV, la variazione di volume, è data da $A\ \Delta x$. Il segno meno nell'Equazione 7.1 è necessario poiché si è definito w come lavoro compiuto *sul* sistema. Per l'espansione di un gas, $\Delta V > 0$, per cui $-P_{est}\Delta V$ è una quantità negativa. Per la compressione di un gas, $\Delta V < 0$, per cui $-P_{est}\Delta V$ è una quantità positiva. Se P è zero (cioè, se il gas si espande nel vuoto), il lavoro deve essere zero. Al limite, per cambiamenti di volume infinitamente piccoli ($\Delta V \longrightarrow dV$), si ha

$$dw = -P_{est}\, dV \qquad \textbf{(7.2)}$$

Per cui, se P_{est} non è costante, il lavoro può essere calcolato integrando l'Equazione 7.2 ottenendo

$$w = -\int_{V_1}^{V_2} P_{est}\, dV \qquad \textbf{(7.3)}$$

Anche se si è usato un gas come esempio, le Equazioni 7.1 e 7.3 sono applicabili anche nel caso di compressioni ed espansioni di liquidi e di solidi.

In accordo con l'Equazione 7.1, l'unità di misura del lavoro è litri-bar (l bar). Per esprimere il lavoro in unità di J, si sfrutta l'equivalenza che 1 bar = 10^5 pascal (Pa) e che 1 Pa = 1 N m^{-2}. Inoltre un litro è un decimetro cubo (1 l = 1,0 dm^3 = 10^{-3} m^3), per cui

$$1\ \text{l bar} = (10^{-3}\ \text{m}^3)(10^5\ \text{N m}^{-2}) = 10^2\ \text{N m} = 100\ \text{J}$$

dove 1 J = 1 N m.

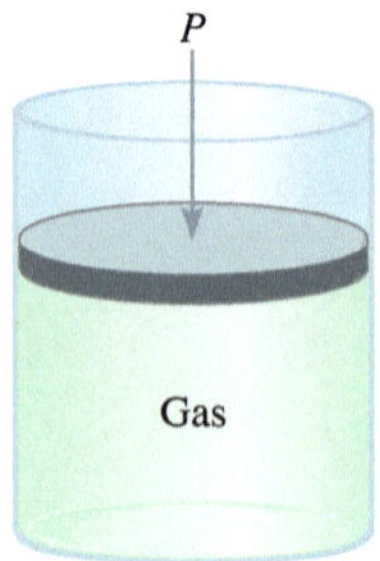

Esempio 7.1

Un campione gassoso si espande da un volume di 2,0 l a uno di 6,0 l a temperatura costante. Calcolare il lavoro (in J) compiuto dal gas se esso si espande (a) nel vuoto e (b) contro una pressione costante esterna di 1,2 bar.

Impostazione Prima di tutto si ordinano i dati del problema come segue

$$\textit{Volume iniziale} = 2{,}0\ \text{l} \qquad \Delta V = (6{,}0 - 2{,}0)\ \text{l} = 4{,}0\ \text{l}$$

$$\textit{Volume finale} = 6{,}0\ \text{l}$$

$$\text{(a) } P_{\text{est}} = 0 \qquad \text{(b) } P_{\text{est}} = 1{,}2\ \text{bar}$$

Successivamente, si introducono questi dati nell'Equazione 7.1 poiché il lavoro compiuto da un gas che si espande è uguale al prodotto della pressione esterna per la variazione di volume. Qual è il fattore di conversione fra l bar e J?

Soluzione

(a) Siccome la pressione esterna nel vuoto è zero, non viene compiuto lavoro in questa espansione.

$$w = -P\Delta V = -(0\ \text{bar})(4{,}0\ \text{l}) = 0$$

(b) La pressione esterna è 1,2 bar, per cui

$$w = -P\Delta V = -(1{,}2\ \text{bar})(4{,}0\ \text{l}) = -4{,}8\ \text{l bar}$$

Per convertire la risposta in J, si scrive

$$w = -4{,}8\ \text{l bar} \times \frac{100\ \text{J}}{1\ \text{l bar}} = -4{,}8 \times 10^2\ \text{J}$$

Verifica Siccome questo problema descrive l'espansione di un gas (il lavoro è compiuto dal sistema sull'ambiente), il lavoro del sistema in (b) ha segno negativo. Anche se i volumi iniziale e finale del gas sono identici in entrambi i casi, il lavoro svolto nei due processi è diverso. In altre parole, il lavoro dipende dal percorso seguito.

Problema di autovalutazione Un gas si espande da 264 ml a 971 ml a temperatura costante. Calcolare il lavoro compiuto (in J) se il gas si espande (a) nel vuoto e (b) contro una pressione costante di 4,00 bar.

Termodinamicamente, il termine *lavoro* si applica solo alla variazione di energia dovuta allo spostamento di variabili meccaniche macroscopiche contro una forza che si oppone. Tuttavia, questo non tiene in considerazione tutta l'energia che viene trasferita a un sistema durante un processo. Parte dell'energia è trasferita alle molte variabili molecolari non macroscopiche che sono state ignorate nella descrizione del sistema. Questo trasferimento di energia è il ***calore***, che può essere definito come *il trasferimento di energia termica fra due corpi dovuto unicamente alla loro differenza di temperatura.* La quantità di energia trasferita come calore è generalmente indicata dal simbolo q.

Si supponga per esempio di avere un gas a temperatura T_1 in un contenitore rigido ma termicamente conduttore (si veda la Figura 7.3). Se questo contenitore è po-

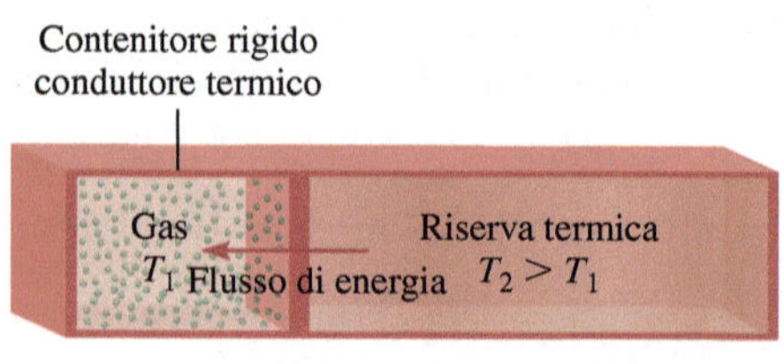

Figura 7.3 Quando un campione di gas a temperatura T_1 in un contenitore rigido ma conduttore termico è messo a contatto con un altro sistema a temperatura più elevata $T_2 > T_1$, l'energia sotto forma di flusso di calore passa dall'oggetto a più alta temperatura al campione gassoso, ma non viene compiuto lavoro.

sto a contatto termico con un oggetto a temperatura T_2, dove $T_2 > T_1$, l'energia passerà dal corpo più caldo al contenitore del gas, aumentandone la temperatura (cioè l'energia cinetica media). Siccome il contenitore è rigido, ΔV vale zero e quindi non viene compiuto lavoro. L'energia va direttamente ad aumentare il moto termico delle molecole del gas, e si dice che l'energia viene fornita al gas sotto forma di calore. Anche se spesso si parla di "flusso di calore" da un oggetto caldo a uno freddo, è importante tenere a mente che "calore" si riferisce al processo con il quale l'energia viene trasferita, non all'energia in sé. Tuttavia è consuetudine parlare di "calore assorbito" o "calore ceduto" quando si descrivono i cambiamenti di energia termica che si hanno durante un processo.

Se un processo acquista calore dall'ambiente ($q > 0$), si dice che è un ***processo endotermico***. Se un processo rilascia calore all'ambiente ($q < 0$), si dice che è un ***processo esotermico***.

7.1.2 Primo principio della termodinamica

In accordo con la legge della conservazione dell'energia, *l'energia può essere convertita da una forma in un'altra, ma non può essere né creata né distrutta.*[1] Quindi, la variazione di energia interna di un oggetto durante un processo deve sempre essere esattamente uguale all'energia trasferita tra sistema e ambiente. Per un oggetto macroscopico, si può trasferire energia tra sistema e ambiente sotto forma di lavoro (w) o di calore (q), o entrambi. Quindi, la variazione totale di energia interna per un processo è data da

$$\Delta U = w + q \tag{7.4}$$

L'Equazione 7.4 è nota come ***primo principio della termodinamica***. Il primo principio della termodinamica stabilisce non solo che l'energia viene conservata ma anche che la variazione di energia interna dei sistemi macroscopici può essere dovuta sia al lavoro compiuto sul sistema sia al trasferimento di energia sotto forma di calore.[2]

In accordo con l'Equazione 7.4, la variazione di energia interna ΔU di un sistema è la somma del calore scambiato q fra sistema e ambiente e il lavoro w compiuto sul sistema. Le convenzioni per i segni di q e w sono le seguenti:

- q è positivo per processi endotermici e negativo per processi esotermici;
- w è positivo per lavoro compiuto sul sistema dall'ambiente e negativo per lavoro compiuto dal sistema sull'ambiente.

Si può pensare al primo principio della termodinamica facendo un'analogia con il bilancio di un conto bancario. Si può prelevare o depositare denaro su un conto corrente in banca sotto forma di diverse monete (un po' come la variazione di energia si può ottenere per scambi di calore o di lavoro). Tuttavia, il valore del saldo dipende solo dalla quantità totale di denaro rimasto alla fine delle transizioni non dalla moneta usata.

L'Equazione 7.4 può sembrare astratta, ma invece è molto logica. Se un sistema perde calore e lo cede all'ambiente o compie del lavoro, la sua energia interna diminuisce poiché entrambi i trasferimenti energetici sono processi che intaccano il contenuto energetico del sistema facendolo diminuire. Come risultato, sia q sia w sono negativi. Invece, se viene ceduto calore al sistema o se viene compiuto del lavoro su di esso (entrambi processi che fanno aumentare il contenuto energetico del sistema),

---

[1] Si veda il Paragrafo 0.1.3 per una discussione della relazione fra la massa e l'energia nelle reazioni chimiche.

[2] L'Equazione 7.4 può essere anche interpretata come una definizione meccanica del calore, *il calore è la differenza fra la variazione di energia interna di un sistema e il lavoro compiuto sul sistema:* $q = \Delta U - w$.

allora l'energia interna del sistema aumenta. In questo caso, sia q sia w sono termini positivi.

7.1.3 Funzioni di stato

L'energia interna di un oggetto è determinata completamente dal suo stato termodinamico – due bicchieri pieni d'acqua alla stessa temperatura, pressione e volume hanno la stessa energia interna poiché sono nello stesso stato termodinamico. Di conseguenza, la variazione di energia interna di un oggetto durante un processo dipende solo dall'energia dello stato termodinamico iniziale e finale, e non dai dettagli del processo stesso. Proprietà, come l'energia interna, che dipendono solo dallo stato termodinamico del sistema, e non da come queste condizioni siano state create, sono dette ***funzioni di stato***. Altre funzioni di stato sono la pressione, il volume e la temperatura. L'energia potenziale è pure una funzione di stato, poiché l'aumento di energia potenziale gravitazionale quando si parte da uno stesso punto alla base di una montagna e si arriva alla cima è sempre lo stesso, indipendentemente dal percorso seguito per arrivare sulla vetta (si veda la Figura 7.4).

Invece, il calore e il lavoro sono proprietà tipiche del processo, ma non dello stato, per cui non sono funzioni di stato. Nell'Esempio 7.1, per esempio, gli stati iniziale e finale sono gli stessi in (a) e in (b), ma la quantità di lavoro fatto è diverso poiché le pressioni esterne nei due casi sono diverse. *Non si può scrivere* $\Delta w = w_f - w_i$ per un processo. Il lavoro fatto dipende non solo dallo stato iniziale e finale, ma anche da come il processo viene compiuto, cioè la quantità di lavoro dipende dal cammino seguito.

Anche la quantità di calore trasferita dipende dal cammino seguito nel processo. Si supponga di alzare la temperatura di 100,0 g di acqua a 1 bar da 20,0 °C a 30,0 °C. Non si può conoscere la quantità di calore trasferito all'acqua senza sapere come il calore gli è stato trasferito. Se si scalda l'acqua usando un bruciatore Bunsen o un riscaldatore a immersione, per esempio, la quantità di calore trasferito è 4184 J.[3]

In alternativa, si può anche agitare l'acqua con un agitatore magnetico fino a quando si raggiunge la temperatura desiderata per attrito. Il calore trasferito in questo caso è zero. Oppure, si raggiunge prima la temperatura di 25 °C (da 20 °C) per riscaldamento diretto, e poi si usa l'attrito di un agitatore magnetico per arrivare a 30 °C; in questo caso la quantità q è una quantità intermedia tra zero e 4184 J. Questo semplice esempio mostra che il calore associato a un dato processo, esattamente come il lavoro, dipende da come il processo viene compiuto.

Anche se né il calore né il lavoro sono funzioni di stato, la loro somma ($q + w$) è uguale a ΔU e l'energia interna U è una funzione di stato. Quindi, se si varia il cammino di reazione per una trasformazione dallo stato iniziale allo stato finale e il va-

Figura 7.4 L'aumento di energia potenziale che si ha quando una persona scala una montagna dalla base alla vetta è uguale a quello che si ha quando la stessa persona arriva alla vetta seguendo il sentiero, quindi è indipendente dal percorso seguito, ma dipende solo dallo stato iniziale (base) e da quello finale (vetta).

[3] Il calore trasferito all'acqua è $q = m\, C_s\, \Delta T$, dove m è la massa dell'acqua in grammi, C_s il calore specifico dell'acqua (4,184 J/g °C) e ΔT la variazione di temperatura. Quindi, q = (100,0 g) (4,184 J g^{-1} °C^{-1}) (10 °C) = 4184 J. Le capacità specifiche verranno discusse nel Paragrafo 7.3.

lore di q aumenta, allora il valore di w deve diminuire della stessa quantità, e viceversa, per fare in modo che ΔU rimanga la stessa per entrambi i cammini. In conclusione, calore e lavoro non sono funzioni di stato poiché non sono proprietà del sistema. Essi si manifestano solo durante un processo (durante un cambiamento). Come risultato, i loro valori dipendono dal cammino di reazione e variano di conseguenza.

7.1.4 Sistemi e processi

Per analizzare le variazioni di energia che accompagnano una reazione chimica, bisogna prima di tutto definire cosa si intende per sistema e per ambiente. Il ***sistema*** è la *parte di universo sottoposta a osservazione.* Per i chimici, il sistema normalmente comprende le sostanze coinvolte nelle trasformazioni chimiche e fisiche. In una reazione di neutralizzazione acido base, per esempio, il sistema può essere un bicchiere contenente 50 ml di una soluzione 0,1 *M* di HCl al quale sono aggiunti 50 ml di una soluzione 0,1 *M* di NaOH. ***L'ambiente*** è *il resto dell'universo.* Normalmente, in termodinamica si studiano le proprietà di un sistema in uno *stato di equilibrio* oppure i processi che collegano gli stati di equilibrio. Si dice che un sistema è nello ***stato di equilibrio*** *se tutte le proprietà macroscopiche del sistema rimangono invariate nel tempo e rimangono così anche se il sistema viene isolato dall'ambiente esterno.* La seconda condizione è necessaria per distinguere un sistema all'equilibrio, da uno in uno *stato fermo.* Un sistema in uno ***stato fermo*** ha proprietà che non variano al variare del tempo, ma ha bisogno di un continuo assorbimento o rilascio di energia e/o di materia per rimanere invariato. Se un sistema in uno stato fermo viene isolato dall'ambiente, lo stato fermo cessa di esistere. Un sistema in uno stato fermo, ma non all'equilibrio, è mostrato in Figura 7.5.

I sistemi possono essere classificati in base a come possono scambiare energia e materia con l'ambiente. Un ***sistema aperto*** *può scambiare materia ed energia, di solito sotto forma di calore, con l'ambiente.* Per esempio, il contenitore d'acqua aperto mostrato in Figura 7.6(a) è un sistema aperto poiché può scambiare materia (sot-

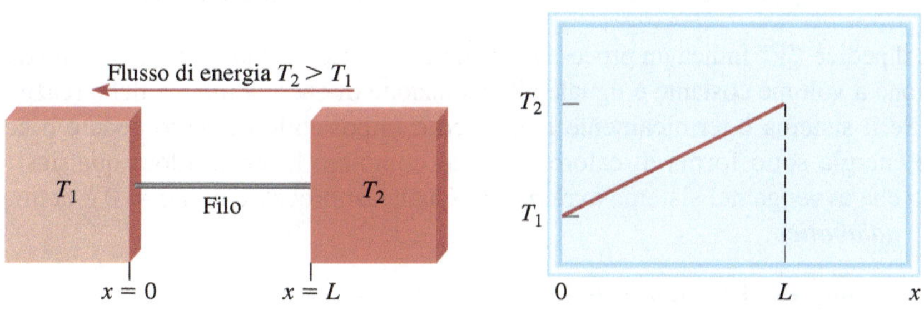

Figura 7.5 Un sistema in stato "fermo" ma non in equilibrio. Un filo metallico di lunghezza L è connesso a un'estremità con un blocco metallico a temperatura T_1 e all'altra con un altro blocco metallico a temperatura $T_2 > T_1$. La temperatura è una funzione della posizione (x) lungo il filo come mostrato a destra. Il sistema non è all'equilibrio poiché il profilo della temperatura è mantenuto dal continuo flusso di calore lungo il filo dal blocco caldo a quello più freddo.

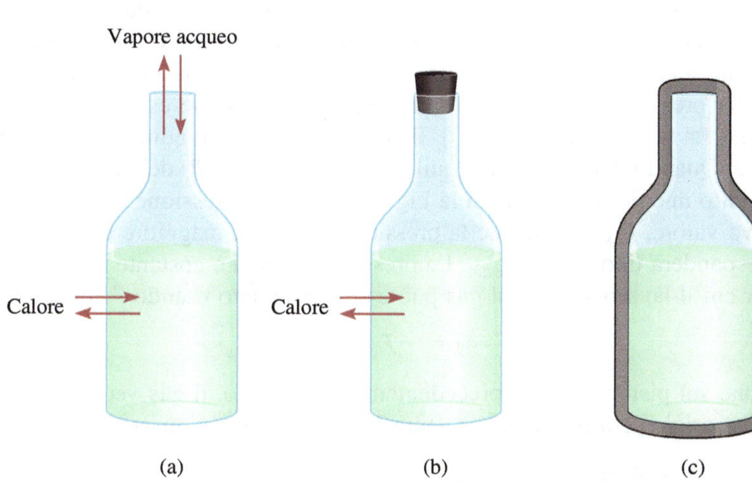

Figura 7.6 Tre sistemi di acqua in un contenitore: (a) un sistema aperto, che permette lo scambio di energia e di materia con l'ambiente; (b) un sistema chiuso, che permette lo scambio di energia ma non di materia; (c) un sistema isolato, che non permette scambio di calore né di materia (qui il contenitore è racchiuso da una camicia a vuoto).

to forma di vapore acqueo) e di energia con l'ambiente. Se si tappa il contenitore, come mostrato in Figura 7.6(b), in modo che vapore acqueo non possa né allontanarsi né condensare nel contenitore, si ottiene un ***sistema chiuso***, che *permette il trasferimento di energia (lavoro o calore) ma non di materia.* Ponendo dell'acqua in un contenitore totalmente isolato, si costruisce un ***sistema isolato,*** che *non permette il trasferimento né di massa né di energia,* come mostrato in Figura 7.6(c). Per qualsiasi processo in un sistema isolato, il lavoro w, il calore q e la variazione di energia interna ΔU deve essere zero.

Esattamente come si possono classificare i sistemi, si possono anche classificare i processi, nel senso di specificare le condizioni secondo le quali si attuano. Processi che avvengono a temperatura costante, come quelli descritti nell'Esempio 7.1, sono detti ***processi isotermi***. Come discusso nel Capitolo 5, la temperatura di un gas può essere vista come una misura dell'energia cinetica media delle molecole del gas. Per gas che possono essere descritti mediante il modello del gas ideale, l'energia interna U dipende solo dalla temperatura (energia cinetica) poiché le molecole del gas ideale non interagiscono tra loro (il che rende zero la loro energia potenziale). Quindi, la variazione di energia interna è zero per qualsiasi processo isotermo che coinvolge solo gas ideali:

$$\Delta U = 0 \quad \text{(gas ideale, processo isotermo)} \qquad \textbf{(7.5)}$$

Combinando questo risultato con il primo principio della termodinamica ($\Delta U = w + q$, Equazione 7.4) significa che $w = -q$ per i gas ideali sottoposti a processo isotermo.

Processi a pressione costante (o *isobari*) si hanno quando $\Delta P = 0$. Sono processi molto comuni in chimica poiché spesso le reazioni vengono condotte in contenitori aperti all'atmosfera, per cui la reazione procede a pressione costante uguale a quella atmosferica. ***Processi a volume costante*** (o *isocori*) si hanno quando $\Delta V = 0$. Se è possibile solo lavoro di espansione, il lavoro compiuto in un processo a volume costante è zero (poiché $w = -P_{est}\Delta V = 0$). Combinando questo risultato con il primo principio della termodinamica si ottiene

$$q_V = \Delta U \quad \text{(volume costante, solo lavoro di espansione)} \qquad \textbf{(7.6)}$$

dove il pedice "V" indica un processo a volume costante. Quindi, il calore svolto da una reazione a volume costante è uguale alla variazione di energia interna della reazione.

Se il sistema è termicamente isolato ed è impossibile per esso cedere o acquistare energia sotto forma di calore (ma può compiere lavoro), allora qualsiasi processo che avvenga nel sistema avrà $q = 0$. Qualsiasi processo con $q = 0$ è detto ***processo adiabatico***.

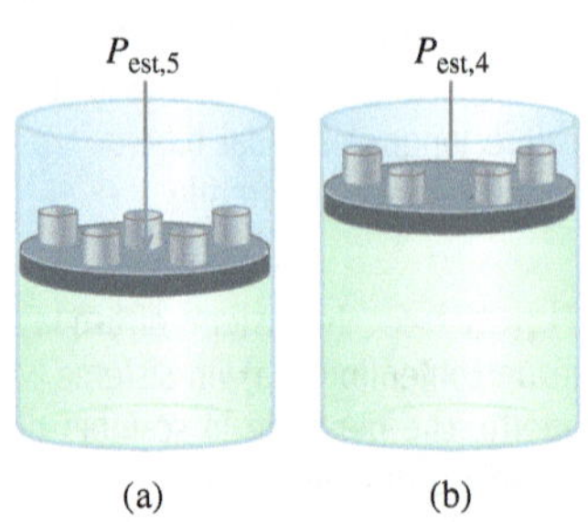

Figura 7.7 (a) Un campione di gas in un cilindro fornito di un pistone senza attrito e senza massa. Il gas è compresso dalla pressione esterna ($P_{est,5}$) esercitata dalla combinazione della pressione atmosferica e da cinque pesi. (b) La stessa situazione di (a) con uno dei pesi in meno. Il gas si espande poiché la pressione esterna viene abbassata a $P_{est,4}$.

Processi reversibili e irreversibili

I processi possono inoltre essere *reversibili* o *irreversibili*. Per illustrare la differenza fra essi si consideri un campione gassoso posto all'interno di un cilindro fornito di un pistone senza peso e senza attrito. Sopra al pistone sono posti cinque pesi che, insieme alla pressione atmosferica, esercitano una pressione esterna totale iniziale $P_{est,5}$ sul gas [si veda la Figura 7.7(a)]. Il pedice "5" indica il numero di pesi presenti sul pistone. Quando il sistema è in equilibrio, la pressione (P) del gas eguaglia $P_{est,5}$. Se viene tolto uno dei pesi [si veda la Figura 7.7(b)], la pressione esterna si abbassa a un nuovo valore, $P_{est,4}$. Siccome la pressione del gas è maggiore di quella esterna il gas si espanderà fino a $P = P_{est,4}$. La pressione esterna è costante durante l'espansione, per cui il lavoro svolto sul gas può essere calcolato usando l'Equazione 7.1:

$$w(5 \rightarrow 4) = -P_{est,4}\, \Delta V_{espansione}$$

Se si ripone sul pistone il peso precedentemente sottratto, il gas verrà compresso al suo volume originale a pressione costante $P_{est,5}$. Il lavoro in questo processo è

$$w(4 \rightarrow 5) = -P_{est,4}\, \Delta V_{compressione} = P_{est,5}\, \Delta V_{espansione}$$

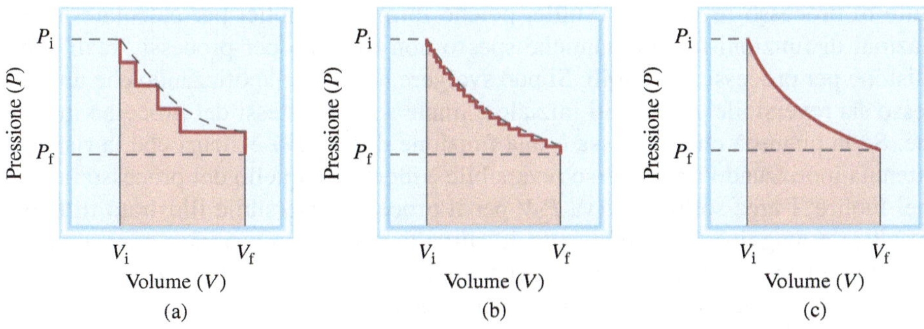

Figura 7.8 (a) La curva *P*-*V* per l'espansione del gas in Figura 7.7 (a) da un volume iniziale V_i a un volume finale V_f per rimozione successiva dei cinque pesi. (b) La curva *P*-*V* per l'espansione del gas in Figura 7.7(a), dove i cinque pesi sono stati sostituiti con venti pesi più piccoli di uguale massa totale. (c) La curva *P*-*V* per l'espansione reversibile del gas in Figura 7.7(a) a un volume finale V_f. Per confronto, la curva in (c) è riprodotta con una linea tratteggiata in (a) e in (b).

poiché $\Delta V_{compressione} = -\Delta V_{espansione}$. Siccome $P_{est,5} > P_{est,4}$, il lavoro compiuto *dal* gas durante l'espansione, $-w(5 \rightarrow 4)$, è minore del lavoro richiesto per comprimere il gas al volume originale, $w(4 \rightarrow 5)$:

$$-w(5 \rightarrow 4) < w(4 \rightarrow 5)$$

Questo processo è ***irreversibile*** poiché il processo inverso non è esattamente identico a quello in esame. Questo è dovuto al fatto che il gas non è in equilibrio con l'ambiente (cioè $P_{est} \neq P$) durante l'espansione (compressione).

Ora, si consideri la rimozione successiva di tutti cinque i pesi in successione. Il lavoro totale svolto dal sistema nell'espansione può essere calcolato come l'area sottesa alla curva pressione-volume (*P*-*V*) mostrata in Figura 7.8(a). Si supponga adesso di sostituire i cinque pesi originali con venti pesi in modo tale che il peso totale rimanga invariato. Togliere ciascuno di questi pesi in successione produce la curva *P*-*V* mostrata nella Figura 7.8(b). Siccome i due processi mostrati nelle Figure 7.8(a) e (b) si svolgono a temperatura costante, e la pressione iniziale e finale è uguale per entrambi, il volume iniziale e finale sarà lo stesso. Tuttavia, confrontando le aree sotto le curve *P*-*V* si vede che il lavoro svolto dal gas è maggiore per processi più lenti (allontanare venti pesi) che per un processo più veloce (allontanare cinque pesi). Se quindi si considera un numero di pesi tendente a infinito (aventi un peso totale fissato), la variazione di volume a seguito dell'allontanamento di ciascun peso sarà infinitesimo (cioè $\Delta V \longrightarrow dV$). Inoltre, a ciascun passaggio la pressione del gas sarà solo infinitesimamente più grande della pressione esterna ($P - P_{est} = dP$), per cui il lavoro può essere calcolato usando il seguente integrale:

$$w = -\int_{V_i}^{V_f} P_{est}\, dV = -\int_{V_i}^{V_f} (P - dP) dV$$

dove V_i e V_f sono il volume iniziale e finale del gas, rispettivamente. Siccome dP e dV sono entrambe delle quantità infinitesime, il loro prodotto $dP\, dV$ è trascurabile, e si può scrivere

$$w = -\int_{V_i}^{V_f} P\, dV$$

Quindi, il lavoro svolto dal gas durante l'espansione è l'area sottesa alla curva mostrata in Figura 7.8(c). Siccome gli stessi argomenti si possono applicare al processo inverso (compressione da V_f a V_i), il lavoro svolto dal gas durante l'espansione sarà lo stesso di quello richiesto per la compressione al suo volume originale. In queste condizioni, l'espansione del gas è ***reversibile*** poiché *procede così lentamente e senza bruschi cambiamenti che il sistema rimane sempre infinitesimamente vicino alla situazione di equilibrio tra esso stesso e l'ambiente.*

In realtà, un processo reversibile necessita di un tempo infinito per essere portato a completezza per cui nessun processo è realmente reversibile. Qualsiasi processo *reale* avrà qualche grado di irreversibilità in qualche modo. Tuttavia il concetto di processo reversibile è utile, poiché formule semplici per calcolare le variazioni di funzioni termodinamiche spesso non esistono per processi "reali", ma esistono per processi reversibili. Si può svolgere un calcolo ipotizzando che un processo sia reversibile se gli stati iniziale e finale sono gli stessi del processo in esame. Se la quantità che interessa è una funzione di stato, si è sicuri che la risposta ottenuta ipotizzando un percorso reversibile è identica a quello del processo in esame. Inoltre, l'area sotto la curva *P*-*V* per il processo reversibile illustrato in Figura 7.8(c) è maggiore di quella sotto la curva per lo stesso processo compiuto seguendo un percorso irreversibile [si vedano le Figure 7.8(a) e (b)]. Quindi, il lavoro relativo al processo reversibile è maggiore di quello relativo a entrambi i processi irreversibili mostrati in figura. Questo è un risultato generale che verrà commentato in maggior dettaglio nel Capitolo 8. Per adesso, si ricordi che il lavoro compiuto *da* un sistema in un processo fra due stati iniziale e finale è *massimo* se il processo è reversibile. Quindi, i processi reversibili rendono possibile calcolare la massima quantità di lavoro che si può ottenere da un processo. Questa quantità è importante per stimare l'efficienza dei processi chimici e biologici, come si vedrà nel Capitolo 8.

Come esempio di calcolo che coinvolge un processo reversibile, si consideri l'espansione isoterma e reversibile di n moli di un gas ideale da un volume iniziale V_i a un volume finale V_f. Siccome la temperatura T è fissata, la pressione varierà e quindi è necessario usare l'Equazione 7.3 per fare il calcolo:

$$w = -\int_{V_i}^{V_f} P_{est}\, dV$$

Per un qualsiasi processo, è necessario conoscere l'esatto valore di P_{est} che viene applicata; tuttavia, se si sa che il processo è reversibile, allora $P_{est} = P$, dove P è la pressione del sistema (il gas). Per un gas ideale, si può usare l'equazione di stato dei gas ideali (Equazione 5.6) per esprimere P come funzione di n, T e V:

$$P = \frac{nRT}{V}$$

Usando questa equazione nell'Equazione 7.3 si ha

$$w = -\int_{V_i}^{V_f} P_{est}\, dV = -\int_{V_i}^{V_f} P\, dV \qquad \text{(processo reversibile)}$$

$$= -\int_{V_i}^{V_f} \frac{nRT}{V} dV = -nRT\int_{V_i}^{V_f} \frac{dV}{V}$$

$$= -nRT \ln V \Big|_{V_i}^{V_f} = -nRT[\ln V_f - \ln V_i]$$

e

$$w = -nRT \ln \frac{V_f}{V_i} \qquad \text{(gas ideale, processo isotermo-reversibile)} \qquad \textbf{(7.7)}$$

L'Esempio 7.2 illustra l'uso dell'Equazione 7.7 per calcolare il lavoro svolto nel processo di espansione isoterma, reversibile di un gas ideale. Siccome $q = -w$ per un gas ideale, l'Equazione 7.7 può anche essere scritta come segue:

$$q = +nRT \ln \frac{V_f}{V_i} \qquad \text{(gas ideale, processo isotermo-reversibile)} \qquad \textbf{(7.8)}$$

Questa procedura può essere usata per calcolare il lavoro svolto in un processo reversibile anche per gas reali, usando l'appropriata equazione di stato – come l'equazione di van der Waals (Equazione 5.45) oppure l'equazione viriale (Equazione 5.47) – per determinare la relazione pressione-volume.

Esempio 7.2

Calcolare il lavoro, il calore e la variazione di energia interna coinvolti nell'espansione di 3,50 moli di gas CO_2 da 20,0 l a 40,0 l in un processo isotermo a $T = 400$ K. Si ipotizzi un comportamento ideale.

Impostazione Siccome si tratta di un processo isotermo su un gas ideale, si sa dall'Equazione 7.5 che la variazione di energia interna è zero ($\Delta U = 0$). Si può usare l'Equazione 7.7 per calcolare il lavoro, e la relazione $q = -w$ per calcolare il calore. Quale valore di R bisogna usare nell'Equazione 7.7?

Soluzione L'Equazione 7.7 con $V_1 = 20{,}0$ l e $V_2 = 40{,}0$ l dà

$$\begin{aligned} w &= -nRT \ln \frac{V_2}{V_1} \\ &= -(3{,}50 \text{ mol})(8{,}314 \text{ J mol}^{-1}\text{K}^{-1})(400 \text{ K}) \ln \frac{40{,}0 \text{ l}}{20{,}0 \text{ l}} \\ &= -8{,}07 \times 10^3 \text{ J} \\ &= -8{,}07 \text{ kJ} \end{aligned}$$

Il calore assorbito dal sistema è quindi

$$q = -w = +8{,}07 \text{ kJ}$$

Siccome q è positivo, il calore viene assorbito da parte del sistema dall'ambiente e questo processo è endotermico. Come ricordato precedentemente, questo è un gas ideale sottoposto a un processo isotermo, per cui $\Delta U = 0$.

Verifica Il segno di w è negativo, il che indica che il lavoro è compiuto dal sistema, che è in accordo con una espansione.

Commento Si supponga che l'espansione sia fatta in modo irreversibile contro una pressione costante di 1 bar (che è sempre minore della pressione di questo campione di gas durante l'espansione). In questo caso, il lavoro sarebbe $w = -P\,\Delta V = -$ (1 bar) (40 l − 20 l) = −20 l bar = −2 kJ. Quindi, la quantità di lavoro svolto dal sistema nel processo reversibile (+8,07 kJ) è maggiore di quello svolto nel processo irreversibile (+2 kJ), come previsto.

Problema di autovalutazione Calcolare il lavoro, il calore e la variazione di energia interna (in kJ) coinvolti in una compressione isoterma reversibile di 10,0 g di argon a 298 K da un volume iniziale di 12,0 l a un volume finale di 2,0 l. Si ipotizzi un comportamento ideale.

7.2 Entalpia e sue variazioni

La condizione di volume costante è spesso un inconveniente e a volte è impossibile da ottenere. La maggior parte delle reazioni avvengono a pressione costante (processi isobari – di solito a pressione atmosferica). Se una tale reazione è accompagnata da un aumento di numero di moli di gas, allora il sistema compie lavoro sull'ambiente (espansione). Viene compiuto lavoro (avviene una espansione) poiché il gas formato deve spingere l'aria circostante "indietro" per "penetrare" nell'atmosfera. Viceversa, se vengono consumate più molecole di gas di quelle prodotte, il lavoro è compiuto sul sistema dall'ambiente (compressione). Infine, non viene compiuto lavoro se non c'è variazione di numero di moli di gas fra reagenti e prodotti.[4]

7.2.1 Entalpia

In generale, per un processo a pressione costante si scrive

$$\Delta U = q + w$$
$$= q_P - P\Delta V$$

ovvero

$$q_P = \Delta U + P\Delta V \quad \textbf{(7.9)}$$

dove il pedice "P" indica pressione costante.

Ora si può introdurre una nuova funzione termodinamica detta ***entalpia*** (H) che è definita dall'equazione

$$H = U + PV \quad \textbf{(7.10)}$$

dove U è l'energia interna del sistema, P e V sono rispettivamente la pressione e il volume del sistema. Poiché U e PV sono delle energie, anche l'entalpia è un'energia. Inoltre, U, P, e V sono tutte funzioni di stato, e anche la variazione di $(U + PV)$ dipende solo dallo stato iniziale e finale. Quindi, anche l'entalpia è una funzione di stato e la variazione di H (cioè ΔH) dipende solo dallo stato iniziale e finale.

Per qualsiasi processo, la variazione di entalpia in accordo all'Equazione 7.10 è data da

$$\Delta H = \Delta U + \Delta(PV) \quad \textbf{(7.11)}$$

Se la pressione è mantenuta costante, allora

$$\Delta H = \Delta U + P\Delta V \quad \textbf{(7.12)}$$

Confrontando l'Equazione 7.11 con l'Equazione 7.9, si vede che per un processo a pressione costante,

$$q_P = \Delta H \quad \text{(pressione costante, solo lavoro di espansione)} \quad \textbf{(7.13)}$$

Anche se q non è una funzione di stato, la variazione di calore a pressione costante è uguale a H poiché il "cammino" è definito e quindi può avere solo un valore specifico.

Si hanno ora due quantità, ΔU e ΔH, che possono essere associate a una reazione. Se una reazione avviene a volume costante, allora la variazione di calore, q_V, è uguale a ΔU. Quando la reazione avviene a pressione costante, la variazione di calore, q_P, è uguale a ΔH.

Per un campione fissato di gas ideale, sia U sia PV dipendono solo dalla temperatura. Come risultato, l'entalpia del gas (calcolata usando l'Equazione 7.10) dipenderà solo dalla temperatura. Come la variazione di energia interna (Equazione 7.5), la variazione di entalpia per un gas ideale soggetto a un processo isotermo è uguale a zero:

$$\Delta H = 0 \quad \text{(gas ideale, processo isotermo)} \quad \textbf{(7.14)}$$

---

[4] Questa assunzione è vera solamente per gas che si comportano idealmente poiché il volume molare di gas ideali diversi nelle stesse condizioni di temperatura e pressione è uguale. Invece per gas reali (e per liquidi e solidi), il volume molare di reagenti e prodotti è diverso a causa delle forze intermolecolari e del volume proprio delle molecole e quindi il volume del sistema può variare anche se il numero delle molecole di reagenti e di prodotti è lo stesso. Tuttavia, i cambiamenti di volume (e quindi il lavoro compiuto) in queste situazioni sono in genere piccoli e quindi possono essere spesso trascurati.

7.2.2 Entalpia di reazione

Siccome la maggior parte delle reazioni avvengono a pressione costante, si può eguagliare la variazione di calore (in questi casi) con la variazione di entalpia. Per qualsiasi reazione del tipo

$$\text{reagenti} \longrightarrow \text{prodotti}$$

la variazione di entalpia, chiamata ***entalpia di reazione*** (ΔH), è *la differenza fra l'entalpia dei prodotti e l'entalpia dei reagenti:*

$$\Delta H = H(\text{prodotti}) - H(\text{reagenti}) \qquad \textbf{(7.15)}$$

L'entalpia di reazione può essere positiva o negativa, a seconda del processo. Per una reazione *endotermica* (in cui il sistema assorbe calore dall'ambiente), ΔH è positivo (cioè $\Delta H > 0$). Per una reazione *esotermica* (in cui il sistema cede calore all'ambiente), ΔH è negativo (cioè $\Delta H < 0$).

La variazione di entalpia per una reazione è analoga alla situazione di un conto bancario, al compiere versamenti e prelievi. Dopo un'operazione bancaria (versamento o prelievo), la variazione sul conto corrente, ΔX, è dato da

$$\Delta X = X_f - X_i$$

dove X_i e X_f rappresentano la situazione iniziale e finale, rispettivamente. Se all'inizio il saldo è € 100 e si versano € 80 sul conto, allora ΔX = € 180 − € 100 = € 80. Un versamento, quindi, corrisponde a una reazione endotermica. (Il saldo aumenta, così come l'entalpia del sistema.) D'altra parte, un prelievo di € 60 significa ΔX = € 40 − € 100 = −€ 60. Il segno negativo per ΔX significa che il saldo è diminuito. Analogamente, un valore negativo di ΔH riflette una diminuzione di entalpia del sistema come risultato di un processo esotermico. La differenza fra questa analogia e l'Equazione 7.15 è che, mentre si conosce sempre l'esatto evolversi del saldo di un conto in banca, non è possibile conoscere le entalpie dei singoli reagenti e prodotti. In pratica, si possono solo misurare le *variazioni* dei loro valori. Si applichi ora l'idea delle variazioni di entalpia a due processi comuni, il primo riguarda un cambiamento fisico, il secondo un cambiamento chimico.

Equazioni termochimiche

Il ghiaccio fonde a 0 °C a pressione di 1 atm. L'evidenza sperimentale mostra che, in queste condizioni, una mole di ghiaccio assorbe 6,01 kJ di calore per trasformarsi in acqua liquida. Siccome la pressione è costante, la variazione di calore è uguale alla variazione di entalpia, ΔH. Inoltre, questo è un processo endotermico ($\Delta H > 0$) poiché il ghiaccio deve assorbire energia per fondere [si veda la Figura 7.9(a)]. L'equazione per questa trasformazione fisica è

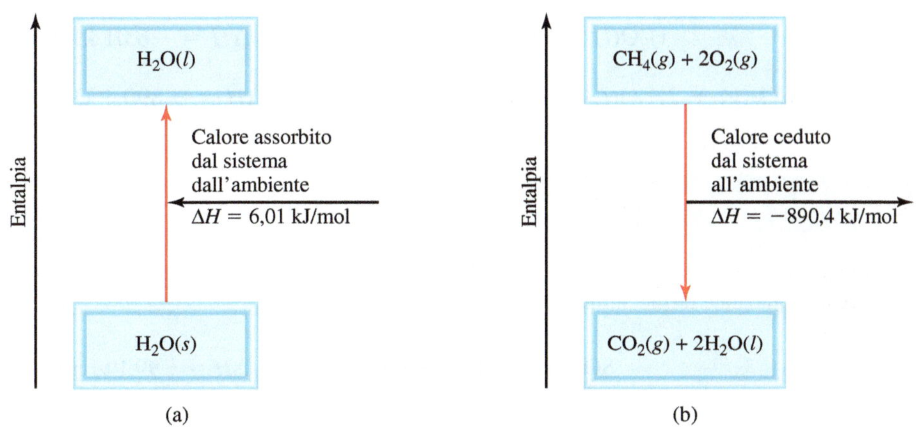

Figura 7.9 (a) La fusione di 1 mole di ghiaccio a 0 °C (processo endotermico) causa un aumento di entalpia nel sistema di 6,01 kJ. (b) La combustione di 1 mole di metano con ossigeno (processo esotermico) causa una diminuzione di entalpia nel sistema di 890,4 kJ.

$$H_2O(s) \longrightarrow H_2O(l) \qquad \Delta H = 6{,}01\ \text{kJ mol}^{-1}$$

Il valore di ΔH è *per mole di reazione (o processo) come è scritto* – cioè quando 1 mole di ghiaccio è trasformata in 1 mole di acqua liquida.

La combustione di metano (CH_4), il componente principale del gas naturale, è un processo esotermico ($\Delta H < 0$) poiché cede calore all'ambiente:

$$CH_4(g) + 2O_2(g) \longrightarrow CO_2(g) + 2H_2O(l) \qquad \Delta H = -890{,}4\ \text{kJ mol}^{-1}$$

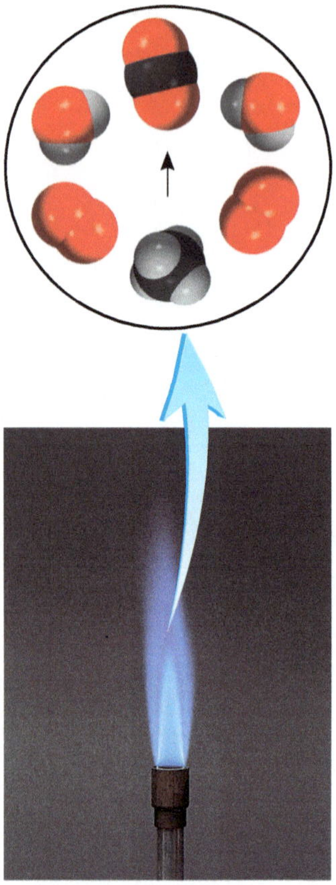

Gas metano che brucia su un bruciatore Bunsen.

In condizioni di pressione costante questa variazione di calore è uguale alla variazione di entalpia [si veda la Figura 7.9(b)]. Il valore di ΔH relativo alla reazione bilanciata significa che 890,4 kJ di calore sono ceduti all'ambiente quando 1 mole di CH_4 reagisce con 2 moli di O_2 per produrre 1 mole di CO_2 e 2 moli di acqua liquida.

Le equazioni della fusione del ghiaccio e della combustione del metano sono chiamate ***equazioni termochimiche*** poiché *mostrano sia le variazioni di entalpia sia le relazioni molari.* Una corretta reazione termochimica è sempre bilanciata e la variazione di entalpia è sempre specificata in unità di mole. Le seguenti linee guida sono utili per scrivere e interpretare le equazioni termochimiche:

1. Specificare sempre lo stato di aggregazione di tutti i reagenti e prodotti in una equazione termochimica poiché essi influiscono sulle variazioni di entalpia. Nella combustione del metano, per esempio, se si specifica vapore acqueo invece di acqua liquida come prodotto,

$$CH_4(g) + 2O_2(g) \longrightarrow CO_2(g) + 2H_2O(g) \qquad \Delta H = -802{,}4\ \text{kJ mol}^{-1}$$

la variazione di entalpia è $-802{,}4$ kJ mol^{-1} invece che $-890{,}4$ kJ mol^{-1}, poiché 88,0 kJ sono necessari per convertire 2 moli di acqua liquida in vapore acqueo:

$$2H_2O(l) \longrightarrow 2H_2O(g) \qquad \Delta H = 88{,}0\ \text{kJ mol}^{-1}$$

2. Se si moltiplicano o dividono entrambi i membri di una equazione termochimica per un fattore *n*, anche ΔH deve cambiare della stessa quantità. Quindi per esempio, se $n = 2$ per la fusione del ghiaccio, l'equazione termochimica risultante è

$$2H_2O(s) \longrightarrow 2H_2O(l) \qquad \Delta H = 2(6{,}01\ \text{kJ mol}^{-1}) = 12{,}0\ \text{kJ mol}^{-1}$$

Il fattore 2 è necessario poiché l'entalpia è una quantità estensiva.

3. Quando si scrive una reazione chimica all'inverso, si scambiano i reagenti con i prodotti e viceversa. Il valore assoluto di ΔH per l'equazione rimane lo stesso, ma si inverte il segno. Quindi, una reazione endotermica diventa esotermica e una esotermica diventa endotermica, come mostrato nell'invertire le equazioni termochimiche della fusione del ghiaccio e della combustione del metano, rispettivamente:

$$H_2O(l) \longrightarrow H_2O(s) \qquad \Delta H = -6{,}01\ \text{kJ mol}^{-1}$$

$$CO_2(g) + 2H_2O(l) \longrightarrow CH_4(g) + 2O_2(g) \qquad \Delta H = +890{,}4\ \text{kJ mol}^{-1}$$

Esempio 7.3

Nella produzione industriale dell'acido solforico, SO_2 è ossidato a SO_3 in accordo con la seguente equazione termochimica:

$$SO_2(g) + \frac{1}{2}O_2(g) \longrightarrow SO_3(g) \qquad \Delta H = -99{,}1\ \text{kJ mol}^{-1}$$

Calcolare il calore ceduto quando 74,6 g di SO_2 (massa molare = 64,07 g mol^{-1}) sono convertiti in SO_3 a pressione costante (1 bar).

Impostazione A pressione costante, il calore assorbito (q_P) per unità di mole durante la reazione è dato da ΔH. In accordo con l'equazione termochimica, sono ceduti 99,1 kJ di calore (si noti il segno negativo) per ogni mole di SO_2 bruciata. Per calcolare la quantità totale di calore prodotto bisogna usare il dato del problema relativo alla quantità di SO_2 e la sua massa molare per calcolare il numero di moli di SO_2 reagito.

Soluzione Cominciando dall'equazione termochimica bilanciata e da 74,6 g di SO_2, la quantità di calore emessa può essere calcolata dalla seguente sequenza di conversioni:

$$\text{grammi di } SO_2 \longrightarrow \text{moli di } SO_2 \longrightarrow \text{kJ di calore generato}$$

Quindi, il calore *assorbito* dalla reazione è dato da

$$q_P = 74{,}6 \text{ g } SO_2 \times \frac{1 \text{ mol } SO_2}{64{,}07 \text{ g } SO_2} \times \frac{-99{,}1 \text{ kJ}}{1 \text{ mol } SO_2} = -115 \text{ kJ}$$

Il calore *ceduto* da questa reazione esotermica è quindi +115 kJ.

Verifica Siccome 74,6 g è maggiore della massa molare di SO_2, ci si aspetta che il calore ceduto sia maggiore di 99,1 kJ.

Problema di autovalutazione Calcolare il calore ceduto quando 266 g di fosforo bianco (P_4) bruciano in aria (a pressione costante di 1 bar) in accordo con l'equazione

$$P_4(s) + 5O_2(g) \longrightarrow P_4O_{10}(s) \qquad \Delta H = -3013 \text{ kJ mol}^{-1}$$

7.2.3 Relazione fra ΔH e ΔU

Qual è la relazione fra ΔH e ΔU per un processo? Per scoprirlo, si consideri la reazione fra sodio metallico e acqua:

$$2Na(s) + 2H_2O(l) \longrightarrow 2NaOH(aq) + H_2(g) \qquad \Delta H = -367{,}5 \text{ kJ mol}^{-1}$$

In accordo con l'equazione termochimica, 2 moli di sodio reagiscono con 2 moli di acqua a pressione costante per produrre 2 moli di NaOH acquoso, 1 mole di idrogeno gassoso e 367,5 kJ di calore. Parte dell'energia prodotta dalla reazione è usata per compiere il lavoro di allontanamento di un volume di aria (V) contro la pressione atmosferica (P) (si veda la Figura 7.10), per cui l'idrogeno si libera nell'atmosfera.

Il sodio reagisce con acqua per formare idrogeno gassoso.

Per calcolare la variazione di energia interna, si riscrive l'Equazione 7.11 come segue:

$$\Delta U = \Delta H - \Delta(PV)$$

Se si considera che la temperatura sia di 25 °C e si ignora la piccola variazione di volume della soluzione, si può usare l'equazione dei gas ideali per calcolare che il volume di 1 mole di H_2 a 1,0 bar e 298 K è di 24,8 l, per cui $\Delta(PV)$ = 24,8 l bar o 2,48 kJ. Infine,

$$\Delta U = -367{,}5 \text{ kJ mol}^{-1} - 2{,}48 \text{ kJ mol}^{-1} = -370{,}0 \text{ kJ mol}^{-1}$$

In base a questo calcolo, ΔU e ΔH sono approssimativamente uguali per questa reazione. ΔH è leggermente maggiore (meno negativo) di ΔU poiché parte dell'energia interna rilasciata è usata per compiere l'espansione del gas, per cui viene ceduto meno calore. Per reazioni che non coinvolgono formazione di gas, ΔV è normalmente molto piccolo e quindi ΔU è praticamente lo stesso di ΔH.

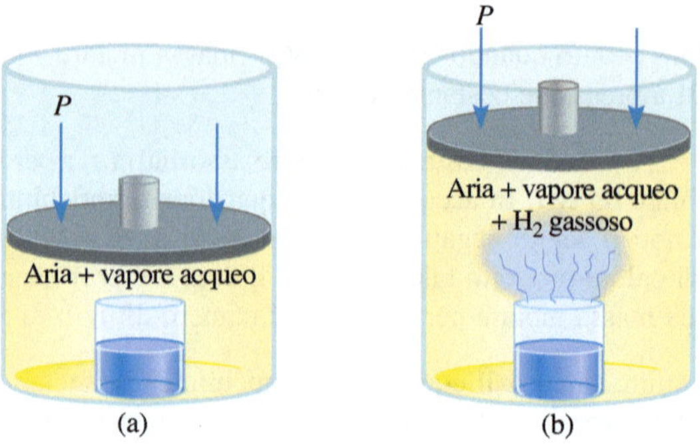

Figura 7.10 (a) Un bicchiere di acqua all'interno di un cilindro fornito di un pistone mobile. La pressione all'interno è uguale a quella atmosferica.
(b) Quando il sodio metallico reagisce con l'acqua, il gas idrogeno spinge il pistone verso l'alto (compiendo un lavoro sull'ambiente) fino a quando la pressione all'interno è nuovamente identica a quella all'esterno.

Un altro modo per calcolare la variazione di energia interna per una reazione in fase gas è quella di considerare il comportamento ideale del gas e porsi in situazione di temperatura costante. In questo caso,

$$\Delta U = \Delta H - \Delta(PV)$$
$$= \Delta H - \Delta(nRT)$$

$$\Delta U = \Delta H - RT\Delta n \tag{7.16}$$

dove Δn è definito come = moli di prodotto gassoso − moli di reagente gassoso per mole di reazione. Si noti che, se il numero di moli di prodotto gassoso e il numero di moli del reagente gassoso sono uguali, come nella reazione

$$H_2(g) + F_2(g) \longrightarrow 2HF(g)$$

la differenza fra ΔU e ΔH sarà molto piccola poiché $\Delta n = 0$.

Esempio 7.4

Calcolare la variazione di energia interna quando 2 moli di CO sono convertite in 2 moli di CO_2 a 1 bar e 25 °C:

$$2CO(g) + O_2(g) \longrightarrow 2CO_2(g) \qquad \Delta H = -566{,}0 \text{ kJ mol}^{-1}$$

(Il monossido di carbonio, nei fumi di scarico delle automobili è il risultato della combustione del carburante nel motore. L'allontanamento di questo agente inquinante per conversione in CO_2 mediante questa reazione è una delle principali funzioni delle marmitte catalitiche nelle automobili.)

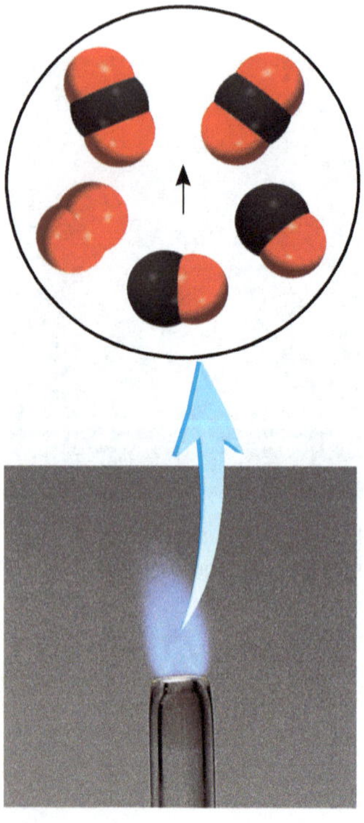

Monossido di carbonio brucia in aria per formare biossido di carbonio.

Impostazione È data la variazione molare di entalpia, ΔH, per una reazione che coinvolge delle sostanze gassose e viene chiesto di calcolare la variazione di energia interna molare, ΔU. Quindi, è necessaria l'Equazione 7.16. Qual è la variazione del numero di moli di gas? ΔH è dato in kJ mol^{-1}, per cui quale unità di misura deve essere usata per R?

Soluzione In accordo all'equazione chimica bilanciata, 3 moli di gas sono convertite in 2 moli di gas, per cui

$$\Delta n = \text{numero di moli di prodotti gassosi} - \text{numero di moli di reagenti gassosi}$$
$$= 2 - 3 = -1$$

Usando $R = 8{,}314$ J K^{-1} mol^{-1} e $T = 298$ K nell'Equazione 7.16, si scrive

$$\Delta U = \Delta H - RT\Delta n$$
$$= -566{,}0 \text{ kJ mol}^{-1} - (8{,}314 \text{ J mol}^{-1}\text{ K}^{-1})\left(\frac{1 \text{ kJ}}{1000 \text{ J}}\right)(298 \text{ K})(-1 \text{ mol})$$
$$= -563{,}0 \text{ kJ mol}^{-1}$$

Verifica Il sistema di reazione in fase gassosa subisce una compressione (da 3 moli a 2 moli), per cui $\Delta V < 0$. Siccome $\Delta U = \Delta H - P\,\Delta V$ e ΔV è negativo, ci si aspetta $\Delta U > \Delta H$, in accordo con il risultato.

Problema di autovalutazione Quanto vale ΔU per la formazione di 1 mole di CO da grafite a 1 bar e 25 °C?

$$\text{C(grafite)} + \frac{1}{2}\text{O}_2(g) \longrightarrow \text{CO}(g) \qquad \Delta H = -110{,}5 \text{ kJ mol}^{-1}$$

7.3 Capacità termica

Quando si fornisce energia a un materiale sotto forma di calore, la temperatura del materiale aumenta.[5] Tuttavia, la variazione di temperatura dipende oltre che dalla quantità di calore fornito anche dalla natura del materiale e dalla natura del processo.

Tabella 7.1 La capacità termica specifica (calore specifico) di alcune sostanze a 25 °C

Sostanza	Calore specifico (J g^{-1} °C^{-1})
Al	0,900
Au	0,129
C (grafite)	0,720
C (diamante)	0,502
Cu	0,385
Fe	0,444
Hg	0,139
H_2O	4,184
C_2H_5OH (etanolo)	2,46

7.3.1 Capacità termica

Quando a un materiale si fornisce una quantità di energia sotto forma di calore (q) si osserva un aumento di temperatura (ΔT) che è dato da

$$q = C\,\Delta T \tag{7.17}$$

ovvero

$$C = \frac{q}{\Delta T} \tag{7.18}$$

dove la costante di proporzionalità, C, è detta ***capacità termica***, la cui unità di misura di solito è in J K^{-1}. La capacità termica dipende dalle proprietà fisiche del materiale, dalla quantità di materia presente e dalla precisa natura del processo. La capacità termica è una quantità estensiva, per cui raddoppiando la dimensione del sistema raddoppia la sua capacità termica. La ***capacità termica molare*** ($\overline{C}$) è la capacità termica per 1 mole di sostanza

$$\overline{C} = \frac{C}{n} = \frac{q}{n\Delta T} \tag{7.19}$$

dove n è il numero di moli di sostanza. La ***capacità termica specifica (calore specifico)*** (C_s) è la capacità termica per 1 grammo di sostanza:

$$C_s = \frac{C}{m} = \frac{q}{m\Delta T} \tag{7.20}$$

dove m è la massa (in grammi) della sostanza. Le capacità termiche specifiche di diverse sostanze sono riportate in Tabella 7.1. Le capacità termiche molare e specifica sono entrambe proprietà estensive e hanno come unità di misura J mol^{-1} K^{-1} e J g^{-1} K^{-1}, rispettivamente.

[5] Questo è vero se si assume che non ci siano transizioni di fase nel sistema. Come si vedrà nel Paragrafo 7.6, quando si fornisce calore a un sistema alla temperatura e pressione del passaggio di stato (punto di ebollizione, punto di congelamento ecc.), la temperatura rimane costante e tutto il calore è usato per convertire una fase del sistema nell'altra.

Diversamente dall'energia o dall'entalpia, la capacità termica di un sistema può essere misurata direttamente. Dall'Equazione 7.19, si può calcolare il valore di $\overline{C}$ aggiungendo una quantità nota di energia sotto forma di calore a una data quantità di sostanza e misurando l'aumento di temperatura. Tuttavia, il valore preciso di $\overline{C}$ che si determina dipende anche da come il processo di riscaldamento ha luogo. Anche se in pratica si possono realizzare diverse condizioni, si considerano qui solo le due situazioni più comuni: quella a volume costante e quella a pressione costante. Se la sostanza è scaldata a volume costante, allora la capacità termica determinata usando l'Equazione 7.19 è chiamata ***capacità termica a volume costante*** (C_V). Analogamente, C_P denota la ***capacità termica a pressione costante***, che descrive un riscaldamento a pressione costante.

Si ricordi dal Paragrafo 7.1 che il calore assorbito da un sistema durante un processo a volume costante è uguale alla variazione di energia interna (cioè $\Delta U = q_V$). Per cui, la capacità termica a volume costante è data da

$$C_V = \frac{q_V}{\Delta T} = \frac{\Delta U}{\Delta T} \tag{7.21}$$

ovvero

$$\Delta U = C_V \Delta T = n\overline{C}_V \Delta T \quad \text{(processo a } V \text{ costante)} \tag{7.22}$$

Analogamente, il calore assorbito da un sistema in un processo a pressione costante è uguale alla variazione di entalpia, cioè $\Delta H = q_P$ (Equazione 7.13). Per cui, la capacità termica a pressione costante è data da

$$C_P = \frac{q_P}{\Delta T} = \frac{\Delta H}{\Delta T} \tag{7.23}$$

ovvero

$$\Delta H = C_P \Delta T = n\overline{C}_P \Delta T \quad \text{(processo a } P \text{ costante)} \tag{7.24}$$

Le Equazioni 7.22 e 7.24 sono valide se si considera che le capacità termiche siano indipendenti dalla temperatura, che è spesso un'approssimazione accettabile se la variazione di temperatura non è troppo elevata, diciamo 50 K o meno. Per calcoli nei quali la dipendenza dalla temperatura della capacità termica non può essere ignorata, bisogna usare la forma differenziale delle Equazioni 7.22 e 7.24:

$$dU = C_V\, dT \tag{7.25}$$

e

$$dH = C_P\, dT \tag{7.26}$$

che, quando integrata, dà

$$\Delta U = \int_{T_1}^{T_2} C_V\, dT \tag{7.27}$$

e

$$\Delta H = \int_{T_1}^{T_2} C_P\, dT \tag{7.28}$$

rispettivamente. Studi sulla dipendenza dalla temperatura della capacità termica di molte sostanze mostrano che essa può essere approssimata all'equazione $C_P = a + bT$, dove a e b sono costanti per una data sostanza su un particolare intervallo di temperature. Una simile equazione funziona anche per C_V. Per il caso speciale di gas ideali, le Equazioni 7.22, 7.24, 7.27 e 7.28 possono essere usate per qualsiasi processo (pressione costante, volume costante ecc.) poiché sia l'energia interna sia l'entalpia di gas ideali dipendono solo dalla temperatura (Equazione 7.5 e 7.14).

In generale, C_V e C_P non sono uguali fra loro. In un processo a volume costante il lavoro di espansione è zero (poiché $\Delta V = 0$) e tutta l'energia viene usata per far cambiare la temperatura del sistema. Tuttavia, il riscaldamento a pressione costante porta, nella maggior parte dei sistemi, a una espansione del sistema ($\Delta V > 0$), per cui parte dell'energia fornita deve essere impiegata per compiere il lavoro sull'ambiente. Quindi, ci vuole più energia per aumentare la temperatura di un sistema a pressione costante che a volume costante e si ha quindi $C_P > C_V$. Per i gas, la differenza fra C_P e C_V è significativa poiché la variazione di volume in un processo di riscaldamento può essere notevole. Per i solidi e i liquidi, invece, la variazione di volume è di solito piuttosto piccola per cui C_P e C_V si possono considerare identici.

Per i gas ideali, si può determinare la differenza fra C_P e C_V. Dalla definizione di entalpia (Equazione 7.10) si ha

$$H = U + PV = U + nRT$$

dove si è usata l'equazione ideale dei gas ideali ($PV = nRT$). Per una data variazione di temperatura, ΔT, la variazione di entalpia per una quantità fissata di gas ideale (n moli) è quindi

$$\begin{aligned}\Delta H &= \Delta U + \Delta(nRT)\\ &= \Delta U + nR\Delta T\end{aligned}$$

Sostituendo $\Delta U = C_V \Delta T$ (Equazione 7.22) e $\Delta H = C_P\Delta T$ nell'equazione precedente si ha

$$C_P\Delta T = C_V\Delta T + nR\Delta T$$

Dividendo per ΔT e riarrangiando si ha

$$C_P - C_V = nR$$

ovvero

$$\overline{C}_P - \overline{C}_V = R \quad \text{(per un gas ideale)} \qquad \textbf{(7.29)}$$

Quindi, per un gas ideale, la capacità termica molare a pressione costante è sempre maggiore della capacità termica molare a volume costante della quantità R. I valori di $\overline{C}_P$ per diverse sostanze sono riportati in Appendice 2.

Esempio 7.5

Calcolare ΔU e ΔH nel processo di riscaldamento di 35,36 g di kripton ($\overline{C}_V = 12{,}47\ \mathrm{J\ mol^{-1}\ K^{-1}}$) da 300 K a 400 K. Si ipotizzi che il gas si comporti in modo ideale e che le capacità termiche a volume costante e a pressione costante siano indipendenti dalla temperatura.

Impostazione Siccome si ipotizza che le capacità termiche siano indipendenti dalla temperatura, si possono usare le Equazioni 7.22 e 7.24 per calcolare ΔH e ΔU, ma per fare questo occorre conoscere $\overline{C}_V$ (che è dato) e $\overline{C}_P$. Si tratta di un gas ideale, quindi basta conoscere $\overline{C}_V$ poiché $\overline{C}_P$ può essere ottenuto usando l'Equazione 7.29. Si noti che, poiché sia l'energia interna sia l'entalpia per i gas ideali dipendono solo dalla temperatura, non è necessario conoscere la natura esatta del processo di riscaldamento (cioè sapere se si tratta di processo a pressione costante, a volume costante ecc.) per applicare le Equazioni 7.22 e 7.24.

Soluzione La quantità 35,36 g di Kr corrisponde a 35,36 g/83,80 g $\mathrm{mol^{-1}}$ = 0,4219 mol. Per cui, dall'Equazione 7.21 si ha

$$\begin{aligned}\Delta U &= n\overline{C}_V\Delta T\\ &= (0{,}4219\ \mathrm{mol})(12{,}47\ \mathrm{J\ mol^{-1}\ K^{-1}})(400\ \mathrm{K} - 300\ \mathrm{K})\\ &= 526\ \mathrm{J}\end{aligned}$$

Per ΔH bisogna conoscere $\overline{C}_P$, che dall'Equazione 7.29 è

$$\overline{C}_P = \overline{C}_V + R = 12{,}47\ \text{J mol}^{-1}\ \text{K}^{-1} + 8{,}314\ \text{J mol}^{-1}\ \text{K}^{-1} = 20{,}79\ \text{J mol}^{-1}\ \text{K}^{-1}$$

per cui usando l'Equazione 7.24 si ha

$$\begin{aligned}\Delta H &= n\overline{C}_P\Delta T \\ &= (0{,}4219\ \text{mol})(20{,}79\ \text{J mol}^{-1}\ \text{K}^{-1})(400\ \text{K} - 300\ \text{K}) \\ &= 877\ \text{J}\end{aligned}$$

Verifica La risposta è in accordo con il fatto che la variazione di entalpia durante il riscaldamento deve essere maggiore della variazione di energia interna poiché $\overline{C}_P > \overline{C}_V$.

Problema di autovalutazione 10,0 l di biossido di carbonio gassoso (CO_2), inizialmente a una pressione di 1,00 bar, vengono riscaldati da 250 K a 300 K. Calcolare i valori di ΔH e di ΔU per questo processo. Si ipotizzi che il gas si comporti in modo ideale e che le capacità termiche a volume costante e a pressione costante siano indipendenti dalla temperatura. Per il biossido di carbonio, $\overline{C}_V = 28{,}80\ \text{J mol}^{-1}\ \text{K}^{-1}$.

7.3.2 Calorimetria

In laboratorio le variazioni di calore dei processi fisici e chimici sono misurate con un *calorimetro,* un apparecchio ideato per questo scopo. Questo tipo di studio sperimentale è chiamato ***calorimetria***, che è *la misura della variazione di calore durante un processo.*

Calorimetria a volume costante

Il calore di reazione, per esempio una reazione di combustione, è di solito misurato introducendo una massa nota di composto in un contenitore di acciaio chiamato *bomba calorimetrica a volume costante.* Il calorimetro è quindi riempito con ossigeno a circa 30 bar di pressione. La bomba calorimetrica così riempita e chiusa viene immersa in una quantità nota di acqua, come mostrato in Figura 7.11. Il campione viene innescato elettricamente e il calore prodotto dalla combustione può essere calcolato accuratamente dall'entità di riscaldamento dell'acqua. Il calore ceduto dal campione è assorbito dall'acqua e dalla bomba calorimetrica. La bomba calorimetrica è un sistema chiuso e isolato per cui durante l'esperimento non c'è né scambio di materia né di calore con l'esterno. Siccome durante il processo il calore non entra né esce dal sistema, la variazione di calore del sistema (q_{sist}) deve essere uguale a zero e si può scrivere

$$q_{\text{sist}} = q_{\text{cal}} + q_{\text{reaz}} = 0 \qquad \textbf{(7.30)}$$

dove q_{cal} e q_{reaz} sono le variazioni di calore del calorimetro e della reazione, rispettivamente. Quindi,

$$q_{\text{reaz}} = -q_{\text{cal}} \qquad \textbf{(7.31)}$$

Per calcolare q_{cal}, bisogna conoscere la capacità termica del calorimetro (C_{cal}) e l'aumento di temperatura, cioè,

$$q_{\text{cal}} = C_{\text{cal}}\ \Delta T \qquad \textbf{(7.32)}$$

La quantità C_{cal} è calibrata facendo bruciare una sostanza con calore di combustione noto. Per esempio, è noto che la combustione di 1 g di acido benzoico (C_6H_5COOH) rilascia 26,42 kJ di calore. Se la temperatura aumenta di 4,673 °C, allora la capacità termica del calorimetro è data da

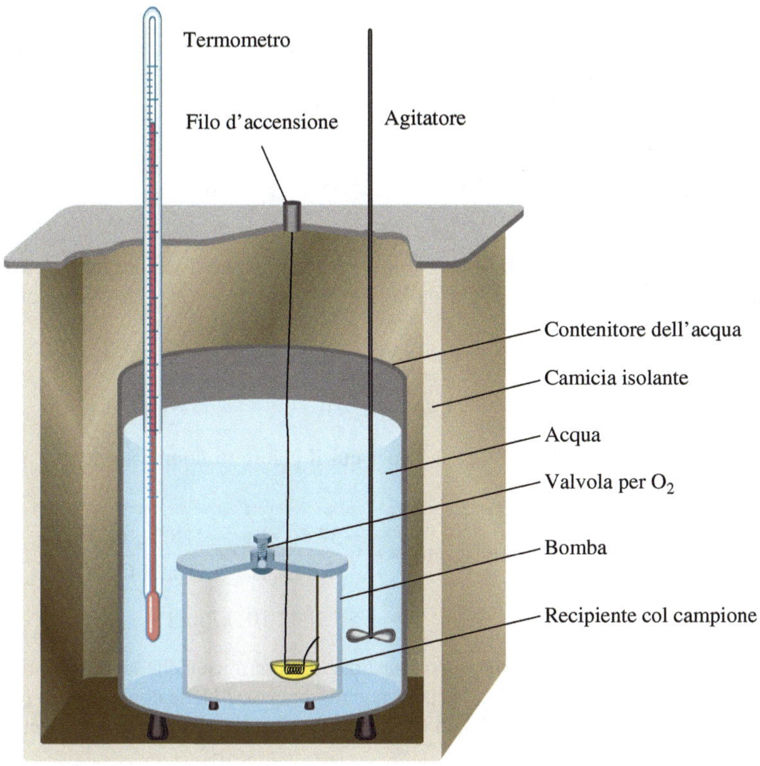

Figura 7.11 Un calorimetro (bomba calorimetrica) a volume costante. Il calorimetro è riempito con ossigeno prima che sia immerso nell'apparato. Il campione è innescato elettricamente, e il calore prodotto dalla reazione può essere accuratamente determinato misurando l'aumento di temperatura del quantitativo noto di acqua.

$$C_{cal} = \frac{q_{cal}}{\Delta T}$$

$$= \frac{26{,}42\ \text{J}}{4{,}673\,°\text{C}} = 5{,}654\ \text{kJ}\ °\text{C}^{-1}$$

Una volta che C_{cal} è stata determinata, il calorimetro può essere usato per misurare il calore di combustione di altre sostanze.

Si noti che siccome le reazioni in una bomba calorimetrica avvengono a volume costante e non a pressione costante, la variazione di calore *non corrisponde* alla variazione di entalpia del processo ΔH (si veda il Paragrafo 7.2). È possibile correggere il valore della variazione di calore misurata in modo tale che corrisponda ai valori di differenza di entalpia, ma le correzioni sono di solito piccole e quindi non se ne considerano qui i dettagli. Infine, è interessante notare che i contenuti energetici del cibo e dei carburanti (di solito espressi in calorie dove 1 cal = 4,184 J) sono misurati con calorimetri a volume costante (si veda l'Approfondimento 7.1)

Esempio 7.6

Una quantità di 1,435 g di naftalene ($C_{10}H_8$), una sostanza dall'odore pungente usata come repellente degli insetti, viene fatto bruciare in una bomba calorimetrica a volume costante. Di conseguenza, la temperatura dell'acqua sale da 20,28 °C a 25,95 °C. Se la capacità termica del calorimetro (bomba calorimetrica più acqua) è 10,17 kJ °C^{-1}, calcolare il calore di combustione molare del naftalene.

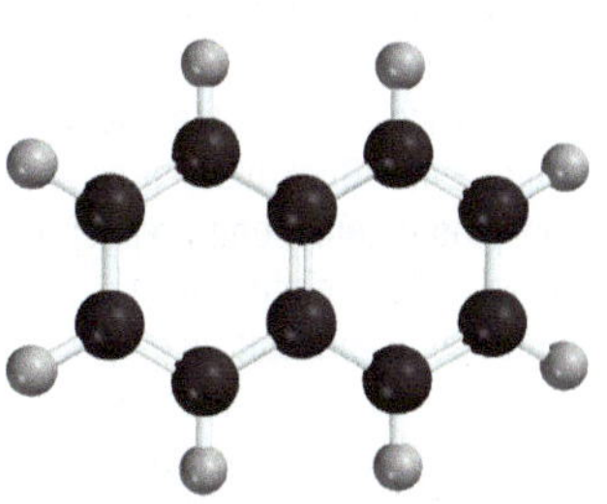

$C_{10}H_8$

Impostazione Conoscendo la capacità termica e l'aumento di temperatura, si può usare l'Equazione 7.32 per calcolare il calore assorbito dal calorimetro. Questo dà il calore generato dalla combustione di 1,435 g di naftalene, che può essere convertito in calore molare di combustione usando la massa molare del naftalene.

Soluzione Il calore assorbito dalla bomba e dall'acqua è uguale al prodotto della capacità termica per la variazione di temperatura. Dall'Equazione 7.32, assumendo che non venga ceduto del calore all'ambiente, si può scrivere

$$\begin{aligned} q_{cal} &= C_{cal}\,\Delta T \\ &= (10{,}17\ \text{kJ}\ °\text{C}^{-1})(25{,}95°\text{C} - 20{,}28°\text{C}) \\ &= 57{,}66\ \text{kJ} \end{aligned}$$

Siccome $q_{sist} = q_{cal} - q_{reaz} = 0$, $q_{cal} = -q_{reaz}$. La variazione di calore della reazione è $-57{,}66$ kJ. Questo è il calore ceduto dalla combustione di 1,435 g di $C_{10}H_8$; quindi si scrive la conversione

$$\frac{-57{,}66\ \text{kJ}}{1{,}435\ \text{g}\ C_{10}H_8}$$

La massa molare del naftalene è 128,2 g, per cui il calore di combustione di 1 mole di naftalene è

$$\begin{aligned} \text{calore molare di combustione} &= \frac{-57{,}66\ \text{kJ}}{1{,}435\ \text{g}\ C_{10}H_8} \times \frac{128{,}2\ \text{g}\ C_{10}H_8}{1\ \text{mol}\ C_{10}H_8} \\ &= -5{,}151 \times 10^3\ \text{kJ mol}^{-1} \end{aligned}$$

Verifica Sapendo che la reazione di combustione è esotermica e che la massa molare del naftalene è molto maggiore di 1,4 g, la risposta è ragionevole? Nelle condizioni di reazione indicate, la variazione di calore ($-57{,}66$ kJ) può essere uguale alla variazione di entalpia?

Problema di autovalutazione Una quantità di 1,922 g di metanolo (CH_3OH) viene fatta bruciare in una bomba calorimetrica a volume costante. Di conseguenza, la temperatura dell'acqua cresce di 4,20 °C. Se la capacità termica della bomba e dell'acqua del calorimetro è 10,4 kJ °C^{-1}, calcolare il calore di combustione del metanolo.

Calorimetria a pressione costante

Un sistema più semplice della bomba calorimetrica a volume costante è il calorimetro a pressione costante, che viene impiegato per misurare la variazione di calore di reazioni non di combustione. Un semplice calorimetro a pressione costante può essere costruito usando due bicchierini da caffè di plastica, come mostrato in Figura 7.12. Questo sistema misura i calori di molte reazioni, come le neutralizzazioni acido-base, o il calore di soluzione o di diluizione.

Siccome la pressione è costante, la variazione di calore del processo (q_{reaz}) è uguale alla variazione di entalpia (ΔH). Come nel caso di un calorimetro a volume costante, si tratta il calorimetro come un sistema isolato. Inoltre si può trascurare il piccolo valore di capacità termica dei bicchierini da caffè. In Tabella 7.2 sono riportate alcune reazioni che sono state studiate con un calorimetro a pressione costante.

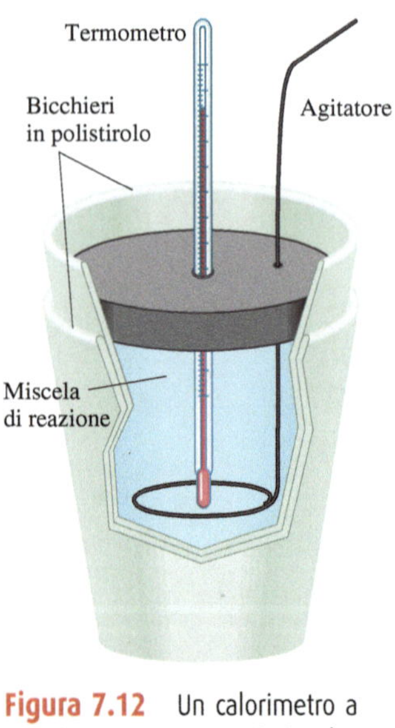

Figura 7.12 Un calorimetro a pressione costante costituito da due bicchierini da caffè di polistirolo. Quello più esterno serve per isolare la miscela di reazione dall'ambiente. Due soluzioni di volume noto contenenti i reagenti alla stessa temperatura sono attentamente miscelati nel calorimetro. Il calore prodotto o assorbito dalla reazione può essere determinato misurando la variazione di temperatura.

Esempio 7.7

Del piombo con massa di 26,47 g a 89,98 °C viene introdotto in un calorimetro a pressione costante avente capacità termica trascurabile e contenente 100,0 ml di acqua. La temperatura dell'acqua sale da 22,50 °C a 23,17 °C. Qual è la capacità termica del piombo?

Impostazione Si conoscono la massa dell'acqua e del piombo e la temperatura iniziale e finale dell'acqua. Considerando che non ci sia dispersione di calore nell'ambiente, si può eguagliare il calore perso dal piombo a quello acquistato dall'acqua. Conoscendo il calore specifico dell'acqua, si può calcolare il calore specifico del piombo.

Tabella 7.2 Calori molari di alcune tipiche reazioni misurati a 25 °C e a pressione costante

Tipo di reazione	Esempio	ΔH (kJ mol^{-1})
Calore di neutralizzazione	$HCl(aq) + NaOH(aq) \longrightarrow NaCl(aq) + H_2O(l)$	−56,2
Calore di ionizzazione	$H_2O(l) \longrightarrow H^+(aq) + OH^-(aq)$	56,2
Calore di fusione	$H_2O(s) \longrightarrow H_2O(l)$	6,01
Calore di vaporizzazione	$H_2O(l) \longrightarrow H_2O(g)$	44,0*
Calore di reazione	$MgCl_2(s) + 2Na(l) \longrightarrow 2NaCl(s) + Mg(s)$	−180,2

*Misurato a 25 °C. A 100°C, il valore è 40,79 kJ.

Soluzione Trattando il calorimetro come un sistema isolato (non c'è dispersione di calore all'esterno), si può scrivere

$$q_{Pb} + q_{H_2O} = 0$$

ovvero

$$q_{Pb} = -q_{H_2O}$$

Il calore acquistato dall'acqua è dato da

$$q_{H_2O} = mC_s\,\Delta t$$

dove m e C_s sono rispettivamente la massa e la capacità specifica, e $\Delta t = t_f - t_i$. Quindi,

$$\begin{aligned} q_{H_2O} &= (100{,}0\ g)(4{,}184\ J\ g^{-1}\ °C^{-1})(23{,}17°C - 22{,}50°C) \\ &= 280{,}3\ J \end{aligned}$$

Siccome il calore ceduto dal piombo è uguale al calore acquistato dall'acqua, si ha $q_{Pb} = -280{,}3$ J. Per determinare il calore specifico del Pb, si scrive

$$q_{Pb} = mC_s\,\Delta t$$

che dà, dopo riarrangiamento

$$\begin{aligned} C_s &= \frac{q_{Pb}}{m\,\Delta t} \\ &= \frac{-280{,}3\ J}{(26{,}47\ g)(23{,}17\ °C - 89{,}98\ °C)} \\ &= 0{,}158\ J\ g^{-1}\ °C^{-1} \end{aligned}$$

Problema di autovalutazione Una sferetta di acciaio di 30,14 g a 117,82 °C è introdotta in un calorimetro a pressione costante che contiene 120,0 ml di acqua a 18,44 °C. Se il calore specifico della sferetta è 0,474 J g^{-1} °C^{-1}, calcolare la temperatura finale dell'acqua. Si ipotizzi che il calorimetro abbia una capacità termica trascurabile.

Esempio 7.8

Un volume di $1{,}00 \times 10^2$ ml di una soluzione 0,500 M di HCl viene miscelato con $1{,}00 \times 10^2$ ml di una soluzione 0,500 M di NaOH in un calorimetro a pressione costante con capacità termica trascurabile. La temperatura iniziale delle soluzioni di HCl e di NaOH è 22,50 °C, e la temperatura finale delle soluzioni mescolate è 25,86 °C. Si calcoli la variazione di calore molare per la reazione di neutralizzazione

$$NaOH(aq) + HCl(aq) \longrightarrow NaCl(aq) + H_2O(l)$$

Si ipotizzi che le densità e i calori specifici delle soluzioni siano gli stessi dell'acqua (1,00 g ml^{-1} e 4,184 J g^{-1} $°C^{-1}$, rispettivamente).

Impostazione Siccome si osserva un aumento della temperatura, la reazione di neutralizzazione è una reazione esotermica. Si trova la massa totale della soluzione e si usa l'Equazione 7.20 per determinare il calore assorbito. Determinare la relazione tra il calore assorbito dalla soluzione e il calore della reazione.

Soluzione Assumendo che non venga perso del calore all'esterno, $q_{sist} = q_{soluz} + q_{reaz} = 0$, cioè $q_{reaz} = -q_{soluz}$, dove q_{soluz} è il calore assorbito dalle soluzioni miscelate. Siccome la densità della soluzione è 1,00 g ml^{-1}, la massa di 100 ml di soluzione è 100 g. Per trovare il calore assorbito dalla soluzione, conoscendo il calore specifico, si usa l'Equazione 7.20:

$$\begin{aligned} q_{soluz} &= mC_s\Delta T \\ &= (1{,}00 \times 10^2 \text{ g} + 1{,}00 \times 10^2 \text{ g})(4{,}184 \text{ J g}^{-1}\,°\text{C}^{-1})(25{,}86°\text{C} - 22{,}50°\text{C}) \\ &= 2{,}81 \times 10^3 \text{J} = 2{,}81 \text{ kJ} \end{aligned}$$

Siccome $q_{reaz} = -q_{soluz}$, $q_{reaz} = -2{,}81$ kJ.

Dalle molarità date, il numero di moli di HCl e di NaOH in $1{,}00 \times 10^2$ ml di soluzione è

$$\frac{0{,}500 \text{ mol}}{1 \text{ l}} \times 0{,}100 \text{ l} = 0{,}0500 \text{ mol}$$

Quindi, il calore di neutralizzazione quando 1,00 mole di HCl reagisce con 1,00 mole di NaOH è

$$\text{calore di neutralizzazione} = \frac{-2{,}81 \text{ kJ}}{0{,}0500 \text{ mol}} = -56{,}2 \text{ kJ mol}^{-1}$$

Verifica Il segno è in accordo con la natura della reazione? Nelle condizioni di reazione indicate, la variazione di calore può essere uguale alla variazione di entalpia?

Problema di autovalutazione Un volume di $4{,}00 \times 10^2$ ml di una soluzione 0,600 *M* di HNO_3 è miscelata con $4{,}00 \times 10^2$ ml di una soluzione 0,300 *M* di $Ba(OH)_2$ in un calorimetro a pressione costante avente capacità termica trascurabile. La temperatura iniziale di entrambe le soluzioni è 18,46 °C. Qual è la temperatura finale della soluzione risultante? (Si usino le densità e i calori specifici dati nell'Esempio 7.8.)

7.3.3 Interpretazione molecolare della capacità termica

Si è definito il calore come la parte di energia che viene ceduta alla moltitudine di variabili molecolari che non si osservano esplicitamente in un sistema (la posizione e la velocità delle singole molecole, per esempio). Il modo in cui questa energia viene distribuita può essere compresa in termini di un concetto basato sulla meccanica classica e direttamente applicabile al comportamento di un gas.

Questo concetto, noto come ***teorema dell'equipartizione dell'energia***, stabilisce che *l'energia in una molecola è distribuita equamente su tutti i tipi di moto molecolare (gradi di libertà)*. Il numero di gradi di libertà in una molecola è il numero di variabili che sono richieste per descriverne il moto. Per gas monoatomici, sono necessarie tre coordinate (*x*, *y* e *z*) per definire in maniera precisa la posizione di ciascun atomo – si dice che ciascun atomo possiede tre modi di libertà traslazionale. Per le molecole, invece, sono necessari altri gradi di libertà per descriverne il moto rotazionale e

Approfondimento 7.1

Il contenuto calorico dei cibi e di altre sostanze

Il cibo che si mangia viene processato (metabolizzato) in passaggi successivi da un gruppo di molecole biologiche chiamate *enzimi*. La maggior parte dell'energia rilasciata in ciascun passaggio è usata per diverse funzioni. Un aspetto interessante del metabolismo è che la variazione totale di energia è uguale a quella di una combustione. Per esempio, la variazione totale di entalpia per la conversione del glucosio ($C_6H_{12}O_6$) a biossido di carbonio e acqua è lo stesso se si brucia la sostanza all'aria o se se ne fa la digestione nel corpo umano.

$$C_6H_{12}O_6(s) + 6O_2(g) \longrightarrow 6CO_2(g) + 6H_2O(l)$$
$$\Delta H = -2801 \text{ kJ mol}^{-1}$$

Un'importante differenza fra il metabolismo e la combustione è che quest'ultima avviene di solito in un solo passaggio, e ad alta temperatura. Di conseguenza, la maggior parte dell'energia rilasciata dalla combustione viene dispersa nell'ambiente.

Cibi diversi hanno diversa composizione e quindi diversi contenuti energetici. Il contenuto energetico del cibo si misura generalmente in calorie. La *caloria* (*cal*) è un'unità di misura non-SI che è definita come la quantità di energia necessaria per aumentare di 1 °C la temperatura di 1 g di acqua liquida ed è equivalente a 4,184 J. Nel contesto della nutrizione, tuttavia, le calorie di cui si parla (a volte chiamate *calorie nutrizionali* o "*grandi calorie*") sono in realtà le *kilocalorie*, cioè

$$1 \text{ Cal} = 1000 \text{ cal} = 4184 \text{ J}$$

Si noti la maiuscola "C" per rappresentare la "grande caloria". La bomba calorimetrica descritta nel Paragrafo 7.3 è fatta apposta per misurare il contenuto energetico, o "il contenuto calorico," del cibo. I contenuti calorici sono le entalpie di combustione (si veda la tabella). Per essere analizzato in una bomba calorimetrica il cibo deve essere prima seccato poiché la maggior parte del cibo spesso contiene una considerevole quantità di acqua. Siccome la composizione dei cibi è spesso sconosciuta, i contenuti calorici sono espressi in termini di kJ g^{-1} piuttosto che kJ mol^{-1}.

Contenuti calorici dei cibi e di alcuni comuni combustibili

Sostanza	$\Delta H_{combustione}$ (kJ g^{-1})
Mela	−2
Carne	−8
Birra	−1,5
Pane	−11
Burro	−34
Formaggio	−18
Uova	−6
Latte	−3
Patate	−3
Carbonella	−35
Carbone	−30
Benzina	−34
Cherosene	−37
Gas naturale	−50
Legno	−20

vibrazionale. Il teorema dell'equipartizione dell'energia è un risultato fondamentale della ***meccanica statistica***, cioè lo *studio dell'origine molecolare della termodinamica*.

Per capire in che modo si applica il teorema dell'equipartizione dell'energia, come primo esempio si consideri il semplice caso di un gas ideale monoatomico (come potrebbe essere l'argon o il neon a bassa pressione). Si è visto nel Paragrafo 5.4 che ognuno degli N atomi del sistema, contribuisce per $3/2\ k_BT$ all'energia cinetica totale traslazionale (Equazione 5.34), dove k_B è la costante di Boltzmann. Siccome il sistema è ideale e non ci sono interazioni intermolecolari, l'energia potenziale è zero e l'energia totale del sistema gassoso è

$$U(\text{monoatomico}) = \frac{3}{2}Nk_BT = \frac{3}{2}nRT \qquad \textbf{(7.33)}$$

dove si è usato il fatto che $R = N_A k_B$, dove N_A è il numero di Avagadro. Quindi, se si cambia la temperatura di un valore ΔT, la variazione di energia è data da

$$\Delta U = \frac{3}{2} N k_B \Delta T = \frac{3}{2} nR\Delta T \qquad \textbf{(7.34)}$$

Confrontando le Equazioni 7.34 e 7.22 si ottiene

$$\overline{C}_V(\text{monoatomico}) = \frac{3}{2} N k_B = \frac{3}{2} nR \qquad \textbf{(7.35)}$$

che dà una capacità termica molare a volume costante

$$\overline{C}_V(\text{monoatomico}) = \frac{3}{2} R = 12{,}471 \text{ J mol}^{-1} \text{ K}^{-1} \qquad \textbf{(7.36)}$$

usando $R = 8{,}314$ J mol^{-1} K^{-1}. Ciascun atomo in questo sistema ha tre modi di libertà traslazionale, per cui ogni grado di libertà traslazionale contribuisce di $1/2\ k_B T$ all'energia totale e $1/2\ k$ alla capacità termica a volume costante. A livello molecolare, la capacità termica può essere intesa come *una misura del numero di gradi di libertà di un sistema disponibili per l'accumulo di energia.* Il teorema dell'equipartizione dà anche un'utile definizione alternativa della temperatura come *una misura della quantità di energia disponibile, in media, in ciascun grado di libertà.*

La previsione in base al teorema dell'equipartizione della capacità termica a pressione costante $\overline{C}_P$ di un gas ideale monoatomico può essere determinata da $\overline{C}_V$ (Equazione 7.36) usando la relazione fra $\overline{C}_P$ e $\overline{C}_V$ data nell'Equazione 7.29.

$$\overline{C}_P(\text{monoatomico}) = \overline{C}_V + R = \frac{3}{2} R + R = \frac{5}{2} R = 20{,}785 \text{ J mol}^{-1} \text{ K}^{-1} \qquad \textbf{(7.37)}$$

Per molecole contenenti due o più atomi, altri tipi di moto sono presenti, come la rotazione e la vibrazione. Per una molecola con M atomi, sono necessarie $3M$ coordinate per descrivere il moto di ciascun atomo. Tre coordinate sono necessarie per descrivere il moto di traslazione del centro di massa. Le rimanenti $3M - 3$ coordinate sono necessarie per descrivere il moto di rotazione e di vibrazione. Per una molecola lineare, come CO_2 o HCl, sono necessari due angoli per specificare l'orientazione della molecola rispetto a due assi di coordinate che passano attraverso il centro di massa e sono perpendicolari agli assi di legame – la rotazione attorno all'asse di legame lascia la molecola invariata, per cui non costituisce un grado di libertà. Questo significa che rimangono $(3M - 5)$ gradi di libertà vibrazionali per una molecola lineare. Per esempio, la Figura 7.13 mostra i moti di traslazione, rotazione e vibrazione di una molecola biatomica.

Invece, tre angoli rispetto a tre assi mutuamente perpendicolari e passanti per il centro di massa sono necessari per descrivere la rotazione di una molecola non lineare, come H_2O o CH_4, e questo significa che rimangono $(3M - 6)$ gradi di libertà per la vibrazione.

Il teorema dell'equipartizione stabilisce che l'energia viene distribuita equamente nei gradi di libertà del sistema; per cui, ciascun grado di libertà rotazionale contiene

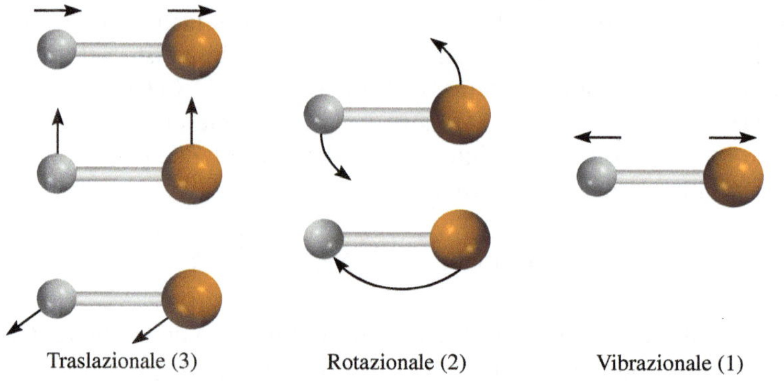

Figura 7.13 I tre modi di traslazione, i due di rotazione e uno di vibrazione per una molecola biatomica come HCl.

la stessa quantità di energia ($1/2\ k_B T$) di un grado di libertà traslazionale. Siccome l'energia di una vibrazione molecolare consiste di contributi di energia sia cinetica (dovuto al moto vibrazionale) sia potenziale (dovuto all'allungamento e accorciamento del legame), il teorema dell'equipartizione predice che ciascun grado di libertà vibrazionale contribuisce per $k_B T$ all'energia ($1/2\ k_B T$ per l'energia cinetica e $1/2\ k_B T$ per l'energia potenziale). Quindi, per un gas ideale contenente n moli di molecole nonlineari, il teorema dell'equipartizione dà un'energia di

$$U(\text{non lineare}) = \left[\underbrace{\frac{3}{2}}_{\text{traslazionale}} + \underbrace{\frac{3}{2}}_{\text{rotazionale}} + \underbrace{(3M-6)}_{\text{vibrazionale}}\right] nRT \qquad \textbf{(7.38)}$$

che corrisponde a una capacità termica molare a volume costante di

$$\overline{C}_v(\text{non lineare}) = \left[\underbrace{\frac{3}{2}}_{\text{traslazionale}} + \underbrace{\frac{2}{2}}_{\text{rotazionale}} + \underbrace{(3M-6)}_{\text{vibrazionale}}\right] R \qquad \textbf{(7.39)}$$

Per una molecola lineare, si ha

$$C_v(\text{lineare}) = \left[\underbrace{\frac{3}{2}}_{\text{traslazionale}} + \underbrace{\frac{3}{2}}_{\text{rotazionale}} + \underbrace{(3M-5)}_{\text{vibrazionale}}\right] R \qquad \textbf{(7.40)}$$

I contributi a $\overline{C}_V$ da parte dei gradi di libertà traslazionale, rotazionale e vibrazionale per gas ideali di atomi, molecole lineari e molecole non lineari sono riassunti in Tabella 7.3.

I valori di $\overline{C}_P$ per molecole lineari e non lineari possono essere ottenute aggiungendo R ai valori $\overline{C}_V$ nelle Equazioni 7.39 e 7.40, rispettivamente.

In Tabella 7.4, si confrontano, per un certo numero di gas, i valori $\overline{C}_P$ previsti dal teorema dell'equipartizione con le capacità termiche misurate sperimentalmente. Per gas monoatomici l'accordo tra i dati teorici e i dati sperimentali è eccellente; tuttavia, si osservano notevoli scostamenti per gas molecolari. Per capire la ragione di queste discrepanze, si consideri l'idrogeno biatomico (H_2). Per una molecola biatomica, $M = 2$ e l'Equazione 7.40, insieme con l'Equazione 7.29 ($\overline{C}_P = \overline{C}_V + R$), dà

$$\overline{C}_P(\text{biatomica}) = \left[\underbrace{\frac{3}{2}}_{\text{traslazionale}} + \underbrace{1}_{\text{rotazionale}} + \underbrace{1}_{\text{vibrazionale}}\right] \mathrm{R} + \mathrm{R} = \frac{9}{2}\mathrm{R} = 37{,}41\ \mathrm{J\ mol^{-1}\ K^{-1}}$$

Tabella 7.3 Contributi a C_V per gas ideali in base al teorema dell'equipartizione

Tipo di molecola	Traslazione	Rotazione	Vibrazione
Atomo	$\frac{3}{2}R$	—	—
Molecola lineare	$\frac{3}{2}R$	R	$(3M-5)\ R$
Molecola non lineare	$\frac{3}{2}R$	$\frac{3}{2}R$	$(3M-6)\ R$

Tabella 7.4 Valori calcolati e sperimentali di $\overline{C}_P$ per alcuni gas a 298 K e 1 Bar

Gas	$\overline{C}_P$ calcolato (J mol^{-1} K^{-1})	$\overline{C}_P$ misurato (J mol^{-1} K^{-1})
He	20,79	20,79
Ne	20,79	20,79
Ar	20,79	20,79
H_2	37,41	28,81
N_2	37,41	29,12
O_2	37,41	29,36
F_2	37,41	31,30
Cl_2	37,41	33,91
Br_2	37,41	36,02
I_2	37,41	36,90
CO_2	62,37	37,13
H_2O	58,18	33,54
SO_2	58,18	39,82

Tuttavia, dalla Tabella 7.4 si vede che il valore calcolato è più grande del valore sperimentale di 28,85 J mol^{-1} K^{-1}, chè è molto simile a $7/2R$. Questo sarebbe il valore che si otterrebbe se si trascurasse il contributo vibrazionale. L'assenza del contributo vibrazionale può essere capito usando la quantomeccanica (Capitolo 1), che predice che le energie traslazionali, rotazionali e vibrazionali delle molecole sono quantizzate. La distanza energetica fra i livelli vibrazionali è mediamente dell'ordine di 10^{-20} J, che è maggiore di quella tra i livelli rotazionali (circa 10^{-23} J), e molto più grande di quella tra i livelli traslazionali (circa 10^{-34} J). A temperatura ambiente (298 K), $k_BT/2$ corrisponde a $2{,}0 \times 10^{-21}$ J, che è maggiore della distanza media tra i livelli rotazionali e traslazionali, ma minore della distanza media tra i livelli vibrazionali. Quindi a temperatura ambiente, l'energia può facilmente essere distribuita tra i gradi di libertà traslazionali e rotazionali, ma la quantità media di energia disponibile per un singolo grado di libertà ($k_BT/2$) è minore della minima quantità di energia richiesta per promuovere i gradi di libertà per i moti vibrazionali e praticamente tutti quelli elettronici. Quindi, questi gradi di libertà non sono utilizzabili come deposito di energia e quindi non contribuiscono significativamente alla capacità termica. A temperature più elevate, l'energia termica disponibile, $k_BT/2$, diventa maggiore, e la promozione di vibrazioni (e magari di transizioni elettroniche) diventa possibile, portando a un aumento di $\overline{C}_V$ all'aumentare della temperatura. Per esempio, a 3000 K, $\overline{C}_P$ per l'idrogeno aumenta a 37,00 J mol^{-1} K^{-1}, che è molto vicino alla previsione in base al teorema dell'equipartizione di 37,41 J mol^{-1} K^{-1} con i moti vibrazionali tutti attivati.

L'esempio precedente dell'H_2 è in un certo senso estremo, poiché la frequenza vibrazionale dell'H_2 è molto alta, per cui a temperatura ambiente non c'è contributo dei modi vibrazionali alla capacità termica. Nella maggior parte delle molecole, alcune frequenze vibrazionali sono abbastanza basse per cui moti vibrazionali contribuiscono almeno un po' alla capacità termica a temperatura ambiente; tuttavia, questo contributo rappresenta solo una frazione del contributo totale vibrazionale dato nelle Equazioni 7.39 e 7.40. Questo è vero soprattutto in molecole poliatomiche con modi di vibrazione a bassa frequenza che corrisondono ai piegamenti delle molecole. In alcuni casi, è possibile trarre delle conclusioni relativamente alle frequenze vibrazionali di due molecole semplicemente considerando la capacità termica. Per esempio, la capacità termica a pressione costante di F_2 e di I_2

a 298 K sono 31,30 e 36,90 J mol^{-1} K^{-1}, rispettivamente (si veda la Tabella 7.4). Entrambe sono molecole biatomiche lineari, per cui la traslazione e la rotazione contano per $7/2\ R = 29{,}10$ J mol^{-1} K^{-1}. Quindi, i contributi vibrazionali a $\overline{C}_P$ per F_2 e I_2 sono 2,2 e 7,8 J mol^{-1} K^{-1}, rispettivamente. Siccome I_2 ha un contributo vibrazionale maggiore per $\overline{C}_P$ di F_2, si può concludere che la frequenza vibrazionale di I_2 è minore di quella di F_2, permettendo una più facile eccitazione ai gradi di libertà vibrazionali data l'energia termica disponibile. Questa conclusione può essere verificata mediante spettroscopia IR, che dà le frequenze vibrazionali per F_2 e I_2 di 919 e 214 cm^{-1}, rispettivamente. Questa conclusione è interessante poiché si è in grado di fare delle conclusioni circa le proprietà molecolari di un materiale (frequenza vibrazionale) unicamente da un esame di una proprietà macroscopica (capacità termica).

In totale, la capacità termica è una misura dei gradi di libertà *disponibili* come deposito di energia. Siccome la quantomeccanica richiede un minimo di energia per eccitare un tipo di moto, non tutti i gradi di libertà sono disponibli per immagazzinare energia in quanto la distanza energetica che corrisponde a certi gradi di libertà è maggiore dell'energia termica disponibile. Per i gas, bisogna tenere a mente che a temperatura ambiente, i contributi più importanti alla capacità termica provengono dal moto traslazionale e rotazionale. A temperature elevate, anche il moto di vibrazione può essere preso in considerazione. Solo a temperature veramente molto alte il moto elettronico può giocare un ruolo determinante nel calcolare i valori di $\overline{C}_V$.

Esempio 7.9

La capacità termica di CO_2 è 37,1 J mol^{-1} K^{-1} a 298 K. Quale percentuale di questo valore è dovuta al moto vibrazionale? Quale pecentuale del contributo totale possibile rappresenta?

Impostazione Si usi la Tabella 7.3 per determinare $C_P = C_V + R$ per CO_2 in assenza e in presenza di contributo vibrazionale.

Soluzione CO_2 è una molecola lineare triatomica ($M = 3$). Il numero di possibili gradi di libertà vibrazionali è $3M - 5 = 4$. Usando la Tabella 7.3 (o l'Equazione 7.40), si ha per la traslazione e la rotazione:

CO_2

$$\overline{C}_P = \overline{C}_V + R = \left[\frac{3}{2} + 1\right]R + R = \frac{7}{2}R$$

$$= 3{,}5(8{,}314\ \text{J mol}^{-1}\ \text{K}^{-1}) = 29{,}1\ \text{J mol}^{-1}\ \text{K}^{-1}$$

Per traslazione, rotazione e vibrazione:

$$\overline{C}_P = \overline{C}_V + R = \left[\frac{3}{2} + 1 + 4\right]R + R = 7{,}5R$$

$$= 15(8{,}314\ \text{J mol}^{-1}\ \text{K}^{-1}) = 62{,}4\ \text{J mol}^{-1}\ \text{K}^{-1}$$

Ignorando i contributi elettronici a $\overline{C}_P$, che sono trascurabili, il contributo vibrazionale alla capacità termica è la differenza fra il valore sperimentale e quello ottenuto dal teorema dell'equipartizione considerando solo la traslazione e la rotazione:

$$\text{contributo vibrazionale al } \overline{C}_P = 37{,}1\ \text{J mol}^{-1}\ \text{K}^{-1} - 29{,}1\ \text{J mol}^{-1}\ \text{K}^{-1} = 8{,}0\ \text{J mol}^{-1}\ \text{K}^{-1}$$

$$\text{percentuale dovuta alla vibrazione} = \frac{8{,}0\ \text{J mol}^{-1}\ \text{K}^{-1}}{37{,}1\ \text{J mol}^{-1}\ \text{K}^{-1}} = 0{,}215 = 21{,}5\%$$

Contributo totale possibile vibrazionale $= 4R = 4\,(8{,}314\ \text{J mol}^{-1}\,\text{K}^{-1}) = 33{,}3\ \text{J mol}^{-1}\,\text{K}^{-1}$

$$\frac{\text{pecentuale di contributo}}{\text{possibile totale vibrazionale}} = \frac{8{,}0\ \text{J mol}^{-1}\,\text{K}^{-1}}{33{,}3\ \text{J mol}^{-1}\,\text{K}^{-1}} = 0{,}240 = 24{,}0\%$$

Per cui solo il 24,0% del contributo possibile totale vibrazionale della capacità termica è diponibile a $T = 298$ K.

Problema di autovalutazione Usare il teorema dell'equipartizione per prevedere la capacità termica del ClF usando solo i contributi rotazionali e traslazionali. Confrontare questo valore con quello sperimentale di 32,1 J mol^{-1} K^{-1}. Quale frazione di questo valore è dovuta al moto vibrazionale?

7.4 Entalpie normali di formazione

Dall'Equazione 7.15, si è visto che ΔH può essere calcolata se si conoscono le entalpie effettive di tutti i reagenti e prodotti. Tuttavia, come ricordato precedentemente, non c'è modo di misurare il valore *assoluto* dell'entalpia di una sostanza. Solo valori *relativi* a un riferimento arbitrario possono essere determinati. Questo problema è simile a quello che hanno i geografi per esprimere il valore dell'altezza di una montagna o la profondità di un abisso. Piuttosto che cercare di dare una specie di scala "assoluta" dell'altezza (magari basata sulla distanza dal centro della Terra), per comune accordo tutte le altezze e profondità geografiche sono espresse in relazione al livello del mare, un riferimento arbitrario con una altezza definita di "zero" metri (o piedi). In maniera analoga, i chimici hanno convenuto su un arbitrario riferimento per l'entalpia.

7.4.1 Entalpia standard di formazione

Il punto di riferimento di tutte le entalpie è chiamata ***entalpia molare standard (normale) di formazione*** (ΔH_f°) che è definita come *la variazione di calore che si osserva quando 1 mole di un composto nel suo stato di riferimento in condizioni normali è formata a partire dai suoi elementi nei loro rispettivi stati di riferimento in condizioni normali.* Lo ***stato standard*** *di un liquido o solido è la sua forma pura termodinamicamente più stabile a 1 bar di pressione.*[6] La stato standard dei gas è simile, eccetto per il fatto che lo stato gassoso standard si assume che obbedisca perfettamente alla legge dei gas perfetti. Lo stato standard dei soluti sciolti in soluzione verrà discusso nel Capitolo 10. Nella notazione ΔH_f°, l'apice "°" rappresenta le condizioni standard (1 bar) e il pedice "f" sta per formazione. Anche se lo stato standard termodinamico non specifica il valore della temperatura, si considera, se non diversamente espresso, che i valori ΔH_f° siano misurati a 25 °C.

La Tabella 7.5 riporta le entalpie standard di formazione di alcuni elementi e composti. (Per una lista più completa dei valori ΔH_f°, si veda l'Appendice 2.) Per definizione, *l'entalpia standard di formazione di qualsiasi elemento nella sua forma più stabile è zero.* Si consideri l'ossigeno come esempio. L'ossigeno molecolare (O_2) è più stabile di altre forme dell'ossigeno, come l'ozono (O_3), a 1 bar e 25 °C. Quindi, si può

[6] Molti testi didattici usano ancora la vecchia notazione di pressione di 1 atm. Il cambiamento nell'odierna notazione di pressione di 1 bar è stata introdotta dalla Unione Internazionale dei Chimici Puri e Applicati (IUPAC dall'inglese International Union of Pure and Applied Chemists) nel 1982. Siccome 1 bar differisce da 1 atm per poco più dell'uno percento, i valori termodinamici usando le due notazioni differiscono per una quantità molto piccola che è spesso trascurabile.

Tabella 7.5 Entalpie standard di formazione di alcune sostanze inorganiche a 25 °C

Sostanza	ΔH_f° kJ mol^{-1}	Sostanza	ΔH_f° kJ mol^{-1}
$Ag(s)$	0	$H_2O_2(l)$	−187,8
$AgCl(s)$	−127,0	$Hg(l)$	0
$Al(s)$	0	$I_2(s)$	0
$Al_2O_3(s)$	−1675,7	$HI(g)$	25,9
$Br_2(l)$	0	$Mg(s)$	0
$HBr(g)$	−36,2	$MgO(s)$	−601,8
C(grafite)	0	$MgCO_3(s)$	−1112,9
C(diamante)	1,90	$N_2(g)$	0
$CO(g)$	−110,5	$NH_3(g)$	−45,94
$CO_2(g)$	−393,5	$NO(g)$	90,4
$Ca(s)$	0	$NO_2(g)$	33,85
$CaO(s)$	−634,9	$N_2O_4(g)$	9,66
$CaCO_3(s)$	−1206,9	$N_2O(g)$	81,56
$Cl_2(g)$	0	$O(g)$	249,2
$HCl(g)$	−92,3	$O_2(g)$	0
$Cu(s)$	0	$O_3(g)$	142,7
$CuO(s)$	−155,2	S(fase rombica)	0
$F_2(g)$	0	S(fase monoclina)	0,30
$HF(g)$	−273,3	$SO_2(g)$	−296,84
$H(g)$	218,2	$SO_3(g)$	−395,7
$H_2(g)$	0	$H_2S(g)$	−20,6
$H_2O(g)$	−241,83	$ZnO(s)$	−350,5
$H_2O(l)$	−285,83		

scrivere $\Delta H_f^\circ(O_2) = 0$, mentre $\Delta H_f^\circ(O_3) = 142{,}7$ kJ mol$^{-1} \neq 0$. In modo analogo la grafite è la forma allotropica più stabile del carbonio rispetto al diamante a 1 bar e 25 °C, per cui si ha ΔH_f°(C, grafite) = 0 e ΔH_f°(C, diamante) = 1,9 kJ mol$^{-1} \neq 0$.

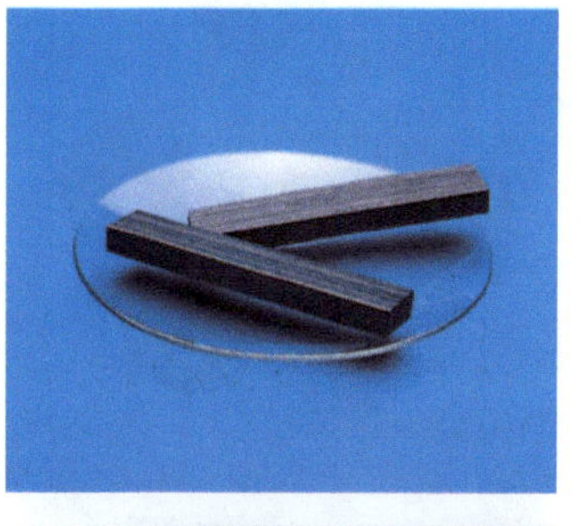

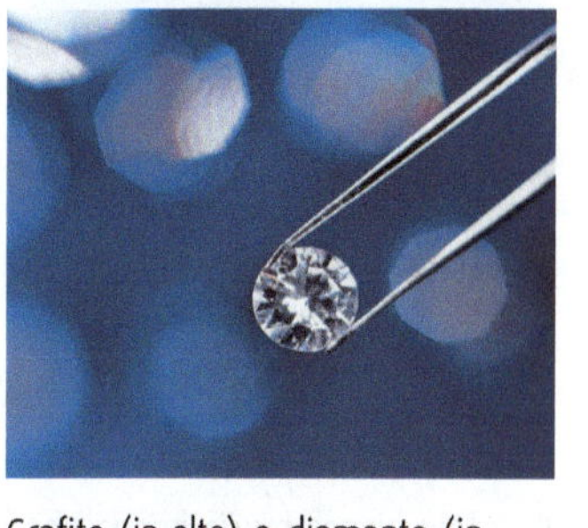

Grafite (in alto) e diamante (in basso).

7.4.2 Entalpia standard di reazione

L'importanza delle entalpie standard di formazione è che una volta conosciuti i loro valori, si possono calcolare facilmente le ***entalpie standard di reazione*** (ΔH°_{reaz}), definite come *la variazione di entalpia che accompagna una reazione quando reagenti e prodotti si trovano nei rispettivi stati standard.* Per esempio, si consideri l'ipotetica reazione

$$a\,\mathrm{A} + b\,\mathrm{B} \longrightarrow c\,\mathrm{C} + d\,\mathrm{D}$$

dove *a*, *b*, *c* e *d* sono i coefficienti stechiometrici. Per questa reazione, ΔH°_{reaz} è data da

$$\Delta H^\circ_{reaz} = [c\,\Delta H_f^\circ + d\,\Delta H_f^\circ] - [a\,\Delta H_f^\circ + b\,\Delta H_f^\circ]$$

Si può generalizzare questa equazione come:

$$\Delta H^\circ_{reaz} = \sum_{prodotti} v_P\,\Delta H_f^\circ(\text{prodotti}) - \sum_{reagenti} v_R\,\Delta H_f^\circ(\text{reagenti}) \qquad (7.41)$$

dove v_P e v_R indicano i coefficienti stechiometrici dei reagenti e dei prodotti, rispettivamente, e Σ (sigma) significa "sommatoria di".

Il vantaggio dell'Equazione 7.41 è che, data una tabella di valori di ΔH_f° per dei composti, si può calcolare ΔH°_{reaz} per *qualsiasi* possibile reazione che coinvolga i composti dati in tabella. Il valore di ΔH_f° di un composto può essere determinato sperimentalmente usando o un metodo diretto o un metodo indiretto, dipende dal tipo di composto in esame.

Metodo diretto

Questo metodo di misura di ΔH_f° funziona per composti che possono essere facilmente sintetizzati a partire dai propri elementi. Si supponga di volere conoscere l'entalpia di formazione del biossido di carbonio. Bisogna misurare l'entalpia della reazione quando il carbonio (grafite) e l'ossigeno molecolare nei loro stati standard sono convertiti in biossido di carbonio nel proprio stato standard:

$$\text{C(grafite)} + O_2(g) \longrightarrow CO_2(g) \qquad \Delta H^\circ_{reaz} = -393{,}5 \text{ kJ mol}^{-1}$$

Si sa dall'esperienza che questa reazione va facilmente a completezza. Per cui, dall'Equazione 7.41 si può scrivere

$$\begin{aligned}\Delta H^\circ_{reaz} &= \Delta H_f^\circ(CO_2, g) - [\Delta H_f^\circ(\text{C, grafite}) - \Delta H_f^\circ(O_2, g)] \\ &= -393{,}5 \text{ kJ mol}^{-1}\end{aligned}$$

Siccome sia la grafite sia O_2 sono le forme stabili degli elementi, ne consegue che sia $\Delta H_f^\circ(\text{C, grafite})$ che $\Delta H_f^\circ(O_2, g)$ sono zero. Quindi

$$\Delta H^\circ_{reaz} = \Delta H_f^\circ(CO_2, g) = -393{,}5 \text{ kJ mol}^{-1}$$

ovvero $$\Delta H_f^\circ(CO_2, g) = -393{,}5 \text{ kJ mol}^{-1}$$

Si noti che avere assegnato arbitrariamente il valore zero a ΔH_f° per qualsiasi elemento nella forma standard non influenza il calcolo in alcun modo. Si ricordi che la termochimica si interessa solo delle *variazioni* di entalpia che possono essere determinate sperimentalmente e non delle entalpie in valore assoluto che non possono essere determinate. La scelta di uno zero come "livello di riferimento" per l'entalpia rende i calcoli più facili. Di nuovo riferendosi all'analogia dell'altitudine terrestre, si trova che il monte Everest è 2650 m più alto del monte McKinley. Questa differenza di altitudine non è influenzata dal fatto di aver stabilito che il livello del mare sia a 0 m o a 1000 m.

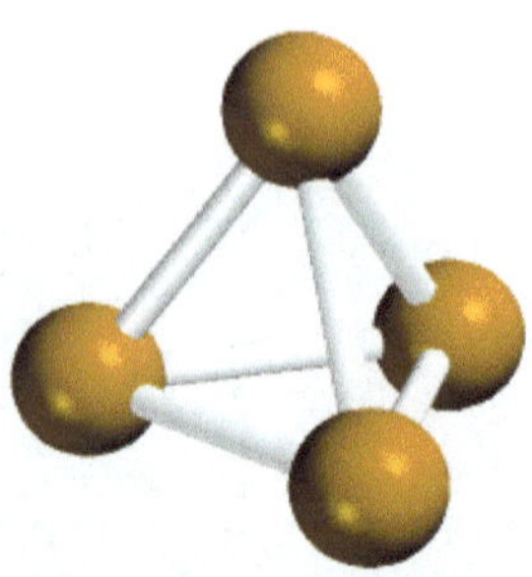

P_4

Il fosforo bianco brucia in aria per formare P_4O_{10}.

Altri composti che possono essere studiati in questo modo sono SF_6, P_4O_{10} e CS_2. Le equazioni che rappresentano le loro sintesi sono

$$\text{S(rombico)} + 3F_2(g) \longrightarrow SF_6(g)$$

$$P_4\text{(bianco)} + 5O_2(g) \longrightarrow P_4O_{10}(s)$$

$$\text{C(grafite)} + 2\text{S(rombico)} \longrightarrow CS_2(l)$$

Si noti che S(rombico) e P(bianco) sono le forme allotropiche stabili di zolfo e fosforo rispettivamente, a 1 bar e 25 °C, per cui i loro ΔH_f° sono zero.

Metodo indiretto

Molti composti non sono sintetizzabili direttamente a partire dai loro elementi. In alcuni casi, la reazione procede in modo troppo lento, oppure durante la reazione si ottengono anche prodotti secondari oltre al prodotto desiderato. In questi casi ΔH_f° può essere determinato mediante un approccio indiretto, che è basato sulla *legge di Hess della sommatoria* delle quantità termodinamiche estensive, o semplicemente la ***leg-***

ge di Hess.[7] Questa legge può essere enunciata come segue: *quando i reagenti vengono convertiti in prodotti, la variazione di qualsiasi funzione di stato termodinamica estensiva, come l'entalpia, è la stessa sia che la reazione abbia luogo in un solo passaggio sia che possa essere scomposta in una serie di passaggi.* In altre parole, se si può scomporre la reazione di interesse in una serie di passaggi per i quali $\Delta H^\circ_{\text{reaz}}$ è nota, si può calcolare $\Delta H^\circ_{\text{reaz}}$ per la reazione complessiva. La legge di Hess è basata sul fatto che essendo H una funzione di stato, ΔH dipende solo dallo stato iniziale e dallo stato finale (cioè solo dalla natura dei reagenti e dei prodotti). La variazione di entalpia è la stessa indipendentemente dal fatto che la reazione avvenga attraverso uno solo o più passaggi.

Un'analogia alla legge di Hess è la seguente. Si supponga di andare dal primo al sesto piano di un edificio in ascensore. Il guadagno in energia potenziale (che corrisponde alla variazione di entalpia per l'intero processo) è lo stesso se si va direttamente dal primo al sesto piano o se ci si ferma a ciascun piano durante la salita (dividendo la salita in una serie di passaggi).

Si supponga di essere interessati a conoscere l'entalpia standard di formazione del monossido di carbonio (CO). Si può rappresentare la reazione come

$$\text{C(grafite)} + \frac{1}{2}\text{O}_2(g) \longrightarrow \text{CO}(g)$$

Tuttavia, bruciando grafite si ottiene anche del biossido di carbonio (CO_2), quindi non si può misurare direttamente la variazione di entalpia di formazione del CO. Invece, si può impiegare una via indiretta, basata sulla legge di Hess. È possibile svolgere le seguenti due reazioni, che vanno a completezza:

$$\text{(a)}\quad \text{C(grafite)} + \text{O}_2(g) \longrightarrow \text{CO}_2(g) \qquad \Delta H^\circ_{\text{reaz}} = -393{,}5\ \text{kJ mol}^{-1}$$

$$\text{(b)}\quad \text{CO}(g) + \frac{1}{2}\text{O}_2(g) \longrightarrow \text{CO}_2(g) \qquad \Delta H^\circ_{\text{reaz}} = -283{,}0\ \text{kJ mol}^{-1}$$

Prima di tutto, si inverte la reazione (b) per avere

$$\text{(c)}\quad \text{CO}_2(g) \longrightarrow \text{CO}(g) + \frac{1}{2}\text{O}_2(g) \qquad \Delta H^\circ_{\text{reaz}} = +283{,}0\ \text{kJ mol}^{-1}$$

Siccome le equazioni chimiche possono essere sommate e sottratte proprio come le equazioni algebriche, si svolge l'operazione (a) + (c) e si ottiene

$$\text{(a)}\quad \text{C(grafite)} + \text{O}_2(g) \longrightarrow \text{CO}_2(g) \qquad \Delta H^\circ_{\text{reaz}} = -393{,}5\ \text{kJ mol}^{-1}$$

$$\text{(c)}\quad \text{CO}_2(g) \longrightarrow \text{CO}(g) + \frac{1}{2}\text{O}_2(g) \qquad \Delta H^\circ_{\text{reaz}} = +283{,}0\ \text{kJ mol}^{-1}$$

$$\text{(d)}\quad \text{C(grafite)} + \frac{1}{2}\text{O}_2(g) \longrightarrow \text{CO}(g) \qquad \Delta H^\circ_{\text{reaz}} = -110{,}5\ \text{kJ mol}^{-1}$$

Siccome la reazione (d) rappresenta la sintesi di 1 mole di CO a partire dai suoi elementi, si ha $\Delta H^\circ_f(\text{CO}) = -110{,}5\ \text{kJ mol}^{-1}$.

La regola generale per applicare la legge di Hess è di combinare una serie di equazioni chimiche (corrispondenti a una serie di passaggi) in modo tale che, quando sono sommate membro a membro, tutte le specie chimiche si cancellano tranne i reagenti e i prodotti che compaiono nella reazione complessiva. Questo significa che bisogna avere gli elementi reagenti a sinistra e i prodotti a destra della freccia. Inoltre, spesso bisogna moltiplicare alcune o tutte le reazioni che rappresentano i passaggi individuali per opportuni coefficienti.

---

[7] Germain Henri Hess (1802-1850). Chimico svizzero. Hess nacque in Svizzera ma passò la maggior parte della sua vita in Russia. Per aver formulato la legge di Hess, è considerato il *padre della termochimica.*

Esempio 7.10

C_2H_2

Una torcia che brucia acetilene produce una fiamma che ha una temperatura di 3000 °C ed è usata nelle saldature dei metalli.

Calcolare l'entalpia standard di formazione dell'acetilene (C_2H_2):

$$2C(grafite) + H_2(g) \longrightarrow C_2H_2(g)$$

sapendo che le entalpie standard di formazione di $CO_2(g)$ e di $H_2O(l)$ sono $-393{,}5$ e $-285{,}8$ kJ mol^{-1}, rispettivamente, e che la variazione dell'entalpia standard della reazione

$$2C_2H_2(g) + 5O_2(g) \longrightarrow 4CO_2(g) + 2H_2O(l)$$

è $-2598{,}8$ kJ mol^{-1}.

Impostazione Le informazioni date nel problema corrispondono al seguente set di reazioni:

(a) $C(grafite) + O_2(g) \longrightarrow CO_2(g)$ $\quad \Delta H^\circ_{reaz} = -393{,}5$ kJ mol^{-1}

(b) $H_2(g) + \frac{1}{2}O_2(g) \longrightarrow H_2O(l)$ $\quad \Delta H^\circ_{reaz} = -285{,}8$ kJ mol^{-1}

(c) $2C_2H_2(g) + 5O_2(g) \longrightarrow 4CO_2(g) + 2H_2O(l)$ $\quad \Delta H^\circ_{reaz} = -2598{,}8$ kJ mol^{-1}

Bisogna calcolare la variazione di entalpia per la formazione di C_2H_2 a partire ai suoi elementi C e H_2. La reazione non avviene direttamente, tuttavia, per cui bisogna trovare una via indiretta usando le reazioni (a), (b) e (c).

Soluzione Considerando la sintesi di C_2H_2, bisogna avere 2 moli di grafite tra i reagenti. Per cui bisogna moltiplicare l'Equazione (a) per 2 per avere

(d) $2C(grafite) + 2O_2(g) \longrightarrow 2CO_2(g)$ $\quad \Delta H^\circ_{reaz} = 2(-393{,}5 \text{ kJ mol}^{-1})$

$= -787{,}0$ kJ mol^{-1}

Inoltre, bisogna avere 1 mole di H_2 tra i reagenti e per questo si può usare l'Equazione (b). Infine bisogna avere 1 mole di C_2H_2 come prodotto. L'Equazione (c) ha 2 moli di C_2H_2 come reagente quindi bisogna invertire questa equazione e dividerla per due:

(e) $2CO_2(g) + H_2O(l) \longrightarrow C_2H_2(g) + \frac{5}{2}O_2(g)$ $\quad \Delta H^\circ_{reaz} = \frac{1}{2}(-2598{,}8 \text{ kJ mol}^{-1})$

$= -1299{,}4$ kJ mol^{-1}

Sommando algebricamente le Equazioni (b), (d) e (e) insieme, si ha

(b) $H_2(g) + \frac{1}{2}O_2(g) \longrightarrow H_2O(l)$ $\quad \Delta H^\circ_{reaz} = -285{,}8$ kJ mol^{-1}

(d) $C(grafite) + O_2(g) \longrightarrow CO_2(g)$ $\quad \Delta H^\circ_{reaz} = -787{,}0$ kJ mol^{-1}

(e) $2CO_2(g) + H_2O(l) \longrightarrow C_2H_2(g) + \frac{5}{2}O_2(g)$ $\quad \Delta H^\circ_{reaz} = -1299{,}4$ kJ mol^{-1}

$2C(grafite) + H_2(g) \longrightarrow C_2H_2(g)$ $\quad \Delta H^\circ_{reaz} = +226{,}6$ kJ mol^{-1}

Quindi, $\Delta H^\circ_f = \Delta H^\circ_{reaz} = 226{,}6$ kJ mol^{-1}. Il valore ΔH°_f significa che quando 1 mole di C_2H_2 viene sintetizzato da 2 moli di C(grafite) e 1 mole di H_2, +226,6 kJ di energia sotto forma di calore vengono assorbiti dal sistema reagente dall'ambiente. Quindi, questo è un processo endotermico.

Problema di autovalutazione Calcolare l'entalpia standard di formazione del solfuro di carbonio (CS_2), sapendo che l'entalpia standard di formazione di $CO_2(g)$ e di $SO_2(g)$ sono $-393{,}5$ e $-296{,}4$ kJ mol^{-1}, rispettivamente, e che l'entalpia standard della reazione $CS_2(l) + 3O_2(g) \longrightarrow CO_2(g) + 2SO_2(g)$ è $-1073{,}6$ kJ mol^{-1}.

Si può calcolare l'entalpia standard di reazione dai valori di ΔH°_f come mostrato nell'Esempio 7.11.

Esempio 7.11

Il pentaborano-9 (B_5H_9) è un liquido incolore, molto reattivo, che brucia all'aria o addirittura esplode quando è esposto all'ossigeno atmosferico. La reazione è

$$B_5H_9(l) + 6O_2(g) \longrightarrow \frac{5}{2}B_2O_3(s) + \frac{9}{2}H_2O(l)$$

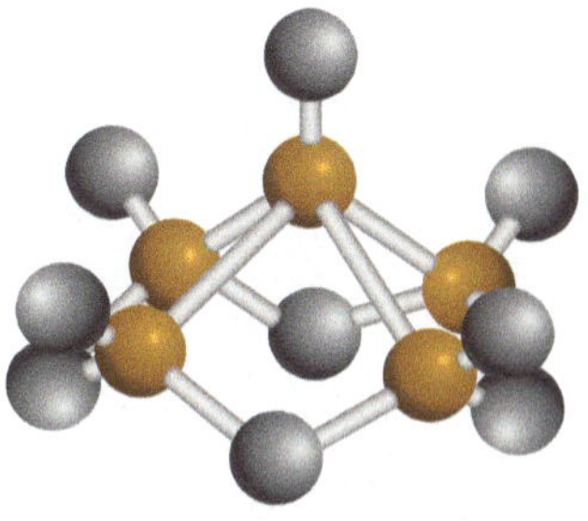

B_5H_9

Negli anni '50, il pentaborano-9 è stato considerato un potenziale carburante per razzi a propulsione poiché produce molto calore per grammo. Tuttavia, il composto solido B_2O_3 che si forma per combustione di B_5H_9 è abrasivo e distruggerebbe rapidamente la bocchetta del razzo e quindi l'idea è stata abbandonata. Calcolare la quantità di calore ceduta per grammo di composto che reagisce con l'ossigeno. L'entalpia standard di formazione del B_5H_9 è 73,2 kJ mol^{-1}.

Impostazione L'entalpia di reazione è la differenza tra la sommatoria delle entalpie dei prodotti e la sommatoria delle entalpie dei reagenti ciascuna moltiplicata per il proprio coefficiente stechiometrico (Equazione 7.41).

Soluzione Usando i valori di ΔH_f° riportati in Appendice 2 e l'Equazione 7.41, si può scrivere

$$\begin{aligned}\Delta H^\circ_{\text{reaz}} &= \left\{\frac{5}{2}[\Delta H_f^\circ(B_2O_3)] + \frac{9}{2}\Delta H_f^\circ[H_2O(l)]\right\} - [\Delta H_f^\circ(B_5H_9) + 6\Delta H_f^\circ(O_2)] \\ &= \left[\frac{5}{2}(-1273{,}5\ \text{kJ mol}^{-1}) + \frac{9}{2}(-285{,}8\ \text{kJ mol}^{-1})\right] - [(73{,}2\ \text{kJ mol}^{-1}) + 6(0\ \text{kJ mol}^{-1})] \\ &= -4543{,}1\ \text{kJ mol}^{-1}\end{aligned}$$

La massa molare di B_5H_9 è 63,12 g per cui l'energia rilasciata sotto forma di calore per grammo è

$$\begin{aligned}\text{calore ceduto per grammo} &= \frac{-4543{,}1\ \text{kJ}}{1\ \text{mol}\ B_5H_9} \times \frac{1\ \text{mol}\ B_5H_9}{63{,}12\ \text{g}\ B_5H_9} \\ &= -71{,}97\ \text{kJ g}^{-1}\end{aligned}$$

Verifica Il segno negativo è in accordo con il fatto che B_5H_9 è stato considerato come potenziale carburante per razzi propulsori.

Problema di autovalutazione Il benzene (C_6H_6) brucia all'aria per produrre biossido di carbonio e vapore acqueo. Calcolare il calore ceduto (in kJ) per grammo di composto che reagisce con ossigeno. L'entalpia standard di formazione del benzene è 49,04 kJ mol^{-1}.

Il pentaborano-9 (B_5H_9) (si veda l'Esempio 7.11) è considerato un composto altamente energetico a causa della grande quantità di energia che può rilasciare per combustione. In generale, composti che hanno valori positivi di ΔH_f° tendono a cedere più calore in una combustione e a essere meno stabili di quelli con valori negativi di ΔH_f°.

7.5 Entalpie di reazione ed entalpie di legame

Si ricordi dal Paragrafo 3.2 che l'energia di dissociazione di legame, D_0, di un particolare legame in una molecola è l'energia richiesta per rompere quel legame. Per esempio, l'energia di dissociazione del legame H—H in H_2 è l'energia richiesta per rompere una molecola di H_2 in due atomi di H. Nel linguaggio del corrente capitolo, l'energia di dissociazione di legame per una molecola biatomica come H_2 è uguale alla variazione di energia, ΔU, per la reazione

$$H_2(g) \longrightarrow H(g) + H(g) \qquad \Delta U = D_0 = 433{,}9\ \text{kJ mol}^{-1}$$

Se il processo di rottura di legame avviene in condizioni di pressione costante, tuttavia, l'energia richiesta per rompere il legame è meglio descritta come l'*entalpia di legame*, piuttosto che l'energia di legame. L'***entalpia di legame*** (ΔH_L) è *la variazione di entalpia, per mole di molecole gassose, richiesta per rompere un particolare legame in una molecola.*

Per molecole biatomiche, le entalpie di legame differiscono leggermente dalle energie di dissociazione di legame, e questa differenza può essere determinata usando l'Equazione 7.16 dal Paragrafo 7.2:

$$\Delta H = \Delta U + RT\Delta n$$

Si considerino due atomi X e Y che sono uniti da un legame per formare la molecola. L'energia di legame (o entalpia) è l'energia (o l'entalpia) della reazione

$$\text{X—Y}(g) \longrightarrow \text{X}(g) + \text{Y}(g)$$

Per questa reazione $\Delta n = 1$, per cui

$$\Delta H_L = D_0 + RT$$

che per $T = 298$ K dà

$$\begin{aligned}\Delta H_L\,(298\text{ K}) &= D_0 + (8{,}314\text{ J mol}^{-1}\text{ K}^{-1})(298\text{ K})(1\text{ kJ}/1000\text{ J})\\ &= D_0 + 2{,}48\text{ kJ mol}^{-1}\end{aligned}$$

Quindi, l'entalpia di legame per una molecola biatomica può essere determinata dall'energia di dissociazione di legame (come quelle riportate in Tabella 3.3) a 298 K aggiungendo 2,48 kJ mol^{-1}.

Per esempio, l'energia di dissociazione di legame di H_2 è 432,9 kJ mol^{-1}, per cui l'entalpia di legame di H_2 è (432,9 + 2,48) kJ mol^{-1} = 436,4 kJ mol^{-1}. Questa conversione è utile poiché gli esperimenti che riguardano i gas di solito misurano l'entalpia di legame, ma i calcoli teorici spesso determinano direttamente l'energia di dissociazione di legame. Per molecole poliatomiche, l'entalpia richiesta per rompere un particolare tipo di legame (C—H o C═O) varia a seconda dei composti che contengono questi tipi di legame. Per questo motivo, le entalpie di legame per molecole poliatomiche sono riportate come entalpie *medie di legame*. Per esempio, si può misurare l'energia del legame O—H in 10 diverse molecole poliatomiche e ottenere un valore medio di energia del legame O—H dividendo la somma delle energie di legame per 10. La Tabella 7.6 riporta il valore esatto o il valore medio delle entalpie di legame di alcune molecole biatomiche e poliatomiche. Anche se le energie di legame e le entalpie di legame sono in genere molto simili in grandezza (almeno per le molecole biatomiche), la differenza può essere importante per calcoli molto accurati.

Quasi tutte le reazioni chimiche coinvolgono la rottura e/o formazione di legami. Per cui, conoscendo le entalpie di legame e quindi la stabilità delle molecole si possono avere informazioni sulla termochimica delle reazioni che queste molecole possono fare. In molti casi, è possibile predire l'entalpia approssimata di reazione usando i dati di entalpia di legame, come quelli riportati in Tabella 7.6. Siccome è sempre richiesta energia per rompere legami chimici e la formazione di legami chimici è sempre accompagnata da rilascio di energia, si può stimare l'entalpia di reazione contando il numero totale di tipi di legami rotti e formati nella reazione e segnando le corrispondenti variazioni di energia. L'entalpia di reazione in *fase gas* è data da

$$\begin{aligned}\Delta H^\circ_{L\,\text{reaz}} &= \sum_{\substack{\text{legami}\\ \text{rotti}}} \Delta H_L - \sum_{\substack{\text{legami}\\ \text{formati}}} \Delta H_L\\ &= \text{energia totale in entrata} - \text{energia totale ceduta}\end{aligned} \qquad \textbf{(7.42)}$$

Tabella 7.6 Alcune entalpie di legame di molecole biatomiche ed energie di legame medie per legami in molecole poliatomiche*

Legame	Entalpia di legame ($kJ\ mol^{-1}$)	Legame	Entalpia di legame ($kJ\ mol^{-1}$)
H—H	436,4	N—N	193
H—N	393	N═N	418
H—O	460	N≡N	941,4
H—S	368	N—O	176
H—P	326	N—P	209
H—F	568,2	O—O	142
H—Cl	431,9	O═O	498,7
H—Br	366,1	O—P	502
H—I	298,3	O═S	469
C—H	414	P—P	197
C—C	347	P═P	489
C═C	620	S—S	268
C≡C	812	S═S	352
C—N	276	F—F	156,9
C═N	615	Cl—Cl	242,7
C≡N	891	Br—Br	192,5
C—O	351	I—I	151,0
C═O†	745	C—F	484
C—P	263	C—Cl	338
C—S	255	C—Br	276
C═S	477	C—I	238

* Le entalpie di legame per molecole biatomiche (in rosso) hanno più significato che per molecole poliatomiche poiché le energie di legame di molecole biatomiche sono quantità direttamente misurabili e non devono essere mediate su molti composti.

† L'entalpia di legame C═O in CO_2 è 799 $kJ\ mol^{-1}$.

L'Equazione 7.42 è in accordo con la convenzione dei segni di ΔH°_{reaz}. Quindi, se l'energia totale in entrata è maggiore dell'energia totale emessa, ΔH°_{reaz} è positivo e la reazione è endotermica [si veda la Figura 7.14(a)]. D'altra parte, se è maggiore la quantità ceduta rispetto a quella assorbita, ΔH°_{reaz} è negativa e la reazione è esotermica [si veda la Figura 7.14(b)]. Se i reagenti e i prodotti sono tutte molecole biatomiche, allora l'Equazione 7.42 porterà dei risultati accurati poiché le entalpie di legame di molecole biatomiche sono note con accuratezza. Tuttavia, se alcuni o tutti i reagenti e prodotti sono molecole poliatomiche, l'Equazione 7.42 porterà solo risultati approssimati poiché le entalpie di legame usate sono valori medi.

Per molecole biatomiche, l'Equazione 7.42 è equivalente all'Equazione 7.41, per cui i risultati ottenuti da queste due equazioni devono corrispondere, come illustra l'Esempio 7.12.

Figura 7.14 Variazione di entalpia di legame in (a) una reazione endotermica e in (b) una reazione esotermica.

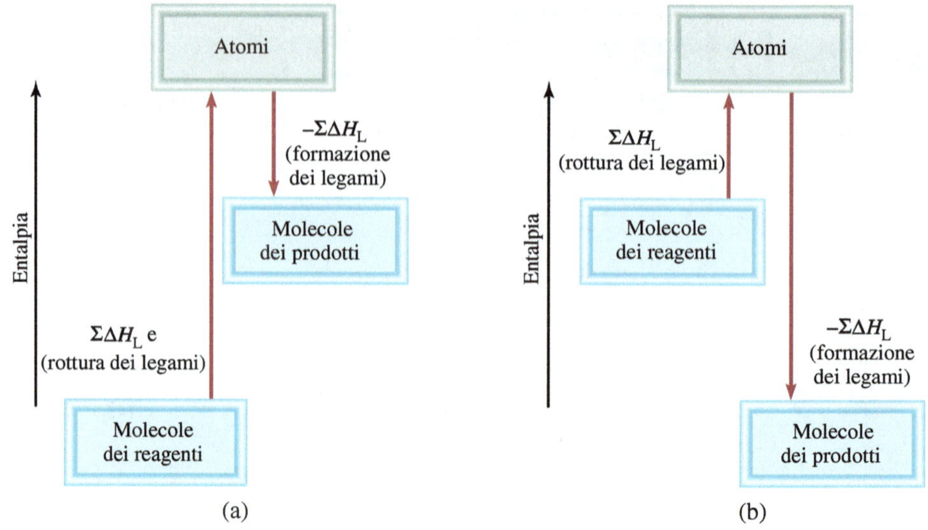

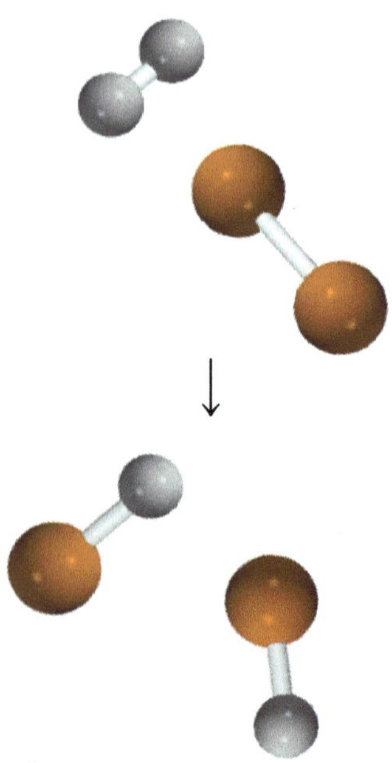

Esempio 7.12

(a) Usare l'Equazione 7.42 per calcolare l'entalpia di reazione del processo

$$H_2(g) + Cl_2(g) \longrightarrow 2HCl(g)$$

(b) Confrontare il risultato con quello ottenuto usando le entalpie standard di formazione (Equazione 7.41).

Impostazione La rottura di legami chimici è un processo che avviene per assorbimento di energia (endotermico), e la formazione di legami chimici è un processo che avviene con cessione di energia (esotermico). Quindi, la variazione totale di energia è la differenza fra questi due processi, come descritto dall'Equazione 7.42.

Soluzione

(a) Si comincia contando il numero di legami rotti e il numero di legami formati e le corrispondenti variazioni di energia. Si può costruire una tabella:

Tipo di legami rotti	Numero di legami rotti	Entalpia di legame ($kJ\ mol^{-1}$)	Variazione di entalpia ($kJ\ mol^{-1}$)
H—H	1	436,4	436,4
Cl—Cl	1	242,7	242,7

Tipo di legami formati	Numero di legami formati	Entalpia di legame ($kJ\ mol^{-1}$)	Variazione di entalpia ($kJ\ mol^{-1}$)
H—Cl	2	431,9	836,8

Quindi, si ottiene l'entalpia totale in entrata e l'entalpia totale ceduta:

$$\text{entalpia totale in entrata} = \sum_{\substack{\text{legami}\\ \text{rotti}}} \Delta H_L = 436{,}4 \text{kJ mol}^{-1} + 242{,}7 \text{kJ mol}^{-1} = 679{,}1 \text{kJ mol}^{-1}$$

$$\text{entalpia totale ceduta} = \sum_{\substack{\text{legami}\\ \text{formati}}} \Delta H_L = 2(431{,}9 \text{ kJ mol}^{-1}) = 863{,}8 \text{ kJ mol}^{-1}$$

Usando l'Equazione 7.42, si scrive

$$\Delta H^\circ_{\text{reaz}} = \sum_{\substack{\text{legami}\\ \text{rotti}}} \Delta H_L - \sum_{\substack{\text{legami}\\ \text{formati}}} \Delta H_L = 679{,}1 \text{kJ mol}^{-1} - 863{,}8 \text{kJ mol}^{-1} = -184{,}7 \text{kJ mol}^{-1}$$

(b) Oppure, si può usare l'Equazione 7.41 e i dati in Appendice 2 per calcolare l'entalpia di reazione:

$$\begin{aligned}\Delta H^\circ_{\text{reaz}} &= 2\Delta H^\circ_f(\text{HCl}) - [\Delta H^\circ_f(H_2) + \Delta H^\circ_f(Cl_2)]\\ &= (2)(-92{,}3\ \text{kJ mol}^{-1}) - [0 + 0]\\ &= -184{,}6\ \text{kJ mol}^{-1}\end{aligned}$$

Verifica Siccome i reagenti e i prodotti sono tutti molecole biatomiche, ci si aspetta che i risultati delle Equazioni 7.42 e 7.41 siano gli stessi. La piccola discrepanza qui è dovuta al diverso arrotondamento.

Problema di autovalutazione Calcolare l'entalpia delle reazione

$$H_2(g) + F_2(g) \longrightarrow 2HF(g)$$

usando (a) l'Equazione 7.42 e (b) l'Equazione 7.41.

L'Esempio 7.13 usa l'Equazione 7.42 per stimare l'entalpia di reazione che coinvolge una molecola poliatomica.

Esempio 7.13

Stimare la variazione di entalpia per la combustione del gas idrogeno:

$$2H_2(g) + O_2(g) \longrightarrow 2H_2O(g)$$

Impostazione Si segue la stessa procedura usata nell'Esempio 7.10. Si noti tuttavia che H_2O è una molecola poliatomica, per cui bisogna usare l'energia di legame media dei legami O—H.

Soluzione Si costruisca la seguente tabella:

Tipo di legami rotti	Numero di legami rotti	Entalpia di legame ($kJ\ mol^{-1}$)	Variazione di entalpia ($kJ\ mol^{-1}$)
H—H	2	436,4	872,8
O=O	1	498,7	498,7

Tipo di legami formati	Numero di legami formati	Entalpia di legame ($kJ\ mol^{-1}$)	Variazione di entalpia ($kJ\ mol^{-1}$)
O—H	4	460	1840

Successivamente, si calcola l'entalpia totale in entrata e l'entalpia totale in uscita:

$$\text{entalpia totale in entrata} = \sum_{\substack{\text{legami}\\\text{rotti}}} \Delta H_L = 872{,}8\ \text{kJ mol}^{-1} + 498{,}7\ \text{kJ mol}^{-1} = 1371{,}5\ \text{kJ mol}^{-1}$$

$$\text{entalpia totale ceduta} = \sum_{\substack{\text{legami}\\\text{formati}}} \Delta H_L = 1840\ \text{kJ mol}^{-1}$$

Usando l'Equazione 7.42, si scrive

$$\Delta H^\circ_{\text{reaz}} = \sum_{\substack{\text{legami}\\\text{rotti}}} \Delta H_L - \sum_{\substack{\text{legami}\\\text{formati}}} \Delta H_L = 1371{,}5\ \text{kJ mol}^{-1} - 1840\ \text{kJ mol}^{-1} = -469\ \text{kJ mol}^{-1}$$

Questo risultato è solo approssimato poiché l'entalpia di legame di un legame O—H è una quantità media. Alternativamente, si può usare l'Equazione 7.40 e i dati in Appendice 2 per calcolare l'entalpia di reazione:

$$\begin{aligned}\Delta H^\circ_{\text{reaz}} &= 2\Delta H^\circ_f[H_2O(g)] - \{2\Delta H^\circ_f[H_2(g)] + \Delta H^\circ_f[O_2(g)]\} \\ &= 2(-241{,}8\ \text{kJ mol}^{-1}) - [0 + 0] \\ &= -483{,}6\ \text{kJ mol}^{-1}\end{aligned}$$

Verifica Il valore stimato basato sulle entalpie di legame è simile, ma non del tutto identico, al valore calcolato usando i dati ΔH°_f. In generale, l'Equazione 7.42 funziona meglio per reazioni che sono o molto endotermiche o molto esotermiche, cioè reazioni per le quali $\Delta H^\circ_{\text{reaz}} > 100\ \text{kJ mol}^{-1}$ o $\Delta H^\circ_{\text{reaz}} < -100\ \text{kJ mol}^{-1}$.

Problema di autovalutazione Data la reazione

$$H_2(g) + C_2H_4(g) \longrightarrow C_2H_6(g)$$

(a) Usare i valori di energia di legame riportati in Tabella 7.6 per stimare l'entalpia di reazione.

(b) Usare le entalpie standard di formazione per calcolare l'entalpia di reazione. (I valori di ΔH°_f per H_2, C_2H_4 e C_2H_6 sono 0, 52, 3 e −84,7 kJ mol^{-1}, rispettivamente.)

7.6 Variazioni di entalpia e passaggi di stato

Anche se ci si è focalizzati principalmente sui bilanci di energia termica che si osservano durante una reazione chimica, pure molti processi fisici coinvolgono l'assorbimento o la cessione di calore. Per esempio le trasformazioni di fase, come la fusione del ghiaccio o la condensazione del vapore acqueo. Le variazioni di entalpia si hanno anche quando un soluto si scioglie in un solvente o quando una soluzione viene diluita.

7.6.1 Variazioni di entalpia nelle transizioni di fase

Le transizioni di fase coinvolgono in genere variazioni di densità e/o riarrangiamenti strutturali delle molecole in un sistema. Siccome queste variazioni alterano la disposizione nello spazio delle molecole, e quindi le interazioni intermolecolari, le transizioni di fase generalmente sono accompagnate da cessione o assorbimento di energia sotto forma di calore. Siccome le transizioni di fase si osservano a pressione costante, questa energia termica è uguale alla variazione di entalpia per il processo in esame. Nel Capitolo 5, si sono discussi tre tipi comuni di trasformazioni di fase: vaporizzazione, fusione e sublimazione. Qui si discutono le variazioni di entalpia che accompagnano queste trasformazioni, ponendo particolare attenzione al ruolo giocato dalle forze intermolecolari.

Entalpia di vaporizzazione

La vaporizzazione è il processo con il quale un liquido si trasforma in vapore (gas). L'***entalpia*** (o *calore*) ***molare di vaporizzazione*** (ΔH_{vap}) è *l'energia necessaria per vaporizzare 1 mole di liquido.*[8] Il calore molare di vaporizzazione è direttamente collegato all'entità delle forze intermolecolari che esistono tra le molecole del liquido. Se

---

[8] La variazione di entalpia in una transizione di fase è a volte chiamata ***calore latente*** di tale transizione. Per esempio, ΔH_{vap} è spesso chiamato il *calore latente di vaporizzazione*!

le attrazioni intermolecolari sono forti, l'energia richiesta per liberare le molecole dalla fase liquida e farle passare in fase gas è grande. Un tale liquido ha entalpia molare di vaporizzazione elevata e una bassa tensione di vapore (si veda il Paragrafo 6.1).

Un modo pratico per dimostrare il calore molare di vaporizzazione è di sfregare sulle mani un alcol, come etanolo (C_2H_5OH) o isopropanolo (C_3H_7OH). Questi alcoli hanno ΔH°_{vap} più bassi dell'acqua, per cui il calore delle mani è sufficiente per far aumentare l'energia cinetica delle molecole di alcol e farle evaporare. Come risultato della perdita di calore, le mani sentono freddo. Questo processo è simile alla traspirazione, fenomeno mediante il quale il corpo umano mantiene costante la temperatura. A causa delle forti interazioni di legame a idrogeno che esistono nell'acqua, è necessaria molta energia per fare evaporare l'acqua mediante la traspirazione attraverso la pelle. Questa energia deriva dal calore generato in diversi processi metabolici.

La Tabella 7.7 riporta i valori di ΔH_{vap} per numerosi liquidi ai loro rispettivi punti normali di ebollizione (a 1 atm). Questi dati mostrano che le sostanze con alti punti di ebollizione tendono ad avere elevate entalpie di vaporizzazione. Per capire questo andamento, bisogna riconoscere che sia il punto di ebollizione sia il calore di vaporizzazione sono una misura della forza delle attrazioni intermolecolari nel liquido. Per esempio, l'argon (Ar) e il metano (CH_4), che hanno deboli forze di dispersione, hanno bassi punti di ebollizione e piccole entalpie molari di vaporizzazione. L'etere dietilico ($C_2H_5OC_2H_5$) ha un momento di dipolo, e le forze dipolo-dipolo spiegano il suo punto di ebollizione e il suo ΔH_{vap} moderatamente alti. Sia l'etanolo (C_2H_5OH) sia l'acqua hanno forti legami a idrogeno, che spiegano i loro alti punti di ebollizione e ΔH_{vap}. I forti legami metallici del mercurio fanno sì che esso abbia un elevatissimo punto di ebollizione e un elevato ΔH_{vap}. È interessante notare che il punto di ebollizione del benzene, che è apolare, è confrontabile con quello dell'etanolo. Il benzene ha elevata polarizzabilità dovuta alla distribuzione degli elettroni nell'orbitale molecolare delocalizzato π, e le forze di dispersione fra molecole di benzene possono essere forti tanto quanto quelle dipolo-dipolo e/o legame a idrogeno.

Entalpie di fusione

L'***entalpia*** (o *calore*) ***molare di fusione*** (ΔH_{fus}) è *l'energia richiesta per fare fondere 1 mole di un solido.* La Tabella 7.8 riporta le entalpie molari di fusione (ΔH_{fus}) ai rispettivi punti normali di fusione per le sostanze indicate nella Tabella 7.7. Si noti che ΔH_{fus} è minore di ΔH_{vap} per tutte le sostanze. Questo succede poiché è necessaria molta più energia per vincere le forze attrattive fra molecole di liquidi e portarle a molecole di fase vapore completamente indipendenti le une dalle altre, piuttosto che vincere le forze di impacchettamento allo stato solido e portarle in fase liquida.

In base alla Tabella 7.8, c'è un'altra correlazione fra la temperatura di fusione e l'entalpia di fusione. Sostanze che interagiscono debolmente, come argon e metano,

Tabella 7.7 Entalpie molari di vaporizzazione per alcune sostanze ai loro rispettivi punti di ebollizione normali

Sostanza	Punto di ebollizione* (°C)	ΔH_{vap} (kJ mol^{-1})
Argon (Ar)	−186	6,3
Benzene (C_6H_6)	80,1	31,0
Etanolo (C_2H_5OH)	78,3	39,3
Etere dietilico ($C_2H_5OC_2H_5$)	34,6	26,0
Mercurio (Hg)	357	59,0
Metano (CH_4)	−164	9,2
Acqua (H_2O)	100	40,79

* Misurato a 1 atm.

Tabella 7.8 Entalpie molari di fusione per alcune sostanze ai loro rispettivi punti di fusione normale

Sostanza	Punto di fusione* (°C)	ΔH_{fus} (kJ mol^{-1})
Argon (Ar)	−190	1,3
Benzene (C_6H_6)	5,5	10,9
Etanolo (C_2H_5OH)	−117,3	7,61
Etere dietilico ($C_2H_5OC_2H_5$)	−116,2	6,90
Mercurio (Hg)	−39	23,4
Metano (CH_4)	−183	0,84
Acqua (H_2O)	0	6,01

* Misurato a 1 atm.

generalmente hanno punti di fusione ed entalpie di fusione minori di sostanze con forze intermolecolari più forti, come il benzene e l'acqua. Tuttavia, la correlazione fra la temperatura di fusione e ΔH_{fus} non è stretta come quella tra la temperatura di ebollizione e ΔH_{vap}. Per esempio, il mercurio fonde a −39°C, ma ha una ben più elevata entalpia di fusione del benzene (23,4 kJ mol^{-1} vs. 10,9 kJ mol^{-1}) anche se il benzene ha punto di fusione più alto (5,5 °C). Durante la fusione, le molecole sono semplicemente riarrangiate e non completamente allontanate le une dalle altre, per cui la variazione di entalpia dipende da altri fattori oltre alle forze intermolecolari, come la struttura cristallina e la densità del liquido.

7.6.2 Entalpia di sublimazione

La sublimazione è la trasformazione di un solido in vapore, per cui l'***entalpia molare di sublimazione*** (ΔH_{sub}) è *l'energia richiesta per sublimare 1 mole di un solido.* In generale, le molecole in un solido sono più fortemente tenute insieme dalle forze intermolecolari che in un liquido, per cui ΔH_{sub} è maggiore di ΔH_{vap}. Se ΔH_{sub}, ΔH_{vap} e ΔH_{fus} potessero essere misurate alla stessa temperatura (che è possibile al punto triplo), si avrebbe

$$\Delta H_{sub} = \Delta H_{fus} + \Delta H_{vap} \tag{7.43}$$

L'Equazione 7.43 è una applicazione della legge di Hess (si veda il Paragrafo 7.5), poiché la variazione di entalpia per il processo complessivo è lo stesso se la sostanza si trasforma direttamente da solido a vapore (sublimazione) o da solido a liquido e poi da liquido a vapore (fusione + vaporizzazione). Se le entalpie per i tre processi (sublimazione, fusione e vaporizzazione) sono misurate a diverse temperature, come spesso avviene, allora l'Equazione 7.43 può solo essere usata come approssimazione.

Curve di riscaldamento

Quando un liquido o un solido è lontano dalla sua temperatura di transizione di fase, qualsiasi aggiunta di energia sotto forma di calore a pressione costante (q_p) porta a un aumento della temperatura (ΔT) del sistema, come mostrato dal riarrangiamento dell'Equazione 7.18:

$$\Delta T = \frac{q_p}{C_p} \tag{7.44}$$

dove C_p è la capacità termica a pressione costante del solido o del liquido. Quando la sostanza raggiunge una temperatura di transizione, tuttavia, l'energia somministrata al sistema come calore non serve per aumentare la temperatura. Serve invece per cambiare la fase del materiale. La quantità di energia termica richiesta per convertire n moli di sostanza da una fase a un altra è data da

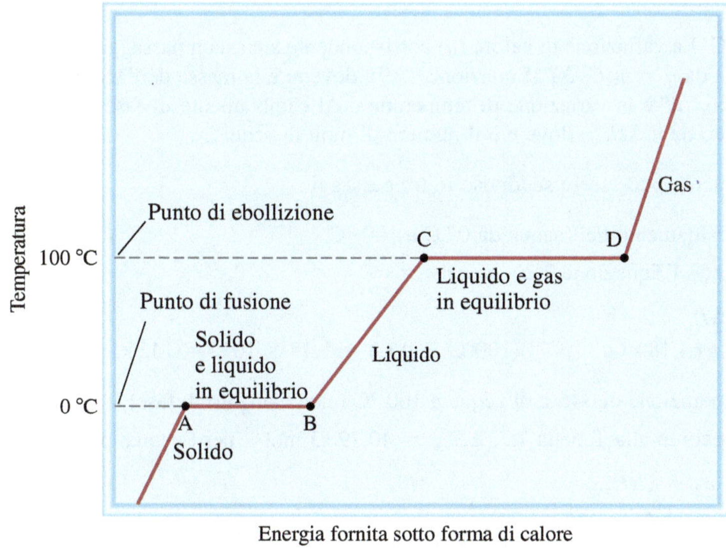

Figura 7.15 La curva di riscaldamento (variazione della temperatura in funzione della somministrazione di calore) dell'acqua da -30 °C a 130 °C. Siccome ΔH°_{fus} è minore di ΔH°_{vap}, è richiesto meno calore per far fondere il ghiaccio a 0 °C che per far bollire la stessa quantità di acqua liquida a 100 °C. Questo mostra perché il segmento AB è più corto del segmento CD. La pendenza delle curve del riscaldamento dell'acqua solida, liquida e vapore è determinato dalla capacità termica dell'acqua in ciascun stato di aggregazione.

$$q_p = n\Delta H_{trans} \quad \textbf{(7.45)}$$

dove ΔH_{trans} è l'entalpia molare di transizione. Si consideri per esempio, il riscaldamento di un blocco di ghiaccio, da -30 °C a 130 °C, dove il riscaldamento è fatto a pressione costante di 1 atm. La Figura 7.15 mostra la *curva di riscaldamento* per questo processo, che è un diagramma della temperatura in funzione della quantità di calore somministrato.

Inizialmente, l'addizione di calore fa crescere la temperatura del ghiaccio. La pendenza della curva di riscaldamento è il reciproco della capacità termica del ghiaccio (Equazione 7.44). Quando la temperatura raggiunge il punto di fusione del ghiaccio (0 °C), l'ulteriore somministrazione di calore serve direttamente a convertire il ghiaccio in acqua in accordo con l'Equazione 7.45, usando ΔH°_{fus} per l'entalpia di transizione. Durante questa conversione, la temperatura rimane costante. Dopo che il ghiaccio si è trasformato completamente in acqua liquida, la temperatura comincerà a crescere di nuovo in accordo con l'Equazione 7.44, solo che adesso la pendenza della curva è determinata dal reciproco della capacità termica dell'acqua liquida. Siccome la capacità termica dell'acqua liquida ($\overline{C}_p$ = 75,3 J mol^{-1} K^{-1}) è maggiore di quella del ghiaccio ($\overline{C}_p$ = 38,0 J mol^{-1} K^{-1}) la pendenza della curva di riscaldamento è minore nella regione tra 0 °C e 100 °C che nella regione da -30 °C a zero. Il riscaldamento della curva del liquido continua fino a quando la temperatura raggiunge il punto di ebollizione dell'acqua (100 °C) a quel punto la temperatura rimane costante e il liquido viene convertito in vapore. Terminata la vaporizzazione del liquido, la temperatura cresce di nuovo con pendenza che è maggiore di quella del riscaldamento del ghiaccio o dell'acqua poiché la capacità termica molare a pressione costante del vapor acqueo è 33,6 J mol^{-1} K^{-1}, che è minore di quella sia del ghiaccio sia dell'acqua.

L'Esempio 7.14 mostra come calcolare l'energia totale richiesta per scaldare un sistema passando attraverso una variazione di stato a pressione costante.

Esempio 7.14

Calcolare la quantità di energia (in kJ) necessaria per scaldare 346 g di acqua liquida da 0 °C a 182 °C. Si ipotizzi che la capacità termica specifica dell'acqua sia 4,184 J g^{-1} °C^{-1} su tutto l'intervallo di esistenza e che il calore specifico del vapore sia 1,99 J g^{-1} °C^{-1}.

Impostazione Il processo può essere suddiviso in tre passaggi, riscaldamento dell'acqua da 0 °C a 100 °C, evaporazione dell'acqua a 100 °C e riscaldamento del vapore da 100 °C a 182 °C. La variazione di calore (q) corrispondente a ciascun passaggio di riscaldamento è data da $q = m\ C_s\ \Delta T$ (Equazione 7.19), dove m è la massa dell'acqua, C_s è il calore specifico, ΔT è la variazione di temperatura. Al cambiamento di fase (vaporizzazione), q è dato da $n\ \Delta H_{vap}$, dove n è il numero di moli di acqua.

Soluzione Il calcolo può essere suddiviso in tre passaggi

Passaggio 1: Riscaldamento dell'acqua da 0 °C a 100 °C.

Usando l'Equazione 7.20, si scrive

$$\begin{aligned} q_1 &= mC_s\Delta T \\ &= (346\ \text{g})(4{,}184\ \text{J g}^{-1}\ {}^\circ\text{C}^{-1})(100^\circ\text{C} - 0^\circ\text{C}) = 1{,}45 \times 10^5\ \text{J} = 145\ \text{kJ} \end{aligned}$$

Passaggio 2: Evaporazione di 346 g di acqua a 100 °C (cambiamento di fase).

In accordo alla Tabella 7.7, $\Delta H_{vap} = 40{,}79\ \text{kJ mol}^{-1}$ per l'acqua, per cui

$$\begin{aligned} q_2 &= n\Delta H^\circ_{vap} \\ &= \left(\frac{346\ \text{g}}{18{,}02\ \text{g mol}^{-1}}\right)(40{,}79\ \text{kJ mol}^{-1}) = 783\ \text{kJ} \end{aligned}$$

Passaggio 3: Riscaldamento del vapore da 100 °C a 182 °C.

$$\begin{aligned} q_3 &= mC_s\Delta T \\ &= (346\ \text{g})(1{,}99\ \text{J g}^{-1}\ {}^\circ\text{C}^{-1})(182\ {}^\circ\text{C} - 100\ {}^\circ\text{C}) = 5{,}65 \times 10^4\ \text{J} = 56{,}5\ \text{kJ} \end{aligned}$$

L'energia totale richiesta è data da

$$\begin{aligned} q_{totale} &= q_1 + q_2 + q_3 \\ &= 145\ \text{kJ} + 783\ \text{kJ} + 56{,}5\ \text{kJ} = 985\ \text{kJ} \end{aligned}$$

Si noti che il contributo maggiore al processo di riscaldamento proviene dal passaggio di vaporizzazione.

Verifica Tutti e tre i q hanno segno positivo, poiché il calore viene assorbito in tutti e tre i passaggi per far crescere la temperatura da 0 °C a 182 °C.

Problema di autovalutazione Calcolare il calore ceduto quando 68,0 g di vapore a 124 °C vengono condensati ad acqua a 45°C.

7.6.3 Entalpia di soluzione e di diluizione

Oltre alle entalpie delle transizioni di fase appena discusse, le variazioni di entalpia si osservano anche quando due o più sostanze sono mescolate, come quando un soluto viene sciolto in un solvente (entalpia di soluzione) o quando una soluzione viene diluita (entalpia di diluizione).

Entalpia di soluzione

Nella maggior parte dei casi, la dissoluzione di un soluto in un solvente provoca una variazione misurabile di calore. A pressione costante, la variazione di calore è uguale alla variazione di entalpia. L'***entalpia*** (o *calore*) ***di soluzione*** (ΔH_{sol}) è *il calore assorbito quando una certa quantità di sostanza viene sciolta in una opportuna quantità di solvente.* Quando questa quantità è misurata a pressione standard (1 bar), è chiamata *entalpia standard di soluzione* (ΔH°_{sol}).

La quantità ΔH_{sol} rappresenta la variazione fra l'entalpia della soluzione finale e le entalpie dei componenti iniziali (cioè il soluto e il solvente) prima che vengano mescolati. Quindi,

$$\Delta H_{sol} = H_{sol} - H_{componenti} \tag{7.46}$$

Né H_{sol} né $H_{componenti}$ possono essere misurati, ma la loro differenza (ΔH_{sol}) può essere facilmente determinata usando la calorimetria. Come altre variazioni di entalpia, ΔH_{sol} è positiva per processi endotermici (che assorbono calore) e negativa per processi esotermici (che liberano calore).

Per capire meglio il calore di soluzione, si consideri che cosa succede quando NaCl solido (composto ionico) si scioglie in acqua. In NaCl solido, il catione Na^+ e l'anione Cl^- sono tenuti insieme da forti forze elettrostatiche di tipo coulombiano, ma quando un piccolo cristallo di NaCl si scioglie in acqua, il reticolo cristallino si rompe nei suoi componenti. (La struttura di NaCl solido è mostrata in Figura 0.12.) I singoli ioni Na^+ e Cl^- sono stabilizzati in soluzione dalle loro interazioni con molecole d'acqua, che circondano completamente gli ioni (Figura 7.16).

Questi ioni sono detti *idratati*. Le molecole di acqua schermano gli ioni Na^+ e Cl^- uno dall'altro riducendone la mutua attrazione elettrostatica che li tiene legati nello stato solido. Quindi, le molecole di acqua agiscono come buon isolante elettrico. Il calore di soluzione è definito dai seguenti processi:

$$\mathrm{NaCl}(s) \xrightarrow{\mathrm{H_2O}} \mathrm{Na^+}(aq) + \mathrm{Cl^-}(aq) \qquad \Delta H_{sol} = ?$$

La dissoluzione di un composto ionico come NaCl in acqua coinvolge la formazione di interazioni tra le specie del soluto e del solvente. Per semplificare l'analisi, tuttavia, si può immaginare che il processo di soluzione avvenga mediante due passaggi illustrati nella Figura 7.17.

Nel primo passaggio, gli ioni Na^+ e Cl^- nel cristallo solido vengono separati uno dall'altro e convertiti in fase gassosa:

$$\mathrm{NaCl}(s) \longrightarrow \mathrm{Na^+}(g) + \mathrm{Cl^-}(g)$$

L'energia richiesta per separare completamente 1 mole di un composto ionico in ioni gassosi è detta ***energia di reticolo*** (E_{ret}). L'energia di reticolo di NaCl è 788 kJ mol^{-1}. In altre parole, sono necessarie 788 kJ di energia per rompere 1 mole di NaCl solido in 1 mole di ioni Na^+ e 1 mole di ioni Cl^-. Nel secondo passaggio, gli ioni "gassosi" Na^+ e Cl^- entrano in acqua e vengono idratati:

$$\mathrm{Na^+}(g) + \mathrm{Cl^-}(g) \xrightarrow{\mathrm{H_2O}} \mathrm{Na^+}(aq) + \mathrm{Cl^-}(aq) + \text{energia}$$

La variazione di entalpia associata con l'idratazione è detta ***entalpia*** (o calore) ***di idratazione*** (ΔH_{idr}). Il calore di idratazione è una quantità negativa per i cationi e gli anioni. Applicando la legge di Hess, è possibile trattare ΔH_{sol} come la somma delle due quantità, l'energia di reticolo (E_{ret}) e il calore di idratazione (ΔH_{idr}):

$$\mathrm{NaCl}(s) \longrightarrow \mathrm{Na^+}(g) + \mathrm{Cl^-}(g) \qquad E_{ret} = 788\ \mathrm{kJ\ mol^{-1}}$$

$$\mathrm{Na^+}(g) + \mathrm{Cl^-}(g) \xrightarrow{\mathrm{H_2O}} \mathrm{Na^+}(aq) + \mathrm{Cl^-}(aq) \qquad \Delta H_{idr} = -784\ \mathrm{kJ\ mol^{-1}}$$

$$\mathrm{NaCl}(s) \xrightarrow{\mathrm{H_2O}} \mathrm{Na^+}(aq) + \mathrm{Cl^-}(aq) \qquad \Delta H_{sol} = 4\ \mathrm{kJ\ mol^{-1}}$$

Quindi, quando 1 mole di NaCl si scioglie in acqua, 4 kJ di calore vengono assorbiti dall'esterno (il bicchiere contenente la soluzione diventa leggermente più freddo).

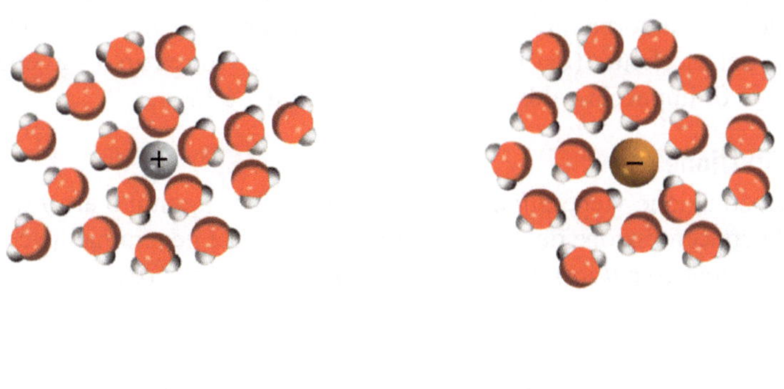

Figura 7.16 Idratazione degli ioni Na^+ e Cl^-. Si noti che la disposizione delle molecole di acqua sono molto diverse per i due ioni. Attorno al catione Na^+, le molecole d'acqua avvicinano la loro parte negativa (l'atomo di ossigeno). Attorno all'anione Cl^-, le molecole d'acqua avvicinano la loro parte positiva (gli atomi di idrogeno).

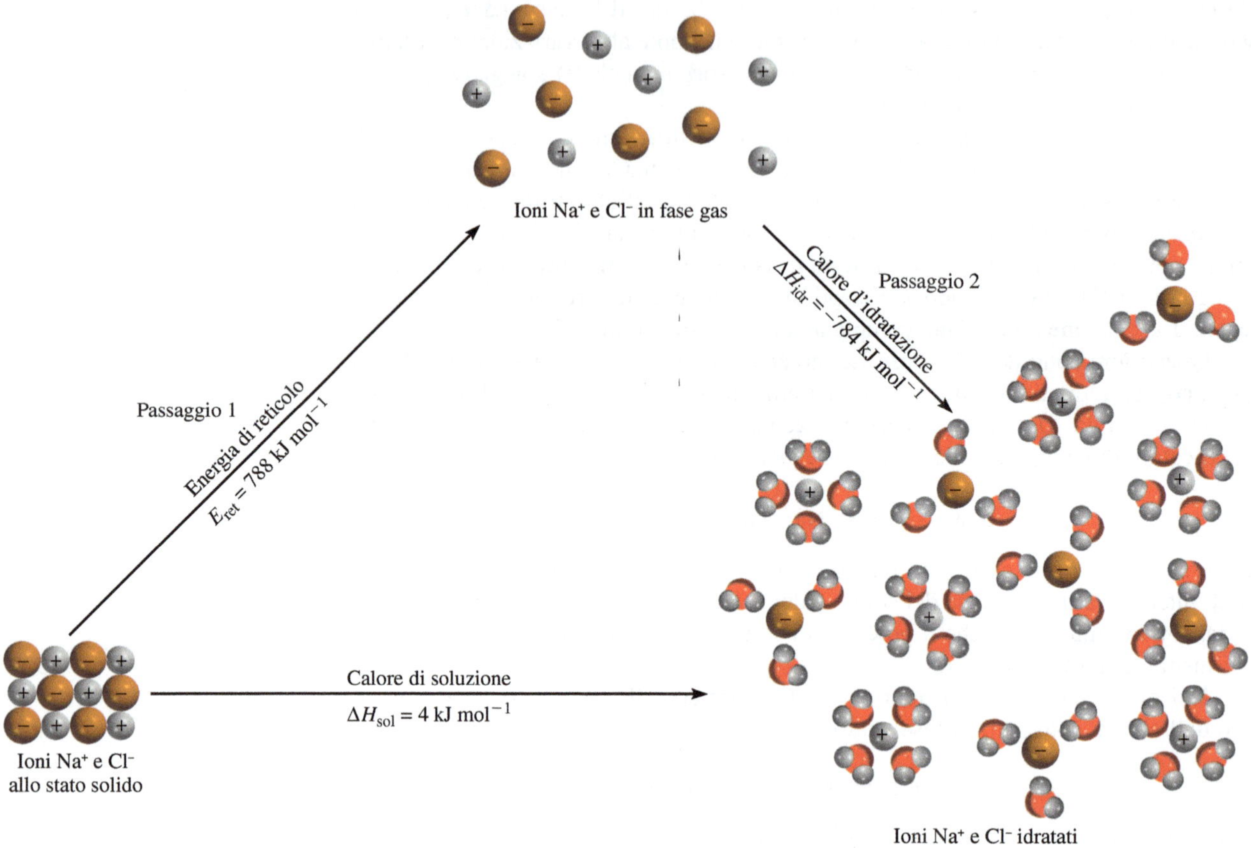

Figura 7.17 Il processo di soluzione per NaCl. Il processo può essere scomposto nei seguenti passaggi: (1) separazione degli ioni dalla struttura cristallina in ioni in fase gas e (2) idratazione degli ioni gassosi. Il calore di soluzione è uguale alla variazione di energia per questi due passaggi, $\Delta H_{sol} = E_{ret} + \Delta H_{idr}$.

Tabella 7.9 Entalpie di soluzione a diluizione infinita per alcuni composti ionici

Composto	ΔH_{sol} (kJ mol^{-1})
LiCl	−37,1
$CaCl_2$	−82,8
NaCl	4,0
KCl	17,2
NH_4Cl	15,2
NH_4NO_3	26,2

Il ΔH_{sol} di 4 kJ mol^{-1} calcolato per NaCl è valido se la soluzione formata è diluita. Quando NaCl è aggiunto a una soluzione concentrata la variazione di entalpia sarà diversa a causa delle interazioni degli ioni Na^+ e Cl^- già presenti in soluzione. Per questo motivo, il ΔH_{sol} appena calcolato è spesso detto *entalpia di soluzione a diluizione infinita* (o *limite*). La Tabella 7.9 riporta le entalpie di soluzione a diluizione infinita di diversi composti ionici in acqua. In dipendenza dalla natura dei cationi e anioni coinvolti, ΔH_{sol} per un composto ionico può essere negativo (esotermico) o positivo (endotermico).

L'entalpia di soluzione del nitrato di ammonio (NH_4NO_3) è molto positivo (molto endotermico) e molto maggiore rispetto agli altri valori riportati in Tabella 7.9. Come risultato, la dissoluzione di NH_4NO_3 è usata in molti dispositivi commerciali per il freddo istantaneo. Questi dispositivi contengono due scompartimenti separati, uno contenente NH_4NO_3 solido e l'altro acqua. Quando la membrana tra i due contenitori viene rotta, con un urto, il nitrato di ammonio si scioglie in acqua. Questo processo endotermico assorbe molta energia, che causa un notevole abbassamento della temperatura del sacchetto. (Per un esempio dell'utilizzo di reazioni esotermiche nella costruzione di impacchi caldi, si veda il Problema 7.69.)

Calore di diluizione

Quando una soluzione viene *diluita* – cioè quando viene aggiunto altro solvente per diminuire la concentrazione del soluto – altro calore viene generalmente ceduto o assorbito. L'***entalpia*** (o *calore*) ***di diluizione*** (ΔH_{dil}) è *la variazione di calore associa-*

ta a un processo di diluizione. Se un certo processo di soluzione è endotermico e la soluzione viene ulteriormente diluita, *altro* calore verrà assorbito dalla soluzione dall'ambiente. In un processo di soluzione esotermico, altro calore verrà rilasciato se altro solvente viene aggiunto alla soluzione. Quindi bisogna sempre porre attenzione quando si diluisce una soluzione in laboratorio.

A causa dell'elevata esotermia del processo di diluizione, l'acido solforico concentrato (H_2SO_4) può essere molto pericoloso se deve essere diluito con acqua. L'acido solforico concentrato H_2SO_4 è costituito dal 98 percento di acido e dal 2 percento di H_2O in massa. Diluendolo con acqua rilascia così tanto calore all'ambiente (il processo è esotermico) che non bisogna *mai* diluire l'acido concentrato aggiungendovi acqua. Il calore che si genera fa sì che la soluzione bolla e provochi degli spruzzi di acido. La procedura raccomandata è quella di aggiungere acido solforico concentrato lentamente all'acqua (sotto continua agitazione).

7.7 Entalpie di reazione e capacità termica

Finora i calcoli di $\Delta H^\circ_{\text{reaz}}$ sono stati considerati a temperatura ambiente (298 K). Si supponga tuttavia che una reazione in studio avvenga a 400 K. Come si determina l'energia termica assorbita o ceduta durante la reazione a questa temperatura? Se non è richiesta elevata precisione di calcolo, è spesso sufficiente assumere che $\Delta H^\circ_{\text{reaz}}$ sia praticamente indipendente dalla temperatura e usare il valore di $\Delta H^\circ_{\text{reaz}}$ (298 K) per $\Delta H^\circ_{\text{reaz}}$ (400 K). Per calcoli più accurati tuttavia la variazione di $\Delta H^\circ_{\text{reaz}}$ da $T_1 = 298$ K alla temperatura di interesse (T_2) può essere significativa. Un modo per ottenere il valore a T_2 può essere di ripetere la misura di $\Delta H^\circ_{\text{reaz}}$ direttamente a T_2 o di trovare una tabella di valori di $\Delta H^\circ_{\text{f}}$ misurati a T_2, ma compiere degli esperimenti richiede tempo e trovare un'opportuna tabella di dati esattamente alla stessa temperatura di interesse è spesso impossibile. Fortunatamente, usando la termodinamica, è possibile ottenere i valori di $\Delta H^\circ_{\text{reaz}}$ a T_2 dai dati tabulati a un'altra temperatura, T_1, senza dover compiere un altro esperimento.

Per qualsiasi reazione, la variazione standard di entalpia a una particolare temperatura è

$$\Delta H^\circ_{\text{reaz}} = \sum_{\text{prodotti}} H^\circ - \sum_{\text{reagenti}} H^\circ \tag{7.47}$$

Per vedere come l'entalpia standard di reazione ($\Delta H^\circ_{\text{reaz}}$) cambia con la temperatura, si ricordi che $dH = C_P\, dT$ (Equazione 7.26) a pressione costante. Per cui,

$$\begin{aligned} H^\circ(T_2) &= H^\circ(T_1) + \int_{T_1}^{T_2} C_P\, dT \\ &\approx H^\circ(T_1) + C_P(T_2 - T_1) = H^\circ(T_1) + C_P\,\Delta T \end{aligned} \tag{7.48}$$

se C_P può essere considerato costante nell'intervallo di temperature di interesse. Combinando le Equazioni 7.47 e 7.48 si ha

$$\begin{aligned} \Delta H^\circ_{\text{reaz}}(T_2) &= \sum_{\text{prodotti}} \left[H^\circ(T_1) + C_P\Delta T \right] - \sum_{\text{reagenti}} \left[H^\circ(T_1) + C_P\Delta T \right] \\ &= \left[\sum_{\text{prodotti}} H^\circ(T_1) - \sum_{\text{reagenti}} H^\circ(T_1) \right] - \left[\sum_{\text{prodotti}} C^\circ_P - \sum_{\text{reagenti}} C^\circ_P \right] \Delta T \\ &= \Delta H^\circ_{\text{reaz}}(T_1) + \left(\sum_{\text{prodotti}} C^\circ_P - \sum_{\text{reagenti}} C^\circ_P \right) \Delta T \end{aligned}$$

oppure

$$\Delta H^\circ_{reaz}(T_2) = \Delta H^\circ_{reaz}(T_1) + \Delta C^\circ_{P,reaz}\Delta T \qquad (7.49)$$

dove si è definita la capacità termica standard di reazione come

$$\Delta C^\circ_{P,reaz} = \sum_{prodotti} \upsilon_P \overline{C}^\circ_P - \sum_{reagenti} \upsilon_R \overline{C}^\circ_P \qquad (7.50)$$

e dove υ_P e υ_R sono i coefficienti stechiometrici dei prodotti e dei reagenti rispettivamente, e $\overline{C}^\circ_P$ è la capacità termica molare standard.

L'Equazione 7.49 è nota come legge di ***Kirchhoff***, dal fisico tedesco Gustav-Robert Kirchhoff.[9] In accordo con la legge di Kirchhoff, la differenza fra le entalpie di reazione a due diverse temperature è semplicemente la differenza delle entalpie di riscaldamento dei prodotti e dei reagenti da T_1 a T_2. Si noti che derivando l'Equazione 7.48 si è assunto che le capacità termiche a pressione costante siano indipendenti dalla temperatura. Altrimenti, dovrebbero essere espresse come funzioni di T, e l'integrale nell'Equazione 7.48 dovrebbe essere risolto esplicitamente.

L'Esempio 7.15 mostra come usare la legge di Kirchhoff per calcolare ΔH°_{reaz} per una reazione che avviene a temperatura diversa da 298 K.

Esempio 7.15

La variazione di entalpia standard per la reazione

$$2H_2(g) + O_2(g) \longrightarrow 2H_2O(l)$$

è $-571{,}6$ kJ mol^{-1} a 25 °C. Calcolare ΔH°_{reaz} a 100 °C, si ipotizzi che tutti i valori di $\overline{C}^\circ_P$ siano indipendenti dalla tempertura.

Impostazione Si può risolvere questo problema usando la legge di Kirchhoff (Equazione 7.49). Per fare questo, bisogna conoscere le capacità termiche molari, $\overline{C}^\circ_P$, dei reagenti e dei prodotti, per cui si può usare l'Equazione 7.50 per calcolare $\Delta C^\circ_{P,reaz}$. I valori di capacità termica molare sono riportati in Appendice 2.

Soluzione In Appendice 2, si trova che $\overline{C}^\circ_P$ vale 29,4, 28,8 J e 75,3 mol^{-1} K^{-1} per $O_2(g)$, $H_2(g)$ e $H_2O(l)$, rispettivamente. Usando l'Equazione 7.50, si ottiene

$$\begin{aligned}\Delta C^\circ_{P,reaz} &= \sum_{prodotti} \upsilon_P \overline{C}^\circ_P - \sum_{reagenti} \upsilon_R \overline{C}^\circ_P\\ &= 2\overline{C}^\circ_P[H_2O(l)] - 2\overline{C}^\circ_P[H_2(g)] - \overline{C}^\circ_P[O_2(g)]\\ &= 2(75{,}3\ \text{J mol}^{-1}\ \text{K}^{-1}) - 2(28{,}8\ \text{J mol}^{-1}\ \text{K}^{-1}) - 29{,}4\ \text{J mol}^{-1}\ \text{K}^{-1}\\ &= 63{,}8\ \text{J mol}^{-1}\ \text{K}^{-1}\end{aligned}$$

Usando la legge di Kirchhoff (Equazione 7.49) si ha

$$\begin{aligned}\Delta H^\circ_{reaz}(T_2) &= \Delta H^\circ_{reaz}(T_1) + \Delta C^\circ_{P,reaz}\Delta T\\ &= -571{,}6\ \text{kJ mol}^{-1} + (63{,}8\ \text{J mol}^{-1}\ \text{K}^{-1})(373{,}15\ \text{K} - 298{,}15\ \text{K})\left(\frac{1\ \text{kJ}}{1000\ \text{J}}\right)\\ &= -566{,}8\ \text{kJ mol}^{-1}\end{aligned}$$

---

[9] Gustav-Robert Kirchhoff (1824-1887). Fisico tedesco. Kirchhoff diede importanti contributi alla teoria dei circuiti elettrici, alla spettroscopia e alla termodinamica. Con il collega Robert Bunsen (inventore del bruciatore Bunsen), scoprì gli elementi rubidio e cesio.

(Le capacità termiche sono date generalmente in unità di J mol^{-1} K^{-1}, mentre le entalpie sono di solito in unità di kJ mol^{-1}, per cui bisogna sempre fare attenzione a includere i fattori di conversione in questo tipo di calcolo.)

Problema di autovalutazione Usando i dati dell'Appendice 2, calcolare ΔH°_{reaz} per la seguente reazione a 450 K:

$$2NO_2(g) \longrightarrow N_2O_4(g)$$

Sommario

Paragrafo 7.1

- La termodinamica è lo studio dell'energia e delle sue trasformazioni da una forma a un'altra in un sistema macroscopico. La termochimica è lo studio dell'energia ceduta o assorbita durante le reazioni chimiche.
- Il primo principio della termodinamica stabilisce che l'energia si conserva e che la variazione di energia interna di un sistema macroscopico è la somma del lavoro svolto sul sistema e dell'energia trasferita sotto forma di calore. In chimica interessa principalmente l'energia termica, l'energia elettrica e l'energia meccanica, quest'ultima è spesso associata al lavoro meccanico di espansione.
- Lo stato di un sistema macroscopico è definito da un piccolo numero di proprietà come la composizione, il volume, la temperatura e la pressione. Queste proprietà sono dette funzioni di stato.
- La variazione di una funzione di stato durante un processo per un sistema dipende solo dallo stato iniziale e finale del sistema, e non dal percorso seguito nella trasformazione. L'energia è una funzione di stato, il lavoro e il calore non lo sono.

Paragrafo 7.2

- L'entalpia è una funzione di stato. La variazione di entalpia ΔH è uguale a $\Delta U + \Delta(PV)$ che, per un processo a pressione costante, è uguale a $\Delta U + P\Delta V$.
- La variazione di entalpia (ΔH, di solito espresso in kJ) è una misura del calore assorbito (o ceduto) in un processo a pressione costante.

Paragrafo 7.3

- La capacità termica di un sistema indica quanta energia termica può essere trasferita a un sistema per raggiungere una data temperatura.
- I calorimetri a volume e a pressione costante sono usati per misurare le variazioni termiche che accompagnano un processo fisico o chimico.
- Il teorema dell'equipartizione dell'energia stabilisce che l'energia in una molecola è, in media, distribuita equamente fra tutti i gradi di libertà molecolari. Questo teorema può essere usato per prevedere le capacità termiche dei gas.

Paragrafo 7.4

- La legge di Hess stabilisce che la variazione totale di entalpia in una reazione è uguale alla sommatoria delle variazioni di entalpia per i singoli passaggi in cui può essere scomposta la reazione in esame. La legge di Hess si può applicare a qualsiasi funzione termodinamica estensiva.
- L'entalpia standard di reazione può essere calcolata dalle entalpie standard di formazione dei reagenti e dei prodotti.

Paragrafo 7.5

- L'entalpia di legame, per mole di molecole gassose, è la variazione di entalpia che accompagna la rottura di un particolare legame in una mole di molecole. L'entalpia di legame esatta e media possono essere usate per stimare la variazione di entalpia standard delle reazioni.

Paragrafo 7.6

- Le variazioni di entalpia si osservano anche nelle trasformazioni fisiche come l'evaporazione, la fusione e la sublimazione.
- Il calore di soluzione di un composto ionico in acqua è la somma algebrica dell'energia di reticolo del composto e del calore di idratazione. Le grandezze relative di queste due quantità determinano il fatto che il processo di soluzione sia endotermico o esotermico. Il calore di diluizione è il calore assorbito o ceduto quando una soluzione viene diluita.

Paragrafo 7.7

- La dipendenza dalla temperatura delle entalpie di reazione può essere determinata dai dati di capacità termica usando la legge di Kirchhoff.

Problemi

Soluzioni dei problemi dispari sul sito www.mheducation.it

7.1 Termodinamica

7.1 Un campione di azoto gassoso si espande da un volume di 1,6 l a 5,4 l a temperatura costante. Calcolare il lavoro svolto (in J) se il gas si espande (a) nel vuoto, (b) contro una pressione costante esterna di 0,80 bar, (c) contro una pressione costante esterna di 3,7 bar.

7.2 Un gas si espande da 26,7 ml a 89,3 ml a temperatura costante. Calcolare il lavoro svolto (in J) se il gas si espande (a) nel vuoto, (b) contro una pressione costante esterna di 1,5 bar, (c) contro una pressione costante esterna di 2,8 atm.

7.3 Un gas si espande e compie lavoro meccanico di espansione uguale a 325 J. Nello stesso tempo, assorbe 127 J di calore dall'ambiente. Calcolare la variazione di energia del gas.

7.4 Calcolare il lavoro svolto quando 50,0 g di stagno reagiscono con un eccesso di acido a 1,00 bar e 25 °C

$$Sn(s) + 2H^+(aq) \longrightarrow Sn^{2+}(aq) + H_2(g)$$

Si ipotizzi il comportamento ideale del gas.

7.5 Calcolare il lavoro svolto (in J) quando 1,0 mole di acqua evapora a 1,0 atm e 100 °C. Si ipotizzi che il comportamento del gas sia ideale e che il volume dell'acqua liquida sia trascurabile rispetto al vapore a 100 °C.

7.6 Dimostrare che il lavoro richiesto per l'espansione isoterma e reversibile di n moli di un gas che segua la legge di van der Waals (Equazione 5.42) da un volume iniziale V_1 a un volume finale V_2 è data da

$$w = nRT \ln\frac{V_1 - nb}{V_2 - nb} + an^2\left(\frac{1}{V_1} - \frac{1}{V_2}\right)$$

7.7 Usando il risultato del Problema 7.6, calcolare il lavoro richiesto per comprimere 10,0 moli di CO_2 da un volume di 2500 l a uno di 100 l a temperatura costante di 298 K. I parametri di van der Waals a e b per il biossido di carbonio possono essere trovati in Tabella 5.3. Confrontare questo risultato con il valore ottenuto considerando che CO_2 si comporti idealmente. La differenza tra questi due risultati cosa suggerisce circa l'importanza relativa delle interazioni molecolari attrattive e repulsive della CO_2 in queste condizioni?

7.8 Se l'energia si può convertire da una forma all'altra, perché si parla di crisi energetica?

7.2 Entalpia e sue variazioni

7.9 Il primo passaggio dell'estrazione industriale dello zinco dal minerale di solfuro di zinco è l'arrostimento, cioè la conversione di ZnS a ZnO per riscaldamento all'aria:

$$2ZnS(s) + 3O_2(g) \longrightarrow 2ZnO(s) + 2SO_2(g) \qquad \Delta H = -879 \text{ kJ mol}^{-1}$$

Calcolare il calore che si libera (in kJ) per grammo di ZnS arrostito.

7.10 Determinare la quantità di calore (in kJ) liberata quando $1{,}26 \times 10^4$ g di NO_2 sono prodotti in accordo all'equazione

$$2NO(g) + O_2(g) \longrightarrow 2NO_2(g) \qquad \Delta H = -114{,}6 \text{ kJ mol}^{-1}$$

7.11 Si consideri la reazione

$$2H_2O(g) \longrightarrow 2H_2(g) + O_2(g) \qquad \Delta H = 483{,}6 \text{ kJ mol}^{-1}$$

Se 2,0 moli di $H_2O(g)$ sono convertite in $H_2(g)$ e $O_2(g)$ a pressione costante 1,0 bar a 125 °C, quanto vale ΔU per questa reazione?

7.12 Si consideri la reazione

$$H_2(g) + Cl_2(g) \longrightarrow 2HCl(g) \qquad \Delta H = -184{,}6 \text{ kJ mol}^{-1}$$

Se 3,0 moli di H_2 reagiscono con 3,0 moli di Cl_2 per formare HCl, calcolare il lavoro svolto (in J) a pressione di 1,0 bar a 25 °C. Qual è ΔU per questa reazione? Si ipotizzi che la reazione vada a completezza.

7.3 Capacità termica

7.13 Una lastra di rame di 6,22 kg è riscaldata da 20,5 °C a 324,3 °C. Calcolare il calore assorbito (in kJ) dal metallo.

7.14 Calcolare la quantità di calore ceduto (in kJ) da 366 g di mercurio quando si raffredda da 77,0 °C a 12,0 °C.

7.15 Un foglio di oro di 10,0 g e a temperatura di 18,0 °C è steso su un foglio di ferro di 20,0 g e a temperatura di 55,6 °C. Qual è la temperatura finale dei metalli a contatto? Si ipotizzi che non ci sia dispersione di calore nell'ambiente. (*Suggerimento:* Il calore assorbito dall'oro deve essere uguale a quello perso dal ferro. Le capacità termiche specifiche dei metalli sono riportate in Tabella 7.1.)

7.16 Un campione di 40,0 g a 200 °C è immerso in un contenitore ben isolato che contiene 100,0 g di H_2O inizialmente a 25 °C. Calcolare la temperatura finale del sistema, considerando che la capacità termica dell'acqua è 4,184 J g^{-1} $°C^{-1}$ e la capacità termica specifica del rame è 0,385 J g^{-1} $°C^{-1}$.

7.17 Un campione di 0,1375 g di magnesio solido viene bruciato in una bomba calorimetrica a volume costante che ha capacità termica di 3024 J $°C^{-1}$. L'aumento di temperatura è di 1,126 °C. Calcolare il calore ceduto dalla combustione di Mg, sia in kJ g^{-1} sia in kJ mol^{-1}.

7.18 Un volume di $2{,}00 \times 10^2$ ml di una soluzione 0,862 *M* di HCl è mescolata con $2{,}00 \times 10^2$ ml di una soluzione di 0,431 *M* di $Ba(OH)_2$ in un calorimetro a pressione costante avente capacità termica trascurabile. Le temperature iniziali delle soluzioni di HCl e di

$Ba(OH)_2$ sono entrambe di 20,48 °C. Il calore di neutralizzazione è 56,2 kJ mol^{-1} per

$$H^+(aq) + OH^-(aq) \longrightarrow H_2O(l)$$

Qual è la temperatura finale della soluzione ottenuta per mescolamento delle due soluzioni?

7.19 Si determini la previsione delle capacità termiche di CO, N_2O, O_3 e H_2CO sia includendo che escludendo il contributo vibrazionale. Si confrontino i valori sperimentali a 25 °C. Quanto contano i contributi vibrazionali in ciascun caso?

7.20 La temperatura media nei deserti è alta durante il giorno ma durante la notte scende notevolmente, mentre nelle regioni costiere il clima è molto più moderato. Spiegare.

7.4 Entalpie normali di formazione

7.21 Qual è la quantità più negativa a 25 °C: ΔH_f° per $H_2O(l)$ o ΔH_f° per $H_2O(g)$?

7.22 Prevedere il valore di ΔH_f° (maggiore di, minore di, o uguale a zero) per i seguenti elementi a 25 °C: (a) $Br_2(g)$, $Br_2(l)$; (b) $I_2(g)$, $I_2(s)$.

7.23 In generale, composti con ΔH_f° negativi sono più stabili che quelli con ΔH_f° positivi. $H_2O_2(l)$ ha ΔH_f° negativo (si veda la Tabella 7.5). Perché quindi, $H_2O_2(l)$ ha tendenza a decomporre a $H_2O(l)$ e $O_2(g)$?

7.24 Si suggerisca un metodo (con le appropriate equazioni) che permetta di misurare ΔH_f° di $Ag_2O(s)$ e di $CaCl_2(s)$ dai loro rispettivi elementi. Non è necessario svolgere i calcoli.

7.25 Calcolare il calore di decomposizione del seguente processo a pressione costante e a 25 °C:

$$CaCO_3(s) \longrightarrow CaO(s) + CO_2(g)$$

(*Suggerimento:* Si possono trovare i calori di formazione standard dei reagenti e dei prodotti nella Tabella 7.5.)

7.26 Le entalpie standard di formazione di ioni in soluzione acquosa sono ottenute assegnando arbitrariamente il valore zero allo ione H^+, cioè $\Delta H_f^\circ [H^+(aq)] = 0$.

(a) Per le seguenti reazioni

$$HCl(g) \xrightarrow{H_2O} H^+(aq) + Cl^-(aq)$$

$$\Delta H_f^\circ = -74,9 \text{ kJ mol}$$

calcolare ΔH°_f per gli ioni Cl^-.

(b) Dato che ΔH_f° per gli ioni OH^- è −229,6 kJ mol^{-1}, calcolare l'entalpia di neutralizzazione quando 1 mole di un acido monoprotico (come HCl) è neutralizzata da 1 mole di una base forte (come KOH) a 25 °C. Si ipotizzi la neutralizzazione completa.

7.27 Calcolare i calori di combustione per le seguenti reazioni a partire dalle entalpie standard di formazione riportate in Appendice 2:

(a) $2H_2(g) + O_2(g) \longrightarrow 2H_2O(l)$

(b) $2C_2H_2(g) + 5O_2(g) \longrightarrow 4CO_2(g) + 2H_2O(l)$

(c) $2C_4H_{10}(g) + 13O_2(g) \longrightarrow 8CO_2(g) + 10H_2O(l)$

7.28 Calcolare i calori di combustione delle seguenti reazioni a partire dalle entalpie di formazione riportate in Appendice 2:

(a) $C_2H_4(g) + 3O_2(g) \longrightarrow 2CO_2(g) + 2H_2O(l)$

(b) $2H_2S(g) + 3O_2(g) \longrightarrow 2H_2O(l) + 2SO_2(g)$

(c) $C_3H_8(g) + 5O_2(g) \longrightarrow 3CO_2(l) + 4H_2O(g)$

7.29 Il metanolo, l'etanolo e il *n*-propanolo sono tre alcoli comuni. Quando 1,00 g di ciascuno di questi alcoli viene bruciato all'aria, il calore è liberato con i seguenti valori: (a) metanolo (CH_3OH), −22,6 kJ; (b) etanolo (C_2H_5OH), −29,7 kJ; (c) *n*-propanolo (C_3H_7OH), −33,4 kJ. Calcolare i calori di combustione di questi alcoli in kJ mol^{-1}.

7.30 La variazione di entalpia standard per la seguente reazione è 436,4 kJ mol^{-1}:

$$H_2(g) \longrightarrow H(g) + H(g)$$

Calcolare l'entalpia standard di formazione dell'idrogeno atomico (H).

7.31 A 850 °C, il $CaCO_3$ subisce una decomposizione che porta a CaO e CO_2. Assumendo che ΔH_f° del reagente e dei prodotti siano gli stessi a 850 °C e a 25 °C, calcolare la variazione di entalpia (in kJ) se vengono prodotti 66,8 g di CO_2 in una reazione.

7.32 Dai dati seguenti,

$$S(\text{rombico}) + O_2(g) \longrightarrow SO_2(g) \qquad \Delta H^\circ_{reaz} = -296,84 \text{ kJ mol}^{-1}$$

$$S(\text{monoclino}) + O_2(g) \longrightarrow SO_2(g) \qquad \Delta H^\circ_{reaz} = -297,16 \text{ kJ mol}^{-1}$$

Calcolare la variazione di entalpia per la trasformazione

$$S(\text{rombico}) \longrightarrow S(\text{monoclino})$$

(Il monoclino e il rombico sono due diverse forme allotropiche dello zolfo elementare.)

7.33 Dai dati seguenti,

$$C(\text{grafite}) + O_2(g) \longrightarrow CO_2(g) \qquad \Delta H^\circ_{reaz} = -393,5 \text{ kJ mol}^{-1}$$

$$H_2(g) + \frac{1}{2}O_2(g) \longrightarrow H_2O(l) \qquad \Delta H^\circ_{reaz} = -285,8 \text{ kJ mol}^{-1}$$

$$2C_2H_6(g) + 7O_2(g) \longrightarrow 4CO_2(g) + 6H_2O(l) \qquad \Delta H^\circ_{reaz} = -3119,6 \text{ kJ mol}^{-1}$$

calcolare la variazione di entalpia per la reazione $2C(\text{grafite}) + 3H_2(g) \longrightarrow C_2H_6(g)$.

7.34 Dai seguenti calori di combustione,

$$CH_3OH(l) + \frac{3}{2}O_2(g) \longrightarrow CO_2(g) + 2H_2O(l) \qquad \Delta H^\circ_{reaz} = -726,4 \text{ kJ mol}^{-1}$$

$$C(\text{grafite}) + O_2(g) \longrightarrow CO_2(g) \qquad \Delta H^\circ_{reaz} = -393,5 \text{ kJ mol}^{-1}$$

$$H_2(g) + \frac{1}{2}O_2(g) \longrightarrow H_2O(l)$$

$$\Delta H^\circ_{reaz} = -285{,}8 \text{ kJ mol}^{-1}$$

calcolare l'entalpia standard di formazione del metanolo (CH_3OH).

7.35 La convenzione di assegnare arbitrariamente zero all'entalpia di formazione della forma più stabile di ogni elemento nello stato standard a 25 °C è utile quando si lavora con le entalpie di reazione in genere. Spiegare perché questa convenzione non può essere applicata alle reazioni nucleari.

7.5 Entalpie di reazione ed entalpie di legame

7.36 Spiegare perché l'entalpia di legame di una molecola è sempre definita in termini di reazione in fase gas.

7.37 L'entalpia di legame del F_2 è 150,6 kJ mol^{-1}. Calcolare ΔH°_f per $F(g)$.

7.38 Usare le entalpie di legame date in Tabella 7.6 per calcolare le entalpie di formazione dei seguenti gas: (a) $H_2O(g)$, (b) NH_3, (c) H_2O_2, (d) H_2NCl.

7.39 Usare le entalpie di legame date in Tabella 7.6 per calcolare l'entalpia di combustione dell'etano (C_2H_6):

$$C_2H_6(g) + \frac{7}{2}O_2(g) \longrightarrow 2CO_2(g) + 3H_2O(g)$$

7.40 Gli alcani sono idrocarburi a formula generale C_nH_{2n+2}, dove n è un intero positivo. Usando i dati riportati in Tabella 7.6, derivare le formule generali delle entalpie di combustione (in kJ g^{-1}) per gli alcani in fase gas come funzione di n.

7.6 Variazioni di entalpia e passaggi di stato

7.41 Calcolare la quantità di calore (in kJ) richiesta per vaporizzare 74,6 g d'acqua a 100 °C.

7.42 Quanto calore (in kJ) è necessario per trasformare 866 g di ghiaccio a −10 °C in vapore a 126 °C? (I calori specifici del ghiaccio e del vapore sono 2,03 e 1,99 J g^{-1} °C^{-1}, rispettivamente.)

7.43 Le entalpie molari di fusione e di sublimazione dello iodio molecolare sono 15,27 e 62,30 kJ mol^{-1}, rispettivamente. Calcolare il calore molare di vaporizzazione dello iodio liquido.

7.44 Le entalpie molari di fusione e di vaporizzazione dell'acqua a 298 K sono 6,01 e 44,01 kJ mol^{-1}, rispettivamente. Usare questi valori per calcolare l'entalpia molare di sublimazione del ghiaccio.

7.45 L'entalpia di vaporizzazione decresce al crescere della temperatura per alcune sostanze. Quali informazioni si possono avere circa le proprietà relative delle fasi liquide e vapore?

7.7 Entalpie di reazione e capacità termica

7.46 L'idrogenazione dell'etilene corrisponde alla seguente equazione:

$$C_2H_4(g) + H_2(g) \longrightarrow C_2H_6(g)$$

Usando i data riportati in Appendice 2, calcolare la variazione di entalpia dell'idrogenazione da 298 K a 398 K. Si ipotizzi che le capacità termiche siano indipendenti dalla temperatura.

7.47 Usando i dati riportati in Appendice 2, calcolare il valore di ΔH°_{reaz} per la seguente reazione a 298 K:

$$N_2O_4(g) \longrightarrow 2NO_2(g)$$

Qual è il valore a 350 K? Giustificare ogni passaggio nei calcoli.

7.48 Il calore di fusione del ghiaccio al punto di fusione normale (0 °C) è 6,01 kJ mol^{-1}. Determinare il calore di fusione a −10 °C usando i dati riportati in Appendice 2.

Problemi supplementari

7.49 Dall'entalpia di vaporizzazione dell'acqua al suo punto di ebollizione normale e dalle entalpie di legame di H_2 e di O_2, calcolare l'energia media di legame O—H nell'acqua liquida, sapendo che

$$H_2(g) + \frac{1}{2}O_2(g) \longrightarrow H_2O(l)$$

$$\Delta H^\circ_{reaz} = -285{,}8 \text{ kJ mol}^{-1}$$

7.50 Calcolare la frazione di entalpia di vaporizzazione dell'acqua usata per l'espansione del vapore acqueo al suo punto normale di ebollizione.

7.51 La combustione di quale volume di etano (C_2H_6), misurato a 23,0 °C e 752 mmHg, è necessario per scaldare 855 g d'acqua da 25,0 °C a 98,0 °C?

7.52 La variazione di entalpia standard (ΔH°_{reaz}) della decomposizione termica del nitrato di argento in accordo con l'equazione seguente è 78,67 kJ mol^{-1}:

$$AgNO_3(s) \longrightarrow AgNO_2(s) + \frac{1}{2}O_2(g)$$

L'entalpia standard di formazione del $AgNO_3(s)$ è −123,02 kJ mol^{-1}. Calcolare l'entalpia standard di formazione di $AgNO_2(s)$.

7.53 L'idrazina (N_2H_4) decompone secondo la seguente equazione:

$$3N_2H_4(l) \longrightarrow 4NH_3(g) + N_2(g)$$

(a) Dato che l'entalpia standard di formazione dell'idrazina è 50,63 kJ mol^{-1}, calcolare ΔH°_{reaz} per la sua decomposizione.

(b) Sia l'idrazina che l'ammoniaca bruciano in ossigeno per dare $H_2O(l)$ e $N_2(g)$. Scrivere le equazioni bilanciate per ciascuno di questi processi e calcolare ΔH°_{reaz} per ciascuno di essi. In base all'unità di massa (per kg), qual è il miglior combustibile l'idrazina o l'ammoniaca?

7.54 Si consideri l'equazione

$$N_2(g) + 3H_2(g) \longrightarrow 2NH_3(g)$$

$$\Delta H^\circ_{reaz} = -91{,}8 \text{ kJ mol}^{-1}$$

Se 2,0 moli di N_2 reagiscono con 6,0 moli di H_2 per formare NH_3, calcolare il lavoro svolto (in J) a pressione costante di 1,0 bar a 25 °C. Qual è ΔU° per questa reazione? Si ipotizzi che la reazione vada a completezza.

7.55 Calcolare il calore ceduto quando 2,00 l di $Cl_2(g)$ (densità = 1,88 g l^{-1}) reagiscono con un eccesso di sodio metallico a 25 °C e 1 bar per formare cloruro di sodio.

7.56 La fotosintesi produce glucosio ($C_6H_{12}O_6$) e ossigeno da anidride carbonica e acqua:

$$6CO_2 + 6H_2O \longrightarrow C_6H_{12}O_6 + 6O_2$$

(a) Come si può determinare sperimentalmente il ΔH°_{reaz} per questa reazione?

(b) La radiazione solare produce circa $7{,}0 \times 10^{14}$ kg di glucosio all'anno sulla Terra. Qual è il corrispondente ΔH°?

7.57 Un campione di 2,10 moli di acido acetico cristallino, inizialmente a 17,0 °C, è fatto fondere a 17,0 °C ed è poi riscaldato a 118,1 °C (il suo punto normale di ebollizione). Il campione è poi vaporizzato a 118,1 °C ed è poi rapidamente raffreddato a 17,0 °C, in modo che ricristallizzi. Calcolare ΔH° per il processo totale descritto.

7.58 Calcolare il lavoro svolto in J durante la seguente reazione:

$$2Na(s) + 2H_2O(l) \longrightarrow 2NaOH(aq) + H_2(g)$$

quando 0,34 g di Na reagiscono con acqua per formare idrogeno gassoso a 0 °C e 1,0 bar.

7.59 Si conoscono i dati seguenti:

$$H_2(g) \longrightarrow 2H(g) \qquad \Delta H^\circ_{reaz} = 436{,}4 \text{ kJ mol}^{-1}$$

$$Br_2(g) \longrightarrow 2Br(g) \qquad \Delta H^\circ_{reaz} = 192{,}5 \text{ kJ mol}^{-1}$$

$$H_2(g) + Br_2(g) \longrightarrow 2HBr(g) \qquad \Delta H^\circ_{reaz} = -72{,}4 \text{ kJ mol}^{-1}$$

Calcolare ΔH°_{reaz} per la reazione

$$H(g) + Br(g) \longrightarrow HBr(g)$$

7.60 Un campione di 44,0 g di un metallo incognito a 99,0 °C è introdotto in un calorimetro a pressione costante che contiene 80,0 g di acqua a 24,0 °C. La temperatura finale del sistema è 28,4 °C. Calcolare la capacità termica specifica del metallo. (La capacità termica del calorimetro è 12,4 J $°C^{-1}$.)

7.61 Un campione di 1,00 mole di ammoniaca a 14,0 bar e 25 °C posto in un cilindro con un pistone mobile si espande a pressione esterna costante di 1,00 bar. All'equilibrio, la pressione e il volume del gas sono 1,00 bar e 23,5 l, rispettivamente. (a) Calcolare la temperatura finale del campione. (b) Calcolare q, w e ΔU per il processo. La capacità termica specifica dell'ammoniaca è 0,0258 J g $°C^{-1}$.

7.62 Il monossido di carbonio è preparato facendo passare aria sopra carbone ardente:

$$C(s) + \frac{1}{2}O_2(g) \longrightarrow CO(g)$$

Il gas d'acqua (una miscela di monossido di carbonio e idrogeno) è preparato facendo passare vapore d'acqua sopra carbone ardente:

$$C(s) + H_2O(g) \longrightarrow CO(g) + H_2(g)$$

Per molti anni, sia il monossido di carbonio che il gas d'acqua erano utilizzati come combustibili nell'industria e negli usi domestici. La preparazione su larga scala di questi gas veniva compiuta alternativamente, cioè prima si produceva il monossido di carbonio, poi il vapore d'acqua e così via. Usando un ragionamento termochimico, spiegare perché era stata scelta questa procedura.

7.63 Si confronti il calore prodotto dalla combustione completa di 1,00 mole di metano (CH_4) con 1,00 mole di gas d'acqua (0,50 moli di H_2 e 0,50 moli di CO) nelle stesse condizioni. Sulla base della risposta data, è meglio il metano o il gas d'acqua come carburante? Suggerire altre due ragioni per le quali il metano è preferibile al gas d'acqua come carburante.

7.64 Si può produrre idrogeno dall'acqua usando l'energia solare. Il gas idrogeno è un ottimo combustibile:

$$2H_2(g) + O_2(g) \longrightarrow 2H_2O(l)$$

Esso non inquina. Uno svantaggio è però che è un gas e quindi è più difficile da immagazzinare e trasportare rispetto a un liquido o a un solido. Calcolare il volume di idrogeno a 25 °C e 1,00 bar necessario per produrre una quantità di energia uguale a quella prodotta dalla combustione di un litro di ottano (C_8H_{18}). La densità dell'ottano è 2,66 kg gal^{-1}, e la sua entalpia standard di formazione è −249,9 kJ mol^{-1}.

7.65 L'etanolo (C_2H_5OH) e la benzina [si ipotizzi che sia tutta ottano (C_8H_{18})] sono entrambi usati come combustibili nelle automobili. Se la benzina è venduta a $3,00 per gal (al barile), quale dovrebbe essere il prezzo dell'etanolo per dare la stessa quantità di calore per dollaro? La densità e il ΔH°_f dell'ottano sono 0,7025 g ml^{-1} e −249,9 kJ mol^{-1}, rispettivamente, e quelle dell'etanolo sono 0,7894 g ml^{-1} e −277,0 kJ mol^{-1}, rispettivamente. (1 gal = 3,785 l.)

7.66 L'entalpia molare di vaporizzazione di un liquido (ΔH_{vap}) è l'energia richiesta per vaporizzare 1,00 mole del liquido. In un esperimento, 60,0 g di azoto liquido (punto di ebollizione −1 96 °C) è versato in una tazzina in plastica da caffè utilizzabile come calorimetro a pressione costante contenente $2{,}00 \times 10^2$ g di acqua a 55,3 °C. Calcolare l'entalpia molare di vaporizzazione dell'azoto liquido se la temperatura finale dell'acqua è 41,0 °C.

7.67 Una quantità di 0,020 moli di gas inizialmente a 0,050 l e 20 °C si espande a pressione e a temperatura costante finché il suo volume è 0,50 l. Calcolare il lavoro svolto (in J) dal gas se si espande (a) nel vuoto e (b) a pressione costante di 0,20 bar. (c) Se il gas in (b) si espande liberamente finché la sua pressione è uguale alla pressione esterna, qual è il suo volume finale, e quale il lavoro compiuto?

7.68 (a) Per avere migliore efficienza, i congelatori devono essere molto pieni di cibi. Qual è la ragione termochimica di questa raccomandazione? (b) Partendo dalla stessa temperatura, il tè e il caffè rimangono caldi più a lungo in una borsa termica piuttosto che degli spaghetti al sugo di pollo. Spiegarne le ragioni.

7.69 I sacchetti del caldo istantaneo sono usati dagli sciatori e dagli atleti che svolgono attività all'aperto in climi freddi. Il contenitore di carta permeabile all'aria contiene una miscela di polvere di ferro, cloruro di sodio e altri composti, tutti umidificati con un po' di acqua. La reazione esotermica che si ha è l'arrostimento del ferro

$$4Fe(s) + 3O_2(g) \longrightarrow 2Fe_2O_3(s)$$

Quando la busta esterna di plastica viene tolta, molecole di O_2 penetrano nel sacchetto di carta, provocando la reazione. Un tipico pacchetto contiene 250 g di ferro per scaldare le mani o i piedi per circa 4 ore. Quanto calore (in kJ) viene prodotto dalla reazione? (*Suggerimento:* Si veda l'Appendice 2 per i valori di ΔH_f.)

7.70 Un uomo mangia 226,79 g di formaggio (potere calorico 4000 kJ). Si supponga che l'energia non venga accumulata nel suo corpo. Quale massa (in g) di acqua deve far traspirare l'uomo per mantenere costante la sua temperatura? (Sono necessari 44,0 kJ di calore per far vaporizzare 1 mole di acqua.)

7.71 Il volume totale dell'Oceano Pacifico è di circa $7{,}2 \times 10^8$ km^3. Una bomba atomica di medie dimensioni produce $1{,}0 \times 10^{15}$ J di energia nell'esplosione. Calcolare il numero di bombe atomiche necessarie per rilasciare abbastanza energia per far alzare la temperatura dell'acqua dell'Oceano Pacifico di 1 °C.

7.72 Una quantità di ghiaccio secco (biossido di carbonio) di 19,2 g viene fatta sublimare in un apparato come quello mostrato in Figura 7.2. Calcolare il lavoro di espansione a pressione costante di 0,995 bar e a temperatura costante di 22 °C. Si ipotizzi che il volume iniziale dell'anidride carbonica sia trascurabile e che CO_2 si comporti come gas ideale.

7.73 L'entalpia di combustione dell'acido benzoico (C_6H_5COOH) è comunemente usato come standard per calibrare i calorimetri a volume costante; il suo valore è stato determinato accuratamente ed è $-3226{,}7$ kJ mol^{-1}. Quando 1,9862 g di acido benzoico vengono bruciati in un calorimetro, la temperatura cresce da 21,84 °C a 25,67 °C. Qual è la capacità termica della bomba calorimetrica? (Si ipotizzi che la quantità di acqua del calorimetro sia esattamente 2000 g.)

7.74 La *calce* è un termine che include l'ossido di calcio (CaO, detta anche calce viva) e l'idrossido di calcio [$Ca(OH)_2$, detta anche calce spenta]. È usata nell'industria siderurgica per rimuovere impurezze acide, nel controllo dell'inquinamento dell'aria per rimuovere ossidi acidi come SO_2 e nel trattamento delle acque. La calce viva viene ottenuta industrialmente per riscaldamento del calcare ($CaCO_3$) oltre 2000 °C:

$$CaCO_3(s) \longrightarrow CaO(s) + CO_2(g)$$
$$\Delta H^\circ_{\text{reaz}} = 177{,}8 \text{ kJ mol}^{-1}$$

La calce spenta è ottenuta per trattamento della calce viva con acqua:

$$CaO(s) + H_2O(l) \longrightarrow Ca(OH)_2(s)$$
$$\Delta H^\circ_{\text{reaz}} = -65{,}2 \text{ kJ mol}^{-1}$$

La reazione esotermica della calce spenta con acqua e il relativamente piccolo valore di calore specifico sia della calce viva (0,946 J g^{-1} °C^{-1}) che della calce spenta (1,20 J g^{-1} °C^{-1}) rende pericoloso il loro stoccaggio e trasporto in contenitori fatti di legno. Le navi mercantili fatte di legno che trasportavano la calce a volte si incendiavano quando entrava acqua nelle stive. (a) Se 500 g di acqua reagiscono con quantità stechiometriche di CaO (a una temperatura di 25 °C), qual è la temperatura finale del prodotto, $Ca(OH)_2$? Si ipotizzi che il prodotto assorba tutto il calore ceduto nella reazione. (b) Dato che le entalpie standard di formazione di CaO e di H_2O sono $-635{,}6$ e $-285{,}8$ kJ mol^{-1}, rispettivamente, calcolare l'entalpia standard di formazione di $Ca(OH)_2$.

7.75 L'ossido di calcio (CaO) è usato per rimuovere biossido di zolfo che si genera durante le combustioni di carbone nelle caldaie: $2CaO(s) + 2SO_2(g) + O_2(g) \longrightarrow 2CaSO_4(s)$. Calcolare la variazione di entalpia se $6{,}6 \times 10^5$ g di SO_2 sono rimosse con questo processo ogni giorno.

7.76 Il sale di Glauber, solfato di sodio decaidrato ($Na_2SO_4 \cdot 10H_2O$), subisce una transizione di fase (cioè, fonde o congela) a una temperatura di 32 °C

$$Na_2SO_4 \cdot 10H_2O(s) \longrightarrow Na_2SO_4 + 10H_2O(l)$$
$$\Delta H^\circ_{\text{reaz}} = 74{,}4 \text{ kJ mol}^{-1}$$

Questo composto è usato per regolare la temperatura nelle case. È messo in contenitori di plastica sul soffitto delle stanze. Durante il giorno, il processo endotermico di fusione assorbe calore dall'ambiente, raffredando le stanze. Di notte, rilascia calore quando solidifica. Calcolare la massa del sale di Glauber in kg necessaria per abbassare la temperatura dell'aria di 8,2 °C a 1,0 bar. Le dimensioni della stanza sono 2,80 m $\times$ 10,6 m $\times$ 17,2 m, il calore specifico dell'aria è 1,2 J g^{-1} °C^{-1} e la massa molare dell'aria è 29,0 g mol^{-1}.

7.77 Un pallone di 16 m di diametro è riempito con elio a 18 °C. (a) Calcolare la massa di He nel pallone, assumendo il comportamento ideale. (b) Calcolare il lavoro svolto (in J) durante il processo di gonfiaggio se la pressione atmosferica è 98,7 kPa.

7.78 Un eccesso di zinco metallico è aggiunto a un volume di 50,0 ml di una soluzione 0,100 *M* di $AgNO_3$ in un calorimetro a pressione costante come quello rappresentato in Figura 7.12. Come risultato della reazione

$$Zn(s) + 2Ag^+(aq) \longrightarrow Zn^{2+}(aq) + 2Ag(s)$$

la temperatura cresce da 19,25 °C a 22,17 °C. Se la capacità termica del calorimetro è 98,6 J °C^{-1}, calcolare la variazione di entalpia molare della reazione. Si ipotizzi che la densità e la capacità termica specifica della soluzione siano gli stessi dell'acqua, e si ignori la capacità termica specifica del metallo.

7.79 (a) Una persona beve quattro bicchieri di acqua fredda (3,0 °C) ogni giorno. Il volume di ciascun bicchiere è $2{,}5 \times 10^2$ ml. Quanto calore (in kJ) deve produrre il corpo per alzare la temperatura dell'acqua a 37 °C (la normale temperatura corporea)? (b) Quanto calore perde il corpo se ingerisce $8{,}0 \times 10^2$ g di neve a 0 °C per dissetarsi? (La quantità di calore necessaria per far sciogliere la neve è 6,01 kJ mol^{-1}.)

7.80 Uguali quantità di calore sono fornite a due contenitori. Uno contiene 1,0 mole di biossido di carbonio e l'altro contiene 1,0 mole di ammoniaca. Se entrambi sono alla stessa temperatura, quale contenitore raggiugerà la temperatura più alta alla fine? Usare un ragionamento molecolare per giustificare la risposta.

7.81 Un manuale di guida dice che la distanza di frenata quadruplica al raddoppiare della velocità (u), cioè se ci vogliono 9,14 m per fermare un auto che si muove a 40 km/h, ce ne vogliono 36,57 per fermare un'auto che si muove a 80 km/h. Si giustifichi questa assunzione usando la meccanica e la prima legge della termodinamica. [Si ipotizzi che quando un'auto viene fermata, la sua energia cinetica ($mu^2/2$) viene tutta convertita in calore.]

7.82 A 25 °C l'entalpia standard di formazione di HF(*aq*) è 320,1 kJ mol^{-1}; di $OH^-(aq)$, è $-229{,}6$ kJ mol^{-1}; di $F^-(aq)$, è $-329{,}1$ kJ mol^{-1}; di $H_2O(l)$, è $-285{,}8$ kJ mol^{-1}.

(a) Calcolare l'entalpia standard di neutralizzazione di HF(*aq*):

$$HF(aq) + OH^-(aq) \longrightarrow F^-(aq) + H_2O(l)$$

(b) Usando il valore di $-56{,}2$ kJ mol^{-1} come entalpia standard della reazione

$$H^+(aq) + OH^-(aq) \longrightarrow H_2O(l)$$

calcolare la variazione di entalpia standard della reazione

$$HF(aq) \longrightarrow H^+(aq) + F^-(aq)$$

7.83 Perché l'aria umida calda o fredda provoca più disagio dell'aria secca alla stessa temperatura? (Le capacità termiche specifiche del vapore acqueo e dell'aria sono circa 1,9 e 1,0 J g^{-1} °C^{-1}, rispettivamente.)

7.84 Una persona di 46 kg beve 500 g di latte, che ha un valore calorico di circa 3,0 kJ g^{-1}. Se solo il 17% dell'energia del latte viene convertito in lavoro meccanico, quanto in alto (in metri) può salire una persona in base a questi valori di energia? [*Suggerimento:* Il lavoro compiuto per salire è dato da mgh, dove m è la massa (in kg), g è l'accelerazione di gravità (9,8 m s^{-2}) e h è l'altezza (in metri).]

7.85 L'altezza delle cascate del Niagara è 51 m. (a) Calcolare l'energia potenziale di 1,0 g d'acqua in cima alle cascate rispetto al livello zero. (b) Qual è la velocità dell'acqua che cade se tutta l'energia potenziale viene convertita in energia cinetica? (c) Quale dovrebbe essere l'aumento di temperatura dell'acqua se tutta l'energia cinetica venisse convertita in calore? (Si veda il Problema 7.84 per i suggerimenti.)

7.86 Nel 2005, la navicella Huygens Probe dell'Agenzia Spaziale Europea atterrò sulla superficie del satellite più grande del pianeta Titano. Poco dopo l'impatto (319 kg, a velocità di 5 m s^{-1}) si osservò un aumento improvviso della concentrazione di gas metano sulla superficie del satellite. Si pensa che il metano si sia prodotto per trasformazione di fase da metano liquido a gas a causa del rilascio di calore proveniente dall'impatto. Determinare la quantità massima di metano liquido passata a fase vapore. Giustificare tutte le risposte.

7.87 Nel diciannovesimo secolo due scienziati di nome Dulong e Petit notarono che per un elemento solido, il prodotto della massa molare per la capacità termica specifica è approssimativamente 25 J °C^{-1}. Questa osservazione, ora detta legge di Dulong e Petit, è stata usata per determinare la capacità termica specifica dei metalli. Verificare la legge per i metalli riportati in Tabella 7.1. La legge non è seguita da un metallo. Quale? E perché?

7.88 Determinare l'entalpia standard di formazione dell'etanolo (C_2H_5OH) a partire dall'entalpia standard di combustione ($-1367{,}4$ kJ mol^{-1}).

7.89 L'acetilene (C_2H_2) e il benzene (C_6H_6) hanno la stessa formula bruta. In effetti, il benzene può essere sintetizzato dall'acetilene secondo la reazione seguente:

$$3C_2H_2(g) \longrightarrow C_6H_6(l)$$

Le entalpie di combustione di C_2H_2 e C_6H_6 sono $-1\,299{,}4$ kJ mol^{-1} e $-3\,267{,}4$ kJ mol^{-1}, rispettivamente. Calcolare le entalpie standard di formazione di C_2H_2 e C_6H_6 e quindi l'entalpia di reazione per produrre C_6H_6 da C_2H_2.

7.90 Del ghiaccio a 0 °C è messo in un bicchiere contenente 361 g di una bevanda a 23 °C. Il calore specifico della bevanda è circa quello dell'acqua. Del ghiaccio rimane tale e la bevanda raggiunge una temperatura di equilibrio di 0 °C. Determinare la massa del ghiaccio che è fusa. Si trascuri la capacità termica del bicchiere. (*Suggerimento:* Sono necessari 334 J per far fondere 1 g di ghiaccio a 0 °C.)

7.91 Una compagnia che estrae metano vende a € 1,30 0,42 m^3 di gas naturale (CH_4) misurato a 20 °C e 1,0 bar. Calcolare il costo per il riscaldamento di 200 ml d'acqua (sufficiente per preparare una tazza di tè o di caffè) da 20 °C a 100 °C. Si ipotizzi che solo il 50 percento del calore generato dalla combustione sia usato per scaldare l'acqua; il resto del calore si disperde nell'ambiente.

7.92 Si supponga che 100 g di Al a 250 °C vengano aggiunti a 100 g di ghiaccio a -15 °C. Considerando che non ci sia dispersione di calore nell'ambiente, determinare (a) la temperatura finale e (b) la quantità di ciascuna fase presente.

7.93 Calcolare l'energia interna di un dirigibile Goodyear riempito con gas elio a $1{,}2 \times 10^5$ Pa. Il volume del dirigibile è $5{,}5 \times 10^3$ m^3. Se tutta l'energia fosse usata per scaldare 10,0 tonnellate di rame inizialmente a 21 °C, calcolare la temperatura finale del metallo (1 ton = $9{,}072 \times 10^5$ g).

7.94 Le reazioni di decomposizione sono di solito endotermiche, mentre le reazioni di combinazione sono di solito esotermiche. Dare una risposta qualitativa per questo fatto.

7.95 L'acetilene (C_2H_2) può essere prodotto facendo reagire carburo di calcio (CaC_2) con acqua. (Questa reazione una volta veniva impiegata nelle lampade nell'esplorazione delle caverne.) (a) Scrivere un'equazione per la reazione. (b) Qual è la massima quantità di calore (in J) che può essere ottenuta dalla combustione dell'acetilene, partendo da 74,6 g di CaC_2?

7.96 Quando 1,034 g di naftalene ($C_{10}H_8$) viene bruciato in un calorimetro a volume costante a 298 K, si liberano 41,56 kJ di calore. Calcolare ΔU molare e ΔH molare per la reazione.

7.97 Da un punto di vista termochimico, spiegare perché un estintore a biossido di carbonio o dell'acqua non possono essere usati per spegnere un fiamma di magnesio.

7.98 Considerare la reazione

$$CO(g) + \frac{1}{2}O_2(g) \longrightarrow CO_2(g)$$

Senza fare nessun calcolo e basando i ragionamenti solo da un punto di vista molecolare, l'entalpia di reazione cresce o decresce al crescere della temperatura?

7.99 Un campione impuro di glucosio di 4,117 g ($C_6H_{12}O_6$) viene fatto bruciare in un calorimetro a volume costante avente capacità termica di 19,65 kJ °C^{-1}. Se l'aumento della temperatura è di 3,134 °C, calcolare la massa percentuale del glucosio nel campione. Si ipotizzi che le impurità non subiscano cambiamenti durante la combustione. Si veda l'Appendice 2 per i dati termodinamici.

7.100 Costruire una tabella con i valori di q, w, ΔU e ΔH. Per ciascuno dei seguenti processi, dire se i valori sono positivi (+), negativi (−) o zero. (a) Congelamento del benzene. (b) Compressione di un gas ideale a temperatura costante. (c) Reazione di sodio con acqua. (d) Ebollizione dell'ammoniaca. (e) Riscaldamento di un gas a volume costante. (f) Fusione del ghiaccio.

7.101 La combustione di 0,4196 g di un idrocarburo rilascia 17,55 kJ di calore. Le masse dei prodotti sono CO_2 = 1,419 g e H_2O = 0,290 g. (a) Qual è la formula bruta del composto? (b) Se la massa approssimata del composto è 76 g, calcolare la sua entalpia standard di formazione.

7.102 L'attività metabolica del corpo umano cede all'incirca $1,0 \times 10^4$ kJ di calore al giorno. Considerando che il corpo contiene 50 kg di acqua, quanto crescerebbe la temperatura del corpo se fosse un sistema isolato? Quanta acqua dovrebbe eliminare per traspirazione per mantenere la temperatura a 37,0 °C? Giustificare le risposte. Il calore di evaporazione dell'acqua è 2,41 kJ g^{-1}.

7.103 Per una molecola biatomica, il contributo vibrazionale alla capacità termica può essere calcolato usando la meccanica statistica, considerando che le vibrazioni si possono studiare usando l'approssimazione del modello dell'oscillatore armonico:

$$\overline{C}_V(\text{vibrazione}) = \frac{\Theta_v^2}{T^2}\left(\frac{e^{-\Theta_v/2T}}{1 - e^{-\Theta_v/2T}}\right)^2 R$$

La quantità $\Theta_v = hc\overline{\upsilon}/k$ è detta *temperatura vibrazionale,* dove h è la costante di Planck, c è la velocità della luce, k è la costante di Boltzmann, $\overline{\upsilon}$ è la frequenza vibrazionale in numeri d'onda (cm^{-1}). Le frequenze vibrazionali di F_2 e di I_2 sono 919 e 214 cm^{-1}, rispettivamente. Usare la formula data e i valori dell'equipartizione per i contributi traslazionali e rotazionali, per calcolare la capacità termica a pressione costante per queste due molecole biatomiche. Confrontare i risultati con i valori sperimentali dati in Tabella 7.4.

7.104 Partendo da A, un gas ideale subisce un processo ciclico che coinvolge l'espansione e la compressione a temperatura costante come mostrato. Calcolare il lavoro totale. La risposta al quesito è in accordo con il fatto che il lavoro non è una funzione di stato?

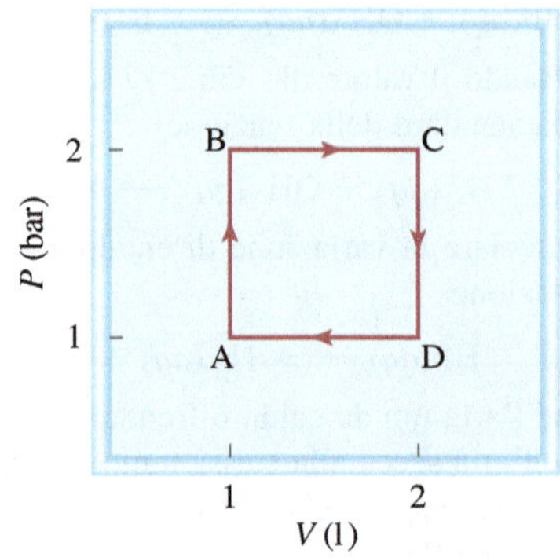

7.105 Calcolare ΔU per la seguente reazione a 298 K

$$2H_2(g) + O_2(g) \longrightarrow 2H_2O(l)$$

7.106 Dai dati seguenti, calcolare il calore di soluzione di KI:

	NaCl	NaI	KCl	KI
Energia di reticolo (kJ mol^{-1})	788	686	699	632
Calore di soluzione (kJ mol^{-1})	4,0	−5,1	17,2	?

Soluzioni dei problemi di autovalutazione

7.1 (a) 0; (b) 283 J **7.2** w = 1,11 kJ; q = −1,11 kJ; ΔU = 0 **7.3** $-6,47 \times 10^3$ kJ **7.4** −111,7 kJ mol^{-1} **7.5** ΔU = 693 J; ΔH = 893 J **7.6** −728 kJ mol^{-1} **7.7** 21,19 °C **7.8** 22,49 °C **7.9** 3,0 J mol^{-1} K^{-1}; 9,3% **7.10** 87,3 kJ mol^{-1} **7.11** 40,1 kJ g^{-1} **7.12** (a) −543,1 kJ mol^{-1}; (b) −543,2 kJ mol^{-1} **7.13** (a) −119 kJ mol^{-1}; (b) −137 kJ mol^{-1} **7.14** −57,60 kJ mol^{-1}

Entropia, energia libera e secondo principio della termodinamica

CAPITOLO

8

In accordo con il primo principio della termodinamica (Capitolo 7), l'energia in un sistema isolato non può essere creata né distrutta, ma trasferita da una parte a un'altra dell'universo o convertita da una forma a un'altra. La quantità totale di energia nell'universo rimane costante. Nonostante l'enorme importanza nello studio delle variazioni di energia durante le reazioni chimiche, il primo principio della termodinamica non può prevedere il verso di un processo; esso aiuta a fare il bilancio energetico, cioè a prevedere l'energia in entrata e l'energia in uscita e il lavoro svolto, ma non dice nulla circa la spontaneità del processo in esame. Per questo tipo d'informazione, bisogna conoscere il secondo principio della termodinamica e il concetto di entropia.

8.1 Entropia

Uno dei principali obiettivi nello studio della termodinamica, in campo chimico, è di riuscire a prevedere se un processo può o non può avvenire in opportune condizioni (temperatura, pressione e concentrazione). Questa previsione è utile se si deve sintetizzare un composto in un laboratorio di ricerca, se si devono produrre reagenti chimici su scala industriale o se si vogliono capire gli intricati processi biologici in una cellula.

8.1.1 Processi spontanei

*Un **processo è spontaneo** se avviene senza intervento esterno in opportune condizioni.* Un processo è *non spontaneo* se *non* avviene senza intervento esterno in opportune condizioni.

Si possono osservare processi spontanei chimici e fisici ogni giorno. Per esempio, una zolletta di zucchero si scioglie spontaneamente quando è immersa nel caffè caldo. Siccome non è richiesto intervento esterno per far sì che lo zucchero si sciolga si dice che il processo è spontaneo. Il processo inverso – la precipitazione dello zucchero dal caffè bollente – non è spontaneo: non avverrà mai, indipendentemente da quanto tempo si aspetti. *In generale, i processi che avvengono spontaneamente in una direzione, in opportune condizioni, non possono essere spontanei nella direzione opposta.* Altri esempi di processi spontanei sono i seguenti:

- Il calore passa da un oggetto più caldo a uno più freddo, ma il processo opposto non avviene mai spontaneamente.
- L'espansione di un gas in un contenitore vuoto è spontaneo [Figura 8.1(a)], ma il processo opposto (il ritorno delle molecole gassose nel contenitore) non è spontaneo [Figura 8.1(b)].

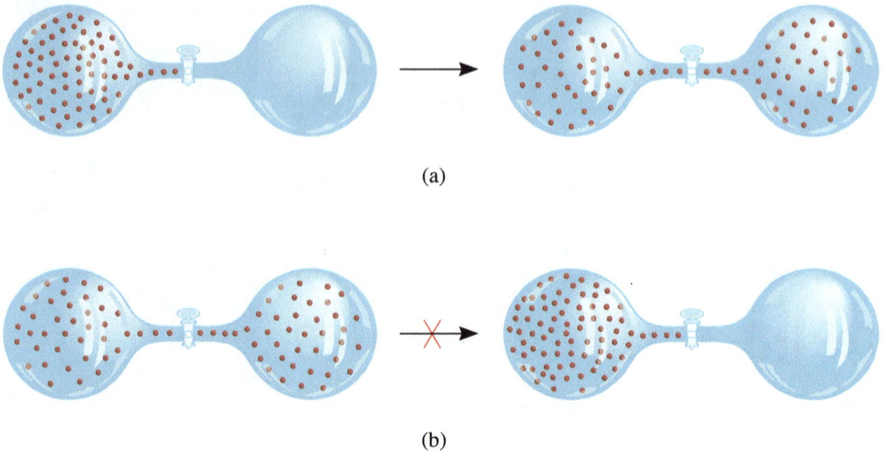

Figura 8.1 (a) Un processo spontaneo. (b) Un processo non spontaneo - l'inverso di (a).

- Un pezzo di sodio metallico reagisce violentemente con acqua per formare idrossido di sodio e idrogeno gassoso, ma l'idrogeno gassoso non reagisce con l'idrossido di sodio per formare acqua e sodio metallico.
- Il ferro esposto all'acqua e all'ossigeno forma la ruggine, ma la ruggine non si ritrasforma spontaneamente in ferro.

Processo spontaneo non significa necessariamente istantaneo.

Il termine *spontaneo* non dice nulla circa la velocità con la quale un processo avviene – dice solo che avviene *se si aspetta un tempo sufficiente*. Per esempio, il ferro può impiegare giorni o settimane per arrugginire, ma il processo è pur sempre spontaneo.

Se si ipotizza che i processi spontanei avvengono se si osserva una diminuzione dell'energia del sistema, si può spiegare, per esempio, perché una palla rotola verso il basso di un piano inclinato. In maniera analoga, molte reazioni esotermiche sono spontanee, come la combustione del metano e le reazioni di neutralizzazione acido-base:

$$CH_4(g) + 2O_2(g) \longrightarrow CO_2(g) + 2H_2O(l) \qquad \Delta H° = -890{,}4 \text{ kJ mol}^{-1}$$

$$H^+(aq) + OH^-(aq) \longrightarrow H_2O(l) \qquad \Delta H° = -56{,}2 \text{ kJ mol}^{-1}$$

Tuttavia, si consideri una transizione di fase come la fusione (per esempio del ghiaccio),

$$H_2O(s) \longrightarrow H_2O(l) \qquad \Delta H° = +6{,}01 \text{ kJ mol}^{-1}$$

Questo processo è spontaneo sopra 0 °C anche se è endotermico. Un altro processo che è spontaneo, ed endotermico, è la dissoluzione di nitrato di ammonio in acqua,

$$NH_4NO_3(s) \xrightarrow{H_2O} NH_4^+(aq) + NO_3^-(aq) \qquad \Delta H° = 25 \text{ kJ mol}^{-1}$$

Un processo spontaneo e uno non spontaneo

La decomposizione dell'ossido di mercurio (II) è endotermico e non spontaneo a temperatura ambiente, ma diventa spontaneo quando si alza la temperatura:

$$2HgO(s) \longrightarrow 2Hg(l) + O_2(g) \qquad \Delta H° = 90{,}7 \text{ kJ mol}^{-1}$$

In base a questi esempi e molti altri, quello che si può concludere è che l'esotermia *favorisce* la spontaneità di reazione ma *non* la garantisce. Così com'è possibile che una reazione endotermica sia spontanea, una reazione esotermica può non essere spontanea. In altre parole, non si può determinare se una reazione chimica avviene spontaneamente o no solo in base alla variazione di energia del sistema. Per determinare la spontaneità di una reazione, è necessaria un'altra grandezza termodinamica chiamata *entropia*.

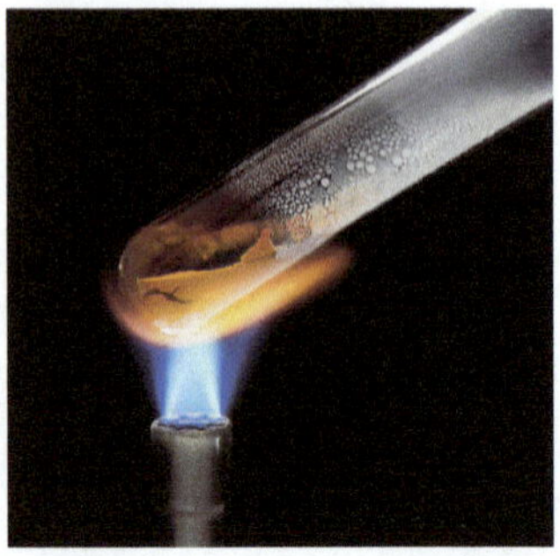

Quando scaldato, HgO decompone per dare Hg e O_2.

8.1.2 Definizione statistica di entropia

Il fatto che un processo macroscopico sia spontaneo o no dipende da quello che succede a livello molecolare. Si consideri, per esempio, l'espansione di un gas in un tubo in cui si è fatto il vuoto come quello illustrato in Figura 8.1(a). Quando il rubinetto viene aperto, le molecole di gas (tutte inizialmente confinate nel bulbo A) diffondo spontaneamente nel bulbo B fino a quando la pressione del gas è uguale in entrambi i bulbi. Perché succede questo? Il moto delle molecole di gas nel bulbo A è casuale; in ogni istante più o meno lo stesso numero di molecole si muovono in tutte le direzioni. Quando il rubinetto è aperto, le molecole vicino al rubinetto che si stanno muovendo verso destra entreranno nel bulbo B. Fino a quando ci sono poche molecole nel bulbo B, ci saranno più molecole che passeranno dal bulbo A a quello B che dal bulbo B a quello A. Questo processo spontaneo continuerà fino a quando le pressioni saranno uguali.

La Figura 8.1(b) illustra il processo inverso, cioè il movimento spontaneo di tutte le molecole gassose nel bulbo B di ritorno nel bulbo A. Perché questo accada, tutte le molecole in B devono muoversi verso sinistra *nello stesso istante*. Molte molecole in effetti si muovono verso sinistra in ogni istante, tuttavia il moto molecolare è casuale, e mediamente tante sono le molecole che si muovono verso destra quante quelle verso sinistra. La probabilità che tutte le molecole nel bulbo B si muovano *simultaneamente* verso sinistra è molto piccola. Questo processo è non spontaneo non perché è impossibile, ma perché è molto *improbabile*. Per cercare di capire i processi spontanei, bisogna focalizzare l'attenzione sul comportamento *statistico* di un elevato numero di molecole, non sul moto di solo alcune di esse.

Si ricordi dal Capitolo 7 che lo stato termodinamico (o *macrostato*) di un sistema è descritto da un numero relativamente piccolo di variabili (P, T, V, n ecc.), mentre lo stato molecolare (o *microstato*) rappresenta *tutte* le variabili associate ai singoli atomi o molecole che costituiscono il sistema. Quando si specifica completamente il macrostato (specificando per esempio la pressione, la temperatura e il volume di un campione di gas argon), rimangono ancora molti microstati possibili. Il numero di microstati possibili di un dato macrostato può essere rappresentato dalla variabile W. Il valore di W, che determina la probabilità relativa che un macrostato sia osservato, varia enormemente da macrostato a macrostato. Macrostati per i quali W è grande sono più probabili di quelli per i quali W è piccolo.

Il simbolo "W" deriva da *Wahrscheinlichkeit*, termine tedesco per probabilità.

La connessione tra il numero di microstati e la probabilità può essere illustrata facendo un paragone con il lancio dei dadi. In quest'analogia, si definisce microstato il numero che esce nel lancio di ogni dado e macrostato la somma dei numeri di tutti i dadi lanciati. Se si ha un solo dado, ci sono sei possibili numeri 1, 2, 3, 4, 5 e 6. In questo caso, i microstati sono uguali ai macrostati poiché c'è un solo modo di ottenere ciascun numero totale lanciando un solo dado. Se si hanno due dadi invece, ci sono 36 (6 × 6) possibili microstati, ma solo 11 possibili macrostati (la somma di entrambi i dadi) rappresentati dai numeri interi da 2 a 12. Quindi, almeno qualcuno dei macrostati deve corrispondere a più di un microstato. La distribuzione dei 36 microstati tra gli 11 macrostati è mostrata in Figura 8.2. Il macrostato con il più alto numero di microstati, e quindi il più probabile, corrisponde al numero 7. Questo macrostato (7) può essere ottenuto da sei diverse combinazioni di dadi (microstati); cioè $W = 6$. La probabilità di avere 7 è uguale a 1/6, che è ottenuta dividendo il numero di microstati che sommati danno 7 per il numero totale di microstati: 6/36 = 1/6. Il macrostato meno probabile corrisponde ai numeri 2 e 12. Per ciascuno di questi

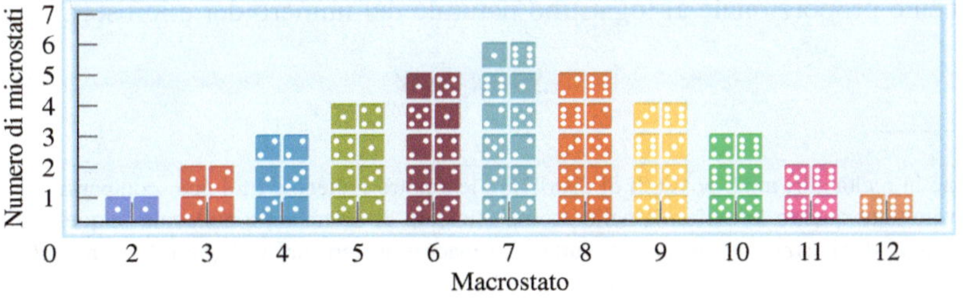

Figura 8.2 I microstati che derivano dalla combinazione di due dadi e i corrispondenti macrostati.

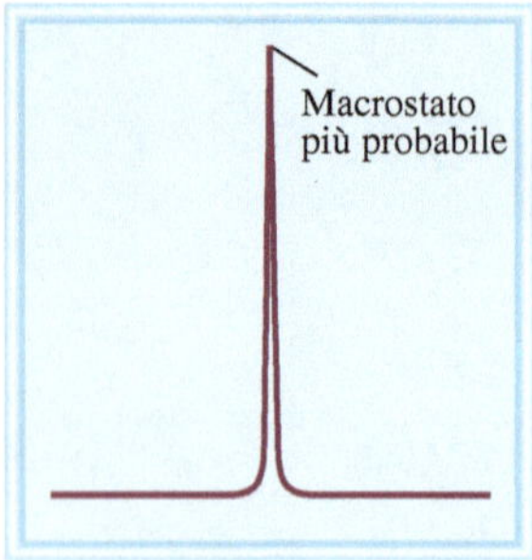

Figura 8.3 Per un numero elevato di dadi, il macrostato più probabile ha un enorme numero di microstati.

macrostati c'è un solo microstato [(1, 1) per 2 e (6, 6) per 12]. Per questi macrostati, $W = 1$, e hanno la probabilità ciascuno di $1/36$. La probabilità di ottenere 7 è molto maggiore di quella di ottenere 2 o 12 non perché i dadi sono truccati – ognuna delle 36 possibili combinazioni è ugualmente probabile – ma perché ci sono più modi per ottenere 7 che 2 o 12.

Se si aumenta il numero dei dadi, la distribuzione di probabilità tra i macrostati diventa sorprendente. Per esempio, con sei dadi ci sono 46 656 (ovvero 6^6) possibili microstati da 6 a 36, per un totale di 31 macrostati. Per i macrostati 6 e 36 c'è solo un possibile microstato [(1, 1, 1, 1, 1, 1) e (6, 6, 6, 6, 6, 6), rispettivamente], per cui entrambi hanno $W = 1$ e una probabilità di $1/46\,656$. Ci sono, tuttavia, 4332 possibili modi di ottenere un 21 (il macrostato più probabile) con una probabilità di $4332/46\,656$. Quindi, ottenere 21 è oltre 4000 volte più facile che ottenere 6 o 36. All'aumentare del numero di dadi, la probabilità del macrostato più probabile aumenta rapidamente rispetto al meno probabile (si veda la Figura 8.3). All'approssimarsi del numero di dadi al numero di Avogadro (il numero di molecole di un sistema macroscopico), il numero di microstati corrispondenti al macrostato più probabile è così grande confrontato con gli altri che la probabilità di ottenere un altro numero diventa piccolissima. Questo esempio mostra come qualcosa che è completamente casuale a livello microscopico può generare un comportamento molto prevedibile quando osservato a livello macroscopico – proprio come il moto assolutamente casuale delle molecole di un gas a livello molecolare dà origine alle leggi assolutamente non casuali a livello macroscopico.

Per un esempio più prettamente chimico, si consideri un semplice sistema di quattro molecole che si muovono rapidamente fra due scompartimenti uguali, come mostrato in Figura 8.4. C'è solo un modo perché le quattro molecole siano nello scompartimento di sinistra, quattro modi perché ce ne siano tre nello scompartimento di sinistra e una in quello di destra, e sei di avere due molecole in ciascun scompartimento. Quindi, ci sono 11 possibili microstati che danno origine a 3 possibili macrostati.[1] Dei tre, il macrostato III è il più probabile poiché ci sono sei microstati o sei modi di ottenere questo macrostato ($W = 6$). Invece, il macrostato I è il meno probabile poiché ha un solo microstato ($W = 1$), per cui c'è un solo modo per ottenerlo. Al crescere del numero di molecole (per cui il sistema si approssima a scala macroscopica), le molecole si distribuiranno fra i due scompartimenti in maniera simmetrica poiché questo macrostato avrà il maggior numero di microstati rispetto agli altri macrostati.

Microstati, entropia e il secondo principio della termodinamica

La probabilità che un particolare macrostato si verifichi dipende dal numero di modi (microstati) con i quali il dato macrostato si ottiene. Se un sistema macroscopico è preparato inizialmente in un macrostato a bassa probabilità (basso W), allora il sistema evolverà naturalmente verso il macrostato con la probabilità più alta. Questo processo è spontaneo. Il processo inverso, tuttavia, nel quale il macrostato con maggiore probabilità (alto W) evolve verso uno a minore probabilità (basso W) non verrà osservato poiché questo processo non è spontaneo.

La parola *entropia* deriva dal termine greco *tropos* che significa "trasformazione". Il prefisso *en-* è stato aggiunto per renderlo simile al termine *energia*.

In termodinamica, la spontaneità di un processo macroscopico può essere quantificata con una funzione di stato chiamata ***entropia***, che è una *misura del numero di possibili microstati disponibili per un sistema in un dato macrostato*. Nel 1877, Ludwig Boltzmann mostrò che l'entropia di un sistema in un dato macrostato è direttamente proporzionale al logaritmo naturale del numero dei microstati (W):

$$S = k_B \ln W \qquad (8.1)$$

[1] Ci sono in realtà altri modi possibili di distribuire le quattro molecole fra i due scompartimenti. Si possono avere tutte quattro le molecole nello scompartimento di destra o tre molecole in quello di destra e una in quello di sinistra (quattro modi). Tuttavia, i macrostati mostrati in Figura 8.4 sono sufficienti per la discussione.

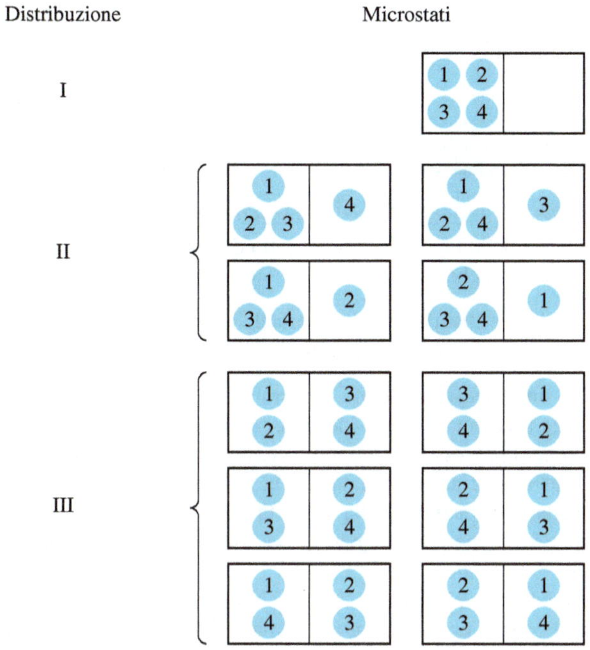

Figura 8.4 Alcuni modi di distribuire quattro molecole in due scompartimenti equivalenti. La distribuzione I può essere ottenuta in un solo modo (tutte le quattro molecole nello scompartimento di sinistra) e ha un solo microstato. La distribuzione II può essere ottenuta in quattro modi e ha quattro microstati. La III distribuzione può essere ottenuta in sei modi e ha sei microstati.

dove k_B è la costante di Boltzmann ($1{,}380658 \times 10^{-23}$ J K^{-1}). Quindi, l'entropia del sistema aumenta all'aumentare di W. Come l'entalpia, anche l'entropia è una proprietà estensiva.

La variazione di entropia (ΔS) per un processo in un sistema è

$$\Delta S = S_f - S_i \quad \textbf{(8.2)}$$

dove S_i e S_f sono le entropie del sistema nello stato iniziale e finale, rispettivamente. Combinando le Equazioni 8.1 e 8.2, si ottiene

$$\Delta S = k_B \ln W_f - k_B \ln W_i$$

$$\Delta S = k_B \ln \frac{W_f}{W_i} \quad \textbf{(8.3)}$$

dove W_i e W_f sono il numero di microstati corrispondenti al macrostato iniziale e finale, rispettivamente. Quindi, se $W_f > W_i$, allora $\Delta S > 0$ e l'entropia del sistema aumenta.

La connessione fra l'entropia e la spontaneità di un processo è espressa dal ***secondo principio della termodinamica***: *l'entropia di un sistema isolato aumenta sempre in un processo spontaneo e rimane invariata in un processo all'equilibrio (reversibile).* Si può considerare l'universo come un sistema isolato, per cui l'entropia dell'universo non può mai diminuire in un processo spontaneo: $\Delta S_{univ} \geq 0$, dove il segno di uguale si riferisce a un processo reversibile. Siccome l'universo è costituito dal sistema e dall'ambiente, la variazione di entropia dell'universo (ΔS_{univ}) per qualsiasi processo è la *somma* della variazione dell'entropia del sistema (ΔS_{sist}) e dell'ambiente (ΔS_{amb}). Matematicamente, si può esprimere il secondo principio della termodinamica come segue:

per un processo spontaneo: $\Delta S_{univ} = \Delta S_{sist} + \Delta S_{amb} > 0$ **(8.4)**
per un processo reversibile (o di equilibrio): $\Delta S_{univ} = \Delta S_{sist} + \Delta S_{amb} = 0$ **(8.5)**

Per un processo spontaneo, ΔS_{univ} deve essere maggiore di zero, ma non ci sono restrizioni né su ΔS_{sist} né su ΔS_{amb}. Quindi, ΔS_{sist} o ΔS_{amb} può essere negativo, ma la loro somma deve essere maggiore di zero. Per un processo all'equilibrio, ΔS_{univ} è zero. In questo caso, ΔS_{sist} e ΔS_{amb} devono essere uguali in valore assoluto, ma con segno opposto. Se ΔS_{univ} è negativo, allora il processo non è spontaneo nella direzione indicata. Invece è spontaneo nella direzione *opposta*.

Esempio 8.1

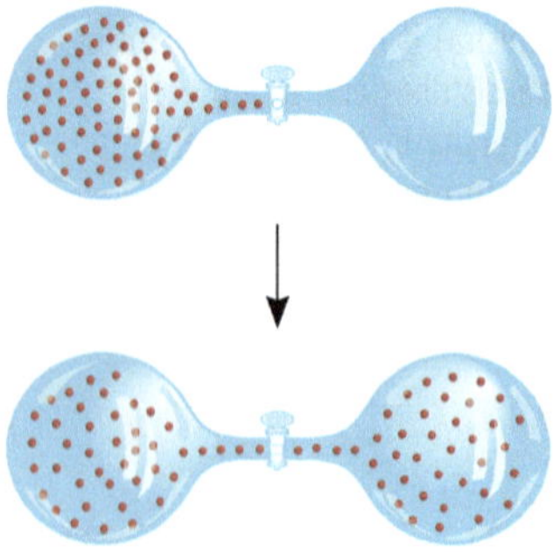

Figura 8.1 (a)

Calcolare la variazione di entropia per il processo (in J K^{-1}) illustrato in Figura 8.1(a) dove inizialmente c'è 1,000 mole di gas nel tubo di sinistra. Si ipotizzi che il gas si comporti in maniera ideale e che il processo sia isotermo.

Impostazione Usare l'Equazione 8.3 per calcolare la variazione di entropia. Per fare questo, è necessario determinare il rapporto W_f/W_i per il processo in Figura 8.1(a).

Soluzione Per un processo generale, determinare ΔS usando l'Equazione 8.3 è complicato; tuttavia, le proprietà dei gas ideali semplificano notevolmente la questione. Innanzi tutto, siccome il processo è isotermo, la temperatura del gas non cambia. Dalla teoria cinetica dei gas (Paragrafo 5.4) si sa che la temperatura costante implica che non ci sia variazione nella distribuzione della velocità delle molecole del gas. Quindi, solo le proprietà dei microstati che coinvolgono la posizione possono cambiare passando dallo stato iniziale allo stato finale.

Si supponga, per esempio, che ci sia una sola particella di gas nel sistema. Siccome i due bulbi hanno volumi uguali, la particella ha il doppio di microstati disponibili nello stato finale rispetto allo stato iniziale: $W_f/W_i = 2$. Se si hanno due particelle, $W_f/W_i = (2 \times 2)/1 = 4/1 = 4$ poiché ciascuna delle due particelle nello stato finale può stare sia nel bulbo di sinistra che in quello di destra ($2 \times 2 = 4$ possibilità totali), ma nello stato iniziale entrambe le particelle sono costrette a stare nel bulbo di sinistra (1 possibilità). Se si hanno N particelle nel sistema, il rapporto dei microstati diventa

$$\frac{W_f}{W_i} = 2 \times 2 \times 2 \ldots = 2^N$$

Si può applicare l'Equazione 8.3:

$$\begin{aligned}\Delta S &= k_B \ln \frac{W_f}{W_i} \\ &= k_B \ln 2^N \\ &= N k_B \ln 2\end{aligned}$$

dove si è usato il fatto che $\ln a^b = b \ln a$. Si ricordi dal Paragrafo 5.4 che la costante di Boltzmann è in relazione alla costante dei gas secondo $k_B = R/N_A$, per cui la variazione di entropia diventa

$$\begin{aligned}\Delta S &= \frac{N}{N_A} R \ln 2 \\ &= nR \ln 2\end{aligned}$$

dove $n = N/N_A$ è il numero di moli di gas presenti. Per cui per 1,000 mole di gas si ha

$$\begin{aligned}\Delta S &= (1{,}000 \text{ mol})(8{,}314 \text{ J mol}^{-1} \text{ K}^{-1}) \ln 2 \\ &= 5{,}763 \text{ J K}^{-1}\end{aligned}$$

Verifica Il processo illustrato in Figura 8.1(a) è spontaneo, per cui la variazione di entropia deve essere positiva (in accordo con il secondo principio della termodinamica).

Commento L'Esempio 8.1 mostra perché l'entropia costituisce una maniera più conveniente di descrivere un processo rispetto a W. Per una mole di particelle, il rapporto di numero di microstati nello stato finale e iniziale è $2^{N_A} = 2^{6,02 \times 10^{23}} \approx 10^{1,8 \times 10^{23}}$, che in effetti è un numero molto grande!

Problema di autovalutazione Si ripeta il calcolo nell'Esempio 8.1 ma si consideri che il volume del bulbo a destra nella Figura 8.1(a) sia il doppio di quello a sinistra.

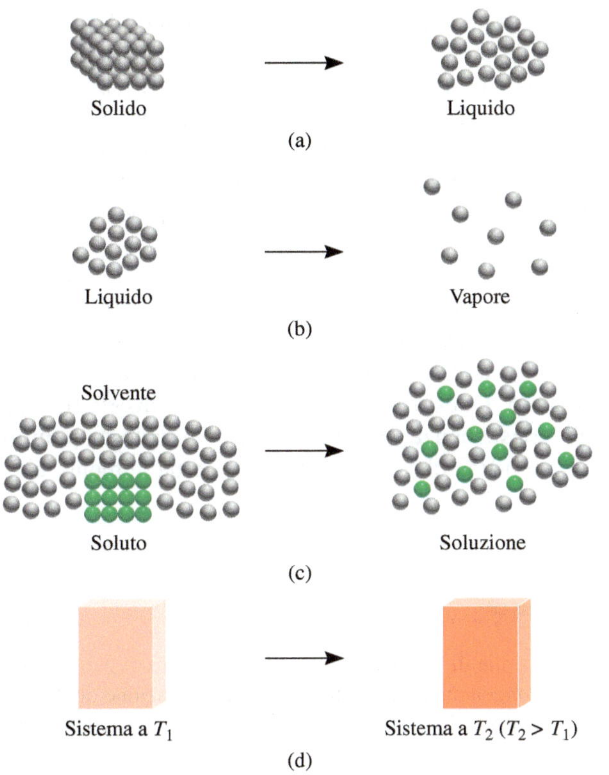

Figura 8.5 Processi che portano a un aumento di entropia del sistema: (a) fusione: $S_{liquido} > S_{solido}$, (b) vaporizzazione: $S_{vapore} > S_{liquido}$, (c) solubilizzazione, (d) riscaldamento: $S_{T_2} > S_{T_1}$ (se $T_2 > T_1$).

8.1.3 Interpretazione fisica dell'entropia

L'entropia è spesso descritta come una misura del disordine. Questo termine tuttavia deve essere usato con cautela poiché è soggettivo e può portare a conclusioni errate.[2] È preferibile, infatti, considerare la variazione di entropia di un sistema in termini di variazione del numero di microstati del sistema.

Si consideri la situazione mostrata nella Figura 8.5. Nel solido in Figura 8.5(a), gli atomi o le molecole sono bloccati in maniera abbastanza rigida nel reticolo cristallino. Nel liquido invece, questi atomi o molecole possono occupare molte più posizioni visto che possono muoversi uno rispetto all'altro. Inoltre, per molti materiali (l'acqua è un'eccezione), la fase liquida è meno densa della fase solida, per cui le molecole in un liquido hanno un volume maggiore in cui potersi muovere. Di conseguenza, il numero di microstati aumenta durante una transizione di fase da solido a liquido poiché ci sono più modi di disporre le particelle. Quindi, la fusione porta a un aumento di entropia poiché il numero di microstati aumenta. In modo analogo, anche il processo di evaporazione [si veda la Figura 8.5(b)] deve portare a un aumento di entropia del sistema. L'aumento sarà considerevolmente maggiore rispetto alla fusione, tuttavia, soprattutto perché la variazione di volume da liquido a vapore è molto maggiore che quella da solido a liquido.

Anche il processo di soluzione [Figura 8.5(c)] di solito porta a un aumento di entropia. Quando un cristallo di zucchero (non elettrolita) si scioglie in acqua, la struttura altamente ordinata del solido e parte della struttura ordinata dell'acqua si rompono. Per cui, la soluzione ha un maggior numero di microstati rispetto al soluto e solvente puri. Quando un solido ionico (elettrolita) come NaCl si scioglie in acqua, due fattori contribuiscono all'aumento di entropia: il processo di soluzione (il mescolamento del soluto con il solvente) e la dissociazione del composto in ioni:

$$\mathrm{NaCl}(s) \xrightarrow{\mathrm{H_2O}} \mathrm{Na^+}(aq) + \mathrm{Cl^-}(aq)$$

---

[2] Si veda per esempio, B. Laird, "Entropy, Disorder and the Freezing Transition", *Journal of Chemical Education*, **76**, *255* (1998).

Maggior numero di particelle porta a un maggior numero di microstati. L'idratazione tuttavia, costringe le molecole di acqua a riarrangiarsi in maniera più strutturata attorno agli ioni. Questo processo fa diminuire l'entropia poiché riduce il numero di microstati disponibili per le molecole di solvente. Per ioni piccoli e con carica elettrica elevata, come Al^{3+} e Fe^{3+}, la diminuzione di entropia dovuta all'idratazione può essere maggiore dell'aumento di entropia dovuta al mescolamento e alla dissociazione, per cui la variazione totale di entropia per il processo complessivo può essere negativo.

Anche il riscaldamento fa aumentare l'entropia di un sistema [Figura 8.5(d)]. Oltre al moto di traslazione (cioè il movimento dell'intera molecola nello spazio a disposizione), le molecole possono anche ruotare e vibrare (si veda la Figura 8.6). All'aumentare della temperatura, le energie associate con tutti i tipi di moto molecolare aumentano. Questo aumento di energia è distribuito tra i livelli quantici di energia. Di conseguenza, più microstati diventano disponibili a temperature più elevate, ciò significa che l'entropia del sistema aumenta all'aumentare della temperatura.

Esempio 8.2

Prevedere se la variazione di entropia è maggiore o minore di zero per ciascuno dei seguenti processi: (a) congelamento dell'etanolo, (b) evaporazione del bromo a temperatura ambiente, (c) solubilizzazione di glucosio in acqua, (d) raffreddamento di azoto gassoso da 80 °C a 20 °C.

Impostazione Per determinare il segno della variazione di entropia di ciascun processo indicato, bisogna capire se il numero dei microstati del sistema aumenta o diminuisce. Il segno di ΔS sarà positivo se il numero di microstati aumenta e negativo se il numero di microstati diminuisce.

Soluzione

(a) Durante il congelamento, le molecole di etanolo si bloccano in opportune posizioni. Questa transizione di fase riduce il numero di microstati e quindi l'entropia diminuisce, cioè $\Delta S < 0$.

(b) L'evaporazione del bromo fa aumentare il numero di microstati poiché le molecole di Br_2 possono occupare molte più posizioni nello spazio a disposizione. Quindi $\Delta S > 0$.

(c) Il glucosio non è un elettrolita (cioè non si dissocia in ioni in soluzione acquosa). Il processo di soluzione disperde le molecole di glucosio tra le molecole di acqua, per cui ci si aspetta $\Delta S > 0$.

(d) Il processo di raffreddamento fa diminuire diversi moti molecolari. Questo porta a una diminuzione di microstati, quindi $\Delta S < 0$.

Problema di autovalutazione Come varia l'entropia in ciascuno dei seguenti processi: (a) condensazione del vapore acqueo, (b) formazione di cristalli di saccarosio da

Il bromo è un liquido fumante a temperatura ambiente.

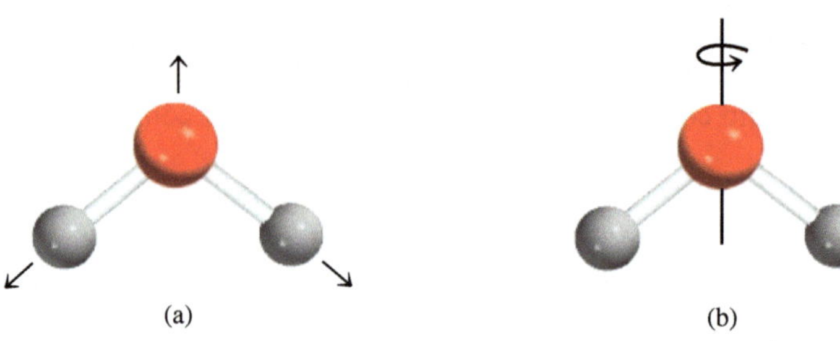

Figura 8.6 (a) Un moto vibrazionale in una molecola di acqua. Gli atomi si muovono, come mostrato dalle frecce, e poi invertono la loro direzione per completare il ciclo di vibrazione. (La vibrazione mostrata è uno dei tre possibili modi vibrazionali dell'acqua.) (b) Un moto rotazionale di una molecola d'acqua attorno a un asse che passa attraverso l'atomo di ossigeno. La molecola può anche ruotare rispetto agli altri due assi mutuamente perpendicolari.

una soluzione sovrassatura, (c) riscaldamento di idrogeno gassoso da 60 °C a 80 °C, (d) sublimazione del ghiaccio secco?

8.2 Variazione di entropia e definizione termodinamica di entropia

L'Equazione 8.1 è la definizione statistica di entropia. Definire l'entropia in termini di probabilità permette di avere un'interpretazione molecolare delle variazioni di entropia e di calcolare la variazione di entropia in sistemi semplici come quelli dei gas ideali. In generale, però, l'Equazione 8.1 non è usata per determinare la variazione di entropia per sistemi complessi, come quelli che riguardano le reazioni chimiche, poiché il calcolo di W è troppo difficile.

Fortunatamente, oltre alla definizione statistica, c'è anche una definizione termodinamica di entropia che permette di determinare le variazioni di entropia dalle variazioni di quantità termodinamiche misurabili sperimentalmente, come il calore, l'energia e l'entalpia.

8.2.1 Definizione termodinamica di entropia

Nel 1865, lavorando sul tema di ricerca di Kelvin, Sadi Carnot,[3] e altri che studiavano l'efficienza dei motori termici, Rudolf Clausius[4] postulò che la variazione di entropia di un sistema che sta compiendo un processo infinitesimo reversibile era uguale al calore assorbito in maniera reversibile (dq_{rev}) diviso per la temperatura assoluta T (in kelvin) del sistema:

$$dS = \frac{dq_{rev}}{T} \tag{8.6}$$

Quindi, la variazione di entropia per qualsiasi processo fra due stati A e B può essere calcolata integrando l'Equazione 8.6 per dare

$$\Delta S = \int_{\text{stato A}}^{\text{stato B}} \frac{dq_{rev}}{T} \tag{8.7}$$

Se il processo avviene a temperatura costante, l'Equazione 8.7 può essere integrata per dare

$$\Delta S = \frac{q_{rev}}{T} \quad \text{a temperatura costante} \tag{8.8}$$

L'analisi di Clausius mostrò che, anche se q_{rev} non è una funzione di stato e dipende dal processo, la variazione di entropia calcolata usando l'Equazione 8.7 è indipendente dal percorso seguito, per cui l'entropia è una funzione di stato.

Si è visto nel Paragrafo 7.1 che il lavoro compiuto dal sistema ($-w$) è massimo se il processo è reversibile, cioè $-w \leq -w_{rev}$. Quindi, siccome $\Delta U = q + w$ è indipendente dalla natura del processo (U è una funzione di stato), il calore assorbito du-

---

[3] Nicolas Léonard Sadi Carnot (1796-1832). Fisico francese. Figlio di un famoso generale francese, Carnot è stato un pioniere nello studio della relazione tra calore e lavoro meccanico.

[4] Rudolf Julius Emanuel Clausius (1822–1888). Fisico tedesco. Il lavoro di Clausius ha riguardato principalmente l'elettricità, la teoria cinetica dei gas e la termodinamica.

Anche se si è cominciata la discussione sull'entropia da un punto di vista statistico, il punto di vista termodinamico è stato sviluppato per primo.

rante un processo è sempre minore o uguale a quello assorbito reversibilmente: $q \leq q_{rev}$. Combinando questa con l'Equazione 8.6 si ottiene

$$dS \geq \frac{dq}{T} \tag{8.9}$$

Dove l'uguaglianza sta per il processo reversibile. L'Equazione 8.9 è conosciuta come la ***disuguaglianza di Clausius***. Se il sistema è isolato allora $dq = 0$ e l'Equazione 8.9 dà $dS \geq 0$ in accordo con il secondo principio della termodinamica.

In generale, la definizione termodinamica di entropia (Equazioni da 8.6 a 8.8) dà lo stesso risultato numerico della variazione di entropia secondo la definizione statistica di Boltzmann (Equazione 8.3). Si consideri per esempio, la variazione di entropia nell'espansione isoterma e reversibile (temperatura costante) di n moli di un gas ideale da un volume iniziale V_1 a un volume finale V_2. Si è visto nel Paragrafo 7.1 che il calore assorbito dal gas in un processo reversibile è dato da (Equazione 7.8)

$$q_{rev} = nRT \ln\frac{V_2}{V_1}$$

Siccome il processo è isotermo, si può usare l'Equazione 8.8 per calcolare la variazione di entropia termodinamica

$$\Delta S = \frac{q_{rev}}{T} = \frac{nRT \ln(V_2/V_1)}{T}$$

$$\Delta S = nR \ln\frac{V_2}{V_1} \quad \text{per un gas ideale} \tag{8.10}$$

Se $V_2 = 2V_1$, come nel processo indicato in Figura 8.1, si ha

$$\Delta S = nR \ln\frac{2V_1}{V_1} = nR \ln 2$$

Questo è esattamente lo stesso valore che si ottiene per questo processo nell'Esempio 8.1 usando la definizione statistica di entropia.

L'Equazione 8.9 può anche essere scritta in termini di variazione di pressione. Per un gas ideale a temperatura fissata, la legge di Boyle (Equazione 5.11) stabilisce che $V_2/V_1 = P_1/P_2$, per cui l'Equazione 8.10 diventa

$$\Delta S = nR \ln\frac{P_1}{P_2} \quad \text{per un gas ideale} \tag{8.11}$$

Esempio 8.3

A temperatura costante di 300 K, 1,00 mole di argon gassoso si espande da un volume iniziale di 20,0 l a un volume finale di 50,0 l. Ipotizzando un comportamento ideale, calcolare la variazione di entropia del gas per questo processo.

Impostazione Siccome l'entropia è una funzione di stato, le variazioni di entropia sono indipendenti dal cammino seguito; quindi, si può ipotizzare che l'espansione avvenga reversibilmente al fine di calcolare ΔS, e si può usare l'Equazione 8.9.

Soluzione Inserendo i valori di n, R, V_1 ($V_{iniziale}$) e V_2 (V_{finale}) nell'Equazione 8.9, si ottiene il seguente valore di ΔS:

$$\Delta S = (1{,}00 \text{ mol})(8{,}314 \text{ J mol}^{-1} \text{ K}^{-1}) \ln \frac{50{,}0 \text{ l}}{20{,}0 \text{ l}}$$

$$= 7{,}62 \text{ J K}^{-1}$$

Verifica L'espansione di un gas è un processo spontaneo, per cui ci si attende che la variazione di entropia sia positiva. Il risultato ottenuto è in accordo con l'osservazione.

Problema di autovalutazione Calcolare la variazione di entropia per 50,0 g di N_2 gassoso che viene compresso a temperatura costante di 50 °C da una pressione iniziale di 1,00 bar a una pressione finale di 3,00 bar. Si ipotizzi il comportamento ideale.

L'ordine di grandezza tipico per il valore delle variazioni di entropia in chimica è tale per cui esse sono riportate in J mol^{-1} K^{-1} invece che in kJ mol^{-1} K^{-1}.

8.2.2 Variazione di entropia dovuta a riscaldamento

Nel Paragrafo 8.1 [si ricordi la Figura 8.5(d)] si è visto che l'entropia di un sistema aumenta quando la temperatura del sistema aumenta da T_1 a T_2. Usando la definizione termodinamica di entropia, si può calcolare la variazione di entropia per un sistema sottoposto a riscaldamento (o raffreddamento). Iniziando con l'Equazione 8.6,

$$dS = \frac{dq_{\text{rev}}}{T}$$

Integrando questa equazione da uno stato iniziale con temperatura T_1 a uno stato finale con temperatura T_2 si ha

$$\Delta S = \int_{T_1}^{T_2} \frac{dq_{\text{rev}}}{T} \qquad \textbf{(8.12)}$$

Come è stato discusso nel Paragrafo 7.3, la quantità di calore aggiunta durante la variazione di temperatura può essere determinata dalla capacità termica C usando la versione differenziale dell'Equazione 7.16:

$$dq = C\,dT \qquad \textbf{(8.13)}$$

Combinando le Equazioni 8.12 e 8.13 si ha

$$\Delta S = \int_{T_1}^{T_2} \frac{C}{T}\,dT \qquad \textbf{(8.14)}$$

Il valore di C da usare nell'Equazione 8.14 dipende dalla natura dello specifico processo in considerazione. Se il processo avviene a volume costante, allora si usa la capacità termica a volume costante C_V, ottenendo

$$\Delta S = \int_{T_1}^{T_2} \frac{C_V}{T}\,dT \quad (V \text{ costante}) \qquad \textbf{(8.15)}$$

In modo analogo, la capacità termica a pressione costante C_P deve essere usata per un processo a pressione costante, ottenendo

$$\Delta S = \int_{T_1}^{T_2} \frac{C_P}{T}\,dT \quad (P \text{ costante}) \qquad \textbf{(8.16)}$$

Se l'intervallo di temperatura è piccolo, si può ipotizzare che la capacità termica (C_P o C_V) sia indipendente dalla temperatura, ottenendo (dopo integrazione)

$$\Delta S = C_V \ln \frac{T_2}{T_1} \quad (V \text{ costante, } T_2 - T_1 \text{ piccolo}) \tag{8.17}$$

e

$$\Delta S = C_P \ln \frac{T_2}{T_1} \quad (P \text{ costante, } T_2 - T_1 \text{ piccolo}) \tag{8.18}$$

Esempio 8.4

Calcolare l'aumento di entropia quando 250 g di acqua sono riscaldati a pressione costante da 20 °C a 50 °C. La capacità termica molare dell'acqua a pressione costante è 75,3 J K^{-1} mol^{-1}. Si ipotizzi che C_P sia costante in questo intervallo di temperature.

Impostazione Usare l'Equazione 8.18 per risolvere questo problema, ma si ricordi che la capacità termica totale dell'acqua (o di qualsiasi materiale) è la sua capacità termica molare moltiplicata per il numero di moli di sostanza. Inoltre, bisogna convertire tutte le temperature Celsius in temperature assolute (kelvin).

Soluzione È data la capacità termica molare dell'acqua ($\overline{C}_P$), non la capacità termica (C_P), per cui bisogna determinare il numero di moli d'acqua (n) che vengono riscaldate e usare $n\overline{C}_P$ nell'Equazione 8.18 invece di C_P.

$$n_{\text{acqua}} = \frac{250 \text{ g}}{18{,}02 \text{ g mol}^{-1}} = 13{,}9 \text{ mol}$$

Dall'Equazione 8.18, si ha

$$\Delta S = C_P \ln \frac{T_2}{T_1} = n\overline{C}_P \ln \frac{T_2}{T_1}$$

$$= (13{,}9 \text{ mol})(75{,}3 \text{ J mol}^{-1} \text{ K}^{-1}) \ln \frac{323{,}15 \text{ K}}{293{,}15 \text{ K}} = 1{,}02 \times 10^2 \text{ J K}^{-1}$$

Problema di autovalutazione Calcolare la variazione di entropia che si ha quando un campione di 30,0 l di argon gassoso, inizialmente a pressione di 1,00 bar e a temperatura di 300 K, è riscaldato a volume costante a una temperatura finale di 400 K. Si ipotizzi il comportamento ideale.

8.2.3 Variazione di entropia dovuta a una transizione di fase

Quando un solido fonde alla sua temperatura di fusione di equilibrio, il sistema assorbe calore in maniera reversibile, poiché il solido e il liquido sono all'equilibrio in queste condizioni. Durante il processo di fusione, sia la pressione che la temperatura rimangono costanti. Poiché questo è un processo a pressione costante, il calore assorbito dal sistema può essere eguagliato all'entalpia di fusione, ΔH_{fus} (si veda il Paragrafo 6.6), cioè $q_{\text{rev}} = \Delta H_{\text{fus}}$. Siccome questo processo è isotermo, l'entropia di fusione ΔS_{fus} può essere ottenuta usando l'Equazione 8.8:

$$\Delta S_{\text{fus}} = \frac{\Delta H_{\text{fus}}}{T_{\text{f}}} \tag{8.19}$$

dove T_{f} è la temperatura di fusione (per esempio, 273,15 K per il ghiaccio a 1 atm). Usando un'analisi simile per il processo di ebollizione, l'entropia di vaporizzazione ΔS_{vap} è

$$\Delta S_{\text{vap}} = \frac{\Delta H_{\text{vap}}}{T_{\text{e}}} \tag{8.20}$$

dove ΔH_{vap} è l'entalpia di vaporizzazione e T_e è la temperatura di ebollizione (per esempio, 373,15 K per l'acqua a 1 atm). Una formula analoga si può scrivere per la sublimazione.

Esempio 8.5

Calcolare le entropie molari di fusione e di vaporizzazione dell'acqua ai punti normali di fusione ed ebollizione rispettivamente. Le entalpie molari di vaporizzazione e di fusione dell'acqua sono riportate nelle Tabelle 7.7 e 7.8, rispettivamente.

Impostazione Usare l'Equazione 8.19 per calcolare la variazione di entropia per la fusione e l'Equazione 8.20 per calcolare la variazione di entropia per la vaporizzazione. Dalle Tabelle 7.7 e 7.8, si trova $\Delta H_{vap} = 40{,}79\ \text{kJ mol}^{-1}$ e $\Delta H_{fus} = 6{,}01\ \text{kJ mol}^{-1}$, per l'acqua ai punti normali di ebollizione e di fusione, rispettivamente.

Soluzione Usando l'Equazione 8.19, si ha per l'entropia di fusione

$$\Delta S_{fus} = \frac{\Delta H_{fus}}{T_f} = \frac{6{,}01\ \text{kJ mol}^{-1}}{273{,}15\ \text{K}}$$
$$= 0{,}0220\ \text{kJ K}^{-1}\ \text{mol}^{-1} = 22{,}0\ \text{J K}^{-1}\ \text{mol}^{-1}$$

In maniera analoga, usando l'Equazione 8.20, si ha per l'entropia di vaporizzazione

$$\Delta S_{vap} = \frac{\Delta H_{vap}}{T_e} = \frac{40{,}79\ \text{kJ mol}^{-1}}{373{,}15\ \text{K}}$$
$$= 0{,}1094\ \text{kJ K}^{-1}\ \text{mol}^{-1} = 109{,}4\ \text{J K}^{-1}\ \text{mol}^{-1}$$

Problema di autovalutazione Calcolare la variazione di entropia quando 1,00 mole di ghiaccio secco (CO_2 solido) sublima alla temperatura normale di sublimazione di −78,5 °C. L'entalpia di sublimazione del CO_2 è 26,2 kJ mol^{-1}.

Come illustrato dal calcolo nell'Esempio 8.5, ΔS_{vap} è di solito maggiore di ΔS_{fus} per la stessa sostanza. Come si è visto nel Capitolo 6, entrambe le fasi sia solida che liquida sono più dense e hanno una certa organizzazione strutturale, la struttura cristallina per il solido (Paragrafo 6.3) e la distribuzione di funzione radiale per il liquido (Paragrafo 6.1). Invece, la fase gassosa non ha alcuna struttura ordinata e ha densità molto bassa, che permette elevati gradi di libertà di movimento. Come conseguenza, la variazione del numero di microstati che corrispondono alla transizione solido-liquido sono minori di quelli associati alla transizione liquido-vapore e l'entropia di vaporizzazione (e di sublimazione) sarà considerevolmente maggiore dell'entropia di fusione.

Le entropie molari di vaporizzazione di alcune sostanze liquide sono riportate nella Tabella 8.1. Alla fine del XIX secolo, Frederick Trouton[5] osservò che le entropie molari di vaporizzazione di diversi liquidi hanno valori molto simili e mediati attorno al valore di 88 J mol^{-1} K^{-1}. Questa osservazione è conosciuta come *regola di Trouton* e fornisce un'utile legge empirica per stimare le entropie di vaporizzazione. A livello molecolare, si può capire la regola di Trouton considerando che le strutture dei liquidi sono in realtà abbastanza simili tra loro, così come quelle delle fasi gassose. Per cui, l'aumento nel numero di microstati disponibili a seguito della vaporizzazione sarà più o meno lo stesso per molte sostanze, provocando valori simili di

[5] Frederick Thomas Trouton (1863-1922). Fisico sperimentale irlandese. Trouton è stato eletto membro della Royal Society nel 1897 ed è stato Quain Professor di Fisica presso l'University College di Londra dal 1902 al 1914.

Tabella 8.1 Punto normale di ebollizione (T_b), entalpie molari di vaporizzazione (ΔH_{vap}) ed entropia molare di vaporizzazione (ΔS_{vap}) di molte sostanze

Sostanza	T_b (K)	ΔH_{vap} (kJ mol^{-1})	ΔS_{vap} (J mol^{-1} K^{-1})
Tetracloruro di carbonio (CCl_4)	349,8	32,5	92,9
Etanolo (C_2H_5OH)	351,4	39,3	111,8
Etere dietilico ($(C_2H_5)_2O$)	308,6	27,4	88,8
Benzene (C_6H_6)	353,4	31,0	87,7
Mercurio (Hg)	630	59,0	93,7
Metano (CH_4)	109	9,2	84
Acqua (H_2O)	373,15	40,79	109,4

ΔS_{vap}. Nella Tabella 8.1, l'acqua e l'etanolo hanno valori di ΔS_{vap} significativamente maggiori di quelli previsti dalla regola di Trouton. Questi due liquidi possiedono legami a idrogeno che portano a una struttura localmente molto più ordinata rispetto a quella che si osserva in liquidi che non formano legami a idrogeno. Come risultato, le fasi liquide dell'acqua e dell'etanolo hanno un numero più piccolo di microstati disponibili rispetto ad altri liquidi. Le strutture dell'acqua e dell'etanolo in fase gas tuttavia sono simili ad altre fasi gassose poiché le molecole sono mediamente più lontane le une dalle altre e i legami a idrogeno sono trascurabili. Quindi, i liquidi con legami a idrogeno mostrano una variazione di numero di microstati maggiore nel processo di evaporazione e un maggiore valore di ΔS_{vap}.

8.3 Terzo principio della termodinamica ed entropia assoluta

Non si può misurare l'energia interna assoluta U o l'entalpia H poiché lo zero dell'energia è arbitrario. Quindi si è interessati di solito a determinare solo la variazione di queste proprietà (ΔU e ΔH) durante un processo. È possibile invece determinare l'entropia assoluta di una sostanza. Questo grazie al ***terzo principio della termodinamica***, che stabilisce che *l'entropia di una sostanza pura nella forma termodinamicamente più stabile è zero allo zero assoluto della temperatura, indipendentemente dalla pressione.* Per la maggior parte delle sostanze, la forma più stabile a 0 K è quella cristallina. Un'eccezione importante è l'elio, che rimane liquido, a causa dell'elevato moto di punto di zero, a 0 K per pressioni inferiori a 10 bar.

Il terzo principio è una conseguenza della natura statistica dell'entropia come si vede dalla formula di Boltzmann (Equazione 8.1), che mette in relazione l'entropia con W, il numero degli stati quantici molecolari (microstati) in accordo con le condizioni macroscopiche. A $T = 0$, l'energia termica è zero, e lo stato termodinamicamente più stabile è quello a più bassa energia (lo stato fondamentale). In generale, questo stato è unico, per cui $W = 1$ per un sistema a 0 K. Dalla formula di Boltzmann si ha

$$S(T = 0\ \mathrm{K}) = k_B \ln W = k_B \ln (1) = 0$$

Tuttavia non si può mai raggiungere lo zero assoluto, anche se ci si può approssimare molto, per cui si può stabilire che il terzo principio della termodinamica matematicamente abbia la seguente espressione

$$\lim_{T \to K} S = 0$$

per una sostanza pura nella sua forma termodinamicamente più stabile.

Approfondimento 8.1

L'EFFICIENZA DEI MOTORI TERMICI: IL CICLO DI CARNOT

Un motore è una macchina che trasforma energia in lavoro; *un motore termico* è una macchina che converte *energia termica* in lavoro. I motori termici giocano un ruolo essenziale nella società tecnologica in cui viviamo, dai motori delle automobili alle gigantesche turbine a vapore usate per generare elettricità. In base al tipo di motore termico, e al suo livello di efficienza, la quantità di lavoro utile che si può ricavare da un motore per una data quantità di calore in entrata, è stabilito dal secondo principio della termodinamica.

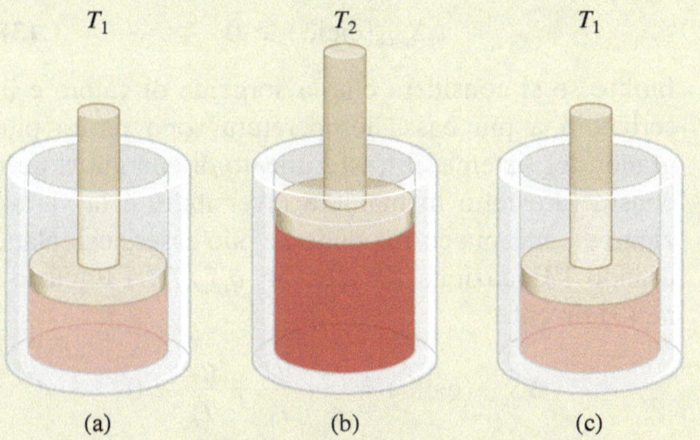

Un motore termico semplice. (a) Il motore è inizialmente a temperatura T_1. (b) Quando viene scaldato a temperatura T_2, il pistone viene spinto verso l'alto dall'espansione del gas. (c) Quando viene raffreddato a temperatura T_1, il pistone ritorna nella sua posizione originaria.

La figura mostra un semplice tipo di motore termico. Un cilindro equipaggiato con un pistone senza peso è inizialmente a temperatura T_1. Il cilindro è poi scaldato a temperatura più alta T_2. Il gas nel cilindro si espande e spinge in alto il pistone. Quando il cilindro è successivamente raffreddato a T_1, il pistone ritorna alla sua posizione originale. Ripetendo questo ciclo, il movimento in alto e in basso del pistone produce lavoro meccanico.

Una caratteristica dei motori termici è che il calore deve essere allontanato dal sistema verso l'ambiente per produrre lavoro. Con il pistone in alto, non viene compiuto altro lavoro se non viene raffreddato il cilindro a T_1. Siccome il processo di raffreddamento rimuove energia termica, che potrebbe essere riconvertita in lavoro, riduce l'efficienza dei motori termici.

Si può usare il secondo principio della termodinamica per stabilire i limiti precisi teorici dell'efficienza dei motori termici. Per fare questo bisogna considerare un modello ideale di motore termico chiamato *motore termico a ciclo di Carnot*, che opera fra due sorgenti di calore, una a temperatura elevata T_h e una a temperatura più bassa T_c, come mostrato.

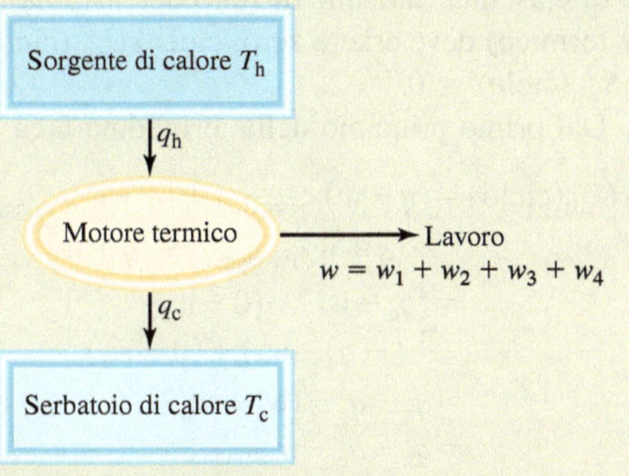

Schema di un motore termico a ciclo di Carnot.

Un motore a ciclo di Carnot opera secondo i seguenti quattro passaggi:

Passaggio 1 Il motore assorbe una quantità di calore q_h dalla sorgente ad alta e costante temperatura T_h mentre compie una quantità di lavoro w_1. Per questo passaggio $q = q_h$ e $w = -w_1$ (il segno negativo è necessario poiché il lavoro è svolto dal sistema, non sul sistema).

Passaggio 2 Il motore è staccato dalla sorgente ad alta temperatura e compie una quantità di lavoro w_2. Siccome il motore non è accoppiato a nessun serbatoio di calore in questo passaggio, non c'è passaggio di calore e il processo è adiabatico. La perdita di energia dovuta al lavoro senza una corrispondente entrata di calore fa sì che la temperatura del motore scenda a T_c. In questo passaggio $q = 0$ e $w = -w_2$.

Passaggio 3 Il motore è accoppiato al serbatoio a bassa temperatura e rilascia una quantità di energia termica pari a q_c, mentre simultaneamente compie una quantità di lavoro pari a w_3. Per questo passaggio, $q = -q_c$ (il calore è trasferito fuori dal sistema) e $w = -w_3$.

Passaggio 4 Il motore è staccato dal serbatoio a bassa temperatura e rilascia una quantità di lavoro pari a w_4. Come nel passaggio 3, questo processo è adiabatico. L'energia guadagnata dal motore dovuta al lavoro senza il corrispondente ingresso di calore provoca che la temperatura del motore torni a T_h, completando il ciclo. In questo passaggio, $q = 0$ e $w = -w_4$. (Ancora il segno negativo è necessario poiché si è definito w_4 come lavoro compiuto dal sistema, non lavoro compiuto sul sistema. Infatti in questo caso w_4 è negativo e w è positivo, cioè, il lavoro è compiuto sul sistema dall'ambiente.)

Siccome questo processo è ciclico, la variazione totale di ciascuna funzione di stato del sistema (il motore termico) deve essere zero, cioè $\Delta U_{sist}(\text{ciclo}) = 0$ e $\Delta S_{sist}(\text{ciclo}) = 0$.

Dal primo principio della termodinamica si ha

$$\begin{aligned}\Delta U_{sist}(\text{ciclo}) &= (q+w)_{\text{Passaggio 1}} + (q+w)_{\text{Passaggio 2}} \\ &\quad + (q+w)_{\text{Passaggio 3}} + (q+w)_{\text{Passaggio 4}} \\ &= (q_h - w_1) + (0 - w_2) \\ &\quad + (-q_c - w_3) + (0 - w_4) \\ &= q_h - q_c - (w_1 + w_2 + w_3 + w_4) \\ &= q_h - q_c - w_{compiuto}\end{aligned}$$

dove si è definito $w_{compiuto}$ come la quantità totale di lavoro compiuto nei quattro passaggi del ciclo. Siccome $\Delta U_{ciclo} = 0$, si ha

$$q_h - q_c - w_{compiuto} = 0$$

cioè

$$w_{compiuto} = q_h - q_c \qquad \textbf{(1)}$$

Nell'operazione del motore termico di Carnot, una certa quantità di energia viene estratta dalla sorgente a più alta temperatura. Parte di questa energia è convertita in lavoro e parte è ceduta al serbatoio a più bassa temperatura. Si può definire l'efficienza di un motore termico come il rapporto tra il lavoro compiuto ($w_{compiuto}$) e il calore in entrata (q_h):

$$\varepsilon = \frac{\text{lavoro netto fatto dal motore}}{\text{calore assorbito dal motore}} = \frac{w_{compiuto}}{q_h}$$

Usando l'Equazione (1) si ha

$$\varepsilon = \frac{q_h - q_c}{q_h}$$

cioè

$$\varepsilon = 1 - \frac{q_c}{q_h} \qquad \textbf{(2)}$$

Quindi, in base a considerazioni del primo principio della termodinamica, l'efficienza di un motore termico è ridotta in base alla quantità di energia termica trasferita al serbatoio a più bassa temperatura. Tuttavia, niente nel primo principio della termodinamica impedisce a q_c di essere zero dando un'efficienza di 1 (o 100%). Per capire le restrizioni sull'efficienza di un motore termico, si deve considerare il secondo principio della termodinamica.

In accordo con il secondo principio (Equazioni 8.4 e 8. 5), la variazione totale di entropia del sistema e dell'ambiente deve essere maggiore o uguale a zero:

$$\Delta S_{sist} + \Delta S_{amb} \geq 0$$

Dove il segno di uguale vale per motori che lavorano reversibilmente. Siccome il passaggio dall'1 al 4 del motore termico di Carnot rappresentano un processo ciclico si ha

$$\Delta S_{amb}(\text{ciclo}) \geq 0 \qquad \textbf{(3)}$$

Inoltre se si considera che la sorgente di calore e il serbatoio a più bassa temperatura sono molto più grandi del sistema, il trasferimento di energia si può considerare fatto in maniera reversibile, e la variazione di entropia corrispondente può essere calcolata usando l'Equazione 8.8 ($\Delta S = q_{rev}/T$); l'Equazione (3) diventa

$$\Delta S_{amb}(\text{ciclo}) = -\frac{q_h}{T_h} + \frac{q_c}{T_c} \geq 0$$

che dopo arrangiamento dà

$$\frac{q_c}{q_h} \geq \frac{T_c}{T_h}$$

la sostituzione di questa disuguaglianza nell'Equazione (2) dà

$$\varepsilon \leq 1 - \frac{T_c}{T_h} \qquad \textbf{(4)}$$

Quindi l'efficienza termodinamica del motore termico di Carnot è massima quando il motore opera reversibilmente e non può essere mai 1, o 100%, poiché T_c non può essere zero e T_h non può essere infinita. In altre parole, non si può mai convertire completamente calore in lavoro; parte del calore sempre si disperde nell'ambiente.

Si può dimostrare che l'efficienza del ciclo di Carnot che opera in maniera reversibile è la massima ottenibile da un motore termico operante tra due serbatoi a due diverse temperature. Inoltre, tutti i motori termici che operino reversibilmente hanno la stessa efficienza del motore a ciclo di Carnot.

Se si compie lavoro *su* un motore termico, è possibile allontanare calore da una sorgente a bassa temperatura e depositarlo in un serbatoio a più alta temperatura, contro la naturale tendenza del calore di fluire da un corpo più caldo a uno più freddo. Due apparati di uso comune che invertono la direzione naturale del calore sono i frigoriferi e i condizionatori. Si possono modellare questi apparati usando un motore a ciclo di Carnot all'inverso (si veda la figura). L'efficienza di un frigorifero o di un condizionatore è misurata dal *coefficiente di rendimento* (COP, dall'inglese *coefficient of performance*), che è il rapporto tra il calore estratto dalla sorgente più fredda e la quantità di lavoro applicato:

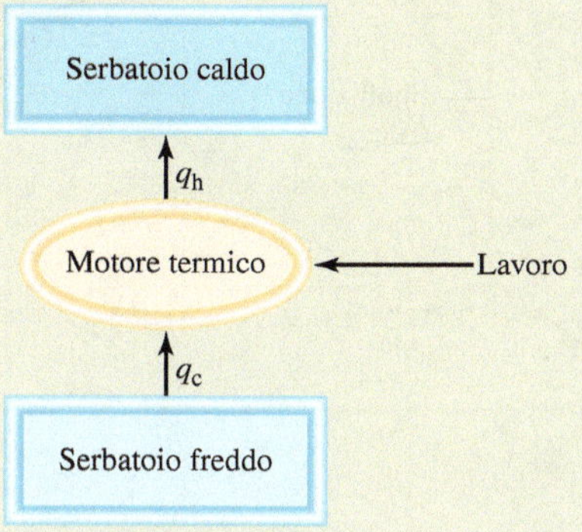

Un motore a ciclo di Carnot che lavora in verso opposto. I frigoriferi e i condizionatori d'aria forniscono lavoro per allontanare calore q_c dalla sorgente di calore fredda e depositano calore q_h nel serbatoio caldo.

$$\mathrm{COP} = \frac{q_c}{w_{\mathrm{fatto}}}$$

Facendo un'analisi simile a quella usata per determinare l'efficienza del motore termico a ciclo di Carnot, il massimo COP di un frigorifero o di un condizionatore è dato da

$$\mathrm{COP} \leq \frac{T_c}{T_h - T_c} \tag{5}$$

Si consideri, per esempio, un frigorifero settato a 273 K in una stanza a temperatura ambiente di 293 K. L'Equazione (5) porta a un COP di circa 14. In realtà, i valori di COP di frigoriferi commerciali stanno tra due e sei poiché questi apparati non operano in condizioni ottimali di reversibilità.

A temperature maggiori dello zero assoluto, l'entropia sarà maggiore di zero a causa del moto termico, anche per cristalli perfetti. Se il materiale è impuro o se ha dei difetti, allora la sua entropia sarà maggiore di zero, anche a 0 K. Il significato del terzo principio della termodinamica è che permette di calcolare il valore assoluto delle entropie delle sostanze.

8.3.1 Entropie assolute

Se si riscalda un sistema a pressione costante P da una temperatura iniziale T_1 a una temperatura finale T, l'entropia a temperatura T può essere messa in relazione a quella a T_1 usando l'Equazione 8.16, ipotizzando che non ci siano transizioni di fase:

$$S(T) = S(T_1) + \int_{T_1}^{T} \frac{C_P}{T} dT$$

Se si pone $T_1 = 0$ K, allora si ha

$$S(T) = \int_{0}^{T} \frac{C_P}{T} dT \tag{8.21}$$

poiché S ($T = 0$ K) è zero. L'Equazione 8.21 definisce l'entropia assoluta S della sostanza a pressione P. Se nell'intervallo tra $T = 0$ K e T si verifica una transizione di fase a temperatura T_{trans}, allora si somma il valore $\Delta S = \Delta H_{\mathrm{trans}}/T_{\mathrm{trans}}$ all'entropia calcolata nell'Equazione 8.21 per tenere in conto della variazione di entropia dovuta alla transizione di fase. Siccome C_P e $\Delta H_{\mathrm{trans}}$ sono quantità misurabili, questa procedura rende possibile determinare sperimentalmente S per molte sostanze. La Figura 8.7 mostra un grafico tipico dell'aumento di S al variare della temperatura dallo zero assoluto a una temperatura superiore alla temperatura di ebollizione, si notino i contributi delle transizioni corrispondenti alla fusione e all'ebollizione.

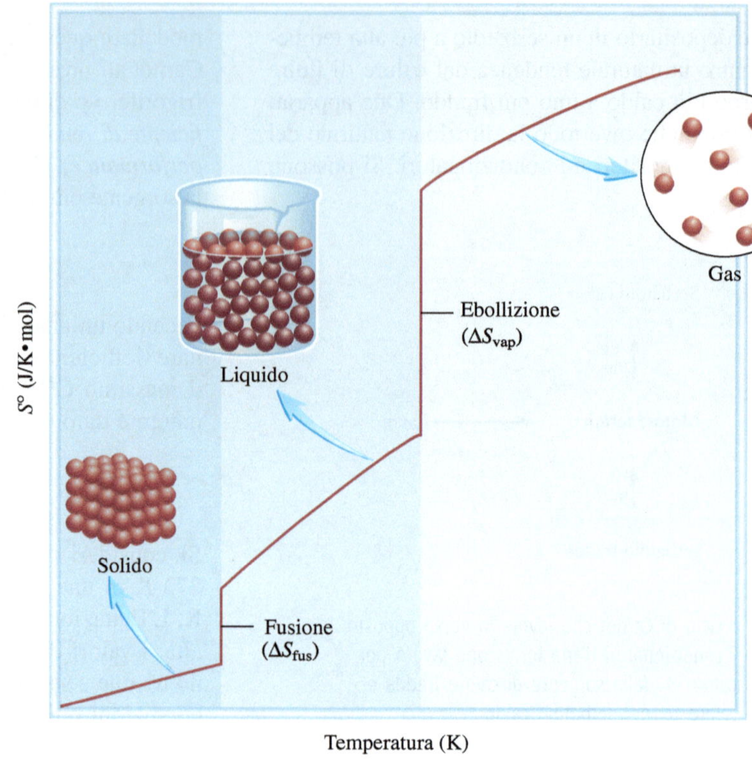

Figura 8.7 L'aumento di entropia di una sostanza a pressione costante dallo zero assoluto al proprio stato gassoso a una certa temperatura. I salti verticali al punto di fusione e al punto di ebollizione rappresentano i contributi di S dovuti alla transizione di fase solido-liquido e liquido-vapore.

Le entropie calcolate usando l'Equazione 8.21 (con le transizioni di fase) sono chiamate ***entropie assolute*** poiché questi valori non sono misurati in maniera relativa a uno stato di riferimento. Le entropie assolute per mole misurate a pressione standard di 1 bar sono dette ***entropie molari standard***, indicate da $S°$. La Tabella 8.2 riporta le entropie molari standard per alcune sostanze inorganiche e organiche, valori per altre sostanze sono riportate in Appendice 2. L'unità di misura di $S°$ è il J mol^{-1} K^{-1}, mentre i valori di ΔH°_f, sono in genere espressi in kJ mol^{-1}. Le entropie degli elementi e dei composti sono tutte quantità positive (cioè $S° > 0$) per $T > 0$ K. Invece le entalpie standard di formazione (ΔH°_f) per gli elementi nei loro stati standard sono posti arbitrariamente uguali a zero, e per i composti possono essere sia positive che negative.

In accordo con la Tabella 8.2, l'entropia standard del vapore acqueo è maggiore di quella dell'acqua liquida. In maniera analoga, il bromo gassoso ha un'entropia standard maggiore del bromo liquido e lo iodio gassoso ha un'entropia standard maggiore dello iodio solido. Per diverse sostanze nella stessa fase, la complessità molecolare determina quale di esse ha entropia maggiore. Sia il diamante sia la grafite sono solidi, ma il diamante ha una struttura più regolare[6] e quindi un minor numero di microstati (si veda la Figura 6.27). Quindi il diamante ha un'entropia standard minore di quella della grafite. L'etano (C_2H_6, un componente del gas naturale) ha una struttura più complessa del metano (CH_4, un altro componente del gas naturale) e quindi l'etano ha più moti molecolari e, quindi, un maggior numero di microstati. Di conseguenza l'etano ha un'entropia standard maggiore del metano. Sia l'elio sia il

---

[6] Anche se entrambi sono cristallini, il diamante e la grafite hanno strutture molto diverse. Il diamante è un solido cristallino con un reticolo tridimensionale cubico. La struttura della grafite consiste di fogli di atomi di carbonio legati tra loro e disposti su un piano bidimensionale a formare esagoni regolari condensati. Le interazioni fra questi fogli di grafite sono relativamente deboli, e questo conferisce alla grafite alcune sue peculiari caratteristiche come quella di essere un lubrificante solido e avere un'entropia maggiore rispetto al diamante ordinatamente impacchettato.

Tabella 8.2 Entropie molari standard a 298,15 K e 1 bar per alcune sostanze inorganiche e organiche

Sostanza	$S°$ (J mol^{-1} K^{-1})	Sostanza	$S°$ (J mol^{-1} K^{-1})
He(*g*)	126,15	N_2O(*g*)	219,99
Ne(*g*)	146,33	O_2(*g*)	205,0
Ar(*g*)	154,84	O_3(*g*)	238,92
Kr(*g*)	164,08	SO_2(*g*)	248,22
C (grafite)	5,69	CH_4(*g*)	186,25
C (diamante)	2,4	C_2H_6(*g*)	229,2
CO(*g*)	197,66	C_3H_8(*g*)	270,3
CO_2(*g*)	213,6	C_2H_2(*g*)	200,94
HF(*g*)	173,78	C_2H_4(*g*)	219,3
HCl(*g*)	187,0	C_6H_6(*l*)	173,2
HBr(*g*)	198,70	CH_3OH(*l*)	126,8
HI(*g*)	206,3	C_2H_5OH(*l*)	160,7
H_2O(*g*)	188,84	CH_3CHO(*l*)	263,8
H_2O(*l*)	69,95	HCOOH(*l*)	129,0
NH_3(*g*)	192,77	CH_3COOH(*l*)	159,8
NO(*g*)	210,76	$C_6H_{12}O_6$(*s*)	212,1
N_2O_4(*g*)	304,38	$C_{12}H_{22}O_{11}$(*s*)	360,2

neon sono gas monoatomici, per cui né uno né l'altro ha moti di vibrazione, ma il neon ha un'entropia maggiore dell'elio poiché ha una massa maggiore. Come si è visto nel caso di una particella nella scatola (Paragrafo 1.3), atomi più pesanti hanno livelli energetici più vicini, per cui l'energia si distribuisce su più livelli. Di conseguenza, ci sono più microstati associati con atomi pesanti.

Per molecole semplici è possibile calcolare le entropie assolute teoricamente e per la maggior parte dei sistemi il valore teorico è molto simile a quello misurato sperimentalmente. Tuttavia, in alcune situazioni le entropie assolute (determinate usando l'Equazione 8.21 e tenendo in considerazione le transizioni di fase) non sono in accordo con il valore teorico. L'origine di questa discrepanza è generalmente dovuta ai difetti o alle impurità che vengono "bloccate" nel sistema al diminuire della tempeartura. Il terzo principio non si applica a questi sistemi poiché essi non si trovano nello stato termodinamico più stabile. La differenza fra l'entropia sperimentale e l'entropia teorica per questi sistemi è detta ***entropia residua***, che è *il valore dell'entropia a 0 K per sistemi per i quali il terzo principio non è applicabile*.

Come esempio, si consideri un cristallo di monossido di carbonio (CO). Il momento di dipolo di CO è molto piccolo (0,12 D) e il carbonio e l'ossigeno sono molto simili in dimensione, per cui la molecola di CO è quasi simmetrica. In un cristallo perfetto di CO [Figura 8.8(a)], le molecole di CO sono tutte allineate in modo ordinato. Tuttavia, siccome le due parti terminali della molecola sono simili, le molecole in un cristallo reale possono essere orientate casualmente [Figura 8.8(b)].

Se l'orientazione delle molecole di CO è completamente casuale ciascuna molecola ha 2 possibili orientazioni. Due molecole avranno $2^2 = 4$ possibilità, tre molecole $2^3 = 8$ possibilità e così via. Usando la formula di Boltzmann (Equazione 8.1) si può calcolare l'entropia residua per una mole ($N = N_A$) di molecole di CO

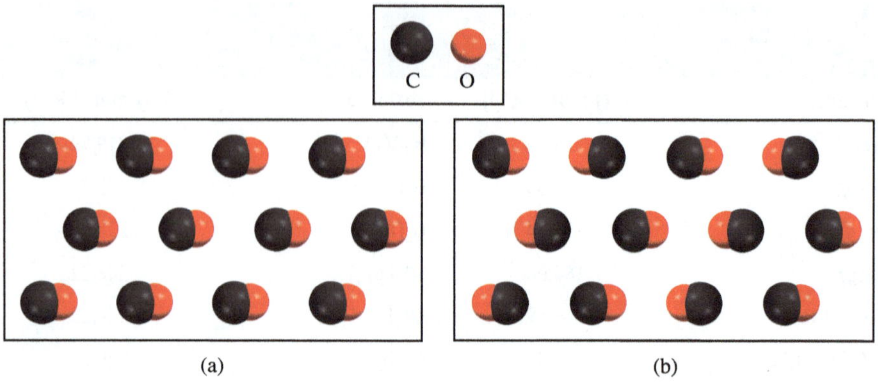

Figura 8.8 (a) Rappresentazione bidimensionale della disposizione priva di difetti del monossido di carbonio cristallino. Il terzo principio porta per questo cristallo $S = 0$ a 0 K. (b) Disposizione bidimensionale di un cristallo reale di monossido di carbonio. A causa dei difetti di orientazione, questo cristallo avrà un'entropia residua per cui $S > 0$ a 0 K.

$$\begin{aligned} S_{\text{res}} &= k_B \ln W \\ &= k_B \ln 2^{N_A} = k_B N_A \ln 2 = R \ln 2 \\ &= (8{,}314 \text{ J mol}^{-1} \text{ K}^{-1}) \ln 2 \\ &= 5{,}8 \text{ J mol}^{-1} \text{ K}^{-1} \end{aligned}$$

dove si è usato $R = k_B N_A$. Il valore sperimentale dell'entropia residua di CO è circa 4,2 J mol^{-1} K^{-1}. Questo valore è leggermente minore rispetto a quello calcolato dalla formula di Boltzmann, per cui l'orientazione delle molecole di CO in un cristallo non è completamente casuale.

Entropia di reazione

Si ipotizzi che un sistema sia rappresentato dalla seguente reazione chimica:

$$a\text{A} + b\text{B} \longrightarrow c\text{C} + d\text{D}$$

Analogamente alla variazione di entalpia standard di reazione (si veda l'Equazione 7.41), l'***entropia standard di reazione*** è data dalla *differenza fra le entropie standard dei prodotti e quelle dei reagenti:*

$$\Delta S^\circ_{\text{reaz}} = [c\, S^\circ(\text{C}) + d\, S^\circ(\text{D})] - [a\, S^\circ(\text{A}) + b\, S^\circ(\text{B})] \qquad \textbf{(8.22)}$$

Si può generalizzare l'Equazione 8.22 nel modo seguente:

$$\Delta S^\circ_{\text{reaz}} = \sum_{\text{prodotti}} \upsilon_P\, S^\circ(\text{prodotti}) - \sum_{\text{reagenti}} \upsilon_R\, S^\circ(\text{reagenti}) \qquad \textbf{(8.23)}$$

dove υ_P e υ_R indicano i coefficienti stechiometrici dei reagenti e dei prodotti, Σ (sigma) significa "la sommatoria di". Si noti che diversamente dall'entalpia standard di formazione, l'entropia standard di un elemento nella sua forma più stabile non è zero, per cui tutti i reagenti e i prodotti (e quindi anche gli elementi) devono essere inclusi nell'Equazione 8.23.

L'Esempio 8.6 illustra il calcolo di $\Delta S^\circ_{\text{reaz}}$ dai dati di entropia molare standard (Tabella 8.2 e Appendice 2).

Esempio 8.6

Dai dati di entropia molare standard in Appendice 2, calcolare la variazione di entropia standard per le seguenti reazioni a 25 °C:

(a) $CaCO_3(s) \longrightarrow CaO(s) + CO_2(g)$

(b) $N_2(g) + 3H_2(g) \longrightarrow 2NH_3(g)$

(c) $H_2(g) + Cl_2(g) \longrightarrow 2HCl(g)$

Impostazione Per calcolare l'entropia standard di reazione, si prendono le entropie standard dei reagenti e dei prodotti in Appendice 2 e si applica l'Equazione 8.23. Come nel calcolo dell'entalpia di reazione (si veda l'Equazione 7.41), i coefficienti stechiometrici non hanno unità di misura, per cui ΔS°_{reaz} è espressa in J mol^{-1} K^{-1}.

Soluzione

(a)
$$\begin{aligned}\Delta S^\circ_{reaz} &= [S^\circ(CaO) + S^\circ(CO_2)] - [S^\circ(CaCO_3)]\\ &= [39{,}8\ J\ mol^{-1}\ K^{-1} + 213{,}79\ J\ mol^{-1}\ K^{-1}] - [92{,}9\ J\ mol^{-1}\ K^{-1}]\\ &= 160{,}7\ J\ mol^{-1}\ K^{-1}\end{aligned}$$

Quindi quando 1 mole di $CaCO_3$ decompone per formare 1 mole di CaO e 1 mole di CO_2 gassoso si osserva un aumento di entropia uguale a 160,7 J mol^{-1} K^{-1}.

(b)
$$\begin{aligned}\Delta S^\circ_{reaz} &= [2S^\circ(NH_3)] - [S^\circ(N_2) + 3S^\circ(H_2)]\\ &= (2)(192{,}77\ J\ mol^{-1}\ K^{-1}) - [(191{,}61\ J\ mol^{-1}\ K^{-1}) + (3)(130{,}68\ J\ mol^{-1}\ K^{-1})]\\ &= -198.11\ J\ mol^{-1}\ K^{-1}\end{aligned}$$

Questo risultato mostra che quando 1 mole di azoto gassoso reagisce con 3 moli di idrogeno gassoso per formare 2 moli di ammoniaca gassosa, c'è una diminuzione di entropia pari a 198,11 J mol^{-1} K^{-1}.

(c)
$$\begin{aligned}\Delta S^\circ_{reaz} &= [2S^\circ(HCl)] - [S^\circ(H_2) + S^\circ(Cl_2)]\\ &= (2)(186{,}90\ J\ mol^{-1}\ K^{-1}) - [(130{,}68\ J\ mol^{-1}\ K^{-1}) + (223{,}08\ J\ mol^{-1}\ K^{-1})]\\ &= 20{,}04\ J\ mol^{-1}\ K^{-1}\end{aligned}$$

La formazione di due moli di HCl gassoso da 1 mole di H_2 gassoso e 1 mole Cl_2 gassoso provoca un piccolo aumento di entropia di 20,04 J mol^{-1} K^{-1}.

Problema di autovalutazione Calcolare la variazione di entropia standard per le seguenti reazioni a 25 °C:

(a) $2CO(g) + O_2(g) \longrightarrow 2CO_2(g)$

(b) $3O_2(g) \longrightarrow 2O_3(g)$

(c) $2NaHCO_3(s) \longrightarrow Na_2CO_3(s) + H_2O(l) + CO_2(g)$

Il risultato dell'Esempio 8.6 è in accordo con quello che si osserva in molte altre reazioni. Presi tutti insieme questi risultati, si possono esprimere le seguenti regole generali:

- Se una reazione produce più sostanze gassose di quante ne consuma [Esempio 8.6(a)], ΔS°_{reaz} è positivo.
- Se il numero totale di molecole gassose diminuisce [Esempio 8.6(b)], ΔS°_{reaz} è negativo.
- Se non c'è variazione di numero totale di molecole gassose [Esempio 8.6(c)], allora ΔS°_{reaz} può essere positivo o negativo, ma sarà un numero relativamente piccolo.

Queste conclusioni hanno senso, considerando che i gas hanno sempre entropia maggiore dei liquidi e dei solidi. Per reazioni che coinvolgono solo liquidi e solidi, prevedere il segno di ΔS°_{reaz} è più difficile, ma in molti casi un aumento del numero totale di molecole e/o ioni è accompagnato da un aumento di entropia.

L'Esempio 8.7 mostra come, conoscendo la natura dei reagenti e dei prodotti, sia possibile prevedere la variazione di entropia.

Esempio 8.7

Prevedere se la variazione di entropia del sistema in ciascuna delle seguenti reazioni è positiva o negativa:

(a) $2H_2(g) + O_2(g) \longrightarrow 2H_2O(l)$

(b) $NH_4Cl(s) \longrightarrow NH_3(g) + HCl(g)$

(c) $H_2(g) + Br_2(g) \longrightarrow 2HBr(g)$

Impostazione Viene chiesto di prevedere, non di calcolare, il segno dell'entropia delle reazioni. I fattori che portano a un aumento di entropia sono: (1) una transizione da una fase condensata a una fase gassosa, (2) una reazione che produce più molecole di prodotti rispetto alle molecole di reagenti nella stessa fase. È anche importante confrontare la complessità relativa delle molecole di reagenti e di prodotti. In generale, maggiore è la complessità della struttura molecolare, maggiore è l'entropia del composto.

Soluzione

(a) Due molecole gassose di reagenti si combinano per formare una molecola di prodotto liquido. Anche se la molecola di H_2O è più complessa strutturalmente sia di H_2 che di O_2, la diminuzione di una molecola gassosa e la conversione da gas a liquido diminuiscono il numero di microstati; per cui ΔS°_{reaz} è negativo.

(b) Un reagente solido è convertito in due prodotti gassosi. In questo caso, ΔS°_{reaz} è positivo.

(c) Due molecole biatomiche gassose si combinano per formare due diverse molecole biatomiche gassose. In questo caso non si può prevedere esattamente il segno di ΔS°_{reaz}, ma il valore assoluto deve essere piuttosto piccolo.

Problema di autovalutazione Discutere quantitativamente il segno della variazione di entropia atteso per ciascuno dei seguenti processi:

(a) $I_2(s) \longrightarrow 2I(g)$

(b) $2Zn(s) + O_2(g) \longrightarrow 2ZnO(s)$

(c) $N_2(g) + O_2(g) \longrightarrow 2NO(g)$

Dipendenza dalla temperatura delle variazioni di entropia standard

Per molte sostanze, i valori delle entropie standard non sono disponibili per un ampio intervallo di temperature. Comunemente, le tabelle riportano solo i dati a 25 °C. In molti casi, è sufficiente usare le entropie standard a 25 °C per calcolare le variazioni di entropia di reazione ad altre temperature poiché ΔS_{reaz} generalmente non dipende molto dalla temperatura. Se invece viene richiesto un calcolo più accurato o se la temperatura di interesse è molto diversa dalla temperatura cui sono riferiti i dati tabulati, è necessario correggere i dati per la variazione di temperatura. Per fare questo, si può usare una procedura analoga a quella osservata nel Paragrafo 7.7 per il calcolo di ΔH_{reaz} ad altra temperatura.

Come l'entalpia, la variazione in entropia dovuta alla variazione di temperatura è governata dalla capacità termica. Siccome le entropie standard sono definite a pressione costante (1 bar), si può usare l'Equazione 8.18 per determinare il valore dell'entropia standard a temperatura T_2 in base al valore noto a temperatura T_1:

$$S^\circ_f(T_2) = S^\circ_f(T_1) + \overline{C}_P \ln \frac{T_2}{T_1}$$

ipotizzando che la capacità termica molare a pressione costante $\overline{C}^\circ_P$ sia indipendente dalla temperatura. Sostituendo questa espressione di $S^\circ_f(T_2)$ nell'Equazione 8.23 e usando un processo algebrico analogo a quello usato per derivare l'Equazione 7.49 per la variazione dell'entalpia di reazione, si ha

$$\Delta S^\circ_{\text{reaz}}(T_2) = \Delta S^\circ_{\text{reaz}}(T_1) + \Delta \overline{C}^\circ_{P,\text{reaz}} \ln \frac{T_2}{T_1} \tag{8.24}$$

dove $\Delta \overline{C}^\circ_{P,\text{reaz}}$ è definita dall'Equazione 7.50:

$$\Delta C^\circ_{\text{p, reaz}} = \sum_{\text{prodotti}} \upsilon_P \overline{C}^\circ_P - \sum_{\text{reagenti}} \upsilon_R \overline{C}^\circ_P$$

L'Equazione 8.24 descrive la dipendenza dalla temperatura della variazione di entropia di reazione ed è analoga alla legge di Kirchhoff per la dipendenza dalla temperatura della variazione di entalpia (Equazione 7.49).

L'Esempio 8.8 mostra come usare l'Equazione 8.24 per calcolare la variazione di entropia standard per una reazione che avviene a temperatura molto maggiore di 25 °C.

Esempio 8.8

La variazione di entropia standard della reazione

$$3O_2(g) \longrightarrow 2O_3(g)$$

è $-137{,}2$ J K^{-1} mol^{-1} a 298 K e 1 bar. Calcolare il valore di $\Delta S^\circ_{\text{reaz}}$ a 380 K, considerando che tutti i valori di $\overline{C}^\circ_P$ siano indipendenti dalla temperatura.

Impostazione Per usare l'Equazione 8.24, bisogna conoscere $\Delta \overline{C}^\circ_{P,\text{reaz}}$ della reazione. Questo valore è $-9{,}8$ kJ mol^{-1} K^{-1} come ottenuto nell'Esempio 7.13 usando i dati dell'Appendice 2 e l'Equazione 7.50.

Soluzione È dato $\Delta S^\circ_{\text{reaz}}$ e $\Delta \overline{C}^\circ_{P,\text{reaz}}$ dall'Esempio 7.13, per cui usando l'Equazione 8.24 si ha

$$\begin{aligned}\Delta S^\circ_{\text{reaz}}(T_2) &= \Delta S^\circ_{\text{reaz}}(T_1) + \Delta \overline{C}^\circ_{\text{p, reaz}} \ln \frac{T_2}{T_1} \\ &= -137{,}2 \text{ J mol}^{-1}\text{ K}^{-1} + (-9{,}8 \text{ J mol}^{-1}\text{ K}^{-1}) \ln \frac{380 \text{ K}}{298 \text{ K}} \\ &= -139{,}6 \text{ J mol}^{-1}\text{ K}^{-1}\end{aligned}$$

Problema di autovalutazione Usando i dati dell'Appendice 2, calcolare $\Delta S^\circ_{\text{reaz}}$ per la reazione

$$2NO_2(g) \longrightarrow N_2O_4(g)$$

a 450 K.

8.4 Spontaneità di un processo ed energia libera di Gibbs

Il secondo principio della termodinamica stabilisce che in una reazione spontanea si osserva un aumento dell'entropia dell'universo, cioè $\Delta S_{\text{univ}} > 0$. Per determinare il segno di ΔS_{univ} per una reazione, tuttavia, bisogna calcolare sia ΔS_{sist} che ΔS_{amb}. In generale, si è interessati a osservare come variano le funzioni relative al sistema e non all'intero universo. Quindi, bisogna avere una nuova funzione termodinamica che aiuti a capire se una reazione avviene spontaneamente considerando solo il sistema e non l'ambiente.

8.4.1 Energia libera di Gibbs e spontaneità nei sistemi non isolati

Quando avviene un processo isotermo in un sistema non isolato, ma a contatto con l'ambiente, non si può applicare il secondo principio della termodinamica direttamente al sistema da solo. Bisogna invece considerare la variazione totale di entropia, che dalle Equazioni 8.4 e 8.5 è data da

$$\Delta S_{\text{univ}} = \Delta S_{\text{sist}} + \Delta S_{\text{amb}} \geq 0$$

Siccome l'ambiente è molto maggiore del sistema, si può considerare che l'ambiente non venga perturbato dal trasferimento di calore, per cui il trasferimento si può considerare reversibile. Questa reversibilità combinata con la condizione che T sia costante implica che $\Delta S_{\text{amb}} = q_{\text{amb}}/T$ (Equazione 8.8), dando

$$\Delta S_{\text{univ}} = \Delta S_{\text{sist}} + \frac{q_{\text{amb}}}{T} \geq 0$$

Siccome $q_{\text{sist}} = -q_{\text{amb}}$, si ha

$$\Delta S_{\text{univ}} = \Delta S_{\text{sist}} - \frac{q_{\text{sist}}}{T} \geq 0 \qquad \textbf{(8.25)}$$

Se si fa un'ulteriore assunzione che il processo avvenga a pressione costante, allora

$$\Delta S_{\text{sist}} - \frac{\Delta H_{\text{sist}}}{T} \geq 0 \qquad \textbf{(8.26)}$$

essendo $q_{\text{sist}} = \Delta H_{\text{sist}}$ per un processo a pressione costante (Equazione 7.13). Quindi, un processo esotermico ($\Delta H_{\text{sist}} < 0$) fa aumentare l'entropia dell'ambiente ($\Delta S_{\text{amb}} > 0$), e un processo endotermico ($\Delta H_{\text{sist}} > 0$) fa diminuire l'entropia dell'ambiente ($\Delta S_{\text{amb}} < 0$) (Figura 8.9). Qualsiasi processo spontaneo che avviene in un sistema non isolato a pressione e temperatura costante deve obbedire all'Equazione 8.26. Per convenienza, si può moltiplicare l'Equazione 8.26 per $-T$ e ottenere

$$\Delta H_{\text{sist}} - T\Delta S_{\text{sist}} \leq 0 \qquad \textbf{(8.27)}$$

L'Equazione 8.27 è utile perché richiede solamente informazioni che riguardano il sistema, eliminando la necessità di conoscere specificatamente le condizioni dell'ambiente. Per esprimere la spontaneità di un processo in maniera più dettagliata, si

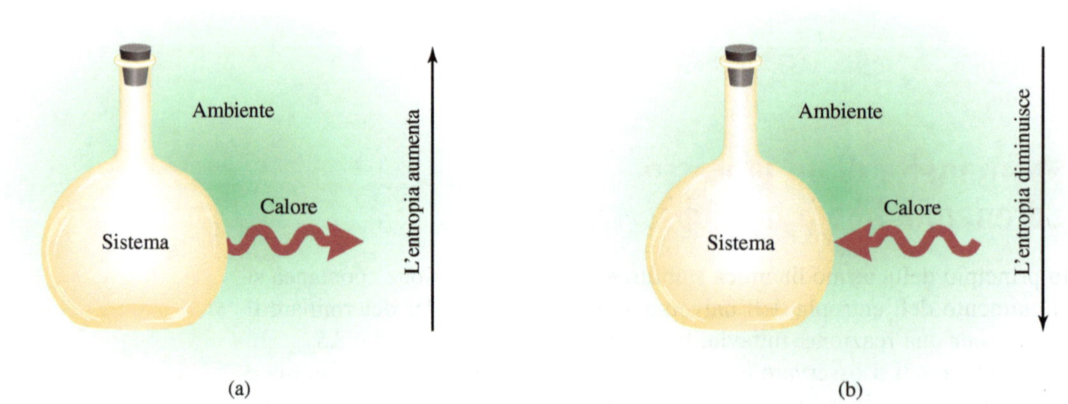

Figura 8.9 (a) Un processo esotermico trasferisce calore dal sistema all'ambiente e provoca un aumento di entropia dell'ambiente. (b) Un processo endotermico assorbe calore dall'ambiente e quindi diminuisce l'entropia dell'ambiente.

introduce una nuova funzione termodinamica chiamata ***energia libera di Gibbs*** (G) (dal fisico americano Josiah Willard Gibbs[7])

$$G = H - TS \tag{8.28}$$

Come H e TS, G ha le dimensioni di un'energia. Inoltre, siccome H, T e S sono tutte funzioni di stato, G è pure una funzione di stato.

La variazione dell'energia libera di Gibbs (ΔG) per un processo a temperatura costante è

$$\Delta G = \Delta H - T\Delta S \tag{8.29}$$

Dalle Equazioni 8.27 e 8.29, si vede che il criterio di spontaneità per un processo che avviene a pressione e temperatura costante è

$$\Delta G \leq 0 \tag{8.30}$$

[($\Delta G < 0$ nei processi spontanei e $\Delta G = 0$ per processi reversibili (di equilibrio)]. Siccome G, H, T e S sono funzioni di stato, le Equazioni 8.27 e 8.30 sono applicabili anche se la temperatura e la pressione non rimangono strettamente costanti durante il processo ma la temperatura e la pressione degli stati iniziali e finali sono le stesse.

8.4.2 Energia libera di Gibbs e lavoro non di espansione

L'Equazione 8.30 fornisce un criterio estremamente utile per determinare la direzione della spontaneità di un processo e la natura di un equilibrio fisico o chimico. Inoltre, la variazione dell'energia libera di Gibbs permette di determinare la quantità di lavoro che può essere svolto in un processo a temperatura e pressione costanti. Per constatare questo, si parte dall'espressione di ΔG per un processo a temperatura e pressione costanti (Equazione 8.29):

$$\Delta G = \Delta H - T\Delta S = \Delta U + P\Delta V - T\Delta S \tag{8.31}$$

dove si è usato il fatto che $\Delta H = \Delta U + P\Delta V$ a pressione costante (Equazione 7.12). Il secondo principio della termodinamica, nella forma della disuguaglianza di Clausius (Equazione 8.9), stabilisce che per qualsiasi processo isotermo $q \leq T\Delta S$. Combinando questa disuguaglianza con l'Equazione 8.31 si ottiene

$$\Delta G \geq \Delta U + P\Delta V - q$$

Usando il primo principio della termodinamica (Equazione 7.4), si può sostituire ΔU con $q + w$ per avere

$$\Delta G \geq q + w + P\Delta V - q$$

$$\Delta G \geq w + P\Delta V$$

La quantità $P\,\Delta V$ rappresenta il lavoro compiuto dal sistema durante l'espansione, per cui la quantità $w_{\text{svolto}} - P\Delta V$ rappresenta la parte di lavoro compiuto dal sistema non dovuto all'espansione. Quindi, il massimo lavoro non di espansione, $w_{\text{svolto, non di espansione}}$, che può essere svolto dal sistema in un processo a temperatura e

[7] Josiah Willard Gibbs (1839-1903). Fisico americano. Uno dei fondatori della termodinamica e della meccanica statistica, Gibbs fu un solitario e individualista e passò la maggior parte della sua vita professionale alla Yale University. Siccome pubblicò la maggior parte dei suoi lavori su giornali poco conosciuti, Gibbs non si mise mai in evidenza rispetto al suo contemporaneo e ammiratore James Clerk Maxwell. Ancora oggi, poche persone fuori dall'ambito fisico e chimico hanno mai sentito parlare di Gibbs.

pressione costante è uguale alla *diminuzione* di energia libera di Gibbs per il processo, cioè,

$$w_{\text{svolto, non di espansione}} \leq -\Delta G \tag{8.32}$$

dove l'uguaglianza si riferisce solo se il processo è reversibile.[8] L'Equazione 8.32 è molto importante in elettrochimica (Capitolo 13) poiché il lavoro elettrico che viene svolto durante una reazione chimica nelle celle elettrochimiche, come le batterie, è un tipo di lavoro non di espansione.

8.4.3 Variazione di energia libera di Gibbs in condizioni standard

L'***energia libera di Gibbs standard di reazione*** ($\Delta G^\circ_{\text{reaz}}$) è *la variazione di eneria libera di Gibbs per una reazione che avviene in condizioni standard dove reagenti e prodotti si considerano in condizioni standard.* Il calcolo di $\Delta G^\circ_{\text{reaz}}$ è molto simile a quello di $\Delta H^\circ_{\text{reaz}}$ (Paragrafo 7.4). Si comincia con la~BB~ generica reazione

$$a\text{A} + b\text{B} \longrightarrow c\text{C} + d\text{D}$$

La variazione di energia libera di Gibbs per questa reazione è data da

$$\Delta G^\circ_{\text{reaz}} = [c\Delta G^\circ_{\text{f}}(\text{C}) + d\Delta G^\circ_{\text{f}}(\text{D})] - [a\Delta G^\circ_{\text{f}}(\text{A}) + b\Delta G^\circ_{\text{f}}(\text{B})] \tag{8.33}$$

ovvero, in generale,

$$\Delta G^\circ_{\text{reaz}} = \sum_{\text{prodotti}} \upsilon_{\text{P}} \Delta G^\circ_{\text{f}}(\text{prodotti}) - \sum_{\text{reagenti}} \upsilon_{\text{R}} \Delta G^\circ_{\text{f}}(\text{reagenti}) \tag{8.34}$$

dove υ_{P} e υ_{R} sono i coefficienti stechiometrici dei prodotti e dei reagenti, rispettivamente. Il termine $\Delta G^\circ_{\text{f}}$ è l'***energia libera di Gibbs di formazione in condizioni standard*** del composto, cioè *la variazione di energia libera di Gibbs che si ha quando si forma 1 mole di composto in condizioni standard a partire dagli elementi nei rispettivi stati standard.* Per la combustione della grafite,

$$\text{C(grafite)} + \text{O}_2(g) \longrightarrow \text{CO}_2(g)$$

la variazione di energia libera [dall'Equazione 8.34] è

$$\Delta G^\circ_{\text{reaz}} = \Delta G^\circ_{\text{f}}(\text{CO}_2) - [\Delta G^\circ_{\text{f}}(\text{C, grafite}) + \Delta G^\circ_{\text{f}}(\text{O}_2)]$$

Come nel caso dell'entalpia standard di formazione (Paragrafo 7.4), si definisce l'energia libera di Gibbs standard di formazione di un elemento nella sua forma allotropica stabile a 1 bar e 25 °C pari a zero. Per cui,

$$\Delta G^\circ_{\text{f}}(\text{C, grafite}) = 0 \quad \text{e} \quad \Delta G^\circ_{\text{f}} = (\text{O}_2) = 0$$

Quindi, la variazione di energia libera di Gibbs per la combustione della grafite è uguale all'energia libera di formazione di CO_2:

$$\Delta G^\circ_{\text{reaz}} = \Delta G^\circ_{\text{f}}(\text{CO}_2)$$

---

[8] Oltre all'energia libera di Gibbs, c'è un'altra simile funzione di stato termodinamica comunemente usata l'*energia libera di Helmholtz* (A), definita come $A = U - TS$. A temperatura costante, la variazione di energia libera di Helmholtz è data da $\Delta A = \Delta U - T\Delta S$. In analogia all'Equazione 8.32, il massimo lavoro che può essere liberato da un sistema in un processo a temperatura costante è uguale alla variazione di energia libera di Helmholtz: $w_{\text{svolto}} \leq -\Delta A$. L'energia libera di Helmholtz è importante perché dà il criterio di spontaneità per i processi a temperatura e a *volume* costante cioè, per qualsiasi processo spontaneo a temperatura e volume costante, la variazione di energia libera di Helmholtz deve essere negativa: $\Delta A < 0$. In chimica, l'energia libera di Gibbs è usata più spesso dell'energia libera di Helmholtz poiché la maggior parte dei processi chimici di interesse avvengono a temperatura e pressione (e non temperatura e volume) costante.

Gli elementi nel loro stato non stabile avranno energie libere di Gibbs di formazione diverse da zero. Per esempio, il carbonio nella forma di diamante ha energia libera di Gibbs di formazione diversa da zero [ΔG°_f(diamante) = 2,87 kJ mol^{-1}] a 25 °C, che rappresenta la variazione di energia libera di Gibbs per la conversione di grafite a diamante a quella temperatura. In Appendice 2 sono riportati i valori di ΔG°_f per alcune sostanze.

Nel caso in cui i valori delle energie libere di Gibbs di formazione non siano direttamente disponibili, si può anche ottenere l'energia libera di Gibbs della reazione determinando prima la variazione di entalpia standard della reazione usando i metodi discussi nel Paragrafo 7.4 e la variazione di entropia standard della reazione come discusso nel Paragrafo 8.3. Una volta conosciuti $\Delta H^\circ_{\text{reaz}}$ e $\Delta S^\circ_{\text{reaz}}$, si può calcolare $\Delta G^\circ_{\text{reaz}}$ usando l'Equazione 8.29 applicata agli stati standard:

$$\Delta G^\circ_{\text{reaz}} = \Delta H^\circ_{\text{reaz}} - T\Delta S^\circ_{\text{reaz}} \qquad \textbf{(8.35)}$$

L'Esempio 8.9 mostra come calcolare la variazione standard di energia libera di Gibbs.

Esempio 8.9

Calcolare la variazione standard di energia libera di Gibbs per le seguenti reazioni a 25 °C:

(a) $CH_4(g) + 2O_2(g) \longrightarrow CO_2(g) + 2H_2O(l)$

(b) $2MgO(s) \longrightarrow 2Mg(s) + O_2(g)$

Impostazione Per calcolare la variazione standard di energia libera di Gibbs di una reazione, bisogna considerare le energie libere di Gibbs standard di formazione dei reagenti e dei prodotti riportate in Appendice 2 e usare questi valori nell'Equazione 8.35. Si ricordi che ΔG°_f per gli elementi come $O_2(g)$ e $Mg(s)$ è zero poiché sono le forme stabili dei rispettivi elementi a 1 bar e 25 °C. Verificare che le equazioni chimiche siano bilanciate in modo da usare i corretti coefficienti stechiometrici nell'Equazione 8.35. I coefficienti stechiometrici non hanno unità di misura, per cui $\Delta G^\circ_{\text{reaz}}$ è espressa in unità di kJ mol^{-1}.

Soluzione

(a) In accordo all'Equazione 8.35,

$$\Delta G^\circ_{\text{reaz}} = [\Delta G^\circ_f(CO_2) + 2\Delta G^\circ_f(H_2O)] - [\Delta G^\circ_f(CH_4) + 2\Delta G^\circ_f(O_2)]$$

Inserendo i valori appropriati dall'Appendice 2 si ha

$$\begin{aligned}\Delta G^\circ_{\text{reaz}} &= [(-394{,}4 \text{ kJ mol}^{-1}) + (2)(-237{,}1 \text{ kJ mol}^{-1})] \\ &\quad - [(-50{,}8 \text{ kJ mol}^{-1}) + (2)(0 \text{ kJ mol}^{-1})] \\ &= -817{,}8 \text{ kJ mol}^{-1}\end{aligned}$$

(b) L'equazione è

$$\Delta G^\circ_{\text{reaz}} = [2\Delta G^\circ_f(Mg) + \Delta G^\circ_f(O_2)] - [2\Delta G^\circ_f(MgO)]$$

Inserendo i dati dall'Appendice 2 si ottiene

$$\begin{aligned}\Delta G^\circ_{\text{reaz}} &= [(2)(0 \text{ kJ mol}^{-1}) + (0 \text{ kJ mol}^{-1})] - [(2)(-569{,}6 \text{ kJ mol}^{-1})] \\ &= +1139 \text{ kJ mol}^{-1}\end{aligned}$$

Problema di autovalutazione Calcolare la variazione di energia libera standard per le seguenti reazioni a 25 °C:

(a) $H_2(g) + Br_2(l) \longrightarrow 2HBr(g)$

(b) $2C_2H_6(g) + 7O_2(g) \longrightarrow 4CO_2(g) + 6H_2O(l)$

A questo punto, è utile distinguere tra ΔG e ΔG°. In ogni esperimento, è raro che i reagenti e i prodotti siano tutti presenti nel loro rispettivo stato standard di pressione e concentrazione. Anche se la reazione è preparata in condizioni standard per tutte le sostanze coinvolte, al procedere della reazione verso l'equilibrio, il sistema può evolvere verso condizioni non standard. In queste condizioni, è il segno di ΔG non quello di $\Delta G°$ che predice la direzione di spontaneità della reazione. Come verrà discusso nel Capitolo 10, tuttavia, il segno di $\Delta G°$ indica se i reagenti o i prodotti sono favoriti quando il sistema di reazione raggiunge l'equilibrio.

Dipendenza di ΔG dalla temperatura

Nella maggior parte dei calcoli, è di solito una buona approssimazione considerare che ΔH a ΔS siano costanti per una reazione chimica anche se la temperatura cambia. La variazione di energia libera di Gibbs (ΔG), invece, dipende fortemente dalla temperatura, come è stato mostrato dall'Equazione 8.29

$$\Delta G = \Delta H - T\Delta S$$

Quindi, il valore assoluto e il segno di ΔG come funzione della temperatura dipende dal valore assoluto di ΔH e di ΔS. In base all'Equazione 8.29, la variazione di ΔG con la temperatura dipende principalmente dal segno di ΔS. Se $\Delta S > 0$, allora ΔG *diminuisce* al crescere della temperatura e, se $\Delta S < 0$, ΔG *aumenta* all'aumentare della temperatura. In base ai segni di ΔH e di ΔS, ci sono quattro possibilità per ΔG:

- Se ΔH e ΔS sono entrambi positivi, ΔG sarà positivo a basse temperature (dove domina il fattore entalpico) e diventa negativo a temperature elevate (dove domina il fattore entropico). La temperatura alla quale ΔG cambia segno da positivo a negativo (cioè quando $\Delta H = T\Delta S$) dipende dai valori assoluti di ΔH e di ΔS. Per esempio: $2HgO(s) \longrightarrow 2Hg(l) + O_2(g)$; $\Delta H° = 181{,}6$ kJ mol^{-1}, $\Delta S° = 219{,}3$ J mol^{-1}.
- Se ΔH è positivo e ΔS è negativo, ΔG sarà sempre positivo indipendentemente dalla temperatura. Per esempio: $3O_2(g) \longrightarrow 2O_3(g)$; $\Delta H° = 285{,}4$ kJ mol^{-1}, $\Delta S° = -137{,}5$ J mol^{-1}.
- Se ΔH è negativo e ΔS è positivo, ΔG sarà sempre negativo indipendentemente dalla temperatura. Per esempio: $2H_2O_2(l) \longrightarrow 2H_2O(l) + O_2(g)$; $\Delta H° = -196{,}5$ kJ mol^{-1}, $\Delta S° = 166{,}8$ J mol^{-1}.
- Se ΔH e ΔS sono entrambi negativi, ΔG sarà negativo a basse temperature e positivo ad alte temperature. La temperatura alla quale ΔG inverte il segno da negativo a positivo dipende dal valore di ΔH e di ΔS. Per esempio: $NH_3(g) + HCl(g) \longrightarrow NH_4Cl(s)$; $\Delta H° = -177{,}0$ kJ mol^{-1}, $\Delta S° = -285.\ 11$ J mol^{-1}.

Come esempio, si consideri la preparazione dell'ossido di calcio (CaO), detto anche calce viva. L'ossido di calcio è un composto inorganico estremamente importante usato in acciaieria, nella produzione del calcio metallico, nell'industria della carta, nel trattamento delle acque e nel controllo dell'inquinamento. È preparato industrialmente su larga scala per decomposizione del carbonato di calcio ($CaCO_3$) in un forno ad alta temperatura:

$$CaCO_3(s) \rightleftharpoons CaO(s) + CO_2(g)$$

La reazione è reversibile e CaO reagisce facilmente con CO_2 per formare $CaCO_3$. La pressione di CO_2 in equilibrio con $CaCO_3$ e CaO aumenta con la temperatura. Nella preparazione industriale del carbonato di calcio, il sistema non è mai in equilibrio ma CO_2 è costantemente rimosso dal forno per spostare l'equilibrio da sinistra a destra, permettendo la formazione di ossido di calcio.

L'importante informazione pratica che i chimici devono conoscere è la temperatura alla quale la decomposizione di $CaCO_3$ diventa apprezzabile (cioè la temperatura alla quale la reazione comincia a favorire i prodotti). Si può fare un'affidabile stima di questa temperatura come segue. Innanzi tutto, si usano i dati riportati in Appendice 2 per calcolare $\Delta H°$ e $\Delta S°$ per la reazione a 25 °C. Usando l'Equazione 7.41 per determinare $\Delta H°$:

$$\Delta H° = [\Delta H^\circ_f(CaO) + \Delta H^\circ_f(CO_2)] - [\Delta H^\circ_f(CaCO_3)]$$
$$= [(-634{,}9 \text{ kJ mol}^{-1}) + (-393{,}5 \text{ kJ mol}^{-1})] - (-1207{,}6 \text{ kJ mol}^{-1})$$
$$= 179{,}2 \text{ kJ mol}^{-1}$$

Poi, si usa l'Equazione 8.23 per determinare $\Delta S°$

$$\Delta S° = [S°(CaO) + S°(CO_2)] - S°(CaCO_3)$$
$$= [38{,}1 \text{ J K}^{-1}\text{ mol}^{-1} + 213{,}6 \text{ J mol}^{-1}\text{ K}^{-1}] - 91{,}7 \text{ J K}^{-1}\text{ mol}^{-1}$$
$$= 160{,}0 \text{ J mol}^{-1}\text{ K}^{-1}$$

Dall'Equazione 8.35

$$\Delta G° = \Delta H° - T\Delta S°$$

Si ottiene

$$\Delta G° = 179{,}2 \text{ kJ mol}^{-1} - (298 \text{ K})(160{,}0 \text{ J mol}^{-1}\text{ K}^{-1})(1 \text{ kJ}/1000 \text{ J})$$
$$= 131{,}5 \text{ kJ mol}^{-1}$$

Siccome $\Delta G°$ è una quantità grande e positiva, i prodotti non sono favoriti per questa reazione a 25 °C (298 K). In effetti, la pressione di CO_2 è così bassa a temperatura ambiente che non può essere misurata.

Per rendere $\Delta G°$ negativo, bisogna prima trovare la temperatura alla quale $\Delta G°$ è zero, cioè

$$0 = \Delta H° - T\Delta S°$$

oppure

$$T = \frac{\Delta H°}{\Delta S°}$$
$$= \frac{(179{,}2 \text{ kJ mol}^{-1})(1000 \text{ J kJ}^{-1})}{160{,}0 \text{ J mol}^{-1}\text{ K}^{-1}}$$
$$= 1120 \text{ K o } 830\ °\text{C}$$

A temperatura più alta di 847 °C, $\Delta G°$ diventa negativa, che indica che la reazione ora favorisce la formazione di CaO e di CO_2. A 860 °C (1133 K), per esempio,

$$\Delta G° = 179{,}2 \text{ kJ mol}^{-1} - (1133 \text{ K})(160{,}0 \text{ J mol}^{-1}\text{ K}^{-1})(1 \text{ kJ}/1000 \text{ J})$$
$$= -2{,}1 \text{ kJ mol}^{-1}$$

Si noti che si sono usati i valori di $\Delta H°$ e $\Delta S°$ a 25 °C per calcolare la variazione che si osserva a temperatura più elevata. Siccome sia $\Delta H°$ che $\Delta S°$ cambiano con la temperatura, questo approccio non porterà a un valore molto accurato di $\Delta G°$, ma è sufficiente per un calcolo approssimato. Inoltre, non bisogna pensare che non succeda niente sotto gli 847 °C e che improvvisamente a 847 °C $CaCO_3$ cominci a decomporsi. Solo perché $\Delta G°$ è positivo a temperatura inferiore a 847 °C non significa che CO_2 non si formi; al contrario, significa che la pressione di CO_2 gassoso che si forma a quella temperatura è inferiore a 1 bar (il suo valore standard). Come mostra la Figura 8.10, la pressione di CO_2 prima aumenta molto lentamente con la temperatura e diventa misurabile sopra i 700 °C. Il significato di 847 °C è che questa è la temperatura alla quale la pressione di equilibrio di CO_2 raggiunge 1 bar. Sopra gli 847 °C, la pressione di equilibrio di CO_2 supera 1 bar.

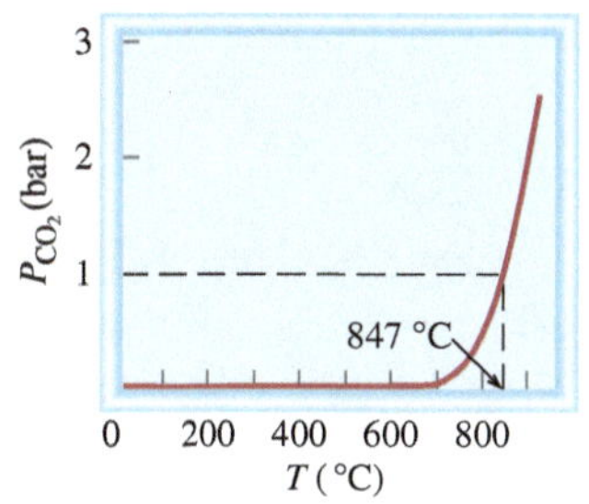

Figura 8.10 La pressione di equilibrio di CO_2 dalla decomposizione di $CaCO_3$, come funzione della temperatura. Questa curva è calcolata ipotizzando che $\Delta H°$ e $\Delta S°$ della reazione non cambino con la temperatura.

Esempio 8.10

Per la reazione $NH_3(g) + HCl(g) \longrightarrow NH_4Cl(s)$, calcolare $\Delta G°$ a 25 °C e a 1000 °C. A quale temperatura (se c'è) $\Delta G°$ diventa zero? Si ipotizzi che $\Delta H°$ e $\Delta S°$ siano indipendenti dalla temperatura.

Impostazione Prima di tutto determinare $\Delta H°$ e $\Delta S°$ usando le Equazioni 7.41 e 8.23, rispettivamente, e i dati nell'Appendice 2. Poi $\Delta G°$ può essere calcolato alle due temperature usando l'Equazione 8.35.

Soluzione Inserendo i valori di ΔH_f° dall'Appendice 2 nell'Equazione 7.41 si ha

$$\begin{aligned}\Delta H^\circ &= \Delta H_f^\circ(NH_4Cl) - [\Delta H_f^\circ(NH_3) + \Delta H_f^\circ(HCl)] \\ &= -314{,}4\ kJ\ mol^{-1} - [-45{,}9\ kJ\ mol^{-1} + (-92{,}3\ kJ\ mol^{-1})] \\ &= -176{,}2\ kJ\ mol^{-1}\end{aligned}$$

In maniera analoga, inserendo gli appropiati valori di $S°$ nell'Equazione 8.23 si ha

$$\begin{aligned}\Delta S^\circ &= S^\circ(NH_4Cl) - [S^\circ(NH_3) + S^\circ(HCl)] \\ &= 94{,}6\ J\ mol^{-1}\ K^{-1} - [192{,}8\ J\ mol^{-1}\ K^{-1} + 187{,}0\ J\ mol^{-1}\ K^{-1}] \\ &= -285{,}2\ J\ K^{-1}\ mol^{-1}\end{aligned}$$

L'Equazione 8.35 dà il seguente valore di $\Delta G°$ a 25 °C e a 1000 °C:

$$\begin{aligned}\Delta G^\circ(25\ ^\circ C) &= -176{,}2\ kJ\ mol^{-1} - (298{,}15\ K)(-285{,}2\ J\ mol^{-1}\ K^{-1})(1\ kJ/1000\ J) \\ &= -91{,}32\ kJ\ mol^{-1}\end{aligned}$$

$$\begin{aligned}\Delta G^\circ(1000\ ^\circ C) &= -176{,}2\ kJ\ mol^{-1} - (1273{,}15\ K)(-285{,}2\ J\ mol^{-1}\ K^{-1})(1\ kJ/1000\ J) \\ &= +186{,}9\ kJ\ mol^{-1}\end{aligned}$$

La temperatura alla quale $\Delta G°$ è zero può essere trovata usando lo stesso metodo usato per la decomposizione di $CaCO_3$:

$$\begin{aligned}T &= \frac{\Delta H^\circ}{\Delta S^\circ} \\ &= \frac{(-176{,}2\ kJ\ mol^{-1})(1000\ J\ kJ^{-1})}{-285{,}2\ J\ mol^{-1}\ K^{-1}} \\ &= 618\ K\ o\ 347\ ^\circ C\end{aligned}$$

Verifica Siccome sia $\Delta H°$ che $\Delta S°$ sono negativi, $\Delta G°$ deve essere negativa a bassa temperatura e positiva a temperature sufficientemente alte. Questo è in accordo con i valori calcolati a 25 °C e a 1000 °C.

Problema di autovalutazione Per la reazione $2HgO(s) \longrightarrow 2Hg(l) + O_2(g)$, calcolare $\Delta G°$ a 25 °C e a 800 °C. A quale temperatura (se c'è) $\Delta G°$ diventa zero? Si ipotizzi che $\Delta H°$ e $\Delta S°$ siano indipendenti dalla temperatura.

In alcuni casi, se è richiesto un calcolo accurato, è necessario prendere in considerazione la dipendenza di $\Delta H°$ e di $\Delta S°$ dalla temperatura nel calcolo di $\Delta G°$ a temperature diverse da quella considerata nei dati tabulati (di solito 25 °C). Il metodo migliore per determinare l'effetto della temperatura sul valore di $\Delta G°$ è di usare la legge di Kirchhoff (Equazione 7.49) per calcolare $\Delta H°$ alla nuova temperatura e usare l'Equazione 8.24 per calcolare $\Delta S°$. Quindi, si usano questi valori per $\Delta H°$ e $\Delta S°$ nell'Equazione 8.35 per calcolare il nuovo valore di $\Delta G°$. L'Esempio 8.11 mostra come si fa.

Esempio 8.11

Per la reazione $2NO_2(g) \longrightarrow N_2O_4(g)$, usare i dati in Appendice 2 per determinare la temperatura alla quale $\Delta G° = 0$, assumendo che $\Delta H°$ e $\Delta S°$ siano indipendenti dalla temperatura. Per stimare l'errore causato da questa assunzione, usare la capacità termica data in Appendice 2 per calcolare meglio il valore di ΔG° a questa temperatura.

Impostazione La prima parte del calcolo procede in modo analogo all'Esempio 8.10. Cioè si determina ΔH° e ΔS° usando le Equazioni 7.41 e 8.23, rispettivamente, e i dati in Appendice 2. Poi, si usano questi valori di ΔH° e di ΔS° per calcolare la temperatura alla quale ΔG° è uguale a zero ponendo l'Equazione 8.35 uguale a zero e risolvendo per T. Si utilizza quindi questo valore di T nell'Equazione 7.49 (legge di Kirchhoff) e l'Equazione 8.24 per calcolare rispettivamente, le correzioni in ΔH° e ΔS°, dovute alla capacità termica non zero. Sia la legge di Kirchhoff (Equazione 7.49) per la dipendenza dalla temperatura della variazione di entalpia sia la corrispondente equazione (Equazione 8.24) per la variazione di entropia richiedono il calcolo di $\Delta \overline{C}_P$ usando l'Equazione 7.50. Infine, si usano questi nuovi valori di ΔH° e di ΔS° nell'Equazione 8.35 per calcolare un valore più accurato di ΔG° a temperatura T.

Soluzione Inserendo gli appropriati valori di ΔH°_f dall'Appendice 2 nell'Equazione 7.41 si ottiene

$$\begin{aligned}\Delta H^\circ &= \Delta H^\circ_f(N_2O_4) - 2\Delta H^\circ_f(NO_2)\\ &= 9{,}66\ \text{kJ mol}^{-1} - 2(33{,}85\ \text{kJ mol}^{-1})\\ &= -58{,}04\ \text{kJ mol}^{-1}\end{aligned}$$

In modo analogo, inserendo gli appropriati valori di S° nell'Equazione 8.23

$$\begin{aligned}\Delta S^\circ &= S^\circ(N_2O_4) - 2S^\circ(NO_2)\\ &= 304{,}3\ \text{J mol}^{-1}\ \text{K}^{-1} - 2(240{,}46\ \text{J mol}^{-1}\ \text{K}^{-1})\\ &= -176{,}6\ \text{J mol}^{-1}\ \text{K}^{-1}\end{aligned}$$

La temperatura alla quale ΔG° è zero può essere così ottenuta, come nell'Esempio 8.10,

$$\begin{aligned}T &= \frac{\Delta H^\circ}{\Delta S^\circ}\\ &= \frac{(-58{,}04\ \text{kJ mol}^{-1})(1000\ \text{J kJ}^{-1})}{-176{,}6\ \text{J mol}^{-1}\ \text{K}^{-1}}\\ &= 328{,}6\ \text{K o } 55{,}5\ ^\circ\text{C}\end{aligned}$$

Per ottenere un migliore valore di ΔG° a questa temperatura, bisogna calcolare le correzioni di ΔH° e di ΔS° usando le Equazioni 7.49 (legge di Kirchhoff) e 8.33, rispettivamente. Bisogna avere $\Delta \overline{C}_P$ per entrambe queste equazioni, che possono essere ottenute usando l'Equazione 7.50 come segue:

$$\begin{aligned}\Delta \overline{C}_P &= \overline{C}_P(N_2O_4) - 2\overline{C}_P(NO_2)\\ &= 79{,}2\ \text{J mol}^{-1}\ \text{K}^{-1} - 2(37{,}2\ \text{J mol}^{-1}\ \text{K}^{-1})\\ &= -4{,}8\ \text{J mol}^{-1}\ \text{K}^{-1}\end{aligned}$$

Usando la legge di Kirchhoff (Equazione 7.49), si ha

$$\begin{aligned}\Delta H^\circ(325{,}5\ \text{K}) &= \Delta H^\circ(298{,}15\ \text{K}) + \Delta \overline{C}_P(325{,}5\ \text{K} - 298{,}15\ \text{K})\\ &= -58{,}04\ \text{kJ mol}^{-1} + (+4{,}8\ \text{J K}^{-1}\ \text{mol}^{-1})(27{,}35\ \text{K})(1\ \text{kJ}/1000\ \text{J})\\ &= -57{,}91\ \text{kJ mol}^{-1}\end{aligned}$$

L'Equazione 8.33 dà la nuova variazione di entropia:

$$\begin{aligned}\Delta S^\circ(328{,}6\ \text{K}) &= \Delta S^\circ(298{,}15\ \text{K}) + \Delta \overline{C}_P \ln \frac{325{,}5\ \text{K}}{298{,}15\ \text{K}}\\ &= -176{,}6\ \text{J K}^{-1}\ \text{mol}^{-1} + (+4{,}8\ \text{J mol}^{-1}\ \text{K}^{-1}) \ln(1{,}092)\\ &= -176{,}2\ \text{J K}^{-1}\ \text{mol}^{-1}\end{aligned}$$

Approfondimento 8.2

LA TERMODINAMICA DELL'ELASTICO

Il comune elastico ha alcune interessanti proprietà termodinamiche dovute alla sua struttura molecolare. Per osservare queste proprietà, si tiri un elastico (largo almeno 0,5 cm) e poi lo si apoggi alle labbra. Si sente caldo sulle labbra. Poi, si tiri un elastico e si tenga tirato per qualche secondo. Si lasci la tensione e di nuovo lo si appoggi alle labbra. Questa volta si sente freddo. Un'analisi termodinamica di questi due esperimenti rivela molto circa la struttura molecolare degli elastici.

Riarrangiando l'Equazione 8.29 ($\Delta G = \Delta H - T\Delta S$) si ha

$$T\Delta S = \Delta H - \Delta G$$

L'effetto di riscaldamento (processo esotermico) dovuto allo stiramento significa che $\Delta H < 0$ e quindi essendo lo stiramento non spontaneo (cioè $\Delta G > 0$ e $-\Delta G < 0$), anche $T\Delta S$ deve essere negativo. Siccome T, la temperatura assoluta, è sempre positiva, il ΔS dovuto allo stiramento deve essere negativo. Questo significa che l'elastico nel suo stato naturale è più disordinato (maggiore entropia) di quando è in tensione. Quando la tensione viene rimossa, l'elastico torna spontaneamente alla sua forma originale, cioè il ΔG è negativo (quindi $-\Delta G$ è positivo). L'effetto di raffreddamento significa che è un processo endotermico ($\Delta H > 0$), per cui anche $T\Delta S$ è positivo. Quindi l'entropia dell'elastico aumenta quando si passa dallo stato stirato a quello a riposo.

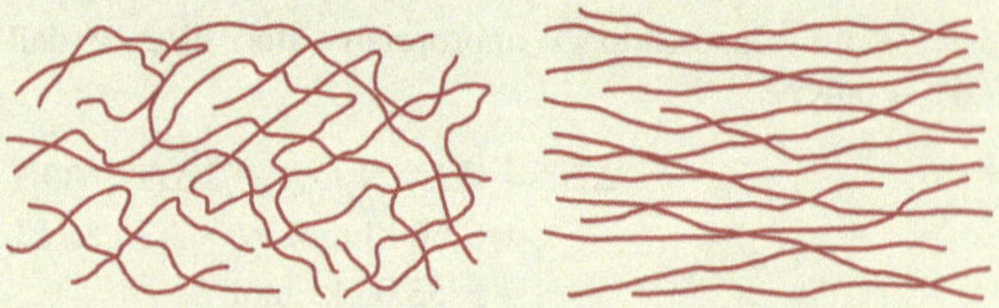

(a) Molecole di elastico nel loro stato normale. Si noti l'alto grado di disordine e quindi l'elevato numero di microstati (elevata entropia). (b) Sotto tensione, le molecole si allineano in maniera ordinata e il numero di microstati diminuisce (si abbassa l'entropia).

Con questi nuovi valori di $\Delta H°$ e di $\Delta S°$ si può calcolare $\Delta G°$ a 328,6 K usando l'Equazione 8.35:

$$\begin{aligned}\Delta G° &= \Delta H° - T\Delta S° \\ &= -57{,}91\ \text{kJ mol}^{-1} - 328{,}6\ \text{K}\,(-176{,}2\ \text{J K}^{-1}\ \text{mol}^{-1})(1\ \text{kJ}/1000\ \text{J}) \\ &= -0{,}011\ \text{kJ mol}^{-1}\end{aligned}$$

Commento Se le variazioni di entropia e di entalpia sono indipendenti dalla temperatura, allora $\Delta G° = 0$ a 325,5 K per questa reazione in questo problema. Se si tiene in conto la dipendenza dalla temperatura di $\Delta H°$ e di $\Delta S°$, si trova che $\Delta G°$ è leggermente negativo a questa temperatura. Siccome sia $\Delta H°$ che $\Delta S°$ sono negativi, $\Delta G°$ sarà negativo a basse temperature e positivo ad alte temperature. Siccome $\Delta G°$ è negativo a 328,6 K, allora anche questa temperatura deve essere leggermente più bassa.

Problema di autovalutazione Usare i dati in Appendice 2 per determinare l'energia libera di Gibbs di formazione, $\Delta G_f°$, per CO a 400 K sia con sia senza l'assunzione che $\Delta H°$ e $\Delta S°$ siano indipendenti dalla temperatura. Qual è la differenza percentuale fra i due valori di $\Delta G_f°$ che si ottengono?

8.5 Mescolamento di sostanze pure

Le reazioni chimiche coinvolgono quasi sempre il mescolamento di due o più sostanze, per cui per capire la termodinamica di una reazione chimica non è sufficiente conoscere l'entropia, l'entalpia e l'energia libera di Gibbs delle sostanze coinvol-

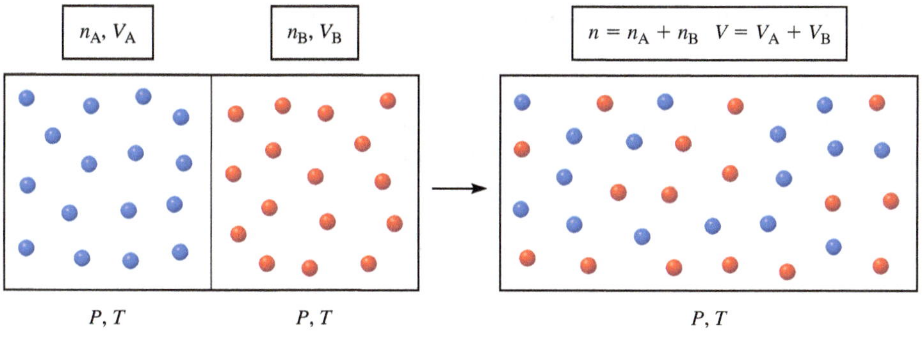

Figura 8.11 Quando due gas ideali alla stessa temperatura e pressione sono mescolati, si osserva un aumento di entropia, che è chiamata entropia di mescolamento.

te nella reazione nelle loro forme pure. Bisogna anche capire la termodinamica coinvolta nel mescolamento. Si inizia considerando la termodinamica di mescolamento dei gas ideali.

La Figura 8.11 mostra un contenitore nel quale n_A moli di un gas ideale a temperatura T, pressione P e volume V_A sono separati mediante una paratia da n_B moli di una gas ideale B alla stessa temperatura e pressione del gas A, ma con volume V_B. Quando la paratia viene tolta, i gas si mescolano spontaneamente e l'entropia del sistema aumenta. Per calcolare l'entropia di mescolamento, ΔS_{mesc}, si può trattare il processo come due espansioni isoterme separate di gas ideali usando l'Equazione 8.10. Per il gas A:

$$\Delta S_A = n_A R \ln \frac{V_A + V_B}{V_A}$$

Per il gas B:

$$\Delta S_B = n_B R \ln \frac{V_A + V_B}{V_B}$$

(Si possono trattare queste espansioni separatamente poiché i due gas sono ideali e non interagiscono. Cioè ciascun gas si espande senza essere influenzato dalla presenza dell'altro gas.) Quindi, si ha

$$\Delta S_{mesc} = \Delta S_A + \Delta S_B = n_A R \ln \frac{V_A + V_B}{V_A} + n_B R \ln \frac{V_A + V_B}{V_B}$$

In accordo con il principio di Avogadro (Equazione 5.17), il volume di un gas ideale è direttamente proporzionale al numero di moli di un gas a pressione e temperatura costanti, per cui l'equazione precedente può essere riscritta come

$$\begin{aligned}\Delta S_{mesc} &= n_A R \ln \frac{n_A + n_B}{n_A} + n_B R \ln \frac{n_A + n_B}{n_B} \\ &= -n_A R \ln \frac{n_A}{n_A + n_B} + n_B R \ln \frac{n_B}{n_A + n_B} \\ &= -n_A R \ln x_A + n_B R \ln x_B\end{aligned}$$

$$\Delta S_{mesc} = -R(n_A \ln x_A + n_B \ln x_B) \qquad \textbf{(8.36)}$$

dove x_A e x_B sono le frazioni molari di A e di B, rispettivamente (si veda l'Equazione 0.11). Siccome $x < 1$, segue che $\ln x < 0$ e che il secondo membro dell'Equazione 8.36 è una quantità positiva, che è in accordo con la natura spontanea del processo. Siccome le singole molecole di gas ideale non interagiscono, l'***entropia di mescolamento*** dipende solo dal numero di moli di ciascun tipo di gas in questione e non dalla natura del gas.

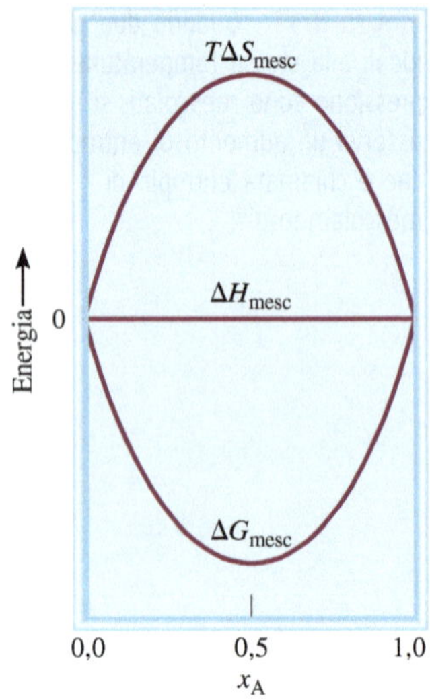

Figura 8.12 Diagramma di $T\Delta S_{mesc}$, ΔH_{mesc} e ΔG_{mesc} come funzioni della composizione x_A per una soluzione ideale.

Per calcolare l'***energia libera di Gibbs di mescolamento*** si usa l'Equazione 8.29

$$\Delta G_{mesc} = \Delta H_{mesc} - T\Delta S_{mesc}$$

Siccome non ci sono interazioni fra le molecole e la pressione rimane costante durante il processo di mescolamento, la variazione di entalpia dovuta al mescolamento, ΔH_{mesc}, sarà zero. Quindi,

$$\Delta G_{mesc} = -T\Delta S_{mesc}$$

$$\Delta G_{mesc} = RT(n_A \ln x_A + n_B \ln x_B) \qquad \textbf{(8.37)}$$

Siccome il secondo membro dell'Equazione 8.37 è negativo, il mescolamento dei due gas ideali porta a una *diminuzione* dell'energia libera di Gibbs. Questo ha un'importante conseguenza per la termodinamica dell'equilibrio chimico, come verrà discusso nel Capitolo 10. Le Equazioni 8.36 e 8.37 possono essere usate per calcolare le variazioni di entropia e di energia libera di Gibbs associate con il mescolamento di liquidi se le interazioni tra le molecole di A e di B nella soluzione sono circa uguali (cioè se ΔH_{mesc} è piccolo). Una soluzione ideale, gassosa o liquida, per la quale $\Delta H_{mesc} = 0$ e ΔG_{mesc} è data dall'Equazione 8.37, è detta una ***soluzione ideale***.

La Figura 8.12 mostra i grafici di ΔG_{mesc} ΔH_{mesc}, e $T\Delta S_{mesc}$ per il mescolamento di gas ideali della Figura 8.11 come funzione della composizione. Sia il massimo di $T\Delta S_{mesc}$ sia il minimo in ΔG_{mesc} avvengono per $x_A = 0{,}5$. La forma della curva di ΔG_{mesc} ha importanti implicazioni per la purificazione delle miscele. Si supponga di separare il componente A da una miscela che sia 50:50 di A e di B, cioè si vuole aumentare la frazione molare di A nella soluzione. La curva di ΔG_{mesc} in funzione della frazione molare è relativamente piatta per le miscele equimolari ($x_A \approx 0{,}5$). Quindi, i primi passaggi della purificazione (da $x_A = 0{,}5$ a $x_A = 0{,}6$) richiedono relativamente poco lavoro (ΔG è piccolo). Tuttavia, all'avvicinarsi di x_A a 1, la curva di ΔG_{mesc} diventa piuttosto inclinata e la quantità di lavoro richiesta per purificare ulteriormente la miscela diventa notevole (grande ΔG). Per questo motivo, ottenere alta purezza nei processi di purificazione è spesso molto difficile.

Esempio 8.12

Calcolare l'energia libera di Gibbs e l'entropia di mescolamento di 2,5 moli di argon con 3,5 moli di ossigeno, entrambi a 1 bar e a 25 °C. Si ipotizzi il comportameto ideale dei gas.

Impostazione Prima si calcolano le frazioni molari di argon e di ossigeno, poi si introducono nell'Equazione 8.36 per calcolare l'entropia di mescolamento. Infine, si usano i valori calcolati di ΔS_{mesc} e la relazione $\Delta G_{mesc} = -T\Delta S_{mesc}$ per ottenere ΔG_{mesc}. (Si ricordi che per una soluzione ideale $\Delta H_{mesc} = 0$.)

Soluzione Le frazioni molari dell'argon e dell'ossigeno sono

$$x_{Ar} = \frac{2{,}5\text{ mol}}{2{,}5\text{ mol} + 3{,}5\text{ mol}} = 0{,}42 \qquad x_{O_2} = \frac{3{,}5\text{ mol}}{2{,}5\text{ mol} + 3{,}5\text{ mol}} = 0{,}58$$

Dall'Equazione 8.36 (con A = Ar e B = O_2),

$$\begin{aligned}\Delta S_{mesc} &= -R(n_{Ar} \ln x_{Ar} + n_{O_2} \ln x_{O_2})\\ &= -(8{,}314\text{ J mol}^{-1}\text{ K}^{-1})[(2{,}5\text{ mol}) \ln 0{,}42 + (3{,}5\text{ mol}) \ln 0{,}58]\\ &= 40\text{ J K}^{-1}\end{aligned}$$

Siccome $\Delta G_{mesc} = -T\Delta S_{mesc}$, si ha

$$\begin{aligned}\Delta G_{\text{mesc}} &= -T\Delta S_{\text{mesc}}\\ &= -(298\ \text{K})(40\ \text{J K}^{-1})\\ &= -1{,}2 \times 10^4\ \text{J}\\ &= -12\ \text{kJ}\end{aligned}$$

Verifica I risultati prevedono correttamente che l'entropia di mescolamento sia positiva e che l'energia libera di Gibbs di mescolamento sia negativa. Inoltre la somma delle frazioni molari (0,42 e 0,58) dà 1, come richiesto.

Problema di autovalutazione Calcolare l'energia libera di Gibbs e l'entropia di mescolamento quando 10 g di CO_2 sono mescolati con 20 g di O_2, entrambi a 1,5 bar di pressione e a 400 °C. Si ipotizzi il comportamento ideale dei gas.

8.6 Reazioni spontanee nei sistemi viventi

Molte reazioni biochimiche hanno un valore positivo di $\Delta G°$, ma devono comunque avvenire poiché sono essenziali per il mantenimento della vita. Nei sistemi viventi, queste reazioni non spontanee sono accoppiate ad altri processi energeticamente favorevoli, che hanno valori di $\Delta G°$ negativi.

Il principio delle ***reazioni accoppiate*** è basato su un semplice concetto: si usa una reazione termodinamicamente favorevole per indurne una non favorevole. Si consideri un processo industriale. Si supponga, per esempio, che si voglia estrarre zinco dal minerale sfalerite (ZnS). La seguente reazione ha un valore molto positivo di $\Delta G°$:

$$\text{ZnS}(s) \longrightarrow \text{Zn}(s) + \text{S}(s) \qquad \Delta G° = 198{,}3\ \text{kJ mol}^{-1}$$

D'altra parte, la combustione dello zolfo per formare biossido di zolfo è favorita a causa del suo elevato valore negativo di $\Delta G°$:

$$\text{S}(s) + \text{O}_2(g) \longrightarrow \text{SO}_2(g) \qquad \Delta G° = -300{,}1\ \text{kJ mol}^{-1}$$

Accoppiando questi due processi si può separare lo zinco dal solfuro di zinco. In pratica, questo significa riscaldare ZnS all'aria in modo che la tendenza di S a formare SO_2 promuova la decomposizione di ZnS:

$$\begin{aligned}\text{ZnS}(s) &\longrightarrow \text{Zn}(s) + \text{S}(s) & \Delta G° &= 198{,}3\ \text{kJ mol}^{-1}\\ \text{S}(s) + \text{O}_2(g) &\longrightarrow \text{SO}_2(g) & \Delta G° &= -300{,}1\ \text{kJ mol}^{-1}\\ \hline \text{ZnS}(s) + \text{O}_2(g) &\longrightarrow \text{Zn}(s) + \text{SO}_2(g) & \Delta G° &= -101{,}8\ \text{kJ mol}^{-1}\end{aligned}$$

Le reazioni accoppiate giocano un ruolo importante nella nostra esistenza. Nei sistemi biologici, gli enzimi facilitano molte reazioni non spontanee. Nel corpo umano, per esempio, le molecole di cibo, rappresentate dal glucosio ($C_6H_{12}O_6$), sono trasformate in biossido di carbonio e acqua durante il metabolismo con un elevato rilascio di energia libera di Gibbs:

$$\text{C}_6\text{H}_{12}\text{O}_6(s) + 6\text{O}_2(g) \longrightarrow 6\text{CO}_2(g) + 6\text{H}_2\text{O}(l) \qquad \Delta G° = -2880\ \text{kJ mol}^{-1}$$

In una cellula vivente, questa reazione non avviene in un unico passaggio (come durante la combustione del glucosio su una fiamma); invece, le molecole di glucosio vengono rotte con l'aiuto di enzimi in una serie di passaggi. La maggior parte del ri-

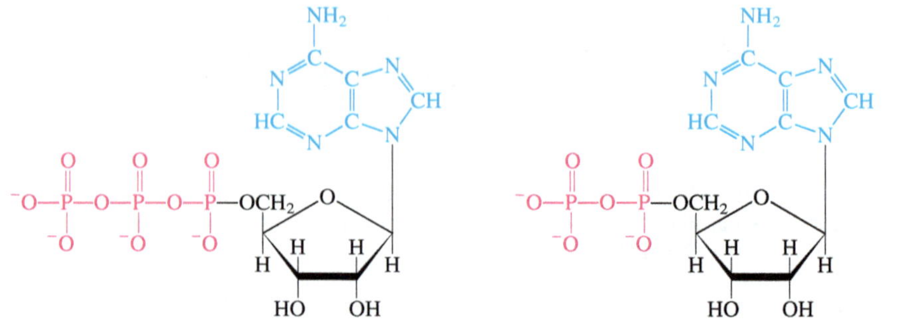

Trifosfato di adenosina (ATP)

Difosfato di adenosina (ADP)

Figura 8.13 Strutture di ATP e ADP nelle loro forme ionizzate. Il gruppo adenina è in blu, il gruppo ribosio in nero e il gruppo fosfato in magenta. ADP ha un gruppo fosfato in meno rispetto all'ATP.

lascio di energia libera è usata per sintetizzare il trifosfato di adenosina (ATP) dal difosfato di adenosina (ADP) e acido fosforico (Figura 8.13):

$$\text{ADP} + H_3PO_4 \longrightarrow \text{ATP} + H_2O \qquad \Delta G^\circ = +31 \text{ kJ mol}^{-1}$$

La funzione dell'ATP è di immagazzinare energia fino a che è richiesta dalla cellula. In opportune condizioni, l'ATP è idrolizzato per dare ADP e acido fosforico, con un rilascio di 31 kJ mol^{-1} di energia libera di Gibbs, che può essere usato per indurre reazioni energeticamente non favorevoli, come la sintesi delle proteine.

Le proteine sono polimeri costituiti da amminoacidi. La sintesi passo passo di una molecola di proteina coinvolge l'unione di amminoacidi. Si consideri, per esempio, la formazione di un dipeptide (due amminoacidi legati) ,come l'alanilglicina dall'alanina e dalla glicina. Questa reazione rappresenta il primo passaggio nella sintesi di una proteina:

$$\text{alanina} + \text{glicina} \longrightarrow \text{alanilglicina} \qquad \Delta G^\circ = +29 \text{ kJ mol}^{-1}$$

Questa reazione non favorisce la formazione del prodotto, per cui solo pochi dipeptidi si formeranno all'equilibrio. Con l'aiuto di un enzima, tuttavia, la reazione viene accoppiata all'idrolisi dell'ATP nel modo seguente:

$$\text{ATP} + H_2O + \text{alanina} + \text{glicina} \longrightarrow \text{ADP} + H_3PO_4 + \text{alanilglicina}$$

La variazione totale di energia libera di Gibbs è data da $G^\circ = -31 \text{ kJ mol}^{-1} + 29 \text{ kJ mol}^{-1} = -2 \text{ kJ mol}^{-1}$, cioé significa che la reazione accoppiata ora favorisce la formazione del prodotto e una quantità apprezzabile di alanilglicina si formerà in queste condizioni. La Figura 8.14 mostra la conversione ATP-ADP dove l'energia è immagazzinata (dal metabolismo) e il rilascio dell'energia libera di Gibbs (dall'idrolisi dell'ATP) è usato per indurre le reazioni essenziali.

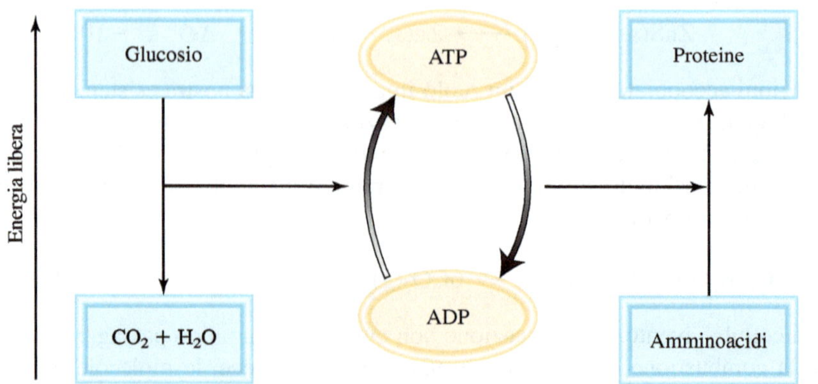

Figura 8.14 Una rappresentazione schematica della sintesi dell'ATP e reazioni accoppiate nei sistemi viventi. La conversione del glucosio a biossido di carbonio e acqua durante il metabolismo rilascia energia libera. Il rilascio di energia libera è usato per convertire ADP in ATP. Le molecole di ATP sono quindi usate come fonte di energia per fare avvenire reazioni non spontanee, come la sintesi di proteine dagli amminoacidi.

Sommario

Paragrafo 8.1

- L'entropia è una funzione di stato estensiva che misura il numero di modi in cui lo stato macroscopico di un sistema può essere realizzato microscopicamente. Qualsiasi processo spontaneo deve portare a un aumento dell'entropia dell'universo (secondo principio della termodinamica).

Paragrafo 8.2

- Le variazioni di entropia per un processo possono essere definite termodinamicamente in termini di lavoro reversibile assorbito durante il processo.
- La definizione termodinamica di entropia può essere usata per calcolare la variazione di entropia di un'espansione o compressione, riscaldamento o raffreddamento, o di un cambiamento di fase.

Paragrafo 8.3

- Il terzo principio della termodinamica stabilisce che l'entropia di un sistema nella sua forma termodinamicamente più stabile è zero a 0 K. La forma termodinamicamente più stabile di molte sostanze a 0 K è un cristallo perfetto. Il terzo principio della termodinamica permette di misurare le entropie assolute delle sostanze.
- L'entropia standard di una reazione chimica può essere calcolata dalle entropie assolute dei reagenti e dei prodotti.

Paragrafo 8.4

- In condizioni di pressione e temperatura costante, la variazione di energia libera di Gibbs, ΔG, è minore di zero per un processo spontaneo e maggiore di zero per un processo non spontaneo. Per un processo di equilibrio, $\Delta G = 0$.
- Per un processo chimico o fisico a temperatura e pressione costante, $\Delta G = \Delta H - T\Delta S$. Questa equazione può essere usata per prevedere la spontaneità di un processo nel quale lo stato iniziale e finale sono alla stessa temperatura e pressione.
- La variazione di energia libera di Gibbs standard per una reazione, $\Delta G°$, può essere calcolata dall'energia libera di Gibbs standard di formazione dei reagenti e dei prodotti.

Paragrafo 8.5

- La variazione di entropia per il mescolamento di due gas ideali può essere calcolata in termini di frazione molare di ciascun componente. L'entalpia di mescolamento di due gas ideali è zero. Qualsiasi soluzione che ha la stessa formula per la variazione di entropia e di entalpia di mescolamento ai gas ideali è chiamata soluzione ideale.

Paragrafo 8.6

- Molte reazioni biologiche non sono spontanee. Esse sono indotte dalla reazione di idrolisi dell'ATP, che ha $\Delta G°$ negativo.

Problemi

Soluzioni dei problemi dispari sul sito www.mheducation.it

8.1 Entropia

8.1 Determinare la probabilità che tutte le molecole di un gas si trovino nella metà di un contenitore quando il gas è costituito da: (a) 3 molecole, (b) 6 molecole, (c) 60 molecole, (d) 2 milioni di molecole.

8.2 Si commenti la seguente affermazione: "Anche pensare all'entropia aumenta il suo valore nell'universo".

8.3 Quando si lanciano quattro dadi, si considerino i microstati come i numeri che corrispondono al lancio di ciascun dado e i macrostati come la somma dei numeri del lancio dei dadi. (a) Quanti microstati e quanti macrostati ci sono? (b) Quali sono i macrostati più probabili e meno probabili? (c) Qual è il rapporto tra il numero di microstati che corrispondono al più probabile macrostato e al meno probabile macrostato?

8.4 Considerare 12 palline distribuite casualmente in tre diversi scompartimenti. Considerare i macrostati che corrispondono al numero di palline in ciascun scompartimento. Dimostrare che il macrostato più probabile corrisponde a quattro palline in ciascun scompartimento. Qual è il macrostato meno probabile?

8.5 In accordo con il secondo principio della termodinamica, l'entropia di un processo irreversibile in un sistema isolato deve sempre aumentare. L'entropia di un sistema vivente tuttavia, rimane piccola. (Per esempio, la sintesi di molecole di proteine molto complesse a partire dai singoli amminoacidi porta a una diminuzione di entropia.) Il secondo principio della termodinamica non si può quindi applicare ai sistemi viventi? Spiegare.

8.2 Variazione di entropia e definizione termodinamica di entropia

8.6 Si ipotizzi che un amico racconti il seguente fatto straordinario. Un blocco di metallo di massa 500 g si innalza spontaneamente dalla tavola su cui è posto fino a un'altezza 1,00 cm sopra la tavola. L'amico dice che il metallo ha assorbito energia termica dalla tavola e l'ha utilizzata per innalzare sé stesso contro l'accelerazione di gravità. (a) Questo processo víola il primo principio della termodinamica? (b) Víola il secondo principio della termodinamica? Si ipotizzi che la temperatura dell'ambiente sia di 298 K e che la tavola sia sufficientemente grande che la sua temperatura non venga influenzata da questo trasferimento di energia. (*Suggerimento:* Prima si calcoli la diminuzione di entropia come risultato di questo processo, e poi si consideri la probabilità che avvenga questo processo. L'accelerazione di gravità è 9,81 m s^{-2}.)

8.7 Un congelatore è posto in una piccola camera ben isolata e riceve potenza da una presa di corrente. Se la porta del congelatore è lasciata aperta, la temperatura della camera diminuisce, aumenta o rimane la stessa? Motivare la risposta.

8.8 Il calore molare di vaporizzazione dell'etanolo è 39,3 kJ mol^{-1} e il punto di ebollizione dell'etanolo è 78,3 °C. Calcolare il valore di ΔS_{vap} per l'evaporazione di 0,50 moli di etanolo.

8.9 Usare la definizione termodinamica di entropia e il secondo principio della termodinamica per spiegare perché il calore non può fluire spontaneamente da una regione a bassa temperatura a una a più alta temperatura.

8.10 Calcolare il valore di ΔS nel riscaldamento di 3,5 moli di un gas ideale monoatomico da 50 °C a 77 °C a pressione costante.

8.11 Ripetere il calcolo del Problema 8.10 per un riscaldamento a volume costante. Quale ha maggiore variazione di entropia? Dare una spiegazione fisica.

8.12 Una mole di un gas ideale è riscaldato a pressione costante da T a $3T$ e poi raffreddato a T a volume costante. (a) Determinare un'espressione di ΔS per l'intero processo. (b) Dimostrare che l'intero processo è equivalente a un'espansione isoterma del gas a T da V a $3V$, dove V è il volume iniziale. (c) Dimostrare che il valore di ΔS per il processo in (a) è lo stesso di quello in (b).

8.13 Un campione di 1,00 g di Ne gassoso a temperatura di 20 °C viene espanso da 1,2 a 2,6 l e simultaneamente riscaldato a 40 °C. Calcolare la variazione di entropia per il processo.

8.14 Una mole di un gas ideale a 298 K si espande isotermicamente da 1,0 a 2,0 l (a) in maniera reversibile e (b) contro una pressione costante esterna di 12,2 bar. Calcolare ΔS_{sist}, ΔS_{amb} e ΔS_{univ} in entrambi i casi. I risultati sono in accordo con la natura del processo?

8.15 L'entropia di vaporizzazione di HF è molto minore di 88 J mol^{-1} K^{-1} che è il valore previsto dalla regola di Trouton. Dare una spiegazione fisica a questa eccezione alla regola.

8.16 L'entalpia di vaporizzazione di CCl_4 al suo punto normale di ebollizione di 77,6 °C è 32,54 kJ mol^{-1}. Determinare l'entropia di vaporizzazione alla stessa temperatura.

8.3 Terzo principio della termodinamica ed entropia assoluta

8.17 Scegliere la sostanza con la maggiore entropia molare in ciascuna delle seguenti coppie: (a) $H_2O(l)$, $H_2O(g)$; (b) $NaCl(s)$, $CaCl_2(s)$; (c) N_2 (0,1 bar), N_2 (1 bar); (d) $O_2(g)$, $O_3(g)$; (e) etanolo (C_2H_5OH), etere dimetilico (CH_3OCH_3); (f) $N_2O_4(g)$, $2NO_2(g)$; (g) Fe(*s*) a 298 K, Fe(*s*) a 398 K. (A meno che non sia indicato diversamente si consideri la temperatura di 298 K.)

8.18 Calcolare l'entropia molare residua di un solido nel quale le molecole possono adottare (a) tre, (b) quattro e (c) cinque orientazioni di uguale energia allo zero assoluto.

8.19 Spiegare il valore misurato di 10,1 J mol^{-1} K^{-1} dell'entropia residua per la molecola di CH_3D.

8.20 Spiegare perché il valore di $S°$ per la grafite è maggiore di quello del diamante a 298 K (si veda l'Appendice 2). Questa disuguaglianza vale anche a 0 K?

8.21 Usando i dati in Appendice 2, calcolare la variazione di entropia standard per le seguenti reazioni a 25 °C:

(a) $S(s) + O_2(g) \longrightarrow SO_2(g)$

(b) $MgCO_3(s) \longrightarrow MgO(s) + CO_2(g)$

8.22 Usando i dati in Appendice 2, calcolare la variazione di entropia standard per le seguenti reazioni a 25 °C:

(a) $H_2(g) + CuO(s) \longrightarrow Cu(s) + H_2O(g)$

(b) $2Al(s) + 3ZnO(s) \longrightarrow Al_2O_3(s) + 3Zn(s)$

(c) $CH_4(g) + 2O_2(g) \longrightarrow CO_2(g) + 2H_2O(l)$

8.23 Senza consultare l'Appendice 2, prevedere se la variazione di entropia standard è positiva o negativa per ciascuna delle seguenti reazioni. Motivare le risposte.

(a) $2KClO_4(s) \longrightarrow 2KClO_3(s) + O_2(g)$

(b) $H_2O(g) \longrightarrow H_2O(l)$

(c) $2Na(s) + 2H_2O(l) \longrightarrow 2NaOH\ (aq) + H_2(g)$

(d) $N_2(g) \longrightarrow 2N(g)$

8.24 Senza consultare l'Appendice 2, prevedere se la variazione di entropia standard è positiva o negativa per ciascuna delle seguenti reazioni. Motivare le risposte.

(a) $4Fe(s) + 3O_2(g) \longrightarrow 2Fe_2O_3(s)$

(b) $2O(g) \longrightarrow O_2(g)$

(c) $NH_4Cl(s) \longrightarrow NH_3(g) + HCl(g)$

(d) $H_2(g) + Cl_2(g) \longrightarrow 2HCl(g)$

8.25 Usare l'Appendice 2 per calcolare $\Delta S°$ per le reazioni nel Problema 8.24.

8.26 Si consideri la reazione

$$N_2(g) + O_2(g) \longrightarrow 2NO(g)$$

Calcolare $\Delta S°$ per la reazione (sistema), l'ambiente e l'universo a 298 K. Perché il risultato che si ottiene rassicura gli abitanti della Terra?

8.27 Usando i dati in Appendice 2, determinare l'entropia standard di $CO_2(g)$ a 350 K.

8.28 Usare i seguenti dati per determinare il punto di ebollizione normale del mercurio (in kelvin). Quali assunzioni bisogna fare per svolgere questo calcolo?

Hg(*l*) $S° = 77{,}4$ J mol^{-1} K^{-1}

Hg(*g*) $\Delta H_f° = 60{,}78$ kJ mol^{-1}, $S° = 174{,}7$ J mol^{-1} K^{-1}

8.29 Usando i dati dell'Appendice 2, calcolare la variazione di entropia standard per la reazione

$$H_2(g) + Cl_2(g) \longrightarrow 2HCl(g)$$

a 500 °C. Motivare ogni assunzione.

8.4 Spontaneità di un processo ed energia libera di Gibbs

8.30 Usando i dati in Appendice 2, calcolare $\Delta G°$ per le seguenti reazioni a 25 °C:

(a) $N_2(g) + O_2(g) \longrightarrow 2NO(g)$

(b) $H_2O(l) \longrightarrow H_2O(g)$

(c) $2C_2H_2(g) + 5O_2(g) \longrightarrow 4CO_2(g) + 2H_2O(l)$

8.31 Usando i dati in Appendice 2, calcolare $\Delta G°$ per le seguenti reazioni a 25 °C:

(a) $2Mg(s) + O_2(g) \longrightarrow 2MgO(s)$

(b) $2SO_2(g) + O_2(g) \longrightarrow 2SO_3(g)$

(c) $2C_2H_6(g) + 7O_2(g) \longrightarrow 4CO_2(g) + 6H_2O(l)$

8.32 Dai valori tabulati di ΔH e di ΔS, prevedere quale delle seguenti reazioni è spontanea a 25 °C:

(a) $\Delta H = 10{,}5$ kJ mol^{-1}, $\Delta S = 30$ J mol^{-1} K^{-1}

(b) $\Delta H = 1{,}8$ kJ mol^{-1}, $\Delta S = 113$ J mol^{-1} K^{-1}

Se non sono spontanee a 25 °C, a quale temperatura possono divenire spontanee? Giustificare le risposte.

8.33 Trovare le temperature alle quali le reazioni aventi i seguenti valori di ΔH e di ΔS diventano spontanee (giustificare le risposte):

(a) $\Delta H = 126$ kJ mol^{-1}, $\Delta S = 84$ J mol^{-1} K^{-1}

(b) $\Delta H = 11{,}7$ kJ mol^{-1}, $\Delta S = 105$ J mol^{-1} K^{-1}

8.34 Un tempo, il gas di uso domestico usato per cucinare, chiamato gas d'acqua, era preparato come segue:

$$H_2O(g) + C\ (\text{grafite}) \longrightarrow CO(g) + H_2(g)$$

Dai dati termodinamici in Appendice 2, prevedere se questa reazione avviene a 298 K. Se no, a quale temperatura diventa spontanea? Si consideri $\Delta H°$ e $\Delta S°$ indipendenti dalla temperatura.

8.35 Calcolare $\Delta G°$ per il processo

$$C\ (\text{diamante}) \longrightarrow C\ (\text{grafite})$$

La formazione della grafite dal diamante è spontanea a 25 °C? Se sì, perché il diamante non si converte in grafite?

8.36 Prevedere il segno di ΔH, ΔS e ΔG del sistema per i seguenti processi a 1 bar: (a) fusione dell'ammoniaca a 60 °C, (b) fusione dell'ammoniaca a 77,7 °C, (c) fusione dell'ammoniaca a 100 °C. (Il punto normale di fusione dell'ammoniaca è 77,7 °C.)

8.37 Il nitrato di ammonio (NH_4NO_3) si scioglie spontaneamente ed endotermicamente in acqua. Cosa si può dire circa il segno di ΔS per questo processo?

8.38 Usando i dati in Appendice 2, calcolare l'energia libera di Gibbs standard per la formazione di $NO_2(g)$ a 400 K (a) considerando che la variazione di entalpia e di entropia standard siano indipendenti dalla temperatura, (b) considerando che la variazione di entalpia e di entropia standard dipendano dalla temperatura ma che le capacità termiche a pressione costante siano indipendenti dalla temperatura.

8.39 Calcolare $\Delta G°$ per la fusione dell'acqua: $H_2O(s) \longrightarrow H_2O(l)$ a –10,0 °C (a) assumendo che l'entalpia e l'entropia di fusione siano costanti nell'intervallo di temperatura, (b) assumendo che le capacità termiche siano costanti nell'intervallo di temperatura ma le entalpie ed entropie di fusione no.

8.5 Mescolamento di sostanze pure

8.40 Calcolare la variazione di entropia e di energia libera di Gibbs per i seguenti processi: (a) mescolamento di 1,00 mole di azoto e 1 mole di ossigeno, (b) mescolamento di 3,00 moli di argon, 1 mole di elio e 3,00 moli di idrogeno. Entrambi i processi siano svolti a pressione e temperatura (298 K) costante. Considerare il comportamento ideale.

8.41 A 25 °C e pressione di 1 bar, le entropie assolute del metano e dell'etano sono, rispettivamente, 186,19 e 229,49 J mol^{-1} K^{-1}, in fase gas. Calcolare l'entropia assoluta della miscela di gas che contiene 1 mole di ciascun gas. Considerare il comportamento ideale.

8.42 Qual è la variazione di energia libera di Gibbs per un processo nel quale una miscela di 1 mole di argon gassoso e 1 mole di azoto gassoso viene separata in due contenitori, ciascuno con un volume uguale alla metà di quello originale, uno contenente una miscela di 0,3 moli di argon e 0,7 moli di azoto, e l'altro il rimanente? Ripetere il calcolo con 0,001 moli di argan e 0,999 moli di azoto nel primo contenitore. Considerare il comportamento ideale e la temperatura costante di 298 K.

8.6 Reazioni spontanee nei sistemi viventi

8.43 Nel metabolismo del glucosio, il primo passaggio è la conversione del glucosio a glucosio 6-fosfato:

$$\text{glucosio} + H_3PO_4 \longrightarrow \text{glucosio 6-fosfato} + H_2O$$

$$\Delta G° = 13{,}4 \text{ kJ mol}^{-1}$$

Siccome $\Delta G°$ è positivo, questa reazione non favorisce la formazione dei prodotti. Dimostrare come questa reazione può essere fatta avvenire accoppiandola all'idrolisi dell'ATP. Scrivere un'equazione per la reazione accoppiata e determinare il $\Delta G°$ per il processo accoppiato.

8.44 Certi batteri nel terreno trovano l'energia necessaria per crescere dall'ossidazione del nitrito a nitrato:

$$2NO_2^-(aq) + O_2(g) \longrightarrow 2NO_3^-(aq)$$

Dato che l'energia libera di Gibbs di formazione standard (298 K) di $NO_2^-(aq)$ e di $NO_3^-(aq)$ sono, rispettivamente, $-32{,}2$ e $-111{,}3$ kJ mol^{-1}, calcolare la quantità di energia libera di Gibbs liberata quando una mole di $NO_2^-(aq)$ viene ossidata a 1 mole di $NO_3^-(aq)$.

Problemi supplementari

8.45 L'acqua congela spontaneamente a -5 °C e 1 atm, ma il ghiaccio ha un'entropia minore dell'acqua liquida. Spiegare come un processo spontaneo può portare a una diminuzione di entropia.

8.46 Si sa che una reazione ha $\Delta G°$ pari a -122 kJ mol^{-1}. La reazione avviene necessariamente se i reagenti sono mescolati?

8.47 L'entropia è stata a volte descritta come una "freccia del tempo" poiché è la proprietà che determina la direzione in avanti del tempo. Spiegare.

8.48 Una reazione è spontanea a 72 °C. Se la variazione di entalpia della reazione è 19 J, qual è il *minimo* valore di ΔS (in joules per kelvin) per la reazione?

8.49 Prevedere se la variazione di entropia è positiva o negativa per ciascuna delle seguenti reazioni:

(a) $Zn(s) + 2HCl(aq) \longrightarrow ZnCl_2(aq) + H_2(g)$

(b) $O(g) + O(g) \longrightarrow O_2(g)$

(c) $NH_4NO_3(s) \longrightarrow N_2O(g) + 2H_2O(g)$

(d) $2H_2O_2(l) \longrightarrow 2H_2O(l) + O_2(g)$

8.50 Uno studente prende nota dei $\Delta G_f°$, $\Delta H_f°$ e $S°$ di CO_2 in Appendice 2. Inserendo questi valori nell'Equazione 8.35, trova che $\Delta G_f° \neq \Delta H_f° - TS°$ a 298 K. Cosa c'è di sbagliato?

8.51 Considerare la seguente reazione a 298 K:

$$2H_2(g) + O_2(g) \longrightarrow 2H_2O(l)$$

$$\Delta H° = -571{,}6 \text{ kJ mol}^{-1}$$

Calcolare ΔS_{sist}, ΔS_{amb} e ΔS_{univ} per la reazione.

8.52 Come approssimazione, si può pensare che le proteine esistano sia in stato nativo (che funzionano a livello fisiologico) sia in stato denaturato. L'entalpia molare standard e l'entropia del processo di denaturazione di una proteina sono 512 kJ mol^{-1} e 1,60 kJ mol^{-1} K^{-1}, rispettivamente. Commentare i segni e i valori assoluti di queste quantità e calcolare la temperatura alla quale il processo favorisce lo stato denaturato.

8.53 Quale delle seguenti funzioni non sono funzioni di stato: S, H, q, w e T?

8.54 Quali dei seguenti processi non sono accompagnati da un aumento di entropia del sistema: (a) mescolamento di due gas alla stessa temperatura e pressione, (b) mescolamento di etanolo e acqua, (c) scarica di una batteria, (d) espansione di un gas seguita da compressione al suo originale valore di temperatura, pressione e volume.

8.55 Le reazioni di idrogenazione (per esempio il processo di conversione dei legami C═C in legami C—C nell'industria alimentare) sono facilitate dall'utilizzo di una metallo di transizione come catalizzatore, per esempio Ni o Pt. Il passaggio iniziale è l'adsorbimento dell'idrogeno gassoso sulla superficie del metallo. Prevedere il segno di ΔH, ΔS e ΔG quando l'idrogeno gassoso viene adsorbito sulla superficie del Ni metallico.

8.56 Calcolare la variazione di entropia dei seguenti processi: 10,0 g di ossigeno gassoso (O_2) a pressione di 1,0 bar e a 25 °C sono mescolati in un contenitore di 30,0 l con 20,0 g di azoto gassoso (N_2) inizialmente a una pressione di 2,0 bar e a 50 °C. La miscela risultante è quindi riscaldata a pressione costante a 100 °C.

8.57 Quando una quantità di nitrato di ammonio viene sciolta in acqua, la soluzione diventa più fredda. Che conclusione si può trarre circa il $\Delta S°$ di questo processo? Ci si aspetta che la solubilità del nitrato di ammonio aumenti o diminuisca al crescere della temperatura?

8.58 Un elastico in tensione si contrae quando viene riscaldato. Spiegare.

8.59 Le tabelle termodinamiche più antiche usavano una pressione standard di 1 atm (1,01325 bar) invece che 1 bar. A temperatura di 25 °C, calcolare la differenza fra l'entropia standard di CO a 1 bar e a 1 atm. Che frazione del valore di $S°$ per CO rappresenta?

8.60 Commentare la correttezza della seguente frase: "la stanza di un ragazzo si mette naturalmente in disordine" (è un esempio corretto di aumento di entropia?)

8.61 Un motore opera tra 210 °C e 35 °C. Calcolare la quantità minima di calore che deve essere assorbito dalla sorgente più calda per ottenere 2000 J di lavoro. (Si veda l'Approfondimento 8.1.)

8.62 Il motore di un'auto di 1200 kg funziona a ottano (C_8H_{18}), la cui entalpia di combustione è 5510 kJ mol^{-1}. Se l'auto va in salita, calcolare la massima altezza (in metri) che può raggiungere con 1,0 gal di carburante. Si ipotizzi che il motore sia a una temperatura di 2200 °C e che la temperatura di uscita dei fumi sia di 760 °C, si trascuri ogni forma di attrito. La massa di 1 gallone di carburante è 3,1 kg. [*Suggerimento:* Il lavoro svolto dall'auto che si muove in salita è mgh, dove m è la massa dell'auto in kg, g è l'accelerazione dovuta alla gravità (9,8 m s^{-2}), e h è l'altezza in metri.] (Si veda l'Approfondimento 8.1.)

8.63 Calcolare la variazione di entropia per la conversione di un campione di ghiaccio di 100,0 g a –20,0 °C ad acqua liquida a 37 °C.

8.64 A temperature molto basse (<20 K), la capacità termica molare dei cristalli si può approssimare all'equazione

$$\overline{C}_P = \alpha T^3$$

dove α è una costante che dipende dal materiale e T è la temperatura assoluta in kelvin. Questa equazione è spesso usata per stimare la capacità termica e l'entropia standard dei materiali per temperature al di sotto di quella dell'elio liquido (4 K).

(a) Usare questa equazione per mostrare che l'entropia standard di un materiale cristallino a temperature molto basse è data da

$$S° = \frac{\alpha}{3}T^3$$

(b) In un esperimento si misura che $\overline{C}_P$ di NaCl a 12,0 K è 0,1016 J mol^{-1} K^{-1}. Usare questi dati e l'equazione indicata di $\overline{C}_P$ per determinare il valore di α di NaCl.

(c) Usare i risultati in (a) e (b), e determinare l'entropia molare standard di NaCl a 1,0 K, 5,0 K e 12,0 K.

8.65 (a) Usando i dati in Appendice 2, calcolare la variazione di entropia standard ($\Delta S°$) delle seguenti reazioni a 25 °C e 80 °C:

(*i*) $2H_2(g) + O_2(g) \longrightarrow 2H_2O(l)$

(*ii*) $2H_2(g) + O_2(g) \longrightarrow 2H_2O(g)$

(b) I $\Delta S°$ delle due reazioni cambiano nello stesso modo all'aumentare della temperatura? Se no, dare una spiegazione fisica.

8.66 Quale dei tre principi della termodinamica non può essere capito senza la quantomeccanica? Spiegare.

8.67 L'entalpia standard di formazione e l'entropia standard del benzene gassoso sono 82,93 kJ mol^{-1} e 269,2 J mol^{-1} K^{-1}, rispettivamente. Calcolare $\Delta H°$, $\Delta S°$, e $\Delta G°$ del seguente processo a 25 °C. Commentare i risultati.

$$C_6H_6(l) \longrightarrow C_6H_6(g)$$

Soluzioni dei problemi di autovalutazione

8.1 9,134 J K^{-1} **8.2** (a) $\Delta S < 0$, (b) $\Delta S < 0$, (c) $\Delta S > 0$, (d) $\Delta S > 0$ **8.3** 216,3 J K^{-1} **8.4** 4,31 J K^{-1} **8.5** 135 J K^{-1} **8.6** (a) 2172,84 J mol^{-1} K^{-1}, (b) 2137,49 J mol^{-1} K^{-1}, (c) 215,54 J mol^{-1} K^{-1} **8.7** (a) $\Delta S > 0$, (b) $\Delta S < 0$, (c) $\Delta S \approx 0$ **8.8** –176,6 J mol^{-1} K^{-1} **8.9** (a) –106,4 kJ mol^{-1}, (b) –2936 kJ mol^{-1} **8.10** a 25 °C: $\Delta G° = 117{,}1$ kJ mol^{-1}; a 800 °C: $\Delta G° = 250{,}2$ kJ mol^{21}; a $T = 840$ K, $\Delta G° = 0$ **8.11** 2146,4 J mol^{-1}, 2146,5 J mol^{-1}, 0,07% **8.12** $\Delta S_{\text{mesc}} = 5{,}35$ J K^{-1}, $\Delta G_{\text{mesc}} = 3{,}60$ kJ

CAPITOLO

9

Equilibrio fisico

Lo stato fisico di una sostanza (solido, liquido o gassoso) può avere un profondo impatto sulle sue proprietà chimiche. Nel Capitolo 5 abbiamo esaminato le caratteristiche generali dei gas, dei liquidi e dei solidi. In questo capitolo saranno analizzati i fattori che influenzano le trasformazioni di una sostanza da una fase della materia a un'altra. Mentre le trasformazioni di fase nei sistemi puri saranno esaminate nel Paragrafo 9.1, il resto del capitolo si occuperà dei cambiamenti fisici nelle soluzioni.

9.1 Termodinamica e diagrammi di stato

Nella progettazione e realizzazione di qualsiasi processo chimico è importante conoscere lo stato fisico (solido, liquido o gassoso) di ciascuno dei reagenti e dei prodotti nelle condizioni che interessano (pressione, temperatura ecc.). Per esempio, la progettazione di un reattore chimico industriale è molto diversa nel caso si tratti di reazioni in cui tutti i reagenti e i prodotti siano presenti nella stessa fase (*reazioni omogenee*) piuttosto che di quelle in cui almeno un reagente o un prodotto si trovi in una fase diversa rispetto agli altri (*reazioni eterogenee*). Per tener conto del comportamento delle fasi, nel Capitolo 5 è stato introdotto il diagramma di stato. Ricordiamo che un diagramma di stato è uno schema che riassume le condizioni di temperatura, pressione e composizione in cui le varie fasi di una sostanza possono esistere.

La Figura 9.1 mostra un tipico diagramma di stato (o diagramma di fase) per una sostanza pura (monocomponente). Le tre curve (o linee) dei confini di fase (liquido-

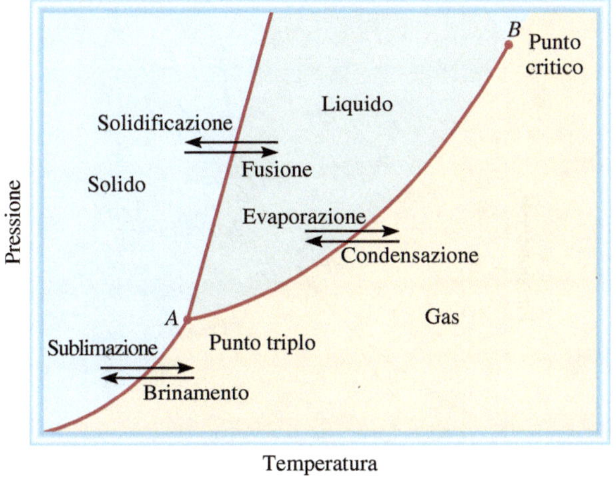

Figura 9.1 Diagramma di stato di una tipica sostanza pura. Sono indicate le curve di coesistenza tra le fasi liquido-gas, solido-liquido e solido-gas. Il punto *A*, in cui queste tre curve si incontrano, è il punto triplo. Il punto *B*, in cui termina la curva di coesistenza liquido-gas, è il punto critico.

solido, liquido-gas e solido-gas) si incontrano al punto triplo (le condizioni di temperatura e pressione in cui coesistono le tre fasi). La curva liquido-gas termina al punto critico. Questi confini di fase indicano come varia la pressione di coesistenza tra due fasi al variare della temperatura. In questo paragrafo sarà esaminato in che modo si può utilizzare la termodinamica per prevedere la forma delle curve di coesistenza tra fasi per le sostanze pure. Per le miscele possono essere costruiti diagrammi di stato più complessi che indicano la dipendenza di pressione e temperatura di coesistenza dalla composizione delle varie fasi. Nei Paragrafi 9.2 e 9.3 saranno discussi i diagrammi di stato per le miscele.

Due (o più) fasi possono essere in equilibrio fisico l'una con l'altra solo se hanno stesse temperatura e pressione. Inoltre, anche le energie libere di Gibbs per mole, $\overline{G} = G/n$, delle fasi coesistenti sulle curve dovranno essere uguali. Pertanto, per qualsiasi punto di coesistenza tra due fasi (fase α e fase β)

$$\Delta\overline{G} = \overline{G}(\text{fase } \alpha) - \overline{G}(\text{fase } \beta) = 0$$

Utilizzando questa limitazione e i concetti termodinamici sviluppati nei Capitoli 7 e 8, si può prevedere la forma delle curve di coesistenza tra fasi.

9.1.1 Equazione di Clapeyron

Si considerino i punti 1 e 2 lungo la curva che separa le fasi α e β nella Figura 9.2.

Dato che le fasi α e β sono in equilibrio, le loro energie libere di Gibbs devono essere uguali su entrambi i punti 1 e 2, cioè $G_\alpha(1) = G_\beta(1)$ e $G_\alpha(2) = G_\beta(2)$. Di conseguenza, la pendenza, dP/dT, della curva di coesistenza P-T deve essere tale che la variazione dell'energia libera di Gibbs della fase α dal punto 1 al punto 2 sia pari alla corrispondente variazione dell'energia libera di Gibbs della fase β, ossia,

$$G_\alpha(2) - G_\alpha(1) = G_\beta(2) - G_\beta(1) \quad \textbf{(9.1)}$$

L'analisi termodinamica della dipendenza della pressione e della temperatura dall'energia libera di Gibbs, mostra che, affinché sia soddisfatta l'Equazione 9.1, la pendenza, dP/dT, deve soddisfare l'Equazione 9.2,

$$\left(\frac{dP}{dT}\right)_{\text{coes}} = \frac{\Delta S}{\Delta V} \quad \textbf{(9.2)}$$

dove ΔS e ΔV sono, rispettivamente, le variazioni dell'entropia molare e del volume molare per la transizione dalla fase α alla fase β, rispettivamente: $\Delta S = S_\beta - S_\alpha$ e $\Delta V = V_\beta - V_\alpha$. Dato che $\Delta G = \Delta H - T\Delta S = 0$ lungo la curva di coesisten-

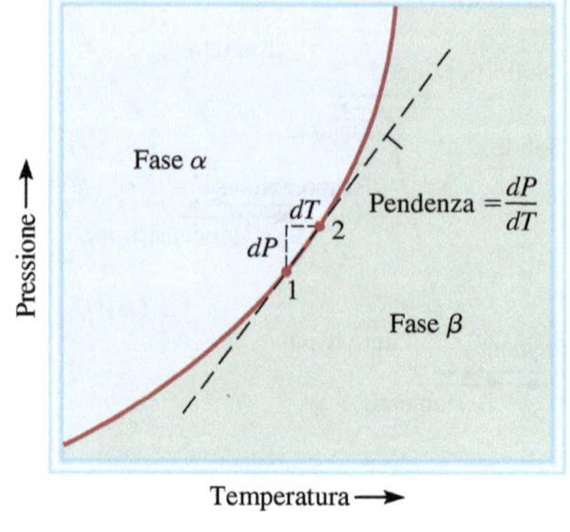

Figura 9.2 La curva di coesistenza tra due fasi α e β. In ogni punto lungo la curva di coesistenza tra fasi (per esempio, al punto 1 o al punto 2), le energie libere di Gibbs delle due fasi devono essere uguali. Questa condizione permette di determinare la pendenza, dP/dT, della curva di coesistenza tra fasi dalle proprietà termodinamiche delle due fasi.

za tra fasi, abbiamo $\Delta H = T\Delta S$, il che significa che l'Equazione 9.2 può essere riscritta come

$$\left(\frac{dP}{dT}\right)_{coes} = \frac{\Delta H}{T\Delta V} \tag{9.3}$$

Questa è ***l'equazione di Clapeyron***.[1] Questa espressione permette di prevedere la variazione della pressione di coesistenza per una determinata variazione della temperatura di coesistenza in termini delle quantità termodinamiche facilmente misurabili ΔH e ΔV. L'Equazione 9.3 è un'equazione generale che governa la coesistenza tra fasi e può essere applicata alla fusione, all'evaporazione e alla sublimazione, come pure alle transizioni di fase solido-solido, come la conversione tra diamante e grafite o la transizione fcc-bcc nel ferro.

La forma dell'Equazione 9.3 ha importanti implicazioni nelle transizioni da solido a liquido. L'entalpia di fusione è una quantità positiva per tutte le sostanze (il calore deve essere fornito per fondere tutte le sostanze), ma la variazione di volume nella fusione può essere positiva o negativa a seconda se la sostanza si espanda ($\Delta V_{fus} > 0$) o si contragga ($\Delta V_{fus} < 0$) durante la fusione.

La stragrande maggioranza delle sostanze si espande durante la fusione ($\Delta V_{fus} > 0$), e il liquido risulta meno denso rispetto al solido. Per questi sistemi, sia ΔV_{fus} che ΔH_{fus} sono positivi, e quindi, in base all'Equazione 9.3, lo sarà anche la pendenza della curva solido-liquido. La curva solido-liquido per il diossido di carbonio (Figura 5.8) ha pendenza positiva. Dato che dP/dT è positivo, un liquido al di sotto della curva di coesistenza solido-liquido può essere solidificato aumentando la pressione a temperatura costante.

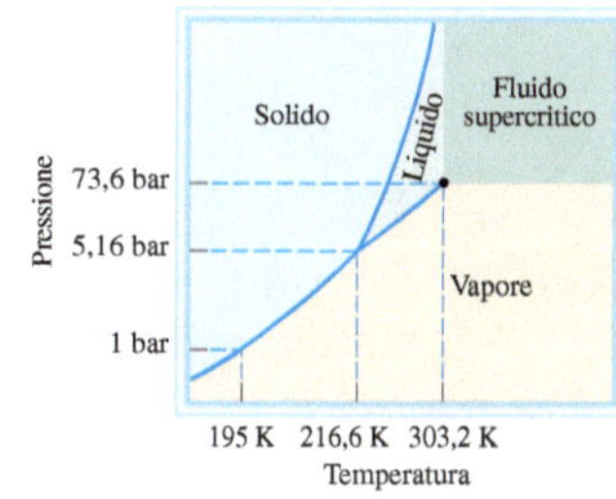

Diagramma di stato del diossido di carbonio (Figura 5.8).

Un piccolo numero di sostanze si contraggono quando fondono ($\Delta V_{fus} < 0$), per cui il liquido risulta più denso della fase solida. Alcuni esempi sono l'acqua, il gallio, l'antimonio, il bismuto e molti importanti semiconduttori, come il silicio, il germanio e l'arseniuro di gallio. Chiunque abbia accidentalmente lasciato una bottiglia d'acqua chiusa nel congelatore ha sperimentato quest'effetto. Per questi sistemi, la pendenza della curva *P-T* di coesistenza solido-liquido è negativa, come si è visto nel diagramma di stato dell'acqua [Figura 5.5(a)]. In questi sistemi, un solido al di sotto della curva di coesistenza solido-liquido fonde se si aumenta in misura sufficiente la pressione.

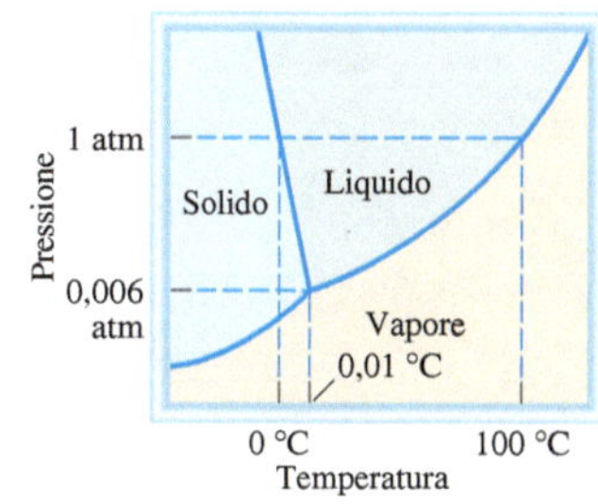

Diagramma di stato dell'acqua a basse pressioni [Figura 5.5(a)].

Le variazioni di volume che accompagnano la fusione sono generalmente di dimensioni ridotte (di solito solo una piccola percentuale). Dato che ΔV_{fus} è nel denominatore dell'Equazione 9.3, un piccolo valore di ΔV_{fus} significa che la pendenza della curva *P-T* è grande. Vale a dire, sono necessarie grandi variazioni di pressione per provocare anche piccole variazioni nella temperatura di fusione. Inoltre, poiché sia ΔV_{fus} sia ΔH_{fus} non variano significativamente con la temperatura o la pressione, la pendenza della curva di fusione è praticamente costante ed è approssimabile a una linea retta, come si vede in Figura 5.5(a).

L'Esempio 9.1 mostra come utilizzare l'equazione di Clapeyron per determinare il punto di fusione dell'acqua ad alte pressioni.

Esempio 9.1

Determinare la temperatura di fusione dell'acqua pura a 500 bar di pressione. I volumi molari del ghiaccio e dell'acqua liquida a 273 K e 1 atm di pressione sono, rispettivamente, 0,0196 e 0,0180 l mol^{-1}.

Impostazione La temperatura di fusione normale del ghiaccio a 1 atm (1,01325 bar) è 273,15 K. Per trovare la temperatura di fusione a 500 bar di pressione, dobbiamo tro-

[1] Benoit Paul Emile Clapeyron (1799-1864). Ingegnere francese. Le ricerche di Clapeyron furono nei campi della termodinamica e delle macchine a vapore.

vare la pendenza della curva *P-T* utilizzando l'equazione di Clapeyron (Equazione 9.3). Per fare questo, abbiamo bisogno di ΔV_{fus} e ΔH_{fus}. I volumi molari di acqua e ghiaccio sono dati, per cui si può determinare ΔV_{fus}. Il valore di ΔH_{fus} per l'acqua è dato nella Tabella 7.8 ($\Delta H_{fus} = 6{,}01\ \text{kJ mol}^{-1}$). Possiamo supporre che la curva di fusione *P-T* sia una linea retta (pendenza costante).

Soluzione L'equazione di Clapeyron, applicata alla fusione, è

$$\left(\frac{dP}{dT}\right)_{\text{fusione}} = \frac{\Delta H_{fus}}{T\Delta V_{fus}}$$

Dai dati forniti la variazione del volume molare nella fusione è

$$\begin{aligned}\Delta V_{fus} &= V_{\text{liquido}} - V_{\text{solido}}\\ &= 0{,}0180\ \text{l mol}^{-1} - 0{,}0196\ \text{l mol}^{-1}\\ &= -0{,}0016\ \text{l mol}^{-1}\end{aligned}$$

Così,

$$\begin{aligned}\left(\frac{dP}{dT}\right)_{\text{fusione}} \approx \frac{\Delta P}{\Delta T} &= \frac{6010\ \text{J mol}^{-1}}{(273{,}15\ \text{K})(-0{,}0016\ \text{l mol}^{-1})}\\ &= -1{,}38 \times 10^4\ \text{J l}^{-1}\ \text{K}^{-1}\end{aligned}$$

Per convertire a unità di pressione, utilizzare la conversione 1 l bar = 100 J:

$$\begin{aligned}\frac{\Delta P}{\Delta T} &= -(1{,}38 \times 10^4\ \text{J l}^{-1}\ \text{K}^{-1}) \times \frac{1\ \text{l bar}}{100\ \text{J}}\\ &= -138\ \text{bar K}^{-1}\end{aligned}$$

Per cui, è necessario un aumento di pressione di 138 bar per abbassare il punto di fusione dell'acqua di 1 K.

La variazione del punto di fusione nel passaggio da 1 atm a 500 bar può quindi essere calcolato nel modo seguente:

$$\begin{aligned}\Delta T &= \frac{\Delta P}{-138\ \text{bar K}^{-1}}\\ &= \frac{500\ \text{bar} - 1{,}01\ \text{bar}}{-138\ \text{bar K}^{-1}}\\ &= -3{,}6\ \text{K}\end{aligned}$$

Per cui, il nuovo punto di fusione è $T_m = 273{,}15\ \text{K} - 3{,}6\ \text{K} = 269{,}5\ \text{K}$ (o $-3{,}6\ °\text{C}$).

Commento L'abbassamento del punto di fusione dell'acqua ad alta pressione viene talvolta usato per spiegare il motivo per cui è possibile il pattinaggio su ghiaccio. Quando il ghiaccio si scioglie sotto i pattini a causa della pressione, la pellicola d'acqua che si forma agisce come un lubrificante. La pressione esercitata da una persona sui pattini, tuttavia, è solo nell'ordine di 500 bar, lo stesso valore usato nel problema. Pertanto, se la fusione indotta dalla pressione fosse l'unico meccanismo responsabile della lubrificazione, sarebbe impossibile pattinare su ghiaccio a temperature inferiori a circa -4 °C (il punto di fusione del ghiaccio alla pressione generata da una persona sui pattini). È comunque possibile pattinare al di sotto di -4 °C e, quindi, dovranno esservi degli altri processi in atto. Ulteriori e più dettagliati studi indicano che le principali cause di lubrificazione nel pattinaggio su ghiaccio sono la pre-fusione del ghiaccio (la naturale formazione di un sottile velo d'acqua sulla superficie del ghiaccio) e la fusione a causa del riscaldamento provocato dall'attrito delle lame dei pattini sul ghiaccio.

Problema di autovalutazione Qual è il punto di fusione del mercurio a 500 bar di pressione? Le densità del mercurio liquido e del mercurio solido al suo punto di fusione normale ($-38{,}9$°C) sono, rispettivamente, 13,69 e 14,38 g ml^{-1}. Il calore di fusione del Hg è di 9,75 kJ mol^{-1}.

9.1.2 Equazione di Clausius-Clapeyron

Per le transizioni di fase come l'evaporazione o la sublimazione, nelle quali una delle fasi è gassosa, l'equazione di Clapeyron può essere espressa in una semplice forma approssimata. Per questo tipo di transizioni, il volume molare della fase gassosa (V_g) è talmente superiore a quello del liquido o del solido ($V_{\text{liquido o solido}}$), che si può ignorare il volume molare della fase condensata nel determinare la variazione del volume molare nella transizione. Per esempio, per la variazione del volume molare nell'evaporazione, possiamo scrivere

$$\Delta V_{vap} = V_g - V_{\text{liquido o solido}} \approx V_g$$

Se le pressioni non sono troppo grandi, possiamo assumere il comportamento del gas ideale:

$$\Delta V_{vap} \approx V_g = \frac{RT}{P}$$

Sostituendo il valore del ΔV_{vap} nell'Equazione 9.3 (applicata all'evaporazione), si avrà

$$\frac{dP}{dT} = \frac{\Delta H_{vap}}{T\Delta V_{vap}} \approx \frac{P\Delta H_{vap}}{RT^2}$$

dove ΔH_{vap} è l'entalpia molare di evaporazione (Paragrafo 7.6). Dopo riarrangiamento, si ha

$$\frac{dP}{P} = \frac{\Delta H_{vap}}{RT^2}dT$$

Integrando entrambe le parti dalle iniziali pressione e temperatura (P_1 e T_1) allo stato finale (P_2 e T_2) si ha

$$\int_{P_1}^{P_2}\frac{dP}{P} = \int_{T_1}^{T_2}\frac{\Delta H_{vap}}{RT^2}dT$$

$$\ln\frac{P_2}{P_1} \approx \frac{\Delta H_{vap}}{R}\left(\frac{1}{T_1} - \frac{1}{T_2}\right) \tag{9.4}$$

dove abbiamo fatto l'ulteriore approssimazione che ΔH_{vap} sia indipendente da T. L'Equazione 9.4, che descrive la dipendenza della pressione di vapore dalla temperatura, è nota come ***equazione di Clausius-Clapeyron***. Per come è scritta, l'Equazione 9.4 si applica all'evaporazione di un liquido. Per essere applicata alla sublimazione, l'entalpia di evaporazione deve essere sostituita da ΔH_{sub}, l'entalpia di sublimazione. Poiché l'entalpia di evaporazione (o sublimazione) è una quantità positiva, l'Equazione 9.4 indica che la pressione di vapore di un liquido o di un solido aumenta con l'aumentare della temperatura.

L'Esempio 9.2 mostra come usare l'Equazione 9.4 per determinare la dipendenza dalla temperatura della pressione di vapore di un liquido.

Esempio 9.2

L'etere dietilico è un liquido organico volatile e altamente infiammabile, utilizzato principalmente come solvente. La pressione di vapore dell'etere etilico è 401 mmHg a 18 °C. Calcolare la tensione di vapore a 32 °C.

Impostazione Viene data la pressione di vapore (P_1 = 401 mmHg) a una data temperatura (T_1 = 18 °C = 291,15 K). Viene chiesto di trovare la pressione di vapore (P_2) a una diversa temperatura (T_2 = 32 °C = 305,15 K). Per utilizzare l'equazione di Clausius-Clapeyron, abbiamo bisogno di conoscere l'entalpia molare di evaporazione dell'etere etilico. Questo valore è elencato nella Tabella 7.7 (ΔH_{vap} = 26,0 kJ mol^{-1}). I valori delle entalpie molari di evaporazione riportati nella Tabella 7.7 sono registrati al punto di ebollizione normale, che per l'etere etilico è 34,6 °C. Possiamo utilizzare questo valore nell'Equazione 9.4 dato che abbiamo ricavato questa equazione assumendo che ΔH_{vap} sia indipendente dalla temperatura nell'intervallo di temperatura di interesse.

Soluzione Sostituendo questi valori nell'Equazione 9.4 si avrà

$$\ln\frac{P_2}{P_1} \approx \frac{\Delta H_{vap}}{R}\left(\frac{1}{T_1} - \frac{1}{T_2}\right)$$

$$\ln\frac{P_2}{401 \text{ mmHg}} \approx \frac{26{,}000 \text{ J mol}^{-1}}{8{,}314 \text{ J mol}^{-1}\text{ K}^{-1}}\left(\frac{1}{291 \text{ K}} - \frac{1}{305 \text{ K}}\right)$$

$$\ln\frac{P_2}{401 \text{ mmHg}} \approx 0{,}493$$

Mettendo a esponente entrambi i lati, si avrà

$$P_2 = (401 \text{ mmHg}) \times e^{0{,}493}$$
$$P_2 = 656 \text{ mmHg}$$

Verifica La risposta è ragionevole perché la pressione di vapore deve essere più grande a temperatura più alta.

Problema di autovalutazione La pressione di vapore dell'etanolo è di 100 mmHg a 34,9 °C. Qual è la sua pressione di vapore a 63,5 °C?

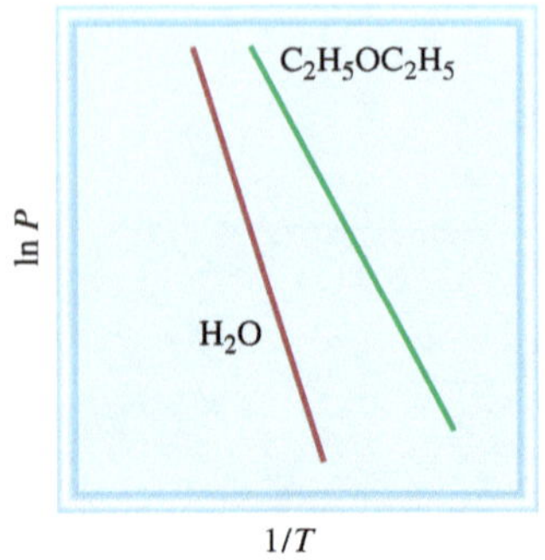

Figura 9.3 Grafico di ln P in funzione di $1/T$ per l'acqua (H_2O) e per l'etere dietilico ($C_2H_5OC_2H_5$). Le pendenze per entrambe le curve sono pari a $-\Delta H_{vap}/R$.

Quando P_1 e T_1 sono note, l'equazione di Clausius-Clapeyron (Equazione 9.4) assume la forma

$$\ln P = -\frac{\Delta H_{vap}}{R}\left(\frac{1}{T}\right) + \text{costante} \qquad \textbf{(9.5)}$$

che ha la forma di una linea retta ($y = mx + b$). Pertanto, un grafico di ln P in funzione di $1/T$ (supponendo che ΔH_{vap} sia indipendente da T) darà una linea retta la cui pendenza è pari a $-\Delta H_{vap}/R$. Questo metodo può essere utilizzato per determinare il calore di evaporazione di una sostanza. La Figura 9.3 mostra i grafici di ln P in funzione di $1/T$ per l'acqua e per l'etere dietilico. Entrambi sono linee rette, ma quella dell'acqua ha una pendenza più ripida, poiché l'acqua ha un maggiore ΔH_{vap}.

L'Esempio 9.3 mostra come determinare l'entalpia molare di evaporazione di una sostanza, dai dati per la pressione di vapore in funzione della temperatura.

Esempio 9.3

Un esperimento per determinare la pressione di vapore dell'acqua in un intervallo di temperature tra 15 °C e 80 °C produce i seguenti risultati:

T (°C)	15,0	25,0	37,0	60,0	80,0
P (mmHg)	12,79	23,76	47,07	149,4	355,1

Utilizzare questi dati per determinare l'entalpia molare di evaporazione dell'acqua.

Impostazione Secondo l'Equazione 9.5, un grafico di ln P in funzione di $1/T$ produce una linea retta la cui pendenza è pari a $-\Delta H_{vap}/R$. I dati di temperatura sono espressi in gradi Celsius, per cui devono prima essere convertiti in valori di temperatura assoluta (in kelvin). Inoltre, i dati di pressione devono prima essere convertiti in forma logaritmica.

Soluzione Per utilizzare l'Equazione 9.5, si devono prima convertire i dati in una forma adeguata per essere inseriti in un diagramma:

$1/T$ (K^{-1})	$3{,}470 \times 10^{-3}$	$3{,}354 \times 10^{-3}$	$3{,}224 \times 10^{-3}$	$3{,}002 \times 10^{-3}$	$2{,}832 \times 10^{-3}$
ln P	2,549	3,168	3,852	5,006	5,872

Possiamo quindi scrivere il grafico ln P in funzione di $1/T$, che dà una linea retta.

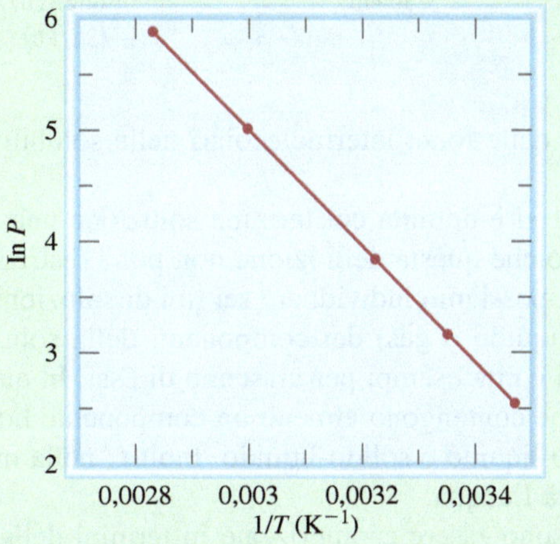

Usando una calcolatrice grafica o un equivalente programma sul computer, la regressione lineare dei minimi quadrati dà una pendenza di $-5{,}21 \times 10^3$ K. Pertanto,

$$-\Delta H_{vap}/R = -5210 \text{ K}$$
$$\Delta H_{vap} = -(8{,}314 \text{ J mol K}^{-1})(-5{,}21 \times 10^3 \text{ K})$$
$$= 43{,}3 \text{ kJ mol}^{-1}$$

Commento Questa stima del calore molare di evaporazione dell'acqua è leggermente inferiore al valore misurato al punto di ebollizione normale (100 °C) elencato nella Tabella 7.7 (40,79 kJ mol^{-1}). Questa apparente discrepanza è dovuta al fatto che il ΔH_{vap} è dipendente dalla temperatura, e quindi il valore determinato graficamente in questo esercizio, di fatto, rappresenta una media sull'intervallo di temperatura compreso tra 15 °C e 80 °C.

Problema di autovalutazione La pressione di vapore del mercurio a varie temperature è stata determinata come segue:

T (K)	323	353	393,5	413	433
P (mmHg)	0,0127	0,0888	0,7457	1,845	4,189

Calcolare il valore del $\Delta \overline{H}_{vap}$ per il mercurio.

9.2 Solubilità

Nel Paragrafo 9.1 la discussione è stata focalizzata sugli equilibri di fase in sostanze pure. La maggior parte delle reazioni chimiche hanno luogo, però, non tra solidi, liquidi o gas allo stato puro, ma tra ioni e molecole disciolti in acqua o in altri solventi. Nei Paragrafi 9.2, 9.3 e 9.4, saranno esaminate le proprietà delle soluzioni, in

Tabella 9.1 Tipi di soluzioni

Componente 1	Componente 2	Stato della soluzione risultante	Esempi
Gas	Gas	Gas	Aria
Gas	Liquido	Liquido	Acqua gassata (CO_2 in acqua)
Gas	Solido	Solido	H_2 gas nel palladio
Liquido	Liquido	Liquido	Etanolo in acqua
Liquido	Solido	Solido	Amalgama dentale (Hg/Ag e altri metalli)
Solido	Liquido	Liquido	NaCl in acqua
Solido	Solido	Solido	Ottone (Cu/Zn), lega per saldature (Sn/Pb)

special modo il ruolo delle forze intermolecolari nella solubilità e altre proprietà fisiche delle soluzioni.

Nel Paragrafo 0.1 si è definita col termine soluzione una miscela omogenea di due o più sostanze. Poiché questa definizione non pone restrizioni sulla natura delle sostanze in questione, possiamo individuare sei tipi di soluzioni, a seconda dello stato originale (solido, liquido o gas) dei componenti della soluzione. La Tabella 9.1 elenca tutti e sei i tipi e cita esempi per ciascuno di essi. In questo capitolo saranno trattate le soluzioni che contengono almeno un componente liquido, cioè le soluzioni gas-liquido, liquido-liquido e solido-liquido. Inoltre, nella maggior parte dei casi, il solvente liquido sarà l'acqua.

Le soluzioni possono essere caratterizzate in termini della loro capacità a sciogliere un soluto. Una ***soluzione satura*** *contiene la massima quantità di soluto che si scioglie in un dato solvente a una specifica temperatura.* Questa concentrazione massima di soluto viene indicata come la ***solubilità*** del soluto in un dato solvente. Una ***soluzione insatura*** *contiene meno soluto di quello che ha la capacità di sciogliere.* Un terzo tipo, una ***soluzione sovrasatura***, *contiene più soluto di quello presente in una soluzione satura.* Le *soluzioni sovrasature* sono instabili. Col passare del tempo, una certa quantità di soluto si separerà dalla soluzione sovrasatura sotto forma di cristalli.

La ***cristallizzazione*** è *il processo in cui il soluto disciolto si separa dalla soluzione formando dei cristalli* (Figura 9.4). Sia la precipitazione che la cristallizzazione descrivono la separazione di un eccesso di sostanza solida da una soluzione sovrasatura. Tuttavia, i solidi formati dai due processi hanno un aspetto diverso. I pre-

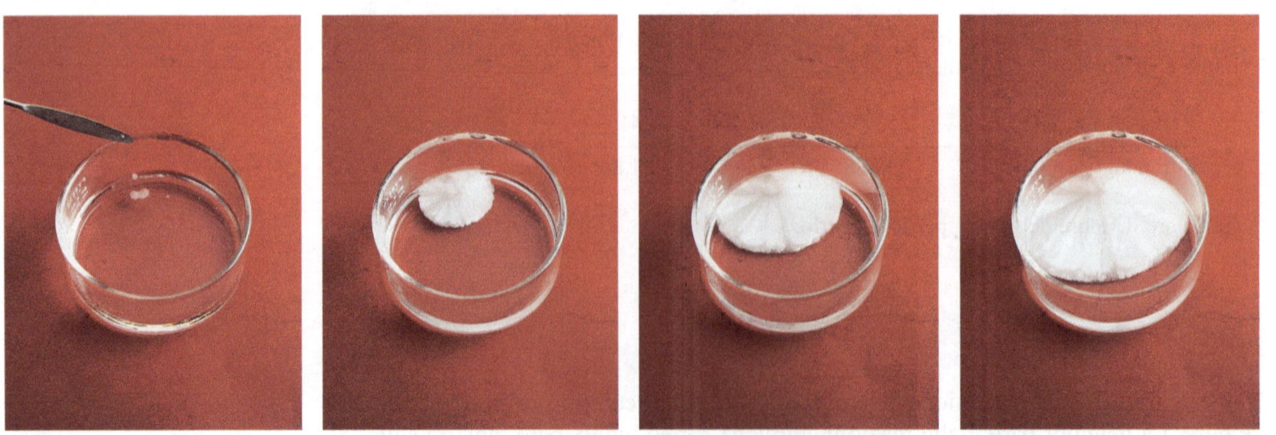

Figura 9.4 Cristalli di acetato di sodio si formano rapidamente in una soluzione sovrasatura in seguito all'aggiunta di un germe di cristallizzazione (a sinistra).

cipitati sono generalmente costituiti da piccole particelle, mentre i cristalli possono essere grandi e con geometrie ben definite.

In chimica ci si riferisce in maniera qualitativa alle sostanze come solubili, poco solubili o insolubili. Una sostanza si dice solubile in un dato solvente, se una quantità osservabile di questa si scioglie quando aggiunta a tale solvente. In caso contrario, la sostanza è descritta come leggermente solubile o insolubile in un dato solvente. In pratica, una sostanza che abbia una solubilità inferiore a circa 0,1 mol l^{-1} può essere considerata insolubile.

9.2.1 Processo di soluzione

Le attrazioni intermolecolari che tengono unite le molecole nei liquidi e nei solidi svolgono un ruolo fondamentale anche nella formazione di soluzioni. Quando una sostanza (il soluto) si scioglie in un'altra (il solvente), le particelle di soluto si disperdono in tutto il solvente. Le particelle di soluto occupano posizioni che sono normalmente occupate da molecole di solvente. La facilità con cui le particelle di soluto sostituiscono una molecola di solvente dipende dalla forza relativa di tre tipi di interazioni:

- interazioni solvente-solvente.
- interazioni soluto-soluto.
- interazioni soluto-solvente.

Sebbene l'esatto meccanismo del processo di soluzione possa essere complesso, ai fini del calcolo delle variazioni di entalpia associate al processo di soluzione, si può immaginare questo processo suddiviso in tre fasi distinte, come mostrato in Figura 9.5. Si può usare qualsiasi percorso per calcolare le variazioni di entalpia in un sistema, poiché l'entalpia è una funzione di stato. Le molecole di solvente si separano nel passaggio 1 e le molecole di soluto si separano nel passaggio 2. Anche se il soluto è indicato qui come un solido cristallino, potrebbe anche essere un liquido o un gas. Questi passaggi richiedono una certa quantità di energia che serve a vincere le forze attrattive intermolecolari, e quindi sono endotermici. Nel passaggio 3, il solvente e il soluto si mescolano. Questo processo può essere esotermico o endotermico. Il calore di soluzione (ΔH_{sol}) è dato da

$$\Delta H_{sol} = \Delta H_1 + \Delta H_2 + \Delta H_3$$

Se l'attrazione soluto-solvente (ΔH_3) è più forte dell'attrazione solvente-solvente (ΔH_1) e dell'attrazione soluto-soluto (ΔH_2), allora il processo di soluzione è favorevole, o esotermico ($\Delta H_{sol} < 0$).

Se l'interazione soluto-solvente è più debole delle interazioni solvente-solvente e soluto-soluto, il processo di soluzione è endotermico ($\Delta H_{sol} > 0$).

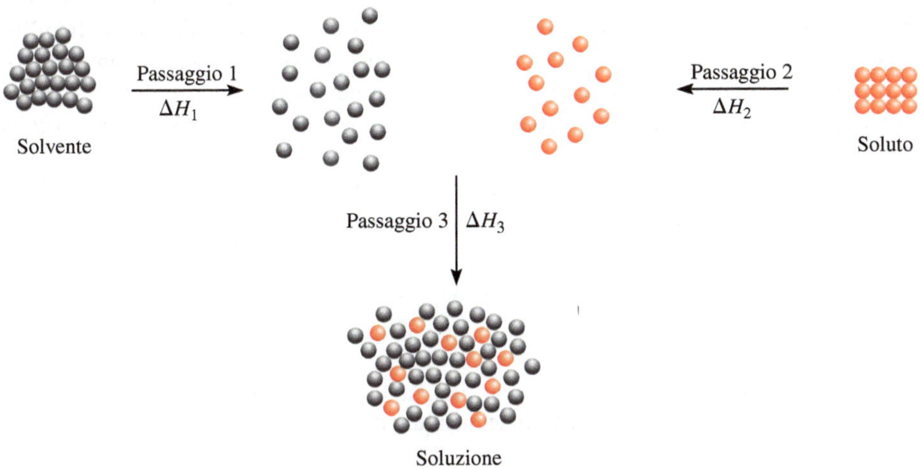

Figura 9.5 Vista a livello molecolare del processo di soluzione descritto come suddiviso in tre passaggi: inizialmente le molecole di solvente e di soluto sono separate (passaggi 1 e 2), poi le molecole si mescolano tra loro (passaggio 3).

Perché un soluto dovrebbe sciogliersi in un solvente, se l'attrazione tra le proprie molecole è più forte dell'attrazione soluto-solvente? Il processo di soluzione, come tutti i processi fisici e chimici, è disciplinato da un fattore entalpico e da un fattore entropico. L'entalpia di soluzione (ΔH_{sol}) determina se un processo di soluzione è esotermico o endotermico. L'entropia di soluzione (ΔS_{sol}), che è legata all'entropia di mescolamento discussa nel Paragrafo 8.6, in genere favorisce la dissoluzione e, quindi, un soluto può avere una certa solubilità in un solvente, anche se il processo di soluzione è endotermico.

Il concetto "il simile scioglie il simile" può essere utile per prevedere la solubilità di una sostanza in un dato solvente. Questa espressione indica che due sostanze con forze intermolecolari dello stesso tipo e grandezza saranno verosimilmente solubili l'una nell'altra. Per esempio, sia il tetracloruro di carbonio (CCl_4) sia il benzene (C_6H_6) sono liquidi non polari. Le uniche forze intermolecolari presenti in queste sostanze sono le forze di dispersione discusse nel Paragrafo 4.6. Quando questi due liquidi sono mescolati, immediatamente si sciolgono l'uno nell'altro, poiché le interazioni CCl_4-C_6H_6 sono paragonabili, per entità, a quelle CCl_4-CCl_4 e C_6H_6-C_6H_6.

Quando due liquidi sono *completamente solubili l'uno nell'altro in tutte le proporzioni* si dicono **miscibili**. Sebbene CCl_4 e C_6H_6 siano miscibili l'uno nell'altro, nessuno dei due è miscibile (e nemmeno solubile) con l'acqua, che è un solvente fortemente polare. L'acetone e gli alcoli come il metanolo, l'etanolo e il glicole etilenico sono miscibili con l'acqua, poiché possono formare legami idrogeno con molecole d'acqua:

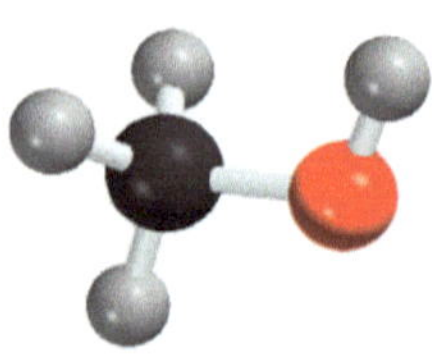

CH_3OH
(metanolo)

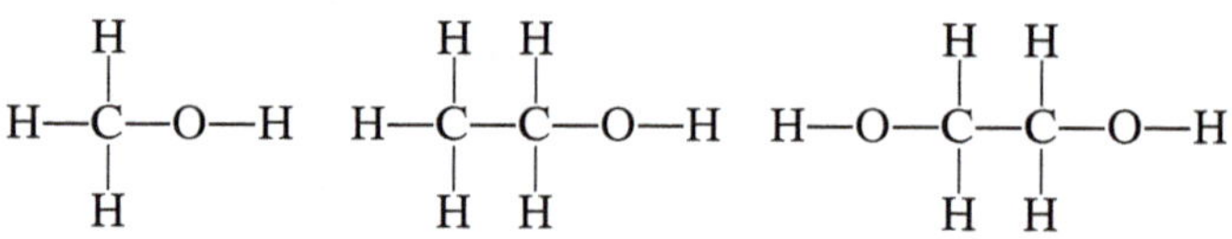

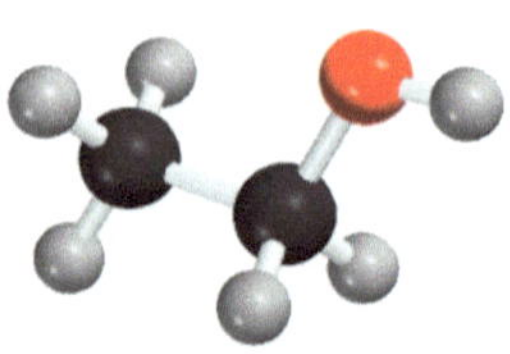

C_2H_5OH
(etanolo)

Le sostanze polari, che si dissolvono facilmente in acqua, sono spesso denominate ***idrofile*** (affini all'acqua), mentre le sostanze non polari, insolubili in acqua, sono indicate come ***idrofobe*** (respingono l'acqua).

In generale, i composti ionici (per esempio NaCl) sono molto più solubili in solventi polari, come l'acqua, l'ammoniaca liquida, il fluoruro di idrogeno liquido, che in solventi non polari, come il benzene e il tetracloruro di carbonio. Dato che le molecole dei solventi non polari non possiedono momento dipolare, esse non possono efficacemente solvatare cationi (per esempio Na^+) e anioni (per esempio Cl^-). La ***solvatazione*** è *il processo in cui uno ione o una molecola è circondato da molecole di solvente disposte in modo specifico*. Il processo è chiamato ***idratazione*** quando il solvente è l'acqua. L'interazione intermolecolare predominante tra gli ioni e i composti non polari è un'interazione ione-dipolo indotto, che è molto più debole di un'interazione ione-dipolo (vedi Paragrafo 4.6). Di conseguenza, i composti ionici di solito presentano una solubilità estremamente bassa nei solventi non polari. La previsione qualitativa e quantitativa sulla solubilità di specifici composti ionici in acqua sarà trattata nel Capitolo 10.

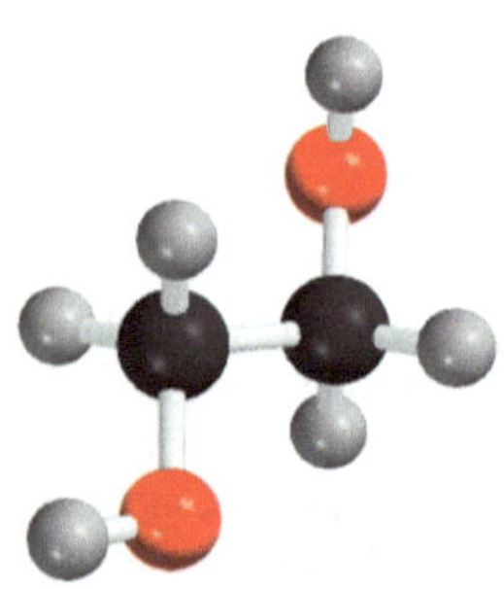

$CH_2(OH)CH_2(OH)$
(glicole etilenico)

L'Esempio 9.4 mostra come prevedere qualitativamente la solubilità sulla base delle forze intermolecolari nel soluto e nel solvente.

Esempio 9.4

Prevedere le solubilità relative nei seguenti casi: (a) bromo (Br_2) in benzene (C_6H_6, μ = 0 D) e in acqua (μ = 1,87 D), (b) KCl in tetracloruro di carbonio (CCl_4, μ = 0 D) e in ammoniaca liquida (NH_3, μ = 1,46 D), (c) formaldeide (CH_2O) in solfuro di carbonio (CS_2, μ = 0) e in acqua.

Impostazione Per prevedere la solubilità di un dato composto in un dato solvente, si ricordi che il simile scioglie il simile. Così, un soluto non polare si scioglierà in un solvente non polare; i composti ionici generalmente si scioglieranno in solventi polari a causa di interazioni ione-dipolo; soluti che possono formare legami idrogeno con il solvente saranno molto solubili in quel solvente.

Soluzione

(a) Br_2 è una molecola non polare, quindi dovrebbe essere più solubile in C_6H_6 (anch'esso non polare) che in acqua (molto polare). Le uniche interazioni intermolecolari tra Br_2 e C_6H_6 sono le forze di dispersione.

(b) KCl è un composto ionico. Per entrare in soluzione, i singoli ioni K^+ e Cl^- devono essere stabilizzati da interazioni ione-dipolo. Poiché CCl_4 non ha momento di dipolo, KCl dovrebbe essere più solubile in NH_3 liquida, una molecola polare con un momento dipolare elevato.

(c) Poiché CH_2O è una molecola polare e CS_2 (una molecola lineare) è non polare, le forze tra le molecole di CH_2O e CS_2 sono interazioni deboli dipolo-dipolo indotto e forze di dispersione. Inoltre, CH_2O può fungere da accettore di legami idrogeno con l'acqua, quindi dovrebbe essere più solubile in H_2O che in CS_2.

Problema di autovalutazione Lo iodio (I_2) è più solubile in acqua o in solfuro di carbonio (CS_2)?

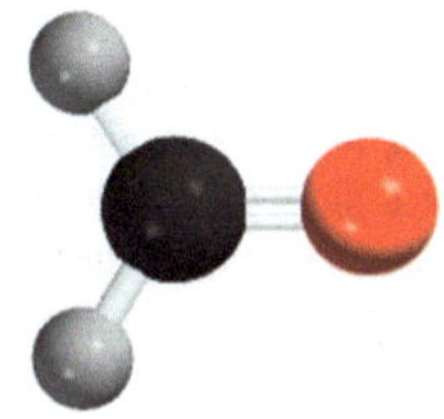

CH_2O
(formaldeide)

Il concetto "il simile scioglie il simile" aiuta a spiegare con cui il sapone rimuove le sostanze grasse e oleose. Lo stearato di sodio, una tipica molecola di sapone, ha un gruppo polare come testa e una lunga coda idrocarburica non polare (Figura 9.6).

L'azione detergente del sapone è dovuta alla duplice natura della molecola di sapone (testa idrofila e coda idrofoba). La coda idrocarburica è facilmente solubile in sostanze oleose, anch'esse non polari, mentre il gruppo ionico COO^- rimane al di fuori della superficie oleosa. Quando un numero sufficiente di molecole di sapone hanno circondato una goccia d'olio, come mostrato nella Figura 9.7, l'intero sistema diventa stabilizzato in acqua, perché l'esterno è ormai in gran parte idrofilo. Questo è il modo in cui il sapone rimuove le sostanze grasse dalle superfici (mani, piatti, tessuti).

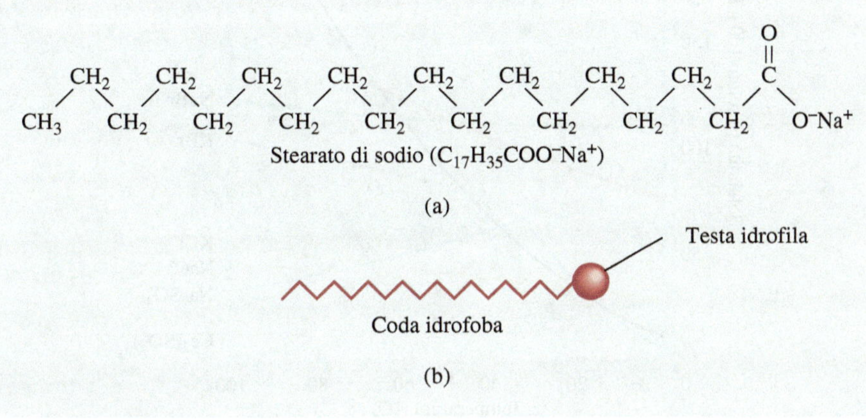

Figura 9.6 (a) Una molecola di sodio stearato.
(b) Rappresentazione semplificata della molecola che mostra una testa idrofila e una coda idrofoba.

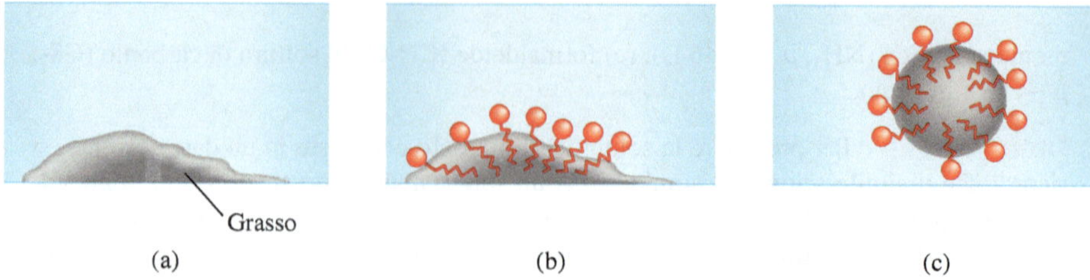

Figura 9.7 L'azione detergente del sapone. (a) Il grasso (sostanza oleosa) è insolubile in acqua. (b) Quando il sapone è aggiunto all'acqua, le code non polari delle molecole di sapone si sciolgono nel grasso, lasciando la testa polare sulla superficie, esposta all'acqua. (c) Il grasso viene eliminato sotto forma di emulsione, nella quale ogni goccia oleosa ha una superficie esterna ionica, idrofila.

9.2.2 Effetto della temperatura sulla solubilità

Ricordiamo che la solubilità è definita come la massima quantità di soluto che si scioglie in una determinata quantità di solvente *a determinate temperatura e pressione*. La Figura 9.8 mostra come la solubilità di alcuni composti ionici in acqua dipenda dalla temperatura. Nella maggior parte, ma non in tutti i casi, la solubilità di una sostanza solida aumenta con la temperatura.

Per ragioni che saranno discusse nel Paragrafo 10.6, la dipendenza dalla temperatura della solubilità può essere prevista dalla variazione dell'entalpia associata all'aggiunta di soluto a una soluzione satura (ΔH_{sat}). Se ΔH_{sat} è positiva (cioè se l'aggiunta di soluto è un processo endotermico), allora la solubilità del soluto aumenta all'aumentare della temperatura. Se ΔH_{sat} è negativa (se l'aggiunta di soluto è un processo esotermico), la solubilità del soluto diminuisce con l'aumentare della temperatura.

Il valore di ΔH_{sat} può differire dall'entalpia di soluzione a diluizione infinita ΔH_{sol} definita nel Paragrafo 7.6 per due motivi:

- L'entalpia di soluzione a diluizione infinita ΔH_{sol} è la variazione di entalpia associata all'aggiunta di un soluto a un *solvente puro*, mentre l'entalpia ΔH_{sat} è la variazione di entalpia associata all'aggiunta di un soluto a una *soluzione satura*.
- La forma stabile di un solido ionico è spesso quella idrata. L'entalpia di soluzione per gli idrati è generalmente positiva (endotermica), soprattutto in condizioni di saturazione. Per questo motivo, la solubilità di un composto ionico può aumentare con la temperatura, anche se la ΔH_{sol} per la forma anidra è negativa (esotermica).

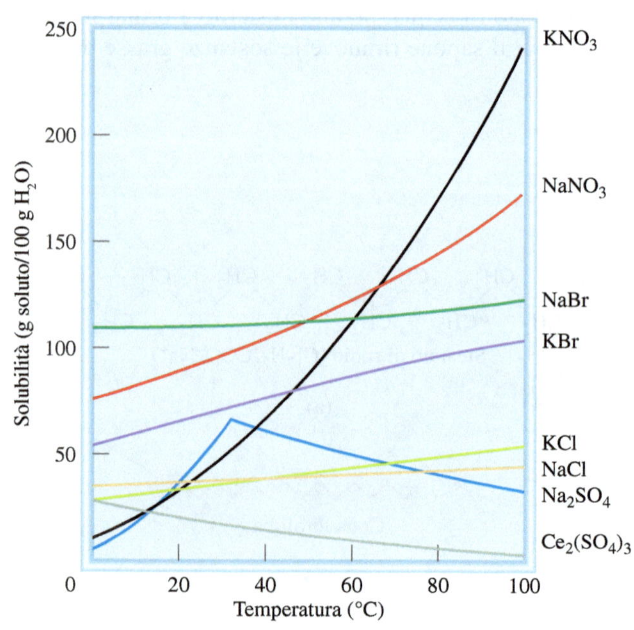

Figura 9.8 Dipendenza dalla temperatura della solubilità di alcuni composti ionici in acqua.

L'entalpia di soluzione a diluizione infinita ΔH_{sol} per Na_2SO_4 anidro, per esempio, è -23 kJ mol^{-1}. Sulla base di questo valore, la solubilità del solfato di sodio dovrebbe *diminuire* all'aumentare della temperatura. Questo succede a temperature elevate, secondo la Figura 9.8, ma a basse temperature la solubilità *aumenta* all'aumentare della temperatura. Ciò si verifica perché la forma stabile tra 0 °C e circa 30 °C non è il composto anidro, ma il sale decaidrato $Na_2SO_4 \cdot 10H_2O$, per il quale l'entalpia di soluzione è positiva (endotermica) in condizioni di saturazione. Al di sopra di circa 30 °C, la forma solida stabile è il Na_2SO_4 anidro, e la solubilità diminuisce con la temperatura, come previsto dal valore negativo di ΔH_{sol}.

La dipendenza della solubilità di un solido con la temperatura varia notevolmente, come mostrato in Figura 9.9. Per esempio, la solubilità del KNO_3, aumenta sensibilmente con la temperatura, mentre le solubilità di NaCl e di NaBr cambiano molto poco. Questa differenza di comportamento permette di ottenere sostanze pure da miscele attraverso il processo della ***cristallizzazione frazionata***, definita come *la separazione di una miscela di sostanze nei componenti puri sulla base delle loro diverse solubilità.*

Supponiamo di avere 90 g di KNO_3 contaminati con 10 g di NaCl. Per purificare il campione di KNO_3, dobbiamo sciogliere la miscela in 100 ml di acqua a 60 °C e poi gradualmente raffreddare la soluzione a 0 °C. A questa temperatura le solubilità di NaCl e KNO_3 sono, rispettivamente, 12,1 g/100 g H_2O e 34,2 g/100 g H_2O. Per cui, 78 g di KNO_3 (cioè 90 g -12 g), cristallizzeranno dalla soluzione, ma tutto il NaCl resterà disciolto (Figura 9.9). In questo modo, si può ottenere circa il 90% della quantità originale di KNO_3 in forma pura. I cristalli di KNO_3 possono essere separati dalla soluzione mediante filtrazione. Molti dei solidi inorganici e organici che vengono utilizzati in laboratorio sono purificati tramite cristallizzazione frazionata. Il metodo di solito funziona meglio se il composto da purificare presenta una ripida curva di solubilità, cioè, se è molto più solubile a temperature alte che a temperature basse. In caso contrario, gran parte di esso rimarrà disciolto nella soluzione raffreddata. La cristallizzazione frazionata funziona bene, inoltre, se la quantità di impurezze nella soluzione è relativamente piccola.

Temperatura e solubilità dei gas

Quando un gas viene messo in contatto con un solvente, un certo numero di molecole di gas si disciolgono nel liquido. Questo processo di solito è esotermico e la so-

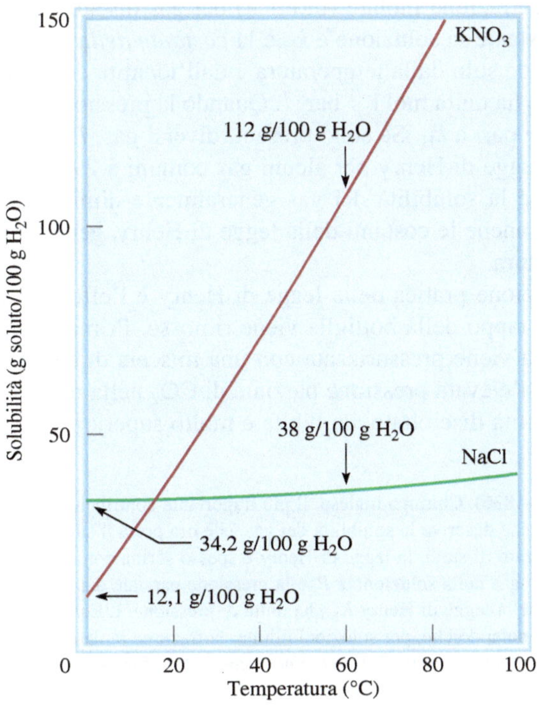

Figura 9.9 Grafico della dipendenza dalla temperatura della solubilità del KNO_3 e del NaCl in acqua. KNO_3 è molto più solubile ad alte temperature (per esempio 60 °C) che a basse temperature (0 °C), mentre la solubilità di NaCl aumenta solo leggermente all'aumento di temperatura. Questa differenza di comportamento rende possibile isolare il KNO_3 puro da una soluzione contenente entrambi i sali mediante cristallizzazione frazionata.

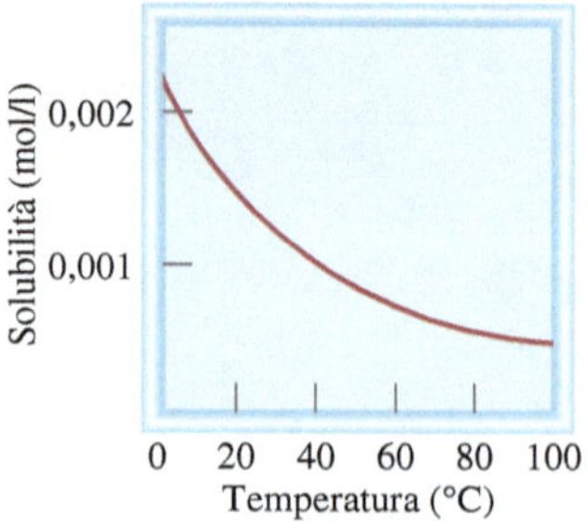

Figura 9.10 Grafico della dipendenza dalla temperatura della solubilità dell'ossigeno gassoso in acqua. La solubilità diminuisce all'aumentare della temperatura. La pressione del gas sulla soluzione è di 1 bar.

lubilità del gas in acqua di solito *diminuisce* all'aumentare della temperatura (Figura 9.10). Quando l'acqua viene riscaldata in un recipiente di vetro, si formano bolle d'aria sulle pareti di vetro, prima che l'acqua inizi a bollire. All'aumentare della temperatura, l'aria disciolta nell'acqua comincia a "sfuggire" dalla soluzione prima che l'acqua inizi a bollire.

La ridotta solubilità dell'ossigeno molecolare nell'acqua calda contribuisce al problema dell'*inquinamento termico*, cioè il riscaldamento dell'ambiente (di solito corsi d'acqua) a temperature che sono dannose per la vita degli organismi acquatici. Si stima che ogni anno negli Stati Uniti circa 400 miliardi di tonnellate di acqua siano utilizzate per il raffreddamento industriale, soprattutto nelle centrali elettriche e nelle centrali nucleari. Questi processi riscaldano l'acqua, che viene poi restituita ai fiumi e ai laghi da cui è stata prelevata. I pesci, come tutti gli altri animali a sangue freddo, riescono in maniera molto più difficile a far fronte alle rapide fluttuazioni di temperatura dell'ambiente, rispetto all'uomo. Un aumento della temperatura dell'acqua accelera il loro metabolismo, che generalmente raddoppia ogni aumento di 10 °C. L'accelerazione del metabolismo fa aumentare nel pesce il bisogno di ossigeno, ossigeno che al tempo stesso diminuisce a causa della sua minore solubilità nell'acqua riscaldata.

La comprensione di come la solubilità dei gas vari con la temperatura può, inoltre, aumentare la probabilità di catturare un pesce. In un caldo giorno d'estate, un esperto pescatore di solito sceglie un punto profondo, in un fiume o in un lago, per gettare l'esca. Poiché il contenuto di ossigeno è maggiore nelle zone più profonde e fresche, lì si troverà la maggior parte dei pesci.

9.2.3 Effetto della pressione sulla solubilità dei gas

Ai fini pratici, la pressione esterna non ha alcuna influenza sulla solubilità di liquidi e solidi, ma influenza molto la solubilità dei gas. La relazione quantitativa tra la solubilità di un gas e la pressione è data dalla ***legge di Henry***,[2] la quale afferma che *la concentrazione all'equilibrio di un gas disciolto in un liquido è proporzionale alla pressione del gas sovrastante la soluzione*:[3]

$$c = k_H P \tag{9.6}$$

Dove c è la concentrazione molare (mol l^{-1}) del gas disciolto; P è la pressione (in bar) del gas sovrastante la soluzione e k_H è la *costante della legge di Henry* che, per un dato gas, dipende solo dalla temperatura e dall'identità del solvente.

La costante k_H ha unità mol l^{-1} bar^{-1}. Quando la pressione del gas è pari a 1 bar, c è *numericamente* pari a k_H. Se sono presenti diversi gas, P è la pressione parziale. Le costanti della legge di Henry per alcuni gas comuni a 298 K sono riportati nella Tabella 9.2. Poiché la solubilità dei gas generalmente diminuisce con l'aumentare della temperatura, anche le costanti della legge di Henry, generalmente, diminuiscono con la temperatura.

Una dimostrazione pratica della legge di Henry è l'effervescenza di una bibita gassata, quando il tappo della bottiglia viene rimosso. Prima di sigillare la bottiglia della bevanda, essa viene pressurizzata con una miscela di aria e CO_2 satura di vapore acqueo. Data l'elevata pressione parziale di CO_2 nella miscela di gas di pressurizzazione, la quantità disciolta nella bibita è molto superiore a quella che si discio-

[2] William Henry (1775-1836). Chimico inglese. Il più importante contributo di Henry alla scienza è stata la scoperta della legge che descrive la solubilità dei gas, che ora porta il suo nome.

[3] A un livello più avanzato di studi, la legge di Henry è spesso scritta come $P_i = x_i K_{H,i}$, dove x_i è la frazione molare del soluto gas nella soluzione e P_i è la pressione parziale del gas nella fase vapore. In questa forma, la costante della legge di Henry $K_{H,i}$ ha unità di pressione. L'Equazione 9.6 può essere ricavata da questa equazione notando che, per soluzioni diluite, la frazione molare di un soluto è proporzionale alla sua concentrazione. Nel Paragrafo 9.3, vedremo come questa forma della legge di Henry risulti dall'equilibrio liquido-vapore di miscele binarie di liquidi reali!

Tabella 9.2 Costante della legge di Henry per alcuni gas in acqua a 298 K

Gas	k_H (mol l^{-1} bar^{-1})
H_2	$7,8 \times 10^{-4}$
He	$3,7 \times 10^{-4}$
Ne	$4,5 \times 10^{-4}$
Ar	$1,4 \times 10^{-3}$
Kr	$2,4 \times 10^{-3}$
Xe	$4,3 \times 10^{-3}$
N_2	$6,3 \times 10^{-4}$
O_2	$1,3 \times 10^{-3}$
CO_2	$3,4 \times 10^{-2}$
CH_4 (metano)	$1,4 \times 10^{-3}$
C_2H_6 (etano)	$1,9 \times 10^{-3}$
C_3H_8 (propano)	$1,4 \times 10^{-3}$
C_4H_{10} (n-butano)	$1,1 \times 10^{-3}$

glie nelle normali condizioni atmosferiche. Quando il tappo è rimosso, avviene la fuga dei gas di pressurizzazione. Alla fine, la pressione nella bottiglia scende alla pressione atmosferica e la quantità di CO_2 che rimane nella bevanda è data solo dalla pressione parziale atmosferica normale di CO_2 (0,0003 bar). L'eccesso di CO_2 disciolta esce dalla soluzione, provocando l'effervescenza. L'Esempio 9.5 applica la legge di Henry all'azoto gassoso.

Esempio 9.5

La solubilità dell'azoto gassoso in acqua a 1 bar e 25 °C è $6,3 \times 10^{-4}$ mol l^{-1}. Qual è la concentrazione di azoto disciolto in acqua in condizioni atmosferiche? La pressione parziale dell'azoto nell'atmosfera è pari a 0,79 bar.

Impostazione La solubilità data ci permette di calcolare la costante della legge di Henry (k_H), che può poi essere utilizzata per determinare la concentrazione della soluzione.

Soluzione Il primo passo è quello di calcolare k_H nell'Equazione 9.6:

$$c = k_H P$$

$$6,3 \times 10^{-1}\ \text{mol l}^{-1} = k_H\ (1\ \text{bar})$$

$$k_H = 6,3 \times 10^{-4}\ \text{mol l}^{-1}\ \text{bar}^{-1}$$

Quindi, inserire il valore calcolato di k_H e il valore dato di P nell'Equazione 9.6 per determinare la solubilità dell'azoto in acqua in condizioni atmosferiche normali:

$$\begin{aligned} c &= (6,3 \times 10^{-4}\ \text{mol l}^{-1}\ \text{bar}^{-1})(0,79\ \text{bar}) \\ &= 5,0 \times 10^{-4}\ \text{mol l}^{-1} \\ &= 5,0 \times 10^{-4}\ M \end{aligned}$$

La solubilità di N_2 diminuisce perché la pressione è stata abbassata da 1 bar a 0,79 bar.

Verifica Il rapporto delle concentrazioni $[(5,0 \times 10^{-4}\ M/6,3 \times 10^{-4}\ M) = 0,79]$ dovrebbe essere pari al rapporto delle pressioni (0,79 bar/1,0 bar = 0,79).

Problema di autovalutazione Calcolare la concentrazione molare di ossigeno in acqua a 25 °C per una pressione parziale di 0,22 bar.

Per la maggior parte dei gas, la relazione tra la legge di Henry e la solubilità è semplice, tuttavia, nei casi in cui il gas disciolto potrebbe reagire con il solvente, la solubilità risulta sottostimata dalla legge di Henry. Per esempio, la solubilità dell'ammoniaca in acqua è molto superiore a quella prevista dalla legge di Henry perché NH_3 *reagisce* con l'H_2O:

$$NH_3(aq) + H_2O(l) \rightleftharpoons NH_4^+(aq) + OH^-(aq)$$

La legge di Henry prevede la quantità di $NH_3(aq)$ presente nella soluzione, ma la quantità totale di NH_3 dalla fase gassosa che si scioglie in soluzione è data dalla somma di $NH_3(aq)$ e $NH_4^+(aq)$. Allo stesso modo, la solubilità del diossido di carbonio sarà sottostimata utilizzando la legge di Henry perché anche il CO_2 reagisce con l'acqua, nel modo seguente:

$$CO_2 + H_2O(l) \rightleftharpoons H_2CO_3(aq)$$

Per tali gas, la solubilità richiede l'uso combinato della legge di Henry e delle equazioni che governano le reazioni di equilibrio in soluzione, che saranno trattate nel Capitolo 10.

Un altro esempio importante è la dissoluzione di ossigeno molecolare nel sangue. Normalmente, l'ossigeno gassoso è solo moderatamente solubile in acqua, il solvente presente nel sangue (vedi Problema di autovalutazione nell'Esempio 9.5). La solubilità di O_2 nel sangue è significativamente più elevata, tuttavia, perché il sangue contiene un'alta concentrazione di molecole di emoglobina (Hb). Ogni molecola di emoglobina può legare fino a quattro molecole di ossigeno, poi consegnate ai tessuti per l'uso metabolico:

$$Hb + 4O_2 \rightleftharpoons Hb(O_2)_4$$

L'ossigeno molecolare è quindi altamente solubile nel sangue, dato che si lega all'emoglobina.

Il testo dell'Approfondimento 9.1 applica la legge di Henry a una catastrofe naturale verificatasi nei pressi del lago Nyos, in Camerun.

9.3 Equilibrio liquido-vapore

I Paragrafi 9.3 e 9.4 esaminano gli equilibri di fase in miscele, concentrandosi principalmente su sistemi in cui almeno una delle fasi coesistenti è una soluzione liquida (per esempio, equilibri di fase in soluzioni vapore-liquido, liquido-liquido e solido-liquido).

9.3.1 Equilibrio liquido-vapore in soluzioni ideali

Una soluzione liquida che consiste in una miscela di due componenti, A e B, viene detta *miscela liquida binaria* (o *soluzione binaria*). Come un singolo componente liquido, questa soluzione avrà una pressione di vapore (*P*) che dipende dalla temperatura. Per una soluzione binaria, però, la pressione di vapore dipenderà anche dalla com-

Approfondimento 9.1

Il lago assassino

Le catastrofi naturali avvengono rapidamente e senza preavviso. Il 21 agosto 1986, il lago Nyos, in Camerun, improvvisamente sprigionò una densa nube di diossido di carbonio che asfissiò oltre 1700 persone e molti animali.

Com'è potuta accadere questa tragedia? Il lago Nyos è stratificato in strati di acqua che non si mescolano tra loro. L'acqua dolce presente in superficie non si mescola con gli strati più profondi e più densi contenenti minerali disciolti e gas, compreso il diossido di carbonio. Il CO_2 gassoso proviene da sorgenti sotterranee di acque ricche di carbonati che percolano verso l'alto nel fondo del lago di origine vulcanica. A causa dell'alta pressione dell'acqua sul fondo del lago, la concentrazione di CO_2 gradualmente si accumulò a un livello pericolosamente elevato, in accordo con la legge di Henry.

Cosa determinò l'emissione di CO_2 non è noto con certezza. Si ritiene che un terremoto, una frana o anche dei forti venti possano avere sconvolto il delicato equilibrio all'interno del lago, creando delle onde che rimescolarono gli strati acquosi. Quando le acque profonde arrivarono in superficie, venne sprigionato il CO_2 disciolto, proprio come quando si stappa una bottiglia di bibita gassata. Essendo più pesante dell'aria, il diossido di carbonio viaggiò in prossimità del suolo e asfissiò la popolazione di un intero villaggio a 25 km di distanza. Ora, a diversi anni di distanza dall'incidente, gli scienziati sono preoccupati del fatto che la concentrazione di CO_2 sul fondo del lago Nyos possa aver di nuovo raggiunto un livello eccessivo. Per evitare il ripetersi della precedente tragedia, ora si pompa in superficie l'acqua profonda, liberando in tal modo il CO_2 disciolto. Oltre a essere costoso, questo approccio è stato oggetto di critiche, perché potrebbe disturbare le acque vicino al fondo del lago e portare a un incontrollabile rilascio di CO_2 in superficie. Il livello di allarme rimane comunque elevato.

posizione del liquido, definita dalle frazioni molari x_A^l e x_B^l, dove l'apice *"l"* indica la fase liquida. La composizione del vapore sovrastante una miscela liquida binaria, indicata con x_A^v e x_B^v (*v* sta per "vapore"), in genere differirà da quella del liquido.

Se il vapore è considerato ideale, la pressione di vapore totale, descritta dalla legge di Dalton, è la somma delle pressioni parziali dei componenti A e B.

$$P_T = P_A + P_B \qquad \textbf{(9.7)}$$

Alla fine del diciannovesimo secolo, François-Marie Raoult[4] osservò che per molte miscele binarie di liquidi, la pressione parziale del componente *i* nella fase vapore

---

[4] François-Marie Raoult (1830-1901). Chimico francese. Raoult si occupò principalmente delle proprietà delle soluzioni e di elettrochimica.

all'equilibrio è data dal prodotto della frazione molare del componente nella soluzione (x_i^l) per la pressione di vapore di i nel suo stato liquido puro (P_i^*):

$$P_i = x_i^l P_i^* \quad (9.8)$$

Questa relazione è nota come ***legge di Raoult***. Nel Paragrafo 8.6, abbiamo definito una *soluzione ideale* di due liquidi, come quella in cui l'entalpia di mescolamento è nulla e l'entropia di mescolamento è data dall'Equazione 8.48. Si può dimostrare utilizzando la termodinamica che la legge di Raoult è esattamente soddisfatta per soluzioni ideali. In realtà, è anche vero l'inverso (vale a dire, per qualsiasi soluzione che segue la legge di Raoult si può dimostrare il suo comportamento ideale), quindi, in alternativa, una soluzione ideale può essere definita come una qualsiasi soluzione che segue la legge di Raoult.

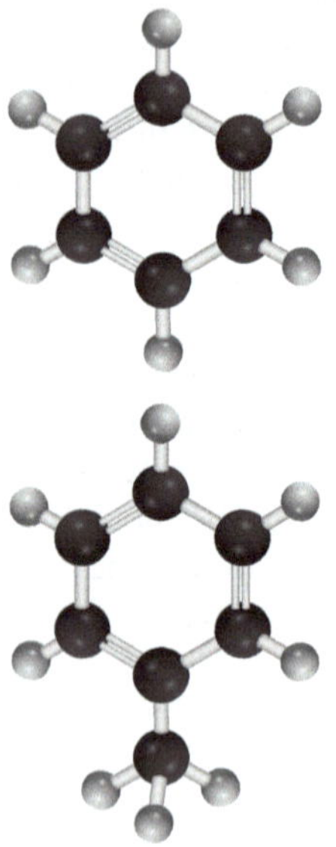

Benzene (C_6H_6) e toluene (C_7H_8).

Per una soluzione binaria ideale, la pressione di vapore totale (P_T) può essere determinata combinando l'Equazione 9.7 e la legge di Raoult (Equazione 9.8):

$$P_T = x_A^l P_A^* + x_B^l P_B^* \quad (9.9)$$

Per un dato valore di x_A^l, comunque, la frazione molare di B è data da $x_B^l = 1 - x_A^l$, quindi l'Equazione 9.9 può essere scritta come

$$P_T = x_A^l P_A^* + (1 - x_A^l)P_B^*$$

$$P_T = P_B^* + x_A^l(P_A^* - P_B^*) \quad (9.10)$$

che definisce una linea retta con pendenza ($P_A^* - P_B^*$) e intercetta P_B^*.

A livello molecolare, le interazioni tra molecole di A e B in una soluzione ideale binaria sono identiche alle interazioni tra le molecole di A e tra le molecole di B. Anche se nessuna soluzione può dirsi rigorosamente ideale, molte si avvicinano al comportamento ideale. Per esempio, il benzene (C_6H_6) e il toluene (C_7H_8) hanno strutture molto simili, quindi interazioni intermolecolari molto simili, ed è noto che formano una soluzione ideale quando mescolati:

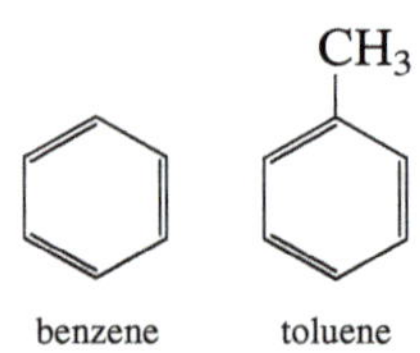

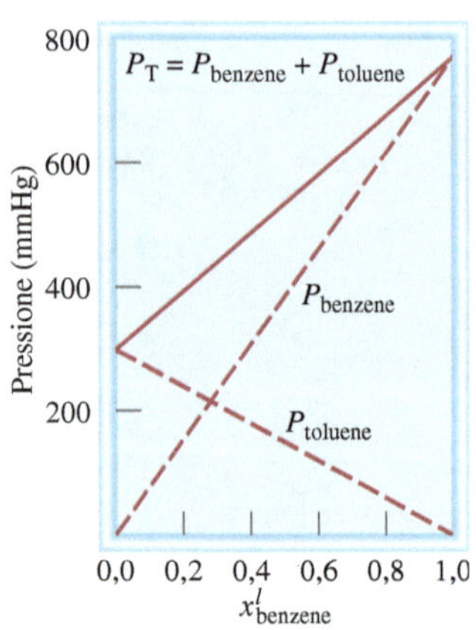

Figura 9.11 Grafico della dipendenza delle pressioni totale e parziale di una miscela liquida binaria benzene-toluene in funzione delle frazioni molari di ogni singolo componente ($x_{toluene} = 1 - x_{benzene}$) a 80,1 °C. Questa soluzione può essere considerata quasi ideale, perché le pressioni di vapore sono ben approssimate dalla legge di Raoult.

Il grafico in Figura 9.11 mostra come la pressione di vapore totale (P_T) in una soluzione benzene-toluene a 80,1 °C dipenda dalla composizione della soluzione (espressa dalla frazione molare del benzene).

Come previsto dall'Equazione 9.10 per le soluzioni ideali, la pressione di vapore totale sovrastante la soluzione benzene-toluene in funzione della frazione molare del benzene è una linea retta che collega la pressione di vapore del toluene puro ($x_{benzene}^l = 0$) alla pressione di vapore del benzene puro ($x_{benzene}^l = 1$).

L'Esempio 9.6 mostra come usare l'Equazione 9.10 per calcolare la pressione di vapore di una soluzione ideale.

Esempio 9.6

Il benzene (C_6H_6) e il toluene (C_7H_8) formano una soluzione quasi ideale. Le pressioni di vapore del benzene puro e del toluene puro sono, rispettivamente, 94,6 e 29,1 torr a 298 K.

(a) Calcolare la pressione di vapore totale di una soluzione ottenuta mescolando 25,0 g di benzene e 25,0 g di toluene.

(b) Calcolare le frazioni molari del benzene e del toluene in fase vapore.

Impostazione Supponendo che la miscela di benzene e toluene sia una soluzione ideale, le pressioni parziali del benzene e del toluene possono essere calcolate usando la legge di Raoult (Equazione 9.8). Per fare questo abbiamo bisogno di convertire i grammi di benzene e toluene in moli e quindi determinare le frazioni molari. (a) La pressione di vapore totale è quindi ottenuta sommando le pressioni parziali del benzene e del toluene. (b) Le frazioni molari del benzene e del toluene in fase vapore possono essere determinate dalle pressioni parziali utilizzando la legge di Dalton.

Soluzione Il numero di moli di benzene e toluene viene calcolato come segue:

$$\text{moli di benzene} = \frac{25{,}0 \text{ g benzene}}{78{,}1 \text{ g mol}^{-1}} = 0{,}320 \text{ mol}$$

$$\text{moli di toluene} = \frac{25{,}0 \text{ g toluene}}{92{,}1 \text{ g mol}^{-1}} = 0{,}271 \text{ mol}$$

La frazione molare del benzene (x^l_{benzene}) è quindi data da:

$$x^l_{\text{benzene}} = \frac{\text{moli di benzene}}{(\text{moli di benzene}) + (\text{moli di toluene})}$$

$$= \frac{0{,}320 \text{ mol}}{0{,}320 \text{ mol} + 0{,}271 \text{ mol}} = 0{,}541$$

La frazione molare del toluene (x^l_{toluene}) potrebbe essere calcolata in modo simile, ma è più facile da usare la seguente relazione, valida in quanto si tratta di una miscela di due componenti: $x^l_{\text{benzene}} + x^l_{\text{toluene}} = 1$. Così,

$$x^l_{\text{toluene}} = 1 - x^l_{\text{benzene}} = 1 - 0{,}541 = 0{,}459$$

Utilizzando la legge di Raoult e le pressioni di vapore puro del benzene e del toluene, la pressione parziale di ciascun componente può essere calcolata come segue:

$$P_{\text{benzene}} = x^l_{\text{benzene}} P^*_{\text{benzene}} = (0{,}541)(94{,}6 \text{ torr}) = 51{,}2 \text{ torr}$$

$$P_{\text{toluene}} = x^l_{\text{toluene}} P^*_{\text{toluene}} = (0{,}459)(29{,}1 \text{ torr}) = 13{,}3 \text{ torr}$$

(a) La pressione di vapore totale è quindi $P_{\text{totale}} = 51{,}2 \text{ torr} + 13{,}3 \text{ torr} = 64{,}5 \text{ torr}$.

(b) Secondo la legge di Dalton, la pressione parziale di un gas è pari al prodotto della sua frazione molare (x^v) per la pressione totale (P_{totale}), per cui

$$x^v_{\text{benzene}} = \frac{P_{\text{benzene}}}{P_{\text{totale}}} = \frac{51{,}2 \text{ torr}}{64{,}5 \text{ torr}} = 0{,}794$$

$$x^v_{\text{toluene}} = 1 - x^v_{\text{benzene}} = 1 - 0{,}794 = 0{,}206$$

Verifica Il benzene ha una maggiore pressione di vapore del toluene, per cui la frazione molare del benzene in fase vapore deve essere superiore a quella in fase liquida, ciò è coerente con il nostro risultato.

Problema di autovalutazione L'esano (C_6H_{14}) e l'eptano (C_7H_{16}) formano una soluzione quasi ideale. Le pressioni di vapore dell'esano puro e dell'eptano puro sono, rispettivamente, 151 e 46,0 torr a 298 K. (a) Calcolare la pressione di vapore totale di una soluzione ottenuta mescolando 50,0 g di esano e 100,0 g di eptano. (b) Calcolare le frazioni molari di esano e di eptano nella fase vapore.

L'Equazione 9.10 dà la pressione di vapore totale in funzione della composizione della fase liquida, espressa come x^l_A. Possiamo inoltre esprimere la pressione di vapore totale in funzione della composizione del vapore, x_A^v. Secondo la legge di Dalton delle pressioni parziali (Equazione 5.24), la frazione molare di A nella fase vapore è

$$x_A^v = \frac{P_A}{P_T}$$

Utilizzando la legge di Raoult e l'Equazione 9.10, abbiamo

$$x_A^v = \frac{x_A^l P_A^*}{P_B^* + x_A^l(P_A^* - P_B^*)} \quad \textbf{(9.11)}$$

Riarrangiando l'Equazione 9.11 e risolvendo rispetto a x_A^l:

$$x_A^l = \frac{x_A^v P_B^*}{P_A^* - x_A^v(P_A^* - P_B^*)} \quad \textbf{(9.12)}$$

Applicando la legge di Raoult ($P_A = x_A^l P_A^*$) e la legge di Dalton ($P_A = x_A^v P_T$) all'Equazione 9.12 si ha la pressione totale in funzione della composizione del vapore:

$$P_T = \frac{x_A^l P_A^*}{x_A^v} = \frac{P_A^* P_B^*}{P_A^* - x_A^v(P_A^* - P_B^*)} \quad \textbf{(9.13)}$$

I diagrammi della pressione di vapore totale in funzione della frazione molare di A in entrambe le fasi liquido e vapore sono mostrati in Figura 9.12(a) e 9.12(b), rispettivamente. Il grafico combinato indicato nella Figura 9.12(c) è un diagramma liquido-vapore per una soluzione binaria ideale a una fissata temperatura T (spesso indicato come ***diagramma pressione-composizione***). A ogni pressione e composizione sopra la parte superiore della curva (la linea del liquido) la miscela è un liquido. Al di sotto della curva inferiore (la linea del vapore), la miscela è interamente in fa-

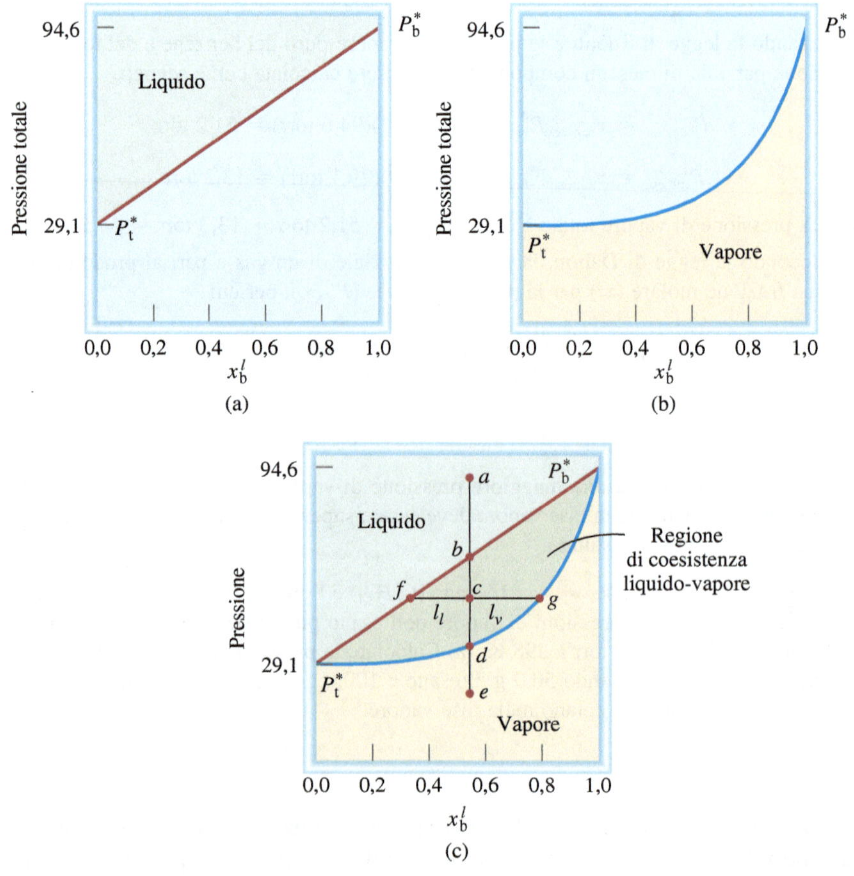

Figura 9.12 Equilibrio di fase liquido-vapore in una soluzione benzene-toluene in funzione della pressione a 23 °C. (a) La pressione di vapore totale in funzione della frazione molare del benzene nel liquido. (b) La pressione di vapore totale in funzione della frazione molare di benzene nel vapore. (c) Il diagramma di stato pressione-composizione costruito mediante la combinazione dei diagrammi (a) e (b). La linea *f-g* è la linea di collegamento corrispondente al sistema al punto *c*.

se vapore. La regione tra le due curve è una regione di coesistenza tra fasi, cioè, sia la fase liquida sia quella vapore sono presenti nel sistema.

La linea *a-e;* in Figura 9.12(c), rappresenta ciò che succede se si inizia con una soluzione liquida al di sopra della curva superiore e lentamente si abbassa la pressione a temperatura e composizione globale fissate dal punto *a* al punto *e*. La soluzione resta liquida fino al punto *b* dove si entra nella regione di coesistenza e un po' di liquido comincia a evaporare per formare la fase vapore. Dal punto *b* al punto *d*, il sistema si compone di liquido e vapore in coesistenza. A ogni pressione data nella regione di coesistenza, la composizione del liquido e del vapore è data dai punti in cui una linea orizzontale attraversa, rispettivamente, le curve superiore e inferiore. Questa linea si chiama *linea di collegamento*. Al punto *c*, quindi, il sistema è costituito da un liquido con una composizione data dal punto *f* e da un vapore con una composizione data dal punto *g*. La linea di collegamento di questo sistema è la linea *f-g* in Figura 9.12(c). La frazione del sistema che è allo stato liquido o vapore può essere trovata usando la ***regola della leva***:

$$n_l l_l = n_v l_v \tag{9.14}$$

dove n_l e n_v sono il numero di moli in fase liquida e in fase vapore, l_l e l_v sono le distanze tra il punto *c* e, rispettivamente, la curva superiore (liquido) (*f-c*) e la curva inferiore (vapore) (*c-g*) [vedi Figura 9.12(c)].

Nel costruire la Figura 9.12 si è ipotizzato che il componente A fosse il componente più volatile ($P^*_A > P^*_B$). A una data pressione di vapore totale *P*, la frazione molare di A nel vapore (x^v_A) è più grande della frazione molare di A nel liquido (x^l_A). Questo è un risultato generale per la coesistenza liquido-vapore in soluzioni ideali e quasi ideali: la fase vapore è più ricca nel componente più volatile rispetto alla fase liquida.

Un altro modo comune di rappresentare un equilibrio liquido-vapore binario è tramite un ***diagramma temperatura-composizione***, in cui la pressione è tenuta fissa e la coesistenza tra fasi è esaminata in funzione della temperatura e della composizione. La Figura 9.13 mostra il diagramma temperatura-composizione per il sistema benzene-toluene alla pressione di 1 atm. Nella Figura 9.13, la curva inferiore (la *curva del punto di ebollizione*) fornisce la composizione del liquido in funzione della temperatura. Per le temperature e le composizioni al di sotto di questa curva, solo la fase liquida è possibile. Allo stesso modo, la parte superiore della curva (la *curva del punto di rugiada*) rappresenta la composizione del vapore in funzione della pressione. Ogni sistema con temperatura e composizione al di sopra di questa curva si compone di solo vapore. Così come per il diagramma pressione-composizione, la regione tra le due curve corrisponde ai sistemi nei quali coesistono le fasi liquida e vapore.

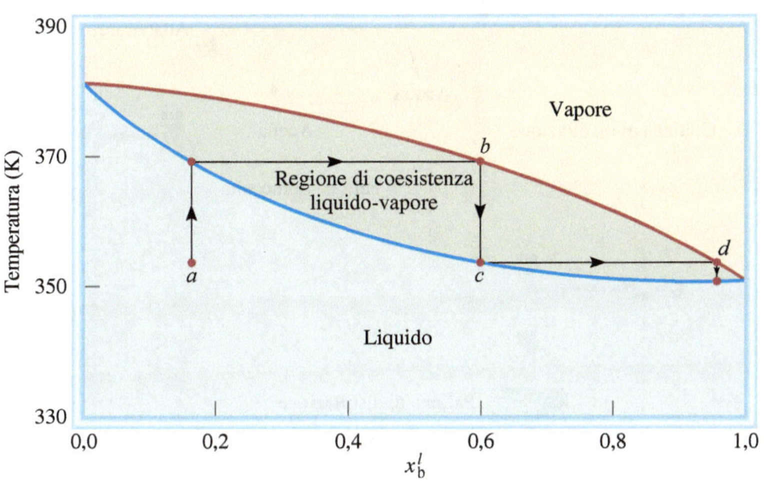

Figura 9.13 Diagramma di stato temperatura-composizione per l'equilibrio liquido-vapore in miscele benzene-toluene a 1 atm. I punti di ebollizione del toluene e del benzene sono, rispettivamente, 110,6 °C e 80,1 °C.

Distillazione frazionata

Il diagramma temperatura-composizione può essere utilizzato per illustrare la ***distillazione frazionata***, *una procedura per la separazione dei componenti liquidi di una soluzione basata sui loro diversi punti di ebollizione*. Supponiamo di iniziare il riscaldamento di una miscela di benzene e toluene con temperatura e composizione corrispondente al punto *a* della Figura 9.13. Quando la temperatura raggiunge circa 370 K, il liquido inizierà a bollire. Il vapore risultante avrà la composizione data dal punto *b*, dove la linea di collegamento interseca la curva del punto di rugiada. Se il vapore viene separato dal liquido e condensato per raffreddamento al punto *c*, la risultante soluzione liquida sarà più ricca in benzene rispetto alla soluzione originale. Se il condensato al punto *c* viene riscaldato ulteriormente, il vapore risultante avrà la composizione corrispondente al punto *d*. A questo punto la miscela è costituita da benzene quasi puro, per cui questo processo separa il benzene dalla soluzione iniziale. Per soluzioni quasi ideali, come la soluzione benzene-toluene, questa procedura può essere ripetuta fino al raggiungimento della purezza desiderata.

In pratica, si usa un apparecchio come quello mostrato in Figura 9.14 per separare liquidi volatili. Il pallone contenente la soluzione benzene-toluene è dotato di una lunga colonna riempita con piccole sfere di vetro. Quando la soluzione bolle, il vapore condensa sulle sfere nella parte inferiore della colonna, e il liquido scende di nuovo nel pallone di distillazione. Con il passare del tempo, le sfere gradualmente si riscaldano, permettendo al vapore di spostarsi verso l'alto lentamente e di non condensare nel pallone. In sostanza, le sfere di vetro hanno lo scopo di sottoporre continuamente la miscela benzene-toluene a numerosi passaggi evaporazione-condensazione. A ogni passaggio, la composizione del vapore nella colonna sarà più ricca nel componente più volatile, o più bassobollente (in questo caso il benzene). Il vapore che raggiunge la cima della colonna è essenzialmente benzene puro, che è poi condensato e raccolto in una beuta.

La distillazione frazionata è importante sia nel settore industriale che in laboratorio. L'industria petrolifera impiega la distillazione frazionata su larga scala per separare i componenti del petrolio grezzo.

Colonne per la distillazione frazionata in una raffineria petrolifera.

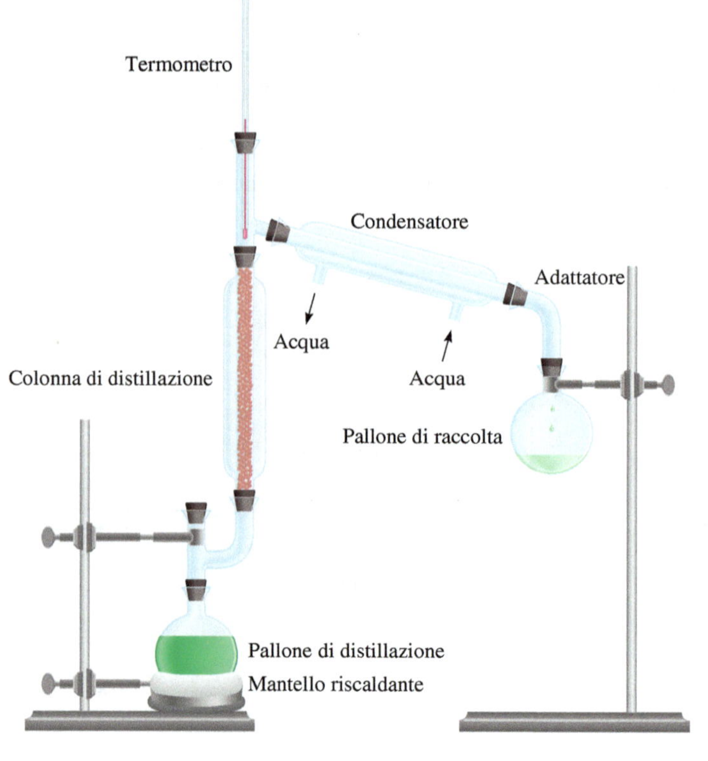

Figura 9.14 Apparecchiatura per la distillazione frazionata su piccola scala. La colonna di distillazione viene riempita con minuscole sfere di vetro. Più alta è la colonna, più completa sarà la separazione dei liquidi volatili.

9.3.2 Equilibrio liquido-vapore in soluzioni non ideali

Anche se la legge di Raoult è un importante punto di partenza per comprendere l'equilibrio liquido-vapore nelle soluzioni, la maggior parte delle soluzioni reali si discosta dal comportamento ideale. La natura e l'entità di tali deviazioni possono essere comprese in termini di interazioni intermolecolari tra due sostanze volatili A e B. Si considerino i seguenti casi:

1. Se le forze intermolecolari tra le molecole di A e B sono più deboli di quelle tra le molecole di A e tra le molecole di B, allora vi sarà una maggiore tendenza, per queste molecole, a lasciare la soluzione rispetto al caso di una soluzione ideale. Di conseguenza, la pressione di vapore della soluzione sarà superiore alla somma delle pressioni di vapore prevista dalla legge di Raoult per la stessa concentrazione. Questo comportamento genera la *deviazione positiva* mostrata in Figura 9.15(a). In questo caso, l'entalpia di soluzione è positiva (cioè il mescolamento è un processo endotermico). Una soluzione acqua-etanolo è un esempio di sistema con deviazione positiva dalla legge di Raoult dato che i legami idrogeno tra molecole di etanolo e molecole d'acqua sono più deboli di quelli tra molecole d'acqua.
2. Se le interazioni tra le molecole di A e le molecole di B sono più forti di quelle che avvengono tra le molecole di A, la pressione di vapore della soluzione sarà inferiore alla somma delle pressioni di vapore prevista dalla legge di Raoult. Questo dà luogo alla *deviazione negativa* mostrata in Figura 9.15(b). In questo caso, l'entalpia di soluzione è negativa (il mescolamento è un processo esotermico).

Le soluzioni binarie che si discostano in maniera significativa dal comportamento ideale (come esemplificato nei loro diagrammi temperatura-composizione) hanno conseguenze importanti per i processi di distillazione frazionata. La Figura 9.16 mostra due tipi di diagrammi per soluzioni non ideali. Il diagramma in Figura 9.16(a) rappresenta un sistema che presenta una forte deviazione *positiva* dalla legge di Raoult. Questo sistema mostrerà un *minimo* del punto di ebollizione. Esempi di questi sistemi sono le soluzioni acqua-etanolo, benzene-etanolo e *n*-propanolo-acqua. Il diagramma in Figura 9.16(b) rappresenta un sistema che presenta una forte deviazione negativa dalla legge di Raoult, che darà un *massimo* del punto di ebollizione. Queste soluzioni, per esempio acido nitrico-acqua e acetone-cloroformio, sono meno comuni di quelle con un minimo del punto di ebollizione.

Entrambi questi diagrammi mostrano un punto (minimo o massimo) in cui le curve liquido e vapore coincidono. In corrispondenza di questi punti, le soluzioni formano un ***azeotropo***, che è una soluzione per la quale la fase liquida e la fase vapore hanno la stessa composizione. Una ***soluzione azeotropica bassobollente*** (o *azeotro-*

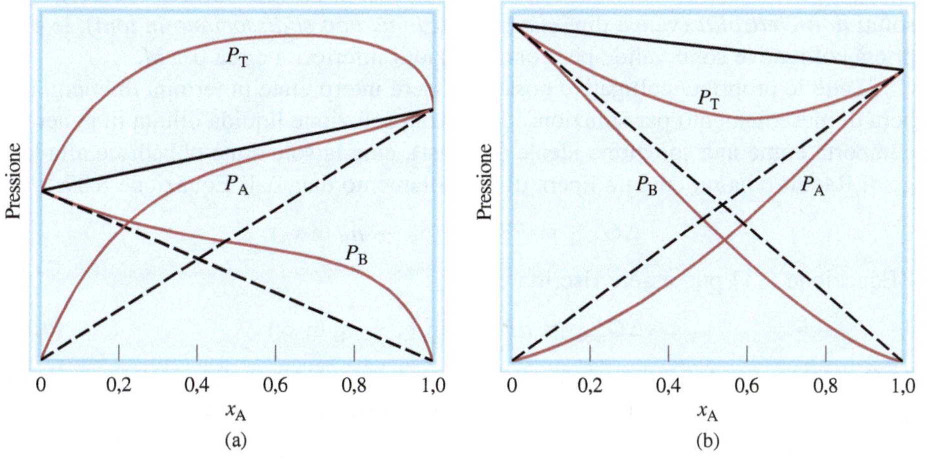

Figura 9.15 Curve pressione-composizione per soluzioni non ideali. (a) Deviazioni positive si verificano quando P_T è maggiore di quanto previsto dalla legge di Raoult (linea nera piena). (b) Deviazioni negative si verificano quando P_T è minore rispetto a quanto previsto dalla legge di Raoult (linea nera piena).

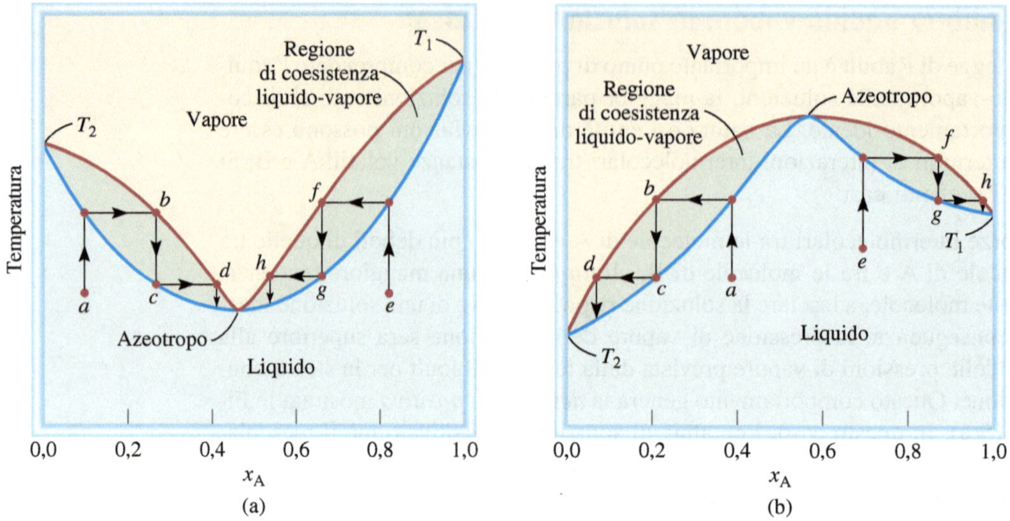

Figura 9.16 Diversi tipi di diagrammi di stato liquido-vapore per una miscela liquida a due componenti A e B in funzione di x_A, la frazione molare del componente con la più alta temperatura di ebollizione. (a) Il diagramma di stato per un sistema con un azeotropo bassobollente (minimo punto di ebollizione) e (b) il diagramma di stato per un sistema con un azeotropo altobollente (massimo punto di ebollizione). Le frecce mostrano come i percorsi per i vari processi di distillazione dipendano dalla posizione della composizione iniziale rispetto all'azeotropo.

po di minima) [Figura 9.16(a)] non può essere completamente purificata mediante distillazione in quanto il processo di distillazione convergerà sempre all'azeotropo, come illustrato dai percorsi della distillazione frazionata *a-d* ed *e-h* nella Figura 9.16(a). Una ***soluzione azeotropica altobollente*** (o *azeotropo di massima*) [Figura 9.16(b)] può essere purificato per distillazione, ma il componente che si separa dipende su quale lato dell'azeotropo si trova la concentrazione iniziale. Per esempio, seguendo il percorso della distillazione frazionata *a-d* nella Figura 9.16(b) si otterrà B quasi puro, mentre seguendo il percorso *e-h* porterà a ottenere il componente A quasi puro.

9.4 Proprietà colligative

Le quattro proprietà generali delle soluzioni liquide diluite sono l'abbassamento della pressione di vapore, l'innalzamento del punto di ebollizione (innalzamento ebullioscopico), l'abbassamento del punto di congelamento (abbassamento crioscopico) e la pressione osmotica. Queste proprietà sono collettivamente denominate ***proprietà colligative*** perché, tutte, *dipendono solo dal numero di molecole di soluto presenti nella soluzione e non dalla loro natura (dimensioni, massa molecolare ecc.).* Per soluti ***non elettroliti*** (vale a dire *che, in soluzione, non si dissociano in ioni*), le proprietà colligative sono valide per concentrazioni inferiori a circa 0,1 *M*.

Tutte le proprietà colligative possono essere interpretate in termini di energia libera di mescolamento per soluzioni ideali. Una soluzione liquida diluita in genere si comporta come una soluzione ideale (o quasi), cioè la soluzione obbedisce alla legge di Raoult e ha un'energia libera di mescolamento data dall'Equazione 8.37:

$$\Delta G_{\text{mesc}} = RT(n_A \ln x_A + n_B \ln x_B)$$

l'Equazione 8.37 può essere riscritta come

$$\Delta G_{\text{mesc}} = nRT(x_A \ln x_A + x_B \ln x_B) \qquad \textbf{(9.15)}$$

dove n ($= n_A + n_B$) è il numero totale di moli in soluzione. Se indichiamo il solvente con A e il soluto con B, allora $\Delta G_{\text{mesc}} = 0$ per il solvente puro ($x_A = 1$, $x_B = 0$). Se si aggiunge una piccola quantità di soluto (B) al solvente puro per formare una soluzione diluita, allora $\Delta G_{mesc} < 0$, dato che le frazioni molari del soluto e del solvente (x_A e x_B) saranno inferiori a uno e maggiori di zero e i loro logaritmi naturali saranno entrambi negativi. Pertanto, una soluzione formata dall'aggiunta di piccole quantità di soluto a un solvente avrà una minore energia libera (e quindi sarà più stabile) che il solvente puro originale. Poiché l'entalpia di mescolamento, ΔH_{mesc}, è pari a zero per una soluzione ideale, questa diminuzione di energia libera è dovuta all'aumento di entropia che accompagna il processo di soluzione.

Nel trattare le proprietà colligative, è necessario fare, inizialmente, due importanti approssimazioni: (1) le soluzioni sono sufficientemente diluite in modo da poter essere considerate come ideali, (2) i soluti sono non elettroliti. Inoltre, per semplicità, si considerano solo i sistemi a due componenti (cioè i sistemi contenenti un solvente e un unico soluto).

9.4.1 Abbassamento della pressione di vapore

Se un soluto è ***non volatile*** (cioè se *non possiede una pressione di vapore apprezzabile*), la pressione di vapore della soluzione è sempre inferiore a quella del solvente puro. Così, il rapporto tra la pressione di vapore della soluzione e la pressione di vapore del solvente dipende dalla concentrazione del soluto nella soluzione. Questo fenomeno è noto come ***abbassamento della pressione di vapore***. Si consideri una soluzione che contiene un solvente (A) e un soluto non volatile (B), per esempio una soluzione di saccarosio (zucchero da tavola) in acqua. Poiché la soluzione è ideale, la legge di Raoult (Equazione 9.8) può essere usata per determinare la pressione di vapore della soluzione:

$$P_A = x_A P_A^* \qquad \textbf{(9.8)}$$

dove P^*_A è la pressione di vapore del solvente puro. Dato che $x_A = 1 - x_B$, l'Equazione 9.8 può essere riscritta come

$$P_A = (1 - x_B)P_A^* \qquad \textbf{(9.16)}$$

Riarrangiando l'Equazione 9.16 si avrà

$$P_A^* - P_A = \Delta P = x_B P_A^* \qquad \textbf{(9.17)}$$

dove ΔP, la diminuzione della pressione di vapore rispetto a quella del solvente puro, è direttamente proporzionale alla frazione molare del soluto.

Perché la pressione di vapore del solvente diminuisce quando si aggiunge del soluto? Il fenomeno non può essere dovuto alla modifica delle forze intermolecolari, poiché l'abbassamento della pressione di vapore si verifica anche in soluzioni ideali, nelle quali le interazioni soluto-solvente e solvente-solvente sono considerate identiche. La corretta spiegazione è basata sull'analisi dell'energia libera di Gibbs di mescolamento. Quando un solvente puro è in coesistenza con la sua fase vapore, le energie libere molari di Gibbs del solvente in fase vapore e in fase liquida devono essere uguali affinché il sistema sia in equilibrio. Come detto in precedenza, aggiungere una piccola quantità di soluto al solvente diminuisce l'energia libera di Gibbs a causa dell'aumento di entropia che accompagna il processo di soluzione. Per mantenere lo stato di equilibrio, anche l'energia libera di Gibbs del vapore dovrà diminuire. Poiché il soluto è non volatile e non passa in fase vapore, non vi è alcuna energia libera di Gibbs di mescolamento in fase vapore. A una temperatura fissata, l'unico modo per abbassare l'energia libera di un vapore puro è quello di ridurre la sua pressione (che riduce la densità delle molecole di solvente nel vapore). Pertanto, per mantenere lo stato d'equilibrio, la pressione di vapore della soluzione deve diminuire all'aggiunta di soluto.

L'Esempio 9.7 mostra come calcolare la pressione di vapore di una soluzione di acqua e soluto non volatile.

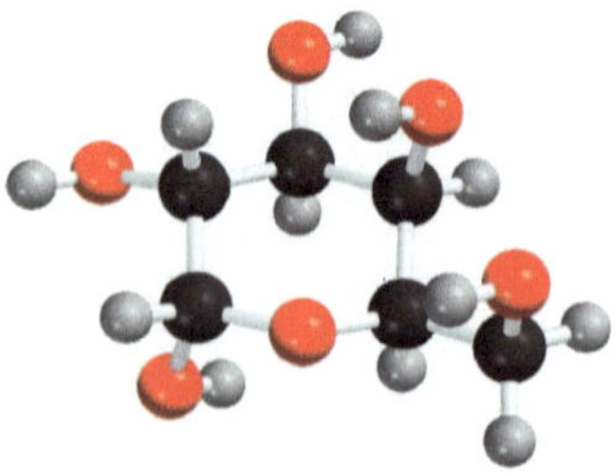

$C_6H_{12}O_6$ (glucosio)

Esempio 9.7

Calcolare la pressione di vapore di una soluzione ottenuta sciogliendo 218 g di glucosio (massa molare = 180,2 g mol^{-1}) in 460 ml di acqua a 30 °C. Quale sarà l'abbassamento della pressione di vapore? La pressione di vapore dell'acqua pura a 30 °C è pari a 31,82 mmHg. Si supponga che la densità della soluzione sia 1,00 g ml^{-1}.

Impostazione Usare l'Equazione 9.8 (legge di Raoult) per determinare la pressione di vapore della soluzione. Il glucosio è un soluto non volatile.

Soluzione La pressione di vapore di una soluzione (P_A) è data dalla legge di Raoult:

$$P_A = x_A P_A^*$$

Poiché la pressione di vapore dell'acqua pura (P_A^*) è data, per calcolare P_A abbiamo solo bisogno di trovare x_A, la frazione molare dell'acqua nella soluzione. Per determinare x_A, dobbiamo prima calcolare il numero di moli di glucosio e il numero di moli di acqua nella soluzione:

$$n_A(\text{acqua}) = 460 \text{ ml} \times \frac{1{,}00 \text{ g}}{1 \text{ ml}} \times \frac{1 \text{ mol}}{18{,}02 \text{ g}} = 25{,}5 \text{ mol}$$

$$n_B(\text{glucosio}) = 218 \text{ g} \times \frac{1 \text{ mol}}{180{,}2 \text{ g}} = 1{,}21 \text{ mol}$$

La frazione molare dell'acqua (x_A) è data da

$$x_A = \frac{n_A}{n_A + n_B} = \frac{25{,}5 \text{ mol}}{25{,}5 \text{ mol} + 1{,}21 \text{ mol}} = 0{,}955$$

La pressione di vapore dell'acqua pura a 30 °C è di 31,82 mmHg, per cui la pressione di vapore della soluzione di glucosio è

$$P_A = 0{,}955 \times 31{,}82 \text{ mmHg} = 30{,}4 \text{ mmHg}$$

Infine, l'abbassamento della pressione di vapore è 31,82 mmHg – 30,4 mmHg = 1,4 mmHg.

Verifica Possiamo anche calcolare l'abbassamento della pressione di vapore utilizzando l'Equazione 9.17 ($\Delta P = x_B P_A^*$). Poiché la frazione molare del glucosio (x_B) è 1 – 0,955 = 0,045, l'abbassamento della pressione del vapore è dato da (0,045) (31,82 mmHg) = 1,4 mmHg.

Problema di autovalutazione Una soluzione viene preparata sciogliendo 82,4 g di urea $[(NH_2)_2CO]$ in 212 g di acqua a 35 °C. Qual è la pressione di vapore di questa soluzione? Qual è l'abbassamento della pressione di vapore? (L'urea è un soluto non volatile).

9.4.2 Innalzamento ebullioscopico

Il punto di ebollizione normale di una soluzione è la temperatura alla quale la sua pressione di vapore è pari a 1 atm (vedi Paragrafo 5.1). Quando un soluto non volatile è aggiunto a un solvente puro al suo punto di ebollizione normale, la sua pressione di vapore scende al di sotto di 1 atm. Per riportare la soluzione al punto di ebollizione, dobbiamo aumentare la temperatura fino a quando la pressione di vapore della soluzione è di 1 atm. Di conseguenza, la temperatura di ebollizione della soluzione sarà superiore a quella del solvente puro. Questo fenomeno è noto come ***innalzamento ebullioscopico***.

Così come l'abbassamento della pressione di vapore, l'innalzamento ebullioscopico può essere interpretato in base all'energia libera di mescolamento. A 1 atm, la temperatura di ebollizione è la temperatura alla quale l'energia libera molare di Gibbs della fase liquida è uguale a quella della fase vapore. Quando una piccola quantità di soluto non volatile è aggiunta al solvente, la sua energia libera di Gibbs diminuisce a causa dell'entropia di mescolamento. L'energia libera di Gibbs della fase vapore non è influenzata, comunque, poiché non è presente soluto. Come mostra la Figura 9.17, le curve liquido e vapore si intersecano a una temperatura più elevata quando l'energia libera di Gibbs della fase liquida è diminuita, in linea con un aumento della temperatura di ebollizione dovuta al mescolamento.

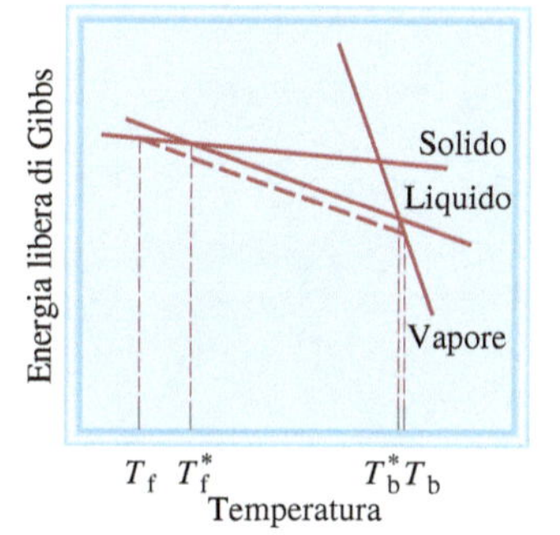

Figura 9.17 Le curve rosse piene mostrano le energie libere di Gibbs per i solidi, i liquidi e le fasi vapore di un solvente puro a 1 atm di pressione, tutte in funzione della temperatura. Il punto d'ebollizione è dato dal punto d'intersezione delle curve liquido e vapore, e il punto di congelamento è il punto d'intersezione delle curve liquido e solido. Il segno * è usato per indicare i valori corrispondenti al solvente puro. Quando un soluto è aggiunto alla fase liquida, l'energia libera di Gibbs della risultante soluzione liquida (curva tratteggiata) è diminuita a causa dell'entropia di mescolamento, facendo avvenire l'intersezione delle curve liquido e vapore a una temperatura più elevata, vale a dire, il punto di ebollizione aumenta con l'aggiunta di soluto. Al contrario, l'abbassamento della curva del liquido causa l'intersezione delle curve solido e liquido a una temperatura più bassa, vale a dire, il punto di congelamento diminuisce in seguito all'aggiunta di soluto.

Numericamente, l'innalzamento ebullioscopico (ΔT_b) è definito come la differenza tra il punto di ebollizione della soluzione (T_b) e il punto di ebollizione del solvente puro (T_b^*):

$$\Delta T_b = T_b - T_b^* \tag{9.18}$$

Dato che $T_b > T_b^*$, ΔT_b è una quantità positiva. Il valore del ΔT_b è proporzionale all'abbassamento della pressione di vapore, quindi è anche proporzionale alla frazione molare del soluto, x_B. Si può dimostrare che, se la soluzione è diluita e la variazione di temperatura è piccola, l'innalzamento ebullioscopico è dato dalla

$$\Delta T_b = \frac{RT_b^2}{\Delta H_{vap}} x_B \tag{9.19}$$

dove ΔH_{vap} è la variazione di entalpia dovuta all'evaporazione. Per convertire la frazione molare x_B a un'unità di concentrazione più pratica, come la molalità (m_B), scriviamo

$$x_B = \frac{n_B}{n_A + n_B} \approx \frac{n_B}{n_A} = \frac{n_B}{w_A/\boldsymbol{M}_A}$$

dove w_A è la massa del solvente in kg e $\boldsymbol{M}_A$ è la massa molare del solvente in kg mol^{-1}. Poiché n_B/w_A dà la molalità della soluzione, m_B, ne consegue che $x_B = \boldsymbol{M}_A m_B$, per cui

$$\Delta T_b = \frac{RT_b^2 \boldsymbol{M}_A}{\Delta H_{vap}} m_B \tag{9.20}$$

Tutte le grandezze del primo termine sul lato destro dell'Equazione 9.20 sono costanti per un dato solvente, per cui abbiamo

$$\Delta T_b = K_b m_B \tag{9.21}$$

dove K_B, la ***costante ebullioscopica*** (o *costante molale dell'innalzamento del punto di ebollizione*), è data da

$$K_b = \frac{RT_b^2 \boldsymbol{M}_A}{\Delta H_{vap}} \tag{9.22}$$

Le unità di misura di K_b sono K mol^{-1} kg. La parte che riguarda la concentrazione di K_b si basa sulla molalità e non sulla molarità, poiché la temperatura del sistema (la soluzione) *non* è costante. Dal Paragrafo 0.3, si ricorda che la molalità è indipendente della temperatura, mentre la molarità cambia con la temperatura.

La Tabella 9.3 elenca i valori di K_b per diversi solventi di uso comune. Utilizzare la costante ebullioscopica dell'acqua e l'Equazione 9.21 per dimostrare che il punto di ebollizione di una soluzione acquosa 1,00 m di un soluto non elettrolita, è pari a 100,52 °C.

Tabella 9.3 Costanti crioscopiche ed ebullioscopiche di alcuni liquidi di uso comune

Solvente	Punto di fusione normale (°C)*	K_f (K kg mol^{-1})	Punto di ebollizione normale (°C)*	K_b (K kg mol^{-1})
Acqua	0	1,86	100	0,52
Benzene	5,5	5,12	80,1	2,53
Etanolo	−117,3	1,99	78,4	1,22
Acido acetico	16,6	3,90	117,9	2,93
Cicloesano	6,6	20,0	80,7	2,79

*Misurati a 1 atm.

9.4.3 Abbassamento crioscopico

Il ghiaccio sulle strade gelate fonde quando viene cosparso di sali come NaCl o $CaCl_2$. Questo metodo di scongelamento funziona in quanto fa diminuire il punto di congelamento dell'acqua. Come per l'innalzamento ebullioscopico, l'energia libera di Gibbs del solvente diminuisce a causa del mescolamento dovuto all'aggiunta di una piccola quantità di soluto. L'energia libera di Gibbs del solido non viene influenzata, dato che il solvente non è incorporato nel reticolo cristallino. Di conseguenza, la temperatura alla quale la curva dell'energia libera di soluzione di Gibbs interseca la curva dell'energia libera del solido (la temperatura di fusione) è inferiore a quella relativa al solvente puro (vedi Figura 9.17). L'abbassamento del punto di congelamento di un solvente in seguito all'aggiunta di soluto è chiamato *abbassamento crioscopico*.

Quantitativamente, ***l'abbassamento crioscopico*** (ΔT_f) è definito come *la differenza tra il punto di congelamento del solvente puro (T_f^*) e il punto di congelamento della soluzione* (T_f):

$$\Delta T_f = T_f^* - T_f \tag{9.23}$$

Poiché $T_f^* > T_f$, ΔT_f è una quantità positiva. Così come per l'innalzamento ebullioscopico, l'abbassamento crioscopico di soluzioni diluite è proporzionale alla molalità del soluto (m_B):

$$\Delta T_f = K_f m_B \tag{9.24}$$

dove K_f, la ***costante crioscopica*** (o *costante molale dell'abbassamento del punto di congelamento*) è data da

$$K_f = \frac{RT_f^2 M_A}{\Delta H_{fus}} \tag{9.25}$$

Nell'Equazione 9.25, ΔH_{fus} è la variazione dell'entalpia molare di fusione del solvente. Come K_b, anche K_f ha unità di misura K mol^{-1} kg. Valori di K_f per alcuni solventi di uso comune sono riportati nella Tabella 9.3.

I fenomeni dell'abbassamento crioscopico e dell'innalzamento ebullioscopico possono anche essere studiati tramite il diagramma di stato in Figura 9.18. A 1 atm, il punto di congelamento normale della soluzione si trova all'intersezione tra la curva tratteggiata (tra le fasi solida e liquida) e la linea orizzontale a 1 atm. Anche se il soluto deve essere non volatile nel caso dell'innalzamento ebullioscopico, tale limitazione non si applica all'abbassamento crioscopico. L'etanolo (C_2H_5OH), per esempio, un liquido abbastanza volatile che bolle a soli 78,5 °C, a volte viene utilizzato come additivo antigelo per abbassare il punto di congelamento dell'acqua nei radiatori delle automobili.

Un'applicazione pratica dell'abbassamento crioscopico e dell'innalzamento ebullioscopico è descritta nell'Esempio 9.8.

Nelle regioni a clima freddo, d'inverno, deve essere usato l'antigelo nei radiatori delle automobili.

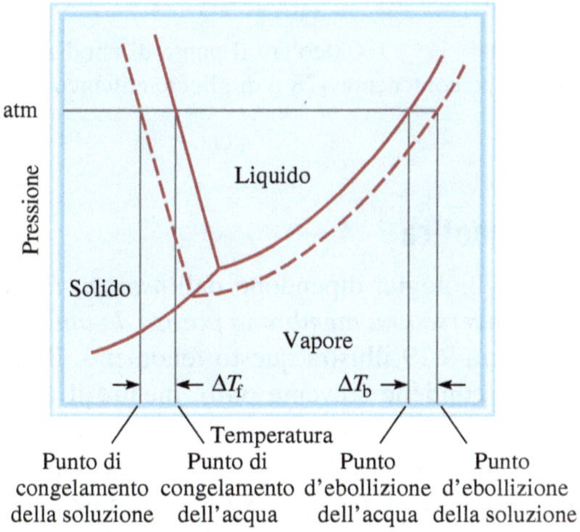

Figura 9.18 Diagramma di stato che illustra l'innalzamento ebullioscopico e l'abbassamento crioscopico di soluzioni acquose. Le curve tratteggiate si riferiscono alla soluzione e le curve piene al solvente puro. Il punto di ebollizione della soluzione è *superiore* a quello dell'acqua, mentre il punto di congelamento della soluzione è *inferiore* a quello dell'acqua.

Esempio 9.8

Il glicole etilenico (EG) [$CH_2(OH)CH_2(OH)$] è un comune liquido anticongelante per automobili. È solubile in acqua e molto poco volatile (p.e. 197 °C). Calcolare il punto di congelamento di una soluzione contenente 651 g di EG in 2505 g di acqua. Andrebbe mantenuta questa sostanza nel radiatore durante l'estate? La massa molare di EG è 62,01 g.

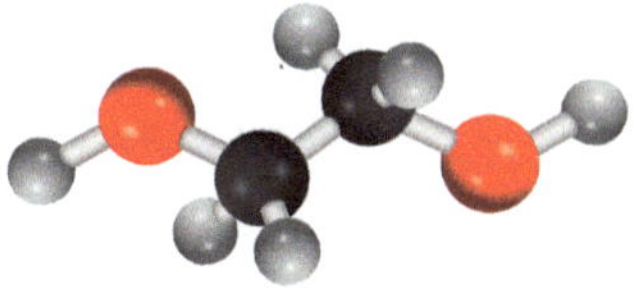

Glicole etilenico
$CH_2(OH)CH_2(OH)$

Impostazione Dobbiamo utilizzare l'Equazione 9.24 per calcolare l'abbassamento crioscopico della soluzione. In primo luogo, però, dobbiamo calcolare la molalità della soluzione, che siamo in grado di determinare dalle informazioni riportate nel testo del problema. Fare riferimento alla Tabella 9.3 per il valore di K_f del solvente (acqua).

Soluzione Per calcolare la molalità della soluzione, abbiamo bisogno di sapere il numero di moli di EG e la massa del solvente in kg.

$$\text{moli di soluto} = 651 \text{ g EG} \times \frac{1 \text{ mol EG}}{62{,}07 \text{ g EG}} = 10{,}5 \text{ mol EG}$$

La massa del solvente è indicata nel testo del problema, 2505 g. Questa può essere convertita in 2,505 kg, in modo da calcolare la molalità come segue:

$$\begin{aligned} m &= \frac{\text{moli di soluto}}{\text{massa del solvente (kg)}} \\ &= \frac{10{,}5 \text{ mol EG}}{2{,}505 \text{ kg}} = 4{,}19 \text{ mol kg}^{-1} \\ &= 4{,}19\, m \end{aligned}$$

Utilizzando l'Equazione 9.24 e la Tabella 9.3, possiamo scrivere

$$\begin{aligned} \Delta T_f &= K_f m \\ &= (1{,}86 \text{ °C } m^{-1})(4{,}19\, m) \\ &= 7{,}79 \text{ °C} \end{aligned}$$

Poiché l'acqua pura congela a 0 °C, la soluzione congelerà a −7,79 °C. Siamo in grado di calcolare allo stesso modo l'innalzamento ebullioscopico:

$$\begin{aligned} \Delta T_b &= K_b m \\ &= (0{,}52 \text{ °C } m^{-1})(4{,}19\, m) \\ &= 2{,}2 \text{ °C} \end{aligned}$$

Dato che la soluzione bollirà a 100 °C + 2,2 °C =102,2 °C, avrà quindi senso lasciare il liquido anticongelante nel radiatore durante l'estate, per innalzare il punto di ebollizione della soluzione.

Problema di autovalutazione Calcolare il punto di ebollizione e il punto di congelamento di una soluzione contenente 478 g di glicole etilenico in 3202 g di acqua.

9.4.4 Pressione osmotica

Molti processi chimici e biologici dipendono dall'***osmosi***, *il passaggio selettivo di molecole di solvente attraverso una membrana porosa da una soluzione diluita a una più concentrata*. La Figura 9.19 illustra questo fenomeno. Il compartimento a sinistra dell'apparecchiatura contiene solvente puro, mentre il compartimento a destra contiene una soluzione del solvente con un soluto. I due comparti sono separati da una ***membrana semipermeabile***, che *consente il passaggio delle molecole di solvente ma blocca il passaggio delle molecole di soluto*. All'inizio, i livelli dei liquidi nei due tubi sono uguali [vedi Figura 9.19(a)]. Dopo qualche tempo, il livello nel tubo di destra inizia a salire e continua ad aumentare fino al raggiungimento dell'equilibrio (cioè fino a quando non si osserva nessun ulteriore cambiamento). La ***pressione osmotica*** (Π) di una soluzione è *la pressione necessaria per arrestare l'osmosi*. Come mostrato in Figura 9.19(b), questa pressione può essere misurata direttamente dalla differenza tra i livelli dei fluidi.

Come per l'abbassamento crioscopico e l'innalzamento ebullioscopico, anche la pressione osmotica può essere compresa in termini di energia libera di mescolamento.

Se un solvente puro è posto su entrambi i lati della membrana semipermeabile raffigurata nella Figura 9.19(a), le pressioni e le energie libere molari di Gibbs del liquido in entrambi i lati del contenitore saranno uguali all'equilibrio, perché il solvente è libero di muoversi attraverso la membrana. Se si aggiunge soluto al solvente sul lato destro della membrana, l'energia libera di Gibbs di questa soluzione sarà diminuita rispetto al solvente puro a sinistra e il sistema non sarà più in equilibrio. Per ripristinare l'equilibrio, del solvente si sposterà attraverso la membrana dal solvente puro alla soluzione (vale a dire da sinistra a destra). Questo trasferimento di materia abbassa l'energia libera di Gibbs del solvente puro, mentre fa aumentare l'energia libera del solvente nella soluzione. Il trasferimento si arresta quando l'energia libera molare di Gibbs del solvente è la stessa su entrambi i lati della membrana. Poiché il volume della soluzione (a destra) è fisso, l'aggiunta di materia (solvente) a T costante provoca un aumento della pressione. Analogamente, la rimozione di ma-

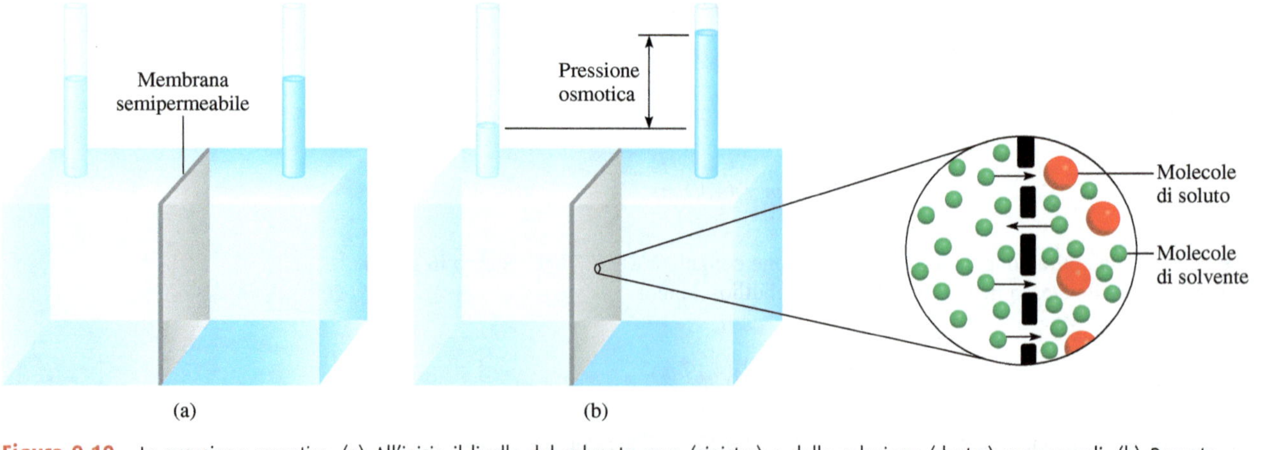

Figura 9.19 La pressione osmotica. (a) All'inizio il livello del solvente puro (sinistra) e della soluzione (destra) sono uguali. (b) Durante l'osmosi, il livello nel lato della soluzione aumenta in conseguenza del flusso netto di solvente da sinistra verso destra. La pressione osmotica è uguale alla pressione idrostatica esercitata dalla colonna di fluido nel tubo sulla destra all'equilibrio. Essenzialmente avviene lo stesso effetto quando il solvente puro è rimpiazzato con una soluzione più diluita di quella a destra.

teria dal solvente puro (a sinistra) provoca una diminuzione della pressione, con un conseguente squilibrio della pressione attraverso la membrana all'equilibrio.

La pressione osmotica di una soluzione è data da

$$\Pi = cRT \tag{9.26}$$

dove c è la concentrazione della soluzione, R è la costante dei gas (0,08314 l bar mol^{-1} K^{-1}), T è la temperatura assoluta. La pressione osmotica (Π) è espressa in bar. Affinché le misurazioni di pressione osmotica siano effettuate a temperatura costante, la concentrazione (c) è espressa in molarità piuttosto che molalità. Poiché la molarità della soluzione è data dal numero di molecole di soluto (n_{soluto}) diviso per il volume (V) di soluzione ($c = n_{soluto}/V$), l'Equazione 9.26 può anche essere scritta come

$$\Pi V = n_{soluto}\, R\, T \tag{9.27}$$

più facile da ricordare dell'Equazione 9.26, poiché questa forma è simile alla legge del gas ideale.

Se due soluzioni hanno la stessa concentrazione e, di conseguenza, la stessa pressione osmotica, si dicono *isotoniche*. Se due soluzioni hanno diverse pressioni osmotiche, la soluzione più concentrata viene detta *ipertonica* e la soluzione diluita si dice *ipotonica* (Figura 9.20).

Sebbene l'osmosi sia un fenomeno comune e ben studiato, è relativamente poco conosciuto il meccanismo con cui la membrana semipermeabile sia in grado di fermare alcune molecole rispetto ad altre. In alcuni casi, è semplicemente una questione di dimensioni. Una membrana semipermeabile può avere dei pori abbastanza piccoli da lasciare passare solo le molecole di solvente. In altri casi, un meccanismo diverso potrebbe essere responsabile della selettività della membrana, come per esempio la maggiore "solubilità" del solvente nella membrana.

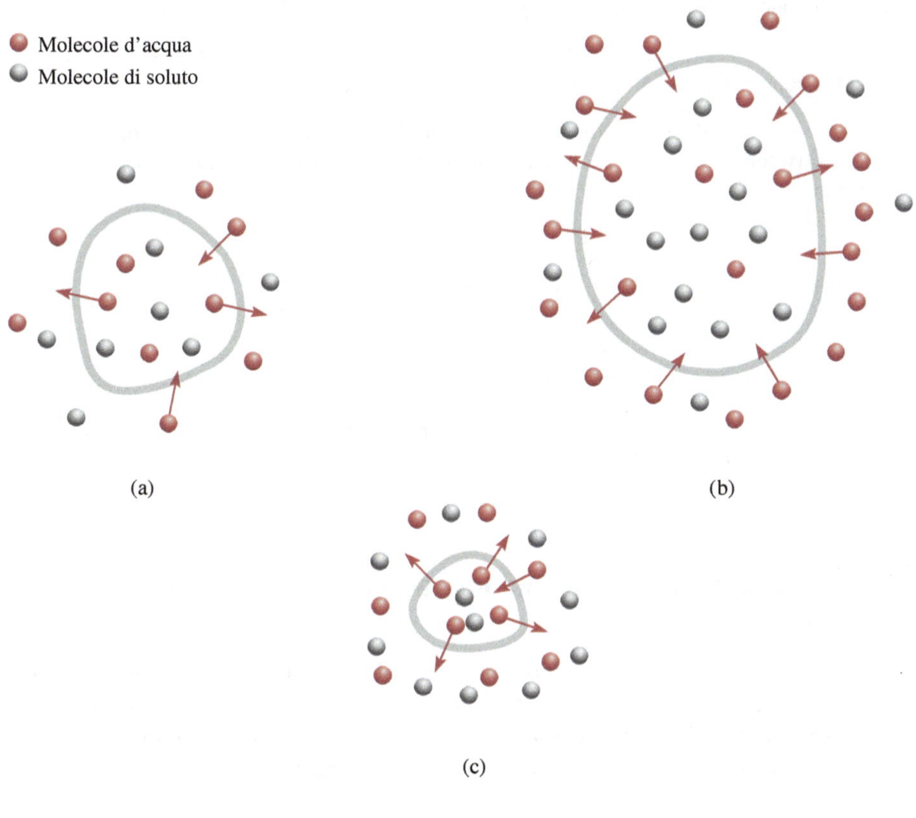

Figura 9.20 Una cellula in: (a) una soluzione isotonica, (b) una soluzione ipotonica, (c) una soluzione ipertonica. La cellula resta invariata in (a), si gonfia in (b) e si rimpicciolisce in (c).

Il fenomeno della pressione osmotica si manifesta in molte applicazioni interessanti. Per studiare il contenuto dei globuli rossi, protetti dall'esterno da una membrana semipermeabile, i biochimici utilizzano una tecnica chiamata *emolisi*. I globuli rossi sono posti in un una soluzione ipotonica. Poiché la soluzione ipotonica è meno concentrata dell'interno della cellula, l'acqua entra nelle cellule, come mostrato nella foto al centro della Figura 9.20(d). Le cellule si gonfiano e infine esplodono, rilasciando emoglobina e altre molecole, che vengono raccolte e studiate. La conservazione domestica di confetture fornisce un altro esempio d'impiego della pressione osmotica. Una grande quantità di zucchero è necessaria per il processo di conservazione dato che lo zucchero aiuta a uccidere i batteri che possono causare il botulismo. Quando una cellula batterica si trova in una soluzione di zucchero ipertonica (alta concentrazione), come mostrato nella Figura 9.20(c), l'acqua intracellulare tende a uscire fuori dalla cellula batterica per osmosi verso la soluzione più concentrata. Questo processo, noto come *crenazione*, fa sì che la cellula si restringa e, infine, cessi di funzionare. Anche l'acidità naturale della frutta inibisce la crescita dei batteri.

La pressione osmotica è il principale meccanismo per il trasporto di acqua verso l'alto nelle piante. Dato che le foglie perdono costantemente acqua nell'aria, tramite un processo chiamato *traspirazione*, le concentrazioni dei soluti nei liquidi contenuti nelle foglie aumentano. L'acqua è spinta verso l'alto attraverso il tronco e i rami degli alberi dalla pressione osmotica. Una pressione compresa tra 10 e 15 bar è necessaria per il trasporto dell'acqua nelle foglie in cima alle sequoie della California, che raggiungono circa 120 m di altezza.

Sequoie della California.

L'Esempio 9.9 mostra come una misurazione della pressione osmotica possa essere utilizzata per determinare la concentrazione di una soluzione.

Esempio 9.9

La pressione osmotica media dell'acqua di mare, misurata con l'apparecchiatura indicata nella Figura 9.19, è di circa 30,0 bar a 25 °C. Calcolare la concentrazione molare di una soluzione acquosa di saccarosio ($C_{12}H_{22}O_{11}$) che è isotonica con l'acqua di mare.

Impostazione La soluzione di saccarosio è isotonica con l'acqua di mare, quindi ha la stessa concentrazione e la stessa pressione osmotica dell'acqua di mare.

Soluzione La soluzione acquosa di saccarosio ha una pressione osmotica di 30,0 bar, poiché è isotonica con l'acqua di mare che ha una pressione osmotica di 30,0 bar. Utilizzando l'Equazione 9.26,

$$\Pi = cRT$$

$$c = \frac{\Pi}{RT} = \frac{30{,}0 \text{ bar}}{(0{,}08314 \text{ l bar K}^{-1})(298 \text{ K})}$$

$$= 1{,}23 \text{ mol l}^{-1}$$

$$= 1{,}23\ M$$

Problema di autovalutazione Qual è la pressione osmotica (in bar) di una soluzione 0,884 M di urea a 16 °C?

9.4.5 Uso delle proprietà colligative per la determinazione della massa molare

Le proprietà colligative delle soluzioni non elettrolitiche forniscono un mezzo per determinare la massa molare di un soluto. In teoria, una qualsiasi delle quattro proprietà colligative sarebbe adatta allo scopo. In pratica, tuttavia, solo l'abbassamento crioscopico e la pressione osmotica sono utilizzate, poiché presentano effetti molto pronunciati, anche per concentrazioni molto piccole. La procedura è la seguente. Dai valori sperimentali dell'abbassamento crioscopico o della pressione osmotica, possiamo calcolare la molalità o la molarità della soluzione. Conoscendo la massa del soluto, si può facilmente determinare la sua massa molare, come mostrato negli Esempi 9.10 e 9.11.

Esempio 9.10

Un campione di 7,85 g di un composto con la formula empirica C_5H_4 viene sciolto in 301 g di benzene. Il punto di congelamento della soluzione è inferiore di 1,05 °C rispetto al benzene puro. Quali sono la massa molare e la formula molecolare di questo composto?

Impostazione Risolvere questo problema richiede tre passaggi. In primo luogo, calcoliamo la molalità della soluzione dall'abbassamento crioscopico. Quindi, dalla molalità si determina il numero di moli in 7,85 g del composto e quindi la sua massa molare. Infine, confrontando la massa molare sperimentale con la massa molare empirica possiamo scrivere la formula molecolare.

Soluzione La sequenza delle conversioni per il calcolo della massa molare del composto è la seguente:

abbassamento crioscopico ⟶ molalità ⟶ numero di moli ⟶ massa molare

Per calcolare la molalità della soluzione, usare l'Equazione 9.24 e il valore appropriato di K_f dalla Tabella 9.3:

$$\text{molalità} = \frac{\Delta T_f}{K_f} = \frac{1{,}05\ °\text{C}}{5{,}12\ °\text{C}\ m^{-1}} = 0{,}205\ m$$

Dato che ci sono 0,205 moli di soluto in 1 kg di solvente, il numero di moli di soluto in 301 g, o 0,301 kg, di solvente è

$$0{,}301\ \text{kg} \times \frac{0{,}205\ \text{mol}}{1\ \text{kg}} = 0{,}0617\ \text{mol}$$

Così, la massa molare del soluto è

$$\text{massa molare} = \frac{\text{grammi di composto}}{\text{moli di composto}} = \frac{7{,}85\ \text{g}}{0{,}0617\ \text{mol}} = 127\ \text{g mol}^{-1}$$

Ora siamo in grado di determinare il rapporto tra la massa molare e la massa molare empirica:

$$\frac{\text{massa molare}}{\text{massa molare empirica}} = \frac{127\ \text{g mol}^{-1}}{64\ \text{g mol}^{-1}} \approx 2$$

La formula molecolare è quindi $(C_5H_4)_2$ o $C_{10}H_8$. Questo non ci dà, comunque, informazioni sufficienti a identificare i composti in quanto vi sono almeno due composti che hanno questa formula molecolare, il naftalene e l'azulene:

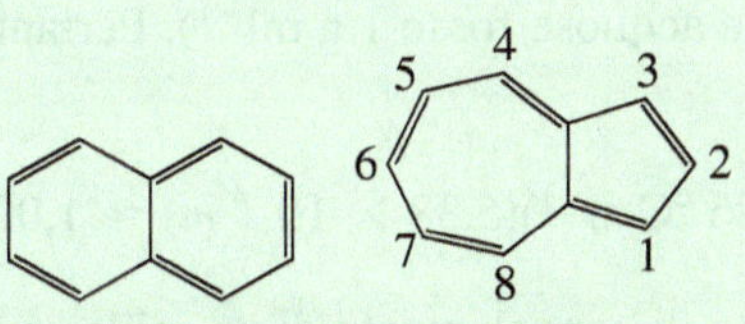

naftalene azulene

Problema di autovalutazione Una soluzione di 0,85 g di un composto organico in 100,0 g di benzene ha un punto di congelamento di 5,16 °C. Quali sono la molalità della soluzione e la massa molare del soluto?

Esempio 9.11

Una soluzione viene preparata sciogliendo 35,0 g di emoglobina (Hb) in acqua fino a portare il volume a 1 l. Se la pressione osmotica della soluzione è 10,0 mmHg a 25 °C, calcolare la massa molare dell'emoglobina.

Impostazione I passi necessari per calcolare la massa molare di emoglobina sono simili a quelli evidenziati nell'Esempio 9.10, a eccezione del fatto che qui usiamo la pressione osmotica invece dell'abbassamento crioscopico. In primo luogo, dobbiamo calcolare la molarità della soluzione dalla pressione osmotica della soluzione. Poi, dalla molarità, siamo in grado di determinare il numero di moli in 35,0 g di emoglobina e quindi la sua massa molare. Dato che la pressione è data in mmHg, è più conveniente usare R in unità l atm invece di l bar, poiché il fattore di conversione da mmHg ad atm è più semplice.

Soluzione La sequenza delle conversioni è come segue:

$$\text{pressione osmotica} \longrightarrow \text{molarità} \longrightarrow \text{numero di moli} \longrightarrow \text{massa molare}$$

In primo luogo, calcoliamo la molarità utilizzando l'Equazione 9.26:

$$\Pi = cRT$$

$$c = \frac{\Pi}{RT}$$

$$= \frac{10{,}0\ \text{mmHg} \times \dfrac{1\ \text{atm}}{760\ \text{mmHg}}}{(0{,}0821\ \text{l atm mol}^{-1}\ \text{K}^{-1})(298\ \text{K})} = 5{,}38 \times 10^{-4}\ M$$

Il volume della soluzione è di 1 l, quindi deve contenere $5{,}38 \times 10^{-4}$ mol di emoglobina. Usiamo questa quantità per calcolare la massa molare:

$$\text{massa molare di Hb} = \frac{\text{grammi di Hb}}{\text{moli di Hb}} = \frac{35{,}0\ \text{g}}{5{,}38 \times 10^{-4}\ \text{mol}} = 6{,}51 \times 10^{4}\ \text{g mol}^{-1}$$

Problema di autovalutazione 202 ml di una soluzione di benzene contenente 2,47 g di un polimero organico ha una pressione osmotica di 8,63 mmHg a 21 °C. Calcolare la massa molare del polimero.

Una pressione di 10,0 mmHg, come quella nell'Esempio 9.11, può essere misurata in modo semplice e accurato. Di conseguenza, le misurazioni di pressione osmotica sono molto utili per la determinazione delle masse molari di grandi molecole, come, per esempio, le proteine. Per evidenziare il vantaggio derivante dall'uso della pressione osmotica rispetto all'abbassamento crioscopico, dobbiamo valutare l'abbassamento del punto di congelamento della soluzione di emoglobina nell'Esempio 9.11. Se una soluzione acquosa è molto diluita, si può assumere che la molarità sia all'incirca pari alla molalità (la molarità sarebbe pari alla molalità se la densità della soluzione acquosa fosse 1 g ml^{-1}). Pertanto, dall'Equazione 9.24 si può scrivere

$$\Delta T_f = (1{,}86\ °\text{C}\ m^{-1})(5{,}38 \times 10^{-4}\ m) = 1{,}00 \times 10^{-3}\ °\text{C}$$

L'abbassamento del punto di congelamento di un millesimo di grado è una variazione di temperatura troppo piccola per essere misurata con precisione. Per questo motivo, l'utilizzo dell'abbassamento crioscopico è più adatto per la determinazione della massa molare di molecole più piccole e più solubili, cioè quelle aventi massa molare di 500 grammi o meno, poiché l'abbassamento del punto di congelamento delle loro soluzioni sarà più grande e più facilmente misurabile.

9.4.6 Proprietà colligative delle soluzioni elettrolitiche

Lo studio delle proprietà colligative degli ***elettroliti*** (*sostanze che, in soluzione, si dissociano in ioni*) richiede un approccio leggermente diverso da quello utilizzato per le proprietà colligative dei non elettroliti. Un'unità di un elettrolita genera due o più particelle quando si scioglie. Dato che è il numero di particelle di soluto che determina le proprietà colligative di una soluzione, è importante sapere quali composti si dissociano e in quale misura. Per esempio, ogni unità di NaCl si dissocia in due ioni, Na^+ e Cl^-, per cui le proprietà colligative di una soluzione NaCl 0,1 *m* dovranno essere due volte più grandi di quelle di una soluzione 0,1 *m* di un soluto non elettrolita, come il saccarosio. Analogamente, una soluzione 0,1 *m* di $CaCl_2$ presenterà un abbassamento crioscopico tre volte maggiore di una soluzione 0,1 *m* di saccarosio, perché ogni $CaCl_2$ produce tre ioni. Per tenere conto di quest'effetto, esiste una grandezza detta ***fattore di van't Hoff***[5] (*i*):

$$i = \frac{\text{numero effettivo di particelle in soluzione dopo dissociazione}}{\text{numero di unità di formula inizialmente disciolte in soluzione}} \quad (9.28)$$

Così, *i* sarà 1 per tutti i non elettroliti. Per gli elettroliti forti come NaCl e KNO_3, *i* è pari a 2 e, per gli elettroliti forti come Na_2SO_4 e $CaCl_2$, *i* è pari a 3. Di conseguenza, le equazioni per le proprietà colligative devono essere modificate come segue:

$$\Delta T_b = iK_b m_B \quad (9.29)$$

$$\Delta T_f = iK_f m_B \quad (9.30)$$

$$\Pi = i\,c\,R\,T \quad (9.31)$$

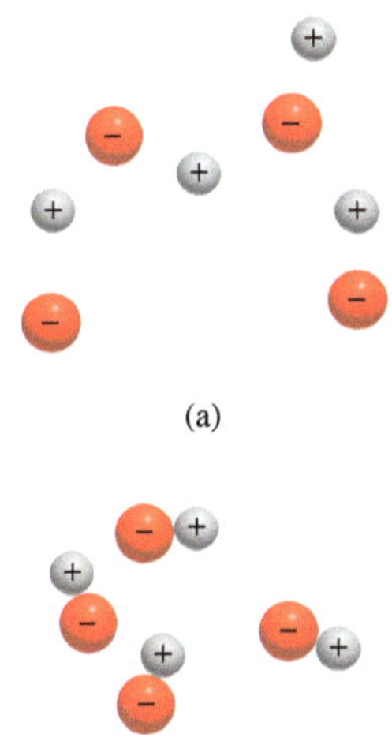

(a) (b)

Figura 9.21 Ioni liberi (a) e coppie ioniche (b) in soluzione. Una coppia ionica non possiede alcuna carica netta e non può quindi condurre elettricità in soluzione.

In realtà, le proprietà colligative delle soluzioni elettrolitiche sono di solito minori di quanto previsto poiché a concentrazioni più elevate ($> \sim 0{,}01$ *M*) le forze elettrostatiche entrano in gioco e si formano delle coppie ioniche. Una ***coppia ionica*** è costituita da *uno o più cationi e uno o più anioni tenuti insieme da forze elettrostatiche.* La presenza di coppie ioniche riduce l'effettivo numero di particelle in soluzione, provocando una riduzione delle proprietà colligative (Figura 9.21). Gli elettroliti contenenti ioni polivalenti come Mg^{2+}, Al^{3+} e Fe^{2+} hanno una maggiore tendenza a formare coppie ioniche rispetto a elettroliti come NaCl e KNO_3, che sono costituiti da ioni monovalenti. Per compensare la deviazione dal comportamento ideale delle soluzioni elettrolitiche a causa della formazione di coppie ioniche, sono necessari valori non interi del fattore di van't Hoff.

La Tabella 9.4 elenca i valori di *i* misurati sperimentalmente e quelli calcolati assumendo una completa dissociazione. La differenza è piccola, ma non nulla, e ciò

Tabella 9.4 Il fattore di van't Hoff di soluzioni elettrolitiche 0,0500 *M* a 25 °C

Elettrolita	*i* (Misurato)	*i* (Calcolato)
Saccarosio*	1,0	1,0
HCl	1,9	2,0
NaCl	1,9	2,0
$MgSO_4$	1,3	2,0
$MgCl_2$	2,7	3,0
$FeCl_3$	3,4	4,0

* Il saccarosio è un non elettrolita ed è elencato in tabella solo per confronto.

[5] Jacobus Henricus van't Hoff (1852-1911). Chimico olandese. Uno dei più importanti chimici del suo tempo. Gli studi di van't Hoff riguardarono la termodinamica, la struttura molecolare e l'attività ottica e la chimica delle soluzioni. Nel 1901 ricevette il primo Premio Nobel per la Chimica.

indica che la formazione di coppie ioniche in queste soluzioni a concentrazione 0,0500 M non è trascurabile.

L'Esempio 9.12 mostra come il fattore di van't Hoff può essere determinato da misure delle proprietà colligative.

Esempio 9.12

La pressione osmotica di una soluzione 0,010 M di ioduro di potassio (KI) a 25 °C è di 0,471 bar. Calcolare il fattore di van't Hoff per KI a questa concentrazione.

Impostazione KI è un elettrolita forte e, quindi, dovrebbe dissociarsi completamente in soluzione. Quindi, la sua pressione osmotica dovrebbe essere

$$2(0{,}010\ M)(0{,}08314\ \text{l bar mol}^{-1}\ \text{K}^{-1})(298\ \text{K}) = 0{,}496\ \text{bar}$$

La pressione osmotica misurata, tuttavia, è di soli 0,471 bar. Questo valore è inferiore a quello previsto, il che indica la formazione di coppie ioniche, con la diminuzione del numero di particelle di soluto (ioni K^+ e I^-) in soluzione.

Soluzione Dall'Equazione 9.31, abbiamo

$$i = \frac{\Pi}{MRT} = \frac{0{,}471\ \text{bar}}{(0{,}010\ M)(0{,}08314\ \text{l bar mol}^{-1}\ \text{K}^{-1})(298\ \text{K})} = 1{,}90$$

Problema di autovalutazione L'abbassamento crioscopico di una soluzione 0,100 m di $MgSO_4$ è 0,225 °C. Calcolare il fattore di van't Hoff per $MgSO_4$ a questa concentrazione.

Sommario

Paragrafo 9.1

- Le curve dei confini di fase in un diagramma di stato possono essere determinate dalla termodinamica utilizzando l'equazione di Clapeyron. Se una delle fasi è un vapore, può essere usata l'approssimazione di Clausius-Clapeyron.

Paragrafo 9.2

- La facilità di scioglimento del soluto in un solvente è disciplinata dalle forze intermolecolari. L'entalpia e l'entropia di mescolamento sono le forze guida del processo di soluzione. Questi effetti possono essere riassunti approssimativamente con il concetto *"il simile scioglie il simile"*.
- L'aumento di temperatura in genere aumenta la solubilità dei solidi e liquidi e diminuisce la solubilità dei gas in acqua.
- Secondo la legge di Henry, la solubilità di un gas in un liquido è direttamente proporzionale alla pressione parziale del gas sovrastante la soluzione.

Paragrafo 9.3

- La legge di Raoult stabilisce che la pressione parziale di una sostanza A in una soluzione è uguale al prodotto della frazione molare di A (x_A) per la pressione di vapore di A pura (P_A^*). Una soluzione ideale obbedisce alla legge di Raoult in tutto il campo di concentrazioni. In pratica, pochissime soluzioni presentano un comportamento ideale.
- La legge di Raoult può essere utilizzata per determinare la pressione di vapore e la composizione del vapore sovrastante una soluzione di due liquidi volatili.
- Le deviazioni dal comportamento ideale nelle soluzioni possono essere interpretate in base alle forze intermolecolari.

Paragrafo 9.4

- L'abbassamento della pressione del vapore, l'innalzamento ebullioscopico, l'abbassamento crioscopico e la pressione osmotica sono proprietà colligative delle soluzioni, cioè dipendono solo dal numero di particelle di soluto che sono presenti e non dalla loro natura.
- Nelle soluzioni elettrolitiche, l'interazione tra gli ioni conduce alla formazione di coppie ioniche. Il fattore di van't Hoff fornisce una misura del grado di dissociazione degli elettroliti in soluzione.

Problemi

Soluzioni dei problemi dispari sul sito www.mheducation.it

9.1 Termodinamica e diagrammi di stato

9.1 Un filo è posto sulla parte superiore di un blocco di ghiaccio. Le estremità del filo si estendono oltre i bordi del ghiaccio e un peso è legato a ciascuna estremità. Si osserva che il ghiaccio sotto il filo gradualmente si scioglie e il filo lentamente si muove attraverso il blocco di ghiaccio. Nello stesso tempo, l'acqua al di sopra del filo ricongela. Spiegare il fenomeno.

9.2 Misure della pressione di vapore a differenti temperature per il mercurio sono riportate qui sotto.

(a) Determinare graficamente il calore molare di evaporazione del mercurio.

T (°C)	200	250	300	320	340
P (mmHg)	17,3	74,4	246,8	376,3	557,9

(b) Utilizzare i risultati di questo esperimento per prevedere la temperatura di ebollizione normale del mercurio. Questa temperatura è in accordo con il valore sperimentale indicato nella Tabella 7.7? In caso contrario, indicare alcune possibili ragioni per questa discrepanza.

9.3 La pressione di vapore del benzene (C_6H_6) è 40,1 mmHg a 7,6 °C. Qual è la sua pressione di vapore a 60,6 °C? Il calore molare di evaporazione del benzene è 31,0 kJ mol^{-1}.

9.4 La pressione di vapore del liquido X è inferiore a quella del liquido Y a 20 °C, ma superiore a 60 °C. Cosa si può dedurre circa la grandezza relativa del calore molare di evaporazione di X e Y?

9.5 Stimare il calore molare di evaporazione di un liquido la cui pressione di vapore raddoppia quando la temperatura passa da 85 °C a 95 °C.

9.6 Nell'Esempio 9.1, abbiamo utilizzato l'equazione di Clapeyron per prevedere che il punto di fusione dell'acqua diminuisce di 1 °C per ogni aumento di 138 bar di pressione. Utilizzando questo dato, si potrebbe prevedere che, a una pressione di circa $3{,}8 \times 10^4$ bar ($= 273$ °C $\times$ 138 bar °C^{-1}) il punto di fusione dell'acqua dovrebbe essere $-273{,}15$ °C o 0 K (zero assoluto). È ragionevole questa previsione? Se non lo fosse, indicare l'errore.

9.2 Solubilità

9.7 Perché il naftalene ($C_{10}H_8$) è più solubile in benzene del CsF?

9.8 Perché l'etanolo (C_2H_5OH) è insolubile in cicloesano (C_6H_{12})?

9.9 Disporre i seguenti composti in ordine crescente di solubilità in acqua: O_2, LiCl, Br_2, CH_3OH (metanolo).

9.10 Spiegare le variazioni di solubilità in acqua dei seguenti alcoli:

Composto	Solubilità in acqua (g/100 g) a 20 °C
CH_3OH	∞
CH_3CH_2OH	∞
$CH_3CH_2CH_2OH$	∞
$CH_3CH_2CH_2CH_2OH$	9
$CH_3CH_2CH_2CH_2CH_2OH$	2,7

9.11 Un campione di 3,20 g di un sale si scioglie in 9,10 g di acqua per dare una soluzione satura a 25 °C. Qual è la solubilità (in g di sale/100 g di H_2O) del sale?

9.12 La solubilità del KNO_3 è di 155 g/100 g di acqua a 75 °C, ma solo di 38,0 g/100 g di acqua a 25 °C. Che massa (in grammi) di KNO_3 si separerà sotto forma di cristalli dalla soluzione se esattamente 100 g di una sua soluzione satura a 75 °C saranno raffreddati a 25 °C?

9.13 Un campione di 50 g di $KClO_3$ impuro (solubilità = 7,1 g per 100 g di H_2O a 20 °C) è contaminato con il 10% di KCl (solubilità = 25,5 g per 100 g di H_2O a 20 °C). Calcolare la minima quantità di acqua a 20 °C necessaria per disciogliere tutto il KCl dal campione. Quanto $KClO_3$ rimarrà dopo questo trattamento? Assumere che le solubilità non siano influenzate dalla presenza dell'altro composto.

9.14 Dell'acqua contenuta in un becher viene saturata con aria. Spiegare cosa succede quando dell'elio gassoso a 1 bar viene fatto gorgogliare nella soluzione per un lungo periodo di tempo.

9.15 Un minatore che lavora a 260 m sotto il livello del mare beve una bibita gassata durante la pausa pranzo. Con sua sorpresa, la bibita risulta molto poco frizzante. Poco dopo, il minatore prende un ascensore per la superficie. Durante il viaggio di risalita, non riesce a smettere di eruttare. Perché?

9.16 La solubilità di CO_2 in acqua a 25 °C e 1 bar è 0,034 mol l^{-1}. Qual è la sua solubilità in condizioni atmosferiche? La pressione parziale di CO_2 nell'aria è 0,0003 atm. Si supponga che la CO_2 obbedisca alla legge di Henry.

9.17 La solubilità di N_2 nel sangue a 37 °C e a una pressione parziale di 0,80 bar è di $5{,}6 \times 10^{-4}$ mol/l. Un sommozzatore respira aria compressa con la pressione parziale di N_2 pari a 4,0 bar. Si supponga che il volume totale del sangue nel corpo del subacqueo sia di 5,0 l. Calcolare la quantità di N_2 gassoso rilasciato (in litri a 37 °C e 1 bar) quando il sommozzatore ritorna in superficie dove la pressione parziale di N_2 è di 0,80 bar.

9.3 Equilibri liquido-vapore

9.18 Le pressioni di vapore dell'etanolo (C_2H_5OH) e dell'1-propanolo (C_3H_7OH) a 35 °C sono, rispettivamente, 100 mmHg e 37,6 mmHg. Assumere un comportamento ideale e calcolare le pressioni parziali dell'etanolo e dell'1-propanolo a 35 °C su una soluzione di etanolo in 1-propanolo, nella quale la frazione molare di etanolo sia pari a 0,300.

9.19 A 20 °C, la pressione di vapore dell'etanolo (C_2H_5OH) è di 44 mmHg e la pressione di vapore del metanolo (CH_3OH) è di 94 mmHg. Viene preparata una miscela di 30,0 g di metanolo e 45,0 g di etanolo (assumere un comportamento ideale per la soluzione). (a) Calcolare le pressione di vapore dell'etanolo e del metanolo sovrastante questa soluzione a 20 °C. (b) Calcolare le frazioni molari dell'etanolo e del metanolo nel vapore sovrastante questa soluzione a 20 °C. (c) Suggerire un metodo per separare questi due componenti dalla soluzione.

9.20 Una miscela di liquidi A e B presenta comportamento ideale. A 84 °C, la pressione di vapore totale di una soluzione contenente 1,2 moli di A e 2,3 moli di B è 331 mmHg. In seguito all'aggiunta di un'altra mole di B alla soluzione, la pressione di vapore aumenta fino a 347 mmHg. Calcolare le pressioni di vapore di A puro e B puro a 84 °C.

9.21 Spiegare in termini di interazioni molecolari perché il diagramma di stato temperatura-composizione per la miscela cloroformio-acetone presenta un azeotropo altobollente.

9.22 Se si prova a purificare l'etanolo da una miscela etanolo-acqua mediante distillazione frazionata, la massima purezza ottenibile è del 95%. Spiegare.

9.4 Proprietà colligative

9.23 Una soluzione viene preparata sciogliendo 396 g di saccarosio ($C_{12}H_{22}O_{11}$) in 624 g di acqua. Qual è la pressione di vapore di questa soluzione a 30 °C? La pressione di vapore dell'acqua vale 31,8 mmHg a 30 °C.

9.24 Quanti grammi di saccarosio ($C_{12}H_{22}O_{11}$) dovranno essere aggiunti a 552 g di acqua per dare una soluzione con una pressione di vapore di 2,0 mmHg minore di quella dell'acqua pura a 20 °C? La pressione di vapore dell'acqua a 20 °C è 17,5 mmHg.

9.25 La pressione di vapore del benzene è 100,0 mmHg a 26,1 °C. Calcolare la pressione di vapore di una soluzione contenente 24,6 g di canfora ($C_{10}H_{16}O$) disciolti in 98,5 g di benzene. La canfora è un solido poco volatile.

9.26 Quanti grammi di urea [$(NH_2)_2CO$] bisogna aggiungere a 450 g di acqua per avere una soluzione con una pressione di vapore di 2,50 mmHg minore di quella dell'acqua pura a 30 °C? La pressione di vapore dell'acqua vale 31,8 mmHg a 30 °C.

9.27 Quali sono i punti di ebollizione e di fusione di una soluzione 2,47 *m* di naftalene in benzene? I punti di ebollizione e di fusione del benzene sono, rispettivamente, 80,1 °C e 5,5 °C.

9.28 Una soluzione contiene glicina, un amminoacido (NH_2CH_2COOH). Assumendo che essa non si ionizzi in acqua, calcolare la molalità della soluzione se questa congela a −1,1 °C.

9.29 I feromoni sono sostanze secrete dagli esemplari femminili di molte specie di insetti per attrarre i maschi. Uno di questi composti ha la seguente composizione percentuale: 80,78% C, 13,56% H, 5,66% O. Una soluzione di 1,00 g di questo feromone in 8,50 g di benzene congela a 3,37 °C. Quali sono la formula molecolare e la massa molare del composto? Il punto di fusione normale del benzene puro è 5,50 °C.

9.30 L'analisi elementare di un solido organico estratto dalla gomma arabica (una sostanza gommosa utilizzata negli inchiostri, negli adesivi e nell'industria farmaceutica) ha dato i seguenti risultati: 40,0% C, 6,7% H, 53,3% O. Una soluzione di 0,650 g del solido in 27,8 g di solvente (difenile) presenta un abbassamento crioscopico di 1,56 °C. Calcolare la massa molare e la formula molecolare del solido. (K_f difenile: 8,00 °C m^{-1}.)

9.31 Quanti litri di anticongelante (glicole etilenico, [$CH_2(OH)CH_2(OH)$]) bisogna aggiungere nel radiatore di un'automobile contenente 6,50 l di acqua se la temperatura invernale più bassa è di −20 °C? Calcolare il punto d'ebollizione di questa miscela. La densità del glicole etilenico vale 1,11 g ml^{-1}.

9.32 Una soluzione viene preparata facendo condensare 4,00 l di un gas, misurati a 27 °C e 748 mmHg, in 58,0 g di benzene. Calcolare il punto di fusione della soluzione.

9.33 La massa molare dell'acido benzoico (C_6H_5COOH) determinata misurando l'abbassamento crioscopico in benzene è il doppio di quello previsto in base alla formula molecolare $C_7H_6O_2$. Spiegare quest'apparente anomalia.

9.34 Una soluzione di 2,50 g di un composto avente formula empirica C_6H_5P in 25,0 g di benzene congela a 4,3 °C. Calcolare la massa molare e la formula molecolare del soluto.

9.35 Quanto vale la pressione osmotica (in bar) di una soluzione acquosa 1,36 *M* di urea [$(NH_2)_2CO$] a 22,0 °C?

9.36 Una soluzione contenente 0,8330 g di un polimero a struttura incognita in 170,0 ml di un solvente organico presenta una pressione osmotica di 5,20 mmHg a 25 °C. Determinare la massa molare del polimero.

9.37 7,480 g di un solido organico sono disciolti in acqua per formare 300,0 ml di una soluzione che presenta una pressione osmotica di 1,45 bar a 27 °C. L'analisi elementare di questo composto ha dato i seguenti risultati: 41,8% C, 4,7% H, 37,3% O, 16,3% N. Calcolare la formula molecolare del composto.

9.38 Una soluzione di 6,85 g di un carboidrato in 100,0 g di acqua ha una densità di 1,024 g ml^{-1} e una pressione osmotica di 4,670 bar a 20,0 °C. Calcolare la massa molare del carboidrato.

9.39 Quale soluzione acquosa, 0,35 *m* $CaCl_2$ o 0,90 *m* urea, ha: (a) il punto d'ebollizione più alto, (b) il più alto punto di congelamento, (c) la più bassa pressione di vapore? Spiegare. Si supponga dissociazione completa.

9.40 Soluzioni acquose di saccarosio ($C_{12}H_{22}O_{11}$) e di acido nitrico (HNO_3) congelano entrambe a 1,5 °C. Quali sono le altre proprietà che queste soluzioni hanno in comune?

9.41 Disporre le seguenti soluzioni in ordine di punto di fusione decrescente: 0,10 *m* Na_3PO_4, 0,35 *m* NaCl, 0,20 *m* $MgCl_2$, 0,15 *m* $C_6H_{12}O_6$, 0,15 *m* CH_3COOH.

9.42 Disporre le seguenti soluzioni in ordine di punto di fusione decrescente: 0,50 *m* HCl, 0,50 *m* glucosio, 0,50 *m* acido acetico. Spiegare.

9.43 Quali sono il punto di fusione normale e il punto d'ebollizione normale di: (a) 21,2 g NaCl in 135 ml di acqua, (b) 15,4 g di urea in 66,7 ml di acqua?

9.44 A 25 °C, la pressione di vapore dell'acqua pura è 23,76 mmHg e quella dell'acqua di mare è 22,98 mmHg. Supponendo che l'acqua di mare contenga solo NaCl, stimare la sua concentrazione molale.

9.45 Sia NaCl che $CaCl_2$ vengono utilizzati per sciogliere il ghiaccio sulle strade in inverno. Quali sono i vantaggi di queste sostanze rispetto al saccarosio o all'urea nel ridurre il punto di congelamento dell'acqua?

9.46 Una soluzione acquosa allo 0,86% di NaCl in peso si dice "soluzione fisiologica", poiché la sua pressione osmotica è uguale a quella della soluzione nelle cellule del sangue. Calcolare la pressione osmotica di questa soluzione in condizioni normali di temperatura corporea (37 °C). La densità della soluzione salina è 1,005 g ml^{-1}.

9.47 La pressione osmotica di soluzioni 0,010 *M* di $CaCl_2$ e di urea a 25 °C vale, rispettivamente, 0,613 e 0,247 bar. Calcolare il fattore di van't Hoff per la soluzione di $CaCl_2$.

9.48 Calcolare la pressione osmotica di una soluzione 0,0500 *M* in $MgSO_4$ a 25 °C. (*Suggerimento:* Vedi Tabella 9.4.)

Problemi supplementari

9.49 Un becher contenente acqua è collocato in un contenitore chiuso. Prevedere l'effetto sulla pressione di vapore dell'acqua, quando: (a) la temperatura si abbassa, (b) il volume del contenitore è raddoppiato, (c) dell'acqua è aggiunta al becher.

9.50 Il polo sud di Marte è ricoperto di ghiaccio secco, che sublima in parte durante l'estate. Il vapore di CO_2 ricondensa in inverno quando la temperatura scende a 150 K. Dato che il calore di sublimazione di CO_2 è pari a 25,9 kJ mol^{-1}, calcolare la pressione atmosferica sulla superficie di Marte. La temperatura di sublimazione normale di CO_2 è -78 °C.

9.51 Una pentola a pressione è un contenitore sigillato che permette al vapore di fuoriuscire quando si supera una determinata pressione. Come fa questo dispositivo a ridurre i tempi di cottura?

9.52 Il lisozima è un enzima che distrugge le membrane delle cellule batteriche. Un campione di lisozima estratto dall'albume d'uovo ha una massa molare di 13,930 g. Una quantità di 0,100 g di questo enzima viene sciolta in 150 g di acqua a 25 °C. Calcolare l'abbassamento della pressione di vapore, l'abbassamento crioscopico, l'innalzamento del punto di ebollizione e la pressione osmotica di questa soluzione. La pressione di vapore dell'acqua a 25 °C è 23,76 mmHg.

9.53 Le soluzioni A e B hanno, rispettivamente, pressione osmotica pari a 2,4 e 4,6 bar, a una certa temperatura. Qual è la pressione osmotica di una soluzione preparata miscelando uguali volumi di A e B alla stessa temperatura?

9.54 Un cetriolo posto in una soluzione salina fortemente concentrata (salamoia) raggrinzisce. Spiegare.

9.55 Due liquidi A e B hanno pressioni di vapore, rispettivamente, di 76 e 132 mmHg, a 25 °C. Qual è la pressione di vapore totale della soluzione ideale costituita da: (a) 1,00 moli di A e 1,00 moli di B, (b) 2,00 moli di A e 5,00 moli di B?

9.56 Calcolare il fattore di van't Hoff di Na_3PO_4 in una soluzione 0,40 *m* il cui punto di fusione è 2,6 °C.

9.57 Un campione di 262 ml di una soluzione contenente 1,22 g di zucchero ha una pressione osmotica di 30,3 mmHg a 35 °C. Qual è la massa molare dello zucchero?

9.58 Si considerino i tre manometri a mercurio mostrati in figura. Uno di essi ha 1 ml di acqua sul mercurio, un altro 1 ml di una soluzione 1 *m* di urea sul mercurio e il terzo ha 1 ml di una soluzione 1 *m* di NaCl sul mercurio. Assegnare correttamente le soluzioni ai tre tubi indicati con X, Y, Z.

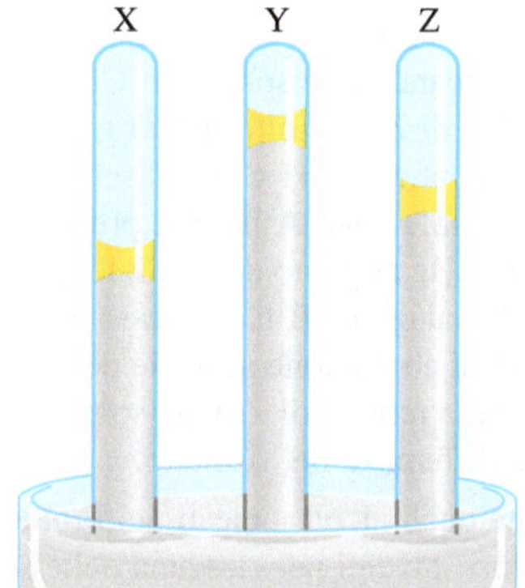

9.59 A un chimico forense viene data una polvere bianca da analizzare. Ne vengono disciolti 0,50 g in 8,0 g di benzene e la soluzione risultante congela a 3,9 °C. Il chimico può concludere che il composto sia cocaina ($C_{17}H_{21}NO_4$)? Quali sono le ipotesi fatte in sede di analisi?

9.60 I farmaci a rilascio graduale hanno il vantaggio di rilasciare il farmaco all'organismo a velocità costante in modo che la concentrazione di farmaco, in qualsiasi momento, non sia troppo alta da avere effetti collaterali nocivi o troppo bassa da essere inefficace. Di seguito, viene indicato un diagramma schematico di una pillola a rilascio graduale. Spiegarne il funzionamento.

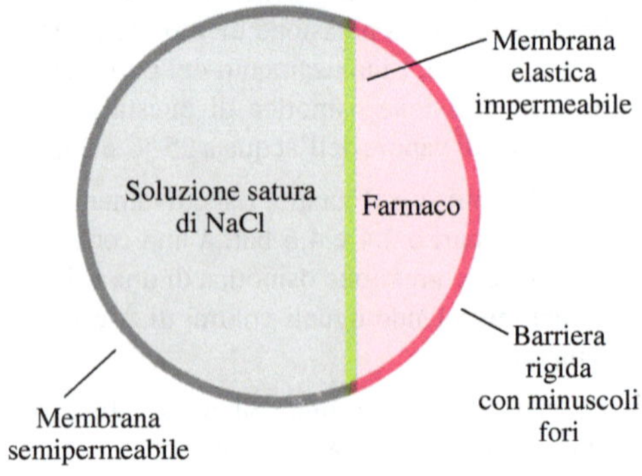

9.61 Una soluzione di 1,00 g di cloruro di alluminio anidro ($AlCl_3$) in 50,0 g di acqua gela a –1,11 °C. La massa molare determinata in base al punto di congelamento è in accordo con quella calcolata dalla formula?

9.62 Spiegare il motivo per cui l'osmosi inversa è (teoricamente) più auspicabile come metodo di desalinizzazione piuttosto che la distillazione o il congelamento. Qual è la minima pressione che deve essere applicata all'acqua di mare a 25 °C affinché si verifichi osmosi inversa? Considerare l'acqua di mare come una soluzione 0,70 *M* di NaCl.

9.63 Una proteina è stata isolata come sale con la formula $Na_{20}P$ (questa notazione significa che ci sono 20 ioni Na^+ associati a una proteina carica negativamente P^{20-}). La pressione osmotica di 10,0 ml di una soluzione contenente 0,225 g della proteina è 0,260 bar a 25,0 °C. (a) Calcolare la massa molare della proteina da questi dati. (b) Calcolare la massa molare effettiva della proteina.

9.64 Un composto organico non volatile Z è stato utilizzato per preparare due soluzioni. Una soluzione contiene 5,00 g di Z disciolti in 100 g di acqua e la soluzione B contiene 2,31 g di Z disciolti in 100 g di benzene. La soluzione A ha una pressione di vapore di 754,5 mmHg al punto di ebollizione normale dell'acqua, e la soluzione B ha la stessa pressione di vapore al punto di ebollizione normale del benzene. Calcolare la massa molare di Z nelle soluzioni A e B e spiegare la differenza nel risultato.

9.65 Indicare quali alcoli indicati nel Problema 9.10 siano i migliori solventi per ciascuna delle seguenti sostanze, e spiegare il perché: (a) I_2, (b) KBr, (c) $CH_3CH_2CH_2CH_2CH_3$.

9.66 Prima che una bottiglia di bevanda gassata sia sigillata, viene pressurizzata con una miscela di aria e di diossido di carbonio. (a) Spiegare l'effervescenza che si verifica quando la bottiglia viene stappata. (b) Quali sono le cause della formazione della nebbiolina vicino alla bocca della bottiglia subito dopo che il tappo viene rimosso?

9.67 Lo iodio (I_2) è solo moderatamente solubile in acqua (foto a sinistra). Ma in seguito all'aggiunta di ioni ioduro (per esempio da KI), lo iodio è convertito a ione triioduro, che si scioglie facilmente (foto a destra):

$$I_2(s) + I^-(aq) \rightleftharpoons I_3^-(aq)$$

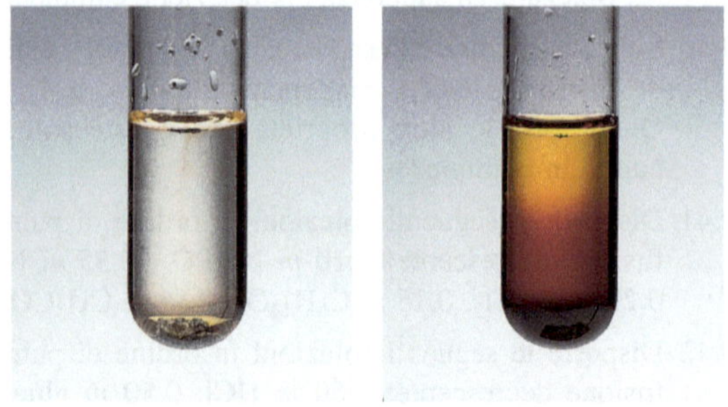

Descrivere la variazione di solubilità di I_2 in termini di cambiamento delle forze intermolecolari.

9.68 Due becher, uno contenente 50 ml di una soluzione acquosa 1,0 *M* di glucosio e l'altro 50 ml di una soluzione acquosa 2,0 *M* di glucosio, sono posti sotto una campana di vetro ermeticamente sigillata a temperatura ambiente. Quali sono i volumi in questi due becher, all'equilibrio?

9.69 Nell'apparato indicato, cosa accade se la membrana è: (a) permeabile sia all'acqua che agli ioni Na^+ e Cl^-, (b) permeabile all'acqua e agli ioni Na^+ ma non agli ioni Cl^-, (c) permeabile all'acqua ma non agli ioni Na^+ e Cl^-?

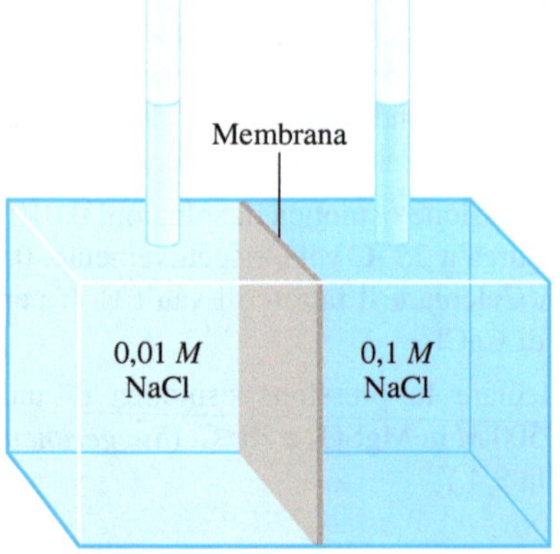

9.70 Spiegare il motivo per cui è essenziale che i fluidi utilizzati nelle iniezioni endovenose abbiano all'incirca la stessa pressione osmotica del sangue.

9.71 Spiegare ciascuna delle seguenti affermazioni. (a) Il punto di ebollizione dell'acqua di mare è superiore a quello dell'acqua pura. (b) Il diossido di carbonio sfugge dalla soluzione quando si stappa una bottiglia di bibita gassata. (c) Le concentrazioni molari e molali di soluzioni acquose diluite sono circa uguali. (d) Nel discutere le proprietà colligative di una soluzione (tranne la pressione osmotica), è preferibile esprimere la concentrazione in molalità piuttosto che in molarità. (e) Il metanolo (p.e. 65 °C) è utile come antigelo, ma deve essere rimosso dal radiatore dell'automobile durante la stagione estiva.

9.72 Una miscela di NaCl e saccarosio ($C_{12}H_{22}O_{11}$) di massa totale 10,2 g viene disciolta in acqua per formare una soluzione di 250 ml. La pressione osmotica della soluzione è 7,42 bar a 23 °C. Calcolare la massa percentuale di NaCl nella miscela.

9.73 Un campione di 1,32 g di una miscela di cicloesano (C_6H_{12}) e naftalene ($C_{10}H_8$) viene sciolto in 18,9 g di benzene (C_6H_6). Il punto di congelamento della soluzione è 2,2 °C. Calcolare la composizione percentuale della miscela. (Cfr. Tabella 9.3 per le costanti.)

9.74 In che modo i seguenti fattori influenzano la solubilità di un composto ionico: (a) energia reticolare, (b) solvente (polare/apolare), (c) entalpie di idratazione dei cationi e degli anioni?

9.75 Una soluzione contiene due liquidi volatili A e B. Completare la seguente tabella, in cui il simbolo $\longleftrightarrow$ indica forze intermolecolari attrattive.

Forze attrattive	Deviazioni dalla legge di Raoult	$\Delta H_{soluzione}$
$A \longleftrightarrow A$, $B \longleftrightarrow B$> $A \longleftrightarrow B$		
	Negative	
		Zero

9.76 Una miscela di etanolo e 1-propanolo si comporta idealmente a 36 °C ed è in equilibrio con il suo vapore. Se la frazione molare di etanolo nella soluzione è 0,62, calcolare la sua frazione molare in fase vapore a questa temperatura. Le pressioni di vapore puro dell'etanolo e dell'1-propanolo a 36 °C sono, rispettivamente, 108 e 40,0 mmHg.

9.77 Per le soluzioni ideali, i volumi sono additivi. Ciò significa che se 5 ml di A e 5 ml di B formano una soluzione ideale, il volume della soluzione è di 10 ml. Fornire un'interpretazione a livello molecolare di questa osservazione. Quando 500 ml di etanolo (C_2H_5OH) sono mescolati con 500 ml di acqua, il volume finale è inferiore a 1000 ml. Spiegare.

9.78 L'ammoniaca (NH_3) è molto solubile in acqua, ma il tricloruro di azoto (NCl_3) non lo è. Spiegare.

9.79 Il solfato d'alluminio [$Al_2(SO_4)_3$] a volte viene utilizzato negli impianti di trattamento delle acque potabili per rimuovere particelle indesiderate. Spiegare come funziona questo processo.

9.80 L'acido acetico è un acido debole che in soluzione si ionizza:

$$CH_3COOH(aq) \rightleftharpoons CH_3COO^-(aq) + H^+(aq)$$

Se il punto di congelamento di una soluzione 0,106 *m* di CH_3COOH è 0,203 °C, calcolare la percentuale di acido che ha subìto ionizzazione.

9.81 Nella preparazione della maionese, oltre al sapore, qual è il ruolo del tuorlo d'uovo? (*Suggerimento:* Il tuorlo d'uovo contiene lecitine, che sono molecole con una testa polare e una lunga coda idrocarburica non polare.)

9.82 L'acido acetico è una molecola polare che può formare legami idrogeno con molecole d'acqua. Pertanto, ha una elevata solubilità in acqua. Ma l'acido acetico è anche solubile in benzene (C_6H_6), un solvente non polare a cui manca la capacità di formare legami idrogeno. Una soluzione di 3,8 g di CH_3COOH in 80 g di C_6H_6 ha un punto di congelamento di 3,5 °C. Calcolare la massa molare del soluto e suggerire quella che potrebbe essere la sua struttura. (*Suggerimento*: Le molecole di acido acetico possono formare legami idrogeno tra di loro.)

9.83 I pesci nell'oceano Antartico nuotano in acqua a circa −2 °C. (a) Per evitare che il loro sangue congeli, quale dovrebbe essere la concentrazione (molalità) del sangue? Si tratta di una concentrazione fisiologica ragionevole? (b) Negli ultimi anni gli scienziati hanno scoperto un particolare tipo di proteina nel sangue di questi pesci che, pur essendo presente in concentrazioni molto basse ($\leq 0{,}001\ m$), ha la capacità di impedire il congelamento del sangue. Suggerire un meccanismo per la sua azione.

9.84 Se una lattina contenente una bibita gassata viene agitata e poi aperta il liquido ne fuoriesce violentemente. Se però, dopo avere agitato la lattina, si attende un tempo sufficiente, l'apertura della lattina non provoca lo stesso effetto e non si ha l'attesa "esplosione". Spiegare.

9.85 Perché i cubetti di ghiaccio (per esempio, quelli nelle vaschette del congelatore del frigorifero) appaiono opachi all'interno?

9.86 Utilizzando la legge di Henry e l'equazione del gas ideale, provare l'affermazione secondo cui il volume di un gas che si scioglie in una data quantità di solvente è *indipendente* dalla pressione del gas disciolto nel solvente.

9.87 A 27 °C, la pressione di vapore dell'acqua pura è 23,76 mmHg e quella di una soluzione di urea è 22,98 mmHg. Calcolare la molalità della soluzione.

9.88 Un esempio di deviazione positiva dalla legge di Raoult è una soluzione di acetone (CH_3COCH_3) e solfuro di carbonio (CS_2). (a) Disegnare le strutture di Lewis di queste molecole. Spiegare la deviazione dal comportamento ideale in termini di forze intermolecolari. (b) Una soluzione composta da 0,60 moli di acetone e 0,40 moli di solfuro di carbonio ha una pressione di vapore di 615 mmHg a 35,2 °C. Quale sarebbe la pressione di vapore se la soluzione si comportasse idealmente? Le pressioni di vapore del solvente puro alla stessa temperatura sono: 349 mmHg per l'acetone e 501 mmHg per il solfuro di carbonio. (c) Prevedere il segno di $\Delta H_{soluzione}$.

9.89 I liquidi A (massa molare 100 g mol^{-1}) e B (massa molare 110 g mol^{-1}) costituiscono una soluzione ideale. A 55 °C, A ha una pressione di vapore di 95 mmHg e B ha una pressione di vapore di 42 mmHg. Una soluzione viene preparata mescolando pari masse di A e B. (a) Calcolare la frazione molare di ciascun componente nella soluzione. (b) Calcolare la pressione parziale di A e B, sopra la soluzione, a 55 °C. (c) Supponiamo che un po' del vapore descritto nella parte (b), condensi in un liquido. Calcolare la frazione molare di ciascun componente in questo liquido e la pressione di vapore di ciascun componente al di sopra di questo liquido a 55 °C.

9.90 Un lungo tubo viene chiuso a una estremità con una membrana semipermeabile. A che profondità (in metri) il tubo deve essere immerso in mare affinché dell'acqua dolce inizi a passare attraverso la membrana? Si supponga che l'acqua di mare sia a 20 °C e la si consideri come una soluzione 0,70 *M* di NaCl. La densità dell'acqua di mare è 1,03 g cm^{-3} e l'accelerazione di gravità è 9,81 m s^{-2}.

9.91 Benzene e toluene formano una soluzione ideale. Dimostrare che la massima entropia di mescolamento nel liquido si ottiene quando la frazione molare di ciascun componente è di 0,5.

9.92 Le pressioni di vapore del benzene puro e del toluene puro a 298 K valgono, rispettivamente, 94,6 e 29,1 torr. Se 5,00 g di benzene e 5,00 g di toluene sono posti in un contenitore inizialmente vuoto del volume di 5,0 l, una volta raggiunto l'equilibrio, che frazione della miscela sarà in fase liquida? Qual è la pressione finale? Descrivere le ipotesi fatte.

9.93 Due bicchieri, 1 e 2, contenenti, rispettivamente, 50 ml di urea 0,10 *M* e 50 ml di urea 0,20 *M*, sono posti in un contenitore ermeticamente sigillato a 298 K. Calcolare la frazione molare di urea nelle soluzioni all'equilibrio. Si supponga comportamento ideale. L'urea è un composto non volatile.

9.94 Due liquidi miscibili A e B hanno pressioni di vapore, rispettivamente, di 123 mmHg e 564 mmHg a 25 °C, allo stato puro. Se 1,4 moli di A sono mescolate con una quantità sconosciuta di B, la soluzione risultante ha una pressione di vapore di 427 mmHg a 25 °C. Determinare la quantità di B che è stata aggiunta per formare questa soluzione.

9.95 A 298 K, la pressione osmotica di una soluzione di glucosio vale 10,50 atm. Calcolare il punto di congelamento della soluzione. La densità della soluzione è 1,16 g ml^{-1}.

9.96 Un recipiente chiuso di volume 9,6 l contiene 2,0 g di acqua. Calcolare la temperatura (in °C) alla quale metà dell'acqua è in fase di vapore e metà in fase liquida.

9.97 Il punto di ebollizione normale del metanolo è 65,0 °C e l'entalpia standard di formazione del metanolo allo stato vapore è −202,2 kJ mol^{-1}. Calcolare la pressione di vapore di metanolo (in mmHg) a 25 °C. (*Suggerimento:* Vedi l'Appendice 2 per gli altri dati termodinamici del metanolo.)

9.98 Le costanti della legge di Henry per i gas nobili in acqua sono elencate nella Tabella 9.2. Questi valori mostrano un andamento crescente con il numero atomico? In caso affermativo, fornire una spiegazione a questa tendenza in termini di forze intermolecolari.

9.99 Usando le Equazioni 9.21 e 9.24 e i dati nelle Tabelle 7.7 e 7.8, calcolare la costante crioscopica e la costante ebullioscopica per il dietil etere.

9.100 Nell'Esempio 9.3, abbiamo usato i dati per la pressione di vapore dell'acqua a diverse temperature per stimare l'entalpia molare di evaporazione dell'acqua. Nell'esempio, le pressioni sono in mmHg. I valori numerici di *P* (e quindi ln *P*) dipendono dalle unità usate; tuttavia, l'entalpia molare di evaporazione calcolata dovrebbe essere indipendente da questa scelta. (a) Convertire i valori di pressione nell'Esempio 9.3 in bar e ripetere il calcolo della ΔH_{vap} per l'acqua per dimostrare che il valore ottenuto non dipende dall'unità di pressione. (b) Dimostrare matematicamente che la pendenza dell'Equazione 9.5 (e quindi ΔH_{vap}) è indipendente dalle unità utilizzate per la pressione.

Soluzioni dei problemi di autovalutazione

9.1 −37,6 °C **9.2** 369 mmHg **9.3** 61,3 kJ mol^{-1} [questo è un valore medio su un intervallo di temperatura da 323 K a 433 K, e quindi differisce leggermente dal valore 59,0 dato in Tabella 7.7, misurato al punto d'ebollizione di Hg (630 K)]. **9.4** CS_2 **9.5** $2,9 \times 10^{-4}$ mol l^{-1} **9.6** (a) 85 torr; (b) per il benzene 0,654, per l'eptano 0,346 **9.7** 37,8 mmHg; 4,4 mmHg **9.8** T_b: 101,3 °C; T_f: −4,48 °C **9.9** 21,3 bar **9.10** 0,066 *m*; $1,3 \times 10^2$ g mol^{-1} **9.11** $2,60 \times 10^4$ g **9.12** 1,21

CAPITOLO

10

Equilibrio chimico

Quando una reazione chimica ha raggiunto lo stato d'equilibrio, le concentrazioni dei reagenti e dei prodotti rimangono costanti nel tempo, e non avvengono variazioni percettibili nel sistema. Tuttavia, a livello molecolare c'è una grande attività, perché delle molecole dei reagenti continuano a formare molecole dei prodotti, mentre molecole dei prodotti reagiscono per produrre molecole dei reagenti. Questo processo dinamico è l'oggetto di questo capitolo. Si discuteranno i diversi tipi di reazioni d'equilibrio, il significato della costante d'equilibrio e i suoi aspetti termodinamici, e come l'equilibrio chimico si modifica in risposta alle variazioni delle condizioni esterne.

10.1 Costante d'equilibrio e concentrazione di reagenti e prodotti

Poche reazioni chimiche procedono in una sola direzione. La maggior parte di esse sono, almeno entro una certa misura, ***reazioni reversibili,*** vale a dire, *possono procedere in un verso o nell'altro*. All'inizio, una reazione reversibile procede verso la formazione dei prodotti; non appena ciò avviene, inizia ad avere luogo la reazione inversa e si formano molecole dei reagenti a partire da molecole dei prodotti. Alla fine, le velocità di formazione dei reagenti e dei prodotti saranno uguali e il sistema avrà raggiunto uno stato d'***equilibrio chimico*** *nel quale le concentrazioni dei reagenti e dei prodotti non cambiano più.* Come l'equilibrio fisico (trattato nei Capitoli 5 e 8), l'equilibrio chimico è un processo dinamico. Tuttavia, le trasformazioni coinvolte nell'equilibrio chimico richiedono la rottura e la formazione di legami chimici, mentre l'equilibrio fisico implica il trasferimento di molecole tra i differenti stati fisici di una sostanza senza che vi siano rotture di legami chimici durante il processo.

La reazione reversibile tra il tetrossido di diazoto (N_2O_4) e il diossido d'azoto (NO_2), illustrata tramite modelli *space-filling* in Figura 10.1, è un esempio d'equilibrio chimico. L'avanzamento della reazione

$$N_2O_4(g) \rightleftharpoons NO_2(g)$$

può essere seguito facilmente dato che N_2O_4 è un gas incolore, mentre NO_2, un componente dello smog, ha colore marrone scuro. La reazione è scritta con una doppia freccia per indicare che è una reazione reversibile. Se si introduce una certa quantità di N_2O_4 in un recipiente di vetro inizialmente vuoto, si nota l'immediata formazione di colore marrone dovuta alla formazione di NO_2. Il colore si intensifica via via che procede la dissociazione di N_2O_4, finché non si raggiunge uno stato d'equilibrio. Oltre questo punto non si osservano più cambiamenti di colore, dato che le pressioni parziali dei due gas (e, in base alla legge di Dalton, le concentrazioni) rimangono costanti. Singole molecole di N_2O_4 continuano a dissociarsi per formare NO_2 e singole molecole di

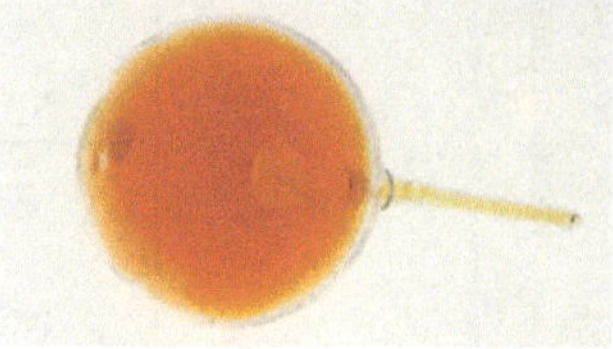

I gas NO_2 e N_2O_4 all'equilibrio.

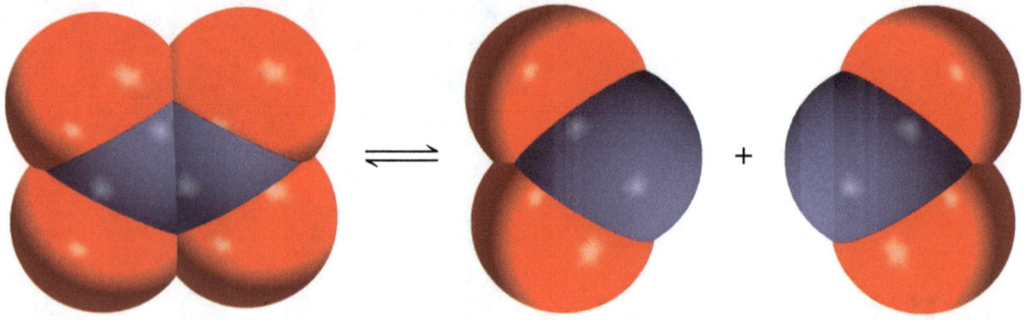

Figura 10.1 Modelli space-filling per la reazione reversibile tra le molecole di N_2O_4 e NO_2.

NO_2 continuano a reagire fra loro per riformare N_2O_4, ma il risultato netto è che le concentrazioni dei reagenti e dei prodotti non variano una volta raggiunto l'equilibrio.

Uno stato d'equilibrio può anche essere raggiunto avendo inizialmente solo NO_2. Non appena le molecole di NO_2 inizieranno a reagire per formare N_2O_4, il colore marrone scuro iniziale diventerà più chiaro, ma non scomparirà del tutto, in quanto alcune delle nuove molecole di N_2O_4 formate, si dissoceranno per formare NO_2. Un ulteriore modo di creare uno stato d'equilibrio è quello di iniziare con una miscela di NO_2 e N_2O_4 e controllare il sistema finché non si avranno più variazioni di colore. Questi esperimenti dimostrano che la reazione tra N_2O_4 e NO_2 è realmente reversibile, perché un componente puro (N_2O_4 o NO_2) reagisce per dare l'altro gas. Il concetto importante da ricordare è che all'equilibrio, le trasformazioni da N_2O_4 a NO_2 e da NO_2 a N_2O_4 continuano ad avere luogo. Non si osservano variazioni di colore perché le due velocità sono uguali: la scomparsa di molecole di NO_2 avviene alla stessa velocità con la quale avviene la loro formazione e la formazione di molecole di N_2O_4 avviene alla stessa velocità con la quale queste ultime si dissociano. I grafici in Figura 10.2 riassumono queste tre situazioni.

10.1.1 Costante d'equilibrio

La Tabella 10.1 elenca alcuni dati sperimentali relativi al sistema NO_2-N_2O_4 a 25 °C. Le concentrazioni dei gas sono espresse come pressioni parziali, ricavabili a una data temperatura (usando la legge del gas ideale) dalle moli dei gas presenti inizialmente e

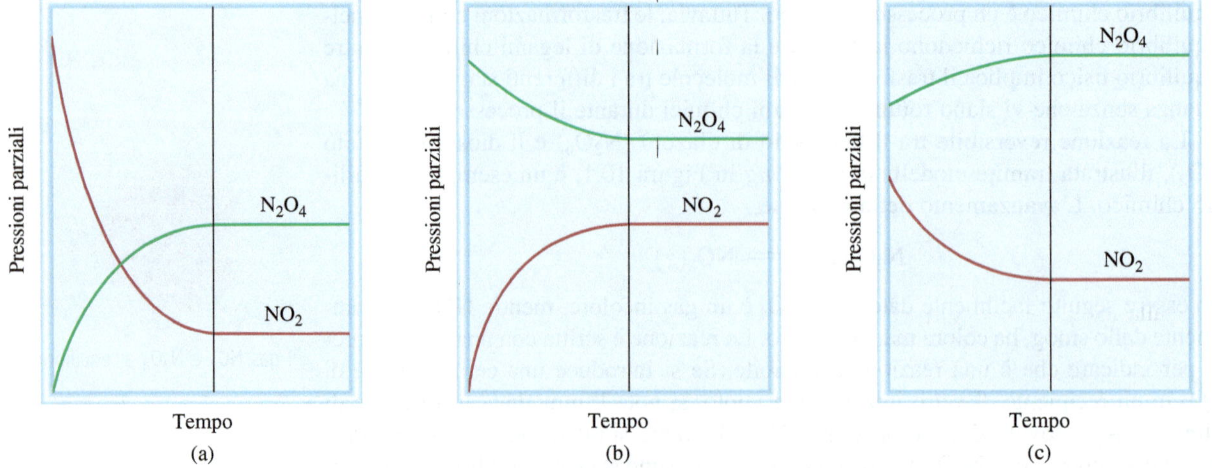

Figura 10.2 Le variazioni delle pressioni parziali di NO_2 e N_2O_4 in funzione del tempo, a partire da tre stati iniziali diversi. (a) Inizialmente solo NO_2 è presente. (b) Inizialmente solo N_2O_4 è presente. (c) Inizialmente una miscela di NO_2 e N_2O_4 è presente. Anche se l'equilibrio viene raggiunto in tutti e tre i casi, le pressioni parziali all'equilibrio di NO_2 e N_2O_4 non sono le stesse.

Tabella 10.1 Il sistema NO_2-N_2O_4 a 25 °C

Pressioni parziali iniziali (bar)		Pressioni parziali all'equilibrio (bar)		Rapporto tra le pressioni parziali all'equilibrio	
P_{NO_2}	$P_{N_2O_4}$	P_{NO_2}	$P_{N_2O_4}$	$P_{NO_2}/P_{N_2O_4}$	$P^2_{NO_2}/P_{N_2O_4}$
0,000	16,60	1,355	15,93	0,0851	0,115
1,238	11,05	1,132	11,10	0,102	0,115
0,7433	12,39	1,177	12,16	0,0968	0,114
0,9910	14,86	1,296	14,72	0,0880	0,114
4,955	0,000	0,5054	2,225	0,227	0,115

all'equilibrio e dal volume del contenitore in litri. Le ultime due colonne della Tabella 10.1 utilizzano i dati all'equilibrio per confrontare i rapporti $P_{NO_2}/P_{N_2O_4}$ e $P^2_{NO_2}/P_{N_2O_4}$, nei quali le pressioni sono date in bar. Sebbene il rapporto $P_{NO_2}/P_{N_2O_4}$ dia valori differenti, il rapporto $P^2_{NO_2}/P_{N_2O_4}$ fornisce un valore pressoché costante, in media 0,115:

$$K = \frac{(P_{NO_2}/P^\circ)^2}{(P_{N_2O_4}/P^\circ)} = 0,115 \qquad \textbf{(10.1)}$$

dove K è una costante per la reazione d'equilibrio $N_2O_4(g) \rightleftharpoons 2NO_2(g)$ a 25 °C. Per rendere adimensionale K, si è divisa ogni pressione parziale nell'Equazione 10.1 per la pressione standard $P^\circ = 1$ bar. L'esponente 2 per P_{NO_2} in questa espressione è pari al coefficiente stechiometrico di NO_2 nella reazione reversibile.

L'Equazione 10.1 è un esempio della ***legge di azione di massa***, la quale afferma che *per una reazione reversibile all'equilibrio e a temperatura costante, il rapporto tra le concentrazioni dei prodotti e dei reagenti ha un valore costante K (detto* ***costante d'equilibrio****).* Questa legge fu formulata per la prima volta da due chimici norvegesi, Cato Guldberg[1] e Peter Waage,[2] nel 1864.

La legge di azione di massa può essere rappresentata nella sua forma moderna per la seguente reazione reversibile:

$$bB + cC \rightleftharpoons dD + eE$$

dove b, c, d ed e sono i coefficienti stechiometrici. Per questa reazione all'equilibrio, a una data temperatura,

$$K = \frac{a_D^d a_E^e}{a_B^b a_C^c} \qquad \textbf{(10.2)}$$

dove a_i è detta ***attività*** del componente i. L'attività di una specie in una reazione è una funzione complessa delle pressioni e delle concentrazioni di tutti i componenti presenti nella miscela di reazione. In molti casi importanti, tuttavia, l'attività di una specie assume una forma più semplice.

- ***Gas ideali***: i gas a basse pressioni (minori di qualche bar) si comportano idealmente, in buona approssimazione. L'attività di un gas ideale di una specie i è data dalla sua pressione parziale in unità di misura della pressione standard $P^\circ = 1$ bar:

$$a_i = \frac{P_i}{P^\circ} \quad \text{(gas ideale)} \qquad \textbf{(10.3)}$$

[1] Cato Maximilian Guldberg (1836-1902). Chimico e matematico norvegese. Gli interessi principali di Guldberg furono nel campo della termodinamica.

[2] Peter Waage (1833-1900). Chimico norvegese. Il campo di ricerca di Waage, come per il suo collega Guldberg, fu principalmente quello della termodinamica.

Spesso la P° verrà omessa dalle espressioni della costante d'equilibrio per i gas, scrivendo $a_i = P_i$, assumendo che P_i sia quindi una grandezza adimensionale numericamente uguale alla pressione parziale in bar.

- ***Soluti in soluzioni diluite***: una soluzione sufficientemente diluita avrà comportamento quasi ideale. In questo caso per "diluita" si intende una soluzione di soluto non elettrolita a concentrazione inferiore a 0,1 *M*, o, nel caso di soluzioni di elettroliti, una soluzione a concentrazione inferiore a 0,01 *M*. L'attività di un soluto *i* in una soluzione ideale è data dalla sua molarità rispetto alla concentrazione dello stato standard $c^\circ = 1 \text{ mol l}^{-1}$:

$$a_i = \frac{[i]}{c^\circ} \quad \text{(soluto in soluzione diluita)} \qquad \textbf{(10.4)}$$

Spesso la c° verrà omessa dalle espressioni della costante d'equilibrio contenenti soluti, scrivendo $a_i = [i]$, assumendo che $[i]$ sia quindi una grandezza adimensionale numericamente uguale alla molarità.

- ***Liquidi e solidi puri***: l'attività di un liquido puro o attività di un solido puro (o quasi puro) in una reazione può essere efficacemente approssimata assumendo

$$a_i = 1 \quad \text{(liquido o solido puro)} \qquad \textbf{(10.5)}$$

L'attività di una specie è una grandezza adimensionale, quindi anche la costante d'equilibrio *K* sarà adimensionale.

Sia la pressione parziale di un gas ideale che la molarità di un soluto in soluzione sono misure della concentrazione di una sostanza in una miscela di reazione, per cui l'attività può essere interpretata come una misura dell'effettiva quantità di sostanza disponibile per la reazione. Ad alte pressioni o ad alte concentrazioni, le attività delle specie reagenti possono differire sensibilmente da quelle espresse nelle Equazioni 10.3 e 10.4 a causa di forti interazioni intermolecolari. Tuttavia, per gli usi della maggior parte delle reazioni descritte nel libro, l'utilizzo delle Equazioni 10.3, 10.4 e 10.5 sarà sufficiente a descriverne gli equilibri. Un esempio in cui le deviazioni dal comportamento ideale delle soluzioni risultano importanti è stato trattato nell'Esempio 9.4, nel quale è stato necessario usare valori non interi del fattore di van't Hoff per compensare la formazione di coppie ioniche nella determinazione delle proprietà colligative delle soluzioni elettrolitiche. La presenza di coppie ioniche diminuisce l'effettivo numero di particelle di soluto in soluzione, in altre parole, l'attività del soluto è minore del valore numerico della molarità del soluto.

La validità della legge di azione di massa (illustrata dall'Equazione 10.2) è stata confermata dallo studio di numerose reazioni reversibili. La costante d'equilibrio, quindi, è definita da un *quoziente*. Il numeratore del quoziente si ottiene dal prodotto delle attività all'equilibrio dei *prodotti*, ciascuno elevato al coefficiente stechiometrico col quale compare nell'equazione bilanciata. Il denominatore del quoziente si ottiene dal prodotto delle attività all'equilibrio dei *reagenti*, ciascuno elevato al coefficiente stechiometrico col quale compare nell'equazione bilanciata. Come si vedrà nel Paragrafo 10.3, la forma della costante d'equilibrio, così come il valore specifico di *K* per una data reazione, può essere determinato dalla termodinamica.

I segni $\ll$ e $\gg$ significano, rispettivamente, "molto minore" e "molto maggiore".

La grandezza della costante d'equilibrio indica se in una reazione sia favorita la formazione di prodotti o di reagenti. Se *K* è molto maggiore di 1 ($K \gg 1$), l'equilibrio è spostato verso destra e favorisce la formazione di prodotti. Viceversa, se la costante d'equilibrio è molto minore di 1 ($K \ll 1$), l'equilibrio è spostato verso sinistra e favorisce i reagenti. In questo ambito, ogni valore superiore a 10 è da considerarsi molto maggiore di 1 e ogni valore inferiore a 0,1 è da considerarsi molto minore di 1.

Nonostante la legge di azione di massa e la costante d'equilibrio possano essere usate per prevedere le quantità di reagenti e di prodotti presenti nel sistema a equilibrio raggiunto, esse non tengono in considerazione la *cinetica* della reazione, vale a dire, in quanto tempo la reazione raggiunge l'equilibrio. La cinetica delle reazioni chimiche sarà trattata nel Capitolo 14.

10.1.2 Espressioni della costante d'equilibrio

Le costanti d'equilibrio sono la chiave per risolvere una grande varietà di problemi stechiometrici riguardanti i sistemi in equilibrio. Per esempio, un chimico industriale che vuole ottimizzare la resa di acido solforico prodotto da una reazione, deve avere una conoscenza approfondita delle costanti d'equilibrio di tutti i passaggi del processo, a partire dall'ossidazione dello zolfo fino alla formazione di H_2SO_4. Un medico specializzato in disturbi dell'equilibrio acido-base nell'organismo ha bisogno di conoscere le costanti d'equilibrio di acidi e basi deboli. Inoltre, la conoscenza delle costanti d'equilibrio delle relative reazioni in fase gassosa, aiuterà un chimico ambientale a comprendere meglio il processo di distruzione dell'ozono nella stratosfera.

Per poter essere utilizzate, le costanti d'equilibrio vanno espresse in termini delle concentrazioni dei reagenti e dei prodotti. Le uniche espressioni guida sono la legge di azione di massa (Equazione 10.2), che è la formula generale per ricavare le attività all'equilibrio dalla costante d'equilibrio, e le relazioni tra le attività e le concentrazioni (o pressioni parziali) indicate dalle Equazioni 10.3, 10.4 e 10.5. Dato che le concentrazioni dei reagenti e dei prodotti possono spesso essere espresse in modi diversi e che le specie reagenti non sono sempre nella stessa fase, potrebbe esserci più di un modo per esprimere la costante d'equilibrio della *stessa* reazione. Per iniziare, saranno prese in esame le reazioni nelle quali i reagenti e i prodotti sono tutti nella stessa fase.

Equilibri omogenei

Gli ***equilibri omogenei*** sono *reazioni d'equilibrio nelle quali tutte le specie che partecipano alla reazione sono nella stessa fase.* L'equilibrio in fase gassosa tra NO_2 e N_2O_4 è un equilibrio omogeneo così come lo è quello di formazione dell'ammoniaca a partire da idrogeno e azoto:

$$3H_2(g) + N_2(g) \rightleftharpoons 2NH_3(g)$$

La costante d'equilibrio, definita come nell'Equazione 10.2, risulta

$$K = \frac{a_{NH_3}^2}{a_{H_2}^3 a_{N_2}} = \frac{P_{NH_3}^2}{P_{H_2}^3 P_{N_2}}$$

dove si è assunto un comportamento ideale del gas per le attività (l'Equazione 10.3 con il termine $P°$ omesso per semplicità).

La ionizzazione dell'acido acetico (CH_3COOH) in acqua è un equilibrio omogeneo:

$$CH_3COOH(aq) + H_2O(l) \rightleftharpoons CH_3COO^-(aq) + H_3O^+(aq)$$

L'espressione della costante d'equilibrio è

$$K = \frac{a_{CH_3COO^-(aq)}\, a_{H_3O^+(aq)}}{a_{CH_3COOH(aq)}\, a_{H_2O(l)}} = \frac{[CH_3COO^-(aq)][H_3O^+(aq)]}{[CH_3COOH(aq)]}$$

nella quale si è assunto che i soluti $CH_3COOH(aq)$, $CH_3COO^-(aq)$ e $H_3O^+(aq)$ siano sufficientemente diluiti in modo tale da poter esprimere le loro attività come molarità. $H_2O(l)$ rappresenta un liquido pressoché puro in questo sistema, per cui la sua attività è unitaria e non appare nell'espressione finale dell'equilibrio.

L'Esempio 10.1 mostra come ricavare l'espressione della costante d'equilibrio per reazioni omogenee.

Esempio 10.1

Scrivere le appropriate espressioni per K per le seguenti reazioni reversibili omogenee all'equilibrio:

(a) $HF(aq) + H_2O(l) \rightleftharpoons H_3O^+(aq) + F^-(aq)$

(b) $2NO(g) + O_2(g) \rightleftharpoons 2NO_2(g)$

(c) $CH_3COOH(aq) + C_2H_5OH(aq) \rightleftharpoons CH_3COOC_2H_5(aq) + H_2O(l)$

Impostazione Usare la legge di azione di massa (Equazione 10.2) per ottenere la forma di K, quindi usare le Equazioni 10.3, 10.4 e/o 10.5 per ottenere le appropriate espressioni per l'attività, in funzione del fatto che i reagenti e i prodotti siano gas, soluti in soluzioni diluite o liquidi quasi puri.

Soluzione

(a) L'Equazione 10.2 dà

$$K = \frac{a_{F^-(aq)}a_{H_3O^+(aq)}}{a_{HF(aq)}a_{H_2O(l)}} = \frac{[F^-(aq)][H_3O^+(aq)]}{[HF(aq)]}$$

nella quale si è assunto che le concentrazioni di HF, F^- e H_3O^+ siano piccole abbastanza da soddisfare l'Equazione 10.4 (espressione dell'attività per un soluto in una soluzione diluita). L'acqua è il solvente e può essere considerata come un liquido quasi puro in una soluzione diluita, quindi $a_{H_2O} = 1$ (Equazione 10.5).

(b) Tutte le specie sono in fase gassosa, per cui le attività possono essere assimilate alle pressioni parziali (finché le pressioni sono sufficientemente basse da soddisfare la legge del gas ideale).

$$K = \frac{a^2_{NO_2}}{a^2_{NO}a_{O_2}} = \frac{P^2_{NO_2}}{P^2_{NO}P_{O_2}}$$

(c) Tutte le specie sono soluti o liquidi praticamente puri (acqua). Dalle Equazioni 10.2 e 10.4, la costante d'equilibrio K è data da

$$K = \frac{a_{CH_3COOC_2H_5(aq)}a_{H_2O(l)}}{a_{CH_3COOH(aq)}a_{C_2H_5OH(aq)}} = \frac{[CH_3COOC_2H_5(aq)]}{[CH_3COOH(aq)][C_2H_5OH(aq)]}$$

Problema di autovalutazione Scrivere K per

(a) la decomposizione del pentossido d'azoto:

$$2N_2O_5(g) \rightleftharpoons 4NO_2(g) + O_2(g)$$

(b) $NH_3(aq) + H_2O(l) \rightleftharpoons NH_4^+(aq) + OH^-(aq)$

Talvolta è conveniente esprimere la costante d'equilibrio per una reazione in termini di unità di misura diverse. Per esempio, si consideri il seguente equilibrio generico in fase gassosa:

$$aA(g) \rightleftharpoons bB(g)$$

dove a e b sono coefficienti stechiometrici. La costante d'equilibrio K, assumendo il comportamento ideale per il gas, è data da

$$K = \frac{P^b_B}{P^a_A}$$

Si ipotizzi che sia più facile misurare la concentrazione (in mol l^{-1}) del gas che la sua pressione. Si può convertire la pressione parziale di A nella sua concentrazione (molarità) usando la legge del gas ideale:

$$P_A V = n_A RT$$

$$P_A = \frac{n_A}{V}RT = [A]RT$$

dove [A] è la molarità di A. Similmente, per B, $P_B = [B]\,RT$. Sostituendo nell'espressione di K:

$$K_P = \frac{P_B^b}{P_A^a} = \frac{([B]RT)^b}{([A]RT)^a} = \frac{[B]^b}{[A]^a} \times (RT)^{b-a}$$

dove il pedice "P" della costante d'equilibrio indica specificatamente che le attività dei gas sono misurate come pressioni parziali, non concentrazioni. La ***costante d'equilibrio delle concentrazioni*** per questa reazione, K_c, può essere definita come

$$K_c = \frac{[B]^b}{[A]^a}$$

Le espressioni delle due costanti d'equilibrio sono correlate

$$K_P = K_c(RT)^{\Delta n} \qquad \textbf{(10.6)}$$

In questa equazione, il valore di R dovrebbe essere quello corrispondente alle unità l bar mol^{-1} K^{-1} e T dovrebbe essere in K. Comunque, dato che K_P e K_c sono adimensionali, le unità di R e T dovrebbero essere omesse nei calcoli.

dove $\Delta n = b - a$ = moli di prodotti gassosi − moli di reagenti gassosi.

In generale, $K_P \neq K_c$ tranne nei casi in cui $\Delta n = 0$ come nella miscela all'equilibrio contenente idrogeno molecolare, bromo molecolare e acido bromidrico:

$$H_2(g) + Br_2(g) \rightleftharpoons 2HBr(g)$$

In questo caso, l'Equazione 10.6 può essere scritta come

$$K_P = K_c(RT)^0 = K_c$$

L'Esempio 10.2 mostra come calcolare K_P e K_c per una specifica reazione.

Esempio 10.2

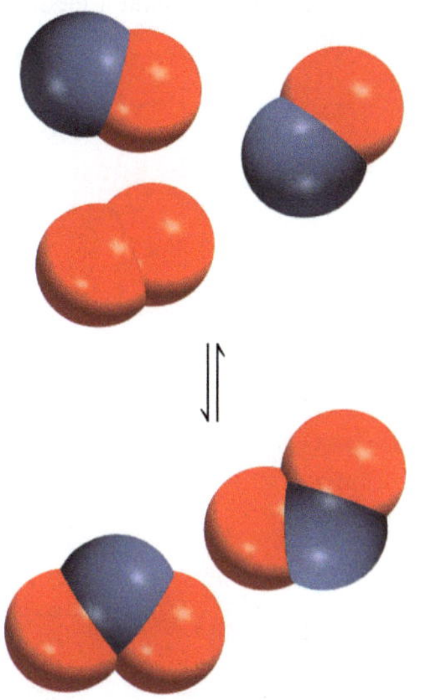

La seguente reazione d'equilibrio è stata studiata a 230 °C:

$$2NO(g) + O_2(g) \rightleftharpoons 2NO_2(g)$$

In un esperimento le concentrazione delle specie all'equilibrio erano: [NO] = $2{,}71 \times 10^{-3}$ M, [O_2] = 0,127 M, [NO_2] = 0,775 M. Calcolare le costanti d'equilibrio K_c e K_P per questa reazione a 230 °C.

Impostazione Le concentrazioni date sono concentrazioni all'equilibrio. L'unità di misura è mol l^{-1}, per cui possiamo calcolare la costante d'equilibrio delle concentrazioni K_c come rapporto di molarità.

Soluzione La costante d'equilibrio delle concentrazioni è data da

$$K_c = \frac{[NO_2]^2}{[NO]^2[O_2]}$$

dove le concentrazioni sono in molarità. Sostituendo le concentrazioni si trova

$$K_c = \frac{(0{,}775)^2}{(2{,}71 \times 10^{-3})^2(0{,}127)} = 6{,}44 \times 10^5$$

Per K_P usiamo l'Equazione 10.6:

$$K_P = K_c(RT)^{\Delta n} = (6{,}44 \times 10^5)[(0{,}08314)(503)]^{-1} = 1{,}54 \times 10^4$$

Per mantenere K_P adimensionale, utilizziamo la costante dei gas (R = 0,083141 bar mol^{-1} K^{-1}) e la temperatura (503 K) senza unità di misura.

Verifica I valori alti di K_c e K_P sono coerenti con l'alta concentrazione di prodotto (NO_2) rispetto alle concentrazioni dei reagenti (NO e O_2).

Problema di autovalutazione Il cloruro di carbonile ($COCl_2$), anche detto fosgene, fu usato durante la Prima Guerra Mondiale come gas velenoso. Le concentrazioni all'equilibrio per la reazione tra il monossido di carbonio e il cloro molecolare per dare fosgene,

$$CO(g) + Cl_2(g) \rightleftharpoons COCl_2(g)$$

a 74 °C sono [CO] = $1{,}2 \times 10^{-3}$ *M*, [Cl_2] = 0,054 *M*, [$COCl_2$] = 0,14 *M*. Calcolare K_c e K_P.

Equilibrio eterogeneo

Gli ***equilibri eterogenei*** sono *reazioni d'equilibrio nelle quali le specie che prendono parte alla reazione si trovano in fasi differenti.* Quando il carbonato di calcio solido viene riscaldato in un recipiente chiuso, per esempio, si ha il seguente equilibrio:

La calcite è composta da carbonato di calcio, come il gesso e il marmo.

$$CaCO_3(s) \rightleftharpoons CaO(s) + CO_2(g)$$

I due solidi e il gas costituiscono tre fasi distinte. All'equilibrio, l'espressione per la costante può essere scritta come

$$K = \frac{a_{CaO(s)}a_{CO_2(g)}}{a_{CaCO_3(s)}}$$

Secondo l'Equazione 10.5, le attività dei solidi puri (CaO e $CaCO_3$) sono unitarie. In base all'Equazione 10.3, l'attività del gas (CO_2) è data dal valore numerico della sua pressione parziale in bar, per cui

$$K = \frac{1 \times P_{CO_2}}{1} = P_{CO_2}$$

La costante d'equilibrio, in questo caso, è numericamente uguale alla pressione di CO_2 gassosa in bar, che è una quantità misurabile. In altre parole, il valore della costante d'equilibrio è indipendente dalle quantità di CaO e $CaCO_3$ presenti, fintantoché una certa quantità di essi è presente all'equilibrio (Figura 10.3).

L'Esempio 10.3 illustra il calcolo delle costanti d'equilibrio per una reazione eterogenea.

Esempio 10.3

Si consideri l'equilibrio eterogeneo mostrato nella Figura 10.3:

$$CaCO_3(s) \rightleftharpoons CaO(s) + CO_2(g)$$

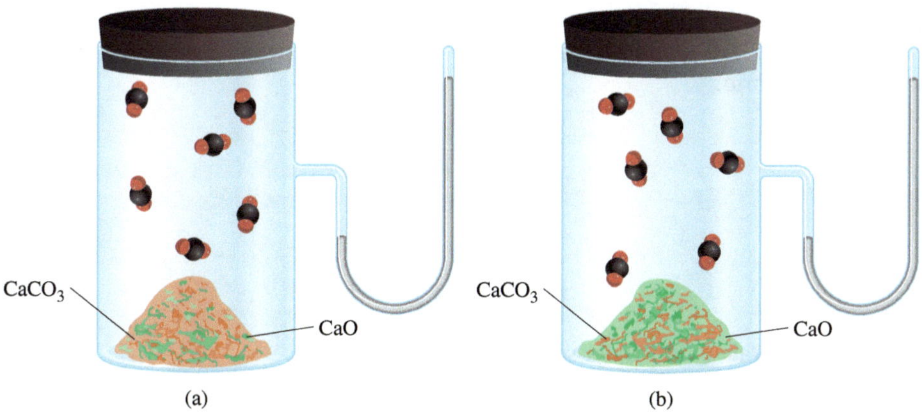

Figura 10.3 La pressione d'equilibrio della CO_2 è la stessa in (a) e (b) alla stessa temperatura, nonostante la presenza di diverse quantità di $CaCO_3$ (marrone) e CaO (verde).

A 800 °C, la pressione di CO_2 è 0,239 bar. Calcolare (a) K_P e (b) K_c per la reazione a questa temperatura.

Impostazione L'attività dei solidi puri può essere approssimata a 1, per cui le concentrazioni e i solidi puri non compariranno nell'espressione finale della costante d'equilibrio. L'Equazione 10.6 indica la relazione esistente tra K_P e K_c

Soluzione

(a) Usando l'Equazione 10.2, si ha

$$K = \frac{a_{CaO(s)}a_{CO_2(g)}}{a_{CaCO_3(s)}}$$

Usando le Equazioni 10.3 e 10.5 per approssimare le attività si ha

$$K_P = \frac{1 \times P_{CO_2}}{1} = P_{CO_2} = 0{,}239$$

dove, ancora, il pedice "P" della costante d'equilibrio indica specificatamente che le attività dei gas sono misurate come pressioni parziali.

(b) Dall'Equazione 10.6, sappiamo che

$$K_P = K_c(RT)^{\Delta n}$$

In questo caso, $T = 800 + 273 = 1073$ K e $\Delta n = 1$, per cui, sostituendo questi valori nell'equazione si ha

$$0{,}239 = K_c(0{,}08314 \times 1073)$$

$$K_c = 2{,}68 \times 10^{-3}$$

Problema di autovalutazione Considerare il seguente equilibrio a 395 K:

$$NH_4HS(s) \rightleftharpoons NH_3(g) + H_2S(g)$$

La pressione parziale di ogni gas vale 0,268 bar. Calcolare K_P e K_c per la reazione.

Equilibri multipli

Le reazioni considerate finora sono tutte relativamente semplici. Un caso più complicato è quello in cui i prodotti di una reazione sono coinvolti in un'altra reazione. Si considerino i due seguenti equilibri in fase gassosa:

$$A + B \rightleftharpoons C + D$$

$$C + D \rightleftharpoons E + F$$

I prodotti formati nella prima reazione, C e D, reagiscono ulteriormente per formare i prodotti E e F. All'equilibrio, si possono scrivere due separate espressioni delle costanti d'equilibrio:

$$K_1 = \frac{P_C P_D}{P_A P_B}$$

e

$$K_2 = \frac{P_E P_F}{P_C P_D}$$

La reazione totale è data dalla somma delle due reazioni

$$A + B \rightleftharpoons C + D \qquad K_1$$
$$C + D \rightleftharpoons E + F \qquad K_2$$

Reazione totale: $$A + B \rightleftharpoons E + F \qquad K_{12}$$

e la costante d'equilibrio K per la reazione totale sarà

$$K_{12} = \frac{P_E P_F}{P_A P_B}$$

Avremmo ottenuto il medesimo risultato se avessimo preso il prodotto delle espressioni di K_1 e K_2

$$K_1 \times K_2 = \frac{P_C P_D}{P_A P_B} \times \frac{P_E P_F}{P_C P_D} = \frac{P_E P_F}{P_A P_B}$$

Perciò,

$$K_{12} = K_1 K_2 \qquad \textbf{(10.7)}$$

A questo punto si può fare un'importante affermazione sugli equilibri multipli: *se una reazione può essere espressa come la somma di due o più reazioni, la costante d'equilibrio per la reazione totale sarà data dal prodotto delle costanti d'equilibrio delle singole reazioni.*

Tra i molti esempi di equilibri multipli c'è la ionizzazione degli acidi diprotici in soluzione acquosa. Per l'acido carbonico (H_2CO_3), a 25 °C, sono state determinate le seguenti costanti d'equilibrio:

$$H_2CO_3(aq) \rightleftharpoons H^+(aq) + HCO_3^-(aq) \qquad K_1 = \frac{[H^+][HCO_3^-]}{[H_2CO_3]} = 4,2 \times 10^{-7}$$

$$HCO_3^-(aq) \rightleftharpoons H^+(aq) + CO_3^{2-}(aq) \qquad K_2 = \frac{[H^+][CO_3^{2-}]}{[HCO_3^-]} = 4,8 \times 10^{-11}$$

La reazione totale è la somma di queste due reazioni

$$H_2CO_3(aq) \rightleftharpoons 2H^+(aq) + CO_3^{2-}(aq)$$

e la corrispondente costante d'equilibrio è data da

$$K = \frac{[H^+]^2[CO_3^{2-}]}{[H_2CO_3]}$$

Usando l'Equazione 10.7,

$$K = K_1K_2 = (4,2 \times 10^{-7})(4,8 \times 10^{-11}) = 2,0 \times 10^{-17}$$

Forma di *K* ed espressione dell'equilibrio

Oltre all'Equazione 10.7, esistono altre due importanti regole da seguire per scrivere le costanti d'equilibrio:

1. Quando l'equazione che indica una reazione reversibile è scritta nella direzione inversa, la costante d'equilibrio diventa il reciproco della costante d'equilibrio originale. Per cui, se si scrive l'equilibrio NO_2-N_2O_4 come

$$N_2O_4(g) \rightleftharpoons 2NO_2(g)$$

allora, a 25 °C

$$K_1 = \frac{P^2_{NO_2}}{P_{N_2O_4}} = 0{,}115$$

Tuttavia, l'equilibrio può essere rappresentato altrettanto correttamente come

$$2NO_2(g) \rightleftharpoons N_2O_4(g)$$

con la relativa costante d'equilibrio

$$K_{-1} = \frac{P_{N_2O_4}}{P^2_{NO_2}} = 8{,}70$$

Quindi, $K_{-1} = 1/K_1$ o $K_1 \times K_{-1} = 1$. Sia K_1 che K_{-1} sono costanti d'equilibrio valide, ma non ha senso dire che la costante d'equilibrio per il sistema NO_2-N_2O_4 vale 0,115 o 8,70 senza specificare come è scritta l'equazione d'equilibrio.

2. Il valore di K dipende inoltre da come è bilanciata l'equazione d'equilibrio. Si considerino i seguenti modi per descrivere lo stesso equilibrio:

$$\frac{1}{2}N_2O_4(g) \rightleftharpoons NO_2(g) \qquad K_2 = \frac{P_{NO_2}}{P^{1/2}_{N_2O_4}}$$

$$N_2O_4(g) \rightleftharpoons 2NO_2(g) \qquad K_1 = \frac{P^2_{NO_2}}{P_{N_2O_4}}$$

La seconda reazione può essere ottenuta sommando la prima reazione a se stessa, per cui, in accordo con l'Equazione 10.7, $K_1 = K_2 \times K_2 = K_2^2$. La costante d'equilibrio per la seconda reazione (K_1) è stata fornita all'inizio del paragrafo ed è 0,115 a 25 °C, quindi la costante d'equilibrio per la prima reazione (K_2) può essere ottenuta dalla radice quadrata di K_1 (0,339).

Secondo la legge di azione di massa, ogni attività nell'espressione della costante d'equilibrio è elevata al suo coefficiente stechiometrico. Così, se si raddoppiano i coefficienti stechiometrici in un'equazione chimica, la corrispondente costante d'equilibrio sarà il quadrato del valore originario, se si triplicano i coefficienti stechiometrici, la corrispondente costante d'equilibrio sarà il cubo del valore originario e così via. L'esempio NO_2-N_2O_4 dimostra inoltre il motivo per cui si ha bisogno di scrivere la formula chimica, quando si cita il valore numerico della costante d'equilibrio.

L'Esempio 10.4 mostra come usare i dati delle costanti d'equilibrio di due reazioni per calcolare la costante d'equilibrio di una terza reazione correlata alle prime due.

Esempio 10.4

Si consideri la seguente reazione d'equilibrio riguardante N_2O_4:

Reazione 1: $N_2O_4(g) \rightleftharpoons 2NO_2(g)$ $\qquad K_1 = 0{,}115$

Reazione 2: $2N_2O_4(g) \rightleftharpoons 2N_2O(g) + 3O_2(g)$ $\qquad K_2 = 1{,}37 \times 10^{-2}$

Usare queste informazioni per determinare la costante d'equilibrio della seguente reazione:

Reazione 3: $4NO_2(g) \rightleftharpoons 2N_2O(g) + 3O_2(g)$ $K_3 = ?$

Impostazione Se possiamo scrivere la reazione 3 in termini delle reazioni 1 e 2, possiamo usare l'Equazione 10.7 e le altre due regole per scrivere le costanti d'equilibrio, per esprimere K_3 in funzione di K_1 e K_2.

Soluzione Possiamo scrivere la reazione 3 come la somma della reazione 2 e il doppio dell'inverso della reazione 1:

Reazione 2:	$2N_2O_4(g) \rightleftharpoons 2N_2O(g) + 3O_2(g)$	$K_2 = 1{,}37 \times 10^{-2}$
$(-2) \times$ Reazione 1:	$4NO_2(g) \rightleftharpoons 2N_2O_4(g)$	$K_{(-2)\times 1} = ?$
Reazione 3:	$4NO_2(g) \rightleftharpoons 2N_2O(g) + 3O_2(g)$	$K_3 = K_2 \times K_{(-2)\times 1}$

[Viene qui usata la notazione $K_{(-2)\times 1}$ per indicare la costante d'equilibrio per la reazione ottenuta moltiplicando la reazione 1 per (-2).] Usando l'Equazione 10.7, la costante d'equilibrio della reazione 3 sarà quindi data dal prodotto della costante d'equilibrio della reazione 2 (K_2) per la costante d'equilibrio della reazione che sarà il doppio dell'inverso della reazione 1 ($K_{(-2)\times 1}$). La costante d'equilibrio dell'inverso della reazione 1 è il reciproco della costante d'equilibrio della reazione diretta,

$(-1) \times$ Reazione 1: $2NO_2(g) \rightleftharpoons N_2O_4(g)$ $K_{(-1)\times 1} = 1/K_1 = 8{,}70$

e moltiplicare una reazione per 2 significa che la costante d'equilibrio va elevata al quadrato:

$(-2) \times$ Reazione 1: $4NO_2(g) \rightleftharpoons 2N_2O_4(g)$ $K_{(-2)\times 1} = (K_{(-1)\times 1})^2 = 8{,}70^2 = 75{,}7$

Combinando queste due costanti d'equilibrio si ottiene K_3:

$$K_3 = K_2 \times K_{(-2)\times 1} = (1{,}37 \times 10^{-2})(75{,}7) = 1{,}04$$

Problema di autovalutazione Per l'acido solfidrico a 25 °C sono state determinate le seguenti costanti d'equilibrio:

Reazione 1: $H_2S(aq) \rightleftharpoons H^+(aq) + HS^-(aq)$ $K_1 = 9{,}5 \times 10^{-8}$

Reazione 2: $HS^-(aq) \rightleftharpoons H^+(aq) + S^{2-}(aq)$ $K_2 = 1{,}0 \times 10^{-19}$

Calcolare la costante d'equilibrio per la seguente reazione alla stessa temperatura:

Reazione 3: $H_2S(aq) \rightleftharpoons 2H^+(aq) + S^{2-}(aq)$ $K_3 = ?$

Sommario delle linee guida per scrivere le espressioni delle costanti d'equilibrio

1. La costante d'equilibrio è scritta come un rapporto tra le attività dei prodotti e le attività dei reagenti (Equazione 10.2). Le attività di ciascuna specie in questo rapporto sono elevate ciascuna al proprio coefficiente stechiometrico con il quale compaiono nella reazione.

2. Per le reazioni in cui le concentrazioni dei soluti e le pressioni parziali dei gas hanno valori piccoli, i gas e i soluti sono ben approssimati dal gas ideale o dalle soluzioni a comportamento ideale. Per tali sistemi, le attività sono date da

   a. *Gas ideali*: $a_i = P_i/P^\circ$, dove P_i = pressione parziale del gas i e $P^\circ = 1$ bar.

   b. *Soluti a basse concentrazioni*: $a_i = [i]/c^\circ$, dove $[i]$ = molarità del soluto in soluzione e $c^\circ = 1\ \text{mol l}^{-1}$.

   c. *Solidi e liquidi puri o quasi puri*: $a_i = 1$.

3. La costante d'equilibrio K è una quantità adimensionale.
4. Nel citare il valore di una costante d'equilibrio, si deve specificare l'equazione chimica bilanciata e la temperatura.
5. Se l'equazione d'equilibrio è scritta per una reazione inversa, la costante d'equilibrio diventa il reciproco della costante d'equilibrio originale.
6. Se l'equazione d'equilibrio è moltiplicata per un fattore n, la costante d'equilibrio per la nuova equazione diventa la costante d'equilibrio originale elevata alla potenza n.
7. Se una reazione può essere espressa come somma di due o più reazioni, la costante d'equilibrio per la reazione totale è data dal prodotto delle costanti d'equilibrio delle singole reazioni.

10.2 Quoziente di reazione e concentrazioni all'equilibrio

Nel Paragrafo 10.1 si è visto come la costante d'equilibrio possa essere calcolata conoscendo le concentrazioni all'equilibrio. Una volta noto il valore della costante d'equilibrio, si può utilizzare l'Equazione 10.2 per calcolare le concentrazioni incognite all'equilibrio (ricordando che la costante d'equilibrio è costante solo se la temperatura non cambia). In generale, la costante d'equilibrio rende possibile prevedere verso quale direzione procederà una miscela di reazione per raggiungere l'equilibrio e il calcolo delle concentrazioni dei reagenti e dei prodotti una volta che l'equilibrio è stato raggiunto. Entrambe queste applicazioni verranno trattate in questo paragrafo.

10.2.1 Prevedere la direzione di una reazione

In fase gassosa, l'acido iodidrico si forma a partire da iodio molecolare e idrogeno molecolare:

$$H_2(g) + I_2(g) \rightleftharpoons 2HI(g)$$

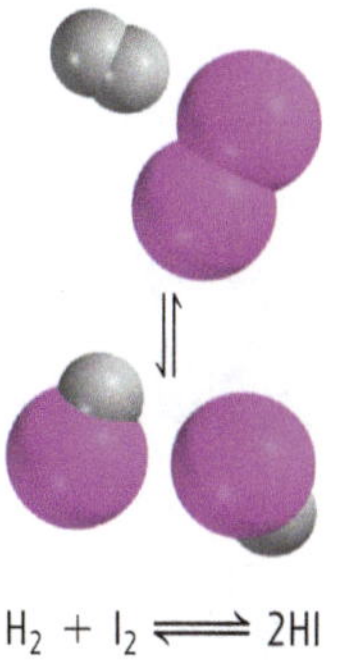

$H_2 + I_2 \rightleftharpoons 2HI$

La costante d'equilibrio per questa reazione è 54,3 a 430 °C. Supponiamo che in un certo esperimento le pressioni parziali iniziali di H_2, I_2 e HI siano rispettivamente 0,710 bar, 0,427 bar e 5,78 bar a 430 °C. Avverrà una reazione tra H_2 e I_2 per formare HI o avverrà il contrario? Inserendo queste pressioni iniziali nell'espressione della costante d'equilibrio, assumendo un comportamento ideale dei gas, si ottiene

$$\left(\frac{P_{HI}^2}{P_{H_2}P_{I_2}}\right)_0 = \frac{(5{,}78)^2}{(0{,}710)(0{,}427)} = 110$$

dove il pedice 0 indica che stiamo utilizzando le pressioni parziali iniziali (prima che l'equilibrio sia stato raggiunto). Dato che il quoziente $(P_{HI}^2/P_{H_2}P_{I_2})_0$ è maggiore di K, questo sistema non è in equilibrio. Di conseguenza, una certa quantità di HI reagirà per formare più H_2 e I_2 (diminuendo il valore del quoziente). Pertanto, la reazione procederà da destra a sinistra per raggiungere l'equilibrio.

Per le reazioni che non hanno raggiunto l'equilibrio, come la formazione di HI appena presa in esame, si ottiene non la costante d'equilibrio, ma il ***quoziente di reazione*** (***Q***), che è *la quantità che si ottiene quando le attività delle specie non all'equilibrio sono utilizzate nell'espressione della costante d'equilibrio*. In questo caso, le attività non all'equilibrio sono le pressioni parziali iniziali dei reagenti e dei prodotti. Per determinare la direzione in cui la reazione procederà per raggiungere l'equilibrio, dobbiamo confrontare i valori di Q e K. I tre casi possibili sono i seguenti:

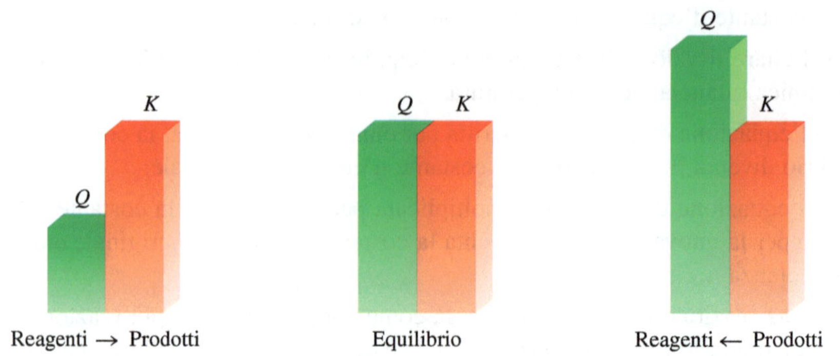

Figura 10.4 La direzione presa da una reazione reversibile per raggiungere l'equilibrio dipende dalle dimensioni relative di Q e K.

- $Q < K$ Il rapporto tra le attività iniziali dei prodotti e le attività iniziali dei reagenti è troppo piccolo. Per raggiungere l'equilibrio, i reagenti devono essere convertiti in prodotti. Il sistema procede da sinistra a destra (consumo di reagenti, formazione di prodotti) per raggiungere l'equilibrio.
- $Q = K$ Le attività iniziali sono le attività all'equilibrio. Il sistema è in equilibrio.
- $Q > K$ Il rapporto tra le attività iniziali dei prodotti e le attività iniziali dei reagenti è troppo grande. Per raggiungere l'equilibrio, i prodotti devono essere convertiti in reagenti. Il sistema procede da destra a sinistra (consumo di prodotti, formazione di reagenti) per raggiungere l'equilibrio.

La Figura 10.4 mostra un confronto tra K e Q.

L'Esempio 10.5 mostra come usare il valore di Q per determinare la direzione presa dalla reazione per raggiungere l'equilibrio.

Esempio 10.5

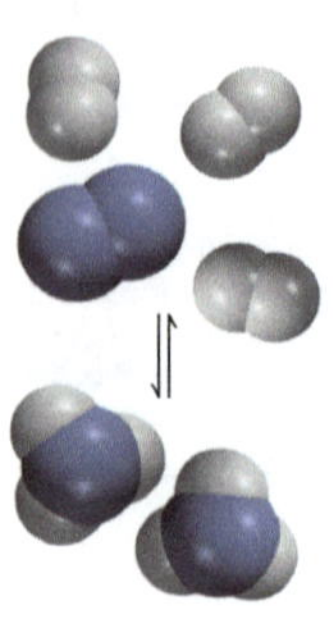

$N_2 + 3H_2 \rightleftharpoons 2NH_3$

All'inizio di una reazione, ci sono 0,249 mol N_2, $3{,}21 \times 10^{-2}$ mol H_2 e $6{,}42 \times 10^{-4}$ mol NH_3 in un recipiente del volume di 3,50 l a 375 °C. Se la costante d'equilibrio (K_c) per la reazione

$$N_2(g) + 3H_2(g) \rightleftharpoons 2NH_3(g)$$

è 1,2 a questa temperatura, stabilire se il sistema è in equilibrio. Se non lo è, prevedere in che modo la reazione procede per raggiungere l'equilibrio.

Impostazione Il valore dato per la costante d'equilibrio è K_c e non K_P, quindi dobbiamo usare le concentrazioni invece delle pressioni nell'espressione dell'equilibrio. Le quantità iniziali dei gas (in moli) in un recipiente di volume noto (in litri) sono indicate, possiamo quindi calcolare la loro concentrazione molare e quindi il quoziente di reazione (Q_c). L'entità di Q_c rispetto a K_c indica la direzione della reazione.

Soluzione Le concentrazioni iniziali delle specie sono

$$[N_2]_0 = \frac{0{,}249 \text{ mol}}{3{,}50 \text{ l}} = 0{,}0711\ M$$

$$[H_2]_0 = \frac{3{,}21 \times 10^{-2} \text{ mol}}{3{,}50 \text{ l}} = 9{,}17 \times 10^{-3}\ M$$

$$[NH_3]_0 = \frac{6{,}42 \times 10^{-4} \text{ mol}}{3{,}50 \text{ l}} = 1{,}83 \times 10^{-4}\ M$$

Quindi, scrivere l'espressione della costante d'equilibrio e inserirvi questi valori per ottenere Q_c:

$$Q_c = \frac{[NH_3]_0^2}{[N_2]_0[H_2]_0^3} = \frac{(1,83 \times 10^{-4})^2}{(0,0711)(9,17 \times 10^{-3})^3} = 0,611$$

Poiché $Q_c < K_c$ (1,2), il sistema non è in equilibrio. Il risultato netto sarà un aumento della concentrazione di NH_3 e una diminuzione delle concentrazioni di N_2 e H_2. Cioè la reazione procederà da sinistra a destra fino a quando l'equilibrio sarà raggiunto.

Problema di autovalutazione Il cloruro di nitrosile, un composto di colore giallo-arancio, si ottiene a partire da ossido di azoto e cloro molecolare:

$$2NO(g) + Cl_2(g) \rightleftharpoons 2NOCl(g)$$

La costante d'equilibrio (K_c) per questa reazione è pari a $6,5 \times 10^4$ a 35 °C. In un certo esperimento, $2,0 \times 10^{-2}$ mol di NO, $8,3 \times 10^{-3}$ mol di Cl_2 e 0,80 mol di NOCl sono miscelati in un contenitore del volume di 2,0 l. In quale direzione procederà il sistema per raggiungere l'equilibrio?

Calcolo delle concentrazioni all'equilibrio

Se si conosce la costante d'equilibrio per una determinata reazione, si possono calcolare le concentrazioni nella miscela all'equilibrio dalle concentrazioni iniziali. In genere, vengono indicate solo le concentrazioni iniziali dei reagenti. Si consideri, per esempio, l'equilibrio tra i due composti organici, *cis*-stilbene e *trans*-stilbene, in un solvente idrocarburico non polare (Figura 10.5):

$$cis\text{-stilbene} \rightleftharpoons trans\text{-stilbene}$$

La costante d'equilibrio (K) per questo sistema è pari a 24,0 a 200 °C. Supponiamo che inizialmente sia presente solo *cis*-stilbene a una concentrazione di 0,850 mol l^{-1}. Come si fa a calcolare le concentrazioni di *cis*-stilbene e *trans*-stilbene all'equilibrio? Secondo la stechiometria dell'equazione chimica bilanciata, 1 mole di *trans*-stilbene si forma per ogni mole di *cis*-stilbene che reagisce. Se x è la concentrazione all'equilibrio di *trans*-stilbene in mol l^{-1}, allora la concentrazione all'equilibrio di *cis*-stilbene dovrà essere $(0,850 - x)$ mol l^{-1}. Le variazioni di concentrazione possono essere riassunte come segue:

	***cis*-stilbene** ⇌	***trans*-stilbene**
Iniziale (M):	0,850	0
Variazione (M):	$-x$	$+x$
Equilibrio (M):	$0,850 - x$	x

Una variazione positiva (+) rappresenta un aumento e una negativa (−) rappresenta una diminuzione della concentrazione all'equilibrio. Ora si può scrivere l'espressione della costante d'equilibrio, sostituire le corrispondenti concentrazioni all'equilibrio e risolvere rispetto a x:

$$K = \frac{[trans\text{-stilbene}]}{[cis\text{-stilbene}]}$$

$$24,0 = \frac{x}{0,850 - x}$$

$$x = 0,816\ M$$

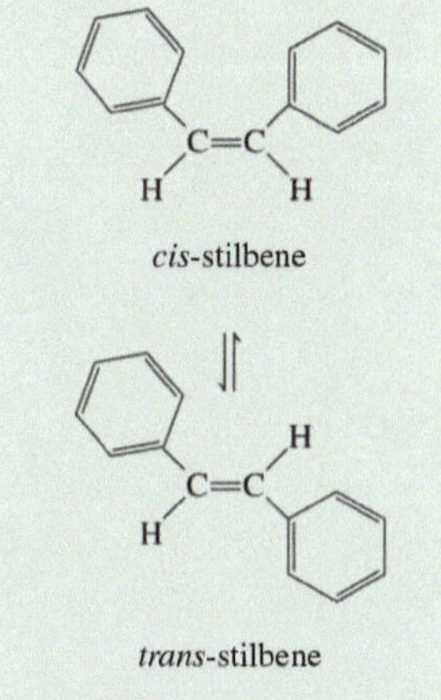

Figura 10.5 L'equilibrio tra *cis*-stilbene e *trans*-stilbene. Le molecole sono isomeri geometrici, cioè hanno la stessa formula molecolare ($C_{14}H_{12}$) e gli stessi legami. Tuttavia, nel *cis*-stilbene, gli anelli benzenici sono da un lato del doppio legame C=C e gli atomi H sono dall'altro lato, mentre nel *trans*-stilbene, gli anelli benzenici (e gli atomi H) sono sui lati opposti del doppio legame C=C. Il *cis*- e il *trans*-stilbene, come la maggior parte degli isomeri geometrici, hanno diversi punti di fusione e diversi momenti di dipolo.

Dopo aver risolto rispetto a x, si possono calcolare le concentrazioni all'equilibrio del *cis*-stilbene e del *trans*-stilbene nel modo seguente:

$$[\textit{cis}\text{-stilbene}] = (0{,}850 - x)\,M = (0{,}850 - 0{,}816)\,M = 0{,}034\,M$$
$$[\textit{trans}\text{-stilbene}] = x\,M = 0{,}816\,M$$

Per verificare la correttezza dei risultati, sostituire i valori calcolati per il *cis*-stilbene e il *trans*-stilbene nell'espressione della costante d'equilibrio e verificare che si ottenga 24,0, il valore fornito per K.

L'approccio alla soluzione dei problemi relativi alle costanti d'equilibrio può essere riassunto come segue:

1. Esprimere le concentrazioni d'equilibrio (o le pressioni parziali dei gas) di tutte le specie in termini di concentrazioni iniziali e di un'unica incognita x, che rappresenta la variazione di concentrazione.
2. Scrivere l'espressione della costante d'equilibrio in termini di concentrazioni d'equilibrio (o pressioni parziali). Conoscendo il valore della costante d'equilibrio, risolvere rispetto a x.
3. Dopo aver risolto rispetto a x, calcolare la concentrazione d'equilibrio di tutte le specie.

L'Esempio 10.6 mostra come applicare tale procedura in tre passaggi ai problemi sugli equilibri.

Esempio 10.6

Una miscela di 0,0623 mol di H_2, 0,0414 mol di I_2 e 0,224 mol di HI viene posta in un contenitore di acciaio inossidabile del volume di 10,00 l a 430 °C. La costante d'equilibrio K_P per la reazione

$$H_2(g) + I_2(g) \rightleftharpoons 2HI(g)$$

vale 54,3 a questa temperatura. Questo sistema è all'equilibrio? In caso contrario, determinare la direzione della reazione e calcolare la quantità di H_2, I_2 e HI presenti all'equilibrio.

Impostazione Dalle quantità iniziali di ciascuna specie e dal volume, si può utilizzare la legge del gas ideale per determinare le pressioni iniziali. Da queste pressioni iniziali, possiamo calcolare il quoziente di reazione (Q_P) per vedere se il sistema è già all'equilibrio o, se così non fosse, in quale direzione procederà la reazione per raggiungere l'equilibrio. Se il sistema non è all'equilibrio, dobbiamo usare la costante d'equilibrio data e la procedura di cui sopra per determinare le quantità all'equilibrio.

Soluzione Prima di tutto bisogna trovare le pressioni parziali iniziali utilizzando la legge del gas ideale:

$$P_i = n_i \frac{RT}{V}$$

Per questi valori di temperatura e volume, RT/V = (0,08314 l bar mol^{-1} K^{-1}) (703,15 K)/(10,0 l) = 5,846 bar mol^{-1}, per cui

$$(P_{H_2})_0 = (0{,}0623\text{ mol})(5{,}846\text{ bar mol}^{-1}) = 0{,}364\text{ bar}$$
$$(P_{I_2})_0 = (0{,}0414\text{ mol})(5{,}846\text{ bar mol}^{-1}) = 0{,}242\text{ bar}$$
$$(P_{HI})_0 = (0{,}224\text{ mol})(5{,}846\text{ bar mol}^{-1}) = 1{,}31\text{ bar}$$

Sostituendo le pressioni parziali iniziali nell'appropriata espressione del quoziente di reazione si ha

$$Q_P = \frac{(P_{HI})_0^2}{(P_{H_2})_0(P_{I_2})_0} = \frac{(1,31)^2}{(0,364)(0,242)} = 19,5$$

Dato che Q_P (19,5) è inferiore a K_P (54,3), si deduce che la reazione procederà da sinistra a destra fino a quando l'equilibrio non sarà raggiunto (vedi Figura 10.4), vale a dire, ci sarà un consumo di H_2 e I_2 e una formazione di HI.

Ora possiamo utilizzare la procedura a tre passaggi per il calcolo delle concentrazioni all'equilibrio.

Passaggio 1. La stechiometria della reazione indica che 1 mol di H_2 reagisce con 1 mol di I_2 per dare 2 mol di HI. Indichiamo con x la diminuzione di pressione (in bar) di H_2 e I_2 all'equilibrio. Basandoci sulla stechiometria dell'equazione chimica bilanciata, quindi, la variazione della pressione parziale all'equilibrio di HI deve essere $2x$. Le variazioni possono essere quindi riassunte come segue:

	$H_2(g)$	+	$I_2(g)$	$\rightleftharpoons$	$2HI(g)$
Iniziali (bar):	0,364		0,242		1,31
Variazioni (bar):	$-x$		$-x$		$+2x$
All'equilibrio (bar):	$0,364 - x$		$0,242 - x$		$1,31 + 2x$

Passaggio 2. La costante d'equilibrio è data da

$$K_P = \frac{P_{HI}^2}{P_{H_2}P_{I_2}}$$

Sostituendo, otteniamo

$$K_P = \frac{(1,31 + 2x)^2}{(0,364 - x)(0,242 - x)} = 54,3$$

Per risolvere questa equazione, abbiamo innanzitutto bisogno di eliminare il denominatore

$$(1,31 + 2x)^2 = (54,3)(0,364 - x)(0,242 - x)$$
$$1,72 + 5,24x + 4x^2 = 4,78 - 32,9x + 54,3x^2$$

Raggruppando i termini simili, otteniamo

$$50,3x^2 - 38,1x + 3,06 = 0$$

Si tratta di un'equazione quadratica del tipo $ax^2 + bx + c = 0$. La soluzione per un'equazione quadratica è

$$x = \frac{-b \pm \sqrt{b^2 - 4ac}}{a}$$

Nel nostro caso $a = 50,3$, $b = -38,1$, $c = 3,06$, per cui

$$x = 0,0913 \text{ bar} \quad \text{oppure} \quad x = 0,666 \text{ bar}$$

La seconda soluzione è fisicamente impossibile, perché la quantità di H_2 e I_2 che reagiscono sarebbe maggiore rispetto a quella iniziale. La prima soluzione fornisce quindi la risposta corretta. Nel risolvere equazioni quadratiche di questo tipo, una risposta è sempre fisicamente impossibile, quindi la scelta del corretto valore di x è relativamente semplice.

Passaggio 3. All'equilibrio, le pressioni parziali sono

$$P_{H_2} = (0,364 - 0,0913) \text{ bar} = 0,273 \text{ bar}$$
$$P_{I_2} = (0,242 - 0,0913) \text{ bar} = 0,151 \text{ bar}$$
$$P_{HI} = (1,31 + 2 \times 0,0913) \text{ bar} = 1,49 \text{ bar}$$

La quantità di ciascun gas presente all'equilibrio può essere calcolata usando la legge del gas ideale nella forma

$$n_i = \frac{P_i V}{RT}$$

$$n_{H_2} = \frac{P_{H_2} V}{RT} = \frac{(0{,}273 \text{ bar})(10{,}0 \text{ l})}{(0{,}08314 \text{ l bar mol}^{-1} \text{ K}^{-1})(703{,}15 \text{ K})} = 0{,}0467 \text{ mol}$$

$$n_{I_2} = \frac{P_{I_2} V}{RT} = \frac{(0{,}151 \text{ bar})(10{,}0 \text{ l})}{(0{,}08314 \text{ l bar mol}^{-1} \text{ K}^{-1})(703{,}15 \text{ K})} = 0{,}0258 \text{ mol}$$

$$n_{HI} = \frac{P_{HI} V}{RT} = \frac{(1{,}49 \text{ bar})(10{,}0 \text{ l})}{(0{,}08314 \text{ l bar mol}^{-1} \text{ K}^{-1})(703{,}15 \text{ K})} = 0{,}255 \text{ mol}$$

Verifica Possiamo verificare le risposte calcolando K_P utilizzando le pressioni all'equilibrio. Sostituendo le pressioni parziali all'equilibrio nell'espressione della costante d'equilibrio si ottiene un valore di K di 53,8, che è molto vicino al valore di 54,3. La discrepanza è dovuta a errori di arrotondamento.

Commento In alternativa, si può affrontare questo problema utilizzando le concentrazioni invece delle pressioni calcolando prima K_c dal valore dato di K_P, utilizzando l'Equazione 10.6. Per questo particolare problema, $\Delta n = 0$, per cui $K_c = K_P$.

Problema di autovalutazione A 1280 °C, la costante d'equilibrio (K_c) è $1{,}1 \times 10^{-3}$ per la seguente reazione:

$$Br_2(g) \rightleftharpoons 2Br(g)$$

Se le concentrazioni iniziali sono $[Br_2]_0 = 6{,}3 \times 10^{-2}$ *M* e $[Br]_0 = 1{,}2 \times 10^{-2}$ *M*, calcolare le concentrazioni di queste specie all'equilibrio.

L'Esempio 10.6 dimostra che, se conosciamo la costante d'equilibrio e le concentrazioni iniziali, siamo in grado di calcolare le concentrazioni di tutte le specie all'equilibrio. Questa informazione è utile se abbiamo bisogno di valutare il rendimento di una reazione.

Supponiamo, per esempio, di iniziare con 0,500 mol di H_2, 0,500 mol di I_2 e in assenza di HI nella reazione tra H_2 e I_2 per formare HI a 430 °C. Se la reazione dovesse andare a compimento, si dovrebbero formare (2 × 0,500 mol) 1,00 mol di HI. A causa dell'equilibrio, tuttavia, l'importo effettivo di HI formato quando il sistema raggiunge l'equilibrio può essere calcolato pari a 0,786 mol, pari a un rendimento del 78,6%.

L'Esempio 10.7 fornisce un altro esempio di calcolo delle concentrazioni d'equilibrio data la costante d'equilibrio.

Esempio 10.7

Si consideri il seguente equilibrio eterogeneo:

$$AgCl(s) \rightleftharpoons Ag^+(aq) + Cl^-(aq)$$

A 25 °C, la costante d'equilibrio per questa reazione vale $1{,}6 \times 10^{-10}$. Se 5,0 g di AgCl(*s*) vengono aggiunti a 10,0 l di acqua pura, quali saranno le concentrazioni all'equilibrio di Ag(*aq*) e $Cl^-(aq)$ in soluzione a questa temperatura?

Impostazione L'equazione chimica contiene sia ioni che un solido puro (AgCl). Per impostare l'espressione d'equilibrio, usare l'Equazione 10.2 con le opportune approssimazioni per le attività (Equazione 10.4 per gli ioni ed Equazione 10.5 per il solido).

Soluzione L'espressione della costante d'equilibrio (Equazione 10.2 insieme alle Equazioni 10.4 e 10.5) per questo equilibrio è

$$K = \frac{a_{Ag^+}a_{Cl^-}}{a_{AgCl(s)}} = [Ag^+][Cl^-] = 1{,}6 \times 10^{-10}$$

Le quantità all'equilibrio di Ag^+ e Cl^- non dipendono dalla quantità di AgCl iniziale perché la quantità di solido non appare nell'espressione d'equilibrio (a patto che ci sia una sufficiente quantità di AgCl in modo che ne sia presente un po' all'equilibrio). Inoltre, dalla stechiometria dell'equazione chimica bilanciata, sappiamo che le concentrazioni degli ioni argento e degli ioni cloruro saranno identiche, dato che gli ioni non erano presenti nella soluzione iniziale, e dovranno tutti provenire dalla dissoluzione di AgCl. Per cui,

$$K = [Ag^+][Cl^-] = (x)(x) = x^2 = 1{,}6 \times 10^{-10}$$

dove $x = [Ag^+] = [Cl^-]$. Pertanto,

$$x = \sqrt{K} = \sqrt{1{,}6 \times 10^{-10}} = 1{,}26 \times 10^{-5}$$

Le concentrazioni di Ag^+ e Cl^- nella soluzione sono entrambe pari a $1{,}26 \times 10^{-5}$ *M*. Queste concentrazioni sono sufficientemente basse, in modo tale che si scioglierà solo una piccola frazione della quantità iniziale di AgCl solido, e rimarrà del cloruro d'argento presente all'equilibrio.

Commento La costante d'equilibrio per la dissoluzione di un composto ionico in soluzione acquosa è detta *prodotto di solubilità* e sarà discussa più in dettaglio nel Capitolo 12.

Problema di autovalutazione La costante d'equilibrio, a 395 K, per il seguente equilibrio è $K_P = 0{,}0721$:

$$NH_4HS(s) \rightleftharpoons NH_3(g) + H_2S(g)$$

Se 20,0 g di idrogenosolfuro d'ammonio [$NH_4HS(s)$] sono posti in un contenitore (inizialmente vuoto) del volume di 10,0 l a 395 K, calcolare la pressione parziale d'equilibrio dell'ammoniaca (NH_3) e dell'acido solfidrico (H_2S) e determinare la quantità di $NH_4HS(s)$ rimasta nel contenitore.

10.3 Termodinamica e costante d'equilibrio

Nel Capitolo 7 abbiamo appreso che la spontaneità di ogni processo in condizioni di pressione e temperatura costanti è determinato dal segno di ΔG, la variazione dell'energia libera di Gibbs per il processo. Se $\Delta G < 0$, il processo si verificherà spontaneamente, se $\Delta G > 0$, il processo non sarà spontaneo. Se un sistema è a un minimo di G, tutti i processi lontani da questo stato saranno non spontanei e il sistema rimarrà in equilibrio allo stato minimo di energia libera. Quindi, tutti i sistemi in equilibrio chimico rappresentano dei minimi dell'energia libera rispetto alle variazioni delle quantità di reagenti e prodotti. In questo paragrafo, saranno trattate le variazioni di energia libera in un sistema reagente per ricavare la relazione tra la costante d'equilibrio e la variazione dell'energia libera standard per una reazione. Com'è avvenuto per le equazioni che governano gli equilibri liquido-vapore e le proprietà colligative, la forma matematica della costante d'equilibrio è una conseguenza dell'energia libera di mescolamento.

Per trovare la relazione tra *K* e l'energia libera di Gibbs, iniziamo con una semplice reazione in fase gassosa:

$$A(g) \rightleftharpoons B(g)$$

Un campione di gas A puro viene posto nel recipiente di reazione a una pressione parziale iniziale di 1 bar. La reazione procede verso destra, formando B, fino a equilibrio raggiunto. All'equilibrio, il sistema è costituito da una miscela di molecole A e B in fase gassosa con pressioni parziali $P_{A,eq}$ e $P_{B,eq}$. Per determinare le pressioni parziali d'equilibrio utilizzando la termodinamica, abbiamo bisogno di determinare i valori per le pressioni parziali di A e B che minimizzano l'energia libera.

L'energia libera totale per il sistema di reazione è la somma delle energie libere di A puro e di B puro (vale a dire, rispettivamente, G_A° e G_B°) e dell'energia libera di mescolamento (ΔG_{mix}):

$$G = n_A G_A^\circ + n_B G_B^\circ + \Delta G_{mix}$$

Ricordiamo dal Paragrafo 8.5 che l'energia libera di mescolamento per i gas ideali è data dall'Equazione 8.37:

$$\Delta G_{mix} = RT(n_A \ln x_A + n_B \ln x_B)$$

Pertanto, l'energia libera totale, può essere riscritta come segue:

$$G = n_A G_A^\circ + n_B G_B^\circ + RT(n_A \ln x_A + n_B \ln x_B) \qquad \textbf{(10.8)}$$

Sulla base della stechiometria dell'equazione bilanciata, il numero totale di moli ($n = n_A + n_B$) è fisso durante la reazione. Dividendo l'Equazione 10.8 per n abbiamo

$$G/n = x_A G_A^\circ + x_B G_B^\circ + RT(x_A \ln x_A + x_B \ln x_B)$$

dove abbiamo usato le relazioni $x_A = n_A/n$ e $x_B = n_B/n$. Dato che $x_A = 1 - x_B$, possiamo eliminare x_A:

$$G/n = \underbrace{(1 - x_B)G_A^\circ + x_B G_B^\circ}_{\text{energia libera per le sostanze pure}} + \underbrace{RT[(1 - x_B)\ln(1 - x_B) + x_B \ln x_B]}_{\text{energia libera di mescolamento}} \qquad \textbf{(10.9)}$$

Per la reazione $A(g) \rightleftharpoons B(g)$, x_B è una misura del *grado di avanzamento della reazione*, vale a dire, per controllare la reazione dall'inizio alla fine, è necessario conoscere solamente x_B. Se B è il componente con l'energia libera standard minore (cioè $G_B^\circ < G_A^\circ$), un grafico dell'Equazione 10.9 in funzione di x_B darà la curva blu mostrata in Figura 10.6. Il valore di x_B all'equilibrio (x_B^{eq}) corrisponde al valore minimo di G su tale curva.

Il valore minimo di G nell'Equazione 10.9 può essere trovato cercando il valore di x_B in cui la derivata (pendenza) di G (x_B) è pari a zero. Derivando l'Equazione 10.9 si ha

$$\frac{d(G/n)}{dx_B} = \frac{d}{dx_B}\{(1 - x_B)G_A^\circ + x_B G_B^\circ + RT[(1 - x_B)\ln(1 - x_B) + x_B \ln x_B]\}$$

$$= G_B^\circ - G_A^\circ + RT \ln \frac{x_B}{1 - x_B}$$

$$= \Delta G_{reaz}^\circ + RT \ln\left(\frac{x_B}{x_A}\right) \qquad \textbf{(10.10)}$$

dove $\Delta G_{reaz}^\circ = G_B^\circ - G_A^\circ$ è l'energia libera standard di reazione. Per questi due gas, il rapporto (x_B/x_A) è pari (per la legge di Dalton) al rapporto tra le pressioni parziali (P_B/P_A), che per questa reazione [$A(g) \rightleftharpoons B(g)$] è pari al quoziente di reazione.

$$Q = \frac{P_B}{P_A} = \frac{x_B}{x_A}$$

Per un dato valore iniziale di x_A, la direzione in cui la reazione procederà spontaneamente dipende dalla pendenza della curva (dG/dx_B) in Figura 10.6, perché la rea-

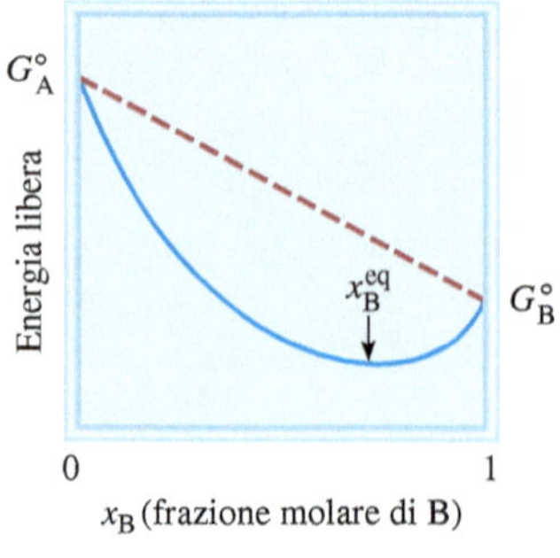

Figura 10.6 Grafico dell'energia libera totale per la reazione in fase gassosa (a comportamento ideale) $A(g) \rightleftharpoons B(g)$ in funzione di x_B, la frazione molare di B, nella miscela di reazione (linea blu). La linea rossa tratteggiata si riferisce alla stessa grandezza, ma supponendo che l'energia libera di mescolamento sia nulla. Il valore di x_B corrispondente al minimo sulla linea blu è la composizione d'equilibrio x_B^{eq}.

zione procederà sempre nella direzione che fa diminuire G. Tenendo a mente questo, definiamo ΔG°_{reaz}

$$\Delta G_{reaz} \equiv \frac{d(G/n)}{dx_B} = \text{pendenza di } G \text{ in funzione della curva del grado d'avanzamento}$$

Usando questa definizione, l'Equazione 10.10 diventa

$$\Delta G_{reaz} = \Delta G^\circ_{reaz} + RT\ln Q \qquad \textbf{(10.11)}$$

Anche se abbiamo derivato l'Equazione 10.11 per la reazione in fase gassosa (ideale) $A(g) \rightleftharpoons B(g)$, in base alla termodinamica, si può dimostrare che questo risultato è applicabile a tutte le reazioni. In breve, ΔG_{reaz} dipende da due quantità: ΔG°_{reaz} e $RT\ln Q$. Per una determinata reazione alla temperatura T, il valore di ΔG°_{reaz} è fisso, ma $RT\ln Q$ non lo è, perché Q varia a seconda della composizione della miscela di reazione. Prendiamo in considerazione due casi particolari.

Caso 1. Un valore fortemente negativo di ΔG°_{reaz} tenderà a rendere ΔG_{reaz} negativo. Pertanto, la reazione procederà da sinistra a destra finché non si sarà formata una significativa quantità di prodotto. A quel punto, il termine $RT\ln Q$ sarà abbastanza positivo da eguagliare il termine negativo ΔG°_{reaz}.

Caso 2. Un valore fortemente positivo di ΔG°_{reaz} tenderà a rendere ΔG_{reaz} positivo. Pertanto, la reazione procederà da destra a sinistra finché non si sarà formata una significativa quantità di reagente. A quel punto, il termine $RT\ln Q$ sarà abbastanza negativo da eguagliare il termine positivo ΔG°_{reaz}.

All'equilibrio, $\Delta G_{reaz} = 0$ (l'energia libera totale è un minimo per definizione) e $Q = K$, dove K è la costante d'equilibrio. Così,

$$0 = \Delta G^\circ_{reaz} + RT\ln K$$

oppure

$$\Delta G^\circ_{reaz} = -RT\ln K \qquad \textbf{(10.12)}$$

Nell'Equazione 10.12, è importante che le quantità usate per definire K siano misurate rispetto agli stati standard utilizzati per determinare ΔG°_{reaz}. Per i gas questo significa pressioni parziali in unità di bar e per i soluti significa molarità. In una reazione in fase gassosa, per esempio, il K nell'Equazione 10.12 corrisponde a K_P, mentre per una reazione in soluzione sarebbe K_c. Più grande è il valore di K, più negativo è ΔG°_{reaz}. In chimica, l'Equazione 10.12 è una delle più importanti equazioni termodinamiche, perché permette di determinare la costante d'equilibrio di una reazione se è nota la variazione di energia libera standard e viceversa.

L'Equazione 10.12 mette in relazione la costante d'equilibrio con la variazione di energia libera *standard* (ΔG°_{reaz}) piuttosto che con l'*effettiva* variazione di energia libera (ΔG_{reaz}). L'*effettiva* variazione di energia libera del sistema varia al progredire della reazione e diventa zero all'equilibrio. D'altro canto, ΔG°_{reaz} è una costante per una data reazione a una determinata temperatura. La Figura 10.7 mostra i grafici dell'energia libera di una reazione in funzione dell'avanzamento della reazione per due tipi di reazioni. Sulla base dei grafici in Figura 10.7 e dell'Equazione 10.11,

- Se $\Delta G^\circ_{reaz} < 0$, i prodotti sono favoriti rispetto ai reagenti all'equilibrio.
- Se $\Delta G^\circ_{reaz} > 0$, i reagenti sono favoriti rispetto ai prodotti all'equilibrio.
- Se $\Delta G^\circ_{reaz} = 0$, il sistema è in equilibrio, se tutti i reagenti e i prodotti sono nei loro stati standard.

È il segno di ΔG_{reaz}, non il segno di ΔG°_{reaz}, che determina la direzione della spontaneità della reazione. Il segno di ΔG°_{reaz} ci dice solo le quantità relative di reagenti e prodotti quando l'equilibrio è raggiunto, e non la direzione della reazione.

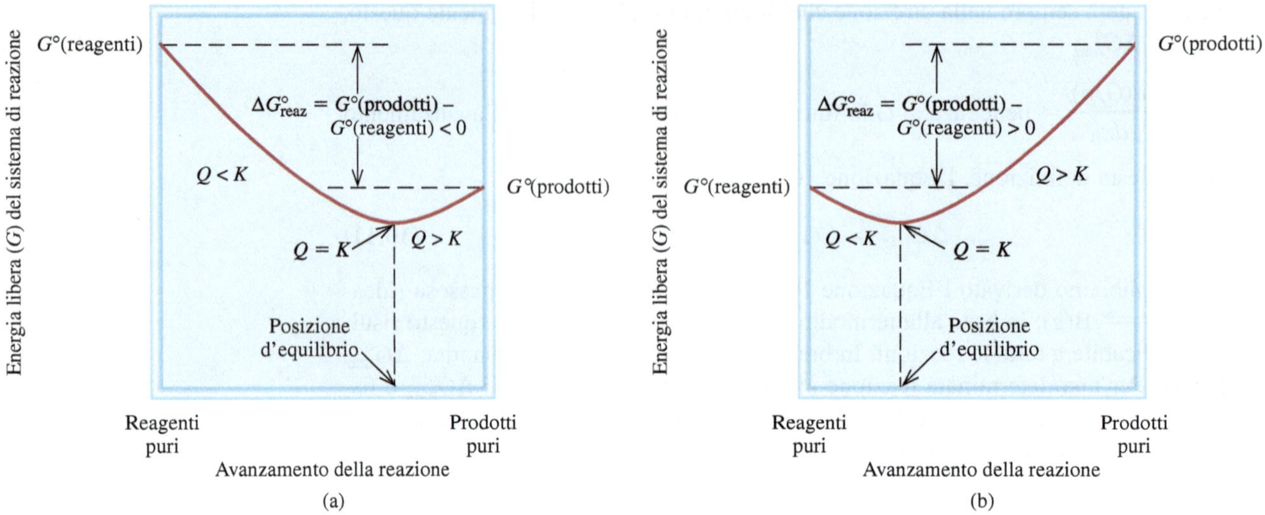

Figura 10.7 (a) $\Delta G^\circ_{reaz} < 0$. All'equilibrio, i prodotti sono favoriti rispetto ai reagenti. (b) $\Delta G^\circ_{reaz} > 0$. All'equilibrio, i reagenti sono favoriti rispetto ai prodotti. In entrambi i casi, la reazione si sposta verso l'equilibrio da sinistra a destra (prodotti verso i reagenti) se $Q < K$ e da destra a sinistra (reagenti verso i prodotti), se $Q > K$. All'equilibrio $Q = K$.

Per reazioni che hanno costanti d'equilibrio molto grandi o molto piccole, è in genere molto difficile, se non impossibile, misurare i valori di K dalla misurazione delle concentrazioni di tutte le specie partecipanti alla reazione. Si consideri, per esempio, la formazione di ossido di azoto da azoto molecolare e ossigeno molecolare:

$$N_2(g) + O_2(g) \rightleftharpoons 2NO(g)$$

A 25 °C, la costante d'equilibrio K è

$$K = \frac{P^2_{NO}}{P_{N_2}P_{O_2}} = 1{,}9 \times 10^{-31}$$

Il valore molto piccolo di K significa che la concentrazione di NO all'equilibrio sarà estremamente bassa, il che la rende molto difficile da misurare. In tal caso, la costante d'equilibrio si ricava in maniera più conveniente da ΔG°_{reaz} (come discusso nel Paragrafo 8.6, ΔG°_{reaz} può essere calcolato da ΔH°_{reaz} e ΔS°_{reaz} o determinato direttamente dai dati di energia libera di formazione, ΔG°_f). D'altra parte, la costante d'equilibrio per la formazione di ioduro di idrogeno da idrogeno molecolare e iodio molecolare è circa unitaria a temperatura ambiente:

$$H_2(g) + I_2(g) \rightleftharpoons 2HI(g)$$

Per questa reazione, è più facile misurare K e calcolare ΔG°_{reaz} utilizzando l'Equazione 10.12 piuttosto che misurare ΔH°_{reaz} e ΔS°_{reaz} e usare l'Equazione 8.35.

Gli Esempi 10.8, 10.9 e 10.10 indicano come usare le Equazioni 10.11 e 10.12 per calcolare K e ΔG°_{reaz}.

Esempio 10.8

Usando i dati elencati nell'Appendice 2, calcolare la costante d'equilibrio K per la seguente reazione a 25 °C:

$$2H_2O(l) \rightleftharpoons 2H_2(g) + O_2(g)$$

Impostazione Secondo l'Equazione 10.12, la costante d'equilibrio per la reazione è legata alla variazione di energia libera standard: $\Delta G^\circ_{reaz} = -RT \ln K$. Pertanto, in primo luogo abbiamo bisogno di calcolare ΔG°_{reaz} seguendo la procedura illustrata nell'Esempio 8.9. Utilizzando tale valore, si può calcolare K. Ricordarsi di utilizzare unità appropriate per T.

Soluzione Secondo l'Equazione 8.34,

$$\begin{aligned}\Delta G^\circ_{reaz} &= [2\Delta G^\circ_f(H_2) + \Delta G^\circ_f(O_2)] - [2\Delta G^\circ_f(H_2O)] \\ &= [2(0\ \text{kJ mol}^{-1}) + (0\ \text{kJ mol}^{-1})] - [2(-237{,}1\ \text{kJ mol}^{-1})] \\ &= +474{,}2\ \text{kJ mol}^{-1}\end{aligned}$$

Utilizzando l'Equazione 10.12,

$$\Delta G^\circ_{reaz} = -RT \ln K$$

$$\ln K = -\frac{\Delta G^\circ_{reaz}}{RT}$$

$$\ln K = -\frac{474{,}2\ \text{kJ mol}^{-1}}{(8{,}314\ \text{J mol}^{-1}\ \text{K}^{-1})\ (298{,}15\ \text{K})} \times \frac{1000\ \text{J}}{1\ \text{kJ}} = -191{,}3$$

$$K = e^{-191{,}3} = 8{,}3 \times 10^{-84}$$

Commento Questa costante d'equilibrio estremamente piccola è coerente con il fatto che l'acqua non si decompone in idrogeno e ossigeno gassosi a 25 °C. Per cui, un valore di ΔG°_{reaz} fortemente positivo favorisce i reagenti rispetto ai prodotti, all'equilibrio.

Problema di autovalutazione Calcolare la costante d'equilibrio K a 25 °C per la reazione

$$2O_3(g) \rightleftharpoons 3O_2(g)$$

Esempio 10.9

Se AgCl solido è posto in acqua, una certa quantità si scioglierà secondo l'equilibrio

$$\text{AgCl}(s) \rightleftharpoons \text{Ag}^+(aq) + \text{Cl}^-(aq)$$

La costante d'equilibrio per questa reazione di dissoluzione (detta *prodotto di solubilità*, K_{ps}) è $1{,}6 \times 10^{-10}$ a 25 °C. Calcolare ΔG°_{reaz}.

Impostazione Secondo l'Equazione 10.12, la costante d'equilibrio per la reazione è legata alla variazione di energia libera standard: $\Delta G^\circ_{reaz} = -RT \ln K$.

Soluzione L'equilibrio di solubilità di AgCl è

$$\text{AgCl}(s) \rightleftharpoons \text{Ag}^+(aq) + \text{Cl}^-(aq)$$

$$K = K_{ps} = \frac{a_{Ag^+} a_{Cl^-}}{a_{AgCl(s)}} \approx \frac{[\text{Ag}^+][\text{Cl}^-]}{1} = [\text{Ag}^+][\text{Cl}^-] = 1{,}6 \times 10^{-10}$$

Utilizzando l'Equazione 10.12 si ottiene

$$\begin{aligned}\Delta G^\circ_{reaz} &= -(8{,}314\ \text{J mol}^{-1}\ \text{K}^{-1})(298{,}15\ \text{K}) \ln(1{,}6 \times 10^{-10}) \\ &= 5{,}6 \times 10^4\ \text{J mol}^{-1} = 56\ \text{kJ mol}^{-1}\end{aligned}$$

Commento I prodotti di solubilità dei composti ionici saranno trattati in maggior dettaglio nel Capitolo 12.

Problema di autovalutazione Calcolare il $\Delta G°_{reaz}$ della seguente reazione a 25 °C:

$$BaF_2(s) \rightleftharpoons Ba^{2+}(aq) + 2F^-(aq)$$

Il K_{ps} del BaF_2 è pari a $1{,}7 \times 10^{-6}$.

Esempio 10.10

La costante d'equilibrio K per la reazione

$$N_2O_4(g) \rightleftharpoons 2NO_2(g)$$

è 0,115 a 298 K, che corrisponde a una variazione di energia libera standard di 5,36 kJ mol^{-1}. In un esperimento, le pressioni iniziali sono $P_{NO_2} = 0{,}124$ bar e $P_{N_2O_4} = 0{,}459$ bar.

Calcolare ΔG_{reaz} per la reazione a queste pressioni e prevedere la direzione della reazione.

Impostazione Secondo le informazioni fornite nel testo del problema, né il reagente né il prodotto si trovano nel loro stato standard di 1 bar. Per determinare la direzione della reazione, abbiamo bisogno di calcolare la variazione di energia libera in condizioni non standard (ΔG_{reaz}) utilizzando l'Equazione 10.11 e il valore dato di $\Delta G°_{reaz}$. Le pressioni parziali sono espresse in quantità adimensionali nel quoziente di reazione Q.

Soluzione L'Equazione 10.11 può essere scritta come

$$\begin{aligned}
\Delta G_{reaz} &= \Delta G°_{reaz} + RT \ln Q \\
&= \Delta G°_{reaz} + RT \ln \frac{P^2_{NO_2}}{P_{N_2O_4}} \\
&= 5{,}40 \times 10^3 \text{ J mol}^{-1} + (8{,}314 \text{ J mol}^{-1} \text{ K}^{-1})(298 \text{ K}) \ln \frac{(0{,}123)^2}{0{,}459} \\
&= 5{,}40 \times 10^3 \text{ J mol}^{-1} - 8{,}46 \times 10^3 \text{ J mol}^{-1} \\
&= -3{,}06 \times 10^3 \text{ J mol}^{-1} = -3{,}06 \text{ kJ mol}^{-1}
\end{aligned}$$

Dato che $\Delta G_{reaz} < 0$, la reazione procede da sinistra a destra per raggiungere l'equilibrio.

Verifica Sebbene $\Delta G°_{reaz} > 0$, si può favorire la formazione di prodotto avendo inizialmente una piccola concentrazione (pressione) di prodotto rispetto a quella del reagente. Confermare questa previsione, mostrando che $Q < K$.

Problema di autovalutazione La $\Delta G°_{reaz}$ per la reazione

$$H_2(g) + I_2(s) \rightleftharpoons 2HI(g)$$

è 3,40 kJ mol^{-1} a 25 °C. In un esperimento, le pressioni iniziali sono $P_{H_2} = 0{,}426$ bar, $P_{I_2} = 0{,}240$ bar, $P_{HI} = 0{,}235$ bar. Calcolare ΔG_{reaz} per la reazione e prevedere la direzione della reazione.

10.4 Principio di Le Châtelier

C'è una regola generale che ci aiuta a prevedere la direzione verso la quale si sposta una reazione d'equilibrio quando si verifica una variazione di concentrazione, pressione, volume o temperatura. La regola, nota come ***principio di Le Châtelier***[3], afferma che *se una perturbazione esterna è applicata a un sistema in equilibrio, il sistema reagisce in modo tale da compensare parzialmente la perturbazione raggiungendo una nuova posizione d'equilibrio.* Il termine *perturbazione* qui vuole significare una variazione di concentrazione, pressione, volume o temperatura che rimuove il sistema dal suo stato d'equilibrio. Il principio di Le Châtelier sarà per l'appunto usato per valutare gli effetti di tali variazioni.

10.4.1 Variazioni di concentrazione

Il solfocianuro (o tiocianato) di ferro (III) [$Fe(SCN)_3$] si scioglie facilmente in acqua per dare una miscela d'equilibrio di ioni indissociati $FeSCN^{2+}$ e ioni Fe^{3+} e SCN^-:

$$\underset{\text{rosso}}{FeSCN^{2+}} \rightleftharpoons \underset{\text{giallo chiaro}}{Fe^{3+}(aq)} + \underset{\text{incolore}}{SCN^-(aq)}$$

La soluzione appare di colore arancione [Figura 10.8(a)] perché gli ioni idratati $FeSCN^{2+}$ sono di colore rosso e gli ioni $Fe^{3+}(aq)$ sono di colore giallo pallido. Che cosa succede se si aggiunge del solfocianuro di sodio (NaSCN) a questa soluzione? In questo caso, la perturbazione apportata al sistema in equilibrio è un aumento della concentrazione di ioni SCN^- (provenienti dalla dissociazione del NaSCN). Per compensare questa perturbazione, alcuni ioni Fe^{3+} reagiscono con gli ioni SCN^- aggiunti, e l'equilibrio si sposta da destra a sinistra:

$$FeSCN^{2+}(aq) \longleftarrow Fe^{3+}(aq) + SCN^-(aq)$$

Di conseguenza, il colore rosso della soluzione si intensifica [Figura 10.8(b)]. Allo stesso modo, se aggiungiamo del nitrato di ferro (III) [$Fe(NO_3)_3$] alla soluzione originale, il colore rosso si intensificherà [Figura 10.8(c)], perché gli ulteriori ioni Fe^{3+} aggiunti [da $Fe(NO_3)_3$] fanno spostare l'equilibrio da destra a sinistra.

Supponiamo ora di aggiungere una certa quantità di acido ossalico ($H_2C_2O_4$) alla soluzione originale. L'acido ossalico si ionizza in acqua per formare ioni ossalato ($C_2O_4^{2-}$), che si legano fortemente agli ioni Fe^{3+}:

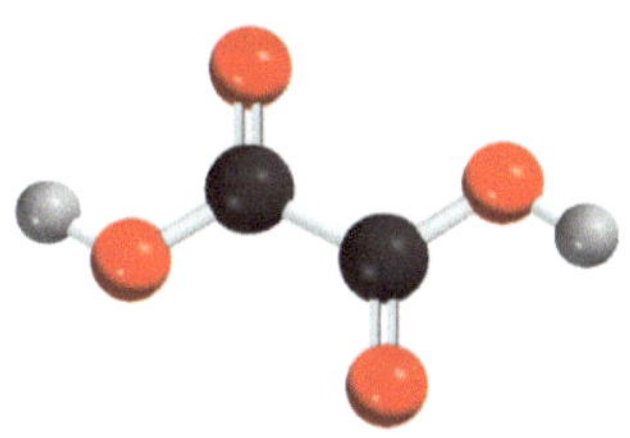

L'acido ossalico viene talvolta usato per rimuovere i depositi di ruggine nella vasca da bagno (Fe_2O_3).

$$Fe^{3+} + 3C_2O_4^{2-} \longrightarrow Fe\,(C_2O_4)_3^{3-}$$

La formazione dello stabile ione giallo [$Fe(C_2O_4)_3^{3-}$] rimuove gli ioni liberi Fe^{3+} in soluzione. Di conseguenza, altri ioni $FeSCN^{2+}$ si dissoceranno e l'equilibrio si sposterà da sinistra a destra:

$$FeSCN^{2+}(aq) \longrightarrow Fe^{3+}(aq) + SCN^-(aq)$$

Figura 10.8 Effetti della variazione di concentrazione sulla posizione dell'equilibrio. (a) Una soluzione acquosa di $Fe(SCN)_3$. Il colore della soluzione è dato sia dalla specie $FeSCN^{2+}$ che è rossa che dalla specie Fe^{3+} che è gialla. (b) Dopo l'aggiunta di un po' di NaSCN alla soluzione (a), l'equilibrio si sposta a sinistra. (c) Dopo l'aggiunta di un po' di $Fe(NO_3)_3$ alla soluzione (a) l'equilibrio si sposta a sinistra. (d) Dopo l'aggiunta di un po' di $H_2C_2O_4$ alla soluzione (a) l'equilibrio si sposta a destra. Il colore giallo è dovuto agli ioni $Fe(C_2O_4)_3^{3-}$.

---

[3] Henri Louis Le Châtelier (1850-1936). Chimico francese. Le Châtelier contribuì alla moderna comprensione di: metalli, cementi, vetri, combustibili ed esplosivi. Era anche noto per le sue competenze nella gestione industriale.

La soluzione rossa diventerà di colore giallo a causa della formazione di ioni $Fe(C_2O_4)_3^{3-}$, oltre alla produzione di altri ioni Fe^{3+} [Figura 10.8(d)].

Questo esperimento dimostra che tutti i reagenti e i prodotti partecipano al sistema di reazione in equilibrio. Inoltre, aumentando la concentrazione dei prodotti (Fe^{3+} o SCN^-) sposta l'equilibrio a sinistra, mentre la diminuzione di concentrazione del prodotto Fe^{3+} sposta l'equilibrio a destra. Questi risultati sono esattamente quelli previsti dal principio di Le Châtelier.

Il principio di Le Châtelier semplicemente riassume il comportamento osservato nei sistemi d'equilibrio; per questo motivo non è corretto affermare che un dato equilibrio si sposta "a causa" del principio di Le Châtelier.

L'effetto delle variazioni di concentrazione sull'equilibrio è mostrato nell'Esempio 10.11.

Esempio 10.11

A 720 °C, la costante d'equilibrio K_c per la reazione

$$N_2(g) + 3H_2(g) \rightleftharpoons 2NH_3(g)$$

è $2{,}37 \times 10^{-3}$. In un certo esperimento, le concentrazioni all'equilibrio sono $[N_2] = 0{,}683\ M$, $[H_2] = 8{,}80\ M$, $[NH_3] = 1{,}05\ M$. Supponiamo di aggiungere dell'ammoniaca alla miscela in modo che la sua concentrazione aumenti fino a $3{,}65\ M$. (a) Usare il principio di Le Châtelier per prevedere la direzione presa dalla reazione per raggiungere un nuovo equilibrio. (b) Confermare la previsione dal calcolo del quoziente di reazione Q_c e confrontare il suo valore con K_c.

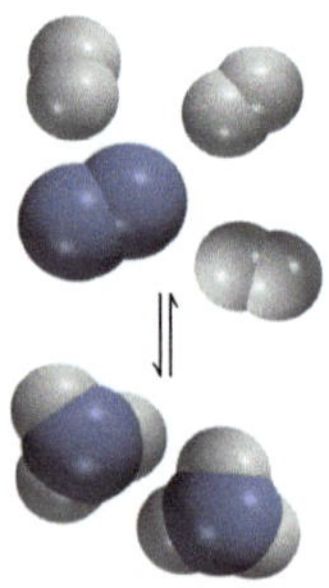

$N_2 + 3H_2 \rightleftharpoons 2NH_3$

Impostazione (a) Determinare la perturbazione applicata al sistema, quindi applicare il principio di Le Châtelier per determinare la direzione presa dall'equilibrio per minimizzare gli effetti della perturbazione. (b) Nell'istante in cui avviene l'aggiunta di NH_3, il sistema non è più in equilibrio. Calcolare Q_c per la reazione a questo punto e confrontare il suo valore con quello di K_c per determinare la direzione presa dalla reazione per raggiungere l'equilibrio.

Soluzione

(a) La perturbazione applicata al sistema è l'aggiunta di NH_3 (il prodotto di reazione). Per minimizzare questa perturbazione, una certa quantità di NH_3 deve reagire per produrre H_2 e N_2 (i reagenti) fino a raggiungere un nuovo equilibrio. La reazione quindi si sposta da destra a sinistra:

$$N_2(g) + 3H_2(g) \longleftarrow 2NH_3(g)$$

(b) Il quoziente di reazione è dato da

$$Q_c = \frac{[NH_3]_0^2}{[N_2]_0[H_2]_0^3} = \frac{(3{,}65)^2}{(0{,}683)(8{,}80)^3} = 2{,}86 \times 10^{-2}$$

Dato che questo valore è superiore a $2{,}37 \times 10^{-3}$ (il valore di K_c), la reazione si sposta da destra a sinistra (verso i reagenti) finché Q_c non eguaglia K_c.

La Figura 10.9 mostra (qualitativamente) le variazioni delle concentrazioni delle specie che partecipano alla reazione.

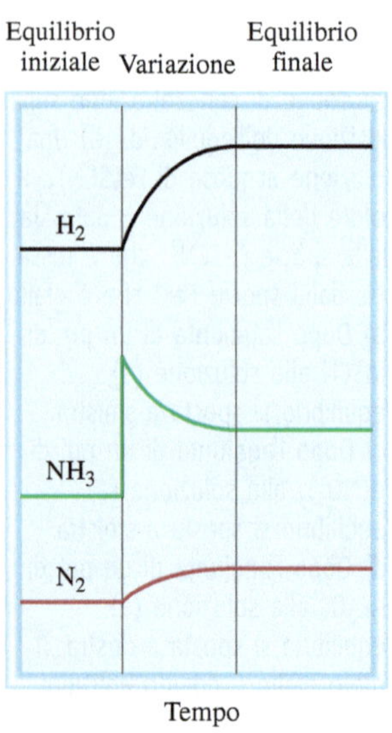

Figura 10.9 Variazioni di concentrazione di H_2, N_2 e NH_3 dopo l'aggiunta di NH_3 alla miscela all'equilibrio.

Verifica Sia utilizzando il principio di Le Châtelier che confrontando i valori di Q_c e K_c si ha lo stesso risultato: la reazione procede da destra a sinistra fino a quando l'equilibrio è ristabilito.

Problema di autovalutazione A 430 °C, la costante d'equilibrio (K_P) per la reazione

$$2NO(g) + O_2(g) \rightleftharpoons 2NO_2(g)$$

è $1{,}5 \times 10^5$. In un esperimento, le pressioni iniziali di NO, O_2 e NO_2 all'equilibrio sono, rispettivamente, $1{,}1 \times 10^{-2}$, $1{,}1 \times 10^{-3}$, 0,14 bar. Supponiamo che sia aggiunto al sistema abbastanza O_2 da aumentare la pressione parziale di O_2 fino a $5{,}3 \times 10^{-3}$ bar. (a) Utilizzare il principio di Le Châtelier per prevedere in che modo la reazione si sposterà per ripristinare l'equilibrio. (b) Confermare il risultato ottenuto nella parte (a) calcolando Q_P e confrontandolo con K_P.

10.4.2 Variazioni di pressione

Le variazioni di pressione, in genere, non influenzano le concentrazioni delle specie che partecipano alla reazione in fasi condensate (per esempio, in soluzione acquosa), dato che i liquidi e i solidi sono pressoché incompressibili. D'altro canto, le concentrazioni dei gas sono fortemente influenzate dalle variazioni di pressione. Consideriamo, per esempio, il seguente sistema all'equilibrio

$$N_2O_4(g) \rightleftharpoons 2NO_2(g)$$

in un cilindro munito di un pistone mobile. Che cosa succede se si aumenta la pressione sul gas spingendo verso il basso il pistone a temperatura costante? L'espressione della costante d'equilibrio di questo sistema (supponendo che il comportamento ideale dei gas) è

$$K_P = \frac{(P_{NO_2}/P_o)^2}{P_{N_2O_4}/P_o}$$

Questa espressione contiene solo le pressioni parziali, non la pressione totale. Utilizzando la legge di Dalton delle pressioni parziali ($P_i = x_i P$) si avrà

$$K_P = \frac{(x_{NO_2}P/P_o)^2}{x_{N_2O_4}P/P_o} = \frac{x^2_{NO_2}}{x_{N_2O_4}}\left(\frac{P}{P_o}\right)$$

$$K_P = K_x\frac{P}{P_o} \tag{10.13}$$

dove abbiamo introdotto un nuovo tipo di costante d'equilibrio, K_x, che è la costante d'equilibrio in termini di frazioni molari. Per una generica reazione in fase gassosa a comportamento ideale, l'Equazione 10.13 diventa

$$K_P = K_x\left(\frac{P}{P_o}\right)^{\Delta n} \tag{10.14}$$

dove Δn è stato definito in precedenza nell'Equazione 10.6:

$$\Delta n = \text{moli di prodotti gassosi} - \text{moli di reagenti gassosi}$$

Per una determinata temperatura, K_P è costante, indipendente dalla pressione totale. Dall'Equazione 10.14, quindi, le variazioni di concentrazione dovute a variazioni di pressione (come misurate in K_x) dipenderanno dal valore di Δn per la specifica reazione. Siamo in grado di individuare i seguenti tre casi:

- **$\Delta n > 0$**. La reazione comporta un *aumento* del numero totale di molecole, andando dai reagenti ai prodotti. In questo caso, aumentare la pressione fa aumentare il termine $(P/P_o)^{\Delta n}$, e quindi, per far rimanere costante K_P, K_x dovrà diminuire, con conseguente spostamento della reazione verso i reagenti (un valore di K_x minore significa che le frazioni molari dei prodotti diminuiscono e quelle dei reagenti aumentano). La reazione $N_2O_4(g) \rightleftharpoons 2NO_2(g)$ rientra in questa categoria (Figura 10.10).
- **$\Delta n < 0$**. La reazione comporta una *diminuzione* del numero totale di molecole, andando dai reagenti ai prodotti. In questo caso, aumentare la pressione fa di-

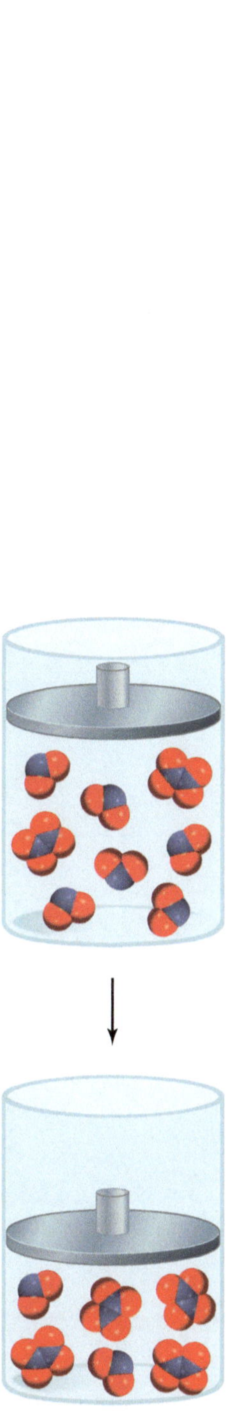

Figura 10.10 Rappresentazione qualitativa dell'effetto di un aumento della pressione sull'equilibrio $N_2O_4(g) \rightleftharpoons 2NO_2(g)$. La reazione si sposta verso i reagenti al fine di ristabilire l'equilibrio.

minuire il termine $(P/P_0)^{\Delta n}$, e quindi, per far rimanere costante K_P, K_x dovrà aumentare, con conseguente spostamento della reazione verso i prodotti (un valore di K_x maggiore significa che le frazioni molari dei prodotti aumentano e quelle dei reagenti diminuiscono). Un esempio di questo tipo di reazione è

$$3H_2(g) + N_2(g) \rightleftharpoons 2NH_3(g)$$

- $\boldsymbol{\Delta n = 0}$. La reazione non comporta nessun cambiamento nel numero totale di molecole presenti andando dai reagenti ai prodotti. In questo caso, $K_P = K_x$ e cambiare la pressione non ha alcun effetto sulle quantità relative di reagenti e prodotti. Un esempio di questo tipo di reazione è

$$H_2(g) + Br_2(g) \rightleftharpoons 2HBr(g)$$

La risposta di un equilibrio in fase gassosa a variazioni di pressione è un esempio del principio di Le Châtelier, in cui la perturbazione è la variazione di pressione. Quando la pressione di una miscela di reazione all'equilibrio viene aumentata, il sistema risponde spostando l'equilibrio nella direzione che fa ridurre la pressione, cioè nella direzione che riduce il numero di molecole di gas nella miscela di reazione.

È anche possibile modificare la pressione di un sistema senza modificare il suo volume. Supponiamo che il sistema NO_2-N_2O_4 sia contenuto in un recipiente di acciaio inox il cui volume è costante. Possiamo aumentare la pressione totale nel recipiente tramite l'aggiunta di un gas inerte (per esempio, elio) al sistema all'equilibrio. L'aggiunta di elio alla miscela all'equilibrio a volume costante aumenta la pressione gassosa totale e fa diminuire le frazioni molari sia di NO_2 che di N_2O_4, ma la pressione parziale di ciascun gas, data dal prodotto della sua frazione molare per la pressione totale, non cambia. Pertanto, la presenza del gas inerte, non influenza l'equilibrio.

Gli Esempi 10.12 e 10.13 (e l'Approfondimento 10.1, alla fine del capitolo) mostrano come le variazioni di pressione influenzano la posizione dell'equilibrio.

Esempio 10.12

Considerare le seguenti reazioni d'equilibrio:

(a) $2PbS(s) + 3O_2(g) \rightleftharpoons 2PbO(s) + 2SO_2(g)$

(b) $PCl_5(g) \rightleftharpoons PCl_3(g) + Cl_2(g)$

(c) $H_2(g) + CO_2(g) \rightleftharpoons H_2O(g) + CO(g)$

In ciascun caso, prevedere la direzione della reazione quando la pressione del sistema viene aumentata (il volume diminuisce) a temperatura costante.

Impostazione Un cambiamento di pressione può influenzare il volume di un gas, ma non il volume di un solido o di un liquido, perché i solidi e i liquidi sono molto meno comprimibili dei gas. La perturbazione apportata è un aumento di pressione. Secondo il principio di Le Châtelier, il sistema risponderà per compensare parzialmente questa perturbazione. In altre parole, il sistema si modificherà in modo di diminuire la pressione. Questo obiettivo può essere raggiunto spostando l'equilibrio verso il lato dell'equazione che ha un minor numero di moli di gas.

Soluzione

(a) Prendere in considerazione solo le molecole gassose. Nell'equazione bilanciata, ci sono 3 moli di gas reagenti e 2 moli di gas prodotti. Pertanto, $\Delta n = 2 - 3 = -1$ e la reazione si sposterà verso i prodotti (verso destra), quando la pressione viene aumentata.

(b) Il numero di moli dei prodotti è di 2 e quello dei reagenti è 1; pertanto, $\Delta n = 2 - 1 = +1$ e la reazione si sposterà verso sinistra, verso i reagenti.

(c) Il numero di moli dei prodotti è uguale al numero di moli dei reagenti ($\Delta n = 0$), quindi un cambiamento di pressione, non avrà alcun effetto (o forse molto piccolo)[4] sull'equilibrio.

Verifica In ciascun caso, la previsione è coerente con il principio di Le Châtelier.

Problema di autovalutazione Considerare la seguente reazione d'equilibrio che coinvolge il cloruro di nitrosile, l'ossido di azoto e il cloro molecolare:

$$2NOCl(g) \rightleftharpoons 2NO(g) + Cl_2(g)$$

Prevedere la direzione della reazione quando la pressione del sistema viene fatta diminuire (il volume aumenta) a temperatura costante.

Esempio 10.13

Si consideri una reazione in fase gassosa nella quale siano presenti solo NO_2 e N_2O_4. Queste specie partecipano alla reazione reversibile

$$N_2O_4(g) \rightleftharpoons 2NO_2(g)$$

La costante d'equilibrio K_P per questa reazione è 0,115 a 298 K. Calcolare le frazioni molari di NO_2 e N_2O_4 se la pressione totale è (a) 1,00 bar e (b) 5,00 bar. Le conclusioni sono in linea con il principio di Le Châtelier? Per questa particolare reazione, non è necessario conoscere la quantità iniziale di ogni specie.

Impostazione Le frazioni molari possono essere ottenute se conosciamo K_x. Il rapporto tra K_P e K_x è dato dall'Equazione 10.14. Qui $\Delta n = 1$.

Soluzione

(a) L'Equazione 10.14 con $\Delta n = 1$ dà

$$K_P = K_x\left(\frac{P}{P_o}\right) \quad \text{oppure} \quad K_x = K_P\left(\frac{P_o}{P}\right)$$

Per $P = 1{,}00$ bar, $K_x = K_P = 0{,}115$. Per questa reazione,

$$K_x = \frac{x^2_{NO_2}}{x_{N_2O_4}} = \frac{x^2_{NO_2}}{1 - x_{NO_2}} = 0{,}115$$

dove abbiamo usato la relazione $x_{N_2O_4} = 1 - x_{NO_2}$. Moltiplicando il denominatore per entrambi i lati si ha

$$x^2_{NO_2} = 0{,}115\,(1 - x_{NO_2})$$

$$x^2_{NO_2} + 0{,}115x_{NO_2} - 0{,}115 = 0$$

Le soluzioni per questa equazione quadratica sono $x_{NO_2} = -0{,}401$ e $+0{,}286$. Le frazioni molari devono essere positive, per cui la prima soluzione è fisicamente impossibile. A $P = 1{,}00$ bar, quindi

$$x_{NO_2} = 0{,}286$$

$$x_{N_2O_4} = 1 - x_{NO_2} = 0{,}714$$

[4] L'Equazione 10.14 presuppone che tutti i gas si comportino idealmente. Per i gas reali, una certa dipendenza dalla pressione all'equilibrio, a causa del comportamento non ideale, è possibile se $\Delta n = 0$, ma tali effetti sono di solito molto piccoli.

(b) A $P = 5$ bar, abbiamo

$$K_x = K_P \frac{P_0}{P} = 0{,}115 \times \frac{1 \text{ bar}}{5{,}00 \text{ bar}} = 0{,}0230$$

Procedendo come in (a), l'equazione quadratica è

$$x_{NO_2}^2 + 0{,}0230 x_{NO_2} - 0{,}0230 = 0$$

Le soluzioni per questa equazione quadratica sono $x_{NO_2} = -0{,}164$ e $+0{,}140$. Le frazioni molari devono essere positive, per cui la seconda soluzione è l'unica plausibile. A $P = 5{,}00$ bar, quindi,

$$x_{NO_2} = 0{,}140$$

$$x_{N_2O_4} = 1 - x_{NO_2} = 0{,}860$$

Secondo il principio di Le Châtelier, aumentando la pressione da 1 bar a 5 bar, la reazione si sposterà nella direzione che contiene un minor numero di molecole (in questo caso, a sinistra) facendo aumentare la frazione molare di N_2O_4.

Verifica Assicurarsi che la somma delle frazioni molari dia 1. Sostituendo le frazioni molari e le pressioni nell'Equazione 10.14, si dovrebbe ottenere il corretto valore di K_P (0,115).

Problema di autovalutazione La costante d'equilibrio per la reazione

$$PCl_5(g) \rightleftharpoons PCl_3(g) + Cl_2(g)$$

è pari a 0,411 a 500 K. Se solo $PCl_5(g)$ puro è inizialmente presente nel contenitore, calcolare le frazioni molari di PCl_5, PCl_3 e Cl_2 all'equilibrio, a una pressione di (a) 1 bar e (b) 7 bar. Le conclusioni sono in linea con il principio di Le Châtelier? (*Suggerimento*: Considerare il rapporto stechiometrico tra le frazioni molari per questo sistema.)

10.4.3 Variazioni di temperatura

Variazioni di concentrazione, pressione o volume possono modificare la posizione dell'equilibrio (cioè le quantità relative di reagenti e prodotti), ma non cambia il valore della costante d'equilibrio. Solo un cambiamento di temperatura può alterare il valore della costante d'equilibrio. Per comprenderne il motivo, consideriamo di nuovo la seguente reazione:

$$N_2O_4(g) \rightleftharpoons 2NO_2(g)$$

La reazione diretta è endotermica (assorbe calore, $\Delta H^\circ > 0$)

$$\text{calore} + N_2O_4(g) \rightleftharpoons 2NO_2(g) \qquad \Delta H^\circ = 58{,}0 \text{ kJ mol}^{-1}$$

per cui la reazione inversa sarà esotermica (cede calore, $H^\circ < 0$):

$$2NO_2(g) \rightleftharpoons N_2O_4(g) + \text{calore} \qquad \Delta H^\circ = -58{,}0 \text{ kJ mol}^{-1}$$

All'equilibrio a una certa temperatura, l'effetto del calore è pari a zero, perché non vi è alcuna reazione netta. Se consideriamo il calore come se si trattasse di un reagente chimico, allora un aumento della temperatura "aggiunge" calore al sistema e un calo della temperatura "rimuove" calore dal sistema. Come nel caso di un cambiamento in qualsiasi altro parametro (concentrazione, pressione, volume), il sistema si sposta per ridurre l'effetto di tale cambiamento. Pertanto, un aumento della temperatura favorisce la direzione endotermica (da sinistra a destra nell'equazione d'equilibrio) e una diminuzione della temperatura favorisce la direzione esotermica (da destra a sinistra nell'equazione d'equilibrio). Di conseguenza, la costante d'equilibrio aumenta quando il sistema è riscaldato e diminuisce quando il sistema viene raffreddato (Figura 10.11).

(a) (b)

Figura 10.11 (a) Due palloni di vetro contenenti una miscela di NO_2 e N_2O_4 gassosi all'equilibrio a temperatura ambiente. (b) Quando un pallone è immerso in acqua ghiacciata (sinistra) il colore diventa più chiaro, indicando la formazione del gas N_2O_4 che è incolore. Quando l'altro pallone è immerso nell'acqua calda il colore si incupisce, indicando un aumento di NO_2.

Come ulteriore esempio, prendiamo in considerazione l'equilibrio tra i seguenti ioni:

$$\underset{\text{blu}}{CoCl_4^{2-}} + 6H_2O \rightleftharpoons \underset{\text{rosa}}{Co(H_2O)_6^{2+}} + 4Cl^-$$

La formazione di $CoCl_4^{2-}$ è endotermica. Riscaldando, l'equilibrio si sposta a sinistra e la soluzione diventa blu. Il raffreddamento favorisce la reazione esotermica (la formazione di $Co(H_2O)_6^{2+}$, e la soluzione diventa rosa (Figura 10.12). In sintesi, *un aumento della temperatura favorisce una reazione endotermica e una diminuzione della temperatura favorisce una reazione esotermica.*

Siamo in grado di quantificare la variazione della costante d'equilibrio causata da variazioni di temperatura utilizzando il rapporto tra $\Delta G^\circ_{\text{reaz}}$ e K (Equazione 10.12):

$$\Delta G^\circ_{\text{reaz}} = -RT \ln K$$

oppure

$$\ln K = -\frac{\Delta G^\circ}{RT}$$

A due diverse temperature (T_1 e T_2)

$$\ln K_2 - \ln K_1 = \ln \frac{K_2}{K_1} = -\left(\frac{\Delta G^\circ_{T_2}}{RT_2} - \frac{\Delta G^\circ_{T_1}}{RT_1}\right)$$

Usando la relazione $\Delta G^\circ = \Delta H^\circ - T\Delta S^\circ$ (Equazione 8.35), abbiamo

Figura 10.12 Il riscaldamento favorisce la formazione dello ione $CoCl_4^{2-}$ di colore blu (a sinistra). Il raffreddamento favorisce la formazione dello ione $Co(H_2O)_6^{2+}$ di colore rosa (a destra).

$$\ln\frac{K_2}{K_1} = -\left(\frac{\Delta H^\circ_{T_2} - T_2\Delta S^\circ_{T_2}}{RT_2} - \frac{\Delta H^\circ_{T_1} - T_1\Delta S^\circ_{T_1}}{RT_1}\right)$$

Riarrangiando

$$\ln\frac{K_2}{K_1} = \frac{1}{R}\left(\frac{\Delta H^\circ_{T_2}}{T_1} - \frac{\Delta H^\circ_{T_1}}{T_2} + \Delta S^\circ_{T_2} - \Delta S^\circ_{T_1}\right) \quad \textbf{(10.15)}$$

Come discusso nel Paragrafo 8.4, spesso si può assumere, con buona approssimazione, che ΔH° e ΔS° siano indipendenti dalla temperatura per un intervallo di temperatura non troppo grande. L'applicazione di questa ipotesi all'Equazione 10.15 dà

$$\ln\frac{K_2}{K_1} = \frac{\Delta H^\circ}{R}\left(\frac{1}{T_1} - \frac{1}{T_2}\right) \quad \textbf{(10.16)}$$

Questa equazione, che mette in relazione il valore della costante d'equilibrio a una temperatura con il valore della costante a un'altra temperatura assumendo che ΔH° e ΔS° siano approssimativamente costanti nell'intervallo di temperatura, è chiamata ***equazione di van't Hoff***.

L'Equazione 10.16 è un'espressione matematica del principio di Le Châtelier per la variazione della costante d'equilibrio rispetto a variazioni di temperatura. Supponiamo che $T_2 > T_1$. Se la reazione è endotermica ($\Delta H^\circ > 0$), il lato destro dell'equazione sarà positivo e $K_2 > K_1$, vale a dire, la reazione si sposta verso i prodotti in una reazione endotermica, coerentemente con il principio di Le Châtelier. Se la reazione è esotermica ($\Delta H^\circ < 0$), il lato destro dell'equazione sarà negativo e $K_2 < K_1$, cioè la reazione si sposta verso i reagenti in una reazione esotermica.

L'Esempio 10.14 mostra come usare l'Equazione 10.16 per determinare la variazione della costante d'equilibrio in seguito a un cambio di temperatura.

Esempio 10.14

La costante d'equilibrio per la reazione

$$3H_2(g) + N_2(g) \rightleftharpoons 2NH_3(g)$$

è $5{,}58 \times 10^5$ a 25 °C. Determinare la costante d'equilibrio per questa reazione a 200 °C.

Impostazione Sono dati K_1, T_1 e T_2, per cui abbiamo bisogno di conoscere ΔH° per questa reazione, al fine di utilizzare l'Equazione 10.16 per determinare K_2. Possiamo determinare ΔH° utilizzando i dati dell'Appendice 2. Ricordarsi di convertire le temperature da gradi Celsius a kelvin prima di utilizzare l'Equazione 10.16.

Soluzione La variazione di entalpia standard per questa reazione (ΔH°) può essere calcolata dalle entalpie standard di formazione di reagenti e prodotti.

$$\begin{aligned}\Delta H^\circ &= 2\Delta H^\circ_f(NH_3) - 3\Delta H^\circ_f(H_2) - \Delta H^\circ_f(N_2)\\ &= 2(-45{,}9 \text{ kJ mol}^{-1}) - 3(0) - (0) = -91{,}8 \text{ kJ mol}^{-1}\end{aligned}$$

Per questo problema $T_1 = 298{,}15$ K e $T_2 = 473{,}15$ K. Sostituendo nell'Equazione 10.16:

$$\begin{aligned}\ln\frac{K_2}{K_1} &= \frac{\Delta H^\circ}{R}\left(\frac{1}{T_1} - \frac{1}{T_2}\right)\\ &= \frac{-91{,}8 \times 10^3 \text{ J mol}^{-1}}{8{,}314 \text{ J mol}^{-1}\text{ K}^{-1}}\left(\frac{1}{298{,}15 \text{ K}} - \frac{1}{473{,}15 \text{ K}}\right)\\ &= -13{,}7\end{aligned}$$

Approfondimento 10.1

La vita ad alta quota e la produzione di emoglobina

Nel corpo umano, innumerevoli equilibri chimici vanno tenuti sotto controllo per garantire il benessere fisiologico. Se le condizioni ambientali cambiano, il corpo deve adattarsi per continuare a funzionare bene. Le conseguenze di un brusco cambiamento di altitudine evidenziano questo fatto. Spostarsi da San Francisco, che è a livello del mare, a Città del Messico, dove l'altitudine sul livello del mare è di 2300 m, o scalare una montagna alta 3000 m in due giorni può causare mal di testa, nausea, estrema stanchezza e altri disagi. Questi effetti sono tutti sintomi di ipossia, una carenza nella quantità di ossigeno che raggiunge i tessuti corporei. In casi gravi, la vittima può entrare in coma e morire se non viene curata con sufficiente rapidità. Una persona che vive in alta quota per settimane o mesi, tuttavia, gradualmente si ristabilisce dagli effetti negativi dell'altitudine e regola il proprio metabolismo su un basso contenuto di ossigeno nell'atmosfera, in modo tale da vivere normalmente.

La reazione tra l'ossigeno e l'emoglobina (Hb), che trasporta l'ossigeno attraverso il sangue, è una reazione complessa, ma per i nostri scopi può anche essere rappresentata dalla seguente equazione semplificata:

$$\mathrm{Hb}(aq) + \mathrm{O_2}(g) \rightleftharpoons \mathrm{HbO_2}(aq)$$

dove HbO_2 è la ossiemoglobina, il complesso ossigeno-emoglobina che effettivamente trasporta l'ossigeno ai tessuti. La costante d'equilibrio per questa reazione è

$$K = \frac{[\mathrm{HbO_2}]}{[\mathrm{Hb}]\, P_{\mathrm{O_2}}}$$

A un'altitudine di 3000 m, la pressione parziale dell'ossigeno è di soli 0,14 bar, rispetto ai 0,20 bar a livello del mare. Secondo il principio di Le Châtelier, una diminuzione della pressione parziale di ossigeno sposterà l'equilibrio emoglobina-ossiemoglobina da destra a sinistra. Questo cambiamento fa diminuire la quantità di ossiemoglobina, causando ipossia. Dopo un tempo sufficiente, l'organismo è in grado di gestire questa condizione, producendo più molecole di emoglobina. L'equilibrio sarà quindi gradualmente riportato verso la formazione di ossiemoglobina. Il tempo necessario per ripristinare l'equilibrio è di circa due-tre settimane. Gli studi dimostrano che coloro che risiedono stabilmente in zone ad alta quota hanno livelli elevati di emoglobina nel sangue, a volte fino al 50% in più rispetto a persone che vivono a livello del mare.

Gli alpinisti necessitano settimane, o addirittura mesi, per acclimatarsi alla riduzione del livello di ossigeno nell'aria, prima di scalare vette molto elevate come il monte Everest.

La costante d'equilibrio K_1 è $5{,}58 \times 10^5$ a 25 °C (T_1), per cui

$$\frac{K_2}{K_1} = e^{-13{,}7} = 1{,}12 \times 10^{-6}$$

$$K_2 = (1{,}12 \times 10^{-6})K_1 = (1{,}12 \times 10^{-6})(5{,}58 \times 10^5) = 0{,}625$$

Pertanto, la costante d'equilibrio per questa reazione diminuisce con l'aumentare della temperatura, il che è coerente con il principio di Le Châtelier per una reazione esotermica.

Problema di autovalutazione La costante d'equilibrio per la reazione $\mathrm{N_2O_4}(g) \rightleftharpoons 2\mathrm{NO_2}(g)$ è 0,115 a 298 K. A che temperatura la costante d'equilibrio sarà pari a 1?

Sommario

Paragrafo 10.1

- L'equilibrio chimico è un processo dinamico in cui non vi è alcuna variazione *netta* delle concentrazioni dei reagenti e dei prodotti.
- Per la generica reazione chimica $a\text{A} + b\text{B} \rightleftharpoons c\text{C} + d\text{D}$ le attività dei reagenti e dei prodotti all'equilibrio sono legate dall'espressione della costante d'equilibrio (Equazione 10.2).
- In molti casi importanti, l'attività di una specie può essere approssimata da una semplice espressione
  - *Gas a bassa pressione*: $a_i \approx P_i/P^\circ$ (Equazione 10.3), dove P_i è la pressione parziale del gas e P° è la pressione standard (1 bar).
  - *Soluti in soluzioni diluite*: $a_i \approx [i]/c^\circ$ (Equazione 10.4), in cui $[i]$ è la concentrazione della specie i e c° è la concentrazione standard (1 mol l^{-1}).
  - *Solidi e liquidi puri*: $a_i = 1$.
- Un processo chimico d'equilibrio in cui tutti i reagenti e i prodotti si trovano nella stessa fase è omogeneo. Se i reagenti e i prodotti non sono tutti nella stessa fase, l'equilibrio è eterogeneo.
- Se una reazione può essere espressa come somma di due o più reazioni, la costante d'equilibrio per la reazione globale è data dal prodotto delle costanti d'equilibrio delle singole reazioni.
- Il valore di K dipende da come l'equazione chimica è bilanciata, e la costante d'equilibrio per la reazione inversa di una determinata reazione è il reciproco della costante d'equilibrio di tale reazione.
- La costante d'equilibrio è il rapporto tra la costante di velocità della reazione diretta e la costante di velocità della reazione inversa.

Paragrafo 10.2

- Il quoziente di reazione Q ha la stessa forma della costante d'equilibrio, ma si applica a una reazione che potrebbe non essere in equilibrio. Se $Q > K$, la reazione procede da destra a sinistra per raggiungere l'equilibrio. Se $Q < K$, la reazione procede da sinistra a destra per raggiungere l'equilibrio.
- La costante d'equilibrio può essere usata per determinare le concentrazioni d'equilibrio (o pressioni), se le concentrazioni iniziali (o pressioni) sono note.

Paragrafo 10.3

- La forma della costante d'equilibrio è una conseguenza dell'energia libera di mescolamento.
- La costante d'equilibrio di una reazione e la variazione dell'energia libera standard sono correlate tramite l'equazione $\Delta G^\circ = -RT \ln K$ (Equazione 10.12).

Paragrafo 10.4

- Il principio di Le Châtelier afferma che se una perturbazione esterna è applicata a un sistema in equilibrio chimico, il sistema risponderà minimizzando gli effetti dovuti alla perturbazione.
- Solo una variazione di temperatura può cambiare il valore della costante d'equilibrio per una particolare reazione. Le variazioni di concentrazione, pressione o volume possono far variare le concentrazioni all'equilibrio di reagenti e prodotti.
- La variazione della costante d'equilibrio con la temperatura è determinata dalla variazione di entalpia standard della reazione utilizzando l'equazione di van't Hoff (Equazione 10.16).

Problemi

Soluzioni dei problemi dispari sul sito www.mheducation.it

10.1 Costante d'equilibrio e concentrazione di reagenti e prodotti

10.1 La costante d'equilibrio per la reazione $\text{A} \rightleftharpoons \text{B}$ è $K_c = 10$ a una certa temperatura. (a) A partire dal solo reagente A, quale dei seguenti schemi rappresenta meglio il sistema all'equilibrio? (b) Quale dei diagrammi rappresenta al meglio il sistema all'equilibrio se $K_c = 0{,}10$? Spiegare il motivo per cui è possibile calcolare K_c in ogni caso, senza conoscere il volume del contenitore. Le sfere grigie rappresentano le molecole A e le sfere verdi rappresentano le molecole B.

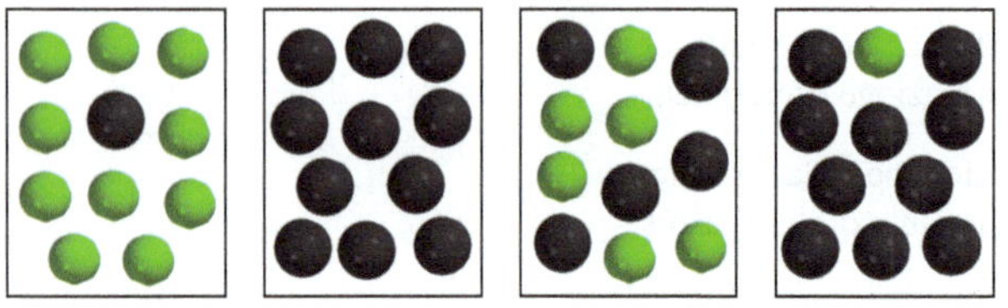

(a) (b) (c) (d)

10.2 I seguenti schemi rappresentano lo stato d'equilibrio per tre diverse reazioni del tipo

$$\text{A} + \text{X} \rightleftharpoons \text{AX}\ (\text{X} = \text{B, C o D})$$

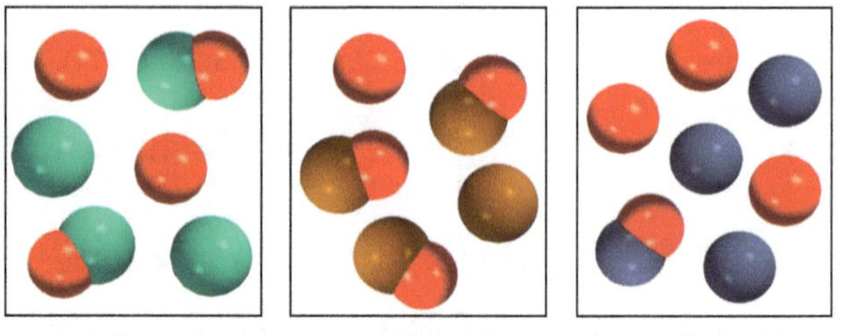

$\text{A} + \text{B} \rightleftharpoons \text{AB}$ $\text{A} + \text{C} \rightleftharpoons \text{AC}$ $\text{A} + \text{D} \rightleftharpoons \text{AD}$

(a) Quale reazione ha la più grande costante d'equilibrio?

(b) Quale reazione ha la più piccola costante d'equilibrio?

10.3 La costante d'equilibrio K_c per la reazione

$$2HCl(g) \rightleftharpoons H_2(g) + Cl_2(g)$$

è $4{,}17 \times 10^{-34}$ a 25 °C. Qual è la costante d'equilibrio per la reazione

$$H_2(g) + Cl_2(g) \rightleftharpoons 2HCl(g)$$

alla stessa temperatura?

10.4 Si consideri il seguente processo d'equilibrio a 700 °C:

$$2H_2(g) + S_2(g) \rightleftharpoons 2H_2S(g)$$

L'analisi mostra che ci sono 2,50 moli di H_2, $1{,}35 \times 10^{-5}$ moli di S_2 e 8,70 moli di H_2S presenti in un recipiente di vetro del volume di 12,0 l. Calcolare K_P e K_c.

10.5 Qual è il K_P a 1273 °C per la reazione

$$2CO(g) + O_2(g) \rightleftharpoons 2CO_2(g)$$

se K_c è $2{,}24 \times 10^{-22}$ alla stessa temperatura?

10.6 La costante d'equilibrio K_P per la reazione

$$2SO_3(g) \rightleftharpoons 2SO_2(g) + O_2(g)$$

è $1{,}8 \times 10^{-5}$ a 350 °C. Qual è il K_c?

10.7 Si consideri la seguente reazione:

$$N_2(g) + O_2(g) \rightleftharpoons 2NO(g)$$

Se le pressioni parziali all'equilibrio di N_2, O_2 e NO a 2200 °C sono, rispettivamente, 0,15, 0,33 e 0,051 bar, qual è il K_P?

10.8 Un recipiente di vetro contiene NH_3, N_2 e H_2 all'equilibrio a una certa temperatura. Le concentrazioni all'equilibrio sono $[NH_3] = 0{,}25\ M$, $[N_2] = 0{,}11\ M$ e $[H_2] = 1{,}91\ M$. Calcolare le costanti d'equilibrio K_c e K_P per la sintesi dell'ammoniaca, se la reazione è rappresentata come

(a) $N_2(g) + 3H_2(g) \rightleftharpoons 2NH_3(g)$

(b) $\frac{1}{2}N_2(g) + \frac{3}{2}H_2(g) \rightleftharpoons NH_3(g)$

10.9 La costante d'equilibrio K_c per la reazione $I_2(g) \rightleftharpoons 2I(g)$ è pari a $3{,}8 \times 10^{-5}$ a 727 °C. Calcolare K_c e K_P per l'equilibrio $2I(g) \rightleftharpoons I_2(g)$ alla stessa temperatura.

10.10 All'equilibrio, la pressione della miscela di reazione

$$CaCO_3(s) \rightleftharpoons CaO(s) + CO_2(g)$$

è di 0,106 bar a 350 °C. Calcolare K_P e K_c.

10.11 La costante d'equilibrio K_P per la reazione

$$PCl_5(g) \rightleftharpoons PCl_3(g) + Cl_2(g)$$

vale 1,05 a 250 °C. Inizialmente sono presenti PCl_5, PCl_3 e Cl_2 a pressioni pari, rispettivamente, a 0,17, 0,226 e 0,112 bar a 250 °C. Quando la miscela giunge all'equilibrio a tale temperatura, quali pressioni sono diminuite e quali sono aumentate? Spiegare.

10.12 Il carbammato d'ammonio ($NH_4CO_2NH_2$) si decompone nel modo seguente:

$$NH_4CO_2NH_2(s) \rightleftharpoons 2NH_3(g) + CO_2(g)$$

A partire dal solo solido, si è constatato che a 40 °C la pressione totale del gas (NH_3 e CO_2) è di 0,367 bar. Calcolare la costante d'equilibrio K_P.

10.13 Si consideri la seguente reazione a 1600 °C:

$$Br_2(g) \rightleftharpoons 2Br(g)$$

Quando 1,05 moli di Br_2 sono poste in un pallone di 0,980 l, l'1,20% del Br_2 subisce dissociazione. Calcolare K_P e K_c.

10.14 $3{,}00 \times 10^{-2}$ mol di fosgene puro ($COCl_2$) sono poste in un pallone di 1,50 l. Una volta riscaldato a 800 K, all'equilibrio la pressione di CO è pari a 0,503 bar. Calcolare K_P per la reazione

$$CO(g) + Cl_2(g) \rightleftharpoons COCl_2(g)$$

10.15 Si consideri l'equilibrio

$$2NOBr(g) \rightleftharpoons 2NO(g) + Br_2(g)$$

Se il bromuro di nitrosile (NOBr) è dissociato per il 34% a 25 °C e la pressione totale è di 0,25 bar, calcolare K_P e K_c per la dissociazione a questa temperatura.

10.16 2,50 moli di NOCl sono poste in un pallone di 1,50 l a 400 °C. All'equilibrio, si trova che il 28,0% del NOCl si è dissociato:

$$2NOCl(g) \rightleftharpoons 2NO(g) + Cl_2(g)$$

Calcolare K_P.

10.17 Le seguenti costanti d'equilibrio sono state determinate per l'acido solfidrico a 25 °C:

$$H_2S(aq) \rightleftharpoons H^+(aq) + HS^-(aq) \qquad K = 9{,}5 \times 10^{-8}$$

$$HS^-(aq) \rightleftharpoons H^+(aq) + S^{2-}(aq) \qquad K = 1{,}0 \times 10^{-19}$$

Calcolare la costante d'equilibrio per la seguente reazione alla stessa temperatura:

$$H_2S(aq) \rightleftharpoons 2H^+(aq) + S^{2-}(aq)$$

10.18 Le seguenti costanti d'equilibrio sono state determinate per l'acido ossalico a 25 °C:

$$C_2H_2O_4(aq) \rightleftharpoons H^+(aq) + C_2HO_4^-(aq) \qquad K = 6{,}5 \times 10^{-2}$$

$$C_2HO_4^-(aq) \rightleftharpoons H^+(aq) + C_2O_4^{2-}(aq) \qquad K = 6{,}1 \times 10^{-5}$$

Calcolare la costante d'equilibrio per la seguente reazione alla stessa temperatura:

$$C_2H_2O_4(aq) \rightleftharpoons 2H^+(aq) + C_2O_4^{2-}(aq)$$

10.19 Le seguenti costanti d'equilibrio sono state determinate a 1123 K:

$$C(s) + CO_2(g) \rightleftharpoons 2CO(g) \qquad K_P = 1{,}3 \times 10^{14}$$

$$CO(g) + Cl_2(g) \rightleftharpoons COCl_2(g) \qquad K_P = 6{,}0 \times 10^{-3}$$

Scrivere l'espressione della costante d'equilibrio K_P, e calcolare la costante d'equilibrio a 1123 K per

$$C(s) + CO_2(g) + 2Cl_2(g) \rightleftharpoons 2COCl_2(g)$$

10.20 A una certa temperatura, le seguenti reazioni hanno le costanti indicate:

$$S(s) + O_2(g) \rightleftharpoons SO_2(g) \quad K_c = 4{,}2 \times 10^{52}$$

$$2S(s) + 3O_2(g) \rightleftharpoons 2SO_3(g) \quad K_c = 10{,}8 \times 10^{128}$$

Calcolare la costante d'equilibrio K_c per la seguente reazione alla stessa temperatura:

$$2SO_2(g) + O_2(g) \rightleftharpoons 2SO_3(g)$$

10.2 Quoziente di reazione e concentrazioni all'equilibrio

10.21 La costante d'equilibrio K_P per la reazione

$$2SO_2(g) + O_2(g) \rightleftharpoons 2SO_3(g)$$

è $5{,}53 \times 10^4$ a 350 °C. Le pressioni iniziali di SO_2 e O_2 nella miscela sono, rispettivamente, 0,354 e 0,772 bar, a 350 °C. Quando la miscela raggiunge l'equilibrio, la pressione totale sarà maggiore o minore della somma delle pressioni iniziali (1,127 bar)?

10.22 Per la sintesi dell'ammoniaca

$$N_2(g) + 3H_2(g) \rightleftharpoons 2NH_3(g)$$

la costante d'equilibrio K_c a 375 °C vale 1,2. Partendo da $[H_2]_0 = 0{,}76\ M$, $[N_2]_0 = 0{,}60\ M$ e $[NH_3]_0 = 0{,}48\ M$, quali gas avranno aumentato la loro concentrazione e quali l'avranno diminuita quando la miscela raggiungerà l'equilibrio?

10.23 Per la reazione $H_2(g) + CO_2(g) \rightleftharpoons H_2O(g) + CO(g)$ a 700 °C, $K_c = 0{,}534$. Calcolare il numero di moli di H_2 presenti all'equilibrio se una miscela di CO e H_2O di 0,300 moli ciascuno è riscaldata a 700 °C in un recipiente di 10,0.

10.24 A 1000 K, un campione di gas NO_2 puro si decompone:

$$2NO_2(g) \rightleftharpoons 2NO(g) + O_2(g)$$

La costante d'equilibrio K_P è 160. La pressione parziale all'equilibrio di O_2 è di 0,25 bar. Calcolare la pressione di NO e NO_2 nella miscela.

10.25 La costante d'equilibrio K_c per la reazione

$$H_2(g) + Br_2(g) \rightleftharpoons 2HBr(g)$$

è $2{,}18 \times 10^6$ a 730 °C. Partendo da 3,20 moli di HBr in un recipiente di 12,0 l, calcolare le concentrazioni di H_2, Br_2 e HBr all'equilibrio.

10.26 La dissociazione dello iodio molecolare in atomi viene indicata come

$$I_2(g) \rightleftharpoons 2I(g)$$

A 1000 K, la costante d'equilibrio K_c per la reazione è $3{,}80 \times 10^{-5}$. Supporre di iniziare con 0,0456 mol di I_2 in un pallone di 2,30 l a 1000 K. Calcolare le concentrazioni dei gas all'equilibrio.

10.27 La costante d'equilibrio K_c per la decomposizione del fosgene ($COCl_2$) è $4{,}69 \times 10^{-3}$ at 527 °C:

$$COCl_2(g) \rightleftharpoons CO(g) + Cl_2(g)$$

Calcolare le pressioni parziali all'equilibrio di tutti i componenti, partendo da fosgene puro a 0,785 bar.

10.28 Si consideri la seguente reazione d'equilibrio a 686 °C:

$$CO_2(g) + H_2(g) \rightleftharpoons CO(g) + H_2O(g)$$

Le concentrazioni all'equilibrio delle specie sono $[CO] = 0{,}050\ M$, $[H_2] = 0{,}045\ M$, $[CO_2] = 0{,}086\ M$, $[H_2O] = 0{,}040\ M$. (a) Calcolare il K_c a 686 °C. (b) Se si aggiunge del CO_2 fino ad aumentare la sua concentrazione a 0,50 mol l^{-1}, quali saranno le concentrazioni di tutti i gas a equilibrio ristabilito?

10.29 Si consideri la seguente reazione d'equilibrio eterogeneo:

$$C(s) + CO_2(g) \rightleftharpoons 2CO(g)$$

A 700 °C, la pressione totale vale 4,56 bar. Se la costante d'equilibrio K_P è 1,54, calcolare le pressioni parziali all'equilibrio di CO_2 e CO.

10.30 La costante d'equilibrio K_c per la reazione

$$H_2(g) + CO_2(g) \rightleftharpoons H_2O(g) + CO(g)$$

vale 4,2 a 1650 °C. Inizialmente, 0,80 mol di H_2 e 0,80 mol di CO_2 sono poste in un pallone di 5,0 l. Calcolare la concentrazione di tutte le specie all'equilibrio.

10.3 Termodinamica e costante d'equilibrio

10.31 Calcolare la costante d'equilibrio K_P per la seguente reazione a 25 °C:

$$H_2(g) + I_2(g) \rightleftharpoons 2HI(g) \quad \Delta G^\circ_{reaz} = 2{,}60 \text{ kJ mol}^{-1}$$

10.32 Per l'autoionizzazione dell'acqua a 25 °C,

$$H_2O(l) \rightleftharpoons H^+(aq) + OH^-(aq)$$

K è $1{,}0 \times 10^{-14}$. Qual è ΔG°_{reaz} per la reazione?

10.33 Per la seguente reazione a 25 °C:

$$Fe(OH)_2(s) \rightleftharpoons Fe^{2+}(aq) + 2OH^-(aq)$$

K è $1{,}6 \times 10^{-14}$. Calcolare ΔG°_{reaz} per la reazione.

10.34 Utilizzando i dati dell'Appendice 2, calcolare ΔG°_{reaz} e K per la seguente reazione d'equilibrio a 25 °C.

$$2H_2O(g) \rightleftharpoons 2H_2(g) + O_2(g)$$

10.35 (a) Utilizzando i dati dell'Appendice 2, calcolare ΔG°_{reaz} e K per la seguente reazione d'equilibrio a 25 °C.

$$PCl_5(g) \rightleftharpoons PCl_3(g) + Cl_2(g)$$

(b) Calcolare ΔG_{reaz} per la reazione se le pressioni iniziali della miscela iniziale sono $P_{PCl_5} = 0{,}0029$ bar, $P_{PCl_3} = 0{,}27$ bar, $P_{Cl_2} = 0{,}40$ bar.

10.36 La costante d'equilibrio K per la reazione

$$H_2(g) + CO_2(g) \rightleftharpoons H_2O(g) + CO(g)$$

vale 4,40 a 2000 K. (a) Calcolare ΔG°_{reaz} per la reazione. (b) Calcolare ΔG°_{reaz} per la reazione quando le pressioni parziali sono $P_{H_2} = 0{,}25$ bar, $P_{CO_2} = 0{,}78$ bar, $P_{H_2O} = 0{,}67$ bar, $P_{CO} = 1{,}21$ bar.

10.37 Il seguente equilibrio mostra la decomposizione del calcio carbonato:

$$CaCO_3(s) \rightleftharpoons CaO(s) + CO_2(g)$$

Calcolare la pressione in bar di CO_2 all'equilibrio (a) a 25 °C e (b) a 800 °C. Assumere che $\Delta H^\circ_{reaz} = 177{,}8$ kJ mol^{-1} e $\Delta S^\circ_{reaz} = 160{,}5$ J mol^{-1} K^{-1} nell'intervallo di temperatura considerato.

10.38 La costante d'equilibrio K per la reazione

$$CO(g) + Cl_2(g) \rightleftharpoons COCl_2(g)$$

è $5,62 \times 10^{35}$ a 25 °C. Calcolare ΔG_f° per $COCl_2$ a 25 °C.

10.39 Utilizzando i dati dell'Appendice 2, calcolare ΔG°_{reaz} per il seguente processo

$$C(diamante) \rightleftharpoons C(grafite)$$

La formazione della grafite è favorita rispetto a quella del diamante a 25 °C? Se così fosse, perché il diamante non si trasforma in grafite?

10.40 A 25 °C, il ΔG°_{reaz} per il processo

$$H_2O(l) \rightleftharpoons H_2O(g)$$

vale 8,6 kJ mol^{-1}. Calcolare la pressione di vapore dell'acqua a questa temperatura.

10.6 Principio di Le Châtelier

10.41 Considerare il seguente sistema in equilibrio comprendente SO_2, Cl_2 e SO_2Cl_2 (cloruro di solforile):

$$SO_2(g) + Cl_2(g) \rightleftharpoons SO_2Cl_2(g)$$

Predire in che direzione si sposta l'equilibrio se: (a) del Cl_2 gassoso viene aggiunto al sistema, (b) del SO_2Cl_2 viene rimosso dal sistema, (c) del SO_2 viene rimosso dal sistema. La temperatura rimane costante.

10.42 Quando si riscalda del bicarbonato di sodio solido in un recipiente chiuso si stabilisce il seguente equilibrio:

$$2NaHCO_3(s) \rightleftharpoons Na_2CO_3(s) + H_2O(g) + CO_2(g)$$

Predire in che direzione si sposta l'equilibrio se: (a) del CO_2 viene rimosso dal sistema, (b) del Na_2CO_3 solido viene aggiunto al sistema, (c) del $NaHCO_3$ solido viene rimosso dal sistema. La temperatura rimane costante.

10.43 Si considerino i seguenti sistemi d'equilibrio:

(a) $A \rightleftharpoons 2B$ $\quad \Delta H^\circ = 20,0$ kJ mol^{-1}

(b) $A + B \rightleftharpoons C$ $\quad \Delta H^\circ = -5,4$ kJ mol^{-1}

(c) $A \rightleftharpoons B$ $\quad \Delta H^\circ = 0,0$ kJ mol^{-1}

Prevedere la variazione per la costante d'equilibrio K_P per ciascun caso in seguito a innalzamento della temperatura.

10.44 Che effetto ha un aumento della pressione su ciascuno dei seguenti sistemi d'equilibrio? La temperatura viene mantenuta costante e, in ciascun caso, i reagenti sono in un cilindro munito di un pistone mobile.

(a) $A(s) \rightleftharpoons 2B(s)$

(b) $2A(l) \rightleftharpoons B(l)$

(c) $A(s) \rightleftharpoons B(g)$

(d) $A(g) \rightleftharpoons B(g)$

(e) $A(g) \rightleftharpoons 2B(g)$

10.45 Si consideri l'equilibrio

$$2I(g) \rightleftharpoons I_2(g)$$

Qual è l'effetto sull'equilibrio se: (a) si aumenta la pressione totale del sistema diminuendo il suo volume, (b) si aggiunge I_2 alla miscela di reazione, (c) si diminuisce la temperatura?

10.46 Si consideri l'equilibrio

$$PCl_5(g) \rightleftharpoons PCl_3(g) + Cl_2(g)$$

$$\Delta H^\circ = 92,5 \text{ kJ mol}^{-1}$$

Predire in che direzione si sposta l'equilibrio se: (a) si aumenta la temperatura, (b) del cloro gassoso viene aggiunto alla miscela di reazione, (c) del PCl_3 viene rimosso dal sistema, (d) sia aumenta la pressione sui gas.

10.47 Si consideri l'equilibrio

$$2SO_2(g) + O_2(g) \rightleftharpoons 2SO_3(g)$$

$$\Delta H^\circ = -197,8 \text{ kJ mol}^{-1}$$

Commentare le variazioni di concentrazione di SO_2, O_2 e SO_3 all'equilibrio se: (a) aumenta la temperatura, (b) aumenta la pressione, (c) aumenta SO_2, (d) si aggiunge dell'elio a volume costante.

10.48 Si consideri la reazione in fase gassosa

$$2CO(g) + O_2(g) \rightleftharpoons 2CO_2(g)$$

Predire in che direzione si sposta l'equilibrio quando dell'elio gassoso viene aggiunto alla miscela in equilibrio (a) a pressione costante e (b) a volume costante.

10.49 Si consideri il seguente equilibrio di reazione in un recipiente chiuso:

$$CaCO_3(s) \rightleftharpoons CaO(s) + CO_2(g)$$

Che cosa succederà se: (a) il volume viene fatto aumentare, (b) del CaO è aggiunto alla miscela, (c) del $CaCO_3$ viene rimosso, (d) del CO_2 è aggiunto alla miscela, (e) alcune gocce di una soluzione di NaOH vengono aggiunte alla miscela, (f) alcune gocce di una soluzione di HCl vengono aggiunte alla miscela (ignorare la reazione tra CO_2 e acqua), (g) la temperatura viene aumentata?

10.50 A una certa temperatura e alla pressione totale di 1,2 bar, le pressioni parziali di una miscela d'equilibrio

$$2A(g) \rightleftharpoons B(g)$$

sono $P_A = 0,60$ bar e $P_B = 0,60$ bar. (a) Calcolare K_P a questa temperatura. (b) Se la pressione totale viene aumentata a 1,5 bar, quali sarebbero le pressioni parziali di A e B all'equilibrio?

10.51 Quando viene riscaldato, il carbonato di calcio si decompone secondo la reazione

$$CaCO_3(s) \rightleftharpoons CaO(s) + CO_2(g)$$

Utilizzando i dati dell'Appendice 2, determinare la temperatura alla quale la pressione parziale all'equilibrio di CO_2 per questa reazione è pari a 1 bar. Si supponga che ΔS° e ΔH° per questa reazione siano indipendenti dalla temperatura.

10.52 Utilizzare i dati dell'Appendice 2 per calcolare K_P per la reazione

$$2SO_2(g) + O_2(g) \rightleftharpoons 2SO_3(g)$$

a: (a) 25 °C, (b) 75 °C. Spiegare ogni ipotesi fatta.

10.53 La seguente tabella fornisce la costante d'equilibrio (K_P) per la reazione

$$2NO(g) + O_2(g) \rightleftharpoons 2NO_2(g)$$

a varie temperature:

K_P	138	5,12	0,436	0,0626	0,0130
T (K)	600	700	800	900	1000

Determinare graficamente la variazione di entalpia standard ($\Delta H°$) per questa reazione. Spiegare ogni ipotesi fatta.

10.54 Per la reazione

$$CO_2(g) + H_2(g) \rightleftharpoons CO(g) + H_2O(g)$$

la costante d'equilibrio K_P è 0,534 a 960 K e 1,571 a 1260 K. Da questi dati, determinare la variazione di entalpia standard ($\Delta H°$) per questa reazione. Spiegare ogni ipotesi fatta.

Problemi supplementari

10.55 Considerare l'affermazione: "La costante d'equilibrio di una miscela di reazione composta da NH_4Cl solido e da NH_3 e HCl gassosi vale 0,316". Elencare tre importanti informazioni mancanti da questa affermazione.

10.56 Del cloruro di nitrosile (NOCl) gassoso viene riscaldato a 240 °C in un recipiente del volume di 1,0 l. All'equilibrio, la pressione totale è 1,01 bar e la pressione di NOCl è 0,65 bar.

$$2NOCl(g) \rightleftharpoons 2NO(g) + Cl_2(g)$$

(a) Calcolare le pressioni parziali di NO e Cl_2.

(b) Calcolare K_P.

10.57 La costante d'equilibrio K_P per la formazione del monossido d'azoto (un inquinante atmosferico) nel motore di un'automobile a 530 °C vale $2{,}9 \times 10^{-11}$:

$$N_2(g) + O_2(g) \rightleftharpoons 2NO(g)$$

(a) Calcolare la pressione parziale di NO in tali condizioni se le pressioni parziali di azoto e ossigeno sono, rispettivamente, 3,0 bar e 0,012 bar.

(b) Ripetere il calcolo per le condizioni atmosferiche in cui le pressioni parziali di azoto e ossigeno sono, rispettivamente, 0,79 bar e 0,21 bar, e la temperatura è di 25 °C. (Il K_P vale $4{,}0 \times 10^{-31}$ a questa temperatura.)

(c) La formazione di NO è endotermica o esotermica?

(d) Quale fenomeno naturale promuove la formazione di NO? Perché?

10.58 Il bicarbonato di sodio subisce la seguente decomposizione termica:

$$2NaHCO_3(s) \rightleftharpoons Na_2CO_3(s) + CO_2(g) + H_2O(g)$$

Si ottengono maggiori quantità di CO_2 e H_2O aggiungendo ulteriore bicarbonato di sodio alla miscela di reazione (a) in un recipiente chiuso o (b) in un recipiente aperto?

10.59 Considerare la seguente reazione all'equilibrio:

$$A(g) \rightleftharpoons 2B(g)$$

Dai seguenti dati, calcolare la costante d'equilibrio (sia K_P che K_c) a ogni temperatura. La reazione è endotermica o esotermica?

Temperatura (°C)	**[A] (*M*)**	**[B] (*M*)**
200	0,0125	0,843
300	0,171	0,764
400	0,250	0,724

10.60 La costante d'equilibrio K_P per la reazione

$$2H_2O(g) \rightleftharpoons 2H_2(g) + O_2(g)$$

vale 2×10^{-42} a 25 °C. (a) Quanto vale K_c alla stessa temperatura? (b) Il valore molto piccolo di K_P (e K_c) indica che la reazione è quasi completamente spostata a sinistra. Spiegare il motivo per cui, nonostante ciò, una miscela di gas di idrogeno e ossigeno può essere conservata a temperatura ambiente senza che accada nulla.

10.61 Si consideri il seguente sistema di reazione:

$$2NO(g) + Cl_2(g) \rightleftharpoons 2NOCl(g)$$

Quale combinazione di temperatura e di pressione massimizzano il rendimento del cloruro di nitrosile (NOCl)? [*Suggerimento:* $\Delta H_f°$ (NOCl) = 51,7 kJ mol^{-1}. Consultare, inoltre, l'Appendice 2.]

10.62 La decomposizione dell'idrogenosolfuro d'ammonio

$$NH_4HS(s) \rightleftharpoons NH_3(g) + H_2S(g)$$

è un processo endotermico. Un campione di 6,1589 g del solido è posto in un recipiente di 4,000 l a, esattamente, 24 °C. A equilibrio raggiunto, la pressione totale è 0,732 bar. Nel recipiente rimane del NH_4HS solido. (a) Qual è il K_P per la reazione? (b) Qual è la percentuale di solido decomposta? (c) Cosa accade alla quantità di solido nel recipiente se il volume dello stesso recipiente viene raddoppiato a temperatura costante?

10.63 Considerare la reazione

$$2NO(g) + O_2(g) \rightleftharpoons 2NO_2(g)$$

A 430 °C, la miscela d'equilibrio consiste di 0,020 mol di O_2, 0,040 mol di NO e 0,96 mol di NO_2. Calcolare K_P, sapendo che la pressione totale è di 0,20 bar.

10.64 Quando viene riscaldato, il carbammato di ammonio si decompone nel modo seguente:

$$NH_4CO_2NH_2(s) \rightleftharpoons 2NH_3(g) + CO_2(g)$$

A una certa temperatura, la pressione d'equilibrio del sistema è 0,322 bar. Calcolare K_P.

10.65 Una miscela di 0,47 moli di H_2 e 3,59 moli di HCl è riscaldata a 2800 °C. Calcolare le pressioni parziali all'equilibrio di H_2, Cl_2 e HCl se la pressione totale è 2,03 bar. Per la reazione

$$H_2(g) + Cl_2(g) \rightleftharpoons 2HCl(g)$$

K_P vale 193 a 2800 °C.

10.66 Si consideri la reazione tra NO_2 e N_2O_4 in un recipiente chiuso:

$$N_2O_4(g) \rightleftharpoons 2NO_2(g)$$

Inizialmente, è presente 1 mole di N_2O_4. All'equilibrio, α moli di N_2O_4 si dissociano per formare NO_2. (a) Ricavare un'espressione per K_P in funzione di α e P, la pressione totale. (b) Come aiuta l'espressione ricavata al punto (a) a prevedere lo spostamento delle concentrazioni d'equilibrio in seguito a un aumento di P? Questa previsione è in accordo con il principio di Le Châtelier?

10.67 Una mole di N_2 e tre moli di H_2 sono immesse in un pallone a 375 °C. Calcolare la pressione totale del sistema all'equilibrio, se la frazione molare di NH_3 è 0,21. Il K_P per la reazione è $4{,}37 \times 10^{-1}$.

10.68 A 1130 °C, la costante d'equilibrio K_c per la reazione

$$2H_2S(g) \rightleftharpoons 2H_2(g) + S_2(g)$$

è $2{,}25 \times 10^{-4}$. Se $[H_2S] = 4{,}84 \times 10^{-3}\ M$ e $[H_2] = 1{,}50 \times 10^{-3}\ M$, calcolare $[S_2]$.

10.69 6,75 g di SO_2Cl_2 sono posti in un pallone da 2,00 l. A 648 K, sono presenti 0,0345 moli di SO_2. Calcolare K_c per la reazione

$$SO_2Cl_2(g) \rightleftharpoons SO_2(g) + Cl_2(g)$$

10.70 La formazione di SO_3 da SO_2 e O_2 è un passaggio intermedio per la produzione di acido solforico ed è anche responsabile del fenomeno delle piogge acide. La costante d'equilibrio K_P per la reazione

$$2SO_2(g) + O_2(g) \rightleftharpoons 2SO_3(g)$$

vale 0,13 a 830 °C. In un esperimento, 2,00 mol di SO_2 e 2,00 mol di O_2 sono posti in un pallone. Quale deve essere la pressione totale all'equilibrio al fine di avere una resa dell'80,0% in SO_3?

10.71 Considerare la dissociazione dello iodio:

$$I_2(g) \rightleftharpoons 2I(g)$$

Un campione di 1,00 g di I_2 viene riscaldato a 1200 °C in un pallone da 500 ml. All'equilibrio la pressione totale è 1,53 bar. Calcolare K_P per la reazione. (*Suggerimento*: Usare il risultato del Problema 10.66 (a). Il grado di dissociazione α può essere ottenuto dal rapporto tra la pressione osservata e la pressione calcolata ammettendo che non vi sia dissociazione).

10.72 I gusci delle uova sono composti principalmente da carbonato di calcio ($CaCO_3$), formato dalla reazione

$$Ca^{2+}(aq) + CO_3^{2-}(aq) \rightleftharpoons CaCO_3(s)$$

Gli ioni carbonato sono forniti dall'anidride carbonica prodotta come risultato del metabolismo. Spiegare il motivo per cui i gusci sono più sottili in estate, quando la frequenza della respirazione delle galline è maggiore. Suggerire un rimedio.

10.73 La costante d'equilibrio K_P per la seguente reazione è $4{,}26 \times 10^{-4}$ a 375 °C:

$$N_2(g) + 3H_2(g) \rightleftharpoons 2NH_3(g)$$

In un esperimento, si inizia con 0,884 bar di N_2 e 0,383 bar di H_2 in un recipiente di volume costante a 375 °C. Calcolare la pressione parziale di tutte le specie quando si è raggiunto l'equilibrio.

10.74 Un quantitativo di 0,20 moli di diossido di carbonio è stato riscaldato a una certa temperatura in presenza di un eccesso di grafite in un contenitore chiuso fino a quando il seguente equilibrio è stato raggiunto:

$$C(s) + CO_2(g) \rightleftharpoons 2CO(g)$$

In queste condizioni, la massa molare media del gas è di 35 g mol^{-1}. (a) Calcolare la frazione molare di CO e CO_2. (b) Qual è il K_P se la pressione totale è di 11 bar? (*Suggerimento*: La massa molare media è la somma dei prodotti della frazione molare di ciascun gas per la sua massa molare).

10.75 Quando viene riscaldato, il carbonato di calcio si decompone secondo la reazione

$$CaCO_3(s) \rightleftharpoons CaO(s) + CO_2(g)$$

Dato che le pressioni parziali d'equilibrio di CO_2 a 700 °C e 950 °C sono, rispettivamente, 22,6 e 1829 mmHg, determinare la variazione di entalpia standard ($\Delta H°$) per questa reazione. Spiegare ogni ipotesi fatta.

10.76 Quando vengono disciolti in acqua, il glucosio e il fruttosio partecipano al seguente equilibrio:

$$\text{fruttosio} \rightleftharpoons \text{glucosio}$$

Viene preparata una soluzione 0,244 M di fruttosio a 25 °C. All'equilibrio, si trova che la sua concentrazione è scesa a 0,113 M. (a) Calcolare la costante d'equilibrio per la reazione. (b) All'equilibrio, qual è la percentuale di fruttosio convertita in glucosio?

10.77 A temperatura ambiente, lo iodio solido è in equilibrio con il suo vapore mediante sublimazione e brinamento. Descrivere in che modo si può usare lo iodio radioattivo, sia in forma solida che sotto forma di vapore, per dimostrare che esiste un equilibrio dinamico tra queste due fasi.

10.78 A 1024 °C, la pressione dell'ossigeno gassoso proveniente dalla decomposizione dell'ossido di rame (II) (CuO) è pari a 0,50 bar:

$$4CuO(s) \rightleftharpoons 2Cu_2O(s) + O_2(g)$$

(a) Qual è il K_P della reazione? (b) Calcolare la frazione di CuO che si decompone se 0,16 moli di esso sono poste in un pallone da 2,0 l a 1024 °C. (c) Calcolare la frazione di CuO che si decompone se un campione di 1,0 moli CuO viene usato. (d) Qual è la più piccola quantità di CuO (in moli) necessaria per poter realizzare l'equilibrio?

10.79 Una miscela contenente 3,9 moli di NO e 0,88 mol di CO_2 viene posta a reagire in un pallone a una certa temperatura e si instaura il sottoindicato equilibrio, raggiunto il quale sono presenti 0,11 moli di CO_2. Calcolare K_c.

$$NO(g) + CO_2(g) \rightleftharpoons NO_2(g) + CO(g)$$

10.80 La costante d'equilibrio K_c per la seguente reazione

$$H_2(g) + I_2(g) \rightleftharpoons 2HI(g)$$

vale 54,3 a 430 °C. Inizialmente, in un pallone da 2,40 l, vengono poste 0,714 moli di H_2, 0,984 moli di I_2 e 0,886 moli di HI. Calcolare le concentrazioni dei gas all'equilibrio.

10.81 Quando riscaldato, un composto gassoso A si dissocia nel modo seguente:

$$A(g) \rightleftharpoons B(g) + C(g)$$

In un esperimento, A è stato riscaldato a una certa temperatura fino a raggiungere una pressione all'equilibrio pari a 0,14P, dove P è la pressione totale in bar. Calcolare K_P.

10.82 La solubilità del sale $MgCO_3$ è governata dal seguente equilibrio:

$$MgCO_3(s) \rightleftharpoons Mg^{2+}(aq) + CO_3^{2-}(aq)$$

La costante d'equilibrio K per la reazione vale 6,8 × 10^{-6} a 25 °C. Utilizzare i dati dell'Appendice 2 per determinare K per questa reazione a 75 °C.

10.83 Quando un certo gas viene riscaldato in condizioni atmosferiche, il suo colore scurisce. Il riscaldamento sopra 150 °C causa lo schiarirsi del colore, che a 550 °C è appena rilevabile. Tuttavia, sempre a 550 °C, il colore diventa di nuovo intenso se si aumenta la pressione del sistema. Quale delle seguenti risposte meglio si adatta alla descrizione del fenomeno? Giustificare la scelta. (a) Una miscela di idrogeno e bromo, (b) bromo puro, (c) una miscela di diossido di azoto e di tetrossido di diazoto. (*Suggerimento*: Il bromo ha un colore rossastro e il diossido di azoto è un gas marrone. Gli altri gas sono incolori.)

10.84 La costante d'equilibrio K_c per la seguente reazione vale 1,2 a 375 °C:

$$N_2(g) + 3H_2(g) \rightleftharpoons 2NH_3(g)$$

(a) Qual è il valore di K_P per questa reazione?
(b) Qual è il valore della costante d'equilibrio K_c per la reazione $2NH_3(g) \rightleftharpoons N_2(g) + 3H_2(g)$?
(c) Qual è il valore della costante d'equilibrio K_c per la reazione $\frac{1}{2}N_2(g) + \frac{3}{2}H_2(g) \rightleftharpoons NH_3(g)$?
(d) Quali sono i valori di K_P per le reazioni descritte ai punti (b) e (c)?

10.85 Un contenitore di vetro sigillato contiene una miscela di NO_2 e N_2O_4 gassosi. Descrivere cosa succede alle seguenti proprietà dei gas quando il contenitore viene riscaldato da 20 °C a 40 °C: (a) colore, (b) pressione, (c) massa molare media, (d) grado di dissociazione, (e) densità. Assumere volume costante. (*Suggerimento:* NO_2 è un gas di colore marrone; N_2O_4 è incolore).

10.86 A 20 °C, la pressione di vapore dell'acqua è 0,0234 bar. Calcolare K_P e K_c per il processo

$$H_2O(l) \rightleftharpoons H_2O(g)$$

10.87 Industrialmente, il sodio metallico è ottenuto mediante elettrolisi del cloruro di sodio allo stato fuso. La reazione al catodo è $Na^+ + e^- \longrightarrow Na$. Ci si potrebbe attendere che anche il potassio si possa ottenere mediante lo stesso procedimento, tuttavia, il potassio metallico è solubile nel cloruro di potassio fuso, e quindi è difficile da recuperare. Inoltre, il potassio evapora facilmente alla temperatura alla quale si opera, creando condizioni di lavoro pericolose. Il potassio metallico, quindi, si ottiene dalla distillazione del cloruro di potassio fuso in presenza di vapori di sodio a 892 °C:

$$Na(g) + KCl(l) \rightleftharpoons NaCl(l) + K(g)$$

In considerazione del fatto che il potassio è più riducente del sodio, spiegare il motivo per cui questo processo funziona. I punti di ebollizione del sodio e del potassio sono, rispettivamente, 892 °C e 770 °C.

10.88 In fase gassosa, il diossido di azoto è in realtà una miscela di diossido di azoto (NO_2) e di tetrossido di diazoto (N_2O_4). Se la densità di tale miscela è 2,3 g l^{-1} a 74 °C e 1,3 bar, calcolare le pressioni parziali dei gas e il K_P per la dissociazione di N_2O_4.

10.89 Circa il 75% dell'idrogeno per uso industriale, è prodotto dal processo detto *steam-reforming*. Questo processo si svolge in due fasi denominate reforming primario e reforming secondario. Nel primo processo, una miscela di vapore d'acqua e metano a circa 30 bar è riscaldata in presenza di un catalizzatore di nichel a 800 °C per dare idrogeno e monossido di carbonio:

$$CH_4(g) + H_2O(g) \rightleftharpoons CO(g) + 3H_2(g)$$

$$\Delta H° = 206 \text{ kJ mol}^{-1}$$

Il secondo stadio si svolge a circa 1000 °C, in presenza di aria, per convertire il rimanente metano a idrogeno:

$$CH_4(g) + O_2(g) \rightleftharpoons CO(g) + 2H_2(g)$$

$$\Delta H° = 35{,}7 \text{ kJ mol}^{-1}$$

(a) Quali sono le condizioni di temperatura e di pressione che favoriscono la formazione di prodotti sia per il primo che per il secondo processo?
(b) La costante d'equilibrio K_c per il primo processo vale 18 a 800 °C.
  (i) Calcolare K_P per la reazione.
  (ii) Se le pressioni parziali iniziali del metano e dell'acqua sono entrambe pari a 15 bar, quali sono le pressioni di tutti i gas all'equilibrio?

10.90 La fotosintesi può essere rappresentata dalla reazione

$$6CO_2(g) + 6H_2O(l) \rightleftharpoons C_6H_{12}O_6(s) + 6O_2(g)$$

$$\Delta H° = 2801 \text{ kJ mol}^{-1}$$

Spiegare in che modo l'equilibrio viene influenzato da: (a) aumento della pressione parziale di CO_2, (b) dell'ossigeno viene rimosso dalla miscela, (c) del glucosio ($C_6H_{12}O_6$) viene rimosso dalla miscela, (d) dell'acqua viene aggiunta, (e) diminuzione della temperatura.

10.91 Si consideri la decomposizione del cloruro d'ammonio a una certa temperatura:

$$NH_4Cl(s) \rightleftharpoons NH_3(g) + HCl(g)$$

Calcolare K_P se la pressione totale è di 2,2 bar alla stessa temperatura.

10.92 A 25 °C, le pressioni parziali all'equilibrio di NO_2 e N_2O_4 sono, rispettivamente, 0,15 e 0,20 bar. Se il volume viene raddoppiato, a temperatura costante, calcolare le pressioni parziali dei gas una volta stabilito il nuovo equilibrio.

10.93 Nel 1899, il chimico tedesco Ludwig Mond sviluppò un processo di purificazione del nichel convertendo quest'ultimo nel, volatile, nichel tetracarbonile [$Ni(CO)_4$] (p.e. 42,2 °C):

$$Ni(s) + 4CO(g) \rightleftharpoons Ni(CO)_4(g)$$

(a) Descrivere in che modo è possibile separare il nichel dalle sue impurezze solide.

(b) Come si recupera il nichel? [Il ΔH_f° per $Ni(CO)_4$ è $-602{,}9$ kJ mol^{-1}.]

10.94 Si consideri la reazione d'equilibrio descritta nel Problema 10.11. In un recipiente del volume di 0,500 l (nel quale precedentemente è stato fatto il vuoto) sono posti 2,50 g di PCl_5 e il recipiente viene riscaldato a 250 °C.

(a) Calcolare la pressione di PCl_5, supponendo che non ci sia dissociazione.

(b) Calcolare la pressione parziale di PCl_5 all'equilibrio.

(c) Qual è la pressione totale all'equilibrio?

(d) Qual è il grado di dissociazione di PCl_5? Il grado di dissociazione è dato dalla frazione di PCl_5 che ha subìto dissociazione.

10.95 Considerare il sistema d'equilibrio $3A \rightleftharpoons B$. Rappresentare graficamente le variazioni delle concentrazioni di A e B nel tempo per le seguenti situazioni: (a) inizialmente solo A è presente, (b) inizialmente solo B è presente, (c) inizialmente sia A che B sono presenti (con A in maggiore concentrazione). In ciascun caso, assumere che la concentrazione di B sia maggiore di quella di A all'equilibrio.

10.96 La pressione di vapore del mercurio è pari a 0,0020 mmHg a 26 °C.

(a) Calcolare K_c e K_P per il processo

$$Hg(l) \rightleftharpoons Hg(g).$$

(b) Un termometro si rompe e il mercurio si riversa sul pavimento di un laboratorio che misura 6,1 m di lunghezza, 5,3 m di larghezza e 3,1 m di altezza. Calcolare la massa di mercurio (in grammi) che evapora all'equilibrio e la concentrazione dei vapori di mercurio in mg m^{-3}. Questa concentrazione supera il limite di sicurezza fissato a 0,05 mg m^{-3}? Ignorare il volume dei mobili e degli altri oggetti presenti in laboratorio.

10.97 A 25 °C, una miscela di NO_2 e N_2O_4 gassosi è in equilibrio in a cilindro munito di un pistone mobile. Le concentrazioni sono $[NO_2] = 0{,}0475\ M$ e $[N_2O_4] = 0{,}487\ M$. Il volume della miscela gassosa viene dimezzato spingendo verso il basso il pistone a temperatura costante. Calcolare le concentrazioni dei gas, a equilibrio ristabilito. Il colore della miscela diventerà più scuro o più chiaro dopo il cambiamento? (*Suggerimento*: Il K_c per la dissociazione di N_2O_4 è $4{,}63 \times 10^{-3}$. N_2O_4 è un gas incolore mentre NO_2 è di colore marrone.)

10.98 Dei cubetti di ghiaccio vengono posti in un bicchiere d'acqua. Pochi minuti dopo, si nota che alcuni dei cubetti di ghiaccio sono fusi insieme. Spiegare cosa è successo.

10.99 Il K_P per la reazione

$$SO_2Cl_2(g) \rightleftharpoons SO_2 + Cl_2(g)$$

è 2,07 a 648 K. Un campione di SO_2Cl_2 viene posto in un contenitore e riscaldato a 648 K, mentre la pressione totale è mantenuta costante a 9,00 bar. Calcolare le pressioni parziali dei gas all'equilibrio.

10.100 La costante d'equilibrio K_c per la reazione

$$2NH_3(g) \rightleftharpoons N_2(g) + 3H_2(g)$$

vale 0,83 a 375 °C. Un campione di 14,6 g di ammoniaca viene posto in un pallone da 4,00 l e riscaldato a 375 °C. Calcolare le concentrazioni di tutti i gas quando l'equilibrio è raggiunto.

10.101 Considerare la seguente reazione a una certa temperatura:

$$A_2 + B_2 \rightleftharpoons 2AB$$

Partendo da 1 mole di A_2 e 3 moli di B_2 si ottengono x moli di AB all'equilibrio. L'aggiunta di altre 2 moli di A_2 produce altre x moli di AB. Quanto vale K?

10.102 L'equazione di van't Hoff, che indica la dipendenza dalla temperatura delle costanti d'equilibrio (Equazione 10.16), è molto simile nella forma all'equazione di Clausius-Clapeyron (Equazione 9.4), che indica la dipendenza dalla temperatura della pressione di vapore. Fornire una spiegazione di questa somiglianza. (*Suggerimento*: Scrivere il processo di evaporazione di un liquido come una reazione d'equilibrio. Qual è la costante d'equilibrio?)

10.103 Lo iodio è scarsamente solubile in acqua, ma è molto solubile in tetracloruro di carbonio (CCl_4). La costante d'equilibrio, detta anche *coefficiente di ripartizione*, per la distribuzione di I_2 tra queste due fasi

$$I_2(aq) \rightleftharpoons I_2(CCl_4)$$

è pari a 83 a 20 °C. (a) Uno studente aggiunge 0,030 l di CCl_4 a 0,200 l di una soluzione acquosa contenente 0,032 g di I_2. La miscela viene agitata, e le due fasi vengono lasciate separare. Calcolare la frazione di I_2 restante nella fase acquosa. (b) Lo studente ripete l'*estrazione* dello iodio con altri 0,030 l di CCl_4. Calcolare la frazione di I_2 (rispetto alla soluzione originale) restante nella fase acquosa. (c) Confrontare il risultato ottenuto al punto (b) con una singola estrazione usando 0,060 l di CCl_4. Commentare.

10.104 Il seguente grafico mostra la variazione della costante d'equilibrio con la temperatura per la reazione

$$I_2(g) \rightleftharpoons 2I(g)$$

Calcolare ΔG°, ΔH° e ΔS° per la reazione a 872 K.

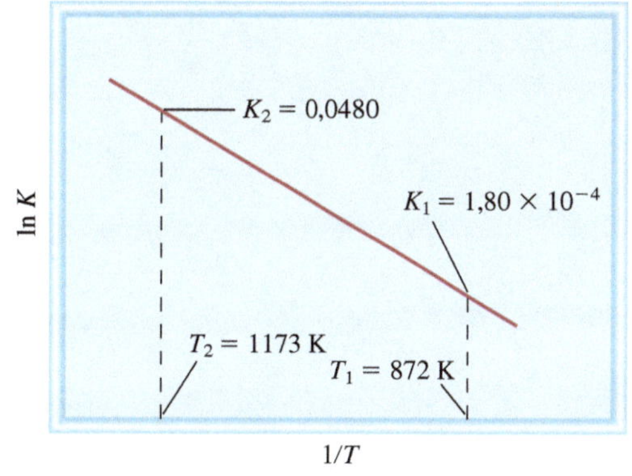

Soluzioni dei problemi di autovalutazione

10.1 (a) $K_P = \dfrac{a^4_{NO_2} a_{O_2}}{a^2_{N_2O_5}} \approx \dfrac{P^4_{NO_2} P_{O_2}}{P^2_{N_2O_5}}$;

(b) $K = \dfrac{a_{NH_4^+} a_{H_3O^+}}{a_{NH_3} a_{H_2O(l)}} \approx \dfrac{[NH_4^+][OH^-]}{[NH_3]}$

10.2 $K_c = 2{,}2 \times 10^2$; $K_P = 7{,}6$ **10.3** $K_P = 0{,}0718$; $K_c = 6{,}7 \times 10^{-5}$ **10.4** $9{,}5 \times 10^{-17}$ **10.5** $Q > K$, per cui la reazione procede da destra a sinistra (verso i reagenti) **10.6** $[Br_2] = 0{,}065\ M$, $[Br] = 8{,}4 \times 10^{-3}\ M$. **10.7** $P_{NH_3} = P_{H_2S} = 0{,}268$ bar; 15,8 g di $NH_4HS(s)$ rimangono nel contenitore.

10.8 $1{,}6 \times 10^{57}$ **10.9** 33 kJ mol^{-1} **10.10** $\Delta G_{reaz} = 1{,}87$ kJ $mol^{-1} > 0$, per cui la reazione procede da destra a sinistra (verso i reagenti) **10.11** (a) La reazione si sposterà verso i prodotti (da sinistra a destra). (b) $Q_P = 3{,}1 \times 10^4 < K_P$ e la reazione si sposterà verso i prodotti, come nella parte (a) **10.12** La reazione si sposterà verso i prodotti (da sinistra a destra) **10.13** (a) $x_{PCl_3} = x_{Cl_2} = 0{,}350$, $x_{PCl_5} = 0{,}300$, (b) $x_{PCl_3} = x_{Cl_2} = 0{,}191$, $x_{PCl_5} = 0{,}612$; a pressioni superiori, la reazione si sposterà verso i reagenti, in accordo con il principio di Le Châtelier dato che $\Delta n = 1 > 0$ **10.14** 329 K

CAPITOLO

11

Acidi e basi

Alcuni dei più importanti processi nei sistemi chimici e biologici sono le reazioni acido-base in soluzione acquosa. In questo capitolo saranno trattate le definizioni di acidi e basi, la scala del pH, la ionizzazione di acidi e basi deboli, il rapporto tra la forza di un acido e la sua struttura molecolare e le proprietà acido-base degli ossidi.

11.1 Reazioni acido-base

Acidi e basi di uso comune sono l'aspirina (acido acetilsalicilico) e la magnesia (idrossido di magnesio). Tuttavia, oltre a essere alla base di molti farmaci e prodotti per la casa, gli acidi e le basi sono importanti nei processi industriali ed essenziali nei processi biologici. Prima di poter trattare le reazioni acido-base, bisogna definire esattamente cosa sono gli acidi e le basi.

11.1.1 Acidi e basi secondo Arrhenius

Le prime definizioni di acidi e basi vennero formulate alla fine del XIX secolo dal chimico svedese Svante Arrhenius.[1] Secondo Arrhenius, un ***acido*** *è una sostanza che produce ioni idrogeno (H^+) se disciolta in acqua.* Per esempio, l'acido cloridrico (HCl) rientra nella definizione di acido secondo Arrhenius perché, una volta disciolto in acqua, si dissocia in $H^+(aq)$ e $Cl^-(aq)$:

$$HCl(aq) \longrightarrow H^+(aq) + Cl^-(aq)$$

Arrhenius definì con il termine ***base***, d'altro canto, *una sostanza che produce ioni idrossido (OH^-) se disciolta in acqua.* Per esempio, quando l'idrossido di sodio è disciolto in acqua, si dissocia in $Na^+(aq)$ e $OH^-(aq)$

$$NaOH(aq) \longrightarrow Na^+(aq) + OH^-(aq)$$

per cui l'idrossido di sodio, NaOH, rientra nella definizione di base secondo Arrhenius.

Gli acidi possiedono alcune proprietà caratteristiche:

- Gli acidi hanno un sapore aspro; l'aceto, per esempio, deve il suo sapore aspro all'acido acetico, mentre i limoni e altri agrumi devono il loro all'acido citrico.

---

[1] Svante August Arrhenius (1859-1927). Chimico svedese. Arrhenius fornì importanti contributi allo studio della cinetica chimica e delle soluzioni di elettroliti. Egli ipotizzò, inoltre, che la vita fosse stata portata sulla Terra da altri pianeti, una teoria ormai nota come *panspermìa*. Ad Arrhenius fu assegnato il Premio Nobel per la Chimica nel 1903.

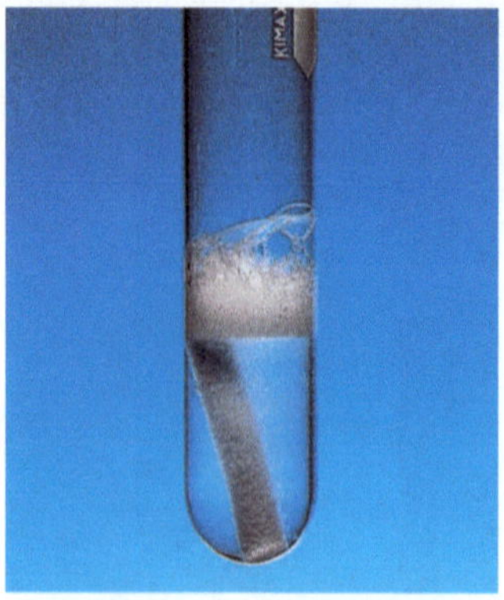

Figura 11.1 Un pezzo di gesso, composto principalmente da $CaCO_3$, reagisce con acido cloridrico.

- Gli acidi provocano cambiamenti di colore nei pigmenti delle piante; per esempio, fanno cambiare il colore della cartina tornasole dal blu al rosso.
- Gli acidi reagiscono con alcuni metalli, come lo zinco, il magnesio e il ferro, producendo idrogeno gassoso. Una reazione tipica è quella tra acido cloridrico e magnesio:

$$2HCl(aq) + Mg(s) \longrightarrow MgCl_2(aq) + H_2(g)$$

- Gli acidi reagiscono con i carbonati e i bicarbonati, quali Na_2CO_3, $CaCO_3$ e $NaHCO_3$, producendo anidride carbonica. La Figura 11.1 mostra la reazione tra acido cloridrico e $CaCO_3$ (sotto forma di gesso):

$$2HCl(aq) + CaCO_3(s) \longrightarrow CaCl_2(aq) + H_2O(l) + CO_2(g)$$

- Le soluzioni acquose acide conducono l'elettricità.

Le basi possiedono le seguenti proprietà caratteristiche:

- Le basi hanno un sapore amaro.
- Le basi sono viscide al tatto, come per esempio i saponi, che contengono basi.
- Le basi provocano cambiamenti di colore nei pigmenti delle piante; per esempio, fanno cambiare il colore della cartina tornasole dal rosso al blu.
- Le soluzioni acquose basiche conducono elettricità.

11.1.2 Acidi e basi secondo Brønsted

Le definizioni di Arrhenius di acidi e basi sono limitate, perché si applicano solo a soluzioni acquose. Delle definizioni più ampie vennero proposte dal chimico danese Johannes Brønsted[2] nel 1932; un ***acido di Brønsted*** è *un donatore di protoni* e una ***base di Brønsted*** è *un accettore di protoni*. Queste definizioni non richiedono che gli acidi e le basi siano in soluzione acquosa, ma solo che gli acidi siano in grado di donare un protone e che le basi siano in grado di accettarne uno.

L'acido cloridrico è un acido di Brønsted perché dona un protone in acqua:

$$HCl(aq) \longrightarrow H^+(aq) + Cl^-(aq)$$

Lo ione H^+ è un atomo di idrogeno che ha perso il suo elettrone, quindi, è un singolo protone. La dimensione di un protone è di circa 10^{-15} m, rispetto a un diametro di 10^{-10} m per un atomo medio. Tale particella carica estremamente piccola non può esistere come entità separata in soluzione acquosa a causa della sua forte attrazione per la parte negativa dell'H_2O (l'atomo di ossigeno). Di conseguenza, il protone esiste nella forma idrata, come mostrato nella Figura 11.2, e quindi la ionizzazione dell'acido cloridrico deve essere scritta come

$$HCl(aq) + H_2O(l) \longrightarrow H_3O^+(aq) + Cl^-(aq)$$

Mappa del potenziale elettrostatico dello ione idrossonio (H_3O^+). Nella rappresentazione mediante lo spettro dei colori dell'arcobaleno, la regione a maggiore densità elettronica è indicata in rosso e quella a minore densità elettronica è indicata in blu.

Il *protone idrato* (H_3O^+) è detto ***ione idrossonio***. Questa equazione mostra una reazione in cui un acido di Brønsted (HCl) dona un protone a una base di Brønsted (H_2O). Esperimenti dimostrano che lo ione idrossonio è ulteriormente idratato, per cui il protone può avere diverse molecole d'acqua associate a esso. Poiché la proprietà acide del protone non sono influenzate dal grado di idratazione, in questo testo spesso sarà utilizzato $H^+(aq)$ a rappresentare il protone idratato. Questa notazione è usata per comodità, pur sapendo che H_3O^+ è la notazione più vicina alla realtà. Si tenga presente, quindi, che entrambe le notazioni rappresentano la stessa specie in soluzione acquosa.

---

[2] Johannes Nicolaus Brønsted (1879-1947). Chimico danese. In aggiunta alla sua teoria degli acidi e delle basi, Brønsted lavorò nel campo della termodinamica e sulla separazione del mercurio in isotopi.

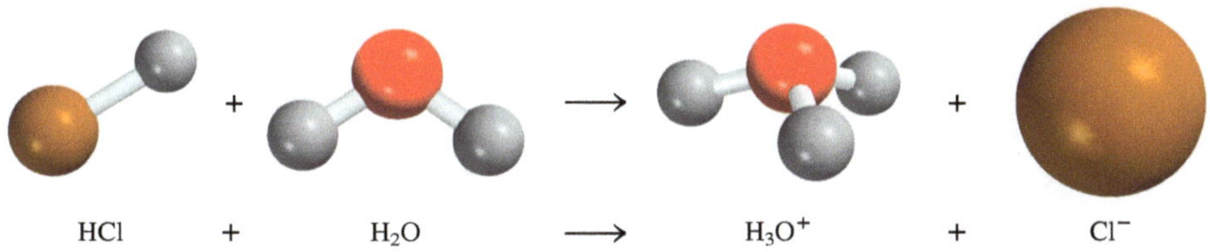

Figura 11.2 La ionizzazione di HCl in acqua per formare lo ione idrossonio e lo ione cloruro.

Acidi comunemente usati in laboratorio comprendono acido cloridrico (HCl), acido nitrico (HNO_3), acido acetico (CH_3COOH), acido solforico (H_2SO_4) e acido fosforico (H_3PO_4). I primi tre sono ***acidi monoprotici***, cioè *ogni unità di acido produce uno ione idrogeno in seguito a ionizzazione*:

$$HCl(aq) \longrightarrow H^+(aq) + Cl^-(aq)$$

$$HNO_3(aq) \longrightarrow H^+(aq) + NO_3^-(aq)$$

$$CH_3COOH(aq) \rightleftharpoons H^+(aq) + CH_3COO^-(aq)$$

La doppia freccia nella reazione di ionizzazione dell'acido acetico indica che la dissociazione è incompleta, cioè che una certa quantità di acido acetico indissociato esiste in soluzione insieme all'acido acetico dissociato. L'acido acetico è un ***acido debole*** perché *si ionizza solo parzialmente in acqua*. HCl e HNO_3 sono ***acidi forti***, perché *sono, ai fini pratici, completamente ionizzati in acqua*. La forza relativa di acidi e basi sarà discussa in dettaglio nel Paragrafo 11.2.

In realtà, non si conosce nessun acido che sia completamente ionizzato in acqua.

L'acido solforico (H_2SO_4) è un ***acido diprotico*** perché ogni *unità di acido può dare due ioni H^+*, in due fasi distinte:

$$H_2SO_4(aq) \longrightarrow H^+(aq) + HSO_4^-(aq)$$

$$HSO_4^-(aq) \rightleftharpoons H^+(aq) + SO_4^{2-}(aq)$$

H_2SO_4 è un acido forte (la prima ionizzazione è completa), ma HSO_4^- è un acido debole (o elettrolita debole), per cui si usa una doppia freccia per rappresentare la sua ionizzazione incompleta.

Gli ***acidi triprotici***, che *danno tre ioni H^+*, sono relativamente poco numerosi. Il più noto acido triprotico è l'acido fosforico, le cui ionizzazioni sono

$$H_3PO_4(aq) \rightleftharpoons H^+(aq) + H_2PO_4^-(aq)$$

$$H_2PO_4^-(aq) \rightleftharpoons H^+(aq) + HPO_4^{2-}(aq)$$

$$HPO_4^-(aq) \rightleftharpoons H^+(aq) + PO_4^{3-}(aq)$$

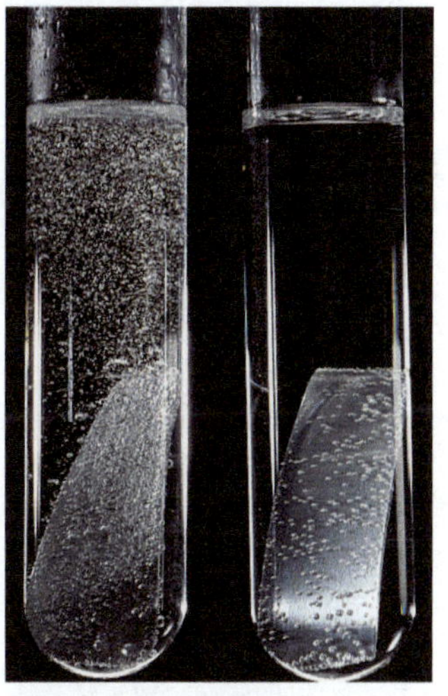

Lo zinco reagisce più energicamente con un acido forte come HCl (a sinistra) che con un acido debole come CH_3COOH (a destra) alla stessa concentrazione perché nella soluzione di HCl sono presenti più ioni H^+.

Tutte e tre le specie (H_3PO_4, $H_2PO_4^-$ e HPO_4^{2-}) sono acidi deboli, per cui si usa la doppia freccia per rappresentare ogni equilibrio di ionizzazione. Anioni come $H_2PO_4^-$ e HPO_4^{2-} si trovano in soluzioni acquose di fosfati come NaH_2PO_4 e Na_2HPO_4.

Lo ione idrossido (OH^-) è classificato come una base di Brønsted perché può accettare un protone:

$$H^+(aq) + OH^-(aq) \longrightarrow H_2O(l)$$

Pertanto, qualsiasi base di Arrhenius (cioè qualsiasi sostanza che produca ioni idrossido in soluzione) può essere classificata come una base di Brønsted.

L'ammoniaca (NH_3), che non è una base di Arrhenius, è comunque classificata come base di Brønsted perché può accettare uno ione H^+ dall'acqua (Figura 11.3):

$$NH_3(aq) + H_2O(l) \rightleftharpoons NH_4^+(aq) + OH^-(aq)$$

L'ammoniaca è una ***base debole*** perché solo una piccola frazione delle molecole di NH_3 disciolte reagiscono con l'acqua per formare ioni NH_4^+ e ioni OH^-. Al contra-

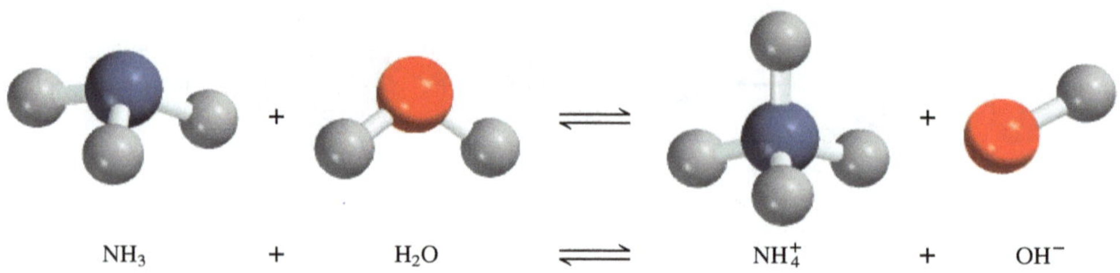

Figura 11.3 La ionizzazione dell'ammoniaca in acqua per formare ioni ammonio e ioni idrossido.

rio, l'idrossido di sodio e l'idrossido di bario sono ***basi forti*** perché si ionizzano completamente in soluzione:

$$NaOH(s) \xrightarrow{H_2O} Na^+(aq) + OH^-(aq)$$

$$Ba(OH)_2(s) \xrightarrow{H_2O} Ba^{2+}(aq) + 2OH^-(aq)$$

La base forte più comunemente usata in laboratorio è l'idrossido di sodio. È poco costosa e solubile in acqua (in realtà, tutti gli idrossidi dei metalli alcalini sono solubili in acqua). La base debole più comunemente usata è l'ammoniaca in soluzione acquosa, talvolta erroneamente chiamata idrossido di ammonio (non vi è alcuna prova che la specie NH_4OH esista effettivamente). Tutti gli elementi del Gruppo 2A formano idrossidi del tipo $M(OH)_2$, dove M denota un metallo alcalino-terroso. Di questi idrossidi, solo il $Ba(OH)_2$ è solubile in acqua. Gli idrossidi di magnesio e di calcio sono utilizzati in medicina e nell'industria. Idrossidi di altri metalli, come $Al(OH)_3$ e $Zn(OH)_2$, sono insolubili in acqua e non sono utilizzati come basi.

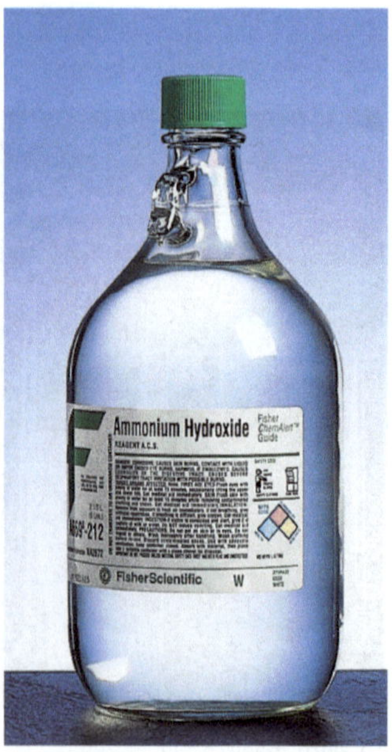

Da notare come questa bottiglia di ammoniaca acquosa sia erroneamente etichettata.

Molte sostanze possono agire sia come un acido di Brønsted che come una base di Brønsted e sono chiamate ***anfoteri***. Per esempio, lo ione bicarbonato è un acido di Brønsted perché si ionizza in soluzione acquosa per dare un protone e lo ione carbonato:

$$HCO_3^-(aq) \rightleftharpoons H^+(aq) + CO_3^{2-}$$

È anche una base di Brønsted perché può accettare un protone per formare acido carbonico:

$$HCO_3^-(aq) + H^+(aq) \rightleftharpoons H_2CO_3(aq)$$

Anche l'acqua è un anfotero, perché può donare un protone a un'altra molecola di acqua:

$$H_2O(l) + H_2O(l) \rightleftharpoons OH^-(aq) + H_3O^+(aq)$$

Così, la molecola d'acqua che dona il protone agisce come un acido di Brønsted, mentre la molecola d'acqua che accetta il protone si comporta come una base di Brønsted.

11.1.3 Neutralizzazione acido-base

Una ***reazione di neutralizzazione*** è *una reazione tra un acido e una base*. Le reazioni acido-base in soluzione acquosa generalmente producono acqua e un ***sale***, che è *un composto ionico costituito da un catione diverso da* H^+ *e da un anione diverso da* OH^- *o* O_2^-:

$$\textit{acido} + \textit{base} \longrightarrow \textit{acqua} + \textit{sale}$$

Tutti i sali (come il sale da tavola, NaCl) sono ***elettroliti forti***, in quanto, ai fini pratici, *si ionizzano completamente in soluzione acquosa*. NaCl è prodotto nella reazione di neutralizzazione tra HCl e NaOH:

$$HCl(aq) + NaOH(aq) \xrightarrow{H_2O} NaCl(aq) + H_2O(l)$$

Tuttavia, poiché sia l'acido che la base sono elettroliti forti, essi sono completamente dissociati in ioni, in soluzione. L'equazione in forma ionica è

Le reazioni di neutralizzazione acido-base, in genere, sono completamente spostate a destra.

$$H^+(aq) + Cl^-(aq) + Na^+(aq) + OH^-(aq) \longrightarrow Na^+(aq) + Cl^-(aq) + H_2O(l)$$

Pertanto, la reazione può essere rappresentata dall'equazione netta:

$$H^+(aq) + OH^-(aq) \longrightarrow H_2O(l)$$

dato che sia Na^+ che Cl^- *rimangono inalterati durante la reazione* e per questo vengono detti ***ioni spettatori*** e non appaiono nell'equazione netta.

Se avessimo utilizzato nella precedente reazione pari quantità in moli di acido e di base, alla fine della reazione avremmo ottenuto solo il sale e l'acqua, senza residui di acido o di base. Questa è una caratteristica delle reazioni di neutralizzazione acido-base.

I seguenti sono altri esempi di reazioni di neutralizzazione acido-base, rappresentati dalle equazioni molecolari:

$$HF(aq) + KOH(aq) \longrightarrow KF(aq) + H_2O(l)$$

$$H_2SO_4(aq) + 2NaOH(aq) \longrightarrow Na_2SO_4(aq) + 2H_2O(l)$$

$$HNO_3(aq) + NH_3(aq) \longrightarrow NH_4NO_3(aq)$$

L'ultima equazione ha un aspetto diverso, perché non prevede l'acqua tra i prodotti. Tuttavia, se si esprime $NH_3(aq)$ come $NH_4^+(aq)$ e $OH^-(aq)$, come discusso in precedenza, l'equazione diventa

$$HNO_3(aq) + NH_4^+(aq) + OH^-(aq) \longrightarrow NH_4NO_3(aq) + H_2O(l)$$

11.1.4 Coppie coniugate acido-base

Il concetto di ***coppia acido-base coniugata***, che può essere definita come *un acido e la sua base coniugata o una base e il suo acido coniugato*, deriva dalla definizione di acidi e basi di Brønsted. La base coniugata di un acido di Brønsted è la specie che rimane dopo che l'acido ha donato un protone. Al contrario, un acido coniugato risulta dall'aggiunta di un protone a una base di Brønsted. Ogni acido di Brønsted ha una base coniugata e ogni base di Brønsted ha un acido coniugato. Per esempio, lo ione cloruro (Cl^-) è la base coniugata generata dall'acido HCl, e H_2O è la base coniugata dell'acido H_3O^+ (lo ione idrossonio). Allo stesso modo, la ionizzazione dell'acido acetico può essere rappresentata come

Il termine *coniugate* significa "unite insieme".

$$\underset{acido_1}{CH_3COOH(aq)} + \underset{base_2}{H_2O(l)} \rightleftharpoons \underset{base_1}{CH_3COO^-(aq)} + \underset{acido_2}{H_3O^+(aq)}$$

I pedici 1 e 2 indicano le due coppie acido-base coniugate. In altre parole, lo ione acetato (CH_3COO^-) è la base coniugata di CH_3COOH e H_3O^+ è l'acido coniugato di H_2O. Sia la ionizzazione di HCl che la ionizzazione di CH_3COOH sono esempi di reazioni acido-base di Brønsted.

L'Esempio 11.1 indica come identificare le coppie coniugate in una reazione acido-base.

Esempio 11.1

Identificare le coppie coniugate acido-base nella reazione tra ammoniaca e acido fluoridrico in soluzione acquosa

$$NH_3(aq) + HF(aq) \rightleftharpoons NH_4^+(aq) + F^-(aq)$$

Impostazione Una base coniugata ha sempre un atomo di H in meno e una carica negativa in più (o una carica positiva in meno) rispetto alla formula del corrispondente acido. Allo stesso modo, un acido coniugato ha sempre un atomo di H in più e una carica positiva in più (o una carica negativa in meno) rispetto alla formula della base corrispondente.

Soluzione NH_3 ha un atomo di H in meno e una carica positiva in meno di NH_4^+, mentre F^- ha un atomo di H in meno e una carica negativa in più di HF. Perciò, le coppie coniugate acido-base sono: (1) NH_4^+ e NH_3, (2) HF e F^-.

Problema di autovalutazione Identificare le coppie coniugate acido-base nella reazione

$$CN^- + H_2O \rightleftharpoons HCN + OH^-$$

È accettabile rappresentare il protone in soluzione acquosa sia come H^+ che come H_3O^+. La formula H^+ è meno ingombrante nei calcoli riguardanti le concentrazioni di ioni idrogeno e nei calcoli inerenti alle costanti di equilibrio. D'altro canto, H_3O^+ è più utile nell'ambito delle proprietà acido-base di Brønsted.

11.1.5 Acidi e basi secondo Lewis

Secondo la teoria di Brønsted, una base deve essere in grado di accettare protoni. In base a questa definizione, sia lo ione idrossido che l'ammoniaca sono basi di Brønsted:

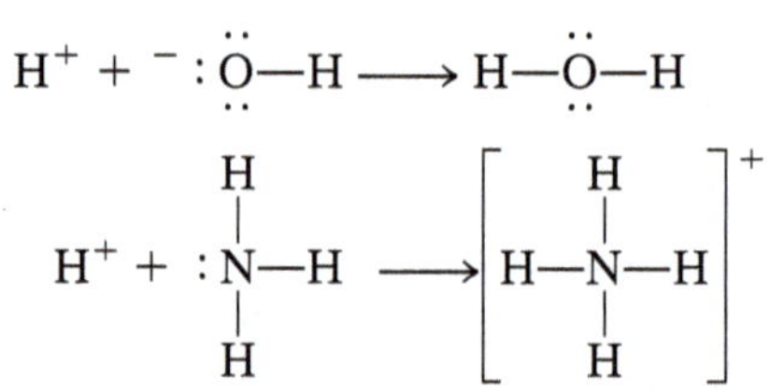

In ciascun caso, l'atomo a cui il protone si lega possiede almeno una coppia di elettroni non condivisa. Questa proprietà caratteristica di OH^-, NH_3 e di altre basi di Brønsted suggerisce una definizione più generale di acidi e basi.

Gli acidi di Lewis sono o carenti di elettroni (cationi) oppure l'atomo centrale ha una valenza orbitale vuota.

Nel 1932 il chimico statunitense G.N. Lewis formulò una tale definizione (vedi Paragrafo 3.4). Egli definì quella che ora si indica col termine di ***base di Lewis*** come *una sostanza in grado di donare una coppia di elettroni*. Un ***acido di Lewis*** è *una sostanza che può accettare una coppia di elettroni*. Per esempio, nella protonazione dell'ammoniaca, NH_3 funge da base di Lewis perché dona una coppia di elettroni al protone H^+, che agisce come un acido di Lewis accettando la coppia di elettroni. Una reazione acido-base di Lewis, quindi, è una reazione che coinvolge la donazione di una coppia di elettroni da una specie a un'altra. Tale reazione non produce necessariamente un sale e acqua.

Figura 11.4 La reazione acido-base di Lewis tra BF_3 e NH_3.

La definizione di Lewis è più generale rispetto alle definizioni di Arrhenius o di Brønsted. Le reazioni acido-base di Lewis includono molte reazioni che non coinvolgono acidi di Brønsted. Si consideri, per esempio, la reazione tra il trifluoruro di boro (BF_3) e l'ammoniaca in modo da formare un addotto (Figura 11.4):

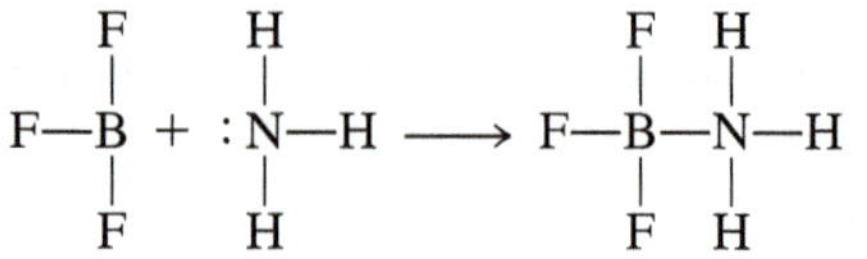

acido base

Nel Paragrafo 3.4, abbiamo visto che l'atomo di B in BF_3 è ibridizzato sp^2. L'orbitale vuoto, non ibridizzato, $2p_z$ accetta una coppia di elettroni da NH_3. Quindi, BF_3 si comporta come un acido secondo la definizione di Lewis, anche se non contiene un protone ionizzabile. Tra gli atomi di B e N si forma un legame di coordinazione (vedi Paragrafo 3.4), così come avviene in tutte le reazioni acido-base di Lewis.

In una reazione acido-base di Lewis si forma sempre un legame dativo (vedi Paragrafo 3.4).

Un altro acido di Lewis contenente boro è l'acido borico. L'acido borico (un acido debole utilizzato in soluzioni oftalmiche) è un ossiacido con la seguente struttura:

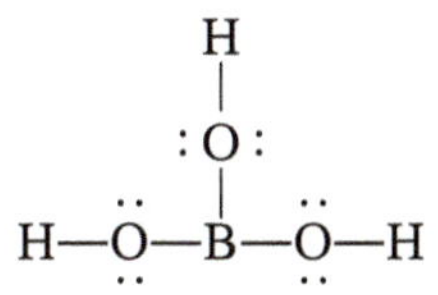

L'acido borico non si ionizza in acqua per produrre uno ione H^+. La sua reazione con l'acqua è la seguente

$$B(OH)_3(aq) + H_2O(l) \rightleftharpoons B(OH)_4^-(aq) + H^+(aq)$$

In questa reazione acido-base di Lewis, l'acido borico accetta una coppia di elettroni dallo ione idrossido derivato da una molecola di H_2O.

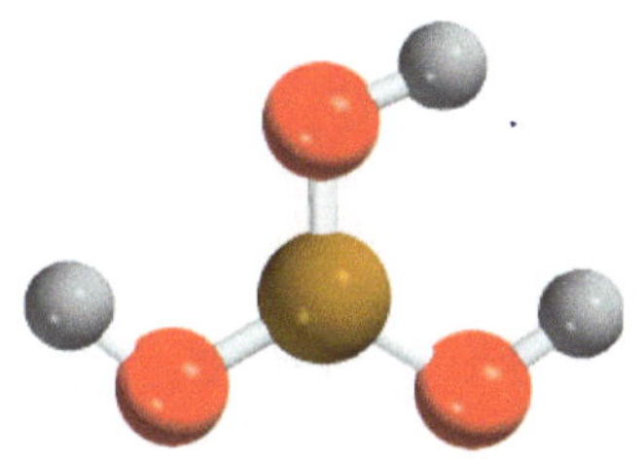

H_3BO_3

L'idratazione del diossido di carbonio per produrre acido carbonico

$$CO_2(g) + H_2O(l) \rightleftharpoons H_2CO_3(aq)$$

può essere inquadrata nell'ambito della teoria di Lewis nel modo seguente: il primo passaggio prevede la donazione di un doppietto elettronico dell'atomo di ossigeno dell'H_2O all'atomo di carbonio del CO_2. Per poter ospitare il doppietto elettronico, si libera un orbitale sull'atomo di C tramite la rimozione della coppia di elettroni del legame π C—O. Questi spostamenti di elettroni sono indicati dalle frecce curve.

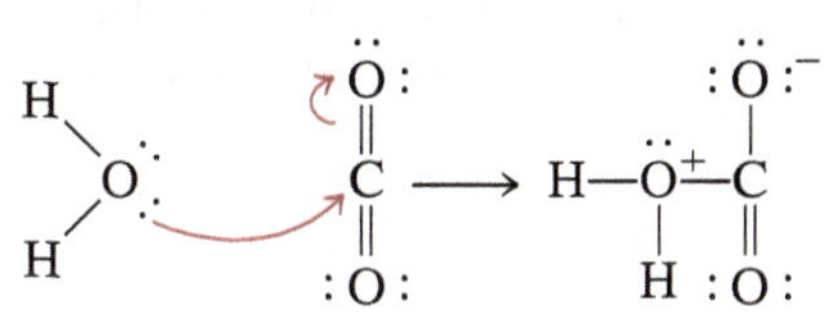

Pertanto, H_2O è una base di Lewis e CO_2 è un acido di Lewis. Successivamente, un protone viene trasferito sull'atomo di O con carica negativa per formare H_2CO_3.

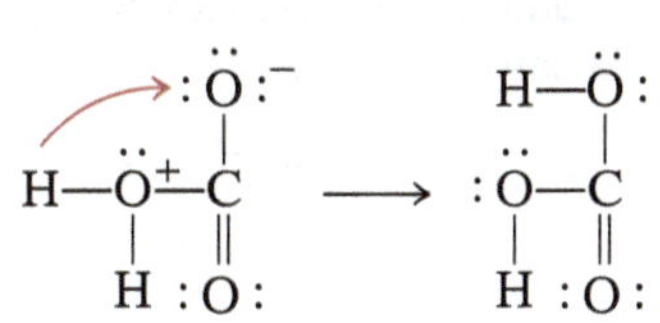

Altri esempi di reazioni acido-base di Lewis sono i seguenti:

$$\underset{\text{acido}}{Ag^+(aq)} + \underset{\text{base}}{2NH_3(aq)} \rightleftharpoons Ag(NH_3)_2^+(aq)$$

$$\underset{\text{acido}}{Cd^{2+}(aq)} + \underset{\text{base}}{4I^-(aq)} \rightleftharpoons CdI_4^{2-}(aq)$$

$$\underset{\text{acido}}{Ni(s)} + \underset{\text{base}}{4CO(g)} \rightleftharpoons Ni(CO)_4(g)$$

L'idratazione di ioni metallici in soluzione acquosa è di per sé una reazione acido-base di Lewis. Così, quando il solfato di rame (II) ($CuSO_4$) si scioglie in acqua, ogni ione Cu^{2+} è associato con sei molecole d'acqua nella forma $Cu(H_2O)_6^{2+}$. In questo caso, lo ione Cu^{2+} agisce come acido e le molecole di H_2O agiscono come base.

Anche se la definizione secondo Lewis di acidi e basi ha una maggiore importanza a causa della sua generalità, normalmente si parla di "un acido" e di "una base" riferendosi alle definizioni di Brønsted. Il termine "acido di Lewis" di solito è riservato alle sostanze che possono accettare una coppia di elettroni, ma che non contengono atomi di idrogeno ionizzabili. L'Esempio 11.2 mostra come classificare gli acidi e le basi di Lewis.

Esempio 11.2

Identificare gli acidi e le basi di Lewis in ciascuna delle seguenti reazioni:

(a) $C_2H_5OC_2H_5 + AlCl_3 \rightleftharpoons (C_2H_5)_2OAlCl_3$

(b) $Hg^{2+}(aq) + 4CN^-(aq) \rightleftharpoons Hg(CN)_4^-(aq)$

Impostazione Nelle reazioni acido-base di Lewis, l'acido (che accetta un doppietto elettronico) è di solito un catione o una molecola carente di elettroni, mentre la base (che dona un doppietto elettronico) è un anione o una molecola contenente un atomo che possiede uno o più doppietti elettronici. (a) Disegnare la struttura di Lewis per $C_2H_5OC_2H_5$ per vedere se è possibile donare o accettare doppietti elettronici. Qual è lo stato di ibridizzazione di Al in $AlCl_3$? È in grado di donare o accettare un doppietto elettronico? (b) Quale ione sarà presumibilmente un accettore di elettroni? Quale un donatore di elettroni?

Soluzione

(a) Al è ibridizzato sp^2 in $AlCl_3$, con un orbitale vuoto $2p_z$. È carente di elettroni, essendo circondato solo da sei elettroni. Pertanto, l'atomo di Al tende a ottenere due elettroni per completare il suo ottetto. Questa proprietà rende $AlCl_3$ un acido di Lewis. D'altro canto, il doppietto elettronico sull'atomo di ossigeno in $C_2H_5OC_2H_5$ rende il composto una base di Lewis:

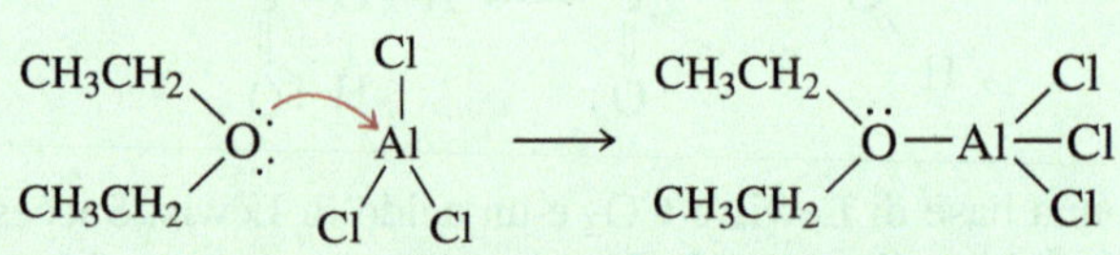

(b) Qui, lo ione Hg^{2+} accetta quattro coppie di elettroni dagli ioni CN^-. Perciò, Hg^{2+} è l'acido di Lewis e CN^- è la base di Lewis.

Problema di autovalutazione Identificare gli acidi e le basi di Lewis nelle seguenti reazioni:

(a) $Co^{3+}(aq) + 6NH_3(aq) \rightleftharpoons Co(NH_3)_6^{3+}$

(b) $CO + BH_3 \rightleftharpoons BH_3CO$

11.2 Autoionizzazione dell'acqua

L'acqua è un anfotero e può agire come un acido o come una base. L'acqua si comporta da base in reazioni con acidi come HCl e CH_3COOH e si comporta come un acido in reazioni con basi, come NH_3. L'acqua è un elettrolita molto debole e quindi un pessimo conduttore di elettricità, ma si ionizza in piccola misura:

L'acqua di rubinetto e l'acqua sorgiva conducono corrente elettrica, poiché contengono molti ioni disciolti.

$$H_2O(l) + H_2O(l) \rightleftharpoons H_3O^+(aq) + OH^-(aq) \quad \textbf{(11.1)}$$

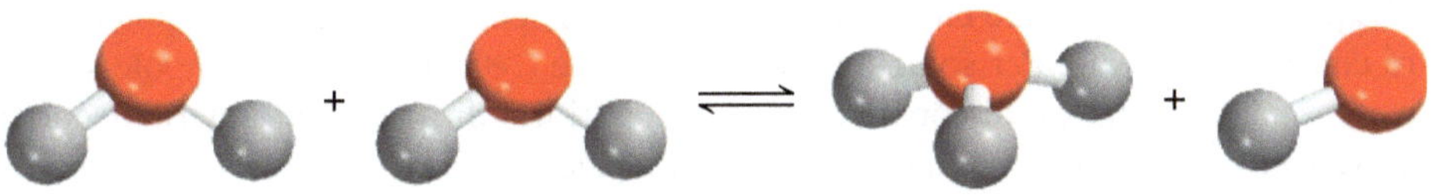

Figura 11.5 La reazione tra due molecole d'acqua per formare ioni idrossido (od ossidrile) e ioni idrossonio.

Questa reazione è talvolta chiamata ***autoionizzazione dell'acqua*** (Figura 11.5). Le coppie coniugate acido-base sono: (1) H_2O (acido) e OH^- (base), (2) H_3O^+ (acido) e H_2O (base).

11.2.1 Prodotto ionico dell'acqua

Nello studio delle reazioni acido-base in soluzione acquosa, la chiave è la concentrazione degli ioni idrogeno: il suo valore indica l'acidità o la basicità della soluzione. Pertanto, la costante d'equilibrio per l'autoionizzazione dell'acqua, secondo l'Equazione 9.2, è

$$K = \frac{a_{H_3O^+(aq)}a_{OH^-(aq)}}{a^2_{H_2O(l)}} \qquad \textbf{(11.2)}$$

Come discusso nel Paragrafo 10.1, se le concentrazioni di H_3O^+ e OH^- sono sufficientemente piccole ($< 0{,}05\ M$), le attività di queste specie saranno, in buona approssimazione, uguali alle loro concentrazioni, rispetto alla concentrazione standard, $c_0 = 1\ M$. L'attività del solvente quasi puro (H_2O) può essere considerata 1 (Equazione 10.5). Di conseguenza, la costante d'equilibrio per l'autoionizzazione dell'acqua (Equazione 11.2), può essere espressa[3] come

$$K_w = [H^+][OH^-] \qquad \textbf{(11.3)}$$

dove, per semplicità, si usa H^+ per rappresentare H_3O^+ e dove si è aggiunto il pedice "w" per rappresentare l'acqua. La costante K_w è detta ***prodotto ionico dell'acqua***, vale a dire, *il prodotto delle concentrazioni molari degli ioni H^+ e OH^- a una particolare temperatura.*

In acqua pura, a 25 °C, le concentrazioni degli ioni H^+ e OH^- sono uguali, e valgono $[H^+] = [OH^-] = 1{,}0 \times 10^{-7}\ M$. Per cui, dall'Equazione 11.3, a 25 °C

Se si potessero rimuovere casualmente ed esaminare 10 particelle (H_2O, H^+ o OH^-) al secondo da un litro di acqua, occorrerebbero due anni di lavoro senza interruzione prima di trovare uno ione H^+.

$$K_w = (1{,}0 \times 10^{-7})(1{,}0 \times 10^{-7}) = 1{,}0 \times 10^{-14}$$

Sia che si tratti di acqua pura o di una soluzione acquosa, la seguente relazione vale *sempre*, a 25 °C:

$$K_w = [H^+][OH^-] = 1{,}00 \times 10^{-14}$$

Ogni volta che $[H^+] = [OH^-]$, la soluzione acquosa viene detta neutra. In una soluzione acida, c'è un eccesso di ioni H^+ e $[H^+] > [OH^-]$. In una soluzione basica, c'è un eccesso di ioni idrossido, per cui $[H^+] < [OH^-]$. In pratica, si possono modificare le concentrazioni in soluzione sia di H^+ che di OH^-, ma non indipendentemente una dall'altra. Se si opera in modo che sia $[H^+] = 1{,}0 \times 10^{-6}\ M$, la concentrazione degli OH^- *deve* cambiare

$$[OH^-] = \frac{K_w}{[H^+]} = \frac{1{,}00 \times 10^{-14}}{1{,}0 \times 10^{-6}} = 1{,}0 \times 10^{-8}\ M$$

[3] È importante notare che K_w è una costante adimensionale e che l'espressione reale (Equazione 11.3) dovrebbe essere scritta nel modo seguente

$$K_w = ([H^+]/c_0)([OH^-]/c_0)$$

dove $c_0 = 1\ M$. Per semplicità, la c_0 è stata omessa dall'espressione. Pertanto, bisogna sempre essere attenti a convertire le unità di concentrazione in M prima di utilizzare l'Equazione 11.3.

L'Equazione 11.3 assume che la soluzione sia sufficientemente diluita da poter essere considerata ideale. Per soluzioni più concentrate (> 0,05 *M* per le singole specie cariche), la formazione di coppie ioniche e di altri tipi di interazioni intermolecolari potrebbero portare a un comportamento non ideale, e le attività degli ioni ("concentrazioni effettive") presenti nell'Equazione 11.2 differirebbero leggermente dalle molarità. In tal caso, le concentrazioni calcolate in base all'Equazione 11.3 risulterebbero diverse dalle concentrazioni effettive in soluzione. Tuttavia, per la maggior parte degli scopi, è accettabile ignorare queste deviazioni dall'idealità. Nella maggior parte dei casi, quindi, questo approccio descriverà con ottima approssimazione i reali processi chimici che avvengono in soluzione.

Un'applicazione dell'Equazione 11.3 è indicata nell'Esempio 11.3.

Esempio 11.3

La concentrazione di ioni OH^- in una soluzione di ammoniaca per l'igiene domestica è 0,0025 *M*. Calcolare la concentrazione di ioni H^+.

Impostazione Riarrangiando l'Equazione 11.3,

$$[H^+] = \frac{K_w}{[OH^-]} = \frac{1{,}00 \times 10^{-14}}{0{,}0025} = 4{,}0 \times 10^{-12}\ M$$

Verifica Dato che $[H^+] < [OH^-]$, la soluzione è basica, come ci si aspettava in base alla precedente discussione sulla reazione dell'ammoniaca con acqua.

Problema di autovalutazione Calcolare la concentrazione di ioni OH^- in una soluzione di HCl la cui concentrazione di ioni idrogeno è $1{,}3 \times 10^{-4}$ *M*.

11.2.2 pH

Dato che le concentrazioni degli ioni H^+e OH^- in soluzione acquosa sono spesso molto piccole e quindi scomode da trattare, Soren Sorensen[4] nel 1909 propose una misura più pratica, detta pH. Il ***pH*** di una soluzione è definito come *il logaritmo negativo (base 10) dell'attività dello ione idrogeno*:

$$\mathrm{pH} \doteq -\log_{10} a_{\mathrm{H_3O^+}} \quad \text{oppure} \quad \mathrm{pH} \doteq -\log_{10} a_{\mathrm{H^+}} \qquad \mathbf{(11.4)}$$

Per soluzioni diluite nelle quali l'attività dello ione idrogeno può essere approssimata dalla sua concentrazione, relativa alla concentrazione standard, si ha

$$\mathrm{pH} = -\log_{10} a_{\mathrm{H^+}} \approx -\log_{10}[\mathrm{H^+}] \qquad \mathbf{(11.5)}$$

dove con $[H^+]$ si indica il valore *numerico* della concentrazione dello ione idrogeno in mol l^{-1} (senza unità). L'Equazione 11.4 è semplicemente una definizione progettata per poter lavorare convenientemente con i numeri. Il logaritmo negativo dà un numero positivo per il pH, che altrimenti sarebbe negativo per la maggior parte delle soluzioni a causa del piccolo valore di $[H^+]$. Come la costante di equilibrio, il pH di una soluzione è una quantità adimensionale.

Il pH di soluzioni acide concentrate può essere negativo. Per esempio, il pH di una soluzione 2,0 *M* di HCl è circa −0,3.

---

[4] Soren Peer Lauritz Sorensen (1868-1939). Biochimico danese. Sorensen, in origine, scrisse il simbolo come p_H e chiamò p "l'esponente dello ione idrogeno" (*Wasserstoffionexponent*); p è la lettera iniziale di *Potenz* (tedesco), *puissance* (francese) e *power* (inglese). È ormai consuetudine usare il simbolo pH.

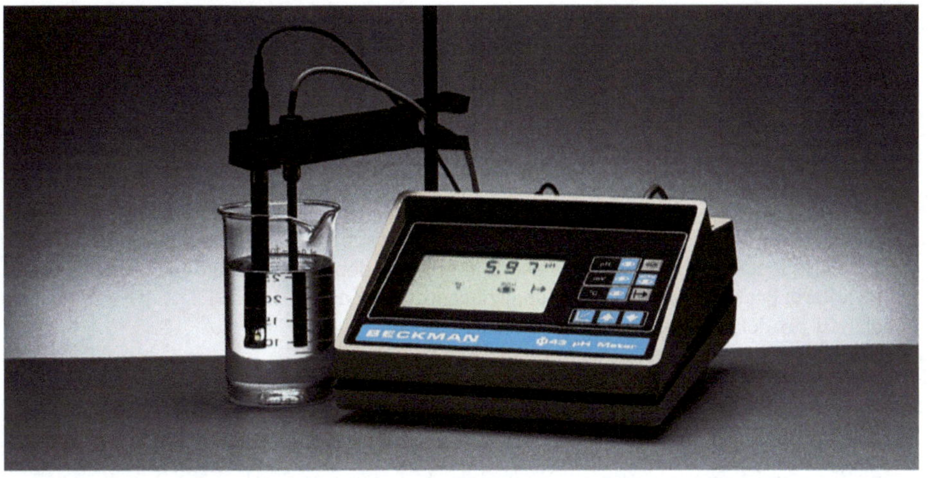

Figura 11.6 Il pH-metro è comunemente utilizzato in laboratorio per determinare il pH di una soluzione. Anche se molti pH-metri hanno scale contrassegnate con valori da 1 a 14, il pH può, di fatto, essere inferiore a 1 e superiore a 14. Gli aspetti scientifici riguardanti il funzionamento del pH-metro saranno trattati nel Capitolo 13.

Dato che il pH è semplicemente un modo per esprimere la concentrazione degli ioni idrogeno, le soluzioni acide e basiche, a 25 °C, sono contraddistinte dai loro valori di pH nel modo seguente:

Soluzioni acide: $[H^+] > 1{,}00 \times 10^{-7}\,M$, pH $< 7{,}00$
Soluzioni basiche: $[H^+] < 1{,}00 \times 10^{-7}\,M$, pH $> 7{,}00$
Soluzioni neutre: $[H^+] = 1{,}00 \times 10^{-7}\,M$, pH $= 7{,}00$

Pertanto, il pH aumenta al diminuire di $[H^+]$.

In laboratorio, il pH di una soluzione è misurato con un pH-metro (Figura 11.6), che misura elettrochimicamente l'attività dello ione H^+ (il pH-metro sarà discusso più in dettaglio nel Capitolo 13). La Tabella 11.1 elenca i valori di pH di una serie di liquidi comuni a 25 °C. Come si può notare, il pH dei liquidi corporei varia notevolmente, a seconda della posizione e della funzione. Il basso pH (acidità elevata) dei succhi gastrici facilita la digestione mentre il pH più elevato del sangue è necessario per il trasporto di ossigeno.

Si può elaborare, analogamente al pH, una scala di pOH, utilizzando il logaritmo decimale negativo dell'attività dello ione idrossido in soluzione. Pertanto, si definisce il pOH nel modo seguente

$$\text{pOH} = -\log_{10} a_{\text{OH}^-} \tag{11.6}$$

Come nel caso del pH, il pOH, per soluzioni acquose sufficientemente diluite, può essere scritto come

$$\text{pOH} \approx -\log_{10}[\text{OH}^-] \tag{11.7}$$

Consideriamo di nuovo il prodotto ionico dell'acqua a 25 °C:

$$[\text{H}^+][\text{OH}^-] = K_w = 1{,}01 \times 10^{-14}$$

Prendendo il logaritmo negativo di entrambi i lati, si ottiene

$$\begin{aligned} -\log_{10}[\text{H}^+] - \log_{10}[\text{OH}^-] &= -\log_{10}(1{,}01 \times 10^{-14}) \\ &= 14{,}00 \end{aligned}$$

Dalle definizioni di pH e pOH, si ottiene

$$\text{pH} + \text{pOH} = 14{,}00 \tag{11.8}$$

Tabella 11.1
Il pH di alcuni liquidi comuni

Campione	Valore pH
Succo gastrico nello stomaco	1,0–2,0
Succo di limone	2,4
Aceto	3,0
Succo di pompelmo	3,2
Succo di arancia	3,5
Urina	4,8–7,5
Acqua esposta all'aria*	5,5
Saliva	6,4–6,9
Latte	6,5
Acqua pura	7,0
Sangue	7,35–7,45
Lacrime	7,4
Latte di magnesia	10,6
Ammoniaca per uso domestico	11,5

* L'acqua esposta all'aria per un lungo periodo di tempo asorbe CO_2 atmosferica per formare acido carbonico, H_2CO_3.

a 25 °C. L'Equazione 11.8 indica un altro modo di esprimere la relazione tra la concentrazione degli ioni H^+ e la concentrazione degli ioni OH^-.

Gli Esempi 11.4, 11.5 e 11.6 illustrano calcoli che coinvolgono il pH, a 25 °C.

Esempio 11.4

La concentrazione di ioni H^+ in una bottiglia di vino appena aperta, era pari a $3{,}2 \times 10^{-4}$ *M*. Solo la metà del vino fu consumata. L'altra metà, dopo aver lasciato la bottiglia aperta e all'aria per un mese possedeva una concentrazione di ioni H^+ di $1{,}1 \times 10^{-3}$ *M*. Calcolare il pH del vino in queste due situazioni.

Impostazione Data la concentrazione H^+, si chiede di calcolare il pH della soluzione. Possiamo usare la definizione di pH data nell'Equazione 11.5, vale a dire $pH = -\log_{10}[H^+]$.

Soluzione Quando la bottiglia fu aperta per la prima volta, $[H^+] = 3{,}2 \times 10^{-4}$ *M*, quindi sostituire questo valore nell'Equazione 11.5, fornisce il pH:

$$pH = -\log_{10}[H^+]$$
$$= -\log_{10}(3{,}2 \times 10^{-4}) = 3{,}49$$

Nella seconda situazione, $[H^+] = 1{,}1 \times 10^{-3}$ *M*, per cui

$$pH = -\log_{10}(1{,}1 \times 10^{-3}) = 2{,}96$$

Nel prendere il logaritmo di una quantità *x*, il numero di cifre significative in *x* è uguale al numero di cifre significative alla destra della virgola nel $\log_{10} x$. Per esempio, $\log_{10} 1{,}25 \times 10^{-3} = -2{,}903$. Poiché la quantità $(1{,}25 \times 10^{-3})$ dispone di tre cifre significative, il logaritmo avrà tre cifre significative alla destra della virgola.

Commento L'aumento della concentrazione di ioni idrogeno (o la diminuzione del pH) è in gran parte il risultato della conversione di una certa quantità di alcol (etanolo) in acido acetico, una reazione che avviene in presenza di ossigeno molecolare.

Problema di autovalutazione L'acido nitrico (HNO_3) è utilizzato nella produzione di fertilizzanti, coloranti, sostanze stupefacenti ed esplosivi. Calcolare il pH di una soluzione di HNO_3 con una concentrazione di ioni idrogeno 0,76 *M*.

Esempio 11.5

Il pH delle acque piovane raccolte in una determinata regione del nord-est degli Stati Uniti in un particolare giorno era pari a 4,82. Calcolare la concentrazione di ioni H^+ nell'acqua piovana.

Impostazione Dato il pH, si chiede di calcolare la concentrazione H^+. Dato che il pH è definito come $pH = -\log_{10}[H^+]$ (Equazione 11.5), possiamo risolvere per $[H^+]$, prendendo l'antilog$_{10}$ del pH, cioè $[H^+] = 10^{-pH}$.

Soluzione Dall'Equazione 11.5

$$pH = -\log_{10}[H^+] = 4{,}82$$

Pertanto,

$$\log_{10}[H^+] = -4{,}82$$

Per calcolare $[H^+]$, abbiamo bisogno dell'antilog di $-4{,}82$:

$$[H^+] = 10^{-4{,}82} = 1{,}5 \times 10^{-5}\,M$$

Verifica Poiché il pH è tra 4 e 5, ci si può attendere che $[H^+]$ sia compreso tra 1×10^{-4} *M* e 1×10^{-5} *M*. Pertanto, la risposta è ragionevole.

Problema di autovalutazione Il pH di un certo succo d'arancia è 3,33. Calcolare la concentrazione di H^+.

Esempio 11.6

In una soluzione di NaOH a 25 °C, $[OH^-]$ è $2{,}9 \times 10^{-4}$ *M*. Calcolare il pH della soluzione.

Impostazione Poiché NaOH è una base forte, si dissocia completamente in ioni e, quindi, la concentrazione di NaOH sarà pari alla concentrazione OH^-. Bisogna risolvere questo problema in due passaggi. In primo luogo, abbiamo bisogno di calcolare il pOH utilizzando l'Equazione 11.7 ($pOH = \log_{10} [OH^-]$). Poi, usiamo l'Equazione 11.8 (pH + pOH = 14,00) per calcolare il pH della soluzione.

Soluzione Secondo l'Equazione 11.7,

$$\begin{aligned} pOH &= -\log_{10}[OH^-] \\ &= -\log_{10}(2{,}9 \times 10^{-4}) \\ &= 3{,}54 \end{aligned}$$

Ora, per calcolare il pH, usiamo l'Equazione 11.8, che è valida a 25 °C:

$$\begin{aligned} pH + pOH &= 14{,}00 \\ pH &= 14{,}00 - pOH \\ &= 14{,}00 - 3{,}54 = 10{,}46 \end{aligned}$$

In alternativa, si può utilizzare il prodotto ionico dell'acqua a 25 °C, $K_w = [H^+][OH^-]$, per calcolare $[H^+]$ e, quindi, calcolare il pH da $[H^+]$ utilizzando l'Equazione 11.5. Svolgere i calcoli.

Verifica La risposta indica che la soluzione è basica (pH > 7), situazione prevista per una soluzione di NaOH.

Problema di autovalutazione La concentrazione di ioni OH^- di un campione di sangue a 25 °C è pari a $2{,}5 \times 10^{-7}$ *M*. Qual è il pH del sangue?

11.2.3 Dipendenza dalla temperatura di K_w e del pH

Il prodotto ionico dell'acqua, K_w, come la maggior parte delle costanti di equilibrio, dipende dalla temperatura. Dal Paragrafo 10.4.3, la dipendenza dalla temperatura di una costante d'equilibrio può essere determinata dall'entalpia di reazione mediante l'equazione di van't Hoff (Equazione 10.16). L'entalpia di reazione per l'autoionizzazione dell'acqua è $+55{,}84$ kJ mol^{-1}:

$$H_2O(l) + H_2O(l) \rightleftharpoons H_3O^+(aq) + OH^-(aq) \qquad \Delta H^\circ = +55{,}84 \text{ kJ mol}^{-1}$$

Questo significa che la reazione di autoionizzazione dell'acqua è un processo endotermico. Secondo il principio di Le Châtelier (Capitolo 10.4), l'equilibrio di un processo endotermico si sposterà nella direzione dei prodotti all'aumentare della temperatura, con un corrispondente incremento della costante di equilibrio. Pertanto, il valore di K_w sarà maggiore del suo valore a 25 °C ($1{,}01 \times 10^{-14}$) per temperature superiori a 25 °C e minore per temperature inferiori a 25 °C. La Tabella 11.2 mostra il valore di K_w a diverse temperature.

A 60 °C (333 K), per esempio, K_w è $9{,}61 \times 10^{-14}$, quasi 10 volte superiore che a 25 °C. Dato questo valore di K_w, si può calcolare la concentrazione degli ioni H^+ nell'acqua neutra (dove $[H^+] = [OH^-]$) a 60 °C:

$$K_w = [H^+][OH^-] = [H^+]^2 = 9{,}61 \times 10^{-14}$$

$$[H^+] = 3{,}10 \times 10^{-7}$$

Tabella 11.2 Dipendenza dalla temperatura del prodotto ionico dell'acqua (K_w) e del pH dell'acqua neutra

Temperatura (K)	K_w	pH dell'acqua neutra
273	$1{,}14 \times 10^{-15}$	7,47
298	$1{,}00 \times 10^{-14}$	7,00
313	$2{,}92 \times 10^{-14}$	6,77
333	$9{,}61 \times 10^{-14}$	6,51
373	$5{,}40 \times 10^{-13}$	6,13

Questo valore è circa tre volte superiore al corrispondente valore a 25 °C. Il pH neutro dell'acqua a questa temperatura sarà quindi

$$pH = -\log_{10}[H^+] = -\log_{10}(3{,}10 \times 10^{-7}) = 6{,}51$$

I valori nella Tabella 11.2 possono essere calcolati utilizzando l'equazione di van't Hoff (Equazione 10.16), conoscendo il valore di K_w a 298 K e i dati termodinamici in Appendice 2.

Questo numero è inferiore a 7, ma ciò non significa che si tratti di una soluzione acida. La soluzione è ancora neutra, perché $[OH^-] = [H^+]$. A questa temperatura, la distinzione tra soluzioni acide e basiche è 6,51, non 7,00, come a 298 K. Il pH dell'acqua neutra a diverse temperature è indicato nella Tabella 11.2.

Esempio 11.7

Un campione di acqua prelevato da una sorgente termale a 40 °C presenta $[H^+] = 2{,}34 \times 10^{-6}$ *M*. Quanto vale $[OH^-]$?

Impostazione Per ricavare $[OH^-]$ utilizzando l'Equazione 11.3, abbiamo bisogno di conoscere K_w a questa temperatura (40 °C = 313 K). Secondo la Tabella 11.2, $K_w = 2{,}92 \times 10^{-14}$ a 313 K.

Soluzione Dall'Equazione 11.3, abbiamo

$$[H^+][OH^-] = K_w$$

$$[OH^-] = \frac{K_w}{[H^+]}$$

$$= \frac{2{,}92 \times 10^{-14}}{2{,}34 \times 10^{-6}}$$

$$= 1{,}25 \times 10^{-8}\,M$$

Problema di autovalutazione Il pOH di una soluzione acquosa è 4,32 a una temperatura di 60 °C. Determinare il pH e la concentrazione di ioni H^+ di questo campione.

11.3 Forza di acidi e basi

Gli *acidi deboli* rappresentano la maggioranza degli acidi; essi si ionizzano solo parzialmente in acqua (Figura 11.7). Se si rappresenta un acido debole non ionizzato con HA, con la sua base coniugata A^-, la ionizzazione di un acido debole in soluzione acquosa è rappresentata dal seguente equilibrio:

$$HA(aq) + H_2O \rightleftharpoons A^-(aq) + H_3O^+(aq) \qquad \textbf{(11.9)}$$

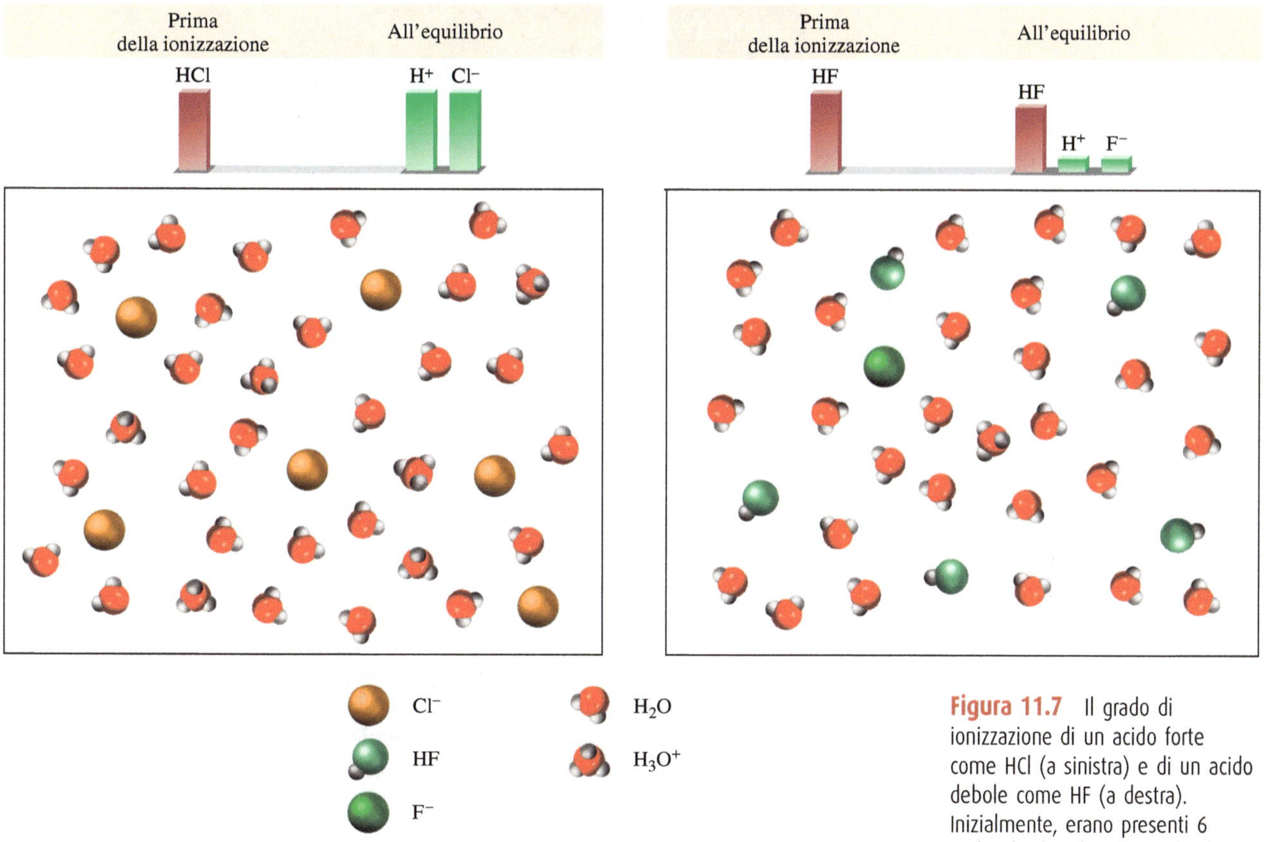

Figura 11.7 Il grado di ionizzazione di un acido forte come HCl (a sinistra) e di un acido debole come HF (a destra). Inizialmente, erano presenti 6 molecole di HCl e di HF. L'acido forte si suppone completamente ionizzato in soluzione. Il protone esiste in soluzione come ione idrossonio (H_3O^+).

All'equilibrio, le soluzioni acquose di acidi deboli contengono una miscela di molecole di acido non ionizzato (HA), ioni H_3O^+ e la base coniugata (A^-). Alcuni esempi di acidi deboli sono l'acido fluoridrico (HF), l'acido acetico (CH_3COOH) e lo ione ammonio (NH_4^+).

La forza di un acido debole, cioè la misura in cui esso si ionizza in soluzione acquosa, è determinata dalla grandezza della costante d'equilibrio, detta ***costante di ionizzazione acida*** (K_a), della reazione di ionizzazione acida (Equazione 11.9):

$$K_a = \frac{a_{H_3O^+(aq)}a_{A^-(aq)}}{a_{HA(aq)}a_{H_2O(l)}} \tag{11.10}$$

dove a rappresenta l'attività di ciascuna specie. Analogamente a quanto detto per il prodotto ionico dell'acqua, per soluzioni sufficientemente diluite ($<0{,}05\ M$), le attività dei soluti (HA, A^- e H_3O^+) possono essere sostituite con buona approssimazione dalle loro concentrazioni (rispetto alla concentrazione standard di 1 M), e l'attività del solvente (acqua) può essere assunta pari a 1, per dare

$$K_a \approx \frac{[H_3O^+][A^-]}{[HA]} = \frac{[H^+][A^-]}{[HA]} \tag{11.11}$$

Per esempio, la K_a per l'acido debole HF è data da

$$K_a = \frac{[H^+][F^-]}{[HF]}$$

Maggiore è il K_a, più forte è l'acido. La Tabella 11.3 elenca i valori di K_a per alcuni acidi deboli comuni.

Tabella 11.3 Costanti di ionizzazione di alcuni acidi deboli a 298 K

Acido	K_a
HF (acido fluoridrico)	$7{,}10 \times 10^{-4}$
HCN (acido cianidrico)	$4{,}90 \times 10^{-10}$
HNO_2 (acido nitroso)	$4{,}50 \times 10^{-4}$
CH_3COOH (acido acetico)	$1{,}75 \times 10^{-5}$
HCOOH (acido formico)	$1{,}77 \times 10^{-4}$
$ClCH_2COOH$ (acido cloroacetico)	$1{,}36 \times 10^{-3}$
$CH_3CH(OH)COOH$ (acido lattico)	$1{,}39 \times 10^{-4}$
C_6H_5COOH (acido benzoico)	$6{,}50 \times 10^{-5}$
C_6H_5OH (fenolo)	$1{,}30 \times 10^{-10}$
$C_9H_8O_4$ (acido acetilsalicilico, aspirina)	$3{,}00 \times 10^{-4}$

Come detto nel Paragrafo 11.1, per gli *acidi forti* si può assumere, ai fini pratici, una ionizzazione completa in acqua (vedi la Figura 11.7). Ci sono relativamente pochi acidi forti e la maggior parte sono acidi inorganici, come per esempio l'acido cloridrico (HCl), l'acido nitrico (HNO_3), l'acido perclorico ($HClO_4$) e l'acido solforico (H_2SO_4):

$$HCl(aq) + H_2O(l) \longrightarrow H_3O^+(aq) + Cl^-(aq)$$

$$HNO_3(aq) + H_2O(l) \longrightarrow H_3O^+(aq) + NO_3^-(aq)$$

$$HClO_4(aq) + H_2O(l) \longrightarrow H_3O^+(aq) + ClO_4^-(aq)$$

$$H_2SO_4(aq) + H_2O(l) \longrightarrow H_3O^+(aq) + HSO_4^-(aq)$$

H_2SO_4 è un acido diprotico, ma viene mostrato solo il primo stadio di ionizzazione, dato che HSO_4^- è un acido debole. Altri acidi forti sono l'acido bromidrico (HBr) e l'acido iodidrico (HI). All'equilibrio, le soluzioni di acidi forti non contengono molecole di acido non ionizzate.

L'acido più forte che può esistere in soluzione acquosa è lo ione idrossonio (H_3O^+). Il K_a per lo ione idrossonio è la costante di equilibrio per la reazione di scambio del protone:

$$H_3O^+(aq) + H_2O(l) \rightleftharpoons H_2O(l) + H_3O^+(aq)$$

Poiché le specie su entrambi i lati di questo equilibrio sono le stesse, la costante di equilibrio per questa reazione sarà uguale a 1, per cui il K_a per lo ione idrossonio è esattamente 1. Acidi più forti dello ione idrossonio (K_a >1) reagiranno completamente con l'acqua per produrre ioni idrossonio e la base coniugata, quindi, saranno acidi forti. Questo dà una conveniente definizione di acido forte come un acido che possieda una costante di dissociazione acida superiore all'unità (in soluzione acquosa). Tutti questi acidi forniranno identiche concentrazioni di H_3O^+ in acqua, indipendentemente dai valori delle loro K_a, un fenomeno noto come ***effetto livellante***.

Come gli acidi forti, le *basi forti* sono completamente ionizzate in acqua (vedi Paragrafo 11.1.2). Gli idrossidi dei metalli alcalini e di alcuni metalli alcalino-terrosi sono basi forti. Tutti gli idrossidi dei metalli alcalini sono solubili in acqua. Degli idrossidi dei metalli alcalino-terrosi, $Be(OH)_2$ e $Mg(OH)_2$ sono insolubili;

$Ca(OH)_2$ e $Sr(OH)_2$ sono poco solubile e $Ba(OH)_2$ è solubile. Alcuni esempi di basi forti sono

$$NaOH(s) \xrightarrow{H_2O} Na^+(aq) + OH^-(aq)$$
$$KOH \xrightarrow{H_2O} K^+(aq) + OH^-(aq)$$
$$Ba(OH)_2(s) \xrightarrow{H_2O} Ba^{2+}(aq) + 2OH^-(aq)$$

Parlando rigorosamente, questi idrossidi non sono basi di Brønsted perché non possono accettare un protone. Lo ione idrossido (OH^-) formato durante la ionizzazione, tuttavia, *è* una base di Brønsted perché può accettare un protone:

$$H_3O^+(aq) + OH^-(aq) \longrightarrow 2H_2O(l)$$

Per cui, quando si indica come base NaOH o qualsiasi altro idrossido, ci si riferisce in realtà alla specie OH^- che è derivata dall'idrossido.

Le *basi deboli*, come gli acidi deboli, sono *elettroliti deboli*. L'ammoniaca è una base debole e si ionizza in misura molto limitata in acqua:

$$NH_3(aq) + H_2O(l) \rightleftharpoons NH_4^+(aq) + OH^-(aq)$$

NH_3 non si ionizza come un acido poiché non si suddivide per formare ioni come fa, per esempio, HCl. L'ammoniaca, invece, accetta un protone dall'acqua per diventare lo ione NH_4^+.

La ionizzazione delle basi deboli è trattata allo stesso modo della ionizzazione degli acidi deboli. Si consideri la seguente reazione di una base A^- con l'acqua:

$$A^-(aq) + H_2O(aq) \rightleftharpoons HA(aq) + OH^-(aq) \qquad \textbf{(11.12)}$$

La costante di equilibrio per questa reazione, detta ***costante di ionizzazione basica*** (K_b), è data da

$$K_b = \frac{a_{HA(aq)}\, a_{OH^-(aq)}}{a_{A^-(aq)}\, a_{H_2O(l)}} \approx \frac{[HA]\,[OH^-]}{[A^-]} \qquad \textbf{(11.13)}$$

dove si è assunto che le soluzioni siano sufficientemente diluite in modo che le attività dei soluti possano essere approssimate dalle loro concentrazioni e che l'attività dell'acqua sia unitaria. Per esempio, K_b per NH_3 ($A^- = NH_3$ e $HA = NH_4^+$) è data da

$$K_b = \frac{[NH_4^+]\,[OH^-]}{[NH_3]}$$

Maggiore è K_b, più forte è la base. La Tabella 11.4 elenca i valori di K_b per alcune basi deboli comuni.

Il lone pair (in rosso) sull'atomo N spiega la basicità dell'ammoniaca.

Tabella 11.4 Costanti di ionizzazione di alcune basi deboli a 298 K

Base	K_b
$C_2H_5NH_2$ (etilammina)	$5{,}6 \times 10^{-4}$
CH_3NH_2 (metilammina)	$4{,}4 \times 10^{-4}$
NH_3 (ammoniaca)	$1{,}8 \times 10^{-5}$
$C_5H_5NH_2$ (piridina)	$1{,}7 \times 10^{-9}$
$C_6H_5NH_2$ (anilina)	$3{,}8 \times 10^{-10}$
$C_8H_{10}N_2O_2$ (caffeina)	$5{,}3 \times 10^{-14}$
$(NH_2)_2CO$ (urea)	$1{,}5 \times 10^{-14}$

Lo ione OH^- è la base più forte che possa esistere in soluzione acquosa. Come per K_a per lo ione idrossonio, K_b per lo ione idrossido è esattamente 1 dato che è la costante di equilibrio per la reazione

$$OH^-(aq) + H_2O(l) \rightleftharpoons H_2O(l) + OH^-(l)$$

Basi più forti di OH^- ($K_b > 1$) reagiscono con acqua per produrre OH^- e i loro acidi coniugati. Per esempio, lo ione ossido (O^{2-}) è una base più forte di OH^-e quindi reagisce completamente con l'acqua nel modo seguente:

$$O^{2-}(aq) + H_2O(l) \longrightarrow 2OH^-(aq)$$

Per questo motivo, lo ione ossido non esiste in soluzione acquosa.

Come K_w, sia K_a per gli acidi deboli che K_b per le basi deboli dipendono dalla temperatura. La dipendenza dalla temperatura di queste grandezze può essere determinata dalla variazione di entalpia standard della reazione di ionizzazione corrispondente (vedi Equazione 10.16). Per esempio, il $\Delta H°$ per la ionizzazione dell'acido debole HF

$$HF(aq) \xrightarrow{H_2O} H^+(aq) + F^-(aq)$$

è pari a -13 kJ mol^{-1}. Quindi, questa reazione è esotermica. Secondo il principio di Le Châtelier, l'aumento della temperatura di una reazione esotermica sposterà l'equilibrio verso i reagenti, cioè, la costante di equilibrio diminuisce. Pertanto, la costante di ionizzazione acida K_a per HF dovrebbe diminuire con la temperatura (vedi Problema 11.35). Un altro esempio riguarda l'ammoniaca (NH_3), base debole. Il $\Delta H°$ per la ionizzazione di NH_3 in soluzione acquosa vale $+2{,}4$ kJ mol^{-1}, indicando che questa ionizzazione è endotermica. Secondo il principio di Le Châtelier, la K_b per NH_3 aumenterà con l'aumentare della temperatura. Tale aumento, tuttavia, sarà moderato, dato il valore relativamente piccolo di $\Delta H°$. Per determinare se una data K_a o K_b aumenta o diminuisce con la temperatura, è necessario prima determinare il $\Delta H°$ per la reazione di ionizzazione. Se la reazione è endotermica, allora la costante di ionizzazione dell'acido (o della base) aumenta con l'aumentare della temperatura. Se è esotermica, la costante di ionizzazione diminuisce all'aumentare della temperatura.

11.3.1 Relazione tra le costanti di ionizzazione degli acidi e delle loro basi coniugate

Un'importante relazione tra la costante di ionizzazione di un acido e la costante di ionizzazione della sua base coniugata può essere ricavata come segue, utilizzando l'acido acetico come esempio:

$$CH_3COOH(aq) \rightleftharpoons H^+(aq) + CH_3COO^-(aq)$$

$$K_a = \frac{[H^+][CH_3COO^-]}{[CH_3COOH]}$$

La base coniugata (CH_3COO^-), fornita, per esempio, da una soluzione di acetato di sodio (CH_3COONa), reagisce con l'acqua secondo la reazione

$$CH_3COO^-(aq) + H_2O(l) \rightleftharpoons CH_3COOH(aq) + OH^-(aq)$$

Si può scrivere la costante di ionizzazione basica (Equazione 11.13) come

$$K_b = \frac{[CH_3COOH][OH^-]}{[CH_3COO^-]}$$

Il prodotto di queste due costanti di ionizzazione è dato da

$$K_aK_b = \frac{[H^+][CH_3COO^-]}{[CH_3COOH]} \times \frac{[CH_3COOH][OH^-]}{[CH_3COO^-]}$$
$$= [H^+][OH^-]$$
$$= K_w$$

Questo risultato può sembrare strano a prima vista, ma se si sommano le due equazioni chimiche si vede che la somma è semplicemente la reazione di autoionizzazione dell'acqua.

(1) $CH_3COOH(aq) \rightleftharpoons H^+(aq) + CH_3COO^-(aq)$ $\quad K_a$

(2) $CH_3COO^-(aq) + H_2O(l) \rightleftharpoons CH_3COOH(aq) + OH^-(aq)$ $\quad K_b$

(3) $H_2O(l) \rightleftharpoons H^+(aq) + OH^-(aq)$ $\quad K_w$

Questo esempio illustra una delle regole per gli equilibri chimici: quando due reazioni vengono sommate per dare una terza reazione, la costante di equilibrio per la terza reazione è il prodotto delle costanti di equilibrio delle due reazioni sommate (vedi Capitolo 10). Così, per qualsiasi coppia acido-base coniugata, è sempre vero che

$$K_aK_b = K_w \tag{11.14}$$

Esprimendo l'Equazione 11.14 come

$$K_a = \frac{K_w}{K_b} \quad \text{oppure} \quad K_b = \frac{K_w}{K_a}$$

mostra che più forte è l'acido (maggiore K_a), più debole sarà la sua base coniugata (minore K_b), e viceversa. Questa conclusione viene illustrata nell'Esempio 11.8.

Esempio 11.8

I valori di K_a per l'acido fluoridrico (HF) e l'acido acetico (CH_3COOH) a 25 °C sono, rispettivamente, $7{,}1 \times 10^{-4}$ e $1{,}8 \times 10^{-5}$. Calcolare le K_b per le loro basi coniugate a questa temperatura.

Impostazione Le basi coniugate per HF e CH_3COOH sono, rispettivamente, F^- e CH_3COO^- (ione acetato). Le K_a sono date, per cui usiamo l'Equazione 11.14 ($K_w = K_aK_b$) per calcolare le K_b, utilizzando il valore di K_w a 25 °C ($1{,}01 \times 10^{-14}$).

Soluzione La K_a per HF vale $7{,}7 \times 10^{-4}$. Riarrangiando l'Equazione 11.14

$$K_b = \frac{K_w}{K_a} = \frac{1{,}01 \times 10^{-14}}{7{,}1 \times 10^{-4}}$$
$$= 1{,}4 \times 10^{-11}$$

Analogamente, la K_b per lo ione acetato è data da

$$K_b = \frac{K_w}{K_a} = \frac{1{,}01 \times 10^{-14}}{1{,}8 \times 10^{-5}}$$
$$= 5{,}6 \times 10^{-10}$$

Verifica La K_b per lo ione fluoruro (F^-) è minore di quella per lo ione acetato (CH_3COO^-), quindi, F^- è una base *più debole* di CH_3COO^-. Ciò è coerente con il fatto che HF è un acido *più forte* di CH_3COOH.

Problema di autovalutazione I valori di K_b per l'ammoniaca (NH_3) e per la metilammina (CH_3NH_2) sono, rispettivamente, $1{,}8 \times 10^{-5}$ e $4{,}38 \times 10^{-4}$. Calcolare i valori di K_a per i corrispondenti acidi coniugati.

I valori di K_a e K_b per alcune coppie acido-base coniugate sono mostrati nella Tabella 11.5. Dato che i valori di K_a e K_b possono variare di diversi ordini di grandezza, essi sono spesso espressi su scala logaritmica, analogamente al pH. pK_a e pK_b sono definiti nel modo seguente:

$$pK_a = -\log_{10} K_a \quad (11.15)$$

$$pK_b = -\log_{10} K_b \quad (11.16)$$

Per esempio il pK_a di HF ($K_a = 7{,}1 \times 10^{-4}$) è $-\log_{10}(7{,}1 \times 10^{-4}) = 3{,}15$ e il pK_b di NH_3 ($K_b = 1{,}8 \times 10^{-5}$) è $-\log_{10}(1{,}8 \times 10^{-5}) = 4{,}74$. Prendendo il logaritmo decimale negativo dell'Equazione 11.14 ($K_aK_b = K_w$) si ha

$$-\log_{10} K_a K_b = -\log_{10} K_w$$

$$-\log_{10} K_a - \log_{10} K_b = -\log_{10} K_w$$

$$pK_a + pK_b = -\log_{10} K_w \quad (11.17)$$

Per cui, a 25 °C, $K_w = 1{,}01 \times 10^{-14}$ e

$$pK_a + pK_b = 14{,}00 \quad (11.18)$$

Tabella 11.5 Forza relativa di alcune coppie coniugate acido-base

Acido	K_a	pK_a	Base coniugata	K_b	pK_b
HI (acido iodidrico)*	~10^{10}	−10	I^- (ione ioduro)	~1×10^{-24}	24
HBr (acido bromidrico)	~10^{9}	−9	Br^- (ione bromuro)	~1×10^{-23}	23
HCl (acido cloridrico)*	~1×10^{6}	−6	Cl^- (ione cloruro)	~1×10^{-20}	20
H_2SO_4 (acido solforico)*	~1×10^{3}	−3	HSO_4^- (ione idrogenosolfuro)	~1×10^{-17}	17
HNO_3 (acido nitrico)*	~1×10^{2}	−2	NO_3^- (ione nitrato)	~1×10^{-15}	15
H_3O^+ (ione idrossonio)	1	0,00	H_2O (acqua)	$1{,}0 \times 10^{-14}$	14,00
HSO_4^- (ione idrogenosolfato)	$1{,}3 \times 10^{-2}$	1,89	SO_4^{2-} (ione solfato)	$7{,}7 \times 10^{-13}$	12,11
HF (acido fluoridrico)	$7{,}1 \times 10^{-4}$	3,15	F^- (ione fluoruro)	$1{,}4 \times 10^{-11}$	10,85
HNO_2 (acido nitroso)	$4{,}5 \times 10^{-4}$	3,35	NO_2^- (ione nitrito)	$2{,}2 \times 10^{-11}$	10,65
HCOOH (acido formico)	$1{,}7 \times 10^{-4}$	3,77	$HCOO^-$ (ione formiato)	$5{,}9 \times 10^{-11}$	10,23
CH_3COOH (acido acetico)	$1{,}8 \times 10^{-5}$	4,74	CH_3COO^- (ione acetato)	$5{,}6 \times 10^{-10}$	9,26
NH_4^+ (ione ammonio)	$5{,}6 \times 10^{-10}$	9,25	NH_3 (ammoniaca)	$1{,}8 \times 10^{-5}$	4,75
HCN (acido cianidrico)	$4{,}9 \times 10^{-10}$	9,31	CN^- (ione cianuro)	$2{,}0 \times 10^{-5}$	4,69
H_2O (acqua)	$1{,}0 \times 10^{-14}$	14,00	OH^- (ione idrossido od ossidrile)	1	0,00
NH_3 (ammoniaca)	~$1{,}0 \times 10^{-34}$	34	NH_2^- (ione ammide)*	~$1{,}0 \times 10^{20}$	−20

* Il K_a per gli acidi forti (e per lo ione ammide) qui riportati sono molto approssimativi e stimati da dati termodinamici. Essi sono qui inclusi solo per mostrare l'andamento nella forza degli acidi e devono essere usati con cautela.

Anche i valori di pK_a e pK_b per alcune coppie acido-base coniugate sono mostrati nella Tabella 11.5.

Conoscendo la forza relativa di due acidi, si può prevedere l'entità della reazione tra uno degli acidi e la base coniugata dell'altro, come illustrato nell'Esempio 11.9.

Esempio 11.9

Prevedere se, nella reazione seguente, saranno favoriti i prodotti o i reagenti, all'equilibrio:

$$HNO_2(aq) + CN^-(aq) \rightleftharpoons HCN(aq) + NO_2^-(aq)$$

Impostazione Il problema è stabilire se, all'equilibrio, la reazione sarà spostata a destra, a favorire la formazione di HCN e NO_2^-, o verso sinistra, a favorire la formazione di HNO_2 e CN^-. Quale dei due (HNO_2 o HCN) è un acido forte e quindi un più forte donatore di protoni? Quale delle due (CN^- e NO_2^-) è una base più forte e quindi un più forte accettore di protoni? Ricordare che più forte è l'acido, più debole sarà la sua base coniugata. L'equilibrio favorirà l'acido debole e la più debole base coniugata, quindi bisogna utilizzare la Tabella 11.5 per confrontare i valori dei K_a.

Soluzione Secondo la Tabella 11.5, HNO_2 è un acido più forte di HCN poiché $K_a(HNO_2) > K_a(HCN)$. Perciò, CN^- è una base più forte di NO_2^-. La reazione procederà da sinistra a destra come scritto, poiché HNO_2 è un donatore di protoni migliore di HCN (e CN^- è un migliore accettore di protoni di NO_2^-).

Problema di autovalutazione Predire se la costante di equilibrio della seguente reazione è maggiore o minore di 1:

$$CH_3COOH(aq) + HCOO^-(aq) \rightleftharpoons CH_3COO^-(aq) + HCOOH(aq)$$

11.3.2 Costanti di ionizzazione di acidi diprotici e triprotici

La trattazione degli acidi diprotici e triprotici è più complicata di quella degli acidi monoprotici perché essi possono produrre più di uno ione idrogeno per molecola. Gli acidi diprotici e triprotici si ionizzano in modo graduale, vale a dire, perdono un protone alla volta. Si può scrivere un'espressione per la costante di ionizzazione per ogni stadio di ionizzazione. Di conseguenza, due o più espressioni delle costanti d'equilibrio devono essere spesso utilizzate per calcolare le concentrazioni delle specie in soluzione acida. Per l'acido carbonico (H_2CO_3), per esempio, si scrive

$$H_2CO_3(aq) \rightleftharpoons H^+(aq) + HCO_3^-(aq) \qquad K_{a_1} = \frac{[H^+][HCO_3^-]}{[H_2CO_3]}$$

$$HCO_3^-(aq) \rightleftharpoons H^+(aq) + CO_3^{2-}(aq) \qquad K_{a_2} = \frac{[H^+][CO_3^{2-}]}{[HCO_3^-]}$$

La base coniugata nel primo stadio di ionizzazione diventa l'acido nel secondo stadio di ionizzazione.

La Tabella 11.6 elenca le costanti di ionizzazione di diversi acidi diprotici e di un acido triprotico. Per un determinato acido, la prima costante di ionizzazione è molto più grande rispetto alla seconda costante di ionizzazione, e così via. Questo comportamento si verifica perché è più facile rimuovere uno ione H^+ da una molecola neutra che rimuovere un ulteriore ione H^+ dallo ione negativo generato dalla prima ionizzazione.

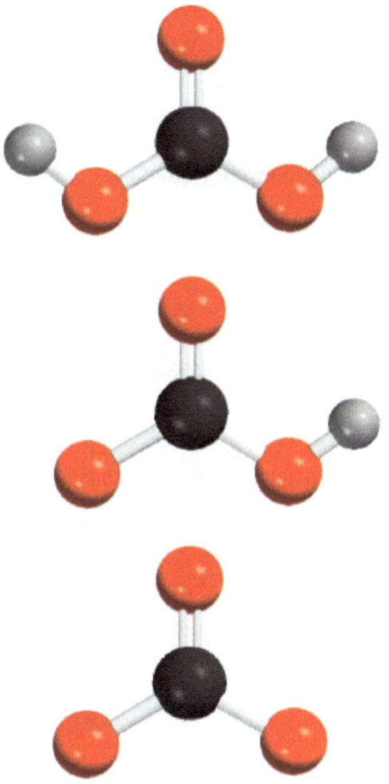

Dall'alto verso il basso: H_2CO_3, HCO_3^- e CO_3^{2-}.

Tabella 11.6 Costanti di ionizzazione di alcuni acidi poliprotici e delle relative basi coniugate a 25 °C

Acido	Formula	Struttura	K_a	Base coniugata	K_b
Acido solforico	H_2SO_4	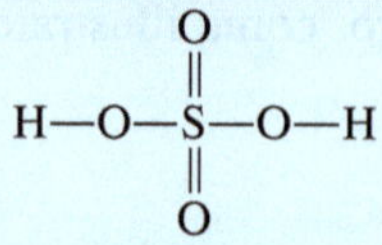	Molto grande	HSO_4^-	Molto piccola
Ione idrogenosolfato	HSO_4^-	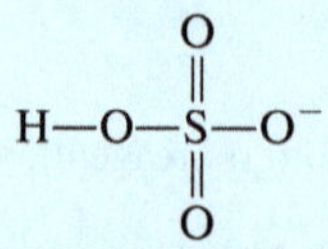	$1,3 \times 10^{-2}$	SO_4^{2-}	$7,7 \times 10^{-13}$
Acido ossalico	$C_2H_2O_4$	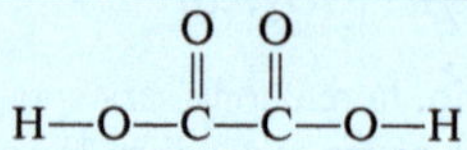	$6,5 \times 10^{-2}$	$C_2HO_4^-$	$1,5 \times 10^{-13}$
Ione idrogeno ossalato	$C_2HO_4^-$	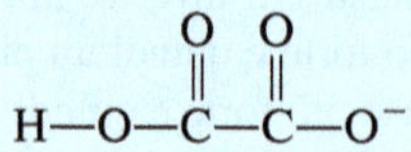	$6,1 \times 10^{-5}$	$C_2O_4^{2-}$	$1,6 \times 10^{-10}$
Acido solforoso*	H_2SO_3	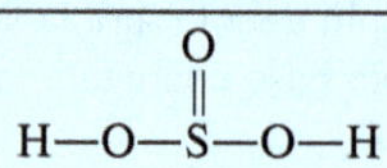	$1,3 \times 10^{-2}$	HSO_3^-	$7,7 \times 10^{-13}$
Ione idrogenosolfito	HSO_3^-	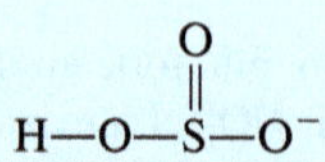	$6,3 \times 10^{-8}$	SO_3^{2-}	$1,6 \times 10^{-7}$
Acido carbonico	H_2CO_3	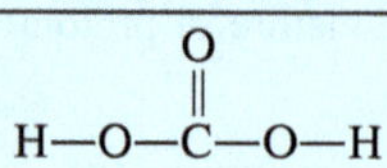	$4,2 \times 10^{-7}$	HCO_3^-	$2,4 \times 10^{-8}$
Ione idrogenocarbonato	HCO_3^-	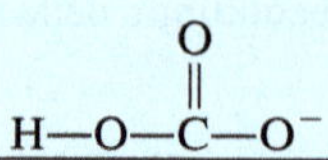	$4,8 \times 10^{-11}$	CO_3^{2-}	$2,1 \times 10^{-4}$
Acido solfidrico	H_2S	H—S—H	$9,5 \times 10^{-8}$	HS^-	$1,1 \times 10^{-7}$
Ione idrogenosolfuro†	HS^-	$H—S^-$	1×10^{-19}	S^{2-}	1×10^{5}
Acido fosforico	H_3PO_4	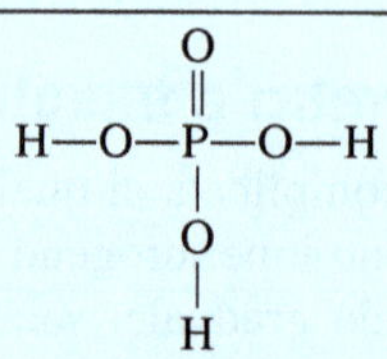	$7,5 \times 10^{-3}$	$H_2PO_4^-$	$1,3 \times 10^{-12}$
Ione diidrogenofosfato	$H_2PO_4^-$	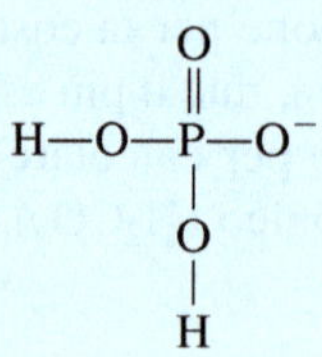	$6,2 \times 10^{-8}$	HPO_4^{2-}	$1,6 \times 10^{-7}$
Ione monoidrogenofosfato	HPO_4^{2-}	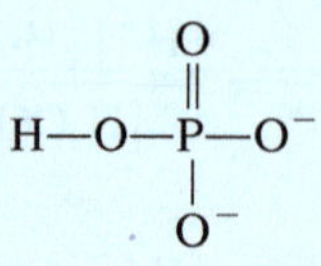	$4,8 \times 10^{-13}$	PO_4^{3-}	$2,1 \times 10^{-2}$

* H_2SO_3 non è mai stato isolato ed esiste solo a basse concentrazioni in soluzioni acquose di SO_2. Il valore di K_a qui indicato si riferisce al processo $SO_2(g) + H_2O(l) \rightleftharpoons H^+(aq) + HSO_3^-(aq)$.

† La costante di ionizzazione di HS^- è molto piccola e difficile da misurare. Il valore qui indicato è solo una stima.

11.4 Calcolo del pH

11.4.1 Acidi e basi forti

Il calcolo del pH di soluzioni di acidi monoprotici forti o di basi forti è immediato perché si può assumere che siano completamente ionizzati in acqua. Pertanto, la concentrazione di H_3O^+ (in caso di forti acidi monoprotici) o di OH^- (nel caso di basi forti) sarà pari alla concentrazione iniziale, rispettivamente, di acido o di base. Tutto questo, ovviamente, vale per soluzioni abbastanza concentrate da poter trascurare il contributo della reazione di autoionizzazione dell'acqua.

L'Esempio 11.10 mostra come calcolare il pH di una soluzione contenente un acido forte monoprotico e una soluzione contenente una base forte.

Esempio 11.10

Calcolare il pH di: (a) una soluzione $1{,}7 \times 10^{-4}\ M$ in HCl, (b) una soluzione $2{,}3 \times 10^{-3}\ M$ in $Ba(OH)_2$.

Impostazione HCl è un acido forte e $Ba(OH)_2$ è una base forte, quindi queste specie sono completamente ionizzate in soluzione acquosa [nelle soluzioni non sono presenti HCl o $Ba(OH)_2$]. (a) Una volta noto $[H^+]$, si può utilizzare l'Equazione 11.5 [$pH = -\log_{10}[H^+]$] per calcolare il pH. (b) Una volta noto $[OH^-]$, si può utilizzare l'Equazione 11.7 ($pOH = -\log_{10}[OH^-]$) per calcolare il pOH, e quindi l'Equazione 11.8 ($pH + pOH = 14{,}00$) per calcolare il pH.

Soluzione

(a) La ionizzazione di HCl è

$$HCl(aq) \longrightarrow H^+(aq) + Cl^-(aq)$$

HCl è un acido forte monoprotico, perciò la sua dissociazione è completa e, quindi, la concentrazione degli ioni H^+ e Cl^- è la stessa della concentrazione iniziale di HCl:

$$[H^+] = [Cl^-] = [HCl]_0 = 1{,}7 \times 10^{-4}\ M$$

Perciò,

$$pH = -\log_{10}[H^+] = -\log_{10}(1{,}7 \times 10^{-4}) = 3{,}77$$

(b) $Ba(OH)_2$ è una base forte e ogni unità di $Ba(OH)_2$ produce due ioni OH^-:

$$Ba(OH)_2(aq) \longrightarrow Ba^{2+}(aq) + 2OH^-(aq)$$

Pertanto, la concentrazione degli ioni OH^- nella soluzione sarà il doppio della concentrazione iniziale di $Ba(OH)_2$:

$$[OH^-] = 2 \times [Ba(OH)_2] = 2 \times (2{,}3 \times 10^{-3}\ M) = 4{,}6 \times 10^{-3}\ M$$

Così,

$$pOH = -\log_{10}[OH^-] = -\log_{10}[4{,}6 \times 10^{-3}] = 2{,}34$$

e, dall'Equazione 11.8,

$$pH = 14{,}00 - pOH = 14{,}00 - 2{,}34 = 11{,}66$$

Commento In entrambe le parti (a) e (b), abbiamo trascurato il contributo dell'autoionizzazione dell'acqua, dato che $1{,}0 \times 10^{-7}\ M$ è molto più piccola di $1{,}7 \times 10^{-4}\ M$ e $4{,}6 \times 10^{-3}\ M$. Inoltre, i valori di pH calcolati possono differire leggermente da quelli effettivi a causa della non idealità della soluzione. Questa differenza sarà più marcata nella soluzione basica perché è meno diluita e perché lo ione Ba^{2+} ha carica doppia e interagirà fortemente con gli altri ioni in soluzione.

Problema di autovalutazione Calcolare il pH di una soluzione di $Ba(OH)_2$ 1,8 × 10^{-5} *M*.

Se l'acido forte (o la base forte) è molto diluito (< 10^{-6} *M*), allora sarà necessario prendere in considerazione l'autoionizzazione dell'acqua. Questo caso sarà trattato più avanti nel capitolo.

11.4.2 Acidi monoprotici deboli

Per calcolare il pH di un acido monoprotico debole, è necessario tenere conto dell'equilibrio di ionizzazione

$$HA(aq) \rightleftharpoons A^-(aq) + H^+(aq)$$

in cui l'acido e la base coniugata sono rappresentati, rispettivamente, da HA e A^-. Ignorando l'autoionizzazione dell'acqua, le concentrazioni di HA, A^- e H_3O^+ sono correlate dall'espressione della costante d'equilibrio (Equazione 11.11):

$$K_a = \frac{[H^+][A^-]}{[HA]} \qquad \textbf{(11.11)}$$

Se indichiamo con $[HA]_0$ la concentrazione iniziale dell'acido e con x le concentrazioni di $[A^-]$ e $[H_3O^+]$ all'equilibrio, abbiamo dalla stechiometria,

$$\begin{array}{ccccc} HA(aq) & \rightleftharpoons & A^-(aq) & + & H^+(aq) \\ ([HA]_0 - x) & & x & & x \end{array}$$

L'espressione della costante d'equilibrio diventa

$$K_a = \frac{[H^+][A^-]}{[HA]} = \frac{(x)(x)}{[HA]_0 - x}$$

$$K_a = \frac{x^2}{[HA]_0 - x} \qquad \textbf{(11.19)}$$

che fornisce la seguente equazione per $x = [H_3O^+]$:

$$x^2 + K_a x - K_a[HA]_0 = 0 \qquad \textbf{(11.20)}$$

L'Equazione 11.20 è un'equazione quadratica della forma $ax^2 + bx + c = 0$, per la quale la soluzione generale è data dalla formula quadratica:

$$x = \frac{-b \pm \sqrt{b^2 - 4ac}}{2a}$$

Se K_a è sufficientemente piccolo o $[HA]_0$ è sufficientemente grande, allora la quantità di acido dissociata, x, sarà piccola rispetto a $[HA]_0$ e la x al denominatore dell'Equazione 11.19 può essere trascurata, per dare

$$x \approx \sqrt{K_a[HA]_0} \qquad \textbf{(11.21)}$$

Questa approssimazione è generalmente considerata valida fino a quando il valore di x è minore del 5% di $[HA]_0$ dato che il 5% è in genere il livello di precisione con cui è noto K_a. Se questa approssimazione viene di fatto usata, però, è necessario confermare che il valore risultante di x sia inferiore al 5% di $[HA]_0$.

Una volta calcolato $x = [H^+]$, il pH può essere trovato dall'Equazione 11.5. L'Esempio 11.11 mostra come calcolare il pH di una soluzione di acido debole.

Esempio 11.11

Calcolare il pH di: (a) una soluzione 0,50 *M* di HCN, (b) una soluzione 0,050 *M* di HF.

Impostazione Per determinare il pH di questi acidi deboli, è necessario conoscere i loro valori di K_a. Secondo la Tabella 11.3, $K_a = 4,9 \times 10^{-10}$ per HCN e $7,1 \times 10^{-4}$ per HF. Utilizzare la procedura descritta in precedenza (che utilizza le Equazioni 11.19 e 11.21) per determinare il pH.

Soluzione

(a) La ionizzazione di HCN è data da

$$HCN(aq) \rightleftharpoons CN^-(aq) + H^+(aq) \qquad K_a = 4,9 \times 10^{-10}$$

Ponendo $x = [H^+] = [CN^-]$, l'Equazione 11.19 dà (con $[HCN]_0 = 0,50\ M$)

$$K_a = 4,9 \times 10^{-10} = \frac{x^2}{0,05 - x}$$

Il valore di K_a è molto piccolo rispetto a $[HCN]_0$, per cui possiamo ignorare la x al denominatore e usare l'Equazione 11.21

$$x \approx \sqrt{K_a[HA]_0} = \sqrt{(4,9 \times 10^{-10})(0,50)}$$
$$= 1,6 \times 10^{-5}\ M$$

Il valore di x è ben al di sotto del 5% di $[HCN]_0 = 0,50\ M$, per cui l'approssimazione è pienamente giustificata. Il pH della soluzione può quindi essere calcolato a partire dall'Equazione 11.5:

$$pH = -\log_{10}[H_3O^+] = -\log_{10} x$$
$$= 4,80$$

(b) La ionizzazione di HF è data da

$$HF(aq) \rightleftharpoons F^-(aq) + H^+(aq) \qquad K_a = 7,1 \times 10^{-4}$$

Ponendo $x = [H_3O^+] = [F^-]$, l'Equazione 11.19 dà (con $[HF]_0 = 0,050\ M$)

$$K_a = 7,1 \times 10^{-4} = \frac{x^2}{0,050 - x}$$

Se si assume che x sia piccolo rispetto a $[HF]_0$, si ottiene

$$x \approx \sqrt{K_a[HA]_0} = \sqrt{(7,1 \times 10^{-4})(0,050)}$$
$$= 5,9 \times 10^{-3}\ M$$

Questo valore di x è superiore al 5% di 0,050 M, per cui l'approssimazione non è valida e non si può ignorare x al denominatore dell'espressione della costante d'equilibrio. Partendo dall'espressione dell'equilibrio di ionizzazione di HF,

$$7,1 \times 10^{-4} = \frac{x^2}{0,050 - x}$$

si ottiene

$$x^2 + (7,1 \times 10^{-4})x - 3,6 \times 10^{-5} = 0$$

La formula quadratica dà

$$x = \frac{-b \pm \sqrt{b^2 - 4ac}}{2a}$$

$$= \frac{-7{,}1 \times 10^{-4} \pm \sqrt{(7{,}1 \times 10^{-4})^2 - 4(1)(-3{,}6 \times 10^{-5})}}{2(1)}$$

$$= \frac{-7{,}1 \times 10^{-4} \pm 0{,}012}{2}$$

$$= 5{,}6 \times 10^{-3}\,M \qquad \text{oppure} \qquad -6{,}4 \times 10^{-3}\,M$$

La seconda soluzione ($-6{,}4 \times 10^{-3}$ *M*) è fisicamente impossibile, poiché la concentrazione degli ioni, risultato della ionizzazione, non può essere negativa. Scegliendo $x = 5{,}6 \times 10^{-3}$ *M*, si ha

$$\text{pH} = -\log_{10}(5{,}6 \times 10^{-3}) = 2{,}25$$

Problema di autovalutazione Calcolare il pH di: (*a*) una soluzione 0,00100 *M* di acido nitroso (HNO_2), (b) una soluzione 0,0153 *M* di acido formico (HCOOH).

11.4.3 Percentuale di ionizzazione

L'entità di K_a indica la forza di un acido (se K_a aumenta, aumenta la forza dell'acido). Un'altra misura della forza di un acido è la sua ***percentuale di ionizzazione***, definita come

$$\text{percentuale di ionizzazione} = \frac{\text{concentrazione di acido ionizzato all'equilibrio}}{\text{concentrazione iniziale di acido}} \times 100\% \qquad \textbf{(11.22)}$$

Si possono confrontare le forze degli acidi sulla base delle percentuali di ionizzazione solo a parità di concentrazione degli acidi stessi.

Più forte è l'acido, maggiore è la percentuale di ionizzazione. Per un acido monoprotico HA, la concentrazione di acido che subisce ionizzazione è uguale alla concentrazione degli ioni H^+ o alla concentrazione degli ioni A^- all'equilibrio. Pertanto, si può scrivere la percentuale di ionizzazione come

$$\text{percentuale di ionizzazione} = \frac{[H^+]}{[HA]_0} \times 100\%$$

dove $[H^+]$ è la concentrazione di H^+ all'equilibrio e $[HA]_0$ è la concentrazione iniziale dell'acido debole HA.

Usando la soluzione dell'Esempio 11.11(b), dove $[H^+] = 5{,}6 \times 10^{-3}$ *M*, la percentuale di ionizzazione di una soluzione 0,050 *M* di HF è

$$\text{percentuale di ionizzazione} = \frac{5{,}6 \times 10^{-3}\,M}{0{,}050\,M} \times 100\% = 11\%$$

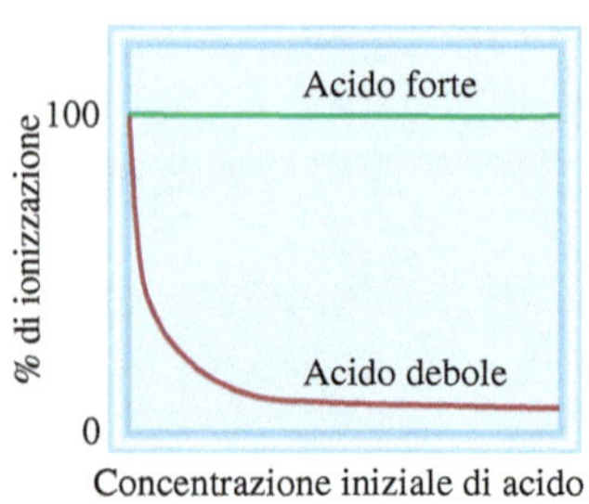

Figura 11.8 Dipendenza della percentuale di ionizzazione di un acido dalla concentrazione iniziale. Da notare il fatto che a concentrazioni molto basse, tutti gli acidi (forti o deboli che siano) sono quasi completamente ionizzati.

Pertanto, solamente una ogni 9 molecole, circa, di HF sarà ionizzata. Questo dovrebbe essere, però, un risultato non inaspettato, dato che HF è un acido debole.

La misura in cui un acido debole si ionizza dipende dalla concentrazione iniziale di acido. Più è diluita la soluzione, maggiore è la percentuale di ionizzazione (Figura 11.8). In termini qualitativi, quando un acido è diluito, il numero di particelle (molecole di acido non ionizzate più ioni) per unità di volume è minore. Secondo il principio di Le Châtelier (vedi Capitolo 10.4), per controbilanciare questa "perturbazione" (la diluizione), l'equilibrio si sposta da acido non ionizzato a ioni H^+ e la sua base coniugata per produrre più particelle (ioni).

La dipendenza della percentuale di ionizzazione dalla concentrazione iniziale può essere illustrata usando la soluzione 0,050 *M* di HF dell'Esempio 11.11(b), dove la concentrazione all'equilibrio era $5{,}6 \times 10^{-3}$ *M*. Abbiamo appena visto che la percentuale di ionizzazione di questa soluzione è dell'11%. Se ripetiamo i calcoli nell'Esempio 11.11(b) per una concentrazione 0,50 *M*, otteniamo una concentrazione all'equilibrio di 0,019 *M*, che dà una percentuale di ionizzazione

$$\frac{0{,}019\,M}{0{,}050\,M} \times 100\% = 3{,}8\%$$

Pertanto, una soluzione di HF più diluita ha una maggiore percentuale di ionizzazione di acido.

11.4.4 Basi deboli

Il calcolo del pH di soluzioni di basi deboli è simile al metodo indicato in precedenza (vedi l'Esempio 11.11) per il calcolo del pH di acidi deboli. La determinazione del pH di una base debole è indicata nell'Esempio 11.12.

Esempio 11.12

Determinare il pH di una soluzione di ammoniaca (a) 0,40 M e (b) 0,004 M.

Impostazione La procedura è simile a quella utilizzata per un acido debole (vedi l'Esempio 11.11). Per la ionizzazione dell'ammoniaca, le principali specie in soluzione all'equilibrio sono NH_3, NH_4^+ e OH^-. La concentrazione degli ioni idrogeno è molto piccola, come previsto per una soluzione basica, e quindi questa sarà una delle specie presenti solo in minima parte in soluzione. Come nel caso degli acidi deboli, di solito si può ignorare il contributo dell'autoionizzazione dell'acqua, a meno che la soluzione non sia molto diluita.

Soluzione La reazione di ionizzazione è

$$NH_3(aq) + H_2O(l) \rightleftharpoons NH_4^+(aq) + OH^-(aq) \qquad K_b = 1{,}8 \times 10^{-5}$$

All'equilibrio le concentrazioni dei vari soluti sono legate da

$$K_b = \frac{[NH_4^+][OH^-]}{[NH_3]} = 1{,}8 \times 10^{-5}$$

Se ignoriamo il contributo di $[OH^-]$ dell'autoionizzazione dell'acqua, $[NH_4^+]$ e $[OH^-]$ saranno uguali, data la stechiometria della reazione di ionizzazione di NH_3. Indicando con x la concentrazione all'equilibrio di NH_4^+ e OH^- in mol l^{-1}, possiamo riassumere la situazione nel seguente modo:

	$[NH_3]$	$[NH_4^+]$	$[OH^-]$
Iniziale (*M*)	$[NH_3]_0$	0,00	0,00
Variazione (*M*)	$-x$	$+x$	$+x$
Equilibrio (*M*)	$[NH_3]_0 - x$	x	x

Usando queste concentrazioni, l'espressione per K_b diventa

$$K_b = \frac{x^2}{[NH_3]_0 - x}$$

Se applichiamo l'approssimazione $[NH_3]_0 - x \approx [NH_3]_0$, assumendo che x sia piccolo, abbiamo

$$x^2 \approx K_b[NH_3]_0$$
$$x = \sqrt{K_a[NH_3]_0}$$

In caso contrario, abbiamo la seguente equazione quadratica:

$$x^2 + K_b x - [NH_3]_0 K_b = 0$$

(a) Qui $[NH_3]_0 = 0{,}40\ M$. Assumendo che x sia piccolo, quindi

$$x = \sqrt{K_a[NH_3]_0} = \sqrt{(1{,}8 \times 10^{-5})(0{,}40)}$$
$$= 2{,}7 \times 10^{-3}\ M$$

Per controllare l'approssimazione, scriviamo

$$\frac{2{,}7 \times 10^{-3}\ M}{0{,}40\ M} \times 100\% = 0{,}68\%$$

L'approssimazione è valida, quindi, perché questo valore è inferiore al 5%.

Il pH della soluzione può essere trovato calcolando prima il pOH. Per una soluzione sufficientemente diluita

$$pOH = -\log_{10}[OH^-] = -\log_{10} x$$
$$= -\log_{10}(2{,}7 \times 10^{-3})$$
$$= 2{,}57$$

Il pH a 25 °C è quindi dato da

$$pH = 14{,}00 - pOH = 14{,}00 - 2{,}57 = 11{,}43$$

(b) Qui $[NH_3]_0 = 0{,}0040\ M$. Assumendo che x sia piccolo

$$x = \sqrt{K_a[NH_3]_0} = \sqrt{(1{,}8 \times 10^{-5})(0{,}0040)}$$
$$= 2{,}7 \times 10^{-4}\ M$$

Per controllare l'approssimazione, scriviamo

$$\frac{2{,}7 \times 10^{-4}\ M}{0{,}0040\ M} \times 100\% = 6{,}8\%$$

Questo valore è maggiore del 5%, per cui l'approssimazione non è valida e dobbiamo usare l'equazione quadratica:

$$x^2 + K_b x - [NH_3]_0 K_b = 0$$
$$x^2 + (1{,}8 \times 10^{-5})\,x - (7{,}2 \times 10^{-8}) = 0$$

La formula quadratica dà

$$x = \frac{-1{,}8 \times 10^{-5} \mp \sqrt{(1{,}8 \times 10^{-5})^2 - 4(1)(-7{,}2 \times 10^{-8})}}{2}$$

$$= -2{,}8 \times 10^{-4}\ M \text{ oppure } 2{,}6 \times 10^{-4}\ M$$

La prima soluzione è fisicamente impossibile dato che le concentrazioni devono essere positive, quindi

$$x = 2{,}6 \times 10^{-4}\ M$$

Procedendo come nella parte (a),

$$pOH = -\log_{10}[OH^-] = -\log_{10} x$$
$$= -\log_{10}(2{,}6 \times 10^{-4})$$
$$= 3{,}60$$

Il pH a 25 °C è quindi dato da

$$pH = 14{,}00 - pOH = 14{,}00 - 3{,}60 = 10{,}40$$

Commento Così come per gli acidi deboli, la percentuale di ionizzazione di NH_3 (e, in generale, delle basi deboli) in soluzione acquosa aumenta al diminuire della concentrazione.

Problema di autovalutazione Calcolare il pH di una soluzione di metilammina con una concentrazione iniziale di (a) 0,26 *M* e (b) 0,0026 *M*.

11.4.5 pH di soluzioni diluite di acidi e basi deboli

Nei precedenti calcoli, si è ipotizzato un contributo trascurabile alle concentrazioni OH^- e H_3O^+ dall'autoionizzazione dell'acqua, relativamente al contributo fornito dall'acido o dalla base. Questo è vero fino a quando la soluzione di acido o di base non è molto diluita. Si consideri una soluzione di HCl $1{,}0 \times 10^{-8}$ *M* a 25 °C. Ignorando l'autoionizzazione dell'acqua, si calcola il pH supponendo che la concentrazione $[H_3O^+]$ in soluzione sia dovuta solamente alla completa ionizzazione dell'acido forte HCl:

$$\text{pH} = -\log_{10}[H_3O^+] = -\log_{10}(1{,}0 \times 10^{-8}) = 8{,}00$$

In questo modo, la soluzione risulterebbe basica (pH > 7) a 25 °C, e tale risultato non avrebbe alcun senso, dato che è impossibile avere una soluzione basica in seguito all'aggiunta di un acido all'acqua neutra.

Soluzioni diluite di acidi deboli

Si consideri, per esempio, la ionizzazione di un acido debole in soluzione acquosa:

$$HA(aq) + H_2O(l) \rightleftharpoons A^-(aq) + H_3O^+(aq)$$

Per soluzioni non diluite, abbiamo assunto che il contributo alla concentrazione degli ioni H_3O^+ dall'autoionizzazione dell'acqua fosse stato trascurabile, per permetterci di equiparare $[H_3O^+]$ a $[A^-]$. Tuttavia, poiché anche l'autoionizzazione dell'acqua contribuisce alla produzione di ioni H_3O^+, questa uguaglianza non è più vera se il contributo dell'acqua non può essere ignorato. Pertanto, in aggiunta all'espressione per K_a (Equazione 11.11),

$$K_a = \frac{[H^+][A^-]}{[HA]}$$

dovrà essere soddisfatta anche l'espressione dell'equilibrio di autoionizzazione dell'acqua (Equazione 11.3):

$$K_w = [H^+][OH^-]$$

Queste due equazioni contengono quattro concentrazioni variabili ($[H^+]$, $[OH^-]$, $[HA]$, $[A^-]$), quindi altre due equazioni sono necessarie per specificare completamente questo sistema. Un'ulteriore equazione deriva dal fatto che l'importo complessivo di "A" sia conservato (bilancio di massa)

$$[HA] + [A^-] = [HA]_0 \qquad \textbf{(11.23)}$$

dove $[HA]_0$ è la concentrazione iniziale di HA prima della dissociazione. Inoltre, la soluzione deve essere elettricamente neutra, cioè la concentrazione degli ioni deve essere tale che il numero totale delle cariche positive sia pari al numero totale delle cariche negative. Questa condizione (bilancio di carica) richiede che

$$[OH^-] + [A^-] = [H^+] \qquad \textbf{(11.24)}$$

Ponendo $x = [H^+]$, queste quattro equazioni simultanee (Equazioni 11.3, 11.11, 11.23, 11.24) possono essere risolte (vedi Problema 11.102) per dare un'equazione cubica per $x = [H^+]$:

$$x^3 + K_a x^2 - (K_w + K_a[HA]_0)x - K_aK_w = 0 \qquad \textbf{(11.25)}$$

L'Equazione 11.25 deve essere utilizzata se l'acido è molto diluito o molto debole o in entrambi i casi, quando comunque ci si aspetta una concentrazione di H^+ inferiore a 10^{-6} *M*. Da notare che, se K_w può essere considerato trascurabile, l'Equazione 11.25 si riduce all'Equazione 11.20, come previsto. Anche se non vi è alcuna formula semplice per il calcolo delle radici di un'equazione cubica, l'Equazione 11.25 può essere risolta utilizzando una calcolatrice grafica o un programma per computer come Mathematica o Mathcad, come illustrato nell'Esempio 11.13.

Esempio 11.13

Calcolare il pH di una soluzione di acido acetico (CH_3COOH) $2{,}0 \times 10^{-7}$ *M* a 25 °C.

Impostazione La soluzione è molto diluita con una concentrazione iniziale di acido acetico molto vicina alla concentrazione degli ioni H^+ dell'acqua neutra, per cui l'autoionizzazione dell'acqua non può essere trascurata in sede di determinazione del pH. Pertanto, dobbiamo utilizzare l'Equazione 11.25 per determinare la concentrazione di H^+. La K_a per l'acido acetico è $1{,}8 \times 10^{-5}$.

Soluzione Usando $[HA]_0 = 2{,}0 \times 10^{-7}\,M$, $K_a = 1{,}8 \times 10^{-5}$ e $K_w = 1{,}0 \times 10^{-14}$, l'Equazione 11.25 dà

$$x^3 + K_a x^2 - (K_w + K_a[HA]_0)x - K_a K_w = 0$$

$$x^3 + (1{,}8 \times 10^{-5})x^2 - (3{,}6 \times 10^{-12})x - (1{,}8 \times 10^{-19}) = 0$$

I coefficienti di questa equazione sono troppo piccoli affinché l'equazione sia risolta in modo accurato utilizzando una calcolatrice grafica standard o del software per computer, ed è quindi utile una riformulazione dell'equazione inserendo una nuova variabile $z = 10^7 x$ (dato che ci aspettiamo che il valore di x sia compreso tra 10^{-6} e 10^{-7}, z dovrà essere un numero compreso tra 1 e 10). Applicando questa trasformazione e dividendo entrambi i lati dell'equazione per 10^{-21} si ha

$$z^3 + 180z^2 - 360z - 180 = 0$$

Utilizzando una calcolatrice grafica (o un adeguato programma per computer) si trovano le soluzioni (radici) della presente equazione polinomiale di terzo grado (cubica) che sono -182, $-0{,}414$ e $2{,}310$. Le prime due soluzioni sono negative, quindi fisicamente impossibili. Pertanto, la concentrazione degli ioni H^+ è $2{,}3 \times 10^{-7}$ *M*, dopo aver ritrasformato z in x. Questo dà un valore del pH di $-\log_{10}(2{,}3 \times 10^{-7}) = 6{,}64$.

Commento Il solo acido acetico avrebbe potuto contribuire, al massimo, a una concentrazione di H^+ di $2{,}0 \times 10^{-7}$ *M* (la concentrazione iniziale di CH_3COOH) per questa soluzione. Il fatto che la concentrazione $[H^+]$ sia maggiore di $2{,}0 \times 10^{-7}$ *M* indica che l'autoionizzazione dell'acqua non è trascurabile in questo caso.

Problema di autovalutazione Calcolare il pH di una soluzione di HCN $1{,}0 \times 10^{-4}$ *M* ($K_a = 4{,}9 \times 10^{-10}$).

Soluzioni molto diluite di acidi forti

L'Equazione 11.25 può essere alquanto semplificata nel caso di acidi forti diluiti. Per un acido forte, il valore di K_a è grande e solo i termini contenenti K_a nell'Equazione 11.25 sono significativi. In questo caso, quindi, l'Equazione 11.25 diventa

$$x^2 - [HA]_0 x - K_w = 0 \qquad \textbf{(11.26)}$$

Se K_w viene trascurata, si ottiene $x = [H^+] = [HA]_0$, che è l'usuale equazione per la concentrazione degli ioni H^+ di un acido forte.

L'Esempio 11.14 mostra come usare l'Equazione 11.26 per determinare il pH di un acido forte molto diluito.

Esempio 11.14

Calcolare il pH di una soluzione di HCl $1,0 \times 10^{-7}\ M$.

Impostazione La concentrazione iniziale di HCl è minore di $10^{-6}\ M$; per questo motivo, l'autoionizzazione dell'acqua non può essere ignorata. Dato che HCl è un acido forte, si può usare l'Equazione 11.26 per calcolare il pH.

Soluzione Utilizzando la concentrazione iniziale di HCl, l'Equazione 11.26 dà

$$x^2 - (1,0 \times 10^{-7})\,x - (1,0 \times 10^{-14}) = 0$$

Si tratta di un'equazione quadratica, quindi la soluzione può essere determinata utilizzando la formula quadratica:

$$x = \frac{1,0 \times 10^{-7} \pm \sqrt{(1,0 \times 10^{-7})^2 - 4(1)(-1,0 \times 10^{-14})}}{2}$$

$$= 1,6 \times 10^{-7}\ M \text{ oppure } -6,2 \times 10^{-8}\ M$$

La seconda soluzione è fisicamente impossibile, quindi $x = [H^+] = 1,6 \times 10^{-7}\ M$, per un pH di 6,80.

Problema di autovalutazione Calcolare il pH di una soluzione di acido nitrico (HNO_3) $5,0 \times 10^{-8}\ M$.

Soluzioni diluite di basi

Il pH di soluzioni diluite di basi deboli e di basi forti per le quali l'autoionizzazione dell'acqua non può essere ignorata, può essere determinato con le stesse procedure utilizzate per ricavare le Equazioni 11.25 e 11.26 per gli acidi. Le corrispondenti equazioni per le soluzioni diluite di basi deboli e di basi forti sono identiche alle Equazioni 11.25 e 11.26, a eccezione del fatto che K_a viene sostituito con K_b e che x rappresenta $[OH^-]$.

11.4.6 pH di acidi diprotici e triprotici

L'Esempio 11.15 mostra come calcolare il pH di un acido diprotico mediante il calcolo delle concentrazioni di equilibrio di tutte le specie presenti nella soluzione acquosa.

Esempio 11.15

L'acido ossalico ($C_2H_2O_4$) è una sostanza tossica utilizzata principalmente come agente sbiancante e nella pulizia domestica (per esempio, per rimuovere le incrostazioni di ruggine). Calcolare le concentrazioni di tutte le specie presenti in equilibrio in una soluzione 0,10 M di acido ossalico.

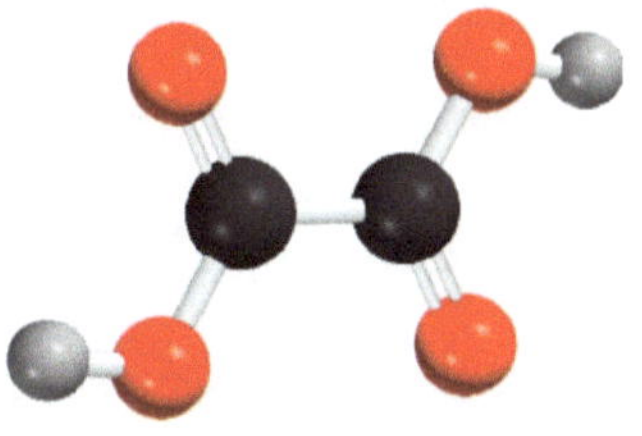

$C_2H_2O_4$

Impostazione Determinare le concentrazioni di equilibrio delle specie di un acido diprotico in soluzione acquosa è più complicato rispetto al caso di un acido monoprotico. Seguire la stessa procedura usata per un acido monoprotico per ogni stadio, come nell'Esempio 11.11. Ricordare che la base coniugata generata nel primo stadio di ionizzazione diventa l'acido nel secondo stadio di ionizzazione.

Soluzione Si procede come segue:

Primo stadio di ionizzazione: la prima ionizzazione dell'acido ossalico è data da

$$C_2H_2O_4(aq) \rightleftharpoons H^+(aq) + C_2HO_4^-(aq) \qquad K_{a_1} = 6{,}5 \times 10^{-2}$$

Indicando con x le concentrazioni di equilibrio di H^+ e $C_2HO_4^-$, l'Equazione 11.19 dà

$$K_{a_1} = \frac{x^2}{[C_2HO_4]_0 - x}$$

$$6{,}5 \times 10^{-2} = \frac{x^2}{0{,}10 - x}$$

Ignorando x nel denominatore (assumendo che sia piccolo rispetto a 0,10), si ottiene

$$x = 0{,}081\ M$$

Questa concentrazione è maggiore del 5% della concentrazione iniziale, per cui dobbiamo ricalcolare x usando l'Equazione quadratica:

$$x^2 + (6{,}5 \times 10^{-2})\,x - 6{,}5 \times 10^{-3} = 0$$

Il risultato è $x = 0{,}054\ M$.

La seconda costante di ionizzazione è significativamente inferiore rispetto alla prima ($6{,}1 \times 10^{-5}$ rispetto a $6{,}5 \times 10^{-2}$), quindi la seconda ionizzazione apporterà un contributo molto piccolo alla concentrazione di ioni H^+. Pertanto, a questo punto, siamo in grado di calcolare il pH della soluzione:

$$pH = -\log_{10}(0{,}054) = 1{,}27$$

Secondo stadio di ionizzazione: la seconda ionizzazione dell'acido ossalico è data da

$$C_2HO_4^-(aq) \rightleftharpoons H^+(aq) + C_2O_4^{2-}(aq) \qquad K_{a_2} = 6{,}1 \times 10^{-5}$$

Indicando con y le concentrazioni di equilibrio di H^+ e $C_2O_4^{2-}$ in mol l^{-1}, costruiamo la seguente tabella:

	$C_2HO_4^-$	H^+	$C_2O_4^{2-}$
Iniziale (*M*)	0,054	0,054	0
Variazione (*M*)	$-y$	$+y$	$+y$
Equilibrio (*M*)	$0{,}054 - y$	$0{,}054 + y$	y

Pertanto, l'espressione di equilibrio per il secondo stadio di ionizzazione diventa

$$K_{a_2} = \frac{[H^+][C_2O_4^{2-}]}{[C_2HO_4^-]}$$

$$6{,}1 \times 10^{-5} = \frac{(0{,}054 + y)(y)}{0{,}054 - y}$$

Applicando l'approssimazione $0{,}054 + y \approx 0{,}054$ e $0{,}054 - y \approx 0{,}054$, si ottiene

$$6{,}1 \times 10^{-5} = \frac{(0{,}054)(y)}{0{,}054}$$

$$y = 6{,}1 \times 10^{-5}\ M$$

Questo valore è inferiore al 5% di 0,054, quindi l'approssimazione è giustificata.

Sommario:

$$[H^+] = [C_2HO_4^-] = 0{,}054\ M$$

$$[C_2H_2O_4] = 0{,}10\ M - 0{,}054\ M = 0{,}046\ M$$

$$[C_2O_4^{2-}] = 6{,}1 \times 10^{-5}$$

$$[OH^-] = K_w/[H^+] = 1{,}0 \times 10^{-14}/0{,}054 = 1{,}9 \times 10^{-13}\ M$$

Problema di autovalutazione Calcolare le concentrazioni di tutte le specie presenti in una soluzione 0,01 M di acido ossalico.

L'Esempio 11.15 indica che, per gli acidi diprotici, se $K_{a_1} \gg K_{a_2}$, allora possiamo supporre che la concentrazione di H^+ sia solamente il prodotto del primo stadio di ionizzazione. Inoltre, la concentrazione della base coniugata nel secondo stadio di ionizzazione è *numericamente* uguale a K_{a_2}. Un'importante eccezione è l'acido solforico (H_2SO_4). La prima ionizzazione,

$$H_2SO_4(aq) \rightarrow H^+(aq) + HSO_4^-(aq)$$

è completa (l'acido solforico è un acido forte). Inoltre, la seconda ionizzazione,

$$HSO_4^-(aq) \rightleftharpoons H^+(aq) + SO_4^{2-}(aq) \qquad K_{a_2} = 1{,}3 \times 10^{-2}$$

ha una K_a grande abbastanza da rendere non trascurabile il contributo alla concentrazione di ioni H^+.

La procedura per il calcolo del pH di un acido triprotico è simile a quella per un acido diprotico. Nel caso di un acido triprotico, sia la seconda che la terza ionizzazione, generalmente, non influenzano il pH. Per esempio, l'acido fosforico (H_3PO_4) è un acido triprotico (ha tre atomi di idrogeno ionizzabili):

$$H_3PO_4(aq) \rightleftharpoons H^+(aq) + H_2PO_4^-(aq) \qquad K_{a_1} = 7{,}5 \times 10^{-3}$$

$$H_2PO_4^-(aq) \rightleftharpoons H^+(aq) + HPO_4^{2-}(aq) \qquad K_{a_2} = 6{,}2 \times 10^{-8}$$

$$HPO_4^{2-}(aq) \rightleftharpoons H^+(aq) + PO_4^{3-}(aq) \qquad K_{a_3} = 4{,}8 \times 10^{-13}$$

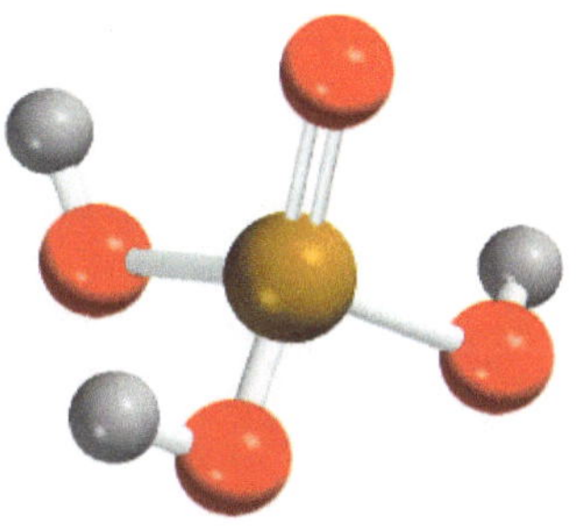

H_3PO_4

L'acido fosforico, tuttavia, è un acido debole, e le sue costanti di ionizzazione diminuiscono nettamente nel secondo e terzo stadio di ionizzazione. Quindi, in una soluzione contenente acido fosforico, la concentrazione di acido non ionizzato è la più alta, e le sole altre specie presenti in concentrazioni significative sono gli ioni H^+ e $H_2PO_4^-$.

11.5 Struttura molecolare e forza degli acidi

La forza di un acido dipende da una serie di fattori, come, per esempio, le proprietà del solvente, la temperatura e la struttura molecolare dell'acido. Quando si confronta la forza relativa di due acidi, si possono eliminare alcune variabili prendendo in considerazione le loro proprietà nello stesso solvente alla stessa temperatura e concentrazione. A questo punto ci si può concentrare sulla struttura degli acidi.

Prendiamo in considerazione un certo acido HX. La forza di HX è misurata dalla sua tendenza a ionizzarsi in soluzione:

$$HX \longrightarrow H^+ + X^-$$

Due fattori influenzano la misura in cui l'acido si ionizza. Una è la forza del legame H—X. Più forte è il legame, più difficile risulterà per la molecola HX rompere tale legame e ionizzarsi, e quindi *più debole* sarà l'acido. L'altro fattore è la polarità del legame H—X. Qualsiasi differenza di elettronegatività tra H e X risulterà in un legame polare:

$$\overset{+\delta}{\mathrm{H}}-\overset{-\delta}{\mathrm{X}}$$

Se il legame è fortemente polarizzato (cioè se c'è un grande accumulo di cariche positive e negative su H e X), HX tenderà a spezzarsi in ioni H^+ e X^-. Per questo motivo, un alto grado di polarizzazione caratterizza un acido *più forte*. Nei successivi paragrafi, verranno presi in considerazione alcuni esempi nei quali sia la forza che la polarità dei legami svolgeranno un ruolo importante nel determinare la forza di un acido.

11.5.1 Acidi alogenidrici

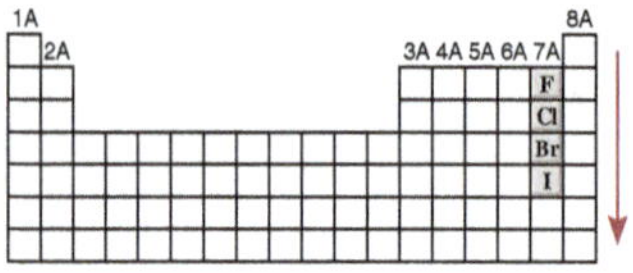

La forza degli acidi alogenidrici aumenta da HF a HI.

Gli alogeni formano una serie di acidi binari chiamati acidi alogenidrici (HF, HCl, HBr e HI). In questa serie, quale fattore (forza del legame o polarità del legame) è predominante nel determinare la forza degli acidi binari? Consideriamo per prima la forza del legame H—X in ciascuno di questi acidi. Secondo la Tabella 11.7, HF ha la più alta entalpia di legame dei quattro alogenuri di idrogeno e HI ha la più bassa. Sono necessari 568,2 kJ mol^{-1} per rompere il legame H—F e solo 298,3 kJ mol^{-1} per rompere il legame H—I. Basandoci sull'energia di legame, HI dovrebbe essere l'acido più forte poiché ha il legame più facile da rompere per formare ioni H^+ e I^-. Quindi, consideriamo la polarità del legame H—X. In questa serie di quattro acidi, la polarità del legame diminuisce da HF a HI dato che F è il più elettronegativo degli alogeni (vedi la Figura 3.9). Basandoci sulla polarità del legame, quindi, HF dovrebbe essere l'acido più forte perché ha il maggior accumulo di cariche positive e negative, rispettivamente, sugli atomi H e F. Quindi, abbiamo due fattori in competizione da considerare quando si determina la forza degli acidi binari. Il fatto che HI sia in realtà un acido forte e HF un acido debole indica che l'energia di legame è il fattore predominante nel determinare la forza degli acidi binari. In questa serie di acidi binari, più debole è il legame, più forte è l'acido, e la forza degli acidi (Tabella 11.7) aumenta nel modo seguente:

$$\mathrm{HF} \ll \mathrm{HCl} < \mathrm{HBr} < \mathrm{HI}$$

11.5.2 Ossiacidi

Gli ossiacidi (Paragrafo 0.3) contengono idrogeno, ossigeno e un altro elemento, Z, che occupa la posizione centrale. La Figura 11.9 mostra le strutture di Lewis di alcuni ossiacidi comuni. Come si può vedere, questi acidi sono caratterizzati dalla presenza di uno o più legami O—H. L'atomo centrale Z potrebbe avere anche altri gruppi legati a esso:

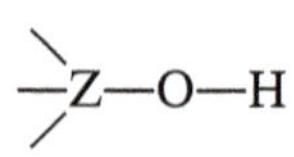

Se Z è un elemento elettronegativo (come N o S) o è legato a diversi altri gruppi elettronegativi, attrae elettroni, rendendo così il legame Z—O più covalente e il legame O—H più polare. Di conseguenza, la tendenza dell'idrogeno a essere ceduto come ione H^+, aumenta.

Tabella 11.7 Entalpia di legame e costante di ionizzazione degli acidi alogenidrici

Acido	Entalpia di legame (kJ mol^{-1})	K_a	Forza
HF	568,2	$7{,}1 \times 10^{-4}$	Debole
HCl	431,9	$\sim 10^{7}$	Forte
HBr	366,1	$\sim 10^{9}$	Forte
HI	298,3	$\sim 10^{10}$	Forte

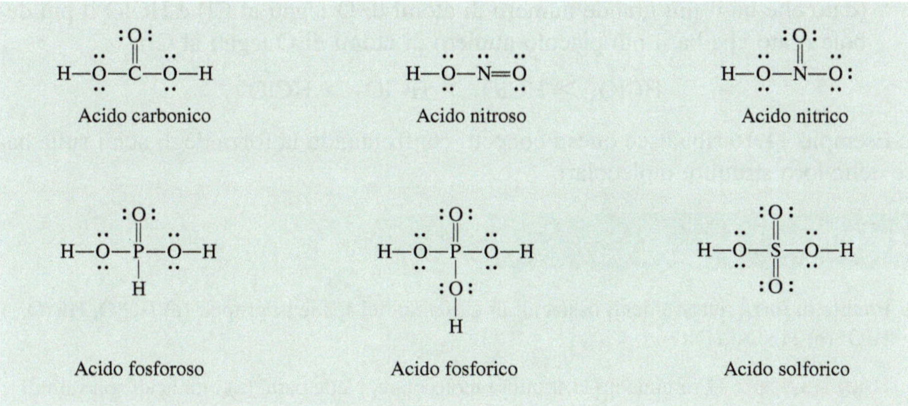

Figura 11.9 Strutture di Lewis di alcuni ossiacidi comuni. Per chiarezza le cariche formali sono state omesse.

Per confrontare la loro forza, può essere d'aiuto il suddividere gli ossiacidi in due gruppi, quelli che hanno diversi atomi centrali che sono dello stesso gruppo della tavola periodica (e che hanno lo stesso numero di atomi di ossigeno intorno all'atomo centrale) e quelli che hanno lo stesso atomo centrale, ma un diverso numero di gruppi legati.

1. *Ossiacidi che hanno diversi atomi centrali che sono dello stesso gruppo della tavola periodica e che hanno lo stesso numero di atomi di ossigeno intorno all'atomo centrale.* Il primo gruppo comprende acidi come $HClO_3$ e $HBrO_3$ dato che sia Cl che Br sono del Gruppo VIIA della tavola periodica ed entrambi hanno lo stesso numero di atomi di ossigeno intorno all'atomo centrale:

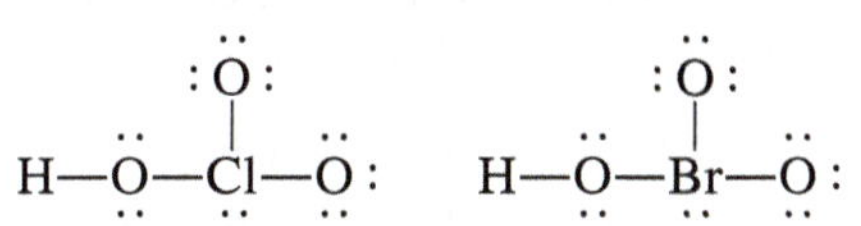

All'interno di questo gruppo, la forza dell'acido aumenta con l'aumentare dell'elettronegatività dell'atomo centrale. Cl è più elettronegativo di Br, e quindi attrae le coppie di elettroni (gli elettroni di legame) che condivide con l'ossigeno (nel gruppo Cl—O—H) più di quanto non faccia Br. Di conseguenza, il legame O—H è più polare nell'acido clorico che nell'acido bromico e si ionizza più facilmente. Perciò, $HClO_3$ è un acido più forte di $HBrO_3$:

$$HClO_3 > HBrO_3$$

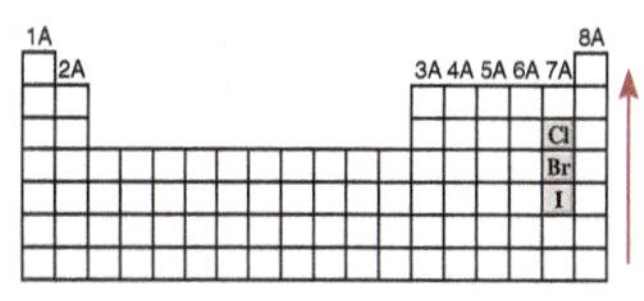

La forza degli ossiacidi contenenti alogeni aventi lo stesso numero di atomi di O aumenta dal basso in alto.

2. *Ossiacidi che hanno lo stesso atomo centrale, ma un diverso numero di gruppi legati.* Il secondo gruppo di acidi comprende gli ossiacidi del cloro mostrati nella Figura 11.10. In questa serie, la capacità del cloro (l'atomo centrale) di attrarre verso di sé elettroni dal gruppo OH (rendendo così più polare il legame O—H) aumenta con il numero di atomi O elettronegativi legati al Cl. Quindi, la forza di un acido aumenta all'aumentare del numero degli atomi di ossigeno legati all'atomo centrale, facendo sì che $HClO_4$ sia il più forte dei quattro acidi

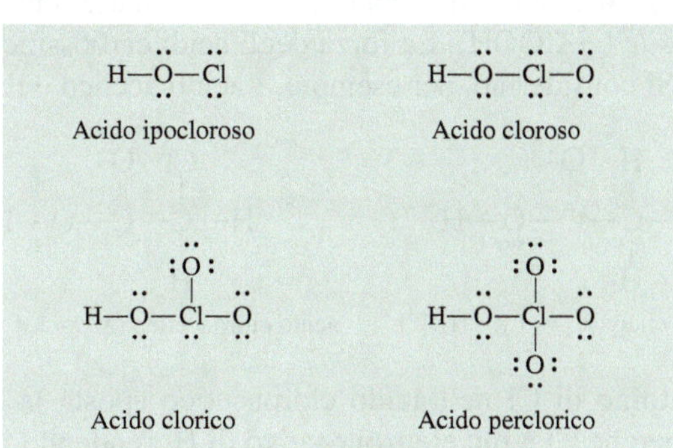

Figura 11.10 Strutture di Lewis degli ossiacidi del cloro.

(dato che ha il più grande numero di atomi di O legati al Cl) e HClO il più debole (dato che ha il più piccolo numero di atomi di O legati al Cl):

$$HClO_4 > HClO_3 > HClO_2 > HClO$$

L'Esempio 11.16 ribadisce questi concetti confrontando la forza degli acidi sulla base delle loro strutture molecolari.

Esempio 11.16

Predire la forza relativa degli ossiacidi in ciascuno dei seguenti gruppi: (a) HClO, HBrO, HIO; (b) HNO_3, HNO_2.

Impostazione Esaminiamo la struttura molecolare. Nella parte (a) i tre acidi sono simili e differiscono solo per l'atomo centrale (gli alogeni Cl, Br e I). Quando gli ossiacidi hanno atomi centrali diversi ma appartenenti allo stesso gruppo della tavola periodica e questi atomi centrali sono circondati dallo stesso numero di atomi di ossigeno, l'acido più forte è quello che ha l'atomo centrale più elettronegativo. Nella parte (b), gli acidi hanno lo stesso atomo centrale (N), ma si differenziano per il numero di atomi di O. Quando gli ossiacidi hanno lo stesso atomo centrale, ma lo stesso è legato a un diverso numero di atomi di ossigeno, l'acido più forte è quello che presenta l'atomo centrale legato con più atomi di ossigeno.

Soluzione

(a) HClO, HBrO e HIO hanno tutti la stessa struttura, e gli alogeni (gli atomi centrali) hanno tutti lo stesso numero di atomi di ossigeno legati a essi. Poiché l'elettronegatività diminuisce da Cl a I, la polarità del legame X—O (dove X indica un alogeno) aumenta da HClO a HIO, e la polarità del legame O—H diminuisce da HClO a HIO. Così, la forza degli acidi diminuisce nel seguente modo:

$$HClO > HBrO > HIO$$

(b) Le strutture di HNO_3 (acido nitrico) e HNO_2 (acido nitroso) sono mostrate nella Figura 11.9. Dato che HNO_3 ha più atomi di ossigeno intorno all'atomo di azoto rispetto a HNO_2, HNO_3 è un acido più forte di HNO_2.

Problema di autovalutazione Quale dei seguenti acidi è più debole: H_3PO_3 o H_3PO_4?

11.5.3 Acidi carbossilici

La discussione è stata concentrata finora sugli acidi inorganici. Tuttavia, un gruppo di acidi organici merita attenzione, ed è il gruppo degli acidi carbossilici, la cui struttura di Lewis può essere generalizzata come segue:

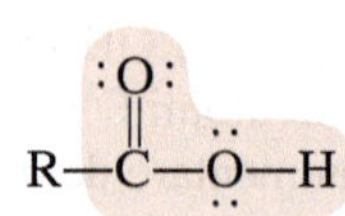

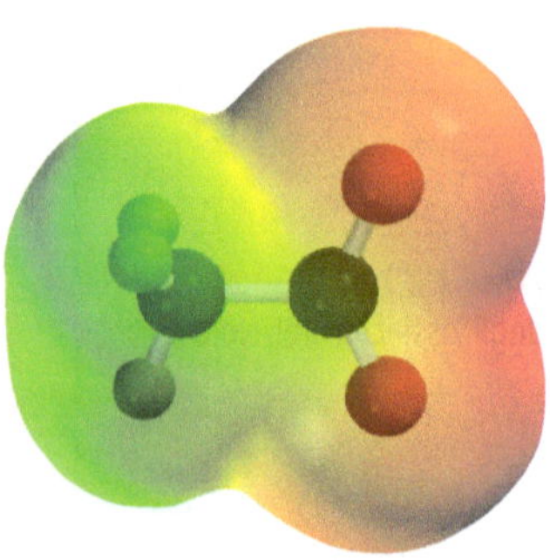

Mappa del potenziale elettrostatico dello ione acetato. La densità elettronica è uniformemente distribuita sui due atomi di ossigeno.

dove R è la parte organica della molecola di acido e la parte ombreggiata rappresenta il gruppo *carbossile* (—COOH). La forza degli acidi carbossilici dipende dalla natura del gruppo R. Si considerino, per esempio, l'acido acetico e l'acido cloroacetico:

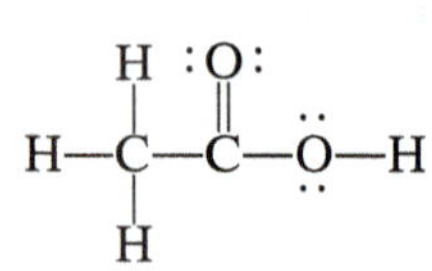

acido acetico ($K_a = 1.8 \times 10^{-5}$)

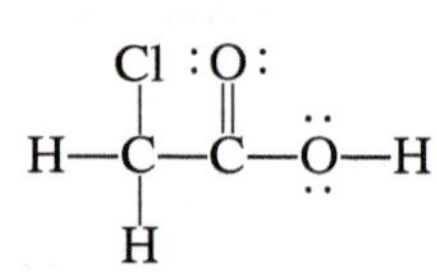

acido cloroacetico ($K_a = 1.4 \times 10^{-3}$)

La presenza dell'atomo di Cl nell'acido cloroacetico sposta la densità elettronica verso il gruppo R perché Cl è più elettronegativo di H, rendendo in tal modo più polare il legame O—H. Di conseguenza, vi è una maggiore tendenza per tale acido a ionizzarsi:

$$CH_2ClCOOH(aq) \rightleftharpoons CH_2ClCOO^-(aq) + H^+(aq)$$

La base coniugata dell'acido carbossilico, detta anione carbossilato ($RCOO^-$), presenta delle forme di risonanza:

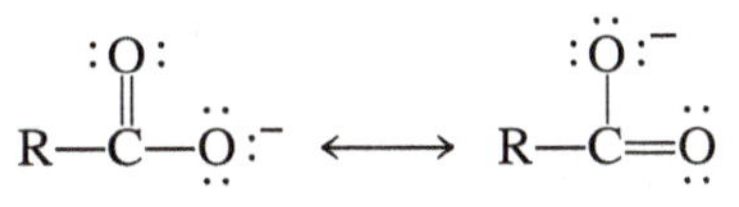

Nel linguaggio della teoria degli orbitali molecolari, si attribuisce la stabilità dell'anione alla sua capacità di delocalizzare la densità elettronica su più atomi. Maggiore è la misura della delocalizzazione elettronica, più stabile è l'anione e maggiore è la tendenza per l'acido a ionizzarsi. Per questo, l'acido benzoico (C_6H_5COOH, $K_a = 6{,}5 \times 10^{-5}$) è un acido più forte dell'acido acetico, poiché l'anello benzenico facilita la delocalizzazione elettronica, in modo che l'anione benzoato ($C_6H_5COO^-$) risulti più stabile dell'anione acetato (CH_3COO^-).

11.6 Idrolisi salina

Come definito nel Paragrafo 11.1, un sale è un composto ionico formato dalla reazione tra un acido e una base. I sali sono elettroliti forti che si dissociano completamente in ioni, in acqua. Il termine ***idrolisi salina*** indica *la reazione di un anione o di un catione di un sale, o di entrambi, con l'acqua.* L'idrolisi salina può produrre soluzioni neutre, basiche o acide, a seconda del sale.

Il termine *idrolisi* deriva dai termini Greci *hydro* (acqua) e *lysis* (dividere).

11.6.1 Sali che non subiscono idrolisi

In genere, sali contenenti ioni di metalli alcalini o alcalino-terrosi (eccetto il Be^{2+}) e basi coniugate di acidi forti (per esempio, Cl^-, Br^- e NO_3^-) non sono sottoposti a idrolisi in misura apprezzabile, e le loro soluzioni sono pressoché neutre. Per esempio, quando $NaNO_3$, un sale formato dalla reazione di NaOH con HNO_3, viene disciolto in acqua, si dissocia completamente nel modo seguente:

In realtà, tutti gli ioni positivi danno soluzioni acide in acqua.

$$NaNO_3(s) \xrightarrow{H_2O} Na^+(aq) + NO_3^-(aq)$$

Lo ione idrato Na^+ non cede né accetta ioni H^+. Lo ione NO_3^- è la base coniugata dell'acido forte HNO_3 e non ha alcuna affinità per gli ioni H^+. Di conseguenza, una soluzione contenente ioni Na^+ e NO_3^- è neutra, con un pH di circa 7.

11.6.2 Idrolisi basica

La soluzione di un sale derivato da una base forte e un acido debole è basica. Per esempio, la dissociazione dell'acetato di sodio (CH_3COONa) in acqua è data da

$$CH_3COONa(s) \xrightarrow{H_2O} Na^+(aq) + CH_3COO^-(aq)$$

Lo ione idrato Na^+ non ha proprietà acide né basiche. Lo ione acetato (CH_3COO^-), tuttavia, è la base coniugata dell'acido debole CH_3COOH e quindi ha affinità per gli ioni H^+. La reazione di idrolisi è data da

$$CH_3COO^-(aq) + H_2O(l) \rightleftharpoons CH_3COOH(aq) + OH^-(aq)$$

Dato che la reazione produce ioni OH^-, la soluzione di sodio acetato sarà basica.

La costante d'equilibrio per questa reazione di idrolisi è l'espressione per la costante di ionizzazione della base CH_3COO^-, per cui usiamo l'Equazione 11.13 per scrivere

$$K_b = \frac{[CH_3COOH][OH^-]}{[CH_3COO^-]}$$

Poiché ogni ione CH_3COO^- che si idrolizza produce uno ione OH^-, la concentrazione di OH^- all'equilibrio è la stessa della concentrazione di CH_3COO^- che si idrolizza. Siamo quindi in grado di definire la *percentuale di idrolisi* come

$$\% \text{ idrolisi} = \frac{[CH_3COO^-]_{\text{idrolizzata}}}{[CH_3COO^-]_{\text{iniziale}}} \times 100\%$$

$$= \frac{[OH^-]_{\text{equilibrio}}}{[CH_3COO^-]_{\text{iniziale}}} \times 100\%$$

Un problema basato sull'idrolisi dell'acetato di sodio (CH_3COONa) è illustrato nell'Esempio 11.17. Nel risolvere i problemi riguardanti l'idrolisi, abbiamo seguito la stessa procedura che abbiamo usato per gli acidi deboli e le basi deboli.

Esempio 11.17

Calcolare il pH di una soluzione 0,15 *M* di acetato di sodio (CH_3COONa). Qual è la percentuale di idrolisi?

Impostazione In soluzione, il sale CH_3COONa si dissocia completamente in ioni Na^+ e CH_3COO^-. Lo ione Na^+, come visto in precedenza, non reagisce con l'acqua e non influenza il pH della soluzione. Lo ione CH_3COO^- è la base coniugata dell'acido debole CH_3COOH, perciò ci si deve aspettare che reagisca parzialmente con l'acqua per produrre CH_3COOH e OH^-, rendendo basica la soluzione.

Soluzione

Passaggio 1. *Determinare le concentrazioni iniziali degli ioni.* Dato che si è partiti da una soluzione 0,15 *M* di acetato di sodio, anche le concentrazioni degli ioni (Na^+ e CH_3COO^-) saranno pari a 0,15 *M* dopo dissociazione. Tra questi, solo gli ioni acetato reagiranno con l'acqua:

$$CH_3COO^-(aq) + H_2O(l) \rightleftharpoons CH_3COOH(aq) + OH^-(aq)$$

All'equilibrio, le specie presenti in maggior quantità in soluzione sono CH_3COOH, CH_3COO^- e OH^-. La concentrazione di H^+ è molto piccola (la soluzione è basica), e quindi H^+va considerato come una delle specie presenti in minima parte. Ignoriamo la ionizzazione dell'acqua.

Passaggio 2. *Determinare le concentrazioni all'equilibrio.* Dato che CH_3COO^- è una base debole ($K_b = 5,6 \times 10^{-10}$), possiamo trovare le concentrazioni di CH_3COOH, CH_3COO^- e OH^- usando la procedura vista nel Paragrafo 11.4. Dall'Equazione 11.13 si ha

$$K_b = \frac{[CH_3COOH][OH^-]}{[CH_3COO^-]} = \frac{x^2}{0,15 - x} = 5,6 \times 10^{-10}$$

dove x rappresenta le concentrazioni all'equilibrio di CH_3COOH e OH^-. Dato che K_b è molto piccola e la concentrazione iniziale della base è grande, si può approssimare $0,15 - x \approx 0,15$:

$$5{,}6 \times 10^{-10} = \frac{x^2}{0{,}15 - x} \approx \frac{x^2}{0{,}15}$$

$$x = 9{,}2 \times 10^{-6}\,M$$

Il valore di x è molto minore del 5% della concentrazione iniziale (0,15 M), per cui l'approssimazione è giustificata.

Passaggio 3. *Determinare il pH.* All'equilibrio,

$$[OH^-] = 9{,}2 \times 10^{-6}\,M$$

per cui

$$\begin{aligned} pOH &= -\log_{10}(9{,}2 \times 10^{-6}) \\ &= 5{,}04 \end{aligned}$$

e

$$\begin{aligned} pH &= 14{,}00 - 5{,}04 \\ &= 8{,}96 \end{aligned}$$

Quindi, come ci si aspettava, la soluzione è basica. La percentuale di idrolisi è data da

$$\begin{aligned} \%\ \text{idrolisi} &= \frac{9{,}2 \times 10^{-6}\,M}{0{,}15\,M} \times 100\% \\ &= 0{,}0061\% \end{aligned}$$

Verifica Il risultato dimostra che solo una piccola quantità dell'anione subisce idrolisi, come previsto per una base debole.

Problema di autovalutazione Calcolare il pH di una soluzione 0,24 M di formiato di sodio (HCOONa).

11.6.3 Idrolisi acida

Quando un sale che deriva da un acido forte come HCl e da una base debole come NH_3 si scioglie in acqua, la soluzione diventa acida. Per esempio, consideriamo il processo

$$NH_4Cl(s) \xrightarrow{H_2O} NH_4^+(aq) + Cl^-(aq)$$

Lo ione Cl^-, essendo la base coniugata di un acido forte, non ha alcuna affinità per H^+ e non ha tendenza a idrolizzarsi. Lo ione ammonio (NH_4^+) è l'acido coniugato della base debole NH_3 e si ionizza come segue:

$$NH_4^+(aq) + H_2O(l) \rightleftharpoons NH_3(aq) + H_3O^+(aq)$$

Dato che vengono prodotti ioni idrossonio, il pH della soluzione diminuisce. La costante di equilibrio (o costante di ionizzazione) per questo processo è data dalla

$$K_a = \frac{[NH_3][H^+]}{[NH_4^+]} = \frac{K_w}{K_b} = \frac{1{,}0 \times 10^{-14}}{1{,}8 \times 10^{-5}} = 5{,}6 \times 10^{-10}$$

e siamo in grado di calcolare, quindi, il pH di una soluzione di cloruro di ammonio seguendo la stessa procedura utilizzata per l'Esempio 11.17.

In linea di principio, *tutti* gli ioni metallici reagiscono con l'acqua per formare soluzioni acide. Tuttavia, poiché l'entità dell'idrolisi è maggiore per i cationi metal-

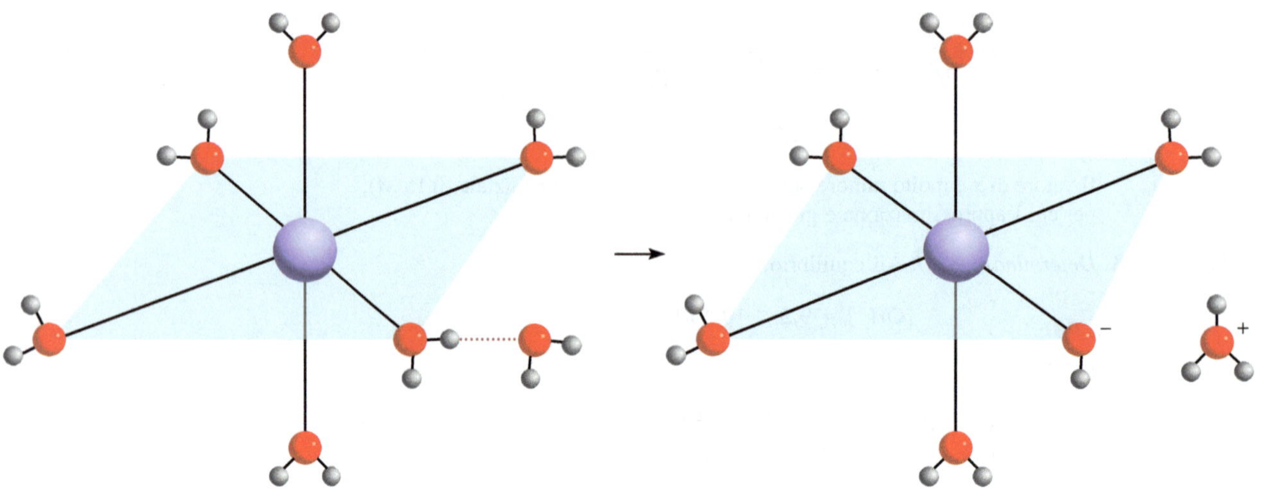

Figura 11.11 Le sei molecole di H_2O circondano lo ione Al^{3+} secondo una disposizione ottaedrica. L'interazione dello ione Al^{3+} con i doppietti elettronici degli atomi d'ossigeno è così grande che i legami O—H in una molecola di H_2O legata al catione metallico ne risultano indeboliti, facilitando così la cessione di un protone (H^+) a una molecola di H_2O che si avvicini. Quest'idrolisi del catione metallico rende la soluzione acida.

lici piccoli e altamente carichi come Al^{3+}, Cr^{3+}, Fe^{3+}, Bi^{3+} e Be^{3+}, in genere, le interazioni relativamente modeste degli ioni dei metalli alcalini e della maggior parte degli ioni dei metalli alcalino-terrosi con l'acqua, vengono trascurate. Quando il tricloruro d'alluminio ($AlCl_3$) si scioglie in acqua, gli ioni Al^{3+} si comportano come acidi di Lewis e accettano i doppietti elettronici dell'ossigeno dell'acqua per generare la forma idrata, $Al(H_2O)_6^{3+}$, mostrata nella Figura 11.11.

Si consideri un legame tra lo ione metallico e un atomo di ossigeno da una delle sei molecole d'acqua in $Al(H_2O)_6^{3+}$. Lo ione Al^{3+}, carico positivamente attira verso di sé la densità elettronica, aumentando la polarità dei legami O—H. Di conseguenza, gli atomi H hanno una maggiore tendenza a ionizzarsi rispetto a quelli di molecole di acqua non coinvolte nell'idratazione. Il conseguente processo di ionizzazione può essere scritto come

$$Al(H_2O)_6^{3+} + H_2O(l) \rightleftharpoons Al(OH)(H_2O)_5^{2+} + H_3O^+(aq)$$

La costante di equilibrio per l'idrolisi del catione metallico è data da

$$K_a = \frac{[Al(OH)(H_2O)_5^{2+}][H_3O^+]}{[Al(H_2O)_6^{3+}]} = 1,3 \times 10^{-5}$$

$Al(OH)(H_2O)_5^{2+}$ può subire ulteriore ionizzazione,

$$Al(OH)(H_2O)_5^{2+} + H_2O(l) \rightleftharpoons Al(OH)_2(H_2O)_4^{+} + H_3O^+(aq)$$

fino a quando tutte e sei le molecole d'acqua sono ionizzate. Tuttavia, in genere, è sufficiente prendere in considerazione solo il primo stadio di idrolisi.

L'entità dell'idrolisi è più grande per gli ioni più piccoli e a maggiore carica, poiché uno ione "compatto" altamente carico polarizza in modo più efficace il legame O—H, facilitandone, in tal modo, la ionizzazione. Questo è il motivo per cui gli ioni di grandi dimensioni e bassa carica come Na^+ e K^+ non subiscono idrolisi in maniera apprezzabile.

11.6.4 Sali in cui sia l'anione sia il catione si idrolizzano

Finora, abbiamo considerato sali in cui solo uno ione subisce idrolisi. Per i sali derivati da un acido debole e una base debole, sia il catione che l'anione si idrolizzano. Tuttavia, l'acidità, basicità o neutralità di una soluzione contenente uno di questi sali, dipende dal confronto della forza dell'acido debole rispetto alla forza della base debole. Poiché i calcoli matematici associati a questo tipo di sistema sono piuttosto complicati, ci concentreremo, piuttosto, su previsioni qualitative in merito a tali soluzioni, basandoci sulle seguenti linee guida:

- **$K_b > K_a$.** Se la K_b dell'anione è maggiore della K_a del catione, allora la soluzione dovrà essere basica, poiché l'anione si idrolizzerà in misura maggiore rispetto al catione. All'equilibrio, ci saranno più ioni OH^- che ioni H^+.
- **$K_b < K_a$.** Viceversa, se la K_b dell'anione è minore della K_a del catione, allora la soluzione dovrà essere acida, poiché l'anione si idrolizzerà in misura minore rispetto al catione. All'equilibrio, ci saranno più ioni H^+ che ioni OH^-.
- **$K_b \approx K_a$.** Se la K_a è circa uguale alla K_b, la soluzione sarà praticamente neutra.

Il calcolo del pH di un sale in cui sia l'anione che il catione si idrolizzano è complicato. Ci sono sei concentrazioni ioniche che devono essere determinate: l'anione e il suo acido coniugato, il catione e la sua base coniugata, $[H_3O^+]$, $[OH^-]$. La procedura per questo calcolo è simile a quella utilizzata per il pH di soluzioni diluite di acidi deboli (Paragrafo 11.4). Per la risoluzione, sei equazioni sono necessarie: tre di queste provengono dalle espressioni per la K_a del catione, per la K_b dell'anione e per la K_w dell'acqua. Le altre tre equazioni provengono dal bilancio di massa e dal bilancio di carica riguardanti sia le specie provenienti dal catione che quelle provenienti dall'anione. La Tabella 11.8 riassume il comportamento in soluzione acquosa dei sali trattati in questo paragrafo.

L'Esempio 11.18 mostra come predire le proprietà acido-base delle soluzioni saline.

Esempio 11.18

Predire se le seguenti soluzioni saranno acide, basiche o quasi neutre: (a) NH_4I, (b) $NaNO_2$, (c) $FeCl_3$, (d) NH_4F.

Impostazione Nel decidere se un sale subisce idrolisi, porsi le seguenti domande: il catione è uno ione metallico altamente carico oppure è l'acido coniugato di una base debole (come lo ione ammonio)? L'anione è la base coniugata di un acido debole? Se la risposta è sì a entrambe le domande, allora si verificherà idrolisi. Nei casi in cui sia l'anione che il catione si idrolizzano, il pH della soluzione dipenderà dal confronto della K_a del catione rispetto alla K_b dell'anione (vedi le Tabelle 11.3, 11.4 e 11.5).

Soluzione Come prima cosa bisogna scindere il sale nelle sue componenti, cationica e anionica, quindi esaminare la possibilità che ciascuno degli ioni possa reagire con l'acqua.

(a) Il catione è NH_4^+, che si idrolizza per dare NH_3 e H_3O^+. L'anione I^- è la base coniugata dell'acido forte HI. Quindi, I^- non si idrolizzerà e la soluzione risulterà acida.

Tabella 11.8 Proprietà acido-base dei sali

Tipo di sale	Esempio	Ioni che subiscono idrolisi	pH della soluzione
Catione da base forte; anione da acido forte	NaCl, KI, KNO_3, RbBr, $BaCl_2$	Nessuno	≈ 7
Catione da base forte; anione da acido debole	CH_3COONa, KNO_2	Anione	>7
Catione da base debole; anione da acido forte	NH_4Cl, NH_4NO_3	Catione	<7
Catione da base debole; anione da acido debole	NH_4NO_2, CH_3COONH_4, NH_4CN	Anione e catione	<7 se $K_b < K_a$
			≈ 7 se $K_b \approx K_a$
			>7 se $K_b > K_a$
Catione piccolo e altamente carico; anione da acido forte	$AlCl_3$, $Fe(NO_3)_3$	Catione idrato	<7

(b) Il catione Na^+, in pratica, non si idrolizza. L'anione NO_2^- è la base coniugata dell'acido debole HNO_2 e si idrolizzerà per dare HNO_2 e OH^-. La soluzione risulterà basica.

(c) Lo ione Fe^{+3} è un piccolo ione metallico altamente carico e si idrolizzerà per dare ioni H_3O^+. L'anione Cl^- non si idrolizzerà dato che è la base coniugata dell'acido forte HCl. La soluzione risulterà acida.

(d) Sia gli ioni NH_4^+ che gli ioni F^- subiranno idrolisi. Secondo la Tabella 11.5, la K_a di NH_4^+ ($5{,}6 \times 10^{-10}$) è maggiore della K_b di F^- ($1{,}4 \times 10^{-11}$). Pertanto, la soluzione risulterà acida.

Problema di autovalutazione Prevedere se le seguenti soluzioni saranno acide, basiche o quasi neutre: (a) $LiClO_4$, (b) Na_3PO_4, (c) $Bi(NO_3)_2$, (d) NH_4CN.

Approfondimento 11.1

GLI ANTIACIDI E IL BILANCIO DEL pH NELLO STOMACO

Un adulto medio produce tra i 2 e i 3 l di succhi gastrici al giorno. Il succo gastrico è un fluido acido digestivo secreto dalle ghiandole presenti nella mucosa interna dello stomaco. Contiene, tra le altre sostanze, acido cloridrico. Il pH del succo gastrico è di circa 1,5, che corrisponde a una concentrazione di acido cloridrico 0,03 *M*, una concentrazione abbastanza grande da sciogliere lo zinco metallico! A cosa serve questa soluzione altamente acida? Da dove provengono gli ioni H^+? Cosa succede quando c'è un eccesso di ioni H^+presenti nello stomaco?

Viene mostrato uno schema semplificato dello stomaco. Il rivestimento interno è costituito da cellule parietali, che si fondono insieme per formare delle giunzioni a tenuta ermetica. L'interno delle cellule è protetto dall'esterno dalle membrane cellulari. Queste membrane permettono il passaggio di acqua e di molecole neutre dentro e fuori lo stomaco, ma di solito impediscono il movimento di ioni come H^+, Na^+, K^+ e Cl^-. Gli ioni H^+ provengono dall'acido carbonico (H_2CO_3) costituito a seguito dell'idratazione di CO_2, un prodotto finale del metabolismo:

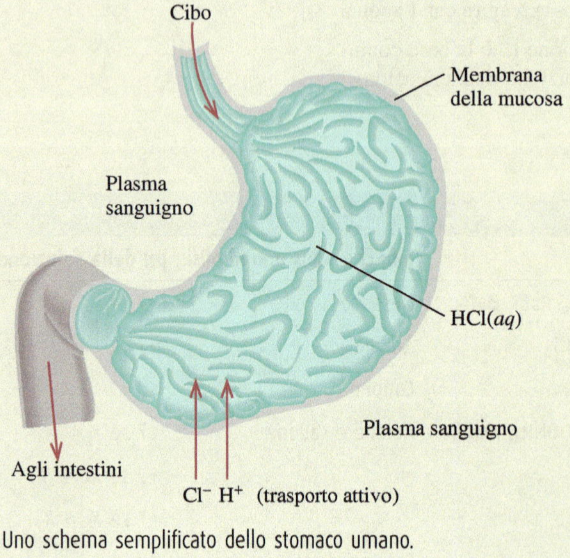

Uno schema semplificato dello stomaco umano.

$$CO_2(g) + H_2O(l) \rightleftharpoons H_2CO_3(aq)$$

$$H_2CO_3(aq) \rightleftharpoons H^+(aq) + HCO_3^-(aq)$$

Queste reazioni avvengono nel plasma sanguigno che bagna le cellule nella mucosa. Con un processo noto come *trasporto attivo*, gli ioni H^+ passano attraverso la membrana nell'interno dello stomaco (i processi di trasporto attivo sono agevolati dagli enzimi). Per mantenere il bilancio elettrico, un uguale numero di ioni Cl^- dovrà passare dal plasma sanguigno nello stomaco. Una volta nello stomaco, alla maggior parte di questi ioni viene impedito di ritornare nel plasma sanguigno dalle membrane cellulari.

Il motivo per cui si ha una soluzione così acida all'interno dello stomaco è di digerire gli alimenti e di attivare alcuni enzimi digestivi. Mangiare stimola la secrezione di ioni H^+. Circa mezzo milione di cellule sono perse dal rivestimento interno ogni minuto, e uno stomaco sano rinnova completamente il suo rivestimento interno ogni tre giorni o giù di lì. Se il contenuto di acido è troppo alto, tuttavia, il costante afflusso di ritorno di ioni H^+ attraverso la membrana verso il plasma sanguigno può causare contrazione muscolare, dolore, gonfiore, infiammazione e sanguinamento.

Un modo per ridurre temporaneamente la concentrazione di ioni H^+ nello stomaco è di prendere un antiacido. La principale funzione di un antiacido è

11.6.5 Sali di ioni anfoteri

Alcuni anioni sono anfoteri, ciò significa che possono agire sia come acidi che come basi. Per esempio, lo ione bicarbonato (HCO_3^-) può ionizzarsi oppure subire idrolisi nel modo seguente (vedi la Tabella 11.6):

$$HCO_3^-(aq) \rightleftharpoons H^+(aq) + CO_3^{2-}(aq) \qquad K_{a_2} = 4{,}8 \times 10^{-11}$$

$$HCO_3^-(aq) + H_2O(l) \rightleftharpoons H_2CO_3(aq) + OH^-(aq) \qquad K_b = K_w/K_{a_1} = 2{,}4 \times 10^{-8}$$

dove K_{a_1} e K_{a_2} sono, rispettivamente, le costanti di prima e seconda ionizzazione per l'acido diprotico H_2CO_3. Dato che $K_b > K_a$, la reazione di idrolisi avrà la meglio sul processo di ionizzazione. Quindi, una soluzione di bicarbonato di sodio ($NaHCO_3$) risulterà basica.

quella di neutralizzare l'HCl in eccesso nel succo gastrico. Nella tabella seguente sono indicati i principi attivi di alcuni comuni antiacidi.

Le reazioni mediante le quali questi antiacidi neutralizzano l'acidità gastrica, sono le seguenti:

$$NaHCO_3(aq) + HCl(aq) \longrightarrow NaCl(aq) + H_2O(l) + CO_2(g)$$

$$CaCO_3(s) + 2HCl(aq) \longrightarrow CaCl_2(aq) + H_2O(l) + CO_2(g)$$

$$MgCO_3(s) + 2HCl(aq) \longrightarrow MgCl_2(aq) + H_2O(l) + CO_2(g)$$

$$Mg(OH)_2(s) + 2HCl(aq) \longrightarrow MgCl_2(aq) + 2H_2O(l)$$

$$Al(OH)_2NaCO_3(s) + 4HCl(aq) \longrightarrow AlCl_3(aq) + NaCl(aq) + H_2O(l) + CO_2(g)$$

Alcuni comuni antiacidi in commercio

Nome commerciale	Principio attivo
Alka-Seltzer	Acido acetilsalicilico (aspirina), bicarbonato di sodio, acido citrico
Citrosodina	Bicarbonato di sodio, acido citrico
Maalox	Magnesio idrossido, alluminio idrossido
Magnesia	Magnesio idrossido
Neutrolac	Carbonato di calcio
Rolaids	Diidrossido di alluminio sodio carbonato

La CO_2 liberata dalla maggior parte di queste reazioni aumenta la pressione del gas nello stomaco, provocando eruttazioni. L'effervescenza che avviene quando una compressa di Alka-Seltzer si dissolve in acqua è causata dal diossido di carbonio che viene rilasciato dalla reazione tra acido citrico e bicarbonato di sodio:

$$\underset{\text{acido citrico}}{C_4H_7O_5(COOH)(aq)} + NaHCO_3(aq) \longrightarrow \underset{\text{citrato di sodio}}{C_4H_7O_5COONa(aq)} + H_2O(l) + CO_2(g)$$

Questa azione contribuisce a disperdere gli ingredienti e migliora anche il gusto della soluzione.

La mucosa dello stomaco può essere danneggiata dall'azione dell'aspirina (acido acetilsalicilico). L'aspirina è di per sé un acido debole:

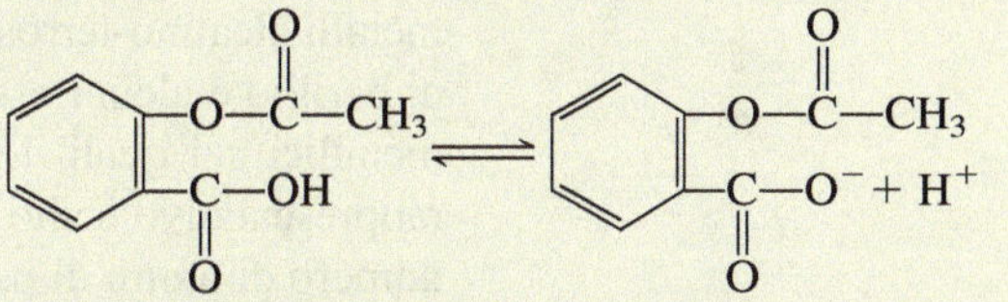

acido acetilsalicilico ione acetilsalicilato

In presenza di un'elevata concentrazione di ioni H^+ nello stomaco, quest'acido rimane in gran parte non ionizzato. Essendo una molecola relativamente non polare, l'acido acetilsalicilico ha la capacità di penetrare le barriere della membrana, anch'esse costituite da molecole non polari. Tuttavia, all'interno della membrana, ci sono molte piccole sacche d'acqua, e quando una molecola di acido acetilsalicilico entra in una di queste sacche, si ionizza in H^+ e ione acetilsalicilato. Queste specie ioniche rimangono intrappolate nelle zone interne della membrana. Il continuo accumulo di ioni indebolisce la struttura della membrana fino a causarne il sanguinamento. Circa 2 ml di sangue vengono persi per ogni compressa presa di aspirina, una quantità generalmente considerata non nociva. Tuttavia, in alcune persone, l'azione dell'aspirina può causare gravi perdite di sangue. La presenza di alcol rende l'acido acetilsalicilico ancora più solubile nella membrana, e quindi promuove ulteriormente il sanguinamento.

Il calcolo completo del pH di sali di ioni anfoteri è complicato. Per determinare la concentrazione di H^+, dobbiamo prendere in considerazione gli equilibri acido-base, l'autoionizzazione dell'acqua, il bilancio di massa e il bilancio di carica, cinque equazioni in tutto per le cinque concentrazioni incognite ($[H^+]$, $[OH^-]$, $[CO_3^{2-}]$, $[HCO_3^-]$, $[H_2CO_3]$). Con qualche approssimazione, tuttavia, si può dimostrare che il pH di un sale anfotero può essere approssimato dalla

$$\mathrm{pH} \approx \frac{\mathrm{p}K_{\mathrm{a}_1} + \mathrm{p}K_{\mathrm{a}_2}}{2} \tag{11.27}$$

Per la soluzione di bicarbonato menzionata in precedenza, i valori di pK_a calcolati dai valori di K_a presenti nella Tabella 11.6 sono pK_{a_1}= 6,38 e pK_{a_2}= 10,32, per cui l'Equazione 11.27 dà

$$\mathrm{pH} = \frac{6{,}38 + 10{,}32}{2} \approx 8{,}35$$

La soluzione è basica, in linea con la conclusione tratta in precedenza dalle dimensioni relative di K_{a_2} e $K_b = K_w/K_{a_1}$.

11.7 Ossidi e idrossidi

11.7.1 Ossidi acidi, basici e anfoteri

Gli ossidi possono essere generalmente classificati come acidi, basici o anfoteri. La discussione sulle reazioni acido-base sarebbe incompleta senza prendere in esame le proprietà di questi composti. La Figura 11.12 mostra le formule di un certo numero di ossidi di elementi rappresentativi. Tutti gli ossidi dei metalli alcalini e tutti gli ossidi dei metalli alcalino-terrosi, a eccezione dell'ossido di berillio (BeO) sono basici. L'ossido di berillio e alcuni ossidi dei metalli dei Gruppi 3A e 4A sono anfoteri. Gli ossidi non metallici nei quali il numero degli atomi di ossigeno intorno a un elemento centrale rappresentativo è alto sono acidi (per esempio, N_2O_5, SO_3 e Cl_2O_7), ma quelli in cui il numero di atomi di ossigeno è basso (per esempio, CO e NO) non mostrano proprietà acide misurabili. Non è noto alcun ossido non metallico che presenti proprietà basiche.

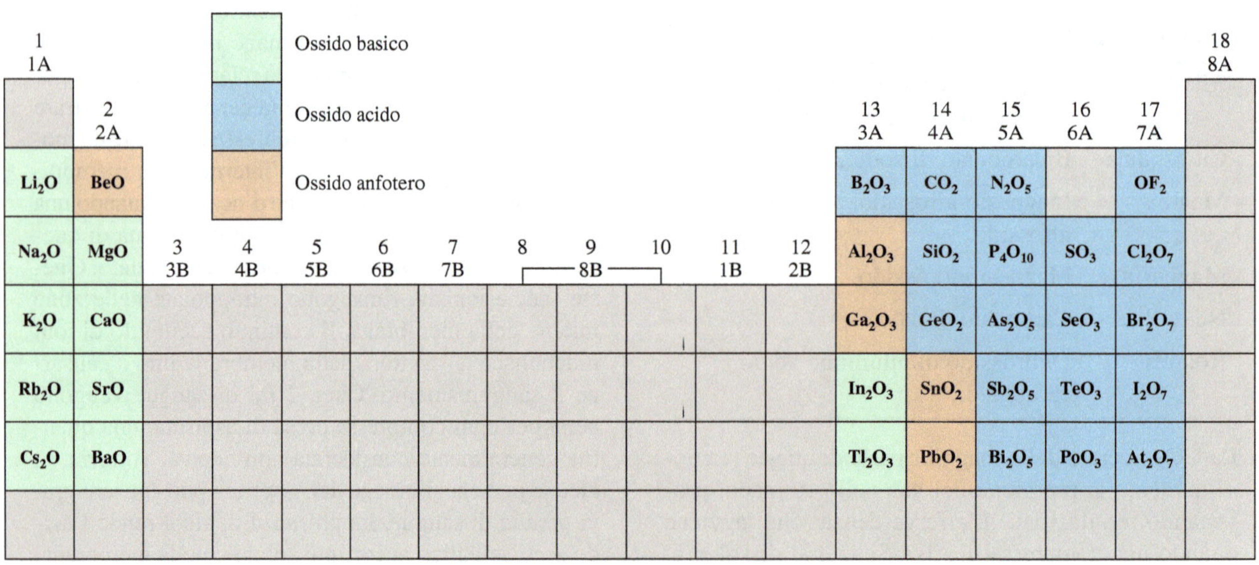

Figura 11.12 Ossidi di alcuni elementi. Per molti elementi, esiste più di un ossido. Per tali elementi, viene indicato solo l'ossido contenente il massimo numero di atomi di ossigeno.

Figura 11.13 Un becher d'acqua (sinistra) al quale sono state aggiunte alcune gocce di indicatore (blu di bromotimolo). Non appena viene aggiunto del ghiaccio secco (destra), la CO_2 reagisce per formare acido carbonico, il quale rende la soluzione acida e cambia il colore dal blu al giallo.

Gli ossidi metallici basici reagiscono con l'acqua per dare idrossidi di metalli:

$$Na_2O(s) \xrightarrow{H_2O} 2NaOH(aq)$$

$$BaO(s) \xrightarrow{H_2O} Ba(OH)_2(aq)$$

Reazioni tra gli ossidi acidi e l'acqua sono:

$$CO_2(g) + H_2O(l) \rightleftharpoons H_2CO_3(aq)$$

$$SO_3(g) + H_2O(l) \rightleftharpoons H_2SO_4(aq)$$

$$N_2O_2(g) + H_2O(l) \rightleftharpoons 2HNO_3(aq)$$

$$P_4O_{10}(s) + 6H_2O(l) \rightleftharpoons 4H_3PO_4(aq)$$

$$Cl_2O_7(l) + 6H_2O(l) \rightleftharpoons 2HClO_4(aq)$$

La reazione tra CO_2 e H_2O spiega il motivo per cui quando l'acqua pura è esposta all'aria (che contiene CO_2) raggiunge gradualmente un pH di circa 5,5 (Figura 11.13). La reazione tra SO_3 e H_2O è in gran parte responsabile per il fenomeno delle piogge acide (Figura 11.14).

Le reazioni tra ossidi acidi e basi e quelle tra ossidi basici e acidi assomigliano alle normali reazioni acido-base in quanto i prodotti sono sale e acqua:

$$\underset{\text{ossido acido}}{CO_2(g)} + \underset{\text{base}}{2NaOH(aq)} \longrightarrow \underset{\text{sale}}{Na_2CO_3(aq)} + \underset{\text{acqua}}{H_2O(l)}$$

$$\underset{\text{ossido basico}}{BaO(s)} + \underset{\text{acido}}{2HNO_3(aq)} \longrightarrow \underset{\text{sale}}{Ba(NO_3)_2(aq)} + \underset{\text{acqua}}{H_2O(l)}$$

Figura 11.14 Una foresta danneggiata dalle piogge acide.

L'ossido di alluminio (Al_2O_3) è anfotero (vedi la Figura 11.12). A seconda delle condizioni di reazione, può comportarsi come un ossido acido o un ossido basico. Per esempio, Al_2O_3 agisce come una base con l'acido cloridrico per dare un sale ($AlCl_3$) e acqua:

$$Al_2O_3(s) + 6HCl(aq) \longrightarrow 2AlCl_3(aq) + 3H_2O(l)$$

e agisce come un acido con l'idrossido di sodio:

$$Al_2O_3(s) + 2NaOH(aq) + 3H_2O(l) \longrightarrow 2NaAl(OH)_4(aq)$$

In quest'ultima reazione, si è avuta la formazione di un solo prodotto, il sale $NaAl(OH)_4$ [contenente gli ioni Na^+ e $Al(OH)_4^-$]; non è stata prodotta acqua. Tuttavia, anche questa può essere classificata come una reazione acido-base poiché Al_2O_3 neutralizza NaOH.

Alcuni ossidi dei metalli di transizione in cui il rapporto numerico tra l'atomo di ossigeno e l'atomo del metallo è grande, sono acidi. Due esempi sono l'ossido di manganese (VII), (Mn_2O_7) e l'ossido di cromo (VI), (CrO_3), che reagiscono con l'acqua per produrre acidi:

$$Mn_2O_7(l) + H_2O(l) \longrightarrow \underset{\text{acido permanganico}}{2HMnO_4(aq)}$$

$$CrO_3(s) + H_2O(l) \longrightarrow \underset{\text{acido cromico}}{H_2CrO_4(aq)}$$

11.7.2 Idrossidi basici e anfoteri

Gli idrossidi dei metalli alcalini e alcalino-terrosi [a eccezione di $Be(OH)_2$] hanno proprietà basiche. I seguenti sono idrossidi anfoteri: $Be(OH)_2$, $Al(OH)_3$, $Sn(OH)_2$, $Pb(OH)_2$, $Cr(OH)_3$, $Cu(OH)_2$, $Zn(OH)_2$, $Cd(OH)_2$. Per esempio, l'idrossido di alluminio reagisce sia con gli acidi che con le basi:

$$Al(OH)_3(s) + 3H^+(aq) \longrightarrow Al^{3+}(aq) + 2H_2O(l)$$

$$Al(OH)_3(s) + OH^-(aq) \rightleftharpoons Al(OH)_4^-(aq)$$

Tutti gli idrossidi anfoteri sono insolubili in acqua.

L'idrossido di berillio, così come l'idrossido di alluminio, è anfotero:

$$Be(OH)_2(s) + 3H^+(aq) \longrightarrow Be^{2+}(aq) + 2H_2O(l)$$

$$Be(OH)_2(s) + OH^-(aq) \rightleftharpoons Be(OH)_4^{2-}(aq)$$

Questo è un altro esempio della relazione diagonale tra berillio e alluminio (vedi Paragrafo 2.5).

Sommario

Paragrafo 11.1

- Gli acidi di Arrhenius si ionizzano in acqua per dare ioni H^+ e le basi di Arrhenius si ionizzano in acqua per dare ioni OH^-.
- Gli acidi di Brønsted donano protoni e le basi di Brønsted accettano protoni. Queste sono le definizioni di base che normalmente sottintendono i termini *acido* e *base*.
- La reazione tra un acido e una base è detta neutralizzazione.
- Gli acidi di Lewis accettano doppietti elettronici e le basi di Lewis donano doppietti elettronici. Il termine *acido di Lewis* è generalmente riservato alle sostanze che possono accettare doppietti elettronici, ma che non contengono atomi di idrogeno ionizzabili.

Paragrafo 11.2

- La costante di equilibrio per l'autoionizzazione dell'acqua vale $1{,}0 \times 10^{-14}$ a 25 °C.
- L'acidità di una soluzione acquosa è espressa dal dato del pH, definito come il logaritmo negativo dell'attività dello ione idrogeno. In una soluzione diluita l'attività dello ione idrogeno può essere ben approssimata dal valore numerico della concentrazione dello ione idrogeno in mol l^{-1}.
- A 25 °C, una soluzione acida ha pH < 7, una soluzione basica ha pH > 7, una soluzione neutra ha pH = 7.

Paragrafo 11.3

- In soluzione acquosa, sono classificati come acidi forti: $HClO_4$, HI, HBr, HCl, H_2SO_4 (primo stadio di ionizzazione), HNO_3. Gli idrossidi dei metalli alcalini e alcalino-terrosi (a eccezione del berillio), in soluzione acquosa, sono classificati come basi forti.
- La costante di ionizzazione acida K_a aumenta con la forza dell'acido. Allo stesso modo K_b esprime la forza delle basi.

Paragrafo 11.4

- La percentuale di ionizzazione è un'altra misura della forza degli acidi. Quanto più una soluzione di un acido debole è diluita, maggiore è la percentuale di ionizzazione dell'acido.

- Il prodotto della costante di ionizzazione di un acido per la costante di ionizzazione della sua base coniugata è pari al prodotto ionico dell'acqua.

Paragrafo 11.5

- La forza relativa degli acidi può essere spiegata, in termini qualitativi, in base alla sua struttura molecolare.

Paragrafo 11.6

- La maggior parte dei sali sono elettroliti forti che si dissociano completamente in ioni in soluzione acquosa. La reazione di questi ioni con l'acqua, detta idrolisi salina, è in grado di generare soluzioni acide o basiche. Nell'idrolisi salina, le basi coniugate di acidi deboli danno soluzioni basiche e gli acidi coniugati di basi deboli danno soluzioni acide.
- In soluzione acquosa, ioni metallici piccoli e ad alto numero di ossidazione, come Al^{3+} e Fe^{3+}, si idrolizzano per dare soluzioni acide.

Paragrafo 11.7

- La maggior parte degli ossidi possono essere classificati come acidi, basici o anfoteri. Gli idrossidi di metalli sono sia basici che anfoteri.

Problemi

Soluzioni dei problemi dispari sul sito www.mheducation.it

11.1 Reazioni acido-base

11.1 Classificare ciascuna delle seguenti specie come acido di Brønsted, base di Brønsted o entrambi: (a) H_2O, (b) OH^-, (c) H_3O, (d) NH_3, (e) NH_4^+, (f) NH_2^-, (g) NO_3^-, (h) CO_2, (i) HBr, (j) HCN.

11.2 Scrivere le formule delle basi coniugate dei seguenti acidi: (a) HNO_2, (b) H_2SO_4, (c) H_2S, (d) HCN, (e) HCOOH (acido formico).

11.3 Identificare le coppie coniugate acido-base in ciascuna delle seguenti reazioni:

(a) $CH_3COO^- + HCN \rightleftharpoons CH_3COOH + CN^-$

(b) $HCO_3^- + HCO_3^- \rightleftharpoons H_2CO_3 + CO_3^{2-}$

(c) $H_2PO_4^- + NH_3 \rightleftharpoons HPO_4^{2-} + NH_4^+$

(d) $HClO + CH_3NH_2 \rightleftharpoons CH_3NH_3^+ + ClO^-$

(e) $CO_3^{2-} + H_2O \rightleftharpoons HCO_3^- + OH^-$

11.4 Scrivere le formule degli acidi coniugati delle seguenti basi: (a) HS^-, (b) HCO_3^-, (c) CO_3^{2-}, (d) $H_2PO_4^-$, (e) HPO_4^{2-}, (f) PO_4^{3-}, (g) HSO_4^-, (h) SO_4^{2-}, (i) SO_3^{2-}.

11.5 L'acido ossalico ($C_2H_2O_4$) ha la seguente struttura:

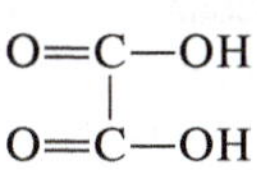

Una soluzione di acido ossalico contiene le seguenti specie in varie concentrazioni: $C_2H_2O_4$, $C_2HO_4^-$, $C_2O_4^{2-}$, H^+. (a) Disegnare le strutture di Lewis di $C_2HO_4^-$ e di $C_2O_4^{2-}$. (b) Quali delle quattro specie in una soluzione di acido ossalico possono agire solo come acidi, quali solo come basi e quali sia come acidi sia come basi?

11.6 Scrivere le formule delle basi coniugate dei seguenti acidi: (a) $CH_2ClCOOH$, (b) HIO_4, (c) H_3PO_4, (d) $H_2PO_4^-$, (e) HPO_4^{2-}, (f) H_2SO_4, (g) HSO_4^-, (h) HIO_3, (i) HSO_3^-, (j) NH_4^+, (k) H_2S, (l) HS^-, (m) $HClO_3$.

11.7 Classificare ciascuna delle seguenti specie come un acido di Lewis o come una base di Lewis: (a) CO_2, (b) H_2O, (c) I^-, (d) SO_2, (e) NH_3, (f) OH^-, (g) H^+, (h) BCl_3.

11.8 Descrivere la seguente reazione in termini della teoria di Lewis riguardante acidi e basi:

$$AlCl_3(s) + Cl^-(aq) \longrightarrow AlCl_4^-(aq)$$

11.9 Qual è da considerare un acido di Lewis più forte: (a) BF_3 o BCl_3, (b) Fe^{2+} o Fe^{3+}? Spiegare.

11.10 Tutti gli acidi di Brønsted sono acidi di Lewis, ma non tutti gli acidi di Lewis sono acidi di Brønsted. Dare due esempi di acidi di Lewis che non sono acidi di Brønsted.

11.2 Autoionizzazione dell'acqua

11.11 Il pH di una soluzione è 6,7. Da questa sola affermazione, si può concludere che la soluzione è acida? In caso contrario, di quali ulteriori informazioni avete bisogno?

11.12 Il pH di una soluzione può essere pari a zero o negativo? In caso affermativo, fornire degli esempi riguardanti questi valori.

11.13 Calcolare la concentrazione degli ioni OH^- in una soluzione di HCl di $1{,}4 \times 10^{-3}$ *M* a 25 °C.

11.14 Calcolare la concentrazione degli ioni H^+ in una soluzione 0,62 *M* di NaOH a 25 °C.

11.15 Calcolare il pH di ciascuna delle seguenti soluzioni a 25 °C: (a) 0,0010 *M* HCl, (b) 0,76 *M* KOH.

11.16 Calcolare il pH di ciascuna delle seguenti soluzioni a 25 °C: (a) $2{,}8 \times 10^{-4}$ *M* $Ba(OH)_2$, (b) $5{,}2 \times 10^{-4}$ *M* HNO_3.

11.17 Calcolare la concentrazione degli ioni H^+ in mol l^{-1} per soluzioni con i seguenti valori di pH a 25 °C: (a) 2,42, (b) 11,21, (c) 6,96, (d) 15,00.

11.18 Calcolare la concentrazione degli ioni H^+ in mol l^{-1} per ciascuna delle seguenti soluzioni a 25 °C: (a) una soluzione a pH 5,20, (b) una soluzione a pH 16,00, (c) una soluzione la cui concentrazione dello ione idrossido sia $3{,}7 \times 10^{-9}$ *M*.

11.19 Il pOH di una soluzione è 9,40 a 25 °C. Calcolare la concentrazione degli ioni H^+.

11.20 Calcolare il numero di moli di KOH in 5,50 ml di una soluzione 0,360 *M* di KOH a 25 °C. Qual è il pOH della soluzione?

11.21 Quanti grammi di NaOH sono necessari per preparare 546 ml di una soluzione a pH 10,00 a 25 °C?

11.22 Una soluzione è costituita da 18,4 g di HCl disciolti in 662 ml di acqua. Calcolare il pH della soluzione a 25 °C. Assumere che il volume rimanga costante.

11.23 Per quale delle seguenti soluzioni ci si aspetta che il valore misurato del pH differisca maggiormente dal pH calcolato a partire dalla concentrazione di ioni H^+: (a) una soluzione di HCl $2{,}0 \times 10^{-5}$ *M*, (b) una soluzione di HNO_3 0,1 *M*, (c) una soluzione di NaOH 0,00050 *M*?

11.24 Per quale delle seguenti soluzioni ci si aspetta che il valore misurato del pH differisca maggiormente dal pH calcolato a partire dalla concentrazione di ioni H^+: (a) una soluzione di KOH $5{,}0 \times 10^{-4}$ *M*, (b) una soluzione di HCl $4{,}7 \times 10^{-6}$ *M*, (c) una soluzione di NaOH 0,0560 *M*?

11.25 Una soluzione acquosa a 60 °C ha una concentrazione di ioni H^+ di $1{,}5 \times 10^{-5}$ *M*. Qual è la concentrazione degli ioni OH^-?

11.26 Qual è il pH di una soluzione acquosa a 40 °C che ha un pOH di 4,5?

11.3 Forza di acidi e basi

11.27 Quale dei seguenti schemi rappresenta meglio un acido forte, per esempio HCl, disciolto in acqua? Quale un acido debole? Quale un acido molto debole? Il protone idrato è indicato come uno ione idrossonio. Le molecole d'acqua sono state omesse per chiarezza.

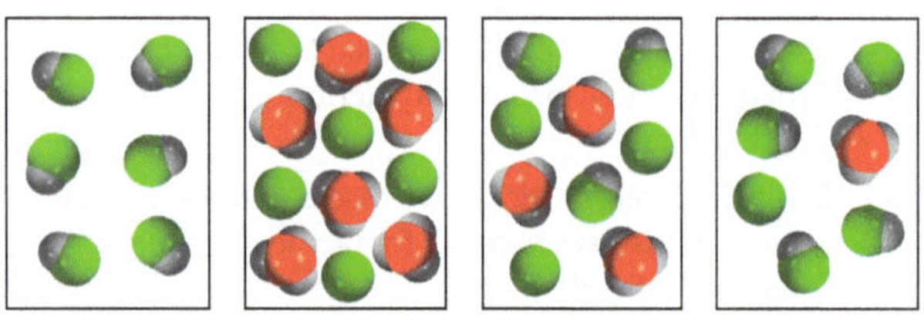

(a) (b) (c) (d)

11.28 (1) Quale dei seguenti schemi rappresenta una soluzione di un acido debole diprotico? (2) Quali schemi rappresentano situazioni chimicamente poco plausibili? Il protone idrato è indicato come uno ione idrossonio. Le molecole d'acqua sono state omesse per chiarezza.

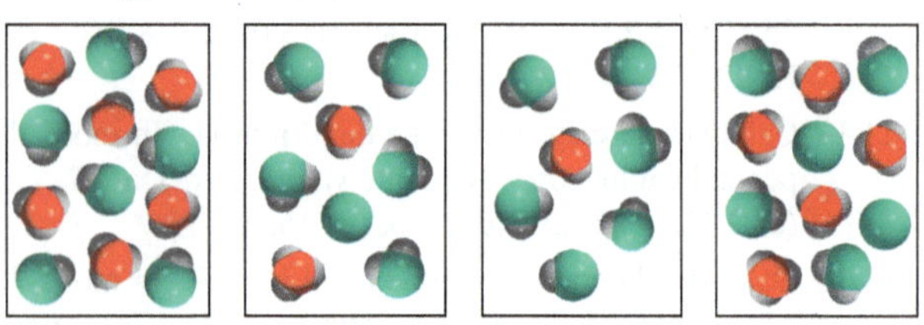

(a) (b) (c) (d)

11.29 Classificare ciascuna delle seguenti specie come un acido forte o un acido debole: (a) HNO_3, (b) HF, (c) H_2SO_4, (d) HSO_4^-, (e) H_2CO_3, (f) HCO_3^-, (g) HCl, (h) HCN, (i) HNO_2.

11.30 Classificare ciascuna delle seguenti specie come una base forte o debole: (a) LiOH, (b) CN^-, (c) H_2O, (d) ClO_4^-, (e) NH_2^-.

11.31 Quale delle seguenti affermazioni è vera per una soluzione 0,10 *M* di un acido debole HA?

(a) Il pH è 1,00.

(b) $[H^+] \gg [A]$.

(c) $[H] = [A]$.

(d) Il pH è minore di 1.

11.32 Quale delle seguenti affermazioni è vera per una soluzione 1,0 *M* di un acido forte HA?

(a) $[A^-] > [H^+]$.

(b) Il pH è circa zero.

(c) $[H^+] = 1{,}0$ *M*.

(d) $[HA] = 1{,}0$ *M*.

11.33 Prevedere la direzione che predomina nella seguente reazione:

$$F^-(aq) + H_2O(l) \rightleftharpoons HF(aq) + OH^-(aq)$$

11.34 Prevedere se la seguente reazione procede da sinistra a destra, anche se in misura molto piccola:

$$CH_3COOH(aq) + Cl^-(aq) \longrightarrow CH_3COO^-(aq) + HCl(aq)$$

11.35 Il K_a per l'acido debole HF è $7{,}1 \times 10^{-4}$ a 25 °C. Utilizzando l'approccio adottato nel Capitolo 10, determinare il K_a per HF a 60 °C. Il $\Delta H°$ per la ionizzazione di HF in soluzione acquosa è $-61{,}53$ kJ mol^{-1}.

11.4 Calcolo del pH

11.36 Perché normalmente non vengono citati i valori di K_a per acidi forti come HCl e HNO_3?

11.37 Perché è necessario specificare la temperatura quando si elencano i valori di K_a?

11.38 Quale delle seguenti soluzioni ha il pH più alto: (a) 0,40 *M* HCOOH, (b) 0,40 *M* $HClO_4$, (c) 0,40 *M* CH_3COOH?

11.39 Il K_a dell'acido benzoico vale $6{,}5 \times 10^{-5}$. Calcolare il pH di una soluzione di acido benzoico 0,10 *M*.

11.40 Una quantità di 0,0560 g di acido acetico è disciolta in abbastanza acqua da costituire 50,0 ml di soluzione. Calcolare le concentrazioni di H^+, CH_3COO^- e CH_3COOH all'equilibrio. La K_a dell'acido acetico vale $1{,}8 \times 10^{-5}$.

11.41 Il pH di una soluzione acida è 6,20. Calcolare il K_a dell'acido. La concentrazione iniziale dell'acido è 0,010 *M*.

11.42 Qual è la molarità originale di una soluzione di acido formico (HCOOH) il cui pH è 3,26 all'equilibrio?

11.43 Calcolare la percentuale di ionizzazione dell'acido benzoico alle seguenti concentrazioni: (a) 0,20 *M*, (b) 0,00020 *M*.

11.44 Calcolare la percentuale di ionizzazione dell'acido fluoridrico alle seguenti concentrazioni: (a) 0,60 *M*, (b) 0,0046 *M*, (c) 0,00028 *M*. Commentare.

11.45 Una soluzione 0,040 *M* di un acido monoprotico è ionizzata per il 14%. Calcolare la costante di ionizzazione dell'acido.

11.46 (a) Calcolare la percentuale di ionizzazione di una soluzione 0,20 M di aspirina (acido acetilsalicilico, monoprotico) per il quale $K_a = 3{,}0 \times 10^{-4}$. (b) Il pH dei succhi gastrici nello stomaco di un determinato individuo è 1,00. Dopo l'ingestione di alcune compresse di aspirina, la concentrazione di acido acetilsalicilico nella persona di stomaco è 0,20 M. Calcolare la percentuale di ionizzazione dell'acido in queste condizioni. Che effetto ha l'acido non ionizzato sulla membrana che riveste lo stomaco? (*Suggerimento:* Vedi Approfondimento 11.1.)

11.47 Calcolare il pH di ciascuna delle seguenti soluzioni a 25 °C: (a) 0,10 M NH_3, (b) 0,050 M C_5H_5N (piridina).

11.48 Il pH di una soluzione 0,30 M di una base debole è 10,66. Qual è il K_b della base?

11.49 Qual è la molarità originale di una soluzione di ammoniaca il cui pH è 11,22 a 25 °C?

11.50 In una soluzione 0,080 M di NH_3 a 25 °C, che percentuale di NH_3 è presente come NH_4^+?

11.51 Indicare tutte le specie (tranne l'acqua) che sono presenti in un soluzione di acido fosforico. Indicare quali specie sono in grado di agire: come un acido di Brønsted, come una base di Brønsted, sia come un acido di Brønsted sia come una base di Brønsted.

11.52 (a) Confrontare il pH di una soluzione 0,040 M di HCl con quello di una soluzione 0,040 M di H_2SO_4 a 25 °C. (b) Quali sono le concentrazioni di HSO_4^-, SO_4^{2-} e H^+ in una soluzione 0,20 M di $KHSO_4$? (*Suggerimento:* H_2SO_4 è un acido forte; K_a per HSO_4^- è $1{,}3 \times 10^{-2}$ a 25 °C).

11.53 Calcolare le concentrazioni di H^+, HCO_3^- e CO_3^{2-} in una soluzione 0,025 M di H_2CO_3 a 25 °C.

11.54 Calcolare il pH di una soluzione $2{,}0 \times 10^{-7}$ M di acido cloridrico a 25 °C.

11.55 Calcolare il pH di una soluzione $2{,}0 \times 10^{-7}$ M di acido formico a 25 °C.

11.56 K_{a_1} e K_{a_2} indicano, rispettivamente, la prima e la seconda costante di ionizzazione di un acido diprotico a una certa temperatura. In quali condizioni $[A^{2-}] = K_{a_2}$?

11.57 Calcolare il pH di una soluzione 0,0015 M di acido fosforico a 25 °C.

11.5 Struttura molecolare e forza degli acidi

11.58 Confrontare la forza dei seguenti acidi: H_2O, H_2S, H_2Se.

11.59 In ciascuna coppia, confrontare la forza dei seguenti acidi: (a) H_2SO_4 e H_2SeO_4, (b) H_3PO_4 e H_3AsO_4.

11.60 Quale dei seguenti è l'acido più forte: $CH_2ClCOOH$ o $CHCl_2COOH$? Spiegare.

11.61 Si considerino il fenolo e il metanolo (entrambi sono alcoli):

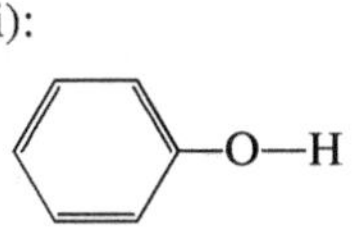

$CH_3—O—H$

fenolo metanolo

Sperimentalmente, si trova che il fenolo è un acido più forte del metanolo. Spiegare questa differenza in termini di strutture delle basi coniugate. (*Suggerimento*: Una base coniugata più stabile favorisce la ionizzazione. Solo una di queste basi coniugate può essere stabilizzata per risonanza.)

11.6 Idrolisi salina

11.62 Prevedere il pH (>7, =7, <7) di soluzioni acquose contenenti i seguenti sali: (a) KBr, (b) $Al(NO_3)_3$, (c) $BaCl_2$, (d) $Bi(NO_3)_3$.

11.63 Prevedere se le seguenti soluzioni acquose sono acide, basiche o praticamente neutre: (a) NaBr, (b) K_2SO_3, (c) NH_4NO_2, (d) $Cr(NO_3)_3$.

11.64 Un certo sale, MX (contenente gli ioni M^+ e X^-), viene disciolto in acqua e il pH della soluzione risultante è 7,0 a 25 °C. Cosa si può dedurre circa le forze dell'acido e della base da cui proviene il sale?

11.65 In un certo esperimento, si trova che il pH di tre soluzioni 0,10 M dei sali di potassio KX, KY e KZ sono, rispettivamente, 7,0, 9,0 e 11,0. Disporre gli acidi HX, HY e HZ in ordine di forza acida crescente.

11.66 Calcolare il pH di una soluzione 0,36 M di CH_3COONa a 25 °C.

11.67 Calcolare il pH di una soluzione 0,42 M di NH_4Cl a 25 °C.

11.68 Prevedere il pH (>7, =7, <7) di una soluzione di $NaHCO_3$.

11.69 Prevedere se una soluzione contenente il sale K_2HPO_4 sarà acida, basica o neutra.

11.70 Calcolare il pH di una soluzione 0,015 M di acido ossalico a 25 °C.

11.7 Ossidi e idrossidi

11.71 Disporre gli ossidi in ciascuno dei seguenti gruppi nell'ordine di basicità crescente: (a) K_2O, Al_2O_3, BaO, (b) CrO_3, CrO, Cr_2O_3.

11.72 $Zn(OH)_2$ è un idrossido anfotero. Scrivere delle equazioni ioniche bilanciate per mostrare la sua reazione con (a) HCl, (b) NaOH [il prodotto è $Zn(OH)_4^{2-}$].

11.73 $Al(OH)_3$ è insolubile in acqua pura, ma si scioglie se c'è un eccesso di NaOH nella soluzione. Scrivere un'equazione ionica bilanciata di questa reazione. Di che tipo di reazione si tratta?

Problemi supplementari

11.74 Il K_a dell'acido formico è $1{,}7 \times 10^{-4}$ a 25 °C. A 40 °C l'acido sarà più forte o più debole? Spiegare.

11.75 Una tipica reazione tra un antiacido e l'acido cloridrico contenuto nei succhi gastrici è

$$NaHCO_3(s) + HCl(aq) \rightleftharpoons NaCl(aq) + H_2O(l) + CO_2(g).$$

Calcolare il volume (in l) di CO_2 generata da 0,350 g di $NaHCO_3$ e succhi gastrici in eccesso a 1,00 bar e 37,0 °C.

11.76 A quale delle seguenti soluzioni l'aggiunta di un volume uguale di una soluzione 0,60 *M* di NaOH porta a una soluzione con un pH inferiore: (a) acqua, (b) 0,30 *M* HCl, (c) 0,70 *M* KOH, (d) 0,40 *M* $NaNO_3$?

11.77 Il pH di una soluzione 0,0642 *M* di un acido monoprotico è 3,86 a 25 °C. Si tratta di un acido forte?

11.78 Come l'acqua, l'ammoniaca liquida subisce autoionizzazione:

$$NH_3 + NH_3 \rightleftharpoons NH_4^+ + NH_2^-$$

(a) Identificare gli acidi di Brønsted e le basi di Brønsted in questa reazione.

(b) Quali specie corrispondono a H^+ e OH^-, e qual è la condizione per una soluzione neutra?

11.79 HA e HB sono entrambi acidi deboli, anche se HB è il più forte dei due. Il volume di una soluzione 0,10 *M* di NaOH necessario alla neutralizzazione, sarà maggiore per 50,0 ml di una soluzione 0,10 *M* di HB o per 50,0 ml di una soluzione 0,10 *M* di HA?

11.80 Una soluzione contiene un acido debole monoprotico HA e il suo sale sodico NaA, entrambi a concentrazione 0,1 *M*. Dimostrare che $[OH^-] = K_w/K_a$.

11.81 I tre ossidi di cromo più comuni sono CrO, Cr_2O_3 e CrO_3. Se Cr_2O_3 è anfotero, cosa si può dire circa le proprietà acido-base di CrO e CrO_3?

11.82 Utilizzare i dati in Appendice 2 per determinare $\Delta H°$, $\Delta S°$ e $\Delta G°$ per l'autoionizzazione dell'acqua a 25 °C. Utilizzando l'approccio adottato nel Capitolo 10, determinare i valori di K_w a 25 °C e a 60 °C. Quali ipotesi devono essere fatte in questi calcoli? Confrontare i risultati con i dati nella Tabella 11.2.

11.83 Utilizzare i dati nella Tabella 11.3 per calcolare la costante di equilibrio per la seguente reazione a 25 °C:

$$HCOOH(aq) + OH^-(aq) \rightleftharpoons HCOO^-(aq) + H_2O(l)$$

11.84 Utilizzare i dati nella Tabella 11.3 per calcolare la costante di equilibrio per la seguente reazione a 25 °C:

$$CH_3COOH(aq) + NO_2(aq) \rightleftharpoons CH_3COO^-(aq) + HNO_2(aq)$$

11.85 La maggior parte degli idruri dei metalli del Gruppo 1A e del Gruppo 2A sono ionici (le eccezioni sono BeH_2 e MgH_2, che sono composti covalenti). Descrivere la reazione tra lo ione idruro (H^-) e l'acqua in termini di reazione acido-base di Brønsted.

11.86 Il K_b per la base debole NH_3 è $1,8 \times 10^{-5}$ a 25 °C. Utilizzando l'approccio adottato nel Capitolo 10 e i dati in Appendice 2, determinare K_b per NH_3 a 50 °C.

11.87 Calcolare il pH di una soluzione 0,20 *M* di acetato d'ammonio (CH_3COONH_4) a 25 °C.

11.88 La Novocaina, utilizzata come anestetico locale da parte dei dentisti, è una base debole ($K_b = 8,91 \times 10^{-6}$ a 25 °C). Qual è il rapporto tra la concentrazione della base e quella del suo acido nel plasma sanguigno (pH = 7,40) di un paziente?

11.89 Quale delle seguenti è la base più forte: NF_3 o NH_3? (*Suggerimento:* F è più elettronegativo di H.)

11.90 Quale delle seguenti è la base più forte: NH_3 o PH_3? (*Suggerimento:* Il legame N—H è più forte del legame P—H.)

11.91 Il prodotto ionico del D_2O è $1,35 \times 10^{-15}$ a 25 °C. (a) Calcolare il pD di D_2O neutro, dove $pD = -\log_{10} [D]$. (b) Per quali valori del pD una soluzione sarà acida in D_2O? (c) Derivare una relazione tra pD e pOD.

11.92 Fornire una spiegazione fisica circa il motivo per cui D_2O ha un prodotto ionico minore di quello di H_2O a 25 °C ($1,35 \times 10^{-15}$ per D_2O; $1,01 \times 10^{-14}$ per H_2O).

11.93 Fornire un esempio di: (a) un acido debole contenente atomi di ossigeno, (b) un acido debole non contenente atomi di ossigeno, (c) una molecola neutra che agisce come un acido di Lewis, (d) una molecola neutra che agisce come una base di Lewis, (e) un acido debole che contiene due atomi di H ionizzabili, (f) una coppia coniugata acido-base, nella quale entrambi i componenti reagiscano con HCl per dare anidride carbonica.

11.94 Qual è il pH di una soluzione acquosa di 250,0 ml contenente 0,616 g dell'acido forte trifluorometansolfonico (CF_3SO_3H)?

11.95 (a) Utilizzare la teoria VSEPR per prevedere la geometria dello ione idrossonio (H_3O^+). (b) L'atomo O in H_2O ha due doppietti elettronici (lone pairs) e in linea di principio può accettare due ioni H^+. Spiegare perché la specie H_4O^{2+} non esiste. Se esistesse, quale sarebbe la sua geometria?

11.96 HF è un acido debole, ma la sua forza aumenta con la concentrazione. Spiegare. (*Suggerimento:* F^- reagisce con HF per formare HF_2^-. La costante d'equilibrio per questa reazione è 5,2 a 25 °C).

11.97 Quando il cloro reagisce con l'acqua, la soluzione è debolmente acida e reagisce con $AgNO_3$ per dare un precipitato bianco. Scrivere un'equazione bilanciata per rappresentare queste reazioni. Spiegare il motivo per cui i produttori di agenti sbiancanti aggiungono basi come NaOH ai propri prodotti per aumentare la loro efficacia.

11.98 L'emoglobina (Hb) è una proteina del sangue responsabile del trasporto dell'ossigeno. Essa può esistere in forma protonata HbH. Il legame con l'ossigeno può essere rappresentato dall'equazione semplificata

$$HbH^+ + O_2 \rightleftharpoons HbO_2 + H^+$$

(a) Qual è la forma di emoglobina favorita nei polmoni, dove la concentrazione di ossigeno è più alta?

(b) Nei tessuti corporei, nei quali le cellule rilasciano il diossido di carbonio prodotto dal metabolismo, il sangue è più acido a causa della formazione di acido carbonico. Quale forma di emoglobina è favorita in queste condizioni?

(c) Quando una persona è in iperventilazione, la concentrazione di CO_2 nel suo sangue diminuisce. Come incide questa situazione sull'equilibrio? Spesso a una persona che è in iperventilazione si consiglia di respirare in un sacchetto di carta. Perché?

11.99 Calcolare le concentrazioni di tutte le specie in una soluzione 0,100 *M* di H_3PO_4 a 25 °C.

11.100 In fase vapore, le molecole di acido acetico si associano, in una certa misura, per formare dimeri:

$$2CH_3COOH(g) \rightleftharpoons (CH_3COOH)_2(g)$$

A 51 °C, la pressione di vapore dell'acido acetico in un pallone da 360 ml è 0,0346 bar. Il vapore viene condensato e neutralizzato con 13,8 ml di NaOH 0,0568 *M*. (a) Calcolare il grado di dissociazione (α) del dimero in queste condizioni:

$$(CH_3COOH)_2 \rightleftharpoons 2CH_3COOH$$

(*Suggerimento:* vedi il Problema 10.66.) (b) Calcolare la costante d'equilibrio K_P per la reazione nella parte (a).

11.101 Calcolare le concentrazioni di tutte le specie in una soluzione 0,100 *M* di Na_2CO_3 a 25 °C.

11.102 Utilizzando le Equazioni 11.3, 11.11, 11.23 e 11.24 come punto di partenza, ricavare l'equazione di terzo grado (o cubica) per la concentrazione degli ioni H^+ di un acido diluito dato dall'Equazione 11.25.

11.103 La costante della legge di Henry per CO_2 a 38 °C è $2,30 \times 10^{-3}$ mol l^{-1} bar^{-1}. Calcolare il pH di una soluzione di CO_2 a 38 °C in equilibrio con il gas alla pressione parziale di 3,20 bar.

11.104 L'acido cianidrico (HCN) è un acido debole e un composto letale: in forma gassosa (cianuro di idrogeno) è stato utilizzato nelle camere a gas. Perché è pericoloso trattare il cianuro di sodio con acidi (come HCl), senza una ventilazione adeguata?

11.105 Quanti grammi di NaCN è necessario sciogliere in una quantità d'acqua sufficiente a preparare esattamente 250 ml di soluzione a pH 11,00?

11.106 Una soluzione di acido formico (HCOOH) ha un pH di 2,53 a 25 °C. Quanti grammi di acido formico ci sono in 100,0 ml di soluzione?

11.107 Calcolare il pH di 1,0 l di soluzione contenente 0,150 mol di CH_3COOH e 0,100 mol di HCl a 25 °C.

11.108 Un campione di 1,87 g di Mg reagisce con 80,0 ml di una soluzione di HCl il cui pH è −0,544. Qual è il pH della soluzione dopo che ha reagito tutto il Mg? Assumere il volume costante.

11.109 Due becher contengono una soluzione acquosa di un acido forte (HA) e una soluzione acquosa di un acido debole (HB) alla stessa concentrazione. Descrivere in che modo si potrebbe confrontare la forza di questi due acidi da: (a) la misura del pH, (b) la misura della conducibilità elettrica, (c) la velocità con cui viene prodotto dell'idrogeno gassoso quando queste soluzioni vengono in contatto con un metallo attivo come Mg o Zn.

11.110 Usare il principio di Le Châtelier per prevedere l'effetto delle seguenti variazioni sull'entità dell'idrolisi di una soluzione di nitrito di sodio ($NaNO_2$): (a) aggiunta di HCl, (b) aggiunta di NaOH, (c) aggiunta di NaCl, (d) diluizione della soluzione.

11.111 Descrivere l'idratazione di SO_2 come una reazione acido-base di Lewis. (*Suggerimento*: Fare riferimento alla discussione sull'idratazione di CO_2 nel Paragrafo 11.1.)

11.112 Lo sgradevole odore del pesce è dovuto principalmente a composti organici (RNH_2) contenenti un gruppo amminico ($—NH_2$) (la lettera R indica il resto della molecola). Questi composti sono chiamati ammine, e sono delle basi, come l'ammoniaca. Spiegare il motivo per cui aggiungere del succo di limone sul pesce può ridurne notevolmente l'odore.

11.113 Una soluzione di metilammina (CH_3NH_2) ha pH 10,64 a 25 °C. Quanti grammi di metilammina ci sono in 100,0 ml di soluzione?

11.114 Una soluzione 0,400 *M* di acido formico (HCOOH) congela a −0,758 °C. Calcolare il K_a dell'acido a quella temperatura. (*Suggerimento:* Assumere la molarità pari alla molalità. Svolgere i calcoli a tre cifre significative e arrotondare a due per la K_a.)

11.115 Sia lo ione ammide (NH_2^-) sia lo ione nitruro (N^{3-}) sono basi più forti rispetto allo ione idrossido e quindi non esistono in soluzione acquosa. (a) Scrivere le equazioni mostrando le reazioni di questi ioni con l'acqua e individuare l'acido di Brønsted e la base di Brønsted in ciascun caso. (b) Quale dei due è la base più forte?

11.116 La concentrazione atmosferica del diossido di zolfo (SO_2), in una certa regione, è di 0,12 ppm in volume. Calcolare il pH dell'acqua piovana a 20 °C a causa di questo inquinante. Assumere che la dissoluzione di SO_2 non modifichi la sua pressione.

11.117 L'ipoclorito di calcio [$Ca(OCl)_2$] è usato come disinfettante per piscine. Quando viene sciolto in acqua produce acido ipocloroso,

$$Ca(OCl)_2(s) + 2H_2O(l) \rightleftharpoons 2HClO(aq) + Ca(OH)_2(s)$$

che si ionizza nel modo seguente:

$$HClO(aq) + H_2O(l) \rightleftharpoons H_3O^+(aq) + ClO^-(aq) \qquad K_a = 3,0 \times 10^{-8}$$

In quanto forti agenti ossidanti, sia HClO sia ClO^- possono uccidere i batteri distruggendo le loro componenti cellulari. Tuttavia, una concentrazione troppo elevata di HClO è irritante per gli occhi e una concentrazione troppo elevata di ClO^- risulterà in una decomposizione degli ioni stessi a causa della luce solare. Calcolare la percentuale delle specie presenti a questo pH.

11.118 Spiegare l'azione dei famosi "sali" (carbonato d'ammonio, [$(NH_4)_2CO_3$]), usati per far tornare in sé una persona svenuta. (*Suggerimento:* Il sottile velo di soluzione acquosa che riveste le mucose nasali è leggermente basico.)

11.119 Circa la metà dell'acido cloridrico prodotto ogni anno in Europa (1,5 miliardi di kilogrammi) viene usato per il decapaggio dei metalli. Questo processo consiste nella rimozione di strati di ossidi di metallo dalla superficie del metallo per prepararli per il rivestimento. (a) Scrivere l'equazione complessiva e quella ionica netta per la reazione tra ossido di ferro (III), che rappresenta lo strato di ruggine sopra il ferro, e HCl. Individuare l'acido e la base di Brønsted. (b) L'acido cloridrico viene anche usato per rimuovere le incrostazioni (che sono principalmente $CaCO_3$) dalle tubature per l'acqua. L'acido cloridrico reagisce con il carbonato di calcio in due passaggi successivi; il primo per formare ione bicarbonato, che reagisce poi per formare diossido di carbonio. Scrivere le equazioni per questi due passaggi e per la reazione complessiva. (c) L'acido cloridrico viene usato per estrarre il petrolio dal terreno. Scioglie le rocce (spesso composte da $CaCO_3$) così che il petrolio possa scorrere più facilmente. In un procedimento estrattivo, una soluzione al 15% (in massa) di HCl viene iniettata all'interno di un pozzo di petrolio per sciogliere le rocce. Se la densità della soluzione acida è 1,073 g/ml, qual è il pH della soluzione?

11.120 Quale delle seguenti non rappresenta una reazione acido-base di Lewis?

(a) $H_2O + H^+ \longrightarrow H_3O^+$

(b) $NH_3 + BF_3 \longrightarrow H_3NBF_3$

(c) $PF_3 + F_2 \longrightarrow PF_5$

(d) $Al(OH)_3 + OH^- \longrightarrow Al(OH)_4^-$

11.121 Vero o falso? Se falsa, spiegare il motivo per cui l'affermazione in questione è errata. (a) Tutti gli acidi di Lewis sono acidi di Brønsted. (b) La base coniugata di un acido è sempre portatrice di una carica negativa. (c) La percentuale di ionizzazione di una base aumenta con la sua concentrazione in soluzione. (d) Una soluzione di fluoruro di bario è acida.

11.122 Quanti millilitri di una soluzione di un acido forte monoprotico a pH 4,12 devono essere aggiunti a 528 ml di una soluzione dello stesso acido a pH 5,76 per cambiarne il pH e portarlo a 5,34? Si considerino i volumi additivi.

11.123 Un campione di 1,294 g di un carbonato metallico (MCO_3) viene fatto reagire con 500 ml di una soluzione 0,100 *M* di HCl. L'eccesso di acido HCl viene poi neutralizzato da 32,80 ml di NaOH 0,588 *M*. Identificare M.

11.124 Dimostrare l'affermazione secondo cui, quando la concentrazione di un acido debole HA diminuisce di un fattore 10, la sua percentuale di ionizzazione aumenta di un fattore $\sqrt{10}$. Spiegare ogni assunzione fatta.

11.125 Calcolare il pH di una soluzione che è 1,00 *M* in HCN e 1,00 *M* in HF a 25 °C. Confrontare la concentrazione molare dello ione CN^- in questa soluzione con quella presente in una soluzione di HCN 1,00 *M*. Commentare la differenza.

11.126 Lo smalto dei denti è essenzialmente composto da idrossiapatite [$Ca_5(PO_4)_3OH$]. Quando si scioglie in acqua (processo chiamato demineralizzazione) si dissocia come segue:

$$Ca_5(PO_4)_3OH \longrightarrow 5Ca^{2+} + 3PO_4^{3-} + OH^-$$

Il processo inverso, chiamato remineralizzazione, è la difesa naturale del corpo contro la carie. Gli acidi prodotti dal cibo rimuovono gli ioni OH^- e quindi indeboliscono lo strato di smalto. La maggior parte dei dentifrici contengono un composto del fluoro come NaF o SnF_2. Qual è il ruolo di questi composti nel combattere la carie?

Soluzioni dei problemi di autovalutazione

11.1 (1) H_2O e OH^-; (2) HCN e CN^- **11.2** (a) Acido di Lewis: Co^{3+}, base di Lewis: NH_3; (b) Acido di Lewis: BF_3, base di Lewis: CO. **11.3** $7{,}7 \times 10^{-11}$ *M* **11.4** 0,12 **11.5** $4{,}7 \times 10^{-4}$ *M* **11.6** 7,40 **11.7** 7,94, $1{,}1 \times 10^{-8}$ *M* **11.8** $5{,}6 \times 10^{-10}$, $2{,}30 \times 10^{-11}$ **11.9** Minore di 1 **11.10** 9,56 **11.11** (*a*) 3,32, (*b*) 2,82 **11.12** (a) 11,53, (b) 10,50 **11.13** 6,91 **11.14** 6,89 **11.15** $[H_2C_2O_2] = 0{,}0012$ *M*, $[HC_2O_4^-] = 0{,}0088$ *M*, $[C_2O_4^{2-}] = 1{,}5 \times 10^{-13}$ *M*, $[H^+] = 0{,}0088$ *M*, $[OH^-] = 1{,}1 \times 10^{-12}$ *M* **11.16** H_3PO_3 **11.17** 8,58 **11.18** (a) pH $\approx$ 7, (b) pH > 7, (c) pH < 7, (d) pH > 7

CAPITOLO

12

Equilibri acido-base e solubilità

In questo capitolo sarà approfondito lo studio delle reazioni acido-base prendendo in esame le soluzioni tampone e le titolazioni. Verrà inoltre preso in considerazione un altro tipo di equilibrio in soluzione acquosa: quello esistente tra un sale poco solubile e i suoi ioni.

12.1 Effetto ione a comune

La discussione sulla ionizzazione di acidi e basi e sull'idrolisi salina fatta nel Capitolo 11 è stata limitata a soluzioni contenenti un singolo soluto. In questo paragrafo, verranno prese in considerazione le proprietà acido-base di una soluzione con due soluti disciolti contenenti lo stesso ione (catione o anione), detto lo *ione a comune.*

La presenza di uno ione comune reprime la ionizzazione di un acido debole (o di una base debole). Se acetato di sodio e acido acetico sono disciolti nella stessa soluzione, per esempio, si dissociano entrambi per produrre ioni CH_3COO^-:

$$CH_3COOH(aq) \rightleftharpoons CH_3COO^-(aq) + H^+(aq)$$

$$CH_3COONa(s) \longrightarrow CH_3COO^-(aq) + Na^+(aq)$$

CH_3COONa è un elettrolita forte e quindi si dissocia completamente in soluzione, ma CH_3COOH, un acido debole, si ionizza solo parzialmente. Secondo il principio di Le Châtelier, l'aggiunta di ioni CH_3COO^- da CH_3COONa a una soluzione di CH_3COOH farà retrocedere la ionizzazione di CH_3COOH (vale a dire, sposterà l'equilibrio da destra a sinistra), facendo, in questo modo, diminuire la concentrazione di ioni idrogeno. Perciò, una soluzione contenente sia CH_3COOH che CH_3COONa sarà *meno* acida di una soluzione contenente solo CH_3COOH alla stessa concentrazione. La variazione dell'equilibrio della ionizzazione dell'acido acetico è causato dalla presenza degli ioni acetato provenienti dal sale. Lo ione CH_3COO^- è lo ione a comune, dato che viene fornito sia da CH_3COOH che da CH_3COONa.

L'***effetto dello ione a comune*** è *la variazione dell'equilibrio causata dall'aggiunta di un composto con uno ione in comune con la sostanza disciolta.* L'effetto dello ione a comune svolge un ruolo importante nella determinazione del pH di una soluzione e della solubilità di un sale poco solubile (trattata successivamente nel Paragrafo 12.7). Si tenga presente che, nonostante il suo nome caratteristico, l'effetto dello ione a comune è semplicemente un caso particolare del principio di Le Châtelier.

Si consideri il pH di una soluzione contenente un acido debole, HA, e un suo sale solubile, NaA. L'equilibrio di ionizzazione può essere rappresentato da

$$HA(aq) + H_2O(l) \rightleftharpoons H_3O^+(aq) + A^-(aq)$$

o, più semplicemente, da

$$HA(aq) \rightleftharpoons H^+(aq) + A^-(aq)$$

La costante di ionizzazione K_a è stata definita nell'Equazione 11.10:

$$K_a = \frac{a_{H_3O^+(aq)}\, a_{A^-(aq)}}{a_{HA(aq)}\, a_{H_2O(l)}}$$

Se le concentrazioni sono sufficientemente basse, le attività dei soluti nell'Equazione 11.10 possono essere sostituite con le molarità (senza unità) e l'attività dell'acqua pura può essere considerata unitaria, fornendo (Equazione 11.11)

$$K_a \approx \frac{[H^+][A^-]}{[HA]}$$

Riarrangiando quest'equazione si ha

$$[H^+] = \frac{K_a[HA]}{[A^-]}$$

Prendendo il logaritmo decimale negativo di entrambi i lati, si ottiene

$$-\log_{10}[H^+] = -\log_{10} K_a - \log_{10}\frac{[HA]}{[A^-]}$$

o anche

$$-\log_{10}[H^+] = -\log_{10} K_a + \log_{10}\frac{[A^-]}{[HA]}$$

Utilizzando le definizioni di pH (Equazione 11.5) e pK_a (Equazione 11.15) si ha (assumendo che la soluzione sia diluita)

$$pH = pK_a + \log_{10}\frac{[A^-]}{[HA]} \tag{12.1}$$

Si tenga presente che pK_a è una costante, ma il rapporto tra i due termini delle concentrazioni nell'Equazione 12.2 dipende dalla particolare soluzione.

L'Equazione 12.1 viene detta ***equazione di Henderson-Hasselbalch***. Una forma più generale di questa espressione è

$$pH = pK_a + \log_{10}\frac{[\text{base coniugata}]}{[\text{acido}]} \tag{12.2}$$

In quest'esempio, HA è l'acido e A^- è la sua base coniugata. Per cui, conoscendo K_a e le concentrazioni dell'acido e del sale, si può calcolare il pH della soluzione.

È importante ricordare che l'equazione di Henderson-Hasselbalch è derivata dall'espressione della costante di equilibrio. Essa è valida a prescindere da dove provenga la base coniugata (cioè se dall'acido solamente o dall'acido e dal suo sale).

Nei problemi che riguardano l'effetto dello ione a comune, di solito sono date le concentrazioni iniziali di un acido debole HA e del suo sale, NaA. Se le concentrazioni di queste specie sono ragionevolmente elevate ($>$ 0,1 *M*), si può trascurare la ionizzazione dell'acido e l'idrolisi del sale. Si tratta di una approssimazione ragionevole perché HA è un acido debole e il grado di idrolisi dello ione A^- è generalmente molto piccolo. Inoltre, la presenza di A^- (da NaA) reprime ulteriormente la ionizzazione di HA e la presenza di HA reprime ulteriormente l'idrolisi di A^-. Pertanto, in tali casi, si possono utilizzare le concentrazioni iniziali al posto delle concentrazioni di equilibrio nell'Equazione 12.1.

Nell'Esempio 12.1 calcoliamo il pH di una soluzione contenente uno ione a comune.

Esempio 12.1

(a) Calcolare il pH di una soluzione 0,20 M in CH_3COOH e 0,30 M in CH_3COONa.
(b) Quale sarebbe il pH di una soluzione 0,20 M in CH_3COOH in assenza di sale?

Impostazione

(a) CH_3COOH è un acido debole ($CH_3COOH \rightleftharpoons CH_3COO^- + H^+$), e CH_3COONa è un sale solubile completamente dissociato in soluzione ($CH_3COONa \longrightarrow Na^+ + CH_3COO^-$). Lo ione a comune, in questo caso, è lo ione acetato (CH_3COO^-). All'equilibrio, le specie in soluzione presenti in maggiore quantità sono CH_3COOH, CH_3COO^-, Na^+, H^+ e H_2O. Lo ione Na^+ non ha alcuna proprietà acida o basica, e si ignora la ionizzazione dell'acqua. Poiché K_a è una costante d'equilibrio, il suo valore è lo stesso sia che si abbia in soluzione solo l'acido o che si abbia una miscela di acido e di un suo sale. Pertanto, siamo in grado di calcolare $[H^+]$ all'equilibrio e quindi il pH, se conosciamo le concentrazioni all'equilibrio sia di $[CH_3COOH]$ che di $[CH_3COO^-]$. Per CH_3COOH, K_a vale $1,8 \times 10^{-5}$ (vedi la Tabella 11.3) fornendo un pK_a di 4,74.

(b) Per una soluzione di CH_3COOH, un acido debole, calcoliamo $[H^+]$ all'equilibrio, e quindi il pH, usando la concentrazione iniziale di CH_3COOH. Questo problema può essere risolto seguendo la stessa procedura adottata nell'Esempio 11.11.

Soluzione

(a) L'acetato di sodio è un elettrolita forte, e si dissocia completamente in soluzione:

$$\underset{}{CH_3COONa(aq)} \longrightarrow \underset{0,30\,M}{Na^+(aq)} + \underset{0,30\,M}{CH_3COO^-(aq)}$$

Le concentrazioni iniziali, le variazioni e le concentrazioni finali delle specie coinvolte nell'equilibrio sono

	CH_3COOH	H^+	CH_3COO^-
Iniziale (M)	0,20	0	0,30
Variazione (M)	$-x$	$+x$	$+x$
Equilibrio (M)	$0,20 - x$	x	$0,30 + x$

Assumendo che x sia piccolo, allora $0,30 + x \approx 0,30$ e $0,20 - x \approx 0,20$. Quindi l'equazione di Henderson-Hasselbalch (Equazione 12.1), dà

$$pH = pK_a + \log_{10}\frac{[A^-]}{[HA]}$$

$$pH = 4,74 + \log_{10}\frac{0,30}{0,20}$$

$$= 4,92$$

Il valore di $x = [H^+]$ corrispondente a questo pH è compreso tra $10^{-4}\,M$ e $10^{-5}\,M$, che è significativamente inferiore al 5% delle concentrazioni iniziali di acido e di sale, rendendo valida l'approssimazione.

(b) Come nell'Esempio 11.11, $x = [H^+]$ è determinata da

$$K_a = \frac{x^2}{[CH_3COOH]_0 - x}$$

Supponendo che $x \ll [CH_3COOH]_0$ si ha

$$x = \sqrt{K_a[CH_3COOH]_0} = \sqrt{(1,8 \times 10^{-5})(0,20)}$$
$$= 1,9 \times 10^{-3}$$

Quindi,

$$pH = -\log_{10}(1,9 \times 10^{-3}) = 2,72$$

In questo caso, x è inferiore al 5% della concentrazione iniziale di acido, per cui l'approssimazione è valida.

Verifica Confrontando i risultati ottenuti nella parte (a) e nella parte (b), vediamo che, quando è presente lo ione a comune (CH_3COO^-), in base al principio di Le Châtelier, l'equilibrio si sposta da destra a sinistra. Questo riduce l'entità della ionizzazione di un acido debole. Di conseguenza, un minor numero di ioni H^+ sono prodotti nella parte (a) e il pH della soluzione è più elevato che nella parte (b). Come sempre, va verificata la validità delle ipotesi.

Commento Si noti che, se le concentrazioni iniziali fossero state abbastanza piccole, l'approssimazione fatta nella parte (a) non sarebbe stata valida e si sarebbe dovuto risolvere il problema sostituendo le concentrazioni $[CH_3COOH] = 0{,}20 - x$, $[CH_3COO^-] = 0{,}30 - x$ e $[H^+] = x$ nell'espressione del K_a e quindi risolvere l'equazione di secondo grado rispetto a x.

Problema di autovalutazione Qual è il pH di una soluzione 0,30 *M* in HCOOH e 0,52 *M* in HCOOK?

L'effetto dello ione a comune è presente anche in una soluzione contenente una base debole, come NH_3, e un suo sale, come NH_4Cl. All'equilibrio

$$NH_4^+(aq) \rightleftharpoons NH_3(aq) + H^+(aq)$$

$$K_a = \frac{[NH_3][H^+]}{[NH_4^+]}$$

Siamo in grado di ricavare l'equazione di Henderson-Hasselbalch per questo sistema nel modo seguente: riarrangiando l'equazione precedente si ha

$$[H^+] = \frac{K_a[NH_4^+]}{[NH_3]}$$

Prendendo il logaritmo negativo di entrambi i lati dà

$$-\log_{10}[H^+] = -\log_{10} K_a - \log_{10}\frac{[NH_4^+]}{[NH_3]}$$

$$-\log_{10}[H^+] = -\log_{10} K_a + \log_{10}\frac{[NH_3]}{[NH_4^+]}$$

oppure

$$pH = pK_a + \log_{10}\frac{[NH_3]}{[NH_4^+]}$$

Una soluzione contenente sia NH_3 che il suo sale NH_4Cl è *meno* basica di una soluzione contenente solo NH_3 alla stessa concentrazione. Lo ione a comune NH_4^+ reprime la ionizzazione di NH_3 nella soluzione contenente sia la base che il sale.

12.2 Soluzioni tampone

Una ***soluzione tampone*** è *una soluzione di (1) un acido debole o una base debole e (2) un suo sale; entrambi i componenti devono essere presenti. La soluzione ha la* *capacità di resistere a variazioni di pH in seguito all'aggiunta di piccole quantità di acido o di base.* I tamponi sono molto importanti per i sistemi biologici e chimici. Il pH nel corpo umano varia notevolmente da un fluido a un altro; per esempio, il pH del sangue è di circa 7,4, mentre i succhi gastrici nel nostro stomaco hanno un pH di circa 1,5. Questi valori di pH, che sono di importanza cruciale per il corretto funzionamento degli enzimi e per il bilanciamento della pressione osmotica, è gestito da soluzioni tampone nella maggior parte dei casi.

Una soluzione tampone deve contenere una concentrazione relativamente alta di acido per poter reagire con gli ioni OH^- che vengono aggiunti a essa e, allo stesso tempo, deve contenere una concentrazione simile di base per poter reagire con gli eventuali ioni H^+ aggiunti. Inoltre, l'acido e la base che costituiscono il tampone non devono reagire l'uno con l'altro in una reazione di neutralizzazione. Questi requisiti sono soddisfatti da una coppia coniugata acido-base, per esempio, un acido debole e la sua base coniugata (fornita da un sale) o una base debole e il suo acido coniugato (fornito da un sale).

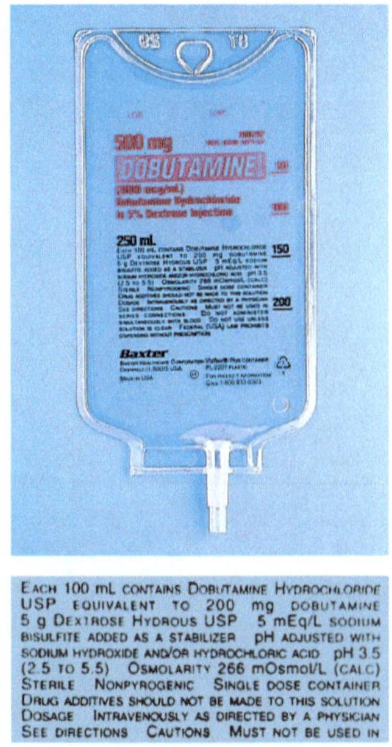

I fluidi per le iniezioni endovenose devono includere sistemi tampone per mantenere il corretto pH del sangue.

Una semplice soluzione tampone può essere preparata aggiungendo all'acqua quantità comparabili di acido acetico (CH_3COOH) e del suo sale acetato di sodio (CH_3COONa) (Figura 12.1). Le concentrazioni all'equilibrio, sia dell'acido che della base coniugata (da CH_3COONa), possono in genere essere considerate pari alle stesse concentrazioni iniziali, perché sia l'acido (CH_3COOH) sia la sua base coniugata (CH_3COO^-) sono elettroliti deboli. Una soluzione contenente queste due sostanze ha la capacità di neutralizzare aggiunte sia di acido sia di base. L'acetato di sodio, un elettrolita forte, si dissocia completamente in acqua:

$$CH_3COONa(aq) \longrightarrow CH_3COO^-(aq) + Na^+(aq)$$

Se viene aggiunto dell'acido, gli ioni H^+ saranno neutralizzati dalla base coniugata del tampone (CH_3COO^-) secondo l'equazione

$$CH_3COO^-(aq) + H^+(aq) \longrightarrow CH_3COOH(aq)$$

Se invece viene aggiunta una base, gli ioni OH^- saranno neutralizzati dall'acido presente nel tampone:

$$CH_3COOH(aq) + OH^-(aq) \longrightarrow CH_3COO^-(aq) + H_2O(l)$$

Come si può vedere, le due reazioni che caratterizzano questo sistema tampone sono identiche a quelle per l'effetto dello ione a comune descritto nell'Esempio 12.1. Il *potere tamponante*, cioè l'efficacia della soluzione tampone, dipende dalla quantità di acido e di base coniugata di cui è composto il tampone. Più grande è la quantità, maggiore sarà il potere tamponante.

In genere, un sistema tampone può essere rappresentato come sale-acido o base coniugata-acido. Quindi, il sistema tampone sodio acetato-acido acetico discusso in

(a) (b) (c) (d)

Figura 12.1 L'indicatore acido-base blu di bromofenolo (aggiunto a tutte le soluzioni mostrate) viene usato per illustrare il meccanismo tampone. Il colore dell'indicatore è blu-viola sopra pH 4,6 e giallo sotto pH 3,0. (a) Una soluzione tampone composta da 50 ml di CH_3COOH 0,1 *M* e 50 ml di CH_3COONa 0,1 *M*. La soluzione ha pH 4,7 e fa virare l'indicatore al blu-viola. (b) Dopo l'aggiunta di 40 ml di una soluzione 0,1 *M* di HCl alla soluzione in (a), il colore rimane blu-viola. (c) 100 ml di una soluzione di CH_3COOH il cui pH è 4,7. (d) Dopo l'aggiunta di 6 gocce (circa 0,3 ml) di una soluzione 0,1 *M* di HCl, il colore vira al giallo. Senza l'effetto del tampone, il pH della soluzione decresce velocemente a meno di 3,0 per effetto dell'aggiunta di HCl 0,1 *M*.

precedenza può essere scritto come CH_3COONa/CH_3COOH o semplicemente CH_3COO^-/CH_3COOH.

L'Esempio 12.2 permette di distinguere i sistemi tampone da combinazioni acido-sale che non presentano capacità tamponanti.

Esempio 12.2

Quali delle seguenti soluzioni possono essere classificate come sistemi tampone? (a) KH_2PO_4/H_3PO_4, (b) $NaClO_4/HClO_4$, (c) C_5H_5N/C_5H_5NHCl (C_5H_5N è la piridina; la sua K_b è indicata nella Tabella 11.4). Spiegare.

Impostazione Cosa costituisce un sistema tampone? Quale delle precedenti soluzioni contiene un acido debole e il suo sale (contenente la base debole coniugata)? Quale delle precedenti soluzioni contiene una base debole e il suo sale (che contiene l'acido debole coniugato)? Perché la base coniugata di un acido forte non è in grado di neutralizzare l'aggiunta di acido?

Soluzione Per costituire un sistema tampone bisogna avere un acido debole e il suo sale (contenente la base debole coniugata) o una base debole e il suo sale (contenente l'acido debole coniugato).

(a) H_3PO_4 è un acido debole, e la sua base coniugata, $H_2PO_4^-$, è una base debole (vedi la Tabella 11.6). Pertanto, si tratta di un sistema tampone.

(b) Dato che $HClO_4$ è un acido forte, la sua base coniugata, ClO_4^-, è una base estremamente debole. Ciò significa che lo ione ClO_4^- non reagirà con gli ioni H^+ in soluzione per formare $HClO_4$. Quindi, questo sistema non può agire come un sistema tampone.

(c) Come indicato nella Tabella 11.4, C_5H_5N è una base debole e il suo acido coniugato, $C_5H_5NH^+$ (il catione del sale C_5H_5NHCl), è un acido debole. Pertanto, questo è un sistema tampone.

Problema di autovalutazione Quali dei seguenti sono sistemi tampone? (a) KF/HF, (b) KBr/HBr, (c) $Na_2CO_3/NaHCO_3$.

Il pH di una soluzione tampone è governato dall'equazione di Henderson-Hasselbalch (Equazione 12.2)

$$pH = pK_a + \log_{10}\frac{[\text{base coniugata}]}{[\text{acido}]}$$

La forma di questa equazione ci aiuta a capire la stabilità di una soluzione tampone rispetto alle variazioni di pH da un punto di vista matematico. Nell'Equazione 12.2, la dipendenza logaritmica del pH dal rapporto tra base coniugata e acido significa che per cambiare il pH di una unità, il rapporto [base coniugata]/[acido] deve cambiare di un fattore pari a 10.

L'effetto di una soluzione tampone sul pH è illustrato dall'Esempio 12.3.

Esempio 12.3

(a) Calcolare il pH di un sistema tampone 1,0 *M* in CH_3COOH e 1,0 *M* in CH_3COONa. (b) Qual è il pH del sistema tampone dopo l'aggiunta di 0,10 moli di HCl gassoso a 1,0 l di soluzione? Assumere che il volume della soluzione non cambi in seguito all'aggiunta di HCl.

Impostazione Il pH del tampone prima e dopo l'aggiunta di acido cloridrico può essere calcolato a partire dall'equazione di Henderson-Hasselbalch. Il K_a di CH_3COOH è $1{,}8 \times 10^{-5}$ (Tabella 11.3) che dà un pK_a di 4,74.

Soluzione

(a) Sia l'acido debole (CH_3COOH) che la sua base coniugata (CH_3COO^- da CH_3COONa) sono elettroliti deboli e non si dissociano sensibilmente $[CH_3COOH] \approx [CH_3COOH]_0 = 1{,}0\ M$ e $[CH_3COO^-] \approx [CH_3COO^-]_0 = 1{,}0\ M$ (dovremo poi controllare questa approssimazione alla fine del calcolo). L'equazione di Henderson-Hasselbalch (Equazione 12.2) dà

$$\begin{aligned} pH &= pK_a + \log_{10}\frac{[CH_3COO^-]}{[CH_3COOH]} \\ &= 4{,}74 + \log_{10}\frac{1{,}0}{1{,}0} \\ &= 4{,}74 \end{aligned}$$

Quando le concentrazioni di un acido e della sua base coniugata sono le stesse, il pH del tampone è uguale al pK_a.

Ciò corrisponde a una concentrazione di ioni H^+ compresa tra $10^{-4}\ M$ e $10^{-5}\ M$, per cui l'approssimazione è valida.[1]

(b) Quando HCl (un acido forte) è aggiunto alla soluzione, si dissocia completamente in ioni H^+ e Cl^-. Le variazioni iniziali sono

	$HCl(aq)$ $\longrightarrow$	H^+ +	$Cl^-(aq)$
Iniziale (*M*)	0,10	0,0	0,0
Variazione (*M*)	−0,10	0,10	0,10
Equilibrio (*M*)	0,00	0,10	0,10

Gli ioni H^+ sono neutralizzati dalla base coniugata (CH_3COO^-), e Cl^- è uno ione spettatore in soluzione, perché è la base coniugata di un acido forte e non avrà alcuna tendenza a neutralizzare l'acido debole presente. A questo punto, è più conveniente lavorare con le moli piuttosto che con la molarità. La ragione è che, in alcuni casi, il volume della soluzione può cambiare, quando viene aggiunta una sostanza. Una variazione di volume cambierà la molarità, ma non il numero di moli. La reazione di neutralizzazione è riassunta di seguito:

	$CH_3COO^-(aq)$ +	$H^+(aq)$ $\longrightarrow$	$CH_3COOH(aq)$
Iniziale (mol)	1,0	0,10	1,0
Variazione (mol)	−0,10	−0,10	+0,10
Equilibrio (mol)	0,90	0,00	1,10

Infine, per calcolare il pH del tampone dopo la neutralizzazione di acido, si torna a usare la molarità dividendo le moli per 1,0 l di soluzione. Pertanto, la concentrazione dell'acido debole, $[CH_3COOH]$, dopo l'aggiunta di HCl è 1,10 *M* e la concentrazione della base coniugata è $[CH_3COO^-] = 0{,}90\ M$.

[1] Sebbene l'approssimazione che la dissociazione sia piccola è valida, i risultati saranno solo approssimativi a causa delle elevate concentrazioni di soluto (~1 *M*). A tali concentrazioni, le interazioni tra molecole e ioni soluto saranno forti, e le attività dei soluti si discosteranno leggermente dalle loro concentrazioni. Si veda la discussione nel Paragrafo 10.1.

Riapplicando l'equazione di Henderson-Hasselbalch si ha

$$pH = pK_a + \log_{10}\frac{[CH_3COO^-]}{[CH_3COOH]}$$

$$= 4{,}74 + \log_{10}\frac{0{,}90}{1{,}10}$$

$$= 4{,}65$$

Problema di autovalutazione Calcolare il pH del sistema tampone 0,30 *M* NH_3/0,36 *M* NH_4Cl. Qual è il pH dopo l'aggiunta di 20,0 ml di soluzione NaOH 0,050 *M* a 80,0 ml di soluzione tampone?

Nella soluzione tampone esaminata nell'Esempio 12.3, vi è una diminuzione del pH (la soluzione diventa più acida) a seguito di aggiunta di HCl. Possiamo inoltre confrontare le variazioni nella concentrazione degli ioni H^+ nel modo seguente

$$\text{prima dell'aggiunta di HCl: } [H^+] = 10^{-4,74} = 1{,}8 \times 10^{-5}\,M$$

$$\text{dopo l'aggiunta di HCl: } [H^+] = 10^{-4,65} = 2{,}2 \times 10^{-5}\,M$$

Pertanto, la concentrazione di ioni H^+ aumenta di un fattore

$$\frac{2{,}2 \times 10^{-5}}{1{,}8 \times 10^{-5}} = 1{,}2$$

Per apprezzare l'efficacia del tampone CH_3COONa/CH_3COOH, dobbiamo sapere cosa accadrebbe se si aggiungessero 0,10 mol di HCl a 1,0 l di acqua pura (pH = 7), e confrontare l'aumento della concentrazione degli ioni H^+.

$$\text{prima dell'aggiunta di HCl: } [H^+] = 1{,}0 \times 10^{-7}\,M$$

$$\text{dopo l'aggiunta di HCl: } [H^+] = 0{,}10\,M$$

A seguito dell'aggiunta di acido cloridrico, la concentrazione degli ioni H^+ aumenta di un fattore pari a 10^6, pari a un milione di volte. Il confronto mostra che una soluzione tampone correttamente scelta è in grado di mantenere costante la concentrazione degli ioni H^+, e quindi il pH (Figura 12.2).

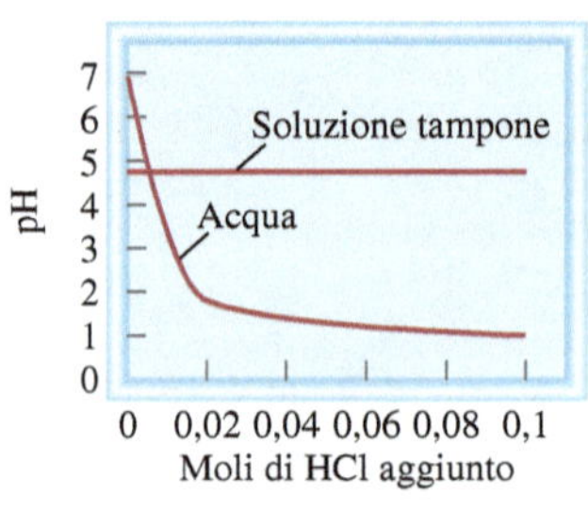

Figura 12.2 Un confronto tra le variazioni di pH quando 0,10 mol HCl sono aggiunte a 1 l di acqua pura e a 1 l di una soluzione di tampone acetato, come descritto nell'Esempio 12.3.

12.2.1 Soluzioni tampone con uno specifico pH

Supponiamo ora di voler preparare una soluzione tampone con uno specifico pH. Come bisogna procedere? L'Equazione 12.2 indica che, se la concentrazione molare di acido e della sua base coniugata sono circa uguali, cioè se [acido] ≈ [base coniugata], allora

$$\log_{10}\frac{[\text{base coniugata}]}{[\text{acido}]} \approx 0$$

$$pH \approx pK_a$$

Quindi, per preparare una soluzione tampone, si ragiona a ritroso. Per prima cosa si sceglie un acido debole in cui il pK_a sia vicino al pH desiderato. Quindi, si sostituiscono i valori di pH e pK_a nell'Equazione 12.2 per ottenere il rapporto [base coniugata]/[acido]. Questo rapporto può essere poi convertito in quantità in moli per la preparazione della soluzione tampone. L'Esempio 12.4 mostra questo approccio.

Esempio 12.4

Descrivere in che modo si potrebbe preparare un "tampone fosfato", con un pH di circa 7,40.

Impostazione Affinché il tampone possa funzionare in modo efficace, le concentrazioni della componente acida e della componente basica devono essere circa uguali. Secondo l'Equazione 12.2, quando il pH desiderato è vicino al pK_a dell'acido, pH ≈ pK_a,

$$\log_{10}\frac{[\text{base coniugata}]}{[\text{acido}]} \approx 0$$

$$\frac{[\text{base coniugata}]}{[\text{acido}]} \approx 1$$

Soluzione L'acido fosforico è un acido triprotico e di seguito sono indicati i tre stadi di ionizzazione. I valori di K_a sono indicati nella Tabella 11.6, e i valori di pK_a sono ricavati applicando l'Equazione 11.15

$$H_3PO_4(aq) \rightleftharpoons H^+(aq) + H_2PO_4^-(aq) \qquad K_{a_1} = 7{,}5 \times 10^{-3};\ pK_{a_1} = 2{,}12$$

$$H_2PO_4^-(aq) \rightleftharpoons H^+(aq) + HPO_4^{2-}(aq) \qquad K_{a_2} = 6{,}2 \times 10^{-8};\ pK_{a_2} = 7{,}21$$

$$HPO_4^{2-}(aq) \rightleftharpoons H^+(aq) + PO_4^{3-}(aq) \qquad K_{a_3} = 4{,}8 \times 10^{-13};\ pK_{a_3} = 12{,}32$$

Il più adatto dei tre sistemi tampone è $HPO_4^{2-}/H_2PO_4^-$ dato che il pK_a dell'acido $H_2PO_4^-$ è il più vicino al pH desiderato. Dall'equazione di Henderson-Hasselbalch (Equazione 12.2), scriviamo

$$pH = pK_a + \log_{10}\frac{[\text{base coniugata}]}{[\text{acido}]}$$

$$7{,}40 = 7{,}21 + \log_{10}\frac{[HPO_4^{2-}]}{[H_2PO_4^-]}$$

$$\log_{10}\frac{[HPO_4^{2-}]}{[H_2PO_4^-]} = 0{,}19$$

Prendendo l'antilogaritmo, otteniamo

$$\frac{[HPO_4^{2-}]}{[H_2PO_4^-]} = 10^{0{,}19} = 1{,}5$$

Quindi, un modo per preparare un tampone fosfato con un pH di 7,40 è quello di sciogliere idrogenofosfato di disodio (Na_2HPO_4) e diidrogenofosfato di sodio (NaH_2PO_4) in rapporto molare 1,5: 1,0 in acqua. Per esempio, si potrebbero sciogliere 1,5 moli di Na_2HPO_4 e 1,0 moli di NaH_2PO_4 in abbastanza acqua per fare una soluzione di 1 l.

Problema di autovalutazione Come si prepara un litro di "tampone carbonato" a pH 10,10? Si possono usare: acido carbonico (H_2CO_3), idrogenocarbonato di sodio ($NaHCO_3$) e carbonato di sodio (Na_2CO_3). Per i valori di K_a consultare la Tabella 11.6.

12.3 Titolazioni

Gli studi quantitativi sulle reazioni di neutralizzazione acido-base sono convenientemente effettuati utilizzando una tecnica conosciuta come titolazione. In una ***titolazione***, *una soluzione a concentrazione nota con precisione*, detta ***soluzione stan-***

Approfondimento 12.1

Il pH del sangue viene mantenuto costante

Tutti gli animali superiori necessitano di un sistema circolatorio per il trasporto di combustibile e di ossigeno per i loro processi vitali e per rimuovere i rifiuti. Nel corpo umano, questo scambio vitale avviene nel sangue, presente in quantità di circa 5 l in un adulto medio. Il sangue circola nei tessuti trasportando ossigeno e nutrienti per mantenere le cellule vive, ed elimina anidride carbonica e altri materiali di scarto. Utilizzando diversi sistemi tampone, la natura ha fornito un metodo estremamente efficace per la fornitura di ossigeno e la rimozione del diossido di carbonio.

Il sangue è un sistema estremamente complesso, ma per i nostri scopi abbiamo bisogno di considerare solo due componenti essenziali: il plasma sanguigno e i globuli rossi, o *eritrociti*. Il plasma sanguigno contiene molti composti, tra cui proteine, ioni metallici e fosfati inorganici. Gli eritrociti contengono molecole di emoglobina, come pure l'enzima *anidrasi carbonica*, che catalizza sia la formazione di acido carbonico (H_2CO_3) che la sua decomposizione:

$$CO_2(aq) + H_2O(l) \rightleftharpoons H_2CO_3(aq)$$

Le sostanze all'interno dei globuli rossi sono protette dal liquido extracellulare (plasma sanguigno) da una membrana cellulare, che permette solo a determinate molecole di diffondere attraverso di essa. Il pH del sangue è mantenuto a circa 7,40 da vari sistemi tampone, il più importante dei quali è il sistema HCO_3^-/H_2CO_3. Negli eritrociti, dove il pH è 7,25, i principali sistemi tampone sono HCO_3^-/H_2CO_3 e l'emoglobina. La molecola di emoglobina è una molecola proteica complessa (massa molare 65 000 g) che contiene un certo numero di atomi di idrogeno ionizzabili. Con una stima molto approssimativa, l'emoglobina si può trattare come un acido monoprotico con forma HHb:

$$HHb(aq) \rightleftharpoons H^+(aq) + Hb^-(aq)$$

dove HHb rappresenta la molecola di emoglobina e Hb^- la base coniugata di HHb. L'ossiemoglobina ($HHbO_2$), formata dalla combinazione di emoglobina con ossigeno, è un acido più forte rispetto a HHb:

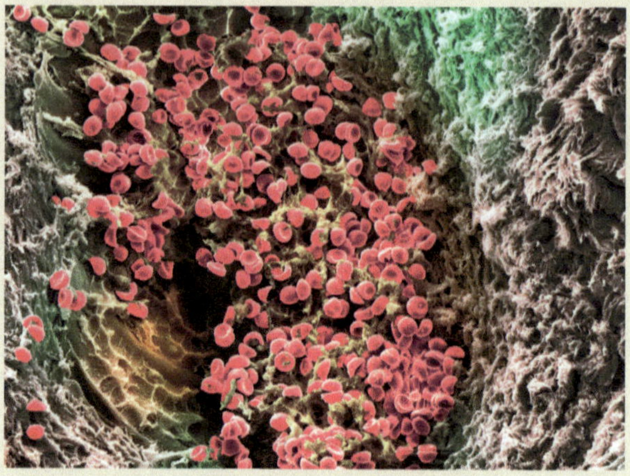

L'immagine da microscopio elettronico a scansione (SEM) mostra globuli rossi all'interno di un'arteria.

$$HHbO_2(aq) \rightleftharpoons H^+(aq) + HbO_2^-(aq)$$

Come mostrato nello schema contenuto nella pagina seguente, il diossido di carbonio prodotto dai processi metabolici diffonde negli eritrociti, dove viene rapidamente convertito in H_2CO_3 dall'anidrasi carbonica:

$$CO_2(aq) + H_2O(l) \rightleftharpoons H_2CO_3(aq)$$

La ionizzazione dell'acido carbonico

$$H_2CO_3(aq) \rightleftharpoons H^+(aq) + HCO_3^-(aq)$$

ha due importanti conseguenze. In primo luogo, lo ione bicarbonato diffonde fuori dagli eritrociti e viene trasportato dal plasma ai polmoni. Questo è il principale meccanismo per la rimozione dell'anidride carbonica. In secondo luogo, gli ioni H^+ spostano l'equilibrio in favore della molecola non ionizzata ossiemoglobina:

$$H^+(aq) + HbO_2^-(aq) \rightleftharpoons HHbO_2(aq)$$

***dard**, viene gradualmente aggiunta a un'altra soluzione a concentrazione incognita, fino a quando la reazione chimica tra le due soluzioni è completa.* Conoscendo i volumi della soluzione standard e della soluzione a concentrazione incognita e la concentrazione della soluzione standard, si può calcolare la concentrazione della soluzione incognita.

L'idrossido di sodio è una delle basi comunemente utilizzate in laboratorio. Tuttavia, è difficile da ottenere allo stato solido puro, perché ha la tendenza ad assorbi-

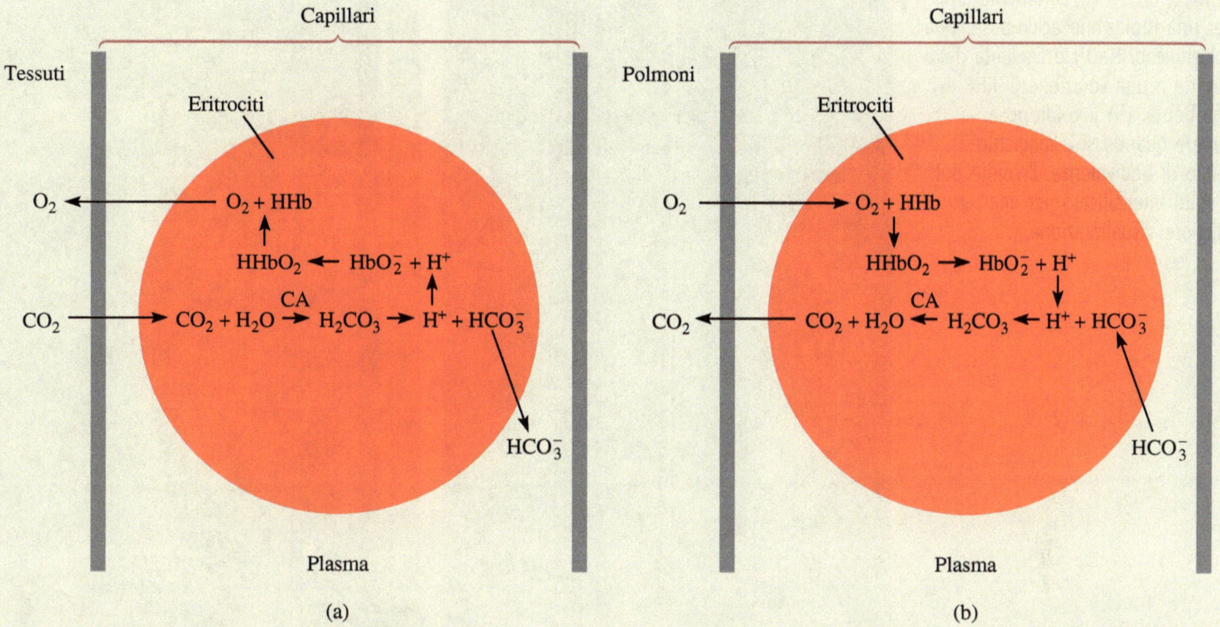

Il trasporto ossigeno-anidride carbonica e il rilascio attraverso il sangue. (a) La pressione parziale di CO_2 è più elevata nei tessuti che nel plasma. Pertanto, essa si diffonde nei capillari sanguigni e quindi negli eritrociti. Qui, il diossido di carbonio è convertito in acido dall'enzima anidrasi carbonica (CA). I protoni forniti dall'acido carbonico si combinano poi con gli anioni HbO_2^- per formare $HHbO_2$, che infine si dissocia in HHb e O_2. Dato che la pressione parziale di O_2 è più elevata negli eritrociti che nei tessuti, le molecole di ossigeno diffondono fuori dagli eritrociti e, quindi, all'interno dei tessuti. Anche gli ioni bicarbonato diffondono fuori dagli eritrociti e sono trasportati dal plasma ai polmoni. (b) Nei polmoni, i processi sono esattamente invertiti. Le molecole di ossigeno diffondono dai polmoni, dove hanno una maggiore pressione parziale, negli eritrociti, dove si combinano con HHb per formare $HHbO_2$. I protoni forniti da $HHbO_2$ si combinano con gli ioni bicarbonato diffusi negli eritrociti dal plasma per formare acido carbonico. In presenza di anidrasi carbonica, l'acido è convertito a H_2O e CO_2. La CO_2 quindi, diffonde dagli eritrociti nei polmoni, dove è espirata.

Poiché $HHbO_2$ rilascia ossigeno più facilmente rispetto alla sua base coniugata (HbO_2^-), la formazione di acido promuove lo spostamento dell'equilibrio della seguente reazione da sinistra a destra:

$$HHbO_2(aq) \rightleftharpoons HHb(aq) + O_2(aq)$$

Le molecole di ossigeno diffondono fuori dagli eritrociti e sono prese in consegna da altre cellule per prendere parte al metabolismo. Quando il sangue venoso ritorna ai polmoni, i precedenti processi sono invertiti. Lo ione bicarbonato, a questo punto, diffonde negli eritrociti, dove reagisce con l'emoglobina per formare acido carbonico:

$$HHb(aq) + HCO_3^-(aq) \rightleftharpoons Hb^-(aq) + H_2CO_3(aq)$$

La maggior parte dell'acido viene poi convertito in CO_2 dall'anidrasi carbonica:

$$H_2CO_3(aq) \rightleftharpoons H_2O(l) + CO_2(aq)$$

L'anidride carbonica diffonde nei polmoni ed è infine espirata. Anche la formazione di ioni Hb^- (causata dalla reazione tra HHb e HCO_3^-) favorisce l'assorbimento dell'ossigeno nei polmoni

$$Hb^-(aq) + O_2(aq) \rightleftharpoons HbO_2^-(aq)$$

dato che ha una maggiore affinità per l'ossigeno rispetto a HHb.

Quando il sangue arterioso ritorna nei tessuti corporei, l'intero ciclo si ripete.

re acqua dall'aria, e le sue soluzioni reagiscono con l'anidride carbonica. Per questi motivi, una soluzione di idrossido di sodio deve essere standardizzata prima che possa essere utilizzata per un accurato lavoro analitico. Si può standardizzare una soluzione di idrossido di sodio mediante titolazione con una soluzione acida a concentrazione accuratamente nota. La specie acida scelta, in genere, per questo compito, è il sale di potassio dell'acido ftalico (un acido debole), lo ftalato acido di potassio (KHP), la cui formula molecolare è $KHC_8H_4O_4$. KHP è un solido bianco, solubile,

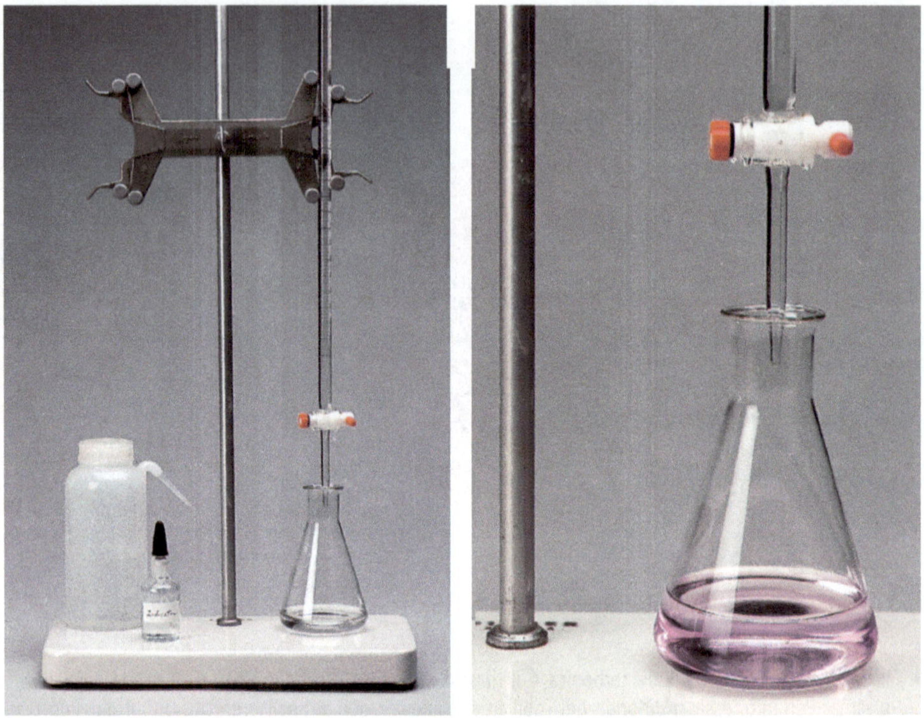

(a) (b)

Figura 12.3 (a) Strumentazione per una titolazione acido-base. Una soluzione di NaOH è aggiunta dalla buretta a una soluzione di KHP in una beuta. (b) Il colore rosa appare quando si è raggiunto il punto di equivalenza. Il colore qui è stato intensificato per una migliore visualizzazione.

commercialmente disponibile in forma estremamente pura. La reazione tra KHP e idrossido di sodio è

$$KHC_8H_4O_4(aq) + NaOH(aq) \longrightarrow KNaC_8H_4O_4(aq) + H_2O(l)$$

in forma ionica

$$HC_8H_4O_4^-(aq) + OH^-(aq) \longrightarrow C_8H_4O_4^{2-}(aq) + H_2O(l)$$

L'apparecchiatura per la titolazione è mostrata in Figura 12.3. In primo luogo, una quantità nota di KHP viene trasferita in una beuta, quindi si aggiunge acqua distillata per ottenere una soluzione. Poi, una soluzione di NaOH è lentamente aggiunta alla soluzione di KHP mediante una buretta fino a raggiungere il ***punto di equivalenza***, cioè *il punto in cui l'acido ha completamente reagito con (o è stato neutralizzato da) la base*. Il punto di equivalenza è solitamente il punto segnato da un netto cambiamento del colore di un indicatore nella soluzione acida. Nelle titolazioni acido-base, gli *indicatori* sono sostanze che presentano colori nettamente diversi in soluzione acida o basica. Un indicatore comunemente usato è la fenolftaleina, che è incolore in soluzioni acide e neutre, ma di colore rosa intenso in soluzioni basiche. Gli indicatori saranno discussi in maggiore dettaglio nel Paragrafo 12.4. Al punto di equivalenza, tutto il KHP presente è stato neutralizzato dall'idrossido di sodio aggiunto e la soluzione è ancora incolore. Tuttavia, se si aggiunge una sola goccia in più, la soluzione immediatamente diventerà (*virerà* al) rosa in quanto la soluzione è diventata basica.

Viste le soluzioni tampone, ora possiamo guardare più in dettaglio agli aspetti quantitativi delle titolazioni acido-base. Verranno presi in considerazione tre tipi di reazioni: (1) titolazioni caratterizzate dalla presenza di un acido forte e di una base forte, (2) titolazioni acido debole-base forte, (3) titolazioni acido forte-base debole. Titolazioni tra un acido debole e una base debole sono complicate dall'idrolisi sia del catione sia dell'anione dei sali formati. Queste titolazioni non saranno trattate in questo testo. La Figura 12.4 mostra la strumentazione usata per il controllo del pH nel corso di una titolazione.

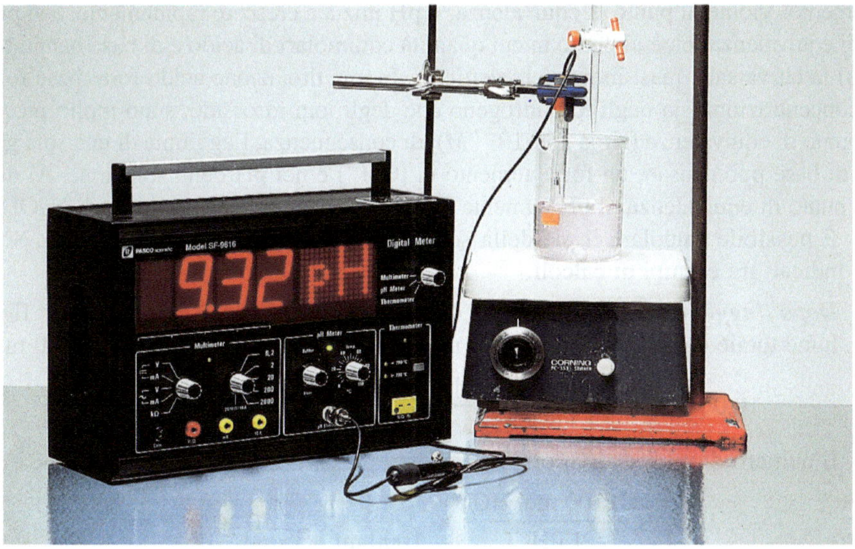

Figura 12.4 Per seguire le titolazioni acido-base viene usato un pH-metro.

12.3.1 Titolazioni acido forte-base forte

La reazione tra un acido forte (per esempio, HCl) e una base forte (per esempio, NaOH) può essere rappresentata da

$$NaOH(aq) + HCl(aq) \longrightarrow NaCl(aq) + H_2O(l)$$

o in termini dell'equazione ionica netta

$$H^+(aq) + OH^-(aq) \longrightarrow H_2O(l)$$

Si consideri l'aggiunta di una soluzione 0,100 *M* di NaOH (da una buretta) a una beuta contenente 25,0 ml di una soluzione di 0,100 *M* HCl. La Figura 12.5 mostra l'andamento del pH durante la titolazione (anche detto *curva di titolazione*). Prima dell'aggiunta di NaOH, il pH dell'acido è dato (approssimativamente) da −log (0,100), o 1,00. Quando viene aggiunto NaOH, il pH della soluzione aumenta lentamente, in un primo

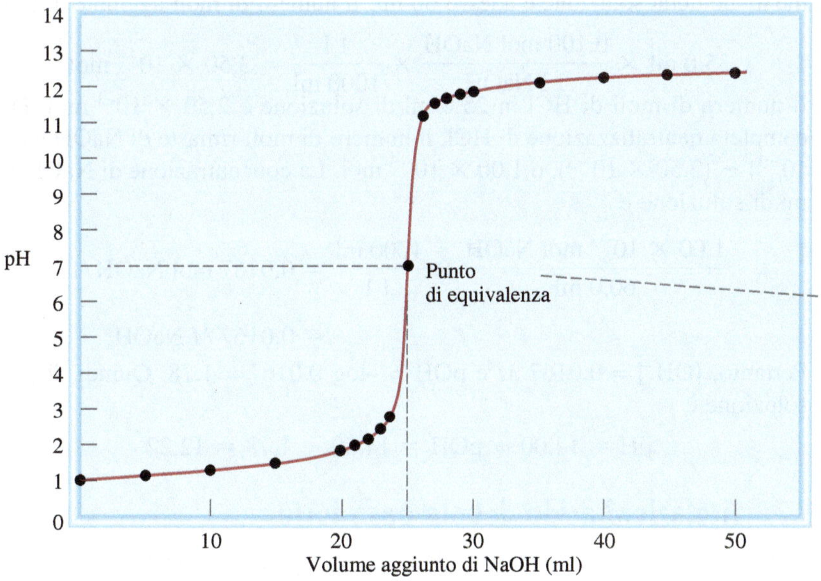

Volume aggiunto di NaOH (ml)	pH
0,0	1,00
5,0	1,18
10,0	1,37
15,0	1,60
20,0	1,95
22,0	2,20
24,0	2,69
25,0	7,00
26,0	11,29
28,0	11,75
30,0	11,96
35,0	12,22
40,0	12,36
45,0	12,46
50,0	12,52

Figura 12.5 Curva di una titolazione acido forte-base forte. Una soluzione 0,100 *M* di NaOH viene aggiunta tramite una buretta a 25,0 ml di una soluzione di 0,100 *M* di HCl contenuta in una beuta.

momento. Vicino al punto di equivalenza, il pH inizia a crescere rapidamente, e al punto di equivalenza (cioè al punto in cui quantità equimolari di acido e di base hanno reagito) la curva sale quasi in maniera verticale. In una titolazione acido forte-base forte, le concentrazioni, sia degli ioni idrogeno che degli ioni idrossido, sono molto piccole al punto di equivalenza (circa 1×10^{-7} *M*); di conseguenza, l'aggiunta di una sola goccia di base può causare un forte aumento in $[OH^-]$ e nel pH della soluzione. Al di là del punto di equivalenza, il pH aumenta di nuovo lentamente all'aggiunta di NaOH.

È possibile calcolare il pH della soluzione in ogni fase della titolazione. Sono qui indicati tre esempi di calcoli.

1. *Dopo l'aggiunta di 10,0 ml di NaOH 0,100 M a 25,0 ml di HCl 0,100 M.* Il volume totale della soluzione è 35,0 ml. Il numero di moli di NaOH in 10,0 ml è

$$10{,}0 \text{ ml} \times \frac{0{,}100 \text{ mol NaOH}}{1 \text{ l NaOH}} \times \frac{1 \text{ l}}{1000 \text{ ml}} = 1{,}00 \times 10^{-3} \text{ mol}$$

Il numero di moli di HCl originariamente presenti in 25,0 ml di soluzione è

$$25{,}0 \text{ ml} \times \frac{0{,}100 \text{ mol HCl}}{1 \text{ l HCl}} \times \frac{1 \text{ l}}{1000 \text{ ml}} = 2{,}50 \times 10^{-3} \text{ mol}$$

Pertanto, la quantità di HCl rimasta dopo la parziale neutralizzazione è $(2{,}50 \times 10^{-3}) - (1{,}00 \times 10^{-3})$, o $1{,}50 \times 10^{-3}$ mol. Inoltre, la concentrazione di ioni H^+ in 35,0 ml di soluzione può essere trovata come segue:

$$\frac{1{,}50 \times 10^{-3} \text{ mol HCl}}{35{,}0 \text{ ml}} \times \frac{1000 \text{ ml}}{1 \text{ l}} = 0{,}0429 \text{ mol HCl/l}$$

$$= 0{,}0429\ M \text{ HCl}$$

Quindi, [H+] = 0,0429 *M*, e il pH della soluzione è

$$\text{pH} \approx -\log_{10} 0{,}0429 = 1{,}37$$

2. *Dopo l'aggiunta di 25,0 ml di NaOH 0,100 M a 25,0 ml di HCl 0,100 M.* Questo è un calcolo immediato, dal momento che riguarda una reazione di completa neutralizzazione e il sale (NaCl) non subisce idrolisi. Al punto di equivalenza,

Na^+ e Cl^- non subiscono idrolisi.

$$[H^+] = [OH^-] = 1{,}00 \times 10^{-7}\ M$$

e il pH della soluzione è 7,00.

3. *Dopo l'aggiunta di 35,0 ml di NaOH 0,100 M a 25,0 ml di HCl 0,100 M.* Il volume totale della soluzione è adesso 60 ml. Il numero di moli aggiunte di NaOH è

$$35{,}0 \text{ ml} \times \frac{0{,}100 \text{ mol NaOH}}{1 \text{ l NaOH}} \times \frac{1 \text{ l}}{1000 \text{ ml}} = 3{,}50 \times 10^{-3} \text{ mol}$$

Il numero di moli di HCl in 25,0 ml di soluzione è $2{,}50 \times 10^{-3}$ mol. Dopo la completa neutralizzazione di HCl, il numero di moli rimaste di NaOH è $(3{,}50 \times 10^{-3}) - (2{,}50 \times 10^{-3})$, o $1{,}00 \times 10^{-3}$ mol. La concentrazione di NaOH in 60,0 ml di soluzione è

$$\frac{1{,}00 \times 10^{-3} \text{ mol NaOH}}{60{,}0 \text{ ml}} \times \frac{1000 \text{ ml}}{1 \text{ l}} = 0{,}0167 \text{ mol NaOH/l}$$

$$= 0{,}0167\ M \text{ NaOH}$$

Pertanto, $[OH^-] = 0{,}0167\ M$ e pOH = –log 0,0167 = 1,78. Quindi, il pH della soluzione è

$$\text{pH} = 14{,}00 - \text{pOH} = 14{,}00 - 1{,}78 = 12{,}22$$

12.3.2 Titolazioni acido debole-base forte

Considerare la reazione di neutralizzazione tra acido acetico (un acido debole) e idrossido di sodio (una base forte):

$$CH_3COOH(aq) + NaOH(aq) \longrightarrow CH_3COONa(aq) + H_2O(l)$$

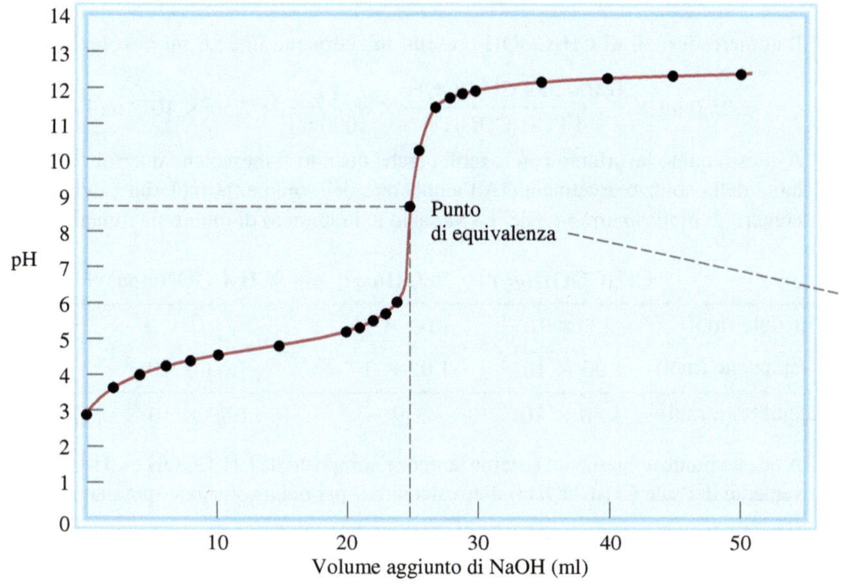

Volume aggiunto di NaOH (ml)	pH
0,0	2,87
5,0	4,14
10,0	4,57
15,0	4,92
20,0	5,35
22,0	5,61
24,0	6,12
25,0	8,72
26,0	10,29
28,0	11,75
30,0	11,96
35,0	12,22
40,0	12,36
45,0	12,46
50,0	12,52

Figura 12.6 Curva di una titolazione acido debole-base forte. Una soluzione 0,100 *M* di NaOH viene aggiunta a una beuta tramite buretta a 25,0 ml di una soluzione 0,100 *M* di CH_3COOH. In seguito all'idrolisi del sale formatosi, il pH al punto di equivalenza è maggiore di 7.

Semplificando

$$CH_3COOH(aq) + OH^-(aq) \longrightarrow CH_3COO^-(aq) + H_2O(l)$$

Lo ione acetato subisce idrolisi:

$$CH_3COO^-(aq) + H_2O(l) \rightleftharpoons CH_3COOH(aq) + OH^-(aq)$$

Pertanto, al punto di equivalenza, quando è presente solo acetato di sodio, il pH sarà *maggiore* di 7, a seguito dell'eccesso di ioni OH^- formatisi (Figura 12.6). Si noti che questa situazione è analoga all'idrolisi dell'acetato di sodio (CH_3COONa) (vedi il Paragrafo 11.6).

L'Esempio 12.5 prende in esame la titolazione di un acido debole con una base forte.

Esempio 12.5

Calcolare il pH nella titolazione di 25,0 ml di acido acetico 0,100 *M* con idrossido di sodio dopo l'aggiunta alla soluzione di acido di: (a) 10,0 ml di NaOH 0,100 *M*, (b) 25,0 ml di NaOH 0,100 *M*, (c) 35,0 ml di NaOH 0,100 *M*.

Impostazione La reazione tra CH_3COOH e NaOH è

$$CH_3COOH(aq) + NaOH(aq) \longrightarrow CH_3COONa(aq) + H_2O(l)$$

Osserviamo che 1 mol di $CH_3COOH \simeq$ 1 mol di NaOH. Pertanto, a qualsiasi punto della titolazione possiamo calcolare il numero di moli della base che reagiscono con l'acido e il pH della soluzione sarà determinato dall'eccesso rimanente di acido o di base. Al punto di equivalenza, tuttavia, la neutralizzazione è completa e il pH della soluzione dipenderà dall'entità dell'idrolisi del sale formatosi, ovvero CH_3COONa.

Soluzione

(a) Il numero di moli di NaOH in 10,0 ml è

$$10{,}0 \text{ ml} \times \frac{0{,}100 \text{ mol NaOH}}{1 \text{ l NaOH}} \times \frac{1 \text{ l}}{1000 \text{ ml}} = 1{,}00 \times 10^{-3} \text{ mol}$$

Il numero di moli di CH_3COOH presenti inizialmente in 25,0 ml di soluzione è

$$25{,}0 \text{ ml} \times \frac{0{,}100 \text{ mol } CH_3COOH}{1 \text{ l } CH_3COOH} \times \frac{1 \text{ l}}{1000 \text{ ml}} = 2{,}50 \times 10^{-3} \text{ mol}$$

A questo punto lavoriamo con le moli perché quando si mescolano due soluzioni, il volume della soluzione aumenta. All'aumentare del volume, la molarità cambierà ma il numero di moli rimarrà uguale. La variazione in numero di moli è riassunta di seguito:

	$CH_3COOH(aq)$ +	$NaOH(aq)$	$\longrightarrow CH_3COONa(aq)$ + $H_2O(l)$
Iniziale (mol)	$2{,}5 \times 10^{-3}$	$1{,}00 \times 10^{-3}$	0
Variazione (mol)	$-1{,}00 \times 10^{-3}$	$-1{,}00 \times 10^{-3}$	$+1{,}00 \times 10^{-3}$
Equilibrio (mol)	$1{,}50 \times 10^{-3}$	0	$1{,}00 \times 10^{-3}$

A questo punto abbiamo un sistema tampone composto da CH_3COOH e CH_3COO^- (proveniente dal sale CH_3COONa). Per calcolare il pH della soluzione, possiamo scrivere

$$K_a = \frac{[H^+][CH_3COO^-]}{[CH_3COOH]}$$

$$[H^+] = \frac{[CH_3COOH]K_a}{[CH_3COO^-]}$$

$$= \frac{(1{,}50 \times 10^{-3})(1{,}8 \times 10^{-5})}{1{,}00 \times 10^{-3}} = 2{,}7 \times 10^{-5}\, M$$

Pertanto, $\quad pH = -\log(2{,}7 \times 10^{-5}) = 4{,}57$

(b) Queste quantità (cioè 25,0 ml di NaOH 0,100 M che reagiscono con 25,0 ml di CH_3COOH 0,100 M) corrispondono al punto di equivalenza, Il numero di moli di NaOH in 25,0 ml di soluzione è

$$25{,}0 \text{ ml} \times \frac{0{,}100 \text{ mol NaOH}}{1 \text{ l NaOH}} \times \frac{1 \text{ l}}{1000 \text{ ml}} = 2{,}50 \times 10^{-3} \text{ mol}$$

La variazione del numero di moli è riassunta di seguito:

	$CH_3COOH(aq)$ +	$NaOH(aq)$	$\longrightarrow CH_3COONa(aq)$ + $H_2O(l)$
Iniziale (mol)	$2{,}50 \times 10^{-3}$	$2{,}50 \times 10^{-3}$	0
Variazione (mol)	$-2{,}50 \times 10^{-3}$	$-2{,}50 \times 10^{-3}$	$+2{,}50 \times 10^{-3}$
Equilibrio (mol)	0	0	$2{,}50 \times 10^{-3}$

Al punto di equivalenza, la concentrazione sia dell'acido che della base è zero. Il volume totale è (25,0 + 25,0) ml o 50,0 ml, per cui la concentrazione del sale è

$$[CH_3COONa] = \frac{2{,}50 \times 10^{-3} \text{ mol}}{50{,}0 \text{ ml}} \times \frac{1000 \text{ ml}}{1 \text{ l}}$$

$$= 0{,}0500 \text{ mol/l} = 0{,}0500\, M$$

Il prossimo passo è calcolare il pH della soluzione che risulta dall'idrolisi degli ioni CH_3COO^-. Seguendo il procedimento descritto nell'Esempio 11.17 e cercando la costante di ionizzazione basica (K_b) di CH_3COO^- nella Tabella 11.5, scriviamo

$$K_b = 5{,}6 \times 10^{-10} = \frac{[CH_3COOH][OH^-]}{[CH_3COO^-]} = \frac{x^2}{0{,}0500 - x}$$

$$x = [OH^-] = 5{,}3 \times 10^{-6}\, M, \text{ pH} = 8{,}72$$

(c) Dopo l'aggiunta di 35,0 ml di NaOH, la soluzione è ben oltre il punto di equivalenza. Il numero di moli di NaOH originariamente presenti è

$$35{,}0 \text{ ml} \times \frac{0{,}100 \text{ mol NaOH}}{1 \text{ l NaOH}} \times \frac{1 \text{ l}}{1000 \text{ ml}} = 3{,}50 \times 10^{-3} \text{ mol}$$

La variazione del numero di moli è riassunta di seguito:

	$CH_3COOH(aq)$ +	$NaOH(aq)$	$\longrightarrow CH_3COONa(aq) + H_2O(l)$
Iniziale (mol)	$2{,}50 \times 10^{-3}$	$3{,}50 \times 10^{-3}$	0
Variazione (mol)	$-2{,}50 \times 10^{-3}$	$-2{,}50 \times 10^{-3}$	$+2{,}50 \times 10^{-3}$
Equilibrio (mol)	0	$1{,}00 \times 10^{-3}$	$2{,}50 \times 10^{-3}$

A questo punto abbiamo due specie in soluzione che sono responsabili della basicità della soluzione: OH^- e CH_3COO^- (proveniente da CH_3COONa). Tuttavia, dal momento che OH^- è una base molto più forte di CH_3COO^-, possiamo tranquillamente trascurare l'idrolisi degli ioni CH_3COO^- e calcolare il pH della soluzione usando solo la concentrazione degli ioni OH^-. Il volume totale delle due soluzioni mescolate è (25,0 + 35,0) ml o 60 ml, per cui possiamo calcolare la concentrazione di OH^- come segue:

$$[OH^-] = \frac{1{,}00 \times 10^{-3} \text{ mol}}{60{,}0 \text{ ml}} \times \frac{1000 \text{ ml}}{1 \text{ l}} = 0{,}0167 \text{ mol/l} = 0{,}0167\ M$$

$$\text{pOH} = -\log_{10}[OH^-] = -\log_{10} 0{,}0167 = 1{,}78$$

$$\text{pH} = 14{,}00 - 1{,}78 = 12{,}22$$

Problema di autovalutazione Esattamente 100 ml di acido nitroso (HNO_2) 0,10 *M* vengono titolati con una soluzione 0,10 *M* di NaOH. Calcola il pH per (a) la soluzione iniziale, (b) il punto in cui sono stati aggiunti 80 ml della base, (c) il punto di equivalenza, (d) il punto in cui sono stati aggiunti 105 ml della base.

12.3.3 Titolazioni acido forte-base debole

Considerare la titolazione di NH_3, una base debole, con HCl, un acido forte:

$$HCl(aq) + NH_3(aq) \longrightarrow NH_4Cl(aq)$$

o, più semplicemente,

$$H^+(aq) + NH_3(aq) \longrightarrow NH_4^+(aq)$$

Il pH al punto di equivalenza è *minore* di 7 a causa dell'idrolisi dello ione NH_4^+:

$$NH_4^+(aq) + H_2O(l) \rightleftharpoons NH_3(aq) + H_3O^+(aq)$$

o, più semplicemente,

$$NH_4^+(aq) \rightleftharpoons NH_3(aq) + H^+(aq)$$

La Figura 12.7 indica la curva di titolazione per questo esperimento.

Esempio 12.6

Calcolare il pH al punto di equivalenza quando 25,0 ml di NH_3 0,100 *M* viene titolata da una soluzione di HCl 0,100 *M*.

Impostazione La reazione tra NH_3 e HCl è

$$NH_3(aq) + HCl(aq) \longrightarrow NH_4Cl(aq)$$

Si vede che 1 mol $NH_3 \simeq$ 1 mol HCl. Al punto di equivalenza, le specie principali in soluzione sono il sale NH_4Cl (dissociato in ioni NH_4^+ e Cl^-) e H_2O. Inizialmente, si deter-

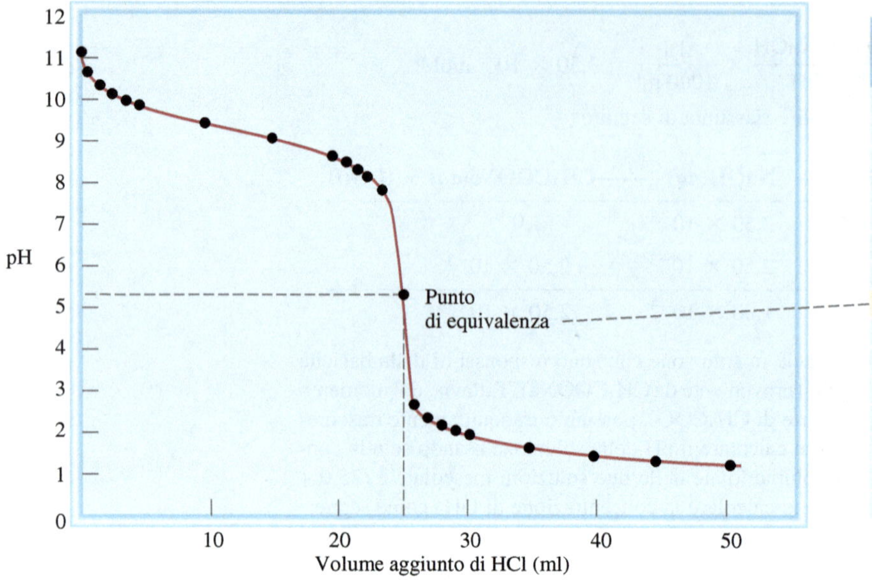

Volume aggiunto di HCl (ml)	pH
0,0	11,13
5,0	9,86
10,0	9,44
15,0	9,08
20,0	8,66
22,0	8,39
24,0	7,88
25,0	5,28
26,0	2,70
28,0	2,22
30,0	2,00
35,0	1,70
40,0	1,52
45,0	1,40
50,0	1,30

Figura 12.7 Curva di una titolazione acido forte-base debole. Una soluzione 0,100 *M* di HCl viene aggiunta da una buretta a 25,0 ml di una soluzione 0,100 *M* di NH_3 contenuta in una beuta. A seguito dell'idrolisi del sale, il pH al punto di equivalenza è minore di 7.

mina la concentrazione di NH_4Cl formato. Quindi si calcola il pH risultante dall'idrolisi dello ione NH_4^+. Lo ione Cl^-, essendo la base coniugata dell'acido forte HCl, non reagisce con l'acqua. Al solito, si può trascurare la ionizzazione dell'acqua.

Soluzione Il numero di moli di NH_3 in 25,0 ml di soluzione 0,100 *M* è

$$25{,}0\,\text{ml} \times \frac{0{,}100\,\text{mol NH}_3}{1\,\text{l NH}_3} \times \frac{1\,\text{l}}{1000\,\text{ml}} = 2{,}50 \times 10^{-3}\,\text{mol}$$

Al punto di equivalenza, il numero di moli di HCl aggiunte eguaglia il numero di moli di NH_3. Le variazioni nel numero di moli sono riassunte di seguito:

	$Na_3(aq)$	+	$HCl(aq)$	$\longrightarrow$	$NH_4Cl(aq)$
Iniziale (mol)	$2{,}50 \times 10^{-3}$		$2{,}50 \times 10^{-3}$		0
Variazione (mol)	$-2{,}50 \times 10^{-3}$		$-2{,}50 \times 10^{-3}$		$+2{,}50 \times 10^{-3}$
Equilibrio (mol)	0		0		$2{,}50 \times 10^{-3}$

Al punto di equivalenza, le concentrazioni sia dell'acido che della base sono pari a zero. Il volume totale è (25,0 + 25,0) ml, o 50,0 ml, e la concentrazione del sale risulta quindi

$$[NH_4Cl] = \frac{2{,}50 \times 10^{-3}\,\text{mol}}{50{,}0\,\text{ml}} \times \frac{1000\,\text{ml}}{1\,\text{l}} = 0{,}0500\,\text{mol l}^{-1} = 0{,}0500\,M$$

Il pH della soluzione al punto di equivalenza è determinato dall'idrolisi degli ioni NH_4^+:

$$NH_4^+(aq) \rightleftharpoons NH_3(aq) + H^+(aq), \qquad K_a = 5{,}6 \times 10^{-10}$$

L'espressione per K_a è

$$K_a = \frac{[NH_3][H^+]}{[NH_4^+]} = 5{,}6 \times 10^{-10}$$

Ponendo $x = [H^+] = [NH_3]$, si avrà

$$K_a = \frac{x^2}{0{,}0500 - x} = 5{,}6 \times 10^{-10}$$

K_a è piccola, si può quindi approssimare $0{,}0500 - x \approx 0{,}0500$, ottenendo

$$x = \sqrt{(5{,}6 \times 10^{-10})(0{,}0500)} = 5{,}3 \times 10^{-6}\,M$$

L'approssimazione è valida, in quanto il risultato è inferiore al 5% di 0,0500.

Quindi il pH vale

$$pH = -\log_{10}(5,3 \times 10^{-6}) = 5,28$$

Verificare sempre la validità dell'approssimazione.

Verifica Il pH della soluzione è acido. Questo è quanto ci si aspetta dall'idrolisi dello ione ammonio.

Problema di autovalutazione Calcolare il pH al punto di equivalenza per la titolazione di 50 ml di una soluzione di metilammina 0,10 *M* (vedi la Tabella 11.4) con una soluzione di HCl 0,20 *M*.

12.4 Indicatori acido-base

Il punto di equivalenza, come abbiamo visto, è il punto in cui il numero di moli di ioni OH^- aggiunti a una soluzione è uguale al numero di moli di ioni H^+ originariamente presenti. Per determinare il punto di equivalenza in una titolazione, quindi, dobbiamo conoscere esattamente il volume di base aggiunta mediante una buretta a un acido. Un modo per raggiungere questo obiettivo è quello di aggiungere qualche goccia di un indicatore acido-base alla soluzione di acido all'inizio della titolazione. Nel Paragrafo 12.3 si è accennato al fatto che gli indicatori vengono utilizzati per determinare il punto di equivalenza in una titolazione acido-base. Un ***indicatore*** è una *sostanza (di solito un acido organico debole o una base organica debole), che ha colori nettamente diversi nelle sue forme ionizzata e non ionizzata*. Quale di queste due forme (ionizzata o non ionizzata) sia dominante dipende dal pH della soluzione in cui l'indicatore è disciolto. Il ***punto finale*** di una titolazione si verifica quando l'indicatore cambia colore (*viraggio*). Tuttavia, non tutti gli indicatori cambiano colore allo stesso pH, per cui la scelta di un indicatore per una particolare titolazione dipende dalla natura degli acidi e delle basi utilizzati per la titolazione (cioè se sono forti o deboli). Scegliendo un appropriato indicatore per una titolazione, si può utilizzare il punto finale per determinare il punto di equivalenza, come vedremo in seguito.

Consideriamo un acido debole monoprotico che indicheremo con HIn. Per essere un efficace indicatore, HIn e la sua base coniugata, In^-, devono avere colori nettamente diversi. In soluzione, l'acido si ionizza in minima parte:

$$HIn(aq) \rightleftharpoons H^+(aq) + In^-(aq)$$

Se l'indicatore si trova in ambiente sufficientemente acido, l'equilibrio, in base al principio di Le Châtelier, si sposta a sinistra e il colore predominante dell'indicatore è quello della forma non ionizzata (HIn). D'altro canto, in ambiente basico, l'equilibrio si sposta a destra, e il colore della soluzione è dovuto principalmente a quello della base coniugata (In^-). In linea di massima, possiamo utilizzare i seguenti rapporti tra concentrazioni per prevedere la percezione del colore dell'indicatore:

$$\frac{[HIn]}{[In^-]} \geq 10 \qquad \text{il colore dell'acido (HIn) predomina}$$

$$\frac{[HIn]}{[In^-]} \leq 0,1 \qquad \text{il colore della base coniugata (In}^-\text{) predomina}$$

Se $[HIn] \approx [In^-]$, il colore dell'indicatore sarà una combinazione dei colori di HIn e In^-.

Il punto finale di un indicatore non si verifica a uno specifico pH, ma piuttosto avviene all'interno di un intervallo di pH. In pratica, scegliamo un indicatore il cui punto finale (o punto di viraggio) si trovi sulla parte ripida della curva di titolazione, la cui posizione dipende dalla forza dell'acido o della base titolati. Dato che anche il punto di equivalenza si trova sulla parte ripida della curva, questa scelta garantisce

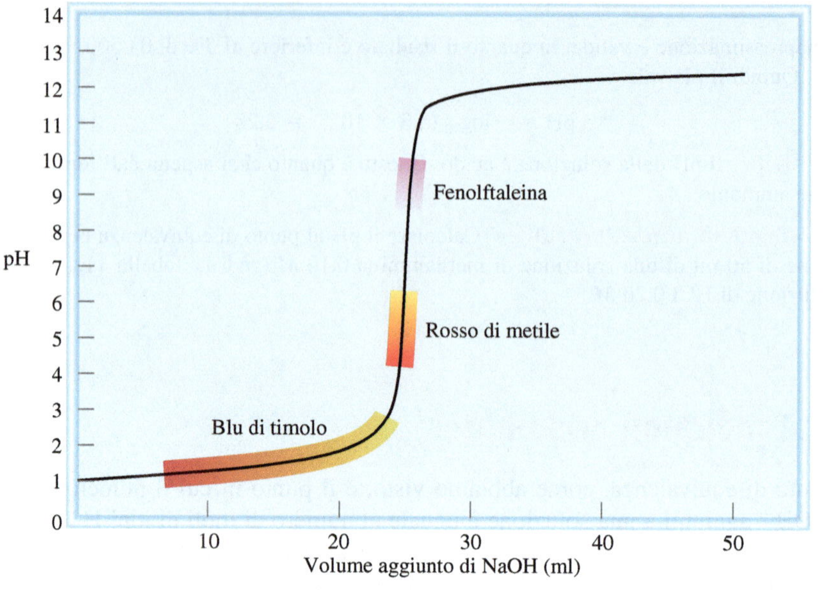

Figura 12.8 La curva di titolazione di un acido forte con una base forte. Dal momento che le regioni in cui gli indicatori rosso di metile e fenolftaleina cambiano colore giacciono lungo la parte ripida della curva, possono essere usati per evidenziare il punto di equivalenza della titolazione. Il blu di timolo, invece, non può essere usato per il medesimo scopo (vedi Tabella 12.1).

che il pH al punto di equivalenza rientrerà nel campo in cui l'indicatore cambia colore. Nel Paragrafo 12.3, si è detto che la fenolftaleina è un adatto indicatore per la titolazione di NaOH e HCl. La fenolftaleina è incolore in soluzioni acide e neutre, ma rosa in soluzioni basiche. Le misure mostrano che a pH = 8,3 l'indicatore è incolore, ma che comincia a virare al rosa quando il pH supera 8,3. Come mostrato in Figura 12.5, la ripida pendenza della curva di pH in prossimità del punto di equivalenza significa che l'aggiunta di una piccola quantità di NaOH (per esempio, 0,05 ml, che è circa il volume di una goccia dalla buretta) porta a un forte aumento nel pH della soluzione. Quello che è importante, tuttavia, è il fatto che la parte ripida della curva di titolazione comprende l'intervallo nel quale la fenolftaleina cambia colore, da incolore a rosa. Ogni volta che si verifica una tale corrispondenza, l'indicatore può essere utilizzato per individuare il punto di equivalenza della titolazione (Figura 12.8).

Molti indicatori acido-base sono pigmenti vegetali. Per esempio, facendo bollire del cavolo rosso sminuzzato in acqua, possiamo estrarre pigmenti che presentano colori diversi a vari pH (Figura 12.9).

Figura 12.9 Soluzioni contenenti estratti di cavolo rosso (ottenuti facendo bollire il cavolo in acqua) producono diversi colori, quando sono trattate con acidi o basi. Il pH delle soluzioni aumenta da sinistra a destra.

Tabella 12.1 Alcuni indicatori acido-base di uso comune

	Colore		
Indicatore	**In acido**	**In base**	**Intervallo di pH***
Blu di timolo	Rosso	Giallo	1,2-2,8
Blu di bromofenolo	Giallo	Blu violaceo	3,0-4,6
Metilarancio	Arancio	Giallo	3,1-4,4
Rosso di metile	Rosso	Giallo	4,2-6,3
Blu di clorofenolo	Giallo	Rosso	4,8-6,4
Blu di bromotimolo	Giallo	Blu	6,0-7,6
Rosso cresolo	Giallo	Rosso	7,2-8,8
Fenolftaleina	Incolore	Rosso rosato	8,3-10,0

* L'intervallo di pH è quello in cui l'indicatore varia di colore.

La Tabella 12.1 elenca una serie di indicatori comunemente utilizzati nelle titolazioni acido-base. La scelta di un particolare indicatore dipende dalla forza dell'acido e della base che devono essere titolati. L'Esempio 12.7 illustra questo punto.

Esempio 12.7

Quale indicatore (o indicatori) elencati nella Tabella 12.1 utilizzereste nelle titolazioni acido-base mostrate in (a) Figura 12.5, (b) Figura 12.6 e (c) Figura 12.7?

Impostazione La scelta di un indicatore per una particolare titolazione è basata sul fatto che l'intervallo di pH in cui si verifica il suo cambio di colore deve sovrapporsi alla parte ripida della curva di titolazione. Altrimenti non possiamo usare la variazione di colore per individuare il punto di equivalenza.

Soluzione

(a) In prossimità del punto di equivalenza, il pH della soluzione cambia bruscamente da 4 a 10. Pertanto, tutti gli indicatori, fatta eccezione per il blu di timolo, il blu di bromofenolo e il metilarancio sono adatti a essere usati in questa titolazione.

(b) In questo caso la parte ripida copre l'intervallo di pH tra 7 e 10; pertanto, gli indicatori adatti sono il rosso cresolo e la fenolftaleina.

(c) In questo caso la parte ripida copre l'intervallo di pH tra 3 e 7; pertanto gli indicatori adatti sono il blu di bromofenolo, il metilarancio, il rosso di metile e il blu clorofenolo.

Problema di autovalutazione Facendo riferimento alla Tabella 12.1, specificare quale indicatore o quali indicatori usare per le seguenti titolazioni: (a) HBr con CH_3NH_2, (b) HNO_3 con NaOH, (c) HNO_2 con KOH.

12.5 Reazioni di precipitazione

Un tipo comune di reazione che avviene in soluzione acquosa è la ***reazione di precipitazione***, che si traduce nella formazione di un prodotto insolubile, o precipitato. Un ***precipitato*** è un solido insolubile che si separa dalla soluzione. Le reazioni di precipitazione di solito coinvolgono composti ionici. Per esempio, quando una soluzione acquosa di nitrato di piombo [$Pb(NO_3)_2$] è aggiunta a una soluzione acquosa di ioduro di sodio (NaI), si forma un precipitato di colore giallo di ioduro di piombo (PbI_2):

$$Pb(NO_3)_2(aq) + 2NaI(aq) \longrightarrow PbI_2(s) + 2NaNO_3(aq)$$

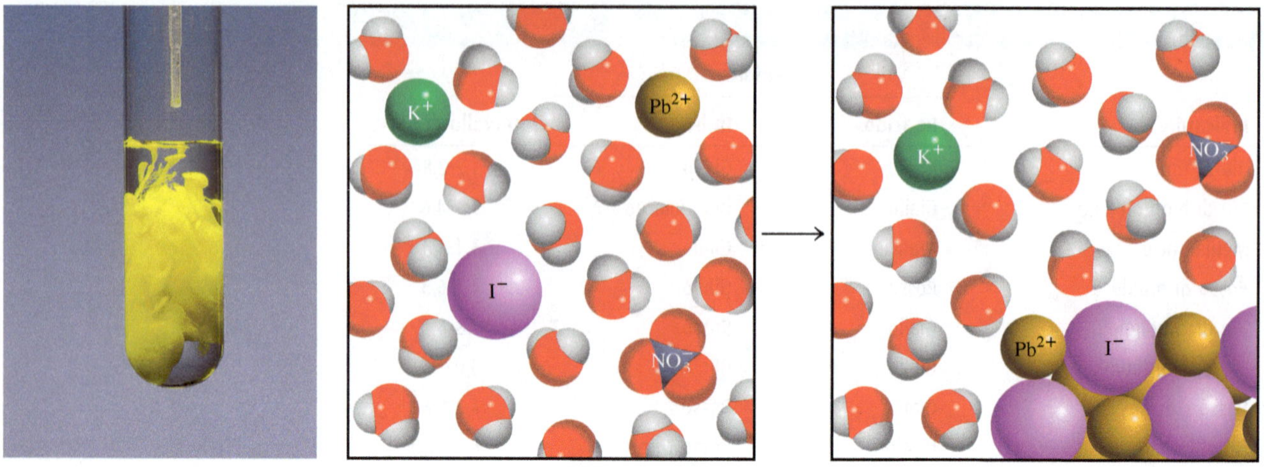

Figura 12.10 La formazione di precipitato giallo di PbI_2 non appena una soluzione di $Pb(NO_3)_2$ è aggiunta a una soluzione di NaI.

Il nitrato di sodio, solubile, rimane in soluzione. La Figura 12.10 mostra il corso di questa reazione.

Le reazioni di precipitazione sono importanti per l'industria, la medicina e la vita quotidiana. Per esempio, la preparazione di molti prodotti chimici industriali essenziali come il carbonato di sodio (Na_2CO_3) si basa su reazioni di precipitazione. La dissoluzione dello smalto dei denti, che è costituito principalmente di idrossiapatite [$Ca_5(PO_4)_3OH$], in ambiente acido, porta alla formazione di carie. Il solfato di bario ($BaSO_4$), un composto insolubile, opaco ai raggi X, è usato per diagnosticare disturbi dell'apparato digerente. Le stalattiti e le stalagmiti, che consistono di carbonato di calcio ($CaCO_3$), sono prodotte da una reazione di precipitazione, e lo sono anche molti alimenti, come le caramelle.

12.5.1 Previsioni qualitative sulla solubilità

Come si può prevedere se si formerà un precipitato quando un composto è aggiunto a una soluzione o quando sono mescolate due soluzioni? Dipende dalla *solubilità* del soluto, che è stata definita nel Paragrafo 9.2 come la quantità massima di soluto che si dissolve in una determinata quantità di solvente a una determinata temperatura e pressione. Tutti i composti ionici sono elettroliti forti, ma non tutti sono egualmente solubili. La Tabella 12.2 classifica un certo numero di composti ionici come solubili o insolubili. Si tenga presente, tuttavia, che anche i composti insolubili si sciolgono, in una certa misura. La Figura 12.11 mostra diversi precipitati.

L'Esempio 12.8 applica le regole di solubilità della Tabella 12.2.

Tabella 12.2 Regole di solubilità per alcuni composti ionici in acqua a 25 °C

Composti solubili	Eccezioni
Composti contenenti ioni di metalli alcalini (Li^+, Na^+, K^+, Rb^+, Cs^+) e ione ammonio (NH_4^+), nitrati (NO_3^-), bicarbonati (HCO_3^-) e clorati (ClO_3^-)	
Alogenuri (Cl^-, Br^-, I^-)	Alogenuri di Ag^+, Hg_2^{2+} e Pb^{2+}
Solfati (SO_4^{2-})	Solfati di Ag^+, Ca^{2+}, Sr^{2+}, Ba^{2+}, Hg_2^{2+} e Pb^{2+}
Composti insolubili	**Eccezioni**
Carbonati (CO_3^{2-}), fosfati (PO_4^{3-}), cromati (CrO_4^{2-}), solfuri (S^{2-})	Composti contenenti ioni di metalli alcalini e ione ammonio
Idrossidi (OH^-)	Composti contenenti ioni di metalli alcalini e ione Ba^{2+}

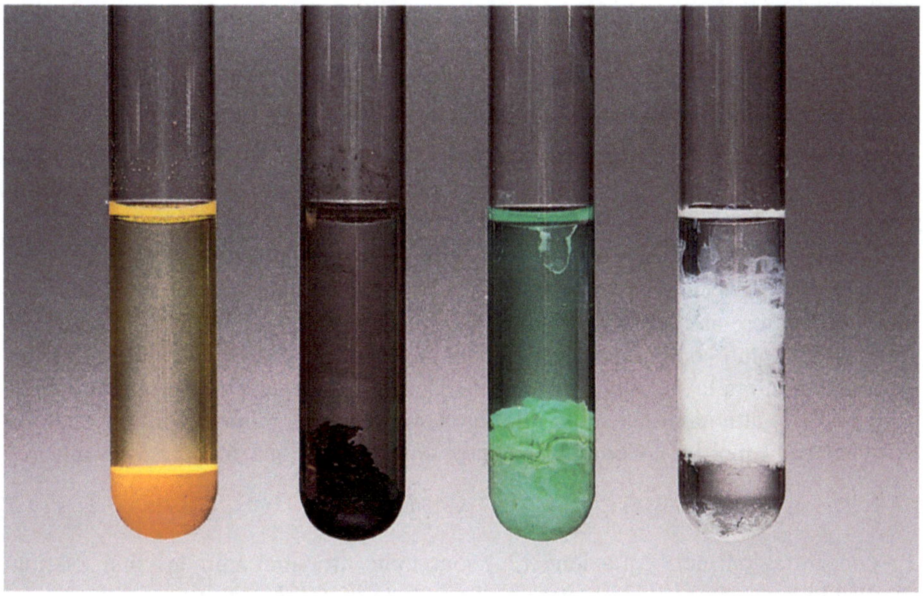

Figura 12.11 La comparsa di vari precipitati. Da sinistra a destra: CdS, PbS, $Ni(OH)_2$ e $Al(OH)_3$.

Esempio 12.8

Classificare i seguenti composti ionici come solubili o insolubili: (a) solfato d'argento (Ag_2SO_4), (b) carbonato di calcio ($CaCO_3$), (c) fosfato di sodio (Na_3PO_4).

Impostazione Sebbene non sia necessario memorizzare le solubilità dei composti, si dovrebbero comunque tenere a mente le seguenti regole utili: tutti i composti ionici contenenti cationi dei metalli alcalini sono solubili; tutti i composti ionici contenenti gli ioni ammonio, nitrato, bicarbonato e clorato sono solubili. Per gli altri composti, si deve fare riferimento alla Tabella 12.2.

Soluzione

(a) Secondo la Tabella 12.2, Ag_2SO_4 è insolubile.

(b) Si tratta di un carbonato e Ca è un metallo del Gruppo 2A. Pertanto, $CaCO_3$ è insolubile.

(c) Il sodio è uno dei metalli alcalini (Gruppo 1A), quindi Na_3PO_4 è solubile.

Problema di autovalutazione Classificare i seguenti composti ionici come solubili o insolubili: (a) CuS, (b) $Ca(OH)_2$, (c) $Zn(NO_3)_2$.

12.6 Equilibri di solubilità

Anche se utili, le regole di solubilità discusse nel Paragrafo 12.5 non ci permettono di fare previsioni quantitative sulla dissoluzione di un dato composto ionico in acqua. Per sviluppare un approccio quantitativo, iniziamo con quello che già sappiamo sull'equilibrio chimico. Se non indicato altrimenti, nella seguente discussione il solvente è l'acqua e la temperatura è 25 °C.

12.6.1 Prodotto di solubilità

Si consideri una soluzione satura di cloruro d'argento in contatto con cloruro d'argento solido. L'equilibrio di solubilità può essere rappresentato come

$$AgCl(s) \rightleftharpoons Ag^+(aq) + Cl^-(aq)$$

Poiché i sali come AgCl sono considerati elettroliti forti, tutto il cloruro d'argento che si discioglie in acqua si assume completamente dissociato in ioni Ag^+ e Cl^-. Quindi, possiamo scrivere la costante di equilibrio per la dissoluzione del AgCl in funzione delle attività dei reagenti e dei prodotti (vedi il Paragrafo 10.1):

$$K_{ps} = \frac{a_{Ag^+(aq)}a_{Cl^-(aq)}}{a_{AgCl(s)}} \quad \textbf{(12.3)}$$

dove con K_{ps} si indica la costante del prodotto di solubilità o semplicemente il *prodotto di solubilità*. Come visto nel Capitolo 10, l'attività di un solido puro in una reazione può essere assunto in buona approssimazione pari a 1. Inoltre, se le concentrazioni dei soluti sono abbastanza piccole da rendere trascurabili le interazioni soluto-soluto, allora la soluzione può essere considerata ideale e siamo in grado di approssimare le attività di tali soluti alle loro concentrazioni relative alla concentrazione standard (1 mol l^{-1}). Con queste approssimazioni, l'Equazione 12.3 diventa

$$K_{ps} = [Ag^+][Cl^-] \quad \textbf{(12.4)}$$

Le concentrazioni nell'Equazione 12.4 sono concentrazioni adimensionali ottenute dividendo per 1 mol l^{-1}. In generale, il ***prodotto di solubilità*** di un composto può essere approssimato come *il prodotto delle concentrazioni molari degli ioni che lo costituiscono, ciascuno elevato al coefficiente stechiometrico con cui compare nell'equazione di equilibrio*. Si tenga presente, tuttavia, che per gli equilibri di solubilità nei quali la concentrazione degli ioni sia elevata (> 0,001 *M* per ioni a carica singola, molto meno per ioni a carica multipla), le solubilità calcolate utilizzando l'Equazione 12.4 differiscono leggermente dalle solubilità misurate sperimentalmente. È possibile correggere l'Equazione 12.4 tenendo conto delle deviazioni delle attività dalle concentrazioni molari, ma tali correzioni sono al di là del contesto didattico di questo libro.

Poiché ogni unità di AgCl contiene un solo ione Ag^+ e un solo ione Cl^-, la sua espressione del prodotto di solubilità è particolarmente semplice da scrivere. I seguenti casi sono leggermente più complessi:

- MgF_2

$$MgF_2(s) \rightleftharpoons Mg^{2+}(aq) + 2F^-(aq) \qquad K_{ps} = \frac{a_{Mg^{2+}(aq)}a^2_{F^-(aq)}}{a_{MgF_2(s)}} \approx [Mg^{2+}][F^-]^2$$

- Ag_2CO_3

$$Ag_2CO_3(s) \rightleftharpoons 2Ag^+(aq) + CO_3^{2-}(aq)$$

$$K_{ps} = \frac{a^2_{Ag^+(aq)}\,a_{CO_3^{2-}(aq)}}{a_{Ag_2CO_3(s)}} \approx [Ag^+]^2[CO_3^{2-}]$$

- $Ca_3(PO_4)_2$

$$Ca_3(PO_4)_2(s) \rightleftharpoons 3Ca^{2+}(aq) + 2PO_4^{3-}(aq)$$

$$K_{ps} = \frac{a^3_{Ca^{2+}(aq)}\,a^2_{PO_4^{3-}(aq)}}{a_{Ca_3(PO_4)_2(s)}} \approx [Ca^{2+}]^3[PO_4^{3-}]^2$$

La Tabella 12.3 elenca i prodotti di solubilità per un certo numero di sali poco solubili.

Sali solubili come NaCl e KNO_3, che presentano valori di K_{ps} molto grandi, non sono elencati nella tabella, essenzialmente per la stessa ragione per cui i valori di K_a degli acidi forti spesso non vengono riportati. Il valore di K_{ps} indica la solubilità di un composto ionico: più piccolo è il valore, meno solubile sarà il composto in acqua. Tuttavia, utilizzando i valori dei K_{ps} per confrontare le solubilità, bisognerebbe scegliere composti con formule simili, come AgCl e ZnS, o CaF_2 e $Fe(OH)_2$.

Tabella 12.3 Prodotti di solubilità di alcuni composti ionici poco solubili a 25 °C

Composti	K_{ps}	Composti	K_{ps}
Idrossido di alluminio [$Al(OH)_3$]	$1{,}8 \times 10^{-33}$	Cromato di piombo (II) ($PbCrO_4$)	$2{,}0 \times 10^{-14}$
Carbonato di bario ($BaCO_3$)	$8{,}1 \times 10^{-9}$	Fluoruro di piombo (II) (PbF_2)	$4{,}1 \times 10^{-8}$
Fluoruro di bario (BaF_2)	$1{,}7 \times 10^{-6}$	Ioduro di piombo (II) (PbI_2)	$1{,}4 \times 10^{-8}$
Solfato di bario ($BaSO_4$)	$1{,}1 \times 10^{-10}$	Solfuro di piombo (II) (PbS)	$3{,}4 \times 10^{-28}$
Solfuro di bismuto (Bi_2S_3)	$1{,}6 \times 10^{-72}$	Carbonato di magnesio ($MgCO_3$)	$4{,}0 \times 10^{-5}$
Solfuro di cadmio (CdS)	$8{,}0 \times 10^{-28}$	Idrossido di magnesio [$Mg(OH)_2$]	$1{,}2 \times 10^{-11}$
Carbonato di calcio ($CaCO_3$)	$8{,}7 \times 10^{-9}$	Solfuro di manganese (II) (MnS)	$3{,}0 \times 10^{-14}$
Fluoruro di calcio (CaF_2)	$4{,}0 \times 10^{-11}$	Cloruro di mercurio (I) (Hg_2Cl_2)	$3{,}5 \times 10^{-18}$
Idrossido di calcio [$Ca(OH)_2$]	$8{,}0 \times 10^{-6}$	Solfuro di mercurio (II) (HgS)	$4{,}0 \times 10^{-54}$
Fosfato di calcio [$Ca_3(PO_4)_2$]	$1{,}2 \times 10^{-26}$	Solfuro di nichel (II) (NiS)	$1{,}4 \times 10^{-24}$
Idrossido di cromo (III) [$Cr(OH)_3$]	$3{,}0 \times 10^{-29}$	Bromuro di argento (AgBr)	$7{,}7 \times 10^{-13}$
Solfuro di cobalto (II) (CoS)	$4{,}0 \times 10^{-21}$	Carbonato di argento (Ag_2CO_3)	$8{,}1 \times 10^{-12}$
Bromuro di rame (I) (CuBr)	$4{,}2 \times 10^{-8}$	Cloruro di argento (AgCl)	$1{,}6 \times 10^{-10}$
Ioduro di rame (I) (CuI)	$5{,}1 \times 10^{-12}$	Ioduro di argento (AgI)	$8{,}3 \times 10^{-17}$
Idrossido di rame (II) [$Cu(OH)_2$]	$2{,}2 \times 10^{-20}$	Solfato di argento (Ag_2SO_4)	$1{,}4 \times 10^{-5}$
Solfuro di rame (II) (CuS)	$6{,}0 \times 10^{-37}$	Solfuro di argento (Ag_2S)	$6{,}0 \times 10^{-51}$
Idrossido di ferro (II) [$Fe(OH)_2$]	$1{,}6 \times 10^{-14}$	Carbonato di stronzio ($SrCO_3$)	$1{,}6 \times 10^{-9}$
Idrossido di ferro (III) [$Fe(OH)_3$]	$1{,}1 \times 10^{-36}$	Solfato di stronzio ($SrSO_4$)	$3{,}8 \times 10^{-7}$
Solfuro di ferro (II) (FeS)	$6{,}0 \times 10^{-19}$	Solfuro di stagno (II) (SnS)	$1{,}0 \times 10^{-26}$
Carbonato di piombo (II) ($PbCO_3$)	$3{,}3 \times 10^{-14}$	Idrossido di zinco [$Zn(OH)_2$]	$1{,}8 \times 10^{-14}$
Cloruro di piombo (II) ($PbCl_2$)	$2{,}4 \times 10^{-4}$	Solfuro di zinco (ZnS)	$3{,}0 \times 10^{-23}$

Un altro fattore, oltre a deviazioni dal comportamento ideale, che può influenzare l'uso del K_{ps} per determinare la solubilità è il fatto che molti anioni presenti nei composti ionici elencati nella Tabella 12.3 sono basi coniugate di acidi deboli. Consideriamo il solfuro di rame (CuS). Lo ione S^{2-} si può idrolizzare nel modo seguente

$$S^{2-}(aq) + H_2O(l) \rightleftharpoons HS^-(aq) + OH^-(aq)$$

$$HS^-(aq) + H_2O(l) \rightleftharpoons H_2S(aq) + OH^-(aq)$$

Inoltre, piccoli ioni metallici ad alta carica come Al^{3+} e Bi^{3+} saranno oggetto di idrolisi come discusso nel Paragrafo 11.6. In tali casi, è necessario, in calcoli accurati, includere le espressioni dell'equilibrio d'idrolisi oltre al prodotto di solubilità per determinare le concentrazioni all'equilibrio di tutte le specie in soluzione acquosa.

Per le concentrazioni di ioni che non corrispondono alle condizioni di equilibrio, si usa il quoziente di reazione (vedi il Paragrafo 10.2), che in questo caso è chiamato *prodotto ionico (Q)*, per prevedere se si formi o meno un precipitato. Da notare che Q ha la stessa forma di K_{ps} a eccezione del fatto che le concentrazioni degli ioni *non* sono le concentrazioni all'equilibrio. Per esempio, se si miscela una soluzione contenente ioni Ag^+ con una contenente ioni Cl^-, il prodotto ionico, assumendo un comportamento ideale, sarà dato da

$$Q = [Ag^+]_0[Cl^-]_0$$

Il pedice 0 ci rammenta che queste sono concentrazioni iniziali e non necessariamente corrispondono a quelle all'equilibrio. Le possibili relazioni tra Q e K_{ps} sono

$Q < K_{ps}$ $[Ag^+]_0[Cl^-]_0 < 1{,}6 \times 10^{-10}$	soluzione non satura
$Q = K_{ps}$ $[Ag^+]_0[Cl^-]_0 = 1{,}6 \times 10^{-10}$	soluzione satura (equilibrio)
$Q > K_{ps}$ $[Ag^+]_0[Cl^-]_0 > 1{,}6 \times 10^{-10}$	soluzione sovrasatura; del cloruro d'argento precipiterà finché il prodotto delle concentrazioni ioniche sarà pari a $1{,}6 \times 10^{-10}$

12.6.2 Solubilità molare e solubilità

Esistono due altri modi per esprimere la solubilità di una sostanza: la ***solubilità molare***, che è *il numero di moli di soluto in 1 l di soluzione satura (mol l^{-1})*, e la ***solubilità***, che è *il numero di grammi di soluto in 1 l di soluzione satura (g l^{-1})*. Si noti che queste due espressioni si riferiscono alla concentrazione di soluzioni sature a una certa temperatura (di solito 25 °C).

Entrambe le definizioni sono comode da usare in laboratorio. Si possono usare per determinare il K_{ps} seguendo la procedura descritta in Figura 12.12(a).

L'Esempio 12.9 illustra questa procedura.

Il solfato di calcio è usato come agente essiccante e nella manifattura di vernici, ceramiche e carta. Una forma idrata del solfato di calcio, chiamata gesso, viene usata per ingessare gli arti fratturati.

Esempio 12.9

Si sa che la solubilità del solfato di calcio ($CaSO_4$) è 0,67 g/l. Calcolare il valore del K_{ps} del solfato di calcio.

Impostazione Ci viene fornita la solubilità del $CaSO_4$ e ci viene chiesto di calcolare il suo K_{ps}. La sequenza dei passaggi di conversione, secondo la Figura 12.12(a), è

$$\begin{matrix}\text{solubilità di} \\ CaSO_4 \text{ in g/l}\end{matrix} \longrightarrow \begin{matrix}\text{solubilità molare} \\ \text{di } CaSO_4\end{matrix} \longrightarrow \begin{matrix}[Ca^{2+}] \text{ e} \\ [SO_4^{2-}]\end{matrix} \longrightarrow \begin{matrix}K_{ps} \text{ di} \\ CaSO_4\end{matrix}$$

Soluzione Si consideri la dissociazione di $CaSO_4$ in acqua. Sia s la solubilità molare (in mol/l) di $CaSO_4$.

	$Ca_3SO_4(s) \rightleftharpoons$	$Ca^{2+}(aq)$	$+ SO_4^{2-}(aq)$
Iniziale (M)		0	0
Variazione (M)	$-s$	$+s$	$+s$
Equilibrio (M)		s	s

Il prodotto di solubilità di $CaSO_4$ è

$$K_{ps} \approx [Ca^{2+}][SO_4^{2-}] = s^2$$

Calcoliamo prima il numero di moli di $CaSO_4$ sciolte in 1 l di soluzione

$$\frac{0{,}67 \text{ g } CaSO_4}{1 \text{ l soln}} \times \frac{1 \text{ mol } CaSO_4}{136{,}2 \text{ g } CaSO_4} = 4{,}9 \times 10^{-3} \text{ mol/l} = s$$

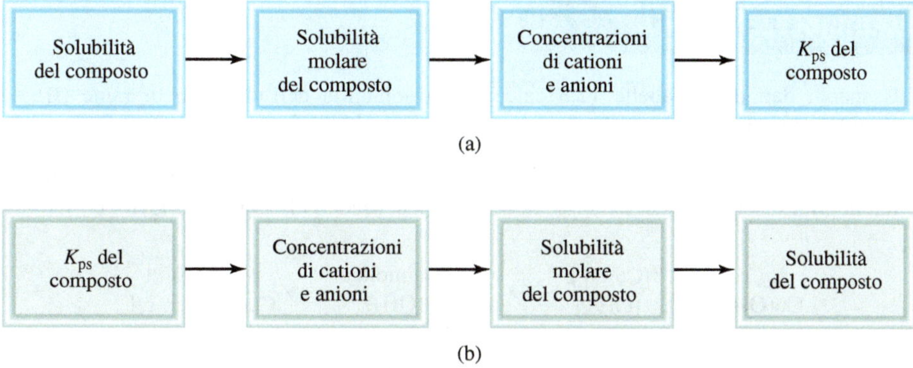

Figura 12.12 Sequenza dei passaggi (a) per calcolare il K_{ps} dalla solubilità e (b) per calcolare la solubilità dal K_{ps}.

Dall'equilibrio di solubilità vediamo che per ogni mole di $CaSO_4$ che si scioglie, vengono prodotte 1 mole di Ca^{2+} e 1 mole di SO_4^{2-}. Per cui, all'equilibrio

$$[Ca^{2+}] = 4,9 \times 10^{-3}\,M \quad \text{e} \quad [SO_4^{2-}] = 4,9 \times 10^{-3}\,M$$

Ora possiamo calcolare il K_{ps}:

$$\begin{aligned} K_{ps} &= [Ca^{2+}][SO_4^{2-}] \\ &= (4,9 \times 10^{-3})(4,9 \times 10^{-3}) \\ &= 2,4 \times 10^{-5} \end{aligned}$$

Problema di autovalutazione La solubilità del cromato di piombo ($PbCrO_4$) è 4,5 × 10^{-5} g/l. Calcolare il prodotto di solubilità di questo composto.

A volte viene fornito il valore del K_{ps} di un composto e viene chiesto di calcolare la solubilità molare del composto. Per esempio, il K_{ps} per la dissoluzione del bromuro d'argento

$$AgBr(s) \rightleftharpoons Ag^+(aq) + Br^-(aq)$$

è $7,7 \times 10^{-13}$. Si può calcolare la solubilità molare tramite la procedura descritta in Figura 12.12(b). Per prima cosa individuare le specie presenti all'equilibrio. In questo caso si hanno ioni Ag^+ e Br^-. Sia s la solubilità molare (in mol l^{-1}) di AgBr. Dato che un'unità di AgBr dà uno ione Ag^+ e uno ione Br^-, all'equilibrio sia $[Ag^+]$ che $[Br^-]$ saranno uguali a s. Assumendo un comportamento ideale della soluzione, l'espressione del prodotto di solubilità di questa reazione è data da

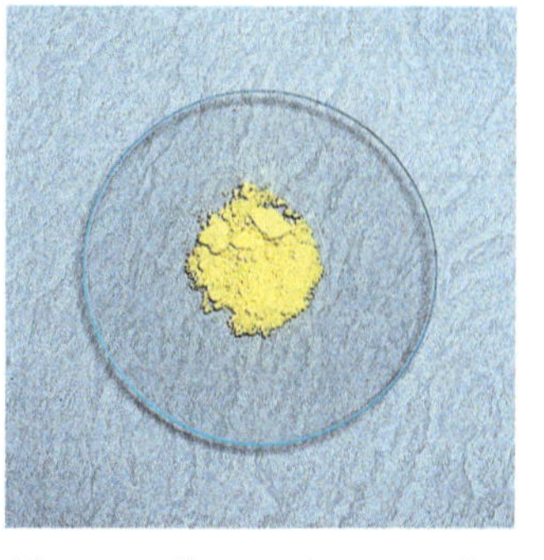

Il bromuro d'argento è usato nelle emulsioni fotografiche.

$$\begin{aligned} K_{ps} &= [Ag^+][Br^-] \\ 7,7 \times 10^{-13} &= s \times s = s^2 \\ s &= \sqrt{7,7 \times 10^{-13}} = 8,8 \times 10^{-7}\,M \end{aligned}$$

Perciò, all'equilibrio

$$[Ag^+] = [Br^-] = 8,8 \times 10^{-7}\,M$$

Pertanto, anche la solubilità molare di AgBr sarà $8,8 \times 10^{-7}$ M. Questa concentrazione è molto piccola, quindi la deviazione dall'idealità sarà minima e l'uso delle concentrazioni nell'espressione del K_{ps} sarà risultato appropriato.

L'Esempio 12.10 si avvale di tale approccio.

L'idrossido di rame (II) è utilizzato come pesticida e per il trattamento delle sementi.

Esempio 12.10

Usando i dati della Tabella 12.3 calcolare la solubilità dell'idrossido di rame (II), $Cu(OH)_2$, in g/l.

Impostazione Ci viene fornito il K_{ps} di $Cu(OH)_2$ e chiesto di calcolare la sua solubilità in g/l. La sequenza dei passaggi di conversione, secondo la Figura 12.12(b), è

$$K_{ps} \text{ di } Cu(OH)_2 \longrightarrow [Cu^{2+}] \text{ e } [OH^-] \longrightarrow \text{solubilità molare di } Cu(OH)_2 \longrightarrow \text{solubilità di } Cu(OH)_2 \text{ in g/l}$$

Soluzione Considerare la dissociazione di $Cu(OH)_2$ in acqua:

$$\mathbf{Cu(OH)_2}(s) \rightleftharpoons \mathbf{Cu^{2+}}(aq) + \mathbf{2OH^-}(aq)$$

Iniziale (*M*)	0	0	
Variazione (*M*)	$-s$	$+s$	$+2s$
Equilibrio (*M*)		s	$2s$

Si noti che la concentrazione molare di OH^- è due volte quella di Cu^{2+}. Il prodotto di solubilità di $Cu(OH)_2$ è

$$K_{ps} = [Cu^{2+}][OH^-]^2$$
$$= (s)(2s)^2 = 4s^3$$

Noto il valore di K_{ps} dalla Tabella 12.3, risolviamo in funzione della solubilità molare di $Cu(OH)_2$ come segue:

$$2{,}2 \times 10^{-20} = 4s^3$$

$$s^3 = \frac{2{,}2 \times 10^{-20}}{4} = 5{,}5 \times 10^{-21}$$

Quindi

$$s = 1{,}8 \times 10^{-7}\ M$$

Per concludere, calcoliamo la solubilità in g/l dalla massa molare di $Cu(OH)_2$ e dalla sua solubilità molare:

$$\text{solubilità di } Cu(OH)_2 = \frac{1{,}8 \times 10^{-7} \text{ mol } Cu(OH)_2}{1 \text{ l soln}} \times \frac{97{,}57 \text{ g } Cu(OH)_2}{1 \text{ mol } Cu(OH)_2}$$

$$= 1{,}8 \times 10^{-5} \text{ g/l}$$

Problema di autovalutazione Calcolare la solubilità del cloruro di argento (AgCl) in g/l.

Come dimostrano gli Esempi 12.9 e 12.10, la solubilità e il prodotto di solubilità sono tra loro collegati. Conoscendone uno, siamo in grado di calcolare l'altro, ma ogni grandezza fornisce diverse informazioni. La Tabella 12.4 mostra il rapporto tra solubilità molare e prodotto di solubilità per un certo numero di composti ionici, assumendo un comportamento ideale.

Tabella 12.4 Relazione tra K_{ps} e solubilità molare

Composto	Espressione del K_{ps}	Catione	Anione	Relazione tra K_{ps} e s
AgCl	$[Ag^+][Cl^-]$	s	s	$K_{ps} = s^2;\ s = (K_{ps})^{\frac{1}{2}}$
$BaSO_4$	$[Ba^{2+}][SO_4^{2-}]$	s	s	$K_{ps} = s^2;\ s = (K_{ps})^{\frac{1}{2}}$
Ag_2CO_3	$[Ag^+]^2[CO_3^{2-}]$	$2s$	s	$K_{ps} = 4s^3;\ s = \left(\frac{K_{ps}}{4}\right)^{\frac{1}{3}}$
PbF_2	$[Pb^{2+}][F^-]^2$	s	$2s$	$K_{ps} = 4s^3;\ s = \left(\frac{K_{ps}}{4}\right)^{\frac{1}{3}}$
$Al(OH)_3$	$[Al^{3+}][OH^-]^3$	s	$3s$	$K_{ps} = 27s^4;\ s = \left(\frac{K_{ps}}{27}\right)^{\frac{1}{4}}$
$Ca_3(PO_4)_2$	$[Ca^{2+}]^3[PO_4^{3-}]^2$	$3s$	$2s$	$K_{ps} = 108s^5;\ s = \left(\frac{K_{ps}}{108}\right)^{\frac{1}{5}}$

12.6.3 Prevedere le reazioni di precipitazione

Dalla conoscenza delle regole di solubilità (vedi il Paragrafo 12.5) e i prodotti di solubilità elencati nella Tabella 12.3, siamo in grado di prevedere se un precipitato si forma quando due soluzioni vengono mescolate o si aggiunge un composto solubile a una soluzione. Questa capacità, spesso, ha un valore pratico. Nel settore industriale e nelle sintesi di laboratorio, possiamo regolare la concentrazione degli ioni finché il prodotto ionico supera il K_{ps}, al fine di ottenere un determinato composto (sotto forma di un precipitato). La capacità di prevedere le reazioni di precipitazione è utile anche nel campo della medicina. Per esempio, i calcoli renali, che possono essere estremamente dolorosi, sono composti in gran parte di ossalato di calcio (CaC_2O_4, $K_{ps} = 2{,}3 \times 10^{-9}$). La normale concentrazione fisiologica di ioni calcio nel sangue è circa 5 mM (1 mM = 1×10^{-3} M). Gli ioni ossalato ($C_2O_4^{2-}$), derivati dall'acido ossalico presente in molti vegetali, come gli spinaci e il rabarbaro, reagiscono con gli ioni di calcio per formare ossalato di calcio insolubile, che, gradualmente, viene accumulato nei reni. La corretta regolazione della dieta del paziente può contribuire a ridurre la formazione di precipitato. L'Esempio 12.11 illustra i passaggi coinvolti nella previsione delle reazioni di precipitazione.

Esempio 12.11

Esattamente 200 ml di una soluzione di $BaCl_2$ 0,0040 M sono aggiunti a esattamente 600 ml di una soluzione di K_2SO_4 0,0080 M. Si formerà un precipitato?

Impostazione In quali condizioni un composto ionico precipiterà dalla soluzione? Gli ioni in soluzione sono Ba^{2+}, Cl^-, K^+ e SO_4^{2-}. Secondo le regole di solubilità elencate nella Tabella 12.2, l'unico precipitato che si può formare è $BaSO_4$. Dalle informazioni fornite, si possono calcolare $[Ba^{2+}]$ e $[SO_4^{2-}]$ dato che conosciamo il numero di moli degli ioni nelle soluzioni originali e il volume della soluzione totale.

Quindi si calcola il quoziente di reazione $Q = [Ba^{2+}]_0[SO_4^{2-}]_0$ e si confronta il valore di Q con il K_{ps} di $BaSO_4$ per vedere se si formerà del precipitato, ovvero, se la soluzione è sovrasatura.

Soluzione Il numero di moli di Ba^{2+} presenti nei 200 ml della soluzione originale è

$$200 \text{ ml} \times \frac{0{,}0040 \text{ mol Ba}^{2+}}{1 \text{ l soln}} \times \frac{1 \text{ l}}{1000 \text{ ml}} = 8{,}0 \times 10^{-4} \text{ mol Ba}^{2+}$$

Il volume totale dopo aver riunito le due soluzioni è di 800 ml. La concentrazione di Ba^{2+} nel volume di 800 ml è

$$[Ba^{2+}] = \frac{8{,}0 \times 10^{-4}\ \text{mol}}{800\ \text{ml}} \times \frac{1000\ \text{ml}}{1\ \text{l}} = 1{,}0 \times 10^{-3}\ M$$

Il numero di moli di SO_4^{2-} presenti nei 600 ml della soluzione originale è

$$600\ \text{ml} \times \frac{0{,}0080\ \text{mol}\ SO_4^{2-}}{1\ \text{l soln}} \times \frac{1\ \text{l}}{1000\ \text{ml}} = 4{,}8 \times 10^{-3}\ \text{mol}\ SO_4^{2-}$$

La concentrazione di SO_4^{2-} nel volume totale di 800 ml è

$$[SO_4^{2-}] = \frac{4{,}8 \times 10^{-4}\ \text{mol}}{800\ \text{ml}} \times \frac{1000\ \text{ml}}{1\ \text{l}} = 6{,}0 \times 10^{-3}\ M$$

Ora confrontiamo Q e K_{ps}. Dalla Tabella 12.3,

$$BaSO_4(s) \rightleftharpoons Ba^{2+}(aq) + SO_4^{2-}(aq) \qquad K_{ps} = 1{,}1 \times 10^{-10}$$

Per quanto riguarda Q,

$$Q = [Ba^{2+}]_0[SO_4^{2-}]_0 = (1{,}0 \times 10^{-3})(6{,}0 \times 10^{-3}) = 6{,}0 \times 10^{-6}$$

Pertanto,

$$Q > K_{ps}$$

La soluzione è sovrasatura perché il valore di Q indica che le concentrazioni degli ioni sono troppo grandi. Pertanto, una certa quantità di $BaSO_4$ precipiterà dalla soluzione fino a che

$$[Ba^2][SO_4^{2-}] = 1{,}1 \times 10^{-10}$$

Problema di autovalutazione Se 2,00 ml di NaOH 0,200 M vengono aggiunti a 1,00 l di $CaCl_2$ 0,100 M, si avrà formazione di precipitato?

12.6.4 Separazione di ioni tramite precipitazione frazionata

In analisi chimica, a volte è richiesto di rimuovere un tipo di ioni dalla soluzione per precipitazione lasciando gli altri ioni in soluzione. Per esempio, l'aggiunta di ioni solfato a una soluzione contenente sia ioni potassio che ioni bario provoca la precipitazione del $BaSO_4$, eliminando così la maggior parte degli ioni Ba dalla soluzione.

L'altro "prodotto", K_2SO_4, è solubile e rimarrà in soluzione. Il $BaSO_4$ precipitato può essere separato dalla soluzione mediante filtrazione.

Anche se *entrambi* i prodotti fossero insolubili, potremmo comunque ancora raggiungere un certo grado di separazione con la scelta del corretto reagente di precipitazione. Si consideri una soluzione contenente ioni Cl^-, Br^- e I^-. Un modo per separare questi ioni è di convertirli in alogenuri d'argento insolubili. Come mostrano i valori di K_{ps} nella Tabella 12.3, la solubilità degli alogenuri diminuisce da AgCl ad AgI. Così, quando un sale solubile come il nitrato d'argento è aggiunto lentamente a questa soluzione, comincia a precipitare prima AgI, seguito da AgBr e poi da AgCl.

L'Esempio 12.12 descrive la separazione di due soli ioni (Cl^- e Br^-), ma la procedura può essere applicata a una soluzione contenente più di due diversi tipi di ioni se esiste la possibilità di formazione di precipitati a diversa solubilità.

Esempio 12.12

Del nitrato d'argento viene aggiunto lentamente a una soluzione 0,020 M in ioni Cl^- e 0,020 M in ioni Br^-. Calcolare la concentrazione di ioni Ag^+ (in mol l^{-1}) necessaria per fare iniziare la precipitazione di AgBr senza che inizi a precipitare AgCl.

Impostazione In soluzione, $AgNO_3$ si dissocia in ioni Ag^+ e NO_3^-. Gli ioni Ag^+ si combinano poi con gli ioni Cl^- e Br^- per formare i precipitati di AgCl e AgBr. Dato che AgBr è meno solubile (presenta un K_{ps} minore di quello di AgCl), precipiterà per primo. Siamo in presenza, quindi, di un problema di precipitazione frazionata. Conoscendo le concentrazioni degli ioni Cl^- e Br^-, possiamo calcolare $[Ag^+]$ dai valori di K_{ps}. Si tenga presente che K_{ps} si riferisce a una soluzione satura. Affinché possa iniziare la precipitazione, la concentrazione di Ag^+ dovrà superare la concentrazione della soluzione satura in ciascun caso.

Soluzione L'equilibrio di solubilità di AgBr è

$$AgBr(s) \rightleftharpoons Ag^+(aq) + Br^-(aq) \qquad K_{ps} = [Ag^+][Br^-] = 7{,}7 \times 10^{-13}$$

Dato che $[Br^+] = 0{,}020\ M$, la concentrazione di Ag^+ che dovrà essere superata per fare iniziare la precipitazione di AgBr è

$$[Ag^+] = \frac{K_{ps}}{[Br^-]} = \frac{7{,}7 \times 10^{-13}}{0{,}020} = 3{,}9 \times 10^{-11}\ M$$

Pertanto, una concentrazione $[Ag^+] > 3{,}9 \times 10^{-11}\ M$ è richiesta far iniziare la precipitazione di AgBr.

L'equilibrio di solubilità di AgCl è

$$AgCl(s) \rightleftharpoons Ag^+(aq) + Cl^-(aq) \qquad K_{ps} = [Ag^+][Cl^-] = 1{,}6 \times 10^{-10}$$

per cui

$$[Ag^+] = \frac{K_{ps}}{[Cl^-]} = \frac{1{,}6 \times 10^{-10}}{0{,}020} = 8{,}0 \times 10^{-9}\ M$$

Pertanto, una concentrazione $[Ag^+] > 8{,}0 \times 10^{-9}\ M$ è necessaria per fare iniziare la precipitazione di AgCl.

Quindi, per fare precipitare AgBr senza che inizi la precipitazione degli ioni Cl^-, $[Ag^+]$ dovrà essere maggiore di $3{,}9 \times 10^{-11}\ M$ e minore di $8{,}0 \times 10^{-9}\ M$.

Problema di autovalutazione I prodotti di solubilità di AgCl e Ag_3PO_4 valgono, rispettivamente, $1{,}6 \times 10^{-10}$ e $1{,}8 \times 10^{-18}$. Se vengono aggiunti degli ioni Ag^+ (senza cambiare il volume) a 1,00 l di una soluzione contenente 0,10 mol di Cl^- e 0,10 mol di PO_4^{3-}, calcolare la concentrazione di ioni Ag^+ (in mol l^{-1}) necessaria per (a) la precipitazione di AgCl e (b) la precipitazione di Ag_3PO_4.

L'Esempio 12.12 solleva la questione: qual è la concentrazione degli ioni Br^- che rimangono in soluzione prima che AgCl inizi a precipitare? Per rispondere a questa domanda, poniamo $[Ag^+] = 8{,}0 \times 10^{-9}\ M$. Allora

$$[Br^-] = \frac{K_{ps}}{[Ag^+]} = \frac{7{,}7 \times 10^{-13}}{8{,}0 \times 10^{-9}} = 9{,}6 \times 10^{-5}\ M$$

La percentuale di Br^- che rimane in soluzione (il Br^- *non precipitato*) alla concentrazione critica di Ag^+ è

$$\% \ Br^- = \frac{[Br^-]_{nonprec}}{[Br^-]_{originale}} \times 100\%$$

$$= \frac{9.6 \times 10^{-5}\ M}{0{,}020\ M} \times 100\%$$

$$= 0{,}48\% \text{ non precipitato}$$

Quindi, (100 − 0,48)%, il 99,52% degli ioni Br^- sarà precipitato come AgBr prima che inizi la precipitazione di AgCl. Mediante questa procedura, gli ioni Br^- possono essere separati quantitativamente dagli ioni Cl^-.

12.7 Fattori che influenzano la solubilità

12.7.1 L'effetto dello ione a comune e la solubilità

Nel Paragrafo 12.1, abbiamo discusso l'effetto dello ione a comune sulle ionizzazioni degli acidi e delle basi. Qui prenderemo in esame la relazione tra l'effetto dello ione a comune e la solubilità. Come abbiamo osservato, il prodotto di solubilità è una costante d'equilibrio; la precipitazione di un composto ionico da una soluzione si verifica ogni volta che il prodotto ionico (Q) supera il K_{ps} di quella sostanza. In una soluzione satura di AgCl, per esempio, il prodotto ionico $[Ag^+]$ $[Cl^-]$ è, ovviamente, pari al K_{ps}. Inoltre, la stechiometria ci dice che $[Ag^+] = [Cl^-]$. Ma questa eguaglianza non si applica a tutte le situazioni.

Supponiamo di studiare una soluzione contenente due sostanze disciolte che condividono uno ione comune, per esempio, AgCl e $AgNO_3$. In aggiunta alla dissociazione di AgCl, la concentrazione totale degli ioni argento (comuni) in soluzione sarà influenzata anche dalla dissoluzione del nitrato d'argento:

$$AgNO_3(s) \xrightarrow{H_2O} Ag^+(aq) + NO_3^-(aq)$$

L'equilibrio di solubilità di AgCl è

$$AgCl(s) \rightleftharpoons Ag^+(aq) + Cl^-(aq)$$

Se si aggiunge una certa quantità di $AgNO_3$ a una soluzione satura di AgCl, l'aumento degli ioni $[Ag^+]$ renderà il prodotto ionico maggiore del prodotto di solubilità:

$$Q = [Ag^+]_0[Cl^-]_0 > K_{ps}$$

A una determinata temperatura, solo la solubilità di un composto viene alterata (diminuita) da parte dell'effetto dello ione a comune. Il suo prodotto di solubilità, che è una costante d'equilibrio, rimane lo stesso, indipendentemente dal fatto che vi siano o meno altre sostanze presenti nella soluzione.

Per ristabilire l'equilibrio, una certa quantità di AgCl precipiterà dalla soluzione, come prevede il principio di Le Châtelier, fino a quando il prodotto ionico ritornerà a essere pari al K_{ps}. L'effetto risultante in seguito all'aggiunta di uno ione in comune, quindi, è una *diminuzione* della solubilità del sale (AgCl) in soluzione. Si noti che in questo caso, all'equilibrio, $[Ag^+]$ non è più uguale a $[Cl^-]$ all'equilibrio, ma $[Ag^+] > [Cl^-]$.

L'Esempio 12.13 mostra l'effetto dello ione a comune sulla solubilità.

Esempio 12.13

Calcolare la solubilità del cloruro d'argento (in g l^{-1}) in una soluzione di nitrato d'argento $6{,}5 \times 10^{-3}$ *M*.

Impostazione Questo è un problema sull'effetto dello ione a comune. In questo caso lo ione a comune è Ag^+, proveniente sia da AgCl sia da $AgNO_3$. Si ricordi che la presenza dello ione a comune interesserà solo la solubilità di AgCl (in g l^{-1}), ma non il valore di K_{ps}, poiché si tratta di una costante d'equilibrio.

Soluzione

Punto 1. Le specie più importanti in soluzione sono gli ioni Ag^+ (provenienti sia da AgCl che da $AgNO_3$) e gli ioni Cl^-. Gli ioni NO_3^- sono ioni spettatori.

Punto 2. Dato che $AgNO_3$ è un elettrolita forte solubile, si dissocia completamente:

$$\underset{}{AgNO_3(s)} \xrightarrow{H_2O} \underset{6{,}5 \times 10^{-3}\,M}{Ag^+(aq)} + \underset{6{,}5 \times 10^{-3}\,M}{NO_3^-}$$

Sia s la solubilità molare di AgCl nella soluzione di $AgNO_3$. Riassumiamo le variazioni nelle concentrazioni nel modo seguente:

	$AgCl(s) \rightleftharpoons$	$Ag^+(aq)$	+ $Cl^-(aq)$
Iniziale (M)		$6{,}5 \times 10^{-3}$	0,0
Variazione (M)	$-s$	$+s$	$+s$
Equilibrio (M)		$6{,}5 \times 10^{-3} + s$	s

Punto 3. $$K_{ps} = [Ag^+][Cl^-]$$

$$1{,}6 \times 10^{-10} = (6{,}5 \times 10^{-3} + s)\,s$$

Dato che AgCl è pressoché insolubile e che la presenza degli ioni Ag^+ da $AgNO_3$ diminuiscono ulteriormente la solubilità di AgCl, s dovrà essere molto piccola se confrontata con $6{,}5 \times 10^{-3}$. Per cui, approssimando $6{,}5 \times 10^{-3} + s \approx 6{,}5 \times 10^{-3}$, otteniamo

$$1{,}6 \times 10^{-10} = (6{,}5 \times 10^{-3})s$$
$$s = 2{,}5 \times 10^{-8}\,M$$

Punto 4. All'equilibrio

$$[Ag^+] = (6{,}5 \times 10^{-3} + 2{,}5 \times 10^{-8})\,M \approx 6{,}5 \times 10^{-3}\,M$$
$$[Cl^-] = 2{,}5 \times 10^{-8}\,M$$

per cui la nostra approssimazione al Punto 3 era lecita. Dato che tutti gli ioni Cl^- provengono da AgCl, anche la quantità di AgCl disciolto nella soluzione di $AgNO_3$ sarà $2{,}5 \times 10^{-8}\,M$. Quindi, conoscendo la massa molare di AgCl (143,4 g), si può calcolare la solubilità di AgCl nel modo seguente:

$$\text{solubilità di AgCl nella soluzione di } AgNO_3 = \frac{2{,}5 \times 10^{-8}\ \text{mol AgCl}}{1\ \text{l soln}} \times \frac{143{,}4\ \text{g AgCl}}{1\ \text{mol AgCl}}$$
$$= 3{,}6 \times 10^{-6}\,\text{g}\,\text{l}^{-1}$$

Verifica La solubilità di AgCl in acqua pura è pari a $1{,}9 \times 10^{-3}$ g l^{-1} (vedi il problema di autovalutazione nell'Esempio 12.10). Pertanto, la minore solubilità ($3{,}6 \times 10^{-6}$ g l^{-1}) in presenza di $AgNO_3$ è ragionevole. La stessa previsione poteva essere fatta in base al principio di Le Châtelier: l'aggiunta di ioni Ag^+ sposta l'equilibrio a sinistra, in modo da ridurre la solubilità di AgCl.

Problema di autovalutazione Calcolare la solubilità in g l^{-1} di AgBr in: (a) acqua pura, (b) una soluzione di NaBr 0,0010 M.

12.7.2 Il pH e la solubilità

Le solubilità di molte sostanze dipende anche dal pH della soluzione. Si consideri l'equilibrio di solubilità dell'idrossido di magnesio:

$$Mg(OH)_2(s) \rightleftharpoons Mg^{2+}(aq) + 2OH^-(aq)$$

Aggiungere ioni OH^- (aumentando il pH) sposta l'equilibrio da destra a sinistra, facendo così diminuire la solubilità di $Mg(OH)_2$ (questo è un altro esempio dell'effetto dello ione a comune). D'altro canto, l'aggiunta di ioni H^+ (il pH diminuisce) sposta l'equilibrio da sinistra a destra, e la solubilità di $Mg(OH)_2$ aumenta. Per questo motivo, le basi insolubili tendono a disciogliersi in soluzioni acide. Allo stesso modo, gli acidi insolubili tendono a disciogliersi in soluzioni basiche.

Per studiare gli effetti quantitativi del pH sulla solubilità di $Mg(OH)_2$, dobbiamo prima calcolare il pH di una soluzione satura di $Mg(OH)_2$. Scriviamo

$$K_{ps} = [Mg^{2+}][OH^-]^2 = 1{,}2 \times 10^{-11}$$

Sia s la solubilità molare di $Mg(OH)_2$. Procedendo come nell'Esempio 12.10,

$$K_{ps} = (s)(2s)^2 = 4s^3$$
$$4s^3 = 1{,}2 \times 10^{-11}$$
$$s = \sqrt[3]{\frac{1{,}2 \times 10^{-11}}{4}} = 1{,}4 \times 10^{-4}$$

All'equilibrio si avrà pertanto,

$$[OH^-] = 2 \times 1{,}4 \times 10^{-4}\,M = 2{,}8 \times 10^{-4}\,M$$
$$pOH = -\log_{10}(2{,}8 \times 10^{-4}) = 3{,}55$$
$$pH = 14{,}00 - 3{,}55 = 10{,}45$$

In un mezzo con un pH inferiore a 10,45, la solubilità di $Mg(OH)_2$ aumenterebbe. Ciò deriva dal fatto che un pH più basso indica una maggiore $[H^+]$, e quindi una minore $[OH^-]$, come ci si aspetta da $K_w = [H^+]\,[OH^-]$. Di conseguenza, $[Mg^{2+}]$ aumenta per mantenere satura la soluzione, e quindi si discioglie una maggiore quantità di $Mg(OH)_2$. Il processo di dissoluzione e l'effetto degli ioni H^+addizionali può essere sintetizzato nel modo seguente:

$$Mg(OH)_2(s) \rightleftharpoons Mg^{2+}(aq) + 2OH^-(aq)$$
$$2H^+(aq) + 2OH^-(aq) \rightleftharpoons 2H_2O(l)$$
$$\overline{Mg(OH)_2(s) + 2H^+(aq) \rightleftharpoons Mg^{2+}(aq) + 2H_2O(l)}$$

Se il pH del mezzo fosse maggiore di 10,45, $[OH^-]$ sarebbe maggiore e la solubilità di $Mg(OH)_2$ diminuirebbe a causa dell'effetto degli ioni a comune (OH^-).

Il pH influenza anche la solubilità dei sali che contengono un anione basico. Per esempio, l'equilibrio di solubilità di BaF_2 è

$$BaF_2(s) \rightleftharpoons Ba^{2+}(aq) + 2F^-(aq)$$

e

$$K_{ps} = [Ba^{2+}][F^-]^2$$

In ambiente acido, l'alta concentrazione di ioni H^+ sposterà il seguente equilibrio da sinistra a destra:

$$H^+(aq) + F^-(aq) \rightleftharpoons HF(aq)$$

Al diminuire di $[F^-]$, $[Ba^{2+}]$ deve aumentare per mantenere la condizione di equilibrio e quindi si scioglierà più BaF_2. Il processo di dissoluzione e l'effetto del pH sulla solubilità di BaF_2 possono essere riassunti come segue:

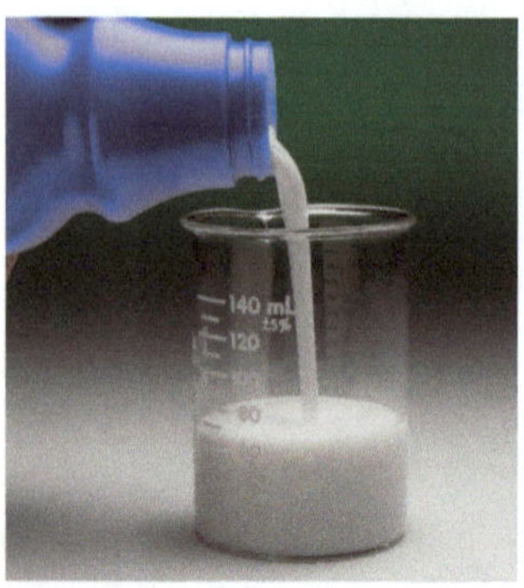

La magnesia, che contiene $Mg(OH)_2$, è utilizzata come antiacido.

$$
\begin{array}{rcl}
BaF_2(s) & \rightleftharpoons & Ba^{2+}(aq) + 2F^-(aq) \\
2H^+(aq) + 2F^-(aq) & \rightleftharpoons & 2HF(aq) \\
\hline
BaF_2(s) + 2H^+(aq) & \rightleftharpoons & Ba^{2+}(aq) + 2HF(aq)
\end{array}
$$

La solubilità di sali contenenti anioni che non si idrolizzano non sono influenzate dal pH. Esempi di tali anioni sono Cl^-, Br^- e I^-.

Gli Esempi 12.14 e 12.15 prendono in esame gli effetti del pH sulla solubilità.

Esempio 12.14

Quali dei seguenti composti saranno più solubili in soluzione acida che in acqua? (a) CuS, (b) AgCl, (c) $PbSO_4$.

Impostazione Scrivere, per ciascun caso, la reazione di dissociazione del sale. Il catione non interagirà con lo ione H^+ dato che entrambi sono carichi positivamente. L'anione agirà come un accettore di protoni solo se è la base coniugata di un acido debole. Come sarebbe influenzata la solubilità del sale dalla diminuzione di concentrazione dell'anione?

Soluzione

(a) L'equilibrio di solubilità CuS è

$$CuS(s) \rightleftharpoons Cu^{2+}(aq) + S^{2-}(aq)$$

Lo ione solfuro è una base debole dato che è la base coniugata dell'acido debole HS^-. Perciò, lo ione S^{2-} reagirà con lo ione H^+ nel modo seguente:

$$S^{2-}(aq) + H^-(aq) \rightleftharpoons HS^-(aq)$$

Questa reazione rimuove gli ioni S^{2-} dalla soluzione. In base al principio di Le Châtelier, l'equilibrio si sposterà a destra per rimpiazzare gli ioni S^{2-} che sono stati rimossi, aumentando così la solubilità di CuS.

(b) L'equilibrio di solubilità è

$$AgCl(s) \rightleftharpoons Ag^+(aq) + Cl^-(aq)$$

Dato che Cl^- è la base coniugata di un acido forte (HCl), la solubilità di AgCl non sarà influenzata da una soluzione acida.

(c) L'equilibrio di solubilità di $PbSO_4$ è

$$PbSO_4(s) \rightleftharpoons Pb^{2+}(aq) + SO_4^{2-}(aq)$$

Lo ione solfato è una base debole dato che è la base coniugata dell'acido debole HSO_4^{2-}. Perciò, lo ione SO_4^{2-} reagirà con lo ione H^+ nel modo seguente:

$$SO_4^{2-}(aq) + H^+(aq) \rightleftharpoons HSO_4^-(aq)$$

Questa reazione sottrae ioni SO_4^{2-} dalla soluzione. In base al principio di Le Châtelier, l'equilibrio si sposterà a destra per rimpiazzare gli ioni SO_4^{2-} che sono stati rimossi, aumentando così la solubilità di $PbSO_4$.

Problema di autovalutazione I seguenti composti saranno più solubili in acqua o in una soluzione acida? (a) $Ca(OH)_2$, (b) $Mg_3(PO_4)_2$, (c) $PbBr_2$.

Esempio 12.15

Calcolare la concentrazione di ammoniaca acquosa necessaria per fare iniziare la precipitazione dell'idrossido di ferro(II) da una soluzione 0,0030 *M* di $FeCl_2$.

Impostazione Per fare precipitare l'idrossido di ferro(II) da una soluzione, il prodotto $[Fe^{2+}]\,[OH^-]^2$ dovrà essere maggiore del suo K_{ps}. In primo luogo, si calcola $[OH^-]$ dalla concentrazione nota $[Fe^{2+}]$ e dal valore di K_{ps} indicato in Tabella 12.3. Questa è la concentrazione di OH^- in una soluzione satura di $Fe(OH)_2$. In secondo luogo, dobbiamo calcolare la concentrazione di NH_3 che dovrà fornire questa concentrazione di ioni OH^-. A questo punto, qualsiasi concentrazione di NH_3 superiore al valore calcolato farà iniziare la precipitazione dell'idrossido di ferro (II), poiché la soluzione diventerà sovrasatura.

Soluzione L'ammoniaca reagisce con l'acqua per produrre ioni OH^- che poi reagiranno con Fe^{2+} per formare $Fe(OH)_2$. Gli equilibri interessati sono

$$NH_3(aq) + H_2O(l) \rightleftharpoons NH_4^+(aq) + OH^-(aq)$$

$$Fe^{2+}(aq) + 2OH^-(aq) \rightleftharpoons Fe(OH)_2(s)$$

In primo luogo, si trova la concentrazione di ioni OH^- al di sopra della quale comincia a precipitare $Fe(OH)_2$. Scriviamo

$$K_{ps} = [Fe^{2+}][OH^-]^2 = 1{,}6 \times 10^{-14}$$

Dato che $FeCl_2$ è un elettrolita forte, $[Fe^{2+}] = 0{,}0030\ M$ e

$$[OH^-]^2 = \frac{1{,}6 \times 10^{-14}}{0{,}0030} = 5{,}3 \times 10^{-12}$$

$$[OH^-] = 2{,}3 \times 10^{-6}\ M$$

Quindi, calcoliamo la concentrazione della base debole NH_3 che fornirà una concentrazione di ioni OH^- pari a $2{,}3 \times 10^{-6}\ M$.

Indichiamo con x la concentrazione iniziale di NH_3 in mol l^{-1}. Riassumiamo le variazioni nelle concentrazioni risultanti dalla ionizzazione di NH_3, nel modo seguente:

	$\mathbf{Na_3(aq) + H_2O(l)} \rightleftharpoons$	$\mathbf{Na_4^+(aq)}$ +	$\mathbf{OH^-(aq)}$
Iniziale (M)	x	0,00	0,00
Variazione (M)	$-2{,}3 \times 10^{-6}$	$+2{,}3 \times 10^{-6}$	$+2{,}3 \times 10^{-6}$
Equilibrio (M)	$x - 2{,}3 \times 10^{-6}$	$2{,}3 \times 10^{-6}$	$2{,}3 \times 10^{-6}$

Le concentrazioni all'equilibrio di NH_3, OH^- e NH_4^+ saranno quindi legate alla costante di ionizzazione di NH_3 (dalla Tabella 11.4, $1{,}8 \times 10^{-5}$):

$$K_b = \frac{[NH_4^+][OH^-]}{[NH_3]}$$

$$1{,}8 \times 10^{-5} = \frac{(2{,}3 \times 10^{-6})(2{,}3 \times 10^{-6})}{x - 2{,}3 \times 10^{-6}}$$

Risolvendo rispetto a x, otteniamo

$$x = 2{,}6 \times 10^{-6}\ M$$

Pertanto, la concentrazione di NH_3 dovrà essere leggermente maggiore di $2{,}6 \times 10^{-6}\ M$ per fare iniziare la precipitazione di $Fe(OH)_2$.

Problema di autovalutazione Calcolare l'eventuale formazione di precipitato in seguito all'aggiunta di 2,0 ml di NH_3 0,60 M a 1,0 l di $FeSO_4$ $1{,}0 \times 10^{-3}\ M$.

Figura 12.13 A sinistra, una soluzione acquosa di cloruro di cobalto (II). Il colore rosa è dovuto alla presenza di ioni $Co(H_2O)_6^{2+}$. A destra, dopo l'aggiunta di una soluzione di HCl, la soluzione diventa blu per effetto della formazione degli ioni complessi $CoCl_4^{2-}$.

12.7.3 Equilibri di complessazione e solubilità

Le reazioni acido-base di Lewis in cui un catione metallico si combina con una base di Lewis risultano nella formazione di ioni complessi. Pertanto, possiamo definire come ***ione complesso*** *uno ione contenente un catione metallico centrale legato a una o più molecole o ioni.* Gli ioni complessi sono di fondamentale importanza per molti processi chimici e biologici. In questo paragrafo si prenderà in considerazione l'effetto della formazione di ioni complessi sulla solubilità. Nel Capitolo 15 si discuterà la chimica degli ioni complessi in modo più dettagliato.

Gli acidi e le basi Lewis sono discussi nel Paragrafo 11.1.

I metalli di transizione hanno una particolare tendenza a formare ioni complessi poiché hanno più di uno stato di valenza possibile. Questa proprietà consente loro di agire in modo efficace come acidi di Lewis in reazioni con molte molecole o ioni che si comportano come donatori di elettroni (basi di Lewis). Per esempio, una soluzione di cloruro di cobalto (II) è rosa per la presenza di ioni $Co(H_2O)_6^{2+}$ (Figura 12.13).

Secondo la nostra definizione, $Co(H_2O)_6^{2+}$ è di per sé uno ione complesso. Quando scriviamo $Co(H_2O)_6^{2+}$, intendiamo lo ione idrato Co^{2+}.

Quando del HCl viene aggiunto, la soluzione diventa blu a seguito della formazione dello ione complesso $CoCl_4^{2-}$:

$$Co^{2+}(aq) + 4Cl^-(aq) \rightleftharpoons CoCl_4^{2-}(aq)$$

Il solfato di rame(II) ($CuSO_4$) si scioglie in acqua per produrre una soluzione blu. Gli ioni rame(II) idrati sono responsabili di questo colore; molti altri solfati (Na_2SO_4, per esempio) sono incolori. L'aggiunta di *poche gocce* di una soluzione concentrata di ammoniaca a una soluzione di $CuSO_4$ provoca la formazione di un precipitato azzurro, l'idrossido di rame(II):

$$Cu^{2+}(aq) + 2OH^-(aq) \longrightarrow Cu(OH)_2(s)$$

Gli ioni OH^- sono forniti dalla soluzione di ammoniaca. Se viene aggiunta dell'altra ammoniaca, il precipitato azzurro si scioglie di nuovo per formare una soluzione colorata intensamente in blu, questa volta a causa della formazione dello ione complesso $Cu(NH_3)_4^{2+}$ (Figura 12.14):

$$Cu(OH)_2(s) + 4NH_3(aq) \rightleftharpoons Cu(NH_3)_4^{2+}(aq) + 2OH^-(aq)$$

Figura 12.14 A sinistra, una soluzione acquosa di solfato di rame (II). Al centro: dopo l'aggiunta di poche gocce di una soluzione acquosa concentrata di ammoniaca, si forma un precipitato azzurro di $Cu(OH)_2$. A destra, quando vengono aggiunte altre gocce della soluzione acquosa concentrata di ammoniaca il precipitato $Cu(OH)_2$ si scioglie per formare lo ione complesso $Cu(NH_3)_4^{2+}$ intensamente colorato in blu.

Tabella 12.5 Costanti di formazione in acqua a 25 °C di alcuni ioni complessi

Ione complesso	Equazione dell'equilibrio	Costante di formazione (K_f)
$Ag(NH_3)_2^+$	$Ag^+ + 2NH_3 \rightleftharpoons Ag(NH_3)_2^+$	$1,5 \times 10^7$
$Ag(CN)_2^-$	$Ag^+ + 2CN^- \rightleftharpoons Ag(CN)_2^-$	$1,0 \times 10^{21}$
$Cu(CN)_4^{2-}$	$Cu^{2+} + 4CN^- \rightleftharpoons Cu(CN)_4^{2-}$	$1,0 \times 10^{25}$
$Cu(NH_3)_4^{2+}$	$Cu^{2+} + 4NH_3 \rightleftharpoons Cu(NH_3)_4^{2+}$	$5,0 \times 10^{13}$
$Cd(CN)_4^{2-}$	$Cd^{2+} + 4CN^- \rightleftharpoons Cd(CN)_4^{2-}$	$7,1 \times 10^{16}$
CdI_4^{2-}	$Cd^{2+} + 4I^- \rightleftharpoons CdI_4^{2-}$	$2,0 \times 10^6$
$HgCl_4^{2-}$	$Hg^{2+} + 4Cl^- \rightleftharpoons HgCl_4^{2-}$	$1,7 \times 10^{16}$
HgI_4^{2-}	$Hg^{2+} + 4I^- \rightleftharpoons HgI_4^{2-}$	$2,0 \times 10^{30}$
$Hg(CN)_4^{2-}$	$Hg^{2+} + 4CN^- \rightleftharpoons Hg(CN)_4^{2-}$	$2,5 \times 10^{41}$
$Co(NH_3)_6^{3+}$	$Co^{3+} + 6NH_3 \rightleftharpoons Co(NH_3)_6^{3+}$	$5,0 \times 10^{31}$
$Zn(NH_3)_4^{2+}$	$Zn^{2+} + 4NH_3 \rightleftharpoons Zn(NH_3)_4^{2+}$	$2,9 \times 10^9$

Quindi, la formazione dello ione complesso $Cu(NH_3)_4^{2+}$ aumenta la solubilità di $Cu(OH)_2$.

Una misura della tendenza di uno ione metallico a formare un particolare ione complesso è data dalla ***costante di formazione K_f*** (detta anche *costante di stabilità*), che è *la costante di equilibrio per la formazione dello ione complesso.* Più grande è il valore di K_f, più stabile è lo ione complesso. La Tabella 12.5 elenca le costanti di formazione di un certo numero di ioni complessi.

La formazione dello ione $Cu(NH_3)_4^{2+}$ può essere espressa come

$$Cu^{2+}(aq) + 4NH_3(aq) \rightleftharpoons Cu(NH_3)_4^{2+}(aq)$$

per la quale la costante di formazione, assumendo un comportamento ideale, è

$$K_f = \frac{[Cu(NH_3)_4^{2+}]}{[Cu^{2+}][NH_3]^4} = 5,0 \times 10^{13}$$

Il grande valore del K_f in questo caso indica che lo ione complesso è decisamente stabile in soluzione e spiega la bassa concentrazione di ioni rame(II) all'equilibrio.

L'utilizzo delle costanti di formazione per studiare gli equilibri in soluzioni acquose che riguardano la formazione di ioni complessi è illustrato nell'Esempio 12.16.

Esempio 12.16

Una quantità corrispondente a 0,20 moli di $CuSO_4$ viene aggiunta a un litro di una soluzione 1,20 *M* di NH_3. Qual è la concentrazione di ioni Cu^{2+} all'equilibrio?

Impostazione L'aggiunta di $CuSO_4$ alla soluzione di NH_3 comporta la formazione dello ione complesso

$$Cu^{2+}(aq) + 4NH_3(aq) \rightleftharpoons Cu(NH_3)_4^{2+}(aq)$$

Dalla Tabella 12.5 vediamo che la costante di formazione (K_f) di questa reazione è molto grande; pertanto, la reazione è prevalentemente spostata a destra. All'equilibrio, la concentrazione di ioni Cu^{2+} sarà molto piccola. In buona approssimazione, possiamo considerare che praticamente tutti gli ioni Cu^{2+} sciolti si trasformano in ioni $Cu(NH_3)_4^{2+}$. Quante moli di NH_3 reagiranno con 0,20 moli di Cu^{2+}? Quante moli di $Cu(NH_3)_4^{2+}$ verranno prodotte? Una piccolissima quantità di Cu^{2+} sarà presente all'equilibrio. Ricavare l'espressione di K_f per il suddetto equilibrio e risolverla in funzione di $[Cu^{2+}]$.

Soluzione La quantità di NH_3 consumata per formare lo ione complesso è $4 \times 0{,}20$ mol, ovvero 0,80 mol. (Si noti che 0,20 mol di Cu^{2+} sono inizialmente presenti in soluzione e sono necessarie quattro molecole di NH_3 per formare uno ione complesso con lo ione Cu^{2+}). La concentrazione di NH_3 all'equilibrio è quindi (1,20 – 0,80) mol/l di soluzione o 0,40 *M*, e quella di $Cu(NH_3)_4^{2+}$ è 0,20 mol/l di soluzione o 0,20 *M*, la stessa della concentrazione iniziale di Cu^{2+}. [C'è un rapporto molare 1:1 tra Cu^{2+} e $Cu(NH_3)_4^{2+}$]. Dal momento che $Cu(NH_3)_4^{2+}$ si dissocia in minima parte, chiamiamo x la concentrazione di Cu^{2+} all'equilibrio e scriviamo

$$K_f = \frac{[Cu(NH_3)_4^{2+}]}{[Cu^{2+}][NH_3]^4}$$

$$5{,}0 \times 10^{13} = \frac{0{,}20}{x(0{,}40)^4}$$

Svolgendo in funzione di x e ricordando che il volume della soluzione è 1 l, otteniamo

$$x = [Cu^{2+}] = 1{,}6 \times 10^{-13}\,M$$

Problema di autovalutazione Se 2,50 g di $CuSO_4$ vengono sciolti in $9{,}0 \times 10^2$ ml di NH_3 0,30 *M*, quali sono le concentrazioni all'equilibrio di Cu^{2+}, $Cu(NH_3)_4^{2+}$ e NH_3?

L'effetto della formazione di ioni complessi, in generale, è quello di *aumentare* la solubilità di una sostanza, come dimostra l'Esempio 12.17.

Esempio 12.17

Calcolare la solubilità molare di AgCl in una soluzione 1,0 *M* di NH_3.

Impostazione Il cloruro d'argento è molto poco solubile in acqua:

$$AgCl(s) \rightleftharpoons Ag^+(aq) + Cl^-(aq)$$

Gli ioni Ag^+ formano uno ione complesso con NH_3 (vedi la Tabella 12.5):

$$Ag^+(aq) + 2NH_3(aq) \rightleftharpoons Ag(NH_3)_2^+(aq)$$

La combinazione di questi due equilibri darà l'equilibrio totale per il processo.

Soluzione

Punto 1. Inizialmente, le specie in soluzione sono Ag^+, Cl^- e NH_3. La reazione tra Ag^+ e NH_3 produce lo ione complesso $Ag(NH_3)_2^+$.

Punto 2. Le reazioni di equilibrio sono

$$AgCl(s) \rightleftharpoons Ag^+(aq) + Cl^-(aq) \qquad K_{ps} = [Ag^+][Cl^-] = 1{,}6 \times 10^{-10}$$

$$Ag^+(aq) + 2NH_3(aq) \rightleftharpoons Ag(NH_3)_2^+(aq) \qquad K_f = \frac{[Ag(NH_3)_2^+]}{[Ag^+][NH_3]^2} = 1{,}5 \times 10^7$$

$$AgCl(s) + 2NH_3(aq) \rightleftharpoons Ag(NH_3)_2^+(aq) + Cl^-(aq)$$

La costante d'equilibrio K per la reazione totale è il prodotto delle costanti d'equilibrio delle reazioni individuali (vedi il Paragrafo 10.2):

$$K = K_{ps}K_f = \frac{[Ag(NH_3)_2^+][Cl^-]}{[NH_3]^2}$$
$$= (1{,}6 \times 10^{-10})(1{,}5 \times 10^7)$$
$$= 2{,}4 \times 10^{-3}$$

Sia s la solubilità molare di AgCl (mol l^{-1}). Riassumiamo le variazioni nelle concentrazioni che risultano dalla formazione dello ione complesso nel modo seguente:

	$AgCl(s)$	$+\ 2NH_3(aq)$	$\rightleftharpoons Ag(NH_3)_2^+(aq)$	$+\ Cl^-(aq)$
Iniziale (M)		1,0	0,0	0,0
Variazione (M)	$-s$	$-2s$	$+s$	$+s$
Equilibrio (M)		$1{,}0 - 2s$	s	s

La costante di formazione di $Ag(NH_3)_2^+$ è piuttosto grande, per cui la maggior parte degli ioni argento esistono nella forma complessata. In assenza di ammoniaca abbiamo, all'equilibrio, $[Ag^+] = [Cl^-]$. Come risultato della formazione dello ione complesso, tuttavia, si può scrivere $[Ag(NH_3)_2^+] = [Cl^-]$.

Punto 3.

$$K = \frac{(s)(s)}{(1{,}0 - 2s)^2}$$

$$2{,}4 \times 10^{-3} = \frac{s^2}{(1{,}0 - 2s)^2}$$

Prendendo la radice quadrata di entrambi i lati, si ottiene

$$0{,}049 = \frac{s}{1{,}0 - 2s}$$

$$s = 0{,}045\ M$$

Pertanto, all'equilibrio, 0,045 mol di AgCl si discioglieranno in 1 l di soluzione di NH_3 1,0 M.

Verifica La solubilità molare di AgCl in acqua pura è $1{,}3 \times 10^{-5}$ M. Quindi, la formazione dello ione complesso $Ag(NH_3)_2^+$ aumenta la solubilità di AgCl (Figura 12.15).

Problema di autovalutazione Calcolare la solubilità molare di AgBr in una soluzione di NH_3 1,0 M.

Tutti gli idrossidi anfoteri sono composti insolubili.

Infine, da sottolineare il fatto che esiste una classe di idrossidi, chiamati *idrossidi anfoteri*, che può reagire sia con gli acidi sia con le basi. Esempi sono $Al(OH)_3$, $Pb(OH)_2$,

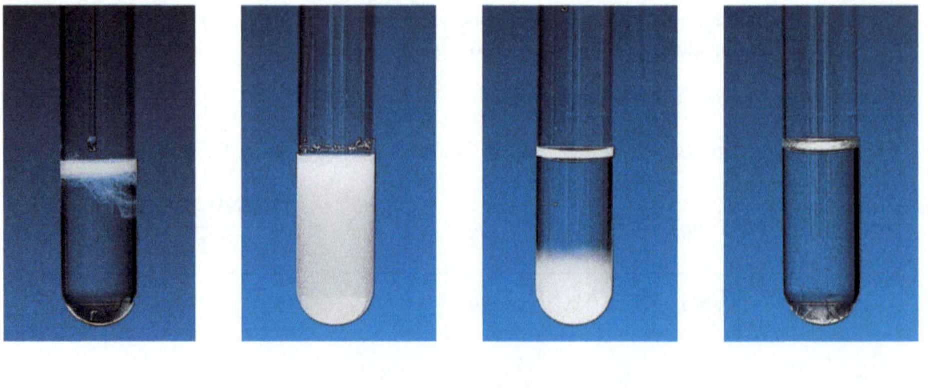

Figura 12.15 Da sinistra a destra: la formazione di precipitato di AgCl quando una soluzione di $AgNO_3$ è aggiunta a una soluzione di NaCl. In seguito all'aggiunta di una soluzione di NH_3, il precipitato di AgCl si scioglie dato che si forma lo ione complesso $Ag(NH_3)_2^+$, solubile.

$Cr(OH)_3$, $Zn(OH)_2$ e $Cd(OH)_2$. Perciò, $Al(OH)_3$ reagisce con gli acidi e con le basi nel modo seguente:

$$Al(OH)_3(s) + 3H^+(aq) \longrightarrow Al^{3+}(aq) + 3H_2O(l)$$

$$Al(OH)_3(s) + OH^-(aq) \rightleftharpoons Al(OH)_4^-(aq)$$

L'aumento della solubilità di $Al(OH)_3$ in ambiente basico, nel quale $Al(OH)_3$ agisce come acido di Lewis e OH^- agisce come una base di Lewis, risulta nella formazione dello ione complesso $Al(OH)_4^-$. Altri idrossidi anfoteri si comportano in maniera analoga.

12.8 Prodotto di solubilità nell'analisi qualitativa

In questo paragrafo discuteremo brevemente di ***analisi qualitativa***, vale a dire, *la determinazione dei tipi di ioni presenti in una soluzione*. Ci concentreremo sui cationi. Ci sono circa 20 cationi comuni che possono essere analizzati facilmente in soluzione acquosa. Questi cationi possono essere suddivisi in cinque gruppi in base ai prodotti di solubilità dei loro sali insolubili (Tabella 12.6). Dato che una soluzione incognita può contenere da 1 a tutti e 20 gli ioni, ogni analisi dovrà essere effettuata sistematicamente dal gruppo 1 al gruppo 5. Consideriamo la procedura generale per

Non bisogna confondere i gruppi nella Tabella 12.6, che sono basati sui prodotti di solubilità, con quelli della tavola periodica, che si basano sulla configurazione elettronica degli elementi.

Tabella 12.6 Separazione dei cationi in gruppi secondo le loro reazioni di precipitazione con vari reagenti

Gruppo	Catione	Reagente precipitante	Composto insolubile	K_{ps}
1	Ag^+	HCl	AgCl	$1,6 \times 10^{-10}$
	Hg_2^{2+}		Hg_2Cl_2	$3,5 \times 10^{-18}$
	Pb^{2+}		$PbCl_2$	$2,4 \times 10^{-4}$
2	Bi^{3+}	H_2S in soluzioni acide	Bi_2S_3	$1,6 \times 10^{-72}$
	Cd^{2+}		CdS	$8,0 \times 10^{-28}$
	Cu^{2+}		CuS	$6,0 \times 10^{-37}$
	Hg^{2+}		HgS	$4,0 \times 10^{-54}$
	Sn^{2+}		SnS	$1,0 \times 10^{-26}$
3	Al^{3+}	NaOH in soluzioni basiche	$Al(OH)_3$	$1,8 \times 10^{-33}$
	Co^{2+}		CoS	$4,0 \times 10^{-21}$
	Cr^{3+}		$Cr(OH)_3$	$3,0 \times 10^{-29}$
	Fe^{2+}		FeS	$6,0 \times 10^{-19}$
	Mn^{2+}		MnS	$3,0 \times 10^{-14}$
	Ni^{2+}		NiS	$1,4 \times 10^{-24}$
	Zn^{2+}		ZnS	$3,0 \times 10^{-23}$
4	Ba^{2+}	Na_2CO_3	$BaCO_3$	$8,1 \times 10^{-9}$
	Ca^{2+}		$CaCO_3$	$8,7 \times 10^{-9}$
	Sr^{2+}		$SrCO_3$	$1,6 \times 10^{-9}$
5	K^+	Senza reagente precipitante	Nessuno	
	Na^+		Nessuno	
	Na_4^+		Nessuno	

la separazione di questi 20 ioni mediante l'aggiunta di reagenti precipitanti a una soluzione incognita.

- **Cationi del gruppo 1.** Quando si aggiunge acido cloridrico diluito alla soluzione incognita, solo gli ioni Ag^+, Hg_2^{2+} e Pb^{2+} precipiteranno come cloruri insolubili. Gli altri ioni, i cui cloruri sono solubili, rimarranno in soluzione.
- **Cationi del gruppo 2.** Dopo che i cloruri precipitati sono stati rimossi mediante filtrazione, si fa reagire la soluzione acida con il solfuro di idrogeno. In queste condizioni, la concentrazione di ioni solfuro in soluzione è trascurabile. Pertanto, la precipitazione dei solfuri metallici è rappresentata efficacemente dall'equilibrio

$$M^{2+}(aq) + H_2S(aq) \rightleftharpoons MS(s) + 2H^+(aq)$$

  Aggiungere dell'acido alla soluzione sposta questo equilibrio a sinistra in modo tale che solo i solfuri metallici meno solubili, cioè quelli con i più piccoli valori di K_{ps}, precipiteranno dalla soluzione. Questi sono Bi_2S_3, CdS, CuS, HgS e SnS (vedi la Tabella 12.6).
- **Cationi del gruppo 3.** In questa fase, dell'idrossido di sodio è aggiunto alla soluzione per renderla basica. In una soluzione basica, l'equilibrio tra M^{2+} e MS si sposta a destra. Pertanto, anche i solfuri più solubili (CoS, FeS, MnS, NiS e ZnS) precipiteranno dalla soluzione. Si noti che gli ioni Al^{3+} e Cr^{3+} in realtà precipiteranno come idrossidi $Al(OH)_3$ e $Cr(OH)_3$, piuttosto che come solfuri, poiché gli idrossidi sono meno solubili. La soluzione viene quindi filtrata per eliminare i solfuri e gli idrossidi insolubili.
- **Cationi del gruppo 4.** Dopo che tutti i cationi dei gruppi 1, 2 e 3 sono stati rimossi dalla soluzione, del carbonato di sodio è aggiunto alla soluzione basica per precipitare gli ioni Ba^{2+}, Ca^{2+} e Sr^{2+} come $BaCO_3$, $CaCO_3$, e $SrCO_3$. Anche questi precipitati sono poi rimossi dalla soluzione mediante filtrazione.
- **Cationi del gruppo 5.** A questo punto, gli unici cationi possibili rimasti in soluzione sono Na^+, K^+ e NH_4^+. La presenza di NH_4^+ può essere determinata con l'aggiunta di idrossido di sodio:

$$NaOH(aq) + NH_4^+(aq) \longrightarrow Na^+(aq) + H_2O(l) + NH_3(g)$$

L'ammoniaca gassosa viene rilevata sia attraverso il suo odore caratteristico od osservando la variazione di colore dal rosso al blu, quando una cartina tornasole viene posta in prossimità della soluzione (non a contatto con essa). Per confermare la presenza degli ioni Na^+ e K^+, di solito si usa il saggio alla fiamma, che si realizza nel modo seguente: un pezzo di filo di platino (il platino viene scelto a causa della sua inerzia chimica) viene bagnato con la soluzione ed è portato sulla fiamma di un bruciatore Bunsen. Ogni ione metallico dà un caratteristico colore quando viene riscaldato in questo modo. Per esempio, il colore emesso dagli ioni Na^+ è di colore giallo, quello dagli ioni K^+ è violetto e quello dagli ioni Cu^{2+} è di colore verde (Figura 12.16).

Poiché NaOH è aggiunto nel gruppo 3 e Na_2CO_3 è aggiunto nel gruppo 4, il saggio alla fiamma per determinare la presenza di ioni Na^+ deve essere effettuato sulla soluzione originale.

La Figura 12.17 riassume questo sistema di separazione degli ioni metallici.

Due punti che riguardano l'analisi qualitativa devono essere sottolineati. In primo luogo, la separazione dei cationi in gruppi è fatta nel modo più selettivo possibile, cioè gli anioni che vengono aggiunti come reagenti devono essere tali da far precipitare il minor numero possibile di cationi. Per esempio, tutti i cationi nel gruppo 1 formano anche dei solfuri insolubili. Perciò, se avessimo aggiunto H_2S alla soluzione all'inizio, avremmo avuto la precipitazione di sette diversi solfuri (i solfuri dei cationi del gruppo 1 *e* del gruppo 2), un risultato indesiderato. In secondo luogo, l'eliminazione dei cationi a ogni stadio deve essere effettuata nel modo più completo possibile. Per esempio, se non avessimo aggiunto una quantità sufficiente di HCl alla soluzione incognita per eliminare tutti i cationi del gruppo 1, alcuni di essi sarebbero precipitati insieme ai cationi del gruppo 2 come solfuri insolubili, interferendo con ulteriori analisi chimiche e portando a delle conclusioni errate.

Figura 12.16 Da sinistra a destra: i colori alla fiamma di litio, sodio, potassio e rame.

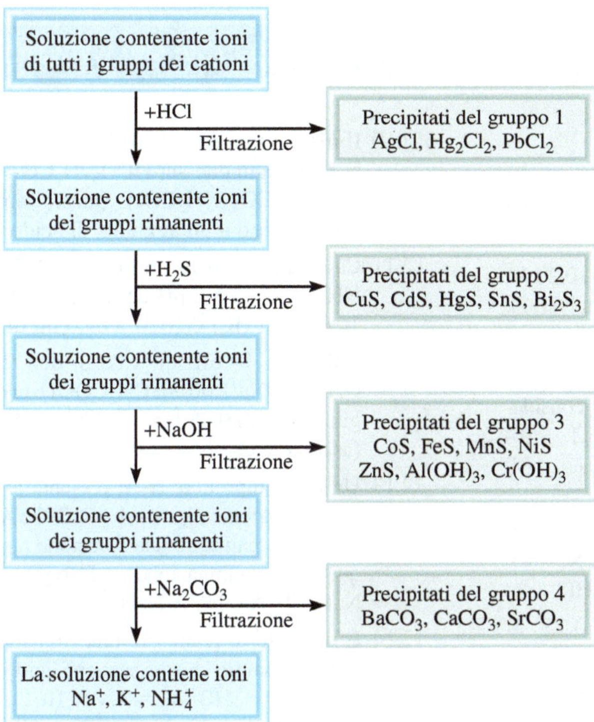

Figura 12.17 Un diagramma di flusso per la separazione dei cationi nell'analisi qualitativa.

Sommario

Paragrafo 12.1

- L'effetto dello ione a comune tende a reprimere la ionizzazione di un acido debole o di una base debole. Questa azione può essere spiegata in base al principio di Le Châtelier.

Paragrafo 12.2

- Una soluzione tampone è formata da un acido debole e dalla sua base debole coniugata (fornita da un sale) oppure da una base debole e dal suo acido debole coniugato (fornito da un sale); la soluzione reagisce all'aggiunta di piccole quantità di acido o di base in modo tale che il pH della soluzione rimanga quasi costante. I sistemi tampone hanno un ruolo fondamentale nel mantenere costante il pH dei liquidi corporei.

Paragrafo 12.3

- Il pH al punto di equivalenza di una titolazione acido-base dipende dall'idrolisi del sale formato nella reazione di neutralizzazione. Per le titolazioni acido forte-base forte, il pH al punto di equivalenza è 7; per le titolazioni acido debole-base forte, il pH al punto di equivalenza è superiore a 7; per le titolazioni acido forte-base debole, il pH al punto di equivalenza è inferiore a 7.

Paragrafo 12.4

- Gli indicatori acido-base sono acidi (o basi) organici deboli che cambiano colore in prossimità del punto di equivalenza in una reazione di neutralizzazione acido-base.
- Lo specifico indicatore adatto per una data titolazione dipende dal pH del punto finale.

Paragrafo 12.5

- Da norme generali sulla solubilità dei composti ionici, siamo in grado di predire qualitativamente se un precipitato si formerà durante una reazione.

Paragrafo 12.6

- Il prodotto di solubilità K_{ps} è la costante di equilibrio per la dissoluzione di un solido in una soluzione. La solubilità può essere stimata dal K_{ps} e viceversa.

Paragrafo 12.7

- La presenza di uno ione comune diminuisce la solubilità di un sale poco solubile.
- La solubilità dei sali poco solubili contenenti anioni basici aumenta all'aumentare dell'attività (o concentrazione) degli ioni idrogeno. La solubilità dei sali contenenti anioni derivanti da acidi forti non è influenzata dal pH.
- Gli ioni complessi sono formati in soluzione dalla combinazione di uno ione metallico con una base di Lewis. La costante di formazione K_f misura la tendenza alla formazione di uno specifico ione complesso. La formazione di ioni complessi può aumentare la solubilità di una sostanza insolubile.

Paragrafo 12.8

- L'analisi qualitativa viene utilizzata per identificare cationi e anioni in soluzione.

Problemi

Soluzioni dei problemi dispari sul sito www.mheducation.it

12.1 Effetto ione a comune

12.1 Determinare il pH di: (a) una soluzione di CH_3COOH 0,40 *M*, (b) di una soluzione 0,40 *M* in CH_3COOH e 0,20 *M* in CH_3COONa.

12.2 Determinare il pH di: (a) una soluzione di NH_3 0,20 *M*, (b) di una soluzione 0,20 *M* in NH_3 e 0,30 *M* in NH_4Cl.

12.2 Soluzioni tampone

12.3 Quali delle seguenti soluzioni possono essere considerate soluzioni tampone: (a) KCl/HCl, (b) $KHSO_4/H_2SO_4$, (c) Na_2HPO_4/NaH_2PO_4, (d) KNO_2/HNO_2, (e) $KHSO_3/K_2SO_4$?

12.4 Quali delle seguenti soluzioni possono essere considerate soluzioni tampone: (a) KCN/HCN, (b) $Na_2SO_4/NaHSO_4$, (c) NH_3/NH_4NO_3, (d) NaI/HI?

12.5 Calcolare il pH del sistema tampone 0,15 *M* NH_3/0,35 *M* NH_4Cl.

12.6 Calcolare il pH delle seguenti soluzioni tampone: (a) 2,0 *M* CH_3COONa/2,0 *M* CH_3COOH, e (b) 0,20 *M* CH_3COONa/0,20 *M* CH_3COOH. Spiegare ogni approssimazione fatta. Quale sarà il tampone più efficace? Perché?

12.7 Il pH di un tampone bicarbonato-acido carbonico è 8,00. Calcolare il rapporto tra le concentrazioni di acido carbonico (H_2CO_3) e di ione bicarbonato (HCO_3^-).

12.8 Qual è il pH di un tampone 0,10 *M* Na_2HPO_4/0,15 *M* KH_2PO_4?

12.9 Il pH di un tampone sodio acetato-acido acetico è 4,50, Calcolare il rapporto $[CH_3COO^-] / [CH_3COOH]$.

12.10 Il pH del sangue è 7,40. Assumendo che il principale sistema tampone sia HCO_3^-/H_2CO_3, calcolare il rapporto $[HCO_3^-]/[H_2CO_3]$. Questo tampone è più efficace rispetto a un'aggiunta di acido o di base?

12.11 Calcolare il pH di un tampone 0,20 *M* NH_3/0,20 *M* NH_4Cl. Qual è il pH del tampone dopo l'aggiunta di 10,0 ml di HCl 0,10 *M* a 65,0 ml di tampone?

12.12 Calcolare il pH di 1,00 l del tampone 1,00 *M* CH_3COONa/1,00 *M* CH_3COOH prima e dopo l'aggiunta di: (a) 0,080 mol di NaOH, (b) 0,12 mol di HCl (assumere che non ci siano variazioni di volume).

12.13 Un acido diprotico, H_2A, presenta le seguenti costanti di ionizzazione: $K_{a_1} = 1,1 \times 10^{-3}$ e $K_{a_2} = 2,5 \times 10^{-6}$. Per poter realizzare una soluzione tampone a pH 5,80, quale combinazione bisognerebbe scegliere: $NaHA/H_2A$ o $Na_2A/NaHA$?

12.14 È richiesto di realizzare una soluzione tampone a pH = 8,60, usando uno dei seguenti acidi deboli: HA ($K_a = 2,7 \times 10^{-3}$), HB ($K_a = 4,4 \times 10^{-6}$), HC ($K_a = 2,6 \times 10^{-9}$). Quale acido bisognerà scegliere? Perché?

12.3 Titolazioni

12.15 Un campione di 0,2688 g di un acido monoprotico neutralizza 16,4 ml di una soluzione 0,08133 *M* in KOH. Calcolare la massa molare dell'acido.

12.16 5,00 g di un acido diprotico sono disciolti in acqua fino a costituire una soluzione del volume di 250 ml. Calcolare la massa molare dell'acido se 25,0 ml di questa soluzione sono necessari per neutralizzare 11,1 ml di KOH 1,00 *M*. Assumere che vengano titolati tutti e due i protoni dell'acido.

12.17 In una titolazione, 12,5 ml di H_2SO_4 0,500 *M* neutralizzano 50,0 ml di NaOH. Qual è la concentrazione della soluzione di NaOH?

Se non indicato diversamente, considerare per questi problemi una temperatura di 25 °C.

12.18 In una titolazione, 20,4 ml di HCOOH 0,883 *M* neutralizzano 19,3 ml di $Ba(OH)_2$. Qual è la concentrazione della soluzione di $Ba(OH)_2$?

12.19 Un campione di 0,1276 g di un acido monoprotico sconosciuto sono disciolti in 25,0 ml di acqua e titolati con una soluzione di NaOH 0,0633 *M*. Il volume di base necessario per portare la soluzione al punto di equivalenza è 18,4 ml. (a) Calcolare la massa molare dell'acido. (b) Dopo che 10,0 ml di base sono stati aggiunti durante la titolazione, il pH è 5,87. Qual è K_a dell'acido sconosciuto?

12.20 Una soluzione è costituita mescolando esattamente 500 ml di NaOH 0,167 *M* con esattamente 500 ml di CH_3COOH 0,100 *M*. Calcolare le concentrazioni all'equilibrio di H^+, CH_3COOH, CH_3COO^-, OH^- e Na^+.

12.21 Calcolare il pH al punto di equivalenza per la seguente titolazione: HCl 0,20 *M* e metilammina (CH_3NH_2) 0,20 *M*.

12.22 Calcolare il pH al punto di equivalenza per la seguente titolazione: HCOOH 0,10 *M* e NaOH 0,10 *M*.

12.23 25,0 ml di una soluzione di CH_3COOH 0,100 *M* sono titolati con una soluzione di KOH 0,200 *M*. Calcolare il pH dopo le seguenti aggiunte della soluzione di KOH: (a) 0,0 ml, (b) 5,0 ml, (c) 10,0 ml, (d) 12,5 ml, (e) 15,0 ml.

12.24 10,0 ml di una soluzione di NH_3 0,300 *M* sono titolati con una soluzione di HCl 0,100 *M*. Calcolare il pH dopo le seguenti aggiunte della soluzione di HCl: (a) 0,0 ml, (b) 10,0 ml, (c) 20,0 ml, (d) 30,0 ml, (e) 40,0 ml.

12.4 Indicatori acido-base

12.25 Facendo riferimento alla Tabella 12.1, specificare quali indicatori bisognerebbe usare per le seguenti titolazioni: (a) HCOOH e NaOH, (b) HCl e KOH, (c) HNO_3 e CH_3NH_2.

12.26 Una titolazione acido-base viene realizzata aggiungendo una soluzione di NaOH tramite una buretta a una soluzione di HCl contenuta in una beuta usando fenolftaleina come indicatore. Al punto di equivalenza si osserva una debole colorazione rosa. Tuttavia, dopo pochi minuti, la soluzione gradualmente ritorna incolore. Perché?

12.27 La costante di ionizzazione K_a di un indicatore HIn è $1,0 \times 10^{-6}$. Il colore della forma non ionizzata è rosso e quello della forma ionizzata è giallo. Qual è il colore di questo indicatore in una soluzione il cui pH è 4,00?

12.28 Il K_a di un certo indicatore è $2,0 \times 10^{-6}$. Il colore di HIn è verde e quello di In^- è rosso. Poche gocce di indicatore sono aggiunte a una soluzione di HCl, la quale è successivamente titolata da una soluzione di NaOH. A quale pH l'indicatore cambierà colore?

12.5 Reazioni di precipitazione

12.29 Caratterizzare i seguenti composti come solubili o insolubili in acqua: (a) $Ca_3(PO_4)_2$, (b) $Mn(OH)_2$, (c) - $AgClO_3$, (d) K_2S.

12.30 Caratterizzare i seguenti composti come solubili o insolubili in acqua: (a) $CaCO_3$, (b) $ZnSO_4$, (c) $Hg(NO_3)_2$, (d) $HgSO_4$, (e) NH_4ClO_4.

12.31 Quali dei seguenti processi probabilmente daranno delle reazioni di precipitazione? (a) Mescolare una soluzione di $NaNO_3$ con una soluzione di $CuSO_4$. (b) Mescolare una soluzione di $BaCl_2$ con una soluzione di K_2SO_4. Scrivere un'equazione ionica netta per la reazione di precipitazione.

12.32 Un composto ionico X è molto poco solubile in acqua. Quale analisi si potrebbe fare per dimostrare che il composto, almeno in parte, si discioglie?

12.33 0,9157 g di una miscela contenente $CaBr_2$ e NaBr sono disciolti in acqua, e $AgNO_3$ è aggiunto alla soluzione per formare del precipitato di AgBr. Se la massa del precipitato è 1,6930 g, qual è la percentuale in massa di NaBr nella miscela originale?

12.6 Equilibri di solubilità

12.34 Calcolare le concentrazioni ioniche nelle seguenti soluzioni sature: (a) $[I^-]$ in una soluzione di AgI con $[Ag^+] = 9,1 \times 10^{-9}$ *M*, (b) $[Al^{3+}]$ in una soluzione di $Al(OH)_3$ con $[OH^-] = 2,9 \times 10^{-9}$ *M*.

12.35 Dai dati forniti di solubilità, calcolare i prodotti di solubilità per i seguenti composti: (a) SrF_2, $7,3 \times 10^{-2}$ g l^{-1}, (b) Ag_3PO_4, $6,7 \times 10^{-3}$ g l^{-1}.

12.36 La solubilità molare di $MnCO_3$ è $4,2 \times 10^{-6}$ *M*. Qual è il K_{ps} per questo composto? La solubilità di un composto ionico MX (massa molare = 346 g) è $4,63 \times 10^{-3}$ g l^{-1}. Qual è il K_{ps} per questo composto?

12.37 La solubilità di un composto ionico M_2X_3 (massa molare = 288 g) è $3,6 \times 10^{-17}$ g l^{-1}. Qual è il K_{ps} per questo composto?

12.38 Utilizzando i dati in Tabella 12.3, calcolare la solubilità molare di CaF_2.

12.39 Qual è il pH di una soluzione satura di idrossido di zinco?

12.40 Il pH di una soluzione satura di un idrossido metallico MOH è 9,68. Calcolare il K_{ps} per questo composto.

12.41 Se 20,0 ml di 0,10 *M* $Ba(NO_3)_2$ sono aggiunti a 50,0 ml di Na_2CO_3 0,10 *M*, precipiterà del $BaCO_3$?

12.42 Un volume di 75 ml di NaF 0,060 *M* è mescolato con 25 ml di $Sr(NO_3)_2$ 0,15 *M*. Calcolare le concentrazioni nella soluzione finale di NO_3^-, Na^+, Sr^{2+} e F^-. Il K_{ps} per SrF_2 è $2,0 \times 10^{-10}$.

12.43 Dello ioduro di sodio viene lentamente aggiunto a una soluzione che è 0,010 *M* in Cu^+ e 0,010 *M* in Ag^+. (a) Quale composto inizierà a precipitare per primo? (b) Calcolare $[Ag^+]$ quando inizia a precipitare. (c) Quale percentuale di Ag^+ rimarrà in soluzione a questo punto?

12.44 Trovare l'intervallo utile (approssimato) di pH per la separazione degli ioni Fe^{3+} e Zn^{2+} tramite precipitazione di $Fe(OH)_3$ da una soluzione che è inizialmente 0,010 *M* sia in Fe^{3+} che in Zn^{2+}.

12.7 Fattori che influenzano la solubilità

12.45 Come vengono influenzati gli equilibri di solubilità dall'effetto dello ione a comune? Usare il principio di Le Châtelier per spiegare la diminuzione della solubilità di $CaCO_3$ in una soluzione di Na_2CO_3.

12.46 La solubilità molare di AgCl in $AgNO_3$ 6,5 × 10^{-3} *M* è 2,5 × 10^{-8} *M*. Nel ricavare il K_{ps} da questi dati, quali delle seguenti assunzioni sono ragionevoli?
(a) K_{ps} è pari alla solubilità.
(b) Il K_{ps} di AgCl è lo stesso in 6,5 × 10^{-3} *M* $AgNO_3$ che in acqua pura.
(c) La solubilità di AgCl è indipendente dalla concentrazione di $AgNO_3$.
(d) $[Ag^+]$ in soluzione non varia in maniera significativa in seguito all'aggiunta di AgCl a $AgNO_3$ 6,5 × 10^{-3} *M*.
(e) $[Ag^+]$ in soluzione in seguito all'aggiunta di AgCl a $AgNO_3$ 6,5 × 10^{-3} *M* è lo stesso che in acqua pura.

12.47 Quanti grammi di $CaCO_3$ si scioglieranno in 3,0 × 10^{-2} ml di $Ca(NO_3)_2$ 0,050 *M*?

12.48 Il prodotto di solubilità di $PbBr_2$ è 8,9 × 10^{-6}. Determinare la solubilità molare in: (a) acqua pura, (b) una soluzione di KBr 0,20 *M*, (c) una soluzione di $Pb(NO_3)_2$ 0,20 *M*.

12.49 Calcolare la solubilità molare di AgCl in 1,00 l di una soluzione contenente 10,0 g di $CaCl_2$ disciolto.

12.50 Calcolare la solubilità molare di $BaSO_4$ in: (a) acqua, e (b) una soluzione 1,0 *M* ioni SO_4^{2-}.

12.51 Quali dei seguenti composti ionici saranno maggiormente solubili in una soluzione acida che in acqua: (a) $BaSO_4$, (b) $PbCl_2$, (c) $Fe(OH)_3$, (d) $CaCO_3$?

12.52 Quali dei seguenti composti saranno maggiormente solubili in una soluzione acida che in acqua: (a) CuI, (b) Ag_2SO_4, (c) $Zn(OH)_2$, (d) BaC_2O_4, (e) $Ca_3(PO_4)_2$?

12.53 Confrontare la solubilità molare di $Mg(OH)_2$ in acqua e in una soluzione tamponata a pH 9,0.

12.54 Calcolare la solubilità molare di $Fe(OH)_2$ in una soluzione tamponata a: (a) pH 8,00, (b) pH 10,00.

12.55 Il prodotto di solubilità di $Mg(OH)_2$ è 1,2 × 10^{-11}. Qual è la minima concentrazione di ioni OH^- che deve essere raggiunta (per esempio, aggiungendo NaOH) per far diminuire la concentrazione di Mg^{2+} in una soluzione di $Mg(NO_3)_2$ al di sotto di 1,0 × 10^{-10} *M*?

12.56 Stabilire se si formi o meno del precipitato se 2,00 ml di NH_3 0,60 *M* sono aggiunti a 1,0 l di $FeSO_4$ 1,0 × 10^{-3} *M*.

12.57 Se 2,50 g di $CuSO_4$ sono disciolti in 9,0 × 10^{-2} ml di NH_3 0,30 *M*, quali sono le concentrazioni di Cu^{2+}, $Cu(NH_3)_4^{2-}$ e di NH_3 all'equilibrio? Calcolare le concentrazioni di Cd^{2+}, $Cd(CN)_4^{2-}$ e CN^- all'equilibrio quando 0,50 g di $Cd(NO_3)_2$ sono disciolti in 5,0 × 10^{-2} ml di NaCN 0,50 *M*.

12.58 Se NaOH viene aggiunto a una soluzione 0,010 *M* in Al^{3+}, quale sarà la specie predominante all'equilibrio: $Al(OH)_3$ o $Al(OH)_4^-$? Il pH della soluzione è 14,00, [K_f per $Al(OH)_4^-$ è 2,0 × 10^{-33}].

12.59 Calcolare la solubilità molare di AgI in una soluzione di NH_3 1,0 *M*.

12.60 Sia Ag^+ che Zn^{2+} formano ioni complessi con NH_3. Scrivere le equazioni bilanciate per le reazioni. Tuttavia, $Zn(OH)_2$ è solubile in NaOH 6 *M*, e AgOH non lo è. Spiegare.

12.61 Spiegare, tramite equazioni ioniche bilanciate, perché: (a) CuI_2 si discioglie in una soluzione di ammoniaca, (b) AgBr si discioglie in una soluzione di NaCN, (c) $HgCl_2$ si discioglie in una soluzione di KCl.

12.8 Prodotto di solubilità nell'analisi qualitativa

12.62 In un'analisi del gruppo 1, uno studente ottenne un precipitato contenente sia AgCl che $PbCl_2$. Suggerire un reagente che avrebbe permesso di separare AgCl(*s*) da $PbCl_2$(*s*).

12.63 In un'analisi del gruppo 1, uno studente aggiunge HCl a una soluzione incognita fino a che $[Cl^-]$ = 0,15 *M*. Del $PbCl_2$ precipita. Calcolare la concentrazione di Pb^{2+} rimasta in soluzione.

12.64 Sia KCl che NH_4Cl sono solidi di colore bianco. Suggerire un reagente che permetterebbe di distinguere i due composti.

12.65 Descrivere una semplice prova che permetterebbe di distinguere $AgNO_3$(*s*) da $Cu(NO_3)_2$(*s*).

Problemi supplementari

12.66 L'intervallo di funzionamento del tampone è definito dall'equazione

$$pH = pK_a \pm 1$$

Calcolare l'intervallo del rapporto [base coniugata]/[acido] che corrisponde a questa equazione.

12.67 Il pK_a dell'indicatore metilarancio è 3,46. In quale intervallo di pH quest'indicatore passa dal 90% di HIn al 90% di In^-?

12.68 Disegnare la curva di titolazione di un acido debole rispetto a una base forte come quella mostrata in Figura 12.6. Sul grafico, indicare il volume di base utilizzato al punto di equivalenza e anche al punto di metà equivalenza, cioè il punto in cui metà dell'acido è stato neutralizzato. Mostrare com'è possibile misurare il pH della soluzione al punto di metà equivalenza. Utilizzando la formula 12.2, spiegare come si può determinare il pK_a dell'acido mediante questa procedura.

12.69 Un volume di 200 ml di una soluzione di NaOH viene aggiunto a 400 ml di una soluzione HNO_2 2,00 *M*. Il pH della soluzione mescolata è di 1,50 unità maggiore di quello della soluzione di NaOH. Calcolare la molarità della soluzione di NaOH.

12.70 Il pK_a dell'acido butirrico (HBut) è 4,7. Calcolare il K_b dello ione butirrato (But^-).

12.71 Una soluzione è costituita miscelando esattamente 500 ml di NaOH 0,167 *M* con esattamente 500 ml di

HCOOH 0,100 *M*. Calcolare le concentrazioni all'equilibrio di H^+, HCOOH, $HCOO^-$, OH^- e Na^+.

12.72 $Cd(OH)_2$ è un composto insolubile. Si discioglie in una soluzione concentrata di NaOH. Scrivere un'equazione bilanciata per questa reazione. Che tipo di reazione è?

12.73 Uno studente mescola 50,0 ml di $Ba(OH)_2$ 1,00 *M* con 86,4 ml di H_2SO_4 0,494 *M*. Calcolare la massa di $BaSO_4$ formata e il pH della soluzione risultante.

12.74 Per quali di queste reazioni la costante d'equilibrio è detta prodotto di solubilità?

(a) $Zn(OH)_2(s) + 2OH^-(aq) \rightleftharpoons Zn(OH)_4^{2-}(aq)$

(b) $3Ca^{2+}(aq) + 2PO_4^{3-}(aq) \rightleftharpoons Ca_3(PO_4)_2(s)$

(c) $CaCO_3(s) + 2H^+(aq) \rightleftharpoons Ca^{2+}(aq) + H_2O(l) + CO_2(g)$

(d) $PbI_2(s) \rightleftharpoons Pb^{2+}(aq) + 2I^-(aq)$

12.75 Un bollitore da 2,0 l contiene 116 g di calcare ($CaCO_3$). Quante volte il bollitore dovrà essere completamente riempito con acqua distillata per rimuovere tutto il deposito a 25 °C?

12.76 Volumi uguali di $AgNO_3$ 0,12 *M* e $ZnCl_2$ 0,14 *M* sono mescolati. Calcolare le concentrazioni all'equilibrio di Ag^+, Cl^-, Zn^{2+} e NO_3^-.

12.77 Calcolare la solubilità (in g l^{-1}) di Ag_2CO_3.

12.78 Trovare l'intervallo di pH adatto per separare Mg^{2+} e Zn^{2+} mediante precipitazione di $Zn(OH)_2$ da una soluzione che è inizialmente 0,010 *M* sia in Mg^{2+} sia in Zn^{2+}.

12.79 Un volume di 25,0 ml di HCl 0,100 *M* è titolato da una soluzione di CH_3NH_2 0,100 *M* aggiunta a esso da una buretta. Calcolare il valore del pH della soluzione: (a) dopo l'aggiunta di 10,0 ml della soluzione di CH_3NH_2, (b) dopo l'aggiunta di 25,0 ml della soluzione di CH_3NH_2, (c) dopo l'aggiunta di 35,0 ml della soluzione di CH_3NH_2.

12.80 La solubilità molare di $Pb(IO_3)_2$ in una soluzione di $NaIO_3$ 0,10 *M* è $2,4 \times 10^{-11}$ mol l^{-1}. Qual è il K_{ps} per $Pb(IO_3)_2$?

12.81 Quando una soluzione di KI viene aggiunta a una soluzione di cloruro di mercurio (II), si forma un precipitato di ioduro di mercurio (II). In un grafico, viene indicato l'andamento della massa del precipitato in funzione del volume di soluzione di KI aggiunta. Spiegare l'aspetto del grafico.

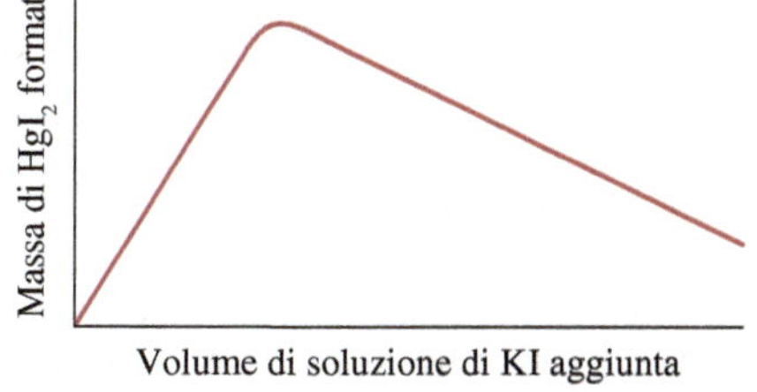

12.82 Il bario è una sostanza tossica che può seriamente danneggiare la funzionalità cardiaca. Per sottoporsi a una radiografia del tratto gastrointestinale, un paziente beve 20 g di una sospensione acquosa di $BaSO_4$. Se questa sostanza si deve porre in equilibrio con i 5,0 l di sangue presenti nel corpo del paziente, quale sarà la concentrazione molare di ioni bario? Per una buona stima, si può assumere che la temperatura sia di 25 °C. Perché non viene usato $Ba(NO_3)_2$ per questa operazione?

12.83 Il pK_a della fenolftaleina è 9,10. In quale intervallo di pH quest'indicatore passa dal 95% di HIn al 95% di In^-?

12.84 Del NaBr solido è gradualmente aggiunto a una soluzione che è 0,010 *M* in Cu^{2+} e 0,010 *M* in Ag^+. (a) Quale composto inizierà a precipitare prima? (b) Calcolare $[Ag^+]$ quando CuBr inizierà a precipitare. (c) Qual è la percentuale di Ag^+ rimasto in soluzione a questo punto?

12.85 L'acido cacodilico ha formula $(CH_3)_2AsO_2H$. La sua costante di ionizzazione è $6,4 \times 10^{-7}$. (a) Calcolare il pH di 50,0 ml di una soluzione 0,10 *M* dell'acido. (b) Calcolare il pH di 25,0 ml di una soluzione 0,15 *M* del suo sale $(CH_3)_2AsO_2Na$. (c) Miscelare le soluzioni relative ai punti (a) e (b) e calcolare il pH della soluzione risultante.

12.86 Le tecniche radiochimiche sono utili per valutare il prodotto di solubilità di molti composti. In un esperimento, 50,0 ml di una soluzione 0,010 *M* di $AgNO_3$ che contiene un isotopo con una radioattività di 74 025 conteggi per min per ml vengono mescolati con 100 ml di una soluzione di $NaIO_3$ 0,030 *M*. La soluzione finale viene diluita a 500 ml e filtrata per rimuovere tutto il precipitato di $AgIO_3$. Si trova che la soluzione rimanente ha una radioattività di 44,4 conteggi per min per ml. Qual è il K_{ps} di $AgIO_3$?

12.87 La massa molare di un certo carbonato metallico, MCO_3, può essere determinata aggiungendo un eccesso di HCl in modo che reagisca con tutto il carbonato per poi "retrotitolare" l'acido rimanente con NaOH. (a) Scrivere le equazioni per queste reazioni. (b) In un dato esperimento, 20,00 ml di HCl 0,0800 *M* furono aggiunti a 0,1022 g di MCO_3. L'eccesso di HCl richiese 5,64 ml di NaOH 0,1000 *M* per la neutralizzazione. Calcolare la massa molare del carbonato e identificare M.

12.88 Le reazioni acido-base, in genere, sono complete. Confermare quest'affermazione calcolando la costante d'equilibrio per ciascuno dei seguenti casi: (a) un acido forte reagisce con una base forte, (b) un acido forte reagisce con una base debole (NH_3), (c) un acido debole (CH_3COOH) reagisce con una base forte, (d) un acido debole (CH_3COOH) reagisce con una base debole (NH_3). (*Suggerimento:* In soluzione, gli acidi forti esistono come ioni H^+ e le basi forti esistono come ioni OH^-. Ricavare K_a, K_b e K_w dalle relative tabelle.)

12.89 Calcolare *x*, il numero di molecole di acqua nell'acido ossalico idrato ($H_2C_2O_4 \cdot xH_2O$) dai seguenti dati: 5,00 g del composto vengono usati per fare una soluzione di 250 ml, e 25,0 ml di questa soluzione richiedono 15,9 ml di una soluzione di NaOH 0,500 *M* per la neutralizzazione.

12.90 Descrivere come si potrebbe preparare 1 l del sistema tampone 0,20 *M* CH_3COONa/0,20 *M* CH_3COOH mediante: (a) mescolamento di una soluzione di CH_3COOH con una soluzione di CH_3COONa, (b) facendo reagire una soluzione di CH_3COOH con una soluzione di NaOH, (c) facendo reagire una soluzione di CH_3COONa con una soluzione di HCl.

12.91 La fenolftaleina è un indicatore comunemente usato per le titolazioni acido forte-base forte. (a) Se il pK_a della fenolftaleina è 9,10, qual è il rapporto tra la forma non ionizzata dell'indicatore (incolore) e la forma ionizzata (rosa) a pH 8,00? (b) Se 2 gocce di fenolftaleina 0,060 *M* sono utilizzate in una titolazione che comporta un volume di 50,0 ml, qual è la concentrazione della forma ionizzata a pH 8,00? (Si supponga che 1 goccia = 0,050 ml.)

12.92 I dipinti a olio contenenti composti del piombo (II) come costituenti dei loro pigmenti tendono a scurirsi nel corso degli anni. Suggerire un motivo chimico per il cambiamento di colore.

12.93 Quali reagenti andrebbero usati per separare le seguenti coppie di ioni in soluzione: (a) Na^+ e Ba^{2+}, (b) K^+ e Pb^{2+}, (c) Zn^{2+} e Hg^{2+}?

12.94 Ricavando i valori di K_{ps} per $BaSO_4$ e $SrSO_4$ dalla Tabella 12.3, calcolare le concentrazioni di Ba^{2+}, Sr^{2+} e SO_4^{2-} in una soluzione satura di entrambi i sali.

12.95 In linea di principio, gli ossidi anfoteri, come Al_2O_3 e BeO, possono essere utilizzati per preparare soluzioni tampone, poiché sono in possesso sia di proprietà acide che basiche (vedi Paragrafo 12.7). Spiegare il motivo per cui questi composti sono di scarsa utilità pratica come componenti di soluzioni tampone.

12.96 $CaSO_4$ ($K_{ps} = 2,4 \times 10^{-5}$) ha un K_{ps} maggiore di quello di Ag_2SO_4 ($K_{ps} = 1,4 \times 10^{-5}$). Ne consegue che $CaSO_4$ avrà anche una maggiore solubilità (g l^{-1})?

12.97 Quando il succo di limone è aggiunto al tè, il colore diventa più chiaro. In parte, il cambiamento di colore è dovuto alla diluizione, ma il motivo principale è una reazione acido-base. Qual è la reazione? (*Suggerimento:* Il tè contiene "polifenoli", che sono acidi deboli e il succo di limone contiene acido citrico.)

12.98 Quanti millilitri di NaOH 1,0 *M* devono essere aggiunti a 200 ml di soluzione 0,10 *M* di NaH_2PO_4 per fare una soluzione tampone con un pH di 7,50?

12.99 La concentrazione massima ammissibile di ioni Pb^{2+} nell'acqua potabile è di 0,05 ppm (vale a dire, 0,05 g di Pb^{2+} in una tonnellata d'acqua). Queste linee guida saranno superate se un'acqua di sorgente è all'equilibrio con il minerale anglesite ($PbSO_4$, $K_{ps} = 1,6 \times 10^{-8}$)?

12.100 Uno degli antibiotici più comuni è la penicillina G (acido benzilpenicillinico), che ha la seguente struttura:

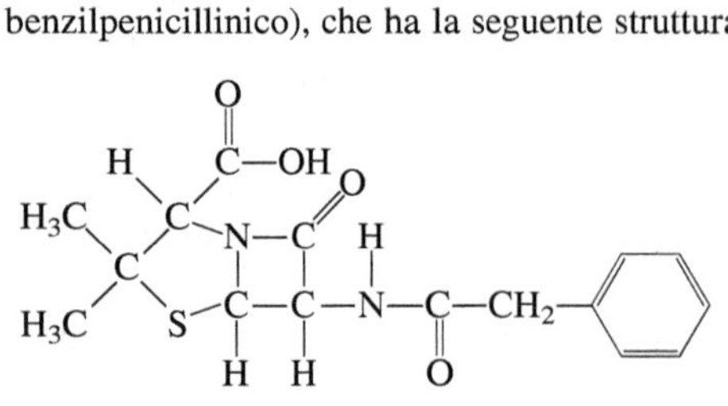

È un acido debole monoprotico:

$$HP \rightleftharpoons H^+ + P^- \qquad K_a = 1,64 \times 10^{-3}$$

dove HP indica l'acido e P^- la base coniugata. La penicillina G viene prodotta mediante crescita di muffe in vasche di fermentazione a 25 °C e in un intervallo di pH compreso tra 4,5 e 5,0. La forma grezza dell'antibiotico è ottenuta mediante estrazione dal brodo di fermentazione con un solvente organico in cui l'acido è solubile. (a) Identificare l'idrogeno acido. (b) In una fase della purificazione, l'estratto organico del grezzo è trattato con una soluzione tampone a pH = 6,50. Qual è il rapporto tra la base coniugata e l'acido della penicillina G a questo pH? Ci si aspetta che la base coniugata sia più solubile in acqua rispetto all'acido? (c) La penicillina G non è adatta a una somministrazione orale, ma lo è il suo sale sodico (NaP), che è solubile. Calcolare il pH di una soluzione di NaP 0,12 *M*, formata quando una compressa contenente il sale è disciolta in un bicchiere di acqua.

12.101 Quale delle seguenti soluzioni ha la più alta $[H^+]$: (a) 0,10 *M* HF, (b) HF 0,10 *M* in NaF 0,10 *M*, (c) HF 0,10 *M* in SbF_5 0,10 *M*? (*Suggerimento:* SbF_5 reagisce con F^- per formare lo ione complesso SbF_6^-.)

12.102 Le curve di distribuzione mostrano come variano le frazioni di acido non ionizzato e la sua base coniugata in funzione del pH del mezzo. Riportare in un grafico le curve di distribuzione per CH_3COOH e la sua base coniugata CH_3COO^- in soluzione. Il grafico dovrebbe presentare le frazioni sull'asse *y* e il pH sull'asse *x*. Quali sono i valori delle frazioni e del pH nel punto in cui queste due curve si intersecano?

12.103 L'acqua contenente ioni Ca^{2+} e Mg^{2+} è detta *acqua dura* ed è inadatta per alcuni usi industriali e domestici, poiché questi ioni reagiscono con il sapone per formare sali insolubili. Un modo per rimuovere gli ioni Ca^{2+} è quello di aggiungere la cosiddetta "soda da bucato" ($Na_2CO_3 \cdot 10H_2O$). (a) La solubilità molare di $CaCO_3$ è $9,3 \times 10^{-5}$ *M*. Qual è la sua solubilità molare in una soluzione Na_2CO_3 0,050 *M*? (b) Perché gli ioni Mg^{2+} non vengono rimossi con questa procedura? (c) Gli ioni Mg^{2+} sono rimossi come $Mg(OH)_2$ aggiungendo "calce spenta" [$Ca(OH)_2$] all'acqua, per ottenere una soluzione satura. Calcolare il pH di una soluzione satura di $Ca(OH)_2$. (d) Qual è la concentrazione degli ioni Mg^{2+} a questo pH? (e) In generale, quale ione sarebbe opportuno rimuovere per primo, Ca^{2+} o Mg^{2+}? Perché?

12.104 Considerare la ionizzazione del seguente indicatore acido-base:

$$HIn(aq) \rightleftharpoons H^+(aq) + In^-(aq)$$

L'indicatore cambia colore a seconda del rapporto tra le concentrazioni dell'acido e della sua base coniugata, come descritto nel Paragrafo 12.4. Mostrare che l'intervallo di pH nel quale l'indicatore passa dal colore acido al colore basico è pH = $pK_a \pm 1$, dove K_a è la costante di ionizzazione dell'acido.

12.105 Gli amminoacidi sono i mattoni ("building blocks") costituenti le proteine. Questi composti contengono almeno un gruppo amminico (—NH_2) e un gruppo carbossilico (—COOH). Prendiamo in esame la glicina (NH_2CH_2COOH). A seconda del pH della soluzione, la glicina può esistere in una delle tre possibili forme:

completamente protonata: $\overset{+}{N}H_3$—CH_2—COOH

ione dipolare: $\overset{+}{N}H_3$—CH_2—COO^-

completamente ionizzata: NH_2—CH_2—COO^-

Prevedere la forma predominante della glicina a pH 1,0, 7,0 e 12,0. Il pK_a del gruppo carbossilico è pari a 2,3 e quello del gruppo ammonio (—NH_3^+) è 9,6,

12.106 (a) Facendo riferimento alla Figura 12.7, descrivere come si potrebbe determinare il pK_b di una base. (b) Derivare un'equazione analoga a quella di Henderson-Hasselbalch che metta in relazione il pOH con il pK_b di una base debole B e del suo acido coniugato HB^+. Disegnare una curva di titolazione mostrando la variazione del pOH della soluzione della base rispetto al volume aggiunto da una buretta di un acido forte. Descrivere in che modo si potrebbe determinare il pK_b da questa curva.

12.107 Un modo per distinguere una soluzione tampone da una soluzione di acido è tramite la diluizione. (a) Prendere in considerazione un tampone fatto con una soluzione di CH_3COOH 0,500 *M* e con una soluzione di CH_3COONa 0,500 *M*. Calcolare il pH e il pH dopo che la soluzione è stata diluita 10 volte. (b) Confrontare il risultato della parte (a) con i valori di pH di una soluzione di CH_3COOH 0,500 *M* prima e dopo che sia stata diluita con le stesse modalità.

12.108 Riportare in un grafico le curve di distribuzione per una soluzione acquosa di acido carbonico. Il grafico dovrebbe presentare le frazioni sull'asse *y* e il pH sull'asse *x*. Si noti che, per ogni valore di pH, solo due delle tre specie (H_2CO_3, HCO_3^-, CO_3^{2-}) sono presenti in concentrazioni apprezzabili. Usare i valori di pK_a della Tabella 11.3.

12.109 Un campione di 0,96 l di HCl a 372 mmHg e 22 °C viene fatto gorgogliare in 0,034 l di NH_3 0,57 *M*. Qual è il pH della soluzione risultante? Assumere che il volume di soluzione rimanga costante e che l'HCl sia completamente disciolto nella soluzione.

12.110 L'istidina è uno dei 20 amminoacidi che si trovano nelle proteine. È qui mostrata una molecola di istidina completamente protonata dove i numeri indicano i valori di pK_a dei gruppi acidi.

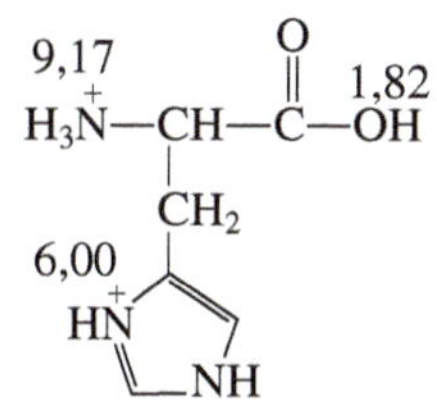

(a) Mostrare tutti i passaggi relativi alla ionizzazione in soluzione dell'istidina. (*Suggerimento:* Lo ione H^+ verrà prima rilasciato dal più forte gruppo acido seguito poi da quello immediatamente meno forte e così via.)

(b) Uno ione dipolare è uno ione in cui le specie hanno un uguale numero di cariche positive e negative. Individuare lo ione dipolare in (a).

(c) Il pH a cui lo ione dipolare predomina è chiamato punto isoelettrico, contrassegnato da p*I*. Il punto isoelettrico è la media dei valori di pK_a che portano alla formazione e alla dissoluzione dello ione dipolare. Calcolare il p*I* dell'istidina.

(d) Il gruppo istidinico svolge un ruolo importante nel mantenere costante il pH del sangue. Quale coppia coniugata acido-base mostrata in (a) è responsabile di questo comportamento?

12.111 Un volume di 1,0 l di soluzione satura di carbonato d'argento a 5 °C è trattato con una quantità sufficiente di acido cloridrico in modo tale da avere una completa decomposizione. Il diossido di carbonio generato è raccolto in un flaconcino da 19 ml ed esercita una pressione di 114 mmHg a 25 °C. Qual è il K_{ps} di Ag_2CO_3 a 5 °C?

12.112 Utilizzando il valore di K_{ps} per AgCl dato nella Tabella 12.3, stimare il valore di K_{ps} per questo composto a 50 °C. Quali approssimazioni vanno fatte in questo calcolo? La solubilità aumenta o diminuisce all'aumentare della temperatura? Questo comportamento è in linea con il principio di Le Châtelier? L'entalpia di soluzione per AgCl è pari a 65,7 kJ mol^{-1} a 25 °C.

Soluzioni dei problemi di autovalutazione

12.1 4,01 **12.2** (a) e (c) **12.3** 9,17, 9,20 **12.4** Pesare Na_2CO_3 e $NaHCO_3$ in un rapporto molare di 0,60 a 1,0. Disciogliere in abbastanza acqua per fare 1 l di soluzione. **12.5** (a) 2,19, (b) 3,95, (c) 8,02, (d) 11,39 **12.6** 5,92 **12.7** (a) Blu di bromotimolo, metilarancio, rosso metile e blu di clorofenolo; (b) tutti, eccetto il blu di timolo, il blu di bromofenolo e il metilarancio; (c) rosso cresolo e fenolftaleina **12.8** (a) insolubile; (b) insolubile; (c) solubile **12.9** $2,0 \times 10^{-14}$ **12.10** $1,9 \times 10^{-3}$ g l^{-1} **12.11** No **12.12** (a) $> 1,6 \times 10^{-9}$ *M*, (b) $> 2,6 \times 10^{-6}$ *M* **12.13** (a) $1,7 \times 10^{-4}$ g l^{-1}, (b) $1,4 \times 10^{-7}$ g l^{-1} **12.14** (a) Più solubile in soluzione acida, (b) più solubile in soluzione acida, (c) circa lo stesso **12.15** Si formerà del precipitato di $Fe(OH)_2$ **12.16** $[Cu^{2+}] = 1,2 \times 10^{-13}$ *M*, $[Cu(NH_3)_4^{2+}] = 0,017$ *M*, $[NH_3] = 0,23$ *M* **12.17** $3,5 \times 10^{-3}$ mol l^{-1}

CAPITOLO

13

Elettrochimica

13.1 Reazioni redox

Una forma di energia che riveste un'enorme importanza pratica è l'energia elettrica. Un giorno senza elettricità è inimmaginabile nella nostra società tecnologica. *Il ramo della chimica che studia l'interconversione tra energia elettrica ed energia chimica è chiamato* ***elettrochimica***. I processi elettrochimici sono ***reazioni redox*** (o ***reazioni di ossidoriduzione***) in cui l'energia liberata da una reazione spontanea, viene convertita in energia elettrica o nelle quali l'energia elettrica viene utilizzata per far avvenire una reazione non spontanea. Nelle reazioni redox, gli elettroni sono trasferiti da una sostanza a un'altra. La reazione tra il magnesio metallico e l'acido cloridrico è un esempio di una reazione di ossidoriduzione:

$$Mg(s) + 2HCl(aq) \longrightarrow MgCl_2 + H_2(g)$$

In questa reazione, il Mg metallico perde due elettroni, e i due ioni H^+ nella soluzione di HCl acquistano un elettrone ciascuno. Le specie che perdono elettroni in una reazione di ossidoriduzione si dice che si ***ossidano***, e quelle che guadagnano elettroni si dice che si ***riducono***. Nella reazione del magnesio metallico con acido cloridrico, per esempio, il Mg metallico viene ossidato e gli ioni H^+ si riducono. Gli ioni Cl^- sono ioni spettatori perché non partecipano direttamente alla reazione di ossidoriduzione.

Le reazioni di ossidoriduzione sono presenti in larga misura nel mondo che ci circonda. Esse vanno dal bruciare i combustibili fossili all'azione della candeggina per uso domestico. Inoltre, la maggior parte degli elementi metallici e non metallici sono ottenuti a partire dai loro minerali mediante processi di ossidazione o di riduzione. Molte importanti reazioni redox avvengono in acqua (la formazione di ruggine, per esempio), ma non tutte le redox avvengono in soluzione acquosa. Alcune, come la formazione di ossido di calcio (CaO) da calcio e ossigeno, si verificano quando un solido interagisce con un gas:

$$2Ca(s) + O_2(g) \longrightarrow 2CaO(s)$$

L'ossido di calcio è un composto ionico costituito da ioni Ca^{2+} e O^{2-}. In questa reazione, due atomi di Ca cedono quattro elettroni a due atomi di O (in O_2). Per comodità, possiamo pensare che questo processo avvenga in due fasi distinte, una che comporta la perdita dei quattro elettroni da parte dei due atomi di Ca e l'altra l'acquisto di quattro elettroni da parte di una molecola di O_2:

$$2Ca \longrightarrow 2Ca^{2+} + 4e^-$$
$$O_2 + 4e^- \longrightarrow 2O^{2-}$$

Ognuno di questi due passaggi è chiamato ***semireazione***, e ogni semireazione *indica esplicitamente gli elettroni coinvolti nell'ossidazione e nella riduzione di una reazione redox*. La somma della semireazione di ossidazione e della semireazione di riduzione dà la reazione totale di ossidoriduzione.

In una semireazione di ossidazione, gli elettroni appaiono come prodotti, in una semireazione di riduzione, gli elettroni appaiono come reagenti.

Una ***reazione di ossidazione*** è una *semireazione che comporta una perdita di elettroni*. Originariamente il termine *ossidazione* era usato per indicare la combinazione di elementi con l'ossigeno. Ora, però, "ossidazione" ha un significato più ampio che include reazioni che non prevedono l'ossigeno. Una ***reazione di riduzione*** è una *semireazione che comporta un guadagno di elettroni*. Nella formazione di ossido di calcio, il calcio è ossidato. Esso agisce come ***agente riducente***, in quanto *dona elettroni* all'ossigeno, riducendolo. L'ossigeno viene ridotto e agisce come ***agente ossidante*** perché *accetta elettroni* dal calcio, ossidandolo. Una reazione di ossidazione non può avvenire senza una concomitante reazione di riduzione, e viceversa. Il numero di elettroni ceduti da un agente riducente deve essere pari al numero di elettroni acquisiti da un agente ossidante.

Quando lo zinco metallico è aggiunto a una soluzione contenente solfato di rame (II) ($CuSO_4$), lo zinco cede due elettroni, formando così Zn^{2+}, riducendo Cu^{2+} a rame metallico:

$$Zn(s) + Cu^{2+}(aq) \longrightarrow Zn^{2+}(aq) + Cu(s)$$

Nel processo, la soluzione perde il caratteristico colore blu dovuto alla presenza di ioni di rame (II) idrato e il rame metallico precipita dalla soluzione (Figura 13.1).

Le semireazioni di ossidazione e di riduzione sono

$$\begin{aligned} \text{ossidazione:} \quad & Zn(s) \longrightarrow Zn^{2+}(aq) + 2e^- \\ \text{riduzione:} \quad & Cu^{2+}(aq) + 2e^- \longrightarrow Cu(s) \end{aligned}$$

Figura 13.1 Reazioni di spostamento dei metalli in soluzione. (a) Primo becher: una barretta di zinco è posta in una soluzione blu di $CuSO_4$. Immediatamente gli ioni Cu^{2+} sono ridotti a Cu metallico sotto forma di uno strato scuro. Secondo becher: con il passare del tempo, la maggior parte degli ioni Cu^{2+} sono ridotti e la soluzione diventa incolore. (b) Primo becher: un pezzo di filo di Cu è posto in una soluzione incolore di $AgNO_3$. Gli ioni metallici Ag^+ sono ridotti ad Ag metallico. Secondo becher: con il passare del tempo, la maggior parte degli ioni Ag^+ sono ridotti e la soluzione assume il caratteristico colore blu degli ioni Cu^{2+} idratati.

Allo stesso modo, il rame metallico riduce gli ioni argento in una soluzione di nitrato d'argento ($AgNO_3$):

$$Cu(s) + 2AgNO_3(aq) \longrightarrow Cu(NO_3)_2(aq) + 2Ag(s)$$

o

$$Cu(s) + 2Ag^+(aq) \longrightarrow Cu^{2+}(aq) + 2Ag(s)$$

Le reazioni mostrate in Figura 13.1 sono esempi di *reazioni di spostamento dei metalli.*

13.1.1 Numero di ossidazione

Definire l'ossidazione e la riduzione in termini, rispettivamente, di cessione e di acquisto di elettroni funziona bene per la formazione di composti ionici, come CaO o per la riduzione di ioni Cu^{2+} da parte dello Zn metallico. Queste definizioni, tuttavia, non descrivono accuratamente la formazione di acido cloridrico (HCl) e di diossido di zolfo (SO_2):

$$H_2(g) + Cl_2(g) \longrightarrow 2HCl(g)$$

$$S(s) + O_2(g) \longrightarrow SO_2(g)$$

Poiché HCl e SO_2 sono composti molecolari (non ionici), gli elettroni non sono effettivamente trasferiti nella formazione di questi composti. Tuttavia, è conveniente trattare queste reazioni come reazioni redox perché misurazioni sperimentali mostrano che vi è un trasferimento parziale di elettroni (da H a Cl in HCl e da S a O in SO_2).

Per tenere traccia degli elettroni nelle reazioni redox, è utile assegnare dei *numeri di ossidazione* ai reagenti e ai prodotti. Il ***numero di ossidazione*** di un atomo, detto anche il suo ***stato di ossidazione***, indica *il numero di cariche che l'atomo avrebbe in una molecola (o un composto ionico) se gli elettroni fossero trasferiti completamente*. Per esempio, i numeri di ossidazione delle specie coinvolte nella formazione di HCl e SO_2 (mostrati sopra ai simboli degli elementi) sono i seguenti:

$$\overset{0}{H_2}(g) + \overset{0}{Cl_2}(g) \longrightarrow 2\overset{+1}{H}\overset{-1}{Cl}(g)$$

$$\overset{0}{S}(s) + \overset{0}{O_2}(g) \longrightarrow \overset{+4}{S}\overset{-2}{O_2}(g)$$

In entrambe queste reazioni, i numeri di ossidazione degli atomi nei reagenti sono pari a zero perché le molecole dei reagenti sono elementi puri. Per le molecole dei prodotti, tuttavia, si assume che abbia avuto luogo il completo trasferimento di elettroni e che gli atomi abbiano acquistato o ceduto elettroni.

I numeri di ossidazione riflettono il numero di elettroni "trasferiti" e ci permettono di identificare a prima vista gli elementi che sono ossidati e ridotti. Gli elementi che mostrano un aumento nel numero di ossidazione, idrogeno e zolfo nei precedenti esempi, sono ossidati. Gli elementi che indicano una diminuzione del numero di ossidazione, cloro e ossigeno, sono ridotti. Si noti che la somma dei numeri di ossidazione di H e Cl in HCl ($+1$ e -1) è zero. Allo stesso modo, se si sommano le cariche su S ($+4$) e sui due atomi di O [$2 \times (-2)$], il totale è pari a zero. I totali sono pari a zero poiché le molecole di HCl e SO_2 sono neutre, così le cariche dovranno annullarsi.

Per assegnare i numeri di ossidazione, utilizzare le seguenti regole:

1. Negli elementi allo stato puro (cioè gli elementi non combinati con altri elementi), ogni atomo ha numero di ossidazione pari a zero. Così, ogni atomo in H_2, Br_2, Na, Be, K, O_2 e P_4 ha lo stesso numero di ossidazione: zero.

2. Per gli ioni composti da un solo atomo (cioè ioni monatomici), il numero di ossidazione è pari alla carica dello ione. Per cui, lo ione litio Li^+ ha numero di ossidazione +1; lo ione Ba^{2+}, +2; lo ione Fe^{3+}, +3; lo ione I^-, −1; lo ione O^{2-}, −2; e così via. Tutti i metalli alcalini hanno numero di ossidazione +1 e tutti i metalli alcalino-terrosi hanno numero di ossidazione +2 nei loro composti. L'alluminio ha numero di ossidazione +3 in tutti i suoi composti.
3. Il numero di ossidazione dell'ossigeno nella maggior parte dei composti (per esempio, MgO e H_2O) è −2. *Eccezioni:* il numero di ossidazione dell'ossigeno nel perossido di idrogeno (o acqua ossigenata) (H_2O_2) e nello ione perossido (O_2^{2-}) è −1; nell'anione superossido (O_2^-), è −1/2 (in tal modo, i numeri di ossidazione sono generalmente, ma non necessariamente, interi).
4. Il numero di ossidazione dell'idrogeno è +1. *Eccezioni:* quando l'idrogeno è legato a metalli in composti binari (per esempio, LiH, NaH e CaH_2), il suo numero di ossidazione è −1.
5. Il numero di ossidazione degli alogeni (F, Cl, Br e I) è −1. *Eccezioni:* quando Cl, Br e I sono legati ad altri alogeni, solo l'alogeno più elettronegativo ha numero di ossidazione −1. Quando si combinano con l'ossigeno, per esempio, negli ossiacidi e negli ossoanioni (vedi il Paragrafo 0.3), Cl, Br e I hanno numeri di ossidazione positivi dato che l'ossigeno è più elettronegativo.
6. La somma dei numeri di ossidazione di tutti gli elementi in una molecola o in uno ione poliatomico deve essere pari alla carica netta sulla molecola o sullo ione. In una molecola neutra, come NH_3 per esempio, la somma dei numeri di ossidazione di tutti gli atomi deve essere zero. Il numero di ossidazione di N è −3 e di H è +1, per cui la somma dei numeri di ossidazione è $-3 + 3(+1) = 0$. Anche nello ione ammonio poliatomico, NH_4^+, i numeri di ossidazione di N e H sono, rispettivamente, −3 e +1. La somma dei numeri di ossidazione, tuttavia, è $-3 + 4(+1) = +1$, che è uguale alla carica netta dello ione.

L'Esempio 13.1 mostra come applicare queste regole per assegnare i numeri di ossidazione alle specie neutre e cariche.

Esempio 13.1

Assegnare i numeri di ossidazione a tutti gli elementi nei seguenti composti e ioni: (a) Li_2O, (b) HNO_3, (c) $Cr_2O_7^{2-}$, (d) ClF_3.

Impostazione Usare le regole per l'assegnazione dei numeri di ossidazione. Tutti i metalli alcalini hanno numero di ossidazione +1 e, nella maggior parte dei casi, nei loro composti, l'idrogeno ha numero di ossidazione +1 e l'ossigeno ha numero di ossidazione −2. Il fluoro, l'elemento più elettronegativo, ha numero di ossidazione −1 (tranne che in F_2, dove il suo numero di ossidazione è 0).

Soluzione

(a) In base alla regola 2, il litio ha numero di ossidazione +1 (Li^+) e l'ossigeno ha numero di ossidazione −2 (O^{2-}).

(b) Questa è la formula dell'acido nitrico, che fornisce uno ione H^+ e uno ione NO_3^- in soluzione. In base alla regola 4, H^+ ha numero di ossidazione +1 e, in base alla regola 6, lo ione nitrato deve avere numero di ossidazione (totale) −1. L'ossigeno ha numero di ossidazione −2 (regola 3) e, se si usa x per indicare il numero di ossidazione dell'azoto, si avrà $x + 3(-2) = -1$ o $x = 5$.

(c) In base alla regola 6, la somma dei numeri di ossidazione nello ione dicromato $Cr_2O_7^{2-}$ deve essere −2. L'ossigeno ha numero di ossidazione −2 (regola 3), quindi si può determinare il numero di ossidazione di Cr indicandolo con y: $2(y) + 7(-2) = -2$ o $y = 6$.

(d) Nel ClF_3 i tre atomi di fluoro sono legati all'atomo Cl, che presenta minore elettronegatività e che ha un ottetto espanso. In base alla regola 5, ogni F ha numero di ossidazione -1. Dato che la molecola è neutra, l'atomo di Cl deve avere numero di ossidazione $+3$, in modo che la somma di ossidazione sia pari a zero $[+3 + 3(-1) = 0]$.

Verifica In ciascun caso, la somma dei numeri di ossidazione di tutti gli atomi eguaglia la carica totale della specie?

Problema di autovalutazione Assegnare i numeri di ossidazione a tutti gli elementi nei seguenti composti e ioni: (a) PF_3, (b) MnO_4^-, (c) ClO_3^-, (d) SF_6.

La Figura 13.2 mostra i numeri di ossidazione di alcuni elementi comuni, organizzati in base alla loro posizione nella tavola periodica. Possiamo riassumere questi dati nel modo seguente:

- Gli elementi metallici presentano solo numeri di ossidazione positivi, mentre gli elementi non metallici possono avere numeri di ossidazione sia positivi che negativi.

1 1A	2 2A	3 3B	4 4B	5 5B	6 6B	7 7B	8	9 8B	10	11 1B	12 2B	13 3A	14 4A	15 5A	16 6A	17 7A	18 8A
1 **H** +1 −1																	2 **He**
3 **Li** +1	4 **Be** +2											5 **B** +3	6 **C** +4 +2 −4	7 **N** +5 +4 +3 +2 +1 −3	8 **O** +2 $-\frac{1}{2}$ −1 −2	9 **F** −1	10 **Ne**
11 **Na** +1	12 **Mg** +2											13 **Al** +3	14 **Si** +4 −4	15 **P** +5 +3 −3	16 **S** +6 +4 +2 −2	17 **Cl** +7 +6 +5 +4 +3 +1 −1	18 **Ar**
19 **K** +1	20 **Ca** +2	21 **Sc** +3	22 **Ti** +4 +3 +2	23 **V** +5 +4 +3 +2	24 **Cr** +6 +5 +4 +3 +2	25 **Mn** +7 +6 +4 +3 +2	26 **Fe** +3 +2	27 **Co** +3 +2	28 **Ni** +2	29 **Cu** +2 +1	30 **Zn** +2	31 **Ga** +3	32 **Ge** +4 −4	33 **As** +5 +3 −3	34 **Se** +6 +4 −2	35 **Br** +5 +3 +1 −1	36 **Kr** +4 +2
37 **Rb** +1	38 **Sr** +2	39 **Y** +3	40 **Zr** +4	41 **Nb** +5 +4	42 **Mo** +6 +4 +3	43 **Tc** +7 +6 +4	44 **Ru** +8 +6 +4 +3	45 **Rh** +4 +3 +2	46 **Pd** +4 +2	47 **Ag** +1	48 **Cd** +2	49 **In** +3 +1	50 **Sn** +4 +2	51 **Sb** +5 +3 −3	52 **Te** +6 +4 −2	53 **I** +7 +5 +1 −1	54 **Xe** +6 +4 +2
55 **Cs** +1	56 **Ba** +2	57 **La** +3	72 **Hf** +4	73 **Ta** +5	74 **W** +6 +4	75 **Re** +7 +6 +4	76 **Os** +8 +4	77 **Ir** +4 +3	78 **Pt** +4 +2	79 **Au** +3 +1	80 **Hg** +2 +1	81 **Tl** +3 +1	82 **Pb** +4 +2	83 **Bi** +5 +3	84 **Po** +2	85 **At** −1	86 **Rn**

Figura 13.2 I numeri di ossidazione degli elementi nei loro composti. I numeri di ossidazione più comuni sono in rosso.

- Il più alto numero di ossidazione che un elemento dei gruppi da 1A a 7A possa avere è il numero del suo gruppo. Per esempio, gli alogeni sono nel gruppo 7A, quindi il loro numero di ossidazione più elevato possibile è +7.
- I metalli di transizione (gruppi 1B e da 3B a 8B) di solito hanno diversi numeri di ossidazione possibili.

13.1.2 Bilanciamento delle reazioni redox

Le equazioni delle reazioni redox, come l'ossidazione del magnesio metallico da parte del cloro gassoso discussa all'inizio di questo paragrafo, sono relativamente semplici da bilanciare. In laboratorio, tuttavia, si incontrano spesso reazioni redox più complesse, che coinvolgono ossoanioni come il cromato (CrO_4^{2-}), il dicromato ($Cr_2O_7^{2-}$), il permanganato (MnO_4^-), il nitrato (NO_3^-) e il solfato (SO_4^{2-}). In linea di principio, si può bilanciare qualsiasi equazione redox, utilizzando il procedimento descritto nel Paragrafo 0.4, ma esistono alcune particolari procedure per trattare le reazioni redox, procedure che, inoltre, ci danno informazioni sui processi di trasferimento di elettroni. In questo paragrafo verrà preso in considerazione uno di questi procedimenti detto *metodo ionico-elettronico*. In questo approccio, la reazione totale è divisa in due semireazioni, una per l'ossidazione e una per la riduzione. Le equazioni delle due semireazioni sono bilanciate separatamente e poi sommate per ottenere l'equazione totale bilanciata.

Supponiamo, per esempio, che ci venga richiesto di bilanciare l'equazione relativa all'ossidazione degli ioni Fe^{2+} a ioni Fe^{3+} da parte degli ioni dicromato ($Cr_2O_7^{2-}$) in soluzione acida. In questa reazione, gli ioni $Cr_2O_7^{2-}$ sono ridotti a ioni Cr^{3+}. I seguenti passaggi ci aiuteranno a bilanciare l'equazione con il metodo ionico-elettronico.

Passaggio 1: *Scrivere l'equazione non bilanciata della reazione in forma ionica.*

$$Fe^{2+} + Cr_2O_7^{2-} \longrightarrow Fe^{3+} + Cr^{3+}$$

Passaggio 2: *Separare l'equazione in due semireazioni.*

$$\text{ossidazione:} \quad \overset{+2}{Fe^{2+}} \longrightarrow \overset{+3}{Fe^{3+}}$$

$$\text{riduzione:} \quad \overset{+6}{Cr_2O_7^{2-}} \longrightarrow \overset{+3}{Cr^{3+}}$$

Passaggio 3: *Bilanciare ogni semireazione in base al numero e al tipo di atomi e di cariche. Per le reazioni in ambiente acido, aggiungere H_2O per bilanciare gli atomi di ossigeno e aggiungere H^+ per bilanciare gli atomi di idrogeno.*

Semireazione di ossidazione: gli atomi sono già bilanciati. Per bilanciare le cariche, si aggiunge un elettrone a destra della freccia:

$$Fe^{2+} \longrightarrow Fe^{3+} + e^-$$

Semireazione di riduzione: poiché la reazione avviene in soluzione acida, per bilanciare gli atomi di ossigeno, si aggiungono sette molecole di H_2O a destra della freccia:

$$Cr_2O_7^{2-} \longrightarrow 2Cr^{3+} + 7H_2O$$

Per bilanciare gli atomi di idrogeno, si aggiungono 14 ioni H^+ sul lato sinistro:

$$14H^+ + Cr_2O_7^{2-} \longrightarrow 2Cr^{3+} + 7H_2O$$

Ci sono ora 12 cariche positive sul lato sinistro e solo 6 cariche positive sul lato destro. Pertanto, si aggiungono sei elettroni a sinistra:

$$14H^+ + Cr_2O_7^{2-} + 6e^- \longrightarrow 2Cr^{3+} + 7H_2O$$

Passaggio 4: *Sommare le due semireazioni e bilanciare l'equazione finale. Gli elettroni su entrambi i lati si devono elidere. Se le semireazioni di ossidazione e di riduzione contengono un diverso numero di elettroni, bisognerà moltiplicare una o entrambe le semireazioni per un coefficiente tale da poter eguagliare il numero di elettroni.*

In questo caso abbiamo un solo elettrone per la semireazione di ossidazione e sei elettroni per la semireazione di riduzione, quindi bisognerà moltiplicare per 6 la semireazione di ossidazione:

$$6(Fe^{2+} \longrightarrow Fe^{3+} + e^-)$$

$$14H^+ + Cr_2O_7^{2-} + 6e^- \longrightarrow 2Cr^{3+} + 7H_2O$$

$$6Fe^{2+} + 14H^+ + Cr_2O_7^{2-} + \cancel{6e^-} \longrightarrow 6Fe^{3+} + 2Cr^{3+} + 7H_2O + \cancel{6e^-}$$

Gli elettroni su entrambi i lati si elidono, lasciando l'equazione bilanciata (netta) in forma ionica:

$$6Fe^{2+} + 14H^+ + Cr_2O_7^{2-} \longrightarrow 6Fe^{3+} + 2Cr^{3+} + 7H_2O$$

Passaggio 5: *Verificare che l'equazione contenga lo stesso tipo e numero di atomi e la stessa carica totale su entrambi i lati dell'equazione.*

Ci sono 6 Fe, 14 H, 2 Cr e 7 O su entrambi i lati dell'equazione, e la carica su entrambi i lati è +24. La risultante equazione, quindi, è "atomicamente" ed "elettricamente" bilanciata.

Per le reazioni in ambiente basico, si procede fino al passaggio 4 come se la reazione avvenisse in soluzione acida. Poi, per ogni ione H^+ si aggiunge un numero uguale di ioni OH^- su entrambi i lati dell'equazione. Quando gli ioni H^+ e OH^- appaiono sullo stesso lato dell'equazione, essi vanno combinati per formare H_2O. L'Esempio 13.2 illustra questo procedimento.

Esempio 13.2

Scrivere un'equazione bilanciata per l'ossidazione dello ione ioduro (I^-) a opera dello ione permanganato (MnO_4^-) in ambiente basico per dare iodio molecolare (I_2) e ossido di manganese (IV) (MnO_2).

Impostazione Seguire il procedimento per il bilanciamento delle reazioni redox in base al metodo ionico-elettronico. La reazione avviene in ambiente basico, per cui tutti gli ioni H^+ presenti nelle due semireazioni devono essere neutralizzati mediante l'aggiunta di un uguale numero di ioni OH^- a entrambi i lati dell'equazione.

Soluzione

Passaggio 1: L'equazione non bilanciata è

$$MnO_4^- + I^- \longrightarrow MnO_2 + I_2$$

Passaggio 2: Le due semireazioni sono

$$\text{ossidazione:} \quad \overset{-1}{I^-} \longrightarrow \overset{0}{I_2}$$

$$\text{riduzione:} \quad \overset{+7}{MnO_4^-} \longrightarrow \overset{+4}{MnO_2}$$

Passaggio 3: Bilanciare ciascuna semireazione in base al numero e al tipo di atomi e cariche. Per la semireazione di ossidazione, iniziamo bilanciando il numero degli atomi di iodio:

$$2I^- \longrightarrow I_2$$

Per bilanciare le cariche, aggiungere due elettroni a destra dell'equazione:

$$2I^- \longrightarrow I_2 + 2e^-$$

Per la semireazione di riduzione, bilanciare gli atomi di O con l'aggiunta di due molecole di H_2O sul lato destro:

$$MnO_4^- \longrightarrow MnO_2 + 2H_2O$$

Per bilanciare gli atomi H, aggiungere quattro ioni H^+ sul lato sinistro:

$$MnO_4^- + 4H^+ \longrightarrow MnO_2 + 2H_2O$$

Ci sono tre cariche positive nette sulla sinistra, quindi si aggiungono tre elettroni allo stesso lato per bilanciare le cariche:

$$MnO_4^- + 4H^+ + 3e^- \longrightarrow MnO_2 + 2H_2O$$

Passaggio 4: Sommare le semireazioni di ossidazione e di riduzione per ottenere la reazione globale. Per eguagliare il numero di elettroni, moltiplicare la semireazione di ossidazione per 3 e la semireazione di riduzione per 2:

$$3(2I^- \longrightarrow I_2 + 2e^-)$$

$$2(MnO_4^- + 4H^+ + 3e^- \longrightarrow MnO_2 + 2H_2O)$$

$$6I^- + 2MnO_4^- + 8H^+ + \cancel{6e^-} \longrightarrow 3I_2 + 2MnO_2 + 4H_2O + \cancel{6e^-}$$

Gli elettroni su entrambi i lati si elidono, lasciando l'equazione bilanciata (netta) in forma ionica:

$$6I^- + 2MnO_4^- + 8H^+ \longrightarrow 3I_2 + 2MnO_2 + 4H_2O$$

Questa è l'equazione bilanciata in ambiente *acido*, ma la reazione avviene in ambiente *basico*. Perciò, per ogni ione H^+, abbiamo bisogno di aggiungere un numero uguale di ioni OH^- a *entrambi* i lati dell'equazione:

$$6I^- + 2MnO_4^- + 8H^+ + 8OH^- \longrightarrow 3I_2 + 2MnO_2 + 4H_2O + 8OH^-$$

Infine, combinando gli ioni H^+ e OH^- per formare acqua, si ottiene

$$6I^- + 2MnO_4^- + 4H_2O \longrightarrow 3I_2 + 2MnO_2 + 8OH^-$$

Passaggio 5: Un controllo finale mostra che l'equazione è bilanciata sia in termini di atomi che di cariche. Ci sono 6 I, 2 Mn, 12 O e 8 atomi H su entrambi i lati dell'equazione, e la carica su entrambi i lati è pari a −8.

Problema di autovalutazione Utilizzare il metodo ionico-elettronico per bilanciare la seguente reazione in ambiente acido:

$$Fe^{2+} + MnO_4^- \longrightarrow Fe^{3+} + Mn^{2+}$$

13.2 Celle galvaniche

Nel Paragrafo 13.1 abbiamo visto che quando un pezzo di zinco metallico è posto in una soluzione di $CuSO_4$, lo Zn si ossida a Zn^{2+} mentre gli ioni Cu^{2+} sono ridotti a rame metallico (vedi la Figura 13.1):

$$Zn(s) + Cu^{2+}(aq) \longrightarrow Zn^{2+}(aq) + Cu(s)$$

Gli elettroni, in soluzione, vengono trasferiti direttamente dal riducente (Zn) all'ossidante (Cu^{2+}). Tuttavia, se separiamo fisicamente l'agente ossidante dall'agente riducente, il trasferimento di elettroni può avvenire attraverso un conduttore esterno (un filo metallico). Con il progredire della reazione, si stabilisce un flusso costante di elettroni e, di conseguenza, si genera una corrente elettrica. Il lavoro elettrico prodotto dalla corrente può essere usato per alimentare un motore elettrico o far accendere una lampadina.

L'apparato sperimentale per la generazione della corrente elettrica mediante l'uso di una reazione spontanea è chiamato ***cella galvanica*** o *cella voltaica*, in onore degli scienziati italiani Luigi Galvani[1] e Alessandro Volta,[2] che per primi realizzarono tali dispositivi. La Figura 13.3 mostra i componenti essenziali di una cella galvanica. Una barra di zinco è immersa in una soluzione di $ZnSO_4$ e una barra di

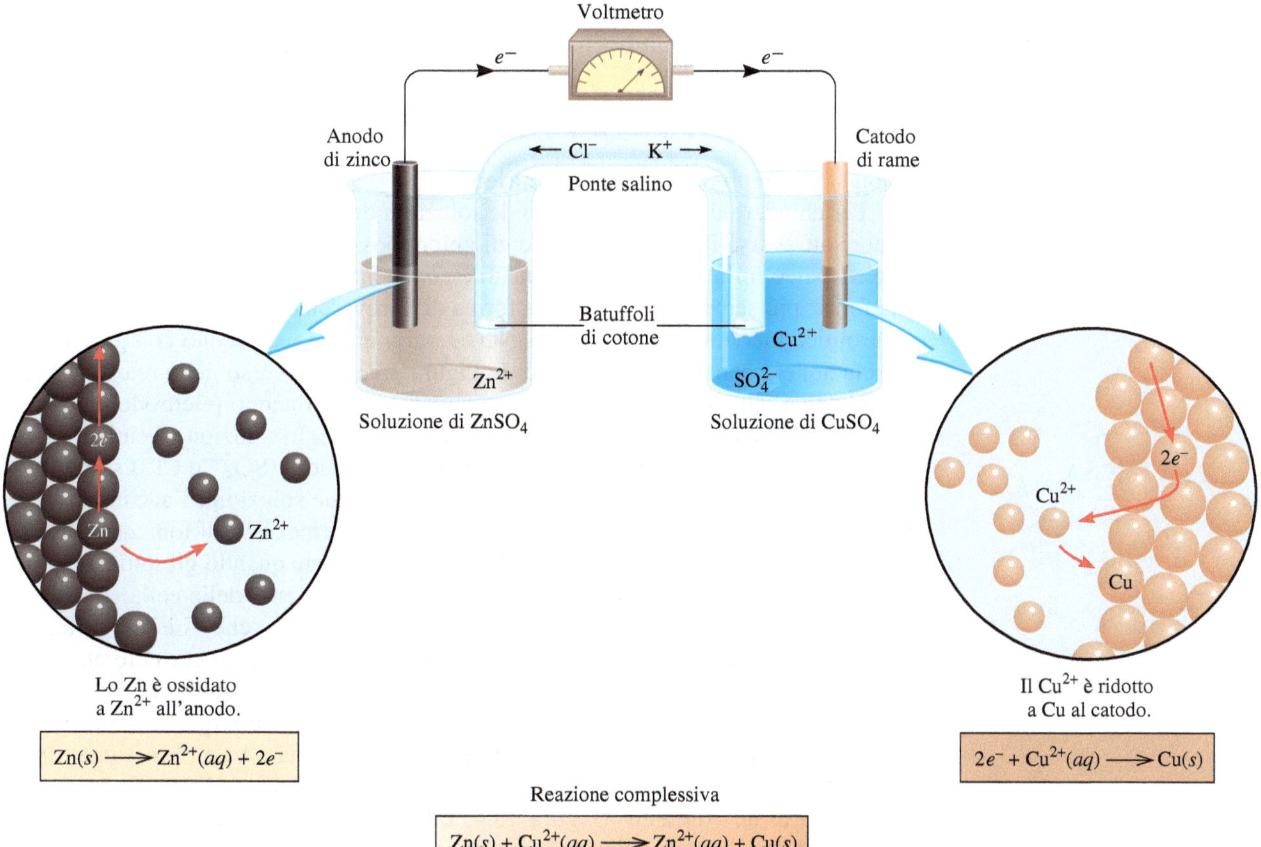

Figura 13.3 Una cella galvanica. Il ponte salino (un tubo a U rovesciato) contenente una soluzione di KCl rappresenta il mezzo che garantisce la conduzione elettrica tra le due soluzioni. Le aperture del tubo a U sono parzialmente chiuse con batuffoli di cotone per evitare che la soluzione di KCl fuoriesca nelle semicelle e contemporaneamente per permettere che gli anioni e i cationi vi passino attraverso. Gli elettroni si muovono dall'elettrodo di Zn (anodo) all'elettrodo di Cu (catodo) attraverso il circuito esterno.

---

[1] Luigi Galvani (1737-1798). Medico e biologo italiano. Galvani scoprì che impulsi elettrici esterni, applicati ai muscoli delle zampe di una rana potevano causare delle rapide contrazioni dei muscoli, anche quando le zampe erano state staccate dal corpo. Le sue scoperte hanno costituito la base per la scienza della neurologia. Il lavoro di Galvani fornì gran parte delle basi e degli stimoli a Volta per l'invenzione della pila elettrica (batteria).

[2] Conte Alessandro Giuseppe Antonio Anastasio Volta (1745-1827). Fisico italiano. Volta mostrò che non erano necessari i tessuti animali per la conduzione di elettricità, come era stato ipotizzato da Galvani. Egli inventò la prima pila elettrica (o voltaica), un prototipo di batteria composto alternando dischi di metalli differenti (per esempio, rame e zinco), separati da dischi di cartone imbevuti di acqua salata.

Un semplice trucco mnemonico per ricordare che l'ossidazione si verifica all'anodo e che la riduzione avviene al catodo è notare che sia *anodo* che *ossidazione* iniziano con una vocale e che sia *catodo* che *riduzione* iniziano con una consonante.

Le reazioni di semicella sono simili alle semireazioni discusse precedentemente.

rame è immersa in una soluzione di $CuSO_4$. Il funzionamento della cella si basa sul principio che l'ossidazione di Zn a Zn^{2+} e la riduzione di Cu^{2+} a Cu si possano far avvenire simultaneamente in ambienti separati, assicurando che il trasferimento di elettroni tra essi sia realizzato tramite un filo esterno. Le barrette di zinco e di rame sono dette ***elettrodi.*** Questa particolare disposizione degli elettrodi (Zn e Cu) e delle soluzioni ($ZnSO_4$ e $CuSO_4$) è detta cella di Daniell (o pila Daniell) dal chimico inglese John Frederic Daniell.[3] Per definizione, *l'**anodo** in una cella galvanica è l'elettrodo al quale avviene l'ossidazione* e il ***catodo*** *è l'elettrodo al quale avviene la riduzione.*

Nella cella di Daniell, le ***reazioni di semicella***, cioè *le reazioni di ossidazione e di riduzione agli elettrodi*, sono

$$\text{elettrodo di Zn (anodo):} \qquad Zn(s) \longrightarrow Zn^{2+}(aq) + 2e^-$$
$$\text{elettrodo di Cu (catodo):} \qquad Cu^{2+}(aq) + 2e^- \longrightarrow Cu(s)$$

Se le due soluzioni non fossero separate, gli ioni Cu^{2+} reagirebbero direttamente con la barretta di Zn:

$$Cu^{2+}(aq) + Zn(s) \longrightarrow Cu(s) + Zn^{2+}(aq)$$

e non si otterrebbe alcun lavoro elettrico utile.

Per chiudere il circuito elettrico, le soluzioni devono essere collegate da un conduttore attraverso il quale i cationi e gli anioni possano passare da un compartimento elettrodico all'altro. Questo requisito è soddisfatto da un *ponte salino*, che, nella sua forma più semplice, è un tubo a forma di U rovesciata contenente una soluzione elettrolitica inerte, come KCl o NH_4NO_3, i cui ioni non reagiscono con gli altri ioni in soluzione o con gli elettrodi (vedi la Figura 13.3). Nel corso della reazione redox complessiva, gli elettroni si muovono esternamente dall'anodo (elettrodo di Zn), attraverso il filo e il voltmetro, al catodo (elettrodo di Cu). In soluzione, i cationi (Zn^{2+}, Cu^{2+} e K^+) si muovono verso il catodo, mentre gli anioni (SO_4^{2-} e Cl^-) si muovono verso l'anodo. Senza il ponte salino che collega le due soluzioni, l'accumulo di cariche positive nel comparto anodico (a causa della formazione di ioni Zn^{2+}) e l'accumulo di cariche negative nel comparto catodico (create quando gli ioni Cu^{2+} sono ridotti a Cu) in breve tempo impedirebbero il funzionamento della cella.

Una corrente elettrica fluisce dall'anodo al catodo dato che vi è una differenza di energia potenziale elettrica tra gli elettrodi. Questo flusso di corrente elettrica è analogo a quello dell'acqua in una cascata, che si verifica poiché vi è una differenza di energia potenziale gravitazionale tra la parte superiore e quella inferiore, o il flusso di un gas da una zona ad alta pressione a una zona a bassa pressione. Sperimentalmente, la *differenza di potenziale elettrico tra l'anodo e il catodo* è misurata per mezzo di un voltmetro (Figura 13.4) e la lettura (in volt) è chiamata ***voltaggio di cella*** o *potenziale di cella*. Nei limiti di un funzionamento reversibile della cella,[4] il voltaggio di cella è indicato con il termine ***forza elettromotrice*** o ***fem*** ($\mathcal{E}$). Vedremo che il voltaggio di una cella dipende non solo dalla natura degli elettrodi e degli ioni, ma anche dalle concentrazioni degli ioni e dalla temperatura alla quale la cella è in funzione.

La notazione convenzionale per rappresentare le celle galvaniche è il ***diagramma di cella***. Il diagramma di cella per la cella Daniell mostrata in Figura 13.3, assu-

---

[3] John Frederic Daniell (1790-1845). Chimico e meteorologo inglese. In aggiunta all'invenzione della pila Daniell, un miglioramento rispetto alla pila elettrica di Volta, Daniell contribuì allo sviluppo della meteorologia strumentale per mezzo dell'invenzione dell'igrometro a punto di rugiada, diventato di fatto uno strumento standard per misurare l'umidità relativa.

[4] Una cella funziona reversibilmente quando a essa viene applicato un voltaggio in opposizione sufficientemente elevato, in modo tale da rendere nulla la corrente elettrica. La forza elettromotrice sarà quindi pari a questa tensione applicata in opposizione. A causa della seconda legge della termodinamica, la reale tensione della cella sarà maggiore della forza elettromotrice.

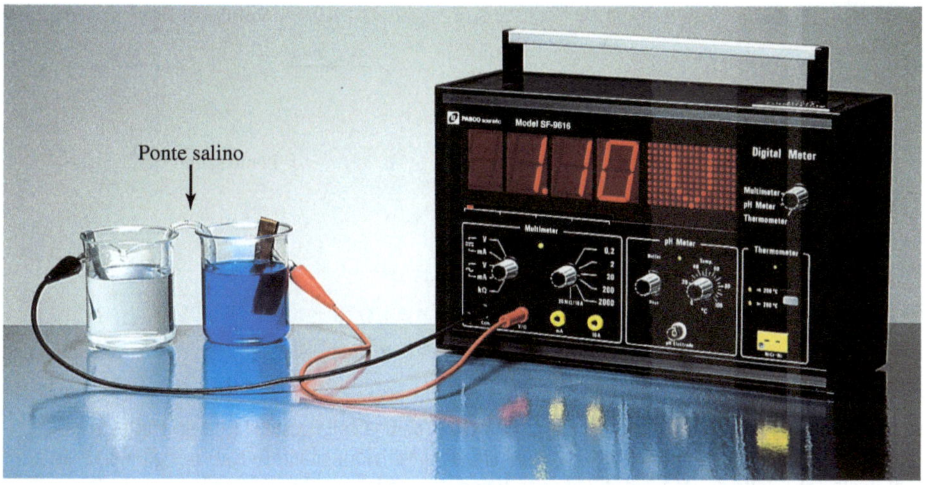

Figura 13.4 Realizzazione pratica della cella galvanica descritta in Figura 13.3. Si noti il tubo a forma di U (ponte salino) che collega i due becher. Quando le soluzioni acquose di $ZnSO_4$ e $CuSO_4$ sono nei loro stati standard a 25 °C, il voltaggio della cella è pari a 1,10 V.

mendo che le concentrazioni degli ioni Zn^{2+} e Cu^{2+} siano quelle relative ai loro stati standard (1 *M*, a condizione che le soluzioni possano essere approssimate come ideali), è il seguente:

$$Zn(s)|Zn^{2+}(1\ M)||Cu^{2+}(1\ M)|Cu(s)$$

La linea verticale singola rappresenta un confine di fase. L'elettrodo di zinco, per esempio, è un solido e gli ioni Zn^{2+} (da $ZnSO_4$) sono in soluzione. Perciò, per indicare il confine di fase, viene tracciata una linea tra Zn e Zn^{2+}. La linea verticale doppia indica il ponte salino. Per convenzione, si scrive in primo luogo l'anodo, alla sinistra della linea doppia, e gli altri componenti appaiono nell'ordine in cui si incontrano nel passaggio dall'anodo al catodo.

13.3 Potenziali standard di riduzione

Si ricordi che la *fem* è il voltaggio della cella quando questa opera reversibilmente.

Quando gli ioni Cu^{2+} e Zn^{2+} si trovano nei loro stati standard (cioè quando entrambi hanno attività unitaria nella soluzione), troviamo che la fem di una cella Daniell è pari a 1,10 V, a 25 °C (vedi la Figura 13.4). Questa fem dovrà essere direttamente correlata alle reazioni redox, ma in che modo? Proprio come la reazione complessiva che avviene nella cella può essere pensata come la somma di due semireazioni, la fem misurata della cella può essere trattata come la somma dei potenziali elettrici agli elettrodi di Cu e Zn. Conoscendo uno di questi potenziali elettrodici, si potrebbe ottenere l'altro per sottrazione (da 1,10 V). È impossibile misurare il potenziale di un solo elettrodo, ma se abbiamo fissato arbitrariamente il valore del potenziale di un particolare elettrodo a zero, si può utilizzare quest'ultimo per determinare i potenziali relativi di altri elettrodi. L'elettrodo di idrogeno, mostrato in Figura 13.5, serve come riferimento per questo scopo.

L'idrogeno gassoso è fatto gorgogliare in una soluzione di acido cloridrico a 25 °C. L'elettrodo di platino ha due funzioni. In primo luogo, fornisce una superficie sulla quale può avvenire la dissociazione delle molecole di idrogeno:

$$H_2(g) \longrightarrow 2H^+(aq) + 2e^-$$

In secondo luogo, esso serve come conduttore elettrico per il collegamento al circuito esterno. In condizioni standard [in cui la pressione di $H_2(g)$ è 1 bar e l'attività di H^+ in soluzione è unitaria], il potenziale di riduzione di H^+ a 25 °C viene preso *esattamente* pari a zero:

$$2H^+(a_{H^+} = 1) + 2e^- \longrightarrow H_2(P = 1\ \text{bar}) \qquad \mathcal{E}^\circ = 0\ \text{V}$$

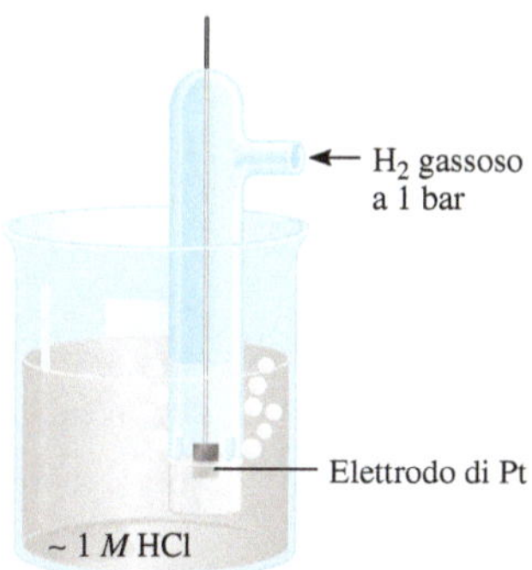

Figura 13.5 Un elettrodo di idrogeno che opera in condizioni standard. Dell'idrogeno gassoso alla pressione di 1 bar viene fatto gorgogliare attraverso una soluzione di HCl nella quale l'attività degli ioni H^+ è unitaria (approssimativamente 1 *M*). L'elettrodo di platino è parte dell'elettrodo di idrogeno.

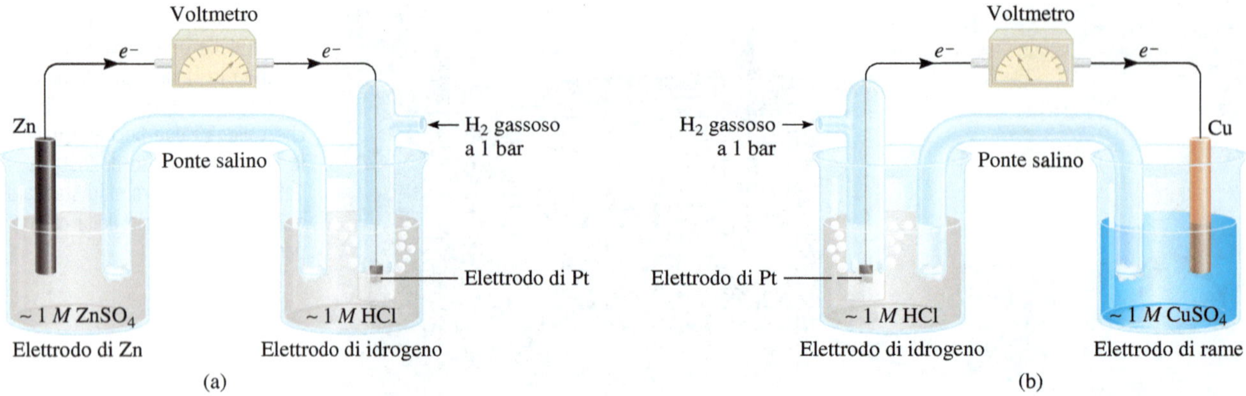

Figura 13.6 (a) Una cella costituita da un elettrodo di zinco e da un elettrodo di idrogeno. (b) Una cella costituita da un elettrodo di rame e da un elettrodo di idrogeno. Entrambe sono celle che operano in condizioni standard [attività unitarie (~1 *M*) per gli ioni, P ≡ 1 bar per i gas]. Da notare che nella cella al punto (a) l'elettrodo standard di idrogeno funge da catodo, ma che nella cella al punto (b), esso funge da anodo.

L'apice "°" indica le condizioni standard, ed $\mathcal{E}^\circ$ è il ***potenziale standard di riduzione***, o *la forza elettromotrice associata a una reazione di riduzione a un elettrodo, quando i reagenti e i prodotti sono nei loro rispettivi stati standard.* Pertanto, il potenziale standard di riduzione dell'elettrodo di idrogeno è definito pari a zero. L'elettrodo di idrogeno è chiamato *elettrodo standard di idrogeno (SHE).*

Possiamo utilizzare l'elettrodo standard di idrogeno per misurare i potenziali di altri tipi di elettrodi. Per esempio, la Figura 13.6(a) mostra una cella galvanica costituita da un elettrodo di zinco e un elettrodo standard di idrogeno. In questo caso, l'elettrodo di zinco è l'anodo e l'elettrodo standard di idrogeno è il catodo. Possiamo dedurre questo fatto dalla diminuzione della massa dell'elettrodo di zinco durante il funzionamento della cella, corrispondente alla perdita di zinco in soluzione causata dalla reazione di ossidazione:

$$\mathrm{Zn}(s) \longrightarrow \mathrm{Zn}^{2+}(aq) + 2e^-$$

Il diagramma della cella è

$$\mathrm{Zn}(s)|\mathrm{Zn}^{2+}(a_{\mathrm{Zn}^{2+}} = 1)||\mathrm{H}^+(a_{\mathrm{H}^+} = 1)|\mathrm{H}_2(1\ \mathrm{bar})|\mathrm{Pt}(s)$$

Come detto in precedenza, l'elettrodo di Pt fornisce la superficie su cui avviene la riduzione. Quando tutti i reagenti sono nei loro rispettivi stati standard (cioè H_2 a 1 bar e gli ioni H^+ e Zn^{2+} ad attività unitaria), la fem della cella risulta 0,76 V a 25 °C. Possiamo scrivere le reazioni che avvengono nelle semicelle nel modo seguente:

$$\begin{aligned} &\text{anodo (ossidazione):} & \mathrm{Zn}(s) &\longrightarrow \mathrm{Zn}^{2+}(a_{\mathrm{Zn}^{2+}} = 1) + 2e^- \\ &\text{catodo (riduzione):} & 2\mathrm{H}^+(a_{\mathrm{H}^+} = 1) + 2e^- &\longrightarrow \mathrm{H}_2(1\ \mathrm{bar}) \\ \hline &\text{totale:} & \mathrm{Zn}(s) + 2\mathrm{H}(a_{\mathrm{H}^+} = 1) &\longrightarrow \mathrm{Zn}^{2+}(a_{\mathrm{Zn}^{2+}} = 1) + \mathrm{H}_2(1\ \mathrm{bar}) \end{aligned}$$

Per convenzione, la ***fem standard*** della cella, $\mathcal{E}^\circ_{\text{cell}}$, costituita dal contributo dell'anodo e del catodo, è data da

$$\mathcal{E}^\circ_{\text{cell}} = \mathcal{E}^\circ_{\text{catodo}} - \mathcal{E}^\circ_{\text{anodo}} \qquad \textbf{(13.1)}$$

dove *sia* $\mathcal{E}^\circ_{\text{catodo}}$ *sia* $\mathcal{E}^\circ_{\text{anodo}}$ sono i potenziali standard di riduzione degli elettrodi. Per la cella Zn-SHE, scriviamo

$$\mathcal{E}^\circ_{\text{cell}} = \mathcal{E}^\circ_{\mathrm{H^+|H_2}} - \mathcal{E}^\circ_{\mathrm{Zn^{2+}|Zn}} = 0\ \mathrm{V} - 0{,}76\ \mathrm{V} = -0{,}76\ \mathrm{V}$$

dove il pedice $H^+|H_2$ indica la semireazione $2H^+ + 2e^- \longrightarrow H_2$ e il pedice $Zn^{2+}|Zn$ indica la semireazione $Zn^{2+} + 2e^- \longrightarrow Zn$. Quindi, il potenziale standard di riduzione dello zinco, ($\mathcal{E}^\circ_{Zn^{2+}|Zn}$) è pari a −0,76 V. Il potenziale standard dell'elettrodo di rame può essere ottenuto allo stesso modo, utilizzando una cella costituita da un elettrodo di rame e da un elettrodo standard di idrogeno [Figura 13.6(b)]. In questo caso, l'elettrodo di rame è il catodo, poiché la sua massa aumenta durante il funzionamento della cella, in corrispondenza con la reazione di riduzione:

$$Cu^{2+}(aq) + 2e^- \longrightarrow Cu(s)$$

Il diagramma della cella è

$$Pt(s)|H_2(1\text{ bar})|H^+(a_{H^+} = 1)||Cu^{2+}(a_{Cu^{2+}} = 1)|Cu(s)$$

e le reazioni che avvengono nelle semicelle sono

$$\begin{array}{rr} \text{anodo (ossidazione):} & H_2(1\text{ bar}) \longrightarrow 2H^+(a_{H^+} = 1) + \cancel{2e^-} \\ \text{catodo (riduzione):} & Cu^{2+}(a_{Cu^{2+}} = 1) + \cancel{2e^-} \longrightarrow Cu(s) \\ \hline \text{totale:} & H_2(1\text{ bar}) + Cu^{2+}(a_{Cu^{2+}} = 1) \longrightarrow 2H^+(a_{H^+} = 1) + Cu(s) \end{array}$$

In condizioni standard e a 25 °C, la fem della cella è pari a 0,34 V, per cui possiamo scrivere

$$\begin{aligned} \mathcal{E}^\circ_{cell} &= \mathcal{E}^\circ_{catodo} - \mathcal{E}^\circ_{anodo} \\ 0{,}34\text{ V} &= \mathcal{E}^\circ_{Cu^{2+}|Cu} - \mathcal{E}^\circ_{H^+|H_2} \\ &= \mathcal{E}^\circ_{Cu^{2+}|Cu} - 0\text{ V} \end{aligned}$$

In questo caso, il potenziale standard di riduzione del rame, $\mathcal{E}^\circ_{Cu^{2+}|Cu}$, è +0,34 V, dove il pedice indica la semireazione $Cu^{2+} + 2e^- \longrightarrow Cu$.

Per la cella Daniell mostrata in Figura 13.3, possiamo ora scrivere

$$\begin{array}{rr} \text{anodo (ossidazione):} & Zn(s) \longrightarrow Zn^{2+}(a_{Zn^{2+}} = 1) + \cancel{2e^-} \\ \text{catodo (riduzione):} & Cu^{2+}(a_{Cu^{2+}} = 1) + \cancel{2e^-} \longrightarrow Cu(s) \\ \hline \text{totale:} & Zn(s) + Cu^{2+}(a_{Cu^{2+}} = 1) \longrightarrow Zn^{2+}(a_{Zn^{2+}} = 1) + Cu(s) \end{array}$$

La fem della cella è

$$\begin{aligned} \mathcal{E}^\circ_{cell} &= \mathcal{E}^\circ_{catodo} - \mathcal{E}^\circ_{anodo} \\ &= \mathcal{E}^\circ_{Cu^{2+}|Cu} -_{Zn^{2+}|Zn} \\ &= +0{,}34\text{ V} - (-0{,}76\text{ V}) \\ &= +1{,}10\text{ V} \end{aligned}$$

Come per ΔG° (vedi il Paragrafo 10.3), possiamo utilizzare il segno di $\mathcal{E}^\circ_{cell}$ per prevedere la spontaneità di una reazione redox. Un valore positivo di $\mathcal{E}^\circ_{cell}$ sta a indicare che nella reazione redox, all'equilibrio, sarà favorita la formazione di prodotti. Al contrario, un valore negativo di $\mathcal{E}^\circ_{cell}$ indica che, all'equilibrio, si avranno più reagenti che prodotti. Nel Paragrafo 13.4 esamineremo le relazioni tra $\mathcal{E}^\circ_{cell}$, ΔG° e K.

La Tabella 13.1 elenca i potenziali standard di riduzione per alcune semireazioni. Per definizione, il valore di $\mathcal{E}^\circ$ dell'elettrodo standard di idrogeno (SHE) è pari a 0,00 V. Al di sotto dello SHE, i potenziali standard di riduzione negativi aumentano in valore assoluto, e, al di sopra, i potenziali standard di riduzione positivi aumentano.

È importante sottolineare alcuni aspetti della tabella, riassumibili nei seguenti punti:

1. I valori di $\mathcal{E}^\circ$ si applicano alle semireazioni nel verso in cui sono scritte (da sinistra a destra).

Tabella 13.1 Potenziali standard di riduzione a 25 °C*

Semireazione	$\mathcal{E}^0$(V)
$F_2(g) + 2e^- \longrightarrow 2F^-(aq)$	+2,87
$O_3(g) + 2H^+(aq) + 2e^- \longrightarrow O_2(g) + H_2O$	+2,07
$Co^{3+}(aq) + e^- \longrightarrow Co^{2+}(aq)$	+1,82
$H_2O_2(aq) + 2H^+(aq) + 2e^- \longrightarrow 2H_2O$	+1,77
$PbO_2(s) + 4H^+(aq) + SO_4^{2-}(aq) + 2e^- \longrightarrow PbSO_4(s) + 2H_2O$	+1,70
$Ce^{4+}(aq) + e^- \longrightarrow Ce^{3+}(aq)$	+1,61
$MnO_4^-(aq) + 8H^+(aq) + 5e^- \longrightarrow Mn^{2+}(aq) + 4H_2O$	+1,51
$Au^{3+}(aq) + 3e^- \longrightarrow Au(s)$	+1,50
$Cl_2(g) + 2e^- \longrightarrow 2Cl^-(aq)$	+1,36
$Cr_2O_7^{2-}(aq) + 14H^+(aq) + 6e^- \longrightarrow 2Cr^{3+}(aq) + 7H_2O$	+1,33
$MnO_2(s) + 4H^+(aq) + 2e^- \longrightarrow Mn^{2+}(aq) + 2H_2O$	+1,23
$O_2(g) + 4H^+(aq) + 4e^- \longrightarrow 2H_2O$	+1,23
$Br_2(l) + 2e^- \longrightarrow 2Br^-(aq)$	+1,07
$NO_3^-(aq) + 4H^+(aq) + 3e^- \longrightarrow NO(g) + 2H_2O$	+0,96
$2Hg^{2+}(aq) + 2e^- \longrightarrow Hg_2^{2+}(aq)$	+0,92
$Hg_2^{2+}(aq) + 2e^- \longrightarrow 2Hg(l)$	+0,85
$Ag^+(aq) + e^- \longrightarrow Ag(s)$	+0,80
$Fe^{3+}(aq) + e^- \longrightarrow Fe^{2+}(aq)$	+0,77
$O_2(g) + 2H^+(aq) + 2e^- \longrightarrow H_2O_2(aq)$	+0,68
$MnO_4^-(aq) + 2H_2O + 3e^- \longrightarrow MnO_2(s) + 4OH^-(aq)$	+0,59
$I_2(s) + 2e^- \longrightarrow 2I^-(aq)$	+0,53
$O_2(g) + 2H_2O + 4e^- \longrightarrow 4OH^-(aq)$	+0,40
$Cu^{2+}(aq) + 2e^- \longrightarrow Cu(s)$	+0,34
$AgCl(s) + e^- \longrightarrow Ag(s) + Cl^-(aq)$	+0,22
$SO_4^{2-}(aq) + 4H^+(aq) + 2e^- \longrightarrow SO_2(g) + 2H_2O$	+0,20
$Cu^{2+}(aq) + e^- \longrightarrow Cu^+(aq)$	+0,15
$Sn^{4+}(aq) + 2e^- \longrightarrow Sn^{2+}(aq)$	+0,13
$2H^+(aq) + 2e^- \longrightarrow H_2(g)$	0,00
$Pb^{2+}(aq) + 2e^- \longrightarrow Pb(s)$	−0,13
$Sn^{2+}(aq) + 2e^- \longrightarrow Sn(s)$	−0,14
$Ni^{2+}(aq) + 2e^- \longrightarrow Ni(s)$	−0,25
$Co^{2+}(aq) + 2e^- \longrightarrow Co(s)$	−0,28
$PbSO_4(s) + 2e^- \longrightarrow Pb(s) + SO_4^{2-}(aq)$	−0,31
$Cd^{2+}(aq) + 2e^- \longrightarrow Cd(s)$	−0,40
$Fe^{2+}(aq) + 2e^- \longrightarrow Fe(s)$	−0,44
$Cr^{3+}(aq) + 3e^- \longrightarrow Cr(s)$	−0,74
$Zn^{2+}(aq) + 2e^- \longrightarrow Zn(s)$	−0,76
$2H_2O + 2e^- \longrightarrow H_2(g) + 2OH^-(aq)$	−0,83
$Mn^{2+}(aq) + 2e^- \longrightarrow Mn(s)$	−1,18
$Al^{3+}(aq) + 3e^- \longrightarrow Al(s)$	−1,66
$Be^{2+}(aq) + 2e^- \longrightarrow Be(s)$	−1,85
$Mg^{2+}(aq) + 2e^- \longrightarrow Mg(s)$	−2,37
$Na^+(aq) + e^- \longrightarrow Na(s)$	−2,71
$Ca^{2+}(aq) + 2e^- \longrightarrow Ca(s)$	−2,87
$Sr^{2+}(aq) + 2e^- \longrightarrow Sr(s)$	−2,89
$Ba^{2+}(aq) + 2e^- \longrightarrow Ba(s)$	−2,90
$K^+(aq) + e^- \longrightarrow K(s)$	−2,93
$Li^+(aq) + e^- \longrightarrow Li(s)$	−3,05

Aumento di forza come agente ossidante (↑)

Aumento di forza come agente riducente (↓)

* Per tutte le semireazioni l'attività è unitaria per le specie in soluzione (~1 *M*) e la pressione è di 1 bar per i gas. Questi valori sono relativi agli stati standard.

2. Più $\mathcal{E}°$ è positivo, maggiore è la tendenza della sostanza a essere ridotta. Per esempio, la semireazione

$$F_2(1\ \text{bar}) + 2e^- \longrightarrow 2F^-(a_{F^-} = 1) \qquad \mathcal{E}° = +2{,}87\ \text{V}$$

ha il più alto valore di $\mathcal{E}^\circ$ tra tutte le semireazioni. Perciò, F_2 è l'agente ossidante *più forte* perché ha la maggiore tendenza a essere ridotto. All'altro estremo c'è la reazione

$$Li^+(a_{Li^+} = 1) + e^- \longrightarrow Li(s) \qquad \mathcal{E}^\circ = -3{,}05\ V$$

che presenta il valore di $\mathcal{E}^\circ$ più negativo. Pertanto, Li è l'agente ossidante *più debole* perché è la specie più difficile da ridurre. Viceversa, possiamo dire che lo ione F^- è il più debole agente riducente e che il litio metallico è il più forte agente riducente. In condizioni standard, la forza degli agenti ossidanti (le specie che si trovano a sinistra della freccia nelle semireazioni della Tabella 13.1) aumenta dal basso verso l'alto e la forza degli agenti riducenti (le specie che si trovano a destra della freccia) aumenta dall'alto verso il basso.

3. Le semireazioni sono reversibili. A seconda delle condizioni, qualsiasi elettrodo può agire da anodo o da catodo. In precedenza abbiamo visto che l'elettrodo standard di idrogeno è il catodo (H^+ è ridotto a H_2) quando viene accoppiato in una cella con l'elettrodo di zinco, e che diventa l'anodo (H_2 è ossidato a H^+) quando viene accoppiato in una cella con l'elettrodo di rame.
4. In condizioni standard, qualsiasi specie sulla sinistra di una determinata semireazione reagirà spontaneamente con una qualsiasi specie che appaia sulla destra di ogni semireazione situata al di sotto della prima semireazione nella Tabella 13.1. Questo principio è talvolta chiamato *regola della diagonale*. Nel caso della cella Daniell

$$Cu^{2+}(a_{Cu^{2+}} = 1) + 2e^- \longrightarrow Cu(s) \qquad \mathcal{E}^\circ = +0{,}34\ V$$

$$Zn^{2+}(a_{Zn^{2+}} = 1) + 2e^- \longrightarrow Zn(s) \qquad \mathcal{E}^\circ = -0{,}76\ V$$

Osserviamo che la sostanza a sinistra della prima semireazione è Cu^{2+} e la sostanza sulla destra nella seconda semireazione è Zn. Pertanto, come visto in precedenza, Zn riduce spontaneamente Cu^{2+} per formare Zn^{2+} e Cu.

5. Cambiare i rapporti stechiometrici dei coefficienti di una semireazione *non* influenza il valore di $\mathcal{E}^\circ$ dato che i potenziali elettrodici sono proprietà intensive. Ciò significa che il valore di $\mathcal{E}^\circ$ non è influenzato dalle dimensioni degli elettrodi o dalla quantità delle soluzioni presenti. Per esempio,

$$I_2(s) + 2e^- \longrightarrow 2I^-(a_{I^-} = 1) \qquad \mathcal{E}^\circ = +0{,}53\ V$$

ma $\mathcal{E}^\circ$ non varia se moltiplichiamo la semireazione per 2:

$$2I_2(s) + 4e^- \longrightarrow 4I^-(a_{I^-} = 1) \qquad \mathcal{E}^\circ = +0{,}53\ V$$

6. Come ΔH, ΔG e ΔS, quando invertiamo una reazione, il segno di $\mathcal{E}^\circ$ cambia, ma il suo valore assoluto rimane lo stesso.

Come mostrano gli Esempi 13.3 e 13.4, la Tabella 13.1 ci consente di prevedere l'andamento di reazioni redox in condizioni standard, sia che esse si svolgano in una cella galvanica, in cui l'agente riducente e l'agente ossidante sono fisicamente separati l'uno dall'altro, sia che avvengano in un becher, in cui tutti i reagenti sono mescolati tra loro.

Esempio 13.3

Prevedere cosa succede se il bromo molecolare (Br_2) è addizionato a una soluzione contenente NaCl e NaI a 25 °C. Assumere che tutte le specie siano nei loro stati standard.

Impostazione Per predire quali reazioni redox avverranno, abbiamo bisogno di paragonare i potenziali standard di riduzione di Cl_2, Br_2 e I_2 e applicare la regola della diagonale.

Approfondimento 13.1

I DISAGI DOVUTI ALLE OTTURAZIONI DENTALI IN AMALGAMA

Nella moderna odontoiatria, il materiale più comunemente utilizzato per le otturazioni è l'*amalgama dentale* (viene detta amalgama una sostanza ottenuta combinando mercurio con uno o più metalli diversi). L'amalgama dentale in realtà si compone di tre fasi solide che hanno stechiometrie approssimativamente corrispondenti a Ag_2Hg_3, Ag_3Sn e Sn_8Hg. I potenziali standard di riduzione di queste fasi solide sono: Hg_2^{2+}/Ag_2Hg_3, 0,85 V; Sn^{2+}/Ag_3Sn, −0,05 V; e Sn^{2+}/Sn_8Hg, −0,13 V.

Chiunque abbia morsicato un pezzo di carta stagnola (sottile foglio di alluminio, come quelli utilizzati per il confezionamento delle caramelle) in modo che essa sia venuta in diretto contatto con un'otturazione, con tutta probabilità ha immediatamente avvertito una fitta di dolore. In effetti, si è creata, nella bocca, una cella elettrochimica, con l'alluminio ($\mathcal{E}°$ = −1,66 V) come anodo, il materiale dell'otturazione come catodo e la saliva come soluzione elettrolitica. Il contatto tra la carta stagnola e il materiale di riempimento impiegato nell'otturazione provoca il cortocircuito della cella, causando un debole flusso di corrente tra gli elettrodi. Questa corrente stimola il sensibile nervo del dente, provocando un acuto, seppur momentaneo, dolore.

Un altro inconveniente è quello che accade quando un metallo meno elettropositivo viene in contatto con l'amalgama dentale. Per esempio, se il materiale di riempimento impiegato nell'otturazione viene a contatto con un vicino dente d'oro (o comunque parzialmente ricostruito con questo metallo), avviene la corrosione del materiale di riempimento. In questo caso, l'amalgama dentale funge da anodo e l'oro da catodo. Facendo riferimento ai valori di $\mathcal{E}°$ per le tre fasi, si nota che la fase Sn_8Hg è la più probabile a corrodersi. Quando questo avviene, il rilascio di ioni Sn (II) in bocca produce uno spiacevole gusto metallico. Una prolungata corrosione porta inevitabilmente a un'altra visita dal dentista, per una sostituzione del materiale di riempimento dell'otturazione.

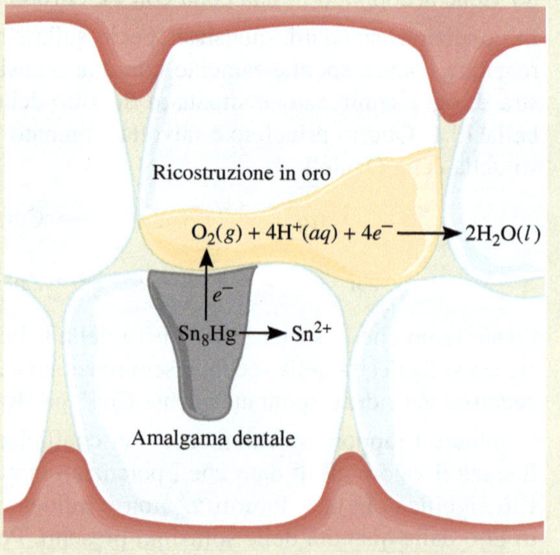

Corrosione dell'amalgama dentale a causa di un contatto con l'oro impiegato per la parziale ricostruzione di un dente.

Soluzione Dalla Tabella 13.1, scrivere i potenziali standard di riduzione come segue:

$$Cl_2(1\ bar) + 2e^- \longrightarrow 2Cl^-(1\ M) \qquad \mathcal{E}° = 1,36\ V$$
$$Br_2(l) + 2e^- \longrightarrow 2Br^-(1\ M) \qquad \mathcal{E}° = 1,07\ V$$
$$I_2(s) + 2e^- \longrightarrow 2I^-(1\ M) \qquad \mathcal{E}° = 0,53\ V$$

Applicando la regola della diagonale vediamo che Br_2 ossiderà I^- ma non ossiderà Cl^-. Tuttavia la sola reazione redox che avverrà considerevolmente in condizioni standard è

ossidazione: $2I^-(1\ M) \longrightarrow I_2(s) + 2e^-$
riduzione: $Br_2(l) + 2e^- \longrightarrow 2Br^-(1\ M)$
totale: $2I^-(1\ M) + Br_2(l) \longrightarrow I_2(s) + 2Br^-(1\ M)$

Verifica Si possono confermare le conclusioni calcolando $\mathcal{E}°_{cell}$. Provare a calcolarlo. Si noti che gli ioni Na^+ sono inerti e non entrano nella reazione redox.

Problema di autovalutazione Lo Sn può ridurre lo $Zn^{2+}(aq)$ in condizioni standard?

Esempio 13.4

Una cella galvanica è costituita da un elettrodo di Mg in una soluzione 1,0 *M* di $Mg(NO_3)_2$ e da un elettrodo di Ag in una soluzione 1,0 *M* di $AgNO_3$. Calcolare la fem standard di questa cella a 25 °C. Si assumano soluzioni diluite a comportamento ideale, cioè che le attività degli ioni in soluzione siano approssimate da *M/M*°, dove *M*° = 1 mol l^{-1}.

Impostazione Per prima cosa potrebbe non essere chiaro come attribuire gli elettrodi nella cella galvanica. Dalla Tabella 13.1 scriviamo i potenziali standard di riduzione di Ag e Mg e applichiamo la regola della diagonale per determinare qual è l'anodo e qual è il catodo.

Soluzione I potenziali standard di riduzione sono

$$Ag^+(1\,M) + e^- \longrightarrow Ag(s) \qquad \mathcal{E}° = 0{,}80\text{ V}$$
$$Mg^{2+}(1\,M) + 2e^- \longrightarrow Mg(s) \qquad \mathcal{E}° = -2{,}36\text{ V}$$

Applicando la regola della diagonale, vediamo che Ag^+ ossiderà Mg:

anodo (ossidazione):	$Mg(s) \longrightarrow Mg^{2+}(1\,M) + \cancel{2e^-}$
catodo (riduzione):	$2Ag^+(1\,M) + \cancel{2e^-} \longrightarrow 2Ag(s)$
totale:	$Mg(s) + 2Ag^+(1\,M) \longrightarrow Mg^{2+}(1\,M) + 2Ag(s)$

Si noti che, allo scopo di bilanciare l'equazione totale, moltiplichiamo la riduzione di Ag^+ per 2. Possiamo procedere così perché $\mathcal{E}°$, in quanto proprietà intensiva, non è influenzata da questa procedura. Troviamo la fem della cella usando l'Equazione (13.1) e la Tabella 13.1:

$$\begin{aligned}\mathcal{E}°_{cell} &= \mathcal{E}°_{catodo} - \mathcal{E}°_{anodo}\\ &= \mathcal{E}°_{Ag^+|Ag} - \mathcal{E}°_{Mg^{2+}|Mg}\\ &= 0{,}80\text{ V} - (-2{,}37\text{ V})\\ &= 3{,}17\text{ V}\end{aligned}$$

Verifica Il valore positivo di $\mathcal{E}°$ mostra che è favorita la reazione diretta (verso destra).

Problema di autovalutazione Qual è la fem standard di una cella galvanica costituita da un elettrodo di Cd in una soluzione 1,0 *M* di $Cd(NO_3)_2$ e un elettrodo di Cr in una soluzione 1,0 *M* di $Cr(NO_3)_3$ a 25 °C?

13.4 Termodinamica e reazioni redox

In una cella galvanica, l'energia chimica viene convertita in energia elettrica. L'energia elettrica, in questo caso, è il prodotto della fem della cella per la carica elettrica totale (in coulomb) che passa attraverso la cella:

$$\begin{aligned}\text{energia elettrica} &= \text{volt} \times \text{coulomb}\\ &= \text{joule}\end{aligned}$$

La carica elettrica totale è data dal numero di moli di elettroni (*n*) che passa attraverso il circuito. Per definizione

$$\text{carica totale} = nF$$

n è il numero di moli di elettroni scambiato tra l'agente ossidante e l'agente riducente nella reazione redox totale.

dove *F*, la ***costante di Faraday***,[5] è la carica elettrica contenuta in 1 mole di elettroni, che, sperimentalmente, si è trovata corrispondente a 96 485,3 coulomb. Perciò,

$$F = 96\,485{,}3\text{ C mol}^{-1}\,e^-$$

Per la maggior parte dei calcoli, è sufficiente arrotondare F a tre cifre significative: $F = 96\,500$ C mol^{-1}.

Poiché

$$1\ \text{J} = 1\ \text{C} \times 1\ \text{V}$$

possiamo inoltre esprimere le unità della costante di Faraday come

$$F = 96\,500\ \text{J V}^{-1}\ \text{mol}^{-1}$$

La fem misurata è la tensione *massima* che può raggiungere la cella. Questo valore è utilizzato per calcolare la quantità di energia elettrica che può essere ottenuta dalla reazione chimica. Questa energia viene utilizzata per compiere del lavoro elettrico (w_{ele}), per cui

$$\begin{aligned} w_{max} &= -w_{ele} \\ &= -nF\mathcal{E}_{cell} \end{aligned}$$

dove w_{max} è la massima quantità di lavoro che può essere compiuto dal sistema. Il segno negativo sulla destra indica che il lavoro elettrico è compiuto dal sistema sull'esterno.

La convenzione dei segni per il lavoro elettrico è la stessa di quella per il lavoro di tipo *P-V*, discusso nel Paragrafo 7.1.

13.4.1 Relazioni tra $\mathcal{E}^\circ_{cell}$ e ΔG, ΔG°, K

Nel Capitolo 8, abbiamo dimostrato che la variazione dell'energia libera di Gibbs per una reazione, ΔG, rappresenta la massima quantità di lavoro (di non espansione) ottenibile da tale reazione:

$$\Delta G = w_{max}$$

Pertanto, possiamo scrivere

$$\Delta G = -nF\mathcal{E}_{cell} \quad \textbf{(13.2)}$$

Sia n sia F sono quantità positive, e ΔG è negativo per un processo spontaneo, così $\mathcal{E}_{cell}$ dovrà essere positivo per un processo spontaneo.

Per le reazioni in cui reagenti e prodotti sono nei loro stati standard, l'Equazione 13.2 diventa

$$\Delta G^\circ = -nF\mathcal{E}^\circ_{cell} \quad \textbf{(13.3)}$$

Ora possiamo mettere in relazione $\mathcal{E}^\circ_{cell}$ con la costante d'equilibrio (K) di una reazione redox. Nel Paragrafo 10.3, abbiamo visto che la variazione dell'energia libera standard ΔG° per una reazione è legata alla sua costante di equilibrio nel modo seguente (Equazione 10.12):

$$\Delta G^\circ = -RT \ln K$$

Pertanto, se si combinano le Equazioni 10.12 e 13.3, otteniamo

$$-nF\mathcal{E}^\circ_{cell} = -RT \ln K$$

Risolvendo rispetto a $\mathcal{E}^\circ_{cell}$,

$$\mathcal{E}^\circ_{cell} = \frac{RT}{nF} \ln K \quad \textbf{(13.4)}$$

---

[5] Michael Faraday (1791-1867). Chimico e fisico inglese. Faraday è considerato da molti come il più grande scienziato sperimentale del XIX secolo. Iniziò come apprendista presso un rilegatore all'età di 13 anni, ma si interessò alla scienza dopo la lettura di un libro di chimica. Faraday inventò il motore elettrico e fu il primo a dimostrare i principi alla base dei generatori elettrici. Oltre a fornire notevoli contributi ai campi dell'elettricità e del magnetismo, Faraday lavorò anche sull'attività ottica e scoprì il benzene, attribuendogli il nome.

Quando T = 298,15 K, l'Equazione 13.4 può essere semplificata sostituendo valori numerici per R e F:

$$\mathcal{E}^\circ_{\text{cell}} = \frac{(8{,}3145 \text{ J mol}^{-1} \text{ K}^{-1})(298{,}15 \text{ K})}{n(96485 \text{ J V}^{-1} \text{ mol}^{-1})} \ln K$$

$$\mathcal{E}^\circ_{\text{cell}} = \frac{0{,}025693 \text{ V}}{n} \ln K \qquad \textbf{(13.5)}$$

Quindi, se una qualsiasi delle tre quantità ΔG°, K o $\mathcal{E}^\circ_{\text{cell}}$ è nota, le altre due possono essere calcolate usando le Equazioni 10.13, 13.3 o 13.4 (Figura 13.7). Nella Tabella 13.2 sono riassunte le relazioni tra ΔG°, K e $\mathcal{E}^\circ_{\text{cell}}$ e le indicazioni sulla spontaneità di una reazione redox.

Gli Esempi 13.5 e 13.6 mettono in pratica le Equazioni 13.3, 13.4 e 13.5.

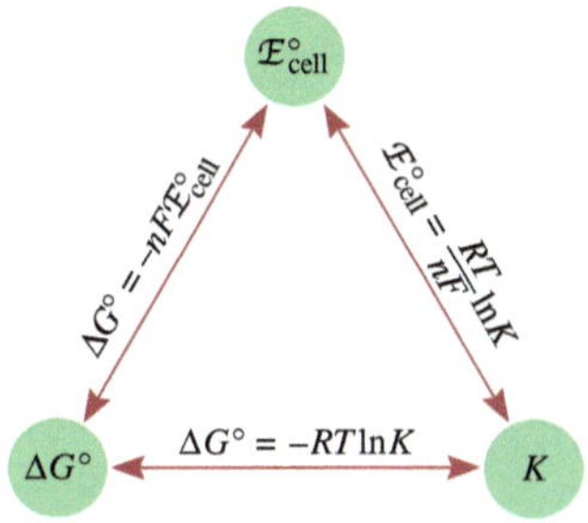

Figura 13.7 Relazioni tra $\mathcal{E}^\circ_{\text{cell}}$, K e ΔG°.

Esempio 13.5

Calcolare la costante di equilibrio per la seguente reazione a 25 °C:

$$\text{Sn}(s) + 2\text{Cu}^{2+}(aq) \rightleftharpoons \text{Sn}^{2+}(aq) + 2\text{Cu}^{+}(aq)$$

Impostazione La relazione generale tra la costante di equilibrio K e la fem standard è data dall'Equazione 13.4; tuttavia, poiché la temperatura è di 25 °C (298,15 K), possiamo usare l'Equazione 13.5:

$$\mathcal{E}^\circ_{\text{cell}} = \frac{0{,}025693 \text{ V}}{n} \ln K$$

Quindi, se possiamo determinare la fem standard, siamo in grado di calcolare la costante di equilibrio. Possiamo determinare la $\mathcal{E}^\circ_{\text{cell}}$ di un'ipotetica cella galvanica costituita da due semicelle ($Sn^{2+}|Sn$ e $Cu^{2+}|Cu^+$) dai potenziali standard di riduzione nella Tabella 13.1.

Soluzione Le semireazioni sono

anodo (ossidazione): $\text{Sn}(s) \longrightarrow \text{Sn}^{2+}(aq) + 2e^-$

catodo (riduzione): $2\text{Cu}^{2+}(aq) + 2e^- \longrightarrow 2\text{Cu}^{+}(aq)$

$$\begin{aligned}\mathcal{E}^\circ_{\text{cell}} &= \mathcal{E}^\circ_{\text{catodo}} - \mathcal{E}^\circ_{\text{anodo}} \\ &= \mathcal{E}^\circ_{\text{Cu}^{2+}|\text{Cu}} - \mathcal{E}^\circ_{\text{Sn}^{2+}|\text{Sn}} \\ &= +0{,}15 \text{ V} - (-0{,}14 \text{ V}) \\ &= +0{,}29 \text{ V}\end{aligned}$$

L'Equazione 13.5 può essere scritta

$$\ln K = \frac{n\mathcal{E}^\circ_{\text{cell}}}{0{,}025693 \text{ V}}$$

Nella reazione totale sono trasferiti due elettroni, per cui n = 2. Quindi,

$$\ln K = \frac{2(0{,}29 \text{ V})}{0{,}025693 \text{ V}} = 22{,}6$$

$$K = e^{22{,}6} = 7 \times 10^9$$

Tabella 13.2 Relazioni tra ΔG°, K e $\mathcal{E}^\circ_{\text{cell}}$

ΔG°	K	$\mathcal{E}^\circ_{\text{cell}}$	Reazioni in condizioni standard
Negativa	>1	Positivo	Favorisce la formazione dei prodotti.
0	=1	0	Reagenti e prodotti sono ugualmente favoriti.
Positiva	<1	Negativo	Favorisce la formazione dei reagenti.

Verifica La fem standard è positiva, quindi, in condizioni standard, la reazione è spontanea e spostata verso i prodotti; quindi, K dovrà essere maggiore di 1.

Problema di autovalutazione Calcolare la costante di equilibrio per la seguente reazione a 25 °C:

$$Fe^{2+}(aq) + 2Ag(s) \rightleftharpoons Fe(s) + 2Ag^{+}(aq)$$

Esempio 13.6

Calcolare la variazione di energia libera standard per la seguente reazione a 25°C:

$$2Au(s) + 3Ca^{2+}(a_{Ca^{2+}} = 1) \rightleftharpoons 2Au^{3+}(a_{Au^{3+}} = 1) + 3Ca(s)$$

Impostazione La relazione tra la variazione di energia libera standard e la fem standard di una cella è data dall'Equazione (13.3): $\Delta G° = -nF\mathcal{E}°_{cell}$. Così, se possiamo determinare $\mathcal{E}°_{cell}$, possiamo calcolare $\Delta G°$. Possiamo determinare $\mathcal{E}°_{cell}$ di un'ipotetica cella galvanica costituita dalle due coppie ($Au^{3+}|Au$ e $Ca^{2+}|Ca$) dai potenziali standard di riduzione nella Tabella 13.1.

Soluzione Le semireazioni sono:

$$\text{anodo (ossidazione):} \quad 2Au(s) \longrightarrow 2Au^{3+}(aq) + 6e^-$$
$$\text{catodo (riduzione):} \quad 3Ca^{2+}(aq) + 6e^- \longrightarrow 3Ca(s)$$

$$\begin{aligned}\mathcal{E}°_{cell} &= \mathcal{E}°_{catodo} - \mathcal{E}°_{anodo}\\ &= \mathcal{E}°_{Ca^{2+}|Ca} - \mathcal{E}°_{Au^{3+}|Au}\\ &= -2{,}87\ V - 1{,}50\ V\\ &= -4{,}37\ V\end{aligned}$$

Usiamo ora l'Equazione (13.3):

$$\Delta G° = -nF\mathcal{E}°_{cell}$$

La reazione totale mostra che $n = 6$, così

$$\begin{aligned}\Delta G° &= -(6)(96\,500\ J\ V^{-1}\ mol^{-1})(-4{,}37\ V)\\ &= 2{,}53 \times 10^6\ J\ mol^{-1}\\ &= 2{,}53 \times 10^3\ kJ\ mol^{-1}\end{aligned}$$

Verifica L'alto valore positivo di $\Delta G°$ ci dice che la reazione favorisce i reagenti all'equilibrio. Il risultato è consistente con il fatto che $\mathcal{E}°$ della cella galvanica è negativo.

Problema di autovalutazione Calcolare $\Delta G°$ per la seguente reazione a 25 °C:

$$2Al^{3+}(aq) + 3Mg(s) \rightleftharpoons 2Al(s) + 3Mg^{2+}(aq)$$

13.4.2 Dipendenza della fem dalla temperatura

Come è avvenuto per la costante d'equilibrio (vedi il Paragrafo 10.4), anche la dipendenza della fem dalla temperatura può essere determinata dalle proprietà termodinamiche di una cella. Iniziamo dall'equazione di van't Hoff (Equazione 10.16) che riguarda la dipendenza della costante di equilibrio dalla temperatura

$$\ln\frac{K_2}{K_1} = \frac{\Delta H°}{R}\left(\frac{1}{T_1} - \frac{1}{T_2}\right)$$

L'Equazione 10.16 è valida fintantoché la dipendenza dell'entalpia di reazione $\Delta H°$ dalla temperatura è piccola. La combinazione dell'Equazione 13.4 [$\mathcal{E}^\circ_{cell} = (RT/nF) \ln K$] con l'Equazione 10.16 dà

$$\frac{nF\mathcal{E}^\circ_{cell,\,T_2}}{RT_2} - \frac{nF\mathcal{E}^\circ_{cell,\,T_1}}{RT_1} = \frac{\Delta H^\circ}{R}\left(\frac{1}{T_1} - \frac{1}{T_2}\right)$$

che, dopo riarrangiamento e divisione per F, dà

$$\frac{\mathcal{E}^\circ_{cell,\,T_2}}{T_2} = \frac{\mathcal{E}^\circ_{cell,\,T_1}}{T_1} + \frac{\Delta H^\circ}{nF}\left(\frac{1}{T_1} - \frac{1}{T_2}\right) \qquad \textbf{(13.6)}$$

Pertanto, data la fem standard di una cella a una certa temperatura, il suo valore a un'altra temperatura può essere determinato utilizzando l'Equazione 13.6 se è nota la variazione di entalpia per la reazione totale di cella. D'altro canto, se la fem di una cella può essere determinata a due (o più) temperature diverse, l'Equazione 13.6 può essere utilizzata per stimare la variazione di entalpia $\Delta H°$ per una reazione. Inoltre, dato che $\Delta G°$ può essere determinato da una delle misurazioni di $\mathcal{E}°$, la variazione di entropia $\Delta S°$ può essere determinata utilizzando l'Equazione 8.35 ($\Delta G° = \Delta H° - T\Delta S°$). Pertanto, l'entalpia standard e l'entropia standard di una reazione possono essere determinate direttamente dalla fem in funzione della temperatura, il che ci fornisce un metodo non calorimetrico per il calcolo di queste importanti grandezze termodinamiche.

Inoltre, possiamo manipolare l'Equazione 13.6 (Problema 13.116), assumendo che $\Delta H°$ e $\Delta S°$ siano entrambe indipendenti dalla temperatura, per dare

$$\mathcal{E}^\circ_{cell,\,T_2} = \mathcal{E}^\circ_{cell,\,T_1} + \frac{\Delta S^\circ}{nF}(T_2 - T_1) \qquad \textbf{(13.7)}$$

Pertanto, la variazione della fem di una cella può essere direttamente messa in relazione con la variazione di entropia standard di una reazione totale di cella. Spesso il segno e l'entità della variazione di entropia di una reazione possono essere previsti qualitativamente, quindi questo ci dà modo di stimare la direzione e la dimensione della dipendenza dalla temperatura di una reazione. Per esempio, una reazione di cella in cui uno dei prodotti o dei reagenti è un gas in genere ha una maggiore variazione di entropia rispetto a una reazione in cui tutti i reagenti e prodotti si trovino in soluzione acquosa. Così, ci si può aspettare che la fem della prima reazione sia quella più influenzata dalle variazioni di temperatura.

Esempio 13.7

Dato che il valore di $\Delta H°$ per la reazione di cella

$$2\text{Ag}^+(aq) + 2\text{I}^- \longrightarrow \text{I}_2 + 2\text{Ag}(s)$$

è pari a $-100{,}0$ kJ mol^{-1} a 25 °C, calcolare il valore della fem di questa cella a 80 °C. Quali assunzioni è necessario fare?

Impostazione In primo luogo, trovare la fem della cella a 25 °C utilizzando i dati in Tabella 13.1. Per questa cella, $n = 2$. Per calcolare il valore della fem a 80 °C, usare l'Equazione 13.6 e il valore dato della variazione dell'entalpia standard a 25 °C. L'Equazione 13.6 presume che $\Delta H°$ sia indipendente dalla temperatura nell'intervallo di temperatura di interesse. Ricordare la conversione 1 V = 1 J C^{-1}.

Soluzione Dalla Tabella 13.1 le due semireazioni sono

$$Ag^+(aq) + e^- \longrightarrow Ag(s) \qquad \mathcal{E}^\circ_{red} = +0,80 \text{ V a} 25°\text{C}$$

$$I_2(s) + 2e^- \longrightarrow 2I^-(aq) \qquad \mathcal{E}^\circ_{red} = +0,53 \text{ V a } 25°\text{C}$$

La fem della cella a 25 °C è quindi

$$\mathcal{E}^\circ_{cell} = \mathcal{E}^\circ_{catodo} - \mathcal{E}^\circ_{anodo} = +0,80 \text{ V} - 0,53 \text{ V} = +0,27 \text{ V}$$

L'Equazione 13.6 è

$$\frac{\mathcal{E}^\circ_{cell, T_2}}{T_2} = \frac{\mathcal{E}^\circ_{cell, T_1}}{T_1} + \frac{\Delta H^\circ}{nF}\left(\frac{1}{T_1} - \frac{1}{T_2}\right)$$

Sostituendo T_1 = 25 °C = 298 K, T_2 = 80 °C = 353 K, n = 2 e il valore dato di ΔH° nell'equazione, si ha

$$\frac{\mathcal{E}^\circ_{cell, T_2}}{353 \text{ K}} = \frac{0,27 \text{ V}}{298 \text{ K}} + \frac{(-100,0 \text{ kJ mol}^{-1})(1000 \text{ J kJ}^{-1})}{2(96485 \text{ C mol}^{-1})}\left(\frac{1}{298 \text{ K}} - \frac{1}{353 \text{ K}}\right)$$

$$\mathcal{E}^\circ_{cell, T_2} = 0,22 \text{ V K}^{-1}$$

Pertanto, il voltaggio della cella diminuisce di 0,05 V quando la temperatura aumenta da 25 °C a 80 °C.

Verifica Una diminuzione nella tensione della cella indica una diminuzione della costante d'equilibrio per questa reazione. Questa reazione è esotermica. Il principio di Le Châtelier prevede che l'equilibrio di una reazione esotermica si sposti verso i reagenti e che diminuisca la costante d'equilibrio. Pertanto, il nostro risultato è coerente con il principio di Le Châtelier.

Problema di autovalutazione Usare i dati nella Tabella 13.1 e nell'Appendice 2 per determinare la fem della seguente reazione di cella, a 80 °C:

$$Cl_2(g) + 2Cu^+(aq) \longrightarrow 2Cl^-(aq) + 2Cu^{2+}(aq)$$

13.5 Equazione di Nernst

Finora ci siamo concentrati sulle reazioni redox in cui i reagenti e i prodotti sono nei loro stati standard, ma non vi è alcun motivo che una reazione di ossidoriduzione di interesse pratico debba essere effettuata in condizioni standard, e, in generale, le condizioni saranno diverse in maniera significativa dallo stato standard. Tuttavia, vi è una relazione matematica tra la fem di una cella galvanica e le attività dei reagenti e dei prodotti in una reazione redox in condizioni non standard.

Si consideri una reazione redox del tipo

$$a\text{A} + b\text{B} \longrightarrow c\text{C} + d\text{D}$$

Dall'Equazione 10.11,

$$\Delta G = \Delta G^\circ + RT \ln Q$$

dove Q è il quoziente di reazione per questa reazione

$$Q = \frac{a_C^c a_D^d}{a_A^a a_B^b}$$

Poiché $\Delta G = -nF\mathcal{E}$ (Equazione 13.2) e $\Delta G^\circ = -nF\mathcal{E}^\circ$ (Equazione 13.3), l'Equazione 10.11 può essere espressa come

$$-nF\mathcal{E} = -nF\mathcal{E}^\circ + RT\ln Q \tag{13.8}$$

Dividendo l'Equazione 13.8 per $-nF$, otteniamo

$$\mathcal{E} = \mathcal{E}^\circ - \frac{RT}{nF}\ln Q \tag{13.9}$$

L'Equazione 13.9 è nota come ***equazione di Nernst***.[6] A 25 °C (298,15 K), l'Equazione 13.9 può essere riscritta come

$$\mathcal{E}(25°\ \mathrm{C}) = \mathcal{E}^\circ - \frac{0{,}025693\ \mathrm{V}}{n}\ln Q \tag{13.10}$$

Durante il funzionamento di una cella galvanica, gli elettroni si muovono dall'anodo al catodo, con conseguente formazione di prodotti e diminuzione della concentrazione dei reagenti. Quindi Q aumenta, il che significa che $\mathcal{E}$ diminuisce. Alla fine, la cella raggiunge l'equilibrio. All'equilibrio non vi è trasferimento netto di elettroni, quindi $\mathcal{E} = 0$ e $Q = K$, dove K è la costante di equilibrio, e l'equazione di Nernst (Equazione 13.9) si semplifica all'Equazione 13.4.

L'equazione di Nernst può essere usata per calcolare $\mathcal{E}$ in funzione delle concentrazioni dei prodotti e dei reagenti in una reazione redox se le attività possono essere approssimate dalle concentrazioni molari. Per esempio, per la cella Daniell in Figura 13.3,

$$\mathrm{Zn}(s) + \mathrm{Cu}^{2+}(aq) \longrightarrow \mathrm{Zn}^{2+}(aq) + \mathrm{Cu}(s)$$

L'equazione di Nernst per questa cella a 25 °C (Equazione 13.10), assumendo un comportamento ideale della soluzione, può essere scritta come

$$\mathcal{E} = \mathcal{E}^\circ - \frac{0{,}025693\ \mathrm{V}}{n}\ln\frac{[\mathrm{Zn}^{2+}]}{[\mathrm{Cu}^{2+}]}$$

dove abbiamo utilizzato il fatto che le attività dei solidi puri possono essere considerate unitarie.

Se il rapporto $[Zn^{2+}]/[Cu^{2+}]$ è minore di 1, ln $([Zn^{2+}]/[Cu^{2+}])$ è un numero negativo, per cui il secondo termine sul lato destro della precedente equazione è positivo. In queste condizioni, $\mathcal{E}$ è maggiore della fem standard $\mathcal{E}^\circ$. Se il rapporto è superiore a 1, $\mathcal{E}$ è inferiore a $\mathcal{E}^\circ$.

L'Esempio 13.8 illustra l'uso dell'equazione di Nernst.

Esempio 13.8

Prevedere se la seguente reazione procede spontaneamente come scritta a 298 K:

$$\mathrm{Co}(s) + \mathrm{Fe}^{2+}(aq) \rightleftharpoons \mathrm{Co}^{2+}(aq) + \mathrm{Fe}(s)$$

dato che $[Co^{2+}] = 0{,}15\ M$ e $[Fe^{2+}] = 0{,}68\ M$. Assumere per la soluzione un comportamento ideale.

---

[6] Walter Hermann Nernst (1864-1941). Chimico e fisico tedesco. Le ricerche di Nernst riguardarono principalmente le soluzioni di elettroliti e la termodinamica. Egli inventò anche un piano elettrico. Nernst fu insignito del Premio Nobel per la chimica nel 1920 per il suo contributo alla termodinamica.

Impostazione Poiché la reazione non avviene in condizioni standard (le concentrazioni non sono 1 *M*), abbiamo bisogno dell'equazione di Nernst [Equazione (13.10)] per calcolare la fem ($\mathcal{E}$) dell'ipotetica cella galvanica e determinare la spontaneità della reazione. La fem standard ($\mathcal{E}^\circ$) può essere calcolata usando i potenziali standard di riduzione nella Tabella 13.1. Ricordare che i solidi non compaiono nel termine del quoziente di reazione (Q) nell'equazione di Nernst. Notare che sono trasferite 2 moli di elettroni per mole di reazione, cioè $n = 2$.

Soluzione Le semireazioni sono:

$$\text{anodo (ossidazione):} \quad Co(s) \longrightarrow Co^{2+}(aq) + 2e^-$$
$$\text{catodo (riduzione):} \quad Fe^{2+}(aq) + 2e^- \longrightarrow Fe(s)$$

$$\begin{aligned}\mathcal{E}^\circ_{\text{cell}} &= \mathcal{E}^\circ_{\text{catodo}} - \mathcal{E}^\circ_{\text{anodo}} \\ &= \mathcal{E}^\circ_{Fe^{2+}/Fe} - \mathcal{E}^\circ_{Co^{2+}/Co} \\ &= -0{,}44\ \text{V} - (-0{,}28\ \text{V}) \\ &= -0{,}16\ \text{V}\end{aligned}$$

Dall'Equazione (13.10) scriviamo

$$\begin{aligned}\mathcal{E} &= \mathcal{E}^\circ - \frac{0{,}0257\ \text{V}}{n} \ln Q \\ &= \mathcal{E}^\circ - \frac{0{,}0257\ \text{V}}{n} \ln \frac{[Co^{2+}]}{[Fe^{2+}]} \\ &= -0{,}16\ \text{V} - \frac{0{,}025693\ \text{V}}{2} \ln \frac{0{,}15}{0{,}68} \\ &= -0{,}16\ \text{V} + 0{,}019\ \text{V} \\ &= -0{,}14\ \text{V}\end{aligned}$$

Poiché $\mathcal{E}$ è negativo, la reazione non è spontanea nella direzione scritta.

Problema di autovalutazione La seguente reazione avverrà spontaneamente a 25 °C, se $[Fe^{2+}] = 0{,}60\ M$ e $[Cd^{2+}] = 0{,}010\ M$?

$$Cd(s) + Fe^{2+}(aq) \rightleftharpoons Cd^{2+}(aq) + Fe(s)$$

Supponiamo ora di volere determinare per quale rapporto di $[Co^{2+}]$ su $[Fe^{2+}]$ la reazione dell'Esempio 13.7 diventerebbe spontanea a 25 °C. Possiamo usare l'Equazione 13.10 nel modo seguente:

$$\mathcal{E} = \mathcal{E}^\circ - \frac{0{,}025693\ \text{V}}{n} \ln Q$$

Poniamo $\mathcal{E}$ pari a zero, il che corrisponde alla situazione di equilibrio.

$$0 = -0{,}16\ \text{V} - \frac{0{,}025693\ \text{V}}{2} \ln \frac{[Co^{2+}]}{[Zn^{2+}]}$$

$$\ln \frac{[Co^{2+}]}{[Zn^{2+}]} = -12{,}5$$

$$\frac{[Co^{2+}]}{[Zn^{2+}]} = e^{-12{,}5} = K$$

o

$$K = 4 \times 10^{-6}$$

Quindi, affinché la reazione sia spontanea ($\mathcal{E}$ positivo), il rapporto $[Co^{2+}]/[Fe^{2+}]$ dovrà essere inferiore a 4×10^{-6}.

Come mostrato nell'Esempio 13.9, se dei gas sono coinvolti nella reazione di cella, le loro concentrazioni dovranno essere espresse in unità di pressione (bar o atm).

Esempio 13.9

Considerare la cella galvanica mostrata in Figura 13.6(a). In un dato esperimento, la fem ($\mathcal{E}$) della cella è risultata essere di 0,54 V a 25 °C. Supporre che $[Zn^{2+}] = 1,00 \times 10^{-4}$ *M* e $P_{H_2} = 1,00$ bar. Calcolare la concentrazione molare di H^+, assumendo per la soluzione un comportamento ideale.

Impostazione L'equazione che mette in relazione la fem standard e la fem non standard è l'equazione di Nernst. Assumendo per la soluzione un comportamento ideale, gli stati standard di Zn^{2+} e H^+ sono soluzioni 1 *M*. La reazione di cella è

$$Zn(s) + 2H^+(?\,M) \longrightarrow Zn^{2+}(1,00\,M) + H_2(1,00\text{ bar})$$

Data la fem della cella ($\mathcal{E}$), si applica l'equazione di Nernst per risolvere rispetto a $[H^+]$. Notare che 2 moli di elettroni sono trasferiti per mole di reazione cioè, $n = 2$.

Soluzione Come visto in precedenza (Paragrafo 13.3), la fem standard ($\mathcal{E}°$) per la cella è 0,76 V. Poiché il sistema è a 25 °C (298 K) si può utilizzare la forma dell'equazione di Nernst indicata nell'Equazione 13.5:

Le concentrazioni in *Q* sono divise per il valore di 1 *M*, relativo al loro stato standard; le pressioni sono divise per 1 bar.

$$\mathcal{E} = \mathcal{E}° - \frac{0,0257\text{ V}}{n}\ln Q$$

$$= \mathcal{E}° - \frac{0,0257\text{ V}}{n}\ln\frac{a_{Zn^{2+}}a_{H_2}}{a_{H^+}^2}$$

$$\approx \mathcal{E}° - \frac{0,0257\text{ V}}{n}\ln\frac{[Zn^{2+}]P_{H_2}}{[H^+]^2}$$

$$0,54\text{ V} = 0,76\text{ V} - \frac{0,0257\text{ V}}{2}\ln\frac{(1,00 \times 10^{-4})(1,00)}{[H^+]^2}$$

$$-0,34\text{ V} = \frac{0,0257\text{ V}}{2}\ln\frac{1}{[H^+]^2}$$

$$26,4 = \ln\frac{1}{[H^+]^2}$$

$$e^{26,4} = \frac{1}{[H^+]^2}$$

$$[H^+] = \sqrt{\frac{1}{3,1 \times 10^{11}}} = 1.8 \times 10^{-6}\,M$$

Problema di autovalutazione Qual è la fem di una cella galvanica costituita da una semicella $Cd^{2+}|Cd$ e da una semicella $Pt|H^+|H_2$ se $[Cd^{2+}] = 0,20\,M$, $[H^+] = 0,16\,M$ e $P_{H_2} = 0,81$ bar? Assumere un comportamento ideale.

L'Esempio 13.9 mostra che una cella galvanica la cui reazione di cella comporti la presenza di ioni H^+ può essere usata per misurare l'attività di H^+ o pH. Nel Paragrafo 10.2, abbiamo introdotto il pH-metro come il dispositivo normalmente utilizzato per la misurazione del pH. Ai fini di ottenere una misurazione del pH in laboratorio accurata e in sicurezza, l'elettrodo di idrogeno è impraticabile poiché l'idro-

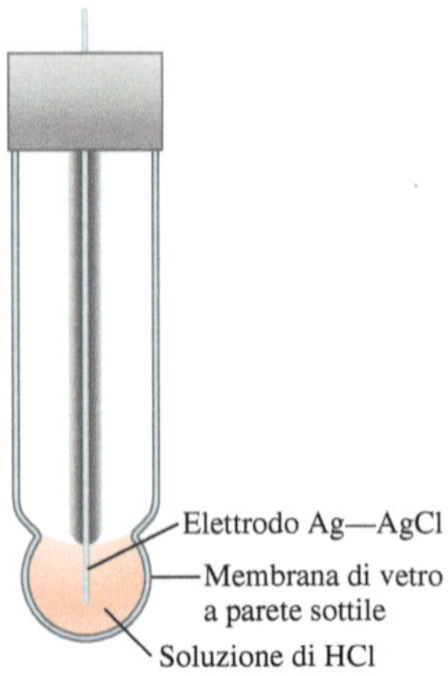

Figura 13.8 L'elettrodo di vetro (ampiamente utilizzato) è un esempio di elettrodo *ionoselettivo* (sensibile a una sola specie chimica) poiché è specifico per gli ioni H^+. L'elettrodo è costituito da una membrana molto sottile fatta di uno speciale tipo di vetro permeabile agli ioni H^+. Un elettrodo Ag|AgCl è immerso in una soluzione tampone (pH costante) contenente ioni Cl^-. Quando l'elettrodo viene posto in una soluzione il cui pH è diverso da quello della soluzione tampone, la differenza di potenziale che si sviluppa tra le due parti è una misura della differenza tra i due valori di pH.

geno è un gas esplosivo e l'elettrodo di platino è facilmente suscettibile di contaminazioni, ed è stato quindi soppiantato dall'*elettrodo di vetro* (Figura 13.8). Questo elettrodo è costituito da una membrana di vetro molto sottile, permeabile agli ioni H^+. Un filo d'argento rivestito con cloruro d'argento è immerso in una soluzione di acido cloridrico diluito. Quando l'elettrodo viene posto in una soluzione il cui pH è diverso da quello delle soluzioni interne, la differenza di potenziale che si crea ai due lati della membrana può essere controllata mediante un elettrodo di riferimento. La fem della cella costituita dall'elettrodo di vetro e dall'elettrodo di riferimento è misurata con un voltmetro calibrato direttamente in unità di pH.

13.5.1 Celle a concentrazione

Dato che il potenziale elettrodico dipende dalla concentrazione degli ioni, è possibile costruire una cella galvanica con due semicelle identiche, ma che differiscono nella concentrazione degli ioni. Tale cella è chiamata ***cella a concentrazione***.

Si consideri una situazione in cui due elettrodi di zinco sono posti in due soluzioni acquose di solfato di zinco a concentrazioni 0,10 *M* e 1,0 *M*. Le due soluzioni sono collegate da un ponte salino e gli elettrodi sono collegati da un pezzo di filo metallico in una disposizione come quella mostrato in Figura 13.1. In base al principio di Le Châtelier, la tendenza alla riduzione

$$Zn^{2+}(aq) + 2e^- \longrightarrow Zn(s)$$

aumenta all'aumentare della concentrazione di ioni Zn^{2+}. Pertanto, la riduzione dovrebbe verificarsi nel comparto contenente la soluzione più concentrata, e l'ossidazione nel comparto contenente la soluzione più diluita. Il diagramma di cella è

$$Zn(s)|Zn^{2+}(0{,}10\ M)||Zn^{2+}(1{,}0\ M)|Zn(s)$$

e le semireazioni sono

$$\begin{aligned} \text{ossidazione (anodo):}\quad & Zn(s) \longrightarrow Zn^{2+}(0{,}10\ M) + 2e^- \\ \text{riduzione (catodo):}\quad & Zn^{2+}(1{,}0\ M) + 2e^- \longrightarrow Zn(s) \\ \hline \text{totale:}\quad & Zn^{2+}(1{,}0\ M) \longrightarrow Zn^{2+}(0{,}10\ M) \end{aligned}$$

La fem della cella a 298 K (assumendo per la soluzione un comportamento ideale), usando l'Equazione 13.5, è

$$\mathcal{E} = \mathcal{E}^\circ - \frac{0{,}0257\ \text{V}}{n} \ln \frac{[Zn^{2+}]_{\text{dil}}}{[Zn^{2+}]_{\text{conc}}}$$

dove i pedici "dil" e "conc" si riferiscono, rispettivamente, alle concentrazioni 0,10 *M* e 1,0 *M*. La $\mathcal{E}^\circ$ per questa cella è zero (è costituita da elettrodi identici e gli ioni sono dello stesso tipo), quindi

$$\mathcal{E} = 0\ \text{V} - \frac{0{,}0257\ \text{V}}{2} \ln \frac{0{,}10}{1{,}0}$$
$$= 0{,}0296\ \text{V}$$

La fem delle celle a concentrazione è di solito piccola e diminuisce continuamente durante il funzionamento della cella, dato che le concentrazioni nei due compartimenti tendono a eguagliarsi. Quando le concentrazioni degli ioni nei due comparti sono le stesse, $\mathcal{E}$ diventa uguale a zero, e non si verifica più nessun ulteriore cambiamento.

Una cellula biologica può essere paragonata a una cella a concentrazione, al fine di calcolare il suo *potenziale di membrana.* Il potenziale di membrana è il potenziale elettrico che si crea attraverso la membrana di vari tipi di cellule, comprese le cellule muscolari e cellule nervose. È responsabile della propagazione degli impulsi nervosi e del battito cardiaco. Un potenziale di membrana si instaura ogni volta che ci sono delle differenze di concentrazione dello stesso tipo di ioni all'interno e all'esterno di una cellula. Per esempio, le concentrazioni degli ioni K^+ all'interno e all'esterno di una cellula nervosa sono, rispettivamente, 400 m*M* e 15 m*M*. Considerando il sistema come una cella a concentrazione e applicando l'equazione di Nernst a un solo tipo di ioni, si può scrivere

$$\begin{aligned}\mathcal{E} &= \mathcal{E}^\circ - \frac{0{,}0257\ \text{V}}{1}\ln\frac{[\text{K}^+]_{\text{ext}}}{[\text{K}^+]_{\text{int}}} \\ &= -(0{,}0257\ \text{V})\ln\frac{15}{400} \\ &= 0{,}084\ \text{V} \qquad \text{o} \qquad 84\ \text{mV}\end{aligned}$$

dove i pedici "ext" e "int" indicano, rispettivamente, l'esterno e l'interno della cellula. Si noti che abbiamo impostato $\mathcal{E}^\circ = 0$ poiché sono coinvolti lo stesso tipo di ioni. Pertanto, si crea un potenziale elettrico di 84 mV attraverso la membrana, dovuto alle differenti concentrazioni degli ioni K^+.

13.5.2 Determinazione dell'attività dalla misura della fem

La misura della fem può essere utilizzata per determinare con precisione l'attività degli ioni in soluzione. Per esempio, consideriamo una cella elettrochimica nella quale avvenga la riduzione del cloruro d'argento da parte dell'idrogeno gassoso:

$$\text{Pt}|\text{H}_2(1\ \text{bar})|\text{HCl}(aq,\, m)|\text{AgCl}(s)|\text{Ag}$$

La reazione totale di cella è

$$\frac{1}{2}\text{H}_2(g) + \text{AgCl}(s) \longrightarrow \text{Ag}(s) + \text{H}^+(aq) + \text{Cl}^-(aq)$$

Utilizzando l'appropriata equazione di Nernst a 298 K (Equazione 13.10), la fem della cella a 298 K è data da

$$\begin{aligned}\mathcal{E} &= \mathcal{E}^\circ - \frac{0{,}0257\ \text{V}}{n}\ln Q \\ &= \mathcal{E}^\circ - \frac{0{,}0257\text{V}}{n}\ln\frac{a_{\text{H}^+}a_{\text{Cl}}\,a_{\text{Ag}}}{a_{\text{H}_2}^{1/2}\,a_{\text{AgCl}}}\end{aligned}$$

Sia l'argento (Ag) che il cloruro d'argento (AgCl) sono solidi, per cui le loro attività possono essere considerate unitarie. Inoltre, anche l'attività di H_2 gas a 1 bar si può considerare unitaria. Per cui

$$\begin{aligned}\mathcal{E} &= \mathcal{E}^\circ - \frac{0{,}0257\ \text{V}}{n}\ln a_{\text{H}^+}a_{\text{Cl}^-} \\ &= \mathcal{E}^\circ - \frac{0{,}0257\ \text{V}}{n}\ln(\gamma_\pm m)^2\end{aligned}$$

In questo caso $n = 1$, e definiamo il *coefficiente medio d'attività*[7] per un elettrolita 1:1

$$a_{\text{H}^+}\,a_{\text{Cl}^-} = \gamma_\pm^2 m^2$$

[7] Poiché gli ioni Ag^+ e Cl^- non possono esistere separatamente in soluzione, i singoli coefficienti di attività di questi ioni non sono definiti separatamente. Piuttosto si definisce un'attività media $\gamma_\pm$, che in questo caso è la media geometrica dei singoli coefficienti di attività $\gamma_\pm = \sqrt{\gamma_{\text{Ag}^+}\gamma_{\text{Cl}^-}}$. Per un elettrolita *m*:*n* (un composto costituito da cationi con carica m^+ e da anioni con carica n^-, per esempio $MgCl_2$, è un elettrolita 2:1), il coefficiente medio di attività è $\gamma_\pm = (\gamma_+^n \gamma_-^m)^{1/(m+n)}$. Le attività medie per i composti ionici possono essere stimate utilizzando un'approssimazione nota come teoria di Debye-Hückell.

Per cui, la fem della cella è

$$\mathcal{E} = \mathcal{E}^\circ - (0{,}0257\ \text{V})\ln(\gamma_\pm m)^2$$
$$= \mathcal{E}^\circ - (0{,}0514\ \text{V})\ln\gamma_\pm - (0{,}0514\ \text{V})\ln m$$

La precedente equazione può essere riarrangiata per dare

$$\ln\gamma_\pm = \frac{\mathcal{E}^\circ - \mathcal{E}}{0{,}0514\ \text{V}} - \ln m$$

Questa equazione può essere utilizzata per determinare l'attività media per una determinata concentrazione di HCl da una misura di $\mathcal{E}$ per questa cella, se il valore di $\mathcal{E}^\circ$ è noto. Il valore di $\mathcal{E}^\circ$ può essere determinato misurando $\mathcal{E}$ per questa cella a concentrazioni molto basse di HCl. Per una soluzione molto diluita $\gamma_\pm \approx 1$ e $\mathcal{E}^\circ - \mathcal{E} + (0{,}0514\ \text{V})\ln m$ (vedi il Problema 13.35).

13.6 Pile

Una ***pila*** è *una cella galvanica, o una serie di celle galvaniche combinate, che può essere utilizzata come fonte di corrente elettrica continua a una tensione costante.* Anche se il funzionamento di una pila in linea di principio è simile a quello delle celle galvaniche descritte nel Paragrafo 13.2, una pila ha il vantaggio di essere completamente autonoma e senza la necessità di componenti ausiliari come i ponti salini. Verranno ora presi in considerazione alcune tra le più diffuse pile.

13.6.1 Pila a secco

La pila a secco più comune, cioè una pila senza componenti allo stato liquido, è la *pila Leclanché* utilizzata nelle torce tascabili e nelle radio a transistor. L'anodo della cella consiste di un contenitore di zinco in contatto con diossido di manganese (MnO_2) e un elettrolita. L'elettrolita è costituito da cloruro di ammonio e cloruro di zinco in acqua a cui è aggiunto dell'amido per addensare la soluzione fino a ottenere una pasta semisolida in modo che sia meno probabile il verificarsi delle perdite di liquido (Figura 13.9).

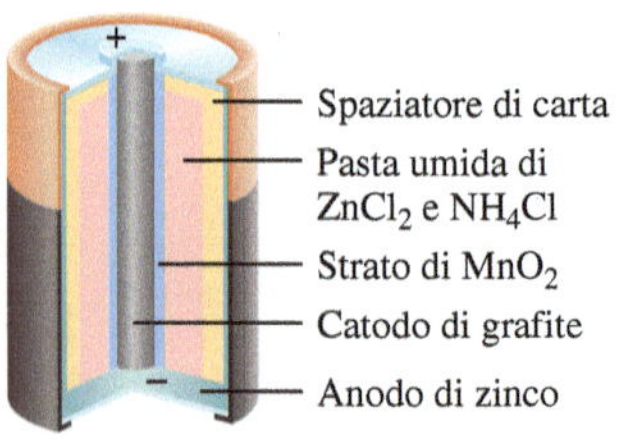

Figura 13.9 Sezione interna di una pila Leclanché. In realtà, la pila non è completamente a secco, poiché contiene una pasta elettrolitica umida.

Una bacchetta di grafite funge da catodo, immerso nell'elettrolita, nel centro della cella. Le reazioni che avvengono nella cella sono

$$\begin{array}{ll} \text{anodo:} & Zn(s) \longrightarrow Zn^{2+}(aq) + 2e^- \\ \text{catodo:} & 2NH_4^+(aq) + 2MnO_2(s) + 2e^- \longrightarrow Mn_2O_3(s) + 2NH_3(aq) + H_2O(l) \\ \hline \text{totale:} & Zn(s) + 2NH_4^+(aq) + 2MnO_2(s) \longrightarrow Zn^{2+}(aq) + Mn_2O_3(s) \\ & \qquad + 2NH_3(aq) + H_2O(l) \end{array}$$

In realtà, questa equazione è una semplificazione di un processo decisamente più complesso. La tensione prodotta da questa pila è di circa 1,5 V, ma questo voltaggio diminuisce leggermente nel tempo perché, con il procedere della reazione, la concentrazione di $NH_4^+(aq)$ diminuisce facendo diminuire anche la concentrazione di $NH_3(aq)$, portando a un aumento del valore di Q nell'equazione di Nernst e a una diminuzione della fem della cella. Le altre specie nella reazione totale sono presenti in forma liquida o solida pura e non influenzano il valore di Q.

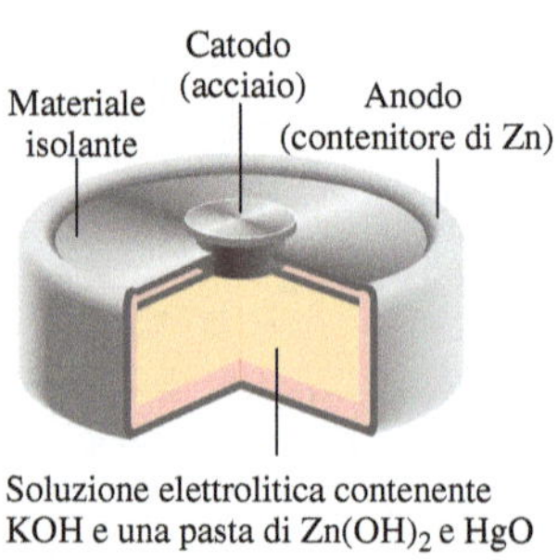

Figura 13.10 Sezione interna di una pila a mercurio.

13.6.2 Pila a mercurio

La pila a mercurio è ampiamente usata in medicina e nell'industria elettronica ed è più costosa della pila Leclanché. La pila a mercurio, contenuta in un cilindro di acciaio inossidabile, è costituita da un anodo di zinco (amalgamato con il mercurio) in contatto con un elettrolita fortemente alcalino contenente ossido di zinco e ossido di mercurio (II) (Figura 13.10).

Le reazioni che avvengono nella cella sono

$$\begin{array}{lrcl} \text{anodo:} & Zn(Hg) + 2OH^-(aq) & \longrightarrow & ZnO(s) + H_2O(l) + 2e^- \\ \text{catodo:} & HgO(s) + H_2O(l) + 2e^- & \longrightarrow & Hg(l) + 2OH^-(aq) \\ \hline \text{totale:} & Zn(Hg) + HgO(s) & \longrightarrow & ZnO(s) + Hg(l) \end{array}$$

Poiché non vi è alcuna variazione nella composizione elettrolitica durante il funzionamento (la reazione totale coinvolge solo sostanze solide) e dato che non sono presenti soluzioni acquose nella reazione totale, la pila a mercurio fornisce una tensione più costante nel tempo (1,35 V) rispetto alla pila Leclanché. Ha anche una capacità notevolmente superiore e un tempo di vita più lungo. Queste caratteristiche fanno della pila a mercurio la pila ideale per l'utilizzo in pace-maker, apparecchi acustici, orologi elettrici e negli esposimetri.

13.6.3 Accumulatore al piombo

L'accumulatore al piombo (o batteria al piombo) comunemente utilizzato nelle automobili è costituito da sei celle identiche unite in serie (in batteria). Ogni cella ha un anodo di piombo e un catodo di diossido di piombo (PbO_2) impaccati su una piastra di metallo (Figura 13.11).

Sia il catodo che l'anodo sono immersi in una soluzione acquosa di acido solforico, che funge da elettrolita. Le reazioni che avvengono nella cella sono

$$\begin{array}{lrcl} \text{anodo:} & Pb(s) + SO_4^{2-}(aq) & \longrightarrow & PbSO_4(s) + 2e^- \\ \text{catodo:} & PbO_2(s) + 4H^+(aq) + SO_4^{2-}(aq) + 2e^- & \longrightarrow & PbSO_4(s) + 2H_2O(l) \\ \hline \text{totale:} & Pb(s) + PbO_2(s) + 4H^+(aq) + 2SO_4^{2-}(aq) & \longrightarrow & 2PbSO_4(s) + 2H_2O(l) \end{array}$$

In condizioni operative normali, ogni cella produce 2 V; un voltaggio totale di 12 V, ottenuto dalle sei celle unite in serie, è quindi utilizzato per alimentare il circuito di accensione delle automobili e gli altri sistemi elettrici. L'accumulatore al piombo può fornire grandi quantità di corrente per un breve periodo di tempo, come, per esempio, il tempo necessario per l'avviamento del motore.

A differenza della pila Leclanché e della pila a mercurio, l'accumulatore al piombo è ricaricabile. Ricaricare l'accumulatore significa invertire la normale reazione elettrochimica applicando dall'esterno una tensione al catodo e all'anodo (questo tipo di processo è detto *elettrolisi*, vedi il Paragrafo 13.7).

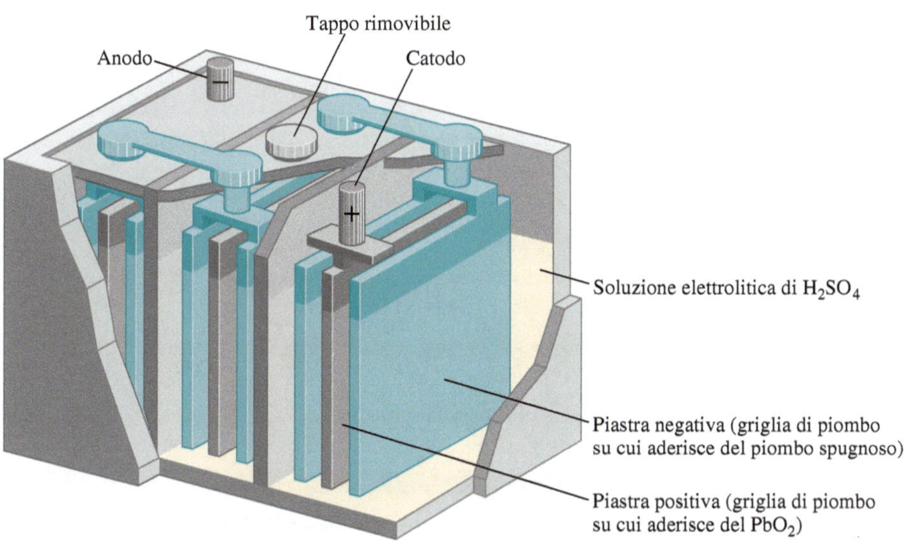

Figura 13.11 Sezione interna di un accumulatore al piombo. In condizioni operative normali, la concentrazione della soluzione di acido solforico è circa del 38% in peso.

Le reazioni che vanno a ricostituire i composti di partenza sono

anodo:	$PbSO_4(s) + 2e^- \longrightarrow Pb(s) + SO_4^{2-}(aq)$
catodo:	$PbSO_4(s) + 2H_2O(l) \longrightarrow PbO_2(s) + 4H^+(aq) + SO_4^{2-}(aq) + 2e^-$
totale:	$2PbSO_4(s) + 2H_2O(l) \longrightarrow Pb(s) + PbO_2(s) + 4H^+(aq) + 2SO_4^{2-}(aq)$

La reazione totale è esattamente l'inverso della normale reazione della cella.

È utile sottolineare e analizzare due aspetti del funzionamento di un accumulatore al piombo. In primo luogo, poiché la reazione elettrochimica consuma acido solforico, il livello di scarica può essere verificato misurando la densità dell'elettrolita con un densimetro. La densità della soluzione elettrolitica in una batteria completamente carica deve essere pari o superiore a 1,2 g ml^{-1}. In secondo luogo, in luoghi caratterizzati da un clima freddo, a volte si incontrano difficoltà di accensione dell'automobile, perché la batteria sembra, almeno in apparenza, completamente scarica. Nel Paragrafo 13.4 abbiamo mostrato che la fem di una cella è dipendente dalla temperatura. Tuttavia, per l'accumulatore al piombo, vi è una diminuzione della tensione di $1{,}5 \times 10^{-4}$ V per ogni grado Celsius in meno di temperatura. Detto questo, anche considerando una diminuzione di temperatura di 40 °C, il calo di tensione è pari a soli 6×10^{-3} V, che è circa pari a

$$\frac{6 \times 10^{-3}\ \text{V}}{12\ \text{V}} \times 100\% = 0{,}05\%$$

del voltaggio totale, una diminuzione insignificante. La vera causa dell'apparente guasto della batteria è l'aumento della viscosità dell'elettrolita al diminuire della temperatura. Affinché la batteria funzioni correttamente, l'elettrolita deve essere un conduttore efficiente. Tuttavia, il movimento degli ioni è molto più lento in un mezzo viscoso, per cui la resistenza del liquido aumenta, portando a una diminuzione della potenza di uscita della batteria. Se una batteria apparentemente scarica viene riscaldata a temperatura ambiente (circa 25 °C) in una giornata particolarmente fredda, recupera la sua capacità di fornire energia elettrica.

13.6.4 Batteria al litio

La Figura 13.12 mostra un diagramma schematico della batteria al litio (o batteria agli ioni litio). L'anodo è fatto di un materiale conduttore a base di carbonio, di solito grafite, con piccoli spazi nella sua struttura che possono trattenere sia atomi di Li che ioni Li^+. Il catodo è costituito da un ossido di un metallo di transizione, come CoO_2, e anch'esso può trattenere ioni Li^+. A causa dell'elevata reattività del me-

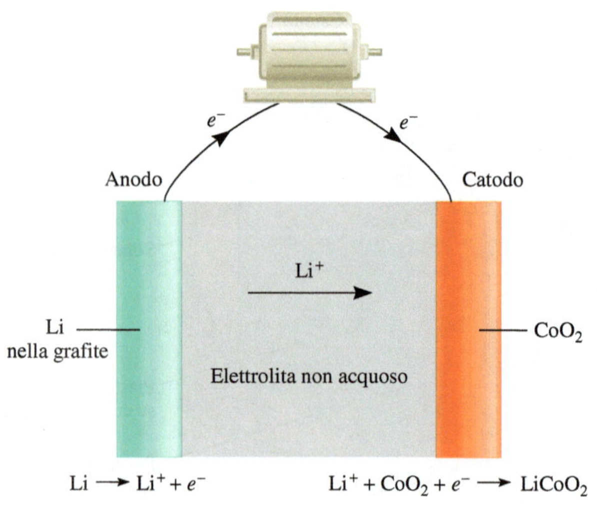

Figura 13.12 Gli atomi di litio sono incorporati nella grafite, che funge da anodo, e il catodo consiste di CoO_2. Durante il funzionamento, gli ioni Li^+ migrano attraverso la soluzione elettrolitica non acquosa dall'anodo al catodo, mentre gli elettroni si muovono esternamente dall'anodo al catodo per completare il circuito.

tallo, deve essere utilizzato un elettrolita non acquoso (sale disciolto in un solvente organico). Durante la scarica della batteria, le semireazioni sono

$$\begin{array}{lrcl} \text{anodo (ossidazione):} & Li(s) & \longrightarrow & Li^+(aq) + e^- \\ \text{catodo (riduzione):} & Li^+(aq) + CoO_2(s) + e^- & \longrightarrow & LiCoO_2(s) \\ \hline \text{totale:} & Li(s) + CoO_2(s) & \longrightarrow & LiCoO_2(s) \end{array}$$

Il vantaggio della batteria è che il litio ha il potenziale standard di riduzione maggiormente negativo (vedi la Tabella 13.1). Inoltre, il litio è il metallo più leggero, infatti per produrre 1 mole di elettroni sono necessari solo 6,941 g di Li (la sua massa molare). Una batteria al litio può essere ricaricata centinaia di volte, senza deterioramento. Queste caratteristiche la rendono adatta per l'impiego in telefoni cellulari, fotocamere digitali e computer portatili.

13.6.5 Celle a combustibile

I combustibili fossili sono la principale fonte di energia, ma la conversione dei combustibili fossili in energia elettrica è un processo altamente inefficiente. Si consideri la combustione del metano:

$$CH_4(g) + 2O_2(g) \longrightarrow CO_2(g) + 2H_2O(l) + \text{energia}$$

Per generare elettricità, il calore prodotto dalla reazione è prima utilizzato per convertire l'acqua in vapore, il quale spinge una turbina che aziona un generatore. A ogni passaggio, una frazione significativa di energia, rilasciata sotto forma di calore, viene persa nell'ambiente; persino il più efficiente impianto converte solo il 40 per cento circa dell'energia chimica originale in elettricità. Poiché le reazioni di combustione sono reazioni redox, sarebbe più opportuno effettuarle direttamente per via elettrochimica, aumentando così notevolmente l'efficienza della produzione di energia elettrica. Tale obiettivo può essere realizzato mediante un dispositivo noto come ***cella a combustibile***, *una cella galvanica che richiede un continuo apporto di reagenti per mantenerne il funzionamento.*

Nella sua forma più semplice, una cella a combustibile idrogeno-ossigeno è costituita da una soluzione elettrolitica, come una soluzione di idrossido di potassio e due elettrodi inerti. L'idrogeno e l'ossigeno gassosi sono fatti gorgogliare attra-

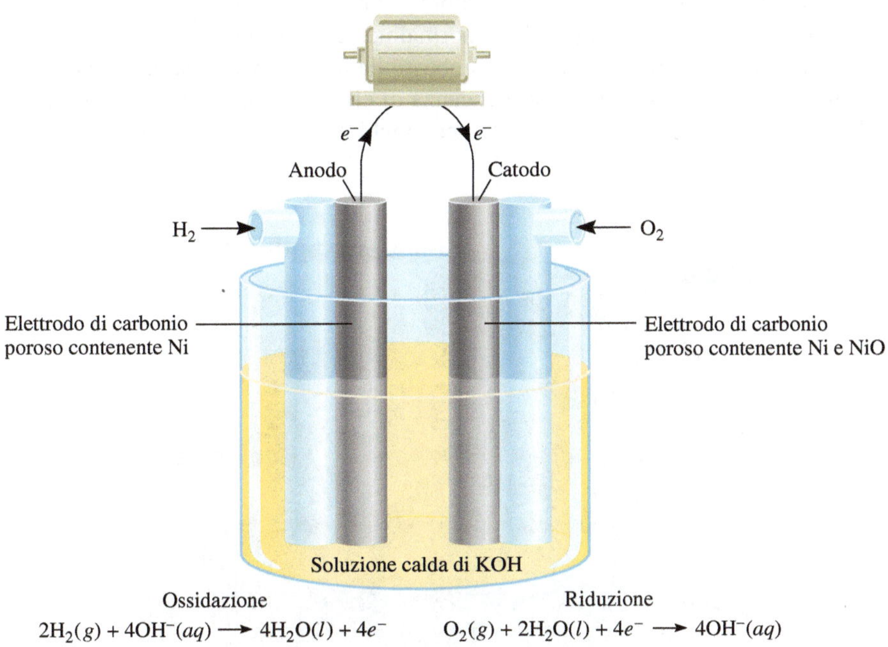

Figura 13.13 Una cella a combustibile a idrogeno-ossigeno. Ni e NiO inseriti negli elettrodi di carbonio poroso sono degli elettrocatalizzatori.

verso i compartimenti anodico e catodico (Figura 13.13), dove avverranno le seguenti reazioni:

$$
\begin{array}{lrcl}
\text{anodo:} & 2H_2(g) + 4OH^-(aq) & \longrightarrow & 4H_2O(l) + \cancel{4e^-} \\
\text{catodo:} & O_2(g) + 2H_2O(l) + \cancel{4e^-} & \longrightarrow & 4OH^-(aq) \\
\hline
\text{totale:} & 2H_2(g) + O_2(g) & \longrightarrow & 2H_2O(l)
\end{array}
$$

La fem standard della cella può essere calcolata come segue, con i dati presenti nella Tabella 13.1:

$$
\begin{aligned}
\mathcal{E}^\circ_{\text{cell}} &= \mathcal{E}^\circ_{\text{catodo}} - \mathcal{E}^\circ_{\text{anodo}} \\
&= 0{,}40\ \text{V} - (-0{,}83\ \text{V}) \\
&= 1{,}23\ \text{V}
\end{aligned}
$$

Quindi, la reazione è spontanea in condizioni standard. Si noti che la reazione è la stessa della reazione di combustione dell'idrogeno, ma l'ossidazione e la riduzione vengono fatte avvenire separatamente, all'anodo e al catodo. Come il platino nell'elettrodo standard di idrogeno, gli elettrodi hanno una duplice funzione. Essi servono come conduttori elettrici, e forniscono le superfici necessarie per le iniziali decomposizioni delle molecole in specie atomiche, prima del trasferimento degli elettroni. Essi sono degli *elettrocatalizzatori*. Metalli come il platino, il nichel e il rodio sono buoni elettrocatalizzatori.

In aggiunta al sistema H_2-O_2, è stato realizzato un certo numero di altre celle a combustibile. Tra queste, la cella a combustibile propano-ossigeno. Le semireazioni sono

$$
\begin{array}{lrcl}
\text{anodo:} & C_3H_8(g) + 6H_2O(l) & \longrightarrow & 3CO_2(g) + 20H^-(aq) + \cancel{20e^-} \\
\text{catodo:} & 5O_2(g) + 20H^+(aq) + \cancel{20e^-} & \longrightarrow & H_2O(l) \\
\hline
\text{totale:} & C_3H_8(g) + 5O_2(g) & \longrightarrow & 3CO_2(g) + 4H_2O(l)
\end{array}
$$

La reazione totale è identica alla combustione del propano.

A differenza delle pile, le celle a combustibile (Figura 13.14) non conservano energia chimica. In una cella a combustibile, i reagenti devono essere costantemente forniti e i prodotti devono essere costantemente rimossi. Da questo punto di vista, una cella a combustibile assomiglia più a un motore che a una batteria. Tuttavia, la cella a combustibile non funziona come un motore termico e quindi non è soggetta allo stesso tipo di limitazioni termodinamiche riguardanti la conversione di energia.

L'efficienza delle celle a combustibile può arrivare intorno al 70%, circa due volte più efficiente di un motore a combustione interna. Inoltre, le celle a combustibile sono generatori di elettricità privi di rumore, vibrazioni, trasferimenti di calore, inquinamento termico e di altri problemi normalmente associati con le centrali elettriche convenzionali. Tuttavia, le celle a combustibile non sono ancora impiegate su vasta scala. Un grande problema è la mancanza di elettrocatalizzatori a basso costo in grado di funzionare in modo efficiente per lunghi periodi di tempo senza contaminazione.

Figura 13.14 Una cella a combustibile a idrogeno-ossigeno.

13.7 Elettrolisi

Al contrario di quello che accade nelle reazioni redox spontanee, che ha come risultato la conversione di energia chimica in energia elettrica, l'***elettrolisi*** è il processo in cui *l'energia elettrica viene utilizzata per far avvenire una reazione chimica non spontanea*. Una **cella elettrolitica** è *un apparato sperimentale per effettuare l'elettrolisi*. Alla base dei processi che avvengono nelle celle elettrolitiche e nelle celle galvaniche ci sono gli stessi principi. Qui verranno presi in esame tre esempi di elettrolisi, basati su tali principi: l'elettrolisi di NaCl fuso, dell'acqua e di soluzioni acquose di NaCl. Quindi tratteremo gli aspetti quantitativi dell'elettrolisi.

13.7.1 Elettrolisi del cloruro di sodio fuso

Allo stato fuso, il cloruro di sodio, un composto ionico, può essere elettrolizzato per formare sodio metallico e cloro molecolare. La Figura 13.15(a) è uno schema di una *cella Downs*, che viene utilizzata per elettrolisi su larga scala di NaCl. Nel cloruro di sodio allo stato fuso, i cationi e gli anioni sono, rispettivamente, gli ioni Na^+ e Cl^-.

La Figura 13.15(b) è uno schema semplificato che mostra le reazioni che si verificano presso gli elettrodi. La cella elettrolitica contiene una coppia di elettrodi collegati alla batteria. La batteria serve come "pompa di elettroni", spingendo gli elettroni al catodo, dove si verifica la riduzione, e sottraendo elettroni dall'anodo, dove si verifica l'ossidazione. Le reazioni agli elettrodi sono

$$\begin{array}{rr} \text{anodo (ossidazione):} & 2Cl^-(l) \longrightarrow Cl_2(g) + \cancel{2e^-} \\ \text{catodo (riduzione):} & 2Na^+(l) + \cancel{2e^-} \longrightarrow 2Na(l) \\ \hline \text{totale:} & 2Na^+(l) + 2Cl^-(l) \longrightarrow 2Na(l) + Cl_2(g) \end{array}$$

Questo processo è la principale fonte di sodio metallico puro e di cloro molecolare. Stime teoriche indicano che il valore di $\mathcal{E}°$ per il processo totale è di circa -4 V, il che significa che questo è un processo non spontaneo. Perciò, una tensione *minima* di 4 V dovrà essere erogata dalla batteria per far avvenire la reazione. In pratica, è necessario applicare una tensione ancora maggiore a causa di inefficienze intrinseche nel processo elettrolitico e a causa di sovratensioni, che verranno brevemente prese in esame più avanti.

13.7.2 Elettrolisi dell'acqua

L'acqua contenuta in un becher in condizioni ambientali standard (1 bar e 25 °C) non si decompone spontaneamente per formare idrogeno e ossigeno gassosi, poiché la va-

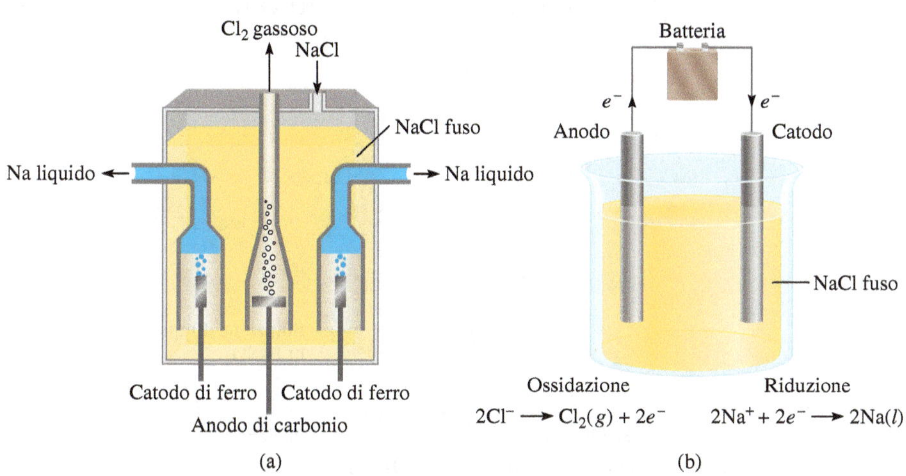

Figura 13.15 (a) Una cella Downs per l'elettrolisi di NaCl fuso (p.f. 801 °C). Il sodio metallico formato al catodo è allo stato liquido. Dato che il sodio metallico allo stato liquido è meno denso di NaCl fuso, il sodio galleggia in superficie, come mostrato, e viene raccolto. Il cloro gassoso che si forma all'anodo viene raccolto in alto. (b) Un diagramma semplificato che mostra le reazioni elettrodiche durante l'elettrolisi di NaCl fuso. La batteria è necessaria per far avvenire le reazioni non spontanee.

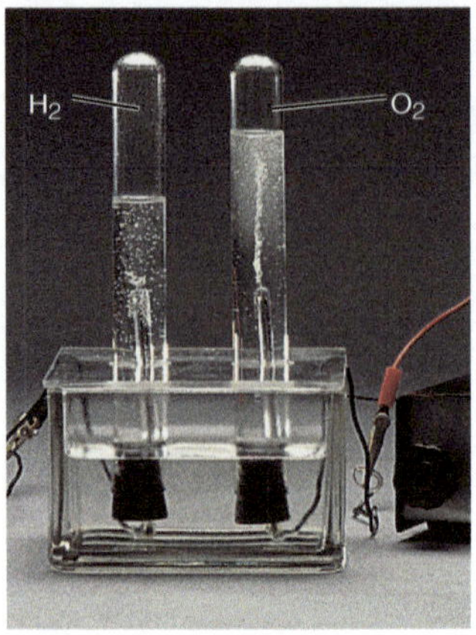

Figura 13.16 Apparato per l'elettrolisi dell'acqua su piccola scala. Il volume dell'idrogeno gassoso generato (colonna a sinistra) è il doppio dell'ossigeno gassoso (colonna a destra).

riazione di energia libera standard per questa reazione è positiva e decisamente grande in valore assoluto:

$$2H_2O(l) \longrightarrow 2H_2(g) + O_2(g) \qquad \Delta G° = 474{,}2 \text{ kJ mol}^{-1}$$

Tuttavia, questa reazione può essere fatta avvenire in una cella come quella mostrata nella Figura 13.16.

Questa cella elettrolitica è costituita da una coppia di elettrodi di un metallo inerte, come il platino, immersi in acqua. Quando gli elettrodi sono collegati alla batteria, non succede nulla, poiché non ci sono abbastanza ioni nell'acqua pura per il trasporto efficace della corrente elettrica (si ricordi che, a 25 °C, un litro di acqua pura contiene solo 1×10^{-7} ioni H^+ e 1×10^{-7} ioni OH^-). Tuttavia, la reazione avviene facilmente in una soluzione di H_2SO_4 0,1 M poiché, in questo caso, c'è un numero sufficiente di ioni per condurre l'elettricità. Immediatamente, delle bolle di gas iniziano a comparire su entrambi gli elettrodi.

La Figura 13.17 mostra le reazioni elettrodiche. Il processo all'anodo è

$$2H_2O(l) \longrightarrow O_2(g) + 4H^+(aq) + 4e^-$$

mentre al catodo si ha

$$2H^+(aq) + 2e^- \longrightarrow H_2(g)$$

La reazione complessiva è

$$\begin{array}{rr} \text{anodo (ossidazione):} & 2H_2O(l) \longrightarrow O_2(g) + 4H^+(aq) + 4e^- \\ \text{catodo (riduzione):} & 2[2H^+(aq) + 2e^- \longrightarrow H_2(g)] \\ \hline \text{totale:} & 2H_2O(l) \longrightarrow 2H_2(g) + O_2(g) \end{array}$$

Si noti che non viene consumato H_2SO_4 nella reazione totale.

13.7.3 Elettrolisi di una soluzione acquosa di cloruro di sodio

Questo è il più complesso dei tre esempi di elettrolisi considerati, in quanto una soluzione di cloruro di sodio in acqua contiene diverse specie che potrebbero essere ossidate e ridotte. Le reazioni di ossidazione che potrebbero verificarsi all'anodo sono

$$(1) \quad 2Cl^-(aq) \longrightarrow Cl_2(g) + 2e^-$$
$$(2) \quad 2H_2O(l) \longrightarrow O_2(g) + 4H^+(aq) + 4e^-$$

Facendo riferimento alla Tabella 13.1, si trova che

$$Cl_2(g) + 2e^- \longrightarrow 2Cl^-(aq) \qquad \mathcal{E}° = 1{,}36 \text{ V}$$
$$O_2(g) + 4H^+(aq) + 4e^- \longrightarrow 2H_2O(l) \qquad \mathcal{E}° = 1{,}23 \text{ V}$$

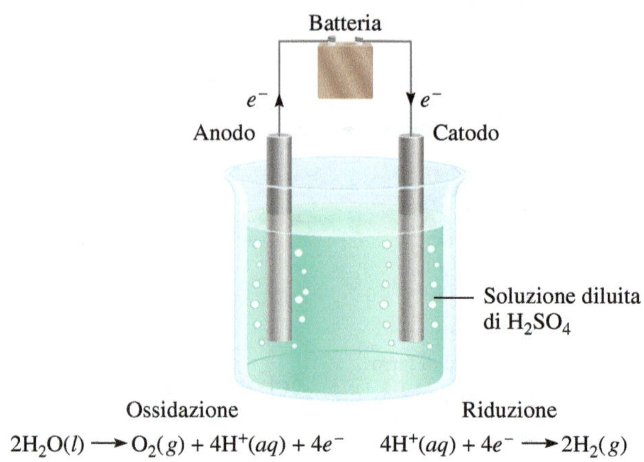

Figura 13.17 Diagramma indicante le reazioni che avvengono agli elettrodi durante l'elettrolisi dell'acqua.

I potenziali standard di riduzione di (1) e (2) non sono molto diversi, ma i valori suggeriscono che dovrebbe essere H_2O a essere preferenzialmente ossidata all'anodo. Tuttavia, l'evidenza sperimentale mostra che il gas generato all'anodo è Cl_2, e non O_2. Nello studio dei processi elettrolitici, si trova a volte che il voltaggio richiesto per far avvenire una reazione è notevolmente superiore a quello indicato dal potenziale elettrodico. La ***sovratensione*** è *la differenza tra il potenziale elettrodico e l'effettiva tensione necessaria a provocare l'elettrolisi*. La sovratensione per la formazione di O_2 è abbastanza elevata. Pertanto, in condizioni operative normali, il gas che si forma presso l'anodo è Cl_2 invece di O_2. Le riduzioni che potrebbero verificarsi al catodo sono

$$(3) \quad 2H^+(aq) + 2e^- \longrightarrow H_2(g) \qquad \mathcal{E}^\circ = 0{,}00\ V$$

$$(4) \quad 2H_2O(l) + 2e^- \longrightarrow H_2(g) + 2OH^-(aq) \qquad \mathcal{E}^\circ = -0{,}83\ V$$

$$(5) \quad Na^+(aq) + e^- \longrightarrow Na(s) \qquad \mathcal{E}^\circ = -2{,}71\ V$$

La reazione (5) è esclusa perché ha un potenziale standard di riduzione molto negativo. La reazione (3) è favorita rispetto alla (4) in condizioni standard. A pH 7 (come nel caso di una soluzione di NaCl), tuttavia, esse sono ugualmente probabili. In generale si usa la reazione (4), per descrivere la reazione catodica, poiché la concentrazione di ioni H^+ è troppo bassa (circa $1 \times 10^{-7}\ M$) per poter considerare ragionevole la reazione (3). Quindi, le semireazioni che avvengono nell'elettrolisi di una soluzione acquosa di cloruro di sodio sono

$$\begin{aligned} \text{anodo (ossidazione):} \quad & 2Cl^-(aq) \longrightarrow Cl_2(g) + 2e^- \\ \text{catodo (riduzione):} \quad & 2H_2O(l) + 2e^- \longrightarrow H_2(g) + 2OH^-(aq) \\ \hline \text{totale:} \quad & 2H_2O(l) + 2Cl^-(aq) \longrightarrow H_2(g) + Cl_2(g) + 2OH^-(aq) \end{aligned}$$

Come indica la reazione totale, la concentrazione di ioni Cl^- diminuisce durante l'elettrolisi e quella degli ioni OH^- aumenta. Pertanto, in aggiunta a H_2 e Cl_2, l'utile sottoprodotto NaOH può essere ottenuto facendo evaporare la soluzione acquosa al termine dell'elettrolisi.

Lo studio dell'elettrolisi ci ha fornito alcune informazioni importanti: i cationi possono essere ridotti al catodo e gli anioni possono essere ossidati all'anodo e, in soluzioni acquose, l'acqua stessa può essere ossidata e/o ridotta. Il risultato dipende dalla natura delle altre specie presenti.

L'Esempio 13.10 riguarda l'elettrolisi di una soluzione acquosa di solfato di sodio (Na_2SO_4).

Esempio 13.10

Una soluzione acquosa di Na_2SO_4 viene elettrolizzata utilizzando l'apparecchiatura mostrata in Figura 13.16. Se i prodotti formati all'anodo e al catodo sono, rispettivamente, ossigeno e idrogeno gassosi, descrivere l'elettrolisi in termini di reazioni degli elettrodi. *Nota*: il Na_2SO_4 non si idrolizza.

Impostazione Prima di guardare alle reazioni elettrodiche, vanno fatte le seguenti considerazioni: (1) dato che Na_2SO_4 non si idrolizza, il pH della soluzione è circa 7. (2) Gli ioni sodio non si riducono al catodo, e gli ioni SO_4^{2-} non si ossidano all'anodo. Queste conclusioni sono tratte dall'elettrolisi dell'acqua in presenza di acido solforico e dall'elettrolisi di una soluzione acquosa di cloruro di sodio, come discusso in precedenza. Pertanto, sia le reazioni di ossidazione che quelle di riduzione coinvolgeranno solo molecole d'acqua.

Soluzione Le reazioni elettrodiche sono

$$\begin{aligned} \text{ossidazione (anodo):} \quad & 2H_2O(l) \longrightarrow O_2(g) + 4H^+(aq) + 4e^- \\ \text{riduzione (catodo):} \quad & 2H_2O(l) + 2e^- \longrightarrow H_2(g) + 2OH^-(aq) \end{aligned}$$

La reazione totale, ottenuta raddoppiando i coefficienti della reazione catodica e sommando il risultato alla reazione anodica, è

$$6H_2O(l) \longrightarrow 2H_2(g) + O_2(g) + 4H^+(aq) + 4OH^-(aq)$$

Se agli ioni H^+ e OH^- è permesso di venire in contatto, allora

$$4H^+(aq) + 4OH^-(aq) \longrightarrow 4H_2O(l)$$

e la reazione totale diventa

$$2H_2O(l) \longrightarrow 2H_2(g) + O_2(g)$$

Problema di autovalutazione Una soluzione acquosa di $Mg(NO_3)_2$ viene elettrolizzata. Quali sono i prodotti gassosi all'anodo e al catodo?

L'elettrolisi ha molte importanti applicazioni nel settore industriale, soprattutto nelle fasi di estrazione e purificazione dei metalli

13.7.4 Aspetti quantitativi dell'elettrolisi

La trattazione quantitativa del processo elettrolitico è stata sviluppata in principio da Faraday. Egli osservò che la massa di prodotto formato (o di reagente consumato) a un elettrodo è proporzionale sia alla quantità di elettricità trasferita all'elettrodo sia alla massa molare della sostanza in questione. Per esempio, nell'elettrolisi di NaCl fuso, la reazione catodica ci dice che viene prodotto un atomo di Na quando uno ione Na^+ accetta un elettrone dall'elettrodo. Per ridurre 1 mole di ioni Na^+, si deve fornire un numero di Avogadro ($6{,}02 \times 10^{23}$) di elettroni al catodo. Dall'altro lato, la stechiometria della reazione anodica mostra che l'ossidazione di due ioni Cl^- dà una molecola di cloro. Pertanto, la formazione di 1 mole di Cl_2 risulta nel trasferimento di 2 moli di elettroni dagli ioni Cl^- all'anodo. Allo stesso modo, sono necessarie 2 moli di elettroni per ridurre 1 mole di ioni Mg^{2+} e 3 moli di elettroni per ridurre 1 mole di ioni Al^{3+}:

$$Mg^{2+} + 2e^- \longrightarrow Mg$$
$$Al^{3+} + 3e^- \longrightarrow Al$$

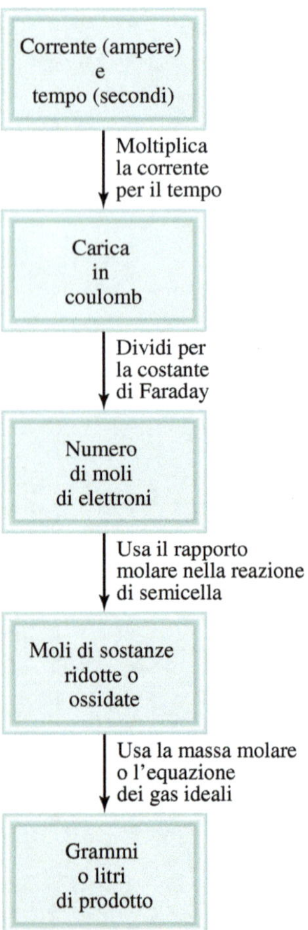

Figura 13.18 I passaggi coinvolti nel calcolo della quantità di sostanze ridotte od ossidate nell'elettrolisi.

In un esperimento di elettrolisi, in genere si misura la corrente che passa attraverso una cella elettrolitica in un determinato periodo di tempo. L'unità SI della corrente è l'*ampere* (A), definita come la quantità di corrente corrispondente al passaggio di 1 coulomb di carica al secondo.

La Figura 13.18 mostra i passaggi per il calcolo delle quantità di sostanze prodotte in un'elettrolisi. Cerchiamo di illustrare l'approccio considerando del $CaCl_2$ allo stato fuso in una cella elettrolitica. Supponiamo che una corrente di 0,452 A sia stata fatta passare attraverso la cella per 1,50 h. Quanto prodotto si sarà presso l'anodo e il catodo? Nel risolvere i problemi riguardanti l'elettrolisi di questo tipo, il primo passo è quello di determinare quali specie saranno ossidate all'anodo e quali specie saranno ridotte al catodo. Qui la scelta è semplice perché abbiamo solo ioni Ca^{2+} e ioni Cl^- nel $CaCl_2$ fuso. Per cui, le semireazioni e la reazione totale saranno

$$\begin{array}{rr} \text{anodo (ossidazione):} & 2Cl^- \longrightarrow Cl_2(g) + 2e^- \\ \text{catodo (riduzione):} & Ca^{2+} + 2e^- \longrightarrow Ca(l) \\ \hline \text{totale:} & Ca^{2+} + 2Cl^- \longrightarrow Ca(l) + Cl_2(g) \end{array}$$

Le quantità di calcio metallico e di cloro gassoso che si formano, dipendono dal numero di elettroni che passa attraverso la cella elettrolitica, che a sua volta dipende dal prodotto corrente × tempo, cioè la carica:

$$\text{carica (in C)} = 0{,}452 \text{ A} \times 1{,}50 \text{ h} \times \frac{3600 \text{ s}}{\text{h}} \times \frac{1 \text{ C}}{1 \text{ A·s}} = 2{,}44 \times 10^3 \text{ C}$$

Dato che 1 mol e^- = 96 500 C e 2 mol e^- sono richieste per ridurre una mole di ioni Ca^{2+}, la massa di Ca metallico formata al catodo si calcola nel modo seguente:

$$\text{massa di Ca} = 2{,}44 \times 10^3 \text{ C} \times \frac{1 \text{ mol } e^-}{96\,500 \text{ C}} \times \frac{1 \text{ mol Ca}}{2 \text{ mol } e^-} \times \frac{40{,}08 \text{ g Ca}}{1 \text{ mol Ca}} = 0{,}507 \text{ g Ca}$$

La reazione anodica indica che 1 mole di cloro gassoso è prodotto per 2 mol e^- di elettricità. Di conseguenza, la massa di cloro gassoso formata è

$$\text{massa di Cl}_2 = 2{,}44 \times 10^3 \text{ C} \times \frac{1 \text{ mol } e^-}{96\,500 \text{ C}} \times \frac{1 \text{ mol Ca}}{2 \text{ mol } e^-} \times \frac{70{,}90 \text{ g Cl}_2}{1 \text{ mol Cl}_2} = 0{,}896 \text{ g Cl}_2$$

L'Esempio 13.11 applica questo metodo di calcolo all'elettrolisi di una soluzione acquosa.

Esempio 13.11

Una corrente di 1,26 A viene fatta passare attraverso una cella elettrolitica contenente una soluzione diluita di acido solforico per 7,44 h. Scrivere le semireazioni delle celle e calcolare il volume di gas generati a pressione e temperatura ambiente standard (SATP) (25 °C e 1 bar), assumendo un comportamento ideale dei gas.

Impostazione Precedentemente abbiamo visto che le semireazioni per il processo sono

$$\begin{array}{rl} \text{anodo (ossidazione):} & 2H_2O(l) \longrightarrow O_2(g) + 4H^+(aq) + 4e^- \\ \text{catodo (riduzione):} & 2[2H^+(aq) + 2e^- \longrightarrow H_2(g)] \\ \hline \text{totale:} & 2H_2O(l) \longrightarrow 2H_2(g) + O_2(g) \end{array}$$

Secondo la Figura 13.18, si effettuano i seguenti passaggi di conversione per calcolare la quantità di O_2 in moli:

$$\text{corrente} \times \text{tempo} \longrightarrow \text{coulombs} \longrightarrow \text{moli di } e^- \longrightarrow \text{moli di } O_2 \text{ e } H_2$$

Quindi, utilizzando l'equazione del gas ideale, possiamo calcolare il volume di O_2 in litri in condizioni SATP. Dalla stechiometria, 2 moli di H_2 sono prodotte per ogni mole di O_2, quindi, per la legge di Avogadro, il volume di idrogeno prodotto dovrebbe essere il doppio di quello di ossigeno.

Soluzione In primo luogo, calcoliamo il numero di coulomb di elettricità che passa attraverso la cella:

$$\text{carica (in C)} = 1{,}26 \text{ A} \times 7{,}44 \text{ h} \times \frac{3600 \text{ s}}{\text{h}} \times \frac{1 \text{ C}}{1 \text{ A·s}} = 3{,}37 \times 10^4 \text{ C}$$

Vediamo che per ogni mole di O_2 formato all'anodo, sono generate 4 moli di elettroni, in modo che

$$\text{mol } O_2 = 3{,}37 \times 10^4 \text{ C} \times \frac{1 \text{ mol } e^-}{96\,500 \text{ C}} \times \frac{1 \text{ mol Ca}}{4 \text{ mol } e^-} = 0{,}0873 \text{ mol } O_2$$

Il volume di 0,0873 mol di O_2 in condizioni SATP è dato da

$$V = \frac{nRT}{P} = \frac{(0{,}0873\ \text{mol})(0{,}08314\ \text{l bar mol}^{-1}\ \text{K}^{-1})(298\ \text{K})}{1\ \text{bar}} = 2{,}16\ \text{l}$$

Il volume di H_2 prodotto è quindi 2 × 2,16 l = 4,32 l.

Verifica Dal Capitolo 5, ricordiamo che il volume di 1 mol di gas in condizioni SATP è 24,8 l. La quantità di ossigeno prodotto è leggermente inferiore a un decimo di mole, quindi il volume dovrebbe essere leggermente inferiore a un decimo di 24,8, il che è vero.

Problema di autovalutazione Una corrente costante è passata attraverso una cella elettrolitica contenente $MgCl_2$ fuso per 18 h. Se sono stati ottenuti $4{,}8 \times 10^5$ g di Cl_2, qual è la corrente in ampere?

Sommario

Paragrafo 13.1

- Le reazioni redox comportano il trasferimento di elettroni. Le equazioni che rappresentano i processi redox possono essere bilanciate con il metodo ionico-elettronico.
- Tutte le reazioni elettrochimiche comportano il trasferimento di elettroni e quindi sono reazioni redox.

Paragrafo 13.2

- In una cella galvanica, l'elettricità è prodotta da una reazione chimica spontanea. L'ossidazione e la riduzione si svolgono separatamente, rispettivamente, all'anodo e al catodo e gli elettroni si muovono attraverso un circuito esterno.
- Le due parti di una cella galvanica sono le due semicelle e le semireazioni agli elettrodi sono le reazioni di semicella. Un ponte salino permette il flusso di ioni tra le semicelle.

Paragrafo 13.3

- Il voltaggio di una cella è la differenza di tensione tra i due elettrodi. Nel circuito esterno di una cella galvanica, gli elettroni si muovono dall'anodo al catodo. Nella soluzione elettrolitica, gli anioni si spostano verso l'anodo e i cationi si spostano verso il catodo. Se la cella opera reversibilmente, la tensione della cella è detta forza elettromotrice (fem).
- I potenziali standard di riduzione indicano la tendenza relativa alla riduzione delle semireazioni e possono essere usati per prevedere i prodotti, la direzione e la spontaneità delle reazioni redox tra le varie sostanze.

Paragrafo 13.4

- La fem di una cella elettrochimica è direttamente correlata alla variazione dell'energia libera di Gibbs della reazione redox.
- La quantità di elettricità trasportata da 1 mole di elettroni è detta costante di Faraday (*F*), ed è pari a 96 485 C mol^{-1}.
- La dipendenza dalla temperatura della fem di una cella può essere determinata dalle proprietà termodinamiche della reazione di cella.

Paragrafo 13.5

- La dipendenza dalla concentrazione della fem può essere determinata utilizzando l'equazione di Nernst.

Paragrafo 13.6

- Le pile utilizzano una reazione elettrochimica spontanea per fornire energia elettrica.

Paragrafo 13.7

- Nell'elettrolisi, una corrente elettrica viene utilizzata per guidare una reazione elettrochimica in una direzione non spontanea.

Problemi

Soluzioni dei problemi dispari sul sito www.mheducation.it

13.1 Reazioni redox

13.1 Per le seguenti reazioni redox, scrivere le relative semireazioni e individuare gli agenti ossidanti e riducenti:

(a) $2Sr + O_2 \longrightarrow 2SrO$

(b) $2Li + H_2 \longrightarrow 2LiH$

(c) $2Cs + Br_2 \longrightarrow 2CsBr$

(d) $3Mg + N_2 \longrightarrow Mg_3N_2$

13.2 Per le seguenti reazioni redox, scrivere le relative semireazioni e individuare gli agenti ossidanti e riducenti:

(a) $4Fe + 3O_2 \longrightarrow 2Fe_2O_3$

(b) $Cl_2 + 2NaBr \longrightarrow 2NaCl + Br_2$

(c) $Si + 2F_2 \longrightarrow SiF_4$

(d) $H_2 + Cl_2 \longrightarrow 2HCl$

13.3 Disporre le seguenti specie secondo l'ordine crescente del numero di ossidazione dell'atomo di zolfo: (a) H_2S, (b) S_8, (c) H_2SO_4, (d) S^{2-}, (e) HS^-, (f) SO_2, (g) SO_3.

13.4 Il fosforo forma molti ossoacidi. Indicare il numero di ossidazione del fosforo in ciascuno dei seguenti acidi: (a) HPO_3, (b) H_3PO_2, (c) H_3PO_3, (d) H_3PO_4, (e) $H_4P_2O_7$, (f) $H_5P_3O_{10}$.

13.5 Assegnare i numeri di ossidazione di tutti gli atomi nelle seguenti molecole e ioni: (a) ClF, (b) IF_7, (c) CH_4, (d) C_2H_2, (e) C_2H_4, (f) K_2CrO_4, (g) $K_2Cr_2O_7$, (h) $KMnO_4$, (i) $NaHCO_3$, (j) Li_2, (k) $NaIO_3$, (l) KO_2, (m) PF_6^-, (n) $KAuCl_4$.

13.6 Assegnare i numeri di ossidazione di tutti gli atomi nelle seguenti molecole e ioni: (a) Cs_2O, (b) CaI_2, (c) Al_2O_3, (d) H_3AsO_3, (e) TiO_2, (f) MoO_4^{2-}, (g) $PtCl_4^{2-}$, (h) $PtCl_6^{2-}$, (i) SnF_2, (j) ClF_3, (k) SbF_6^-.

13.7 Assegnare i numeri di ossidazione di tutti gli atomi nelle seguenti molecole e ioni: (a) Mg_3N_2, (b) CsO_2, (c) CaC_2, (d) CO_3^{2-}, (e) $C_2O_4^{2-}$, (f) ZnO_2^{2-}, (g) $NaBH_4$, (h) WO_4^{2-}.

13.8 L'acido nitrico è un forte agente ossidante. Indicare quale delle seguenti specie è la *meno* probabile che si formi quando l'acido nitrico reagisce con un forte agente riducente, come lo zinco metallico, e spiegarne il perché: N_2O, NO, NO_2, N_2O_4, N_2O_5, NH_4^+.

13.9 Sulla base di considerazioni sul numero di ossidazione, uno dei seguenti ossidi non reagisce con l'ossigeno molecolare. Quale? Perché? NO, N_2O, SO_2, SO_3, P_4O_6.

13.10 Bilanciare le seguenti reazioni redox con il metodo ionico-elettronico:

(a) $H_2O_2 + Fe^{2+} \longrightarrow Fe^{3+} + H_2O$ (in soluzione acida)

(b) $Cu^+ + HNO_3 \longrightarrow Cu^{2+} + NO + H_2O$ (in soluzione acida)

(c) $CN^- + MnO \longrightarrow CNO^- + MnO_2$ (in soluzione basica)

(d) $Br_2 \longrightarrow BrO_3^- + Br^-$ (in soluzione basica)

(e) $S_2O_3^{2-} + I_2 \longrightarrow I^- + S_4O_6^{2-}$ (in soluzione acida)

13.11 Bilanciare le seguenti reazioni redox con il metodo ionico-elettronico:

(a) $Mn^{2+} + H_2O_2 \longrightarrow MnO_2 + H_2O$ (in soluzione basica)

(b) $Bi(OH)_3 + SnO_2^{2-} \longrightarrow SnO_3^{2-} + Bi$ (in soluzione basica)

(c) $Cr_2O_7^{2-} + C_2O_4^{2-} \longrightarrow Cr^{3+} + CO_2$ (in soluzione acida)

(d) $ClO_3^- + Cl^- \longrightarrow Cl_2 + ClO_2^-$ (in soluzione acida)

13.3 Potenziali standard di riduzione

13.12 Calcolare la fem standard per le reazioni coinvolte nei seguente diagrammi di cella a 298 K. Per ciascun diagramma, scrivere la reazione complessiva e individuare l'elettrodo che funzionerebbe da catodo in condizioni standard.

(a) $Fe(s)|Fe^{2+}(aq)||Cr^{3+}(aq)|Cr(s)$

(b) $Zn(s)|Zn^{2+}(aq)||Al^{3+}(aq)|Al(s)$

(c) $Mg(s)|Mg^{2+}(aq)||Pb^{2+}(aq)|Pb(s)$

13.13 Calcolare la fem standard di una cella che utilizza le semireazioni $Ag|Ag^+$ e $Al|Al^{3+}$. Scrivere la reazione di cella totale che si verifica in condizioni standard.

13.14 Prevedere se Fe^{3+} può ossidare I^- a I_2 in condizioni standard.

13.15 Quale dei seguenti reagenti può ossidare H_2O a $O_2(g)$ in condizioni standard: (a) $H^+(aq)$, (b) $Cl^-(aq)$, (c) $Cl_2(g)$, (d) $Cu^{2+}(aq)$, (e) $Pb^{2+}(aq)$, (f) $MnO_4^-(aq)$ (in soluzione acida)?

13.16 Considerare le seguenti semireazioni:

$$MnO_4^-(aq) + 8H^+(aq) + 5e^- \longrightarrow Mn^{2+}(aq) + 4H_2O(l)$$

$$NO_3^-(aq) + 4H^+(aq) + 3e^{-1} \longrightarrow NO(g) + 2H_2O(l)$$

Prevedere se gli ioni NO_3^- possono ossidare Mn^{2+} a MnO_4^- in condizioni standard.

13.17 Prevedere se le seguenti reazioni si verificano spontaneamente in soluzione acquosa a 25 °C. Assumere che tutte le specie siano nei loro rispettivi stati standard.

(a) $Ca(s) + Cd^{2+}(aq) \longrightarrow Ca^{2+}(aq) + Cd(s)$

(b) $2Br(aq) + Sn^{2+}(aq) \longrightarrow Br_2(l) + Sn(s)$

(c) $2Ag(s) + Ni^{2+}(aq) \longrightarrow 2Ag^+(aq) + Ni(s)$

(d) $Cu(aq) + Fe^{3+}(aq) \longrightarrow Cu^{2+}(aq) + Fe^{2+}(aq)$

13.18 Quale specie in ciascuna coppia è il migliore agente riducente in condizioni standard: (a) Na o Li, (b) H_2 o I_2, (c) Fe^{2+} o Ag, (d) Br^- o Co^{2+}?

13.4 Termodinamica e reazioni redox

13.19 Qual è la costante di equilibrio per la seguente reazione a 25 °C?

$$Mg(s) + Zn^{2+}(aq) \rightleftharpoons Mg^{2+}(aq) + Zn(s)$$

13.20 La costante di equilibrio per la reazione

$$Sr(s) + Mg^{2+}(aq) \rightleftharpoons Sr^{2+}(aq) + Mg(s)$$

è pari a $2{,}69 \times 10^{12}$ a 25 °C. Calcolare $\mathcal{E}°$ per una cella costituita dalle semicelle $Sr|Sr^{2+}$ e $Mg|Mg^{2+}$.

13.21 Usare i potenziali standard di riduzione per calcolare la costante di equilibrio per ciascuna delle seguenti reazioni a 25 °C:

(a) $Br_2(l) + 2I^-(aq) \rightleftharpoons 2Br^-(aq) + I_2(s)$

(b) $2Ce^{4+}(aq) + 2Cl^-(aq) \rightleftharpoons Cl_2(g) + 2Ce^{3+}(aq)$

(c) $5Fe^2(aq) + MnO_4^-(aq) + 8H^+(aq) \rightleftharpoons Mn^{2+}(aq) + 4H_2O + 5Fe^{3+}(aq)$

13.22 Utilizzando i dati dalla Tabella 13.1, calcolare $\Delta G°$ e K_c per ciascuna delle seguenti reazioni a 25 °C:

(a) $Mg(s) + Pb^{2+}(aq) \rightleftharpoons Mg^{2+}(aq) + Pb(s)$

(b) $Br_2(l) + 2I^-(aq) \rightleftharpoons 2Br^-(aq) + I_2(s)$

(c) $O_2(g) + 4H^+(aq) + 4Fe^{2+}(aq) \rightleftharpoons 2H_2O(l) + 4Fe^{3+}(aq)$

(d) $2Al(s) + 3I_2(s) \rightleftharpoons 2Al^{3+}(aq) + 6I^-(aq)$

13.23 In condizioni standard, quale reazione spontanea avverrà in soluzione acquosa tra gli ioni Ce^{4+}, Ce^{3+}, Fe^{3+} e Fe^{2+}? Calcolare $\Delta G°$ e K_c per la reazione.

13.24 Dato che $\mathcal{E}° = 0{,}52$ V per la riduzione $Cu^+(aq) + e^- \longrightarrow Cu(s)$, calcolare $\mathcal{E}°$, $\Delta G°$ e K per la seguente reazione a 25 °C:

$$2Cu^+(aq) \longrightarrow Cu^{2+}(aq) + Cu(s)$$

13.25 Calcolare la fem della reazione di cella

$$Br_2(l) + 2Cu^+(aq) \longrightarrow 2Br^-(aq) + 2Cu^{2+}(aq)$$

a 70 °C. Spiegare ogni assunzione fatta.

13.26 Per una data reazione redox con $\Delta n = 1$, è stato determinato che la fem standard aumenta di 0,124 V quando la temperatura passa da 25 °C a 50 °C. Da questo dato, stimare la variazione di entropia standard per questa reazione. Spiegare ogni assunzione fatta.

13.5 Equazione di Nernst

13.27 Qual è la tensione di una cella costituita dalle semicelle $Zn|Zn^{2+}$ e $Cu|Cu^{2+}$ a 25 °C se $[Zn^{2+}] = 0{,}25\ M$ e $[Cu^{2+}] = 0{,}15\ M$? Assumere comportamento ideale.

13.28 Calcolare $\mathcal{E}°$, $\mathcal{E}$ e ΔG per le seguenti reazioni di cella. Assumere comportamento ideale.

(a) $Mg(s) + Sn^2(aq) \longrightarrow Mg^{2+}(aq) + Sn(s)$
$[Mg^{2+}] = 0{,}045\ M$, $[Sn^{2+}] = 0{,}035\ M$

(b) $3Zn(s) + 2Cr^{3+}(aq) \longrightarrow 3Zn^{2+}(aq) + 2Cr(s)$
$[Cr^{3+}] = 0{,}010\ M$, $[Zn^{2+}] = 0{,}0085\ M$

13.29 Calcolare il potenziale standard della cella costituita dalla semicella $Zn|Zn^{2+}$ e dall'elettrodo standard di idrogeno. Quale sarà il fem della cella, se $[Zn^2] = 0{,}45\ M$, $P_{H_2} = 2{,}0$ bar e $[H^+] = 1{,}8\ M$? Spiegare ogni assunzione fatta.

13.30 Qual è la tensione di una cella costituita dalle semicelle $Pb^2|Pb$ e $Pt|H^+|H_2$ se $[Pb^{2+}] = 0{,}10\ M$, $[H^+] = 0{,}050\ M$ e $P_{H_2} = 1{,}0$ bar? Spiegare ogni assunzione fatta.

13.31 Si consideri una cella Daniell che opera in condizioni non standard. Supponiamo che la reazione di cella sia moltiplicata per 2. Che effetto avranno queste due informazioni su ciascuna delle seguenti grandezze presenti nell'equazione di Nernst? (a) $\mathcal{E}°$, (b) $\mathcal{E}$, (c Q, (d) ln Q, (e) n.

13.32 Facendo riferimento alla disposizione in Figura 13.1, calcolare il rapporto tra le concentrazioni $[Cu^{2+}]$ / $[Zn^{2+}]$ secondo il quale la seguente reazione sia spontanea a 25 °C:

$$Cu(s) + Zn^{2+}(aq) \longrightarrow Cu^{2+}(aq) + Zn(s)$$

13.33 Calcolare la fem della seguente cella a concentrazione (ipotizzando un comportamento ideale):

$$Mg(s)|Mg^{2+}(0{,}24\ M)||Mg^{2+}(0{,}53\ M)|Mg(s)$$

13.34 Considerare una cella a concentrazione costituita da due elettrodi di idrogeno (Figura 13.5). A 25 °C, la fem della cella vale 0,0121 V. Se la pressione del gas all'anodo è di 2,5 bar, qual è la pressione dell'idrogeno gassoso al catodo?

13.35 Calcolare la fem della cella Daniell a 25 °C quando le concentrazioni di $CuSO_4$ e di $ZnSO_4$ sono, rispettivamente, 0,50 M e 0,10 M. Quale sarebbe il valore della fem se invece delle concentrazioni avessimo usato le attività? Il coefficiente medio di attività $\gamma\pm$ per $CuSO_4$ e $ZnSO_4$ alle loro rispettive concentrazioni sono, rispettivamente, 0,068 e 0,15.

13.6 Pile

13.36 La cella a combustibile idrogeno-ossigeno è descritta nel Paragrafo 13.6. (a) Quale volume di $H_2(g)$, conservato a 25 °C e a una pressione di 155 bar, sarebbe necessario per azionare un motore elettrico che assorbe una corrente di 8,5 A per 3,0 h? (b) Quale volume (in litri) di aria a 25 °C e 1,00 bar dovrà passare nella cella al minuto per azionare il motore? Supporre che: 1) l'aria sia costituita per il 20% in volume di O_2; 2) tutto l'ossigeno sia consumato nella cella; 3) gli altri componenti dell'aria non influenzino le reazioni che avvengono nella pila a combustibile; il comportamento del gas sia ideale.

13.37 Calcolare la fem standard della cella a combustibile propano-ossigeno (Paragrafo 13.6) a 25 °C, sapendo che $\Delta G_f°$ per il propano vale $-23{,}5$ kJ mol^{-1}.

13.7 Elettrolisi

13.38 La semireazione elettrodica è

$$Mg^{2+}(\text{fuso}) + 2e^- \longrightarrow Mg(s)$$

Calcolare il numero di grammi di magnesio che può essere prodotto fornendo 1,00 F all'elettrodo.

13.39 Si consideri l'elettrolisi del cloruro di bario fuso ($BaCl_2$). (a) Scrivere le semireazioni. (b) Quanti grammi di bario metallico possono essere prodotti fornendo 0,50 A per 30 minuti?

13.40 Considerando solo il costo dell'energia elettrica, è più conveniente, mediante elettrolisi, produrre una tonnellata di sodio o una tonnellata di alluminio?

13.41 Se il costo dell'energia elettrica utilizzata per la produzione di magnesio dall'elettrolisi del cloruro di magnesio fuso è di circa 110 € per tonnellata di metallo, qual è il costo dell'energia elettrica necessaria a produrre: (a) 10,0 tonnellate di alluminio, (b) 30,0 tonnellate di sodio, (c) 50,0 tonnellate di calcio?

13.42 Una delle semireazioni per l'elettrolisi dell'acqua è

$$2H_2O(l) \longrightarrow O_2(g) + 4H^+(aq) + 4e^-$$

Se 0,076 l di O_2 sono stati raccolti a 25 °C e 755 mmHg, quante moli di elettroni saranno passate attraverso la soluzione?

13.43 Quanti faraday di elettricità sono necessari per produrre: (a) 0,84 l di O_2 a (esattamente) 1 bar e 25 °C da una soluzione acquosa di H_2SO_4; (b) 1,50 l di Cl_2 a 750 mmHg e 20 °C da NaCl fuso; (c) 6,0 g di Sn da $SnCl_2$ fuso?

13.44 Calcolare le quantità di Cu e Br_2 prodotti in 1,0 h agli elettrodi (inerti) in una soluzione di $CuBr_2$ da una corrente di 4,50 A.

13.45 Nell'elettrolisi di una soluzione acquosa di $AgNO_3$, 0,67 g di Ag sono depositati dopo un certo periodo di tempo. (a) Scrivere la semireazione per la riduzione di Ag^+. (b) Qual è la probabile semireazione di ossidazione? (c) Calcolare la quantità di energia elettrica utilizzata, in coulomb.

13.46 Sono stati ottenuti 2,35 g di cobalto metallico dopo il passaggio di una corrente elettrica costante attraverso del $CoSO_4$ fuso. Calcolare la quantità di energia elettrica utilizzata, in coulomb.

13.47 Una corrente elettrica costante attraversa per 3,75 h due celle elettrolitiche collegate in serie. Una contiene una soluzione di $AgNO_3$ e la seconda una soluzione di $CuCl_2$. Durante questo tempo, si depositano 2,00 g di argento nella prima cella. (a) Quanti grammi di rame si depositano nella seconda cella? (b) Qual è l'intensità della corrente elettrica che passa, in ampere?

13.48 Qual è il tasso di produzione oraria di cloro gassoso (in kg) di una cella elettrolitica utilizzando una soluzione acquosa di NaCl che trasporta una corrente di $1{,}500 \times 10^3$ A? All'anodo, l'efficienza dell'ossidazione dello ione Cl^- è del 93,0%.

13.49 La cromatura viene effettuata mediante l'elettrolisi di oggetti immersi in una soluzione di dicromato, secondo la seguente semireazione (non bilanciata):

$$Cr_2O_7^{2-}(aq) + e^- + H^+(aq) \longrightarrow Cr(s) + H_2O(l)$$

Quanto tempo (in ore) sarà necessario per applicare una cromatura dello spessore di $1{,}0 \times 10^{-2}$ mm al paraurti di un'automobile che abbia una superficie di 0,25 m^2 in una cella elettrolitica che permette il passaggio di una corrente di 25,0 A? La densità del cromo è di 7,19 g cm^{-3}.

13.50 Il passaggio di una corrente di 0,750 A per 25,0 min ha fatto depositare 0,369 g di rame da una soluzione di $CuSO_4$. Da queste informazioni, calcolare la massa molare del rame.

13.51 Un quantitativo di 0,300 g di rame è stato depositato da una soluzione di $CuSO_4$ mediante il passaggio di una corrente di 3,00 Ad attraverso la soluzione per 304 s. Calcolare il valore della costante di Faraday.

13.52 In una elettrolisi, 1,44 g di Ag sono stati depositati in una cella (contenente una soluzione acquosa di $AgNO_3$), mentre 0,120 g di un metallo incognito X sono stati depositati in un'altra cella (contenente una soluzione acquosa di XCl_3) in serie con la cella di $AgNO_3$. Calcolare la massa molare di X.

13.53 Una delle semireazioni per l'elettrolisi dell'acqua è

$$2H^+(aq) + 2e^- \longrightarrow H_2(g)$$

Se 0,845 l di H_2 sono stati raccolti a 25 °C e 782 mmHg, quante moli di elettroni saranno passate attraverso la soluzione?

Problemi supplementari

13.54 Per ciascuna delle seguenti reazioni redox, (1) scrivere le semireazioni, (2) scrivere un'equazione bilanciata per la reazione totale, (3) determinare in quale direzione la reazione procede spontaneamente in condizioni standard:

(a) $H_2(g) + Ni^{2+}(aq) \longrightarrow H^+(aq) + Ni(s)$

(b) $MnO_4^-(aq) + Cl^-(aq) \longrightarrow Mn^{2+}(aq) + Cl_2(g)$ (in soluzione acida)

(c) $Cr(s) + Zn^{2+}(aq) \longrightarrow Cr^3(aq) + Zn(s)$

13.55 L'ossidazione di 25,0 ml di una soluzione contenente Fe^{2+} richiede 26,0 ml di una soluzione acida di $K_2Cr_2O_7$ 0,0250 *M*. Bilanciare la seguente equazione e calcolare la concentrazione molare di Fe^{2+}:

$$Cr_2O_7^{2-} + Fe^{2+} + H^+ \longrightarrow Cr^{3+} + Fe^{3+}$$

13.56 La SO_2 presente nell'aria è la principale responsabile del fenomeno delle piogge acide. La concentrazione di SO_2 può essere determinata dalla titolazione con una soluzione standard di permanganato nel modo seguente:

$$5SO_2 + 2MnO_4^- + 2H_2O \longrightarrow 5SO_4^{2-} + 2Mn^{2+} + 4H^+$$

Calcolare il numero di grammi di SO_2 in un campione di aria se 7,37 ml di una soluzione 0,00800 *M* di $KMnO_4$ sono necessari per la titolazione.

13.57 Un campione di minerale di ferro del peso di 0,2792 g è stato sciolto in un eccesso di una soluzione diluita di acido. Tutto il ferro è stato poi convertito in ioni Fe (II). La soluzione, così ottenuta, ha poi richiesto 23,30 ml di $KMnO_4$ 0,0194 *M* per l'ossidazione a ioni Fe (III). Calcolare la percentuale in massa di ferro nel minerale.

13.58 La concentrazione di una soluzione di perossido d'idrogeno può essere determinata mediante titolazione con una soluzione titolata di permanganato di potassio in soluzione acida, secondo la seguente equazione (non bilanciata):

$$MnO_4^- + H_2O_2 \longrightarrow O_2 + Mn^{2+}$$

(a) Bilanciare questa equazione. (b) Se 36,44 ml di una soluzione 0,01652 *M* di $KMnO_4$ sono necessari per ossidare completamente 25,00 ml di una soluzione di H_2O_2, calcolare la molarità della soluzione di H_2O_2.

13.59 L'acido ossalico ($H_2C_2O_4$) è presente in molte piante e verdure. (a) Bilanciare la seguente equazione in soluzione acida:

$$MnO_4^- + C_2O_4^{2-} \longrightarrow Mn^2 + CO_2$$

(b) Se un campione di 1,00 g di $H_2C_2O_4$ richiede 24,0 ml di una soluzione $KMnO_4$ 0,0100 *M* per raggiungere il punto di equivalenza, qual è la percentuale in massa di $H_2C_2O_4$ nel campione?

13.60 L'ossalato di calcio (CaC_2O_4) è insolubile in acqua. Questa proprietà è stata utilizzata per determinare la quantità di ioni Ca^{2+} nel sangue. L'ossalato di calcio isolato dal sangue viene disciolto in acido e titolato con una soluzione di $KMnO_4$ standardizzata, come descritto nel Problema 13.59. In un esperimento, si è constatato che l'ossalato di calcio isolato da un campione di 10,0 ml di sangue richiede 24,2 ml di una soluzione $9{,}56 \times 10^{-4}$ *M* di $KMnO_4$ per la titolazione. Calcolare il numero di milligrammi di calcio per millilitro di sangue.

13.61 Dalle seguenti informazioni, calcolare il prodotto di solubilità di AgBr:

$$Ag(aq) + e^- \longrightarrow Ag(s) \qquad \mathcal{E}^\circ = 0{,}80 \text{ V}$$

$$AgBr(s) + e^- \longrightarrow Ag(s) + Br^-(aq) \qquad \mathcal{E}^\circ = 0{,}07 \text{ V}$$

13.62 Si consideri una cella galvanica costituita da un elettrodo standard di idrogeno e da una semicella che utilizza la reazione $Ag(aq) + e^- \longrightarrow Ag(s)$. (a) Calcolare il potenziale standard di cella. (b) Qual è la reazione spontanea in condizioni standard? (c) Calcolare il potenziale della cella quando la $[H^+]$ nella semicella di idrogeno è cambiata a (i) $1{,}0 \times 10^{-2}$ *M* e (ii) $1{,}0 \times 10^{-5}$ *M*, considerando che tutti gli altri reagenti siano stati mantenuti in condizioni standard. (d) In base a questa disposizione della cella, suggerire uno schema per un pH-metro.

13.63 Una cella galvanica consiste di un elettrodo d'argento in contatto con 346 ml di una soluzione 0,100 *M* di $AgNO_3$ e di un elettrodo di magnesio a contatto con 288 ml di una soluzione 0,100 *M* di $Mg(NO_3)_2$. (a) Calcolare $\mathcal{E}$ per la cella a 25 °C. (b) La cella eroga corrente fino a che 1,20 g di argento sono stati depositati presso l'elettrodo d'argento. Calcolare $\mathcal{E}$ per la cella a questo stadio di funzionamento.

13.64 Spiegare il motivo per cui il cloro gassoso può essere preparato elettrolizzando una soluzione acquosa di NaCl, ma il fluoro gassoso non può essere preparato elettrolizzando una soluzione acquosa di NaF.

13.65 Assumendo un comportamento ideale, calcolare la fem della seguente cella a concentrazione, a 25 °C:

$$Cu(s)|Cu^{2+}(0{,}080\ M)||Cu^{2+}(1{,}2\ M)|Cu(s)$$

13.66 La reazione catodica nella pila Leclanché è

$$2MnO_2(s) + Zn^{2+}(aq) + 2e^- \longrightarrow ZnMn_2O_4(s)$$

Se una pila Leclanché produce una corrente di 0,0050 A, calcolare il numero di ore di vita della pila se, inizialmente, vi sono 4,0 g di MnO_2 presenti nella cella. Si supponga che vi sia un eccesso di ioni Zn^{2+}.

13.67 Per un certo numero di anni, non è stato chiaro se, in soluzione, il mercurio (I) esistesse come Hg^+ o Hg_2^{2+}. Per distinguere tra queste due possibilità, si potrebbe impostare il seguente sistema:

$$Hg(l)|\text{soluz A}||\text{soluz B}|Hg(l)$$

dove la soluzione A contiene 0,263 g di nitrato di mercurio (I) per litro e la soluzione B contiene 2,63 g di nitrato di mercurio (I) per litro. Se la fem misurata della cella è 0,0289 V, a 18 °C, cosa si può dedurre sulla natura degli ioni mercurio (I)?

13.68 Una soluzione acquosa di KI alla quale sono state aggiunte poche gocce di fenolftaleina è elettrolizzata utilizzando un apparecchio come quello mostrato:

Descrivere quello che si osserva all'anodo e al catodo. (*Suggerimento:* Lo iodio molecolare è solo leggermente solubile in acqua, ma in presenza di ioni I^-, si ha formazione di ioni I_3^-, colorati in marrone scuro).

13.69 Un pezzo di magnesio metallico di massa 1,56 g è posto in 100,0 ml di una soluzione 0,100 *M* di $AgNO_3$ a 25 °C. Calcolare $[Mg^{2+}]$ e $[Ag^+]$ in soluzione all'equilibrio. Qual è la massa del magnesio rimasto? Il volume rimane costante.

13.70 Molti oggetti in acciaio, inclusi dadi e bulloni, sono spesso ricoperti da una sottile patina di cadmio. Spiegare la funzione dello strato di cadmio.

13.71 Il "ferro zincato" è lamiera di acciaio rivestita con zinco; le "lattine" sono fatte di lamiera di acciaio rivestita di stagno. Discutere la funzione di questi rivestimenti e le reazioni di corrosione che avvengono se un elettrolita viene in contatto con la superficie graffiata di una lamiera di ferro zincato o di una lattina.

13.72 L'argento annerito contiene Ag_2S. La patina nera può essere rimossa mettendo l'argenteria in una vaschetta di alluminio contenente una soluzione di elettrolita inerte, per esempio NaCl. Spiegare il principio elettrochimico di questo procedimento, sapendo che il potenziale standard di riduzione per la seguente semireazione è di 0,71 V.

$$Ag_2S(s) + 2e^- \longrightarrow 2Ag(s) + S^{2-}(aq)$$

13.73 In che modo la tendenza del ferro ad arrugginirsi dipende dal pH della soluzione?

13.74 Una soluzione acidificata è stata elettrolizzata utilizzando elettrodi di rame. Una corrente costante di 1,18 ha causato una diminuzione del peso dell'anodo di 0,584 g dopo $1{,}52 \times 10^3$ s. (a) Qual è il gas prodotto al catodo, e qual è il suo volume in condizioni SATP? (b) Dato che la carica di un elettrone è $1{,}6022 \times 10^{-19}$ C, calcolare il numero di Avogadro. Si supponga che il rame sia ossidato a ioni Cu^{2+}.

13.75 In un'elettrolisi, gli ioni Al^{3+} sono stati ridotti a 60,2 g di Al metallico, in seguito al passaggio di una corrente di 0,352 A. Quanti minuti è durata l'elettrolisi?

13.76 Si consideri l'ossidazione dell'ammoniaca:

$$4NH_3(g) + 3O_2(g) \longrightarrow 2N_2(g) + 6H_2O(l)$$

(a) Calcolare il $\Delta G°$ per la reazione. (b) Se questa reazione fosse utilizzata in una cella a combustibile, quale sarebbe il potenziale standard della cella?

13.77 Quando viene elettrolizzata una soluzione acquosa contenente un sale di oro (III), l'oro metallico viene depositato al catodo e l'ossigeno gassoso viene generato all'anodo. (a) Se 9,26 g di Au sono depositati al catodo, calcolare il volume (in litri) di O_2 generato a 23 °C e 747 mmHg. (b) Qual è la corrente utilizzata se il processo elettrolitico è durato 2,00 h?

13.78 Una cella galvanica è costruita immergendo un pezzo di filo di rame in 25,0 ml di una soluzione 0,20 *M* di $CuSO_4$ e una barretta di zinco in 25,0 ml di una soluzione 0,20 *M* di $ZnSO_4$. (a) Calcolare la fem della cella a 25 °C e prevedere cosa sarebbe accaduto se una piccola quantità di soluzione concentrata di NH_3 fosse stata aggiunta: (i) alla soluzione di $CuSO_4$, (ii) alla soluzione di $ZnSO_4$. Si supponga che il volume di ogni compartimento resti costante a 25,0 ml. (b) In un altro esperimento, 25,0 ml di una soluzione 3,00 *M* di NH_3 vengono aggiunti alla soluzione di $CuSO_4$. Se la fem della cella è 0,68 V, calcolare la costante di formazione (K_f) di $Cu(NH_3)_4^{2+}$.

13.79 In un esperimento di elettrolisi, viene fatta passare la stessa quantità di energia elettrica attraverso due celle elettrolitiche, una contenente un sale d'argento e, l'altra, un sale di oro. Dopo un certo periodo di tempo, si trova che sono stati depositati 2,64 g di Ag e 1,61 g di Au ai catodi. Qual è lo stato d'ossidazione dell'oro nel sale di oro?

13.80 Alle persone che vivono in paesi dal clima freddo e nei quali vi è abbondanza di neve viene consigliato di non riscaldare il loro garage in inverno. Qual è la base elettrochimica di questa raccomandazione?

13.81 Dato che

$$2Hg^{2+}(aq) + 2e^- \longrightarrow Hg_2^{2+}(aq) \quad \mathcal{E}° = 0,92V$$

$$Hg_2^{2+}(aq) + 2e^- \longrightarrow 2Hg(l) \quad \mathcal{E}° = 0,85V$$

calcolare $\Delta G°$ e K per i seguenti processi a 25 °C:

$$Hg_2^{2+}(aq) \longrightarrow Hg^{2+}(aq) + Hg(l)$$

La reazione precedente è un esempio di *reazione di disproporzione* nella quale un elemento in uno stato di ossidazione viene sia ossidato che ridotto.

13.82 Il fluoro (F_2) si ottiene dall'elettrolisi dell'acido fluoridrico liquido (HF) contenente fluoruro di potassio (KF). (a) Scrivere le semireazioni e la reazione totale per il processo. (b) Qual è lo scopo di KF? (c) Calcolare il volume di F_2 (in litri) raccolto a 24,0 °C e 1,2 bar dopo aver elettrolizzato la soluzione per 15 ore a una corrente di 502 A.

13.83 300 ml di una soluzione di NaCl vengono elettrolizzati per 6,00 minuti. Se il pH della soluzione finale è 12,24, calcolare la corrente media utilizzata.

13.84 Industrialmente, il rame viene purificato mediante elettrolisi. Il rame impuro funge da anodo e il catodo è costituito di rame puro. Gli elettrodi sono immersi in una soluzione di $CuSO_4$. Durante l'elettrolisi, il rame all'anodo passa in soluzione come Cu^{2+} mentre gli ioni Cu^{2+} vengono ridotti al catodo. (a) Scrivere le reazioni di semicella e la reazione totale per il processo elettrolitico. (b) Supponiamo che l'anodo sia contaminato con Zn e Ag. Spiegare che cosa succede a queste impurezze durante l'elettrolisi. (c) Quante ore saranno necessarie per ottenere 1,00 kg di Cu con una corrente di 18,9 A?

13.85 Una soluzione acquosa di un sale di platino viene elettrolizzata con una corrente di 2,50 A per 2,00 h. Come risultato, si formano 9,09 g di Pt metallico al catodo. Calcolare la carica degli ioni Pt in questa soluzione.

13.86 Si consideri una cella galvanica che consiste di un elettrodo di magnesio in contatto con una soluzione 1,0 *M* di $Mg(NO_3)_2$ e di un elettrodo di cadmio in contatto con una soluzione 1,0 *M* di $Cd(NO_3)_2$. Calcolare $\mathcal{E}°$ per la cella, e tracciare un diagramma indicante il catodo, l'anodo e la direzione del flusso degli elettroni.

13.87 Una corrente di 6,00 A passa attraverso una cella elettrolitica contenente acido solforico diluito per 3,40 h. Se il volume di O_2 gas generato all'anodo è di 4,26 l (a 0 °C e 1 bar), calcolare la carica (in coulomb) di un elettrone.

13.88 L'oro non si discioglie né in acido nitrico concentrato, né in acido cloridrico concentrato. Tuttavia, si discioglie in una miscela di acidi (costituita, in volume, da una parte di HNO_3 e da tre parti di HCl), chiamata *acqua regia*. (a) Scrivere un'equazione bilanciata per questa reazione. (*Suggerimento*: Tra i prodotti vi sono $HAuCl_4$ e NO_2.) (b) Qual è la funzione di HCl?

13.89 Spiegare il motivo per cui la maggior parte delle celle galvaniche di uso pratico presentano tensioni comprese tra 1,5 e 2,5 V. Quali sono le prospettive per uno sviluppo concreto di celle galvaniche con tensioni di 5 V o più?

13.90 Una barretta d'argento e un elettrodo standard di idrogeno (SHE) sono immersi in una soluzione acquosa satura di ossalato d'argento ($Ag_2C_2O_4$) a 25 °C. La differenza di potenziale misurata tra la bacchetta e il SHE è pari a 0,589 V, con l'elettrodo d'argento come polo positivo. Calcolare il prodotto di solubilità dell'ossalato d'argento.

13.91 Lo zinco è un metallo anfotero, cioè esso reagisce sia con gli acidi che con le basi. Il potenziale standard di riduzione per la reazione seguente è $-1,36$ V

$$Zn(OH)_4^{2-}(aq) + 2e^- \longrightarrow Zn(s) + 4OH^-(aq)$$

Calcolare la costante di formazione (K_f) per la reazione

$$Zn^{2+}(aq) + 4OH^-(aq) \rightleftharpoons Zn(OH)_4^{2-}(aq)$$

13.92 Utilizzare i dati nella Tabella 13.1 per determinare se avverrà o meno la disproporzione del perossido di idrogeno in ambiente acido:

$$2H_2O_2 \longrightarrow 2H_2O + O_2.$$

13.93 I valori assoluti (ma *non* i segni) dei potenziali standard di riduzione dei due metalli X e Y sono

$$Y^{2+} + 2e^- \longrightarrow Y \qquad |\mathcal{E}°| = 0{,}34\ V$$

$$X^{2+} + 2e^- \longrightarrow X \qquad |\mathcal{E}°| = 0{,}25\ V$$

dove la notazione | | indica che è mostrato solo il valore assoluto (ma non il segno) di $\mathcal{E}°$. Quando le semicelle di X e Y sono collegate, gli elettroni si muovono da X a Y. Quando X è collegato a un elettrodo standard di idrogeno, gli elettroni si muovono da X a SHE. (a) I valori di $\mathcal{E}°$ delle semireazioni sono positivi o negativi? (b) Qual è la fem standard di una cella costituita da X e Y?

13.94 Una cella galvanica è costruita nel seguente modo: una semicella è costituita da un filo di platino immerso in una soluzione contenente Sn^{2+} a concentrazione 1,0 *M* e Sn^{4+} a concentrazione 1,0 *M*; l'altra semicella consiste in una barretta di tallio immersa in una soluzione 1,0 *M* di ioni Tl^+. (a) Scrivere le reazioni di semicella e la reazione totale. (b) Qual è la costante d'equilibrio a 25 °C? (c) Qual è il voltaggio della cella se la concentrazione di Tl^+ viene aumentata dieci volte? ($\mathcal{E}°_{Tl^+|Tl} = -0{,}34$ V.)

13.95 Dato il potenziale standard di riduzione di Au^{3+} nella Tabella 13.1 e

$$Au^+(aq) + e^- \longrightarrow Au(s) \qquad \mathcal{E}° = 1{,}69\ V$$

rispondere alle seguenti domande. (a) Perché l'oro non si annerisce all'aria? (b) Le seguenti disproporzioni si verificano spontaneamente?

$$3Au^+(aq) \longrightarrow Au^{3+}(aq) + 2Au(s)$$

(c) Predire la reazione tra l'oro e il fluoro gassoso.

13.96 L'ingestione di una piccola quantità di mercurio non è considerata troppo dannosa. Quest'affermazione sarebbe stata ancora valida se il succo gastrico nello stomaco fosse stato in gran parte acido nitrico, invece di acido cloridrico?

13.97 Quando 25,0 ml di una soluzione contenente sia ioni Fe^{2+} che ioni Fe^{3+} viene titolata con 23,0 ml di $KMnO_4$ 0,0200 *M* (in acido solforico diluito), tutti gli ioni Fe^{2+} sono ossidati a ioni Fe^{3+}. Successivamente, la soluzione viene trattata con Zn metallico per convertire tutti gli ioni Fe^{3+} a ioni Fe^{2+}. Infine, 40,0 ml della stessa soluzione di $KMnO_4$ vengono aggiunti alla soluzione, al fine di ossidare gli ioni Fe^{2+} a ioni Fe^{3+}. Calcolare le concentrazioni molari di Fe^{2+} e Fe^{3+} nella soluzione originale.

13.98 Si consideri la cella Daniell nella Figura 13.3. Vista dall'esterno, l'anodo risulta negativo e il catodo positivo (gli elettroni si muovono dall'anodo al catodo). Eppure, in soluzione, gli anioni si stanno muovendo verso l'anodo, il che significa che esso deve apparire positivo agli anioni. Poiché l'anodo non può contemporaneamente essere negativo e positivo, fornire una spiegazione per questa situazione apparentemente contraddittoria.

13.99 Utilizzare i dati nella Tabella 13.1 per mostrare che la decomposizione di H_2O_2 (una reazione di disproporzione) è spontanea a 25 °C:

$$2H_2O_2(aq) \longrightarrow 2H_2O(l) + O_2(g)$$

13.100 Gli accumulatori al piombo vengono classificati in base agli ampere-ora, cioè il numero di ampere che possono fornire in un'ora. (a) Mostrare che 1 A h = 3600 C. (b) Gli anodi di piombo di un certo accumulatore hanno una massa totale di 406 g. Calcolare la capacità teorica massima della batteria in ampere-ora. Spiegare il motivo per cui in pratica non è possibile ottenere tutta questa energia dalla batteria. (c) Calcolare $\mathcal{E}°_{cell}$ e $\Delta G°$ per la batteria.

13.101 La concentrazione di acido solforico in un accumulatore al piombo di un'automobile, in un certo periodo di tempo, è diminuita dal 38,0% in massa (densità = 1,29 g ml^{-1}) al 26,0% in massa (densità = 1,19 g ml^{-1}). Si supponga che il volume di acido rimanga costante a 724 ml. (a) Calcolare la carica totale in coulomb fornita dalla batteria. (b) Quanto tempo (in ore) è necessario per ricaricare la batteria alla concentrazione di acido solforico originale utilizzando una corrente di 22,4 A?

13.102 Un cucchiaio è stato argentato elettroliticamente in una soluzione di $AgNO_3$. (a) Schematizzare il processo. (b) Se sono stati depositati 0,884 g di Ag sul cucchiaio con una corrente costante di 18,5 mA, quanto tempo (in minuti) è durata l'elettrolisi?

13.103 Stabilire se F_2 diventa un agente ossidante più forte all'aumentare della concentrazione di H^+.

13.104 Negli ultimi anni, l'interesse per le automobili elettriche è molto aumentato. Elencare vantaggi e svantaggi delle macchine elettriche rispetto alle automobili con motori a combustione interna.

13.105 Calcolare la pressione di H_2 (in bar) necessaria per mantenere l'equilibrio per quanto riguarda la seguente reazione a 25 °C:

$$Pb(s) + 2H^+(aq) \rightleftharpoons Pb^{2+}(aq) + H_2(g)$$

dato che $[Pb^{2+}] = 0{,}035$ *M* e che la soluzione è tamponata a pH 1,60.

13.106 Un pezzo di nastro di magnesio e un filo di rame sono parzialmente immersi in una soluzione di HCl 0,1 *M* in un becher. I metalli sono uniti esternamente da un altro pezzo di filo metallico. Si nota l'evoluzione di bolle sulle superfici di Mg e di Cu. (a) Scrivere le equazioni che rappresentano le reazioni che si verificano ai metalli. (b) Quali elementi visivi possono dare la dimostrazione che Cu non si è ossidato a Cu^{2+}? (c) A un certo punto, una soluzione di NaOH viene aggiunta al becher per neutralizzare l'HCl. Dopo un'ulteriore aggiunta di NaOH, si forma un precipitato bianco. Cos'è?

13.107 La batteria zinco-aria si è mostrata molto promettente per l'utilizzo in automobili elettriche, poiché è leggera e ricaricabile:

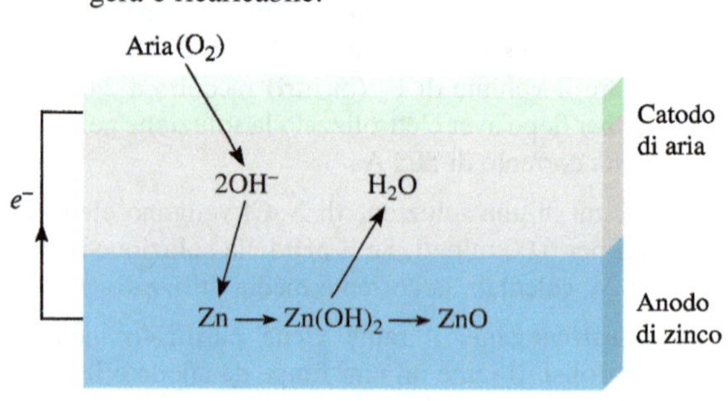

La trasformazione netta è

$$Zn(s) + \frac{1}{2}O_2(g) \longrightarrow ZnO(s)$$

(a) Scrivere le semireazioni agli elettrodi e calcolare la fem standard della batteria a 25 °C. (b) Calcolare la fem nelle condizioni effettive di funzionamento quando la pressione parziale dell'ossigeno è di 0,21 bar. (c) Qual è la densità di energia (misurata come energia in kJ che possono essere ottenuti a partire da 1 kg di metallo) dell'elettrodo di zinco? (d) Se da questo sistema si vuole ottenere una corrente di $2{,}1 \times 10^5$ A, che volume di aria (in litri) dovrà essere fornito alla batteria ogni secondo? Si supponga una temperatura di 25 °C e una pressione parziale di ossigeno di 0,21 bar.

13.108 Calcolare $\mathcal{E}°$ per le reazioni del mercurio con: (a) HCl 1 *M*, (b) HNO_3 1 *M*. Quale acido ossiderà Hg a Hg_2^{2+} in condizioni standard? È possibile identificare quale delle provette mostrate in figura contiene HNO_3 e Hg e quale contiene HCl e Hg?

13.109 Poiché tutti i metalli alcalini reagiscono con l'acqua, non è possibile misurare direttamente i potenziali standard di riduzione di questi metalli, come nel caso, per esempio, dello zinco. Un metodo indiretto è quello di prendere in considerazione la seguente reazione ipotetica

$$Li^+(aq) + \frac{1}{2}H_2(g) \longrightarrow Li(s) + H^+(aq)$$

Utilizzare l'equazione appropriata discussa in questo capitolo e i dati termodinamici nell'Appendice 2, per calcolare $\mathcal{E}°$ per $Li^+(aq) + e^- \longrightarrow Li(s)$ a 298 K. Confrontare il risultato ottenuto con quello presente nella Tabella 13.1.

13.110 Quale delle due seguenti reazioni redox ci si aspetta che abbia la maggiore variazione nella fem standard all'aumentare della temperatura?

$$Fe^{2+}(aq) + Cu^{2+}(aq) \longrightarrow Fe^{3+}(aq) + Cu^+(aq)$$
$$2I^-(aq) + Cl_2(g) \longrightarrow I_2(s) + 2Cl^-(aq)$$

Spiegare la risposta.

13.111 Confrontare i pro e i contro di una cella a combustibile, come per esempio quella idrogeno-ossigeno, rispetto a una centrale termoelettrica a carbone, per la generazione di energia elettrica.

13.112 Utilizzando i dati dalla Tabella 13.1, calcolare la costante di equilibrio per la seguente reazione a 298 K:

$$Zn(s) + Cu^{2+}(aq) \longrightarrow Zn^{2+}(aq) + Cu(s)$$

13.113 Usare l'Equazione 13.6 per calcolare il valore della fem della cella Daniell a 80 °C. Commentare il risultato. Quali sono le ipotesi fatte in questo calcolo? (*Suggerimento*: Usare i dati termodinamici nell'Appendice 2.)

13.114 Un'impresa di costruzioni deve installare un canale sotterraneo in ferro di 40,0 m di lunghezza con un raggio di 0,900 m. Per impedirne la corrosione, il canale sotterraneo deve essere sottoposto a zincatura. Questo processo è effettuato utilizzando una lamiera di ferro di opportune dimensioni come catodo in una cella elettrolitica contenente ioni Zn^{2+}, utilizzando una barra di grafite come anodo. Se il voltaggio applicato è pari 3,26 V, qual è il costo dell'energia elettrica consumata per depositare uno strato di 0,200 mm di spessore, se l'efficienza del processo è del 95%? Il costo dell'elettricità è di circa 0,09 € per chilowattora (kWh), dove 1 W = 1 J s^{-1}, e la densità di Zn è 7,14 g cm^{-3}.

13.115 È stato elettrolizzato un campione di $9{,}00 \times 10^{-2}$ ml di una soluzione 0,200 *M* di MgI_2. Come risultato, al catodo è stato generato idrogeno gassoso e all'anodo, iodio molecolare. Il volume di idrogeno raccolto a 26 °C e 779 mmHg era di $1{,}22 \times 10^3$ ml. (a) Calcolare la carica, in coulomb, consumata nel processo. (b) Quanto è stato il tempo di elettrolisi (in min) se è stata utilizzata una corrente di 7,55 A? (c) Un precipitato bianco si è formato durante il processo. Di cosa si tratta, e qual è la sua massa in grammi? Si supponga che il volume della soluzione sia rimasto costante.

13.116 Supponendo che sia $\Delta H°$ che $\Delta S°$ siano indipendenti dalla temperatura, ricavare l'Equazione 13.7 a partire dall'Equazione 13.6.

13.117 Facendo riferimento ai seguenti potenziali standard di riduzione:

$$Fe^{2+}(aq) + 2e^- \longrightarrow Fe(s) \qquad \mathcal{E}_1° = -0{,}44\ V$$
$$Fe^{3+}(aq) + e^- \longrightarrow Fe^{2+}(aq) \qquad \mathcal{E}_2° = 0{,}77\ V$$

calcolare il potenziale standard di riduzione per la semireazione

$$Fe^{3+}(aq) + 3e^- \longrightarrow Fe(s) \qquad \mathcal{E}_3° = ?$$

13.118 Per rimuovere la patina nera (Ag_2S) da un cucchiaio d'argento, sono state effettuate le seguenti operazioni. In primo luogo, si è posto il cucchiaio in una pentola riempita con acqua in modo che il cucchiaio rimanga totalmente immerso. Poi, si è aggiunto qualche cucchiaio di bicarbonato di sodio (che si è sciolto facilmente). Infine, sono stati posti alcuni fogli di alluminio sul fondo della pentola in contatto con il cucchiaio e poi è stata riscaldata la soluzione a circa 80 °C. Dopo pochi minuti, il cucchiaio è stato recuperato e risciacquato con acqua fredda. La patina nera è stata completamente rimossa e il cucchiaio ha riacquistato il suo originale aspetto lucido. (a) Descrivere, mediante equazioni, i principi elettrochimici alla base di questo procedimento. (b) L'aggiunta di NaCl invece di $NaHCO_3$ avrebbe funzionato ugualmente dato che entrambi i composti sono elettroliti forti. Qual è, allora, il vantaggio di utilizzare $NaHCO_3$? (*Suggerimento*: Considerare il pH della soluzione.) (c) Perché riscaldare la soluzione? (d) Alcuni detersivi commerciali specifici contengono un liquido (o una pasta), che è una soluzione di acido cloridrico diluito. Anche lo strofinamento del cucchiaio con questi detersivi rimuove la patina. Elencare due svantaggi derivanti dall'uso di questi prodotti commerciali rispetto al procedimento descritto.

Soluzioni dei problemi di autovalutazione

13.1 (a) P +3, F −1; (b) Mn +7, O −2; (c) Cl +5, O −2; (d) S + 6, F −1 **13.2** $5Fe^{2+} + MnO_4^- + 8H^+ \longrightarrow 5Fe^{3+} + Mn^{2+} + 4H_2O$ **13.3** No **13.4** 0,34 V **13.5** 1×10^{-42} **13.6** $\Delta G° = -4{,}1 \times 10^2$ kJ mol^{-1} **13.7** 1,10 V **13.8** Sì, $\mathcal{E} = +0{,}01$ V **13.9** 0,38 V **13.10** Anodo, O_2; Catodo, H_2 **13.11** $2{,}0 \times 10^4$ A

CAPITOLO

14

Cinetica chimica

14.1 Cinetica chimica

Lo studio dell'equilibrio chimico, visto nei Capitoli 10-13, serve per capire se una reazione è possibile in opportune condizioni e in quale misura. Tuttavia, le leggi termodinamiche e i principi dell'equilibrio chimico non possono determinare la velocità con la quale avviene una reazione. La velocità delle reazioni chimiche si studia mediante la ***cinetica chimica***, che è *l'area della chimica in relazione con la velocità con cui avvengono le reazioni chimiche.* Il termine *cinetica* suggerisce l'idea di moto o di cambiamento; si ricordi dal Capitolo 5 che l'energia cinetica è l'energia disponibile dovuta al moto di un oggetto. In questo caso il termine "cinetica" si riferisce alla ***velocità di reazione***, che è *la variazione della concentrazione di un reagente o di un prodotto nel tempo (M s^{-1}).*

14.1.1 Velocità di reazione

Ci sono molti motivi che spingono i ricercatori a studiare la velocità delle reazioni chimiche. Per cominciare, esiste una naturale curiosità per capire perché le reazioni hanno velocità così diverse. Alcuni processi, come i passaggi iniziali del fenomeno della visione, della fotosintesi e delle reazioni a catena nucleari, avvengono su una scala temporale dell'ordine dei 10^{-12}-10^{-6} s. Altri, come la presa del cemento e la conversione della grafite in diamante impiegano anni o milioni di anni per avvenire. A livello pratico conoscere la velocità di reazione è utile nella sintesi di farmaci, nel controllo dell'inquinamento e nella chimica degli alimenti in genere. I chimici industriali spesso sono più interessati a velocizzare una reazione piuttosto che a massimizzarne la resa.

Qualsiasi reazione chimica può essere rappresentata dall'equazione generale

$$\text{reagenti} \longrightarrow \text{prodotti}$$

Questa equazione dice che durante una reazione, i reagenti vengono consumati e i prodotti vengono formati. Come risultato, si può seguire il procedere di una reazione monitorando sia la diminuzione di concentrazione dei reagenti che l'aumento della concentrazione dei prodotti.

La Figura 14.1 mostra il procedere di una semplice reazione nella quale molecole di A (sfere grigie) vengono convertite in molecole di B (sfere rosse):

$$\text{A} \longrightarrow \text{B}$$

La diminuzione del numero di molecole di A e l'aumento del numero delle molecole di B nel tempo sono riportate nel grafico nella Figura 14.2.

In generale, è più conveniente esprimere la velocità di reazione in termini di variazione di concentrazione nel tempo. Quindi, per la reazione A $\longrightarrow$ B, si può esprimere la velocità *media* sull'intervallo di tempo $\Delta t = t_2 - t_1$ come

$$\text{velocità media} = -\frac{[\text{A}]_{t_2} - [\text{A}]_{t_1}}{t_2 - t_1} = -\frac{\Delta[\text{A}]}{\Delta t}$$

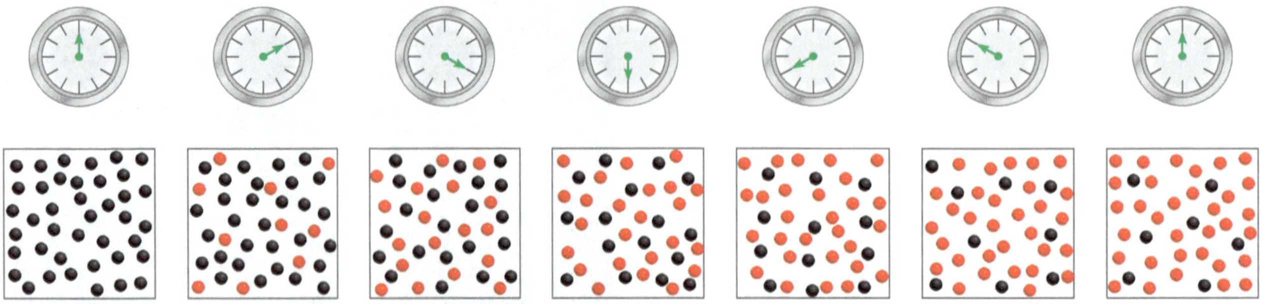

Figura 14.1 Il cammino di reazione A ⟶ B a intervalli di 10 s per un periodo di 60 s. Inizialmente, sono presenti solo le molecole di A (sfere grigie). Con il passare del tempo, si formano molecole di B (sfere rosse).

dove Δ[A] rappresenta la variazione di concentrazione (molarità) di A nell'intervallo di tempo. Siccome la concentrazione del reagente A *diminuisce* nell'intervallo di tempo, Δ[A] è una quantità negativa. La velocità di reazione è una quantità positiva, per cui è necessario introdurre un segno meno per rendere positiva l'espressione della velocità. La velocità può anche essere definita in termini di formazione di prodotto B:

$$\text{velocità media} = \frac{[B]_{t_2} - [B]_{t_1}}{t_2 - t_1} = \frac{\Delta[B]}{\Delta t}$$

dove non è necessario il segno meno poiché Δ[B] è una quantità positiva (la concentrazione di B *aumenta* nel tempo).

In pratica, si trova che la quantità che interessa non è la velocità in un certo intervallo (poiché questa è solo una quantità media il cui valore dipende dal particolare valore di Δt); si è invece interessati alla velocità istantanea. In linguaggio matematico, al tendere di Δt a zero, la *velocità istantanea* di reazione al tempo t può essere definita come segue

$$\text{velocità istantanea} = -\frac{d[A]}{dt} = +\frac{d[B]}{dt}$$

Usando questa definizione, non c'è bisogno di preoccuparsi di quale intervallo di tempo venga usato. A meno che non venga detto il contrario, d'ora innanzi ci si riferirà alla velocità istantanea detta "velocità".

Per determinare la velocità di reazione sperimentalmente, bisogna monitorare la concentrazione del reagente (o del prodotto) in funzione del tempo. Per reazioni in soluzione, la concentrazione di una specie può essere spesso misurata mediante tecniche spettroscopiche. Se vengono coinvolti ioni, la variazione di concentrazione può essere monitorata mediante misure di conducibilità elettrica. Reazioni che coinvolgono gas sono spesso seguite da misure di pressione. Si considereranno due tipi di reazione per le quali due diversi metodi sono usati per misurare la velocità di reazione.

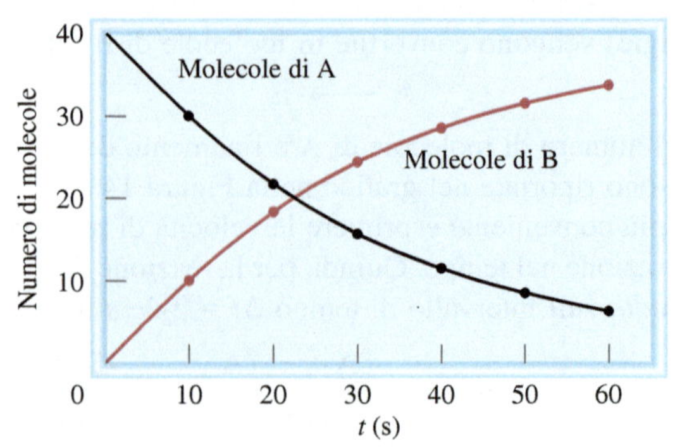

Figura 14.2 La velocità di reazione A ⟶ B, rappresentata dalla diminuzione di molecole di A nel tempo e dall'aumento di molecole di B nel tempo.

Figura 14.3 La diminuzione di concentrazione di bromo come sbiadimento del colore (da sinistra a destra).

Reazione del bromo con acido formico

Si consideri per esempio la reazione del bromo molecolare (Br_2) con acido formico (HCOOH) in soluzione acquosa:

$$Br_2(aq) + HCOOH(aq) \longrightarrow 2Br^-(aq) + 2H^+(aq) + CO_2(g)$$

Il bromo molecolare è di colore rosso bruno. Tutte le altre specie chimiche sono incolori. Al procedere della reazione, la concentrazione di Br_2 diminuisce e il suo colore sbiadisce (si veda la Figura 14.3). Questa perdita di colore e quindi la variazione di concentrazione può essere seguita facilmente con uno spettrofotometro, che registra la quantità di luce visibile assorbita dal bromo (Figura 14.4).

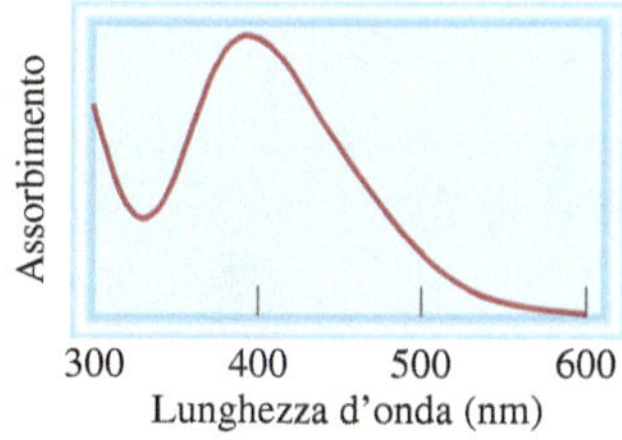

Figura 14.4 Diagramma di assorbimento del bromo al variare della lunghezza d'onda. Il massimo di assorbimento di radiazione visibile da parte del bromo si ha a 393 nm. All'avanzare della reazione l'assorbimento, che è proporzionale a $[Br_2]$, diminuisce con il tempo, indicando la scomparsa del bromo.

Misurando la variazione (diminuzione) della concentrazione del bromo in un tempo iniziale e finale è possibile determinare la velocità media della reazione in detto intervallo:

$$\text{velocità media} = -\frac{\Delta[Br_2]}{\Delta t} = -\frac{[Br_2]_{t_2} - [Br_2]_{t_1}}{t_2 - t_1}$$

I dati nella Tabella 14.1 riportano la concentrazione sperimentale del bromo in funzione del tempo per la reazione del Br_2 con un forte eccesso di acido formico in soluzione acquosa. Da questi dati, si può calcolare la velocità media sui primi 50 s di tempo nel modo seguente:

$$\text{velocità media} = -\frac{(0{,}0101 - 0{,}0120)\ M}{50{,}0\ s} = 3{,}8 \times 10^{-5}\ M\ s^{-1}$$

Tabella 14.1 Velocità di reazione misurate per la reazione fra bromo e acido formico a 25 °C

Tempo (s)	$[Br_2]$ (M)	Velocità istantanea ($M\ s^{-1}$)	$k = \frac{\text{velocità}}{[Br_2]}$ (s^{-1})
0,0	0,0120	$4{,}20 \times 10^{-5}$	$3{,}50 \times 10^{-3}$
50,0	0,0101	$3{,}52 \times 10^{-5}$	$3{,}49 \times 10^{-3}$
100,0	0,00846	$2{,}96 \times 10^{-5}$	$3{,}50 \times 10^{-3}$
150,0	0,00710	$2{,}49 \times 10^{-5}$	$3{,}51 \times 10^{-3}$
200,0	0,00596	$2{,}09 \times 10^{-5}$	$3{,}51 \times 10^{-3}$
250,0	0,00500	$1{,}75 \times 10^{-5}$	$3{,}50 \times 10^{-3}$
300,0	0,00420	$1{,}48 \times 10^{-5}$	$3{,}52 \times 10^{-3}$
350,0	0,00353	$1{,}23 \times 10^{-5}$	$3{,}48 \times 10^{-3}$
400,0	0,00296	$1{,}04 \times 10^{-5}$	$3{,}51 \times 10^{-3}$

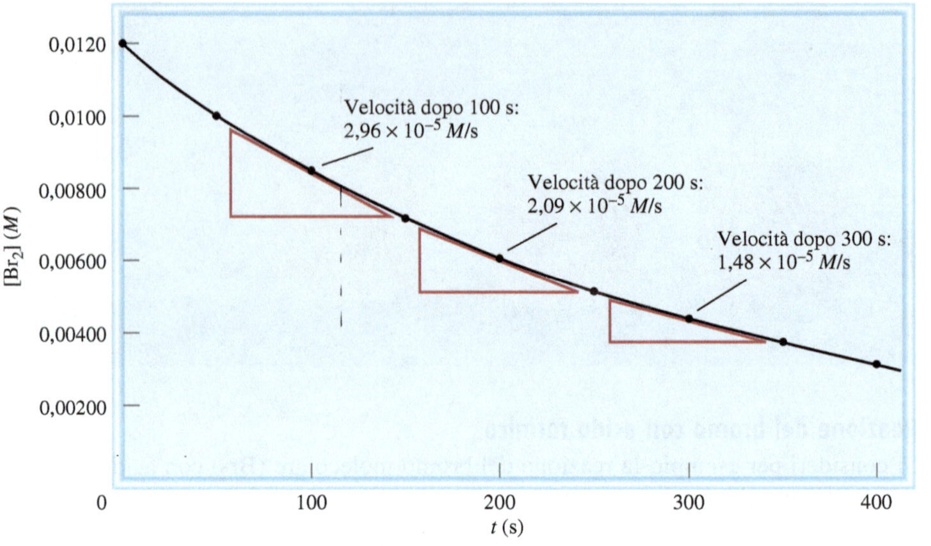

Figura 14.5 Le velocità istantanee della reazione fra bromo e acido formico a t = 100 s, 200 s e 300 s sono date dalla derivata (la pendenza della linea tangente) in ciascun tempo.

Se si fossero scelti i primi 100 s come intervallo di tempo, la velocità media sarabbe stata:

$$\text{velocità media} = -\frac{(0{,}00846 - 0{,}0120)\,M}{100{,}0\text{ s}} = 3{,}54 \times 10^{-5}\,M\,\text{s}^{-1}$$

Questi calcoli dimostrano che la velocità media della reazione dipende dal tempo scelto come intervallo. Calcolando la velocità media di reazione su intervalli di tempo sempre più piccoli, si può ottenere la velocità di reazione istantanea in ciascun tempo (si veda la Tabella 14.1). La Figura 14.5 mostra il diagramma di $[Br_2]$ al variare del tempo, in base ai dati riportati nella Tabella 14.1. Graficamente, la velocità istantanea è data dalla derivata della curva (la pendenza della linea tangente) rispetto al tempo (si veda l'Appendice 1). La velocità istantanea avrà sempre lo stesso valore per la stessa concentrazione di reagenti, fintanto che la temperatura è mantenuta costante.

La velocità della reazione del bromo con l'acido formico dipende anche dalla concentrazione dell'acido formico. Tuttavia, aggiungendo un largo eccesso di acido formico alla miscela di reazione, la concentrazione dell'acido formico rimane praticamente costante durante la reazione. In queste condizioni la variazione di quantità di acido formico presente in soluzione non ha effetto sulla velocità di reazione.

Che effetto ha la concentrazione del bromo sulla velocità di reazione? In accordo con i dati nella Tabella 14.1, la concentrazione del bromo è 0,0101 M a t = 50 s e la velocità della reazione è $3{,}52 \times 10^{-5}\,M\,\text{s}^{-1}$. A t = 250 s, la concentrazione del bromo è 0,00500 M e la velocità di reazione è $1{,}75 \times 10^{-5}\,M\,\text{s}^{-1}$. La concentrazione a t = 50 s è il doppio della concentrazione a t = 250 s (0,0101 M contro 0,00500 M), e la velocità della reazione a t = 50 s è il doppio della velocità a t = 250 s ($3{,}52 \times 10^{-5}\,M\,\text{s}^{-1}$ contro $1{,}75 \times 10^{-5}\,M\,\text{s}^{-1}$). In altre parole, la velocità di reazione raddoppia al raddoppiare della concentrazione del bromo. La velocità è direttamente proporzionale alla concentrazione del Br_2:

Il simbolo "∝" significa "proporzionale a".

$$\text{velocità} \propto [Br_2] = k[Br_2]$$

dove il termine k è noto come ***costante di velocità***, o ***velocità specifica***, *che è la costante di proporzionalità fra la velocità di reazione e la concentrazione dei reagenti.*

La Figura 14.6 riporta la velocità in funzione della concentrazione di Br_2. Il grafico è una retta poiché la velocità è direttamnete proporzionale alla concentrazione; maggiore è la concentrazione, maggiore è la velocità. Riarrangiando l'ultima equazione si ha

$$k = \frac{\text{velocità}}{[Br_2]}$$

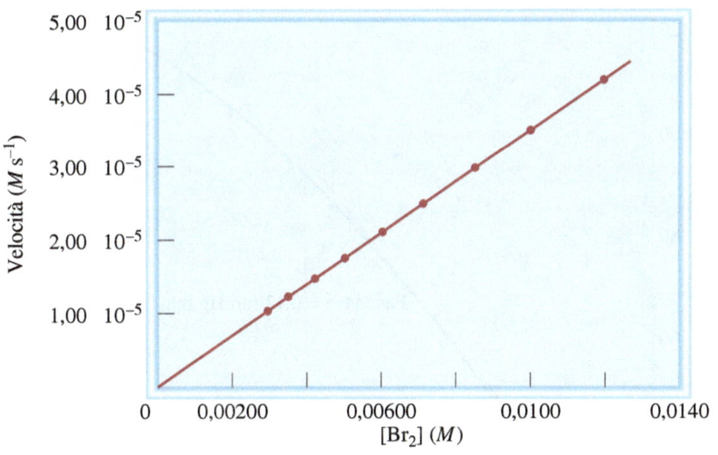

Figura 14.6 Diagramma della velocità in funzione della concentrazione di bromo molecolare per la reazione fra bromo e acido formico. La relazione diretta indica che la velocità di reazione è direttamente proporzionale alla concentrazione del bromo.

Siccome la velocità di reazione è in unità di M s^{-1} e [Br_2] è in unità di M, l'unità di k è in s^{-1}, in questo caso. La costante di velocità (k) *non dipende* dalla concentrazione di Br_2. La velocità è maggiore ad alta concentrazione e minore a bassa concentrazone di Br_2, ma il *rapporto* velocità/[Br_2] rimane lo stesso se la temperatura non cambia.

Dalla Tabella 14.1, si può calcolare la costante di velocità per la reazione. Prendendo i dati a t = 50 s, si può scrivere

$$k = \frac{\text{velocità}}{[\mathrm{Br_2}]} = \frac{3{,}52 \times 10^{-5}\ M\ \mathrm{s}^{-1}}{0{,}0101\ M} = 3{,}49 \times 10^{-3}\ \mathrm{s}^{-1}$$

Si possono usare i dati a qualsiasi t per calcolare k. La piccola discrepanza dei valori di k riportati nella Tabella 14.1 è dovuta agli errori sperimentali nelle misure della velocità.

$2H_2O_2 \longrightarrow 2H_2O + O_2$

Decomposizione dell'acqua ossigenata

Se uno dei prodotti o dei reagenti è un gas, si può usare un manometro per trovare la velocità di reazione. Si consideri per esempio la decomposizione dell'acqua ossigenata a 20 °C:

$$2H_2O_2(aq) \longrightarrow 2H_2O(l) + O_2(g)$$

In questo caso, la velocità di decomposizione può essere determinata monitorando la velocità di produzione dell'ossigeno con un manometro (Figura 14.7).

La pressione parziale dell'ossigeno può essere usata per determinare la concentrazione usando l'equazione dei gas ideali:

$$P_{O_2}V = n_{O_2}RT$$

ovvero

$$P_{O_2} = \frac{n_{O_2}RT}{V} = [O_2]RT$$

dove n_{O_2}/V dà la molarità dell'ossigeno gassoso. Riarrangiando l'equazione, si ha

$$[O_2] = \frac{1}{RT}P_{O_2}$$

La velocità di reazione, che è data dalla velocità con cui si genera ossigeno, può essere scritta

$$\text{velocità} = -\frac{d[O_2]}{dt} = \frac{-1}{RT}\frac{dP_{O_2}}{dt}$$

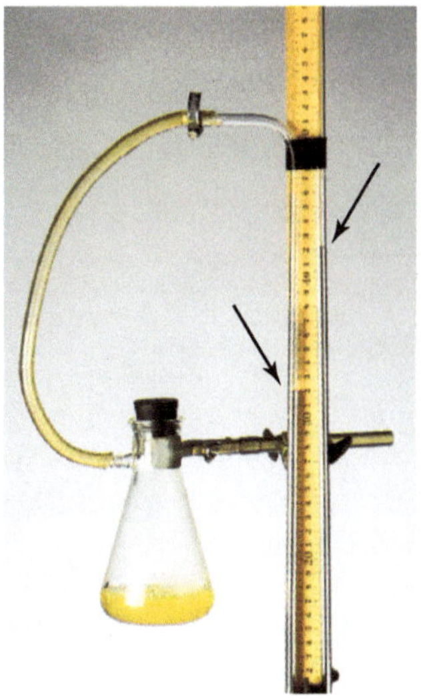

Figura 14.7 La velocità della decomposizione dell'acqua ossigenata può essere misurata con un manometro, che misura l'aumento della pressione dell'ossigeno al variare del tempo. Le freccie indicano il livello del mercurio nel tubo a *U*.

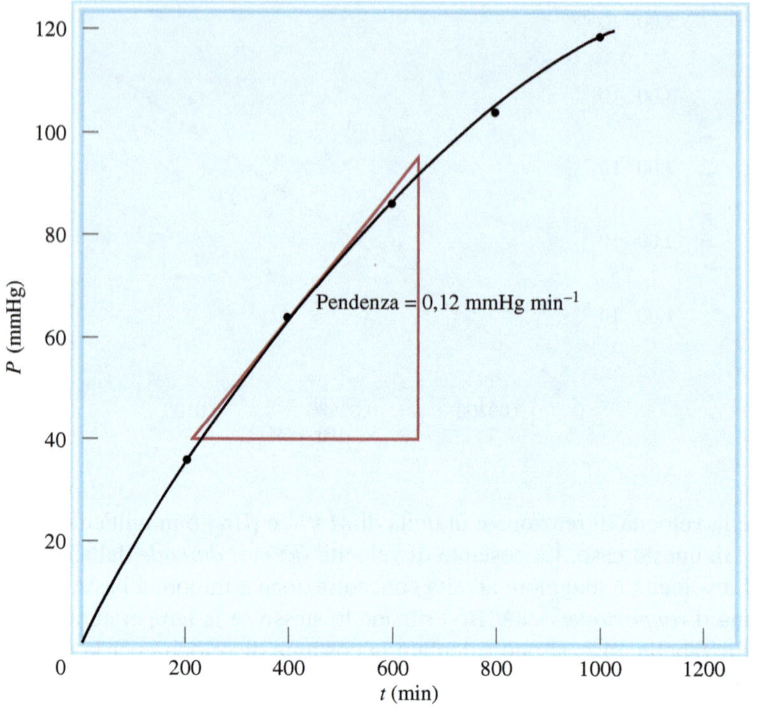

Figura 14.8 La velocità istantanea della decomposizione dell'acqua ossigenata a 400 min è data dalla pendenza della tangente moltiplicata per 1/RT.

La Figura 14.8 mostra l'aumento della pressione dell'ossigeno nel tempo e la determinazione della velocità istantanea dopo 400 min. Per esprimere la velocità in unità di misura M s^{-1}, si convertono mmHg min^{-1} in bar s^{-1} e si moltiplica la pendenza della tangente (dP_{O_2}/dt) per $1/RT$, come mostrato nella precedente equazione.

14.1.2 Velocità di reazione e stechiometria

Si è appena visto che per reazioni stechiometricamente semplici del tipo A $\longrightarrow$ B, la velocità può essere espressa in termini di diminuzione di concentrazione del reagente nel tempo, $-d[A]/dt$, o di aumento di concentrazione dei prodotti nel tempo, $d[B]/dt$. Ora si consideri una reazione leggermente più complicata:

$$2A \longrightarrow B$$

Due moli di A scompaiono per ciascuna mole di B che si forma, cioè la velocità di scomparsa di A è il doppio della velocità di comparsa di B. La velocità può essere scritta

$$\text{velocità} = -\frac{1}{2}\frac{d[A]}{dt} \quad \text{o} \quad \text{velocità} = +\frac{d[B]}{dt}$$

In generale, per la reazione

$$aA + bB \longrightarrow cC + dD$$

la velocità è data da

$$\text{velocità} = -\frac{1}{a}\frac{d[A]}{dt} = -\frac{1}{b}\frac{d[B]}{dt} = +\frac{1}{c}\frac{d[C]}{dt} = +\frac{1}{d}\frac{d[D]}{dt} \qquad \textbf{(14.1)}$$

L'Esempio 14.1 mostra come scrivere l'espressione della velocità di reazione e calcolare la velocità di formazione del prodotto e di scomparsa del reagente.

Esempio 14.1

Si consideri la reazione $4NO_2(g) + O_2(g) \longrightarrow 2N_2O_5(g)$. Si ipotizzi che in un particolare istante durante la reazione, N_2O_5 si formi a una velocità di 0,048 $M\ s^{-1}$. (a) Si scriva l'espressione della velocità in termini di scomparsa dei reagenti, NO_2 e O_2, e la comparsa del prodotto, N_2O_5. (b) Qual è la velocità complessiva? (c) A quale velocità reagisce O_2? (d) A quale velocità reagisce NO_2?

Soluzione

(a) Usando l'Equazione 14.1, si ha

$$\text{velocità} = -\frac{1}{4}\frac{d[NO_2]}{dt} = -\frac{d[O_2]}{dt} = +\frac{1}{2}\frac{d[N_2O_5]}{dt}$$

(b) È dato

$$\frac{d[N_2O_5]}{dt} = 0{,}048\ M\ s^{-1}$$

Dall'espressione della velocità,

$$\text{velocità} = \frac{1}{2}\frac{d[N_2O_5]}{dt} = \frac{1}{2}(0{,}048\ M\ s^{-1}) = 0{,}024\ M\ s^{-1}$$

(c) Da (a), velocità $= -\frac{d[O_2]}{dt}$ e da (b), la velocità = 0,024 $M\ s^{-1}$, per cui

$$\frac{d[O_2]}{dt} = -\text{velocità} = -0{,}024\ M\ s^{-1}$$

(d) Da (a) $\frac{d[NO_2]}{dt} = -4 \times \text{velocità} = -4 \times (0{,}024\ M\ s^{-1}) = -0{,}096\ M\ s^{-1}$

Problema di autovalutazione Si consideri la reazione $4PH_3(g) \longrightarrow P_4(g) + 6H_2(g)$. Si ipotizzi che in un particolare istante durante la reazione, si formi idrogeno molecolare a una velocità di 0,078 $M\ s^{-1}$. (a) Qual è la velocità complessiva della reazione? (b) A quale velocità si forma P_4? (c) A quale velocità reagisce PH_3?

14.2 Leggi cinetiche

Finora si è visto che la velocità di reazione è proporzionale alla concentrazione dei reagenti e che la costante di proporzionalità k è chiamata costante di velocità o velocità specifica. La *legge cinetica esprime la velocità di una reazione come prodotto della costante di velocità per le concentrazioni dei reagenti elevate a opportuni coefficienti*. Per una generica reazione

$$aA + bB \longrightarrow cC + dD$$

la legge cinetica ha la seguente forma

$$\text{velocità} = k[A]^x[B]^y \qquad \textbf{(14.2)}$$

dove x e y sono numeri che devono essere determinati sperimentalmente. Gli esponenti x e y *non sono necessariamente* uguali ai coefficienti stechiometrici a e b e devono essere ottenuti dall'esperimento. Quando si conoscono i valori di x, y e k, si può usare l'Equazione 14.2 per calcolare la velocità di reazione, essendo note le concentrazioni di A e di B.

Gli esponenti x e y specificano la relazione fra le concentrazioni dei reagenti A e B e la velocità di reazione. Sommati, danno l'***ordine totale di reazione***, definito come la *somma degli esponenti cui devono essere elevate le concentrazioni dei reagenti nella legge cinetica.* Per l'Equazione 14.2, l'ordine di reazione totale è $x + y$. Oppure si può dire che la reazione è di ordine x rispetto ad A, y rispetto a B e di ordine totale $(x + y)$.

Per vedere come si determina la legge cinetica di reazione, si consideri la seguente reazione fra fluoro e diossido di cloro:

$$F_2(g) + 2ClO_2(g) \longrightarrow 2FClO_2(g)$$

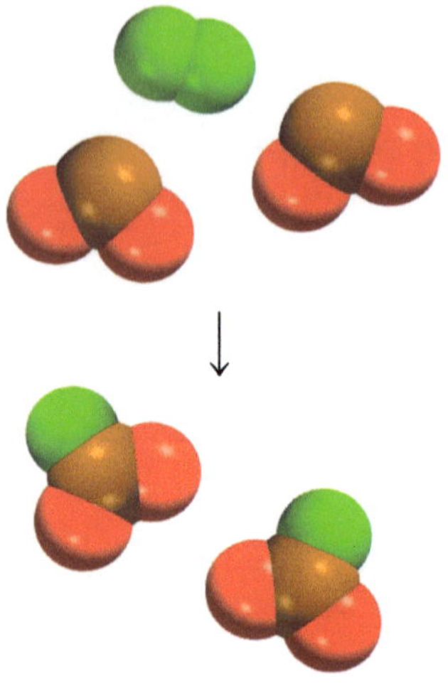

$F_2 + 2ClO_2 \longrightarrow 2FClO_2$

Un modo per studiare gli effetti della concentrazione dei reagenti sulla velocità di reazione è quello di determinare come la *velocità iniziale* dipende dalle concentrazioni iniziali. È preferibile misurare la velocità iniziale poiché, al procedere della reazione, le concentrazioni dei reagenti diminuiscono e può diventare difficile misurare le variazioni di concentrazione in maniera accurata. Inoltre, può avvenire anche la reazione inversa del tipo

$$\text{prodotti} \longrightarrow \text{reagenti}$$

che introduce un errore nella misura della velocità di reazione. Entrambe queste complicazioni sono virtualmente assenti all'inizio di una reazione chimica.

La Tabella 14.2 riporta tre misure di velocità di reazione per la formazione di $FClO_2$. In accordo con i dati 1 e 3, la velocità di reazione raddoppia al raddoppiare di $[F_2]$ mantenendo costante $[ClO_2]$. Quindi, la velocità è direttamente proporzionale a $[F_2]$. In modo analogo, i dati in 1 e 2 mostrano che la velocità quadruplica se si quadruplica $[ClO_2]$ mantenendo costante $[F_2]$. Quindi la velocità di reazione è anche direttamente proporzionale a $[ClO_2]$. Si possono riunire queste osservazioni nella seguente legge cinetica

$$\text{velocità} = k[F_2][ClO_2]$$

Siccome sia $[F_2]$ che $[ClO_2]$ sono elevate alla prima potenza, la reazione è del primo ordine rispetto a F_2, primo ordine rispetto a ClO_2 e secondo ordine complessivo $(1 + 1 = 2)$. Si noti che $[ClO_2]$ è elevato alla prima potenza nell'equazione cinetica, mentre il suo coefficiente stechiometrico nella reazione chimica è 2. Per F_2, l'ordine di reazione (primo) e il coefficiente stechiometrico (1) coincidono.

Dalle concentrazioni dei reagenti e dalla velocità iniziale, si può calcolare la costante di velocità. Usando la prima serie di dati nella Tabella 14.2, si può scrivere

$$\begin{aligned} k &= \frac{\text{velocità}}{[F_2][ClO_2]} \\ &= \frac{1{,}2 \times 10^{-3}\, M\, s^{-1}}{(0{,}10\, M)(0{,}010\, M)} \\ &= 1{,}2\, M^{-1}\, s^{-1} \end{aligned}$$

L'unità di misura di k dipende dall'ordine complessivo di reazione. Per reazioni del secondo ordine come questa è $M^{-1}\, s^{-1}$; per una reazione del primo ordine, l'unità di misura di k è s^{-1}. In generale l'unità di misura di k per un ordine di reazione n è $M^{1-n}\, s^{-1}$.

Conoscendo l'ordine di reazione è possibile capire come la velocità dipende dalla concentrazione dei reagenti. Si supponga per esempio, che la reazione complessiva

$$aA + bB \longrightarrow cC + dD$$

Tabella 14.2 Dati cinetici per la reazione fra F_2 e ClO_2

$[F_2]$ (M)	$[ClO_2]$ (M)	Velocità iniziale ($M\, s^{-1}$)
1. 0,10	0,010	$1{,}2 \times 10^{-3}$
2. 0,10	0,040	$4{,}8 \times 10^{-3}$
3. 0,20	0,010	$2{,}4 \times 10^{-3}$

sia del primo ordine rispetto ad A e del secondo ordine rispetto a B (cioè $x = 1$ e $y = 2$ nell'Equazione 14.2). La legge cinetica della reazione è

$$\text{velocità} = k[\text{A}][\text{B}]^2$$

Questa reazione è del terzo ordine complessivo ($1 + 2 = 3$). Si ipotizzi che inizialmente [A] = 1,0 *M* e che [B] = 1,0 *M*. La legge cinetica dice che se si raddoppia la concentrazione di A da 1,0 *M* a 2,0 *M* mantenendo costante [B], si raddoppia anche la velocità di reazione. D'altra parte, se si raddoppia la concentrazione di B da 1,0 *M* a 2,0 *M* mantenendo costante [A] =1 *M*, la velocità aumenterà di un fattore quattro a causa della potenza due all'esponente.

Se per un'altra reazione $x = 0$ e $y = 1$, allora la legge cinetica è

$$\text{velocità} = k\,[\text{A}]^0[\text{B}]^1 = k[\text{B}]$$

Questa reazione è di ordine zero rispetto ad A, primo ordine rispetto a B e primo ordine complessivo. L'esponente zero dice che la velocità di questa reazione è *indipendente* dalla concentrazione di A. Anche se finora si sono discusse solo reazioni per le quali l'ordine di reazione è un numero intero, gli ordini di reazione possono anche essere numeri frazionari. Riassumendo:

1. Le leggi cinetiche vengono sempre determinate sperimentalmente. Dalla concentrazione dei reagenti e dalle velocità iniziali, si può determinare l'ordine di reazione e la costante di velocità della reazione.
2. L'ordine di reazione è sempre definito in termini di concentrazioni dei reagenti (mai dei prodotti).
3. L'ordine di reazione rispetto a un reagente non ha niente a che vedere con il coefficiente stechiometrico del reagente nella reazione chimica e deve essere determinato dall'esperimento.

L'Esempio 14.2 illustra la procedura per determinare la legge cinetica della reazione.

Esempio 14.2

La reazione dell'ossido di azoto con idrogeno a 1280 °C è

$$2\text{NO}(g) + 2\text{H}_2(g) \longrightarrow \text{N}_2(g) + 2\text{H}_2\text{O}(g)$$

Dai seguenti dati raccolti a questa temperatura, determinare: (a) la legge cinetica, (b) la costante di velocità, (c) la velocità di reazione quando [NO] = $13{,}0 \times 10^{-3}$ *M* e $[H_2] = 6{,}0 \times 10^{-3}$ *M*.

Esperimento	[NO] (*M*)	$[H_2]$ (*M*)	Velocità iniziale ($M\,s^{-1}$)
1	$10{,}0 \times 10^{-3}$	$2{,}0 \times 10^{-3}$	$5{,}0 \times 10^{-5}$
2	$10{,}0 \times 10^{-3}$	$4{,}0 \times 10^{-3}$	$10{,}0 \times 10^{-5}$
3	$14{,}0 \times 10^{-3}$	$2{,}0 \times 10^{-3}$	$9{,}8 \times 10^{-5}$

Impostazione Viene data una serie di concentrazioni e di velocità di reazione e viene chiesto di determinare la legge cinetica e la velocità specifica. Si ipotizzi che la legge cinetica assuma la seguente forma

$$\text{velocità} = k[\text{NO}]^x[\text{H}_2]^y$$

È necessario confrontare i dati dai diversi esperimenti per determinare x e y. Una volta noto l'ordine di reazione rispetto ai reagenti, si può calcolare k da ciascun set di velocità e concentrazione. Infine, la legge cinetica permette di calcolare la velocità a qualsiasi concentrazione di NO e di H_2.

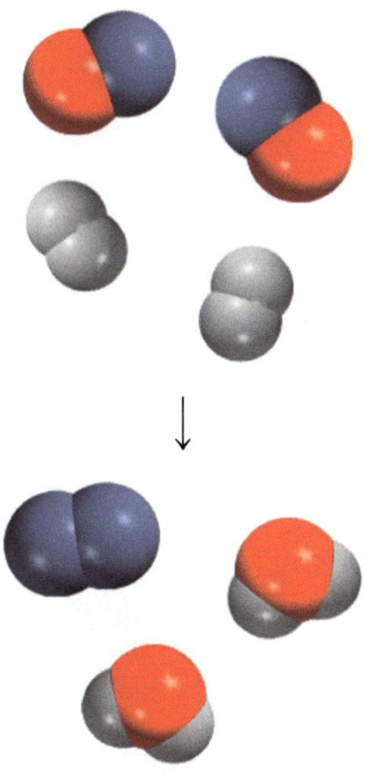

$2NO + 2H_2 \longrightarrow N_2 + 2H_2O$

Soluzione

(a) Gli esperimenti 1 e 2 mostrano che la velocità raddoppia se si raddoppia la concentrazione di H_2 mantenendo costante la concentrazione di NO. Quindi, la legge cinetica è del primo ordine rispetto a H_2 e $y = 1$.

Gli esperimenti 1 e 3 indicano che aumentando [NO] da $10{,}0 \times 10^{-3}\ M$ a $14{,}0 \times 10^{-3}\ M$ mantenendo costante $[H_2]$ la velocità aumenta da $5{,}0 \times 10^{-5}\ M\ s^{-1}$ a $9{,}8 \times 10^{-5}\ M\ s^{-1}$. Siccome la concentrazione non aumenta di un fattore intero, determinare l'esponente x è più complesso e deve essere determinato usando i logaritmi. Usando la legge cinetica (con $y = 1$), il rapporto della velocità nell'esperimento 3 e nell'esperimento 1 è dato da

$$\frac{\text{velocità } 3}{\text{velocità } 1} = \frac{k[\text{NO}]^x_{\text{esp } 3}[\text{H}_2]^1_{\text{esp } 3}}{k[\text{NO}]^x_{\text{esp } 1}[\text{H}_2]^1_{\text{esp } 1}}$$

$$\frac{9{,}8 \times 10^{-5} M\ s^{-1}}{5{,}0 \times 10^{-5} M\ s^{-1}} = \frac{(14{,}0 \times 10^{-3} M)^x(2{,}0 \times 10^{-3} M)}{(10{,}0 \times 10^{-3} M)^x(2{,}0 \times 10^{-3} M)}$$

$$1{,}96 = 1{,}4^x$$

Prendendo il logaritmo naturale di entrambi i membri si ha

$$\ln (1{,}96) = \ln (1{,}4)^x = x \times \ln (1{,}4)$$

$$0{,}673 = x \times 0{,}336$$

$$x = \frac{0{,}673}{0{,}336} = 2{,}00$$

per cui la reazione è del secondo ordine rispetto a [NO]. Ne consegue che la legge cinetica è data da

$$\text{velocità} = k[\text{NO}]^2[\text{H}_2]$$

e la reazione è del terzo ordine (2 + 1 = 3) complessivo.

(b) La costante di velocità k può essere calcolata usando i dati di uno dei due esperimenti. Riarrangiando la legge cinetica, si ha

$$k = \frac{\text{velocità}}{[\text{NO}]^2[\text{H}_2]}$$

I dati dell'esperimento 2 danno

$$k = \frac{5{,}0 \times 10^{-5} M\ s^{-1}}{(10{,}0 \times 10^{-3} M)^2(2{,}0 \times 10^{-3} M)}$$

$$= 2{,}5 \times 10^2 M^{-2}\ s^{-1}$$

(c) Usando la costante di velocità così calcolata e date le concentrazioni di NO e di H_2, si scrive

$$\text{velocità} = k[\text{NO}]^2[\text{H}_2]$$

$$= (2{,}5 \times 10^2 M^{-2}\ s^{-1})(13{,}0 \times 10^{-3} M)^2(6{,}0 \times 10^{-3} M)$$

$$= 2{,}5 \times 10^{-4} M\ s^{-1}$$

Commento La reazione è del primo ordine rispetto a H_2, mentre il coefficiente stechiometrico di H_2 è 2. L'ordine di reazione non è in relazione ai coefficienti stechiometrici della reazione bilanciata.

Problema di autovalutazione La reazione del perossodisolfato ($S_2O_8^{2-}$) con lo ione ioduro (I^-) è

$$S_2O_8^{2-}(aq) + 3I^-(aq) \longrightarrow 2SO_4^{2-}(aq) + I_3^-(aq)$$

Dai dati seguenti ottenuti a una certa temperatura, determinare la legge cinetica e calcolare la costante di velocità a quella temperatura.

Esperimento	$[S_2O_8^{2-}]$ (*M*)	$[I_2]$ (*M*)	Velocità iniziale (*M* s^{-1})
1	0,080	0,034	$2,2 \times 10^{-4}$
2	0,080	0,017	$1,1 \times 10^{-4}$
3	0,190	0,025	$3,8 \times 10^{-4}$

14.3 Leggi cinetiche integrate

Le espressioni delle leggi cinetiche permettono di calcolare la velocità di reazione a partire dalla costante di velocità e dalle concentrazioni dei reagenti. Le leggi cinetiche, mediante il processo d'integrazione, danno le ***leggi cinetiche integrate***, che esprimono la relazione tra la concentrazione dei reagenti e il tempo. Si illustreranno questi importanti concetti usando i due più semplici esempi di leggi cinetiche, quella del primo ordine complessivo e quella del secondo ordine complessivo.

14.3.1 Reazioni del primo ordine

Una reazione del ***primo ordine*** è una reazione *la cui velocità dipende dalla concentrazione del reagente elevata alla prima potenza.* In una reazione del primo ordine del tipo

$$\mathrm{A} \longrightarrow \text{prodotti}$$

la legge cinetica è

$$\text{velocità} = -\frac{d[\mathrm{A}]}{dt} = k[\mathrm{A}] \qquad \textbf{(14.3)}$$

dove k è la costante di velocità. L'unità di misura di k è s^{-1}. Riarrangiando l'Equazione 14.3 si ha

$$\frac{1}{[\mathrm{A}]}d[\mathrm{A}] = -k\,dt \qquad \textbf{(14.4)}$$

La dipendenza dal tempo di [A] può essere determinata con il processo di integrazione. Integrando l'Equazione 14.4 dalla concentrazione iniziale $[\mathrm{A}]_0$ a $t = 0$ alla concentrazione finale $[\mathrm{A}]_t$ al tempo $t = t$, si ottiene

$$\int_{[\mathrm{A}]_0}^{[\mathrm{A}]_t} \frac{1}{[\mathrm{A}]}\,d[\mathrm{A}] = -\int_0^t k\,dt$$

$$\ln\frac{[\mathrm{A}]_t}{[\mathrm{A}]_0} = -kt \qquad \textbf{(14.5)}$$

ovvero

$$[\mathrm{A}]_t = [\mathrm{A}]_0\, e^{-kt} \qquad \textbf{(14.6)}$$

Il tempo $t = 0$ non corrisponde necessariamente all'inizio dell'esperimento, ma è il tempo arbitrariamente scelto quando si inizia a monitorare la variazione di concentrazione di A. Il decadimento esponenziale nel tempo indicato dall'Equazione 14.6 è prova di una reazione del primo ordine [Figura 14.9(a)].

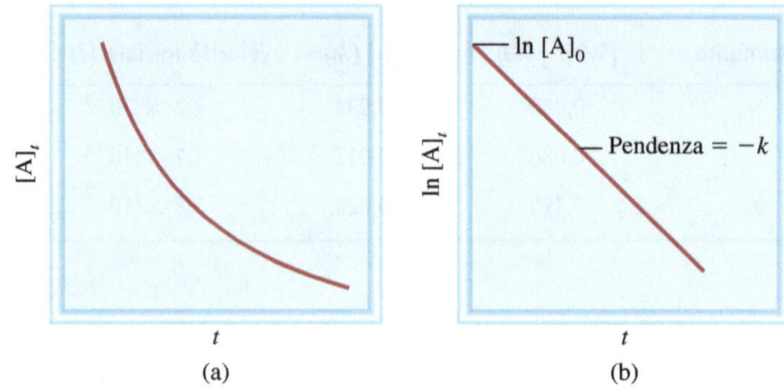

Figura 14.9 Dipendenza dal tempo della concentrazione del reagente di una reazione che segue una cinetica del primo ordine. (a) Un diagramma della concentrazione del reagente in funzione del tempo che mostra il decadimento esponenziale dell'Equazione 14.6. (b) Un diagramma del logaritmo della concentrazione dei reagenti in funzione del tempo che dà una retta (Equazione 14.7) con pendenza $-k$ e intercetta sull'asse delle ordinate a ln $[A]_0$.

L'Equazione 14.5 può essere riarrangiata come segue

$$\ln\left(\frac{[A]_t}{c_0}\right) = -kt + \ln\left(\frac{[A]_0}{c_0}\right) \qquad \textbf{(14.7)}$$

dove c_0 è la concentrazione di riferimento,[1] di solito 1 M. L'Equazione 14.7 ha la forma di una equazione lineare $y = mx + b$, dove m è la pendenza della retta e b è l'intercetta sull'asse y. Quindi per una reazione del primo ordine, il diagramma di ln $([A]_t/c_0)$ in funzione del tempo (t) sarà una retta con pendenza $-k$ e con intercetta sull'asse y a ln $([A]_0/c_0)$. Da un grafico di questo tipo, illustrato nella Figura 14.9(b), si può determinare la costante di velocità dalla pendenza della retta (metodo grafico).

Le reazioni del primo ordine sono comuni. Un esempio è la decomposizione dell'etano (C_2H_6) in due frammenti molto reattivi chiamati radicali metile ($CH_3\cdot$):

$$C_2H_6 \longrightarrow 2CH_3\cdot$$

La decomposizione di N_2O_5 è pure una reazione che segue una cinetica del primo ordine

$$2N_2O_5(g) \longrightarrow 4NO_2(g) + O_2(g)$$

Oltre alle reazioni chimiche, altri processi non chimici in natura obbediscono a una cinetica del primo ordine. Un esempio particolarmente importante è il decadimento radio-attivo.

Nell'Esempio 14.3, si applicano le Equazioni 14.5 e 14.6 a una reazione organica.

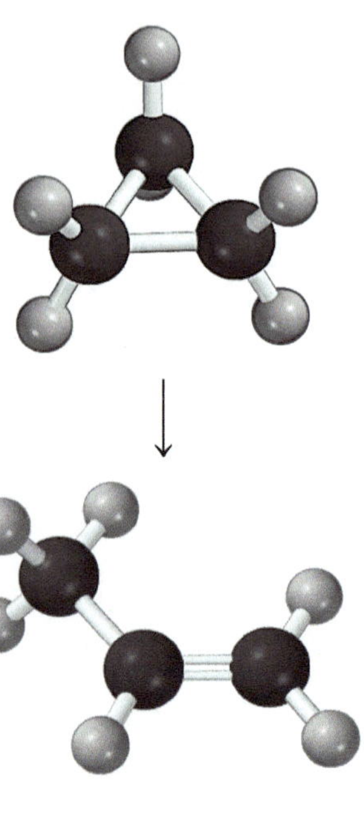

Esempio 14.3

La conversione del ciclopropano a propene in fase gas è una reazione del primo ordine con una costante di velocità di $6,7 \times 10^{-4}$ s^{-1} a 500 °C.

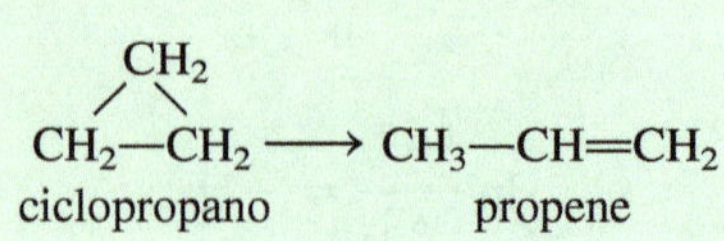

(a) Se la concentrazione iniziale del ciclopropano è 0,25 M, qual è la concentrazione dopo 8,8 minuti? (b) Quanto tempo (in minuti) impiega la concentrazione del ciclopropano

[1] La concentrazione di riferimento, c_0, è necessaria nell'Equazione 14.7 poiché l'argomento di un logaritmo deve essere una quantità adimensionale. La scelta di c_0 è arbitraria, basta che venga usata la stessa concentrazione di riferimento per $[A]_t$ e per $[A]_0$.

a diminuire da 0,25 *M* e 0,15 *M*? (c) Quanto tempo (in minuti) è necessario per convertire il 74% del prodotto iniziale?

Impostazione La relazione fra le concentrazioni di un reagente in tempi diversi in una reazione che segue una cinetica del primo ordine è data dall'Equazione 14.5 o 14.6. In (a), viene dato $[A]_0$ e t e viene chiesto di trovare $[A]_t$, che può essere ottenuto semplicemente sostituendo i valori nell'Equazione 14.6. In (b), è dato $[A]_0$ e $[A]_t$ e viene chiesto di trovare t. L'Equazione 14.5 contiene tutte queste variabili, ma deve essere prima riarrangiata per portare t al primo membro. In (c), non è dato né $[A]_t$ né $[A]_0$. Tuttavia, se inizialmente si ha il 100% di composto e il 74% ha reagito, quello che avanza deve essere (100% − 74%), cioè il 26%. Quindi, il rapporto $[A]_t/[A]_0$, che è il dato necessario per determinare il tempo, è uguale a 0,26.

Soluzione

(a) Applicando l'Equazione 14.6, si nota che k è dato in unità di s^{-1}, per cui bisogna convertire 8,8 minuti in secondi nel calcolo:

$$\begin{aligned}[A]_t &= [A]_0\, e^{-kt} \\ &= 0{,}25\ M \times \text{esp}\left[-(6{,}7\times 10^{-4}\ s^{-1})(8{,}8\ \text{min})\left(\frac{60\ s}{1\ \text{min}}\right)\right] \\ &= 0{,}25\ M \times 0{,}702 \\ &= 0{,}18\ M\end{aligned}$$

(b) Riarrangiando l'Equazione 14.5 per isolare t si ha

$$\begin{aligned}t &= -k^{-1}\ln\frac{[A]_t}{[A]_0} \\ &= -(6{,}7\times 10^{-4}\ s^{-1})^{-1}\ln\frac{0{,}15\ M}{0{,}25\ M} \\ &= 760\ s \times \frac{1\ \text{min}}{60\ s} \\ &= 13\ \text{min}\end{aligned}$$

(c) Usando l'Equazione 14.5 data in (b) e il fatto che $[A]_t/[A]_0 = 0{,}26$, si ha

$$\begin{aligned}t &= -k^{-1}\ln\frac{[A]_t}{[A]_0} \\ &= -(6{,}7\times 10^{-4}\ s^{-1})^{-1}\ln(0{,}26) \\ &= 2{,}0\times 10^3\ s \times \frac{1\ \text{min}}{60\ s} \\ &= 33\ \text{min}\end{aligned}$$

Problema di autovalutazione La reazione $2A \longrightarrow B$ è del primo ordine rispetto a A con una costante di velocità di $2{,}8 \times 10^{-2}\ s^{-1}$ a 80 °C. (a) Quanto tempo (in secondi) ci vuole perché la concentrazione di A diminuisca da 0,88 *M* a 0,14 *M*? (b) Ipotizzando che la concentrazione iniziale [A] sia 0,90 *M* e che quella [B] sia zero, quanto tempo ci vuole perché la concentrazione [B] raggiunga il valore 0,25 *M*?

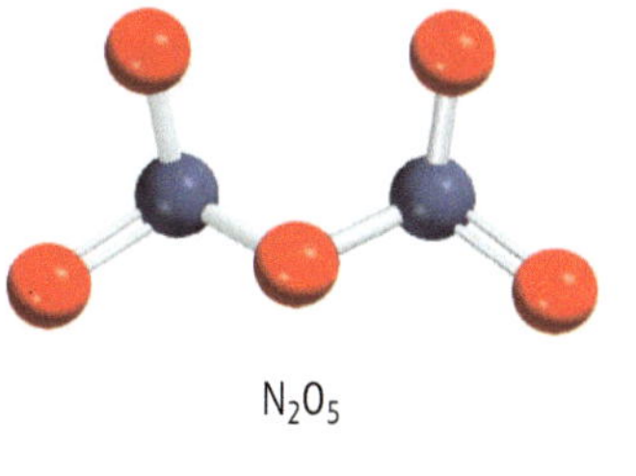
N_2O_5

Ora si determini graficamente l'ordine di reazione e la costante di velocità della decomposizione del pentossido di diazoto (N_2O_5) in tetracloruro di carbonio (CCl_4) a 45 °C:

$$2N_2O_5(\text{in } CCl_4) \longrightarrow 4NO_2(g) + O_2(g)$$

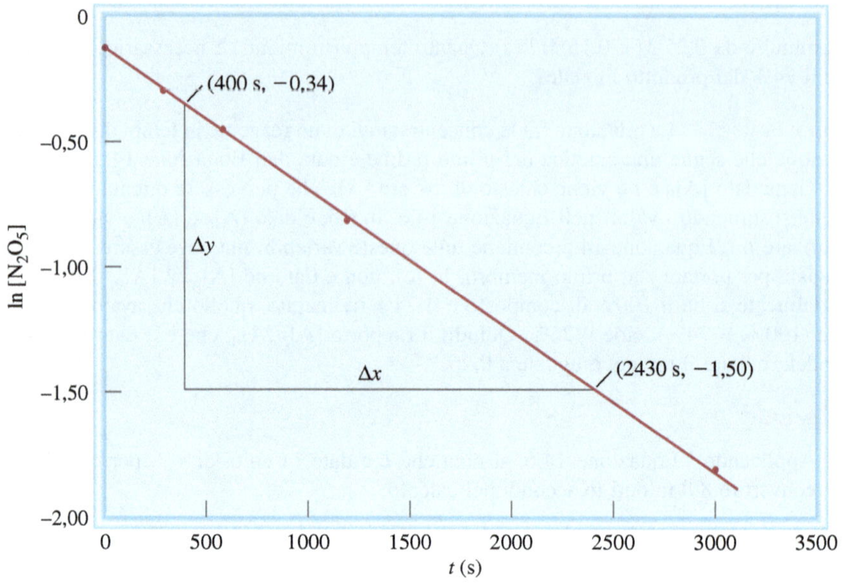

Figura 14.10 Decomposizione di N_2O_5. Diagramma di ln ($[N_2O_5]$ /1 *M*) in funzione del tempo. La costante di velocità può essere determinata dalla pendenza della linea retta.

N_2O_5 decompone per dare NO_2 (colore marrone).

La tabella riporta i valori della concentrazione di N_2O_5 nel tempo e i corrispondenti valori di ln $[N_2O_5]$:

t (s)	$[N_2O_5]$ (*M*)	ln ($[N_2O_5]$)/1 *M*)
0	0,91	−0,094
300	0,75	−0,29
600	0,64	−0,45
1200	0,44	−0,82
3000	0,16	−1,83

Applicando l'Equazione 14.7, si riporta in grafico ln ($[N_2O_5]$ /1 *M*) in funzione di *t*, come mostrato nella Figura 14.10. Siccome questo grafico è lineare, la legge cinetica deve essere del primo ordine rispetto a $[N_2O_5]$. Inoltre, ci sono diversi modi per calcolare la costante di velocità dalla pendenza, dipende dall'accuratezza richiesta. Il metodo più semplice, ma meno accurato, è di scegliere due punti sulla retta e sottrarre le loro coordinate *y* e *x* come mostrato:

$$\text{pendenza} = \frac{\Delta y}{\Delta x} = \frac{\Delta \ln([N_2O_5]/1\,M)}{\Delta t}$$
$$= \frac{-1{,}83 - (-0{,}094)}{(3000 - 0)\text{ s}}$$
$$= -5{,}79 \times 10^{-4}\text{ s}^{-1}$$

Siccome la pendenza $= -k$, si ha $k = 5{,}79 \times 10^{-4}\text{ s}^{-1}$. Un metodo più accurato è quello che prevede di utilizzare la regressione lineare secondo il metodo dei minimi quadrati (si veda l'Appendice 1) per trovare la retta che meglio correla i dati. Questo metodo è tedioso se fatto a mano, ma può essere compiuto facilmente usando un foglio elettronico o una calcolatrice scientifica. Usando i dati forniti, la migliore retta che si ottiene con il metodo dei minimi quadrati dà $5{,}76 \times 10^{-4}\text{ s}^{-1}$, che è leggermente diversa da quella determinata precedentemente.

Per reazioni in fase gas, si possono sostituire le concentrazioni con le pressioni parziali dei reagenti gassosi nelle Equazioni 14.5 e 14.6. Si consideri la reazione del primo ordine

$$A(g) \longrightarrow \text{prodotti}$$

Usando l'equazione dei gas perfetti si scrive

$$P_A V = n_A RT$$

ovvero

$$\frac{n_A}{V} = [A] = \frac{P_A}{RT}$$

Sostituendo [A] $= P/RT$ nell'Equazione 14.5, si ha

$$\ln \frac{[A]_t}{[A]_0} = \ln \frac{P_{A,t}/RT}{P_{A,0}/RT} = \ln \frac{P_{A,t}}{P_{A,0}} = -kt$$

L'equazione che corrisponde all'Equazione 14.7 ora diventa

$$\ln \frac{P_{A,t}}{P_{\text{ref}}} = -kt + \ln \frac{P_{A,0}}{P_{\text{ref}}} \quad \textbf{(14.8)}$$

dove P_{ref} è un'arbitraria pressione di riferimento (spesso 1 bar).

L'Esempio 14.4 mostra l'utilizzo delle misure di pressione per studiare la cinetica di una reazione del primo ordine.

Esempio 14.4

La velocità di decomposizione dell'azometano è studiata monitorando la pressione parziale del reagente in funzione del tempo:

$$CH_3{-}N{=}N{-}CH_3(g) \longrightarrow N_2(g) + C_2H_6(g)$$

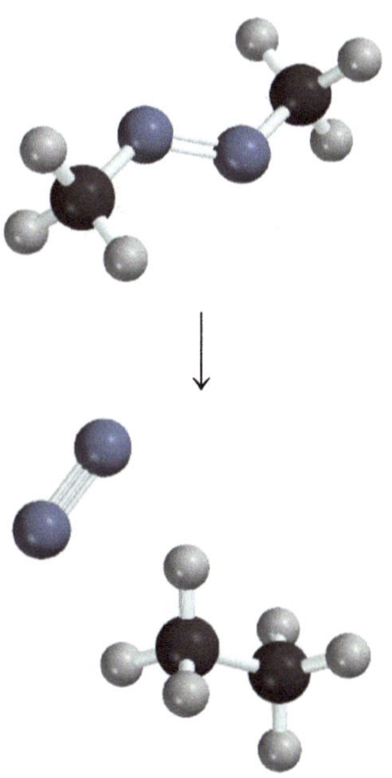

I dati ottenuti a 300 °C sono i seguenti:

t (s)	P_{azo} (mmHg)	ln (P_{azo}/1 mmHg)
0	284	5,649
100	220	5,394
150	193	5,263
200	170	5,136
250	150	5,011
300	132	4,883

Questi valori sono in accordo con una cinetica del primo ordine? Se sì, determinare la costante di velocità.

Impostazione Per verificare che sia una cinetica del primo ordine si determini se la legge integrata della legge cinetica (Equazione 14.8 per i dati di pressione) dà l'equazione di una retta e se i dati forniti stanno sulla retta. In questo problema, la pressione è misurata in mmHg, per cui è appropriato usare 1 mmHg come pressione di riferimento, P_{ref}. Se la reazione è del primo ordine, allora il grafico di ln $[P_{azo}(t)/(1 \text{ mmHg})]$ in funzione di t darà una retta con pendenza $-k$.

Soluzione La Figura 14.11, che è basata sui dati riportati nella tabella, mostra che il grafico di ln $[P_{azo}(t)/(1 \text{ mmHg})]$ in funzione di t è una linea retta, per cui la reazione segue la cinetica del primo ordine. La pendenza della retta può essere trovata con il metodo dei minimi quadrati (si veda l'Appendice 1) ed è uguale a $2{,}55 \times 10^{-3}\ s^{-1}$. In accordo con l'Equazione 14.8, la pendenza è uguale a k, e quindi $k = 2{,}55 \times 10^{-3}\ s^{-1}$.

Problema di autovalutazione L'etilioduro (C_2H_5I) decompone come segue:

$$C_2H_5I(g) \longrightarrow C_2H_4(g) + HI(g)$$

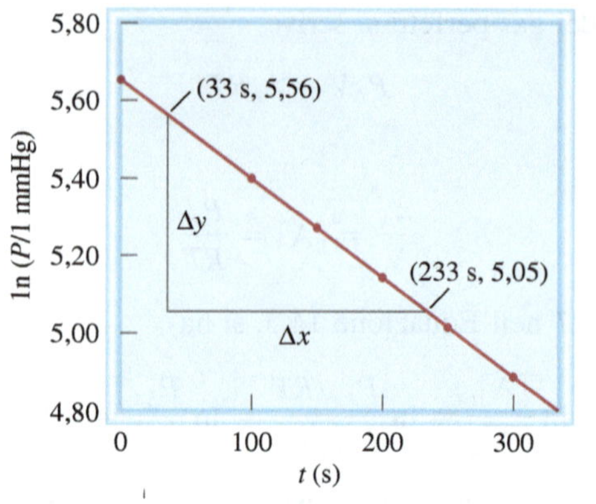

Figura 14.11 Diagramma di ln $[P_{azo}(t)/(1 \text{ mmHg})]$ in funzione del tempo per la decomposizione dell'azometano.

Dai dati seguenti, si determini l'ordine di reazione e la costante di velocità.

t (min)	P_{azo} (bar)
0	0,36
15	0,30
30	0,25
48	0,19
75	0,13

14.3.2 Tempo di dimezzamento di una reazione

Una misura di notevole importanza pratica negli studi cinetici è il ***tempo di dimezzamento*** ($t_{1/2}$) di una reazione, che è il *tempo richiesto perché la concentrazione di un reagente si dimezzi rispetto alla concentrazione iniziale.* Si può ottenere un'espressione di $t_{1/2}$ per una reazione del primo ordine come segue. Al tempo $t_{1/2}$, la concentrazione del reagente $[A]_t$ è uguale a $[A]_0/2$, per cui l'Equazione 14.5 diventa

$$\ln \frac{[A]_0/2}{[A]_0} = -kt_{1/2}$$

$$\ln (1/2) = -kt_{1/2}$$

$$-\ln(2) = -kt_{1/2}$$

per cui

$$t_{1/2} = \frac{\ln(2)}{k} \approx \frac{0,693}{k} \tag{14.9}$$

Il significato dell'Equazione 14.9 è che il tempo di dimezzamento per una reazione del primo ordine è *indipendente* dalla concentrazione iniziale del reagente. Per cui, ci vuole lo stesso tempo per dimezzare la concentrazione iniziale di un reagente da 1,0 *M* a 0,50 *M*, o da 0,10 *M* a 0,050 *M* (Figura 14.12). Misurare il tempo di dimezzamento di una reazione è un modo per determinare la costante di velocità di una reazione che segue una cinetica del primo ordine. Minore è il tempo di dimezzamento, maggiore è il valore di *k*.

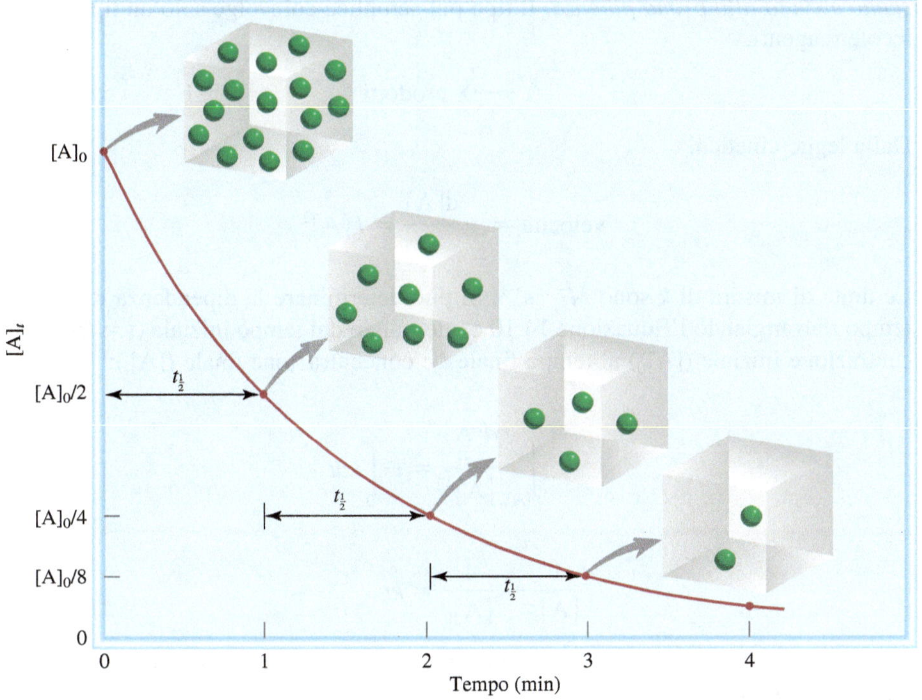

Figura 14.12 Un grafico di [A] in funzione del tempo per la reazione del primo ordine A ⟶ prodotti. Il tempo di dimezzamento della reazione è di 1 min. Dopo ogni intervallo di tempo pari al tempo di dimezzamento la concentrazione di A si dimezza.

L'Esempio 14.5 mostra come calcolare il tempo di dimezzamento di una reazione del primo ordine.

Esempio 14.5

La decomposizione dell'etano (C_2H_6) in radicali metilici è una reazione del primo ordine con una costante di velocità di $5{,}36 \times 10^{-4}\ s^{-1}$ a 700 °C:

$$C_2H_6(g) \longrightarrow 2CH_3\cdot(g)$$

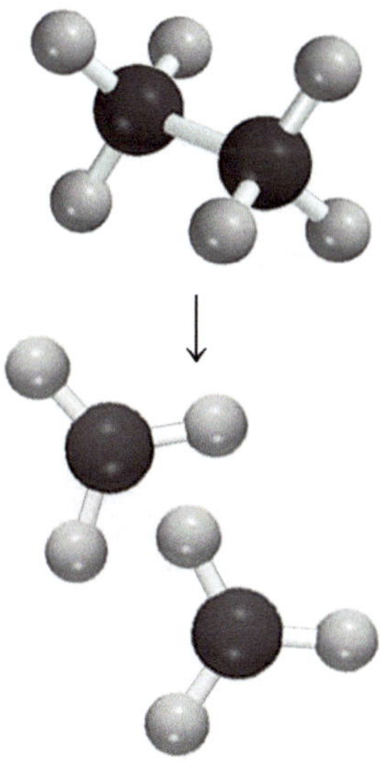

Calcolare il tempo di dimezzamento della reazione in minuti.

Impostazione Usando l'Equazione 14.9, si calcola il tempo di dimezzamento per la reazione del primo ordine. La costante di velocità è data in unità di s^{-1}, per cui è necessario convertire l'unità di misura del tempo di dimezzamento in minuti.

Soluzione Per una reazione del primo ordine, è necessario solo conoscere la costante di velocità per calcolare il tempo di dimezzamento. Dall'Equazione 14.9,

$$t_{1/2} = \frac{\ln(2)}{k} \approx \frac{0{,}693}{k} = \frac{0{,}693}{5{,}36 \times 10^{-4}\ s^{-1}}$$

$$= 1{,}29 \times 10^3\ s \times \frac{1\ min}{60\ s}$$

$$= 21{,}5\ min$$

Problema di autovalutazione Calcolare il tempo di dimezzamento per la decomposizione di N_2O_5, discussa nel Paragrafo 14.3.1.

14.3.3 Reazioni del secondo ordine

In una reazione del ***secondo ordine*** la velocità *dipende dalla concentrazione di un reagente elevato alla seconda potenza o dalla concentrazione di due reagenti cia-*

scuno elevato alla prima potenza. Il tipo più semplice coinvolge solo un tipo di molecole reagenti:

$$\text{A} \longrightarrow \text{prodotti}$$

Dalla legge cinetica,

$$\text{velocità} = -\frac{\text{d}[\text{A}]}{\text{d}t} = k[\text{A}]^2 \qquad \textbf{(14.10)}$$

Le unità di misura di k sono M^{-1} s^{-1}. Si può determinare la dipendenza di [A] dal tempo riarrangiando l'Equazione 14.10 e integrando dal tempo iniziale (t = 0) e concentrazione iniziale ($[\text{A}]_0$) al tempo finale t e concentrazione finale ($[\text{A}]_t$):

$$\int_{[\text{A}]_0}^{[\text{A}]_t} \frac{d[\text{A}]}{[\text{A}]^2} = -\int_0^t kdt$$

$$\frac{1}{[\text{A}]_t} - \frac{1}{[\text{A}]_0} = kt$$

Riarrangiando le equazioni si ottiene la legge integrata per reazioni che seguono una cinetica del secondo ordine:

$$\frac{1}{[\text{A}]_t} = kt + \frac{1}{[\text{A}]_0} \qquad \textbf{(14.11)}$$

Si può ottenere un'equazione per il tempo di dimezzamento per una reazione del secondo ordine ponendo $[\text{A}]_t = [\text{A}]_0/2$ nell'Equazione 14.11.

$$\frac{1}{[\text{A}]_0/2} = kt + \frac{1}{[\text{A}]_0}$$

Risolvendo per $t_{1/2}$ si ottiene

$$t_{1/2} = \frac{1}{k[\text{A}]_0} \qquad \textbf{(14.12)}$$

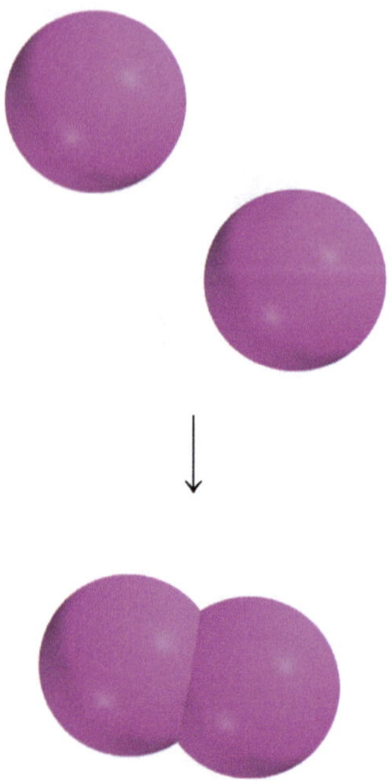

Il tempo di dimezzamento per una reazione del secondo ordine è inversamente proporzionale alla concentrazione iniziale del reagente. Questo risultato ha senso poiché il tempo di dimezzamento deve essere più corto all'inizio di una reazione quando ancora ci sono molte molecole di reagente che possono reagire tra loro. A causa della dipendenza dalla concentrazione iniziale, il tempo di dimezzamento è molto meno utile per descrivere le reazioni che seguono una cinetica del secondo ordine rispetto a quelle del primo ordine. Misurare il tempo di dimezzamento a diverse concentrazioni iniziali è un modo per distinguere fra reazioni del primo e del secondo ordine.

L'analisi cinetica di una reazione del secondo ordine è mostrata nell'Esempio 14.6.

Esempio 14.6

Gli atomi di iodio si combinano per formare molecole di iodio in fase gas:

$$\text{I}(g) + \text{I}(g) \longrightarrow \text{I}_2(g)$$

Questa reazione segue una cinetica del secondo ordine con $k = 7{,}0 \times 10^9$ M^{-1} s^{-1} a 23 °C. (a) Se la concentrazione iniziale di I è 0,086 M, calcolare la concentrazione dopo

2,0 minuti. (b) Calcolare il tempo di dimezzamento della reazione se la concentrazione iniziale di I è 0,60 *M* e se è 0,42 *M*.

Impostazione

(a) La relazione fra la concentrazione del reagente e il tempo è data dalla legge cinetica integrata. Siccome questa è una reazione che segue una cinetica del secondo ordine con un solo reagente, si deve usare l'Equazione 14.11.

(b) Il tempo di dimezzamento per una reazione del secondo ordine è data dall'Equazione 14.12.

Soluzione

(a) Essendo data la concentrazione iniziale di I e la costante di velocità della reazione, si può usare l'Equazione 14.11 per calcolare la concentrazione di I a un tempo t:

$$\frac{1}{[\mathrm{I}]_t} = kt + \frac{1}{[\mathrm{I}]_0}$$

$$\frac{1}{[\mathrm{I}]_t} = (7{,}0 \times 10^9\, M^{-1}\, \mathrm{s}^{-1})\left(2{,}0\ \mathrm{min} \times \frac{60\ \mathrm{s}}{\mathrm{min}}\right) + \frac{1}{0{,}086\, M}$$

dove $[\mathrm{I}]_t$ è la concentrazione al tempo t = 2,0 min. Risolvendo l'equazione, si ottiene

$$[\mathrm{I}]_t = 1{,}2 \times 10^{-12}\, M$$

Questa è una concentrazione così bassa che è praticamente non rivelabile. La costante di velocità molto alta per la reazione significa che praticamente tutti gli atomi di I si combinano nei primi 2,0 minuti della reazione.

(b) È necessario usare l'Equazione 14.12 per calcolare il tempo di dimezzamento della reazione.

Per $[\mathrm{I}]_0 = 0{,}60\, M$,

$$t_{1/2} = \frac{1}{k[\mathrm{I}]_0} = \frac{1}{(7{,}0 \times 10^9\, M^{-1}\, \mathrm{s}^{-1})(0{,}60\, M)} = 2{,}4 \times 10^{-10}\ \mathrm{s}$$

Per $[\mathrm{I}]_0 = 0{,}42\, M$,

$$t_{1/2} = \frac{1}{k[\mathrm{I}]_0} = \frac{1}{(7{,}0 \times 10^9\, M^{-1}\, \mathrm{s}^{-1})(0{,}42\, M)} = 3{,}4 \times 10^{-10}\ \mathrm{s}$$

Commento Questi risultati confermano che il tempo di dimezzamento di una reazione del secondo ordine, diversamente da una reazione del primo ordine non è una costante. In effetti, il tempo di dimezzamento di una reazione del secondo ordine dipende dalla concentrazione iniziale dei reagenti.

Problema di autovalutazione La reazione 2A ⟶ B è del secondo ordine con una costante di velocità pari a 51 $M^{-1}\,\mathrm{min}^{-1}$ a 24 °C. (a) Partendo con $[\mathrm{A}]_0 = 0{,}0092\, M$, quanto tempo è necessario perché $[\mathrm{A}]_t = 3{,}7 \times 10^{-3}\, M$? (b) Calcolare il tempo di dimezzamento della reazione.

La legge integrata del secondo ordine derivata poco sopra (Equazione 14.11) si applica a una reazione che è del secondo ordine rispetto a una sola specie. Si possono anche avere reazioni del tipo

$$\mathrm{A} + \mathrm{B} \longrightarrow \text{prodotti}$$

che è ancora una reazione del secondo ordine complessivo, ma del primo ordine rispetto a ciascuna specie reagente (A e B).

La legge cinetica del secondo ordine per una reazione come questa è

$$\text{velocità} = -\frac{d[A]}{dt} = -\frac{d[B]}{dt} = k[A][B] \qquad \textbf{(14.13)}$$

Questa legge cinetica può essere integrata assumendo $[A]_0 < [B]_0$ (Problema 14.92) per dare un'equazione che mette in relazione la concentrazione di [A] e quella di [B] con le concentrazioni iniziali e il tempo trascorso:

$$\frac{1}{[B]_0 - [A]_0} \ln \frac{[A]_0[B]}{[B]_0[A]} = kt \qquad \textbf{(14.14)}$$

L'Equazione 14.14 considera che i coefficienti stechiometrici di A e di B siano entrambi unitari. Per altre reazioni, come A + 2B $\longrightarrow$ prodotti o 2A + B $\longrightarrow$ prodotti, le leggi integrate del secondo ordine saranno diverse, ma possono essere derivate in maniera analoga.

L'Equazione 14.14 si semplifica notevolmente se uno dei reagenti è presente in forte eccesso. Per esempio, se $[A]_0 \gg [B]_0$, la concentrazione di A cambia molto poco al procedere della reazione, cioè $[A]_t \approx [A]_0$. Sostituendo questo nell'Equazione 14.14 e usando l'approssimazione che $[B]_0 - [A]_0 \approx -[A]_0$, si ottiene

$$\ln \frac{[B]}{[B]_0} = -k\,[A]_0 t$$

che è identica alla legge integrata del primo ordine rispetto a B (Equazione 14.5) con costante di velocità k^* uguale a $k[A]_0$. Quindi, quando uno dei due reagenti è presente in largo eccesso, questa reazione del secondo ordine si comporta approssimativamente come una reazione del primo ordine ed è chiamata una reazione di ***pseudo primo ordine***.

14.3.4 Reazioni di ordine zero

Le reazioni del primo e del secondo ordine sono i due più comuni tipi di reazione. Le reazioni il cui ordine è zero sono rare. Per una reazione di ordine zero del tipo

$$A \longrightarrow \text{prodotti}$$

la legge cinetica è data da

$$\text{velocità} = k[A]^0 = k$$

Quindi, la velocità di una reazione di ordine zero è *costante,* indipendente dalla concentrazione dei reagenti. La legge cinetica integrata di reazioni di ordine zero è

$$[A]_t = [A]_0 - kt \qquad \textbf{(14.15)}$$

con tempo di dimezzamento pari a $[A]_0/2k$. Le reazioni del terzo ordine o più sono molto complesse; non vengono discusse in questo testo. La Tabella 14.3 riassume le cinetiche di ordine zero, primo e secondo.

14.3.5 Altre reazioni più complicate

Reazioni parallele

Si consideri un reagente che è coinvolto in due reazioni del primo ordine che avvengono simultaneamente (*reazioni parallele*).

$$A \xrightarrow{k_1} B$$

$$A \xrightarrow{k_2} C$$

La velocità totale di consumo di A è la somma delle velocità di ciascuna delle seguenti reazioni:

$$\frac{d[A]}{dt} = -k_1[A] - k_2[A] = -(k_1 + k_2)[A]$$

Tabella 14.3 Sommario delle reazioni di ordine zero, primo e secondo

Ordine	Legge cinetica	Equazione cinetica	Tempo di dimezzamento
0	Velocità = k	$[A]_t = -kt + [A]_0$	$\frac{[A]_0}{2k}$
1	Velocità = $k[A]$	$\ln \frac{[A]_t}{[A]_0} = -kt$	$\frac{\ln(2)}{k} \approx \frac{0{,}693}{k}$
2 (A ⟶ prodotti)	Velocità = $k[A]^2$	$\frac{1}{[A]_t} = kt + \frac{1}{[A]_0}$	$\frac{1}{k[A]_0}$
2 (A + B ⟶ prodotti)	Velocità = $k[A][B]$	$\frac{1}{[B]_0 - [A]_0} \ln \frac{[A]_0[B]}{[B]_0[A]} = kt$	–

Quindi, la velocità di consumo del reagente A che partecipa a reazioni parallele è stabilita dalla costante di velocità che è la somma delle costanti di velocità delle singole reazioni.

Reazioni consecutive

In una *reazione consecutiva* il prodotto del primo passaggio è il reagente del passaggio successivo. Per esaminare questo tipo di reazioni, si considerino i seguenti due passaggi di una reazione consecutiva del primo ordine

$$A \xrightarrow{k_1} B \xrightarrow{k_2} C$$

Ciascun passaggio è del primo ordine, per cui le equazioni cinetiche per la scomparsa di A e di B sono

$$\frac{d[A]}{dt} = -k_1[A]$$

$$\frac{d[B]}{dt} = k_1[A] - k_2[B]$$

Si ipotizzi che solo A sia presente al tempo $t = 0$. Poiché la diminuzione di A è del primo ordine funziona l'Equazione 14.6. Cioè,

$$[A]_t = [A]_0 \, e^{-kt}$$

Le leggi cinetiche integrate per B e C possono essere ottenute usando il calcolo:

$$[B] = \frac{k_1[A]_0}{k_2 - k_1}(e^{-k_1 t} - e^{-k_2 t}); \; [C] = [A]_0\left[1 + \frac{1}{k_2 - k_1}(k_2 e^{-k_1 t} - k_1 e^{-k_2 t})\right] \quad \textbf{(14.16)}$$

Diagrammi delle concentrazioni di A, B e C per una reazione nella quale $k_1 = k_2$ sono mostrate nella Figura 14.13.

Si consideri la concentrazione di C quando una reazione è molto più lenta dell'altra. Se la prima reazione è la più lenta ($k_1 \ll k_2$) l'Equazione 14.16 si riduce a

$$[C] \approx [A]_0(1 - e^{-k_1 t}) \quad k_1 \ll k_2$$

Se la seconda reazione è la più lenta ($k_2 \ll k_1$), allora

$$[C] \approx [A]_0(1 - e^{-k_2 t}) \quad k_2 \ll k_1$$

In questi due casi limite, è la velocità della reazione *più lenta* che determina la velocità di formazione del prodotto. Questo è il caso generale di reazioni consecutive. Se un passaggio di reazione in una reazione consecutiva è significativamente più lento degli altri, allora la costante di velocità del passaggio più lento determina la velo-

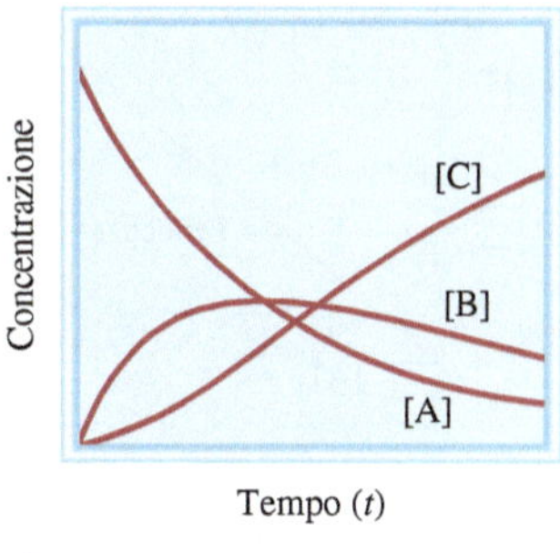

Figura 14.13 Variazione delle concentrazioni di A, B e C al variare del tempo per la reazione consecutiva $A \xrightarrow{k_1} B \xrightarrow{k_2} C$ nel caso in cui $k_1 = k_2$.

cità di reazione complessiva. Questa reazione più lenta è detta ***il passaggio che determina la velocità di reazione*** in una reazione in sequenza. Se $k_1 \ll k_2$, per l'esempio precedente, la reazione A $\longrightarrow$ B è il passaggio che determina la velocità di reazione. Se $k_2 \ll k_1$, invece, la reazione B $\longrightarrow$ C è il passaggio che determina la velocità di reazione.

Reazioni reversibili

Come si è visto nel Capitolo 10, molte reazioni sono in realtà reversibili. Per studiare la cinetica di una reazione reversibile, è necessario prendere in considerazione sia la velocità della reazione diretta che quella della reazione inversa. Si consideri per esempio, una reazione reversibile del primo ordine in cui le molecole di A formano molecole di B:

$$\mathrm{A} \underset{k_{-1}}{\overset{k_1}{\rightleftharpoons}} \mathrm{B}$$

In questa reazione si consuma A nella reazione diretta con costante di velocità k_1 e si produce A nella reazione inversa con una costante di velocità k_{-1}, per cui la legge di velocità complessiva è

$$\frac{\mathrm{d}[\mathrm{A}]}{\mathrm{d}t} = -k_1[\mathrm{A}] + k_{-1}[\mathrm{B}]$$

Quando il sistema raggiunge l'equilibrio, la concentrazione di A diventa costante nel tempo e la velocità di produzione di A, data da $\mathrm{d}[\mathrm{A}]/\mathrm{d}t$, è uguale a zero, dando

$$0 = -k_1[\mathrm{A}] - k_{-1}[\mathrm{B}]$$

Riarrangiando questa equazione si ottiene

$$\frac{[\mathrm{B}]}{[\mathrm{A}]} = \frac{k_1}{k_{-1}} \tag{14.17}$$

La quantità al primo membro dell'Equazione 14.17 ([B]/[A]) è la costante di equilibrio K per la reazione A $\longrightarrow$ B, quindi il risultato è che la costante di equilibrio è uguale al rapporto delle velocità della reazione diretta e inversa:

$$\frac{k_1}{k_{-1}} = K \tag{14.18}$$

La relazione fra le costanti di velocità di questa reazione reversibile e la costante di equilibrio (Equazione 14.18) è un esempio del *principio dell'**equilibrio dettagliato**, che stabilisce che, all'equilibrio, le velocità dei processi diretti e inversi sono uguali.*[2]

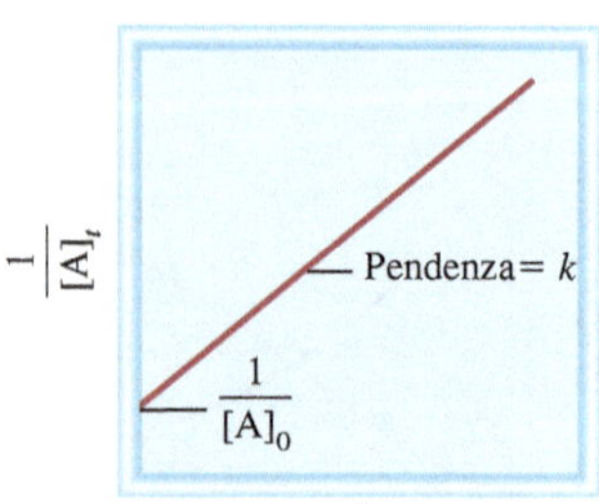

Figura 14.14 Tipica dipendenza della velocità specifica (o costante di velocità) dalla temperatura. Le velocità specifiche delle reazioni aumentano all'aumentare della temperatura.

14.4 Equazione di Arrhenius

Con pochissime eccezioni, le velocità di reazione aumentano all'aumentare della temperatura. Per esempio, il tempo richiesto per cuocere un uovo è molto minore se la "reazione" (cioè se l'acqua in cui è immerso) è a 100 °C (circa 10 min) che se è a 80 °C (circa 30 min). Inoltre, un modo utilissimo per preservare il cibo è di conservarlo a temperature inferiori allo zero, per rallentare la velocità di reazione con i batteri. La Figura 14.14 mostra un tipico esempio di relazione fra la costante di veloci-

[2] Il principio dell'equilibrio dettagliato è una conseguenza della *reversibilità a livello microscopico*, il fatto che le equazioni fondamentali che governano il moto molecolare (per esempio, le leggi di Newton e l'equazione di Schrödinger) hanno la stessa forma quando il tempo t è sostituito con $-t$ e il segno delle velocità (o momenti) è pure invertito.

tà di una reazione e la temperatura. Per spiegare questo comportamento, bisogna capire come le reazioni hanno inizio.

14.4.1 Equazione di Arrhenius

Alla fine del 1880, il chimico svedese Svante Arrhenius scoprì che la dipendenza dalla temperatura di molte reazioni poteva essere descritta empiricamente dalla seguente equazione, nota come ***equazione di Arrhenius:***

$$k = Ae^{-E_a/RT} \qquad \textbf{(14.19)}$$

dove E_a (di solito in kJ mol^{-1}) è detta ***energia di attivazione*** della reazione, R è la costante dei gas (8,314 J K^{-1} mol^{-1}), T è la temperatura assoluta ed e è la base dei logaritmi naturali. La quantità A è detta ***fattore di frequenza*** (o *fattore preesponenziale*) ed è in relazione alla frequenza delle collisioni fra le molecole di reagenti. Può spesso essere trattata come una costante per un dato sistema di reazione in un intervallo di temperature molto alto. Poiché l'esponenziale di una quantità è un numero adimensionale, l'unità di misura del fattore A è lo stesso di k.

L'Equazione 14.19 può essere espressa in un modo più utile prendendo i logaritmi naturali dei due membri

$$\ln k = \ln Ae^{-E_a/RT}$$

ovvero

$$\ln k = \ln A - \frac{E_a}{RT} \qquad \textbf{(14.20)}$$

Nell'Equazione 14.20, k e A sono trattati in maniera adimensionale. Questo significa che i valori di k e di A usati nell'equazione rappresentano i valori di k o A divisi per un valore di riferimento k_r. Per esempio, se k vale 1,2 s^{-1}, si usa 1 s^{-1} come k_r e il valore di k che si usa nell'equazione è il numero adimensionale 1,2. Questo funziona finché si usa lo stesso valore di riferimento per k e A.

Ipotizzando che A sia indipendente dalla temperatura, l'Equazione 14.20 ha la forma dell'equazione di una retta (per esempio, $y = mx + b$). Quindi, un diagramma di ln k in funzione di $1/T$, detto *diagramma di Arrhenius,* porta a una linea retta con pendenza uguale a $-E_a/R$ con intercetta sull'asse delle ordinate y a ln A. L'Esempio 14.7 mostra come l'energia di attivazione (E_a) può essere determinata graficamente dal diagramma di Arrhenius della dipendenza di k dalla temperatura.

Esempio 14.7

Le costanti di velocità per la decomposizione dell'acetaldeide

$$CH_3CHO(g) \longrightarrow CH_4(g) + CO(g)$$

sono state determinate a cinque diverse temperature, come mostrato nella tabella. Usare questi dati per disegnare un grafico di ln k in funzione di $1/T$ e determinare l'energia di attivazione (in kJ mol^{-1}) della reazione. (Nota: la reazione è di ordine 3/2 rispetto a CH_3CHO, per cui k è in $M^{-1/2}$ s^{-1}.)

k ($M^{-1/2}$ s^{-1})	T (K)
0,011	700
0,035	730
0,105	760
0,343	790
0,789	810

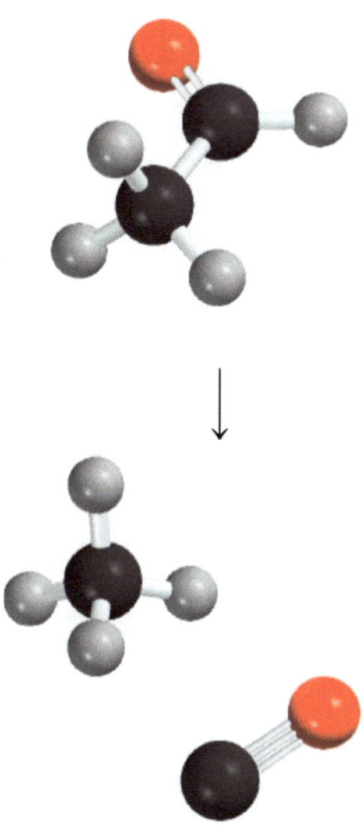

Impostazione Il diagramma di ln k in funzione di $1/T$ produce una retta con pendenza uguale a $-E_a/R$. Quindi, l'energia di attivazione può essere determinata dalla pendenza della retta.

Soluzione Prima di tutto, si convertono i dati da k e T in ln k e $1/T$, rispettivamente:

ln k	$1/T$ (K^{-1})
−4,51	$1,43 \times 10^{-3}$
−3,35	$1,37 \times 10^{-3}$
−2,254	$1,32 \times 10^{-3}$
−1,070	$1,27 \times 10^{-3}$
−0,237	$1,23 \times 10^{-3}$

Un diagramma di questi dati porta a un grafico del tipo riportato nella Figura 14.14, che è lineare. Usando la regressione lineare dei minimi quadrati (si veda l'Appendice 1), la pendenza della retta che meglio interpola questi punti è

$$\text{pendenza} = -2{,}09 \times 10^4 \text{ K}$$

In accordo con l'Equazione 14.20, la pendenza è $-E_a/R$, per cui

$$-E_a/R = \text{pendenza} = -2{,}09 \times 10^4 \text{ K}$$

$$\begin{aligned} E_a &= -(-2{,}09 \times 10^4 \text{ K})(8{,}314 \text{ J mol}^{-1} \text{ K}^{-1}) \\ &= 1{,}74 \times 10^5 \text{ J mol}^{-1} \\ &= 1{,}74 \times 10^2 \text{ kJ mol}^{-1} \end{aligned}$$

Problema di autovalutazione La costante di velocità per la reazione (del secondo ordine) della decomposizione dell'ossido di diazoto (N_2O) in azoto molecolare e ossigeno atomico è stata misurata a diverse temperature:

k (M^{-1} s^{-1})	T (°C)
$1,87 \times 10^{-3}$	600
0,0113	650
0,0569	700
0,244	750

Determinare graficamente l'energia di attivazione della reazione.

Se il fattore di frequenza A è trattato come se fosse indipendente dalla temperatura, un'equazione che mette in relazione le costanti di velocità k_1 e k_2 alle temperature T_1 e T_2, rispettivamente, può essere usata per calcolare l'energia di attivazione o per trovare la costante di velocità a una temperatura diversa se è nota l'energia di attivazione. Per ottenere questa equazione si parte dall'Equazione 14.20:

$$\ln k_1 = \ln A - \frac{E_a}{RT_1}$$

$$\ln k_2 = \ln A - \frac{E_a}{RT_2}$$

Sottraendo ln k_2 da ln k_1 si ha

$$\ln k_2 - \ln k_1 = \frac{E_a}{R}\left(\frac{1}{T_1} - \frac{1}{T_2}\right)$$

$$\ln \frac{k_2}{k_1} = \frac{E_a}{R}\left(\frac{1}{T_1} - \frac{1}{T_2}\right)$$

$$\ln \frac{k_2}{k_1} = \frac{E_a}{R}\left(\frac{T_2 - T_1}{T_1 T_2}\right) \tag{14.21}$$

L'Esempio 14.8 mostra come usare l'Equazione 14.21.

Esempio 14.8

La costante di velocità per una reazione del primo ordine è $3{,}46 \times 10^{-2}\ s^{-1}$ a 298 K. Qual è la costante di velocità a 350 K se l'energia di attivazione per la reazione è 50,2 kJ mol^{-1}?

Impostazione Usare l'Equazione 14.21, una forma modificata dell'equazione di Arrhenius, per mettere in relazione due costanti di velocità a due diverse temperature. Controllare che le unità di misura di R e di E_a siano congruenti.

Soluzione I dati sono

$$k_1 = 3{,}46 \times 10^{-2}\ s^{-1} \qquad k_2 = ?$$
$$T_1 = 298\ K \qquad T_2 = 350\ K$$

Sostituendo le temperature date ed E_a nell'Equazione 14.21 si ha

$$\ln \frac{k_2}{k_1} = \frac{E_a}{R}\left(\frac{T_2 - T_1}{T_1 T_2}\right)$$
$$= \frac{50{,}2 \times 10^3\ J\ mol^{-1}}{8{,}314\ J\ mol^{-1}\ K^{-1}}\left[\frac{350\ K - 298\ K}{(298\ K)(350\ K)}\right]$$
$$= 3{,}01$$

(Si deve convertire E_a in J mol^{-1} per fare in modo che siano in accordo con R.)

Facendo l'esponenziale si ha

$$\frac{k_2}{k_1} = e^{3{,}01} = 20{,}3$$

$$k_2 = 20{,}3 \times k_1 = 20{,}3 \times 3{,}46 \times 10^{-2}\ s^{-1}$$
$$= 0{,}702\ s^{-1}$$

Verifica La risposta è ragionevole poiché la costante di velocità è maggiore ad alta temperatura.

Problema di autovalutazione La costante di velocità per una reazione (del primo ordine) del clorometano (CH_3Cl) con acqua per produrre metanolo (CH_3OH) e acido cloridrico (HCl) è $3{,}32 \times 10^{-10}\ s^{-1}$ a 25 °C. Calcolare la costante di velocità a 40 °C se l'energia di attivazione è 116 kJ mol^{-1}.

14.4.2 Significato fisico dell'energia di attivazione

Nel corso di una reazione chimica, i legami chimici dei reagenti si rompono e i legami chimici dei prodotti si formano. La sequenza specifica nella quale questi eventi si susseguono è chiamata *andamento (o cammino, o meccanismo) di reazione*. Si consideri, per esempio, la reazione in fase gas dell'atomo di idrogeno con cloro molecolare per formare HCl e un atomo di Cl:

$$H(g) + Cl_2(g) \longrightarrow HCl(g) + Cl(g)$$

Questa reazione coinvolge la rottura di un legame Cl—Cl e la formazione di un legame H—Cl. Per semplificare l'analisi, si ipotizzi che la reazione avvenga mediante collisione testa coda di un atomo di H con una molecola di Cl_2 come mostrato nella

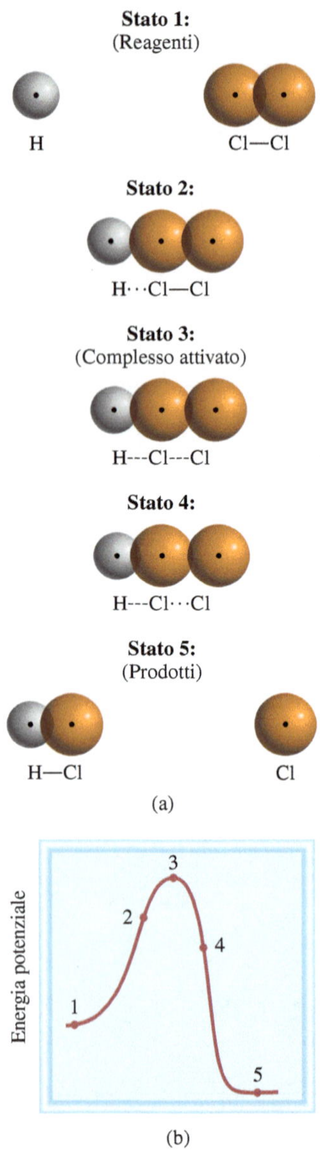

Figura 14.15 (a) Passaggi di reazione in fase gas della reazione tra idrogeno atomico e cloro molecolare: $H(g) + Cl_2(g) \longrightarrow HCl(g) + Cl(g)$. (b) Il profilo di energia potenziale della reazione che mostra ciascuno dei passaggi in (a).

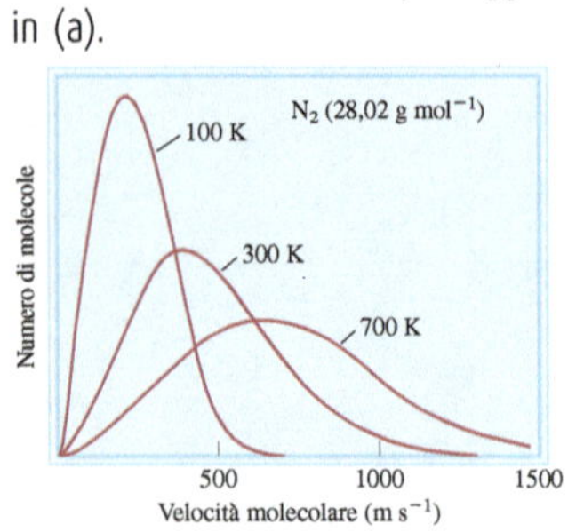

La distribuzione di Maxwell-Boltzmann delle velocità molecolari per l'N_2 a tre diverse temperature.

Figura 14.15(a). Quando l'atomo di idrogeno è separato dalla molecola di Cl_2, il sistema è allo stato iniziale [si veda la Figura 14.15(a)] con energia potenziale che è la somma delle energie potenziali di H e di Cl_2 [Figura 14.15(b)].

All'avvicinarsi dell'atomo di idrogeno alla molecola di Cl—Cl [Stato 2 nella Figura 14.15(b)], le nuvole elettroniche sia sull'atomo di H che sulla molecola di Cl_2 cominciano a distorcersi e a sovrapporsi, permettendo la formazione di un legame parziale H—Cl e il corrispondente indebolimento del legame Cl—Cl. Siccome si sta sostituendo un legame completo Cl—Cl con legami parziali, l'energia potenziale di questo stato intermedio è maggiore di quello dello stato iniziale come mostrato nella Figura 14.15(b). Al procedere della reazione, l'energia potenziale continua ad aumentare fino a un massimo nello Stato 3, nel quale l'atomo centrale Cl è parzialmente legato sia all'atomo di H che all'altro di Cl. Questo *stato intermedio, durante il cammino di reazione, nel quale l'energia potenziale presenta un massimo*, è chiamato lo ***stato di transizione*** (o ***complesso attivato***). Continuando la reazione oltre lo stato di transizione, l'energia potenziale diminuisce all'aumentare della forza del legame H—Cl e all'indebolimento del legame Cl—Cl (Stato 4), fino allo stato finale che coincide con il prodotto (Stato 5) che consiste nella formazione completa del legame H—Cl e di un atomo di Cl isolato; l'energia potenziale è ora la somma di quella dei prodotti separati.

Siccome l'entalpia di legame di H—Cl (432 kJ mol^{-1}) è maggiore di quella di Cl—Cl (243 kJ mol^{-1}), energia viene rilasciata in questa reazione, per cui l'energia potenziale dello stato del prodotto è minore di quella dello stato del reagente [$\Delta H = (243 - 432)$ kJ mol^{-1} $= -189$ kJ mol^{-1}]. Tuttavia, anche se la reazione procede verso una diminuzione di energia, la reazione può procedere solo se l'energia cinetica delle collisioni è sufficiente al sistema per raggiungere lo stato di transizione altrimenti l'atomo di H semplicemente rimbalza dopo la collisione, senza reagire. La differenza in energia potenziale fra lo stato di transizione e lo stato iniziale dei reagenti è appunto l'*energia di attivazione* (E_a) che compare nell'equazione di Arrhenius (Equazione 14.19), e rappresenta *la minima quantità di energia richiesta perché una reazione avvenga*.

La Figura 14.16 mostra due diversi profili energetici per la reazione generica

$$A + B \longrightarrow C + D$$

Se i prodotti sono più stabili dei reagenti, la reazione rilascia calore, cioè la reazione sarà esotermica [Figura 14.16(a)]. Se invece i prodotti sono meno stabili dei reagenti, allora la reazione assorbe calore dall'ambiente e si ha una reazione endotermica [Figura 14.16(b)]. In entrambi i casi, si disegna l'energia potenziale del sistema reagente in funzione del cammino di reazione, con lo stato di transizione denotato da $AB^{\ddagger}$. Qualitativamente, questi grafici mostrano come l'energia potenziale varia a mano a mano che i reagenti si convertono in prodotti.

Si può pensare che l'energia di attivazione sia una barriera che non permette alle molecole con basso contenuto di energia di reagire. Siccome il numero di molecole dei reagenti in una reazione ordinaria è molto elevato, le velocità, e quindi le energie cinetiche delle molecole, variano notevolmente. Normalmente, solo una piccola frazione di molecole che collidono, quelle che si muovono più velocemente, hanno energia cinetica sufficiente per superare l'energia di attivazione. Queste molecole possono quindi prendere parte a una reazione. L'aumento nella velocità (cioè della costante di velocità) con la temperatura in accordo con l'Equazione 14.19 può ora essere compreso: le velocità delle molecole obbediscono alla legge di distribuzione di Maxwell-Boltzmann mostrato nella Figura 5.19(a) (riprodotta a margine). Se si confrontano le distribuzioni di velocità a due diverse temperature, si vede che ad alta temperatura sono presenti più molecole ad alta velocità. La velocità di formazione dei prodotti quindi aumenta all'aumentare della temperatura.

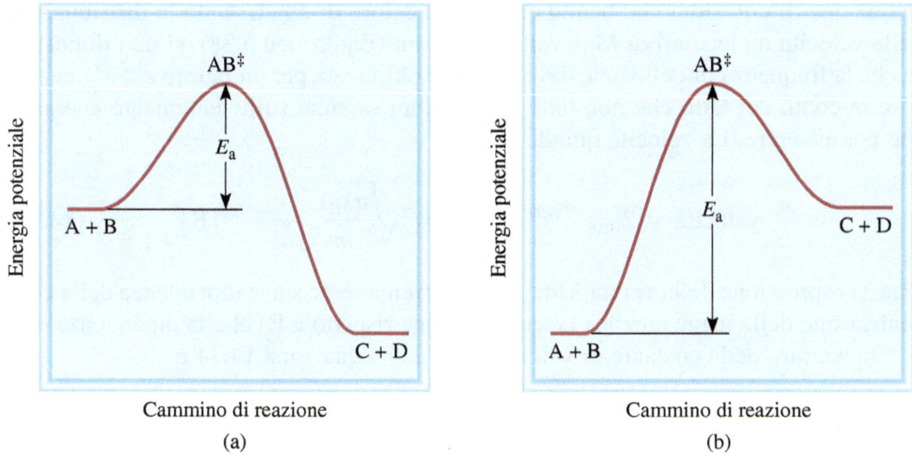

Figura 14.16 Profilo dell'energia potenziale per reazioni (a) esotermiche e (b) endotermiche. Questi diagrammi mostrano la variazione di energia potenziale dei reagenti A e B che si convertono nei prodotti C e D. Lo stato di transizione ($AB^‡$) è una specie molto instabile con elevata energia potenziale. L'energia di attivazione è definita sia nella reazione (a) che (b). I prodotti C e D sono più stabili dei reagenti in (a) e meno stabili dei reagenti in (b).

14.4.3 Teoria delle collisioni

Per reazioni in fase gas, sia l'equazione di Arrhenius sia la dipendenza della velocità di reazione dalla concentrazione può essere spiegata usando la teoria cinetica dei gas, ottenendo la cosiddetta *teoria delle collisioni*. In questa teoria, la velocità di reazione è direttamente proporzionale al numero di collisioni molecolari al secondo (per esempio, alla frequenza delle collisioni molecolari):

$$\text{velocità} \propto \frac{\text{numero di collisioni}}{\text{s}}$$

Considerare la seguente reazione in fase gas che coinvolge la collisione di due molecole di B per dare origine ai prodotti:

$$\text{B} + \text{B} \longrightarrow \text{prodotti}$$

Usando la teoria cinetica dei gas (Capitolo 5), il numero di collisioni di due particelle (Z_{BB}) che si osservano in un volume (V) nell'unità di tempo può essere determinata come

$$Z_{BB} = \frac{\sqrt{2}}{2}\pi d^2 \langle u \rangle \left(\frac{N_B}{V}\right)^2 \qquad \textbf{(14.22)}$$

dove d è il diametro della molecola B (che si assume avere la forma di una sfera), N_B è il numero di molecole B e $\langle u \rangle$ è la velocità media molecolare. La velocità media molecolare è data dall'Equazione 5.42

$$\langle u \rangle = \sqrt{\frac{8k_BT}{\pi m}}$$

dove m è la massa delle molecole B, k_B è la costante di Boltzmann e T è la temperatura assoluta. Combinando l'Equazione 5.42 con la relazione $N_B/V = N_A\,[B]$, dove N_A è il numero di Avogadro, si ottiene

$$Z_{BB} = \left[2d^2N_A^2\sqrt{\frac{\pi k_BT}{m}}\right][B]^2 \qquad \textbf{(14.23)}$$

Ora, se ogni collisione producesse una reazione, la velocità di questa reazione sarebbe uguale a Z_{BB}. Tuttavia, generalmente solo una piccola frazione delle collisioni sarà sufficientemente energetica per superare la barriera di attivazione. Come risultato, la frequenza di collisione nell'Equazione 14.23 deve essere moltiplicata per la frazione di collisioni che hanno energia maggiore di E_A. Usando la distribuzione delle velocità molecolari di Maxwell-Boltzmann (Equazione 5.38), si può dimostrare che la frequenza di collisione deve essere moltiplicata per un fattore $e^{-E_a/RT}$ per tenere in conto del fatto che non tutte le collisioni saranno sufficientemente energetiche per avvenire. La velocità quindi diventa

$$\text{velocità} = Z_{BB}e^{-E_a/RT} = \left[2d^2N_A^2\sqrt{\frac{\pi k_B T}{m}}\right] e^{-E_a/RT}[B]^2 \qquad (14.24)$$

Questa espressione della velocità identifica correttamente sia la dipendenza dalla concentrazione della legge cinetica (secondo ordine rispetto a B) che la dipendenza dalla temperatura della costante di velocità, che dall'Equazione 14.24 è

$$k = \left[2d^2N_A^2\sqrt{\frac{\pi k_B T}{m}}\right] e^{-E_a/RT} \qquad (14.25)$$

Confrontando l'Equazione 14.25 con l'equazione di Arrhenius (Equazione 14.19), si ha

$$A = \left[2d^2N_A^2\sqrt{\frac{\pi k_B T}{m}}\right] \qquad (14.26)$$

Quindi, il fattore di frequenza A, previsto dalla teoria delle collisioni della cinetica chimica dipende dalla temperatura. In pratica, si può trattare come indipendente dalla temperatura nei calcoli di E_a. Fare questo non introduce errori importanti poiché il termine esponenziale ($e^{-E_a/RT}$) dipende molto più fortemente dalla temperatura rispetto al termine sotto radice in A (Equazione 14.26).

Per una reazione bimolecolare del tipo

$$B + C \longrightarrow \text{prodotti}$$

la frequenza di collisione è analoga, a eccezione del fatto che la massa m è sostituita dalla massa ridotta, μ, della coppia B e C

$$\mu = \frac{m_B m_C}{m_B + m_C}$$

e il diametro d è sostituito dal diametro medio $d_{BC} = (d_B + d_C)/2$. Con queste variazioni, l'espressione della teoria delle collisioni per la velocità di questa reazione bimolecolare è

$$\text{velocità} = Z_{BC}e^{-E_a/RT} = \left[d_{BC}^2N_A^2\sqrt{\frac{\pi k_B T}{\mu}}\right]e^{-E_a/RT}[B][C] \qquad (14.27)$$

e

$$k = \left[d_{BC}^2N_A^2\sqrt{\frac{\pi k_B T}{\mu}}\right]e^{-E_a/RT} \qquad (14.28)$$

che prevede correttamente che l'ordine di reazione è primo rispetto a B, primo rispetto a C e secondo complessivo.

L'espressione della teoria delle collisioni per le costanti di velocità (Equazioni 14.25 e 14.28) è importante per prevedere le costanti di velocità di reazione che coinvolgono specie atomiche o semplici radicali, essendo nota l'energia di attivazione. Tuttavia, per reagenti più complessi, la teoria delle collisioni tende a sovrastimare le costanti di velocità, di solito di un fattore importante. Si osserva questa discrepanza poiché la semplice teoria delle collisioni prevede che una reazione abbia luogo se la collisione possiede energia cinetica sufficiente per superare la barriera di attivazione. Tuttavia, anche se la collisione è sufficientemente energetica, una reazione può non avvenire poiché le molecole reagenti non sono orientate nell'opportuna maniera per dare origine alla for-

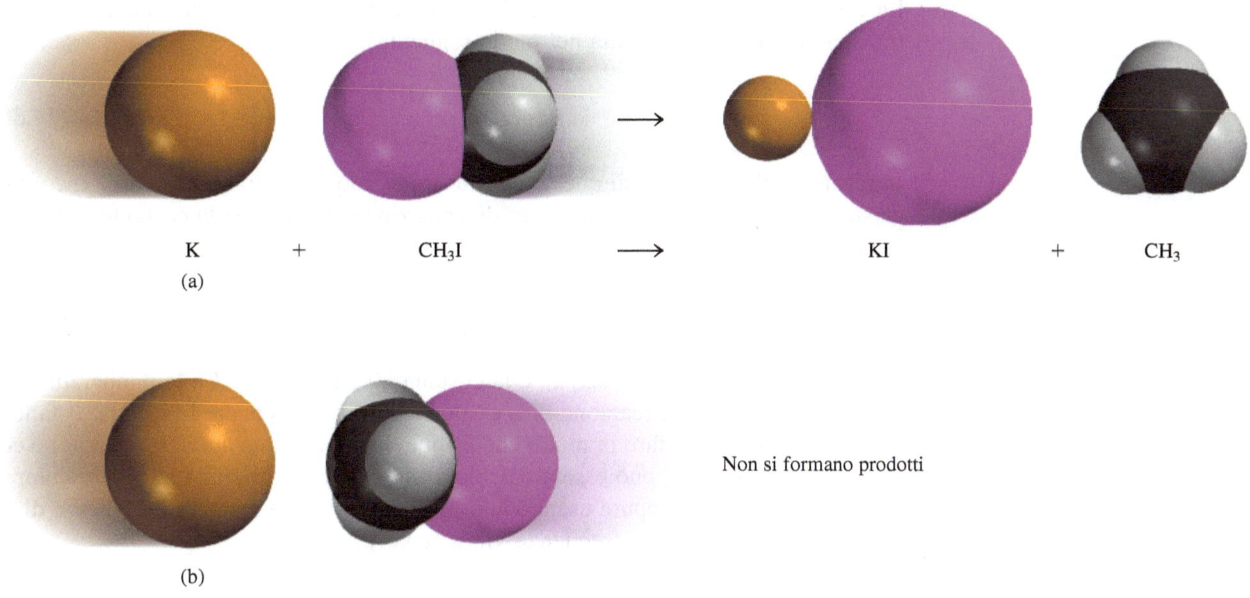

Figura 14.17 Orientazione relativa delle molecole reagenti. Solo quando gli atomi di K collidono con l'atomo di I in opportuna orientazione la reazione avviene.

mazione del prodotto. Questo effetto può essere tenuto in conto modificando l'Equazione 14.28 (o 14.25) per includere un ***fattore di orientazione*** (o ***fattore sterico***) P:

$$k = PZe^{-E_a/RT} \tag{14.29}$$

Il fattore P, che è spesso molto difficile da calcolare, rappresenta la frazione di molecole che collidono che sono orientate nella maniera corretta per dare origine alla formazione del prodotto.

Come esempio, si consideri la reazione in fase gas tra atomi di potassio (K) e ioduro di metile (CH_3I) per formare ioduro di potassio (KI) e radicale metile ($CH_3\cdot$):

$$K(g) + CH_3I(g) \longrightarrow KI(g) + CH_3\cdot(g)$$

Questa reazione è più favorevole quando l'atomo di K urta direttamente contro l'atomo di I nella molecola di CH_3I (Figura 14.17). Altrimenti, si forma poco prodotto o niente.

14.4.4 Teoria dello stato di transizione

La teoria delle collisioni è utile per lo studio della cinetica delle reazioni in fase gas di atomi semplici e di molecole, ma non può prevedere in maniera adeguata la velocità di reazione che coinvolge molecole più complesse o molecole in soluzione. Negli anni '30 Henry Eyring e altri scienziati hanno sviluppato un altro tipo di approccio per lo studio delle cinetiche di reazione, chiamato ***teoria dello stato di transizione*** (o ***teoria del complesso attivato***). Siccome è un metodo applicabile a diversi tipi di reazione, la teoria dello stato di transizione è diventato il metodo teorico più usato per la comprensione delle cinetiche di reazione.

Si consideri una reazione fra A e B che porta alla formazione dei prodotti mediante uno stato di transizione indicato con $AB^{\ddagger}$, come mostrato nella Figura 14.16. L'assunzione fondamentale della teoria dello stato di transizione è che al procedere della reazione i reagenti A e B sono in equilibrio con lo stato di transizione $AB^{\ddagger}$, cioè si ipotizza che le costanti di velocità diretta e inversa fra A + B e $AB^{\ddagger}$ siano maggiori di quella per la decomposizione di $AB^{\ddagger}$:

$$A + B \rightleftharpoons AB^{\ddagger} \longrightarrow \text{prodotti}$$

La costante di equilibrio in termini di concentrazione, $K_c^\ddagger$, fra i reagenti e lo stato di transizione può essere scritta nel modo seguente

$$K_c^\ddagger = \frac{[AB^\ddagger]}{[A][B]} \tag{14.30}$$

In termini della costante di questo equilibrio, si può dimostrare, usando la meccanica statistica, che la teoria dello stato di transizione stimata per la costante di velocità è data da

$$k = \frac{k_B T}{h} K_c^\ddagger c_0^{1-m} \tag{14.31}$$

dove h è la costante di Planck, k_B è la costante di Boltzmann, T è la temperatura assoluta, m è l'ordine di reazione e c_0 è la concentrazione standard (1,0 M). Il fattore c_0^{1-m} è necessario per fare in modo che k abbia le appropriate unità di misura. La costante di equilibrio $K_c^\ddagger$ può essere calcolata usando un programma adeguato computazionale di chimica, oppure usando le proprietà fisiche dei reagenti (lunghezze di legame, angoli di legame e frequenze vibrazionali).

14.5 Meccanismo di reazione

Una reazione chimica bilanciata non dice esattamente come la reazione avviene. In molti casi, rappresenta semplicemente la somma di diversi ***passaggi elementari*** (o *reazioni elementari*), *una serie di semplici reazioni che rappresentano il susseguirsi della reazione a livello molecolare*. La *sequenza dei passaggi elementari che portano alla formazione del prodotto* è chiamata ***meccanismo di reazione***. Il meccanismo di reazione è paragonabile alla strada percorsa durante un viaggio; l'equazione chimica totale specifica la partenza e la destinazione. I dettagli del meccanismo di reazione (o cammino di reazione) tra lo stato iniziale e lo stato finale hanno notevole importanza sulla velocità della reazione stessa. Questo è fortemente in contrasto con quanto si osserva in ambito termodinamico, dove si è visto che le variazioni delle funzioni di stato termodinamiche sono indipendenti dal cammino seguito durante una reazione tra lo stato iniziale e quello finale. Il meccanismo di reazione non può essere dedotto dalla stechiometria della reazione ma deve essere postulato in base a evidenze sperimentali.

Per capire meglio il meccanismo di reazione, si consideri la reazione fra l'ossido nitrico e l'ossigeno:

$$2NO(g) + O_2(g) \longrightarrow 2NO_2(g)$$

Si sa dall'esperimento che i prodotti non si formano dalla collisione diretta di due molecole di NO con una molecola di O_2 poiché durante la reazione si rivela la presenza di N_2O_2. Si ipotizzi che la reazione avvenga mediante due passaggi elementari:

$$2NO(g) \longrightarrow N_2O_2(g)$$

$$N_2O_2(g) + O_2(g) \longrightarrow 2NO_2(g)$$

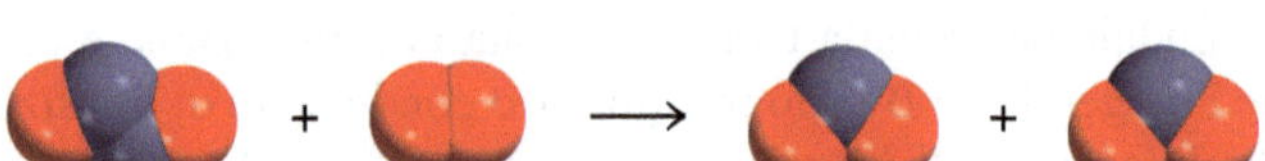

Nel primo passaggio, due molecole di NO collidono e formano una molecola di N_2O_2. Questo evento è seguito dalla reazione fra N_2O_2 e O_2 per dare due molecole di NO_2.

L'equazione chimica completa, che rappresenta la variazione totale, è data dalla somma dei passaggi elementari:

passaggio elementare: $NO + NO \longrightarrow N_2O_2$

passaggio elementare: $N_2O_2 + O_2 \longrightarrow 2NO_2$

reazione complessiva: $2NO + \cancel{N_2O_2} + O_2 \longrightarrow \cancel{N_2O_2} + 2NO_2$

La somma dei due passaggi elementari deve dare la reazione totale.

Specie come N_2O_2 sono chiamate ***intermedi di reazione*** poiché *compaiono nel meccanismo di reazione (per esempio, nei passaggi elementari) ma non nella reazione complessiva.* Un intermedio è sempre formato in un passaggio elementare e poi viene consumato in un successivo passaggio.

La ***molecolarità di una reazione*** è il *numero di molecole che reagiscono in un passaggio elementare*. Queste molecole possono essere uguali o diverse. Ciascuno dei passaggi elementari appena discusso è ***bimolecolare*** poiché *coinvolge due molecole.* Un esempio di *reazione* ***monomolecolare***, *in cui partecipa solo una molecola reagente,* è la decomposizione di N_2O_4 per formare NO_2

$$N_2O_4(g) \longrightarrow 2NO_2(g)$$

Oppure la conversione di ciclopropano a propene,

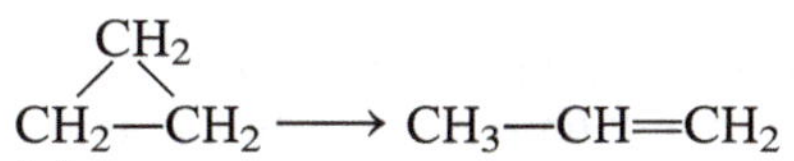

ciclopropano propene

Esistono pochi esempi di *reazioni* ***termolecolari***, *che sono reazioni che coinvolgono tre molecole in un passaggio elementare,* poiché lo scontro simultaneo di tre molecole nell'opportuna orientazione per reagire è molto meno probabile di una collisione o reazione bimolecolare.

14.5.1 Leggi cinetiche per i passaggi elementari

La conoscenza dei passaggi elementari di una reazione permette di dedurre la legge cinetica. Si ipotizzi, per esempio, di avere la seguente reazione elementare:

$$A \longrightarrow \text{prodotti}$$

Siccome c'è solo una molecola presente, questa è una reazione elementare monomolecolare. Ne consegue che maggiore è il numero delle molecole di A presenti, maggiore è la velocità di formazione dei prodotti. Quindi la velocità di una reazione elementare monomolecolare è direttamente proporzionale alla concentrazione di A (cioè è del primo ordine rispetto ad A):

$$\text{velocità} = k[A]$$

Per una reazione elementare bimolecolare che coinvolge molecole di A e di B,

$$A + B \longrightarrow \text{prodotti}$$

la velocità di formazione dei prodotti dipende dalle collisioni di A con B, che a loro volta dipendono dalle concentrazioni di A e di B. Quindi si può esprimere la velocità come

$$\text{velocità} = k[A][B]$$

In modo analogo, per una reazione elementare bimolecolare del tipo

$$A + A \longrightarrow \text{prodotti}$$

la velocità diventa

$$\text{velocità} = k\,[A]^2$$

Gli esempi precedenti mostrano che l'ordine di reazione rispetto a ciascun reagente elementare è uguale al suo coefficiente stechiometrico nella equazione chimica per quel passaggio. In generale, non si può prevedere il meccanismo di reazione dalla semplice stechiometria complessiva della reazione in esame. Questa determinazione viene fatta con degli esperimenti.

14.5.2 Leggi cinetiche e meccanismo di reazione

Studi sperimentali di meccanismi di reazione iniziano con la raccolta di dati (misure cinetiche). Successivamente, si analizzano i dati per determinare la costante di velocità della reazione e si scrive la legge cinetica. Infine, si ipotizza un meccanismo plausibile per la reazione in esame che consiste di passaggi elementari (Figura 14.18). I passaggi elementari devono soddisfare due requisiti:

- La somma dei passaggi elementari deve dare l'equazione totale bilanciata della reazione.
- Il passaggio che determina la velocità di reazione deve prevedere una legge cinetica identica a quella determinata sperimentalmente.

Per un meccanismo di reazione proposto, bisogna essere in grado di rilevare la presenza di un intermedio (o più di uno) che si forma in uno o più passaggi elementari.

Per valutare se il secondo criterio è soddisfatto, bisogna essere in grado di costruire la legge cinetica basata su un meccanismo di reazione candidato. Questa è spesso una procedura complicata che richiede delle approssimazioni. Se un passaggio è significativamente più lento di altri, tuttavia, la determinazione della legge cinetica è considerevolmente semplificata. Nel Paragrafo 14.3, si è visto che quando una reazione avviene secondo una serie di passaggi consecutivi, la velocità del processo complessivo è governata dalla velocità del passaggio più lento. Si consideri per esempio, la reazione

$$A + 2B \longrightarrow \text{prodotti}$$

Si osserva che la reazione è del primo ordine sia rispetto ad A che rispetto a B e del secondo ordine complessivo. Quindi la reazione non può avvenire in un solo passaggio elementare che corrisponde alla reazione complessiva poiché in tal caso dovrebbe essere del secondo ordine rispetto a B. Quindi, multipli passaggi elementari devono essere coinvolti nel meccanismo di reazione. Un meccanismo proposto è

$$A + B \xrightarrow{k_1} C \qquad \text{(lento)}$$

$$B + C \xrightarrow{k_2} \text{prodotti} \qquad \text{(veloce)}$$

Siccome $k_1 \ll k_2$, il primo passaggio elementare bimolecolare è quello che determina la velocità di reazione e la legge cinetica può essere scritta come segue

$$\text{velocità} = -\frac{d[A]}{dt} = k_1[A][B]$$

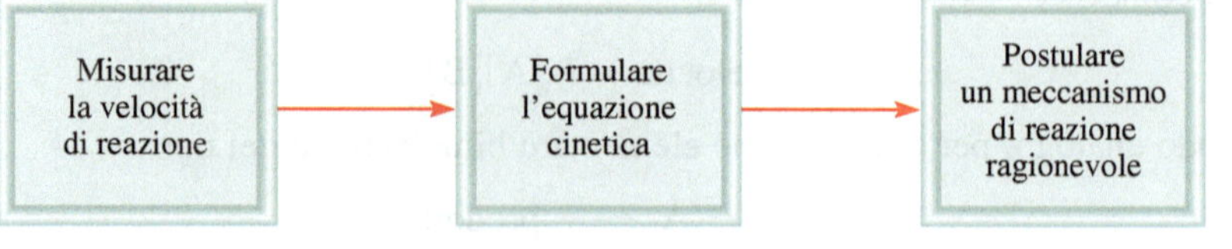

Figura 14.18 Sequenza di passaggi nello studio del meccanismo di reazione.

che è in accordo con la legge cinetica osservata. Il profilo di energia potenziale per questo tipo di reazione è mostrato nella Figura 14.19. Il primo passaggio, che determina la velocità di reazione, ha un'energia di attivazione maggiore rispetto al secondo. L'intermedio, benché stabile a sufficienza per essere osservato, reagisce velocemente per formare i prodotti.

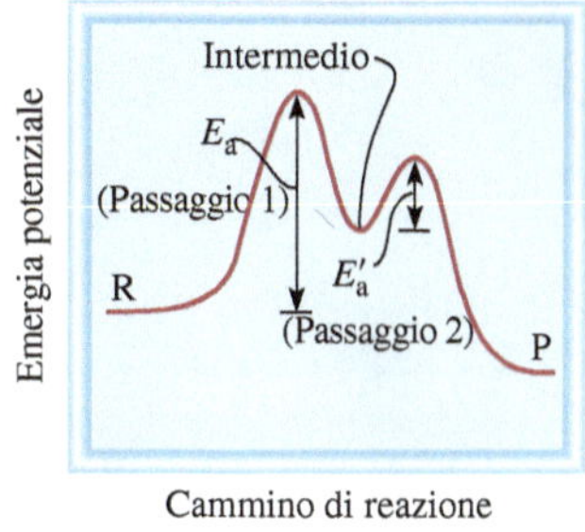

Figura 14.19 Profilo di energia potenziale per una reazione in due passaggi nella quale il primo passaggio è quello che determina la velocità di reazione. R e P rappresentano rispettivamente i reagenti e i prodotti.

Decomposizione dell'acqua ossigenata

Un esempio di reazione di questo tipo è la decomposizione dell'acqua ossigenata, che è catalizzata dallo ione ioduro (Figura 14.20). La reazione totale è

$$2H_2O_2(aq) \longrightarrow 2H_2O(l) + O_2(g)$$

Sperimentalmente, la legge cinetica è

$$\text{velocità} = k\,[H_2O_2][I^-]$$

Quindi la reazione è del primo ordine sia rispetto a H_2O_2 sia a I^-.

La decomposizione di H_2O_2 non avviene in un solo passaggio elementare che corrisponde all'equazione totale bilanciata. Se lo facesse, la reazione sarebbe del secondo ordine rispetto a H_2O_2 (a causa della collisione di due molecole di H_2O_2). Inoltre, lo ione I^-, che non fa parte della reazione complessiva, appare nell'espressione della legge cinetica. Come si possono conciliare questi fatti? Prima di tutto, si può spiegare la legge cinetica sperimentale considerando che la reazione avvenga in due passaggi elementari, ciascuno dei quali bimolecolare:

passaggio 1: $$H_2O_2(aq) + I^-(aq) \xrightarrow{k_1} H_2O(l) + IO^-(aq)$$

passaggio 2: $$H_2O_2(aq) + IO^-(aq) \xrightarrow{k_2} H_2O(l) + O_2(g) + I^-(aq)$$

Se poi si considera che il passaggio 1 sia quello che determina la velocità di reazione, allora la velocità di reazione può essere determinata dal primo passaggio:

$$\text{velocità} = k_1[H_2O_2][I^-]$$

dove $k_1 \ll k_2$. Lo ione IO^- è un intermedio poiché non appare nell'equazione totale. Anche se pure lo ione I^- non compare nell'equazione totale, I^- differisce dallo ione IO^- poiché I^- è presente all'inizio della reazione e alla fine. La funzione di I^- è di velocizzare la reazione, cioè esso è un *catalizzatore*. Si discuterà la catalisi nel Paragrafo 14.6.

L'Esempio 14.9 riguarda lo studio del meccanismo di reazione in un caso relativamente semplice.

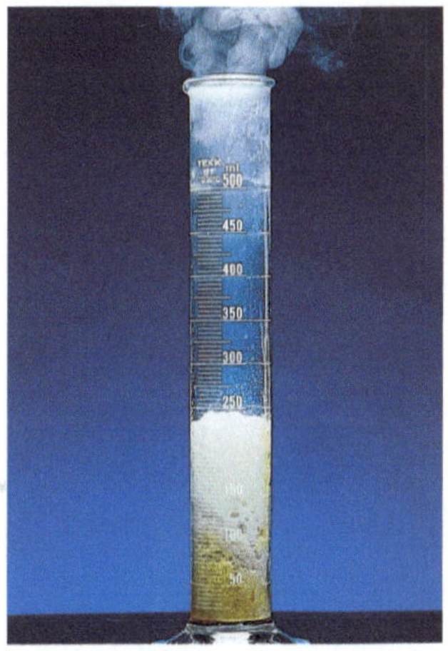

Figura 14.20 La decomposizione dell'acqua ossigenata è catalizzata da ioni ioduro. Alcune gocce di sapone liquido sono state aggiunte alla soluzione per enfatizzare la formazione di ossigeno gassoso. (Alcuni ioni ioduro vengono ossidati a iodio molecolare, che poi reagisce con ioni ioduro per formare lo ione triioduro I_3^- di colore marrone.)

Esempio 14.9

Si crede che la decomposizione in fase gas dell'ossido di diazoto (N_2O) avvenga mediante due passaggi elementari:

passaggio 1: $$N_2O \xrightarrow{k_1} N_2 + O$$

passaggio 2: $$N_2O + O \xrightarrow{k_2} N_2 + O_2$$

Sperimentalmente, la legge cinetica è = $k\,[N_2O]$. (a) Scrivere l'equazione della reazione totale. (b) Identificare gli intermedi. (c) Cosa si può dire circa le velocità dei passaggi 1 e 2?

Impostazione (a) Siccome la reazione totale può essere suddivisa in passaggi elementari, conoscere i passaggi elementari permette di scrivere la reazione complessiva. (b) Gli intermedi di reazione appaiono come prodotto di una reazione elementare e come reagente di un successivo passaggio elementare, per cui non compaiono nella reazione chimica complessiva. (c) In base alla legge cinetica sperimentale, si stabilisca quale dei passaggi è quello determinante la velocità di reazione.

Soluzione

(a) Sommando le equazioni dei passaggi 1 e 2 si ottiene la seguente reazione complessiva:

$$2N_2O \longrightarrow 2N_2 + O_2$$

(b) Siccome l'atomo di O è prodotto nel primo passaggio elementare, è consumato nel secondo passaggio elementare e non compare nell'equazione complessiva bilanciata, esso è un intermedio di reazione.

(c) Se si considera che il passaggio 1 è quello che determina la velocità di reazione (cioè se $k_2 \gg k_1$), allora la velocità della reazione complessiva è data da

$$\text{velocità} = k_1[N_2O]$$

e $k = k_1$, che è in accordo con la legge cinetica sperimentale. Se il passaggio 2 fosse quello determinante la velocità di reazione, la legge cinetica dovrebbe essere del secondo ordine, che non è in accordo con la legge cinetica sperimentale, per cui si può concludere che il passaggio 1 è più lento rispetto al passaggio 2.

Problema di autovalutazione Si pensa che la reazione fra NO_2 e CO per produrre NO e CO_2 avvenga attraverso i due passaggi seguenti:

$$\text{passaggio 1:} \quad NO_2 + NO_2 \longrightarrow NO + NO_3$$

$$\text{passaggio 2:} \quad NO_3 + CO \longrightarrow NO_2 + CO_2$$

La legge cinetica sperimentale è velocità $= k\,[NO_2]^2$. (a) Scrivere l'equazione per la reazione complessiva. (b) Identificare gli eventuali intermedi di reazione. (c) Cosa si può dire circa le velocità relative dei passaggi 1 e 2?

Formazione dell'acido iodidrico

Un altro comune meccanismo di reazione è quello in cui ci sono almeno due passaggi elementari, il primo dei quali è molto veloce sia in senso diretto sia in senso opposto in confronto con il secondo passaggio. Questo tipo di meccanismo di reazione presenta un ***rapido preequilibrio***. Un esempio è la reazione tra idrogeno molecolare e iodio molecolare per produrre acido iodidrico:

$$H_2(g) + I_2(g) \longrightarrow 2HI(g)$$

Sperimentalmente, la legge cinetica è

$$\text{velocità} = k\,[H_2][I_2]$$

Per molti anni, si è pensato che la reazione avvenisse come scritto, cioè la reazione consistesse di un passaggio elementare bimolecolare coinvolgente una molecola di iodio e una molecola di idrogeno. Tuttavia negli anni '60, i chimici proposero un meccanismo più complesso in due passaggi:

$$\text{passaggio 1:} \quad I_2 \underset{k_{-1}}{\overset{k_1}{\rightleftharpoons}} 2I \quad \text{(equilibrio rapido)}$$

passaggio 2: $H_2 + 2I \xrightarrow{k_2} 2HI$ (lento)

dove k_1, k_{-1} e k_2 sono le costanti di velocità delle reazioni. Gli atomi di I sono degli intermedi in questa reazione.

Quando la reazione comincia, ci sono pochi atomi di I presenti. Al dissociarsi di I_2, la concentrazione di I_2 diminuisce mentre quella di I aumenta. Quindi, la velocità del passaggio 1 diminuisce e la velocità del processo inverso aumenta. Le due velocità diventano rapidamente uguali e si stabilisce un equilibrio chimico. Siccome le reazioni elementari nel passaggio 1 sono molto più veloci di quelle nel passaggio 2, si raggiunge l'equilibrio prima che si abbia reazione con l'idrogeno e persiste durante la reazione.

La velocità della reazione è data dal passaggio lento, che è il passaggio 2, una reazione termolecolare fra H_2 e due atomi di I:

$$\text{velocità} = k_2[H_2][I]^2$$

Questa legge cinetica è di utilità limitata in quanto contiene la concentrazione di I, che è difficile da monitorare poiché è un intermedio. Per eliminare la concentrazione dell'intermedio dalla legge cinetica, si può usare il principio dell'equilibrio dettagliato (Paragrafo 14.3). In accordo con questo principio, la velocità del processo diretto deve essere uguale alla velocità del processo inverso all'equilibrio, cioè

$$k_1[I_2] = k_{-1}[I]^2$$

ovvero

$$[I]^2 = \frac{k_1}{k_{-1}}[I_2] = K[I_2]$$

dove $K = k_1/k_{-1}$ è la costante di equilibrio per il passaggio 1 (si veda l'Equazione 14.18). Sostituendo questa espressione per $[I]^2$ nella legge cinetica, si ottiene

$$\text{velocità} = \frac{k_2 k_1}{k_{-1}}[H_2][I_2] = k_2 K[H_2][I_2]$$
$$= k[H_2][I_2]$$

dove $k = k_1 k_2/k_{-1} = k_2 K$. Come si può vedere, questo meccanismo a due passaggi dà la corretta legge cinetica della reazione. Questo accordo e l'osservazione sperimentale dell'intermedio di reazione, atomo di I, è un'evidenza che il meccanismo proposto è quello corretto. Tuttavia, si tenga presente che dimostrare che un particolare meccanismo di reazione è in accordo con la legge cinetica sperimentale non prova in maniera assoluta che il meccanismo sia corretto, poiché ci possono essere altri, ancora non noti, meccanismi che danno comunque la legge cinetica corretta.

L'Esempio 14.10 esamina un altro esempio di meccanismo di reazione con una condizione di preequilibrio.

Esempio 14.10

In opportune condizioni, la legge cinetica sperimentale per le reazioni in fase gas di idrogeno molecolare con bromo molecolare

$$H_2(g) + Br_2(g) \longrightarrow 2HBr(g)$$

è data da

$$\text{velocità} = k[H_2][Br_2]^{1/2}$$

Si dimostri che l'inconsueto ordine di reazione 0,5 rispetto a Br_2 può essere spiegato dal seguente meccanismo:

passaggio 1: $Br_2 \underset{k_{-1}}{\overset{k_1}{\rightleftharpoons}} 2Br$ (equilibrio rapido)

passaggio 2: $Br + H_2 \xrightarrow{k_2} HBr + H$ (lento)

passaggio 3: $H + Br_2 \xrightarrow{k_3} HBr + Br$ (veloce)

Impostazione Il secondo passaggio è quello che determina la velocità di reazione, ma la sua legge cinetica contiene l'intermedio atomo di bromo. Per eliminare [Br] dalla legge cinetica, si sfrutta il fatto che le reazioni diretta e inversa nel passaggio 1 sono in rapido equilibrio.

Soluzione Siccome il secondo passaggio è lento ed è quello che determina la velocità di reazione, la legge cinetica è data da

$$\text{velocità} = k_2[Br][H_2]$$

Siccome il Br è un intermedio, è necessario eliminarlo dalla legge cinetica. Per fare questo si noti che il primo passaggio è in rapido equilibrio, per cui si può ipotizzare che

$$K = \frac{k_1}{k_{-1}} = \frac{[Br]^2}{[Br_2]}$$

Risolvendo per [Br] si ha

$$[Br]^2 = \frac{k_1}{k_{-1}}[Br_2]$$

ovvero

$$[Br] = \sqrt{\frac{k_1}{k_{-1}}}[Br_2]^{1/2}$$

Sostituendo questa espressione nella concentrazione dell'intermedio [Br] nella legge cinetica del passaggio determinante la velocità di reazione (passaggio 2) si ha

$$\text{velocità} = k_2[Br][H_2] = k_2\sqrt{\frac{k_1}{k_{-1}}}[Br_2]^{1/2}[H_2]$$

$$= k[Br_2]^{1/2}[H_2]$$

dove $k = k_2\,(k_1/k_{-1})^{1/2}$, che è in accordo con la legge cinetica osservata.

Problema di autovalutazione Una reazione $A + 2B \longrightarrow$ prodotti ha la legge cinetica

$$\text{velocità} = k[A][B]^2$$

Dimostrare che questa legge cinetica è in accordo con il seguente meccanismo:

passaggio 1: $A + B \underset{k_{-1}}{\overset{k_1}{\rightleftharpoons}} C$ (equilibrio rapido)

passaggio 2: $C + B \xrightarrow{k_2}$ prodotti (lento)

Qual è la costante cinetica k in termini di k_1, k_{-1} e k_2? Si può suggerire un esperimento che possa distinguere fra questo meccanismo proposto e una combinazione diretta termolecolare di una molecola di A e due molecole di B, che avrebbe una velocità in accordo anche con la legge cinetica sperimentale?

14.5.3 Approssimazione dello stato stazionario

Non tutte le reazioni hanno un singolo passaggio determinante la velocità del processo. Una reazione può avere due o più passaggi lenti confrontabili. L'analisi cinetica di questo tipo di reazioni è di solito molto complicata. Un'approssimazione utile in questi casi è di considerare che la concentrazione degli intermedi sia praticamente costante durante la maggior parte della reazione. Si consideri, per esempio, il seguente meccanismo per la decomposizione di A in prodotti, proposto da Frederick Lindemann[3] nel 1922 per spiegare la dipendenza dalla pressione osservata nella legge cinetica di molte reazioni monomolecolari:

$$\text{passaggio 1:} \qquad \mathrm{A + M} \underset{k_{-1}}{\overset{k_1}{\rightleftharpoons}} \mathrm{A^* + M}$$

$$\text{passaggio 2:} \qquad \mathrm{A^*} \xrightarrow{k_2} \text{prodotti}$$

Nel primo passaggio, la molecola A collide con un'altra molecola nella direzione diretta ed è eccitata a uno stato a più alta energia indicato con A*. La molecola eccitata (A*) può quindi collidere con un'altra molecola per diseccitarsi rilasciando l'eccesso di energia e formare (A) nel passaggio inverso del passaggio 1, o, nel secondo passaggio, può decadere per formare i prodotti.

Da questo meccanismo la velocità di formazione dei prodotti è

$$\text{velocità} = k_2[\mathrm{A^*}] \tag{14.32}$$

Se non si conoscono le grandezze relative di k_1, k_{-1} e k_2, non si può ipotizzare il rapido preequilibrio per eliminare la concentrazione dell'intermedio A* dalla legge cinetica. Invece, si ipotizza che dopo un aumento iniziale, la concentrazione dell'intermedio A* diventi costante mentre si equilibriano le velocità di attivazione, deattivazione e decomposizione. Quindi,

$$\text{velocità di produzione di A*} = \frac{d[\mathrm{A^*}]}{dt} \approx 0$$

Cioè la concentrazione di A* raggiunge uno *stato stazionario* durante la reazione. Dal meccanismo di reazione, la velocità di produzione di A* è data dalla velocità di attivazione nel passaggio 1 (k_1[A][M]) meno la velocità di deattivazione nel passaggio 1 (k_{-1}[A*][M]) e meno la velocità di decomposizione (k_2[A*]):

$$\frac{d[\mathrm{A^*}]}{dt} = k_1[\mathrm{A}][\mathrm{M}] - k_{-1}[\mathrm{A^*}][\mathrm{M}] - k_2[\mathrm{A^*}]$$

Ponendo la velocità di produzione di A* uguale a zero si ha

$$k_1[\mathrm{A}][\mathrm{M}] - k_{-1}[\mathrm{A^*}][\mathrm{M}] - k_2[\mathrm{A^*}] \approx 0$$

che, dopo riarrangiamento, diventa

$$[\mathrm{A^*}] = \frac{k_1[\mathrm{A}][\mathrm{M}]}{k_2 + k_{-1}[\mathrm{M}]} \tag{14.33}$$

---

[3] Frederick Alexander Lindemann (1886-1957). Fisico anglo/tedesco. Lindemann nacque e studiò in Germania, ma passò la maggior parte della sua carriera scientifica e politica in Inghilterra. Diede numerosi contributi alla termodinamica dei materiali e alla dinamica delle reazioni chimiche. Mentre era nella Royal Air Corps durante la I Guerra Mondiale, sviluppò la teoria matematica della rotazione degli aereoplani che permette ai piloti di riprendere il controllo di un aereoplano dopo numerose rotazioni non controllate. Fu attivo nella politica inglese e fu advisor scientifico di Winston Churchill durante la II Guerra Mondiale. Lindemann fu uno dei fondatori dell'Agenzia dell'Energia Atomica del Regno Unito.

L'Equazione 14.33 dà l'***approssimazione dello stato stazionario*** per la concentrazione di A*. Sostituendo questo nella legge cinetica (Equazione 14.32) si ottiene la ***legge cinetica dello stato stazionario***

$$\text{velocità} = \frac{k_1 k_2[\mathrm{A}][\mathrm{M}]}{k_2 + k_{-1}[\mathrm{M}]} \qquad \textbf{(14.34)}$$

Come mostra l'Equazione 14.34, le leggi cinetiche derivate dall'approssimazione dello stato stazionario sono in genere più complicate di quelle nelle quali si considera che solo un passaggio sia quello determinante la velocità di reazione. Si considerino i seguenti due casi limite. Per un sistema di gas ideali, la concentrazione delle molecole con le quali A può scontrarsi è direttamente proporzionale alla pressione totale. Quando il sistema ha una pressione bassa, ci sono relativamente poche molecole con le quali può scontrarsi e [M] è piccolo. In questo limite, $k_2 \gg k_{-1}[\mathrm{M}]$, e l'Equazione 14.34 diventa

$$\text{bassa pressione:} \qquad \text{velocità} = k_1[\mathrm{A}][\mathrm{M}]$$

Quindi, la velocità è del secondo ordine totale e ha un andamento lineare con la pressione totale. Ad alte pressioni, [M] è grande e $k_2 \ll k_{-1}$ [M], per cui l'Equazione 14.34 diventa

$$\text{alta pressione:} \qquad \text{velocità} = \frac{k_1}{k_{-1}}[\mathrm{A}]$$

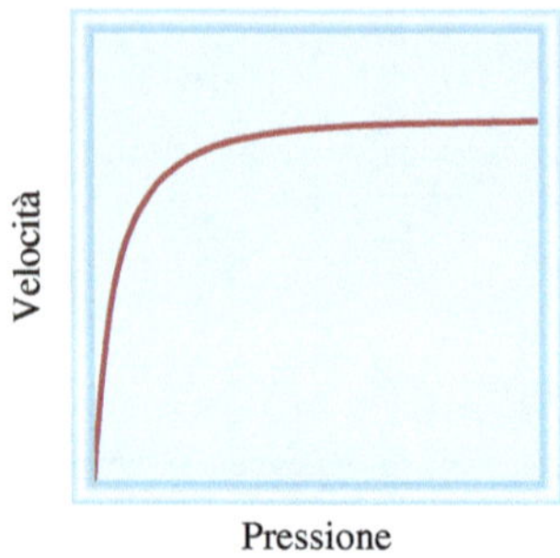

Figura 14.21 Diagramma della dipendenza dalla pressione della velocità per la decomposizione unimolecolare che segue il meccanismo di Lindemann.

In questo caso, la legge cinetica è del primo ordine rispetto ad A ed è indipendente dalla pressione totale. Un diagramma dalla dipendenza della pressione di un decadimento monomolecolare che obbedisce al meccanismo di Lindemann è mostrato nella Figura 14.21. Questa dipendenza è in accordo con quanto osservato sperimentalmente in molte decomposizioni monomolecolari in fase gas.

14.5.4 Evidenze sperimentali per i meccanismi di reazione

Come si può capire se il meccanismo proposto per una particolare reazione è corretto? Nel caso della decomposizione dell'acqua ossigenata, si può cercare di rilevare la presenza dello ione IO^- mediante tecniche spettroscopiche. Evidenze della sua presenza avvalorano il meccanismo di reazione precedentemente discusso. In modo analogo, per la reazione dell'acido iodidrico, la rilevazione di atomi di iodio avvalora il meccanismo a due passaggi. Per esempio, lo I_2 si dissocia in atomi di I quando viene irraggiato con luce visibile. Quindi, si può prevedere che la formazione di HI da H_2 e I_2 venga velocizzata al crescere dell'intensità della radiazione luminosa poiché questo aumenta la concentrazione degli atomi di I. In effetti è quanto osservato.

Nel caso della reazione tra acetato di metile e acqua i ricercatori volevano conoscere quale legame C—O veniva rotto per capire meglio il meccanismo di reazione

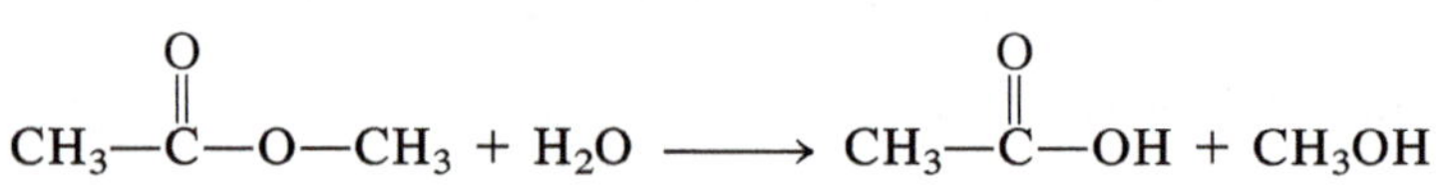

acetato di metile — acido acetico — metanolo

Le due possibilità erano

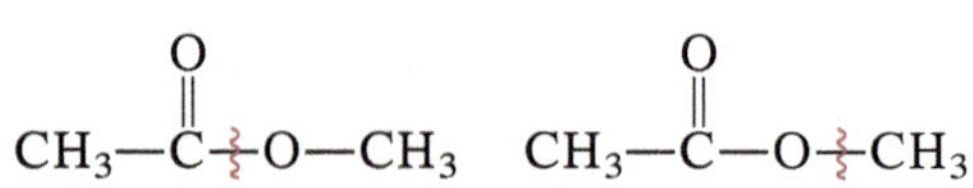

(a) (b)

Per distinguere tra il meccanismo (a) e (b), i chimici usarono acqua contenente ossigeno nella forma isotopica ossigeno isotopo 18 invece dell'acqua comunemente utilizzata (che contiene l'ossigeno isotopo 16). Quando l'isotopo 18 dell'ossigeno dell'acqua veniva usato, si otteneva solo acido formico contenente ossigeno isotopo 18:

$$CH_3-\overset{\overset{\displaystyle O}{\|}}{C}-{}^{18}O-H$$

Quindi, la reazione doveva avvenire via rottura di legame, cioè mediante il meccanismo (a) poiché il prodotto formato mediante il meccanismo (b) avrebbe mantenuto entrambi i suoi atomi di ossigeno originali.

Si consideri ora la fotosintesi, il processo mediante il quale le piante verdi producono glucosio dall'anidride carbonica e dall'acqua:

$$6CO_2 + 6H_2O \longrightarrow C_6H_{12}O_6 + 6O_2$$

Fin dal principio dello studio di questa reazione ci si è domandati se l'ossigeno proveniva dall'acqua, dall'anidride carbonica o da entrambi. Usando acqua contenente solo l'isotopo 18 dell'ossigeno, fu dimostrato che l'ossigeno molecolare proveniva dall'acqua e non dall'anidride carbonica, poiché le molecole di O_2 prodotte contenevano solo l'isotopo^{18}O. Questo risultato avvalorò il meccanismo secondo il quale le molecole di acqua vengono "rotte" dalla luce:

$$2H_2O + h\nu \longrightarrow O_2 + 4H^+ + 4e^-$$

dove $h\nu$ rappresenta l'energia di un fotone e gli elettroni vengono usati per promuovere reazioni termodinamicamente non spontanee che sono necessarie alla crescita delle piante.

Questi esempi danno un'idea di quanto i chimici debbano avere intuizione scientifica per studiare i meccanismi di reazione. Per reazioni complicate tuttavia è praticamente impossibile trovare l'unicità dei meccanismi proposti.

14.6 Velocità di reazione e catalisi

Si è visto nel Paragrafo 14.5 che la velocità di reazione della decomposizione dell'acqua ossigenata dipende dalla concentrazione dello ione ioduro anche se I^- non compare nell'equazione totale. Invece I^- agisce come catalizzatore per la reazione. Un ***catalizzatore*** è una *sostanza che aumenta la velocità di una reazione chimica senza essere consumato.*

Il catalizzatore può reagire per formare un intermedio, ma viene rigenerato in un successivo passaggio della reazione. Per preparare ossigeno molecolare in laboratorio, per esempio, si usa un campione di clorato di potassio che si decompone per riscaldamento

$$2KClO_3(s) \longrightarrow 2KCl(s) + 3O_2(g)$$

Tuttavia, questa decomposizione termica è molto lenta in assenza di un catalizzatore. La velocità di decomposizione può essere aumentata notevolmente aggiungendo una piccola quantità di biossido di manganese (MnO_2), una polvere nera che agisce da catalizzatore. Tutto il biossido di manganese utilizzato può essere recuperato alla fine della reazione, come gli ioni I^- che rimangono alla fine della reazione di decomposizione di H_2O_2.

Un catalizzatore aumenta la velocità di reazione fornendo una successione di passaggi elementari diversi e con cinetiche più elevate rispetto a quelli della reazione non catalizzata. Dall'Equazione 14.19, si sa che la costante cinetica k (e quindi la velocità) di una reazione dipende dal fattore di frequenza A e dall'energia di attivazione E_a; maggiore è A o minore è E_a, maggiore è la velocità. In molti casi, un catalizzatore aumenta la velocità abbassando l'energia di attivazione di un processo.

Approfondimento 14.1

La femtochimica

La capacità di seguire le reazioni chimiche a livello molecolare è stato uno degli obiettivi più perseguiti in chimica. Riuscire in questo permette ai chimici di capire quando una certa reazione avviene e capire la dipendenza della sua velocità dalla temperatura e da altri parametri. Sul lato pratico, questa informazione aiuta i chimici a controllare le velocità di reazione e ad aumentare le rese. Una comprensione completa dei meccanismi di reazione richiede una conoscenza dettagliata del complesso attivato (detto anche stato di transizione). Lo stato di transizione tuttavia, è una specie altamente energetica e reattiva che non può essere isolata a causa del suo brevissimo tempo di esistenza.

La situazione cambiò negli anni '80 quando i ricercatori del gruppo di Ahmed Zewail nell'Institute of Technology in California cominciarono a usare brevi impulsi laser sulle reazioni chimiche. Siccome gli stati di transizione vivevano solo da 10 a 1000 femtosecondi, gli impulsi laser necessari per evidenziarli dovevano essere straordinariamente brevi. [Un femtosecondo (1 fs) è 1×10^{-15} s. Per capire quanto sia breve, si noti che ci sono tanti femtosecondi in un secondo quanti secondi ci sono in circa 32 milioni di anni!] Una delle reazioni studiate fu la decomposizione del ciclobutano (C_4H_8) a etilene (C_2H_4). Ci sono due possibili meccanismi. Il primo è un processo a singolo passaggio nel quale due legami tra atomi di carbonio si rompono simultaneamente per formare il prodotto:

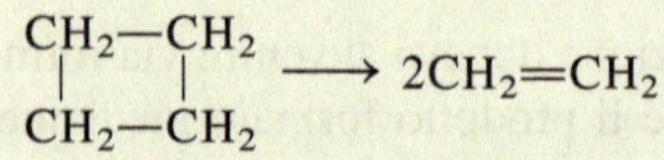

Il secondo meccanismo ha due passaggi, con un intermedio in cui il puntino rappresenta un elettrone disaccoppiato:

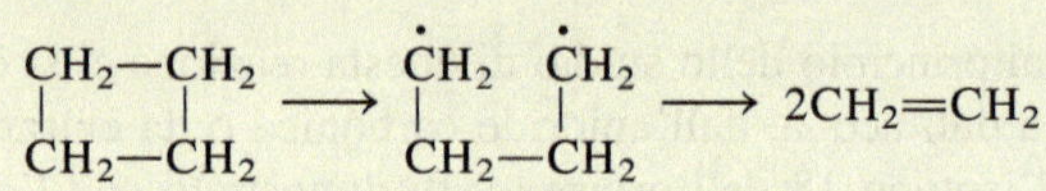

I ricercatori di Caltech iniziarono la reazione con un impulso laser in modo da fornire energia al reagente. Il primo impulso colpì le molecole per pochi femtosecondi e fu seguito da migliaia di altri, ogni 10 fs circa, per la durata della reazione. Ciascun impulso veniva registrato in uno spettro di assorbimento, e le variazioni nello spettro rivelarono il movimento della molecola e la situazione dei legami chimici. I risultati mostrarono che il ciclobutano si decompone in etilene mediante il secondo meccanismo. Il tempo di vita dell'intermedio era di circa 700 fs.

La tecnica del laser al femtosecondo è stata utilizzata per capire il meccanismo di molte reazioni chimiche e biologiche come la fotosintesi e la visione. Ha creato una nuova area nella cinetica chimica che è diventata nota come la *femtochimica*. Per lo sviluppo del campo della femtochimica, il Professor Zewail è stato insignito del Premio Nobel in chimica nel 1999.

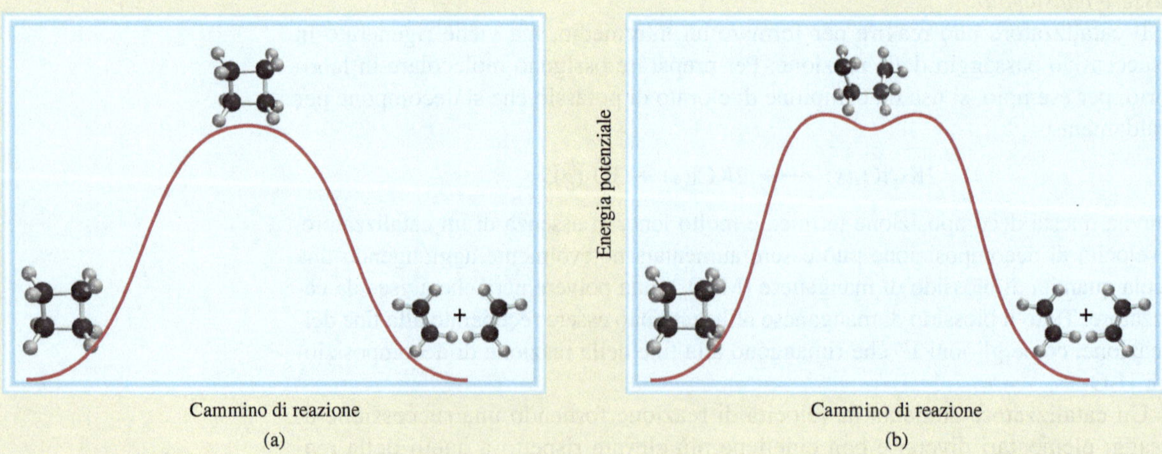

La decomposizione del ciclobutano per formare due molecole di etilene può avvenire secondo due meccanismi. (a) La reazione procede mediante un semplice passaggio, che coinvolge la rottura di due legami C—C simultaneamente. (b) La reazione procede in due passaggi, con la formazione di un intermedio molto reattivo nel quale solo un legame si è rotto. C'è solo una piccola barriera energetica perché l'intermedio evolva verso i prodotti finali. Il meccanismo corretto è quello (b).

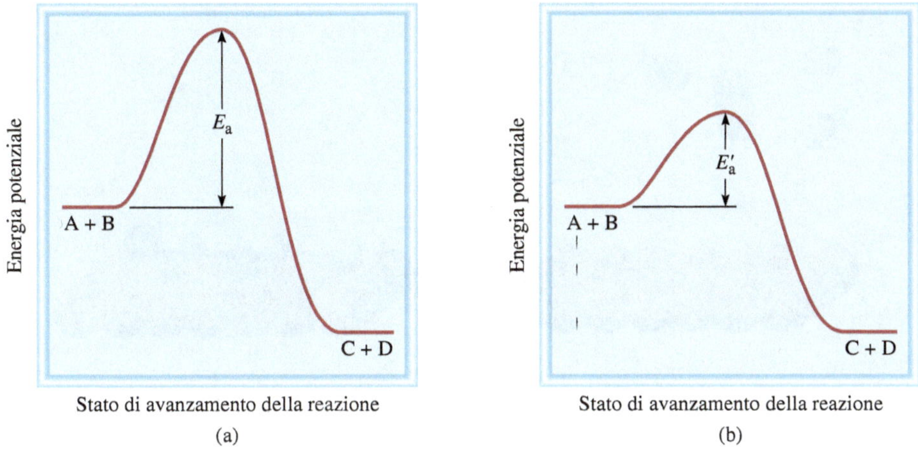

Figura 14.22 Confronto fra le energie di attivazione di una reazione non catalizzata e catalizzata. Il catalizzatore abbassa l'energia di attivazione ma non influenza le energie dei reagenti e dei prodotti. Anche se i reagenti e i prodotti sono gli stessi in entrambi i casi, i meccanismi di reazione, le leggi cinetiche e la velocità sono diverse in (a) e in (b).

Si ipotizzi che la seguente reazione abbia costante cinetica k ed energia di attivazione E_a:

$$A + B \xrightarrow{k} C + D$$

In presenza di un catalizzatore, tuttavia, la costante di velocità è k_c (chiamata la *costante catalitica di velocità*):

$$A + B \xrightarrow{k_c} C + D$$

Per definizione di catalizzatore,

$$\text{velocità}_{\text{reazione catalizzata}} > \text{velocità}_{\text{reazione non catalizzata}}$$

La Figura 14.22 mostra i profili energetici di entrambe le reazioni. L'energia totale dei reagenti (A e B) e quella dei prodotti (C e D) non sono influenzate dalla presenza del catalizzatore; la sola differenza fra le due reazioni è l'abbassamento dell'energia di attivazione da E_a a E'_a. Siccome l'energia di attivazione per la reazione inversa viene pure abbassata, un catalizzatore aumenta le velocità del processo sia diretto sia opposto in maniera identica.

Esistono tre tipi di catalisi: catalisi eterogenea, catalisi omogenea e catalisi enzimatica.

14.6.1 Catalisi eterogenea

Nella ***catalisi eterogenea***, *i reagenti e il catalizzatore si trovano in fasi diverse*. Di solito il catalizzatore è in fase solida e i reagenti possono essere in fase liquida o gassosa. La catalisi eterogenea è per ora il tipo di catalisi maggiormente usato nell'industria chimica. Qui si descrivono tre esempi specifici di catalisi eterogenea che si impiegano per produrre milioni di tonnellate di prodotti chimici ogni anno su scala industriale.

Sintesi di Haber dell'ammoniaca

L'ammoniaca è una sostanza inorganica di enorme importanza usata nell'industria dei fertilizzanti, la preparazione degli esplosivi e molte altre applicazioni. All'inizio del secolo scorso, molti chimici tentarono di sintetizzare l'ammoniaca a partire dall'azoto e dall'idrogeno. L'azoto presente nell'atmosfera è praticamente inesauribile e l'idrogeno gassoso può essere prodotto facilmente facendo passare vapore acqueo su carbone ardente:

$$H_2O(g) + C(s) \longrightarrow CO(g) + H_2(g)$$

L'idrogeno è inoltre un prodotto secondario della raffinazione del petrolio.

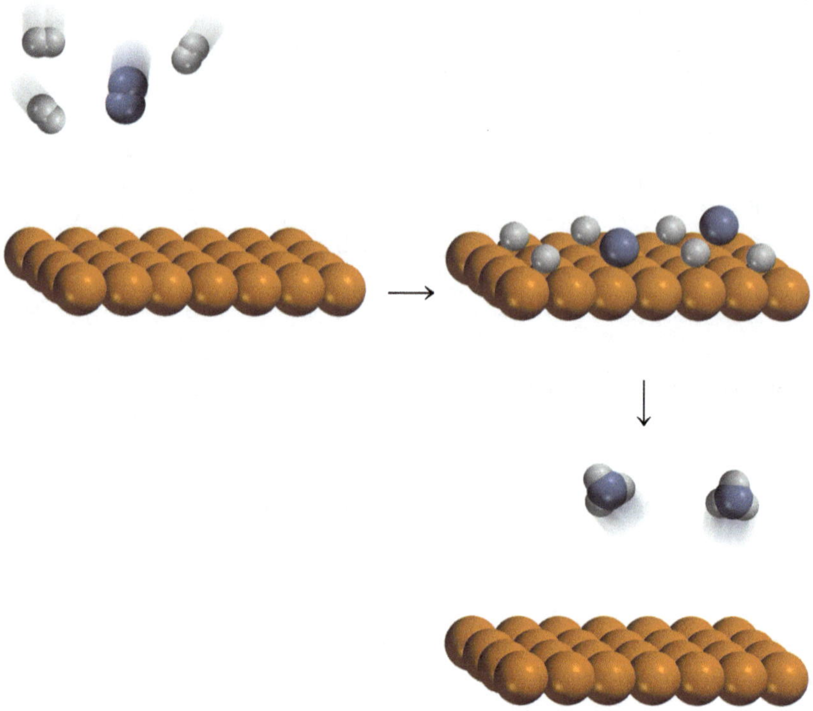

Figura 14.23 L'azione catalitica nella sintesi dell'ammoniaca. Primo, molecole di H_2 e di N_2 si legano alla superficie del catalizzatore. Questa interazione indebolisce i legami covalenti delle molecole e ne facilita la rottura. Secondo, gli atomi estremamente reattivi di H e di N si combinano per formare molecole di NH_3, che poi si staccano dalla superficie.

La formazione di NH_3 da N_2 e H_2 è esotermica:

$$N_2 + 3H_2(g) \longrightarrow 2NH_3(g) \qquad \Delta H° = -91{,}8 \text{ kJ/mol}$$

La velocità di reazione, tuttavia, è estremamente lenta a temperatura ambiente. Perché una reazione sia conveniente su larga scala, deve essere sufficientemente veloce *e* deve avere una resa elevata del prodotto desiderato. Alzare la temperatura significa accelerare la reazione di N_2 con H_2, ma allo stesso tempo, promuove la decomposizione delle molecole di NH_3 in N_2 e H_2, diminuendo la resa di NH_3.

Nel 1905, dopo aver saggiato letteralmente centinaia di composti a diverse temperature e pressioni, Fritz Haber scoprì che il ferro insieme a piccole percentuali di ossido di potassio e di alluminio catalizza la reazione di idrogeno e azoto per produrre ammoniaca a circa 500 °C. Questa procedura è nota ora con il nome di *processo Haber per la sintesi dell'ammoniaca.*

Nella catalisi eterogenea, la superficie del catalizzatore solido è di solito il sito della reazione. Il passaggio iniziale del processo Haber è la dissociazione di N_2 e H_2 sulla superficie del metallo (Figura 14.23). Anche se le specie dissociate non sono esattamente atomi liberi poiché sono debolmente legati alla superficie del metallo, sono molto reattivi. Le due molecole reagenti si comportano diversamente sulla superficie del catalizzatore. Studi dimostrano che l'H_2 si dissocia in due atomi di idrogeno a temperature di -196 °C (il punto di ebollizione dell'azoto liquido). Le molecole di azoto, d'altra parte, si dissociano a circa 500 °C. Le specie atomiche altamente reattive di N e H si combinano rapidamente ad alte temperature per produrre molecole di NH_3:

$$N + 3H \longrightarrow NH_3$$

14.6.2 Produzione di acido nitrico

L'acido nitrico è uno dei più importanti acidi inorganici. È usato nella produzione di fertilizzanti, tinture, farmaci ed esplosivi. Il metodo di produzione industriale più utilizzato dell'acido nitrico è il *processo Ostwald*[4]. I prodotti di partenza, l'ammoniaca e l'ossigeno molecolare, vengono scaldati in presenza di platino e rodio come catalizzatori a circa 800 °C per produrre acido nitrico:

$$4NH_3(g) + 5O_2(g) \longrightarrow 4NO(g) + 6H_2O(g)$$

L'ossido di azoto viene ossidato facilmente (senza catalizzatore) a diossido di azoto:

$$2NO(g) + O_2(g) \longrightarrow 2NO_2(g)$$

Quando sciolto in acqua, NO_2 forma sia acido nitroso che acido nitrico:

$$2NO_2(g) + H_2O(l) \longrightarrow HNO_2(aq) + HNO_3(aq)$$

Per riscaldamento, l'acido nitroso viene convertito ad acido nitrico nel modo seguente:

$$3HNO_2(aq) \longrightarrow HNO_3(aq) + H_2O(l) + 2NO(g)$$

L'ossido di azoto così generato può essere riutilizzato per produrre NO_2 nel secondo passaggio.

Marmitte catalitiche

Alle alte temperature raggiunte all'interno dei motori delle automobili, l'azoto e l'ossigeno gassosi reagiscono per formare ossido d'azoto:

$$N_2(g) + O_2(g) \longrightarrow 2NO(g)$$

Quando liberato nell'atmosfera, NO si combina rapidamente con O_2 per formare NO_2. L'ossido di azoto e gli altri gas che sono emessi dalle automobili, come il monossido di carbonio (CO) e vari idrocarburi incombusti, fanno sì che i gas di scarico delle automobili siano una fonte cosiderevole d'inquinamento dell'atmosfera.

Tutte le auto nuove sono dotate di marmitta catalitica (si veda la Figura 14.24). Una marmitta efficiente serve a due scopi: ossida il CO e gli idrocarburi incombusti a CO_2 e H_2O, e riduce NO e NO_2 a N_2 e O_2. I gas di scarico caldi passano attraverso la prima camera di una marmitta per accelerare la combustione completa degli idrocarburi e per diminuire l'emissione di CO. (Una sezione di una marmitta catalitica è mostrata nella Figura 14.25.) Tuttavia, siccome le alte temperature favoriscono la produzione di NO, è necessaria una seconda camera contenente un diverso catalizzatore (un metallo di transizione o un ossido di un metallo di transizione come CuO o Cr_2O_3) e che opera a temperatura più bassa per dissociare NO in N_2 e O_2 prima che il gas esausto sia mandato nel tubo di scarico.

---

[4] Wilhelm Ostwald (1853-1932). Chimico tedesco. Ostwald diede importanti contributi alla cinetica chimica, alla termodinamica e all'elettrochimica. Sviluppò il processo industriale per la produzione di acido nitrico che ora porta il suo nome (processo Ostwald). Ricevette il Premio Nobel in chimica nel 1909.

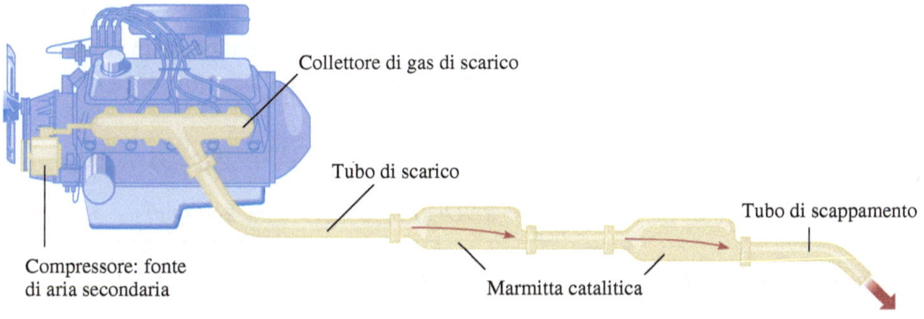

Figura 14.24 Una marmitta catalitica a due vie usato nelle automobili.

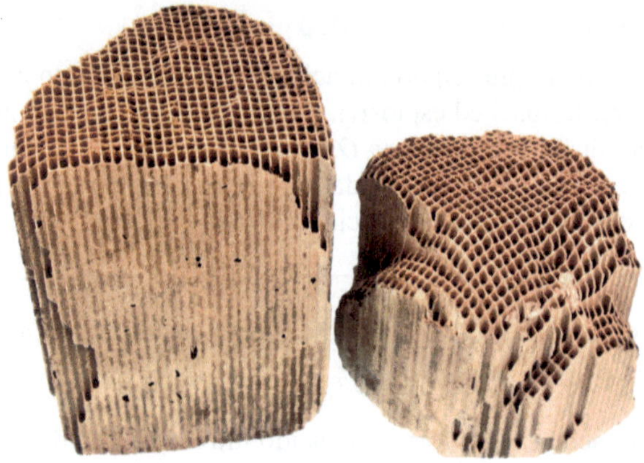

Figura 14.25 Parti di una marmitta catalitica: le "sferule" contengono platino, palladio e rodio che catalizzano la reazione di combustione di CO e degli idrocarburi.

14.6.3 Catalisi omogenea

Nella ***catalisi omogenea***, *i reagenti e il catalizzatore sono dispersi in un'unica fase, di solito quella liquida.* La catalisi acida e la catalisi basica sono i due più importanti tipi di catalisi omogenea in soluzione. Per esempio, la reazione dell'acetato di etile con acqua per formare acido acetico ed etanolo avviene in modo troppo lento per essere misurato

$$\underset{\text{acetato di etile}}{CH_3-\overset{\overset{\displaystyle O}{\|}}{C}-O-C_2H_5} + H_2O \longrightarrow \underset{\text{acido acetico}}{CH_3-\overset{\overset{\displaystyle O}{\|}}{C}-OH} + \underset{\text{etanolo}}{C_2H_5OH}$$

In assenza di catalizzatore, la legge cinetica è data da

$$\text{velocità} = k[CH_3COOC_2H_5]$$

La reazione, tuttavia, può essere catalizzata da un acido. In presenza di acido cloridrico, la velocità è maggiore e la legge cinetica è data da

$$\text{velocità} = k_c[CH_3COOC_2H_5][H^+]$$

Siccome $k_c > k$, la velocità è determinata solamente dalla porzione catalizzata della reazione.

La catalisi omogenea può avvenire anche in fase gas. Un esempio ben noto di reazione catalizzata in fase gas è il processo delle camere a piombo, che per molti anni è stato il metodo più utilizzato per la produzione dell'acido solforico. Partendo da zolfo, si può pensare che la produzione di acido solforico avvenga mediante i seguenti passaggi:

$$S(s) + O_2(g) \longrightarrow SO_2(g)$$

$$2SO_2(g) + O_2(g) \longrightarrow 2SO_3(g)$$

$$H_2O(l) + SO_3(g) \longrightarrow H_2SO_4(aq)$$

In realtà tuttavia, il diossido di zolfo non è convertito completamente in triossido di zolfo; invece l'ossidazione è molto più efficiente se compiuta in presenza di diossido di azoto come catalizzatore:

$$2SO_2(g) + 2NO_2(g) \longrightarrow 2SO_3(g) + 2NO(g)$$

$$2NO(g) + O_2(g) \longrightarrow 2NO_2(g)$$

reazione complessiva: $$2SO_2(g) + O_2(g) \longrightarrow 2SO_3(g)$$

Non c'è consumo di NO_2 nella reazione complessiva, quindi NO_2 può essere considerato un catalizzatore.

Negli ultimi anni, i chimici si sono sforzati molto per sviluppare degli opportuni composti metallici da utilizzare in catalisi omogenea. Questi composti sono solubili in diversi solventi organici, per cui possono catalizzare reazioni nella stessa fase. La maggior parte dei processi che riescono a catalizzare sono quelli di produzione di composti organici. Per esempio, un composto rosso viola di rodio ($[(C_6H_5)_3P]_3RhCl$) catalizza l'idrogenazione del doppio legame carbonio-carbonio a legame semplice come segue:

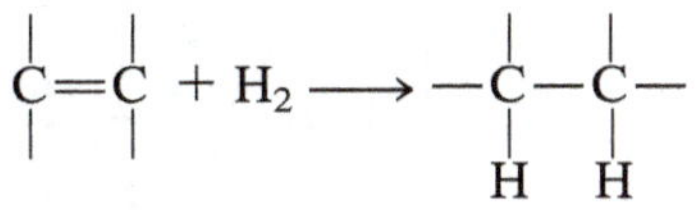

La catalisi omogenea ha numerosi vantaggi rispetto alla catalisi eterogenea. Da una parte, le reazioni in questo modo possono essere svolte a pressione atmosferica, riducendo i costi di produzione. Inoltre, la catalisi omogenea può essere ideata per funzionare unicamente per un particolare tipo di reazione, e i catalizzatori omogenei costano meno dei metalli preziosi (per esempio, platino e oro) usati in catalisi eterogenea.

14.6.4 Catalisi enzimatica

Fra tutti gli intricati processi che esistono nei sistemi viventi, nessuno è più importante o più essenziale della catalisi enzimatica. Gli ***enzimi*** sono dei *catalizzatori biologici*. La caratteristica sorprendente degli enzimi è che non solo aumentano la velocità delle reazioni biologiche di un fattore che va da 10^6 a 10^{18}, ma sono anche altamente specifici. Un enzima agisce solo su certe molecole, chiamate *substrati* (cioè i reagenti) e lasciano il resto del sistema intatto. È stato stimato che mediamente una *cellula vivente* può contenere circa 3000 diversi enzimi, ciascuno dei quali in grado di catalizzare solo una specifica reazione nella quale un substrato viene convertito nell'opportuno prodotto. La catalisi enzimatica di solito è omogenea poiché il substrato e l'enzima sono presenti entrambi nella soluzione acquosa della cellula.

Un enzima di solito è una molecola di proteina che contiene uno o più *siti attivi* dove si instaurano le interazioni con i substrati. Questi siti sono compatibili da un punto di vista strutturale con le specifiche molecole di substrato, in maniera analoga a come una chiave si adatta a una specifica serratura. In effetti, la nozione della struttura rigida di un enzima che si lega solo a molecole le cui forme si adattano a quelle del sito attivo dell'enzima fu la base di una delle prime teorie sulla catalisi enzimatica, la cosiddetta teoria chiave-serratura sviluppata dal chimico tedesco Emil Fischer[5] nel 1894 (Figura 14.26).

L'ipotesi di Fischer è in accordo con la specificità degli enzimi, ma è in contraddizione con la recente evidenza sperimentale che un singolo enzima si può lega-

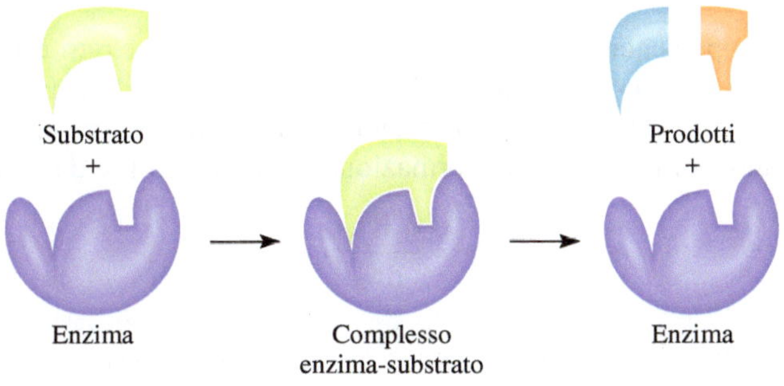

Figura 14.26 Il modello chiave-serratura per la specificità di un enzima per un substrato molecolare.

[5] Emil Fischer (1852-1919). Chimico tedesco. Considerato tra i più importanti chimici organici del XIX secolo, Fischer diede importanti contributi nella sintesi dello zucchero e di altre importanti molecole. È stato insignito con il Premio Nobel in chimica nel 1902.

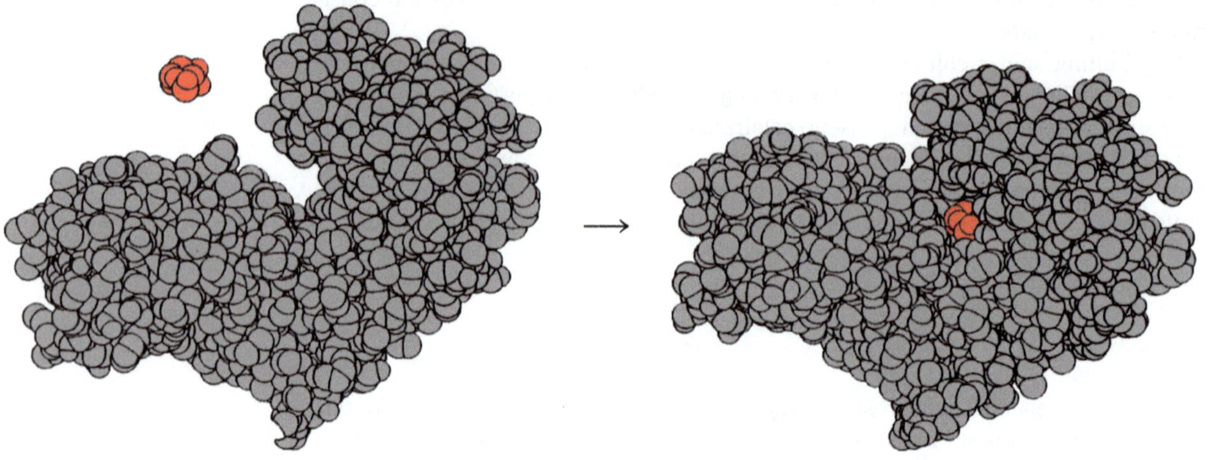

Figura 14.27 Da sinistra a destra: il legame di una molecola di glucosio (rosso) all'esochinasi (un enzima metabolico). Si noti come la regione del sito attivo si chiude attorno al glucosio dopo che si è instaurato il legame. Spesso, sia la forma del substrato sia quella del sito attivo si modificano per incastrarsi a vicenda. Tutti gli enzimi hanno una buona flessibilità.

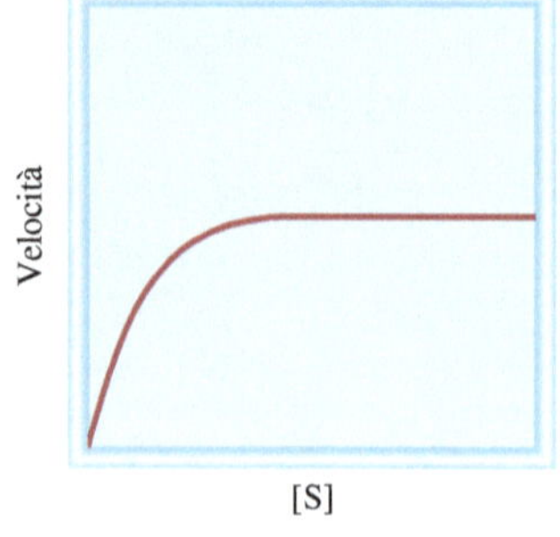

Figura 14.28 Diagramma della velocità iniziale (v_0) di una reazione catalizzata da un enzima in funzione della concentrazione del substrato.

re a substrati con diverse forme e dimensioni. I chimici ora sanno che una molecola di un enzima (o almeno il suo sito attivo) ha una buona flessibilità strutturale e può modificare la forma per adattarsi a più di un tipo di substrato. La Figura 14.27 mostra un modello molecolare di un enzima in azione.

Nella cinetica enzimatica, è consuetudine misurare la *velocità iniziale* (v_0) di una reazione per minimizzare l'effetto di reazioni reversibili. Inoltre, la velocità iniziale corrisponde a una nota e fissata concentrazione del substrato. Al passare del tempo, la concentrazione del substrato diminuisce.

La Figura 14.28 mostra la variazione della velocità iniziale (v_0) di una reazione catalizzata da un enzima in funzione della concentrazione del substrato (S). La velocità aumenta rapidamente e linearmente con [S] a basse concentrazioni del substrato, ma gradualmente tende a un valore limite ad alte concentrazioni del substrato. In questa reagione, tutte le molecole dell'enzima sono legate alle molecole del substrato e la cinetica diventa di ordine zero rispetto alla concentrazione del substrato.

Il trattamento matematico della cinetica enzimatica è molto complesso, anche se si conoscono i passaggi principali coinvolti nella reazione. Il seguente schema semplificato, che può spiegare la dipendenza della velocità in funzione della concentrazione del substrato (come mostrato nella Figura 14.29) è stato proposto nel 1913 da Michaelis[6] e Menten[7]

$$E + S \underset{k_{-1}}{\overset{k_1}{\rightleftharpoons}} ES$$

$$ES \xrightarrow{k_2} E + P$$

dove E, S e P rappresentano rispettivamente l'enzima, il substrato e il prodotto, ed ES è l'intermedio enzima-substrato. La Figura 14.29 mostra il profilo di energia libera della reazione confrontata con la reazione senza catalizzatore enzimatico.

Dal meccanismo, la velocità di formazione del prodotto P è data da

$$\text{velocità} = \frac{d[P]}{dt} = k_2[ES] \tag{14.35}$$

[6] Leonor Michaelis (1875-1949). Biochimico e fisico tedesco. Oltre al suo lavoro con Menten sulle cinetiche enzimatiche diede numerosi contirbuti in campo medico e microbiologico. Rese possibile la tecnica della permanente dei capelli grazie alla sua scoperta che l'acido tioglicolico scioglie la cheratina, la componente strutturale del capello.

[7] Maud L. Menten (1879-1960). Biochimica canadese. Oltre al suo lavoro con Michaelis sulle cinetiche enzimatiche, caratterizzò molte tossine batteriche. Fu la prima a separare le proteine usando l'elettroforesi.

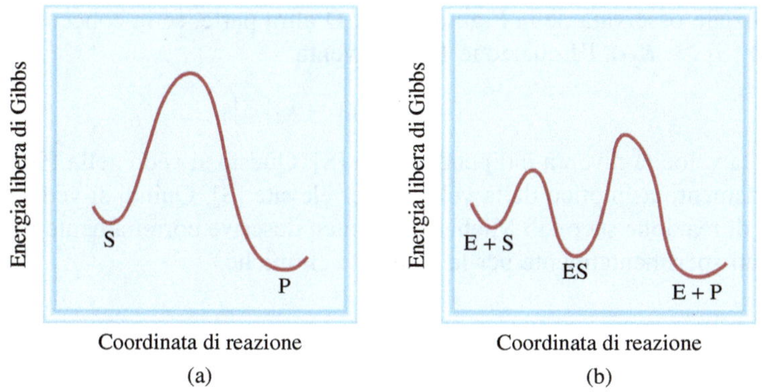

Figura 14.29 Confronto del profilo di energia libera di (a) una reazione non catalizzata e (b) della stessa reazione catalizzata da un enzima. Il diagramma in (b) considera che la reazione catalizzata abbia un meccanismo a due passaggi, nei quali il secondo è quello che determina la velocità di reazione ($ES \longrightarrow E + P$).

Per dare una legge cinetica utilizzabile, bisogna eliminare la concentrazione dell'intermedio dall'Equazione 14.35 usando l'approssimazione dello stato stazionario (Paragrafo 14.5). Si comincia ponendo la velocità di formazione dell'intermedio ES uguale a zero:

$$\frac{d[ES]}{dt} = k_1[E][S] - k_{-1}[ES] - k_2[ES] = 0$$

Risolvendo questa equazione per [ES] si ottiene

$$[ES] = \frac{k_1[E][S]}{k_{-1} + k_2} \qquad \textbf{(14.36)}$$

L'Equazione 14.36 può essere scritta in funzione della concentrazione iniziale facilmente misurabile dell'enzima $[E]_0$ notando che la quantità totale di enzima (legato e non legato) è conservata:

$$[E]_0 = [E] + [ES] \qquad \textbf{(14.37)}$$

Sostituendo l'Equazione 14.37 nell'Equazione 14.36 si ha

$$[ES] = \frac{k_1}{k_{-1} + k_2}([E]_0 - [ES])[S]$$

che dà, dopo riarrangiamento,

$$[ES] = \frac{[E]_0[S]}{K_M + [S]} \qquad \textbf{(14.38)}$$

dove

$$K_M = \frac{k_{-1} + k_2}{k_1}$$

è chiamata la *costante di Michaelis*. Sostituendo l'Equazione 14.38 nella legge cinetica (l'Equazione 14.35) si ottiene *l'equazione di Michaelis-Menten* per la cinetica enzimatica:

$$\text{velocità} = \frac{k_2[E]_0[S]}{K_M + [S]} \qquad \textbf{(14.39)}$$

Quindi, la velocità è sempre proporzionale alla concentrazione iniziale dell'enzima. Se la concentrazione del substrato è bassa (cioè $[S] \ll K_M$), allora l'equazione di Michaelis-Menten (Equazione 14.39) si riduce a

$$\text{velocità} = (k_2/K_M)[E]_0[S]$$

che dice che per basse concentrazioni del substrato, la velocità è direttamente proporzionale alla concentrazione del substrato. Questo corrisponde alla crescita lineare iniziale osservata nella Figura 14.28. D'altra parte, se la concentrazione è elevata (cioè $[S] \gg K_M$), l'Equazione 14.39 diventa

$$\text{velocità} = k_2[E]_0$$

cioè la velocità diventa indipendente da [S]. Questo si vede nella Figura 14.28 come l'andamento asintotico della velocità per elevate [S]. Quindi si vede che il meccanismo di reazione secondo Michaelis-Menten descrive correttamente i dati cinetici osservati sperimentalmente per le cinetiche chimiche.

Sommario

Paragrafo 14.1

- La velocità di una reazione chimica è la variazione della concentrazione dei reagenti o dei prodotti nel tempo. La velocità non è costante ma varia continuamente al variare delle concentrazioni.

Paragrafo 14.2

- La legge cinetica esprime la relazione della velocità di reazione con le concentrazioni dei reagenti elevate alle opportune potenze. La costante di velocità k di una reazione cambia solo con la temperatura.
- L'ordine di reazione è la potenza alla quale la concentrazione di un reagente deve essere elevata nella legge cinetica. L'ordine complessivo di reazione è la somma di tutti gli esponenti nella legge cinetica. La legge cinetica e l'ordine di reazione non si ricavano dalla stechiometria della reazione ma da misure sperimentali. Per una reazione di ordine zero, la velocità di reazione è uguale alla costante di velocità.

Paragrafo 14.3

- La legge cinetica di una reazione può essere integrata per determinare le concentrazioni dei reagenti e dei prodotti in funzione del tempo.
- Il tempo di dimezzamento di una reazione (il tempo necessario per dimezzare la concentrazione iniziale di un reagente) può essere utilizzato per determinare la costante di velocità di una reazione del primo ordine.

Paragrafo 14.4

- Secondo la teoria delle collisioni, una reazione avviene quando le molecole collidono con energia sufficiente, chiamata energia di attivazione, per rompere i legami e iniziare la reazione. La costante di velocità e l'energia di attivazione sono in relazione tramite l'equazione di Arrhenius.
- L'energia di attivazione può essere determinata dalla dipendenza dalla temperatura della costante di velocità.
- In una reazione reversibile, la costante di equilibrio può essere determinata dal rapporto tra le costanti delle velocità diretta e inversa.

Paragrafo 14.5

- L'equazione complessiva bilanciata di una reazione può essere la somma di una serie di reazioni semplici, chiamate passaggi elementari. La successione dei passaggi elementari di una reazione costituisce il meccanismo di reazione.
- La legge cinetica di una data reazione può essere determinata se è noto il meccanismo di reazione; tuttavia, siccome diversi possibili meccanismi di reazione possono dare la stessa legge cinetica, non è possibile generalmente determinare il meccanismo direttamente dalla sola legge cinetica, ma sono necessari altri esperimenti.
- Se un passaggio nel meccanismo di reazione è molto più lento rispetto agli altri, viene detto passaggio che determina la velocità di reazione.

Paragrafo 14.6

- Un catalizzatore velocizza una reazione abbassando il valore dell'energia di attivazione E_a senza venire consumato nella reazione complessiva.
- Nella catalisi eterogenea, il catalizzatore è un solido e i reagenti sono liquidi o gassosi. Nella catalisi omogenea, il catalizzatore e i reagenti sono nella stessa fase. Gli enzimi sono dei catalizzatori nei sistemi viventi.

Problemi

Soluzioni dei problemi dispari sul sito www.mheducation.it

14.1 Cinetica chimica

14.1 Scrivere le espressioni della velocità di reazione per le seguenti reazioni in funzione della scomparsa dei reagenti e della comparsa dei prodotti:

(a) $H_2(g) + I_2(g) \longrightarrow 2HI(g)$

(b) $5Br^-(aq) + BrO_3^-(aq) + 6H^+(aq) \longrightarrow Br_2(aq) + 3H_2O(l)$

14.2 Scrivere le espressioni della velocità di reazione per le seguenti reazioni in funzione della scomparsa dei reagenti e della comparsa dei prodotti:

(a) $2H_2(g) + O_2(g) \longrightarrow 2H_2O(g)$

(b) $4NH_3(g) + 5O_2(g) \longrightarrow 4NO(g) + 6H_2O(g)$

14.3 Si consideri la reazione

$$2NO(g) + O_2(g) \longrightarrow 2NO_2(g)$$

Si ipotizzi che in un certo momento durante la reazione l'ossido di azoto (NO) stia reagendo alla velocità di 0,066 M s^{-1}. (a) A quale velocità NO_2 si forma? (b) A quale velocità l'ossigeno molecolare reagisce?

14.4 Si consideri la reazione

$$N_2(g) + 3H_2(g) \longrightarrow 2NH_3(g)$$

Si ipotizzi che in un certo momento durante la reazione l'idrogeno molecolare stia reagendo alla velocità di 0,074 M s^{-1}. (a) A quale velocità l'ammoniaca si forma? (b) A quale velocità l'azoto molecolare reagisce?

14.2 Leggi cinetiche

14.5 La legge cinetica della reazione

$$NH_4^+(aq) + NO_2^-(aq) \longrightarrow N_2(g) + 2H_2O(l)$$

è data da velocità = $k[NH_4^+][NO_2^-]$. A 25 °C, la costante di velocità è 3,0 × 10^{-4} M^{-1} s^{-1}. Calcolare la velocità di reazione a questa temperatura se $[NH_4^+]$ = 0,26 M e $[NO_2^-]$ = 0,080 M.

14.6 Usare i dati nella Tabella 14.2 per calcolare la velocità di reazione quando $[F_2]$ = 0,010 M e $[ClO_2]$ = 0,020 M.

14.7 Si consideri la reazione

$$A + B \longrightarrow \text{prodotti}$$

Dai dati seguenti ottenuti a una certa temperatura, determinare l'ordine di reazione e calcolare la costante cinetica:

[A] (M)	[B] (M)	Velocità (M s^{-1})
1,50	1,50	3,20 × 10^{-1}
1,50	2,50	3,20 × 10^{-1}
3,00	1,50	6,40 × 10^{-1}

14.8 Si consideri la reazione

$$X + Y \longrightarrow Z$$

Dai dati seguenti, ottenuti a 360 K: (a) determinare l'ordine di reazione, (b) determinare la velocità iniziale della scomparsa di X quando la concentrazione di X è 0,30 M e la concentrazione di Y è 0,40 M.

[X] (M)	[Y] (M)	Velocità iniziale di scomparsa di X (M s^{-1})
0,10	0,50	0,053
0,20	0,30	0,127
0,40	0,60	1,02
0,20	0,60	0,254
0,40	0,30	0,509

14.9 Determinare l'ordine complessivo di reazione per i processi cui le seguenti leggi cinetiche si riferiscono: (a) velocità = $k[NO_2]^2$, (b) velocità = k, (c) velocità = $k[H_2][Br_2]^{1/2}$, (d) velocità = $k[NO]^2[O_2]$.

14.10 Quali sono le unità di misura della costante cinetica per una reazione del terzo ordine?

14.11 Si consideri la reazione A $\longrightarrow$ B. La velocità della reazione è 1,6 × 10^{-2} M s^{-1} quando la concentrazione di A è 0,35 M. Calcolare la costante cinetica se la reazione è: (a) del primo ordine rispetto ad A, (b) del secondo ordine rispetto ad A.

14.12 Il ciclobutano si decopone a etilene in accordo con la seguente equazione:

$$C_4H_8(g) \longrightarrow 2C_2H_4(g)$$

Determinare l'ordine di reazione e la costante cinetica in base alle seguenti pressioni, che sono state registrate quando la reazione è stata fatta a 430 °C in un contenitore a volume costante.

Tempo (s)	$P_{C_4H_8}$ (mmHg)
0	400
2000	316
4000	248
6000	196
8000	155
10 000	122

14.13 La seguente reazione in fase gas è stata studiata a 290 °C osservando la variazione di pressione in funzione del tempo in un contenitore a volume costante:

$$ClCO_2CCl_3(g) \longrightarrow 2COCl_2(g)$$

Determinare l'ordine di reazione e la costante di velocità in base ai seguenti dati:

Tempo (s)	P (mmHg)
0	15,76
181	18,88
513	22,79
1164	27,08

dove P è la pressione totale.

14.3 Leggi cinetiche integrate

14.14 Qual è il tempo di dimezzamento di un composto se il 75% di un dato campione decompone in 60 min? Si ipotizzi una cinetica del primo ordine.

14.15 Una certa reazione del primo ordine è completa al 35,5% in 49 min a 298 K. Qual è la costante cinetica a questa temperatura?

14.16 La decomposizione termica della fosfina (PH_3) in fosforo e idrogeno molecolare è una reazione del primo ordine:

$$4PH_3(g) \longrightarrow P_4(g) + 6H_2(g)$$

Il tempo di dimezzamento della reazione è 35,0 s a 680 °C. Calcolare: (a) la costante cinetica del primo ordine della reazione, (b) il tempo richiesto perché il 95% della fosfina decomponga.

14.17 La costante cinetica per la reazione del secondo ordine

$$2NOBr(g) \longrightarrow 2NO(g) + Br_2(g)$$

è 0,80 M^{-1} s^{-1} a 10 °C. (a) Partendo con una concentrazione di 0,086 M, calcolare la concentrazione di NOBr dopo 22 s. (b) Calcolare il tempo di dimezzamento quando $[NOBr]_0 = 0,072$ M e quando $[NOBr]_0 = 0,054$ M.

14.18 La costante cinetica della reazione del secondo ordine

$$2NO_2(g) \longrightarrow 2NO(g) + O_2(g)$$

è 0,54 M^{-1} s^{-1} a 300 °C. Quanto tempo (in secondi) è necessario perché la concentrazione di NO_2 diminuisca da 0,62 M a 0,28 M?

14.19 Se il tempo di dimezzamento di una reazione di ordine zero è 200 s, quale sarà la durata del successivo tempo di dimezzamento?

14.20 Una reazione A + B $\longrightarrow$ C è del primo ordine sia rispetto ad A che rispetto a B e del secondo ordine complessivo con una costante cinetica di 0,0500 M^{-1} s^{-1}. Se la concentrazione iniziale di A è 1,00 M, la concentrazione iniziale di B è 0,500 M, e non c'è prodotto all'inizio, qual è la concentrazione del prodotto C dopo 2 minuti? Dopo 10 minuti?

14.21 L'acqua è un elettrolita molto debole che si dissocia nel modo seguente (autoionizzazione):

$$H_2O(l) \underset{k_{-1}}{\overset{k_1}{\rightleftharpoons}} H^+(aq) + OH^-(aq)$$

(a) Se $k_1 = 2,3 \times 10^{-5}$ s^{-1} e $k_{-1} = 1,3 \times 10^{11}$ M^{-1} s^{-1}, calcolare il valore della costante di equilibrio $K = [H^+][OH^-]/[H_2O]$.

(b) Calcolare il prodotto $[H^+][OH^-]$ e $[H^+]$ e $[OH^-]$.

14.22 Si consideri la seguente reazione, che si attua in un solo passaggio elementare:

$$2A + B \underset{k_{-1}}{\overset{k_1}{\rightleftharpoons}} A_2B$$

Se la costante di equilibrio K_c è 12,6 a una certa temperatura e k_{-1} è $5,1 \times 10^{-2}$ s^{-1}, calcolare il valore di k_1.

14.4 Equazione di Arrhenius

14.23 La variazione della costante cinetica con la temperatura per una reazione del primo ordine

$$2N_2O_5(g) \longrightarrow 2N_2O_4(g) + O_2(g)$$

è riportata nella tabella. Determinare graficamente l'energia di attivazione della reazione.

T (K)	k (s^{-1})
298	$1,74 \times 10^{-5}$
308	$6,61 \times 10^{-5}$
318	$2,51 \times 10^{-4}$
328	$7,59 \times 10^{-4}$
338	$2,40 \times 10^{-3}$

14.24 Date le stesse concentrazioni dei reagenti, la reazione

$$CO(g) + Cl_2(g) \longrightarrow COCl_2(g)$$

a 250 °C è $1,50 \times 10^3$ volte più veloce della stessa reazione a 150 °C. Calcolare l'energia di attivazione della reazione. Si ipotizzi che il fattore di frequenza sia costante.

14.25 Per la reazione

$$NO(g) + O_3(g) \longrightarrow NO_2(g) + O_2(g)$$

il fattore di frequenza A è $8,7 \times 10^{12}$ s^{-1} e l'energia di attivazione è 63 kJ mol^{-1}. Qual è la costante cinetica della reazione a 75 °C?

14.26 La costante di velocità di una reazione del primo ordine è $4,60 \times 10^{-4}$ s^{-1} a 350 °C. Se l'energia di attivazione è 104 kJ mol^{-1}, calcolare la temperatura alla quale la sua costante di velocità è $8,80 \times 10^{-4}$ s^{-1}.

14.27 Le costanti cinetiche di alcune reazioni raddoppiano ogni aumento di 10 °C di temperatura. Si ipotizzi che la reazione avvenga a 295 K e 305 K. Quale deve essere l'energia di attivazione perché la costante cinetica raddoppi come descritto?

14.28 La velocità alla quale un grillo canta è $2,0 \times 10^2$ al minuto a 27 °C ma solo 39,6 al minuto a 5 °C. Da questi dati, calcolare l'"energia di attivazione" per il processo di "canto". (*Suggerimento:* Il rapporto delle velocità è uguale al rapporto delle costanti di velocità.)

14.29 La velocità dell'idrolisi batterica del pesce è il doppio a 2,2 °C rispetto a −1,1 °C. Calcolare il valore dell'energia di attivazione di questa reazione. C'è qualche relazione con il problema della conservazione del pesce per uso alimentare? [Vedi: J.A. Campbell, Eco-Chem. *J. Chem. Ed.* 52, 390 (1975).]

14.30 La reazione in fase gas X $\longrightarrow$ Y ha un'entalpia di reazione di −64 kJ mol^{-1} e un'energia di attivazione di 22 kJ mol^{-1}. Qual è l'energia di attivazione della reazione Y $\longrightarrow$ X?

14.5 Meccanismo di reazione

14.31 La legge cinetica della reazione

$$2NO(g) + Cl_2(g) \longrightarrow 2NOCl(g)$$

è data da velocità = $k[NO][Cl_2]$. (a) Qual è l'ordine di reazione? (b) È stato proposto per questa reazione un meccanismo che coinvolge i seguenti passaggi:

$$NO(g) + Cl_2(g) \longrightarrow NOCl_2(g)$$
$$NOCl_2(g) + NO(g) \longrightarrow 2NOCl(g)$$

Se questo meccanismo è corretto, che cosa implica circa le velocità relative di questi due passaggi?

14.32 Per la reazione

$$X_2 + Y + Z \longrightarrow XY + XZ$$

si osserva che raddoppiando la concentrazione di X_2 raddoppia la velocità di reazione, triplicando la concentrazione di Y triplica la velocità e raddoppiando la concentrazione di Z non si hanno variazioni cinetiche. (a) Qual è la legge cinetica per questa reazione? (b) Perché la variazione della concentrazione di Z non ha effetto sulla velocità? (c) Suggerire un meccanismo per la reazione che sia in accordo con la legge cinetica.

14.33 La legge cinetica per la decomposizione dell'ozono a ossigeno molecolare

$$2O_3(g) \longrightarrow 3O_2(g)$$

è

$$\text{velocità} = k\frac{[O_3]^2}{[O_2]}$$

Il meccanismo proposto per questo processo è

$$O_3 \underset{k_{-1}}{\overset{k_1}{\rightleftharpoons}} O + O_2$$

$$O + O_3 \xrightarrow{k_2} 2O_2$$

(a) Derivare la legge cinetica da questi passaggi elementari ipotizzando che si stabilisca un rapido preequilibrio nel primo passaggio. Spiegare perché la velocità diminuisce all'aumentare della concentrazione dell'O_2.

(b) Ripetere la derivazione usando l'approssimazione dello stato stazionario. Cosa dice la legge cinetica sperimentale circa le grandezze relative delle costanti cinetiche in questo caso?

14.34 La legge cinetica della reazione

$$2H_2(g) + 2NO(g) \longrightarrow N_2(g) = 2H_2O(g)$$

è

$$\text{velocità} = k[H_2][NO]^2$$

Quale dei seguenti meccanismi può essere stabilito sulla base dell'espressione della velocità osservata?

Meccanismo I:

$$H_2 + NO \longrightarrow H_2O + N \text{ (lento)}$$
$$N + NO \longrightarrow N_2 + O \quad \text{(veloce)}$$
$$O + H_2 \longrightarrow H_2O \quad \text{(veloce)}$$

Meccanismo II:

$$H_2 + 2NO \longrightarrow N_2O + H_2O \text{ (lento)}$$
$$N_2O + H_2 \longrightarrow N_2 + H_2O \quad \text{(veloce)}$$

Meccanismo III:

$$2NO \rightleftharpoons N_2O_2 \quad \text{(equilibrio veloce)}$$
$$N_2O_2 + H_2 \longrightarrow N_2O + H_2O \text{ (lento)}$$
$$N_2O + H_2 \longrightarrow N_2 + H_2O \quad \text{(veloce)}$$

14.6 Velocità di reazione e catalisi

14.35 Molte reazioni, incluso le reazioni catalizzate da enzimi, procedono a maggiore velocità ad alta temperatura. Per un dato enzima, tuttavia, la velocità diminuisce notevolmente a una certa temperatura. Motivare questa osservazione.

14.36 Usare l'approssimazione del rapido preequilibrio per derivare il meccanismo di Michaelis-Menten per la catalisi enzimatica (Equazione 14.39).

Problemi supplementari

14.37 Suggerire delle tecniche sperimentali con le quali poter seguire la cinetica delle seguenti reazioni:

(a) $CaCO_3(s) \longrightarrow CaO(s) + CO_2(g)$

(b) $Cl_2(g) + 2Br^-(aq) \longrightarrow Br_2(aq) + 2Cl^-(aq)$

(c) $C_2H_6(g) \longrightarrow C_2H_4(g) + H_2(g)$

(d) $C_2H_5I(g) + H_2O(l) \longrightarrow C_2H_5OH(aq) + H^+(aq) + I^-(aq)$

14.38 Elencare quattro fattori che influenzano la velocità di reazione.

14.39 "La costante cinetica della reazione

$$NO_2(g) + CO(g) \longrightarrow NO(g) + CO_2(g)$$

è $1{,}64 \times 10^{-6}\ M^{-1}\ s$." Cosa manca a questa affermazione?

14.40 In un certo processo industriale che prevede l'utilizzo di un catalizzatore eterogeneo, il volume del catalizzatore (avente forma sferica) è 10,0 cm^3. Calcolare l'area superficiale del catalizzatore. Se la sfera è rotta in otto sfere più piccole ciascuna con volume pari a 1,25 cm^3, qual è l'area superficiale totale delle sfere? Quale delle due dimensioni geometriche del catalizzatore è più efficace? (La superficie di una sfera è $4\pi r^2$, dove r è il raggio della sfera.) In base all'analisi si spieghi perché a volte è pericoloso lavorare negli impianti silos.

14.41 Usare i dati nell'Esempio 14.4 per determinare graficamente il tempo di dimezzamento della reazione.

14.42 I dati seguenti sono stati raccolti dalla reazione fra idrogeno e ossido d'azoto a 700 °C:

$$2H_2(g) + 2NO(g) \longrightarrow 2H_2O(g) + N_2(g)$$

Esperimento	**$[H_2]$**	**$[NO]$**	**Velocità iniziale ($M\ s^{-1}$)**
1	0,010	0,025	$2{,}4 \times 10^{-6}$
2	0,0050	0,025	$1{,}2 \times 10^{-6}$
3	0,010	0,0125	$0{,}60 \times 10^{-6}$

(a) Determinare l'ordine di reazione.

(b) Calcolare la costante cinetica.

(c) Suggerire un possibile meccanismo che sia in accordo con la legge cinetica. (*Suggerimento:* Si ipotizzi che l'atomo di ossigeno sia un intermedio.)

14.43 Quando il fosfato di metile è scaldato in soluzione acida, reagisce con acqua:

$$CH_3OPO_3H_2 + H_2O \longrightarrow CH_3OH + H_3PO_4$$

Se la reazione è condotta in acqua arricchita con ^{18}O, l'isotopo 18 dell'ossigeno è trovato nell'acido fosforico prodotto ma non nel metanolo. Cosa ci suggerisce circa il meccanismo di reazione?

14.44 La cinetica della reazione

$$CH_3COOC_2H_5(aq) + H_2O(l) \longrightarrow CH_3COOH(aq) + C_2H_5OH(aq)$$

mostra caratteristiche del primo ordine, cioè velocità $= k[CH_3COOC_2H_5]$, anche se è una reazione del secondo ordine (primo ordine rispetto a $CH_3COOC_2H_5$ e primo ordine rispetto a H_2O). Spiegare.

14.45 Spiegare perché la maggior parte dei metalli usati come catalizzatori sono metalli di transizione.

14.46 La reazione $2A + 3B \longrightarrow C$ è del primo ordine rispetto ad A e rispetto a B. Quando le concentrazioni iniziali sono $[A] = 1{,}6 \times 10^{-2}\ M$ e $[B] = 2{,}4 \times 10^{-3}\ M$, la velocità è $4{,}1 \times 10^{-4}\ M\ s^{-1}$. Calcolare la costante cinetica della reazione.

14.47 La bromurazione dell'acetone è catalizzata da un acido:

$$CH_3COCH_3 + Br_2 \xrightarrow{H^+ \text{catalisi}} CH_3COCH_2Br + HBr$$

La velocità della scomparsa di bromo è stata misurata a diverse concentrazioni di acetone, bromo e ioni H^+ a una data temperatura:

Esperimento	$[CH_3COCH_3]$	$[Br_2]$	$[H^+]$	Velocità di scomparsa di Br_2 ($M\ s^{-1}$)
1	0,30	0,050	0,050	$5{,}7 \times 10^{-5}$
2	0,30	0,10	0,050	$5{,}7 \times 10^{-5}$
3	0,30	0,050	0,10	$1{,}2 \times 10^{-4}$
4	0,40	0,050	0,20	$3{,}1 \times 10^{-4}$
5	0,40	0,050	0,050	$7{,}6 \times 10^{-5}$

(a) Qual è la legge cinetica della reazione?

(b) Determinare la costante di velocità.

(c) È stato proposto il seguente meccanismo per la reazione:

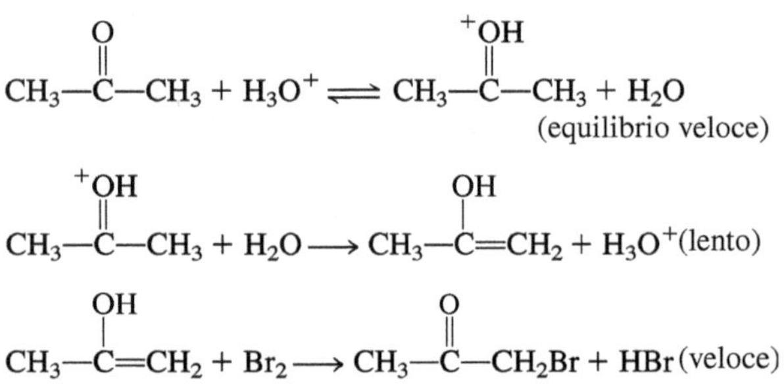

Dimostrare che la legge cinetica ottenuta dal meccanismo di reazione è in accordo con quanto osservato in (a).

14.48 La decomposizione di N_2O a N_2 e O_2 è una reazione del primo ordine. A 730 °C, il tempo di dimezzamento della reazione è $3{,}58 \times 10^3$ min. Se la pressione iniziale di N_2O è 2,10 bar a 730 °C, calcolare la pressione totale dopo un tempo di dimezzamento. Si ipotizzi il comportamento ideale dei gas e che il volume rimanga costante.

14.49 La reazione

$$S_2O_8^{2-} + 2I^- \longrightarrow 2SO_4^{2-} + I_2$$

procede lentamente in soluzione acquosa, ma può essere catalizzata dallo ione Fe^{3+}. Dato che lo ione Fe^{3+} può ossidare I^- e Fe^{2+} può ridurre $S_2O_8^{2-}$, scrivere un possibile meccanismo a due passaggi per questa reazione. Spiegare perché la reazione non catalizzata è lenta.

14.50 Le costanti cinetiche per la decomposizione del primo ordine di un composto organico in soluzione sono state misurate a diverse temperature

k (s^{-1})	$4{,}92 \times 10^{-3}$	0,0216	0,0950	0,326	1,15
T (°C)	5,0	15	25	35	45

Determinare graficamente il fattore preesponenziale e l'energia di attivazione della reazione.

14.51 Un contenitore contiene due composti A e B. Entrambi i composti decompongono secondo una cinetica del primo ordine. I tempi di dimezzamento sono 50,0 min per A e 18,0 min per B. Se le concentrazioni di A e di B sono uguali inizialmente, quanto tempo ci vuole perché la concentrazione di A sia il quadruplo di quella di B?

14.52 Facendo riferimento all'Esempio 14.4, spiegare come si potrebbe misurare la pressione parziale dell'azometano in funzione del tempo.

14.53 La legge cinetica della reazione

$$2NO_2(g) \longrightarrow N_2O_4(g)$$

è velocità $= k[NO_2]^2$. Quale delle seguenti variazioni fanno cambiare il valore di k? (a) Raddoppiare la pressione di NO_2. (b) Far avvenire la reazione in un solvente organico. (c) Raddoppiare il volume del contenitore. (d) Diminuire la temperatura. (e) Usare un catalizzatore.

14.54 Considerare le seguenti reazioni parallele

$$A \xrightarrow{k_1} B$$

$$A \xrightarrow{k_2} C$$

Le energie di attivazione sono 27,2 kJ mol^{-1} per k_1 e 49,6 kJ mol^{-1} per k_2. A quale temperatura $k_1/k_2 = 1{,}50$ dato che le costanti cinetiche sono identiche a 400 K.

14.55 Si considerino le reazioni parallele del Problema 14.54. Se $[A]_0$ è la concentrazione iniziale di A, determinare il rapporto [B]/[C] a completezza della reazione in termini di costanti di velocità k_1 e k_2, assumendo che B e C non siano inizialmente presenti.

14.56 La reazione di G_2 con E_2 per formare 2EG è esotermica, e la reazione di G_2 con X_2 per formare 2XG è endotermica. L'energia di attivazione della reazione esotermica è maggiore di quella della reazione endotermica. Disegnare su uno stesso grafico il profilo energetico per queste due reazioni.

14.57 Commentare brevemente l'effetto di un catalizzatore su: (a) energia di attivazione, (b) meccanismo di reazione, (c) entalpia di reazione, (d) velocità del passaggio diretto, (e) velocità del passaggio inverso.

14.58 Quando 6 g di Zn in grani vengono aggiunti a una soluzione 2 M di HCl a temperatura ambiente, si forma idrogeno gassoso. Per ciascuna delle seguenti variazioni (a volume di acido costante), stabilire se la velocità di formazione di idrogeno aumenta, diminuisce o rimane invariata: (a) si usano 6 g di Zn in polvere; (b) si usano 4 g di Zn in polvere; (c) si usa una soluzione 2 M di acido acetico invece che HCl; (d) si aumenta la temperatura a 40 °C.

14.59 La legge cinetica derivata per la reazione nel Problema 14.42 si applica solo in alcune condizioni di H_2. La legge cinetica generale della reazione ha quella forma quando k_1 e k_2 sono costanti. Derivare le espressioni della legge cinetica in condizioni di concentrazione di idrogeno molto alta e molto bassa. Il risultato del Problema 14.42 è in accordo con una delle leggi cinetiche indicate?

14.60 La decomposizione del pentossido di diazoto

$$2N_2O_5 \longrightarrow 4NO_2 + O_2$$

è stata studiata in tetracloruro di carbonio (CCl_4) come solvente a un certo valore di temperatura e sono stati ottenuti i seguenti risultati:

$[N_2O_5]$	Velocità iniziale (M s^{-1})
0,92	$0{,}95 \times 10^{-5}$
1,23	$1{,}20 \times 10^{-5}$
1,79	$1{,}93 \times 10^{-5}$
2,00	$2{,}10 \times 10^{-5}$
2,21	$2{,}26 \times 10^{-5}$

Determinare graficamente la legge cinetica della reazione e calcolare la costante cinetica.

14.61 La decomposizione termica di N_2O_5 segue una cinetica del primo ordine. A 45 °C, un diagramma di ln $[N_2O_5]$ in funzione di t dà una pendenza di $6{,}18 \times 10^{-4}$ min^{-1}. Qual è il tempo di dimezzamento della reazione?

14.62 Quando una miscela di metano e bromo è esposto alla luce avviene la seguente reazione lenta:

$$CH_4(g) + Br_2(g) \longrightarrow CH_3Br(g) + HBr(g)$$

Suggerire un meccanismo ragionevole per questa reazione. (*Suggerimento:* I vapori di bromo sono rosso bruni; il metano è incolore.)

14.63 La velocità di reazione fra H_2 e I_2 per formare HI (discussa nel Paragrafo 14.5.2) aumenta all'aumentare dell'intensità della luce visibile. (a) Spiegare perché questo fatto avvalora l'ipotesi del meccanismo a due passaggi. (b) Spiegare perché la luce visibile non ha effetti sulla formazione di atomi di H.

14.64 Considerare il seguente passaggio elementare:

$$X + 2Y \longrightarrow XY_2$$

(a) Scrivere la legge cinetica per questa reazione.

(b) Se la velocità iniziale di formazione di XY_2 è $3{,}8 \times 10^{-3}$ M s^{-1} e le concentrazioni iniziali di X e Y sono 0,26 M e 0,88 M, rispettivamente, qual è la costante cinetica della reazione?

14.65 Negli ultimi anni, l'ozono nella stratosfera si è ridotto a velocità notevole e allarmante a causa dei clorofluorocarburi (CFC). Una molecola di CFC come $CFCl_3$ viene decomposta dalla radiazione UV:

$$CFCl_3 \longrightarrow CFCl_2 + Cl$$

Il radicale cloro reagisce con l'ozono nel modo seguente:

$$Cl + O_3 \longrightarrow ClO + O_2$$
$$ClO + O \longrightarrow Cl + O_2$$

(a) Scrivere la reazione totale degli ultimi due passaggi.

(b) Qual è il ruolo di Cl e di ClO?

(c) Perché il radicale fluoro non è importante in questo meccanismo?

(d) Un suggerimento per ridurre la concentrazione del radicale cloro è di aggiungere idrocarburi come l'etano (C_2H_6) alla stratosfera. Perché?

(e) Disegnare l'energia potenziale in funzione del cammino di reazione per la reazione della distruzione dell'ozono catalizzata (da Cl) e non catalizzata: $O_3 + O \longrightarrow 2O_2$. Usare i dati termodinamici riportati in Appendice 2 per determinare se la reazione è esotermica o endotermica.

14.66 L'ossido di cloro (ClO), che gioca un ruolo importante nella distruzione dell'ozono nella stratosfera (si veda il Problema 14.65), decade rapidamente a temperatura ambiente in accordo con la seguente equazione

$$2ClO(g) \longrightarrow Cl_2(g) + O_2(g)$$

Dai dati seguenti, determinare l'ordine di reazione e calcolare la costante cinetica della reazione.

Tempo (s)	[ClO] (M)
$0{,}12 \times 10^{-3}$	$8{,}49 \times 10^{-6}$
$0{,}96 \times 10^{-3}$	$7{,}10 \times 10^{-6}$
$2{,}24 \times 10^{-3}$	$5{,}79 \times 10^{-6}$
$3{,}20 \times 10^{-3}$	$5{,}20 \times 10^{-6}$
$4{,}00 \times 10^{-3}$	$4{,}77 \times 10^{-6}$

14.67 Un composto X subisce due reazioni *parallele* del primo ordine del tipo: X $\longrightarrow$ Y con costante cinetica k_1 e X $\longrightarrow$ Z con costante cinetica k_2. Il rapporto di k_1/k_2 a 40 °C è 8,0. Qual è il rapporto a 300 °C? Si ipotizzi che il fattore di frequenza delle due reazioni sia lo stesso.

14.68 Si consideri un'auto dotata di marmitta catalitica. I primi 5 min dopo l'accensione sono quelli nei quali si produce più inquinamento. Perché?

14.69 (a) Cosa si può dedurre circa l'energia di attivazione di una reazione se la sua costante cinetica varia significativamente con un piccolo cambiamento di temperatura? (b) Se si ha una reazione bimolecolare ogni volta che una molecola di A e una di B collidono, cosa si può dire circa il fattore di orientazione e l'energia di attivazione della reazione?

14.70 La legge cinetica della reazione

$$CO(g) + NO_2(g) \longrightarrow CO_2(g) + NO(g)$$

è

$$\text{velocità} = k[NO_2]^2$$

Suggerire un meccanismo plausibile per la reazione, dato che la specie instabile NO_3 è un intermedio.

14.71 Molte reazioni che coinvolgono dei catalizzatori eterogenei sono di ordine zero, cioè velocità = k. Un esempio è la decomposizione di fosfina (PH_3) su volframio (W):

$$PH_3(g) \longrightarrow P_4(g) + 6H_2(g)$$

Si è visto che la reazione è indipendente da $[PH_3]$ fintanto che la pressione della fosfina è sufficientemente alta ($\geq$ 1 bar). Spiegare.

14.72 Il tallio (I) viene ossidato dal cerio (IV) nel modo seguente:

$$Tl^+ + 2Ce^{4+} \longrightarrow Tl^{3+} + 2Ce^{3+}$$

I passaggi elementari, in presenza di Mn (II), sono i seguenti:

$$Ce^{4+} + Mn^{2+} \longrightarrow Ce^{3+} + Mn^{3+}$$

$$Ce^{4+} + Mn^{3+} \longrightarrow Ce^{3+} + Mn^{4+}$$

$$Tl^+ + Mn^{4+} \longrightarrow Tl^{3+} + Mn^{2+}$$

(a) Identificare il catalizzatore, gli intermedi e il passaggio determinante la velocità se la legge cinetica è velocità $= k[Ce^{4+}][Mn^{2+}]$.

(b) Spiegare perché la reazione è lenta senza catalizzatore. (c) La catalisi è omogenea o eterogenea?

14.73 Il saccarosio ($C_{12}H_{22}O_{11}$), comunemente chiamato zucchero da tavola, subisce idrolisi per produrre fruttosio ($C_6H_{12}O_6$) e glucosio ($C_6H_{12}O_6$):

$$\underset{\text{saccarosio}}{C_{12}H_{22}O_{11}} + H_2O \longrightarrow \underset{\text{fruttosio}}{C_6H_{12}O_6} + \underset{\text{glucosio}}{C_6H_{12}O_6}$$

Questa reazione è di notevole importanza nell'industria delle caramelle per almeno due ragioni. Primo, il fruttosio è più dolce del saccarosio per cui si può ottenere lo stesso livello di dolcezza con minore quantità di fruttosio che di saccarosio. Secondo, una miscela di fruttosio e di glucosio, chiamata *zucchero invertito,* non cistallizza, per cui le caramelle contenenti questo zucchero rimangono più gommose di quelle contenenti cristalli di saccarosio. (a) Dai dati seguenti, si determini l'ordine di reazione. (b) Quanto tempo ci vuole per idrolizzare il 95% del saccarosio? (c) Spiegare perché la legge cinetica non include $[H_2O]$ anche se l'acqua è un reagente.

Tempo (min)	$[C_{12}H_{22}O_{11}]$ (*M*)
0	0,500
60,0	0,400
96,4	0,350
157,5	0,280

14.74 La costante cinetica per la reazione del primo ordine della decomposizione dell'etere dimetilico

$$(CH_3)_2O(g) \longrightarrow CH_4(g) + H_2(g) + CO(g)$$

è $3,2 \times 10^{-4}$ s^{-1} a 450 °C. La reazione avviene in un contenitore a volume costante. Inizialmente è presente solo etere dimetilico e la pressione è 0,350 bar. Qual è la pressione del sistema dopo 8,0 min? Si consideri il comportamento ideale dei gas.

14.75 Il polietilene è usato in molti campi, tubazioni idriche, bottiglie, isolanti elettrici, giocattoli e buste postali. È un *polimero,* una molecola con una massa molare molto alta ottenuta unendo molte molecole di etilene tra loro. (L'etilene è l'unità di base, monomero, del polietilene.) Il passaggio iniziale è

$$R_2 \xrightarrow{k_i} 2R\cdot \qquad \text{inizio}$$

La specie R· (detta radicale) reagisce con una molecola di etilene (M) per generare un altro radicale

$$R\cdot + M \longrightarrow M_1\cdot$$

La reazione di M_1 con un altro monomero porta alla crescita (o propagazione) della catena polimerica:

$$M_1\cdot + M \xrightarrow{k_p} M_2\cdot \qquad \text{(propagazione)}$$

Questo passaggio può essere ripetuto per centinaia di unità monomeriche. La propagazione termina quando due radicali si combinano

$$M'\cdot + M''\cdot \xrightarrow{k_t} M'\text{—}M'' \qquad \text{(terminazione)}$$

(a) L'iniziatore solitamente utilizzato nei processi di polimerizzazione dell'etilene è il perossido di benzoile $[(C_6H_5COO)_2]$:

$$(C_6H_5COO)_2 \longrightarrow 2C_6H_5COO\cdot$$

Questa è una reazione del primo ordine. Il tempo di dimezzamento del perossido di benzoile a 100 °C è 19,8 min. Calcolare la costante cinetica (in min^{-1}) della reazione.

(b) Se il tempo di dimezzamento del perossido di benzoile è 7,30 h (438 min) a 70 °C, qual è l'energia di attivazione (in kJ mol^{-1}) per la decomposizione del perossido di benzoile?

(c) Scrivere le leggi cinetiche per i passaggi elementari nella polimerizzazione dell'etilene, e identificare il reagente, il prodotto e gli intermedi.

(d) Quale condizione favorisce la crescita di polietilene a catena lunga e ad alta massa molare?

14.76 Considerare i seguenti passaggi elementari per una reazione consecutiva:

$$A \xrightarrow{k_1} B \xrightarrow{k_2} C$$

(a) Scrivere un'espressione per la velocità della variazione di B.

(b) Ottenere un'espressione della concentrazione di B nella condizione dello stato stazionario, cioè quando B si decompone a C alla stessa velocità con cui si forma da A.

(c) Confrontare l'espressione ottenuta in (b) con l'Equazione 14.16 vista nel Paragrafo 14.3.

14.77 L'etanolo è una sostanza tossica che, quando consumata in eccesso, può danneggiare le funzioni respiratorie e cardiache interferendo con i neurotrasmettitori del sistema nervoso. Nel corpo umano, l'etanolo è metabolizzato dall'enzima idrogenasi alcolica ad acetaldeide, che causa la cosiddetta "sbornia." (a) In base alle conoscenze acquisite di cinetica chimica, spiegare perché bere in maniera incontrollata (per esempio, consumare troppo alcol troppo in fretta) può essere fatale. (b) Il metanolo è ancora più tossico dell'etanolo. È anch'esso metabolizzato dall'idrogenasi alcolica e il prodotto, la formaldeide, può causare cecità o morte. Un antidoto all'avvelenamento da metanolo è l'etanolo. Spiegare perché.

14.78 Si considerino i profili di energia potenziale delle seguenti tre reazioni (da sinistra a destra). (a) Ordinare le velocità di reazione dalla più lenta alla più veloce. (b) Calcolare ΔH per ciascuna reazione e determinare quale reazione è esotermica e quale è endotermica. Si ipotizzi che le reazioni abbiano più o meno lo stesso fattore di frequenza.

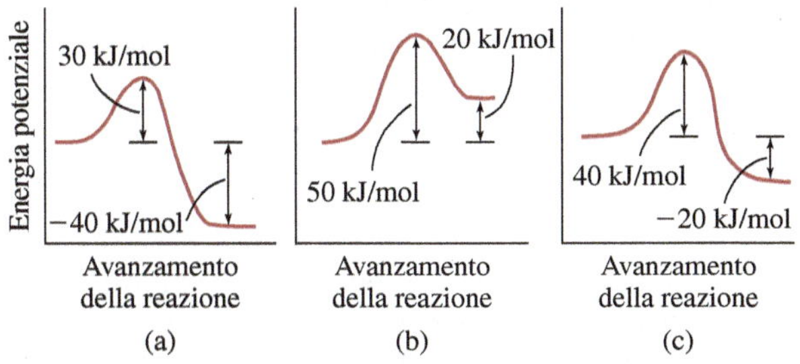

14.79 Si consideri il seguente profilo di energia potenziale per la reazione A $\longrightarrow$ D. (a) Quanti passaggi elementari ci sono? (b) Quanti intermedi si formano? (c) Quale passaggio è quello determinante la velocità di reazione? (d) La reazione totale è esotermica o endotermica?

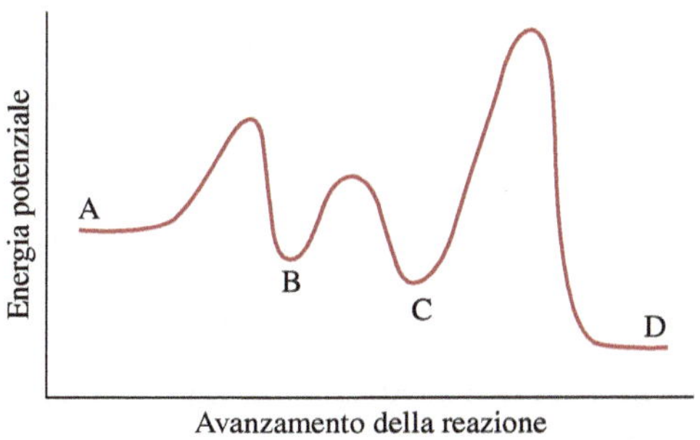

14.80 Un'industria specializzata nella raffinazione di metalli di transizione come il titanio subisce un incendio. I vigili del fuoco vengono avvisati di non estinguere l'incendio con acqua. Perché?

14.81 L'energia di attivazione per la decomposizione dell'acqua ossigenata

$$2H_2O_2(aq) \longrightarrow 2H_2O_2(l) + O_2(g)$$

è 42 kJ mol^{-1}, mentre è 7,0 kJ mol^{-1} quando è catalizzata dall'enzima catalasi. Calcolare la temperatura alla quale la reazione non catalizzata procede con la stessa velocità di quella catalizzata dall'enzima a 20 °C. Si ipotizzi che il fattore di frequenza A sia lo stesso in entrambi i casi.

14.82 Perché avvenga il metabolismo, l'ossigeno è trasportato dall'emoglobina (Hb) per formare l'ossiemoglobina (HbO_2) in accordo con l'equazione seguente semplificata

$$Hb(aq) + O_2(aq) \xrightarrow{k} HbO_2(aq)$$

dove la costante di velocità del secondo ordine è 2,1 $\times$ 10^{-6} M^{-1} s^{-1} a 37 °C. Per un adulto, la concentrazione di Hb e di O_2 nel sangue e nei polmoni è 8,0 $\times$ 10^{-6} M e 1,5 $\times$ 10^{-6} M, rispettivamente. (a) Calcolare la velocità di formazione di HbO_2. (b) Calcolare la velocità di consumo di O_2. (c) La velocità di formazione di HbO_2 aumenta a 1,4 $\times$ 10^{-4} M s^{-1} durante esercizio fisico per andare incontro alla domanda di aumentata velocità del metabolismo. Considerando che la concentrazione di Hb rimanga la stessa, quale deve essere la concentrazione di ossigeno per sostenere questa velocità di formazione di HbO_2?

14.83 A certe temperature elevate, l'ammoniaca decompone sulla superficie di volframio metallico nel modo seguente: $2NH_3 \longrightarrow N_2 + 3H_2$. Dal seguente diagramma della velocità di reazione in funzione della pressione di NH_3, proporre un meccanismo per la reazione.

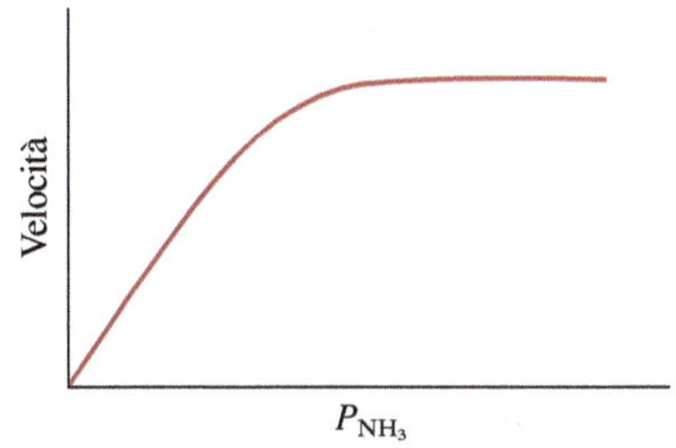

14.84 La velocità di reazione è stata seguita misurando l'assorbimento di luce da parte dei reagenti e dei prodotti in funzione della lunghezza d'onda (λ_1, λ_2, λ_3) al passare del tempo (si veda la figura seguente). Quale dei seguenti meccanismi è in accordo con i dati sperimentali?

(a) A $\longrightarrow$ B, A $\longrightarrow$ C

(b) A $\longrightarrow$ B + C

(c) A $\longrightarrow$ B, B $\longrightarrow$ C + D

(d) A $\longrightarrow$ B, B $\longrightarrow$ C

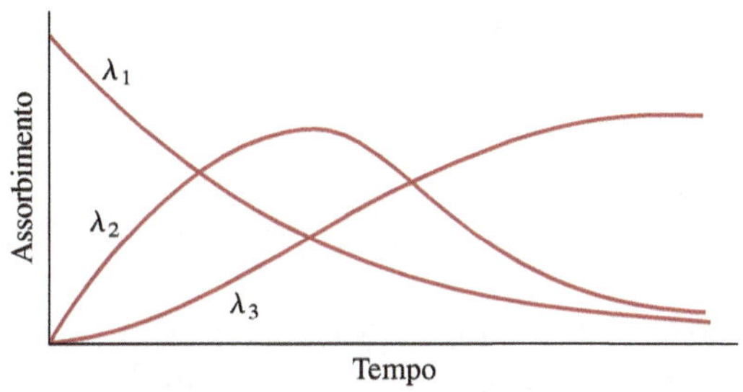

14.85 La seguente espressione mostra l'andamento del tempo di dimezzamento ($t_{\frac{1}{2}}$) di una reazione

$$A \longrightarrow B$$

Al variare della concentrazione iniziale del reagente, $[A]_0$:

$$t_{\frac{1}{2}} \propto \frac{1}{[A]_0^{n-1}}$$

dove n è l'ordine di reazione. (a) Derivare questo risultato. (b) Verificare questo risultato per una reazione di ordine zero, primo e secondo.

14.86 La costante cinetica della reazione in fase gas

$$H_2(g) + I_2(g) \longrightarrow 2HI(g)$$

è 2,42 $\times$ 10^{-2} M^{-1} s^{-1} a 400 °C. Inizialmente un campione equimolare di H_2 e di I_2 è posto in un contenitore a 400 °C e la pressione totale è 1658 mmHg. (a) Qual è la velocità iniziale (M min^{-1}) di formazione di HI? (b) Quali sono le velocità di formazione di HI e la concentrazione di HI (in molarità) dopo 10,0 min.

14.87 Una molecola di proteina, P, di massa molare $\mathcal{M}$ dimerizza quando rimane in soluzione a temperatura ambiente. Un possibile meccanismo è che prima la molecola di proteina venga denaturata (per esempio, perda la sua attività dovuta alla variazione della sua struttura) poi che dimerizzi:

$$P \xrightarrow{k} P^* \text{ (denaturata)} \qquad \text{lento}$$

$$2P^* \longrightarrow P2 \qquad \text{veloce}$$

dove l'asterisco denota una molecola di proteina denaturata. Derivare un'espressione della massa molare media (di P e di P_2), $\overline{\mathcal{M}}$, in termini di concentrazione iniziale di proteina, $[P]_0$; la concentrazione al tempo t, $[P]_t$; e $\mathcal{M}$. Descrivere come si potrebbe determinare k dalle misure della massa molare.

14.88 Quando la concentrazione di A nella reazione A $\longrightarrow$ B cambia da 1,20 M a 0,60 M, il tempo di dimezzamento aumenta da 2,0 min a 4,0 min a 25 °C. Calcolare l'ordine di reazione e la costante cinetica. (*Suggerimento:* Usare l'equazione nel Problema 14.85.)

14.89 A certe temperature elevate, l'ammoniaca decompone sulla superficie di volframio metallico nel modo seguente:

$$NH_3 \longrightarrow \tfrac{1}{2}N_2 + \tfrac{3}{2}H_2$$

I dati cinetici sono espressi come variazione di tempo di dimezzamento con la pressione iniziale di NH_3:

P (mmHg)	264	130	59	16
$t_{\frac{1}{2}}(s)$	456	228	102	60

(a) Determinare l'ordine di reazione.

(b) Come dipende l'ordine di reazione dalla pressione iniziale?

(c) Come cambia il meccanismo di reazione con la pressione. (*Suggerimento:* Usare l'equazione nel Problema 14.85.)

14.90 La conformazione a "barca" e a "sedia" del cicloesano (C_6H_{12}) si interconvertono come mostrato nella figura:

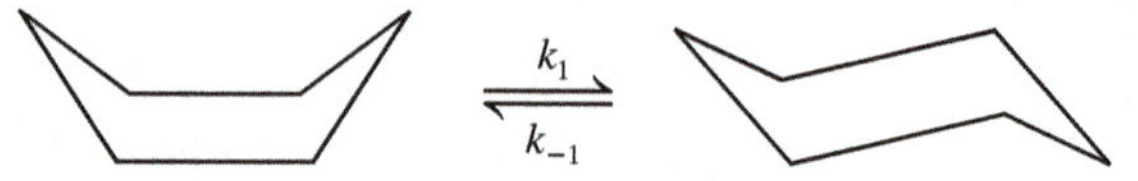

barca sedia

In questa rappresentazione, gli atomi di H sono omessi e gli atomi di C sono considerati nei punti di intersezione delle linee (legami). La conversione è del primo ordine. L'energia di attivazione per la conversione da sedia a barca è 41 kJ mol^{-1}. Se il fattore di frequenza è $1{,}0 \times 10^{12}$ s^{-1}, qual è k_1 a 298 K? La costante di equilibrio K_c per la reazione è $9{,}83 \times 10^3$ a 298 K.

14.91 L'energia di attivazione della reazione

$$N_2O(g) \longrightarrow N_2(g) + O(g)$$

è $2{,}4 \times 10^2$ kg mol^{-1} a 600 K. Calcolare la percentuale di aumento di velocità da 600 K a 606 K. Commentare la risposta.

14.92 Derivare l'Equazione 14.14 per una reazione del secondo ordine

$$A + B \longrightarrow \text{prodotti}$$

che è del primo ordine sia rispetto ad A che rispetto a B.

Soluzioni dei problemi di autovalutazione

14.1 (a) 0,013 M s^{-1}, (b) 0,013 M s^{-1} (c) $-0{,}052$ M s^{-1} **14.2** velocità = $k[S_2O_8^{-2}][I^-]$; $k = 8{,}1 \times 10^{-2}\ M^{-1}\ s^{-1}$. **14.3** (a) 66 s. (b) 29 s. **14.4** Primo ordine; $k = 1{,}4 \times 10^{-2}$ min^{-1} **14.5** $1{,}2 \times 10^3$ s **14.6** (a) 3,2 min, (b) 2,1 min **14.7** 240 kJ mol^{-1} **14.8** $k = 3{,}13 \times 10^{-9}$ s^{-1}

14.9 (a) $NO_2 + CO \longrightarrow NO + CO_2$, (b) NO_3, (c) Il primo passaggio è quello che determina la velocità di reazione.

14.10 $k = \dfrac{k_1 k_2}{k_{-1}}$; un esperimento per scoprire la presenza di C può aiutare a scegliere fra i due meccanismi proposti.

CAPITOLO

15 Chimica dei metalli di transizione

In questo capitolo si esaminano le proprietà dei metalli di transizione, cioè degli elementi che hanno orbitali *d* o *f* incompleti. Ci sono circa 50 elementi di transizione e possiedono proprietà molto diverse e affascinanti. Presentare le caratteristiche interessanti di ciascun elemento di transizione va oltre lo scopo di questo testo. Si limiterà quindi la discussione agli elementi di transizione che hanno livelli *d* incompleti e alle loro più comuni proprietà, cioè la tendenza a formare ioni complessi.

15.1 Metalli di transizione e configurazione elettronica

I metalli di trasizione hanno livelli *d* incompleti o possono dare origine a ioni con livelli *d* incompleti (Figura 15.1). (I metalli del Gruppo 2B, Zn, Cd e Hg, sono a volte considerati metalli di transizione, ma non hanno questa caratteristica nella configurazione elettronica, per cui non appartengono strettamente a questa categoria.) Questa caratteristica è responsabile di molte proprietà come il colore, la formazione di composti paramagnetici, l'attività catalitica e specialmente l'elevata tendenza a formare complessi ionici. In questo capitolo, si studieranno gli elementi della prima se-

1 1A	2 2A	3 3B	4 4B	5 5B	6 6B	7 7B	8	9 8B	10	11 1B	12 2B	13 3A	14 4A	15 5A	16 6A	17 7A	18 8A
1 **H**																	2 **He**
3 **Li**	4 **Be**											5 **B**	6 **C**	7 **N**	8 **O**	9 **F**	10 **Ne**
11 **Na**	12 **Mg**											13 **Al**	14 **Si**	15 **P**	16 **S**	17 **Cl**	18 **Ar**
19 **K**	20 **Ca**	21 **Sc**	22 **Ti**	23 **V**	24 **Cr**	25 **Mn**	26 **Fe**	27 **Co**	28 **Ni**	29 **Cu**	30 **Zn**	31 **Ga**	32 **Ge**	33 **As**	34 **Se**	35 **Br**	36 **Kr**
37 **Rb**	38 **Sr**	39 **Y**	40 **Zr**	41 **Nb**	42 **Mo**	43 **Tc**	44 **Ru**	45 **Rh**	46 **Pd**	47 **Ag**	48 **Cd**	49 **In**	50 **Sn**	51 **Sb**	52 **Te**	53 **I**	54 **Xe**
55 **Cs**	56 **Ba**	57 **La**	72 **Hf**	73 **Ta**	74 **W**	75 **Re**	76 **Os**	77 **Ir**	78 **Pt**	79 **Au**	80 **Hg**	81 **Tl**	82 **Pb**	83 **Bi**	84 **Po**	85 **At**	86 **Rn**
87 **Fr**	88 **Ra**	89 **Ac**	104 **Rf**	105 **Db**	106 **Sg**	107 **Bh**	108 **Hs**	109 **Mt**	110 **Ds**	111 **Rg**	112	113	114	115	116	(117)	118

Figura 15.1 I metalli di transizione (riquadri blu). Si noti che anche se gli elementi del Gruppo 2B (Zn, Cd, Hg) sono considerati talvolta come metalli di transizione, in realtà non contengono (né i metalli né i loro ioni) orbitali *d* incompleti.

Tabella 15.1 Configurazioni elettroniche e altre proprietà dei metalli della prima serie di transizione

	Sc	Ti	V	Cr	Mn	Fe	Co	Ni	Cu
Configurazione elettronica									
M	$4s^23d^1$	$4s^23d^2$	$4s^23d^3$	$4s^13d^5$	$4s^23d^5$	$4s^23d^6$	$4s^23d^7$	$4s^23d^8$	$4s^13d^{10}$
M^{2+}	—	$3d^2$	$3d^3$	$3d^4$	$3d^5$	$3d^6$	$3d^7$	$3d^8$	$3d^9$
M^{3+}	[Ar]	$3d^1$	$3d^2$	$3d^3$	$3d^4$	$3d^5$	$3d^6$	$3d^7$	$3d^8$
Elettronegatività	1,3	1,5	1,6	1,6	1,5	1,8	1,9	1,9	1,9
Energia (kJ mol^{-1})									
di prima ionizzazione	631	658	650	652	717	759	760	736	745
di seconda ionizzazione	1235	1309	1413	1591	1509	1561	1645	1751	1958
di terza ionizzazione	2389	2650	2828	2986	3250	2956	3231	3393	3578
Raggio (pm)									
M	162	147	134	130	135	126	125	124	128
M^{2+}	—	90	88	85	80	77	75	69	72
M^{3+}	81	77	74	64	66	60	64	—	—
Potenziale normale di riduzione (V)*	−2,08	−1,63	−1,2	−0,74	−1,18	−0,44	−0,28	−0,25	0,34

* La semireazione è $M^{2+}(aq) + 2e^- \longrightarrow M(s)$ (eccetto per Sc e Cr, dove gli ioni sono Sc^{3+} e Cr^{3+}, rispettivamente).

rie di transizione dallo scandio al rame, i più comuni metalli di transizione. La Tabella 15.1 riporta alcune delle loro proprietà.

Spostandosi da sinistra a destra nell'ambito di un periodo, il numero atomico aumenta, gli elettroni vengono inseriti negli orbitali più esterni disponibili, e la carica nucleare aumenta aggiungendo protoni. Negli elementi del terzo periodo, dal sodio all'argon, gli elettroni più esterni si schermano debolmente uno con l'altro dalla carica nucleare. Di conseguenza, il raggio atomico diminuisce rapidamente dal sodio all'argon, e le energie di ionizzazione e le elettronegatività aumentano con continuità (vedi le Figure 2.17, 2.22 e 3.39).

Per i metalli di transizione, l'andamento è diverso. In accordo con la Tabella 15.1, la carica nucleare aumenta dallo scandio al rame, ma gli elettroni vengono aggiunti ai livelli più interni $3d$. Questi elettroni $3d$ schermano gli elettroni $4s$ dall'aumentata carica nucleare in modo più efficace di quanto essi non si schermino tra loro, per cui il raggio ionico diminuisce meno pronunciatamente. Per la stessa ragione, le elettronegatività e le energie di ionizzazione aumentano solo leggermente dallo scandio fino al rame in confronto con l'aumento delle stesse proprietà dal sodio all'argon.

Anche se i metalli di transizione sono meno elettropositivi (più elettronegativi) rispetto ai metalli alcalini e alcalino terrosi, i loro potenziali standard di riduzione suggeriscono che tutti loro, tranne il rame, reagiscano con acidi forti come acido cloridrico per produrre idrogeno gassoso. Tuttavia, molti metalli di transizione sono inerti agli acidi o reagiscono lentamente a causa della formazione di uno strato protettivo di ossido. Un esempio importante è il cromo: nonostante un potenziale standard di riduzione negativo, esso è piuttosto inerte chimicamente a causa della formazione sulla sua superficie di ossido di cromo (III) (Cr_2O_3). Di conseguenza, il cromo è comunemente usato come materiale ricoprente su altri metalli e protettivo contro la corrosione. Sui paraurti delle automobili, il cromo ha sia funzioni decorative che protettive.

15.1.1 Proprietà fisiche generali

La maggior parte dei metalli di transizione ha raggio atomico relativamente piccolo e un impacchettamento compatto (vedi la Figura 6.28), nel quale ciascun atomo ha numero

Tabella 15.2 Proprietà fisiche degli elementi dal K allo Zn

	1A	2A	Metalli di transizione									2B
	K	Ca	Sc	Ti	V	Cr	Mn	Fe	Co	Ni	Cu	Zn
Raggio atomico (pm)	235	197	162	147	134	130	135	126	125	124	128	138
Punto di fusione (°C)	63,7	838	1539	1668	1900	1875	1245	1536	1495	1453	1083	419,5
Punto di ebollizione (°C)	760	1440	2730	3260	3450	2665	2150	3000	2900	2730	2595	906
Densità (g cm^{-3})	0,86	1,54	3,0	4,51	6,1	7,19	7,43	7,86	8,9	8,9	8,96	7,14

di coordinazione 12. L'effetto combinato della piccola dimensione atomica e dell'impacchettamento compatto si traduce in forti legami metallici. Quindi, i metalli di transizione hanno più elevate densità, più alti punti di fusione e di ebollizione e più alti calori di fusione e di vaporizzazione rispetto ai metalli dei Gruppi 1A, 2A e 2B (Tabella 15.2).

15.1.2 Configurazioni elettroniche

Le configurazioni elettroniche dei metalli della prima serie di transizione sono state discusse nel Paragrafo 2.2. Il calcio ha configurazione elettronica [Ar]$4s^2$. Dallo scandio fino al rame, gli elettroni vengono aggiunti agli orbitali $3d$. Quindi, la configurazione elettronica esterna dello scandio è $4s^2 3d^1$, quella del titanio è $4s^2 3d^2$ e così via. Le due eccezioni sono il cromo e il rame, le cui strutture elettroniche sono $4s^1 3d^5$ e $4s^1 3d^{10}$, rispettivamente. Queste irregolarità sono il risultato della maggiore stabilità che proviene dal riempimento completo o esattamente a metà degli orbitali $3d$.

Quando i metalli della prima serie di transizione formano cationi, gli elettroni vengono sottratti dall'orbitale $4s$ e successivamente dagli orbitali $3d$. (Questo è l'opposto dell'ordine con il quale gli orbitali vengono riempiti negli atomi.) Per esempio, la configurazione elettronica di Fe^{2+} è $3d^6$ e non $4s^2 3d^4$.

15.1.3 Stati di ossidazione

I metalli di transizione danno origine a composti con diversi stati di ossidazione. La Figura 15.2 mostra che i numeri di ossidazione più comuni per ciascun elemento dallo scandio al rame sono +2, +3 o entrambi. Il numero di ossidazione +3 è più sta-

Sc	Ti	V	Cr	Mn	Fe	Co	Ni	Cu
				+7				
			+6	+6	+6			
		+5	+5	+5	+5			
	+4	+4	+4	+4	+4	+4		
+3	+3	+3	+3	+3	+3	+3	+3	+3
	+2	+2	+2	+2	+2	+2	+2	+2
								+1

Figura 15.2 Stati di ossidazione dei metalli della prima serie di transizione. I numeri di ossidazione più stabili sono indicati in colore. Lo stato di ossidazione zero si trova in alcuni composti, come $Ni(CO)_4$ e $Fe(CO)_5$.

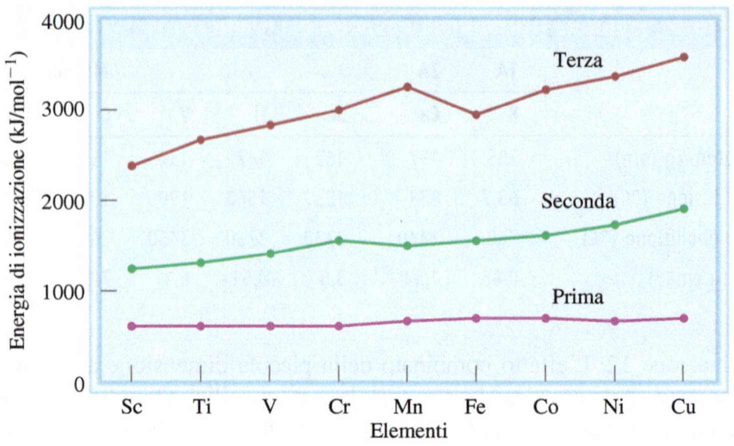

Figura 15.3 Andamento delle energie di prima, seconda e terza ionizzazione dei metalli della prima serie di transizione.

bile all'inizio della serie, mentre il numero di ossidazione +2 è più stabile verso la fine. Per capire questo andamento, bisogna esaminare i diagrammi delle energie potenziali in Figura 15.3. In generale, le energie di ionizzazione aumentano gradatamente da sinistra a destra. Tuttavia, l'energia di terza ionizzazione (quando un elettrone è allontanato dall'orbitale 3*d*) aumenta più rapidamente dell'energia di prima e seconda ionizzazione. Siccome ci vuole più energia per allontanare il terzo elettrone nei metalli verso la fine del periodo rispetto a quelli che si trovano nella prima parte del periodo, i metalli verso la fine tendono a formare cationi M^{2+} piuttosto che cationi M^{3+}.

Il più alto numero di ossidazione per un metallo di transizione, il manganese ($4s^2 3d^5$), è +7. Per elementi alla destra di Mn (dal Fe al Cu), i numeri di ossidazione sono più bassi. I metalli di transizione di solito esibiscono i loro più elevati numeri di ossidazione in composti con elementi molto elettronegativi come l'ossigeno e il fluoro. Esempi sono V_2O_5, CrO_3 e Mn_2O_7.

15.1.4 Caratteristiche chimiche del ferro e del rame

La Figura 15.4 mostra campioni dei metalli della prima serie di transizione. Qui si riassumono brevemente le caratteristiche chimiche di due elementi, il ferro e il rame, ponendo particolare attenzione alla loro ritrovabilità, preparazione, utilizzo e ai loro importanti composti.

Ferro

Dopo l'alluminio, il ferro è il metallo più abbondante sulla crosta terrestre (6,2% in massa). Si trova in numerosi minerali; alcuni particolarmente importanti dal punto di vista economico sono l'*ematite* (Fe_2O_3), la *siderite* ($FeCO_3$) e la *magnetite* (Fe_3O_4) (Figura 15.5). Il ferro puro è grigio e non è particolarmente duro. Il suo catione è essenziale nei sistemi viventi poiché si lega in maniera reversibile all'ossigeno nell'emoglobina, la proteina del sangue che trasporta l'ossigeno dai polmoni al resto dei tessuti nel corpo.

Il ferro reagisce con acido cloridrico per dare idrogeno gassoso:

$$Fe(s) + 2H^+(aq) \longrightarrow Fe^{2+}(aq) + H_2(g)$$

L'acido solforico concentrato e l'acido nitrico ossidano il metallo a ione Fe^{3+}, mentre l'acido nitrico concentrato rende il metallo "passivo" formando un leggero strato di Fe_3O_4 sulla superficie. Una delle reazioni più note del ferro è la formazione della ruggine. I due stati di ossidazione del ferro sono +2 e +3. I composti di ferro (II) includono FeO (nero), $FeSO_4 \cdot 7H_2O$ (verde), $FeCl_2$ (giallo) e FeS (nero). In presenza di ossigeno, gli ioni Fe^{2+} in soluzione sono facilmente ossidati a ioni Fe^{3+}. L'ossido di ferro (III) è rosso scuro e il cloruro di ferro (III) è marrone scuro.

Rame

Il rame, metallo più raro del ferro ($6{,}8 \times 10^{-3}$ percento in massa), si trova in natura sia in stato di ossidazione zero che in minerali come la calcopirite ($CuFeS_2$) (Fi-

Figura 15.4 I metalli della prima serie di transizione.

gura 15.6). Il metallo dal tipico colore rossastro si ricava per arrostimento del minerale per ottenere Cu_2S e poi rame metallico:

$$2CuFeS_2(s) + 4O_2(g) \longrightarrow Cu_2S(s) + 2FeO(s) + 3SO_2(g)$$

$$Cu_2S(s) + O_2(g) \longrightarrow 2Cu(l) + SO_2(g)$$

Il rame impuro può essere purificato per elettrolisi. Dopo l'argento, che è troppo costoso per essere utilizzato su larga scala, il rame è il metallo con la più alta conducibilità elettrica. È anche un buon conduttore termico. Il rame è utilizzato nelle leghe, nei cavi elettrici, negli impianti idraulici e nel conio delle monete.

Il rame reagisce solo con acido solforico concentrato caldo e con acido nitrico. I suoi due più importanti stati di ossidazione sono +1 e +2. Il numero di ossidazione +1 è meno stabile e disproporziona in soluzione:

$$2Cu^{+}(aq) \longrightarrow Cu(s) + Cu^{2+}(aq)$$

Tutti i composti di Cu (I) sono diamagnetici e incolori eccetto Cu_2O, che è rosso. I composti di Cu (II) sono tutti paramagnetici e colorati. Lo ione Cu^{2+} idratato (acquoione) è blu. Alcuni composti importanti di Cu (II) sono CuO (nero), $CuSO_4 \cdot 5H_2O$ (blu) e CuS (nero).

Figura 15.5 La magnetite, minerale di ferro (Fe_3O_4).

Figura 15.6 La calcopirite, minerale di rame ($CuFeS_2$).

15.2 Metalli di transizione e composti di coordinazione

Si ricordi che uno ione complesso contiene uno ione metallico centrale legato a uno o più ioni o molecole (si veda il Paragrafo 11.7).

I metalli di transizione hanno forte tendenza a formare ioni complessi. Un ***composto di coordinazione*** *è fatto tipicamente da uno ione complesso e da un controione.* (Alcuni composti di coordinazione come il $Fe(CO)_5$ non contengono ioni complessi.) Molto di quello che noi ora conosciamo circa i composti di coordinazione proviene dallo studio e dal lavoro fatto da Alfred Werner.[1] Nel 1893, a 26 anni, Werner propose quella che ora è nota come *teoria di Werner della coordinazione.*

I chimici del XIX secolo non riuscivano a spiegare alcune reazioni che sembravano violare la teoria del guscio di valenza. Per esempio, le sfere di valenza degli elementi nel cloruro di cobalto (III) e nell'ammoniaca sembrano essere soddisfatte, invece queste due sostanze reagiscono per formare un composto stabile avente formula $CoCl_3 \cdot 6NH_3$. Per spiegare questo comportamento, Werner postulò che molti elementi esibiscono due tipi di valenza: la *valenza primaria* e la *valenza secondaria.* Nella moderna terminologia, la valenza primaria corrisponde al numero di ossidazione e la valenza secondaria al numero di coordinazione dell'elemento. Nel $CoCl_3 \cdot 6NH_3$, in accordo con Werner, il cobalto ha una valenza primaria di +3 e una valenza secondaria di +6.

Oggi si usa la formula $[Co(NH_3)_6]Cl_3$ per indicare che le molecole di ammoniaca e l'atomo di cobalto formano uno ione complesso; gli ioni cloruri non fanno parte del complesso ma sono legati a esso da forze elettrostatiche. Molti, ma non tutti, i metalli che danno origine a composti di coordinazione sono metalli di transizione.

Le molecole o ioni che circondano il metallo in uno ione complesso sono chiamati ***leganti*** (Tabella 15.3). Ciascun legante ha almeno una coppia di elettroni di valenza, come mostrano i seguenti esempi:

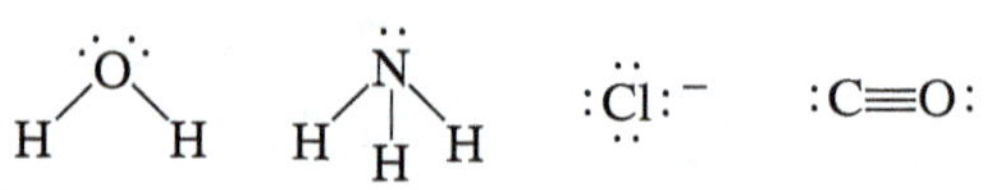

I leganti, quindi, agiscono come basi di Lewis (vedi il Paragrafo 3.4), donando una o più coppie elettroniche al metallo. D'altra parte, l'atomo del metallo di transizione (sia nel suo stato neutro che carico positivamente) agisce da acido di Lewis, accettando (e condividendo) coppie di elettroni dei leganti. Come risultato, i legami metallo-legante sono di solito legami covalenti coordinativi (vedi il Paragrafo 3.4).

L'atomo nel legante che è legato direttamente al metallo è detto ***atomo donatore***. Per esempio, l'azoto è l'atomo donatore del legante NH_3 nello ione complesso $[Cu(NH_3)_4]_2$. Il ***numero di coordinazione*** nei composti di coordinazione è *il numero di atomi donatori che circondano l'atomo metallico centrale in uno ione complesso.* Per esempio, il numero di coordinazione di Ag in $[Ag(NH_3)_2]^+$ è 2, di Cu^{2+} in $[Cu(NH_3)_4]^{2+}$ è 4 e di Fe^{3+} in $[Fe(CN)_6]^{3-}$ è 6. I numeri di coordinazione più comuni sono 4 e 6, ma altri numeri di coordinazione, come 2 o 5, sono pure noti.

Nel reticolo cristallino, il numero di coordinazione di un atomo (o ione) è definito come il numero di atomi vicini (o ioni) che circondano l'atomo (o ione).

A seconda del numero di atomi donatori presenti, i leganti sono classificati come *monodentati, bidentati* o *polidentati* (si veda la Tabella 15.3). H_2O e NH_3 sono leganti monodentati poiché hanno ciascuno un solo atomo donatore. L'etilendiammina (a volte abbreviata con il termine "en") è un legante bidentato:

$$H_2\ddot{N}—CH_2—CH_2—\ddot{N}H_2$$

I due atomi di azoto possono coordinarsi all'atomo metallico come mostrato in Figura 15.7.

I leganti bidentati e polidentati sono anche detti ***agenti chelanti*** poiché *possono legarsi all'atomo di metallo come una tenaglia o una chela* (dal greco *chele,* che significa appunto "chela"). Lo ione etilendiamminatetraacetato (EDTA) è un legante polidentato utilizzato nel trattamento dell'avvelenamento da metalli (si veda la Fi-

---

[1] Alfred Werner (1866-1919). Chimico svizzero. Werner iniziò come chimico organico ma si interessò di chimica di coordinazione. Per la sua teoria sui composti di coordinazione, fu insignito del Premio Nobel in chimica nel 1913.

Tabella 15.3 Alcuni leganti comuni

Nome	Struttura
	Leganti monodentati
Ammoniaca	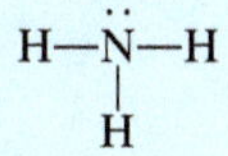
Monossido di carbonio	:C≡O:
Ione cloruro	:C̈l:⁻
Ione cianuro	[:C≡N:]⁻
Ione tiocianato	[:S̈—C≡N:]⁻
Acqua	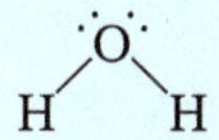
	Leganti bidentati
Etilendiammina	$H_2\ddot{N}—CH_2—CH_2—\ddot{N}H_2$
Ione ossalato	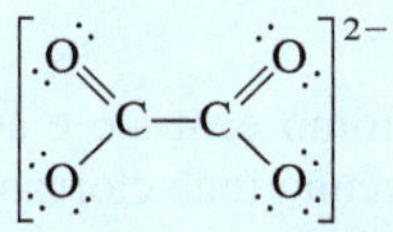
	Leganti polidentati
Ione etilendiamminatetraacetato (EDTA)	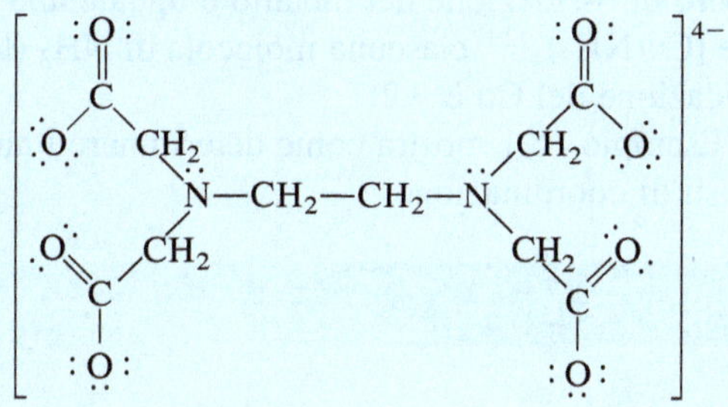

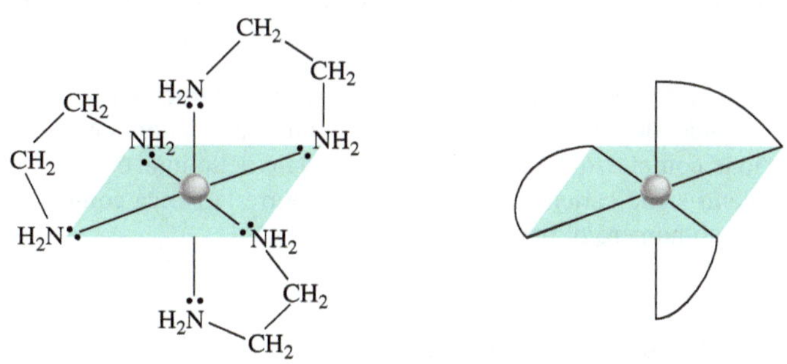

(a) (b)

Figura 15.7 (a) Struttura di un complesso metallico con l'etilendiammina. Ciascuna molecola di etilendiammina possiede due atomi di N donatori ed è quindi un legante bidentato. (b) Struttura semplificata dello stesso complesso.

gura 15.8). Sei atomi donatori permettono all'EDTA di formare con il piombo un complesso molto stabile e solubile in acqua. In questa forma, il piombo è allontanato dal sangue e dai tessuti e quindi allontanato dal corpo. L'EDTA è anche utilizzato per pulire le perdite di metalli radioattivi.

15.2.1 Numeri di ossidazione dei metalli nei composti di coordinazione

Un'altra importante caratteristica dei composti di coordinazione è il numero di ossidazione dell'atomo metallico centrale. La carica complessiva di uno ione complesso

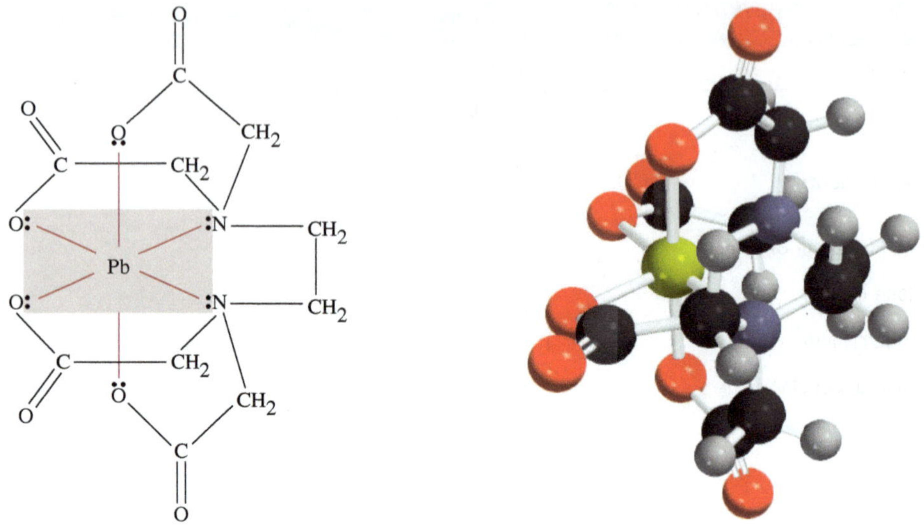

(a) (b)

Figura 15.8 (a) Complesso di piombo con l'EDTA. Il complesso possiede una carica −2 poiché ciascun atomo di O donatore ha una carica negativa e lo ione piombo porta due cariche positive. Si noti la geometria ottaedrica attorno allo ione Pb^{2+}.
(b) Modello molecolare del complesso Pb^{2+}-EDTA. La sfera gialla è lo ione Pb^{2-}.

è la somma delle cariche sull'atomo centrale e sui leganti a esso coordinati. Nello ione $[PtCl_6]^{2-}$, per esempio, ciascuno ione cloruro ha numero di ossidazione −1, per cui il numero di ossidazione del Pt deve essere +4. Se i leganti non portano carica, il numero di ossidazione del metallo è uguale alla carica dello ione complesso. Nello ione $[Cu(NH_3)_4]^{2+}$ ciascuna molecola di NH_3 (legante) è neutra per cui il numero di ossidazione del Cu è +2.

L'Esempio 15.1 mostra come determinare i numeri di ossidazione dei metalli in composti di coordinazione.

Esempio 15.1

Specificare il numero di ossidazione dell'atomo centrale metallico in ciascuno dei seguenti composti: (a) $[Ru(NH_3)_5(H_2O)]Cl_2$, (b) $[Cr(NH_3)_6](NO_3)_3$, (c) $[Fe(CO)_5]$, (d) $K_4[Fe(CN)_6]$.

Impostazione Il numero di ossidazione di un atomo metallico è uguale alla sua carica. Primo, si considerano le cariche totali sugli anioni e sui cationi che bilanciano elettricamente lo ione complesso. Questo dà la carica totale dello ione complesso. Poi, a seconda che i leganti siano carichi o neutri, si può dedurre la carica complessiva del metallo e quindi il suo numero di ossidazione.

Soluzione

(a) Ciascuno dei due ioni cloruro ha carica −1, per cui la carica sullo ione complesso è +2. Il numero di ossidazione di Ru deve essere +2 poiché sia NH_3 che H_2O sono specie neutre.

(b) Ciascuno dei tre ioni nitrato ha carica −1, per cui il catione complesso deve essere $[Cr(NH_3)_6]^{3+}$. NH_3 è un legante neutro, per cui il numero di ossidazione del Cr è +3.

(c) Il complesso è neutro (non ci sono anioni o cationi che bilanciano la carica del metallo) e i leganti CO sono pure neutri, per cui il numero di ossidazione del ferro è zero.

(d) Ciascuno dei quattro ioni potassio ha carica +1, per cui il complesso anionico è $[Fe(CN)_6]^{4-}$. Inoltre, ciascuno ione cianuro porta una carica −1, per cui il Fe deve avere numero di ossidazione +2.

Problema di autovalutazione Scrivere i numeri di ossidazione dei metalli di transizione dei seguenti composti: (a) $[CuBr_4]Cl_2$, (b) $[Cr(NH_3)SO_4]Br$, (c) $[Pt(en)_2Cl_2](NO_3)_2$.

Tabella 15.4 Alcuni leganti comuni nei composti di coordinazione

Legante	Nome del legante nel composto di coordinazione
Bromuro, Br^-	Bromo
Cloruro, Cl^-	Cloro
Cianuro, CN^-	Ciano
Idrossido, OH^-	Idrosso
Ossido, O^{2-}	Osso
Carbonato, CO_3^{2-}	Carbonato
Nitrito, NO_2^-	Nitro
Ossalato, $C_2O_4^{2-}$	Ossalato
Ammoniaca, NH_3	Ammino
Monossido di carbonio, CO	Carbonile
Acqua, H_2O	Acquo
Etilendiammina	Etilendiammino
Etilendiamminatetraacetato	Etilendiamminatetraacetato

15.2.2 Nomenclatura dei composti di coordinazione

Avendo discusso i diversi tipi di leganti e i numeri di ossidazione dei metalli, è ora tempo di imparare come dare la nomenclatura ai composti di coordinazione. Le regole per la nomenclatura dei composti di coordinazione sono le seguenti.

1. Il nome del catione si scrive prima di quello dell'anione, come nei composti ionici, e viene denominato per primo. La regola vale indipendentemente dal fatto che lo ione complesso abbia carica netta positiva o negativa. Per esempio, nei composti $K_3[Fe(CN)_6]$ e $[Co(NH_3)_4Cl_2]Cl$ denominiamo per primi rispettivamente i cationi K^+ e $[Co(NH_3)_4Cl_2]^+$.
2. All'interno di uno ione complesso i leganti vengono elencati per primi, in ordine alfabetico, e il centro metallico è nominato per ultimo.
3. I nomi dei leganti anionici finiscono con la lettera *o*, mentre il legante neutro è solitamente chiamato con il nome della molecola. Le eccezioni sono H_2O (acquo), CO (carbonile) e NH_3 (ammino). La Tabella 15.4 elenca alcuni leganti comuni.
4. Quando sono presenti numerosi leganti di una stessa specie, si utilizzano i prefissi greci *di-*, *tri-*, *tetra-*, *penta-* ed *esa-* prima del nome. Perciò i leganti nel catione $[Co(NH_3)_4Cl_2]^+$ sono "tetraamminodicloro" (si noti che, al fine di valutare l'ordine alfabetico dei leganti, i prefissi non si tengono in considerazione). Se il legante già contiene il prefisso greco, si usano i prefissi *bis* (2), *tris* (3) e *tetrakis* (4) per indicare il numero dei leganti presenti. Per esempio, il legante etilendiammina già contiene il prefisso *di*, perciò se sono presenti due leganti il nome è *bis(etilendiammino)*.
5. Il numero di ossidazione del metallo è scritto in cifre romane dopo il nome del metallo stesso. Per esempio, il numero romano III è utilizzato per indicare lo stato di ossidazione + 3 del cromo in $[Cr(NH_3)_4Cl_2]^+$, che quindi si chiama ione tetraamminodiclorocromo (III).
6. Se il complesso è un anione il suffisso è *-ato*. Per esempio in $K_4[Fe(CN)_6]$ l'anione $[Fe(CN)_6]^{4-}$ è chiamato ione esacianoferrato (II). Da notare che il numero romano II indica lo stato di ossidazione del ferro. La Tabella 15.5 riporta i nomi degli anioni contenenti atomi metallici.

Tabella 15.5 Nome degli anioni che contengono atomi metallici

Metallo	Nome del metallo nel complesso anionico
Alluminio	Alluminato
Cromo	Cromato
Cobalto	Cobaltato
Rame	Rameato
Oro	Aurato
Ferro	Ferrato
Piombo	Piombato
Manganese	Manganato
Molibdeno	Molibdato
Nichel	Nichelato
Argento	Argentato
Stagno	Stannato
Tungsteno	Tungstato
Zinco	Zincato

Gli Esempi 15.2 e 15.3 mostrano come applicare queste regole per la nomenclatura dei composti di coordinazione.

Esempio 15.2

Scrivere il nome dei seguenti composti: (a) $Ni(CO)_4$, (b) $[Co(NH_3)_4Cl_2]Cl$, (c) $K_3[Fe(CN)_6]$, (d) $[Cr(en)_3]Cl_3$.

Impostazione Si segue la procedura indicata e si fa riferimento alle Tabelle 15.4 e 15.5, rispettivamente per la nomenclatura dei leganti e degli anioni complessi.

Soluzione

(a) I leganti CO sono specie neutre, quindi gli atomi di Ni non hanno carica netta. Il composto è chiamato tetracarbonilenichel (0) o, più comunemente, nichel tetracarbonile.

(b) Lo ione cloruro ha carica −1, per cui lo ione complesso ha carica +1, $[Co(NH_3)_4Cl_2]^+$. La molecola di ammoniaca è neutra e ciascuno dei due ioni cloruro ha carica −1. Quindi il numero di ossidazione di Co deve essere +3 (in modo che il catione complesso abbia carica totale +1. Il composto è chiamato tetramminodiclorocobalto (III) cloruro.

(c) Lo ione complesso è l'anione e ha tre cariche negative perché ogni ione potassio ha carica +1. Osservando $[Fe(CN)_6]^{3-}$ si nota che il numero di ossidazione del Fe deve essere +3 perché ogni ione cianuro ha carica –1 (–6 in totale). Il composto è il potassio esacianoferrato (III). Esso è comunemente denominato potassio ferrocianato.

(d) Come visto prima, *en* è l'abbreviazione del legante etilendiammina. Visto che ci sono tre ioni cloruro, ognuno con carica –1, il catione è $[Cr(en)_3]^{3+}$. I leganti *en* sono neutri per cui il numero di ossidazione del Cr deve essere +3. Dato che sono presenti tre gruppi *en* e il nome del legante contiene già il prefisso *di* (regola 4), il nome del composto è *tris*(etilendiammina) cromo(III) cloruro.

Problema di autovalutazione Quali sono i nomi dei seguenti complessi (a) $[Cr(H_2O)_4Cl_2]Cl$, (b) $[Pt(NH)_3Br]Cl$, (c) $K_3[CoF_6]$, (d) $[Co(NH_3)_4(NO_2)Cl]NO_3$?

Esempio 15.3

Scrivere le formule dei seguenti composti: (a) pentamminoclorocobalto (III) cloruro, (b) diclorobis(etilendiammino)platino (IV) nitrato, (c) sodio esanitrocobaltato (III).

Impostazione Si segue la procedura precedente, facendo riferimento alle Tabelle 15.4 e 15.5 per i nomi dei leganti e degli anioni contenenti atomi metallici.

Soluzione

(a) Il catione complesso contiene cinque gruppi NH_3, uno ione Cl^- e uno ione Co avente numero di ossidazione +3. La carica netta del catione dovrà essere +2, $[Co(NH_3)_5Cl]^{2+}$. Sono necessari due anioni cloruro per bilanciare la carica positiva. Quindi la formula del composto sarà $[Co(NH_3)_5Cl]Cl_2$.

(b) Vi sono due ioni cloruro (–1 ciascuno), due gruppi *en* (neutri) e uno ione Pt con numero di ossidazione +4. La carica netta del catione deve essere +2, $[Pt(en)_2Cl_2]^{2+}$. Due ioni nitrato saranno necessari per bilanciare la carica +2 del catione complesso. Quindi la formula del composto sarà $[Pt(en)_2Cl_2](NO_3)_2$.

(c) L'anione complesso contiene sei gruppi nitro, $[NO]_2^-$ (–1 ciascuno), e uno ione cobalto con numero di ossidazione +3. La carica netta dell'anione complesso dovrà essere –3, $[Co(NO_2)_6]^{3-}$. Tre cationi sodio saranno necessari per bilanciare la carica –3 dell'anione complesso. Perciò la formula del composto sarà $Na_3[Co(NO_2)_6]$.

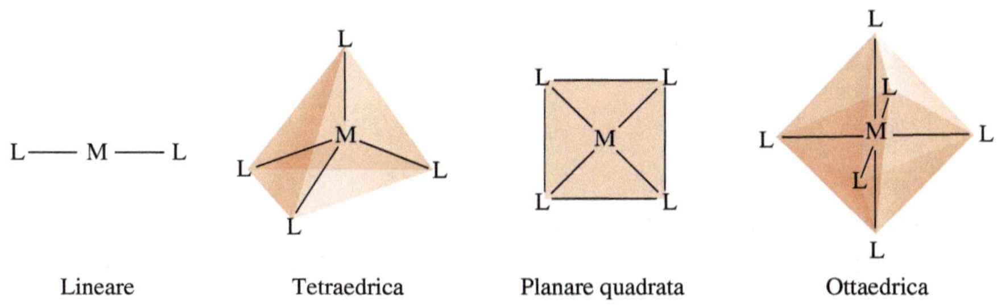

Figura 15.9 Geometrie comuni di ioni complessi. In ciascun caso, M è un metallo e L è un legante monodentato.

Problema di autovalutazione Scrivere le formule dei seguenti composti: (a) *tris*(etilendiammino)cobalto (III) solfato, (b) potassio esacianoferrato (III), (c) potassio tetracianonichelato (II), (d) calcio tetrabromodicloroplatinato (II).

15.2.3 Struttura dei composti di coordinazione

Studiando la geometria dei composti di coordinazione, spesso esiste più di un modo di disporre i leganti attorno all'atomo centrale. Composti di tale tipo hanno proprietà chimiche e fisiche diverse. La Figura 15.9 mostra quattro diverse strutture geometriche che possono essere assunte dall'atomo metallico centrale coordinato a leganti monodentati.

Il numero di coordinazione dell'atomo metallico e la struttura geometrica del composto di coordinazione sono in relazione come segue:

Numero di coordinazione	Struttura
2	Lineare
4	Tetraedrica o planare quadrata
6	Ottaedrica

La disposizione tridimensionale nei composti di coordinazione può portare all'isomeria stereochimica. Si ricordi dal Paragrafo 4.4 che gli *stereoisomeri* sono composti costituiti dallo stesso tipo e numero di atomi legati nella stessa sequenza, ma con diversa disposizione nello spazio tridimensionale. I due tipi di stereoisomeri sono gli *isomeri geometrici* (isomeri che non possono essere convertiti uno nell'altro senza rompere un legame chimico) e gli *isomeri ottici* (isomeri che non sono sovrapponibili con le loro immagini speculari). I composti di coordinazione possono presentare sia isomeria geometrica sia ottica sia entrambe. Tuttavia molti complessi di coordinazione non hanno stereoisomeri.

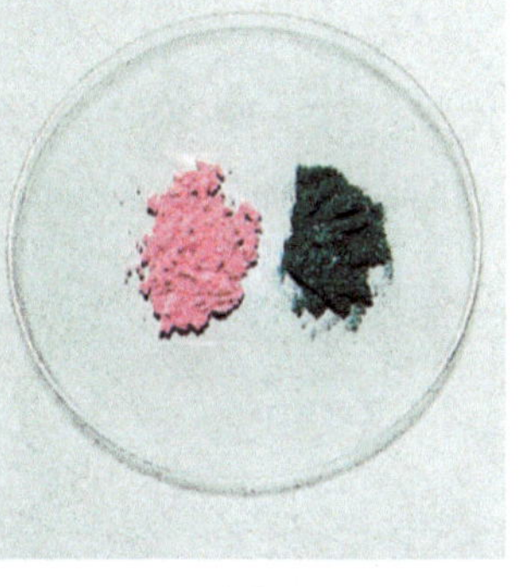

cis-tetraamminodiclorocobalto (III) cloruro (sinistra) e *trans*-tetraamminodiclorocobalto (III) cloruro (destra).

Si usa il termine *cis* e *trans* per distinguere un isomero geometrico da un altro (Paragrafo 4.4). *Cis* significa che due atomi (o gruppi di atomi) sono adiacenti uno rispetto all'altro, e *trans* significa che quegli atomi (o gruppi di atomi) sono da parte opposta nella formula di struttura. Gli isomeri *cis* e *trans* di composti di coordinazine hanno di solito colori, punti di fusione, momenti di dipolo e reattività chimica molto differenti. La Figura 15.10 mostra gli isomeri *cis* e *trans* del diamminodi-

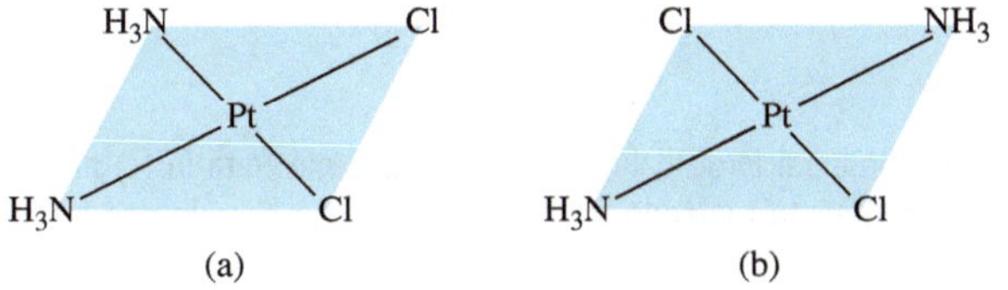

Figura 15.10 L'isomero (a) *cis* e (b) *trans* del diamminodicloroplatino (II). Notare che i due atomi di cloro sono adiacenti tra loro nell'isomero *cis* e in posizione opposta nell'isomero *trans*.

Approfondimento 15.1

I COMPOSTI DI COORDINAZIONE NEI SISTEMI VIVENTI

I composti di coordinazione giocano un ruolo molto importante nei sistemi viventi animali e vegetali. Sono fondamentali nel deposito e nel trasporto dell'ossigeno, nel trasferimento di elettroni, nelle funzioni catalitiche e nella fotosintesi. Qui si focalizzerà l'attenzione sui composti di coordinazione che contengono ferro e magnesio.

A causa della funzione fondamentale di trasportatore di ossigeno, l'emoglobina è probabilmente una delle proteine più studiate. La molecola contiene quattro lunghe catene proteiche chiamate *subunità*. L'emoglobina trasporta l'ossigeno nel sangue dai polmoni fino ai tessuti, dove lo rilascia alla mioglobina. La mioglobina, che è costituita da una sola subunità, conserva l'ossigeno per i processi metabolici nei muscoli.

La molecola di porfirina forma una parte importante della struttura dell'emoglobina. Grazie alla coordinazione all'atomo di metallo, gli ioni H^+ che sono legati a due dei quattro atomi di azoto della porfirina vengono allontanati. I complessi che derivano dalla porfirina sono chiamati *porfirine*, e i gruppi ottenuti per combinazione tra ferro e porfirina sono chiamati gruppi *eme*. Il ferro del gruppo eme ha numero di ossidazione +2, è coordinato a quattro atomi di azoto del gruppo porfirinico e a un atomo donatore di azoto di un legante che è attaccato alla proteina. Il sesto legante è una molecola di acqua, che si lega allo ione Fe^{2+} dall'altra parte dell'anello per completare la coordinazione ottaedrica. Questa molecola di emoglobina è chiamata *deossiemoglobina* e dà la tinta bluastra al sangue venoso. Il legante acqua può essere facilmente sostituito con una molecola di ossigeno per formare l'ossiemoglobina, responsabile del colore rosso vivo del sangue arterioso. Ciascuna delle quattro subunità contiene il gruppo eme, per cui

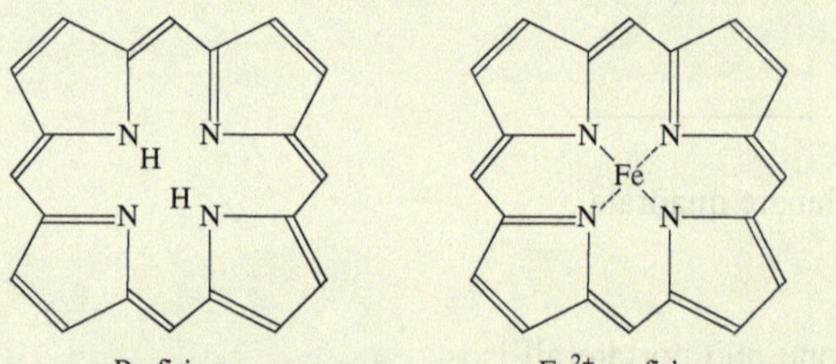

Porfirina Fe^{2+}-porfirina

Strutture semplificate della molecola di porfirina e il complesso Fe^{2+}-porfirina. Le linee tratteggiate rappresentano i legami covalenti di coordinazione.

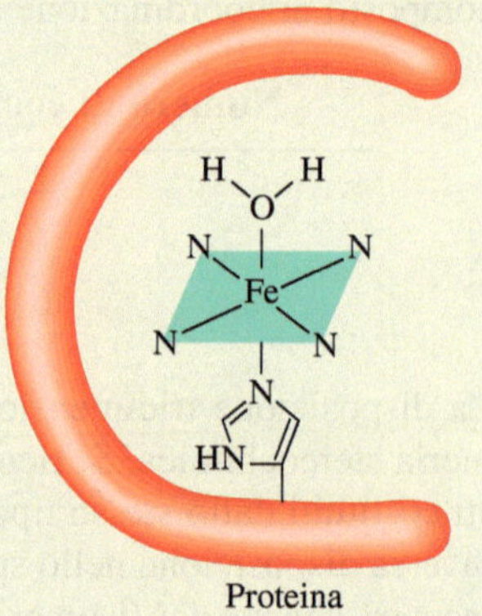

Il gruppo eme nell'emoglobina. Lo ione Fe^{2+} è coordinato agli atomi di azoto del gruppo eme. Il legante sotto la porfirina è il gruppo istidina, che è attaccato alla proteina. Il sesto legante è una molecola di acqua.

cloroplatino(II). Anche se i tipi di legame sono gli stessi in entrambi gli isomeri (due legami Pt—N e due legami Pt—Cl), la disposizione nello spazio è diversa. Un altro esempio è lo ione tetraamminodiclorocobalto(III), mostrato in Figura 15.11.

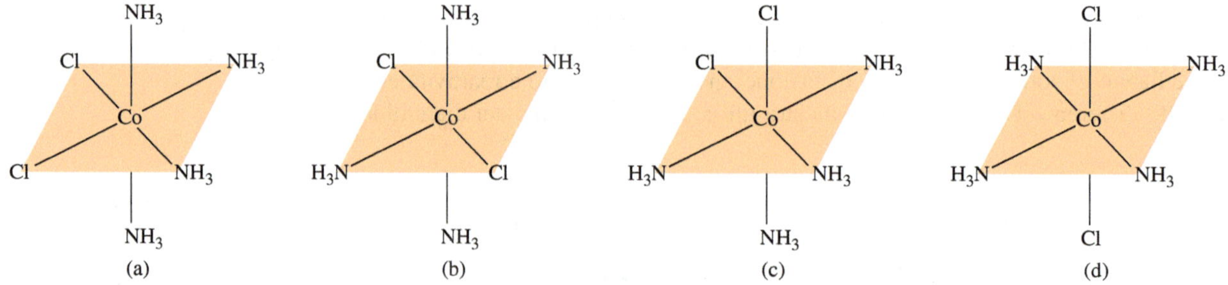

Figura 15.11 Gli isomeri (a) *cis* e (b) *trans* dello ione tetraamminodiclorocobalto (III). La struttura mostrata in (c) può essere ottenuta ruotando quella in (a), e la struttura mostrata in (d) può essere ottenuta ruotando quella in (b). Lo ione ha solo due isomeri geometrici, (a) [o (c)] e (b) [o (d)].

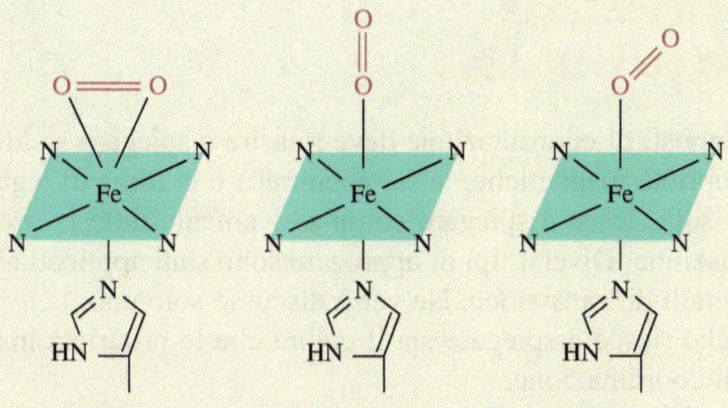

(a) (b) (c)

Tre modi possibili per l'ossigeno molecolare di legarsi al gruppo eme dell'emoglobina. La struttura mostrata in (a) ha un numero di coordinazione 7, che non è tipico nei complessi di Fe (II). Anche se la disposizione in (b) sembra la più ragionevole, l'evidenza sperimentale mostra che la struttura in (c) è quella corretta.

ciascuna molecola di emoglobina si può legare a quattro molecole di O_2. Le più moderne evidenze sperimentali suggeriscono che il legame Fe—O—O nell'ossiemoglobina non sia lineare.

Il gruppo porfirinico è un legante chelante molto importante che si ritrova in numerosi sistemi biologici. Il complesso ferro-eme è presente anche in un altro tipo di proteine, dette *citocromi*. Il ferro forma un complesso ottaedrico in queste proteine, ma poiché sia l'istidina che la metionina sono fortemente legati all'atomo di ferro, questi due amminoacidi non possono essere sostituiti dall'ossigeno o da un altro legante. I citocromi invece agiscono da trasportatori di elettroni, che sono essenziali nei processi metabolici. Nei citocromi, il ferro subisce una reazione redox reversibile:

$$Fe^{3+} + e^- \rightleftharpoons Fe^{2+}$$

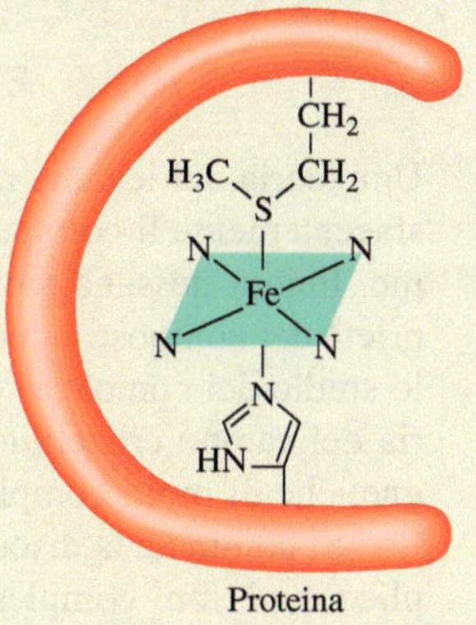

Il gruppo eme nel citocromo c. I leganti sopra e sotto l'anello porfirinico sono rispettivamente un gruppo metionina e un gruppo istidina della proteina.

che viene accoppiata all'ossidazione di molecole organiche come i carboidrati.

La molecola di clorofilla, che è essenziale nella fotosintesi delle piante, contiene pure un anello porfirinico, ma in questo caso lo ione metallico è Mg^{2+} invece che Fe^{2+}.

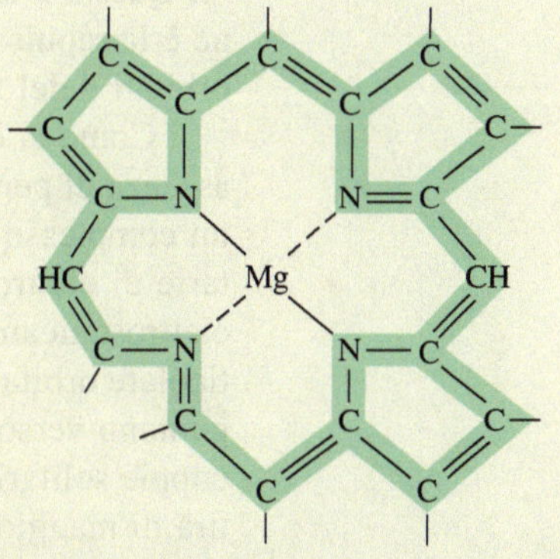

La struttura della porfirina nella clorofilla. Le linee tratteggiate indicano i legami covalenti di coordinazione. La parte elettron-delocalizzata della molecola è mostrata a colori.

Come esempio di isomeria ottica (vedi il Paragrafo 4.4) nei composti di coordinazione, la Figura 15.12 mostra gli isomeri *cis* e *trans* dello ione diclorobis(etilenediammino)cobalto(III) e le loro immagini speculari. L'isomero *trans* e la sua immagine speculare sono sovrapponibili, ma l'isomero *cis* e la sua immagine speculare non lo sono. L'isomero *cis* e la sua immagine speculare sono infatti isomeri ottici. A differenza degli isomeri geometrici, gli isomeri ottici hanno proprietà fisiche e chimiche identiche, a eccezione del fatto che interagiscono diversamente con la luce polarizzata e che hanno diversa reattività con molecole chirali.

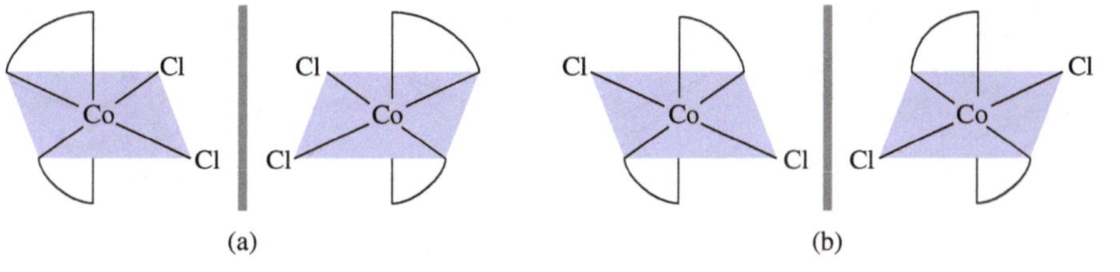

(a) (b)

Figura 15.12 Gli isomeri (a) *cis* e (b) *trans* dello ione diclorobis (etilenediammino)cobalto (III) e le loro immagini speculari. Se si ruota l'immagine speculare in (b) di 90° in senso orario attorno alla posizione verticale e si sovrappone lo ione all'isomero *trans*, si trova che i due isomeri sono sovrapponibili. Invece, comunque si ruoti l'isomero *cis* e la sua immagine speculare, non si riesce a sovrapporre un isomero all'altro.

15.3 Composti di coordinazione e teoria del campo cristallino

Una teoria del legame nei composti di coordinazione deve riuscire a spiegare soddisfacentemente il colore, le proprietà magnetiche, la stereochimica e la forza di legame. Finora nessuna teoria da sola riesce a spiegare complessivamente tutte le proprietà dei composti di coordinazione. Diversi tipi di approccio sono stati applicati allo studio dei complessi dei metalli di transizione. Ne verrà discusso solo uno, la teoria del campo cristallino, poiché riesce a spiegare sia il colore che le proprietà magnetiche di molti complessi di coordinazione.

Si comincia la discussione della teoria del campo cristallino con il caso più semplice, cioè ioni complessi con geometria ottaedrica. Si applicano poi le considerazioni a complessi tetraedrici e planari quadrati.

15.3.1 Separazione del campo cristallino in complessi ottaedrici

Il termini "campo cristallino" è associato alla teoria usata per spiegare le proprietà dei solidi cristallini. La stessa teoria è usata per lo studio dei composti di coordinazione.

La teoria del campo cristallino spiega il legame puramente in termini di forze elettrostatiche. Nella formazione di uno ione complesso, possono intervenire due tipi di interazioni elettrostatiche. Una è l'attrazione tra lo ione positivo e il legante carico negativamente o tra lo ione positivo e la carica parziale negativa di un legante polare. Questa è la forza che tiene uniti i leganti al metallo. Il secondo tipo di interazione è la repulsione elettrostatica fra le coppie solitarie dei leganti e gli elettroni negli orbitali *d* del metallo.

Come si è visto nel Capitolo 3, gli orbitali *d* hanno diverse orientazioni, ma in assenza di perturbazione esterna, hanno tutti la stessa energia, cioè sono degeneri. In un complesso ottaedrico, l'atomo metallico centrale è circondato da sei coppie solitarie di elettroni (sui sei leganti), per cui tutti e cinque gli orbitali *d* si respingono elettrostaticamente. L'intensità di questa repulsione dipende dall'orientazione del particolare orbitale *d*. La Figura 15.13 mostra, per esempio, che i lobi dell'orbitale $d_{x^2-y^2}$ puntano verso i vertici di un ottaedro lungo gli assi *x* e *y*, dove sono posizionate le coppie solitarie dei leganti. Quindi, un elettrone che si trovi in questo orbitale risentirà di maggiore repulsione da parte dei leganti rispetto a un elettrone, per esempio, nell'orbitale d_{xy}. Per questo motivo, l'energia dell'orbitale $d_{x^2-y^2}$ è aumentata rispet-

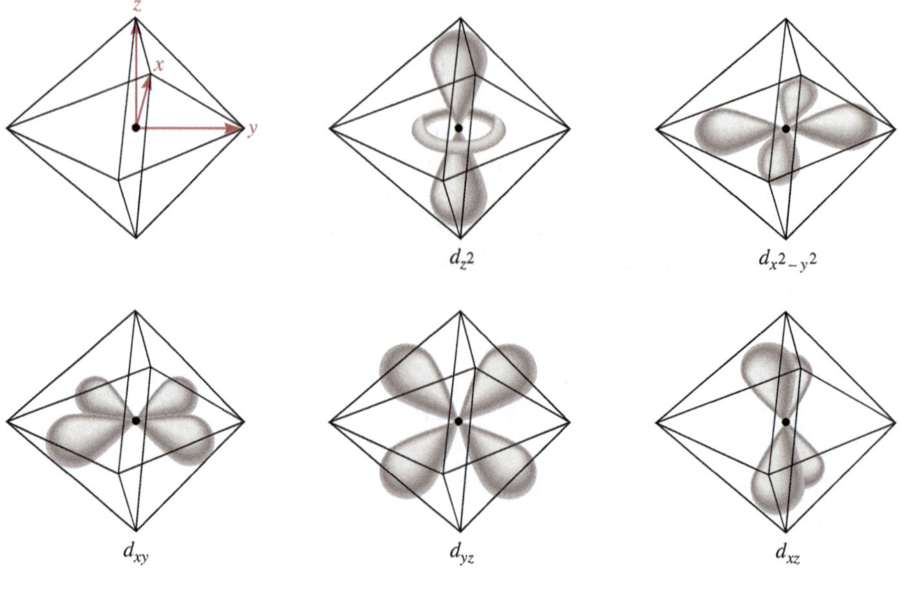

Figura 15.13 I cinque orbitali *d* in un intorno ottaedrico. L'atomo metallico (o ione) si trova al centro dell'ottaedro, e le sei coppie solitarie sugli atomi donatori dei leganti si trovano ai vertici.

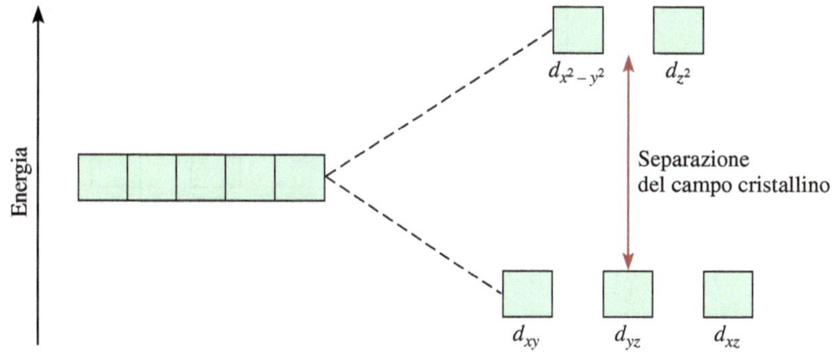

Figura 15.14 Separazione del campo cristallino fra gli orbitali *d* in un complesso ottaedrico.

to a quella degli orbitali d_{xy}, d_{yz} e d_{xz}. L'energia dell'orbitale d_{z^2} è anch'essa maggiore, poiché i suoi lobi puntano verso i leganti lungo l'asse *z*.

Come risultato di queste interazioni metallo-legante, i cinque orbitali *d* in un complesso ottaedrico sono separati in due set di livelli energetici: un livello a più alta energia con due orbitali degeneri ($d_{x^2-y^2}$ e d_{z^2}) e un livello a più bassa energia con tre orbitali degeneri (d_{xy}, d_{yz} e d_{xz}), come mostrato in Figura 15.14. La ***separazione del campo cristallino*** (Δ) è *la differenza di energia tra i due set di orbitali d in un atomo metallico quando sono presenti dei leganti*. Il valore di Δ, che dipende dal metallo e dalla natura dei leganti, ha un effetto diretto sul colore e sulle proprietà magnetiche dello ione complesso.

15.3.2 Colore

Nel Capitolo 1, si è visto che la luce bianca, come quella del sole, è una combinazione di tutti i colori. Una sostanza appare nera se assorbe tutta la luce visibile che la investe. Appare bianca o incolore se non assorbe luce. Un oggetto appare verde se assorbe tutta la luce ma riflette la componente verde. Un oggetto inoltre appare verde se riflette tutti i colori a eccezione del rosso, cioè il colore *complementare* del verde (vedi la Figura 15.15).

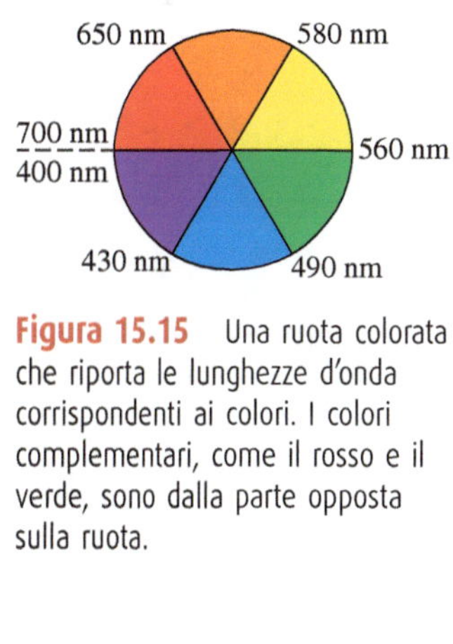

Figura 15.15 Una ruota colorata che riporta le lunghezze d'onda corrispondenti ai colori. I colori complementari, come il rosso e il verde, sono dalla parte opposta sulla ruota.

Quello che si osserva nella radiazione riflessa si applica anche alla radiazione trasmessa (cioè la radiazione che passa attraverso un mezzo, come una soluzione). Si consideri per esempio l'acquo ione ($[Cu(H_2O)_6]^{2+}$). Esso assorbe radiazione nella regione arancione dello spettro, per cui una soluzione acquosa di $CuSO_4$ appare blu. Si ricordi dal Capitolo 1 che quando l'energia di un fotone è uguale alla differenza fra lo stato fondamentale e lo stato eccitato, si ha assorbimento quando il fotone colpisce l'atomo (o lo ione o il composto) e un elettrone viene promosso in un livello energetico più elevato. Questo concetto rende possibile calcolare la variazione di energia coinvolta nelle transizioni elettroniche. L'energia di un fotone, data dall'Equazione 1.3, è:

$$\Delta E = h\nu$$

dove h rappresenta la costante di Planck ($6{,}626 \times 10^{-34}$ J s) e ν è la frequenza della radiazione, che è $5{,}00 \times 10^{14}\ s^{-1}$ per la lunghezza d'onda della luce arancione (600 nm). Qui $E = \Delta$, la separazione del campo cristallino, per cui si ha

$$\begin{aligned}\Delta &= h\nu \\ &= (6{,}626 \times 10^{-34}\ \text{J s})(5{,}00 \times 10^{14}\ \text{s}^{-1}) \\ &= 3{,}32 \times 10^{-19}\ \text{J}\end{aligned}$$

(Questa è l'energia assorbita da *uno* ione.) Se la lunghezza d'onda del fotone assorbito da uno ione è fuori dalla regione visibile, allora la lunghezza d'onda trasmessa sembra la stessa (per l'osservatore) rispetto a quella incidente, bianca, e lo ione appare incolore.

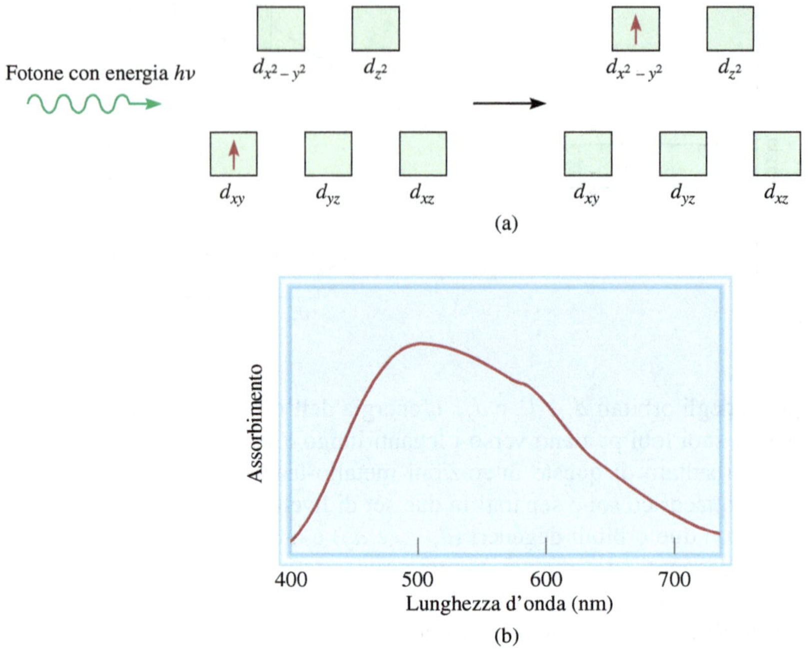

Figura 15.16 (a) Il processo di assorbimento di fotoni, e (b) un grafico dello spettro di assorbimento dello ione $[Ti(H_2O)_6]^{3+}$. L'energia del fotone incidente è uguale alla separazione del campo cristallino. Il massimo di assorbimento nella regione visibile si trova a 498 nm.

Il modo migliore per misurare la separazione del campo cristallino è di usare la spettroscopia per misurare la lunghezza d'onda della luce che viene assorbita. Lo ione $[Ti(H_2O)_6]^{3+}$ è un esempio semplice poiché lo ione Ti^{3+} ha solo un elettrone $3d$ (vedi la Figura 15.16). Lo ione $[Ti(H_2O)_6]^{3+}$ assorbe luce nella regione visibile dello spettro (vedi la Figura 15.17).

La lunghezza d'onda corrispondente al massimo di assorbimento nella Figura 15.16(b) è 498 nm. Quindi, la separazione del campo cristallino può essere calcolata come segue. Si comincia scrivendo

$$\Delta = h\nu \qquad \textbf{(15.1)}$$

Inoltre

$$\nu = \frac{c}{\lambda}$$

dove c è la velocità della luce e λ è la lunghezza d'onda. Quindi,

$$\Delta = \frac{hc}{\nu} = \frac{(6{,}626 \times 10^{-34}\ \text{J s})(3{,}00 \times 10^{8}\ \text{m s}^{-1})}{(498\ \text{nm})(1 \times 10^{-9}\ \text{m nm}^{-1})}$$

$$= 3{,}99 \times 10^{-19}\ \text{J}$$

Questa è l'energia richiesta per eccitare *uno* ione $[Ti(H_2O)_6]^{3+}$. Per esprimere questa differenza di energia in unità di kilojoule per mole, si scrive

Figura 15.17 I colori di alcuni ioni dei metalli della prima serie di transizione in soluzione. Da sinistra a destra: Ti^{3+}, Cr^{3+}, Mn^{2+}, Fe^{3+}, Co^{2+}, Ni^{2+} e Cu^{2+}. Gli ioni Sc^{3+} e V^{5+} sono incolori.

$$\Delta = (3{,}99 \times 10^{-19}\ \text{J ione}^{-1})(6{,}022 \times 10^{23}\ \text{ione mol}^{-1})$$
$$= 2{,}40 \times 10^{5}\ \text{J mol}^{-1}$$
$$= 240\ \text{kJ mol}^{-1}$$

Aiutati dai dati spettroscopici per un certo numero di complessi, aventi tutti lo stesso ione metallico ma diversi leganti, i ricercatori chimici hanno calcolato la separazione del campo cristallino per ciascun legante e stabilito la cosidetta ***serie spettrochimica***, che è un *elenco di leganti disposti in ordine crescente di capacità di creare un'elevata separazione tra gli orbitali d:*

L'ordine della serie spettrochimica è la stessa indipendentemente dall'atomo metallico (o ione) presente.

$$I^- < Br^- < Cl^- < OH^- < F^- < H_2O < NH_3 < \text{en} < CN^- < CO$$

Questi leganti sono disposti in ordine di valore crescente di Δ. CO e CN^-, che causano un'elevata separazione tra gli orbitali *d*, sono detti *leganti a campo forte*. Gli ioni alogenuro e lo ione ossidrile, che causano una separazione degli orbitali *d* molto minore, sono chiamati *leganti a campo debole.*

15.3.3 Proprietà magnetiche

L'entità della separazione del campo cristallino determina anche le proprietà magnetiche di uno ione complesso. Lo ione $[Ti(H_2O)_6]^{3+}$, avendo un solo elettrone *d*, è sempre paramagnetico. Per uno ione con diversi elettroni *d*, tuttavia, la situazione non è così chiara. Si considerino, per esempio, i complessi ottaedrici $[FeF_6]^{3-}$ e $[Fe(CN)_6]^{3-}$ (Figura 15.18).

Entrambi contengono Fe^{+3}, la configurazione elettronica è $[Ar]3d^5$, ma ci sono due modi possibili per distribuire i cinque elettroni *d* tra gli orbitali *d*. In accordo con la regola di Hund (vedi il Paragrafo 2.2), si raggiunge la massima stabilità quando gli elettroni sono disposti in cinque orbitali a spin parallelo. Questo si può ottenere solo se due dei cinque elettroni vengono promossi negli orbitali a più alta energia $d_{x^2-y^2}$ e d_{z^2}. Questa spesa di energia non è necessario se tutti e cinque gli elettroni sono negli orbitali d_{xy}, d_{yz} e d_{xz}. In accordo con il principio di esclusione di Pauli (Paragrafo 2.1), quattro di questi elettroni si devono accoppiare, lasciando solo un elettrone disaccoppiato.

La Figura 15.19 mostra la distribuzione degli elettroni negli orbitali *d* che dà origine a complessi a basso spin e ad alto spin. La disposizione degli elettroni è determinata dalla stabilità guadagnata avendo il massimo di elettroni a spin parallelo rispetto alla spesa in energia richiesta per promuovere gli elettroni negli orbitali *d* a più alta energia. Siccome F^- è un legante a campo debole, i cinque elettroni *d* entrano in cinque orbitali *d* a spin paralleli per creare un complesso ad alto spin (vedi la Figura 15.19). Invece lo ione cianuro è un legante a campo forte, per cui l'energia necessaria per promuovere due dei cinque elettroni *d* negli orbitali *d* a più alta energia è troppo alta, e quindi si forma un complesso a basso spin.

Il numero di elettroni disaccoppiati (o spin) in uno ione complesso può essere trovato usando una tecnica chiamata *spettroscopia di risonanza elettronica* (ESR), e in generale, da dati sperimentali che avvalorano le previsioni sulla base della sepa-

Le proprietà magnetiche di uno ione complesso dipendono del numero di elettroni disaccoppiati presenti.

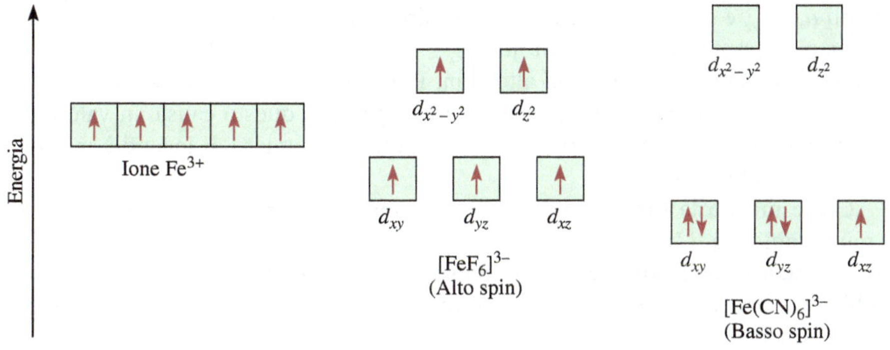

Figura 15.18 Diagramma energetico dello ione Fe^{3+} e degli ioni complessi $[FeF_6]^{3-}$ e $[Fe(CN)_6]^{3-}$.

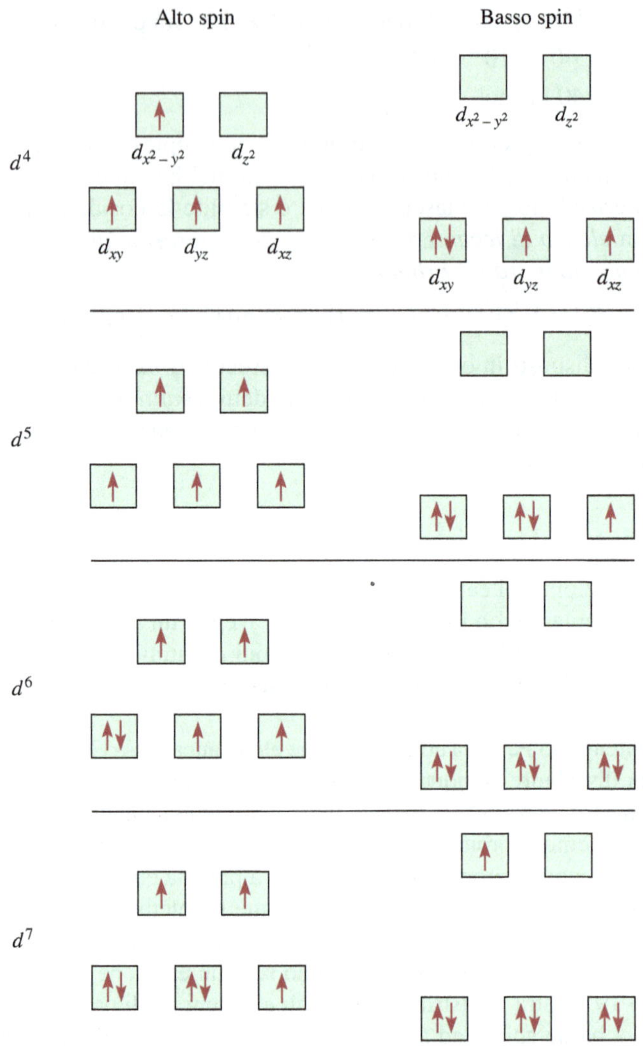

Figura 15.19 Diagrammi orbitalici di complessi ad alto spin e basso spin corrispondenti alle configurazioni elettroniche d^4, d^5, d^6 e d^7. Queste distinzioni non possono essere fatte per le configurazioni d^1, d^2, d^3, d^8, d^9 e d^{10}.

razione del campo cristallino. Tuttavia, una distinzione fra complessi a basso e alto spin può essere fatta solo se lo ione metallico contiene più di tre e meno di otto elettroni *d*, come mostrato in Figura 15.19.

15.3.4 Complessi tetraedrici e planari quadrati

Finora si sono studiati i complessi ottaedrici. La separazione energetica in livelli degli orbitali *d* nei complessi tetraedrici e planari quadrati possono anche essere spiegati soddisfacentemente dalla teoria del campo cristallino. La separazione per gli ioni tetraedrici è l'opposto di quella osservata nei complessi ottaedrici. In questo caso, gli orbitali d_{xy}, d_{yz} e d_{xz} sono più direttamente direzionati verso i leganti e quindi hanno energia più elevata rispetto agli orbitali $d_{x^2-y^2}$ e d_{z^2} (Figura 15.20). La maggior parte dei complessi tetraedrici sono ad alto spin. Presumibilmente, la disposizione tetraedrica riduce l'entità delle interazioni metallo-legante, e questo causa un valore di Δ minore. Questa è una spiegazione plausibile poiché il numero di leganti è minore in un complesso tetraedrico.

Come mostra la Figura 15.21, la separazione nei complessi planari quadrati è la più complicata. L'orbitale $d_{x^2-y^2}$ possiede la più elevata energia (come nei complessi ottaedrici), e l'orbitale d_{xy} appena sotto. Tuttavia, le disposizioni relative dell'orbitale d_{z^2} e d_{xz} e d_{yz} non possono essere determinate semplicemente e devono essere calcolate.

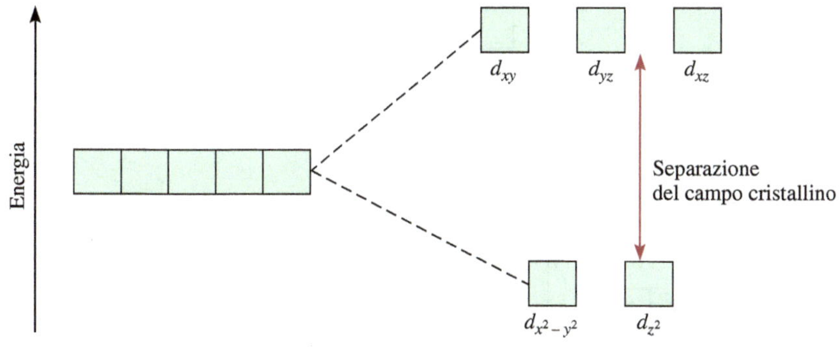

Figura 15.20 Separazione del campo cristallino fra gli orbitali *d* in un complesso tetraedrico.

15.3.5 Teoria del campo dei leganti

La teoria del campo cristallino, anche se molto importante per spiegare le proprietà elettroniche e magnetiche di molti composti di coordinazione, non prende in considerazione il carattere covalente dei legami metallo-legante poiché è basata solamente sulle interazioni elettrostatiche. Quindi non sarebbe in grado di prevedere il fatto che un legante neutro come il CO o l'etilendiammina, possa provocare una separazione del campo cristallino maggiore rispetto a quella creata da un legante ionico, come Cl^- o F^-. Per prendere in considerazione il carattere covalente dei legami metallo-legante, è stato sviluppato un approccio di tipo orbitale molecolare (vedi i Paragrafi 3.5 e 4.5) noto come ***teoria del campo dei leganti***.

La teoria del campo dei leganti è basata sull'idea che gli orbitali atomici del metallo centrale e dei leganti, che siano simili in energia e che abbiano gli opportuni requisiti di orientazione, si possono mescolare matematicamente per formare degli orbitali molecolari. Si consideri, per esempio, lo ione complesso ottaedrico FeF_6^{3-}. Dalla Figura 15.13, si è visto che gli orbitali atomici $d_{x^2-y^2}$ e d_{z^2} sono orientati verso i leganti. Stando così le cose, gli orbitali $3d_{x^2-y^2}$ e $3d_{z^2}$ sull'atomo centrale si possono mescolare con gli orbitali che descrivono le coppie solitarie sui leganti per formare due orbitali molecolari σ di legame e due di antilegame. I rimanenti orbitali 3*d* del metallo, $3d_{xy}$, $3d_{yz}$ e $3d_{xz}$, sono direzionati fra i leganti e quindi, a causa della piccola sovrapposizione, non si mescolano con gli orbitali dei leganti, saranno perciò orbitali di non legame. L'orbitale 4*s* sull'atomo centrale ha forma sferica e si può mescolare con tutti gli orbitali dei leganti che descrivono le coppie solitarie donatrici per formare orbitali di legame e di antilegame di tipo σ. I rimanenti tre orbitali 4*p* sull'atomo centrale si sovrappongono ciascuno con gli orbitali dei leganti disposti lungo gli assi *x*, *y* e *z*. I sei orbitali 4*s*, 4*p*, $3d_{x^2-y^2}$ e $3d_{z^2}$ del metallo centrale si mescolano con gli orbitali dei leganti per formare sei orbitali di legame e sei orbitali di antilegame di tipo σ orientati verso i sei vertici di un ottaedro, con tre orbitali di non legame che corrispondono agli orbitali $3d_{xy}$, $3d_{yz}$ e $3d_{xz}$.

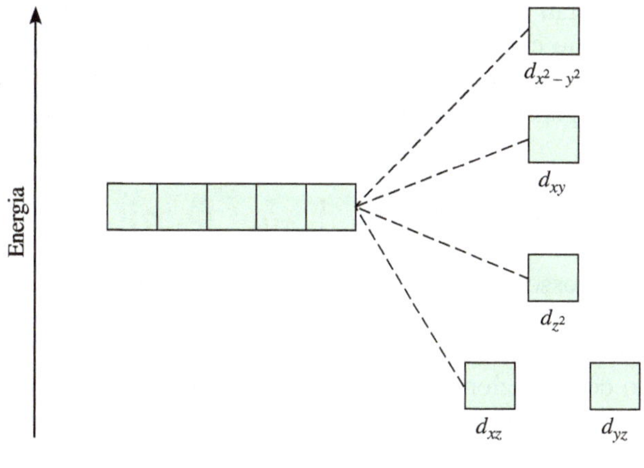

Figura 15.21 Diagramma energetico per un complesso planare quadrato. Siccome ci sono più di due livelli energetici, non si può definire la separazione del campo cristallino come si fa nei complessi ottaedrici e tetraedrici.

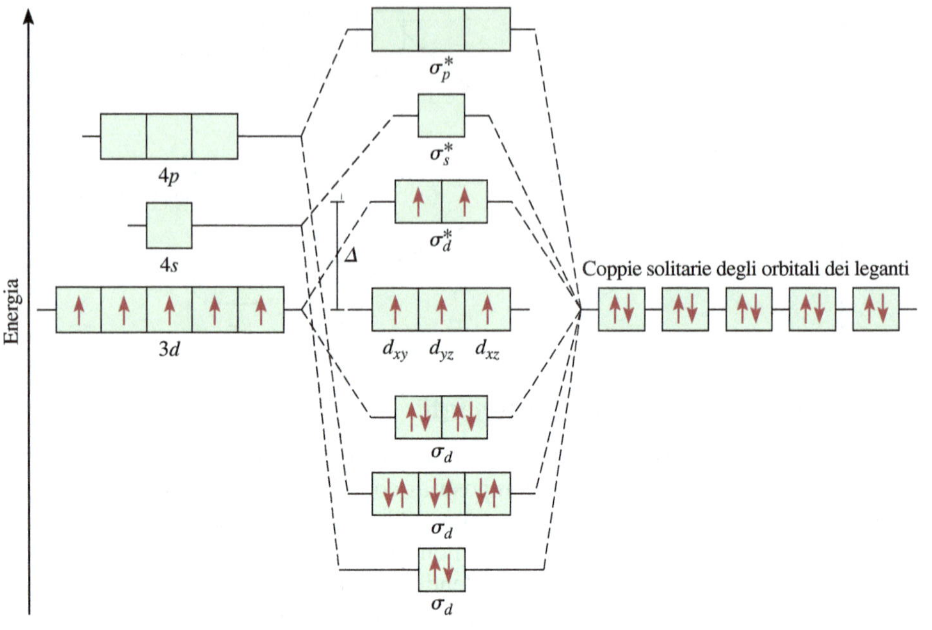

Figura 15.22 Diagrammi orbitalici per il complesso ottaedrico FeF_6^{3-}. Gli orbitali molecolari σ_d^* sono orbitali puri $d^2_{x-y}{}^2$ e d_z^2 dello ione metallico centrale. In questo complesso, la separazione del campo cristallino (Δ) fra i tre orbitali di non legame (d_{xy}, d_{yz} e d_{xz}) e i due orbitali σ_d^* è piccola (*F^- è un legante a campo debole*) per cui si applica la regola di Hund, e questi cinque orbitali contengono ciascuno un elettrone con spin paralleli.

Il diagramma MO dei livelli energetici di FeF_6^{3-} è mostrato in Figura 15.22. La disposizione degli orbitali molecolari occupati a più alta energia ($3d_{xy}$, $3d_{yz}$, $3d_{xz}$ e i due orbitali σ_d^*) è identica a quella prevista dalla teoria del campo cristallino con gli orbitali $3d_{x^2-y^2}$ e $3d_{z^2}$ sostituiti con i due orbitali molecolari σ_d^*. Tuttavia, la teoria MO del campo dei leganti è più completa e fornisce una comprensione più approfondita della dipendenza della separazione del campo cristallino dal tipo di leganti. In questo complesso ottaedrico, gli orbitali $3d_{xy}$, $3d_{yz}$ e $3d_{xz}$ non sono orientati lungo gli assi dei legami metallo-legante, ma fra gli assi dei legami. Stando così le cose, interagireranno più fortemente con gli orbitali dei leganti (p o π) che sono perpendicolari al legame metallo-legante. Nel caso di leganti ionici, come OH^-, F^-, Cl^-, Br^- e I^-, la repulsione elettrostatica fra gli orbitali pieni p del metallo su questi leganti fa crescere l'energia degli orbitali $3d_{xy}$, $3d_{yz}$ e $3d_{xz}$ e povoca una diminuzione della separazione del campo cristallino (Δ) – quindi, queste specie sono leganti a campo debole. Questa repulsione è maggiore se gli elettroni p sono meno fortemente legati al legante, cioè se il legante è meno elettronegativo, ecco perché I^- provoca una minore separazione del campo cristallino rispetto a F^- nella serie spettrochimica. D'altra parte, i leganti con orbitali di antilegame π^* non occupati, come CO o CN^-, tendono a far diminuire l'energia degli orbitali $3d_{xy}$, $3d_{yz}$ e $3d_{xz}$, portando a un aumento della separazione del campo cristallino. Queste specie sono leganti a campo forte. L'abbassamento delle energie degli orbitali $3d_{xy}$, $3d_{yz}$ e $3d_{xz}$ è causato dal fenomeno della ***retrodonazione*** che è dovuta al mescolamento fra gli orbitali vuoti π^* del legante, che sono orientati lontano dal doppio legame (o triplo) e verso gli orbitali $3d_{xy}$, $3d_{yz}$, e $3d_{xz}$ dell'atomo centrale (vedi la Figura 3.18). I leganti neutri, come NH_3 e H_2O, non hanno né forte repulsione dagli orbitali p né retrodonazione dagli orbitali π per cui si trovano generalmente a metà della serie spettrochimica.

15.4 Reazioni dei composti di coordinazione

Gli ioni complessi possono dare reazione di scambio di legante (o sostituzione) in soluzione. Le velocità di queste reazioni variano notevolmente, a seconda del tipo di ione metallico e di legante.

Nello studio delle reazioni di scambio di legante, è spesso utile distinguere tra la stabilità di uno ione complesso e la sua tendenza a reagire, che è chiamata *labili-*

tà cinetica. La stabilità in questo contesto è una proprietà termodinamica, che è misurata in termini di costante di formazione K_f della specie complessa. Per esempio, lo ione complesso tetracianonichelato (II) è stabile termodinamicamente poiché ha una costante di formazione molto elevata ($K_f \approx 1 \times 10^{30}$):

$$Ni^{2+} + 4CN^- \rightleftharpoons [Ni(CN_4)]^{2-}$$

All'equilibrio, c'è una distribuzione di ioni $^*CN^-$ nello ione complesso.

Usando lo ione cianuro contenente il carbonio isotopo 14, i ricercatori chimici hanno dimostrato che $[Ni(CN)_4]^{2-}$ subisce una reazione di scambio di legante molto rapida in soluzione. Il seguente equilibrio si stabilisce non appena le specie chimiche vengono mescolate:

$$[Ni(CN)_4]^{2-} + 4^*CN^- \rightleftharpoons [Ni(^*CN)_4]^{2-} + 4CN^-$$

dove l'asterisco denota un atomo C-14. Complessi come lo ione tetracianonichelato (II) sono detti ***complessi labili*** poiché *subiscono una rapida reazione di scambio di legante.* Quindi, una specie stabile termodinamicamete (cioè avente un valore elevato di costante di formazione) non è necessariamente non reattiva.

Un complesso termodinamicamente *instabile* in soluzione acida è $[Co(NH_3)_6]^{3+}$. La costante di equilibrio per la seguente reazione è circa 1×10^{20}:

$$[Co(NH_3)_6]^{3+} + 6H^+ + 6H_2O \rightleftharpoons [Co(H_2O)_6]^{3+} + 6NH_4^+$$

Quando si raggiunge l'equilibrio, la concentrazione dello ione $[Co(NH_3)_6]^{3+}$ è molto bassa. Tuttavia ci vogliono giorni pima che si instauri l'equilibrio, poiché lo ione $[Co(NH_3)_6]^{3+}$ è un ***complesso inerte*** – *uno ione complesso che subisce reazione di scambio molto lentamente* (dell'ordine di ore o giorni). Quindi, una specie instabile termodinamicamente non è necessariamente chimicamente reattiva. La velocità della reazione è determinata dall'energia di attivazione, che in questo caso è alta.

Molti complessi ionici che contengono Co^{3+}, Cr^{3+} e Pt^{2+} sono cineticamente inerti. Poiché scambiano i leganti molto lentamente, sono facili da studiare in soluzione. Quindi, la conoscenza che si ha sul legame, la struttura e l'isomeria dei composti di coordinazione deriva principalmente dallo studio di questo tipo di metalli con opportuni leganti.

15.4.1 Applicazioni dei composti di coordinazione

I composti di coordinazione si trovano nei sistemi viventi e hanno svariati utilizzi in casa, nell'industria e in medicina. Se ne descrivono alcuni esempi qui e nell'Approfondimento 15.1.

Metallurgia

I composti di coordinazione possono essere usati per estrarre e purificare metalli, come l'oro e l'argento. Anche se l'oro in natura e l'argento si trovano di solito in forma non combinata, possono essere presenti anche in minerali di altri metalli in concentrazioni relativamente piccole e quindi difficili da estrarre. In un tipico processo di estrazione dell'oro, per esempio, il minerale sbriciolato è trattato con una soluzione acquosa di cianuro per formare lo ione complesso solubile di oro $[Au(CN)_2]^-$:

$$4Au(s) + 8CN^-(aq) + O_2(g) + 2H_2O(l) \longrightarrow 4[Au(CN)_2]^-(aq) + 4OH^-(aq)$$

Lo ione complesso $[Au(CN)_2]^-$ (insieme a un catione, come Na^+) viene separato dal rimanente materiale insolubile e viene trattato con un metallo elettropositivo come lo zinco per recuperare l'oro:

$$Zn(s) + 2[Au(CN)_2]^-(aq) \longrightarrow [Zn(CN)_4]^{2-}(aq) + 2Au(s)$$

La Figura 15.23 mostra una vista dall'alto di uno stagno di cianuro usato per l'estrazione di oro.

Figura 15.23 Stagni di cianuro in una miniera d'oro per estrarre oro dal minerale metallico.

Approfondimento 15.2

Il cisplatino, un farmaco antitumorale

La fortuna e il caso spesso sono importanti nelle scoperte scientifiche, ma è necessaria una notevole intuizione scientifica da parte dei ricercatori per riconoscere il significato di una scoperta accidentale e sfruttarne l'utilità. Nel 1964 il biofisico Barnett Rosenberg e i suoi collaboratori presso l'Università dello stato del Michigan stavano studiando gli effetti dell'applicazione di un campo elettrico sulla riproduzione dei batteri. Misero una coltura batterica fra due elettrodi di platino e imposero un campo elettrico. Con loro sorpresa, trovarono che dopo poco più di un'ora le cellule batteriche non si riproducevano più.

Rosenberg pensò che composti contenenti platino potevano essere testati come agenti antitumorali poiché i tumori sono caratterizzati da una crescita incontrollata di cellule. Siccome durante l'esperimento erano presenti molecole di ammoniaca e ioni cloruro, Rosenberg sintetizzò numerosi composti contenenti platino, ammoniaca e ione cloruro. Quello che mostrò maggiore efficacia nell'inibizione della divisione cellulare era il *cis*-diamminodicloroplatino (II) $[Pt(NH_3)_2Cl_2]$, detto anche cisplatino.

Il cisplatino è in grado di legarsi al DNA (l'acido deossiribonucleico), la molecola che contiene il codice genetico. Durante la riproduzione cellulare, la doppia elica del DNA si divide in due catene, che devono essere esattamente una la copia dell'altra per fare in modo che le nuove cellule siano identiche alle cellule genitrici. Studi con i raggi X mostrano che il cisplatino si lega al DNA per sostituzione dei due ioni cloruro del cisplatino con atomi di azoto nelle basi guanina adiacenti sulla *stessa* catena del DNA. (La guanina è una delle quattro basi del DNA.) Di conseguenza, la struttura a doppia elica assume una configurazione piegata nel sito legato. I ricercatori pensano che questa distorsione strutturale sia il fattore più importante nell'inibizione della riproduzione cellulare. La cellula danneggiata viene quindi distrutta dal sistema immunitario del corpo. Siccome il legame del cisplatino al DNA richiede che entrambi gli atomi di Cl siano dalla stessa parte del complesso, l'isomero *trans* del composto è del tutto inefficace come agente e farmaco antitumorale. Purtroppo il cisplatino ha diversi effetti collaterali, tra cui danni a livello renale. Quindi, gli sforzi della ricerca oggi sono rivolti a sintetizzare complessi analoghi che siano in grado di distruggere le cellule tumorali ma che siano meno dannosi nei confronti dei tessuti sani.

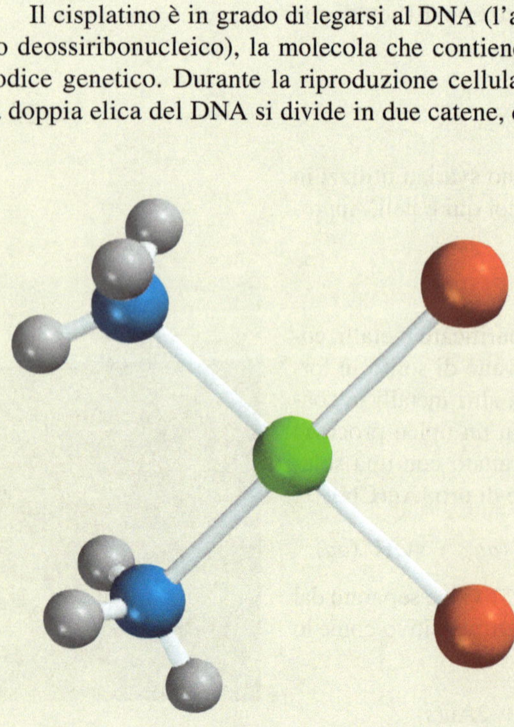

cis-$Pt(NH_3)_2Cl_2$

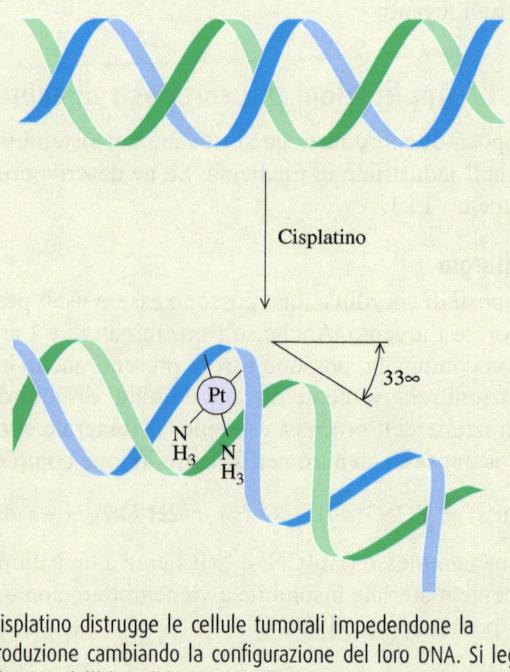

Il cisplatino distrugge le cellule tumorali impedendone la riproduzione cambiando la configurazione del loro DNA. Si lega a due siti dell'elica del DNA, causandone un piegamento di circa 33° rispetto al resto dell'elica.

Agenti chelanti terapeutici

Si ricordi dal Paragrafo 15.2 che l'agente chelante EDTA è usato nel trattamento dell'avvelenamento da metalli pesanti. Alcuni composti contenenti platino possono inibire la crescita delle cellule tumorali. Un caso specifico è discusso nell'Approfondimento 15.2.

Analisi chimica

Anche se l'EDTA ha grande affinità per molti ioni metallici (specialmente ioni +2 e +3), altri leganti chelanti sono più selettivi. Per esempio, la dimetilgliossima,

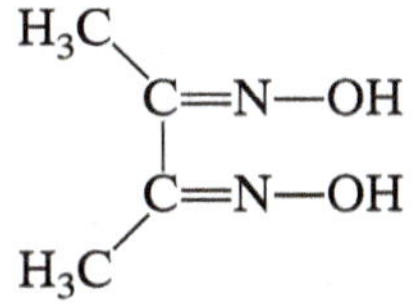

foma un solido insolubile rosso mattone con lo ione Ni^{2+} e un solido insolubile giallo con Pd^{2+}. Questi colori caratteristici sono usati nell'analisi qualitativa per identificare il nichel e il palladio. Inoltre, la quantità di ione presente può essere determinata mediante analisi gravimetrica come segue: a una soluzione contenente ioni Ni^{2+} si aggiunge un eccesso di reagente dimetilgliossima e si forma un precipitato rosso mattone; il precipitato viene filtrato, seccato e pesato; conoscendo la formula del complesso (Figura 15.24), si può calcolare rapidamente la quantità di nichel presente nella soluzione originale.

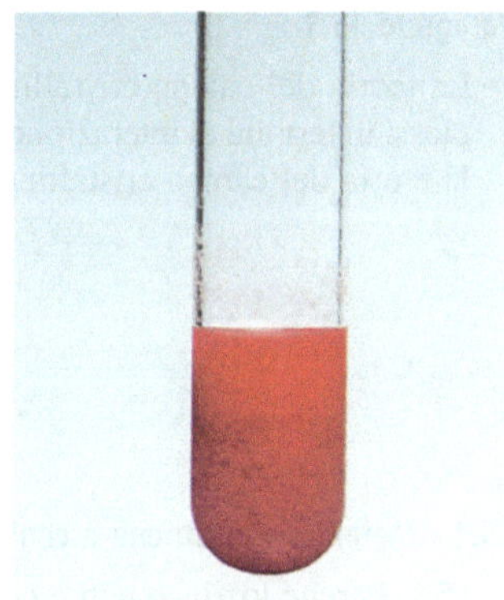

Una sospensione acquosa di *bis*(dimetilgliossimato)nickel (II).

Detergenti

L'azione detergente del sapone nelle acque dure è ostacolata dalla reazione dello ione Ca^{2+} presente nell'acqua con le molecole di sapone che porta alla formazione di sali insolubili. Alla fine degli anni '40, l'industria dei detergenti introdusse l'utilizzo del tripolifosfato di sodio, per ovviare a questo inconveniente. Lo ione tripolifosfato è un agente chelante che forma complessi stabili e solubili con gli ioni Ca^{2+}. Il tripolifosfato di sodio rivoluzionò l'industria dei detergenti. Tuttavia, siccome i fosfati sono nutrienti delle piante, le acque di lavaggio contenenti polifosfati scaricate nei fiumi e nei laghi causarono la crescita smisurata di alghe, diminuendo di fatto la concentrazione di ossigeno nell'acqua e quindi uccidendo pesci e altri animali marini. Questo processo, chiamato *eutrofizzazione,* costrinse molti paesi a vietare l'utilizzo dei fosfati nei detersivi agli inizi degli anni '70.

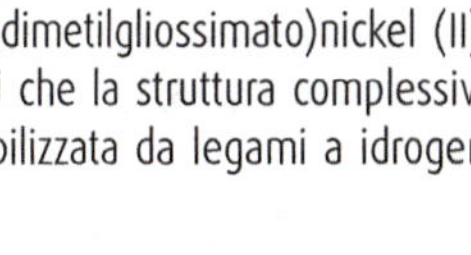

Ione tripolifosfato.

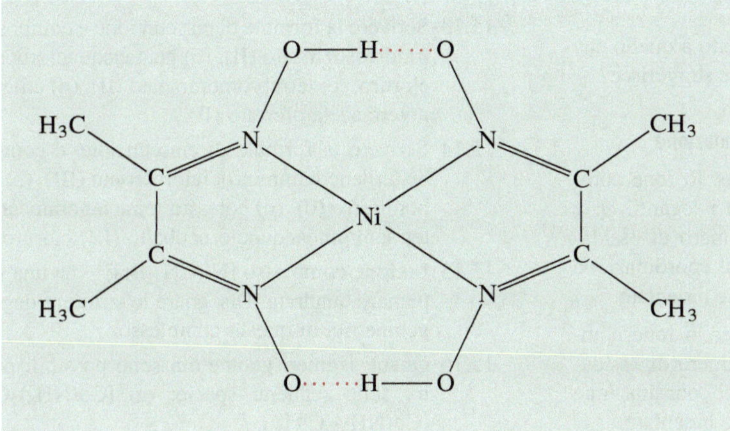

Figura 15.24 Struttura del *bis*(dimetilgliossimato)nickel (II). Si noti che la struttura complessiva è stabilizzata da legami a idrogeno.

Sommario

Paragrafo 15.1

- I metalli di transizione hanno orbitali *d* parzialmente riempiti e notevole tendenza a formare complessi. I composti che contengono ioni complessi sono chiamati composti di coordinazione.
- I metalli della prima serie di transizione (dallo scandio al rame) sono i più comuni tra i metalli di transizione; la loro reattività chimica è caratteristica dell'intero gruppo.

Paragrafo 15.2

- Gli ioni complessi sono costituiti da uno ione metallico circondato da leganti. L'atomo donatore in ciascun legante dona una coppia elettronica all'atomo metallico centrale nel complesso.
- I composti di coordinazione possono mostrare isomerismo geometrico e/o ottico.

Paragrafo 15.3

- La teoria del campo cristallino spiega il legame nei complessi in termini di interazione elettrostatica. In accordo con la teoria del campo cristallino, gli orbitali *d* sono separati tra due livelli energetici a più alta energia e tre livelli energetici a più bassa energia in un complesso ottaedrico. La differenza energetica fra questi due set di orbitali *d* costituisce la base della separazione del campo cristallino.
- Leganti a campo forte causano una notevole separazione del campo cristallino e leganti a campo debole causano una piccola separazione. Lo spin elettronico tende a essere parallelo con leganti a campo debole e accoppiato con leganti a campo forte, dove maggiore energia è richiesta per promuovere elettroni negli orbitali *d* ad alta energia.
- La teoria del campo dei leganti corregge alcuni difetti della teoria del campo cristallino andando oltre le interazioni elettrostatiche per includere gli effetti del legame covalente metallo-legante mediante l'utilizzo della teoria dell'orbitale molecolare.

Paragrafo 15.4

- Gli ioni complessi subiscono reazione di scambio in soluzione.
- I composti di coordinazione trovano applicazione in numrose aree, per esempio come antidoti per l'avvelenamento da metalli pesanti e in analisi chimiche.

Problemi

Soluzioni dei problemi dispari sul sito www.mheducation.it

15.1 Metalli di transizione e configurazioni elettroniche

15.1 Perché lo zinco non è considerato un metallo di transizione?

15.2 Spiegare perché il raggio atomico diminuisce molto gradatamente dallo scandio al rame.

15.3 Senza fare riferimento al testo, scrivere le configurazioni elettroniche dello stato fondamentale dei metalli della prima serie di transizione. Spiegarne le irregolarità.

15.4 Scrivere le configurazioni elettroniche degli ioni seguenti: V^{5+}, Cr^{3+}, Mn^{2+}, Fe^{2+}, Cu^{2+}, Sc^{3+} e Ti^{4+}.

15.5 Perché i metalli di transizione hanno più numeri di ossidazione rispetto agli altri elementi?

15.6 Perché il cromo è meno reattivo rispetto a quello che il suo potenziale normale di riduzione suggerisce?

15.2 Metalli di transizione e composti di coordinazione

15.7 Completare le seguenti asserzioni per lo ione complesso $[Co(en)_2(H_2O)CN]^{2+}$. (a) Fra i leganti, *en* è l'abbreviazione per _____. (b) Il numero di ossidazione di Co è _____. (c) Il numero di coordinazione di Co è _____. (d) _____ è un legante bidentato.

15.8 Completare le seguenti asserzioni per lo ione complesso $[Cr(C_2O_4)_2(H_2O)_2]^-$. (a) Il numero di ossidazione di Cr è _____. (b) Il numero di coordinazione di Cr è _____. (c) _____ è un legante bidentato.

15.9 Calcolare i numeri di ossidazione dei metalli nelle seguenti specie: (a) $K_3[Fe(CN)_6]$, (b) $K_3[Cr(C_2O_4)_3]$, (c) $[Ni(CN)_4]_2$.

15.10 Dire i numeri di ossidazione dei metalli nelle seguenti specie: (a) Na_2MoO_4, (b) $MgWO_4$, (c) $Fe(CO)_5$.

15.11 Qual è il nome dei seguenti ioni e composti: (a) $[Co(NH_3)_4Cl_2]$, (b) $[Co(en)_2Br_2]$, (c) $Cr(NH_3)_3Cl_3$, (d) $[Co(NH_3)_6]Cl_3$?

15.12 Qual è il nome dei seguenti ioni e composti:

(a) [*cis*-$Co(en)_2Cl_2$]

(b) $[Pt(NH_3)_5Cl]Cl_3$

(c) $[Co(NH_3)_5Cl]Cl_2$

15.13 Scrivere le formule di ciascun ione e composto: (a) tetraidrossozincato (II), (b) pentaacquoclorocromo (III) cloruro, (c) tetrabromorameato (II), (d) etilendiamminotetraacetatoferrato (II).

15.14 Scrivere le formule di ciascun ione e composto: (a) bis(etilenediammino)diclorocromo (III), (b) pentacarbonilferro (0), (c) potassio tetracianorameato (II), (d) tetraamminoacquoclorocobalto (III) cloruro.

15.15 Lo ione complesso $[Ni(CN)_2Br_2]^{2-}$ ha una geometria planare quadrata. Disegnare le strutture degli isomeri geometrici di questo complesso.

15.16 Quanti isomeri geometrici sono possibili per ciascuna delle seguenti specie: (a) $[Co(NH_3)_2Cl_4]^-$, (b) $[Co(NH_3)_3Cl_3]$?

15.17 Disegnare tutti gli isomeri geometrici e ottici di ciascuno dei seguenti complessi di cobalto: (a) $[Co(NH_3)_6]^{3+}$, (b) $[Co(NH_3)_5Cl]^{2+}$, (c) $[Co(C_2O_4)_3]^{3-}$

15.18 Disegnare tutti gli isomeri geometrici e ottici di ciascuno dei seguenti complessi di cobalto: (a) $[Co(NH_3)_4Cl_2]^+$, (b) $[Co(en)_3]^{3+}$.

15.3 Composti di coordinazione e teoria del campo cristallino

15.19 Lo ione $[Ni(CN)_4]^{2-}$, che ha una geometria planare quadrata, è diamagnetico, mentre lo ione $[NiCl_4]^{2-}$, che ha una geometria tetraedrica, è paramagnetico. Mostrare il diagramma di separazione del campo cristallino per questi due complessi.

15.20 Complessi di metalli di transizione che contengono leganti CN^- sono spesso gialli, mentre quelli che contengono leganti H_2O sono spesso verdi o blu. Spiegare.

15.21 Prevedere il numero di elettroni disaccoppiati nei seguenti ioni complessi: (a) $[Cr(CN)_6]^{4-}$, (b) $[Cr(H_2O)_6]^{2+}$.

15.22 Il massimo di assorbimento dello ione complesso $[Co(NH_3)_6]^{3+}$ è a 470 nm. (a) Prevedere il colore del complesso, (b) calcolare la separazione del campo cristallino in kJ mol^{-1}.

15.23 Per ciascuna delle seguenti coppie, scegliere il complesso che assorbe radiazione a maggiore lunghezza d'onda: (a) $[Co(NH_3)_6]^{2+}$, $[Co(H_2O)_6]^{2+}$; (b) $[FeF_6]^{3-}$, $[Fe(CN)_6]^{3-}$; (c) $[Cu(NH_3)_4]^{2+}$, $[CuCl_4]^{2-}$.

15.24 Una soluzione ottenuta sciogliendo 0,875 g di $Co(NH_3)_4Cl_3$ in 25,0 g di acqua congela a –0,56 °C. Calcolare il numero di moli di ioni prodotti quando 1 mole di $Co(NH_3)_4Cl_3$ viene sciolta in acqua e suggerire una struttura dello ione complesso presente in questo composto.

15.4 Reazioni dei composti di coordinazione

15.25 L'acido ossalico ($H_2C_2O_4$) è a volte usato per pulire la ruggine dalle tubature domestiche. Spiegare i motivi chimici di questo utilizzo.

15.26 Il complesso $[Fe(CN)_6]^{3-}$ è più labile del complesso $[Fe(CN)_6]^{4-}$. Suggerire un esperimento che dimostri che $[Fe(CN)_6]^{3-}$ è un complesso labile.

15.27 Una soluzione acquosa di solfato di rame (II) è di colore blu, ma si forma un precipitato verde quando viene aggiunto fluoruro di potassio. Invece quando viene aggiunto cloruro di potassio, si forma una soluzione verde brillante. Spiegare.

15.28 Quando una soluzione di cianuro di potassio viene aggiunta a una soluzione di solfato di rame (II), si forma un precipitato bianco, solubile in eccesso di cianuro di potassio. Non si forma precipitato quando viene fatto gorgogliare acido solfidrico nella soluzione. Spiegare.

15.29 Una soluzione acquosa concentrata di cloruro di rame (II) è verde brillante, ma diventa blu chiaro quando diluita in acqua. Spiegare.

15.30 In una soluzione diluita di acido nitrico, lo ione Fe^{3+} reagisce con ione tiocianato (SCN^-) per formare un complesso rosso scuro:

$$[Fe(H_2O)_6]^{3+} + SCN^- \rightleftharpoons H_2O + [Fe(H_2O)_5NCS]^{2+}$$

La concentrazione all'equilibrio di $[Fe(H_2O)_5NCS]^{2+}$ può essere determinata dall'intensità del colore della soluzione (misurata mediante uno spettrometro). In un esperimento, 1,0 ml di una soluzione 0,20 *M* di $Fe(NO_3)_3$ viene mescolato con 1,0 ml di una soluzione $1,0 \times 10^{-3}$ *M* di KSCN e 8,0 ml di HNO_3 diluito. Il colore della soluzione indica quantitativamente che la concentrazione di $[Fe(H_2O)_5NCS]^{2+}$ è $7,3 \times 10^5$ *M*. Calcolare la costante di formazione di $[Fe(H_2O)_5NCS]^{2+}$.

Problemi supplementari

15.31 Spostandosi da sinistra a destra nella prima serie di transizione, il numero di ossidazione +2 diventa più stabile in confronto al numero di ossidazione +3. Perché?

15.32 Qual è l'agente ossidante più forte in soluzione acquosa, Mn^{3+} o Cr^{3+}? Perché?

15.33 Il monossido di carbonio si lega al Fe nell'emoglobina 200 volte più fortemente dell'ossigeno. Ecco perché è così tossico. Il legame sigma metallo-legante si forma per donazione di una coppia di elettroni di non legame dall'atomo donatore all'orbitale vuoto sp^3d^2 del Fe. (a) In base alle elettronegatività, ci si aspetta che sia C o O l'atomo che si lega al Fe? (b) Disegnare un diagramma che illustri la sovrapposizione degli orbitali coinvolti nel legame.

15.34 Quali sono gli stati di ossidazione di Fe e Ti nel minerale ilmenite ($FeTiO_3$)? (*Suggerimento:* Considerare le energie di ionizzazione di Fe e Ti nella Tabella 15.1; l'energia di quarta ionizzazione del Ti è 4180 kJ mol^{-1}.)

15.35 Uno studente ha preparato un complesso di cobalto che può essere uno dei seguenti: $[Co(NH_3)_6]Cl_3$, $[Co(NH_3)_5Cl]Cl_2$, o $[Co(NH_3)_4Cl_2]Cl$. Spiegare come lo studente può scegliere fra queste possibilità facendo un esperimento di conducibilità elettrica. Lo studente ha a disposizione tre elettroliti forti, NaCl, $MgCl_2$ e $FeCl_3$, che possono essere utilizzati per confronto.

15.36 L'analisi chimica mostra che l'emoglobina contiene lo 0,34 percento in massa di Fe. Qual è la massa molare minima dell'emoglobina? La massa molare dell'emoglobina è circa 65 000 g. Come si spiega la discrepanza tra il valore minimo e il valore reale della massa molare dell'emoglobina?

15.37 Spiegare i seguenti fatti: (a) il rame e il ferro hanno diversi stati di ossidazione, mentre lo zinco ne ha solo uno, (b) il rame e il ferro formano ioni colorati, mentre lo zinco no.

15.38 Uno studente nel 1895 ha preparato tre composti di coordinazione di cromo con le seguenti proprietà:

Formula	Colore	Ioni Cl^- in soluzione per unità di formula
$CrCl_3 \cdot 6H_2O$	Violetto	3
$CrCl_3 \cdot 6H_2O$	Verde chiaro	2
$CrCl_3 \cdot 6H_2O$	Verde scuro	1

Scrivere le formule di questi composti e suggerire un metodo per confermare il numero di ioni Cl^- presenti in soluzione in ciascun caso. (*Suggerimento:* Alcuni composti possono esistere come idrati.)

15.39 La costante di formazione della reazione

$$Ag^+ + 2NH_3 \rightleftharpoons [Ag(NH_3)_2]^+$$

è $1{,}5 \times 10^7$ e quella della reazione

$$Ag^+ + 2CN^- \rightleftharpoons [Ag(CN)_2]^-$$

è $1{,}0 \times 10^{21}$ a 25 °C. Calcolare la costante di equilibrio e il $\Delta G°$ a 25 °C della reazione

$$[Ag(NH_3)_2]^+ + 2CN^- \rightleftharpoons [Ag(CN)_2]^- + 2NH_3$$

15.40 Dai potenziali normali di riduzione riportati in Tabella 13.1 per le coppie Zn/Zn^{2+} e Cu/Cu^{2+}, calcolare il $\Delta G°$ e la costante di equilibrio della seguente reazione:

$$Zn(s) + 2Cu^{2+}(aq) \longrightarrow Zn^{2+}(aq) + 2Cu^+(aq)$$

15.41 Usando i potenziali normali di riduzione riportati in Tabella 13.1 e il manuale dei dati chimici e fisici, dimostrare che la seguente reazione è spontanea in condizioni normali:

$$2Ag(s) + Pt^{2+}(aq) \longrightarrow 2Ag^+(aq) + Pt(s)$$

Qual è la costante di equilibrio di questa reazione a 25 °C?

15.42 Il complesso Co^{2+}-porfirina è più stabile di quello Fe^{2+}-porfirina. Perché allora è il ferro il metallo presente nell'emoglobina (e in altre proteine contenenti il gruppo eme)?

15.43 L'ossiemoglobina è di colore rosso vivo, mentre la deossiemoglobina è viola. Dimostrare che la differenza cromatica può essere spiegata qualitativamente in base a ragionamenti sui complessi ad alto spin e a basso spin. (*Suggerimento:* O_2 è un legante a campo forte; si veda l'Approfondimento 15.1.)

15.44 Gli ioni idrati Mn^{2+} sono praticamente incolori (si veda la Figura 15.17) e possiedono cinque elettroni 3*d*. Spiegare. (*Suggerimento:* Le transizioni elettroniche nelle quali c'è una variazione nel numero di elettroni disaccoppiati non avvengono facilmente.)

15.45 Quale dei seguenti cationi idratati sono incolori: $Fe^{2+}(aq)$, $Zn^{2+}(aq)$, $Cu^+(aq)$, $Cu^{2+}(aq)$, $V^{5+}(aq)$, $Ca^{2+}(aq)$, $Co^{2+}(aq)$, $Sc^{2+}(aq)$ o $Pb^{2+}(aq)$? Spiegare.

15.46 Soluzioni acquose di $CoCl_2$ sono di solito o rosa chiaro o blu. Basse concentrazioni e basse temperature favoriscono la forma di colore rosa, mentre alte concentrazioni e alte temperature favoriscono la forma blu. Aggiungendo acido cloridrico a una soluzione viola di $CoCl_2$ essa diventa blu; il colore viola si rigenera aggiungendo $HgCl_2$. Spiegare queste osservazioni.

15.47 Suggerire un metodo che permette di distinguere tra il *cis*-$Pt(NH_3)_2Cl_2$ e il *trans*-$Pt(NH_3)_2Cl_2$.

15.48 Sono date due soluzioni contenenti $FeCl_2$ e $FeCl_3$ alla stessa concentrazione. Una soluzione è giallo chiaro, l'altra è marrone. Identificare queste soluzioni in base al colore.

15.49 L'etichetta di una certa marca di maionese indica la presenza di EDTA come conservante. Come agisce l'EDTA?

15.50 Il composto 1,1,1-trifluoroacetilacetone (tfa) è un legante bidentato:

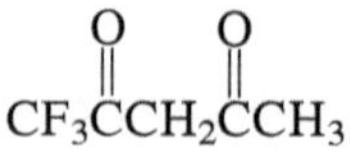

Esso forma un complesso tetraedrico con Be^{2+} e un complesso planare quadrato con Cu^{2+}. Disegnare le strutture di questi ioni complessi e identificare il tipo di isomeria.

15.51 Quanti isomeri geometrici può avere il seguente complesso?

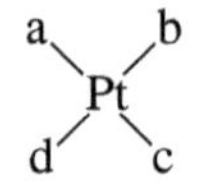

15.52 $[Pt(NH_3)_2Cl_2]$ esiste in due forme isomere indicate con I e II, che reagiscono con l'acido ossalico nel modo seguente:

$$I + H_2C_2O_4 \longrightarrow [Pt(NH_3)_2C_2O_4]$$

$$II + H_2C_2O_4 \longrightarrow [Pt(NH_3)_2(HC_2O_4)_2]$$

Si discutano le strutture di I e II.

15.53 Nel processo di argentatura si usa una soluzione contenente lo ione complesso $Ag(CN)_2^-$. Siccome la costante di formazione (K_f) è molto grande, questa procedura assicura che la concentrazione di Ag^+ in soluzione sia bassa in modo tale da avere una elettrodeposizione uniforme. Durante il processo di elettrodeposizione, si aggiungono 9,0 l di una soluzione 5,0 *M* di NaCN a 90,0 l di una soluzione 0,20 *M* di $AgNO_3$. Calcolare la concentrazione di ione Ag^+ all'equilibrio. Si veda la Tabella 11.5 per i valori di K_f.

15.54 Disegnare dei diagrammi qualitativi per la separazione del campo cristallino in: (a) uno ione complesso lineare ML_2, (b) uno ione complesso trigonale planare ML_3, (c) uno ione complesso bipiramidale trigonale ML_5.

15.55 (a) Lo ione Cu (I) non è stabile in soluzione e ha tendenza a disproporzionare:

$$2Cu^+(aq) \rightleftharpoons Cu^{2+}(aq) + Cu(s)$$

Usare l'informazione in Tabella 13.1 per calcolare la costante di equilibrio per la reazione. (b) in base ai risultati in (a), spiegare perché la maggior parte dei composti di Cu (I) sono insolubili.

15.56 Considerare le due seguenti reazioni di scambio di legante:

$$[Co(H_2O)_6]^{3+} + 6NH_3 \rightleftharpoons [Co(NH_3)_6]^{3+} + 6H_2O$$

$$[Co(H_2O)_6]^{3+} + 3\,en \rightleftharpoons [Co(en)_6]^{3+} + 6H_2O$$

(a) Quale delle due reazioni dovrebbe avere maggiore valore di $\Delta S°$?

(b) Dato che la forza del legame Co—N è più o meno la stessa in entrambi i complessi, quale reazione avrà maggiore costante di equilibrio? Motivare la risposta.

15.57 Il rame esiste nello stato di ossidazione +3, e si pensa che in questa forma sia coinvolto in alcune reazioni biologiche di trasferimento di elettroni. (a) Questo stato di ossidazione del rame è stabile? Spiegare. (b) Nomenclare K_3CuF_6, e prevedere la geometria dello ione complesso e le sue proprietà magnetiche. (c) La maggior parte dei composti noti di Cu (III) hanno geometria planare quadrata. Questi composti sono paramagnetici o diamagnetici?

Soluzioni dei problemi di autovalutazione

15. 1 (a) +2, (b) +3, (c) +4 **15. 2** (a) tetraacquodiclorocromo (III) cloruro; (b) triamminobromoplatino (II) cloruro; (c) potassio esafluorocobaltato (III); e (d) tetraamminocloronitrocobalto (III) nitrato **15. 3** (a) $[Co(\mathit{en})_3]_2(SO_4)_3$; (b) $K_3[Fe(CN)_6]$; (c) $K_2[Ni(CN)_4]$; (d) $Ca_2[PtBr_4Cl_2]$

APPENDICE 1

Unità di misura per la costante dei gas

In questa appendice vedremo come la costante dei gas R può essere espressa in J/K · mol. Il nostro primo step è ottenere una relazione tra atm e pascal. Partiamo con

$$\begin{aligned}\text{pressione} &= \frac{\text{forza}}{\text{area}} = \frac{\text{massa} \times \text{accelerazione}}{\text{area}} \\ &= \frac{\text{volume} \times \text{densità} \times \text{accelerazione}}{\text{area}} \\ &= \text{lunghezza} \times \text{densità} \times \text{accelerazione}\end{aligned}$$

Dalla definizione, l'atmosfera standard è la pressione esercitata da una colonna di mercurio alta esattamente 76 cm di densità 13. 5951 g/cm^3, in un posto dove l'accelerazione dovuta alla gravità è 980. 665 cm/s^2. Quindi per esprimere la pressione in N/m^2 è necessario scrivere

$$\begin{aligned}\text{densità del mercurio} &= 1{,}35951 \times 10^4\ \text{kg/m}^3 \\ \text{accelerazione dovuta alla gravità} &= 9{,}80665\ \text{m/s}^2\end{aligned}$$

L'atmosfera standard è data da

$$\begin{aligned}1\ \text{atm} &= (0{,}76\ \text{m Hg})(1.35951 \times 10^4\ \text{kg/m}^3)(9{,}80665\ \text{m/s}^2) \\ &= 101{,}325\ \text{kg m/m}^2 \cdot \text{s}^2 = 101{,}325\ \text{N/m}^2 \\ &= 101{,}325\ \text{Pa}\end{aligned}$$

La costante dei gas R è data da 0,082 057 l · atm/K · mol (vedi Paragafo 5. 4). Usando i fattori di conversione

$$\begin{aligned}1\ \text{l} &= 1 \times 10^{-3}\ \text{m}^3 \\ 1\ \text{atm} &= 101{,}325\ \text{N/m}^2\end{aligned}$$

scriviamo

$$\begin{aligned}R &= \left(0{,}082057 \frac{\text{l atm}}{\text{K mol}}\right)\left(\frac{1 \times 10^{-3}\ \text{m}^3}{1\ \text{l}}\right)\left(\frac{101{,}325\ \text{N/m}^2}{1\ \text{atm}}\right) \\ &= 8{,}314\ \frac{\text{N m}}{\text{K mol}} \\ &= 8{,}314\ \frac{\text{J}}{\text{K mol}}\end{aligned}$$

e

$$\begin{aligned}1\ \text{l} \cdot \text{atm} &= (1 \times 10^{-3}\ \text{m}^3)(101{,}325\ \text{N/m}^2) \\ &= 101{,}3\ \text{N m} \\ &= 101{,}3\ \text{J}\end{aligned}$$

APPENDICE

2

Dati termodinamici a 1 Bar e 25 °C*

Tabella A2.1 Sostanze inorganiche

Sostanza	ΔH_f° (kJ mol^{-1})	ΔG_f° (kJ mol^{-1})	S° (J mol^{-1} K^{-1})	$\overline{C}_P^\circ$ (J mol^{-1} K^{-1})
Ag (*s*)	0	0	42,6	27,2
Ag^+ (*aq*)	105,6	77,1	72,7	21,8
AgCl (*s*)	−127,0	−109,7	96,1	50,8
AgBr (*s*)	−100,4	−96,9	107,1	52,4
AgI (*s*)	−61,8	−66,3	115,5	56,8
$AgNO_3$ (*s*)	−124,4	−33,4	140,9	93,1
Al (*s*)	0	0	28,3	24,2
Al^{3+} (*aq*)	−531,0	−485,0	−321,7	—
Al_2O_3 (*s*)	−1675,7	−1582,3	50,9	79
As (*s*)	0	0	35,15	24,6
AsO_4^{3-} (*aq*)	−888,1	−648,4	−162,8	—
AsH_3 (*g*)	66,4	68,9	222,8	38,1
H_2AsO_4 (*s*)	−906,3	—	—	—
Au (*s*)	0	0	47,4	25,4
Au_2O_3 (*s*)	80,8	163,2	125,5	—
AuCl (*s*)	−34,7	—	—	—
$AuCl_3$ (*s*)	−117,6	—	—	—
B (*s*)	0	0	5,9	11,1
B_2O_3 (*s*)	−1273,5	−1194,3	54,0	62,8
H_3BO_3 (*s*)	−1094,3	−968,9	90	86,1
H_3BO_3 (*aq*)	−1067,8	−963,3	159,8	—
Ba (*s*)	0	0	62,5	28,1
Ba^{2+} (*aq*)	−537,6	−560,8	9,6	—
BaO (*s*)	−558,2	−528,4	70,3	—
$BaCl_2$ (*s*)	−855	−806,7	123,7	75,1
$BaSO_4$ (*s*)	−1464,4	−1353,1	132,2	—
$BaCO_3$ (*s*)	−1213	−1134,4	112,1	86

* Le quantità termodinamiche per gli ioni sono basate sugli stati di riferimento ΔH_f° [$H^+(aq)$] = 0, ΔG_f° [$H^+(aq)$] = 0 e S° [$H^+(aq)$] = 0.

Tabella A2.1 Sostanze inorganiche

Sostanza	ΔH_f° (kJ mol^{-1})	ΔG_f° (kJ mol^{-1})	S° (J mol^{-1} K^{-1})	$\overline{C}_P^\circ$ (J mol^{-1} K^{-1})
Be (*s*)	0	0	9,5	16,4
BeO (*s*)	−609,4	−580,1	13,8	25,6
Br_2 (*l*)	0	0	152,3	75,7
Br^- (*aq*)	−121,6	−104,0	82,4	−141,8
HBr (*g*)	−36,2	−53,2	198,70	29,1
C (grafite)	0	0	5,69	8,5
C (diamante)	1,90	2,87	2,4	6,1
CO (*g*)	−110,5	−137,3	197,9	29,1
CO_2 (*g*)	−393,5	−394,4	213,6	37,1
CO_2 (*aq*)	−412,9	−386,2	121,3	—
CO_3^{2-} (*aq*)	−677,1	−527,8	−56,9	—
HCO_3^- (*aq*)	−691,1	−587,1	94,98	—
H_2CO_3 (*aq*)	−699,7	−623,2	187,4	—
CS_2 (*g*)	116,7	67,1	237,8	45,1
CS_2 (*l*)	89	64,6	151,3	76,4
HCN (*aq*)	105,4	112,1	128,9	—
CN^- (*aq*)	150,6	172,4	94,1	—
$(NH_2)_2CO$ (*s*)	−333,19	−197,15	104,6	—
$(NH_2)_2CO$ (*aq*)	−319,2	−203,84	173,85	—
Ca (*s*)	0	0	41,6	25,9
Ca^{2+} (*aq*)	−542,8	−553,6	−55,3	—
CaO (*s*)	−634,9	−603,3	38,1	42
$Ca(OH)_2$ (*s*)	−985,2	−897,5	83,4	87,5
CaF_2 (*s*)	−1228,1	−1175,1	68,5	67
$CaCl_2$ (*s*)	−795,4	−748,8	108,4	72,9
$CaSO_4$ (*s*)	−1434,5	−1322	106,5	99,7
$CaCO_3$ (*s*)	−1207,6	−1129,1	91,7	83,5
Cd (*s*)	0	0	51,8	26
Cd^{2+} (*aq*)	−75,9	−77,6	−73,2	—
CaO (*s*)	−258,4	−228,6	43,4	—
$CdCl_2$ (*s*)	−391,5	−343,9	115,3	74,7
$CdSO_4$ (*s*)	−933,3	−822,7	123	99,6
Cl_2 (*g*)	0	0	223,0	33,9
Cl^- (*aq*)	−167,2	−131,2	56,5	−136,4
HCl (*g*)	−92,3	−95,27	187,0	29,1
Co (*s*)	0	0	30	24,8
Co^{2+} (*aq*)	−58,2	−54,4	−113,0	—
CoO (*s*)	−237,9	−214,2	53	55,2
Cr (*s*)	0	0	23,8	23,4
Cr^{2+} (*aq*)	−143,5	—	—	—

Tabella A2.1 Sostanze inorganiche

Sostanza	ΔH_f° (kJ mol^{-1})	ΔG_f° (kJ mol^{-1})	S° (J mol^{-1} K^{-1})	$\overline{C}_P^\circ$ (J mol^{-1} K^{-1})
Cr_2O_3 (*s*)	−1139,7	−1058,1	81,2	118,7
CrO_4^{2-} (*aq*)	−881,2	−727,8	50,2	—
$Cr_2O_7^{2-}$ (*aq*)	−1460,6	−1257,29	213,8	—
Cs (*s*)	0	0	85,2	32,2
Cs^+ (*aq*)	−258,3	−292,2	133,1	−10,5
Cu (*s*)	0	0	33,2	24,4
Cu^+ (*aq*)	71,7	50,0	40,6	—
Cu^{2+} (*aq*)	64,8	65,5	−99,6	—
CuO (*s*)	−157,3	−129,7	42,6	42,3
Cu_2O (*s*)	−168,6	−146	93,1	63,6
CuCl (*s*)	−137,2	−119,9	86,2	48,5
$CuCl_2$ (*s*)	−220,1	−175,7	108,1	71,9
CuS (*s*)	−53,1	−53,6	66,5	47,8
$CuSO_4$ (*s*)	−771,4	−662,2	109,2	—
F_2 (*g*)	0	0	202,8	31,3
F^- (*aq*)	−332,6	−278,8	−13,8	—
HF (*g*)	−273,3	−275,4	173,8	—
Fe (*s*)	0	0	27,3	25,1
Fe^{2+} (*aq*)	−87,86	−84,9	−113,39	—
Fe^{3+} (*aq*)	−47,7	−10,5	−293,3	—
FeO (*s*)	−272,0	−255,2	60,8	—
Fe_2O_3 (*s*)	−824,2	−742,2	87,4	103,9
$Fe(OH)_2$ (*s*)	−568,19	−483,55	79,5	—
$Fe(OH)_3$ (*s*)	−824,25	—	—	—
H (*g*)	218,2	203,2	114,6	20,8
H_2 (*g*)	0	0	130,7	28,8
H^+ (*aq*)	0	0	0	—
OH^- (*aq*)	−229,94	−157,30	−10,5	—
H_2O (*g*)	−241,83	−228,6	188,8	33,6
H_2O (*l*)	−285,8	−237,1	69,95	75,3
H_2O_2 (*l*)	−187,8	−120,4	109,6	89,1
Hg (*l*)	0	0	75,9	28
Hg^{2+} (*aq*)	—	−164,38	—	—
HgO (*s*)	−90,7	−58,5	72,0	44,1
$HgCl_2$ (*s*)	−224,3	−178,6	144,5	—
Hg_2Cl_2 (*s*)	−265,4	−210,7	191,6	—
HgS (*s*)	−58,16	−48,8	77,8	48,8
$HgSO_4$ (*s*)	−704,17	—	—	—
Hg_2SO_4 (*s*)	−741,99	−623,92	200,75	132
I_2 (*s*)	0	0	116,7	54,4

Tabella A2.1 Sostanze inorganiche

Sostanza	ΔH_f° (kJ mol^{-1})	ΔG_f° (kJ mol^{-1})	S° (J mol^{-1} K^{-1})	$\overline{C}_P^\circ$ (J mol^{-1} K^{-1})
I^- (*aq*)	−55,9	−51,67	109,37	—
HI (*g*)	25,9	1,30	206,3	29,2
K (*s*)	0	0	64,7	29,6
K^+ (*aq*)	−251,2	−282,28	102,5	—
KOH (*s*)	−424,6	−379,4	81,2	68,9
KCl (*s*)	−436,5	−408,5	82,6	51,3
$KClO_3$ (*s*)	−391,20	−289,9	142,97	100,3
$KClO_4$ (*s*)	−432,8	−304,18	151,0	112,4
KBr (*s*)	−392,17	−379,2	96,4	52,3
KI (*s*)	−327,65	−322,29	104,35	52,9
KNO_3 (*s*)	−492,7	−393,1	132,9	96,4
Li (*s*)	0	0	29,1	24,8
Li^+ (*aq*)	−278,46	−293,8	14,2	68,6
Li_2O (*s*)	−595,8	−561,2	37,6	54,1
LiOH (*s*)	−487,5	−441,5	42,8	49,6
Mg (*s*)	0	0	32,7	24,9
Mg^{2+} (*aq*)	−461,96	−456,0	−117,99	—
MgO (*s*)	−601,8	−569,6	26,78	—
$Mg(OH)_2$ (*s*)	−924,5	−833,5	63,2	77
$MgCl_2$ (*s*)	−641,8	−592,3	89,5	71,4
$MgSO_4$ (*s*)	−1278,2	−1173,6	91,6	96,5
$MgCO_3$ (*s*)	−1112,9	−1 029,3	65,69	75,5
Mn (*s*)	0	0	31,76	26,3
Mn^{2+} (*aq*)	−218,8	−223,4	−83,68	50,0
MnO_2 (*s*)	−520,9	−466,1	53,1	54,1
N_2 (*g*)	0	0	191,6	29,1
N_3^- (*aq*)	245,18	—	—	—
NH_3 (*g*)	−45,9	−16,4	192,8	35,1
NH_4^+ (*aq*)	−132,80	−79,5	112,8	—
NH_4Cl (*s*)	−314,4	−202,9	94,6	84,1
NH_3 (*aq*)	−80,3	−26,5	111,3	—
N_2H_4 (*l*)	50,6	149,3	121,2	98,9
NO (*g*)	91,3	87,6	210,8	29,9
NO_2 (*g*)	33,85	51,8	240,46	37,2
N_2O_4 (*g*)	9,66	98,29	304,3	79,2
N_2O (*g*)	81,56	103,6	219,99	38,6
HNO_2 (*aq*)	−118,8	−53,6	—	—
HNO_3 (*l*)	−174,1	−80,7	155,6	109,9
NO_3^- (*aq*)	−207,4	−111,3	146,4	—

Tabella A2.1 Sostanze inorganiche

Sostanza	ΔH_f° (kJ mol^{-1})	ΔG_f° (kJ mol^{-1})	S° (J mol^{-1} K^{-1})	$\overline{C}_P^\circ$ (J mol^{-1} K^{-1})
Na (*s*)	0	0	51,3	28,2
Na^+ (*aq*)	−240,1	−261,9	59,0	46,4
Na_2O (*s*)	−414,2	−375,5	75,1	69,1
NaCl (*s*)	−411,2	−384,1	72,1	50,5
NaI (*s*)	−287,8	−286,1	98,5	52,1
Na_2SO_4 (*s*)	−1387,1	−1270,2	149,6	128,2
$NaNO_3$ (*s*)	−467,9	−367	116,5	92,9
Na_2CO_3 (*s*)	−1130,7	−1044,4	135	112,3
$NaHCO_3$ (*s*)	−950,8	−851	101,7	87,6
Ni (*s*)	0	0	29,9	26,1
Ni^{2+} (*aq*)	−54,0	−45,6	−128,9	—
NiO (*s*)	−244,35	−216,3	38,58	—
$Ni(OH)_2$ (*s*)	−529,7	−447,2	88	—
O (*g*)	249,2	231,7	161,1	21,9
O_2 (*g*)	0	0	205,0	29,4
O_3 (*aq*)	−12,09	16,3	110,88	—
O_3 (*g*)	142,7	163,2	238,9	39,2
P (bianco)	0	0	41,1	23,8
P (rosso)	−18,4	13,8	29,3	21,2
PO_4^{3-} (*aq*)	−1277,4	−1018,7	−220,5	—
P_4O_{10} (*s*)	−3012,48	—	—	—
PH_3 (*g*)	5,4	13,5	210,2	37,1
HPO_4^{2-} (*aq*)	−1292,1	−1089,2	−33,5	—
$H_2PO_4^-$ (*aq*)	−1296,3	−1130,2	90,4	—
Pb (*s*)	0	0	64,89	26,4
Pb^{2+} (*aq*)	−1,7	−24,4	10,5	—
PbO (*s*)	−217,3	−187,9	68,5	45,8
PbO_2 (*s*)	−277,4	−217,3	68,6	64,6
$PbCl_2$ (*s*)	−359,4	−314,1	136	—
PbS (*s*)	−100,4	−98,7	91,2	49,5
$PbSO_4$ (*s*)	−920	−813	148,5	103,2
Pt (*s*)	0	0	41,6	25,9
$PtCl_4^{2-}$ (*aq*)	−516,3	−384,5	175,7	—
Rb (*s*)	0	0	76,8	31,1
Rb^+ (*aq*)	−251,2	−284,0	121,5	—
S (rombico)	0	0	32,1	22,6
S (monoclino)	0,30	0,10	32,55	—
SO_2 (*g*)	−296,8	−300,1	248,2	39,9
SO_3 (*g*)	−395,7	−371,1	256,8	50,7

Tabella A2.1 Sostanze inorganiche

Sostanza	ΔH_f° (kJ mol^{-1})	ΔG_f° (kJ mol^{-1})	S° (J mol^{-1} K^{-1})	$\overline{C}_P^\circ$ (J mol^{-1} K^{-1})
SO_3^{2-} (*aq*)	−635,5	−486,5	−29,0	—
SO_4^{2-} (*aq*)	−909,3	−744,5	20,1	−293,0
H_2S (*g*)	−20,6	−33,4	205,8	34,2
HSO_3^- (*aq*)	−626,2	−527,7	139,7	—
HSO_4^- (*aq*)	−887,3	−755,9	131,8	−84,0
H_2SO_4 (*l*)	−814	−690	156,9	138,9
SF_6 (*g*)	−1220,5	−1116,5	291,5	97
Si (*s*)	0	0	18,8	20
SiO_2 (*s*)	−910,7	−856,3	41,5	44,4
Sr (*s*)	0	0	55	26,8
Sr^{2+} (*aq*)	−545,8	−559,5	−32,6	—
$SrCl_2$ (*s*)	−828,9	−781,1	114,9	75,6
$SrSO_4$ (*s*)	−1453,1	−1340,9	117	—
$SrCO_3$ (*s*)	−1220,1	−1140,1	97,1	81,4
Zn (*s*)	0	0	41,6	25,4
Zn^{2+} (*aq*)	−153,9	−147,1	−112,1	46,0
ZnO (*s*)	−350,5	−320,5	43,7	40,3
$ZnCl_2$ (*s*)	−415,1	−369,4	111,5	71,3
ZnS (*s*)	−206	− 201,3	57,7	46
$ZnSO_4$ (*s*)	−982,8	−871,5	110,5	99,2

Tabella A2.2 Sostanze organiche

Sostanza	Formula	ΔH_f° (kJ mol^{-1})	ΔG_f° (kJ mol^{-1})	S° (J mol^{-1} K^{-1})	$\overline{C}_P$ (J mol^{-1} K^{-1})
Acido etanoico (acido acetico) (*l*)	CH_3COOH	−484,3	−389,9	159,8	123,3
Etanale (acetaldeide) (*g*)	CH_3CHO	−166,2	−133	263,8	55,3
2-Propanone (acetone) (*l*)	CH_3COCH_3	−246,8	−153,55	198,7	126,3
Etino (acetilene) (*g*)	C_2H_2	227,4	209,9	200,9	44
Benzene (*l*)	C_6H_6	49,1	124,5	173,4	136
Butano (*g*)	C_4H_{10}	−124,7	−15,7	310,0	140,9
Etanolo (*l*)	C_2H_5OH	−277,6	−174,8	160,7	112,3
Etano (*g*)	C_2H_6	−84	−32	229,2	52,5
Etene (etilene) (*g*)	C_2H_4	52,4	68,4	219,3	42,9
Acido metanoico (acido formico) (*l*)	HCOOH	−425	−361,4	129,0	99
Glucosio (*s*)	$C_6H_{12}O_6$	−1274,5	−910,56	212,1	—
Metano (*g*)	CH_4	−74,6	−50,8	186,3	35,7
Metanolo (*l*)	CH_3OH	−239,2	−166,6	126,8	81,1
Propano (*g*)	C_3H_8	−103,8	−23,4	270,3	73,6
Saccarosio (*s*)	$C_{12}H_{22}O_{11}$	−2221,7	−1544,3	360,2	—

Soluzioni dei problemi pari

Capitolo 0

0.2 (a) Fisica. (b) Chimica. (c) Fisica. (d) Chimica. (e) Chimica. **0.4** (a) miscela omogenea. (b) elemento. (c) composto. (d) miscela omogenea. (e) miscela eterogenea. (f) miscela omogenea. (g) miscela eterogenea. **0.6** 8,1 kJ. **0.8** 24,5 m s^{-1}. **0.10** (a) Isotopo $^{4}_{2}He$, $^{20}_{10}Ne$, $^{40}_{18}Ar$, $^{84}_{36}Kr$, $^{132}_{54}Xe$, $^{222}_{86}Rn$; numero di protoni 2, 10, 18, 36, 54, 86; numero di neutroni 2, 10, 22, 48, 78, 136. (b) rapporto n/p 1,00, 1,00, 1,22, 1,33, 1,44, 1,58. Il rapporto n/p aumenta all'aumentare del numero atomico. (c) Questo comportamento si applica anche agli altri elementi. **0.12** 0,20 km. **0.14** 145. **0.16** Isotopo $^{15}_{7}N$, $^{33}_{16}S$, $^{63}_{29}Cu$, $^{84}_{38}Sr$, $^{130}_{56}Ba$, $^{186}_{74}W$, $^{202}_{80}Hg$; numero di protoni 7, 16, 29, 38, 56, 74, 80; numero di neutroni 8, 17, 34, 46, 74, 112, 122; numero di elettroni 7, 16, 29, 38, 56, 74, 80. **0.18** (a) $^{186}_{74}W$. (b) $^{201}_{80}Hg$. **0.20** (a) H_2 e N_2. (b) CO e HF. (c) S_8 e C_{60}. (d) HClO e HIO. **0.22** Ione K^+, Mg^{2+}, Fe^{3+}, Br^-, Mn^{2+}, C^{4-}, Cu^{2+}, numero di protoni 19, 12, 26, 35, 25, 6, 29; numero di elettroni 18, 10, 23, 36, 23, 10, 27. **0.24** La formula molecolare dell'etanolo è C_2H_6O. **0.26** (a) diidrogenofosfato di potassio. (b) idrogenofosfato di potassio. (c) bromuro di idrogeno (composto molecolare). (d) carbonato di litio. (e) dicromato di sodio. (f) solfato d'ammonio. (g) acido iodico. (h) pentafluoruro di fosforo. (i) esaossido di tetrafosforo. (j) ioduro di cadmio. (k) solfato di stronzio. (l) idrossido di alluminio. **0.28** (a) nitrato di cobalto (II) esaidrato. (b) bromuro di nichel (II) triidrato. (c) solfato di zinco (II) eptaidrato. (d) solfato di sodio monoidrato. **0.30** (a) $Na_2SO_4 \cdot 10H_2O$. (b) $CaSO_4 \cdot H_2O$. (c) $MgCl_2 \cdot 6H_2O$. (d) $Zn(NO_3)_2 \cdot 6H_2O$. **0.32** (a) $2C + O_2 \rightarrow 2CO$. (b) $2CO + O_2 \rightarrow 2CO_2$. (c) $H_2 + Br_2 \rightarrow 2HBr$. (d) $2H_2O_2 \rightarrow 2H_2O + O_2$. (e) $2C_4H_{10} + 13O_2 \rightarrow 8CO_2 + 10H_2O$. (f) $3KOH + H_3PO_4 \rightarrow K_3PO_4 + 3H_2O$. (g) $N_2 + 3H_2 \rightarrow 2NH_3$. (h) $NH_4NO_3 \rightarrow N_2O + 2H_2O$. (i) $2C_6H_6 + 15O_2 \rightarrow 12CO_2 + 6H_2O$. (j) $3Na_2O + 2A1 \rightarrow A1_2O_3 + 6Na$. **0.34** 35,45 u. **0.36** (a) 16,04 u. (b) 46,01 u. (c) 80,07 u. (d) 78,11 u. (e) 149,9 u. (f) 174,27 u. (g) 310,18 u. **0.38** $9{,}96 \times 10^{-15}$ mol. **0.40** $3{,}44 \times 10^{-10}$ g Pb. **0.42** (a) 73,89 g. (b) 76,15 g. (c) 119,37 g. (d) 176,12 g. (e) 101,11 g. (f) 352,0 g. (g) 84,01 g. **0.44** $3{,}01 \times 10^{22}$ atomi di C; $3{,}01 \times 10^{22}$ atomi di O; $6{,}02 \times 10^{22}$ atomi di H.
0.46 $8{,}56 \times 10^{22}$ molecole. **0.48** (a) CH_2O. (b) KCN.
0.50 La formula molecolare e la formula empirica sono $C_6H_{10}S_2O$. **0.52** Saranno presenti sette picchi con i seguenti numeri di massa: 34,35,36,37,38,39,40. **0.54** 288 g I_2.
0.56 (a) $NH_4NO_3(s) \longrightarrow N_2O(g) + 2H_2O(g)$. (b) 20 g.
0.58 0,709 g NO_2. **0.60** 93,0%. **0.62** 53,85%.
0.64 (a) $4{,}41 \times 10^{-40}$. (b) $4{,}6 \times 10^{-18}$ J.
0.66 $2C_2H_6 + 7O_2 \rightarrow 4CO_2 + 6H_2O$. **0.68** $9{,}58 \times 10^5$ g.
0.70 (a) La formula dovrebbe essere $(NH_4)_2CO_3$. (b) La formula dovrebbe essere $Ca(OH)_2$. (c) La formula corretta è CdS. (d) La formula corretta è $ZnCr_2O_7$. **0.72** 103,3 g mol^{-1}. **0.74** C: 30,20%, H: 5,069%, Cl: 44,57%, S: 20,16%. **0.76** 700 g. **0.78** (a) $Zn(s) + H_2SO_4(aq) \longrightarrow ZnSO_4(aq) + H_2(g)$. (b) 64,2%. (c) Si è assunto che le impurezze siano inerti e che non reagiscano con l'acido solforico per produrre idrogeno. **0.80** 89,5%. **0.82** (a) $6{,}532 \times 10^4$ g mol^{-1}. (b) $7{,}6 \times 10^2$ g. **0.84** NaCl: 32,17%; Na_2SO_4: 20,09%; $NaNO_3$: 47,75%. **0.86** (a) 16 u, CH_4 17 u, NH_3 18 u, H_2O 64 u, SO_2. (b) Un frammento CH_3 potrebbe essere perso dal C_3H_8 per dare un picco a 15 u. (c) $\pm 0{,}030$ u.
0.88 $2{,}01 \times 10^{21}$. **0.90** 16,00 u. **0.92** (e) 0,50 mol Cl_2.
0.94 $X_2O_3(s) + 3CO(g) \longrightarrow 2X(s) + 3CO_2(g)$.
0.96 54,57% delle molecole. **0.98** (a) Composto X: MnO_2, composto Y: Mn_3O_4. (b) $3MnO_2 \longrightarrow Mn_3O_4 + O_2$.
0.100 $6{,}1 \times 10^5$. **0.102** PbC_8H_{20}. **0.104** $1{,}85 \times 10^5$ kg.
0.106 (a) $2{,}0 \times 10^{24}$ cm^3. (b) $3{,}9 \times 10^3$ m.
0.108 (a) $4{,}3 \times 10^{23}$. (b) 160 pm. **0.110** (a) $C_3H_8(g) + 3H_2O(g) \longrightarrow 3CO(g) + 7H_2(g)$. (b) 909 kg.
0.112 Riscaldare il liquido per vedere se rimane del solido dopo l'evaporazione del liquido. Inoltre, raccogliere il vapore e confrontare le densità del liquido condensato e del liquido originale. Per una miscela di liquidi, la composizione varia con l'evaporazione, oltre alla sua densità. **0.114** La diminuzione di massa prevista è di soli $1{,}91 \times 10^{-8}$ g, troppo piccola per essere misurata. Perciò, ai fini pratici, la legge di conservazione della massa vale per i processi chimici ordinari. **0.116** Gli acidi, da sinistra a destra, sono: acido clorico, acido nitroso, acido cianidrico, acido solforico. **0.118** (a) 0,307 g. (b) 0,410 g. (c) 90,1%.
0.120 6,022 g di Mg_3N_2,25,66 g di MgO. **0.122** 9,6 g Fe_2O_3, 7,4 g $KClO_3$.

Capitolo 1

1.2 (a) $6{,}58 \times 10^{14}$ Hz. (b) $1{,}22 \times 10^8$ nm.
1.4 $4{,}95 \times 10^{14}$ Hz. **1.6** (a) $4{,}0 \times 10^2$ nm. (b) $5{,}0 \times 10^{-19}$ J. **1.8** $1{,}2 \times 10^2$ nm, che è nella regione ultravioletta.
1.10 (a) 370 nm, $3{,}70 \times 10^{-7}$ m. (b) regione ultravioletta. (c) $5{,}38 \times 10^{-19}$ J. **1.12** $3{,}3 \times 10^{28}$. **1.14** La radiazione emessa dalla stella è misurata come funzione della lunghezza d'onda (λ). La lunghezza d'onda corrispondente al massimo di intensità è poi inserita nella legge di Wien ($T\lambda_{max} = 1{,}44 \times 10^{-2}$ K m) per determinare la temperatura alla superficie. **1.16** Ogni laser emetterà lo stesso numero di elettroni. Gli elettroni emessi dal laser blu avranno maggiore energia cinetica poiché i fotoni del laser blu hanno maggiore energia. **1.18** (a) $3{,}28 \times 10^{-19}$ J. (b) $5{,}9 \times 10^{-20}$ J. **1.20** La luce emessa può essere analizzata mediante un prisma. **1.22** Gli atomi eccitati degli elementi chimici

emettono le stesse frequenze caratteristiche in un laboratorio sulla Terra, nel Sole, o in una stella a molti anni luce dalla Terra. **1.24** $3{,}027 \times 10^{-19}$ J. **1.26** $6{,}17 \times 10^{14}$ Hz e 486 nm. **1.28** 21,17 nm e 47,64 nm. **1.30** $3{,}289832496 \times 10^{15}$ Hz. **1.32** 0,565 nm. **1.34** $1{,}99 \times 10^{-31}$ cm. **1.36** 1×10^6 m s^{-1}. **1.38** $1{,}20 \times 10^{-18}$ J.

1.40 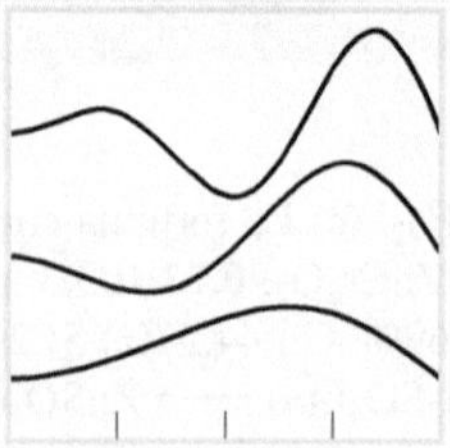

Il valor medio di x sarà maggiore di $L/2$.
1.42 (a) $n = 2$, $l = 1$, $m_l = 1{,}0$, o -1. (b) $n = 6$, $l = 0$, $m_l = 0$ (unico valore permesso). (c) $n = 5$, $l = 2$, $m_l = 2{,}1$, 0, -1, o -2. **1.44** I valori permessi di l sono 0,1, 2,3, 4, e 5 [$l = 0$ fino a $(n - 1)$, numeri interi]. Questi valori di l corrispondono ai sottolivelli 6*s*, 6*p*, 6*d*, 6*f*, 6*g*, e 6*h*. Ciascuno di questi sottolivelli ha 1,3, 5,7, 9, e 11 orbitali, rispettivamente (numero di orbitali = $2l + 1$). **1.46** Un orbitale 2*s* è più grande di un orbitale 1*s*. Entrambi hanno la stessa forma sferica. L'orbitale 1*s* ha energia inferiore rispetto all'orbitale 2*s*. L'orbitale 1*s* non ha nodi mentre l'orbitale 2*s* ne ha uno. **1.48** He^+ ha una energia di ionizzazione di $5{,}248 \times 10^3$ kJ mol^{-1}. Li^{2+} ha una energia di ionizzazione di $1{,}181 \times 10^4$ kJ mol^{-1}. **1.50** (a) Falso. (b) Falso. (c) Vero. (d) Falso. (e) Vero. **1.52** Il colore della fiamma sarà blu. **1.54** $4{,}10 \times 10^{23}$. **1.56** La più grande lunghezza d'onda per la serie di Lyman è 121 nm. La più piccola lunghezza d'onda per la serie di Balmer è 365 nm. **1.58** 483 nm. **1.60** Per l'idrogeno, il cambiamento percentuale della costante di Rydberg è 0,0547%. Per He-4 è 0,014%. **1.62** $2{,}8 \times 10^6$ K. **1.64** $2{,}0 \times 10^{-5}$ m s^{-1}. **1.66** $1{,}8 \times 10^5$ J. **1.68** $2{,}76 \times 10^{-11}$ m. **1.70** 17,4 pm. **1.72** (a) $6{,}171 \times 10^{-21}$ J. (b) $1{,}635 \times 10^{-18}$ J. (c) $7{,}90 \times 10^4$ K. **1.74** Un elettrone confinato sul nucleo dovrebbe avere un'incertezza nella sua velocità di $5{,}8 \times 10^{10}$ m s^{-1}, che è un valore impossibile perché supera la velocità della luce. L'incertezza sulla velocità di un protone confinato sul nucleo è $3{,}2 \times 10^7$ m s^{-1}, che è un valore più piccolo della velocità della luce.

1.76 Per un orbitale 1*s*, il valor medio di r è $\frac{2}{3} a_0$ e il valore più probabile di r è a_0. Per l'orbitale 2*s*, il valor medio di r è $6a_0$ è il valore più probabile di r è $(3 + \sqrt{5})a_0$.
1.78 I cinque più bassi livelli di energia corrispondono ai seguenti set di numeri quantici: (n_x, n_y): (1,1); (1,2) e (2,1); (2,2); (1,3) e (3,1); (2,3) e (3,2). Ci sono più di cinque stati in questo caso perché i livelli secondo, quarto e quinto sono degeneri.

Capitolo 2

2.2 Ci sono tre coordinate per ciascun elettrone. Il sodio ha 11 elettroni, quindi la sua funzione d'onda è funzione di 33 ($11 \times 3 = 33$) variabili. Lo ione sodio ha un elettrone in meno e quindi la sua funzione d'onda è funzione di 30 (10 $\times 3 = 30$) variabili. **2.4** 0,66. **2.6** In un atomo polielettronico, gli elettroni in un orbitale 3*p* sono più efficacemente schermati dagli elettroni più interni dell'atomo (cioè gli elettroni 1*s*, 2*s*, 2*p*) che gli elettroni 3*s*. Si dice che l'orbitale 3*s* è più penetrante degli orbitali 3*p* e 3*d*. Nell'atomo di idrogeno c'è un solo elettrone e non ci può essere nessun effetto di schermo, per cui gli orbitali 3*s*, 3*p* e 3*d* hanno la stessa energia. **2.8** Per l'alluminio non ci sono abbastanza elettroni nel livello 2*p*. (Il livello 2*p* può descrivere sei elettroni.) Il numero di elettroni (13) è corretto. La configurazione elettronica deve essere $1s^22s^22p^63s^23p^1$. La configurazione indicata deve essere quella di uno stato eccitato di uno ione alluminio. Per il boro ci sono troppi elettroni. (Il boro ha solo cinque elettroni.) La configurazione elettronica dovrebbe essere $1s^22s^22p^1$. Per il fluoro ci sono troppi elettroni. (Il fluoro ha nove elettroni.) La configurazione indicata è quella dello ione fluoruro. La configurazione corretta è: $1s^22s^22p^5$.
2.10 Tc: [Kr] $5s^24d^5$. **2.12** Ge é: [Ar]$4s^23d^{10}4p^2$; Fe: [Ar]$4s^23d^6$; Zn: [Ar]$4s^23d^{10}$; Ni: [Ar]$4s^23d^8$; W: [Xe]$6s^24f^{14}5d^4$; Tl: [Xe] $6s^24f^{14}5d^{10}6p^1$. **2.14** S^+ è quello che ha il maggior numero di elettroni disaccoppiati. Ha tre elettroni disaccoppiati negli orbitali 3*p*. **2.16** (a) [Ne] $3s^23p^5$ (b) paramagnetico. **2.18** Cr. **2.20** Na^+: [Ne]; Mg^{2+}: [Ne]; Cl^-: [Ar]; K^+: [Ar]; Ca^{2+}: [Ar]; Cu^{2+}: [Ar] $3d^9$; Zn^{2+}: [Ar] $3d^{10}$. **2.22** C e B^-; Mn^{2+} e Fe^{3+}; Ar e Cl^-; Zn e Ge^{2+}.
2.24 B: 1; Ne: 0; P: 3; Sc: 1; Mn: 5; Se: 2; Kr: 0; Fe: 4; Cd: 0; I: 1; Pb: 2. **2.26** Fe^{2+}: 4; Fe^{3+}: 5; Cr^{3+}: 3; Cr^{4+}: 2; Cu^+: 0; Cu^{2+}: 1. **2.28** Quando il palladio forma un catione, perde due dei quattro elettroni *d*, dando origine a un livello *d* non completo. **2.30** $P_4(s)$ struttura estesa tridimensionale; $I_2(s)$ molecola; Mg(*s*) struttura estesa tridimensionale; Ne(*g*) atomo; C(*s*) struttura estesa tridimensionale; $S_8(s)$ molecola; Cs(*s*) struttura estesa tridimensionale; $O_2(g)$ molecola. **2.32** Lo zinco non ha livelli *d* incompleti e non da origine a cationi che hanno livelli *d* incompleti. Lo zinco forma cationi perdendo elettroni *s*. **2.34** La configurazione elettronica dell'azoto è [He]$2s^22p^3$. Il livello 2*p* semipieno ha un'extra stabilità, motivo per cui l'affinità elettronica dell'azoto è circa zero. **2.36** (a) Cs. (b) Ba. (c) Sb. (d) Br. (e) Xe. **2.38** $Mg_2^+ < Na^+ < F^- < O^2 < N^{3-}$. **2.40** Te^{2-}.
2.42 Cs < Na < Al < S < Cl. **2.44** A parte piccole irregolarità le energie di ionizzazione degli elementi in un periodo aumentano all'aumentare del numero atomico. Si può spiegare questo andamento riferendosi all'aumento della carica nucleare effettiva da sinistra verso destra. Una più elevata carica nucleare effettiva significa elettroni esterni più legati al nucleo, e quindi maggior valore di energia di prima ionizzazione. Quindi nel terzo periodo il sodio ha la più bassa energia di prima ionizzazione e il neon la più elevata.
2.46 Per formare lo ione Ca^{2+} è necessario allontanare 2 elettroni di valenza. Per il potassio tuttavia il secondo elettrone dovrebbe essere allontanato dal livello più interno, motivo per il quale il valore della energia di seconda ionizzazione è così elevato. **2.48** (a) $5{,}25 \times 10^3$ kJ mol^{-1}. (b) $1{,}18 \times 10^4$ kJ mol^{-1}. **2.50** K < Na < Li. (b) I < Br < F < Cl. **2.52** In base al valore dell'affinità elettronica, non ci si può aspettare che i metalli alcalini formino degli anioni. Tuttavia nei primi anni'70 un chimico di nome J.L. Dye dell'Università dello Stato del Michigan scoprì che, in condizioni del tutto speciali, i metalli alcalini

possono ricevere un elettrone per formare anioni! Questi ioni sono detti ioni alcaluri. **2.54** Tutti i gas nobili hanno livelli completamente riempiti, che porta a grande stabilità. Di conseguenza questi elementi sono chimicamente inerti. **2.56** (a) He: $1s^2$. (b) N: $1s^2 2s^2 2p^3$. (c) Na: $1s^2 2s^2 2p^6 3s^1$. (d) As: $[Ar]4s^2 3d^{10} 4p^3$. (e) Cl: $[Ne]3s^2 3p^5$. **2.58** 242 nm. **2.60** (a) $Mg^{2+} < Na^+ < F^- < O^{2-}$. (b) $O^{2-} < F^- < Na^+ < Mg^{2+}$. **2.62** Bromo, iodio, cloro, fluoro. **2.64** Fluoro. **2.66** I gas nobili hanno livelli pieni. Quindi hanno poca tendenza ad acquistare elettroni (endotermico). **2.68** 574%. **2.70** O^+ e N, Ar e S^{2-}, Ne e N^{3-}, Zn e As^{3+}, Cs e Xe. **2.72** LiH (idruro di litio), $LiH + H_2O \longrightarrow LiOH + H_2$; CH_4 (metano), $Ch_4 + H_2O \longrightarrow$ non c'è reazione a temperatura ambiente; NH_3 (ammoniaca), $NH_3 + H_2O \longrightarrow NH_4^+ + OH^-$; H_2O (acqua), $H_2O + H_2O \longrightarrow H_3O^+$; HF (acido fluoridrico), $HF + H_2O \longrightarrow H_3O^+ + F^-$. **2.74** Il calore generato dal processo di decadimento radioattivo può rompere legami, motivo per cui esistono pochi elementi di radon. **2.76** (a) Dal fatto che gli elementi nella tavola periodica vennero collocati in ordine di numero atomico, non di massa atomica. (b) Argon: 39,95 u. (c) Potassio: 39,10 u. **2.78** Sia l'energia di ionizzazione che l'affinità elettronica sono in relazione alla dimensione atomica – più piccolo è l'atomo maggiore è l'attrazione fra elettroni e nucleo. Se è difficile allontanare un elettrone da un atomo (alta energia di ionizzazione), allora sarà anche facile aggiungere un elettrone all'atomo (alta affinità elettronica). I gas nobili sono una eccezione a questa generalizzazione perché non tendono né a cedere né ad acquistare elettroni. **2.80** L'elio dovrebbe essere chiamato elon in analogia agli altri gas nobili: neon, argon, xenon, cripton, radon. La desinenza in –io, suggerisce che l'elio ha proprietà analoghe ad alcuni metalli (sodio, magnesio, bario…) **2.82** In generale, all'aumentare della carica nucleare effettiva gli elettroni più esterni sono più fortemente attratti dal nucleo e quindi il raggio atomico diminuisce. **2.84** $7{,}28 \times 10^3$ kJ mol^{-1}. **2.86** Il diagramma è: (a) I_1 corrisponde all'elettrone $3s^1$; I_2 corrisponde al primo elettrone in $2p^6$; I_3 corrisponde al primo elettrone in $2p^5$; I_4 corrisponde al primo elettrone in $2p^4$; I_5 corrisponde al primo elettrone in $2p^3$; I_6 corrisponde al primo elettrone in $2p^2$; I_7 corrisponde al primo elettrone in $2p^1$; I_8 corrisponde al primo elettrone in $2s^2$; I_9 corrisponde all'elettrone in $2s^1$; I_{10} corrisponde al primo elettrone in $1s^2$; I_{11} corrisponde all'elettrone in $1s^1$; (b) È richiesta più energia per allontanare un elettrone da un livello interno. I salti indicano elettroni in diversi livelli e sottolivelli.

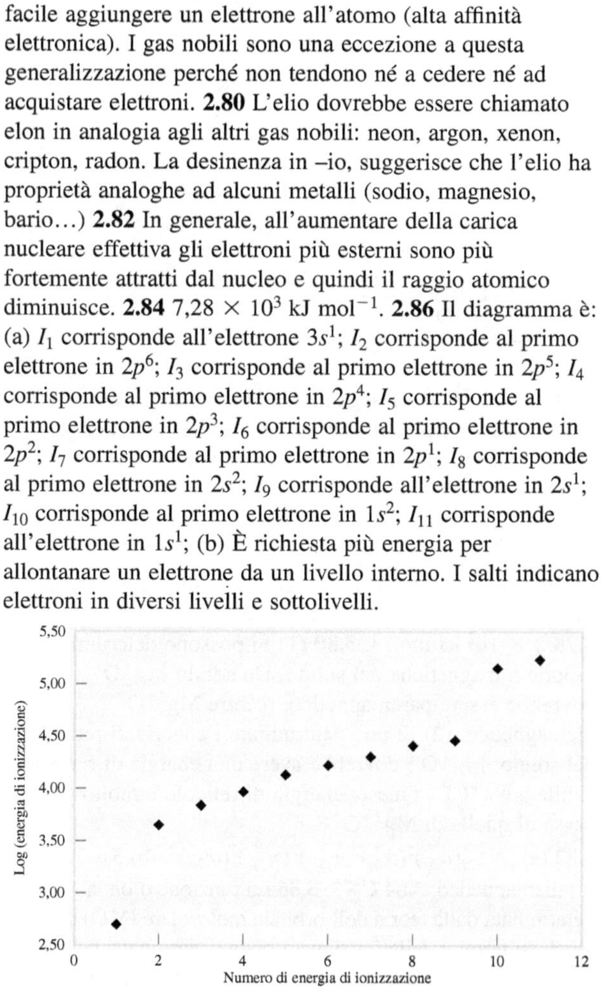

2.88 419 nm. **2.90** Nell'elio r è maggiore di quello dell'idrogeno. Inoltre l'effetto di schermo nell'elio rende Z_{eff} minore di 2. Quindi $I_1(He) < 2I(H)$. In He^+ c'è solo un elettrone quindi non c'è nessun effetto di schermo. La maggior attrazione fra nucleo e singolo elettrone riduce r a un valore minore di quello dell'idrogeno. Quindi $I_2(He) > 2I(H)$.

Capitolo 3

3.2 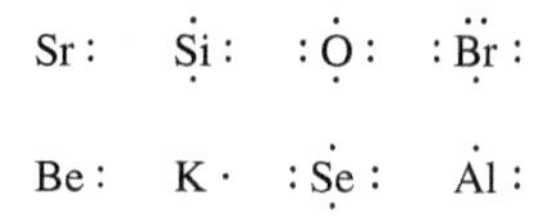

3.4 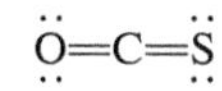

3.6 Il legame triplo è composto da un legame sigma (σ) e due legami pigreco (π). Il legame σ è il risultato di una sovrapposizione longitudinale di orbitali $2p_x$. I due orbitali pigreco sono formati dalla sovrapposizione laterale degli orbitali $2p_y$ e $2p_z$ del carbonio con gli analoghi orbitali dell'azoto. Le due coppie solitarie rimangono negli orbitali $2s$ di ciascun atomo. **3.8** A causa dello spin elettronico, gli elettroni tendono ad accoppiarsi. Quindi, un legame semplice è composto da una coppia di elettroni. Se gli elettroni non avessero un momento magnetico, sarebbe possibile che un legame consistesse di un singolo elettrone e che gli atomi potessero formare il doppio del numero dei legami e ottenere ancora la configurazione elettronica tipo gas nobile.
3.10 C—H < F—H < B—H, Li—Cl < Na—Cl < K—F.
3.12 Cl—Cl < Br—Cl < Si—C < Cs—F.
3.14 (a) covalente. (b) covalente polare. (c) ionico. (d) covalente polare. **3.16** 358,0 kJ mol^{-1}, che è simile al valore di 363,6 kJ mol^{-1} dato in Tabella 3.3.
3.18 (a) l'energia diminuisce. (b) l'energia è tre volte tanto. (c) l'energia è quadruplicata. (d) l'energia è raddoppiata.
3.20 (a) 225 kJ mol^{-1}. (b) 163 kJ mol^{-1}. (c) 71 kJ mol^{-1}.

3.22 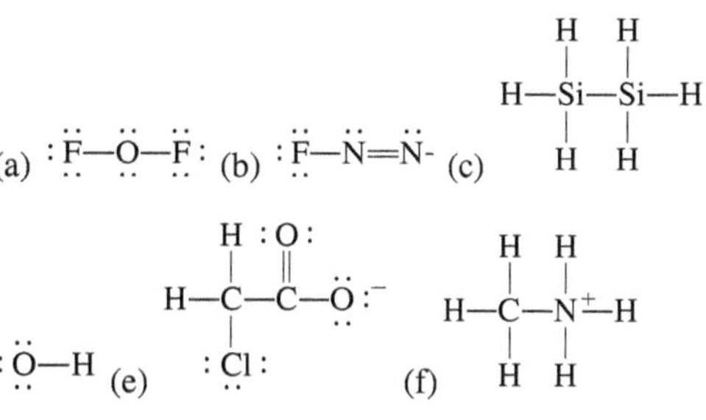

3.24 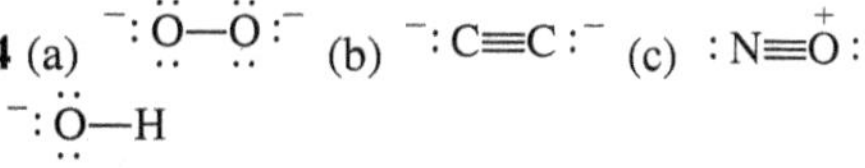

3.26 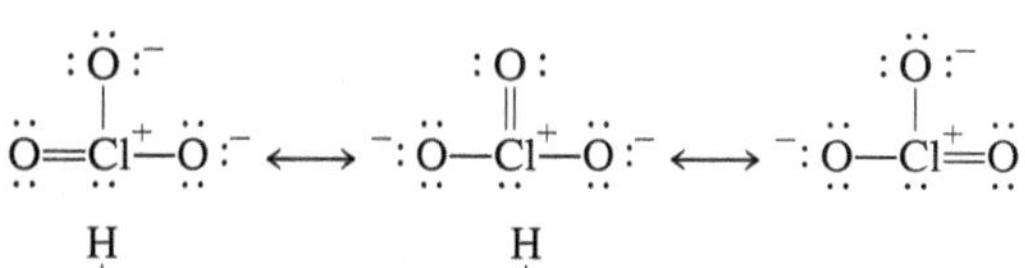

3.28 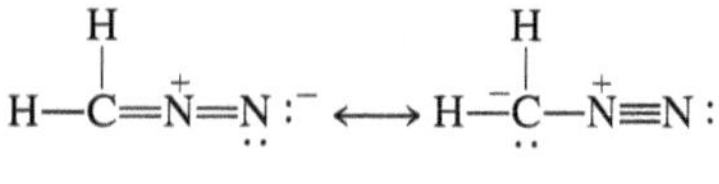

3.30 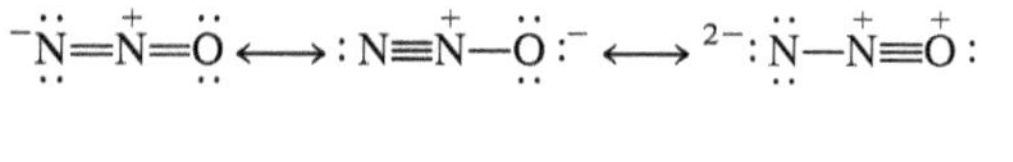

3.32 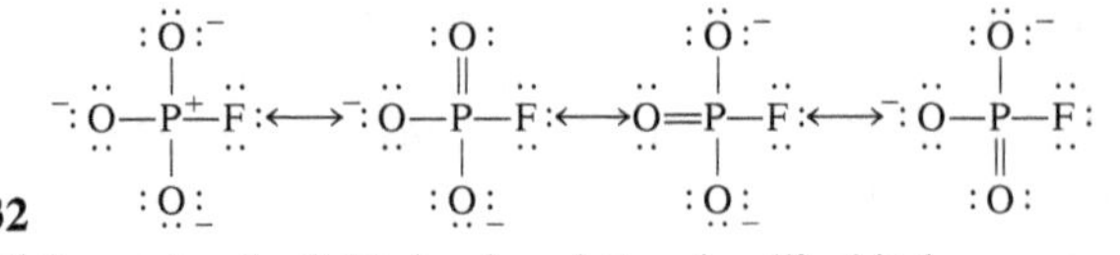

3.34 La molecola di H_2 ha due elettroni nell'orbitale σ_{1s}, e un ordine di legame uguale a uno. Lo ione H_2^+ ha un solo elettrone nell'orbitale σ_{1s}, e un ordine di legame uguale a 1/2. Lo ione H_2^{2+} non ha elettroni. Quindi in termini di distanze di legame: $H_2 < H_2^+ < H_2^{2+}$.
3.36 $Li_2^- = Li_2^+ < Li_2$

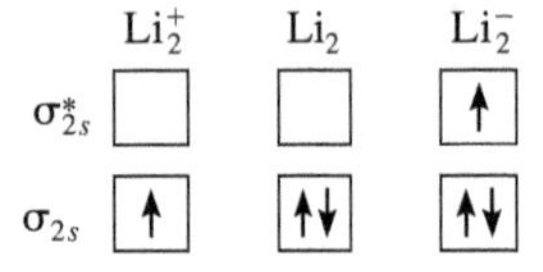

3.38 L'ordine di legame dello ione carburo $(\sigma_{1s})^2(\sigma_{1s}^*)^2(\sigma_{2s})^2(\sigma_{2s}^*)^2(\pi_{2p_y})^2(\pi_{2p_z})^2(\sigma_{2p_x})^2$ è 3 e quella di C_2 $(\sigma_{1s})^2(\sigma_{1s}^*)^2(\sigma_{2s})^2(\sigma_{2s}^*)^2(\pi_{2p_y})^2(\pi_{2p_z})^2$ è solo 2.
3.40 Per formare N_2^+ da N_2, un elettrone deve essere allontanato da un orbitale molecolare sigma *di legame*. Di conseguenza, l'ordine di legame diminuisce a 2,5 da 3,0. Per formare lo ione O_2^+ da O_2, bisogna allontanare un elettrone dall'orbitale molecolare pigreco *di antilegame*. Di conseguenza l'ordine di legame aumenta a 2,5 da 2,0.
3.42 L'ordine di legame di
F_2^+: $(\sigma_{1s})^2(\sigma_{1s}^*)^2(\sigma_{2s})^2(\sigma_{2s}^*)^2(\sigma_{2p_x})^2(\pi_{2p_y})^2(\pi_{2p_z})^2(\pi_{2p_y}^*)^2(\pi_{2p_z}^*)^1$ è 1,5 in confronto a 1 per
F_2: $(\sigma_{1s})^2(\sigma_{1s}^*)^2(\sigma_{2s})^2(\sigma_{2s}^*)^2(\sigma_{2p_x})^2(\pi_{2p_y})^2(\pi_{2p_z})^2(\pi_{2p_y}^*)^2(\pi_{2p_z}^*)^2$.
Quindi, F_2^+ deve avere una lunghezza di legame più corta.
3.44 In genere, maggiore è il carattere *s* degli elettroni di legame, più corto è il legame. Gli atomi di carbonio in C_2H_2 sono ibridizzati *sp* e quindi gli elettroni di legame in C_2H_2 hanno in prevalenza carattere *s* e i legami C—H in C_2H_2 sono i più corti. Gli atomi di carbonio in C_2H_6 sono ibridizzati sp^3 e quindi gli elettroni di legame in C_2H_6 hanno il minor carattere *s* e i legami C—H in C_2H_6 sono i più lunghi.

3.46 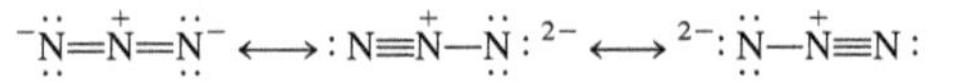

3.48 (a) $AlCl_4^-$. (b) AlF_6^{3-}. (c) $AlCl_3$. **3.50** Se l'atomo centrale fosse più elettronegativo, ci sarebbe una concentrazione di cariche negative sull'atomo centrale. Questo porterebbe a instabilità.

3.52 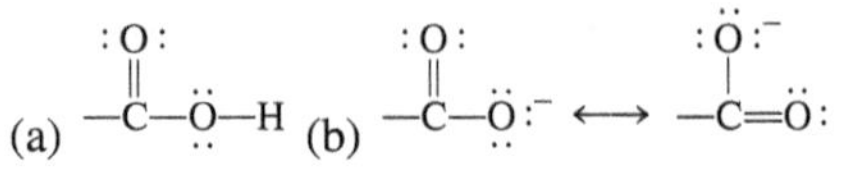

3.54 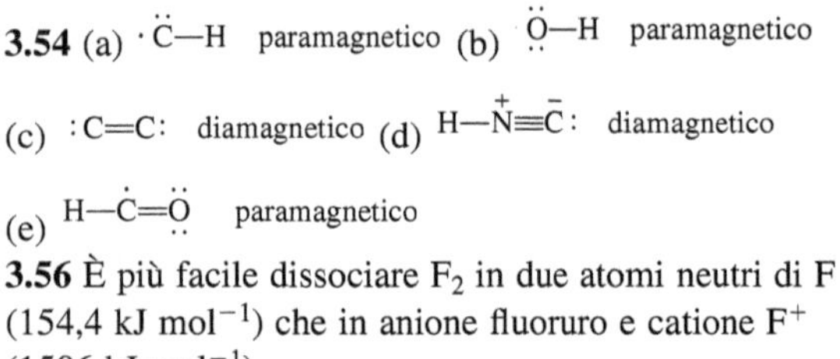

3.56 È più facile dissociare F_2 in due atomi neutri di F (154,4 kJ mol^{-1}) che in anione fluoruro e catione F^+ (1506 kJ mol^{-1}).

3.58

3.60 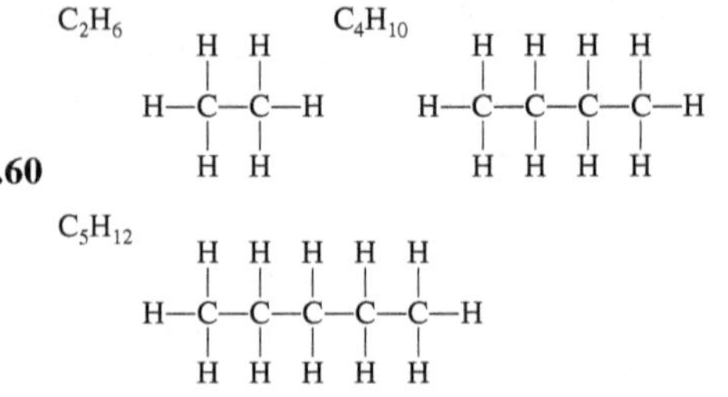

3.62 Le strutture sono (le coppie elettroniche di non legame sul fluoro sono state omesse per chiarezza):

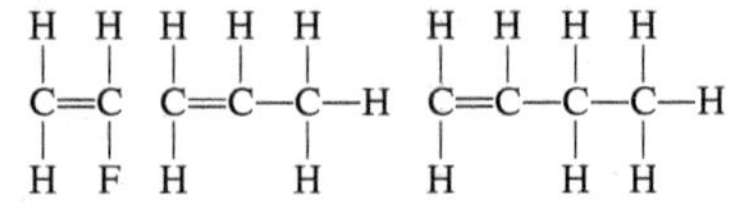

3.64 (a) $^-$:C≡O:$^+$ (b) :N≡O:$^+$ (c) $^-$:C≡N: (d) :N≡N:
3.66 Vero. Ciascun atomo di gas nobile ha pieni i livelli *ns* e *np*. Se un gas nobile condivide elettroni con altri atomi, ha più dell'ottetto. **3.68** La descrizione che coinvolge il grifone e l'unicorno è più appropriata. Muli e asini sono animali reali, mentre le formule di risonanza tal quali non esistono.
3.70 L'elettrone disaccoppiato su ciascun atomo di N viene condiviso per formare un legame covalente:
$O_2N\cdot + \cdot NO_2 \longrightarrow N_2O_4$

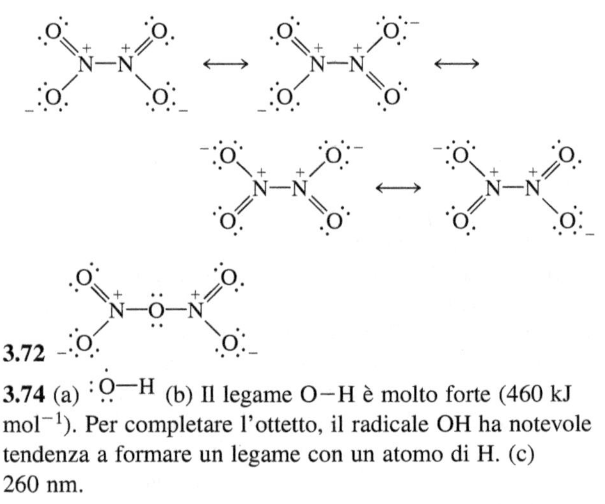

3.72 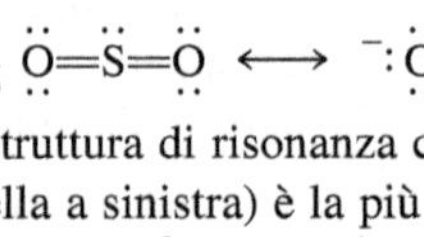

3.74 (a) 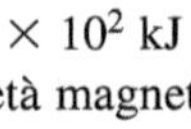 (b) Il legame O—H è molto forte (460 kJ mol^{-1}). Per completare l'ottetto, il radicale OH ha notevole tendenza a formare un legame con un atomo di H. (c) 260 nm.

3.76 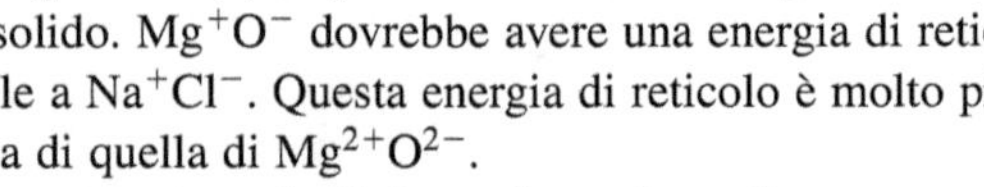

La struttura di risonanza con cariche formali uguali a zero (quella a sinistra) è la più plausibile.
3.78 2×10^2 kJ mol^{-1}. **3.80** (1) Si possono determinare le proprietà magnetiche del solido. Un solido Mg^+O^- dovrebbe essere paramagnetico, mentre $Mg^{2+}O^{2-}$ diamagnetico. (2) Si può determinare l'energia di reticolo del solido. Mg^+O^- dovrebbe avere una energia di reticolo simile a Na^+Cl^-. Questa energia di reticolo è molto più bassa di quella di $Mg^{2+}O^{2-}$.
3.82 (a) $[Ne_2](\sigma_{3s})^2(\sigma_{3s}^*)^2(\pi_{3p_y})^2(\pi_{3p_z})^2(\sigma_{3p_x})^2$. (b) 3. (c) diamagnetico. **3.84** CN^+. **3.86** La funzione d'onda determinata dalla teoria dell'orbitale molecolare (MO) contiene gli stessi termini della funzione d'onda determinata dalla teoria del legame di valenza (VB). La funzione d'onda determinata

dalla teoria MO contiene termini che corrispondono a entrambi gli elettroni sullo stesso atomo. Se l'immagine dei due elettroni che sono sullo stesso atomo è trascurabile (come per molecole biatomiche omonucleari), le funzioni d'onda che si ottengono con le due teorie sono identiche.

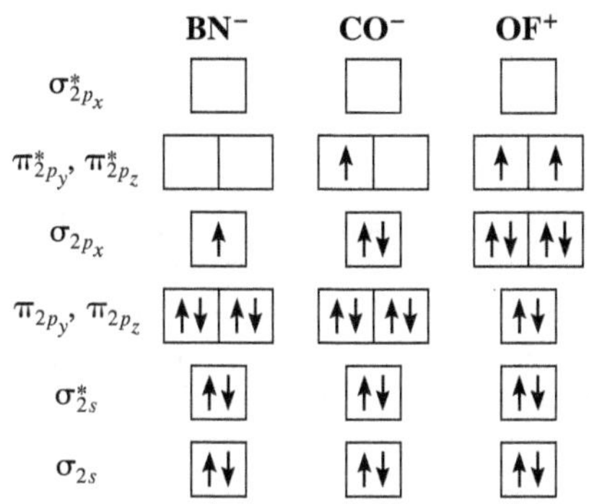

3.88 Ordine di legame: 2,5 2,5 2
3.90 163,8 pm.

3.92 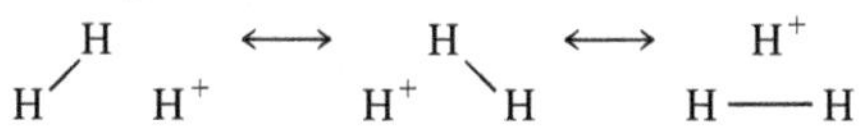

3.94 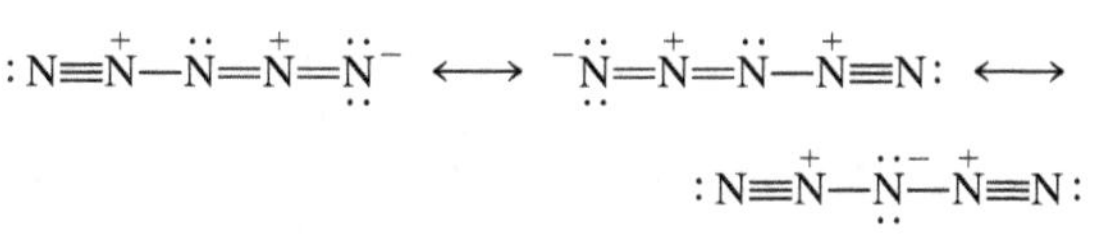

3.96 (a) H_2. (b) N_2. (c) O. (d) F.

3.98 (a) 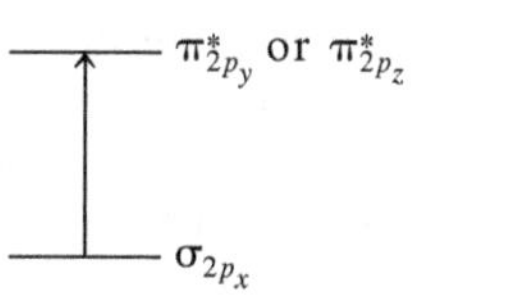

Primo stato eccitato: $^*N_2$

Stato fondamentale: N_2

(b) L'ordine di legame per N_2 è 3. L'ordine di legame di N_2^* è 2. N_2^* deve avere una lunghezza di legame maggiore di N_2. (c) diamagnetico. (d) $4{,}23 \times 10^{-19}$ J.

Capitolo 4

4.2 (a) trigonale planare. (b) lineare. (c) tetraedrica. **4.4** (a) tetraedrica. (b) forma a T. (c) piegata. (d) trigonale planare. (e) piramidale a base triangolare. **4.6** (a) tetraedrica. (b) piegata. (c) trigonale planare. (d) lineare. (e) planare quadrata. (f) tetraedrico. (g) bipiramide trigonale. (h) piramidale a base triangolare. (i) tetraedrica. **4.8** L'atomo di C del gruppo CH_3 ha una geometria tetraedrica. Il carbonio legato a due atomi di ossigeno ha una geometria trigonale planare. L'ossigeno legato all'idrogeno ha una geometria piegata. **4.10** (a) 180°. (b) 120°. (c) 109,5°. (d) 180°. (e) 120°. (f) 109,5°. (g) 109,5°. **4.12** (c). **4.14** $H_2Te < H_2Se < H_2S < H_2O$. **4.16** OCS, OCl_2, PCl_3, SF_4. **4.18** CS_2 è apolare, OCS è polare in quanto l'ossigeno è più elettronegativo del carbonio.

4.20

4.22 $6{,}98 \times 10^{-20}$ C. **4.24** (b) = (d)< (c)< (a). **4.26** sp^3 per entrambi. **4.28** Prima della reazione, il boro è ibridizzato sp^2 e l'azoto è ibridizzato sp^3. Dopo la reazione, il boro e l'azoto sono entrambi sp^3. **4.30** (a) sp^3. (b) sp^3. (c) sp^2. **4.32** (a) sp. (b) sp. (c) sp. **4.34** I due carboni terminali sono ibridizzati sp^2. L'atomo di carbonio centrale è ibridizzato sp.

4.36 (a) 4 legami σ e 0 legami π. (b) 5 legami σ e 1 legame π. (c) 10 legami σ e 3 legami π.
4.38

$CH_3CH_2CH_2CH_2CH_2CH_3$

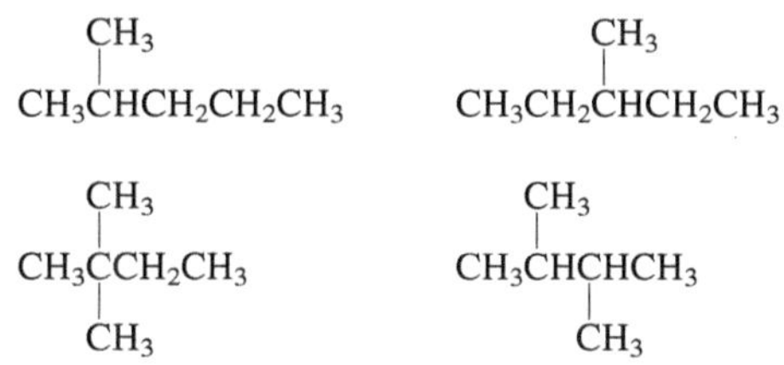

4.40 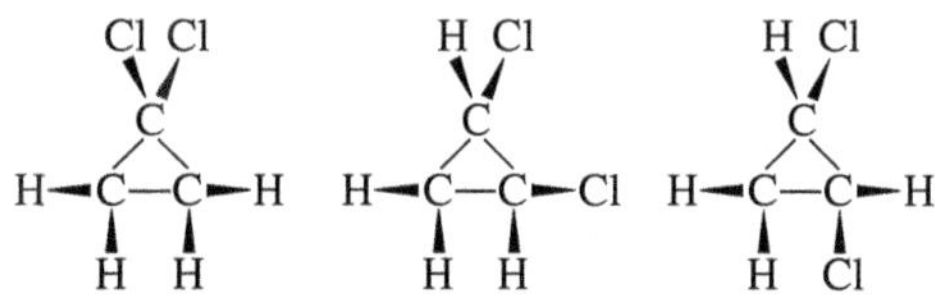

Il primo e il secondo, e il primo e il terzo sono isomeri strutturali. Il secondo e il terzo sono isomeri geometrici. **4.42** Lo ione nitrato ha una geometria trigonale planare. Gli orbitali $2p_z$ sull'atomo di ossigeno e di azoto si sovrappongono producendo un orbitale molecolare che si trova sopra e sotto i tre legami N—O. L'orbitale molecolare può essere scritto come combinazione lineare di orbitali $2p_z$. Dalla simmetria della molecola, si ha che il coefficiente per gli orbitali atomici degli ossigeni sono uguali. **4.44** NO_2^- ha una geometria piegata e ha due elettroni nell'orbitale π a più bassa energia. Questo orbitale π è formato dagli orbitali $2p_z$ degli atomi di azoto e di ossigeno e si trova sopra e sotto i legami azoto-ossigeno. NO_2^+ ha una gometria lineare e ha quattro elettroni negli orbitali π. L'orbitale π a più bassa energia di NO_2^+ è simile a quello di NO_2^-, nel senso che può essere composto di orbitali $2p_z$ degli atomi di azoto e di ossigeno e si trova sopra e sotto i legami azoto-ossigeno. L'orbitale π a più bassa energia di NO_2^+ può pure essere composto di orbitali $2p_y$ degli atomi di azoto e di ossigeno. Quindi, NO_2^+ ha due orbitali π degeneri. Notare che a causa della simmetria di NO_2^- e di NO_2^+, i coefficienti degli orbitali atomici degli atomi di ossigeno sono gli stessi.

$$\pi_z = c_1\phi_{O_1,2p_z} + c_2\phi_{N,2p_z} + c_1\phi_{O_2,2p_z}$$

$$\pi_y = c_1\phi_{O_1,2p_y} + c_2\phi_{N,2p_y} + c_1\phi_{O_2,2p_y}$$

4.46 Lo ione contiene 24 elettroni di valenza. Di questi, sei sono coinvolti in tre legami sigma fra gli atomi di azoto e di ossigeno. L'ibridizzazione dell'atomo di azoto è sp^2. Ci sono 16 elettroni di non legame sugli atomi di ossigeno. I rimanenti due elettroni sono in un orbitale molecolare π delocalizzato che si forma per sovrapposizione di orbitali p_z dell'atomo di azoto e di atomi di ossigeno. **4.48** ICl ha un momento di dipolo e Br_2 no. Il momento di dipolo aumenta l'attrazione intermolecolare tra molecole di ICl e provoca il fatto che la sostanza abbia un punto di fusione più alto del bromo. **4.50** $CO_2 < CH_3Br < CH_3OH < RbF$. CO_2 è apolare. CH_3Br è polare. CH_3OH è polare e può formare legami a idrogeno. RbF è un composto ionico. **4.52** (a) Ne. (b) CO_2. (c) CH_4. (d) F_2. (e) PH_3. **4.54** LiF, composto ionico e forze di dispersione; BeF_2, composto ionico e forze di dispersione; BF_3, forze di dispersione; CF_4, forze di dispersione; NF_3, interazioni dipolo-dipolo, forze di dispersione; OF_2, interazioni dipolo-dipolo, forze di dispersione; F_2, forze di dispersione. **4.56** $-3{,}3 \times 10^{-21}$ J. **4.58** Il minimo dell'energia potenziale di Xe è minore (più negativo) di quello di Ar, quindi le interazioni Xe–Xe sono più forti delle interazioni Ar–Ar. Per questo, Xe ha un punto di ebollizione più alto di Ar.

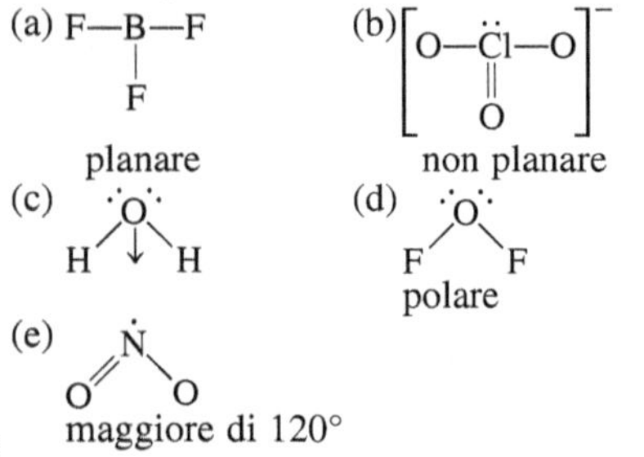

4.60

4.62 sp^3d. **4.64** Sì.

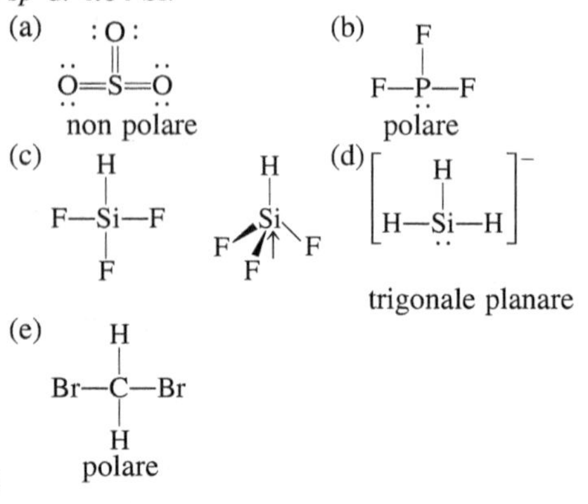

4.66

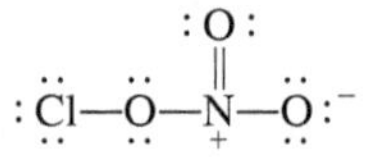

4.68

L'azoto è sp^2 e ha una geometria trigonale planare con angoli di legame O—N—O di 120°. L'ossigeno è sp^3 e ha una geometria piegata con angolo di legame Cl—O—N minore di 109,5°. **4.70** XeF_3^+: forma a T; XeF_5^+: piramide a base quadrata; SbF_6^-: ottaedro. **4.72** Solo ICl_2^- e $CdBr_2$ sono lineari. Gli altri sono piegati. **4.74** Lo ione azoturo (N_3^-), ha geometria lineare e ha quattro elettroni in orbitali σ e quattro elettroni in orbitali π. I due orbitali σ legano atomi adiacenti di azoto. I due orbitali π sono degeneri e stanno sopra e sotto i legami azoto azoto. Uno degli orbitali π è composto dagli orbitali $2p_z$ dei tre atomi di azoto. L'altro orbitale π è composto dagli orbitali $2p_y$ dei tre atomi di azoto.

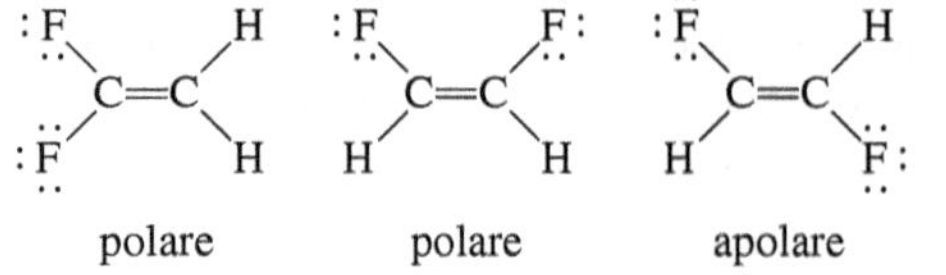

4.76

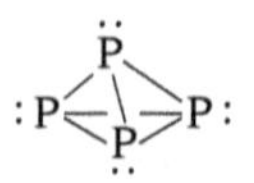

4.78

I quattro atomi di P occupano i vertici di un tetraedro. Ciascun atomo di fosforo è ibridizzato sp^3. La molecola P_2 ha un triplo legame, che è composto da un legame sigma e due legami pigreco. I legami pigreco sono formati per sovrapposizione di orbitali $3p$. Siccome il raggio atomico di P è maggiore di quello di N, la sovrapposizione non è estesa come quella della molecola di N_2. Di conseguenza, la molecola di P_2 è molto meno stabile di quella di N_2 e meno stabile anche di P_4, che contiene solo legami sigma. **4.80** (a) $-3{,}35 \times 10^{-2}$ J; (b) $-4{,}60 \times 10^{-3}$ J. **4.82** Gli atomi di carbonio sono ibridizzati sp^2. Gli atomi di azoto sono ibridizzati sp^3, eccetto gli atomi di azoto nell'anello coinvolti in legami doppi con il carbonio che sono ibridizzati sp^2. L'atomo di ossigeno è ibridizzato sp^2. **4.84** Il butano deve avere il più alto punto di ebollizione poiché ha elevata area superficiale che causa interazioni intermolecolari maggiori. **4.86** SiO_2 ha una struttura tridimensionale estesa. CO_2 esiste come molecola. Ci vuole più energia per rompere i legami covalenti di SiO_2; quindi, SiO_2 ha un punto di ebollizione molto più alto di CO_2. **4.88** (a) Ciascun atomo di azoto è ibridizzato sp^2. (b) La struttura a destra è polare. **4.90** Ciascun atomo di ossigeno in O_2 è ibridizzato sp^2. Due degli orbitali ibridi su ciascun ossigeno contiene coppie solitarie. Il rimanente orbitale ibrido su ciascun atomo di ossigeno si sovrappone con l'analogo sull'altro atomo formando il legame σ. I due orbitali puri $2p$ su ciascun ossigeno si sovrappongono formando un legame π. Se si pensa al legame in O_2 in termini di orbitali non ibridizzati, si può immaginare che i legami σ e π siano formati per sovrapposizione di orbitali $2p$ e che una coppia solitaria su ciascun atomo rimanga in un orbitale $2s$ e l'altra in un orbitale $2p$. **4.92** 180Å.

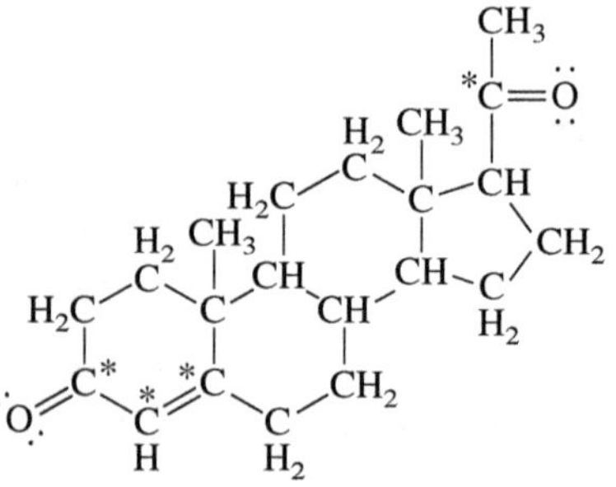

4.94

I quattro atomi di carbonio indicati con l'asterisco sono ibridizzati sp^2. I rimanenti sono ibridizzati sp^3.

Capitolo 5

5.2 1,2 bar. **5.4** Due cambiamenti di fase avvengono in questo processo. Inizialmente il liquido passa a solido (congelamento), quindi il ghiaccio solido passa in fase gassosa (sublimazione). **5.6** Inizialmente, il ghiaccio fonde a causa dell'aumento di pressione. Non appena il filo affonda nel ghiaccio, l'acqua al di sopra del filo ricongela. Alla fine, il filo si muove completamente attraverso il blocco di ghiaccio senza tagliarlo a metà. **5.8** Regioni assegnate: la regione contenente il punto A è la regione del solido; B è la

regione del liquido; C è la regione del gas. (a) Aumentare la temperatura a pressione costante a partire dal punto A implica iniziare da ghiaccio solido e riscaldare fino a quando avviene la fusione. Continuando a riscaldare, l'acqua liquida arriva a ebollizione e si trasforma in vapore. Riscaldare ulteriormente porta a un aumento della temperatura del vapore. (b) Al punto C l'acqua è in fase gassosa. Raffreddare senza cambiare la pressione avrebbe come conseguenza la formazione di ghiaccio solido, senza passare per la fase liquida. (c) Nel punto B l'acqua è in fase liquida. Ridurre la pressione senza variare la temperatura porterebbe a ebollizione e trasformazione di acqua liquida in fase gassosa. **5.10** 2, un piano. **5.12** 45,1 torr. **5.14** 44,1 l.
5.16 6,3 bar. **5.18** 472 °C. **5.20** $1{,}30 \times 10^3$ ml.
5.22 $8{,}4 \times 10^2$ l. **5.24** 9,0 l. **5.26** 71 ml.
5.28 $6{,}2 \times 10^{-3}$ bar. **5.30** 35,1 g mol^{-1}.
5.32 N_2: $1{,}9 \times 10^{22}$; O_2: $5{,}1 \times 10^{21}$; Ar: $2.\ 4 \times 10^{20}$.
5.34 2,98 g l^{-1}. **5.36** SF_4. **5.38** 370 l. **5.40** 87,7%. **5.42** M_2O_3 e $M_2(SO_4)_3$. **5.44** 94,7%, ipotizzando che nessuna delle impurezze abbia reagito con HCl per produrre CO_2 gassoso.
5.46 $C_2H_5OH(l) + 3O_2(g) \longrightarrow 2CO_2(g) + 3H_2O(l)$; $1{,}71 \times 10^3$ l.
5.48 La temperatura è un concetto microscopico, poiché è una misura del moto a livello atomico. **5.50** N_2: 472 m s^{-1}; O_2: 441 m s^{-1}; O_3: 360 m s^{-1}. **5.52** $5{,}3 \times 10^{-2}$ J; $5{,}3 \times 10^{-5}$ bar. **5.54** −235,9 °C. **5.56** $6{,}07 \times 10^{-19}$ J; $3{,}65 \times 10^5$ J. **5.58** 1,0043. **5.60** van der Waals: 18,2 bar; ideale: 18,7 bar. **5.62** SO_2 dovrebbe avere un comportamento meno ideale, sia a causa delle maggiori interazioni intermolecolari (è polare) che a causa delle sue maggiori dimensioni. **5.64** viriale: 1,04 l; ideale: 1,11 l.
5.66 Tra i tre gas, il neon (Ne) ha le più piccole costanti di van der Waals e, di conseguenza, dovrebbe comportarsi più idealmente. **5.68** C_6H_6. **5.70** (a) 0,89 bar. (b) 1,5 l.
5.72 349 torr. **5.74** 4,8%. **5.76** 451 ml. **5.78** La pressione parziale di anidride carbonica è più elevata in inverno, poiché essa è meno utilizzata dalle piante nella fotosintesi clorofilliana. **5.80** $11{,}28 \times 10^{22}$; CO_2, O_2, N_2 e H_2O.
5.82 $X_{CH_4} = \frac{232}{294} = 0{,}789 \qquad X_{C_2H_6} = \frac{62}{294} = 0{,}211$.
5.84 50,1%. **5.86** $5{,}25 \times 10^{18}$ kg.
5.88 0,0701 M. **5.90** He: 0,16 bar; Ne: 2,0 bar. **5.92** Quando l'acqua entra nel pallone dal contagocce, una piccola quantità di acido cloridrico vi si dissolve, creando un vuoto parziale. La pressione atmosferica agente sulla superficie dell'acqua fa sì che quest'ultima risalga nel tubo verticale.
5.94 7. **5.96** (a) 61,2 m s^{-1}. (b) $4{,}58 \times 10^{-4}$ s. (c) Gli atomi di Bi avevano una velocità di 328 m s^{-1}, da confrontare con il valore di $\langle u \rangle_{rms}$ pari a 366 m s^{-1}. I valori sono comparabili e non è sorprendente che siano leggermente diversi. **5.98** La frutta matura più rapidamente poiché la quantità (pressione parziale) di etilene gassoso all'interno della busta aumenta. **5.100** Quando la penna è usata, diminuisce la quantità d'inchiostro, facendo aumentare il volume vuoto all'interno. Ciò causa una diminuzione di pressione all'interno della penna stessa. Il foro è necessario per permettere alla pressione atmosferica di controbilanciare questa diminuzione di pressione.

5.102 $4{,}2 \times 10^5$ m^2 s^{-2}. **5.104** 86,0 g mol^{-1}.
5.106 (a) $CaO(s) + CO_2(g) \longrightarrow CaCO_3(s)$; $BaO(s) + CO_2(g) \longrightarrow BaCO_3(s)$.
(b) CaO: 10,5%, BaO: 89,5%.
5.108 (a) 0,112 mol di CO al minuto; 20 min.
5.110 (a) −44 °C; (b) 72,4%. **5.112** $1{,}7 \times 10^{12}$.
5.114 L'ossido di azoto più probabile è NO_2, sebbene non si possa completamente escludere N_2O.
5.116 $7{,}04 \times 10^{-3}$ m s^{-1},$3{,}52 \times 10^{-30}$ J.
5.118 (a) $\frac{PV}{nRT} = \frac{1}{1 - \frac{b}{V}} - \frac{a}{VRT}$; $B = b - \frac{a}{RT}$; $C = b^2$, $D = b^3$.
(b) $T = \frac{a}{bR}$. (c) 1090 °C.
5.120 Il ghiaccio fa condensare il vapore acqueo all'interno della beuta. Poiché l'acqua è ancora calda, comincerà a bollire a pressione ridotta. **5.122** 1,4 g.
5.124 $P_{CO_2} = 8{,}7 \times 10^6$ Pa; $P_{N_2} = 3{,}2 \times 10^5$ Pa; $P_{SO_2} = 1{,}4 \times 10^3$ Pa.
5.126 (a) (i) Poiché i due campioni di He sono alla stessa temperatura, le loro $\langle u \rangle_{rms}$ e le energie cinetiche medie saranno le stesse; (ii) gli atomi di He in V_1 (volume minore), si scontrano con le pareti più frequentemente. Poiché le energie cinetiche medie sono le stesse, la forza esercitata negli urti è la stessa in entrambi i palloni. (b) (i) il valore della $\langle u \rangle_{rms}$ è maggiore alla temperatura più elevata T_2; (ii) gli atomi di He a temperatura più elevata, T_2, si scontrano con le pareti con maggiore frequenza e con maggiore forza. (c) (i) Falso; (ii) vero; (iii) vero.
5.128 (a) Le curve scendono rapidamente a causa delle attrazioni intermolecolari tra le particelle di gas. Si prenda in considerazione l'avvicinamento di una data molecola alla parete di un contenitore. Le attrazioni intermolecolari esercitate dalle molecole vicine tendono ad attutire l'impatto di questa molecola contro la parete. L'effetto che ne risulta è una minore pressione del gas rispetto a quella che ci si aspetterebbe per un gas ideale. Perciò, PV/RT diminuisce. Le curve salgono sopra la linea orizzontale ad alte pressioni perché a tali pressioni (volumi minori), le molecole sono ravvicinate e le forze repulsive tra loro diventano dominanti. Tali interazioni repulsive fanno aumentare la forza d'impatto delle molecole del gas con le pareti del contenitore. L'effetto risultante è una maggiore pressione di quella che ci si aspetterebbe per un gas ideale. Per cui, $PV/RT > 1$, e le curve salgono al di sopra della linea orizzontale. (b) Per 1 mole di un gas ideale, $PV/RT = 1$, indipendentemente dalla pressione del gas. A pressioni molto basse, tutti i gas si comportano idealmente, pertanto PV/RT tende a 1 quando la pressione tende a zero. Quando la pressione di un gas tende a zero, un gas si comporta sempre più come un gas ideale. (c) L'intercetta sulla linea del gas ideale significa che $PV/RT = 1$. Questo, però, ***non*** significa che il gas si comporti idealmente. Significa solo che a quel particolare valore della pressione, le attrazioni molecolari saranno pari alle repulsioni, e il risultato netto delle interazioni sarà nullo.
5.130 10,1 bar. **5.132** (a) Due punti tripli: diamante/grafite/liquido e grafite/liquido/vapore.
(b) Diamante. (c) Esercitando alte pressioni ad alte temperature. **5.134** CO. **5.136** 1200 K.

Capitolo 6

6.2 Oltrepassato il punto critico (a temperatura e pressione più alte), il liquido non può più esistere, e il gas non può più essere liquefatto. **6.4** Le molecole di acqua in superficie sono attratte tra di loro a causa delle forti interazioni intermolecolari (legami idrogeno) esistenti in questo liquido, dando come risultato una tensione superficiale insolitamente elevata. **6.6** All'aumentare della temperatura la viscosità diminuisce. Più alta è la temperatura e più veloce è il movimento a livello molecolare, di conseguenza, le molecole possono spostarsi più facilmente le une rispetto alle altre, con conseguente abbassamento della viscosità. **6.8** Poiché un atomo di Kr è più grande di un atomo di Ar, il massimo della funzione di distribuzione radiale sarà a un valore di r maggiore rispetto a quello relativo all'argon. Dato che il krypton ha interazioni intermolecolari più intense, il krypton liquido dovrebbe avere una struttura più definita dell'argon liquido, con conseguenti fluttuazioni della distribuzione radiale a valori di r più grandi. **6.10** (a) Sei. (b) Otto. (c) Dodici. **6.12** 2. **6.14** 2. **6.16** 8. **6.18** XY_3. **6.20** $6{,}020 \times 10^{23}$. **6.22** Solido molecolare. **6.24** Solidi molecolari: Se_8, HBr, CO_2, P_4O_6, SiH_4. Solidi covalenti: Si, C. **6.26** Na, Mg e Al sono metalli. Si è un solido covalente. P, S, Cl e Ar sono solidi molecolari. I metalli dovrebbero avere il più alto punto di fusione e di ebollizione. I solidi molecolari dovrebbero avere il più basso punto di fusione e di ebollizione. **6.28** Ogni atomo di carbonio nel diamante è legato con legame covalente ad altri quattro atomi di C. La grafite ha elettroni delocalizzati in due dimensioni. **6.30** La capacità di un metallo di condurre l'elettricità *diminuisce* all'aumentare della temperatura, perché le maggiori vibrazioni degli atomi a temperature più alte tendono a ostacolare il movimento degli elettroni. **6.32** Semiconduttore di tipo p (Ga, Al); semiconduttore di tipo n (Sb, As). **6.34** I metalli sono lucidi perché riflettono la luce: gli elettroni in banda di conduzione sono in grado di assorbire e poi di riemettere luce. **6.36** Cristallo covalente. **6.38** L'olio è costituito da molecole non polari (o *apolari*), pertanto, non tende a miscelarsi con l'acqua. Per ridurre al minimo il contatto con l'acqua, la goccia di olio assume una forma sferica, che, a parità di volume, ha la minore superficie. **6.40** (a) Cristalli covalenti. (b) $5{,}00 \times 10^9$, sì. **6.42** Il fatto che i metalli possano condurre la corrente elettrica indica che alcuni dei loro elettroni debbano essere delocalizzati. **6.44** 172 pm. **6.46** 458 pm. **6.48** 1,69 g cm^{-3}. **6.50** Nel gas: 34 Å; nel liquido 0,15 Å. Le molecole in fase liquida sono molto più vicine che in fase gassosa. **6.52** Nella molecola di LiCl in fase gassosa gli atomi condividono elettroni tra loro, risultando più vicini. **6.54** Na (186 pm e 0,965 g cm^{-3}). **6.56** $6{,}020 \times 10^{23}$. **6.58** Il punto critico si verifica perché a temperature sufficientemente alte, i gas e i liquidi diventano indistinguibili. Un solido e un liquido non potranno mai diventare talmente simili da non poter essere distinti.

Capitolo 7

7.2 (a) 0 J. (b) 9,4 J. (c) 18 J. **7.4** $-1{,}04 \times 10^3$ J.

7.6 van der Waals: $P = \dfrac{nRT}{V - nb} - a\left(\dfrac{n}{V}\right)^2$

$$w = \int_{V_1}^{V_2} Pdv = -nRT\int_{V_1}^{V_2} \frac{dV}{V - nb} + an^2\int_{V_1}^{V_2} \frac{dV}{V^2}$$

$$w = nRTln\left(\frac{V_1 - nb}{V_2 - nb}\right) + an^2\left(\frac{1}{V_1} - \frac{1}{V_2}\right)$$

7.8 In quanto "consumatori di energia", siamo interessati alla disponibilità di energia *utilizzabile*. **7.10** $-1{,}57 \times 10^4$ kJ. **7.12** Non è stato compiuto lavoro. La pressione è la stessa prima e dopo la reazione. $\Delta U = -553{,}8$ kJ. **7.14** $-3{,}31 \times 10^3$ J $= -3{,}31$ kJ. **7.16** 31 °C. **7.18** 26,3 °C. **7.20** Siccome l'umidità è molto bassa nel deserto, c'è poco vapor d'acqua nell'aria per intrappolare e conservare il calore riflesso dalla terra durante il giorno. Una volta tramontato il sole, la temperatura si abbassa drasticamente. La temperatura si abbassa anche di 40 °F fra il giorno e la notte. Le regioni costiere hanno molta più umidità in confronto ai deserti. Il vapor d'acqua nell'aria trattiene il calore, e quindi la temperatura si mantiene su valori più costanti tra il giorno e la notte. Inoltre, la terra e le rocce nei deserti hanno in genere calori specifici molto più bassi rispetto all'acqua degli oceani. L'acqua assorbe molto più calore durante il giorno in confronto a sabbia e roccia e questo mantiene la temperatura più alta durante la notte. **7.22** (a) $\Delta H_f^\circ[Br_2(l)] = 0$; $\Delta H_f^\circ[Br_2(g)] > 0$. (b) $\Delta H_f^\circ[I_2(s)] = 0.$; $\Delta H_f^\circ[I_2(g)] > 0$. **7.24** Misura di ΔH° per la formazione di Ag_2O da Ag e O_2 e di $CaCl_2$ da Ca e Cl_2. **7.26** (a) $-167{,}2$ kJ mol^{-1}. (b) $-56{,}2$ kJ mol^{-1}. **7.28** (a) -1411 kJ mol^{-1}. (b) -1124 kJ mol^{-1}. (c) $-2044{,}0$ kJ mol^{-1}. **7.30** 218,2 kJ mol^{-1}. **7.32** 0,30 kJ mol^{-1}. **7.34** $-238{,}7$ kJ mol^{-1}. **7.36** L'entalpia di legame è una misura della forza del legame chimico. Deve essere definito in fase gas dove le forze intermolecolari sono trascurabili. Altrimenti queste possono influenzare il valore dell'entalpia di legame. **7.38** (a) -234 kJ mol^{-1} **7.40** $\Delta H_c^\circ(C_nH_{2n+2}) = [(n-1)\ 347$ kJ $mol^{-1} + (2n+2)\ 414$ kJ $mol^{-1} + \frac{1}{2}(n+1)\ 498{,}7$ kJ $mol^{-1}] - [2n\ (799$ kJ $mol^{-1}) + (2n+2)\ 460$ kJ $mol^{-1}]$ **7.42** $2{,}68 \times 10^3$ kJ. **7.44** 50,02 kJ mol^{-1}. **7.46** $-1{,}12$ kJ mol^{-1}. **7.48** 5,62 kJ mol^{-1}. **7.50** 7,60%. **7.52** $\Delta H_f^\circ(AgNO_2) = -44{,}35$ kJ mol^{-1}. **7.54** $-173{,}7$ kJ mol^{-1}. **7.56** (a) Anche se non si può misurare ΔH_{reaz}° per questa reazione, il processo inverso è la combustione del glucosio. Si può misurare facilmente ΔH_{reaz}° per questa combustione in una bomba calorimetrica. (b) $1{,}1 \times 10^{19}$ kJ. **7.58** -17 J. **7.60** 0,492 J g^{-1} $°C^{-1}$. **7.62** La prima reazione, che è esotermica, può essere usata per promuovere la seconda reazione, che è endotermica. **7.64** $2{,}92 \times 10^3$ l. **7.66** 5,60 kJ mol^{-1}. **7.68** (a) La capacità termica del cibo è maggiore della capacità termica dell'aria, quindi, il freddo nel congelatore viene mantenuto più a lungo. (b) Tè o caffè hanno un elevato contenuto di acqua, che ha calore specifico più alto di quello degli spaghetti. **7.70** $1{,}64 \times 10^3$ g H_2O. **7.72** 1,07 kJ. **7.74** (a) 758 °C. (b) $-986{,}6$ kJ mol^{-1}. **7.76** 25 kg. **7.78** -360 kJ mol^{-1} Zn. **7.80** Il biossido di carbonio è lineare e quindi ha solo due modi di rotazione e una minore capacità termica dell'ammoniaca. Per cui, Il contenitore con il biossido di carbonio avrà la temperatura più alta. **7.82** (a) $-65{,}2$ kJ mol^{-1}. (b) $-9{,}0$ kJ mol^{-1}. **7.84** $5{,}8 \times 10^2$ m. **7.86** 6,9 g considerando che tutta l'energia cinetica sia convertita in calore, che tutto il metano liquido sia al suo punto di ebollizione (−164 °C), e che l'entalpia di vaporizzazione non sia influenzata dalla diversa pressione sulla superficie di Titano. **7.88** −277,0 kJ mol^{-1}. **7.90** 104 g. **7.92** (a) 0 °C. (b) 100 g di Al, 41,7 g di ghiaccio, 58,3 g di acqua. **7.94** Energia deve essere fornita per rompere un legame chimico. Quando un legame viene formato la stessa quantità di energia viene rilasciata. **7.96** $\Delta E = -5153$ kJ mol^{-1}; $\Delta H = -5158$ kJ mol^{-1}. **7.98** La capacità termica dei reagenti deve essere maggiore di quella dei prodotti poiché i reagenti sono composti da più particelle di gas. Quindi, la variazione di entalpia per la reazione dovrebbe diminuire con l'aumento della temperatura.

7.100

	q	w	ΔU	ΔH
(a)	−	−	−	−
(b)	−	+	0	0
(c)	−	−	−	−
(d)	+	−	+	+
(e)	+	0	+	+
(f)	+	+	+	+

7.102 (a) 48 °C. (b) 4,1 × 10^3 g H_2O. **7.104** −1 l· bar; −100 J. **7.106** 43 kJ mol^{-1}.

Capitolo 8

8.4 Il meno probabile è tutte le sfere in una scatola. **8.6** (a) no. (b) si. **8.8** 112 J mol K^{-1}. **8.10** 5,8 J K^{-1}. **8.12** 9,1 J K^{-1}. **8.14** (a) ΔS_{sist} = 5,8 J K^{-1}; ΔS_{amb} = −5,8 J K^{-1}; ΔS_{univ} = 0 J K^{-1}. (b) ΔS_{sist} = 5,8 J K^{-1}; ΔS_{amb} = −4,1 J K^{-1}; ΔS_{univ} = 1,7 J K^{-1}. **8.16** 92,8 J mol^{-1} K^{-1}. **8.18** (a) 9,13 J mol^{-1} K^{-1}. (b) 11,5 J mol^{-1} K^{-1}. (c) 13,4 J mol^{-1} K^{-1}. **8.22** (a) 48,7 J mol^{-1} K^{-1}. (b) −12,0 J mol^{-1} K^{-1}. (c) −242,8 J mol^{-1} K^{-1}. **8.24** (a) negativo. (b) negativo. (c) positivo. (d) ~zero (piccolo). **8.26** ΔS_{sist} = 25 J K^{-1} mol^{-1}; ΔS_{amb} = −613 J K^{-1} mol^{-1}; ΔS_{univ} = −588 J K^{-1} mol^{-1}. Se questa reazione avesse un ΔS_{univ} positivo, potrebbe consumare quasi tutto l'ossigeno dell'atmosfera. **8.28** 352 °C. **8.30** (a) 175,2 kJ mol^{-1}. (b) 8,5 kJ mol^{-1}. (c) −2471,6 kJ mol^{-1}. **8.32** (b) è spontaneo, 350 K. **8.34** 979 K. **8.36** In tutti i casi, $\Delta H > 0$ e $\Delta S > 0$. $\Delta G < 0$ per (a), = 0 per (b), e > 0 per (c). **8.38** (a) 57,5 kJ mol^{-1}. (b) 57,5 kJ mol^{-1}. **8.40** (a) −11,5 J K^{-1} −3,44 kJ. (b) 58,4 J K^{-1}; −17,4 kJ. **8.42** (a) 0,4 kJ. (b) 3,4 kJ. **8.44** 79,1 kJ. **8.46** Questo dice semplicemente se è possibile che la reazione avvenga in date condizioni. Non dice nulla circa la velocità del processo. **8.48** 0,055 J K. **8.52** 47 °C. **8.54** (d). **8.56** 21,1 J K^{-1}. **8.58** Si veda Approfondimento 8.2. **8.62** 7420 m.

8.64 (a) $\Delta S^o = \int_{T_1}^{T_2} \frac{C}{T} dT = \int_{T_1}^{T_2} \frac{\alpha T^3}{T} dT = \alpha \int_0^T T^2 dT = \alpha \frac{T^3}{3}$.
(b) 5,88 × 10^{-5} J mol^{-1} K^{-4}. (c) 2,0 × 10^{-5} J K^{-1}; 2,4 × 10^{-3} J K^{-1}; 3,39 × 10^{-2} J K^{-1}.

Capitolo 9

9.2 (a) 59,8 kJ mol^{-1}. (b) 356 °C, in accordo col valore sperimentale di 357 °C. **9.4** X < Y. **9.6** No. **9.8** Il cicloesano non può formare legami idrogeno. **9.10** Le catene più lunghe aumentano la apolarità. **9.12** 45,9 g. **9.14** Una certa quantità di elio gassoso si scioglierà in soluzione. Questo non cambierà la concentrazione di aria inizialmente disciolta nella soluzione. **9.16** 1,0 × 10^{-5}. **9.18** Etanolo: 30,0 mmHg; 1-propanolo: 26,3 mmHg. **9.20** A = 1,9 × 10^2 mmHg. B = 4,0 × 10^2 mmHg. **9.22** La miscela acqua-etanolo è una soluzione non ideale che presenta deviazioni positive dalla legge di Raoult. Perciò questo sistema avrà un punto d'ebollizione minimo e formerà un azeotropo bassobollente non separabile per distillazione frazionata. **9.24** 1,3 × 10^3 g. **9.26** 128 g. **9.28** 0,59 m. **9.30** 120 g mol^{-1}. $C_4H_8O_4$. **9.32** −8,6 °C. **9.34** 4,3 × 10^2 g mol^{-1}. $C_{24}H_{20}P_4$. **9.36** 1,75 × 10^4 g mol^{-1}. **9.38** 342 g mol^{-1}. **9.40** Hanno anche gli stessi punto d'ebollizione, pressione di vapore e pressione osmotica. **9.42** 0,50 *m* glucosio > 0,50 *m* acido acetico > 0,50 *m* HCl. **9.44** 0,9420 m. **9.46** 7,2 bar. **9.48** 1,6 bar. **9.50** 0,0088 bar **9.52** 2,05 × 10^{-5} mmHg; 8,90 × 10^{-5} °C; 2,5 × 10^{-5} °C; 1,17 × 10^{-3} atm = 0,889 mmHg. **9.54** L'acqua fuoriesce attraverso le membrane cellulari semipermeabili del cetriolo nella soluzione salina concentrata. **9.56** 3,5. **9.58** X è acqua pura; Y è la soluzione di NaCl; Z è la soluzione di urea. **9.60** L'aumento di pressione spinge la membrana elastica a destra, provocando il rilascio del farmaco attraverso i microscopici fori a un flusso costante. **9.62** 33 bar. **9.64** $\mathcal{M}_z(B)$ = 248 g mol^{-1}; $\mathcal{M}_z(A)$ = 124 g mol^{-1} = $\mathcal{M}_z(B)/2$; un processo di dimerizzazione. **9.66** (a) CO_2 si espande a pressione ridotta. (b) CO_2 si espande e si raffredda, facendo condensare il vapor d'acqua con formazione di una nebbiolina. **9.68** 33,3 ml; 66,7 ml. **9.70** Per proteggere i globuli rossi e altre cellule dal restringimento (in soluzioni ipertoniche) o dall'espansione (in soluzioni ipotoniche). **9.72** 14,3%. **9.74** (a) Diminuisce al diminuire dell'energia reticolare. (b) Aumenta con la polarità del solvente. (c) Aumenta con l'entalpia di idratazione. **9.76** 0,815. **9.78** NH_3 può formare legami idrogeno con l'acqua. **9.80** 3%. **9.82** 1,2 × 10^2 g mol^{-1}. Forma un dimero in benzene. **9.84** L'agitazione fa sì che una maggiore superficie del liquido sia, temporaneamente, esposta alla miscela di aria e CO_2, per cui diminuisce la quantità di gas disciolti nel liquido, con conseguente aumento della pressione interna della lattina. È sufficiente attendere del tempo affinché si ritorni alla situazione d'equilibrio iniziale. **9.86** −0,737 °C.

9.88 (a)

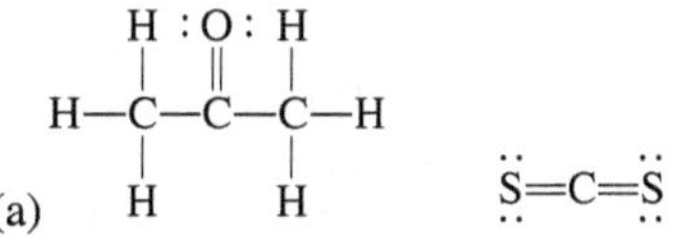

La pressione di vapore della soluzione è maggiore della somma delle pressioni di vapore previste in base alla legge di Raoult alla stessa concentrazione. (b) 410 mmHg. (c) Positivo. **9.90** 168 m. **9.92** 0,853, 64,5 torr. Comportamento ideale per la soluzione e i gas. **9.94** 3,1 mol. **9.96** 600 K. **9.98** I valori aumentano all'aumentare della massa atomica, in accordo con il fatto che le costanti di Henry aumentino all'aumentare delle attrazioni intermolecolari tra le particelle del gas e le molecole d'acqua. **9.100** (a) 43,3 kJ mol^{-1}.

Capitolo 10

10.2 (a) A + C $\rightleftharpoons$ AC. (b) A + D $\rightleftharpoons$ A. **10.4** K_c = 1,08 × 10^7, K_P = 1,33 × 10^5. **10.6** 3,5 × 10^{-7}. **10.8** (a) 0,082. (b) 0,29. **10.10** K_P = 0,106; K_c = 2,05 × 10^{-3}. **10.12** 7,32 × 10^{-3}. **10.14** 3,3. **10.16** 3,53 × 10^{-2}. **10.18** 4,0 × 10^{-6}. **10.20** 5,6 × 10^{23}. **10.22** [NH_3] aumenterà e [N_2] e [H_2] diminuiranno. **10.24** P_{NO} = 0,50 bar; P_{NO2} = 0,020 bar. **10.26** [I] = 8,58 × 10^{-4} *M*; [I_2] = 0,0194 *M*. **10.28** (a) 0,52. (b) [CO_2] = 0,48 *M*; [H_2] = 0,020 *M*; [CO] = 0,075 *M*; [H_2O] = 0,065 *M*. **10.30** [H_2] = [CO_2] = 0,05 *M*; [H_2O] = [CO] = 0,11 *M*. **10.32** 8,0 × 10^1 J mol^{-1}. **10.34** ΔG°_{rxn} = 457,2 kJ. K = 7,27 × 10^{-81}. **10.36** −24,6 kJ mol^{-1} (b) −950 J mol^{-1}. **10.38** −341 kJ mol^{-1}. **10.40** 3,1 × 10^{-2} bar. **10.42** (a) L'equilibrio si sposta verso destra. (b) Nessun effetto. (c) Nessun effetto. **10.44** (a) Nessun effetto. (b) Nessun effetto. (c) L'equilibrio si sposta verso sinistra. (d) Nessun effetto. (c) L'equilibrio si sposta verso sinistra. **10.46** (a) Destra. (b) Sinistra. (c) Destra. (d) Sinistra. (e) Nessun effetto. **10.48** (a) Sinistra. (b) Nessun effetto. **10.50** (a) 1,67. (b) P_A = 0,69 bar; P_B = 0,81 bar. **10.52** (a) K_P = 7,76 × 10^{24}. (b) K_P = 7,58 × 10^{19}, assumendo che ΔH e ΔS siano indipendenti dalla temperatura nell'intervallo di temperatura. **10.54** −36,2 kJ, assumendo che ΔH e ΔS siano indipendenti dalla temperatura nell'intervallo di temperatura. **10.56** P_{NO} = 0,24 bar; P_{Cl_2} = 0,12 bar. (b) K_P = 0,016. **10.58** (a) Nessun effetto. (b) Si formeranno più CO_2 e H_2O. **10.60** (a) 8 × 10^{-44}. (b) La reazione ha una energia di attivazione molto alta. **10.62** (a) 0,134. (b) 49,2%. (c) Diminuisce. **10.64** K_P = 4,95 × 10^{-3}. **10.66** $K_P = \dfrac{4\alpha^2}{1-\alpha^2}P_{totale}$. **10.68** 2,34 × 10^{-3} *M*. **10.70** P_{totale} = 330 bar. **10.72** La diminuzione della concentrazione di CO_2 sposta l'equilibrio a sinistra. Raffreddare l'ambiente oppure dare da bere acqua gassata. **10.74** 0,56 e 0,44. (b) K_P = 8,0. **10.76** (a) 1,16. (b) 53,7%. **10.78** (a) 0,50. (b) 0,23. (c) 0,037. (d) Maggiore di 0,037 mol. **10.80** [H_2] = 0,070 *M*, [I_2] = 0,182 *M*, [HI] = 0,825 *M*. **10.82** 2,3 × 10^{-9}. **10.84** (a) 4,2 × 10^{-4}. (b) 0,83. (c) 1,1. (d) In (b): 2,3 × 10^3; in (c): 0,021. **10.86** K_P = 2,34 × 10^{-2}; K_c = 9,61 × 10^{-4}. **10.88** $P_{N_2O_4}$ = 0,14 bar; P_{NO_2} = 1,2 bar; K_P = 9,4. **10.90** (a) L'equilibrio si sposta verso destra. (b) L'equilibrio si sposta verso destra. (c) Nessun effetto. (d) Nessun effetto. (e) Nessun effetto. (f) L'equilibrio si sposta verso sinistra. **10.92** $P_{N_2O_4}$ = 0,088 bar; P_{NO_2} = 0,10 bar. **10.94** (a) 1,04 bar. (b) 0,40 bar. (c) 1,69 bar. (d) 0,62. **10.96** (a) K_c = 1,1 × 10^{-7}; K_P = 2,7 × 10^{-6}. (b) 22 mg m^{-3}. Sì. **10.98** Una condizione temporanea di equilibrio dinamico tra i cubetti di ghiaccio che si fondono e l'acqua che congela tra i cubetti stessi. **10.100** [NH_3] = 0,042 *M*; [N_2] = 0,086 *M*; [H_2] = 0,26 *M*. **10.102** La costante d'equilibrio di evaporazione è uguale alla pressione del gas. **10.104** ΔG° = 62,5 kJ mol^{-1}; ΔH° = 157,8 kJ mol^{-1}; ΔS° = 109 kJ mol^{-1} K^{-1}.

Capitolo 11

11.2 (a) NO_2^-. (b) HSO_4^-. (c) HS^-. (d) CN^-. (e) $HCOO^-$. **11.4** (a) H_2S. (b) H_2CO_3. (c) HCO_3^-. (d) H_3PO_4. (e) $H_2PO_4^-$. (f) HPO_4^{2-}. (g) H_2SO_4. (h) HSO_4^-. (i) HSO_3^-. **11.6** (a) CH_2ClCOO^-. (b) IO_4^-. (c) $H_2PO_4^-$. (d) HPO_4^{2-}. (e) PO_4^{3-}. (f) HSO_4^-. (g) SO_4^{2-}. (h) IO_3^-. (i) SO_3^{2-}. (j) NH_3. (k) HS^-. (l) S^{2-}. (m) ClO_3^-. **11.8** $AlCl_3$ è l'acido di Lewis; Cl^- è la base di Lewis. **11.10** CO_2 e BF_3. **11.12** Sì. 1,0 *M* HCl(*aq*): pH = ~0; 2,0 *M* HCl(*aq*): pH = ~−0,3. **11.14** 1,6 × 10^{-14} *M*. **11.16** (a) 10,75. (b) 3,28. **11.18** (a) 6,3 × 10^{-6} *M*. (b) 1,0 × 10^{-16} *M*. (c) 2,7 × 10^{-6} *M*. **11.20** 1,98 × 10^{-3} mol, 0,444. **11.22** 0,118. **11.24** (c). **11.26** 9,0. **11.28** (1) (c). (2) (b) e (d). **11.30** (a) Forte. (b) Debole. (c) Debole. (d) Debole. (e) Forte. **11.32** (b) e (c). **11.34** La reazione non procederà in maniera apprezzabile. **11.36** Perché si assume che siano completamente ionizzati. **11.38** (c). **11.40** [H^+] = [CH_3COO^-] = 5,8 × 10^{-4} *M*; [CH_3COOH] = 0,0187 *M*. **11.42** 1,7 × 10^{-3} *M*. **11.44** (a) 3,5%. (b) 33%. (c) 79%. **11.46** (a) 3,9%. (b) 0,030%. **11.48** 7,0 × 10^{-7}. **11.50** 1,5%. **11.52** (a) HCl: 1,40; H_2SO_4: 1,31. (b) [H^+] = [SO_4^{2-}] = 0,045 *M*; [HSO_4^-] = 0,16 *M*. **11.54** 6,6. **11.56** $K_{a1} >> K_{a2}$. **11.58** $H_2Se > H_2S > H_2O$. **11.60** $CHCl_2COOH$. **11.62** (a) Neutra. (b) Acida. (c) Neutra. (d) Acida. **11.66** pH = 9,15. **11.68** pH > 7. **11.70** pH = 1,9. **11.72** (a) 2HCl(*aq*) + $Zn(OH)_2$(*s*) → $ZnCl_2$(*aq*) + $2H_2O$(*l*). (b) $2OH^-$(*aq*) + $Zn(OH)_2$(*s*) → $Zn(OH)_4^{2-}$(*aq*). **11.74** Più forte. **11.76** (c). **11.78** (a) Per la reazione diretta, NH_3 (acido di Brønsted), NH_3 (base di Brønsted); per la reazione inversa, NH_4^+ (acido di Brønsted), NH_2^- (base di Brønsted). (b) NH_4^+ corrisponde a H^+ e NH_2^- corrisponde a OH^-. **11.80** $[OH^-] = \dfrac{K_w}{K_a}$. **11.82** ΔH° = 55,9 kJ mol^{-1}; ΔS° = −80,4 J K^{-1} mol^{-1}; ΔG° = 80 kJ mol^{-1}; a 25 °C K_w = 1,01 × 10^{-14}; a 60 °C K_w = 1,08 × 10^{-13}. **11.84** 1,77 × 10^{10}. **11.86** 2,0 × 10^{-5}. **11.88** 0,028. **11.90** NH_3. **11.92** Dato che D è più pesante di H, l'energia al punto zero della vibrazione di O—D sarà minore di quella relativa a H, e quindi sarà richiesta più energia per rompere il legame O—D rispetto al legame O—H. **11.94** 1,79. **11.96** F^- reagisce con HF per formare HF_2^-, spostando quindi verso destra la ionizzazione di HF. **11.98** (a) HbO_2. (b) HbH^+. (c) Verso destra. **11.100** α = 0,180; K_P = 4,62 × 10^{-3}. **11.104** Lo ione H^+ reagisce con CN^- per sviluppare HCN in forma gassosa. **11.106** 0,25 g. **11.108** −0,20. **11.110** (a) L'equilibrio si sposterà verso destra. (b) Verso sinistra. (c) Nessun effetto. (d) Verso destra. **11.112** Le ammine sono convertite nei rispettivi sali RNH_3^+. **11.114** 1,4 × 10^{-4}. **11.116** 4,40. **11.118** In ambiente basico, il sale d'ammonio viene trasformato in ammoniaca, un gas con un forte odore pungente. **11.120** (c). **11.122** 21 ml. **11.126** Lo ione fluoruro rimpiazza lo ione idrossido durante la remineralizzazione, rendendo lo smalto più resistente agli acidi.

Capitolo 12

12.2 (a) 11,28, (b) 9,08. **12.4** (a), (b) e (c). **12.6** 4,74 per entrambe; (a) dato che ha una maggiore concentrazione.

12.8 7,03, **12.10** 10; più efficace rispetto a un'aggiunta di acido. **12.12** (a) 4,82, (b) 4,64. **12.14** HC. **12.16** 90,1 g mol^{-1}. **12.18** 0,467 *M*. **12.20** $[H^+] = 3{,}0 \times 10^{-13}$ *M*; $[OH^-] = 0{,}0335$ *M*; $[Na^+] = 0{,}0835$ *M*; $[CH_3COO^-] = 0{,}0500$ *M*; $[CH_3COOH] = 8{,}4 \times 10^{-10}$ *M*. **12.22** 8,23. **12.24** (a) 11,36, (b) 9,55, (c) 8,95, (d) 5,19, (e) 1,70. **12.26** CO_2 si scioglie in acqua per formare H_2CO_3, che neutralizza NaOH. **12.28** 5,70. **12.30** (a) Insolubile. (b) Solubile. (c) Solubile. (c) Insolubile. (d) Solubile. **12.34** (a) $9{,}1 \times 10^{-9}$ *M*. (b) $7{,}4 \times 10^{-8}$ *M*. **12.36** $1{,}80 \times 10^{-11}$. **12.38** $2{,}2 \times 10^{-4}$ mol l^{-1}. **12.40** $2{,}3 \times 10^{-9}$. **12.42** $[Na^+] = 0{,}045$ *M*; $[NO_3^-] = 0{,}076$ *M*; $[Sr^{2+}] = 0{,}016$ *M*; $[F^-] = 1{,}1 \times 10^{-4}$ *M*. **12.44** 2,68 < pH < 8,11. **12.46** (c), (e). **12.48** (a) 0,013 *M*. (b) $2{,}2 \times 10^{-4}$ *M*. (c) $3{,}3 \times 10^{-3}$ *M*. **12.50** (a) $1{,}0 \times 10^{-5}$ *M*. (b) $1{,}0 \times 10^{-10}$ *M*. **12.52** (b), (c), (d), (e). **12.54** (a) 0,016 *M*. (b) $1{,}6 \times 10^{-6}$ *M*. **12.56** Sì. **12.58** $Al(OH)_3$.
12.60 $Ag^+(aq) + 2NH_3(aq) \rightleftharpoons Ag(NH_3)_2^+(aq)$; $Zn^{2+}(aq) + 4NH_3(aq) \rightleftharpoons Zn(NH_3)_4^+(aq)$. L'idrossido di zinco forma uno ione complesso con un eccesso di OH^-, ma non l'idrossido d'argento. **12.62** Il cloruro d'argento si discioglie in una soluzione acquosa di ammoniaca a causa della formazione di uno ione complesso. Il cloruro di piombo non si scioglie in quanto non forma uno ione complesso con l'ammoniaca. **12.64** Idrossido di sodio. **12.66** 0,1 ÷ 10. **12.68** pH = pK_a. **12.70** $K_b = 5 \times 10^{-10}$. **12.72** $Cd(OH)_2(s) + 2OH^- \rightleftharpoons Cd(OH)_4^{2-}(aq)$; reazione acido-base di Lewis. **12.74** (d). **12.76** $[Ag^+] = 2{,}0 \times 10^{-9}$ *M*; $[Cl^-] = 0{,}080$ *M*; $[Zn^{2+}] = 0{,}070$ *M*; $[NO_3^-] = 0{,}060$ *M*. **12.78** > 8,11 ma < 9,54. **12.80** $K_{sp} = 2{,}4 \times 10^{-13}$. **12.82** $1{,}0 \times 10^{-5}$ M. **12.84** (a) AgBr. (b) $[Ag^+] = 1{,}8 \times 10^{-7}$ *M*. (c) % $Ag^+(aq) = 1{,}8 \times 10^{-3}$%. **12.86** $3{,}0 \times 10^{-8}$. **12.88** (a) $1{,}0 \times 10^{14}$. (b) $1{,}8 \times 10^9$. (c) $3{,}2 \times 10^4$. **12.92** Gli inquinanti atmosferici contenenti zolfo reagiscono con il Pb^{2+} per formare PbS, che scurisce i dipinti. **12.94** $[Ba^{2+}] = 1{,}8 \times 10^{-7}$ *M*; $[Sr^{2+}] = [SO_4^{2-}] = 6{,}2 \times 10^{-4}$ *M*. **12.96** No. **12.98** $V_{NaOH} = 13$ ml. **12.100** (a) L'idrogeno acido è quello del gruppo carbossilico. (b) $5{,}2 \times 10^3$, meno solubile. (c) pH = 7,93. **12.104** pH = $pK_a \pm 1$. **12.106** (b) $pK_a + pK_b = 14{,}00$.

Capitolo 13

13.2 (a) $Fe \longrightarrow Fe^{3+} + 3e^-$; $O_2 + 4e^- \longrightarrow 2O^{2-}$. Agente ossidante: O_2; agente riducente: Fe. (b) $2Br^- \longrightarrow Br_2 + 2e^-$; $Cl_2 + 2e^- \longrightarrow 2Cl^-$. Agente ossidante: Cl_2; agente riducente: Br^-. (c) $Si \longrightarrow Si^{4+} + 4e^-$; $F_2 + 2e^- \longrightarrow 2F^-$. Agente ossidante: F_2; agente riducente: Si. (d) $H_2 \longrightarrow 2H^+ + 2e^-$; $Cl_2 + 2e^- \longrightarrow 2Cl^-$. Agente ossidante: Cl_2; agente riducente: H_2. **13.4** (a) +5. (b) +1. (c) +3. (d) +5. (e) +5. (f) +5. **13.6** (a) Cs: +1, O: −2. (b) Ca: +2, I: −1. (c) Al: +3, O: −2. (d) H: +1, As: +3, O: −2. (e) Ti: +4, O: −2. (f) Mo: +6, O: −2. (g) Pt: +2, Cl: −1. (h) Pt: +4, Cl: −1. (i) Sn: +2, F: −1. (j) Cl: +3, F: −1. (k) Sb: +5, F: −1. **13.8** N_2O_5.
13.10 (a) $2Fe^{2+} + H_2O_2 + 2H^+ \rightarrow 2Fe^{2+} + 2H_2O$.
(b) $3Cu + 6H^+ + 2HNO_3 \rightarrow 3Cu^{2+} + 2NO + 4H_2O$.
(c) $3CN^- + 2MnO_4^- + H_2O \rightarrow 3CNO^- + 2MnO_2 + 2OH^-$.
(d) $3Br_2 + 6OH^- \rightarrow BrO_3^- + 5Br^- + 3H_2O$.
(e) $2S_2O_3^{2-} + I_2 \rightarrow S_4O_6^{2-} + 2I^-$. **13.12** (a) E = −0,013V, Fe (catodo), Cr (anodo). (b) E = −0,943, Zn (catodo), Al (anodo). (c) E = +2,2467, Mg (anodo) e Pb (catodo). **13.14** Sì. **13.16** No. **13.18** (a) Li. (b) H_2. (c) Fe^{2+}. (d) Br^-. **13.20** 0,368 V. **13.22** (a) −432 kJ mol^{-1}, 5×10^{75}. (b) −104 kJ mol^{-1}, 2×10^{18}. (c) −178 kJ mol^{-1}, 1×10^{31}. (d) $-1{,}27 \times 10^3$ kJ mol^{-1}, 8×10^{211}. **13.24** 0,37 V, −36 kJ mol^{-1}, 2×10^6. **13.26** 478 J mol^{-1} K^{-1}. **13.28** (a) 2,23 V, 2,23 V, −430 kJ mol^{-1}. (b) 0,02 V, 0,04 V, −23 kJ mol^{-1}. **13.30** 0,0789 V, soluzione ideale, si possono usare le concentrazioni al posto delle attività. **13.32** 6. 7×10^{-38}. **13.34** 0,97 bar. **13.36** (a) 0,076 l. (b) 0,16 l. **13.38** 0,64 g di Ba. **13.40** Sodio. **13.42** 0,012 moli di e^-. **13.44** 0,084 moli di ciascuno. **13.46** $7{,}70 \times 10^3$ C. **13.48** 1,84 kg h^{-1}. **13.50** 63,1 g mol^{-1}. **13.52** 27,1 g mol^{-1}. **13.56** $9{,}44 \times 10^{-3}$ g SO_2.
13.58
(a) $2MnO_4^- + 5H_2O_2 + 6H^+ \rightarrow 5O_2 + 2Mn^{2+} + 8H_2O$.
(b) 0,0602 *M*. **13.60** 0,231 mg Ca^{2+}/ml sangue. **13.62** (a) 0,80 V. (b) $2Ag^+(aq) + H_2(g) \longrightarrow 2Ag(s) + 2H^+(aq)$. (c) (i) 0,92 V; (ii) 1,10 V. (d) La cella funziona come un pH-metro. **13.64** Il fluoro gassoso reagisce con l'acqua. **13.66** $2{,}5 \times 10^2$ h. **13.68** La soluzione intorno all'anodo diventerà marrone a causa della formazione dello ione triioduro. La soluzione intorno al catodo diventerà basica e questo causerà il viraggio al rosso della fenolftaleina. **13.74** (a) 0,222 l H_2. (b) $6{,}09 \times 10^{23}$/mol e^-. **13.76** (a) −1357 kJ mol^{-1}. (b) 1,17 V. **13.78** 1,10 V. (b) $5{,}3 \times 10^3$. **13.80** Riscaldare il garage provocherà lo scioglimento della neve sull'automobile: la soluzione acquosa salina risultante avrà l'effetto di velocizzare la corrosione.
13.82 (a) Anodo $2F^- \rightarrow F_2(g) + 2e^-$;
Catodo $2H^+ + 2e^- \rightarrow H_2(g)$;
Totale: $2H^+ + 2F^- \rightarrow H_2(g) + F_2(g)$. (b) Lo ione K^+ non si riduce. (c) $2{,}8 \times 10^3$ l. **13.84** (c) 4,44 h. **13.86** 1,97 V.
13.88 (a) $Au(s) + 3HNO_3(aq) + 4HCl(aq) \rightarrow HAuCl_4(aq) + 3H_2O(l) + 3NO_2(g)$.
(b) Per aumentare l'acidità e per formare lo stabile ione complesso, $AuCl_4^-$. **13.90** $9{,}8 \times 10^{-12}$. **13.92** E = 1,09 V; pertanto, i prodotti sono favoriti. **13.94**
(a) $Sn^{4+}(aq) + 2e^- \rightarrow Sn^{2+}(aq)$; $2Tl(s) \rightarrow Tl^+(aq) + e^-$; $Sn^{4+}(aq) + 2Tl(s) \rightarrow Sn^{2+}(aq) + 2Tl^+(aq)$.
(b) $K = 8 \times 10^{15}$. (c) 0,41 V. **13.96** Sì. **13.100** (b) 104 Ah. La concentrazione di H_2SO_4 continua a diminuire. (c) 2,01 V; $-3{,}88 \times 10^2$ kJ mol^{-1}. **13.102** (b) 11,9 h. **13.108** $E° = -0{,}85$ V. **13.110** La seconda, poiché avrà una maggiore variazione di entropia. **13.112** 2×10^{37}. **13.114** 156 €. **13.118** (a) $Al + 3Ag^+ \rightarrow Al^{3+} + 3Ag$. (b) Una soluzione di $NaHCO_3$ è basica.

Capitolo 14

14.2 (a) $\text{velocità} = -\frac{d[H_2]}{dt} = -\frac{d[I_2]}{dt} = \frac{1}{2}\frac{d[HI]}{dt}$.

(b) $$\text{velocità} = -\frac{1}{5}\frac{d[Br^-]}{dt} = -\frac{d[BrO_3^-]}{dt} = -\frac{1}{6}\frac{d[H^+]}{dt} = \frac{1}{3}\frac{d[Br_2]}{dt}.$$

14.4 0,049 $M\ s^{-1}$. (b) $-0{,}025\ M\ s^{-1}$. **14.6** $2{,}4 \times 10^{-4}\ M\ s^{-1}$. **14.8** (a) Terzo ordine. (b) 0,38 $M\ s^{-1}$. **14.10** $M^{-2}\ s^{-1}$. **14.12** $k = 1{,}19 \times 10^{-4}\ s^{-1}$. **14.14** 30 min. **14.16** (a) 0,01998 s^{-1}. (b) 151 s. **14.18** 3. 6 s. **14.20** (a) 0,487 M. (b) 0,500 M. **14.22** 0. 64 $M^{-2}\ s^{-1}$. **14.24** 135 kJ mol^{-1}. **14.26** 644 K. **14.28** 51,0 kJ mol^{-1}. **14.30** 86 kJ mol^{-1}. **14.32** velocità = $k\ [X_2]\ [Y]$. (b) L'ordine di reazione è zero rispetto a Z. (c) $X_2 + Y \longrightarrow XY + X$ (lento) $X + Z \longrightarrow XZ$ (veloce). **14.34** Meccanismo I. **14.38** Temperatura, energia di attivazione, concentrazione dei reagenti, catalizzatori. **14.40** 22. 6 cm^2; 44,9 cm^2. L'elevata area superficiale dei grani delle sostanze in essi contenute può provocare una violenta esplosione. **14.42** (a) Terzo ordine. (b) 0,38 $M^{-2}\ s^{-1}$. (c) $H_2 + 2NO \rightarrow N_2 + H_2O + O$ (lento) $O + H_2 \rightarrow H_2O$ (veloce). **14.44** L'acqua è presente in eccesso per cui la sua concentrazione non varia apprezzabilmente. **14.46** 10,7 $M^{-1}\ s^{-1}$. **14.48** 2. 63 bar. **14.50** 100 kJ mol^{-1}; $3{,}4 \times 10^{16}$. **14.52** $P_{azometano} = P_T X_{azometano}$. **14.54** 377 K. **14.58** (a) Aumenta. (b) Diminuisce. (c) Diminuisce. (d) Aumenta. **14.60** $k = 1{,}0 \times 10^{-5}\ s^{-1}$. **14.62** $Br_2 \rightarrow 2Br\cdot$; $Br\cdot + CH_4 \rightarrow HBr + \cdot CH_3$; $CH_3 + Br_2 \rightarrow CH_3Br + Br\cdot$; $Br\cdot + CH_4 \rightarrow HBr + \cdot CH_3$ e così via. **14.64** (a) velocità = $k\ [X]\ [Y]^2$. (b) $1{,}9 \times 10^{-2}\ M^{-2}\ s^{-1}$. **14.66** Secondo ordine. $2{,}4 \times 10^7\ M^{-1}\ s^{-1}$. **14.68** Siccome il motore è relativamente freddo i gas di scarico non reagiscono completamente con la marmitta catalitica. **14.70** $NO_2 + NO_2 \rightarrow NO_3 + NO$ (lento), $NO_3 + CO \rightarrow NO_2 + CO_2$ (veloce). **14.72** (a) Mn^{2+}; Mn^{3+}; primo passaggio. (b) Senza catalizzatore la reazione sarebbe trimolecolare. (c) Omogeneo. **14.74** 0,45 bar. **14.76** (a) $k_1[A] - k_2\ [B]$. (b) $[B] = (k_1/k_2)\ [A]$. **14.78** (1) (b)< (c)< (a); (2) (a) e (c) sono esotermiche, e (b) è endotermica. **14.80** Il titanio agisce come catalizzatore per decomporre il vapore. **14.82** (a) $2{,}5 \times 10^{-5}\ M\ s^{-1}$. (b) uguale a (a). (c) $8{,}3 \times 10^{-6}\ M$. **14.84** d. **14.86** (a) $1{,}13 \times 10^{-3}\ M\ min^{-1}$. (b) $8{,}8 \times 10^{-3}\ M$. **14.88** Secondo ordine, 0,42 $M^{-1}\ min^{-1}$. **14.90** $6{,}4 \times 10^8\ s^{-1}$.

Capitolo 15

15.4 V^{5+}: [Ar]; Cr^{3+}: [Ar] $3d^1$; Mn^{2+}: [Ar] $3d^3$; Fe^{2+}: [Ar] $3d^5$; Cu^{2+}: [Ar] $3d^9$; Sc^{3+}: [Ar]; Ti^{4+}: [Ar]. **15.8** (a) +3. (b) 6. (c) ossalato. **15.10** (a) Na: +1, Mo: +6. (b) Mg: +2, W: +6. (c) Fe: 0. **15.12** (a) *cis*–diclorobis (etilenediammino) cobalto (III). (b) pentaamminocloroplatino (IV) cloruro. (c) pentaamminoclorocobalto (III) cloruro. **15.14** (a) $[Cr(en)_2Cl_2]^+$. (b) $Fe(CO)_5$. (c) $K_2[Cu(CN)_4]$. (d) $[Co(NH_3)_4(H_2O)Cl]Cl_2$. **15.16** (a) 2. (b) 2.

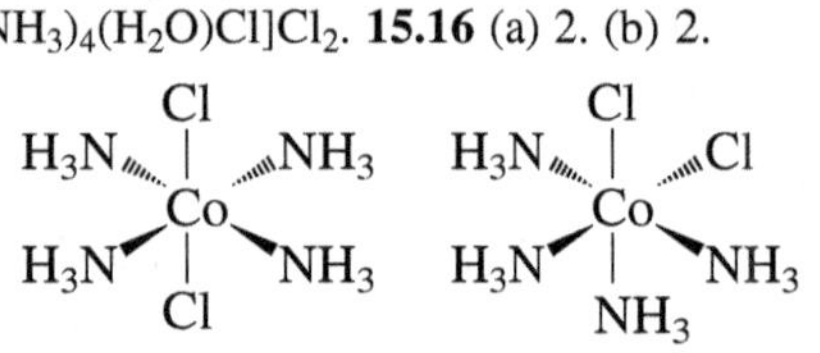

trans *cis*

15.18 (a) Due isomeri geometrici. (b) Due isomeri ottici.

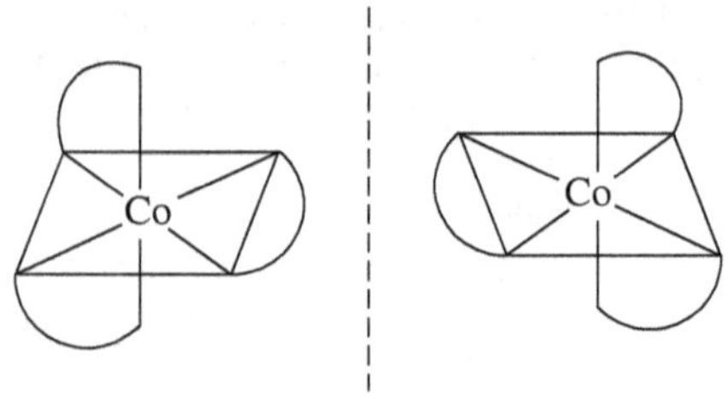

specchio

15.20 CN^- è un legante a campo forte. Assorbe vicino all'UV (blu) per cui è giallo. **15.22** (a) Arancione. (b) 255 kJ mol^{-1}. **15.24** $[Co(NH_3)_4Cl_2]Cl$. Due moli. **15.26** Usare $^{14}CN^-$ (in NaCN). **15.28** Prima si forma $Cu(CN)_2$ (bianco). Si ridissolve come $Cu(CN)_4^{2-}$. **15.30** $1{,}4 \times 10^2$. **15.32** Mn^{3+}. $3d^5$ (Cr^{3+}) è una configurazione elettronica stabile. **15.34** Ti: +3; Fe: +3. **15.36** Quattro atomi di Fe per ogni molecola di emoglobina. $1{,}6 \times 10^4$ g mol^{-1}. **15.38** (a) $[Cr(H_2O)_6]Cl_3$. (b) $[Cr(H_2O)_5Cl]Cl_2 \cdot H_2O$. (c) $[Cr(H_2O)_4Cl_2]Cl \cdot 2H_2O$. Confrontare la conducibilità elettrica con le soluzioni di NaCl, $MgCl_2$, e $FeCl_3$. **15.40** $-1{,}8 \times 10^2$ kJ mol^{-1}; 6×10^{30}. **15.42** Il ferro è più abbondante. **15.44** $Mn(H_2O)_6^{2+}$. **15.46** Bassa temperatura e bassa concentrazione di ione Cl^- favorisce la formazione dello ione $Co(H_2O)_6^{2+}$. Aggiungere HCl (più ioni Cl^-) favorisce la formazione di $CoCl_4^{2-}$ Questa reazione fa diminuire $[Cl^-]$, per cui la colorazione rosa si ripristina. **15.48** Lo ione Fe^{3+} è quasi incolore, per cui deve essere giallo chiaro. **15.50** Il complesso di berillio mostra isomeria ottica. Il complesso di rame mostra isomeria geometrica.

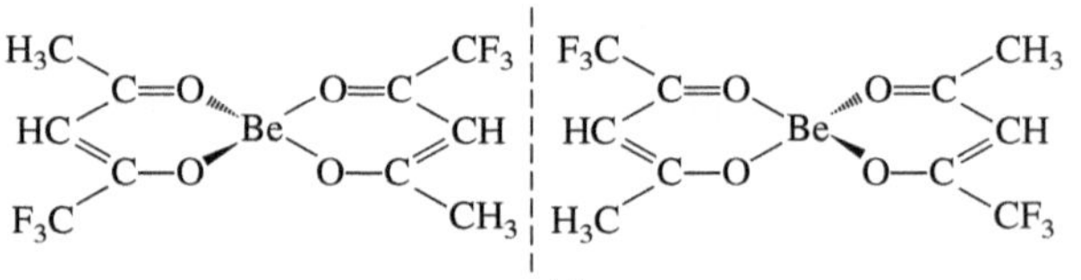

specchio

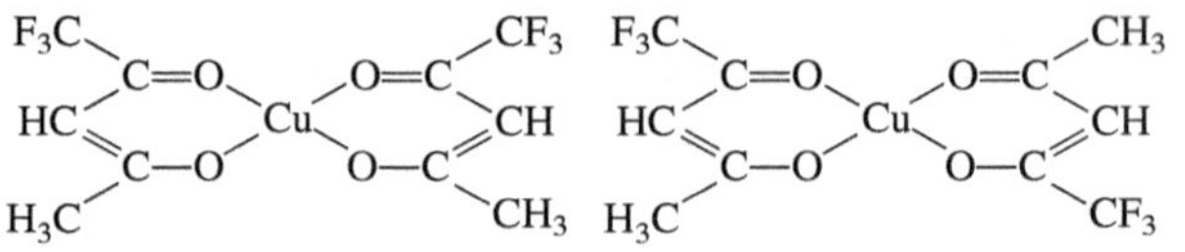

cis *trans*

15.52 L'isomero I deve essere quello *cis*. I clori devono essere in *cis* fra loro per fare in modo che uno ione ossalato si leghi al Pt; l'isomero II deve essere quello *trans*. Con i clori in posizione opposta nella molecola, ciascun Cl è sostituito con uno ione ossalato. **15.54** (a) I legami sono lungo l'assse z, l'orbitale d_{z^2} avrà la maggiore energia. Gli orbitali $d_{x^2-y^2}$ e d_{xy} avranno la più bassa energia. (b) Se il piano trigonale è quello xy, allora gli orbitali $d_{x^2-y^2}$ e d_{xy} avranno la maggiore energia, e d_{z^2} la più bassa. (c) Se le posizioni assiali sono lungo l'asse z, l'orbitale d_{z^2} avrà la maggiore energia. Il piano trigonale sarà nel piano xy, e quindi gli orbitali $d_{x^2-y^2}$ e d_{xy} saranno i successivi in energia. **15.56** (a) Seconda equazione. (b) Seconda equazione.

Crediti

Capitolo 0

0.1: © macondo/Shutterstock; **0.2a, 0.2b, pag. 6:** © McGraw-Hill Higher Education, Inc./Ken Karp, Photographer; **pag. 9:** Shutterstock / Sky Light Pictures; **0.6:** © McGraw-Hill Education/Charles D. Winters; **0.12c:** © © McGraw-Hill Education/Evelyn Jo Johnson; **pag. 22, 0.14, pag. 31:** © McGraw-Hill Higher Education, Inc./Ken Karp, Photographer; **0.15:** © McGraw-Hill Higher Education, Inc./Stephen Frisch, Photographer; **pag. 38 in alto:** © McGraw-Hill Education/Mark Dierker; **pag. 38, in basso**: © Tom Grundy/Shutterstock; **pag. 47, pag. 52:** © McGraw-Hill Higher Education, Inc./Stephen Frisch, Photographer.

Capitolo 1

pag. 71: © Pixtal/Age Fotostock; **pag. 73:** © Erica Simone Leeds; **pag. 79:** © McGraw-Hill Higher Education, Inc./Stephen Frisch, Photographer; **1.13:** © McGraw-Hill Education; **pag. 103 (sinistra):** © Science Photo Library / Alamy Stock Photo; **pag. 103 (destra):** © Andrew Dunn/Alamy.

Capitolo 2

pag. 136: © McGraw-Hill Higher Education, Inc./Charles D. Winters, Photographer; **2.21 (sodio, cloro, argo):** © McGraw-Hill Higher Education, Inc./Ken Karp, Photographer; **2.21 (magnesio, silicio):** © McGraw-Hill Education/Charles D. Winters; **2.21 (alluminio):** Cultura Creative (RF)/Alamy Stock Photo; **2.21 (fosforo):** © McGraw-Hill Education/Stephen Frisch; **pag. 154 (elio, xenon, cripton):** © McGraw-Hill Education/Mark Dierker.

Capitolo 3

pag. 188: © McGraw-Hill Higher Education, Inc./Ken Karp, Photographer; **3.13:** © McGraw-Hill Education/Charles D. Winters.

Capitolo 4

4.21: © McGraw-Hill Education/Charles D. Winters; **pag. 250:** © Royalty-Free/Corbis.

Capitolo 5

pag. 272 (alto): © Karl Weatherly/Getty Images; **pag. 272 (basso), 5.6, 5.9, 5.11:** © McGraw-Hill Higher Education, Inc./Ken Karp, Photographer; TX; **pag. 287:** © fStop Images GmbH/Alamy Stock Photo; **pag. 288:** © Purestock/SuperStock.

Capitolo 6

pag. 320: © Jan Miko/Shutterstock; **6.6, 6.8:** © McGraw-Hill Higher Education, Inc./Ken Karp, Photographer; **pag. 323:** © Geostock/Getty Images; **pag. 336:** © Siede Preis/Getty Images; **pag. 337:** © Branko Jovanovic/Shutterstock; **pag. 343 (sinistra):** © Royalty-Free/Corbis; **pag. 343 (destra):** © Best View Stock/Alamy.

Capitolo 7

pag. 360: © McGraw-Hill Higher Education, Inc./Stephen Frisch, Photographer; **pag. 361:** ©McGraw-Hill Education. Charles D. Winters, Photographer; **pag. 362:** © McGraw-Hill Higher Education, Inc./Stephen Frisch, Photographer; **pag. 377 (alto):** © McGraw-Hill Higher Education, Inc./Ken Karp, Photographer; **pag. 377 (basso):** © Comstock/Jupiter Images; **pag. 378, pag. 380:** © terekhov igor/Shutterstock.

Capitolo 8

pag. 404: © McGraw-Hill Higher Education, Inc./Charles D. Winters, Photographer; **pag. 410:** © McGraw-Hill Higher Education, Inc./Ken Karp, Photographer.

Capitolo 9

9.4: © McGraw-Hill Higher Education, Inc./Ken Karp, Photographer; **pag. 466:** © Steve Allen/Getty Images; **pag. 472 (basso):** © McGraw-Hill Higher Education, Inc./Ken Karp, Photographer; **pag. 476:** © SuperStock/Alamy; **pag. 484:** © McGraw-Hill Higher Education, Inc./Ken Karp, Photographer.

Capitolo 10

pag. 487: © McGraw-Hill Higher Education, Inc./Ken Karp, Photographer; **pag. 494:** © Shutterstock/papa1266; **10.8, 10.11:** © McGraw-Hill Higher Education, Inc./Ken Karp, Photographer; **pag. 519:** © DreamPictures/Jensen Walker/Blend Images LLC; **10.12:** © McGraw-Hill Higher Education, Inc./Ken Karp, Photographer.

Capitolo 11

11.1: © McGraw-Hill Higher Education, Inc./Ken Karp, Photographer; **pag. 531:** © McGraw-Hill Higher Education, Inc./Stephen Frisch, Photographer; **pag. 532, 11.4, 11.6, 11.13:** © McGraw-Hill Higher Education, Inc./Ken Karp, Photographer;
11.14: © mrakhr/123RF.

Capitolo 12

pag. 585, 12.1: © McGraw-Hill Higher Education, Inc./Ken Karp, Photographer;
pag. 590: © Science Photo Library RF/Getty Images;
12.3, 12.5, 12.9: © McGraw-Hill Higher Education, Inc./Ken Karp, Photographer; **12.10:** © McGraw-Hill Higher Education, Inc./Charles D. Winters, Photographer; **12.11, pag. 606, pag. 607, 608, 12.13, 12.14, 12.15:** © McGraw-Hill Higher Education, Inc./Ken Karp, Photographer;
pag. 614: © McGraw-Hill Education/Charles D. Winters, Photographer;
12.16: © McGraw-Hill Higher Education, Inc./Stephen Frisch, Photographer.

Capitolo 13

13.1, 13.4: © McGraw-Hill Higher Education, Inc./Ken Karp, Photographer; **13.14:** © science photo/Shutterstock; **13.16:** © McGraw-Hill Higher Education, Inc./Stephen Frisch, Photographer;
pag. 672, pag. 675: © McGraw-Hill Higher Education, Inc./Ken Karp, Photographer.

Capitolo 14

14.3, 14.7, pag. 690, 14.20: © McGraw-Hill Higher Education, Inc./Ken Karp, Photographer;
14.26: © Adam J/Shutterstock.

Capitolo 15

15.4 (scandio, titanio, vanadio, crom0, manganese, ferro, cobalto, nichel): © McGraw-Hill Higher Education, Inc./Ken Karp, Photographer;
15.4 (rame): © Roy Palmer/Shutterstock;
15.5: © Doug Sherman/Geofile; **15.6:** © McGraw-Hill Education/Mark Dierker, Photographer;
pag. 743, 15.17, pag. 755: © McGraw-Hill Higher Education, Inc./Ken Karp, Photographer;
pag.753: © JUPITERIMAGES/ Creatas/Alamy.

Indice analitico

D

Gli elementi

Elemento	Simbolo	Numero atomico	Massa atomica*	Elemento	Simbolo	Numero atomico	Massa atomica*
afnio	Hf	72	178,5	mercurio	Hg	80	200,6
alluminio	Al	13	26,98	molibdeno	Mo	42	95,94
americio	Am	95	(243)	neodimio	Nd	60	144,2
antimonio	Sb	51	121,8	neon	Ne	10	20,18
argento	Ag	47	107,9	nettunio	Np	93	(244)
argon	Ar	18	39,95	nichel	Ni	28	58,70
arsenico	As	33	74,92	niobio	Nb	41	92,91
astato	At	85	(210)	nobelio	No	102	(253)
attinio	Ac	89	(227)	olmio	Ho	67	164,9
azoto	N	7	14,01	oro	Au	79	197,0
bario	Ba	56	137,3	osmio	Os	76	190,2
berillio	Be	4	9,012	ossigeno	O	8	16,00
berkelio	Bk	97	(247)	palladio	Pd	46	106,4
bismuto	Bi	83	209,0	piombo	Pb	82	207,2
bohrio	Bh	107	(262)	platino	Pt	78	195,1
boro	B	5	10,81	plutonio	Pu	94	(242)
bromo	Br	35	79,90	polonio	Po	84	(209)
cadmio	Cd	48	112,4	potassio	K	19	39,10
calcio	Ca	20	40,08	praseodimio	Pr	59	140,9
californio	Cf	98	(249)	promezio	Pm	61	(145)
carbonio	C	6	12,01	protoattinio	Pa	91	(231)
cerio	Ce	58	140,1	radio	Ra	88	(226)
cesio	Cs	55	132,9	radon	Rn	86	(222)
cloro	Cl	17	35,45	rame	Cu	29	63,55
cobalto	Co	27	58,93	renio	Re	75	186,2
cripton	Kr	36	83,80	rodio	Rh	45	102,9
cromo	Cr	24	52,00	rubidio	Rb	37	85,47
curio	Cm	96	(247)	rutenio	Ru	44	101,1
darmstadtio	Ds	110	(269)	rutherfordio	Rf	104	(261)
disprosio	Dy	66	162,5	samario	Sm	62	150,4
dubnio	Db	105	(262)	scandio	Sc	21	44,96
einsteinio	Es	99	(254)	seaborgio	Sg	106	(266)
elio	He	2	4,003	selenio	Se	34	78,96
erbio	Er	68	167,3	silicio	Si	14	28,09
europio	Eu	63	152,0	sodio	Na	11	22,99
fermio	Fm	100	(253)	stagno	Sn	50	118,7
ferro	Fe	26	55,85	stronzio	Sr	38	87,62
fluoro	F	9	19,00	tallio	Tl	81	204,4
fosforo	P	15	30,97	tantalio	Ta	73	180,9
francio	Fr	87	(223)	tecnezio	Tc	43	(98)
gadolinio	Gd	64	157,3	tellurio	Te	52	127,6
gallio	Ga	31	69,72	terbio	Tb	65	158,9
germanio	Ge	32	72,61	titanio	Ti	22	47,88
hassio	Hs	108	(265)	torio	Th	90	232,0
idrogeno	H	1	1,008	tulio	Tm	69	168,9
indio	In	49	114,8	tungsteno	W	74	183,9
iodio	I	53	126,9	ununbio	Uub	112	(285)
iridio	Ir	77	192,2	ununhexio	Uuh	116	(292)
itterbio	Yb	70	173,0	ununpentio	Uup	115	(288)
ittrio	Y	39	88,91	ununquadio	Uuq	114	(289)
lantanio	La	57	138,9	ununtrio	Uut	113	(284)
laurenzio	Lr	103	(257)	unununio	Uuu	111	(272)
litio	Li	3	6,941	uranio	U	92	238,0
lutezio	Lu	71	175,0	vanadio	V	23	50,94
magnesio	Mg	12	24,31	xenon	Xe	54	131,3
manganese	Mn	25	54,94	zinco	Zn	30	65,39
meitnerio	Mt	109	(266)	zirconio	Zr	40	91,22
mendelevio	Md	101	(256)	zolfo	S	16	32,07

*Tutte le masse atomiche sono indicate con 4 cifre significative. I valori tra parentesi rappresentano il numero di massa dell'isotopo più stabile

Costanti fisiche fondamentali (6 cifre significative)

Accelerazione di gravità normale	g	$= 9{,}80665\ m/s^2$
Carica dell'elettrone (o del protone)	e	$= 1{,}60218 \times 10^{-19}\ C$
Costante di Faraday	F	$= 9{,}64853 \times 10^{4}\ C/mol$
Costante di Planck	h	$= 6{,}62608 \times 10^{-34}\ J\cdot s$
Costante universale dei gas	R	$= 8{,}31447\ J/(mol\cdot K)$
		$= 8{,}20578 \times 10^{-2}\ /(atm\cdot l)/(mol\cdot K)$
Massa dell'elettrone	m_e	$= 9{,}10939 \times 10^{-31}\ kg$
Massa del neutrone	m_n	$= 1{,}67493 \times 10^{-27}\ kg$
Massa del protone	m_p	$= 1{,}67262 \times 10^{-27}\ kg$
Numero di Avogadro	N_A	$= 6{,}02214 \times 10^{23}/mol$
Unità di massa atomica	u	$= 1{,}66054 \times 10^{-27}\ kg$
Velocità della luce nel vuoto	c	$= 2{,}99792 \times 10^{8}\ m/s$

Prefissi del sistema Internazionale (SI) più usati in pratica

p	n	μ	m	c	d	k	M	G
pico-	nano-	micro-	milli-	centi-	deci-	kilo-	mega-	giga-
10^{212}	10^{29}	10^{26}	10^{23}	10^{22}	10^{21}	10^{3}	10^{6}	10^{9}

Conversioni e relazioni

Lunghezza
unità SI: metro (m)

1 km	= 1000 m
	= 0,62 mi (miglia)
1 in (inch, pollice)	= 2,54 cm
1 m	= 1,094 yd (yard, iarde)
1 pm	$= 0^{-12}$ m
	= 0,01 Å(ångström)

Volume
SI unità: metro cubo (m^3)

1 dm^3	$= 10^{-3}\ m^3$
	= 1 l (litro)
	= 1,057 qt (quart)
1 cm^3	= 1 ml
1 m^3	= 35,3 ft^3 (piedi cubi)

Pressione
unità SI: pascal (Pa)

1 Pa	= 1 N/m^3
	= 1 $kg/(m\cdot s)^2$
1 atm	$= 1{,}01325 \times 10^5$ Pa
	= 760 mmHg (millimetri di mercurio)
1 bar	$= 1 \times 10^5$ Pa

Massa
Unità SI: kilogrammo (kg)

1 kg	$= 10^3$ g
	= 2,205 lb (libbre)
1 t (tonnellata)	$= 10^3$ kg

Relazioni matematiche

π	= 3,1416
volume di una sfera	$= \frac{4}{3}\pi r^3$
volume di un cilindro	$= \pi r^2 h$

Energia
Unità SI = joule (J)

1 J	= 1 $kg\cdot m^2/s^2$
	= 1 C•V (coulomb•volt)
1 caloria	= 4,184 J
1 eV (elettronvolt)	$= 1{,}602\ 3\ 10^{-19}$ J

Temperatura
Unità SI: kelvin (K)

0 K	= 2273,15 °C
Temperatura di fusione di H_2O	= 0 °C (273,15 K)
Temperatura di ebollizione di H_2O	= 100 °C (373,15 K)
T (K)	$= T$ (°C) + 273,15
T (°C)	$= [T$ (°F) − 32]$\frac{5}{9}$
T (°F)	$= \frac{9}{5}T$ (°C) + 32

Potenziali standard di riduzione a 25 °C*

Semireazione	$\mathcal{E}^0$(V)
$F_2(g) + 2e^- \longrightarrow 2F^-(aq)$	+2,87
$O_3(g) + 2H^+(aq) + 2e^- \longrightarrow O_2(g) + H_2O$	+2,07
$Co^{3+}(aq) + e^- \longrightarrow Co^{2+}(aq)$	+1,82
$H_2O_2(aq) + 2H^+(aq) + 2e^- \longrightarrow 2H_2O$	+1,77
$PbO_2(s) + 4H^+(aq) + SO_4^{2-}(aq) + 2e^- \longrightarrow PbSO_4(s) + 2H_2O$	+1,70
$Ce^{4+}(aq) + e^- \longrightarrow Ce^{3+}(aq)$	+1,61
$MnO_4^-(aq) + 8H^+(aq) + 5e^- \longrightarrow Mn^{2+}(aq) + 4H_2O$	+1,51
$Au^{3+}(aq) + 3e^- \longrightarrow Au(s)$	+1,50
$Cl_2(g) + 2e^- \longrightarrow 2Cl^-(aq)$	+1,36
$Cr_2O_7^{2-}(aq) + 14H^+(aq) + 6e^- \longrightarrow 2Cr^{3+}(aq) + 7H_2O$	+1,33
$MnO_2(s) + 4H^+(aq) + 2e^- \longrightarrow Mn^{2+}(aq) + 2H_2O$	+1,23
$O_2(g) + 4H^+(aq) + 4e^- \longrightarrow 2H_2O$	+1,23
$Br_2(l) + 2e^- \longrightarrow 2Br^-(aq)$	+1,07
$NO_3^-(aq) + 4H^+(aq) + 3e^- \longrightarrow NO(g) + 2H_2O$	+0,96
$2Hg^{2+}(aq) + 2e^- \longrightarrow Hg_2^{2+}(aq)$	+0,92
$Hg_2^{2+}(aq) + 2e^- \longrightarrow 2Hg(l)$	+0,85
$Ag^+(aq) + e^- \longrightarrow Ag(s)$	+0,80
$Fe^{3+}(aq) + e^- \longrightarrow Fe^{2+}(aq)$	+0,77
$O_2(g) + 2H^+(aq) + 2e^- \longrightarrow H_2O_2(aq)$	+0,68
$MnO_4^-(aq) + 2H_2O + 3e^- \longrightarrow MnO_2(s) + 4OH^-(aq)$	+0,59
$I_2(s) + 2e^- \longrightarrow 2I^-(aq)$	+0,53
$O_2(g) + 2H_2O + 4e^- \longrightarrow 4OH^-(aq)$	+0,40
$Cu^{2+}(aq) + 2e^- \longrightarrow Cu(s)$	+0,34
$AgCl(s) + e^- \longrightarrow Ag(s) + Cl^-(aq)$	+0,22
$SO_4^{2-}(aq) + 4H^+(aq) + 2e^- \longrightarrow SO_2(g) + 2H_2O$	+0,20
$Cu^{2+}(aq) + e^- \longrightarrow Cu^+(aq)$	+0,15
$Sn^{4+}(aq) + 2e^- \longrightarrow Sn^{2+}(aq)$	+0,13
$2H^+(aq) + 2e^- \longrightarrow H_2(g)$	0,00
$Pb^{2+}(aq) + 2e^- \longrightarrow Pb(s)$	−0,13
$Sn^{2+}(aq) + 2e^- \longrightarrow Sn(s)$	−0,14
$Ni^{2+}(aq) + 2e^- \longrightarrow Ni(s)$	−0,25
$Co^{2+}(aq) + 2e^- \longrightarrow Co(s)$	−0,28
$PbSO_4(s) + 2e^- \longrightarrow Pb(s) + SO_4^{2-}(aq)$	−0,31
$Cd^{2+}(aq) + 2e^- \longrightarrow Cd(s)$	−0,40
$Fe^{2+}(aq) + 2e^- \longrightarrow Fe(s)$	−0,44
$Cr^{3+}(aq) + 3e^- \longrightarrow Cr(s)$	−0,74
$Zn^{2+}(aq) + 2e^- \longrightarrow Zn(s)$	−0,76
$2H_2O + 2e^- \longrightarrow H_2(g) + 2OH^-(aq)$	−0,83
$Mn^{2+}(aq) + 2e^- \longrightarrow Mn(s)$	−1,18
$Al^{3+}(aq) + 3e^- \longrightarrow Al(s)$	−1,66
$Be^{2+}(aq) + 2e^- \longrightarrow Be(s)$	−1,85
$Mg^{2+}(aq) + 2e^- \longrightarrow Mg(s)$	−2,37
$Na^+(aq) + e^- \longrightarrow Na(s)$	−2,71
$Ca^{2+}(aq) + 2e^- \longrightarrow Ca(s)$	−2,87
$Sr^{2+}(aq) + 2e^- \longrightarrow Sr(s)$	−2,89
$Ba^{2+}(aq) + 2e^- \longrightarrow Ba(s)$	−2,90
$K^+(aq) + e^- \longrightarrow K(s)$	−2,93
$Li^+(aq) + e^- \longrightarrow Li(s)$	−3,05

Aumento di forza come agente ossidante (↑)

Aumento di forza come agente riducente (↓)

* Per tutte le semireazioni l'attività è unitaria per le specie in soluzione (~1 *M*) e la pressione è di 1 bar per i gas. Questi valori sono relativi agli stati standard.

Costanti fisiche fondamentali

Accelerazione di gravità normale	g	$= 9{,}80665\ m \cdot s^{-2}$
Carica dell'elettrone (o del protone)	e	$= 1{,}60218 \times 10^{-19}$ C
Costante di Faraday	F	$= 9{,}64853 \times 10^{4}\ C \cdot mol^{-1}$
Costante di Planck	h	$= 6{,}62608 \times 10^{-34}\ J \cdot s$
Costante universale dei gas	R	$= 8{,}31447\ J \cdot mol^{-1} \cdot K^{-1}$
		$= 8{,}20578 \times 10^{-2}\ atm \cdot l \cdot mol^{-1} \cdot K^{-1}$
Massa dell'elettrone	m_e	$= 9{,}10939 \times 10^{-31}$ kg
Massa del neutrone	m_n	$= 1{,}67493 \times 10^{-27}$ kg
Massa del protone	m_p	$= 1{,}67262 \times 10^{-27}$ kg
Numero di Avogadro	N_A	$= 6{,}02214 \times 10^{23}\ mol^{-1}$
Unità di massa atomica	u	$= 1{,}66054 \times 10^{-27}$ kg
Velocità della luce nel vuoto	c	$= 2{,}99792 \times 10^{8}\ m \cdot s^{-1}$

Prodotti di solubilità di alcuni composti ionici poco solubili a 25 °C

Composto	K_{ps}	Composto	K_{ps}
Idrossido di alluminio [$Al(OH)_3$]	$1,8 \times 10^{-33}$	Cromato di piombo (II) ($PbCrO_4$)	$2,0 \times 10^{-14}$
Carbonato di bario ($BaCO_3$)	$8,1 \times 10^{-9}$	Fluoruro di piombo (II) (PbF_2)	$4,1 \times 10^{-8}$
Fluoruro di bario (BaF_2)	$1,7 \times 10^{-6}$	Ioduro di piombo (II) (PbI_2)	$1,4 \times 10^{-8}$
Solfato di bario ($BaSO_4$)	$1,1 \times 10^{-10}$	Solfuro di piombo (II) (PbS)	$3,4 \times 10^{-28}$
Solfuro di bismuto (Bi_2S_3)	$1,6 \times 10^{-72}$	Carbonato di magnesio ($MgCO_3$)	$4,0 \times 10^{-5}$
Solfuro di cadmio (CdS)	$8,0 \times 10^{-28}$	Idrossido di magnesio [$Mg(OH)_2$]	$1,2 \times 10^{-11}$
Carbonato di calcio ($CaCO_3$)	$8,7 \times 10^{-9}$	Solfuro di manganese (II) (MnS)	$3,0 \times 10^{-14}$
Fluoruro di calcio (CaF_2)	$4,0 \times 10^{-11}$	Cloruro di mercurio (I) (Hg_2Cl_2)	$3,5 \times 10^{-18}$
Idrossido di calcio [$Ca(OH)_2$]	$8,0 \times 10^{-6}$	Solfuro di mercurio (II) (HgS)	$4,0 \times 10^{-54}$
Fosfato di calcio [$Ca_3(PO_4)_2$]	$1,2 \times 10^{-26}$	Solfuro di nichel (II) (NiS)	$1,4 \times 10^{-24}$
Idrossido di cromo (III) [$Cr(OH)_3$]	$3,0 \times 10^{-29}$	Bromuro di argento ($AgBr$)	$7,7 \times 10^{-13}$
Solfuro di cobalto (II) (CoS)	$4,0 \times 10^{-21}$	Carbonato di argento (Ag_2CO_3)	$8,1 \times 10^{-12}$
Bromuro di rame (I) ($CuBr$)	$4,2 \times 10^{-8}$	Cloruro di argento ($AgCl$)	$1,6 \times 10^{-10}$
Ioduro di rame (I) (CuI)	$5,1 \times 10^{-12}$	Ioduro di argento (AgI)	$8,3 \times 10^{-17}$
Idrossido di rame (II) [$Cu(OH)_2$]	$2,2 \times 10^{-20}$	Solfato di argento (Ag_2SO_4)	$1,4 \times 10^{-5}$
Solfuro di rame (II) (CuS)	$6,0 \times 10^{-37}$	Solfuro di argento (Ag_2S)	$6,0 \times 10^{-51}$
Idrossido di ferro (II) [$Fe(OH)_2$]	$1,6 \times 10^{-14}$	Carbonato di stronzio ($SrCO_3$)	$1,6 \times 10^{-9}$
Idrossido di ferro (III) [$Fe(OH)_3$]	$1,1 \times 10^{-36}$	Solfato di stronzio ($SrSO_4$)	$3,8 \times 10^{-7}$
Solfuro di ferro (II) (FeS)	$6,0 \times 10^{-19}$	Solfuro di stagno (II) (SnS)	$1,0 \times 10^{-26}$
Carbonato di piombo (II) ($PbCO_3$)	$3,3 \times 10^{-14}$	Idrossido di zinco [$Zn(OH)_2$]	$1,8 \times 10^{-14}$
Cloruro di piombo (II) ($PbCl_2$)	$2,4 \times 10^{-4}$	Solfuro di zinco (ZnS)	$3,0 \times 10^{-23}$

Forza relativa di alcune coppie coniugate acido-base

Acido	K_a	pK_a	Base coniugata	K_b	pK_b
HI (acido iodidrico)*	$\sim 10^{10}$	-10	I^- (ione ioduro)	$\sim 1 \times 10^{-24}$	24
HBr (acido bromidrico)	$\sim 10^{9}$	-9	Br^- (ione bromuro)	$\sim 1 \times 10^{-23}$	23
HCl (acido cloridrico)*	$\sim 1 \times 10^{6}$	-6	Cl^- (ione cloruro)	$\sim 1 \times 10^{-20}$	20
H_2SO_4 (acido solforico)*	$\sim 1 \times 10^{3}$	-3	HSO_4^- (ione idrogenosolfuro)	$\sim 1 \times 10^{-17}$	17
HNO_3 (acido nitrico)*	$\sim 1 \times 10^{2}$	-2	NO_3^- (ione nitrato)	$\sim 1 \times 10^{-15}$	15
H_3O^+ (ione idrossonio)	1	0,00	H_2O (acqua)	$1,0 \times 10^{-14}$	14,00
HSO_4^- (ione idrogenosolfato)	$1,3 \times 10^{-2}$	1,89	SO_4^{2-} (ione solfato)	$7,7 \times 10^{-13}$	12,11
HF (acido fluoridrico)	$7,1 \times 10^{-4}$	3,15	F^- (ione fluoruro)	$1,4 \times 10^{-11}$	10,85
HNO_2 (acido nitroso)	$4,5 \times 10^{-4}$	3,35	NO_2^- (ione nitrito)	$2,2 \times 10^{-11}$	10,65
$HCOOH$ (acido formico)	$1,7 \times 10^{-4}$	3,77	$HCOO^-$ (ione formiato)	$5,9 \times 10^{-11}$	10,23
CH_3COOH (acido acetico)	$1,8 \times 10^{-5}$	4,74	CH_3COO^- (ione acetato)	$5,6 \times 10^{-10}$	9,26
NH_4^+ (ione ammonio)	$5,6 \times 10^{-10}$	9,25	NH_3 (ammoniaca)	$1,8 \times 10^{-5}$	4,75
HCN (acido cianidrico)	$4,9 \times 10^{-10}$	9,31	CN^- (ione cianuro)	$2,0 \times 10^{-5}$	4,69
H_2O (acqua)	$1,0 \times 10^{-14}$	14,00	OH^- (ione idrossido od ossidrile)	1	0,00
NH_3 (ammoniaca)	$\sim 1,0 \times 10^{-34}$	34	NH_2^- (ione ammide)*	$\sim 1,0 \times 10^{20}$	-20

* Il K_a per gli acidi forti (e per lo ione ammide) qui riportati sono molto approssimativi e stimati da dati termodinamici. Essi sono qui inclusi solo per mostrare l'andamento nella forza degli acidi e devono essere usati con cautela.

Codice dei colori dei modelli molecolari

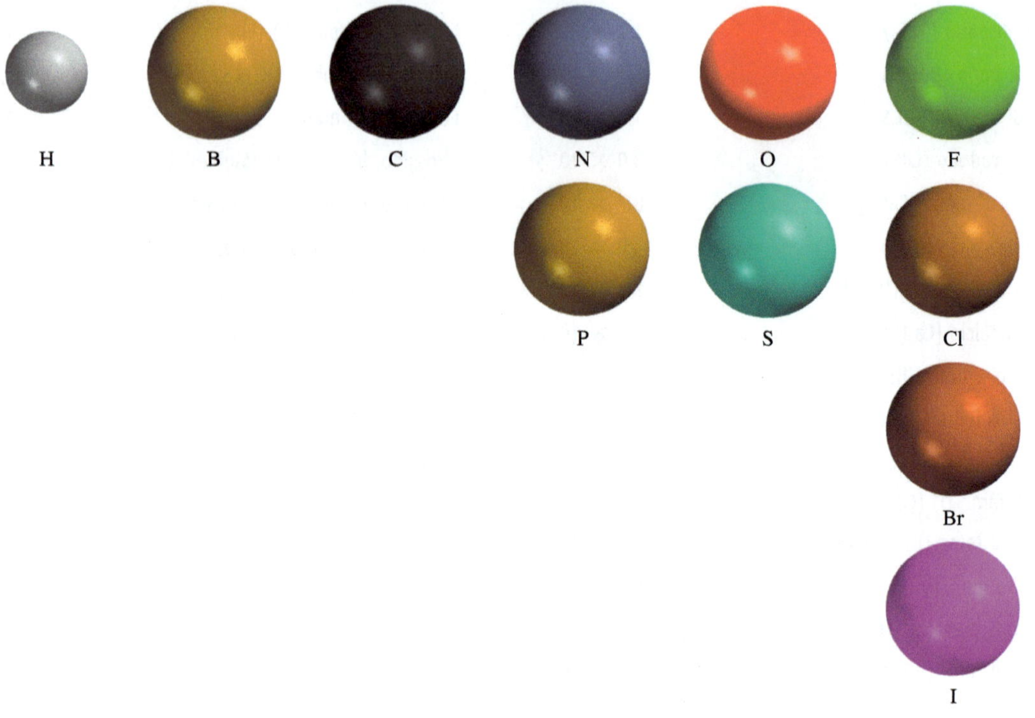